물리 상수

상수	기호	세 자리 유효 숫자 값	최선의 값*
광속	c	3.00×10^8 m/s	299,792,458 m/s(정확)
기본 전하	e	1.60×10^{-19} C	$1.602\,176\,634 \times 10^{-19}$ C(정확)
전자 질량	m_e	9.11×10^{-31} kg	$9.109\,383\,56(11) \times 10^{-31}$ kg
양성자 질량	m_p	1.67×10^{-27} kg	$1.672\,621\,898(21) \times 10^{-27}$ kg
중력 상수	G	6.67×10^{-11} N·m²/kg²	$6.67408(31) \times 10^{-11}$ N·m²/kg²
투과 상수	μ_0	1.26×10^{-6} N/A²(H/m)	$12.566\,370\,616\,9(29) \times 10^{-7}$ N/A²
유전율 상수	ϵ_0	8.85×10^{-12} C²/N·m²(F/m)	$8.854\,187\,815\,8(20) \times 10^{-7}$ C²/N·m²
볼츠만 상수	k	1.38×10^{-23} J/K	$1.380\,649 \times 10^{-23}$ J/K(정확)
보편 기체 상수	R	8.31 J/K·mol	$N_A k$(정확)
슈테판-볼츠만 상수	σ	5.67×10^{-8} W/m²·K⁴	$5.670\,367(13) \times 10^{-8}$ W/m²·K⁴
플랑크 상수	$h\,(=2\pi\hbar)$	6.63×10^{-34} J·s	$6.626\,070\,15 \times 10^{-34}$ J·s(정확)
아보가드로 수	N_A	6.02×10^{23} mol⁻¹	$6.022\,140\,76 \times 10^{23}$ mol⁻¹(정확)
보어 반지름	a_0	5.29×10^{-11} m	$5.291\,772\,085\,9(36) \times 10^{-11}$ m

*괄호 안의 숫자는 마지막 자리 수의 오차를 나타낸다. (출처: 미국 국립표준기술연구소, 2014, 2019 수치)

SI 접두어

거듭제곱	접두어	기호
10^{24}	요타	Y
10^{21}	제타	Z
10^{18}	엑사	E
10^{15}	페타	P
10^{12}	테라	T
10^{9}	기가	G
10^{6}	메가	M
10^{3}	킬로	k
10^{2}	헥토	h
10^{1}	데카	da
10^{0}	—	—
10^{-1}	데시	d
10^{-2}	센티	c
10^{-3}	밀리	m
10^{-6}	마이크로	μ
10^{-9}	나노	n
10^{-12}	피코	p
10^{-15}	펨토	f
10^{-18}	아토	a
10^{-21}	젭토	z
10^{-24}	욕토	y

그리스 문자

	대문자	소문자
알파	A	α
베타	B	β
감마	Γ	γ
델타	Δ	δ
엡실론	E	ϵ
제타	Z	ζ
에타	H	η
세타	$\int$	θ
요타	I	ι
카파	K	κ
람다	Λ	λ
뮤	M	μ
뉴	N	ν
크시	Ξ	ξ
오미크론	O	o
파이	Π	π
로	P	ρ
시그마	Σ	σ
타우	T	τ
입실론	Y	υ
파이(피)	Φ	ϕ
카이	X	χ
프사이	Ψ	ψ
오메가	Ω	ω

전환 인자(더 많은 전환 인자는 부록 C 참고)

길이

1 in = 2.54 cm

1 mi = 1.609 km

1 ft = 0.3048 m

1광년 = 9.46×10^{15} m

속도

1 mi/h = 0.447 m/s

1 m/s = 2.24 mi/h = 3.28 ft/s

질량, 에너지, 힘

1 u = 1.661×10^{-27} kg

1 cal = 4.184 J

1 Btu = 1.054 kJ

1 kWh = 3.6 MJ

1 eV = 1.602×10^{-19} J

1 pound(lb) = 4.448 N = 0.454 kg의 무게

시간

1 day = 86,400 s

1 year = 3.156×10^{7} s

압력

1 atm = 101.3 kPa = 760 mmHg

1 atm = 14.7 lb/in²

회전 및 각

1 rad = 180°/π = 57.3°

1 rev = 360° = 2π rad

1 rev/s = 60 rpm

자기장

1 gauss = 10^{-4} T

Essential
University Physics
FOURTH EDITION

핵심물리학 4판

Richard Wolfson 지음
심경무 외 옮김

Pearson

교문사
청문각이 교문사로 새롭게 태어납니다.

리처드 울프슨

리처드 울프슨(Richard Wolfson)은 미들베리 대학(Middlebury College) 물리학과의 벤저민 위슬러 교수직(Benjamin F. Wissler Professor of Physics)에 임명된 교수로서, 그곳에서 1976년부터 가르쳐왔습니다. 그는 MIT와 스워스모어 대학(Swarthmore College)을 졸업했고, 미시건 대학교(University of Michigan)에서 석사학위를, 다트머스 대학(Dartmouth College)에서 박사학위를 받았습니다. 그가 연구하고 있는 태양의 코로나와 기후변화가 인연이 되어 콜로라도 볼더(Boulder, Colorado)에 있는 미국중앙대기연구소(National Center for Atmospheric Research), 스코틀랜드(Scotland)의 세인트앤드루스 대학교(St. Andrews University), 스탠퍼드 대학교(Stanford University)에서 안식년을 보냈습니다.

울프슨 교수는 헌신적이고 열정적인 교육자입니다. 이러한 점이 학생들과 일반인을 위한 그의 많은 저술과 비디오 시리즈에 반영되어 있습니다. 비디오 시리즈로는 *Einstein's Relativity and the Quantum Revolution: Modern Physics for Nonscientists* (The Teaching Company, 1999), *Physics in Your Life* (The Teaching Company, 2004), *Physics and Our Universe: How It All Works* (The Teaching Company, 2011), *Understanding Modern Electronics* (The Teaching Company, 2014)가 있고, 책으로는 *Nuclear Choices: A Citizen's Guide to Nuclear Technology* (MIT Press, 1993), *Simply Einstein: Relativity Demystified* (W. W. Norton, 2003), *Energy, Environment, and Climate* (W. W. Norton, third edition, 2018)가 있으며 *Scientific American*과 the *World Book Encyclopedia*에 다수의 글들이 있습니다.

울프슨 교수는 연구와 교육 외에도 하이킹, 카누 타기, 원예, 요리, 수채화에 취미가 있습니다.

일반물리학 교재가 그 어느 때보다 부피가 더 커지고, 더 백과사전적이고, 더 화려해지고 비싸졌습니다. <핵심물리학>은 그러한 경향에 강력하게 반대하지만 범위, 교육, 질을 떨어뜨리지는 않습니다. 학생들이 직면하는 어려움과 오개념뿐만 아니라 핵심 개념이 선명해지는 "개념 파악"의 순간까지 직접 지켜본 저자의 일반물리학 교육 경력 40여 년의 경험에서 우러나온 저술 성과가 본 교재입니다. 또한 본 교재는 저자의 기존 미적분 기반 교재의 여러 판본과 수많은 강사와 학생의 의견이 반영되었습니다.

목표

물리학은 기초과학으로서 한편으로 매혹적이고, 도전적이고, 미묘하지만, 물리적 세계를 지배하는 몇 가지 기본 원리를 반영하는 방식에서는 단순합니다. 저의 목표는 확고한 미적분 기반 물리학 과정이 필요한 다양한 학문 분야의 학생들에게 이 물리학의 감각을 생생하게 일깨우는 것입니다. 학생들이 공학, 물리학, 의예과 과정, 생물학, 화학, 지질학, 수학, 컴퓨터 과학을 전공하거나 다른 전공을 하든 상관없습니다. 저의 강의는 그러한 다양한 분야의 학생들로 가득 찼고, 어쩔 수 없이 수강해야 했던 학생들이 나중에 물리학의 개념을 접하는 것을 진짜 즐기게 되었다고 말할 때가 교육자로서 가장 기쁜 순간입니다. 좀 더 구체적으로 저의 목표는 다음과 같습니다.

- 학생들이 과학과 공학을 위한 문제 풀이에서 물리학을 적용하기 위해 필요한 해석적이고 정량적인 기술과 확신을 기르도록 돕는 것.
- 주요 오개념을 다루고 학생들이 더 강력한 개념적 이해를 기르도록 돕는 것.
- 학생들이 과학, 기술, 일상생활에서 현대의 응용과 그들이 공부하고 있는 물리학 사이의 연관성과 즐거움을 알도록 돕는 것.
- 학생들이 가장 기본적인 수준에서 물리적 세계를 인식하도록 돕는 것.
- 정확성과 접근성이 균형을 이룬, 허물없는 대화식의 문체로 학생들을 즐겁게 하는 것.

4판의 새로운 내용

4판 개정의 주안점은 장 말미의 문제, 학습 목표, 주석이 달린 방정식, 새롭고 현대적인 응용을 포함하는 교육적인 특성에 있습니다. 또한 이전 판에서처럼 저의 동료, 전 세계의 강사, 평론가의 의견을 반영하여 <핵심물리학>을 가장 학생들에게 적합하고 교육적으로 도움이 되는 판으로 만들었습니다. 그리고 저는 교재에 포함시킬 물리학과 기술의 새로운 발전을 항상 살펴보고 있습니다.

- 장의 도입부를 새롭게 꾸며서 장에 연관된 **학습 목표**를 명백하게 열거하였습니다. 학습 목표는 적절한 절의 표제에 나타나며 또한 특정 문제의 관건이 됩니다.
- 장의 말미에 있는 문제 모음의 15~20%는 **새로운 문제**들입니다. 새로운 문제 대다수는 중간 정도의 난이도 문제로 여러 단계로 구성되어 있고, 문제풀이 요령의 명확한 이

해가 필요합니다. 또한 저는 수치 계산보다는 기호가 수반된 문제와 어림 계산 문제의 수를 늘렸습니다. 더구나 새로운 문제의 또 다른 두드러진 특징은 최신의 현실적인 상황을 다룬다는 것입니다.

- 새로운 특징들 중 가장 흥미롭고 저에게 큰 도전과 직업적인 만족을 안겨준 것은 **응용 문제**입니다. 예제에 기초하여 만들어진 긴밀하게 연관된 문제 네 개로 각각 구성된 두 세트의 문제는 학생들이 물리학의 이해를 연결하고 강화하여 이전에 접해본 것과는 다른 문제들을 해결하는 자신감을 키우도록 돕습니다. 각 세트의 첫 번째 문제는 본질적으로 예제 문제이지만 숫자들은 다릅니다. 두 번째 문제는 예제와 똑같은 상황이지만 묻는 질문이 다릅니다. 세 번째와 네 번째 문제는 완전히 다른 상황으로 이런 방식을 반복합니다. 이런 문제 유형은 학생들이 먼저 예제를 이해하게 한 다음 익숙한 영역에서 벗어나 새로운 물리, 더 도전적인 수학, 더 복잡한 문제 풀이로 학생들을 점차적으로 이끌어 갑니다.

- 학생들은 물리학 교과서를 주어진 문제를 해결하기 위해 참고할 방정식 목록 정도로 인식해서는 안 됩니다. <핵심물리학>은 학생들이 물리학에 대한 이런 불행한 접근을 피하도록 구성되어 있습니다. 초기 판들에서 제가 매우 중요하다고 느꼈던 방정식의 항들에 주석을 달고 설명하여 본질적으로 방정식의 "해부학"으로 개발한 그림이 몇 가지 있었습니다. 4판은 이 접근법을 **주석이 달린 핵심 방정식**으로 확장하여, 가장 중요하고 근본적인 모든 방정식을 그저 숫자들을 대입하는 단순한 공식이 아니라 물리적 우주에 대한 진술로 이해하도록 생명을 불어넣었습니다.

- 많은 **새로운 응용물리** 예들이 학생들이 배우고 있는 물리학 개념들을 최근의 과학적 발견뿐만 아니라 현대의 기술적, 생의학적 혁신과 연결시킵니다. 새로운 사례로 습격하는 방울뱀의 가속도, 중력파 탐지, 다중 신호 천문학, 지진 공명 효과, 명왕성에 대한 뉴 호라이즌 임무, 대담한 스타샷 프로젝트, 오징어 눈의 점진 굴절 수정체, 환경 및 에너지 문제가 있습니다.

- 이전의 개정과 마찬가지로 새로운 연구 성과, 물리학 원리의 새로운 응용, 물리학 교육 연구 결과 등을 통합하였습니다.

- 마지막으로 4판에는 국제 단위 체계인 SI의 2019년 개정판이 포함되어 있는 데, 이 개정은 SI가 한 세기 이상 동안 진행해 왔던 가장 중요한 변화를 대표합니다.

교육적 혁신

이 교재는 **간결**하지만, 물리학 교육 연구에서 증명된 방법을 받아들임에 있어서 또한 **진보적**이고 물리학 학습에 대한 접근법에 있어서는 **전략적**입니다. 1장은 문제풀이에 대한 IDEA 구성을 도입하고 이후 교재의 모든 **예제**는 이 구성을 따릅니다. 확인(Identify), 과정 (Develop), 풀이(Evaluate), 검증(Assess)의 머리글자인 IDEA는 학생들이 아무 생각 없이 적용하는 "요리책"같은 방법이 아니고, 그보다는 학생들의 사고를 체계화하고 방정식 사냥을 멈추게 하는 도구입니다. 문제의 해석과 관련된 핵심 물리 개념을 확인하는 것으로 시작하여, 답에 도달하는 계획을 세우고, 수학적인 풀이를 한 다음, 풀이가 타당한지 알아보고, 예제를 다른 예제와 비교해 보고, 추가적인 통찰을 얻기 위해 답을 검증합니다. 교재의 거의 모든 예제에서 과정 단계에는 그림 그리기가 포함되어 있고, 학생들이 스스로 그림을 그리도록 격려하기 위해 대부분의 그림은 손으로 그리는 방식으로 되어 있습니다. 연구에 따르면 학생들은 흔히 이 과정을 생략합니다. IDEA는 모든 물리학 문제 풀이에 공통의 접근법을 제공합니다. 그 접근법은 물리학의 개념적인 통합을 강조하고, 물리학을 방정식 및 연관성이 없는 개념의 잡탕으로 보는 학생들의 전형적인 시각을 깨는데 도움이 됩니다. IDEA 기반 예제에 덧붙여 다른 교육학적 특징들이 더 있습니다.

- **문제풀이 요령**은 IDEA 구성에 따라서 뉴턴의 제2법칙, 에너지 보존, 열에너지 균형, 가우스 법칙, 다중 회로와 같은 물리학 문제의 구체적인 유형에 적절한 자세한 지침을 제공합니다.
- **핵심 요령**은 미분, 적분 세우기, 벡터곱, 자유 물체 도형 그리기, 직렬 및 병렬 연결 회로 단순화하기, 광선 추적법과 같은 구체적인 핵심 기술을 강화합니다.
- **확인 문제**는 학생들이 개념을 잘 이해했는지 빠르게 점검할 수 있도록 합니다. 대부분은 다중선택이나 정량적인 순위 형식을 사용하여 학생들의 오개념을 조사합니다. 또한 강의 반응 시스템과 함께 이용할 수 있습니다.
- **팁**은 유용한 문제풀이 힌트를 제공하거나 흔한 함정과 오개념에 주의를 줍니다.
- **도입부**에는 그 장의 학습에 필요한 기술과 지식, 그리고 학습 성과 목록뿐만 아니라 해당 장의 순서에 따른 위치를 표시하는 그래픽이 있습니다. 또한 장을 여는 역할을 하는 사진이 질문과 함께 포함되어 있는 데, 그 질문의 답은 학생들이 해당 장의 학습을 마치면 자명해집니다.
- **응용물리**는 실제 세계에 응용되는 흥미롭고 현대적인 물리학의 예를 반쪽보다 적은 분량의 독립적인 내용으로 소개합니다. 그 주제들은 자전거 안정성, 관성 바퀴의 에너지 저장, 레이저 시력 교정, 초대형 축전기, 소음 제거 헤드폰, 풍력, 자기 공명 영상, 스마트폰 자이로스코프, 복합발전소, 세포막의 회로 모형, CD, DVD, BD 기술, 탄소연대 측정 등등 아주 다양합니다.
- **개념 문제**는 각 장의 말미에 있으며, 학생들이 물리학의 개념적인 이해를 강화하고 동료 학습 또는 독학을 할 수 있도록 계획되어 있습니다.
- **주석이 달린 그림**에는 학생들이 그림과 그래프 정보를 읽고 해석하는 것을 돕도록 "강사가 말하는" 식의 간단한 주석이 포함되어 있습니다.
- **주석이 달린 방정식**은 주석이 달린 그림과 유사한 형식이며, 4판의 새로운 시도입니다.
- **장 말미**에 있는 문제들은 각 절에 맞춰진 좀 더 단순한 연습문제로 시작해서 장의 내용을 종합하여 더 어렵고 흔히 여러 단계로 구성되는 문제로 옮겨갑니다. 실제 세계 상황에 초점을 둔, 내용이 풍부한 문제가 각 문제 모음 곳곳에 배치되어 있습니다.
- **요약**은 문장, 삽화, 방정식을 결합하여 각 장의 종합적인 개요를 제공합니다. 요약은 계층적입니다. 장의 "핵심 개념"으로 시작하여 주요 개념 및 식에 초점을 맞춘 후, 장에 제시된 물리학의 구체적인 사례나 응용을 요약한 "응용"으로 끝납니다.

구성

이 현대적인 교재는 **간결하고, 전략적이고, 진보적이지만**, 구성에서는 **전통적**입니다. 교재는 서두의 1장과 여섯 가지 분야로 구성되어 있습니다. 1부(2~12장)는 역학의 기본 개념을 전개하고, 뉴턴 법칙과 보존 원리를 단일 입자계와 여러 입자계에 적용합니다. 2부(13~15

장)는 역학을 진동, 파동, 유체로 확장합니다. 3부(16~19장)는 열역학을, 4부(20~29장)는 전기와 자기를 다룹니다. 5부(30~32장)는 광학을 취급하는데, 먼저 기하광학 근사를 다루고 다음으로 파동 현상을 다룹니다. 6부(33~39장)는 상대론과 양자물리학을 소개합니다. 각 부는 그 범위를 간단하게 소개하는 것으로 시작하여 개념 요약과 여러 장의 개념을 종합하는 도전 문제로 끝납니다.

강사 보조교재

참고: 모든 강사 보조 교재는 Mastering^{TM}Physics(www.masteringphysics.com)의 Instructor's Resource 영역에서 내려 받을 수 있습니다.

보조 교재 이름	강사 또는 학생 보조 교재	설명
Mastering^{TM}Physics (www.masteringphysics.com) (9780135285848)	강사 및 학생용 보조 교재	피어슨 출판사의 Mastering Physics는 이용할 수 있는 가장 진보적인 물리학 과제 및 학습 시스템입니다. 이 온라인 과제 및 학습 시스템은 개별적인 진도에 맞추어 지도를 하는 학습 프로그램으로 학생들이 물리학의 가장 어려운 주제들을 헤쳐 나갈 수 있도록 인도합니다. 심층적인 배정 가능 학습 프로그램은 학생들의 개별적인 오류에 정확한 힌트와 피드백으로 학생들을 지도하도록 설계되어 있습니다. 또한 강사들은 다중선택 질문, 절의 연습 문제, 실전 문제를 포함하여 장 말미에 있는 문제들을 배정할 수 있습니다. 수치 답과 임의로 배정된 값(유효 숫자 피드백 포함), 또는 풀이가 있는 정량적인 문제를 배정할 수 있습니다. Mastering gradebook은 한 자리에서 과제를 모두 자동으로 점수를 내고 기록하고, 진단 도구가 학생들의 이해도와 오개념을 점검한 풍부한 자료를 강사에게 제공합니다. http://www.masteringphysics.com
미디어로 보강된 Pearson eText (9780135208120)	강사 및 학생용 보조 교재	<핵심물리학> 4판은 이전에 Mastering을 통해서만 제공했던 미디어로 보강된 Pearson eText를 제공합니다. Pearson eText는 학생들이 메모를 생성하고, 본문을 강조하고, 책갈피를 만들고, 확대하고, 읽으면서 동영상을 실행하고, 여러 쪽을 볼 수 있는 권한을 부여합니다. 교수도 강의를 위해 본문에 주석을 달고 강의 계획에 포함되지 않는 장들을 숨길 수 있습니다.
강사용 해답집 (내려 받기용) (9780135191729)	강사용 보조 교재	John Beetar가 준비한 강사용 해답집은 각 장의 모든 문제의 해답을 해석/전개/풀이/검증(IDEA) 문제풀이 구성에 따라 기술하고 있습니다. PDF 형식, 그리고 Mac과 PC에서 편집할 수 있는 Microsoft® Word 형식(방정식은 MathType)으로 풀이를 제공합니다.
강사용 자료 (내려 받기용) (9780135412510)	강사용 보조 교재	강의 영상, 학습물, 시험 제작에 사용하도록 교재의 모든 그림, 사진, 표를 JPEG 형식으로 제공합니다. 확인문제 점검을 포함한 "Clicker Questions"와 강사용 해답집 파일을 내려 받아서 강의 반응 시스템과 함께 사용할 수 있습니다. 각 장에는 PowerPoint® 강의 개요 모음이 있습니다. 이 자료는 Mastering Physics 안의 'Instructor's Resources' 영역에서 내려 받거나 www.pearsonhighered.com의 Wolfson's Essential University Physics, 4th edition의 카탈로그 페이지에서도 내려 받을 수 있습니다.
TestGen 문제 은행 (내려 받기용) (9780135412497)	강사용 보조 교재	TestGen 문제 은행은 2000개 이상의 다중선택 문제, OX 문제, 개념 문제를 Mac과 PC 사용자용의 TestGen®과 Microsoft Word® 형식으로 제공합니다. 절반 이상이 임의의 수치로 배정할 수 있는 질문입니다.

감사의 글

이 같은 규모의 기획은 저자 혼자만의 작품이 아닙니다. 누구보다도 먼저 그 기여에 고마움을 전하는 이들은 미들베리 대학의 미적분 기반 물리학 개론 강좌에서 가르쳤던 수천 명의 학생들입니다. 수년 동안 학생들의 질문에서 다양한 학습 방식에 적절한 많은 다양한 방법으로 물리학 개념을 전달하는 방법을 배웠습니다. 여러분은 물리학 개론 학생들이 어려워하는 "걸림돌"을 확인하는데 도움이 되었고, 많은 학생들에게 발생하는 오개념을 피하고 "없앨" 수 있는 방법들을 보여주었습니다.

이 교재를 개선하도록 값진 제안을 해준 수많은 강사와 학생들에게도 고마움을 전합니다. 여러분은 <핵심물리학> 4판에 구현된 여러분의 많은 의견들을 발견할 것입니다. 그리고 이 교재를 가르치며 정기적으로 유익한 충고와 통찰을 제공한 미들베리 물리학과 동료들인 Jeff Dunham, Mike Durst, Angus Findlay, Eilat Glikman, Anne Goodsell, Noah Graham, Chris Herdmann, Paul Hess, Susan Watson, 그리고 특히 Steve Ratcliff에게 특별한 고마움을 전합니다.

노련한 물리학 강사들이 이 교재의 각 장을 철저히 검토했고, 검토자의 의견으로 원고의 초고에 상당한 변화가 생겼으며, 때로는 큰 폭의 개정도 있었습니다. 아래에 모든 검토자의 명단이 실려 있습니다. 하지만 먼저, 이 교재의 질과 어떤 경우에는 교재 자체가 존재할 수 있게 뛰어난 공헌을 한 몇 분에게 특별한 감사를 전합니다. 첫 번째는 윌리엄 대학(Williams College)의 Jay Pasachoff 교수입니다. 나의 전문적인 경력의 큰 부분을 차지하는 물리학 개론의 저술은 그가 30여 년 이전에 미숙한 공저자에게 기꺼이 기회를 준 덕분입니다. 피어슨 출판사의 전 물리학 편집자인 Adam Black 박사는 방대하고, 백과사전적이고, 비싼 물리학 교재에 대해 커져가는 불만의 목소리에 대처하여 새로운 물리학 개론의 장래성을 알아보는 선견지명을 가졌습니다. 1판의 개발 편집자인 Brad Patterson은 그의 대학원 수준의 물리학 지식으로 진정한 협력자 역할을 했습니다. 이 책의 많은 혁신적인 특징은 그 덕분이었고, 그와 일하는 것이 즐거웠습니다. John Murdzek은 이 4판에서 Brad의 뛰어난 개발 편집의 전통을 이어갔습니다. 우리는 이 책에 가능한 한 실수가 없도록 만들기 위해 엄청난 노력을 기울였고, 행복한 상황이 된 것은 모든 새로운 문제와 개정 문제를 풀고 해답집을 갱신한 John Beetar, 그리고 답을 한 번 더 직접 풀어서 점검한 Edward Ginsberg 덕분입니다.

또한 피어슨 교육 출판부의 Nancy Whilton, Jeanne Zalesky, Tiffany Mok, 그리고 Integra의 Kim Fletcher에게 이 책의 바쁜 출판 일정 동안에 보여준 대단히 전문가다운 노력에 감사를 전합니다. 마지막으로, 이 책의 집중적인 저술 및 개정 과정 동안에 나의 가족, 동료, 학생들이 보여준 인내심에 항상 그렇듯이 감사를 전합니다.

검토자

John R. Albright, *Purdue University–Calumet*
Rama Bansil, *Boston University*
Richard Barber, *Santa Clara University*
Linda S. Barton, *Rochester Institute of Technology*
Rasheed Bashirov, *Albertson College of Idaho*
Chris Berven, *University of Idaho*

David Bixler, *Angelo State University*

Ben Bromley, *University of Utah*

Charles Burkhardt, *St. Louis Community College*

Susan Cable, *Central Florida Community College*

George T. Carlson, Jr., *West Virginia Institute of Technology–West Virginia University*

Catherine Check, *Rock Valley College*

Norbert Chencinski, *College of Staten Island*

Carl Covatto, *Arizona State University*

David Donnelly, *Texas State University–San Marcos*

David G. Ellis, *University of Toledo*

Tim Farris, *Volunteer State Community College*

Paula Fekete, *Hunter College of The City University of New York*

Idan Ginsburg, *Harvard University*

Eric Goff, *University of Lynchburg*

James Goff, *Pima Community College*

Noah Graham, *Middlebury College*

Austin Hedeman, *University of California–Berkeley*

Andrew Hirsch, *Purdue University*

Mark Hollabaugh, *Normandale Community College*

Eric Hudson, *Pennsylvania State University*

Rex W. Joyner, *Indiana Institute of Technology*

Nikos Kalogeropoulos, *Borough of Manhattan Community College–The City University of New York*

Viken Kiledjian, *East Los Angeles College*

Kevin T. Kilty, *Laramie County Community College*

Duane Larson, *Bevill State Community College*

Kenneth W. McLaughlin, *Loras College*

Tom Marvin, *Southern Oregon University*

Perry S. Mason, *Lubbock Christian University*

Mark Masters, *Indiana University–Purdue University Fort Wayne*

Jonathan Mitschele, *Saint Joseph's College*

Gregor Novak, *United States Air Force Academy*

Richard Olenick, *University of Dallas*

Robert Philbin, *Trinidad State Junior College*

Russell Poch, *Howard Community College*

Steven Pollock, *Colorado University–Boulder*

Richard Price, *University of Texas at Brownsville*

James Rabchuk, *Western Illinois University*

George Schmiedeshoff, *Occidental College*

Natalia Semushkina, *Shippensburg University of Pennsylvania*

Anwar Shiekh, *Dine College*
David Slimmer, *Lander University*
Richard Sonnefeld, *New Mexico Tech*
Chris Sorensen, *Kansas State University*
Victor A. Stanionis, *Iona College*
Ronald G. Tabak, *Youngstown State University*
Tsvetelin Tsankov, *Temple University*
Gajendra Tulsian, *Daytona Beach Community College*
Brigita Urbanc, *Drexel University*
Henry Weigel, *Arapahoe Community College*
Arthur W. Wiggins, *Oakland Community College*
Ranjith Wijesinghe, *Ball State University*
Fredy Zypman, *Yeshiva University*

물리학에 입문하는 것을 환영합니다! 아마도 여러분은 단 학기 또는 두 학기의 물리학 이수가 필요한 과학이나 공학 분야를 전공하기 때문에 물리학 개론을 수강하고 있을 것입니다. 어쩌면 여러분은 의예과 학생으로 의과대학이 점점 더 성적증명서에서 미적분 기반 물리학을 보고 싶어 한다는 것을 알고 있습니다. 아마도 여러분은 정말로 물리학에 열광하고 물리학을 전공할 계획일지도 모릅니다. 또는 여러분은 수학, 컴퓨터 과학, 화학 같은 관련 분야에 연관된 부전공으로서, 또는 경제학, 환경 연구, 심지어는 음악과 같은 교과를 보완하기 위해 물리학을 더 배우기를 원할 수도 있습니다. 어쩌면 여러분은 고등학교에서 대단한 물리학 수업을 들어서 계속 공부하기를 원할 수도 있습니다. 혹은 고등학교 물리학이 여러분에게 재앙이었기에 이 강좌를 마주하면서 두려움을 느끼고 있을 지도 모릅니다. 어쩌면 이것이 처음으로 겪는 물리학일 지도 모릅니다. 물리학 개론을 수강하는 이유가 어쨌든, 환영합니다!

그리고 여러분의 이유가 무엇이든 간에 여러분에 대한 저의 목표는 비슷합니다. 저는 여러분이 물리학의 세계를 깊고 본질적인 수준에서 이해하고 인식할 수 있도록 돕고 싶습니다. 저는 여러분이 물리학이 설명할 수 있는 광대한 자연 현상과 기술에 정통해지기를 원합니다. 그리고 여러분의 해석적이고 정량적인 문제 풀이 기술을 강화시키고 싶습니다. 여러분이 물리학을 공부하는 이유가 다만 필수이기 때문이라 하더라도 저는 여러분이 이 과목에 매혹되고 이 본질적인 과학과 그것의 넓은 응용성을 인식하고 가기를 원합니다. 물리학 교육자로서 저의 가장 큰 기쁨은 어쩔 수 없이 수강해야 했던 학생들이 나중에 물리학의 개념을 접하는 것을 진짜 즐기게 되었다고 말할 때입니다.

물리학은 근본적입니다. 물리학을 이해하는 것은 일상생활에서뿐만 아니라 직관을 거부할 정도로 작고 큰 시간과 공간에서 세상이 어떻게 작동하는지 이해하는 것입니다. 그러한 이유로 저는 여러분이 물리학이 매력적임을 발견하기를 바랍니다. 그러나 여러분은 또한 이것이 도전적인 것도 발견할 것입니다. 물리학을 배우는 것은 정확한 사고와 언어에 대한 필요성, 진부하기조차 한 현상의 미묘한 해석, 솜씨 있게 수학을 응용할 필요성으로 인해 여러분을 어렵게 할 것입니다. 그러나 물리학에도 단순함이 있습니다. 물리학에는 배워야 할 진짜 기초 원리가 아주 적다는 것 때문에 나타나는 바로 그 단순함입니다. 그 간결한 원리들이 자연현상과 기술 응용의 세계를 망라합니다.

저는 물리학 개론을 수십 년 동안 가르쳐 왔고, 이 책은 학생들이 가르쳐 준 모든 것의 정수를 뽑은 것입니다. 물리학에 접근하는 다양한 방법, 학생들이 흔히 물리학에 가지고 있는 미묘한 오개념, 가장 큰 도전을 제시하는 문제의 개념과 유형, 물리학이 매혹적이고, 흥미진진하고, 여러분의 인생과 관심에 관련이 있도록 하는 방법에 대해 학생들로부터 배웠습니다.

물리학 개론을 오랫동안 가르쳐 온 경험에서 나온 몇 가지 구체적인 충고를 여러분에게 하겠습니다. 이 충고를 명심하면 물리학이 좀 더 쉬워지고(그러나 반드시 쉽게 되는 것은 아닙니다!), 좀 더 흥미롭게 되고, 바라건대 좀 더 재미있을 것입니다.

- **읽으세요.** 어떤 과제 문제라도 풀려고 시도하기 전에 각 장을 철저하고 주의 깊게 읽어야 합니다. 저는 이 교재가 흡입력이 있도록 허물없는 대화식의 문체로 교재를 썼습니다. 이 책은 어떤 특정 정보가 필요할 때나 펼쳐보는 참고 자료가 아니라 물리학의 핵심

개념과 그것을 정량적인 문제 풀이에 적용하여 펼쳐 놓은 물리학의 "이야기"입니다. 여러분은 물리학이 수학적이기 때문에 어렵다고 생각할지 모르지만, 철저히 **읽지** 못한 것이 물리학 개론에서 어려움을 느끼는 가장 큰 이유인 것을 저의 오랜 경험에서 발견했습니다.

- **핵심 개념을 찾으세요.** 물리학은 다양한 현상, 법칙, 방정식을 암기해야 하는 잡탕이 아닙니다. 그보다는 겨우 몇 개의 핵심 개념이 있고, 그로부터 수많은 응용, 예제, 특수한 경우가 나옵니다. 특히, 물리학을 문제 풀 때 선택하는 방정식들의 잡동사니로 생각하지 마세요. 그보다는 소수의 핵심 개념과 그것을 나타내는 방정식을 확인한 후, 언뜻 보기에 다른 예제들과 특수한 경우들이 어떻게 그 핵심 개념과 연관되는지 알아보도록 하세요.

- **문제를 풀 때 다시 읽어보세요.** 본문의 적절한 절을 다시 읽으면서 예제에 더 특별히 주의하세요. 1장에 기술하고 모든 예제에 사용하는 IDEA 요령을 따르세요. 마지막의 검증 단계를 건너뛰지 마세요. 이 답은 적절한지, 이 답을 물리학의 핵심 원리와 관련하여 어떻게 이해할 수 있는지, 이 문제가 이미 풀었던 다른 문제 또는 본문의 예제와 어떻게 유사한지 항상 물으세요.

- **물리학과 수학을 혼동하지 마세요.** 수학은 도구이지 목적 그 자체는 아닙니다. 물리학의 방정식은 추상적인 수학이 아니라 물리적 세계에 대한 진술입니다. 각 방정식을 단지 수학적 항들 사이의 등식으로서 이해하는 것이 아니라 그 식이 물리에 대해 무엇을 말하는지 확실히 이해해야 합니다.

- **다른 사람과 같이 공부하세요.** 칠판이 있는 방에서 격의 없이 함께 모이는 것은 물리학을 탐구하고, 여러분과 다른 사람의 생각을 명확히 하고, 동료부터 배우는 대단히 좋은 방법입니다. 급우와 함께 물리학 문제를 논의하고, 각 장에 있는 "개념 문제"를 함께 심사숙고하고, 기초과학인 물리학의 이해를 키워가면서 서로간의 활발한 대화에 적극 참여하도록 여러분을 촉구합니다.

시범 교육 동영상은 Mastering Physics와 eText의 Study와 Instructor's Resource 영역에서 이용할 수 있습니다. 시험 준비에 이용할 수 있는 모의시험(Practice Exam)과 동적 학습 모듈(Dynamic Study Module)도 Mastering Physics에서 사용할 수 있습니다.

본 교재 <핵심물리학>은 리처드 울프슨 교수가 교육 경력 40여 년 동안 학생들이 물리학을 공부하면서 직면하는 어려움과 오개념뿐만 아니라 핵심 개념이 명료해지는 경험의 순간까지 지켜본 경험에서 우러나온 성과물인 <Essential University Physics> 4판을 번역한 것입니다.

미적분 기반 물리학 교재인 <핵심물리학>의 주요 목표는 물리학 문제 해결 능력을 향상시키고 물리학의 세계를 깊고 본질적인 수준에서 이해하고 인식하는 것을 돕는 것입니다.

미적분 기반 물리학 과정이 필요한 다양한 학문 분야의 학생들이 과학과 공학을 위한 문제 해결을 위해 필요한 해석적이고 정량적인 기술과 확신을 기르도록 돕기 위해 <핵심물리학>은 모든 예제를 확인/과정/풀이/검증(IDEA)의 네 단계에 따라 제시합니다. 그래서 학생들이 아무 생각 없이 관련 방정식을 찾아 헤매고 단순히 식에 숫자를 대입하여 답을 구하는 방식에서 벗어나 문제를 해석하고 핵심 개념을 확인하여 답에 도달하는 계획을 세우고 나서 풀이를 한 후 풀이가 타당한지, 다른 예제들과 유사한 점과 다른 점이 무엇인지 비교해보고 추가적인 통찰을 얻도록 구성되어 있습니다. 특히 예제에 기초하여 예제와 똑같은 상황이지만 숫자가 다른 문제와 묻는 질문이 다른 문제, 그리고 완전히 다른 상황의 유사한 두 문제로 구성된 일련의 문제 세트는 학생들이 익숙한 영역에서 점차적으로 벗어나면서 더 도전적이고 복잡한 문제를 해결할 수 있는 능력을 함양하도록 되어 있습니다.

본 교재는 문제 해결 능력과 더불어 일상생활에서 현대의 많은 기술과 물리학 사이의 연관성을 이해할 수 있도록 아주 다양한 주제의 응용 예들이 각각 반쪽 분량 정도의 양으로 수록되어 있습니다. 또한 주석이 달린 그림은 학생들이 그림과 그래프 정보를 읽고 해석하는 것을 돕도록 고안되어 있고, 주석이 달린 핵심 방정식은 방정식의 "해부학"으로서 방정식이 그저 숫자만 대입하는 단순한 공식이 아니라 물리적 우주에 대한 생생한 진술로 이해하고 가장 기본적인 수준에서 물리적 세계를 인식할 수 있도록 꾸며져 있습니다.

<핵심물리학>은 물리학 교육 연구에서 증명된 방법을 받아들여 간결하지만, 전략적이며, 진보적입니다. 미적분 기반 물리학 과정이 필요한 대다수 이공계 학과 학생들에게 적합한 교재라고 생각합니다.

대표 역자 심경무

간략한 차례

차례

물리학 시작하기

예비 지식

- 고등학교 대수학과 기하학
- 삼각법 및 기초 미적분학

학습 목표

이 장을 학습하고 난 후 다음을 할 수 있다.

LO 1.1 물리학의 범위와 관련 기술을 열거할 수 있다.

LO 1.2 국제 단위계(SI)의 기본 단위를 나열할 수 있다.

LO 1.3 단위 변환을 할 수 있다.

LO 1.4 과학 표기법 또는 SI 접두어를 사용할 수 있다.

LO 1.5 유효 숫자를 계산할 수 있다.

LO 1.6 물리량의 크기 정도를 추정할 수 있다.

LO 1.7 자료를 그래프로 나타내고 최적 맞춤 직선을 사용하여 정보를 추출할 수 있다.

DVD와 관련된 물리학 영역은 무엇일까?

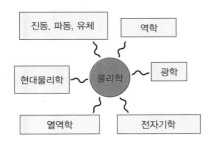

그림 1.1 물리학의 영역

DVD 플레이어에 DVD(디지털 비디오디스크)를 넣으면 레이저 광선이 회전하는 DVD에서 정보를 읽어 들인다. 이어 전자 회로에서 정보를 처리하여 영상재생장치로 보내고, 또 전기 신호를 음파로 변환하여 스피커로 내보낸다. 이와 같이 우리가 DVD로 영화를 볼 수 있는 모든 단위에는 물리학의 원리가 숨어 있다.

1.1 물리학의 영역

LO 1.1 물리학의 범위와 관련 기술을 열거할 수 있다.

DVD 플레이어에는 자연계의 기본 원리를 기술하는 **물리학**(physics)이 숨어 있다. 물리학은 원자나 분자의 거동, 폭풍우, 무지개, 별, 은하 그리고 우주의 진화까지 모든 자연현상을 설명할 수 있다. 또한 물리학의 기술적 응용은 마이크로 전자공학에서 영상의학, 자동차, 비행기, 우주여행 등 일상생활의 모든 영역의 기반이 되고 있다.

물리학은 거의 모든 자연현상의 원리를 통일적 관점으로 기술하며, 그 영역은 그림 1.1처럼 구분하면 이해하기 쉽다. 예를 들어 DVD 플레이어는 거의 모든 물리학 영역을 포함하는데, 디스크의 회전 운동은 운동을 기술하는 물리학의 **역학**(mechanics)으로 설명할 수 있다. 역학은 자동차의 주행, 행성의 궤도 운동, 초고층 빌딩의 안정성 등도 설명할 수 있다. 1부에서는 이러한 역학을 공부할 것이다.

스피커에서 나오는 음파는 **파동**(wave motion)이다. 해변으로 밀려오는 파도, 축구장 관중의 파도타기, 지각 운동과 지진파 등도 이에 포함된다. 2부에서는 이러한 진동, 파동의 운동, 공기와 물 같은 유체의 운동 등을 공부할 것이다.

강력한 레이저 광선을 CD(콤팩트디스크)나 DVD에 쪼이면, CD나 DVD의 물성을 변화시켜서 음성이나 영상과 같은 디지털 정보가 사라진다. 이것은 열역학의 예이다. **열역학**

(thermodynamics)은 열과 물질을 다루는 물리학 영역이다. 3부의 4개 장에서는 에너지의 전달, 열에너지 균형, 현대 사회에서의 에너지 수급 문제 등을 공부할 것이다.

DVD를 회전시키는 것은 전기 에너지를 운동 에너지로 변환시키는 장치인 전동기이다. 전동기는 지하철, 전기 자동차, 엘리베이터, 세탁기, 인슐린펌프, 인공심장 등 일상 곳곳에서 볼 수 있다. 반면에 발전기는 운동 에너지를 전기 에너지로 변환시켜서 전기를 공급하는 장치이다. 이러한 전동기와 발전기는 **전자기학**(electromagnetism)의 응용물리이다. 컴퓨터를 비롯하여 음성과 영상 전자기기, 마이크로 오븐, 디지털시계, 전구 같은 전자기 기술이 없었다면 인류의 생활 자체가 달라졌을지도 모른다. 또한 위성 TV(텔레비전), 휴대전화, 마우스, 키보드 등 무선기술도 전자기학이 그 기초이다. 심지어 빛도 전자기적 현상이다. 4부에서는 이러한 전자기학의 기본과 응용에 대해 공부할 것이다.

레이저광선을 쪼여서 정보를 읽어 내는 DVD 플레이어는 빛을 다루는 **광학**(optics)의 원리에 따라 작동한다. 광학의 응용은 확대경, 콘택트렌즈, 현미경, 망원경, 분광기 등 일상생활과 밀접하다. 광섬유는 인터넷, 이메일 등 전 세계적 통신을 가능하게 하며, 사람의 눈 또한 훌륭한 광학기기이다. 5부에서는 이러한 광학의 원리와 응용에 대해 공부한다.

DVD 플레이어의 레이저 광선은 전자기파로, 원자 수준에서 나타나는 빛과 물질의 상호작용의 결과이다. 이는 **양자역학**(quantum mechanics) 영역에 해당한다. 양자역학으로 화학의 기초인 원자의 구조, 주기율표 등도 설명할 수 있다. 양자역학은 **현대물리학**(modern physics)의 두 기둥 중 하나이다. 다른 하나는 아인슈타인의 **상대성이론**(theory of relativity)이다. 20세기 초에 상대론과 양자역학이 등장함으로써 시간, 공간, 인과율에 관한 상식이 바뀌게 되었다. 6부에서는 이러한 현대물리학의 개념들을 소개하고, 전 우주의 역사와 미래, 그리고 우주를 이루고 있는 조성이 (그리고 모르는 것이) 무엇인지 살펴본다.

개념 예제 1.1   자동차 물리학

자동차에서 물리학의 다른 여러 영역을 예로 들 수 있는 장치를 말하라.

풀이 자동차 역학은 쉽다. 자동차는 본질적으로 운동이 목적인 기계 장치이다. 출발, 정지, 코너링뿐만 아니라 다수의 다른 운동도 포함된다. 안락한 승차감을 제공하는 자동차의 스프링과 충격 흡수 장치는 진동계이다. 엔진은 열역학계의 주요한 예로서 휘발유 연소의 에너지를 자동차의 운동으로 바꿔 준다. 전자기계는 시동기와 점화 플러그에서부터 엔진의 성능을 감시하고 최적화하는 정교한 전자기기에 이르기까지 그 범위가 넓다. 백미러, 사이드미러와 전조등은 광학의 원리를 따른다. 또한 광섬유는 흥미롭게도 생명 안전장치에 정보를 전달한다. 자동차에서는 현대물리학 영역이 덜 명백하여 보이지만, 궁극적으로는 휘발유 연소의 화학 반응에서부터 주행 전자 장비의 원자 수준 작동에 이르기까지 모든 것이 현대물리학의 원리를 따르고 있다.

1.2 측정과 단위

LO 1.2 국제 단위계(SI)의 기본 단위를 나열할 수 있다.
LO 1.3 단위 변환을 할 수 있다.

걷는 사람, 뛰는 사람, 자동차 운전자, 비행기 조종사, 우주비행사 등에게 '먼 거리'의 개념은 각각 다른 의미이다. 따라서 측정을 정량화해야 할 필요가 있다. 오늘날 과학계에서는 **미터**

단위계(metric system)를 사용하고 있다. 현재는 기본 물리량인 길이, 질량, 시간을 m(미터), kg(킬로그램), s(초)로 각각 표기하는 미터 단위계를 **SI 단위계**라고 부른다.

세 가지 기본량은 원래 자연계에 기초하여 정의되었었다. 즉 지구의 크기를 기준으로 미터를, 물의 양을 기준으로 킬로그램을, 하루의 길이를 기준으로 초를 정의하였다. 나중에 길이와 질량의 기준을 특정한 인공물로 대체하였는데, 특정한 막대의 길이를 1미터로 하고 특정한 원통의 질량을 1킬로그램으로 정의하였다. 그러나 하루의 길이와 같은 자연계의 기준이 변할 수 있듯이 인공물의 성질도 변할 수 있어서 초기의 SI 정의 대신에 실험 과정에 기초한 측정 표준인 **조작적 정의**(operational definition)가 등장하게 되었다. 그러한 표준 정의의 장점은 과학자들이 어디에서나 그 표준을 재현할 수 있다는 것이다. 20세기 후반에 미터와 초에 대한 조작적 정의가 이루어졌지만 킬로그램에 대해서는 정의가 안 된 상태였다.

특별한 형태의 조작적 정의는 특정한 자연 상수에 정확한 값을 부여하는 것과 주로 관련된다. 아래에 기술한 것처럼 이런 식으로 정의한 첫 번째 단위가 미터이다. 단위를 기본적이고 불변하는 물리 상수에 기초하여 정의하는 것이 SI 단위계의 장기적인 안정성을 확보하는 최선의 방법이라는 것이 21세기 초에 확실해진 것이다. 따라서 이러한 표준의 새로운 정의를 바탕으로 세계 도처의 실험실에서는 가장 신뢰할 수 있는 측정 기술을 발굴하였으며 기본 상수의 불확실성을 좁히기 위해 서로 협력한다. 이와 같은 노력으로 2019년 표준도량형국(International Bureau of Weights and Measures)은 현재에는 정확한 값으로 주어지는 킬로그램 및 기타 소위 기본 단위들을 재정의하는 SI 시스템의 개정을 승인하였다.

이러한 소위 **명시적 상수**(explicit-constant) 정의는 어떻게 한 단위의 정의가 다른 단위의 정의와 관련 있는지를 명확히 보여 주고 있다. 예를 들면 미터의 정의는 시간 정의를 필요로 한다.

1999년 9월, 화성 기후탐사선이 예상 외로 화성의 대기권으로 진입하면서 변형력과 가열 때문에 파괴되었다. 아래 그림처럼 우주 공간에 머물도록 설계한 125만 달러의 탐사선이 왜 화성 대기권으로 진입하였을까? 물론 항해와 관련된 오차가 주된 문제였지만, 미국항공우주국(NASA)의 한 팀이 로켓의 추진력을 결정할 때 사용한 영국 단위를 다른 팀이 SI 단위로 착각하고 바꾸지 않은 '근원적 오류' 때문이었다. 결국 단위 사용에서 문제가 발생하였던 것이다.

시간

지구의 자전을 이용하여 **초**(second)를 정의해 왔지만, 일정하지 않아 1900년의 어떤 특정한 시간 흐름 부분으로 재정의하였고, 이후 1967년에 특정한 원자가 방출하는 방사(radiation)와 초를 연관시키는 조작적 정의가 이루어졌다. 이러한 새로운 정의는 위에서 말한 조작적 정의의 본질은 유지되었지만 좀 더 명확한 '명시적 정의'의 형태로 바꾸어 표현되었다.

> **시간(초)** 초(기호 s)는 시간의 SI 단위이다. 세슘-133 원자의 섭동이 없는 바닥 상태의 초미세 전이 진동수 $\Delta\nu_{Cs}$의 값이 Hz 단위로 표현할 때 고정 숫자 9,192,631,770이 되도록 택함으로써 초를 정의한다. 여기서 Hz는 s^{-1}과 같다.

이와 같은 정의를 구현하는 장치(일부 원자 물리학을 연구한 후에는 좀 더 명확히 알 수 있음)를 원자 시계라고 한다. 위의 'Hz'라는 문구에서 진동수의 단위인 헤르츠(Hz)가 도입되었는데, 이것은 매초 발생하는 반복 과정의 횟수이다.

길이

길이의 단위인 **미터**(meter)는 처음에는 적도에서 북극까지 거리의 천만분의 일로 정의되었다. 1889년에 이러한 지구 본위의 표준을 조정하였고, 1960년에 빛의 파장을 기준으로 표준

미터를 정의하였다. 1970년대에는 광속이 가장 정밀하게 측정할 수 있는 양의 기준이 되었다. 그래서 1983년에는 빛이 진공에서 1초의 1/299,792,458 동안 진행한 거리로서 미터를 재정의하였다. 이 정의의 결과로 광속은 정의된 양인 299,792,458 m/s가 된다. 따라서 미터는 기본 상수의 정의된 값에 기초한 첫 번째 SI 단위가 되었다. 이후 미터에 대한 새로운 SI 정의는 1983년도의 정의를 유지는 하지만 명시적 상수 정의의 형태로 바뀌었으며 초의 정의와 연관되어 있다.

> **길이(미터)** 미터(기호 m)는 길이의 SI 단위이다. 진공에서 광속의 값이 $m \cdot s^{-1}$ 단위로 표현할 때 고정 숫자 299,792,458이 되도록 택함으로써 미터를 정의한다. 여기서 초는 세슘 진동수 $\Delta \nu_{Cs}$의 항으로 정의되어 있다.

질량

1889년부터 2019년까지, 질량의 표준은 프랑스의 표준도량형국에 보관된 백금-이리듐 합금의 표준원기이다. 이 표준원기에 접근하기도 불편할 뿐만 아니라 표준원기와 이것에 기반한 이차질량원기 사이의 질량차가 아직은 작은 상황이지만, 점점 커지고 있다.

2019 SI 개정에서 킬로그램은 명시적 상수 정의를 얻는 마지막 단위가 되었다. 킬로그램의 새로운 정의는 원자 및 원자 이하 수준에서 분명해지는, 어떤 물리량의 더 이상 쪼갤 수 없는 "알갱이"와 관련된 기본 상수인 플랑크 상수 h와 관련이 있다. 또한 초와 미터의 정의와도 연관되어 있다.

> **질량(킬로그램)** 킬로그램(기호 kg)은 질량의 SI 단위이다. 플랑크 상수 h의 값이 $J \cdot s$ 단위로 표현할 때 고정 숫자 6.626 070 15 × 10^{-34}이 되도록 택함으로써 킬로그램을 정의한다. 여기서 $J \cdot s$는 $kg \cdot m^2 \cdot s^{-1}$과 같고 미터, 초는 c, $\Delta \nu_{Cs}$의 항으로 정의되어 있다.

다른 SI 단위

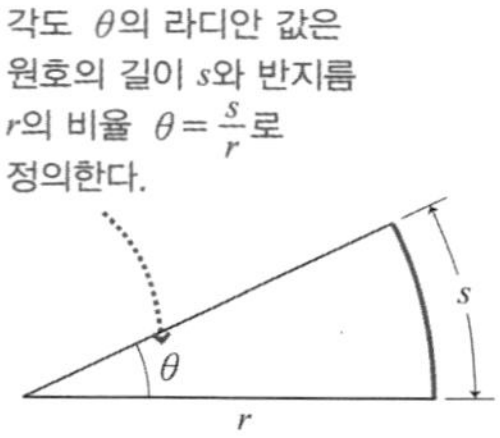

SI 단위계에는 7개의 기본 단위가 있다. 위에서 정의한 미터, 초, 킬로그램 이외에 전류 단위인 암페어(A), 온도 단위인 켈빈(K), 물질의 양인 몰(mol), 광도인 칸델라(cd)가 있다. SI 개정에서는 새로운 명시적 상수 정의가 사용되는데, 칸델라를 제외한 나머지 전부는 기본 물리 상수의 값을 정하는 것과 관련되어 있다. 일곱 개의 기본 단위 외에도 추가 단위로 각도인 라디안(rad)(그림 1.2 참조)과 입체각인 스테라디안(sr)이 있다. 이외의 다른 물리량들은 기본 단위에서 유도할 수 있다. 예제나 문제에서 일상적으로 접두어를 사용할 것이다. 또한 종종 단위 변환 없이 SI 접두어로 문제에 답할 것이다.

각도 θ의 라디안 값은 원호의 길이 s와 반지름 r의 비율 $\theta = \frac{s}{r}$로 정의한다.

그림 1.2 라디안은 각도의 SI 단위이다.

SI 접두어

박테리아의 길이(0.00001 m) 또는 두 도시 사이의 거리(58,000 m) 같은 길이도 표기할 필요가 있다. 이와 같이 너무 작거나 너무 큰 경우에는 SI 단위에 접두어를 곱해서 사용한다. 예를 들어 접두어 k(킬로)는 1000을 뜻하므로 1 km = 1000 m이다. 따라서 두 도시 사이의 거리는 58 km로 표기한다. 마찬가지로 접두어 μ(뮤)는 마이크로, 즉 10^{-6}을 뜻한다. 따라서 박테리아의 길이는 10 μm로 표기한다. 표 1.1에 SI 접두어가 수록되어 있다.

두 단위를 함께 표기할 경우에는 뉴턴-미터와 같이 '-'을 사용한다. 각 단위는 고유의 기호가 있다. 예를 들어 m은 미터, N은 뉴턴(힘의 SI 단위)이다. 기호는 소문자로 표기하는 것이 원칙이지만, 인명을 사용할 경우에는 대문자로 표기한다. 즉 뉴턴(newton)은 소문자 'n'으로 표기하지만, 기호는 대문자 N으로 표기한다. 다만, 부피 단위인 리터(L)는 예외로, 소문자 'l'은 숫자 1과 혼동하기 쉬우므로 대문자 L로 표기한다. 뉴턴-미터 같은 두 단위의 곱은 N·m처럼 중간점으로 표기한다. 한편 두 단위의 나누기는 기호 '/'로 표기하거나 거듭제곱 -1을 사용한다. 즉 속력의 SI 단위는 m/s 또는 $m \cdot s^{-1}$로 표기한다.

다른 단위계

인치, 피트, 야드, 마일, 파운드 같은 영국 단위계는 여전히 미국에서 사용되고 있다. SI 단위인 h(시)는 SI 단위계와 영국 단위계에서 혼용되고 있다. 예를 들어 제한 속력은 마일/시(mi/h), 킬로미터/시(km/h) 등으로 표기한다. 일부 물리학 영역에서도 비 SI 단위를 사용할 때가 있다. 예를 들어 각도를 측정할 때 라디안(rad)보다는 도(°)가 편리한 경우가 많다. 그러나 과학 분야에서는 거의 대부분 SI 단위로 표기한다. 이 책의 예제와 문제에서는 엄격하게 SI 단위계를 사용할 것이다.

단위 변환

때때로 하나의 단위 시스템에서 다른 단위, 즉 영국 단위에서 SI 단위로의 변환이 필요한 경우가 있다. 부록 C에 단위 사이의 전환 인자가 수록되어 있으므로 필요할 때마다 활용하기 바란다.

예를 들어 부록 C에서 1 ft = 0.3048 m이다. 1 ft와 0.3048 m는 똑같은 물리적 거리를 나타내므로 어떤 거리에 둘의 비율을 곱하면 단위는 바뀌지만 실제 물리적 거리는 바뀌지 않는다. 따라서 세계에서 가장 높은 건축물인 두바이의 부르즈 할리파(그림 1.3)의 높이는 2722 ft 또는 다음과 같다.

$$(2722 \text{ ft}) \left(\frac{0.3048 \text{ m}}{1 \text{ ft}} \right) = 829.7 \text{ m}$$

여러 단위를 바꾸려면 연쇄적인 전환 인자 곱하기에 유의해야 한다. 단위가 틀리면 수치는 무의미하다.

확인문제	**1.1** 캐나다 고속도로 제한 속력 50 km/h에 가장 가까운 미국 속력은 시속 몇 마일인가? (a) 6 mi/h, (b) 45 mi/h, (c) 30 mi/h

표 1.1 SI 접두어

접두어	기호	멱급수
요타	Y	10^{24}
제타	Z	10^{21}
엑사	E	10^{18}
페타	P	10^{15}
테라	T	10^{12}
기가	G	10^{9}
메가	M	10^{6}
킬로	k	10^{3}
헥토	h	10^{2}
데카	da	10^{1}
-	-	10^{0}
데시	d	10^{-1}
센티	c	10^{-2}
밀리	m	10^{-3}
마이크로	μ	10^{-6}
나노	n	10^{-9}
피코	p	10^{-12}
펨토	f	10^{-15}
아토	a	10^{-18}
젭토	z	10^{-21}
욕토	y	10^{-24}

829.7 m
2722 ft

그림 1.3 두바이의 부르즈 할리파는 세계에서 가장 높은 구조물이다.

예제 1.1	**단위 변환: 제한 속력**	응용 문제가 있는 예제

제한 속력 65 mi/h를 m/s로 변환하라.

풀이 부록 C에서 1 mi = 1609 m이므로 1609 m/mi을 곱해서 미

터로 바꾼 다음, 전환 인자 3600 s/h를 이용하면 다음을 얻는다.

$$65 \text{ mi/h} = \left(\frac{65 \text{ mi}}{h} \right) \left(\frac{1609 \text{ m}}{mi} \right) \left(\frac{1 \text{ h}}{3600 \text{ s}} \right) = 29 \text{ m/s}$$

1.3 숫자 다루기

....

LO 1.4 과학 표기법 또는 SI 접두어를 사용할 수 있다.

LO 1.5 유효 숫자를 계산할 수 있다.

LO 1.6 물리량의 크기 정도를 추정할 수 있다.

LO 1.7 자료를 그래프로 나타내고 최적 맞춤 직선을 사용하여 정보를 추출할 수 있다.

....

과학적 표기법

우주의 크기는 정말로 광범위하다. 양성자의 반지름은 $1/1,000,000,000,000,000$ m 이고, 은하의 크기는 $1,000,000,000,000,000,000,000$ m 이다. 따라서 10의 거듭제곱으로 표기하는 **과학적 표기법**(scientific notation)이 필요하다. 예를 들어 4185는 4.185×10^3, 0.00012는 1.2×10^{-4}으로 표기한다. 표 1.2는 길이, 시간, 질량의 기본 물리량의 크기들이다. 약 1분 동안(약 10^2번의 심장 박동 또는 인간 수명의 3×10^{-8}) 표 1.2와 그림 1.4를 살펴보라.

길이가 10^{21} m인 은하계의 질량은 10^{42} kg 정도이다.

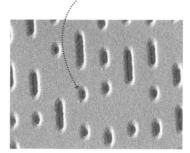

영화를 저장한 DVD의 구멍 크기는 4×10^{-7} m에 불과하다.

그림 1.4 크고 작은 구멍

표 1.2 거리, 시간, 질량(유효 숫자 한 자리로 표기)

관측 가능한 우주의 반지름	1×10^{26} m
지구 반지름	6×10^6 m
가장 높은 산	9×10^3 m
인간의 키	2 m
적혈구 지름	1×10^{-5} m
양성자 크기	1×10^{-15} m
우주 나이	4×10^{17} s
지구의 궤도 주기(1년)	3×10^7 s
인간의 심장 박동	1 s
마이크로파의 주기	5×10^{-10} s
빛이 양성자를 통과하는 시간	3×10^{-24} s
은하계의 질량	1×10^{42} kg
산의 질량	1×10^{18} kg
인간의 질량	70 kg
적혈구의 질량	1×10^{-13} kg
우라늄 원자의 질량	1×10^{-25} kg
전자의 질량	1×10^{-30} kg

공학용 계산기는 과학적 표기법으로 숫자를 처리한다. 그러나 간단명료한 규칙을 사용하면 설사 공학용 계산기가 없어도 과학 표기법으로 숫자를 처리할 수 있다.

핵심요령 1.1 과학적 표기법의 계산

덧셈과 뺄셈 지수의 크기를 같게 한 후 더하거나 뺀다.

$$3.75 \times 10^6 + 5.2 \times 10^5 = 3.75 \times 10^6 + 0.52 \times 10^6 = 4.27 \times 10^6$$

곱셈과 나눗셈 자릿수는 곱하거나 나누고, 지수는 더하거나 뺀다.

$$(3.0 \times 10^8 \text{ m/s})(2.1 \times 10^{-10} \text{ s}) = (3.0)(2.1) \times 10^{8+(-10)} \text{ m} = 6.3 \times 10^{-2} \text{ m}$$

제곱과 제곱근 자릿수는 주어진 거듭제곱으로 계산하고, 지수는 곱한다.

$$\sqrt{(3.61 \times 10^4)^3} = \sqrt{3.61^3 \times 10^{(4)(3)}} = (47.04 \times 10^{12})^{1/2}$$
$$= \sqrt{47.04} \times 10^{(12)(1/2)} = 6.86 \times 10^6$$

예제 1.2 | **과학적 표기법: 쓰나미 경고**

지진으로 발생한 쓰나미의 파괴력은 엄청나다. 해저면에서 해수면까지 전체 바다가 파동 운동을 하기 때문이다. 쓰나미 파동의 속력은 $v = \sqrt{gh}$ 이며, $g = 9.8 \, \text{m/s}^2$은 중력 가속도, h는 바닷물의 깊이이다. 깊이가 3.0 km인 바다에서 쓰나미의 속력을 구하라.

풀이 3.0 km $= 3.0 \times 10^3$ m이므로 다음을 얻는다.

$$v = \sqrt{gh} = [(9.8 \, \text{m/s}^2)(3.0 \times 10^3 \, \text{m})]^{1/2}$$
$$= (29.4 \times 10^3 \, \text{m}^2/\text{s}^2)^{1/2} = (2.94 \times 10^4 \, \text{m}^2/\text{s}^2)^{1/2}$$
$$= \sqrt{2.94} \times 10^2 \, \text{m/s}$$
$$= 1.7 \times 10^2 \, \text{m/s}$$

여기서 제곱근 계산을 더 쉽게 하기 위해 $29.4 \times 10^3 \, \text{m}^2/\text{s}^2$을 $2.94 \times 10^4 \, \text{m}^2/\text{s}^2$으로 썼다. 이제 km/h로 전환하면 다음과 같다.

$$1.7 \times 10^2 \, \text{m/s}$$
$$= \left(\frac{1.7 \times 10^2 \, \cancel{\text{m}}}{\cancel{\text{s}}} \right) \left(\frac{1 \, \text{km}}{1.0 \times 10^3 \, \cancel{\text{m}}} \right) \left(\frac{3.6 \times 10^3 \, \cancel{\text{s}}}{\text{h}} \right)$$
$$= 6.1 \times 10^2 \, \text{km/h}$$

파동의 속력이 600 km/h 정도이므로 먼 해변에서조차 쓰나미에 대비할 시간적 여유가 부족함을 보여 준다.

유효 숫자

예제 1.2에서 계산한 $1.7 \times 10^2 \, \text{m/s}$는 얼마나 정확할까? 두 자리 **유효 숫자**(significant figure) 1.7은 1.6이나 1.8이 아니라 1.7에 가깝다는 뜻이다. 유효 숫자가 적을수록 정확도가 떨어진다.

예제 1.2에 주어진 두 양의 유효 숫자는 모두 두 자릿수이다. 계산이 정확도를 증가시키는 것이 아니므로, 답 또한 두 자릿수의 유효 숫자로 잘라야 한다. 계산기나 컴퓨터는 종종 더 많은 자릿수를 가지지만 이들 대부분은 거의 의미가 없다.

지구 둘레는 얼마일까? 물론 $2\pi R_E$이다. π는 $3.14159\cdots$이다. 만약 지구 반지름 R_E가 6.37×10^6 m로 주어졌다면, 세 자릿수 이상의 π값은 무의미하다. 따라서 유효 숫자의 자릿수가 다른 경우에는 다음의 규칙을 적용한다.

> 곱하기, 나누기의 결과에서 계산에 사용되는 양 가운데 가장 작은 자릿수를 유효 숫자 개수로 택한다.

1.248 km 길이의 다리로 연결하는 진입로를 설계한다고 하자. 진입로의 길이는 65.4 m이다. 전체 길이는 얼마일까? 두 값을 더하면 1.248 km + 0.0654 km = 1.3134 km이지만, 다리의 길이가 ± 0.001 km 이상으로 정확하지 않으므로 유효 숫자가 세 자릿수인 1.313 km이다. 따라서 다음과 같이 표기할 수 있다.

> 더하기, 빼기의 결과에서는 계산에서 사용되는 양 가운데 소수점 오른쪽 숫자가 가장 적은 쪽의 수와 같이 소수점 오른쪽 숫자를 택한다.

예제 1.3을 보면 빼기에서 유효 숫자의 자릿수가 줄어든다.

예제 1.3   유효 숫자: 핵연료   응용 문제가 있는 예제

길이가 3.241 m인 우라늄 핵연료 막대를 핵반응에 넣었더니 가동 후에 3.249 m로 늘어났다. 늘어난 길이는 얼마인가?

풀이 빼기의 결과는 3.249 m − 3.241 m = 0.008 m 또는 8 mm이지만, 마지막 네 번째 자릿수만 바뀌므로 올바른 표기는 8.000 mm가 아니라 유효 숫자가 하나인 8 mm이다.

중간 결과 최종 답의 유효 숫자도 중요하지만, 중간 과정에서는 유효 숫자보다 많은 자릿수를 포함하고 있어야 한다. 만약 중간 과정에서 자릿수가 잘라져 버리면 최종 답이 달라질 수도 있다. 문제를 풀 때 계산기나 소프트웨어를 사용하면 중간 계산 부분에서 자동으로 유효 숫자를 쓰게 된다. 이 책의 예제와 해답에서도 그렇게 하고 있는데, 따라서 직접 학생들이 계산한 결과와 이 책 결과의 마지막 숫자가 일치하지 않은 경우도 종종 찾을 수 있을 것이다.

확인 문제 **1.2** 0.0008, 3.14×10^7, 2.998×10^{-9}, 55×10^6, 0.041×10^9인 다섯 숫자를 (1) 크기, (2) 유효 숫자의 자릿수에 따라 각각 순서대로 나열하라.

60, 300, 410처럼 0으로 끝나는 자연수는 어떻게 해야 하는가? 이들이 가지고 있는 유효 숫자는 몇 개인가? 엄격히 말해서 60과 300은 단 한 개의 유효 숫자를 가지고 있고 410은 두 개의 유효 숫자를 가지고 있다. 숫자 60을 두 자릿수의 유효 숫자로 표시하고 싶다면 6.0×10^1으로 써야 하고, 비슷하게 세 자릿수의 유효 숫자인 300과 410은 각각 3.00×10^2과 4.10×10^2으로 쓴다.

자료 분석

물리학이나 다른 과학, 심지어 비과학 분야에서도 실제 세계의 측정으로부터 나온 숫자들로 된 자료를 분석할 수 있다. 과학에서 중요한 자료의 활용은 물리량 사이의 관계에 대한 가설을 확인하는 것이다. 일반적으로 과학적 가설은 식을 사용하여 표현할 수 있다. 그 식은 흔히 양들 사이의 선형 관계식이거나, 그렇게 되도록 식을 조작할 수 있다. 그런 자료를 그래프로 그리고, 자료 점을 통과하는 직선을 맞추면 가설을 확인할 수 있고 연구 중인 현상에 대한 유용한 정보를 얻을 수 있다. 자료 맞추기는 회귀분석, 최소제곱법을 사용하거나, 심지어 최적 맞춤 직선을 눈으로 대충 맞출 수도 있다. 이것은 실험과학에서 아주 중요하므로 각 장마다 자료 문제를 적어도 하나씩 포함하였다. 예제 1.4는 직선으로 자료를 맞추는 전형적인 예제이다.

어림계산

물리학이나 공학에서는 정밀한 값이 필요할 때가 많다. 우주탐사선을 먼 행성으로 보내기 위해서는 발사로켓의 정확한 길이를 알아야 하고, 수정(quartz)을 디지털시계의 진동자로 사용하기 위해서는 작은 수정 결정을 정확하게 잘라야 한다. 그러나 주어진 물리량의 대략적인 크기, 즉 크기의 정도만 알아도 좋을 때가 많다. 이때에는 복잡한 계산 대신에 어림계산으로 크기의 정도를 가늠하면 된다.

예제 1.4	자료 분석: 낙하하는 공

2장에서 알게 되겠지만 정지 상태에서 낙하하는 물체의 이동 거리는 그동안의 시간의 제곱에 비례하여 증가해야 하고, 비례상수는 중력에 의한 가속도의 절반이 되어야 한다. 낙하하는 공을 측정한 자료가 표에 나타나 있다. 어떤 양의 함수로 그려야 낙하 거리 y가 직선으로 나타나겠는가? 그래프를 그리고 직선으로 맞춘 후, 이 기울기로부터 중력 가속도의 값을 결정하라.

풀이 낙하 거리 y는 시간의 제곱에 비례한다. 따라서 y를 t^2에 대해 그리자. 표 한 줄을 추가하여 t^2의 값을 넣은 뒤 그래프로 나타내면 그림 1.5가 된다. 이 그래프는 모눈종이에 손으로 그린 형태이지만 스프레드시트나 다른 프로그램을 이용하여 그려도 된다. 스프레드시트 프로그램에는 최적 맞춤 직선을 그리는 방법이 있지만, 놀랍게도 자료 점의 일반적인 경향을 눈으로 대충 맞추어 손으로 직선을 그려도 된다. 그런 직선을 그리고 기울기를 계산하면 그 값은 거의 5.0 m/s^2에 가깝다.

검증 자료 점이 직선에 매우 가깝게 놓여 있다는 사실은 낙하 거리가 시간의 제곱에 비례한다는 가설을 지지한다. 실제 자료는 이론적으로 예측된 직선이나 곡선에 거의 절대로 정확히 놓여 있지 않다. 좀 더 정교한 분석은 각 점의 측정 불확실성을 가리키는 오차 막대를 포함한다. 직선의 기울기는 중력 가속도의 절반에 해당

하기 때문에 분석에 따르면 중력 가속도는 약 10 m/s^2이다. 이 값은 보통 사용하는 값 9.8 m/s^2에 가깝다.

시간(s)	0.500	1.00	1.50	2.00	2.50	3.00
거리(m)	1.12	5.30	12.2	18.5	34.1	43.6
시간의 제곱(s²)	0.250	1.00	2.25	4.00	6.25	9.00

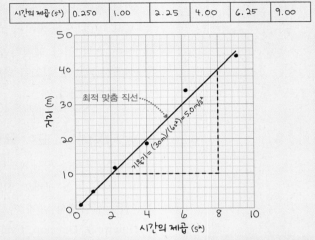

그림 1.5 특별한 점들을 지나지는 않지만 모든 자료 점의 평균 경향이 드러나도록 눈으로 판단하여 최적 맞춤 직선을 자로 그렸다.

예제 1.5	어림계산: 뇌 세포의 수

뇌의 질량과 뇌 세포의 수를 어림계산하라.

풀이 머리의 너비는 대략 15 cm이지만 두개골 때문에 뇌의 너비는 약 10 cm이다. 뇌의 실제 모양은 복잡한데, 일단 정육면체로 어림하면 부피는 $(10 \text{ cm})^3 = 1000 \text{ cm}^3$ 또는 10^{-3} m^3이다. 또한 인체의 대부분을 차지하는 물의 밀도 1 g/cm^3를 이용하면 뇌의 질량은 $(1000 \text{ cm}^3)(1 \text{ g/cm}^3) = 1000 \text{ g} = 1 \text{ kg}$으로 어림할 수 있다.
뇌 세포의 크기는 얼마일까? 정확하게는 모르겠지만, 표 1.2에서 적혈구의 크기가 10^{-5} m이므로, 뇌 세포의 크기를 이와 같다고 어림하면, 뇌 세포의 부피는 $(10^{-5} \text{ m})^3 = 10^{-15} \text{ m}^3$이다. 따라서 10^{-3} m^3 안에 들어 있는 뇌 세포의 수는 다음과 같다.

$$N = \frac{10^{-3} \text{ m}^3/뇌}{10^{-15} \text{ m}^3/세포} = 10^{12} \text{ 세포/뇌}$$

이러한 어림계산 결과는 그리 나쁘지 않다. 성인의 평균 뇌의 질량은 1.3 kg이고, 뇌 세포의 수는 최소 10^{11}개이다(그림 1.6).

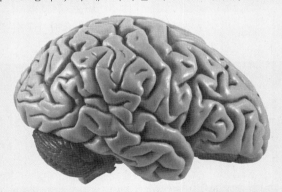

그림 1.6 평균적인 인간의 뇌에는 세포가 10^{11}개보다 많다.

1.4 물리학을 배우는 요령

여러분은 물리학에 대해서 배울 수도 있고, 물리학을 수행할 수도 있다. 이 책은 이들 둘 다를 중요하게 다룬다. 물리학을 배우기 위해서는 자연현상이나 기술적 현상에서 기초과학의 역할을 이해해야 한다. 물리학을 수행하려면 정량적 문제풀이가 가능해야 한다. 자연현상의

작동 원리가 무엇이고, 현대 과학기술에 어떻게 응용하는가에 대한 답을 알아야 한다.

물리학: 단순함과 도전

물리학은 통찰력과 수학 능력을 필요로 하는 도전적인 과목이므로 어려운 주제에 대한 지적인 호기심과 성취감을 수반한다. 모든 물리학 뒤에는 소수의 기초 원리만 존재한다. 왜냐하면 물리학은 기초과학이므로 태생적으로 간단하여 몇 개의 기본 개념만 배우면 되기 때문이다. 기본 개념만 명확하게 이해하면 광범위하게 응용할 수 있다. 예제, 실전 문제 등 수많은 응용들은 몇몇 기초 원리의 파생물에 불과하다. 만약 법칙과 방정식의 뒤범벅으로 물리학에 접근하면 요점 없이 헤매기만 할 것이다. 얼핏 보기에는 관련이 없는 것 같은 현상이나 문제를 연결하는 기초 원리를 파악하면 해결 방법이 보일 것이다. 이것이 기초과학인 물리학의 힘이고 유용성이다.

문제풀이: IDEA 요령

물리학 문제를 정량적으로 풀이하려면 기초 원리, 기본 개념으로 시작하여 수학적 값이나 표현식으로 답을 구해야 한다. 기초 원리가 무엇이든, 어떤 물리학 영역이든, 어떤 과학적 상황이든, 원리에서 답에 이르는 경로는 네 단계로 나눠진다. 즉 문제풀이 요령은 약어로 **IDEA** (Interpret, Develop, Evaluate, Assess), 다시 말하면 **해석 → 과정 → 풀이 → 검증**에 이르는 네 개의 단계로 이루어진다. 이 IDEA란 약어는 이 책 핵심물리학에서 처음 언급하는 것처럼 보이지만, 이 4단계 접근 방식은 실은 1945년도에 조지 폴리아(George Polya)에 의해 집필된, 수학도들을 위한 책이지만 물리학에 쉽게 접근할 수 있도록 쓰여진 ≪How To Solve It≫(수학 방법)이라는 책에서 유래되었다.

    IDEA 요령은 문제를 풀이하는 요리하기식 요령이 아니다. 기본 개념을 토대로 문제를 해석하고 정리하여 풀이 과정을 수립한 뒤에, 체계적으로 계산해서 답을 구하고, 얻은 답이 물리적으로 타당한 답인지 검증하고 논의하는 단계별 문제해결 방안이다. 이 같은 IDEA는 문제풀이 요령 1.1에 잘 정리되어 있다.

문제풀이 요령 1.1　　**물리학 문제**

해석 첫 번째 단계는 질문을 알고 문제를 확실하게 이해하는 것이다. 그리고 나서 응용 개념과 원리를 발견하는 것이다. 뉴턴 운동 법칙, 에너지 보존 원리, 열역학 제1법칙, 전기에 대한 가우스 법칙 등 기본 개념과 기본 원리의 적용이 가능한지 파악해야 한다. 또한 무엇이 운동하는지, 어떤 힘이 물체에 작용하는지, 어떤 열역학 계의 열전달인지, 어떤 전하가 전기장을 만드는지, 전기 회로에서 어떤 회로 소자가 전력을 소모하는지, 어떤 광선으로 영상을 형성하는지 등을 파악해야 한다.

과정 두 번째 단계는 문제를 풀이하는 과정의 수립이다. 문제의 상황을 그림으로 이해하는 것이 우선이다. 물체, 힘, 방향 등을 나타내고, 위치, 질량, 힘, 속도, 열의 흐름, 전기장, 자기장 등을 가시화하면 항상 도움이 된다. 다음으로는 문제에 주어진 물리량과 미지

수를 포함하는 적절한 수학 공식을 결정한다. 방정식만 집어내지 말고 각 방정식 또는 방정식의 각 항을 기본 개념, 기초 원리와 연결하여 생각한다. 끝으로 표, 그림, 부록, 예제 등에서 필요한 값을 파악하는 중간 과정도 염두에 두고 체계적 풀이 과정을 수립한다.

풀이 물리학 문제에는 수학적 값이나 표현식이 들어 있으며, 수학적 계산으로 답을 구해야 한다. 이 단계에서는 앞에서 수립한 풀이 과정에 따라 실제 계산을 수행한다. 즉 수학적 풀이 능력이 필요하다. 대수, 삼각 함수, 미적분 등을 활용하여 수학적 방정식을 다뤄야 한다. 이때 중간 과정에서 값을 대입하지 말고 물리적, 수학적 기호를 최대한 끝까지 유지하는 것이 좋다. 마지막 과정에서 필요한 값을 넣어서 최종적인 답을 구한다.

검증 얻은 답이 물리적으로 타당한 결과인지 검증하기 전에는 문제풀이가 끝난 것이 아니다. 물리적으로 가능한 답인가? 단위는 맞는가? 크기는 적절한가? 또한 특수한 경우에는 어떻게 되는가? 예를 들어 중력, 질량 등을 0이나 무한대로 보내면 타당한 결과를 얻을 수 있는가? 이러한 검증 과정에서 물리적으로 가능한 결과인지를 확인할 수 있으며, 숨은 내용을 이해하는 데도 큰 도움이 된다. 특히 예제의 답에 대한 검증 과정을 통해서 물리학 지식의 이해력과 응용력을 높일 수 있다.

IDEA 요령을 기억할 필요는 없다. 예제에서 어떻게 활용되는지 숙독하고 이해하여 실전 문제에서 잘 활용하면 충분하다.

핵심 개념

물리학은 기초과학이다. 물리적 실체를 기술하는 물리학 영역은 옆의 그림과 같다.

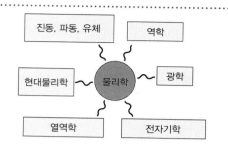

주요 개념 및 식

물리량을 기술하는 SI 단위계는 7개의 기본 단위로 구성되어 있다. 추가 단위로 각도(rad)가 있다.

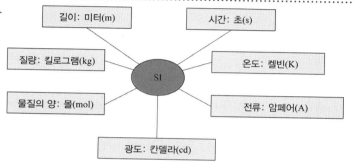

다음의 과학적 표기법에서는 접두어와 10의 거듭제곱을 사용하며, 숫자의 정확도는 유효 숫자의 개수로 보여 준다.

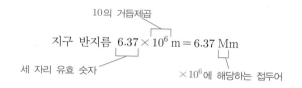

10의 거듭제곱

지구 반지름 6.37×10^6 m $= 6.37$ Mm

세 자리 유효 숫자

$\times 10^6$에 해당하는 접두어

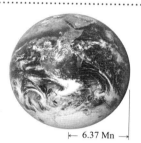

← 6.37 Mn →

응용

IDEA 요령에서 해석, 과정, 풀이, 검증으로 문제를 해결한다. 어림계산과 자료 분석은 유용한 부가적인 도구이다.

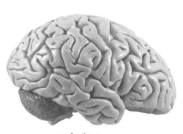

$$N = \frac{10^{-3} \text{ m}^3/\text{뇌}}{10^{-15} \text{ m}^3/\text{세포}} = 10^{12} \text{ 세포/뇌}$$

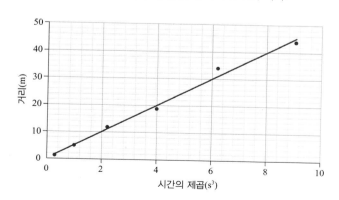

학습 목표 이 장을 학습하고 난 후 다음을 할 수 있다.

LO 1.1 물리학의 범위와 관련 기술을 열거할 수 있다.

LO 1.2 국제 단위계(SI)의 기본 단위를 나열할 수 있다.
개념 문제 1.1, 1.3, 1.9
연습 문제 1.13, 1.16, 1.17

LO 1.3 단위 변환을 할 수 있다.
개념 문제 1.8
연습 문제 1.11, 1.12, 1.14, 1.15, 1.18, 1.19, 1.20, 1.22, 1.23, 1.24, 1.25, 1.26, 1.27, 1.28

LO 1.4 과학 표기법 또는 SI 접두어를 사용할 수 있다.
개념 문제 1.4
연습 문제 1.29, 1.30, 1.31, 1.32, 1.33, 1.34, 1.35, 1.36

LO 1.5 유효 숫자를 계산할 수 있다.
개념 문제 1.2
실전 문제 1.45, 1.57, 1.65

LO 1.6 물리량의 크기 정도를 추정할 수 있다.
개념 문제 1.5, 1.6
실전 문제 1.46, 1.47, 1.48, 1.49, 1.50, 1.51, 1.52, 1.53, 1.54, 1.55, 1.56, 1.58, 1.61, 1.62, 1.63, 1.64, 1.66, 1.68

LO 1.7 자료를 그래프로 나타내고 최적 맞춤 직선을 사용하여 정보를 추출할 수 있다.
실전 문제 1.69

개념 문제

1. 과학자들이 국제표준원기 같은 특정 물체에 기초한 표준보다 실험에 기초한 측정표준을 더 선호하는 이유를 설명하라.

2. 유효 숫자 7개를 표시하는 컴퓨터에서 1.000000과 2.5×10^{-15}의 합은 어떻게 표시하는가? 그리고 그 이유는 무엇인가?

3. 지구 자전은 왜 적절한 시간 표준이 못되는가?

4. 10의 거듭제곱의 거듭제곱은 지수끼리 곱한다. 왜 그런지 설명하라.

5. 과학자들이 지구의 나이를 언급할 때 사용하는 근거는 무엇인가?

6. 곡선의 길이는 어떻게 측정하는가?

7. $1/x$을 x의 거듭제곱으로 표기하라.

8. 화석 연료의 연소에서 나오는 이산화탄소의 양을 연간 기가톤(1 톤 $= 1000\,kg$)으로 표시하고, 때로는 연간 페타그램으로도 표시한다. 두 단위는 어떻게 연결되는가?

9. 단위의 명시적 상수 정의는 무슨 뜻인가?

10. 재학 중인 대학교의 모든 학생들의 총질량을 어림계산하였더니 $1.16 \times 10^6\,kg$으로 나왔다. 왜 이 결과는 적절하지 않은가?

연습 문제

1.2 측정과 단위

11. 중형 발전소의 발전량은 $1000\,MW$이다. 이것을 (a) W, (b) kW, (c) GW로 각각 표기하라.

12. 수소 원자의 지름은 약 0.1 nm이고, 양성자의 지름은 약 1 fm이다. 수소 원자의 크기는 양성자의 몇 배인가?

13. 미터의 정의를 이용하여 1 ns 동안 빛이 진행한 거리를 구하라.

14. 시베리아의 바이칼 호는 세계에서 가장 큰 호수로 약 14 Eg의 민물을 담고 있다. 몇 kg인가?

15. 수소 원자의 지름은 약 0.1 nm이다. 수소 원자를 1 cm 길이로 나열하려면 몇 개가 필요한가?

16. 대각이 1.4 rad인 반지름 8.1 cm의 원호를 만들려면 얼마나 긴 도선이 필요한가?

17. 방향을 전환하기 위하여 제트기가 반지름 3.4 km의 원호를 따라 2.1 km 비행하였다. 제트기의 회전 각도는 얼마인가?

18. 자동차가 35.0 mi/h로 달린다. 자동차의 속력을 (a) m/s, (b) ft/s로 각각 표기하라.

19. 1 oz의 편지를 부칠 수 있는 우표가 있지만 미터 단위계로만 사용할 수 있다. 편지의 최대 질량은 몇 그램인가?

20. 1년은 거의 $\pi \times 10^7\,s$이다. 오차는 몇 %인가?

21. $1\,m^3$에는 $1\,cm^3$가 얼마나 들어 있는가?

22. 산업혁명 이래로 인류는 탄소 엑사그램의 절반을 대기에 방출하였다. 그 양은 몇 톤($1\,t = 1000\,kg$)인가?

23. 1갤런의 페인트로 $350\,ft^2$를 칠할 수 있다. 1리터의 페인트로 몇 m^2를 칠할 수 있는가?

24. 캐나다 고속도로의 제한 속력은 $100\,km/h$이다. 미국 고속도로의 제한 속력 65 mi/h와 비교하라.

25. 1 m/s는 몇 km/h인가?

26. 3.0 lb의 잔디씨를 $2100\,ft^2$에 뿌릴 수 있다. 1 kg의 잔디씨를 몇 m^2에 뿌릴 수 있는가?

27. 라디안은 몇 도인가?

28. 다음 양을 SI 단위로 전환하라. (a) 55 mi/h, (b) 40.0 km/h, (c) 1주(1을 정확한 숫자로 간주), (d) 화성 궤도의 주기(부록 E 참조)

29. 우리 은하에서 가장 가까이 있는 큰 은하인 안드로메다 은하까지의 거리는 약 $2.4 \times 10^{22}\,m$이다. 이 양을 SI 접두어를 사용하여 좀 더 간결하게 표현하라.

1.3 숫자 다루기

30. 3.6×10^5 m와 2.1×10^3 km를 더하라.

31. 4.2×10^3 m/s를 0.57 ms로 나눠서 m/s²으로 표기하라.

32. 5.1×10^{-2} cm와 6.8×10^3 μm를 더하고, 1.8×10^4 N을 곱하라 (N은 힘의 SI 단위이다).

33. 계산기 없이 6.4×10^{19}의 세제곱근을 구하라.

34. 1.46 m와 2.3 cm를 더하라.

35. 3.6 cm 길이의 안테나를 41 m 길이의 비행기 앞에 설치하였다. 전체 길이는 얼마인가?

36. 비행기의 길이가 41.05 m일 때 연습 문제 35를 다시 풀어라.

응용 문제

다음 문제들은 본문의 예제들에 기초한 것이다. 두 세트의 문제들은 물리학의 이해를 강화하는 연결의 형성을 돕고 이전에 풀어본 문제에서 변형된 문제를 해결하는 자신감을 키우도록 설계되어 있다. 각 세트의 첫 번째 문제는 본질적으로 예제 문제이지만 숫자들은 다르다. 두 번째 문제는 예제와 똑같은 상황이지만 묻는 질문이 다르다. 세 번째와 네 번째 문제는 완전히 다른 상황으로 이런 방식을 반복한다.

37. **예제 1.1** 제한 속력 45 mi/h를 m/s로 변환하라.

38. **예제 1.1** 어떤 자동차가 50 mi/h 구역에서 25 m/s의 속도로 달린다. 이 자동차는 과속인가?

39. **예제 1.1** 어떤 인공위성이 매분마다 원형 궤도의 3.0°를 휩쓸고 지나간다. 이를 하루 동안의 회전(즉, 한 바퀴의 완전한 궤도 회전)수로 표현하라.

40. **예제 1.1** GPS 위성은 매일 약 2개의 완전한 궤도를 돌고 있다. 그 속도를 시간당 속도로 표현하라.

41. **예제 1.3** 우라늄 연료봉의 초기 길이는 3.682 m이다. 이것이 원자로에 삽입된 후 가열되어 3.704 m로 늘어났다. 늘어난 길이는 얼마인가?

42. **예제 1.3** 우라늄 연료봉의 길이는 작동하고 있는 원자로 안에 있을 때 3.846 m이다. 이를 원자로에서 꺼내고 식히면 길이가 7.2 mm 감소한다. 이때 연료봉의 길이는 얼마인가?

43. **예제 1.3** 현재 시대에서 지구의 하루 길이는 약 86,400.002초이다. 그것이 만일 86,400.0038초로 증가한다면, 어떻게 시간의 증가를 보고하겠는가?

44. **예제 1.3** 2014년, 혜성 67P/추류모프-게라시멘코(Churyumov-Gerasimenko)를 선회하는 로제타 우주선은 12.404 h의 혜성 핵 회전 주기를 측정하였다. 로제타의 임무가 끝나는 2016년 무렵, 이 회전 주기는 21 min 감소하였다. 시간 단위로 표시되는 새로운 회전 주기를 구하라.

실전 문제

45. 중간 계산 과정에서 유효 숫자보다 많은 자릿수를 유지하는 이유를 검증하기 위하여 다음과 같이 $(\sqrt{3})^3$을 계산한 다음에 비교

해 보자. (a) $\sqrt{3}$을 구하고 세 자릿수로 자른 다음에 세제곱하여 유효 숫자 세 자릿수로 표기한다. (b) $\sqrt{3}$을 네 자릿수로 구하고 세제곱한 다음에 유효 숫자 세 자릿수로 표기한다.

46. 나무펄프로 종이를 만든다. 대도시의 주요 일간지를 발행하는 데 필요한 나무의 수를 어림계산하라. 단, 재생펄프는 사용하지 않는다.

47. 젖소는 1년에 평균 10^4 kg의 우유를 생산한다. 전 국민의 우유 소비량을 충족시키려면 몇 마리의 젖소가 필요한가?

48. 태양 안에 대략 몇 개의 지구가 들어갈 수 있는가?

49. 미국인은 평균 약 1.5 kW로 전기 에너지를 소비한다. 태양 에너지는 제곱미터당 약 300 W로 지표면에 도달한다. 미국 국토의 몇 %를 태양전지로 덮으면 미국의 전기 에너지 수요를 충족시킬 수 있는가? 태양광을 전기 에너지로 바꾸는 태양전지의 효율은 20%로 가정한다.

50. 사람의 평생 심박수를 크기 정도의 형태로 추정하라.

51. 머리카락의 지름은 약 100 μm이다. 한 묶음의 땋은 머리에 들어 있는 머리카락은 몇 개인가?

52. 신용카드 회사의 위조방지부서에서 16자리 숫자를 무작위로 선택하였을 때 올바른 신용카드 번호가 되는 확률을 알고 싶어 한다. 그 확률을 어림계산하라.

53. 풍선껌의 밀도는 약 1 g/cm³이다. 8 g의 껌을 씹어서 지름 10 cm의 풍선을 만들었다. 풍선의 두께는 얼마인가? (**힌트**: 표면적 $4\pi r^2$에 껌이 골고루 퍼진다고 가정하라.)

54. 일식 때 달이 겨우 태양을 가린다. 지구-달의 거리는 4×10^5 km이고, 지구-태양의 거리는 1.5×10^8 km이다. 태양의 지름은 달의 몇 배인가? 달의 반지름이 1800 km이면 태양은 얼마인가?

55. 개인 컴퓨터의 반도체칩은 한 변이 4 mm인 정사각형이고, 10^{10}개의 전기 소자가 들어 있다. (a) 각 소자가 정사각형이면 한 변의 길이는 얼마인가? (b) 한 번 계산에 10^4개의 소자를 통해서 백만 번의 전기 신호가 지나간다면, 이 컴퓨터의 초당 계산 능력은 얼마인가? (**힌트**: 전기 신호의 최대 속력은 거의 광속의 3분의 2와 같다.)

56. 인체의 (a) 원자 수와 (b) 세포 수를 어림계산하라.

57. 숫자 1.27과 9.97은 모두 3개의 유효 숫자를 가지고 있다. 각 숫자의 불확실성은 몇 %인가?

58. 손톱이 자라는 비율 정도로 대륙이 이동한다. 동반구와 서반구가 갈라져서 대서양이 생겼다고 가정하고, 대서양의 나이를 어림계산하라.

59. 어떤 사람이 자동차를 운전하여 미국에서 캐나다로 가고 있다. 미국에서는 휘발유 가격이 $2.58/갤런이고 캐나다에서는 $1.29/L 이다. 캐나다 달러는 미국 화폐로 79¢의 가치가 있다. 어느 나라에서 주유하는 것이 유리한가?

60. 1908년 런던 올림픽에서 원래 26마일로 계획한 마라톤에서 결승선을 황실좌석 앞으로 옮기는 바람에 거리가 385 yd 늘어났다. 그 후 이 거리가 표준이 되었다. 가장 가까운 m로 표기하면

몇 km인가?

61. 환경론자들이 1 GW의 전력을 생산하는 화력 발전소를 폐쇄하고 대신 여러 개의 풍력 발전소를 세우고자 한다. 각 풍력 발전소는 1.5 MW의 전력을 생산할 수 있지만 간헐적인 바람 때문에 평균적으로 그 전력의 30%를 생산한다. 필요한 풍력 발전소는 몇 개인가? **ENV**

62. 이 교재의 각 낱장의 두께를 어림계산하라.

63. 인체의 피부 넓이를 어림계산하라.

64. 전 세계 바다의 물의 질량을 어림계산하고, SI 접두어를 사용하여 그 값을 표현하라. **BIO**

65. 적절한 단위와 유효 숫자로 다음을 계산하라.
    (a) $1.0\,\text{m} + 1\,\text{mm}$, (b) $1.0\,\text{m} \times 1\,\text{mm}$,
    (c) $1.0\,\text{m} - 999\,\text{mm}$, (d) $1.0\,\text{m} \div 999\,\text{mm}$

66. 새 컴퓨터를 쇼핑하고 있는데 영업 사원이 당신이 보고 있는 모델의 마이크로프로세서 칩에 500억 개의 전자 부품이 포함되어 있다고 주장한다. 이 칩은 한 면의 길이가 5 mm이고 14 nm 기술을 사용한다. 즉, 각 구성 요소의 길이는 가로지르는 방향으로 14 nm이다. 영업 사원의 말이 맞는가?

67. 2017년에 집안의 태양 전지판은 3849 kWh의 전기 에너지를 생산하는 반면 평균 392 W의 전기 에너지를 소비했다. 1 kWh는 3.6 MJ(J은 에너지의 SI 단위)이고 1 W는 1 J/s일 때, 평균 태양광 발전 용량을 와트 단위로 구하라. 집이 소비하는 것보다 더 많거나 적은 전기 에너지를 생성하였는가?

68. 전 세계의 연간 에너지 소비율은 약 500 EJ이다. 이 숫자를 와트(W) 단위로 전환하고, 일인당 평균 에너지 소비율을 와트 단위로 어림계산하라. 줄(J)은 SI 에너지 단위이고, 1 W = 1 J/s이다.

69. 반지름이 r인 구의 부피는 $V = \dfrac{4}{3}\pi r^3$이다. 밀도가 동일한 속이 찬 구의 질량은 부피에 비례한다. 여러 개의 강철구의 지름과 질량을 측정한 값이 아래 표에 있다. (a) 어떤 양에 대해 질량을 그래프로 나타내야 직선이 되겠는가? (b) 그래프를 그려서 최적 맞춤 직선을 구한 후에 그 기울기를 결정하라. **DATA**

지름(cm)	0.75	1.00	1.54	2.16	2.54
질량(g)	1.81	3.95	15.8	38.6	68.2

실용 문제

BIO 인체에는 약 10^{14}개의 세포가 있고, 전형적인 세포의 지름은 약 10 μm이다. 보통의 물질처럼 세포도 원자로 이루어져 있고, 전형적인 원자의 지름은 0.1 nm이다.

70. 세포 안의 원자의 개수는 인체 안의 세포의 개수보다
    a. 크다.
    b. 작다.
    c. 대략 같다.

71. 세포의 부피는 약
    a. $10^{-10}\,\text{m}^3$이다.
    b. $10^{-15}\,\text{m}^3$이다.
    c. $10^{-20}\,\text{m}^3$이다.
    d. $10^{-30}\,\text{m}^3$이다.

72. 세포의 질량은 약
    a. $10^{-10}\,\text{kg}$이다.
    b. $10^{-12}\,\text{kg}$이다.
    c. $10^{-14}\,\text{kg}$이다.
    d. $10^{-16}\,\text{kg}$이다.

73. 인체의 원자 개수는
    a. 10^{14}에 가장 가깝다.
    b. 10^{20}에 가장 가깝다.
    c. 10^{30}에 가장 가깝다.
    d. 10^{40}에 가장 가깝다.

1장 질문에 대한 해답

장 도입 질문에 대한 해답
모든 물리학 영역

확인 문제 해답
1.1 (c)

1.2 (1) 2.998×10^{-9}, 0.0008, 3.14×10^7, 0.041×10^9, 55×10^6

  (2) 0.0008, 0.041×10^9, 55×10^6(두 자리 유효 숫자), 3.14×10^7, 2.998×10^{-9}

1부

역학

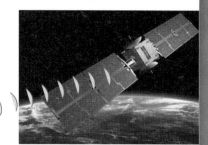

도보 여행자가 위치추적장치(GPS)로 자신의 위치를 점검하고 있다.

배낭 여행자는 GPS를 이용하여 길을 찾고, 농부는 GPS의 신호에 따라 센티미터 수준으로 정확하게 경작하여 결과적으로 값비싼 연료를 줄일 수 있다. 또 생태학자는 GPS로 멸종 위기에 처한 코끼리를 추적하고, 과학자는 빙하의 변화를 추적하여 지구 온난화 문제를 연구하기도 한다. 이처럼 우리는 물체의 운동에 대한 역학 지식 때문에 20,000 km 상공에서 10,000 km/h보다 더 빠르게 움직이는 인공위성을 이용하여 지상의 위치를 정확하게 추적할 수 있다.

생명현상의 핵심인 세포의 복잡한 분자 운동, 일상적인 자동차나 야구공의 운동, 인공위성과 우주탐사선의 운동, 장엄한 천체의 운동, 우주의 팽창 등 모든 자연현상에서 운동은 필수적이다. 이러한 운동에 대한 연구를 역학(mechanics)이라고 한다. 1부의 11개 장에서는 운동에 대해 소개한다. 즉, 개별 물체의 운동에서 시작하여 구성 물체들이 서로 움직이는 복잡한 계의 운동까지 다룬다.

여기에서 우리는 뉴턴 역학의 관점에서 운동을 탐구한다. 뉴턴 역학은 아원자 영역과 상대 속력이 빛의 속력에 근접할 때를 제외한 모든 경우에 정확하게 적용된다. 1부의 뉴턴 역학은 그 뒤에 나오는 대부분의 내용에 대한 기초가 되고, 이 교재의 마지막 장들에 가서야 역학을 아원자 및 고속 영역으로 확장한다.

직선 운동

예비 지식

- 공간과 시간을 측정하는 단위(1.2절)
- 과학적 표기법과 유효 숫자를 사용할 수 있는 능력(1.3절)
- 대수학과 기초적인 미적분의 지식

학습 목표

이 장을 학습하고 난 후 다음을 할 수 있다.

LO 2.1 위치, 속도, 가속도와 같은 기본적인 운동 개념을 정의할 수 있다.

LO 2.2 평균 속도와 순간 속도, 평균 가속도와 순간 가속도를 구별할 수 있다.

LO 2.3 가속도가 일정할 때 속도와 위치를 구할 수 있다.

LO 2.4 지표면 근처의 중력이 어떻게 등가속도의 예를 주는지 기술할 수 있다.

LO 2.5 미적분을 사용하여 일정하지 않은 가속도를 다룰 수 있다.

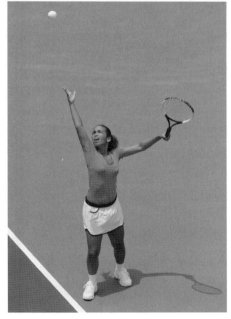

테니스 선수가 테니스 공을 수직 위로 올려서 아래 방향으로 내려친다. 최고점에서 공의 속도가 0이다. 가속도는 얼마일까?

전자는 원자핵 주위를 움직이고, 자동차는 고속도로를 질주하며, 혈액은 동맥 속을 흐르고, 별들은 팽창하는 우주에서 서로 멀어져 간다. 이 모든 것이 물체의 운동으로서, 운동의 원인에 상관없이 운동을 연구하는 분야를 **운동학**(kinematics)이라 한다(움직임을 뜻하는 그리스어 'kinema'에서 유래). 이 장에서는 한 입자의 직선 운동을 다루고, 이차원 및 삼차원 운동과 입자계에 대한 운동은 3장에서 다룬다. 그렇지만 이 장에서 소개할 물리학 개념과 수학적 기술은 모든 운동의 기본이므로 소홀히 다루면 안 된다.

2.1 평균 운동

LO 2.1 위치, 속도, 가속도와 같은 기본적인 운동 개념을 정의할 수 있다.

15분 동안 자동차를 타고 10 km 떨어진 피자 가게에 가서 피자를 받아 다시 15분 동안 집으로 되돌아온다고 하자. 전체 거리가 20 km이고 0.5 h(30분)가 걸렸으므로 **평균 속력**(average speed)은 거리를 시간으로 나눈 40 km/h이다. 이 운동을 보다 정량적으로 기술하기 위해서 시간 t에서의 위치를 x로 표기하자. 그리고 위치의 알짜 변화 $\Delta x = x_2 - x_1$을 **변위**(displacement)로 정의한다. 여기서 x_1과 x_2는 각각 처음과 나중 위치이다. **평균 속도**(average velocity) $\bar{v}$는 변위를 시간으로 나눈 물리량으로 다음과 같이 정의된다.

직선 운동하는
물체의 평균 속도이다.
가로줄은 '평균'을 나타낸다.

Δx는 변위, 즉 시간 간격 Δt 동안
물체의 위치 변화로 $\Delta x = x_2 - x_1$이다.

$$\bar{v} = \frac{\Delta x}{\Delta t} \quad \text{(평균 속도)}$$

(2.1)

Δt는 위치 변화가 일어나는
동안의 시간 간격이다.

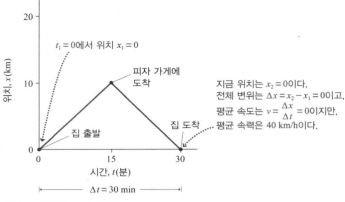

그림 2.1 위치의 시간 변화

여기서 $\Delta t = t_2 - t_1$은 처음 시간과 나중 시간 사이의 시간 간격이다. $\bar{v}$의 막대 표시는 평균을 뜻하고, 부호 Δ(그리스어 '델타')는 변화를 뜻한다. 피자 가게를 다녀온 운동에서 평균 속력은 0이 아니지만, 전체 변위가 0이므로 전체 평균 속도 또한 0이다(그림 2.1 참조).

방향과 좌표계

운동에서 동서남북의 방향은 중요하다. 즉 변위는 거리뿐만 아니라 방향도 포함한다. 직선 운동에서는 위치 좌표 x축의 한 점에서 한 방향을 양의 방향으로, 반대 방향을 음의 방향으로 잡는다. 이것이 일차원 **좌표계**(coordinate system)이다. 원점이나 방향과 같은 좌표계의 선택은 임의적이다. 좌표계는 물리적 실체가 아니라, 수학적 기술을 위한 편리한 도구일 뿐이다.

그림 2.2는 남북으로 위치한 미국 중서부 지역의 도시들을 보여 준다. 캔자스 시를 원점으로, 북쪽 방향을 양의 방향으로 잡았다. 아래 화살표는 휴스턴에서 디모인까지의 변위로 약 $+1300\,km$이고, 위 화살표는 국제 폭포에서 디모인까지의 변위로 약 $-750\,km$이며, 음의 부호는 남쪽 방향을 뜻한다. 휴스턴에서 디모인까지 비행기로 2.6 h 걸린다면 평균 속도는 $(1300\,km)/(2.6\,h) = 500\,km/h$이다. 한편 국제 폭포에서 디모인까지 자동차로 10 h 걸린다면 평균 속도는 $(-750\,km)/(10\,h) = -75\,km/h$이다. 여기서도 음의 부호는 남쪽을 가리킨다.

평균 속도를 계산할 때는 전체 변위가 중요하다. 예를 들어 휴스턴에서 디모인까지 직접 갈 수도 있고, 더 빠른 비행기로 캔자스 시에 들렀다가 갈 수도 있다. 또는 미니애폴리스로 갔다가 디모인으로 되돌아올 수도 있다. 어떤 경로를 택하든, 변위가 1300 km이고 걸린 시간이 2.6 h이면 평균 속력은 모두 500 km/h이다.

확인 문제 **2.1** 휴스턴에서 디모인까지 가는 세 경로는 다음과 같다. (a) 직행, (b) 캔자스 시 들르기, (c) 미니애폴리스 갔다 오기. 어떤 경로에서 평균 속력과 평균 속도가 같은가? 두 값이 다른 경로에서 어느 값이 더 큰가?

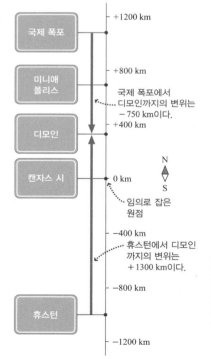

그림 2.2 여행 경로

예제 2.1	속력과 속도: 경유 비행

휴스턴에서 1000 km 떨어진 캔자스 시까지 최저 비행 요금 경로는 캔자스 시에서 북쪽으로 700 km 떨어진 미니애폴리스를 경유하는 비행경로이다. 미니애폴리스까지 2.2 h 비행한 다음에 30 min 동안 머물다가 캔자스 시까지 1.3 h 비행해야 한다. 평균 속도와 평균 속력은 각각 얼마인가?

해석 속력과 속도를 구분하는 일차원 운동이다. 두 번의 비행과 한 번의 경유 등 세 번의 여행이 있다. 요점은 속력과 속도의 구분이다.

과정 그림 2.2를 이용한다. 식 2.1의 $\bar{v} = \Delta x/\Delta t$에서 평균 속도를 구하고, 전체 거리를 전체 걸린 시간으로 나눠서 평균 속력을 구한다. 풀이 과정은 다음과 같다. 먼저 변위와 전체 걸린 시간으로 평균 속도를 구하고, 이어 전체 여행 거리와 전체 걸린 시간으로 평균 속력을 구한다.

풀이 휴스턴에서 출발하여 캔자스 시에 도달하였으므로 전체 여행 거리와는 상관없이 변위는 1000 km이다. 한편 전체 걸린 시간은 $\Delta t = 2.2\,\text{h} + 0.50\,\text{h} + 1.3\,\text{h} = 4.0\,\text{h}$이다. 따라서 평균 속도는 다음과 같다.

$$\bar{v} = \frac{\Delta x}{\Delta t} = \frac{1000\,\text{km}}{4.0\,\text{h}} = 250\,\text{km/h}$$

그러나 미니애폴리스를 경유하기 위하여 $2 \times 700\,\text{km} = 1400\,\text{km}$를 더 비행하였으므로 4.0 h 동안의 전체 여행 거리는 2400 km이다. 따라서 평균 속력은 $(2400\,\text{km})/(4.0\,\text{h}) = 600\,\text{km/h}$이며, 평균 속도의 두 배 이상이다.

검증 평균 속도는 처음 위치와 나중 위치 사이의 알짜 변위에만 의존하고, 평균 속력은 실제 비행 거리에 의존한다. 따라서 평균 속력이 더 크므로, 앞에서 구한 결과는 합리적이다.

2.2 순간 속도

LO 2.2 평균 속도와 순간 속도, 평균 가속도와 순간 가속도를 구별할 수 있다.

지질학자는 용암 속으로 막대를 떨어트리고 거리를 알고 있는 곳까지 걸린 시간을 재서 용암이 흐르는 속도를 측정한다(그림 2.3a 참조). 거리를 시간으로 나누면 평균 속도를 구할 수 있다. 만약 용암이 처음에 빨리 흐르면 어떻게 될까? 용암의 흐름이 빨라졌다가 느려지면 어떻게 될까? 분명히 속도가 시간에 따라 변할 것이다. 이러한 운동을 이해하려면 각 순간의 속도를 알아야 한다.

지질학자는 그림 2.3b처럼 짧은 거리와 시간 간격으로 여러 번 측정하여 오차를 줄인다.

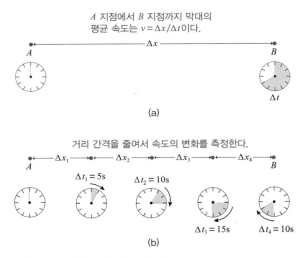

그림 2.3 용암이 흐르는 속도 측정

이때 시간 간격이 줄어들수록 정확한 운동을 알 수 있다. 시간 간격이 0으로 접근하는 극한 값을 **순간 속도**(instantaneous velocity), 또는 단순히 **속도**(velocity)라고 정의한다. 순간 속도의 크기는 **순간 속력**(instantaneous speed)이다.

실제 측정에서는 시간 간격을 0으로 접근시킬 수 없지만, 수학적 미분에서는 가능하다. 그림 2.4a는 용암 속 막대의 위치를 시간의 함수로 그린 그래프이다. 그래프의 곡선이 급할수록 위치는 시간에 따라 급격하게 변한다. 즉 속도가 커진다. 그래프가 편평하면 속도가 작다. 그림 2.3b의 시계를 보면 빨리 움직이던 막대가 천천히 움직이다가 다시 빨리 움직이는 것을 알 수 있다. 그림 2.4a의 곡선이 이러한 변화를 잘 보여 준다.

그림 2.4a의 t_1 시간에서 순간 속도를 구한다고 하자. 시간 간격이 Δt인 t_1과 t_2 사이의 변위 Δx를 재면, $\Delta x / \Delta t$는 평균 속도이다. 이 값은 그림의 곡선에서 두 점 사이의 기울기이다.

그림 2.4b는 시간 간격 Δt를 점점 작게 만든 모습이다. Δt가 0으로 접근하는 극한에서는 두 점 사이의 직선과 접선이 같아진다. 이 접선의 기울기가 바로 그 점의 순간 속도이다. 수학적으로 순간 속도는 다음과 같이 정의한다.

$$v = \lim_{\Delta t \to 0} \frac{\Delta x}{\Delta t} \tag{2.2a}$$

Δt를 원하는 만큼 작게 가져가면 순간 속도에 가까운 어림값을 얻을 수 있다. 원하는 점에서 그은 접선의 기울기가 바로 순간 속도이다(그림 2.5).

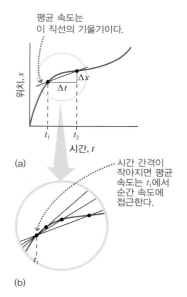

평균 속도는 이 직선의 기울기이다.

시간 간격이 작아지면 평균 속도는 t_1에서 순간 속도에 접근한다.

그림 2.4 그림 2.3의 운동 그래프에서 위치-시간 변화 그래프

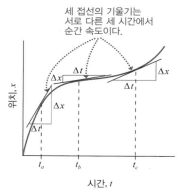

세 접선의 기울기는 서로 다른 세 시간에서 순간 속도이다.

그림 2.5 순간 속도는 접선의 기울기이다.

| 확인 문제 | **2.2** 아래 그림은 네 물체의 위치-시간 그래프이다. 어느 물체가 등속력인가? 어느 물체가 방향을 바꾸는가? 어느 물체가 천천히 출발해서 빠르게 움직이는가? |

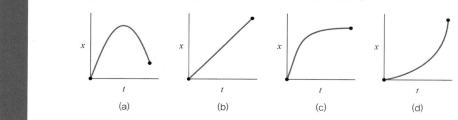

위치를 시간의 함수로 표기하면 수학적으로 순간 속도를 구할 수 있다. 식 2.2a의 극한 과정을 미분이라고 부르며, x의 시간 t에 대한 **도함수**(derivative) dx/dt는 다음과 같이 표기한다.

$$\frac{dx}{dt} = \lim_{\Delta t \to 0} \frac{\Delta x}{\Delta t}$$

dx와 dt를 극한 과정에서 0으로 접근하는 **무한소**(infinitesimal)라고 한다. 따라서 식 2.2a를 다음과 같이 표기할 수 있다.

dx와 dt는 그림 2.4와 식 2.2a에 기술된 극한 과정에서 나타나는 무한히 작은 양이다.

$$v = \frac{dx}{dt} \; \text{(순간 속도)} \tag{2.2b}$$

순간 속도 v는 단일한 순간의 속도다.

순간 속도는 시간에 대한 위치의 변화율인 도함수 dx/dt이다.

위치가 시간의 함수이면 순간 속도는 수학적으로 $v = dx/dt$ 이다.

핵심요령 2.1 미분하기

순간 속도를 구하기 위하여 매번 극한 과정을 거칠 필요는 없다. 주요 함수에 대한 미분 공식을 활용하면 된다. 예를 들어 $x = bt^n$ 함수(b와 n은 상수이다)에 대한 미분은 다음과 같다.

$$\frac{dx}{dt} = nbt^{n-1} \tag{2.3}$$

다른 함수들에 대한 미분은 부록 A를 참조하라.

예제 2.2 순간 속도: 우주왕복선의 이륙

이륙하는 우주왕복선의 고도는 처음 30 s 동안은 $x = bt^2$으로 변하며, 상수는 $b = 2.90 \text{ m/s}^2$이다. 먼저 우주왕복선의 속도를 구하고, $t = 20 \text{ s}$에서 순간 속도를 구하라. 또한 평균 속도에 관한 표현식을 구해서 두 속도를 비교하라.

해석 순간 속도와 평균 속도에 관한 문제이며, 대상 물체는 우주왕복선이다.

과정 식 2.2b의 $v = dx/dt$에서 순간 속도를 구하고, 식 2.1의 $\bar{v} = \Delta x / \Delta t$에서 평균 속도를 구한다. 풀이 과정은 다음과 같다. 식 2.3의 $dx/dt = nbt^{n-1}$을 이용하여 미분한다. 그리고 나서 변위를 계산한 다음에 식 2.1을 사용하여 평균 속도를 구한다.

풀이 식 2.2b에 $x = bt^2$을 대입하고 식 2.3을 이용하여 미분하면, 순간 속도는

$$v = \frac{dx}{dt} = \frac{d(bt^2)}{dt} = 2bt$$

이다. 위 식에 $t = 20 \text{ s}$와 $b = 2.90 \text{ m/s}^2$을 넣으면 $t = 20 \text{ s}$에서 순간 속도는 $v = 116 \text{ m/s}$이다. $x = bt^2$이므로, 식 2.1에서 다음을 얻는다.

$$\bar{v} = \frac{\Delta x}{\Delta t} = \frac{bt^2}{t} = bt$$

여기서 $\Delta x = bt^2$, $\Delta t = t$를 이용하였다. 두 결과를 비교해보면, 이륙 후 어느 시점까지의 평균 속도가 그 시간의 순간 속도의 절반임을 알 수 있다.

검증 우주왕복선의 속력이 항상 증가하므로 어느 시간 간격 후의 속도는 그 동안의 평균 속도보다 커야 한다. 평균 속도가 순간 속도의 절반인 것은 위치 함수가 t^2으로 변하기 때문이다.

용어 용어에서 물리적 의미를 쉽게 알 수 있다. 예를 들어 특정 시간의 순간 속도는 극한 과정을, 평균 속도는 시간 간격에 대한 평균을 연상시킨다.

2.3 가속도

LO 2.2 평균 속도와 순간 속도, 평균 가속도와 순간 가속도를 구별할 수 있다.

예제 2.2처럼 속도가 변하면 **가속도**(acceleration)를 겪는다고 한다. 평균 속도를 위치의 변화율로 정의하듯이, 시간 간격 Δt에 대한 **평균 가속도**(average acceleration)를 다음과 같이 정의한다.

직선 운동하는 물체의 평균 가속도. 가로줄은 "평균"을 나타낸다.

Δv는 시간 간격 Δt 동안에 물체의 속도 변화로, $\Delta v = v_2 - v_1$이다.

$$\bar{a} = \frac{\Delta v}{\Delta t} \text{ (평균 가속도)} \tag{2.4}$$

Δt는 속도 변화가 일어나는 동안의 시간 간격이다.

여기서 Δv는 속도의 변화이고, $\bar{a}$는 평균 가속도를 뜻한다. 한편 순간 속도의 극한 과정과 마찬가지로 **순간 가속도**(instantaneous acceleration)는 다음과 같이 정의된다.

순간 가속도 a는 단일한 순간의 가속도.

$$a = \lim_{\Delta t \to 0} \frac{\Delta v}{\Delta t} = \frac{dv}{dt} \ \text{(순간 가속도)}$$

(2.5)

a는 순간 속도 v를 얻는 것과 똑같은 극한 과정으로 얻어진다.

극한 과정의 결과는 시간에 대한 속도의 변화율인 도함수 dv/dt다.

순간 속도를 간단하게 속도라고 하듯이 순간 가속도를 간단하게 가속도라 한다.

일차원 운동에서 가속도는 속도 방향과 같거나 반대이다. 방향이 같으면 속력이 증가하고 반대이면 속력이 감소한다(그림 2.6 참조). 속력이 감소할 때 감속(deceleration)이라는 용어를 쓰지만, 일반적으로 속도의 시간 변화율을 가속도라고 한다. 이차원 운동에서 속도의 방향과 가속도의 관계는 중요하다.

가속도는 속도의 시간 변화율이므로 가속도의 단위는 거리/시간^{2}이며, SI 단위는 $\mathrm{m/s^2}$이다. 때때로 가속도를 혼합 단위로 쓰기도 한다. 예를 들어 10초 동안 0에서 $60\,\mathrm{mi/h}$로 가는 자동차의 평균 가속도는 $6\,\mathrm{mi/h/s}$이다.

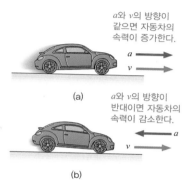

a와 v의 방향이 같으면 자동차의 속력이 증가한다.

(a)

a와 v의 방향이 반대이면 자동차의 속력이 감소한다.

(b)

그림 2.6 가속도와 속도

위치, 속도, 가속도

그림 2.7은 일차원 운동을 하는 물체의 위치, 속도, 가속도 그래프이다. 그림 2.7a에서 위치-시간 곡선이 위로 올라가다가 아래로 내려오는 것은 원점에서 멀어지던 물체가 방향을 바꿔서 $t = 4\,\mathrm{s}$에 원점으로 되돌아왔다는 뜻이다. 그리고 $x < 0$인 영역으로 계속해서 움직인다. 그림 2.7b에서 알 수 있듯이 속도는 그림 2.7a의 위치-시간 곡선의 기울기이다. 속도의 크기인 속력은 그림 2.7a에서 위치의 변화가 큰 영역에서 크다. 위치 곡선의 정점에서 물체는 잠시 정지하였다가 방향을 바꾸므로, 곡선의 정점은 편평하고 속도는 0이다. 약 2.7 s에서 물체가 방향을 바꿔서 음의 x방향으로 움직이므로 속도는 음의 값이다.

속도가 위치-시간 곡선의 기울기이듯이, 가속도는 속도-시간 곡선의 기울기이다. 속도가 증가하는 초기에는 기울기가 양의 값이었다가 속도의 정점에서 0이 된 후 음의 값이 된다. 그림 2.7c의 1.3 s 이후에는 속도의 감소에 따라 가속도가 음의 값을 갖는다.

가속도는 속도의 변화율이고, 속도는 위치의 변화율이므로, 가속도는 위치 변화율의 변화율이다. 수학적으로 가속도를 위치의 시간에 대한 **이계 도함수**(second derivative)라고 한다. 즉 d^2x/dt^2으로 표기한다. 이제 가속도, 속도, 위치의 관계를 다음과 같이 표기할 수 있다.

$$a = \frac{dv}{dt} = \frac{d}{dt}\left(\frac{dx}{dt}\right) = \frac{d^2x}{dt^2}$$

(2.6)

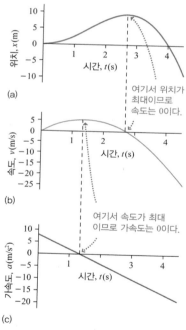

(a)

여기서 위치가 최대이므로 속도는 0이다.

(b)

여기서 속도가 최대이므로 가속도는 0이다.

(c)

그림 2.7 (a) 위치, (b) 속도, (c) 가속도의 시간 변화

식 2.6은 가속도를 위치의 이계 도함수로 나타낸 것이다. 미적분에서 적분을 배웠다면 거꾸로도 할 수 있다는 것을 알 것이다. 즉 시간의 함수로 주어진 가속도로부터 위치를 시간의 함수로 구할 수 있다. 2.4절에서 등가속도인 특별한 경우에 그렇게 할 것이다. 다만, 대수적인 접근 방법을 사용한다. 실전 문제 93에서는 미적분을 사용하여 똑같은 결과를 얻는다. 2.6절에서는 가속도가 일정하지 않은 경우를 잠깐 살펴볼 것이다. 다음에 제시한 응용물리는 가속도로부터 물체의 위치를 구하는 중요한 기술을 설명한다.

응용물리 관성 유도

물체의 초기 위치와 속도, 그 후의 가속도(시간에 따라 변할 수 있다)를 알면 식 2.6을 뒤집어서 위치에 대해 풀수 있다(2.6절 참고). 관성항법장치라고도 불리는 관성유도장치는 이 원리를 활용하여 잠수함, 배, 항공기가 내부적으로 측정한 그 자체의 가속도만으로 위치를 추적할 수 있도록 한다. 이것 때문에 GPS, 레이더, 직접적인 관측과 같은 외부의 위치 조회에 의지할 필요가 없다. 보통 잠수함은 그 위치에 대해 외부에 의존할 수 없기 때문에 관성 유도가 특별히 중요하다. 이 장의 일차원 운동에서 관성유도장치는 수치가 연속적으로 기록되는 가속도계 한 개로 구성된다. 실용적인 장치에서는 서로 수직하게 배치된 세 개의 가속도계가 삼차원의 가속도를 추적한다. 탑재된 자이로스코프가 방향을 기록하므로 장치는 세 가속도의 방향과 변화를 "안다".

초기 관성유도장치는 무겁고 비쌌지만, 점차 가속도계와 자이로스코프가 소형화되면서 더 작고 저렴해진 관성유도장치가 가능해졌다(그래서 모든 스마트폰에 내재되어 있다). 아래 사진은 미국 방위 고등 연구 기획국이 GPS 신호가 도달하지 못하는 곳에서 사용하기 위해 개발한 관성항법장치이다. 이것은 아주 작아서 미국 동전의 링컨 기념관 안에 쏙 들어간다.

개념 예제 2.1 속도가 0인 가속도?

물체가 움직이지 않더라도 가속할 수 있을까?

풀이 그림 2.7은 속도가 위치 곡선의 기울기인 것을 보여 준다. 그리고 기울기는 어떻게 위치가 변하는가에 의존하지만 그 값 자체와는 무관하다. 이와 비슷하게 가속도는 오로지 속도의 변화율에만 의존하고 속도 그 자체와는 무관하다. 그래서 속도가 0인 순간에 가속도가 없을 근본적인 이유는 없다.

검증 그림 2.8과 같이 공을 똑바로 위로 던졌을 때가 이 경우에 해당한다. 비행의 정점에서 공의 속도는 순간적으로 0이다. 그렇지만 공은 정점 직전에 위로 움직이고 있고, 정점 후에는 아래로 움직이고 있다. 시간 간격이 아무리 작아도 속도는 항상 변한다. 따라서 공은 그 속도가 0이 되는 순간에서조차도 가속 운동을 하고 있다.

관련 문제 그림 2.8에서, 공은 정점에 도달하기 0.010 s 전에 0.098 m/s의 속력으로 위로 움직이고 있고, 정점에 도달한 0.010 s 후에는 같은 속력으로 아래로 움직이고 있다. 이 0.020 s 동안의 평균 가속도는 얼마인가?

풀이 식 2.4에 따라 평균 가속도를 구하면 $\bar{a} = \Delta v / \Delta t = (-0.098$ m/s $- 0.098$ m/s$)/(0.020$ s$) = -9.8$ m/s^{2}이다. 여기서 위 방향을 양으로 하는 좌표계를 선택하였기 때문에 마지막 속도와 가속도는 음수이다. 시간 간격이 아주 작아서 그 결과는 속도가 0인 정점에서의 순간 가속도와 거의 차이가 없어야 한다. 9.8 m/s^{2}은 지구 중력에 의한 가속도이다.

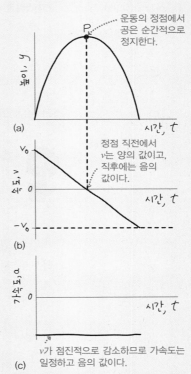

운동의 정점에서 공은 순간적으로 정지한다.

(a)

정점 직전에서 v는 양의 값이고, 직후에는 음의 값이다.

(b)

v가 점진적으로 감소하므로 가속도는 일정하고 음의 값이다.

(c)

그림 2.8 개념 예제 2.1의 스케치

확인 문제 **2.3** 승강기가 일정한 속력으로 올라가다가 느려져서 정지한 후 내려간다. 조금 지나서 승강기가 내려가는 속력은 승강기가 올라갔던 속력에 도달한다. 승강기가 일정한 속력으로 위로 움직일 때와 아래로 움직일 때 사이의 평균 가속도는 (a) 0이다, (b) 아래로 향한다, (c) 처음에 아래로 향한 후에 위로 향한다.

2.4 등가속도

가속도가 일정하면 운동을 기술하는 것이 매우 간단해진다. 가속도가 a로 일정할 때 $t = 0$에서 처음 속도 v_0으로 출발하여 시간 t에서 속도가 v인 물체의 운동을 생각해 보자. 가속도가 변하지 않으므로, 가속도의 평균과 순간값은 똑같다. 즉

$$a = \bar{a} = \frac{\Delta v}{\Delta t} = \frac{v - v_0}{t - 0}$$

이다. 이 식을 정리하여 다음과 같이 표기할 수 있다.

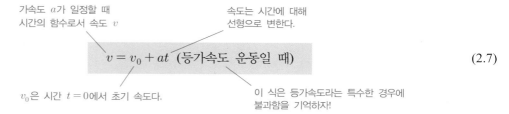

가속도 a가 일정할 때 시간의 함수로서 속도 v

속도는 시간에 대해 선형으로 변한다.

$$v = v_0 + at \text{ (등가속도 운동일 때)}$$ (2.7)

v_0은 시간 $t = 0$에서 초기 속도다.

이 식은 등가속도라는 특수한 경우에 불과함을 기억하자!

결국 속도의 변화는 가속도와 시간의 곱과 같다.

특수한 경우 우리가 전개하는 식들은 대부분 좀 더 일반적인 법칙의 특수한 경우로서, 특수한 상황에 국한된다. 식 2.7이 적절한 실례이다. 이 식은 가속도가 일정할 때만 적용된다.

시간의 함수인 속도에서 위치를 구해 보자. 가속도가 일정하면, 속도가 일정한 비율로 증가하므로 평균 속도는 처음 속도(v_0)와 나중 속도(v)의 산술 평균으로 다음과 같다.

$$\bar{v} = \frac{1}{2}(v_0 + v)$$ (2.8)

또한 평균 속도는 위치의 변화를 시간 간격으로 나눈 값으로 표현할 수 있다. 시간 0에서 물체의 위치가 x_0이라고 하자. 그러면 0에서 시간 t까지의 시간 간격 동안의 평균 속도는 다음과 같다.

$$\bar{v} = \frac{\Delta x}{\Delta t} = \frac{x - x_0}{t - 0}$$

여기서 x는 t에서의 위치이다. 식 2.8에 주어진 $\bar{v}$을 대입하면 다음과 같다.

$$x = x_0 + \bar{v}t = x_0 + \frac{1}{2}(v_0 + v)t$$ (2.9)

위 식에 식 2.7을 넣으면 다음을 얻는다.

x_0은 초기 위치로 그림 2.9에서 수평선으로 그려져 있다.

등가속도 a로부터 유래하는 이 항은 그림 2.9의 곡선으로 묘사된 것처럼 위치가 이차 항으로 증가하게 한다.

$$x = x_0 + v_0 t + \frac{1}{2}at^2 \text{ (등가속도 운동일 때)}$$ (2.10)

가속도 a가 일정할 때 시간의 함수로서 위치 x

v_0은 초기 속도다. 항 $v_0 t$는 그림 2.9의 대각선으로 묘사된 것처럼 위치의 선형 변화를 기술한다.

이 식은 등가속도라는 특수한 경우에 불과함을 기억하자!

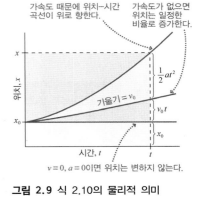

그림 2.9 식 2.10의 물리적 의미

여기서 가속도가 없으면($a = 0$) 위치는 시간에 대해서 초기 속도 v_0의 비율로 선형적으로 증가한다. 등가속도 운동에서 $\frac{1}{2}at^2$은 속도가 변하는 효과를 나타낸다. 이것은 시간의 제곱으로 주어지므로, 물체가 더 오래 움직일수록 더 빨리 이동하고 거리가 빠르게 늘어난다. 그림 2.9는 식 2.10의 물리적 의미를 잘 보여 준다.

착륙 속력과 등가속도를 알면 제트기의 착륙 거리를 구할 수 있을까? 이와 같이 시간에 대한 정보 없이 위치, 속도, 가속도의 관계를 구할 때가 있다. 먼저 식 2.7을 시간 t에 대하여 $t = (v - v_0)/a$로 표기하고, 식 2.9의 t에 넣으면 다음을 얻는다.

$$x - x_0 = \frac{1}{2} \frac{(v_0 + v)(v - v_0)}{a}$$

여기서 $(a + b)(a - b) = a^2 - b^2$을 이용하면 다음을 얻는다.

$$v^2 = v_0^2 + 2a(x - x_0)$$ (2.11)

식 2.7, 2.9, 2.10, 2.11은 등가속도 운동에 대한 방정식들로, 표 2.1에 나타나 있다.

이 식들을 대수적으로 유도하였지만 미적분을 사용해도 된다. 이 접근법을 택하여 식 2.7로부터 식 2.10을 구하는 것이 실전 문제 93이다.

운동 방정식 사용하기

표 2.1의 식들은 등가속도 운동을 완전히 기술한다. 이 식들을 별개의 법칙으로 간주하지 말고 일차원 등가속도 운동이라는 단일한 현상을 보완적으로 기술하는 것으로 인식하라. 여러 개의 방정식은 문제에 접근하는 편리한 출발점을 제공한다. 이 방정식들을 암기하지 말고, 문제를 풀어가면서 그것들에 익숙해지도록 하라. 이 방정식들을 사용하여 일차원 등가속도 운동 문제를 풀이하는 요령을 살펴보자.

표 2.1 등가속도 운동 방정식

방정식	변수	식 번호
$v = v_0 + at$	$v, a, t;\ x$ 없음	2.7
$x = x_0 + \frac{1}{2}(v_0 + v)t$	$x, v, t;\ a$ 없음	2.9
$x = x_0 + v_0 t + \frac{1}{2}at^2$	$x, a, t;\ v$ 없음	2.10
$v^2 = v_0^2 + 2a(x - x_0)$	$x, v, a;\ t$ 없음	2.11

문제풀이 요령 2.1 **등가속도 운동**

해석 운동을 해석하여 등가속도 운동임을 검증하고, 대상 물체를 파악한다.

과정 적절한 기호로 좌표계를 설정하고, 처음과 나중 상황을 파악하여 위치-시간 곡선을 그린다. 표 2.1에서 주어진 미지수를 포함하는 방정식을 선택한다.

풀이 식들을 기호 형태로 먼저 풀고 나서 수치적인 값을 대입한다.

검증 답을 검증해야 한다. 물리적으로 가능한 답인가? 단위는 맞는가? 값의 크기는 적절한가? 또한 특수한 경우에는 어떻게 되는가? 즉 위치, 속도, 가속도, 시간 등이 아주 크거나 작을 때는 어떠한가?

다음 두 예제는 전형적인 등가속도 관련 문제들이다. 예제 2.3은 한 물체에 대해 방금 유도하였던 식들을 간단히 적용하는 것이다. 예제 2.4는 두 물체와 관련된 것인데, 이 경우에는 물체 각각의 운동을 기술하는 식들을 쓸 필요가 있다.

예제 2.3　　**등가속도 운동: 제트기 착륙**　　　　　　　　　　응용 문제가 있는 예제

제트기가 270 km/h의 속력에서 착륙을 시작한다. 제트기의 감속은 4.5 m/s²이다. 제트기가 착륙하는 데 필요한 활주로의 최소 길이는 얼마인가?

해석 일차원 등가속도 문제이며, 제트기가 대상 물체이다.

과정 위치, 속도, 가속도를 포함하는 식 2.11의 $v^2 = v_0^2 + 2a(x - x_0)$을 이용하여 활주로 길이를 구한다. 제트기가 정지하므로 나중 속도는 $v = 0$이고, 처음 착륙 속도는 v_0이다. 또한 x_0이 착륙한 위치라면 $\Delta x = x - x_0$이 원하는 활주로 길이이다.

풀이 $v = 0$을 식 2.11에 넣으면 다음을 얻는다.

$$\Delta x = \frac{-v_0^2}{2a} = \frac{-[(270 \text{ km/h})(1000 \text{ m/km})(1/3600 \text{ h/s})]^2}{(2)(-4.5 \text{ m/s}^2)}$$

$$= 625 \text{ m}$$

위 계산에서 제트기의 가속도 방향이 속도 방향과 반대이므로 가속도에 음의 부호를 사용하였다. 또한 처음 착륙 속도의 단위 km/h를 SI 단위인 m/s로 바꿨다.

검증 활주로의 길이로 625 m는 짧은 것 같다. 다만, 이 값은 최소 길이이며, 안전을 확보하기 위한 표준 길이는 약 1.5 km이다.

 단위 통일 문제에 주어진 단위가 SI 단위가 아닌 경우도 많다. 가능한 한 SI 단위로 환산하는 것이 좋다. 이 문제에서 가속도는 SI 단위이지만 속도는 아니다. 따라서 SI 단위로 전환하는 것이 필수적이다.

예제 2.4　　**두 물체의 운동: 속력 함정**

어떤 자동차가 정지한 경찰차를 보지 못하고 제한 속력이 50 km/h인 도로를 75 km/h(21 m/s)의 속력으로 지나갔다. 경찰차가 즉각 위반한 차를 2.5 m/s²의 가속도로 추격하기 시작한다. 경찰차가 위반차를 따라잡았을 때까지 달린 거리는 얼마이며, 이때 경찰차의 속력은 얼마인가?

해석 두 개의 일차원 등가속도 운동이 있으며, 대상 물체는 위반차와 경찰차이다. 또한 두 차가 만나게 되므로 두 운동은 연관되어 있다.

과정 두 차 위치의 시간 변화를 함께 그리면 유용하다. 위반차는 일정한 속력으로 주행하므로 위치 곡선은 직선이다. 한편 경찰차

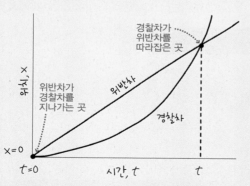

그림 2.10 경찰차와 위반차 위치의 시간 변화

는 정지해 있다가 출발하므로 편평하게 시작한 위치 곡선이 위로 향한다. 그림 2.10에서 두 차는 t에서 만난다. 식 2.10의 $x = x_0 + v_0 t + \frac{1}{2}at^2$에서 위치를 구한다. 풀이 과정은 다음과 같다. (1) 식 2.10을 두 차에 알맞도록 다시 표기한다. (2) 두 식을 연결하여 만나는 위치를 구한다. (3) 식 2.7의 $v = v_0 + at$를 이용하여 경찰차의 속력을 구한다.

풀이 속력 위반차가 경찰차를 지나치는 곳과 그 순간을 각각 원점과 $t = 0$으로 잡는다(그림 2.10 참조). 그러면 두 차 모두 식 2.10에서 $x_0 = 0$이다. 또한 위반차의 가속도와 경찰차의 처음 속도는 모두 0이다. 따라서 두 차에 대해서 각각 다음을 얻는다.

$$x_s = v_{s0}t \,(\text{위반차}), \quad x_p = \frac{1}{2}a_p t^2 \,(\text{경찰차})$$

x_s와 x_p를 같게 놓으면 두 차는 같은 위치에 있게 된다. 즉 $v_{s0}t = \frac{1}{2}a_p t^2$이다. 이 식은 $t = 0$, $t = 2v_{s0}/a_p$일 때 만족된다. 왜 답이 두 개일까? 두 차가 같은 위치에 있는 시간이기 때문이다. 여기서 $t = 0$은 위반차가 경찰차를 지나치는 시간이므로 $t = 2v_{s0}/a_p$가 원하는 답이다. 만나는 위치는 어디일까? $t = 2v_{s0}/a_p$를 위반차에 관한 식에 넣으면 다음을 얻는다.

$$x_s = v_{s0}t = v_{s0}\frac{2v_{s0}}{a_p} = \frac{2v_{s0}^2}{a_p} = \frac{(2)(21 \text{ m/s})^2}{2.5 \text{ m/s}^2} = 350 \text{ m}$$

식 2.7에서 경찰차의 속력은 다음과 같다.

$$v_{\mathrm{p}} = a_{\mathrm{p}}t = a_{\mathrm{p}}\frac{2v_{s0}}{a_{\mathrm{p}}} = 2v_{s0} = 150\,\mathrm{km/h}$$

검증 그림 2.10에서 경찰차가 정지 상태에서 출발하여 등가속도로 달리므로 위반차를 잡기 위해서는 빨리 달려야 한다. 경찰차의 속력이 위반차의 두 배이므로 합리적인 답이다. 예제 2.2처럼 경찰차 위치의 시간 변화도 이차 함수이므로 그림 2.10에서 경찰차의 위치-시간 그래프는 포물선이다.

> **확인 문제** **2.4** 예제 2.4의 경찰차가 정지 상태에서 출발하여 속력 위반차를 따라잡았을 때 속도가 두 배가 되었다. 따라서 어떤 순간에는 경찰차와 속력 위반차의 속도가 같았다. 이 순간은 다음 중 어떤 상황인가? (a) 두 차의 중간 위치에 있다, (b) 두 차가 신호등에 있을 때에 가깝다, (c) 위반차를 따라잡을 때에 가깝다.

2.5 중력 가속도

LO 2.4 지표면 근처의 중력이 어떻게 등가속도의 예를 주는지 기술할 수 있다.

물체를 떨어뜨리면 중력 가속도 때문에 떨어질 때 가속된다(그림 2.11 참조). 지표면 근처에서 낙하하는 물체의 가속도는 일정하며, 모든 물체에 대해서 같다. 이 값, 즉 **중력 가속도**(acceleration of gravity) g는 지표면 근처에서 $9.8\,\mathrm{m/s^2}$에 거의 가깝다.

중력 가속도는 중력의 영향만으로 운동하는 **자유 낙하**(free fall)에만 적용할 수 있다. 이때 공기 저항은 운동에 큰 영향을 끼치기 때문에 가벼운 물체와 무거운 물체에 대한 중력의 영향을 오판하기 쉽다. 1600년에 갈릴레오 갈릴레이(Galileo Galilei)는 피사의 사탑에서 물체를 떨어뜨리는 실험을 통해서 모든 물체가 동일한 가속도로 떨어진다고 주장하였다. 최근에는 지구보다 중력 가속도가 작은 달 표면에서 우주비행사가 깃털과 망치를 떨어뜨리는 실험을 통해서 가속도가 같다는 사실을 실증하였다.

지표면 근처에서는 g값이 어림잡아 같으므로, g값을 상수로 여겨도 충분하다. 하지만 그 값은 고도나 지질학적 위치에 따라 약간씩 다르다. 수십 또는 수백 km의 고도 변화에 대해서는 g값이 상당히 달라진다. 그러나 지표면 근처의 자유 낙하는 등가속도 운동이고, 표 2.1의 방정식들을 적용할 수 있다. 다만, x좌표 대신에 y좌표로 수직 운동을 기술한다. 관습상 위 방향이 양의 방향이고, 가속도는 아래로 향하기 때문에 가속도는 $a = -g$이다.

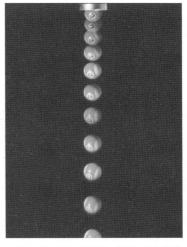

그림 2.11 자유 낙하하는 공의 섬광 사진. 공 사이의 거리가 증가하므로 공은 가속되고 있다.

예제 2.5 | **중력에 의한 등가속도 운동: 절벽에서의 다이빙** **응용 문제가 있는 예제**

10 m 높이의 절벽에서 다이빙한다. 다이버가 입수하는 속력은 얼마이며, 공중에 머문 시간은 얼마인가?

해석 중력에 의한 등가속도 운동이며, 대상 물체는 다이버이다. 다이버의 처음 위치를 알고 입수할 때의 시간과 속력을 원한다.

과정 그림 2.12는 다이버 위치의 시간 변화를 보여 준다. 수면 위처음 높이는 10 m이고, 정지 상태($v_0 = 0$)에서 다이빙하며 아래 방향 가속도($-g$) 때문에 위치 곡선은 포물선이다. 다이버 위치를 수직 방향으로 정하는 것이 적절하므로 식 2.11은 $v^2 = v_0^2 + 2a(y - y_0)$으로 쓸 수 있다. $v_0 = 0$이므로 $v^2 = -2g(y - y_0)$이 된다. 이 식에서 v를 구한 다음에 식 2.7의 $v = v_0 + at$에서 시간을 구한다.

풀이 수면에서 $y = 0$이고, $y_0 = 10\,\mathrm{m}$를 넣으면 식 2.11에서

$$|v| = \sqrt{-2g(y - y_0)} = \sqrt{(-2)(9.8\,\mathrm{m/s^2})(0\,\mathrm{m} - 10\,\mathrm{m})}$$
$$= 14\,\mathrm{m/s}$$

이다. 이 값은 속도의 절댓값이며, 실제 아래 방향 속도는 -14 m/s이다. 이제 식 2.7에서 공중에 머문 시간을 구하면 다음과 같다.

$$t = \frac{v_0 - v}{g} = \frac{0\,\mathrm{m/s} - (-14\,\mathrm{m/s})}{9.8\,\mathrm{m/s^2}} = 1.4\,\mathrm{s}$$

검증 기대한 대로 가속도가 커지거나 거리 $y - y_0$이 커지면 v도 커진다. 위의 풀이가 유일한 방법은 아니다. 먼저 식 2.10을 풀어서 시간을 구한 다음에 식 2.7에서 속력을 얻을 수도 있다.

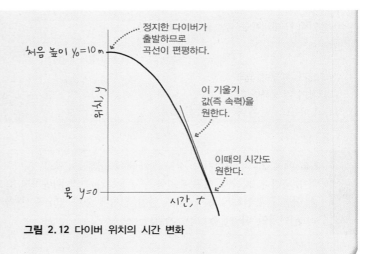

그림 2.12 다이버 위치의 시간 변화

예제 2.5에서 다이버가 아래 방향으로 입수하므로 아래 방향의 중력 가속도에 의해서 속력이 증가한다. 그러나 개념 예제 2.1에 제시된 것처럼 중력 가속도의 방향은 물체의 운동 방향과는 무관하다. 예를 들어 공을 수직 위로 던지면 공이 위로 올라가는 동안에도 중력 가속도는 아래 방향으로 작용한다. 이때 공의 속도와 가속도의 방향이 반대이므로 공의 속도가 감소한다. 정점에 도달하여 순간적으로 정지하다가 아래로 떨어지면서 속력을 얻는다. 그동안에 가속도는 계속 아래로 $9.8\,\mathrm{m/s^2}$이다.

예제 2.6 중력에 의한 등가속도 운동: 공의 수직 운동

마룻바닥 위 1.5 m 높이에서 7.3 m/s의 처음 속력으로 공을 수직 위로 던진다. 공이 마룻바닥에 닿는 시간, 공의 최고 높이, 내려오면서 손을 지나치는 속력을 각각 구하라.

해석 중력에 의한 등가속도 운동이며, 대상 물체는 공이다. 시간, 높이, 속력을 원한다.

과정 수직 위로 올라간 공은 일단 정지하였다가 아래로 내려온다. 공의 위치(즉 높이)를 시간의 함수로 그린 그림 2.13에 알고 있는 값과 세 미지수를 표시하였다. 식 2.10의 $y = y_0 + v_0 t + \frac{1}{2}at^2$을 이용하여 마룻바닥에 닿는 시간을 구한다. 식 2.11의 $v^2 = v_0^2 + 2a(y - y_0)$을 이용하여 $v = 0$인 정점의 높이를 구한다. 이어 식 2.11에서 1.5 m 높이를 지나가는 공의 속력을 구한다.

풀이 그림에서 마룻바닥은 $y = 0$이므로 식 2.10은 $0 = y_0 + v_0 t - \frac{1}{2}gt^2$이다. 이 식에서 $t = (v_0 \pm \sqrt{v_0^2 + 2y_0 g})/g$(부록 A 참조)이다. 처음에 수직 위로 올라가므로 처음 속도는 $v_0 = 7.3\,\mathrm{m/s}$이고, 처음 위치는 손의 높이로 $y_0 = 1.5\,\mathrm{m}$이며, $g = 9.8\,\mathrm{m/s^2}$이다. 이 값들을 넣으면 $t = 1.7\,\mathrm{s}$와 $-0.18\,\mathrm{s}$를 얻는다. 여기서 마룻바닥에 닿는 시간은 1.7 s이다. 정점에서 공의 속도는 순간적으로 0이므로, 식 2.11에 $v^2 = 0$을 넣으면 $0 = v_0^2 - 2g(y - y_0)$을 얻을

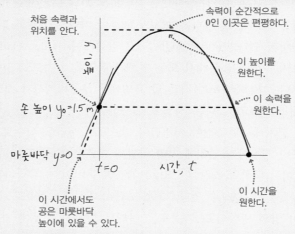

그림 2.13 예제 2.6의 스케치

수 있다. 따라서 정점의 높이는 다음과 같다.

$$y = y_0 + \frac{v_0^2}{2g} = 1.5\,\mathrm{m} + \frac{(7.3\,\mathrm{m/s})^2}{(2)(9.8\,\mathrm{m/s^2})} = 4.2\,\mathrm{m}$$

식 2.11에 $y = y_0$을 넣으면 $v^2 = v_0^2$이므로 $v = \pm v_0$ 즉, $v = \pm 7.3$ m/s이다. 또 다시 답이 두 개다. 방정식은 공의 높이가 1.5 m 일 때의 모든 속도를 준다. 바로 처음에 위로 올라가는 속도와 나

중에 아래로 내려가는 속도이다. 위로 던져진 물체가 처음 높이로 되돌아올 때의 속력은 처음 속력과 같다는 것을 알 수 있다.

검증 공기 저항이 없으므로 공이 처음 속력과 같은 속력으로 지나가는 것이 타당하다(7장에서 에너지 보존으로 다시 다루겠다). 왜 시간과 속도의 답이 두 개일까? 식 2.10은 손이나 마룻바닥을 구

분하지 못한다. 단지 아래 방향의 등가속도 운동만을 기술할 뿐이다. 식 2.10에서 공이 $y = 0$인 시간 중 1.7 s가 원하는 답이다. 그러나 공이 0.18 s 전에 마룻바닥에서 출발해도 동일한 수직 운동을 하므로 −0.18 s인 답이 나온 것이다. 이 부분을 그림 2.13에서 점선으로 표시하였다. 이와 마찬가지로 식 2.11은 공이 1.5 m 높이를 지나가는 위와 아래 방향의 두 속도를 준다.

 TIP

여러 개의 답 문제를 풀다 보면 여러 개의 답을 얻을 때가 있다. 먼저 각각의 답이 뜻하는 바를 잘 해석해야 한다. 어떤 답은 문제의 물리적 가정에 어긋나지만, 어떤 경우에는 모두 옳은 답이 될 수도 있다.

확인 문제 **2.5** 옥상에서 한 공을 수직 위로 던지고, 동시에 다른 공을 정지 상태에서 놓아 보아라. 어느 공이 먼저 바닥에 닿는가? 바닥에 닿는 속도는 어느 공이 더 큰가?

2.6 일정하지 않은 가속도

LO 2.5 미적분을 사용하여 일정하지 않은 가속도를 다룰 수 있다.

2.4절과 2.5절에서는 등가속도를 다뤘다. 수많은 중요한 응용이 지구의 표면 근처의 중력과 관련된 상황에서 사용된다. 하지만 가속도가 일정하지 않으면 표 2.1에 나열한 식들을 적용할 수 없다. 크기나 방향, 또는 둘 다 변하는 가속도는 3장에서 다룰 것이다. 일차원 운동을 다루는 이 장에서 비균일 가속도 a는 시간 t의 함수 $a(t)$로 나타낼 수 있다. 적분 계산을 배웠다면 적분이 미분의 역이라는 것을 알 것이다. 가속도는 속도의 도함수이기 때문에 가속도를 적분하면 속도를 얻고, 속도를 다시 적분하면 위치를 얻을 수 있다. 수학적으로 이들 관계는 다음과 같다.

$$v(t) = \int a(t)\, dt \tag{2.12}$$

$$x(t) = \int v(t)\, dt \tag{2.13}$$

이 식들로 v와 x를 완전히 결정짓지는 못한다. 그러기 위해서는 초기 조건(initial condition) (보통 시간 $t = 0$에서의 값들)을 알 필요가 있다. 이것들이 바로 미적분에서 적분 상수라고 부르는 것에 해당한다. 실전 문제 93에서 가속도가 일정한 경우에 식 2.12와 2.13의 적분을 구할 수 있다. 이것은 식 2.7과 2.10을 다른 방식으로 유도한 셈이다. 실전 문제 88, 94, 95는 비균일 가속도의 경우에 물체의 위치를 구하기 위해 적분 계산을 해야 하는 문제이고, 실전 문제 96은 가속도가 지수형으로 감소하는 경우를 탐색한다.

응용물리 | 정밀한 시간 측정

개발자와 함께 찍은 NIST-F1 원자시계는 미국의 표준시계이다. 이 시계는 초냉각 응축 상태인 세슘 원자의 자유 낙하를 관측하여(이때 긴 시간 간격은 1 s에 불과하다) 극도의 정밀성을 확립하였다. 응집된 세슘 원자의 자유 낙하는 예제 2.6의 공보다 훨씬 정교한 운동이다. NIST-F1 원자시계에서는 레이저 광선이 원자 공을 부드럽게 위로 올려서 위아래 운동의 시간 간격을 1 s 동안 측정한다(실전 문제 72 참조). 이 때문에 NIST-F1 원자시계를 원자분수시계라고 부른다. 사진의 긴 기둥이 원자분수를 만드는 장치이다.

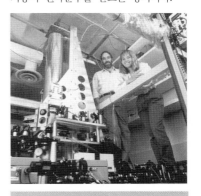

| 확인
문제 | **2.6** 그래프는 정지 상태에서 같은 위치로부터 출발한 서로 다른 세 물체의 가속도를 시간의 함수로 나타낸 것이다. 물체 (b)만 가속도가 일정하다. 어떤 물체가 시간 t_1에서 더 빠른가? | 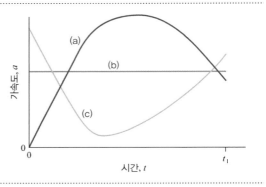 |

핵심 개념

이 장의 핵심 개념은 **운동학**이다. 운동의 원인에 상관없이 **위치**, **속도**, **가속도**로 운동을 기술한다.

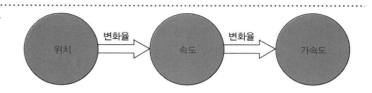

주요 개념 및 식

평균 속도와 평균 가속도는 위치와 속도의 시간 간격 Δt에 대한 변화율로, 다음과 같다.

$$\bar{v} = \frac{\Delta x}{\Delta t}$$

$$\bar{a} = \frac{\Delta v}{\Delta t}$$

여기서 Δx는 위치의 변화인 **변위**이고, Δv는 속도의 변화이다.
순간값은 시간 간격이 무한히 작은 극한값이며, 다음과 같이 위치와 속도의 미분으로 순간 속도와 순간 가속도를 구한다.

$$v = \frac{dx}{dt}$$

$$a = \frac{dv}{dt}$$

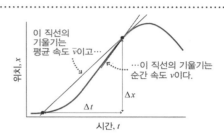

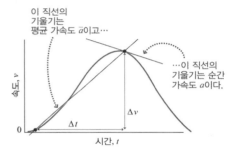

응용

다음 운동 방정식들은 일차원 등가속도 운동을 기술한다.

$$v = v_0 + at$$

$$x = x_0 + v_0 t + \frac{1}{2}at^2$$

$$v^2 = v_0^2 + 2a(x - x_0)$$

이들 방정식은 등가속도 운동에서만 성립한다.

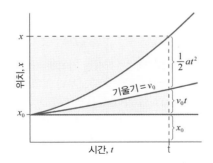

지표면 근처에서 일정한 중력 가속도(9.8 m/s^2)는 중요한 등가속도 운동이다.

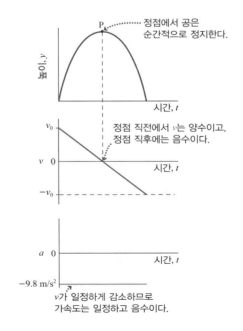

BIO 생물 및 의학 문제   **DATA** 데이터 문제   **ENV** 환경 문제   **CH** 도전 문제   **COMP** 컴퓨터 문제

학습 목표   이 장을 학습하고 난 후 다음을 할 수 있다.

LO 2.1 위치, 속도, 가속도와 같은 기본적인 운동 개념을 정의할 수 있다.
개념 문제 2.2, 2.5, 2.6
연습 문제 2.11, 2.12, 2.13, 2.14, 2.15, 2.16, 2.20, 2.21, 2.22, 2.23
실전 문제 2.49, 2.51, 2.52

LO 2.2 평균 속도와 순간 속도, 평균 가속도와 순간 가속도를 구별할 수 있다.
개념 문제 2.1, 2.4, 2.8, 2.9, 2.10
연습 문제 2.17, 2.18, 2.19, 2.24, 2.25
실전 문제 2.50, 2.83

LO 2.3 가속도가 일정할 때 속도와 위치를 구할 수 있다.
개념 문제 2.7

연습 문제 2.26, 2.27, 2.28, 2.30, 2.31, 2.32, 2.33, 2.34
실전 문제 2.55, 2.56, 2.57, 2.58, 2.61, 2.62, 2.63, 2.64, 2.65, 2.66, 2.67, 2.68, 2.69, 2.70, 2.81, 2.87, 2.93

LO 2.4 지표면 근처의 중력이 어떻게 등가속도의 예를 주는지 기술할 수 있다.
개념 문제 2.7
연습 문제 2.29, 2.35, 2.36, 2.37, 2.38, 2.39, 2.40
실전 문제 2.59, 2.60, 2.71, 2.72, 2.73, 2.74, 2.75, 2.76, 2.77, 2.78, 2.79, 2.80, 2.82, 2.84, 2.85, 2.86, 2.89, 2.90, 2.91, 2.92, 2.97

LO 2.5 미적분을 사용하여 일정하지 않은 가속도를 다룰 수 있다.
실전 문제 2.53, 2.54, 2.88, 2.94, 2.95, 2.96

개념 문제

1. 어떤 조건에서 평균 속도와 순간 속도가 같은가?

2. 자동차의 속도계는 속력을 측정하는가, 속도를 측정하는가?

3. 자동차를 운전하기 전과 후에 주행 기록계를 점검한다. 어떤 경우에 주행 기록이 변위와 같은가?

4. 다음은 평균 속력에 대한 두 종류의 정의이다. (a) 평균 속력은 시간 간격 동안의 순간 속력의 평균값이다. (b) 평균 속력은 평균 속도의 크기이다. 두 정의는 동등한가? 예를 들어라.

5. 움직이면서 위치 $x = 0$에 있을 수 있는가?

6. 가속하면서 속도가 0일 수 있는가?

7. 처음 속도 v_0, 처음 높이 y_0, 나중 높이 y를 알고 있다면 식 2.10을 풀어서 물체가 높이 y에 있을 때 시간 t를 구할 수 있다. 식 2.10은 t의 이차 함수이므로 두 개의 답을 얻게 된다. 물리적 이유는 무엇인가?

8. 그림 2.14의 속도-시간 그래프 중에서 전 구간의 평균 속도가 구간 양 끝의 속도의 평균과 같은 것은 어느 그래프인가?

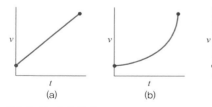

그림 2.14 개념 문제 8

9. 직선 도로를 처음 한 시간 동안은 50 km/h로 달리다가, 다음의 한 시간 동안은 100 km/h로 달린다. 평균 속도는 75 km/h인가? 아니면 더 작은가, 더 큰가?

10. 직선 도로에서 처음 50 km는 50 km/h로 달리고, 다음 50 km는 100 km/h로 달린다. 평균 속도는 75 km/h인가? 아니면 더 작은가, 더 큰가?

연습 문제

2.1 평균 운동

11. 2009년 자메이카의 우사인 볼트가 9.58 s로 100 m 세계기록을 수립하였다. 평균 속력은 얼마인가?

12. 지구의 반지름은 대략 8000 mi이다. 지구가 자전할 때 지구 적도에 있는 한 점의 속력을 어림하라.

13. 자전거를 타고 집에서부터 북쪽으로 2.5 h 동안 24 km를 달린 다음에, 곧장 1.5 h 후에 집으로 되돌아왔다. (a) 처음 2.5 h까지의 변위, (b) 처음 2.5 h 동안의 평균 속력, (c) 집으로 되돌아오는 평균 속도, (d) 왕복한 후의 변위, (e) 왕복하는 동안의 평균 속도는 각각 얼마인가?

14. 보이저 1호는 최소한 2020년까지는 자료를 계속 전송할 것으로 예상된다. 그때 보이저 1호는 지구로부터 140억 마일쯤 떨어져 있을 것이다. 보이저호의 라디오 신호가 그 거리로부터 광속으로 움직여서 지구에 도달하는 데 얼마나 걸리는가?

15. 미국의 조젠슨은 2016년 올림픽 철인 3종 경기 우승자인데, 1 h, 56 min, 16 s만에 수영 1.5 km, 자전거 타기 40 km, 달리기 10 km를 마쳤다. 그녀의 평균 속력은 얼마였는가?

16. m/s에서 mi/h로의 전환 인자는 얼마인가?

2.2 순간 속도

17. 휴스턴에서 디모인까지의 두 가지 여행(그림 2.2 참조)에서 거리를 시간의 함수로 그려라. 두 여행에서 평균 속도와 순간 속도를

그래프로 각각 구하라.

18. 그림 2.15의 운동에서 (a) 양의 x축 방향으로 최대 속도, (b) 음의 x축 방향으로 최대 속도, (c) 물체가 정지한 순간의 시각, (d) 전 구간의 평균 속도를 각각 구하라.

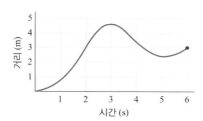

그림 2.15 연습 문제 18

19. 모형 로켓을 수직 위로 발사한다. 로켓의 높이 y는 $y = bt - ct^2$으로 변하며, $b = 82$ m/s, $c = 4.9$ m/s^{2}이고 t는 초, y는 미터 단위다. (a) 로켓의 속도를 시간의 함수로 구하라. (b) 언제 속도가 0인가?

2.3 가속도

20. 제한 속도 50 km/h로 운전하는 도중에 제한 속도가 90 km/h로 증가하는 표지판을 발견했다. 새 제한 속도에 도달하는데 걸린 시간이 25.3 s이면 평균 가속도는 m/s^2 단위로 얼마인가?

21. 정지한 지하철이 처음에 25 m/s^{2}으로 가속하다가 급정거한다. 출발 48 s 후에 지하철은 17 m/s로 달린다. 48 s 동안의 평균 가속도는 얼마인가?

22. 2006년에 발진한 나사의 뉴 호라이즌스(New Horizons) 우주선이 2015년에 명왕성을 지나갔다. 뉴 호라이즌스의 고체 연료 보조 추진 장치는 6.16 m/s^{2}의 평균 가속도를 내서 추진 장치가 떨어져 나가기 전에 우주선의 속력이 16.3 km/s가 되었다. 이 가속도는 얼마 동안 지속되었는가?

23. 2층 창문에서 떨어트린 계란이 1.12 s 후에 11.0 m/s의 속력으로 바닥에 떨어져서 0.131 s만에 정지하였다. 계란이 (a) 떨어지는 동안과 (b) 멈추는 동안의 가속도 크기를 각각 구하라.

24. 비행기의 이륙 속도는 320 km/h이다. 평균 가속도가 2.9 m/s^{2}이면 얼마나 오랫동안 활주로를 달리는가?

25. 최초의 초음속 자동차인 트러스트 SSC는 정지 상태에서 출발하여 16 s만에 1000 km/h에 도달하였다. 가속도는 몇 m/s^{2}인가?

2.4 등가속도

26. 70 km/h로 달리던 자동차가 다른 차를 추월하기 위하여 일정하게 가속하여 6 s 후에 80 km/h에 도달한다. 이 시간 동안 얼마나 멀리 달리는가?

27. 식 2.10의 양변을 미분하여 식 2.7을 유도하라.

28. **BIO** 2016년 연구에 따르면 뱀이 공격할 때 그 머리는 약 50 ms 동안에 약 40 m/s^{2}의 평균 가속도를 겪는다. 이 값들을 사용하여 (a) 뱀의 머리의 최대 속력과 (b) 공격하는 동안 뱀의 머리가 이동한 거리를 한 자리 유효 숫자로 구하라.

29. 로켓이 고도 h까지 일정한 가속도로 상승하여 속력 v에 도달한다. (a) 가속도와 (b) 상승 시간은 각각 얼마인가?

30. 정지 상태에서 출발한 자동차가 일정하게 가속되어 12 s 후에 88 km/s에 도달한다. (a) 자동차의 가속도, (b) 달린 거리는 각각 얼마인가?

31. 처음에 50 mi/h로 달리던 자동차가 신호등 앞 100 ft에서부터 일정하게 감속한다. 자동차가 신호등 바로 앞에서 완전히 정지한다면 감속의 크기는 얼마인가?

32. **BIO** 엑스선관에서 전자가 10^8 m/s로 가속되어 텅스텐 표적에 부딪힌다. 전자가 멈추는 시간이 10^{-9} s라면, 일정하게 감속하는 동안 전자는 얼마나 멀리 진행하는가?

33. 캘리포니아의 베이 지역 고속수송체계(BART)는 지진 경고로 유발되는 자동제동장치를 사용한다. 그 체계를 설계한 목적은 출퇴근 때 약 45,000명을 운송하고 최고 112 km/h로 달리는 기차에 관련된 재난사고를 예방하기 위한 것이다. 기차가 정지하는데 24 s가 걸린다면 112 km/h의 기차가 지진이 발생할 때 꽤 안전한 속력인 42 km/h로 속력을 내리려면 지진 경보를 얼마나 미리 주어야 하는가?

34. 속력 v_0으로 운전하는 도중에 거리 d 앞에서 정지해 있는 사슴을 발견하였다. 사슴을 치기 전에 멈추기 위해서 필요한 가속도의 크기를 구하라.

2.5 중력 가속도

35. 배달 드론이 고객의 현관에 물품을 떨어트린다. 물품이 8.00 m/s의 최대 충격 속도를 견딜 수 있다면 드론이 그 물품을 떨어트릴 수 있는 최대 높이는 얼마인가?

36. 6.5 m 높이의 나뭇가지에 앉아 있는 친구에게 얼마의 속력으로 사과를 던져야 사과가 친구에게 도달할 수 있는가?

37. 지표면에서 속력 v로 똑바로 위로 발사한 모형 로켓이 (a) 도달하는 최대 고도와 (b) 최대 고도의 절반에 도달했을 때 속력은 각각 얼마인가?

38. 파울볼이 23 m/s로 수직 위로 치솟는다. 볼이 (a) 얼마나 높이 올라가는가? (b) 공중에 머무는 시간은 얼마인가? 단, 배트의 높이는 무시한다.

39. 지상 6.5 m 높이의 나뭇가지에 걸려 있는 프리스비를 최소한 3 m/s로 맞춰야 프리스비가 나뭇가지에서 떨어진다고 하자. 지상 1.3 m 높이에서 수직 위로 손을 떠나는 돌의 속력은 얼마여야 하는가?

40. 우주 해적이 지구인을 납치하여 태양계의 다른 행성에 가두었다. 지구인이 170 cm의 눈높이에서 시계를 떨어트렸더니 0.95 s가 걸렸다. 어떤 행성에 간혔는가? (**힌트**: 부록 E를 참조)

응용 문제

다음 문제들은 본문의 예제들에 기초한 것이다. 두 세트의 문제들은 물리학의 이해를 강화하는 연결의 형성을 돕고 이전에 풀어본 문제에서 변형된 문제를 해결하는 자신감을 키우도록 설계되어 있다. 각 세트의 첫 번째 문제는 본질적으로 예제 문제이지만 숫자들은 다르다. 두 번째 문제는 예제와 똑같은 상황이지만 묻는 질문이 다르다. 세 번째와 네 번째 문제는 완전히 다른 상황으로 이런 방식을 반복한다.

41. **예제 2.3** 제트기가 288 km/h의 속력에서 착륙을 시작한다. 제트기의 감속은 3.38 m/s^2이다. 제트기가 착륙하는 데 필요한 활주로의 최소 길이는 얼마인가?

42. **예제 2.3** 제트기가 275 km/h의 속력에서 1.2 km 길이의 활주로에 착륙을 시작한다. 제트기가 멈출 때 안전한 가속도 크기의 최솟값은 얼마인가?

43. **예제 2.3** 45.0 km/h로 운전하고 있는 도중에 도로 앞에 있는 사슴을 발견했다. 차가 0.766 m/s^2으로 감속할 수 있다면, 사슴에서 얼마나 멀리 떨어져 있을 때 브레이크를 밟을 필요가 있는가?

44. **예제 2.3** 45.0 km/h로 운전하고 있는 도중에 102 m 앞의 도로에 있는 사슴을 발견했다. 사슴을 치지 않기 위한 제동 가속도의 최소 크기는 얼마인가?

45. **예제 2.5** 9.21 m 높이의 절벽에서 다이빙한다. 다이버가 (a) 입수하는 속력과 (b) 공중에 머문 시간은 얼마인가?

46. **예제 2.5** 절벽에서 다이빙하여 1.05 s 후에 입수한다. (a) 절벽의 높이와 (b) 다이버가 입수하는 속력은 얼마인가?

47. **예제 2.5** 배달 드론이 충격 방지가 잘된 물품을 12.5 m 높이에서 고객의 현관으로 떨어뜨린다. 물품이 (a) 현관에 도달하는 속도와 (b) 공중에 머무르는 시간은 얼마인가?

48. **예제 2.5** 온라인 소매상이 최대 10.0 m/s의 충격을 견딜 수 있도록 상품을 포장하여 드론으로 배달한다. (a) 드론이 상품을 안전하게 떨어뜨릴 수 있는 최대 높이는 얼마인가? (b) 이 높이에서 떨어지는 상품은 얼마나 오래 공중에 머무는가?

실전 문제

49. 40 min 후에 25 mi 거리의 공항에 도착할 계획이었지만 길이 막혀서 처음 15 min을 평균 20 mi/h로 달렸다. 남은 거리를 평균 얼마로 달려야 계획대로 공항에 도착할 수 있는가?

50. 목적지까지의 거리의 $1/3$은 속력 $2v$로 이동하고, 나머지 $2/3$는 속력 v로 이동한다. 이 경우 평균 속력을 v의 항으로 구하라.

51. 자신이 동생보다 20% 더 빠른 9.0 m/s로 달린다고 하자. 100 m 달리기에서 동생과 나란히 도착하려면 동생은 몇 미터 앞에서 출발해야 하는가?

52. 베이징에서 이륙한 비행기가 9497 km 떨어져 있는 샌프란시스코를 향한다. 강한 뒷바람 때문에 비행기의 속력은 1150 km/h이다. 동시에 두 번째 비행기가 샌프란시스코에서 이륙하여 베이징을 향한다. 맞바람 때문에 이 비행기의 속력은 겨우 687 km/h이다. 두 비행기가 언제, 어디에서 교차하는가?

53. 물체의 위치는 시간 t에 따라 $x = bt + ct^3$으로 변하며, $b = 1.50$

m/s, $c = 0.640 \text{ m/s}^3$이다. 순간 속도를 구하는 극한 과정 정의에 따라 (a) $1.00 \text{ s} \sim 3.00 \text{ s}$, (b) $1.50 \text{ s} \sim 2.50 \text{ s}$, (c) $1.95 \text{ s} \sim 2.05 \text{ s}$ 사이에서 평균 속도를 각각 구하라. (d) 주어진 식을 미분하여 순간 속도를 구하고, 2 s에서 평균 속도와 비교하라.

54. 물체의 위치는 시간 t에 따라 $x = bt^4$으로 변하며, b는 상수이다. 순간 속도를 구하라. $t = 0$에서 시간 t까지의 평균 속도가 t에서의 순간 속도의 $1/4$임을 보여라.

55. 400 m 드래그레이스에서 두 차가 동시에 출발하고, 각각 일정한 가속도를 유지한다. 가속도가 4.25 m/s^2인 차는 다른 차보다 248 ms 앞서서 결승선에 도달한다. 우승한 차가 결승선에 도달했을 때 다른 차는 얼마나 뒤쳐져 있는가?

56. 식 2.7을 제곱하면 v^2에 대한 표현식을 얻는다. 식 2.11도 v^2에 대한 표현식이다. 두 식을 연립하여 식 2.10을 유도하라.

57. 2012년에 탐사선 큐리오시티가 화성에 착륙했던 복잡한 과정 동안에 우주선은 화성 표면 위의 고도 142 m에 도착하여 32.0 m/s로 수직 하강한 다음에 소위 등감속(CD) 상태에 들어갔다. 그 상태에서 속력이 꾸준히 줄어들어 0.75 m/s가 되었을 때 고도는 23 m이었다. CD 상태 동안에 우주선의 가속도의 크기는 얼마인가?

58. **DATA** 드래그레이스에서 차의 위치를 매초마다 측정하여 아래 표로 나타내었다.

시간 $t(\text{s})$	0	1	2	3	4	5
위치 $x(\text{m})$	0	1.7	6.2	17	24	40

가속도가 근사적으로 일정하다고 가정할 때, 위치가 직선으로 나타나도록 적절한 변수를 택하여 그래프로 그려라. 직선을 자료에 맞추어서 그로부터 근사적인 가속도를 결정하라.

59. 82.0 m의 높이에서 폭죽이 폭발하면서 발생한 파편들의 속도 범위는 아래 방향으로 7.68 m/s로부터 위 방향으로 16.7 m/s까지이다. 파편들이 지면에 도달하는 시간 간격은 얼마인가?

60. **BIO** 메뚜기는 다리의 근육 때문에 3.0 m/s로 뛰어오를 수 있다. 메뚜기가 뛰어오를 수 있는 높이는 얼마인가?

61. 눈길에서 ABS를 작동시키면 정지 거리가 55% 줄어든다. 정지 시간은 몇 $\%$ 감소하는가?

62. $t = 0$일 때 처음 위치 x_0에서 출발한 입자가 속력 v_0으로 양의 x축 방향으로 움직이는 데 음의 x축 방향으로 크기 a인 가속도가 작용한다. (a) 처음 위치 x_0으로 되돌아오는 데 걸린 시간, (b) 처음 위치를 지나는 속력을 각각 구하라.

63. 32 m/s로 들어온 하키 퍽이 35 cm 두께의 눈덩이를 빠져나오는 속력은 18 m/s이다. (a) 눈덩이를 빠져나오는 데 걸린 시간은 얼마인가? (b) 하키 퍽이 완전히 멈추려면 두께는 얼마이어야 하는가?

64. 지하철 전차가 역에 정지해 있다. 68.5 km/h로 역에 접근하는 두 번째 전차가 브레이크를 걸어서 48.3 s 후에 멈추는데, 정지해 있는 전차와의 거리는 겨우 1.45 m이다. 움직이는 전차가 브레이크를 걸기 시작하는 순간에 두 전차 사이의 거리는 얼마였는가?

65. 220 km/h의 비행기가 착륙하는 데 29 s 걸린다. 이 비행기가

착륙할 수 있는 활주로의 최소 거리는 얼마인가? 단, 감속은 일정하다.

66. 운전사가 정지해 있는 자동차를 발견하고 급브레이크를 밟아서 6.3 m/s^2으로 감속하였지만 불행하게도 충돌하였다. 경찰이 추정한 충돌 속력은 18 km/h, 미끄럼 자국은 34 m이다. (a) 브레이크를 밟기 직전 자동차는 얼마나 빨리 달렸는가? (b) 충돌할 때까지 걸린 시간은 얼마인가?

67. 경주차가 일정하게 가속하여 3.6 s 동안에 140 m 달렸다. (a) 140 m 달린 직후의 속력이 53 m/s이면 처음 속력은 얼마인가? (b) 정지 상태에서 출발하면 140 m 달리는 데 얼마나 오래 걸리는가?

68. 마른 도로에서 자동차의 최대 감속은 8 m/s^2이다. 두 자동차가 각각 88 km/h로 마주 보고 달려오다가 85 m 거리에서 둘 다 브레이크를 밟는다. 두 자동차는 충돌하는가? 충돌한다면 상대 속력은 얼마인가? 충돌하지 않는다면 멈춘 후 두 자동차의 거리는 얼마인가? 두 자동차의 거리-시간 그래프를 그려라.

69. 10 km 경주에서 35 min을 달려 9 km 지점에 도착했을 때, 100 m 앞쪽에서 선두가 같은 속력으로 달리고 있다. 결승선에서 따라잡으려면 얼마나 빨리 달려야 하는가? 단, 선두는 일정한 속력을 유지한다고 가정하라.

70. 고속도로에서 85 km/h로 달리다가 10 m 앞에서 제한 속력 60 km/h로 달리는 자동차를 발견하고, 급브레이크를 밟아서 4.2 m/s^2으로 감속한다. 앞 차가 같은 속력으로 달리고 있다면, 충돌하는가? 충돌한다면 이때 상대 속력은 얼마인가? 충돌하지 않는다면 최단 접근 거리는 얼마인가?

71. 에어백을 장착한 화성탐사선 스피릿호가 착륙하면서 탐사선은 첫 번째 충돌에서 15 m 수직 위로 튀어 올랐다. 화성 표면과의 접촉에서 속력의 손실이 없다면 스피릿호의 충돌 속력은 얼마인가?

72. F1 원자시계에서 세슘 원자의 위아래 운동의 시간 간격이 1.0 s가 되도록 위로 올린 세슘 원자의 처음 속력을 구하라(2.5절의 응용물리 참조).

73. **CH** 떨어지는 물체는 마지막 1 s에 전체 거리의 1/4만큼 움직인다. 처음 높이는 얼마인가?

74. 목성의 위성인 이오에 탐사기를 착륙시킬 때 탐사기가 손상 없이 감당할 수 있는 충격 속력을 알고자 한다. 탐사기가 표면으로부터 상공 100 m에서 정지 상태에서 자유 낙하할 때 충격 속력은 얼마인가? (부록 E 참조)

75. 한 사람이 높이 $h/2$인 창문에서 공을 떨어트린 순간에, 높이 h인 건물 꼭대기에 있던 다른 사람이 공을 아래로 던져서 두 공을 동시에 지면에 닿게 하고 싶다면, 공을 얼마나 빠르게 던져야 하는가?

76. 15 m 높이의 성곽에서 수비대가 공격자를 향해 돌을 아래로 던진다. 돌의 처음 속력이 10 m/s이면 정지 상태에서 돌을 놓은 경우보다 얼마나 빨리 땅바닥에 부딪히는가?

77. **CH** 3.00 m 높이의 다이빙대에서 두 선수가 다이빙한다. 한 선수는 1.80 m/s로 뛰어오르고, 다른 선수는 뛰어오른 선수가 지나는 순간 그냥 다이빙한다. (a) 수면에 도달한 속력은 각각 얼마인가? (b) 누가 얼마나 빨리 입수하는가?

78. 10 m/s로 상승하는 열기구에서 공을 수직 위로 12 m/s로 던진다. 얼마 후에 공을 잡을 수 있는가?

79. 2014년에 필레(Philae) 우주선은 혜성에 착륙한 첫 번째 인공물이 되었다. 불행하게도 필레 우주선은 혜성의 표면에서 튕겨져 나와 결국 이상적이지 않은 장소에 착륙했다. 첫 번째 접촉 후에 필레 우주선은 38 cm/s로 위로 움직였고 약 1 km의 최고 높이까지 상승했다. 혜성의 중력 가속도가 일정하다고 가정하고(이 경우에 아주 좋은 가정은 아니다), 그 값을 어림하라.

80. 지표면에서 로켓을 수직 위로 4.6 m/s^2으로 발사한다. 로켓은 고도 1.9 km부터 펼쳐진 5.3 km 두께의 구름층을 통과한다. 통과 시간은 얼마인가?

81. 80 km/h로 달리던 열차가 50 m 앞에서 25 km/h로 달리는 다른 열차를 발견하고, 2.1 m/s^2으로 감속한다. 앞 열차가 같은 속력으로 달리고 있다면 언제 어떤 상대 속력으로 충돌하는가?

82. **CH** 2012년에 무모한 스카이다이버 바움가르트너는 뉴멕시코 상공 23.0 mi 높이에서 점프하여 음속 장벽을 돌파한 첫 번째 스카이다이버가 되었다. 그의 점프 높이에서 중력 가속도는 9.70 m/s^2이고, 그 고도에서는 본질적으로 공기 저항이 없다. (a) 바움가르트너가 그 고도에서 음속인 311 m/s에 도달하는데 걸린 시간은 얼마인가? (b) 그 시간 동안 그는 얼마나 낙하하는가?

83. 거리 L인 구간의 일부 구간은 속력 v_1로, 나머지는 속력 v_2로 달린다. (a) 걸린 시간의 반은 속력 v_1로, 나머지 반은 속력 v_2로 달릴 때와 (b) 전체 거리의 반은 속력 v_1로, 나머지 반은 속력 v_2로 달릴 때, 평균 속력은 각각 얼마인가? (c) 평균 속력은 어느 경우가 더 큰가?

84. 어떤 물체의 위치는 $x = bt^2 - ct^4$이고 b는 1.82 m/s^2이다. 물체는 $t = 0$일 때 $x = 0$에 있었다. (a) $t = 2.54 \text{ s}$일 때 물체가 다시 $x = 0$에 있게 되는 c의 값을 구하라. 또한 (b) 물체의 속력과 (c) 그때 물체의 가속도를 구하라.

85. **CH** 피겨 선수, 발레리나, 야구 선수 등이 수직 위로 뛰어오를 때 최고점 근처에서 정지한 것처럼 착각을 일으킨다. 그 이유를 알기 위하여 수직 높이 h로 뛰어오른 선수를 생각해 보자. $y > \frac{1}{2}h$인 위쪽 반에서 보낸 시간은 공중에서 보낸 전체 시간의 몇 %인가?

86. 1.3 m 높이의 기숙사 창문에서 던진 물 풍선이 0.22 s 후에 땅바닥에 떨어진다. 창문 위 얼마나 높은 곳에서 물 풍선이 떨어졌는가?

87. 경찰차 레이더의 검출 거리는 1.0 km이고, 자동차 레이더의 검출 거리는 1.9 km이다. 제한 속력이 70 km/h인 지역을 110 km/h로 달릴 때 레이더가 울렸다. 과속 단속을 피하려면 어떤 비율로 감속해야 하는가?

88. **CH** $t = 0$일 때 처음 위치 x_0에서 처음 속도 v_0으로 직선 운동을 시작한다. 가속도는 $a = a_0 + bt$이며, a_0과 b는 상수이다. (a) 순간 속도와 (b) 위치의 시간 변화를 구하라.

89. 영화 제작자는 자동차가 시간 Δt 후에 카메라의 시야를 지나가도록 자동차를 떨어트리고 싶다. 시야의 높이는 h이다. 시야의 윗부분으로부터 얼마의 높이에서 자동차를 떨어트려야 하는가?

90. (a) 예제 2.6에서 위로 던진 공이 마룻바닥에 닿기 직전의 속도를
CH 구하라. 마루 위 같은 높이 1.5 m에서 두 번째 공을 수직 아래
7.3 m/s로 던진다고 하자. (b) 두 번째 공이 마룻바닥에 닿기 직전
의 속도는 얼마인가? (c) 언제 두 번째 공이 마룻바닥에 닿는가?

91. 어떤 소설의 주인공이 수돗물 새는 소리에 한밤중에 깨어난다. 수
도꼭지에서 물방울이 떨어지는 순간에, 수도꼭지로부터 19.6 cm
아래의 싱크대 바닥에 다른 물방울이 닿기 직전이며, 두 개의 물
방울이 공중에 떠 있다. 1초 동안에 몇 개의 물방울이 떨어져서
주인공을 깨우는가?

92. 상자들이 자동화 공장에 있는 컨베이어 벨트를 따라 일정한 속력
v로 움직인다. 컨베이어 벨트 위로 높이 h에 매달려 있는 로봇
손이 제품을 각 상자에 떨어트리려 한다. 각 상자가 벨트를 따라
움직일 때 로봇의 눈이 그것을 관찰한다. 손이 제품을 놓아주어
야 하는 순간에 상자의 위치를 로봇 손 아래의 점에서부터 거리
로 표현하라.

93. 식 2.7을 시간에 대해 적분하여 식 2.10을 유도하라. 적분 상수를
CH 잘 해석할 필요가 있다.

94. 어떤 물체의 가속도는 시간의 제곱으로 증가한다. 즉 $a(t) = bt^2$,
CH $b = 0.041\ \mathrm{m/s^4}$이다. 물체가 정지 상태에서 출발하면 6.3 s 뒤에
는 얼마나 멀리 가겠는가?

95. 어떤 물체의 속도가 시간의 함수 $v(t) = bt - ct^3$으로 주어져 있
CH 다. 여기서 b와 c는 적절한 단위로 된 양의 상수다. 물체가 $t = 0$
일 때 $x = 0$에서 시작하는 경우에 (a) $x = 0$이 다시 되는 시간과
(b) 그때의 가속도를 구하라.

96. 어떤 물체의 가속도는 시간에 따라 지수형으로 감소한다. 즉
CH $a(t) = a_0 e^{-bt}$이고, a_0과 b는 상수이다. (a) 물체가 정지 상태에
서 출발한 경우에 그 속력을 시간의 함수로 구하라. (b) 속력은
무한히 증가하겠는가? (c) 물체가 출발점으로부터 무한히 멀리
이동하겠는가?

97. 지표면 위 높이 h_0에서 한 공이 정지 상태에서 떨어지는 순간에
CH 두 번째 공이 지표면에서 수직 위로 속력 v_0으로 발사된다. 발사
된 지점은 첫 번째 공이 떨어지는 바로 아래에 있는 곳이다. (a)
두 공이 공중에서 충돌하기 위한 v_0의 조건을 구하라. (b) 두 공
이 충돌한 높이를 구하라.

실용 문제

야생에서 호랑이의 사냥 방식을 연구하고 있는 생물학자가 호랑이의
이동을 기록하기 위해 호랑이를 마취시킨 후 GPS 목걸이를 부착하
였다. 그 목걸이는 호랑이의 위치와 속도에 관한 자료를 전송한다. 그
림 2.16은 마치 호랑이가 일차원 경로에서 움직인 것처럼 그 속도를
시간의 함수로 나타낸 것이다.

98. 표시된 어느 점에서 호랑이가 움직이지 않는가?

    a. E

    b. A, E, H

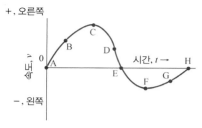

그림 2.16 호랑이의 속도(실용 문제 98~102)

    c. C, F

    d. 어느 곳도 아니다(호랑이가 계속 움직이고 있다).

99. 표시된 어느 점에서 호랑이가 가속하지 않는가?

    a. E

    b. A, E, H

    c. C, F

    d. 어느 곳도 아니다(호랑이는 가속한 적이 없다).

100. 어느 점에서 호랑이의 속력이 가장 큰가?

    a. B

    b. C

    c. D

    d. F

101. 어느 점에서 호랑이의 가속도의 크기가 가장 큰가?

    a. B

    b. C

    c. D

    d. F

102. 호랑이가 $t = 0$의 출발점에서 가장 멀리 있는 곳은 어느 점인가?

    a. C

    b. E

    c. F

    d. H

2장 질문에 대한 해답

장 도입 질문에 대한 해답

최고점에서 공의 속도가 0이지만, 가속도는 $-9.8\ \mathrm{m/s^2}$이다.

확인 문제 해답

2.1 (a)와 (b). (c)의 평균 속력이 더 크다.

2.2 (b)는 등속으로 움직이고, (a)는 방향이 바뀌고, (d)는 가속된다.

2.3 (b) 아래 방향

2.4 (a) 가속도가 일정하므로 경찰차의 속력은 같은 시간 동안 같은
양만큼 증가한다. 따라서 출발점과 속도가 2배가 되는 나중 위치
의 중간에서 속도가 같다.

2.5 정지 상태에서 놓은 공이 먼저 바닥에 떨어진다. 위로 던진 공의
속력이 더 크다.

2.6 (a)

이차원, 삼차원 운동

예비 지식

- 위치, 속도, 가속도 운동 개념(2.1~2.3절)
- 1차원 등가속도 운동의 정량적 기술(2.4절)
- 지표면 근처에서 중력 가속도(2.5절)

학습 목표

이 장을 학습하고 난 후 다음을 할 수 있다.

LO 3.1 벡터를 사용하여 2, 3차원 위치를 기술할 수 있다.

LO 3.2 속도와 가속도를 벡터로 나타낼 수 있다.

LO 3.3 서로 다른 기준계의 속도들을 관련시킬 수 있다.

LO 3.4 2차원에서 운동을 분석할 수 있다.

LO 3.5 중력에 의한 포물체의 운동을 예측할 수 있다.

LO 3.6 원운동을 가속도 운동으로 기술할 수 있다.

펭귄은 몇 도로 뛰어올라야 가장 멀리 갈까?

지구 궤도 위성의 속력은 얼마일까? 멀리뛰기를 할 때에는 어떻게 할까? 고속도로의 커브길은 어떻게 설계해야 할까? 이와 같은 많은 질문들의 해답은 일차원보다 높은 고차원 운동과 관련되어 있다. 이 장에서는 일차원보다 더 복잡하지만 훨씬 더 흥미로운 고차원 운동을 다룬다.

3.1 벡터

LO 3.1 벡터를 사용하여 2, 3차원 위치를 기술할 수 있다.

일차원에서는 크기와 방향을 함께 가진 물리량을 더하거나 뺄 때 방향에 따라 ±부호만 유의하면 충분하다는 것을 2장에서 살펴보았다. 그러나 이차원, 삼차원에서는 모든 방향을 다 고려해야 하는데, 이와 같이 크기와 방향을 함께 가진 물리량을 **벡터**(vector)라고 한다. 벡터는 크기만 가진 **스칼라**(scalar)와는 다르다.

위치와 변위

가장 간단한 벡터는 위치를 나타내는 벡터이다. 원점에서 어떤 점까지 그린 화살표를 그 점의 **위치 벡터**(position vector) $\vec{r}$로 표시한다. r 위에 있는 화살표는 벡터량을 가리키는 것으로, 벡터를 다룰 때마다 화살표를 포함하는 것이 매우 중요하다. 그림 3.1은 수평축과 30° 각도로 원점에서 2 m 거리에 있는 이차원 위치 벡터이다.

그림 3.1에서와 같이 원점에서 벡터 $\vec{r_1}$을 따라 직선으로 갔다가 우회전해서 다시 1 m 더 간다고 하자. 이러한 상황을 보여 주는 그림 3.2에서 $\Delta \vec{r}$를 위치 변화를 나타내는 **변위 벡터**(displacement vector)라고 부른다. $\Delta \vec{r}$의 꼬리를 처음 위치 벡터 $\vec{r_1}$의

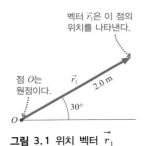

벡터 $\vec{r_1}$은 이 점의 위치를 나타낸다.

점 O는 원점이다.

그림 3.1 위치 벡터 $\vec{r_1}$

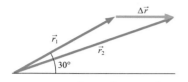

그림 3.2 벡터 $\vec{r}_1$과 $\Delta\vec{r}$의 합은 $\vec{r}_2$이다.

머리에 두면, 원점에서 변위 벡터의 끝점까지 직선으로 간 결과와 같다. 이 점을 나중 위치 벡터 $\vec{r}_2$로 표시한다. 그림 3.2의 과정은 **벡터 더하기**(vector addition)이다. 그림 3.2와 같이 두 번째 벡터의 꼬리를 첫 번째 벡터의 머리에 두면, 첫 번째 벡터의 꼬리에서 두 번째 벡터의 머리를 잇는 벡터가 합벡터, 즉 $\vec{r}_2$이다.

벡터는 크기와 방향만 고정시키면 어디에서 시작해도 무방하다. 이 때문에 벡터 더하기에서 자유롭게 벡터를 이동시킬 수 있다. 그림 3.3은 벡터 덧셈의 대수 규칙을 보여 주는 그림들이다.

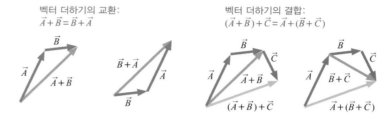

그림 3.3 벡터 더하기는 교환과 결합이 가능하다.

곱하기

벡터 $\vec{B}$가 벡터 $\vec{A}$보다 2배 크면 $\vec{B} = 2\vec{A}$로 표기한다. 즉 스칼라와 벡터의 곱은 벡터 크기만 바꾼다. 만약 스칼라가 음의 값이면 벡터의 방향이 반대로 바뀐다. 이를 이용하면 벡터 빼기를 벡터 더하기로 바꿀 수 있다. 예를 들어 그림 3.2에서 $\vec{r}_1 = \vec{r}_2 + (-1)\Delta\vec{r}$ 또는 $\vec{r}_1 = \vec{r}_2 - \Delta\vec{r}$임을 알 수 있다. 여기에서는 스칼라와 벡터의 곱만 다루고 두 벡터의 곱하기는 뒤에서 살펴볼 것이다.

벡터 성분

그림 3.2처럼 그림을 통해 벡터를 더하거나 사인, 코사인 함수를 이용하여 대수적으로 더할 수도 있다. 어느 경우든 크기와 방향을 항상 명시해야 한다. 이보다 더 편리한 방법은 벡터를 주어진 좌표계의 **성분**(component)으로 표기하는 것이다.

좌표계는 공간에서 위치를 정하는 틀이다. 좌표계는 수학적 도구에 불과하므로 어떤 좌표계를 선택해도 무방하다. **데카르트 좌표계**(Cartesian coordinate system), 즉 **직각 좌표계**(rectangular coordinate system)에서는 평면의 한 점을 (x, y)로 표기한다. 이 점은 위치 벡터의 머리에 해당하며, x와 y는 벡터 성분에 해당한다. 즉 벡터 성분 x는 x방향의 길이, 벡터 성분 y는 y방향의 길이를 나타낸다. 직각 좌표계에서 벡터 $\vec{A}$의 벡터 성분은 A_x와 A_y로 표기한다(그림 3.4 참조). 이들 성분은 벡터가 아니고 스칼라이다.

이차원에서 벡터를 기술하려면 크기와 방향 또는 두 벡터 성분이 필요하다. 이들은 어떻게 연결될까? 그림 3.4에 피타고라스 정리를 이용하면 다음의 관계식을 얻는다.

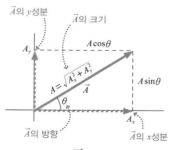

그림 3.4 벡터 $\vec{A}$의 성분, 크기, 방향

$$A = \sqrt{A_x^2 + A_y^2}, \quad \tan\theta = \frac{A_y}{A_x} \quad \text{(벡터의 크기와 방향)} \tag{3.1}$$

또한 다음과 같이 표기할 수도 있다.

$$A_x = A\cos\theta, \quad A_y = A\sin\theta \quad \text{(벡터의 성분)} \tag{3.2}$$

벡터 $\vec{A}$의 크기가 없으면 $\vec{A} = \vec{0}$이며, 모든 벡터 성분은 0이다.

단위 벡터

'x축에 대해 각도가 $30°$이고 크기가 $2\,\text{m}$인 벡터' 또는 'x, y성분이 각각 $1.73\,\text{m}$, $1.0\,\text{m}$인 벡터'라고 말하는 것은 매우 불편하다. **단위 벡터**(unit vector) $\hat{i}$와 $\hat{j}$를 사용하면 훨씬 간명하고 편리하게 표현할 수 있다. 단위 벡터의 크기는 1이고, 단위가 없으며, 각각 x축과 y축의 양의 방향을 향한다. 삼차원에서는 z축 방향의 단위 벡터 $\hat{k}$를 추가한다. 따라서 이차원 평면에서는 $\vec{A} = A_x\hat{i} + A_y\hat{j}$(그림 3.5a 참조), 삼차원 공간에서는 $\vec{A} = A_x\hat{i} + A_y\hat{j} + A_z\hat{k}$로 표기한다(그림 3.5b 참조).

단위 벡터는 방향만 알려 주지만, 어떤 값을 곱해서 크기나 단위를 알 수 있으므로, 모든 벡터를 단위 벡터로 표기할 수 있다. 예를 들어 그림 3.1의 위치 벡터 $\vec{r}_1$은 $\vec{r}_1 = 1.7\hat{i} + 1.0\hat{j}\,\text{m}$로 표기한다.

단위 벡터 계산

단위 벡터를 사용하면 벡터 더하기가 간단해진다. 즉 해당 성분끼리만 더하면 된다. 예를 들면 $\vec{A} = A_x\hat{i} + A_y\hat{j}$, $\vec{B} = B_x\hat{i} + B_y\hat{j}$이면 합은 다음과 같다.

$$\vec{A} + \vec{B} = (A_x\hat{i} + A_y\hat{j}) + (B_x\hat{i} + B_y\hat{j}) = (A_x + B_x)\hat{i} + (A_y + B_y)\hat{j}$$

벡터 빼기와 스칼라 곱하기도 마찬가지이다.

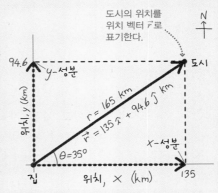

그림 3.5 단위 벡터로 표기한 (a) 평면 벡터, (b) 공간 벡터

확인 문제 3.1 양의 x축과 이루는 각도가 $30°$인 10 단위의 변위를 나타내는 벡터는 다음 중 어느 것인가? (a) $10\hat{i} - 10\hat{j}$, (b) $5.0\hat{i} - 8.7\hat{j}$, (c) $8.7\hat{i} - 5.0\hat{j}$, (d) $10(\hat{i} + \hat{j})$

예제 3.1 **단위 벡터: 운전하기**

집에서 다른 도시까지 동북 $35°$ 방향으로 $165\,\text{km}$ 운전한다. 동서남북 좌표계를 이용하여 나중 위치를 단위 벡터로 표기하라.

해석 크기와 방향을 구해서 단위 벡터로 표기한다.

과정 벡터의 x성분과 y성분에 단위 벡터 $\hat{i}$와 $\hat{j}$를 각각 곱한 벡터로 표기한다. 따라서 그림 3.6처럼 벡터를 그리고, 식 3.2를 이용하여 x성분과 y성분을 구해야 한다.

풀이 x성분과 y성분이 각각 $x = r\cos\theta = (165\,\text{km})(\cos 35°) = 135\,\text{km}$, $y = r\sin\theta = (165\,\text{km})(\sin 35°) = 94.6\,\text{km}$이므로 나중 위치의 위치 벡터는 다음과 같다.

$$\vec{r} = 135\hat{i} + 94.6\hat{j}\,\text{km}$$

검증 답을 검증해 보자. 그림 3.6을 보면 x성분이 y성분보다 길다. 성분들의 값과 최종 답이 그림에 그려져 있다.

그림 3.6 예제 3.1의 스케치

3.2 속도 벡터, 가속도 벡터

LO 3.2 속도와 가속도를 벡터로 나타낼 수 있다.

일차원에서 속도를 위치의 시간 변화율로 정의하였다. 고차원에서는 위치의 변화인 변위가 벡터인 점을 제외하면 똑같다. 그러므로 평균 속도 벡터는 식 2.1과 유사하게 다음과 같다.

평균 속도는 위에 화살표로 낸 벡터 $\vec{v}$다. 가로줄은 '평균'을 나타낸다.

$\Delta \vec{r}$는 시간 간격 Δt 동안의 변위로 벡터 $\Delta \vec{r} = \vec{r}_2 - \vec{r}_1$이다.

$$\overrightarrow{v} = \frac{\Delta \vec{r}}{\Delta t} \text{ (평균 속도 벡터)} \tag{3.3}$$

Δt는 위치 변화가 일어나는 동안의 시간 간격이다.

여기서 Δt로 나눈다는 것은 단순히 $1/\Delta t$을 곱하는 것이다. 또한 순간 속도 벡터는

순간 속도 $\vec{v}$는 단일한 순간의 속도이다.

$d\vec{r}$와 dt는 극한 과정에서 나타나는 무한히 작은 양들이다.

$$\overrightarrow{v} = \lim_{\Delta t \to 0} \frac{\Delta \vec{r}}{\Delta t} = \frac{d\vec{r}}{dt} \text{ (순간 속도 벡터)} \tag{3.4}$$

이 극한 과정은 무한히 작은 시간 간격 Δt의 극한에서 비 $\Delta \vec{r}/\Delta t$를 준다.

순간 속도는 시간에 대한 위치의 변화율인 도함수 $d\vec{r}/dt$이다.

로 정의한다. 이전과 마찬가지로 $d\vec{r}/dt$는 미소 시간 간격 Δt에 대한 미소 변위 $\Delta \vec{r}$의 극한 값이다. 한편, 식 3.4를 벡터 성분으로 표현하는 방법이 있다. 즉 $\vec{r} = x\hat{\imath} + y\hat{\jmath}$라고 하면 다음과 같다.

$$\overrightarrow{v} = \frac{d\vec{r}}{dt} = \frac{dx}{dt}\hat{\imath} + \frac{dy}{dt}\hat{\jmath} = v_x\hat{\imath} + v_y\hat{\jmath}$$

여기서 v_x와 v_y는 해당 위치 성분의 도함수이다.

가속도는 속도의 시간 변화율이므로, 평균 가속도 벡터는

평균 가속도는 벡터이다. 가로줄은 '평균'을 나타낸다.

$\Delta \vec{v}$는 시간 간격 Δt 동안의 물체의 속도 변화로 $\Delta \vec{v} = \vec{v}_2 - \vec{v}_1$이다.

$$\overrightarrow{a} = \frac{\Delta \vec{v}}{\Delta t} \text{ (평균 가속도 벡터)} \tag{3.5}$$

Δt는 속도 변화가 일어나는 동안의 시간 간격이다.

이고, 순간 가속도 벡터는 다음과 같다.

순간 가속도 $\vec{a}$는 단일한 순간의 가속도이다.

$d\vec{v}$와 dt는 극한 과정에서 나타나는 무한히 작은 양들이다.

$$\overrightarrow{a} = \lim_{\Delta t \to 0} \frac{\Delta \vec{v}}{\Delta t} = \frac{d\vec{v}}{dt} \text{ (순간 가속도 벡터)} \tag{3.6}$$

이 극한 과정은 무한히 작은 시간 간격 Δt의 극한에서 비 $\Delta \vec{v}/\Delta t$를 준다.

순간 가속도는 시간에 대한 속도 변화율인 도함수 $d\vec{v}/dt$이다.

또한 성분으로 표기하면 다음과 같다.

$$\vec{a} = \frac{d\vec{v}}{dt} = \frac{dv_x}{dt}\hat{i} + \frac{dv_y}{dt}\hat{j} = a_x\hat{i} + a_y\hat{j}$$

이차원에서 속도 벡터와 가속도 벡터

일차원 운동에는 가속도가 있거나 없을 수 있지만, 이차원이나 삼차원에서 곡선 운동은 항상 가속 운동이다. 왜 그럴까? 고차원에서 운동하면 방향이 바뀌기 때문이다. 방향이 바뀌면 속도가 바뀌므로 가속도가 있다. 가속도에는 '속력의 증가' 또는 '감소' 이상의 뜻이 있다. 그것은 속력의 변화와 무관하게 '방향의 변화'도 포함한다. 가속도는 속력, 방향 또는 둘 다 변화시킨다.

등가속도 $\vec{a}$가 되도록 Δt 동안 자동차를 가속시켜서 등속력 v_0으로 주행한다고 하자. 식 3.5에서 속도의 변화는 $\Delta\vec{v} = \vec{a}\Delta t$이다. 가속도와 속도의 방향이 같으면 그림 3.7a처럼 속도의 크기가 증가한다. 반면에 브레이크를 밟아서 가속도와 속도의 방향이 반대가 되면 속력이 감소한다(그림 3.7b 참조).

 벡터의 모든 것 그림 3.7b에서 속력이 감소하므로 음의 부호가 필요할까? 아니다. 벡터는 크기와 방향 모두를 가지므로 벡터합 $\vec{v} = \vec{v}_0 + \vec{a}\Delta t$ 자체로 충분하다. 그림 3.7b에서 $\Delta\vec{v}$가 왼쪽 방향이므로 '뺄셈'으로 처리하면 된다.

이차원에서는 가속도와 속도가 나란할 수도 있고, 서로 각도를 이룰 수도 있다. 일반적으로 가속도는 속도의 크기와 방향을 바꾼다(그림 3.8 참조). 가속도 $\vec{a}$가 속도 $\vec{v}$에 수직한 경우에는 운동의 방향만 바뀌기 때문에 특히 흥미롭다. 크기와 방향이 일정한 등가속도일 때 $\vec{v}$의 방향이 변하기 시작하면 두 벡터는 더 이상 수직이 아니기 때문에 크기도 역시 변한다. 그러나 가속도의 방향이 항상 속도에 수직하도록 바뀌는 특별한 경우에는 운동의 방향만 바뀐다(그림 3.9 참조).

 확인 문제 **3.2** 물체가 아래 방향으로 가속된다. 다음 중 올바른 설명은 어느 것인가? (a) 물체는 위로 움직일 수 없다, (b) 물체는 직선 운동을 못한다, (c) 물체는 아래 방향으로 움직인다, (d) 물체가 수평 운동을 하고 있었다면 더 이상 수평 운동을 못한다.

3.3 상대 운동

LO 3.3 서로 다른 기준계의 속도들을 관련시킬 수 있다.

지표면에 대해 상대 속도 $1000\,\text{km/h}$로 비행하는 여객기의 통로를 비행하는 방향으로 $4\,\text{km/h}$로 걷는다고 하자. 당연히 지표면에 대한 상대 속도는 $1004\,\text{km/h}$이다. 다시 보면 '무엇에 대한 상대 속도인가?'라는 질문에 대한 답을 알아야만 속도의 의미가 분명해진다. 여기서 '무엇이란' **기준틀**(frame of reference)을 뜻한다. 한 기준틀에 대한 어떤 물체의 상대

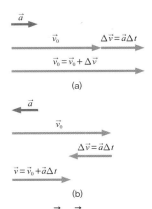

그림 3.7 $\vec{v}$와 $\vec{a}$가 동일 직선상에 있으면 속력만 변한다. (그렇지만 가속도가 충분히 오랫동안 작용하면 물체는 멈춘 후 반대 방향으로 움직일 수 있다.)

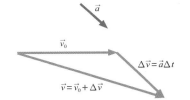

그림 3.8 일반적으로 가속도는 속도의 크기와 방향 둘 다 바꾼다.

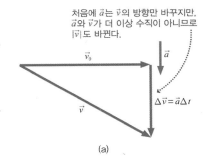

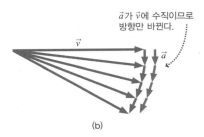

그림 3.9 속도에 수직인 가속도는 방향만 바꾼다.

속도(예를 들어 비행기에 대한 상대 속도)를 다른 기준틀(즉 지표면)에 대한 상대 속도로 바꿔야 하는 경우가 있다. 일차원인 경우에는 두 벡터를 단순히 더하면 된다. 만약 여객기 뒤쪽으로 걷는다면, 두 속도의 방향이 반대이므로 지표면에 대한 상대 속도는 996 km/h가 된다.

이차원에서도 마찬가지이지만, 속도가 벡터라는 사실에 좀 더 유의해야 한다. 비행기가 대기에 대한 상대 속도 $\vec{v}\,'$으로 비행하고 있을 때, 바람의 영향으로 지표면에 대한 대기의 상대 속도가 $\vec{V}$라면, 지표면에 대한 비행기의 상대 속도 $\vec{v}$는 다음과 같다.

$\vec{v}\,'$은 대기와 같은 특정 기준계에 대한 물체의 속도이다. $\vec{V}$는 지면에 대한 풍속과 같은, 두 기준계 사이의 상대 속도이다.

$$\vec{v} = \vec{v}\,' + \vec{V} \ (상대\ 속도) \tag{3.7}$$

$\vec{v}$는 지면과 같은 또 다른 기준계에 대한 물체의 속도이다.

두 기준틀에 대한 물체의 상대 속도는 소문자로 표기하고, 하나는 $(\,')$을 붙여서 구별한다. 대문자 $\vec{V}$는 두 기준틀의 상대 속도이다. 한 기준틀에 대한 상대 속도를 다른 기준틀에 대한 상대 속도로 변환시킬 때 식 3.7을 사용한다. 예제 3.2는 항공기 내비게이션의 응용을 설명하고 있다.

예제 3.2   상대 벡터: 제트기 비행 방향

제트기가 대기에 대한 상대 속력 960 km/h로, 휴스턴에서 1290 km 북쪽의 오마하까지 비행한다. 비행 중 동쪽으로 190 km/h의 바람이 불고 있다. 어느 방향으로 비행해야 하는가? 비행 시간은 얼마인가?

해석 상대 속도에 대한 문제이다. 대기에 대한 비행 속력(방향은 모른다), 지면에 대한 비행기의 방향(속력은 모른다), 바람의 속력과 방향을 알고 있다.

과정 식 3.7, $\vec{v} = \vec{v}\,' + \vec{V}$에서 $\vec{v}$는 지면에 대한 제트기의 상대 속도, $\vec{v}\,'$은 대기에 대한 제트기의 상대 속도, $\vec{V}$는 바람의 속도이다. 이를 토대로 그림 3.10을 그리고, $\vec{v}\,'$의 각도, $\vec{v}$의 크기를 구해야 한다. 제트기는 북쪽 방향으로 비행하고, 바람은 동쪽으로 불고 있으므로, x축을 동쪽, y축을 북쪽으로 택하고, 벡터 성분을 대수적으로 구한 다음에 식 3.7을 적용한다.

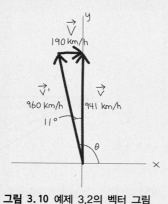

그림 3.10 예제 3.2의 벡터 그림

풀이 식 3.2에 따라 세 벡터를 표기하면 다음과 같다.

$$\vec{v}\,' = v'\cos\theta\,\hat{i} + v'\sin\theta\,\hat{j}, \ \vec{V} = V\hat{i}, \ \vec{v} = v\hat{j}$$

속도 $\vec{v}\,'$의 크기 v'은 알지만 각도 θ는 모른다. 바람의 속도 $\vec{V}$의 크기 V와 동쪽 방향을 안다. 즉 $\vec{V}$는 x성분만 있다. 한편 지면에 대해서 북쪽 방향이므로 속도 $\vec{v}$는 y성분만 있다. 위의 세 벡터를 식 3.7에 넣어서 성분별로 표기하면 다음과 같다.

$$x성분: \ v'\cos\theta + V = 0$$
$$y성분: \ v'\sin\theta + 0 = v$$

먼저 x성분에 관한 식에서 각도는 다음과 같다.

$$\theta = \cos^{-1}\left(-\frac{V}{v'}\right) = \cos^{-1}\left(-\frac{190\ \text{km/h}}{960\ \text{km/h}}\right) = 101.4°$$

이 값은 그림 3.10처럼 x축에서 잰 각도이므로, 수직축, 즉 북쪽에서 서쪽으로 11°이다. 또한 y성분에 관한 식에서 v는 다음과 같다.

$$v = v'\sin\theta = (960\ \text{km/h})(\sin 101.4°) = 941\ \text{km/h}$$

이 값은 지면에 대한 제트기의 비행 속력이다. 따라서 1290 km 비행하는 데 걸리는 시간은 $(1290\ \text{km})/(941\ \text{km/h}) = 1.4\ \text{h}$ 이다.

검증 답을 검증해 보자. 동쪽에서 바람이 불어오므로 북쪽으로 비행을 시작한 제트기가 북서쪽으로 방향이 바뀐다. 바람이 불지 않는다면 $(1290\ \text{km})/(960\ \text{km/h}) = 1\ \text{h}\ 20\ \text{min}$이 걸리지만, 바람의 영향으로 비행 시간이 늘어난다.

확인
문제 **3.3** 곧바로 북쪽을 향해 500 km 날아가는 비행기의 소요 시간은 정확히 1 h이다. 100 km/h의 바람이 그림에 나타낸 각각의 방향 (1), (2), (3)으로 불고 있다면 각각 필요로 하는 대기에 대한 비행기의 속력은 (a) 500 km/h 보다 작다, (b) 500 km/h와 같다, (c) 500 km/h 보다 크다 중 어느 것인가?

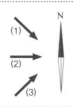

3.4 등가속도 운동

LO 3.4 2차원에서 운동을 분석할 수 있다.

가속도가 일정하면, 가속도 벡터의 성분들도 일정하다. 더욱이 한 방향의 가속도 성분은 수직한 운동과는 전혀 상관이 없다(그림 3.11 참조). 즉 가속도가 일정하면 운동의 성분별로 등가속도 운동을 한다. 따라서 2장의 등가속도 운동에 관한 식 2.7과 2.10을 다음과 같이 확장할 수 있다.

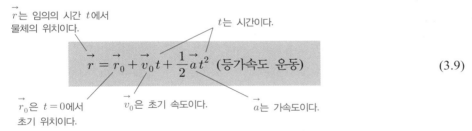

$\vec{v}$는 임의의 시간 t에서 물체의 속도이다.

$$\vec{v} = \vec{v}_0 + \vec{a}t \quad \text{(등가속도 운동)}$$ (3.8)

$\vec{v}_0$은 $t = 0$에서 초기 속도이다.

$\vec{a}$는 물체의 가속도이고 t는 시간이다.

$\vec{r}$는 임의의 시간 t에서 물체의 위치이다.

t는 시간이다.

$$\vec{r} = \vec{r}_0 + \vec{v}_0 t + \frac{1}{2}\vec{a}t^2 \quad \text{(등가속도 운동)}$$ (3.9)

$\vec{r}_0$은 $t = 0$에서 초기 위치이다.

$\vec{v}_0$은 초기 속도이다.

$\vec{a}$는 가속도이다.

여기서 $\vec{r}$는 위치 벡터이다. 이차원에서 각 방정식의 두 스칼라 식은 서로 수직인 방향의 등가속도 운동을 기술한다. 예를 들면 식 3.9는 $x = x_0 + v_{x0}t + \frac{1}{2}a_x t^2$과 $y = y_0 + v_{y0}t + \frac{1}{2}a_y t^2$이다. (위치 벡터 $\vec{r}$의 성분은 단순히 좌표 x와 y임을 기억하라.) 삼차원에서는 z축에 대한 운동을 포함해서 세 스칼라 식이 있다. 위의 두 벡터 방정식에서 시작하여, 문제풀이 요령 2.1에 따라 이차원, 삼차원 운동을 풀 수 있다.

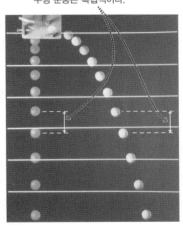

수직 거리가 같으므로 수직 운동과 수평 운동은 독립적이다.

그림 3.11 수직 아래로 떨어지는 구슬과 수평으로 발사된 구슬

예제 3.3   **이차원 가속도: 윈드서핑**   응용 문제가 있는 예제

7.3 m/s로 윈드서핑을 할 때 바람이 불어서 처음 운동 방향에 대해 60°로 가속도 0.82 m/s²을 받는다. 8.7 s 동안 바람이 불면 윈드보드의 알짜 변위는 얼마인가?

해석 이차원 등가속도 운동이고, 두 수직 방향의 운동은 독립적이므로, 일차원 운동으로 분리할 수 있다.

과정 식 3.9, $\vec{r} = \vec{r}_0 + \vec{v}_0 t + \frac{1}{2}\vec{a}t^2$이 윈드보드의 변위이다. 보드의 처음 운동 방향을 x축, 바람이 불기 시작한 지점을 원점으로 택한다. 가속도 벡터의 성분을 구해서 식 3.9를 풀이하자. 그림 3.12처럼 가속도 벡터를 그리고 성분을 구한다.

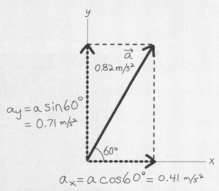

그림 3.12 윈드보드에 작용하는 가속도

풀이 x방향의 처음 속도는 $\vec{v}_0 = 7.3\,\hat{i}$ m/s이고, 그림 3.12에서 가속도 벡터는 $\vec{a} = 0.41\,\hat{i} + 0.71\,\hat{j}$ m/s²이다. 원점에서 $x_0 = y_0 = 0$이므로, 식 3.9의 두 성분은 다음과 같다.

$$x = v_{x0}t + \frac{1}{2}a_x t^2 = 79.0 \text{ m}$$

$$y = \frac{1}{2}a_y t^2 = 26.9 \text{ m}$$

여기서 새로운 위치 벡터는 $\vec{r} = x\hat{i} + y\hat{j} = 79.0\,\hat{i} + 26.9\,\hat{j}$ m이고, 알짜 변위는 $r = \sqrt{x^2 + y^2} = 83$ m이다.

검증 답을 검증해 보자. 그림 3.13에 처음 속도 $\vec{v}_0$, 가속도 $\vec{a}$, 위치 벡터 $\vec{r}$를 표시하였다. 가속도의 영향으로 윈드보드의 경로가 위 방향으로 바뀌면서 보드의 속도 $\vec{v}$가 커진다.

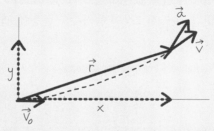

그림 3.13 바람이 멈추었을 때의 변위 $\vec{r}$, 속도 $\vec{v}$, 가속도 $\vec{a}$의 그래프. 띠선은 바람이 부는 동안의 윈드보드의 실제 경로를 가리킨다.

확인 문제   **3.4** 물체가 $+x$방향으로 움직이고 있다. 같은 시간 동안 다음의 가속도가 작용할 때 속력을 가장 크게, 방향을 가장 많이 변화시키는 가속도는 각각 어느 것인가? (a) $10\,\hat{i}$ m/s², (b) $10\,\hat{j}$ m/s², (c) $10\,\hat{i} + 5\,\hat{j}$ m/s², (d) $2\,\hat{i} - 8\,\hat{j}$ m/s²

3.5 발사체 운동

LO 3.5 중력에 의한 포물체의 운동을 예측할 수 있다.

공중으로 발사된 **발사체**(projectile)는 중력의 영향 아래에서 움직인다. 예를 들어 야구공, 물줄기(그림 3.14), 불꽃, 미사일, 화산 분출물, 잉크젯 프린터의 잉크방울, 솟구친 돌고래 등 발사체 운동은 수없이 많다.

발사체 운동을 기술하려면 다음의 두 가정이 필요하다. (1) 중력 가속도의 크기나 방향의 변화를 무시한다. (2) 공기 저항을 무시한다. 첫 번째 가정은 지구 곡률을 무시한 것으로, 지구 반지름보다 작은 변위에서 유효하다. 공기 저항은 조금 복합적이다. 작고 밀도가 큰 발사체라면 공기 저항을 무시해도 좋다. 그러나 탁구공, 낙하산 같이 질량 대 표면적의 비율이 큰 발사체라면 공기 저항이 운동을 바꿀 수 있으므로 무조건 무시할 수는 없다.

그림 3.14 각각이 발사체인 작은 물방울들이 모여서 분수대의 우아한 포물선을 형성한다.

발사체 운동을 기술할 때, y축을 수직 방향, x축을 수평 방향으로 택하면 편리하다. 가속도 성분은 중력 가속도 하나뿐이므로, $a_x = 0$, $a_y = -g$이며, 식 3.8과 3.9를 다음과 같이 x성분과 y성분으로 표기할 수 있다.

$$v_x = v_{x0} \qquad\qquad\qquad\qquad\qquad\qquad\qquad (3.10)$$
$$v_y = v_{y0} - g\,t \qquad\qquad\qquad\qquad\qquad\qquad (3.11)$$
$$x = x_0 + v_{x0}\,t \qquad \text{(일정한 중력 가속도 운동)} \qquad (3.12)$$
$$y = y_0 + v_{y0}\,t - \frac{1}{2}g\,t^2 \qquad\qquad\qquad\qquad (3.13)$$

여기서 중력 가속도의 크기 g를 양수, 아래 방향을 음으로 택한다. 식 3.10~3.13은 그림 3.15를 수학적으로 표기한 수식들이다. 발사체 운동은 서로 독립인 수직한 두 운동으로 이루어져 있다. 수평 운동은 등속도 운동이고 수직 운동은 등가속도 운동이다.

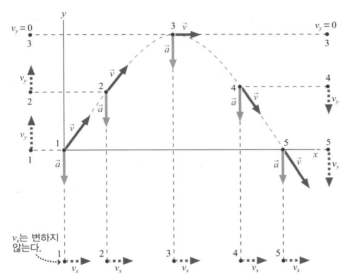

그림 3.15 발사체 경로에서 속도와 가속도, 그리고 수평 성분과 수직 성분

문제풀이 요령 3.1 발사체 운동

해석 지표면 근처에서 일정한 중력 가속도와 관련된 문제임을 점검하고, 수평 성분과 수직 성분을 구분한다. 대상 물체를 확인하고, 처음과 나중 위치, 속도 등 필요한 물리량을 파악한다.

과정 직각 좌표계를 설정하고, 식 3.10~3.13의 성분별 수식을 표기한다. 다른 성분의 수식들은 공통 변수(즉 시간)로 연결한다. 처음 운동과 궤적을 대략 그려 본다.

풀이 개별 방정식을 풀어서 미지수를 구한다.

검증 답을 검증하기 위해서 순수한 수직 운동 또는 순수한 수평 운동 등 특별한 경우를 생각해 본다. 운동 방정식이 이차 함수이므로 두 개의 답이 나올 것이다. 그 중 하나가 원하는 답이지만, 다른 답을 통해서도 또 다른 물리적 의미를 알 수 있다.

예제 3.4 ┃ 수평 도달 거리: 소실된 도로

홍수 피해로 도로가 소실되어 1.7 m 아래로 주저앉았다. 31 m/s로 달리던 자동차가 남은 도로의 끝에서 날아간다면 얼마나 멀리 떨어지는가?

해석 발사체 운동이며, 남은 도로의 끝에서 수평으로 날아간 거리를 구해야 한다. 자동차의 처음 속력, 방향과 수직 높이를 안다.

과정 그림 3.16a는 실제 상황이고, 그림 3.16b는 xy 좌표계에서 그린 그래프이다. 수평 가속도가 없으므로 식 3.12의 $x = x_0 + v_{x0}t$에서 시간을 알면 수평 거리를 구할 수 있다. 발사체 운동에서 수직 운동과 수평 운동이 독립적이므로 자동차의 수직 운동에 관한 식 3.13의 $y = y_0 + v_{y0}t - \frac{1}{2}gt^2$에서 지면에 떨어지는 시간을 구하면 된다. 소실된 도로의 밑부분을 원점으로 택하면 $y_0 = 1.7$ m이고, $y = 0$에서 시간을 구한다.

풀이 식 3.13을 시간 t에 대해서 풀면 다음을 얻는다.

$$t = \sqrt{\frac{2y_0}{g}} = \sqrt{\frac{(2)(1.7\text{ m})}{9.8\text{ m/s}^2}} = 0.589\text{ s}$$

이 시간 동안 수평 속력은 $v_{x0} = 31$ m/s이며, 식 3.12에서 도달 거리는 $x = v_{x0}t = (31\text{ m/s})(0.589\text{ s}) = 18$ m이다.

유효 숫자가 두 자리인 최종 답의 반올림 오차를 피하기 위해 시간 t에 대한 중간 계산에서 유효 숫자를 세 자리로 유지한 것에 유의하라. 흔히 계산기로 중간값을 직접 얻기 때문에 예제의 중간 계산에서 유효 숫자가 더 많다. 다른 방법으로, 시간을 해석적 표현 $t = \sqrt{2y_0/g}$으로 유지해도 된다. 숫자를 넣기 전의 기호로 표현된 답에서 흔히 더 많은 물리적 통찰을 얻을 수 있다.

검증 답을 검증해 보자. 1.7 m 아래로 떨어지는 데 걸린 시간은 0.5초로 타당해 보이고, 31 m/s인 물체는 이 시간에 15 m보다 조금 더 멀리 갈 것이다.

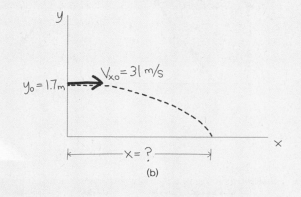

그림 3.16 (a) 소실된 도로와 자동차, (b) 그래프

다단계 문제 예제 3.4는 추락하는 자동차의 수평 거리를 구하는 문제이다. 이때 필요한 정보는 시간이지만 문제에 주어져 있지 않다. 이런 경우에는 시간에 관한 문제를 먼저 해결하고 수평 거리를 구해야 한다. 예제 3.4에서 사실상 두 문제를 풀이한 셈이다. 하나는 수직 운동이고 다른 하나는 수평 운동이다.

발사체 궤적

많은 경우에 자세한 운동보다는 발사체의 경로, 즉 **궤적**(trajectory)에 관심이 많다. 궤적은 발사체의 높이 y를 수평 위치 x의 함수로 표기한다. 원점에서 수평 각도 θ_0, 처음 속력 v_0으로 발사한 발사체를 생각해 보자. 그림 3.17에서 처음 속도의 성분은 $v_{x0} = v_0\cos\theta_0$, $v_{y0} = v_0\sin\theta_0$이므로, 식 3.12와 3.13은 각각 다음과 같다.

$$x = v_0\cos\theta_0\, t, \quad y = v_0\sin\theta_0\, t - \frac{1}{2}gt^2$$

x성분 식에서 시간 t는

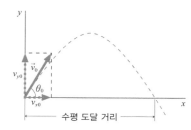

그림 3.17 발사체의 포물선 궤적

예제 3.5	궤적 구하기: 웅덩이 탈출하기

2.6 m 깊이의 웅덩이 가장자리에서 3.1 m 떨어진 곳에 서 있는 일꾼이 웅덩이 밖의 동료에게 망치를 던진다. 이때 일꾼은 웅덩이 바닥 높이 1.0 m의 손에서 35° 각도로 망치를 던진다. 가장자리를 겨우 넘을 최소 속력은 얼마인가? 웅덩이 가장자리에서 얼마나 멀리 떨어지는가?

해석 물체가 떨어지는 시간이 아니라 거리가 관심사이므로 궤적에 관한 문제이다. 특히 웅덩이를 겨우 벗어나는 처음 속력을 알고자 한다.

과정 그림 3.18처럼 그린다. 식 3.14에서 $x = 3.1$ m, $y = 1.6$ m인 가장자리를 지나는 궤적을 구해야 한다. 그림 3.18에서 일꾼의 손을 원점으로 택한다.

풀이 식 3.14를 처음 속력 v_0에 대해서 풀면,

$$v_0 = \sqrt{\frac{gx^2}{2\cos^2\theta_0(x\tan\theta_0 - y)}} = 11 \text{ m/s}$$

를 얻는다. 한편 망치가 웅덩이를 벗어나서 떨어진 거리를 구하려

면 $y = 1.6$ m인 x값이 필요하다. 식 3.14를 $(g/2v_0^2\cos^2\theta_0)x^2 - (\tan\theta_0)x + y = 0$으로 정리하고, 처음 속력을 넣으면, $x = 3.1$ m와 $x = 8.7$ m를 얻는다. 두 번째 거리가 원하는 답이지만, 일꾼의 손에서 잰 거리이므로 실제 답은 8.7 m $- 3.1$ m $= 5.6$ m이다.

검증 답을 검증해 보자. 다른 답인 $x = 3.1$ m는 웅덩이 가장자리까지의 거리이다. 수직 높이 1.6 m에 대해 이 위치를 얻은 것은 궤적이 정말로 웅덩이 가장자리를 지난다는 것을 뜻한다.

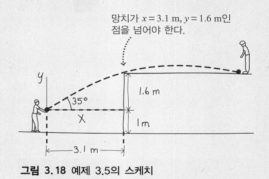

그림 3.18 예제 3.5의 스케치

$$t = \frac{x}{v_0\cos\theta_0}$$

이다. 이 결과를 y성분 식에 넣으면

$$y = v_0\sin\theta_0\left(\frac{x}{v_0\cos\theta_0}\right) - \frac{1}{2}g\left(\frac{x}{v_0\cos\theta_0}\right)^2$$

또는 다음과 같이 궤적을 얻는다.

$$y = x\tan\theta_0 - \frac{g}{2v_0^2\cos^2\theta_0}x^2 \quad \text{(발사체 궤적)} \tag{3.14}$$

식 3.14에서 y가 x의 이차 함수이므로 궤적은 포물선이다.

발사체 수평 도달 거리

축구공을 수평 각도 50°, 처음 속력 12 m/s로 차면 얼마나 멀리 갈까? 돌멩이를 15 m/s로 던지면 너비가 30 m인 연못을 넘어갈 수 있을까? 로켓의 발사 각도가 얼마이면 발사 지점에서 50 km 거리에 도달할 수 있을까? 이러한 예들은 모두 발사체의 **수평 도달 거리** (horizontal range)에 대한 질문들이다.

식 3.14에 $y = 0$을 넣으면, 지면에서 발사한 발사체가 다시 지면으로 되돌아오는 거리를 얻을 수 있다. 즉

$$0 = x\tan\theta_0 - \frac{g}{2v_0^2\cos^2\theta_0}x^2 = x\left(\tan\theta_0 - \frac{gx}{2v_0^2\cos^2\theta_0}\right)$$

에서 출발 지점에 해당하는 $x = 0$과

응용물리	내야 플라이, 직선 타구, 체공 시간

공기 저항이 야구공의 궤적에 미치는 영향은 크지만, 발사체 운동으로 일차 어림할 수 있다. 배트에서 떨어질 때의 속력이 주어져 있을 때, 내야 플라이의 '체공 시간'은 거의 수평인 직선 타구의 체공 시간보다 훨씬 더 길고, 따라서 내야 플라이를 잡는 것이 훨씬 쉽다는 것을 의미한다(사진 참조).

$$x = \frac{2v_0^2}{g}\cos^2\theta_0\tan\theta_0 = \frac{2v_0^2}{g}\sin\theta_0\cos\theta_0$$

을 얻는다. 그런데 여기서 $\sin 2\theta_0 = 2\sin\theta_0\cos\theta_0$이므로 다음을 얻는다.

$$x = \frac{v_0^2}{g}\sin 2\theta_0 \quad \text{(도달 거리)} \tag{3.15}$$

 수평 도달 거리의 한계 식 3.15는 발사체가 출발 높이로 되돌아올 때까지 수평으로 날아간 도달 거리이다. 그러나 풀이 과정에서 $y = 0$을 대입하여 얻었으므로 출발 높이와 도달 높이가 다르면 올바른 도달 거리가 아니다(그림 3.19 참조).

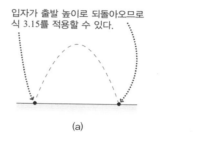

입자가 출발 높이로 되돌아오므로 식 3.15를 적용할 수 있다.

입자가 다른 높이로 떨어지므로 식 3.15를 적용할 수 없다.

그림 3.19 식 3.15는 (a)에는 적용할 수 있지만, (b)에는 적용할 수 없다.

개념 예제 3.1 **발사체의 비행 시간**

그림 3.20의 도달 거리는 45° 양쪽의 각에 대해 같다. 비행 시간을 비교해 보라.

풀이 발사체가 그려진 궤도에서 소요한 시간에 대한 질문이다. 수평 운동과 수직 운동은 서로 독립적이므로 비행 시간은 발사체가 얼마나 높이 올라가느냐에 달려 있다. 그래서 수직 운동으로부터 발사각이 더 높은 궤적일수록 더 오래 걸린다고 추론할 수 있다. 또한 수평 운동으로부터도 추론할 수 있다. 한 쌍의 궤적의 수평

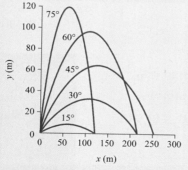

그림 3.20 50 m/s로 발사한 발사체의 궤적들

거리는 똑같지만, 더 낮은 궤적의 수평 속도 성분이 더 크므로 더 낮은 궤적의 소요 시간이 더 짧다.

검증 극단적으로 거의 수직인 궤적과 거의 수평인 궤적인 경우를 고려해 보자. 전자는 거의 똑바로 위로 갔다 내려와서 상대적으로 긴 시간이 걸리지만 근본적으로 그 출발점으로 되돌아온다. 후자는 그 출발점에서 곧바로 지표면에 닿기 때문에 다른 곳으로 가기 힘들다. 그래서 이것은 거의 시간이 걸리지 않는다!

관련 문제 그림 3.20에서 30°와 60° 궤적에 대한 비행 시간을 구하라.

풀이 식 3.15의 도달 거리는 수평 속도 v_x와 시간을 곱한 양 $v_x t = v_0^2 \sin 2\theta_0 / g$와도 같다. $v_{x0} = v_0\cos\theta_0$을 사용하고 t에 대해 풀면 $t = 2v_0\sin\theta_0/g$를 얻는다. 그림 3.20의 $v_0 = 50\,\text{m/s}$를 사용하면 $t_{30} = 5.1\,\text{s}$와 $t_{60} = 8.8\,\text{s}$가 된다. 실전 문제 71에서 이 시간차를 더 일반적으로 조사한다.

최대 수평 도달 거리는 식 3.15에서 $\sin 2\theta = 1$일 때, 즉 $\theta = 45°$일 때이다. 그림 3.20에서 보듯이, 45°를 중심으로 같은 값만큼 각이 크거나 작으면 주어진 발사 속력 v_0에 대한

수평 도달 거리는 같다. 이것을 증명하는 것이 실전 문제 76이다.

 기본 원칙 궤적 방정식 3.14와 도달 거리 방정식 3.15는 유용하기는 하지만 물리학의 기본 방정식은 아니다. 두 식 모두 등가속도 방정식에서 유도할 수 있기 때문이다. 이러한 방정식들을 기본 방정식이나 기본 원리처럼 생각하면 물리학은 방정식 범벅이 되고 모든 자연 현상의 기본 개념을 놓치는 우를 범하기 쉽다.

예제 3.6 | **발사체 도달 거리: 대기권 탐사**

로켓을 발사하여 대기권을 탐사하려고 한다. 발사 직후 로켓의 속력은 4.6 km/s이다. 로켓을 발사 지점에서 50 km 이내에 떨어지게 하려면 수직 방향에서 몇 도로 발사해야 하는가?

해석 발사각을 모르지만 수평 도달 거리가 50 km인 발사체 운동이다. 로켓의 처음 속력 $v_0 = 4.6$ km/s는 발사 직후의 속력이므로 상승 높이는 무시해도 좋다.

과정 식 3.15의 $x = (v_0^2/g) \sin 2\theta_0$에서 도달 거리가 50 km인 발사각 θ_0을 구한다.

풀이 $\sin 2\theta_0 = gx/v_0^2 = 0.0232$이다. 여기에서 2개의 답 $\theta_0 = 0.67°$와 $\theta_0 = 90° - 0.67°$를 얻는다. 두 번째 각도가 원하는 답이므로, 수직 방향에서 0.67° 이내로 발사해야 한다.

검증 답을 검증해 보자. 처음 속력이 4.6 km/s이면 로켓이 상당히 높이 올라가므로 수직 방향으로 약간만 기울어져도 수평 거리가 엄청나게 멀어진다. 그림 3.20에서와 같이 만약 첫 번째 각도로 발사하면 수평 도달 거리가 50 km로 같아도 상승 높이가 매우 낮아서 대기권으로 올라갈 수 없다.

확인 문제 **3.5** 수평면의 동일한 점에서 동시에 발사된 두 발사체 A와 B의 발사각은 수평면에 대해 각각 45°와 60°이다. 발사 속력은 서로 다르지만 도달 거리는 서로 같다. 다음 진술 중에서 참인 것은 어느 것인가? (a) A와 B는 동시에 도착한다, (b) B의 발사 속력이 A보다 더 낮고 B가 더 일찍 도착한다, (c) B의 발사 속력이 A보다 더 낮고 B가 더 나중에 도착한다, (d) B의 발사 속력이 A보다 더 높고 B가 더 일찍 도착한다, (e) B의 발사 속력이 A보다 더 높고 B가 더 나중에 도착한다.

3.6 등속 원운동

LO 3.6 원운동을 가속도 운동으로 기술할 수 있다.

이차원에서 중요한 가속 운동은 등속력으로 원형 궤도를 도는 **등속 원운동**(uniform circular motion)이다. 등속 원운동에서 속력은 일정하지만 속도의 방향이 바뀌므로 가속 운동이다.

일상생활에도 수많은 등속 원운동이 있다. 우주탐사선은 원형 궤도를 비행하며, 행성의 궤도도 어림잡아 원형 궤도이다. 지구 자전도 등속 원운동이며, 자동차로 커브길을 돌 때도 잠시나마 원운동을 한다. 전자도 자기장 속에서 원운동을 한다.

이제 등속 원운동에서 가속도, 속력, 반지름 등을 구해 보자. 그림 3.21은 반지름이 r인 원둘레를 속력 v로 움직이는 속도 벡터들이다. 속도 벡터들은 원의 접선 방향이므로 운동의 순간 방향을 가리킨다. 그림 3.22a에서 인접한 두 위치 벡터 $\vec{r_1}$과 $\vec{r_2}$, 속도 벡터 $\vec{v_1}$과 $\vec{v_2}$를 살펴보자. 그림 3.22b는 변위 벡터 $\Delta\vec{r} = \vec{r_2} - \vec{r_1}$이고, 그림 3.22c는 속도의 차이 $\Delta\vec{v} = $

속도는 원형 경로에 접선이다.

그림 3.21 원운동의 속도 벡터는 원형 경로의 접선이다.

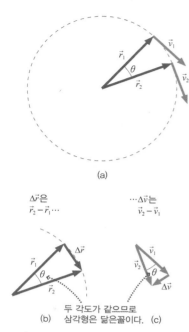

그림 3.22 원형 경로에서 인접한 두 점의 위치 벡터와 속도 벡터

$\vec{v}_2 - \vec{v}_1$이다.

$\vec{v}_1$은 $\vec{r}_1$에, $\vec{v}_2$는 $\vec{r}_2$에 수직이므로 그림 3.22의 세 각도 θ는 모두 같다. 즉 그림 3.22b와 3.22c의 삼각형은 닮은꼴이므로 다음을 얻는다.

$$\frac{\Delta v}{v} = \frac{\Delta r}{r}$$

한편 각도 θ가 충분히 작다면 위치 벡터가 $\vec{r}_1$에서 $\vec{r}_2$로 바뀌는 시간 간격 Δt 또한 작다. 따라서 벡터 $\Delta \vec{r}$의 길이는 그림 3.22b에서 두 위치 벡터의 머리 점을 잇는 원호의 길이와 어림잡아 같다. 즉 Δt 동안 물체가 이동한 거리인 원호의 길이는 $v\Delta t$이므로 $\Delta r \simeq v\Delta t$이 다. 위 식은 다음과 같아진다.

$$\frac{\Delta v}{v} \simeq \frac{v\Delta t}{r}$$

이 식을 재정리하면 다음과 같이 평균 가속도의 크기를 얻는다.

$$\bar{a} = \frac{\Delta v}{\Delta t} \simeq \frac{v^2}{r}$$

여기서 $\Delta t \to 0$인 극한을 취하면 순간 가속도를 얻을 수 있다. 이 극한에서는 $\theta \to 0$으로 원호와 $\Delta \vec{r}$가 같고, 어림관계식 $\Delta r \simeq v\Delta t$는 정확한 식이 된다. 따라서

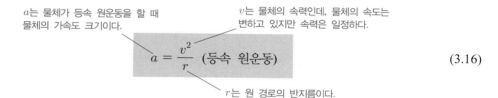

a는 물체가 등속 원운동을 할 때 물체의 가속도 크기이다.

v는 물체의 속력인데, 물체의 속도는 변하고 있지만 속력은 일정하다.

$$a = \frac{v^2}{r} \text{ (등속 원운동)} \tag{3.16}$$

r는 원 경로의 반지름이다.

은 반지름이 r인 원둘레를 등속력 v로 도는 물체의 순간 가속도 크기이다. 그렇다면 가속도 방향은 무엇일까? 그림 3.22c를 보면, $\Delta \vec{v}$가 두 속도 벡터에 거의 수직이다. 따라서 $\Delta t \to 0$인 극한을 취하면 $\Delta \vec{v}$와 가속도 $\Delta \vec{v}/\Delta t$의 방향은 정확히 속도에 수직이다. 즉 가 속도 벡터의 방향은 원의 중심을 향한다.

위에서 기하학적으로 논의한 결과는 원의 모든 점에서도 성립한다. 따라서 가속도는 일정한 크기 v^2/r로 항상 원의 중심을 향한다. 아이작 뉴턴(Isaac Newton)은 중심을 향하는 가속도를 구심 가속도(centripetal acceleration)라고 불렀다. 그러나 이 책에서는 자주 사용하지 않겠다. 구심 가속도 또한 다른 가속도와 원리적으로 다르지 않기 때문이다. 가속도는 단순히 속도의 시간 변화율이다.

식 3.16을 점검해 보자. 속력 v가 커지면 속도의 방향이 바뀌는 시간 간격 Δt가 짧아질 뿐만 아니라 $\Delta \vec{v}$도 커진다. 두 효과가 결합하여 가속도의 크기가 속력의 제곱에 비례한다. 한편 속력이 일정하고 반지름이 커지면 속도의 방향이 바뀌는 시간 간격 Δt도 커지므로, 가속도는 반지름에 반비례한다.

원운동과 등가속도 중심을 향하는 가속도는 물체가 원형 궤도로 움직이게 만들므로 가속도의 크기가 일정해도 가속도 벡터는 일정하지 않다. 등속 원운동은 등가속도 운동이 아니므로, 등가속도 운동에 대한 식을 적용할 수 없다. 사실 이차원 등가속도 운동의 궤적은 원이 아니라 포물선이다.

예제 3.7 **등속 원운동: 우주왕복선 궤도 구하기**

중력 가속도의 크기가 지표면에서의 값의 89%인 고도 400 km에서 원형 궤도를 도는 우주왕복선의 궤도 주기를 구하라.

해석 등속 원운동 문제이다.

과정 반지름과 가속도를 알면 식 3.16의 $a = v^2/r$를 이용하여 궤도 속력을 구할 수 있다. 그러나 궤도 반지름이 아니라 고도가 주어졌고, 속력이 아니라 궤도 주기를 구해야 한다. 따라서 속력을 궤도 주기로 표기하고, 식 3.16을 이용하자. 한편 고도는 지상 높이이므로 지구 반지름을 더한 값이 궤도 반지름 r이다.

풀이 원둘레 $2\pi r$를 궤도 주기 T로 나눈 속력 v를 식 3.16에 넣으면 다음을 얻는다.

$$a = \frac{v^2}{r} = \frac{(2\pi r/T)^2}{r} = \frac{4\pi^2 r}{T^2}$$

한편 부록 E에서 지구 반지름이 $R_E = 6.37$ Mm이므로, 궤도 반지름은 $r = R_E + 400 \text{ km} = 6.77$ Mm이다. 따라서 $a = 0.89g$를 넣어서 궤도 주기를 구하면 $T = \sqrt{4\pi^2 r/a} = 5536 \text{ s} = 92 \text{ min}$을 얻는다.

검증 답을 검증해 보자. 우주비행사는 약 한 시간 반에 지구를 한 바퀴 돌기 때문에 하루 24시간 동안에 여러 번 일출과 일몰을 경험한다. 답인 92분은 확실히 그것과 모순이 되지 않는다. 여기에는 선택의 여지가 없다. 궤도 반지름이 주어지면, 지구의 크기와 질량이 주기를 결정한다. 수백 km에 불과한 우주왕복선의 고도는 지구 반지름에 비해서 작기 때문에 g와 T가 크게 변하지 않는다. 고도가 더 높아지면 중력의 세기가 많이 약해져서 주기가 길어진다. 예를 들어 달의 주기는 27일이다. 8장에서 궤도에 대해더 논의할 것이다.

예제 3.8 **등속 원운동: 곡선 도로 만들기**　　　　　　　　　응용 문제가 있는 예제

제한 속력이 80 km/h(= 22.2 m/s)인 평탄한 수평 도로를 만든다고 하자. 이 도로에서 자동차의 최대 가속도가 1.5 m/s²이라면, 안전하게 달릴 수 있는 최소 곡률 반지름은 얼마인가?

해석 곡선 도로를 원의 일부로 생각하면 등속 원운동 문제이다.

과정 가속도와 속력을 알고 있으므로 식 3.16의 $a = v^2/r$를 이용하여 반지름을 구할 수 있다.

풀이 식 3.16에서 $r = v^2/a = (22.2 \text{ m/s})^2/1.5 \text{ m/s}^2 = 329 \text{ m}$를 얻는다.

검증 답을 검증해 보자. 제한 속력이 80 km/h이므로 위의 값보다 더 넓은 곡선 도로를 만들어야 자동차들이 안전하게 달릴 수 있다. 곡률 반지름이 이보다 작으면 자동차가 옆으로 미끄러진다. 다음 장에서는 더 안전하게 달릴 수 있도록 곡선 도로를 만드는 방법을 공부한다.

가속 원운동

원형 궤도를 도는 물체의 속력이 바뀌면 어떻게 될까? 가속도는 속도에 수직한 성분과 평행한 성분 모두를 갖게 된다. 수직한 성분은 물체가 원운동을 하도록 방향만 바꾸는 **지름 가속도**(radial acceleration) a_r이며, 그 크기는 v^2/r로 일정하다. 평행한 성분은 원의 접선 방향이고 방향이 아니라 속력을 바꾸는 **접선 가속도**(tangential acceleration) a_t이다. 따라서 그 크기는 속력의 시간 변화율 dv/dt이다. 그림 3.23은 커브길을 도는 자동차의 두 가속도를 보여 준다.

　끝으로 곡선 경로의 반지름이 바뀌면 어떻게 될까? 곡선의 모든 점에는 대응하는 **곡률 반지름**(radius of curvature) r이 있으므로, 지름 가속도는 v^2/r이며, 곡선을 따라 v 또는 r가 변하면 같이 변한다. 접선 가속도는 곡선에 항상 접하며 속력의 시간 변화율이다. 따라서 등속 원운동의 개념을 속력, 반지름 또는 둘 다 변하는 가속 원운동으로 확장할 수 있다.

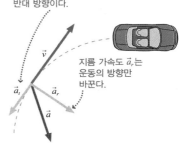

자동차가 감속하므로
접선 가속도 $\vec{a}_t$는 속도와
반대 방향이다.

$\vec{v}$

지름 가속도 $\vec{a}_r$는
운동의 방향만
바꾼다.

$\vec{a}_t$　$\vec{a}_r$

$\vec{a}$

그림 3.23 커브길을 도는 자동차의 가속도

확인 문제 **3.6** 물체가 그림에 나타낸 경로를 따라 수평면에서 일정한 속력으로 운동한다. 표시된 어느 점에서 물체의 가속도의 크기가 가장 크겠는가?

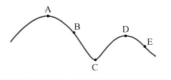

3장 요약

핵심 개념

이차원과 삼차원 운동은 크기와 방향을 가진 **벡터**로 기술한다. 위치, 속도, 가속도는 모두 벡터량이다.

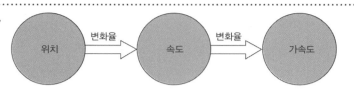

위치, 속도, 가속도 벡터가 같은 방향일 필요는 없다. 속도에 수직인 가속도는 속도의 방향만 바꾸고 크기는 바꾸지 않는다. 또한 방향이 같은 가속도는 속도의 크기만 바꾼다. 일반적으로는 방향과 크기 모두를 바꾼다.

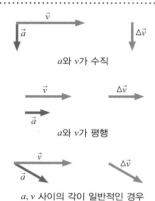

서로 수직한 방향의 운동은 독립적이다. 이 경우에 이차원, 삼차원 운동을 일차원 문제로 풀 수 있다.

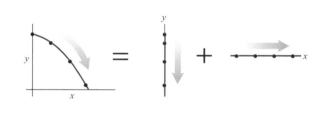

주요 개념 및 식

벡터는 크기와 방향 또는 성분으로 기술할 수 있다. 이차원에서는 각각 다음과 같다.

$$A = \sqrt{A_x^2 + A_y^2}, \ \theta = \tan^{-1}\frac{A_y}{A_x}$$

$$A_x = A\cos\theta, \ A_y = A\sin\theta$$

벡터는 크기가 1이고, 축 방향인 단위 벡터를 사용하여 다음과 같이 표기할 수 있다.

$$\vec{A} = A_x\hat{i} + A_y\hat{j}$$

속도는 위치 벡터 $\vec{r}$의 시간 변화율로 다음과 같다.

$$\vec{v} = \frac{d\vec{r}}{dt}$$

가속도는 벡터의 시간 변화율로 다음과 같다.

$$\vec{a} = \frac{d\vec{v}}{dt}$$

응용

가속도가 일정하면 2장의 일차원 운동 방정식을 확장한 다음 식으로 기술할 수 있다.

$$\vec{v} = \vec{v}_0 + \vec{a}t, \ \vec{r} = \vec{r}_0 + \vec{v}_0 t + \frac{1}{2}\vec{a}t^2$$

이차원 등가속도 운동에서 중력의 영향을 받는 **발사체 운동**의 궤적은 다음과 같다.

$$y = x\tan\theta_0 - \frac{g}{2v_0^2\cos^2\theta_0}x^2$$

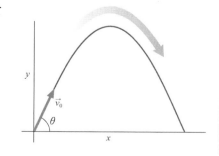

등속 원운동에서 속도와 가속도의 크기는 일정하지만, 방향은 계속 바뀐다. 반지름이 r인 원형 궤도를 도는 물체의 가속도 $\vec{a}$와 속도 $\vec{v}$는 $a = v^2/r$의 관계를 가진다.

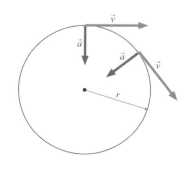

BIO 생물 및 의학 문제   **DATA** 데이터 문제   **ENV** 환경 문제   **CH** 도전 문제   **COMP** 컴퓨터 문제

학습 목표   이 장을 학습하고 난 후 다음을 할 수 있다.

LO 3.1 벡터를 사용하여 2, 3차원 위치를 기술할 수 있다.
개념 문제 3.1, 3.2, 3.10
연습 문제 3.11, 3.12, 3.13, 3.14, 3.15, 3.16, 3.17
실전 문제 3.52, 3.53, 3.61

LO 3.2 속도와 가속도를 벡터로 나타낼 수 있다.
개념 문제 3.3, 3.8
연습 문제 3.18, 3.19, 3.20, 3.21, 3.22, 3.23, 3.24, 3.25
실전 문제 3.55, 3.56, 3.58

LO 3.3 서로 다른 기준계의 속도들을 관련시킬 수 있다.
개념 문제 3.9
연습 문제 3.26, 3.27, 3.28, 3.29
실전 문제 3.54, 3.60, 3.77

LO 3.4 2차원에서 운동을 분석할 수 있다.
개념 문제 3.5, 3.9
연습 문제 3.30, 3.31
실전 문제 3.63, 3.64, 3.89

LO 3.5 중력에 의한 포물체의 운동을 예측할 수 있다.
개념 문제 3.6, 3.7
연습 문제 3.32, 3.33, 3.34, 3.35, 3.36, 3.37
실전 문제 3.62, 3.65, 3.66, 3.67, 3.68, 3.69, 3.70, 3.71, 3.72, 3.74, 3.75, 3.76, 3.78, 3.79, 3.82, 3.83, 3.84, 3.85, 3.86, 3.87, 3.88, 3.90, 3.91, 3.94

LO 3.6 원운동을 가속도 운동으로 기술할 수 있다.
개념 문제 3.4
연습 문제 3.38, 3.39, 3.40, 3.41, 3.42, 3.43
실전 문제 3.57, 3.80, 3.81, 3.92, 3.93

개념 문제

1. 벡터합 $\vec{A} + \vec{B}$가 두 벡터 크기의 합과 같은 조건은 무엇인가?

2. 크기가 같은 두 벡터의 합이 0이 될 수 있는가? 크기가 다른 두 벡터의 합이 0이 될 수 있는가?

3. 북쪽으로 움직이면서 남쪽 방향의 가속도를 가질 수 있는가? 서쪽 방향의 가속도는 가질 수 있는가?

4. 굽은 길을 운행하고 있는 운전자는 자신의 차의 속도계 눈금이 변하지 않고 있으므로 차가 가속하고 있지 않다고 주장한다. 왜 그가 틀렸는지 설명하라.

5. 어떤 의미에서 식 3.8이 두 개 또는 세 개의 방정식인가?

6. 포물선을 그리는 발사체의 속력은 일정한가?

7. 발사체 궤적에서 속도와 가속도가 수직인 곳이 있는가?

8. 어떻게 한 방향으로 움직이면서 다른 방향으로 가속될 수 있는가?

9. 편평한 길에서 일정한 속력으로 움직이고 있는 버스 안에 있는 사람이 공을 똑바로 위쪽으로 던졌다. 공이 되돌아올 때 공은 그 사람보다 앞에 도착하는가, 뒤에 도착하는가? 또는 그 사람의 손으로 되돌아오는가? 설명하라.

10. 다음 중 어느 것들이 수학적으로 올바른지 선택하고, 설명하라.
(a) $v = 5\hat{i}$ m/s, (b) $\vec{v} = 5$ m/s, (c) $\vec{a} = dv/dt$,
(d) $\vec{a} = d\vec{v}/dt$, (e) $\vec{v} = 5\hat{i}$ m/s

연습 문제

3.1 벡터

11. 북쪽으로 1.57 km 걸어간 다음 동쪽으로 0.846 km 걷는다고 할 때 이 변위 벡터의 (a) 크기를 구하고, (b) 그 방향을 북쪽 방향에

대한 각도로 표현하라.

12. 질량 분석기에서 반지름 15.2 cm의 반원을 따라 움직이는 이온의 (a) 진행 거리와 (b) 변위의 크기를 구하라.

13. 고래가 멕시코와 캘리포니아 해안을 따라 북서쪽으로 360 km 이동한 다음에 정북 방향으로 410 km 이동한다. 변위 벡터의 크기와 방향을 그림으로 구하라.

14. 벡터 $\vec{A}$의 크기는 3.0 m이고 오른쪽 방향이며, 벡터 $\vec{B}$의 크기는 4.0 m이고 수직 위 방향이다. $\vec{A} + \vec{B} + \vec{C} = 0$인 벡터 $\vec{C}$의 크기와 방향을 구하라.

15. x축에 대해 반시계 방향으로 29°를 향하는 크기가 120 km인 변위를 단위 벡터로 표기하라.

16. $34\hat{i} + 13\hat{j}$ m의 크기와 x축에 대한 각도를 구하라.

17. $\hat{i} + \hat{j}$의 (a) 크기와 (b) x축에 대한 각도는 얼마인가?

3.2 속도 벡터, 가속도 벡터

18. 동쪽을 향해 15 km/s 속력으로 움직이는 소행성을 발견하였다. 국제우주탐사팀이 거대한 로켓을 소행성에 부착시켜서 10 min 동안 추진시켰더니, 19 km/s 속력으로 원래 경로에서 28° 방향으로 움직였다. 평균 가속도를 구하라.

19. 물체의 속도 벡터 $\vec{v}$의 성분들 사이에는 $v_y = -v_x$의 관계가 있다. $\vec{v}$가 x축과 이룰 수 있는 각도는 얼마인가?

20. 10 min 동안 40 mi/h로 북쪽을 향해 달리던 자동차가 동쪽으로 60 mi/h로 5.0 mi 달린 다음에, 남서 방향으로 6.0 min 동안 30 mi/h로 달린다. 자동차의 (a) 변위와 (b) 평균 속도를 벡터 그림으로 구하라.

21. 어떤 물체의 속도가 $\vec{v} = ct^3\hat{i} + d\hat{j}$이다. 여기서 t는 시간이고 c

와 d는 적절한 단위가 있는 양의 상수이다. 물체의 가속도의 방향을 구하라.

22. 동쪽으로 달리던 자동차가 곡선 도로에서 90° 회전하여 남쪽으로 향한다. 속력계가 일정한 속력을 가리킬 때 자동차의 평균 가속도 벡터의 방향은 무엇인가?

23. 12시에서 오후 6시로 움직인 길이 2.4 cm의 시계 시침 끝의 (a) 평균 속도, (b) 평균 가속도는 얼마인가? x축은 3시 방향, y축은 12시 방향인 좌표계에서 단위 벡터로 표기하라.

24. 속력 v로 운동하는 물체가 가속도를 받아서 원래 운동하는 방향에 대해 각 θ로 원래 속력의 두 배로 움직인다. 가속도 벡터와 물체의 원래 운동 방향 사이의 각도를 구하라.

25. x방향을 향해 1.3 m/s의 속력으로 움직이던 물체에 $\vec{a} = 0.52\hat{j}$ m/s²의 가속도가 작용한다. 4.4 s 후의 속도 벡터를 구하라.

3.3 상대 운동

26. 서풍이 59.8 km/h로 불고 있는데, 정북을 향해 비행하려고 한다. 대기에 대한 비행기의 속력이 465 km/h이면 비행기는 어느 방향을 향해야 하는가?

27. 폭 63 m의 강을 건너기 위하여 0.57 m/s로 흐르는 강물에 대해서 상대 속력 1.3 m/s로 노를 젓는다. (a) 어느 방향으로 노를 저어야 하는가? (b) 강을 건너는 데 얼마나 걸리는가?

28. 공중 속력이 370 km/h인 비행기가 제트기류에 수직한 방향으로 비행한다. 비행기는 처음 방향에서 32° 기수를 돌려서 비행해야 목적지에 도달할 수 있다. 제트기류의 속력은 얼마인가?

29. 거위 무리가 남쪽으로 이동하는 동안 서쪽에서 5.1 m/s의 바람이 불어온다. 거위의 공중 속력이 7.5 m/s이면 어느 방향으로 비행해야 하는가?

3.4 등가속도 운동

30. 물체의 위치 벡터는 $\vec{r} = (3.2t + 1.8t^2)\hat{i} + (1.7t - 2.4t^2)\hat{j}$ m이며, 시간 t의 단위는 s이다. 물체의 가속도 벡터는 얼마인가?

31. 6.5 m/s의 속력으로 운항 중인 돛배에 35°로 바람이 불어서 0.48 m/s²의 가속도를 받는다. 6.3 s 동안 가속된 직후 돛배의 알짜 변위는 얼마인가?

3.5 발사체 운동

32. 2.6 m 높이에서 수평 속력 8.7 m/s로 사과를 던지고, 동시에 복숭아를 떨어트린다. 사과와 복숭아가 지면에 떨어지는 데 각각 얼마나 걸리는가?

33. 목수가 8.8 m의 지붕에서 수평 속력 11 m/s로 기와를 던진다. 기와가 (a) 지면에 떨어지는 데 얼마나 걸리는가? (b) 지면에 떨어진 수평 거리는 얼마인가?

34. 수평 속력 41 m/s로 발사한 화살이 수평 거리 23 m를 날아가서 지면에 떨어진다. 발사 높이는 얼마인가?

35. 잉크젯 프린터에서 수평 속력 12 m/s로 주입한 잉크방울이 수평으로 1.0 mm 떨어진 종이에 도달한다. 잉크방울이 떨어진 수직 거리는 얼마인가?

36. 입자 가속기의 양성자는 가속기 안에서 1.7 km 움직이는 동안 1.2 μm 아래로 떨어진다. 평균 속력은 얼마인가?

37. 지상에서 골프공을 180 m 날린다면, 달에서는 얼마나 멀리 날릴 수 있는가?

3.6 등속 원운동

38. 중국의 고속철도망에서 350 km/h의 기차에 필요한 최소 회전 반지름은 7.0 km이다. 이 경우에 기차의 가속도의 크기는 얼마인가?

39. 어떤 시계의 분침의 길이는 7.50 cm이다. 그 분침 끝의 가속도의 크기를 구하라.

40. 자동차의 가속도가 중력 가속도와 같으면 반지름 75 m의 곡선 도로를 얼마나 빨리 달릴 수 있는가?

41. 27.3일 동안 반지름 384.4 Mm의 원형 궤도를 도는 달의 가속도를 구하라.

42. GPS 위성은 중력 가속도의 크기가 지표면에서의 값의 5.8%인 20,000 km 상공에서 지구 궤도를 돈다. GPS 위성의 궤도 주기를 시(h) 단위로 구하라.

43. 고난도의 항공기 묘기를 하는 비행사가 약 $5g$를 넘는 가속도를 겪으면 의식을 잃을 위험이 있다. 음속의 약 두 배인 2470 km/h로 비행하는 군용 제트기 조종사가 $5g$ 이하의 가속도를 유지할 수 있는 최소 회전 반지름은 얼마인가?

응용 문제

다음 문제들은 본문의 예제들에 기초한 것이다. 두 세트의 문제들은 물리학의 이해를 강화하는 연결의 형성을 돕고 이전에 풀어본 문제에서 변형된 문제를 해결하는 자신감을 키우도록 설계되어 있다. 각 세트의 첫 번째 문제는 본질적으로 예제 문제이지만 숫자들은 다르다. 두 번째 문제는 예제와 똑같은 상황이지만 묻는 질문이 다르다. 세 번째와 네 번째 문제는 완전히 다른 상황으로 이런 방식을 반복한다.

44. **예제 3.3** 6.28 m/s로 윈드서핑을 할 때 바람이 불어서 처음 운동 방향에 대해 48.8°로 가속도 0.714 m/s²을 받는다. 5.42 s 동안 바람이 불면 이 동안 윈드보드의 알짜 변위는 얼마인가?

45. **예제 3.3** 5.68 m/s로 윈드서핑을 할 때 바람이 불어서 처음 운동 방향에 대해 62.5°로 가속도를 받는다. 5.42 s 동안 바람이 불고, 이 동안 윈드보드는 37.2 m의 변위를 겪는다. 이 동안 윈드보드의 가속도 크기는 얼마인가?

46. **예제 3.3** 얼음 위로 27.7 m/s로 미끄러지고 있는 하키 퍽을 선수가 하키 스틱으로 쳐서 원래 방향에 대해 75.0°로 448 m/s²의 가속도를 주었다. 가속도가 41.3 ms 동안 지속된다면 이 기간 동안 퍽의 변위의 크기는 얼마인가?

47. **예제 3.3** 얼음 위로 27.7 m/s로 미끄러지고 있는 하키 퍽을 선수가 하키 스틱으로 쳐서 원래 방향에 대해 64.3°를 향하는 가속

도를 주었다. 가속도가 50.3 ms 동안 지속되고, 이 기간 동안 퍽의 변위는 1.76 m이다. 퍽의 가속도 크기는 얼마인가?

48. **예제 3.8** 제한 속력이 90 km/h인 평탄한 수평 도로를 만든다고 하자. 이 도로에서 자동차의 최대 가속도가 4.36 m/s²이라면, 안전하게 달릴 수 있는 최소 곡률 반지름은 얼마인가?

49. **예제 3.8** 반지름이 125 m인 평탄한 수평 도로를 만든다고 하자. 건조한 상태에서 커브를 도는 자동차의 타이어가 제공하는 5.0 m/s²의 가속도까지는 최소한 안전해야 한다. 이 도로의 속도 제한은 반올림한 10 km/h 단위로 얼마인가?

50. **예제 3.8** 제트기가 회전할 때 0.564g 크기의 가속도를 감당할 수 있다. 제트기가 988 km/h로 날고 있다면 최소 회전 반지름은 얼마인가?

51. **예제 3.8** 제트기가 회전할 때 0.612g 크기의 가속도를 감당할 수 있다. 제트기가 8.77 km의 반지름으로 회전하려면 가능한 최대 속력은 얼마인가?

실전 문제

52. 벡터 $\vec{A}$는 크기가 1.0 m이고, x축에서 아래로 35° 방향이다. $\vec{A} + \vec{B}$가 y방향일 때 크기 1.8 m인 벡터 $\vec{B}$의 방향을 구하라.

53. $\vec{A} = 15\hat{\imath} - 40\hat{\jmath}$, $\vec{B} = 31\hat{\jmath} + 18\hat{k}$이다. $\vec{A} + \vec{B} + \vec{C} = \vec{0}$인 벡터 $\vec{C}$를 구하라.

54. 정남쪽에 있는 목적지를 향해 1280 km의 비행을 하려고 한다. 대기에 대한 비행기의 속력은 846 km/h이고 관제소에 따르면 정남 경로를 유지하려면 11.5°만큼 남서쪽으로 비행해야 한다. 풍속의 크기와 방향은 무엇인가?

55. 어떤 입자의 위치는 $\vec{r} = (ct^2 - 2dt^3)\hat{\imath} + (2ct^2 - dt^3)\hat{\jmath}$이다. 여기서 c와 d는 양의 상수이다. 입자가 (a) x방향, (b) y방향으로 움직이고 있을 때의 시간 $t > 0$을 구하라.

56. 50 m/s로 운동하는 물체가 2 s 동안 지속하는 크기 20 m/s²의 가속도를 겪는다. 그 시간 끝에 물체는 88 m/s로 운동한다. 처음 속도와 가속도 사이의 각은 반올림한 30° 단위로(즉, 0°, 30°, 60°, 90°에 가까운 각) 얼마이고, 왜 그런가?

57. 입체교차로에 들어서면서 속력을 낮춘 자동차가 70 km/h의 일정한 속력으로 원형 회전을 하려고 한다. 자동차의 가속도가 0.40g (지구의 중력 가속도의 40%)를 넘어서지 않으려면 회전 최소 반지름은 얼마인가? 노면은 기울지 않고 편평하다고 가정한다(5장 참조).

58. 10 s 동안 $2.3\hat{\imath} + 3.6\hat{\jmath}$ m/s²의 가속도를 받은 물체의 나중 속도는 $33\hat{\imath} + 15\hat{\jmath}$ m/s이다. (a) 처음 속도는 얼마인가? (b) 속력은 얼마나 변하는가? (c) 방향은 얼마나 변하는가? (d) 속력 변화가 가속도 곱하기 시간과 다름을 보여라. 왜 다른가?

59. 뉴욕 휠은 세계 최대 페리스 관람차로 지름이 183 m이고 37.3 min마다 한 번씩 회전한다. 5.00 min 동안 바퀴의 가장자리에서의 (a) 평균 속도와 (b) 평균 가속도의 크기를 구하라. (c) 바퀴의 순간 속도와 (b)의 답을 비교하라.

60. 강을 사이에 두고 똑바로 마주 보고 있는 두 도시 사이에서 운행되는 연락선은 강물에 대해 속력 v'으로 움직인다. (a) 강물이 속력 V로 흐를 때 연락선이 향하는 각도를 구하라. (b) $V > v'$일 때 그 답의 의미는 무엇인가?

61. 두 벡터의 합 $\vec{A} + \vec{B}$는 두 벡터의 차 $\vec{A} - \vec{B}$와 수직이다. 두 벡터의 크기를 비교하라.

62. 배달 드론이 고객의 현관에 접근하여 현관 위 8.65 m 높이에서 21.5 km/h로 날고 있다. (a) 목적하는 지점으로부터 수평 거리 얼마에서 물품을 떨어뜨려야 하는가? (b) 현관에 도달했을 때 물품의 속력은 얼마인가?

63. 처음에는 4.5 m/s로 양의 x방향으로 움직이는 물체에 18 s 동안 y방향으로 가속도가 작용한다. 이 동안 x방향과 y방향으로 움직인 거리가 같으면, 가속도의 크기는 얼마인가?

64. $\vec{v}_0 = 11\hat{\imath} + 14\hat{\jmath}$ m/s로 원점을 출발한 입자에 일정한 가속도 $\vec{a} = -1.2\hat{\imath} + 0.26\hat{\jmath}$ m/s²이 작용한다. (a) 입자가 언제 y축을 지나는가? (b) 이때 y 좌표는 얼마인가? (c) 얼마나 빨리 움직이는가? 그리고 어떤 방향으로 움직이는가?

65. 지상 1.6 m에서 어린이가 수평으로 물총을 쏘았더니 2.1 m 떨어진 0.93 m 높이의 친구 등에 맞았다. 물의 처음 속력은 얼마인가?

66. 어떤 발사체는 평지에서 도달 거리가 R이고 최고 도달 높이는 h이다. 발사체의 초기 속력을 구하라.

67. 평지에서 높이 h인 나뭇가지에 앉아 있는 친구를 향해 수평면에 대해 45°로 야구공을 던졌다. 공을 던진 순간에 그 친구가 또 하나의 공을 떨어뜨렸다. (a) 던진 공의 속력이 어떤 최솟값보다 크면 두 공이 충돌할 것임을 보여라. (b) 그 최소 속력을 구하라.

68. 영화배우가 건물 옥상에서 1.9 m 아래의 다른 건물 옥상으로 뛰어내린다. 건물 사이의 간격이 4.5 m이면 배우는 얼마나 빨리 달려야 하는가?

69. BIO 북미 대륙에 서식하는 들쥐는 1 m의 높이까지 도약할 수 있다. 들쥐가 62.0 cm 높이의 정원 담장으로부터 48.3 cm 떨어져 있다. 들쥐가 담장을 간신히 넘을 수 있으려면 도약 (a) 속력과 (b) 방향은 무엇인가?

70. 지상 h 높이에서 처음 속력 v_0으로 발사한 발사체가 도달하는 수평 거리를 구하라.

71. 평지에서 같은 속력이지만 각각 45° ± α로 발사된 두 발사체의 비행 시간의 비가 $\tan(\alpha + 45°)$임을 보여라.

72. 그림 3.24처럼 경사각 39°, 8.6 m 위에 있는 동료에게 초콜릿을 던진다. 동료가 초콜릿을 받을 수 있는 처음 속도 벡터를 구하라.

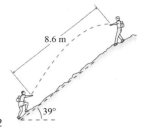

그림 3.24 실전 문제 72

73. 아래 표는 xy 평면에서 움직이고 있는 물체의 위치를 시간에 대해 나열한 것이다. 이 경우에 그 평면은 수평면이다. 위치 x에 대한 y를 그래프로 나타내서 물체의 경로에 대한 성질을 결정하라. 그 다음에 물체의 속도와 가속도의 크기를 구하라.
DATA

시간, $t(s)$	$x(m)$	$y(m)$	시간, $t(s)$	$x(m)$	$y(m)$
0	0	0	0.70	2.41	3.15
0.10	0.65	0.09	0.80	2.17	3.75
0.20	1.25	0.33	0.90	1.77	4.27
0.30	1.77	0.73	1.00	1.25	4.67
0.40	2.17	1.25	1.10	0.65	4.91
0.50	2.41	1.85	1.20	0.00	5.00
0.60	2.50	2.50			

74. 수평각 θ로 발사한 발사체의 최대 도달 높이는 h이다. 수평 도달 거리가 $4h/\tan\theta$임을 보여라.

75. 제한 속력 $60\,\mathrm{km/h}$의 도로에서 오토바이가 서 있는 자동차와 추돌하였다. 오토바이에서 튕겨 오른 운전수가 $39\,\mathrm{m}$ 앞의 도로로 떨어졌다. 사고가 일어나기 직전 오토바이의 최소 속력은 얼마인가?

76. 수평각 $45°+\alpha$와 $45°-\alpha$로 동일한 처음 속력으로 발사한 두 발사체의 수평 도달 거리가 같음을 보여라.

77. 높이 $10\,\mathrm{ft}$의 농구대 앞 $15\,\mathrm{ft}$에 서 있는 농구선수가 $8.2\,\mathrm{ft}$ 높이에서 $26\,\mathrm{ft/s}$의 속력으로 농구공을 던진다면, 몇 도 방향으로 던져야 골인시킬 수 있는가?

78. 포물체가 지면으로부터 높이 h인 탁자 끝에서 발사된다. 포물체는 탁자 위로 최대 높이 h까지 상승한 후 탁자의 끝으로부터 수평 거리 $2h$인 지면에 도달한다. 초기 속도의 (a) 크기와 (b) 발사 각도의 정확한 값을 구하라.

79. 확인 문제 3.5에 있는 두 발사체를 고려해 보자. $45°$ 발사체가 속력 v로 발사되어 시간 t 동안 공중에 있었다. $60°$ 발사체의 (a) 발사 속력과 (b) 비행 시간을 v와 t로 나타내라.
CH

80. 2015년 영화 마션에서 우주비행사는 지구-화성간 우주선 헤르메스에 승선했다. 장거리 행성간 여행에서 비행사의 신체를 건강한 상태로 유지하기 위해 헤르메스는 회전하여 화성 중력을 흉내 냈다. 우주선의 최대 지름이 $38.0\,\mathrm{m}$이면, 그 주기(한 회전을 완성하는 시간)가 얼마가 되어야 우주선의 외부 테두리에서 가속도가 화성의 중력 가속도와 같은가(부록 E 참고)?

81. 자동차가 건조한 도로에서 회전하는 동안 $0.825g$의 가속도를 견딜 수 있다. $90.0\,\mathrm{km/h}$로 자동차를 운행하는 도중에 길을 가로막은 트럭을 발견했다. 그림 3.25에서처럼 원호로 피해가려면, 트럭으로부터 얼마나 먼 거리에서 피하기 시작해야 하는가? 자동차의 속력은 변하지 않는다고 가정한다.

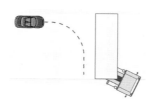
그림 3.25 실전 문제 81

82. 구조대가 그림 3.26처럼 산 위에 있는 조난자에게 고무줄 총을 쏘아서 응급 통을 전달하려고 한다. 통이 총을 떠나는 발사 속력을 구하라.

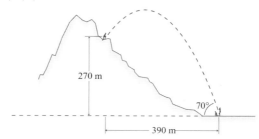
그림 3.26 실전 문제 82

83. 돌을 h 높이까지 던질 수 있다면 같은 돌을 수평으로 얼마나 멀리 던질 수 있는가?

84. 군사용에서 상업용으로 전환한 최대 수평 거리 $180\,\mathrm{km}$인 미사일로 대기권을 탐사한다고 하자. 미사일을 수직으로 발사하면 최대 도달 높이는 얼마인가?

85. 지상에서 축구공을 수평각 $40°$로 차서 $28\,\mathrm{m}$ 멀리 보낼 수 있다고 하자. 같은 속력, 같은 높이에서 $15°$ 더 높이 찬다면 축구공은 얼마나 멀리 날아가는가?

86. 다이빙 선수가 $3\,\mathrm{m}$ 높이의 다이빙대에서 $2.5\,\mathrm{m}$ 뛰어올라서 $2.8\,\mathrm{m}$ 수평 거리로 입수한다. 다이빙 선수가 다이빙대 끝을 떠나는 속력과 각도는 얼마인가?

87. 미적분학 시간에 일차 미분을 0으로 놓으면 함수의 최댓값 또는 최솟값을 구할 수 있다고 배운다. 식 3.15를 θ에 대해서 미분하여 $\theta=45°$일 때 최대임을 보여라.

88. 동계올림픽 스키점프 시설의 디자인을 그림 3.27과 같이 요청하였다. 수평 아래 $9.5°$ 각도로 $28\,\mathrm{m/s}$의 속력으로 점프대를 떠나고, 수평 도달 거리는 $55\,\mathrm{m}$이다. 안전을 보장하려면 스키 선수가 지표면과 $3.0°$ 각도로 낙하해야 한다. 낙하 지점의 경사각은 얼마인가?
CH

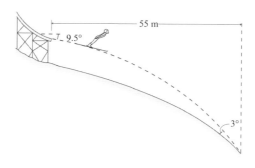
그림 3.27 실전 문제 88

89. 물체가 x방향으로는 일정한 속력으로 운동하지만 y방향으로는 시간에 따라 선형으로 증가하는 가속도 $a(t)=bt$를 겪고 있다. 여기서 b는 상수이다. 이 상황에서 물체의 궤적을 주는 식 3.14와 유사한 식을 유도하라. (중력이 없다고 가정한다.)
CH

90. 75 m의 절벽 위에서 초기 속력 36 m/s로 발사된 발사체의 도달 거리가 최대가 되는 발사각을 구하라.

91. _{CH} 실전 문제 90을 일반화하여 평지 위의 높이 h로부터 속력 v_0으로 발사된 발사체의 도달 거리가 최대가 되는 발사각에 대한 표현을 구하라.

92. _{CH} (a) 원점($x = 0$, $y = 0$)이 중심이고 반지름이 R인 원형 궤도를 도는 입자의 위치 벡터는 $\vec{r} = R(\cos\theta\hat{i} + \sin\theta\hat{j})$임을 보여라. 여기서 θ는 위치 벡터와 x축 사이의 각이다. (b) $t = 0$에서 x축을 등속력 v로 출발한 입자의 주기가 T일 때 각도 θ를 주기 T와 시간의 함수로 구하라. (c) 위치 벡터를 시간에 대해서 두 번 미분하여 가속도를 구하여, 가속도가 크기가 식 3.16이고 중심을 향하는 구심 가속도임을 보여라.

93. 물체가 xy 평면에서 반지름 R인 원형 경로를 따라 운동한다. 평면의 원점은 원의 중심에 있다. 물체는 $x = R$에서 정지 상태에서 출발하고 일정한 접선 가속도 a_t를 겪으면서 반시계 방향으로 돌고 있다. 물체가 원의 1/4를 움직여서 양의 y축을 지날 때 그 가속도 벡터의 (a) 크기와 (b) (양의 x축에 대한) 방향을 구하라.

94. 발사 후에 포물체는 발사점에서 수평 거리 $2R$이고 발사점에서 수직 아래 거리 R인 곳에 도달한다. 여기서 R는 포물체가 지면에서 같은 발사각으로 발사되었을 때의 수평 거리이다. 발사각을 구하라.

실용 문제

앨리스(A), 밥(B), 캐리(C) 모두 저녁 공부를 하기 위해 기숙사에서 동시에 출발하여 도서관에 동시에 도착하였다. 앨리스는 직선 길을 택한 반면에 밥과 캐리가 따라 간 길은 그림 3.28처럼 원호의 일부분이다. 각 학생은 일정한 속력으로 걸었다.

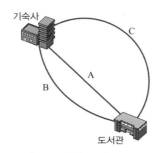

그림 3.28 실용 문제 95~98

95. 다음 중 학생들이 이동한 거리에 대해 옳은 것은 어떤 것인가?
   a. 모두 같다.
   b. C > A > B
   c. C > B > A
   d. B > C > A

96. 다음 중 학생들의 변위에 대해 옳은 것은 어떤 것인가?
   a. 모두 같다.
   b. C > A > B

c. C > B > A
d. B > C > A

97. 다음 중 그들의 평균 속력에 대해 옳은 것은 어떤 것인가?
   a. 모두 같다.
   b. C > A > B
   c. C > B > A
   d. B > C > A

98. 다음 중 (출발하거나 멈추는 순간이 아니라) 걷고 있는 동안에 그들의 가속도에 대해 옳은 것은 어떤 것인가?
   a. 모두 같다.
   b. 아무도 가속하지 않았다.
   c. A > B > C
   d. C > B > A
   e. B > C > A
   f. 충분한 정보가 없어 알 수 없다.

3장 질문에 대한 해답

장 도입 질문에 대한 해답
공기 저항을 무시하면 45°로 뛰어올라야 한다.

확인 문제 해답
3.1 (c)
3.2 (d)만 올바르다.
3.3 (1) (c), (2) (c), (3) (a)
3.4 (c)가 속력을 가장 크게 변화시키고, (b)는 방향을 가장 많이 변화시킨다.
3.5 (e)
3.6 (c)

힘과 운동

예비 지식

- 물리량들을 벡터로 표현하는 방법 (3.1절, 3.2절)
- 등가속도 운동(3.4절, 3.5절)
- 원운동(3.6절)

학습 목표

이 장을 학습하고 난 후 다음을 할 수 있다.

LO 4.1 운동의 변화를 뉴턴의 세계관으로 설명할 수 있다.

LO 4.2 뉴턴의 운동에 관한 세 가지 법칙들을 기술할 수 있다.

LO 4.3 뉴턴의 제2법칙과 관련된 문제를 풀 수 있다.

LO 4.4 자연계의 기본적인 힘들을 설명할 수 있다.

LO 4.5 중력이 물체들에 어떻게 작용하는지를 정량적으로 설명할 수 있다.

LO 4.6 실제 무게와 겉보기 무게를 구분할 수 있다.

LO 4.7 뉴턴의 제3법칙의 짝이 되는 힘들과 그 힘들의 크기를 찾을 수 있다.

LO 4.8 용수철이 작용하는 힘을 결정할 수 있다.

공학자들이 화성 탐사선 큐리오시티의 '공중 기중기' 착륙장치를 개발할 때 어떤 힘들을 고려해야 하는가?

행성 우주탐사선은 엔진이 몇 년 전에 꺼진 상태에서도 쉽게 움직인다. 어떻게 이렇게 움직임을 지속할 수 있을까? 타자를 향해서 날아오는 야구공을 타자가 치면 공은 외야로 날아간다. 공의 운동이 변화하는 이유는 무엇일까?

운동의 '원인'에 대한 질문은 물리학 영역인 **동역학**(dynamics)의 주제이다. 이 장에서는 그러한 질문들에 답을 줄 수 있는 힘과 운동에 관한 기본 법칙들을 공부한다. 300년 전에 뉴턴이 발표한 운동에 관한 법칙들은 물리학과 공학의 기본 법칙으로서 크게는 행성 탐험선, 자동차의 운동에서 작게는 개별 세포의 운동까지 기술할 수 있다.

4.1 잘못된 질문

LO 4.1 운동의 변화를 뉴턴의 세계관으로 설명할 수 있다.

먼저 두 개의 질문으로 시작해 보자. 하나는 '왜 행성 탐험선이 계속해서 **움직이는가?**'이고, 다른 하나는 '왜 야구공의 운동이 **변하는가?**'이다. 첫 번째 질문인 '왜 물체는 움직이는가?'는 2000여 년 전에 아리스토텔레스(Aristotle)의 연구의 결정적 질문이었다. 해답은 명백하였다. 밀고 당기는 힘이 물체를 움직이며, 여러분이 달릴 때 힘 쓰는 것을 그만 두면 여러분은 움직임을 멈춘다. 브레이크를 밟으면 자동차가 정지한다. 이러한 일상적인 경험은 아리스토텔레스의 질문과 답이 맞는 것처럼 보일 수 있다. 즉 물체를 밀고 당기는 어떤 원인이 있어서 물체가 운동을 지속한다고 믿기 쉽다.

실제로 '운동을 유지시키는 것은 무엇인가?'라는 것은 잘못된 질문이다. 1600년대 초반 갈릴레이(Galileo Galilei)는 실험을 통해서 움직이는 물체는 근원적인 '운동의 양'을

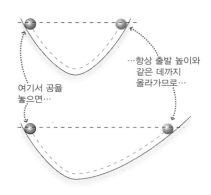

그림 4.1 경사면에서 공의 운동을 관찰한 갈릴레이는 수평면에서는 영원히 운동한다고 생각하였다.

가지고 있기 때문에 운동을 지속시키기 위하여 밀거나 당길 필요가 없다고 납득하게 되었다 (그림 4.1 참조). 갈릴레이는 '무엇이 운동을 지속시키는가?'는 답이 필요 없는 잘못된 질문이라고 선언하였다. 이로부터 물리학이 발전하기 시작하여 뉴턴의 역학을 거쳐서 알버트 아인슈타인(Albert Einstein)의 상대론으로 이어진다.

올바른 질문

첫 번째 질문인 '왜 행성 탐험선이 계속해서 움직이는가?'는 잘못된 질문이다. 그렇다면 올바른 질문은 무엇일까? '왜 야구공의 운동이 변하는가?'라는 두 번째 질문이 올바른 질문이다. 동역학은 운동을 일으키는 원인이 아니라 무엇이 운동을 변화시키는가를 연구하는 물리학 분야이다. 출발, 정지, 가속, 감속, 방향의 변화 등이 운동의 변화이다. 운동의 변화는 설명을 필요로 하지만 운동 자체는 설명이 필요 없다. 이 개념에 익숙해지면 물리학을 시작하기가 쉽지만, 아리스토텔레스의 생각에 사로잡혀서 운동 자체의 원인을 찾고자 한다면 운동을 지배하는 간단한 법칙을 이해하고 응용하기 어려워질 것이다.

갈릴레이는 운동에 관한 올바른 질문을 찾았지만 운동의 변화를 설명하는 정량적 법칙을 체계화한 것은 뉴턴이다. 오늘날에도 뉴턴 법칙은 자동차의 잠김방지제동장치(ABS), 고층 빌딩의 건설, 행성 탐험선 발사 등에 활용되고 있다.

4.2 뉴턴의 제1법칙과 제2법칙

LO 4.2 뉴턴의 운동에 관한 세 가지 법칙들을 기술할 수 있다.

무엇이 야구공의 운동을 변화시키는가? 야구공을 밀어낸 야구방방이이다. 밀고 당기는 것을 **힘**(force)이라고 하면 동역학의 본질은 다음과 같다.

> 힘은 운동을 변화시킨다.

앞으로 이 개념을 정량화하여 방정식을 세우고 수치 문제를 풀 것이다. 그러나 핵심은 '힘은 운동을 변화시킨다.'는 것이다. 만약 물체의 운동을 변화시키려면 힘을 작용해야 한다. 만약 여러분이 물체의 운동의 변화를 보았다면 작용하는 힘이 있다는 것을 알고 있다. 아리스토텔레스의 생각과 달리, 그리고 아마도 여러분의 직관과 달리 변하지 않는 운동을 지속시키기 위해서는 힘을 필요로 하지 않는다. 힘은 물체의 운동을 변화시키기 위해서만 작용한다.

알짜힘

여러분은 공을 상하좌우로 밀 수 있다. 자동차 타이어는 자동차를 앞뒤로 밀거나 커브길을 돌 수 있도록 한다. 힘은 방향을 가지므로 벡터량이다. 또한 하나 이상의 힘이 물체에 작용할 수 있다. 문제에서 힘이 작용하는 물체와 이 물체와 상호작용하는 다른 물체가 항상 존재하므로 물체에 작용하는 개별적인 힘을 **상호작용 힘**(interaction force)이라고 부른다. 예를 들어 그림 4.2a에서 상호작용 힘은 두 사람이 자동차를 미는 힘이다. 그림 4.2b에서는 공기가

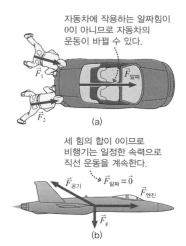

자동차에 작용하는 알짜힘이 0이 아니므로 자동차의 운동이 바뀔 수 있다.

세 힘의 합이 0이므로 비행기는 일정한 속력으로 직선 운동을 계속한다.

그림 4.2 알짜힘이 물체의 운동의 변화를 결정한다.

비행기에 작용하는 힘, 뜨거운 배출가스에서 얻는 엔진의 힘, 지구의 중력 등이 상호작용 힘이다.

힘과 운동의 변화 사이의 관계를 더 자세히 살펴보자. 실험을 해 보면 알 수 있듯이 운동의 변화에는 **알짜힘**(net force)이 필수적이다. 알짜힘은 물체에 작용하는 상호작용 힘들의 벡터 합이다. 물체에 작용하는 알짜힘이 0이 아니면 물체의 운동은 반드시 변한다. 즉 물체의 운동의 방향, 속력 또는 둘 다 변한다(그림 4.2a 참조). 물체에 작용하는 알짜힘이 0이면 어떤 개별적인 힘이 있더라도 물체의 운동은 변하지 않는다(그림 4.2b 참조).

뉴턴의 제1법칙

힘이 운동을 변화시킨다는 기본 개념이 **뉴턴의 제1법칙**(Newton's first law)의 핵심이다.

> **운동에 관한 뉴턴의 제1법칙** 알짜힘이 작용하지 않으면 등속 운동을 하는 물체는 등속 운동을 지속하고, 정지해 있는 물체는 계속 정지해 있다.

등속 운동(uniform motion)은 등속력 직선 운동으로 운동이 변하지 않는다는 것을 의미한다. 정지 상태는 등속 운동에서 속력이 0인 특별한 경우이기 때문에 '정지해 있는 물체'란 표현은 실제로는 필요 없지만 뉴턴의 법칙의 원래의 내용과 일치시키기 위해서 포함시켰다.

제1법칙에 의하면 등속 운동은 완벽한 자연스러운 상태이므로 설명이 필요 없다. '등속'이란 표현은 중요하다. 제1법칙은 알짜힘이 작용하지 않는 물체가 원운동을 계속 유지할 수 있다고 말하지 않는다. 사실 원이나 커브길을 따라 움직이는 물체는 운동의 방향이 변하기 때문에 알짜힘이 필요하다.

확인 문제	**4.1** 수평 실험대 위에 그림과 같이 굽은 장벽을 놓고 공이 벽면을 따라서 운동하게 만들었다. 이때 공이 굽은 경로를 따라 운동하게 하기 위해서 장벽은 힘을 작용한다. 굽은 장벽을 떠난 후에 공의 방향은 어느 것인가?

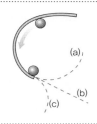

뉴턴의 제1법칙 자체는 단순하나 아리스토텔레스의 예측에 위배된다. 결국 브레이크에서 발을 떼는 순간 자동차는 멈추게 된다. 그러나 운동이 변하기 때문에 제1법칙대로 반드시 알짜힘이 작용해야 한다. 그 힘은 종종 마찰력처럼 숨겨져 있고, 근육의 밀고 당기는 힘처럼 분명하지 않다. 마찰력이 최소한으로 작용하는 아이스 쇼나 하키 게임을 보면 제1법칙은 좀 더 명확해진다.

뉴턴의 제2법칙

뉴턴의 제2법칙(Newton's second law)은 힘과 운동의 변화 사이의 관계를 정량화한 것이다. 뉴턴은 질량과 속도의 곱을 '운동의 양'을 측정하는 가장 좋은 물리량으로 간주하였다. 즉 다음과 같이 표기하고 **운동량**(momentum)이라고 부른다.

$$\vec{p} = m\vec{v} \text{ (운동량)} \tag{4.1}$$

여기서 m은 물체의 질량, $\vec{v}$는 물체의 속도이다. 운동량은 스칼라(질량)와 벡터(속도)의 곱이므로 벡터량이다. 뉴턴의 제2법칙은 물체에 작용한 알짜힘과 운동량의 시간에 대한 변화율과의 관계이다.

> **운동에 관한 뉴턴의 제2법칙** 물체의 운동량의 시간에 대한 변화율은 그 물체에 작용하는 알짜힘과 같다.
>
> $$\vec{F}_{알짜} = \frac{d\vec{p}}{dt} \quad \text{(뉴턴의 제2법칙)}$$
(4.2)

물체의 질량이 일정하면 운동량의 정의식 $\vec{p} = m\vec{v}$에서

$$\vec{F}_{알짜} = \frac{d\vec{p}}{dt} = \frac{d(m\vec{v})}{dt} = m\frac{d\vec{v}}{dt}$$

이다. 그런데 $d\vec{v}/dt$가 가속도 $\vec{a}$이므로 다음과 같이 표기할 수 있다.

$\vec{F}_{알짜}$는 알짜힘이다(물체에 실제로 작용하는 모든 물리적인 힘의 벡터합).

$m\vec{a}$는 물체의 질량과 가속도의 곱이지 힘은 아니다.

$$\vec{F}_{알짜} = m\vec{a} \quad \text{(뉴턴의 제2법칙, 일정한 질량)}$$
(4.3)

등식은 수학적으로만 만족한다. (물리적으로 같다는 의미는 아니다.) $\vec{F}_{알짜}$만이 물리적인 힘들을 포함한다.

우리는 다음의 몇 장들에서 식 4.3의 형태를 거의 전적으로 사용할 것이다. 그러나 식 4.2가 뉴턴의 제2법칙의 원래 표현이라는 것을 기억해야 한다. 식 4.2가 식 4.3보다 더 일반적이고 기본적인 운동량의 개념을 나타내고 있다. 9장에서 다입자계를 고려할 때 식 4.2의 형태로 된 뉴턴 법칙으로 되돌아가서 운동량에 대해 자세히 설명할 것이다.

뉴턴의 제2법칙은 $\vec{F}_{알짜} = \vec{0}$인 특별한 경우의 제1법칙을 포함하고 있다. 이 경우에 식 4.3에서 $\vec{a} = \vec{0}$이 되어 속도는 변하지 않는다.

뉴턴의 법칙 이해하기 뉴턴의 법칙을 성공적으로 적용하기 위해서 식 4.3의 각 항들을 잘 이해해야 한다. 왼쪽 항의 알짜힘 $\vec{F}_{알짜}$는 물체에 실제로 작용하는 모든 물리적 힘들의 벡터 합이다. 오른쪽 항의 $m\vec{a}$는 힘이 아니라 물체의 질량과 가속도의 곱이다. 등호는 값이 같다는 것이지, 물리량이 같다는 것은 아니다. 그래서 뉴턴의 제2법칙을 적용할 때 추가의 힘 $m\vec{a}$을 더해서는 안 된다.

질량, 관성 그리고 힘

물체의 운동이 변하려면 힘이 필요하기 때문에 제1법칙은 물체가 운동의 변화에 자연스럽게 저항한다는 것을 의미한다. 이러한 자연스러운 저항을 **관성**(inertia)이라 부르고, 이러한 의미에서 제1법칙을 **관성의 법칙**(law of inertia)이라고도 한다. 움직임이 느린 사람을 큰 관성을 갖는다고 하는 것처럼 움직이게 하기 힘들거나 일단 움직이면 멈추게 하기 힘든 경우에 물체

는 큰 관성을 갖는다고 한다. 뉴턴의 제2법칙을 $\vec{a} = \vec{F}/m$로 표기하면 **질량이 큰** 물체일수록 주어진 힘의 효과가 적음을 알 수 있다(그림 4.3 참조). 따라서 뉴턴의 법칙에서 질량 m은 물체 관성의 척도로 주어진 힘에 대한 물체의 반응(가속도)을 결정한다.

질량을 알고 있는 물체와 모르는 물체에 같은 힘을 작용하여 두 물체의 가속도를 비교하면 모르는 질량을 구할 수 있다. 뉴턴의 제2법칙에서

$$F = m_{안다} a_{안다}, \quad F = m_{모른다} a_{모른다}$$

여기서는 단지 크기에만 관심이 있으므로 벡터로 표기하지 않는다. 두 힘이 같으므로

$$\frac{m_{모른다}}{m_{안다}} = \frac{a_{안다}}{a_{모른다}} \tag{4.4}$$

를 얻는다. 식 4.4는 질량에 대한 실험적 정의로서, 알고 있는 힘과 질량으로부터 어떻게 다른 질량을 측정할 수 있는지를 보여 준다.

$1\,kg$의 질량을 갖는 물체를 $1\,m/s^2$의 비율로 가속시키는데 필요한 힘을 $1\,N$(newton, 뉴턴)으로 정의한다. 식 4.3은 $1\,N$이 $1\,kg \cdot m/s^2$와 같다는 것을 보여 준다. 영국 단위계에서 힘의 단위는 파운드(pound, lb, $1\,lb = 4.448\,N$)이고, 미터 단위계인 다인(dyne)은 $1\,dyne = 10^{-5}\,N$이다. $1\,N$의 힘은 매우 작다. 사람은 쉽게 수백 N의 힘으로 밀 수 있다.

그림 4.3 짐을 실은 트럭은 더 큰 질량을 가지므로(관성이 더 크므로) 같은 힘이 작용하면 가속도는 더 작다.

예제 4.1	**알짜힘: 자동차 가속시키기**	**응용 문제가 있는 예제**

정지해 있던 $1200\,kg$의 자동차가 $7.8\,s$ 동안에 가속하여 $20\,m/s$가 되어 등가속도 직선 운동을 한다. (a) 자동차에 작용하는 알짜힘은 얼마인가? (b) 그 다음에 자동차가 반지름 $85\,m$의 커브 길을 등속력 $20\,m/s$로 돌 때, 자동차에 작용하는 알짜힘은 얼마인가?

해석 (a) 자동차를 등가속도로 가속시킬 때, (b) 커브길을 돌 때, 자동차에 작용하는 알짜힘을 구하는 문제이다. 두 경우 모두 수평 방향의 알짜힘만 작용하므로 뉴턴 법칙에서 수평 성분만 계산한다.

과정 그림 4.4는 자동차에 작용하는 수평력을 보여 준다. 알짜힘의 크기는 자동차의 질량 곱하기 가속도이다. 문제에서 실제로 가속도는 주어지지 않았지만 (a)의 경우 시간과 속력의 변화가 있으므로 $a = \Delta v/\Delta t$로 구할 수 있다. (b)의 경우 속력과 회전 반지름이 주어져 있고, 차는 등속 원운동을 하므로 식 3.16을 적용하면 $a = v^2/r$이다.

풀이 가속도를 대입하여 알짜힘의 크기를 계산한다.

(a) $F_{알짜} = ma = m\dfrac{\Delta v}{\Delta t} = (1200\,kg)\left(\dfrac{20\,m/s}{7.8\,s}\right) = 3.1\,kN$

(b) $F_{알짜} = ma = m\dfrac{v^2}{r} = (1200\,kg)\dfrac{(20\,m/s)^2}{85\,m} = 5.6\,kN$

검증 계산 결과의 단위는 $kg \cdot m/s^2$으로 뉴턴의 정의와 같다. 두 힘의 크기는 모두 수천 N이며, kN으로 변환하면 편리하다. $1\,N$의 힘은 사실상 작은 크기이므로, 자동차에 작용하는 힘은 kN으로 표기하면 좋다.

뉴턴의 법칙은 (a) 물체의 속력을 바꾸는 힘과 (b) 방향을 바꾸는 힘을 구분하지 않는다. 어떤 경우라도 뉴턴의 법칙은 힘, 질량, 가속도의 관계를 알려 준다.

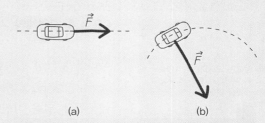

그림 4.4 예제 4.1의 자동차에 작용하는 알짜힘

확인 문제	**4.2** 물체에 알짜힘이 작용한다. 다음 중 어느 것이 참인가? (a) 물체는 반드시 알짜힘과 같은 방향으로 움직여야 한다, (b) 어떤 상황에서는 물체가 알짜힘과 같은 방향으로 움직일 수 있지만 다른 상황에서는 그렇지 않을 수도 있다, (c) 물체는 알짜힘과 같은 방향으로 움직일 수 없다.

관성 기준계

비행기가 활주로에서 가속하고 있을 때 승무원이 왜 음료수를 주지 않을까? 한 가지 이유는 음료수 수레가 서 있지 못하기 때문이다. 즉 알짜힘이 없어도 수레는 비행기 뒤쪽으로 움직인다. 뉴턴의 제1법칙이 틀린 것일까? 아니다. 가속되는 비행기 안에서는 뉴턴의 법칙이 성립하지 않을 뿐이다. 사실 뉴턴이 말한 대로, 비행기와 승객들이 이륙을 위해서 가속되는 반면에 음료수 수레는 지표면에 대해서는 원래의 운동 상태를 유지한다.

3.3절에서 기준계를 속도를 측정하는 계로 정의하였다. 좀 더 일반적으로 기준계는 우리가 물리적 실체를 연구하는데 있어 '배경'이 된다. 비행기의 예에서 보았듯이 뉴턴의 법칙이 모든 기준계에서 성립하는 것은 아니다. 뉴턴의 법칙은 가속하는 기준계에서는 성립하지 않고, 등속 운동을 하는 기준계에서만 성립한다. 이 기준계에서만 관성 법칙이 성립하기 때문에 **관성 기준계**(inertial reference frame)라고 한다. 가속하는 비행기, 커브길을 도는 자동차, 돌고 있는 회전목마와 같은 비관성 기준계에서는 알짜힘이 없어도 정지해 있던 물체가 움직인다. 따라서 뉴턴의 제1법칙을 만족하는지의 여부로 관성 기준계인지 구분할 수가 있다. 즉 알짜힘이 없을 때, 정지 상태의 물체가 정지 상태로 있는지, 등속 운동을 하고 있는 물체가 등속 운동을 계속하는지 확인하면 된다.

엄밀히 말하면, 회전하는 지구는 관성 기준계가 아니므로 지구상에서는 뉴턴의 법칙이 성립하지 않는다. 그러나 일반적으로 지구의 회전 운동에 대한 가속도가 우리가 관심을 갖는 대부분의 운동의 가속도에 미치는 영향이 매우 작으므로 지구를 관성 기준계로 다룬다. 그러나 대양과 대기의 운동을 조사할 때는 반드시 지구의 회전을 고려해야 한다.

지구가 관성 기준계가 아니면 무엇이 관성 기준계일까? 이것은 놀랍게도 미묘한 질문이다. 아인슈타인은 이 질문으로부터 일반 상대성이론을 연구하게 되었다. 관성의 법칙은 공간, 시간, 중력에 관한 질문과 긴밀하게 관련되어 있다. 해답은 아인슈타인의 상대성이론에 있다. 33장에서 상대성이론을 간단하게 살펴볼 것이다(33장 참조).

4.3 힘

LO 4.4 자연계의 기본적인 힘들을 설명할 수 있다.

우리에게 가장 친숙한 힘은 자신의 몸을 밀고 당기는 힘이다. 비활동적인 물체에도 힘이 작용한다. 정차한 트럭과 충돌한 자동차는 정지한다. 왜 그럴까? 트럭이 자동차에 힘을 가하기 때문이다. 달은 직선이 아니라 원형 궤도로 지구 주위를 돈다. 왜 그럴까? 지구가 달에 중력을 작용하기 때문이다. 우리가 의자에 앉아 있을 때 마룻바닥으로 떨어지지 않는다. 왜 그럴까? 의자가 중력에 반하여 위 방향으로 힘을 작용하기 때문이다.

어떤 힘들은 근육으로 작용하는 힘처럼 원하는 값을 선택할 수 있다. 그러나 상황에 따라 결정된 값을 선택해야 하는 힘들도 있다. 그림 4.5처럼 의자에 앉으면 아래 방향으로 작용하는 중력 때문에 의자가 약간 압축된다. 이때 의자는 용수철처럼 위 방향으로 힘을 작용한다. 위 방향의 힘이 아래 방향의 중력과 같아질 때까지 의자가 압축되면 더 이상 알짜힘이 없어서 가속되지 않고 의자에 앉아 있을 수 있다. 물체를 매단 줄의 **장력**(tension force)도 마찬가

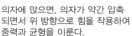

의자에 앉으면, 의자가 약간 압축 되면서 위 방향으로 힘을 작용하여 중력과 균형을 이룬다.

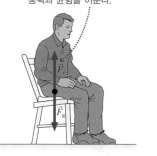

그림 4.5 압축력

지이다. 장력이 중력과 같아질 때까지 줄이 늘어난다(그림 4.6 참조).

여행 가방을 당기는 힘, 의자가 위로 작용하는 힘, 야구방망이가 야구공에 작용하는 힘 등은 직접적인 접촉에 의해 힘이 작용하므로 **접촉력**(contact force)이라고 한다. 반면에 중력, 전기력, 자기력 같은 힘은 지구와 달처럼 멀리 떨어져 있어도 작용하므로 **원격 작용력**(action-at-a-distance force)이라고 한다. 실제로는 이러한 구분이 모호하다. 미시 세계에서는 접촉력에 분자 사이의 전기력도 포함된다. 이뿐만 아니라 원거리 작용이라는 개념도 혼란스럽다. 어떻게 지구가 빈 우주 공간을 넘어서 달을 끌어당길 수 있을까? 나중에 이러한 난관에서 벗어날 방법에 대해서 공부할 것이다.

그림 4.6 등산용 로프가 위 방향으로 장력 $\vec{T}$를 작용하여 중력과 균형을 이룬다.

기본적인 힘들

중력, 장력, 압축력, 접촉력, 전기력, 마찰력 등 얼마나 많은 종류의 힘들이 있을까? 현재 물리학자들은 중력, 전자기약력, 강력을 세 개의 기본적인 힘으로 분류한다.

중력(gravity)은 기본적인 힘들 중에서 가장 약한 힘이다. 중력은 모든 물질 사이에서 인력으로 작용하므로 중력 효과가 중첩된다. 천문학적 크기에서는 중력이 주된 힘으로 행성, 별, 은하, 우주 등의 구조를 결정한다.

전자기약력(electroweak force)은 **전자기력**(electromagnetism)과 **약한 핵력**(weak nuclear force)이 결합된 힘이다. 실제로 일상생활에서 접하는 비중력적인 힘은 모두 전자기력이다. 장력, 압축력, 접촉력, 마찰력, 화합물에서 원자를 결합시키는 힘 등이 전자기력이다. 그리고 약한 핵력은 분명하게 드러나는 힘은 아니지만 지구 생명체에 에너지를 공급하는 태양 에너지의 생성에 필수적이다.

강력(strong force)은 **쿼크**(quark)라고 부르는 소립자들을 결합시켜서 양성자, 중성자 그리고 우리에게 잘 알려지지 않은 입자들을 형성하는 힘이다. 양성자와 중성자를 결합시켜서 원자핵을 만드는 힘은 핵자의 구성 입자인 쿼크들 사이에 작용하는 강력의 일부이다. 일상생활에서는 강력을 느끼기는 어렵지만 강력은 물질의 구성에 아주 중요한 힘이다. 만약에 강력의 세기가 약간만 달라졌다면 헬륨 이상의 원자가 형성되지 못하여 우주에는 생명이 존재하지 못하였을 것이다.

기본적인 힘들을 통일시키는 것이 물리학의 주된 목표이다. 물리학자들은 수세기에 걸쳐서 다르게 보이던 힘들이 보다 근본적인 힘의 다른 모습임을 이해하게 되었다. 그림 4.7은 강력과 전자기약력을 통합하고 궁극적으로 중력도 함께 통합하여 '모든 것의 이론'을 찾고자 하는 물리학자들의 로드맵이다.

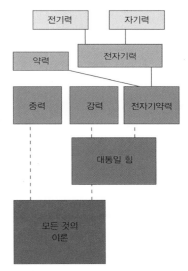

그림 4.7 힘의 통일은 물리학의 근본적인 문제이다.

4.4 중력

LO 4.5 중력이 물체들에 어떻게 작용하는지를 정량적으로 설명할 수 있다.
LO 4.6 실제 무게와 겉보기 무게를 구분할 수 있다.

뉴턴의 제2법칙에서 질량이 운동의 변화에 대한 저항의 척도, 즉 관성임을 알 수 있었다. 질량은 물체가 가지는 고유의 본성으로 위치와 상관이 없다. 만약에 나의 질량이 65 kg이라면 지구 위에서, 궤도비행 중인 우주비행선 안에서, 달 위에서도 항상 65 kg이다. 즉 내가 어디에 있느냐와 무관하며, 65 N의 힘은 65 kg의 질량을 1 m/s^{2}으로 가속시킨다.

일상에서는 흔히 '무게'를 질량과 같은 의미로 사용한다. 물리학에서 **무게**(weight)는 물체에 작용하는 중력을 나타내는 **힘**이다. 지표면 근처에서 자유 낙하 물체의 가속도는 9.8 m/s^{2}이며, 이 가속도를 벡터 $\vec{g}$로 표기한다. 뉴턴의 제2법칙 $\vec{F} = m\vec{a}$에서 질량이 m인 물체에 작용하는 중력은 $m\vec{g}$이고, 이 힘이 물체의 무게이다.

무게는 힘이므로 벡터량이고 위에 화살표 표시를 한다.

벡터 $\vec{g}$는 아래 방향을 향하고 크기는 g이다.

$$\vec{w} = m\vec{g} \quad \text{(무게)}$$ (4.5)

무게 $\vec{w}$는 물체에 작용하는 중력이다.

무게는 물체의 질량과 중력 가속도 $\vec{g}$의 곱이다.

지표면에서 질량 65 kg인 사람의 몸무게는 (65 kg)(9.8 m/s^2), 즉 640 N이다. 그러나 달의 표면에서는 중력 가속도가 1.6 m/s^{2}이므로 몸무게는 100 N에 불과하다. 머나먼 은하 공간에서는 중력 물체에서 멀리 떨어져 있으므로 몸무게가 사실상 0이 될 것이다.

질량과 무게를 혼동하는 이유는 SI 단위인 킬로그램을 흔히 무게로 사용하기 때문이다. 병원에서 몸무게가 55 kg이라고 말하는 것은 틀린 것이다. 질량이 55 kg이면 몸무게는 (55 kg)(9.8 m/s^2), 즉 540 N이다. 그리고 영국 단위계에서 힘의 단위는 파운드이므로 몸무게는 파운드로 얘기하는 것이 맞다.

질량과 무게를 혼동하는 중요한 이유는 모든 물체의 중력 가속도가 같다는 사실에 있다. 이때 중력 가속도를 곱한 무게가 사실상 질량(중력과 무관한 관성의 척도)에 비례하기 때문이다. 자유 낙하 실험을 수행한 갈릴레이가 그러하였듯이, 20세기 초까지는 중력과 관성 사이의 이런 관계를 우연의 일치로 생각하였다. 마침내 아인슈타인이 중력과 가속도를 이어 주는 시공간의 기하학적 구조를 밝혀냈다.

예제 4.2 **질량과 무게: 화성 탐사**

2012년 화성에 착륙한 탐사선 큐리오시티의 무게는 지구에서 8.82 kN이다. 화성에서의 질량과 무게를 구하라.

해석 질량과 무게에 관한 문제이며 대상은 큐리오시티호이다.

과정 식 4.5는 질량과 무게에 관한 식이다. 크기만 필요하므로 스칼라로 표기하면 $w = mg$이다.

풀이 무게에서 질량을 구하면 다음과 같다.

$$m = \frac{w}{g} = \frac{8.82 \text{ kN}}{9.81 \text{ m/s}^2} = 899 \text{ kg}$$

질량은 어디서나 같으므로, 화성에서 무게는 $w = mg_\text{화성} = (899$ kg$)(3.71 \text{ m/s}^2) = 3.34$ kN이다. 화성의 중력 가속도는 부록 E에 나와 있다. 이 계산에서 $g = 9.81 \text{ m/s}^2$을 사용한 이유는 다른 물리량들이 세 개의 유효 숫자로 주어져 있기 때문이다.

검증 답을 검증해 보자. 화성의 중력 가속도가 지구보다 작기 때문에 화성에서 무게가 덜 나간다.

무중력 상태

우주비행사는 '무중력 상태'일까? 정의에 의하면 아니다. 전형적인 우주정거장의 고도에서 중력 가속도는 지표면에서의 값의 약 89%이므로, 중력 $m\vec{g}$가 작용하고 우주비행사의 몸무게는 지표면에서와 큰 차이가 없다. 그러나 무중력 상태처럼 보이고, 우주비행사들은 무중력 상태로 느낀다(그림 4.8 참조). 왜 그럴까?

줄이 끊어져서 중력 가속도 g로 자유 낙하하는 승강기에 타고 있는 사람을 가정해 보자. 즉 중력만 작용한다면 승강기와 함께 사람도 **자유 낙하**(free fall)를 한다. 손에 들고 있던 책을 놓으면 책도 중력 가속도 g로 자유 낙하한다. 그런데 다른 물체들도 모두 자유 낙하하므로 책은 사람에 대해서 정지해 있다(그림 4.9a 참조). 따라서 책을 놓았을 때 떨어지지 않는 것처럼 보이기 때문에 책이 무중력 상태에 있다고 생각한다. 사람도 역시 무중력 상태이므로 승강기 바닥에서 점프를 한다면 바닥으로 다시 떨어지는 것이 아니라 천정으로 뜰 것이다. 사람, 책, 승강기 모두가 같은 가속도로 자유 낙하하기 때문이다. 이때도 중력은 여전히 작용하고 있고, 중력 때문에 사람은 자유 낙하한다. 따라서 사람은 실제로 무게를 가지고 있기 때문에 이 상태를 **겉보기 무중력 상태**(apparent weightlessness)라고 부른다.

낙하하는 승강기는 매우 위험하다. 지면과 충돌하면 비중력적 접촉력으로 치명상을 입는다. 다만, 궤도 비행 중인 우주비행선처럼 지구와 교차하지 않는 자유 낙하 상태에서는 겉보기 무중력 상태가 영구히 지속된다(그림 4.9b 참조). 우주비행사들이 무중력 상태를 느끼는 원인은 우주 공간이기 때문이 아니라, 불운한 승강기 승객처럼 단지 중력의 영향을 받으면서 자유 낙하 운동하고 있기 때문이다. 궤도 비행 중인 우주비행선 안의 겉보기 무중력 상태의 조건을 종종 미시중력(microgravity)라고 부른다.

그림 4.8 우주비행사들은 무중력 상태로 보인다.

확인 문제 **4.3** 유명한 아동 도서에서 우주비행사는 우주 공간에 중력이 없는 무중력 상태를 경험한다고 설명하고 있다. 우주 공간에 중력이 없다면 우주왕복선, 위성, 달 등의 운동은 무엇일까? (a) 원형 궤도, (b) 타원 궤도, (c) 직선 운동

(a) 지구로 자유 낙하하는 승강기 안에서 책과 사람 모두 승강기와 같은 가속도로 떨어지므로 무중력 상태로 보인다.

지구

(a)

응용물리 할리우드의 무중력 상태

영화 『아폴로 13』을 보면 톰 행크스와 동료들이 우주비행선 안에서 무중력 상태처럼 떠 있다. 할리우드에서 무슨 특수 효과를 사용하였을까? 배우들의 겉보기 무중력 상태는 특수 효과가 아니고 실제 상황이다. 그러나 할리우드라도 우주왕복선을 구입할 정도로 예산이 넉넉하지 못하므로, 제작자는 '멀미 혜성'이란 별명이 붙은 NASA의 무중력 훈련기를 빌려서 사용하였다. 이 훈련기는 발사체의 자유 낙하 운동처럼 포물선 궤도로 움직인다. 그래서 우주비행사들은 겉보기 무중력 상태를 경험한다.

영화평론가들은 『아폴로 13』에서 우주 공간의 무중력 상태를 절묘하게 흉내냈다고 감탄하였다. 그러나 감탄할 이유가 없다. 배우들은 중력의 영향 하에서 움직일 때 실제 아폴로 13호의 우주비행사들처럼 자유 낙하 상태에서 겉보기 무중력 상태를 직접 경험한 것이다.

『아폴로 13』과 대조적으로 2013년 영화 『중력』에서 무중력 장면은 특수 효과이다. 이 영화에 출연한 산드라 블록은 머리카락을 짧게 잘랐다고 한다. 자유롭게 떠다니는 긴 머리카락 하나하나를 시뮬레이션하기에는 너무 어려웠기 때문이다.

(a)의 승강기처럼 궤도 비행하는 우주비행선은 지구로 떨어지고 있으므로, 책과 사람 모두 같은 가속도로 떨어지고 있다. 따라서 둘 다 겉보기 무중력 상태를 경험한다.

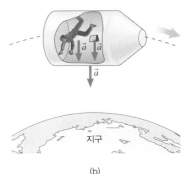

지구

(b)

그림 4.9 자유 낙하하는 물체들은 모두 같은 가속도를 받으므로 무중력 상태로 보인다.

4.5 뉴턴의 제2법칙의 응용

....
LO 4.3 뉴턴의 제2법칙과 관련된 문제를 풀 수 있다.
....

뉴턴의 제2법칙과 관련된 흥미로운 문제는 한 물체에 여러 개의 힘이 작용하는 것이다. 제2법칙을 적용하기 위해서 알짜힘을 구해야 한다. 질량이 일정한 경우, 제2법칙은 알짜힘과 가속도와 관계가 있다.

$$\vec{F}_{알짜} = m\vec{a}$$

여러 개의 힘이 작용하는 경우에 대상 물체와 물체에 작용하는 힘들만 그린 **자유 물체 도형**(free-body diagram)을 그리면 뉴턴의 제2법칙을 적용하여 문제를 풀기 쉬워진다.

핵심요령 4.1   자유 물체 도형 그리기

대상 물체에 작용하는 힘들만 나타낸 자유 물체 도형을 그리는 것이 뉴턴의 법칙으로 문제를 푸는 핵심요령이다. 다음과 같이 자유 물체 도형을 그린다.

1. 대상 물체를 정하고 물체에 작용하는 모든 힘을 찾는다.
2. 물체는 점으로 표시한다.
3. 물체에 작용하는 힘들만 벡터로 그린다. 모든 벡터가 점에서 시작하도록 벡터의 꼬리를 점에 둔다.

그림 4.10은 실제 상황과 자유 물체 도형을 비교한 그림이다. 때로는 자유 물체 도형을 좌표계와 함께 표시하여 벡터 성분을 표시하기도 한다.

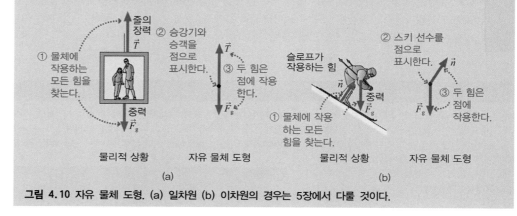

그림 4.10 자유 물체 도형. (a) 일차원 (b) 이차원의 경우는 5장에서 다룰 것이다.

IDEA 요령을 다른 물리학 문제에 적용하는 것처럼 뉴턴의 법칙에도 적용할 수 있다. 제2법칙에 대한 IDEA 4단계를 구체적으로 말할 수 있다.

문제풀이 요령 4.1   뉴턴의 제2법칙

해석 뉴턴의 제2법칙의 적용 여부를 확인한다. 대상 물체와 물체에 작용하는 모든 힘을 파악한다.

과정 핵심요령 4.1에 나타낸 것처럼 자유 물체 도형을 그린다. 모든 힘의 합인 알짜힘 $\vec{F}_{알짜}$을 구하고, 좌표계를 설정한 뒤에 뉴턴의 제2법칙, $\vec{F}_{알짜} = m\vec{a}$를 성분별로 표기한다.

풀이 물리적 준비 과정은 끝났고, 수학적 계산으로 답을 얻는 단계이다. 이때 뉴턴의 제2법칙이 벡터 방정식임을 명심해야 한다. 설정한 좌표계의 성분별로 뉴턴의 법칙을 풀어서 원하는 물리량을 구한다.

검증 답을 검증해 보자. 의미 있는 숫자인가? 단위는 맞는가? 특별한 경우, 예를 들어 질량, 힘, 가속도, 각도 등이 매우 작거나 매우 클 때 어떠한가? 또 각도가 0° 또는 90°일 때 어떠한가?

예제 4.3 뉴턴의 제2법칙: 승강기 응용 문제가 있는 예제

질량 740 kg의 승강기가 질량을 무시할 수 있는 줄에 의해 가속도 1.1 m/s²으로 당겨져 올라간다. 줄에 걸리는 장력을 구하라.

해석 물체에 작용하는 힘들 중에서 하나를 구하는 문제이다. 우선 관심 대상 물체를 선택해야 한다. 줄의 장력을 구해야 하지만 장력이 승강기에 작용하므로 관심의 대상은 승강기이다. 다음으로 승강기에 작용하는 두 힘을 찾는다. 두 개의 힘이 작용하는데 위 방향으로 작용하는 줄의 장력 $\vec{T}$와 아래 방향으로 작용하는 중력 $\vec{F_g}$이다.

과정 그림 4.11a는 위 방향으로 가속되는 승강기이고, 그림 4.11b는 두 개의 힘 벡터가 작용하는 승강기를 점으로 표시한 자유 물체 도형이다. 뉴턴의 제2법칙, $\vec{F}_{\text{알짜}} = m\vec{a}$에서 $\vec{F}_{\text{알짜}}$는 다음과 같다.

$$\vec{F}_{\text{알짜}} = \vec{T} + \vec{F_g} = m\vec{a} \tag{4.6}$$

이제 좌표계를 선택한다. 모든 힘이 수직으로 작용하므로 위 방향을 y축 양의 방향으로 잡는다.

풀이 뉴턴의 제2법칙을 y성분으로 표기하면 다음과 같다.

$$T_y + F_{gy} = ma_y \tag{4.7}$$

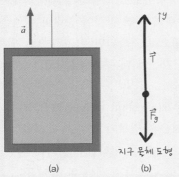

(a) (b)

그림 4.11 승강기 줄에 작용하는 힘은 줄의 장력 $\vec{T}$와 중력 $\vec{F_g}$이다.

벡터에 방향이 포함되어 있다. 힘의 방향이 아래 방향이라고 음의 부호를 넣을 필요가 없다. 벡터에는 방향이 포함되어 있으므로 벡터를 좌표계의 성분으로 표기하기 전까지는 벡터의 부호를 고려할 필요가 없다.

아직까지 부호를 고려할 필요가 없다. T_y는 무엇일까? y축 양의 방향인 위 방향으로 승강기가 가속되므로 장력은 위 방향으로만 작용하여 $T_y = T$이다. 한편 F_{gy}는 무엇일까? 중력은 아래 방향으로 작용하고, 크기는 mg이므로 $F_{gy} = -mg$이다. 따라서 뉴턴의 제2법칙은

$$T - mg = ma_y$$

이고,

$$T = ma_y + mg = m(a_y + g) \tag{4.8}$$

이므로 다음을 얻는다.

$$T = m(a_y + g) = (740 \text{ kg})(1.1 \text{ m/s}^2 + 9.8 \text{ m/s}^2) = 8.1 \text{ kN}$$

검증 답을 검증해 보자. 식 4.8에서 가속도 a_y가 0이면, 승강기에 작용하는 알짜힘도 0이며, $T = mg$이다. 이때도 줄은 승강기를 지탱하지만 위로 가속시키지는 못한다.

한편, 승강기를 위로 가속시키려면 줄이 승강기 무게 이상의 힘을 작용해야 한다. 따라서 $T = ma_y + mg$이다. 줄의 장력 8.1 kN은 승강기의 무게 7.3 kN보다 크다.

마지막으로 승강기가 아래로 가속되면 a_y가 음수이므로 줄의 장력은 무게보다 작아진다. 자유 낙하에서는 $a_y = -g$이므로 줄의 장력은 0이다.

사실 이 문제는 간단하여 금방 답을 얻을 수 있지만, 복잡한 문제에서도 이런 방식으로 뉴턴의 제2법칙을 풀 수 있으므로 풀이 과정에 익숙해져야 한다.

확인 문제 **4.4** 예제 4.3에서 줄의 장력은 승강기의 무게보다 (a) 큰가, (b) 작은가, 아니면 (c) 같은가? 다음의 다섯 경우에 대해서 각각 답하라. (1) 정지해 있던 승강기가 가속도를 받아서 위로 올라간다. (2) 위로 움직이던 승강기가 멈추기 위하여 감속한다. (3) 정지해 있던 승강기가 가속도를 받아서 아래로 내려간다. (4) 아래로 움직이던 승강기가 멈추기 위하여 감속한다. (5) 승강기가 등속력으로 올라간다.

개념 예제 4.1 적도에서

사람이 체중계 위에 올라서면 체중계는 사람을 지탱하기 위해서 밀어올리고 체중계의 눈금은 체중계가 사람을 밀어 올리는 힘을 나타낸다. 만약 지구의 적도에 놓여 있는 체중계에 올라선다면, 눈금은 원래 체중보다 더 커지겠는가, 작아지겠는가?

풀이 원래 체중(사람에게 작용하는 중력)과 비교하여 체중계가 작용하는 힘에 대해 묻고 있다. 위로 향하는 체중계의 힘과 아래, 즉 지구의 중심을 향하는 중력이 그림 4.12에 그려져 있다. 사람은 지구의 중심에 대해 원운동을 하고 있으므로 그 사람의 가속도의 방향은 중심을 향한다(아래 방향). 뉴턴의 제2법칙에 의하면 알짜힘과 가속도의 방향은 같다. 그 사람에게 작용하는 유일한 두 힘은 아래로 작용하는 중력과 위로 작용하는 체중계의 힘뿐이다. 둘을 더하여 아래로 작용하는 알짜힘이 되기 위해서는 무게인 중력

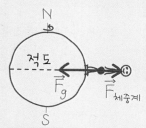

그림 4.12 개념 예제 4.1의 스케치

이 더 커야 한다. 따라서 저울 눈금은 실제 체중보다 작은 값을 가르킬 것이다.

검증 만약 두 힘이 같은 크기라면 알짜힘은 0이 될 것이므로 그 사람이 가속하고 있다는 사실과 모순된다. 그리고 체중계의 힘이 더 크다면 그 사람은 다른 방향으로 가속하게 될 것이다! 극을 제외한 어디에서나 같은 효과가 발생하지만, 가속도가 지구의 중심이 아니라 축을 향하기 때문에 분석이 더 복잡해진다.

관련 문제 적도에서 겉보기 체중은 실제 체중보다 몇 퍼센트나 작아지는가?

풀이 부록 E의 지구 반지름 R_E와 지구의 회전 주기 24시간을 사용하면, 식 3.16으로부터 그 사람의 가속도 v^2/R_E를 구할 수 있다. 문제풀이 요령 4.1에 따르면, 수직 방향을 위쪽으로 하는 좌표계에서는 뉴턴의 제2법칙이 $F_{체중계} - mg = -m\dfrac{v^2}{R_E}$, 즉 $F_{체중계} = mg - mv^2/R_E$가 된다. 그래서 체중계의 눈금은 실제 체중 mg와 mv^2/R_E만큼 차이가 난다. 숫자를 대입해서 계산해 보면 차이는 겨우 0.34%이다. 이 결과는 그 사람의 질량 m과 무관하다.

겉보기 무게

예제 4.3의 승강기에 있을 때와 개념 예제 4.1의 적도에 있을 때 실제로 느끼는 무게는 얼마나 될까? 승강기에서 바닥이 여러분에게 위 방향으로 작용하는 수직 항력이 무게로 느끼는 힘이다. 승강기가 가속되지 않는다면 위 방향의 수직 항력이 중력과 평형을 이루어 실제 무게는 중력과 같다. 그러나 승강기가 위 방향으로 가속되면 위 방향으로 알짜힘을 주기 위해 수직 항력은 중력보다 크게 되고, 여러분은 자신이 더 무거워졌다고 느낀다. 반면에 아래 방향으로 가속될 경우(승강기가 위로 또는 아래로 움직이는 것과는 무관하다) 여러분은 자신이 더 가벼워졌다고 느낀다. 이것을 **겉보기 무게**(apparent weight)라고 한다. 만약에 여러분이 승강기 안의 용수철 저울 위에 서있다면 저울은 겉보기 무게를 표시한다. 개념 예제 4.1의 상황도 비슷하다. 지구의 자전에 의한 구심 가속도를 고려한다면 아래 방향의 중력이 저울이 위 방향으로 작용하는 힘보다 더 크게 되므로 겉보기 무게는 더 작아진다. 그리고 비록 관련 문제와 같이 약간 더 가벼워졌다고 느끼겠지만 그 효과는 인지할 수 없을 정도로 매우 작다. 마지막으로 4.4절의 우주비행사는 겉보기 무게가 0이 되는데, 이것이 그들의 상황을 겉보기 무중력 상태라고 부르는 이유이다.

4.6 뉴턴의 제3법칙

LO 4.2 뉴턴의 운동에 관한 세 가지 법칙들을 기술할 수 있다.
LO 4.7 뉴턴의 제3법칙의 짝이 되는 힘들과 그 힘들의 크기를 찾을 수 있다.
LO 4.8 용수철이 작용하는 힘을 결정할 수 있다.

책상 위에서 책을 밀면 책이 반대로 미는 것을 느낄 수 있다(그림 4.13a 참조). 맨발로 공을 차면 발가락이 아프다. 왜 그럴까? 공에 힘을 작용하면 공이 발에 힘을 작용하기 때문이다. 로켓 엔진이 뜨거운 기체를 배출하는 힘을 작용하면 뜨거운 기체는 로켓에 힘을 작용한다(그림 4.13b 참조).

두 물체 중에서 한 (첫 번째) 물체가 다른 (두 번째) 물체에 힘을 작용할 때마다 두 번째 물체는 첫 번째 물체에 힘을 작용한다. 이들 두 힘의 방향은 반대이고 크기는 같다. 17세기 용어로 뉴턴이 기술한 **뉴턴의 제3법칙**(Newton's third law)은 "모든 작용에는 크기가 같고 방향이 반대인 반작용이 있다."이다. 사실상 '작용'과 '반작용'을 구분하는 것은 무의미하므로 현재는 다음과 같이 기술한다.

> **운동에 관한 뉴턴의 제3법칙** 물체 A가 물체 B에 힘을 작용하면 물체 B는 크기가 같고 방향이 반대인 힘을 물체 A에 작용한다.

뉴턴의 제3법칙은 물체들 사이에 작용하는 힘은 항상 짝으로 작용한다는 뜻이다. 즉 물체 B가 물체 A에 힘을 작용함이 없이 물체 A가 물체 B에 힘을 작용할 수 없다. 이 때문에 물체들 사이에 작용하는 힘들을 '상호작용 힘'으로 표현하였다. 두 물체가 힘을 작용하고 힘을 받으므로 상호작용이란 표현이 적절하다. 앞으로는 뉴턴의 제3법칙이 기술하는 두 힘을 **상호작용 짝힘**(interaction force pair) 또는 **3법칙 짝힘**(third-law pair)으로 표기한다.

3법칙 짝힘은 서로 다른 물체에 작용한다는 사실이 핵심이다. 물체 A가 물체 B에 작용하는 힘은 $\vec{F}_{AB}$이고, 물체 B가 물체 A에 작용하는 힘은 $\vec{F}_{BA}$이다. 이때 두 힘의 크기는 같고 방향은 반대이지만 같은 물체에 작용하지 않으므로 서로 상쇄되지 않는다. 그림 4.13a에서 힘 $\vec{F}_{AB}$는 손이 책에 작용하는 힘이다. 책에 작용하는 다른 수평 방향의 힘이 없고, 책에 작용하는 알짜힘은 0이 아니므로 책이 가속된다. 3법칙 짝힘이 다른 물체에 작용한다는 사실을 깨닫지 못하면 모순에 빠져서 유명한 말-수레의 딜레마에 봉착하게 된다(그림 4.14 참조).

두 힘은 크기가 같고 방향이 반대이지만 같은 물체에 작용하지 않으므로 서로 상쇄되지 않는다.

말에 작용하는 힘은 말이 도로를 미는 힘의 반작용이다.

도로가 말에 가하는 앞 방향의 힘은 수레의 반대 방향의 힘보다 크다. 따라서 앞 방향으로 가속된다.

그림 4.14 말과 수레의 딜레마. 말이 수레를 끌면 수레는 같은 크기의 힘으로 말을 끈다. 그렇다면 말과 수레는 어떻게 움직일까? 그림을 보면 딜레마를 해결할 수 있다. 말에 작용하는 알짜힘은 서로 다른 짝힘 중 두 힘이며, 힘의 크기가 다르므로 말은 앞 방향의 알짜힘을 받는다.

| 확인 문제 | **4.5** 옆의 그림처럼 두 블록에 양쪽에서 힘이 작용한다. 큰 블록에 작용하는 알짜힘은 2 N보다 (a) 큰가, (b) 같은가, (c) 작은가? |

5 N ← 1 kg | 3 kg → 3 N

예제 4.4   **뉴턴의 제3법칙: 책 밀기**

마찰이 없는 수평면에서 그림 4.15a처럼 힘 $\vec{F}$로 질량이 각각 m_1과 m_2인 두 책을 함께 민다고 하자. 두 번째 책이 첫 번째 책에 작용하는 힘은 무엇인가?

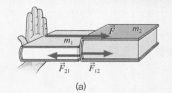
(a)

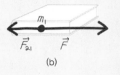
(b)

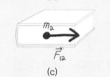
(c)

그림 4.15 책에 작용하는 수평 성분의 힘. 중력과 표면이 책을 받치는 수직 항력은 표시하지 않았다.

해석 두 물체 사이의 상호작용에 관한 문제이므로, 두 책 모두 대상 물체이다.

과정 물체가 여러 개이면 각 물체에 대한 자유 물체 도형을 별도로 그린다(그림 4.15b, c 참조). 두 번째 책이 첫 번째 책에 작용하는 힘을 구하려면, 뉴턴의 제3법칙을 적용해야 한다. 책 2의 가속도를 알면 뉴턴의 제2법칙에서 책 2에 작용하는 수평 성분의 힘을 구할 수 있다. 따라서 다음과 같이 풀이한다. (1) 책 2의 가속도를 구한다. (2) 뉴턴의 제2법칙으로 책 2에 작용하는 알짜힘 $\vec{F}_{12}$를 구한다. (3) 뉴턴의 제3법칙으로 힘 $\vec{F}_{21}$을 구한다.

풀이 (1) 두 책의 총질량은 $m_1 + m_2$이며, 작용하는 알짜힘은 $\vec{F}$이므로, 뉴턴의 제2법칙 $\vec{F} = m\vec{a}$에서 두 책의 가속도는 다음과 같다.

$$\vec{a} = \frac{\vec{F}}{m} = \frac{\vec{F}}{m_1 + m_2}$$

(2) 책 2에 대한 뉴턴의 제2법칙은 다음과 같다.

$$\vec{F}_{12} = m_2\vec{a} = m_2\frac{\vec{F}}{m_1 + m_2} = \frac{m_2}{m_1 + m_2}\vec{F}$$

(3) 뉴턴의 제3법칙에서 다음을 얻는다.

$$\vec{F}_{21} = -\vec{F}_{12} = -\frac{m_2}{m_1 + m_2}\vec{F}$$

검증 답을 검증해 보자. 책 1의 가속도는 $\vec{a} = \vec{F}/(m_1 + m_2)$이지만, 두 힘이 작용한다. 하나는 가한 힘 $\vec{F}$이고, 다른 하나는 책 2가 작용하는 힘 $\vec{F}_{21}$이다. 따라서 책 1에 작용하는 알짜힘은 다음과 같다.

$$\vec{F} + \vec{F}_{21} = \vec{F} - \frac{m_2}{m_1 + m_2}\vec{F} = \frac{m_1}{m_1 + m_2}\vec{F} = m_1\vec{a}$$

두 물체의 상호작용을 제대로 이해하려면 뉴턴의 제2법칙과 제3법칙 모두 필요하다.

책상이 작용하는 위 방향의 수직 항력과 아래 방향으로 작용하는 힘인 중력은 한 물체에 작용하므로 뉴턴의 작용–반작용 짝힘이 아니다.

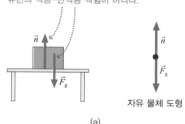

$\vec{n}$

$\vec{F}_g$

자유 물체 도형

(a)

수직 항력은 표면에 수직으로 작용한다.

수직 항력과 중력이 균형을 이루지 못하므로 물체가 경사면을 따라 미끄러진다.

$\vec{n}$

$\vec{F}_g$

$\vec{n}$

$\vec{F}_g$ $\vec{F}_{\text{알짜}}$

자유 물체 도형

(b)

그림 4.16 수직 항력. 각각의 경우에 중력을 보여 준다.

예제 4.4에서 책들 사이의 접촉력을 **수직 항력**(normal force, 기호는 $\vec{n}$)이라고 부른다. 수직 항력은 접촉면에 수직으로 작용한다. 그림 4.16처럼 책상이나 다리가 물체를 받치고 있는 수직 위로 작용하는 힘 그리고 경사면이 물체를 받치고 있는 경사면에 수직 위로 작용하는 힘이 바로 수직 항력이다.

뉴턴의 제3법칙은 접촉 없이 작용하는 중력 등에도 적용할 수 있다. 지구가 아래 방향의 힘을 사람에게 작용하므로 사람도 같은 크기의 위 방향 힘을 지구에 작용한다(그림 4.17 참조). 만약 자유 낙하한다면, 지구의 중력이 사람을 지구 쪽으로 가속시키고, 지구 또한 사람의 중력에 의해서 사람 쪽으로 가속된다. 그러나 지구의 질량이 사람의 질량과 비교해서 엄청나게 크므로 지구의 가속도는 무시할 수 있다.

힘의 측정

뉴턴의 제3법칙은 용수철의 인장력이나 압축력을 이용하여 힘을 편리하게 측정할 수 있게 한다. 용수철에 작용하는 힘에 비례하여 용수철이 늘어나거나 줄어들기 때문이다. 뉴턴의 제3법칙에 따르면 용수철에 작용하는 힘과 크기가 같고 방향이 반대인 힘이 용수철에 작용한다(그림 4.18 참조). 따라서 용수철의 늘어남과 줄어듦을 이용하여 용수철에 매단 물체에 작용하는 힘을 측정할 수 있다.

그림 4.17 지구가 사람에게 작용하는 중력과 사람이 지구에게 작용하는 중력은 뉴턴의 작용-반작용 짝힘이다. 그림은 분명히 비례에 맞게 그려져 있지 않다.

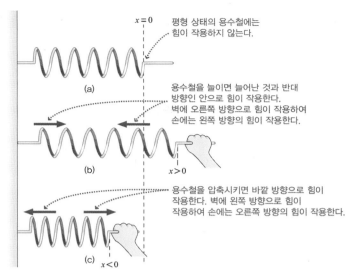

$x = 0$ 평형 상태의 용수철에는 힘이 작용하지 않는다.

(a)

용수철을 늘이면 늘어난 것과 반대 방향인 안으로 힘이 작용한다. 벽에 오른쪽 방향으로 힘이 작용하여 손에는 왼쪽 방향의 힘이 작용한다.

(b) $x > 0$

용수철을 압축시키면 바깥 방향으로 힘이 작용한다. 벽에 왼쪽 방향으로 힘이 작용하여 손에는 오른쪽 방향의 힘이 작용한다.

(c) $x < 0$

그림 4.18 용수철은 늘임이나 줄임에 반대 방향으로 힘을 작용한다.

이상적인 용수철(ideal spring)의 늘어남과 줄어듦은 용수철에 작용하는 힘에 정비례한다. **훅 법칙**(Hooke's law)은 이를 수식으로 표기한 것이다.

$$F_s = -kx \quad (\text{훅 법칙, 이상적인 용수철}) \tag{4.9}$$

여기서 F_s는 용수철 힘이고 x는 원래 길이(평형 상태)에서 늘어나거나 압축된 길이이다. 그리고 k는 용수철의 '뻣뻣함'을 나타내는 **용수철 상수**(spring constant)이며 단위는 N/m이다. 음의 부호는 용수철 힘이 용수철의 변형에 반대 방향으로 작용한다는 것을 나타낸다. 즉 용수철이 늘어나면 당기는 힘과 반대 방향으로 작용하고 줄어들면 압축하는 힘과 반대 방향으로 밀어낸다. 실제 용수철은 어느 한계까지는 훅의 법칙을 따르고, 이 한계를 벗어나서 늘어나면 변형되어 결국 끊어진다.

용수철 저울(spring scale)은 지침과 힘 단위로 매겨진 눈금이 달린 용수철이다(그림 4.19 참조). 체중계, 슈퍼마켓의 매다는 저울 그리고 실험실의 용수철 저울 등이 일반적으로 볼 수 있는 용수철 저울이다. 심지어 전자저울도 가해진 힘에 의한 탄성을 가진 물질의 변형을 전기 신호로 표시하는 용수철 저울이다.

용수철 저울에 물체를 매달면 용수철의 힘이 중력과 같아질 때까지 용수철이 늘어난다. 또 체중계는 물체에 작용하는 중력을 반대 방향으로 지지할 때까지 압축된다. 이처럼 용수철 힘은 무게 mg와 크기가 같고 스프링 저울은 무게를 측정한다. g가 주어지면 이 과정으로 물체의 질량 또한 알 수가 있다.

비록 용수철 저울로 무게를 알 수는 있지만 용수철 저울은 가속되지 않아야 한다는 사실에 주의해야 한다. 그렇지 않으면 용수철 저울은 단지 겉보기 무게를 측정할 뿐이다. 가속하고 있는 승강기 안에서 무게를 잰다면 가속도의 방향에 따라서 여러분은 겁을 먹거나 즐거워할 것이다. 개념문제 4.1에서 이를 정성적으로 보여 주었고 예제 4.5는 이것을 정량적으로 보여 줄 것이다.

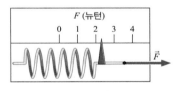

F (뉴턴)

0 1 2 3 4

$\vec{F}$

그림 4.19 용수철 저울

| **확인 문제** | **4.6** (1) 헬리콥터가 등속력으로 상승하면 예제 4.5(a)에 대한 답이 바뀌는가? (2) 가속도는 여전히 위 방향이면서 헬리콥터가 아래 방향으로 움직이면 예제 4.5(b)에 대한 답이 바뀌는가? |

응용물리 | 가속도계, 멤스, 에어백, 스마트폰

가속하는 차, 비행기, 로켓 등에 용수철의 한쪽 끝을 매달고, 다른 한쪽 끝에는 질량 m을 부착한다. 그러면 질량의 가속도가 가속하는 차의 가속도와 같아질 때까지 용수철이 늘어난다. 용수철이 늘어난 길이를 측정하고 용수철 상수를 안다면 힘을 알 수 있다. 질량 m을 안다면 $F = ma$를 사용하여 가속도를 구할 수 있다. 이것이 바로 가속도계이다.

이 간단한 원리에 기초한 가속도계는 산업, 수송, 로봇공학, 과학적 응용에 널리 사용되고 있다. 그것은 보통 3개의 축으로 구성된 장치로서 서로 수직한 세 용수철이 가속도 벡터의 모든 세 성분을 측정한다. 수평면에서 가속도를 측정하는 단순화시킨 2개의 축으로 구성된 가속도계가 그림에 그려져 있다. 오늘날의 가속도계는 멤스(MEMS)라고 불리는 미시 전자 기계장치에 바탕을 둔 소형 기구이다. 식각하여 만드는 작은 실리콘 칩에는 늘어난 길이를 측정하고 가속도를 결정하는 전자공학이 포함되어 있다. 자동차는 언제 에어백을 사용할지 탐지하는 가속도계를 포함하여 여러 개의 가속도계를 사용한다.

스마트폰에 들어 있는 3개의 축으로 구성된 멤스 가속도계(약 700배 확대한 사진 참조)는 서로 수직한 세 방향에서 스마트폰의 가속도를 측정한다. 스마트폰 가속도의 부품들은 밀리미터보다도 작다. 가속도계의 자료를 기록하기에 유용한 앱 덕분에 물리실험에서 스마트폰을 편리한 도구로 이용할 수 있다. 실전 문제 67에서 스마트폰 가속도계 자료를 탐구한다.

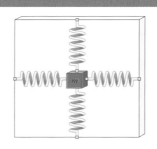

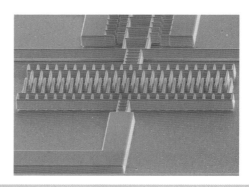

예제 4.5 | 실제 무게와 겉보기 무게: 헬리콥터 타기

공사용 콘크리트를 실은 헬리콥터가 수직으로 이륙한다. 용수철 상수가 3.4 kN/m인 용수철 저울 위에 질량이 35 kg의 콘크리트가 놓여 있다. (a) 헬리콥터가 정지해 있을 때, (b) 가속도 1.9 m/s²으로 수직 이륙할 때, 용수철은 각각 얼마나 압축되는가?

해석 콘크리트, 용수철 저울, 헬리콥터에 관한 문제이며, 질량, 힘, 가속도가 필요하다. 관심의 대상인 용수철과 콘크리트는 헬리콥터와 함께 움직인다. 콘크리트에 작용하는 두 힘은 중력과 용수철 힘 $\vec{F}_s$이다.

과정 자유 물체 도형을 그린다(그림 4.20 참조). 뉴턴의 제2법칙을 벡터로 표기하면 다음과 같다.

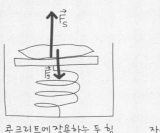

콘크리트에 작용하는 두 힘   자유 물체 도형

그림 4.20 예제 4.20의 그림

$$\vec{F}_{알짜} = \vec{F}_s + \vec{F}_g = m\vec{a}$$

벡터 방정식이므로 부호는 상관없다. 좌표계는 수직 위 방향을 y축 양의 방향으로 택하면 편리하다.

풀이 두 힘이 모두 수직 방향이므로, 뉴턴의 법칙의 y성분은 $F_{sy} + F_{gy} = ma_y$이다. 용수철 힘은 위 방향, 크기는 kx이므로 $F_{sy} = kx$이다. 중력의 방향은 아래 방향, 크기는 mg이므로 $F_{gy} = -mg$이다. 따라서 뉴턴의 법칙의 y성분 $kx - mg = ma_y$에서

$$x = \frac{m(a_y + g)}{k}$$

를 얻는다. (a)의 경우에는 $a_y = 0$, (b)의 경우에는 $a_y = 1.9$ m/s²을 넣어서 풀면 다음을 얻는다.

(a) $x = \dfrac{m(a_y + g)}{k} = \dfrac{(35 \text{ kg})(0 + 9.8 \text{ m/s}^2)}{3400 \text{ N/m}} = 10 \text{ cm}$

(b) $x = \dfrac{(35 \text{ kg})(1.9 \text{ m/s}^2 + 9.8 \text{ m/s}^2)}{3400 \text{ N/m}} = 12 \text{ cm}$

검증 답을 검증해 보자. 왜 (b)의 답이 더 클까? 예제 4.3에서 줄에 걸리는 장력처럼 콘크리트를 위로 가속시키기 위해서는 더 큰 힘이 필요하기 때문이다.

4장 요약

핵심 개념

이 장의 그리고 모든 뉴턴 역학의 핵심 개념은 '힘이 운동을 **변화**시킨다.'는 것이다. 속력이 일정한 직선 운동, 즉 등속 운동은 원인이나 설명이 필요 없다. 속력 또는 방향 등의 변화에는 **알짜힘**이 필요하다. 이것이 뉴턴의 제1법칙과 제2법칙의 핵심이다. 뉴턴의 제3법칙과 함께 이들 법칙으로 운동을 기술한다.

뉴턴의 제1법칙

알짜힘이 작용하지 않으면 등속 운동을 하는 물체는 등속 운동을 지속하고, 정지해 있는 물체는 계속 정지해 있다. 이 법칙은 제2법칙에도 포함되어 있다.

뉴턴의 제2법칙

물체의 운동량의 시간에 대한 변화율은 물체에 작용하는 알짜힘과 같다.
여기서 **운동량**은 질량과 속도의 곱인 '운동의 양'이다.

뉴턴의 제3법칙

물체 A가 물체 B에 힘을 가하면 물체 B는 크기가 같고 방향이 반대인 힘을 물체 A에 작용한다. 즉 힘은 짝으로 나타난다.

뉴턴의 법칙으로 문제 풀기

해석 뉴턴의 제2법칙의 적용 여부를 확인한다. 대상 물체와 물체에 작용하는 모든 **상호작용 힘**을 파악한다.

과정 핵심요령 4.1의 **자유 물체 도형**을 그린다. 모든 힘의 합인 알짜힘 $\vec{F}_{알짜}$을 구하고, 좌표계를 설정한 뒤에 뉴턴의 제2법칙 $\vec{F}_{알짜} = m\vec{a}$를 성분별로 표기한다.

풀이 물리적 준비 과정은 끝났고, 수학적 계산으로 답을 얻는 단계이다. 이때 뉴턴의 제2법칙이 벡터 방정식임을 명심해야 한다. 설정한 좌표계의 성분별로 뉴턴의 법칙을 풀어서 원하는 물리량을 구한다.

검증 답을 검증한다. 의미 있는 숫자인가? 단위는 맞는가? 특별한 경우, 예를 들어 질량, 힘, 가속도, 각도 등이 매우 작거나 매우 클 때 어떠한가?

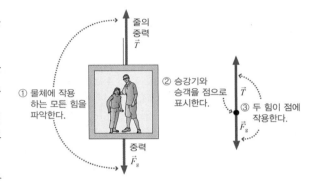

① 물체에 작용하는 모든 힘을 파악한다.
② 승강기와 승객을 점으로 표시한다.
③ 두 힘이 점에 작용한다.
줄의 중력 $\vec{T}$
중력 $\vec{F}_g$

주요 개념 및 식

수학적으로 뉴턴의 제2법칙은 $\vec{F}_{알짜} = d\vec{p}/dt$이며, 여기서 $\vec{p} = m\vec{v}$는 물체의 운동량, $\vec{F}_{알짜}$는 물체에 작용하는 모든 힘의 합이다. 만약 물체의 질량이 일정하면 익숙한 다음의 식을 얻는다.

$$\vec{F}_{알짜} = m\vec{a} \text{ (뉴턴의 제2법칙)}$$

뉴턴의 제2법칙은 벡터 방정식이므로, 설정한 좌표계의 성분별로 뉴턴의 법칙을 풀어야 한다. 일차원 문제에서는 방정식이 하나이다.

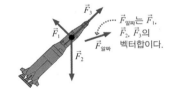

$\vec{F}_{알짜}$는 $\vec{F}_1$, $\vec{F}_2$, $\vec{F}_3$의 벡터합이다.

응용

물체에 작용하는 중력은 **무게**이다. 같은 위치에서는 모든 물체가 받는 중력 가속도가 같기 때문에 다음과 같이 무게는 질량에 비례한다.

$$\vec{w} = m\vec{g} \text{ (지구에서의 무게)}$$

가속 기준계에서 물체의 **겉보기 무게**는 실제 무게와 다르다. 특히 자유 낙하하는 물체는 **겉보기 무중력 상태**이다.

용수철은 힘을 편리하게 측정해 주는 장치로서 외력에 따라 늘어나거나 줄어든다. 이상적인 용수철이면 늘어남과 줄어듦이 다음과 같이 힘에 비례한다.

$$F_s = -kx \text{ (훅의 법칙)}$$

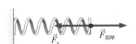

$\vec{F}_s$ $\vec{F}_{외부}$

여기서 k는 **용수철 상수**이고 단위는 N/m이다.

BIO 생물 및 의학 문제   **DATA** 데이터 문제   **ENV** 환경 문제   **CH** 도전 문제   **COMP** 컴퓨터 문제

학습 목표   이 장을 학습하고 난 후 다음을 할 수 있다.

LO 4.1 운동의 변화를 뉴턴의 세계관으로 설명할 수 있다.
개념 문제 4.1, 4.10

LO 4.2 뉴턴의 운동에 관한 세 가지 법칙들을 기술할 수 있다.
개념 문제 4.3
연습 문제 4.29
실전 문제 4.44, 4.52, 4.57, 4.65, 4.66, 4.72

LO 4.3 뉴턴의 제2법칙과 관련된 문제를 풀 수 있다.
개념 문제 4.2, 4.4, 4.8, 4.9, 4.10
연습 문제 4.11, 4.12, 4.13, 4.14, 4.15, 4.16, 4.17, 4.18, 4.25, 4.26, 4.27, 4.28, 4.30
실전 문제 4.45, 4.46, 4.47, 4.48, 4.49, 4.50, 4.55, 4.56, 4.58, 4.59, 4.60, 4.61, 4.62, 4.63, 4.66, 4.67, 4.68, 4.69, 4.70, 4.71, 4.72, 4.73, 4.75

LO 4.4 자연계의 기본적인 힘들을 설명할 수 있다.

LO 4.5 중력이 물체들에 어떻게 작용하는지를 정량적으로 설명할 수 있다.
연습 문제 4.19, 4.20, 4.21, 4.22, 4.23, 4.24

LO 4.6 실제 무게와 겉보기 무게를 구분할 수 있다.
실전 문제 4.45, 4.47

LO 4.7 뉴턴의 제3법칙의 짝이 되는 힘들과 그 힘들의 크기를 찾을 수 있다.
개념 문제 4.2, 4.5, 4.6, 4.7
연습 문제 4.31, 4.32
실전 문제 4.51, 4.55, 4.58, 4.61, 4.73, 4.74

LO 4.8 용수철이 작용하는 힘을 결정할 수 있다.
연습 문제 4.33, 4.34, 4.35
실전 문제 4.53, 4.54, 4.64

개념 문제

1. 운동의 자연스러운 상태에 관한 아리스토텔레스의 견해와 갈릴레이/뉴턴의 견해를 비교하여 설명하라.

2. 벽에 부딪힌 공이 부딪히기 전과 같은 속력으로 되튀긴다. 운동량이 변하는가? 공에 힘이 작용하는가? 벽에 힘이 작용하는가? 뉴턴의 운동의 법칙으로 설명하라.

3. 인간의 게으름을 설명할 때 흔히 '관성'이란 용어를 사용한다. 물리학의 '관성'과 어떻게 연관되는가?

4. 인체는 반드시 알짜힘의 방향으로 움직이는가?

5. 트럭이 서 있는 자동차와 충돌하는 사고를 물리적으로 설명하면서, "힘이 관여한 것이 아니라 자동차가 '진행 경로에 있기' 때문에 충돌하였다."라는 주장에 대해서 논하라.

6. 우주비행사가 우주정거장에서 맨발로 공을 찼다. 공의 겉보기 무게를 보면 발가락이 아프지 않을 것 같다. 아픈지, 안 아픈지 설명하라.

7. 카누를 저을 때 뒤 방향으로 노를 젓는다. 카누를 앞 방향으로 미는 힘은 무엇인가?

8. 속력의 변화 없이 물체에 0이 아닌 알짜힘을 작용할 수 있는가? 설명하라.

9. 활주로에서 가속하는 비행기 안에 줄에 매달린 자동차 열쇠는 수직인가? 설명하라.

10. 관성의 법칙 때문에 안전벨트를 착용해야 한다는 주장이 있다. 안전벨트의 실제 역할은 무엇인가?

연습 문제

4.2 뉴턴의 제1법칙과 제2법칙

11. 질량이 $3.86 \times 10^5 \, \text{kg}$인 지하철을 $2.45 \, \text{m/s}^2$으로 가속시키는 힘은 무엇인가?

12. 질량이 148 Mg인 기관차는 191 kN의 힘을 작용할 수 있다. (a) 기관차만의 가속도, (b) 14.3 Gg의 객차를 끌 때의 기관차의 가속도를 각각 구하라.

13. 경비행기가 가속도 $7.2 \, \text{m/s}^2$으로 활주로를 달린다. 비행기 엔진이 공급하는 힘이 11 kN이면 비행기의 질량은 얼마인가?

14. 110 km/h의 속도로 달리던 자동차가 도로를 벗어나 나무와 부딪히고 0.14 s 후에 완전히 정지하였다. 안전벨트가 60 kg 운전사에 작용하는 평균 힘은 얼마인가?

15. **BIO** 키네신은 살아 있는 세포 안에서 물질을 운반하는 역할을 하는 '모터 단백질'이다. 키네신이 6.0 pN의 힘을 질량이 3.0×10^{-18} kg인 분자 복합체에 작용한다면 복합체의 가속도는 얼마인가?

16. 정지 상태에서 출발한 질량이 940 kg인 경주차가 4.95 s만에 400 m를 달린다. 자동차에 작용하는 평균 힘은 얼마인가?

17. 한 학생이 질량 85 g의 계란을 스티로폼 상자에 담아서 계란 떨어뜨리기 시험에 나섰다. 계란에 작용하는 힘이 28 N을 넘지 않고, 상자는 12 m/s의 속력으로 지면에 떨어진다. 스티로폼 상자는 얼마나 많이 부서지겠는가? (**주의**: 계란을 정지시키는 것과 관련된 가속도가 아주 크기 때문에 스티로폼 상자가 지면과의 접촉으로 감속하는 동안에 중력을 무시할 수 있다.)

18. 정면-후면 충돌 사고에서 질량이 1300 kg인 자동차의 범퍼는 최대 65 kN의 힘을 견딜 수 있다. 이 범퍼가 최대 10 km/h의 속력

을 견딜 수 있다면, 자동차에 대한 범퍼의 완충 거리는 얼마인가?

4.4 중력

19. 가속도를 N/kg 단위로 표기할 수 있음을 보여라. 질량과 무게를 논할 때 중력 가속도 g를 9.8 N/kg으로 표기하면 왜 좋은가?

20. 우주비행선이 태양의 행성 중 하나에 불시착하였다. 이때 이 우주비행선의 저울로 잰 우주비행사의 몸무게가 532 N이다. 우주비행선의 저울은 멀쩡한 상태이다. 우주비행사의 질량이 60 kg이면 이 행성의 이름은 무엇인가? (**힌트**: 부록 E 참조)

21. 지상에서 질량이 35 kg인 콘크리트 덩어리를 겨우 들 수 있다면, 달에서는 얼마나 무거운 덩어리를 들 수 있는가?

22. 시리얼 상자에 알짜 무게는 340 g이라고 쓰여 있다. 시리얼 상자의 실제 무게는 (a) SI 단위와 (b) oz 단위로 각각 얼마인가?

23. 다리의 최대 허용 중량은 미국 톤 단위로 10 ton이다. 다리를 지날 수 있는 최대 질량은 몇 kg인가?

24. 전형적인 우주왕복선의 고도에서 중력 가속도는 지상에서의 값의 89%이다. 이 고도에서 질량이 68 kg인 우주비행사의 몸무게는 얼마인가?

4.5 뉴턴의 제2법칙의 응용

25. 질량이 50 kg인 낙하산병이 등속력 40 km/h로 내려오고 있다. 낙하산에 작용하는 공기의 힘은 얼마인가?

26. 질량이 930 kg인 보트가 가속도 2.3 m/s^2으로 계류장을 떠나고 있다. 보트 엔진의 추진력은 3.9 kN이다. 물이 보트에 작용하는 끌림힘은 얼마인가?

27. 승강기가 가속도 2.4 m/s^2으로 하강한다. 승강기 바닥이 질량이 52 kg인 승객에게 작용하는 힘은 얼마인가?

28. 질량이 560 ton인, 세계에서 가장 큰 비행기 A−380이 (a) 일정한 고도로 비행할 때, (b) 가속도 1.1 m/s^2으로 상승할 때, 이 비행기에 작용하는 수직 부양력은 각각 얼마인가?

29. 지표면에서 정지 상태인 질량이 M인 우주선을 높이 h에서 속력이 v가 되도록 가속시키기 위한 로켓의 추진력에 대한 식을 구하라.

30. 승강기에 타자마자 아래로 가속하여 2.1 s만에 9.2 m/s가 되었다. 하강하는 동안의 겉보기 무게와 실제 무게를 비교하라.

4.6 뉴턴의 제3법칙

31. 질량이 5600 kg인 코끼리에게 지구가 작용하는 위 방향의 수직 항력은 얼마인가?

32. 질량인 65 kg인 사람이 120 cm 높이의 책상에서 뛰어내려서 지구 쪽으로 떨어지는 동안에 지구는 사람 쪽으로 얼마나 움직이는가?

33. 용수철 상수가 $k = 270 \text{ N/m}$인 용수철을 48 cm 늘이는 데 필요한 힘은 얼마인가?

34. 용수철 상수가 $k = 220 \text{ N/m}$인 용수철에 35 N의 힘이 작용하면 용수철은 얼마나 늘어나는가?

35. 용수철 상수가 $k = 340 \text{ N/m}$인 용수철 저울로 질량이 6.7 kg인 물고기의 무게를 잰다. 용수철은 얼마나 늘어나는가?

응용 문제

다음 문제들은 본문의 예제들에 기초한 것이다. 두 세트의 문제들은 물리학의 이해를 강화하는 연결의 형성을 돕고 이전에 풀어본 문제에서 변형된 문제를 해결하는 자신감을 키우도록 설계되어 있다. 각 세트의 첫 번째 문제는 본질적으로 예제 문제이지만 숫자들은 다르다. 두 번째 문제는 예제와 똑같은 상황이지만 묻는 질문이 다르다. 세 번째와 네 번째 문제는 완전히 다른 상황으로 이런 방식을 반복한다.

36. **예제 4.1** 질량이 2280 kg인 자동차가 등가속도 직선 운동을 하여 9.48 s 동안에 정지 상태에서 31.2 m/s가 되었다. (a) 자동차에 작용한 알짜힘을 구하라. (b) 차가 반지름이 166 m인 굽은 도로 위를 돈다면 이때 차에 작용한 알짜힘은 얼마인가?

37. **예제 4.1** 질량이 2280 kg인 자동차가 8.75 kN의 힘을 받아 직선상에서 가속된다. (a) 정지 상태에서 출발할 경우 차의 속력이 22.8 m/s가 되는데 걸리는 시간은 얼마인가? (b) 차가 원형 궤도에 진입하여 도로에 의해서 8.65 kN의 힘을 받으며 등속 원운동을 한다. 원형 궤도의 반지름은 얼마인가?

38. **예제 4.1** 하키 선수가 스틱으로 질량 162 g의 퍽을 쳐서 51.4 ms 동안에 퍽의 속력이 86.8 m/s 되도록 일정한 힘으로 가속시켰다. (a) 스틱이 퍽에 가한 힘을 구하라. (b) 86.8 m/s 속력으로 움직이는 퍽이 코너 보드에 부딪히고 빙판의 코너 둘레를 따라 미끄러졌다. 코너의 반지름이 8.50 m라면 코너 보드가 퍽에 작용한 힘은 얼마인가?

39. **예제 4.1** 하키 선수가 스틱으로 질량 162 g의 퍽을 쳐서 212 N의 힘을 가하여 78.3 m/s로 가속하였다. (a) 처음에 퍽이 정지 상태였다면 가속되는데 걸리는 시간은 얼마인가? (b) 퍽이 휘어진 코너 보드에 부딪히면서 151 N의 힘을 받아 등속 원운동을 한다. 원의 반지름은 얼마인가?

40. **예제 4.3** 질량이 975 kg인 승강기가 질량을 무시할 수 있는 줄에 매달려서 위 방향으로 0.754 m/s^2으로 가속되고 있다. 줄의 장력을 구하라.

41. **예제 4.3** 질량이 975 kg인 승강기가 질량을 무시할 수 있는 줄에 매달려 있다. 줄의 장력이 8.85 kN이라면 승강기의 가속도의 크기와 방향은 무엇인가?

42. **예제 4.3** 2015년 영화 『마션』에서 배우 맷 데이먼(질량 84.0 kg)은 화성에 남겨진 우주비행사 역할을 했다. 결국 그는 탈출하게 된다. 로켓이 화성 표면으로부터 위 방향으로 수직하게 10.8 m/s^2으로 가속된다면 의자가 그에게 작용하는 힘을 구하라. (**힌트**: 부록 E 참조)

43. **예제 4.3** 2017년에 스페이스 엑스는 처음으로 우주정거장에 우주선을 보내는 개인 회사가 되었다. 발사대에서 우주선의 총질량은 552 Mg, 로켓의 엔진에 의한 추진력은 7.61 MN이었다. 로켓의 초기 가속도는 얼마인가?

실전 문제

44. 질량 166 g의 하키 퍽이 빙판 위를 44.3 m/s로 미끄러지고 있다. 하키 선수가 스틱으로 퍽을 쳐서 퍽의 처음 운동 방향과 45.0°의 각도로 82.1 m/s의 속력으로 보냈다. 퍽과 스틱의 접촉 시간이 112 ms일 때 퍽에 가해진 평균 힘의 크기와 방향을 구하라.

45. 예기치 못한 난기류가 흐를 때 비행기 승객은 잠깐 동안에 더 가벼워졌다는 느낌을 받는다. 이때의 겉보기 무게가 실제 무게의 70%이면 비행기 가속도의 크기와 방향은 각각 무엇인가?

46. 체리를 따기 위해서 질량이 74 kg인 일꾼이 '나무통 승강기'를 타고 체리나무 위로 올라간다. 나무통이 (a) 정지해 있을 때, (b) 등속력 2.4 m/s로 상승할 때, (c) 등속력 2.4 m/s로 하강할 때, (d) 가속도 1.7 m/s²으로 상승할 때, (e) 가속도 1.7 m/s²으로 하강할 때 나무통 승강기가 일꾼에게 작용한 힘은 각각 얼마인가?

47. 발레리나가 자신의 몸무게보다 50% 이상의 힘을 마룻바닥에 가하면서 수직 위로 점프한다. 발레리나의 위 방향의 가속도는 얼마인가?

48. 질량 m인 물체를 정지 상태에서 (a) 시간 Δt만에 또는 (b) 거리 Δx를 지나서 속력 v로 움직이게 하는 데 필요한 힘을 구하라.

49. 승강기가 5.2 m/s의 속력으로 상승한다. 승객을 바닥에 머물게 하면서 멈출 수 있는 최소 정지 시간은 얼마인가?

50. x축에서 1.60 m/s의 속력으로 움직이는 2.50 kg의 물체가 원점을 지날 때 두 힘 $\vec{F_1}$과 $\vec{F_2}$가 y방향으로 작용한다. 3.00 s 동안 두 힘이 작용하여 물체의 위치가 $x = 4.80$ m, $y = 10.8$ m로 변하였다. $\vec{F_1} = 15.0\hat{\jmath}$ N일 때 힘 $\vec{F_2}$를 구하라.

51. 질량이 각각 1.0, 2.0, 3.0 kg인 블록이 그림 4.21처럼 놓여 있다. 맨 왼쪽의 블록에 12 N의 힘이 오른쪽으로 작용한다. 중간 블록이 오른쪽 블록에 작용하는 힘은 얼마인가?

그림 4.21 실전 문제 51

52. 어린이가 질량 11 kg의 장난감 수레를 질량 1.8 kg의 손잡이로 수평 방향으로 끌어서, 수레와 손잡이가 2.3 m/s²의 가속도를 갖게 되었다. 손잡이 양 끝의 장력을 구하라. 손잡이 양 끝의 장력은 왜 다른가?

53. 생물물리학자는 광 족집게라 불리는 레이저 빔 배열을 사용하여 미생물을 조작한다. 어떤 실험에서 0.373 pN의 힘을 발휘하는 광 족집게를 사용하여 DNA 분자를 2.30 μm만큼 늘였다면, DNA의 용수철 상수는 얼마인가?

54. 용수철 상수가 k_0인 용수철에 힘 F를 가하면 용수철이 거리 x만큼 늘어난다. 이제 그 용수철이 동일한 길이의 더 작은 용수철 두 개로 이루어져 있고, 같은 힘 F를 작용한다고 생각해 보자. $F = -kx$를 사용하여 더 작은 용수철 각각의 용수철 상수 k_1을 구하라.

55. 질량이 2200 kg인 경비행기가 두 개의 글라이더를 가속도 1.9 m/s²으로 끌고 있다. 첫 번째 글라이더의 질량은 310 kg이고 두 번째는 260 kg이다(그림 4.22). 각 줄의 질량과 마찰은 무시하고, (a) 비행기의 수평 방향의 추진력, (b) 첫 번째 줄의 장력, (c) 두 번째 줄의 장력, (d) 첫 번째 글라이더에 작용하는 알짜힘을 각각 구하라.

그림 4.22 실전 문제 55

56. 생물학자가 우주정거장에서 생쥐의 성장을 연구한다. 생쥐의 질량을 구하기 위해서 생쥐를 용수철에 매단 320 g의 새장에 넣고 당겼더니 용수철 저울의 눈금이 0.46 N을 가리켰다. 생쥐와 새장의 가속도가 0.40 m/s²이면 생쥐의 질량은 얼마인가?

57. 질량이 945 kg인 작은 차가 마찰이 없는 빙판 위에 갇혀 있다. 견인차가 122 kg의 체인을 차에 걸어서 0.368 m/s²으로 가속하기 시작했다. (a) 견인차가 연결된 부분의 체인의 장력을 구하라. (b) 차가 연결된 부분의 체인의 장력을 구하라.

58. 용수철 상수 $k = 140$ N/m인 용수철로 연결된 질량이 2.0 kg과 3.0 kg인 블록이 마찰 없는 수평면 위에 놓여 있다. 그림 4.23처럼 오른쪽 블록에 15 N의 힘이 작용하면, 용수철의 평형 길이는 얼마나 더 늘어나는가?

그림 4.23 실전 문제 58

59. 자동차의 '충격 흡수대'는 차가 충돌하여 정지할 때까지 압축되는 부분을 뜻한다. 70 km/h의 충돌에서 탑승자에게 가해지는 힘이 탑승자 몸무게의 20배를 넘지 않아야 한다면, 충격 흡수대의 최소 압축 거리는 얼마가 되어야 하는가?

60. 개구리의 혀는 최대 가속도 250 m/s²으로 곤충을 잡는다. 혀의 질량이 500 mg이면 그러한 가속도를 내는데 얼마의 힘이 필요한가?

61. 질량이 없는 용수철($k = 8.1$ kN/m)로 연결한 질량 640 kg, 490 kg의 짐짝이 마찰 없는 공장바닥에 놓여 있고 수평 방향으로 무거운 짐짝에 힘을 작용하고 있다. 용수철이 평형 상태로부터 5.1 cm 압축되면 작용력의 크기는 얼마인가?

62. 승강기의 질량은 490 kg이고 최대 가속도는 2.24 m/s²이다. 승강기 줄은 끊어지기 전까지 최대 19.5 kN의 장력을 견딜 수 있다. 안전기준은 승강기의 줄에 걸리는 장력이 최대 장력의 2/3 이하이다. 승강기의 적재하중은 얼마인가? 70 kg의 승객을 몇 명이나 안전하게 태울 수 있는가?

63. F-35A 전투기의 질량은 18 Mg이고, 엔진의 추진력은 191 kN

이다. 한편 A-380 여객기의 질량은 560 Mg, 엔진의 추진력은 1.5 MN이다. 두 비행기는 날개의 부양력 없이 수직으로 상승할 수 있는가? 있다면 수직 가속도는 얼마인가?

64. 평형 상태의 길이는 같고, 용수철 상수가 각각 k_1, k_2인 두 용수철이 있다. (a) 그림 4.24a처럼 병렬 연결할 때 용수철 힘이 $(k_1 + k_2)x$임을 보이고, (b) 그림 4.24b처럼 직렬 연결할 때, $k_1 k_2 x / (k_1 + k_2)$임을 보여라.

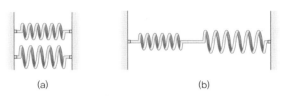

(a)   (b)

그림 4.24 실전 문제 64

65. 일차원에서 뉴턴의 제2법칙을 $F = ma$로 표기하지만, 보다 기본적인 표기는 $F = \dfrac{d(mv)}{dt}$이다. 즉 $F = ma$는 질량이 일정할 때만 성립한다. 질량이 변하는 경우에 뉴턴 법칙이 $F = ma + v\dfrac{dm}{dt}$임을 보여라.

66. 450 kg/s의 비율로 곡식을 쏟아내는 곡식창고 밑을 화물차가 지나간다. 실전 문제 65를 이용하여 화물차를 일정한 속력 2.0 m/s로 움직일 힘을 구하라.

67. 질량과 마찰이 없는 도르래의 한쪽 끝에 블록이 매달려 있고, 다른 끝에서 한 사람이 줄을 타고 올라가고 있다. 블록의 질량이 사람의 질량보다 20% 무거울 때, 블록이 낙하하지 않게 하려면 올라가는 사람의 가속도는 얼마이어야 하는가?

68. 그림 4.25는 베개 위로 떨어트린 아이폰의 가속도 자료를 나타낸
DATA 것이다. 아이폰의 가속도계는 중력 가속도와 가속도를 구별할 수 없기 때문에 표시된 가속도 값은 아이폰이 가속하지 않을 때는 $1g$이고 자유 낙하할 때는 $0g$이다. 그래프를 해석하여 (a) 아이폰의 자유 낙하 시간과 거리, (b) 아이폰이 튀어 오른 횟수를 구하고, (c) 아이폰에 가해진 최대 힘이 아이폰 무게 w의 몇 배인지, (d) 아이폰이 언제 완전히 정지하게 되는지도 구하라. (**주의**: 아이폰을 떨어트릴 때, 아이폰을 보호하기 위해 액정이 위로 향하

도록 평평하게 유지하였다. 그 방향에서 아이폰의 가속도를 음의 값으로 기록하였다. 그래프는 액정을 아래로 향했다면 기록되었을 양의 값을 나타낸 것이다.)

69. 하키 스틱이 질량이 165 g인 퍽과 22.4 ms 동안 접촉하였다. 이
CH 시간 동안에 퍽에 작용하는 힘은 근사적으로 $F(t) = a + bt + ct^2$이다. 여기서 $a = -25.0$ N, $b = 1.25 \times 10^5$ N/s, $c = -5.58 \times 10^6$ N/s²이다. (a) 퍽이 스틱을 떠난 후의 속력과 (b) 퍽이 스틱과 접촉해 있는 동안 퍽이 이동한 거리를 구하라.

70. 2012년에 화성 대기 속으로 낙하된 탐사선 큐리오시티를 화성
DATA 표면에 성공적으로 안착시키기 위해 일련의 복잡한 조치가 행해졌다. 착륙의 마지막 ~22 s 동안에 로켓을 점화하여 (1) 하강 속도를 32 m/s로 일정하게 유지하고, (2) 일정한 감속으로 하강 속도를 0.75 m/s까지 줄이고, (3) 비행체에서 탐사선을 케이블로 내리는 동안 그 하강 속도를 유지하였다(본 장의 도입부 그림 참조). 일정한 속도를 유지하는 데 필요한 추진력의 갑작스런 감소는 탐사선의 착지를 가리킨다. 그림 4.26은 이 마지막 22 s와 착지 후 처음 몇 초 동안의 로켓 추진력(위로 향하는 힘)을 시간의 함수로 보여 준다. (a) 두 등속도 상태, 등감속 상태, 착지 후 상태를 식별하라. (b) 등감속 상태 동안에 비행체의 가속도의 크기를 구하라. 마지막으로 (c) 소위 동력 하강 차량, 즉 비행체와 부착된 탐사선의 질량과 (d) 탐사선만의 질량을 구하라. 이 모든 일은 화성에서 발생하였음을 상기하고, 부록 E를 참조하라.

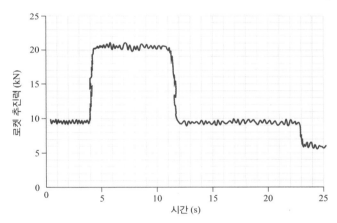

그림 4.26 화성 탐사선의 마지막 하강 동안의 로켓 추진력(로켓 엔진의 위 방향의 힘) (실전 문제 70)

71. 비행기가 강력한 하강기류를 만났다. 놀랍게도 받침대의 비스킷이 비행기에 대한 가속도 2 m/s²으로 수직 위로 떠오른다. 비행기의 아래 방향 가속도는 얼마인가?

72. 기구가 위 방향의 688 N의 힘으로 추진되어 위 방향으로 0.265 m/s²으로 가속되고 있다. 풍선과 바구니는 질량을 무시할 수 있는 줄로 연결되어 있다. 줄의 장력이 바구니의 무게보다 72.8 N 만큼 초과한다. 줄과 풍선의 질량을 각각 구하라. (여기서, 풍선의 질량은 대부분 공기의 질량이다.)

73. 질량이 없고 늘어나지 않는 줄로 두 질량이 연결되어 있다. 위쪽

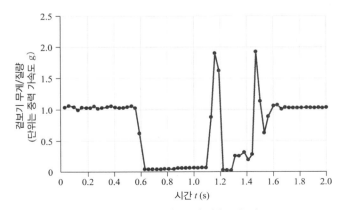

그림 4.25 실전 문제 68의 가속도계 자료

질량에 30 N의 수직 항력을 작용하였더니 전체 계가 $3.2 \, \mathrm{m/s^2}$의 위 방향 가속도로 움직인다. 연결된 줄의 장력이 18 N이면 두 질량은 각각 얼마인가?

74. 길이가 L, 질량이 m인 균일한 줄의 끝에 질량이 M인 블록이 달려 있다. 줄의 장력을 줄의 꼭대기부터 수직 거리 y의 함수로 표기하라.

75. 가속도의 변화율인 '저크'는 놀이공원에서 어지러움을 느끼게 만든다. 총질량이 M인 차와 탑승객에게 $F = F_0 \sin \omega t$인 힘이 작용하고 있다면 최대 저크는 얼마인가? 여기서 F_0과 ω는 상수이다.

실용 문제

가속도계가 설치된 휴대용 컴퓨터를 실수로 떨어트리면 기기가 그것을 감지하여 하드 드라이브를 안전 모드로 바꾼다. 가속도계를 읽고서 컴퓨터의 겉보기 무게를 계산하는 프로그램을 컴퓨터에 설치한 후 장거리 비행에 컴퓨터를 휴대하였다. 컴퓨터의 무게는 5파운드이고, 비행 중에 프로그램도 계속 그렇게 보고하였다. 그런데 갑자기 비행기가 난기류를 만나 요동하는 12초 동안 프로그램이 보고한 컴퓨터의 겉보기 무게가 그림 4.27에 그려져 있다.

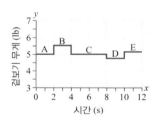

그림 4.27 휴대용 컴퓨터의 겉보기 무게(실용 문제 76~79)

76. 난기류의 첫 징후에서 비행기 가속도는
   a. 위 방향이다.
   b. 아래 방향이다.
   c. 그래프만으로는 알 수 없다.

77. 비행기의 수직 가속도가 가장 큰 곳은
   a. B 구간이다.
   b. C 구간이다.
   c. D 구간이다.

78. C 구간 동안에 확실하게 알 수 있는 것은 비행기가
   a. 정지해 있다는 것이다.
   b. 위로 가속하고 있다는 것이다.
   c. 아래로 가속하고 있다는 것이다.
   d. 일정한 수직 속도로 움직이고 있다는 것이다.

79. 그래프에 나타난 시간 동안에 비행기가 겪는 가장 큰 수직 가속도의 크기는 약
   a. $0.5 \, \mathrm{m/s^2}$이다.
   b. $1 \, \mathrm{m/s^2}$이다.

c. $5 \, \mathrm{m/s^2}$이다.
d. $10 \, \mathrm{m/s^2}$이다.

4장 질문에 대한 해답

장 도입 질문에 대한 해답
화성의 중력과 공중 기중기의 로켓의 추진력, 그리고 기중기에서 탐사선을 내리는 데 사용되는 케이블의 장력을 고려해야 한다.

확인 문제 해답
4.1 (b)
4.2 (b) (그림 4.3 참조)
4.3 (c) 모두 직선 운동한다.
4.4 (1) (a), (2) (b), (3) (b), (4) (a), (5) (c)
4.5 (c)가 2 N보다 작다.
4.6 (1) 안 바뀐다. 가속도는 계속해서 0이다. (2) 안 바뀐다. 속도의 방향은 상관이 없다.

뉴턴 법칙의 응용

예비 지식

■ 뉴턴의 제2법칙(4.2절)

■ 힘의 개념과 중력(4.3절, 4.4절)

■ 일차원에서 뉴턴의 제2법칙에 관련된
  문제를 해결하는 방법(4.5절)

학습 목표

이 장을 학습하고 난 후 다음을 할 수 있다.

LO 5.1 이차원에서 뉴턴의 제2법칙과 관련된 문제를 풀기 위한 전략적 접근법을 사용할
      수 있다.

LO 5.2 연결된 두 개의 물체가 관련된 뉴턴의 법칙 문제를 풀 수 있다.

LO 5.3 하나 이상의 힘을 받는 원운동과 관련된 문제를 풀 수 있다.

LO 5.4 정지 마찰력과 운동 마찰력의 차이를 기술할 수 있다.

LO 5.5 다른 힘을 포함하는 문제에 마찰력을 결합할 수 있다.

LO 5.6 끌림힘을 기술할 수 있다.

비행기가 진행 방향을 바꿀 때 기울어지는 이유는
무엇인가?

4 장에서 뉴턴의 운동에 관한 세 가지의 법칙을 설명하고 일차원 운동에 응용하였다. 이 장에
서는 뉴턴의 운동의 법칙을 이차원 운동에 응용한다. 운동에 관한 뉴턴의 세 가지의 법칙은
뉴턴 역학의 핵심으로서 수많은 교과서 문제에서부터 행성 탐사선 발사에 이르기까지 다양하게
응용될 수 있다. 이 장에서는 예제를 주로 다루면서 뉴턴의 법칙의 응용과 문제풀이 요령을 학습
하는 데 주력한다. 또한 마찰력을 도입하고 원운동에 대해서 자세하게 설명한다. 다양한 예제들
을 다룰 때 예제들이 뉴턴의 법칙에 구현되어 있는 중요한 기본 원리를 따른다는 것을 명심해야
한다.

5.1 뉴턴의 제2법칙의 응용

**LO 5.1 이차원에서 뉴턴의 제2법칙과 관련된 문제를 풀기 위한 전략적 접근법을 사
      용할 수 있다.**

뉴턴의 제2법칙 $\vec{F}_{알짜} = m\vec{a}$는 역학의 기초이다. 이 식을 응용하면 스키 활강, 초고층
빌딩의 설계, 안전한 도로의 설계, 로켓의 추진력 계산 등 수많은 일상의 실용적 문제들
을 해결할 수 있다.

  먼저 문제풀이 요령 4.1을 적용하여 예제 5.1을 자세히 설명한다. 이 예제를 숙독하여
물체에 작용하는 알짜힘이 물체의 가속도를 결정한다는 뉴턴의 기본 개념을 이해하여야
한다.

예제 5.1	이차원에서 뉴턴 법칙: 스키 타기

그림 5.1처럼 질량이 $m = 65\,\text{kg}$인 스키 선수가 경사각 $\theta = 32°$인 경사로를 내려오고 있다. (a) 스키 선수의 가속도 (b) 슬로프가 스키 선수에 작용하는 힘을 각각 구하라. 눈이 매우 미끄러우므로 마찰은 무시해도 좋다.

그림 5.1 스키 선수의 가속도는 얼마일까?

해석 스키 선수의 운동에 관한 문제이므로 스키 선수가 대상 물체이다. 물체에 작용하는 힘은 아래 방향의 중력과 경사로가 스키 선수에 작용하는 수직 항력이다. 수직 항력은 항상 접촉면에 수직하므로, 이 문제에서는 경사로에 수직하다.

과정 먼저 그림 5.2처럼 물체에 작용하는 힘들의 자유 물체 도형을 그린다. 뉴턴의 제2법칙 $\vec{F}_{알짜} = m\vec{a}$에서 다음을 얻는다.

$$\vec{F}_{알짜} = \vec{n} + \vec{F}_g = m\vec{a}$$

이차원 운동이므로 적절한 좌표계를 선택하여 위 식을 성분으로 표기해야 한다. 좌표계는 임의로 선택할 수도 있지만, 문제에 주어진 상황에 맞추어서 잘 선택하면 한결 간단하게 풀 수 있다. 여기서는 수직 항력이 경사로에 수직하고 스키 선수의 가속도가 경사로와 평행하다. 따라서 경사로에 평행한 x축과 수직한 y축을 선택하면 이 벡터들은 좌표축에 나란하게 놓일 것이고, 성분들로 분해할 필요가 있는 벡터는 중력 하나뿐이다. 그래서 그림 5.2의 자유 물체 도형에 그려진 기울어진 좌표계가 이 문제에서는 더 편리하다. 그러나 어떠한 좌표계를 선택해도 된다. 실전 문제 38에서 수평/수직 좌표계를 사용하여 이 예제를 다시 푸는데 훨씬 많은 계산을 하겠지만 똑같은 결과를 얻을 것이다.

풀이 나머지는 수학적 풀이 단계이다. 먼저 뉴턴 법칙을 선택한 좌표계의 성분으로 표기하면 다음과 같다.

$$x성분 : n_x + F_{gx} = ma_x$$
$$y성분 : n_y + F_{gy} = ma_y$$

여기서는 부호를 고려할 필요가 없다. 먼저 x성분에 관해서 생각해 보자. x축이 경사로에 평행하고 y축이 수직하고, 수직 항력은 y성분만 있으므로 $n_x = 0$이다. 한편 가속도는 양의 x방향인 경사로의 아래 방향이므로 $a_x = a$이다. 또한 두 성분이 있는 중력

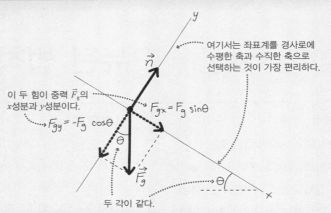

여기서는 좌표계를 경사로에 수평한 축과 수직한 축으로 선택하는 것이 가장 편리하다.

이 두 힘이 중력 $\vec{F}_g$의 x성분과 y성분이다.

$F_{gx} = F_g \sin\theta$

$F_{gy} = -F_g \cos\theta$

두 각이 같다.

그림 5.2 스키 선수의 자유 물체 도형

의 x성분은 $F_{gx} = F_g \sin\theta$이고 $F_g = mg$이므로 $F_{gx} = mg\sin\theta$이다. 따라서 $n_x = 0$이므로 x성분의 방정식은 다음과 같다.

$$x성분: \ mg\sin\theta = ma$$

이번에는 y성분에 관해서 생각해 보자. 수직 항력이 양의 y방향이므로 $n_y = n$으로서 수직 항력의 크기와 같다. 경사로의 수직 방향으로는 가속도가 없으므로 $a_y = 0$이다. 한편 그림 5.2에서 중력의 y성분은 $F_{gy} = -F_g\cos\theta = -mg\cos\theta$이므로, y성분의 방정식은 다음과 같다.

$$y성분: \ n - mg\cos\theta = 0$$

이제 답을 구해 보자. x성분의 방정식에서 곧바로 다음을 얻는다.

$$a = g\sin\theta = (9.8\,\text{m/s}^2)(\sin 32°) = 5.2\,\text{m/s}^2$$

이 가속도가 문제 (a)의 답이다. 한편 문제 (b)의 답은 y성분의 방정식에서 $n = mg\cos\theta$이므로 $n = 540\,\text{N}$이다.

검증 답을 검증해 보자. 먼저 $\theta = 0°$이면 경사로가 수평이다. 기대한 것처럼 x성분의 방정식에서 $a = 0$이고, y성분의 방정식에서 $n = mg$로 수직 항력은 바로 스키 선수의 몸무게와 같다. 한편 $\theta = 90°$이면 경사로가 수직이다. 기대한 것처럼 x성분의 방정식에서 스키 선수는 가속도 g로 자유 낙하한다. 또한 y성분의 방정식에서 $n = 0$인데, 이 결과는 스키 선수와 경사로 사이의 접촉이 없으므로 당연한 결과이다. 중간 각도에서는 경사로의 수직 항력이 중력을 약화시켜서 가속도가 g보다 줄어든다. x성분의 방정식을 보면 가속도는 자유 낙하처럼 스키 선수의 질량에 무관하다. 경사로에 작용하는 수직 항력 $n = mg\cos\theta = 540\,\text{N}$은 스키 선수의 몸무게보다 작다. 왜냐하면 경사로는 중력의 수직(y) 성분과 균형을 이루면 되기 때문이다.

이 예제를 완전하게 이해한다면 어떤 이차원 운동도 뉴턴의 법칙으로 풀이할 수 있을 것이다.

우리는 때때로 물체가 가속되지 않을 조건을 구하고 싶어 한다. 그러한 예로 다리와 건물
이 무너지지 않도록 안전성을 보장하는 것과 같은 공학 문제 그리고 근육과 뼈에 관련된 생
리학 문제가 있다. 다음은 가속되지 않는 물체에 대한 간단한 예이다.

예제 5.2   정지한 물체: 곰 조심

곰으로부터 질량이 17 kg인 배낭을 보호하기 위하여 그림 5.3처럼
배낭을 두 나무 사이에 줄로 매달았다. 각 줄의 장력은 얼마인가?

그림 5.3 곰 조심

해석 배낭이 대상 물체이다. 배낭에 작용하는 힘은 중력과 두 줄
의 장력이다. 배낭이 정지해 있으므로 알짜힘은 0이다.

과정 그림 5.4는 배낭의 자유 물체 도형이다. 배낭이 정지해 있으
므로 뉴턴의 제2법칙 $\vec{F}_{알짜} = m\vec{a}$에서 $\vec{a} = 0$이며, 배낭에 작용하
는 힘이 3개이므로 $\vec{T}_1 + \vec{T}_2 + \vec{F}_g = 0$이다. 다음으로 좌표계를
선택하자. 두 장력이 다른 방향이고 서로 수직하지도 않으므로 두
줄을 따라 좌표축을 잡을 이유가 없다. 보통의 수평-수직 좌표계
가 가장 유용하다.

풀이 뉴턴의 법칙을 성분으로 표기하면 x성분과 y성분은 각각
$T_{1x} + T_{2x} + F_{gx} = 0$과 $T_{1y} + T_{2y} + F_{gy} = 0$이다. 그림 5.4에서
$F_{gx} = 0$, $F_{gy} = -F_g = -mg$이고, 장력의 성분은 그림에 표시되
어 있다. 따라서 성분별 방정식은 다음과 같다.

$$x성분: \quad T_1 \cos\theta - T_2 \cos\theta = 0$$
$$y성분: \quad T_1 \sin\theta + T_2 \sin\theta - mg = 0$$

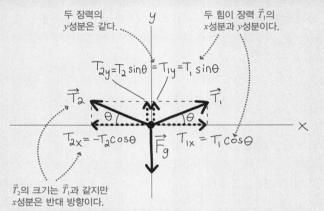

그림 5.4 배낭의 자유 물체 도형

x성분의 방정식은 문제의 대칭성을 알려 준다. 두 줄을 매단 각도
θ가 같으므로 장력의 크기 T_1과 T_2가 같다. 즉, $T_1 = T_2 = T$이
다. 한편 y성분의 방정식에서 처음의 두 항은 같으므로 $2T\sin\theta$
$-mg = 0$이다. 따라서 장력의 크기는 다음과 같다.

$$T = \frac{mg}{2\sin\theta} = \frac{(17\text{ kg})(9.8\text{ m/s}^2)}{2\sin 22°} = 220\text{ N}$$

검증 답을 검증해 보자. 먼저 특별한 경우를 생각해 보자. $\theta =$
$90°$이면 줄이 수직으로 걸리므로 $\sin\theta = 1$로부터 각 줄의 장력
은 $\frac{1}{2}mg$이다. 즉, 각 줄에 배낭의 무게가 $\frac{1}{2}$씩 걸린다. 각도
θ가 줄어들면 줄이 점점 수평으로 기울면서 배낭의 무게를 지탱
하기 위하여 수직 성분뿐만 아니라 수평 성분도 포함되어 장력이
증가한다. 만약 장력이 너무 커지면 줄이 끊어질 수 있다. 따라서
이 예제에서 줄이 끊어지는 장력의 크기는 배낭의 무게보다 훨씬
커야 한다. 만약 $\theta = 0$이면 장력의 크기가 무한대가 된다. 따라서
배낭을 수평으로 매달면 줄이 견디지 못한다.

예제 5.3   정지한 물체: 스키 선수 막기

마찰이 없는 경사각 30°의 경사로에서 그림 5.5처럼 출발문이 질
량이 62 kg인 스키 선수를 수평으로 막고 있다. 출발문이 스키 선
수에 작용하는 수평 성분의 힘은 얼마인가?

해석 대상 물체인 스키 선수가 정지해 있어야 한다. 스키 선수에
게 세 개의 힘, 즉 중력, 경사로의 수직 항력, 우리가 찾아야 하는
힘인 출발문이 막는 수평 성분의 힘 $\vec{F}_h$가 작용한다.

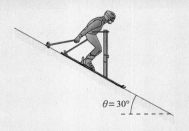

그림 5.5 스키 선수 막기

과정 그림 5.6은 스키 선수의 자유 물체 도형이다. 뉴턴의 제2법칙을 적용하면, $\vec{a} = \vec{0}$이므로 $\vec{F}_{알짜} = m\vec{a}$는 $\vec{F}_h + \vec{n} + \vec{F}_g = \vec{0}$이다. 문제풀이 요령에 따라 좌표계를 선택하자. 세 개의 힘 중에서 두 개의 힘이 출발문이 막는 수평 성분의 힘과 수직 성분의 수직 항력이므로 그림 5.6처럼 보통의 수평-수직 좌표계가 적절하다.

풀이 뉴턴의 법칙의 두 성분인 x성분과 y성분은 각각 $F_{hx} + n_x + F_{gx} = 0$과 $F_{hy} + n_y + F_{gy} = 0$이다. 그림 5.6에서 수직 항력의 각 성분이 표기되어 있고 $F_{hx} = -F_h$, $F_{gy} = -F_g = -mg$, $F_{gx} = F_{hy} = 0$이다. 따라서 각 성분별 방정식은 다음과 같다.

$$x성분: -F_h + n\sin\theta = 0$$
$$y성분: n\cos\theta - mg = 0$$

위의 두 식에는 미지수가 2개 포함되어 있다. 즉, 수평 성분의 힘 F_h와 수직 항력 n이다. y성분의 방정식을 풀면 $n = mg/\cos\theta$이고, 수직 항력 n을 x성분의 방정식에 넣어서 F_h를 구하면 다음을 얻는다.

$$F_h = \frac{mg}{\cos\theta}\sin\theta = mg\tan\theta = (62 \text{ kg})(9.8 \text{ m/s}^2)(\tan 30°)$$
$$= 350 \text{ N}$$

검증 답을 검증해 보자. 먼저 특별한 경우를 생각해 보자. $\theta = 0$이면 $F_h = 0$이다. 즉 경사로가 수평이면 스키 선수를 막는 데 힘이 필요 없다. 그러나 경사로의 경사각이 점점 커지다가 수직이 되면, $\tan\theta \to \infty$이므로 수평 성분의 힘만으로는 스키 선수를 막을 수 없다.

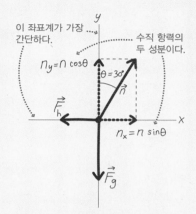

이 좌표계가 가장 간단하다.

수직 항력의 두 성분이다.

$n_y = n\cos\theta$

$\theta = 30°$

$\vec{n}$

$\vec{F}_h$

$n_x = n\sin\theta$

$\vec{F}_g$

그림 5.6 스키 선수의 자유 물체 도형

확인 문제

5.1 목수의 공구함이 마찰이 없는 45° 경사진 지붕 위에 그림처럼 수평인 줄에 매달려 있다. 줄의 장력은 공구통의 무게보다 (a) 큰가, (b) 작은가, (c) 같은가?

줄의 장력과 공구함의 무게를 어떻게 비교할까?

45°

5.2 여러 개의 물체

LO 5.2 연결된 두 개의 물체가 관련된 뉴턴의 법칙 문제를 풀 수 있다.

앞의 예제들은 단일 물체에 대한 응용이지만 여러 개의 물체가 관련되어 있는 경우에도 뉴턴 법칙을 적용할 수 있다.

문제풀이 요령 5.1 | 뉴턴의 제2법칙과 여러 개의 물체

해석 문제를 파악하고, 뉴턴의 법칙의 적용 여부를 확인한다. 여러 개의 물체를 확인하고 각각의 물체에 작용하는 힘을 파악한다. 마지막으로 물체들 사이의 관계와 운동의 구속 조건을 분석한다.

과정 각각의 물체에 작용하는 모든 힘을 보여 주는 자유 물체 도형을 물체별로 각각 그린다. 각 물체별로 그 물체에 작용하는 모든 힘의 벡터합 $\vec{F}_{알짜}$에 대한 뉴턴의 법칙 $\vec{F}_{알짜} = m\vec{a}$를 표기한다. 각 물체에 적합한 좌표계를 설정하고, 뉴턴의 법칙을 성분별로 표기한다. 이때 각 물체별 좌표계의 방향을 일치시킬 필요는 없다.

풀이 물리적 준비 과정은 다 끝났고, 이제 수학적 계산으로 답을 얻는 단계이다. 각 물체별로 설정한 좌표계에서 그 물체에 대한 뉴턴의 법칙을 성분으로 표기한다. 얻어진 방정식들에 포함된 물리량들의 관계를 사용하여 우리가 구해야 하는 물리량에 대한 최종 방정식을 푼다.

검증 답을 검증한다. 물리적으로 의미가 있는 숫자인가? 단위는 맞는가? 특별한 경우, 예를 들어 질량, 힘, 가속도, 각도 등이 매우 작거나 매우 클 때 어떠한가?

예제 5.4   여러 개의 물체: 암벽 등반가   응용 문제가 있는 예제

질량이 73 kg인 암벽 등반가가 빙벽의 끝에 그림 5.7처럼 매달려 있다. 다행히도 줄은 빙벽 끝에서 51 m 떨어진 거리에 위치한 질량이 940 kg인 바위에 단단히 매어져 있다. 그러나 빙판의 마찰이 없어서 등반가가 아래로 가속된다. 등반가의 가속도는 얼마인가? 바위가 빙벽의 끝까지 끌려오는 데 걸리는 시간은 얼마인가? 단, 줄의 질량은 무시한다.

그림 5.7 위험에 처한 등반가

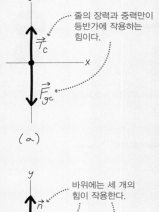

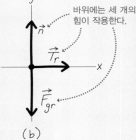

그림 5.8 (a) 등반가와 (b) 바위의 자유 물체 도형

해석 등반가의 가속도를 구해서 바위가 떨어지기 전까지 걸리는 시간을 구한다. 등반가와 바위가 대상 물체이고, 줄이 두 물체를 연결한다. 등반가에게는 중력과 위 방향의 줄의 장력이 작용하고, 바위에는 세 개의 힘, 즉 중력, 빙판의 수직 항력, 오른쪽 방향의 줄의 장력이 작용한다.

과정 그림 5.8은 두 물체에 대한 자유 물체 도형이다. 각각의 물체에 뉴턴의 법칙을 적용하면 다음의 두 개의 벡터 방정식을 얻는다.

$$등반가: \vec{T}_c + \vec{F}_{gc} = m_c \vec{a}_c$$
$$바위: \vec{T}_r + \vec{F}_{gr} + \vec{n} = m_r \vec{a}_r$$

아래 첨자 c와 r는 각각 등반가와 바위를 뜻한다. 모든 힘이 수평 아니면 수직이므로 그림 5.8의 직각 좌표계를 사용한다.

풀이 먼저 벡터 방정식의 성분을 구한다. 등반가에게는 수평 성분의 힘이 작용하지 않으므로 y성분만 고려한다. 그림 5.8a에서 등반가에 대한 뉴턴의 법칙의 y성분은 $T_c - m_c g = m_c a_c$이다. 바위의 경우에는 오른쪽, 즉 양의 x방향인 장력이 유일한 수평 성분의 힘이므로 바위에 대한 x방정식은 $T_r = m_r a_r$이다. 한편 바위는 수평면에 놓여 있고, 수직 방향의 가속도가 없으므로 y성분은 $n - m_r g = 0$이다. 다음으로 바위와 등반가의 연결을 고려해 보자. 줄로 연결되어 있으므로 바위와 등반가의 가속도가 똑같다.

가속도의 크기를 a라고 하면 그림 5.8에서 $a_r = a$, $a_c = -a$이다. 즉, 바위에 작용하는 줄의 장력 $\vec{T}_r$가 오른쪽 방향이므로 바위의 가속도는 양수이고, 등반가는 아래 방향으로 움직이므로 음수이다. 한편 줄의 질량이 없으므로 각 물체에 작용하는 줄의 장력이 같다. 장력의 크기를 T라고 하면 $T_c = T_r = T$이다. 따라서 등반가와 바위에 대한 x성분과 y성분의 방정식은 각각 다음과 같다.

$$등반가의 \ y성분: \ T - m_c g = -m_c a$$
$$바위의 \ x성분: \ T = m_r a$$
$$바위의 \ y성분: \ n - m_r g = 0$$

바위의 x성분의 방정식에서 얻은 장력을 등반가의 y성분의 방정식에 넣으면 $m_r a - m_c g = -m_c a$이고, 이 식을 a에 대해서 풀면 다음을 얻는다.

$$a = \frac{m_c g}{m_c + m_r} = \frac{(73 \ \text{kg})(9.8 \ \text{m/s}^2)}{(73 \ \text{kg} + 940 \ \text{kg})} = 0.71 \ \text{m/s}^2$$

남은 바위의 y성분의 방정식은 수직 항력이 바위의 무게와 같다는 뜻이다.

검증 답을 검증해 보자. 바위의 질량이 0이라면 $a=g$이다. 즉, 밧줄의 장력이 없어서 등반가는 자유 낙하한다. 또한 바위의 질량이 증가하면 가속도가 감소한다. 바위의 질량이 무한히 커지면 등반가는 가속되지 않고 매달려 있을 수 있다. 등반가에 작용하는 중력 $m_c g$가 바위와 등반가의 총질량 $m_c + m_r$을 가속시키므로 가속도는 $m_c g/(m_c+m_r)$이다.

이제 바위가 빙벽의 끝까지 끌려오는 데 걸리는 시간을 구해 보자. 이 시간 이후에 등반가는 정말 위험해진다. 이 경우는 일차원 운동이므로 식 2.10의 $x = x_0 + v_0 t + \frac{1}{2}at^2$을 적용한다. 여기서 $x_0 = 0$, $v_0 = 0$이므로 $x = \frac{1}{2}at^2$이다. 따라서 걸리는 시간 t는 다음과 같다.

$$t = \sqrt{\frac{2x}{a}} = \sqrt{\frac{(2)(51\ \text{m})}{0.71\ \text{m/s}^2}} = 12\ \text{s}$$

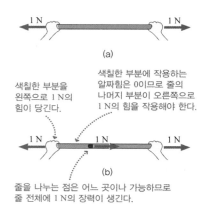

색칠한 부분을 왼쪽으로 1 N의 힘이 당긴다.

색칠한 부분에 작용하는 알짜힘은 0이므로 줄의 나머지 부분이 오른쪽으로 1 N의 힘을 작용해야 한다.

줄을 나누는 점은 어느 곳이나 가능하므로 줄 전체에 1 N의 장력이 생긴다.

그림 5.9 장력의 이해

줄과 장력 장력을 잘못 이해할 수가 있다. 예제 5.4에서 바위는 줄의 한쪽 끝을, 등산가는 다른 쪽 끝을 잡아당긴다. 장력은 왜 이들 두 힘의 합이 아닐까? 줄의 질량을 무시한다는 것은 물리적으로 왜 중요할까?

그림 5.9는 예제 5.4와 비슷한 상황을 보여 준다. 두 사람이 줄의 양쪽 끝에서 각각 1 N의 힘으로 당기는 모습이다. 이 경우 줄의 장력이 2 N이라고 생각할 수 있다. 그러나 아니다. 그림 5.9b에 표시한 줄의 한 부분을 생각해 보자. 왼쪽 끝에서 1 N의 힘으로 당기지만 줄이 가속되지 않으므로 같은 부분을 오른쪽으로 당기는 힘이 있어야 한다. 줄의 나머지 부분이 이 힘을 공급한다. 줄을 어떻게 나눠도 상관이 없다. 즉 줄의 모든 부분은 인접한 다른 부분에 1 N의 힘을 작용한다. 따라서 줄의 장력은 1 N이다.

줄이 가속되지 않는 한 알짜힘은 0이고 양쪽 끝에서 당기는 힘의 크기는 같다. 심지어 줄이 가속되는 경우에도 줄의 질량만 무시할 수 있으면, 같은 결론을 얻을 수 있다. 장력을 포함하는 물리적 상황에서 줄의 질량을 무시하는 것은 좋은 근사다. 그러나 굵은 줄, 케이블, 사슬 등은 질량이 크고 가속되므로, 양쪽 끝의 장력 크기가 다르다. 이 차이로 뉴턴의 제2법칙에 따라 줄이 가속된다.

확인문제 **5.2** 그림과 같이 벽에 고정된 고리에 연결된 줄을 1 N의 힘으로 오른쪽에서 당기고 있다. 그림 5.9와 비교하여 힘들은 어떻게 다른가? (a) 차이가 없다, (b) 고리가 작용하는 힘은 0이다, (c) 고리의 장력은 0.5 N이다.

1 N

운동의 방향을 변화시키기 위해서 알짜힘이 필요하다.

그림 5.10 자동차가 커브길을 돌고 있는 경우에 힘은 커브의 중심 방향으로 작용한다.

5.3 원운동

LO 5.3 하나 이상의 힘을 받는 원운동과 관련된 문제를 풀 수 있다.

커브길을 도는 자동차, 지구 궤도를 도는 인공 위성, 거대한 입자 가속기를 따라 도는 양성자 등은 직선 운동을 하지 않으므로 뉴턴의 운동 법칙에 따라 힘이 필요하다(그림 5.10 참조).

3.6절에서 배웠듯이 등속력 v로 반지름 r인 원형 궤도를 도는 물체의 가속도 크기는 v^2/r이며, 방향은 원의 중심을 향한다. 따라서 질량 m의 물체가 원운동을 할 때 뉴턴의 제2법칙은 다음과 같다.

$$F_{알짜} = ma = \frac{mv^2}{r} \quad (\text{등속 원운동}) \tag{5.1}$$

여기서 알짜힘의 방향은 가속도 방향처럼 원의 중심을 향하므로 이를 **구심력**(centripetal force)이라고 한다. (라틴어 'centrum'은 '중심(center)', 'petere'는 '추구하는 것(to seek)'을 뜻한다.)

뉴턴의 제2법칙은 다른 운동과 마찬가지로 알짜힘, 질량 그리고 가속도와의 관계를 이용하여 원운동을 정확하게 기술한다. 따라서 원운동을 풀이할 때 다른 운동에 대한 뉴턴의 법칙의 풀이 요령을 따르면 된다.

 실제의 힘 구심력은 새로운 종류의 힘이 아니다. 물체를 원운동하게 만드는 임의의 물리적인 힘들을 나타내는 이름일 뿐이다. 보통 원운동에 관여하는 물리적 힘의 예는 인공위성에 작용하는 중력, 타이어와 도로 사이의 마찰력, 자기력, 장력, 수직 항력 또는 이들 힘의 합이다.

예제 5.5 | 원운동: 줄에 매달린 공 돌리기

질량이 m인 공이 길이가 L인 줄의 끝에 매달려서 그림 5.11처럼 원형 궤도를 따라 돈다. 줄과 수평을 이루는 각도가 θ일 때 공의 속력과 줄의 장력을 구하라.

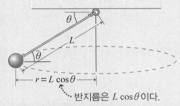

$r = L\cos\theta$

반지름은 $L\cos\theta$이다.

그림 5.11 줄에 매달려 도는 공

해석 힘과 가속도에 관한 문제이다. 대상 물체인 공에는 중력과 줄의 장력만 작용한다.

과정 그림 5.12는 공의 자유 물체 도형이다. 따라서 공에 대한 뉴턴 법칙은 다음과 같다.

$$\vec{T} + \vec{F}_g = m\vec{a}$$

공의 원형 궤도가 수평면에 있으므로 가속도의 방향도 수평 방향이다. 따라서 수평-수직인 직각 좌표계를 선택한다.

 실제의 힘만 생각한다. 그림 5.12에서 다른 두 힘과 균형을 이루게 하기 위하여 바깥 방향으로 세 번째의 힘을 그려 넣으려고 시도한 적이 있나? 안 된다. 공이 가속되고 있으므로 알짜힘이 0이 아니다. 따라서 각각

의 힘들이 균형을 이룰 필요가 없다. 또한 안쪽 방향으로 힘 mv^2/r을 그려 넣으려고 시도한 적이 있나? 안 된다. mv^2/r는 단지 뉴턴의 법칙에 나타난 질량과 가속도의 곱이다(그림 4.3과 관련된 tip을 참고하라.). 학생들은 종종 실제로 존재하지 않는 힘을 도입하므로 문제를 복잡하게 만든다. 그렇게 되면 물리학이 실제보다 훨씬 더 어려워 보이게 된다.

풀이 뉴턴의 법칙의 x, y성분을 구해 보자. 그림 5.12에서 $F_{gy} = -F_g = -mg$이다. 가속도는 수평 방향이므로 $a_y = 0$이고, 원운동이므로 $a_x = v^2/r$이다. 여기서 r는 무엇일까? 줄의 길이 L이 아니라 원형 궤도의 반지름이다. 그림 5.11에서 반지름은 L이 아니고 $L\cos\theta$이다. 따라서 뉴턴의 법칙의 x, y성분은 다음과 같다.

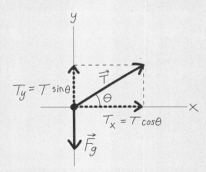

그림 5.12 공에 대한 자유 물체 도형

$$x성분: \ T\cos\theta = \frac{mv^2}{L\cos\theta}$$

$$y성분: \ T\sin\theta - mg = 0$$

y성분 식에서 구한 장력 $T = mg/\sin\theta$을 x성분 식에 대입하여 속력 v를 구하면 다음을 얻는다.

$$v = \sqrt{\frac{TL\cos^2\theta}{m}} = \sqrt{\frac{(mg/\sin\theta)L\cos^2\theta}{m}} = \sqrt{\frac{gL\cos^2\theta}{\sin\theta}}$$

검증 답을 검증해 보자. 만약 $\theta = 90°$이면 $\cos\theta = 0$이므로 $v = 0$이다. 공은 운동하지 않고, 줄의 장력과 공의 무게가 같아진다. 각도 θ가 줄어들면 줄이 수평으로 누우면서 속력과 장력이 증가한다. 예제 5.2처럼 줄이 수평에 가까울수록 장력이 최대가 된다. 여기서 장력의 역할은 두 가지이다. 수직 성분은 공의 무게를 지탱하고, 수평 성분은 공을 원형 궤도로 유지시킨다. 수직 성분은 항상 mg이지만 줄이 수평에 가까울수록 전체 장력에서 차지하는 비율이 감소하므로, 장력과 속력이 매우 커진다.

예제 5.6 원운동: 커브길 설계하기

커브길을 만들 때 도로를 기울여서 수직 항력의 한 성분이 커브곡률의 중심을 향하도록 설계한다. 즉 타이어와 도로 사이의 마찰이 없어도 자동차가 커브길을 안전하게 돌 수 있도록 한다. 곡률 반지름이 350 m인 커브길을 90 km/h(25 m/s)로 달리려면 경사각은 얼마가 되어야 하는가?

해석 원운동과 뉴턴의 법칙에 관련된 문제이다. 도로의 경사각이 질문이지만 대상 물체는 도로 위의 자동차이다. 자동차가 마찰력 없이도 커브길을 안전하게 달릴 수 있도록 도로를 설계해야 한다. 이 경우에 자동차에 작용하는 힘은 중력과 수직 항력뿐이다.

과정 그림 5.13은 물리적인 상황을 보여 주며, 그림 5.14는 자동차의 자유 물체 도형이다. 여기서 뉴턴의 제2법칙을 응용하면 $\vec{n} + \vec{F_g} = m\vec{a}$이다. 예제 5.1의 스키 선수와는 달리 자동차가 경사면 아래 방향으로 가속되지 않으므로 수평-수직 직각 좌표계를 사용한다.

그림 5.13 커브길 위의 자동차

풀이 먼저 뉴턴의 법칙을 성분으로 표기해 보자. 중력이 유일한 y성분이므로 $F_{gy} = -mg$이고, 수직 항력은 그림 5.14처럼 x성분과 y성분, 즉 두 개의 성분이 있다. 가속도는 순전히 수평 방향이며 곡률 중심, 즉 양의 x축으로 향한다. 자동차가 원운동을 하므로 가속도의 크기는 v^2/r이다. 따라서 뉴턴 법칙의 x, y성분은 다음과 같다.

$$x성분: \ n\sin\theta = \frac{mv^2}{r} \qquad y성분: \ n\cos\theta - mg = 0$$

y성분에서 오른쪽 항이 0인 것은 자동차가 수직 방향으로는 가속되지 않는다는 뜻이다. y성분 식에서 구한 $n = mg/\cos\theta$를 x성분 식에 대입하면 $mg\sin\theta/\cos\theta = mv^2/r$, 즉 $g\tan\theta = v^2/r$을 얻는다. 질량이 상쇄되므로 커브길 설계에 자동차의 질량은 상관없다. 따라서 경사각은 다음과 같다.

$$\theta = \tan^{-1}\left(\frac{v^2}{gr}\right) = \tan^{-1}\left(\frac{(25 \text{ m/s})^2}{(9.8 \text{ m/s}^2)(350 \text{ m})}\right) = 10°$$

검증 답을 검증해 보자. 저속이거나 반지름이 크면 자동차의 운동의 변화가 심하지 않으므로 원형 궤도를 유지하는데 큰 힘이 필요 없다. 그러나 v가 증가하거나 r이 감소하게 되면 힘이 증가하게 되므로 경사각도 증가한다. 경사각이 클수록 자동차의 원형 궤도를 유지시켜 주는 수직 항력의 수평 성분이 커지기 때문이다. 비행기가 방향을 바꾸기 위해 기울어질 때도 비슷한 일이 발생한다. 비행기가 기울어지면 날개에 수직한 공기의 힘에 수평 성분이 생기고 그 힘이 비행기를 회전하게 한다(이 장의 도입부 사진과 실전 문제 47 참조).

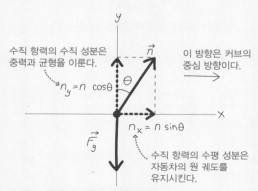

그림 5.14 자동차의 자유 물체 도형

예제 5.7 원운동: 원형 트랙 위를 돌기

캘리포니아 발렌시아에 있는 롤러코스터 '거대한 미국 롤러코스트'(Great American Revolution)에는 반지름이 6.3 m인 원형 트랙이 설치되어 있다. 롤러코스터 차가 원형 트랙의 꼭대기에서 떨어지지 않으려면 차의 속력은 최소 얼마이어야 하는가?

해석 원운동과 뉴턴의 제2법칙에 관련된 문제이다. 차가 롤러코스터의 궤도에 머물기 위한 최소 속력을 구하려고 한다. 궤도에 머문다는 것은 무엇을 의미할까? 그것은 차와 궤도 사이에 반드시 수직 항력이 존재한다는 뜻이다. 만약 수직 항력이 없으면 차와 궤도는 더 이상 접촉하지 않는다. 따라서 차에 작용하는 두 힘으로 중력, 궤도가 작용하는 수직 항력을 고려한다.

과정 그림 5.15는 물리적인 상황이다. 궤도 꼭대기에서는 두 개의 힘이 모두 아래 방향을 향한다. 이는 그림 5.16의 자유 물체 도형에서 확인할 수 있다. 두 개의 힘이 모두 아래 방향을 향하므로 y축이 아래 방향인 좌표계를 택한다. 뉴턴의 제2법칙에서 $\vec{n} + \vec{F_g} = m\vec{a}$이다.

풀이 두 개의 힘이 같은 아래 방향을 향하므로 뉴턴의 법칙의 y성분만 필요하다. 즉 $n_y = n$, $F_{gy} = mg$이다. 원형 트랙의 꼭대기에서 원운동을 하므로 차의 가속도는 중심을 향하는 아래 방향이

고 크기는 $a_y = v^2/r$이다. 따라서 뉴턴의 법칙의 y성분은 다음과 같다.

$$n + mg = \frac{mv^2}{r}$$

위 식에서 속력을 구하면 $v = \sqrt{(nr/m) + gr}$이다. 차가 궤도와 접촉을 유지할 수 있는 최소 속력은 수직 항력 n이 원형 트랙의 꼭대기에서 최소일 때이다. 따라서 $n = 0$일 때 최소이며 그 크기는 다음과 같다.

$$v_{최소} = \sqrt{gr} = \sqrt{(9.8\,\mathrm{m/s^2})(6.3\,\mathrm{m})} = 7.9\,\mathrm{m/s}$$

검증 답을 검증해 보자. 차가 최소 속력을 갖게 되면 원형 트랙의 꼭대기에서 수직 항력이 없으므로 중력만으로 원형 궤도에 차가 머물러 있어야 한다. 즉 중력의 크기가 mv^2/r와 같아야 한다. 결국 $mg = mv^2/r$에서 최소 속력 $v_{최소} = \sqrt{gr}$를 얻을 수 있다. $v_{최소}$보다 천천히 움직이는 차는 궤도와의 접촉이 사라져서 발사체와 같이 포물선 궤도를 따라 운동을 하게 된다. $v_{최소}$보다 빨리 움직이면 0이 아닌 수직 항력이 원형 트랙의 꼭대기에서 아래 방향의 가속도를 만든다. '거대한 미국 롤러코스트'의 실제 속력은 9.7 m/s이므로 안전하다. 다른 중력 문제와 마찬가지로 질량이 상쇄되므로, 최소 속력은 차에 타는 승객의 수와는 상관이 없다.

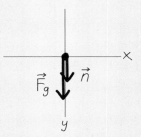

꼭대기에서 두 개의 힘은 모두 아래 방향이며, 차는 순간적으로 등속 원운동을 한다.

중력은 항상 아래 방향을 향하고, 이 지점에서 수직 항력은 수평 방향이다. 이때 알짜힘이 중심을 향하지 않으므로 차는 방향이 바뀌면서 느려진다.

그림 5.15 롤러코스터 차에 작용하는 힘

그림 5.16 원형 트랙 꼭대기의 자유 물체 도형

힘과 운동 이것은 이미 한 번 언급한 내용이지만 다시 한 번 언급할 가치가 있다. 힘은 운동을 만들지 않고 운동을 변화시킨다. 물체의 운동 방향은 물체에 작용하는 힘의 방향과 같을 이유가 없다. 예제 5.7에서 거대한 원형 트랙의 꼭대기에서 수평 운동을 하는 자동차에 작용하는 힘의 방향은 아래 방향이다. 원운동을 하는 물체의 가속도가 중심을 향하는 것처럼 운동이 변화하는 방향이 힘과 같은 방향이다.

개념 예제 5.1 　**불쾌한 날(Bad Hair Day)**

공중회전을 하고 있는 롤러코스터의 탑승자가 그려진 그림 5.17의 삽화에서 잘못 표현된 것은 무엇인가?

그림 5.17 개념 예제 5.1

풀이 관심의 대상은 롤러코스터의 꼭대기에 있는 탑승자들이므로 그들에게 작용하는 힘을 알 필요가 있다. 한 가지는 분명히 중력이다. 롤러코스터가 예제 5.7의 최소 속력보다 더 빠르게 움직이고 있다면(안전을 위해 그러는 게 좋다) 탑승자의 몸을 가속시키는 내력뿐만 아니라 좌석으로부터의 수직 항력도 존재한다.

뉴턴의 법칙에 따르면 알짜힘과 가속도는 $\vec{F} = m\vec{a}$인 관계가 성립한다. 따라서 알짜힘과 가속도는 반드시 같은 방향이어야 한다. 궤도의 꼭대기에서 알짜힘과 가속도의 방향은 아래쪽이므로 탑승자의 몸 곳곳이 아래로 향하는 알짜힘을 받는다. 또 다시 예제 5.7로부터 롤러코스터가 원운동을 하기 위해서 필요한 최소한의 힘이 중력이라는 것을 알지만, 안전을 위해서 아래로 향하는 추가적인 힘이 있어야 한다.

이제 아래로 늘어져 있는 탑승자의 머리카락에 초점을 맞추자. 개개의 머리카락에 작용하는 힘은 중력과 장력이고, 안전 때문에 중력만 있을 때보다 더 강한 힘이 되려면 두 힘은 같은 방향, 즉 아래로 향해야 한다. 그러면 어떻게 탑승자의 머리카락이 아래로 늘어져 있을 수 있는가? 그것은 위로 향하는 장력이 있다는 뜻이므로 앞의 논리에 어긋난다. 따라서 삽화가는 머리카락을 위쪽으로 늘어지도록 그렸어야 한다.

검증 탑승자는 위가 아래인 것처럼 느낀다! 탑승자는 좌석이 아래로 미는 수직 항력을 받고, 머리카락도 아래로 향하는 장력을 받는다. 탑승자는 안전벨트를 매고 있지만 머리카락은 그럴 필요가 없다. 속력이 예제 5.7의 최솟값을 넘으면 탑승자는 좌석에 꽉 달라붙는 것을 느낄 수 있다. 어떤 신비스러운 힘이 있어서 좌석에서 탑승자를 밀어내고 그들의 머리카락까지 밀어내는 것일까? 아니다! 뉴턴의 제2법칙에 따르면 탑승자에게 작용하는 알짜힘은 가속 방향, 즉 아래쪽을 향한다. 그리고 안전 때문에 알짜힘은 중력보다 더 커야 한다. 그 알짜힘이 위를 아래처럼 느끼게 만드는 추가적인 힘인 좌석으로부터의 수직 항력과 머리카락의 장력이다.

관련 문제 탑승자가 느끼는 무게가 지상에 정지해 있을 때의 무게의 50%라고 가정하자. 롤러코스터의 속력을 예제 5.7의 최솟값과 비교해 보라.

풀이 예제 5.7에서 수직 항력 n과 다른 양들의 항으로 구한 속력은 $v = \sqrt{(nr/m) + gr}$이다. 정상 무게의 50%인 겉보기 무게는 $n = mg/2$이다. 그러면 $v = \sqrt{(gr/2) + gr} = \sqrt{3/2} \sqrt{gr}$이다. 예제 5.7에 따르면 최소 속력은 $\sqrt{gr}$이므로 롤러코스터의 속력은 최소 속력의 $\sqrt{3/2} \simeq 1.22$이다. 그리고 탑승자가 느끼는 50% 겉보기 무게는 위로 향한다!

확인 문제 **5.3** 물이 담긴 물동이를 수직원 궤도 위를 돌리는데 물이 쏟아지지 않는다. 물이 왜 쏟아지지 않는가에 대한 뉴턴식의 설명은 다음 중 어느 것인가? (a) 구심력 mv^2/r가 중력과 균형을 이룬다, (b) 물을 위로 미는 원심력이 있다, (c) 수직 항력 더하기 중력이 물을 원형 궤도로 유지하는 데 필요한 아래 방향의 가속도를 제공한다, (d) 위 방향의 수직 항력이 중력과 균형을 이룬다.

5.4 마찰력

LO 5.4 정지 마찰력과 운동 마찰력의 차이를 기술할 수 있다.
LO 5.5 다른 힘을 포함하는 문제에 마찰력을 결합할 수 있다.

우리가 경험하는 일상생활에서의 운동은 뉴턴의 제1법칙에 위배되는 것처럼 보인다. 예를 들어 책상에서 책을 미끄러지게 하면 곧 멈추고, 가속 페달에서 발을 떼면 얼마 안 가서 자동차가 정지한다. 뉴턴의 법칙이 맞는다면 반드시 다른 힘이 작용해야 하는데, 두 접촉면의 상대 운동에 반대하는 힘, 즉 **마찰력**(friction)이 그 힘에 해당한다.

　지구상에서는 마찰력을 무시할 수 없다. 예를 들면 자동차에서 소비되는 연료의 20% 정도가 엔진의 내부 마찰을 극복하는 데 사용된다. 또 마찰 때문에 기계나 옷이 마모된다. 그러나 마찰이 없다면 운전도 못하고 심지어는 걸을 수도 없다. 마찰은 결코 필요 없는 존재가 아닌 것이다.

마찰력의 본성

마찰력은 궁극적으로 두 표면에 있는 분자들 사이의 전기력이다. 두 표면의 접촉면은 그림 5.18a처럼 미시적으로 불규칙하게 달라붙으며, 거시적으로는 두 표면의 상대 운동에 반대하는 힘을 만든다.

　실험 결과에 의하면 마찰력의 크기는 접촉면 사이의 수직 항력에 비례한다. 그림 5.18b를 보면 알 수 있듯이 수직 항력이 증가하면 접촉 면적이 늘어나서 마찰력이 증가한다.

　미시 수준에서 마찰력은 매우 복잡하다. 여기서 기술하는 간단한 방정식은 마찰에 대한 근사식이다. 마찰은 일상생활에서 매우 중요하지만 물리학의 기본 상호작용은 아니다.

마찰력

마루 위에서 무거운 트렁크를 밀어 보아라. 처음에 밀 때는 아무런 일도 일어나지 않는다. 더 세게 밀어도 마찬가지이다. 좀 더 세게 밀면 트렁크가 미끄러지기 시작한다. 일단 미끄러지기 시작하면 더 이상 세게 밀지 않아도 트렁크는 잘 움직인다. 왜 그럴까?

　트렁크가 정지한 상태에서는 트렁크와 마룻바닥 사이의 미시적 접촉이 상대적으로 강하게 결합되어 있기 때문이다. 트렁크를 밀기 시작하면 강한 결합이 끊어지지 않고 변형되면서 작용력에 반대하는 힘이 작용한다. 이 힘을 **정지 마찰력**(static friction) $\vec{f}_s$ 라고 한다. 작용력을 증가시키면 그림 5.19처럼 정지 마찰력도 같이 증가하므로 트렁크는 정지해 있다. 실험적으로 최대 정지 마찰력은 수직 항력에 비례하므로 다음과 같이 쓸 수 있다.

$$f_s \leq \mu_s n \text{ (정지 마찰력)} \tag{5.2}$$

여기서 비례 상수 μ_s는 **정지 마찰 계수**(coefficient of static friction)로 접촉면에 따라 다르다. $\leq$ 부호는 정지 마찰력의 범위가 0부터 최댓값 사이라는 뜻이다.

　트렁크를 더 세게 밀면 결국 트렁크와 마룻바닥 사이의 결합이 깨지면서 트렁크가 움직이기 시작한다. 그림 5.19에서 볼 수 있듯이 이때 마찰력이 갑자기 작아지며, 미시적 결합이 강화될 시간적 여유가 없으므로 마찰을 극복하는데 큰 힘이 필요하지 않게 된다. 그림 5.19

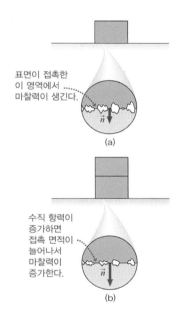

표면이 접촉한 이 영역에서 마찰력이 생긴다.

(a)

수직 항력이 증가하면 접촉 면적이 늘어나서 마찰력이 증가한다.

(b)

그림 5.18 두 표면의 접촉으로 마찰력이 생긴다.

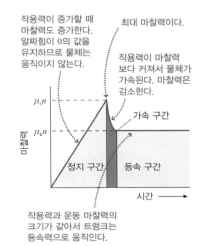

작용력이 증가할 때 마찰력도 증가한다. 알짜힘이 0의 값을 유지하므로 물체는 움직이지 않는다.

최대 마찰력이다.

작용력이 마찰력보다 커져서 물체가 가속된다. 마찰력은 감소한다.

가속 구간

정지 구간　등속 구간

작용력과 운동 마찰력의 크기가 같아서 트렁크는 등속력으로 움직인다.

그림 5.19 마찰력의 시간에 대한 변화

에서 마찰을 극복하는 데 꼭 필요한 정도로만 민다고 가정하고 있으므로 트렁크는 이제 일정한 속력으로 움직인다.

운동을 할 때 두 접촉면 사이의 약한 마찰력을 **운동 마찰력**(kinetic friction) $\vec{f}_k$라고 한다. 운동 마찰력도 다음과 같이 접촉면 사이의 수직 항력에 비례한다.

$$f_k = \mu_k n \text{ (운동 마찰력)} \tag{5.3}$$

여기서 비례 상수 μ_k는 **운동 마찰 계수**(coefficient of kinetic friction)이다. 운동 마찰력이 최대 정지 마찰력보다 작으므로 운동 마찰 계수도 정지 마찰 계수보다 작다. 크로스컨트리 스키 선수들은 스키 바닥에 왁스를 발라서 눈을 반대로 밀어서 오르막에 오를 때 정지 마찰 계수가 커지도록 하고 내리막길에서는 잘 미끄러지게 한다.

식 5.2와 5.3은 마찰력의 크기만 알려 준다. 마찰력의 방향은 접촉면에 평행하고 작용력 (그림 5.20a 참조) 또는 그림 5.20b처럼 표면의 상대 운동과 반대 방향이다.

한편 식 5.2와 5.3은 두 힘들의 크기 사이의 비례 관계를 나타내므로 마찰 계수는 차원이 없다. μ_k는 매끄럽거나 윤활유를 바른 표면의 경우에 0.01보다 작은 값에서부터 매우 거친 표면에 대한 약 1.5 사이의 범위의 값을 갖는다. 자동차 운전에 중요한 건조한 상태의 콘크리트와 고무 사이의 μ_k는 약 0.8이고 μ_s는 최대 1의 값을 갖는다. 마른 눈과 왁스를 칠한 스키 바닥 사이는 $\mu_k \approx 0.04$이고, 인체 관절 사이의 활액에서 μ_k는 최소 0.003으로 감소한다.

만약 움직이는 물체를 운동 마찰력과 같은 크기로 밀면 알짜힘이 0이므로 뉴턴 법칙에 따라 물체는 등속 운동을 한다. 마찰은 거의 항상 존재하지만 손으로 밀거나 줄로 당기는 경우처럼 명확하지 않다. 따라서 뉴턴의 생각처럼 물체를 가속시키기 위해서가 아니라 물체가 움직이기 위해 힘이 필요하다고 믿는 것이 더 쉬운 이유를 알 수 있다.

마찰과 관련된 수식은 실험적으로 구한 다음에 복잡한 효과와 미시 수준의 상호작용 등을 고려해 어림한 경험식이다. 마찰 방정식은 정확하지도 않고 뉴턴의 법칙의 근본적인 특징도 가지고 있지 않다.

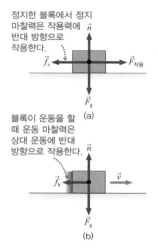

정지한 블록에서 정지 마찰력은 작용력에 반대 방향으로 작용한다. $\vec{n}$ $\vec{f}_s$ $\vec{F}_{작용}$ $\vec{F}_g$ (a)

블록이 운동을 할 때 운동 마찰력은 상대 운동에 반대 방향으로 작용한다. $\vec{n}$ $\vec{f}_k$ $\vec{v}$ $\vec{F}_g$ (b)

그림 5.20 마찰력의 방향

마찰의 응용

정지 마찰은 걷기, 운전 등의 일상 활동에 매우 중요한 역할을 한다. 걸을 때 도로와 접촉한 발은 잠시 정지해 있으면서 도로를 뒤로 민다. 이때 뉴턴의 제3법칙에 따라 도로가 발을 앞으로 밀어서 걷게 만든다(그림 5.21 참조). 뉴턴의 제3법칙에 의해 짝힘은 발과 도로 사이의 정지 마찰 때문에 생긴다. 이 때문에 마찰이 없는 표면 위에서는 걸을 수 없다.

이와 유사하게 가속하는 자동차의 타이어도 도로를 뒤로 민다. 도로가 미끄럽지 않으면 각 타이어의 바닥이 잠시 정지해 있다(10장에서 다시 설명하겠다). 따라서 정지 마찰이 작용한다. 뉴턴의 제3법칙에 따라 도로의 마찰력이 타이어를 앞으로 민다. 제동은 그 반대이다. 타이어는 앞으로 밀고, 도로는 뒤로 밀어서 자동차를 감속시킨다(그림 5.22 참조). 브레이크는 바퀴에만 영향을 주므로 타이어와 도로 사이의 마찰이 자동차를 정지시킨다. 눈길에서 브레이크를 밟아 보면 쉽게 알 수 있다.

발이 도로를 뒤로 밀므로… …도로가 앞 방향으로 사람을 민다. $\vec{F}_2$ $\vec{F}_1$

그림 5.21 걷기

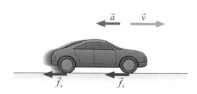

$\vec{a}$ $\vec{v}$ $\vec{f}_s$ $\vec{f}_s$

그림 5.22 마찰이 자동차를 멈추게 한다.

예제 5.8 마찰력: 자동차 멈추기

자동차 타이어와 도로 사이의 운동 및 정지 마찰 계수는 각각 0.61과 0.89이다. 자동차가 수평 도로에서 90 km/h(25 m/s)로 달리고 있다. (a) 브레이크를 밟아 바퀴가 천천히 구르면서 정지 마찰력이 작용될 때 최소 제동 거리를 구하라. (b) 바퀴가 완전히 잠기면서 자동차가 미끄러지는 제동 거리를 구하라.

해석 제동 거리에 대한 문제이므로 사실상 일차원 가속 운동에 대한 것이다. 그러나 마찰에 의해 가속도가 생기므로 뉴턴의 법칙을 적용한다. 자동차가 대상 물체이며 세 개의 힘, 즉 중력, 수직 항력, 마찰력이 작용한다.

과정 그림 5.23은 브레이크를 밟은 자동차의 자유 물체 도형이다. 2단계로 분리하여 풀이한다. 먼저 뉴턴의 법칙으로 가속도를 구한 다음에 식 2.11의 $v^2 = v_0^2 + 2a\Delta x$를 이용하여 거리를 구한다. 세 개의 힘이 자동차에 작용하므로 뉴턴의 법칙은 $\vec{F_g} + \vec{n} + \vec{f_f} = m\vec{a}$이다. 또한 수평-수직 좌표계로 기술한다.

풀이 유일한 x성분의 힘은 $-$방향의 마찰력이고, 크기는 μn이다. 여기서 μ는 정지 또는 운동 마찰 계수이다. 한편 수직 항력과 중력은 수직 방향으로 작용하므로, 두 성분의 식은 다음과 같다.

$$x성분:\ -\mu n = ma_x \qquad y성분:\ -mg + n = 0$$

y성분에서 n을 구하여 x성분에 대입하면 $a_x = -\mu g$이다. 이 결과를 식 2.11에 대입하면 제동 거리 Δx를 구할 수 있다. 나중 속력 $v = 0$이므로 제동 거리는 다음과 같다.

$$\Delta x = -\frac{v_0^2}{2a_x} = \frac{v_0^2}{2\mu g}$$

따라서 (a) 미끄럼이 없으면 정지 마찰이 작용하여 최소 제동 거리는 $\Delta x = 36$ m이고, (b) 바퀴가 잠겨서 미끄러지면 운동 마찰이 작용하여 $\Delta x = 52$ m이다. 이 정도의 거리 차이면 사고를 방지하기에 충분하다.

검증 답을 검증해 보자. 가속도 $a_x = -\mu g$에서 마찰 계수가 크면 가속도도 크다. 즉 마찰이 가속도를 만든다. 이때 자동차의 질량은 영향이 없을까? 같은 가속도라도 자동차가 무거우면 마찰력이 커야 한다. 그러나 마찰력이 수직 항력에 비례하고 수직 항력은 자동차의 질량에 비례하므로 서로 상쇄되어 제동 거리는 자동차의 질량에 의존하지 않는다.

제동 거리는 자동차 속력의 제곱에 비례하므로 고속주행은 항상 위험하다. 속력을 2배로 올리면 제동 거리는 4배로 증가한다.

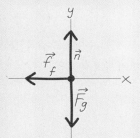

그림 5.23 브레이크를 밟은 자동차의 자유 물체 도형

예제 5.9 마찰력: 커브길 돌기

반지름이 73 m로 90° 꺾인 수평 커브길을 마른 상태($\mu_s = 0.88$)와 눈 덮인 상태($\mu_s = 0.21$)에서 달릴 때, 안전한 최소 속력을 각각 구하고 비교하라.

해석 예제 5.8과 비슷하지만 마찰력이 차의 운동에 수직으로 작용하여 자동차의 원형 궤도를 유지시킨다. 또한 자동차가 마찰이 작용하는 방향으로 움직이지 않으므로 정지 마찰이다. 자동차가 대상 물체이고, 작용하는 힘은 중력, 수직 항력, 마찰력이다.

과정 그림 5.24는 커브를 도는 자동차의 자유 물체 도형이다. 뉴턴의 법칙은 $\vec{F_g} + \vec{n} + \vec{f_s} = m\vec{a}$이고 가속도는 차가 원운동을 하므로 v^2/r이다. 수평-수직 좌표계에서 x축을 가속도의 방향, 즉 커브의 중심 방향으로 잡는다.

풀이 유일한 수평 성분의 힘은 양의 x방향인 마찰력이고 크기는 $\mu_s n$이고, 가속도의 크기는 v^2/r이다. 따라서 뉴턴의 법칙의 x성분은 $\mu_s n = mv^2/r$이다. 한편 수직 방향의 가속도가 없으므로 y성분은 $-mg + n = 0$이다. 여기서 구한 수직 항력 n을 x성분에 대입하면 $\mu_s mg = mv^2/r$이므로, 속력 v는 다음과 같다.

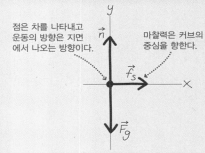

점은 차를 나타내고 운동의 방향은 지면에서 나오는 방향이다.

마찰력은 커브의 중심을 향한다.

그림 5.24 커브를 도는 자동차의 자유 물체 도형

$$v = \sqrt{\mu_s g r}$$

따라서 마른 상태에서는 $v = 25$ m/s(90 km/h), 눈 덮인 상태에서는 $v = 12$ m/s(44 km/h)를 얻는다. 이 속력을 넘으면 커브를 도는 반지름이 커져서 도로를 벗어나게 된다.

검증 답을 검증해 보자. 이 결과도 자동차의 질량에 무관하다. 무거운 차는 큰 마찰력이 필요한데 자연히 수직 항력이 크므로 해결된다. 반지름 r가 클수록 안전한 속력이 증가한다. 즉, 반지름이 커지면 커브가 완만하여 주어진 속력에서 가속도가 크지 않아서 마찰력이 작아도 충분하다.

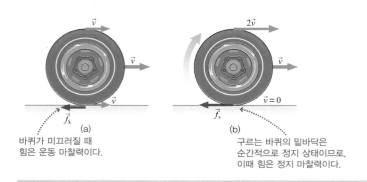

바퀴가 미끄러질 때
힘은 운동 마찰력이다.

구르는 바퀴의 밑바닥은
순간적으로 정지 상태이므로,
이때 힘은 정지 마찰력이다.

요즈음 대부분의 자동차에는 컴퓨터로 제어하는 ABS(antilock braking system)가 장착되어 있다. ABS는 정지 마찰이 운동 마찰보다 크다는 사실을 이용한 장치이다. ABS가 장착되지 않은 자동차에서 급브레이크를 걸면 바퀴의 회전이 멈추면서 미끄러진다. 이때 타이어와 도로 사이의 힘은 운동 마찰력이다(그림(a) 참조). 만약 브레이크를 밟았다 떼었다를 반복하면 바퀴의 미끄럼을 막아 주므로, 더 큰 정지 마찰력이 작용한다(그림(b) 참조).

ABS는 컴퓨터로 각 바퀴의 브레이크 장치를 제어하여 독립적으로 각 바퀴의 미끄러짐을 방지한다. 비상시에 ABS를 장착한 자동차의 운전자가 강하게 브레이크를 밟고 난 후 덜커덕거리는 것은 ABS 장치가 작동하고 있다는 표시이다. ABS는 자동차의 정지 거리를 줄여 주기도 하지만 주된 목적은 눈길이나 미끄러운 도로에서 브레이크를 밟을 때 핸들의 조작 불능이나 차체의 미끄러짐을 막기 위한 것이다.

예제 5.10 | **경사면에서의 마찰: 눈사태**

눈보라가 몰아쳐서 스키 슬로프에 눈뭉치가 쌓였다. 새로운 눈과 슬로프 사이의 정지 마찰 계수는 0.46이다. 눈뭉치가 슬로프에 붙어 있을 최대 경사각은 얼마인가?

해석 구하는 경사각은 새 눈과 슬로프 사이의 마찰로 결정되므로 최대 정지 마찰에 관한 문제이다. 새롭게 쌓인 눈뭉치를 경사각 θ의 슬로프에 정지해 있는 질량 m의 직사각형 모양으로 가정하자. 직사각형 평판에 작용하는 힘은 중력, 수직 항력, 정지 마찰력 $\vec{f}_s$이다.

과정 그림 5.25는 직사각형 평판의 모양이고, 그림 5.26은 자유 물체 도형이다. 가속도는 $\vec{a} = \vec{0}$이므로 뉴턴의 법칙은 $\vec{F}_g + \vec{n} + \vec{f}_s = \vec{0}$이다. 한편 최대 정지 마찰력은 식 5.2에서 $f_{s\,최대} = \mu_s n$이다. 그림 5.26처럼 경사면을 x축으로 한다.

풀이 양의 x방향을 경사면 아래 방향으로 잡으면 그림 5.26에서 중력의 x성분은 $F_g \sin\theta = mg \sin\theta$이고, 마찰력은 위 방향($-x$ 방향)으로 작용하고 크기는 $\mu_s n$이므로 $f_{sx} = -\mu_s n$이다. 따라서

뉴턴의 법칙의 x성분은 $mg \sin\theta - \mu_s n = 0$이다. 한편 y성분은 그림 5.26에서 $-mg \cos\theta + n = 0$이다. 여기서 구한 $n = mg \cdot \cos\theta$를 x성분에 넣으면 $mg \sin\theta - \mu_s mg \cos\theta = 0$이다. 여기서 m과 g는 상쇄되므로 $\sin\theta = \mu_s \cos\theta$이다. $\tan\theta = \sin\theta / \cos\theta$로부터 다음을 얻는다.

$$\tan\theta = \mu_s$$

따라서 $\theta = \tan^{-1}\mu_s = \tan^{-1}(0.46) = 25°$이다.

검증 답을 검증해 보자. 슬로프가 가파를수록 눈뭉치가 붙어 있으려면 마찰력이 커야 한다. 여기에는 두 효과가 작용하는데, 첫째, 슬로프의 경사각이 커지면 중력의 경사면 성분이 커지고, 둘째로 수직 항력이 작아져서 마찰력이 줄어든다. 경사각 때문에 수직 항력은 단순히 mg가 아니다.

구한 답 $\tan\theta = \mu_s$보다 경사각이 약간만 커도 눈사태가 일어난다. 기온의 변화로 눈의 조성이 달라지면 마찰 계수가 감소하여 눈사태가 발생하기 쉬워지므로 조심해야 한다.

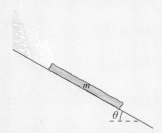

그림 5.25 경사면 위의 직사각형 평판으로 모형화한 눈뭉치

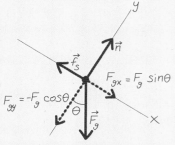

그림 5.26 눈뭉치의 자유 물체 도형

예제 5.11 마찰: 트렁크 끌기

수평면에서 질량 m의 트렁크에 질량이 없는 줄을 매달아 수평각 θ로 끌고 있다(그림 5.27 참조). 운동 마찰 계수가 μ_k일 때 트렁크를 일정한 속력으로 끌 수 있는 줄의 장력을 구하라.

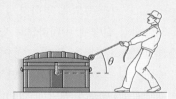

그림 5.27 트렁크 끌기

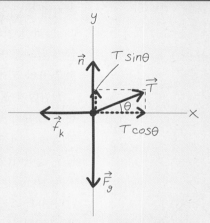

그림 5.28 트렁크의 자유 물체 도형

해석 트렁크가 움직이지만 가속되지 않으므로 가속도가 '0'인 뉴턴의 법칙을 적용한다. 대상 물체인 트렁크에 네 개의 힘, 즉 중력, 수직 항력, 마찰력, 줄의 장력이 작용한다.

과정 그림 5.28은 네 힘의 자유 물체 도형이다. 가속도가 '0'이므로 뉴턴의 법칙은 $\vec{F}_g + \vec{n} + \vec{f}_k + \vec{T} = \vec{0}$이고, 운동 마찰력의 크기는 $f_k = \mu_k n$이다. 줄의 장력을 제외하고는 모든 힘이 수직 또는 수평 방향이므로 수평-수직 좌표계를 선택한다.

풀이 그림 5.28에서 뉴턴 법칙의 x성분은 $T\cos\theta - \mu_k n = 0$이고, y성분은 $T\sin\theta - mg + n = 0$이다. y성분에서 구한 $n = mg - T\sin\theta$를 x성분에 대입하면 $T\cos\theta - \mu_k(mg - T\sin\theta) = 0$이므로, 장력은 다음과 같다.

$$T = \frac{\mu_k mg}{\cos\theta + \mu_k \sin\theta}$$

검증 답을 검증해 보자. 마찰이 없으면 트렁크를 일정한 속력으로 끌어당길 힘이 필요 없다. 즉, 위 식에서 $T = 0$을 얻는다. 만약 $\theta = 0$이면, $\sin\theta = 0$이므로 $T = \mu_k mg$를 얻는다. 즉, 수직 항력이 트렁크의 무게와 같으므로 마찰력은 $\mu_k mg$이다. 마찰력이 수평 방향이므로 $\theta = 0$이면 수평으로 끄는 장력이 마찰력과 같다. 각도가 증가하면 두 효과가 작용한다. 첫째, 위 방향의 장력이 트렁크의 무게를 지탱하여 수직 항력이 줄어들어서 마찰력이 감소하므로 트렁크 끌기가 쉬워진다. 그러나 각도가 증가하면 수평 방향의 장력도 줄어들므로 마찰을 극복하기 위해서는 더 큰 장력이 필요해진다. 이러한 두 효과의 작용으로 줄의 장력이 최소가 되는 각도를 구할 수 있다(실전 문제 72 참조).

확인 문제 **5.4** 그림처럼 벌목차가 통나무를 끌고 있다. 통나무에 작용하는 마찰력은 무게에 마찰 계수를 곱한 값보다 (a) 작은가, (b) 같은가, (c) 큰가?

5.5 끌림힘

LO 5.6 끌림힘을 기술할 수 있다.

마찰만이 물체의 운동을 방해하여 뉴턴의 제1법칙을 혼란시키는 숨은 힘이 아니다. 물, 공기와 같은 유체 속에서 움직이는 물체도 물체와 유체의 상대 운동에 반대하는 **끌림힘**(drag force)을 받는다. 끌림힘은 유체 분자와 물체 사이의 충돌로 생긴다. 끌림힘은 유체 밀도, 물체의 단면적 그리고 속력에 의존한다.

종단 속력

정지해 있던 물체가 떨어질 때, 그 속력이 처음에는 작으므로 속력에 의존하는 끌림힘도 작다. 따라서 거의 중력 가속도 g로 아래 방향으로 가속된다. 그러나 물체의 속력이 증가하면 끌림힘도 증가하여 결국에는 끌림힘과 중력의 크기가 같아진다. 이때 물체에 작용하는 알짜 힘은 0이 되어 일정한 속력, 즉 **종단 속력**(terminal speed)으로 낙하하게 된다.

끌림힘이 물체의 단면적에 비례하고, 중력이 물체의 질량에 비례하므로 단면적이 크고 가벼운 물체의 종단 속력은 작다. 예를 들면 낙하산은 표면적을 크게 만들어서 종단 속력이 약 5 m/s에 이르도록 설계한다. 탁구공과 골프공은 그 크기가 같아서 단면적은 같지만 탁구공은 질량이 훨씬 가벼우므로 탁구공의 종단 속력은 골프공의 종단 속력 50 m/s보다 훨씬 작은 10 m/s 정도이다. 불규칙한 모양의 물체는 공기와 접하는 표면적에 따라 종단 속력이 달라진다. 스카이다이버들은 낙하산을 펴기 전에 표면적을 달리하는 각종 자세로 낙하 속력을 조절한다.

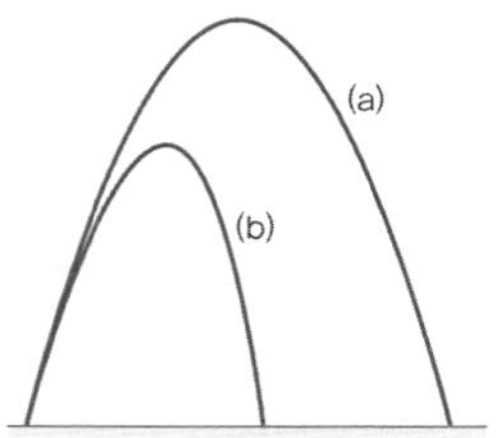

끌림과 발사체 운동

3장의 발사체 운동에서는 공기 저항, 즉 공기의 끌림힘을 완전히 무시하였다. 발사체의 공기 끌림 효과를 계산하는 것은 결코 쉽지 않지만 알짜 효과는 명백하다. 공기 저항은 발사체의 도달 거리를 감소시킨다(그림 5.29 참조). 물리학자는 컴퓨터 계산이 필요하겠지만, 운동 선수들은 끌림힘을 느끼면서 운동의 경로를 감각적으로 수정하여 운동 효과를 극대화시킨다. 실전 문제 73에서 끌림힘에 대해 더 탐구할 수 있다.

그림 5.29 (a) 공기 저항이 없는 경우와 (b) 상당한 공기 저항이 있는 경우의 발사체 궤도. (b)는 높이와 도달 거리가 더 작고 궤적도 더 이상 대칭적인 포물선이 아니다.

핵심 개념

4장에서와 마찬가지로 이 장의 핵심 개념은 뉴턴의 법칙으로 힘에 의한 운동의 변화를 기술할 수 있다는 것이다. 특히 이차원 운동에 관한 다양한 예제들의 풀이에 뉴턴의 제2법칙을 적용한다. 뉴턴의 법칙을 적용하려면 방향이 다른 힘을 벡터로 더한 알짜힘을 구해야 한다. 알짜힘이 물체의 가속도를 결정한다.

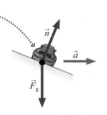

자동차가 경사로를 주행한다. 자동차가 경사로의 중심으로 가속되므로 자동차에 작용하는 알짜힘은 0이 아니다.

중력, 표면의 수직 항력, 줄의 장력, 마찰력 등은 일상에서 흔히 경험하는 힘의 종류이다. 중요한 예는 원운동을 하는 물체의 가속과 가속도가 없어서 알짜힘이 0이 되는 경우이다.

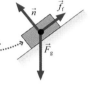

블록이 경사로에 정지해 있다. 블록에 작용하는 세 힘인 중력, 수직 항력, 마찰력의 합은 0이다.

뉴턴의 법칙으로 문제 풀기

이 장의 문제풀이 요령은 4장과 똑같다. 다만, 이차원에서는 적절한 이차원 직각 좌표계를 선택한 뒤에 힘을 성분으로 표기하고, 각 성분별 방정식을 풀이한다.

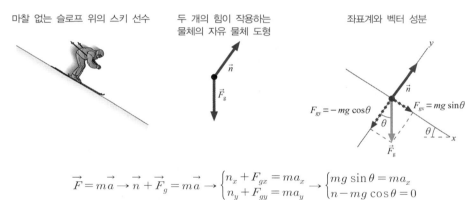

마찰 없는 슬로프 위의 스키 선수

두 개의 힘이 작용하는 물체의 자유 물체 도형

좌표계와 벡터 성분

$$\vec{F} = m\vec{a} \rightarrow \vec{n} + \vec{F}_g = m\vec{a} \rightarrow \begin{cases} n_x + F_{gx} = ma_x \\ n_y + F_{gy} = ma_y \end{cases} \rightarrow \begin{cases} mg\sin\theta = ma_x \\ n - mg\cos\theta = 0 \end{cases}$$

주요 개념 및 식

뉴턴의 제2법칙 $\vec{F}_{알짜} = m\vec{a}$가 핵심 방정식이다. 뉴턴의 제2법칙은 벡터 방정식이므로 이차원에서는 두 성분의 스칼라 방정식을 풀이해야 한다.

응용

물체가 등속 원운동을 할 때 알짜힘의 방향은 원의 중심 방향이고 크기는 mv^2/r이다. 만약 원운동의 속력이 변하면 알짜힘은 원의 접선 방향의 추가적인 성분을 갖는다.

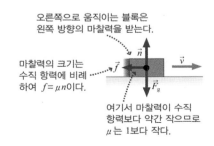

오른쪽으로 움직이는 블록은 왼쪽 방향의 마찰력을 받는다.

마찰력의 크기는 수직 항력에 비례하여 $f = \mu n$이다.

여기서 마찰력이 수직 항력보다 약간 작으므로 μ는 1보다 작다.

마찰력은 물체와 표면의 상대 운동에 반대하는 방향으로 작용하며 표면에 평행하고, 크기는 물체에 작용하는 수직 항력 $\vec{n}$에 비례한다. 상대 운동이 없으면 외력에 반대하는 **정지 마찰력**, $f_s \leq \mu_s n$이 작용한다. 상대 운동이 있으면 **운동 마찰력** $f_k = \mu_k n$이 작용한다. 여기서 μ_s와 μ_k는 각각 두 표면의 특성에 의존하는 **정지 마찰 계수**와 **운동 마찰 계수**이고, $\mu_k < \mu_s$이다.

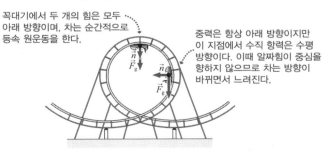

꼭대기에서 두 개의 힘은 모두 아래 방향이며, 차는 순간적으로 등속 원운동을 한다.

중력은 항상 아래 방향이지만 이 지점에서 수직 항력은 수평 방향이다. 이때 알짜힘이 중심을 향하지 않으므로 차는 방향이 바뀌면서 느려진다.

BIO 생물 및 의학 문제   **DATA** 데이터 문제   **ENV** 환경 문제   **CH** 도전 문제   **COMP** 컴퓨터 문제

학습 목표   이 장을 학습하고 난 후 다음을 할 수 있다.

LO 5.1 이차원에서 뉴턴의 제2법칙과 관련된 문제를 풀기 위한 전략적 접근법을 사용할 수 있다.
개념 문제 5.8, 5.10
연습 문제 5.11, 5.12, 5.13, 5.14, 5.15, 5.16
실전 문제 5.38, 5.39, 5.40, 5.41, 5.42, 5.44, 5.46, 5.75

LO 5.2 연결된 두 개의 물체가 관련된 뉴턴의 법칙 문제를 풀 수 있다.
연습 문제 5.17, 5.18. 5.19
실전 문제 5.51, 5.76

LO 5.3 하나 이상의 힘을 받는 원운동과 관련된 문제를 풀 수 있다.
개념 문제 5.2, 5.4, 5.5, 5.6, 5.9

연습 문제 5.20, 5.21, 5.22, 5.23, 5.24, 5.25
실전 문제 5.43, 5.45, 5.47, 5.48, 5.49, 5.54, 5.62, 5.63, 5.64, 5.65, 5.66, 5.67, 5.71

LO 5.4 정지 마찰력과 운동 마찰력의 차이를 기술할 수 있다.

LO 5.5 다른 힘을 포함하는 문제에 마찰력을 결합할 수 있다.
개념 문제 5.1, 5.3, 5.7, 5.9
연습 문제 5.26, 5.27, 5.28, 5.29
실전 문제 5.50, 5.51, 5.52, 5.53, 5.54, 5.55, 5.56, 5.57, 5.58, 5.59, 5.60, 5.61, 5.63, 5.66, 5.67, 5.68, 5.70, 5.72, 5.74

LO 5.6 끌림힘을 기술할 수 있다.
실전 문제 5.73

개념 문제

1. 정지 상태에서는 접촉한 표면 사이에 정지 마찰만 작용하지만, 마찰력이 걷기 또는 자동차의 가속과 멈춤에 필수적인 이유를 설명하라.

2. 제트기가 수직원에서 원운동을 한다. 의자와 조종사에게 작용하는 힘이 최대 또는 최저인 곳은 각각 어디인가?

3. 크로스컨트리 스키 경주에서 스키는 앞쪽으로 쉽게 미끄러져야 하고, 스키 선수가 스키를 뒤로 밀 때는 정지해야 한다. 스키에 칠하는 왁스에는 어떤 마찰력 특성이 있어야 하는가?

4. 비행기가 방향을 바꿀 때 기울어지는 이유는 무엇인가?

5. 어린이가 회전하는 회전목마의 안쪽에 서 있기 쉬운 이유는 무엇인가?

6. 지구 중력은 위성을 지구 중심으로 끌어당긴다. 왜 위성은 지구로 떨어지지 않는가?

7. ABS 장치가 자동차의 정지 거리를 줄이는 이유를 설명하라.

8. 낚싯줄이 끊어지는 힘의 세기는 20 lb이다. 15 lb 고기를 낚아 올릴 때 낚싯줄이 끊어질 수 있는가? 설명하라.

9. 방향을 바꾸기 위해 기울어진 비행기에 탄 사람이 창밖으로 아래를 내려다보고 있다. 그러나 좌석 테이블에 놓여 있는 과자는 아래로 미끄러지지 않고 그대로 있다. 왜 그런가?

10. 무게 700 N인 오지의 사람이 스키를 타고 가파른 경사면을 내려가다가 아주 깊은 틈에 걸쳐 있는 눈길을 지나게 되었다. 그 눈길이 580 N을 지탱할 수 있다면, 다시 말해 길이 무너지지 않으면서 지탱할 수 있는 최대 수직 항력이 그 힘이면, 오지 사람이 무사히 건너갈 가능성이 있는가? 설명하라.

연습 문제

5.1 뉴턴의 제2법칙의 응용

11. xy 평면에서 두 힘이 작용하는 3.25 kg의 질량은 x축에서 반시계 방향으로 38.0° 각도로 5.48 m/s²의 가속도를 갖는다. 한 힘의 크기는 8.63 N이고 $+x$방향이다. 다른 힘의 크기와 방향을 구하라.

12. 두 힘이 작용하는 질량이 3.1 kg인 물체의 가속도는 $\vec{a} = 0.91\hat{i} - 0.27\hat{j}$ m/s²이다. 한 힘이 $-1.2\hat{i} - 2.5\hat{j}$ N이면, 다른 힘은 얼마인가?

13. 공기 실험대를 몇 도로 기울이면 중력 가속도가 $g = 3.71$ m/s² 인 화성 표면을 흉내낼 수 있는가?

14. 경사각 24°, 길이 1.3 km의 슬로프 꼭대기에 정지해 있던 스키 선수가 슬로프 바닥에 도달할 때까지 얼마나 걸리는가? 마찰은 무시한다.

15. 체조 선수의 연구에 따르면 아킬레스건의 높은 부상률은 일반적 **BIO** 으로 몸무게의 10배에 달하는 장력이 아킬레스건에 걸리기 때문이다. 수직에 대해 25°이고, 수평 성분은 반대인 힘을 발휘하는 한 쌍의 근육이 그 힘을 제공한다. 55 kg의 체조 선수에 대해 이들 근육 각각이 작용하는 힘을 구하라.

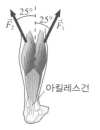

그림 5.30 연습 문제 5.15

16. 개념 문제 10에서 스키를 탄 사람이 눈길을 무사히 건널 수 있는 최소 경사각은 얼마인가?

5.2 여러 개의 물체

17. 질량이 12 kg인 어린 여동생이 식탁보 끝에 매달려 있다. 식탁의 가장자리에서 60 cm 떨어진 중간에는 질량이 6.8 kg인 칠면조가 놓여 있다. (a) 칠면조의 가속도는 얼마인가? (b) 칠면조가 식탁 가장자리에서 떨어지기 전까지 얼마나 걸리는가? 마찰은 무시한다.

18. 그림 5.31의 왼쪽 경사각은 60°, 오른쪽 경사각은 20°이며, 왼쪽 물체의 질량은 2.1 kg이다. (a) 왼쪽 질량이 가속도 0.64 m/s²으로 내려갈 때, (b) 0.76 m/s²으로 올라갈 때, 오른쪽 질량을 각각 구하라.

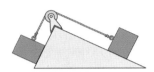

그림 5.31 연습문제 5.18

19. 두 등반가가 줄로 연결되어 경사진 빙판에서 미끄러진다. 질량 75 kg의 위쪽 등반가는 수평면과 12°의 각도이고, 질량 63 kg의 아래쪽 등반가는 경사각 38°의 가파른 경사를 지나고 있다. (a) 줄의 질량과 마찰을 무시하고 두 등반가의 가속도를 구하라. (b) 위쪽 등반가가 등산용 도끼로 빙판을 찍어서 두 등반가가 완전히 멈춘 다음에 빙판에 작용하는 힘은 얼마인가?

5.3 원운동

20. 달이 중력이 아니라 질량이 없는 줄의 장력으로 궤도 운동을 한다고 가정하자. 줄의 장력을 구하라. (**힌트**: 부록 E 참조)

21. 질량 m인 어떤 물체가 반지름 r, 주기 T로 원운동을 할 때 필요한 힘이 $4\pi^2 mr/T^2$임을 보여라.

22. 질량 940 g의 돌이 1.30 m 줄의 끝에 매달려서 빙빙 돌고 있다. (a) 줄이 끊어지지 않는 최대 세기가 120 N이면 돌의 최대 속력은 얼마인가? (b) 최대 속력에서 줄이 수평과 이루는 각도는 얼마인가?

23. 반지름이 150 m이고 편평한 곡선 궤도를 돌던 기차가 탈선한 사건을 조사하던 중 승객이 잡지 않은 손잡이가 사고 직전에 수직선과 15° 각도를 이루고 있었다는 증언이 나왔다. 기차가 규정 속도 50 km/h를 어겼는지 판단하라.

24. 1.55 m 줄에 매달린 테더공을 가격하여 수평면에서 원운동을 시킬 때, 줄과 수평면의 각도는 12.0°이다. 테더공의 속력을 구하라.

25. 반지름 3.6 km로 선회하는 비행기가 28° 기울어져 있다면 비행기의 속력은 얼마인가?

5.4 마찰

26. 일꾼이 마룻바닥에서 캐비닛을 밀고 있다. 캐비닛의 질량은 73 kg이고 캐비닛과 마루 사이의 운동 마찰 계수는 0.81이다.

캐비닛에 작용하는 마찰력은 얼마인가?

27. 처음 속력이 14 m/s인 하키 퍽이 56 m 미끄러진 후에 멈춘다. 하키 퍽과 빙판 사이의 운동 마찰 계수는 얼마인가?

28. 정지 상태에서 출발한 스키 선수가 경사각 28°의 슬로프를 100 m 미끄러져 내려간다. 운동 마찰 계수가 0이 아니라 0.17이면 몇 미터 미끄러지겠는가?

29. 커브의 반경이 115 m인 편평한 커브길에 제한 속력 60 km/h의 안전표지판이 있다. 도로가 눈으로 덮여 마찰 계수가 0.20으로 줄어들었을 경우에 제한 속력은 충분히 느린가?

응용 문제

다음 문제들은 본문의 예제들에 기초한 것이다. 두 세트의 문제들은 물리학의 이해를 강화하는 연결의 형성을 돕고 이전에 풀어본 문제에서 변형된 문제를 해결하는 자신감을 키우도록 설계되어 있다. 각 세트의 첫 번째 문제는 본질적으로 예제 문제이지만 숫자들은 다르다. 두 번째 문제는 예제와 똑같은 상황이지만 묻는 질문이 다르다. 세 번째와 네 번째 문제는 완전히 다른 상황으로 이런 방식을 반복한다.

30. 예제 5.4 질량이 63.2 kg인 등반가가 절벽의 끝에 매달려 있다 (그림 5.7 참조). 다행히 절벽 끝에서 48.6 m 떨어진 질량이 1220 kg인 바위에 질량을 무시할 수 있는 줄로 묶여 있다. 불행하게도 얼음이 마찰이 없어 등반가는 아래로 가속되고 있다. 등반가의 가속도는 얼마인가? 바위가 절벽 끝에 오는 데까지 시간이 얼마나 걸리겠는가?

31. 예제 5.4 질량이 63.2 kg인 등반가가 절벽의 끝에 매달려 있다 (그림 5.7 참조). 다행히 절벽 끝에서 48.6 m 떨어진 바위에 질량을 무시할 수 있는 줄로 묶여 있고 구조대가 오고 있는 중이다. 불행하게도 얼음에는 마찰이 없고 구조대가 도착하기까지는 36.5 s가 남았다. 등반가가 구조되기 위해서는 바위의 질량이 얼마이어야 하겠는가?

32. 예제 5.4 그림 5.39와 같은 실험 장치(실전 문제 76)에서 m_1과 m_2의 질량은 각각 $m_1 = 14.9$ g, $m_2 = 326$ g이고 에어트랙의 끝에서 m_2까지 거리는 67.2 cm이다. 처음에 m_1이 바닥에서 1 m 위에 매달려 있어서 m_2가 트랙의 끝에 도달하기 전에 m_1이 바닥과 부딪히지 않는다. 만약 처음에 두 물체가 정지 상태였다면 m_2가 트랙의 끝에 도달하는데 걸리는 시간은 얼마인가?

33. 예제 5.4 그림 5.39와 같은 실험 장치(실전 문제 76)를 목성의 위성 칼리스토에 설치했다. $m_2 = 326$ g이고 m_1이 칼리스토 표면 위에서 떨어지는 것처럼 같은 비율로 아래로 가속되려면 m_1의 질량은 얼마이어야 하는가? (**힌트**: 부록 E 참조)

34. 예제 5.7 캘리포니아에 있는 롤러코스터 '전속력(Full Throttle)'은 반경 19.5 m인 원형 트랙이 있다. 롤러코스터 차가 꼭대기에서 떨어지지 않으려면 차의 속력은 최소 얼마이어야 하는가?

35. 예제 5.7 롤러코스터 차가 롤러코스터 '전속력(Full Throttle)'의 반경 19.5 m인 원형 트랙의 꼭대기를 지날 때의 속력이 17.7

m/s이다. 원형 트랙의 꼭대기에서 질량이 72.1 kg인 승객에게 의자가 작용하는 수직 항력의 크기와 방향을 구하라.

36. **예제 5.7** 물이 들어 있는 양동이가 반지름이 1.22 m인 수직원에서 돌고 있다. 원의 최고점에서 물이 쏟아지지 않기 위한 최소 속력은 얼마인가?

37. **예제 5.7** 응용 문제 36의 양동이가 양동이 안의 물로 인하여 최대 65 N의 힘을 견디고 있다. 그 이상의 힘을 받으면 양동이는 깨어진다. 물 3.96 kg을 양동이에 채우고 수직원에서 돌렸다. 원의 최고점에서 양동이의 속력이 6.17 m/s이면 양동이는 깨어지지 않겠는가?

실전 문제

38. 수평-수직 좌표계를 사용하여 예제 5.1을 다시 풀어라.

39. 수평 경사각이 35°인 경사면 위로 블록이 올라간다. 블록의 처음 속력이 2.2 m/s이면 경사면을 따라 얼마나 올라가겠는가?

40. **BIO** 유사 분열(세포 분열) 중에 모터 단백질 두 개가 각각 7.3 pN의 힘으로 방추극을 끌어당긴다. 두 힘 벡터 사이의 각은 65°이다. 두 모터 단백질이 방추극에 작용하는 힘의 크기는 얼마인가?

41. 질량이 14.6 kg인 원숭이가 줄의 가운데에 매달려 있다. 줄의 양 끝은 수평과 각도 11.0°를 이룬다. 줄의 장력을 구하고, 원숭이의 무게와 비교하라.

42. 질량이 26 kg인 배낭이 그림 5.32처럼 나무에 묶여진 길이가 다른 두 줄에 각각 매달려 정지해 있다. 두 줄의 장력을 구하라.

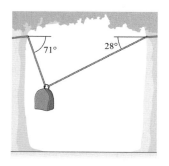

그림 5.32 실전 문제 42

43. 마찰이 없는 수평 책상 위에서 반지름 R의 원운동을 하는 질량 m_1은 다른 질량 m_2와 그림 5.33처럼 질량이 없는 줄로 연결되어 있다. m_2가 정지해 있을 때 (a) 줄의 장력과 (b) 원운동의 주기를 각각 구하라.

그림 5.33 실전 문제 43

44. **BIO** 다리를 심하게 다친 환자에게는 보통 견인장치를 설치하는데, 근육에 외부 힘을 가하여 근육이 부러진 다리를 너무 강하게 잡아당기는 것을 막기 위해서이다. 그림 5.34의 배열에서 질량 m은 4.8 kg이고 도르래의 질량과 마찰은 없다고 가정한다. 견인장치가 다리에 가하는 수평 힘을 구하라.

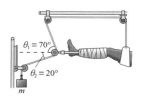

그림 5.34 실전 문제 44

45. 예제 5.7의 롤러코스터를 탄 승객이 반지름 6.3 m의 원형 트랙을 속력 9.7 m/s로 돈다. 원형 트랙의 꼭대기에서 안전벨트를 착용한 질량 60 kg의 승객에게 (a) 롤러코스터의 의자와 (b) 안전벨트가 작용하는 힘의 크기와 방향은 무엇인가? (c) 안전벨트를 착용하지 않으면 어떻게 되는가?

46. 질량이 45 kg인 스케이트 선수가 속력 6.3 m/s, 반지름 5.0 m로 회전한다. (a) 빙판이 스케이트 날에 작용하는 힘의 수평 및 수직 성분은 얼마인가? (b) 스케이트 선수가 넘어지지 않는 최대 각도는 얼마인가?

47. 비행기는 선회할 때 그림 5.35처럼 기울여서 날개에 필요한 수평 부양력 $\vec{F}_w$을 얻는다. 비행기의 수평 속력이 950 km/h이고 각도가 40°이면 선회 궤도의 최소 곡률 반지름은 얼마인가?

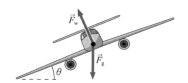

그림 5.35 실전 문제 47

48. 물통이 반지름 85 cm의 수직원에서 돈다. 물이 떨어지지 않는 최소 속력은 얼마인가?

49. 어린이가 썰매를 타고 8.5°의 경사면을 등속력으로 내려온다. 경사면과 썰매 사이의 마찰 계수는 얼마인가?

50. 질량이 22 kg인 잔디 깎는 기계 손잡이는 수평과 35°를 이룬다. 잔디 깎는 기계와 잔디 사이의 마찰 계수가 0.68이면 잔디 깎는 기계를 등속도로 미는 힘은 얼마인가? 미는 힘과 잔디 깎는 기계의 무게를 비교하라. 이때 힘은 손잡이의 방향으로 작용한다.

51. 바위와 빙판 사이의 운동 마찰 계수가 0.057일 때 예제 5.4를 다시 풀어라.

52. 박쥐가 운행 중인 지하철의 정면 유리에 붙어 있다. 박쥐와 지하철의 유리 사이의 마찰 계수가 0.86일 때, 박쥐가 붙어 있을 수 있는 지하철의 최소 가속도는 얼마인가?

53. 기차 바퀴와 강철 선로 사이의 정지 마찰 계수는 0.58이다. 140 km/h의 속도로 달리던 기차의 기관사가 150 m 앞의 선로

에서 정지한 자동차를 발견하고 브레이크를 작동하였다. 바퀴가 미끄러지지 않는다면 기차가 멈출 때까지 얼마나 걸리는가?

54. 분당 200번 회전하는 CD 중심에서 바퀴벌레가 가장자리로 기어간다. 바퀴벌레의 끈적끈적한 발과 디스크 표면 사이의 정지 마찰 계수는 1.2이다. 바퀴벌레가 미끄럼 없이 기어갈 수 있는 거리는 얼마인가?

55. **CH** 질량이 310 g인 작은 책이 질량 1.2 kg의 교과서 위에 놓여 있다. 0.42 s 동안 교과서에 힘을 작용하여 정지 상태의 두 책이 96 cm/s로 움직인다. 0.33 s 후에 교과서가 정지하고 작은 책이 미끄러진다. 이때 두 책 사이에 정지 마찰이 작용한 거리를 구하라.

56. 어린이가 경사각 25°, 길이 41 m의 경사면을 썰매를 타고 내려온다. 마찰 계수가 0.12일 때 경사면을 내려온 썰매는 편평한 바닥에서 얼마나 멀리 갈 수 있는가?

57. 전륜구동 자동차 무게의 70%는 앞바퀴에 걸린다. 타이어와 도로 사이의 마찰 계수가 0.61이면 자동차의 최대 가속도는 얼마인가?

58. 달리던 자동차가 정지한 자동차와 25 km/h의 속도로 충돌한 사고에서 달려든 자동차의 미끄럼 자국은 47 m이다. 운동 마찰 계수가 0.71이면 달려든 자동차의 처음 속력은 얼마인가?

59. 경사각 35°의 미끄럼틀을 타고 수영장에 입수한다. 미끄럼틀에 물을 뿌려서 마찰을 없애면 마른 상태의 미끄럼틀에서보다 미끄럼틀을 타는 시간이 1/3로 줄어든다. 마른 상태의 미끄럼틀의 마찰 계수는 얼마인가?

60. 50° 아래 각도로 트렁크를 밀어서 앞으로 움직인다. 정지 마찰 계수가 0.84 이상이면 어떤 힘으로 밀어도 트렁크를 움직일 수 없다. 증명하라.

61. 경사각 22°의 경사면 위에서 처음 속력 1.4 m/s로 블록이 미끄러져 올라간다. 운동 마찰 계수는 0.70이다. (a) 블록은 경사면을 따라서 얼마나 올라가겠는가? (b) 블록이 멈춘 후에 다시 아래로 미끄러지겠는가?

62. 길이가 L인 줄 끝에 공이 매달려서 수평원에서 돌고 있다. 줄이 수직과 이루는 각이 $\dfrac{\pi}{6}$라면 공의 속력을 나타내는 식을 구하라.

63. 제한 속도 80 km/h, 반지름 210 m의 곡선 도로는 실제로 그 속도로 안전하게 달릴 수 있도록 노면이 기울어지게 설계되어 있다. 그 도로에서 과속으로 교통위반딱지를 떼인 사람이, 도로가 빙판이었지만 차선을 벗어나지 않았으므로 설계된 속도대로 주행한 것이 틀림없다고 항변하였다. 경찰 측정에 의하면 타이어와 도로 사이의 마찰 계수는 $\mu = 0.15$이다. 과속하였다는 것이 가능한 일인가? 만약에 가능하다면 얼마만큼 과속한 것인가?

64. 우주정거장은 그림 5.36처럼 지름 450 m의 도넛 모양이다. 우주비행사가 우주정거장의 가장자리에서 지표면과 같은 크기의 중력 가속도를 느끼려면 우주정거장은 분당 몇 회전을 해야 하는가?

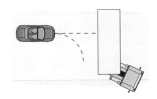

그림 5.36 실전 문제 64

65. 롤러코스터의 원형 트랙 구간에서 차가 천천히 움직이면 $\cos\phi = v^2/rg$의 각도 ϕ로 궤도를 이탈함을 보여라. 각도 ϕ는 원형 트랙의 중심 수직선과 차가 이탈하는 지점 사이의 각도이다.

66. **CH** 속력 v_0으로 주행하도록 설계된 반지름 R인 기울어진 곡선 도로에서 일정한 속력 v로 주행하는 데 필요한 최소 마찰 계수를 구하라.

67. 우주비행사가 길이 5.1 m의 강철막대 끝에 붙어서 수평면으로 회전하는 지상의 원심분리기 방 안에서 가속도 견디기 훈련을 받고 있다. 이때 우주비행사가 방 안의 수직 벽에 놓은 책은 떨어지지 않는다. 정지 마찰 계수가 0.62일 때 원심분리기의 최소 회전율은 얼마인가?

68. 림 브레이크 시스템의 휠 림이 손상될 수 있는 큰 힘을 브레이크 디스크가 견딜 수 있기 때문에 디스크 브레이크는 모든 형태의 자전거에서 점점 인기를 얻고 있다. 일반적인 디스크 브레이크는 브레이크 디스크에 대한 브레이크 패드의 힘이 3.5 kN이다. (a) 만약 마찰 계수가 0.51이라면 디스크에 작용하는 마찰력은 얼마인가? (b) 림에 대한 브레이크의 힘은 870 N이고 마찰 계수는 0.39이다. 림에 작용하는 마찰력을 구하고 (a)의 결과와 비교하라. (자세한 것은 10장에서 회전력(torque)을 공부할 때 배우게 될 것이다.)

69. 짙은 안개 속에서 수평 도로를 달리던 자동차 운전사가 도로에 수직으로 가로질러서 정지한 트럭을 발견하고, 충돌을 피하기 위하여 멈추거나 그림 5.37처럼 옆으로 급회전 할 수 있다고 가정하자. 어떤 방법이 더 안전한가? 두 경우 모두 정지 마찰 계수는 같고 자동차는 등속력으로 급회전한다고 하자.

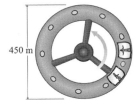

그림 5.37 실전 문제 69

70. **CH** 수평 경사각이 θ인 경사면 위로 발사한 블록이 처음 위치로 내려올 때의 속력은 처음 속력의 반이다. 운동 마찰 계수가 $\mu_k = \dfrac{3}{5}\tan\theta$임을 보여라.

71. 평형 상태에서 길이 18 cm, 용수철 상수 $k = 150$ N/m인 용수철에 질량이 2.1 kg인 물체가 매달려 있다. 용수철 끝을 마찰 없는 고리에 걸고 마찰 없는 공기실험대 위에서 속력 1.4 m/s로 원운동을 시킨다. 원형 궤도의 반지름을 구하라.

72. **CH** 반지름 95 m의 커브길에서 차가 안전하게 달릴 수 있는 속력이 45 km/h이다. 만약에 차가 속력 77 km/h로 안전하게 달리고 있다면 마찰 계수는 최소 얼마의 값을 가져야 하는가?

73. **CH** 액체 속에서 움직이는 물체는 끌림힘 $F_{끌림} = -bv(b$는 상수)를 받는다. (a) 정지 상태에서 수직 아래로 낙하하는 물체의 속력을 시간의 함수로 구하고, (b) 종단 속력이 mg/b임을 보여라.

74. 수평면에 대해 각이 θ인 경사면을 따라 속력 v_0으로 블록을 쏘
CH 아 올렸다. 운동 마찰 계수는 μ_k이다. (a) 블록이 경사면을 따라
    이동한 거리 d를 구하라. (b) d를 최소화하는 각도를 구하라.

75. 최대 장력이 100 N인 낚싯줄로 그림 5.38처럼 화분 두 개를 매
    달 수 있는가?

그림 5.38 실전 문제 75

76. 그림 5.39는 뉴턴의 제2법칙을 증명하는데 사용하는 장치를 보
DATA 여 준다. '끌어당기는 질량' m_1은 도르래를 지나는 줄에 수직으
    로 매달려 있다. 줄과 도르래의 질량은 무시할 수 있으며 거의 마
    찰이 없다. 줄의 다른 쪽 끝에 매달려 있는 질량 m_2인 활공기는
    본질적으로 마찰이 없고 수평인 공기 부상 궤도에 얹어져 있다.
    끌어당기는 질량과 활공기에 질량을 추가하여 m_1과 m_2 둘 다
    바꿀 수 있다. 실험은 활공기를 정지 상태에서 출발시키고 끌어
    당기는 질량으로 가속시킨다. 세 개의 포토게이트를 사용하여 활
    공기가 두 거리 구간을 지나는 시간을 잰다. 2장의 등가속도 방
    정식을 사용하여 이 자료에서 그 가속도 값을 구할 수 있다. 아래
    표는 여러 가지 질량에 대해서 측정한 가속도를 나열한 것이다.
    (a) 가속도를 수직축으로 그릴 때 수평축에 어떤 양을 그려야 직
    선으로 나타나는가? (b) 그래프를 그린 후 맞춤 직선을 구하여
    실험적으로 결정된 g의 값을 보고하라.

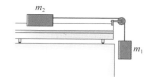

그림 5.39 응용 문제 32, 33, 실전 문제 76

m_1(g)	m_2(g)	$a(\text{m/s}^2)$
10.0	170	0.521
10.0	270	0.376
10.0	370	0.274
20.0	170	1.06
20.0	270	0.652
20.0	370	0.534

실용 문제

스파이럴은 스케이터가 한 발은 엉덩이
보다 위로 올린 채 다른 한 발로 미끄러
지는 피겨 스케이팅 동작을 말한다. 여자
싱글 피겨 스케이팅 대회에서 필수적인
이 동작은 발레의 아라베스크와 관련이
있다. 그림 5.40은 2018년 강릉에서 개
최된 동계올림픽에서 금메달 연기 중에
스파이럴을 하는 캐나다 스케이터 캐서
린 오스몬드를 보여 준다.

77. 사진으로부터 내릴 수 있는 결론은
    스케이터가

    그림 5.40 실용 문제 77~80
    a. 그녀의 왼쪽으로 회전을 하는 중이라는 것이다.
    b. 그녀의 오른쪽으로 회전을 하는 중이라는 것이다.
    c. 종이면 밖을 향해 직선으로 움직이는 중이라는 것이다.

78. 스케이터에 작용하는 알짜힘은
    a. 그녀의 왼쪽을 향한다.
    b. 그녀의 오른쪽을 향한다.
    c. 0이다.

79. 스케이터가 더 높은 속력으로 똑같은 동작을 한다면, 사진에 보
    일 기울기는
    a. 더 작다.
    b. 더 크다.
    c. 변하지 않는다.

80. 스케이터의 몸과 수직 사이의 경사각 θ는 근사적으로 $\theta = \tan^{-1}$
    (0.5)이다. 이로부터 스케이터의 구심 가속도의 크기는
    a. 약 0이다.
    b. 약 0.5 m/s^2이다.
    c. 약 5 m/s^2이다.
    d. 스케이터의 속력 없이는 알 수 없다.

5장 질문에 대한 해답

장 도입 질문에 대한 해답

비행기가 기울어지면 날개에 작용하는 공기 역학적인 힘의 수평 성분
이 생긴다. 그 성분은 비행기가 원형 궤도로 움직이게 하는 힘을 제
공한다. 공기 역학적인 힘의 수직 성분은 중력과 균형을 이루어 비행
기가 떠 있게 하는 힘이다.

확인 문제 해답

5.1 (c) 45°보다 크면 장력이 크고, 작으면 장력이 작다.

5.2 그림 5.9의 왼손과 문제 그림의 고리가 같은 역할을 담당하여 줄
    에 1 N의 장력이 균형을 이룬다.

5.3 (c)

5.4 (c) 줄이 아래 방향으로 당기므로 수직 항력이 통나무 무게보다 크다.

일, 에너지, 일률

예비 지식

■ 뉴턴의 제2법칙(4.2절)

■ 중력과 용수철에 의한 힘(4.4절, 4.6절)

■ 기초적인 적분의 개념

학습 목표

이 장을 학습하고 난 후 다음을 할 수 있다.

LO 6.1 물리학적 관점에서 일과 에너지를 설명할 수 있다.

LO 6.2 위치와 무관한 힘이 하는 일을 계산할 수 있다.

LO 6.3 두 벡터의 스칼라곱을 계산할 수 있다.

LO 6.4 위치에 따라 변화하는 힘이 하는 일을 계산할 수 있다.

LO 6.5 운동 에너지를 정의하고 물체의 질량과 속력으로 주어지는 운동 에너지의 크기를 찾을 수 있다.

LO 6.6 일과 운동 에너지 정리를 설명할 수 있다.

LO 6.7 에너지와 일률을 구분할 수 있다.

사이클 선수는 산을 올라갈 때 중력에 대해 일을 한다. 일은 경로에 의존할까?

이 선수의 가속도는 일정하다.

(a)

슬로프의 변화에 따라 스키 선수의 가속도가 변한다.

(b)

그림 6.1 두 명의 스키 선수

그림 6.1a는 기울기가 일정한 슬로프 위에 정지해 있다가 출발한 스키 선수의 모습이다. 바닥에서 스키 선수의 속력은 얼마일까? 뉴턴의 제2법칙을 적용하여 문제를 풀면 선수의 일정한 가속도를 구할 수 있고, 등가속도 운동으로 나중 속력을 구할 수 있다. 그렇다면 그림 6.1b에서 스키 선수의 바닥에서의 속력은 얼마일까? 슬로프의 기울기가 계속해서 변하므로 스키 선수의 가속도도 계속해서 변한다. 따라서 등가속도 운동에 대한 방정식을 적용할 수 없으므로 스키 선수의 운동을 계산하기 어려워진다.

힘과 가속도의 변화를 포함하고 있는 운동이 많다. 이 장에서는 중요한 물리학 개념인 **일**(work)과 **에너지**(energy)를 도입한다. 일과 에너지의 개념을 활용하면 힘과 가속도가 변화하는 복잡한 상황에서 뉴턴의 법칙을 적용하지 않고 문제를 풀이하는 방법을 찾을 수 있다. 그러나 이 새로운 개념들은 문제풀이에서 실용적으로 응용되는 정도를 훨씬 넘어서는 중요성을 가진다. 특히 에너지는 우주의 근본적인 측면에서 물질 자체와 유사한 '본질'이고 모든 면에서 물질처럼 실재한다. 33장에서 상대성이론을 공부하면서 알게 되겠지만 에너지와 물질은 실제로 하나의 '본질'의 양면성이고, 아인슈타인 방정식 $E = mc^2$에 의해 연결된다.

6.1 에너지

LO 6.1 물리학적 관점에서 일과 에너지를 설명할 수 있다.

'에너지'는 우리가 매일 듣는 단어이다. 일상에서 자동차에 주유할 때도 우리는 에너지를 구입하며, 집을 난방하고 요리할 때도 에너지를 사용한다. 또한 허리케인, 토네이도, 폭발과 같은 놀라운 에너지를 경험한다. 고속도로를 질주하는 트럭에 내재된 에너지 또는 비행기가 활주로에서 이륙하면서 내는 에너지를 느낄 수도 있다. 또한 우리는 지나가는 송전선에서 전선 외에는 아무것도 보이지 않음에도 그 전선이 먼 도시까지 에너지를 전달한다는 것을 알고 있다. 우리의 인체도 에너지를 생성하며, 산을 오르거나, 자전거를 타고, 걷고, 심지어 생각할 때도 에너지를 느낀다. 집을 단열 또는 내기후 구조로 하여 에너지 손실을 줄이기도 하고, 에너지 소비가 지구에 끼치는 영향을 점점 인식하게 되면서 인류가 어마어마한 비율로 에너지를 소비하는 것을 걱정하고 있다.

실제로 '소비', '발전', '생산' 그리고 '손실'과 같은 단어는 에너지와 관련하여 널리 사용되지만 오해를 낳을 소지가 있다. 왜냐하면 에너지는 보존되기 때문이다. 다시 말해서 에너지는 형태를 바꿀 수는 있지만 창조되거나 파괴되지 않는다. 여러분이 에너지에 대해서 공부하는 내용의 대부분은 에너지의 형태를 하나의 형태에서 다른 형태로 변환하거나 이곳에서 저곳으로 에너지를 전달하는 방법과 관련된 것이다. 형태가 변환하거나 에너지가 전달되는 모든 과정에서 에너지의 총량은 보존된다. 에너지 보존은 물리학에서 심오한 개념으로 앞으로 계속 그 풍부함을 탐구할 것이다.

여기 1부에서는 자동차, 행성, 야구공, 사람, 용수철과 같은 거시적 물체와 관련된 **역학적 에너지**(mechanical energy)에 초점을 둘 것이다. 이 장에서는 그러한 거시적 물체에 적용되는 움직임의 에너지인 **운동 에너지**(kinetic energy)를 도입할 것이다. 그리고 어떻게 일을 하는 행위가 물체에 에너지를 전달하는 방법이 되는지 배울 것이다. 7장에서는 **퍼텐셜 에너지**(potential energy)의 개념을 추가하고 그것을 역학적 에너지에 적용하여 에너지 보존에 대한 표현을 전개할 것이다. 분자 수준에서 불규칙적인 운동과 분자의 배열 상태의 변화에 관련되는 **내부 에너지**(internal energy)도 고려할 필요가 있다. 3부에서는 내부 에너지를 탐구할 것이고 어떻게 내부 에너지를 에너지 보존의 확장된 표현에 포함시키는지를 배우게 될 것이다. 또한 열이 어떻게 에너지를 전달하는지를 기술하는 방법을 알게 될 것이다. 4부에서는 전기와 자기에 대해 **전자기 에너지**(electromagnetic energy)의 형태 및 이와 관련된 에너지 전달 과정을 도입할 것이다. 6부에서는 고전물리학의 수많은 개념들이 양자물리학의 영역에서는 무의미해진다는 것을 감안하면 적절해 보이지는 않지만 에너지의 개념은 심지어 양자물리학 영역에서도 살아남는다는 것을 보게 될 것이다.

에너지와 계

에너지를 가지는 것은 무엇인가? 움직이는 차와 자동차로 꽉 찬 고속도로가 에너지를 갖는다. 따뜻한 집도 에너지를 가지고 있고, 늘어난 용수철도 에너지를 갖고 있다. 허리케인도 에너지를 가지고 있고, 우리의 지구 전체도 에너지를 갖는다. 에너지를 설명하고 에너지의 흐름과 변환을 공부할 때 에너지를 가지고 있는 **계**(system)를 생각할 필요가 있다. 일반적으로 계는 하나 또는 그 이상의 물체를 포함하고 있고, 닫힌 경계를 갖는다고 정의된다. 경계 안에 있는 모든 것은 계의 일부분인 반면에 바깥에 있는 모든 것은 계를 둘러싸고 있는 환경을 구성한다. 좌표계축처럼 계는 편의상 정의한 어떤 것이다. 계를 정의하고 나면 계의 에너지와 에너지가 가질 수 있는 형태가 무엇인지 이야기할 수 있고, 계 안에서의 에너지 변환과 계 안으로 또는 계 밖으로의 에너지 전달에 대해서 이야기할 수 있다. 그림 6.2는 계의 관점에서 어떻게 에너지를 생각해야 하는지를 개념적으로 보여 주고, 응용물리는 그림 6.2에 숨겨져 있는 개념을 중요한 기후 모형의 경우에 어떻게 적용하는지 보여 준다.

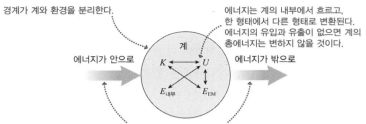

경계가 계와 환경을 분리한다.

에너지는 계의 내부에서 흐르고, 한 형태에서 다른 형태로 변환된다. 에너지의 유입과 유출이 없으면 계의 총에너지는 변하지 않을 것이다.

에너지가 안으로

에너지가 밖으로

에너지는 역학적 에너지, 열 또는 전자기 에너지의 형태로 계의 안으로 그리고 계의 밖으로 흐를 수 있다.

그림 6.2 계의 내부와 경계를 가로질러 흐르는 에너지와 계의 내부에서 여러 가지 다른 형태로 에너지가 변환되는 것을 보여 주는 그림. 보통 네 가지 형태의 에너지가 있다. 운동 에너지(K), 퍼텐셜 에너지(U)는 이 장과 다음 장의 주제이고, 내부 또는 열에너지($E_{내부}$)는 3부의 주제이며, 전자기 에너지(E_{EM})는 4부에서 다룬다.

응용물리 기후 모형

그림 6.2는 단지 에너지와 계의 개념을 이해하기 위한 교육적 보조 자료가 아니라 지구의 기후에 관하여 생물학적 유기체에 서부터 핵발전소에 이르기까지 에너지와 관련된 계를 규정하기 위해 사용하는 현실적인 모형에 대한 틀이다. 그림은 기후 과학자들이 사용하는 에너지-계 개념을 보여 준다. 계는 지구와 대기를 포함한다. 여러 화살표는 지구와 대기 사이, 다시 말해서 계 내부의 에너지 흐름과 변환을 나타낸다. 여기서 에너지는 따뜻한 공기 및 대기로 떠오르는 수증기와 연관된 에너지뿐만 아니라 적외선 복사 형태로 방출되는 전자기 에너지도 포함한다. 맨 위의 세 화살표는 지구의 환경과의 에너지 교환, 즉계의 경계를 지나가는 에너지를 보여 준다. 16장에서 배우게되겠지만, 기후가 안정한 상태로 유지하려면 들어오고 나가는에너지의 흐름이 균형을 이루어야 한다.

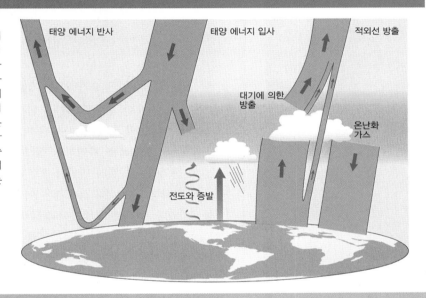

이 장에서는 단일한 물체를 종종 계로 선택할 것이고, 이 경우에 용어 '물체'와 '계'를 혼용해서 사용할 것이다. 그러나 7장에서는 최소한 상호작용하는 두 물체로 구성된 계를 고려할 필요가 있고, 9장에서는 여러 입자로 구성된 계를 다루게 될 것이다. 좀 더 복잡한 이런 상황에서는 계 내부에 있는 것과 계 외부에 있는 것을 주의하여 결정해야만 하고, 계 전문용어를 더 많이 사용할 필요가 있다.

6.2 일

LO 6.2 위치와 무관한 힘이 하는 일을 계산할 수 있다.
LO 6.3 두 벡터의 스칼라곱을 계산할 수 있다.

에너지를 계에 전달하는 한 가지 방법은 계에 외부 힘을 작용하는 것이다. 그 힘은 계의 일부분이 아닌 전체에 작용한다. 이 경우에 그 힘이 계에 **일**(work)을 한다고 말한다. 일을 하는 것은 본질적으로 역학적 과정이고, 뉴턴 역학에서 이미 익숙한 힘의 개념과 관련이 있다.

박스를 위층으로 옮기는 것을 생각해 보자. 계단을 올라갈 때는 박스에 위로 향하는 힘을 가하여야 한다. 박스를 계로 정의하면 여러분이 가한 힘은 계에 일을 하는 외부 힘이다. 따라서 여러분은 역학적 일을 함으로써 여러분의 몸에서 박스로 에너지를 전달한다.

일과 어떻게 일을 정량화하는지에 대해서는 이미 경험적으로 잘 알고 있다. 박스를 더 무겁게 만들거나 계단을 더 높이 올라가면 더 많은 일을 하게 된다. 또는 정지해 있는 자동차를 밀 때도 더 세게 밀거나 더 멀리 밀수록 더 많은 일을 하게 된다. 이러한 경험적 지식을 반영한 정확한 일의 물리적인 정의는 다음과 같다.

> 일차원에서 움직이는 물체에 일정한 힘 $\vec{F}$를 작용하여 한 일은 다음과 같다.
>
> $$W = F_x \Delta x \tag{6.1}$$
>
> 여기서 F_x는 물체의 운동 방향의 힘의 성분이고, Δx는 물체의 변위이다.

힘 $\vec{F}$는 알짜힘일 필요가 없다. 예를 들어 마루 위에서 무거운 상자를 끌 때 한 일은 얼마일까? $\vec{F}$는 작용한 힘이고 W는 한 일이다.

식 6.1에서 일의 SI 단위는 뉴턴-미터($N \cdot m$)이다. $N \cdot m$는 19세기 영국의 물리학자 제임스 줄(James Joule)을 기념하여 **줄(Joule)**이라고 이름 붙여졌다.

일의 정의에는 물체의 변위가 포함된다. 그것이 의미하는 바는 블록이나 공과 같은 강체의 경우에 명확하다. 그러나 용수철은 어떤가? 용수철은 작용되는 힘에 대응하여 늘어나거나 줄어들 수 있다. 여러분이 일어서고 달리고 뛰어오르고 춤추고 수영할 때, 형태가 바뀌는 여러분의 몸은 어떤가? 단지 한 부분에만 힘이 작용하고 있는 많은 부분으로 이루어진 복합계의 경우는 어떨까? 이러한 모든 경우에도 일의 정의는 여전히 적용되며, 변위는 힘이 작용되는 점의 이동으로 생각한다. 강체로 구성된 계인 경우에는 변위가 물체의 이동과 같다. 유연한 물체나 독립된 많은 입자로 구성된 계에서 변위는 계의 전체 이동과 꼭 같을 필요는 없다.

그림 6.3은 강체에 한 일의 여러 가지의 경우를 고려한 것이다. 식 6.1에 따르면, 그림 6.3a에서 자동차를 미는 사람이 하는 일은 자동차를 미는 힘과 자동차가 움직인 거리의 곱과 같다. 한편 그림 6.3b에서 가방을 끄는 여자가 한 일은 힘의 수평 성분과 가방이 움직인 거리의 곱이다. 더욱이 일의 정의에 의하면 그림 6.3c의 웨이터는 일정한 속도로 들고 가는 쟁반에 일을 하지 않는다. 왜 그럴까? 접시에 작용하는 힘은 수직 방향이고 쟁반의 변위는 수평 방향이기 때문이다. 쟁반이 움직이는 방향으로 작용한 힘의 성분이 없다.

그림 6.3 일은 힘과 변위의 방향에 의존한다.

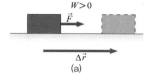

풀제의 운동 방향과 같은 방향으로
힘이 작용하면 양의 일을 한다.

$W > 0$

$\vec{F}$

$\Delta \vec{r}$

(a)

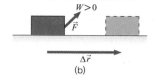

풀제의 운동 방향과 같은 방향으로 임의
성분이 작용하면 양의 일을 한다.

$W > 0$

$\vec{F}$

$\Delta \vec{r}$

(b)

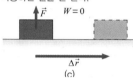

물체의 운동 방향과 수직으로 힘이
작용하면 일을 안 한다.

$\vec{F}$ $W = 0$

$\Delta \vec{r}$

(c)

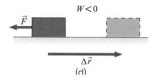

물체의 운동 방향과 반대 방향으로
힘이 작용하면 음의 일을 한다.

$W < 0$

$\vec{F}$

$\Delta \vec{r}$

(d)

그림 6.4 일의 부호는 힘과 운동의 상대 방향에 따라 다르다. 여기서 $\Delta \vec{r}$를 사용하는 것은 변위가 임의의 벡터라는 것을 나타내기 위해서이다.

일은 양 또는 음의 값이 될 수 있다(그림 6.4 참조). 힘이 운동 방향으로 작용하면 양의 값이고, 운동 방향과 90°이면 0, 반대 방향으로 작용하면 음의 값이다.

예제 6.1   일: 자동차 밀기

그림 6.3a에서 어떤 사람이 650 N의 힘으로 자동차를 밀어서 4.3 m만큼 움직였다. 이때 한 일은 얼마인가?

해석 일에 관한 문제이다. 일을 하는 대상 물체는 자동차이고 사람이 일을 한다.

과정 그림 6.3a가 일차원에 해당하므로 식 6.1의 $W = F_x \Delta x$를

적용한다. 힘과 변위의 방향이 같으므로 $F_x = 650$ N이다.

풀이 식 6.1에서 다음을 얻는다.

$$W = F_x \Delta x = (650 \text{ N})(4.3 \text{ m}) = 2.8 \text{ kJ}$$

검증 뉴턴 곱하기 미터가 줄의 단위이므로 kJ로 표기한다.

예제 6.2   일: 가방 끌기

그림 6.3b처럼 승객이 수평과 35°의 각도로 60 N의 힘을 작용하여 가방을 끌고 있다. 수평 바닥에서 45 m를 끌려면 얼마나 일을 해야 하는가?

해석 일에 관한 문제로 승객이 가방에 일을 한다.

과정 식 6.1의 $W = F_x \Delta x$를 적용할 수 있지만, 힘이 수평 방향이 아니므로 그림 6.5에서 힘의 수평 성분 F_x를 구할 필요가 있다.

풀이 그림 6.5의 F_x를 식 6.1에 넣어서 다음을 얻는다.

$$W = F_x \Delta x = [(60 \text{ N})(\cos 35°)](45 \text{ m}) = 2.2 \text{ kJ}$$

검증 답을 검증해 보자. 한 일 2.2 kJ은 60 N과 45 m의 곱보다 작다. 힘 60 N의 수평 성분만 일을 하므로 타당하다.

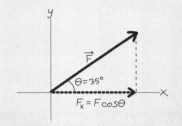

그림 6.5 예제 6.2의 스케치

일과 스칼라곱

일은 스칼라(scalar) 양으로서 하나의 숫자로 완전히 결정되고 방향은 없다. 그러나 그림 6.3을 보면 일은 두 벡터, 힘 $\vec{F}$와 변위 $\Delta \vec{r}$의 관계와 관련이 있다. 두 벡터 사이의 각도가 θ라면 운동 방향의 힘의 성분은 $F \cos \theta$이므로 한 일은 다음과 같다.

$$W = (F\cos\theta)(\Delta r) = F\Delta r \cos\theta \tag{6.2}$$

이 식은 식 6.1의 일반적인 표현이다. $\overrightarrow{\Delta r}$를 x축 방향으로 잡으면 $\Delta r = \Delta x$이고 $F\cos\theta = F_x$이므로 식 6.1과 같다.

식 6.2에서 한 일은 힘 $\overrightarrow{F}$와 변위 $\overrightarrow{\Delta r}$의 크기와 두 벡터 사이의 각의 코사인의 곱이다. 이러한 두 벡터의 곱을 **스칼라곱**(scalar product)이라고 부른다.

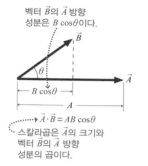

벡터 $\overrightarrow{B}$의 $\overrightarrow{A}$ 방향 성분은 $B\cos\theta$이다.

$\overrightarrow{A} \cdot \overrightarrow{B} = AB\cos\theta$
스칼라곱은 $\overrightarrow{A}$의 크기와 벡터 $\overrightarrow{B}$의 $\overrightarrow{A}$ 방향 성분의 곱이다.

그림 6.6 스칼라곱의 기하학적 해석

> 두 벡터 $\overrightarrow{A}$와 $\overrightarrow{B}$의 스칼라곱은 다음과 같이 정의한다.
>
> $$\overrightarrow{A} \cdot \overrightarrow{B} = AB\cos\theta \tag{6.3}$$
>
> 여기서 A와 B는 각각 벡터 $\overrightarrow{A}$와 $\overrightarrow{B}$의 크기이고, θ는 두 벡터의 사이의 각이다.

스칼라곱 $\overrightarrow{A} \cdot \overrightarrow{B}$는 두 벡터의 곱이지만 결과는 스칼라이다. 두 벡터 사이의 점은 스칼라곱의 수학적 기호이다. 이 기호의 이름을 따라서 스칼라곱을 **점곱**(dot product)이라고도 한다. 그림 6.6은 스칼라곱의 기하학적 해석이다.

스칼라곱은 교환 법칙이 성립한다. 즉, $\overrightarrow{A} \cdot \overrightarrow{B} = \overrightarrow{B} \cdot \overrightarrow{A}$이다. 또한 분배 법칙도 성립한다. 즉, $\overrightarrow{A} \cdot (\overrightarrow{B} + \overrightarrow{C}) = \overrightarrow{A} \cdot \overrightarrow{B} + \overrightarrow{A} \cdot \overrightarrow{C}$이다. 성분과 단위 벡터로 나타낸 두 벡터 $\overrightarrow{A} = A_x\hat{i} + A_y\hat{j} + A_z\hat{k}$, $\overrightarrow{B} = B_x\hat{i} + B_y\hat{j} + B_z\hat{k}$의 스칼라곱은 다음과 같다(실전 문제 52 참조).

$$\overrightarrow{A} \cdot \overrightarrow{B} = A_xB_x + A_yB_y + A_zB_z \tag{6.4}$$

식 6.2와 6.3을 비교하면 일정한 힘 $\overrightarrow{F}$가 물체를 직선 변위 $\overrightarrow{\Delta r}$만큼 움직였을 때 한 일은 스칼라곱을 사용하여 다음과 같이 나타낼 수 있다.

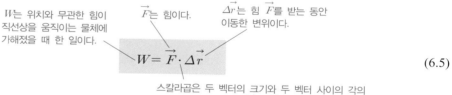

W는 위치와 무관한 힘이 직선상을 움직이는 물체에 가해졌을 때 한 일이다.

$\overrightarrow{F}$는 힘이다.

$\overrightarrow{\Delta r}$는 힘 $\overrightarrow{F}$를 받는 동안 이동한 변위이다.

$$W = \overrightarrow{F} \cdot \overrightarrow{\Delta r} \tag{6.5}$$

스칼라곱은 두 벡터의 크기와 두 벡터 사이의 각의 코사인의 곱이다. 즉, $\overrightarrow{F} \cdot \overrightarrow{\Delta r} = F\Delta r\cos\theta$이다.

아래 예제에서 볼 수 있듯이 식 6.3 또는 식 6.4로 표현된 스칼라곱은 일을 계산하는데 동등하게 사용할 수 있다.

예제 6.3　　일과 스칼라곱: 예인선

예인선이 $\overrightarrow{F} = 1.2\hat{i} + 2.3\hat{j}$ MN의 힘으로 유람선을 밀어서 직선 경로를 따라서 변위 $\overrightarrow{\Delta r} = 380\hat{i} + 460\hat{j}$ m만큼 움직인다. (a) 예인선이 한 일과 (b) 힘과 변위 사이의 각도를 구하라.

해석 (a)는 성분과 단위 벡터로 주어진 힘과 변위로부터 일을 구하는 문제이다. (b)는 분명하지 않다. 그러나 한 일을 계산할 때 힘과 변위 사이의 각도가 필요하므로 (a)의 계산으로부터 (b)를

구할 수 있다.

과정 그림 6.7은 힘과 변위 벡터이고 (b)의 답을 확인하는데 사용할 것이다. (a)는 식 6.5의 $W = \overrightarrow{F} \cdot \overrightarrow{\Delta r}$와 식 6.4의 스칼라곱으로 일을 구한다. 벡터 $\overrightarrow{F}$와 $\overrightarrow{\Delta r}$에서 크기를 구한다. (b) 일과 두 벡터 $\overrightarrow{F}$와 $\overrightarrow{\Delta r}$의 크기를 구하였으므로 식 6.3에서 각도 θ를 구할 수 있다.

풀이 (a)는 식 6.5와 6.4에서 다음과 같이 한 일을 얻는다.

$$W = \vec{F} \cdot \vec{\Delta r} = F_x \Delta x + F_y \Delta y$$
$$= (1.2 \text{ MN})(380 \text{ m}) + (2.3 \text{ MN})(460 \text{ m}) = 1510 \text{ MJ}$$

첫 번째 등식은 식 6.5에서, 두 번째 등식은 식 6.4의 스칼라곱으로부터 얻어진다. 여기서 Δx와 Δy는 각각 $\vec{\Delta r}$의 x성분과 y성분이다. 일의 값을 구했으므로 이제 각도를 구할 수 있다. 한편, 벡터 $\vec{F}$와 $\vec{\Delta r}$ 크기는 식 3.1에서 구하면 $F = \sqrt{F_x^2 + F_y^2} = \sqrt{(1.2 \text{ MN})^2 + (2.3 \text{ MN})^2} = 2.59 \text{ MN}$이고, 같은 방법으로 $\Delta r = 597 \text{ m}$이다. 이제 식 6.3에서 각도 θ를 구하면 다음과 같다.

$$\theta = \cos^{-1}\left(\frac{W}{F \Delta r}\right) = \cos^{-1}\left(\frac{1510 \text{ MJ}}{(2.59 \text{ MN})(597 \text{ m})}\right) = 12°$$

검증 답을 검증해 보자. (b)에서 구한 각도가 작다는 결과는 그림 6.7과 잘 일치한다. 이는 유람선이 가고자 하는 방향으로 예인선이 유람선을 밀어야 가장 효과적이기 때문이다. 분자의 단위 MJ과 분모의 단위 MN·m가 상쇄된다.

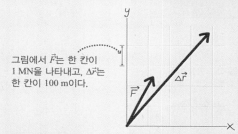

그림에서 $\vec{F}$는 한 칸이 1 MN을 나타내고, $\Delta \vec{r}$는 한 칸이 100 m이다.

그림 6.7 예제 6.3의 벡터 그림의 스케치

6.1 한 물체에는 물체의 운동 방향으로 힘 F가 작용하고, 다른 물체에는 운동 방향과 45°의 각도로 힘 $2F$가 작용하여, 두 물체 모두 같은 거리를 움직였다. 어느 힘이 더 많은 일을 하겠는가? (a) F, (b) $2F$, (c) 같다.

6.3 변화하는 힘

LO 6.4 위치에 따라 변화하는 힘이 하는 일을 계산할 수 있다.

물체에 작용하는 힘은 위치에 따라 변할 수 있다. 중력과 전기력은 상호작용하는 물체들 사이의 거리에 따라 변화하는 힘이다. 4장의 용수철의 힘도 늘어난(줄어든) 거리에 따라 변화하는 힘으로 용수철을 늘이면 힘이 증가한다.

그림 6.8은 위치 x에 따라 변화하는 힘 F의 그래프이다. 물체를 x_1에서 x_2까지 옮기는 데 한 일을 구해 보자. 두 위치 사이에서 F가 변하므로 일은 $F(x_2 - x_1)$이 아니다. 먼저 그림 6.9a처럼 두 위치 사이를 너비가 Δx인 직사각형으로 나눈다. 여기서 Δx를 충분히 작게 만들면 각 직사각형 너비에서 힘은 거의 일정하다(그림 6.9b 참조). 따라서 물체를 Δx만큼 움직이는 데 한 일은 대략 $F(x)\Delta x$이다. 여기서 $F(x)$는 너비의 중간점 x에서의 힘이며, $F(x)\Delta x$는 직사각형의 면적이다. $F(x)$로 쓰는 것은 힘이 위치의 함수라는 것을 분명히 나타내기 위해서이다. $F(x)\Delta x$는 적절한 단위(N·m 또는 대등하게 J)로 표현된 직사각형의 면적임을 유의하자.

이제 N개의 직사각형으로 나누고, x_i가 i번째 직사각형의 중간점이라면 물체를 x_1에서 x_2까지 옮기는 데 한 일은 근사적으로 개별 직사각형에 해당하는 일 ΔW_i의 합이므로 다음과 같다.

$$W \simeq \sum_{i=1}^{N} \Delta W_i = \sum_{i=1}^{N} F(x_i) \Delta x \tag{6.6}$$

이 근사식은 얼마나 정확할까? 이것은 직사각형을 얼마나 작게 만드는 데 달려 있다. Δx를

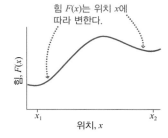

힘 $F(x)$는 위치 x에 따라 변한다.

그림 6.8 변화하는 힘

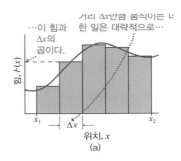

...이 힘과 Δx의 곱이다.

거리 Δx만큼 움직이는 ...한 일은 대략적으로...

위치, x
(a)

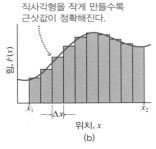

직사각형을 작게 만들수록 근삿값이 정확해진다.

위치, x
(b)

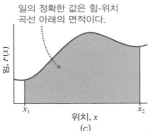

일의 정확한 값은 힘-위치 곡선 아래의 면적이다.

위치, x
(c)

그림 6.9 변화하는 힘이 한 일

무한히 작게 만드는 극한에서 근사식 6.6은 정확해진다(그림 6.9c 참조). 즉 다음과 같다.

$$W = \lim_{\Delta x \to 0} \sum_i F(x_i)\Delta x \tag{6.7}$$

여기서 합은 x_1과 x_2 사이의 모든 미소한 직사각형에 대한 합이다. 식 6.7은 함수 $F(x)$를 x_1에서 x_2까지 적분하는 **정적분**(definite integral)으로 다음과 같이 나타낼 수 있다.

$$W = \int_{x_1}^{x_2} F(x)dx \quad \text{(일차원에서 변화하는 힘이 한 일)} \tag{6.8}$$

식 6.8은 식 6.7과 정확히 같은 의미이다. 그 의미는 x_1에서 x_2까지의 구간을 폭이 Δx인 수많은 작은 사각형으로 나누고, 각 사각형에서 함수 $F(x)$의 값과 폭 Δx를 곱하고, 이 곱들을 다 합하라는 것이다. 직사각형들을 무한히 작게 근사함에 따라 이 과정에서 결과는 정적분의 값이 된다. 식 6.8의 기호 $\int$은 '합'을 나타내고, dx는 임의의 작은 Δx의 극한값을 나타낸다. 이 정적분의 기하학적인 의미는 x_1과 x_2 사이에서 곡선 $F(x)$ 아래의 면적이다(그림 6.9c 참조).

컴퓨터는 많은 수의 아주 작은 사각형을 사용하여 식 6.8에 내포된 무한 합을 근사한다. 그러나 보통 미적분이 더 좋은 방법이다.

핵심요령 6.1 적분하기

미적분학 시간에 배웠겠지만, 적분과 미분은 서로 역의 관계이다. 2.2절에서 x^n의 미분은 nx^{n-1}이므로, x^n의 적분은 $(x^{n+1})/(n+1)$이다. 미분해 보면 즉각 알 수 있다. 따라서 x^n의 정적분은 다음과 같다.

$$\int_{x_1}^{x_2} x^n dx = \frac{x^{n+1}}{n+1}\Bigg|_{x_1}^{x_2} = \frac{x_2^{n+1}}{n+1} - \frac{x_1^{n+1}}{n+1} \tag{6.9}$$

여기서 수직 막대와 상한 및 하한이 있는 중간 항은 가장 오른쪽 항에 주어진 차이를 나타내는 간결한 표기법이다. 다양한 적분에 관한 공식과 적분 결과는 부록 A를 참조하라.

용수철 늘이기

용수철의 힘은 위치에 따라 변한다. 이상적인 용수철에서 힘은 평형 위치로부터의 변위에 비례한다. 즉, 용수철의 힘은 $F = -kx$이며, k는 용수철 상수이고, 음의 부호는 용수철의 힘이 변위의 반대 방향으로 작용한다는 뜻이다. 용수철뿐만 아니라 분자에서 고층건물, 별에 이르기까지 많은 물리계들이 용수철처럼 행동한다. 여기에서 전개하는 일과 에너지에 대한 고려는 그러한 계에도 같이 적용된다.

늘어난 용수철이 작용하는 힘은 $-kx$이므로 외부에서 용수철에 작용한 힘은 $+kx$이다. 용수철의 한쪽 끝을 고정시킨 후에 평형 상태에서 용수철의 다른 쪽 끝을 $x = 0$으로 잡는다. 고정되지 않은 용수철의 한쪽 끝을 새로운 위치 x까지 늘일 경우(그림 6.10 참조) 외력이 한 일은 식 6.8에서 다음과 같다.

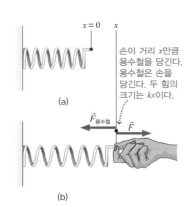

$x = 0$ $\quad x$

손이 거리 x만큼 용수철을 당긴다. 용수철은 손을 당긴다. 두 힘의 크기는 kx이다.

(a)

$\vec{F}_{용수철}$ $\quad \vec{F}$

(b)

그림 6.10 용수철 늘이기

$$W = \int_0^x F(x)dx = \int_0^x kx\,dx = \frac{1}{2}kx^2\Bigg|_0^x = \frac{1}{2}kx^2 - \frac{1}{2}k(0)^2 = \frac{1}{2}kx^2 \tag{6.10}$$

여기서 적분 계산은 식 6.9를 이용하였다. 용수철을 더 길게 늘일수록 힘을 더 크게 작용해야

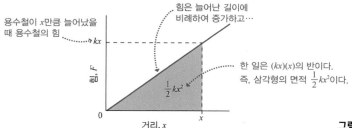

그림 6.11 용수철을 늘이면서 한 일

하므로 더 늘어난 용수철의 길이만큼 더 많은 일을 해 주어야 한다. 그림 6.11은 일이 변위의
제곱에 비례하는 이유를 그래프로 설명해 준다. 식 6.10을 얻는 과정에서 용수철을 늘이는
경우를 고려하였지만 평형 상태에서 길이 x만큼 압축하여도 한 일의 양은 같다. 여기에서
용수철의 끝에 있는 힘의 작용점의 변위를 명백하게 사용하고 있는데, 이처럼 유연한 계에서
는 그 변위가 전체 용수철의 변위와 같지 않다는 것에 유의하자.

예제 6.4 | **용수철 힘: 번지 점프** 응용 문제가 있는 예제

번지 점프에 사용하는 번지 줄의 용수철 상수는 $k = 250$ N/m이
고 길이는 11 m이다. 점프 후 가장 낮은 지점에서 줄이 2배로 늘
어난다. 줄이 한 일은 얼마인가?

해석 번지 줄이 용수철처럼 늘어나므로 용수철 상수가 주어져 있
고, 용수철을 늘이는 데 한 일을 구하는 문제이다. 11 m 길이의
줄이 2배로 늘어났으므로 늘어난 길이는 11 m이다.

과정 식 6.10을 이용하면 줄이 늘어나지 않은 상태에서 줄을 x만
큼 늘이는 데 한 일을 얻을 수 있다.

풀이 식 6.10을 적용하면 다음과 같다.

$$W = \frac{1}{2}kx^2 = \left(\frac{1}{2}\right)(250\ \text{N/m})(11\ \text{m})^2 = 15\ \text{kN} \cdot \text{m} = 15\ \text{kJ}$$

검증 곧 알게 되겠지만 우리가 구한 값은 중력이 질량 70 kg인
사람을 줄에 매달린 점으로부터 완전히 늘어난 거리까지 22 m를
떨어뜨리는 데 한 일과 같다. 다음 장에서 이것이 우연의 일치가
아님을 보게 될 것이다.

개념 예제 6.1 | **번지 점프를 더 자세하게 살펴보기**

예제 6.4에서 줄이 마지막 1 m 늘어날 때 한 일은 줄이 처음 1 m
늘어날 때 한 일보다 더 많은가, 적은가, 아니면 같은가?

풀이 번지 줄이 늘어나는 처음과 마지막에 한 일을 비교하는 것이
다. 힘-거리 곡선의 아래의 넓이가 일이다. 힘-거리 곡선을 처음과
마지막 1 m를 강조해서 그림 6.12에 그렸다. 그림을 보면 줄이 늘
어난 마지막 1 m의 넓이가 처음의 넓이와 비교하여 훨씬 크다는
것은 명백하다. 따라서 마지막의 일의 양이 더 많다.

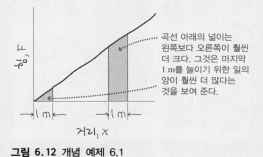

곡선 아래의 넓이는
왼쪽보다 오른쪽이 훨씬
더 크다. 그것은 마지막
1 m를 늘이기 위한 일의
양이 훨씬 더 많다는
것을 보여 준다.

그림 6.12 개념 예제 6.1

검증 결과가 일리가 있다! 줄이 10 m 늘어났을 때에 줄은 더 큰
힘을 작용한다. 따라서 줄을 더 늘이는 것이 훨씬 힘들어지므로
마지막 1 m를 늘이는 동안에 더 많은 일을 하게 된다. 처음 1 m
에는 줄이 아주 작은 힘을 작용하므로 같은 1 m를 늘이는 동안에
훨씬 더 적은 일을 하게 된다.

관련 문제 처음과 마지막 1 m를 늘이는 데 필요한 일을 구하고,
비교하여라.

풀이 식 6.10에서 하한 0과 상한 x 대신에 처음 1 m가 늘어날
때는 0과 1 m를 사용하고, 마지막 1 m가 늘어날 때는 10 m와
11 m를 사용할 것이다. 계산 결과는 125 J과 2.6 kJ이다. 따라
서 마지막 1 m를 늘이는 것은 처음 1 m를 늘이는데 필요한 일의
양보다 20배 이상의 일의 양이 필요하다.

예제 6.5 | 변화하는 마찰력: 거친 수평면 위에서 미끄러짐

표면이 점점 더 거칠어지는 수평면 위에서 일꾼이 질량 180 kg의 트렁크를 10 m만큼 민다. 운동 마찰 계수는 $\mu_k = \mu_0 + ax^2$이고, 여기서 $\mu_0 = 0.17$, $a = 0.0062 \text{ m}^{-2}$이다. 또한 x는 거친 면의 시작점에서부터의 거리이다. 일꾼이 트렁크를 밀면서 한 일은 얼마인가?

해석 트렁크를 밀면서 한 일을 구하는 문제이다. 트렁크를 일정한 속력으로 밀려면 일꾼은 마찰력과 같은 크기의 힘을 트렁크에 작용해야 한다. 마찰력이 위치에 따라 변하므로 변화하는 힘이 한 일을 구하는 문제이다.

과정 그림 6.13의 힘은 위치에 따라 변하므로 식 6.8의 $W = \int_{x_1}^{x_2} F(x)\,dx$를 사용한다. 또한 마찰력은 식 5.3인 $f_k = \mu_k n$이다. 수평면에서는 수직 항력이 무게와 같은 mg이므로 식 6.8은 다음과 같이 표기할 수 있다.

$$W = \int_{x_1}^{x_2} \mu_k mg\,dx = \int_{x_1}^{x_2} mg(\mu_0 + ax^2)\,dx$$

풀이 하나는 dx, 다른 하나는 $x^2 dx$에 대한 적분이다. 핵심요령 6.1의 식 6.9에 따라 적분하면 다음과 같다.

$$W = \int_{x_1}^{x_2} mg(\mu_0 + ax^2)\,dx = mg\left(\mu_0 x + \frac{1}{3}ax^3\right)\Big|_{x_1}^{x_2}$$

$$= mg\left[\left(\mu_0 x_2 + \frac{1}{3}ax_2^3\right) - \left(\mu_0 x_1 + \frac{1}{3}ax_1^3\right)\right]$$

위 결과에 μ_0, a, m, $g = 9.8 \text{ m/s}^2$, $x_1 = 0$, $x_2 = 10$ m를 넣으면 한 일은 6.6 kJ이다.

검증 답을 검증해 보자. 그림 6.13에서 최대 힘은 약 1.3 kN이다. 만약 이 힘이 10 m만큼 미는 동안에 일정하게 작용하면 한 일은 약 13 kJ이다. 처음에 움직이기 시작할 때 운동 마찰력의 값이 매우 작으므로 최대 일의 양의 반 정도면 적절해 보인다. 실제로 그림 6.13의 넓이는 전체 직사각형의 넓이의 반 정도이므로 6.6 kJ은 적절한 답이다.

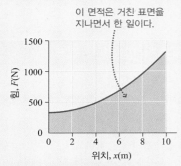

그림 6.13 예제 6.5에서 위치에 따른 힘의 변화

 단순한 곱이 아니다. 힘이 위치에 따라 변하면, 위치가 변하는 동안에 힘이 하나의 값을 갖지 않으므로 거리에 힘을 곱해서 일을 얻을 수 없다. 이 경우에는 예제 6.5처럼 적분하거나 예제 6.4에서 사용한 식 $W = \frac{1}{2}kx^2$과 같이 적분의 결과를 이용해야 한다.

이차원, 삼차원에서의 힘과 일

힘이 물체에 일을 하는 경우에, 때로는 힘의 크기와 방향이 동시에 변하거나 물체가 곡선 경로를 따라 움직인다. 두 가지의 경우에 모두 힘과 운동 사이의 각도가 변한다. 따라서 작은 변위 $\Delta\vec{r}$와 힘 $\vec{F}$의 스칼라곱 $\Delta W = \vec{F} \cdot \Delta\vec{r}$는 작은 변위에 대해서 한 일이고, 이 작은 일들을 더하면 전체 일이 된다. 작은 변위 $\Delta\vec{r}$를 매우 작은 변위 $d\vec{r}$로 극한을 취하면 전체 일은 다음과 같이 **선적분**(line integral)이 된다.

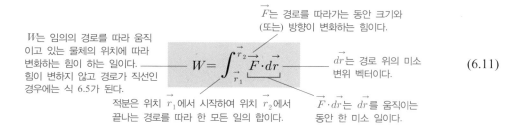

W는 임의의 경로를 따라 움직이고 있는 물체의 위치에 따라 변화하는 힘이 하는 일이다. 힘이 변하지 않고 경로가 직선인 경우에는 식 6.5가 된다.

$\vec{F}$는 경로를 따라가는 동안 크기와 (또는) 방향이 변화하는 힘이다.

$$W = \int_{\vec{r}_1}^{\vec{r}_2} \vec{F} \cdot d\vec{r}$$ (6.11)

$d\vec{r}$는 경로 위의 미소 변위 벡터이다.

적분은 위치 $\vec{r}_1$에서 시작하여 위치 $\vec{r}_2$에서 끝나는 경로를 따라 한 모든 일의 합이다.

$\vec{F} \cdot d\vec{r}$는 $d\vec{r}$를 움직이는 동안 한 미소 일이다.

선적분은 위치 $\vec{r_1}$에서 위치 $\vec{r_2}$까지 물체가 움직인 경로를 따라 적분한다는 뜻이다. 식 6.11이 일에 대한 가장 일반적인 식이므로 이 식을 강조하였다. 그림 6.14는 식 6.11의 의미를 보여주는데, 경로를 따라 가는 동안에 힘이 변화하지 않고 경로가 직선인 경우에는 훨씬 더 간단한 식 6.5가 된다. 더 이상 언급하지 않겠지만 나중에 이 식은 유용하게 다시 사용될 것이다.

중력과 반대 방향으로 하는 일

물체가 임의의 경로를 따라 위 또는 아래로 움직이면 변위와 중력 사이의 각도가 변한다. 그러나 전체 경로를 매우 작은 수평 경로와 수직 경로로 나누어 고려할 수 있기 때문에 반드시 식 6.11의 선적분이 필요한 것은 아니다(그림 6.15 참조). 이때 수평 경로를 따라가는 경우에는 중력과 변위의 방향이 서로 수직이므로 중력이 한 일은 '0'이 되고, 수직 경로를 따라가면서 중력이 한 일만 고려하면 된다. 이때 전체 수직 높이가 h인 경로를 따라 가면서 중력이 한 일은 선택한 경로와 무관하게 항상 $W = mgh$가 된다. (앞에서 중력을 다루었던 것처럼, 이 결과는 높이에 따라 중력의 크기의 변화를 무시할 수 있는 지표면 근처에서만 성립한다.)

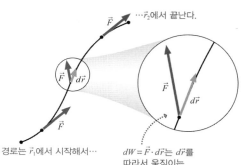

그림 6.14 식 6.11의 의미. 경로의 매우 작은 조각 $\vec{dr}$를 보면 $\vec{dr}$가 너무 작아서 실제로 직선이고 힘은 $\vec{dr}$에 대해서 크게 변하지 않는다.

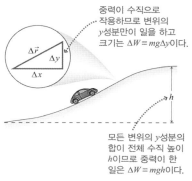

그림 6.15 경사가 변화하는 언덕을 올라가는 자동차

> **확인 문제**
> **6.2** 다음과 같이 위치에 따라 크기가 변화하는 세 개의 힘이 있다. (a) x, (b) x^2, (c) $\sqrt{x}$. 힘과 위치의 단위는 각각 뉴턴과 미터이다. 물체가 $x = 0$에서 $x = 1\,\mathrm{m}$까지 움직이는 동안에 각각의 힘이 물체에 작용한다. 두 점에서 각 힘의 크기는 0 N과 1 N으로 모두 같다. (a), (b), (c) 중에 어느 힘이 가장 많이, 어느 힘이 가장 적게 일을 하겠는가?

6.4 운동 에너지

LO 6.5 운동 에너지를 정의하고 물체의 질량과 속력으로 주어지는 운동 에너지의 크기를 찾을 수 있다.

LO 6.6 일과 운동 에너지 정리를 설명할 수 있다.

힘을 작용하여 계에 일을 하는 것은 계에 에너지를 전달하는 역학적 방법이다. 그 에너지는 어떻게 그 존재를 드러낼까? 어떤 조건하에서 그것은 계의 운동과 관련된 운동 에너지로 나타난다. 여기에서는 강체들로 이루어진 계에 작용하는 모든 힘들이 한 알짜일과 그 결과로 변한 물체의 운동 에너지 사이의 관계를 찾을 것이다. 이 과정에서 운동 에너지에 대한 간단한 공식을 전개할 것이다.

먼저 알짜힘이 물체에 한 일을 구하고 뉴턴의 법칙을 적용한다. 이때 물체에 작용한 모든 힘이 한 알짜일을 구하기 위하여 알짜힘을 사용한다. 우선 간단한 경우인 일차원 운동에서의 직선 변위와 힘을 생각한다. 이 경우에 알짜일은 식 6.8에서

$$W_{알짜} = \int F_{알짜}\, dx$$

이다. 알짜힘을 뉴턴의 제2법칙에 따라서 $F_{알짜} = ma = m\, dv/dt$로 표기하면 다음과 같다.

$$W_{알짜} = \int m \frac{dv}{dt} dx$$

무한소 dv, dt, dx는 작은 값 Δv, Δt, Δx의 극한을 뜻한다. 미적분학에서 곱 또는 몫의 극한은 각 항의 곱 또는 몫과 같으므로 dv, dt, dx를 재정리하여

$$W_{알짜} = \int m \, dv \frac{dx}{dt}$$

로 쓸 수 있다. 그러나 $dx/dt = v$이므로 결국 다음을 얻는다.

$$W_{알짜} = \int mv \, dv$$

이 식은 앞에서 적분한 $\int x \, dx$꼴이다. 따라서 처음 속력과 나중 속력을 각각 v_1과 v_2라고 하면 적분 결과는 다음과 같다.

$$W_{알짜} = \int_{v_1}^{v_2} mv \, dv = \frac{1}{2} mv^2 \Big|_{v_1}^{v_2} = \frac{1}{2} mv_2^2 - \frac{1}{2} mv_1^2 \qquad (6.12)$$

식 6.12에서 $\frac{1}{2} mv^2$은 물체에 알짜일을 할 때에만 변하는 물리량이며, 이 양이 바로 **운동 에너지**(kinetic energy)이다.

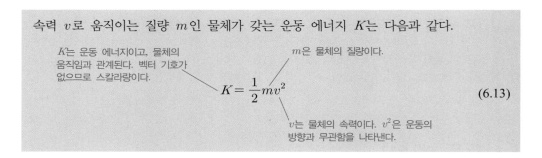

속력 v로 움직이는 질량 m인 물체가 갖는 운동 에너지 K는 다음과 같다.

K는 운동 에너지이고, 물체의 움직임과 관계된다. 벡터 기호가 없으므로 스칼라량이다.

m은 물체의 질량이다.

$$K = \frac{1}{2} mv^2 \qquad (6.13)$$

v는 물체의 속력이다. v^2은 운동의 방향과 무관함을 나타낸다.

속도와 마찬가지로 운동 에너지도 상대적이고, 그 값은 측정하는 기준계에 의존한다. 그러나 속도와는 다르게 운동 에너지는 스칼라양이고, 속도의 제곱에 비례하므로 절대로 음수가 될 수는 없다. 운동을 하고 있는 모든 물체는 운동 에너지를 가진다.

식 6.12는 알짜일과 운동 에너지의 변화를 연결한 **일-운동 에너지 정리**(work-kinetic energy theorem)로 다음과 같다.

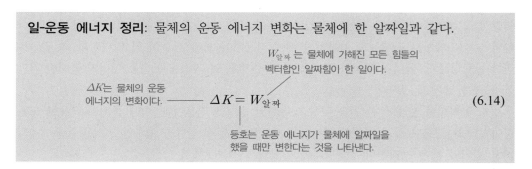

일-운동 에너지 정리: 물체의 운동 에너지 변화는 물체에 한 알짜일과 같다.

$W_{알짜}$는 물체에 가해진 모든 힘들의 벡터합인 알짜힘이 한 일이다.

ΔK는 물체의 운동 에너지의 변화이다. ——

$$\Delta K = W_{알짜} \qquad (6.14)$$

등호는 운동 에너지가 물체에 알짜일을 했을 때만 변한다는 것을 나타낸다.

식 6.12와 식 6.14는 모두 일-운동 에너지 정리를 표현하는 동등한 수식이다.

일은 양 또는 음의 값을 가질 수 있으므로 일-운동 에너지 정리(식 6.14)에 의하면 운동

에너지의 변화도 음 또는 양의 값을 가질 수 있다. 예를 들어, 내가 움직이는 물체를 정지시키면 운동 에너지가 $\frac{1}{2}mv^2$에서 0이 되므로 운동 에너지의 변화는 $\Delta K = -\frac{1}{2}mv^2$이다. 즉, 내가 운동의 반대 방향으로 힘을 작용하여 음의 일을 한 것이다. 뉴턴의 제3법칙에 의하면 물체가 반대 방향으로 나에게 힘을 작용하므로 물체는 나에게 양의 $\frac{1}{2}mv^2$의 일을 한다. 따라서 속력 v로 움직이는 질량이 m인 물체는 정지할 때 운동 에너지 $\frac{1}{2}mv^2$의 해당하는 일을 할 수 있다.

예제 6.6   일과 운동 에너지: 추월하기

추월 차로로 진입한 질량이 $1400\,\mathrm{kg}$인 자동차가 속도 $70\,\mathrm{km/h}$에서 $95\,\mathrm{km/h}$로 가속한다. (a) 자동차에 한 일은 얼마인가? (b) 브레이크를 밟아서 멈추면 한 일은 얼마인가?

해석 일에 관한 문제이지만 힘에 대한 정보가 하나도 없다. 주어진 속력으로 운동 에너지를 알 수 있으므로 일-운동 에너지 정리를 이용하여 일을 구한다.

과정 속력을 알고 있으므로 식 6.14와 식 6.12 중에서 식 6.12를 적용한다.

풀이 (a) 식 6.12에서 한 일은

$$W_{\text{알짜}} = \frac{1}{2}mv_2^2 - \frac{1}{2}mv_1^2 = \frac{1}{2}m(v_2^2 - v_1^2)$$

$$= \left(\frac{1}{2}\right)(1400\,\mathrm{kg})[(26.4\,\mathrm{m/s})^2 - (19.4\,\mathrm{m/s})^2]$$

$$= 220\,\mathrm{kJ}$$

이다. 여기서 속력의 단위를 km/h에서 m/s로 바꾸었다. (b) 브레이크를 밟은 경우에도 일-운동 에너지 정리가 성립하므로 $v_1 = 26.4\,\mathrm{m/s}$, $v_2 = 0$을 넣으면 한 일은 다음과 같이 구할 수 있다.

$$W_{\text{알짜}} = \frac{1}{2}m(v_2^2 - v_1^2) = \left(\frac{1}{2}\right)(1400\,\mathrm{kg})[0^2 - (26.4\,\mathrm{m/s})^2]$$

$$= -490\,\mathrm{kJ}$$

검증 답을 검증해 보자. 브레이크를 밟은 경우에 속력의 변화가 더 크므로 한 일의 양도 더 많다. 다만, 자동차의 운동 방향과 반대로 힘이 작용하므로 자동차에 한 일은 음의 값이다.

확인 문제 **6.3** 다음의 세 가지의 경우에 축구공에 한 알짜일이 (a) 양, (b) 음, (c) 0 중 어느 것인가? (1) 공을 들고 일정한 속력으로 축구장을 떠난다. (2) 정지한 공을 차서 공중으로 날린다. (3) 공이 구르다가 정지한다.

에너지의 단위

일은 운동 에너지의 변화와 같으므로 에너지의 단위는 일의 단위와 같다. SI 단위로 $1\,\mathrm{J} = 1\,\mathrm{N \cdot m}$이다. 과학과 공학은 물론 일상생활에서도 우리는 에너지 단위를 다양하게 사용하고 있다. 우리가 사용하는 에너지의 단위는 과학과 공학에서 사용하는 단위로 cgs 단위계의 **에르그**(erg)가 있으며 $1\,\mathrm{erg}$는 $10^{-7}\,\mathrm{J}$이다. 또한 핵물리학, 원자물리학, 분자물리학에서 흔히 사용하는 **전자볼트**(electronvolt, eV), 열역학과 화학 반응의 에너지를 표현하는 **칼로리**(calorie, cal)가 있다. 영국 단위계의 **피트-파운드**(foot-pound, $\mathrm{ft \cdot lb}$)와 일상적으로 냉난방 장치에 사용되는 **영국 열단위**(British thermal unit, Btu)가 있다. 그리고 우리가 사용한 전기 에너지에 대한 비용을 나타내는 전력은 **킬로와트-시**(kilowatt-hours, $1\,\mathrm{kW \cdot h}$)이다. 다음 장에서는 이 단위들과 SI 단위 J과의 관계를 보게 될 것이다. 이처럼 다양한 에너지의 일상 단위들을 SI 단위로 변환시키려면 부록 C를 참조하라.

6.5 일률

....

LO 6.7 에너지와 일률을 구분할 수 있다.

....

우리가 계단을 올라갈 때 얼마나 빨리 올라갔는가와 상관없이 한 일은 항상 같다. 그러나 걸어서 올라가는 것보다는 뛰어서 올라가는 것이 더 힘들다. 왜 더 힘들다고 느낄까? 짧은 시간 동안에 같은 양의 일을 하고 있기 때문이다. 즉, 일을 한 비율(rate)이 크기 때문이다. 이렇게 일을 한 비율을 **일률**(power)로 정의한다.

시간 Δt 동안 한 일의 양이 ΔW이면 평균 일률 $\overline{P}$는 다음과 같다.

$\overline{P}$는 평균 일률이다.
즉, 일을 한 평균 비율이다.

··· 한 일은 ΔW이다.

$$\overline{P} = \frac{\Delta W}{\Delta t} \text{ (평균 일률)} \tag{6.15}$$

시간 간격 Δt 동안에···

일률은 시간에 따라 변할 수도 있다. 따라서 Δt의 무한히 작은 극한 dt에서 **순간 일률**(instantaneous power)은 다음과 같다.

$$P = \lim_{\Delta t \to 0} \frac{\Delta W}{\Delta t} = \frac{dW}{dt} \text{ (순간 일률)} \tag{6.16}$$

식 6.15와 식 6.16에서 일률의 단위는 J/s이다. 증기기관을 발명한 스코틀랜드의 발명가 제임스 와트(James Watt)를 기념하여 1 J/s를 **1와트**(watt, 1W)로 사용한다. 와트의 시대에 흔히 사용하던 1마력(hp)은 746 J/s 또는 746 W이다.

일률이 일정하면 평균 일률과 순간 일률은 같다. 이때 식 6.15에서 시간 Δt 동안 한 일 W는 다음과 같다.

$$W = P\Delta t \tag{6.17}$$

일률이 일정하지 않는 경우 미소 시간 Δt에서 한 미소 일 ΔW를 고려하면 일률이 거의 일정하므로 위 식을 그대로 사용해도 무방하다. 즉 미소 일 ΔW를 합하여 다음을 얻는다.

$$W = \lim_{\Delta t \to 0} \sum P\Delta t = \int_{t_1}^{t_2} P \, dt \tag{6.18}$$

여기서 t_1과 t_2는 일률을 계산하는 처음 시간과 나중 시간이다.

예제 6.7 | **일률: 등산하기**

뉴햄프셔 주의 워싱턴 산을 등반한 질량이 55 kg인 등산가는 2 h 동안에 1300 m의 수직 높이를 올라간다. 워싱턴 산의 자동차 도로를 이용하면 질량이 1500 kg인 자동차는 30분 만에 산에 올라간다. 이때 마찰 등으로 인한 에너지 손실을 무시한다. 등산가와 자동차의 평균 일률을 각각 구하라.

해석 등산가와 자동차의 평균 일률에 관한 문제이다. 따라서 주어진 시간 동안 각각 한 일을 구해야 한다.

과정 식 6.15의 $\overline{P} = \Delta W/\Delta t$를 적용하려면 산에 올라가면서 한 일을 구해야 한다. 6.2절에서 배웠듯이 중력과 반대 방향으로 한 일은 경로와 무관하게 mgh이며, h는 올라간 수직 높이이다.

6.3 변화하는 힘

20. 그림 6.16의 힘이 작용하여 물체가 (a) $x = 0$에서 $x = 3\,\text{km}$, (b) $x = 3\,\text{km}$에서 $x = 4\,\text{km}$로 움직일 때, 한 일을 각각 구하라.

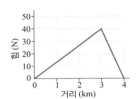

그림 6.16 연습 문제 20

21. 용수철 상수가 $k = 200\,\text{N/m}$인 용수철이 (a) 평형 위치에서 10 cm, (b) 10 cm에서 20 cm로 늘어날 때 한 일을 각각 구하라.

22. 자동차의 완충장치에서 용수철의 평형 상태의 길이는 45 cm이다. 용수철 상수가 $k = 3.8\,\text{kN/m}$이면 용수철을 32 cm 공간에 장착하기 위하여 정비공은 얼마의 일을 해야 하는가?

23. 용수철 상수가 $k = 190\,\text{N/m}$인 평형 상태의 용수철을 늘이는데 8.5 J의 일을 했다. 용수철은 얼마나 늘어났겠는가?

24. **BIO** 거미줄은 놀라울 정도로 탄성이 좋은 물질이다. 거미줄의 용수철 상수가 $k = 70\,\text{mN/m}$이고, 파리가 부딪칠 때 거미줄은 9.6 cm 만큼 늘어난다. 이때 파리가 충돌하면서 거미줄에 한 일은 얼마인가?

6.4 운동 에너지

25. 질량이 $2.4 \times 10^5\,\text{kg}$인 여객기가 속력 900 km/h로 운항하고 있다. 운동 에너지는 얼마인가?

26. 사이클로트론은 정지 상태의 양성자를 21 Mm/s의 속력까지 가속시킨다. 사이클로트론은 양성자에 얼마의 일을 하겠는가?

27. 속력 20 km/h로 달리는 질량이 $3.2 \times 10^4\,\text{kg}$인 트럭과 같은 운동 에너지를 갖는 질량 950 kg인 소형차의 속력은 얼마인가?

28. 속력 5.0 m/s로 언덕 꼭대기를 넘은 질량이 60 kg인 스케이트 보더의 속력은 언덕 아래에서 10 m/s에 도달한다. 언덕의 꼭대기와 아래 사이에서 언덕이 스케이트 보더에 한 일을 구하라.

29. 토네이도가 지나간 후 질량 0.50 g의 빨대가 나무에 4.5 cm 깊이로 박혀 있다. 이때 나무는 70 N의 멈춤 힘을 빨대에 작용했다. 빨대가 나무에 부딪힌 속력은 얼마인가?

30. 20 mi/h의 충돌과 같은 충격을 주려면 자동차를 몇 미터 높이에서 떨어트려야 하는가?

6.5 일률

31. 보통 사람의 하루 대사량은 2000칼로리이다. 1칼로리는 1 kcal의 음식 에너지이다. 2000 kcal/day를 와트(W)로 표기하라.

32. 말이 5.0 min 동안 200 m의 밭고랑을 갈면서 750 N의 힘을 작용한다. 일률을 와트(W)와 마력(hp)으로 표기하라.

33. 보통의 전기 자동차의 전지는 1 kw·h의 에너지를 저장한다. 전지가 (a) 1분, (b) 1시간, (c) 하루 만에 완전히 소진되면 일률은 각각 얼마인가?

34. 단거리 육상 선수가 100 m를 10.6 s만에 완주하면서 22.4 kJ의 일을 한다. 이 선수의 평균 일률은 얼마인가?

35. 출력 3.5 hp의 잔디 깎는 기계의 엔진이 1시간 동안 한 일은 얼마인가?

36. 질량 75 kg의 멀리뛰기 선수가 3.1 s만에 10 m/s에 도달한다. 이 선수의 일률은 얼마인가?

37. 1초에 한 번씩 무릎을 구부리는 여러분의 일률을 대략적으로 계산하라.

38. **ENV** 한낮 동안에 지표면에 도달하는 태양 에너지의 도달률은 1 kW/m²이다. 면적이 15 m²인 효율 100%의 태양 전지판이 40 kW·h의 에너지를 모으는 데 걸리는 시간은 얼마인가? **(주의:** 이 정도의 에너지는 대략 1갤런의 가솔린 에너지와 같다.)

39. 얼음조각을 녹이는 데 약 20 kJ이 필요하다. 보통의 전자레인지의 출력은 900 W이다. 이 전자레인지에서 얼음조각을 녹이려면 얼마의 시간이 걸리는가?

40. 출력 1.2 kW 헤어드라이어를 10 min 사용하는 것과 7 W 전등을 24 h 켜는 것 중 어느 것이 더 많은 에너지를 소비하는가?

응용 문제

다음 문제들은 본문의 예제들에 기초한 것이다. 두 세트의 문제들은 물리학의 이해를 강화하는 연결의 형성을 돕고 이전에 풀어본 문제에서 변형된 문제를 해결하는 자신감을 키우도록 설계되어 있다. 각 세트의 첫 번째 문제는 본질적으로 예제 문제이지만 숫자들은 다르다. 두 번째 문제는 예제와 똑같은 상황이지만 묻는 질문이 다르다. 세 번째와 네 번째 문제는 완전히 다른 상황으로 이런 방식을 반복한다.

41. **예제 6.4** 번지 점프에 사용하는 줄의 길이는 9.58 m이고 용수철 상수는 $k = 235\,\text{N/m}$이다. 점프 후 가장 낮은 지점에서 줄이 2배로 늘어난다. 이때 줄이 한 일은 얼마인가?

42. **예제 6.4** 번지 점프에 사용하는 줄의 길이는 12.2 m이다. 점프 후 가장 낮은 지점에서 줄이 26.3 m로 늘어났고, 한 일은 15.4 kJ이다. 이때 줄의 용수철 상수를 구하라.

43. **예제 6.4** 길이가 2.35 µm인 DNA 가닥의 유효 용수철 상수는 $k = 1.63 \times 10^{-7}\,\text{N/m}$이다. 길이가 1.00% 줄어들도록 DNA 가닥을 압축하는 데 필요한 일을 구하라.

44. **예제 6.4** DNA 가닥을 4.48 nm 압축하는데 $6.92 \times 10^{-24}\,\text{J}$의 일을 하였다. 이때 DNA 분자의 유효 용수철 상수를 구하라.

45. **예제 6.9** 두 사람이 질량이 16.0 kg인 2인용 자전거를 타고 6.22°의 경사로를 18.5 km/h의 속력으로 올라가고 있다. 이때 받는 공기 저항력은 10.8 N이다. 두 사람의 질량의 합이 132 kg이라면 두 사람의 일률은 얼마인가?

46. **예제 6.9** 두 사람의 일률은 955 W이다. 자전거와 두 사람의 질량의 합이 152 kg이고 공기 저항력이 14.5 N인 경우, 수평과의 각도 4.40°의 경사로에서 자전거가 낼 수 있는 가장 빠른 속력은

얼마인가?

47. **예제 6.9** 보잉 787-9 제트기와 승객들의 질량의 총합이 245,000 kg이다. 두 개의 엔진이 642 kN의 추진력을 내고, 제트기는 913 km/h의 속력으로 수평 비행을 한다. 이때 운동을 방해하는 유일한 힘은 공기 저항력이다. (a) 제트기가 순항하는 동안 엔진의 출력을 구하라. (b) 제트기가 622 km/h의 속력으로 수평과 23.0°의 각도로 올라갈 때 엔진의 출력을 구하라. 실제로 속력이 빠른 경우에는 공기 저항력이 커지지만 여기서는 변하지 않는다고 가정한다.

48. **예제 6.9** 항공기 설계자가 수평과 15.4°의 각도로 올라갈 때 새 항공기의 최대 속력을 결정하려고 한다. 비행기의 총질량이 138,000 kg이고 엔진의 총출력은 105 MW이다. 비행기가 올라가는 동안에 193 kN의 공기 저항력을 받는다. 항공기 설계자는 올라가는 동안의 최고 속력을 얼마라고 보고해야 하는가?

실전 문제

49. 200 N의 힘을 작용하여 수평과 30° 경사면 위로 책 박스를 밀어올린다. 이때 운동 마찰 계수는 0.18이다. (a) 박스를 1 m의 수직 높이로 올리려면 얼마나 일을 해야 하는가? (b) 박스의 질량은 얼마인가?

50. 그림 6.17처럼 25°의 각도로 280 N의 힘을 작용하여 두 사람이 자동차를 밀어서 5.6 m만큼 옮기려고 한다. 각자가 해야 할 일은 얼마인가?

그림 6.17 실전 문제 50

51. 그림 6.18처럼 상자에 매단 줄을 끌어서 수평 방향으로 거리 23 m만큼을 움직인다. 120 N 장력의 줄이 상자에 2500 J의 일을 한다면 그림에서 수평각 θ는 얼마인가?

그림 6.18 실전 문제 51

52. (a) $\hat{i} \cdot \hat{i}$, $\hat{j} \cdot \hat{j}$, 그리고 $\hat{k} \cdot \hat{k}$, (b) $\hat{i} \cdot \hat{j}$, $\hat{j} \cdot \hat{k}$, 그리고 $\hat{k} \cdot \hat{i}$의 스칼라곱을 구하라. (c) $\vec{A} = A_x \hat{i} + A_y \hat{j} + A_z \hat{k}$와 $\vec{B} = B_x \hat{i} + B_y \hat{j} + B_z \hat{k}$의 스칼라곱을 구하라.

53. (a) $a\hat{i} + b\hat{j}$와 $b\hat{i} - a\hat{j}$의 스칼라곱을 구하라. 여기서 a와 b는 임의의 상수이다. (b) 두 벡터의 사잇각을 구하라.

54. 크기 $F = ax^2$의 힘 $\vec{F}$는 x방향으로 작용하며, x의 단위는 미터

이고 $a = 5.0 \text{ N/m}^2$이다. 입자를 $x = 0$에서 $x = 6.0 \text{ m}$로 움직이면서 힘이 한 일을 정확하게 구하라.

55. 용수철 A를 일정한 길이만큼 늘이려면 일정한 양의 일이 필요하다. 용수철 B를 용수철 A의 늘어난 길이의 반으로 늘이는 데 필요한 일은 2배이다. 이때 두 용수철의 용수철 상수를 비교하라.

56. $F = a\sqrt{x} - bx^2$의 힘이 x방향으로 작용하며, $a = 25.2 \text{ N·m}^{-1/2}$이고 $b = 3.87 \text{ N/m}^2$이다. (a) $x = 0$에서 $x = 2.00 \text{ m}$, (b) $x = 2.00 \text{ m}$에서 $x = 3.75 \text{ m}$로 물체를 움직이면서 힘이 한 일을 각각 구하라.

57. **CH** 고무줄이 작용하는 힘은 대략 다음과 같다.

$$F = F_0 \left[\frac{L_0 - x}{L_0} - \frac{L_0^2}{(L_0 + x)^2} \right]$$

여기서 L_0은 평형 상태에서의 길이, x는 늘어난 길이, F_0은 상수이다. 이때 고무줄을 x만큼 늘이는 데 한 일을 구하라.

58. 질량이 m인 여동생이 앉아 있는 길이 L의 그네를 수직선과 각도 ϕ가 되도록 끌어 당겼다가 놓는다. 이때 한 일이 $mgL(1 - \cos\phi)$임을 보여라.

59. 미지의 두 소립자가 검출상자를 지나간다. 두 입자의 운동 에너지는 같고 질량비가 4 : 1이면 속력의 비는 얼마인가?

60. 격납고에서 점보기를 끌어내는 트랙터가 점보기에 8.7 MJ의 일을 한다. 점보기와 트랙터를 연결한 줄은 이동 방향과 22°의 각도를 이루고, 줄의 장력은 0.41 MN이다. 이때 트랙터는 점보기를 얼마나 멀리 이동시킬 수 있는가?

61. **BIO** 대장균은 초당 약 100번 회전하는 편모로 헤엄친다. 전형적인 대장균은 22 μm/s로 헤엄치고, 이때 편모는 주위의 액체에 의한 저항을 극복하기 위해서 0.57 pN의 힘을 발휘한다. (a) 대장균의 출력은 얼마인가? (b) 대장균이 25 mm 너비의 미시적인 활주면을 가로지르는 데 한 일은 얼마인가?

62. 2013년 2월 15일에 19 km/s로 움직이는 소행성이 러시아 첼랴빈스크의 상공에 진입해서 20 km 이상의 고도에서 폭발하였다. 이 소행성은 지난 한 세기 동안에 알려진 대기에 진입한 물체들 중에서 가장 크다. 이 소행성이 대기에 진입하기 직전의 운동 에너지는 TNT 폭탄 500킬로톤에 해당하는 에너지로 어림되었다. (킬로톤[kt]과 메가톤[Mt]은 핵무기의 폭발력을 기술할 때 사용하는 에너지 단위이다. 1 Mt에 해당하는 에너지를 부록 C에서 찾을 수 있다.) 첼랴빈스크 소행성의 질량은 대략 얼마인가?

63. 승강기가 1층에서 높이 41 m인 10층까지 35 s만에 올라간다. 승강기와 탑승객의 질량의 합이 840 kg이면 승강기를 들어 올리는 데 필요한 일률은 얼마인가? (그 답은 실제 필요한 일률보다 크다. 왜냐하면 승강기에는 평행추가 장치되어 있어서 모터가 해야 할 일이 줄어들기 때문이다.)

64. 핵발전소의 신뢰도를 검증하려고 한다. 핵발전소의 신뢰도는 용량 인자, 즉 발전소를 계속 가동할 때 생산할 수 있는 에너지에 대한 실제 발전소가 생산하는 에너지의 비이다. 이 발전소의 출력은 840 MW로 평가되고 있고 연간 $6.8 \times 10^9 \text{ kW·h}$의 전기

에너지를 생산한다. 이 발전소의 용량 인자는 얼마인가?

65. $F = F_0(x/x_0)^2$의 힘이 x방향으로 작용한다. 여기서 F_0과 x_0은 상수이며, x는 위치이다. $x = 0$에서 $x = x_0$으로 물체를 움직이면서 힘이 한 일을 구하라.

66. $F = ax^{3/2}$의 힘이 x방향으로 작용하며, 여기서 a는 상수이다. 이 힘을 물체에 작용하여 물체를 $x = 0$에서 $x = 18.5\,\mathrm{m}$로 움직이는데 $1.86\,\mathrm{kJ}$의 일을 하였다. 이때 상수 a를 구하라.

67. 크기가 같은 두 벡터의 스칼라곱이 크기 제곱의 $1/2$이다. 두 벡터의 사잇각을 구하라.

68. 출력이 $0.5\,\mathrm{hp}$인 펌프가 우물에서 $60\,\mathrm{m}$ 수직 높이에 있는 물탱크로 물을 퍼 올리는 비율은 얼마인가? $\mathrm{kg/s}$, $\mathrm{gal/min}$ 단위로 각각 표기하라.

69. (ENV) 미국은 하루에 약 4억 갤런의 석유를 수입한다. 부록 C의 '연료 에너지 함량표'를 사용하여 이에 해당 전력을 GW 단위로 대략 계산하라.

70. (BIO) 산소 흡입량의 측정으로 구한 장거리 달리기 선수의 일률은 $P = m(bv - c)$이다. 여기서 m과 v는 선수의 질량과 속력이고, 상수 b와 c는 각각 $b = 4.27\,\mathrm{J/kg \cdot m}$, $c = 1.83\,\mathrm{W/kg}$이다. 질량이 $54\,\mathrm{kg}$인 선수가 속력 $5.2\,\mathrm{m/s}$로 $10\,\mathrm{km}$를 달렸을 경우에 이 선수가 한 일을 구하라.

71. 질량이 $1590\,\mathrm{kg}$인 닛산 리프 전기 자동차의 엔진은 $80.0\,\mathrm{kW}$의 비율로 바퀴에 에너지를 전달한다. (a) 전기 엔진만 사용하여 리프가 수평과 $11.8°$ 각도의 경사로를 올라갈 때 최대 속력을 구하라. (b) 리프 자동차의 출력을 hp 단위로 구하라. 단, 공기 저항은 무시한다.

72. (CH) 질량이 $1400\,\mathrm{kg}$인 자동차가 등속력 $60\,\mathrm{km/h}$로 산길을 올라간다. 이때 자동차에 작용하는 공기의 저항력은 $450\,\mathrm{N}$이다. 자동차의 엔진이 $38\,\mathrm{kW}$로 바퀴에 에너지를 전달하면 산길의 경사각은 얼마인가?

73. 수평과 $22°$의 각도를 갖는 경사면 위로 질량이 $78\,\mathrm{kg}$인 트렁크를 $3.1\,\mathrm{m}$만큼 밀면서 $2.2\,\mathrm{kJ}$의 일을 한다. 이때 트렁크와 경사면 사이의 마찰 계수는 얼마인가?

74. (BIO) (a) 키가 $1.7\,\mathrm{m}$인 사람의 발에서부터 머리까지 $1\,\mathrm{L}$(질량 $1\,\mathrm{kg}$)의 피를 끌어 올릴 때 한 일을 구하라. (b) 피가 $5.0\,\mathrm{L/min}$의 비율로 온몸을 순환할 때 심장의 출력을 대략적으로 계산하라. (답은 유체 마찰과 다른 요소를 무시하기 때문에 출력이 약 5배만큼 줄어든 것이다.)

75. 마찰 계수가 0.612인 마루에서 질량이 $84.5\,\mathrm{kg}$인 서랍장을 $0.386\,\mathrm{m/s}$의 속력으로 $6.55\,\mathrm{m}$만큼 밀었다. (a) 일률을 구하라. (b) 한 일을 구하라. (c) 수평과 $5.75°$의 각도를 갖는 경사로에 밀었을 경우에 일률과 한 일을 구하라. 단, 다른 모든 값들은 변하지 않는다.

76. 밀가루를 반죽과 섞기 위하여 $45\,\mathrm{N}$의 힘으로 숟가락을 휘젓는다. 이때 숟가락의 속력이 $0.29\,\mathrm{m/s}$일 때, (a) 일률은 얼마인가? (b) $1.0\,\mathrm{min}$ 동안 휘젓는다면 한 일은 얼마인가?

77. (CH) 첫 번째 기계는 일정한 비율 P_0으로 일을 하고, 두 번째 기계는 비율 $P(t) = 2P_0\left(1 - \dfrac{(t - t_0)^2}{t_0^2}\right)$로 일을 한다. 이때 t_0은 시간 단위의 상수이고, 두 기계가 $t = 0$에서 일을 시작한다. (a) 두 번째 기계의 최대 출력을 구하라. (b) 두 기계가 한 일의 양이 같아지는 처음의 시간을 구하라.

78. (BIO) 일반적인 뒤영벌의 질량은 $0.25\,\mathrm{mg}$이다. 그 벌은 초당 100번씩 날갯짓을 하고 날개는 평균적으로 약 $1.5\,\mathrm{mm}$씩 이동한다. 벌이 꽃 위에서 배회할 때 날개와 공기 사이의 평균 힘은 벌의 무게를 감당해야 한다. 벌이 배회할 때 소모하는 평균 일률을 대략적으로 계산하라.

79. (ENV) 에너지 효율이 높은 $225\,\mathrm{W}$ 냉장고의 가격은 $\$1150$이고, 표준형 $425\,\mathrm{W}$ 냉장고의 가격은 $\$850$이다. 표준형 냉장고를 일정 시간의 20%를 가동할 때 고효율 냉장고는 11%만 가동해도 된다. 전기료가 $9.5\,¢/\mathrm{kW \cdot h}$일 때, 얼마나 오랫동안 냉장고를 가동해야 비용 차이를 없앨 수 있는가? 단, 가격 차이에 대한 이자는 무시한다.

80. 어떤 사람이 질량 $45\,\mathrm{kg}$의 바벨을 $0.50\,\mathrm{m}$씩 다섯 번 들어 올린다. 이 사람은 자신이 한 일이 에너지 함유량이 $230\,\mathrm{kcal}$인 초콜릿 바를 '태워 없애는데' 충분하다고 주장한다(연습 문제 31 참조). 이것은 사실인가? 사실이 아니라면 이 사람은 바벨을 얼마나 많이 들어 올려야 하겠는가?

81. (CH) 어떤 기계의 일률은 $P = P_0 t_0^2/(t + t_0)^2$으로 감소하며, 여기서 P_0과 t_0은 상수이다. $t = 0$에서부터 기계가 계속해서 작동해도 한 일은 $P_0 t_0$으로 유한함을 보여라.

82. (CH) 기관차가 일정한 일률 P로 질량 M의 정지한 화물열차를 가속시킨다. 모든 일률이 화물열차의 운동 에너지로 전환된다고 가정하고, 열차의 속력과 위치를 시간의 함수로 구하라.

83. $F = b/\sqrt{x}$의 힘이 x방향으로 작용하며, 상수 b의 단위는 $\mathrm{N \cdot m^{1/2}}$이다. x가 0으로 접근하면 힘이 무한히 커지지만 물체를 x_1에서 x_2로 움직이면서 한 일은 유한하다. $x_1 \rightarrow 0$으로 근사할 때 한 일을 구하라.

84. (BIO) 질량이 $75\,\mathrm{kg}$인 환자의 스트레스 검사를 하려고 한다. 이 검사에는 경사진 트레드밀에서 빠르게 걷기가 포함되어 있는데, 검사를 할 때 환자들은 최대 $350\,\mathrm{W}$의 출력에 도달하게 되어 있다. 환자가 걷는 최대 속력이 $8.0\,\mathrm{km/h}$이면 트레드밀의 경사각은 얼마인가?

85. 번지 점프 줄을 생산하는 회사에서 줄의 길이가 두 배가 되도록 줄을 늘이는 데 관련된 일에 대한 공식을 개발하려고 한다. 그 줄의 힘-거리 관계는 $F = -(kx + bx^2 + cx^3 + dx^4)$이고, 여기서 k, b, c, d는 상수이다. (a) 줄이 늘어나지 않을 때의 길이가 L_0일 때 일의 공식을 구하라. (b) $k = 420\,\mathrm{N/m}$, $b = -86\,\mathrm{N/m^2}$, $c = 12\,\mathrm{N/m^3}$, $d = -0.50\,\mathrm{N/m^4}$일 때 길이가 $10\,\mathrm{m}$인 줄을 두 배로 늘이는 데 필요한 일을 계산하라.

86. 질량 m인 물체를 반지름 R인 루프차의 원형 트랙의 바닥에서 높이
CH $h(h < R)$까지 위로 밀어 올렸다. 이때 물체와 궤도 사이의 마찰
계수는 μ로 일정하다. 마찰에 대항해서 한 일이 $\mu mg \sqrt{2hR - h^2}$
임을 보여라.

87. 입자가 원점에서부터 $x = 3\,m$, $y = 6\,m$까지 곡선 $y = ax^2 - bx$
CH 를 따라서 움직인다. 여기서 $a = 2\,m^{-1}$, $b = 4$이다. 이때 작용하
는 힘은 $\vec{F} = cxy\hat{i} + d\hat{j}$이며, $c = 10\,N/m^2$, $d = 15\,N$이다. 이 힘
이 한 일을 구하라.

88. 다음의 두 경우에 대해서 실전 문제 87을 반복해서 풀어라. (a)
원점에서 x축을 따라 $(3\,m, 0)$으로 간 다음에 y축에 평행하게
$(3\,m, 6\,m)$로 움직인다. (b) 원점에서 $(0, 6\,m)$로 간 다음에 x
축에 평행하게 $(3\,m, 6\,m)$로 움직인다.

89. 타이완의 타이베이 101 마천루의 승강기는 세계에서 가장 빨라
서 1010 m/min의 비율로 상승한다. 평형추가 승강기 차의 무게
와 균형을 이루므로 모터가 차의 무게를 들어 올릴 필요는 없다.
모터가 330 kW의 일률을 생산하면 승강기는 질량이 67 kg인
사람을 최대 몇 명까지 수용할 수 있겠는가? (답은 대략 실제 적
재 최대인원 24명을 넘어선다.)

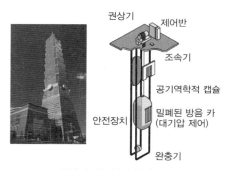

그림 6.19 실전 문제 89

90. 고무줄 새총을 늘이는 데 필요한 힘을 측정한 결과가 표에 있다.
DATA 이 새총에 대한 힘-거리 곡선을 그리고, 도표 적분을 사용하여 새
총을 40 cm 거리까지 늘이는 데 한 일을 구하라.

늘어난 길이(cm)	힘(N)
0	0
5.00	0.885
10.0	1.89
15.0	3.05
20.0	4.48
25.0	6.44
30.0	8.22
35.0	9.95
40.0	12.7

91. 병원에서 환자의 다리가 들것으로부터 떨어져서 뒤꿈치가 바닥
BIO 에 부딪쳤다. 병원측 변호사는 질량 8 kg의 다리가 다리의 무게
와 같은 힘인 약 80 N으로 바닥에 부딪쳤기 때문에 뒤꿈치 부상
은 그 이전의 부상이 원인이라고 주장한다. 원고의 변호사는 다

리와 뒤꿈치는 0.7 m 높이에서 자유 낙하하고 바닥에 부딪친 후
2 cm 움직여서 멈췄다고 주장한다. 원고의 변호사가 배심원을
설득하려면 어떻게 말해야 하는가?

실용 문제

타격된 야구공의 에너지는 배트가 공과 접촉해 있는 동안에 전달된
일률에서 나온다. 가장 강력한 타자는 짧은 접촉 시간 동안에 약 10
마력을 공급하여 공을 시속 100마일 이상까지 추진시킬 수 있다. 그
림 6.20은 어떤 특정한 타격에서 얻은 자료로서, 배트가 공에 전달하
는 일률을 시간의 함수로 나타낸 것이다.

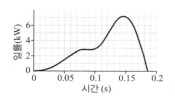

그림 6.20 실전 문제 92~95

92. 곡선의 최고점에서 최대가 되는 것은 다음 중 어느 것인가?
    a. 공의 운동 에너지
    b. 공의 속력
    c. 배트가 공에 에너지를 공급하는 비율
    d. 배트가 공에 해 준 일의 총량

93. 공의 최대 속력은
    a. 약 85 ms이다.
    b. 약 145 ms이다.
    c. 약 185 ms이다.
    d. 언제나 힘이 가장 클 때이다.

94. 타격된 결과로 공의 운동 에너지는
    a. 약 550 J만큼 증가한다.
    b. 약 1.3 kJ만큼 증가한다.
    c. 약 7.0 kJ만큼 증가한다.
    d. 얼마나 증가하는지 말할 수 없다. 왜냐하면 투수가 던질 때 공
       의 속력을 모르기 때문이다.

95. 공에 작용하는 힘이 가장 클 때는
    a. 약 185 ms일 때 이다.
    b. 그림 6.20의 최고점에서이다.
    c. 그림 6.20의 최고점 이전이다.
    d. 그림 6.20의 최고점 이후이지만 185 ms보다는 이전이다.

6장 질문에 대한 해답

장 도입 질문에 대한 해답

의존하지 않는다. 특정한 높이까지 산길을 올라갈 때 중력에 대해서
한 일은 경로와 무관하다. 자전거를 탄 사람(총질량 80 kg)이 500 m
높이의 산을 올라가면서 중력에 대해 한 일은 경로와 무관하게 대략

400 kJ 또는 100 kcal의 일을 한다. 그러한 산을 20분 올라가려면, 자전거를 탄 사람의 출력은 300 W 보다 커야 한다.

확인 문제 해답

6.1 (b) 힘 $2F$가 힘 F보다 $\sqrt{2}$ 배의 일을 더 한다. 힘 $2F$의 운동 방향 성분이 $2F\cos45°$ 또는 $2F\sqrt{2}/2 = F\sqrt{2}$ 이기 때문이다.

6.2 (c) $\sqrt{x}$ 가 가장 많이 일을 하고, (b) x^2이 가장 적게 일을 한다. 두 함수를 그리고 $x = 0$에서 $x = 1$까지 곡선 아래 면적을 비교하면 알 수 있다. x는 중간값이다.

6.3 (1) (c) 운동 에너지가 변하지 않으므로 공에 한 일도 0이다.

  (2) (a) 운동 에너지가 증가하므로 공에 한 일은 양수이다.

  (3) (b) 운동 에너지가 감소하므로 공에 한 일은 음수이다.

6.4 메가와트는 일률의 단위로 이미 '시간당'이란 의미가 포함되어 있다. 따라서 '새 발전소가 50 MW의 비율로 에너지를 생산한다.'라고 표기해야 한다.

에너지 보존

예비 지식

- 일의 개념(6.1절)
- 운동 에너지의 개념(6.4절)
- 일과 운동 에너지 정리(6.4절)

학습 목표

이 장을 학습하고 난 후 다음을 할 수 있다.

LO 7.1 보존력과 비보존력을 구별할 수 있다.

LO 7.2 중력과 용수철에 관한 퍼텐셜 에너지를 계산할 수 있다.

LO 7.3 뉴턴의 제2법칙으로 풀기 어려운 문제를 역학적 에너지 보존 법칙으로 해결할 수 있다.

LO 7.4 역학적 에너지가 손실되는 비보존력이 존재하는 상황을 평가할 수 있다.

LO 7.5 역학적 에너지와 내부 에너지를 구별할 수 있다.

LO 7.6 다양한 계에 대한 퍼텐셜 에너지 곡선을 활용할 수 있다.

옐로스톤 폭포에서는 무슨 에너지가 무슨 에너지로 전환될까?

그림 7.1a의 암벽등반가는 절벽을 올라가기 위하여 일을 한다. 그림 7.1b처럼 일꾼이 마룻바닥에서 옷장을 밀 때도 일을 한다. 그러나 차이가 있다. 절벽을 올라가던 등반가가 밧줄을 놓으면 아래로 떨어지는 운동 에너지를 갖지만, 옷장을 밀지 않으면 옷장은 그대로 있다.

이러한 차이에서 두 종류의 힘, 즉 보존력과 비보존력을 구별할 수 있고, 물리학에서 가장 중요한 기본 원리인 **에너지 보존**(conservation of energy)을 전개하는 데 그 구별이 도움이 된다. 6장에서 간단하게 세 가지 형태의 에너지인 운동 에너지, 퍼텐셜 에너지, 내부 에너지를 언급하였지만, 주로 운동 에너지에 대해서만 정량적으로 다루었다. 이제 퍼텐셜 에너지의 개념을 전개하고 이것이 어떻게 보존력과 연관되는지 볼 것이다. 대조적으로 비보존력은 역학적 에너지가 비가역적으로 내부 에너지로 변환되는 것과 연관이 있다. 그러한 변환을 여기서 잠깐 살펴보고 에너지 보존의 일반적인 표현을 공식화할 것이다. 16~19장에서는 내부 에너지에 대해 자세히 설명하고 이것이 어떻게 온도와 연관되는지 볼 것이다. 그리고 일뿐만 아니라 에너지 전달 수단으로서 열까지 포함하도록 에너지 보존에 대한 진술을 확장할 것이다.

7.1 보존력과 비보존력

LO 7.1 보존력과 비보존력을 구별할 수 있다.

그림 7.1에서 암벽등반가와 일꾼 모두 힘에 대해 일을 하고 있다. 이때 암벽등반가는 중력에 대해, 일꾼은 마찰력에 대해 일을 하고 있다. 이 두 가지 경우에 차이가 있다. 만약 암벽등반가가 손을 떼면 중력은 등반가가 낙하하는 만큼 에너지를 되돌려주어서 운동 에너지로 복원된다. 그러나 마찰력에 의한 경우는 에너지가 운동 에너지로 복원되지 않는다.

  보존력(conservative force)은 중력이나 탄성력처럼 일을 하여 전달되었던 에너지를

149

(a)

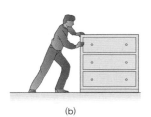

(b)

그림 7.1 암벽등반가와 일꾼 모두 일을 하지만, 등반가가 한 일만이 운동 에너지로 복원된다.

이 경로를 따라 점 A에서 B로 움직이는 데 필요한 일은 W_{AB}이고…

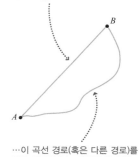

…이 곡선 경로(혹은 다른 경로)를 따라 되돌아오는 데 필요한 일은 $-W_{AB}$이어야 한다.

그림 7.2 보존력이 한 일은 경로에 무관하다.

되돌려주는 힘이다. 힘이 보존력인지에 대한 더 정확한 설명은 물체가 시작한 곳에서 끝나는 닫힌 경로를 따라 이동하는 물체에서의 일을 고려하는 것이다. 예를 들어 암벽등반가가 높이 h인 절벽을 타고 올라갔다가 다시 출발점으로 내려온다고 가정할 때, 암벽등반가가 올라갈 때 중력은 운동 방향과 반대 방향으로 작용하기 때문에 중력은 $-mgh$만큼 음의 일을 하게 된다(그림 6.4 참조). 암벽등반가가 내려올 때, 중력과 운동 방향은 같으므로 중력에 의해 한 일은 $+mgh$가 된다. 그래서 암벽등반가가 절벽을 올라갔다가 내려오는 동안 중력이 한 일의 총량은 0이다.

이제 그림 7.1b의 일꾼을 고려해 보자. 일꾼이 방을 가로질러 상자를 밀고 있는 경우, 방향이 잘못된 것을 발견하고 다시 문으로 상자를 밀었다고 가정하자. 암벽등반가처럼, 일꾼과 상자의 닫힌 경로를 살펴보자. 마찰력은 항상 상자의 운동 방향과 반대 방향이다. 일꾼은 마찰력과 반대 방향으로 힘을 작용해야 한다. 그래서 결국 닫힌 경로로 상자를 밀 때 일의 총량은 양의 값을 가진다. 이때 마찰력을 **비보존력**(nonconservative force)이라고 한다.

두 가지 예로 보존력과 비보존력 사이의 구별이 명확해진다. 보존력만이 닫힌 경로를 따라 움직일 때 한 일은 0이 된다.

임의의 닫힌 경로에서 물체가 움직일 때 작용하는 힘 $\vec{F}$에 의한 일의 총량이 0일 때, 그 힘은 보존력이다.

이 정의는 보존력의 특성에 관한 것이다. 그림 7.2처럼 보존력이 물체에 작용한다고 가정하자. 점 A에서 B로 직선 경로에 따라 물체를 이동시키고 보존력에 의한 일을 W_{AB}로 나타낸다. 닫힌 경로에서 한 일은 0이기 때문에 점 B에서 A로 이동하면서 한 일은 $-W_{AB}$이어야 한다. 직선 경로인지 곡선 경로인지 또 다른 경로인지와 상관없다. 따라서 점 A에서 B로 이동할 때 경로와 상관없이 한 일의 양은 W_{AB}이어야 한다. 따라서 다음과 같이 기술할 수 있다.

보존력에 의해 두 지점 사이에서 한 일은 선택된 경로와 무관하다.

보존력의 중요한 예로 중력과 정전기력이 있다. (기본적으로 전기력인) 이상적인 용수철 힘도 보존력이다. 비보존력으로는 마찰력, 시간에 따라 변하는 자기장 속의 전기력(27장 참조) 등이 있다.

확인 문제 **7.1** 거친 바닥에서 트렁크를 직선으로 밀면서 한 일이나 같은 거리만큼 짐을 들어 올릴 때 한 일이 같다고 하자. 시작점과 끝점이 이전과 똑같은 곡선 모양의 경로를 동일하게 따라가면서 트렁크와 짐을 각각 움직인다면, 일은 (a) 여전히 두 경우에 똑같다, (b) 짐이 더 크다, (c) 트렁크가 더 크다.

식 6.11은 물체가 임의의 경로를 따라 움직일 때 위치에 따라 변할 수 있는 힘에 의해 행해진 일에 대한 일반적인 표현으로 $W = \int_{A}^{B} \vec{F} \cdot d\vec{r}$이고 A와 B는 경로의 끝점이다. 닫힌 경로에 대해, 경로의 두 끝점은 같고 적분 기호에 원을 넣어 표시한다. 그래서 보존력에 의한 정의는 수학적으로 다음과 같이 표현할 수 있다.

$$\oint \vec{F} \cdot \vec{dr} = 0 \ \text{(보존력)} \tag{7.1}$$

그림 7.2를 통해, $W = \int_{A}^{B} \vec{F} \cdot \vec{dr}$ 가 끝점 A와 B 사이의 경로와 무관하다는 진술로 보존력을 마찬가지로 잘 설명할 수 있다.

7.2 퍼텐셜 에너지

LO 7.2 중력과 용수철에 관한 퍼텐셜 에너지를 계산할 수 있다.

그림 7.1a의 등반가는 절벽을 오르면서 일을 하고, 등반가가 그 일을 하면서 전달된 에너지는 운동 에너지의 형태로 되돌려 받을 수 있으므로 여하튼 저장되어 있다. 등반가는 저장된 에너지를 예민하게 인식하고 있다. 왜냐하면 그것 때문에 위험스러운 추락이 발생할 잠재성이 있기 때문이다. 잠재성(potential)은 여기서 적절한 단어이다. 저장된 에너지는 운동 에너지로 전환될 수 있는 잠재성을 가지고 있다는 의미에서 **퍼텐셜 에너지**(potential energy)라고 한다.

퍼텐셜 에너지를 기호 U로 나타내고, 퍼텐셜 에너지의 변화를 정의하는 것으로 시작하자.

퍼텐셜 에너지의 변화 ΔU_{AB}는 점 A에서 B까지 보존력이 작용하여 한 일의 음수로 다음과 같이 정의한다.

ΔU_{AB}는 보존력 $\vec{F}$의 영향하에서 점 A에서 B로 물체가 이동할 때 퍼텐셜 에너지의 변화이다.

$\vec{F}$는 보존력이다.

$\vec{dr}$는 무한소 변위이다.

$$\Delta U_{AB} = -\int_{A}^{B} \vec{F} \cdot \vec{dr} \ \text{(퍼텐셜 에너지)} \tag{7.2}$$

보존력과 반대 방향으로 물체가 이동하는 경우, 퍼텐셜 에너지가 증가하고 힘이 음의 일을 하기 때문에 음의 부호가 생긴다.

식 6.11은 이 적분이 보존력에 의한 일이라는 것을 보여 준다.

식 7.2의 주석은 음의 부호를 설명한다. 이것을 생각하는 다른 방법은 중력과 같은 보존력에 대항하기 위해 일을 해야 한다는 것이다. 만약, $\vec{F}$가 보존력이면(예를 들어 아래로 향하는 중력) 힘 $-\vec{F}$를 가해야 하고(예를 들어 위로), 한 일은 $\int_{A}^{B}(-\vec{F}) \cdot \vec{dr}$ 또는 $-\int_{A}^{B} \vec{F} \cdot \vec{dr}$ 인데, 이것은 식 7.2의 오른쪽과 같다. 그 일은 에너지의 전달을 나타내고, 여기서는 결국 퍼텐셜 에너지로서 저장된다. 그러므로 식 7.2를 해석하는 또 다른 방법은 퍼텐셜 에너지의 변화는 보존력에 꼭 맞게 대항하기 위해 외부에서 해주어야만 하는 일과 같다. 식 7.2의 정의에 따르면 각 점의 퍼텐셜 에너지 값보다 두 점 사이의 퍼텐셜 에너지 차이가 물리적으로 의미가 있다.

'퍼텐셜 에너지 U'는 기준점과 다른 점 사이의 퍼텐셜 에너지 변화를 기술하는 퍼텐셜 에너지차 ΔU를 의미한다. 따라서 퍼텐셜 에너지가 0인 기준점을 잡는 것이 편리하다. 예를 들어 암벽등반가는 절벽 밑을 퍼텐셜 에너지가 0인 기준점으로 잡으면 편리하다. 결국 퍼텐셜 에너지 값이 문제가 아니라 퍼텐셜 에너지 차이가 문제이므로 기준점은 편리에 따라 마음대로 선택할 수 있다. 보통 아래 첨자 AB를 빼고 간단하게 ΔU로 퍼텐셜 에너지의 변화를 나타낼 것이다. 그렇지만 A에서 B로 가는 것인지 또는 B에서 A로 가는 것인지 명확히 할 필요가 있을 때는 아래 첨자를 유지하는 것이 중요하다.

식 7.2는 모든 경우에 적용할 수 있는 일반식이다. 만약 힘과 변위가 평행이거나 역평행인 경로를 택하면, 다음과 같이 간단하게 표기할 수 있다.

$$\Delta U = -\int_{x_1}^{x_2} F(x)dx \tag{7.2a}$$

여기서 x_1과 x_2는 처음과 나중 위치이다. 또한 힘이 일정하면 다음과 같이 더 간단해진다.

$$\Delta U = -F(x_2 - x_1) \tag{7.2b}$$

식 이해 식 7.2b는 퍼텐셜 에너지 변화를 나타내는 가장 간단한 표현식이다. 그러나 식 7.2a에서 일정한 힘 F를 적분 밖으로 꺼내서 계산한 결과이므로, 힘이 일정한 경우에만 사용할 수 있다.

중력 퍼텐셜 에너지

물체를 위아래로 움직이면 퍼텐셜 에너지가 변하는 경우가 많다. 그림 7.3은 바닥에서 높이 h의 선반까지 책을 올려놓는 두 경로이다. 중력은 보존력이므로 퍼텐셜 에너지의 변화는 두 경로에서 같다. 물론 직선 경로를 따르면 계산하기 쉽다. 중력이 수직 방향으로만 작용하여 수평 이동에 대한 일이나 퍼텐셜 에너지 변화가 없기 때문이다. 수직 이동에서는 중력이 일정하므로 식 7.2b에서 $\Delta U = mgh$이다. 음의 부호는 중력의 아래 방향과 상쇄된다. 지표면 근처에서 질량 m에 수직 변위 Δy가 생기면 중력 퍼텐셜 에너지의 변화는

$$\Delta U = mg\Delta y \text{ (중력 퍼텐셜 에너지)} \tag{7.3}$$

이다. 변위 Δy는 물체가 위 또는 아래의 이동에 따라 양 또는 음의 값을 가지므로 퍼텐셜 에너지는 증가하거나 감소한다. 식 7.3은 변위의 크기가 지구 반지름보다 훨씬 작은 지표면 근처에서 성립하는 관계식이다. 지표면 근처에서는 중력이 일정하기 때문이다. 8장에서 더 일반적인 경우를 살펴볼 것이다.

식 7.3으로 책의 퍼텐셜 에너지 변화를 알 수 있지만 퍼텐셜 에너지 값 자체는 알 수 없다. 퍼텐셜 에너지 값은 퍼텐셜 에너지가 0인 기준점에 따라 달라진다. 바닥에서 $U = 0$이라면 선반에서는 $U = mgh$이고, 선반에서 $U = 0$이라면 바닥에서는 $U = -mgh$이다. 이와 같이 기준점의 선택에 따라 퍼텐셜 에너지 값은 음수가 될 수도 있다. 따라서 퍼텐셜 에너지 값에서 음수 또는 양수는 의미가 없다. 중요한 것은 퍼텐셜 에너지 차이이다. 그림 7.4는 바닥을 $U = 0$인 기준으로 잡고 높이에 대한 퍼텐셜 에너지 변화를 나타낸 그래프이다. 중력이 일정하기 때문에 퍼텐셜 에너지는 직선으로 변한다.

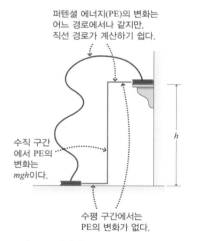

그림 7.3 퍼텐셜 에너지 변화를 계산하기 쉬운 경로

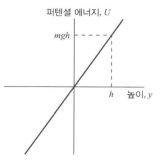

그림 7.4 중력이 일정하므로 퍼텐셜 에너지는 높이에 정비례하여 증가한다.

예제 7.1	중력 퍼텐셜 에너지: 승강기 타기

55 kg의 기술자가 33층 사무실을 나와서 59층까지 승강기를 타고 올라갔다가 1층으로 내려왔다. 사무실의 퍼텐셜 에너지를 0으로 잡고 층간 간격이 3.5 m일 때, (a) 사무실, (b) 59층, (c) 1층의 퍼텐셜 에너지는 각각 얼마인가?

해석 영점에 대한 중력 퍼텐셜 에너지 문제이다.

과정 식 7.3의 $\Delta U = mg\Delta y$는 수직 위치의 변화에 따른 중력 퍼텐셜 에너지이다. 몇 층인지는 알지만 높이를 모르므로 층간 간격 3.5 m로 각 층의 높이를 구해야 한다.

풀이 (a) 사무실이 영점이므로 퍼텐셜 에너지는 0이다. (b) 59층의 퍼텐셜 에너지 $59 - 33 = 26$층에서 다음과 같다.

$$U_{59} = mg\Delta y = (55\,\text{kg})(9.8\,\text{m/s}^2)(26\,\text{층})(3.5\,\text{m/층})$$
$$= 49\,\text{kJ}$$

$U = 0$인 층에 대한 퍼텐셜 에너지 변화이므로 ΔU 대신에 U로 표기한다. (c) 1층은 $1 - 33 = -32$층이므로 다음을 얻는다.

$$U_1 = mg\Delta y = (55\,\text{kg})(9.8\,\text{m/s}^2)(-32\,\text{층})(3.5\,\text{m/층})$$
$$= -60\,\text{kJ}$$

검증 답을 검증해 보자. 기술자가 위층으로 올라가면 퍼텐셜 에너지는 양수이고, 사무실 아래로 내려가면 음수이다. 아래로 더 많이 내려갔기 때문에 1층의 퍼텐셜 에너지 크기가 더 크다.

응용물리	양수발전

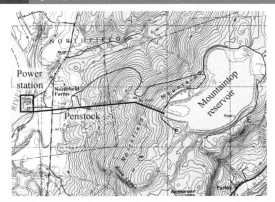

전기는 대단히 유용한 에너지이지만 저장하기가 힘들다. 발전소를 계속해서 가동하면 좋겠지만 전력 수요에 맞추기가 어렵다. 풍력, 태양광 같은 재생 에너지는 전력 수요에 맞춰서 생산하기가 어렵다. 에너지를 저장하는 좋은 방법만 있다면 두 경우 모두 활용할 수 있다. 현재, 막대한 양의 전기 에너지를 저장하는 가장 실용적인 방법은 중력 퍼텐셜 에너지로 전환하는 양수발전이다. 남아도는 전력으로 낮은 곳의 물을 높은 발전댐으로 퍼 올려서 물의 중력 퍼텐셜 에너지를 증가시켰다가, 전력 수요가 증가하면 저수지의 물로 발전기를 돌려서 전기를 생산한다. 옆의 지도는 산꼭대기의 저수지와 214 m 아래 디어필드 강에 있는 발전소 지역을 포함하여 메사추세츠의 노스필드 산에 있는 양수발전댐을 보여 준다(실전 문제 35 참조).

탄성 퍼텐셜 에너지

용수철이나 탄성 물질을 늘이거나 압축시키면 용수철 힘에 대해서 일을 하므로 **탄성 퍼텐셜 에너지**(elastic potential energy)를 저장할 수 있다. 이상적인 용수철 힘은 $F = -kx$이다. 여기서 x는 평형 길이로부터 늘어나거나 줄어든 길이이고, 음의 부호는 용수철 힘이 늘임이나 줄임에 반대한다는 뜻이다. 용수철 힘은 위치에 따라 변하므로, 식 7.2a에서 퍼텐셜 에너지는

$$\Delta U = -\int_{x_1}^{x_2} F(x)\,dx = -\int_{x_1}^{x_2}(-kx)\,dx = \frac{1}{2}kx_2^2 - \frac{1}{2}kx_1^2$$

이다. 여기서 x_1과 x_2는 각각 처음 위치와 나중 위치이다. 평형 길이인 $x = 0$에서 $U = 0$이라면 임의의 길이 x에서 퍼텐셜 에너지를 다음과 같이 표기할 수 있다.

$$U = \frac{1}{2}kx^2 \quad \text{(탄성 퍼텐셜 에너지)} \tag{7.4}$$

식 6.10의 $W = \frac{1}{2}kx^2$과 비교해 보면 탄성 퍼텐셜 에너지가 용수철을 늘이는 데 한 일과 같다. 한 일이 용수철에 저장되므로 당연한 결과이다. 그림 7.5는 용수철의 늘임이나 줄임에 따른 퍼텐셜 에너지의 변화를 보여 준다. 용수철 힘이 x에 비례하므로 퍼텐셜 에너지 곡선은 포물선이다.

그림 7.5 용수철의 퍼텐셜 에너지 곡선은 포물선이다.

예제 7.2 **에너지 저장: 용수철과 가솔린**

자동차의 현가장치는 유효 용수철 상수가 $120\,\text{kN/m}$인 용수철 장치이다. $1\,\text{g}$의 가솔린과 같은 에너지를 저장하려면 용수철을 얼마나 압축시켜야 하는가?

해석 용수철에 저장된 에너지와 가솔린의 화학 에너지를 비교하는 문제이다.

과정 길이 x만큼 압축된 용수철에 저장된 에너지는 식 7.4의 $U = \frac{1}{2}kx^2$이다. 여기서 우리는 가솔린 $1\,\text{g}$에 해당하는 에너지를 원한다. 한편 가솔린의 에너지는 부록 C에서 $44\,\text{MJ/kg}$이다.

풀이 가솔린 $1\,\text{g}$의 에너지는 $44\,\text{MJ/kg}$에서 $44\,\text{kJ}$이다. 따라서 거리 x는 다음과 같다.

$$x = \sqrt{\frac{2U}{k}} = \sqrt{\frac{(2)(44\,\text{kJ})}{120\,\text{kN/m}}} = 86\,\text{cm}$$

검증 답을 검증해 보자. 이 답은 비현실적이다. 자동차의 현가장치가 이만큼 압축되기 전에 자동차 바닥이 도로와 부딪칠 것이기 때문이다. 또한 가솔린 $1\,\text{g}$은 결코 많은 양이 아니다. 에너지를 저장하는 좋은 장치임에도 불구하고 용수철을 가솔린과 비교할 수 없다.

예제 7.3 **탄성 퍼텐셜 에너지: 등산용 로프** 응용 문제가 있는 예제

바위타기에 사용하는 등산용 로프는 탄성이 있어서 낙하 시 늘어난다. 로프가 x만큼 늘어나면 탄성력 $F = -kx + bx^2$이 작용하며, $k = 223\,\text{N/m}$, $b = 4.10\,\text{N/m}^2$이다. 로프가 $2.62\,\text{m}$ 늘어났을 때 저장된 에너지를 구하라. 단, $x = 0$에서 $U = 0$이다.

해석 예제 7.2처럼 탄성 퍼텐셜 에너지를 구하는 문제이다. 다만, 탄성력이 $F = -kx$가 아니므로 약간 어렵다.

과정 로프의 탄성력이 거리에 따라 변하지만, 변위와 힘이 같은 방향으로 작용하므로 식 7.2a의 $\Delta U = -\int_{x_1}^{x_2} F(x)\,dx$를 적분해야 한다.

풀이 식 7.2a에 따라 계산하면 다음을 얻는다.

$$
\begin{aligned}
U &= -\int_{x_1}^{x_2} F(x)\,dx = -\int_0^x (-kx + bx^2)\,dx \\
&= \frac{1}{2}kx^2 - \frac{1}{3}bx^3 \Big|_0^x \\
&= \frac{1}{2}kx^2 - \frac{1}{3}bx^3 \\
&= \left(\frac{1}{2}\right)(223\,\text{N/m})(2.62\,\text{m})^2 - \left(\frac{1}{3}\right)(4.1\,\text{N/m}^2)(2.62\,\text{m})^3 \\
&= 741\,\text{J}
\end{aligned}
$$

검증 답을 검증해 보자. 이 값은 용수철 상수가 같은 이상적인 용수철의 퍼텐셜 에너지 $U = \frac{1}{2}kx^2$보다 약 3% 작다. 즉 탄성력에서 양의 부호인 $+bx^2$ 항 때문에 복원력이 줄어들어서 용수철을 늘이는 데 해야 할 일이 감소한다.

확인문제 **7.2** 높이 올라갈수록 중력이 감소하지만, 지표면 근처에서는 무시해도 좋을 정도로 작다. 만약 그 차이를 구한다면, 높이 변화 h에 대한 퍼텐셜 에너지의 정확한 변화량은 지표면의 중력 가속도로 주어지는 mgh보다 (a) 큰가, (b) 작은가, (c) 같은가?

저장된 에너지는 어디에 있고 계는 무엇인가?

그림 7.1a의 등반가, 그림 7.3의 책, 예제 7.1의 기술자를 논의하면서 '등반가의 퍼텐셜 에너지', '책의 퍼텐셜 에너지', '기술자의 퍼텐셜 에너지'와 같은 표현을 사용하지 않았다. 어찌 되었건, 등반가가 절벽 밑에서 꼭대기까지 가는 동안 등반가 자신은 변한 것이 없다. 또한 책을 선반에 올려놓았을 때 책도 달라지지 않는다. 그러므로 퍼텐셜 에너지가 이들 물체의 소유라고 하는 것은 이치에 맞지 않는다. 정말로 퍼텐셜 에너지의 개념은 힘을 통하여 상호작용하는 두 (또는 그 이상의) 물체를 필요로 한다. 등반가, 책, 기술자의 예에서 그 힘은 중

력이고, 상호작용하는 한 쌍의 물체는 각각 등반가와 지구, 책과 지구, 기술자와 지구이다. 그래서 퍼텐셜 에너지를 규정하려면 각 경우에 최소한 두 물체로 이루어진 계를 고려할 필요가 있다. 각각의 예에서 계를 이루는 물체들의 상대적인 위치가 바뀌므로 **계의 배열**은 변한다. 각 경우에 등반가, 책, 기술자와 같은 계의 한 구성원은 지구에 대해 상대적으로 움직였다. 그래서 퍼텐셜 에너지는 계의 배열과 연관되어 있는 에너지이다. 단일하고 구조가 없는 물체의 퍼텐셜 에너지를 언급하는 것은 정말로 말이 되지 않는다. 그것은 단일한 물체처럼 단순할 수도 있는 계의 운동과 연관되어 있는 운동 에너지와는 대조적이다.

퍼텐셜 에너지는 어디에 저장되어 있는가? 바로 상호작용하는 물체들의 계이다. 퍼텐셜 에너지는 본질적으로 계의 속성이고 개별 물체에 부여될 수 없다. 중력의 경우에 더 나아가서 에너지가 **중력장**(gravitational field)에 저장된다고 말할 수 있다. 중력장의 개념은 다음 장에서 도입될 것이다. 중력으로 상호작용하는 물체로 이루어진 계의 배열을 변화시킬 때, 변하는 것은 개별 물체가 아니라 중력장이다.

용수철은 어떤가? 용수철을 포함하여 신축성 있는 물체는 상호작용하는 부분들의 계로 이루어져 있기 때문에 '용수철의 퍼텐셜 에너지'라고 말할 수 있다. 용수철의 경우에 용수철의 개별 분자들은 궁극적으로 전기력으로 상호작용하고, 용수철이 늘어나거나 압축될 때 변하는 것은 연관된 **전기장**(electric field)이다. 그리고 23장에서 정량적으로 보게 되겠지만 퍼텐셜 에너지가 머무는 곳은 전기장 안이다. '탄성력의 퍼텐셜 에너지'를 말할 때 사실은 분자들의 전기장에 저장된 퍼텐셜 에너지를 기술하고 있는 것이다.

7.3 역학적 에너지 보존

....

LO 7.3 뉴턴의 제2법칙으로 풀기 어려운 문제를 역학적 에너지 보존 법칙으로 해결할 수 있다.

....

6.3절에서 전개한 일-운동 에너지 정리에 따르면 물체의 운동 에너지의 변화 ΔK는 물체에 해준 알짜일과 같다.

$$\Delta K = W_{알짜}$$

여기서는 작용하는 힘이 오로지 보존력인 경우만 고려할 것이다. 그러면 식 7.2의 해석에 따라 한 일은 퍼텐셜 에너지의 변화의 음수와 같다. 즉 $W_{알짜} = -\Delta U$이다. 그 결과 $\Delta K = -\Delta U$ 또는

$$\Delta K + \Delta U = 0$$

이다. 이 식이 말해 주는 것은 운동 에너지 K의 변화 ΔK는 퍼텐셜 에너지 U의 정반대 변화 ΔU로 보상되어야만 두 변화의 합이 0이 된다는 것이다. 운동 에너지가 올라가면 퍼텐셜 에너지가 똑같은 양만큼 내려가고, 그 반대도 마찬가지이다. 다시 말해서 운동 에너지와 퍼텐셜 에너지의 합으로 정의되는 **역학적 에너지**(mechanical energy)는 변하지 않는다.

이 시점에서 오로지 보존력이 작용하는 경우만 고려한 것을 기억하라. 그 경우에 역학적 에너지가 보존된다는 것을 보였다. **역학적 에너지 보존**(conservation of mechanical energy) 이라 불리는 이 원리를 방금 논의하였던 두 가지 방식으로 표현할 수 있다.

ΔK와 ΔU는 각각 운동 에너지와 퍼텐셜 에너지의 변화이다. 만약 하나가 증가하면 다른 하나는 감소하기 때문에 역학적 에너지 전체의 변화는 없다.

$$\Delta K + \Delta U = 0$$ (7.5)

그리고, 동등하게 (역학적 에너지 보존)

두 방정식이 동등하다. 식 7.5는 운동 에너지와 퍼텐셜 에너지 변화를 표현하는 것인 반면, 식 7.6은 총역학적 에너지에 대해 표현한다.

$$K + U = 일정 = K_0 + U_0$$ (7.6)

K와 U는 임의의 곳에서 물체의 운동 에너지와 퍼텐셜 에너지이다. 그들의 합은 변하지 않는다.

K_0과 U_0은 한 곳에서 물체의 운동 에너지와 퍼텐셜 에너지이고, 그들의 합은 총역학적 에너지이다.

일-운동 에너지 정리 자체는 뉴턴의 제2법칙으로부터 나오는데, 이 정리는 역학적 에너지 보존의 원리 배후에 놓여 있다. 비록 단일한 물체를 고려하여 일-운동 에너지 정리를 유도하였지만, 오로지 보존력을 통해서만 상호작용을 하는 물체들로 이루어진 고립된 계이기만 하면, 계가 아무리 복잡해도 역학적 에너지 보존 원리는 유효하다. 복잡한 계에서 개개의 구성원들은, 예를 들면 충돌을 하면서 운동 에너지를 교환할 수 있다. 더구나 계의 배열이 변하면 계의 퍼텐셜 에너지가 변할 수 있다. 그렇지만 전체 계에 있는 모든 구성원의 운동 에너지와 퍼텐셜 에너지를 더하면 그 합이 변하지 않은 채로 있다는 것을 발견할 것이다.

여기서 오직 고립계만 고려하고 있다는 것을 명심하라. 외력이 일을 하여 에너지가 외부에서 계로 전달되면 계의 역학적 에너지는 증가한다. 그리고 계가 그 환경에 일을 하면, 그 역학적 에너지는 감소한다. 그렇지만 모든 상호작용하는 물체가 포함되도록 계를 충분히 크게 하고, 그 물체들이 오직 보존력을 통해서 상호작용을 한다면, 궁극적으로 에너지는 항상 보존된다.

역학적 에너지 보존은 매우 중요한 원리이며 강력한 문제풀이 수단이다. 원자 영역에서 공학 영역, 천체 영역에 이르기까지 에너지 보존 법칙으로 어려운 문제들을 쉽게 해결하고 있다. 여기서는 오직 보존력만 작용하는 거시적 계에서 원리를 사용하고, 나중에 그 원리를 좀 더 일반적인 경우로 확장할 것이다.

문제풀이 요령 7.1 에너지 보존

에너지 보존을 이용하면 문제풀이가 한결 수월하다. 식 7.6만 적용하면 되기 때문이다.

해석 우선적으로 에너지 보존을 적용할 수 있는지 판단해야 한다. 모든 힘들이 보존력인가? 그렇다면 역학적 에너지가 보존된다. 다음으로는 운동 에너지와 퍼텐셜 에너지를 알고 있는 위치를 파악해야 한다. 그래야만 보존되는 역학적 에너지를 알 수 있다. 만약 문제가 그렇게 주어지지 않았고, 방정식에도 포함되지 않았다면, (임의로 정하면 그만이지만) 퍼텐셜 에너지의 영점을 확보할 필요가 있다. 문제가 요구하는 물리량이 무엇인지, 나중 상황이 무엇인지 파악해야 한다. 그 물리량은 에너지일 수도 있고, 높이, 속력, 용수철 길이처럼 관련된 물리량일 수도 있다.

과정 먼저 에너지를 아는 상황을 그리고, 미지수를 포함한 나중 상황을 그린다. 퍼텐셜 에너지와 운동 에너지의 크기를 나타내는 막대그래프도 도움이 된다. 다음으로 역학적 에너지 보존에 관한 식 7.6의 $K + U = K_0 + U_0$을 수립한다. 네 항 중 주어진 정보에서 알 수 있는 것이 무엇인지 확인한다. 경우에 따라 운동 에너지 표현식이나 다양한 형태의 퍼텐셜 에너지 표현식을 추가로 고려할 수도 있다. 구하는 답과 에너지와의 관계를 확립한다.

풀이 주어진 문제에 대한 식 7.6을 수립하고, 구하는 물리량을 포함한 운동 에너지와 퍼텐셜 에너지 표현식을 작성한다. 다음은 수학적 계산뿐이다.

검증 항상 답을 검증한다. 단위는 맞는가? 답의 크기가 합리적인가? 부호가 올바른가? 경우에 따라 막대그래프와 답이 일치하는가? 등을 자문하고 답해야 한다.

예제 7.4 | 에너지 보존: 마취총

동물학자는 용수철 마취총으로 코끼리를 마취시킨다. 용수철 상수가 $k = 940$ N/m인 마취총을 $x_0 = 25$ cm 압축시켜서 질량 38 g의 주사를 발사한다. 총을 수평으로 발사하면 마취 주사의 속력은 얼마인가?

해석 이상적인 용수철이라고 가정하고 역학적 에너지 보존을 적용한다. 용수철을 압축시키고 마취 주사가 정지한 처음 상태에서는 운동 에너지와 퍼텐셜 에너지 모두를 알고 있다. 마취 주사의 발사 속력을 구하므로 중력이 작용하기 직전에 모든 퍼텐셜 에너지가 운동 에너지로 전환된다.

과정 그림 7.6에 처음 상태와 나중 상태의 운동 에너지와 퍼텐셜 에너지가 표시되어 있다. 식 7.6의 에너지 보존식을 사용하려면 운동 에너지($\frac{1}{2}mv^2$)와 탄성 퍼텐셜 에너지($\frac{1}{2}kx^2$, 식 7.4)를 구해야 한다. 용수철이 평형 상태에 있으면 식 7.4는 0이다. 처음 상태와 나중 상태까지 마취총이 수평을 유지하므로 중력 에너지는 변하지 않는다.

풀이 이제 식 7.6의 $K + U = K_0 + U_0$을 표기할 수 있다. 처음에는 마취 주사가 정지해 있으므로 처음 운동 에너지는 $K_0 = 0$이다. 용수철이 압축된 처음 탄성 퍼텐셜 에너지는 $U_0 = \frac{1}{2}kx_0^2$이다. 발사 순간에 용수철이 평형 길이로 되돌아가므로 나중 탄성 퍼텐셜 에너지는 $U = 0$이다. 나중 운동 에너지는 모르므로 $K = \frac{1}{2}mv^2$

으로 표기한다. 따라서 식 7.6은 $\frac{1}{2}mv^2 + 0 = 0 + \frac{1}{2}kx_0^2$이며, 속력을 구하면 다음과 같다.

$$v = \sqrt{\frac{k}{m}}\, x_0 = \left(\sqrt{\frac{940\text{ N/m}}{0.038\text{ kg}}}\right)(0.25\text{ m}) = 39\text{ m/s}$$

검증 답을 검증해 보자. 용수철이 뻣뻣하거나 압축 거리가 길면 속력이 커진다. 반면에 마취 주사의 질량이 증가하면 속력이 감소한다. 결과에서 알 수 있듯이 처음 상태는 탄성 퍼텐셜 에너지뿐이고, 나중 상태에서는 운동 에너지뿐이다.

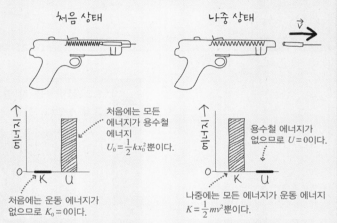

처음에는 모든 에너지가 용수철 에너지 $U_0 = \frac{1}{2}kx_0^2$뿐이다.

처음에는 운동 에너지가 없으므로 $K_0 = 0$이다.

용수철 에너지가 없으므로 $U = 0$이다.

나중에는 모든 에너지가 운동 에너지 $K = \frac{1}{2}mv^2$뿐이다.

그림 7.6 예제 7.4의 처음 상태와 나중 상태의 에너지 도표

예제 7.4를 보면 에너지 보존이 얼마나 강력한 원리인지 알 수 있다. 뉴턴의 제2법칙, $\vec{F} = m\vec{a}$로 풀려면, 용수철 힘이 계속해서 변하므로 주사의 가속도 변화를 알아야 한다. 그러나 에너지 보존 법칙을 이용하면, 자세한 운동에 대해서는 몰라도 나중 속도를 구할 수 있다.

예제 7.5 | 에너지 보존: 용수철과 중력   응용 문제가 있는 예제

그림 7.7의 용수철 상수는 $k = 140$ N/m이다. 질량 50 g의 토막으로 용수철을 11 cm 압축시킨다. 토막을 놓아 주면 토막은 경사면을 따라 얼마나 높이 올라가는가? 단, 마찰은 무시한다.

해석 예제 7.4와 비슷하지만, 탄성 퍼텐셜 에너지와 중력 퍼텐셜 에너지가 함께 변한다. 마찰을 무시하므로 에너지 보존을 적용한다. 처음 상태는 압축된 용수철과 정지한 토막이고, 나중 상태에

서는 토막이 경사면의 꼭대기에서 순간적으로 정지한다. 경사면 바닥에서 중력 퍼텐셜 에너지를 0으로 잡는다.

과정 그림 7.7에 처음 상태와 나중 상태의 운동 에너지와 퍼텐셜 에너지가 표시되어 있다. U_s는 탄성 퍼텐셜 에너지이고 U_g는 중력 퍼텐셜 에너지이다. 식 7.6의 $K + U = K_0 + U_0$을 적용한다.

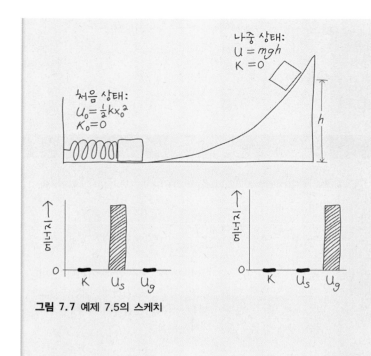

나중 상태:
$U = mgh$
$K = 0$

처음 상태:
$U_0 = \frac{1}{2}kx^2$
$K_0 = 0$

h

그림 7.7 예제 7.5의 스케치

풀이 두 상태에서 토막은 정지해 있으므로 운동 에너지는 0이다. 처음 상태의 퍼텐셜 에너지 U_0은 용수철 에너지 $\frac{1}{2}kx_0^2$이다. 나중 퍼텐셜 에너지 값은 모르지만, 경사로의 높이가 h이면 중력 에너지는 $U = mgh$이다. 따라서 식 7.6은 $0 + mgh = 0 + \frac{1}{2}kx_0^2$이고, 미지수 h는 다음과 같다.

$$h = \frac{kx_0^2}{2mg} = \frac{(140\ \text{N/m})(0.11\ \text{m})^2}{(2)(0.050\ \text{kg})(9.8\ \text{m/s}^2)} = 1.7\ \text{m}$$

검증 답을 검증해 보자. 용수철이 뻣뻣하거나 압축 거리가 길면 토막은 더 높이 올라간다. 반면에 토막의 질량이 크거나 중력이 강하면 토막은 높이 올라가지 못한다.

TIP

단계 토막이 용수철을 떠나는 순간의 속력을 구해서 운동 에너지 $\frac{1}{2}mv^2$을 mgh로 같게 놓고 높이를 구할 수도 있다. 따라서 에너지 보존식을 적용하면 자세한 운동을 몰라도 처음 상태와 나중 상태만으로도 간단하게 계산할 수 있다. 에너지가 보존되면 중간 단계의 자세한 운동 상태를 몰라도 충분하다.

확인 문제

7.3 볼링공을 긴 줄로 천장에 매달았다. 벽에 기댄 학생이 자신의 코 바로 앞에서 볼링공을 그냥 놓았다. 볼링공이 되돌아올 때 머리를 낮춰야 하는가?

7.4 비보존력

LO 7.4 역학적 에너지가 손실되는 비보존력이 존재하는 상황을 평가할 수 있다.

7.3절의 예제들에서는 엄격하게 에너지가 보존된다고 가정하였다. 마찰력이나 다른 비보존력

이 작용하는 일상적 현상에서도 에너지 보존을 좋은 어림으로 사용할 수 있다. 만약 어림으로조차 사용할 수 없다면 비보존력과 연관된 에너지 변환을 고려해야 한다.

마찰은 비보존력이다. 5장에서 마찰이 접촉하고 있는 두 면 사이에 미시적인 결합을 만들고 깨는 것과 관련된, 실제로는 복잡한 현상인 것을 배웠다(그림 5.18 참조). 무수한 힘 작용점이 이들 결합과 연관되어 있고, 일시적인 결합의 강도에 따라 여러 점들은 서로 다른 변위를 겪을 수 있다. 이러한 이유로 마찰이 한 일을 계산하거나 명확히 정의하는 것조차 힘들다.

하지만 마찰 및 다른 비보존력이 하는 일은 애매하지 않다. 그 힘들은 거시적 물체의 운동 에너지를 개개 분자의 마구잡이 운동과 연관된 운동 에너지로 바꾼다. 여전히 운동 에너지를 언급하고 있지만, 모든 부분이 공통의 운동에 참여하는 움직이는 차와 같은 거시적 물체의 운동 에너지와 다양한 빠르기로 난잡하게 모든 방향으로 움직이는 분자의 마구잡이 운동 사이에는 엄청난 차이가 있다. 그 차이를 탐구하는 19장에서 다른 심오한 의미와 더불어 연료에서 에너지를 빼내는 우리의 능력에 심각한 제한이 있다는 것을 알게 될 것이다.

또한 18장에서 배우겠지만, 분자의 에너지는 용수철과 같은 분자 결합의 늘어남과 연관된 퍼텐셜 에너지도 포함한다. 분자의 운동 에너지와 퍼텐셜 에너지의 연합을 **내부 에너지**(internal energy) 또는 **열에너지**(thermal energy)라고 하고, 기호 $E_{내부}$로 표현한다. 여기서 '내부'는 이 에너지가 물체의 내부에 들어 있고, 물체 전체의 전반적인 운동과 연관된 운동 에너지처럼 분명하지 않다는 것을 나타낸다. 대안적인 용어 '열적인(thermal)'은 내부 에너지가 온도, 열(heat), 그리고 그에 관련된 현상과 연관이 있음을 암시한다. 16~19장에서 온도는 분자당 내부 에너지의 척도이고, 아마도 여러분이 '열(heat)'이라고 생각하는 것은 실제로는 내부 에너지라는 것을 배울 것이다. 물리학에서 '열(heat)'은 매우 특별한 의미를 가진다. 그것은 6, 7장에서 고려하였던 역학적 일 외에도 계에 에너지를 전달하는 또 다른 방법을 가리킨다.

마찰 및 다른 비보존력은 역학적 에너지를 내부 에너지로 바꾼다. 얼마나 많은 내부 에너지인가? 이론과 실험이 주는 답은 간단하다. 내부 에너지로 바뀐 역학적 에너지의 양은 비보존력과 그 힘이 작용해 온 거리의 곱으로 주어진다. 마찰인 경우에 그것은 $\Delta E_{내부} = f_k d$를 의미한다. 여기서 d는 마찰력이 작용해 온 거리이다. (여기서 운동 마찰 f_k라고 명시적으로 쓴 이유는 정지 마찰 f_s는 상대적인 운동이 포함되지 않으므로 역학적 에너지를 내부 에너지로 바꾸지 않기 때문이다.) 내부 에너지의 증가는 역학적 에너지 $K + U$의 소비에서 나오기 때문에

$$\Delta K + \Delta U = - \Delta E_{내부} = - f_k d \qquad (7.7)$$

로 쓸 수 있다. 예제 7.6은 마찰이 역학적 에너지를 내부 에너지로 바꾸는 계를 기술한다.

확인문제 **7.4** 다음 중 (1) 역학적 에너지, 그리고 (2) 총에너지가 보존되는 계는 어느 것인가? (a) 계가 고립되어 있고, 모든 구성원 사이의 힘이 보존력이다, (b) 계가 고립되어 있지 않고, 외력이 계에 일을 한다, (c) 계는 고립되어 있고, 구성원 사이의 일부 힘은 보존력이 아니다.

예제 7.6 ｜ 비보존력: 정지한 토막

용수철 상수가 k인 용수철은 초기 압축 거리 x_0에서 질량 m의 토막을 발사한다. 발사 후 토막은 마찰 계수가 μ인 수평면 위에서 움직이다가 정지한다. 토막의 정지 거리를 구하라.

해석 마찰 때문에 역학적 에너지가 보존되지 않는다. 처음 상태에서 운동 에너지는 0이고 퍼텐셜 에너지는 용수철 에너지이다. 나중 상태에서는 역학적 에너지가 없다. 비보존력인 마찰력이 음의 일을 하여 에너지가 사라지기 때문이다. 처음 에너지가 모두 다 사라지면 토막은 정지한다.

과정 그림 7.8에서 $K_0 = 0$이므로, 처음 에너지는 식 7.4의 $U_0 = \frac{1}{2}kx_0^2$이다. 토막이 거리 d만큼 미끄러질 때 식 7.7에 따라 마찰력은 $f_k d$와 동일한 역학적 에너지를 내부 에너지로 전환한다. 따라서 $f_k d = \frac{1}{2}kx_0^2$이 될 때, 모든 역학적 에너지는 사라질 것이다. 수평면인 이 경우에 수직 항력 n은 무게 mg와 같은 크기가 되므로 마찰력의 크기는 $f_k = \mu n = \mu mg$이다. 그래서 모든 역학적 에너지가 내부 에너지로 전환된다는 말은 $\frac{1}{2}kx_0^2 = \mu mgd$가 된다는 뜻이다.

풀이 위 식에서 d를 구하면 $d = kx_0^2/2\mu mg$를 얻는다.

검증 답을 검증해 보자. 용수철이 뻣뻣하거나 압축 거리가 길면 토막은 더 멀리 가서 정지한다. 반면에 마찰력이나 수직 항력 mg가 커지면 토막은 금방 정지한다. 만약 $\mu = 0$이면 에너지가 보존되어 토막은 정지하지 않는다.

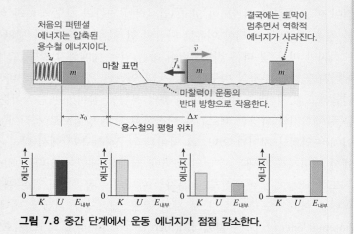

그림 7.8 중간 단계에서 운동 에너지가 점점 감소한다.

7.5 에너지 보존

LO 7.5 역학적 에너지와 내부 에너지를 구별할 수 있다.

우리는 흔히 마찰, 공기 저항, 송전선의 전기 저항에 의해 '사라진' 에너지들에 대해 말한다. 그러나 그 에너지가 정말로 사라진 것은 아니다. 방금 마찰의 경우에서 보았듯이 그것은 단지 내부 에너지로 바뀐 것이다. 물리적으로 내부 에너지는 계를 따뜻하게 함으로써 그 자신을 드러낸다. 그래서 그 에너지는 여전히 있다. 단지, 거시적 물체의 운동 에너지처럼 그것을 되찾을 수 없다.

내부 에너지를 고려하면 에너지 보존에 대한 더 폭넓은 표현에 이르게 된다. 식 7.7의 첫 번째 등식을 재배열하여

$$\Delta K + \Delta U + \Delta E_{내부} = 0$$

으로 쓰자. 이 식은 고립계의 에너지가 운동 에너지, 퍼텐셜 에너지, 내부 에너지 사이에서 전환되더라도 세 에너지의 합은 변하지 않는다는 것을 보여 준다. 예제 7.6의 상황에 대한 에너지의 세 형태 모두를 그린 그림 7.8에서 이 에너지의 보존을 도표로 볼 수 있다.

지금까지는 모든 힘이 계에 대해 내부에 있는 고립계만 고려하였다. 예를 들어 예제 7.6이 고립계가 되려면 계는 반드시 용수철, 토막, 그리고 토막이 미끄러지는 표면을 포함해야 한다. 계가 고립되어 있지 않다면 어떻게 되는가? 그러면 외력이 계에 일을 해서 계의 에너지를 증가시킬 수 있다. 또는 계가 그 환경에 일을 해서 계의 에너지를 감소시킬 수도 있다. 그런 경우에 식 7.7을 일반화하여

$$\Delta K + \Delta U + \Delta E_{내부} = W_{외부} \tag{7.8}$$

로 쓸 수 있다. 여기서 $W_{외부}$는 외부에서 작용하는 힘이 계에 한 일이다. $W_{외부}$가 양수이면 이 외부 일은 계에 에너지를 더해 준다. 만약 음수이면, 계가 환경에 일을 하고, 계의 총에너지는 감소한다. 일을 하는 것은 에너지를 전달하는 역학적 수단이라는 것을 기억하라. 16~18장에서 비역학적 에너지 전달 메커니즘으로서 열(heat)을 도입할 것이고, 일과 열 모두에 의한 에너지 전달을 포함하는 식 7.8과 같은 표현을 전개할 것이다.

에너지 보존: 큰 그림

지금까지는 운동 에너지, 퍼텐셜 에너지, 내부 에너지를 고려하였고 역학적 일과 마찰과 같은 흩어지기 힘에 의한 에너지 전달을 탐구해 왔다. 또한 16장에서 정의할 열에 의한 에너지 전달도 언급하였다. 그러나 또 다른 형태의 에너지들과 다른 에너지 전달 메커니즘들이 있다. 3부에서 전자기학을 탐구하고, 어떻게 에너지가 전기장과 자기장에 저장될 수 있는지 배우게 될 것이다. 둘이 결합된 전자기파는 전자기 복사(electromagnetic radiation)에 의해 에너지를 전달한다. 그 과정은 생명을 지탱하는 에너지를 태양으로부터 지구로 운반하고, 또 휴대전화의 통화와 자료를 운반한다. 이와 같이 전자기장이 물질과 상호작용을 하므로 전자기 에너지, 역학적 에너지, 내부 에너지 사이의 에너지 전달은 자연계와 기술적 장치의 일상적인 물리학에서 중요한 과정이다. 그러나 어떠한 고립계에서도 그러한 전달은 에너지의 형태를 교환할 뿐이고 에너지의 총량을 바꾸지 않는다. 따라서 에너지는 엄격히 보존되는 것처럼 보인다.

뉴턴 물리학에서 에너지 보존은 똑같이 근본적인 질량 보존의 원리(고립계의 총질량은 변할 수 없다는 진술)와 어깨를 나란히 한다. 그렇지만 더 자세히 살펴보면 어느 쪽 원리도 독립적이지 않다. 계가 에너지를 방출하기 전에, 그리고 그 후에 계의 질량을 충분히 정확히 측정하면 질량이 감소하였음을 발견할 것이다. 아인슈타인의 방정식 $E = mc^2$은 이 효과를 기술하고, 그것은 궁극적으로 질량과 에너지는 교환가능하다는 것을 보여 준다. 그래서 아인슈타인은 질량과 에너지에 대한 독립된 보존 법칙을 **질량-에너지 보존**(conservation of mass-energy)이라는 단일한 표현으로 대체하였다. 33장에서 상대론을 배울 때 어떻게 질량-에너지 호환성이 나타나는지 알게 될 것이다. 그때까지는 뉴턴 물리학의 영역에서 다룰 것인데, 이 영역에서는 에너지와 질량이 독립적으로 보존된다고 가정하는 것이 훌륭한 근사가 된다.

확인 문제 **7.5** 지구와 그 대기를 하나의 계로 간주하자. 다음 중 어느 과정에서 이 계의 총에너지가 보존되는가? (a) 화산이 분화하여 뜨거운 기체와 분진을 하늘 높이 쏟아낸다, (b) 작은 소행성이 지구의 대기에 돌입하여 지구 위 높은 곳에서 뜨거워져서 폭발한다, (c) 지질학적 시간 동안에 두 대륙이 충돌하여 한쪽이 다른 쪽 밑으로 선입되면서 뜨거워져서 녹는다, (d) 태양 플레어가 고에너지 입자를 지구의 상층 대기로 운반하여 화려한 오로라로 대기를 밝힌다, (e) 허리케인이 따뜻한 열대해양에서 증발된 수증기로부터 에너지를 뽑아내서 바람을 활성화한다, (f) 수많은 발전소에서 석탄이 타고, 원자로에서 우라늄이 핵분열을 하는데, 이 두 과정은 세계의 전력망으로 전기 에너지를 보내고 따뜻해진 물을 환경에 쏟아놓는다.

7.6 퍼텐셜 에너지 곡선

....

LO 7.6 다양한 계에 대한 퍼텐셜 에너지 곡선을 활용할 수 있다.

....

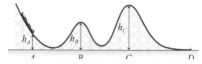

그림 7.9 롤러코스터 궤도

그림 7.9는 마찰이 없는 롤러코스터 궤도이다. 점 D에 도달하려면 점 A를 통과하는 속력은 얼마이어야 할까? 에너지 보존으로 답을 구할 수 있다. 점 D에 도달하려면 봉우리 C를 통과해야 한다. 따라서 롤러코스터의 총에너지는 봉우리 C의 퍼텐셜 에너지보다 커야 한다. 즉 궤도 바닥에서 퍼텐셜 에너지를 0으로 잡으면 $\frac{1}{2}mv_A^2 + mgh_A > mgh_C$이다. 여기서 v_A를 구하면 $v_A > \sqrt{2g(h_C - h_A)}$ 이다. v_A가 이 조건을 만족하면 봉우리 C를 여분의 운동 에너지를 가지고 통과한다.

　　그림 7.9는 롤러코스터의 실제 궤도이다. 여기서 중력 퍼텐셜 에너지가 궤도의 높이에 비례하므로 궤도 자체를 위치에 대한 **퍼텐셜 에너지 곡선**(potential-energy curve)으로 간주하여 그릴 수 있다. 개념 예제 7.1은 퍼텐셜 에너지 곡선처럼 총에너지를 똑같은 그래프에 그림으로써 어떻게 롤러코스터 차의 운동을 알 수 있는지 보여 준다.

개념 예제 7.1　퍼텐셜 에너지 곡선

그림 7.10은 롤러코스터 기구에 대한 퍼텐셜 에너지를 총역학적 에너지에 대해 가능한 세 가지 값에 따라 그린 것이다. 역학적 에너지는 비보존력이 없으면 보존되고, 총에너지 곡선은 수평선이 된다. 이들 그래프를 사용하여 처음에 점 A에서 오른쪽으로 움직이는 롤러코스터 차의 운동을 기술해 보자.

풀이 비보존력이 없다고(진짜 롤러코스터에 대한 근사) 가정하고 있으므로 역학적 에너지는 보존된다. 따라서 각 그림에서 운동 에너지와 퍼텐셜 에너지의 합은 총에너지를 가리키는 선으로 설정된 값과 같은 채로 있다. 롤러코스터 차가 올라갈 때 퍼텐셜 에너지는 증가하고 운동 에너지는 그에 따라 감소한다. 그러나 퍼텐셜 에너지가 총에너지 아래에 있는 한, 차는 아직도 운동 에너지를 가지고 있고 여전히 움직이고 있다. 퍼텐셜 에너지가 총에너지와 같은 지점에서는 차가 어떤 운동 에너지도 없기 때문에 순간적으로 정지한다.

그림 7.10a에서 차의 총에너지는 최대 퍼텐셜 에너지를 넘어선다. 따라서 초기 위치 A로부터 어디든지 움직일 수 있다. 차가 처음에 오른쪽으로 움직이고 있으므로 봉우리 B와 C를 뛰어넘어서 여전히 오른쪽으로 움직이면서 결국 D에 도달한다. 그리고 D는 A보다 낮으므로 차가 A에서보다 빠르게 움직일 것이다.

그림 7.10b에서 퍼텐셜 에너지 곡선의 가장 높은 봉우리가 총에너지를 능가하므로 곡선의 가장 왼쪽 부분도 마찬가지이다. 따라서 차는 A로부터 오른쪽으로 움직여서 봉우리 B를 뛰어넘지만, 봉우리 C 직전에 퍼텐셜 에너지가 총에너지와 같게 되는 소위 **반환점**(turning point)에서 멈출 것이다. 그런 후 차는 왼쪽으로 끌어내려져서 다시 봉우리 B를 뛰어넘고 퍼텐셜 에너지 곡선이 총에너지 선과 다시 교차하는 또 다른 반환점까지 올라갈 것이다. 마

찰이 없으면 차는 두 반환점 사이에서 왔다 갔다 할 것이다. 그림 7.10c에서 총에너지는 더 낮고, 차는 봉우리 B를 뛰어넘을 수 없다. 그래서 이제는 표시한 두 반환점 사이에서 왔다 갔다 할 것이다.

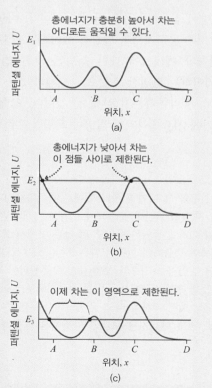

그림 7.10 롤러코스터에 대한 퍼텐셜 에너지와 총에너지

검증 총에너지가 더 높을수록 차에 허용된 운동의 범위도 더 크다. 그것은 주어진 퍼텐셜 에너지에 대해 차가 운동 에너지 형태로 이용할 수 있는 에너지가 더 많기 때문이다.

관련 문제 차가 봉우리 너머 B까지 움직일 수 있도록 해주는 A에서의 속력에 대한 조건을 구하라.

풀이 총에너지가 U_B와 같으면 차는 가까스로 봉우리 B를 통과할 수 없다. 초기 에너지는 $\frac{1}{2}mv_A^2 + mgh_A$인데, v_A와 h_A는 A에서 차의 속력과 높이이고, 곡선의 밑바닥에서 퍼텐셜 에너지를 0으로 택하였다. 이 양이 $U_B = mgh_B$를 초과하는 조건을 구하면 $v_A > \sqrt{2g(h_B - h_A)}$를 얻는다.

그림 7.10b, c에서 점 D에는 도달하지 못하지만 총에너지는 점 D의 퍼텐셜 에너지보다 크다. 그러나 봉우리 C의 **퍼텐셜 장벽**(potential barrier)에 막혀서 점 D로 가지 못한다. 이때 두 반환점 사이인 **퍼텐셜 우물**(potential well)에 **속박**(trap)되었다고 말한다.

퍼텐셜 에너지 곡선은 언덕과 계곡으로 비교할 수 없는 비중력에서도 유용한 개념이다. 퍼텐셜 장벽, 퍼텐셜 우물, 속박 상태 같은 용어들은 모든 물리학 영역에서 사용되고 있다.

그림 7.11은 수소 원자 한 쌍의 퍼텐셜 에너지를 분리 거리의 함수로 나타낸 그래프이다. 그림의 에너지는 두 수소 원자의 원자핵과 전자 사이의 전기력에 대한 것이다. 퍼텐셜 에너지 곡선에 퍼텐셜 우물이 있으므로 원자는 서로 엮여 있는 **속박계**(bound system)를 형성할 수 있다. 속박계가 바로 수소 분자(H_2)이다. 최소 에너지 -7.6×10^{-19} J은 수소 분자의 평형 분리 거리 0.074 nm에 해당한다. 그림 7.11처럼 두 원자가 무한히 멀리 떨어진 곳의 퍼텐셜 에너지를 0으로 잡으면, 총에너지가 0보다 작기만 하면 속박계가 된다. 만약 0보다 크면 원자는 얼마든지 멀리 움직일 수 있으므로 분자를 형성하지 못한다.

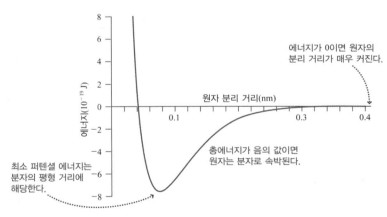

그림 7.11 두 수소 원자의 퍼텐셜 에너지 곡선

예제 7.7 분자 에너지: 원자의 분리 거리 구하기

그림 7.11의 퍼텐셜 에너지 곡선의 바닥 근처에서 두 수소 원자의 퍼텐셜 에너지는 $U = U_0 + a(x - x_0)^2$이다. 여기서 $U_0 = -0.760$ aJ, $a = 286$ aJ/nm^{2}이고, $x_0 = 0.0741$ nm는 평형 거리이다. 총에너지가 -0.717 aJ이면 원자의 분리 거리 범위는 얼마인가?

해석 낯선 단위가 나오고 분자 에너지가 있어서 복잡할 것 같지만, 그림 7.10과 7.11에서 이미 논의한 문제이다. 즉 총에너지와

퍼텐셜 에너지 곡선이 만나는 반환점의 거리를 구하는 문제이다. 낯설어 보이는 단위는 SI 접두어로 각각 1 aJ $= 10^{-18}$ J, 1 nm $= 10^{-9}$ m이다.

과정 그림 7.12는 퍼텐셜 에너지 곡선이며, 직선은 총에너지 E이다. 두 곡선이 만나는 반환점 사이의 거리가 원자의 분리 거리이다. 따라서 총에너지를 퍼텐셜 에너지와 같게 놓고 반환점의 위치를 구한다.

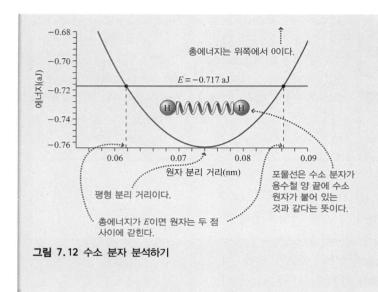

그림 7.12 수소 분자 분석하기

총에너지는 위쪽에서 0이다.

$E = -0.717$ aJ

평형 분리 거리이다.

총에너지가 E이면 원자는 두 점 사이에 갇힌다.

원자 분리 거리(nm)

포물선은 수소 분자가 용수철 양 끝에 수소 원자가 붙어 있는 것과 같다는 뜻이다.

풀이 퍼텐셜 에너지는 $U = U_0 + a(x - x_0)^2$이고, 총에너지는 E이므로 $E = U_0 + a(x - x_0)^2$에서 반환점의 위치를 구한다. 먼저 $x - x_0$에 대해서 풀면 다음을 얻는다.

$$x - x_0 = \pm \sqrt{\frac{E - U_0}{a}} = \pm \sqrt{\frac{-0.717 \text{ aJ} - (-0.760 \text{ aJ})}{286 \text{ aJ/nm}^2}}$$

$$= \pm 0.0123 \text{ nm}$$

따라서 $x_0 \pm 0.0123$ nm인 반환점의 위치는 각각 0.0864 nm와 0.0618 nm이다.

검증 답을 검증해 보자. 그림 7.12를 보면 반환점의 위치가 올바르다. 퍼텐셜 에너지 곡선이 용수철($U = \frac{1}{2}kx^2$)처럼 포물선이므로 수소 분자를 양 끝에 수소 원자가 붙어 있는 용수철로 모형화할 수 있다. 화학자들은 용수철 모형을 이용하면서 분자를 이루는 원자의 결합을 '용수철 상수'로 설명한다.

힘과 퍼텐셜 에너지

그림 7.9의 롤러코스터 궤도는 궤도 위의 차에 대한 퍼텐셜 에너지뿐만 아니라, 차를 가속시키는 힘에 대한 정보도 준다. 그림 7.13에서 곡선이 가파른 곳, 즉 퍼텐셜 에너지 변화가 큰 곳의 힘이 크다. 봉우리나 계곡 바닥에서는 힘이 0이다. 따라서 퍼텐셜 에너지 곡선의 기울기로 힘을 알 수 있다.

힘의 크기는 얼마일까? 작은 변화 Δx에서 힘이 일정하다면, 식 7.2b에서 $\Delta U = -F_x \Delta x$, 즉 $F_x = -\Delta U/\Delta x$를 얻는다. $\Delta x \to 0$인 극한에서 $\Delta U/\Delta x$를 미분으로 표기하면 다음과 같다.

$$F_x = -\frac{dU}{dx} \tag{7.9}$$

봉우리와 계곡 바닥에서는 힘이 없다.

곡선이 가파를수록 힘이 커진다.

곡선이 오른쪽 위로 향하면 힘은 왼쪽 방향이다.

위치, x

그림 7.13 힘은 퍼텐셜 에너지 곡선의 기울기에 의존한다.

앞에서 퍼텐셜 에너지를 거리에 대한 힘의 적분으로 표기하였다. 따라서 힘이 퍼텐셜 에너지의 미분인 것은 당연하다. 식 7.9는 힘의 x성분이다. 삼차원인 경우에는 힘 벡터를 구하기 위해 퍼텐셜 에너지의 y, z성분에 대한 도함수를 구하여 벡터로 표기해야 한다.

식 7.9에 왜 음의 부호가 있을까? 분자의 에너지 곡선인 그림 7.11에 답이 있다. 두 원자를 밀면, 즉 평형에서 왼쪽으로 밀면 오른쪽 방향의 척력이 생긴다. 반면에 두 원자를 당기면, 즉 평형에서 오른쪽으로 밀면 왼쪽 방향의 인력이 생긴다. 그림 7.13의 롤러코스터에서도 마찬가지이다. 힘은 항상 계가 최소 에너지 상태로 되돌아가도록 작용한다(12장 참조).

확인 문제

7.6 그림은 마이크로 전자소자의 전자에 대한 퍼텐셜 에너지 곡선이다. 다음에 해당하는 점은 무엇인가? (1) 전자에 작용하는 힘이 가장 큰 점, (2) 전자의 총에너지가 E_1일 때 오른쪽으로 가장 먼 위치, (3) 전자의 총에너지가 E_2이고, 점 D의 오른쪽으로 움직일 때 왼쪽으로 가장 먼 위치, (4) 전자에 작용하는 힘이 0인 점, (5) 전자에 작용하는 힘이 왼쪽 방향인 점. 경우에 따라 하나 이상의 답이 있을 수 있다.

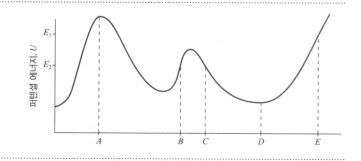

핵심 개념

이 장의 핵심 개념은 역학적 에너지 보존이다. 보존력만 작용하는 계의 총에너지, 즉 운동 에너지와 퍼텐셜 에너지의 합은 변하지 않는다. 운동 에너지에서 퍼텐셜 에너지로 또는 그 반대로 변하지만 총에너지는 불변이다. 퍼텐셜 에너지는 보존력에 대항하여 일을 할 수 있는 저장된 에너지이다.

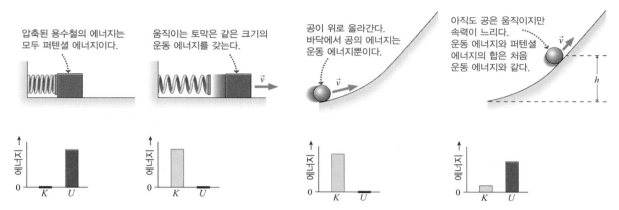

압축된 용수철의 에너지는 모두 퍼텐셜 에너지이다.

움직이는 토막은 같은 크기의 운동 에너지를 갖는다.

공이 위로 올라간다. 바닥에서 공의 에너지는 운동 에너지뿐이다.

아직도 공은 움직이지만 속력이 느리다. 운동 에너지와 퍼텐셜 에너지의 합은 처음 운동 에너지와 같다.

계에 비보존력이 작용하면 역학적 에너지는 보존되지 않고, 그 대신 내부 에너지로 전환된다.

주요 개념 및 식

새로운 개념인 퍼텐셜 에너지는 보존력이 한 일의 음수이다. 퍼텐셜 에너지 변화 ΔU만 물리적으로 중요하다. 다음은 퍼텐셜 에너지에 대한 여러 표현들이다.

$$\Delta U_{AB} = -\int_A^B \vec{F} \cdot d\vec{r}$$

가장 일반적인 표현식이다. 힘은 두 점 A와 B 사이의 모든 경로에서 변할 수 있다.

$$\Delta U = -\int_{x_1}^{x_2} F(x)\,dx$$

힘과 변위가 같은 방향이고 힘이 위치에 따라 변하는 특별한 경우이다.

$$\Delta U = -F(x_2 - x_1)$$

힘이 일정한 특별한 경우이다.

역학적 에너지 보존은 6장의 일-운동 에너지 정리에서 유도된다. 역학적 에너지 보존은 다음과 같다.

총에너지가 보존된다.

$$K + U = K_0 + U_0$$

K와 U는 각각 운동 에너지와 퍼텐셜 에너지이다.

K_0과 U_0은 각각 운동 에너지와 퍼텐셜 에너지이며, 둘 다 알고 있다. $K_0 + U_0$은 총역학적 에너지이다.

분자에서부터 롤러코스터, 행성에 이르기까지 **퍼텐셜 에너지 곡선**으로 기술할 수 있다. 총에너지를 알면 운동 범위를 결정하는 **반환점**을 알 수 있다.

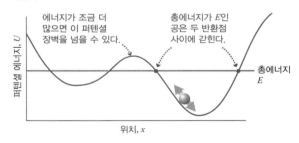

에너지가 조금 더 많으면 이 퍼텐셜 장벽을 넘을 수 있다.

총에너지가 E인 공은 두 반환점 사이에 갇힌다.

총에너지 E

위치, x

응용

중요한 퍼텐셜 에너지는 용수철의 탄성 퍼텐셜 에너지 $U = \frac{1}{2}kx^2$, 그리고 질량 m을 높이 h로 올릴 때 중력 퍼텐셜 에너지의 변화 $\Delta U = mgh$이다. 전자는 복원력이 $F = -kx$인 이상적인 용수철의 탄성 퍼텐셜 에너지이고, 후자는 높이에 따른 변화를 무시할 수 있는 지표면 근처에서 중력 퍼텐셜 에너지의 변화이다.

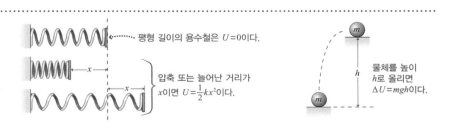

평형 길이의 용수철은 $U = 0$이다.

압축 또는 늘어난 거리가 x이면 $U = \frac{1}{2}kx^2$이다.

물체를 높이 h로 올리면 $\Delta U = mgh$이다.

물리학 익히기   www.masteringphysics.com을 방문하여 과제를 수행하고 동적 학습 모듈(Dynamic Study Modules), 연습 문제 (practice quizzes), 문제 영상 풀이(video solutions to problems) 등의 자기 학습 도구를 이용하시오.

BIO 생물 및 의학 문제   **DATA** 데이터 문제   **ENV** 환경 문제   **CH** 도전 문제   **COMP** 컴퓨터 문제

학습 목표   이 장을 학습하고 난 후 다음을 할 수 있다.

LO 7.1 보존력과 비보존력을 구별할 수 있다.
개념 문제 7.1, 7.3, 7.8
연습 문제 7.9, 7.10

LO 7.2 중력과 용수철에 관한 퍼텐셜 에너지를 계산할 수 있다.
개념 문제 7.4
연습 문제 7.11, 7.12, 7.13, 7.14, 7.15, 7.16
실전 문제 7.35, 7.36, 7.37, 7.38, 7.39, 7.44, 7.51, 7.54, 7.58, 7.63, 7.68

LO 7.3 뉴턴의 제2법칙으로 풀기 어려운 문제를 역학적 에너지 보존 법칙으로 해결할 수 있다.
개념 문제 7.2
연습 문제 7.17, 7.18, 7.19, 7.20, 7.21

실전 문제 7.40, 7.41, 7.42, 7.43, 7.45, 7.46, 7.47, 7.48, 7.49, 7.55, 7.59, 7.62, 7.63, 7.65, 7.66, 7.67, 7.69

LO 7.4 역학적 에너지가 손실되는 비보존력이 존재하는 상황을 평가할 수 있다.
연습 문제 7.22, 7.23
실전 문제 7.53, 7.56, 7.57, 7.61, 7.64

LO 7.5 역학적 에너지와 내부 에너지를 구별할 수 있다.

LO 7.6 다양한 계에 대한 퍼텐셜 에너지 곡선을 활용할 수 있다.
개념 문제 7.5, 7.6, 7.7, 7.8
연습 문제 7.24, 7.25, 7.26
실전 문제 7.50, 7.52, 7.60

개념 문제

1. 그림 7.14는 공간의 점에서 힘 벡터를 표시한 그림이다. 어느 힘이 보존력이고, 어느 힘이 비보존력인가? 설명하라.

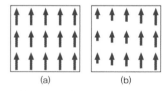

(a)   (b)

그림 7.14 개념 문제 1

2. 역학적 에너지 보존 원리는 뉴턴 법칙과 관련이 있는가? 아니면 전혀 별개의 물리학 원리인가? 토론하라.

3. 마찰과 관련된 퍼텐셜 에너지는 왜 정의할 수 없는가?

4. 퍼텐셜 에너지, 운동 에너지, 총에너지는 음수일 수 있는가? 설명하라.

5. 한 점에서 퍼텐셜 에너지가 0이면 그 점에서 힘도 0인가? 예를 들어라.

6. 한 점에서 힘이 0이면 그 점에서 퍼텐셜 에너지도 0인가? 예를 들어라.

7. 두 점의 퍼텐셜 에너지차가 0이면 두 점을 움직이는 물체에 작용한 힘도 0인가?

8. 에너지 보존이 자연 법칙이라면, 왜 자동차나 건물의 에너지 소비 효율을 강조하는가?

연습 문제

7.1 보존력과 비보존력

9. 그림 7.15의 두 경로를 따라 점 1에서 점 2까지 질량 m의 토막

을 움직일 때 마찰이 한 일을 각각 구하라. 마찰 계수는 일정한 값 μ이다. (**주의**: 두 경로는 수평면 위에 있다.)

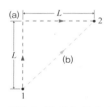

그림 7.15 연습 문제 9, 10

10. 그림 7.15를 수직면으로 바꿔서 점 1에서 점 2까지 물체를 움직이는 중력이 한 일을 각각 구하라.

7.2 퍼텐셜 에너지

11. 퍼텐셜 에너지의 영점을 도로로 잡고 예제 7.1을 다시 풀어라.

12. 70 kg의 등반가가 (a) 뉴햄프셔의 해발 1900 m 워싱턴 산 정상과 (b) 해수면 86 m 아래인 캘리포니아 죽음의 사막에 있을 때 퍼텐셜 에너지를 각각 구하라. 해수면에서 퍼텐셜 에너지는 0이다.

13. 해수면 높이인 보스턴의 로간 공항에서 고도 1.6 km의 덴버로 비행한다. 질량이 65 kg이고 보스턴이 퍼텐셜 에너지의 영점일 때 (a) 11 km의 비행고도와 (b) 덴버에서 중력 퍼텐셜 에너지를 구하라.

14. 용수철 상수가 $k = 320$ N/m인 용수철이 최대 18 cm까지 늘어나면 저장된 에너지는 얼마인가?

15. 용수철 상수가 $k = 1.4$ kN/m인 용수철을 얼마나 늘이면 210 J의 에너지를 저장할 수 있는가?

16. 생물물리학자가 광족집게로 DNA 가닥의 양 끝을 붙잡아서 **BIO** 26 μm 늘인다. 용수철 상수가 0.046 pN/μm이면 늘어난 분자

중력

예비 지식

- 원운동에 적용한 뉴턴의 제2법칙(5.3절)
- 운동 에너지와 퍼텐셜 에너지 (6.4절, 7.2절)
- 역학적 에너지 보존(7.3절)

학습 목표

이 장을 학습하고 난 후 다음을 할 수 있다.

LO 8.1 행성 운동에 대한 이해의 변화를 기술할 수 있다.

LO 8.2 만유인력 법칙을 이용하여 입자 사이의 중력을 구할 수 있다.

LO 8.3 원형 궤도와 관련된 문제를 해결할 수 있다.

LO 8.4 만유인력을 포함하는 에너지 보존 문제를 해결할 수 있다.

LO 8.5 탈출 속력을 계산할 수 있다.

LO 8.6 총에너지에서 닫힌 궤도와 열린 궤도를 구별할 수 있다.

LO 8.7 중력장에 적용된 장의 개념을 설명할 수 있다.

발사된 지 9년이 넘은 2015년에 뉴 호라이즌호가 처음으로 명왕성까지 비행한 우주선이 되었다. 뉴 호라이즌호가 태양계로 귀환할 수 있을지 결정하는 총에너지에 대한 조건은 무엇인가?

중력은 자연의 기본 힘 중 가장 명확한 힘이다. 중력 이론으로 지구뿐만 아니라 우주의 진화도 알 수 있다. 중력 이론은 태양계를 탐험하고 우주기술을 개발하는 데 중요한 역할을 한다. 이들 대부분의 응용이 1600년대에 개발된 뉴턴의 중력 이론에 바탕을 두고 있다. 첨단 천체물리학이나 GPS처럼 극정밀도를 요구하는 영역에서는 뉴턴 중력 이론의 후속 이론인 아인슈타인의 일반 상대성이론이 필요하다.

8.1 중력은 무엇일까

LO 8.1 행성 운동에 대한 이해의 변화를 기술할 수 있다.

뉴턴의 중력 이론은 1543년 폴란드의 천문학자 니콜라우스 코페르니쿠스(Nicolaus Copernicus)가 지동설을 주장한 이후, 200년간 과학적 변혁기의 최정상을 차지하고 있었다. 코페르니쿠스의 책이 출판되고 50년 뒤에 덴마크의 튀코 브라헤(Tycho Brahe)가 정확한 행성 관측을 시작하였다. 1601년 브라헤 사망 후, 그의 조수였던 요하네스 케플러(Johannes Kepler)는 브라헤의 관측 결과를 해석하려고 노력하다가, 행성이 완벽한 원형 궤도를 돈다는 오래된 믿음을 포기하고, 새로운 해석으로 행성 운동에 관한 세 법칙을 발표하였다(그림 8.1 참조). 이때 케플러는 이론적 설명 없이 관측 결과만으로 법칙을 발견하였다. 그는 행성이 어떻게 움직이는지는 알았어도, 왜 움직이는지는 몰랐다.

케플러가 처음의 두 법칙을 발표한 직후, 갈릴레이는 스스로 만든 첫 번째 망원경으로 하늘을 관측하기 시작하였다. 갈릴레이의 중요한 발견에는 목성의 달 네 개, 태양의 흑점, 금성의 위상(그림 8.2 참조) 등이 있다. 그의 관측 결과, 모든 천체가 완벽하다는 생각과 태양이 행성 운동의 중심이라는 코페르니쿠스적 믿음에 의문이 생기기 시작하였다.

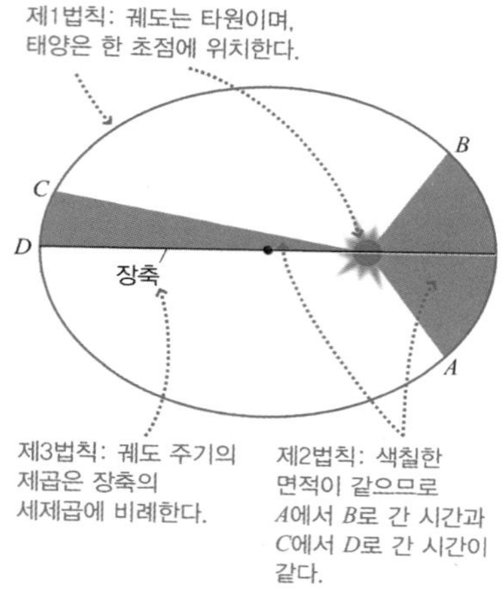

제1법칙: 궤도는 타원이며, 태양은 한 초점에 위치한다.

제3법칙: 궤도 주기의 제곱은 장축의 세제곱에 비례한다.

제2법칙: 색칠한 면적이 같으므로 A에서 B로 간 시간과 C에서 D로 간 시간이 같다.

장축

그림 8.1 케플러 법칙

그림 8.2 금성의 위상. 지구 중심계에서 보면 지구까지의 거리가 같기 때문에 금성은 항상 같은 크기로 보인다.

뉴턴의 시대에는 지적 분위기가 고조되어 코페르니쿠스 이후의 변혁이 정점에 다다르게 되었다. 뉴턴이 사과나무 아래에 앉아 있다가 머리로 떨어지는 사과를 보고 중력을 발견하였다는 전설이 있다. 아마도 꾸며낸 이야기인 것 같지만, 사과가 머리로 떨어질 때 뉴턴이 달을 응시하였음에는 틀림없다. 뉴턴은 자신의 천재성으로 '**사과의 운동과 달의 운동은 똑같으며, 둘 다 같은 힘의 영향으로 지구 중심으로 떨어진다**'라는 사실을 깨달았다. 뉴턴은 이 힘을 **중력**(gravity, 무게를 뜻하는 그리스어 gravitas에서 따옴)이라고 불렀다. 뉴턴은 지구는 물론 천체 영역인 우주까지 같은 물리학 법칙을 따른다는 통합 법칙을 발견하였다.

8.2 만유인력

LO 8.2 만유인력 법칙을 이용하여 입자 사이의 중력을 구할 수 있다.

중력에 대한 통합적 이해를 토대로 뉴턴은 모든 두 입자가 서로 인력을 작용하며 크기는 다음과 같이 주어진다고 일반화하였다.

F는 두 입자 사이의 중력의 크기이다. 이 힘은 항상 인력이다.

m_1과 m_2는 각 입자의 질량이다.

$$F = \frac{Gm_1m_2}{r^2} \quad \text{(만유인력)}$$ (8.1)

G는 만유인력 상수이고, 약 6.67×10^{-11} N·m²/kg²이다.

r는 두 입자 사이의 거리이다.

여기서 m_1과 m_2는 각 입자의 질량, r는 두 입자 사이의 중심 거리이며, $G(= 6.67 \times 10^{-11}$ N·m²/kg²)는 **만유인력 상수**(constant of universal gravitation)이다. 상수 G의 값은 실험과 이론을 통해서 전체 우주에서 같은 값을 갖는 보편 상수로 알려져 있다.

중력은 두 입자 사이에 작용한다. m_1은 m_2에 인력을 작용하고, m_2는 크기가 같고 방향이 반대인 인력을 m_1에 작용한다. 즉 두 힘은 뉴턴의 제3법칙을 만족한다.

엄격하게 말하면 뉴턴의 만유인력 법칙은 부피가 없는 점 입자에만 성립한다. 뉴턴이 스스로 개발한 미적분학으로 증명하였듯이, 두 물체가 구형 대칭이고, r가 두 물체의 중심 사이의 거리인 경우에도 만유인력 법칙은 성립한다. 또한 물체의 크기에 비해서 물체 사이의 거리가 매우 크면 임의 모양의 물체에도 어림잡아 성립한다. 예를 들어 지구가 위성에 작용하는 중력은 정확히 식 8.1로 주어진다. 왜냐하면 (1) 지구는 거의 구형이며, (2) 모양이 불규칙한 위성은 지구 중심까지의 거리에 비해서 무시할 정도로 작기 때문이다.

예제 8.1 **중력 가속도: 지구와 우주**

만유인력 법칙을 이용하여 지표면, 380 km 고도의 국제우주정거장(ISS), 화성 표면에서의 중력 가속도를 각각 구하라.

해석 만유인력으로 어떻게 중력 가속도를 구할까? 만유인력으로 가속도가 생기므로, 지구(또는 화성)와 다른 질량 사이의 힘에 관한 문제이다.

과정 만유인력 법칙인 식 8.1을 적용한다. 힘이 아니라 가속도를 구해야 하므로 뉴턴의 제2법칙인 $F = ma$도 적용한다. 먼저 $F = Gm_1m_2/r^2$으로 두 질량 사이의 힘을 구하고 뉴턴의 제2법칙으로 중력 가속도를 구한다. 지구와 화성의 질량과 반지름은 부록 E에서 찾는다.

풀이 식 8.1에서 질량이 M인 행성이 행성의 중심에서 거리 r에 위치한 질량 m에 작용하는 힘은 $F = GMm/r^2$이며, 식 8.1의 m_1은 행성의 질량 M, m_2는 다른 질량 m이다. 한편 뉴턴의 제2법칙에서 힘은 질량과 가속도의 곱이므로 $ma = GMm/r^2$이다. 양변에서 질량 m이 상쇄되므로 중력 가속도는 다음과 같다.

$$a = \frac{GM}{r^2} \qquad (8.2)$$

거리 r는 중력을 만드는 행성의 중심부터의 거리이므로, 지표면의 중력 가속도를 구하려면, r 대신에 지구 반지름 R_E를 넣어서 다음을 얻는다(부록 E 참조).

$$a = \frac{GM_E}{R_E^2}$$
$$= \frac{(6.67 \times 10^{-11}\,\text{N} \cdot \text{m}^2/\text{kg}^2)(5.97 \times 10^{24}\,\text{kg})}{(6.37 \times 10^6\,\text{m})^2}$$
$$= 9.81\,\text{m/s}^2$$

즉 지표면의 중력 가속도 g이다.

ISS에서는 $r = R_E + 380\,\text{km}$이므로 다음을 얻는다.

$$a = \frac{GM_E}{r^2}$$
$$= \frac{(6.67 \times 10^{-11}\,\text{N} \cdot \text{m}^2/\text{kg}^2)(5.97 \times 10^{24}\,\text{kg})}{(6.37 \times 10^6\,\text{m} + 380 \times 10^3\,\text{m})^2}$$
$$= 8.74\,\text{m/s}^2$$

또한 화성 표면의 중력 가속도는 부록 E의 값으로 계산하면 $3.73\,\text{m/s}^2$이다.

검증 답을 검증해 보자. 지표면의 값은 기대한 대로 g와 같다. 또한 ISS에서는 지표면 값의 약 90%이다. 4장에서 배웠듯이 중력이 없는 것이 아니라(겉보기) 무중력 상태이다. 즉 식 8.2처럼 중력 가속도는 물체의 질량과 무관하므로 모든 물체는 동일한 중력 가속도로 '자유 낙하'한다. 한편 화성 표면의 중력 가속도는 질량이 작기 때문에 지구의 중력 가속도보다 작다. 하지만 질량만으로 기대한 것만큼 작지는 않다. 화성의 반지름 또한 작아서 단순한 질량 비율보다는 크다.

 G와 g G와 g를 혼동하지 말자! 두 양은 중력과 연관되어 있지만, G는 보편상수인 반면에 g는 특정한 장소, 다시 말해 지구의 표면에서 중력 가속도를 나타내고, 그 값은 지구의 크기와 질량에 의존한다.

지구 중심까지의 거리에 따라 중력 가속도가 변하는 사실로부터 뉴턴은 중력이 거리의 제곱에 반비례해야 한다고 생각하였다. 뉴턴은 이미 알고 있던 달의 궤도 주기와 지구까지의 거리를 토대로 궤도 속력을 계산하여 v^2/r인 가속도를 구하였다. 뉴턴은 달의 가속도가 지표면의 중력 가속도 값 g의 1/3600임을 알아냈다(연습 문제 12 참조). 달은 지표면보다 지구 중심으로부터 60배나 멀리 떨어져 있다. 결국 $60^2 = 3600$이므로, 중력 가속도의 감소는 중력이 $1/r^2$으로 주어진 것과 일치한다.

핵심요령 8.1　역제곱 힘 이해하기

뉴턴의 만유인력은 물리학의 역제곱 힘 중 첫 힘이므로 그 의미를 확실하게 알아둘 필요가 있다. 식 8.1에서 두 질량 사이의 거리의 제곱이 분모에 들어 있으므로 힘은 거리의 제곱에 반비례한다. 거리가 두 배로 늘어나면 힘은 $1/2^2$, 즉 1/4로 줄어들고, 거리가 세 배로 늘어나면 힘은 $1/3^2$, 즉 1/9로 줄어든다. 중력 가속도가 힘에 비례하므로 역시 거리의 제곱으로 줄어든다(그림 8.3 참조).

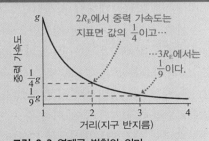

그림 8.3 역제곱 법칙의 의미

확인 문제 **8.1** 두 물체의 거리가 반으로 줄어들었다. 두 물체 사이의 중력은 (a) 1/4, (b) 1/2, (c) 2배, (d) 4배 중 무엇으로 변하는가?

캐번디시 실험: 지구 질량 재기

지구의 질량, 반지름, g의 측정값을 알면 식 8.1에서 만유인력 상수 G를 결정할 수 있다. 그러나 지구의 질량을 정확하게 잴 수 있는 방법은 중력 효과를 측정하여 식 8.1을 이용하는 것이다. 이때 G값을 알아야 한다.

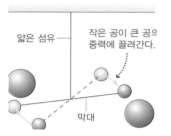

그림 8.4 G값을 구하는 캐번디시 실험

G값을 구하려면 질량을 아는 물체의 중력을 측정해야 한다. 보통 크기의 물체가 작용하는 중력은 미약하므로 측정이 쉽지 않다. 1798년 영국의 물리학자 헨리 캐번디시(Henry Cavendish)는 천재적인 실험으로 G값을 측정하였다. 그는 지름이 5 cm인 납공을 가는 섬유에 매달린 막대의 양 끝에 각각 설치한 후 지름이 30 cm인 커다란 납공을 그림 8.4처럼 작은 공 가까이에 갖다 대었다. 두 납공 사이의 인력으로 작은 공이 약간 움직이면 섬유가 비틀리는데, 캐번디시는 섬유의 비틀림 특성을 알고 있었으므로 힘을 구할 수 있었다. 두 질량을 알고 두 공 사이의 거리도 알므로 식 8.1을 이용하여 G값을 구한 것이다. 이 결과를 토대로 그는 지구의 질량을 결정하였다. 사실 그의 논문 제목은 '지구 질량 재기에 대하여' 였다.

중력은 기본 힘 중 가장 약하다. 캐번디시 실험을 보면 일상적인 물체 사이의 중력은 사실상 무시할 만하다. 그러나 중력은 천체 크기의 커다란 물체는 물론 우주의 구조를 결정짓는다. 약한 중력이 어떻게 그럴 수 있을까? 강력한 전기력과는 달리 중력은 항상 인력이다. 음의 질량이 없기 때문이다. 따라서 질량이 집중되어 크기가 커지면 중력 효과가 커진다. 반면에 전하는 양 또는 음이 될 수 있으므로, 보통 크기의 물체에서도 전기 효과는 상쇄되는 경향이 있다. 20장에서 이 차이를 더 탐구할 것이다.

8.3 궤도 운동

LO 8.3 원형 궤도와 관련된 문제를 해결할 수 있다.

물체에 작용하는 지배적 힘이 중력이면 물체는 **궤도 운동**(orbital motion)을 한다. 궤도 운동을 하는 것은 행성이나 우주비행선만이 아니다. 우주정거장 밖의 우주비행사도 지구 궤도를 돈다. 태양도 은하의 중심을 200만 년 주기로 궤도 운동하고 있다. 공기 저항을 무시하면 야구공 또한 잠시나마 궤도 운동을 한다. 먼저 원형 궤도에 대해서 정량적으로 설명한 다음에 다른 궤도들에 대해서 정성적으로 설명하겠다.

그림 8.5 발사체 운동과 궤도 운동이 본질적으로 같다는 뉴턴의 사고실험

뉴턴의 천재성은 사과를 지표면으로 끌어당기는 힘이 달을 원형 궤도에 붙잡아두는 힘과 같다는 사실을 깨달은 것이다. 또한 인공물체를 궤도로 진입시킬 수 있다는 사실도 깨달았다. 첫 번째 인공위성이 궤도로 진입하기 300년 전에 뉴턴은 높은 산에서 수평으로 발사체를 발사하는 실험을 이미 상상하고 있었다(그림 8.5 참조). 힘이 작용하지 않으면 발사체는 직선 경로로 운동하지만, 중력이 직선 경로 아래로 끌어당기므로 곡선 경로로 운동한다. 발사체의 처음 속력이 증가하면 발사체는 지표면으로 떨어지기 전에 더 멀리 날아간다. 이렇게 속력이 증가하다가 지구의 곡률과 같은 곡선 경로로 진입하면, 발사체는 **원형 궤도**(circular orbit)로 운동하게 된다. 중력만 작용한다면 원운동은 영원히 지속될 것이다.

궤도 운동하는 물체는 왜 지구로 떨어지지 않을까? 아니다 떨어진다. 중력의 영향으로 직선 경로보다 지구에 더 가까워진다. 궤도 운동하는 물체도 뉴턴의 제2법칙에 따라 가속된다. 그 가속도는 원형 궤도를 도는 물체의 방향만 바꾸고 크기는 바꾸지 않는다.

뉴턴 법칙은 운동 자체가 아니라 운동의 변화에 관한 것이다. '인공위성은 왜 지구로 떨어지지 않을까?'는 아르키메데스식 질문이고, 물체에 작용하는 힘의 방향으로 물체가 움직여야만 한다고 가정한다. 올바른 뉴턴식 질문은 운동이 힘에 대응하여 변한다는 개념에 기초해 있다. 인공위성은 왜 직선 경로로 움직이지 않을까? 이유는 힘이 작용하기 때문이다. 중력은 줄 끝에 매단 돌멩이가 원운동하도록 작용하는 줄의 장력과 정확히 같다.

질량 m, 속력 v로 반지름 r인 원형 궤도를 도는 물체에 작용하는 힘의 크기는 mv^2/r이므로, 중력의 영향으로 원형 궤도를 도는 경우에는

$$\frac{GMm}{r^2} = \frac{mv^2}{r}$$

이 성립해야 한다. 여기서 m은 궤도 운동하는 물체의 질량이고, M은 궤도 중심에 있는 물체의 질량이다. 또한 $M \gg m$으로 가정한다. 즉 궤도 중심에 있는 물체가 사실상 정지해 있다고 가정한다. 이 가정은 지구-위성 또는 태양-행성 같은 경우에 적절한 어림으로 받아들일 수 있다. 이 식을 궤도 속력에 대해서 풀면 다음을 얻는다.

$$v = \sqrt{\frac{GM}{r}} \quad \text{(속력, 원형 궤도)} \tag{8.3}$$

한편 **궤도 주기**(orbital period)는 궤도를 한 바퀴 도는 데 걸린 시간이다. 한 주기 T 동안 원둘레 $2\pi r$를 움직이므로 궤도 속력은 $v = 2\pi r/T$이다. 이 결과를 식 8.3에 넣고 제곱하면

$$\left(\frac{2\pi r}{T}\right)^2 = \frac{GM}{r}$$

또는

$$T^2 = \frac{4\pi^2 r^3}{GM} \quad \text{(궤도 주기, 원운동)} \tag{8.4}$$

이다. 식 8.4를 구하면서 케플러의 제3법칙을 증명하였다. 즉 궤도 주기의 제곱은 장축의 세제곱에 비례한다. 원형 궤도에서 장축은 원의 반지름이다.

궤도 속력과 주기 모두 궤도 운동하는 물체의 질량과 무관하다. 즉 모든 물체가 동일한 중력 가속도를 받는다는 사실과 일치한다. 예를 들어 우주비행사와 우주정거장의 궤도 변수는 모두 같다. 이 때문에 우주정거장 안에서 우주비행사가 무중력 상태에 있는 것처럼 보이고, 우주정거장 밖으로 나가도 표류하여 멀어져가지 않는다.

예제 8.2 | **궤도 속력과 주기: 우주정거장** | 응용 문제가 있는 예제

우주정거장은 380 km 고도에서 원형 궤도를 돌고 있다. 궤도 속력과 주기는 얼마인가?

해석 지구 주위의 원형 궤도의 속력과 주기에 관한 문제이다.

과정 궤도 반지름으로 식 8.3의 $v = \sqrt{GM/r}$에서 속력을 구한다. 또한 원형 궤도이므로 식 8.4의 $T^2 = 4\pi^2 r^3/GM$에서 주기를 구한다.

풀이 거리 r는 지구 중심부터의 거리이므로 지구 반지름 6.37 Mm에 고도 380 km를 더한 값이다. 따라서 다음을 얻는다.

$$v = \sqrt{\frac{GM_{\text{E}}}{r}}$$

$$= \sqrt{\frac{(6.67 \times 10^{-11} \text{ N} \cdot \text{m}^2/\text{kg}^2)(5.97 \times 10^{24} \text{ kg})}{6.37 \times 10^6 \text{ m} + 380 \times 10^3 \text{ m}}}$$

$$= 7.68 \text{ km/s(또는 } 17{,}000 \text{ mi/h)}$$

궤도 속력은 식 8.4에서 $T = \sqrt{4\pi^2 r^3/GM_E} = 5.5 \times 10^3$ s 또는 90 min 이다.

검증 답을 검증해 보자. 지구에서 달까지의 거리에 비하여 궤도 반지름이 작으므로 주기가 하루보다 많이 짧다. 고도 380 km의

원형 궤도를 도는 우주비행사의 속력과 주기는 바로 이 값들이다. 지구 근접 궤도의 고도는 지구 반지름보다 훨씬 작으므로 궤도 주기는 약 90분이다. 만약 공기 저항이 없고 야구공을 충분히 빨리 던진다면 지표면을 스치듯이 90분 주기로 궤도 비행할 것이다.

예제 8.2에서 지구 근접 궤도 주기는 약 90분이다. 한편 달은 거의 원에 가까운 궤도를 한 바퀴 도는 데 27일 걸린다. 따라서 지구 자전처럼 궤도 주기가 24시간인 궤도가 반드시 있다. 이 궤도로 진입한 위성은 적도와 평행하다면 지표면에 대해서 정지해 있을 것이다. TV 위성, 기상위성, 통신위성 등은 지구 **정지 궤도**(geostationary orbit)에 있다.

예제 8.3 ┃ 지구 정지 궤도: 고도 구하기

지구 정지 궤도는 고도가 얼마인가?

해석 궤도 주기가 24 h 또는 86,400 s인 원형 궤도의 고도를 구하는 문제이다.

과정 식 8.4의 $T^2 = 4\pi^2 r^3/GM$에서 지구 중심 거리 r를 구하고, 지구 반지름을 빼서 지표면에 대한 고도를 구한다.

풀이 r를 구하면 다음과 같다.

$$r = \left(\frac{GM_E T^2}{4\pi^2}\right)^{1/3}$$

$$= \left[\frac{(6.67 \times 10^{-11}\,\text{N} \cdot \text{m}^2/\text{kg}^2)(5.97 \times 10^{24}\,\text{kg})(8.64 \times 10^4\,\text{s})^2}{4\pi^2}\right]^{1/3}$$

$$= 4.22 \times 10^7\,\text{m}$$

즉 지구 중심 거리가 42,200 km이므로 지구 반지름을 빼면 약 36,000 km 또는 22,000마일이다.

검증 답을 검증해 보자. 고도는 우주정거장보다 훨씬 높고, 화성까지의 거리 384,000 km보다는 훨씬 낮다. 이 고도에서는 지상의 한 점에 고정된 상태로 지구와 함께 하루에 한 번 원형 궤도를 공전하므로 지구 정지 궤도라고 부른다. TV 접시안테나는 지상 36,000 km 고도의 정지 궤도를 도는 위성을 향한다. 좀 더 자세히 계산하려면 태양이 아니라 머나먼 별에 대해서 측정한 지구 항성 주기를 이용한다. 또한 지구가 완벽한 구가 아니어서 정지 위성이 약간씩 표류하므로 1주일에 한 번씩 작은 로켓을 발사하여 궤도를 수정한다.

그림 8.6 알려진 혜성의 대부분은 사진의 궤도처럼 원에서 상당히 벗어난 타원이다.

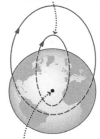

이 부분은 포물선으로 어림한다.

초점은 지구 중심이다.

그림 8.7 실제로 발사체 궤적은 타원이다.

타원 궤도

뉴턴은 자신의 운동 법칙과 중력 법칙으로 행성이 태양을 하나의 초점으로 하는 타원 궤도로 운동한다는 케플러의 주장을 증명하였다. 원형 궤도는 타원 궤도의 두 초점이 일치하는 특별한 경우이므로, 중력 중심의 거리는 변함이 없다. 실제로 대부분의 행성 궤도는 완전한 원은 아니지만 거의 원형 궤도에 가깝다. 예를 들어 지구와 태양 사이의 거리는 1년에 약 3%만 변한다. 그러나 소행성이나 혜성의 궤도는 둥근 원에서 상당히 벗어난 타원이다(그림 8.6 참조). 태양을 향해 떨어지듯이 다가오는 혜성은 점점 속력이 증가하다가 **근일점**(perihelion)에서 태양을 휙 돌아서, 또 다시 태양 쪽으로 되돌아올 때까지 **원일점**(aphelion)으로 향하면서 등산하듯이 속력이 줄어든다.

3장에서 발사체의 궤도가 포물선임을 유도할 때, 지구 곡률과 고도에 따른 중력 가속도 g의 변화를 무시하였다. 사실은 발사체도 궤도 비행하는 물체이다. 공기 저항을 무시하면 지구 중심이 하나의 초점인 타원 궤도로 기술할 수 있다. 지구 반지름보다 훨씬 작은 범위에서는 사실상 포물선과 타원 궤도를 구분할 수 없다(그림 8.7 참조).

미사일과 야구공도 궤도 비행을 하지만, 지구를 가로지르는 궤도이다. 지표면과 맞닿는 곳

에서 궤도 운동이 끝날 뿐이다. 이 순간 지구가 같은 질량의 사과처럼 작아지면 야구공도 그림 8.7처럼 궤도 운동을 계속할 것이다. 뉴턴의 천재적 통찰력은 정말 놀랍다. 공기 저항만 없으면 지상의 발사체 운동이나 천체의 운동이나 차이가 없다.

열린 궤도

원이나 타원은 닫힌 궤도이므로 궤도 운동은 무한히 계속된다. 물론 닫힌 궤도만 있는 것은 아니다. 뉴턴의 사고실험을 다시 생각해 보자. 만약 원형 궤도에 필요한 속력보다 빠르게 발사하면 발사체는 더 높이 올라가서 출발점이 지구에 가장 가까이 있는 타원 궤도를 돌게 된다. 발사 속력을 더 증가시키면, 그림 8.8처럼 발사체가 지구로부터 점점 벗어나서 열린 궤도로 운동하게 된다. 다음 절에서 에너지 의해 어떻게 궤도가 결정되는지 살펴보자.

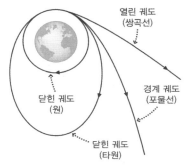

그림 8.8 닫힌 궤도와 열린 궤도

확인 문제 **8.2** 그림 8.8처럼 발사체 경로(원, 타원, 포물선, 쌍곡선)에서 발사체의 처음 속력이 큰 순서대로 나열하라. 모든 발사체를 그림의 꼭대기 점에서 발사한다.

8.4 중력 에너지

LO 8.4 만유인력을 포함하는 에너지 보존 문제를 해결할 수 있다.
LO 8.5 탈출 속력을 계산할 수 있다.
LO 8.6 총에너지에서 닫힌 궤도와 열린 궤도를 구별할 수 있다.

위성을 지구 정지 궤도로 진입시키려면 에너지가 얼마나 필요할까? 중력 가속도 g가 거리에 따라 크게 변하므로 단순히 mgh는 아니다. 적분으로 퍼텐셜 에너지를 구해야 한다.

그림 8.9는 중력 질량 M의 중심에서 각각 r_1과 r_2인 두 점을 보여 준다. 질량 m의 물체를 r_1에서 r_2까지 움직일 때의 퍼텐셜 에너지 변화는 식 7.2에서 다음과 같다.

$$\Delta U_{12} = -\int_{r_1}^{r_2} \vec{F} \cdot d\vec{r}$$

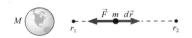

그림 8.9 퍼텐셜 에너지 변화를 구하려면 적분해야 한다.

여기서 힘은 안쪽 지름 방향이고 크기는 GMm/r^2이며, 경로 요소 $d\vec{r}$는 바깥쪽 지름 방향이다. 따라서 $\vec{F} \cdot d\vec{r} = -(GMm/r^2)dr$이다. 음의 부호는 방향이 반대인 두 벡터의 사잇각이 $180°$이기 때문에 생긴다. 이 음의 부호가 위의 ΔU_{12} 표현에 있는 음의 부호를 상쇄하므로 퍼텐셜 에너지의 변화는 다음과 같다.

$$\Delta U_{12} = \int_{r_1}^{r_2} \frac{GMm}{r^2} dr = GMm \int_{r_1}^{r_2} r^{-2} dr = GMm \frac{r^{-1}}{-1} \Big|_{r_1}^{r_2} = GMm\left(\frac{1}{r_1} - \frac{1}{r_2}\right) \quad (8.5)$$

이 결과를 점검해 보자. 만약 $r_1 < r_2$이면 ΔU_{12}가 양의 값이므로 퍼텐셜 에너지는 높이에 따라 증가한다. 즉 지표면 근처의 더 간단한 결과 $\Delta U = mgh$와 상충되지 않는다. 식 8.5를 지름 방향인 직선 위의 두 점에 대해서 유도하였지만, 그림 8.10처럼 중력 중심에서 r_1과 r_2에 있는 임의의 두 점에서도 성립한다.

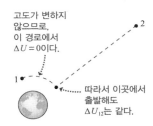

고도가 변하지 않으므로, 이 경로에서 $\Delta U = 0$이다.

따라서 이곳에서 출발해도 ΔU_{12}는 같다.

그림 8.10 중력이 보존력이므로 퍼텐셜 에너지 변화를 계산하기 위하여 어떤 경로를 택해도 좋다. 경로의 지름 방향만이 ΔU에 기여하기 때문이다.

무한대의 퍼텐셜 에너지

식 8.5에서 흥미로운 사실을 알 수 있다. 두 점의 거리가 무한대이더라도 퍼텐셜 에너지의 차이는 유한하다. 식 8.5의 r_1이나 r_2를 무한대 값으로 바꾸어 보면 알 수 있다. 중력이 작용하더라도 거리의 제곱으로 약해지므로 무한대에서의 효과는 유한하다. 따라서 무한대의 퍼텐셜 에너지가 0이라면 편리하다. $r_1 = \infty$로 놓고 r_2의 아래 첨자를 없애면 질량 중심에서 거리 r인 곳에 중력 퍼텐셜 에너지를 다음과 같이 표기할 수 있다.

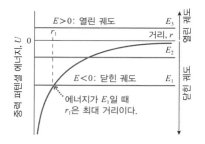

그림 8.11 중력 퍼텐셜 에너지 곡선 거리는 별이나 행성과 같은 중력 물체의 중심으로부터 측정된다. 총에너지 E가 0보다 작을 때 발생하는 닫힌 궤도는 타원 또는 원이다. $E > 0$인 궤도는 쌍곡선이다. $E = 0$인 중간의 경우에는 포물선 궤도가 된다.

U는 질량이 m과 M인 두 입자와 연관된 중력 퍼텐셜 에너지이다.

M과 m은 두 입자의 질량이다.

$$U(r) = -\frac{GMm}{r} \quad \text{(중력 퍼텐셜 에너지)} \tag{8.6}$$

r는 두 입자 사이의 거리이다.

$r = \infty$에서 $U = 0$이면 퍼텐셜 에너지는 음수이므로 질량 중심에서 에너지가 가장 작다. 중력 퍼텐셜 에너지를 알면 에너지 보존 법칙을 사용할 수 있다. 그림 8.11은 식 8.6을 거리의 함수로 나타낸 퍼텐셜 에너지 곡선이다. $E < 0$이면 퍼텐셜 에너지 곡선과 만나는 반환점이 있는 닫힌 궤도이고, $E > 0$이면 만나는 점이 없는 열린 궤도이다. 총에너지가 0보다 크거나 작을 경우 그림 8.8의 열린 궤도와 닫힌 궤도의 차이가 결정된다. 경계선의 포물선은 $E = 0$이다.

예제 8.4   **에너지 보존: 발사 높이**   응용 문제가 있는 예제

3.1 km/s의 수직 속력으로 로켓을 발사하면 얼마나 올라가는가?

해석 2장의 문제 같지만 중력이 거리에 따라 변하므로 가속도가 일정하지 않다. 에너지 보존을 적용하면 이와 같은 자세한 운동의 기술이 필요 없고 7장에서 배운 방법을 적용할 수 있다. 로켓이 올라간 높이는 로켓이 잠시 멈추는 나중 상태와 처음 상태로 구한다.

과정 식 7.6의 $K + U = K_0 + U_0$을 적용한다. 발사 속력이 v이므로 처음 운동 에너지는 $K_0 = \frac{1}{2}mv^2$이다. 퍼텐셜 에너지는 무한대에서 0인 식 8.6의 $U(r) = -GMm/r$를 적용한다. 따라서 처음 퍼텐셜 에너지는 0이 아니라 $U_0 = -GM_{\mathrm{E}}m/R_{\mathrm{E}}$이다. 나중 상태에서는 $K = 0$이고, U는 식 8.6이지만 거리 r를 모른다. 그림 8.12는 처음과 나중 상태의 에너지 도표이다.

풀이 따라서 에너지 보존식 $K + U = K_0 + U_0$은 다음과 같다.

$$-\frac{GM_{\mathrm{E}}m}{r} = \frac{1}{2}mv_0^2 - \frac{GM_{\mathrm{E}}m}{R_{\mathrm{E}}}$$

여기서 m은 로켓의 질량, r는 지구 중심에서 나중 상태까지의 거리, R_{E}는 지구 반지름이다. r에 대해서 풀면 다음을 얻는다.

$$r = \left(\frac{1}{R_{\mathrm{E}}} - \frac{v_0^2}{2GM_{\mathrm{E}}}\right)^{-1}$$
$$= \left(\frac{1}{6.37 \times 10^6 \text{ m}} - \frac{(3100 \text{ m/s})^2}{2(6.67 \times 10^{-11} \text{ N·m}^2/\text{kg}^2)(5.97 \times 10^{24} \text{ kg})}\right)^{-1}$$
$$= 6.90 \text{ Mm}$$

이 결과는 지구 중심으로부터의 거리이므로 지표면에서 올라간

높이는 지구 반지름을 뺀 530 km이다.

검증 답을 검증해 보자. 530 km는 일정한 중력 가속도의 퍼텐셜 에너지 차이 $\Delta U = mgh$로 구한 490 km보다 크다. 왜냐하면 높이 올라갈수록 중력 가속도가 줄어들기 때문이다.

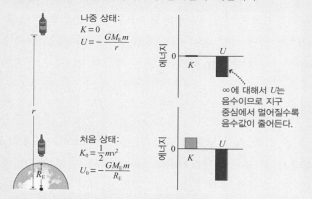

그림 8.12 예제 8.5

모든 에너지 보존 문제는 같다. 이 문제는 공을 수직 위로 던지고 $U = mgh$로 최고 높이를 구하는 문제와 본질적으로 같다. 다만, 로켓인 경우에는 올라가는 수직 거리에 따라 퍼텐셜 에너지 함수가 $U = -GMm/r$로 변한다. 그래도 에너지 보존으로 간단하게 문제를 해결할 수 있다.

탈출 속력

올라간 것은 반드시 내려올까? 반드시 그렇지는 않다. 그림 8.11에 나타나 있듯이 물체의 총 에너지가 0보다 크거나 같으면 질량 중심에서 멀어져서 되돌아오지 않는다. 질량 m이 반지름이 r인 질량 M의 표면에 있으면, 식 8.6에 따라 중력 퍼텐셜 에너지는 $U = -GMm/r$이다. 물체를 속력 v로 위로 던지면 그 운동 에너지가 $\frac{1}{2}mv^2$이고, 총에너지가 0이면 다음과 같다.

$$0 = K + U = \frac{1}{2}mv^2 - \frac{GMm}{r}$$

여기서 총에너지를 0으로 만드는 속력 v를 **탈출 속력**(escape speed)이라고 한다. 물체의 속력이 이보다 크거나 같으면 물체는 행성에서 탈출하여 되돌아오지 않는다.

$v_{탈출}$은 물체가 중력 질량 M의 중심으로부터 거리 r만큼 떨어져 있는 지점에서 무한히 탈출할 수 있는 속력이다.

M은 탈출해야 할 물체의 질량이고 …

$$v_{탈출} = \sqrt{\frac{2GM}{r}} \quad (탈출\ 속력) \tag{8.7}$$

… r는 M의 중심에서 물체까지의 거리이다.

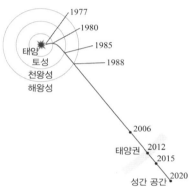

지표면에서 탈출 속력은 $v_{탈출} = 11.2\ \text{km/s}$이다. 지구 궤도를 도는 우주비행선의 속력은 탈출 속력보다 작다. 달 탐험선의 속력도 이보다 작기 때문에 아폴로 13호처럼 문제가 발생하면 지구로 떨어진다. 행성탐험선의 속력은 이보다 크다. 외계 행성탐험선인 파이오니아호와 보이저호는 목성을 지날 때 추가로 에너지를 얻어서 태양의 탈출 속력이 되므로 우리 은하를 무한히 비행할 수 있다. 2012년에 보이저 1호가 태양의 자기장이 생성한 '거품'을 탈출하여 성간 공간으로 진입하였으므로 보이저호는 태양계를 완전히 벗어난 첫 번째 인공물이 되었다(그림 8.13 및 이 장의 도입부 사진 참조).

그림 8.13 2012년에 보이저 1호는 성간 공간을 진입하였다. 보이저호는 약 2020년까지 지구에 자료를 계속 송신할 것이다.

응용물리 근접

2013년에 지구에 대단히 근접한 두 소행성이 있었다. 관련은 없지만 두 사건은 불과 16시간 이내에 발생하였다. 두 소행성 중에서 큰 것은 2012 DA$_{14}$로 명명되었고, 지구의 35,000 km 이내로 통과하였다. 그 거리는 지구-달 거리의 1/10이고 정지 위성보다 더 가깝다. 약 40 kt(킬로톤)의 질량과 지구에 대한 상대 속력 12.7 km/s(태양에 대해서는 29.9 km/s)로 지구를 강타하였다면 많은 피해를 주었을 것이다. 12.7 km/s는 지구 탈출 속력보다 크므로 2012 DA$_{14}$는 지구 주위를 돌 수 없었다. 하지만 실전 문제 68에서 보일 것이지만, 그 소행성은 태양에 대한 총 에너지가 음수이므로 속박된 태양 궤도에 있게 된다. 2012 DA$_{14}$가 2123년에 또 다시 근접할 것이다. 2012 DA$_{14}$가 2013년에 최근접하기 16시간 전에 12 kt의 소행성이 지구에 대해 19.0 km/s로, 태양에 대해 35.5 km/s로 움직여서 시베리아 상공에 진입하였다. 그 소행성은 45 km에서 30 km까지의 고도에서 일련의 폭발적인 분열을 겪은 후에 22 km 고도에서 작은 조각들로 분해되었다(사진 참조). 이 폭발로부터 유래한 충격파 때문에 러시아의 첼랴빈스크가 중대한 피해를 입었고, 약 1600명

이 다쳤다. 첼랴빈스크 소행성은 100년 내에 지구 대기에 진입한 가장 큰 소행성이다. 실전 문제 49와 68에서 보듯이, 그 소행성도 지구 대기에서 소멸되기 전에는 태양에 속박된 궤도에 있었다.

예제 8.5 외계의 소행성

2017년 천문학자들은 처음으로 성간 공간에서 태양계에 들어온 물체를 발견했다. 오우무아무아(하와이어로 스카우트라는 의미)라고 명명된 이 물체는 태양으로부터 지구까지의 거리에 있을 때 속도가 약 50 km/s였다. 성간 기원에 대한 논쟁의 결과를 사용하여 오우무아무아의 총에너지의 부호를 결정하라.

해석 이것은 태양의 중력에 영향을 받는 물체의 총에너지에 관한 문제이다. 질문은 총에너지 E가 0보다 큰지 아니면 작은지 하는 것이다. 만약 크다면 그 물체는 태양계에 구속되지 않고 성간 기원이라는 사례가 된다.

과정 총에너지는 식 8.6에 의해 주어진 중력 퍼텐셜 에너지와 $\frac{1}{2}mv^2$에 의한 운동 에너지로 구성되며 총에너지의 크기는 그것의 총합이다. 중력 퍼텐셜 에너지가 항상 음수이기 때문에 그 합은 0보다 작을 수도 있다.

풀이 퍼텐셜 에너지와 운동 에너지의 합은

$$E=-\frac{GM_\text{태양}m}{r}+\frac{1}{2}mv^2$$

이다.
여기서 m은 오우무아무아의 질량, r는 태양으로 부터의 거리, v는 속력이다.

질량 m이 두 에너지에 다 들어있기 때문에, 에너지가 양수인지 음수인지 알아내기 위해 질량을 알 필요는 없다. 다시 말하면 $-\frac{GM_\text{태양}}{r}+\frac{1}{2}v^2$의 부호를 구하는 것으로 충분하다.

$$-\frac{GM_\text{태양}}{r}+\frac{1}{2}v^2$$
$$=-\frac{(6.67\times10^{-11}\,\text{N}\cdot\text{m}^2/\text{kg}^2)(1.99\times10^{30}\,\text{kg})}{1.50\times10^{11}\,\text{km}}$$
$$+\frac{1}{2}(50\times10^3\,\text{km/s})^2$$
$$=3.7\times10^8\,\text{J/kg}$$

이 결과는 양수이다. 오우무아무아는 태양의 중력에 구속되지 않도록 충분한 에너지를 가지고 있음을 보여 준다. 이것은 태양계의 부속물이 아닌 성간 기원이라는 강력한 증거가 된다. 식 8.6에서 사용된 지구의 궤도 반지름, 태양의 질량은 뒷표지의 표 또는 부록 E를 참조한다.

검증 지구의 궤도에서 오우무아무아의 속도가 태양으로부터의 거리에서 탈출 속도보다 큰지, 작은지 판단했다. 오우무아무아의 미지의 질량 m으로 나누었기 때문에 J 대신 J/kg으로 계산되었다.

원형 궤도의 에너지

원형 궤도에서는 운동 에너지와 퍼텐셜 에너지의 관계가 특별하다. 8.3절에서 원형 궤도의 속력은

$$v^2=\frac{GM}{r}$$

이며, r는 질량 M의 중심까지의 거리이다. 따라서 원형 궤도를 도는 물체의 운동 에너지는

$$K=\frac{1}{2}mv^2=\frac{GMm}{2r}$$

이고, 식 8.6에서 퍼텐셜 에너지는 다음과 같다.

$$U=-\frac{GMm}{r}$$

이들 두 식을 비교하면 $U=-2K$이다. 따라서 총에너지는

$$E=U+K=-2K+K=-K \tag{8.8a}$$

이며, 다음과 같이 표기할 수 있다.

$$E=\frac{1}{2}U=-\frac{GMm}{2r} \tag{8.8b}$$

총에너지가 음수이므로 기대한 대로 원형 궤도는 닫힌 궤도이다. 타원 궤도에서는 궤도 운동 중에 운동 에너지와 퍼텐셜 에너지가 계속해서 에너지를 교환한다.

식 8.8a를 보면 운동 에너지가 클수록 총에너지가 적다. 궤도 속력이 클수록 퍼텐셜 에너지가 적은 궤도를 운동하므로 놀라운 결과이다.

개념 예제 8.1　우주 항법

국제우주정거장으로 향한 우주비행사들은 올바른 원형 궤도에 도착하였지만, 정거장보다는 훨씬 뒤쪽이라는 것을 알았다. 그들이 우주정거장을 따라잡으려면 어떻게 조정해야 하는가?

풀이 우주정거장을 따라잡기 위해 우주비행사들은 우주정거장보다 빨리 가야 할 것이다. 그것은 그들의 운동 에너지를 증가시킨다는 것을 의미한다. 그리고 방금 배웠듯이 그것은 그들의 총에너지를 낮추는 것에 해당한다. 그래서 그들은 더 낮은 궤도로 떨어질 필요가 있다.

그림 8.14는 우주정거장을 따라잡는 과정을 보여 준다. 우주비행사들은 로켓을 뒤로 추진하여 운동 에너지를 감소시켜서 일시적으

로 더 낮은 에너지의 타원 궤도로 떨어진다. 다음에 그들은 궤도가 원형이 되도록 로켓을 추진한다. 이제 그들은 우주정거장보다 에너지는 더 낮지만 더 빠른 궤도에 있다. 그들이 올바른 위치에 있게 되면 로켓을 추진하여 에너지가 더 높은 타원 궤도로 그들 자신을 끌어올린 다음에 다시 추진하여 정거장 근처에 있는 그 궤도를 원으로 만든다.

검증 마치 차가 속력을 올리기 위해 브레이크를 거는 것처럼, 이 해법은 반직관적이다. 그러나 원형 궤도에서 운동 에너지와 퍼텐셜 에너지 사이의 상호작용 덕분에 그것이 여기에서 필요한 것이다.

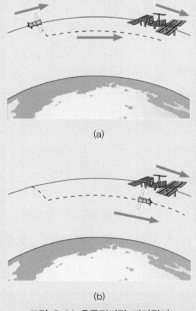

(a)

(b)

그림 8.14 우주정거장 따라잡기

관련 문제 우주비행사들이 우주정거장의 380 km 고도에 도착하였지만 정거장보다 궤도의 $\frac{1}{4}$ 뒤에 있다고 가정하자. 위에 기술한 항법이 그 우주선을 320 km 원형 궤도에 떨어뜨린다면, 그 정거장을 따라잡기 위해 몇 번이나 궤도를 돌아야 하는가? 원형 궤도를 갈아타는 데 소요되는 시간은 무시한다.

풀이 식 8.4를 적용하면 우주정거장에 대해서는 주기 $T_1 = 92.0$ min이 나오고, 더 낮은 궤도에 있는 우주비행사에 대해서는 $T_2 = 90.8$ min이 나온다. 그래서 각 궤도마다 우주비행사들은 정거장에 1.2 min씩 다가간다. 그들은 궤도의 $\frac{1}{4}$, 즉 23 min을 만회해야 한다. 그러므로 $(23 \text{ min})(1.2 \text{ min/궤도}) = 19$궤도, 즉 하루 조금 넘게 걸린다.

확인 문제 8.3 지구의 원형 궤도를 도는 동일한 두 우주비행선 A와 B에서 B의 궤도가 더 높다. 다음 중 올바르게 기술한 것은 어느 것인가? (a) B의 총에너지가 더 크다, (b) B가 더 빨리 움직인다, (c) B의 주기가 더 길다, (d) B의 퍼텐셜 에너지가 더 크다. (e) B의 총에너지에서 퍼텐셜 에너지의 비율이 더 높다.

8.5 중력장

LO 8.7 중력장에 적용된 장의 개념을 설명할 수 있다.

지금까지의 중력 문제를 살펴보면, 지구처럼 무거운 물체는 텅 빈 공간 너머까지 중력을 작용하여 사과, 위성, 달까지 끌어당기고 있다. 이러한 **원격 작용**(action-at-a-distance)은 수세기 동안 물리학자는 물론 철학자까지 괴롭혔다. 머나먼 달은 어떻게 지구의 존재를 알 수 있을까?

다른 관점은 지구가 공간에 **중력장**(gravitational field)을 만들어서 물체가 자신이 있는 곳의 중력장에 반응한다는 것이다. 한 점의 중력장은 그 점에 놓인 질량이 받는 힘을 질량으로 나눈 벡터량이다. 예를 들어 지표면 근처에서 중력장 벡터는 수직 아래 방향이고 크기는 9.8 N/kg이다. 벡터로 표기하면 다음과 같다.

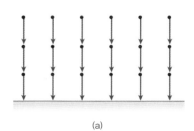

$$\vec{g} = -g\hat{\jmath} \quad \text{(지표면 근처의 중력장)} \tag{8.9}$$

여기서 y축 위 방향 좌표계를 가정한다. 일반적으로 중력장은 구형 질량의 중심으로 향하며, 크기는 거리의 제곱에 반비례한다.

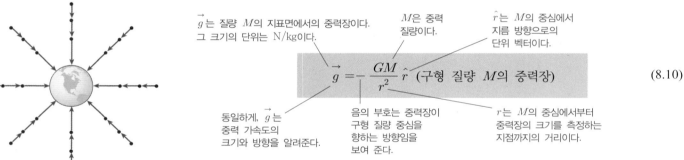

$\vec{g}$는 질량 M의 지표면에서의 중력장이다. 그 크기의 단위는 N/kg이다.

M은 중력 질량이다.

$\hat{r}$는 M의 중심에서 지름 방향으로의 단위 벡터이다.

$$\vec{g} = -\frac{GM}{r^2}\hat{r} \quad \text{(구형 질량 } M\text{의 중력장)} \tag{8.10}$$

동일하게, $\vec{g}$는 중력 가속도의 크기와 방향을 알려준다.

음의 부호는 중력장이 구형 질량 중심을 향하는 방향임을 보여 준다.

r는 M의 중심에서부터 중력장의 크기를 측정하는 지점까지의 거리이다.

여기서 $\hat{r}$는 바깥쪽 지름 방향이다. 그림 8.15는 식 8.9와 8.10을 가시화한 그림이다. 중력장의 단위(N/kg)는 중력 가속도의 단위(m/s²)와 같다. 결국 중력장은 국소 중력 가속도 g를 벡터로 표기한 것이다.

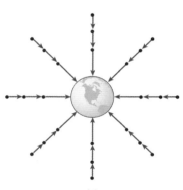

그림 8.15 (a) 지표면 근처와 (b) 먼 거리의 중력장 벡터

응용물리 | 조석

중력장이 균일하면 물체의 모든 부분은 정확히 같은 중력을 받는다. 그러나 중력은 실제로 변한다. 중력이 위치에 따라 변하기 때문에 중력은 물체를 늘이거나 압축시킨다. 태양과 달의 불균일한 중력이 대양을 끌어당기는 **조석력**(tidal force) 때문에 대양의 조석이 발생하여 부풀어 오른다. 옆의 그림을 보면 달에서 가장 가까운 대양에 작용하는 조석력이 가장 커서 첫 번째 밀물이 생긴다. 단단한 지구가 중간 크기의 힘을 받아서 달에서 가장 먼 곳에 있는 대양에서 멀어지는 쪽으로 끌린다. 이때 남은 대양의 물이 두 번째 밀물을 만든다. 또한 해변의 영향, 달과 태양의 상대적 위치에 따라 조석의 양상이 복잡해지지만, 이처럼 간단한 설명으로도 하루에 두 번씩 밀물과 썰물이 생기는 이유를 알 수 있다. 조석력은 목성의 달인 이오 같은 위성의 내부를 가열시키고, 행성 고리의 형성에 기여한다.

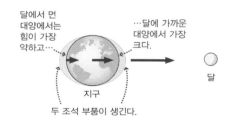

달에서 먼 대양에서는 힘이 가장 약하고…

…달에 가까운 대양에서 가장 크다.

달

지구

두 조석 부풂이 생긴다.

장의 개념으로 무엇을 얻을 수 있을까? 변화가 없는 경우라면 원격 작용이나 장의 개념은 마찬가지이다. 그러나 지구 질량이 갑자기 증가하면 어떻게 될까? 달이 알고서 즉각 궤도를

수정할까? 장의 관점에서는 달의 궤도가 즉각 변하지 않는다. 지구 질량이 증가한 사실이 작지만 유한한 시간 간격으로 달이 있는 곳까지 전파된다. 달은 항상 자신이 있는 곳의 중력장에 반응하므로, 지구의 중력장이 바뀌고 일정 시간이 지난 후에야 궤도를 수정한다. 이러한 설명은 즉각적인 정보 전달이 불가능하다는 아인슈타인의 관점과 같다. 그러나 원격 작용은 그렇지 않다.

특히 장의 개념은 물리학의 상호작용을 기술하는 강력하고도 근원적인 방법을 제공한다. 전자기학을 배울 때 다시 장의 개념을 활용할 것이다. 장은 단지 수학적 또는 철학적 편리함이 아니라 물질과 마찬가지로 물리적 실체이다.

핵심 개념

이 장의 핵심 개념은 **만유인력**이다. 모든 물질에 작용하는 만유인력은 두 질량의 곱과 질량 사이 거리의 역제곱에 비례한다. 중력은 낙하 물체의 거동과 행성 및 위성의 궤도를 결정한다. 에너지에 따라 타원 및 원과 같은 닫힌 궤도가 되거나 포물선 및 쌍곡선과 같은 열린 궤도가 된다.

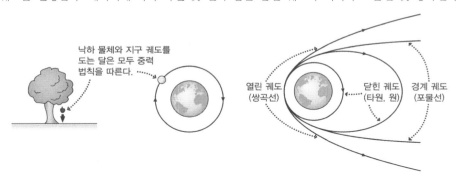

낙하 물체와 지구 궤도를 도는 달은 모두 중력 법칙을 따른다.

열린 궤도 (쌍곡선)   닫힌 궤도 (타원, 원)   경계 궤도 (포물선)

주요 개념 및 식

m_1과 m_2에 대한 뉴턴의 만유인력 법칙을 수학적으로 다음과 같이 표기한다.

$$F = \frac{Gm_1m_2}{r^2} \text{ (만유인력)}$$

이 방정식은 크기를 무시할 수 있는 점질량 또는 모든 크기의 구대칭 질량에서 성립한다. 한편 크기가 중심 거리에 비해서 매우 작은 두 물체에도 어림으로 성립한다. 여기서 r는 물체의 중심에서 중심까지의 거리이다.

중력의 크기가 거리에 따라 변하므로 퍼텐셜 에너지도 단순한 거리 곱하기 힘이 아니다. 질량 M의 중심에서 r_1인 곳의 질량 m이 r_2로 옮기면 퍼텐셜 에너지 변화는 다음과 같다.

$$\Delta U = GMm\left(\frac{1}{r_1} - \frac{1}{r_2}\right) \text{ (퍼텐셜 에너지의 변화)}$$

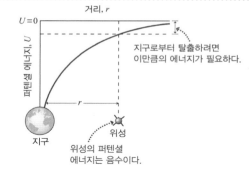

거리, r

$U = 0$

지구로부터 탈출하려면 이만큼의 에너지가 필요하다.

위성의 퍼텐셜 에너지는 음수이다.

무한대를 퍼텐셜 에너지의 영점으로 잡으면 질량 M의 중심에서 r인 곳에 있는 질량 m의 중력 퍼텐셜 에너지는 다음과 같다.

$$U = -\frac{GMm}{r} \text{ (퍼텐셜 에너지, 무한대에서 } U = 0)$$

응용

운동 에너지와 퍼텐셜 에너지의 합인 총에너지가 0인 곳이 닫힌 궤도와 열린 궤도의 중간 위치이다. 질량 M의 중심에서 r인 곳에 있는 물체가 질량 M을 탈출하여 열린 궤도로 진입하려면 다음의 **탈출 속력**이 필요하다.

$$v_\text{탈출} = \sqrt{\frac{2GM}{r}}$$

원형 궤도는 뉴턴 법칙과 원운동으로 쉽게 분석될 수 있다. 질량 M 주위에서 반지름 r인 원형 궤도의 주기는 다음과 같다.

$$T^2 = \frac{4\pi^2 r^3}{GM}$$

운동 에너지와 퍼텐셜 에너지는 $U = -2K$를 만족한다. 총에너지가 음수이므로 닫힌 궤도이다. 총에너지가 낮을수록 물체는 빨리 움직인다.

중력장 개념을 도입하면 문제가 많은 원격 작용으로 중력을 설명할 필요가 없다. 중력 질량은 주위 공간에 장을 형성하고, 다른 질량이 즉시 장에 반응한다.

중력장

달 위치의 장에서 중력을 받는다.

지구 **정지 궤도**는 고도 36,000 km에서 적도와 나란하다. 궤도 주기가 24 h이므로 지구 정지 궤도의 위성은 지표면에 정지한 것처럼 보인다. TV, 통신, 기상 위성은 모두 지구 정지 궤도를 돈다.

물리학 익히기 www.masteringphysics.com을 방문하여 과제를 수행하고 동적 학습 모듈(Dynamic Study Modules), 연습 문제 (practice quizzes), 문제 영상 풀이(video solutions to problems) 등의 자기 학습 도구를 이용하시오.

BIO 생물 및 의학 문제   **DATA** 데이터 문제   **ENV** 환경 문제   **CH** 도전 문제   **COMP** 컴퓨터 문제

학습 목표   이 장을 학습하고 난 후 다음을 할 수 있다.

LO 8.1 행성 운동에 대한 이해의 변화를 기술할 수 있다.
개념 문제 8.1

LO 8.2 만유인력 법칙을 이용하여 입자 사이의 중력을 구할 수 있다.
개념 문제 8.2, 8.3, 8.4, 8.8
연습 문제 8.11, 8.12, 8.13, 8.14, 8.15, 8.16, 8.17
실전 문제 8.38, 8.39, 8.40, 8.47, 8.66, 8.69, 8.70, 8.74, 8.75

LO 8.3 원형 궤도와 관련된 문제를 해결할 수 있다.
개념 문제 8.5, 8.6, 8.7, 8.9
연습 문제 8.12, 8.18, 8.19, 8.20, 8.21, 8.22, 8.23
실전 문제 8.39, 8.43, 8.44, 8.45, 8.46, 8.47, 8.48, 8.54, 8.57, 8.59, 8.64, 8.67, 8.70, 8.71, 8.73

LO 8.4 만유인력을 포함하는 에너지 보존 문제를 해결할 수 있다.
개념 문제 8.10
연습 문제 8.24, 8.25, 8.26, 8.27
실전 문제 8.41, 8.42, 8.46, 8.49, 8.50, 8.51, 8.52, 8.53, 8.55, 8.56, 8.58, 8.60, 8.62, 8.63, 8.64, 8.65, 8.68

LO 8.5 탈출 속력을 계산할 수 있다.
연습 문제 8.28, 8.29
실전 문제 8.53, 8.54, 8.58, 8.72

LO 8.6 총에너지에서 닫힌 궤도와 열린 궤도를 구별할 수 있다.
실전 문제 8.61

LO 8.7 중력장에 적용된 장의 개념을 설명할 수 있다.

개념 문제

1. 뉴턴의 사과와 달은 무엇이 같은가?
2. G와 g의 차이를 설명하라.
3. 지표면에 서 있으면 지구와의 거리가 0이다. 왜 중력이 무한대가 아닌가?
4. 물체에 작용하는 중력은 물체의 질량에 비례한다. 왜 모든 물체는 동일한 중력 가속도로 떨어지는가?
5. 한 친구가 무엇 때문에 우주정거장이 지구로 떨어지지 않는지 매우 궁금해 한다. 친구가 납득하도록 설명하라.
6. 위성을 남극 상공에 계속 정지해 있도록 하는 궤도에 위성을 진입시킬 수 있는가? 설명하라.
7. 저위도 지역에서는 왜 위성을 동쪽으로 발사하는가? (**힌트**: 지구의 자전을 생각하라.)
8. 지구 질량, 달까지의 거리, 달의 궤도 주기, G값을 알면 달의 질량을 계산할 수 있는가? 있다면 어떻게 구할 수 있는가? 없다면 이유는 무엇인가?
9. 자전하는 지구의 모든 상공을 지나는 위성 궤도가 가능한가?
10. 태양 중력은 원형 궤도를 도는 행성에 일을 하는가? 설명하라.

연습 문제

8.2 만유인력

11. 지구 질량과 같은 행성에 착륙한 우주탐험선의 무게가 지구의 2배이다. 행성의 반지름은 얼마인가?
12. 부록 E의 달 궤도에 대한 자료를 토대로 원형 궤도를 도는 달의 가속도를 구해서 뉴턴의 중력 법칙과 같음을 보여라.
13. 지구 중력 가속도가 현재의 3배로 커지려면 지구 반지름이 얼마나 줄어야 하는가? 단, 지구 질량은 변함이 없다.
14. (a) 수성의 표면과 (b) 토성의 달인 타이탄의 표면에서 중력 가속도를 구하라.
15. 14 cm 떨어진 동일한 두 납공 사이의 인력은 0.25 μN이다. 납공의 질량은 얼마인가?
16. 67 kg의 우주비행사와 73,000 kg의 우주왕복선 사이의 중심 거리가 84 m이면 중력은 얼마인가?
17. 뉴욕의 새로운 세계무역센터의 옥상에서 민감한 중력측정기로 잰 값은 지표면에서의 값보다 1.67 mm/s² 작다. 빌딩의 높이는 얼마인가?

8.3 궤도 운동

18. 궤도 주기가 2.0 h인 위성 궤도의 고도를 구하라.
19. 지구 정지 궤도를 도는 위성의 속력을 구하라.
20. 화성의 궤도 지름은 지구의 1.52배이다. 화성이 태양을 한 바퀴 도는 시간은 얼마인가?
21. 목성의 중심에서 4.22×10^5 km인 궤도에 있는 목성의 달 이오의 궤도의 주기를 구하라.
22. 달의 산꼭대기에서 우주비행사가 수평으로 골프공을 강하게 날렸더니 원형 궤도로 진입하였다. 궤도 주기는 얼마인가?
23. 화성 정찰선 오비터가 112 min 주기로 붉은 행성을 원으로 돌고 있다. 우주선의 고도는 얼마인가?

8.4 중력 에너지

24. 태양에서 지구까지의 거리는 근일점에서 147 Gm, 원일점에서 152 Gm이다. 근일점과 원일점 사이의 퍼텐셜 에너지 변화를 구하라.

25. 소위 준궤도 비행은 궤도로 진입하는 비용 없이 짧은 기간 동안에 과학적 기구를 우주로 가져간다. 그 궤적은 흔히 단순한 '오르내리는' 수직 경로이다. 고도 1800 km에서 정점에 도달하는 수직 궤도에 230 kg의 기구를 발사하려면 얼마나 많은 에너지가 들어가는가?

26. 지표면에서 5.1 km/s의 속력으로 로켓을 수직으로 발사한다. 최대 도달 높이는 얼마인가?

27. 로켓을 1100 km 고도에 도달시키는 데 필요한 수직 발사 속력은 얼마인가?

28. 질량이 2.9×10^{24} kg인 행성의 탈출 속력은 7.1 km/s이다. 행성의 반지름은 얼마인가?

29. (a) 목성의 달 칼리스토와, (b) 태양과 질량은 같지만 반지름이 6.0 km로 줄어든 중성자별의 탈출 속력을 각각 구하라. 관련 자료는 부록 E를 참조하라.

응용 문제

다음 문제들은 본문의 예제들에 기초한 것이다. 두 세트의 문제들은 물리학의 이해를 강화하는 연결의 형성을 돕고 이전에 풀어본 문제에서 변형된 문제를 해결하는 자신감을 키우도록 설계되어 있다. 각 세트의 첫 번째 문제는 본질적으로 예제 문제이지만 숫자들은 다르다. 두 번째 문제는 예제와 똑같은 상황이지만 묻는 질문이 다르다. 세 번째와 네 번째 문제는 완전히 다른 상황으로 이런 방식을 반복한다.

30. **예제 8.2** 허블 우주 망원경은 지구로부터 고도 569 km의 궤도를 공전한다. (a) 속도와 (b) 주기를 구하라.

31. **예제 8.2** GPS를 구성하는 위성은 11.97 h의 주기로 원형 궤도로 돌고 있다. (a)고도와 (b) 속도를 구하라.

32. **예제 8.2** 엑소마르스 트레이스 가스 오비터(ExoMars Trace Gas Orbiter)는 유럽과 러시아 우주 기관의 공동 프로젝트로 화성 대기의 기원을 결정하도록 도와 준다. 엑소마르스는 2016년 붉은 행성에 도달했으며, 2018년에 약 400 km 고도에서 원형 궤도를 돌게 되었다. (a) 속력과 (b) 주기를 구하라.

33. **예제 8.2** 화성의 적도 위의 고정 궤도에서 우주선의 고도와 속도를 구하라. (이것은 지구의 정지 궤도와 유사하며 화성 궤도라고 부른다.)

34. **예제 8.4** 로켓은 지표면에서 8.31 km/s의 속도로 수직으로 발사된다. 얼마나 높이 올라갈까?

35. **예제 8.4** 지표면에서 수직으로 로켓을 발사하였을 때, 최대 고도 2150 km가 되게 하는 발사 속력은 얼마인가?

36. **예제 8.4** 코로나 질량 방출(CME)은 태양의 대기에서 물질이 분출되는 것이다. 전자기력은 고도가 태양 반경의 2배에서 550 km/s로 CME를 가속시킨다. 그 후, 태양 중력의 영향을 받으며 CME의 방향이 태양의 바깥쪽으로 향한다. 지구 궤도를 통과할 때 속력을 구하라.

37. **예제 8.4** 2017년 9월, 카시니 우주선은 행성의 대기권에서 자동 파괴되어 토성에 대한 20년 임무가 종료되었다. (이것은 토성의 위성들을 오염시키지 않기 위해 수행되었다.) 카시니가 123,000 km/h의 고도에서 토성의 대기로 진입하였다. 카시니가 정지 상태에서 떨어진 경우와 먼 거리에서 토성으로 떨어진 경우 어느 쪽의 속력이 얼마나 큰가?

실전 문제

38. 행성 표면에서 중력 가속도는 22.5 m/s²이다. 행성 반지름과 같은 높이에서 중력 가속도는 얼마인가?

39. 우주비행사가 우주비행선을 행성의 원형 궤도에 진입시킨다. 그 궤도에서 중력 가속도는 행성 표면의 반이다. 행성 표면에서 궤도의 높이는 얼마인가? 행성의 반지름으로 표기하라.

40. 4×10^6 kg의 구형 물탱크에서 15 m 아래에 서 있는 사람의 무게는 물탱크의 인력으로 얼마나 감소하는가?

41. 2019년 1월 1일 450 kg의 뉴 호라이즌 우주선이 태양에 대해 51,000 km/h의 속도로 카이퍼 벨트 천체 MU69를 향해 비행하여 태양계에서 가장 먼 천체와 만났다. 이 지점은 태양으로부터 65억 km 떨어져 있으며, 이때 뉴 호라이즌호는 이미 2015년 명왕성을 지난 이후 16억 km 떨어진 위치였다. 뉴 호라이즌호의 총에너지를 구하고 이를 이용하여 태양에 구속되어 있는지 여부를 판단하라.

42. 식 7.9는 힘을 퍼텐셜 에너지의 도함수와 연결한다. 이 점을 사용하여 중력 퍼텐셜 에너지에 대한 식 8.6을 미분하고, 그 결과로 뉴턴의 중력 법칙이 얻어지는 것을 보여라.

43. 아폴로호가 달에 착륙하는 동안 한 우주비행사는 달 표면에서 130 km 상공의 궤도를 도는 사령선에 남아 있다. 사령선이 달의 뒤쪽으로 돌아가는 동안에는 지구와 통신이 완전히 두절된다. 얼마나 오랫동안 통신이 두절되는가?

44. 백색 왜성은 태양의 질량이 지구 크기로 압축된 별이다. 백색 왜성 표면 바로 위에서 우주비행선의 (a) 궤도 속력과 (b) 궤도 주기는 얼마인가?

45. 태양은 은하 중심으로부터 2.6×10^{20} m의 거리에서 주기 200 My로 궤도 운동한다. 은하의 질량을 어림계산하라. (사실과 다르지만) 은하는 구형이고 태양 궤도의 안쪽에 모든 질량이 분포한다고 가정하자.

46. 골프클럽과 골프공을 가지고 달의 평균 반경인 10,786 m만큼의 높이에 서 있는 경우, (a) 공을 원형 궤도에 놓기 위해 얼마나 빨리 공을 수평으로 쳐야 하는가? (b) 만약 같은 속력으로 공을 수직으로 쳤다면 얼마나 높이 올라 가는가?

47. **CH** 세 물체 이상이 포함된 중력 문제에 대한 정확한 풀이는 어렵기로 악명이 높다. 풀이가 가능한 문제 하나는 정삼각형으로 배치된 질량이 같은 세 물체와 관련이 있다. 그들의 상호 중력에 의한 힘은 그 배열을 회전하게 만든다. 질량이 M인 동일한 세 별은 변의 길이가 L인 삼각형을 형성한다. 그들의 궤도 운동 주기를 구하라.

48. 원형 궤도의 두 위성 중, 위성 A는 지구 중심에서 위성 B보다

입자계

학습 목표

이 장을 학습하고 난 후 다음을 할 수 있다.

LO 9.1 불연속 입자계에서 질량 중심을 찾을 수 있다.

LO 9.2 계의 질량 중심의 운동을 기술할 수 있다.

LO 9.3 연속적인 물체의 질량 중심을 찾기 위한 적분을 사용할 수 있다.

LO 9.4 계의 총운동량을 결정할 수 있다.

LO 9.5 운동량 보존과 관련된 문제를 해결할 수 있다.

LO 9.6 계의 운동 에너지를 질량 중심과 내부 구성 요소로 분해할 수 있다.

LO 9.7 충돌을 구성하는 요소를 설명하고 비탄성 충돌과 탄성 충돌을 구별할 수 있다.

LO 9.8 운동량 보존을 이용하여 비탄성 충돌을 분석할 수 있다.

LO 9.9 운동량과 운동 에너지 보존을 이용하여 탄성 충돌을 분석할 수 있다.

도약을 하고 있는 무용가의 몸은 거의 모든 부위들이 복잡한 운동을 거친다. 그러나 특별한 한 점은 발사체의 포물선 궤적을 따른다. 그 점은 무엇인가? 그리고 그 점은 왜 특별한가?

지금까지는 물체의 구성을 무시하고 점입자로 취급하였다. 6장에서 에너지를 도입하면서 하나 이상의 물체로 구성될 수도 있는 계의 개념을 전개할 필요가 있었고, 7장에서 다룬 퍼텐셜 에너지의 개념은 최소한 두 입자가 상호작용하는 계를 필수적으로 고려해야 하였다. 이 장에서는 많은 입자로 구성된 입자계를 다룬다. 여기에는 야구공, 자동차, 행성처럼 구성 입자들이 고정된 방향에서 들러붙어 있는 물체인 **강체**(rigid body)를 비롯하여, 인체, 폭죽, 유체처럼 구성 입자들이 상대적으로 운동하는 물체를 포함한다. 그리고 10장에서 강체의 회전 운동을, 15장에서 유체의 운동을 공부할 것이다.

9.1 질량 중심

LO 9.1 불연속 입자계에서 질량 중심을 찾을 수 있다.
LO 9.2 계의 질량 중심의 운동을 기술할 수 있다.
LO 9.3 연속적인 물체의 질량 중심을 찾기 위한 적분을 사용할 수 있다.

왼쪽 사진에서 무용가의 운동은 매우 복잡하다. 몸의 각 부분이 다른 경로로 움직이기 때문이다. 그러나 곡선으로 표시한 한 점의 경로는 포물선이다(3.5절 참조). 이 점이 **질량 중심**(center of mass)으로서 무용가를 구성하는 모든 질량 요소의 평균 위치이다. 무용가에 작용하는 알짜힘은 중력뿐이므로 질량 중심은 뉴턴의 제2법칙, $\vec{F}_{알짜} = M\vec{a}_{cm}$을 만족하며, $\vec{F}_{알짜}$는 전체 계에 작용하는 알짜힘, M은 총질량, $\vec{a}_{cm}$은 질량 중심의 가속도이다. 따라서 질량 중심을 구하려면, $\vec{F}_{알짜} = M\vec{a}_{cm}$을 만족하는 가속도로 기술되는 점을 찾아야 한다.

여러 입자로 이루어진 계를 생각해 보자. 질량 중심을 구하려면 뉴턴의 제2법칙처럼 계의 총질량과 전체 계에 작용하는 알짜힘이 관련된 방정식이 필요하다. 계의 i번째 입자에 뉴턴의 제2법칙을 적용하면 다음을 얻을 수 있다.

$$\vec{F}_i = m_i \vec{a}_i = m_i \frac{d^2 \vec{r}_i}{dt^2} = \frac{d^2 m_i \vec{r}_i}{dt^2}$$

여기서 $\vec{F}_i$는 i번째 입자에 작용하는 알짜힘, m_i는 질량, 가속도 $\vec{a}_i$는 위치 $\vec{r}_i$의 이차 미분이다. 계에 작용하는 전체 힘은 계를 구성하는 모든 입자, 즉 $i = 1$에서 N까지의 입자에 작용하는 알짜힘의 합이므로,

$$\vec{F}_{총} = \sum_{i=1}^{N} \vec{F}_i = \sum_{i=1}^{N} \frac{d^2 m_i \vec{r}_i}{dt^2}$$

이다. 여기서 미분의 합은 합의 미분과 같으므로 다음과 같이 표기할 수 있다.

$$\vec{F}_{총} = \frac{d^2 (\sum m_i \vec{r}_i)}{dt^2}$$

이제 뉴턴의 제2법칙의 형식에 이 식을 넣을 수 있다. 즉 이 식의 오른편에 입자계의 총질량 $M = \sum m_i$를 곱하고 나누면 다음을 얻는다.

$$\vec{F}_{총} = M \frac{d^2}{dt^2} \left(\frac{\sum m_i \vec{r}_i}{M} \right) \tag{9.1}$$

식 9.1을 정의하면 뉴턴의 법칙이 총질량에 적용되는 것과 같은 형태를 가지고 있다.

$\vec{r}_{cm}$은 질량 중심의 위치이다. 이 벡터 방정식을 좌표 x_{cm}, y_{cm}, z_{cm}에 대한 세 가지의 스칼라 방정식으로 생각하라.

$\vec{r}_{cm}$은 질량 m_i에 의해 가중되는 위치 $\vec{r}_i$의 합을 포함한다.

$$\vec{r}_{cm} = \frac{\sum m_i \vec{r}_i}{M} \text{ (질량 중심)} \tag{9.2}$$

M은 $\sum m_i$인 총질량이다.

식 9.1의 결과를 CM의 위치로 정의하면, 식 9.1의 미분은 $d^2 \vec{r}_{cm}/dt^2$으로 질량 중심의 가속도 $\vec{a}_{cm}$이다. 이제 식 9.1을 $\vec{F}_{총} = M\vec{a}_{cm}$으로 읽을 수 있다. 한편 $\vec{F}_{총}$은 계의 모든 입자에 작용한 힘의 합이므로 계의 외부에서 작용한 알짜힘, 즉 **알짜 외력**(external force)을 알아야 정확하게 뉴턴의 제2법칙을 표기할 수 있다. 따라서 $\vec{F}_{총}$은 다음과 같다.

$$\vec{F}_{총} = \sum \vec{F}_{외부} + \sum \vec{F}_{내부}$$

여기서 $\sum \vec{F}_{외부}$는 모든 외력의 합이고, $\sum \vec{F}_{내부}$는 모든 내력의 합이다. 뉴턴의 제3법칙에 따라 크기가 같고 방향이 반대인 짝힘이 내력이다. (외부력도 짝힘이 있지만 계의 일부에 작용하므로 내력에는 포함하지 않는다.) 따라서 내력의 벡터합은 $\vec{0}$이다. 이제 식 9.1의 $\vec{F}_{총}$이 알짜 외력과 같으므로 식 9.2로 정의한 질량 중심은 다음과 같이 뉴턴의 제2법칙을 만족한다.

$$\vec{F}_{알짜, 외부} = M\vec{a}_{cm} = M \frac{d^2 \vec{r}_{cm}}{dt^2} \tag{9.3}$$

여기서 $\vec{F}_{알짜,외부}$ 는 계에 작용한 알짜 외력이고, M은 계의 총질량이다.

개별 입자가 아니라 전체 계의 뉴턴의 제2법칙을 만족하도록 질량 중심 $\vec{r}_{cm}$을 정의하였다. 따라서 복잡한 계는 모든 질량이 질량 중심에 모인 것처럼 운동한다.

질량 중심 구하기

식 9.2에서 질량 중심의 위치는 각 입자의 위치를 질량으로 가중 평균한 값이다. 일차원에서는 식 9.2가 $x_{cm} = \sum m_i x_i / M$이고, 이차원, 삼차원에서는 $y_{cm} = \sum m_i y_i / M$, $z_{cm} = \sum m_i z_i / M$을 포함한다. 질량 중심 구하기는 좌표계를 설정하고 식 9.2의 성분을 구하는 것이다.

예제 9.1 일차원 CM: 역기 들기

질량을 무시할 수 있는 1.5 m 길이의 막대 양쪽에 각각 50 kg과 80 kg의 웨이트를 끼운 역기의 질량 중심을 구하라.

해석 질량 중심을 구하는 문제이다. 웨이트를 입자로 간주한다.

과정 그림 9.1을 보면 당연히 일차원 문제이고, 식 9.2의 $\vec{r}_{cm} = \sum m_i \vec{r}_i / M$에서 $x_{cm} = (m_1 x_1 + m_2 x_2)/(m_1 + m_2)$이다. 먼저 좌표계를 설정하자. 한 입자의 좌표를 $x = 0$으로 잡으면 수식에서 한 항을 없앨 수 있다. 물론 다른 좌표계로도 계산할 수 있지만 이렇게 잡는 것이 편리하다. 따라서 50 kg의 위치를 $x = 0$으로 잡으면, $m_1 x_1$은 0이 된다.

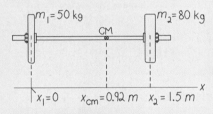

그림 9.1 역기의 스케치

풀이 50 kg의 위치가 $x = 0$이므로 80 kg의 위치는 $x_2 = 1.5$ m 이다. 따라서 질량 중심은 다음과 같다.

$$x_{cm} = \frac{m_1 x_1 + m_2 x_2}{m_1 + m_2} = \frac{m_2 x_2}{m_1 + m_2} = \frac{(80\,\text{kg})(1.5\,\text{m})}{(50\,\text{kg} + 80\,\text{kg})}$$
$$= 0.92\,\text{m}$$

여기서 $x_1 = 0$으로 선택한 것은 식을 단순화하기 위한 것이다.

검증 답을 검증해 보자. 그림 9.1에서 질량 중심은 무거운 웨이트 쪽에 있다. 두 웨이트가 같으면 중간에 있을 것이다.

 원점 선택 한 질량의 위치를 원점으로 잡으면 $\sum m_i x_i$ 중 하나는 0이다. 그러나 원점의 선택은 어디까지나 편의성의 문제이지, 실제 질량 중심의 위치와는 무관하다. 연습 문제 12에서 예제 9.1을 다른 원점의 좌표계에서 풀이한다.

예제 9.2 이차원 CM: 우주정거장

그림 9.2는 질량을 무시할 수 있는 길이 L의 지지대로, 세 구조물이 정삼각형을 이루는 우주정거장의 개략도이다. 두 구조물의 질량은 m이고 나머지 하나는 $2m$이다. 질량 중심을 구하라.

해석 세 구조물로 구성된 계의 질량 중심을 구하는 문제이다.

과정 식 9.2의 $\vec{r}_{cm} = \sum m_i \vec{r}_i / M$을 적용하여 질량 중심의 좌표 (x_{cm}, y_{cm})를 구한다. 질량이 $2m$인 구조물을 원점으로 잡으면 편리하다. 그림 9.2에서 y축을 아래 방향으로 택한다.

풀이 그림 9.2에서 $x_1 = -L \sin 30° = -L/2$, $y_1 = L \cos 30°$

$= L\sqrt{3}/2$, $x_2 = y_2 = 0$, $x_3 = -x_1 = L/2$, $y_3 = y_1 = L\sqrt{3}/2$ 이다. 따라서 식 9.2의 질량 중심의 좌표는 다음과 같다.

$$x_{cm} = \frac{m x_1 + m x_3}{4m} = \frac{m(x_1 - x_1)}{4m} = 0$$
$$y_{cm} = \frac{m y_1 + m y_3}{4m} = \frac{2 m y_1}{4m} = \frac{1}{2} y_1 = \frac{\sqrt{3}}{4} L \approx 0.43 L$$

문제에는 세 '입자'가 있지만, 하나를 원점으로 잡았기 때문에 분자에는 질량 m에 관한 두 항만 남는다. 그래도 질량 $2m$은 분모에 남아서 총질량 M은 $4m$이다.

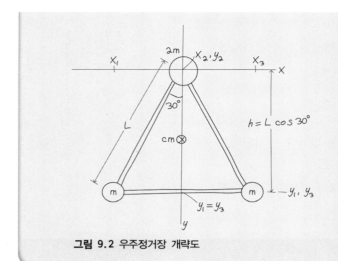

그림 9.2 우주정거장 개략도

검증 답을 검증해 보자. 대칭성에서 명백히 $x_{cm} = 0$이다. y_{cm}은 어떨까? 정삼각형의 꼭대기에 $2m$이 있고, 아랫변의 양 끝에 $m + m = 2m$이 있으므로 정삼각형의 중심이 아닐까? 그렇다. 질량 중심을 지지대의 길이 L로 표기하였기 때문에 언뜻 그렇지 않아 보일 뿐이다. 정삼각형의 높이가 $h = L\cos 30° = L\sqrt{3}/2$이므로 y_{cm}값은 정확히 높이의 반이다.

TIP **대칭을 활용하라** x_{cm}이 삼각형의 이등분선상인 것은 우연이 아니다. 정삼각형은 이등분선에 대칭이고 질량이 균일하게 분포하기 때문이다. 대칭성을 활용하면 복잡한 물리학 문제를 한결 쉽게 해결할 수 있다.

질량의 연속 분포

앞에서는 개별 입자의 합으로 질량 중심을 표기하였다. 궁극적으로는 물질이 개별 입자의 합이지만, 연속적인 분포로 어림하는 것이 편리하다. 왜냐하면 책과 같은 물체의 질량 중심을 구하기 위하여 10^{23}개의 입자를 다룰 수 없기 때문이다. 질량 연속 분포에서 위치 벡터가 $\vec{r}_i$인 **질량 요소**(mass element) Δm_i를 생각해 보자(그림 9.3 참조). 식 9.2에서 이러한 분포의 질량 중심은 $\vec{r}_{cm} = (\sum \Delta m_i \vec{r}_i)/M$이며, 총질량은 $M = \sum \Delta m_i$이다. 즉 미분 극한에서는 다음과 같다.

그림 9.3 연속 물질의 질량 요소 Δm_i와 위치 벡터 $\vec{r}_i$

질량 m_i인 연속적인 물체는 …   … 무한소 질량 dm이 되고 …

$$\vec{r}_{cm} = \lim_{\Delta m_i \to 0} \frac{\sum \Delta m_i \vec{r}_i}{M} = \frac{\int \vec{r}\, dm}{M} \quad \text{(연속 물질의 질량 중심)} \tag{9.4}$$

… 합은 …   … 적분이 된다.

여기서 물체의 전체 부피에 대하여 적분한다. 식 9.2와 마찬가지로 벡터 $\vec{r}$에 대한 적분은 질량 중심 위치의 세 성분에 대한 적분이다.

예제 9.3   **연속체의 CM: 비행기 날개**

초음속 여객기의 날개는 길이 L, 너비 w인 이등변삼각형이며 두께는 무시하자. 질량 M이 날개 전체에 균일하게 분포한다. 질량 중심은 어디인가?

해석 질량이 연속적으로 분포하므로 적분으로 질량 중심을 구해야 한다. 날개의 대칭축을 따라 x축을 잡으면 질량 중심의 y성분은 $y_{cm} = 0$이다. 따라서 x성분의 x_{cm}만 구하면 된다.

과정 그림 9.4는 식 9.4가 적용되는 날개의 대칭축을 따라 x축을 잡은 그림이다. 대칭성으로부터 y성분은 명백하므로 x성분만 필요하다. 식 9.4의 x성분은 $x_{cm} = (\int x\, dm)/M$이다. 이와 같

은 적분을 다루기 위해서는 약간의 고려가 필요하다. 먼저 계산을 한 다음에 관련된 일반적인 단계를 요약할 것이다.

먼저 질량 요소 dm을 dx로 표기해야 한다. 그림 9.4처럼 질량 요소의 폭을 dx로 잡으면, 높이 h는 위치 x에 따라 변한다. 날개의 정점을 원점으로 잡으면 높이는 $x = 0$에서 0이고, 점점 증가하다가 $x = L$에서 w이다. 즉 $h = (w/L)x$이다. 또한 dx가 무한히 좁으므로 날개 변의 기울기는 거의 무시할 만하다. 따라서 질량 요소의 면적은 $dA = h\, dx = (w/L)x\, dx$이다. 질량 요소 dm은 면적이 $A = \frac{1}{2}wL$인 총질량 M의 부분이므로, 다음을 얻는다.

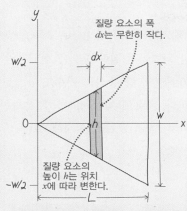

질량 요소의 폭
dx는 무한히 작다.

질량 요소의
높이 h는 위치
x에 따라 변한다.

그림 9.4 초음속 비행기의 날개의 스케치

$$\frac{dm}{M} = \frac{dA}{A} = \frac{(w/L)x\,dx}{\frac{1}{2}wL} = \frac{2x\,dx}{L^2}$$

따라서 $dm = 2Mx\,dx/L^2$이다.

식 9.4는 가중치 x를 곱하여 질량 요소 dm을 적분하므로 다음을 얻는다.

$$x_{cm} = \frac{1}{M}\int x\,dm = \frac{1}{M}\int_0^L x\left(\frac{2Mx}{L^2}\,dx\right) = \frac{2}{L^2}\int_0^L x^2\,dx$$

상수는 적분 밖으로 나오고 x에 대한 적분만 남는다. 날개의 모든 영역을 포함하기 위하여 $x=0$에서 $x=L$까지 적분한다.

풀이 따라서 적분 결과는 다음과 같다.

$$x_{cm} = \frac{2}{L^2}\int_0^L x^2\,dx = \frac{2}{L^2}\frac{x^3}{3}\bigg|_0^L = \frac{2L^3}{3L^2} = \frac{2}{3}L$$

검증 답을 검증해 보자. 무게 중심은 폭이 넓어지면서 질량이 많이 분포하는 날개의 뒤쪽에 있다. 또한 적분 결과가 거리의 단위이므로 타당하다.

핵심요령 9.1 | 적분식 만들기

적분 $\int x\,dm$에서 x와 dm은 서로 무관하지 않으므로 적분하기 전에 관계식을 구해야 한다.

1. 질량 분포의 대칭을 고려하여 적절한 모양의 질량 요소를 선택한다. 일차원이면 x, y, z축 중 하나에서 무한소 길이를 잡는다. 예제 9.3에서는 날개 중심선에 대칭인 폭 dx의 띠를 선택하였다.
2. 질량 요소의 표현식을 구한다(일차원에서는 길이이고, 삼차원에서는 부피이다). 예제 9.3에서 질량 요소의 면적은 띠의 높이 h와 폭 dx의 곱이다.
3. 질량 요소와 총질량의 비율을 구한다. 예제 9.3에서 질량 요소 dm과 총질량 M의 비율은 질량 요소의 면적과 전체 면적의 비율이다.
4. 질량 요소와 총질량의 비율을 정리하여 x에 대한 표현식을 만든다.

만약 선밀도, 면밀도, 부피밀도 등 밀도가 주어지면 2단계에서 구한 무한소의 길이, 면적, 부피에 밀도를 곱하여 dm을 구한다.
이러한 적분식 만들기는 질량 중심 이외의 다른 물리량의 적분 계산에서도 유용하다.

물체가 복합적이면 물체를 몇 개 부분으로 나누고 각 부분의 질량 중심을 구해서 점입자로 취급하여 총질량 중심을 구해도 좋다(그림 9.5 참조).

질량 중심이 반드시 물체의 내부에만 있는 것은 아니다. 그림 9.6처럼 외부에도 있을 수 있다. 높이뛰기 선수가 다리와 팔을 늘어뜨리고 가로막대를 넘는 그림 9.7을 보면 더욱더 분명해진다. 가로막대를 넘기 위해서 질량 중심도 넘을 필요가 없기 때문이다.

확인문제 9.1 굵은 줄을 구부려서 그림 9.6처럼 반원을 만들었다. 어느 점이 질량 중심인가?

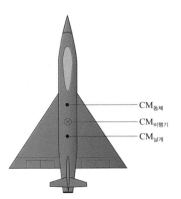

그림 9.5 동체와 날개의 질량 중심을 점입자로 취급하고 비행기의 질량 중심을 구한다.

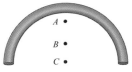

그림 9.6 질량 중심이 반원의 도선 밖에 있다. 어느 점인가?

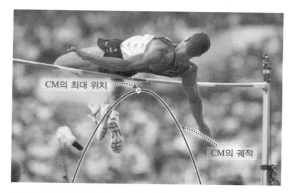

CM의 최대 위치

CM의 궤적

그림 9.7 높이뛰기 선수가 가로막대를 넘지만 질량 중심은 넘지 않는다.

질량 중심의 운동

질량 중심은 뉴턴의 제2법칙인 $\vec{F}_{알짜, 외부} = M\vec{a}_{cm}$을 따르도록 정의되었다. 중력이 유일한 외력이면 질량 중심은 점입자의 궤적을 따른다. 그러나 알짜 외력이 0이면 질량 중심의 가속도 $\vec{a}_{cm}$도 0이므로 질량 중심은 등속 운동을 한다. 처음에 계가 정지한 경우라면, 계 내부의 임의의 운동에도 불구하고 질량 중심은 정지해 있다.

예제 9.4 CM 운동: 서커스 열차

4.8 t인 점보 코끼리가 15 t의 정지한 화물차 뒤쪽에 있고, 화물차와 수평 레일 사이에 마찰은 없다(여기서 1 t = 1000 kg이다). 점보가 19 m 앞쪽으로 걸어가면 화물차는 얼마나 움직이는가?

해석 자동차의 움직임에 대한 문제이지만 사실상 질량 중심에 관한 것이다. 대상 물체인 점보와 화물차에 외력이 작용하지 않으므로 질량 중심은 불변이다.

과정 그림 9.8a는 처음 상태이다. 화물차가 대칭이므로 CM은 중심에 있다. 이 점을 x축의 원점으로 잡으면 처음에 화물차 질량 중심의 위치는 $x = 0$이다. 화물차가 움직이면 이 점의 위치도 바뀐다. 예제 9.1처럼 일차원에서 두 물체의 질량 중심은 $x_{cm} = (m_J x_J + m_c x_c)/M$이며, 아래 첨자 J와 c는 각각 점보와 화물차를 뜻하고, M은 총질량 $M = m_J + m_c$이다. '전과 후'의 CM이 변하지 않으므로 CM을 '전과 후'로 나눠서 표기한 후 같다고 놓는다. 즉 $x_{cmi} = x_{cmf}$라고 표기한다. 여기서 i와 f는 각각 처음과 나중 상태를 뜻한다.

아래 첨자 i로 처음 상태를 표기하면 화물차의 처음 중심은 $x_{ci} = 0$이므로 처음 상태의 질량 중심은

$$x_{cmi} = m_J x_{Ji}/M$$

이다. 점보가 걸어간 후에는 $x_{cmf} = (m_J x_{Jf} + m_c x_{cf})/M$이며, 여기서 점보와 화물차의 위치를 모르지만 점보가 화물차에 대해서 19 m를 걸어갔으므로, 점보의 나중 위치 x_{Jf}는 처음 위치 x_{Ji}보다 오른쪽에 있다. 또한 화물차의 이동을 추가하면 점보의 나중 위치는 $x_{Jf} = x_{Ji} + 19\text{ m} + x_{cf}$이다. 화물차가 왼쪽으로 이동하므로 음의 부호가 필요하다고 생각할 수 있지만, 그것은 x_{cf}의 부호에 반영되어 있다. 따라서 나중 상태의 질량 중심은 다음과 같다.

$$x_{cmf} = \frac{m_J x_{Jf} + m_c x_{cf}}{M} = \frac{m_J(x_{Ji} + 19\text{ m} + x_{cf}) + m_c x_{cf}}{M}$$

풀이 마지막으로, 질량 중심의 처음과 마지막 위치에 대한 표현이 서로 같다고 놓는다. 왜냐하면 코끼리-차 계에 수평 방향으로 작용하는 외력이 없어서 질량 중심 x_{cm}은 변하지 않기 때문이다. 따라서 $x_{cmi} = x_{cmf}$, 즉

$$\frac{m_J x_{Ji}}{M} = \frac{m_J(x_{Ji} + 19\text{ m} + x_{cf}) + m_c x_{cf}}{M}$$

이다. 총질량 M은 상쇄되므로 $m_J x_{Ji} = m_J(x_{Ji} + 19\text{ m} + x_{cf}) + m_c x_{cf}$를 얻는다. 여기서 x_{Ji}는 모르지만 양변의 $m_J x_{Ji}$가 상쇄되므로 $0 = m_J(19\text{ m} + x_{cf}) + m_c x_{cf}$이다. 따라서 화물차의 나중 위치는 다음과 같다.

$$x_{cf} = -\frac{(19\text{ m})m_J}{(m_J + m_c)} = -\frac{(19\text{ m})(4.8\text{ t})}{(4.8\text{ t} + 15\text{ t})} = -4.6\text{ m}$$

음의 부호는 기대한 대로 화물차가 왼쪽으로 이동한다는 뜻이다 (그림 9.8b). 또한 분모와 분자에서 질량 단위가 상쇄되므로 굳이 kg으로 변환시킬 필요가 없다.

검증 답을 검증해 보자. 화물차의 이동거리 4.6 m는 점보가 걸은 거리인 19 m − 4.6 m = 14.4 m보다 훨씬 짧다. 점보의 질량이 화물차보다 훨씬 작으므로 타당한 결과이다.

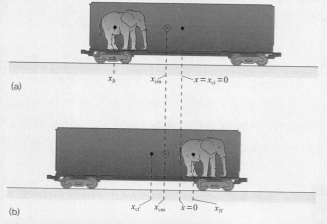

(a)
x_{Ji} x_{cm} $x = x_{ci} = 0$

(b)
x_{cf} x_{cm} $x = 0$ x_{Jf}

그림 9.8 점보가 움직여도 질량 중심은 변하지 않는다.

9.2 운동량

··

LO 9.4 계의 총운동량을 결정할 수 있다.
LO 9.5 운동량 보존과 관련된 문제를 해결할 수 있다.

··

4장에서 입자의 선운동량을 $\vec{p} = m\vec{v}$로 정의하고, 뉴턴 법칙을 $\vec{F} = d\vec{p}/dt$로 표기하였다. 이 식을 이용하여 입자계를 살펴보자.

입자계의 선운동량은 개별 선운동량의 합 $\vec{P} = \sum \vec{p}_i = \sum m_i \vec{v}_i$이며, m_i, $\vec{v}_i$는 각각 개별 입자의 질량과 속도이다. 그러나 개별 입자 모두를 추적할 필요는 없다. 간단한 방법이 있다. 속도를 변위의 도함수로 표기하면 $\vec{v} = d\vec{r}/dt$이므로, 입자계의 선운동량을 다음과 같이 표기할 수 있다.

$$\vec{P} = \sum m_i \frac{d\vec{r}_i}{dt} = \frac{d}{dt} \sum m_i \vec{r}_i$$

여기서 개별 입자의 질량은 상수이고, 미분의 합은 합의 미분과 같다. 식 9.2에서 질량 중심의 위치는 $\vec{r}_{cm} = \sum m_i \vec{r}_i / M$이므로, 선운동량은 다음과 같다.

$$\vec{P} = \frac{d}{dt} M \vec{r}_{cm}$$

만약 총질량 M이 상수라면 다음과 같이 표기할 수 있다.

$$\vec{P} = M \frac{d\vec{r}_{cm}}{dt} = M\vec{v}_{cm} \tag{9.5}$$

여기서 $\vec{v}_{cm} = d\vec{r}_{cm}/dt$는 질량 중심의 속도이다. 개별 입자의 선운동량이 질량과 속도의 곱이듯이, 입자계의 선운동량은 계의 총질량과 질량 중심 속도의 곱이다. 너무나 자명한 결과처럼 보이지만, 주의하자! 계의 총에너지는 그렇지 않다.

식 9.5를 시간에 대해 미분하면 다음을 얻는다.

$$\frac{d\vec{P}}{dt} = M \frac{d\vec{v}_{cm}}{dt} = M\vec{a}_{cm}$$

여기서 $\vec{a}_{cm}$은 질량 중심의 가속도이다. 질량 중심을 뉴턴의 제2법칙, $\vec{F} = M\vec{a}_{cm}$을 따르도록 정의하였으므로, 다음과 같이 간단히 표기할 수 있다.

계에 대한 뉴턴의
제2법칙은 계의
운동량의 변화율이 …

$$\boxed{\vec{F}_{알짜,외부} = \frac{d\vec{P}}{dt}} \tag{9.6}$$

… 계의 외부에서 작용하는 알짜힘과 같다.

즉 알짜 외력이 계에 작용해야만 계의 운동량이 변한다. 뉴턴의 제3법칙에 따라 모든 내력이 상쇄되므로 외력만 고려하면 된다.

식 9.6을 보면 식 7.8이 생각날 수 있다. 식 7.8은 계의 외부에서 작용하는 외력이 계에 일을 할 때만 계의 총에너지가 변한다고 말한다. 식 9.6도 비슷하지만, 이것은 에너지 대신에 운동량에 대한 것이다. 즉 계에 작용하는 알짜 외력이 있을 때만 계의 총운동량이 변한다고 말한다. 식 7.8이 계 내부에서 에너지의 변환과 전달을 허용하는 것처럼 식 9.6은 계의 구성 입자 사이에서 운동량의 전달을 허용한다. 식 7.8과 식 9.6에 나타나 있는 일반적인 진술이 제한하는 것은 계의 총에너지 또는 총운동량뿐이다.

운동량 보존

알짜 외력이 0인 특별한 경우에는 식 9.6에서 $d\vec{P}/dt = \vec{0}$이므로 다음과 같다.

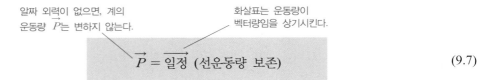

알짜 외력이 없으면, 계의
운동량 $\vec{P}$는 변하지 않는다.

화살표는 운동량이
벡터량임을 상기시킨다.

$$\vec{P} = \overrightarrow{\text{일정}} \text{ (선운동량 보존)}$$

(9.7)

식 9.7은 물리학의 기본 법칙 중 하나인 **선운동량 보존**(conservation of linear momentum) 으로 다음과 같다.

선운동량 보존 계에 작용하는 알짜 외력이 0이면 계의 전체 운동량 $\vec{P}$, 즉 입자로 구성 된 각 운동량의 벡터합은 일정하다.

입자계의 입자 수나 입자의 운동에 상관없이 운동량 보존은 항상 성립한다. 원자핵에서부 터 당구공, 자동차, 은하에 이르기까지 모든 크기의 계에서 성립한다. 뉴턴 법칙에서 식 9.7 을 유도하였지만, 원자나 핵의 세계에서는 뉴턴 법칙을 적용할 수 없으므로 운동량 보존이 진정한 기본 법칙이다.

 확인 문제 **9.2** 500 g의 폭죽이 속도 $\vec{v} = 60\hat{j}$ m/s로 움직이다가 폭발하였다. 폭발 직후 모든 파편 조 각의 운동량을 더한 값은 얼마인가?

개념 예제 9.1 **운동량 보존: 카약 타기**

질량 53 kg의 제스와 질량 72 kg의 닉이 26 kg의 카약을 타고 마찰이 없는 호수 위에 정지해 있다. 제스가 17 kg의 가방을 수면 에 대해서 상대 속력 3.1 m/s로 닉에게 수평으로 던진다. 닉이 가 방을 받은 직후에 카약의 속력은 얼마인가? 왜 어떠한 계산도 없 이 대답할 수 있는가?

풀이 그림 9.9는 제스가 가방을 던지기 전과 닉이 그것을 받은 후 의 카약을 보여 준다. 호수는 마찰이 없으므로 제스, 닉, 카약, 가 방으로 구성되는 계에 작용하는 알짜 외력은 없다. 알짜 외력이 없으므로 계의 운동량은 보존된다. 처음에 모든 것이 정지해 있었 으므로 운동량은 0이다. 그때 제스, 닉, 가방, 카약이 모두 서로 간에 정지해 있으므로 계의 운동량이 0이 될 수 있는 유일한 방법 은 그들이 모두 호수에 대해서도 정지해 있는 것이다. 따라서 카 약의 마지막 속력은 0이다.

검증 강력한 운동량 보존의 원리는 중간에 무엇이 발생하였는지 알 필요 없이 처음과 마지막 상태를 관련짓기 때문에 어떠한 계산 도 필요하지 않다.

처음에 모든 운동량은 0이다.

닉이 가방을 받은 후에도 모든 운동량은 0이다.

그림 9.9 개념 예제 9.1에 대한 스케치

관련 문제 가방이 공중에 있을 때 카약의 속력은 얼마인가?

풀이 운동량 보존이 여전히 적용되므로 계의 총운동량은 0이다. 이제 그것은 가방의 운동량 $m_p\vec{v}_p$와 제스, 닉, 카약의 운동량 $(m_J + m_N + m_k)\vec{v}_k$로 구성된다(그림 9.10 참조). 여기서 $\vec{v}_k$는 제스, 닉, 카약의 공통 속도이다. 이 운동량을 더하여 그 합을 0으로 놓고 푼 후 주어진 양을 사용하면 $v_k = -0.35$ m/s를 얻는다. 여기서 벡터 표시를 생략하였고, 음의 부호는 카약이 가방과 반대 방향으로 움직인다는 뜻이다. 카약과 사람들은 가방보다 훨씬 무거우므로 그들의 속력이 낮은 것은 이치에 맞는다.

가방이 공중에 있을 때 운동량의 합은 여전히 0이다.

$\vec{P}_k + \vec{P}_J + \vec{P}_N$

그림 9.10 관련 문제에 대한 스케치

예제 9.5   **운동량 보존: 방사성 붕괴**   응용 문제가 있는 예제

1.6 Mm/s 속력의 리튬-5 핵(^{5}Li)이 양성자(p, 즉 ^{1}H)와 알파 입자(α, 즉 ^{4}He)로 붕괴한다. (위 첨자는 전체 핵자 수이고 원자 질량 단위(u)의 질량과 거의 같다.) 알파 입자의 속력은 1.4 Mm/s이고, ^{5}Li의 속도에 대해 각도 33° 방향이다. 양성자 속도의 크기와 방향은 무엇인가?

해석 앞의 예제와 물리적 상황이 전혀 다르지만 운동량 보존으로 풀 수 있다. 두 가지 차이점이 있다. 첫째, 총운동량이 0이 아니고, 둘째 이차원 운동이다. 그래도 운동량 보존은 성립한다. 외력이 없으므로 붕괴 전과 후의 총운동량이 같다. 가방을 던지거나 핵이 붕괴하거나 운동량 법칙은 동등하다.

과정 그림 9.11의 리튬과 헬륨 핵의 속도에서 양성자가 아래 방향으로 움직일 것으로 추측할 수 있지만, 일단 수학적으로 먼저 풀이해 보자. 붕괴 후에는 두 입자의 운동량만 있으므로 붕괴 전과 후의 운동량 보존, 즉 식 9.7은 다음과 같이 된다.

$$m_{Li}\vec{v}_{Li} = m_p\vec{v}_p + m_\alpha\vec{v}_\alpha$$

$\vec{v}_{Li}$의 방향을 x축으로 택하면 위 식의 두 성분은 다음과 같다.

x성분: $m_{Li}v_{Li} = m_p v_{px} + m_\alpha v_{\alpha x}$

y성분: $0 = m_p v_{py} + m_\alpha v_{\alpha y}$

두 식에서 v_{px}와 v_{py}를 구하면 양성자 속도의 크기와 방향을 알 수 있다.

$\vec{v}_{Li}$ $\vec{v}_\alpha$ ϕ 33°

그림 9.11 예제 9.5의 스케치

풀이 그림 9.11에서 $v_{\alpha x} = v_\alpha\cos\phi$, $v_{\alpha y} = v_\alpha\sin\phi$이므로

$$v_{px} = \frac{m_{Li}v_{Li} - m_\alpha v_{\alpha x}}{m_p} = \frac{m_{Li}v_{Li} - m_\alpha v_\alpha\cos\phi}{m_p}$$
$$= \frac{(5.0\text{ u})(1.6\text{ Mm/s}) - (4.0\text{ u})(1.4\text{ Mm/s})(\cos 33°)}{1.0\text{ u}}$$
$$= 3.30\text{ Mm/s}$$

$$v_{py} = -\frac{m_\alpha v_{\alpha y}}{m_p} = -\frac{m_\alpha v_\alpha\sin\phi}{m_p}$$
$$= -\frac{(4.0\text{ u})(1.4\text{ Mm/s})(\sin 33°)}{1.0\text{ u}}$$
$$= -3.05\text{ Mm/s}$$

를 얻는다. 최종 결과에서 정확한 두 자리 유효 숫자를 얻을 수 있도록 중간 계산 과정에서 유효 숫자를 세 자리로 유지하였다. 속도의 크기는 $v_p = \sqrt{v_{px}^2 + v_{py}^2} = 4.5$ Mm/s이고, 방향각은 $\theta = \tan^{-1}(v_{py}/v_{px}) = -43°$이다. 예제 9.4와 마찬가지로 계산 과정에서 질량의 비율만 나타나므로 질량을 굳이 SI 단위인 kg으로 변환하지 않아도 된다.

검증 답을 검증해 보자. 음의 방향각은 기대한 대로 양성자가 아래 방향으로 움직인다는 뜻이다. 그림 9.12에서 세 입자의 운동량을 보면 자명하다. 물론 각 입자의 질량을 곱한 운동량 그림이다. 붕괴 후 두 운동량의 수직 성분은 크기가 같고 방향만 반대이다. 또한 수평 성분의 합은 리튬 핵의 처음 운동량과 같다. 실제로 운동량이 보존된다.

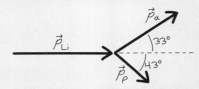

$\vec{p}_\alpha$

$\vec{p}_{Li}$ 33° 43° $\vec{p}_p$

그림 9.12 예제 9.5의 운동량

계의 운동량은 작용하는 외력이 없을 때만 보존된다. 어떤 힘이 내력인지 외력인지는 계를 구성하는 방법에 달려 있고, 그 방법은 6장에서 말했던 대로 전적으로 선택하는 사람에게 달려 있다. 앞의 두 예에서 외력이 작용하지 않는 계를 선택하는 것이 편리하였다. 그래서 운동량 보존을 적용할 수 있었다. 때때로 외력을 진짜로 겪는 계를 다루는 것이 더 편리할 수도 있다. 그러면 $d\vec{P}/dt = \vec{F}$이기 때문에 계의 운동량은 외력과 같은 비율로 변한다. 예제 9.6에서 이 점을 보여 줄 것이다.

예제 9.6 | **변하는 운동량: 화재 진압**

소방수는 불타는 건물의 유리창으로 물을 발사하여 유리를 깨트려서 건물 안으로 물이 들어가게 만든다. 소방호스에서 물이 나오는 비율은 45 kg/s이고 유리창에 부딪치는 수평 속력은 32 m/s이다. 창문이 깨지면 유리가 수직으로 떨어진다고 하자. 유리창에 작용하는 수평력의 크기는 얼마인가?

해석 유리창에 관한 문제이지만 물에 대한 정보가 더 많다. 물이 유리창에서 멈추므로 뉴턴의 제3법칙에 따라 유리창이 물에 작용하는 힘의 크기는 물이 유리창에 작용하는 힘의 크기와 같다. 따라서 물을 대상 물체로 택하면 유리창이 외력을 작용한다.

과정 뉴턴 법칙 $\vec{F} = d\vec{P}/dt$를 물에 적용하려면 물의 운동량 변화를 알아야 한다. 뉴턴의 제2법칙에서 물의 운동량 변화는 물에 작용하는 힘과 같고, 뉴턴의 제3법칙에 따라 물이 유리창에 작용하는 힘과 같다.

풀이 물이 속력 32 m/s로 유리창에 부딪치므로 물 1 kg은 32 kg·m/s의 운동량을 잃어버린다. 소방호스에서 물이 나오는 비율은 45 kg/s이므로, 총운동량의 변화는 다음과 같다.

$$\frac{dP}{dt} = (45 \text{ kg/s})(32 \text{ m/s}) = 1400 \text{ kg·m/s}^2$$

따라서 물이 유리창에 작용하는 힘의 크기는 1400 N이다. 한편 유리창은 건물과 지표면에 단단히 붙어 있으므로 부서지기 전까지는 가속도의 변화를 무시해도 좋다. 물론 부서지면 유리 파편들이 격렬하게 가속된다.

검증 답을 검증해 보자. 1400 N의 힘은 평균 남자 몸무게의 2배이므로 유리창을 충분히 깨트릴 수 있으므로 타당하다. 단위를 체크해 보면 1 kg·m/s^{2}은 1 N과 동일하므로 답은 힘의 단위를 갖는다.

확인 문제

9.3 마찰이 없는 빙판 위에서 두 명의 스케이트 선수가 농구공을 주고받고 있다. 다음 중 무엇이 변하지 않는가? (a) 각 스케이트 선수의 운동량, (b) 농구공의 운동량, (c) 한 스케이트 선수와 농구공의 운동량, (d) 두 스케이트 선수와 농구공의 운동량

응용물리 | **로켓**

바퀴나 프로펠러가 밀어낼 어떤 것도 없는 우주 공간에서는 로켓이 추진력을 얻을 수 있다. 외력이 작용하지 않으면, 선운동량은 일정하다. 따라서 배출 기체의 선운동량과 크기가 같고 방향이 반대인 선운동량이 로켓에 생긴다. 로켓의 선운동량 변화율은 로켓의 추진력으로 정해진다. 예제 9.6의 소방호스에서 추진력은 물의 배출률(dM/dt)과 속도 v_{ex}의 곱인 $F = v_{ex}dM/dt$이다. 로켓은 배출할 기체를 실은 채 가속되므로, 연료의 질량이 작으면서 배출 속도가 클수록 로켓의 효율이 좋다. 실전 문제 83에서 로켓 추진의 물리학을 정량적으로 탐구할 수 있다.

무엇이 로켓을 추진시킬까? 아래 그림을 보면 로켓 엔진 내부의 뜨거운 기체가 엔진의 앞쪽을 밀어서 로켓이 움직인다. 로켓이 외부의 무엇을 밀어서 움직이는 것이 아니다. 엔진 내부에서 밀기 때문에 앞쪽으로 가속된다. 이 때문에 진공에서도 로켓을 추진시킬 수 있다.

사진은 2011년 주노 우주선의 발사 장면으로, 우주선은 2016년에 목성과 랑데부하였다.

9.3 계의 운동 에너지

··

LO 9.6 계의 운동 에너지를 질량 중심과 내부 구성 요소로 분해할 수 있다.

··

입자계의 선운동량은 질량 중심의 운동으로 정해진다. 개별 입자의 자세한 거동은 전혀 문제가 안 된다. 예를 들어 얼음판에서 터지는 폭죽의 선운동량은 폭발 전과 후가 같다.

계의 운동 에너지는 그렇지 않다. 즉 에너지 관점에서 폭발 전과 후가 전혀 다르다. 처음의 퍼텐셜 운동 에너지는 폭발 조각의 운동 에너지로 전환된다. 질량 중심의 개념은 입자계의 운동 에너지를 기술하는 데 크게 도움이 된다.

계의 전체 운동 에너지는 개별 입자의 운동 에너지 합인 $K = \sum \frac{1}{2} m_i v_i^2$ 이다. 한편 i 번째 입자의 속도 $\vec{v}_i$ 는 질량 중심의 속도 $\vec{v}_{cm}$ 과 질량 중심에 대한 상대 속도 $\vec{v}_{i상대}$ 의 합으로 나타낼 수 있으므로, $\vec{v}_i = \vec{v}_{cm} + \vec{v}_{i상대}$ 로 표기하면 전체 운동 에너지는 다음과 같다.

$$K = \sum \frac{1}{2} m_i (\vec{v}_{cm} + \vec{v}_{i상대}) \cdot (\vec{v}_{cm} + \vec{v}_{i상대})$$

$$= \sum \frac{1}{2} m_i v_{cm}^2 + \sum m_i \vec{v}_{cm} \cdot \vec{v}_{i상대} + \sum \frac{1}{2} m_i v_{i상대}^2 \tag{9.8}$$

위 식의 각 항을 하나씩 살펴보자. 첫 번째 항에서 질량 중심의 속력 v_{cm} 은 모든 입자에게 같으므로, 첫 번째 항은 $\sum \frac{1}{2} m_i v_{cm}^2 = \frac{1}{2} v_{cm}^2 \sum m_i = \frac{1}{2} M v_{cm}^2$ 이다. 이는 속력 v_{cm} 으로 움직이는 질량 M 의 운동 에너지이므로 **질량 중심의 운동 에너지**(kinetic energy of the center of mass) K_{cm} 이라고 한다.

식 9.8의 두 번째 항에서는 $\sum m_i \vec{v}_{cm} \cdot \vec{v}_{i상대} = \vec{v}_{cm} \cdot \sum m_i \vec{v}_{i상대}$ 이고, $\vec{v}_{i상대}$ 가 질량 중심에 대한 i 번째 입자의 상대 속도이므로 모든 입자에 대한 합은 0이다. 따라서 두 번째 항은 사라진다.

세 번째 항 $\sum \frac{1}{2} m_i v_{i상대}^2$ 는 질량 중심과 함께 움직이는 기준틀에서 측정한 개별 입자의 운동 에너지 합으로 **내부 운동 에너지**(internal kinetic energy) $K_{내부}$ 라고 한다.

결국 식 9.8 입자계의 운동 에너지를 다음과 같이 두 항으로 표기할 수 있다.

계의 운동 에너지 K는
2가지 부분으로 구성된다.

$K_{내부}$는 질량 중심의 운동에 상대적인
각 부분의 운동 에너지의 합이다.

$$K = K_{cm} + K_{내부} \text{ (입자계의 운동 에너지)} \tag{9.9}$$

K_{cm}은 질량 중심의 운동과 관련된 에너지이다.

질량 중심의 운동 에너지인 첫 번째 항 K_{cm} 은 질량 중심의 운동에만 의존한다. 예를 들어 폭죽 폭발에서 K_{cm} 은 변하지 않는다. 두 번째 항인 내부 운동 에너지 $K_{내부}$ 는 질량 중심에 대한 개별 입자의 상대 운동에만 의존한다. 예를 들어 폭죽 폭발에서 급격하게 증가한다.

확인 문제 **9.4** (1) 내부 운동 에너지와 (2) 질량 중심 운동 에너지가 0인 계는 다음 중 어느 것인가? **(a)** 직선에서 함께 스케이트를 타면서 서로 팔을 잡고 있는 두 스케이팅 선수, **(b)** 서로 마주 보면서 정지해 있다가 서로 반대 방향으로 움직이도록 밀어낸 두 스케이팅 선수, **(c)** 처음에 빙판에서 함께 움직이고 있다가 서로 반대 방향으로 움직이도록 밀어낸 두 스케이팅 선수

자동차 공학자가 자동차의 안전을 점검하기 위해 안전검사를 수행한다. 차가 고정된 장벽에 충돌할 때 감지기가 빠르게 변화하는 힘을 측정한다. 아래 그래프는 일반적인 안전검사의 힘 대 시간 곡선이다. 충격량은 곡선 아래의 넓이이다. 자동차의 힘 감지기 외에도 안전검사의 인체 모형의 가속도계는 잠재적인 부상을 점검하기 위해 머리와 다른 신체 부위의 최대 가속도를 측정한다.

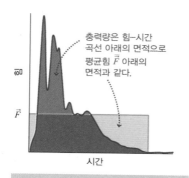

충력량은 힘–시간 곡선 아래의 면적으로 평균힘 $\vec{F}$ 아래의 면적과 같다.

시간

9.4 충돌

LO 9.7 충돌을 구성하는 요소를 설명하고 비탄성 충돌과 탄성 충돌을 구별할 수 있다.

충돌(collision)은 물체 사이의 순간적이고 강력한 상호작용이다. 예를 들면 자동차 충돌, 당구공 충돌, 그리고 테니스공과 라켓, 야구공과 배트, 축구공과 머리, 소행성과 행성, 고에너지 소립자들 사이의 충돌 등 수없이 많다. 1억 년 동안 지속되는 은하계의 장엄한 충돌, 우주비행선이 행성을 지나면서 에너지를 얻어 태양계 외부로 항해하는 현상, 가까이 접근하던 두 양성자가 척력으로 부딪침 없이 운동 방향을 바꾸는 현상 등은 불분명한 충돌이다. 그렇지만 모든 충돌 현상은 두 가지 조건을 만족한다. 첫째, 순간적이라는 것이다. 즉 충돌은 충돌하는 물체의 전체 운동에 비하여 매우 짧은 시간 동안만 지속된다. 당구대에서 충돌 시간은 당구공의 운동에 비해 매우 짧다. 또한 자동차 충돌은 수초에 지나지 않는다. 야구공은 배트와 부딪치는 시간보다 훨씬 긴 시간 동안 날아간다. 1억 년의 충돌도 은하의 수명에 비하면 극히 짧은 순간이다. 둘째, 강력하다는 것이다. 즉 상호작용하는 물체 사이의 힘은 계에 작용하는 다른 외력보다 훨씬 크다. 그러면 짧은 충돌 시간 동안 외력을 무시할 수 있다.

충격량

충돌하는 물체 사이의 힘은 이 물체들을 포함하는 계에 대해 내력이 된다. 그래서 그것들은 계의 총운동량을 바꿀 수 없다. 그러나 그것들은 충돌하는 물체의 운동을 극적으로 바꾼다. 그 정도는 힘의 크기와 힘이 작용하는 시간에 의존한다.

$\vec{F}$가 시간 Δt 동안 지속되는 충돌 동안에 한 물체에 작용하는 평균 힘이면, 뉴턴의 제2법칙은 $\vec{F} = \Delta \vec{p} / \Delta t$ 또는 다음과 같다.

$$\Delta \vec{p} = \vec{F} \Delta t \qquad (9.10a)$$

이 식에 보이는 평균 힘과 시간의 곱을 **충격량**(impulse)이라고 한다. 그것은 기호 $\vec{J}$로 나타내고 단위는 뉴턴-초이다.

짧은 시간 동안 큰 힘이 작용하든지, 긴 시간 동안 작은 힘이 작용하든지 충격량 $\vec{J}$는 똑같은 운동량 변화를 일으킨다. 충돌에 관련된 힘은 일정하지 않고 심하게 요동칠 수 있다. 그 경우에는 힘을 시간에 대하여 적분하여 충격량을 구한다. 따라서 운동량의 변화는 다음과 같다.

$$\Delta \vec{p} = \vec{J} = \int \vec{F}(t) dt \quad (\text{충격량}) \qquad (9.10b)$$

비록 충돌의 맥락에서 충격량을 도입하였지만 짧은 시간 동안에 작용하는 강한 힘이 포함되는 다른 상황에서도 충격량은 유용하다. 예를 들어 엔진이 전달하는 충격량으로 작은 로켓 엔진을 규정할 수 있다.

충돌 에너지

충돌에서 운동 에너지는 보존될 수도, 보존되지 않을 수도 있다. 따라서 운동 에너지가 보존되는 충돌은 **탄성**(elastic)이고, 안 되면 **비탄성**(inelastic)이다. 탄성 충돌에서는 물체에 작용하는 힘이 보존력이므로, 운동 에너지를 퍼텐셜 에너지로 저장하였다가 충돌 후에 방출한다.

원자나 핵 수준의 상호작용은 탄성적이다. 거시 영역에서는 비보존력 때문에 열을 방출하거나 물체의 모양을 변형시키면서 운동 에너지를 잃어버린다. 그렇지만 탄성 충돌에 가까운 많은 거시적 충돌에서는 에너지 손실을 무시해도 좋다.

> **확인 문제**
> **9.5** 다음에서 어느 것이 충돌 현상인가? 충돌 현상을 탄성 충돌과 비탄성 충돌로 구분하라. (a) 농구대 백보드에서 되튀기는 농구공, (b) 북극이 서로 마주 보며 접근하는 두 자석(단, 두 자석은 척력 때문에 접촉 없이 방향을 뒤집는다), (c) 공중에서 포물선 궤적을 그리며 날아가는 농구공, (d) 트럭이 정지한 차와 충돌하여 뒤엉켜버리는 경우, (e) 눈뭉치가 나무에 철썩 부딪치는 경우

9.5 완전 비탄성 충돌

LO 9.8 운동량 보존을 이용하여 비탄성 충돌을 분석할 수 있다.

완전 비탄성 충돌(totally inelastic collision)에서는 물체가 달라붙어서 하나가 된다. 그래도 보통은 운동 에너지를 다 잃어버리지 않는다. 완전 비탄성 충돌은 운동량이 보존되면서 최대로 운동 에너지를 잃어버리는 경우이다. 완전 비탄성 충돌 후의 운동은 전적으로 운동량 보존에 따라 결정되므로, 상대적으로 분석하기 쉽다.

처음 속도가 각각 $\vec{v}_1$, $\vec{v}_2$인 질량 m_1과 m_2가 완전 비탄성 충돌한다고 하자. 충돌 후 두 물체는 질량이 $m_1 + m_2$인 하나의 물체로 달라붙어서 나중 속도 $\vec{v}_f$로 움직인다. 이때 운동량 보존은 다음과 같다.

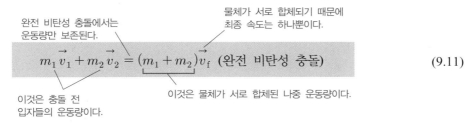

완전 비탄성 충돌에서는 운동량만 보존된다.

물체가 서로 합체되기 때문에 최종 속도는 하나뿐이다.

$$m_1 \vec{v}_1 + m_2 \vec{v}_2 = (m_1 + m_2)\vec{v}_f \quad \text{(완전 비탄성 충돌)} \tag{9.11}$$

이것은 충돌 전 입자들의 운동량이다.

이것은 물체가 서로 합체된 나중 운동량이다.

여기서 m_1, $\vec{v}_1$, m_2, $\vec{v}_2$, $\vec{v}_f$ 중 네 개를 알면 나머지 하나를 구할 수 있다.

예제 9.7   비탄성 충돌: 하키

하키팀 코치가 하키퍽의 속력을 측정하고자 모래를 채운 6.4 kg의 작은 스티로폼 상자를 마찰이 없는 빙판 위에 놓았다. 160 g의 하키퍽이 상자에 부딪쳐서 스티로폼을 뚫고 안으로 들어가고, 상자는 1.2 m/s의 속력으로 움직인다. 하키퍽의 속력은 얼마인가?

해석 완전 비탄성 충돌 문제이다. 하키퍽과 상자로 이루어진 계로 정의할 수 있다. 처음에 계의 운동량은 퍽의 운동량뿐이고 충돌 후에는 퍽과 상자의 운동량이다. 충돌 전에 하나의 운동량만 있고 충돌 후에도 하나의 운동량만 있으므로 운동량 보존에서 두 운동이 같은 방향이다. 따라서 일차원 충돌 문제와 같다.

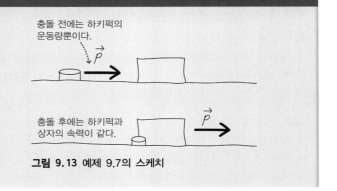

충돌 전에는 하키퍽의 운동량뿐이다.

충돌 후에는 하키퍽과 상자의 속력이 같다.

그림 9.13 예제 9.7의 스케치

과정 그림 9.13은 충돌 전과 후의 모습이다. 완전 비탄성 충돌이므로 식 9.11을 적용한다. 일차원 충돌이므로 $m_p v_p = (m_p + m_c)v_c$이다. p와 c는 각각 하키퍽과 상자를 나타낸다.

풀이 위 식을 v_p에 대해서 풀면 다음을 얻는다.

$$v_p = \frac{(m_p + m_c)v_c}{m_p} = \frac{(0.16\,\text{kg} + 6.4\,\text{kg})(1.2\,\text{m/s})}{0.16\,\text{kg}}$$
$$= 49\,\text{m/s}$$

검증 답을 검증해 보자. 하키퍽의 질량이 가벼우므로 훨씬 무거운 상자를 움직이려면 큰 속력이 필요하다. 매우 빠른 하키퍽의 속력을 충돌 현상으로 쉽게 구할 수 있었다.

예제 9.8 운동량 보존: 핵융합

핵융합 반응에서 두 중수소 핵(^{2}H)이 합쳐져서 헬륨(^{4}He)이 된다. 처음에 한 중수소 핵의 속력은 3.5 Mm/s이고, 다른 중수소 핵의 속력은 1.8 Mm/s이고 첫 번째 핵의 속도에 대해 64° 각도로 움직인다. 헬륨 핵의 속력과 방향을 구하라.

해석 물리적 상황은 전혀 다르지만 완전 비탄성 충돌 문제이다. 두 핵은 처음에 다른 속력과 방향으로 움직이므로 이차원 충돌이다. 처음의 두 중수소 핵이 하나로 융합된 헬륨 핵의 속력과 방향을 구해야 한다.

과정 그림 9.14에 세 속도 벡터가 있다. 운동량이 보존되므로 식 9.11에서 $\vec{v_f}$를 구하면 $\vec{v_f} = (m_1\vec{v_1} + m_2\vec{v_2})/(m_1 + m_2)$이다. 이차원 문제이므로 $\vec{v_f}$를 두 성분으로 표기해 보자. 그림 9.14처럼 첫 번째 중수소 핵의 운동 방향을 x축으로 잡는다.

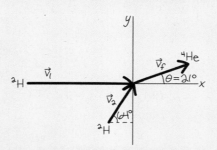

그림 9.14 예제 9.8의 속도 벡터의 스케치

풀이 $\vec{v_1}$이 x방향이므로 $v_{1x} = 3.5\,\text{Mm/s}$, $v_{1y} = 0$이고, 그림 9.14에서 $v_{2x} = (1.8\,\text{Mm/s})(\cos 64°) = 0.789\,\text{Mm/s}$, $v_{2y} = (1.8\,\text{Mm/s})(\sin 64°) = 1.62\,\text{Mm/s}$이므로, $\vec{v_f}$의 두 성분은 다음과 같다.

$$v_{fx} = \frac{m_1 v_{1x} + m_2 v_{2x}}{m_1 + m_2}$$
$$= \frac{(2\,\text{u})(3.5\,\text{Mm/s}) + (2\,\text{u})(0.789\,\text{Mm/s})}{2\,\text{u} + 2\,\text{u}} = 2.14\,\text{Mm/s}$$

$$v_{fy} = \frac{m_1 v_{1y} + m_2 v_{2y}}{m_1 + m_2}$$
$$= \frac{0 + (2\,\text{u})(1.62\,\text{Mm/s})}{2\,\text{u} + 2\,\text{u}} = 0.809\,\text{Mm/s}$$

예제 9.5에서와 같이 핵의 질량은 u 단위이고, 질량의 비만 나타나므로 단위를 kg으로 바꾸지 않아도 된다.

따라서 이들 속도 성분으로부터 나중 속력과 방향을 얻을 수 있다. 즉 $v_f = \sqrt{v_{fx}^2 + v_{fy}^2} = 2.3\,\text{Mm/s}$이고, 방향각은 $\theta = \tan^{-1}(v_{fy}/v_{fx}) = 21°$이다. 그림 9.14에 나중 속력이 나타나 있다.

검증 답을 검증해 보자. 입사하는 두 입자의 질량이 같으므로 운동량은 속도에 비례한다. 그림 9.14에서 수평 운동량이 수직 운동량보다 크므로, 각도 21°는 적절하다. 무거운 하나의 입자만 총운동량을 가지므로 $\vec{v_f}$의 크기가 처음의 두 속력 사이의 값이라면 타당하다.

예제 9.9 탄동 진자

탄동 진자로 총알과 같은 고속 물체의 속력을 측정할 수 있다. 탄동 진자는 질량 M의 토막이 그림 9.15처럼 수직한 두 줄에 걸려 있다. 질량 m의 총알이 부딪쳐서 토막에 박히면 토막이 흔들거려서 높이 h로 올라간다. 총알의 속력을 구하라.

해석 이 문제에는 분리된 두 사건이 있다. 하나는 총알이 토막에 박히는 사건이고, 다른 하나는 토막의 진동이다. 첫 번째 사건은 예제 9.7과 같은 일차원 완전 비탄성 충돌이므로, 운동량은 보존되지만 에너지는 보존되지 않는다. 두 번째로 토막이 위로 올라간

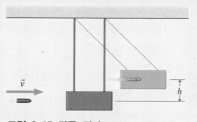

그림 9.15 탄동 진자

다. 줄의 장력과 중력이 알짜힘으로 작용하여 운동량이 바뀐다. 그러나 중력이 보존력이고 줄의 장력은 일을 하지 않으므로 역학적 에너지가 보존된다.

과정 그림 9.15에서 두 사건의 상황을 알 수 있다. 첫 번째 비탄성 충돌에서 운동량이 보존되므로 식 9.11을 적용한다. 일차원에서 $mv = (m+M)V$이며, v는 총알의 처음 속력, V는 충돌 후 총알이 박힌 토막의 속력이다. 따라서 $V = mv/(m+M)$이다. 다음에는 토막이 진동하여 위로 올라간다. 이때 운동량은 보존되지 않지만 역학적 에너지는 보존된다. 토막의 처음 위치를 퍼텐셜 에너지의 영점으로 잡으면, $U_0 = 0$이고, 처음 운동 에너지는 $K_0 = \frac{1}{2}(m+M)V^2$이다. 높이 h인 진동의 정점에서 순간적으로 $K = 0$이고, 퍼텐셜 에너지는 $U = (m+M)gh$이다. 따라서 역학적 에너지 보존식 $K_0 + U_0 = K + U$에서 $\frac{1}{2}(m+M)V^2 =$

$(m+M)gh$를 얻는다.

풀이 두 사건을 기술하는 두 방정식을 얻었다. 운동량 보존에서 얻은 V를 에너지 보존식에 넣으면 다음을 얻는다.

$$\frac{1}{2}\left(\frac{mv}{m+M}\right)^2 = gh$$

위 식을 총알의 속력 v에 대해서 풀면 다음과 같다.

$$v = \left(\frac{m+M}{m}\right)\sqrt{2gh}$$

검증 답을 검증해 보자. 운동량이 같으면 총알의 질량 m이 작을수록 속력이 커진다. 즉 m 혼자 분모에 있다. 높이 h가 높을수록 총알의 속력이 크다. 다만, 속력은 h가 아니라 $\sqrt{h}$에 비례한다. 퍼텐셜 에너지로 전환된 운동 에너지가 속력의 제곱에 비례하기 때문이다.

확인 문제 **9.6** 다음 충돌 중에서 완전 비탄성인 것은 어느 것인가? (a) 질량이 같은 두 물체가 서로 다른 속력으로 반대 방향에서 접근한다. 둘은 정면 충돌하여 서로 달라붙고, 결합된 물체는 계속 움직인다. (b) 질량이 같은 두 물체가 같은 속력으로 반대 방향에서 접근한다. 둘은 정면 충돌하여 서로 달라붙고, 결합된 물체는 정지한다. (c) 질량이 같은 두 물체가 반대 방향에서 같은 속력으로 접근한다. 둘은 정면 충돌한 후 전보다 낮은 속력으로 되돌아간다.

9.6 탄성 충돌

LO 9.9 운동량과 운동 에너지 보존을 이용하여 탄성 충돌을 분석할 수 있다.

운동량은 모든 충돌에서 보존되고, 탄성 충돌에서는 운동 에너지도 보존된다. 가장 일반적인 2체 충돌에서 처음 속도가 각각 $\vec{v}_{1i}$, $\vec{v}_{2i}$인 질량 m_1과 m_2의 충돌 후 나중 속도가 각각 $\vec{v}_{1f}$, $\vec{v}_{2f}$라고 하자. 운동량 보존과 운동 에너지 보존은 각각 다음과 같다.

$$m_1 \vec{v}_{1i} + m_2 \vec{v}_{2i} = m_1 \vec{v}_{1f} + m_2 \vec{v}_{2f} \tag{9.12}$$

$$\frac{1}{2}m_1 v_{1i}^2 + \frac{1}{2}m_2 v_{2i}^2 = \frac{1}{2}m_1 v_{1f}^2 + \frac{1}{2}m_2 v_{2f}^2 \tag{9.13}$$

처음 속도를 알고 충돌 결과를 예측하고자 한다. 이차원 완전 비탄성 충돌에서는 문제를 풀이할 만큼 충분한 정보가 있었다. 그러나 이차원 탄성 충돌에서는 운동량 보존인 식 9.12의 두 성분과 운동 에너지 보존인 식 9.13 등 세 개의 식이 있지만, 미지수는 두 나중 속도의 크기와 방향 등 네 개이다. 따라서 이차원 탄성 충돌 문제를 풀 수 있는 정보가 부족하다. 다른 정보가 있어야 문제를 풀 수 있다. 먼저 일차원 탄성 충돌부터 생각해 보자.

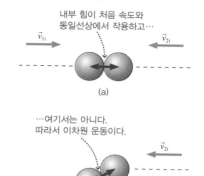

내부 힘이 처음 속도와
동일선상에서 작용하고…

(a)

…여기서는 아니다.
따라서 이차원 운동이다.

(b)

그림 9.16 일차원에서 정면 충돌

일차원 탄성 충돌

두 물체가 정면 충돌할 때, 처음 운동과 같은 직선에서 내력이 작용하므로 충돌 후에도 동일 선상에서 움직인다(그림 9.16a 참조). 이러한 일차원 탄성 충돌은 특별한 경우이지만 일상에서도 발생하며 일반적 충돌을 이해하는 데도 도움이 된다.

일차원인 경우에 운동량 보존 식 9.12는 다음과 같다.

$$m_1 v_{1i} + m_2 v_{2i} = m_1 v_{1f} + m_2 v_{2f} \tag{9.12a}$$

여기서 v는 속도의 크기가 아니라 성분이므로 음 또는 양의 값을 갖는다. 식 9.12와 에너지 보존인 식 9.13에서 같은 질량끼리 모으면 각각 다음을 얻는다.

$$m_1 (v_{1i} - v_{1f}) = m_2 (v_{2f} - v_{2i}) \tag{9.12b}$$

$$m_1 (v_{1i}^2 - v_{1f}^2) = m_2 (v_{2f}^2 - v_{2i}^2) \tag{9.13a}$$

여기서 $a^2 - b^2 = (a+b)(a-b)$를 이용하여 식 9.13a를 정리하면

$$m_1 (v_{1i} - v_{1f})(v_{1i} + v_{1f}) = m_2 (v_{2f} - v_{2i})(v_{2f} + v_{2i}) \tag{9.13b}$$

이다. 이 식에 식 9.12b를 넣고 정리하면

$$v_{1i} + v_{1f} = v_{2f} + v_{2i}$$

이므로, 결국 다음을 얻는다.

$$v_{1i} - v_{2i} = v_{2f} - v_{1f} \tag{9.14}$$

이 식은 무슨 뜻일까? 양변 모두 두 입자의 상대 속도이다. 따라서 충돌 후에는 방향이 바뀌더라도 상대 속력은 불변이다. 두 물체가 상대 속력 5 m/s로 접근하면, 충돌 후에도 5 m/s로 분리된다.

두 입자의 나중 속도를 각각 구해 보자. 먼저 식 9.14를 v_{2f}로 표기하면

$$v_{2f} = v_{1i} - v_{2i} + v_{1f}$$

이다. 이를 식 9.12a에 넣으면

$$m_1 v_{1i} + m_2 v_{2i} = m_1 v_{1f} + m_2 (v_{1i} - v_{2i} + v_{1f})$$

이고, v_{1f}에 대해서 풀면 다음을 얻는다.

$$v_{1f} = \frac{m_1 - m_2}{m_1 + m_2} v_{1i} + \frac{2m_2}{m_1 + m_2} v_{2i} \tag{9.15a}$$

실전 문제 75에서 아래와 같이 되는 것을 보일 것이다.

$$v_{2f} = \frac{2m_1}{m_1 + m_2} v_{1i} + \frac{m_2 - m_1}{m_1 + m_2} v_{2i} \tag{9.15b}$$

식 9.15는 우리가 원하는 결과로, 나중 속도를 처음 속도의 항으로 나타낸 것이다.

이 결과를 점검해 보자. 먼저 $v_{2i} = 0$으로 놓고(물론 m_2가 처음에 정지한 기준틀을 찾을 수 있으므로 사실 특별하다고 볼 수 없다), 그림 9.17의 세 경우를 살펴보자.

1. $m_1 \ll m_2$인 경우(그림 9.17a): 탁구공이 볼링공에 충돌하는 경우로서, 식 9.15에 $v_{2i} = 0$을 넣고 $m_1/m_2 \to 0$으로 보내면 다음을 얻는다.

$$v_{1f} = -v_{1i}$$

$$v_{2f} = 0$$

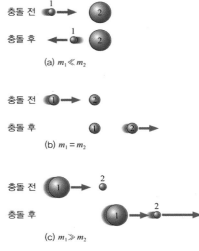

즉 가벼운 물체는 속력의 변화 없이 되튀기고, 무거운 물체는 불변이다. 보존 법칙의 관점에서 점검해 보자. 먼저 에너지 보존을 고려하자. m_2의 운동 에너지는 0이고, m_1의 속도는 변하지 않으므로 운동 에너지는 $\frac{1}{2} m_1 v_1^2$이다. 즉 운동 에너지는 보존된다. 운동량은 어떠할까? 가벼운 물체의 운동량은 $m_1 v_{1i}$에서 $-m_1 v_{1i}$로 바뀌었다. 그래도 운동량은 보존된다. 가벼운 물체가 잃어버린 운동량을 무거운 물체가 흡수하였기 때문이다. 질량 m_2가 큰 극한에서 무거운 물체는 상당한 속력의 변화 없이 운동량을 흡수할 수 있다. m_1을 무시할 수 없는 경우에 가벼운 물체의 되튐 속력이 줄어들고, 무거운 물체가 반대 방향으로 움직인다.

2. $m_1 = m_2$인 경우(그림 9.17b): 식 9.15에 $v_{2i} = 0$을 넣으면 다음을 얻는다.

$$v_{1f} = 0$$

$$v_{2f} = v_{1i}$$

그림 9.17 일차원 탄성 충돌의 특별한 경우

첫 번째 물체가 갑자기 멈추면서 모든 에너지와 운동량을 두 번째 물체로 전달한다. 당구공 사이의 정면 충돌은 이와 같은 충돌 유형의 거의 완벽한 예이다. 에너지를 전달하기 위한 목적에서 보면 질량이 같은 두 입자는 완벽하게 '맞춤'이 된다. 파동 운동과 전기 회로를 논의할 때 에너지 전달 '맞춤'의 유사한 예를 보게 될 것이다.

3. $m_1 \gg m_2$인 경우(그림 9.17c): 식 9.15에 $v_{2i} = 0$을 넣고 $m_2/m_1 \to 0$으로 보내면 다음을 얻는다.

$$v_{1f} = v_{1i}$$

$$v_{2f} = 2v_{1i}$$

여기서 m_1과 비교하여 m_2를 무시하였다. 그러면 무거운 물체는 운동의 변화 없이 오른쪽으로 계속 가고, 가벼운 물체는 두 배의 속력으로 튕겨 나간다. 이 결과는 일차원 탄성 충돌에서 상대 운동이 불변이라는 앞의 결과와도 일치한다. 운동량과 에너지 보존을 점검해 보자. 질량 m_2를 무시하면, 에너지와 운동량도 무시할 수 있으므로, 모든 에너지와 운동량은 무거운 물체에만 남아서 충돌로 변하지 않는다. 만약 입사 물체가 정지해 있는 가벼운 물체와 충돌하면, 두 물체 모두 입사 물체와 같은 방향으로 움직이되, 가벼운 물체가 더 빨리 움직인다.

예제 9.10 탄성 충돌: 핵공학　　　　　　　　　　　　　　　응용 문제가 있는 예제

핵발전 반응로에는 핵분열에서 벗어나는 중성자를 느리게 만들어서 연쇄 핵반응을 유지시키는 감속재(moderator)가 들어 있다. 캐나다에서 개발한 핵반응로는 감속재로 중수(heavy water)를 사용한다. 중수는 보통의 수소 원자 대신에 원자핵이 양성자와 중성자로 구성된 중수소가 들어 있는 물이다. 중성자의 질량은 1 u이지만, 중양성자의 질량은 2 u이다. 정면 탄성 충돌에서 처음에 정지한 중양성자에게 전달되는 중성자 운동 에너지의 비율을 구하라.

해석 정면 충돌이므로 일차원 문제이다. 중성자와 중양성자가 대

상 물체이며, 두 입자의 질량만 알고 있다. 그러나 나중 속도가 아니라 운동 에너지의 비를 구하므로 질량만으로도 충분하다.

과정 일차원 탄성 충돌이므로 식 9.15를 적용한다. 중양성자에게 전달된 중성자 운동 에너지의 비를 구하므로 중성자의 초기 속력에 대해 중양성자의 나중 속력을 표기해야 한다. 입자 1을 중성자, 입자 2를 중양성자로 잡고 식 9.15b를 적용한다. 처음에 중양성자가 정지해 있으므로, $v_{2i} = 0$이고, $v_{2f} = 2m_1 v_{1i}/(m_1 + m_2)$이다. 이 식을 이용하여 운동 에너지의 비율을 구한다.

풀이 두 입자의 운동 에너지는 각각 $K_1 = \frac{1}{2}m_1 v_1^2$, $K_2 = \frac{1}{2}m_2 v_2^2$ 이다. v_{2f}를 식에 적용하면

$$K_2 = \frac{1}{2}m_2 \left(\frac{2m_1 v_1}{m_1 + m_2}\right)^2 = \frac{2m_2 m_1^2 v_1^2}{(m_1 + m_2)^2}$$

이다. 또한 K_1과의 비는 다음과 같다.

$$\frac{K_2}{K_1} = K_2 \left(\frac{1}{K_1}\right) = \left(\frac{2m_2 m_1^2 v_1^2}{(m_1 + m_2)^2}\right)\left(\frac{1}{m_1 v_1^2 / 2}\right)$$

$$= \frac{4m_1 m_2}{(m_1 + m_2)^2} \tag{9.16}$$

여기서 $m_1 = 1\,\text{u}$, $m_2 = 2\,\text{u}$이므로 $K_2/K_1 = 8/9 \simeq 0.89$이다. 즉 정면 충돌로 처음 운동 에너지의 89%를 중양성자에게 전달하고 11%만 남으므로 중성자가 감속된다.

검증 답을 검증해 보자. 식 9.16을 본문에서 논의한 세 경우로 다시 살펴보자. 이 식은 일차원 탄성 충돌의 에너지 전달 비율에 대한 일반적인 결과이다. (1) $m_1 \ll m_2$인 경우: 분모에서 m_2에 비해 m_1을 무시하면 운동 에너지비는 $4m_1/m_2$로서, m_1이 매우 작으므로 결국 0이 된다. 즉 에너지 전달이 없어서 무거운 입자는 꼼짝 않는다. (2) $m_1 = m_2$인 경우: 식 9.16은 $4m^2/(2m)^2 = 1$이다. 즉 100% 운동 에너지를 전달하므로 입사 입자는 정지하고 정지 입자가 움직인다는 이전의 결과와 일치한다. (3) $m_1 \gg m_2$인 경우: 분모에서 m_2를 무시하면 $4m_2/m_1$이므로, (1)의 경우와 마찬가지로 결국 0이 된다. 따라서 두 입자의 질량이 같을 때 최대로 운동 에너지가 전달되고, 둘 중 하나가 매우 크면 전달 비율이 0으로 떨어진다.

여기서는 질량비가 $1:2$이므로 전달 비율이 90%에 가깝다. 실전 문제 84를 풀면 자세히 알 수 있다.

확인 문제 **9.7** 수평면에 공 하나가 정지해 있다. 두 번째 공이 정지한 공과 탄성 충돌하여 같은 방향으로 따로따로 움직인다. 두 공의 질량에 대하여 설명하라.

이차원 탄성 충돌

이차원에서 탄성 충돌을 분석하려면 운동량 보존인 식 9.12를 벡터로 표기하고, 에너지 보존인 식 9.13을 사용한다. 그러나 이 방정식만으로는 정보가 부족하여 문제를 풀 수 없다. 비교적 단순한 물체 사이의 충돌에서는 정면 충돌과 벗어난 거리를 나타내는 **충격 변수**(impact parameter)로 정보를 추가할 수 있다(그림 9.18 참조). 원자나 핵 사이의 상호작용에서는 충돌 후에 측정하여 필요한 정보를 얻고 있다. 예를 들어 충돌 후 한 입자의 운동 방향을 알게 되면 질량과 처음 속도로 충분히 분석할 수 있다.

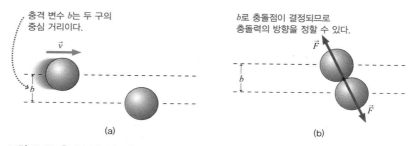

그림 9.18 충격 변수 b는 충돌력의 방향을 정한다.

예제 9.11	이차원 탄성 충돌: 크로케 경기

크로케 공이 정지한 같은 질량의 다른 공과 탄성 충돌한다. 입사 공은 원래 방향에서 30° 각도로 빗겨간다. 다른 크로케 공은 어느 방향으로 움직이는가?

해석 탄성 충돌이므로 운동량과 역학적 에너지가 보존된다. 두 크로케 공이 대상 물체이다. 많은 정보가 있는 것은 아니지만, 속도의 크기는 중요하지 않고 방향만 구하면 된다. 처음 속도에 대해 알 필요가 있는 것과 다른 정보 하나를 더 알고 있으므로 문제를 푸는 데 충분한 정보가 있다.

과정 그림 9.19에서 각도 θ를 구해야 한다. 탄성 충돌이므로 식 9.12(운동량 보존)와 식 9.13(에너지 보존) 둘 다 적용한다. 질량이 같으므로 모든 식에서 질량을 표기할 필요가 없다. 운동량 보존에서 $v_{2i} = 0$이므로 $\vec{v}_{1i} = \vec{v}_{1f} + \vec{v}_{2f}$이고, 에너지 보존에서 $v_{1i}^2 = v_{1f}^2 + v_{2f}^2$이다.

풀이 두 식을 직접 연결하려면 복잡해진다. 하나는 속력의 제곱이고 다른 하나는 아니기 때문이다. 운동량 방정식을 성분으로 표기하지 말고 스칼라곱을 취하면 속력의 제곱항이 생긴다. 운동량 방정식 자체의 스칼라곱은 다음과 같다.

$$\vec{v}_{1i} \cdot \vec{v}_{1i} = (\vec{v}_{1f} + \vec{v}_{2f}) \cdot (\vec{v}_{1f} + \vec{v}_{2f})$$
$$= \vec{v}_{1f} \cdot \vec{v}_{1f} + \vec{v}_{2f} \cdot \vec{v}_{2f} + 2\vec{v}_{1f} \cdot \vec{v}_{2f}$$

두 벡터의 스칼라곱에서

$$\vec{A} \cdot \vec{B} = AB\cos\theta, \quad \vec{A} \cdot \vec{A} = A^2\cos(0) = A^2$$

이다. 따라서 다음을 얻는다.

$$v_{1i}^2 = v_{1f}^2 + v_{2f}^2 + 2v_{1f}v_{2f}\cos(\theta + 30°)$$

충돌 후 두 입자 속도 $\vec{v}_{1f}$와 $\vec{v}_{2f}$의 사잇각은 그림 9.19에서 $\theta + 30°$이다. 여기에 에너지 보존식을 넣으면

$$2v_{1f}v_{2f}\cos(\theta + 30°) = 0$$

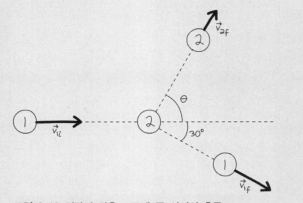

그림 9.19 질량이 같은 크로케 공 사이의 충돌

이다. 그러나 두 나중 속도가 모두 0이 아니므로 $\cos(\theta + 30°) = 0$이다. 결국 $\theta + 30° = 90°$에서 $\theta = 60°$를 얻는다.

검증 답을 검증해 보자. 나중 속도를 계산하지 않았으므로 더 이상 논의할 사항은 없지만 결과는 타당해 보인다. 즉 두 공이 직각으로 갈라진다. 우연일까? 아니다. 질량이 같은 입자의 이차원 탄성 충돌에서 한 입자가 정지해 있으면 나중 속도의 사잇각은 항상 직각이다. 실전 문제 76에서 이것을 증명할 수 있다.

질량 중심틀

충돌계의 질량 중심과 함께 움직이는 기준틀에서는 총운동량이 항상 0이므로 이차원 충돌을 특별히 간단하게 기술할 수 있다. 내력만으로는 질량 중심의 운동이 변하지 않으므로 충돌 후에도 마찬가지이다. 따라서 처음 운동량과 나중 운동량은 그림 9.20처럼 크기가 같고 방향이 반대이다. 탄성 충돌에서는 에너지 보존에서 처음 운동량과 나중 운동량이 같은 값이므로 그림 9.20의 각도 θ만으로도 완벽하게 충돌을 기술할 수 있다.

질량 중심틀에서 충돌을 분석하여 얻은 운동량과 속도 벡터를 원래의 실험실 기준틀로 바꾸면 계산이 쉬워진다. 고에너지 물리학자들은 이러한 변환을 통해서 기본 입자 사이의 기본 힘을 연구한다. 이들 힘들을 충돌 입자들의 질량 중심틀에서 기술하는 것이 가장 간단하기 때문이다. 그러나 가벼운 입자가 무거운 핵이나 정지한 표적물로 쏟아지는 실험에서는 물리학자와 입자 가속기가 질량 중심틀에 있지 않다.

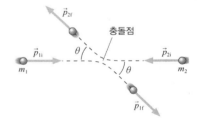

그림 9.20 질량 중심틀에서 본 탄성 충돌. 처음 및 나중 운동량 벡터는 각각 크기가 같고 방향이 반대인 쌍이다.

개념 예제 9.2 | **CM 기준틀**

그림 9.21은 질량이 같은 두 물체의 질량 중심 기준틀에서 관찰할 때 그들 사이의 충돌의 처음과 나중 속도를 나타낸 것이다. m_2가 처음에 정지해 있는 기준틀에서는 비슷한 도형이 어떻게 보이겠는가?

해석 질량이 같으므로 운동량과 속도 벡터는 비례한다. 따라서 그림 9.21은 정말로 질량 중심 기준틀에서 충돌을 나타낸다. 그 도형을 m_2가 처음에 정지해 있는 기준틀로 변환할 필요가 있다.

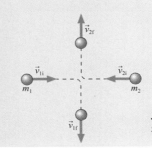

그림 9.21 CM 기준틀에서 질량이 같은 두 물체의 이차원 충돌

풀이 그림 9.21에서 m_2가 처음에 정지해 있는 기준틀로 가기 위해서는 m_2의 처음 속도뿐만 아니라 다른 모든 속도에 $-\vec{v}_{2i}$를 더할 필요가 있다. 그러면 $\vec{v}_{1i}$는 두 배로 길어지고 마지막 속도 각각에는 길이는 같지만 수직인 벡터가 더해져서 둘 다 CM 기준틀의 $\sqrt{2}$ 배만큼 길어지고 45°를 향한다. 그 결과가 그림 9.22이다.

검증 예제 9.11의 검증 단계에서 같은 질량 사이의 이차원 충돌은 하나가 처음에 정지해 있으면 마지막 속도들이 서로 수직이 된다는 것을 배웠다. 풀이 결과는 그 사실과 일치하고 그 대칭성도 질량 중심 기준틀에서 보이는 대칭성과 모순되지 않는다.

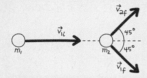

그림 9.22 m_2가 처음에 정지해 있는 틀에서의 충돌

관련 문제 그림 9.20에 나타낸 것처럼 질량 중심 기준틀에서 충돌을 고려하지만, 이제는 두 물체의 질량이 같다. 그림 9.20에서 나타낸 각도 θ가 70°라면, 한 물체가 처음에 정지해 있는 기준틀인 그림 9.19와 비슷한 도형에 나타낸 각도는 얼마인가?

풀이 물체의 질량이 같으므로 운동량이 0인 CM 기준틀에서는 둘이 같은 속력 v로 서로에게 접근해야 한다. 또한 충돌 후에 두 속도는 CM 기준틀에서 크기가 같고 방향이 반대가 된다는 것도 안다. 그것은 또 다시 질량이 같은 두 공의 총운동량이 CM 기준틀에서 0이기 때문이다. 더구나 운동 에너지를 보존하기 위해 CM 기준틀에서 속력은 충돌 전과 같아야 한다. 그래서 충돌은 그림 9.20처럼 보이고, 물체들의 질량이 같으므로 운동량 벡터를 크기가 같은 속도 벡터로 대신할 수 있다. m_2가 처음에 정지해 있는 기준틀로 가기 위해서는 CM 기준틀에 보이는 모든 벡터에 오른쪽의 속도 $\vec{v}$를 더해 줄 필요가 있다. 그러면 m_1의 충돌 후 속도 성분은 $v_{1x} = v\cos\theta + v$와 $v_{1y} = -v\sin\theta$가 된다. 여기서 음의 부호는 그림 9.20에서 아래 방향을 가리킨다. 그림 9.19의 각 30°와 비슷하게, m_1의 속도의 각은 $\tan^{-1}[-\sin\theta/(1+\cos\theta)]$ 이다. $\theta = 70°$에 대해 계산하면 35°가 나온다. 사실 질량이 같은 물체인 경우에 CM 기준틀에서의 각도와 한 물체가 처음에 정지해 있는 기준틀에서의 각도는 항상 2배인 관계에 있다는 것을 보일 수 있다.

핵심 개념

이 장의 핵심 개념은 다입자계를 내부의 구조나 운동의 복잡성과는 무관하게 간단하게 기술할 수 있다는 것이다. 즉 계에 작용하는 모든 외력이 마치 **질량 중심**에 작용하는 것처럼 기술할 수 있다. 알짜 외력이 없으면 질량 중심도 가속되지 않으므로 계의 총운동량이 보존된다. 특히 순간적으로 충격이 가해져서 충돌 전과 후의 운동으로 기술이 가능한 **충돌 현상**에서 운동량이 보존된다.

뉴턴의 제2법칙과 제3법칙이 기본 법칙이다. 특히 내력은 제3법칙에서 작용-반작용의 짝으로 상쇄되므로 계의 알짜힘과는 무관하다. 따라서 내부의 복잡성에 상관없이 계의 전체 운동을 간단하게 기술할 수 있다.

주요 개념 및 식

질량 중심의 위치 $\vec{r}_{cm}$은 계의 구성 입자의 가중 평균값으로 다음과 같다.

$$\vec{r}_{cm} = \frac{\sum m_i \vec{r}_i}{M} \text{ (이산 질량)}, \quad \vec{r}_{cm} = \frac{\int \vec{r}\,dm}{M} \text{ (연속 질량)}$$

여기서 M은 계의 총질량이고, 계 전체에 대한 합과 적분이다. 또한 질량 중심은 다음과 같이 뉴턴의 제2법칙을 만족한다.

$$\vec{F}_{\text{알짜, 외부}} = M\vec{a}_{cm} = M\frac{d\vec{P}}{dt}$$

여기서 $\vec{F}_{\text{알짜, 외부}}$는 계에 작용하는 알짜 외력, $\vec{a}_{cm}$은 질량 중심의 가속도, $\vec{P}$는 계의 총운동량이다.

충돌은 큰 내력을 동반하는 입자 사이의 순간적이고 강력한 상호작용으로, 외력의 효과가 거의 없으므로, 상호작용하는 입자의 총운동량이 보존된다.

완전 비탄성 충돌은 충돌 입자가 하나로 움직이는 특별한 충돌 현상이며, 다음의 운동량 보존으로 완벽하게 기술할 수 있다.

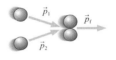

$$m_1\vec{v}_1 + m_2\vec{v}_2 = (m_1 + m_2)\vec{v}_f$$
(완전 비탄성 충돌에서 운동량 보존)

탄성 충돌은 운동량뿐만 아니라 다음과 같이 운동 에너지도 보존된다.

$$m_1\vec{v}_{1i} + m_2\vec{v}_{2i} = m_1\vec{v}_{1f} + m_2\vec{v}_{2f} \text{ (운동량 보존, 탄성 충돌)}$$
$$\frac{1}{2}m_1v_{1i}^2 + \frac{1}{2}m_2v_{2i}^2 = \frac{1}{2}m_1v_{1f}^2 + \frac{1}{2}m_2v_{2f}^2 \text{ (에너지 보존, 탄성 충돌)}$$

입사 입자는 운동량과 에너지를 갖고 있다.

처음에 정지해 있다.

탄성 충돌 후, 두 입자의 운동량과 운동 에너지의 합은 입사 입자의 운동량과 운동 에너지와 같다.

일차원 탄성 충돌에서 질량과 처음 속도를 알면 충돌 결과를 완벽하게 알 수 있다. 이차원 탄성 충돌에서는 충격 변수, 충돌 후 한 입자의 운동 방향 등 추가 정보가 필요하다.

응용

한 입자가 정지한 일차원 충돌로 충돌 현상의 특성을 이해할 수 있다. 질량에 따라 다음의 세 가지 경우가 있다.

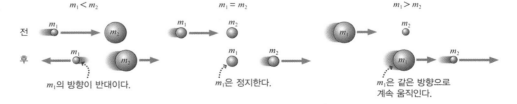

$m_1 < m_2$ $m_1 = m_2$ $m_1 > m_2$

전 / 후

m_1의 방향이 반대이다. m_1은 정지한다. m_1은 같은 방향으로 계속 움직인다.

로켓은 운동량 보존을 기술적으로 응용하는 것이다. 로켓은 물질을 뒤쪽으로 고속 배출하여 운동량 보존에 따라 진행 방향의 운동량을 얻는다. 로켓의 추진력은 외부와의 상호작용이 필요 없으므로 로켓이 우주 공간에서 날 수 있다.

물리학 익히기 www.masteringphysics.com을 방문하여 과제를 수행하고 동적 학습 모듈(Dynamic Study Modules), 연습 문제(practice quizzes), 문제 영상 풀이(video solutions to problems) 등의 자기 학습 도구를 이용하시오.

BIO 생물 및 의학 문제 **DATA** 데이터 문제 **ENV** 환경 문제 **CH** 도전 문제 **COMP** 컴퓨터 문제

학습 목표 이 장을 학습하고 난 후 다음을 할 수 있다.

LO 9.1 불연속 입자계에서 질량 중심을 찾을 수 있다.
개념 문제 9.1, 9.2
연습 문제 9.10, 9.11, 9.12, 9.13, 9.14
실전 문제 9.41, 9.90

LO 9.2 계의 질량 중심의 운동을 기술할 수 있다.
실전 문제 9.44, 9.59

LO 9.3 연속적인 물체의 질량 중심을 찾기 위한 적분을 사용할 수 있다.
실전 문제 9.47, 9.55, 9.86, 9.87, 9.88, 9.91

LO 9.4 계의 총운동량을 결정할 수 있다.

LO 9.5 운동량 보존과 관련된 문제를 해결할 수 있다.
개념 문제 9.3
연습 문제 9.16, 9.17, 9.18, 9.19
실전 문제 9.45, 9.48, 9.51, 9.54, 9.56, 9.57, 9.58, 9.60, 9.63, 9.65, 9.67, 9.68, 9.70, 9.83, 9.89, 9.92

LO 9.6 계의 운동 에너지를 질량 중심과 내부 구성 요소로 분해할 수 있다.
연습 문제 9.19, 9.20
실전 문제 9.43

LO 9.7 충돌을 구성하는 요소를 설명하고 비탄성 충돌과 탄성 충돌을 구별할 수 있다.
개념 문제 9.4, 9.6, 9.7, 9.9
연습 문제 9.21, 9.22, 9.23
실전 문제 9.42, 9.46, 9.81

LO 9.8 운동량 보존을 이용하여 비탄성 충돌을 분석할 수 있다.
연습 문제 9.24, 9.25, 9.26, 9.27
실전 문제 9.49, 9.50, 9.52, 9.64, 9.66, 9.69, 9.71, 9.79

LO 9.9 운동량과 운동 에너지 보존을 이용하여 탄성 충돌을 분석할 수 있다.
개념 문제 9.5, 9.8
연습 문제 9.28, 9.29, 9.30, 9.31, 9.32
실전 문제 9.53, 9.61, 9.62, 9.72, 9.73, 9.74, 9.75, 9.76, 9.77, 9.78, 9.80, 9.82, 9.84, 9.85, 9.93

개념 문제

1. 왜 높이뛰기 선수의 질량 중심이 가로막대 위를 넘을 필요가 없는지 설명하라.
2. 속이 찬 구의 질량 중심은 당연히 중심에 있다. 두 반구를 그림 9.23처럼 놓으면 접촉점이 질량 중심인가? 아니면 어디인가? 설명하라.

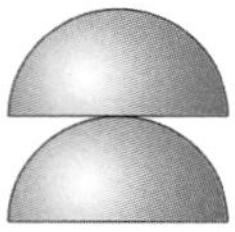

그림 9.23 개념 문제 2

3. 큐볼로 때리기 전과 후에 당구공들의 총운동량은 같다. 한 당구공이 쿠션에 부딪친 후에도 총운동량이 같은가? 설명하라.
4. 충돌 물체의 모든 운동 에너지가 사라지는 비탄성 충돌이 가능한가? 가능하면 예를 들고, 그렇지 않으면 그 이유를 설명하라.
5. 반응로에서 중성자를 멈추고 싶을 때 납과 같은 무거운 핵을 사용하지 않는 이유는 무엇인가?
6. 계의 구성 입자들이 충돌을 겪을 때, 왜 계에 작용하는 외력을 고려할 필요가 없는가?
7. 접촉하지 않는 물체 사이의 충돌이 어떻게 가능한가? 그러한 충돌의 예를 하나 들어라.
8. 던져진 야구공은 투수 손의 속력보다 빠르지 않다. 그러나 때린 야구공은 타자의 배트보다 빠를 수 있다. 왜 차이가 나는가?
9. 동일한 두 위성이 같은 원형 궤도에서 반대 방향으로 돌다가 정면 충돌한다. (a) 탄성 충돌, (b) 완전 비탄성 충돌일 때 충돌 후의 운동을 각각 설명하라.

연습 문제

9.1 질량 중심

10. 28 kg의 어린이가 3.5 m 길이의 시소 끝에 앉아 있다. 65 kg의 아버지가 어디에 앉으면 질량 중심이 시소의 질량 중심과 일치하는가?
11. 질량이 m인 두 입자가 정삼각형 밑변의 두 꼭짓점에 놓여 있다. 삼각형의 질량 중심은 밑변의 중심과 위 꼭짓점의 중간에 있다. 위 꼭짓점에 놓인 질량을 구하라.
12. 역기의 중심에 원점을 두고 예제 9.1을 다시 풀어서, 질량 중심의 위치가 좌표계와 무관함을 보여라.
13. 한 변의 길이가 L인 정삼각형의 세 꼭짓점에 같은 질량의 물체가 각각 놓여 있다. 질량 중심은 어디인가?
14. 지구-달의 질량 중심은 지구 중심에서 어디에 있는가? (**힌트**: 부록 E 참조)

9.2 운동량

15. 뜨거운 팬에서 팝콘이 91 mg과 64 mg으로 조각이 난다. 무거운 조각이 수평 속력 47 cm/s로 움직일 때, 다른 조각의 운동을

16. 마찰 없는 빙판에 서 있는 60 kg의 스케이트 선수가 12 kg의 눈 뭉치를 속도 $\vec{v} = 53.0\hat{i} + 14.0\hat{j}$ m/s로 던진다. x와 y축은 수평 면에 놓여 있다. 스케이트 선수의 나중 속도를 구하라.

17. 정지한 플루토늄-239 핵이 우라늄-235로 붕괴하며 운동 에너지 5.15 MeV의 알파 입자(^{4}He)를 방출한다. 우라늄 핵의 속력은 얼마인가?

18. 수평 속력 23 km/h로 움직이는 질량 8.6 kg의 썰매가 나무 밑 을 지날 때 15 kg의 눈뭉치가 떨어진다. 썰매의 나중 속력은 얼 마인가?

9.3 계의 운동 에너지

19. 궤도의 꼭대기에서 995 g의 불꽃 놀이 로켓은 18.6 m/s로 수평 으로 움직인다. 이 로켓은 멋지게 폭발하지 못하고 두 조각으로 폭발하였다. 하나는 질량 372 g으로 원래 방향으로 31.3 m/s로 날아간다. 이 로켓이 폭발할 때 두 조각은 얼마나 에너지를 얻는가?

20. 운동 에너지가 K인 물체가 두 조각으로 폭발하여 각 조각이 원 래 속력의 2배로 움직인다. 충돌 후에 질량 중심의 운동 에너지 에 대한 내부 운동 에너지의 비를 비교하라.

9.4 충돌

21. 9.4절의 응용물리 자동차 안전 검사에서 충돌 테스트 그래프는 2000 kg의 자동차가 정지된 장벽에 충돌하여 정지할 때까지 가 해진 힘을 보여 준다. 가로축은 0 ms에서 800 ms, 세로축은 0 kN에서 100 kN으로 하자. (a) 자동차에 가한 충격량과 (b) 처음 속력을 추정하라.

22. 수직으로 도약하는 220 µg의 벼룩의 고속 사진을 보면 그 도약
    BIO 은 1.2 ms 동안 지속되고 평균 수직 가속도는 $100g$이다. 벼룩이 도약하는 동안 지표면이 벼룩에 작용하는 (a) 평균 힘과 (b) 충격 량은 얼마인가? (c) 벼룩이 도약하는 동안 벼룩의 운동량의 변화 는 얼마인가?

23. 행성 간 우주탐사선의 궤도를 수정하기 위해 로켓 추진을 하여 5.64 N·s의 충격량을 주어야 한다. 로켓의 추진력이 135 mN이 면, 로켓을 얼마나 오랫동안 추진해야 하는가?

9.5 완전 비탄성 충돌

24. 철도 조차장에서 56톤의 화물차가 같은 방향으로 2.6 mi/h로 움직이는 31톤의 객차를 향해 7.0 mi/h로 돌진한다. (a) 두 열차 가 결합된 후의 속력은 얼마인가? (b) 충돌로 처음 운동 에너지 의 몇 %를 잃어버리는가?

25. 질량이 같은 두 물체의 완전 비탄성 충돌에서 하나는 처음에 정 지해 있었다. 처음 운동 에너지의 반이 사라짐을 보여라.

26. 중성자(질량 1.01 u)가 중양성자(질량 2.01 u)를 때려서 삼중수 소를 형성한다. 중성자의 처음 속도가 $23.5\hat{i} + 14.4\hat{j}$ Mm/s이 고, 삼중수소의 속도가 $15.1\hat{i} + 22.6\hat{j}$ Mm/s이면, 중양성자의 속도는 얼마인가?

27. 자체 질량은 5500 kg이고, 최대 적재 중량이 8000 kg인 동일한 두 트럭이 있다. 첫 번째 트럭은 3800 kg의 짐을 싣고 정지해 있 다. 65 km/h로 달리는 두 번째 트럭이 첫 번째 트럭을 밀면서 같이 37 km/h로 움직인다. 두 번째 트럭의 짐은 적재 중량을 초 과하였는가?

9.6 탄성 충돌

28. 알파 입자(^{4}He)가 정지한 금 핵(^{197}Au)과 정면 탄성 충돌한다. 알파 입자의 운동 에너지의 몇 %가 금 핵에 전달되는가? 완전 탄성 충돌을 가정하라.

29. 길에서 공놀이하던 어린이가 자신을 향해 14 m/s로 다가오는 자동차의 앞으로 공을 18 m/s로 던진다. 자동차 앞에서 되튀긴 공의 속력은 얼마인가?

30. 질량 m의 토막이 정지해 있는 질량 M의 토막과 일차원 탄성 충돌한다. 충돌 후 두 토막의 속력이 같으면 m/M은 얼마인가?

31. 6.9 Mm/s로 움직이는 양성자가 반대 방향을 향해 11 Mm/s로 움직이는 양성자와 충돌한다. 충돌 후 두 양성자의 속도를 구하라.

32. 처음 속력이 v로 같은 두 입자가 정면 탄성 충돌하여 더 무거운 입자(질량 m_1)가 정지한다. (a) 입자의 질량비, (b) 가벼운 입자 의 나중 속력을 각각 구하라.

응용 문제
....
다음 문제들은 본문의 예제들에 기초한 것이다. 두 세트의 문제들은 물리학의 이해를 강화하는 연결의 형성을 돕고 이전에 풀어본 문제에 서 변형된 문제를 해결하는 자신감을 키우도록 설계되어 있다. 각 세 트의 첫 번째 문제는 본질적으로 예제 문제이지만 숫자들은 다르다. 두 번째 문제는 예제와 똑같은 상황이지만 묻는 질문이 다르다. 세 번 째와 네 번째 문제는 완전히 다른 상황으로 이런 방식을 반복한다.

33. **예제 9.5** 2.25 Mm/s 속력의 리튬-5 핵(^{5}Li)이 양성자(^{1}H)와 알파 입자(^{4}He)로 붕괴한다. 알파 입자의 속력은 1.03 Mm/s이 고, ^{5}Li의 속도에 대해 각도 23.6° 방향이다. 양성자 속도의 크 기와 방향을 구하라.

34. **예제 9.5** 리튬-5 핵(^{5}Li)이 양성자(^{1}H)와 알파 입자(^{4}He)로 붕 괴한다. 양성자가 x축 아래 24.7° 방향으로 1.78 Mm/s로 이동 할 때, 알파 입자의 속력은 2.43 Mm/s이고 x축에 대해 각도 31.5° 방향이다. 단위 벡터를 이용하여 리튬-5 핵의 처음 속도를 구하라.

35. **예제 9.5** 우주선은 549 kg의 궤도선과 235 kg의 착륙선으로 구성된다. 우주선은 근처의 우주정거장에 대해 상대적으로 81.6 km/s로 움직인다. 폭발성 볼트가 착륙선과 궤도선을 분리시킨 후, 궤도선은 원래 우주선의 운동 방향에 대해 41.4°로 55.2 km/s의 속도로 움직인다. 착륙선의 속도와 방향을 구하라.

36. **예제 9.5** 우주선은 784 kg의 궤도선과 392 kg의 착륙선으로 구성된다. 폭발성 볼트가 착륙선과 궤도선을 분리시킨 후, 궤도선

의 속도는 $225\hat{i}+107\hat{j}$ m/s이고 착륙선의 속도는 $-75.4\hat{i}-214\hat{j}$ m/s이다. 분리되기 전 우주선의 속도를 구하라.

37. **예제 9.10** 영국과 러시아의 어떤 핵발전 반응로에는 감속재로 흑연(순수한 탄소, 즉 거의 ^{12}C)을 사용한다. 중성자가 정면 탄성 충돌로 정지해 있는 ^{12}C핵에 부딪칠 때, 운동 에너지의 몇 %가 탄소로 전달되는가?

38. **예제 9.10** 중성자가 초기에 정지해 있는 핵과 탄성 충돌하여, 중성자 운동 에너지의 48.4%가 강타된 핵으로 전달된다. 중성자의 질량과 비교할 때 핵의 질량은 어떠한가?

39. **예제 9.10** 마찰이 없는 표면에서 685 g의 토막이 정지해 있는 232 g의 토막과 탄성 충돌하였다. 더 무거운 토막의 운동 에너지의 몇 %가 더 가벼운 토막으로 전달되는가?

40. **예제 9.10** 질량 m_1은 정지해 있는 m_2와 탄성 충돌하고 초기 운동 에너지의 3/4이 전달된다. 이 두 질량의 관계는 어떠한가?

실전 문제

41. 한 변의 길이가 a인 정오각형에서 그림 9.24처럼 정삼각형이 없어진 도형의 질량 중심을 구하라. (**힌트**: 예제 9.3처럼 정오각형을 정삼각형의 모음으로 다룬다.)

그림 9.24 실전 문제 41

42. 야생동물 생물학자가 0.81 m/s로 돌진하는 코뿔소를 정지시키기 위해 20 g의 고무탄환을 쏜다. 탄환은 코뿔소를 맞춘 후에 지표면에 수직으로 떨어진다. 생물학자의 총에서 매초 15발이 발사되고, 코뿔소를 정지시키기까지 34 s 걸린다. (a) 각 탄환이 전달하는 충격량은 얼마인가? (b) 코뿔소의 질량은 얼마인가? 코뿔소와 지표면 사이의 힘은 무시하라.

43. 3개의 100 g의 물체가 각각 속도 $\vec{v}_1=25.0\hat{i}$ m/s, $\vec{v}_2=-9.45\hat{i}+11.6\hat{j}$ m/s, 그리고 $\vec{v}_3=-3.67\hat{i}-11.6\hat{j}$ m/s를 가진다. 이 계의 질량 중심과 내부 운동 에너지를 구하라.

44. 마찰 없는 물 위에 정지한 보트에 20명이 타고 있다. 20명의 총 질량은 1500 kg이고, 보트의 질량은 12,000 kg이다. 20명이 동시에 배의 앞부분에서 배의 뒷부분으로 6.5 m 걸어간다. 보트는 얼마나 움직이는가?

45. 반구 모양의 그릇이 마찰 없는 부엌 조리대에 놓여 있다. 바로 위 선반에서 그릇의 가장자리로 떨어진 생쥐가 그릇 바닥에 있는 빵 부스러기를 먹기 위해 기어 내려간다. 이때 그릇이 지름의 1/10 거리를 움직인다. 생쥐와 그릇의 질량을 비교하라.

46. 의사가 장기의 조직 샘플을 얻기 위해 바늘 생검을 실시한다. 용수철 장전 총으로 빈 바늘을 조직 안으로 쏜 후 바늘을 뽑아내면 조직 샘플을 얻을 수 있다. 어떤 기구에 사용되는 8.3 mg의 바늘은 조직 안에서 멈추는 데 90 ms 걸리고, 조직은 멈추는 힘 41 mN을 발휘한다. (a) 조직이 주는 충격량을 구하라. (b) 바늘은 조직 안으로 얼마나 깊이 들어가는가?

47. 높이 h, 밑면 반지름 R, 밀도 ρ인 그림 9.25의 균일한 고체 원뿔의 질량 중심을 구하라. (**힌트**: 그림과 같은 두께 dy의 원판 질량 요소를 적분하라.)

그림 9.25 실전 문제 47

48. 처음에 정지한 폭죽이 두 조각으로 폭발한다. 질량 14 g의 조각은 양의 x방향으로 48 m/s로 움직이고, 다른 조각은 32 m/s로 움직인다. 두 번째 조각의 질량과 방향을 구하라.

49. 11,000 kg의 화물차가 철로 끝의 용수철 범퍼에 정지해 있다. 용수철 상수는 $k=0.32$ MN/m이다. 질량 9400 kg의 화물차가 속력 8.5 m/s로 충돌하여 붙어 버렸다. (a) 용수철의 최대 압축 거리는 얼마인가? (b) 용수철에서 되튄 후 함께 움직이는 화물차의 속력은 얼마인가?

50. 빙판길에서 속력 50 km/h로 달리던 1200 kg의 자동차가 같은 방향으로 35 km/h로 달리는 4400 kg의 트럭과 추돌한다. 그 순간 65 km/h로 과속하던 1500 kg의 자동차가 뒤에서 부딪친다. 세 자동차가 붙어 버리면 속력은 얼마인가?

51. 아이들이 창문으로 눈덩이를 던지고 있다. 평균적으로 질량이 약 300 g인 2개의 눈덩이가 수평으로 10 m/s의 속도로 유리창을 치고 있다. 눈덩이는 창문에 부딪힌 후 수직으로 바닥에 떨어진다. 창문에 가해지는 평균 힘을 추정하라.

52. 속도 $\vec{v}_1=36.2\hat{i}+12.7\hat{j}$ m/s로 움직이는 1250 kg의 차가 마찰 없는 빙판길에서 미끄러져 속도 $\vec{v}_2=13.8\hat{i}+10.2\hat{j}$ m/s로 움직이는 448 kg의 왜건과 충돌한다. 두 차가 붙어버리면 속도는 얼마인가?

53. 질량 m과 $3m$이 같은 속력 v로 접근하여 정면 탄성 충돌을 한다. 질량 $3m$은 멈추고 질량 m은 속력 $2v$로 되돌아가는 것을 보여라.

54. x방향으로 5.0×10^5 m/s로 움직이는 ^{238}U 핵이 알파 입자(^4He)와 ^{234}Th 핵으로 붕괴한다. x축에 대해 위로 22° 방향, 1.4×10^7 m/s로 움직이면 토륨의 되튐 속력은 얼마인가?

55. 반구의 평평한 부분의 중심으로부터 주어진 거리에서 고체 반구의 질량 중심에 대한 표현을 구하라.

56. 원점에 정지한 42 g의 폭죽이 세 조각으로 폭발한다. 질량 12 g의 첫 번째 조각은 x축을 따라 35 m/s, 질량 21 g의 두 번째

회전 운동

예비 지식

- 일차원에서 등가속도 운동학(2.4절)
- 뉴턴의 제2법칙 $F = ma$(4.2절)
- 미적분

학습 목표

이 장을 학습하고 난 후 다음을 할 수 있다.

LO 10.1 위치, 속도, 가속도, 힘 및 질량에 대응하는 회전 물리량을 구분하고 계산할 수 있다.

LO 10.2 일차원 등가속도 운동 문제에 대응하는 회전 운동 문제를 해결할 수 있다.

LO 10.3 합 혹은 적분을 이용하여 회전 관성을 구할 수 있다.

LO 10.4 회전 운동에 대한 뉴턴의 제2법칙을 적용할 수 있다.

LO 10.5 선형 운동과 회전 운동이 결합된 문제를 해결할 수 있다.

LO 10.6 회전 운동 에너지를 구할 수 있다.

LO 10.7 구르는 물체의 운동을 정량적으로 기술할 수 있다.

풍력 발전기의 날개를 어떻게 만들면 바람에 쉽게 회전할까?

여러분은 회전하는 행성에 앉아 있다. 여러분의 자동차의 바퀴도 회전한다. 여러분의 취미 생활인 영화도 회전하는 DVD로부터 재생된다. 판자를 자르는 전기 회전톱, 발레리나의 발끝 회전(피루엣), 위성의 자전 운동, 심지어 분자의 회전 운동 등에 이르기까지 전 우주에 회전 운동이 널려 있다.

원리적으로는 회전 물체의 개별 입자 운동을 분석하여 회전 운동을 알 수 있다. 이는 극히 간단한 물체가 아니면 불가능하므로, 뉴턴 법칙으로 설명한 선형 운동과 유사하게 회전 운동을 기술한다. 이 장에서는 2장과 4장을 따라 일차원 운동처럼 기술하고, 다음 장에서 다차원 회전 운동을 기술할 수 있도록 회전 벡터를 공부한다.

10.1 각속도, 각가속도

LO 10.1 위치, 속도, 가속도, 힘 및 질량에 대응하는 회전 물리량을 구분하고 계산할 수 있다.

LO 10.2 일차원 등가속도 운동 문제에 대응하는 회전 운동 문제를 해결할 수 있다.

DVD를 재생장치에 넣으면 회전하기 시작한다. 이때 각 점의 속력과 방향을 알면 DVD의 운동을 기술할 수 있다. 그러나 'DVD가 1분 동안 800번 회전한다.'라고 기술하는 것이 훨씬 간편하다. 특히 각 점의 상대적 위치가 고정된 **강체**(rigid body)라면 이러한 기술만으로도 원판 전체의 운동을 설명할 수 있다.

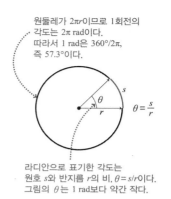

원둘레가 $2\pi r$이므로 1회전의 각도는 2π rad이다. 따라서 1 rad은 $360°/2\pi$, 즉 $57.3°$이다.

$\theta = \dfrac{s}{r}$

라디안으로 표기한 각도는 원호 s와 반지름 r의 비, $\theta = s/r$이다. 그림의 θ는 1 rad보다 약간 작다.

그림 10.1 각도의 라디안 표기

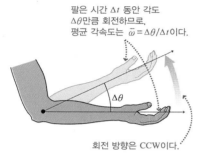

팔은 시간 Δt 동안 각도 $\Delta\theta$만큼 회전하므로, 평균 각속도는 $\overline{\omega} = \Delta\theta/\Delta t$이다.

$\Delta\theta$

회전 방향은 CCW이다.

그림 10.2 평균 각속도

각속도

물체가 회전하는 비율을 각위치의 변화율인 **각속도**(angular velocity)라고 한다. 'DVD가 1분 동안 800번 회전한다.'에서 한 바퀴 회전한 각도는 $360°$ 또는 2π rad이며, 시간은 1 min이다. 물론 각속도를 초당 회전수(rev/s), 초당 회전각(°/s), 초당 라디안(rad/s, rad은 단위가 없으므로 s^{-1}으로도 쓴다.) 등으로 표기할 수도 있지만, 수학적 편의성을 고려하여 그림 10.1처럼 각도를 라디안으로 표기하겠다.

평균 각속도(average angular velocity) $\overline{\omega}$는 다음과 같이 정의한다.

$$\overline{\omega} = \frac{\Delta\theta}{\Delta t} \text{ (평균 각속도)} \tag{10.1}$$

여기서 $\Delta\theta$는 시간 Δt 동안 각위치의 변화인 **각변위**(angular displacement)이다(그림 10.2 참조). 각속도가 변화할 때 미소 시간 극한에서는 **순간 각속도**(instantaneous angular velocity)를 다음과 같이 정의한다.

ω는 순간 각속도이다.

ω는 평균 각속도 $\Delta\theta/\Delta t$를 미소 시간 극한을 취함으로서 구할 수 있다.

$$\omega = \lim_{\Delta t \to 0} \frac{\Delta\theta}{\Delta t} = \frac{d\theta}{dt} \text{ (순간 각속도)} \tag{10.2}$$

그래서 ω는 미분 $d\theta/dt$, 즉 각위치의 시간에 대한 변화율이다.

두 정의식은 2장의 평균 속도, 순간 속도와 마찬가지이다. 속도의 크기를 속력이라고 하듯이 각속도의 크기를 **각속력**(angular speed)이라고 한다.

속도는 벡터량으로 크기와 방향이 있다. 각속도도 벡터일까? 그렇다. 다음 장에서부터는 벡터로 기술하지만 이 장에서는 그림 10.2처럼 고정축에 대한 회전 방향이 시계 방향(CW)인지, 아니면 반시계 방향(CCW)인지만 알아도 충분하다. 고정축에 대한 회전은 2장의 일차원 운동과 마찬가지이다.

각속력과 선속력

회전 물체의 각 점은 원운동을 한다. 각 점의 선속도는 $\vec{v}$이고 선속력은 v이다. 각속력 ω를 선속력 v로 표기해 보자. 그림 10.1에서 각위치는 $\theta = s/r$이다. 각위치를 시간에 대해 미분하면

$$\frac{d\theta}{dt} = \frac{1}{r}\frac{ds}{dt}$$

이다. 단, r는 상수이다. 여기서 $d\theta/dt$는 식 10.2에서 정의한 것처럼 각속력 ω이다. s는 호의 길이, 즉 회전 물체의 한 점이 가로지르는 실제적 거리이므로, ds/dt는 선속력 v이다. 따라서 $\omega = v/r$ 또는 다음을 얻는다.

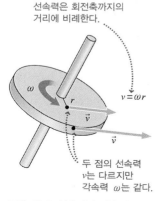

선속력은 회전축까지의 거리에 비례한다.

ω

$v = \omega r$

$\vec{v}$

두 점의 선속력 v는 다르지만 각속력 ω는 같다.

그림 10.3 선속력과 각속력

v는 회전축으로부터 거리 r만큼 떨어진 물체의 선속력이다.

ω는 회전하고 있는 물체의 각속도이다.

$$v = \omega r \tag{10.3}$$

등호는 ω가 rad/s 혹은 s^{-1}으로 측정될 경우에만 성립한다.

따라서 회전하는 물체의 어떤 한 점의 선속력은 물체의 각속력과 그 점에서 회전축까지 거리의 곱이다(그림 10.3 참조).

라디안 측정 식 10.3은 각도를 라디안으로 측정한 결과이므로 각속력의 단위는 rad/s이다. 만약 각도, 회전수 등을 다른 단위로 표기하면 식 10.3을 사용하기 전에 각도를 라디안으로 전환해야 한다.

예제 10.1 │ 각속력: 풍력 발전기

풍력 발전기 날개의 길이는 28 m이고, 회전 속력은 21 rpm이다. 날개의 각속력을 rad/s로 구하고, 날개 끝의 선속력을 구하라.

해석 각속력의 단위를 분당 회전수에서 초당 라디안으로 변환하고, 주어진 각속력과 반지름에서 선속력을 구하는 문제이다.

과정 단위를 변환하고, 식 10.3의 $v = \omega r$로 선속력을 구한다.

풀이 1회전각이 2π rad이고, 1 min = 60 s이므로, 각속력은

$$\omega = 21 \text{ rpm} = \frac{(21 \text{ rev/min})(2\pi \text{ rad/rev})}{60 \text{ s/min}} = 2.2 \text{ rad/s}$$

이다. 날개 끝의 선속력은 식 10.3에서
$$v = \omega r = (2.2 \text{ rad/s})(28 \text{ m}) = 62 \text{ m/s}$$이다.

검증 답을 검증해 보자. 각속력 ω를 rad/s로 구한 다음에는 라디안이 차원이 없으므로 길이를 곱하면 바로 선속력을 얻는다.

각가속도

회전 물체의 각속도가 변하면, 선가속도처럼 **각가속도**(angular acceleration) α를 다음과 같이 정의한다.

각가속도 α는 선가속도와 비슷하게 정의된다.

각속도 ω의 변화율, 혹은 시간 미분

$$\alpha = \lim_{\Delta t \to 0} \frac{\Delta \omega}{\Delta t} = \frac{d\omega}{dt} \quad \text{(각가속도)} \tag{10.4}$$

위 식에서 극한값은 순간 각가속도이고, 극한을 취하지 않으면 평균 각가속도이다. 각가속도의 SI 단위는 rad/s^2이며, rpm/s, rev/s^2 등도 사용한다.

각가속도는 각속력이 증가하면 각속도와 같은 방향(CW 또는 CCW)이고 감소하면 반대 방향이다. 가속도와 속도의 방향이 같으면 자동차가 가속되고, 반대 방향이면 자동차가 감속되는 것과 같다.

회전 물체가 각가속도를 받으면 속력이 증가하거나 감소한다. 따라서 물체의 선속력과 평행하거나 반평행한 **접선 가속도**(tangential acceleration) dv/dt가 생긴다(그림 10.4 참조). 3장의 결과를 각가속도로 표기하면 다음과 같다.

$$a_t = \frac{dv}{dt} = \frac{d(\omega r)}{dt} = r\frac{d\omega}{dt} = r\alpha \quad \text{(접선 가속도)} \tag{10.5}$$

한편 각가속도와는 상관없이 원운동하는 회전 물체는 **지름 가속도**(radial acceleration)가 생긴다. 지름 가속도는 $a_r = v^2/r$이며, 식 10.3의 $v = \omega r$를 넣으면 $a_r = \omega^2 r$이다.

각속도와 각가속도를 선속도와 선가속도와 비슷하게 정의하였으므로, 위치, 속도, 가속도에 관한 다른 관계식도 각위치, 각속도, 각가속도에 관한 식으로 바꿀 수 있다. 각가속도가 일정한 경우 2장의 등가속도 운동 방정식에서 x, v, a를 θ, ω, α로 바꾸면 회전 운동에서도

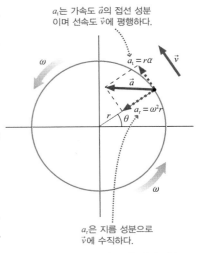

a_t는 가속도 $\vec{a}$의 접선 성분이며 선속도 $\vec{v}$에 평행하다.

a_r은 지름 성분으로 $\vec{v}$에 수직하다.

그림 10.4 지름 가속도와 접선 가속도

성립한다. 2장에서 풀이한 일차원 운동과 비슷한 회전 운동은 표 10.1의 운동 방정식으로 풀이할 수 있다.

표 10.1 각위치, 각속도, 각가속도

선형 변수	각변수
위치 x	각위치 θ
속도 $v = \dfrac{dx}{dt}$	각속도 $\omega = \dfrac{d\theta}{dt}$
가속도 $a = \dfrac{dv}{dt} = \dfrac{d^2x}{dt^2}$	각가속도 $\alpha = \dfrac{d\omega}{dt} = \dfrac{d^2\theta}{dt^2}$
등가속도 운동 방정식	**등각가속도 운동 방정식**
$\bar{v} = \dfrac{1}{2}(v_0 + v)$ (2.8)	$\bar{\omega} = \dfrac{1}{2}(\omega_0 + \omega)$ (10.6)
$v = v_0 + at$ (2.7)	$\omega = \omega_0 + \alpha t$ (10.7)
$x = x_0 + v_0 t + \dfrac{1}{2}at^2$ (2.10)	$\theta = \theta_0 + \omega_0 t + \dfrac{1}{2}\alpha t^2$ (10.8)
$v^2 = v_0^2 + 2a(x - x_0)$ (2.11)	$\omega^2 = \omega_0^2 + 2\alpha(\theta - \theta_0)$ (10.9)

예제 10.2 선형 운동과 비교: 날개의 회전 멈추기

바람이 잦아들면 예제 10.1의 날개가 등각가속도 $0.12\,\mathrm{rad/s^2}$으로 감속한다. 날개는 완전히 멈출 때까지 몇 번 회전하는가?

해석 회전 운동을 선형 운동과 비교하여 풀이한다. 브레이크를 작동한 후에 자동차의 제동거리를 구하는 문제에 해당한다. 날개의 회전수, 즉 각변위가 자동차의 선형 변위에 해당한다. 한편 처음 각속력(예제 10.1에서 구한 $2.2\,\mathrm{rad/s}$)이 자동차의 처음 속력에 해당하고, 나중 속력은 두 경우 모두 0이다.

과정 각변위를 구하기 위해서 회전 운동과 선형 운동을 비교해 보자. 선형 운동인 식 2.11의 $v^2 = v_0^2 + 2a(x - x_0)$에서 $v = 0$이고, v_0과 a는 각각 자동차의 처음 속력과 가속도이며, $\Delta x = x - x_0$은 구하고자 하는 제동거리이다. 표 10.1에서 식 2.11에 대응하는 회전 운동 방정식은 식 10.9의 $\omega^2 = \omega_0^2 + 2\alpha\Delta\theta$이다. 여기서 $\Delta\theta = \theta - \theta_0$은 감속하는 날개의 각변위이다.

풀이 식 10.9를 $\Delta\theta$에 대해서 풀면 다음을 얻는다.

$$\Delta\theta = \frac{\omega^2 - \omega_0^2}{2\alpha} = \frac{0 - (2.2\,\mathrm{rad/s})^2}{(2)(-0.12\,\mathrm{rad/s^2})} = 20\,\mathrm{rad} = 3.2\,\mathrm{rev}$$

여기서 $1\,\mathrm{rev} = 2\pi\,\mathrm{rad}$이다.

검증 답을 검증해 보자. 날개가 비교적 천천히 회전하므로 각가속도가 작아도 작은 각변위 후에 날개를 멈출 수 있다. 한편 각속력 ω를 양수로 잡으면, 날개가 멈추기 위해서 각가속도가 각속력과 반대이어야 하므로 각가속도 α는 음수이다. 브레이크를 밟은 자동차의 가속도가 속도와 반대 방향인 것과 마찬가지이다.

확인문제 10.1 바퀴가 정지 상태에서 시작하여 등각가속도 운동을 한다. 바퀴의 테두리에 있는 한 점의 접선 가속도와 지름 가속도의 시간 의존성을 올바르게 나타낸 그래프는 어느 것인가?

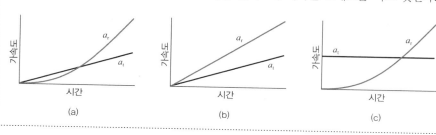

검증 답을 검증해 보자. 고리의 회전 관성은 회전축에서 거리 R 인 곳에 모든 질량이 모여 있는 경우와 같다. 즉 회전축에 대한 질량의 각도 분포는 상관이 없다. 따라서 고리가 가는 선이든 속이 빈 긴 관이든 상관없이 모든 질량이 고리의 회전축에서 같은 거리에만 있으면 회전 관성이 같다(그림 10.15 참조).

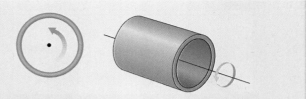

그림 10.15 가는 선이든 긴 관이든 고리 모양의 회전 관성은 MR^2이다.

예제 10.7 적분으로 회전 관성 구하기: 원판

반지름 R, 질량 M인 원판의 질량 분포가 균일하다. 원판의 중심에서 수직인 회전축에 대한 회전 관성을 구하라.

해석 연속 질량 분포인 원판의 회전 관성을 구하는 문제이다.

과정 원판이 연속 질량 분포이므로 식 10.13, $I = \int r^2 dm$을 이용한다. 예제 10.5에 적용한 전략을 쓰고, 예제 10.6의 결과에 따라 그림 10.16a처럼 고리형 질량 요소를 고려한다. 식 10.15에서 $M \rightarrow dm$, 고리의 반지름이 r이면 고리형 질량 요소 dm의 회전 관성은 $r^2 dm$이다. 따라서 원판의 회전 관성은 $I = \int_0^R r^2 dm$으로 구할 수 있다. 여기서도 거리 변수 r와 질량 요소 dm의 관계를 알아야 한다. 그림 10.16b처럼 둘레의 길이가 $2\pi r$이고 폭이 dr인 고리형 질량 요소의 면적은 $dA = 2\pi r \, dr$이다. 한편 질량과 면적의 비율인 $dm/M = 2\pi r \, dr / \pi R^2$에서 $dm = (2Mr/R^2) dr$이다.

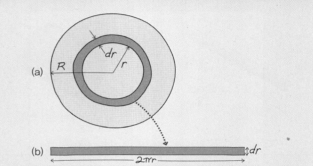

그림 10.16 원판을 반지름 r, 폭 dr인 고리형 질량 요소 dm으로 나눈다.

검증 답을 검증해 보자. 원판의 질량 중 일부가 회전축 가까이 분포하므로 고리의 회전 관성 MR^2보다 작다.

상수와 변수 여기서 r와 R의 차이에 유의해야 한다. R는 원판의 고정된 반지름으로 상수이므로 적분 밖으로 빼낼 수 있다. 반면에 r는 적분 변수로서 원판의 중심에서 가장자리까지 연속적으로 변하므로 적분 밖으로 이동할 수 없다.

풀이 위 결과를 적분하면 다음을 얻는다.

$$I = \int_0^R r^2 dm = \int_0^R r^2 \left(\frac{2Mr}{R^2} \right) dr$$

$$= \frac{2M}{R^2} \int_0^R r^3 dr = \frac{2M}{R^2} \left. \frac{r^4}{4} \right|_0^R = \frac{1}{2} MR^2 \text{ (원판)} \quad (10.16)$$

적분을 이용한 여러 예제들을 통해서 여러 물체의 회전 관성을 구하였다. 결과들이 표 10.2에 수록되어 있다. 물체의 모양이 같더라도 회전축에 따라 회전 관성이 다르다.

물체의 질량 중심을 회전축으로 하는 회전 관성 I_{cm}을 알면, **평행축 정리**(paralled-axis theorem)에 따라 다른 평행축에 대한 회전 관성 I를 다음과 같이 구할 수 있다.

$$I = I_{cm} + Md^2 \quad (10.17)$$

여기서 d는 질량 중심축에서 평행축까지의 수직 거리이고, M은 물체의 총질량이다. 그림 10.17을 보면 평행축 정리의 기하학적 의미를 알 수 있다. 실전 문제 78에서 이 정리를 증명할 것이다.

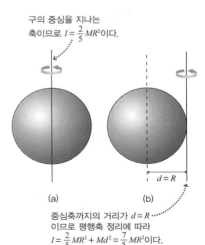

구의 중심을 지나는 축이므로 $I = \frac{2}{5} MR^2$이다.

중심축까지의 거리가 $d = R$ 이므로 평행축 정리에 따라 $I = \frac{2}{5} MR^2 + Md^2 = \frac{7}{5} MR^2$이다.

그림 10.17 평행축 정리

확인 문제 **10.4** 표 10.2에서 속이 찬 구의 회전 관성이 반지름과 질량이 같은 속이 빈 구보다 작은 이유를 설명하라.

표 10.2 회전 관성

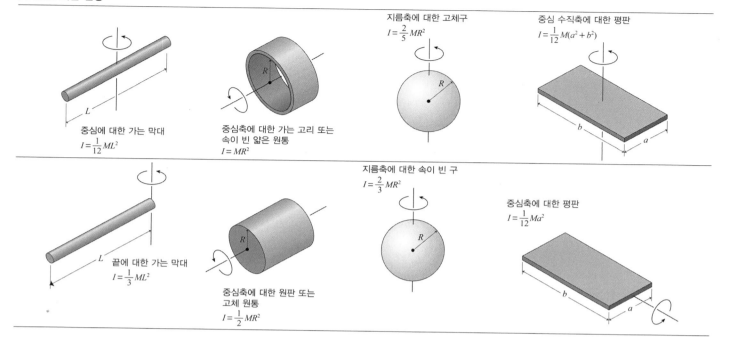

중심에 대한 가는 막대
$I = \frac{1}{12}ML^2$

중심축에 대한 가는 고리 또는 속이 빈 얇은 원통
$I = MR^2$

지름축에 대한 고체구
$I = \frac{2}{5}MR^2$

중심 수직축에 대한 평판
$I = \frac{1}{12}M(a^2 + b^2)$

끝에 대한 가는 막대
$I = \frac{1}{3}ML^2$

중심축에 대한 원판 또는 고체 원통
$I = \frac{1}{2}MR^2$

지름축에 대한 속이 빈 구
$I = \frac{2}{3}MR^2$

중심축에 대한 평판
$I = \frac{1}{12}Ma^2$

회전 동역학

물체의 회전 관성을 알면 회전 운동에 대한 뉴턴의 제2법칙으로 물체의 회전 운동을 완벽하게 기술할 수 있다. 식 10.11의 돌림힘은 물체에 작용한 모든 외부 돌림힘의 합인 알짜 돌림힘이다.

예제 10.8 회전 동역학: 위성의 회전 멈추기

원통형 위성의 지름은 1.4 m이고, 질량 940 kg이 균일하게 분포한다. 현재 10 rpm으로 회전하는 위성의 회전을 멈추게 하기 위하여 위성의 반대편에 각각 장착된 20 N 추진력의 작은 제트 추진장치를 위성의 가장자리에 접선으로 분사시킨다. 위성의 회전을 멈추려면 얼마나 오랫동안 제트 추진장치를 분사해야 하는가?

해석 각가속도에 관한 문제이다. 제트 추진력을 알고 있으므로 돌림힘을 구한 다음에 가속도를 구한다. 즉 회전 운동에 대한 뉴턴 법칙인 회전 동역학에 관한 문제이다.

과정 그림 10.18에서 각가속도와 처음 각속력을 알 수 있다. 회전 운동에 대한 뉴턴 법칙인 식 10.11의 $\tau = I\alpha$에서 각가속도를 구하려면, 돌림힘과 회전 관성을 알아야 한다. (1) 위성을 고체 원통으로 보고 표 10.2에서 회전 관성을 찾는다. (2) 식 10.10의 $\tau = rF\sin\theta$에서 제트 추진력이 만드는 돌림힘을 구한다. (3) 회전 운동에 대한 뉴턴 법칙인 식 10.11의 $\tau = I\alpha$에서 각가속도를 구한다. (4) 각속력의 변화로 필요한 시간을 구한다.

풀이 (1) 표 10.2에서 회전 관성은 $I = \frac{1}{2}MR^2$이다. (2) 위성의 가장자리에서 접선 방향으로 추진력이 작용하므로 식 10.10에서

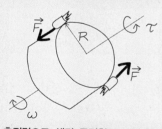

그림 10.18 제트 추진력으로 생긴 돌림힘으로 위성의 회전을 멈춘다.

$\sin\theta = 1$이므로 각각의 제트 추진력이 만드는 돌림힘은 RF이다. 여기서 R는 위성의 반지름이고 F는 제트 추진력이다. 제트 추진장치가 2개이므로 전체 돌림힘 $\tau = 2RF$이다. (3) 식 10.11에서 $\alpha = \tau/I = (2RF)/(\frac{1}{2}MR^2) = 4F/MR$이다. (4) 이러한 돌림힘으로 각속력이 $\omega_0 = 10$ rpm에서 $\omega = 0$이어야 하므로, 각속력 변화의 크기는 다음과 같다.

$$\Delta\omega = 10 \text{ rev/min}$$
$$= (10 \text{ rev/min})(2\pi \text{ rad/rev})/(60 \text{ s/min})$$
$$= 1.05 \text{ rad/s}$$

한편 각가속도 $\alpha = \Delta\omega/\Delta t$이므로, 필요한 시간은 다음과 같다.

$$\Delta t = \frac{\Delta\omega}{\alpha} = \frac{MR\Delta\omega}{4F}$$

$$= \frac{(940\ \text{kg})(0.70\ \text{m})(1.05\ \text{rad/s})}{(4)(20\ \text{N})} = 8.6\ \text{s}$$

검증 답을 검증해 보자. 제트 추진력 F가 분모에 있으므로 추진력이 크면 위성이 보다 급하게 회전을 멈춘다. 반면에 M과 R가 크면 멈춤 시간이 길어진다. R가 크면 돌림힘도 커지지만 회전 관성에 포함된 R^2 때문에 그 효과가 반대이다.

하나 이상의 물체에 대한 선형 운동과 회전 운동을 함께 풀어야 할 때도 있다. 이 경우에도 5장의 문제풀이 요령에 따라 문제를 풀 수 있다. 먼저 대상 물체를 정하고, 자유 물체 도형을 그린 다음에, 각 물체에 뉴턴 법칙을 적용한다. 선형 운동에 대응하는 회전 운동의 물리량을 고려하였듯이 회전 운동의 뉴턴 법칙으로 식 10.11을 사용한다. 보통 물리적 연관성은 물체의 선형 가속도와 회전 가속도 사이에서뿐만 아니라 선형 운동을 하는 물체에 작용하는 힘과 회전하는 물체에 작용하는 돌림힘 사이에서도 성립된다.

예제 10.9 **선형 운동과 회전 운동: 우물물 퍼 올리기**

반지름 R, 질량 M인 고체 원통이 그림 10.19처럼 마찰이 없는 가로대에 설치되어 있다. 질량 없는 줄이 원통에 감겨서 질량 m의 물통에 연결되어 있다. 물통을 우물 안으로 내릴 때 물통의 가속도를 구하라.

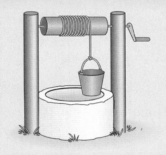

그림 10.19 예제 10.9

해석 원통에 연결되지 않으면 물통의 낙하 가속도는 g이다. 그러나 줄이 물통에 위 방향의 장력 $\vec{T}$를 작용하여 가속도를 감소시키고, 원통에 돌림힘을 작용한다. 즉 선형 운동과 회전 운동이 결합된 문제이다. 물통과 원통이 대상 물체이다. 물통이 선형 운동하는 동안 원통은 회전 운동한다. 둘 사이는 줄로 연결되어 있다.

과정 그림 10.20은 두 물체의 자유 물체 도형이다. 두 물체 모두 장력 $\vec{T}$와 관련이 있다. 물통 그림에서는 아래 방향을, 원통 그림에서는 시계 방향을 양의 방향으로 택한다. 이제 두 물체에 대한 뉴턴 법칙을 생각해 보자. 각 물체에 대한 운동 방정식을 구한 다음에 줄의 장력으로 두 식을 연결한다. 장력이 원통에 작용하는 돌림힘은 식 10.10의 $\tau = rF\sin\theta$로 구한다. 또한 식 10.5의 $a_t = r\alpha$로 원통의 각가속도를 물통의 가속도로 연결한다.

풀이 아래 방향이 양의 방향이므로, 물통에 대한 뉴턴의 제2법칙은 $F_{알짜} = mg - T = ma$이다. 원통에 대해서는 회전 운동에 대한 뉴턴의 제2법칙인 $\tau = I\alpha$를 사용한다. 한편 원통의 회전축에 수직하게 줄의 장력 T가 작용하여 만든 돌림힘이 RT이므로, 원통의 운동 방정식은 $RT = I\alpha$이다. 물통을 우물 안으로 내리기 위하여 줄을 풀어줄 때 원통 가장자리의 접선 가속도는 물통의 선가속도와 같아야 한다. 즉 식 10.5에서 $\alpha = a/R$이므로, $RT = Ia/R$ 또는 $T = Ia/R^2$이다. 그런데 표 10.2에서 원통의 회전 관성이 $I = \frac{1}{2}MR^2$이므로, 장력은 $T = \frac{1}{2}Ma$이다. 따라서 물통의 운동 방정식은 $ma = mg - T = mg - \frac{1}{2}Ma$이고, a에 대해서 풀면 다음을 얻는다.

$$a = \frac{mg}{m + \frac{1}{2}M}$$

검증 답을 검증해 보자. 만약 $M = 0$이면 회전 관성이 없으므로 $a = g$이다. 즉 원통을 회전시키는 돌림힘이 없고 줄의 장력도 없어서 물통은 가속도 g로 자유 낙하한다. 원통의 질량 M이 커지면 원통의 회전 가속도를 만드는데 더 큰 돌림힘이, 따라서 더 큰 줄의 장력이 필요하므로 물통의 감속이 감소한다. 그럼에도 불구하고 원통의 반지름이 구한 답에 포함되지 않는다. 회전 관성이 R^2에 비례하지만, 돌림힘과 접선 가속도가 R에 비례하므로, 이 또한 타당한 결과이다. 즉 원통의 접선 가속도와 물통의 가속도가 같으므로, 돌림힘과 접선 가속도의 증가가 회전 관성의 증가와 상쇄된다.

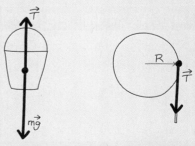

그림 10.20 물통과 원통의 자유 물체 도형

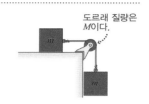

도르래 질량은 M이다.

| 확인 문제 | **10.5** 질량이 m인 두 토막이 무시할 수 없는 질량 M의 도르래에 그림처럼 줄로 연결되어 있다. 하나는 마찰이 없는 책상 위에 놓여 있고, 다른 하나는 수직으로 걸려 있다. 수직 줄의 장력은 수평 줄보다 (a) 큰가, (b) 같은가, (c) 작은가? 설명하라. |

10.4 회전 운동 에너지

LO 10.6 회전 운동 에너지를 구할 수 있다.

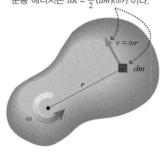

질량 요소 dm의 선속력이 $v = \omega r$이므로 운동 에너지는 $dK = \frac{1}{2}(dm)(\omega r)^2$이다.

그림 10.21 질량 요소의 회전 운동 에너지

회전하는 물체에도 운동 에너지가 있다. 왜냐하면 모든 부분이 운동하고 있기 때문이다. 회전축에 대한 모든 질량 요소의 운동 에너지의 합을 **회전 운동 에너지**(rotational kinetic energy)로 정의한다. 그림 10.21에서 회전축에서 거리 r인 곳에 있는 질량 요소 dm의 운동 에너지는

$$dK = \frac{1}{2}(dm)(v^2) = \frac{1}{2}(dm)(\omega r)^2$$

이다. 따라서 회전 운동 에너지는

$$K_{회전} = \int dK = \int \frac{1}{2}(dm)(\omega r)^2 = \frac{1}{2}\omega^2 \int r^2 dm$$

이다. 여기서 회전하는 강체의 모든 질량 요소에 대한 각속력 ω는 같으므로 적분 기호 밖으로 ω^2을 빼낼 수 있다. 또한 나머지 적분은 회전 관성 I와 같으므로, 회전 운동 에너지를 다음과 같이 표기할 수 있다.

회전 운동 에너지 $K_{회전}$는 선형 운동 에너지 $K = \frac{1}{2}mv^2$에 대응된다.

$$K_{회전} = \frac{1}{2}I\omega^2 \text{ (회전 운동 에너지)} \tag{10.18}$$

회전 관성 I는 질량 m에 대응된다.

각속도 ω는 선속도 v에 대응된다.

위 식에서 I와 ω는 선형 운동의 질량과 속력에 대응하므로 식 10.18은 $K = \frac{1}{2}mv^2$과 같은 형식이다.

| 예제 10.10 | **회전 운동 에너지: 관성 바퀴에 에너지 저장하기** |

반지름 30 cm, 질량 135 kg의 속이 찬 원통 회전체인 관성 바퀴가 31,000 rpm으로 회전한다. 얼마나 많은 에너지를 저장하는가?

해석 회전하는 원통에 저장된 운동 에너지를 구하는 문제이다.

과정 식 10.18의 $K_{회전} = \frac{1}{2}I\omega^2$으로 회전 운동 에너지를 구한다. 표 10.2에서 원통의 회전 관성을 찾고, 분당 회전율(rpm)을 각속력(rad/s)으로 변환시킨다.

풀이 표 10.2에서 회전 관성은 $I = \frac{1}{2}MR^2 = \frac{1}{2}(135 \text{ kg})(0.30 \text{ m})^2 = 6.1 \text{ kg} \cdot \text{m}^2$이고, 각속력 31,000 rpm은 $(31,000 \text{ rev/min})(2\pi \text{ rad/rev})/(60 \text{ s/min}) = 3246 \text{ rad/s}$이다. 따라서 식 10.18은 다음과 같다.

$$K_{회전} = \frac{1}{2}I\omega^2 = \frac{1}{2}(6.1 \text{ kg} \cdot \text{m}^2)(3246 \text{ rad/s})^2 = 32 \text{ MJ}$$

검증 답을 검증해 보자. 32 MJ은 가솔린 1 L의 에너지와 비슷하다. 관성 바퀴가 에너지를 집중적으로 축적할 수 있고 에너지 변환이 용이하기 때문에 화석연료나 화학전지보다 이점이 많다. 왜 이 예제의 속이 찬 원판이 가장 효율적인 관성 바퀴 설계가 아닌지 알 수 있는가? 개념 문제 9와 실전 문제 77에서 이 문제를 더 다룰 것이다.

 라디안 사용하기 식 10.3의 $v = \omega r$를 사용하여 식 10.18의 $K = \frac{1}{2} I \omega^2$을 얻었다. 각속력이 라디안 단위에서만 성립하므로 회전 운동 에너지라도 라디안 단위로 표기해야 한다.

회전 운동에서 에너지와 일

6.3절에서 선형 운동 에너지의 변화가 물체에 한 알짜일과 같다는 일-운동 에너지 정리를 증명하였다. 즉 일은 알짜힘과 물체가 움직인 거리의 곱이다. 회전 운동에서도 마찬가지이다. 즉 회전 운동 에너지의 변화는 물체에 한 알짜일과 같다. 그 일은 유사하게 돌림힘과 각변위의 곱으로 다음과 같다.

$$W = \int_{\theta_i}^{\theta_f} \tau \, d\theta = \Delta K_{\text{회전}} = \frac{1}{2} I \omega_f^2 - \frac{1}{2} \omega_i^2 \quad \text{(일-에너지 정리, 회전 운동)} \quad (10.19)$$

여기서 아래 첨자 i와 f는 각각 처음 상태와 나중 상태를 나타낸다.

예제 10.11 일과 회전 에너지: 타이어 균형 잡기

자동차 타이어 바퀴의 회전 관성은 $2.7 \, \text{kg} \cdot \text{m}^2$이다. 타이어의 균형을 잡아주는 장비가 타이어를 정지 상태에서 25회전수 만에 700 rpm으로 회전시키는 데 필요한 일정한 돌림힘은 얼마인가?

해석 회전수가 증가하면서 바퀴의 회전 운동 에너지가 변하므로 균형 장비에 돌림힘을 가하여 일을 해야 한다. 즉 회전 운동에서 일-운동 에너지 정리에 대한 문제이다.

과정 식 10.19의 일-운동 에너지 정리는 한 일과 회전 운동 에너지를 다음과 같이 연결한다.

$$W = \int_{\theta_i}^{\theta_f} \tau \, d\theta = \Delta K_{\text{회전}} = \frac{1}{2} I \omega_f^2 - \frac{1}{2} I \omega_i^2$$

처음 및 나중 각속력을 rad/s 단위로 변환시켜 사용한다. 돌림힘이 일정하므로 식 10.19의 적분을 $\tau \Delta \theta$로 표기하고 돌림힘을 구한다.

풀이 처음 각속력은 $\omega_i = 0$이고, 나중 각속력은 $\omega_f = (700 \, \text{rev/min})(2\pi \, \text{rad/rev})/(60 \, \text{s/min}) = 73.3 \, \text{rad/s}$이다. 또한 각변위는 $\Delta \theta = (25 \, \text{rev})(2\pi \, \text{rad/rev}) = 157 \, \text{rad}$이다. 이제 식 10.19를 $W = \tau \Delta \theta = \frac{1}{2} I \omega_f^2$으로 표기할 수 있으므로, 돌림힘은 다음과 같다.

$$\tau = \frac{\frac{1}{2} I \omega_f^2}{\Delta \theta} = \frac{(\frac{1}{2})(2.7 \, \text{kg} \cdot \text{m}^2)(73.3 \, \text{rad/s})^2}{157 \, \text{rad}} = 46 \, \text{N} \cdot \text{m}$$

검증 답을 검증해 보자. 이러한 돌림힘을 보통 크기의 타이어 가장자리에 작용하려면 100 N 이하의 힘이 필요하다. 즉 10 kg의 질량이면 충분하므로 합당한 값이다.

확인 문제 **10.6** 바퀴가 100 rpm으로 회전하고 있다. 이것을 200 rpm까지 돌리기 위해 해주는 일은 바퀴를 정지 상태에서 100 rpm까지 돌리는 데 해주는 일보다 (a) 적다, (b) 많다, (c) 같다.

관성 바퀴는 전지 대신에 에너지를 저장할 수 있는 역학 장치이다. 하이브리드 자동차의 가속, 언덕 등판, 산업체의 승강장치, 놀이공원의 회전체, 전력망 조절, 전력공급 등에서 널리 사용하고 있다. 관성 바퀴를 장착한 하이브리드 자동차는 브레이크를 밟는 동안 일반 바퀴에서 열로 소모되는 역학적 에너지를 저장하였다가 활용하므로 엔진의 효율이 높다. 최근에는 역학적 에너지를 직접 화학전지에 저장하기도 한다.

식 10.18을 보면 관성 바퀴의 회전 관성과 각속력이 커지면 저장된 에너지가 상당히 커진다. 특히 에너지가 각속도의 제곱에 비례하므로 각속력의 크기가 중요하다. 최신식 관성 바퀴는 전지와는 달리 매우 추운 날에도 1분 동안이나 수십 kW의 일률을 공급할 수 있다. 탄소복합 신소재를 활용하여 30,000 rpm 이상의 회전 속력에서도 $\omega^2 r$의 가속도를 유지하는 데 필요한 힘에 견딜 수 있다. 또한 진공에서 작동하는 관성 바퀴도 있다. 어떤 경우에는 26장에서 공부할 초전도 물질을 활용하여 전기적 손실을 없애고 있다. 옆의 사진은 텍사스 오스틴의 공용버스에서 사용하는 고속 관성 바퀴이다. 이 관성 바퀴로 연료를 약 30% 절약할 수 있다.

10.5 굴림 운동

LO 10.7 구르는 물체의 운동을 정량적으로 기술할 수 있다.

구르는 물체는 회전 운동과 병진 운동을 함께 한다. 각 운동에 해당하는 운동 에너지는 얼마일까?

9.3절에서 복합 물체의 운동 에너지를 질량 중심의 운동 에너지와 질량 중심에 대한 상대 운동의 운동 에너지로 분리하여 $K = K_{cm} + K_{내부}$로 표기하였다. 속력 v로 움직이는 질량 M의 질량 중심 운동 에너지는 $K_{cm} = \frac{1}{2}Mv^2$이다. 질량 중심틀에서 보면 바퀴는 질량 중심에 대해서 각속력 ω로 회전하므로 내부 운동 에너지는 $K_{내부} = \frac{1}{2}I_{cm}\omega^2$이다. 따라서 총운동 에너지는 다음과 같다.

$$K_{총} = \frac{1}{2}Mv^2 + \frac{1}{2}I_{cm}\omega^2 \tag{10.20}$$

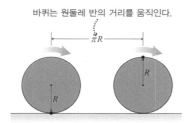

바퀴는 원둘레 반의 거리를 움직인다.

그림 10.22 반 바퀴 굴림

바퀴가 미끄럼 없이 굴러가므로, 병진 운동의 선속력 v와 질량 중심에 대한 각속력 ω는 관련이 있다. 그림 10.22처럼 반 바퀴를 굴려서 원둘레 반의 거리를 수평으로 움직인 바퀴를 생각해 보자. 각변위 $\Delta\theta$를 시간 Δt로 나누면 각속력을 얻는다. 반 바퀴(즉 π 라디안)를 움직였으므로 결국 각속력은 $\omega = \pi/\Delta t$이다. 한편 선속력은 실제 움직인 거리를 시간으로 나눈 값이다. 반지름이 R이면 원둘레의 반은 πR이므로 선속력은 $v = \pi R/\Delta t$이다. v와 ω로 표현하면 다음과 같다.

$$v = \omega R \text{ (굴림 운동)} \tag{10.21}$$

식 10.21은 식 10.3과 비슷해 보이지만 다르다. 식 10.3의 $v = \omega r$의 v는 회전 물체의 중심에서 거리 r인 점의 선속력이다. 한편 식 10.21의 v는 반지름이 R인 전체 물체의 선속력이다. 미끄럼 없이 굴러가는 물체는 질량 중심틀에서 바퀴의 가장자리와 같은 비율로 움직이므로 두 식은 비슷하게 보인다.

구르는 바퀴에서 바닥과 접촉한 점은 순간적으로 정지해 있다. 그림 10.23을 보면 알 수 있다.

왜 미끄럼 없이 구를까? 마찰 때문이다(그림 10.24 참조). 얼음판에서는 굴림 없이 미끄러

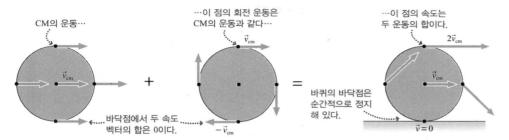

그림 10.23 바퀴의 굴림 운동은 전체 바퀴의 병진 운동과 질량 중심에 대한 회전 운동의 결합이다.

진다. 보통은 정지 마찰이 미끄러짐을 막는다. 접촉점이 정지해 있으므로 마찰력이 일을 하지 않아서 역학적 에너지가 보존된다. 따라서 구르는 물체에 에너지 보존 원리를 적용시킬 수 있다.

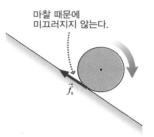

그림 10.24 경사면을 굴러 내려오는 바퀴

확인 문제	**10.7** 기차, 지하철, 기타 궤도 차량의 바퀴에는 레일의 표면에서 구르는 바퀴 부분 너머까지 연장된 플랜지가 있다(그림 참조). 플랜지는 기차가 레일에서 이탈하는 것을 방지한다. 플랜지의 가장 밑에 있는 점을 고려하자. 이것은 (a) 기차의 운동 방향으로 움직이는가, (b) 순간적으로 정지해 있는가, (c) 기차의 운동 방향과 반대로 움직이는가?

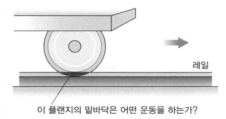

레일

이 플랜지의 밑바닥은 어떤 운동을 하는가?

예제 10.12 **에너지 보존: 언덕 구르기** 응용 문제가 있는 예제

반지름 R, 질량 M인 속이 찬 구가 정지 상태에서 언덕을 굴러 내려오며, 질량 중심의 위치가 h만큼 줄어든다. 언덕 바닥에서 구의 속력을 구하라.

해석 7장의 에너지 보존과 비슷하지만, 병진 운동과 회전 운동에 대한 운동 에너지가 포함된다. 언덕 위에 있는 구의 중력 퍼텐셜 에너지가 언덕 바닥의 운동 에너지로 바뀐다. 공의 미끄럼을 막아주는 마찰력은 일을 하지 않으므로 역학적 에너지 보존이 성립한다.

과정 그림 10.25에 공의 처음과 나중 상태에 대한 에너지 막대 그림이 있다. 에너지 보존이 성립하기 때문에 $K_0 + U_0 = K + U$이다. 여기서는 $K_0 = 0$이고, 언덕 바닥에서 퍼텐셜 에너지를 0으로 잡으면 $U_0 = Mgh$, $U = 0$이다. K는 식 10.20의 $K_{총} = \frac{1}{2}Mv^2 + \frac{1}{2}I\omega^2$처럼 병진 및 회전 운동 에너지의 합이다. 이 결과들을 이용하여 에너지 보존에서 공의 속력 v를 구한다. 또한 공이 미끄러지지 않으므로, 각속력 ω는 식 10.21에서 $\omega = v/R$이다. 에너지 보존을 다음과 같이 표기할 수 있다.

$$Mgh = \frac{1}{2}Mv^2 + \frac{1}{2}I\omega^2 = \frac{1}{2}Mv^2 + \frac{1}{2}\left(\frac{2}{5}MR^2\right)\left(\frac{v}{R}\right)^2 = \frac{7}{10}Mv^2$$

여기서 표 10.2에서 속이 찬 구의 회전 관성은 $I = \frac{2}{5}MR^2$이다.

풀이 위 식에서 v를 구하면 다음을 얻는다.

$$v = \sqrt{\frac{10}{7}gh}$$

검증 답을 검증해 보자. 이 결과는 마찰이 없는 언덕을 미끄러져 내려오는 구의 속력 $v = \sqrt{2gh}$ 보다 작다. 구르는 구의 에너지 중 일부는 회전 운동으로 가므로 병진 운동 에너지가 작아지기 때문이다. 다른 중력 관련 문제와 마찬가지로 질량과 반지름은 상관이 없다. 크기 $\frac{10}{7}$은 구의 회전 관성 때문에 나타나므로 질량이나 반지름과 상관없이 모든 속이 찬 구에 대해서 똑같다.

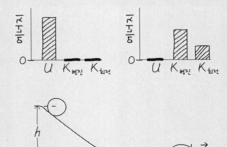

그림 10.25 언덕에서 바닥으로 움직이는 공은 얼마나 빠른가?

예제 10.12는 경사면을 굴러 내려가는 물체의 마지막 속력이 물체의 질량 분포의 세부사항에 의존한다는 것을 보여 준다. 겉보기에 같게 보이는 물체들의 질량 분포가 서로 다르다면 그것들이 경사면의 바닥에 도달하는 시간은 같지 않을 것이다. 개념 예제 10.1은 이 점을 더 생각하도록 돕는다. 강체로서 구르는가 여부도 구르는 물체의 속력에 영향을 준다. 예를 들어 액체가 든 깡통이 경사로를 구를 때 액체는 깡통 자체만큼 빨리 돌 필요가 없다(또는 액체는 전혀 회전조차 하지 않을 수 있다). 따라서 회전으로 가는 에너지가 적어서 병진 운동에 에너지가 더 많이 남는다. 그 예를 보려면 '물리학 익히기'가 제공하는 영상 학습프로그램 '식품 통조림 경주'를 참조하라. 영상을 본 뒤에 어떻게 완숙 계란과 반숙 계란을 구별할 수 있는지 생각해 보기 바란다.

개념 예제 10.1 **굴리기 경주**

속이 꽉 찬 공과 속이 빈 공이 미끄러짐 없이 경사로를 굴러 내려 간다. 어느 것이 바닥에 먼저 도착하는가?

풀이 예제 10.12를 보면 공이 경사면을 구를 때 공의 퍼텐셜 에너지의 일부가 회전 운동 에너지로 바뀌기 때문에 병진 운동 에너지로는 덜 남는다. 결과적으로 공은 더 천천히 움직이므로 시간이 더 걸린다. 여기서 구르는 두 물체를 비교하려고 한다. 두 물체는 속이 빈 공과 예제 10.12에서 다룬 속이 찬 공이다. 속이 빈 공은 그 질량이 표면에 집중되어 있어서 회전 관성이 더 크다. 따라서 에너지가 더 많이 회전으로 가게 되어 병진 속력은 낮춰지므로 속이 빈 공이 나중에 바닥에 도착한다.

검증 에너지는 두 공 모두에서 보존되지만 속이 빈 공의 경우에 회전에 더 많은 에너지가 있고 병진에는 더 적다. 예제 10.12에서 보았듯이 그 속력에 영향을 주는 것은 질량도 아니고 공의 지름도 아니다. 중요한 것은 질량의 분포이므로, 그것은 회전 관성이다.

관련 문제 이 예제에서 두 공의 나중 속도를 비교하라.

풀이 예제 10.12에서 속이 찬 공이 낙차 h만큼 굴러 내려간 후의 속력은 $\sqrt{10gh/7}$이다. 표 10.2에 나타나 있는 속이 빈 공의 회전 관성 $I = \dfrac{2}{3}MR^2$을 예제 10.12의 계산에 대입하면 $v = \sqrt{6gh/5}$를 얻는다. 그래서 속이 찬 공이 $\sqrt{10/7}\,/\,\sqrt{6/5}$ $\simeq 1.1$배 더 빠르다.

10장 요약

핵심 개념

이 장의 핵심 개념은 회전 물체의 각위치 변화율로 기술하는 회전 운동이며, 선형 운동의 방정식을 응용할 수 있다. 예를 들면 힘, 질량, 가속도는 돌림힘, 회전 관성, 각가속도에 대응하며, 회전 운동에 관한 뉴턴의 제2법칙을 따른다.

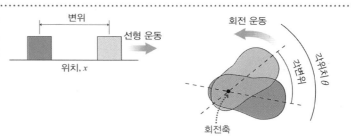

주요 개념 및 식

회전 운동과 선형 운동의 대응 관계에서 각속도, 각가속도, 돌림힘, 회전 관성 등으로 회전 운동에 관한 뉴턴 법칙을 수립한다.

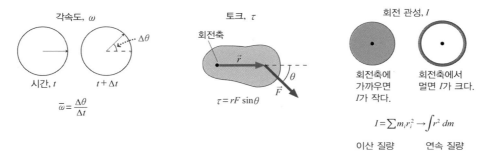

다음의 표는 선형 운동과 회전 운동의 대응 관계를 보여 준다. 각도는 라디안 단위이고, 회전 물리량은 회전축에 대한 값이다.

선형 변수	각변수	두 변수의 관계
위치 x	각위치 θ	
속도 $v = dx/dt$	각속도 $\omega = d\theta/dt$	$v = \omega r$
가속도 a	각가속도 α	$a_t = \alpha r$
질량 m	회전 관성 I	$I = \int r^2 dm$
힘 F	돌림힘 τ	$\tau = rF\sin\theta$
병진 운동 에너지 $K_{병진} = \frac{1}{2}mv^2$	회전 운동 에너지 $K_{회전} = \frac{1}{2}I\omega^2$	
뉴턴의 제2법칙(일정한 질량, 일정한 회전 관성):		
$F = ma$	$\tau = I\alpha$	

응용

등각가속도 운동: 각가속도가 일정하면 2장의 등가속도 운동 방정식처럼 적용한다.

등가속도 운동 방정식		등각가속도 운동 방정식	
$\bar{v} = \frac{1}{2}(v_0 + v)$	(2.8)	$\bar{\omega} = \frac{1}{2}(\omega_0 + \omega)$	(10.6)
$v = v_0 + at$	(2.7)	$\omega = \omega_0 + \alpha t$	(10.7)
$x = x_0 + v_0 t + \frac{1}{2}at^2$	(2.10)	$\theta = \theta_0 + \omega_0 t + \frac{1}{2}\alpha t^2$	(10.8)
$v^2 = v_0^2 + 2a(x - x_0)$	(2.11)	$\omega^2 = \omega_0^2 + 2\alpha(\theta - \theta_0)$	(10.9)

굴림 운동: 반지름 R의 물체가 미끄럼 없이 구를 때, 접촉점은 순간적으로 정지해 있다. 이때 선속력과 각속력은 $v = \omega R$인 관계를 가진다. 또한 물체의 운동 에너지는 병진 운동 에너지 $\frac{1}{2}Mv^2$과 회전 운동 에너지 $\frac{1}{2}I\omega^2$의 합이다.

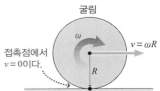

물리학 **익히기**   www.masteringphysics.com을 방문하여 과제를 수행하고 동적 학습 모듈(Dynamic Study Modules), 연습 문제 (practice quizzes), 문제 영상 풀이(video solutions to problems) 등의 자기 학습 도구를 이용하시오.

BIO 생물 및 의학 문제   DATA 데이터 문제   ENV 환경 문제   CH 도전 문제   COMP 컴퓨터 문제

학습 목표   이 장을 학습하고 난 후 다음을 할 수 있다.

LO 10.1 위치, 속도, 가속도, 힘 및 질량에 대응하는 회전 물리량을 구분하고 계산할 수 있다.
개념 문제 10.1, 10.2, 10.3, 10.4
연습 문제 10.11, 10.12, 10.13, 10.18, 10.19, 10.20, 10.21, 10.22
실전 문제 10.53, 10.76

LO 10.2 일차원 등가속도 운동 문제에 대응하는 회전 운동 문제를 해결할 수 있다.
개념 문제 10.7, 10.8
연습 문제 10.14, 10.15, 10.16, 10.17

LO 10.3 합 혹은 적분을 이용하여 회전 관성을 구할 수 있다.
개념 문제 10.9
연습 문제 10.23, 10.24, 10.25, 10.26, 10.27, 10.28, 10.29
실전 문제 10.50, 10.51, 10.52, 10.54, 10.56, 10.59, 10.65, 10.69, 10.71, 10.73, 10.74, 10.78

LO 10.4 회전 운동에 대한 뉴턴의 제2법칙을 적용할 수 있다.
연습 문제 10.27, 10.28, 10.29
실전 문제 10.45, 10.46, 10.47, 10.48, 10.49, 10.55, 10.58, 10.59

LO 10.5 선형 운동과 회전 운동이 결합된 문제를 해결할 수 있다.
실전 문제 10.57, 10.60, 10.66, 10.79

LO 10.6 회전 운동 에너지를 구할 수 있다.
개념 문제 10.5, 10.6, 10.10
연습 문제 10.30, 10.31, 10.32, 10.33
실전 문제 10.63, 10.64, 10.70, 10.72, 10.77

LO 10.7 구르는 물체의 운동을 정량적으로 기술할 수 있다.
개념 문제 10.5, 10.6, 10.10
연습 문제 10.34, 10.35, 10.36
실전 문제 10.61, 10.62, 10.64, 10.67, 10.68

개념 문제

1. 회전 강체의 모든 점에서 각속도, 선속력, 지름 가속도 중 무엇(들)이 같은가?

2. 회전 바퀴 가장자리는 원형 궤도로 움직이므로 가속도는 0이 아니다. 회전 바퀴도 각가속도가 0이 아닌가?

3. 물체에 두 힘이 작용하지만 알짜힘은 0이다. 알짜 돌림힘도 0인가? 왜 그런가? 아니면 예를 들어라.

4. 시계 방향으로 회전하는 물체에 반시계 방향의 돌림힘을 작용할 수 있는가? 없다면 왜 그런가? 있다면 물체의 운동은 어떻게 변하는가? 변하지 않는다면 왜 그런가?

5. 질량과 반지름이 같은 속이 찬 구와 속이 빈 구가 수평면에서 구르고 있다. 운동 에너지가 같으면 어느 구가 더 빠른가?

6. 질량과 반지름이 같은 고체 원통과 속이 빈 원통이 같은 속력으로 수평면에서 구른다. 어느 원통의 운동 에너지가 더 큰가?

7. 원형 전기톱은 전원을 꺼도 한참 후에나 회전을 멈춘다. 그러나 톱날이 없으면 전동기는 금방 멈춘다. 왜 그런가?

8. **BIO** 말의 아랫다리에는 사실상 근육이 없기 때문에 말이 잘 달릴 수 있다. 회전 관성으로 설명하라.

9. 관성 바퀴에 에너지를 저장하려고 한다. 질량과 각속력이 일정할 때 어떤 모양의 관성 바퀴가 에너지를 가장 많이 저장할 수 있는가?

10. 그림 10.26처럼 정지한 공이 미끄럼 없이 굴러 내려와서 오른쪽의 마찰 없는 경사면을 올라가기 시작한다. 왼쪽 출발 높이와 오른쪽 최대 높이를 비교하라.

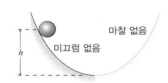

그림 10.26 개념 문제 10, 실전 문제 64

연습 문제

10.1 각속도, 각가속도

11. (a) 회전축에 대한 지구, (b) 시계의 분침, (c) 시계의 시침, (d) 300 rpm으로 회전하는 계란거품기의 각속력을 rad/s로 각각 구하라.

12. (a) 적도와 (b) 현재 위도에서 선속력은 얼마인가?

13. (a) 720 rpm, (b) 50°/h, (c) 1000 rev/s, (d) 1 rev/y(공전 궤도에서 지구의 각속력)을 각각 rad/s로 표기하라.

14. 지름 25 cm의 원형 전기톱이 3500 rpm으로 회전한다. 톱날이 원형 톱날과 같은 비율로 나무를 통과해 움직이려면 얼마나 빨리 전기톱을 직선으로 밀어야 하는가?

15. CD의 회전율은 200 rpm과 500 rpm 사이에서 변한다. CD를 74 min 동안 재생하면 평균 각가속도는 (a) rpm/s, (b) rad/s^2 단위로 각각 얼마인가?

16. 발전기를 가동시키면 터빈이 정지 상태에서 0.52 rad/s^{2}으로 가속된다. (a) 작동 속력이 3600 rpm에 도달할 때까지 얼마나 걸리는가? (b) 이 시간 동안 몇 번 회전하는가?

17. 정지한 회전목마가 14 s 동안 각가속도 0.010 rad/s^{2}으로 가속

된다. (a) 몇 번이나 회전하는가? (b) 평균 각속력은 얼마인가?

10.2 돌림힘

18. 회전하는 지름 1.0 m의 바퀴 가장자리에 반대 방향으로 320 N의 마찰력이 작용한다. 중심축에 대한 돌림힘은 얼마인가?

19. 일반적으로 지름이 60 cm인 자전거 바퀴의 가장자리에 림 브레이크는 약 1 kN의 힘을 가한다. 최근 선호도가 증가하고 있는 디스크 브레이크는 지름이 200 mm인 원판의 가장자리 근처에 약 4 kN의 힘을 가한다. 어느 브레이크가 더 큰 돌림힘을 만드는가? 두 브레이크에 의한 돌림힘의 차이를 구하라.

20. 자동차 정비 중 35.0 N·m의 돌림힘으로 점화플러그를 조여야 한다. 길이 24.0 cm의 렌치 손잡이의 끝에 (a) 수직으로, (b) 110°로 작용해야 할 힘을 각각 구하라.

21. 10분을 가리키는 길이 17 cm의 분침 끝에 55 g의 생쥐가 올라가 있다. 분침의 회전축에 작용하는 돌림힘을 생쥐의 무게로 구하라.

22. 뒤집은 자전거의 앞바퀴는 자유롭게 회전하며, 25 g의 공기 주입구를 제외하면 완벽한 원형이다. 회전축에서 32 cm인 곳에 공기 주입구가 있고, 수평과 각도 24°를 이룬다면 바퀴축에 대한 돌림힘은 얼마인가?

10.3 회전 관성과 뉴턴 법칙

23. 길이 L인 질량 없는 막대로 만든 네모의 꼭짓점에 질량 m인 동일한 네 입자가 놓여 있다. (a) 한 변, (b) 마주 보는 두 변의 수직 이등분선이 회전축일 때 회전 관성을 각각 구하라.

24. 터빈과 전동기를 연결한 굴림대는 질량 6.8 Mg, 지름 85 cm인 고체 원통이다. 회전 관성을 구하라.

25. 질량 120 g, 반지름 8.5 cm인 속이 빈 원통의 양 끝이 질량 33 g의 균일한 원판으로 닫혀 있다. (a) 원통의 길이 방향 중심축에 대한 회전 관성은 얼마인가? (b) 어떤 돌림힘을 적용하면 원통의 각가속도가 3.3 rad/s²인가?

26. 바퀴의 지름은 92 cm이고 회전 관성은 7.8 kg·m²이다. (a) 최소 질량은 얼마인가? (b) 질량이 더 커질 수 있는가?

27. (a) 균일한 속이 찬 구로 가정하고 지구의 회전 관성을 구하라. (b) 하루의 길이가 100년에 1초 변하려면 어떤 돌림힘을 지구에 작용해야 하는가?

28. 지름 24 cm, 질량 108 g인 프리스비는 질량의 반이 원판에 균일하게 분포하고, 나머지 반이 가장자리에 모여 있다. 손목을 1/4만 돌려서 던진 프리스비의 회전율은 550 rpm이다. (a) 프리스비의 회전 관성은 얼마인가? (b) 프리스비에 작용한 일정한 돌림힘의 크기는 얼마인가?

29. MIT의 자기실험실에서 반지름 2.4 m, 질량 7.7×10^4 kg의 거대한 강체 관성 바퀴에 에너지를 저장한다. 관성 바퀴는 지름이 41 cm인 지지대 위에 놓여 있다. 지지대에 접선 방향으로 작용하는 마찰력이 34 kN이면 360 rpm으로 회전하는 관성 바퀴가 멈추는 데 얼마나 걸리는가?

10.4 회전 운동 에너지

30. 지름 25 cm의 원형 전기톱날은 질량 0.85 kg이 균일하게 분포한 원판이다. (a) 3500 rpm으로 회전할 때 회전 운동 에너지는 얼마인가? (b) 정지한 톱날이 3500 rpm에 도달하는 3.2 s 동안 작용한 평균 일률은 얼마인가?

31. 인류는 약 18 TW로 에너지를 소모한다. 지구의 자전에서 에너지를 얻어서 사용할 수 있다면, 하루 길이가 1초 증가할 때까지 얼마나 오랫동안 사용할 수 있는가?

32. 150 g의 야구공을 42 rad/s로 회전하도록 속력 33 m/s로 던진다. 회전 운동 에너지는 전체 운동 에너지의 몇 %인가? 야구공을 반지름 3.7 cm인 균일한 속이 찬 구로 가정한다.

33. (a) 연습 문제 29의 관성 바퀴가 360 rpm으로 회전할 때 저장되는 에너지를 구하라. (b) 관성 바퀴를 발전기에 연결하면 3.0 s 동안 회전율이 360 rpm에서 300 rpm으로 감소한다. 평균 출력은 얼마인가?

10.5 굴림 운동

34. 2.4 kg의 속이 찬 구가 5.0 m/s로 구른다. (a) 병진 운동 에너지와 (b) 회전 운동 에너지를 구하라.

35. 고체 원판이 미끄럼 없이 구르면 운동 에너지의 몇 %가 회전 에너지인가?

36. 구르는 구의 전체 운동 에너지 100 J 중 40 J이 회전 에너지이다. 이 구는 속이 찬 구인가? 속이 빈 구인가?

응용 문제

다음 문제들은 본문의 예제들에 기초한 것이다. 두 세트의 문제들은 물리학의 이해를 강화하는 연결의 형성을 돕고 이전에 풀어본 문제에서 변형된 문제를 해결하는 자신감을 키우도록 설계되어 있다. 각 세트의 첫 번째 문제는 본질적으로 예제 문제이지만 숫자들은 다르다. 두 번째 문제는 예제와 똑같은 상황이지만 묻는 질문이 다르다. 세 번째와 네 번째 문제는 완전히 다른 상황으로 이런 방식을 반복한다.

37. **예제 10.5** (a) 가운데를 수직하게 지나는 수직한 축에 대한 질량이 172 g인 1 m 자의 회전 관성을 구하라. 자를 얇은 막대로 가정한다. (b) 1 m 자의 폭은 2.54 cm이다. 자를 편평한 판으로 가정하면 더 정확한 값을 구할 수 있다(표 10.2 참조). (a)에서 구한 값과 오차는 몇 %인가?

38. **예제 10.5** 수직한 축에 대한 질량이 M이고 길이가 L인 얇은 막대의 회전 관성이 $\dfrac{ML^2}{9}$이다. 회전축의 위치는 어디인가?

39. **예제 10.5** NASA의 Ames 연구센터에는 우주비행사들의 훈련을 위해 사용하는 큰 원심분리기가 있다. 이 원심분리기에는 중심을 수직하게 지나는 축에 대해 회전이 가능한 질량이 3880 kg이고 길이가 18.0 m인 튜브가 있다. 그리고 회전축에서 7.92 m 떨어진 양쪽에 훈련에 참가한 우주비행사가 앉을 수 있는 질량 105 kg의 의자가 설치되어 있다. 양쪽의 두 의자에 질량 72.6 kg인 우주비행사 두 명이 각각 앉아 있을 때 원심분리기의

회전 관성을 구하라. 튜브를 얇은 막대로 가정하고, 우주비행사와 의자를 점 질량으로 가정한다.

40. **예제 10.5** 튜브 단면을 한 변의 길이가 2.10 m인 정사각형으로 가정하고, 우주비행사와 의자를 합쳐 중심이 회전축으로부터 7.92 m 떨어진 곳에 있는 한 변의 길이가 1.85 m인 정육면체로 가정한 후 앞의 문제를 다시 풀어라.

41. **예제 10.12** 구형의 돌멩이가 바닥으로부터 높이가 24.2 cm인 경사면의 꼭대기에서 정지 상태로부터 굴러서 내려온다. 바닥에 도달했을 때 속력을 구하라.

42. **예제 10.12** 굴러 내려오는 돌멩이가 경사면의 중간에 도달했을 때 속력이 1.12 m/s이다. (a) 출발 위치의 높이와 (b) 바닥에 도달했을 때 속력을 구하라.

43. **예제 10.12** 반지름이 40.6 cm이고 회전 관성이 $3.58\,\text{kg}\cdot\text{m}^2$인 질량 29.5 kg의 바퀴가 높이 12.6 m인 경사면을 굴러 내려온다. (a) 바닥에서 속력을 구하라. (b) 바퀴의 모양이 링 혹은 원판 형태인지 아니면 그 중간인가?

44. **예제 10.12** 나무 원판과 나무 원판의 가장자리에 붙어 있는 얇은 금속 링으로 이루어진 바퀴의 총질량은 14.7 kg이다. 이 바퀴가 높이가 1.00 m인 경사면의 꼭대기에서 정지한 상태에서 굴러서 내려온다. 바닥에 도달했을 때 바퀴의 속력은 3.38 m/s이다. 나무 원판과 금속 링의 질량을 구하라.

실전 문제

45. 정지한 바퀴가 18 rpm/s로 가속되는 동안에 2.0번 회전한다. (a) 나중 각속력은 얼마인가? (b) 2.0번 회전하는 데 얼마나 걸리는가?

46. 고속으로 사용하던 믹서를 저속으로 바꾸면, 1.4 s 동안 칼날의 속력이 3600 rpm에서 1800 rpm으로 감소한다. 믹서의 명세서에는 믹서가 고속에서 저속으로 전환하는 동안 60회전을 넘지 않게 되어 있다. 이 믹서는 제품 기준에 맞는가?

47. 자동차 엔진을 공회전시키면 회전 속도계의 회전수가 2.7 s 동안 1200 rpm에서 5500 rpm으로 꾸준히 증가한다. (a) 엔진의 각가속도는 얼마인가? (b) 지름이 3.5 cm인 크랭크축 가장자리의 가속도는 얼마인가? (c) 이 시간 동안 엔진은 몇 번 회전하는가?

48. 어떤 회전 전기톱은 5800 rpm으로 도는데, 톱의 전자제동장치는 회전을 2 s 이내에 멈추도록 되어 있다. 칼날의 회전수를 세서 전기톱의 품질을 검사하려고 한다. 전기톱이 멈추는 동안 75번 회전을 한다면, 이 톱은 제품 기준에 맞는가?

49. **BIO** 일주하는 회전은 역학계에서는 흔하지만, 생물학에서는 덜 명백하다. 그렇지만 많은 단세포 생물이 꼬리처럼 생긴 편모를 돌려서 추진을 한다. 대장균의 편모는 약 600 rad/s로 회전하여 대장균을 약 25 μm/s의 속력으로 추진시킨다. 대장균이 폭이 150 μm인 현미경의 시계를 가로지를 때 대장균의 편모는 몇 회전을 하는가?

50. 길이 L, 질량 m인 가는 막대 4개로 네모 틀을 만들었다. 그림

10.27의 세 회전축에 대한 회전 관성을 각각 구하라.

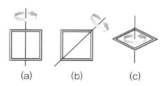

그림 10.27 실전 문제 50

51. 안쪽 반지름 $\frac{1}{2}R$, 바깥 반지름 R, 질량 M인 두꺼운 고리의 회전 관성을 구하라. (**힌트**: 예제 10.7 참조)

52. 질량 M, 변이 각각 a와 b인 균일한 직사각형 평판에서 표 10.2의 평행축 정리를 이용하여 길이 b인 변에 대한 회전 관성이 $\frac{1}{3}Ma^2$임을 보여라.

53. **BIO** 대장균의 편모(실전 문제 49 참조)를 움직이는 세포의 모터는 편모에 일반적으로 400 pN·nm의 돌림힘을 작용한다. 이 돌림힘이 반지름 12 nm의 편모의 바깥 면에 접선 방향으로 작용하는 힘의 결과이면, 그 힘의 크기는 얼마인가?

54. 직접 적분을 하여 표 10.2에 주어진 중심축에 대한 평판의 회전 관성을 구하라. (**힌트**: 평판을 회전축에 평행한 직사각형 띠로 나눠서 적분한다.)

55. 우주정거장은 $5 \times 10^5\,\text{kg}$의 질량이 사실상 가장자리에 모두 모여 있는 지름 22 m의 바퀴 모양으로 되어 있다. 우주정거장 가장자리가 지표면의 중력 가속도와 같은 지름 가속도 g를 가지도록 우주정거장이 회전해야 한다. 이를 위해서 우주정거장 양쪽 바깥에 추진력이 100 N인 2개의 작은 로켓이 달려 있다. 정지한 우주정거장이 원하는 회전율에 도달할 때까지 얼마나 걸리고, 이 시간 동안 몇 번 회전하는가?

56. (a) 질량이 60 kg인 피겨 스케이팅 선수의 신체를 적절한 치수를 갖는 원통으로 가정하고 회전 관성을 구하라. 팔을 몸통에 바짝 밀착시켰다고 가정하여 회전 관성에 대한 팔의 효과를 무시한다. (b) 양팔을 펼치면 회전 관성의 증가량은 몇 %인가? 회전 관성의 변화를 통해 피겨 스케이팅 선수의 회전 속도를 조절할 수 있다는 것을 11장에서 배운다.

57. **CH** 그림 10.28처럼 30° 경사면에 2.4 kg의 토막이 반지름 5.0 cm, 질량 0.85 kg의 도르래에 질량 없는 줄로 연결되어 정지해 있다. 토막을 놓아 주면 가속도 $1.6\,\text{m/s}^2$으로 경사면을 내려온다. 토막과 경사면 사이의 마찰 계수는 얼마인가?

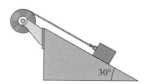

그림 10.28 실전 문제 57

58. 수리하기 위하여 뒤집어 놓은 자전거 바퀴의 지름은 66 cm이고 230 rpm으로 자유롭게 회전한다. 바퀴의 질량 1.9 kg은 대부분

회전 벡터와 각운동량

예비 지식

- 일차원에서의 위치, 속도 및 가속도의 회전 유사성(10.1절)
- 힘, 질량 및 뉴턴의 제2법칙의 회전 유사성(10.2절, 10.3절)
- 회전 에너지(10.4절)

학습 목표

이 장을 학습하고 난 후 다음을 할 수 있다.

LO 11.1 회전 물리량들을 벡터로 정의하고 이들의 방향을 결정할 수 있다.

LO 11.2 벡터곱을 계산할 수 있다.

LO 11.3 계의 각운동량을 결정할 수 있다.

LO 11.4 각운동량 보존과 관련된 문제를 풀 수 있다.

LO 11.5 충돌기를 설명하고 운동의 방향을 결정할 수 있다.

지구는 완벽한 구형이 아니다. 이것은 회전축에 어떤 영향을 미치며 빙하 시대와는 어떤 관련이 있을까? (이 그림에서는 구형에서 벗어난 정도가 과장되어 있다.)

봄, 여름, 가을, 겨울의 사계절은 지구의 각속도 벡터의 방향으로 정해진다. 생체 조직에서 양성자의 각속도 변화가 생성한 MRI 영상 덕분에 의사들은 인체 내부를 비파괴적으로 살펴볼 수 있다. 가열된 축축한 공기는 회전하면서 상승하여 토네이도를 만든다. 또 자전거를 탈 때 바퀴의 회전은 불안정한 균형을 잡아준다. 이러한 예들은 모두 회전 운동의 크기는 물론 방향까지 중요하다는 것을 보여 준다. 이런 것들을 회전 운동에 대한 뉴턴 법칙으로 설명할 수 있다. 이 장에서는 운동량과 유사한 회전 물리량을 포함하여 그러한 운동 법칙을 벡터 형태로 소개한다. 10장에서 11장으로 이어지는 변화는 2장의 일차원 운동 기술에서 3장의 벡터 형태 운동 기술로 이어지는 것과 유사하다. 앞서처럼 여기에서도 운동과 관련된 여러 새로운 현상들을 만나게 될 것이다.

11.1 각속도와 각가속도 벡터

LO 11.1 회전 물리량들을 벡터로 정의하고 이들의 방향을 결정할 수 있다.

지금까지는 '시계 방향' 또는 '반시계 방향'이라는 용어를 사용하여 회전 운동의 방향을 정하였다. 그러나 이것만으로는 부족하다. 회전 운동을 제대로 기술하려면 회전축의 방향을 알아야 한다. 먼저 **각속도**(angular velocity) $\vec{\omega}$를 크기는 각속력 ω와 같고 방향이 회전축과 평행한 벡터로 정의한다. 회전축에 평행한 방향은 두 가지가 있기 때문에 이런 정의는 애매한 점이 있다. **오른손 규칙**을 사용하여 애매함을 피한다. 그림 11.1처럼 오른손을 회전 방향으로 감을 때 엄지가 가리키는 방향이 각속도의 방향이다. 이런 정의는 결국 각속도 $\vec{\omega}$는 각속력과 회전축의 방향은 물론 앞서 시계 방향 또는 반시계 방향 회전으로 기술했던 것도 구분할 수 있게 한다.

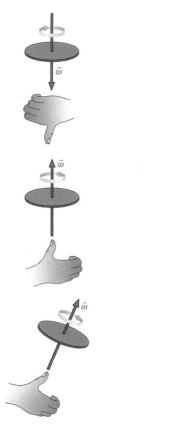

그림 11.1 오른손 규칙으로 각속도 벡터의 방향을 정한다.

선가속도 벡터처럼 각가속도 벡터도 다음과 같이 각속도 벡터의 미분으로 정의한다.

각가속도 벡터 $\vec{\alpha}$는 ...　　　　　　　　　　　... 각속도 $\vec{\omega}$의 변화율이다.

$$\vec{\alpha} = \lim_{\Delta t \to 0} \frac{\Delta \vec{\omega}}{\Delta t} = \frac{d\vec{\omega}}{dt} \quad \text{(각가속도 벡터)} \tag{11.1}$$

여기서 식 10.4와 마찬가지로 극한을 취하지 않으면 평균 각가속도를 얻게 된다.

식 11.1에서 각가속도의 방향은 각속도 변화의 방향과 같다. 만약 각속도의 크기만 변하면, $\vec{\omega}$는 단지 늘어나거나 줄어들고, $\vec{\alpha}$는 회전축에 평행하게 위 또는 아래 방향이다(그림 11.2a, b 참조). 그러나 방향 변화 역시 각속도의 변화에 해당한다. 만약 각속도의 방향만 변하면, 각가속도 벡터는 $\vec{\omega}$에 수직이다(그림 11.2c 참조). 일반적으로 $\vec{\omega}$의 크기와 방향 모두 변할 수 있다. 따라서 $\vec{\alpha}$의 방향은 $\vec{\omega}$의 방향에 평행이거나 수직이 아니다. 가속도가 속도와 평행하면 속력만 바뀌고, 가속도가 속도에 수직하면 운동의 방향만 바뀌는 3장의 현상과 마찬가지이다.

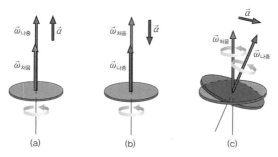

그림 11.2 각가속도는 각속도의 크기를 (a) 증가시키거나 (b) 감소시키거나, 또는 각속도의 (c) 방향을 바꿀 수 있다.

> **확인문제** **11.1** 어떤 사람이 인도에 서서 차가 왼쪽에서 오른쪽으로 지나가는 것을 지켜보고 있다. 차 바퀴들의 각가속도의 방향은 (a) 인도를 향한다, (b) 차가 진행하는 방향이다, (c) 차의 뒤쪽을 향한다, (d) 수직 위로 향한다, (e) 인도에서 멀어지는 쪽이다, (f) 바퀴마다 다르다.

11.2 돌림힘과 벡터곱

LO 11.2 벡터곱을 계산할 수 있다.

그림 11.3처럼 처음에 정지해 있던 원판의 가장자리에 힘이 작용한다. 작용하는 힘이 만드는 돌림힘으로 원판이 그림에 있는 방향으로 회전한다. 오른손 규칙에 따라 각속도 벡터 $\vec{\omega}$의 방향은 위 방향이다. 또한 각속력이 증가하므로 각가속도 $\vec{\alpha}$의 방향도 위 방향이다. 돌림힘이 각가속도에 비례한다는 회전에 대한 뉴턴의 법칙이 돌림힘의 방향과 크기에 모두 적용되므로 돌림힘의 방향도 위 방향이라 할 수 있다.

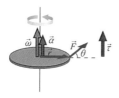

그림 11.3 돌림힘 벡터는 $\vec{r}$와 $\vec{F}$에 수직이고, 각가속도와 같은 방향이다. 그림에서 $\vec{F}$는 원판과 같은 평면에 있다.

돌림힘의 크기는 식 10.10에서 $\tau = rF\sin\theta$임을 알고 있다. 여기서 θ는 그림 11.3의 $\vec{r}$와 $\vec{F}$의 사잇각이다. 그림 11.4의 오른손 규칙에서 주어진 것처럼 돌림힘의 방향을 $\vec{r}$와 $\vec{F}$에 수직한 방향으로 정의한다. 이 규칙에 따라 그림 11.3에서 돌림힘의 방향은 위 방향임을 증명할 수 있다.

벡터곱

돌림힘의 크기 $\tau = rF\sin\theta$는 두 벡터 $\vec{r}$와 $\vec{F}$의 크기와 그들의 사잇각으로 정해지고, 돌림힘의 방향은 두 벡터 $\vec{r}$와 $\vec{F}$에 대한 오른손 규칙으로 정해진다. 이와 같이 두 벡터 $\vec{A}$와 $\vec{B}$로 크기가 $C = AB\sin\theta$이고 방향은 오른손 규칙으로 정해지는 벡터 $\vec{C}$를 만드는 과정을 **벡터곱** 또는 **가위곱**(cross product)이라고 부르고 물리학에 자주 등장한다.

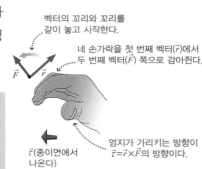

> 두 벡터 $\vec{A}$와 $\vec{B}$의 벡터곱 $\vec{C}$는 다음과 같이 표기한다.
>
> $$\vec{C} = \vec{A} \times \vec{B}$$
>
> 여기서 $\vec{C}$의 크기는 $AB\sin\theta$이며, 각도 θ는 두 벡터 $\vec{A}$와 $\vec{B}$의 사잇각이다. 또한 $\vec{C}$의 방향은 그림 11.4의 오른손 규칙에 의해 주어진다.

그림 11.4 돌림힘의 방향을 알려주는 오른손 규칙

돌림힘은 벡터곱의 좋은 예로 돌림힘 벡터를 다음과 같이 표기할 수 있다.

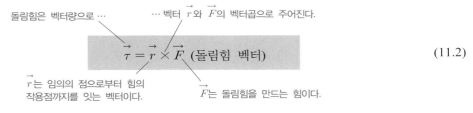

돌림힘은 벡터량으로 ···   ··· 벡터 $\vec{r}$와 $\vec{F}$의 벡터곱으로 주어진다.

$$\vec{\tau} = \vec{r} \times \vec{F} \ \text{(돌림힘 벡터)} \tag{11.2}$$

$\vec{r}$는 임의의 점으로부터 힘의 작용점까지를 잇는 벡터이다. $\vec{F}$는 돌림힘을 만드는 힘이다.

이 식에 방향과 크기 모두 간결하게 기술되어 있다.

핵심요령 11.1 | 벡터 곱하기

벡터곱 $\vec{A} \times \vec{B}$는 우리가 만난 벡터 곱하기의 두 번째 방식이다. 첫 번째 방식은 6장에서 공부한 벡터의 스칼라곱 $\vec{A} \cdot \vec{B} = AB\cos\theta$로, 점곱이라고도 부른다. 두 벡터 곱하기는 모두 벡터의 크기와 사잇각에 의존한다. 스칼라곱은 사잇각의 코사인에 비례하므로 두 벡터가 평행일 때 최댓값을 가지지만, 벡터곱은 사인에 비례하므로 두 벡터가 수직일 때 최댓값을 가진다. 이보다 더 중요한 차이점은 벡터 곱하기의 결과이다. 스칼라곱의 결과는 스칼라이고, 벡터곱의 결과는 벡터이다. 따라서 스칼라곱은 $AB\cos\theta$가 전부이지만, 벡터곱에서는 $AB\sin\theta$와 오른손 규칙으로 정해지는 방향이 필요하다.

벡터곱은 분배 규칙을 만족하여 $\vec{A} \times (\vec{B} + \vec{C}) = \vec{A} \times \vec{B} + \vec{A} \times \vec{C}$이지만, 교환 법칙을 만족하지 않는다. 그림 11.4에서 $\vec{r}$에서 $\vec{F}$가 아니라 $\vec{F}$에서 $\vec{r}$로 잡으면 $\vec{B} \times \vec{A} = -\vec{A} \times \vec{B}$가 됨을 알 수 있다.

벡터 $\vec{A}$와 $\vec{B}$를 성분으로 표시하면, 식 6.4에서 스칼라곱을 성분들로 표현하였듯이 벡터곱을 다음처럼 적을 수 있다. 이 표현은 실전 문제 51에서 구하게 된다.

$$\vec{A} \times \vec{B} = (A_y B_z - A_z B_y)\hat{\imath} + (A_z B_x - A_x B_z)\hat{\jmath} + (A_x B_y - A_y B_x)\hat{k}$$

이 표현은 스칼라곱에 대한 식 6.4보다 훨씬 복잡하다. 왜냐하면 벡터곱은 벡터이고, 또한 그 벡터는 $\vec{A}$와 $\vec{B}$ 모두에 수직해야 하기 때문이다.

확인
문제

11.2 그림에 네 쌍의 힘과 반지름 벡터, 그리고 8개의 돌림힘 벡터가 있다. 각각의 힘-반지름 벡터쌍에 해당하는 돌림힘을 찾아라. 크기가 아니라 방향만 고려하라.

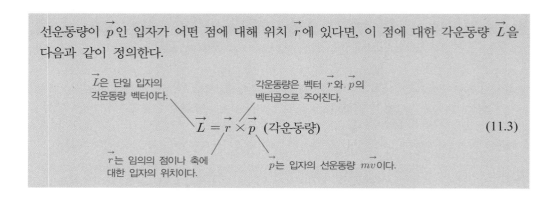

(1)   (2)   (3)   (4)

11.3 각운동량

LO 11.3 계의 각운동량을 결정할 수 있다.

처음에는 뉴턴 법칙을 $\vec{F} = m\vec{a}$로 표기하였지만, 다음에는 운동량 형태의 $\vec{F} = d\vec{p}/dt$가 특히 유용하다는 것을 알게 되었다. 회전 운동에 대해서도 동일하다. 회전 동역학의 진수를 알려면, 각운동량 벡터를 정의하고, 작용하는 돌림힘 벡터와 각운동량의 변화율과의 관계식을 수립해야 한다. 이 관계식을 얻으면 비로소 쓰러지지 않는 자이로스코프의 운동, 양성자 스핀이 만드는 인체의 MRI 영상을 이해할 수 있다.

다른 회전 물리량과 마찬가지로 **각운동량**(angular momentum)도 항상 특정한 점이나 축에 대해 정의된다. 단일 입자의 각운동량 $\vec{L}$을 정의하는 것으로부터 시작하자.

선운동량이 $\vec{p}$인 입자가 어떤 점에 대해 위치 $\vec{r}$에 있다면, 이 점에 대한 각운동량 $\vec{L}$을 다음과 같이 정의한다.

$\vec{L}$은 단일 입자의 각운동량 벡터이다.

각운동량은 벡터 $\vec{r}$와 $\vec{p}$의 벡터곱으로 주어진다.

$$\vec{L} = \vec{r} \times \vec{p} \quad \text{(각운동량)} \tag{11.3}$$

$\vec{r}$는 임의의 점이나 축에 대한 입자의 위치이다.

$\vec{p}$는 입자의 선운동량 $m\vec{v}$이다.

| 예제 11.1 | **각운동량의 계산: 단일 입자** | 응용 문제가 있는 예제 |

질량 m의 입자가 xy 평면에서 반지름 r인 원 경로를 속력 v로 반시계 방향으로 움직인다. 원의 중심에 대한 각운동량을 각속도로 표현하라.

해석 입자의 운동이 주어져 있을 때(즉 등속 원운동을 한다) 각운

동량 및 각운동량과 각속도의 관계를 구하는 문제이다.

과정 그림 11.5는 원운동하는 입자를 보여 준다. xy 평면 위 원형 궤도에 xyz 좌표계를 추가하였다. 식 11.3의 $\vec{L} = \vec{r} \times \vec{p}$에서 각운동량은 위치 벡터 $\vec{r}$와 선운동량 벡터 $\vec{p}$로 주어진다. 선운동량

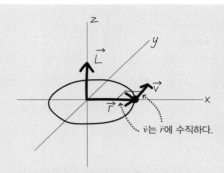

그림 11.5 원운동하는 입자의 각운동량 $\vec{L}$ 구하기

$\vec{v}$는 $\vec{r}$에 수직하다.

풀이 그림 11.5에서 선운동량 $m\vec{v}$가 $\vec{r}$에 수직하므로 벡터곱의 $\sin\theta = 1$이 되고 각운동량의 크기는 $L = mvr$가 된다. 한편 오른손 규칙을 적용하면 $\vec{L}$이 z방향이 되기 때문에 $\vec{L} = mvr\hat{k}$로 적을 수 있다. 그러나 $v = \omega r$이고 오른손 규칙을 따르면 $\vec{\omega}$의 방향 역시 z방향이다. 따라서

$$\vec{L} = mvr\hat{k} = mr^2\omega\hat{k} = mr^2\vec{\omega}$$

로 표기할 수 있다.

검증 맞는 것 같은가? 입자가 빨리 움직일수록 선운동량 역시 커진다. 그러나 각운동량은 선운동량과 회전축으로부터의 거리에 의존하므로 주어진 각속력에서 각운동량은 거리 제곱에 비례해 증가한다.

이 $m\vec{v}$임을 알고 있으므로 식 11.3을 적용할 때 필요한 모든 것을 알고 있다. 그러면 $v = r\omega$를 사용해 결과를 각속도로 표현할 수 있다.

각운동량은 선운동량 $\vec{p} = m\vec{v}$에 대응하는 회전 물리량이다. 회전 관성 I는 질량 m에 대응하고 각속도 $\vec{\omega}$는 선속도 $\vec{v}$에 대응하므로 다음과 같이 표기할 수 있다.

$$\vec{L} = I\vec{\omega} \tag{11.4}$$

단일 입자의 회전 관성이 mr^2이므로 예제 11.1의 결과를 $\vec{L} = I\vec{\omega}$로 표기할 수 있다. 식 11.4는 고정축에 대해서 회전하는 바퀴나 공과 같은 대칭 물체에도 성립한다. 그러나 더 복잡한 경우에는 식 11.4가 성립하지 않는다. 왜냐하면 $\vec{L}$과 $\vec{\omega}$의 방향이 다를 수 있기 때문이다. 이런 경우는 고급 과정에서 다루게 된다.

다시 한 번 강조하지만, 각운동량은 절대적이지 않고 다른 회전 물리량에서처럼 회전축의 선택에 달려 있다. 그러한 임의성이 마음에 들지 않는다면, 선운동량에도 유사한 임의성이 있다는 것을 유념하라. 어떤 물체의 속도가 어떤 관찰자에 대해 $\vec{v}$이면, 선운동량은 $\vec{p} = m\vec{v}$이지만, 그 관찰자 또는 그 관찰자에 대해 정지해 있는 다른 관찰자가 측정하였을 때만 그렇다. 물체가 다른 속도 $\vec{v'}$로 움직이는 다른 기준틀에서 보면, 이제 그 물체의 운동량은 다른 값 $m\vec{v'}$를 가진다. 관찰자가 그 물체에 대해 정지해 있다면 그 값은 심지어 0이 될 수도 있다. 그러나 걱정하지 마라. 단지, 어떤 기준틀에서 계산하고 있는지만 알면 된다. 마찬가지로 각운동량의 경우에도 $\vec{L}$을 계산할 때 어떤 회전축 또는 점을 고려하고 있는지 알아야 한다.

돌림힘과 각운동량

뉴턴 법칙 $\vec{F} = d\vec{P}/dt$에 대응하는 회전 운동의 뉴턴 법칙을 구해 보자. $\vec{F}$는 계에 작용하는 알짜 외력이고, $\vec{P}$는 개별 입자의 운동량 합인 계의 운동량이다. 회전 운동의 유사성을 고려해 $\vec{\tau} = d\vec{L}/dt$로 적을 수 있을까? 그렇게 적을 수 있다는 것을 알아보기 위해 계의 각운동량을 구성 입자들의 각운동량의 합으로 적어 보자.

$$\vec{L} = \sum \vec{L_i} = \sum (\vec{r_i} \times \vec{p_i})$$

식에서 아래 첨자 i는 i번째 입자를 뜻한다. 이 식을 미분하면 다음과 같다.

$$\frac{d\vec{L}}{dt} = \sum \left(\vec{r_i} \times \frac{d\vec{p_i}}{dt} + \frac{d\vec{r_i}}{dt} \times \vec{p_i} \right)$$

여기서 곱에 대한 미분 공식을 사용했는데 벡터곱은 교환 규칙을 따르지 않으므로 벡터곱의 순서를 유지하도록 조심해야 한다. 한편 $d\vec{r_i}/dt$는 i번째 입자의 속도이므로, 합에 있는 두 번째 항은 벡터 $\vec{v}$와 운동량 $\vec{p} = m\vec{v}$의 벡터곱이다. 이들 두 항은 평행이므로, 이들의 벡터곱은 0이 되고 합의 첫 번째 항만이 남게 된다.

$$\frac{d\vec{L}}{dt} = \sum \left(\vec{r_i} \times \frac{d\vec{p_i}}{dt} \right) = \sum (\vec{r_i} \times \vec{F_i})$$

여기서 뉴턴 법칙 $\vec{F_i} = d\vec{p_i}/dt$를 사용하였다. 한편 $\vec{r_i} \times \vec{F_i}$가 i번째 입자에 작용하는 돌림힘 $\vec{\tau_i}$이므로 다음과 같이 표기할 수 있다.

$$\frac{d\vec{L}}{dt} = \sum \vec{\tau_i}$$

여기서 합은 외부 돌림힘과 내부 돌림힘 모두를 포함한다. 내부 돌림힘은 계의 입자간의 상호작용에 의한 것이다. 뉴턴의 제3법칙에서 내력은 쌍을 이루어 서로 상쇄되는데 내부 돌림힘은 어떠할까? 내력이 입자 쌍을 잇는 선분을 따라 작용하면 내부 돌림힘 역시 상쇄된다. 이 조건은 뉴턴의 제3법칙보다 강한 조건으로서 항상 성립하지는 않는다. 만약 성립한다면 알짜 외부 돌림힘으로 표기한 회전 운동에 대한 다음과 같은 뉴턴 법칙을 얻는다.

$d\vec{L}/dt$는 계의 각운동량의 변화율이다. 이것은
선운동량의 변화율인 $d\vec{P}/dt$와 유사한 물리량이다.

$$\frac{d\vec{L}}{dt} = \vec{\tau} \quad \text{(회전 운동에 대한 뉴턴의 제2법칙)} \tag{11.5}$$

$\vec{\tau}$는 계에 작용하는 알짜 외부 돌림힘이다.
이것은 알짜 외력 $\vec{F}$와 유사한 물리량이다.

여기서 $\vec{\tau}$는 알짜 외부 돌림힘이다. 따라서 선운동과 회전 운동 사이의 유사성은 운동량은 물론 지금까지 논의한 다른 물리량에도 적용된다.

확인 문제

11.3 그림에는 질량이 m으로 같고 똑같이 일정한 속력 v로 움직이고 있는 세 입자가 그려져 있다. 입자 1은 점 P에 대해 반지름 R인 원운동을 하고 있다. 입자 2는 직선 운동을 하고 있는데, 그 입자가 점 P에 가장 가까이 접근할 때 거리는 원의 반지름 R와 같다. 입자 3은 점 P를 통과하는 직선 운동을 하고 있다. 입자들의 각운동량의 크기를 올바르게 기술한 것은 다음 중 어느 것인가?

(a) $L_1 = L_2 = L_3 \neq 0$, (b) $L_1 > L_2 > L_3 = 0$,
(c) $L_1 > 0$, $L_2 = L_3 = 0$, (d) $L_2 = L_1 \neq 0$, $L_3 = 0$

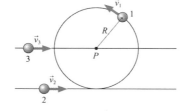

11.4 각운동량 보존

LO 11.4 각운동량 보존과 관련된 문제를 풀 수 있다.

식 11.5에서 계에 작용하는 돌림힘이 없으면 각운동량은 일정하다. 즉 고립계의 각 운동량이 보존된다는 사실은 물리학의 기본 원리 중 하나이며 원자에서부터 은하에 이르기까지 성립한다. 복합계는 형태, 따라서 회전 관성 I를 바꿀 수 있기 때문에 각운동량의 보존은 I가 감소하면 각속력이 증가하고 반대 경우도 성립한다. 고전적인 예가 피겨 선수이다. 피겨 선수는 팔과 다리를 벌리고 서서히 회전을 시작하다가 팔과 다리를 몸통에 붙이며 빠르게 회전한다(그림 11.6 참조). 더 극적인 예는 수명이 다한 별의 붕괴로 다음 예제에서 살펴볼 것이다.

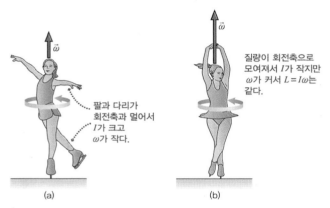

그림 11.6 피겨 선수의 회전 관성이 감소하면 각운동량을 보존하기 위해 각속력이 증가한다.

예제 11.2	각운동량 보존: 펄서	응용 문제가 있는 예제

45일마다 한 번 회전하는 별이 있다. 별의 수명이 끝날 때, 초신성 폭발로 상당한 질량이 성간 물질로 내던져진다. 그러나 처음에 반지름이 20 Mm이던 별의 내부핵은 반지름이 6 km에 불과한 중성자별로 붕괴한다. 중성자별은 회전하면서 규칙적으로 라디오파 펄스를 방출하는 펄서가 된다. 중성자별의 회전율을 구하라. 회전율은 전파천문학자가 관측하는 펄스율과 같다. 내부핵은 균일한 구이며, 붕괴하는 동안에 외부 돌림힘이 작용하지 않는다고 가정한다.

해석 별이 붕괴하기 전 별의 반지름과 회전율을 알고 있다고 하고, 붕괴 후의 회전율을 구하는 문제이다. 이와 같은 '전과 후'에 대한 문제는 대체로 보존 법칙을 적용하여 해결할 수 있다. 여기서는 외부 돌림힘이 없으므로 각운동량이 보존된다.

과정 각운동량의 크기가 $I\omega$이므로, 붕괴 '전과 후'의 각운동량을 적고 새로운 회전율을 구하기 위해 두 각운동량을 같게 놓는다. $I_1\omega_1 = I_2\omega_2$. 또한 표 10.2에서 속이 찬 구의 회전 관성에 대한

표현식 $I = \frac{2}{5}MR^2$을 사용하는 것이 필요하다.

풀이 I가 주어졌을 때 각운동량 보존은 $\frac{2}{5}MR_1^2\omega_1 = \frac{2}{5}MR_2^2\omega_2$ 또는

$$\omega_2 = \omega_1\left(\frac{R_1}{R_2}\right)^2 = \left(\frac{1\text{ rev}}{45\text{ day}}\right)\left(\frac{2\times10^7\text{ m}}{6\times10^3\text{ m}}\right)^2$$
$$= 2.5\times10^5\text{ rev/day}$$

이 된다.

검증 구한 답은 대략 초당 3회전이라는 매우 큰 값을 가진다. 그러나 이 답은 타당하다. 이 중성자별은 환상적인 천체이다. 태양보다 무거운 물체가 대략 지름이 13 km로 줄어든다. 반지름이 극적으로 감소하여 회전 관성 역시 극적으로 감소하므로 펄서의 각속력이 상당히 커진다. 식의 양변에 ω가 나타나는 이와 같은 경우에 라디안 단위로 변환할 필요가 없음에 유의하라.

개념 예제 11.1   **놀이기구**

회전목마가 자유롭게 회전하고 있는데 소년이 지름 방향을 따라 똑바로 회전목마의 중심을 향해 달려가다가 뛰어오른다. 나중에 소녀가 회전목마의 테두리가 움직이는 방향으로 테두리에 나란하게 달리다가 뛰어오른다. 각 경우에 회전목마의 각속력이 증가할까, 감소할까, 아니면 똑같을까?

풀이 회전목마가 자유롭게 회전하고 있기 때문에 돌림힘은 아이들이 뛰어오를 때 아이들이 작용하는 것뿐이다. 계가 회전목마와 두 아이들로 이루어져 있다고 생각하면 그 돌림힘들은 내부 돌림힘이므로 계의 각운동량은 보존된다. 그림 11.7에 두 아이들이 회전목마에 뛰어오르기 전과 모두 탄 후의 상황이 그려져 있다.

지름 방향으로 달리는 소년은 각운동량이 없으므로 (그의 선운동량과 지름 벡터가 같은 방향이므로 $\vec{L}$이 0이 된다) 회전목마의 각속력이 바뀌지 않을 것이라고 생각될 수도 있다. 하지만 각속력은 바뀐다. 왜냐하면 소년이 질량을 추가함에 따라 회전 관성도 증가하기 때문이다. 동시에 그는 각운동량을 바꾸지 않으므로 I가 증가하면 ω는 줄어들어야 한다.

소녀는 회전목마의 접선 속도와 같은 방향으로 달리므로 계에 각운동량을 추가한다. 그래서 각속력의 증가에 이바지한다. 그러나 소녀는 질량도 추가하므로 회전 관성도 증가한다. 그것은 소년의 경우처럼 각속력의 감소에 이바지한다. 그래서 어느 쪽이 이길까? 그것은 소녀의 속력에 달려 있다. 그것을 알지 못하고서는 회전목마가 빨라질지 느려질지 말할 수 없다.

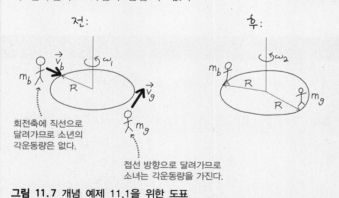

그림 11.7 개념 예제 11.1을 위한 도표

검증 소녀가 추가하는 각운동량은 소녀의 선운동량 mv와 회전목마의 반지름 R의 곱인 반면, 회전 관성은 mR^2만큼 증가한다. m이 작고 v가 크면 소녀는 회전 관성을 현저하게 증가시키지 않고서도 각운동량을 크게 할 수 있다. 그러면 회전목마의 회전율이 증가할 것이다. 그러나 m이 크고 v가 작으면 똑같은 각운동량을 추가하지만, 회전 관성의 증가가 추가된 각운동량을 상쇄하는 것 이상이 되어 회전목마는 느려질 것이다. 수치 없이는 회전목마의 각속력에 대한 질문에 답할 수 없다. '관련 문제'에서 이 예제를 특정한 수치에 대해 풀고, 실전 문제 55에서 비슷한 상황을 더 일반적으로 다룰 것이다.

관련 문제 회전목마의 반지름을 $R = 1.3\,\text{m}$로, 회전 관성을 $I = 240\,\text{kg} \cdot \text{m}^2$으로, 처음 각속력을 $\omega_{처음} = 11\,\text{rpm}$으로 놓는다. 소년과 소녀의 질량은 각각 $28\,\text{kg}$과 $32\,\text{kg}$이고, 그들은 각각 $2.5\,\text{m/s}$와 $3.7\,\text{m/s}$로 달린다. 두 아이가 회전목마에 탄 후에 회전목마의 각속력 $\omega_{나중}$을 구하라.

풀이 개념 예제에서처럼 계를 회전목마와 두 아이들로 택하자. 아이들이 뛰어오르기 전에 회전목마와 소녀만 각운동량을 가지고 있다. 나중에 아이들과 회전목마가 동일한 각속력으로 회전할 때 그들은 모두 각운동량을 가진다. 따라서 각운동량 보존에 의해

$$I\omega_{처음} + m_g v_g R = I\omega_{나중} + m_b R^2 \omega_{나중} + m_g R^2 \omega_{나중}$$

이 된다. 주어진 숫자를 대입해 풀면 $\omega_{나중} = 12\,\text{rpm}$을 얻는다. 큰 변화가 아니므로 소녀의 효과는 속력 증가임이 분명하지만 소년의 늦추는 효과를 겨우 극복하는 정도이다. 소년의 속력은 문제가 되지 않는다. 왜냐하면 그것은 각운동량이나 회전 관성에 기여하는 바가 없기 때문이다. 그리고 단위에 조심하라. 모든 각운동량을 같은 단위로 표현해야 한다. 즉 각속력을 초당 라디안으로 변환하든지 소녀의 각운동량 $m_g v_g R$를 흔치 않은 단위인 $\text{kg} \cdot \text{m}^2 \cdot \text{rpm}$으로 표현해야 한다.

직선 운동의 각운동량   회전 운동이 아니더라도 각운동량을 가질 수 있다. 개념 예제 11.1의 소녀는 직선으로 운동하지만 회전목마의 회전축에 대한 각운동량을 갖는다. 이 점에 관해 실전 문제 40에서 더 다룰 것이다.

인기가 많은 데모 실험에서는 한 학생이 회전축이 수직인 회전하는 바퀴를 들고서 정지한 회전대 위에 서 있다. 학생이 회전 바퀴를 아래로 뒤집으면 회전대가 돌기 시작한다. 이 현상도 그림 11.8처럼 각운동량 보존으로 설명할 수 있다. 그러나 이 경우에 다시 한번 역학적 에너지는 보존되지 않는다. 학생이 일을 하면서 힘을 가해 학생의 몸과 회전대에 돌림힘이

작용한다. 그 결과 처음보다 더 큰 회전 운동 에너지를 갖게 된다.

정지한 회전대 위의 학생이 반시계 방향으로 회전하는 바퀴를 들고 있다. 바퀴의 각운동량은 위 방향이다.

$\vec{L}_{전체} = \vec{L}_{바퀴}$

(a)

학생이 회전 바퀴를 뒤집으면 각운동량이 반대로 바뀐다. 이때 각운동량을 보존시키려면 학생과 회전대(ts)가 반대 방향으로 회전해야 한다.

$\vec{L}_{ts}$

$\vec{L}_{전체}$

$\vec{L}_{바퀴}$

(b)

그림 11.8 각운동량 보존을 보여 주는 데 모 실험

> **확인 문제**
>
> **11.4** 학생이 정지한 회전 바퀴를 축이 수직이 되게 들고서 그림 11.8과 같은 정지한 회전대 위로 올라간다. 회전대가 정지한 채로 있도록 올라서면서 어떠한 돌림힘도 발휘하지 않게 주의한다. (1) 위에서 볼 때 반시계 방향으로 회전 바퀴를 돌리면 학생과 회전대는 (a) 시계 방향으로, (b) 반시계 방향으로 회전할까? (2) 이제 도는 회전 바퀴를 뒤집으면 회전율이 (a) 증가하는가, (b) 감소하는가, (c) 불변인가? (3) 회전 바퀴를 뒤집을 때 회전대의 회전 방향은 (a) 변하지 않는가, (b) 거꾸로 되는가?

11.5 자이로스코프와 축돌기

LO 11.5 축돌기를 설명하고 운동의 방향을 결정할 수 있다.

외부 돌림힘이 없으면 크기와 방향을 지닌 벡터 물리량인 각운동량이 보존된다. 대칭인 물체의 경우 각운동량의 방향은 회전축과 같으므로 외부 돌림힘이 작용하지 않는 한 회전축의 방향이 변하지 않는다. 회전축이 공간의 한 방향으로 고정된 자이로스코프의 운동 원리가 바로 각운동량 보존이다. 자이로스코프가 빨리 회전할수록 각운동량이 커져서 방향을 바꾸기가 더 어려워진다. 자이로스코프는 이러한 방향성을 이용하여 나침반 대신 항해용으로 널리 사용된다. 첨단 자이로스코프는 미사일, 잠수함의 유도 장치, 순항선의 안정화 장치에 사용된다. 우주망원경은 세 수직축 방향으로 자이로스코프 바퀴를 작동시킨다. 각운동량을 보존하기 위해 전체 망원경 장치가 원하는 천체의 방향으로 방향을 재조정한다. 이런 방식으로 우주망원경의 전망을 훼손할 수 있는 로켓 분사를 피할 수 있으며 연료가 떨어지는 것을 막는다. 대신 태양광 전기로 바퀴의 드라이브 모터를 작동시킨다.

　요즘의 스마트폰에도 자이로스코프가 들어 있다. 그것을 사용하여 전화기의 공간 방향을 결정하고 전화기가 어떻게 화면의 방향을 맞출지 알려 준다. 심지어 직접 자이로스코프의 자료에 접근할 수 있는 앱도 있다(그림 11.9a 참조). 스마트폰 자이로스코프는 미시전자기계장치(MEMS)이고, 회전 구조보다는 진동 구조에 기초하고 있다(그림 11.9b 참조). 컴퓨터 마우스와 비디오 게임 콘솔이 비슷한 MEMS 자이로스코프를 사용하고, 세그웨이 개인 이동장치

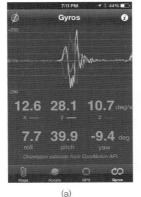

(a)

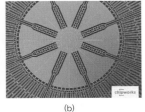

(b)

그림 11.9 (a) 내부의 자이로스코프의 자료를 표시하고 있는 스마트폰. 전화기의 방향과 그 변화율이 나타나 있다. 위에 있는 그래프는 전화기가 최근에 방향을 바꾸었다는 것을 보여 준다.
(b) 스마트폰에 사용되는 것과 같은 MEMS 자이로스코프의 현미경 사진. 전체 구조는 겨우 지름 0.5 mm 정도이다.

의 안정화에도 MEMS 자이로스코프를 사용한다.

축돌기

물체에 알짜 외부 돌림힘이 작용하면 회전 운동에 대한 뉴턴 법칙(식 11.5, $d\vec{L}/dt = \vec{\tau}$)에 따라 각운동량이 변해야 한다. 그 결과로 빠르게 회전하는 물체의 경우 회전축이 계속해서 원을 그리면서 회전하는 **축돌기**(precession)를 하게 된다. 예상과 달리 곧바로 쓰러지지 않고 축돌기를 하는 장난감 자이로스코프나 팽이를 아마 본 적이 있을 것이다.

그림 11.10은 왜 축돌기가 발생하는지 보여 준다. 회전하는 자이로스코프가 기울어지면 중력에 의한 돌림힘이 작용한다. 그렇지만 자이로스코프는 그냥 쓰러지지 않는다. 왜 그럴까? 그림에 나타낸 벡터 $\vec{r}$와 중력 벡터 $\vec{F_g}$에 오른손 규칙을 적용하면 돌림힘 $\vec{\tau}$가 종이면 속을 향하고 있는 것을 알 수 있다. 그래서 $\vec{\tau} = d\vec{L}/dt$에 의해 이 방향이 각운동량 $\vec{L}$의 변화 방향이 되어야 한다. 각운동량 벡터의 변화 $\Delta\vec{L}$이 종이면 속을 향하는 일이 진짜로 일어난다. 그래서 각운동량 벡터와 일치하는 자이로스코프의 축은 종이면 속으로 움직인다. 이 논리를 반복하면 변화 $\Delta\vec{L}$은 항상 $\vec{L}$에 수직임을 알 수 있고, 결과적으로 각운동량 벡터는 원형 궤도를 그리면서 계속 방향은 바뀌지만 크기는 변하지 않는다.

회전하는 자이로스코프에는 특별한 점이 있을까? 회전하지 않는 자이로스코프도 회전 운동에 대한 뉴턴 법칙을 따르지 않는가? 당연히 따른다. 이제는 그림 11.10의 자이로스코프가 회전하지 않는다고 가정하고, 앞서 논의를 적용할 수 있다. 회전 운동에 대한 뉴턴 법칙도 여전히 성립하므로 각운동량의 변화 $\Delta\vec{L}$도 역시 종이면 속을 향한다. 그러나 차이점이 있다. 이 경우에 처음 각운동량은 0이므로 자이로스코프는 종이면 속을 향하는 각운동량을 획득할 필요가 있다. 그래서 자이로스코프는 쓰러지면서 받침점(pivot)에 대해 회전을 한다. 자이로스코프가 떨어질 때 오른손 규칙을 적용하면 각운동량은 종이면 속을 향한다. 다시 회전 운동에 대한 뉴턴 법칙을 만족한다. 자이로스코프가 전처럼 축에 대해 회전하지 않는다는 점이 신경 쓰이면 회전 운동에 대한 뉴턴 법칙에는 어떻게 또는 어떤 축에 대해 회전해야 한다고 말하는 것은 전혀 없다는 것에 유의하라. 비록 자이로스코프가 바닥을 치면서 비중력 돌림힘이 작용하기 시작할 때 회전 운동은 끝날 것이지만, 자이로스코프가 그냥 쓰러지는 것도 완벽하게 훌륭한 회전 운동이다.

회전하는 자이로스코프와 회전하지 않는 자이로스코프의 차이는 원형 궤도에 있는 위성과 정지 상태에서 단순히 낙하하는 공의 차이와 같다. 두 경우 모두 뉴턴 법칙 $\vec{F} = d\vec{p}/dt$를 따르고, 이 법칙은 선운동량의 변화가 중력의 방향임을 알려준다. 위성은 이미 운동량을 가지고 있고 위성이 원형 궤도를 도는데 필요한 올바른 속력으로 움직이고 있기 때문에 이 변화는 방향만의 변화를 일으킨다. 공은 초기 운동량이 없으므로 힘의 방향, 즉 아래 방향으로 운동량을 얻는다. '위성'을 '회전하는 자이로스코프'로, '공'을 '회전하지 않는 자이로스코프'로, '선운동량'을 '각운동량'으로, '힘'을 '돌림힘'으로 대체하면, 두 자이로스코프 상황에 대한 유사한 설명을 얻게 된다.

축돌기의 속도를 결정하는 것은 무엇인가? 이 질문을 개념 문제 10에서 정성적으로, 실전 문제 61에서 정량적으로 조사할 수 있다.

원자 수준의 축돌기로 의료영상술인 MRI(magnetic resonance imaging)를 설명할 수 있다. 인체에 풍부한 수소 속 양성자는 강한 자기장에 의한 돌림힘을 받아 축돌기를 한다. MRI

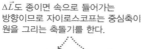

$\Delta\vec{L}$도 종이면 속으로 들어가는 방향이므로 자이로스코프는 중심축이 원을 그리는 축돌기를 한다.

$\Delta\vec{L}$

$\vec{L}$

$\vec{r}$는 종이면 속으로 들어 가는 방향이다.

$\vec{\tau}$

$\vec{r}$

$\vec{F_g}$

중력이 받침점에 대한 돌림힘을 작용한다. $\vec{\tau} = \vec{r} \times \vec{F}$는 종이면 속으로 들어가는 방향이다.

그림 11.10 회전하는 자이로스코프는 왜 쓰러지지 않을까?

장치는 축돌기의 진동수로 방출되는 신호를 검출한다. 이때 공간적으로 자기장을 변화시켜서 축돌기를 하는 양성자의 위치를 파악하여 인체 내부의 정밀한 영상을 만드는 것이다.

거시 수준으로는 지구도 축돌기를 한다. 지구 자전 때문에 적도 지역이 조금 부풀어 오른다. 태양 중력이 부푼 적도 지역에 돌림힘을 가하여 지구의 자전축이 대략 26,000년 주기로 축돌기를 한다(그림 11.11 참조). 현재 자전축이 가리키는 방향에 북극성이 있지만 항상 그렇지 않을 것이다. 이러한 지구 축돌기와 완벽한 원형 궤도에서의 이탈이 지구 기후에 미묘한 변화를 일으켜서 빙하 시대가 도래하였다고 믿고 있다.

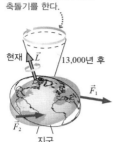

돌림힘에 의해 지구축이 축돌기를 한다.

현재 $\vec{L}$ 13,000년 후

오른쪽이 태양에 가까워서 $F_1 > F_2$ 이므로 돌림힘이 생긴다.

$\vec{F_1}$

$\vec{F_2}$

지구

태양

그림 11.11 지구의 축돌기, 적도가 부푼 게 심하게 과장되어 있다.

| 확인
문제 | **11.5** 그림처럼 회전하는 자이로스코프를 수평에서 직각으로 민다. 회전축은 (a) 위 방향, (b) 아래 방향, (c) 미는 방향, (d) 미는 방향과 반대 방향 중 어느 방향으로 움직이는가? |  |

응용물리 　自転거 타기

회전 운동에 대한 뉴턴의 제2법칙으로 자전거가 쓰러지지 않는 이유를 설명할 수 있다. 오른쪽 사진이 이유를 보여 준다. 자전거가 완벽하게 수직이면 중력은 돌림힘을 작용하지 않는다. 사진처럼 자전거 선수의 오른쪽으로 약간 기울어지면 뒤 방향으로 돌림힘 $\vec{\tau} = \vec{r} \times \vec{F_g}$가 생긴다. 각운동량을 갖지 않은 정지한 자전거는 오른쪽으로 더 쓰러져서, 즉 앞뒤를 잇는 축에 대해서 회전하여 뒤 방향의 각운동량을 얻게 된다. 이는 각운동량 변화의 방향이 돌림힘의 방향과 같다는 뉴턴 법칙의 결과이다. 그러나 움직이는 자전거에는 회전 바퀴의 각운동량 $\vec{L}$이 사진처럼 오른쪽을 향한다. 앞 바퀴를 조금 왼쪽으로 틀면 뒤 방향으로의 각운동량의 변화가 나타난다. 자전거 선수는 무의식적으로 이런 회전을 하여 뉴턴 법칙을 만족하고 자전거가 안정되게 한다. 자전거 타기의 물리학은 결코 간단하지 않다. 여기서 기술한 각운동량의 역할은 자전거 타기의 안정성을 기여하는 여러 요인들 중 하나에 지나지 않는다.

$\vec{F_{lg}}$

$\vec{\tau}$

$\vec{L}$

중력 돌림힘은 종이면 속으로 들어가는 방향, 즉 자전거 뒤 방향이다.

바퀴가 자전거 선수의 왼쪽으로 기울면서 각운동량 벡터를 돌림힘의 방향으로 바꾼다.

핵심 개념

이 장의 핵심 개념은 벡터로 기술하는 회전 물리량이다. 그 벡터의 방향은 운동, 가속도, 돌림힘과 관련된 효과와 같은 작용이 발생하고 있는 평면에 수직이다. 방향은 오른손 규칙으로 결정된다. 새로운 개념인 각운동량은 선운동량에 대응하는 회전 물리량이다. 회전 운동에 관한 뉴턴 법칙에서 돌림힘은 각운동량의 시간 변화율이다. 알짜 돌림힘이 없으면 각운동량이 보존된다.

오른손의 네 손가락을
회전 방향으로 감으면…

…엄지 방향이
각속도의 방향이다.

주요 개념 및 식

벡터곱은 두 벡터 $\vec{A}$와 $\vec{B}$를 곱해서 제3의 벡터 $\vec{C}$를 만드는 방법이다. 새 벡터의 크기는 $C = AB \sin\theta$이며, 방향은 나머지 두 벡터에 모두 수직하며 오른손 규칙에 따라 정해진다. 벡터곱은 다음처럼 쓸 수 있다.

$$\vec{C} = \vec{A} \times \vec{B}$$

돌림힘은 회전축에서 작용점까지의 위치 벡터 $\vec{r}$와 작용력 $\vec{F}$의 벡터곱으로 정의된다.

$$\vec{\tau} = \vec{r} \times \vec{F}$$

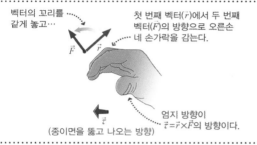

벡터의 꼬리를
같게 놓고…

첫 번째 벡터($\vec{r}$)에서 두 번째
벡터($\vec{F}$)의 방향으로 오른손
네 손가락을 감는다.

엄지 방향이
$\vec{\tau} = \vec{r} \times \vec{F}$의 방향이다.

$\vec{\tau}$
(종이면을 뚫고 나오는 방향)

각운동량 $\vec{L}$은 선운동량 $\vec{p}$에 대응하는 회전 물리량이다. 회전 물리량은 항상 특정 회전축에 대해 정의한다. 회전축에 대해 위치 $\vec{r}$에 있는 점입자가 선운동량 $\vec{p} = m\vec{v}$로 움직이면 각운동량은 다음과 같이 정의된다.

$$\vec{L} = \vec{r} \times \vec{p}$$

회전 관성 I의 대칭인 물체가 각속도 $\vec{\omega}$로 회전하면 각운동량은 $\vec{L} = I\vec{\omega}$가 된다. 회전 운동에 관한 뉴턴 법칙에서 돌림힘은 다음과 같이 각운동량의 시간 변화율이다.

$$\frac{d\vec{L}}{dt} = \vec{\tau}_{알짜}$$

계에 작용하는 외부 돌림힘이 없으면 각운동량은 불변이다.

응용

각운동량의 보존으로 자이로스코프의 운동을 설명한다. 자이로스코프는 알짜 외부 돌림힘이 없을 때 회전축이 고정되어 회전하는 물체이다. 만약 외부 돌림힘이 작용하면 회전축이 **축돌기**라고 부르는 원운동을 한다. 원자보다 작은 입자에서부터 팽이, 자이로스코프, 행성에 이르기까지 축돌기가 일어난다.

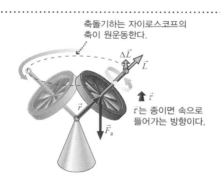

축돌기하는 자이로스코프의
축이 원운동한다.

$\Delta \vec{L}$
$\vec{L}$

$\vec{\tau}$

$\vec{\tau}$는 종이면 속으로
들어가는 방향이다.

$\vec{F}_g$

물리학 익히기 www.masteringphysics.com을 방문하여 과제를 수행하고 동적 학습 모듈(Dynamic Study Modules), 연습 문제 (practice quizzes), 문제 영상 풀이(video solutions to problems) 등의 자기 학습 도구를 이용하시오.

BIO 생물 및 의학 문제   **DATA** 데이터 문제   **ENV** 환경 문제   **CH** 도전 문제   **COMP** 컴퓨터 문제

학습 목표   이 장을 학습하고 난 후 다음을 할 수 있다.

LO 11.1 회전 물리량들을 벡터로 정의하고 이들의 방향을 결정할 수 있다.
개념 문제 11.1, 11.2, 11.3
연습 문제 11.11, 11.12, 11.13, 11.14

LO 11.2 벡터곱을 계산할 수 있다.
개념 문제 11.4
연습 문제 11.15, 11.16, 11.17
실전 문제 11.35, 11.36, 11.37, 11.38, 11.42, 11.51, 11.52, 11.64

LO 11.3 계의 각운동량을 결정할 수 있다.
개념 문제 11.7, 11.8

연습 문제 11.18, 11.21
실전 문제 11.39, 11.40, 11.41, 11.43, 11.44, 11.45, 11.54, 11.56, 11.60, 11.63, 11.64

LO 11.4 각운동량 보존과 관련된 문제를 풀 수 있다.
개념 문제 11.5, 11.6
실전 문제 11.46, 11.47, 11.48, 11.49, 11.50, 11.53, 11.55, 11.57, 11.58, 11.62

LO 11.5 축돌기를 설명하고 운동의 방향을 결정할 수 있다.
개념 문제 11.9, 11.10
실전 문제 11.61

개념 문제

1. 지구의 각속도 벡터는 북쪽 방향인가, 남쪽 방향인가?

2. 그림 11.12는 한 물체에 작용하는 네 벡터를 보여 준다. 각 벡터가 점 O에 대해서 만드는 돌림힘의 방향은 각각 무엇인가? 점 P에 대해서 만드는 돌림힘의 방향은 각각 무엇인가?

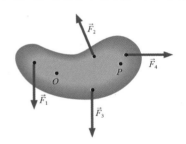

그림 11.12 개념 문제 2

3. 오른쪽 팔을 오른쪽을 향해 수평으로 편 채 서 있을 때 중력에 의해 어깨에 대해 작용하는 돌림힘의 방향은 어느 쪽인가?

4. 두 벡터의 스칼라곱이 벡터곱의 크기와 같다. 두 벡터의 사잇각은 얼마인가?

5. 테더공은 왜 감을수록 빨리 회전하는가?

6. 서서히 회전하는 부빙의 가장자리에 서 있는 북극곰들이 부빙의 중심으로 걸어가면 부빙의 회전율이 어떻게 변하겠는가?

7. 북반구에서 발생하는 토네이도를 위에서 보면 반시계 방향으로 회전한다. 자동차를 도로의 오른편으로 몰면 토네이도의 진동수가 증가한다는 기괴한 주장이 있다. 이 주장에 타당성이 있는가? 두 대의 자동차가 서로 반대 방향으로 움직이면서 공기에 작용하는 각운동량으로 설명하라.

8. 직선 경로를 등속력으로 움직이는 입자는 직선의 한 점에 대한 각운동량을 가지는가? 직선 이외의 점에 대해서는 각운동량을 가지는가? 어느 경우에 각운동량이 일정한가?

9. 농구공이 회전하고 있을 때 손가락으로 공의 균형을 잡는 것이 더 쉬운 이유는 무엇인가?

10. 축돌기하는 자이로스코프의 회전 속도를 증가시키면 세차 속도는 증가하는가, 감소하는가?

연습 문제

11.1 각속도와 각가속도 벡터

11. 자동차가 70 km/h로 북쪽을 향해 달린다. 지름이 62 cm인 자동차 바퀴의 각속도의 크기와 방향을 구하라.

12. 연습 문제 11의 자동차가 25 s 동안 90° 좌회전하면 자동차 바퀴의 평균 각가속도는 얼마인가?

13. 수직축에 대해서 45 rpm으로 회전하는 바퀴가 15 s 후에 수평축에 대해서 60 rpm으로 회전한다. (a) 평균 각가속도의 크기와 (b) 평균 각가속도와 수평축 사이의 각도를 구하라.

14. 수평축에 대해서 각속력 140 rad/s로 회전하는 바퀴의 각속도 벡터는 동쪽 방향이다. 35 rad/s²의 각가속도가 서북쪽 68°로 5.0 s 동안 작용한 후에 각속도의 크기와 방향을 구하라.

11.2 돌림힘과 벡터곱

15. 12 N의 힘이 점 ($x = 3$ m, $y = 1$ m)에 작용한다. 힘이 (a) x방향, (b) y방향과 (c) z방향을 향한다면 원점에 대한 돌림힘은 각각 얼마인가?

16. 힘 $\vec{F} = 1.3\hat{\imath} + 2.7\hat{\jmath}$ N이 점 ($x = 3.0$ m, $y = 0$ m)에 작용한다. (a) 원점과 (b) 점 ($x = -1.3$ m, $y = 2.4$ m)에 대한 돌림힘을 각각 구하라.

17. 팔을 편 채 있을 때 주로 삼각근이 팔을 지탱한다. 그림 11.13은 **BIO** 삼각근이 수평에 대해 15°로 힘 67 N을 발휘하고 있는 경우를

보여 주고 있다. 힘 작용점이 견갑 관절에서 수평으로 18 cm 떨어진 곳에 있으면 삼각근이 어깨에 작용하는 돌림힘은 얼마인가?

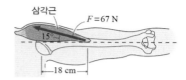

삼각근
$F = 67\,\text{N}$
15°
18 cm

그림 11.13 연습 문제 17

11.3 각운동량

18. 각운동량의 단위를 (a) SI 기초 단위인 kg, m, s만 사용하여, (b) N을 포함하여, (c) J을 포함하여 각각 표기하라.

19. 부록 E에 있는 데이터를 사용하여 은하 중심에 대한 우리 태양계의 각운동량의 크기를 추정하라.

20. 회전 관성이 $62\,\text{kg}\cdot\text{m}^2$인 체조 선수가 각운동량 $470\,\text{kg}\cdot\text{m}^2/\text{s}$로 텀블링한다. 이 선수의 각속력은 얼마인가?

21. 지름 90 cm, 질량 640 g의 훌라후프가 중심축에 대해서 170 rpm으로 회전한다. 각운동량은 얼마인가?

22. 질량 145 g, 지름 7.4 cm의 야구공이 2000 rpm으로 회전한다. 야구공을 속이 찬 균일한 구로 가정하면 각운동량의 크기는 얼마인가?

11.4 각운동량 보존

23. 회전 관성이 $6.40\,\text{kg}\cdot\text{m}^2$인 짐수레 바퀴가 19.0 rpm으로 자유롭게 회전한다. 짐꾼이 2.70 kg의 진흙 덩어리를 바퀴에 떨어트렸더니 회전축에서 46.0 cm인 곳에 들러붙었다. 그 직후 바퀴의 각속력은 얼마인가?

24. 지름 3.0 m, 회전 관성 $120\,\text{kg}\cdot\text{m}^2$의 회전목마가 0.50 rev/s로 자유롭게 회전한다. 질량이 25 kg인 어린이 네 명이 갑자기 가장자리에 올라탄다. (a) 새로운 각속력, (b) 어린이들과 회전목마 사이의 마찰로 잃어버린 에너지를 각각 구하라.

25. 균일한 구형으로, 질량 $2.0 \times 10^{30}\,\text{kg}$, 반지름 $1.0 \times 10^{13}\,\text{m}$인 성간가스 구름이 $1.4 \times 10^6\,\text{y}$의 주기로 회전한다. 이 가스 구름이 수축하여 반지름 $7.0 \times 10^8\,\text{m}$인 별을 형성할 때의 별의 회전 주기를 구하라.

26. 피겨 선수가 팔을 가슴에 대고 회전하면 회전 관성은 $4.2\,\text{kg}\cdot\text{m}^2$이고, 팔을 쭉 뻗으면 $5.7\,\text{kg}\cdot\text{m}^2$이다. 2.5 kg의 아령을 들고 길이 76 cm의 팔을 쭉 뻗고 3.0 rev/s로 회전하던 선수가 두 팔을 가슴에 갖다 대면 얼마나 빨리 회전하는가?

응용 문제

다음 문제들은 본문의 예제들에 기초한 것이다. 두 세트의 문제들은 물리학의 이해를 강화하는 연결의 형성을 돕고 이전에 풀어본 문제에서 변형된 문제를 해결하는 자신감을 키우도록 설계되어 있다. 각 세트의 첫 번째 문제는 본질적으로 예제 문제이지만 숫자들은 다르다.

두 번째 문제는 예제와 똑같은 상황이지만 묻는 질문이 다르다. 세 번째와 네 번째 문제는 완전히 다른 상황으로 이런 방식을 반복한다.

27. **예제 11.1** 65 km/h로 달리는 2150 kg의 SUV가 수평 도로 위에서 반지름 175 m인 원을 그리며 회전한다. 이 차의 각운동량의 크기는 얼마인가?

28. **예제 11.1** 1150 kg의 자동차가 수평 도로 위에서 반지름 125 m의 원형 궤도를 따라 왼쪽으로 회전한다. 회전 중심에 대한 이 차의 각운동량의 크기는 $2.86 \times 10^6\,\text{kg}\cdot\text{m}^2/\text{s}$이다. 자동차가 회전을 끝내고 직선 도로로 들어설 때 (a) 이 차의 각운동량의 방향, (b) 차의 속력과 (c) 회전 중심에 대한 각운동량의 크기를 구하라.

29. **예제 11.1** 58.2 g의 테니스공을 줄에 묶고 반지름 84.3 cm인 수평 원을 그리며 속력 5.87 m/s로 머리 위로 돌린다. 아래에서 공을 바라볼 때 공이 반시계 방향으로 회전한다. 원형 궤도의 중심에 대한 공의 각운동량의 (a) 크기와 (b) 방향을 구하라.

30. **예제 11.1** COMP 58.2 g의 테니스공을 1.00 m의 줄에 묶어 수평원에서 돌린다. 원형 궤도 중심에 대한 각운동량의 크기는 0.347 $\text{kg}\cdot\text{m}^2/\text{s}$이다. (a) 수평과 줄이 만드는 각도와 (b) 공의 속력을 구하라. (**힌트:** 예제 5.5를 참고하라.)

31. **예제 11.2** 별이 34.4일을 주기로 회전하고 있다. 수명이 다하면서 별의 최외각 층이 떨어져 나가고 반지름이 $4.96 \times 10^8\,\text{m}$인 핵만 남는다. 이 핵은 다시 반지름이 $4.21 \times 10^6\,\text{m}$인 백색 왜성으로 붕괴한다. 핵에 돌림힘이 작용하지 않는다고 가정할 때 붕괴 후의 별의 회전 주기를 구하라.

32. **예제 11.2** 천문학자가 반지름이 7.10 km인 중성자 별을 관측하고 이 별이 21.9 rpm으로 회전하는 것을 알았다. 이 중성자 별을 형성하기 위해 붕괴를 일으킨 별의 핵이 원래 49.3일 주기로 회전하고 있었다면 원래 별의 반지름은 얼마였는가?

33. **예제 11.2** 그림 11.6의 스케이트 선수가 1.66 rev/s로 회전을 하고 있다. 손과 발을 모두 뻗었을 때(그림 11.6a) 회전 관성이 $3.56\,\text{kg}\cdot\text{m}^2$이다. 팔과 다리를 모을 때(그림 11.6b) 회전 관성은 $1.21\,\text{kg}\cdot\text{m}^2$로 줄어든다. 이 선수의 최종 회전 속력은 얼마인가?

34. **예제 11.2** 팔을 펼치고 있고 각 손에 야구 장갑을 끼고 있는 스케이트 선수의 회전 관성이 $5.31\,\text{kg}\cdot\text{m}^2$이다. 공이 야구 장갑에 들어오는 곳까지의 거리는 회전축으로부터 123 cm 떨어져 있다. 이 선수는 수직축 방향의 크기 0.950 rev/s의 각속도를 갖고 회전하고 있다. 이 선수가 팔에 수직하게 24.7 m/s의 속력으로 야구 장갑의 공 잡는 곳을 향해 움직이는 146 g의 야구공을 잡는다. 이 선수가 (a) 왼손으로, (b) 오른손으로 야구공을 잡을 경우 선수의 각속력을 구하라.

실전 문제

35. 렌치로 나사를 푼다고 하자. 나사를 원점으로 잡으면, 렌치 끝은 $(x = 18\,\text{cm}, y = 5.5\,\text{cm})$에 위치한다. 렌치 끝에 힘 $\vec{F} = 88\hat{\imath} -$

$23\hat{j}$ N을 작용할 때 나사에 가하는 돌림힘은 얼마인가?

36. 벡터 $\vec{A}$는 x축에서 $30°$ 반시계 방향이며, 벡터 $\vec{B}$의 크기는 $\vec{A}$의 2배이다. 이들의 곱인 $\vec{A} \times \vec{B}$의 크기는 A^2이고 $-z$방향이다. 벡터 $\vec{B}$의 방향을 구하라.

37. **BIO** 야구 선수가 팔을 똑바로 위로 뻗어서 42 m/s로 수평으로 움직이는 145 g의 야구공을 잡는다. 야구 선수의 견갑 관절에서 공이 그의 손에 닿은 지점까지는 63 cm이고, 공을 잡는 동안 그의 팔이 어깨에 대해 회전할 때 팔은 편 채로 있다. 야구 선수가 공을 멈추는 동안에 그의 손은 수평으로 5.00 cm 되튄다. 야구 선수의 팔이 공에 작용하는 평균 돌림힘은 얼마인가?

38. 임의의 벡터 $\vec{A}$와 $\vec{B}$에 대해 $\vec{A} \cdot (\vec{A} \times \vec{B}) = 0$임을 보여라.

39. 길이 a, 질량 m인 가는 막대가 막대의 중심을 지나는 수직축에 대해 회전한다. 막대 끝의 속력은 v이다. 회전축에 대한 막대의 각운동량에 대한 표현식을 구하라.

40. 질량 m의 입자가 등속력 v로 직선을 따라 움직인다. 운동 직선에서 수직 거리 b 떨어진 점에 대한 각운동량은 직선 위 입자의 위치와 무관하게 항상 mvb임을 증명하라.

41. 질량 1800 kg의 동일한 두 자동차가 속력 83 km/h로 마주 보고 달린다. 각 자동차의 질량 중심은 고속도로 중앙선에서 3.2 m 거리에 있다(그림 11.14 참조). 중앙선의 한 점에 대한 두 자동차로 이루어진 계의 각운동량의 크기와 방향은 무엇인가?

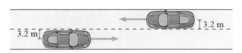

그림 11.14 실전 문제 41

42. 두 벡터의 스칼라곱이 두 벡터의 벡터곱의 크기의 절반이다. 두 벡터의 사잇각은 얼마인가?

43. **BIO** 생체역학 공학자가 동맥반 제거 혈관 성형술을 위한 조영제 투입을 대신할 혈류 측정용 미소기계적 기구를 개발하였다. 시제품 기구는 혈관에 삽입되는 지름 300 μm, 두께 2.0 μm인 실리콘 회전자로 구성되어 있다. 흐르는 피는 회전자를 돌리고, 각속력은 혈류의 정도를 나타낸다. 수 m/s로 흐르는 물로 한 실험에서 이 기구가 800 rpm의 각속력을 보였다. 회전자를 원판으로 간주할 때 800 rpm에서 각운동량은 얼마인가? (**힌트**: 실리콘의 밀도를 구할 필요가 있다.)

44. 그림 11.15는 질량 880 g의 나무 야구방망이의 크기를 보여 준다. 이 방망이의 질량 중심에 대한 회전 관성은 0.048 kg·m²이다. 방망이를 휘둘러 방망이 끝이 50 m/s로 움직일 때, (a) 받침점 P에 대한 각운동량과 (b) 0.25 s 안에 이러한 각운동량을 만들기 위하여 점 P에 작용해야 할 일정한 돌림힘을 구하라. (**힌트**: 평행축 정리를 이용하라.)

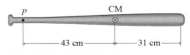

그림 11.15 실전 문제 44

45. 한 자동차 공학자가 자동차 바퀴의 선속력은 그대로 유지하면서 각운동량을 30% 줄이기 위해 자동차 바퀴를 새로 디자인하라는 임무를 받았다. 자동차 바퀴의 지름을 38 cm에서 35 cm로 줄이는 것도 디자인 요구사항이다. 이전 바퀴의 회전 관성이 0.32 kg·m²이었다면, 새 바퀴의 회전 관성을 얼마로 지정해야 하는가?

46. 중심축에 대해서 22.0 rpm으로 회전하는 반지름 25 cm, 회전 관성 0.0154 kg·m²인 턴테이블의 가장자리에 19.5 g의 생쥐가 올라가 있다. 생쥐가 가장자리에서 중심을 향해 움직인다. (a) 새로운 회전 속력과 (b) 생쥐가 한 일을 구하라.

47. **CH** 반지름 1.81 m, 회전 관성 95 kg·m²인 정지한 마찰 없는 회전 원판의 가장자리에서 17 kg의 개가 원판을 한 바퀴 돈다. 이 동안 개는 지면에 대해서 원주의 몇 %를 움직였는가?

48. 회전 관성이 0.31 kg·m²인 정지한 마찰 없는 회전 원판에 서 있는 물리학과 학생이 수직축에 대해서 130 rpm으로 회전하는 회전 관성 0.22 kg·m²의 바퀴를 그림 11.8처럼 돌리고 있다. 바퀴를 뒤집으면 학생과 회전 원판은 70 rpm으로 회전한다. (a) 학생을 지름 30 cm의 원통으로 모형화하면 학생의 질량은 얼마인가? (b) 바퀴를 뒤집기 위하여 한 일은 얼마인가? 회전 원판과 바퀴의 축 사이의 거리는 무시한다.

49. 한 교사가 학교의 연례 아이스쇼의 안무를 맡았다. 질량이 60 kg인 8명의 스케이트 선수를 불러 서로 손에 손을 잡고 일렬로 늘어서서 스케이트를 타도록 한다. 일렬로 늘어선 길이는 12 m이다. 끝에 있는 한 스케이트 선수가 갑자기 정지하면 전원이 직선을 이룬 채 그 스케이트 선수에 대해 회전하기 시작한다. 안전상 선수들이 8.0 m/s보다 빨리 움직이면 안 되고, 선수의 손에 작용하는 힘이 300 N을 넘어도 안 되길 원한다. 선수들이 회전 동작을 실행하기 전에 선수들이 낼 수 있는 가장 빠른 속력을 얼마로 정해야 하는가?

50. 화성의 하루는 1.03 지구날과 같은데 화성 시간이 지구 시간보다 계속해서 늦어지기 때문에 불편하다. 미래에 화성에 정착해 살 주민들이 화성 적도 위로 거대한 포물체를 수평으로 쏘아 올려 화성의 회전을 증가시켜 이 문제를 해결하기로 했다고 가정하자. 포물체의 발사 방향은 화성 하루를 지구 하루와 같도록 화성 회전을 증가시키는 방향이다. 이들의 기술이 도달할 수 있는 발사 속력이 2.44 Mm/s라면 원하는 결과를 얻기 위한 포물체의 질량은 얼마여야 하는가? 화성이 균일한 속이 찬 구라고 가정하라.

51. 두 벡터 $\vec{A} = A_x\hat{i} + A_y\hat{j} + A_z\hat{k}$와 $\vec{B} = B_x\hat{i} + B_y\hat{j} + B_z\hat{k}$의 벡터곱이 $\vec{A} \times \vec{B} = (A_yB_z - A_zB_y)\hat{i} + (A_zB_x - A_xB_z)\hat{j} + (A_xB_y - A_yB_x)\hat{k}$임을 보여라. (**힌트**: 단위 벡터 $\hat{i}$, $\hat{j}$, $\hat{k}$의 모든 가능한 쌍(자신들의 쌍을 포함)의 벡터곱을 계산할 필요가 있다.)

52. 행렬식(determinant)에 익숙하다면, 벡터곱을 행렬식으로 나타낼 수 있다는 것을 보여라.

$$\vec{A} \times \vec{B} = \begin{vmatrix} \hat{i} & \hat{j} & \hat{k} \\ A_x & A_y & A_z \\ B_x & B_y & B_z \end{vmatrix}$$

(**힌트**: 실전 문제 51을 참조하라.)

53. 점보가 돌아왔다! 점보는 예제 9.4에서 나온 4.8 Mg의 코끼리이다. 이번에는 점보가 마찰이 없는 베어링 위에서 반지름이 8.5 m이고 질량이 15 Mg, 각속도 0.15 s^{-1}로 회전하고 있는 회전대의 외곽에 서 있다. 이윽고 점보가 회전대의 중심을 향해 걷는다. 점보를 질점으로, 회전대를 속이 찬 원판으로 간주하고, (a) 점보가 중심에 도달한 순간의 회전대의 각속도와 (b) 중심을 향해 걸으면서 점보가 한 일을 구하라.

54. 그림 11.16의 풍속계를 생각해 보자. 풍속계에는 질량 124 g의 작은 반원 컵이 각각 질량이 75.7 g인 길이 32.6 cm인 막대 끝에 달려 있다. 12.4 rev/s로 회전할 때 풍속계의 각운동량을 구하라. 반원 컵을 질점으로 생각하라.

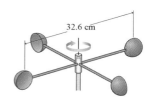

그림 11.16 실전 문제 54

55. 마찰 없는 수직축에 대해서 각속력 ω로 회전하는 회전 원판의 회전 관성은 I이다. 회전 원판 위에 던져진 질량 m인 진흙 덩어리는 회전축에서 거리 d인 곳에 달라붙는다. 진흙 덩어리는 회전 원판의 지름에 수직이고 회전 원판의 회전과 같은 방향인 속도 $\vec{v}$로 회전 원판에 수평하게 충돌한다(그림 11.17 참조). 회전 원판의 각속력이 (a) 처음 값의 절반으로 떨어지게 되거나, (b) 변화가 없거나, (c) 두 배가 되는 결과를 낳은 처음 속력 v의 값을 구하라.

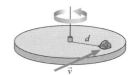

그림 11.17 실전 문제 55

56. 태양계 총질량의 99.9%는 태양에 모여 있다. 부록 E의 데이터를 이용하여 태양계 중심에 대한 태양의 각운동량이 태양계 전체 각운동량의 몇 %인지 어림계산하라. 나머지 각운동량의 대부분은 어디에 있는가?

57. 밀도가 균일한 속이 찬 구 형태의 행성에 세워진 선진 문명사회의 토목공학자에게 팽창하는 인구를 수용하기 위하여 정부가 행성을 새로운 모양으로 바꾸도록 요구한다. 토목공학자는 어떤 물질이나 각운동량을 더하지 않고 행성을 바깥 반지름의 1/5 두께인 구 껍질로 바꾸라고 권고한다. 토목공학자의 디자인으로 표면적은 얼마나 늘어나고, 하루의 길이는 어떻게 변하겠는가?

58. 그림 11.18에서 질량 440 g, 반지름 3.5 cm의 아래 원판이 마찰과 반지름을 무시할 수 있는 막대에 대해서 180 rpm으로 회전한다. 처음에 질량 270 g, 반지름 2.3 cm의 위 원판은 회전하지 않는다. 위 원판을 막대에 끼워서 아래 원판에 올려놓으면 두 원판 사이의 마찰로 인해 같은 회전 속력을 갖게 된다. (a) 나중 회전 속력과 (b) 마찰로 잃어버린 처음 운동 에너지의 비율을 구하라.

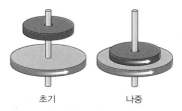

초기　　나중

그림 11.18 실전 문제 58

59. 수평축에 대해서 각속도 ω_0으로 회전하는 질량 M, 반지름 R인 속이 찬 구를 그림 11.19처럼 운동 마찰 계수가 μ_k인 표면 위에 수직으로 떨어뜨린다. (a) 순수한 굴림 운동을 하게 된 후의 최종 속도와 (b) 순수한 굴림 운동을 하기까지 걸린 시간을 각각 구하라.

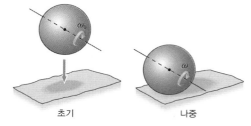

초기　　나중

그림 11.19 실전 문제 59

60. 시간에 따라 변하는 돌림힘 $\tau = a + b \sin ct$가 처음에는 정지해 있으나 자유롭게 회전할 수 있는 물체에 작용한다. 여기서 a, b, c는 상수이다. 돌림힘이 처음 작용하는 시간이 $t = 0$이라고 가정하고, 물체의 각운동량을 시간의 함수로 구하라.

61. 그림 11.10처럼 회전축이 반지름 r인 수평원을 그리며 균일하게 축돌기하는 고속 자이로스코프를 생각해 보자. $\vec{\tau} = d\vec{L}/dt$를 적용하여 원의 중심을 지나는 수직축에 대한 축돌기 각속력이 mgr/L임을 보여라.

62. 태양과 같은 별의 핵심에서 열핵융합의 연료인 수소나 헬륨이 사라지면 별이 수축되어 백색왜성이 된다. 이때 고속으로 회전하는 고밀도 백색왜성으로 수축되기 전에 외각층이 터져나가면서 질량의 일부를 잃어버린다. 질량과 반지름이 태양과 같은 어떤 별의 회전 주기가 25일이다. 이 별이 붕괴하여 질량은 태양 질량의 60%이고 회전 주기는 131 s인 백색왜성이 된다면, 이 백색왜성의 반지름은 얼마인가? 그 결과를 태양과 지구의 반지름과 비교하라.

63. 예제 11.2에서 나왔던 빠르게 회전하는 중성자별인 펄서에 있는 자기장은 주위의 성간 물질에 있는 대전된 입자와 상호작용한다. 그 결과로 생겨난 돌림힘이 펄서의 회전율을 아주 천천히 감소시킴에 따라 각운동량도 줄어든다. 아래 표에는 20년 동안 5년마

다 같은 날에 관측한 특정 펄서의 회전 주기의 값이 나와 있다. 그 펄서의 회전 관성은 1.12×10^{38} kg·m²으로 알려져 있다. 펄서의 각운동량을 시간에 대한 그래프로 그리고, 연관된 최적 맞춤 직선과 회전 운동에 대한 뉴턴 법칙을 사용하여 펄서에 작용하는 돌림힘을 구하라.

관측 연도	1995	2000	2005	2010	2015
각운동량 (10^{37} kg·m²/s)	7.844	7.831	7.816	7.799	7.787

64. 물체 내 한 회전축 O에 대한 전체 각운동량은 $\vec{L}$이다. 평행한 다른 회전축 O'에 대한 물체의 각운동량이 $\vec{L}' = \vec{L} - \vec{h} \times \vec{p}$임을 보여라. 여기서 $\vec{h}$는 O에서 O'까지의 변위이며, $\vec{p}$는 물체의 선운동량이다(그림 11.20에는 각 축으로부터 계의 i번째 질량 요소 m_i까지의 벡터 $\vec{r}_i$와 $\vec{r}_i'$도 나타나 있다).

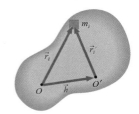

그림 11.20 실전 문제 64

실용 문제

그림 11.21은 굴대에 설치된 속이 찬 원판으로 구성된 모델 자이로스코프를 나타낸다. 원판은 본질적으로 마찰이 없는 베어링 위에 있는 굴대를 축으로 회전한다. 굴대는 수평으로도 수직으로도 자유롭게 회전할 수 있도록 스탠드 위에 설치되어 있다. 굴대의 먼 끝에 있는 추는 원판과 균형을 이루므로 이 배치에서는 계에 작용하는 돌림힘이 없다. 원판이 있는 굴대 끝에 설치된 화살촉은 원판의 각속도의 방향을 가리킨다.

그림 11.21 자이로스코프(실용 문제 65~68)

65. 화살촉과 원판 사이의 굴대를 수평으로 밀면(즉 그림 11.21의 종이면 속으로), 굴대 끝의 화살촉은
    a. 멀어져 갈 것이다(즉 종이면 속으로).
    b. 가까이 올 것이다(즉 종이면 밖으로).
    c. 아래로 움직일 것이다.
    d. 위로 움직일 것이다.

66. 화살촉과 원판 사이의 굴대를 굴대 아래쪽에서 똑바로 위로 밀면, 굴대 끝의 화살촉은
    a. 멀어져 갈 것이다(즉 종이면 속으로).
    b. 가까이 올 것이다(즉 종이면 밖으로).
    c. 아래로 움직일 것이다.
    d. 위로 움직일 것이다.

67. 굴대의 왼쪽 끝에 추를 하나 더 매달면,
    a. 추가 있는 굴대 끝이 받침대와 부딪칠 때까지 화살촉이 위로 회전한다.
    b. 화살촉이 받침대와 부딪칠 때까지 아래로 회전한다.
    c. 위에서 볼 때 화살촉은 반시계 방향으로 축돌기를 한다.
    d. 위에서 볼 때 화살촉은 시계 방향으로 축돌기를 한다.

68. 계가 축돌기를 하면 오직 원판의 회전율만 증가되고, 축돌기 속력은
    a. 감소할 것이다.
    b. 증가할 것이다.
    c. 변하지 않을 것이다.
    d. 0이 될 것이다.

11장 질문에 대한 해답

장 도입 질문에 대한 해답
지구의 회전축이 26,000년을 주기로 바뀌면서 태양광의 세기와 계절의 관계가 바뀌며 빙하 시대가 도래하였다.

확인 문제 해답
11.1 (e)

11.2 (1) $\vec{\tau}_3$, (2) $\vec{\tau}_5$, (3) $\vec{\tau}_1$, (4) $\vec{\tau}_4$

11.3 (d)

11.4 (1) (a) 총각운동량을 0으로 유지하기 위해
 (2) (c) 그래서 $L_총$은 0인 채로 있다.
 (3) (b)

11.5 (a)

정적 평형

학습 목표

이 장을 학습하고 난 후 다음을 할 수 있다.

LO 12.1 정적 평형에 대한 조건을 정량적으로 기술할 수 있다.

LO 12.2 계의 무게 중심을 정하고 중력에 의한 돌림힘을 구할 수 있다.

LO 12.3 정적 평형 문제를 해결할 수 있다.

LO 12.4 안정한 평형과 불안정한 평형을 구분할 수 있다.

스페인 세빌레의 알라밀로 다리는 건축가 산티아고 칼라트라바의 작품이다. 이 다리가 안정할 조건은 무엇일까?

건축가 산티아고 칼라트라바(Santiago Calatrava)는 왼쪽 사진처럼 불가능해 보이는 다리를 설계하였다. 설계 시 중점을 둔 것은 다리가 왼쪽으로 쓰러지지 않도록 만드는 것이었다. 이것의 핵심은 알짜힘과 알짜 돌림힘이 작용하지 않는 **정적 평형**을 유지하는 것이다. 이와 같이 공학자들은 정적 평형 조건을 이용하여 건물, 다리, 비행기 등을 설계한다. 과학자들은 분자에서부터 천체에 이르기까지 평형 원리를 적용한다. 이 장에서는 이러한 물리학 법칙인 정적 평형 조건을 공부한다.

12.1 평형 조건

LO 12.1 정적 평형에 대한 조건을 정량적으로 기술할 수 있다.

물체에 작용하는 알짜 외력과 돌림힘 둘 다 없으면 물체는 **평형**(equilibrium)에 있다. 특히 물체가 정지해 있으면 **정적 평형**(static equilibrium)이다. 정적 평형은 공학적 구조물, 나무, 분자, 그리고 뼈와 근육의 구조와도 관련이 깊다.

알짜 외력과 돌림힘이 없다는 정적 평형 조건은 다음과 같이 표기한다.

계에 작용하는 외부력 ···   ··· 정적 평형에서 $\vec{0}$이어야 한다.

$$\sum \vec{F}_i = \vec{0} \tag{12.1}$$

$$\sum \vec{\tau}_i = \sum (\vec{r}_i \times \vec{F}_i) = \vec{0} \tag{12.2}$$

알짜 외부 돌림힘 역시 $\vec{0}$이어야 한다.

여기서 $\vec{F}_i$, $\vec{r}_i$, $\vec{\tau}_i$는 i번째 물체에 작용한 힘, 그 힘이 작용하는 위치, 연관된 돌림힘이다.

10장과 11장에서 배웠듯이 돌림힘은 회전축에 따라 달라진다. 사실, 논점은 축보다는 한 점에 있다. 바로 표현 $\vec{\tau} = \vec{r} \times \vec{F}$에 들어가는 벡터 $\vec{r}$의 원점이 문제이다. 이 장에서는 평형 상태에 있는, 즉 회전하지 않는 물체를 다루므로 회전축보다는 '회전점'이 더 중요하다. 결국 돌림힘 $\vec{\tau} = \vec{r} \times \vec{F}$는 회전점의 선택에 따라 달라진다. 식 12.2에서 회전점을 특정하지 않았으므로 이 식은 불명확하다.

정적 평형 상태의 물체는 어떤 점에 대해서도 회전할 수 없으므로, 식 12.2는 회전점의 선택과 무관하게 성립해야 한다. 그렇다면 모든 점을 점검해야 할까? 아니다. 물체에 작용하는 알짜 외력이 0이고, 어떤 한 점에 대한 알짜 돌림힘이 0이면, 다른 점에 대한 돌림힘도 0이기 때문이다. 실전 문제 57에서 이러한 상황을 증명할 것이다.

따라서 평형 문제를 풀 때, 돌림힘을 계산할 회전점을 마음대로 택할 수 있다. 그러나 한 힘이 작용하는 위치로 $\vec{r} = \vec{0}$을 택하면 이 힘이 만드는 돌림힘 $\vec{r} \times \vec{F}$가 0이므로 한결 간단하게 계산할 수 있다.

예제 12.1 받침점 찾기: 도개교

그림 12.1a처럼 길이 14 m의 들어 올리는 도개교에 질량 11,000 kg이 균일하게 분포한다. 지지케이블의 장력을 구하라.

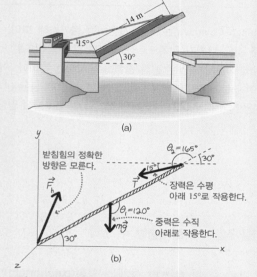

그림 12.1 (a) 도개교, (b) 다리에 작용하는 힘

해석 도개교가 정지해 있으므로 정적 평형 문제이다.

과정 받침점의 선택에 따라 정적 평형 문제를 쉽게 풀 수 있다. 그림 12.1b는 다리에 작용하는 세 힘을 보여 준다. 세 힘은 정적 평형 조건인 식 12.1과 12.2를 만족한다. 그러나 받침힘 $\vec{F_h}$를 구

할 필요가 없으므로 교각받침을 받침점으로 택하면 식 12.2의 $\sum \vec{\tau_i} = \vec{0}$만 고려해도 된다. 여기서 중력과 장력만 돌림힘을 만든다. 중력은 다리 길이 L의 중간인 무게 중심에 작용하므로, 중력이 만드는 돌림힘은 $\tau_g = -(L/2)mg \sin \theta_1$이다. 여기서 θ_1은 중력과 받침점 벡터 사이의 각도이다. 오른손 규칙에 따라 돌림힘의 방향은 종이면으로 들어가는 음의 z방향이다. 한편 장력 T는 전체 길이 L에 작용하여 돌림힘 $\tau_T = LT \sin \theta_2$를 만든다. 따라서 식 12.2는 다음과 같다.

$$-\frac{L}{2}mg \sin \theta_1 + LT \sin \theta_2 = 0$$

풀이 위 식에서 장력 T를 구하면 다음을 얻는다.

$$T = \frac{mg \sin \theta_1}{2 \sin \theta_2} = \frac{(11{,}000 \text{ kg})(9.8 \text{ m/s}^2)(\sin 120°)}{(2)(\sin 165°)}$$
$$= 180 \text{ kN}$$

검증 답을 검증해 보자. 이 장력은 다리의 무게 110 kN에 비하면 크다. 장력이 작은 각도로 돌림힘을 만들므로 중력이 만드는 돌림힘과 균형을 이루기 위해서는 클 수밖에 없다. 이 예제에서 중요한 점은 받침점의 현명한 선택이다. 여기에서처럼 받침점을 택하면 식 12.2만으로도 문제를 풀 수 있다. 만약 다른 받침점을 택하면 F_h가 돌림힘 방정식에 등장하여 식 12.1을 이용하여 F_h를 없애야 한다(연습 문제 11 참조).

확인 문제 **12.1** 옆 그림은 물체에 작용하는 세 쌍의 힘들이다. 어떤 쌍의 힘만이 물체의 정적 평형 상태를 유지하는가? 나머지는 왜 평형을 깨는지 설명하라.

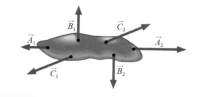

12.2 무게 중심

LO 12.2 계의 무게 중심을 정하고 중력에 의한 돌림힘을 구할 수 있다.

그림 12.1b에서 다리의 질량 중심에 중력이 작용하도록 그렸다. 과연 옳을까? 중력은 물체의 모든 곳에 작용한다. 이렇게 작용하여 만든 돌림힘이 질량 중심에 작용하는 중력이 만든 돌림힘과 같을까? 이를 확인하기 위해서 질량이 M인 물체의 모든 곳에 작용하는 중력을 생각해 보자. 이들 힘의 벡터합은 $M\vec{g}$이다. 돌림힘은 얼마일까? 그림 12.2의 질량 요소에 대한 돌림힘을 모두 더하면

$$\vec{\tau} = \sum \vec{r_i} \times \vec{F_i} = \sum \vec{r_i} \times m_i \vec{g} = \left(\sum m_i \vec{r_i}\right) \times \vec{g}$$

이다. 마지막 식에 총질량 M을 곱하고 나누면 다음과 같다.

$$\vec{\tau} = \left(\frac{\sum m_i \vec{r_i}}{M}\right) \times M\vec{g}$$

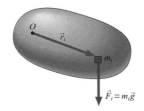

그림 12.2 질량 요소 m_i에 작용하는 중력 $\vec{F_i}$가 점 O에 대한 돌림힘을 만든다.

여기서 첫 번째 항은 질량 중심의 위치 벡터이고(9.1절 참조) 두 번째 항은 전체 무게이다. 즉 중력이 물체에 작용하여 만드는 돌림힘은 물체의 질량 중심에 중력 $M\vec{g}$가 작용한 것과 같다. 이와 같이 중력이 작용하는 점을 **무게 중심**(center of gravity, CG)이라고 한다. 따라서 균일한 중력장에서 물체의 무게 중심은 질량 중심과 일치한다.

개념 예제 12.1 **무게 중심 구하기**

어떻게 물체를 실에 매달아서 그 무게 중심을 찾을 수 있는지 설명하라.

풀이 물체를 실에 매달면 그림 12.3a, b에서 보는 것처럼 물체는 재빨리 평형에 도달한다. 평형에서는 물체에 작용하는 돌림힘이 없으므로, 그림 12.3b에서 보는 것처럼 그 무게 중심(CG)은 매단 점에서 똑바로 아래에 있어야 한다. 아직까지 유일하게 알고 있는 것은 CG가 매단 점으로부터 이어지는 수직선 위에 놓여 있다는 것이다. 그러나 교차하는 두 직선은 점을 결정하므로, 해야 할 일은 물체를 다른 점에 매다는 것이다. 새로운 평형에서도 CG는 매단 점으로부터 이어지는 수직선 위에 놓여 있다. 두 직선이 만나는 곳이 무게 중심이다(그림 12.3c).

검증 이것은 최소한 이차원 물체에 대해서 무게 중심을 빠르고, 쉽고, 실용적으로 찾는 방법이다.

관련 문제 실험을 해 보자! 균일한 밀도의 물질로 만들어진 이등변삼각형의 무게 중심을 결정하라.

풀이 판지나 목판을 삼각형으로 자른 후 여기에 설명된 절차를 따라 해 보라. 예제 9.3과 잘 일치할 것이다. 삼각형의 CG(질량 중심과 같다)는 꼭짓점에서 밑변까지의 2/3가 되는 곳에 놓여 있다.

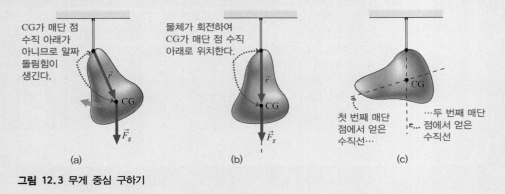

그림 12.3 무게 중심 구하기

확인 문제	**12.2** 그림의 발레리나는 균형을 잘 잡아서 정적 평형 상태에 있다. 세 점 중 어느 점이 발레리나의 무게 중심인가?

12.3 정적 평형의 예

LO 12.3 정적 평형 문제를 해결할 수 있다.

계에 작용하는 모든 힘이 평면에 놓여 있으면, 식 12.1(정적 평형에서 알짜힘이 없는 상태)은 두 성분에 대한 방정식 두 개가 된다. 또한 돌림힘도 그 평면에 수직하기 때문에 식 12.2(알짜 돌림힘이 없는 상태)는 방정식 한 개가 된다. 즉 정적 평형 조건에서 세 개의 스칼라 방정식을 얻는다. 예제 12.1처럼 돌림힘에 대한 방정식 하나로 문제를 풀 수 있는 경우는 드물다.

정적 평형 문제를 푸는 것은 뉴턴 법칙 문제를 푸는 것과 마찬가지이다. 평형 조건이 뉴턴 법칙에서 알짜힘과 돌림힘이 0인 경우이기 때문이다. 따라서 4장의 문제풀이 요령을 여기서도 적용할 수 있다.

문제풀이 요령 12.1	**정적 평형 문제**

해석 가장 먼저 정적 평형인지 확인하고, 평형을 이룰 대상 물체를 파악한다. 다음으로 물체에 작용하는 모든 힘들을 찾는다.

과정 물체에 작용하는 힘을 그린다. 돌림힘을 계산할 필요가 있으므로 힘이 작용하는 위치가 중요하다. 따라서 물체를 질점으로 표시하지 말고, 힘이 작용하는 점이 드러나도록 체계적으로 그려야 한다. 정적 평형 문제이므로 식 12.1의 $\sum \vec{F}_i = \vec{0}$과 식 12.2의 $\sum \vec{\tau}_i = \vec{0}$을 적용한다. 힘이 작용하는 작용점 중 하나를 원점으로 하는 좌표계를 설정하여 힘 벡터를 성분으로 표기한다. 미지수가 힘인 경우에는 그럴 듯한 힘 벡터를 그리고, 계산 과정에서 부호와 각도를 구하면 된다.

풀이 일단 물리적 준비는 되었으므로 답을 계산할 차례이다. 식 12.1을 설정한 좌표계의 두 성분으로 표기한다. 좌표계의 원점에 대한 돌림힘을 계산하고, 식 12.2를 돌림힘의 합이 0인 스칼라 식으로 표기한다. 이렇게 3개의 방정식을 얻으면 계산할 준비가 끝났다. 세 방정식이므로 원하는 답이 하나라도 3개의 미지수가 들어 있다. 세 방정식을 이용하여 원하지 않는 미지수는 제거한다.

검증 답을 검증한다. 숫자는 합리적인가? 힘과 돌림힘의 방향이 정적 평형을 이룰 수 있는가? 특별한 경우로, 힘이나 질량이 0이나 무한대가 되면 어떻게 되는가? 여러 벡터 사이의 각도가 특정한 값이 되면 어떻게 되는가?

예제 12.2 | **정적 평형: 사다리 안정성** | 응용 문제가 있는 예제

질량 m, 길이 L의 사다리가 그림 12.4a처럼 벽에 기대어 있다. 벽에는 마찰이 없고, 사다리와 바닥 사이의 정지 마찰 계수는 μ이다. 사다리가 미끄러지지 않고 벽에 기대 있는 최소 각도 ϕ를 구하라.

해석 정적 평형 문제이고, 사다리가 대상 물체이다. 사다리에 작용하는 힘은 중력, 바닥과 벽이 작용하는 수직 항력, 사다리와 바닥 사이의 마찰력이다.

과정 그림 12.4b에 네 힘과 모르는 각도 ϕ가 있다. 정지 마찰력 $f_s = \mu n_1$이 최대일 때 최소 각도가 된다. 정적 평형 문제이므로 식 12.1과 12.2를 적용한다. 식 12.1의 수평 및 수직 성분은

$$\text{힘, } x: \ \mu n_1 - n_2 = 0$$
$$\text{힘, } y: \ n_1 - mg = 0$$

이다. 사다리의 밑부분을 받침점으로 택하면 돌림힘 식에서 두 힘을 없앨 수 있다. 중력과 벽의 수직 항력이 각도 ϕ로 만드는 돌림힘만 남는다. 중력 돌림힘은 종이면으로 들어가는 음의 z방향이므로 $\tau_g = -(L/2)mg\sin(90° - \phi) = -(L/2)mg\cos\phi$이다. 수직 항력의 돌림힘은 종이면에서 나오는 방향이므로 $\tau_w = Ln_2\sin(180° - \phi) = Ln_2\sin\phi$이다. 여기서 $\sin(90° - \phi) = \cos\phi$, $\sin(180° - \phi) = \sin\phi$이다. 따라서 식 12.2는 다음과 같다.

$$\text{돌림힘: } Ln_2\sin\phi - \frac{L}{2}mg\cos\phi = 0$$

풀이 미지수는 n_1, n_2, ϕ이다. 힘 방정식의 y성분에서 $n_1 = mg$이므로 바닥이 사다리의 무게를 지탱한다. 한편 힘 방정식의 x성분에서 $n_2 = \mu mg$이므로 돌림힘 방정식 $\mu mg L\sin\phi - (L/2)$

$mg\cos\phi = 0$은 $\mu\sin\phi - (1/2)\cos\phi = 0$이다. 따라서 각도 ϕ는 다음을 만족한다.

$$\tan\phi = \frac{\sin\phi}{\cos\phi} = \frac{1}{2\mu}$$

검증 답을 검증해 보자. 마찰 계수가 클수록 사다리를 붙잡는 수평력이 커지고, 사다리가 안정하게 기댈 수 있는 최소 각도가 작아진다. 반면에 마찰 계수가 작아지면 탄젠트가 커져서 최소 각도가 90°에 가까워진다. 마찰이 없다면 사다리를 수직으로만 세울 수 있다. 이 예제는 사다리 위에 아무도 없는 경우이다. 만약 사다리에 특히 윗부분에 사람이 있으면 안전한 최소 각도가 상당히 커지므로 조심해야 한다(실전 문제 35 참조).

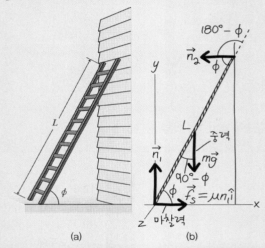

그림 12.4 (a) 몇 도에서 사다리가 미끄러지는가? (b) 사다리에 작용하는 힘

각을 주의해서 정하기 그림에 표시된 각이 한 개일 경우, 돌림힘을 구할 때 그 각이 $\sin$에 들어가는 각을 반드시 의미하는 것은 아니다. 예를 들어 예제 12.2에서 각 ϕ는 $\vec{r}$와 $\vec{F}$ 벡터 쌍의 사잇각이 아니다. 실제 돌림힘을 계산할 때 필요한 각은 그림 12.4b와 같이 $90° - \phi$와 $180° - \phi$이다. 그리고 삼각 함수 간의 관계를 이용하여 ϕ의 함수인 $\sin$은 적절한 다른 삼각함수로 나타낼 수 있다. 중력에 의한 돌림힘의 경우 $\sin(90° - \phi)$는 $\cos\phi$로, 벽에 의해 작용하는 힘에 의한 돌림힘의 경우 $\sin(180° - \phi)$는 $\sin\phi$로 바꿀 수 있다. 문제에 한 개의 각만 주어졌다고 해서 돌림힘을 구할 때 하나의 $\sin$ 값만을 가정하지 마라.

예제 12.3 | **정적 평형: 인체**

그림 12.5a는 호박을 들고 있는 사람의 팔이다. 이두박근 장력의 크기와 팔꿈치 관절의 접촉힘을 구하라.

해석 정적 평형 문제이며, 팔과 호박이 평형을 이루는 대상 물체이다. 작용하는 네 힘은 팔과 호박의 무게, 이두박근의 장력, 팔꿈치의 접촉힘이다.

과정 그림 12.5b에 네 힘이 있다. 접촉힘 $\vec{F_c}$의 정확한 방향은 모른다. 식 12.1의 수평 및 수직 성분은 다음과 같다.

$$\text{힘, } x: \ F_{cx} - T\cos\theta = 0$$
$$\text{힘, } y: \ T\sin\theta - F_{cy} - mg - Mg = 0$$

팔꿈치를 받침점으로 택하면 돌림힘 방정식에서 접촉힘 없이 다음과 같이 표기할 수 있다.

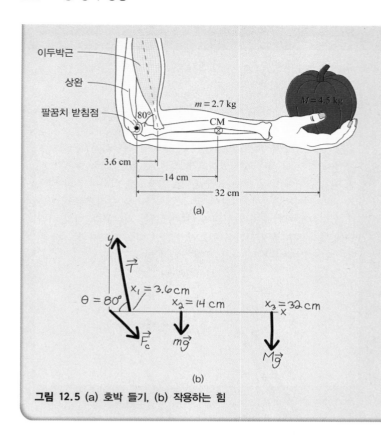

이두박근

상완

팔꿈치 받침점

$m = 2.7$ kg

$80°$

CM

$M = 4.5$ kg

3.6 cm

14 cm

32 cm

(a)

y

$\vec{T}$

$x_1 = 3.6$ cm

$\theta = 80°$

$x_2 = 14$ cm

$x_3 = 32$ cm

x

$\vec{F_c}$

$m\vec{g}$

$M\vec{g}$

(b)

그림 12.5 (a) 호박 들기, (b) 작용하는 힘

돌림힘: $x_1 T \sin\theta - x_2 mg - x_3 Mg = 0$

여기서 x값들은 세 힘의 작용점 위치이다.

풀이 돌림힘에서 이두박근의 장력을 구하면 다음을 얻는다.

$$T = \frac{(x_2 m + x_3 M)g}{x_1 \sin\theta} = 500 \text{ N}$$

여기서 그림 12.5의 값을 사용하면 힘 방정식에서 팔꿈치 접촉힘의 두 성분으로

$$F_{cx} = T\cos\theta = 87 \text{ N}$$
$$F_{cy} = T\sin\theta - (m+M)g = 420 \text{ N}$$

을 얻으므로, 접촉힘의 크기는 다음과 같다.

$$F_c = \sqrt{87^2 + 420^2} \text{ N} = 430 \text{ N}$$

검증 답을 검증해 보자. 답의 크기가 제법 크다. 이두박근의 장력과 팔꿈치 접촉힘은 호박 무게의 약 10배이다. 이두박근이 팔꿈치 가까이 붙어 있기 때문이다. 즉 지렛대 팔의 길이가 짧아서 호박과 팔의 무게와 균형을 이루려면 큰 힘이 필요하다. 인체는 실제로 드는 물체의 무게보다 훨씬 큰 힘을 늘 경험한다.

확인 문제

12.3 그림에서 벽을 미는 사람은 정적 평형 상태이다. 다음 중 어느 표현이 옳은가? (a) 벽에는 마찰이 있지만 바닥에는 마찰이 꼭 있을 필요는 없다, (b) 바닥에는 마찰이 있지만 벽에는 마찰이 꼭 있을 필요는 없다, (c) 벽과 바닥 모두에 마찰이 있다.

12.4 안정성

LO 12.4 안정한 평형과 불안정한 평형을 구분할 수 있다.

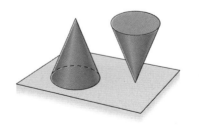

그림 12.6 안정 평형(왼쪽)과 불안정 평형(오른쪽)

일반적으로 평형 상태의 물체를 교란시키면 힘과 돌림힘을 받으므로 가속된다. 그림 12.6에 평형 상태의 두 원뿔이 있다. 왼쪽 원뿔은 살짝 건드려도 돌림힘이 생겨서 평형 상태로 곧장 되돌아온다. 그러나 오른쪽 원뿔은 건드리기만 해도 넘어간다. 왼쪽 원뿔은 **안정 평형**(stable equilibrium), 오른쪽 원뿔은 **불안정 평형**(unstable equilibrium)에 있다. 불안정 평형에서는 물체가 그대로 있을 수 없기 때문에 자연 상태의 평형은 거의 다 안정 평형이다. 불안정 평형에서는 약간의 교란만으로도 운동을 시작하여 전혀 다른 평형 상태로 이동한다.

응용물리 차체 자세 제어 장치

자동차가 굽은 도로를 돌 때 도로와 바퀴 사이의 정지 마찰력이 구심 가속도를 제공하여 차가 원형 궤도에 있도록 유지시킨다. 이 마찰력은 도로에서 작용하므로 자동차가 그 무게 중심에 대해 회전하게 하는 돌림힘도 작용한다(그림 참조). 그 효과는 방향 전환을 하는 회전의 바깥쪽에 있는 바퀴에는 수직 항력을 증가시키고 회전의 안쪽에 있는 바퀴에는 수직 항력을 감소시킨다. 그 단적인 경우에 안쪽 바퀴가 도로에서 떨어질 수도 있다. 그런 조건에서는 상황이 급격히 악화되어 전복될 수도 있다.

자동차의 안쪽 바퀴가 도로에서 막 떨어지려는 경우를 고려하자. 그 경우에 회전의 안쪽에 있는 바퀴에는 수직 항력도 없고 마찰력도 없다. 남아 있는 힘들(그림 참조)에 대해 뉴턴의 제2법칙을 적용하면 수평 방향으로는 $f = mv^2/r$가 되고 수직 방향으로는 $n = mg$가 된다. 한편 이들 힘에 연관된 돌림힘은 fh와 $nt/2$이다. 여기서 h는 도로 위에 있는 무게 중심의 높이이고 t는 바퀴 사이의 폭이다. 그림은 이들 돌림힘이 서로 반대 방향임을 보여 준다. 알짜 돌림힘이 0이 되게 놓고 두 힘에 대해 풀면 다음과 같이 전복 조건(rollover condition)을 얻는다.

$$\frac{v^2}{rg} = \frac{t}{2h}$$

오른쪽 항은 (탑승객과 짐이 어떻게 실려 있는지도 포함하여) 자동차의 기하학적 구조에만 의존하는데, 이것을 정적 안정성 인자(SSF)라고 부른다. 이 식에 따르면 v^2/rg가 SSF를 능가할 경우에 자동차의 안쪽 타이어는 도로에서 떨어져서 전복될 상황을 만든다. 또한 이 식에 따르면 타이어 간격 t가 넓을수록 SSF는 더 높아지고 자동차는 더 안정된다. 그러나 h로 주어지는 무게 중심이 높아질수록 SSF는 낮아지고 자동차는 덜 안정하게 된다. 그것이 바로 스포츠형 다목적 차와 밴에서 단일 자동차 사고로는 가장 위험한 전복 사고율이 높은 이유이다.

오늘날의 자동차와 다목적 차에는 차체 자세 제어 장치(ECS)가 점점 많이 설치되고 있다. 이 장치는 속력, 경사각, 핸들 위치를 감시하고 전복을 방지하기 위해 각 바퀴에 제동을 건다. 또한 필요한 만큼 엔진을 멈출 수 있다. 연구에 따르면 ECS는 다목적 차의 사고를 $\frac{2}{3}$만큼 줄일 수 있고 치명적인 전복은 80%만큼이나 줄일 수 있다. 최근의 스포츠형 다목적 차의 광범위한 ECS 사용으로 최신 다목적 차는 ECS가 없는 차보다 전복을 겪을 가능성이 적다. 우리의 간단한 분석은 자동차의 완충 장치와 타이어의 변형과 같은 인자를 고려하지 않았다. 두 인자는 타이어가 도로에서 떨어지기 전에도 자동차를 기울어지게 해서 전복 위험을 악화시킬 수 있다.

하지만 잠깐! 굽은 도로를 도는 자동차는 거의 정적 평형에 있기 힘들다. 어쨌든 자동차는 움직이고 있고, 더 중요하게는 가속하고 있다. 하지만 한 점에 대한 돌림힘이 0이라고 해서 다른 모든 점에 대한 돌림힘도 더 이상 0이라고 할 수 없다는 점을 인식한다면, 우리의 분석은 그럼에도 불구하고 적용된다. 그렇지만 이 경우에 무게 중심에 대해 회전이 시작되는 경향이 있으므로, 여기에 관련된 것은 그 점을 포함하는 분석이다.

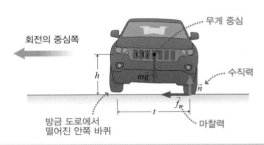

회전의 중심쪽 ← | 무게 중심 | 수직력 n | 마찰력 f_s | h | mg | t | 방금 도로에서 떨어진 안쪽 바퀴

그림 12.7은 서로 다른 네 종류의 평형 상태에 있는 공을 보여 준다. (a)는 명백히 안정하다. (b)는 명백히 불안정하다. (c)는 안정하지도 불안정하지도 않은 **중립 평형**(neutrally stable)이다. (d)는 어떤 평형일까? 매우 작은 교란이면 원래 상태로 되돌아오므로 안정 평형이지만, 언덕을 넘어갈 정도로 교란이 크면 불안정 평형이다. 이 상태를 **조건부 안정**(conditionally stable) 또는 **준안정**(metastable)이라고 한다.

안정 평형에서 교란된 계가 즉각 되돌아오지 못할 수도 있다. 예를 들면 그림 12.7a의 공을 교란시키면 평형점 주위를 굴러서 왔다 갔다를 반복하다가, 마찰 때문에 에너지를 소진하고 평형점에 정지한다. 이와 같은 반복 운동은 핵과 원자에서부터 고층빌딩과 다리에 이르기까지 안정 평형에서 교란된 계에 공통적으로 발생한다. 이러한 반복 운동을 다음 장에서 공부하겠다.

안정성은 퍼텐셜 에너지와 밀접한 관계가 있다. 중력 퍼텐셜 에너지는 높이에 비례하므로 그림 12.7의 언덕과 계곡 같은 모양은 바로 퍼텐셜 에너지 곡선이다. 모든 평형 상태에서는

(a)

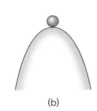

(b)

(c)

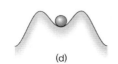

(d)

그림 12.7 (a) 안정 평형, (b) 불안정 평형, (c) 중립 평형, (d) 준안정 평형

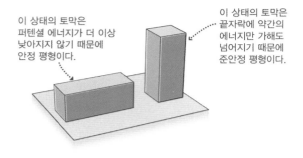

이 상태의 토막은 퍼텐셜 에너지가 더 이상 낮아지지 않기 때문에 안정 평형이다.

이 상태의 토막은 끝자락에 약간의 에너지만 가해도 넘어지기 때문에 준안정 평형이다.

그림 12.8 동일한 토막의 안정 평형과 준안정 평형

퍼텐셜 에너지 곡선의 최댓점과 최솟점에 공이 놓여 있다. 이러한 극점에서는 퍼텐셜 에너지의 위치에 대한 도함수인 힘이 0이다. 안정 또는 준안정 평형 상태는 퍼텐셜 에너지의 극소에 해당한다. 평형점에서 벗어나려면 공을 평형 상태로 복원시키려는 힘에 대항하여 일을 해야 한다. 반면에 불안정 평형 상태는 퍼텐셜 에너지의 극대에 해당한다. 평형점에서 조금만 벗어나도 퍼텐셜 에너지가 낮아지므로 평형에서 멀어지는 방향으로 힘이 공을 가속시킨다. 중립 평형 상태에서는 평형점에서 벗어나도 퍼텐셜 에너지가 변하지 않으므로 공은 힘을 받지 않는다. 그림 12.8은 안정 평형과 준안정 평형을 보여 준다.

이제 평형 상태와 퍼텐셜 에너지의 관계를 수학적으로 표기해 보자. 무엇보다도 힘이 0이어야 하므로, 퍼텐셜 에너지 곡선의 도함수는 반드시 0이어야 한다. 즉 수학적으로 다음과 같다.

$$\frac{dU}{dx} = 0 \ \text{(평형 조건)} \tag{12.3}$$

여기서 U는 계의 퍼텐셜 에너지이고, x는 계의 배열을 나타내는 변수이다. 앞에서 살펴본 간단한 계에서 x는 물체의 위치 또는 방향이지만, 복잡한 계에서는 부피나 조성 성분 같은 다른 물리량이 될 수도 있다. 안정 평형에서는 극소이므로, 퍼텐셜 에너지 곡선은 오목해야 한다(핵심요령 12.1 참조). 즉 수학적으로 다음과 같다.

$$\frac{d^2 U}{dx^2} > 0 \ \text{(안정 평형)} \tag{12.4}$$

이 조건은 국소적으로 안정한 준안정 평형에도 성립한다. 반면에 불안정 평형에서는 극대이므로 퍼텐셜 에너지 곡선이 볼록해야 하고, 수학적으로 다음과 같다.

$$\frac{d^2 U}{dx^2} < 0 \ \text{(불안정 평형)} \tag{12.5}$$

중립 평형에서는 $d^2 U/dx^2 = 0$을 만족한다.

핵심요령 12.1   **최대와 최소 구하기**

1. 함수의 모양을 그려서 주어진 값들을 눈으로 점검한다.
2. 함수의 일계 도함수를 0으로 놓는다. 그림 12.7처럼 언덕(최대) 또는 계곡(최소)에서 기울기는 0이다. 따라서 일계 도함수를 0으로 놓으면 기울기가 0인 최대 또는 최소가 될 수 있다.
3. 일계 도함수가 0인 곳에서 구한 이계 도함수의 부호를 확인한다. 그림 12.7a, b처럼 퍼텐셜 에너지 곡선이 볼록하면 이계 도함수, 즉 $d^2 U/dx^2$은 음수이고 그 점이 최댓점이다. 함수를 그려서 파악하기 힘들면 두 번 미분하여 부호를 구한다.
4. 최댓값과 최솟값이 함수의 그래프와 같은지 점검한다.

예제 12.4   **안정성 분석: 반도체공학**   응용 문제가 있는 예제

물리학자가 개발한 새로운 반도체 소자에서 전자의 퍼텐셜 에너지는 $U(x) = ax^2 - bx^4$이며, x는 nm 단위인 전자의 위치, U는 aJ(10^{-18} J) 단위인 퍼텐셜 에너지, 상수는 $a = 8 \ \text{aJ/nm}^2$, $b = 1$ aJ/nm^{4}이다. 전자의 평형점을 구하고, 안정성을 설명하라.

해석 퍼텐셜 에너지 함수에 대한 안정성 문제이다. 전자가 대상 물체이고, 평형 위치 x와 평형점의 안정성을 구한다.

과정 그림 12.9에 퍼텐셜 에너지 함수 $U(x)$가 그려져 있다. 식 12.3의 $dU/dx = 0$이 평형을 결정하고, 식 12.4의 $d^2U/dx^2 > 0$,

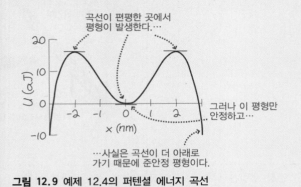

> 곡선이 편평한 곳에서 평형이 발생한다.···
> 그러나 이 평형만 안정하고···
> ···사실은 곡선이 더 아래로 가기 때문에 준안정 평형이다.

그림 12.9 예제 12.4의 퍼텐셜 에너지 곡선

식 12.5의 $d^2U/dx^2 < 0$으로 안정성을 결정한다. 식 12.3으로 평형점을 찾은 다음에 안전성을 분석한다.

풀이 식 12.3에서 퍼텐셜 에너지가 최대 또는 최소인 점이 평형점이다. 퍼텐셜 에너지의 일계 도함수를 0으로 놓으면 다음과 같다.

$$0 = \frac{dU}{dx} = 2ax - 4bx^3 = 2x(a - 2bx^2)$$

이 식은 $x = 0$ 및 $a = 2bx^2$, 즉 $x = \pm\sqrt{a/2b} = \pm 2$ nm일 때 해를 갖는다. 이계 도함수로 안정성을 알 수 있지만, 그림을 통해서도 자명하게 알 수 있다. $x = 0$이 극솟점이므로 조건부 안정 평형이다. 다른 두 평형점은 최대이므로 불안정 평형이다.

검증 답을 검증해 보자. 퍼텐셜 에너지 곡선은 $x = -2$ nm, $x = 2$ nm에서 기울기가 0이므로 모두 평형점이다. 다만, $x = 0$만이 준안정하다. 에너지만 충분하면 준안정 평형 상태의 전자가 양쪽 봉우리를 넘어서 영원히 되돌아오지 않는다.

안정성 분석은 물질의 정돈 상태의 분석에 유용하다. 예를 들어 수소와 산소의 혼합 기체는 실온에서 준안정 평형에 있다. 성냥불만으로도 혼합 기체의 퍼텐셜 에너지 곡선의 최댓점 너머로 원자를 보내서 낮은 에너지 상태, 즉 H_2O를 만든다. 한편 우라늄 핵은 퍼텐셜 에너지 곡선의 극솟점에 있으므로, 약간의 과잉 에너지만 공급해도 전체 퍼텐셜 에너지가 훨씬 낮은 두 조각의 핵으로 분열한다. 덜 안정 평형에서 더 안정 평형으로 전이하는 현상이 핵분열 물리학의 기초를 이룬다.

분자처럼 복잡한 구조의 퍼텐셜 에너지 곡선을 일차원만으로 기술할 수 없다. 다른 방향으로 구조가 변하고 퍼텐셜 에너지가 다른 방식으로 변한다면, 안정성을 분석하기 위해서 퍼텐셜 에너지가 변하는 모든 가능한 방법을 점검해야 한다. 예를 들어 산등성이의 눈뭉치나 그림 12.10의 안장점에 있는 물체는 한 방향으로는 안정하지만 다른 방향으로는 불안정하다. 핵, 분자를 비롯하여 다리, 건물, 별, 은하 같은 복잡한 물리계의 안정성 분석은 현대 공학과 물리학의 중요 분야이다.

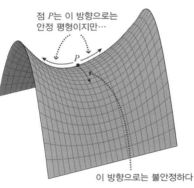

> 점 P는 이 방향으로는 안정 평형이지만···
> 이 방향으로는 불안정하다

그림 12.10 안장 모양의 퍼텐셜 에너지 곡선 위의 평형

확인 문제	**12.4** 그림의 점들은 각각 안정, 준안정, 불안정, 중립 평형 중 어느 것인가?

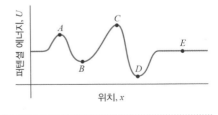

퍼텐셜 에너지, U
위치, x

핵심 개념

이 장의 핵심 개념은 **정적 평형**이다. 즉 계를 가속시킬 알짜힘과 계를 회전시킬 알짜 돌림힘이 없는 평형 상태이다. 계를 교란시켜도 원래의 평형 상태로 되돌아가면 안정 평형이라고 부른다.

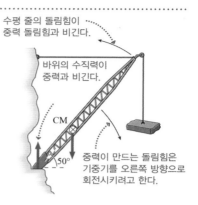

수평 줄의 돌림힘이 중력 돌림힘과 비긴다.

바위의 수직력이 중력과 비긴다.

중력이 만드는 돌림힘은 기중기를 오른쪽 방향으로 회전시키려고 한다.

주요 개념 및 식

정적 평형 조건은 수학적으로 다음과 같다.

$$\sum \vec{F}_i = \vec{0}$$
$$\sum \vec{\tau}_i = \sum (\vec{r}_i \times \vec{F}_i) = \vec{0}$$

각 식의 합은 계에 작용하는 모든 힘에 대한 것이다. 즉 계에 작용하는 모든 힘 $\vec{F}_i$의 합과 적절히 선택한 원점에 대한 돌림힘의 합이 각각 0이 되어야 한다.

계의 퍼텐셜 에너지 $U(x)$가 최대 또는 최소이면 다음과 같은 평형이 된다.

$$\frac{dU}{dx} = 0 \ (\text{평형 조건})$$

$$\frac{d^2U}{dx^2} > 0 \ (\text{안정 평형})$$

$$\frac{d^2U}{dx^2} < 0 \ (\text{불안정 평형})$$

안정 평형은 극솟점, 불안정 평형은 극댓점에서 생긴다.

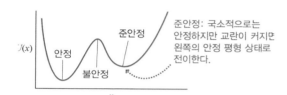

준안정: 국소적으로는 안정하지만 교란이 커지면 왼쪽의 안정 평형 상태로 전이한다.

응용

계의 **무게 중심**은 중력이 작용하는 것처럼 보이는 점이다. 중력장이 균일하면 무게 중심은 질량 중심과 일치한다. 이 사실을 이용하여 아래와 같이 질량 중심을 쉽게 구할 수 있다.

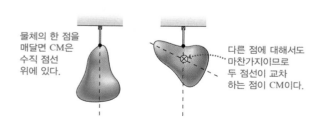

물체의 한 점을 매달면 CM은 수직 점선 위에 있다.

다른 점에 대해서도 마찬가지이므로 두 점선이 교차하는 점이 CM이다.

안정, 불안정, 중립, 준안정 평형은 다음과 같다.

계곡의 가장 낮은 점에서 안정하다.

언덕의 가장 높은 점에서 불안정하다.

수평면에서는 중립적이다.

이 점은 준안정하다.

이곳은 더 낮은 점이다.

BIO 생물 및 의학 문제 **DATA** 데이터 문제 **ENV** 환경 문제 **CH** 도전 문제 **COMP** 컴퓨터 문제

학습 목표 이 장을 학습하고 난 후 다음을 할 수 있다.

LO 12.1 정적 평형에 대한 조건을 정량적으로 기술할 수 있다.
개념 문제 12.1
연습 문제 12.10, 12.11, 12.12
실전 문제 12.57

LO 12.2 계의 무게 중심을 정하고 중력에 의한 돌림힘을 구할 수 있다.
개념 문제 12.2, 12.3, 12.4, 12.9
연습 문제 12.13, 12.14, 12.15
실전 문제 12.65

LO 12.3 정적 평형 문제를 해결할 수 있다.
개념 문제 12.5, 12.6, 12.7

연습 문제 12.16, 12.17, 12.18, 12.19
실전 문제 12.30, 12.31, 12.32, 12.33, 12.34, 12.35, 12.36, 12.37, 12.38, 12.39, 12.40, 12.42, 12.46, 12.47, 12.48, 12.51, 12.52, 12.53, 12.58, 12.59, 12.60, 12.61, 12.62, 12.63, 12.64, 12.66

LO 12.4 안정한 평형과 불안정한 평형을 구분할 수 있다.
개념 문제 12.8
연습 문제 12.20, 12.21
실전 문제 12.41, 12.43, 12.44, 12.45, 12.49, 12.50, 12.54, 12.55, 12.56, 12.67

개념 문제

1. 알짜힘은 0이지만 정적 평형이 아닌 예를 들어라.
2. 무거운 물체는 비스듬히 밀어 올리는 것보다 웅크린 등에 올려서 수직으로 일어서는 것이 더 좋다. 왜 그런가?
3. 임산부는 평상시보다 어깨를 뒤로 젖히는 자세를 취한다. 왜 그런가?
4. 한 손으로 물통을 옮길 때 다른 손을 반대편으로 펼치면 더 쉽다. 왜 그런가?
5. 사다리의 위 또는 아래 중 어디에 올라서면 미끄러지기 쉬운가?
6. 평형 문제에서 받침점을 택할 때 이 점에 대한 회전이 반드시 있다는 뜻인가?
7. 정적 평형 문제에서 힘의 작용점으로 받침점을 택하면 돌림힘 방정식에 이 힘은 포함되지 않는다. 그렇다면 돌림힘은 평형 문제에 무의미한가? 설명하라.
8. 다리가 짧은 개와 키 큰 사람이 경사면에 서 있다. 경사각이 증가하면 누가 먼저 넘어지는가?
9. 로데오 목마에 올라탄 사람의 질량 중심 위치에 대해서 설명하라.

연습 문제

12.1 평형 조건

10. 물체에 다음과 같이 세 힘이 작용한다. $\vec{F}_1 = 1\hat{i} + 2\hat{j}$ N이 점 $x = 2$ m, $y = 0$ m에 작용하고, $\vec{F}_2 = -2\hat{i} - 5\hat{j}$ N이 점 $x = -1$ m, $y = 1$ m에 작용하고, $\vec{F}_3 = 1\hat{i} + 3\hat{j}$ N이 점 $x = -2$ m, $y = 5$ m에 작용한다. (a) 알짜힘과 (b) 원점에 대한 알짜 돌림힘 둘 다 0임을 보여라.
11. 연습 문제 10에서 (3 m, 2 m)와 (−7 m, 1 m)에 대한 돌림힘의 합이 0임을 보여라. 받침점이 달라도 결과는 같다.
12. 그림 12.11에서 모든 힘의 크기는 F이다. 각 경우에 세 번째 힘을 작용하여 세 힘이 정적 평형을 이루게 만들 수 있는가? 있다

면 힘의 방향과 작용점을 구하라. 없다면 왜 없는가?

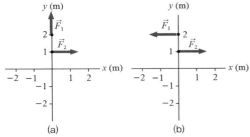

그림 12.11 연습 문제 12

12.2 무게 중심

13. 그림 12.12a는 길이 L, 질량 m의 얇고 균일한 네모판이 수직면에 놓여 있는 것을 나타낸 것이다. 그림의 세 점에 대한 중력 돌림힘의 크기를 각각 구하라.

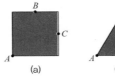

그림 12.12 연습 문제 13, 14

14. 그림 12.12b는 길이 L, 질량 m의 얇고 균일한 정삼각형 판이 수직면에 놓여 있는 것을 나타낸 것이다. 그림의 세 점에 대한 중력 돌림힘의 크기를 각각 구하라.

15. 그림 12.13처럼 수평으로 놓여 있는 단면적이 불균일하고 길이가 23 m인 통나무의 한쪽 끝은 돌 위에 올려 있고, 다른 쪽 끝으로부터 4.0 m 지점을 줄로 매달았다. 통나무의 무게는 7.5 kN이고, 줄의 장력은 6.2 kN이다. 통나무의 질량 중심은 어디에 있는가?

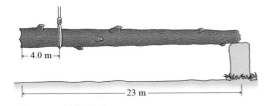

그림 12.13 연습 문제 15

12.3 정적 평형의 예

16. 길이 2.4 m, 질량 60 kg의 균일한 널빤지를 왼쪽 끝으로부터 80 cm인 곳의 받침점과 오른쪽 끝의 저울 위에 올려놓았다(그림 12.14 참조). 저울 눈금이 0이 되려면 40 kg의 어린이가 왼쪽 끝으로부터 어디에 앉아야 하는가?

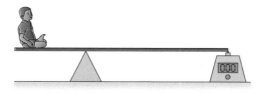

그림 12.14 연습 문제 16, 17

17. 그림 12.14에서 저울 눈금이 (a) 100 N, (b) 300 N이면 어린이가 각각 어디에 앉아야 하는가?

18. 중심에 줄을 매단 길이 4.2 m의 쇠막대의 한쪽 끝에 65 kg의 일꾼이 서 있다. 쇠막대의 어디에 190 kg의 콘크리트 통을 매달면 쇠막대가 정적 평형을 이루는가?

19. 그림 12.15는 최대 용량이 250 N인 저울로 무거운 사람의 몸무게를 재는 모습이다. 길이 3.0 m, 질량 3.4 kg의 균일한 널빤지를 받침점과 저울 위에 수평으로 올려놓는다. 널빤지의 받침점에서 1.2 m인 곳에 사람이 올라갔을 때 저울 눈금은 210 N이다. 사람의 몸무게는 얼마인가?

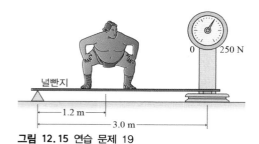

그림 12.15 연습 문제 19

12.4 안정성

20. 롤러코스터 일부분의 높이는 $h = 0.9x - 0.010x^2$으로 변하며, x는 수평 거리로 m 단위이다. (a) 정적 평형점을 구하라. (b) 안정 평형인가, 불안정 평형인가?

21. 입자의 퍼텐셜 에너지는 위치의 함수로 $U = 2x^3 - 2x^2 - 7x + 10$이며, x는 m, U는 J 단위이다. 안정 평형점과 불안정 평형점을 구하라.

응용 문제

다음 문제들은 본문의 예제들에 기초한 것이다. 두 세트의 문제들은 물리학의 이해를 강화하는 연결의 형성을 돕고 이전에 풀어본 문제에서 변형된 문제를 해결하는 자신감을 키우도록 설계되어 있다. 각 세트의 첫 번째 문제는 본질적으로 예제 문제이지만 숫자들은 다르다.

두 번째 문제는 예제와 똑같은 상황이지만 묻는 질문이 다르다. 세 번째와 네 번째 문제는 완전히 다른 상황으로 이런 방식을 반복한다.

22. **예제 12.2** 건설 노동자가 질량이 균일하게 분포하는 판을 마찰이 없는 벽에 기울여 놓았다. 판의 아래쪽 끝은 콘크리트 바닥 위에 정지해 있다. 판의 아래쪽 끝과 콘크리트 바닥 사이의 정지 마찰계수는 0.483이다. 판이 미끄러지지 않기 위한 판과 바닥 사이의 최소 각도를 구하라.

23. **예제 12.2** 길이가 4.00 m이고 질량이 6.47 kg인 사다리가 벽에 기대어져 수평 바닥과 70.0°의 각으로 기울어져 있다. 벽은 마찰이 없고 사다리 아래쪽 끝과 땅 사이의 정지 마찰계수는 0.265이다. 질량이 68.8 kg인 사람이 사다리가 미끄러지기 전까지 사다리를 따라 얼마나 올라 갈 수 있는가?

24. **예제 12.2** 그림 12.16과 같이 등반가가 224 kg의 통나무를 마찰이 없는 수직 빙벽에 걸치고 냇물을 건너려고 한다. 통나무의 중력 중심은 아래쪽으로부터 길이의 1/3인 곳에 있고, 통나무의 왼쪽 끝과 땅바닥 사이의 마찰계수는 0.982이다. 그림과 같이 질량이 77.3 kg인 등반가가 통나무의 가운데 서 있을 경우, 통나무가 미끄러지지 않을 각 ϕ의 최솟값을 구하라.

그림 12.16 응용 문제 24, 25

25. **예제 12.2** 그림 12.16에서 각 ϕ가 26°라고 가정하자. 앞의 문제에서 등반가는 통나무의 미끄러짐 없이 통나무의 오른쪽 끝에 다다를 수 있는가? 통나무의 질량과 길이 그리고 마찰계수는 앞의 문제에서 주어진 값과 같다고 가정하자. 만약 답이 "아니오"이면, 등반가는 통나무를 따라 미끄러짐 없이 얼마만큼 올라갈 수 있는가? 만약 답이 "예"이면 통나무의 오른쪽 끝에 도달할 수 있는 등반가의 최대 질량은 얼마인가?

26. **예제 12.4** 예제 12.4에 주어진 퍼텐셜 에너지 곡선을 고려하자. 여기서 $a = -8 \text{ aJ/nm}^2$이고 $b = 1 \text{ aJ/nm}^4$이다. 평형 위치와 안정성을 결정하라.

27. **예제 12.4** 상수 b는 예제 12.4에서와 같이 $b = 1 \text{ aJ/nm}^4$이다. (a) $x = \pm 3 \text{ nm}$에서 불안정한 평형이 되도록 a를 정하라. (b) $x = 0$에서는 여전히 안정한 평형인가?

28. **예제 12.4** 퍼텐셜 에너지가 $U(x) = \sin x/(x^2 + 10)$으로 주어진다. 그래프를 이용한 방법 혹은 수치적 방법을 이용하여 $x = 0$과 $x = 10$ 사이에 있는 평형 위치를 찾아라.

실용 문제

강물이 이산화탄소를 내놓는지 흡수하는지 알아보기 위한 목적으로 환경부 직원이 강 바로 위의 이산화탄소 수준을 관찰하고 있다. 그 직원은 그림 12.36에 그려진 장치를 만들었다. 그것은 회전축에 설치된 활대와 수직 버팀대, 그리고 강의 이곳저곳으로 활대의 끝을 연장할 수 있도록 활대를 올리고 내리기 위한 도르래와 줄로 구성되어 있다. 게다가 별도의 줄과 도르래가 있어서 샘플링 기구를 강 바로 위까지 내릴 수 있다.

그림 12.36 실용 문제 68~71

68. 활대 줄이 수평일 때 줄은 어떠한 수직 힘도 발휘할 수 없다. 따라서
    a. 수평인 활대 줄로는 활대를 잡고 있는 것이 불가능하다.
    b. 활대 줄의 장력이 무한대가 된다.
    c. 회전축이 필요한 수직 힘을 제공한다.
    d. 활대 줄은 돌림힘을 발휘하지 않는다.

69. 활대 줄의 장력이 가장 큰 경우는
    a. 활대가 수평일 때이다.
    b. 활대 줄이 수평일 때이다.
    c. 활대가 수직일 때이다.
    d. (a), (b), (c)를 제외한 다른 방향일 때이다.

70. 활대를 정해진 각도로 고정하고 샘플링 기구를 일정한 속력으로 내린다면, 활대 줄의 장력은
    a. 증가할 것이다.
    b. 감소할 것이다.
    c. 변하지 않을 것이다.
    d. 샘플링 기구가 활대보다 더 무거울 때만 증가할 것이다.

71. 활대 줄을 일정한 속력으로 당기면 활대가 수평과 이루는 각도는
    a. 일정한 비율로 증가할 것이다.
    b. 증가하는 비율이 점점 커질 것이다.
    c. 증가하는 비율이 점점 작아질 것이다.
    d. 감소할 것이다.

12장 질문에 대한 해답

장 도입 질문에 대한 해답

다리의 모든 곳에 작용하는 알짜힘과 알짜 돌림힘이 0이다.

확인 문제 해답

12.1 C. A는 알짜힘이 0이 아니고, B는 알짜 돌림힘이 0이 아니다.

12.2 B. 마루와 발이 닿는 점의 수직 위이므로 중력이 돌림힘을 만들지 못한다.

12.3 (b). 벽의 수직 항력을 지탱하려면 바닥에 마찰력이 있어야 한다.

12.4 안정 D, 준안정 B, 불안정 A와 C, 중립 E

1부의 기본은 밀고 당기는 힘이 운동을 일으키는 것이 아니라 운동을 변화시킨다는 뉴턴의 통찰력이다. 뉴턴은 '운동의 양'을 운동량 $\vec{p} = m\vec{v}$로 정의하고, 제2법칙을 물체에 작용하는 알짜힘이 운동량의 변화와 같다고 표기하였다. 즉 $\vec{F} = d\vec{p}/dt$이며, 질량이 일정하면 $\vec{F} = m\vec{a}$이다. 제2법칙은 관성의 법칙을 포함한다. 알짜힘이 없으면 물체는 등속 운동을 지속한다. 즉 속력이나 운동 방향을 바꾸지 않는다. 그리고 힘이 짝으로 나타난다는 뉴턴의 제3법칙으로 운동의 기술이 일관성을 갖게 된다. 물체 A가 물체 B에 힘을 작용하면 물체 B는 크기가 같고 방향이 반대인 힘을 물체 A에 작용한다.

힘의 개념과 뉴턴 법칙으로 일과 에너지의 개념이 확립된다. 마찰력 같은 비보존력이 없으면 역학적 에너지가 보존된다. 뉴턴이 만유인력으로 기술하고, 행성의 운동에 응용한 중력은 자연의 기본힘 중 하나이다. 뉴턴 법칙을 입자계에 응용하여 질량 중심의 개념을 얻고, 충돌 물체의 상호작용을 기술할 수 있다. 끝으로 뉴턴 법칙으로 원운동은 물론 힘과 돌림힘의 관계를 이용하여 회전 운동도 설명한다. 또한 힘이나 돌림힘이 없으면 물체가 정지 상태를 유지하는 정적 평형 조건도 얻는다.

뉴턴의 법칙은 운동의 모든 것을 기술한다.

뉴턴의 제1법칙: 힘이 운동을 변화시킨다.

뉴턴의 제2법칙: $\vec{F} = d\vec{p}/dt$ 또는 $\vec{F} = m\vec{a}$ (일정한 질량)

뉴턴의 제3법칙: $\vec{F}_{AB} = -\vec{F}_{BA}$

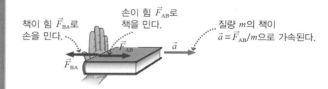

일과 에너지는 서로 관련된 개념이다. 일은 에너지를 전달하는 역학적 수단이다.

일: $W = \vec{F} \cdot \Delta\vec{r}$ 또는 $W = \int \vec{F} \cdot d\vec{r}$ (변하는 힘)

일-운동 에너지 정리: $\Delta K = W$ (운동 에너지 $K = \frac{1}{2}mv^2$)

보존력에서 일은 퍼텐셜 에너지 U로 저장되어 $K + U =$ 일정하다.

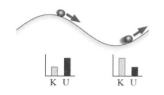

만유인력은 우주에 있는 모든 물질 사이의 인력을 기술한다.

$$F = \frac{Gm_1 m_2}{r^2}$$

외부의 힘을 받지 않는 계에서 **운동량**은 보존된다.

처음 상태 　　　　나중 상태

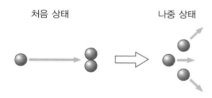

처음 운동량=나중 운동량

$$\vec{P}_i = \sum m_i \vec{v}_i = m_1 \vec{v}_{1i}$$
$$\Rightarrow \vec{P}_f = \sum m_f \vec{v}_f = m_1 \vec{v}_{1f} + m_2 \vec{v}_{2f} + m_3 \vec{v}_{3f}$$

회전 운동은 선형 운동의 물리량들과 유사한 양들에 의해 기술된다.

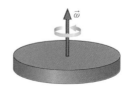

$$v \rightarrow \omega$$
$$a \rightarrow \alpha$$
$$p \rightarrow L$$
$$F \rightarrow \tau$$
$$m \rightarrow I$$

$$\vec{F} = m\vec{a} \rightarrow \vec{\tau} = I\vec{\alpha}$$

$$K = \frac{1}{2}mv^2 \rightarrow K = \frac{1}{2}I\omega^2$$

알짜힘과 알짜 돌림힘이 모두 0이면 계는 **정적 평형**에 있다.

$$\vec{F}_{알짜} = 0$$
$$\vec{\tau}_{알짜} = \vec{0}$$

안정 평형　　　　불안정 평형

도전 문제

반지름 R의 도체구가 수평축에 대해서 각속력 ω로 회전한다. 구를 무시할 만한 속력으로 서서히 내려서 수평면과 닿는 순간에 그림처럼 놓아 준다. 구와 표면 사이의 운동 마찰 계수는 μ이다. (a) 구가 순수한 굴림 운동을 할 때 선속력, (b) 순수한 굴림 운동 전까지 움직인 거리, (c) 구의 처음 회전 운동 에너지 중에서 마찰로 잃어버린 에너지의 비율을 각각 구하라.

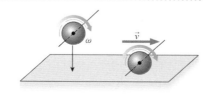

2부

진동, 파동, 유체

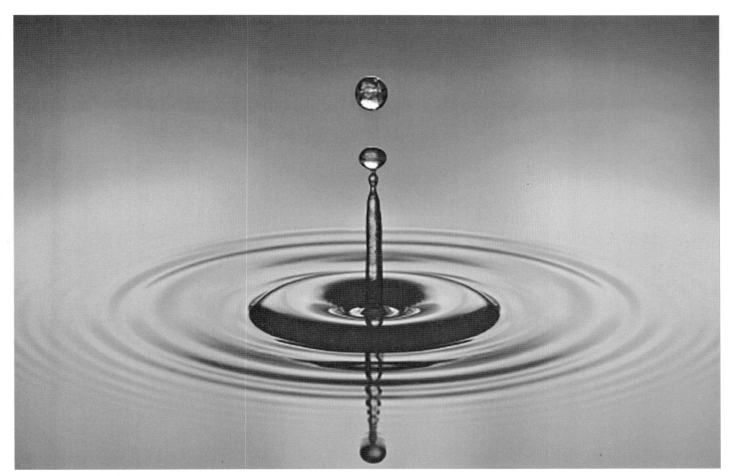

수면에서 일어나는 복잡한 유체 거동과 원형으로 퍼져 나가는 파동을 고속 촬영한 사진

개요

지진해일이 해변에 부딪히며 수천 킬로미터의 대양을 가로질러 전파해온 에너지를 쏟아낸다. 지진해일을 야기한 지진의 진앙 근처에서 초고층 빌딩이 흔들거리지만 공학적으로 잘 설계된 장치가 지진에 의한 진동을 감소시키는 덕분에 아무런 피해를 입지 않는다. 록 콘서트에서 전기 기타 소리가 크게 울리고, 그 소리는 기타 줄의 진동을 따라 출렁인다. 스마트폰의 내부에서 위치를 알려주는 GPS 신호의 시간 측정을 돕기 위해 작은 수정 결정이 초당 수백만 번의 진동을 겪는다. 레이더 장비를 가진 경찰관이 과속 차량을 단속하기 위해 눈에 잘 띄지 않도록 고속도로의 굽은 곳에서 기다리는 사이에, 천체물리학자들은 같은 원리를 이용하여 우주의 팽창을 측정한다. 뗏목에 탄 사람들이 좁은 골짜기에 들어서며 강물의 속력이 증가함에 따라 거친 물살을 탄다. 머리 위 저 높은 곳에서 비행기가 날개에 작용하는 공기의 힘으로 유유히 날고 있다. 이 모든 예들은 많은 입자의 집단적 운동과 관련이 있다. 다음의 세 장에서, 먼저 진동이라는 반복 운동을 탐구하고 많은 입자로 이루어진 계에서의 진동이 어떻게 파동 운동으로 이어지는지를 보인다. 끝으로 운동의 법칙을 적용함으로써 공기나 물과 같은 유체의 환상적이고 때로는 놀라운 행동을 보게 된다.

개념 예제 13.1 　비선형 진자

질량을 무시할 수 있는 단단한 막대의 한쪽 끝은 마찰이 없는 회전축에 수직으로 매달려 있고 반대쪽 끝에는 추가 있는 것이 진자이다. 평형으로부터 작은 진폭의 교란이 있으면 계는 단진자가 된다. 그러나 교란이 크면 계는 비선형 진자 (nonlinear pendulum)가 된다. 이 경우에 복원 돌림힘이 더 이상 변위에 비례하지 않기 때문에 그런 이름이 붙여졌다. 비선형 진자의 정량적인 분석은 어렵지만, 그래도 개념적으로는 이해할 수 있다.
(a) 진자의 진폭이 증가할 때 그 주기는 어떻게 변하는가?
(b) 진자가 수직으로 매달려 있을 때 그것을 쳐서 진동이 시작되면 어떤 세기로 치더라도 진동 운동을 하게 될 것인가?

풀이 (a) 앞에서 작은 진폭 근사를 하기 전에 진자의 복원 돌림힘은 일반적으로 $\sin\theta$에 비례함을 보였다. 그러나 그림 13.11에 따르면 $\sin\theta$는 θ 자체만큼 빨리 증가하지 않는다. 그래서 큰 진폭의 진동에서는 복원 돌림힘이 작은 진폭 근사에서보다 적다. 이것은 진자가 더 천천히 평형으로 돌아오게 된다는 것을 의미한다. 그러므로 그 주기는 증가해야 한다.
(b) 진자를 칠 때 진자에 운동 에너지를 준다. 그 에너지가 진자를 완전히 거꾸로 하기에 충분하지 않으면 진자는 한쪽으로 흔들리다가 결국에는 멈추고, 다시 되돌아와서 계속 앞뒤로 흔들리는 운동을 할 것이다. 그러나 충분히 세게 치면, '꼭대기 위까지' 가서 운동 에너지가 남아 있는 채로 완전히 뒤집어진 위치에 도달할 것이다. 이렇게 계속 돌고 도는 운동은 주기적이고 원운동이지만 진동 운동은 아니다. 진자가 꼭대기에서 더 천천히 움직이고 밑에서 더 빠르게 움직이기 때문에 이 원운동은 균일하지 않다.

검증 '꼭대기 위까지' 가기에는 에너지가 약간 적은 진자를 고려하자. 진자는 궤적의 꼭대기 근처에서 아주 천천히 움직일 것이므로 그 주기는 아주 길게 될 것이다. 그리고 진자의 시간 대 각도 곡선은 단진자의 사인 곡선보다 더 평평할 것이다. 진자에 조금 더 에너

지를 주면 진자는 원운동으로 들어간다. 그림 13.13은 세 가지 상황 모두를 예시하고 있다. 실전 문제 85에서 비선형 진자를 수치적으로 탐구할 수 있다.

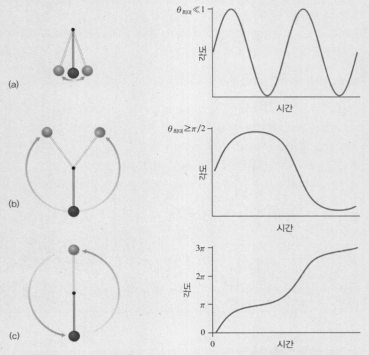

그림 13.13 개념 예제 13.1 (a) 작은 진폭 진동, (b) 큰 진폭 진동, (c) 원운동

관련 문제 진자의 길이가 L이면 진자의 '꼭대기 위까지' 가서 주기적인 비균일 원운동을 하게 될 최소 속력은 얼마인가?

풀이 꼭대기에서 퍼텐셜 에너지는 $U = mg(2L)$이므로 운동 에너지 $K = \frac{1}{2}mv^2$은 최소한 이것보다 커야 한다. 그러므로 $v > 2\sqrt{gL}$을 얻는다.

물리 진자

물리 진자(physical pendulum)는 불규칙한 모양의 물체가 그림 13.14처럼 자유롭게 흔들리는 장치이다. 물리 진자의 질량은 전체에 분포하므로 단진자와 전혀 다르다. 사람이나 동물의 다리(예제 13.4 참조), 스키 리프트에 앉아 있는 사람, 권투 선수의 펀치 백, 부엌 선반에 매달린 프라이 팬, 무거운 물체를 옮기는 기중기 등이 물리 진자이다. 단진자의 운동에서 회전 관성을 mL^2으로 표기할 때 비로소 질량이 추에 집중되어 있다는 사실을 사용하였다. 따라서 물리 진자의 운동을 기술할 때도 마지막 단계 전까지는 단진자처럼 취급해도 좋다.

평형 위치에서 약간 벗어난 물리 진자도 식 13.13의 각진동수로 단순 조화 운동을 한다. 그렇다면 진자의 길이 L은 물리 진자에서 무엇일까? 모든 진자에서 복원력을 공급하는 중력

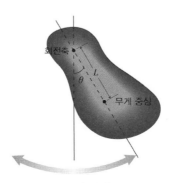

그림 13.14 물리 진자

은 무게 중심에 작용하므로, 그림 13.14처럼 회전축에서 무게 중심까지의 길이를 길이 L로 택하면 된다.

예제 13.4 | **물리 진자: 걷기**

걸을 때 바닥에 닿지 않은 다리는 공중에서 단진자처럼 앞으로 움직인다. 다리를 균일한 막대로 어림하고, 길이가 90 cm인 다리의 진자 운동의 주기를 구하라.

해석 물리 진자에 관한 문제로 다리를 균일한 막대로 어림한다.

과정 그림 13.15에서 다리를 엉덩이에 매달린 물리 진자로 어림한다. 균일한 막대의 질량 중심은 막대의 중심에 있으므로 유효 길이 L은 다리 길이의 반인 45 cm이다. 식 13.13, $\omega = \sqrt{mgL/I}$ 에서 각진동수를 구하고, 식 13.5, $T = 2\pi/\omega$ 로 주기를 구한다. 표 10.2 에서 회전 관성은 $I = \frac{1}{3}M(2L)^2$이며, $2L$은 막대의 전체 길이이다.

풀이 따라서 주기는

$$T = \frac{2\pi}{\omega} = 2\pi\sqrt{\frac{I}{mgL}} = 2\pi\sqrt{\frac{\frac{1}{3}m(2L)^2}{mgL}} = 2\pi\sqrt{\frac{4L}{3g}}$$

이고, $L = 0.45$ m를 넣으면 $T = 1.6$ s이다.

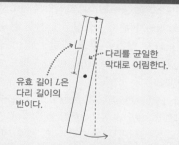

그림 13.15 사람의 다리를 하나의 진자로 간주한다.

유효 길이 L은 다리 길이의 반이다.

다리를 균일한 막대로 어림한다.

검증 답을 검증해 보자. 한 발짝 내디디면서 공중에서 움직인 시간은 주기의 반인 0.8 s이다. 실제 걸을 때의 시간과 비슷하다.

지구와 태양을 내려다보면, 태양 주위를 도는 지구의 궤도는 본질적으로 반지름이 R인 원운동이다.

(a)

지구 궤도의 평면에서 바라보면 진폭이 R인 진동 운동을 한다.

$x = -R$ $x = 0$ $x = R$

(b)

그림 13.16 지구의 궤도 운동

13.4 원운동과 조화 운동

LO 13.5 단순 조화 운동과 원운동을 관련지을 수 있다.

지구는 태양을 중심으로 원운동을 한다(그림 13.16a 참조). 그러나 지구의 궤도면에서 보면 그림 13.16b처럼 왕복 운동을 한다. 이러한 왕복 운동은 실제 원운동의 한 성분이며 사인 모양 함수로 기술될 수 있다(그림 13.17 참조). 특히 지구의 위치 벡터 $\vec{r}$가 x축과 이루는 각도 θ는 시간에 대해 선형으로 증가하며, 지구가 x축에 있을 때를 $t = 0$으로 잡으면 $\theta = \omega t$로 변한다. 따라서 위치 벡터의 두 성분 $x = r\cos\theta$와 $y = r\sin\theta$를 다음과 같이 각각 표기할 수 있다.

$$x(t) = r\cos\omega t, \quad y(t) = r\sin\omega t$$

첫 번째 식은 x방향의 단순 조화 운동을, 두 번째 식은 y방향의 단순 조화 운동을 기술한다. 또한 두 조화 운동의 위상차는 $\pi/2$, 즉 90°이다.

따라서 서로 수직인 두 단순 조화 운동의 진폭과 진동수가 같고, 위상차가 $\pi/2$이면 원운동과 같다. 이로부터 각도가 없는 단순 조화 운동에서 각진동수(angular frequency)를 사용하는 이유를 알 수 있다. 단순 조화 운동의 편각 ωt는 원운동의 각도 θ와 마찬가지이다. 단순 조화 운동의 한 주기는 원을 한 바퀴 도는 시간과 같으므로 T의 값은 정확히 같고, 따라서 ω의 값도 같다.

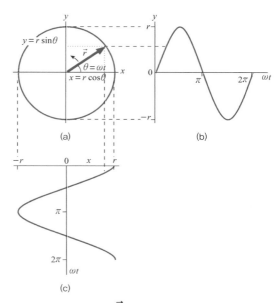

(a) (b) (c)

그림 13.17 위치 벡터 $\vec{r}$가 원운동할 때 x성분과 y성분은 시간에 대한 사인꼴 함수이다.

한편 진폭과 진동수가 같고, 위상차가 $\pi/2$인 서로 수직인 두 단순 조화 운동을 벡터로 합하면 원운동을 얻을 수 있다(실전 문제 53 참조). 만약 진폭이나 진동수가 다르면 그림 13.18처럼 복잡하게 되풀이되는 흥미로운 운동이 된다.

> **확인 문제** **13.4** 그림 13.18은 두 단진자가 서로 다른 진동수로 수직한 방향으로 움직일 때의 경로들이 다. x방향 진동수와 y방향 진동수의 비는 두 경로 (1) (a)와 (2) (b)에서 각각 얼마인가?

13.5 단순 조화 운동의 에너지

LO 13.6 단순 조화 운동에서 에너지 교환을 개략적으로 알 수 있다.
LO 13.7 왜 단순 조화 운동이 우주 전체에 걸쳐 어디에나 있는지 설명할 수 있다.

질량-용수철 계를 평형 위치에서 벗어나게 만들면 용수철에 퍼텐셜 에너지가 저장된다. 이때 질량을 놓아주면 평형 위치로 가속되면서 퍼텐셜 에너지가 운동 에너지로 전환된다. 질량이 평형 위치를 통과할 때 운동 에너지가 최대이고 퍼텐셜 에너지는 0이다. 그 후 용수철이 압축되면서 서서히 퍼텐셜 에너지가 저장된다. 만약 에너지 손실이 없으면 이러한 에너지 전환이 무한히 계속될 것이다. 진동 운동에서 운동 에너지와 퍼텐셜 에너지는 서로 연속적으로 교환된다(그림 13.19 참조).

질량-용수철 계에서 퍼텐셜 에너지는 식 7.4, $U = \frac{1}{2}kx^2$이며, x는 평형 위치에 대한 변위이다. 한편 운동 에너지는 $K = \frac{1}{2}mv^2$이다. 식 13.4를 사용하면 단순 조화 운동의 퍼텐셜 에너지는

$$U = \frac{1}{2}kx^2 = \frac{1}{2}k(A\cos\omega t)^2 = \frac{1}{2}kA^2\cos^2\omega t$$

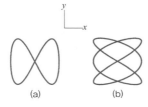

그림 13.18 다른 방향으로 다른 진동수로 진동하면 복잡한 경로를 그린다. 진동수의 비는 얼마일까?

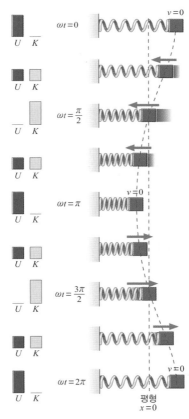

그림 13.19 단순 조화 운동의 운동 에너지와 퍼텐셜 에너지. 곡선 점선은 질량의 위치이고, 직선 점선은 평형 위치 $x=0$을 표시한다.

이고, 식 13.9를 사용하면 단순 조화 운동의 운동 에너지는 다음과 같다.

$$K = \frac{1}{2}mv^2 = \frac{1}{2}m(-\omega A \sin \omega t)^2 = \frac{1}{2}m\omega^2 A^2 \sin^2 \omega t = \frac{1}{2}kA^2 \sin^2 \omega t$$

여기서 $\omega^2 = k/m$이며, 두 에너지의 최댓값은 $\frac{1}{2}kA^2$으로 늘어난 용수철의 처음 퍼텐셜 에너지와 같다. 퍼텐셜 에너지가 최대(또는 0)이면 운동 에너지는 0(또는 최대)이다. 역학적 에너지는 어떨까? 역학적 에너지는

$$E = U + K = \frac{1}{2}kA^2(\cos^2 \omega t + \sin^2 \omega t) = \frac{1}{2}kA^2$$

이므로, 언제나 일정하다. 여기서 $\sin^2 \omega t + \cos^2 \omega t = 1$을 사용하였다. 이 결과는 7장에서 공부한 역학적 에너지 보존이 단순 조화 운동에서도 성립함을 보여 준다. 운동 에너지 K와 퍼텐셜 에너지 U가 시간에 따라 변해도, 역학적 에너지 E는 불변이다(그림 13.20 참조).

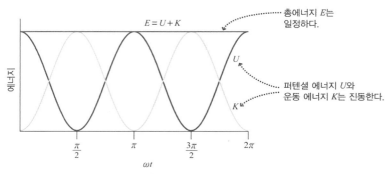

그림 13.20 단순 조화 운동의 에너지

예제 13.5 | **단순 조화 운동의 에너지** | 응용 문제가 있는 예제

질량-용수철 계가 각진동수 ω, 진폭 A로 단순 조화 운동한다. 운동 에너지와 퍼텐셜 에너지가 같은 지점에서 속력을 구하라.

해석 단순 조화 운동의 에너지에서 운동 에너지와 관련된 속력을 구하는 문제이다.

과정 운동 에너지가 퍼텐셜 에너지와 같으면 총에너지의 반이다. 총에너지는 얼마일까? 최대 속력은 식 13.9로부터 $v_{최대} = \omega A$이다. 이때 모든 에너지가 운동 에너지뿐이므로, 총에너지는 $E = \frac{1}{2}mv_{최대}^2 = \frac{1}{2}m\omega^2 A^2$이다. 따라서 구하는 속력 v에서 운동 에너

지는 $K = \frac{1}{2}mv^2 = \frac{1}{2}\left(\frac{1}{2}m\omega^2 A^2\right) = \frac{1}{4}m\omega^2 A^2$이다.

풀이 위 결과에서 v를 구하면 다음을 얻는다.

$$v = \frac{\omega A}{\sqrt{2}}$$

검증 답을 검증해 보자. 운동 에너지와 퍼텐셜 에너지가 같은 곳의 속력은 최대 속력보다 작다. 이것은 에너지의 반이 용수철에 퍼텐셜 에너지로 묶여 있기 때문이다. 또한 운동 에너지가 속력의 제곱에 비례하므로 2배가 아니라 $\sqrt{2}$배 작다.

퍼텐셜 에너지 곡선과 단순 조화 운동

용수철 힘 $-kx$를 거리에 대해서 적분하여 용수철의 퍼텐셜 에너지 $U = \frac{1}{2}kx^2$을 얻었다. 단순 조화 운동의 복원력 또는 복원 돌림힘이 변위에 정비례하므로, 거리에 대해서 적분한 퍼텐셜 에너지는 항상 변위의 제곱으로 주어진다. 즉 퍼텐셜 에너지 곡선은 포물선이다. 따라서 퍼텐셜 에너지 곡선이 포물선이면 단순 조화 운동을 한다. 수학적으로 가장 간단한 곡선

이 포물선이므로, 그림 13.21처럼 복잡한 계의 퍼텐셜 에너지 곡선을 안정 평형 위치의 근처에서는 포물선으로 어림할 수 있다. 즉 평형 위치에 생긴 작은 교란은 단순 조화 운동이다. 이 때문에 실제 물리계에서 단순 조화 운동이 빈번하게 일어난다.

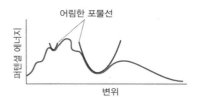

그림 13.21 극솟점 근처에서 퍼텐셜 에너지 곡선은 포물선으로 어림할 수 있으므로, 단순 조화 운동을 한다.

 확인 문제 **13.5** 서로 다른 두 질량-용수철 계가 같은 진폭과 진동수로 진동한다. 한 계의 총에너지가 다른 계의 2배이면, 각 계의 (1) 질량, (2) 용수철 상수, (3) 최대 속력을 어떻게 비교할 수 있는가?

13.6 감쇠 조화 운동

LO 13.8 감쇠가 단순 조화 운동에 미치는 영향을 기술할 수 있다.

실제 진동계에서는 마찰이나 공기 저항 등이 작용하여 에너지를 잃어버리므로 진폭이 감소하다가 진동을 멈춘다. 이러한 운동을 **감쇠**(damped) 운동이라고 한다. 에너지 손실이 적으면 한 번의 진동마다 에너지의 일부만 사라지므로 계의 운동은 본질적으로 조화 운동과 같고, 진폭만 그림 13.22처럼 조금씩 감소한다.

많은 계에서 감쇠력은 속도에 비례하고 운동의 반대 방향으로 작용하므로, 감쇠력을

$$F_d = -bv = -b\frac{dx}{dt}$$

로 표기할 수 있다. 여기서 b는 감쇠의 세기를 나타내는 감쇠 상수이다. 이제 복원력과 함께 감쇠력을 포함하여 뉴턴의 제2법칙을 표기하면 다음과 같다.

$$m\frac{d^2x}{dt^2} = -kx - b\frac{dx}{dt} \qquad (13.16)$$

여기서 방정식을 풀지 않겠지만, 그 해는 다음과 같이 주어진다.

$$x(t) = Ae^{-bt/2m}\cos(\omega t + \phi) \qquad (13.17)$$

이 결과를 식 13.16에 넣어서 계산하면 뉴턴의 제2법칙을 만족한다. 식 13.17은 진폭이 시간에 따라 감소하는 조화 운동을 기술한다. 감소하는 정도는 감쇠 상수 b와 질량 m에 따라 달라진다. $t = 2m/b$에서 진폭은 처음 값의 $1/e$로 감소한다. 감쇠력이 약하면 한 번의 진동마다 에너지의 일부만 사라지므로, 식 13.17의 각진동수 ω는 본질적으로 단순 조화 운동의 값 $\sqrt{k/m}$과 같다. 그러나 감쇠력이 강하면 진동수가 급격히 감소한다. 감쇠력이 약해서 진동이 계속 되면 **저감쇠**(underdamping)라고 부른다(그림 13.23a 참조). 감쇠력이 커져서 용수철 힘과 같아지면 계는 진동 없이 평형 위치로 되돌아오는 **임계 감쇠**(critical damping)를 보인다(그림 13.23b 참조). 감쇠력이 더 커지면, 감쇠력이 운동을 지배하여 매우 천천히 평형 위치로 되돌아오는 과감쇠(overdamping)가 된다(그림 13.23c 참조).

원자에서 사람의 팔까지 실제 계를 감쇠 진동 모형으로 설명할 수 있다. 공학자들은 계가 특정한 감쇠 진동을 하도록 설계한다. 예를 들어 자동차의 완충기는 임계 감쇠하도록 만든다. 즉 도로의 충격으로 전달된 에너지를 흡수하여 즉각 평형 상태로 되돌아가게 만드는 장치이다.

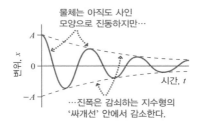

그림 13.22 약한 감쇠 조화 운동

물체는 아직도 사인 모양으로 진동하지만…

…진폭은 감쇠하는 지수형의 '싸개선' 안에서 감소한다.

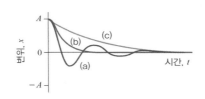

그림 13.23 (a) 저감쇠, (b) 임계 감쇠, (c) 과감쇠 진동

예제 13.6 **감쇠 단순 조화 운동: 자동차 완충기**

자동차 완충기는 $m = 1200\,\text{kg}$, $k = 58\,\text{kN/m}$인 질량-용수철 계처럼 작용한다. 완충기가 낡아서 감쇠 상수가 $b = 230\,\text{kg/s}$이다. 웅덩이에 부딪친 자동차는 진폭이 반으로 줄어들 때까지 몇 번이나 진동하는가?

해석 감쇠 단순 조화 운동이며 자동차가 진동계이다.

과정 진폭이 반으로 줄어드는 시간을 구하고, 이 시간 동안의 진동 횟수를 구한다. 감쇠 단순 조화 운동은 식 13.17, $x(t) = Ae^{-bt/2m}\cos(\omega t + \phi)$로 기술되며, 진폭의 감소 인자는 $e^{-bt/2m}$이다.

$t = 0$에서 진폭을 1이라고 하면 진폭이 반으로 줄어드는 시간을 $e^{-bt/2m} = \dfrac{1}{2}$에서 구한다.

풀이 양변에 자연 로그를 취하면 $bt/2m = \ln 2$이고 $\ln(1/x) =$ $-\ln(x)$이므로 다음을 얻는다.

$$t = \frac{2m}{b}\ln 2 = \frac{(2)(1200\,\text{kg})}{230\,\text{kg/s}}\ln 2 = 7.23\,\text{s}$$

한편 약한 감쇠 진동의 주기는 감쇠 없는 진동의 주기에 아주 가까우므로

$$T = 2\pi\sqrt{\frac{m}{k}} = 2\pi\sqrt{\frac{1200\,\text{kg}}{58\times10^3\,\text{N/m}}} = 0.904\,\text{s}$$

이다. 따라서 진폭이 반으로 줄어드는 시간 7.23 s 동안의 진동 횟수는 다음과 같다.

$$\frac{7.23\,\text{s}}{0.904\,\text{s}} = 8$$

검증 답을 검증해 보자. 감쇠가 강하므로 진동 횟수가 크다. 따라서 좋은 완충기가 아니다.

확인문제 **13.6** 그림은 질량 m, 용수철 상수 k, 감쇠 상수 b가 서로 다른 세 가지 질량-용수철 계의 시간 대 변위 그래프를 보여 준다. (1) 어느 계에서 감쇠가 가장 현저한가? (2) 어느 계에서 감쇠가 가장 덜 현저한가?

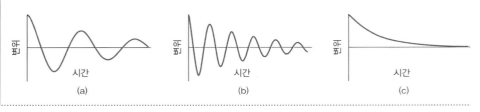

(a)　(b)　(c)

13.7 강제 진동과 공명

LO 13.9 강제 진동하는 계에서 공명에 대해 설명할 수 있다.

손이 강제 진동수로 움직인다.

토막은 같은 진동수로 진동하지만 진폭이 커진다.

그림 13.24 질량-용수철 계를 강제 진동시키면 강제 진동수가 자연 진동수 $\sqrt{k/m}$ 과 일치할 때 진폭이 커진다.

그네를 타는 아이를 살짝만 밀어도 그네의 진폭을 크게 만들 수 있다. 그러나 그네의 자연 진동 운동에 어긋나게 밀면 효과가 떨어진다.

진동계에 외력이 작용할 때 계가 **강제된다**(driven)고 한다. 그림 13.24처럼 외력이 작용하는 질량-용수철 계를 생각해 보자. 강제력이 시간에 따라 $F_\text{d}\cos\omega_\text{d}t$로 변하면, 뉴턴의 법칙은 다음과 같다.

$$m\frac{d^2x}{dt^2} = -kx - b\frac{dx}{dt} + F_\text{d}\cos\omega_\text{d}t \tag{13.18}$$

여기서 ω_d는 **강제 진동수**(driving frequency)이다. 위 식의 오른편에서 첫 번째 항은 복원력, 두 번째 항은 감쇠력, 세 번째 항은 강제력이다. 진동수 ω_d로 강제 진동시키므로 계는 이

진동수로 진동하게 된다. 따라서 식 13.18의 해로 다음을 생각할 수 있다.

$$x = A \cos(\omega_d t + \phi)$$

이 식을 식 13.18(실전 문제 73 참조)에 넣어서 계산하면, 진폭이

$$A(\omega_d) = \frac{F_d}{m\sqrt{(\omega_d^2 - \omega_0^2)^2 + b^2\omega_d^2/m^2}} \tag{13.19}$$

를 만족해야 한다. 여기서 ω_0은 감쇠되지 않은 계의 **자연 진동수**(natural frequency) $\sqrt{k/m}$ 이다.

그림 13.25는 식 13.19를 강제 진동수 ω_d의 함수로 그린 **공명 곡선**(resonance curve)이다. 계가 저감쇠 진동을 하면 특정한 진동수에서 최댓값을 갖는다. 감쇠력이 약할수록 자연 진동수 근처에서 공명 곡선이 뾰족하다. 따라서 저감쇠 진동에서 상대적으로 작은 강제력으로도 진폭을 크게 만들 수 있다. 이 현상을 **공명**(resonance)이라고 부른다.

분자, 자동차, 스피커, 건물, 다리 등 실제 계는 하나 이상의 자연 진동수를 가지고 있다. 이들 계가 저감쇠 진동을 할 때 공명 현상으로 진폭이 커지면 심각한 문제가 발생할 수 있으며 때로는 계가 파괴되기도 한다(그림 13.26 참조). 공학자들이 복잡한 구조물을 설계할 때는 모든 가능한 진동 방식을 연구하여 공명이 발생하지 않도록 노력한다. 예를 들어 지진이 자주 발생하는 지역에서는 건물의 자연 진동수가 해당 지역의 전형적인 지진파의 진동수와 일치하지 않도록 설계한다. 스피커가 재생산하는 소리의 진동수 영역과 스피커의 자연 진동수가 일치하지 않도록 스피커를 설계해야 한다. 예제 13.2의 동조 질량 감쇠기, 예제 13.6의 완충기 같은 감쇠 장치는 자연 진동수를 쉽게 바꿀 수 없는 경우에 공명 진동을 제한시키는 장치이다.

미시 세계에서도 공명은 중요하다. 전자의 공명을 응용한 마그네트론은 마이크로파를 발생시키는 장치이다. 핵융합 실험에서 이온 기체를 가열시킬 때도 공명을 이용한다. 지구 대기권의 이산화탄소(CO_2)는 미소 질량-용수철 계처럼 적외선 진동수에서 공명을 일으켜서 적외선을 잘 흡수한다. 이 때문에 온실 효과가 발생하여 지구 온난화가 가속되고 있다. 핵자기 공명(NMR)은 양성자의 공명을 이용하여 물체나 인체 내부의 구조를 조사하는 자기 공명 영상(MRI, magnetic resonance imaging) 장치의 핵심이다. NMR는 자기 돌림힘을 받은 양성자의 축돌기 진동수에 대한 공명 현상을 이용한다(11장 참조).

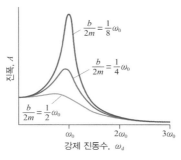

그림 13.25 여러 감쇠력에 대한 공명 곡선. ω_0은 감쇠되지 않은 자연 진동수 $\sqrt{k/m}$ 이다.

그림 13.26 건물의 자연 진동수가 지진의 진동수를 포함하는 경우 지진에 의한 땅의 진동이 건물의 공명 진동을 유발할 수 있다. 이것은 왜 이웃한 건물들은 큰 피해가 없음에도 어떤 건물은 완전히 붕괴되는지를 설명하는데 도움을 준다. 사진은 1985년 멕시코시티 근처에서 발생한 규모 8.1 지진의 여파를 보여 준다.

확인 문제	**13.7** 사진은 소리에 대한 반응으로 박살이 나는 포도주 잔을 보여 준다. 여기에서 더 중요한 것은 소리의 진폭인가, 진동수인가?

핵심 개념

이 장의 핵심 개념은 **단순 조화 운동**(SHM)이다. 즉 평형 상태의 교란으로 변위에 비례하는 복원력이 작용하여 생긴 진동 운동이다. SHM의 위치는 다음과 같이 시간에 따라 변하는 사인 모양의 함수이다.

$$x(t) = A \cos \omega t$$

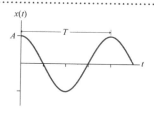

주요 개념 및 식

주기 T는 한 번의 진동이 완성되는 시간이며, 주기의 역수는 단위 시간당 진동 횟수인 **진동수**이다.

$$f = \frac{1}{T}$$

각진동수는 원운동과 단순 조화 운동의 관계에서 다음과 같다.

$$\omega = 2\pi f = \frac{2\pi}{T}$$

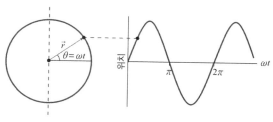

마찰이나 소모력이 없으면 SHM의 총에너지는 보존된다. 다만 운동 에너지와 퍼텐셜 에너지는 그림처럼 반대로 변한다.

$$E = \frac{1}{2}mv^2 + \frac{1}{2}kx^2 = 일정$$

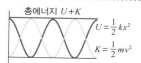

총에너지 $U + K$

$U = \frac{1}{2}kx^2$

$K = \frac{1}{2}mv^2$

소모력이 작용하면 **감쇠** 조화 운동을 한다. 즉 다음과 같이 시간에 따라 진폭이 감소한다.

$$x(t) = Ae^{-bt/2m} \cos(\omega t + \phi)$$

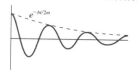

계를 강제 진동시키면 자연 진동수 ω_0에서 **공명**하여 진폭이 커진다. 공명 진폭 A는 다음과 같이 강제력 F_{d}, 강제 진동수 ω_{d}, 자연 진동수 $\omega_0 = \sqrt{k/m}$, 감쇠 상수 b에 따라 변한다.

$$A(\omega_{\mathrm{d}}) = \frac{F_{\mathrm{d}}}{m\sqrt{(\omega_{\mathrm{d}}^2 - \omega_0^2)^2 + b^2\omega_{\mathrm{d}}^2/m^2}}$$

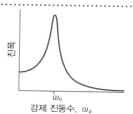

진폭

강제 진동수, ω_{d}

응용

질량-용수철 계의 각진동수는 다음과 같다.

$$\omega = \sqrt{\frac{k}{m}}$$

비틀림 진자의 각진동수는 다음과 같이 비틀림 상수와 회전 관성으로 주어진다.

$$\omega = \sqrt{\frac{\kappa}{I}}$$

진동 진폭이 작은 경우 **진자**의 각진동수는 다음과 같다.

$$\omega = \sqrt{\frac{mgL}{I}}$$

회전축

무게 중심

단진자의 각진동수는 다음과 같다.

$$\omega = \sqrt{\frac{g}{L}}$$

BIO 생물 및 의학 문제   **DATA** 데이터 문제   **ENV** 환경 문제   **CH** 도전 문제   **COMP** 컴퓨터 문제

학습 목표   이 장을 학습하고 난 후 다음을 할 수 있다.

LO 13.1 진폭, 진동수, 주기로 진동 운동의 특성을 기술할 수 있다.
연습 문제 13.11, 13.12, 13.13, 13.14, 13.15

LO 13.2 단순 조화 운동이 일어나는 물리적 조건을 말할 수 있다.
실전 문제 13.85

LO 13.3 질량-용수철 계에서 단순 조화 운동을 정량적으로 기술할 수 있다.
개념 문제 13.1, 13.2, 13.3, 13.4, 13.5, 13.10
연습 문제 13.16, 13.17, 13.18, 13.19, 13.28
실전 문제 13.40, 13.42, 13.43, 13.44, 13.47, 13.50, 13.54, 13.57, 13.59, 13.60, 13.74, 13.80

LO 13.4 진자와 비틀림 진동자를 포함하여 다른 단순 조화 운동을 기술할 수 있다.
개념 문제 13.4, 13.6, 13.10
연습 문제 13.20, 13.21, 13.22, 13.23
실전 문제 13.41, 13.45, 13.46, 13.48, 13.49, 13.50, 13.51, 13.52, 13.55, 13.56, 13.58, 13.61, 13.63, 13.64, 13.67, 13.68, 13.69, 13.70, 13.75, 13.76, 13.77, 13.78, 13.81, 13.82, 13.83, 13.84

LO 13.5 단순 조화 운동과 원운동을 관련지을 수 있다.
연습 문제 13.24, 13.25
실전 문제 13.53

LO 13.6 단순 조화 운동에서 에너지 교환을 개략적으로 알 수 있다.
연습 문제 13.26, 13.27
실전 문제 13.62, 13.71, 13.72

LO 13.7 왜 단순 조화 운동이 우주 전체에 걸쳐 어디에나 있는지 설명할 수 있다.
실전 문제 13.60, 13.61, 13.63, 13.64, 13.69, 13.75

LO 13.8 감쇠가 단순 조화 운동에 미치는 영향을 기술할 수 있다.
개념 문제 13.7, 13.8
연습 문제 13.29, 13.30
실전 문제 13.65, 13.66

LO 13.9 강제 진동하는 계에서 공명에 대해 설명할 수 있다.
개념 문제 13.9
연습 문제 13.31
실전 문제 13.73, 13.79

개념 문제

1. 분자의 진동수는 거시적 역학계의 진동수보다 훨씬 크다. 왜 그런가?

2. 용수철 상수가 두 배가 되면 단순 조화 운동의 진동수는 어떻게 변하는가? 질량이 두 배가 되면 어떻게 변하는가?

3. 단순 조화 운동의 진동수는 진폭에 어떻게 의존하는가?

4. 수평 질량-용수철 계를 달로 가져가면 진동수는 어떻게 변하는가? 수직 질량-용수철 계의 진동수는 어떻게 변하는가? 단진자는 어떻게 변하는가?

5. 비감쇠 단순 조화 운동의 가속도는 언제 0이 되는가? 속도는 언제 0이 되는가?

6. 한 단진자는 길이 L, 질량 m인 고체 막대이고, 다른 단진자는 질량이 없는 길이 L의 줄 끝에 질량 m이 달려 있다. 어느 단진자의 주기가 더 긴가? 왜 그런가?

7. 자동차의 현가장치에서 왜 임계 감쇠가 바람직한가?

8. 감쇠 진동의 진동수가 왜 비감쇠 진동의 경우보다 낮은가?

9. 오페라 가수는 소리만으로도 유리잔을 깰 수 있다. 어떻게 가능한가?

10. 활주로를 따라 가속하는 비행기 안에서 질량-용수철 계의 주기는 어떻게 변하는가? 같은 상황에서 단진자의 주기는 어떻게 변하는가?

연습 문제

13.1 진동 운동의 기술

11. 의사가 측정한 1.0분간 맥박 수는 68이다. 심장 박동의 진동수와 주기는 얼마인가?
BIO

12. 440 Hz로 연주하는 바이올린 A 음의 주기는 얼마인가?

13. 염화수소의 진동수는 8.66×10^{13} Hz이다. 분자의 진동 주기는 얼마인가?

14. 초고층 빌딩의 꼭대기가 10분에 95번 진동한다. (a) 주기와 (b) 진동수(Hz)는 얼마인가?

15. 벌새의 날개는 약 45 Hz로 진동한다. 그 주기는 얼마인가?
BIO

13.2 단순 조화 운동

16. 용수철 상수가 $k = 5.6$ N/m인 용수철에 200 g의 질량을 매달고 진폭 $A = 25$ cm로 진동시킨다. (a) 진동수(Hz), (b) 주기, (c) 최대 속도, (d) 용수철의 최대 복원력을 각각 구하라.

17. 자동차 현가장치의 단순 모형은 질량-용수철 계이다. 질량 1900 kg, 용수철 상수 26 kN/m이면 감쇠가 없을 때 자동차의 단순 조화 운동의 진동수와 주기는 얼마인가?

18. 용수철에 매달린 342 g의 질량이 단순 조화 운동을 한다. 최대 가속도가 18.6 m/s², 최대 속력은 1.75 m/s일 때, (a) 각진동수, (b) 진폭, (c) 용수철 상수를 각각 구하라.

19. 진폭 25 cm, 최대 속력 4.8 m/s로 단순 조화 운동을 하는 입자의 (a) 각진동수, (b) 주기, (c) 최대 가속도를 각각 구하라.

13.3 단순 조화 운동의 응용

20. 주기가 (a) 200 ms, (b) 5.0 s, (c) 2.0 min인 단진자의 길이는 각각 얼마인가?

21. 괘종시계 단진자의 길이는 1.45 m이고, 최대 변위에 도달할 때마다 똑딱거린다. 똑딱 소리 사이의 시간 간격은 얼마인가?

22. 줄에 매단 지름 24.0 cm, 질량 622 g의 농구공이 1.87 Hz 진동수로 비틀림 진동을 한다. 줄의 비틀림 상수는 얼마인가?

23. 미터자가 한 끝을 회전점으로 자유롭게 회전한다. 진폭이 작을 때 미터자의 진동 주기는 얼마인가?

13.4 원운동과 조화 운동

24. 바퀴가 600 rpm으로 회전한다. 위에서 내려다본 바퀴 테두리의 한 점은 단순 조화 운동을 한다. 이 단순 조화 운동의 (a) 진동수 (Hz)와 (b) 각진동수는 얼마인가?

25. 단순 조화 운동하는 물체의 x성분과 y성분의 진동수 비율은 1.75 : 1이다. 물체가 처음 위치로 되돌아올 때까지 각 성분은 몇 번 진동하는가?

13.5 단순 조화 운동의 에너지

26. 용수철에 매단 450 g의 질량이 1.2 Hz로 진동하며, 전체 진동 에너지는 0.51 J이다. 진폭은 얼마인가?

27. 회전 관성 1.6 kg·m², 비틀림 상수 3.4 N·m/rad인 비틀림 진자의 총에너지는 4.7 J이다. 최대 각변위와 최대 각속력은 얼마인가?

28. 2000 kg의 자동차가 100 km/h로 주행하고 있다. 자동차의 충격 흡수기가 고장 나서 수직 방향으로 진폭이 20 cm이고 진동수가 1 Hz인 단순 조화 운동을 한다. 진동에 들어있는 에너지는 자동차 운동 에너지의 몇 %인가?

13.6 감쇠 조화 운동, 13.7 강제 진동과 공명

29. 피아노 줄의 진동을 식 13.17로 기술한다. $b/2m$에 해당하는 값이 2.8 s^{-1}이면 진폭이 처음 값의 반으로 감소하는데 얼마나 걸리는가?

30. 질량-용수철 계에서 $b/m = \omega_0/5$이며, b는 감쇠 상수, ω_0은 자연 진동수이다. 강제 진동수가 ω_0의 10% 내외일 때의 진폭을 ω_0에서의 진폭과 비교하라.

31. 자동차 앞쪽 현가장치의 자연 진동수는 0.45 Hz이다. 그러나 앞쪽 완충 장치가 닳아서 더 이상 임계 감쇠 진동하지 못한다. 자동차가 40 m 간격으로 설치된 둔턱을 지날 때, 어떤 속력에서 자동차가 가장 심하게 흔들리는가?

응용 문제

다음 문제들은 본문의 예제들에 기초한 것이다. 두 세트의 문제들은 물리학의 이해를 강화하는 연결의 형성을 돕고 이전에 풀어본 문제에서 변형된 문제를 해결하는 자신감을 키우도록 설계되어 있다. 각 세트의 첫 번째 문제는 본질적으로 예제 문제이지만 숫자들은 다르다. 두 번째 문제는 예제와 똑같은 상황이지만 묻는 질문이 다르다. 세 번째와 네 번째 문제는 완전히 다른 상황으로 이런 방식을 반복한다.

32. **예제 13.2** 질량-용수철 계는 공연 예술 센터 발코니의 진동을 줄이기 위한 동조 질량 감쇠기로 사용된다. 감쇠기의 진동수는 6.85 Hz이고, 진동 질량은 142 kg이며, 진동 진폭은 4.86 cm이다. (a) 용수철 상수, 질량의 (b) 최대 속력 및 (c) 최대 가속도는 얼마인가?

33. **예제 13.2** 어떤 초고층 빌딩의 동조 질량 감쇠기가 용수철 상수가 0.288 MN/m인 질량-용수철 계로 이루어져 있다. 진동 주기가 5.71 s가 되려면 질량은 얼마가 되어야 하는가?

34. **예제 13.2** 예제 13.2에 소개된 동조 질량 감쇠기의 대안은 커다란 진자를 사용하는 것이다. 타이페이 101의 질량 감쇠기(13.2절의 응용물리 참조)가 그러한 예다. 이 감쇠기는 여러 개의 케이블에 매달린 지름이 5.49 m이고 질량이 660,000 kg인 속이 찬 공을 사용한다. 이 계의 주기를 구하라. 실제 계는 더 복잡하지만 이 감쇠기를 길이가 8.40 m인 하나의 케이블에 공이 매달린 단진자로 다룰 수 있다. 길이 L은 케이블이 매달린 지점부터 공의 중심까지로 측정하고(케이블 길이와 같지 않음) 케이블의 질량은 무시한다.

35. **예제 13.2** 앞의 문제를 반복하되 질량 감쇠기를 단진자가 아니라 물리 진자로 좀 더 정확하게 다루어라. 여전히 케이블의 질량은 무시한다. (**힌트**: 평행축 정리가 유용할 것이다.)

36. **예제 13.5** 질량-용수철 계가 진동수 0.377 Hz, 진폭 28.2 cm로 진동하고 있다. 운동 에너지와 퍼텐셜 에너지가 같아지는 지점에서 속력을 구하라.

37. **예제 13.5** 용수철 상수 $k = 63.7$ N/m인 질량-용수철 계가 각진동수 2.38 s^{-1}로 진동하고 있으며 총에너지는 7.69 J이다. 계의 (a) 진폭과 (b) 최대 속력을 구하라.

38. **예제 13.5** 어떤 단진자가 주기 $T = 2.62$ s, 진폭 8.85°로 흔들리고 있다. 진자의 운동 에너지와 퍼텐셜 에너지가 같은 지점에서 (a) 연직 방향과 진자가 이루는 각도와 (b) 진자 추의 속력을 구하라.

39. **예제 13.5** 질량이 m인 단진자가 주기 T, 진폭 $\theta_{최대}$로 흔들리고 있다. (a) 진자의 총에너지와 (b) 최대 속력을 나타내는 식을 구하라.

실전 문제

40. 이산화탄소(CO_2)를 그림 13.27처럼 두 용수철(전기력)에 세 질점(원자)을 연결한 모형으로 생각해 보자. 이 모형의 한 진동 방

파동 운동

예비 지식

■ 뉴턴의 제2법칙(4.2절)

■ 일률(6.5절)

■ 단순 조화 운동(13.2절)

■ 배각 공식 등 삼각 함수 공식

학습 목표

이 장을 학습하고 난 후 다음을 할 수 있다.

LO 14.1 파동을 정성적으로 기술하고 종파와 횡파를 구분할 수 있다.

LO 14.2 파동의 운동을 위치와 시간의 함수로 정량적으로 기술할 수 있다.

LO 14.3 줄에서 파동을 어떻게 뉴턴 역학으로 기술하는지 설명할 수 있다.

LO 14.4 파동이 운반하는 에너지를 계산할 수 있다.

LO 14.5 음파에 대해 기술하고 음파의 세기를 데시벨로 정량화할 수 있다.

LO 14.6 일차원과 이차원에서 파동의 간섭에 대해 기술할 수 있다.

LO 14.7 파동 반사와 정지파에 대해 기술할 수 있다.

LO 14.8 도플러 효과와 충격파를 기술할 수 있다.

파도는 수천 킬로미터를 이동하여 해변에 도달한다. 파도가 옮기는 바닷물의 양은 얼마나 될까?

인간과 기타 동물들은 음파로 서로 소통한다. 빛과 그와 관련된 파동은 우리로 하여금 주변을 형상화할 수 있도록 해주고 지구 넘어 우주에 관한 대부분의 정보를 제공해 준다. 휴대폰은 라디오파를 통해 우리가 서로 연결될 수 있도록 해준다. 의사는 초음파로 인체를 검사한다. 우리는 마이크로파로 무선 인터넷을 즐기며, 음식물을 요리한다. 지진은 단단한 지구에 파동을 야기하고, 위험한 지진해일을 일으킬 수 있다. 블랙홀들은 우주 저 멀리서 서로 충돌하며 파동을 발생시켜 공간과 시간으로 짜인 직물에 잔물결을 일으킨다. 파동 운동은 우리를 둘러싼 물리적 환경의 본질적인 특색이다.

위의 모든 예들은 공간을 통해 움직이는 혹은 전파하는 교란과 관련이 있다. 그 교란은 물질이 아니라 에너지를 운반한다. 공기가 말하는 사람의 입에서 듣는 사람의 귀까지 움직이는 것이 아니라 소리 에너지가 움직인다. 물이 대양을 가로질러 움직이는 것이 아니라 파동 에너지가 움직인다. 파동은 어떤 교란이 전파해 나가는 것이며, 물질이 아니라 에너지를 운반한다.

14.1 파동의 특성

LO 14.1 파동을 정성적으로 기술하고 종파와 횡파를 구분할 수 있다.

이 장에서는 공기, 물, 바이올린 줄, 지구의 내부 물질과 같은 **매질**(medium)을 교란시키는 **역학적 파동**(mechanical wave)을 공부한다. 가시광선, 적외선, 라디오파, 자외선, 엑스선 등은 **전자기파**(electromagnetic wave)이다. 전자기파의 주요 특성은 역학적 파동과 같지만 전자기파는 매질이 필요 없다. 29장부터 32장까지 전자기파를 다룬다. 2015년에 처음 검출된 **중력파**(gravitational wave)도 비역학적 파동이다. 이것에 대해서는 33장에서 살펴볼 것이다.

이 토막을 약간 움직여서 교란시키면 진동을 시작한다.

(a)

진동과 에너지가 이웃한 토막으로 전달된다.

(b)

파동이 전파된다.

(c)

그림 14.1 질량-용수철 계에서 파동의 전파

역학적 파동은 매질의 한 부분에 발생한 교란 상태가 이웃한 부분으로 전달될 때 발생한다. 그림 14.1은 역학적 파동의 모형인 다중 질량-용수철 계이다. 한 질량을 교란시키면 단순 조화 운동을 시작한다. 그런데 질량이 연결되어 있으므로 이 운동이 이웃한 질량에 전달된다. 그 결과 교란 상태와 관련된 에너지가 이웃한 질량을 통해서 질량-용수철 계 전체로 퍼져 나간다.

파동 운동 파동은 한 곳에서 다른 곳으로 물질을 전달하는 것이 아니라 에너지를 전달한다. 그렇다고 해서 파동의 매질을 구성하는 물질이 움직이지 않는다는 뜻은 아니다. 파동이 지나가는 순간에는 물질이 국소적으로 진동하지만, 파동이 지나가면 평형 상태로 되돌아간다. 매질의 국소적 진동과 파동 자체의 운동을 혼동하지 않도록 하자. 두 운동이 모두 발생하지만 한 곳에서 다른 곳으로 에너지를 전달하는 것은 파동 운동뿐이다.

종파와 횡파

그림 14.1에서 하나의 토막을 이동시켜서 만든 교란 상태는 이웃한 토막을 통해서 파동이 진행하는 방향으로 전파된다. 이러한 파동을 **종파**(longitudinal wave)라고 한다. 소리는 종파이다(14.5절 참조). 한편 질량-용수철 계에서 질량을 수직으로 이동시키면 교란 상태의 운동이 파동의 진행 방향과 수직인 **횡파**(transverse wave)를 만든다(그림 14.2 참조). 어떤 파동은 그림 14.3의 수면파처럼 종파와 횡파가 섞여 있다.

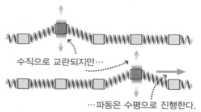

수직으로 교란되지만…

…파동은 수평으로 진행한다.

그림 14.2 횡파

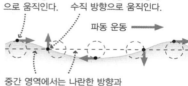

여기서 물은 파동의 진행과 나란한 방향으로 움직인다.

여기서는 파동의 진행에 수직 방향으로 움직인다.

파동 운동

중간 영역에서는 나란한 방향과 수직 방향 양쪽으로 움직인다.

그림 14.3 수면파는 나란한 성분과 수직 성분 둘 다 있다.

진폭과 파형

파동의 최대 교란 상태를 파동의 **진폭**(amplitude)이라고 부른다. 수면파에서는 수면의 최대 높이, 음파에서는 최대 과잉 압력, 그림 14.1과 14.2의 파동에서는 질량의 최대 변위가 진폭이다.

교란 상태의 모양을 **파형**(waveform)이라고 부른다(그림 14.4 참조). 매질을 한순간만 교란시켜서 발생한 고립된 파형을 **펄스**(pulse)라고 부른다. 교란 상태가 주기적으로 이어지면 **연속 파동**(continuous wave)이라고 부른다. 주기적 교란 상태가 제한적으로 발생한 중간 단계의 파형을 **파동열**(wave train) 또는 파열이라고 부른다.

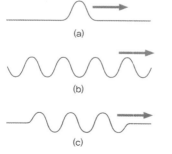

(a)

(b)

(c)

그림 14.4 (a) 펄스, (b) 연속 파동, (c) 파동열

파장, 주기, 진동수

연속 파동은 시간과 공간에서 되풀이된다. **파장**(wavelength) λ는 파동 형태가 되풀이되는 거리이고(그림 14.5 참조), **주기**(period) T는 한 번의 진동 시간이고, **진동수**(frequency) f는 단위 시간당 진동 횟수로 주기의 역수이다.

파동 속력

파동은 매질을 통해서 특정한 속력으로 진행한다. 공기 중 소리의 속력, 즉 음속은 약 $340\,\mathrm{m/s}$이고, 수면의 잔물결은 약 $20\,\mathrm{cm/s}$로 움직이고, 지진파는 초당 수 킬로미터로 진행한다. 매질의 물리적 특성에 따라 파동 속력이 정해진다(14.3절 참조).

파동 속력, 파장, 주기는 서로 연관되어 있다. 그림 14.6처럼 한 주기 동안 한 파장이 진행한다. 따라서 파동 속력은 다음과 같다.

$$v = \frac{\lambda}{T} = \lambda f \text{ (파동 속력)}$$

(14.1)

v는 파동이 전파되는 속력이다.

파동이 한 파장 λ를 진행하는데 …

… 걸리는 시간이 주기 T이므로 파동 속력은 $v = \lambda / T$이다.

진동수는 $f = 1/T$이므로 $v = \lambda f$이다.

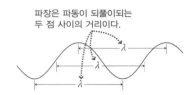

그림 14.5 파장 λ는 파동 무늬가 되풀이 되는 거리이다.

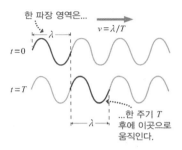

그림 14.6 한 주기 T 동안 한 번의 진동이 지나가므로, 파동 속력은 $v = \lambda / T$이다.

> **확인 문제**
>
> **14.1** 보트가 파도에 따라 1 s마다 수직으로 2 m 오르내린다. 파동 마루는 2 s 동안에 수평으로 10 m를 진행한다. 파동 속력은 다음 중 어느 것인가? (a) 2 m/s, (b) 5 m/s

14.2 파동 수학

LO 14.2 파동의 운동을 위치와 시간의 함수로 정량적으로 기술할 수 있다.

그림 14.7은 $t = 0$과 t 시간 후의 파동 펄스의 '순간의 모습(snapshot)'을 보여 준다. 처음에 파동의 교란 y는 위치의 함수로 $y = f(x)$이다. t시간 후에는 펄스가 오른쪽으로 vt만큼 이동하였지만 함수 f로 기술되는 펄스 모양은 같다. 함수 $f(x)$에서 변수 x를 $x - vt$로 바꾸면 이동한 펄스를 기술하는 함수를 얻을 수 있다. 예를 들어 처음 파형에서는 펄스의 봉우리가 $x = 0$에 생기고, 두 번째 파형에서는 $x - vt = 0$, 즉 $x = vt$에 봉우리가 생긴다. 시간이 증가하면 vt도 증가하고 봉우리의 위치 x도 증가한다. 따라서 $f(x - vt)$는 진행하는 펄스를 기술한다.

펄스에 대한 논의는 연속 파동에서도 성립한다. $f(x - vt)$는 x축 양의 방향으로 속력 v로 진행하는 파동을 기술하는 함수이다. x축 음의 방향으로 진행하는 파동을 $f(x + vt)$로 기술할 수 있다.

$t = 0$의 파형이 사인 모양 함수인 **단순 조화 파동**(simple harmonic wave)은 특히 중요하며 수학적으로 다루기도 편리하다. 그림 14.8a처럼 $x = 0$에서 최대 진폭을 갖는 파동을 $y(x, 0) = A \cos kx$로 기술할 수 있다. 여기서 A는 진폭이고, 상수 k는 **파수** 또는 **파동수** (wave number)라고 한다. 코사인 함수의 주기가 2π이므로, $x = \lambda$일 때 kx는 2π와 같아야 한다. 즉 $k\lambda = 2\pi$이므로, 파동수를 다음과 같이 표기할 수 있다.

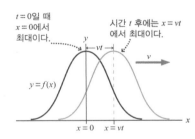

그림 14.7 파동의 펄스가 그 모양을 유지하면서 시간 t 동안에 거리 vt를 움직인다.

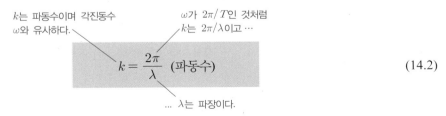

$$k = \frac{2\pi}{\lambda} \text{ (파동수)}$$

(14.2)

k는 파동수이며 각진동수 ω와 유사하다.

ω가 $2\pi / T$인 것처럼 k는 $2\pi / \lambda$이고 …

… λ는 파장이다.

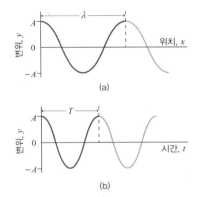

그림 14.8 (a) 고정된 시간 $t = 0$에서 위치의 함수, (b) 고정된 위치 $x = 0$에서 시간의 함수로 나타낸 사인 모양의 파동

속력 v로 진행하는 파동을 기술하기 위하여 $A \cos kx$의 x를 $x - vt$로 바꾸면 $y(x, t) = A \cos [k(x - vt)]$를 얻는다. 한편 $x = 0$에서 파동은 $y(0, t) = A \cos(-kvt) = A \cos(kvt)$이며, $\cos(-x) = \cos x$를 이용하였다. 여기서 식 14.1과 14.2를 이용하면 코사인의 편각은 $kvt = (2\pi/\lambda)(\lambda/T)t = 2\pi t / T$이다.

13장에서 배운 단순 조화 운동처럼, 단순 조화 파동에서도 매질의 모든 점에서 변위는

각진동수(angular frequency) $\omega = 2\pi / T$로 단순 조화 운동을 하므로(그림 14.8b 참조), 진행 파동을 다음과 같이 표기할 수 있다.

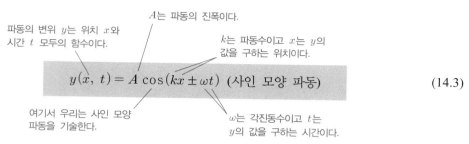

파동의 변위 y는 위치 x와 시간 t 모두의 함수이다.

A는 파동의 진폭이다.

k는 파동수이고 x는 y의 값을 구하는 위치이다.

$$y(x,\, t) = A\cos(kx \pm \omega t) \text{ (사인 모양 파동)} \tag{14.3}$$

여기서 우리는 사인 모양 파동을 기술한다.

ω는 각진동수이고 t는 y의 값을 구하는 시간이다.

여기서 ±는 x축 양의 방향(− 부호)과 음의 방향(+ 부호)으로 진행하는 파동을 뜻하며, 코사인의 편각을 파동의 **위상**(phase)이라고 부른다. k와 ω가 보다 잘 알고 있는 파장 λ와 주기 T와 같은 관계식으로 연계되어 있음을 생각하자($k = 2\pi/\lambda$, $\omega = 2\pi/T$). ω가(단위 시간당 진동 횟수에 2π를 곱한) 진동수의 척도인 것처럼 k도(단위 거리당 진동 횟수에 2π를 곱한) **공간 진동수**(spatial frequency)의 척도이다. k, λ와 ω, T의 관계식을 이용하면 파동 속력에 대한 식 14.1은 k와 ω를 사용하여 다음과 같이 표기할 수 있다.

$$v = \frac{\lambda}{T} = \frac{2\pi/k}{2\pi/\omega} = \frac{\omega}{k} \tag{14.4}$$

예제 14.1　**파동을 기술하기: 파도타기**　　응용 문제가 있는 예제

파형이 사인 모양이고 마루 간격이 14 m인 파도에 도달한 파도타기 선수가 골에서 마루까지 수직 높이 3.6 m를 타는 데 걸린 시간은 1.5 s이다. 파동의 속력을 구하고 식 14.3을 사용해 파동을 기술하라.

해석 사인 모양인 단순 조화 파동에 관한 문제이다.

과정 $t=0$일 때 $x=0$인 곳을 마루로 선택하여 식 14.3, $y(x,\, t) = A\cos(kx \pm \omega t)$를 적용한다. 양의 x방향을 해변 쪽으로 택하면, 식 14.3에서 음의 부호를 사용한다. 그림 14.9a는 파동의 공간 변화를, 14.9b는 시간 변화를 보여 주는 '순간 모습'이다

풀이 그림 14.9b의 골에서 마루까지의 시간 1.5 s는 반주기에 해당하므로 주기는 $T=3.0$ s이다. 그림 14.9a에서 파장은 $\lambda = 14$ m 이다. 따라서 식 14.1에서 속력은 다음과 같다.

$$v = \frac{\lambda}{T} = \frac{14\text{ m}}{3.0\text{ s}} = 4.7\text{ m/s}$$

식 14.3에서 진폭 A, 파동수 k, 각진동수 ω를 구해야 한다. 진폭은 마루에서 골까지 변위의 반으로 그림 14.9a에서 $A=1.8$ m이며, 파장 λ에서 파동수는 $k = 2\pi/\lambda = 0.449$ m^{-1}이고, 주기 T에서 각진동수는 $\omega = 2\pi/T = 2.09$ s^{-1}이다. 따라서 파동은 다음과

같이 기술된다.

$$y(x,\, t) = 1.8\cos(0.449x - 2.09t)$$

여기서 y와 x는 미터 단위이고, 시간 t는 초 단위이다.

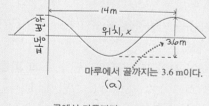

마루에서 골까지는 3.6 m이다.

(a)

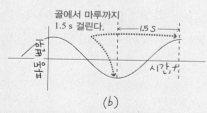

골에서 마루까지 1.5 s 걸린다.

(b)

그림 14.9 (a) 위치와 (b) 시간에 대한 변위

검증 답을 검증해 보자. ω와 k의 값이 식 14.4를 만족할까? $v = \omega/k = 2.09$ s^{-1}/0.449 m^{-1} $= 4.7$ m/s이므로 만족한다. 이와 같이 λ, T와 ω, k는 같은 파동을 기술한다.

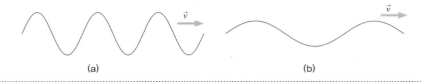

확인
문제 **14.2** 그림은 같은 속력으로 전파하는 두 파동의 순간의 모습이다. (1) 진폭, (2) 파장, (3) 주기, (4) 파동수, (5) 진동수가 큰 것은 각각 어느 파동인가?

(a)   (b)

파동 방정식

수학적인 논의만을 통해 사인 모양의 파동에 대해 식 14.3을 얻었다. 그러한 파동이 실제로 가능한지는 매질의 물리적 성질에 달려 있다. 많은 매질이 실제로 식 14.3으로 기술되는 파동을 입증한다. 다음 절에서 한 가지 경우를 자세히 다룰 것이다. 좀 더 일반적으로 물리학자는 교란에 대해 반응하는 매질의 거동을 분석한다. 흔히 그 분석은 교란된 양의 공간과 시간 도함수를 연결하는 방정식으로 끝난다.

파동의 변위 y가 x와 t 모두의 함수이므로 편미분을 사용하며 d대신 ∂로 쓴다.

파동 변위의 시간에 대한 이계 편미분 도함수이다.

$$\frac{\partial^2 y}{\partial x^2} = \frac{1}{v^2}\frac{\partial^2 y}{\partial t^2} \quad \text{(파동 방정식)}$$

(14.5)

등호는 파동 변위 y의 위치에 대한 이계 도함수와 시간에 대한 이계 도함수를 연관 짓는다.

v는 파동의 속력이다.

이것은 일차원에서 전파하는 파동에 대한 **파동 방정식**(wave equation)이다. 여기서 y는 파동의 교란으로서, 수면파의 높이, 음파의 압력 등에 해당한다. v는 파동 속력으로 보통 매질의 성질과 관련된 양들의 조합으로 나타난다. 그래서 물리학자는 그로부터 파동 속력을 유추할 수 있다. 파동 교란은 두 변수 x(공간적 위치)와 t(시간)의 함수이기 때문에 여기서의 도함수는 **편미분 도함수**(partial derivative)로서, 기호 ∂로 나타내고, 다른 변수들을 일정하게 유지한 채 한 변수에 대해서만 미분하는 것을 가리킨다. 따라서 파동 방정식은 **편미분 방정식**(partial differential equation)이다. 이러한 식을 풀기 위해서는 좀 더 높은 수학 과정이 필요하지만, 식 14.3이 파동 속력 $v = w/k$인 파동 방정식을 만족하는 것을 직접 확인할 수 있다(실전 문제 71). 좀 더 일반적으로 형태 $f(x \pm vt)$인 임의의 함수는 파동 방정식을 만족한다(실전 문제 72). 전자기파를 공부하는 29장에서 파동 방정식을 다시 다룰 것이다.

14.3 줄에 생긴 파동

LO 14.3 줄에서 파동을 어떻게 뉴턴 역학으로 기술하는지 설명할 수 있다.

과학자와 공학자는 일반적으로 물리학의 법칙을 적용하여 식 14.5와 비슷한 파동 방정식을 유도함으로써 매질에서 파동 가능성을 탐구한다. 그러한 분석으로 파동 속력과 그 밖의 파동 성질이 드러난다. 여기에서는 팽팽하게 당긴 줄에 생긴 횡파라는 특별한 경우에 대해 더 간

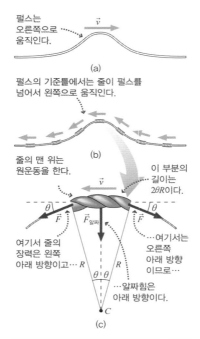

펄스는 오른쪽으로 움직인다.

(a)

펄스의 기준틀에서는 줄이 펄스를 넘어서 왼쪽으로 움직인다.

(b)

줄의 맨 위는 원운동을 한다.

이 부분의 길이는 $2\theta R$이다.

여기서 줄의 장력은 왼쪽 아래 방향이고…

…여기서는 오른쪽 아래 방향이므로…

…알짜힘은 아래 방향이다.

(c)

그림 14.10 줄에 생긴 파동의 펄스. (c)에 표시된 비스듬한 힘 각각의 아래 방향 성분은 $F\sin\theta$이다.

단한 접근법을 택할 것이다. 이 결과를 현악기, 등산용 로프, 현수교 줄, 기타 가늘고 긴 구조에 직접 응용할 수 있다.

단위 길이당 질량을 뜻하는 선밀도가 μ인 줄에 장력 F가 작용하여, 그림 14.10a처럼 오른쪽으로 펄스가 진행한다. 뉴턴의 법칙으로 줄의 운동을 분석하고 펄스의 속력을 구해 보자. 펄스와 함께 움직이는 기준틀에서 살펴보면 전체 줄은 펄스의 속력 v로 왼쪽으로 움직인다. 그러나 펄스 위치에서는 줄의 운동이 수평을 벗어나서 펄스를 따라 올라가고 내려온다(그림 14.10b 참조).

펄스의 모양에 상관없이 볼록한 윗부분은 그림 14.10c처럼 반지름이 R인 원호이다. 이러한 펄스의 윗부분에서는 줄이 반지름 R의 원을 따라 속력 v로 원운동을 한다. 윗부분의 질량이 m이라면, 뉴턴의 법칙에 따라 크기가 mv^2/R인 힘이 곡률 중심으로 향한다. 이 힘은 펄스 윗부분의 양 끝을 당기는 장력에 의해서 생긴다. 그림 14.10c에서 양 끝에 작용하는 아래 방향의 장력 성분은 각각 $F\sin\theta$이다. 따라서 원호의 곡률 중심을 향하는 알짜힘의 크기는 $2F\sin\theta$이다.

이번에는 다음과 같이 가정해 보자. 줄의 교란 상태가 작아서 펄스 윗부분의 원호가 거의 수평이라면 각도 θ가 충분히 작으므로 $\sin\theta \simeq \theta$로 어림할 수 있다. 따라서 알짜힘의 크기는 $2F\theta$로 어림할 수 있다. 더욱이 이러한 어림에서는 교란의 발생에 따른 장력의 변화 또한 극히 작으므로 장력 F를 줄 전체에 작용하는 장력과 같다고 어림할 수 있다. 끝으로 원호의 길이는 $2\theta R$이다(그림 14.10c 참조). 여기에 단위 길이당 질량 μ를 곱하면 원호의 질량은 $m = 2\theta R\mu$이다. 뉴턴의 제2법칙에 따라 알짜힘 $2F\theta$는 질량 곱하기 가속도와 같으므로 다음과 같이 표기할 수 있다.

$$2F\theta = \frac{mv^2}{R} = \frac{2\theta R\mu v^2}{R} = 2\theta\mu v^2$$

위 식에서 파동 속력 v를 구하면 다음과 같다.

$$v = \sqrt{\frac{F}{\mu}} \tag{14.6}$$

이 결과를 점검해 보자. 장력 F가 클수록 줄의 가속도가 크므로 파동은 더 빨리 진행한다. 반면에 줄의 관성은 줄의 가속도를 방해하므로 질량이 클수록 파동의 진행 속력이 느려진다. 식 14.6에서 장력 F는 분자에, 선밀도 μ는 분모에 있으므로 올바른 결과이다.

교란 상태가 극히 작다는 가정만 사용하였으므로, 식 14.6은 펄스, 연속 파동 등 모든 파형의 파동에서 진폭만 작으면 항상 성립한다.

예제 14.2 **파동 속력과 장력: 암벽 등반**

질량 5.0 kg, 길이 43 m의 긴 줄이 두 암벽 등반가에 연결되어 있다. 한 등반가가 줄을 건드리면 1.4 s 후에 다른 등반가가 알아차린다. 줄의 장력은 얼마인가?

해석 줄의 장력을 구하는 문제이다. 파동 속력은 명시되어 있지 않지만 장력은 파동 속력으로 구할 수 있다. 줄을 건드리면 파동이 전파하여 다른 등반가가 느낀다. 문제에서 파동이 전파하는 시간을 안다.

과정 식 14.6, $v = \sqrt{F/\mu}$는 장력 F, 선밀도 μ, 파동 속력 v의 관계식이다. 위 식으로 장력을 구하려면 먼저 μ와 v를 알아야 한다.

풀이 줄의 질량 m과 길이 L에서 선밀도는 $\mu = m/L$이다. 파동이 길이 L을 전파하는 시간이 t이므로 속력은 $v = L/t$이다. 식 14.6에서 F를 구하면 다음을 얻는다.

$$F = \mu v^2 = \left(\frac{m}{L}\right)\left(\frac{L}{t}\right)^2 = \frac{mL}{t^2} = \frac{(5.0\,\text{kg})(43\,\text{m})}{(1.4\,\text{s})^2} = 110\,\text{N}$$

검증 답을 검증해 보자. 보통 어른의 무게는 700 N 정도이다. 줄이 아래 등반가 무게의 일부만을 지탱하므로 타당한 상황이다.

14.4 파동의 에너지

LO 14.4 파동이 운반하는 에너지를 계산할 수 있다.

파동은 에너지를 운반한다. 움직이는 파동은 그 일률(에너지를 운반하는 비율)로 특징지을 수 있으며, 파동의 기하 구조에 따라 약간 다른 방식으로 일률을 정량화한다.

파동의 일률

파동은 에너지를 전달한다. 줄에 생긴 파동에서는 장력의 수직 성분이 일을 하여 줄을 따라 에너지를 전달한다. 그림 14.11에서 펄스의 왼쪽 끝에 작용하는 장력의 수직 성분은 어림잡아 $-F\theta$이다. 6장에서 일률은 힘과 속도의 곱이므로, 줄에 생긴 파동의 일률은 $P = -F\theta u$이며, u는 파동의 속력이 아니라 줄의 수직 속도이다. 단순 조화 파동에서 줄의 수직 속도는 위치 $y(x,\,t) = A\cos(kx - \omega t)$의 일계 도함수이므로,

$$u = \frac{dy}{dt} = A\omega\sin(kx - \omega t)$$

이다. 그림 14.11에서 $\tan\theta$는 접선 기울기 dy/dx이다. 작은 각도에서는 $\tan\theta \simeq \theta$이므로, $\theta \simeq dy/dx = -kA\sin(kx - \omega t)$이다. 따라서 일률은 $P = -F\theta u = F\omega kA^2\sin^2(kx - \omega t)$이다. 한편 사인 함수는 일률이 시공간에서 요동친다는 뜻이므로, 시공간의 평균(average)값으로 일률을 표기하면, $\overline{P} = \frac{1}{2}F\omega kA^2$이다. 여기서 그림 14.12처럼 $\sin^2$의 평균값으로 $\frac{1}{2}$을 이용하였다. 끝으로 식 14.4에서 $k = \omega/v$, 식 14.6에서 $F = \mu v^2$을 이용하면, 평균 일률을 다음과 같이 표기할 수 있다.

$$\overline{P} = \frac{1}{2}\mu\omega^2 A^2 v \tag{14.7}$$

결국 파동의 일률은 에너지를 전달하는 파동 속력 v에 정비례한다.

파동의 세기

일률은 줄에 생긴 파동이나 광섬유 내의 전자기파와 같은 속박된 파동을 기술할 수 있지만, 공기 중의 음파처럼 삼차원 매질에서는 파동의 **세기**(intensity)로 기술하는 것이 더 유용하다. 파동의 세기를 파동의 진행 방향에 수직한 단위 면적을 단위 시간 동안 통과하는 에너지로 정의한다. 따라서 파동의 세기는 단위 면적당 일률로서 단위는 W/m^2이다.

파면(wavefront)은 파동의 마루처럼 파동의 위상이 일정한 표면을 뜻한다. **평면파**(plane wave)는 파면이 평면인 파동이다. 평면파에서는 그림 14.13a처럼 파동이 퍼져 나가지 않으므로 파동의 세기가 일정하다. 한편 국소적 파원에서 발생한 **구면파**(spherical wave)인 경우

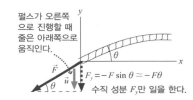

그림 14.11 힘의 수직 성분이 줄에 일을 한다. 각도 θ가 작으면 $\sin\theta \simeq \theta$이므로 $F_y \simeq F\theta$이다.

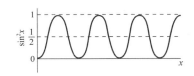

그림 14.12 $\sin^2 x$는 0과 1 사이에서 대칭적으로 변하므로 평균값은 $\frac{1}{2}$이다.

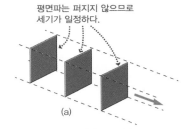

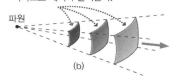

그림 14.13 (a) 평면파, (b) 구면파

에는 파동이 모든 방향으로 균일하게 퍼져 나간다. 구의 표면적이 $4\pi r^2$이므로, 구면파의 세기는 다음과 같이 거리의 제곱에 반비례한다.

$$I = \frac{P}{A} = \frac{P}{4\pi r^2} \quad \text{(구면파)} \tag{14.8}$$

여기서 에너지는 손실되지 않는다. 다만 파동의 진행 거리에 따라 에너지가 넓게 퍼질 뿐이다(그림 14.13b 참조). 표 14.1에 주요 파동의 세기를 수록하였다.

표 14.1 파동의 세기

파동	세기(W/m^2)
소리; 시끄러운 록 밴드로부터 4 m	1
소리; 50 m 떨어진 제트기	10
소리; 1 m 거리의 속삭임	10^{-10}
빛; 지구 궤도에서의 햇빛	1360
빛; 목성 궤도에서의 햇빛	50
빛; 보통 사진기 플래시로부터 1 m	4000
빛; 레이저 핵융합 실험의 표적물	10^{18}
TV 신호; 50 kW 송신기로부터 5 km	1.6×10^{-4}
마이크로파; 전자레인지 내부	6000
지진파; 리히터 7.0 진동으로부터 5 km	4×10^4

예제 14.3 파동의 세기: 독서등

9.2 W 엘이디(LED) 전등으로부터 1.9 m 떨어진 곳에서 겨우 책을 볼 수 있다. 만약 4.9 W 엘이디를 사용한다면 같은 세기의 빛을 얻기 위해 책을 얼마나 떨어진 곳에 놓아야 하는가?

해석 파동의 세기에 관한 문제이며, 엘이디는 구면파의 파원이다.

과정 식 14.8, $I = P/(4\pi r^2)$으로 파동 세기를 구한다. 두 엘이디의 세기가 같으므로 $I = P_{9.2}/(4\pi r_{9.2}^2) = P_{4.9}/(4\pi r_{4.9}^2)$이다.

풀이 미지수 $r_{4.9}$를 구하면 다음을 얻는다.

$$r_{4.9} = r_{9.2}\sqrt{\frac{P_{4.9}}{P_{9.2}}} = (1.9 \text{ m})\sqrt{\frac{4.9 \text{ W}}{9.2 \text{ W}}} = 1.4 \text{ m}$$

검증 답을 검증해 보자. 4.9 W 엘이디의 출력은 거의 반이지만 거리는 크게 줄지 않는다. 파동 세기가 거리의 제곱에 반비례하기 때문이다. 한편, 에너지 효율이 높은 엘이디 등 9.2 W, 4.9 W는 각각 75 W, 40 W 백열등과 동등한 밝기이다.

확인 문제 14.3 동일한 두 별이 지구로부터 서로 다른 거리에 있고, 더 먼 별에서 지표면에 도달하는 빛의 세기는 가까운 별의 1%에 불과하다. 먼 별은 가까운 별보다 몇 배 더 멀리 떨어져 있는가? (a) 2배, (b) 100배, (c) 10배, (d) $\sqrt{10}$ 배

14.5 음파

LO 14.5 음파에 대해 기술하고 음파의 세기를 데시벨로 정량화할 수 있다.

음파(sound wave)는 기체, 액체, 고체를 통해서 전파되는 역학적 종파이다. 특히 공기 중의 소리는 친숙하다. 파동 교란은 공기의 앞쪽 및 뒤쪽 방향의 운동에 수반된 밀도와 압력의 작은 변화에 기인한다(그림 14.14 참조). 공기나 다른 기체에서 음속은 압력(단위 면적당 힘) p와 밀도(단위 부피당 질량) ρ로 다음과 같이 주어진다.

$$v = \sqrt{\frac{\gamma p}{\rho}} \tag{14.9}$$

여기서 γ는 기체의 단열 지수이며, 공기나 이원자 기체는 $\gamma = \frac{7}{5}$, 헬륨이나 단원자 기체는 $\gamma = \frac{5}{3}$이다. 액체나 고체가 덜 압축되기 때문에 기체에서보다 소리가 더 빨리 전파한다. 20°C의 건조한 공기인 경우에 식 14.9는 343 m/s를 산출하는 데, 이 값은 14.1절에 제시된 근삿값 340 m/s와 비슷하다.

소리와 인간의 귀

그림 14.15에서 보듯이 인간의 귀는 광범위한 영역의 세기와 진동수에 반응한다. 인간이 들을 수 있는 소리의 진동수는 20 Hz부터 20 kHz까지이며, 나이가 들수록 상한 진동수가 감소한다. 또한 그림 14.15는 들을 수 있는 최소 세기가 낮은 진동수와 높은 진동수에서 증가함을 보여 준다. 이것이 바로 오디오에 저음과 고음을 증폭하여 낮은 음량에서도 풍부한 소리를 들을 수 있도록 해주는 '소리 크기(loudness)' 스위치가 있는 이유이다. 돌고래, 박쥐와 같은 동물들은 인간이 들을 수 있는 것보다 훨씬 더 높은 진동수의 소리를 들을 수 있다. 박쥐는 진동수가 100 kHz에 가까운 음파로 먹이의 위치를 파악한다. 병원에서 사용하는 초음파의 진동수는 수십 MHz에 이른다.

데시벨

그림 14.15를 보면 인간의 귀가 반응하는 소리 세기의 영역이 극도로 넓어 크기가 10^{12}배까지 차이가 난다(이것이 그림 14.15를 로그 척도로 나타낸 이유이기도 하다). 따라서 소리의 세기를 정량적으로 나타낼 때 로그 단위인 **데시벨**(decibel, dB)을 사용하며, **소리 세기 준위**(sound intensity level) β는 데시벨 단위로 다음과 같이 정의된다.

$$\beta = 10 \log\left(\frac{I}{I_0}\right) \tag{14.10}$$

여기서 세기 I의 단위는 W/m^{2}이고, $I_0 = 10^{-12}$ W/m^{2}는 1 kHz의 소리를 들을 수 있는 근사적인 한계로서 선택된 기준 준위이다. $\log 10 = 1$이므로 10 dB의 증가는 세기 I가 10배 증가하는 것에 해당한다. 그러나 인간의 귀는 선형적으로 반응하지 않아서 약 40 dB 이상의 세기 준위에서는 10 dB 증가를 대략 두 배 정도 소리가 커졌다고 인지한다.

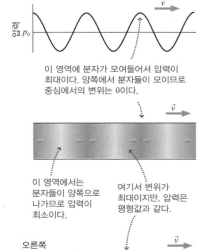

이 영역에 분자가 모여들어서 압력이 최대이다. 양쪽에서 분자들이 모이므로 중심에서의 변위는 0이다.

이 영역에서는 분자들이 양쪽으로 나가므로 압력이 최소이다.

여기서 변위가 최대이지만, 압력은 평형값과 같다.

그림 14.14 음파는 공기 중을 전파해 나가며 교대로 형성되는 압축 영역(더 높은 밀도와 압력)과 희박 영역(더 낮은 밀도와 압력)으로 구성된다.

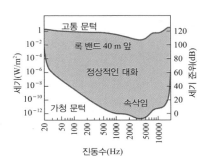

그림 14.15 인간의 귀는 진한 영역 내부에 해당하는 세기와 진동수의 소리에 반응한다.

예제 14.4 **데시벨: TV 소리 줄이기!**

동생이 TV를 보는데 소리 세기가 75 dB로 시끄러워서 동생에게 소리를 줄이라고 했더니 세기 준위를 60 dB로 줄였다. 일률이 얼마나 줄었는가?

해석 일률과 데시벨로 표기한 소리 세기 준위에 관한 문제이다.

과정 식 14.10, $\beta = 10 \log(I/I_0)$는 소리 세기, 즉 단위 면적당 일률을 데시벨로 표기하는 식이다. 같은 거리에서 소리 세기는 TV 스피커에서 나오는 일률에 비례한다. 따라서 식 14.10에서 I를 P로 바꿔서 계산한다.

풀이 원래의 소리 세기 준위인 75 dB을 β_1이라고 하면 $\beta_1 = 10 \log(P_1/P_0) = 10 \log P_1 - 10 \log P_0$이며, P_1은 일률이고 P_0은 기준 일률이다. 한편 소리를 줄인 일률을 P_2라고 하면 소리 세기 준위는 $\beta_2 = 10 \log P_2 - 10 \log P_0$이다. 따라서 두 소리 세기

준위의 차이는

$$\beta_2 - \beta_1 = 10 \log P_2 - 10 \log P_1 = 10 \log\left(\frac{P_2}{P_1}\right)$$

이다. 따라서 $\log(P_2/P_1) = (\beta_2 - \beta_1)/10 = (60-75)/10 = -1.5$이다. 구하는 일률의 비는 P_2/P_1이고, 로그와 지수는 역함수 관계에 있으므로 $P_2/P_1 = 10^{-1.5} = 0.032$이다.

검증 답을 검증해 보자. 소리 세기 준위로 보면 15 dB이 줄었다. 따라서 TV의 일률은 $10^{-1.5}$배 또는 $1/(10\sqrt{10})$배로 줄었다. 한편 $\sqrt{10}$은 약 3이므로 일률은 1/30배로 줄었다. 소리 세기 준위가 10 dB 증가할 때 소리가 약 2배 커진 것으로 인지하므로, 15 dB의 변화는 소리가 1/4에서 1/2 사이의 크기 정도로 줄어든 것으로 들릴 것이다.

확인문제 **14.4** 새로운 기타 앰프가 필요한 악단이 구입할 수 있는 모델의 오디오 출력은 25 W에서 250 W까지이다. 가장 약한 앰프와 비교할 때 가장 강력한 앰프의 소리 세기 준위는 (a) 10배 더 클 것이다, (b) 2.25 dB만큼 더 클 것이다, (c) 10 dB만큼 더 클 것이다.

응용물리 **소음 제거 헤드폰**

사진의 비행기 승객은 왜 그렇게 만족스러워 보일까? 왜냐하면 그는 소음 제거 헤드폰을 끼고 있기 때문이다. 이 장치는 간섭을 활용하여 주변 소음을 능동적으로 제거함으로써 헤드폰의 신호가 크고 선명하게 들리도록 해준다. 각 헤드폰에는 주변 소음을 감지하는 작은 마이크와 신호의 위상을 뒤집는, 즉 마루가 골이 되고 골이 마루가 되게 하여 증폭하는 증폭기가 들어 있다. 이렇게 위상이 뒤집힌 신호가 원하는 소리 신호와 함께 헤드폰에 입력된다. 헤드폰을 통해 전달되는 주변 소음이 귀로 직접 들어오는 소음에 대해 뒤집혀 있으므로, 다시 말해 어긋난 위상이므로 상쇄 간섭이 되어 듣는 사람이 인지하는 주변 소음을 크게 줄인다. 평화롭고 조용하다!

14.6 간섭

LO 14.6 일차원과 이차원에서 파동의 간섭에 대해 기술할 수 있다.

그림 14.16은 두 파동 열차가 반대 방향에서 접근하는 모습이다. 실험을 해보면 두 파동 열차가 만났을 때 알짜 변위는 개별 변위의 합과 같아진다. 진폭이 너무 크지만 않는다면 대부분의 파동에서 이러한 성질이 성립한다. 이처럼 변위를 단순히 더할 수 있는 파동이 **중첩 원리**(superposition principle)를 따른다고 말한다.

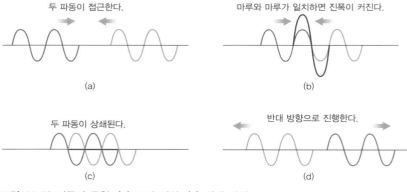

그림 14.16 파동의 중첩. (b) 보강 간섭, (c) 상쇄 간섭

그림 14.16b에서 파동의 마루는 마루끼리, 골은 골끼리 만나므로 파동은 일시적으로 두 배로 커진다. 이와 같이 두 파동이 중첩하여 변위가 커지는 현상을 **보강 간섭**(constructive interference)이라고 부른다. 조금 후인 그림 14.16c에서는 파동의 마루와 골이 만나서 파동이 사라진다. 이 현상을 **상쇄 간섭**(destructive interference)이라고 부른다. 파동의 간섭은 역학적 파동에서부터 광파, 원자 수준에서 물질을 기술하는 양자역학적 파동에 이르기까지 물리학 전반에서 나타난다. 여기서는 간섭에 대해 간략하게 살펴보고 빛의 간섭에 대해서는 32장에서 더 자세히 다룬다.

푸리에 분석

중첩 원리에 따라 간단한 파동을 중첩시켜서 복잡한 파동을 만들 수 있다. 프랑스의 수학자 조셉 푸리에(Jean Baptiste Joseph Fourier)는 어떠한 주기적 파동도 여러 단순 조화 파동의 합으로 나타낼 수 있음을 증명하였으며, 이러한 과정을 **푸리에 분석**(Fourier analysis)이라 한다. 그림 14.17은 어떤 사각파(예를 들면 컴퓨터의 계산 속도를 결정하는 '클락' 신호)가 개별 사인파들의 중첩으로 표현될 수 있음을 보여 준다. 조화 파동 성분이 어떻게 행동할지를 알면 그것으로 구성된 복잡한 파동이 어떻게 행동할지를 알 수 있으므로 음악에서 통신까지 많은 분야에서 푸리에 분석이 적용된다. 어떤 악기가 내는 음파를 구성하는 푸리에 성분들의 조합이 우리가 듣는 악기의 음색을 결정하며, 이로써 왜 동일한 음을 연주함에도 불구하고 각각의 악기 소리가 다 다른지 설명할 수 있다(그림 14.18 참조).

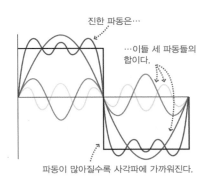

그림 14.17 사각파는 단순 조화 파동들의 합으로 $y(t) = A \sin(\omega t) + \frac{1}{3} A \sin(3\omega t) + \frac{1}{5} A \sin(5\omega t) + \cdots$ 이다. 그림에는 처음 세 항만 그려져 있다.

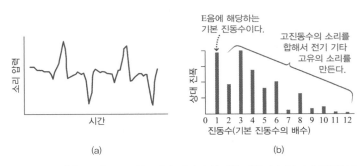

그림 14.18 (a) E음을 연주하는 전기 기타의 복잡한 파형, (b) 푸리에 분석으로 얻은 개별 사인파의 상대적 세기

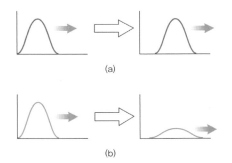

그림 14.19 (a) 비분산 매질에서 파동의 펄스는 모양이 유지된다. (b) 분산 매질에서는 펄스의 모양이 변한다.

분산

파동 속력이 파장에 따라 달라지지 않으면 복잡한 파형을 만드는 단순 조화 파동도 같은 속력으로 진행한다. 따라서 파형이 그대로 유지된다. 파장에 따라 파동 속력이 달라지면 개별 조화 파동이 각각 다른 속력으로 진행하여 파형이 달라진다. 이러한 현상을 **분산**(dispersion)이라고 한다(그림 14.19 참조). 깊은 바다에서 수면파의 속력은

$$v = \sqrt{\frac{\lambda g}{2\pi}} \tag{14.11}$$

이며, λ는 파장, g는 중력 가속도이다. 속력 v가 파장 λ에 의존하므로 파동은 분산된다. 폭풍으로 발생한 장파장 파도의 속력이 가장 크므로 폭풍이나 단파장의 파도보다 훨씬 빨리 해변으로 밀려온다. 통신에서도 분산이 중요하다. 예를 들어 디지털 정보를 전달하는 네모파

의 분산이 통신망을 연결하는 광섬유의 최대 길이를 결정한다.

개념 예제 14.1 **폭풍이 온다!**

맑고 좋은 날인데 물마루 간격이 넓은 커다란 파도들이 해안가에서 부서지고 있다. 나중에 닥쳐올 바다의 폭풍에 대해 이 파도들이 말해 주는 것은 무엇인가?

풀이 단서는 '물마루 간격이 넓다'라는 표현이다. 이것은 파도의 파장이 길다는 것을 말해 준다. 식 14.11에 따르면 파장이 길수록 해수면의 파도는 더 빨리 움직인다. 대부분의 해양 파도는 바람과 바다 사이의 마찰력에 의해 생성되므로 바다 저쪽 어딘가에 강풍이 있는 게 틀림없다. 가장 긴 파장은 가장 빠르게 움직이므로 폭풍보다 훨씬 앞서서 해안가에 도달한다.

검증 이 예제에서 밝힌 바로 그 이유 때문에 보통 높은 파고 주의보가 폭풍보다 앞서서 발효된다. 덧붙여 말하자면, 바람이 해양 파도의 유일한 근원은 아니다. 지진도 근원이 된다. 그러나 지진이

일으키는 해일은 천해파로 식 14.11을 따르지 않는다. 실용 문제에서 해일을 더 탐구할 수 있다.

관련 문제 폭풍이 600 km 떨어진 앞바다에서 발달하여 40 km/h로 해안가를 향해 움직이기 시작한다. 물마루 간격이 250 m인 큰 파도가 폭풍의 첫 번째 징조이다. 이 파도를 관찰한 후 얼마 뒤에 폭풍이 닥치겠는가?

풀이 40 km/h 상태에서 폭풍이 해안에 도달하는 데 15시간이 걸린다. $\lambda = 250$ m일 때 식 14.11로부터 파도 속력은 71 km/h가 된다. 그러므로 파도가 해안에 도달하는 데 8.4시간이 걸렸다. 그러면 폭풍은 6.6시간 떨어져 있다.

맥놀이

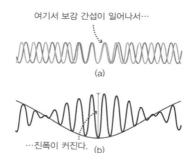

여기서 보강 간섭이 일어나서···

(a)

···진폭이 커진다. (b)

그림 14.20 맥놀이

진폭은 같고 진동수가 약간 다른 두 파동이 중첩하면, 그림 14.20a처럼 한 곳에서는 보강 간섭하고 다른 곳에서는 상쇄 간섭한다. 두 파동의 중첩 파동은 $y(t) = A \cos \omega_1 t + A \cos \omega_2 t$ 이다. 부록 A에서 $\cos \alpha + \cos \beta = 2 \cos \left[\frac{1}{2}(\alpha - \beta) \right] \cos \left[\frac{1}{2}(\alpha + \beta) \right]$ 이므로, 중첩 파동은 다음과 같다.

$$y(t) = 2A \cos \left[\frac{1}{2}(\omega_1 - \omega_2)t \right] \cos \left[\frac{1}{2}(\omega_1 + \omega_2)t \right]$$

두 번째 코사인 함수는 개별 진동수의 평균인 고진동수 항이고, 첫 번째 코사인 함수는 개별 진동수 차이의 반으로 진동하는 저진동수 항이다. 만약 첫 번째 항 $2A \cos \left[\frac{1}{2}(\omega_1 - \omega_2)t \right]$ 전체를 고진동수 항의 '진폭'으로 간주하면, 진폭이 시간에 따라 변한다. 그림 14.20b에서 저진동수 항의 한 주기마다 두 개의 최대 진폭이 생기며, 진폭은 진동수 $\omega_1 - \omega_2$로 진동한다.

진동수가 거의 같은 두 음파의 간섭을 **맥놀이**(beat)라고 한다. 두 진동수가 비슷할수록 맥놀이의 주기가 길어진다. 예를 들어 비행기 조종사는 맥놀이 진동수를 0으로 줄여서 비행기 엔진을 동기화시키고, 음악가도 맥놀이로 악기를 조율한다. 전자기파의 맥놀이는 정밀한 전자 기기의 핵심을 이룬다.

이차원에서의 간섭

상쇄 간섭이 일어난 마디선
보강 간섭이 일어난 영역

그림 14.21 두 파원에서 발생한 수면파가 간섭을 일으켜서 진폭이 낮고 높은 영역을 만든다.

이차원, 삼차원에서 파동은 다양한 간섭 현상을 일으킨다. 그림 14.21은 진동수가 같은 두 파원에서 발생한 수면파의 간섭을 보여 준다. 두 파원의 중간 수직선의 점들은 두 파원까지의 거리가 같으므로 수면파가 동일한 위상으로 도달한다. 따라서 보강 간섭으로 진폭이 커진다. 수직선에서 멀어지면 수면파의 위상이 정확히 반대가 되어 상쇄 간섭이 일어나서 진폭이 작은 **마디선**(nodal line)이 생긴다. 사인 파동은 반 주기 동안 반파장 움직이므로 두 파원까

지의 거리가 반파장 차이가 날 때마다 마디선이 생긴다. 즉 3/2 파장, 5/2 파장 등등의 거리에서 생긴다. 실제로는 파원의 분리 거리가 파장과 비슷할 때만 이차원 간섭이 일어난다. 분리 거리가 커지면 보강 간섭과 상쇄 간섭의 영역이 근접하여 희미하게 보일 뿐이다.

평면파가 가까운 간격의 두 슬릿을 통과할 때, 각각의 구멍이 원형 혹은 구형 파면의 파원 역할을 하여 간섭이 일어난다. 이러한 이중 슬릿 간섭 실험은 광학과 현대물리학에서 매우 중요하며, 역사적으로는 빛의 파동성을 입증한 최초의 실험이었다.

| **예제 14.5** | **이차원 파동 간섭: 잠잠한 파도** |

방파제로 밀려온 파도가 20 m 떨어진 두 구멍을 지난다. 두 구멍의 중간에서 75 m 떨어진 곳의 파도는 제법 거칠다. 방파제와 평행하게 33 m 이동하였더니 처음으로 파도가 잠잠해졌다. 파동의 파장은 얼마인가?

해석 파동의 간섭 문제이다. 처음 위치에서는 파동의 보강 간섭으로 파도가 거칠다. 점 *P*에서는 상쇄 간섭으로 파동의 진폭이 줄어들어서 파도가 잠잠해진다.

과정 그림 14.22에서 두 경로 *AP*와 *BP*의 경로차가 반파장일 때 첫 번째 마디점이 생긴다.

풀이 피타고라스 정리에서

$$AP = \sqrt{(75\text{ m})^2 + (43\text{ m})^2} = 86.5\text{ m}$$
$$BP = \sqrt{(75\text{ m})^2 + (23\text{ m})^2} = 78.4\text{ m}$$

이다. 파장은 두 경로차의 2배이므로 다음을 얻는다.

$$\lambda = 2(AP - BP) = 2(86.5\text{ m} - 78.4\text{ m}) = 16\text{ m}$$

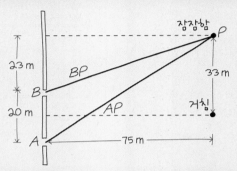

그림 14.22 점 *P*에서 파도가 처음으로 잠잠하면 경로 *AP*와 *BP*의 경로차가 반파장이다.

검증 답을 검증해 보자. 두 구멍 사이의 거리가 파장과 비슷할 때 간섭 현상이 일어난다. 파장 16 m가 두 구멍의 간격 20 m와 비슷하므로 구한 답이 타당하다는 것을 알 수 있다.

| **확인 문제** | **14.5** 어두운 방에 두 개의 작은 구멍으로 빛이 들어오고, 반대편에 스크린이 놓여 있다. 구멍의 간격은 빛의 파장과 비슷하다. 스크린을 바라보면, (a) 밝은 두 점이 보인다. (b) 밝고 어두운 무늬가 보인다. 어느 것이 맞는가? |

14.7 반사와 굴절

LO 14.7 파동 반사와 정지파에 대해 기술할 수 있다.

깊은 계곡에서 소리를 지르면 메아리가 들린다. 거울을 바라보면 자신의 영상을 볼 수 있다. 금속판은 마이크로파를 반사시켜서 전자레인지 속에 마이크로파를 가둔다. 의사는 초음파의 반사로 인체 내부를 진단한다. 박쥐는 먹잇감에서 반사되는 초음파로 사냥한다. 이것들은 모두 파동의 **반사**(reflection) 현상이다.

파동이 전파할 수 없는 매질을 만나면 파동은 반드시 반사한다. 그렇지 않으면 파동 에너지가 어디로 갈까? 다음 그림들은 팽팽한 줄의 파동이 반사하는 과정을 보여 준다. 그림

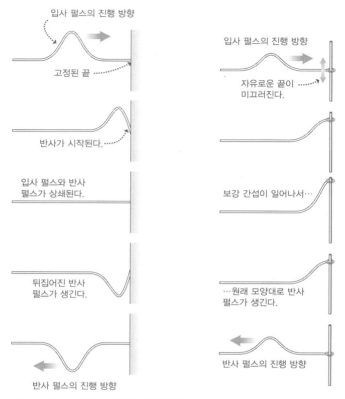

입사 펄스의 진행 방향

고정된 끝

반사가 시작된다.

입사 펄스와 반사 펄스가 상쇄된다.

뒤집어진 반사 펄스가 생긴다.

반사 펄스의 진행 방향

그림 14.23 고정된 끝에서 펄스의 반사

입사 펄스의 진행 방향

자유로운 끝이 미끄러진다.

보강 간섭이 일어나서…

…원래 모양대로 반사 펄스가 생긴다.

반사 펄스의 진행 방향

그림 14.24 자유로운 끝에서 펄스의 반사

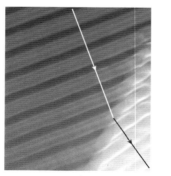

입사파는 가벼운 줄을 따라 진행한다.

오른쪽 줄이 무거우므로 반사파는 뒤집어진다.

그림 14.25 두 줄의 매듭에서 부분 반사가 생긴다.

그림 14.26 얕은 물의 파동은 물의 깊이가 다른 경계에서 굴절한다.

14.23에서는 줄 끝이 벽에 고정되어 있어 진폭이 반드시 0이어야 하므로, 입사 펄스와 반사 펄스가 상쇄 간섭을 일으켜서 반사 파동이 뒤집어진 모양으로 반사한다. 그림 14.24에서는 줄 끝이 자유롭게 움직여서 변위가 최대가 되므로 반사 파동은 원래 모양으로 반사한다.

고정된 끝과 자유로운 끝 사이의 중간 경우로서, 선밀도가 다른 두 줄을 묶은 경우에는 파동 에너지의 일부는 두 번째 줄로 투과하고, 일부는 첫 번째 줄을 따라 반사한다(그림 14.25 참조).

두 줄의 매듭에서 일어나는 부분 반사와 부분 투과 현상은 서로 다른 매질의 경계면에서 일어나는 파동의 행동과 비슷하다. 예를 들어 물의 깊이가 갑자기 바뀔 때 얕은 물의 파동은 부분 반사한다. 깨끗한 유리로 입사한 빛도 공기와 유리의 투과성이 다르므로 부분 반사한다(더 자세한 것은 30장 참조). 밀도가 다른 인체 조직의 경계면에서 발생한 초음파의 부분 반사로 인체 내부를 진단할 수 있다.

두 매질의 경계면으로 비스듬하게 입사한 파동은 두 번째 매질로 진행하면서 **굴절**(refraction)된다. 즉 두 매질에서 파동 속력이 다르므로 파동의 진행 방향이 바뀐다(그림 14.26 참조). 굴절의 수식은 30장에서 다룬다.

응용물리 | 지구 탐사

파동의 진행과 반사를 이용하여 지질학자는 지구 내부의 구조를 연구한다. 지구 내부에서는 두 종류의 파동이 전파된다. P파라고 부르는 종파는 고체와 액체를 통과한다. 반면에 S파라고 부르는 횡파는 고체만 통과한다. 지진이 만든 S파는 지구 내부의 고체 부분을 통해 진행한다. 그러나 그림처럼 액체 외핵은 통과하지 못하므로 지진계가 S파를 기록하지 못하는 그림자 영역이 생긴다. 이러한 현상만 보아도 지구 내부에 액체 외핵이 존재함을 알 수 있다.

P파는 액체 외핵을 통과한다. 그러나 더 깊은 곳에서 부분 반사를 보여 주는데, 이것은 내핵 밀도가 달라지는 경계

가 있다는 증거이다. 반사 파동을 면밀히 조사해 보면 내핵에서 파동 속력이 고체의 파동 속력과 같으므로 그림처럼 지구 내부의 구조가 고체-액체-고체임을 알 수 있다. 지하 핵실험으로도 정보를 얻을 수 있지만, 지구 자체의 구조에 대한 연구는 주로 지진파를 이용한다. 작은 규모로는 폭약이나 기계가 만드는 파동이 수 킬로미터 깊이의 바위에서 부분 반사되는 현상을 이용하여 석유나 천연가스 매장량을 측정한다.

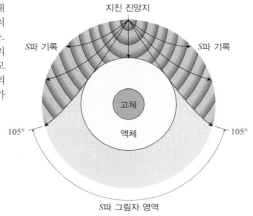

확인 문제	**14.6** 팽팽한 줄의 한쪽 끝을 잡고 있지만 다른 쪽 끝은 볼 수 없다. 줄을 확 잡아당겨 위쪽 변위를 일으켜서 펄스를 줄로 보낸다. 잠시 후에 펄스가 되돌아오는데, 그 변위는 위쪽이지만 진폭은 처음 보냈던 변위보다 상당히 작다. 줄 자체에서는 에너지 손실이 없다고 가정한다면, 줄의 먼 쪽 끝은 (a) 단단한 고정 장치에 부착되어 있다, (b) 위아래로 자유롭게 미끄러질 수 있도록 부착되어 있다, (c) 단위 길이당 질량이 더 작은 다른 줄에 묶여 있다, (d) 단위 길이당 질량이 더 큰 다른 줄에 묶여 있다.

14.8 정지파

LO 14.7 파동 반사와 정지파에 대해 기술할 수 있다.

팽팽한 줄의 양 끝이 고정되어 있으면, 파동이 양 끝에서 반사하여 왕복 운동을 한다. 그러나 양 끝에서는 변위가 0이므로, 특정한 파동만이 줄 위에 생길 수 있다. 그림 14.27을 보면 반파장의 정수배가 줄의 길이 L과 같은 파동만이 생긴다.

그림 14.27과 같은 파동을 **정지파**(standing wave)라고 한다. 왜냐하면 줄의 길이 내에 속박되어 본질적으로 정지해 있기 때문이다. 줄은 모든 곳에서 평형 상태의 줄에 수직한 방향으로 단순 조화 운동을 한다. 수학적으로는 줄의 양 끝에서 반사하여 반대 방향으로 진행하는 두 파동의 중첩으로 정지파를 기술한다. 줄을 x축으로 잡으면, $+x$방향으로 진행하는 파동은 $y_1(x, t) = A \cos (kx - \omega t)$이고(식 14.3 참조), $-x$방향으로 진행하는 파동은 $y_2(x, t) = -A \cos (kx + \omega t)$이다(음의 부호는 반사로 인한 위상 변화를 나타낸다). 따라서 두 파동의 중첩은 다음과 같다.

$$y(x, t) = y_1 + y_2 = A \left[\cos (kx - \omega t) - \cos (kx + \omega t) \right]$$

한편 부록 A에 주어진

$$\cos \alpha - \cos \beta = -2 \sin \left[\frac{1}{2}(\alpha + \beta) \right] \sin \left[\frac{1}{2}(\alpha - \beta) \right]$$

에서 $\alpha = kx - \omega t$, $\beta = kx + \omega t$를 이용하면 다음을 얻는다.

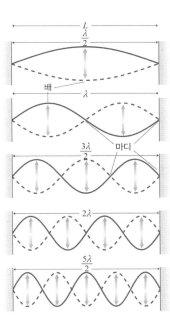

그림 14.27 양 끝이 고정된 줄 위의 정지파. 기본음과 네 개의 배음

$$y(x, t) = 2A \sin kx \sin \omega t \qquad (14.12)$$

식 14.12는 정지파를 기술하는 함수이며, 줄의 각 점은 상하로 진동한다는 것을 확인한다. 줄 위의 한 점, 즉 고정된 x에서 식 14.12는 $\sin \omega t$의 형태로 변하는 y방향의 단순 조화 운동이다. 단순 조화 운동의 진폭은 x에 따라 $2A \sin kx$로 변한다.

줄의 양 끝이 고정되어 있으므로 양 끝에서 진폭은 0이다. 정지파의 진폭인 $2A \sin kx$는 명백하게 $x = 0$에서 0이다. $x = L$에서는 어떠할까? $\sin kL = 0$일 때만 0이다. 따라서 $kL = m\pi (m = 1, 2, 3, \cdots)$를 만족해야 한다. 또한 $k = 2\pi/\lambda$이므로, 조건 $kL = m\pi$를 다음과 같이 표기할 수 있다.

$$L = \frac{m\lambda}{2} \quad (m = 1, 2, 3, \cdots) \qquad (14.13)$$

이 결과는 그림 14.27에 표시한 값과 정확하게 일치한다.

줄의 길이 L이 주어지면, 식 14.13에 따라 줄에는 허용된 띄엄띄엄한 파장을 가진 파동만 생긴다. 이렇게 허용된 파동을 **조화 방식**(mode) 또는 **조화음**(harmonics)이라 하고, 정수 m 을 **조화 차수**(mode number)라고 한다. 파장이 가장 긴 $m = 1$인 조화음을 **기본음** (fundamental)이라 하고, 높은 조화 차수의 조화음을 **배음**(overtone)이라고 한다.

그림 14.27을 보면 줄이 전혀 움직이지 않는 점이 있다. 이 점을 **마디**(node)라고 부른다. 반면에 진폭이 최대인 점을 **배**(antinode)라고 부른다.

만약 줄의 한쪽 끝은 고정되어 있지만 다른 쪽 끝이 자유로우면, 고정된 끝에서는 마디가 생기지만 자유로운 끝에서는 배가 생긴다. 이런 경우에는 그림 14.28처럼, 줄의 길이가 사분 의 일 파장의 홀수배와 같아야 한다. 이것은 식 14.12에서 $x = L$일 때 $\sin kL = 1$을 만족하 는 조건이다.

정지파와 공명

앞에서는 파장 λ에 대한 구속 조건으로 정지파를 설명하였다. 진동수 f에 대한 구속 조건은 무엇일까? 줄에 생긴 파동 속력 v가 일정하므로, $f\lambda = v$에서 띄엄띄엄한 진동수만 허용된 다. 가장 긴 파장에 대응하는 가장 낮은 진동수를 기본 진동수라고 부른다. 배음은 더 높은 진동수를 갖게 된다.

팽팽한 줄이 허용된 모든 진동수로 진동할 수 있으므로, 13장에서 공부한 공명도 허용된 진동수에서 발생한다. 건물이나 다리 같은 구조물에도 고유한 조화 방식이 있다. 예를 들어 초고층 빌딩은 밑바닥이 지구에 고정되어 있고 꼭대기층이 자유롭게 흔들거리므로, 그림 14.28처럼 정지파를 형성한다. 따라서 공학자는 가능한 모든 조화 방식을 파악하여 치명적인 공명을 사전에 막아야 한다. 그림 13.26의 타코마 협교는 비틀림 정지파 때문에 붕괴되었다.

다른 종류의 정지파

일상에서 정지파는 흔하다. 제한된 공간에 생긴 수면파는 정지파를 만든다. 예를 들어 호수에 는 조화 차수가 낮은 정지파가 매우 느리게 진동할 수 있다. 닫힌 금속 공동 안에 전자기 정지파가 형성된다. 전자레인지에서 정지파의 마디에 해당하는 찬 곳에는 마이크로파의 운동 이 없다. 소리 정지파는 천체물리학자가 태양의 내부를 연구하는 수단이다. 원자의 구조 또한 전자의 정지파로 이해할 수 있다.

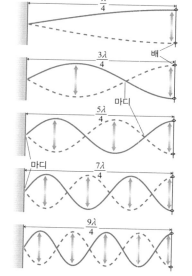

그림 14.28 줄의 한쪽 끝이 자유로우면 정지파는 $\frac{1}{4}$ 파장의 홀수배로만 생긴다.

악기

줄에 생긴 정지파로 바이올린, 기타, 피아노 같은 현악기를 설명할 수 있다. 현악기에 생긴 정지파가 공기를 진동시켜서 만든 음파가 소리 상자 혹은 전자 증폭기로 증폭되어 소리를 만든다. 바이올린 계통의 현악기에서는 소리 상자 자체가 줄의 진동으로 발생된 정지파 진동을 일으켜서 개별 악기의 고유한 음색을 만든다(그림 14.29 참조). 이와 마찬가지로 팽팽한 북의 진동면도 이차원 표면에 허용된 정지파를 만든다.

관악기는 그림 14.30처럼 공기관에 정지파를 만든다. 관악기에는 소리가 빠져나오도록 한쪽 끝이 열려 있다. 대부분의 공기관은 사실상 양 끝이 열린 셈이다. 열린 끝에서 압력은 대기압으로 일정하므로 압력 마디가 생긴다. 즉 그림 14.14에서 변위의 배에 해당한다. 따라서 한쪽 끝이 열린 관악기에는 사분의 일 파장의 홀수배인 정지파가 형성된다(그림 14.30a 참조). 한편 양쪽 끝이 모두 열린 관악기에는 반파장의 정수배인 정지파가 형성된다(그림 14.30b 참조).

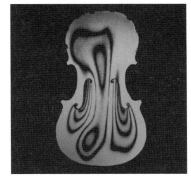

그림 14.29 바이올린의 정지파. 레이저를 이용한 홀로그래픽 간섭 모양

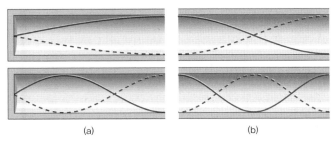

(a)   (b)

그림 14.30 관악기의 정지파. (a) 한쪽 끝이 열린 관, (b) 양쪽 끝이 열린 관

예제 14.6　**정지파: 콘트라바순**

콘트라바순은 보통의 관현악단에서 음조가 가장 낮은 악기이다. 이 악기에 해당하는 공기관의 유효 길이는 5.5 m이고, 양쪽이 열린 관이다. 콘트라바순의 기본음 진동수는 얼마인가? 음속은 343 m/s이다.

해석 양쪽이 열린 관의 정지파에 관한 문제이다.

과정 그림 14.30b처럼 양쪽이 열린 관이고, 그림 14.31은 양쪽이 열린 관에 형성된 기본음의 정지파이다. 파장을 구해서 식 14.1, $v = \lambda f$로 진동수를 구한다.

풀이 파장은 유효 길이 5.5 m의 2배이므로 11 m이다. 진동수는 식 14.1에서 다음과 같다.

$$f = \frac{v}{\lambda} = \frac{343 \text{ m/s}}{11 \text{ m}} = 31 \text{ Hz}$$

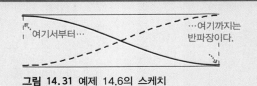

여기서부터⋯　⋯여기까지는 반파장이다.

그림 14.31 예제 14.6의 스케치

검증 답을 검증해 보자. 이 진동수의 음은 B_0이며, 인간의 가청 영역에서 최저 진동수에 가깝다. 대부분의 관악기처럼 바순에는 여러 개의 구멍이 있다. 구멍을 열어 주면 배가 생기는 위치가 달라져서 음조가 바뀐다.

확인 문제 **14.7** 길이가 1 m인 줄의 한쪽 끝은 고정되었고 다른쪽 끝은 자유롭게 아래위로 움직인다. 다음 중 어느 것들이 이 줄에 생기는 정지파의 파장으로 가능한가? $\frac{4}{5}$ m, 1 m, $\frac{4}{3}$ m, $\frac{3}{2}$ m, 2 m, 3 m, 4 m, 5 m, 6 m, 7 m, 8 m.

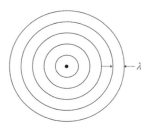

그림 14.32 매질에 상대적으로 정지한 파원에서 나온 원형 파동

그림 14.33 파동 속력이 반으로 움직이는 파원의 도플러 효과

14.9 도플러 효과와 충격파

LO 14.8 도플러 효과와 충격파를 기술할 수 있다.

파동 속력 v는 전파 매질에 대한 상대 속력이다. 매질에 대하여 정지된 파원은 모든 방향으로 균일하게 파동을 방출한다(그림 14.32 참조). 그러나 파원이 움직이면, 파동 마루가 파원의 이동 방향으로 모여서 파장이 감소한다(그림 14.33 참조). 반대 방향으로는 파동 마루가 흩어져서 파장이 증가한다.

파동 속력은 매질의 특성에 의존하지만, 매질의 운동과는 무관하다. 즉 $v = \lambda f$는 여전히 성립한다. 따라서 움직이는 파원 앞에 있는 관측자는 단위 시간당 더 많은 수의 파동 마루가 지나가므로 고진동수(단파장)의 파동을 경험한다. 반면에 파원의 뒤에 있는 관측자는 저진동수(장파장)의 파동을 경험한다. 파원이 움직여서 발생한 진동수와 파장의 변화를 **도플러 효과**(Doppler effect) 혹은 **도플러 이동**(Doppler shift)이라고 부른다. 이 명칭은 오스트리아의 물리학자 크리스티안 도플러(Christian Johann Doppler)를 기념하여 명명되었다.

도플러 효과를 기술하기 위해서 λ를 파원이 정지해 있을 때 관측한 파장, λ'를 파원이 매질에 대한 상대 속력 u로 움직일 때 관측한 파장이라고 하자. 정지한 파원에서는 파동 마루 사이의 시간은 주기 T이다. 이 시간 동안 파면은 한 파장 λ만큼 움직인다. 그러나 움직이는 파원은 같은 T시간 동안 거리 uT만큼 움직여서 다음 파동 마루를 방출한다. 따라서 움직이는 파원의 앞에 있는 관측자가 관측한 파동 마루 사이의 거리는 $\lambda' = \lambda - uT$이므로 $T = \lambda/v$를 대입해 다음을 얻는다.

$$\lambda' = \lambda - u\frac{\lambda}{v} = \lambda\left(1 - \frac{u}{v}\right) \text{ (파원이 접근할 때)} \tag{14.14a}$$

한편 파원의 운동 방향과 반대편에 있는 관측자가 검출한 파장은 $\lambda u/v$만큼 증가하므로 다음과 같다.

$$\lambda' = \lambda\left(1 + \frac{u}{v}\right) \text{ (파원이 멀어질 때)} \tag{14.14b}$$

위 표현식에 $\lambda = v/f$와 $\lambda' = v/f'$를 이용하면 진동수에 관한 표현식으로 다음을 얻는다.

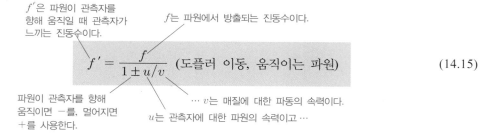

f'은 파원이 관측자를 향해 움직일 때 관측자가 느끼는 진동수이다.

f는 파원에서 방출되는 진동수이다.

$$f' = \frac{f}{1 \pm u/v} \text{ (도플러 이동, 움직이는 파원)} \tag{14.15}$$

파원이 관측자를 향해 움직이면 $-$를, 멀어지면 $+$를 사용한다.

u는 관측자에 대한 파원의 속력이고 $\cdots$

$\cdots$ v는 매질에 대한 파동의 속력이다.

여기서 f'은 파원이 움직일 때 매질에 정지한 관측자가 측정한 진동수이며, ($+$)는 파원이 멀어질 때, ($-$)는 파원이 접근할 때를 각각 나타낸다.

일상생활에서 이미 도플러 효과를 경험했을 것이다. 응급차가 "앵앵앵앵" 고음을 내며 다가왔다가 "앵앵애잉애잉"하고 돌연 낮은 소리로 바뀌어 멀어져 간다. 이외에도 도플러 효과 를 여러 분야에서 응용하고 있다. 반사된 초음파의 도플러 이동으로 혈류와 태아의 심장 박 동을 검사한다. 경찰차가 자동차에서 반사된 고진동수 라디오파의 도플러 이동으로 속력 위 반 차를 잡는다. 별빛의 도플러 이동으로 별의 운동을 알아내고, 먼 은하에서 나온 빛의 도플 러 이동으로 전체 우주가 팽창하는 증거를 찾았다.

| 예제 14.7 | 도플러 효과: 틀린 음 | 응용 문제가 있는 예제 |

라디오를 크게 튼 자동차가 고속으로 접근하고 있다. 길가의 관측 자는 라디오의 G($f = 392\,Hz$)음을 A($f = 440\,Hz$)음처럼 들었 다. 자동차는 얼마나 빨리 달리는가?

해석 움직이는 음원에 대한 도플러 효과 문제이다.

과정 식 14.15, $f' = f/(1 \pm u/v)$는 음원이 속력 u로 움직일 때 원래 진동수와 검출 진동수의 관계식이다. 음원이 접근하므로 음

의 부호를 적용하고, 음속은 예제 14.6에서 343 m/s로 주어졌다.

풀이 식 14.15에서 음원의 속력은 다음과 같다.

$$u = v\left(1 - \frac{f}{f'}\right) = (343\,\text{m/s})\left(1 - \frac{392\,\text{Hz}}{440\,\text{Hz}}\right) = 37.4\,\text{m/s}$$

검증 답을 검증해 보자. 시속 134 km/h는 적절하다. 음속의 약 10%에 해당하며, 진동수 이동도 약 10%이다.

움직이는 관측자

정지한 파원에 대해서 관측자가 움직이는 경우에는 파장이 아니라 진동수에서 도플러 이동 이 생긴다. 정지된 음원에 접근하는 관측자는 정지해 있을 때보다 많은 파동 마루를 지나가 므로 주기가 짧아져서 진동수가 커진다. 움직이는 관측자가 관측한 진동수를 다음과 같이 얻 을 수 있다(실전 문제 78 참조).

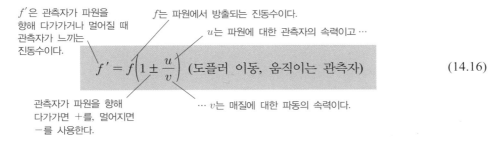

f'은 관측자가 파원을 향해 다가가거나 멀어질 때 관측자가 느끼는 진동수이다.

f는 파원에서 방출되는 진동수이다.

u는 파원에 대한 관측자의 속력이고 …

$$f' = f\left(1 \pm \frac{u}{v}\right) \text{(도플러 이동, 움직이는 관측자)} \tag{14.16}$$

관측자가 파원을 향해 다가가면 +를, 멀어지면 −를 사용한다.

… v는 매질에 대한 파동의 속력이다.

여기서 (+)는 관측자가 파원으로 접근하는 경우이며, (−)는 파원에서 멀어지는 경우이다. 관측자의 속력 u가 파동 속력 v에 비해 작으면 식 14.15와 14.16은 같아진다.

정지한 파원에서 나온 파동은 움직이는 물체의 상대 운동 때문에 도플러 이동을 두 번 겪 는다. 첫 번째는 움직이는 물체에서 반사된 파동의 진동수가 식 14.16으로 정해진다. 두 번째 는 정지한 관측자가 움직이는 물체에서 반사된 파동을 검출하므로 식 14.15에 따라 또 다른 도플러 이동이 일어난다. 경찰차의 레이더 측정기나 다른 도플러 속력 측정기는 반사된 파동 의 이중 도플러 이동으로 작동한다.

빛의 도플러 효과

빛이 속한 전자기파에서도 도플러 이동이 일어난다. 앞에서 구한 두 개의 도플러 공식은 전 자기파에도 적용될 수 있지만, 파원과 관측자의 상대 속력이 광속보다 훨씬 작은 경우에 어 림으로만 성립한다.

전자기파의 도플러 효과는 파원과 관측자에 상관없이 상대 운동에만 의존한다. 이러한 사실은 아인슈타인 상대론의 바탕에 놓여 있는 심오한 결과이다. '정지된'과 '움직이는'은 어디까지나 상대적이다라는 사실을 반영하고 있다. 역학적 파동과는 달리 전자기파는 매질이 필요 없으므로, 정지한 파원 혹은 움직이는 관측자란 표현은 무의미하다. 오직 파원과 관측자의 상대 운동만 의미가 있다. 이에 대하여는 33장에서 더 알아볼 것이다.

충격파

파원의 속력이 파동 속력과 같으면 식 14.14a에서 파장은 0이다. 이때 파원을 벗어날 수 없는 파동 마루가 앞쪽에 계속해서 쌓여서 진폭이 커진 파동, 즉 **충격파**(shock wave)를 만든다. 파원이 파동보다 빨리 움직이면, 그림 14.34처럼 반각이 $\sin\theta = v/u$로 주어지는 원뿔에 파동이 쌓여서 충격파가 형성된다. 여기서 u/v는 **마하 수**(Mach number), 원뿔의 반각은 **마하 각**(Mach angle)이다.

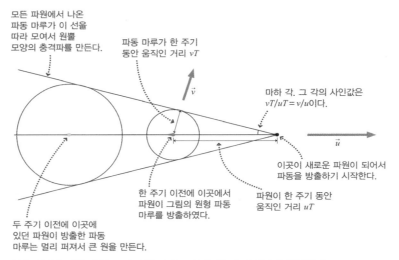

모든 파원에서 나온 파동 마루가 이 선을 따라 모여서 원뿔 모양의 충격파를 만든다.

파동 마루가 한 주기 동안 움직인 거리 vT

마하 각. 그 각의 사인값은 $vT/uT = v/u$이다.

이곳이 새로운 파원이 되어서 파동을 방출하기 시작한다.

한 주기 이전에 이곳에서 파원이 그림의 원형 파동 마루를 방출하였다.

파원이 한 주기 동안 움직인 거리 uT

두 주기 이전에 이곳에 있던 파원이 방출한 파동 마루는 멀리 퍼져서 큰 원을 만든다.

그림 14.34 파원 속력 u가 파동 속력 v보다 클 때 충격파가 형성된다.

충격파는 다양한 물리적 상황에서 발생한다(그림 14.35). 초음속 굉음은 초음속 비행기에서 발생한 충격파이다. 쾌속정이 만드는 보우형 충격파는 수면에 생긴 충격파이다. 우주에서는 태양에서 방출되는 고속의 입자 흐름인 태양풍이 지구 자기장과 부딪힐 때 거대한 충격파가 발생한다.

그림 14.35 (a) 초음속 비행기의 충격파 흔적. 비행기는 해양 위로 낮게 날고 있고, 습한 공기가 충격으로 응축되어 보이게 된다. (b) 이 배의 항적도 충격파인데, 배가 수면파의 속력보다 더 빨리 움직이기 때문에 발생한다.

 확인 문제 **14.8** 그림 14.35에서 비행기와 배 중에서 매질의 파동 속력과 비교하여 더 빨리 움직이고 있는 것은 어느 쪽인가?

핵심 개념

이 장의 핵심 개념은 **파동**이다. 물질이 아니라 에너지를 전달하는 교란의 진행이 바로 파동이다. 진폭, 파장, 속력이 파동의 주요 특성이며, 파동에는 **종파**와 **횡파**가 있다.

종파

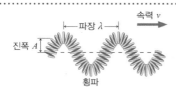
횡파

주요 개념 및 식

파동의 **주기**는 한 번의 진동 시간이다. 진동수는 주기의 역수이며, 파장 λ, 주기 T, 진동수 f, 속력 v는 다음과 같이 서로 관련되어 있다.

$$v = \frac{\lambda}{T} = \lambda f$$

단순 조화 파동은 사인 모양의 함수이다. 파동 교란은 시간과 위치의 함수이고 **파동수** k와 **각진동수** ω로 다음과 같이 나타낼 수 있다.

$$y(x, t) = A \cos (kx - \omega t)$$

파동수와 각진동수는 파장과 주기와 각각 다음의 관계가 있다.

$$k = \frac{2\pi}{\lambda}, \quad \omega = \frac{2\pi}{T}$$

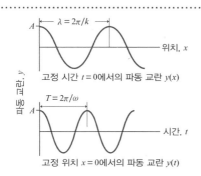

고정 시간 $t = 0$에서의 파동 교란 $y(x)$

고정 위치 $x = 0$에서의 파동 교란 $y(t)$

파동의 **세기**는 단위 면적당 일률로 $I = P/A$이다. 점원에서 모든 방향으로 균일하게 퍼지는 구면파의 세기는 거리의 제곱에 반비례한다. 즉 $I = P/(4\pi r^2)$이다.

응용

파동 속력은 물질의 특성이다.

줄에 생긴 횡파: $v = \sqrt{\dfrac{F}{\mu}}$

기체에 생긴 음파(종파): $v = \sqrt{\dfrac{\gamma P}{\rho}}$, 표준 조건의 공기 중에서 약 343 m/s이다.

심해 수면파: $v = \sqrt{\dfrac{\lambda g}{2\pi}}$

줄에 생긴 정지파

양 끝이 고정된 줄에서 줄의 길이는 반파장의 정수배이다. $L = m\lambda/2$

$m = 2; L = \lambda$
마디

한 끝만 고정된 줄에서는 사분의 일 파장의 홀수배이다.

마디
$L = \frac{3}{4}\lambda$

도플러 효과는 파동 속력이 v인 매질에 대한 관측자나 파원의 상대 속력 u 때문에 생기는 진동수 또는 파장의 이동이다.

움직이는 파원: $f' = \dfrac{f}{(1 \pm u/v)}$, $+$는 멀어질 때, $-$는 접근할 때, λ도 변한다.

움직이는 관측자: $f' = f(1 \pm u/v)$, $+$는 접근할 때, $-$는 멀어질 때, λ는 불변이다.

움직이는 파원

충격파는 파원 속력(u)이 파동 속력(v)보다 더 크게 매질에서 움직이면 발생한다.

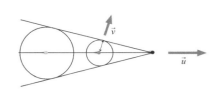

BIO 생물 및 의학 문제   **DATA** 데이터 문제   **ENV** 환경 문제   **CH** 도전 문제   **COMP** 컴퓨터 문제

학습 목표   이 장을 학습하고 난 후 다음을 할 수 있다.

LO 14.1 파동을 정성적으로 기술하고 종파와 횡파를 구분할 수 있다.
개념 문제 14.1

LO 14.2 파동의 운동을 위치와 시간의 함수로 정량적으로 기술할 수 있다.
개념 문제 14.2, 14.3
연습 문제 14.11, 14.12, 14.13, 14.14, 14.15, 14.16, 14.17, 14.18, 14.19, 14.20
실전 문제 14.55, 14.56, 14.71, 14.72

LO 14.3 줄에서 파동을 어떻게 뉴턴 역학으로 기술하는지 설명할 수 있다.
개념 문제 14.4, 14.5
연습 문제 14.21, 14.22, 14.23, 14.24
실전 문제 14.50, 14.57, 14.58, 14.61, 14.62, 14.68

LO 14.4 파동이 운반하는 에너지를 계산할 수 있다.
개념 문제 14.6
연습 문제 14.25, 14.26
실전 문제 14.51, 14.52, 14.53, 14.54, 14.56, 14.59, 14.60, 14.75

LO 14.5 음파에 대해 기술하고 음파의 세기를 데시벨로 정량화할 수 있다.
개념 문제 14.7, 14.8
연습 문제 14.27, 14.28, 14.29, 14.30, 14.31
실전 문제 14.63, 14.64, 14.65, 14.66, 14.67, 14.82

LO 14.6 일차원과 이차원에서 파동의 간섭에 대해 기술할 수 있다.
연습 문제 14.32, 14.33
실전 문제 14.79, 14.80

LO 14.7 파동 반사와 정지파에 대해 기술할 수 있다.
개념 문제 14.9
연습 문제 14.34, 14.35, 14.36, 14.37
실전 문제 14.68, 14.69, 14.70, 14.74

LO 14.8 도플러 효과와 충격파를 기술할 수 있다.
개념 문제 14.10
연습 문제 14.38, 14.39, 14.40, 14.41
실전 문제 14.73, 14.76, 14.77, 14.78, 14.79

개념 문제

1. 파동은 진동과 무엇이 다른가?

2. 빨간 빛은 파란 빛보다 파장이 길다. 진동수는 어떠한가?

3. 광파와 음파의 파장이 같으면 진동수는 어떠한가?

4. 줄의 장력을 두 배로 증가시키면 줄에 생긴 파동 속력은 어떻게 변하는가?

5. 수직으로 걸려 있는 무거운 줄의 아랫부분이 자유롭게 움직인다. 맨 위와 아래 부근에서 횡파의 속력을 비교하라.

6. 점광원에서 나온 빛의 세기는 거리의 제곱에 반비례한다. 빛의 에너지가 거리에 따라 손실되는가?

7. **BIO** 의료용 초음파는 인간의 가청 범위보다 훨씬 높은 약 10^7 Hz의 진동수를 사용한다. 어떤 의미에서 이 파동이 '소리'인가?

8. 기체의 밀도를 일정하게 유지하면서 압력을 두 배로 증가시키면 음속은 어떻게 변하는가?

9. 완벽하게 투명한 물속에 완벽하게 투명한 유리잔을 넣어도 유리 잔을 볼 수 있다. 왜 그런가?

10. 초고속 비행기만이 초음속 굉음을 만들 수 있는데 왜 보트는 수면에서 충격파를 쉽게 만드는가?

연습 문제

14.1 파동의 특성

11. 파장 18 m의 대양 파도가 5.3 m/s로 진행한다. 정박 중인 보트의 일정 부분을 파동 마루가 지나가는 시간 간격은 얼마인가?

12. 얕은 웅덩이에 생긴 잔물결이 34 cm/s로 진행한다. 진동수가 5.2 Hz이면 (a) 주기와 (b) 파장은 얼마인가?

13. 89.5 MHz FM 라디오파는 광속으로 전파된다. 파장은 얼마인가?

14. 지진이 발생한 곳으로부터 1250 km 떨어져 있는 지진계가 지진이 발생하고 5.12분 후에 지진파를 탐지하였다. 지진계는 지진파에 따라 3.21 Hz로 진동한다. 지진파의 파장은 얼마인가?

15. **BIO** 의료용 초음파는 연한 조직에서 약 1500 m/s로 움직인다. 고주파는 더 선명한 영상을 제공하지만 깊숙이 있는 기관까지 도달하지 못한다. (a) 태아 영상에 사용되는 8.0 MHz 초음파와 (b) 성인의 신장을 찍는 데 사용되는 3.5 MHz 초음파의 파장을 구하라.

14.2 파동 수학

16. 파도의 주기는 4.1 s이고 파장은 10.8 m이다. (a) 파동수와 (b) 각진동수를 구하라.

17. 변위가 $y = 1.3 \cos{(0.69x + 31t)}$로 변하는 파동의 (a) 진폭, (b) 파장, (c) 주기, (d) 파동 속력, (e) 파동의 진행 방향을 각각 구하라. 여기서 x와 y는 cm 단위이고, t는 초 단위이다.

18. 의학 영상용으로 사용하는 초음파의 진동수는 4.86 MHz이고 파
BIO 장은 0.313 mm이다. (a) 각진동수, (b) 파동수, (c) 파동 속력을
각각 구하라.

19. 그림 14.36은 $t = 0$에서 $t = 2.6$ s까지 단순 조화 파동의 모습이
다. 파동 방정식을 표기하라.

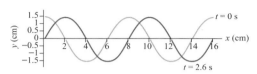

그림 14.36 연습 문제 19

20. 얕은 바다(깊이가 파장보다 훨씬 작은)의 파도 분석은 다음 파동
방정식을 내놓는다.

$$\frac{\partial^2 y}{\partial x^2} = \frac{1}{gh}\frac{\partial^2 y}{\partial t^2}$$

여기서 h는 물의 깊이이고 g는 중력 가속도이다. 파동 속력을
구하라.

14.3 줄에 생긴 파동

21. 뉴욕의 조지 워싱턴 다리를 지탱하는 강철 줄의 단위 길이당 질
량은 4100 kg/m이고, 줄에 걸린 장력은 250 MN이다. 줄에 생
기는 횡파의 속력은 얼마인가?

22. 단위 길이당 질량 15 g/m, 장력 21 N인 줄에 진폭 1.2 cm, 진
동수 44 Hz의 횡파가 생긴다. 파동 속력을 구하라.

23. 장력 14 N의 줄에 생긴 횡파가 18 m/s로 진행한다. 줄의 장력
이 40 N으로 증가하면 파동 속력은 얼마인가?

24. 18.3 m 줄을 장력 78.6 N으로 당기고, 한 끝을 흔들면 585 ms
후에 다른 끝으로 교란이 전달된다. 줄의 총질량은 얼마인가?

14.4 파동의 에너지

25. 단위 길이당 질량 280 g/m, 장력 550 N인 줄에 진폭 6.1 cm,
진동수 3.3 Hz의 횡파가 생긴다. 파동이 전달하는 평균 일률은
얼마인가?

26. 휴대 전화는 안테나 탑이 촘촘하게 늘어선 도회지에서는 보통
0.60 W의 일률로 전파를 내보낸다. 하지만 시골에서는 일률이
3.00 W로 증가한다. 이러한 일률의 증가가 휴대 전화의 범위, 즉
휴대 전화 신호가 특정한 세기가 되는 거리를 몇 배 증가시키는가?

14.5 음파

27. 압력 101 kN/m², 밀도 1.20 kg/m³인 표준 조건의 공기 중 음
속을 구하라.

28. 단거리 경주에서 선수들은 출발 신호를 듣지 않고 총구에서 나오
는 연기를 본다. 왜 그런가? 100 m 경주에서 소리를 듣고 출발
하면 몇 %나 손해인가?

29. 아산화질소(N_2O)의 비열비 γ는 1.31이다. 압력 1.95×10^4
N/m², 밀도 0.352 kg/m³인 N_2O에서 음속을 구하라.

30. 밀도 1.0 kg/m³, 압력 81 kN/m²인 기체에서 음속은 368 m/s
이다. 기체 분자는 단원자인가, 이원자인가?

31. 수중 거주지에서 잠수부는 보통 공기 중에 포함된 질소에 의한
BIO 치명적 부작용을 예방하기 위해 산소와 네온으로 이루어진 특별
한 혼합 기체로 숨을 쉰다. 압력이 6.2×10^5 N/m², 밀도가 4.5
kg/m³일 때 혼합 기체의 유효 비열비 γ는 1.61이다. 이 혼합
기체에서 파장이 50 cm인 음파의 진동수를 구하고, 정상 조건의
공기 중에서의 진동수와 비교하라.

14.6 간섭

32. 두 엔진이 각각 985 rpm과 993 rpm으로 작동하는 쌍발기를 타
고 있다. 엔진 소리가 가장 크게 들렸다가 작아지는 현상이 얼마
나 자주 일어나는가?

33. 예제 14.5에서 33 m에서 마주친 잠잠한 수면이 중심선을 따라
이동할 때 마주친 두 번째 잠잠한 영역이라면 파도의 파장은 얼
마인가?

14.8 정지파

34. 양 끝이 고정된 2.0 m 길이의 줄이 있다. (a) 줄에 생긴 파동의
파장이 가장 긴 정지파는 무엇인가? (b) 파동 속력이 56 m/s이
면 가장 낮은 정지파 진동수는 얼마인가?

35. 양 끝이 고정된 팽팽한 줄에 생긴 파동의 기본 진동수는 140 Hz
이다. (a) 다음으로 높은 진동수는 얼마인가? (b) 한 끝만 고정시
키면 기본 진동수는 얼마인가? (c) 다음으로 높은 진동수는 얼마
인가?

36. 줄의 기본 진동수가 85 Hz가 되도록 팽팽하게 당겨서 양 끝을
고정시켰다. 이후 줄의 중간 지점을 움직이지 않도록 고정하였을
때 줄이 진동하는 가장 낮은 진동수는 얼마인가?

37. 인간의 성도(vocal tract)에 대한 간단한 모형은 성도를 한쪽이
BIO 막힌 관으로 취급한다. 기본음이 620 Hz인 성도의 유효 길이를
구하라. 체온에서 $V_{\text{소리}} = 354$ m/s로 택한다.

14.9 도플러 효과와 충격파

38. 자동차가 진동수 380 Hz의 경적을 울리면서 17 m/s로 달린다.
자동차 앞쪽에 서 있는 사람이 듣는 진동수는 얼마인가?

39. 소방서에서 85 Hz의 경보음을 울린다. 소방서를 향해 120
km/h로 접근하는 소방차에서 듣는 진동수는 얼마인가?

40. 정지한 소방차가 1400 Hz의 경보음을 낼 때 소방차를 향해서 접
근하는 트럭 운전수는 1600 Hz의 경보음을 듣는다. 트럭의 접근
속력은 얼마인가?

41. 실험실에서 정지한 수소 원자가 방출하는 빨간 빛의 파장은
656 nm이다. 먼 은하에서 같은 과정으로 방출하는 빨간 빛의 진
동수를 지구에서 관측하면 708 nm이다. 지구에 대한 은하의 상
대적 운동을 기술하라.

응용 문제

다음 문제들은 본문의 예제들에 기초한 것이다. 두 세트의 문제들은 물리학의 이해를 강화하는 연결의 형성을 돕고 이전에 풀어본 문제에서 변형된 문제를 해결하는 자신감을 키우도록 설계되어 있다. 각 세트의 첫 번째 문제는 본질적으로 예제 문제이지만 숫자들은 다르다. 두 번째 문제는 예제와 똑같은 상황이지만 묻는 질문이 다르다. 세 번째와 네 번째 문제는 완전히 다른 상황으로 이런 방식을 반복한다.

42. **예제 14.1** 파형이 사인 모양이고 마루 간격이 59.6 m인 파도에 도달한 파도타기 선수가 골에서 마루까지 수직 높이 4.28 m를 타는 데 걸린 시간은 3.09 s이다. (a) 파동의 속력을 구하고 (b) 식 14.3을 사용해 파동을 기술하라.

43. **예제 14.1** 파도타기 선수가 큰 파도를 하나 놓쳤다. 만약 파도의 파장이 78.2 m이고 선수가 같은 위치에 머문다면 다음 파도가 올 때까지 얼마나 기다려야 하는가? (**힌트:** 식 14.11이 유용할 것이다.)

44. **예제 14.1** 화성 탐사차가 음파를 이용하여 대기를 탐사하는 실험 장치를 장착하고 있다. 실험은 일정한 진동수의 음파를 발생시키고 그 파장을 측정하는 것이다. 482 Hz의 진동수에 대해 측정된 파장이 50.6 cm이다. 화성에서 음속을 구하라.

45. **예제 14.1** 물속에서 음속은 1480 m/s이다. (a) 푸른 고래가 진동수 14.5 Hz의 소리를 낼 때 음파의 파장을 구하라. (b) 공기 중에서 음속이 343 m/s일 때 공기 중에서 같은 진동수의 음파의 파장과 비교하라.

46. **예제 14.7** 오디오를 크게 튼 자동차가 고속도로를 달리고 있다. 길가에 서있는 완벽한 음감을 가진 관측자가 다가오는 자동차의 오디오에서 진동수가 494 Hz인 B로 들려야 하는 음이 진동수가 523 Hz인 D음으로 들리는 것을 알았다. 음속이 343 m/s일 때 자동차의 속력을 구하라.

47. **예제 14.7** 고속도로에서 제한 속력이 95.0 km/h이다. 경적에서 352 Hz의 소리를 내는 자동차가 여러분을 향해 다가온다. 음속이 343 m/s이고 자동차가 제한 속력으로 달리고 있을 때 여러분은 진동수가 얼마인 소리를 듣겠는가?

48. **예제 14.7** 태양은 그 표면의 높이 변화를 측정하였을 때 진폭이 수 m이고 주기가 약 5분인 진동을 한다. 이에 해당하는 표면의 속도는 약 10 cm/s이고 이는 표면에서 방출되는 빛의 도플러 효과를 주의 깊게 관찰하여 측정할 수 있다. 어떤 우주 기반의 장치가 니켈 이온에서 방출되는 파장이 676.8 nm인 빛을 관측한다. 만약 이 장치가 3.52×10^{-7} nm만큼의 도플러 편이를 관측하였다면 태양 표면의 속도는 얼마인가?

49. **예제 14.7** 은하의 중심을 돌고 있는 어떤 별이 궤도상의 한 지점에서 지구를 향해서 움직이는 속력이 64.8 km/s이다. 천문학자가 별의 대기에 포함된 수소에서 방출되는 빛을 관찰한다. 빛을 내는 원자에 대한 빛의 파장은 656.28 nm이다. 천문학자는 이 빛의 파장이 얼마나 편이된 것으로 관측하는가?

실전 문제

50. 균일한 줄이 자체 무게로 수직으로 걸려 있다. 줄에 생기는 파동 속력이 $v = \sqrt{yg}$ 임을 보여라. 여기서 y는 줄의 아래 끝에서부터의 거리이다.

51. 줄이 견딜 수 있는 최대 장력이 415 N이고 선밀도가 $\mu = 68.4$ g/m인 줄에서 파동의 최대 전달 속력을 구하라.

52. 스피커가 모든 방향을 향해 50 W의 일률로 에너지를 방출한다. 스피커에서 18 m 떨어진 곳에서 소리 세기는 얼마인가?

53. 전구로부터 3.3 m인 곳에서 빛의 세기는 0.73 W/m²이다. 전구가 모든 방향으로 복사하면 전구의 출력은 얼마인가?

54. 미국 뉴멕시코 주의 아파치 포인트 천문대에서 레이저 빔을 사용하여 달까지의 거리를 밀리미터 정확도로 측정하는 실험을 한다. 레이저의 일률은 120 GW이고 극히 짧은 90 ps 동안 켜져 있는 펄스이다. 레이저에서 나올 때 빔의 지름은 7.0 mm이고 달을 향해 있는 망원경으로 입사된다. 망원경에서 나올 때 레이저 빔의 지름은 망원경의 지름과 같은 3.5 m이고 달에 도달할 때 빔의 지름은 6.5 km로 커진다. (a) 레이저에서 나올 때, (b) 망원경에서 나올 때, (c) 달에 도달할 때 레이저 빔의 세기를 구하라. 이러한 세기 중 지구에 도달하는 햇빛의 세기(1000 W/m²)를 능가하는 것이 있는가?

55. 각진동수 w, 파동수 k, 진폭 A가 같은 두 파동의 위상이 달라서 각각을 $y_1 = A \cos(kx - \omega t)$와 $y_2 = A \cos(kx - \omega t + \phi)$로 기술한다. 두 파동이 중첩된 파동도 단순 조화 파동임을 보이고, 그 진폭을 위상차 ϕ의 함수로 표기하라.

56. 팽팽한 전선에 생긴 파동은 $y = 1.75 \sin(0.211x - 466t)$이며, x와 y의 단위는 cm이고, t의 단위는 s이다. 전선의 장력이 32.8 N일 때, (a) 진폭, (b) 파장, (c) 주기, (d) 파동 속력, (e) 일률을 각각 구하라.

57. 질량 m, 용수철 상수 k인 용수철의 평형 길이는 L_0이다. 용수철을 길이 L로 늘였다가 놓았다. 용수철에 생기는 횡파의 속력을 표기하라.

58. **CH** 340 g의 용수철을 전체 길이 40 cm로 늘이면 횡파가 4.5 m/s로 진행하고, 60 cm로 늘이면 12 m/s로 진행한다. (a) 용수철의 평형 길이와 (b) 용수철 상수를 구하라.

59. 구면파를 내는 음원에서 15 m인 곳에서 소리 세기는 750 mW/m²이다. 소리 세기가 270 mW/m²로 줄어들려면 음원에서 얼마나 멀리 걸어가야 하는가?

60. 그림 14.37과 같이 두 사람과 광원을 잇는 직선 위에서 두 사람이 20 m 떨어져 있다. 광원에 가까운 사람이 측정한 빛의 세기가 먼 사람에서보다 50% 크다면, 가까운 사람에서 광원까지의 거리는 얼마인가?

그림 14.37 실전 문제 60

61. 이상적인 용수철을 전체 길이 L_1로 늘인다. 길이가 두 배로 늘어
CH 나면 줄에 생긴 횡파의 속력은 세 배로 증가한다. 용수철의 평형
길이를 구하라.

62. 실전 문제 50에서 파동이 줄 꼭대기까지 진행하는 시간이 $t = 2\sqrt{L/g}$임을 보여라. 여기서 L은 줄의 길이이다.
CH

63. 머리 바로 위에 고도 5.2 km로 나는 비행기가 보인다. 그러나 소
리는 비행기의 궤적 상에서 뒤쪽, 수직선과 35° 각도를 이루는
지점에서 나오는 것처럼 들린다. 음속이 330 m/s이면 비행기의
속력은 얼마인가?

64. 소리 세기 준위가 (a) 65 dB, (b) −5 dB인 음파의 세기를
W/m²로 구하라.

65. 소리 세기를 두 배로 증가시키면 소리 세기 준위가 약 3 dB 증
가함을 보여라.

66. 점원에서 나온 소리 세기는 식 14.8처럼 거리의 제곱에 반비례한
다. 음원까지의 거리가 두 배로 증가하면 (a) 세기와 (b) 소리 세
기 준위는 어떻게 변하는가?

67. 음원에서 2.0 m 떨어진 곳에서 잰 소리 세기 준위는 75 dB이다.
소리의 시끄러움이 느끼기에 반으로 줄어드는 (즉 소리 세기 준
위가 65 dB인) 곳은 어디인가?

68. 피아노의 A줄(440 Hz)의 길이는 38.9 cm이고 양 끝이 고정되
어 있다. 줄의 장력이 667 N이면 질량은 얼마인가?

69. 식 14.13의 정지파 조건은 파동이 매질의 한 끝에서 다른 끝까지
왕복하는 시간이 주기의 정수배와 같다는 조건과 동일함을 증명
하라.

70. 새로운 음악당에 설치할 파이프 오르간을 설계한다고 하자. 가장
낮은 음은 22 Hz이어야 한다. (a) 파이프의 한쪽 끝이 막혀 있을
때, (b) 양 끝이 열려 있을 때, 오르간의 가장 긴 파이프의 길이는
각각 얼마인가?

71. 미분하고 대입하여, 식 14.3으로 기술되는 파동은 파동 속력이
CH $v = w/k$인 파동 방정식(식 14.5)을 만족하는 것을 보여라.

72. 미분하고 대입하여, $y = f(x \pm vt)$ 형태의 임의의 함수는 파동
CH 방정식(식 14.5)을 만족하는 것을 보여라.

73. 해양생물학자가 비행기가 내는 충격 음파가 플랑크톤에 미치는
CH 영향에 대해 우려하고 있으며, 초음속 비행기가 머리 바로 위의
상공을 음속의 2.2배로 비행할 때 비행기의 고도를 추정하고자
한다. 비행기의 충격 음파를 19 s 후에 듣는다면, 비행기의 고도
는 얼마인가? 음속은 340 m/s로 일정하다.

74. 한쪽이 열린 관의 길이는 2.25 m이다. 가능한 정지파 중 진동수
CH 가 345 Hz인 소리 다음으로 높은 진동수는 483 Hz이다. (a) 기
본 진동수와 (b) 음속을 구하라.

75. 중력파는 2015년 루이지애나 리빙스턴(Livingston)과 워싱턴 핸
포드(Hanford)에 위치한 두 LIGO 검출기를 사용하여 처음 탐지
되었다. 평면파로 전파되는 중력파는 핸포드에 도달하기 7.0 ms
전에 리빙스턴 검출기에 도달했다. (a) 파동은 하늘의 북반구에
서 온 것인가, 남반구에서 온 것인가? (b) 중력파가 광속으로 전
파한다는 사실을 이용하여 리빙스턴과 핸포드 사이의 직선 거리

를 추정하고, 파동의 전파 방향과 리빙스턴-핸포드 연결 직선 사
이의 대략적인 각도를 구하라. 이 각도를 아는 것이 LIGO 과학
자들이 중력파원의 대략적인 위치를 결정하는 데 도움을 주었다.

76. 산부인과 의사는 초음파를 이용하여 뱃속 아기의 심장 박동을 측
BIO 정한다. 5.0 MHz의 초음파가 움직이는 심장 벽에서 반사하여
100 Hz의 진동수 편이가 생겼다면 심장 벽의 속력은 얼마인가?
(**힌트**: 두 개의 진동수 편이를 고려해야 한다.)

77. 속도 제한 90 km/h인 지역을 지나가는 자동차에서 반사된
70 GHz의 경찰차 레이더 신호의 진동수가 15.6 kHz만큼 이동
하였다. 경찰은 자동차가 120 km/h로 달렸다고 주장하고, 운전
자는 진동수 이동에 해당하는 속력 240 km/h가 불가능하므로
레이더가 고장난 것이라고 주장한다. 레이더는 정상인가?

78. 관측자가 매질에 대해서 정지해 있는 파원을 향해 속력 u로 움
직인다. 매질에서 파장 λ인 파동의 속력은 v이므로 파동의 마루
에 대한 상대 속력은 $v + u$이다. 파동 마루 사이의 시간, 즉 주기
가 $T' = \lambda/(v+u)$임을 보여라. 이 결과를 이용하여 식 14.16에
서 양의 부호인 진동수를 관측함을 보여라.

79. 어떤 기상학자는 레이더 신호(광속으로 움직인다)를 멀리 떨어진
빗방울에 반사시킨 후 도플러 이동을 재서 빗방울의 속도를 결정
하는 새로운 도플러 레이더 장치가 필요하다. 그 장치는 2.5 km/h
정도로 낮은 속력을 잴 수 있어야 한다. 판매자가 50 Hz의 진동
수 이동을 탐지할 수 있는 5.0 GHz 레이더를 추천한다. 이것은
충분한가?

80. 그림 14.17의 설명문에 제시된 합에서 $w = 1 \text{ s}^{-1}$로 놓고, (a) 나
COMP 타낸 세 항과 (b) 10항(합에는 기수 조화 파동만 나타난다는 것
에 유의하라)까지의 합을 컴퓨터를 이용하여 계산하여라. 한 주
기($t = 0$에서 2π까지)에 걸쳐서 그 결과를 그리고 그림의 네모파
와 비교하라.

81. 두 개의 스피커가 2.85 m 떨어진 곳에 장착되어 동일한 방향을
향하고 동일한 음파를 생성하고 있다. 두 스피커를 잇는 직선의
수직 이등분선 상에서 스피커로부터 10.0 m 떨어진 곳에 서 있
던 사람이 두 스피커를 잇는 직선과 평행한 방향으로 2.44 m 이
동했을 때 소리의 세기가 감소하여 최소가 되는 것을 알았다. 음
속이 343 m/s일 때 음파의 진동수는 얼마인가?

82. 비행장 근처 사람들이 비행기가 이륙할 때 비행기로부터 다양한
DATA 거리에서 측정한 소리 준위에 대한 아래 자료를 얻었다. 그들은
비행기가 방출하는 소리의 총일률을 알기 위해, 먼저 소리 세기
준위를 실제 세기로 전환한다. 어떤 양에 대해 세기를 그려야 직
선으로 나타날지 결정하라. 그래프를 그리고, 최적 맞춤 직선을
구한 후, 그 기울기를 이용하여 소리의 총일률을 계산하라.

거리(m)	1000	1200	1500	2000	3000	4000
소리 세기 준위(dB)	80.7	79.4	76.9	74.2	71.6	68.8

실용 문제

지진이 갑자기 해저를 이동시키고, 그와 함께 엄청난 부피의 물이 이동할 때 일반적으로 생성되는 해양 파도가 지진 해일이다. 해양 표면의 보통 파도와는 달리 지진 해일은 표면에서 바닥까지 물기둥 전체가 관련된다. 그래서 지진 해일은 천해파(shallow-water wave)가 되고 그 속력은 $v = \sqrt{gd}$ 이다. 여기서 d는 물의 깊이이고 g는 중력 가속도이다. 지진 해일은 수천 킬로미터를 이동하여 해양을 가로질러 처음 에너지를 거의 유지한 채로 해안에 도달할 수 있다. 그런 경우에 지진 해일은 대규모 피해와 인명 손실을 일으킬 수 있다(그림 14.38).

그림 14.38 2004년 12월의 파괴적인 지진 해일이 태국을 강타할 때 사람들이 도피하고 있다(실용 문제 83~86).

83. 지진 해일이 해안에 도달할 때
    a. 빨라진다.
    b. 느려진다.
    c. 속력을 그대로 유지한다.

84. 지진 해일이 천해파처럼 행동하므로 그 파장은
    a. 해양 깊이와 거의 같거나 더 길다.
    b. 해양 깊이보다 짧다.
    c. 어떤 값도 가질 수 있다.

85. 지진 해일이 450 km/h로 움직이고 있을 때 해양 깊이가 갑자기 두 배가 되었다. 새로운 속력은 대략
    a. 225 km/h이다.
    b. 320 km/h이다.
    c. 640 km/h이다.
    d. 900 km/h이다.

86. 탁 트인 해양에서 지진 해일의 진폭은 상대적으로 작아서 일반적으로 1 m 또는 그 이하이다. 지진 해일이 해안에 접근하면 그 진폭은 증가하고 파장은 감소한다. 그 결과로
    a. 지진 해일의 총에너지가 증가한다.
    b. 지진 해일이 해안 쪽으로 운반하는 에너지의 비율이 증가한다.
    c. 파도의 진동수가 증가한다.
    d. 이들 양 중에서 변하는 것은 없다.

14장 질문에 대한 해답

장 도입 질문에 대한 해답

없다. 파동은 물질이 아니라 에너지를 전달한다.

확인 문제 해답

14.1 (b) 파동 마루의 속력은 5 m/s이다.

14.2 (1) (a), (2) (b), (3) (b), (4) (a), (5) (a)

14.3 (c)

14.4 (c)

14.5 (b) 파동의 간섭이 그림 14.21과 비슷하다.

14.6 (c)

14.7 $\frac{4}{5}$ m, $\frac{4}{3}$ m, 4 m

14.8 배

유체 운동

예비 지식

- 운동 에너지(6.4절)
- 중력 퍼텐셜 에너지(7.2절)
- 역학적 에너지 보존(7.3절)

학습 목표

이 장을 학습하고 난 후 다음을 할 수 있다.

LO 15.1 밀도와 압력으로 유체를 기술할 수 있다.

LO 15.2 정역학 평형 상태에서 유체 압력이 어떻게 변하는지 기술할 수 있다.

LO 15.3 떠 있는 물체와 잠겨 있는 물체에 대해 아르키메데스의 원리를 적용할 수 있다.

LO 15.4 유체 동역학에서 질량과 에너지 보존을 적용할 수 있다.

LO 15.5 유체 동역학에서 베르누이의 원리를 적용할 수 있다.

LO 15.6 점성과 난류의 역할을 정성적으로 기술할 수 있다.

왜 빙산의 일부만 수면 위로 뜰까?

토네이도가 칠흑 같은 하늘을 가로지른다. 비행기 날개에 작용하는 공기의 압력으로 비행기가 뜬다. 거대한 별에서 방출되는 기체가 블랙홀로 빠져들기 직전에 천체 소용돌이를 만든다. 자동차 브레이크를 밟는 힘은 브레이크 통의 유체로 증폭된다. 인체는 폐로 들락거리는 공기와 혈액의 흐름으로 유지된다. 이들은 유체 운동과 관련된다.

유체(fluid)는 외력을 받으면 흐르는 물질이다. 액체와 기체 모두 유체이다. 고체보다 유체의 분자 간힘이 약하므로 분자들이 쉽게 움직일 수 있다. 액체에서는 분자들을 가까이 묶어 둘 정도로 분자간힘이 강하지만, 기체에서는 더 약해서 분자들이 멀리 떨어져 있다. 개별 분자가 자유롭게 움직일 수 있으므로 유체는 그릇의 모양에 따라 변한다.

15.1 밀도, 압력

LO 15.1 밀도와 압력으로 유체를 기술할 수 있다.

분자 수준에서 유체를 관찰해 보면, 엄청나게 많은 수의 분자들이 끊임없이 운동하고, 다른 분자나 그릇의 벽과 수없이 충돌한다. 이러한 분자의 거동은 역학 법칙을 따르므로, 모든 분자에 역학 법칙을 적용하여 유체를 연구할 수 있다. 그러나 하나의 물방울에도 10^{21}개의 분자가 들어 있으므로 모든 분자의 운동을 계산하는 일은 슈퍼컴퓨터로도 우주 나이의 몇 배가 든다.

분자의 수가 매우 많으므로 유체를 불연속적 입자 모임이 아니라 연속적이라고 어림한다. 이러한 어림 계산은 유체의 크기가 분자 사이 거리와 비교해 큰 경우에는 잘 맞는다. 먼저 밀도와 압력 같은 거시적 물리량으로 유체를 기술해 보자.

밀도

밀도(density)는 단위 부피당 질량이며, 기호로 ρ를 쓰고, SI 단위는 kg/m^3이다. 물의 밀도는 1000 kg/m^3이고, 공기의 밀도는 1000배 정도 작다. 사실상 분자들이 접촉해 있는 액체는 밀도가 거의 변함없는 **비압축성**(incompressibility)이고, 기체는 **압축성**(compressibility)이다. 즉 분자간 거리가 멀수록 밀도가 쉽게 변한다.

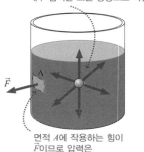

유체는 그릇은 물론 유체 내부에도 압력을 작용한다. 내부 압력은 모든 방향으로 똑같다.

$\vec{F}$

A

면적 A에 작용하는 힘이 $\vec{F}$이므로 압력은 $p = F/A$이다.

그림 15.1 단위 면적당 힘인 압력은 모든 방향으로 같은 크기로 작용한다.

압력

압력(pressure)은 유체가 작용하는 단위 면적당 수직력으로 다음과 같다(그림 15.1 참조).

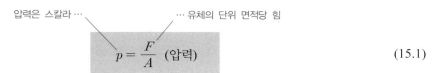

압력은 스칼라 …   … 유체의 단위 면적당 힘

$$p = \frac{F}{A} \quad \text{(압력)} \tag{15.1}$$

압력의 SI 단위는 N/m^2이며, 프랑스의 수학자이자 과학자, 철학자인 블레즈 파스칼(Blaise Pascal)을 기념하여 **파스칼**(pascal, Pa)이라고 불린다. 다른 압력의 단위인 **기압**(atmosphere, atm)은 해수면에 작용하는 지구 대기의 수직 압력으로, $1 \text{ atm} = 101.3 \text{ kPa}$이다.

압력은 스칼라량이다. 압력은 유체의 한 곳에서 모든 방향으로 같은 크기로 작용한다(그림 15.1 참조). 대기압이 인체에 가하는 힘은 매우 크지만 전혀 느끼지 못한다. 왜냐하면 압력이 가하는 힘이 인체의 모든 곳에 수직하고, 인체 내부의 유체가 같은 압력을 가하기 때문이다.

> **확인문제** **15.1** 정상 조건에서 공기 1 m^3와 같은 질량을 가진 물의 양은 얼마인가? (a) 1 m^3, (b) 100 cm^3, (c) 1 L, (d) 0.1 m^3

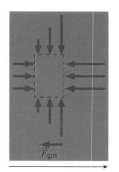

압력이 증가한다.

(a)

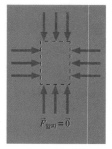

$F_{알짜} = 0$

압력이 일정하다.

(b)

그림 15.2 압력이 위치에 따라 변하면 유체 부피에 알짜힘이 생긴다.

15.2 유체 정역학 평형

LO 15.2 정역학 평형 상태에서 유체 압력이 어떻게 변하는지 기술할 수 있다.

유체가 정지해 있으려면 유체 내 모든 곳은 알짜힘이 0이어야 한다. 이를 **유체 정역학 평형**(hydrostatic equilibrium)이라고 한다. 외력이 없으면, 유체 정역학 평형 상태의 유체는 모든 곳에서 압력이 같다. 같지 않으면 압력차로 알짜힘이 생겨서 유체가 흐르기 때문이다. 그림 15.2에서 알 수 있듯이, 유체 내에서 힘을 만드는 것은 압력 자체가 아니라 압력차이다.

중력과 유체 정역학 평형

중력이 있으면 중력에 맞서는 힘이 있어야 유체 정역학 평형을 이룰 수 있다. 힘은 압력차로만 생기므로 유체의 깊이에 따라 유체의 압력이 변해야 한다.

그림 15.3은 면적 A, 두께 dh, 질량 dm인 유체 요소에 작용하는 힘을 보여 준다. 중력이 아래 방향으로 작용하므로, 유체 정역학 평형을 이루려면 위 방향의 힘이 있어야 한다. 따라서 유체 요소 아랫부분의 압력이 윗부분보다 더 커야 한다. 윗부분과 아랫부분의 압력을 각

각 p, $p+dp$라고 하자. 압력은 단위 면적당 힘이므로 알짜 압력힘은 $dF_{압력} = (p+dP)A - pA = Adp$이다. 한편 중력은 $dF_g = -gdm$이다. 여기서 음의 부호는 아래 방향을 의미한다. 질량 dm은 밀도와 부피의 곱이므로 $dF_g = -gdm = -g\rho Adh$이다. 정역학 평형의 조건에서 $Adp - g\rho Adh = 0$이므로, 다음을 얻는다.

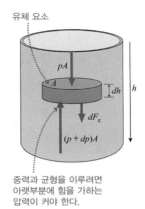
유체 요소

중력과 균형을 이루려면 아랫부분에 힘을 가하는 압력이 커야 한다.

그림 15.3 유체 정역학 평형에서 유체 요소에 작용하는 힘

도함수 dp/dh는 깊이 h에 대한 압력 p의 변화율

정역학 평형에서 dp/dh는 유체 밀도 ρ와 중력 가속도 g의 곱

$$\frac{dp}{dh} = \rho g \quad \text{(유체 정역학 평형)} \tag{15.2}$$

이 식에서 깊이 h에 대한 압력의 변화 dp/dh는 양의 값이므로 깊을수록 압력이 커진다. 액체는 사실상 비압축성이므로 ρ가 일정하여 압력은 다음과 같이 깊이에 따라 선형으로 증가한다.

$$p = p_0 + \rho gh \tag{15.3}$$

여기서 p_0은 액체 표면의 압력이다.

식 15.2는 균일한 중력장의 모든 유체에 적용할 수 있지만, 식 15.3은 액체인 경우에만 성립한다. 중력장의 기체에 대한 관계식을 얻으려면 식 15.2를 적분하면 된다. 이때 기체의 밀도가 일정하지 않기 때문에 수학적 계산이 까다롭다. 실전 문제 72에서 지구 대기권의 높이에 따른 압력 변화를 계산한다.

예제 15.1 | **압력 구하기: 바다의 깊이**

(a) 압력이 대기압의 2배인 물의 깊이는 얼마인가? (b) 바다에서 가장 깊은 11 km 깊이의 마리아나 해구 바닥의 압력은 얼마인가? 대기압은 101 kPa이고, 바닷물의 밀도는 1030 kg/m³이다.

해석 유체 정역학 평형에 관한 문제이다.

과정 식 15.3, $p = p_0 + \rho gh$를 적용하며, p_0은 수면의 대기압이다. (a) 대기압의 2배는 $p = 2p_0$이므로 h를 구할 수 있다. (b) 압력이 깊이에 따라 선형으로 증가하므로 (a)의 결과를 활용한다.

풀이 (a) 깊이 h는 다음과 같다.

$$h = \frac{p - p_0}{\rho g} = \frac{2.02 \times 10^5 \, \text{Pa} - 1.01 \times 10^5 \, \text{Pa}}{(1030 \, \text{kg/m}^3)(9.81 \, \text{m/s}^2)} = 10.0 \, \text{m}$$

(b) 10 m 깊이마다 100 kPa씩 증가하므로 11×10^3 m 깊이의 마리아나 해구의 압력은 다음과 같다.

$$(11 \times 10^3 \, \text{m})(100 \, \text{kPa}/10 \, \text{m}) = 110 \, \text{MPa}$$

검증 답을 검증해 보자. 마리아나 해구의 압력은 대기압의 1000배가 넘는다. 해구에 서식하는 생물체는 주위의 압력과 평형을 이루고 있다. 이 생물체를 연구하기 위하여 수면 밖으로 가져올 때 압력을 유지하지 못하면 그 생물체가 터져 버린다. 이와 마찬가지로 깊이 잠수한 다이버가 수면으로 올라올 때 숨을 멈추면 폐가 팽창하여 폐포가 터져 버린다. 실전 문제 64는 영화 제작자 제임스 카메룬이 최근에 마리아나 해구 바닥까지 잠수한 것과 관계 있다.

압력 측정

그림 15.4는 대기압이 열린 수은통에 작용하여 진공관 속으로 수은 액체를 밀어 올리는 **기압계**(barometer)를 나타낸 것이다. 수은 기둥 위의 빈 관이 진공이므로 $p_0 = 0$이고 식 15.3은 $p = \rho gh$가 된다. 따라서 수은 기둥의 높이는 대기압 p에 정비례한다. 표준 대기압 101.3 kPa에서 수은 기둥의 높이는 760 mm이다. 압력은 기상 조건에 따라 약간씩 변하며, 기상 예보관이 대기압의 크기를 수은 기둥 높이로 설명한다. 수은의 밀도가 매우 크므로 기압계의 크기가 적절하다. 예제 15.1에서 물로 만든 기압계의 높이는 무려 10 m이다.

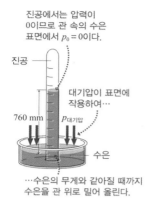

진공에서는 압력이 0이므로 관 속의 수은 표면에서 $p_0 = 0$이다.

진공

760 mm $p_{\text{대기압}}$

대기압이 표면에 작용하여…

수은

…수은의 무게와 같아질 때까지 수은을 관 위로 밀어 올린다.

그림 15.4 수은 기압계

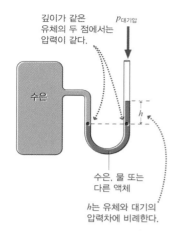

깊이가 같은 유체의 두 점에서는 압력이 같다.

$p_{\text{대기압}}$

수은

h

수은, 물 또는 다른 액체

h는 유체와 대기의 압력차에 비례한다.

그림 15.5 닫힌 그릇과 대기의 압력 차를 측정하는 압력계

압력계(manometer)는 U자 모양의 관에 액체를 채워서 압력차를 재는 장치이다. 압력차는 액체 표면의 높이차 h로 나타난다(그림 15.5 참조). 식 15.3에 따라 h는 압력차에 정비례한다.

기압계와 압력계는 전통적인 압력 측정기로서 압력을 이해하는데 도움이 된다. 오늘날의 압력 측정기는 압력힘이 전기적 특성을 변화시켜서 만든 전기 신호로 압력을 측정하는 전기 측정기이다.

계기 압력(gauge pressure)은 대기압을 뺀 압력을 뜻한다. 자동차 타이어의 계기 압력 200 kPa은 대기압 100 kPa에서 잰 크기이므로 실제 압력은 300 kPa이다.

파스칼 법칙

식 15.3에서 표면의 압력 p_0이 증가하면 유체의 압력이 같이 증가한다. 따라서 유체 내의 압력 변화는 유체 내의 모든 곳에서 똑같이 나타난다. 이것을 **파스칼 법칙**(Pascal's law)이라고 한다. 파스칼은 이 원리를 이용하여 수압기를 발명하였다. 오늘날 파스칼 법칙에 기반한 유압 시스템은 자동차나 일부 자전거의 브레이크부터 항공기 날개, 불도저, 크레인 및 로봇에 이르기까지 다양한 기계류를 제어한다.

예제 15.2　**파스칼 법칙의 적용: 수압 승강기**

그림 15.6의 수압 승강기에서 큰 피스톤이 자동차를 들어 올린다. 자동차와 피스톤의 전체 질량은 3200 kg이다. 차를 들어 올리기 위해 작은 피스톤에 얼마의 힘을 가해야 하는가?

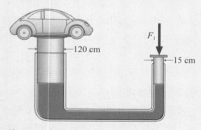

←120 cm F_1 ←15 cm

그림 15.6 수압 승강기

해석 파스칼 법칙에 관한 문제이다. 작은 피스톤에 작용한 힘이 만드는 압력은 유체를 통해서 큰 피스톤에 전달된다.

과정 파스칼의 원리를 적용하되, 깊이에 따른 압력 변화를 무시하면 계에서 압력이 모두 같다. 두 피스톤에 작용하는 압력 표현을 구하고 둘이 같다는 점을 이용하여 힘을 구한다. 피스톤에 작용하는 압력은 힘을 피스톤의 면적으로 나눈 값이다.

풀이 작은 피스톤이 작용하는 압력은 $p = F_1/A_1 = F_1/\pi R_1^2$이며, F_1이 구하려는 힘이다. 큰 피스톤에 작용하는 압력이 같으므로 힘 $F_2 = pA_2$가 되고, 이 힘이 무게 mg의 자동차와 피스톤을 들어 올린다. 이제

$$mg = pA_2 = p\pi R_2^2 = \frac{F_1}{\pi R_1^2}\pi R_2^2 = F_1\left(\frac{R_2}{R_1}\right)^2$$

에서 F_1을 구하면 다음과 같다.

$$F_1 = mg\left(\frac{R_1}{R_2}\right)^2 = (3200\text{ kg})(9.8\text{ m/s}^2)\left(\frac{15\text{ cm}}{120\text{ cm}}\right)^2 = 490\text{ N}$$

위의 계산에서 반지름의 비율은 지름의 비율과 같다.

검증 답을 검증해 보자. 490 N의 작은 힘으로 어떻게 자동차를 들어 올릴 수 있을까? 유체 압력이 일정하므로 두 피스톤 면적의 비율에 따라 효과적으로 큰 힘을 얻는다. 작은 피스톤을 움직이면서 한 일(힘과 움직인 거리의 곱)은 큰 피스톤을 움직이면서 한 일과 같다. 즉 큰 피스톤의 힘이 크므로 움직인 거리는 작다. 확인 문제 15.2에서 이와 관련된 문제를 풀어 보자.

확인 문제 **15.2** 작은 피스톤을 아래로 밀어 그림 15.6의 차를 들어 올리는 일을 차에 행해진 일과 비교하면 (a) 더 많다, (b) 더 적다, (c) 같다. 설명하라.

15.3 아르키메데스 원리와 부력

LO 15.3 떠 있는 물체와 잠겨 있는 물체에 대해 아르키메데스의 원리를 적용할 수 있다.

왜 어떤 물체는 뜨고 어떤 물체는 가라앉을까? 그림 15.7a는 아래 방향의 중력과 균형을 이루는 임의의 모양의 유체 부피에 작용하는 위 방향 힘들을 보여 준다. 유체 부피를 동일한 모양의 고체로 대체시켜 보자(그림 15.7b 참조). 나머지 유체는 변함이 없으므로 물체에 똑같이 위 방향 힘이 작용한다. 이 힘의 크기는 대체된 유체 부피의 무게와 같으며 이 힘을 **부력**(buoyancy force)이라고 한다. 즉 '물체에 작용한 부력은 물체에 의해 대체된 유체의 무게와 같다'. 이것을 **아르키메데스 원리**(Archimedes' principle)라고 한다.

잠긴 물체의 무게가 대체된 유체의 무게보다 크면 중력이 부력보다 커서 물체는 가라앉는다. 반면에 잠긴 물체의 무게가 대체된 유체의 무게보다 작으면 부력이 커서 물체는 뜬다. 따라서 물체의 평균 밀도가 유체의 밀도보다 크면 가라앉고 작으면 뜬다. 물체의 평균 밀도가 유체의 밀도와 같으면 **중립적 부력**(neutral buoyancy)을 갖는다. 응용물리는 중립적 부력의 예를 보여 준다.

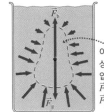

이 유체 부피는 평형 상태에 있으므로 압력이 가하는 힘 $\vec{F}_b$는 유체의 무게 $\vec{F}_g$와 균형을 이룬다.

(a)

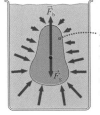

유체 부피를 고체 물체로 바꾸면 압력이 가하는 힘은 변하지 않지만 무게는 변할 수 있다.

(b)

그림 15.7 깊어질수록 압력이 증가하므로 부력 $\vec{F}_b$가 생긴다.

예제 15.3　　**부력 구하기: 물속에서 일하기**

호수 바닥에서 60 kg의 콘크리트 토막을 수면 위의 뗏목으로 올린다. 물속에서 콘크리트 토막의 겉보기 무게는 얼마인가? 콘크리트의 밀도는 2200 kg/m³이다.

해석 부력에 관한 문제이다. 물속에서는 위 방향의 부력 때문에 콘크리트 토막의 무게가 감소한다. 겉보기 무게는 호수 바닥에서 토막을 드는 힘이다.

과정 그림 15.8에서 토막에 작용하는 중력과 부력의 합에 대항하는 힘을 작용해야 한다. 아르키메데스 원리에 따라 부력은 콘크리트 토막의 부피로 대체된 물의 무게와 같다. 따라서 중력과 부력의 차에 해당하는 힘을 구한다.

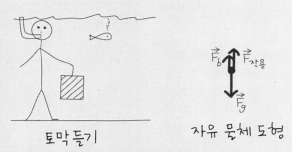

토막들기

자유 물체 도형

그림 15.8 콘크리트 토막의 겉보기 무게는 얼마일까?

풀이 콘크리트 토막의 질량을 m_c라고 하면 중력은 $F_g = m_c g$이다. 한편 콘크리트 토막의 부피가 $V_c = m_c/\rho_c$이므로 대체된 물의 부피는 $V_w = V_c = m_c/\rho_c$이다. 아르키메데스 원리에 따라 콘크리트 토막의 부피로 대체된 물의 무게와 같은 부력은 $F_b = m_w g = V_w \rho_w g = m_c g(\rho_w/\rho_c)$이다. 따라서 아래 방향의 중력과 위 방향의 부력의 차이는

$$F_g - F_b = m_c g - m_c g\left(\frac{\rho_w}{\rho_c}\right) = m_c g\left(1 - \frac{\rho_w}{\rho_c}\right) = (60\,\text{kg})(9.8\,\text{m/s}^2)\left(1 - \frac{1}{2.2}\right) = 320\,\text{N}$$

이다. 이 크기의 힘을 위 방향으로 작용하여 토막을 들어 올린다.

검증 답을 검증해 보자. 공기 중에서 약 600 N인 콘크리트 토막의 무게 mg보다 훨씬 가볍다. 만약 물에 잠긴 물체의 겉보기 무게를 알면 물체의 밀도를 구할 수 있다. 아르키메데스는 자신의 원리에 따라 왕관의 밀도를 구해서 순수한 금이 아님을 확인하였다.

응용물리　**물고기처럼 헤엄치기**

물고기가 물속을 미끄러지듯이 나아가면서 약간의 노력으로 깊이를 유지하고 마음대로 오르락내리락한다. 그것이 가능한 것은 물고기의 밀도가 주위의 물의 밀도와 같아서 중립적 부력 상태에 있기 때문이다. 물고기의 부레는 기체가 들어 있는 한 쌍의 주머니인데, 수압의 영향으로 팽창하거나 수축하면서 중립적 부력을 유지한다. 생물학자는 육상생물의 폐가 우리의 공통조상 어류의 부레에서 진화하였을 것으로 믿는다. 잠수함의 밸러스트 탱크가 비슷한 기능을 해서 잠수함이 중립적 부력을 유지하도록 한다. 마찬가지로, 열기구의 공기를 가열하기 위해 주기적으로 점화되는 버너도 똑같은 기능을 한다. 뜨겁고 밀도가 낮은 공기를 유입함으로써 열기구를 탄 사람은 기구를 중립적 부력 상태로 유지하거나 떠오르게 유도할 수 있다.

뜨는 물체

뜨는 물체에도 아르키메데스의 원리가 성립하지만, 부력이 물체의 무게와 같아야 한다. 즉 유체 속에 잠긴 부분으로 대체된 유체의 무게가 물체 무게와 같아야 한다. 이 조건은 예제 15.4에 설명한 것과 같이 물체가 물 위에 떠 있는 높이를 결정한다.

| **예제 15.4** | **뜨는 물체: 빙산의 일각** | **응용 문제가 있는 예제** |

극지방 빙산의 평균 밀도는 바닷물의 0.86배이다. 바닷물에 잠긴 빙산의 비율은 얼마인가?

해석 부력에 관한 문제로서 뜨는 물체이므로 부력과 중력이 같다.

과정 그림 15.9에서 부력과 중력의 크기가 같다. 아르키메데스 원리에 따라 바닷물에 잠긴 부분으로 대체된 바닷물의 무게가 부력과 같아야 한다. 따라서 중력과 부력으로 잠긴 부피를 구한다. 단, 질량은 부피와 밀도의 곱이다.

풀이 빙산의 무게는 $w_{얼음} = m_{얼음}g = \rho_{얼음}V_{얼음}g$이며, $V_{얼음}$은 빙산의 전체 부피이다. 잠긴 부분이 대체한 바닷물의 부피를 $V_{잠긴}$이라고 하면 대체된 바닷물의 무게는 $w_{물} = m_{물}g = \rho_{물}V_{잠긴}g$이다. 아르키메데스의 원리에 따라 부력 $w_{물}$은 중력 $w_{얼음}$과 같다. 즉 $\rho_{물}V_{잠긴}g = \rho_{얼음}V_{얼음}g$에서 다음을 얻는다.

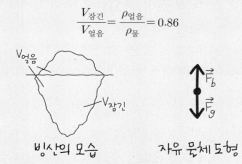

$$\frac{V_{잠긴}}{V_{얼음}} = \frac{\rho_{얼음}}{\rho_{물}} = 0.86$$

그림 15.9 빙산이 얼마나 잠겨 있을까?

검증 답을 검증해 보자. 빙산 부피의 86%가 바닷물 속에 잠기고 14%만 물 밖으로 나온다. 정말 빙산의 일각이다! 부피의 비율은 곧 밀도의 비율 $\rho_{얼음}/\rho_{물}$이므로 물체의 밀도가 바닷물의 밀도에 가까울수록 깊이 잠긴다.

| **개념 예제 15.1** | **줄어드는 북극** |

북극의 해빙이 지구 온난화의 결과로 빠르게 녹고 있다. 이것은 해수면의 상승에 기여하는가?

풀이 첫 번째 떠오르는 답은 "예"일 것이지만, 다시 생각해 보라! 아르키메데스 원리에 따르면 떠 있는 얼음은 물의 무게가 얼음 전체의 무게와 같아지는 부피의 물을 밀어내고 있다. 물론 가라앉은 부분만 밀어내고 있다. 얼음이 녹으면 그 전체 무게와 같은 부피를 대체하는 물이 된다. 그러나 무게는 변하지 않으므로 대체된 물의 양은 같다. 이것은 해수면이 변하지 않는다는 것을 의미한다.

검증 녹는 것이 해빙인 한, 얼음이 녹는 것은 해수면 상승에 기여하지 않는다. 육지의 얼음은 이야기가 다르다. 현대의 해수면 상승의 약 절반이 빙하가 녹거나 빙하가 갈라져 빙산이 형성된 탓이다. 나머지 절반은 17장에서 공부할 열팽창 탓이다. 기후 변화에 관한 정부간 협의체에 따르면, 이 두 과정 때문에 2100년까지 해수면이 50 cm에서 1 m 범위까지 상승할 것으로 예측된다.

관련 문제 지상의 그린란드 만년설은 약 3백만 km^3를 차지하고 있고, 약 15,000 km^3의 얼음은 북극해에 떠 있다. 이 두 얼음이 완전히 녹으면 생기는 세계 해양의 대략적인 상승을 비교하라.

풀이 이 개념 예제가 보여 주듯이 해빙이 녹는 것은 해수면 상승에 기여하지 않지만 육지의 얼음은 해양에 물을 추가할 것이다. 그 부피가 얼음의 부피의 약 86%(예제 15.4 참조), 즉 약 260만 km^3가 될 것이다. 해양은 지구 표면적($4\pi R_E^2$, R_E는 지구의 반지름)의 약 71%를 덮고 있고, 녹은 물은 퍼져서 두께 d의 층이 될 것이므로 부피는 $V = (0.71)(4\pi R_E^2)d$이다. 이 양을 녹은 물의 부피 $2.6 \times 10^{15}\ m^3$와 같다고 놓고 d에 대해 풀면 $d = 7\ m$를 얻는다. 이 높이는 오늘날 해안 도시의 대부분을 침수시키기에 충분하다.

| **확인 문제** | **15.3** 고무공의 밀도는 물의 밀도의 $\frac{3}{5}$배이다. 물에 놓인 공은 (a) 물에 절반 이상 잠긴 채로 뜬다, (b) 물에 절반 이하로 잠긴 채로 뜬다, (c) 가라앉는다. |

부력 중심

부력은 떠 있는 물체의 질량 중심에 작용하는 것이 아니라, 물체가 없다면 거기에 존재할 물의 질량 중심에 작용한다. 이 점을 **부력 중심**(center of buoyancy)이라고 부른다. 안정 평형 상태로 떠 있는 물체의 부력 중심은 반드시 물체의 질량 중심보다 위에 있다. 그렇지 않으면 그림 15.10처럼 알짜 돌림힘이 생겨서 물체가 뒤집어지기 시작한다.

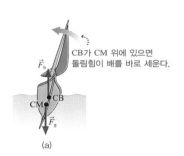

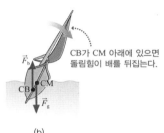

그림 15.10 부력 중심(CB)이 질량 중심(CM) 위에 있어야 배가 안정하다.

15.4 유체 동역학

LO 15.4 유체 동역학에서 질량과 에너지 보존을 적용할 수 있다.

이번에는 움직이는 유체를 생각해 보자. 유체의 운동은 유체 내 한 점의 유속으로 기술될 수 있고, 유속은 각 점에서 흐름 방향에 접선인 **유선**(streamline)으로 표시된다(그림 15.11 참조). 유선 사이의 간격으로 유속을 나타낸다. 즉 유선이 밀집한 곳에서 유속이 빠르다. 움직이는 유체에 작은 입자를 뿌리면 유선을 따라 움직이므로 유속의 모양을 볼 수 있다.

정상류(steady flow)에서는 개별 유체 요소가 연속 운동을 하더라도 유체 운동의 모양이 각 점에서는 똑같다. 바라보는 물이 흘러가도 정상 상태로 흐르는 강물은 항상 같아 보인다. 주어진 점에서 물의 속도는 항상 같다. 반면에 **비정상류**(unsteady flow)는 시간에 따라 유체 운동이 변하는 흐름이다. 동맥의 혈액 흐름은 비정상류이다. 심실의 압축으로 압력이 증가하면 유속이 증가하기 때문이다. 여기서는 정상류에 대해서만 유체 운동을 정량적으로 기술한다.

고전물리학의 다른 운동과 마찬가지로 유체 운동도 뉴턴 법칙을 따른다. 뉴턴의 제2법칙으로 유속을 위치와 시간의 함수로 표기할 수 있다. 그러나 유체의 운동 방정식은 특별히 간단한 경우를 제외하고는 풀기가 매우 어렵다. 따라서 뉴턴 법칙보다 에너지 보존을 사용하여 유체 동역학에 접근한다.

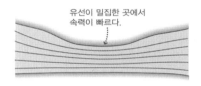

그림 15.11 유선은 강물의 속도를 나타낸다.

> **확인 문제** **15.4** 옆의 사진은 자동차의 공기역학 특성 실험에서 나타나는 연기 입자의 유선을 보여 준다. 자동차의 어느 곳에서 유속이 더 큰가? (a) 자동차 지붕 위쪽, (b) 자동차 본넷 위쪽

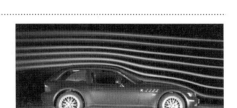

질량 보존: 연속 방정식

역학에서 개별 입자의 궤적을 추적하는 데는 어려움이 없었다. 그러나 유체는 연속적이고 변형이 가능하므로 유체에서 개별 유체 요소를 추적하기가 매우 어렵다. 그래도 유체는 보존된다. 즉 유체가 움직일 때 새로운 유체가 생성되거나 소멸되지 않는다.

그림 15.12a처럼 유선으로 표시한 정상류에서, 옆면이 유선에 나란하고 양 끝의 면적이 유선에 수직인 **흐름관**(flow tube)을 생각해 보자. 흐름관의 단면적은 충분히 작아서 유속과 같은 유체의 특성이 단면적에서는 거의 변하지 않지만, 흐름관의 길이 방향으로는 변한다. 흐름관에 실질적 경계는 없지만 유체가 유선을 가로지르지 않고 유선을 따라 흐르기 때문에

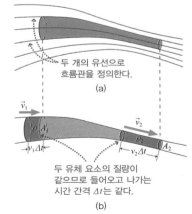

그림 15.12 정상류에서는 흐름관으로 들어온 유체의 양과 나간 양이 같다.

실제 관처럼 취급해도 무방하다. 정상류에서 흐름관의 왼쪽 끝으로 들어오는 유체의 양은 오른쪽 끝으로 나가는 양과 같다.

그림 15.12b에서 속력 v_1로 움직이는 유체가 시간 Δt 동안 왼쪽 끝에서 들어온다. 왼쪽 끝의 단면적을 A_1, 밀도를 ρ_1이라고 하면, Δt 동안 유체가 지나간 길이가 $v_1 \Delta t$이므로, 들어오는 유체의 질량은 $m = \rho_1 A_1 v_1 \Delta t$이다.

한편 오른쪽 끝의 단면적을 A_2, 속력을 v_2, 밀도를 ρ_2라고 하면, 나가는 유체 요소의 질량은 $m = \rho_2 A_2 v_2 \Delta t$이다. 흐름관에서 유체의 총질량이 보존되려면 같은 시간 간격 Δt 동안 들어온 유체와 나가는 유체의 질량이 똑같아야 한다.

m에 대한 두 식으로부터 $\rho_1 v_1 A_1 = \rho_2 v_2 A_2$를 얻는다. 즉 다음과 같이 흐름관의 모든 곳에서 $\rho v A$는 일정하다.

질량 흐름률(kg/s)은 유체가 지나는 단면적
A와 유체 밀도 ρ 그리고 유속 v의 곱이다.

$$\rho v A = \text{일정 (연속 방정식, 유체)} \tag{15.4}$$

정상 흐름의 경우, 질량 보존은 질량 흐름률이
흐름관을 따라 변할 수 없음을 의미한다.

이 식은 정상류의 질량 보존을 뜻하는 **연속 방정식**(continuity equation)이다. 또한 $\rho v A$의 단위가 $(\text{kg/m}^3)(\text{m/s})(\text{m}^2) = \text{kg/s}$이므로, 이 식은 단위 시간당 흐름관을 지나는 유체의 질량인 **질량 흐름률**(mass flow rate)과 같다. 식 15.4는 정상류에서는 질량 흐름률이 같다는 뜻이다.

액체에서는 밀도 ρ가 일정하므로 연속 방정식은 다음과 같다.

vA는 부피 흐름률(m^3/s)이다.

$$vA = \text{일정 (연속 방정식, 액체)} \tag{15.5}$$

액체의 밀도가 변하지 않아 질량이 보존되므로
액체의 부피 흐름률이 일정하다는 것을 의미한다.

여기서 일정한 양의 단위가 $(\text{m/s})(\text{m}^2) = \text{m}^3/\text{s}$이므로, 식 15.5는 **부피 흐름률**(volume flow rate)을 뜻한다. 식 15.5는 일리가 있다. 같은 부피의 유체가 지나가므로, 단면적이 크면 속력이 느려지고, 단면적이 작으면 속력이 빨라진다. 기체에서는 식 15.4는 항상 성립하지만, 밀도가 변하기 때문에 식 15.5는 반드시 성립하지는 않는다. 음속보다 느린 기체의 흐름에서는 액체처럼 면적이 작을수록 속력이 커진다. 그러나 기체의 유속이 음속보다 커지면 밀도가 급격하게 변해서 면적이 작아질수록 속력이 줄어든다.

예제 15.5 | **연속 방정식 사용하기: 골짜기 깊이**

뉴욕 위쪽 아우저블 강은 폭이 40 m이고, 대체로 2.2 m 깊이에 유속이 4.5 m/s이다. 강물이 챔플레인 호수로 유입되기 전에 폭이 3.7 m에 불과한 아우저블 골짜기로 들어온다. 골짜기의 유속이 6.0 m/s이면 깊이는 얼마인가? 강의 단면적은 직사각형이고 유속은 일정하다고 가정한다.

해석 연속 방정식에 숨은 개념인 질량 보존에 관한 문제이다. 단면적을 통과하는 유속이 일정하므로 강을 하나의 흐름관으로 취급한다.

과정 식 15.5에서 vA는 일정하다. 강의 단면적이 직사각형이므로 면적 A는 폭 w와 깊이 d의 곱이다. 따라서 식 15.5는 $v_1 w_1 d_1 = v_2 w_2 d_2$이고, 아래 첨자는 상류와 골짜기에서 값들을 가리킨다. 이 식으로부터 골짜기의 깊이 d_2를 구한다.

학습 목표   이 장을 학습하고 난 후 다음을 할 수 있다.

LO 15.1 밀도와 압력으로 유체를 기술할 수 있다.
개념 문제 15.1, 15.2
연습 문제 15.11, 15.12, 15.13, 15.14, 15.15, 15.16, 15.21
실전 문제 15.40, 15.41, 15.42, 15.67, 15.77

LO 15.2 정역학 평형 상태에서 유체 압력이 어떻게 변하는지 기술할 수 있다.
개념 문제 15.3, 15.6, 15.7
연습 문제 15.17, 15.18, 15.19, 15.20, 15.22
실전 문제 15.43, 15.44, 15.45, 15.46, 15.47, 15.63, 15.64, 15.65, 15.72, 15.73, 15.74, 15.75, 15.76, 15.78

LO 15.3 떠 있는 물체와 잠겨 있는 물체에 대해 아르키메데스의 원리를 적용할 수 있다.

개념 문제 15.4, 15.5, 15.8, 15.9
연습 문제 15.23, 15.24, 15.25, 15.26
실전 문제 15.48, 15.49, 15.50, 15.51, 15.52, 15.53, 15.54, 16.60, 15.70, 15.79

LO 15.4 유체 동역학에서 질량과 에너지 보존을 적용할 수 있다.
연습 문제 15.27, 15.28, 15.29, 15.30, 15.31
실전 문제 15.66

LO 15.5 유체 동역학에서 베르누이의 원리를 적용할 수 있다.
개념 문제 15.10
실전 문제 15.55, 15.56, 15.57, 15.58, 15.59, 15.61, 15.62, 15.68, 15.69, 15.71

LO 15.6 점성과 난류의 역할을 정성적으로 기술할 수 있다.

개념 문제

1. 높은 산으로 운전해서 올라갈 때 왜 귀가 '뻥'하고 뚫리는가?
2. 대양 바닥의 수압은 위의 물 무게 때문에 증가한다. 이것은 물이 아래 방향으로만 압력을 가한다는 뜻인가?
3. 그림 15.22의 세 용기는 같은 높이까지 차 있고, 위는 대기로 열려 있다. 세 용기 바닥의 압력을 비교하라.

그림 15.22 개념 문제 3

4. 왜 민물보다 바닷물에서 쉽게 뜨는가?
5. 그림 15.23은 닫힌 물통의 바닥에 연결되어 있는 코르크이다. 그림 15.23처럼 물통이 각속력 ω로 회전할 때 코르크의 위치에 대해서 설명하라.

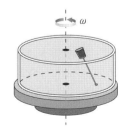

그림 15.23 개념 문제 5

6. 왜 댐의 아랫부분은 윗부분보다 두꺼운가?
7. 1 m 이상의 스노클로 잠수하면 숨쉬기가 불가능하다. 왜 그런가?

8. 헬륨 열기구는 상층 대기권에 도달하기 훨씬 전에 상승을 멈추지만, 호수 바닥에서 놓아 준 코르크는 수면까지 올라간다. 왜 다른가?
9. 철근을 실은 바지선이 호수에서 뒤집혀서 철근이 호수 속으로 쏟아졌다. 호수면이 올라가는가, 내려가는가, 불변인가?
10. 왜 비행기는 맞바람 방향으로 이륙하는가?

연습 문제

15.1 밀도, 압력

11. 당밀의 밀도는 1600 kg/m^3이다. 0.75 L의 병에 들어 있는 당밀의 질량을 구하라.
12. 원자핵의 밀도는 약 10^{17} kg/m^3이고, 물의 밀도는 약 10^3 kg/m^3이다. 물의 몇 %가 빈 공간이 아닌가?
13. 질량 8.8 kg의 압축 공기가 0.050 m^3의 그릇에 갇혀 있다. (a) 압축 공기의 밀도는 얼마인가? (b) 보통의 대기 밀도 1.2 kg/m^3에서, 같은 기체의 부피는 얼마인가?
14. 지표면에서 대기 꼭대기까지 단면적 1 m^2인 공기 기둥의 무게는 얼마인가?
15. 다이아몬드 모루는 과학자와 엔지니어가 행성의 중심에서 발견되는 물질들과 유사한 환경인 극한의 압력 하에서 연구하는데 사용된다. 전형적인 모루는 직경이 약 200 μm인 평행면이 있는 두 개의 다이아몬드로 이루어져 있다. 연구 대상 샘플은 다이아몬드 사이에 배치되고 다이아몬드에 가해지는 힘이 6 kN일 때의 압력을 계산하라.
16. 지름 1.5 mm의 철사줄로 만든 종이 클립을 벽에 대고 밀면서 120 atm의 압력을 가하려면 얼마의 힘이 필요한가?

15.2 유체 정역학 평형

17. 6.0 m 깊이마다 압력이 100 kPa 증가하는 유체의 밀도는 얼마인가?

18. 실험용 잠수정의 내압이 101 kPa일 때 62 MPa의 외압을 견딜 수 있다. 잠수정은 바다 속 몇 미터까지 잠수할 수 있는가?

19. (BIO) 스쿠버 장비는 주변 수압과 같은 압력의 기체를 스쿠버에게 공급한다. 그러나 압력이 1 MPa 이상이면 기체 중에 포함된 질소 중독으로 위험해진다. 얼마나 깊이 잠수할 수 있는가?

20. 꼭대기가 열린 수직관에 밀도가 0.82 g/cm³인 기름이 5.0 cm 깊이의 물 위에 5.0 cm 높이로 들어 있다. 수직관 바닥의 계기 압력을 구하라.

21. 어린이가 물을 마시려고 길이 36 cm의 빨대를 힘껏 빨아도 물이 25 cm밖에 안 올라온다. 입 안의 압력을 대기압보다 얼마나 낮추어야 물을 먹을 수 있는가?

22. 허리케인 핵의 기압은 0.91 atm이다. 핵 바로 아래의 해수면 높이를 1.0 atm의 평온한 영역과 비교하라.

15.3 아르키메데스 원리와 부력

23. 지상에서 운반할 수 있는 콘크리트 토막의 최대 질량은 25 kg이다. 수중에서 운반할 수 있는 최대 질량은 얼마인가? 콘크리트의 밀도는 2200 kg/m³이다.

24. 5.4 g의 보석을 물속에 담그면 겉보기 무게가 32 mN이다. 보석은 밀도가 3.51 g/cm³인 다이아몬드인가, 아닌가?

25. 스티로폼의 밀도는 160 kg/m³이다. 위쪽으로 부력을 작용하는 공기 중에서 잰 스티로폼의 무게는 진공과 몇 % 오차가 생기는가? 공기의 밀도는 1.2 kg/m³이다.

26. 강철 북의 부피는 0.23 m³이고 질량은 16 kg이다. (a) 물 또는 (b) 가솔린(밀도 860 kg/m³)을 채우면 북은 물 위에 뜰 수 있는가?

15.4 유체 동역학, 15.5 유체 동역학의 응용

27. 지름 2.5 cm의 관에 가득 찬 물이 1.8 m/s로 흐른다. 관의 지름이 2.0 cm로 좁아진 곳에서 유속은 얼마인가?

28. 압력의 단위가 에너지 밀도의 단위와 같음을 보여라.

29. 미시시피 강의 질량 흐름률은 1.8×10^7 kg/s이다. (a) 부피 흐름률과 (b) 폭 2.0 km, 깊이 6.1 m인 곳의 유속을 구하라.

30. 지름 10 cm의 소방 호스는 15 kg/s로 물을 뿜어낸다. 호스 끝 노즐의 지름이 2.5 cm이면 (a) 호스와 (b) 노즐에서 유속은 얼마인가?

31. (BIO) 인간의 대동맥 또는 심장에서 나오는 주동맥은 지름이 1.8 cm이고, 35 cm/s의 속력으로 혈액을 운반한다. 지방 응고로 단면적이 80%로 감소하면 혈액의 속력은 얼마인가?

응용 문제

다음 문제들은 본문의 예제들에 기초한 것이다. 두 세트의 문제들은 물리학의 이해를 강화하는 연결의 형성을 돕고 이전에 풀어본 문제에 서 변형된 문제를 해결하는 자신감을 키우도록 설계되어 있다. 각 세트의 첫 번째 문제는 본질적으로 예제 문제이지만 숫자들은 다르다. 두 번째 문제는 예제와 똑같은 상황이지만 묻는 질문이 다르다. 세 번째와 네 번째 문제는 완전히 다른 상황으로 이런 방식을 반복한다.

32. **예제 15.4** 그린란드 빙하에서 파생된 빙산은 바다로 분출되기 전에 육지를 가로질러 이동하면서 얼음에 자갈이 포함된다. 동반된 자갈은 빙산의 밀도를 952 kg/m³으로 증가시킨다. 빙산이 밀도가 1030 kg/m³인 해수에 떠 있을 때 빙산의 부피 중 얼마나 수면에 잠기는가?

33. **예제 15.4** 빙산의 무게는 138,000톤(1톤 = 1000 kg)이며 밀도 917 kg/m³의 순수한 얼음과 밀도 2750 kg/m³의 암석에서 쪼개진 자갈로 구성되어 있다. 빙산의 부피 중 95.5%가 물에 잠긴다면 얼음과 암석의 질량은 각각 얼마인가? 해수 밀도는 1030 kg/m³이다.

34. **예제 15.4** 마이켈슨-몰리 실험(33장 참조)은 아인슈타인의 상대성이론을 위한 길을 열어주는 매우 정밀한 광학 실험이었다. 외부 진동으로부터 격리시키기 위해 질량은 1.7톤(1700 kg)이며, 두께 0.30 m, 폭 1.5 m인 사암 슬래브 위에 그 실험을 장착했으며, 그 다음 슬래브를 액체 수은(밀도 13.69톤/m³) 통에 띄웠다. 슬래브 체적의 몇 %가 수은 표면 아래에 있겠는가?

35. **예제 15.4** 토성의 달인 타이탄에 액체 탄화수소(대부분 메탄이며 일부 에탄)로 채워진 호수가 있다. 과학자들이 탐사기를 보내 타이탄의 가장 큰 호수(이것은 지구 온타리오 호수의 크기와 비슷하다) 탐험을 원한다고 가정하자. 탐사기는 직경이 56.3 cm이고 질량이 135 kg인 실린더이며, 긴 부분이 수직으로 호수에 떠 있는데, 절반은 호수 표면 아래 잠겨 있다. 호수의 액체 밀도가 482 kg/m³인 경우 탐사기의 길이는 얼마인가?

36. **예제 15.6** 큰 원통형 탱크에 2.68 m의 깊이만큼 물이 채워져 있다. 탱크 바닥에 밸브가 있는 작은 직경의 파이프가 있을 때 밸브를 열면 물이 탱크에서 얼마의 속도로 흐르는가?

37. **예제 15.6** 대형 탱크에서 수심을 직접 측정할 방법이 없다. 하지만, 탱크 바닥에 직경이 작은 파이프의 밸브를 열면 5.46 m/s의 속도로 물이 분출되는 것을 관찰할 수 있다. 탱크의 물 깊이는 얼마인가?

38. **예제 15.6** 밀폐된 탱크에는 물이 2.68 m 깊이까지 차 있다. 물 위에는 공기가 186 kPa로 가압된다. 탱크 바닥에 작은 구멍을 열면 바닥의 물은 표준 대기압에 노출된다. 물이 분사되는 최초의 속도는 얼마인가?

39. **예제 15.6** 소화기는 물로 채워진 밀폐된 캐니스터로 구성되며 직경이 캐니스터보다 훨씬 작은 호스가 있다. 호스에서 18.8 m/s로 처음 분사되는 물의 압력은 얼마인가? 호스 노즐에서 정상 대기압을 가정하고 컨테이너 내부의 높이에 따른 압력 변화를 무시한다.

실전 문제

40. 총질량이 120 kg인 한 쌍의 연인이 물침대 위에 누우면 침대의 압력이 4700 Pa 증가한다. 침대와 접촉한 두 인체의 표면적은 얼마인가?

41. 짐을 가득 실은 볼보 왜건의 질량은 1950 kg이다. 네 타이어의 계기 압력이 각각 230 kPa이면 도로와 접촉한 네 바퀴의 전체 면적은 얼마인가?

42. 비행기의 비상 탈출용 창문의 면적은 40 cm×55 cm이다. 비행기 내압은 0.77 atm이고, 대기압이 0.22 atm인 고도로 비행한다. 승객이 창문을 열면 어떤 위험이 닥치는가? 창문을 안쪽으로 당기는 데 필요한 힘을 계산하여 답하라.

43. 꼭대기가 열린 지름 1.0 cm의 수직관에 밀도가 0.82 g/cm³인 5.0 g의 기름이 5.0 g의 물 위에 떠 있다. (a) 기름-물 경계면과 (b) 수직관 바닥의 계기 압력을 구하라.

44. 댐 붕괴는 광범위한 재산 피해와 인명 손실의 심각한 위험을 초래한다. 95 m 깊이의 호수를 막고 있는 댐은 폭이 1500 m인데, 100 GN의 힘을 지탱하도록 지어졌다. 그 힘은 댐이 실제로 경험하는 힘을 최소한 50% 초과한다고 생각된다. 댐을 강화해야 할까? (**힌트**: 미적분 기술이 필요하다.)

45. 양 끝이 열린 U관에 그림 15.24처럼 물과 2.0 cm 길이의 기름이 들어 있다. 기름의 밀도가 물의 밀도의 82%이면 높이차 h는 얼마인가?

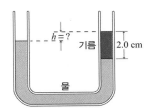

그림 15.24 실전 문제 45

46. 로봇 팔을 움직이는 수압 원통은 지름이 5.0 cm이고, 최대 5.6 kN의 힘을 작용할 수 있다. 수압관은 정격 전압이 1/2 MPa의 정수배로 되어 있고, 안정상 관이 사용 중 경험하게 될 압력보다 50% 더 큰 압력에도 견딜 수 있어야 한다. 압력 등급은 얼마가 되어야 하는가?

47. 자전거에서 특히 디스크 브레이크를 사용하는 경우 유압 브레이크 시스템이 점점 일반화되고 있다. 산악자전거에 널리 사용되는 Magura MT4 브레이크 시스템은 작은 피스톤과 직경이 1.04 cm인 실린더가 핸들 바의 브레이크 작동 레버에 연결되어 있으며, 2.10 cm 직경의 피스톤/실린더를 통해 브레이크 패드를 작동시킨다. (a) 작은 피스톤에 어느 정도의 힘을 가했을 때 큰 피스톤에서 3.25 kN의 힘이 발생하는가? (b) 작은 피스톤이 최대 8.80 mm 이동하면 큰 피스톤에 발생하는 이동 거리는 얼마인가? (c) (b)와 같은 상황에서 각 피스톤에서 발생하는 힘은 얼마인가?

48. 아르키메데스는 왕관을 물에 담가서 무게를 측정하여 왕관이 순수한 금임을 증명하였다. 왕관의 실제 무게는 25.0 N이다. 왕관의 부피가 (a) 100% 금, (b) 75%의 금과 25%의 은이라면 겉보기 무게는 각각 얼마인가? 금, 은, 물의 밀도는 각각 19.3 g/cm³, 10.5 g/cm³, 1.00 g/cm³이다.

49. 음주운전으로 재판을 받는 사람이 체중은 140 lb이고, 36 oz의 맥주를 마시면 법적으로 운전하는 데 장애가 있다고 여겨진다. 증인에 따르면 피고인은 호숫가 파티에서 호수에 띄워놓은 맥주 통에서 맥주를 마셨는데, 마신 후에 맥주 통이 전보다 1.2 cm 더 높게 떠 있었다고 한다. 맥주 통의 내경이 40 cm이고 맥주의 밀도가 물의 밀도와 같다고 한다면, 피고인이 마신 맥주의 양은 얼마인가?

50. 유리잔의 지름은 5.0 cm이고 높이는 14 cm이다. 비었을 때는 높이의 1/3이 물에 잠긴다. 유리잔이 가라앉기 직전까지 12 g의 돌을 몇 개나 담을 수 있는가?

51. 질량 2.0×10^6 kg의 대형 유조선은 자체 질량의 두 배에 해당하는 기름을 운반할 수 있다. 탱크가 비어 있을 때 유조선은 9.0 m 잠긴다. 기름을 가득 채우고 항해하는 데 필요한 물의 최소 깊이는 얼마인가? 유조선의 옆은 수직이라고 가정한다.

52. 밀도 ρ_g의 기체가 들어 있는 열기구가 기체를 뺀 총질량 M을 끌어올린다. 기체의 최소 질량이

$$m_g = \frac{M\rho_g}{(\rho_a - \rho_g)}$$

임을 보여라. 여기서 ρ_a는 대기 밀도이다.

53. (a) 두 사람이 탄 열기구를 상승시키는 데 필요한 헬륨(밀도 0.18 kg/m³)의 양을 구하라. 기체를 뺀 탑승객과 열기구의 총질량은 280 kg이다. (b) 뜨거운 공기를 채운 열기구에 대해서 계산을 다시 하라. 뜨거운 공기의 밀도는 대기 밀도보다 10% 작다.

54. 새로운 수영 플로트인 워터매트의 규격은 1.8 m×2.4 m이며 두께는 10 cm이다. 질량이 20 kg일 경우, 부유물 위로 물이 차오르기 전까지 수용할 수 있는 몸무게 50 kg의 어린이는 몇 명인가? 단, 플로트는 완벽하게 수평을 유지한다고 가정한다.

55. 연습 문제 31의 막히지 않은 대동맥의 계기 혈압이 16 kPa(의사는 흔히 120 mmHg라고 말한다)이면, 지방이 응고된 곳에서는 얼마인가? (**주의**: 혈액의 밀도는 1.06 g/cm³이다.)
BIO

56. 그림 15.25에서 대기에 노출되어 있는 단면적 A의 수평관이 수직 거리 h_1 아래에 있는 단면적 $A/2$의 수평관과 연결되어 있다. 아래 수평관에서 수직으로 연결된 작은 관은 대기에 열려 있다. 끓인 단풍 당밀이 수평관에 가득 차서 흐르고 있고 당밀이 수직관에 올라온 높이가 h_2일 때, 당밀의 부피 흐름률을 구하라.

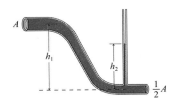

그림 15.25 실전 문제 56

57. 호스의 내부 수압은 140 kPa이고 물이 무시할 만한 속력으로 흐른다. 호스 끝에 작은 구멍이 많은 물뿌리개를 달면 구멍에서 나온 물이 올라갈 수 있는 최대 높이는 얼마인가?

58. 그림 15.26의 벤투리 흐름 측정기는 태양열 집적 장치의 물 흐름률을 재는 데 사용한다. 지름 1.9 cm의 관과 지름 0.64 cm의 좁은 관에 연결된 압력관에는 밀도가 물의 0.82배인 기름이 들어 있다. 압력관에서 기름의 높이차가 1.4 cm이면 부피 흐름률은 얼마인가?

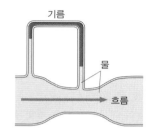

그림 15.26 실전 문제 58

59. 지름 1.0 cm의 벤투리 흐름 측정기가 물(밀도 1000 kg/m³)이 흐르는 지름 2.0 cm의 관에 연결되어 있다. 관과 벤투리관 사이의 압력차가 17 kPa이면 관의 (a) 유속과 (b) 부피 흐름률은 얼마인가?

60. 질량 1.6 g, 지름 28 cm의 구형 고무풍선에 헬륨(밀도 0.18 kg/m³)이 들어 있다. 고무풍선이 떨어지기 전까지 0.63 g의 종이 클립을 몇 개나 매달 수 있는가?

61. **BIO** 계기 압력이 10 kPa이고 밀도가 1.06 g/cm³인 피가 30 cm/s로 동맥을 따라 흐르고 있다. 동맥반 침착이 있는 곳에서 혈압이 5%만큼 떨어진다. 가로막힌 동맥의 넓이 비율은 얼마인가?

62. 송유관의 벤투리 흐름 측정기의 반지름은 송유관 반지름의 반이다. 송유관의 유속은 1.9 m/s이다. 벤투리관과 송유관 사이의 압력차가 16 kPa이면 기름의 밀도는 얼마인가?

63. 선진국의 농촌 지역 주택은 일반적으로 우물에서 물을 얻는다. 우물에서 집으로 물을 옮기는 데 두 가지 유형의 펌프가 사용되는데, 얕은 우물의 경우, 가정 내부에 장착된 펌프에 부분적으로 진공을 생성하여 공기압이 우물 밖으로 물을 밀어낸다. 반면 더 깊은 우물은 수중 펌프가 필요하다. 높은 공기압으로 우물을 들어 올릴 수 있는 방법에는 한계가 있기 때문이다. 주어진 얕은 우물용 펌프가 압력이 표준 대기압의 33.3%인 부분 진공을 생성할 수 있다고 가정할 때, 이 펌프가 작동하는 최대 우물 깊이는 얼마인가?

64. 2012년에 영화제작자 제임스 카메론(터미네이터, 타이타닉, 아바타)은 그의 잠수정 딥씨 챌린저를 타고 지구의 해양에서 가장 깊은 곳인 11 km 깊이의 마리아나 해구의 밑바닥까지 잠수하였다. 잠수정의 강철구는 벽의 두께가 6.4 cm이고 내경이 109 cm이어서 카메론은 가까스로 몸을 넣을 수 있었다. 해구 밑바닥에서 강철구에 작용하는 총 압력힘을 구하라. (총 압력힘은 방향을 고려하지 않고 모든 압력힘을 합한 것으로 부력과 똑같지 않다. 부

력은 벡터로 합한 알짜 압력힘이다.)

65. **DATA** 화성의 대기 속으로 하강한 탐사선이 고도의 함수로 기록한 압력이 아래 표에 있다. 고도 대 압력의 자연로그값을 그래프로 그리고 나타낸 점들을 직선으로 맞추어라. 지구의 대기압을 기술하는 방정식이 똑같이 화성의 대기압을 기술한다(실전 문제 72 참조). 그 방정식과 관련하여 (a) 화성 표면의 압력과 (b) 척도 높이 h_0을 맞춤 직선을 사용하여 구하라.

고도(km)	10	20	30	40	50	60
압력(Pa)	242	98.7	37.6	16.2	7.21	2.38

66. **CH** 지름 d_0의 수도꼭지에서 물이 일정한 수직 속력 v_0으로 흘러나온다. 물줄기의 지름이 $d = d_0[v_0^2/(v_0^2 + 2gh)]^{1/4}$으로 변함을 보여라. 여기서 h는 수도꼭지 아래의 거리이다(그림 15.27 참조).

그림 15.27 실전 문제 66

67. 정상 대기압에서 수직벽에 붙인 지름 5.0 cm의 흡입 컵이 지탱할 수 있는 질량은 얼마인가? 컵과 벽 사이의 마찰 계수는 0.72이다.

68. 그림 15.28은 비행기의 속력을 재는 피토 관의 개략도이다. 비행기 날개 아래쪽의 열린 관 A는 공기 흐름에 수직이고, 다른 열린 관 B는 공기 흐름의 방향이다. 베르누이 방정식을 이용하여 공기에 대한 비행기의 속력이 $v = \sqrt{2\Delta p/\rho}$ 임을 보여라. 여기서 Δp는 두 관 사이의 압력차이고, ρ는 공기 밀도이다. (**힌트**: 공기 흐름은 B에서 멈추고 A는 정상 속력으로 지나간다.)

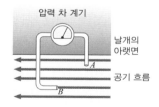

그림 15.28 실전 문제 68

69. 풍력 발전 기지 제안을 듣고서 풍력 옹호자가 날개 지름이 95 m인 터빈 800개를 설치하면 1 GW의 원자력 발전소를 대체할 수 있다고 말한다. 평균 풍속이 12 m/s이고 터빈의 출력의 평균이 이론적인 최댓값의 30%라면, 대체가 가능한가?

70. **CH** 연필이 길이 L만큼 물에 잠겨서 수직으로 떠 있다. 연필을 아래로 살짝 눌렀다가 놓으면 주기 $T = 2\pi\sqrt{L/g}$로 단순 조화 운동을 함을 보여라.

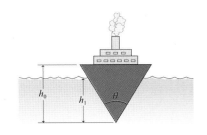

그림 15.30 실전 문제 79

71. 높이 h, 단면적 A_0인 깡통에 물이 가득 차 있다. 깡통 바닥에 면적 $A_1 \ll A_0$의 작은 구멍을 뚫었다. 깡통의 물이 모두 빠져나가는 시간을 표기하라. (**힌트**: 물의 깊이를 y라 하고, 연속 방정식을 이용하여 dy/dt를 구멍을 빠져나가는 물의 속력으로 표기한 다음에 적분하라.)

72. 대기 중의 온도가 일정할 때 대기압과 밀도는 $\rho = p/h_0 g$로 비례하며, 척도 높이 상수는 $h_0 = 8.2\,\text{km}$이고 g는 중력 가속도이다.
(a) 식 15.2를 적분하여 높이 h에 대한 대기압이 $p = p_0 e^{-h/h_0}$임을 보여라. 여기서 p_0은 지표면에서의 압력이다. (b) 압력이 지표면 압력의 반이 되는 고도는 얼마인가?

73. (a) 실전 문제 72를 이용하여 지구의 대기 밀도를 높이의 함수로 구하라. (b) (a)에서 얻은 결과를 이용하여 지구의 전체 대기 질량의 반이 쌓여 있는 고도를 구하라(적분이 필요하다).

74. 밀도 ρ의 액체가 들어 있는 원형 그릇이 각속력 ω로 회전한다. 그림 15.29처럼 그릇의 중심축은 회전축과 같고, 중심에서 액체 높이는 h_0이다. 대기압이 p_a일 때, (a) 그릇 바닥의 압력과 (b) 액체 표면의 높이를 회전축으로부터의 거리 r의 함수로 구하라.

그림 15.29 실전 문제 74

75. 실전 문제 44에서 댐의 밑 가장자리에 물이 작용하는 돌림힘은 얼마인가?

76. 지표면 위로 올라온 수영장 수직벽의 모양은 사다리꼴이고, 밑변은 15 m, 지표면 3.3 m, 위의 윗변은 22 m이다. 수영장 윗변까지 물이 가득 차면 벽에 작용하는 알짜힘은 얼마인가?

77. 진짜 샐러드 드레싱 부피의 1/4은 식초(밀도 $1.0\,\text{g/cm}^3$)이고, 나머지는 올리브유(밀도 $0.92\,\text{g/cm}^3$)이다. 물(밀도 $1.0\,\text{g/cm}^3$)을 넣어서 희석시켰다고 의심이 드는 드레싱의 밀도를 측정했더니 $0.97\,\text{g/cm}^3$이다. 진짜인가, 가짜인가?

78. 배관공이 낡은 아파트의 온수관을 조사해 보니 압력이 18 psi이었다. 높이 33 ft까지 온수를 공급할 수 있는가? 영국 단위계로 물의 밀도는 $62.2\,\text{lb/ft}^3$이다.

79. 그림 15.30과 같은 화물선을 설계한다고 하자. 선체는 V자 모양이다. 이물에서 고물까지 전체 길이는 L이고, 용골에서 갑판까지의 높이는 h_0이다. 화물이 없으면 용골에서 수면까지 h_1이다. 화물을 가득 실으면 배의 흘수가 h_0에 접근한다. 최대 화물량을 h_0, h_1, L, θ와 물의 밀도 ρ로 표기하라.

실용 문제

동맥 협착증은 동맥의 내부 벽에 쌓인 찌꺼기 때문에 동맥이 협착되는 증상으로 부위에 따라서는 심각한 질병이 발생할 수 있다. 대뇌에 혈액을 공급하는 경동맥의 협착증은 뇌졸중의 주요 원인이 되고 신장 동맥의 협착증은 신부전을 일으킬 수 있다. 폐동맥 협착증은 선천적 장애 때문에 생기고, 산소 공급이 충분치 않게 된다. 협착된 동맥으로 혈액을 통과시키려면 심장이 더 힘들게 작동해야 하기 때문에 협착증은 고혈압의 원인이 될 수 있다.
다음의 질문에 답할 때 정상류라고 가정한다(동맥에서는 짧은 시간 척도에서만 맞다).

80. 협착증이 있는 동맥에서 혈액의 부피 흐름률을 그 주위의 동맥에서와 비교하면
a. 더 낮다.
b. 같다.
c. 더 높다.

81. 협착증이 있는 동맥에서 혈류 속력을 그 주위의 동맥에서와 비교하면
a. 더 낮다.
b. 같다.
c. 더 높다.

82. 다음 의학적 문제 중 발생할 가능성이 큰 것은 어느 것인가?
a. 협착증이 있는 동맥은 낮은 혈압 때문에 찌부러질 수 있다.
b. 협착증이 있는 동맥은 높은 혈압 때문에 터질 수 있다.
c. 어느 것도 아니다. 협착증이 있는 동맥의 압력은 주위 동맥에서와 같다.

83. 정상 동맥과 협착증이 있는 동맥도 원형 단면이지만, 협착증이 있는 동맥의 지름이 주위 동맥의 지름의 절반이면, 협착증이 있는 동맥에서 혈류 속력은
a. 주위 동맥에서의 혈류 속력의 $\frac{1}{4}$이다.
b. 주위 동맥에서의 혈류 속력의 $\frac{1}{2}$이다.
c. 주위 동맥에서의 혈류 속력과 같다.
d. 주위 동맥에서의 혈류 속력의 $\sqrt{2}$ 배이다.
e. 주위 동맥에서의 혈류 속력의 4배이다.

15장 질문에 대한 해답

장 도입 질문에 대한 해답

얼음의 밀도가 물의 밀도보다 약간 작기 때문이다.

확인 문제 해답

15.1 (c)

15.2 (c) $\vec{F}$가 작은 피스톤을 움직인 거리는 위로 향하는 압력힘이 큰 피스톤을 움직인 거리보다 더 멀다. 힘과 변위의 곱은 두 피스톤의 경우에 같으므로 한 일도 같다.

15.3 (a)

15.4 (a) 유선이 촘촘하기 때문이다.

15.5 압력이 높으면 유속이 낮으므로 $h_1 > h_4 > h_2 > h_3$이다.

진동, 파동, 유체

2부는 뉴턴 역학을 진동 운동과 파동 운동, 유체 운동으로 확대한다. 이와 같이 복잡한 운동에서도 힘, 질량, 에너지의 기본 개념으로 운동을 기술할 수 있다.

진동은 안정 평형에서 교란된 계의 반복 운동을 기술한다. 평형을 복원하려는 힘 또는 돌림힘이 변위에 정비례할 때, 단순 조화 운동을 한다.

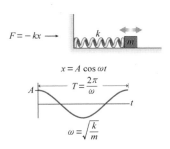

$$x = A \cos \omega t$$

$$\omega = \sqrt{\frac{k}{m}}$$

파동은 물질이 아니라 에너지를 운반하는 교란이다. 단순 조화 파동은 사인 모양이다.

$$y(x,\, t) = A \cos(kx - \omega t)$$

각진동수 $\omega = 2\pi f$

파동수 $k = \dfrac{2\pi}{\lambda}$

파동 주기 $T = \dfrac{1}{f}$

파동 속력 $v = \dfrac{\omega}{k} = \dfrac{\lambda}{T} = f\lambda$

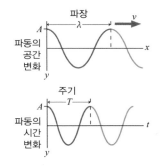

파동이 겹쳐지면 **간섭**이 발생한다. 파동이 강해지면 보강 간섭, 약해지면 상쇄 간섭이다.

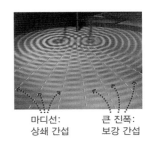

마디선: 상쇄 간섭 | 큰 진폭: 보강 간섭

매질의 범위에 제한이 있을 때 **정지파**가 생긴다. 특정 파장과 진동수만 허용되며 매질의 길이에 의존한다.

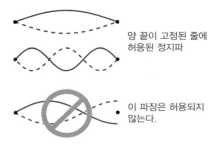

양 끝이 고정된 줄에 허용된 정지파

이 파장은 허용되지 않는다.

정역학 평형 상태의 유체는 깊이에 의존하는 압력으로 위 방향의 부력 $\vec{F}_b$를 갖는다.
아르키메데스 원리에 따라 부력은 대체된 유체의 무게와 같다.

움직이는 유체는 질량이 보존되고, 유체 마찰(점성)이 없으면 에너지도 보존된다.

유체 동역학에서 질량과 에너지 보존 법칙은 연속 방정식과 베르누이 방정식으로 표기된다. 두 식은 흐름관에서 성립한다.

연속 방정식: $\rho v A = $ 일정

베르누이 방정식: $p + \dfrac{1}{2}\rho v^2 + \rho g y = $ 일정

좁은 간격: 높은 v 넓은 간격: 낮은 v 흐름관

도전 문제

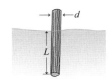

균일한 지름 d, 총질량 M인 원통 통나무는 질량이 불균일하게 분포하여 그림처럼 수직으로 뜬다. (a) 통나무의 잠긴 길이 L을 M, d, ρ(물의 밀도)로 표기하라. (b) 통나무를 수직으로 눌렀다가 놓으면 단순 조화 운동을 시작한다. 운동의 주기를 표기하라. 점성이나 다른 마찰은 모두 무시한다.

3부

열역학

거대한 증기 터빈은 고압 증기의 에너지를 역학적 에너지로 바꾼 후 장치의 오른쪽 끝에 있는 발전기로 전기를 생산한다. 삽입된 그림은 고압의 증기로 회전하는 터빈 날개를 보여 준다. 이러한 장치로 인류가 사용하는 대부분의 전기 에너지를 생산한다. 이러한 기관의 작동과 효율은 열역학 법칙을 따른다.

개요

인류는 약 2×10^{13} W라는 막대한 비율로 에너지를 소비하고 있으며, 대부분의 에너지를 얻는 화석 연료의 연소 과정은 열역학을 따른다. 연료를 태운 열에서 역학적 에너지를 얻는 엔진으로 자동차, 트럭, 비행기를 움직이고 대부분의 전기 에너지를 생산한다. 그러나 공학자들의 독창적인 노력에도 불구하고, 열을 역학적 에너지로 전환시키는 효율은 열역학 법칙들이 설정한 근원적인 한계를 벗어날 수 없다. 인류가 직면한 에너지와 환경 문제는 이와 같이 열역학에 기반을 두고 있다.

자연계도 기본적으로는 열역학계이다. 수억 마일의 우주 공간을 전파하는 태양 에너지가 없다면 지구는 생명이 없는, 얼어붙은 바위가 될 것이다. 지구 내부, 대양, 대기의 열흐름은 대류 이동에서 해류, 날씨, 기후까지 지배하는 열역학 과정이다. 인간이 초래한 기후 변화는 열에너지의 흐름에 영향을 미치는 대기의 열역학적 특성에 기반을 두고 있다. 결국 열역학 법칙에 따라 전 우주에 걸친 에너지 흐름도 결정된다.

열과 에너지를 공부하는 열역학은 다음 네 장의 주제이다.

온도와 열

예비 지식

- 에너지 개념(6장, 7장)
- 에너지와 일률의 차이(6.5절)

학습 목표

이 장을 학습하고 난 후 다음을 할 수 있다.

LO 16.1 열, 온도, 열역학 평형의 정의와 온도 눈금들 사이의 변환을 할 수 있다.

LO 16.2 열용량 및 비열 관련 문제를 해결할 수 있다.

LO 16.3 세 종류의 주요 열전달 방법을 설명할 수 있다.

LO 16.4 건물 단열에 대한 적용을 포함한 전도성 열전달 관련 문제를 해결할 수 있다.

LO 16.5 복사 열전달 관련 문제를 해결할 수 있다.

LO 16.6 기후 과학 분야의 응용 등 열에너지 균형 시스템의 온도를 구할 수 있다.

이 적외선 사진으로 집 안의 열손실을 어떻게 알 수 있을까? 조금 전까지 자동차를 운전한 사실을 어떻게 알 수 있을까?

열과 온도에 관한 질문은 결국에는 에너지에 관한 질문이다. 열, 온도, 에너지는 지구의 기후 같은 자연계를 움직이는 에너지 흐름과 엔진, 발전소, 냉장고 같은 기술을 이해하는 데 필수적인 개념이다.

질량, 운동 에너지 같은 특성은 미시적 원자나 분자에서 자동차, 행성까지 동등하게 적용될 수 있다. 그러나 온도, 압력 같은 특성은 거시계에만 적용될 수 있다. **열역학**(thermodynamics)은 거시적 특성을 연구하는 물리 영역이다. 물질의 열역학적 거동은 역학 법칙을 따르는 구성 요소의 운동이다. **통계역학**(statistical mechanics)은 물질의 거시적 기술과 미시적 과정을 이어 주는 물리학의 영역이다. 역사적으로는 물질의 원자론이 완성되기 전에 열역학이 확립되었다. 그러나 원자와 분자 수준의 역학체계인 통계역학을 통해서 미시적 원인을 이해하게 되면서 비로소 열역학을 물리적으로 이해하게 되었다.

16.1 열, 온도 및 열역학적 평형

LO 16.1 열, 온도 및 열역학 평형의 정의와 온도 눈금들 사이의 변환을 할 수 있다.

냉장고에서 음료수병을 꺼내 두면 결국에는 실온에 도달한다. 이때 음료수병과 방은 거시적 특성이 더 이상 변하지 않는 상태, 즉 **열역학 평형**(thermodynamic equilibrium)에 있다고 한다. 열역학 평형을 점검하기 위해서 길이, 부피, 압력, 전기 저항 같은 거시적 특성을 조사할 수 있다. 두 계를 접촉시켰을 때 거시적 특성이 변하면 열역학 평형에 있지 않았다는 뜻이다. 거시적 특성이 더 이상 변하지 않으면 비로소 열역학 평형에 도달한 것이다.

'접촉시킨다'는 정확하게 말하면 '열적으로 접촉시킨다'는 뜻이다. 한 계의 열적 변화가 다른 계에 거시적 변화를 일으키면 두 계가 **열적 접촉**(thermal contact)에 있다고 말한다. 스티로폼 커피 잔과 주변처럼 변화가 거의 일어나지 않으면 계가 **열적으로 절연되어**(thermally insulated) 있다고 말한다.

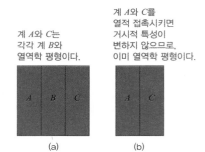

계 A와 C는
각각 계 B와
열역학 평형이다.

계 A와 C를
열적 접촉시키면
거시적 특성이
변하지 않으므로,
이미 열역학 평형이다.

(a)　　　　(b)

그림 16.1 열역학 영법칙

이제 다음과 같이 온도를 정의한다. **두 계가 열역학 평형에 있으면 두 계의 온도가 같다.** 두 계 A와 C가 세 번째 계 B와 열적 접촉한다고 하자. 단, A와 C는 열적 접촉이 아니다 (그림 16.1a 참조). A와 C는 직접 접촉하지 않지만, 두 계의 온도는 같다. 즉 그림 16.1b처럼 A와 C를 열적 접촉시키면 더 이상 변화가 일어나지 않는다. '세 번째 계와 열역학 평형인 두 계는 서로 열역학 평형이다'는 사실은 아주 근본적이므로 이것을 **열역학 영법칙** (zeroth law of thermodynamics)이라고 부른다.

온도계(thermometer)는 온도와 함께 변하는 거시적 특성이 편리하게 측정되는 장치이다. 수은 기둥의 길이, 기체 압력, 전기 저항, 쌍금속 띠의 휨 등을 잰다. 온도계가 다른 계와 열역학 평형에 도달하면 온도에 의존하는 물리적 특성으로 온도를 잴 수 있다. 영법칙에 따라 온도계의 눈금이 같은 두 계는 같은 온도에 있다.

켈빈 눈금과 기체 온도계

가장 용도가 많은 온도계 중의 하나가 **일정 부피 기체 온도계**(constant-volume gas thermometer)인데, 기체의 압력이 온도의 도수를 제공한다(그림 16.2 참조). 기체 온도계는 아주 낮은 온도를 포함한 넓은 범위에 걸쳐 기능하고, 2019년 이전에 SI 계에 사용되는 켈빈 온도 눈금을 정의하는 데 사용되었다. 그림 16.3에서 보듯이 켈빈 눈금의 영점을 기체 압력이 0이 되는 곳의 온도로 정의한다. 기체는 음의 압력을 가질 수 없기 때문에 이 점을 **절대 영도**(absolute zero)로 정의한다. 이 개념의 의미를 19장에서 더 탐구할 것이다. 두 번째 점은 고체, 액체, 기체 상태의 물이 평형 상태로 공존하는 물의 삼중점(triple point)이다(17장 참조). 2019년 이전의 SI 정의에서는 삼중점을 정확히 273.16켈빈(기호는 K ; "degree kelvin" 또는 °K 은 사용하지 않는다)으로 정의했다. 다른 온도는 그림 16.3의 선형 외삽으로 정해진다. 원리적으로 켈빈의 삼중점 정의는 재현 가능한 조작적 기준이었지만, 물의 순도와 동위원소 조성의 문제 때문에 이 표준이 이상적이지는 못했다.

SI 단위계의 2019 개정에서는 소위 **볼츠만 상수**(Boltzmann constant)에 대한 정확한 값을 설정하고 새로운 명시적 상수 정의를 사용하여 켈빈을 정의했다. 볼츠만 상수는 17장에서 배울 온도와 분자 에너지 사이의 직접적인 관계를 확립한다. 이 새로운 정의에서 물의 삼중점은 273.16 K 에 아주 가까운 측정값이지만, 모든 측정값이 그렇듯이 약간의 불확정도를 포함한다.

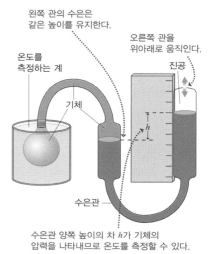

왼쪽 관의 수은은
같은 높이를 유지한다.

온도를
측정하는 계

오른쪽 관을
위아래로 움직인다.

진공

기체

h

수은관

수은관 양쪽 높이의 차 h가 기체의
압력을 나타내므로 온도를 측정할 수 있다.

그림 16.2 일정 부피 기체 온도계

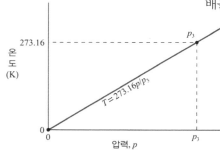

273.16

온도
(K)

$T = 273.16 p/p_3$

0

0　압력, p　p_3

p_3

그림 16.3 온도 눈금은 두 점으로 정해진다. 2019년 SI 개정 전에는 절대 영도와 물의 삼중점의 특정한 온도로 켈빈 눈금을 정의했다. 그 삼중점의 압력을 p_3으로 나타내고 온도를 273.16 K 으로 정의했다.

온도 눈금

다른 온도 눈금으로 섭씨(Celsius, ℃), 화씨(Fahrenheit, °F), 랭킨(Rankine, °R)이 있다(그림 16.4 참조). 섭씨 1도는 켈빈 1도와 같은 온도차이며, 섭씨 0도는 273.15 K 에 대응하므로 섭씨 온도와 켈빈 온도의 관계는 다음과 같다.

$$T_C = T - 273.15 \tag{16.1}$$

여기서 T는 켈빈 온도이다. 섭씨 눈금에서 표준 기압에서 얼음의 녹는점은 정확히 0℃이며, 물의 끓는점은 100℃이고, 물의 삼중점은 0.01℃이다. 식 16.1에서 절대 영도는 -273.15℃이다.

영국의 단위계인 화씨와 랭킨 눈금은 주로 미국에서 사용되고 있다. 화씨 눈금에서 녹는점은 32°F이고 끓는점은 212°F이다. 따라서 화씨 온도와 섭씨 온도의 관계는 다음과 같다.

$$T_F = \frac{9}{5} T_C + 32 \tag{16.2}$$

랭킨은 화씨와 눈금이 같지만 랭킨 눈금의 0도는 절대 영도와 같다(그림 16.4 참조).

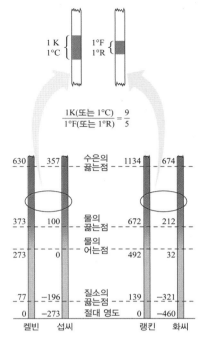

그림 16.4 4가지 온도 눈금들 사이의 관계

열과 온도

성냥불에 손가락이 탈 수 있지만 열은 많지 않다. 이 예는 온도와 열에 대한 직관적인 의미를 제공한다. 열은 무언가의 양(amount)이고 온도는 무언가의 세기(intensity)이다.

한때는 과학자들이 열을, 뜨거운 곳에서 찬 곳으로 흐르는 물질로 간주하여 **칼로릭**(caloric)이라고 불렀다. 1700년대 후반, 미국 태생의 과학자 벤저민 톰슨(Benjamin Thompson)이 대포의 포신을 천공할 때 나오는 열의 양에 제한이 없다는 사실을 관측하여, 열은 보존되는 유체가 될 수 없다고 결론을 내리면서, 열은 천공 기구가 한 역학적 일이라고 제안하였다. 그 후 반세기 동안 열과 에너지의 관련성을 보여 주는 실험들이 수행되었으며, 영국의 물리학자 줄(James Joule)에 의해서 열과 에너지의 관계식이 정량화되었다. 열적 현상을 에너지 보존 원리로 설명한 줄을 기념하여 에너지의 SI 단위로 줄(J)을 사용한다. 켈빈을 정의하는 볼츠만 상수는 J/K의 단위를 가지고 있기 때문에, 켈빈에 대한 2019 재정의는 온도와 에너지 사이의 관계를 공식화하였다.

우리는 보통 물체의 열보다는 온도를 더 중요하게 생각한다. 열은 한 물체에서 다른 물체로 전달되어 온도를 변화시키는 것으로 생각되기 때문이다. 열의 과학적 정의 또한 다음과 같이 열을 에너지의 전달 과정으로 기술한다. **열은 온도차만으로 한 물체에서 다른 물체로 전달되는 에너지이다.** 엄격하게 말하면 전달 중인 에너지만을 **열**(heat)이라고 한다. 열이 전달된 후에는 물체의 **내부 에너지**(internal energy) 또는 **열에너지**(thermal energy)가 증가한다고 말하면서 더 이상 열이란 표현을 쓰지 않는다. 이러한 열의 정의에 따르면, 가열 이외의 다른 과정, 즉 역학적 에너지 또는 전기 에너지의 전달도 물체의 온도를 변화시킬 수 있다. 7장에서 비보존력을 다룰 때 내부 에너지와 역학적 에너지 전달의 관계에 대해 간단히 소개하였다.

> **확인 문제** **16.1** 섭씨와 화씨 눈금이 일치하는 온도는 (a) 없다, (b) 한 개 있다, (c) 한 개보다 많다.

16.2 열용량과 비열

LO 16.2 열용량 및 비열 관련 문제를 해결할 수 있다.

온도와 에너지는 관련되어 있기 때문에 물체에 전달된 열 Q와 물체의 온도 변화 ΔT가 $Q = C \Delta T$로 정비례한다는 것은 놀랍지 않다. 여기서, C는 물체의 **열용량**(heat capacity)이다. 열은 에너지 전달의 척도이므로 열용량의 단위는 J/K 이다. 열용량은 물체의 질량, 물질 등에 따라 달라진다. 따라서 단위 질량당 열용량을 **비열**(specific heat) c로 정의하여 여러 물질의 열적 특성을 비교한다. 열용량을 비열과 질량의 곱으로 표기하면 물체에 전달된 열은 다음과 같다.

$$Q = mc \Delta T \qquad (16.3)$$

비열의 SI 단위는 J/kg·K 이다. 표 16.1은 몇몇 물질의 비열의 목록이다.

표 16.1 몇몇 물질의 비열*

물질	비열, c	
	SI 단위: J/kg·K	cal/g·℃, kcal/kg·℃, Btu/lb·℉
알루미늄	900	0.215
콘크리트(혼합 비율에 따라 다르다)	880	0.21
구리	386	0.0923
철	447	0.107
유리	753	0.18
수은	140	0.033
강철	502	0.12
화강암	840	0.20
물:		
액체	4184	1.00
얼음, −10℃	2050	0.49
나무	1400	0.33

* 얼음을 제외하고 온도 범위는 0℃에서 100℃이다.

과학자들은 열과 에너지의 관계를 알기 전부터 열역학 현상을 연구하면서 열의 단위로 **칼로리**(calorie, cal)를 사용하였다. 1 cal는 물 1 g의 온도를 14.5℃에서 15.5℃로 올리는 데 필요한 열이다. 즉 물의 비열은 1 cal/g·℃이다. 현재는 열-에너지 등가성을 확인하는 방법에 따라 칼로리에 대한 정의가 달라졌다. 이 책에서는 정확히 4.184 J인 열화학적 칼로리의 정의를 채택한다. 또한 미국 공학 분야에서 널리 사용하는 영국 단위로 **영국 열단위**(British thermal unit, Btu)가 있다. 1 Btu는 물 1 lb의 온도를 63℉에서 64℉로 올리는 데 필요한 열로서 1054 J과 같다.

예제 16.1　비열: 샤워하기

온 가족이 다 샤워하는 바람에 온수기의 온도가 18℃로 떨어졌다. 온수기의 물 150 kg을 50℃까지 올리는 데 필요한 에너지는 얼마인가? 5.0 kW의 전기 가열기를 사용하면 얼마나 걸리는가?

해석 물의 온도를 올리는 데 필요한 에너지를 구하므로 비열에 관한 문제이다. 또한 가열기의 일률이 시간당 에너지이므로 걸리는 시간을 구할 수 있다.

과정 식 16.3, $Q = mc \Delta T$는 온도 변화에 대한 열량의 관계식이므로 물의 비열로 필요한 에너지를 구한다. 또한 일률과 에너지의 관계로부터 걸리는 시간을 구한다.

풀이 식 16.3에서 필요한 에너지는 다음과 같다.

$$Q = mc \Delta T = (150 \text{ kg})(4184 \text{ J/kg} \cdot \text{K})(50℃ - 18℃)$$
$$= 20 \text{ MJ}$$

물의 비열은 표 16.1에 나타나 있다. 전기 가열기가 5.0 kW (5.0×10³ J/s)로 에너지를 공급하므로 20 MJ의 에너지를 공급하는 데 걸리는 시간은 다음과 같다.

$$\Delta t = \frac{2.0 \times 10^7 \text{ J}}{5.0 \times 10^3 \text{ J/s}} = 4000 \text{ s}$$

검증 기다리기엔 긴 시간이지만, 불합리한 답은 아니다.

℃인가, K인가?
온도차를 다룰 때는 두 단위의 차이가 같기 때문에 섭씨 온도차에 J/kg·K 단위의 비열을 곱해도 무관하다.

상온 근처의 일반적인 물질의 비열은 상당한 온도 범위에 걸쳐 거의 일정하다. 그러나 아주 낮은 온도에서 비열은 온도에 따라 상당히 변한다. 그러한 경우에는 미소 열흐름 dQ와 대응하는 온도 변화 dT를 사용하여 식 16.3을 $dQ = mc(T)dT$로 쓴다. 그러면 적분을 하여 넓은 온도 범위에 걸쳐서 전체 열흐름과 온도 변화를 관련지을 수 있다. 실전 문제 75와 76은 이 상황을 다룬다.

비열은 물체를 가열할 때 물체의 압력과 부피의 변화에도 영향을 받는다. 고체나 액체처럼 팽창이 적은 경우에는 이러한 변화가 중요하지 않다. 그러나 기체를 가열하면 팽창 상태에 따라 크게 달라진다. 따라서 기체에서는 부피나 압력을 일정하게 유지하는 두 종류의 비열이 있다. 18장에서 기체의 열역학 거동을 공부할 때 다시 논의하겠다.

평형 온도

온도가 다른 물체가 열적 접촉하면 뜨거운 물체에서 차가운 물체로 열이 흘러서 열역학 평형에 도달한다. 이때 주위와 물체가 열적으로 절연되어 있으면 뜨거운 물체에서 나온 열은 전부 다 차가운 물체로 전달된다. 따라서 다음과 같이 표기할 수 있다.

$$m_1 c_1 \Delta T_1 + m_2 c_2 \Delta T_2 = 0 \qquad (16.4)$$

뜨거운 물체에서 온도 변화 ΔT가 음의 값이므로, 위의 식 16.4의 두 항은 반대 부호이다. 하나는 뜨거운 물체에서 나온 열이고 다른 하나는 차가운 물체로 들어가는 열이다. 예제 16.2에서 식 16.4를 적용하여 평형 온도를 구한다.

확인 문제 **16.2** 질량이 250 g인 뜨거운 돌을 같은 질량의 차가운 물에 넣었다. 온도가 많이 변하는 것은 (a) 돌인가, (b) 물인가? 설명하라.

예제 16.2	평형 온도 구하기: 팬 식히기	응용 문제가 있는 예제

온도가 180°C인 질량 1.5 kg의 알루미늄 프라이팬을 20°C의 물 8.0 kg이 들어 있는 싱크대에 넣었다. 물이 끓지 않고 주위로 열이 빠져나가지 않는다면 팬과 물의 평형 온도는 얼마인가?

해석 처음의 온도가 다른 두 물체가 열적 평형에 도달하는 문제이다. 대상 물체는 프라이팬과 물이다.

과정 식 16.4, $m_1 c_1 \Delta T_1 + m_2 c_2 \Delta T_2 = 0$을 적용한다. 온도차 ΔT를 프라이팬의 온도 T_p, 물의 온도 T_w, 평형 온도 T로 나타내면, 식 16.4를 $m_p c_p (T - T_p) + m_w c_w (T - T_w) = 0$으로 표기할 수 있다.

풀이 위 식에서 평형 온도를 구하면 다음을 얻는다.

$$T = \frac{m_p c_p T_p + m_w c_w T_w}{m_p c_p + m_w c_w}$$

문제에 주어진 값들과 표 16.1에서 찾은 c_p와 c_w를 넣으면 $T = 26$°C이다.

검증 물은 훨씬 더 큰 질량과 더 높은 비열을 가지고 있기 때문에, 물의 온도 변화(6°C)가 프라이팬의 온도 변화(154°C)보다 훨씬 작다.

16.3 열전달

....

LO 16.3 세 종류의 주요 열전달 방법을 설명할 수 있다.

LO 16.4 건물 단열에 대한 적용을 포함한 전도성 열전달 관련 문제를 해결할 수 있다.

LO 16.5 복사 열전달 관련 문제를 해결할 수 있다.

....

열은 어떻게 전달될까? 공학자는 열전달 방법을 알아야 냉난방 장치를 설계할 수 있다. 과학자는 열전달 방법을 알아야 지구 온난화에 따른 온도 변화를 예측할 수 있다. 여기서는 세 종류의 열전달 방법, 즉 전도, 대류, 복사에 대해서 공부한다. 상황에 따라 한 가지 방법 혹은 세 방법 모두 열전달에 관여한다.

전도

전도(conduction)는 물리적인 직접 접촉을 통해서 열을 전달한다. 전도에서는 뜨거운 물체의 분자들이 차가운 물체의 분자들과 충돌하면서 에너지를 전달한다. 이러한 물질의 전도 특성을 **열전도도**(thermal conductivity, 기호 k, SI 단위 $W/m \cdot K$)로 표기한다. 보통 물질들의 열전도도는 좋은 전도체인 구리의 열전도도 $400 \, W/m \cdot K$에서부터 좋은 단열재인 스티로폼의 열전도도 $0.029 \, W/m \cdot K$까지 넓은 범위의 값을 가지고 있다. 표 16.2에 몇몇 물질의 열전도도가 SI 단위와 영국 단위로 수록되어 있다. 영국 단위인 Btu는 건물의 열손실을 계산할 때 널리 이용되고 있다. 표 16.2는 물질의 특성도 보여 준다. 예를 들어 금속은 자유롭게 움직이는 자유 전자가 있어서 좋은 열전도체이다. 섬유 유리, 스티로폼 같은 단열재들은 적은 양의 공기나 다른 기체를 잡아두는 물리적 구조 때문에 좋은 단열성을 가진다.

표 16.2 열전도도*

물질	열전도도, k	
	SI 단위: $W/m \cdot K$	영국 단위: $Btu \cdot in/h \cdot ft^2 \cdot °F$
공기	0.026	0.18
알루미늄	237	1644
콘크리트(혼합 비율에 따라 다르다)	1	7
구리	401	2780
섬유 유리	0.042	0.29
유리	0.7~0.9	5~6
거위 털	0.043	0.30
헬륨	0.14	0.97
철	80.4	558
강철	46	319
스티로폼	0.029	0.20
물	0.61	4.2
소나무	0.11	0.78

* 온도 범위는 0°C에서 100°C이다.

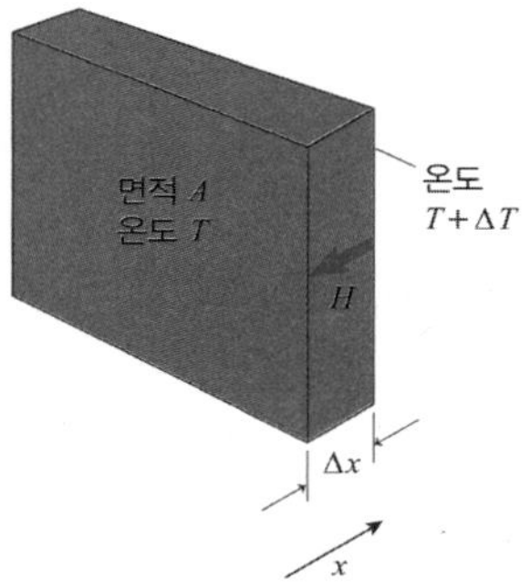

그림 16.5 뜨거운 면에서 차가운 면으로의 열흐름

그림 16.5는 두께 Δx, 면적 A인 평판을 나타낸 것인데, 한쪽의 온도는 T이고 반대쪽의 온도는 $T + \Delta T$이다. ΔT의 온도차로 평판을 통해서 전도성 열이 흐른다. 열흐름은 온도차,

평판의 면적, 열전도도 k에 비례한다. 반면에 평판이 두꺼울수록 열흐름에 대한 저항이 커지므로, 두께에는 반비례한다. 그러므로,

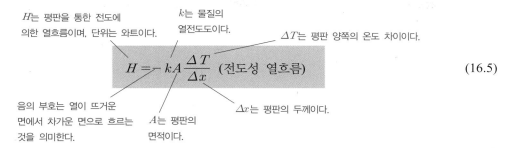

H는 평판을 통한 전도에 의한 열흐름이며, 단위는 와트이다.
k는 물질의 열전도도이다.
ΔT는 평판 양쪽의 온도 차이이다.

$$H = -kA\frac{\Delta T}{\Delta x} \quad \text{(전도성 열흐름)} \qquad (16.5)$$

음의 부호는 열이 뜨거운 면에서 차가운 면으로 흐르는 것을 의미한다.
A는 평판의 면적이다.
Δx는 평판의 두께이다.

여기서 $H = dQ/dt$는 와트 단위의 열흐름률이다. 식 16.5에서 음의 부호는 온도의 반대방향, 즉 뜨거운 곳에서 차가운 곳으로 열이 흐른다는 뜻이다.

식 16.5는 면에서 면으로 온도가 균일하게 변할 때만 성립한다. 즉 서로 다른 온도로 접촉한 표면적이 같을 때가 그런 경우이다. 원통을 단열 물질로 둘러싼 것처럼 기하학적 구조가 달라지면 $\Delta T/\Delta x$ 대신에 dT/dx로 표기하고 적분으로 열흐름률을 구해야 한다(실전 문제 78 참조).

예제 16.3 | 전도: 호수의 열전도율

바닥이 편평한 원통 모양인 호수의 밑면적은 1.5 km^2이고 깊이는 8.0 m이다. 더운 여름날 수면의 온도는 30℃이고 바닥의 온도는 4.0℃이다. 호수에서 열전도율은 얼마인가? 수면에서 바닥까지의 온도 변화는 균일하다고 가정한다.

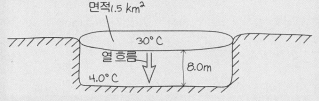

면적1.5 km^2
30℃
열 흐름
4.0℃
8.0m

그림 16.6 예제 16.3의 스케치

해석 열전도에 관한 문제이다.

과정 그림 16.6의 원통 모양의 호수가 그림 16.5의 평판처럼 열을 전도한다고 가정하고, 호수 주변으로의 열흐름은 무시한다. 식 16.5, $H = -kA(\Delta T/\Delta x)$에서 열흐름률을 구한다.

풀이 표 16.2에 수록된 물의 열전도도를 넣으면 다음과 같다.

$$\begin{aligned} H &= -kA\frac{\Delta T}{\Delta x} \\ &= -(0.61 \text{ W/m} \cdot \text{K})(1.5 \times 10^6 \text{ m}^2)\frac{30℃ - 4.0℃}{8.0 \text{ m}} \\ &= -3.0 \text{ MW} \end{aligned}$$

검증 이 값은 상당한 에너지 흐름이지만, 평균적으로 1제곱미터당 약 1 kW의 직사광선으로 1.5 km^2의 수면은 상당한 양의 태양 에너지를 흡수하여 전도성 열흐름을 지속시킨다. 그림 16.5에서 x는 온도가 증가하는 방향으로 증가하므로, 답에서 음의 부호는 아래 방향으로 열이 흐른다는 뜻이다.

여러 물질을 통해서도 열이 흐른다. 예를 들어 건물의 벽에 나무, 시멘트, 섬유 유리 등이 있다. 그림 16.7은 한쪽의 온도가 T_1이고 반대쪽 온도가 T_3인 복합 구조이다. 평판의 경계면에 열이 쌓이지 않으려면 두 평판의 열흐름률은 같아야만 한다. 따라서 각 평판에 대한 열흐름률은 다음과 같다.

$$H = -k_1 A\frac{T_2 - T_1}{\Delta x_1} = -k_2 A\frac{T_3 - T_2}{\Delta x_2}$$

여기서 k_1과 k_2는 두 물질의 열전도도이고, T_2는 경계면의 온도이다. 한편 평판의 **열저항** (thermal resistance) R를 다음과 같이 정의하면, 열흐름률을 표면의 온도 T_1과 T_3만으로 표현할 수 있다.

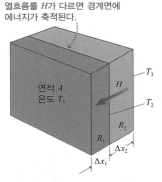

열흐름률 H가 다르면 경계면에 에너지가 축적된다.

면적 A
온도 T_1
H
T_3
T_2
R_2
R_1
Δx_2
Δx_1

그림 16.7 복합 평판

$$R = \frac{\Delta x}{kA} \tag{16.6}$$

R의 SI 단위는 K/W이다. 물질의 특성인 열전도도 k와는 달리, R는 물질의 특정 조각의 특성으로 열전도도와 기하학적 구조가 포함되어 있다. 이제 열흐름률을 열저항으로 표현하면,

$$H = -\frac{T_2 - T_1}{R_1} = -\frac{T_3 - T_2}{R_2}$$

이므로, $R_1 H = T_1 - T_2$와 $R_2 H = T_2 - T_3$을 얻는다. 두 식을 더하면, 다음을 얻는다.

$$(R_1 + R_2)H = T_1 - T_2 + T_2 - T_3 = T_1 - T_3$$

또는

$$H = \frac{T_1 - T_3}{R_1 + R_2} \tag{16.7}$$

식 16.7에 따르면, 복합 구조는 마치 그것을 이루고 있는 두 평판의 열저항의 합과 동일한 열저항을 가진 단일 평판처럼 행동한다. 세 개 이상의 복합 구조에서도 열흐름이 모두 같다면 식 16.7처럼 열저항을 더해서 열흐름률을 구할 수 있다.

확인 문제 **16.3** 두께는 같지만 열전도도가 각각 k, $3k$, $2k$인 세 평판을 그림처럼 접촉시켰다. 왼쪽 평판이 가장 뜨거울 때 온도차 ΔT_1, ΔT_2, ΔT_3을 큰 순서대로 나열하라.

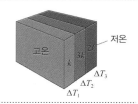

건축 자재의 단열 특성을 단위 면적당 열저항으로 정의하는 **$\mathcal{R}$-인자**($\mathcal{R}$-factor)로 표기한다.

$$\mathcal{R} = RA = \frac{\Delta x}{k} \tag{16.8}$$

$\mathcal{R}$의 SI 단위는 $m^2 \cdot K/W$이다. SI 단위를 사용하는 국가에서 단열재를 구입할 때 확인할 수 있다. 미국에서 사용하는 $\mathcal{R}$의 단위는 $ft^2 \cdot °F \cdot h/Btu$이다. 즉 $\mathcal{R}$-19인 섬유 유리는 그림 16.8처럼 $1°F$의 온도차가 있으면 면적 $1\ ft^2$을 통해서 한 시간 동안 $\frac{1}{19}$ Btu의 열이 빠져나간다는 뜻이다. 창문에서의 열손실을 나타내기 위해 보통 $\mathcal{R}$-인자의 역수인 U값을 사용한다.

그림 16.8 $1°F$의 온도차 ΔT가 있으면 $\mathcal{R}$-19 섬유 유리의 $1\ ft^2$를 통해서 한 시간 동안 $\frac{1}{19}$ Btu의 열이 빠져나간다.

예제 16.4 **열손실 계산하기: 난방 비용**

그림 16.9의 가정집 벽을 회반죽($\mathcal{R} = 0.45$), $\mathcal{R}$-11인 섬유 유리 단열재, 합판($\mathcal{R} = 0.65$), 삼나무널($\mathcal{R} = 0.55$)로 만들었고, 지붕도 같은 자재로 만들었지만 $\mathcal{R}$-30인 섬유 유리를 사용하였다. 겨울철 바깥의 평균 온도는 $20°F$이고, 집 안의 온도는 $70°F$이다. 석유난로는 1갤런당 100,000 Btu의 에너지를 공급하고, 1갤런당 가격은 $2.87이다. 한 달 동안 집 안의 난방비는 얼마인가?

해석 한 달 동안의 난방비를 구하는 문제이지만 경제학 문제는 아니다. 열손실에 관한 물리 문제로서 벽과 지붕을 통한 열흐름을 알아야 한다. 영국 단위계를 사용하는 보기 드문 문제이다.

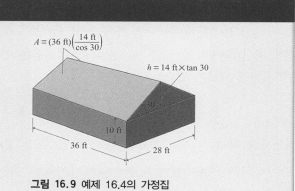

$$A = (36\ ft)\left(\frac{14\ ft}{\cos 30}\right)$$

$h = 14\ ft \times \tan 30$

그림 16.9 예제 16.4의 가정집

과정 문제에 주어진 $\mathcal{R}$-인자의 역수는 영국 단위계로 제곱 피트당 열손실률이다. 따라서 벽과 지붕의 면적을 구해서 전체 열손실률을 구한 다음에, 열손실을 보전할 난방비를 구한다.

풀이 벽 전체의 $\mathcal{R}$값은 각 자재의 $\mathcal{R}$값의 합인 $\mathcal{R}_{벽} = 12.65$이고, 지붕은 $\mathcal{R}_{지붕} = 31.65$이다. 벽의 둘레가 $2 \times 28\,\text{ft} + 2 \times 36\,\text{ft} = 128\,\text{ft}$이고, 높이가 $10\,\text{ft}$이므로 직사각형 벽의 면적은 $1280\,\text{ft}^2$이다. 또한 면적이 $\frac{1}{2}bh$인 삼각형 벽이 두 개이므로, 면적 bh는 $(28\,\text{ft})(14\,\text{ft}\tan30°) = 226\,\text{ft}^2$이다. 즉 벽의 전체 면적은 $A_{벽} = 1506\,\text{ft}^2$이다. 따라서 $\mathcal{R}$-12.65인 벽의 열손실률은 $(1/12.65)$ $\text{Btu/h/ft}^2/°\text{F}$이며, 면적이 $1506\,\text{ft}^2$이고 온도차가 $50°\text{F}$이므로 결국 벽의 전체 열손실률은 다음과 같다.

$$H_{벽} = \left(\frac{1}{12.65}\,\text{Btu/h/ft}^2/°\text{F}\right)(1506\,\text{ft}^2)(50°\text{F})$$
$$= 5953\,\text{Btu/h}$$

또한 경사진 지붕의 면적은 평평한 지붕의 면적의 $1/\cos30°$배이므로 지붕의 열손실률은 다음과 같다.

$$H_{지붕} = \left(\frac{1}{31.65}\,\text{Btu/h/ft}^2/°\text{F}\right)\frac{(36\,\text{ft})(28\,\text{ft})}{\cos30°}(50°\text{F})$$
$$= 1839\,\text{Btu/h}$$

즉 집 전체의 열손실률은 $7792\,\text{Btu/h}$이고, 한 달 동안에는 $Q = (7792\,\text{Btu/h})(30\,\text{days/month})(24\,\text{h/day}) = 5.61\,\text{MBtu}$에 해당한다.

한편 석유난로가 갤런당 $10^5\,\text{Btu}$($0.1\,\text{MBtu}$)를 공급하므로 한 달에 $56.1\,\text{gal}$의 기름을 태우면 $5.61\,\text{MBtu}$의 에너지를 얻는다. 기름값은 $\$2.87/\text{gal}$이므로 결국 난방비로 161달러가 필요하다.

검증 북쪽의 추운 지역에서 살아 보면 이 값은 그리 큰 난방비가 아니다. 위 계산에서 창문, 출입문, 마루, 찬 공기의 유입 등을 무시했기 때문이다. 동시에 창문을 통한 태양 에너지의 유입도 무시하였다. 실전 문제 71에서 좀 더 실질적인 상황을 다룬다.

대류

대류(convection)는 유체 운동으로 열을 전달한다. 가열된 유체의 밀도가 낮아지면 위로 올라가기 때문에 대류가 발생한다. 그림 16.10a는 온도가 다른 두 판 사이에 유체가 들어있는 모습이다. 아랫판에서 가열시킨 유체가 올라가면서 윗판으로 열을 전달한다. 올라가서 식어버린 유체는 가라앉아서 다시 가열된다. 이러한 유체의 상승과 하강 무늬는 그림 16.10b처럼 독특한 규칙성을 가지기도 한다.

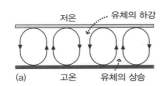

일상에서 대류는 중요하다. 물을 끓이면 대류로 열이 전달된다. 집 안에서는 바닥 높이의 열원에서 시작된 대류 현상으로 방 안 전체에 더운 공기가 순환된다. 절연재는 공기를 잡아두기 때문에 대류가 일어나지 않아서 열손실을 막는다. 지표면을 데우는 태양열로 발생한 대류는 거대한 공기 흐름을 형성하여 지구의 기후를 변화시킨다. 폭풍우 같은 급격한 대류 현상은 국소적 온도차 때문에 발생한다. 매우 긴 시간대로 보면 지구 내부에서 발생한 맨틀의 대류 현상으로 대륙의 이동이 시작되었다. 별과 행성의 자기장 발생처럼 천체 물리학에서도 대류가 중요하다.

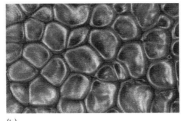

그림 16.10 (a) 온도가 다른 두 판 사이의 대류, (b) 위에서 본 대류 모양. 유체는 대류 세포(convection cell)의 중앙에서 상승하고, 가장자리에서 하강한다.

전도 현상처럼 대류에서도 열손실률은 어림잡아 온도차에 비례한다. 그러나 유체 운동의 복잡성 때문에 대류성 열손실을 계산하기는 매우 어렵다. 오늘날의 과학과 공학에서도 대류 과정에 대한 연구가 활발히 진행되고 있다.

복사

전기난로를 '강(high)'으로 작동시키면, 밝게 빛난다. '약(low)'으로 작동시키면, 눈에 보일 정도로 빛나지는 않지만 여전히 열을 감지할 수 있다. 두 경우 모두 전기난로는 전자기파, 즉 **복사**(radiation)를 방출하면서 에너지를 잃고 있다. 복사 일률 P는 다음의 **슈테판-볼츠만 법칙**(Stefan-Boltzmann law)에 따라 온도의 네제곱으로 증가한다.

P는 표면에서 방출되는 일률(단위는 와트)이다.

σ는 5.67×10^{-8} W/m^2·K^4 (SI 단위)를 갖는 상수이다.

$$P = e\sigma A T^4 \quad \text{(슈테판-볼츠만 법칙, 복사 일률)}$$ (16.9)

방출률 e는 0과 1 사이의 값을 가지며, 표면이 얼마나 효과적으로 복사를 방출하는지를 보여 준다.

T는 표면의 켈빈 온도

A는 방출 표면의 면적

여기서 A는 방출 표면의 면적, T는 켈빈 온도이고, σ는 **슈테판-볼츠만 상수**(Stefan-Boltzmann constant)로 5.67×10^{-8} W/m^2·K^{4}이다. 또한 e는 **방출률**(emissivity)로서 복사를 방출하는 효율을 0에서 1까지의 숫자로 표기한 값이다. 복사를 잘 방출하는 물질은 같은 파장의 복사를 잘 흡수한다. 즉 $e = 1$인 완전 방출체는 완전 흡수체이다. 완전 흡수체는 실온에서 검게 보이므로 **흑체**(black body)라고 불린다. 빛나는 물체는 대부분의 복사를 반사시키므로 나쁜 방출체이다. 나무 난로는 검게 칠해서 방출률을 높이고, 보온병은 빛나는 은색으로 복사 방출을 줄인다.

온도에 대한 강한 의존성(T^4) 때문에 저온보다는 고온에서 복사가 더 중요해진다. 진공에서는 전도나 대류로 열을 전달할 물질이 없기 때문에 복사가 또한 우세하다. 그래서 지구와 다른 행성의 기후를 이해하는 데 식 16.9가 아주 중요해진다.

또한 물체는 주변 온도 T_a를 사용한 식 16.9의 비율로 주변 환경에서 복사 에너지를 흡수하므로 알짜 복사 일률은 $P = e\sigma A(T^4 - T_a^4)$이 된다. 물체가 주위 환경보다 훨씬 뜨거우면 두 번째 항을 무시할 수 있다. 그러나 인체와 같은 정도의 온도를 갖는 물체에 대해서는 두 번째 항이 중요하다.

온도에 따라 변하는 것은 복사의 양뿐만 아니라, 난로 버너의 예에서 언급한 것처럼 방출되는 전자기파의 파장도 변한다. 예를 들어, 실온의 물체는 대부분 보이지 않는 적외선을 방출하지만, 태양과 같은 매우 뜨거운 물체는 더 많은 가시광선을 방출한다. 34장에서 이 관계를 정량적으로 살펴볼 것이다.

확인 문제 **16.4** 다음의 세 경우에서 주된 열전달 방법을 찾아라. (1) 뜨겁게 달아오른 난로, (2) 냄비와 직접 접촉한 화로, (3) 끓기 시작한 냄비의 물

예제 16.5 **복사열 계산하기: 태양의 온도**

태양의 복사 일률은 $P = 3.83 \times 10^{26}$ W이고, 태양의 반지름은 6.96×10^8 m이다. 태양을 흑체($e = 1$)로 간주하고 표면 온도를 구하라.

해석 뜨거운 물체가 방출하는 복사에 관한 문제이다.

과정 슈테판-볼츠만 법칙인 식 16.9, $P = e\sigma A T^4$은 온도, 방출률, 표면적의 관계식이다. 이 식에서 T를 구한다. 그림 16.11처럼 태양은 표면적 $4\pi R^2$을 통해서 복사열을 방출한다.

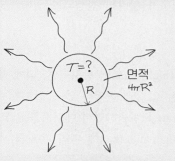

그림 16.11 태양은 표면적 $4\pi R^2$을 통해서 복사열을 방출한다.

루를 통한 열손실률은 얼마인가?

28. 1 °F 온도차마다 1 ft²를 통해서 시간당 0.040 Btu의 열을 손실하는 벽의 $\mathcal{R}$-인자는 얼마인가?

29. 1인치 두께를 갖는 공기, 콘크리트, 섬유 유리, 유리, 스티로폼, 나무의 $\mathcal{R}$-인자를 각각 계산하라.

30. 대장장이가 표면적이 50 cm²인 말발굽을 810 °C로 가열한다. 말발굽의 에너지 방출률은 얼마인가?

16.4 열에너지 균형

31. 오븐 내부와 20 °C 부엌의 온도차 1 °C마다 오븐의 에너지가 14 W씩 손실된다. 오븐을 180 °C로 유지하는 데 필요한 평균 일률은 얼마인가?

32. 집 안의 난방 장치는 최대 40 kW로 에너지를 공급한다. 집의 내부와 외부의 1 °C 온도차마다 1.3 kW의 비율로 에너지를 잃고, 이 지역에서 겨울의 최소 온도는 −15 °C이다. 새 난방 장치를 설치하면 집 안의 온도를 20 °C(68 °F)로 유지할 수 있는가?

33. 100 W 전구의 필라멘트 온도가 3.0 kK이다. 필라멘트의 표면적은 얼마인가?

34. **BIO** 일반적인 인체는 표면 넓이가 1.4 m²이고 피부 온도는 33 °C이다. 인체의 방출률이 약 1이라면, 주변 온도가 18 °C일 때, 인체에서 방출되는 알짜 복사는 얼마인가?

응용 문제

다음 문제들은 본문의 예제들에 기초한 것이다. 두 세트의 문제들은 물리학의 이해를 강화하는 연결의 형성을 돕고 이전에 풀어본 문제에서 변형된 문제를 해결하는 자신감을 키우도록 설계되어 있다. 각 세트의 첫 번째 문제는 본질적으로 예제 문제이지만 숫자들은 다르다. 두 번째 문제는 예제와 똑같은 상황이지만 묻는 질문이 다르다. 세 번째와 네 번째 문제는 완전히 다른 상황으로 이런 방식을 반복한다.

35. **예제 16.2** 온도가 144 °C인 질량 2.65 kg의 철 프라이팬을 21.0 °C의 물 10.9 kg이 들어 있는 싱크대에 넣었다. 열손실이 없다고 가정할 때, 팬과 물의 평형 온도는 얼마인가?

36. **예제 16.2** 뜨거운 스토브 버너 위에 놓인 2.33 kg의 알루미늄 프라이팬은 286 °C로 뜨겁게 달구어졌다. 프라이팬을 식히기 위해 25 °C 물에 넣을 계획이다. 평형 온도를 40 °C 이하로 유지할 수 있는 물의 최소량은 얼마인가?

37. **예제 16.2** 원자력 발전소의 연료 공급 과정 중, 248개의 폐연료봉을 원자로에서 폐연료봉 저장소로 이동시킨다. 각 폐연료봉은 질량이 322 kg이고, 284 J/kg·K의 비열을 가지며, 평균 온도가 658 °C인 원자로에서 옮겨진다. 폐연료봉 저장소에는 15.0 °C의 물이 1720톤(1720 Mg) 들어 있다. 폐연료봉과 평형을 이루게 되면 수온이 얼마나 상승하는가? (그러나 이 상황에서는 폐연료봉의 방사성 붕괴에 의해 발생되는 에너지 때문에 수온이 더 상승한다.)

38. **예제 16.2** 놋쇠 제조업체는 1350 °C의 용융 구리 755 kg에 469 °C의 용융 아연을 첨가한다. 용융 구리 및 아연의 비열은 각각 572 J/kg·K, 497 J/kg·K이다. 혼합물의 평형 온도가 1170 °C라면, 합금 질량의 몇 퍼센트가 아연인가?

39. **예제 16.7** 면적이 435 ft²인 벽($\mathcal{R}$-45)과 평균 35.6 Btu/h/ft²의 비율로 태양 에너지를 허용하는 면적이 285 ft²인 유리($\mathcal{R}$-2.1)로 만들어진 태양열 온실이 있다. 바깥 온도가 −10.5 °F인 날 온실의 온도를 구하라.

40. **예제 16.7** 유럽의 태양열 온실은 면적이 51.5 m²인 단열벽($\mathcal{R}$ = 9.56 m²·K/W)과 평균 112 W/m²의 비율로 태양 에너지를 허용하는 면적이 32.3 m²인 유리($\mathcal{R}$ = 0.21 m²·K/W)로 만들어진다. 온실 내부의 온도가 영상으로 유지될 최저 실외 온도는 얼마인가?

41. **예제 16.7** 화성과 목성 사이의 벨트에 있는 소행성은 평균 96.2 W/m²의 비율로 태양 에너지를 흡수한다. 만약 소행성을 흑체로 가정할 때, 소행성의 표면 온도는 얼마인가?

42. **예제 16.7** 주어진 항성 주위의 거주 가능 구역은 행성의 표면 온도가 액체 상태의 물이 존재할 수 있을 정도인 지역으로 정의된다. 적색 왜성 트라피스트-1(Trappist-1)의 밝기(총 출력)는 태양의 0.000522배에 불과하다. 트라피스트-1의 거주 가능 구역을 구하라. 물이 0 °C에서 얼고 100 °C에서 끓는 지구 대기압을 가정하라. 또한 모든 행성들은 흑체처럼 행동하고, 행성은 행성의 단면적에 대해 에너지를 흡수하지만, 행성의 전체 표면에서 에너지를 방출한다고 가정한다. (**힌트**: 속 뒷표지를 참조하고 14.4절을 검토하라. 사실, 트라피스트-1의 거주 가능 구역에는 7개의 행성이 있다.)

실전 문제

43. 일정 부피 기체 온도계는 얼음의 정상 녹는점에서 101 kPa의 공기로 채워져 있다. (a) 물의 정상 끓는점(373 K), (b) 산소의 정상 끓는점(90.2 K), (c) 수은의 정상 끓는점(630 K)에서 각각 공기를 채우면 압력은 얼마인가?

44. 물의 삼중점에서 일정 부피 기체 온도계의 압력은 55 kPa이다. 1 K의 온도차마다 압력은 얼마씩 변하는가?

45. 그림 16.2의 기체 온도계에서 높이 h는 물의 삼중점에서 60.0 mm이다. 온도계를 끓는 이산화황에 넣으면 높이가 57.8 mm로 낮아진다. SO_2의 끓는점은 켈빈 온도로 섭씨 온도로 얼마인가?

46. **BIO** 60 kg인 사람이 1700 m 높이의 산을 오르는데 소모하는 최소 열량(kcal)은 얼마인가? (**참고**: 실제 사용되는 대사 에너지는 훨씬 더 클 것이다.)

47. **BIO** 보통 지방의 열량은 9 kcal/g이다. 체지방의 에너지를 100% 효율로 활용할 수 있다면, 마라토너가 125 kcal/mile의 비율로 에너지를 소모하면서 26.2 mile을 달리는 동안 감소한 질량은 얼마인가?

48. **BIO** 지름 1.0 km, 깊이 10 m인 원형 호수가 있다(그림 16.14 참조). 태양 에너지는 평균 200 W/m²로 호수에 입사된다. 호수가 모든

태양 에너지를 흡수하고 주위와 열교환이 없다면, 10℃에서 20℃로 온도가 올라가는 데 얼마나 걸리는가?

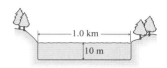

그림 16.14 실전 문제 48

49. (a) 비어 있을 때, (b) 1.0 kg의 물이 들어 있을 때, (c) 4.0 kg의 수은이 들어 있을 때, 800 g의 구리 팬을 15℃에서 90℃로 가열하는 데 필요한 열은 각각 얼마인가?

50. 처음에는 100 g의 물과 표 16.1의 어떤 물질 100 g의 온도는 20℃로 같았다. 각 물질에 1.0 min 동안 같은 비율로 열을 전달한 후에, 물은 32℃, 다른 물질은 76℃로 온도가 상승했다. (a) 다른 물질은 무엇인가? (b) 가열 비율은 얼마인가?

51. 900 W의 오븐으로 10℃의 물 330 mL를 끓는점까지 가열하는 데 얼마나 오래 걸리는가?

52. 휴가에서 돌아온 두 이웃의 집이 각각 35℉로 냉랭하다. 각자의 집에는 100,000 Btu/h의 비율로 열을 공급할 수 있는 난로가 있다. 돌로 지은 집의 무게는 75 t이고, 나무로 지은 집의 무게는 15 t이다. 두 집의 온도가 65℉로 상승하는 데 각각 얼마나 걸리는가? 열손실은 무시하고, 집 전체가 균일한 65℉에 도달한다고 하자.

53. 스토브 버너와 전자레인지 중 물을 데우는데 어느 것이 빠른지에 대해 룸메이트와 논쟁하고 있다. 버너는 1.0 kW의 비율로 열을 공급하고, 전자레인지는 625 W의 비율로 열을 공급한다. 전자레인지는 열용량을 무시할 수 있는 종이컵을 사용하여 물을 가열할 수 있지만, 스토브 버너는 열용량이 1.4 kJ/K인 팬을 필요로 한다. 어느 것으로 가열하든지 걸리는 시간이 같게 되는 물의 양은 얼마인가? 주변의 에너지 손실을 무시하라.

54. 2011년 일본 후쿠시마 원자력 발전소에서는 지진으로 인한 쓰나미로 비상 발전기가 고장 나 3기의 원자로가 냉각수를 공급받지 못했다. 지진 중 안전장치가 원자로를 정지시켰음에도 불구하고 방사능 붕괴는 계속되어 약 33 MW의 비율로 열에너지를 발생시켰다. 원자로를 냉각시키기 위한 필사적인 시도로 운영자들은 소방차를 이용하여 바닷물을 원자로에 주입했다. 만약 10℃의 바닷물 650 m³가 원자로에 주입되었다면, 그 물을 끓는점까지 끌어올리는데 얼마나 오래 걸리는가?

55. 1.2 kg의 쇠 주전자가 2.0 kW의 난로에서 끓는다. 20℃에서 끓는점까지 5.4 min 걸린다면, 주전자 물의 양은 얼마인가?

56. 고막의 온도는 인체 깊은 곳의 온도에 대한 신뢰할 만한 측정값을 나타내고, 적외선 복사를 감지하는 귀 온도계로 재빠르게 온도를 측정할 수 있다. 1 mm²의 고막을 '보는(veiw)' 온도계가 정상 체온 37℃에서 잘 작동하려면 100 μJ의 에너지가 필요하다. 측정은 얼마나 걸리겠는가?

57. 40 km/h로 달리던 1500 kg의 자동차가 갑자기 정지한다. 자동차의 모든 에너지가 네 개의 5.0 kg 강철 브레이크 디스크의 가열로 소모된다면 디스크의 온도는 얼마나 상승하는가?

58. 세탁기의 '온수' 설정은 34.0℃의 물이 공급된다. 냉수관에서는 12.4℃, 온수관에서는 51.7℃의 물이 공급된다면, 세탁기의 충전 밸브는 온수와 냉수를 어떤 비율로 섞어 세탁기 안에 공급하겠는가?

59. 300℃의 구리 조각을 20℃의 물 1.0 kg에 넣었더니 평형 온도 25℃에 도달한다. 구리의 질량은 얼마인가?

60. 캠핑하는 중에 스파게티를 요리하기 위해 물을 끓인다. 냄비에는 처음에 10℃인 물 2.5 kg이 들어 있다. 모닥불에 연료를 계속 추가한 결과, 물이 얻는 에너지 비율은 $P = a + bt$와 같이 증가한다. 여기서 $a = 1.1$ kW, $b = 2.3$ W/s이고 시간 t는 초 단위이다. 물을 끓이는 데 필요한 시간을 가장 가까운 분 단위로 구하라.

61. 생물학 실험실의 대형 냉장고는 크기가 3.0 m × 2.0 m × 2.3 m이고, 8.0 cm 두께의 스티로폼으로 단열되어 있다. 주변 건물의 온도가 20℃이고, 냉장고를 4.0℃로 유지하려면, 냉장고에서 열을 빼내는 평균 비율은 얼마이어야 하는가?

62. 길이 40 cm, 지름 3.0 cm인 쇠막대의 한 끝은 얼음물에, 다른 끝은 끓는 물에 담겨 있다(그림 16.15 참조). 막대는 단열되어 있어 외부로 열손실이 없다고 하자. 막대의 열흐름률은 얼마인가?

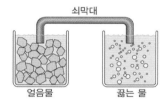

그림 16.15 실전 문제 62

63. 실외 온도가 8℃인 밤에 파티에 참석했는데, 집주인은 난방 시스템이 고장 나서 손님들을 불편하게 하고 싶지 않기 때문에 파티를 취소해야 할 수도 있다고 말한다. 총 36명의 사람들이 모일 것으로 예상되고, 한 사람당 평균 100 W의 열을 방출하며 집은 320 W/℃의 비율로 에너지를 잃는다. 집은 안락한 상태로 유지되겠는가?

64. 표면적이 325 cm²인 전기난로의 방출률은 $e = 1$이다. 전기난로는 1500 W를 소비하며, 난로의 온도는 900 K이다. 집 안의 온도가 300 K이면, 난로에서 복사로 열손실되는 비율은 얼마인가?

65. 저온 물리 실험에서 금속 블록은 전도성 열손실을 막을 수 있는 거의 완벽한 단열재에 의해 다섯 개의 면에 둘러싸여 있고, 복사에 의한 열손실이 없도록 완벽한 반사체로 표면이 코팅되어 있다. 나머지 면은 검은색으로 칠해져 있어 방출률이 1인 흑체처럼 행동하며, 열전도도 k, 두께 d를 가진 복사에 투명한 평판으로 덮여 있다. 평판의 다른 면은 거의 0 K의 액체 헬륨과 접촉하고 있다. (a) 금속 블록이 복사와 전도에 의해 동일하게 에너지가 손실되는 경우, 금속 블록의 온도에 대한 표현식을 구하라. 이때 열은 금속

블록과 평판의 경계면에 수직으로 흐르며, 측면은 열손실이 없다고 가정할 수 있다. (b) 평판의 두께가 2.85 cm이고 $k = 0.0166$인 단열 폼으로 만들어졌을 때 금속 블록의 온도를 구하라.

66. **BIO** 제조업체가 $-10°F$까지 체온을 따뜻하게 유지할 수 있다고 주장하는 새로운 침낭을 구입하는 것을 고려하고 있다. 침낭은 4.0 cm 두께의 오리털 단열층을 가지고 있다. 표면적이 1.5 m^2인 인체는 평균 100 W의 비율로 열을 방출한다. 전도를 통한 열손실만 고려한다면, 외부 온도가 $-10°F$일 때 정상 체온을 유지할 수 있는가?

67. 대장장이가 1.1 kg의 쇠 말발굽을 $550°C$로 가열하여 $20°C$의 물 15 kg이 담긴 통 속에 집어 넣는다. 평형 온도는 얼마인가?

68. $20°C$의 물 430 g을 2.5 min 만에 끓는점까지 가열하기 위한 전자레인지의 출력은 얼마인가? 그릇의 열용량은 무시한다.

69. 지름 15 cm, 길이 65 cm인 원통 통나무를 불타는 벽난로에 넣는다. 통나무가 34 kW로 복사를 방출하면 온도는 얼마인가? 통나무의 방출률은 사실상 1이다.

70. 표면 온도가 23 kK인 별은 3.4×10^{30} W로 복사를 방출한다. 별은 흑체처럼 행동한다고 가정하는 경우, 별의 반지름을 구하라.

71. **ENV** 예제 16.4에서 면적이 $2.5 \text{ ft} \times 5.0 \text{ ft}$인 단일 유리창이 10개 있다고 하자. 남쪽에 있는 네 개의 창은 평균 $30 \text{ Btu/h} \cdot \text{ft}^2$으로 태양 에너지를 흡수하고, 모든 유리창의 열손실 $\mathcal{R}$-인자는 0.90이다. (a) 한 달 동안 전체 열손실량은 얼마인가? (b) 태양 에너지는 얼마나 득이 되는가?

72. 2014년 유럽우주국의 로제타(Rosetta) 우주선은 67P/추류모프-게라시멘코(67P/Churyumov-Gerasimenko) 혜성에서 5000 km 떨어진 곳에 있었다. 로제타는 적외선 센서를 혜성 쪽으로 돌려 96.3 W/m^2의 플럭스(flux)를 측정했다. 어둡고 먼지가 많은 혜성이 흑체처럼 복사한다고 가정하면, 그 온도는 얼마인가?

73. 태양으로부터 받는 에너지의 비율이 겨우 0.876 W/m^2인 명왕성의 평균 온도는 얼마인가? 이때 명왕성을 흑체로 간주한다.

74. **DATA** 아래 표는 전자레인지에서 가열되고 있는 500 g의 물에 대한 시간 대 온도 자료이다. 전자레인지에서 모든 전자기파 에너지는 본질적으로 수분이 들어 있는 음식 안으로 들어간다. 자료를 그래프로 그리고, 최적 맞춤 직선을 구한 후 그 직선의 기울기를 이용하여 이 전자레인지의 출력을 구하라. 물의 비열은 온도와 무관하다고 가정한다. (이것은 근사적으로만 참이다. 실전 문제 75 참조)

시간(s)	0	25	60	95	125	160	190
온도(°C)	12	20	39	53	64	83	93

75. **CH** $0°C$에서 $100°C$까지의 범위에서 물의 비열은 $c(T) = c_0 + aT + bT^2$에 아주 가깝다. 여기서 $c_0 = 4207.9 \text{ J/kg} \cdot \text{K}$, $a = -1.292 \text{ J/kg} \cdot \text{K}^2$, $b = 0.01330 \text{ J/kg} \cdot \text{K}^3$이다. 이 표현을 사용하여 1.000 kg의 물의 온도를 $0°C$에서 $100°C$까지 올리는 데 필요한 열을 구하라. 표 16.1에 있는 c의 값을 전체 온도 범위에서 사용하여

얻게 되는 결과로부터 이 결과는 몇 퍼센트나 다른가?

76. **CH** 저온에서 고체의 비열은 대략 절대 온도의 세제곱에 비례한다. 즉 $c(T) = a(T/T_0)^3$이다. 구리의 경우, $a = 31 \text{ J/g} \cdot \text{K}$과 $T_0 = 343 \text{ K}$이다. 40 g의 구리를 10.0 K에서 25.0 K으로 올리는 데 필요한 열량을 구하라.

77. **ENV** 지구 온난화에 대한 16.3절의 응용물리에서 지구에 도달하는 태양 에너지의 평균 비율은 960 W/m^2이다. 이 양을 태양으로부터 다른 행성까지의 거리(부록 E 참조)의 역제곱으로 축척을 하면 그 행성에 도달하는 태양 에너지 비율을 근사할 수 있다. 이렇게 얻은 값은 단지 근사에 불과하다. 왜냐하면 960 W/m^2는 지구의 고유한 구름과 반사 효과를 포함하고 있고, 더 중요하게는 온실 효과를 무시하고 있기 때문이다. 응용물리에 있는 절차를 따라 화성과 금성 온도의 근삿값을 구하고 측정된 평균 표면 온도(직접 찾아보기 바란다)와 비교하라. 결과에 따르면 화성은 온실 효과가 거의 없는 반면, 금성은 온실 효과가 '폭주하여' 매우 높은 표면 온도를 가진다.

78. **CH** 단면적이 일정하지 않은 원통 관에 대한 식 16.5의 열흐름률은 $H = -kA(dT/dr)$의 형태로 나타낼 수 있으며, 여기서 r는 원통 관의 축으로부터 측정된 방사 방향의 길이이다. 반지름 R_1, 길이 L인 원통 관의 열손실률이 다음과 같음을 보여라.

$$H = \frac{2\pi k L(T_1 - T_2)}{\ln(R_2/R_1)}$$

원통 관은 바깥 반지름 R_2, 열전도도 k인 절연체로 둘러싸여 있고, T_1과 T_2는 각각 관의 표면과 절연체 바깥 표면의 온도이다. (**힌트:** 그림 16.16처럼 두께가 dr인 얇은 관을 통한 열흐름을 고려하여 적분한다.)

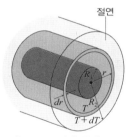

그림 16.16 실전 문제 78

79. **ENV** 기후 변화에 회의적인 친구가 지구 온도가 산업화 기간에 $0.85°C$ 증가한 것은 태양의 평균 출력이 증가했기 때문일 수 있다고 주장한다. 실제로 이 기간에 태양의 평균 출력은 약 0.05%만큼 증가했다. 그 친구가 옳을 수 있는가?

80. 여러분의 가족은 호숫가 캠프에서 겨울을 지낼 준비를 하고 있으며, 적어도 $\mathcal{R}$-19 단열재의 벽을 원하고 있다. 여러분이 가지고 있는 유럽산 단열재의 $\mathcal{R}$-인자는 $3.5 \text{ m}^2 \cdot \text{K/W}$이다. 단열 기준에 적합한가?

81. **ENV** 겨울에 평균 2.2 kW의 비율로 태양 에너지를 받아들이는 남향

창문이 있는 자연형 태양열 주택이 있다. 그 주택은 단열이 잘 되어 있어, 내부와 외부의 온도차가 1 °C 발생할 때마다 55 W의 비율로 에너지를 잃는다. 실내에서 21 °C를 유지할 수 있는 최저 실외 온도는 얼마인가?

82. 예제 16.7의 태양열 온실에 대해 좀 더 실제적으로 접근하면 입사
**COMP
ENV** 하는 태양열의 시간 의존성을 고려해야 한다. 입사하는 태양열에 대한 함수는 $(40\,\mathrm{Btu/h/ft^2})\sin^2(\pi t/24)$로 근사할 수 있으며, 여기서 t는 시(h) 단위이며, $t = 0$은 자정이다. 그러면 온실은 더 이상 에너지 균형을 이룰 수 없고, 대신에 식 16.3의 미분 형태로 기술되는데, 이때 Q는 시간에 따라 변하는 에너지 입력이 된다. 컴퓨터 소프트웨어나 미분 방정식을 풀 수 있는 기능이 내장된 계산기를 사용하여 온실의 시간 의존적 온도를 구하고, 온도의 최댓값과 최솟값을 결정하라. 온실에 대한 열용량 $C = 1500$ Btu/°F와 더불어 예제 16.7에서와 같은 숫자를 가정하라. 처음 온도에 대해서는 임의의 적절한 값을 가정하면, 며칠 후 온실의 온도는 초깃값과 무관하게 정상 진동에 안착해 있을 것이다.

실용 문제

섬유 유리는 널리 보급되고 경제적이며 꽤 효과적인 건축 단열재이다. 이것은 미세한 유리 섬유(보통 재활용 유리를 포함)로 이루어져 있고, 느슨하게 직사각형 판으로 형성되거나 담요로 말려 있다(그림 16.17). 한쪽은 보통 두꺼운 종이나 알루미늄 포일이 대어져 있다. 섬유 유리 단열재는 보통 건축 재료에 필적하는 두께로 생산된다. 예를 들어 나무틀 벽에 대한 것은 3.5인치와 6인치 두께이다. 표준 6인치 섬유 유리의 $\mathcal{R}$-인자는 19이다.

**그림 16.17 섬유 유리 단열재 판
의 단면도(실용 문제 83~86).**

83. 섬유 유리 단열재가 가지는 단열 특성은 주로
   a. 유리의 낮은 열전도도 때문이다.
   b. 차가운 공기의 침투를 막는 능력 때문이다.
   c. 유리 섬유 사이에 붙잡힌 공기의 낮은 열전도도 때문이다.
84. 섬유 유리 단열재에 대는 포일의 한 가지 목적은
   a. 전도에 의한 열손실을 줄이는 것이다.
   b. 대류에 의한 열손실을 줄이는 것이다.
   c. 복사에 의한 열손실을 줄이는 것이다.
85. 다락방의 섬유 유리 단열재로 12인치 두께가 이용 가능하다. 그것의 $\mathcal{R}$-인자는
   a. 38이다.
   b. 76이다.
   c. 29이다.

86. 섬유 유리 단열재는 쉽게 압축되기 때문에 처음에 6인치 폭인 두 판을 압착하여 6인치 벽 공간에 넣을 수 있다. 이것의 총 $\mathcal{R}$-인자는
   a. 두 배가 된다.
   b. 증가하지만 두 배는 아니다.
   c. 감소한다.
   d. 변하지 않는다.

16장 질문에 대한 해답

장 도입 질문에 대한 해답
적외선으로 사진을 찍을 때 온도가 높으면 적외선 노출량이 많아지기 때문이다. 조금 전에 브레이크를 작동할 때 발생한 마찰열 때문에 자동차 바퀴에서 적외선이 밝게 빛나고 있다.

확인 문제 해답
16.1 (b)
16.2 (a) 비열이 낮기 때문에 돌의 온도 변화가 크다.
16.3 $\Delta T_2 < \Delta T_3 < \Delta T_1$. H와 Δx가 같으므로 곱 $k\Delta T$는 같다. 따라서 전도도가 높으면 ΔT가 낮다.
16.4 (1) 복사, (2) 전도, (3) 대류
16.5 (b) 왜냐하면 온도가 올라가면 열손실률도 커져서 결국에는 집에 에너지 균형이 이루어지기 때문이다.

예제 17.2에서 계산한 속력을 **열속력**(thermal speed)이라고 부르며 온도로 표기하면 식 17.3은 다음과 같다.

$$v_{열} = \sqrt{\frac{3kT}{m}} \qquad (17.4)$$

17.1 기체의 켈빈 온도를 2배로 증가시키면 기체 분자의 열속력은 어떻게 변하는가? (a) 두 배가 된다, (b) 네 배가 된다, (c) $\sqrt{2}$ 배로 증가한다.

분자의 속력 분포

열속력 $v_{열}$은 전형적인 분자의 속력이지만 속력 분포에 대해서는 알 수 없다. 분자의 속력은 $v_{열}$과 비슷한 범위에 분포할까? 아니면 훨씬 빠르거나 느릴까?

1860년대에 스코틀랜드의 물리학자 제임스 맥스웰(James Clerk Maxwell)은 탄성 충돌하는 분자의 속력이 열속력 근처에서 봉우리를 갖는 속력 분포를 얻었다. 그림 17.4는 두 온도에 대한 **맥스웰-볼츠만 분포**(Maxwell-Boltzmann distribution)이다. 온도가 높으면 열속력이 커지지만 속력 분포가 넓어져서 고속과 저속의 분자가 많아진다. 고에너지의 분자가 화학 반응에 참가하기 때문에, 속력 분포에서 고속 꼬리는 화학자에게 특히 의미가 깊다. 온도의 상승에 따라 고에너지 꼬리가 확대되므로 화학 반응은 온도에 민감해진다. 따라서 보통 냉장고에서도 음식물은 오랫동안 보관할 수 있다. 고에너지 분자는 액체 상태에서 가장 먼저 증발하여 느리고 찬 분자들만 남으므로 증발 냉각 효과를 설명할 수 있다. 이러한 증발 냉각 효과가 없다면 지구의 대기가 메말라져서 비가 훨씬 적게 올 것이다. 실전 문제 74에서 맥스웰-볼츠만 분포를 정량적으로 탐구할 수 있다.

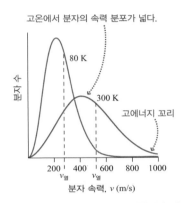

그림 17.4 온도 80 K과 300 K에서 질소 분자의 맥스웰-볼츠만 속력 분포

실제 기체

대부분의 실제 기체에서도 이상 기체 법칙은 좋은 어림식이지만, 앞의 가정이 실제와 차이가 나므로 완벽할 수 없다. 특히 두 요소를 간과할 수 없다. 하나는 실제 분자들은 공간을 차지한다는 것이다. 즉 부피가 감소하여 이상 기체 법칙을 벗어난다. 다른 하나는 가까운 분자 사이에 약한 인력이 작용한다는 것이다. 20장에서 공부할 전기적 효과로 분자 사이에는 **판데르발스 힘**(van der Waals force)이 작용하여 분자의 운동 에너지가 감소한다. 이 또한 이상 기체 행동에서 벗어나는 결과를 가져온다. 실전 문제 75를 풀면 이런 효과에 대해 더 배울 수 있다.

17.2 상변화

LO 17.3 상변화에 수반된 에너지를 결정할 수 있다.
LO 17.4 상그림을 분석할 수 있다.

샤워를 끝내고 보면 거울에 김이 서려 있다. 겨울에 보면 나뭇가지나 솔잎에 서리가 맺혀있다. CD나 DVD를 구워서 정보를 기록할 때, 원판의 작은 점을 레이저로 녹인다. 이들은 기체와 액체, 기체와 고체, 고체와 액체 사이의 **상변화**(phase change)와 관련이 있다.

열과 상변화

얼음 조각을 물통에 넣고 잘 저으면 물의 온도는 몇 도일까? 0°C이다. 얼음이 다 녹을 때까지 0°C이다. 순수한 고체는 특정 온도에서 녹는다. 녹는 과정에서 가해진 에너지로 고체를 이루는 분자 결합이 깨진다. 이때 분자의 퍼텐셜 에너지는 증가하지만 운동 에너지는 변함이 없다. 온도는 분자 운동 에너지의 척도이므로 온도도 변하지 않는다.

상변화에 필요한 단위 질량당 에너지를 **변환열**(heat of transformation) L이라고 부른다. 즉 고체-액체 상변화에서는 **용융열**(heat of fusion) L_f, 액체-기체 상변화에서는 **증발열**(heat of vaporization) L_v, 흔하지는 않지만 고체-기체 상변화에서는 **승화열**(heat of sublimation)이라고 부른다. 변환열의 단위는 J/kg이다. 따라서 질량 m의 상변화에 필요한 에너지는 다음과 같다.

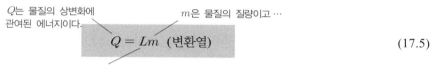

Q는 물질의 상변화에 관여된 에너지이다. m은 물질의 질량이고 …

$$Q = Lm \quad \text{(변환열)}$$

(17.5)

L은 물질의 변환열, 즉 상변화에 따른 단위 질량당 에너지이다.

반대 방향의 상변화에도 같은 에너지가 필요하다. 표 17.1은 몇몇 물질의 변환열을 나타낸 것이다. 물의 용융열은 334 kJ/kg(80 cal/g)이다. 즉 1 g의 얼음을 80°C의 물로 바꾸는 에너지와 같다.

표 17.1 변환열(대기압에서)

물질	녹는점(K)	L_f(kJ/kg)	끓는점(K)	L_v(kJ/kg)
에틸알코올	159	109	351	879
구리	1357	205	2840	4726
납	601	24.7	2013	858
수은	234	11.3	630	296
산소	54.8	13.8	90.2	213
황	388	53.6	718	306
물	273.15	334	373.15	2257
이산화 우라늄	3120	259	3815	1533

개념 예제 17.1 **물의 상변화**

출력이 일정한 뜨거운 가스레인지 위에 있는 냄비에 −20°C의 얼음 한 토막을 넣고서, 얼음이 녹고 끓고 증발할 때까지 가열한다. 이 실험에 대한 시간 대 온도 그래프를 그려라.

풀이 얼음이 가열되면 얼음의 온도가 올라가므로 그래프(그림 17.5)는 위쪽 기울기로 시작한다. 0°C에서 얼음은 녹기 시작하고, 그 동안에 얼음의 온도는 변하지 않는다. 따라서 그래프는 한 동안 수평을 유지한다. 얼음이 모두 녹을 때 물은 따뜻해지기 시작한다. 표 16.1에 따르면 액체 물의 비열이 얼음의 두 배 정도이다. 입력 일이 같다면, 물이 얼음보다 더 천천히 가열된다. 그래서 물이 0°C 에서 끓는점 100°C까지 갈 때 그래프의 기울기는 더 낮다. 그 후

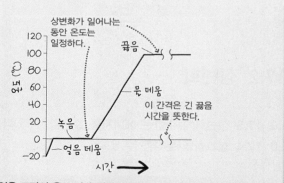

그림 17.5 얼음 토막의 온도-시간 변화. 처음에 −20°C인 얼음 토막에 일정한 비율로 에너지를 공급한다. 전체 과정은 대기압에서 일어난다.

물은 증기로 바뀌기 시작하여 모두 증발할 때까지 100°C에 머문다. 표 17.1에 따르면 물의 증발열은 용융열보다 훨씬 더 크므로 물이 다 끓을 때까지 걸린 시간은 얼음이 다 녹을 때까지 걸린 시간보다 훨씬 더 길다. 그 시간 차이가 그래프에 반영되어 있다.

검증 물을 끓이는 것보다 냄비를 끓여 말리는 것이 더 오래 걸린다.

관련 문제 −20°C의 얼음 0.95 kg에 1.6 kW의 비율로 열을 공급하면 전부 수증기가 될 때까지 시간이 얼마나 걸리겠는가?

풀이 가열에 대한 식 16.3을 표 16.1에 나와 있는 비열과 더불어 사용하자. 상변화에 대한 식 17.4를 표 17.1에 나와 있는 변환열과 더불어 사용하자. 그 결과, 전 과정에 필요한 열은 2.9 MJ이고, 가열 비율이 1.6 kW, 즉 1.6 kJ/s이면 1.8 ks 걸린다. 다시 말해 30분 걸린다.

확인 문제 **17.2** 물이 끓기 시작한 다음에 떠났다가 10분 후에 돌아와 보니 계속해서 끓고 있었다. 물의 온도는 100°C보다 (a) 낮은가, (b) 높은가, (c) 같은가?

예제 17.3 **용융열: 원자로의 노심 용융(meltdown)!**

원자력 발전소의 원자로에 금이 가서 냉각수가 말라 버렸다. 핵분열은 멈춰도 방사성 붕괴로 원자로의 2.5×10^5 kg 이산화 우라늄 노심을 120 MW로 가열시킨다. 녹는점에 도달한 후에 노심을 녹이는 데 얼마나 많은 에너지가 필요한가? 얼마나 오래 걸리는가?

해석 녹음에 관한 문제이므로 용융열을 알아야 한다. 대상 물질은 이산화 우라늄(UO_2)이다.

과정 표 17.1에서 UO_2의 용융열을 찾아서, 식 17.5, $Q = Lm$으로 에너지를 구한다. 한편 방사성 붕괴로 나오는 에너지 생성률에서 시간을 구한다.

계산 표 17.1에 수록된 UO_2의 L_f를 식 17.5에 넣으면

$$Q = L_f m = (259 \text{ kJ/kg})(2.5 \times 10^5 \text{ kg}) = 65 \text{ GJ}$$

을 얻는다. 가열률이 120 MW, 즉 0.12 GJ/s이므로 우라늄 노심을 녹이는 시간은 $(65 \text{ GJ})/(0.12 \text{ GJ/s}) = 540$ s이다.

검증 10분 만에 원자로의 노심이 녹아버린다! 비상 냉각 장치의 안전이 원자로 노심 용융을 방지하는 첩경이다.

때로는 물질을 상전이점까지 가져와서 상전이를 일으키는 데 필요한 총에너지를 알고자 한다. 이 경우에는 16장의 비열과 변환열을 함께 생각해야 한다.

예제 17.4 **가열과 상변화: 얼음이 충분할까?** 응용 문제가 있는 예제

−10°C의 얼음 200 g을 15°C의 물 1.0 kg에 넣었다. 물을 0°C로 냉각시킬 수 있는가? 있다면 얼음이 얼마나 남는가?

해석 온도 변화와 상변화에 관한 문제로 대상 물질은 물이다.

과정 식 16.3, $Q = mc\Delta T$에서 온도 변화에 필요한 에너지를 구하고, 식 17.5, $Q = Lm$으로 상변화에 필요한 에너지를 구한다. 그러나 얼마나 많은 얼음이 녹을지 모른다. 따라서 얼음을 0°C로 가열하는 데 필요한 에너지와 모든 얼음을 녹이는 데 필요한 에너지를 구한다. 물의 온도를 0°C로 냉각시키면서 얻는 에너지가 그 양보다 많으면 결국 모두 $T > 0$°C의 물이 될 것이다. 만약 충분한 에너지가 없으면 0°C의 물과 얼음의 혼합물이 된다. 그리고 물을 냉각하면서 뽑아낸 에너지를 사용하여 얼음이 얼마나 녹았는지 구할 수 있다.

계산 얼음을 가열하고 녹이는 데 필요한 에너지 Q_1은 식 16.3과 식 17.5의 합이며, 표 16.1과 17.1에서 각각 비열과 용융열을 찾아서 넣으면 다음을 얻는다.

$$Q_1 = m_{\text{얼음}} c_{\text{얼음}} \Delta T_{\text{얼음}} + m_{\text{얼음}} L_f$$
$$= (0.20 \text{ kg})(2.05 \text{ kJ/kg} \cdot \text{K})(10 \text{ K}) + (0.20 \text{ kg})(334 \text{ kJ/kg})$$
$$= 4.1 \text{ kJ} + 66.8 \text{ kJ} = 70.9 \text{ kJ}$$

물을 0°C로 냉각시키면서 얻는 에너지 Q_2는 식 16.3에서

$$Q_2 = m_{\text{물}} c_{\text{물}} \Delta T_{\text{물}}$$
$$= (1.0 \text{ kg})(4.184 \text{ kJ/kg} \cdot \text{K})(15 \text{ K}) = 62.8 \text{ kJ}$$

이다. 이 값은 얼음을 0°C로 가열하는 에너지 4.1 kJ보다 크지만, 모든 얼음을 녹이는 데 필요한 에너지 70.9 kJ보다는 작다. 따라서 물을 0°C로 냉각시키고도 얼음이 남는다. 얼마나 남을까? Q_1 계산에서 4.1 kJ은 얼음의 온도를 올리는 데 필요하다. 물을 냉각시키면서 얻는 에너지 62.8 kJ에서 이 에너지를 뺀 58.7 kJ로 얼음을 녹인다. 식 17.5에서 녹는 얼음의 양은

$$m_{녹은} = \frac{Q}{L_f} = \frac{58.7\,\text{kJ}}{334\,\text{kJ/kg}} = 0.176\,\text{kg} = 176\,\text{g}$$

이다. 따라서 모두 0°C인 24 g의 얼음과 1176 g의 물이 된다.

검증 답을 검증해 보자. 62.8 kJ은 거의 모든 얼음을 액체상으로 바꿀 수 있으므로, 약간의 얼음만 남는다.

상그림

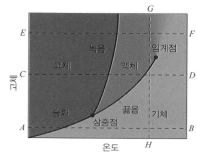

그림 17.6 상그림

고산 지대에서는 왜 뜨거운 커피를 즐길 수 없을까? 고도가 올라가면 압력이 떨어져서 끓는 점이 낮아지기 때문이다. 일반적으로 상변화가 일어나는 온도는 압력에 따라 달라진다. **상그림**(phase diagram)은 압력-온도의 관계를 나타낸 그래프로 물질의 여러 상을 보여 준다. 그림 17.6은 전형적인 물질의 상그림이다. 대부분의 상그림은 비슷하지만, 다음 절에서 논의할 물의 상그림은 사뭇 다르다.

상그림은 압력-온도의 영역을 고체상, 액체상, 기체상으로 분리한다. 영역 사이의 분리선은 상전이가 일어나는 부분이다. 일상에서 물질을 가열하면 그림 17.5의 물처럼 고체에서 액체, 기체로 상변화가 일어난다. 그러나 그림 17.6을 보면 항상 그렇지는 않다. 낮은 압력에서는 (그림 17.6의 선 AB) 고체에서 기체로 직접 상변화한다. 이것을 **승화**(sublimation)라고 한다. 일상의 대기압은 너무 높아서 물에서는 승화를 볼 수 없다. 이산화탄소의 상그림에서는 대기압이 충분히 낮아서 드라이아이스가 직접 기체의 CO_2로 변한다. 높은 압력에서는(선 CD) 익숙한 고체-액체-기체로 상변화가 일어난다. 압력이 더 높으면(선 EF) **임계점**(critical point)을 넘어서 액체와 기체를 구분할 수 없다. 따라서 물질은 열을 가하면 점진적으로 액체 같은 유체에서 기체 같은 유체로 변한다.

보통은 열을 가할 때의 상변화를 생각하지만, 압력을 바꿔도 상변화가 일어난다. 예를 들어 그림 17.6의 선 GH를 따라 압력을 낮추면 온도가 일정한 채로 물질이 액체에서 기체로 바뀐다. 열은 온도 차이를 필요로 하므로 이 일정 온도 상전이에 관계되는 열은 없다. 닫힌 그릇의 압력을 낮춰서 실온에서도 물이 격렬하게 끓는 것을 보았을 것이다.

그림 17.6을 보고 상전이가 순간적으로 일어난다고 생각하지 않도록 하자. 변환열은 매우 크다. 예컨대 선 CD를 따라 가열하면 모든 물질의 상변화가 끝날 때까지 각각의 상전이 상태가 오래간다. 이것은 그림 17.5에서 편평한 부분에 해당한다.

그림 17.6의 분리 곡선은 0°C와 대기압에서 물에 떠 있는 얼음처럼 두 상이 공존하는 부분이다. 상변화가 곡선을 따라 일어나므로 녹는점, 끓는점 같은 용어는 압력을 표기하지 않는한 의미가 없다. 다만 고체, 액체, 기체가 평형 상태로 공존하는 **삼중점**(triple point)은 독특하다. 여기서는 온도와 압력이 유일한 값을 가진다. 이 때문에 물의 삼중점 273.16 K을 켈빈 온도의 척도로 잡는다.

17.3 열팽창

LO 17.5 물을 포함한 물질의 열팽창 및 수축을 계산할 수 있다.

열을 가하면 어떻게 온도와 상이 변하는지 알았다. 열을 가하면 압력과 부피가 변한다. 예를 들어 압력이 일정하면, 이상 기체 법칙에서 부피는 온도에 정비례한다. 액체와 고체에서는 부피와 압력의 관계가 간단하지 않다. 분자들이 촘촘히 모여 있으므로 액체와 고체는 비압축성이고, 열팽창이 덜 일어난다.

온도에 따른 부피의 변화를 **부피 팽창 계수**(coefficient of volume expansion) β를 사용해 기술한다. 부피 팽창 계수를 작은 온도 변화 ΔT에 대한 부피의 변화로 다음과 같이 정의한다.

$$\beta = \frac{\Delta V / V}{\Delta T} \tag{17.6}$$

여기서 β는 온도에 무관하다고 가정한다. 만약 온도에 따라 변하면 도함수 dV/dT로 정의해야 한다(실전 문제 66 참조). 또한 압력도 일정하다고 가정한다. 압력이 증가하면 열팽창이 억제된다.

때로는 고체의 선형 차원이 어떻게 변하는지 알고 싶다. 특히 한 방향으로 긴 구조에서는 긴 방향으로 큰 변화가 생긴다(그림 17.7 참조). 이러한 경우에는 다음과 같이 정의하는 **선팽창 계수**(coefficient of linear expansion) α로 기술한다.

$$\alpha = \frac{\Delta L / L}{\Delta T} \tag{17.7}$$

부피 팽창 계수와 선팽창 계수의 관계는 간단히 $\beta = 3\alpha$이다(실전 문제 69 참조). 그래도 선팽창 계수는 고체에서만 의미가 있다. 액체와 기체는 변형되고 모든 방향으로 비례해서 팽창하지 않기 때문이다. 표 17.2는 몇몇 물질의 팽창 계수를 나열한 것이다.

그림 17.7 열팽창으로 선로가 휘어져서 열차가 탈선했다. 이와 같이 긴 구조물의 팽창은 선팽창 계수로 기술한다.

표 17.2 팽창 계수*

고체	$\alpha(\mathrm{K}^{-1})$	액체와 기체	$\beta(\mathrm{K}^{-1})$
알루미늄	24×10^{-6}	공기	3.7×10^{-3}
놋쇠	19×10^{-6}	에틸알코올	75×10^{-5}
구리	17×10^{-6}	가솔린	95×10^{-5}
유리(파이렉스)	3.2×10^{-6}	수은	18×10^{-5}
얼음	51×10^{-6}	물, 1°C	-4.8×10^{-5}
불변강**	0.9×10^{-6}	물, 20°C	20×10^{-5}
강철	12×10^{-6}	물, 50°C	50×10^{-5}

* 따로 표기된 것 외에는 실온에서의 값.
** 열팽창이 거의 없도록 철 64%와 니켈 36%로 만든 합금.

확인 문제 **17.3** 그림과 같은 도넛 모양의 물체를 가열하면 구멍이 (a) 커지는가, (b) 작아지는가?

예제 17.5 열팽창: 넘치는 가솔린

강철 가스통은 10°C에서 20 L가 들어간다. 10°C에서 가솔린을 가득 담았다. 온도가 25°C로 올라가면 통의 부피는 얼마나 증가하고, 가솔린은 얼마나 넘치는가?

해석 열팽창에 관한 문제이다. 부피 팽창이므로 부피 팽창 계수 β를 알아야 한다.

과정 식 17.6, $\beta = (\Delta V / V)/\Delta T$로 부피의 변화를 구한다. 강철통과 가솔린의 부피 변화를 구해서 넘치는 가솔린의 양을 구한다. 표 17.2에 가솔린의 β는 있지만, 강철은 α만 있다. 따라서 $\beta = 3\alpha$를 사용한다.

계산 식 17.6에서 $\beta = 3\alpha$로 구한 강철통의 ΔV는

$$\Delta V_\text{통} = \beta V \Delta T = (3)(12 \times 10^{-6}\,\text{K}^{-1})(20\,\text{L})(15\,\text{K}) = 0.0108\,\text{L}$$

이고, 가솔린의 부피 변화는

$$\Delta V_\text{가솔린} = \beta V \Delta T = (95 \times 10^{-5}\,\text{K}^{-1})(20\,\text{L})(15\,\text{K}) = 0.285\,\text{L}$$

이므로 넘치는 가솔린의 양은 0.275 L 이다.

검증 답을 검증해 보자. 가솔린의 열팽창 계수가 강철보다 훨씬 크므로 강철통의 팽창을 무시할 수 있을 정도이다. 넘치는 가솔린의 에너지는 10 MJ이나 된다!

이 문제에서 우리는 쇠의 팽창 계수를 이용하여 거의 비어 있는 탱크의 부피 팽창을 계산하였다. 왜 그럴까? 확인 문제 17.3을 다시 생각하면 그 이유를 알 수 있다.

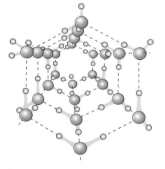

그림 17.8 얼음 결정의 물 분자는 열린 구조이므로 고체 물의 밀도가 액체 물의 밀도보다 낮다.

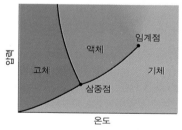

그림 17.9 물의 상그림. 고체-액체 경계선이 그림 17.6의 고체-액체 경계선과 다르다.

물의 팽창

표 17.2에서 1°C 물의 부피 팽창 계수는 특이하게도 음의 값이다. 즉 이 온도에서 물을 가열하면 수축된다는 뜻이다. 얼음이 그림 17.8처럼 열린 결정 구조이기 때문에 얼음의 밀도는 물의 밀도보다 낮다. 따라서 얼음이 수면 위로 뜬다. 녹는점 바로 위에서는 얼음의 H_2O 분자를 결합하는 분자간 힘이 아직도 영향을 미쳐서 찬 액체 물의 밀도가 높은 온도에서보다 약간 낮다. 그러다가 4°C에서 물의 밀도가 최대가 되고, 이 온도 이상에서는 분자의 운동 에너지가 분자간 힘을 이겨서 분자들이 서로 떨어지게 된다. 이때부터 물은 온도가 올라가면 정상적으로 팽창하기 시작한다.

녹는점 근처에서 물의 기묘한 특성은 그림 17.9처럼 상그림에 반영된다. 고체-액체 경계선이 삼중점에서 왼쪽으로 휘어져 올라간다. 그림 17.6에서는 오른쪽으로 휘어져 올라간다. 따라서 얼음의 온도가 일정할 때 압축이 증가하면 녹아서 물이 되는데, 이러한 특이한 성질을 압력 녹음이라고 한다.

응용물리 수중 생태계와 호수의 반전 현상

물의 비정상적 거동은 생명체에 매우 중요한 영향을 끼친다. 만약 얼음이 뜨지 않으면, 연못, 호수에서 강, 대양까지도 밑에서부터 얼기 시작하여 수중 생태계가 존재할 수 없다. 실제로는 수면에 얇은 얼음층이 형성되어 아래쪽 물의 상태를 유지시켜 준다. 추운 날씨에도 얼음의 두께가 1 m를 넘기가 쉽지 않다. 물의 밀도가 4°C에서 가장 크기 때문에 바닥의 온도가 바로 4°C이다. 수심 수 미터 이상에서는 태양광이 영향을 끼치지 못하므로 일 년 내내 4°C 근처로 머문다.

물의 기묘한 특성으로 1년에 두 번씩 호수의 반전 현상이 일어난다. 여름에는 호수의 표면이 따뜻하여 깊은 물의 온도는 4°C를 유지한다. 겨울에는 얼음 바로 밑의 물이 0°C이고 바닥 물의 온도는 계속해서 4°C이다. 이 두 경우에는 밀도가 낮은 물이 위에 있으므로 안전하다. 그러나 봄에는 얼음이 녹으면서 수면의 물이 따뜻해진다. 물의 온도가 4°C에 이르면 아래와 위의 밀도차가 없기 때문에 호숫물이 자유롭게 섞이기 시작한다. 이것이 봄의 반전이다. 수면의 온도가 4°C로 낮아지는 가을에도 유사한 반전 현상이 일어난다. 이러한 호수의 반전 현상은 수중 생명체에 매우 중요하다. 위아래 물의 이동으로 깊은 바닥에 갇혀 버릴 영양분들이 위로 올라오기 때문이다.

핵심 개념

이 장의 핵심 개념은 물질에 열을 가할 때 일어나는 온도 변화와 물질의 상변화, 압력, 부피 등의 변화이다. 이상 기체는 부피와 압축의 변화를 정확히 계산할 수 있는 이상적인 모형이다. 이상 기체의 분석을 통해서 기체 분자의 평균 운동 에너지를 온도로 표기한다. 즉 미시 분자의 뉴턴 역학으로 거시적 열역학 현상을 기술한다.

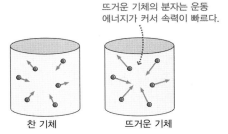

뜨거운 기체의 분자는 운동 에너지가 커서 속력이 빠르다.

찬 기체   뜨거운 기체

주요 개념 및 식

이상 기체 법칙은 압력, 부피, 온도 사이의 관계로 다음과 같다.

$$pV = NkT \text{ (이상 기체 법칙)}$$

여기서 $k = 1.381 \times 10^{-23}$ J/K은 **볼츠만 상수**이다.

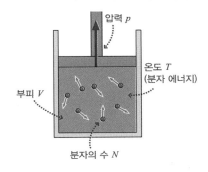

압력 p

온도 T
(분자 에너지)

부피 V

분자의 수 N

기체의 몰 수 n으로 표기한 이상 기체 법칙은 다음과 같다.

$$pV = nN_A kT = nRT$$

여기서 $R = N_A k = 8.314$ J/K·mol은 **보편 기체 상수**이다.

변환열 L은 상태 변화에 필요한 단위 질량당 에너지이다. 질량 m의 상변화에 필요한 전체 에너지는 다음과 같다.

$$Q = Lm \text{ (변환열)}$$

상그림은 고체상, 액체상, 기체상을 압축과 운동에 대하여 나타낸 그림으로 세 가지 상이 공존하는 **삼중점**, 액체-기체의 구분이 사라지는 **임계점**이 있다.

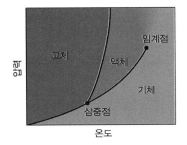

임계점

고체   액체

압력

기체

삼중점

온도

이상 기체에서 온도는 분자의 평균 온도 에너지의 척도다.

$$\frac{1}{2}m\overline{v^2} = \frac{3}{2}kT \text{ (온도와 분자 에너지)}$$

응용

열팽창은 **부피 팽창 계수**와 **선팽창 계수**로 기술된다. 부피 팽창 계수는 온도 변화 ΔT에 따른 부피 변화의 비율 $\Delta V/V$로 다음과 같다.

$$\beta = \frac{\Delta V/V}{\Delta T} \text{ (부피 팽창 계수)}$$

선팽창 계수는 온도 변화 ΔT에 따른 길이 변화의 비율 $\Delta L/L$로 다음과 같다.

$$\alpha = \frac{\Delta L/L}{\Delta T} \text{ (선팽창 계수)}$$

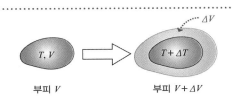

T, V $T + \Delta T$

ΔV

부피 V 부피 $V + \Delta V$

학습 목표   이 장을 학습하고 난 후 다음을 할 수 있다.

LO 17.1 이상 기체 법칙을 이용하여 기체를 정량적으로 다룰 수 있다.
개념 문제 17.1, 17.2
연습 문제 17.11, 17.12, 17.13, 17.14, 17.15, 17.16
실전 문제 17.35, 17.36, 17.37, 17.38, 17.39, 17.70, 17.73

LO 17.2 이상 기체 운동으로부터 분자의 운동 속력 및 편차를 구할 수 있다.
개념 문제 17.3, 17.4, 17.5
연습 문제 17.17
실전 문제 17.74, 17.75

LO 17.3 상변화에 수반된 에너지를 결정할 수 있다.
개념 문제 17.7, 17.8

연습 문제 17.18, 17.19, 17.20, 17.21
실전 문제 17.40, 17.41, 17.42, 17.43, 17.44, 17.45, 17.46, 17.47, 17.48, 17.49, 17.50, 17.51, 17.52, 17.53, 17.54, 17.55, 17.56, 17.62, 17.63, 17.72

LO 17.4 상그림을 분석할 수 있다.
개념 문제 17.9

LO 17.5 물을 포함한 물질의 열팽창 및 수축을 계산할 수 있다.
개념 문제 17.6, 17.10
연습 문제 17.22, 17.23, 17.24, 17.25, 17.26
실전 문제 17.57, 17.58, 17.59, 17.60, 17.61, 17.64, 17.65, 17.66, 17.67, 17.68, 17.69, 17.71

개념 문제

1. 이상 기체의 부피가 증가하면 압력이 반비례로 감소하는가?

2. 추운 날 왜 타이어의 공기압을 확인하는가?

3. 온도가 증가하면 기체 분자의 평균 속력이 증가한다. 평균 속도도 증가하는가?

4. 공기가 들어 있는 병을 들고 달리기 시작하면 공기 분자의 평균 속력, 평균 속도, 온도 중 무엇(들)이 변하는가?

5. 서로 다른 두 기체는 온도가 같고, 밀도가 충분히 낮아서 이상 기체와 같다. 두 기체 분자의 열속력이 같은가?

6. 얼어붙은 호수의 얼음판 바로 아래 물의 온도는 몇 도인가? 깊은 호수의 바닥에서는 몇 도인가?

7. 얼음과 물이 한 유리병 안에 오래 있었다. 물의 온도가 얼음보다 높은가?

8. 이미 0°C인 얼음 1 g을 다 녹이는 것과 녹은 물을 끓는점까지 가열하는 것 중 어느 것이 더 많은 열이 필요한가?

9. 물의 삼중점은 정밀한 온도를 정의할 수 있지만 어는점은 그렇지 않다. 왜일까?

10. 쌍금속 띠는 그림 17.10처럼 얇은 놋쇠와 강철을 붙여서 만든다. 쌍금속 띠를 가열하면 어떻게 되는가? (**힌트**: 표 17.2를 참조하라.)

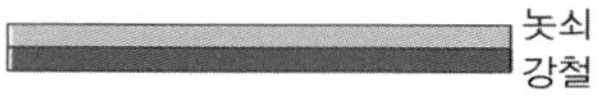

놋쇠
강철

그림 17.10 개념 문제 10

연습 문제

17.1 기체

11. 화성은 대기압이 지구 대기압의 약 1%이고, 평균 온도는 대략 215 K이다. 화성 대기에서 1몰의 기체 부피를 구하라.

12. 350 K, 8.5 L, 180 kPa인 이상 기체의 분자는 몇 개인가?

13. −150°C에서 2.0 L, 3.5몰인 이상 기체의 압력은 얼마인가?

14. 실험을 위해 아르곤 기체를 주문하였더니 공급자가 기체 용기를 가져와서 아르곤 45몰이 들어 있다고 주장한다. 그 용기는 내부 부피가 6.88 L이고 상온(20°C)에서 압력이 14 MPa이다. 공급자의 주장이 맞는가?

15. (a) 250 K, 1.5 atm, 2몰인 이상 기체의 부피는 얼마인가? (b) 압력이 4.0 atm으로 증가하고, 부피가 반으로 감소하면, 온도는 얼마인가?

16. 실험실 진공 장치로 1.0×10^{-10} Pa의 압력을 쉽게 얻을 수 있다. 이러한 진공 상태의 남은 공기 온도가 0°C이면, 1 L에 들어 있는 분자는 몇 개인가?

17. 75 K의 수소와 350 K의 이산화 황 중 어느 기체에서 분자가 더 빨리 움직이는가?

17.2 상변화

18. 65 g의 얼음 조각을 녹이는 데 필요한 에너지는 얼마인가?

19. 표 17.1에 있는 한 물질의 8.0 g을 녹이는 데 200 J이 필요하다. 어떤 물질인가?

20. 액체 산소를 증발시키는 데 840 kJ이 필요하면 부피는 얼마인가?

21. 이산화탄소는 195 K에서 승화, 즉 고체에서 기체로 상변화하고, 승화열은 573 kJ/kg이다. 195 K에서 255 g의 CO_2 기체를 고체로 만들려면 얼마의 열을 빼앗아야 하는가?

17.3 열팽창

22. 송전선이 두 지지탑 위에 250 m 길이로 걸려 있다. 이 선은 알루미늄으로 이루어져 있다. 기온이 −12°C인 겨울에는 이 송전선의 길이는 250.42 m가 된다. 29.5°C의 여름날에는 길이가 얼마

열, 일, 열역학 제1법칙

예비 지식

- 일의 개념(6.2절, 6.3절)
- 압력의 개념(15.1절)
- 이상 기체 법칙(17.1절)

학습 목표

이 장을 학습하고 난 후 다음을 할 수 있다.

LO 18.1 열역학 제1법칙을 에너지 보존으로 설명할 수 있다.

LO 18.2 여러 가지 열역학 과정에 대하여 이상 기체가 한 일 또는 이상 기체에 한 일을 계산할 수 있다.

LO 18.3 여러 가지 열역학 과정에서 압력과 온도를 결정할 수 있다.

LO 18.4 분자 구조에 기초하여 이상 기체의 비열을 설명할 수 있다.

제트 기관은 연료를 태운 에너지를 역학적 에너지로 전환시킨다. 이 과정에서 에너지 보존은 어떻게 적용되겠는가?

7장에서 에너지 보존 개념을 도입하여 보존력이 있는 경우 역학적 에너지에 대한 정량적인 표현으로서 에너지 보존의 원리를 전개하였다. 또한 비보존력을 도입하여 비보존력이 역학적 에너지를 **내부 에너지**(internal energy)라고 부르는 마구잡이 분자 에너지로 전환시키는 역할을 간단히 설명하였다. 16장과 17장에서 열역학 과정 또한 에너지와 관련되므로 에너지 보존 원리를 적용할 수 있다는 것을 배웠다. 이 장에서는 에너지 보존의 원리를 폭넓게 탐구하고, 그 원리가 열기관에서 대기까지 아우르는 물리계에서 에너지 교환을 어떻게 기술하는지 보게 될 것이다.

18.1 열역학 제1법칙

LO 18.1 열역학 제1법칙을 에너지 보존으로 설명할 수 있다.

그림 18.1은 비커의 물 온도를 올리는 두 가지 방법을 보여 준다. 하나는 불로 가열하고, 다른 하나는 숟가락을 격렬하게 휘젓는다. 가열할 때는 불과 물 사이의 온도차 때문에 열이 관여하는 에너지 전달이 일어난다. 그러나 숟가락과 물 사이에 온도차가 없어도 숟가락이 물에 역학적인 일을 하므로 에너지 전달이 일어난다. 일을 하면 거시 물체의 운동 에너지 혹은 퍼텐셜 에너지가 증가할 수 있다. 여기에서는 일을 하면 개별 분자의 운동과 관련된 내부 에너지가 변화한다. 가열과 역학적 일 둘 다, 물의 온도를 올려 내부 에너지를 증가시키는 동일한 최종 상태에 도달할 수 있다는 것이다. 이러한 결과를 이용하여 줄(Joule)은 열이 에너지의 한 형태임을 정량적으로 입증하였다(그림 18.2 참조).

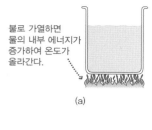

불로 가열하면 물의 내부 에너지가 증가하여 온도가 올라간다.

(a)

숟가락의 역학적 일 때문에 마찬가지로 내부 에너지가 증가하여 온도가 올라간다.

(b)

그림 18.1 온도를 올리는 두 가지 방법. (a) 열전달과 (b) 역학적 일

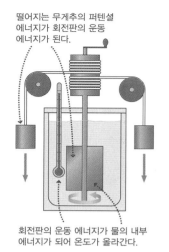

떨어지는 무게추의 퍼텐셜 에너지가 회전판의 운동 에너지가 된다.

회전판의 운동 에너지가 물의 내부 에너지가 되어 온도가 올라간다.

그림 18.2 열의 일당량을 측정하는 줄의 실험 장치

물리계로 들어오고 나가는 모든 에너지, 즉 열과 일을 조사해 보면 물리계의 내부 에너지 변화는 전달된 알짜 에너지에만 의존한다는 것을 알 수 있다, 어떤 면에서 놀랍지 않다. 이는 열을 포함하여 에너지 보존 개념을 확장한 결과이다. 다른 관점에서 생각해 보면 더욱 흥미롭다. 에너지, 즉 일, 열, 또는 이 둘의 조합이 물리계에 어떻게 들어오는가는 문제가 아니라는 뜻이다. 이를 정리하여 **열역학 제1법칙**(first law of thermodynamics)을 다음과 같이 기술한다.

> **열역학 제1법칙**
> 물리계의 내부 에너지 변화는 물리계에 전달된 알짜열과 물리계에 해 준 알짜일에만 의존하고, 전달 과정과는 무관하다.

수학적으로는 다음과 같이 표기한다.

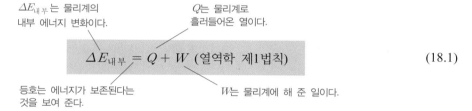

$\Delta E_{내부}$는 물리계의 내부 에너지 변화이다.

Q는 물리계로 흘러들어온 열이다.

$$\Delta E_{내부} = Q + W \text{ (열역학 제1법칙)}$$

(18.1)

등호는 에너지가 보존된다는 것을 보여 준다.

W는 물리계에 해 준 일이다.

여기서 $\Delta E_{내부}$는 물리계의 내부 에너지 변화이고, Q는 물리계로 흘러들어온 열, W는 물리계에 해 준 일이다.* 제1법칙에 따르면 물리계의 내부 에너지 변화는 에너지의 전달 과정과는 상관없이 알짜 에너지에만 의존한다. 즉, 내부 에너지는 **열역학 상태 변수**(thermodynamic state variable)이다. 이는 열역학 물리계의 상태를 나타내는데 도움이 되는 물리량을 의미한다. 열역학 상태 변수는 그 값이 해당 물리계가 어떻게 그 상태가 되었느냐와 무관하기 때문에 중요하다. 제1법칙은 내부 에너지가 그렇다는 것을, 즉 왜 $E_{내부}$가 상태 변수인가를 보여 준다.

다른 상태 변수로는 온도와 압력이 있다. 반대로 열과 일은 물리계의 상태가 아닌 에너지의 흐름을 보여 주는 과정을 서술하기에 상태 변수가 아니다.

보통 에너지 흐름의 **비율**(rate)이 관심의 대상이다. 열역학 제1법칙의 식을 시간에 대하여 미분하면 다음을 얻는다.

$$\frac{dE_{내부}}{dt} = \frac{dQ}{dt} + \frac{dW}{dt}$$

(18.2)

여기서 $dE_{내부}/dt$는 물리계의 내부 에너지 변화율이고, dQ/dt는 물리계로의 열전달률, dW/dt는 물리계에 해 준 일의 비율이다.

---

* 일부 예전 교재에서 물리계가 한 일을 W로 정의한다. 이 경우 열역학 제1법칙에 음의 부호가 있다. 그것은 처음에 열역학 제1법칙이 열을 받아들이고 역학적 일을 하는 열기관과 관련하여 도입되었기 때문이다.

예제 18.1 **열역학 제1법칙: 열공해**

핵 발전소의 반응로는 물을 끓여서 만든 증기로 터빈 발전기를 돌려서 3.0 GW의 에너지를 공급한다. 사용한 증기는 강물과의 열적 접촉으로 응축된다. 발전소가 1.0 GW의 전기 에너지를 생산하면 강으로 방출하는 열전달률은 얼마인가?

해석 열과 역학적 에너지의 관계에 관한 문제로 둘의 관계가 열역학 제1법칙이다. 핵반응로, 핵연료, 터빈 발전기를 포함한 전체 발전소를 물리계로 본다. 이때 $E_{내부}$는 연료의 에너지이고 W는 전기 에너지로 전환되는 역학적 일, Q는 강으로 방출되는 열이다.

과정 전달률을 구하므로 식 18.2, $dE_{내부}/dt = dQ/dt + dW/dt$를 적용한다. 핵반응로는 핵연료의 에너지를 빼내므로 $dE_{내부}/dt$는 음수이다. 발전소가 외부로 전기 에너지를 전달하므로 일을 하고 있다. 제1법칙에서 W는 물리계에 해 준 일이므로 dW/dt는 음수이다. 강으로 방출하는 에너지 전달률 dQ/dt를 구한다.

풀이 식 18.2에서 다음을 얻는다.

$$\frac{dQ}{dt} = \frac{dE_{내부}}{dt} - \frac{dW}{dt} = -3.0\,\text{GW} - (-1.0\,\text{GW}) = -2.0\,\text{GW}$$

검증 양의 Q값은 물리계로 전달된 열이므로 음의 부호는 발전소에서 강으로 2 GW의 비율로 방출되는 열을 나타낸다. 여기서 얻은 값은 대규모 핵 발전소 또는 화력 발전소의 실제 값과 비슷하다. 즉 연료 에너지의 2/3 가량을 주변을 데우는데 낭비하고 있다. 다음 장에서 그 이유를 공부한다.

물리계의 정의 열역학 제1법칙은 물리계로 들어오고 나가는 에너지의 흐름을 다룬다. 그림 6.1을 둘러싼 검토에서 에너지란 맥락으로 물리계의 개념을 처음으로 도입했다. 거기서와 마찬가지로 여기서도 물리계의 정의는 사람마다 다를 수 있다. 어떻게 하느냐가 제1법칙 각 항의 의미에 영향을 준다. 이 예제에서 연료의 내부 에너지와 함께 핵반응로를 물리계로 정의하였다. 만약 터빈 발전기만을 물리계로 정의하면 핵반응로에서 3 GW의 열을 얻으므로 내부 에너지의 변화는 없을 것이다. 그래도 결과는 마찬가지이다. 1 GW는 전기 에너지로 나가고, 2 GW는 열에너지로 강에 버려진다.

18.2 열역학 과정

LO 18.2 여러 가지 열역학 과정에 대하여 이상 기체가 한 일 또는 이상 기체에 한 일을 계산할 수 있다.

LO 18.3 여러 가지 열역학 과정에서 압력과 온도를 결정할 수 있다.

열역학 제1법칙은 어떤 물리계에도 적용할 수 있지만, 이상 기체에 적용할 때 가장 쉽게 이해할 수 있다. 이상 기체 법칙은 주어진 기체의 온도, 압력, 부피의 관계를 $pV = nRT$로 나타낸다. p, V, T 중 두 개의 값만 알면 열역학 상태를 완벽하게 기술할 수 있다. 압력과 부피를 각각 수직축과 수평축으로 하는 그래프인 **pV 도표**(pV diagram)의 각 점은 서로 다른 열역학 상태를 나타낸다.

가역 과정과 비가역 과정

커다란 물 저장고에 기체 시료를 넣어 열역학 평형에 도달한다고 하자(그림 18.3 참조). 저장고의 온도를 서서히 올리면 물과 기체의 온도가 같이 올라가므로 기체는 평형 상태를 유지한다. 이러한 느린 변화를 **준정적 과정**(quasi-static process)이라고 한다. 이와 같은 준정적 과정에서는 물리계가 항상 열역학 평형에 있으므로 한 상태에서 다른 상태로의 변화를 pV 도표에서 연속 곡선으로 표시할 수 있다(그림 18.4 참조).

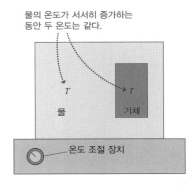

그림 18.3 준정적 혹은 가역 과정에서는 물과 기체의 평형이 유지된다.

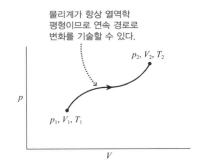

그림 18.4 준정적 과정의 pV 도표

저장고의 온도를 서서히 내려 가열 과정을 거꾸로 할 수 있다. 기체 온도는 내려가고 pV 도표에서 경로를 되돌아갈 수 있다. 이 때문에 준정적 과정을 **가역 과정**(reversible process)이라고도 한다. 차가운 기체를 갑자기 뜨거운 물에 집어넣는 과정은 **비가역**(irreversible)적이다. 비가역 과정 동안에는 물리계가 평형이 아니므로 온도, 압력 같은 열역학 변수의 값을 정의할 수 없다. 결국 pV 도표에서 경로를 나타낼 수 없다. 물리계가 원래 상태로 되돌아오더라도 비가역 과정일 수 있다. 이 구분은 최종 상태가 아니라 물리계의 한 상태에서 다른 상태로의 변화 과정(process)에 있다.

물리계의 열역학 상태를 변화시키는 방법은 매우 많다. 여기서는 몇 가지 특별한 경우에 이상 기체를 적용해 본다. 이로부터 연소 기관의 작동에서 음파의 전파, 별의 진동에 이르기까지 무수한 과학적 장치나 자연 현상의 뒤에 숨어있는 물리적 원리를 파악할 수 있다.

움직이는 피스톤이 있는 밀봉된 원통에 이상 기체가 들어 있다(그림 18.5 참조). 피스톤과 원통벽은 완벽하게 단열되어 열의 출입이 없으며, 바닥은 완벽한 열전도체이다. 피스톤을 움직이거나 바닥으로 열을 전달하여 이상 기체의 열역학 상태를 역학적으로 바꿀 수 있다. 모든 변화가 서서히 일어나서 pV 도표로 기술할 수 있는 가역 과정만 다루겠다.

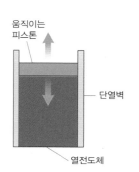

그림 18.5 단열벽과 열전도 바닥으로 이루어진 기체-실린더 물리계

일과 부피 변화

모든 열역학 과정에 대해 성립하는 기체에 해 준 일을 먼저 생각해 본다. 피스톤-원통 물리계의 단면적을 A, 기체 압력을 p라고 하면, $F_{기체} = pA$는 기체가 피스톤에 작용한 힘이다. 피스톤이 짧은 거리 Δx만큼 움직이면, 기체가 한 일은 $\Delta W_{기체} = F_{기체}\Delta x = pA\Delta x = p\Delta V$이며, $\Delta V = A\Delta x$는 기체 부피 변화이다(그림 18.6a 참조). 열역학 제1법칙에 대한 표현은 기체에 해 준 일과 관련 있고, 뉴턴의 제3법칙에 의해서 피스톤은 $F_{기체}$와 크기는 같지만 방향이 반대인 힘을 기체에 가하므로 기체에 해 준 일은 $\Delta W = -F_{기체}\Delta x = -p\Delta V$이다. 부피와 함께 압력도 변하므로, 기체가 부피 V_1에서 V_2로 변하며 해 준 총 일은 ΔV를 미소량인 dV로 바꾸고 적분하여 구할 수 있다.

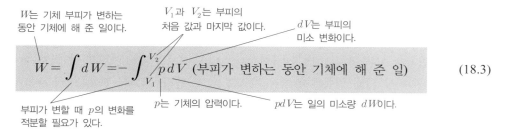

W는 기체 부피가 변하는 동안 기체에 해 준 일이다.

V_1과 V_2는 부피의 처음 값과 마지막 값이다.

dV는 부피의 미소 변화이다.

$$W = \int dW = -\int_{V_1}^{V_2} p\,dV \quad \text{(부피가 변하는 동안 기체에 해 준 일)} \tag{18.3}$$

부피가 변할 때 p의 변화를 적분할 필요가 있다.

p는 기체의 압력이다.

$p\,dV$는 일의 미소량 dW이다.

그림 18.6b에서 기체에 해 준 일은 pV 곡선 아래의 면적의 음수값이다. 기체가 압축되면 ($V_2 < V_1$) 그 일은 양수값이 되고, 팽창하면($V_2 > V_1$) 그 일은 음수값이 된다.

한 가지 열역학 변수를 일정하게 유지하는 여러 가지 기본적인 열역학 과정을 살펴본다.

확인 문제 **18.1** 처음 상태가 같은 동일한 두 기체-원통 계를 서로 다른 과정을 통해서 최종 상태가 같도록 변화시켰다. 다음 중 무엇이 같은가? (a) 기체가 한 일 또는 기체에 한 일, (b) 더해진 열 또는 빼낸 열, (c) 내부 에너지의 변화

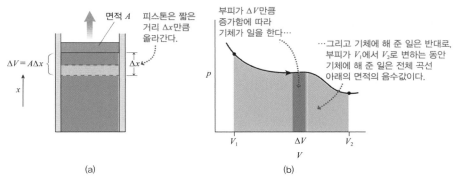

(a)　　　　　　　(b)

그림 18.6 (a) 피스톤이 올라갈 때 기체에 해 준 일은 (b) pV 곡선 아래의 면적의 음수값과 같다.

등온 과정

등온 과정(isothermal process)은 일정한 온도에서의 과정이다. 그림 18.7은 등온 과정에 영향을 주는 한 방법을 나타낸 것이다. 기체 원통을 온도가 일정한 열저장고와 열적 접촉시킨다. 기체가 열저장고와 함께 열역학 평형을 유지하도록 천천히 피스톤을 움직여 기체의 부피를 바꾼다, 물리계는 처음 상태에서 최종 상태까지 온도가 일정한 곡선, 즉 pV 도표의 **등온선**(isotherm)을 따라 변한다(그림 18.8 참조). 등온 과정에서 기체에 해 준 일은 식 18.3이며, 등온선 아래의 면적의 음수값과 같다.

이상 기체에 해 준 일을 구하기 위하여 이상 기체 법칙 $p = (nRT)/V$를 이용하여 압력과 부피의 관계를 찾는다. 식 18.3은

$$W = -\int_{V_1}^{V_2} \frac{nRT}{V} dV$$

가 된다. 등온 과정이므로 온도 T가 상수이기에 다음과 같이 계산할 수 있다.

$$W = -nRT\int_{V_1}^{V_2} \frac{dV}{V} = -nRT\ln V \Big|_{V_1}^{V_2} = -nRT\ln\left(\frac{V_2}{V_1}\right)$$

이상 기체의 내부 에너지는 분자의 운동 에너지로만 이루어지고 이는 온도에만 의존한다. 내부 에너지가 온도에만 의존하는 것이 이상 기체를 정의하는 특성 중 하나이다. 따라서 등온 과정에서 이상 기체의 내부 에너지는 변하지 않는다. 열역학 제1법칙에 의하여 $\Delta E_{내부} = 0 = Q + W$이므로 다음과 같다.

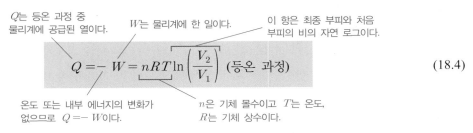

Q는 등온 과정 중 물리계에 공급된 열이다.

W는 물리계에 한 일이다.

이 항은 최종 부피와 처음 부피의 비의 자연 로그이다.

$$Q = -W = nRT\ln\left(\frac{V_2}{V_1}\right) \quad (\text{등온 과정})$$ (18.4)

온도 또는 내부 에너지의 변화가 없으므로 $Q = -W$이다.

n은 기체 몰수이고 T는 온도, R는 기체 상수이다.

$Q = -W$를 점검해 본다. Q는 기체에 전달된 열이고 W는 기체에 해 준 일이다. 그러므로 $-W$가 기체가 한 일이다. 따라서 이상 기체가 온도 변화 없이 외부에 일을 하면 외부로부터 같은 양의 열을 흡수해야 한다는 것을 보여 준다. 마찬가지로 이상 기체에 일을 하면, 온도를 일정하게 유지하기 위해서는 같은 양의 열을 외부로 전달해야만 한다.

계가 일정한 온도 T의 열저장고와 열적 접촉하는 동안 피스톤은 천천히 움직인다.

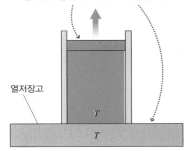

그림 18.7 등온 과정

일정한 온도 T에서 이상 기체의 압력과 부피는 $p = nRT\left(\frac{1}{V}\right)$처럼 반비례하므로 등온선은 쌍곡선이다.

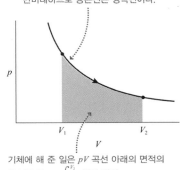

기체에 해 준 일은 pV 곡선 아래의 면적의 음수값 $W = -\int_{V_1}^{V_2} pdV$와 같다.

그림 18.8 등온 과정의 pV 도표

예제 18.2 **등온 과정: 공기 방울** 응용 문제가 있는 예제

스쿠버 다이버가 잠수한 25 m 깊이에서 압력은 3.5 atm이다. 다이버가 내쉬는 공기가 반지름 8.0 mm의 공기 방울을 만든다. 바닷물의 온도가 300 K으로 일정할 때 공기 방울이 수면으로 올라오기 위하여 해야 할 일은 얼마인가?

해석 온도가 300 K으로 일정하므로 등온 과정이다.

과정 식 18.4로부터 일은 $-W = nRT\ln(V_2/V_1)$이다. 여기서 $-W$가 바로 우리가 찾던 것으로 공기 방울 속 기체가 한 일이다. 이 식을 사용하려면, nRT와 V_2/V_1을 알아야 한다. 25 m 깊이에서의 압력 p와 부피 V(반지름으로 부피 V를 구할 수 있다)를 알기에 이상 기체 법칙 $pV = nRT$를 적용하여 nRT와 수면에 도달하기 직전의 공기 방울의 부피를 구할 수 있다. 식 18.4에 필요한 모든 것을 알고 있다.

풀이 이상 기체 법칙에서 $nRT = pV = \frac{4}{3}\pi r^3 p$이다. 몰수 n은 불변이고, 기체 상수 R는 일정하므로 등온 과정에서 pV는 일정하다. 즉 $p_1 V_1 = p_2 V_2$이기에 표면에서는 압력이 3.5 atm에서 1 atm으로 감소하므로 부피는 3.5배 팽창한다. 즉 부피의 비는 $V_2/V_1 = 3.5$이다. 따라서 식 18.4에 의하여

$$-W = nRT\ln\left(\frac{V_2}{V_1}\right) = \frac{4}{3}\pi r^3 p \ln 3.5$$

를 얻는다. 공기 방울의 반지름 8.0 mm와 압력 350 kPa로부터 한 일 0.95 J을 얻는다. 이 계산에서 압력을 SI 단위로 하여 1 atm = 101.3 kpa을 사용해야 하지만, 압력의 비율 p_1/p_2에서 V_2/V_1을 얻으므로 부피 단위는 상관이 없다.

검증 답을 검증해 본다. 공기 방울이 팽창하면서 물을 외부로, 궁극적으로는 위로 밀어내므로 기체가 한 일 $-W$는 양수이다. 따라서 바다의 중력 퍼텐셜 에너지가 증가한다. 공기 방울이 터지면 이 과잉 퍼텐셜 에너지가 운동 에너지가 되어 수면에 작은 파동을 만든다. 공기 방울은 온도를 일정하게 유지하기 위해 흘러들어오는 열로부터 에너지를 얻는다. 결국 에너지가 보존된다.

등적 과정과 비열

등적 과정(constant-volume process)은 부피가 변할 수 없는 단단한 닫힌 용기 내부에서 일어난다. 그림 18.5의 피스톤을 단단히 고정시켜서 등적 과정을 만들 수 있다. 피스톤이 움직이지 않으므로 기체는 일을 하지 않고 열역학 제1법칙은 간단히 $\Delta E_{내부} = Q$가 된다. 이 결과를 온도 변화 ΔT로 설명하기 위하여 다음과 같이 정의하는 **등적 몰비열**(molar specific heat at constant volume) C_V를 도입한다.

$$Q = nC_V\Delta T \quad \text{(등적 과정)} \tag{18.5}$$

여기서 n은 몰수이다. 몰비열은 16장에서 정의한 비열과 비슷하다. 다만 질량이 아니라 몰에 대한 값이다. Q에 관한 식 18.5를 사용하면 제1법칙에 따라 $\Delta E_{내부} = Q$이기에 다음과 같다.

$$\Delta E_{내부} = nC_V\Delta T \quad \text{(이상 기체의 모든 과정)} \tag{18.6}$$

이상 기체는 내부 에너지가 온도만의 함수이므로 $\Delta E_{내부}/\Delta T$는 기체의 변화 과정에 상관없이 항상 같은 값이다. 따라서 온도 변화 ΔT와 내부 에너지 변화 $\Delta E_{내부}$의 관계를 나타내는 식 18.6은 등적 과정뿐만 아니라 이상 기체의 모든 과정에서 성립한다. 그렇다면 왜 C_V를 등적 몰비열이라고 할까? 식 18.6, $\Delta E_{내부} = nC_V\Delta T$는 모든 과정에서 성립하지만 제1법칙을 $Q = \Delta E_{내부}$라고 할 수 있을 때는 한 일이 없는 경우, 따라서 식 18.5가 성립하는 등적 과정뿐이다.

등압 과정과 비열

등압 과정(isobaric process)은 일정한 압력에서의 과정을 의미한다. 대기압에 노출된 물리계에서의 과정은 본질적으로 등압 과정이다. 가역 등압 과정에서 물리계는 pV 도표에서 압력이 일정한 등압선(isobar)을 따라 변한다(그림 18.9 참조). 부피가 V_1에서 V_2로 변할 때 기

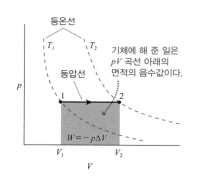

그림 18.9 처음과 나중 온도의 등온선과 등압 과정의 pV 도표

체에 해 준 일은 등압선 아래의 직사각형 면적의 음수값으로 다음과 같다.

$$W = -p(V_2 - V_1) = -p\Delta V \tag{18.7}$$

이는 식 18.3을 적분해도 얻을 수 있다.

Q에 관한 식 18.1의 열역학 제1법칙과 일에 관한 식에 의하여 $Q = \Delta E_{내부} - W = \Delta E_{내부} + p\Delta V$가 된다. 모든 과정에서 내부 에너지 변화는 $\Delta E_{내부} = nC_V\Delta T$임을 알 수 있다. 따라서 등압 과정의 이상 기체에서는 $Q = nC_V\Delta T + p\Delta V$가 된다. 일정한 압력에서 1몰의 기체 온도를 1 K 올리는 데 필요한 열을 **등압 몰비열**(molar specific heat at constant pressure) C_p로 정의하면 $Q = nC_p\Delta T$이다. Q에 관한 두 식으로부터

$$nC_p\Delta T = nC_V\Delta T + p\Delta V \text{ (등압 과정)} \tag{18.8}$$

가 된다.

이는 두 가지 비열 C_p와 C_V 모두 알면 등압 과정에서 온도의 변화를 구할 수 있는 식이다. 그러나 이 둘 사이에는 간단한 관계식이 성립하기에 이들 중 하나만 알면 된다. 이상 기체 법칙 $pV = nRT$로부터 등압 과정에 대하여는 $p\Delta V = nR\Delta T$라 할 수 있다. 이를 식 18.8에 넣으면 $nC_p\Delta T = nC_V\Delta T + nR\Delta T$가 되므로

$$C_p = C_V + R \text{ (몰비열)} \tag{18.9}$$

가 된다. 이 결과를 점검해 보자. 비열은 주어진 온도 변화를 일으키는 데 필요한 열이다. 등적 과정에서는 한 일이 없으므로 모든 열은 내부 에너지, 즉 이상 기체의 온도를 증가시키는 데 사용된다. 등압 과정에서는 일을 하므로, 전달된 열의 일부가 역학 에너지로 전환되어서 온도를 증가시킬 에너지가 적다. 따라서 식 18.9처럼 등압 과정에서의 비열은 등적 과정에서의 비열보다 크다.

이전에는 등적과 등압 비열을 왜 구분하지 않았을까? 주 관심 대상이었던 고체와 액체의 열팽창 계수가 기체보다 훨씬 작기 때문이다. 결과적으로 고체나 액체가 한 일은 기체가 한 일보다 훨씬 적다. C_p와 C_V의 차이는 일 때문이기에 고체와 액체에서는 이 구분이 의미가 없다. 실용적인 관점에서 보면 대부분 일정한 압력에서 비열을 측정한다.

단열 과정

단열 과정(adiabatic process)에서는 물리계와 주위 환경 사이에 열의 흐름이 없다. 물리계를 열적으로 완벽한 단열재로 둘러싸면 된다. 단열을 하지 않더라도 열이 전달될 여유가 없을 정도로 순식간에 일어나는 과정도 단열 과정으로 어림할 수 있다. 예를 들어 휘발유 기관에서 휘발유-공기 혼합체의 압축과 연소 생성물의 팽창은 매우 빨리 진행되어 실린더 벽을 통한 열흐름이 거의 없기에 거의 단열 과정이다.

단열 과정에서는 열 Q가 0이므로 열역학 제1법칙은 다음과 같다.

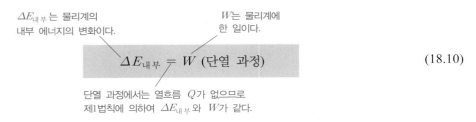

$\Delta E_{내부}$는 물리계의 내부 에너지의 변화이다.

W는 물리계에 한 일이다.

$$\Delta E_{내부} = W \text{ (단열 과정)} \tag{18.10}$$

단열 과정에서는 열흐름 Q가 없으므로 제1법칙에 의하여 $\Delta E_{내부}$와 W가 같다.

차를 끓이기 위해 전자레인지에 물 한 컵을 놓거나 국수를 요리하기 위해 가스레인지에 물 한 냄비를 놓는다. 물을 끓일 때 물이 대기압에 노출되기 때문에 물 끓이기는 등압 과정의 한 예이다. 정상적인 100°C의 끓는점에서 물이 액체에서 증기로 변하면서 물의 부피는 약 2000배 증가한다. 식 18.7에 따르면 기체가 팽창하면서 한 일은 $p\Delta V$이다. 2000배로 팽창했다는 것은 ΔV가 마지막 부피 V와 거의 같다는 뜻이므로 기체가 한 일은 본질적으로 pV이다. 그러면 식 17.2의 이상 기체 $pV = nRT$에 따르면 기체 1몰당 한 일은 RT이다. $T = 100$°C, 곧 $T = 373$ K이면 한 일은 약 3.1 kJ/mol이다. H_2O의 경우 kg으로 환산하면 170 kJ/kg이다. 그 일을 하는 데 필요한 에너지가 17장에서 도입한 증발열에 포함되어 있어야 한다. 끓는점에서 물의 증발열은 표 17.1에서처럼 2257 kJ/kg이다. 앞에서의 170 kJ/kg을 보면 수증기가 대기압에 대항해 팽창하는 데 사용하는 에너지는 물을 끓이는 데 공급한 에너지의 약 8%임을 알 수 있다. 나머지는 주로 액체 상태에서 H_2O 분자들이 달라붙어 있도록 하는 수소결합을 깨는 데 사용된다.

분자는 같은 속력으로 되튀기므로
기체의 내부 에너지는 변하지 않는다.

(a) 정지한 피스톤

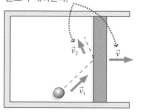

바깥쪽으로 움직이는 피스톤에 에너지가
전달되기에 되튀긴 분자의 속력이
줄어든다. 내부 에너지가 감소하여
온도가 내려간다.

(b) 움직이는 피스톤

그림 18.10 단열 팽창에서 기체가 피스톤에 일을 하고 내부 에너지는 감소한다. (b)는 미시적으로 이것이 어떻게 발생하는지 보여 준다.

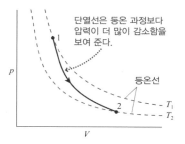

단열선은 등온 과정보다
압력이 더 많이 감소함을
보여 준다.

등온선

그림 18.11 단열 과정의 pV 곡선(진한 곡선)

이는 물리계에 일을 하고 열전달이 없으면 물리계는 동일한 양의 내부 에너지를 얻어야 한다는 것이다. 반대로 물리계가 주위에 일을 하면 물리계는 내부 에너지를 잃는다(그림 18.10 참조).

기체가 단열 팽창하면 부피는 증가하고 내부 에너지와 온도가 감소한다. 이상 기체 법칙, $pV = nRT$에 의하면 압력도 감소한다. 이때 온도 T가 일정한 등온 과정보다 압력이 더 많이 감소한다. pV 도표에서 단열 과정의 경로, 즉 **단열선**(adiabat)은 그림 18.11처럼 등온선보다 기울기가 가파르다.

핵심요령 18.1에서 단열선을 찾는 식을 자세히 설명한다. 결과는 다음과 같다.

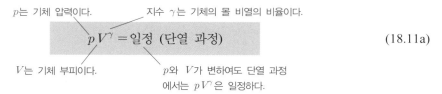

p는 기체 압력이다.　　　　　　지수 γ는 기체의 몰 비열의 비율이다.

$$pV^\gamma = 일정 \ (단열 \ 과정) \tag{18.11a}$$

V는 기체 부피이다.　　　　　p와 V가 변하여도 단열 과정
　　　　　　　　　　　　에서는 pV^γ은 일정하다.

여기서 $\gamma = C_p/C_V$는 비열의 비이다. $C_p = C_V + R$이므로 $\gamma = C_p/C_V$는 항상 1보다 크다. 예상대로 단열 과정에서 압력 변화가 등온 과정보다 크고 그림 18.11에서 단열선이 더 가파르다. 물리적으로는 기체가 일을 하면 내부 에너지를 잃어 온도가 떨어지기 때문에 단열선은 더 가파르다. 실전 문제 71은 식 18.11a를 온도로 나타내는 법을 보여 준다.

$$TV^{\gamma-1} = 일정 \ (단열 \ 과정) \tag{18.11b}$$

단열 과정에서 기체에 해 준 일에 대한 식 18.3을 적분하려면 미적분이 필요하다. 실전 문제 69에서 계산한 결과는 다음과 같다.

$$W = \frac{p_2 V_2 - p_1 V_1}{\gamma - 1} \tag{18.12}$$

핵심요령 18.1　단열 식 구하기

모든 과정에서 내부 에너지의 무한소 변화는 식 18.6에 의하면 $dE_{내부} = nC_V dT$이다. 여기에 해당하는 일은 $dW = p\,dV$이며, 단열 과정에서는 $Q = 0$이기에 열역학 제1법칙은 $nC_V dT = -p\,dV$가 된다. 이상 기체 법칙을 p와 V를 변화시켜 미분하면 dT를 없앨 수 있다. $nR\,dT = d(pV) = p\,dV + V\,dp$에서 구한 dT를 열역학 제1법칙에 넣고 R를 곱하면 $C_V V\,dp + (C_V + R)p\,dV = 0$을 얻는다. $C_V + R = C_p$를 넣고 $C_V pV$로 나누면 다음을 얻는다.

$$\frac{dp}{p} + \frac{C_p}{C_V}\frac{dV}{V} = 0$$

여기서 $\gamma \equiv C_p/C_V$로 정의하고, 적분하면 다음과 같다.

$$\ln p + \gamma \ln V = \ln(상수)$$

여기서 적분 상수를 $\ln(상수)$로 선택했다. $\gamma \ln V = \ln V^\gamma$이므로 지수로 나타내면

$$pV^\gamma = 일정$$

이 된다.

개념 예제 18.1 **이상 기체 법칙 대 단열 식**

이상 기체 법칙 $pV = nRT$와 단열 과정의 이상 기체에 대한 식 18.11a의 $pV^\gamma =$ 일정함과는 겉보기에 대조적이다. 어느 것이 옳은가?

풀이 이상 기체 법칙은 근본적이므로 그것이 옳다는 것을 안다. 그리고 이상 기체의 행동에 기초하여 식 18.11a를 유도하였다. 그러므로 둘 다 옳을 수밖에 없다. 그러나 어떻게 한쪽 식에는 pV가 나오고 다른 쪽 식에는 pV^γ이 나올 수 있는가? 답은 이상 기체 법칙의 오른쪽 변의 nRT에 있다. 단열 과정에서는 T가 일정하지 않으므로 pV도 일정하지 않다. 그러나 pV^γ은 일정하다.

검증 단열 과정을 등온 과정과 비교하자. 등온의 경우에 T는 일정하고 $pV =$ 일정함으로 쓸 수 있다. 두 과정 모두 이상 기체 법칙을 따르지만 p와 V의 관계가 다르므로 모순은 없다.

관련 문제 $\gamma = 1.4$인 이상 기체의 부피를 절반으로 줄인다. 그 과정이 (a) 등온 과정일 때와 (b) 단열 과정일 때 압력은 어떻게 되는가?

풀이 등온 과정의 경우에 $pV =$ 일정함이다. 따라서 부피를 절반으로 줄이면 압력이 두 배가 된다. 단열 과정의 경우에 일정한 것은 pV^γ이다. $p_1 V_1^\gamma = p_2 V_2^\gamma$에서 $V_2 = V_1/2$으로 놓으면 $p_2 = 2^\gamma p_1$이 된다. $\gamma = 1.4$이면 압력은 2.64배 증가한다. 온도가 올라가기 때문에 등온 과정보다 압력 증가는 더 크다.

예제 18.3 **단열 과정: 디젤 기관**

그림 18.12처럼 디젤 기관 실린더의 피스톤이 위로 올라가면서 압축시키므로 온도가 상승하여 연료가 점화된다. 가솔린 기관에 있는 점화 플러그가 없다. 압축은 매우 빠르기에 단열 과정이다. 점화 온도가 500°C이면 압축 비율 $V_\text{최대}/V_\text{최소}$는 얼마인가? 공기의 비열 비는 $\gamma = 1.4$이고, 압축 전 공기 온도는 20°C이다.

해석 열역학 과정의 단열 압축에 관한 문제이다.

과정 온도와 부피에 관한 문제이다. 따라서 식 18.11b를 적용하면 $T_\text{최소} V_\text{최소}^{\gamma-1} = T_\text{최대} V_\text{최대}^{\gamma-1}$이 된다.

풀이 위 식에서 압축 비율 $V_\text{최대}/V_\text{최소}$를 구하면 다음과 같다.

$$\frac{V_\text{최대}}{V_\text{최소}} = \left(\frac{T_\text{최소}}{T_\text{최대}}\right)^{1/(\gamma-1)} = \left(\frac{773\text{ K}}{293\text{ K}}\right)^{1/0.4} = 11$$

검증 실제 디젤 기관에서 점화를 확실하게 하려면 이 비율이 커야 한다. 디젤 기관의 압력 비율이 크므로 가솔린 기관보다 더 무겁지만, 연료 효율은 더 높다. 19장에서 디젤 기관을 더 배운다.

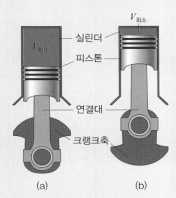

그림 18.12 디젤 기관의 실린더. (a)는 피스톤이 바닥에 있을 때이고, (b)는 가장 높이 있을 때이다. 압축 비율은 $V_\text{최대}/V_\text{최소}$ 이다.

응용물리 **스모그 경보!**

도시의 하늘을 뒤덮는 스모그는 화석 연료의 과소비의 불행한 징후이다. 대기의 단열 과정은 스모그가 도시에 머무르는지 여부를 결정한다. 태양 에너지를 흡수한 뜨거운 도로 위에서 가열된 공기의 부피를 생각해 보자. 공기 밀도가 감소하고 부력에 의하여 위로 상승한다. 위로 상승하여 기압이 낮은 영역으로 들어가면 팽창하며 주변 대기에 대하여 일을 한다. 공기의 열전도는 좋지 않기에 사실상 단열 과정이다. 따라서 공기 기체는 일을 하며 차가워진다.

한편 높이 올라갈수록 공기 온도가 내려간다. 그렇다면 상승하는 공기 덩어리가 주변 공기보다 더 빨리 차가워질까, 더 천천히 차가워질까? 더 천천히 차가워지면 상대적으로 뜨거운 공기 덩어리는 계속해서 상승한다. 이때 오염 물질도 함께 상승하여 고공에서 흩어진다. 그러나 고도에 따른 공기 온도의 변화가 작거나 위쪽의 온도가 더 높은 **반전**(inversion) 현상이 일어나면, 상승하던 공기 덩어리는 주변과 평형을 이루면서 더 이상 상승하지 않는다. 즉 공기가 갇히면서 오염 물질이 지표에 퍼지므로 로스앤젤레스 사진에서와 같은 스모그 현상이 일어난다.

확인 문제	**18.2** 이상 기체가 들어 있는 피스톤-원통 물리계에서 다음의 각 과정은 열역학의 어떤 과정인가? 또한 각 과정에서 온도, 압력, 부피, 내부 에너지는 증가하는가, 감소하는가? (1) 피스톤을 고정시키고, 원통 아래에서 열을 가한다. (2) 원통을 완벽하게 단열시키고, 피스톤을 아래로 누른다. (3) 피스톤이 대기압에 노출되어 자유롭게 움직이고, 원통을 얼음 위에 올려놓고 식힌다.

순환 과정

많은 자연계나 기술적인 계는 **순환 과정**(cyclic process), 즉 계가 주기적으로 동일한 열역학 상태로 되돌아가는 과정을 겪는다. 공학의 실례로는 주기적 동작을 보장하는 기계 구조의 기관 및 냉장고가 있고 음파 또는 맥동성과 같은 많은 자연 진동은 본질적으로 주기적이다.

순환 과정은 표 18.1에 요약한 앞에서 배운 네 과정을 포함한다. 가역 과정에서 한 일은 pV 곡선 아래의 면적과 같다. 순환 과정에서는 pV 도표의 같은 점으로 되돌아오므로 그림 18.13처럼 팽창과 압축을 반복한다. 압축하는 동안에는 기체에 일을 해주고 팽창하는 동안에는 기체가 주변에 일을 한다. 따라서 기체에 해 준 알짜일은 두 일의 차이로서 그림 18.13처럼 pV 도표의 순환 곡선으로 둘러싸인 면적이다.

표 18.1 이상 기체의 네 과정

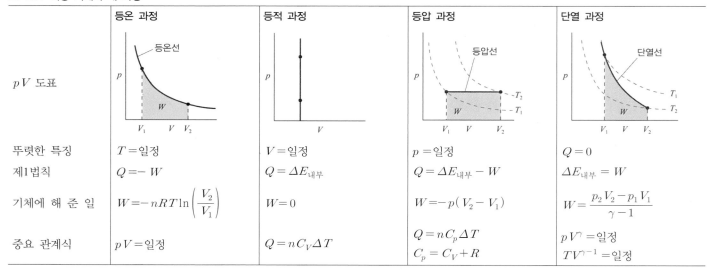

	등온 과정	등적 과정	등압 과정	단열 과정
pV 도표	등온선 W V_1 V V_2		등압선 W V_1 V V_2 T_2 T_1	단열선 W V_1 V V_2 T_1 T_2
뚜렷한 특징	$T=$일정	$V=$일정	$p=$일정	$Q=0$
제1법칙	$Q=-W$	$Q=\Delta E_{내부}$	$Q=\Delta E_{내부}-W$	$\Delta E_{내부}=W$
기체에 해 준 일	$W=-nRT\ln\left(\dfrac{V_2}{V_1}\right)$	$W=0$	$W=-p(V_2-V_1)$	$W=\dfrac{p_2V_2-p_1V_1}{\gamma-1}$
중요 관계식	$pV=$일정	$Q=nC_V\Delta T$	$Q=nC_p\Delta T$ $C_p=C_V+R$	$pV^\gamma=$일정 $TV^{\gamma-1}=$일정

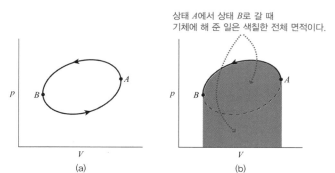

상태 A에서 상태 B로 갈 때 기체에 해 준 일은 색칠한 전체 면적이다.

상태 B에서 상태 A로 갈 때 기체가 한 일이다.

한 순환 과정 동안 기체에 해 준 알짜일은 닫힌 경로로 둘러싸인 부분의 면적이다.

$W_{알짜}$

$W<0$

(a)   (b)   (c)

그림 18.13 (a) 순환 과정의 pV 도표, (b), (c) 한 순환 과정에서 기체에 해 준 일은 닫힌 경로 안의 면적이다.

예제 18.4　순환 과정: 일 구하기

응용 문제가 있는 예제

$\gamma = 1.4$인 이상 기체는 300 K과 100 kPa에서 부피가 4.0 L이다. 단열 과정으로 원래 부피의 1/4로 압축시켰다가 등적 과정으로 300 K으로 돌아오도록 냉각시킨 후, 등온 과정으로 원래 부피로 되돌아온다. 기체에 한 일은 얼마인가?

해석 순환 과정 문제로 3개의 열역학적 과정, 단열 과정, 등적 과정, 등온 과정으로 이루어졌다.

과정 그림 18.14와 같이 pV 도표를 그리면 도움이 된다. 표 18.1의 열역학 과정별 식을 이용하여 한 일을 구하고 모두 합하여 알짜일을 구한다. 단열 과정 AB에서 한 일은 표 18.1에 의하면 $W_{AB} = (p_B V_B - p_A V_A)/(\gamma - 1)$이고, 등적 과정 BC에서는 $W_{BC} = 0$이며, 등온 과정 CA에서는 $W_{CA} = -nRT\ln(V_A/V_C)$이다.

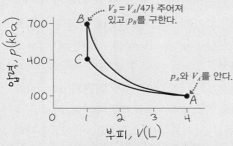

그림 18.14 예제 18.4의 순환 과정 $ABCA$는 단열 과정(AB), 등적 과정(BC), 등온 과정(CA)으로 구성된다.

풀이 단열 과정 AB에서 p_B를 제외한 모든 물리량을 안다. 단열 공식 $pV^\gamma = $ 일정으로부터 $p_B V_B^\gamma = p_A V_A^\gamma$이다. $p_A = 100$ kPa, $\gamma = 1.4$와 원래 부피의 1/4로의 압축($V_A/V_B = 4$)를 넣어서 풀

면 $p_B = p_A(V_A/V_B)^\gamma = 696.4$ kPa을 얻는다. 따라서 단열 과정에서 기체에 한 일은 다음과 같다.

$$W_{AB} = \frac{p_B V_B - p_A V_A}{\gamma - 1} = 741 \text{ J}$$

여기서 압력 단위는 kPa($= 10^3$ Pa), 부피 단위는 L($= 10^{-3}$ m^3)로 지수가 서로 상쇄되기에 변환할 필요가 없다. 압축시킬 때 기체에 일을 하므로 한 일 W_{AB}는 양수이다.

등온 과정에서 한 일 $W_{CA} = -nRT\ln(V_A/V_C)$에서 nRT는 T가 일정하므로 등온 곡선의 어떤 점에서 구해도 무방하다. 이상 기체 법칙에서 $nRT = pV$이므로 점 A의 p와 V를 안다. 즉 $nRT = p_A V_A = 400$ J이다. 여기서도 $p_A = 100$ kPa, $V_A = 4.0$ L를 사용하여 답을 SI 단위로 구한다. 등온 과정에 한 일은

$$W_{CA} = -nRT\ln\left(\frac{V_A}{V_C}\right) = -(400 \text{ J})(\ln 4) = -555 \text{ J}$$

이다. C에서 A로 부피가 팽창하면서 기체가 일을 하므로 한 일은 음수이다.

이제 세 과정에서 한 일을 더하여 알짜일을 구한다.

$$W_{ABCA} = W_{AB} + W_{BC} + W_{CA} = 741 \text{ J} + 0 \text{ J} - 555 \text{ J} = 186 \text{ J}$$

검증 답을 검증해 보자. 기체에 일을 하였기에 최종 답은 양수값이다. pV 도표의 순환 경로를 따라 반시계 방향으로 순환하면 한 일은 항상 양수이다. 또한 물리계가 원래 상태로 되돌아오므로 물리계의 내부 에너지는 변함이 없다. 따라서 기체에 한 일은 모두 주위에 열로 방출된다. 단열 과정 AB에서는 열의 출입이 없고, 등온 팽창 과정 CA에서는 기체가 열을 흡수하므로, 등적 냉각 과정 BC에서 열을 방출한다.

18.3 이상 기체의 비열

LO 18.4 분자 구조에 기초하여 이상 기체의 비열을 설명할 수 있다.

이상 기체의 열역학 거동은 등압 비열과 등적 비열에 의존한다. 두 비열의 값은 얼마일까?

17장의 이상 기체 모형에서 기체 분자는 병진 운동 에너지만 있는 점입자로 가정했다. 이상 기체의 내부 에너지 $E_{내부}$는 모든 분자의 운동 에너지의 합이며, 평균 운동 에너지는 $\frac{1}{2}m\overline{v^2} = \frac{3}{2}kT$로 온도에 비례한다. 따라서 이상 기체 n몰의 내부 에너지는 $E_{내부} = nN_A \times \left(\frac{1}{2}m\overline{v^2}\right) = \frac{3}{2}nN_A kT$이다. 여기서 N_A는 아보가드로 수, $N_A k = R$는 기체 상수이므로, 결국 내부 에너지는 $E_{내부} = \frac{3}{2}nRT$이다. 식 18.6을 몰비열에 대해 풀면

$$C_V = \frac{1}{n}\frac{\Delta E_{내부}}{\Delta T} = \frac{3}{2}R \tag{18.13}$$

를 얻는다. 구조가 없는 입자인 이 기체에서는 단열 지수 γ는 다음과 같다.

$$\gamma = \frac{C_p}{C_V} = \frac{C_V + R}{C_V} = \frac{\frac{5}{2}R}{\frac{3}{2}R} = \frac{5}{3} = 1.67$$

헬륨(He), 네온(Ne), 아르곤(Ar) 같이 주기율표의 마지막 열에 있는 불활성 기체의 단열 지수와 비열은 위의 값과 같다. 그러나 다른 기체에서는 그렇지 않다. 예를 들어 실온에서 수소(H_2), 산소(O_2), 질소(N_2)의 γ는 거의 $\frac{7}{5}(=1.4)$로 단열 법칙을 따르고, 비열은 $C_V = \frac{5}{2}R$이다. 반면 이산화황(SO_2), 이산화질소(NO_2)의 단열 비율은 1.3에 가깝고, C_V는 약 3.4R이다.

왜 다를까? 단서는 개개 기체 분자의 화학식에 따른 기체 분자의 구조이다. 불활성 기체 분자는 하나의 원자로 구성된 **단원자**(monatomic) 분자이다. 이 원자들이 구조가 없는 질점처럼 행동하는 한, 이 원자들의 유일한 에너지는 병진 운동의 운동 에너지이다. 운동 에너지를 3개의 항의 합으로 생각할 수 있는데, 각각은 서로 수직인 세 방향의 운동과 관련이 있다. 계의 에너지에서 각각의 항을 **자유도**(degree of freedom)라고 하는데 이는 계가 에너지를 취할 수 있는 방법이라는 것을 의미한다. 그래서 단원자 분자의 자유도는 3이다.

대조적으로, 수소, 산소 및 질소 분자는 그림 18.15와 같이 **이원자**(diatomic) 분자이다. 그러한 분자의 기체가 여전히 이상 기체의 법칙 $pV = nRT$를 따라야 하지만, 이들 분자에는 병진 운동 에너지뿐만 아니라 회전 운동 에너지도 있다. 그리고 이원자 분자의 운동 에너지에는 5개의 항이 있는데 그림 18.15에서 보듯이 병진 운동의 세 방향에 관한 3개의 항, 두 개의 서로 수직인 축을 중심으로 회전 운동에 대한 2개의 항으로 구성된다. 따라서 이원자 분자의 자유도는 5이다. 이제 단원자 분자의 자유도 3과 이원자 분자의 자유도 5의 차이가 비열의 차이를 어떻게 설명하는지 보게 될 것이다.

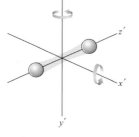

그림 18.15 이원자 분자는 두 개의 수직 축에 대해서 회전할 수 있다.

등분배 정리

17장에서 한 방향으로 움직이는 기체 분자의 운동에 해당하는 평균 운동 에너지는 $\frac{1}{2}kT$임을 보였다. 세 방향 모두가 동등하므로 분자의 평균 운동 에너지는 $\frac{3}{2}kT$이다. 한 방향에서 세 방향으로의 확장은 마구잡이 충돌로 가능한 운동끼리 동등하게 에너지가 나뉜다는 가정을 바탕으로 한다. 분자가 병진 운동 외에도 회전 운동을 하면 가능한 회전 운동끼리 에너지를 동등하게 가질 수 있다. 19세기에 스코틀랜드의 물리학자 맥스웰(James Clerk Maxwell)이 다음과 같은 **등분배 정리**(equipartition theorem)를 증명하였다.

> **등분배 정리**
> 계가 열역학 평형에 있다면 자유도 하나당 분자의 평균 에너지는 $\frac{1}{2}kT$이다.

이원자 분자는 3개의 병진 운동과 2개의 회전 운동으로 그 자유도가 5임을 알았다. 한 분자의 평균 에너지는 $5\left(\frac{1}{2}kT\right) = \frac{5}{2}kT$이기에 이원자 기체 n몰의 내부 에너지는 $E_{내부} =$

$nN_A\left(\dfrac{5}{2}kT\right)=\dfrac{5}{2}nRT$이다. 식 18.6에 의하면 등적 몰비열은 다음과 같다.

$$C_V = \frac{1}{n}\frac{\Delta E_{\text{내부}}}{\Delta T} = \frac{5}{2}R \ \text{(이원자 분자)}$$

한편 $C_p = C_V + R$는 열역학 제1법칙에서 분자의 구조와 상관없이 유도하였으므로 항상 성립한다. 따라서 $C_p = \dfrac{7}{2}R$이며, $\gamma = C_p/C_V = \dfrac{7}{5} = 1.4$이다. 이 결과는 실온에서 수소, 산소, 질소 같은 이원자 기체의 측정값을 설명한다.

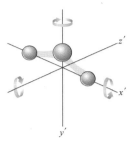

NO_2 같은 다원자 분자는 그림 18.16처럼 세 개의 수직축에 대해서 회전할 수 있다. 전체 자유도는 6이기에 $E_{\text{내부}} = 3nRT$이고 여기에 해당하는 비열은 $C_V = 3R$, $C_p = C_V + R = 4R$이다. 단열 지수는 $\gamma = \dfrac{4}{3} \simeq 1.33$으로 NO_2의 실험값 $\gamma = 1.29$와 비슷하다.

그림 18.16 NO_2 같은 삼원자 분자는 회전 자유도가 3이다.

예제 18.5 　비열: 혼합 기체

2.0몰의 산소(O_2)와 1.0몰의 아르곤(Ar) 혼합 기체가 있다. 등적 비열을 구하라.

해석 비열과 분자 구조에 관한 문제이다. O_2는 이원자 분자이고 Ar은 단원자 분자이다.

과정 식 18.6, $\Delta E_{\text{내부}} = nC_V\Delta T$로 등적 비열을 구하려면 내부 에너지 $E_{\text{내부}}$의 온도 변화를 알아야 한다. 등분배 정리로 각 기체의 분자당 에너지를 구해서 비열을 구한다.

풀이 이원자 분자 O_2의 자유도가 5이므로 등분배 정리에 따라 분자당 평균 에너지는 $\dfrac{5}{2}kT$이고, 2.0몰 산소의 에너지는 $E_{\text{내부}O_2}$

$= nN_A\left(\dfrac{5}{2}kT\right) = \dfrac{5}{2}nRT = 5.0RT$이다. 여기서 $N_A k = R$이다. 단원자 분자인 Ar의 자유도가 3이므로 1.0몰의 아르곤 에너지는 $E_{\text{내부}Ar} = \dfrac{3}{2}nRT = 1.5RT$이다. 따라서 혼합 기체의 총에너지는 $E_{\text{내부}} = 6.5RT$이고, 식 18.6에 따라 등적 비열은 다음과 같다.

$$C_V = \frac{1}{n}\frac{\Delta E_{\text{내부}}}{\Delta T} = \frac{6.5R}{3.0\ \text{mol}} = 2.2R$$

검증 답을 검증해 보자. 등적 비열은 단원자 기체와 이원자 기체의 등적 비열인 $1.5R$와 $2.5R$ 사이의 값이다. 다만 혼합 기체에 산소가 더 많으므로 $2.5R$에 가깝다.

확인 문제 **18.3** 부피가 같은 질소(N_2)와 이산화질소(NO_2)를 일정한 압력으로 유지시킨 채 똑같은 양의 열을 기체에 흘려보낸다. 그 결과 온도 상승은 (a) N_2에서 더 크다, (b) 둘 다 같다, (c) NO_2에서 더 크다.

양자 효과

뉴턴 역학으로 분자 구조와 기체 거동의 연결에 크게 성공하였지만, 뉴턴 역학으로는 설명할 수 없는 가정이 숨어 있다. 실제 원자는 크기가 있으므로 단원자 분자조차도 회전할 수 있다. 그런데 왜 자유도가 더 크지 않을까? 양자역학에 따르면, 회전 운동과 같은 주기 운동에는 최소 에너지가 필요하기 때문이다. 실온에서는 평균 열에너지가 너무 작아서 단원자 분자가 회전 운동을 못하고, 이원자 분자는 길이 방향의 축으로 회전할 수 없다. 따라서 이 분자들의 자유도가 각각 3과 5이며, 등적 비열은 각각 $\dfrac{3}{2}R$과 $\dfrac{5}{2}R$이다. 이원자 분자인 경우에 온도가 더 올라가면, 두 원자 사이의 용수철 같은 결합에 의한 단순 조화 운동을 시작하게 된다. 따라서 이 진동의 운동 에너지와 퍼텐셜 에너지와 관련된 자유도가 2만큼 증가한다. 한편 매우 낮은 온도에서는 열에너지가 너무 작아서 이원자 분자가 회전할 수 없다. 이 경우에는

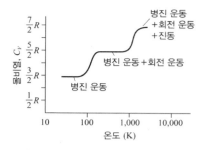

그림 18.17 온도에 따른 H_2 기체의 등적 몰비열. 20 K 이하에서는 액체이고, 3200 K 이상에서는 개개의 원자로 해리된다.

단원자 분자처럼 비열 $C_V = \dfrac{3}{2}R$이다. 그림 18.17은 이원자 수소 분자(H_2)에 대하여 이런 영향을 나타낸 것이다.

양자역학으로 분자의 회전 운동과 진동을 설명하는 것이 쉽게 이해될 수 있을까? 쉽지 않다. 경험상 회전하는 물체가 주어진 어떤 에너지 값이 될 수 없는 일은 없다. 그러나 양자역학은 우리의 일상 경험보다 훨씬 작은 영역을 다루고 있다. 에너지의 양자화는 양자 영역에서 발생하는 많은 특이한 것들 중 하나 일뿐이다. 6부에서 더 많은 양자 현상을 살펴볼 것이다.

18장 요약

핵심 개념

이 장의 핵심 개념은 열을 포함하여 확장한 에너지 보존이다. 이 확장한 에너지 보존이 **열역학 제1법칙**으로 계의 내부 에너지의 변화는 계로 흘러들어온 열과 계에 해 준 일을 연결시킨다. 제1법칙은 이상 기체 법칙과 함께 이상 기체에 적용되는 기본적인 열역학적 과정을 정량적으로 설명할 수 있고 pV **도표**를 사용하여 그 과정을 그림표로 설명한다. **등분배 정리**는 열역학적 평형에서 내부 에너지가 계의 가능한 에너지 모드들 사이에서 동등하게 분배된다는 것이다.

주요 개념 및 식

정량적으로 열역학 제1법칙은 다음과 같다.

$$\Delta E_{내부} = Q + W$$

각 항의 의미는 다음과 같다.

- $\Delta E_{내부}$는 계의 내부 에너지 변화이다.
- Q는 계로 전달된 열이다.
  - 양수 Q는 알짜열이 계로 들어온다는 것을 의미한다.
  - 음수 Q는 알짜열이 계에서 나간다는 것을 의미한다.
- W는 계에 해 준 일이다.
  - 양수 W는 계에 일을 해 준다는 것을 의미한다.
  - 음수 W는 계가 주위에 일을 한다는 것을 의미한다.

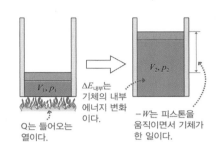

$\Delta E_{내부}$는 기체의 내부 에너지 변화이다.

Q는 들어오는 열이다.

$-W$는 피스톤을 움직이면서 기체가 한 일이다.

일반적으로 계가 한 일은 압력과 부피의 변화와 관계가 있다.

$$W = -\int_{V_1}^{V_2} p\,dV$$

응용

이상 기체의 열역학 과정

등온 과정	등적 과정	등압 과정	단열 과정

   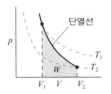

등온 과정

$T =$ 일정

$Q = -W$

$W = -nRT\ln\left(\dfrac{V_2}{V_1}\right)$

$pV =$ 일정

등적 과정

$V =$ 일정

$Q = \Delta E_{내부}$

$W = 0$

$Q = nC_V\Delta T$

등압 과정

$p =$ 일정

$Q = \Delta E_{내부} - W$

$W = -p(V_2 - V_1)$

$Q = nC_p\Delta T$

$C_p = C_V + R$

단열 과정

$Q = 0$

$\Delta E_{내부} = W$

$W = \dfrac{p_2 V_2 - p_1 V_1}{\gamma - 1}$

$pV^\gamma =$ 일정

$TV^{\gamma-1} =$ 일정

이상 기체의 비열은 분자의 **자유도**에 의하여 정해진다.

단원자 분자
자유도 $=3$
$C_V = \dfrac{3}{2}R$

이원자 분자
자유도 $=5$
$C_V = \dfrac{5}{2}R$

삼원자 분자
자유도 $=6$
$C_V = 3R$

학습 목표   이 장을 학습하고 난 후 다음을 할 수 있다.

LO 18.1 열역학 제1법칙을 에너지 보존으로 설명할 수 있다.
개념 문제 18.1, 18.2
연습 문제 18.11, 18.12, 18.13, 18.14, 18.15

LO 18.2 여러 가지 열역학 과정에 대하여 이상 기체가 한 일 또는 이상 기체에 한 일을 계산할 수 있다.
개념 문제 18.3, 18.4, 18.5, 18.6
연습 문제 18.16, 18.17, 18.18, 18.19, 18.20, 18.23
실전 문제 18.36, 18.37, 18.39, 18.40, 18.54, 18.55, 18.58, 18.59, 18.62, 18.63, 18.66, 18.68

LO 18.3 여러 가지 열역학 과정에서 압력과 온도를 결정할 수 있다.
개념 문제 18.7, 18.8, 18.9

연습 문제 18.22
실전 문제 18.38, 18.41, 18.42, 18.43, 18.44, 18.45, 18.46, 18.47, 18.48, 18.49, 18.50, 18.51, 18.52, 18.53, 18.54, 18.55, 18.56, 18.57, 18.60, 18.61, 18.62, 18.63, 18.67, 18.69, 18.70, 18.71, 18.72, 18.73, 18.74, 18.75, 18.76, 18.78, 18.79

LO 18.4 분자 구조에 기초하여 이상 기체의 비열을 설명할 수 있다.
개념 문제 18.10
연습 문제 18.21, 18.22, 18.23, 18.24, 18.25, 18.26, 18.27
실전 문제 18.64, 18.65, 18.77

개념 문제

1. 물이 든 병을 격렬하게 흔들면 물의 온도가 올라간다. 이 경우에 열역학 제1법칙의 Q와 W는 무엇인가?

2. 열과 내부 에너지의 차이는 무엇인가?

3. 왜 비가역 과정은 pV 도표에서 연속 경로로 표시할 수 없는가?

4. 비가역 과정의 처음 평형 상태와 나중 평형 상태를 pV 도표에서 점으로 표시할 수 있는가? 이유를 설명하라.

5. 어떤 준정적 과정은 시작과 끝의 온도가 같다. 이 과정은 반드시 등온 과정인가?

6. 그림 18.18에 같은 처음 상태 1과 나중 상태 2를 연결한 두 과정 A와 B가 있다. 어느 과정에서 물리계에 열을 더 많이 전달하겠는가?

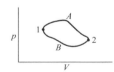

그림 18.18 개념 문제 8

7. 타이어의 공기를 뺄 때 공기가 차가워진다. 왜 그런가? 무슨 열역학 과정인가?

8. 입을 크게 벌리고 손등에 입김을 불어 보아라. 입김이 따뜻할 것이다. 이번에는 입을 작게 오므리고 불어 보아라. 입김이 차가울 것이다. 왜 그런가?

9. 동일한 세 기체-실린더 계를 부피가 같은 처음 상태에서 부피가 같은 나중 상태로 압축시킨다. 한 계는 등온 과정으로, 다른 한 계는 단열 과정으로, 세 번째 계는 등압 과정으로 압축한다. 어느 과정이 계에 일을 가장 많이 하는가? 또 일을 가장 적게 하는 것은 어느 과정인가?

10. 등압 비열이 왜 등적 비열보다 큰가?

연습 문제

18.1 열역학 제1법칙

11. 완벽하게 단열시킨 그릇에 든 $1.0\,\text{kg}$의 물을 격렬하게 저어서 온도가 $7.0°C$만큼 올라갔다. 물에 한 일은 얼마인가?

12. 단열이 안 되는 닫힌 그릇에 든 $500\,\text{g}$의 물을 격렬하게 흔들어서 온도가 $3.0°C$만큼 올라갔다. 이 과정에 해 준 역학적 일은 $9.0\,\text{kJ}$이다. (a) 흔드는 동안 주변으로 전달된 열은 얼마인가? (b) 그릇을 완벽하게 단열시켰다면 얼마의 역학적 일이 필요했겠는가?

13. $25\,\text{s}$ 동안 $40\,\text{W}$로 열을 가하니 기체가 팽창하면서 주위에 $750\,\text{J}$의 일을 한다. 이 기체 내부 에너지의 변화는 얼마인가?

14. 계가 $165\,\text{W}$로 일을 하고, 이 계의 내부 에너지가 $45\,\text{W}$로 증가하면 계로 들어오는 열의 전달률은 얼마인가?

15. 자동차 내연기관에서 휘발유가 연소되면서 방출하는 총에너지의 17%가 역학적 일을 한다. 열출력이 $68\,\text{kW}$이면 기관의 역학적 출력은 얼마인가?

18.2 열역학 과정

16. 이상 기체가 $(p_1,\ V_1)$ 상태에서 $(p_2,\ V_2)$ 상태로 팽창한다. 여기서 $p_2 = 2p_1$, $V_2 = 2V_1$이다. 팽창 과정은 그림 18.19의 AB 경로를 따른다. 이 과정에서 기체가 한 일을 구하라.

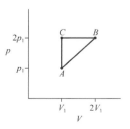

그림 18.19 연습 문제 16, 17, 실전 문제 75

17. 그림 18.19의 ACB 경로를 따르면서 기체가 한 일을 구하라.

18. 0.30몰의 헬륨이 가득 찬 열기구가 온도를 300 K으로 일정하게 유지하며 상승하여 부피가 5배로 커지는 높이까지 올라간다. 열기구의 장력을 무시할 때 이 등온 팽창 과정에서 헬륨이 한 일은 얼마인가?

19. 연습 문제 18의 열기구가 100 kPa에서 출발하여 $p = 75$ kPa인 높이까지 상승한다. 이때 온도는 300 K으로 일정하다. (a) 부피는 몇 배로 커지는가? (b) 열기구 안의 기체가 한 일은 얼마인가?

20. 2.5몰인 이상 기체의 온도를 300 K으로 유지하면서 원래 부피의 반으로 압축할 때 한 일은 얼마인가?

21. $\gamma = 1.4$인 기체의 단열 과정에서 절대 온도가 2배가 되면 부피는 몇 배로 변하는가?

22. 18°C의 질소 기체($\gamma = 1.4$)를 부피가 처음의 1/4로 줄어들도록 단열 압축하였다. 이 기체의 온도는 얼마나 증가하는가?

23. 어떤 탄소 분리 저장 계획에 따르면, 처음에 대기압 상태의 이산화탄소 6.8 m^3를 등온 압축하여 부피를 원래의 5.0% 정도로 줄여야 한다. 필요한 일을 구하라.
ENV

18.3 이상 기체의 비열

24. 2.5몰 O_2와 3.0몰 Ar 혼합 기체의 등적 몰비열과 등압 몰비열은 얼마인가?

25. 단원자와 이원자 분자의 혼합 기체에서 비열의 비는 $\gamma = 1.52$이다. 몇 %가 단원자 분자인가?

26. $NO_2(\gamma = 1.29)$ 50%, $O_2(\gamma = 1.40)$ 30%, $Ar(\gamma = 1.67)$ 20%인 혼합 기체의 비열 비는 대략 얼마인가?

27. 1몰의 기체에 2.5 kJ의 일을 하는 단열 과정에서 (a) 단원자 이상 기체, (b) 이원자 이상 기체(분자 회전은 있지만 진동은 없다)의 온도는 각각 얼마나 변하는가?

응용 문제
....

다음 문제들은 본문의 예제들에 기초한 것이다. 두 세트의 문제들은 물리학의 이해를 강화하는 연결의 형성을 돕고 이전에 풀어본 문제에서 변형된 문제를 해결하는 자신감을 키우도록 설계되어 있다. 각 세트의 첫 번째 문제는 본질적으로 예제 문제이지만 숫자들은 다르다. 두 번째 문제는 예제와 똑같은 상황이지만 묻는 질문이 다르다. 세 번째와 네 번째 문제는 완전히 다른 상황으로 이런 방식을 반복한다.

28. **예제 18.2** 잠수부가 물의 표면에서의 표준 대기압의 2.85배의 압력에서 작업하고 있다. 잠수부가 내쉬는 공기는 지름 17.6 mm의 방울을 만든다. 공기 방울의 온도가 일정하게 유지된다고 가정할 때 공기 방울이 수면까지 올라갈 때 얼마나 많은 일을 하는가?

29. **예제 18.2** 압력이 417 kPa인 민물 호수 바닥에서 흙이 분해되며 기체 방울이 발생한다. 처음에는 지름이 1.58 cm이다. 호수는 균일하게 3.98°C이고 기체 방울이 정상 대기압인 수면으로 올라갈 때까지 이 온도를 유지한다. 기체 방울이 상승하면서 얼마나 많은 열을 흡수하는가?

30. **예제 18.2** 진주잡이 잠수부는 정상 대기압에서 5.25 L인 폐를 공기로 채우고 압력이 3.46 atm인 24.6 m로 내려간다. 폐의 공기가 체온과 같다면 이 공기가 압축될 때 이 공기에 얼마나 많은 일을 하는가?

31. **예제 18.2** 공 모양의 풍선이 진공 펌프에 연결된 밀폐된 상자 안에 있다. 상자는 초기에는 정상 대기압 상태이지만 펌프가 작동을 시작하면 압력이 내려간다. 그 다음 풍선은 일정한 온도를 유지하지만 3.50배로 팽창하고 그 과정에서 147 J의 열을 주변에서 흡수한다. (a) 상자의 최종 압력과 (b) 풍선의 원래 지름을 구하라.

32. **예제 18.4** $\gamma = 1.40$인 어떤 이상 기체가 335 K, 89.2 kPa에서 부피가 8.26 L이다. 이 기체를 단열 압축하여 원래의 부피의 1/3이 된 후 일정한 부피로 냉각하여 다시 335 K이 된다. 마지막으로 등온 팽창시켜 원래의 부피가 된다. 기체에 한 일은 얼마인가?

33. **예제 18.4** $\gamma = 1.40$, 온도 288 K인 어떤 이상 기체가 처음에는 25.0 L 실린더를 가득 채운다. 이 기체를 단열 압축시켜 원래의 부피의 반으로 만든 후 일정한 부피로 냉각하여 다시 288 K이 되게 한다. 마지막으로 등온 팽창시켜 원래의 부피로 만든다. 이 한 주기 동안 이 기체에 한 일이 436 J이라면 이 주기를 시작할 때 이 기체의 압력은 얼마인가?

34. **예제 18.4** $\gamma = 7/5$인 어떤 이상 기체의 압력은 p_A이고 부피는 V_A이다. 이 기체가 다음 4단계로 구성된 순환 과정을 거친다. (1) 절대 온도가 두 배가 될 때까지 일정한 부피로 가열한다. (2) 부피가 원래 부피의 1/5이 될 때까지 단열 압축한다. (3) 원래의 온도로 돌아갈 때까지 등압 냉각한다. (4) 처음 상태에 도달할 때까지 등온 팽창시킨다. (a) 이 한 주기 동안 기체에 한 일을 p_A와 V_A를 사용하여 정확한 표현식으로 구하라. (b) 그 일의 결과를 계산하여 세 자리 유효 숫자로 나타내어라.

35. **예제 18.4** $\gamma = 1.40$인 어떤 이상 기체가 처음 온도는 273 K이고 부피는 2.00 L이다. 이 기체가 다음 4단계로 이루어진 다음 순환 과정을 겪는다. (1) 일정한 부피로 373 K까지 가열한다. (2) 부피가 원래 부피의 1/8이 될 때까지 단열 압축한다. (3) 원래의 온도로 돌아갈 때까지 등압 냉각한다. (4) 초기 상태에 도달할 때까지 등온 팽창한다. 완전한 한 순환 과정에서 이 기체에 행한 일이 0.910 kJ이라면 원래 압력은 얼마인가?

실전 문제
....

36. 이상 기체가 온도를 440 K으로 유지하며 처음 부피의 10배로 팽창한다. 이때 기체가 주위에 3.3 kJ의 일을 하면, (a) 흡수한 열과 (b) 기체의 몰수는 얼마인가?

37. 자전거를 열심히 타는 동안 인체는 일반적으로 음식으로부터 저장한 에너지를 500 W의 비율로 방출하고 약 120 W의 역학적 출력을 생성한다. 자전거를 타는 동안 인체는 얼마의 비율로 열을 생성하는가?
BIO

38. 0.25몰의 기체의 처음 부피는 3.5 L이다. 기체에 61 J의 일을 하여 3.0 L로 등온 압축시키면 온도는 얼마인가?

39. 맥박이 뛸 때, 대동맥의 혈압은 80 mmHg에서 125 mmHg까지
BIO 변한다. 이 압력은 대기압을 초과한 압력값, 즉 계기압력이다. 혈
압이 최소일 때 대동맥 안에 지름 1.52 mm의 공기 방울이 생겼
다. (a) 최대 혈압에서 이 공기 방울의 지름은 얼마가 되겠는가?
(b) 이 공기 방울을 압축시키기 위하여 혈액(즉 심장)이 한 일은
얼마인가? 공기의 온도는 혈액의 온도 37.0°C와 같다고 가정한다.

40. 기체의 부피를 처음의 절반으로 등온 압축시키는 데 1.5 kJ의 일
을 한다면, 원래의 부피에서 1/22로 압축시키려면 얼마의 일을
해야 하는가?

41. 단열 압축시키는 동안 기체의 부피가 반으로 줄어들었다. 기체
압력이 2.55배 증가하면 비열 비 γ는 얼마인가?

42. $\gamma = 1.40$인 기체가 압력 98.5 kPa에서 부피는 6.25 L이다. (a)
이 기체를 단열 압축하여 4.18 L가 되면 압력은 얼마인가? (b)
압축하는 데 필요한 일은 얼마인가?

43. 기체가 그림 18.20의 ABCA 순환 과정을 거친다. 점 A의 압력
은 60 kPa이고 AB는 등온 과정이다. (a) 점 B의 압력과 (b) 기
체에 한 알짜일을 구하라.

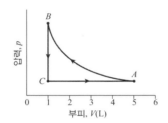

그림 18.20 실전 문제 43, 44

44. AB가 단열 과정이고 $\gamma = 1.4$일 때 실전 문제 43을 풀어라.

45. 가솔린 기관의 압축 비율은 8.5이다(예제 18.3 참조). 연료-공기
혼합 기체가 30°C의 기관으로 유입되어 단열 압축되면($\gamma = 1.4$)
최대 압축에서 온도는 얼마인가?

46. 단열 과정에서 $\gamma = 1.4$인 기체의 압력이 두 배가 되면 부피는 어
떻게 되는가?

47. 볼보 B4204 기관의 압축 비율은 10.8이다. 이 연료-공기 혼합
기체가 단열 압축되며 $\gamma = 1.40$이다. 과급기는 342 K의 공기를
대기압의 1.50배로 공급한다. 이 공기가 기관 실린더를 가득 채
운 뒤 최대 압축되면 (a) 공기의 온도와 (b) 압력은 얼마인가?

48. 연구용 풍선을 발사하기 위해 12°C와 1.00 atm에서 부피 1.75
×10³ m³의 헬륨 기체를 풍선에 펌프로 넣는다. 풍선은 공중 높
이 떠올라서 기압이 겨우 0.340 atm인 곳까지 다다른다. 풍선이
주위와 상당한 열을 교환하지 않는다고 가정하고, 그 고도에서
풍선의 (a) 부피와 (b) 온도를 구하라.

49. 단원자 아르곤 기체가 처음에 28 K으로 차갑다. 그 기체를 단열
적으로 상온(293 K)까지 올리려면 압력을 몇 배까지 증가시켜야
하는가?

50. 이원자 이상 기체를 원래 부피의 절반까지 (a) 등온 압축할 때,
(b) 등압 압축할 때, (c) 단열 압축할 때, 그 기체의 내부 에너지
는 몇 배만큼 변하는가?

51. 몰 비열 $C_V = (5/2)R$인 이상 기체 3.50몰이 처음에 255 K,
101 kPa 상태에 있다. (a) 등온 과정으로 (b) 등압 과정으로 (c)
단열 과정으로 1.75 kJ의 열을 기체에 가할 때 최종 온도와 기체
가 한 일은 각각 얼마인가?

52. pV 도표의 한 점에서 단열선의 기울기가 같은 점을 지나는 등온
선의 기울기와 γ의 곱임을 보여라.

53. $\gamma = 1.67$인 이상 기체가 부피와 압력이 각각 1.00 m³, 250 kPa
인 그림 18.21의 점 A에서 단열 팽창하여 부피가 3배인 점 B로
간 후 등적 가열되어 점 C로 가고, 등온 압축으로 점 A로 되돌
아온다. (a) 점 B의 압력, (b) 점 C의 압력, (c) 기체에 한 알짜
일을 각각 구하라.

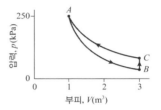

그림 18.21 실전 문제 53

54. 예제 18.4의 기체가 그림 18.14의 점 A에서 출발하여 부피가
CH 2.0 L가 되도록 단열 압축되고, 이후 300 K이 되도록 등압 냉각
된 다음에 등온 팽창하여 점 A로 되돌아간다. (a) 이 기체에 한
알짜일과 (b) 기체의 최소 부피를 구하라.

55. 예제 18.4의 기체가 그림 18.14의 점 A에서 출발하여 등적 가열
되어 압력이 두 배로 되고, 단열 압축되어 원래 부피의 1/4로 되
고, 등적 냉각으로 300 K이 된 다음에 등온 팽창하여 점 A로 되
돌아간다. 이 기체에 한 알짜일을 구하라.

56. 단열 과정에서 압력과 온도 사이의 관계는 $p^{1-\gamma} T^\gamma =$일정함을
보여라.

57. 새로 만든 자전거 공기 주입기의 손잡이를 다 빼면 나오는 원통
의 길이는 32 cm이다. 공기 주입기가 뜨거워지지 않도록 하려
면, 출구를 막은 채 손잡이를 빠르게 밀어 넣어 원통의 내부 길이
가 16 cm가 될 때 온도가 75°C 이상 올라가면 안 된다. 공기의
처음 온도가 18°C라고 가정하면 이 공기 주입기는 온도 상승 기
준에 맞는가?

58. 그림 18.22는 사람의 폐의 압력-부피 관계의 실험적 측정 자료점
BIO 과 이 점들을 곡선으로 나타낸 결과이다. 폐를 완전히 부풀리는
데 수반되는 일을 어림하라.

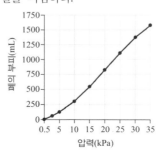

그림 18.22 실전 문제 58

59. 가솔린 기관과 디젤 기관에서 기관에 공급하는 공기를 압축하기 위하여 과급기를 사용하여 출력을 올리거나 연료 효율을 올리도록 한다. 어떤 과급기가 공기 1.00몰을 압축할 때 공기에서 주변으로 158 J의 열이 흘러간다. 공기 온도는 48.6℃만큼 상승한다. 이 과급기가 공기에 한 일을 구하라. 공기를 이원자 이상 기체로 간주한다.

60. 273 K, $\gamma = 7/5$인 기체를 등온 압축하여 원래 부피의 1/3로 되고, 추가로 단열 압축하여 원래 부피의 1/5이 된다. 나중 온도는 얼마인가?

61. 273 kPa, 100 kPa, $\gamma = 1.3$인 이상 기체를 단열 압축하여 240 kPa이 된다. 나중 온도는 얼마인가?

62. 그림 18.23의 곡선은 $\gamma = 1.4$인 이상 기체의 350 K 등온선이다.
CH (a) $ABCA$ 순환 과정에서 기체에 한 알짜일을 구하라. (b) AB 과정에서 기체로 들어온 또는 기체에서 나간 열은 얼마인가?

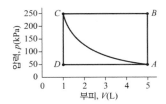

그림 18.23 실전 문제 62, 63

63. (a) 그림 18.23의 $ACDA$ 순환 과정에 대하여 실전 문제 62를 되풀이 한다. (b) CD 과정에서 기체로 들어온 또는 기체에서 나간 열은 얼마인가?

64. 단원자 아르곤과 이원자 산소가 혼합된 기체가 단열 팽창하여 부피는 두 배, 압력은 1/3배로 된다. 기체 중 아르곤 분자 비율은 얼마인가?

65. 10몰의 단원자 기체에 $C_V = 3R$인 삼원자 기체를 얼마나 섞으면 혼합 기체의 열역학 거동이 이원자 기체와 같아지는가?

66. 0℃, 8.5 kg의 돌을 0℃ 얼음과 물의 혼합물이 들어있는 단열된 통에 떨어뜨린 후 평형에 도달하자 얼음이 6.3 g 줄어들었다. 돌을 떨어뜨린 높이는 얼마인가?

67. 피스톤-실린더 계에 0.30몰의 고압 질소가 얼음 200 g이 든 얼음
CH -물 통과 열평형을 이루고 있다. 주변 공기의 압력은 1.0 atm이다. 기체가 등온 팽창하여 주변의 압력과 같아지고, 통 속에 210 g의 얼음이 남는다면, 이 기체의 처음 압력은 얼마인가?

68. 개구리의 폐에 대한 pV 곡선은 근사적으로 $p = 10v^3 - 67v^2 +$
BIO $220v$이다. 여기서 v의 단위는 mL이고 p의 단위는 Pa이다. 그러한 폐가 부피 0에서 4.5 mL로 팽창할 때 한 일을 구하라.

69. 식 18.3을 단열 과정에 적용하여 식 18.12를 구하라.

70. 두 개의 동일한 기체의 온도가 같다. 하나는 등온 압축, 다른 하
CH 나는 단열 압축하여 그 부피가 절반이 된다. (a) 단열 압축 동안 한 일과 등온 압축 동안 한 일의 비율을 부호를 사용하여 나타내어라. (b) $\gamma = 1.40$인 이원자 기체의 경우 위 식을 계산하라.

71. 이상 기체 법칙을 이용하여 식 18.11a에서 압력을 없애서 식

18.11b를 유도하라.

72. 아래 표는 열역학 과정을 겪고 있는 이상 기체에 대한 부피 대
DATA 압력의 측정값을 나타낸다. 이 자료의 로그-로그 그래프($\log V$ 대 $\log p$)를 그리고, 그것을 사용하여 (a) 과정이 등온 과정인지 단열 과정인지 결정하고, (b) 등온 과정이면 온도를, 단열 과정이면 단열 지수 γ를 구하라.

부피, V(L)	1.1	1.27	1.34	1.56	1.82	2.14	2.37
압력, p(atm)	0.998	0.823	0.746	0.602	0.493	0.372	0.344

73. 처음 부피 $V_0 = 4.50$ L, 처음 압력 $p_0 = 1.00$ atm인 공기를 pV^2
CH $= p_0 V_0^2$의 식이 성립하도록 가역적으로 압축시킨다. 기체 압력이 2.00 atm이 되었을 때까지 일을 구하라.

74. 실제 기체는 판데르발스 방정식 $[p + a(n/V)^2](V - nb) = nRT$
CH 로 기술하는 것이 좀더 정확하다. 이 식에서 a와 b는 상수이다. 등온 팽창으로 부피가 V_1에서 V_2로 변할 때, 식 18.4에 해당하는 판데르발스 기체가 한 일을 표기하라.

75. pV 도표에서 $p = p_1[1 + (V - V_1)^2/V_1^2]$ 경로를 따라 팽창할 때 연습 문제 16을 풀어라.

76. 단열 기온체감률(adiabatic lapse rate)은 공기가 상승하면서 대기
ENV 중에서 단열 팽창하여 온도가 내려가는 비율이다(18.2절 응용물리, 스모그 경보 참조). 단열 과정에서 dT를 dp로 표기하고, 식 15.2의 유체정역학 방정식을 이용하여 dp를 dy로 표기하라. 단열 기온체감률 dT/dy를 구하라. 공기 분자의 평균 무게는 29 u이고, $\gamma = 1.4$이다. 고도 y는 식 15.2의 깊이 h의 음숫값이다.

77. 어떤 발전소에서는 연료에서 3810 MW의 열에너지를 얻어 전기
ENV 에너지 1250 MW를 생산한다. 이 발전소에서의 폐열을 주변의 가정집 난방에 사용하려는 계획이 있다. 겨울철 한 가정의 평균 수요는 43.2 GJ이라면 발전소 폐열 100%를 가정 난방에 사용할 수 있다고 할 때 얼마나 많은 가정에 공급할 수 있겠는가?

78. 작은 잠수구를 수생 서식지로 내려 보낸다고 하자. 잠수구 바닥
CH 의 문이 열리면 물이 들어오면서 공기를 압축하여 내부의 공기 압력이 주변의 수압과 같아진다. 잠수구를 충분히 서서히 내리면 내부 공기 온도도 수온과 같이 유지된다. 그러나 깊이에 따라 수온이 증가하며, 압력과 부피는 $p = p_0\sqrt{V_0/V}$로 변하며, 수면에서 처음 값은 $V_0 = 17$ m^3, $p_0 = 1.0$ atm이다. 잠수구의 공기 부피는 8.7 m^{3}보다 작을 수 없고, 압력은 1.5 atm을 넘을 수 없다. 이 기준을 만족하는가?

79. 화력 발전소에서 방출되는 온실 기체를 줄이는 한 가지 계획은
ENV 이산화탄소를 붙잡아서 압력이 최소 350 atm인 심해에 집어넣는 것이다. 어떤 발전소는 1.0 GW의 비율로 전기 에너지를 생산하지만 동시에 CO_2를 시간당 1100톤의 비율로 방출한다. 320 K, 1 atm인 발전소의 굴뚝에서 CO_2를 뽑아낸 후 350 atm으로 단열 압축한다면, 발전소의 출력 중 얼마만큼이 압축에 필요한가? CO_2는 $\gamma = 1.3$이다. (CO_2는 초고압에서 이상 기체처럼 행동하지 않기 때문에 그 답은 어림짐작이다. 또한 여기에는 CO_2를 굴

뚝의 다른 기체에서 분리하거나 압축 장소까지 운반하는 데 소요되는 에너지가 포함되지 않았다.)

실용 문제

ENV 치누크('눈을 먹는 자'라는 뜻의 인디언 말)라고 부르는 따뜻한 바람이 로키 산맥 동쪽 평원을 스치고 지나간다. 이때 높은 산의 공기 덩어리가 평원 아래로 갑자기 내려오므로 공기 덩어리와 주위가 열을 교환할 시간이 거의 없다(그림 18.24 참조). 치누크가 불어오는 날, 콜로라도 로키 산맥의 압력과 온도는 각각 60 kPa과 260 K (−13°C)이다. 아래 평원에서는 압력이 90 kPa이다.

산맥   평원
그림 18.24 치누크(실용 문제 80~83)

80. 공기가 산맥을 내려갈 때 겪는 과정은?
  a. 등온 과정이다.
  b. 일정 부피 과정이다.
  c. 등압 과정이다.
  d. 단열 과정이다.
81. 공기가 하강하면서 그 내부 에너지는
  a. 증가한다.
  b. 감소한다.
  c. 변하지 않는다.
82. 공기가 하강하면서 그 부피는
  a. 50%만큼 증가한다.
  b. 50%보다 적게 증가한다.
  c. 50%만큼 감소한다.
  d. 50%만큼 적게 감소한다.
  e. 변하지 않는다.
83. 공기가 평원에 도착할 때, 그 온도는 대략
  a. 240 K이다.
  b. 260 K이다.
  c. 290 K이다.
  d. 390 K이다.

18장 질문에 대한 해답

장 도입 질문에 대한 해답

열에너지를 포함하면 에너지가 보존된다. 기관은 배출 기체의 역학적 에너지와 열에너지를 만든다. 두 에너지의 합이 연소에서 방출된 에너지이다.

확인 문제 해답

18.1 (c) 내부 에너지만 pV 도표에서 어느 한 점과 관련된 열역학적 상태 변수이기 때문에 일정하다.

18.2 (1) 등적 과정; 열이 기체로 들어오므로 T와 p는 증가, V는 불변, $E_{내부}$는 증가한다.
  (2) 단열 과정; 기체에 대해서 일을 하므로 T와 p는 증가, V는 감소, $E_{내부}$는 증가한다.
  (3) 등압 과정; 열이 기체에서 나가므로 T는 감소, p는 불변, V는 감소, $E_{내부}$는 감소한다.

18.3 (a) 왜냐하면 에너지가 더 적은 수의 자유도에 분배되기 때문이다.

열역학 제2법칙

예비 지식

- 열역학 제1법칙(18.1절)
- 이상 기체 과정(18.2절)

학습 목표

이 장을 학습하고 난 후 다음을 할 수 있다.

LO 19.1 열역학 가역 과정과 비가역 과정을 구분할 수 있다.

LO 19.2 열기관과 냉장고에 대하여 열역학 제2법칙을 명확하게 설명하고 열역학적 효율을 계산할 수 있다.

LO 19.3 열기관, 발전소 및 열펌프에 대한 열역학 제2법칙의 실질적인 의미를 설명할 수 있다.

LO 19.4 엔트로피와 에너지 품질의 관계를 설명할 수 있다.

LO 19.5 간단한 열역학 과정에서 엔트로피 변화를 정량적으로 결정할 수 있다.

LO 19.6 엔트로피의 관점에서 열역학 제2법칙을 분명히 설명할 수 있다.

발전소에서 연료를 태워 얻는 대부분의 에너지는 쓸모없는 폐열로 버려진다. 그림의 거대한 냉각탑은 이 폐열을 주변으로 버린다. 왜 이렇게 많은 에너지가 낭비되는 것일까?

열역학 제1법칙은 열과 다른 형태의 에너지의 관계를 나타낸다. 일상의 수많은 현상을 열역학 제1법칙으로 설명할 수 있다. 자동차는 휘발유를 태워서 에너지를 얻는다. 우리가 사용하는 전기의 대부분은 연료를 태우거나 우라늄이 분열할 때 방출되는 열에서 유래한다. 인체 또한 태양열로 얻은 에너지로 유지된다. 그러나 열역학 제1법칙으로 모든 것을 설명할 수 없다. 열과 역학적 에너지의 질이 같지 않기 때문에 열을 일로 바꾸는 것은 열역학 제1법칙이 의미하는 것처럼 간단하지 않다.

19.1 가역성과 비가역성

LO 19.1 열역학 가역 과정과 비가역 과정을 구분할 수 있다.

그림 19.1은 튀는 공의 동영상이다. 이 동영상을 거꾸로 재생하여도 구분할 수 없다. 그림 19.2는 탁자를 따라 미끄러지는 벽돌로, 마찰로 인해 속도가 느려지고 이 과정에서 따뜻해진다. 이 동영상을 거꾸로 재생하면 이상하게 보인다. 정지 상태의 벽돌이 갑자기 움직이기 시작하고 점점 차가워지는 것을 절대 볼 수는 없다. 그럼에도 불구하고 이런 일이 벌어진다면 에너지는 보존되고 따라서 열역학 제1법칙은 성립한다. 계란을 던지면 노른자와 흰자가 섞여버린다. 이를 되돌려 이 둘이 다시 분리되는 것은 볼 수 없다. 뜨거운 물과 차가운 물을 섞으면 뜨거운 물은 식고 차가운 물은 따뜻해진다. 에너지는 여전히 보존되더라도 그 반대의 일은 결코 일어나지 않는다.

이 사건들이 **비가역적**(irreversible)인 이유는 무엇인가? 각각의 경우에 처음에는 잘 조직된 상태에서 시작한다. 미끄러지는 벽돌의 분자도 같이 운동한다. 노른자의 분자는 모두 한 곳에 모여 있다. 뜨거운 물에는 에너지가 큰 분자가 더 많다. 가능한 모든 상태

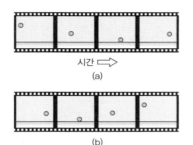

그림 19.1 되튀기는 공의 동영상은 반대로 돌려도 그럴 듯하다.

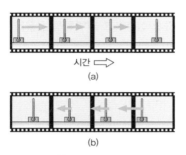

그림 19.2 (a) 마찰로 운동 에너지를 소모하면서 토막이 뜨거워진다. (b) 에너지가 보존되더라도 반대 과정은 일어날 수 없다.

중에서 이 **조직된** 상태는 드물다. 예를 들면 스크램블드 에그에는 분자의 모든 가능한 배열과 같이 잘 **조직되지 못한** 상태가 더 많다. 가능한 상태가 훨씬 더 많기 때문에 계가 변할수록 덜 조직된 상태로 끝나기 쉽다. 자발적으로 보다 조직된 상태를 취할 가망은 거의 없다.

여기서 핵심 단어는 '자발적'이다. 예를 들어 냉장고에 물 한 컵을 넣고 전자레인지에 다른 물 한 컵을 넣어서 조직된 상태를 복원할 수 있지만 다소 의도적이고 에너지 소모적인 과정이 필요하다.

비가역성은 확률적 개념이다. 뉴턴 물리학의 원리를 위배하지 않고 일어날 수 있는 사건도 그 가능성이 너무 낮기 때문에 사실상 일어나지 않는다. 실질적으로 임의의 분자 운동과 관련된 내부 에너지를 활용하는 것은 그 운동이 자발적으로 조직화되지 않기 때문에 어렵다. 이로 인해 세상 에너지의 상당 부분이 쓸모 있는 일을 하는 데 이용될 수 없다.

> **확인 문제** 19.1 다음 과정 중 어느 것이 비가역적인가? (a) 커피에 설탕을 타고 휘젓는다, (b) 집을 짓는다, (c) 철거용 공으로 집을 부순다, (d) 집을 조각조각 분해한다, (e) 떨어지는 물의 에너지를 이용하여 기계를 운전한다, (f) 떨어지는 물의 에너지를 이용하여 집을 데운다.

19.2 열역학 제2법칙

LO 19.2 열기관과 냉장고에 대하여 열역학 제2법칙을 명확하게 설명하고 열역학적 효율을 계산할 수 있다.

열기관

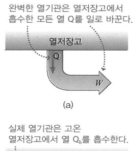

완벽한 열기관은 열저장고에서 흡수한 모든 열 Q를 일로 바꾼다.

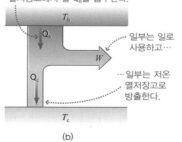

실제 열기관은 고온 열저장고에서 열 Q_h를 흡수한다.

일부는 일로 사용하고…

…일부는 저온 열저장고로 방출한다.

그림 19.3 (a) 완벽한 열기관의 에너지 흐름도, (b) 실제 열기관은 고온 열저장고에서 흡수한 에너지의 일부만을 일로 사용한다.

계의 내부 에너지를 모두 쓸모 있는 일로 전환하는 것은 불가능하다. **열기관**(heat engine)은 내부 에너지의 일부만 사용한다. 가솔린 기관, 디젤 기관, 화석 연료 발전소, 핵 발전소, 제트 엔진 등이 그 예이다.

그림 19.3a는 열저장고에서 얻은 열을 모두 일로 전환하는, 완벽한 열기관의 에너지 흐름도이다. 이러한 열기관은 앞에서 설명한 사실과 정확히 반대이다. 열운동의 마구잡이 에너지를 전부 역학적 일과 관련된 질서 있는 운동으로 전환한 것이다. 사실 완벽한 열기관은 불가능하다. 뒤섞인 계란이 날계란으로 돌아갈 수 없고, 벽돌이 내부 에너지를 소비하면서 자발적으로 가속될 수 없는 것과 같다. 따라서 **열역학 제2법칙**(second law of thermodynamics)은 다음과 같이 기술한다.

> **열역학 제2법칙(켈빈-플랑크 기술)**
> 열저장고에서 얻은 열을 같은 양의 일로 바꾸는 순환 과정으로 작동하는 열기관을 만들 수 없다.

순환 과정에서란 말은 실제 열기관이 가솔린 기관의 피스톤의 전후 운동처럼 일련의 단계를 반복한다는 것을 뜻한다.

간단한 열기관은 기체-피스톤 계와 고온 열저장고로 이루어진다. 열저장고는 아마도 연료를 연소시켜 뜨겁게 유지된다. 처음에 고압 상태인 기체를 실린더에 넣어서 열저장고와 열적 접촉시킨다. 기체가 팽창하며 피스톤에 W의 일을 한다. 이 등온 과정에서 기체는 열저장고에서 $Q = W$의 열을 흡수한다. 그러다가 기체 압력이 평형에 도달하면 기체는 팽창을 멈춘다. 피스톤이 일을 더 하려면 반드시 원래 위치로 되돌아와야 한다.

피스톤이 뒤로 밀면 팽창하는 동안 한 만큼의 일을 해야 하고 열기관은 알짜일을 할 수 없다. 대신에 저온 열저장고와 열적 접촉으로 기체의 온도를 낮춰서 부피를 줄일 수 있다. 이때는 그림 19.3b의 개념처럼, 에너지가 일이 아니라 열로서 계에서 나가게 된다. 이러한 열기관은 열원으로부터 열을 흡수하여 역학적 일을 하지만, 한 주기 동안 한 일은 받아들인 열보다 작다. 나머지 에너지는 저온 열저장고, 보통은 주변으로 방출된다. 사실상 자동차 엔진이나 발전소는 연료를 나온 에너지의 상당 부분을 열로 낭비하는 이유이다.

열역학 제2법칙은 완벽한 열기관을 만들 수 없다고 기술한다. 하지만 얼마나 가까워질 수 있을까? 먼저 열기관에 공급해야 할 열에너지 Q_h와 열기관에서 얻는 일 W의 비율을 **효율**(efficiency) $e(= W/Q_h)$이라 정의한다. 순환 과정에서는 한 주기에 걸쳐서는 내부 에너지의 변화가 없다. 열역학 제1법칙에 따라서 열기관이 한 일 W는 고온의 열저장고에서 흡수한 열 Q_h와 저온의 열저장고로 방출한 열 Q_c의 차이와 같다. 따라서 효율은 다음과 같다.

W는 열기관이 한 역학적 일이다.

Q_h는 고온 열저장고에서 흡수한 열이고 $\cdots$

$\cdots Q_c$는 저온 열저장고로 방출하는 열이다.

$$e = \frac{W}{Q_h} = \frac{Q_h - Q_c}{Q_h} = 1 - \frac{Q_c}{Q_h} \tag{19.1}$$

e는 열기관의 효율이다.

이 장에서 W를 열기관이 한 일로 할 것이다. 제1법칙에서는 그것은 계에 해 준 일이다. 그것이 여기에서 W가 알짜열 $Q_h - Q_c$와 같은 이유이다.

그림 19.4는 효율을 정확하게 계산할 수 있는 열기관을 나타낸 것이다. 열기관은 이상 기체를 담은 실린더와 움직이는 피스톤으로 밀봉되어 있다. 피스톤은 바퀴를 돌리는 막대와 연결되어 있다. 열기관은 온도 T_h의 고온 열저장고에서 에너지를 흡수하고, 온도 T_c의 저온 열저장고로 열을 방출한다. 그림 19.5는 열기관이 순환 과정의 네 단계에서 어떻게 작동하는지 보여 준다. 순환 과정은 피스톤이 가장 왼쪽(그림 19.5에서 A 상태)의 기체 부피가 최소일 때부터 시작한다.

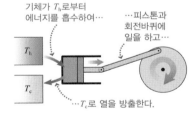

기체가 T_h로부터 에너지를 흡수하여 $\cdots$

$\cdots$피스톤과 회전바퀴에 일을 하고 $\cdots$

$\cdots T_c$로 열을 방출한다.

그림 19.4 간단한 열기관

1. 등온 팽창: 고온 열저장고와 실린더가 열적 접촉하고 있다. 기체가 열 Q_h를 흡수하여 경로 AB를 따라 등온 팽창한다. 온도가 일정하므로 내부 에너지도 일정하다. 열역학 제1법칙에 따라 열기관이 피스톤과 회전바퀴에 $W = Q$의 일을 하는 것을 보여 준다.

2. 단열 팽창: 상태 B에서 고온 열저장고를 차단하면, 기체가 더 이상 열을 주고 받을 수 없다. 따라서 단열 팽창하며 경로 BC를 따라간다. 이때 피스톤이 가장 오른쪽, 즉 부피가 최대인 상태 C에 다다를 때 기체의 온도는 T_c로 낮아진다.

3. 등온 압축: 상태 C에서 실린더를 저온 열저장고와 열적 접촉시킨다. 바퀴의 관성으로 계속 돌아 피스톤이 기체에 일을 하여, 상태 C에서 D로 등온 압축된다. 이 일은 결국은 저온 열저장고로 방출되는 열로 전환된다.

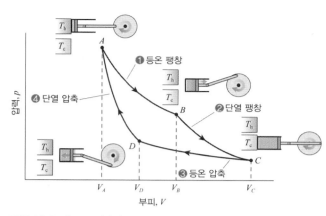

그림 19.5 카르노 기관의 pV 도표

4. 단열 압축: 상태 D에서 저온 열저장고를 차단하면, 기체 온도가 다시 T_h가 될 때까지 단열 압축되어 열기관은 상태 A로 되돌아 간다.

프랑스의 공학자 사디 카르노(Sadi Carnot)를 기념하여 이렇게 두 번의 등온 과정과 두 번의 단열 과정을 거치는 순환 과정을 **카르노 순환**(Carnot cycle)이라고 하고, 이런 열기관은 **카르노 기관**(Carnot engine)이라고 한다. 열기관의 구성이나 **작동 유체**(working fluid)로서 이상 기체의 종류는 중요하지 않다. 카르노 기관은 일련의 열역학적 과정으로 이 과정이 가역적이라는 점이 독특하다. 카르노 기관은 **가역 기관**(reversible engine)의 한 예로 열역학적 평형이 유지되기에 원칙적으로 모든 과정을 거꾸로 할 수 있다.

카르노 기관의 효율은 얼마인가? 우선 그림 19.5에서 한 주기의 등온 과정 중에 흡수한 열 Q_h와 방출한 열 Q_c를 알아야 한다. 식 18.4로부터 등온 팽창 과정 AB에서 흡수한 열 Q_h는

$$Q_h = nRT_h \ln\left(\frac{V_B}{V_A}\right)$$

이고, 등온 압축 과정 CD 동안 방출한 열 Q_c는

$$Q_c = -nRT_c \ln\left(\frac{V_D}{V_C}\right) = nRT_c \ln\left(\frac{V_C}{V_D}\right)$$

이다. 열기관 효율에 관한 식 19.1에서 방출한 열 Q_c가 필요하고 제1법칙에서는 Q를 흡수한 열로 하므로 이 식에서 음의 부호를 붙였다. 식 19.1에 따라 열기관 효율을 계산하려면 Q_c / Q_h의 비율이 필요하다.

$$\frac{Q_c}{Q_h} = \frac{T_c \ln(V_C/V_D)}{T_h \ln(V_B/V_A)} \tag{19.2}$$

카르노 순환의 단열 과정 BC와 DA에 식 18.11b를 각각 적용하면 $T_h V_B^{\gamma-1} = T_c V_C^{\gamma-1}$, $T_h V_A^{\gamma-1} = T_c V_D^{\gamma-1}$이다. 이 처음 두 식을 나중 두 식으로 나누면,

$$\left(\frac{V_B}{V_A}\right)^{\gamma-1} = \left(\frac{V_C}{V_D}\right)^{\gamma-1} \quad \text{또는} \quad \frac{V_B}{V_A} = \frac{V_C}{V_D}$$

이므로, 식 19.2는 간단히 $Q_c / Q_h = T_c / T_h$가 된다. 따라서 식 19.1의 결과를 이용하면 카르노 기관의 효율은 다음과 같다.

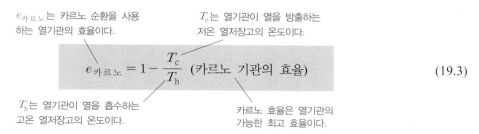

$e_{\text{카르노}}$는 카르노 순환을 사용하는 열기관의 효율이다.

T_c는 열기관이 열을 방출하는 저온 열저장고의 온도이다.

$$e_{\text{카르노}} = 1 - \frac{T_c}{T_h} \quad \text{(카르노 기관의 효율)} \tag{19.3}$$

T_h는 열기관이 열을 흡수하는 고온 열저장고의 온도이다.

카르노 효율은 열기관의 가능한 최고 효율이다.

여기서 온도는 켈빈으로 표기하는 절대 온도이다. 식 19.3은 카르노 기관의 효율이 작동 유체의 최고 온도와 최저 온도에만 의존한다는 것을 보여 준다. 실제로는 최저 온도가 주변 온도이므로 효율을 높이려면 최고 온도를 가능한 높이 올려야 한다. 결국 고온, 고압을 견딜 수 있는 재질에 따라 실제 열기관의 효율이 결정된다.

응용물리　내연 기관(internal combustion engines, ICE)

내연 기관(ICE)은 전 세계 대부분의 차와 트럭에 동력을 공급하고 있고, 전기 추진 장치가 늘어남에도 불구하고 앞으로 수년 동안은 계속 그럴 것이다. ICE에서 내연은 연소가 열기관 자체 안에서 일어난다는 것을 가리킨다. 그것은 발전소(그림 19.10 참조), 산업 보일러, 옛날의 증기 기관차와 같은 외연 기관과는 반대이다. 오늘날의 ICE는 한 세기가 넘는 공학적 발전과 현대적인 전자 감지기 및 전자 제어 장치와의 결합을 바탕으로 설계되며, 공학적 설계의 절정을 상징한다.

내연 기관에는 흔히 가솔린 기관과 디젤 기관이 포함된다. 두 기관 모두 피스톤의 왕복 운동을 수반하는 순환 과정을 거치는데, 왕복 운동이 회전 운동으로 전환되어 자동차의 바퀴를 구동한다. 내연 기관은 열기관이지만 표준적인 가솔린 기관과 디젤 기관은 카르노 기관이 아니다. 예를 들어 가솔린 기관은 대략 두 개의 단열 과정과 두 개의 일정 부피 과정으로 이루어진 순환 과정으로 작동한다. 열전달이 고정된 고온과 저온에서 발생하지 않기 때문에 효율은 식 19.1의 카르노 한계보다 작다. 대략 단열 과정, 등압 과정, 일정 부피 과정으로 이루어진 디젤 순환도 같은 이유로 카르노 한계보다 덜 효율적이다. 예제 18.3에서 디젤 열기관의 단열 압축 상태에 대해 배웠고, 실전 문제 60~62에서 가솔린 기관과 디젤 기관을 더 탐구하고 비교해 볼 수 있다. 그림은 현대적인 가솔린 기관의 부분 단면도이다.

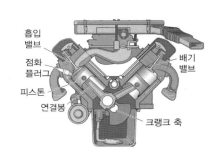

흡입 밸브
점화 플러그
배기 밸브
피스톤
연결봉
크랭크 축

예제 19.1　　효율 구하기: 카르노 기관　　　　　응용 문제가 있는 예제

어떤 카르노 기관이 한 순환 과정 중 고온 열저장고에서 240 J을 흡수하여 15°C의 주위로 100 J을 방출한다. 한 순환 과정 동안 이 카르노 기관이 한 일은 얼마인가? 그 효율은 얼마인가? 고온 열저장고의 온도는 얼마인가?

해석 카르노 과정으로 작동하는 카르노 기관에 관한 문제이다.

과정 식 19.3, $e_{카르노} = 1 - (T_c/T_h)$는 온도와 효율의 관계식이다. 여기서 $Q_h = 240$ J, $Q_c = 100$ J, $T_c = 15$°C 즉 288 K이다. 열역학 제1법칙은 일과 열흐름의 관계이다. 제1법칙을 사용하여 한 일을 구하여 효율을 구하고, 다음으로 식 19.3에서 T_h를 구한다.

풀이 카르노 순환 한 과정 동안 내부 에너지 변화가 없으므로 제1법칙에 따라 열기관이 한 일 W는 흡수한 알짜열 즉 240 J − 100 J과 같다. 따라서 $W = 140$ J이다. 효율은 흡수한 열과 한 일의 비율로서 $e = W/Q_h = 140$ J/240 J = 58.3%이다. 효율을 알기에 식 19.3에서 T_h는 다음과 같다.

$$T_h = \frac{T_c}{1-e} = \frac{288 \text{ K}}{1 - 0.583} = 691 \text{ K} = 418°C$$

검증 답을 검증해 보자. 열기관은 폐열로 240 J의 반보다 조금 적게 방출하기에 효율은 50% 조금 넘을 것으로 추정한다. 또한 계산에서 확인한대로 T_h가 T_c보다 높아야 한다.

열기관, 냉장고, 열역학 제2법칙

왜 카르노 기관을 집중적으로 공부할까? 카르노 기관을 이해해야 열에너지로부터 얼마나 많은 일을 얻을 수 있는가 하는 더 넓은 문제에 답할 수 있을 것이기 때문이다. 즉 에너지 이용의 실질적 한계를 이해하고, 열역학 제2법칙을 깊이 이해할 수 있다.

왜 카르노 기관은 특별한가? 카르노 기관보다 효율이 좋은 열기관을 만들 수 있을까? 없다. 카르노 기관의 중요성을 다음과 같은 **카르노 정리**(Carnot's theorem)로 요약할 수 있다.

카르노 정리

온도 T_h와 T_c 사이에서 작동하는 모든 카르노 기관의 효율은 $e_{카르노} = 1 - (T_c/T_h)$로 같고, 같은 두 온도 사이에서 작동하면서 효율이 카르노 기관보다 더 높은 열기관은 없다.

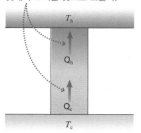

열이 차가운 곳에서
뜨거운 곳으로 흐르지만…

…일을
필요로 한다.

그림 19.6 실제 냉장고의 에너지 흐름도

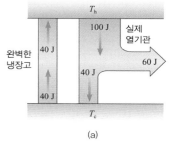

일을 하지 않고도 열이 차가운
곳에서 뜨거운 곳으로 흐른다.

그림 19.7 완벽한 냉장고는 불가능하다.

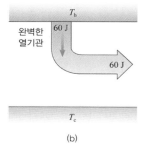

완벽한
냉장고

완벽한
열기관

(a)

(b)

그림 19.8 (a) 완벽한 냉장고와 결합한
실제 열기관은 (b) 완벽한 열기관과 같다.

카르노 정리를 증명하기 위해 **냉장고**(refrigerator)를 생각해 보자. 냉장고는 열기관과 반대로 작동한다. 그림 19.6에서처럼 냉장고는 일을 이용하여 저온 열저장고에서 열을 흡수하여 고온 열저장고로 열을 방출한다. 냉장고가 강제로 저온에서 고온으로 열이 흐르게 하는데 이렇게 하려면 일을 필요로 한다. 가정 냉장고는 내부의 음식물을 차게 유지하고 집 안을 데우는데(냉장고 뒤편에서 나오는 열을 느낄 수 있다) 이때 전기를 사용한다. 열은 자발적으로 저온에서 고온으로 흐르지 않기에 열역학 제2법칙을 다음과 같이 다시 기술할 수 있다.

> **열역학 제2법칙(클라우지우스 기술)**
> 찬 물체에서 뜨거운 물체로 열을 전달하는 것이 유일한 효과인 순환 과정으로 작동하는 냉장고를 만드는 것은 불가능하다.

이는 완벽한 냉장고는 없다는 것이다(그림 19.7 참조).

클라우지우스 기술이 틀렸다고 가정하면, 가역적인 카르노 기관과 완벽한 냉장고로 그림 19.8a 같은 장치를 만들 수 있다. 각 순환 과정에서 이 열기관이 고온 열저장고에서 100 J의 열을 흡수하여 60 J의 일을 하고 40 J을 주변으로 방출한다고 하자. 완벽한 냉장고는 40 J의 열을 고온 열저장고로 돌려보낸다. 따라서 전체적으로는 고온 열저장고에서 60 J을 흡수하여 모두 일로 전환한 셈이다(그림 19.8b 참조). 이 결과는 완벽한 열기관과 마찬가지이므로, 열역학 제2법칙에 대한 켈빈-플랑크 기술에 위배된다. 이와 마찬가지로 완벽한 열기관이 가능하면 완벽한 냉장고가 가능하다(실전 문제 44 참조). 즉 제2법칙에 관한 클라우지우스 기술과 켈빈-플랑크 기술은 동등하다. 하나가 틀렸으면 다른 하나도 틀렸다.

카르노 기관이 가역적이기 때문에 반대로 작동시켜서 그림 19.5의 경로를 반대로 순환할 수 있다. 열기관이 저온 열저장고에서 열을 흡수하고 일을 받아들여서 고온 열저장고로 열을 방출한다. 이 열기관이 바로 냉장고이다. 물론 실제 냉장고는 열기관과 똑같게 설계되지는 않지만 원리적으로 이 둘은 교환가능하다.

식 19.3의 열기관의 최대 효율이라는 카르노 정리를 증명해 보자. 그림 19.8a의 카르노 기관을 살펴보면, 100 J의 열을 흡수하여 60 J의 일을 하므로 열기관의 효율은 60%이다. 이번에는 동일한 두 열저장고 사이에서 효율 70%로 작동하는 다른 카르노 기관이 있다고 하자. 카르노 기관은 가역적이기 때문에 두 번째 열기관을 냉장고로 작동시킬 수 있다. 이 두 열기관을 하나의 장치로 연결하면 그림 19.9a의 장치가 된다. 이 장치는 저온의 저장고에서 10 J의 열을 흡수하여 10 J의 일을 한다. 즉 완벽한 열기관이므로 열역학 제2법칙에 위배된다(그림 19.9b 참조). 결국 카르노 기관보다 효율이 높은 열기관을 만드는 것은 불가능하고 따라서 식 19.3은 동일한 두 온도에서 작동하는 열기관의 가능한 최대 효율이다. 식 19.3의 카르노 효율을 **열역학 효율**(thermodynamic efficiency)이라고도 부른다.

비가역 열기관은 조직적인 운동을 소모하므로 필연적으로 효율이 낮다. 가역 기관도 최고 온도와 최저 온도 사이에서만 작동하지 않으면 필연적으로 효율이 낮다. 보통의 가솔린 기관은 완벽한 가역 과정으로 작동하더라도 효율은 카르노 효율보다 낮다(실전 문제 60과 19.2절의 응용물리 참조).

확인 문제

19.2 실제의 열기관에서 저온은 일반적으로 대략 300 K인 주변 환경에 의해 정해진다. 그 값을 T_c로 할 때, 카르노 기관의 고온 T_h를 두 배로 하면 그 효율은 어떻게 되겠는가? (a) 효율이 두 배가 될 것이다, (b) 효율이 네 배가 될 것이다, (c) 효율이 T_h의 원래 값에 의존하는 양만큼 증가할 것이다, (d) 효율이 감소할 것이다.

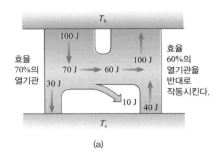

(a)

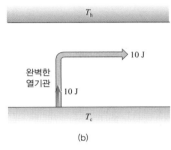

(b)

그림 19.9 (a) 효율 60%인 가역 열기관을 효율 70%인 가상 열기관에 결합시켜서 냉장고로 작동시킨다. (b) 그 결과는 완벽한 열기관이다.

19.3 열역학 제2법칙의 응용

LO 19.3 열기관, 발전소 및 열펌프에 대한 열역학 제2법칙의 실질적인 의미를 설명할 수 있다.

온 세상에 열에너지가 많지만 열역학 제2법칙에 의하여 이 에너지를 사용하는 능력이 제한 받는다. 열과 일을 교환하는 어떤 장치도 열기관과 냉장고이므로 열역학 제2법칙을 따라야 한다.

열기관의 한계

대부분의 전기는 열 발전소에서 생산된다. 열 발전소는 석탄, 기름, 천연가스 같은 화석 연료 또는 핵분열로 동력을 얻는 열기관이다. 그림 19.10은 이러한 발전소의 개략도이다. 작동 유체는 물로, 보일러에서 가열하여 고압 증기로 만든다. 고압 증기는 단열 팽창하여 터빈을 돌린다. 터빈은 발전기를 돌려서 역학적 에너지를 전기적 에너지로 바꾼다.

터빈을 지나간 증기는 아직은 기체 상태로 보일러에 공급되는 물보다 뜨겁다. 여기서 열역학 제2법칙이 적용된다. 터빈에서 물이 원래 상태로 돌아왔다면, 보일러에서 얻은 모든 에너지를 일로 뽑아낼 수 있었을 것이지만 이는 열역학 제2법칙에 위배된다. 따라서 증기를 강, 호수, 바다 등의 찬물을 가져오는 관과 접촉시키는 **응축기**(condenser)로 거치게 해야 한다. 응축된 수증기, 즉 물은 보일러에 다시 들어가 순환을 반복한다.

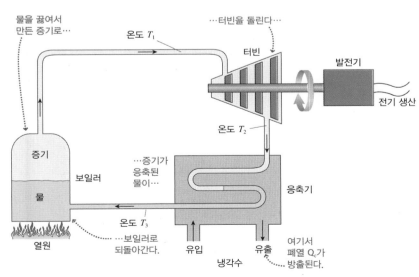

그림 19.10 발전소의 개략도

발전소의 최대 증기 온도는 건설에 사용한 재질에 따라 다르다. 전형적인 화석 연료 발전소의 경우 현대 기술에 의하면 최대 증기 온도는 약 650 K이다. 핵연료 막대의 잠재적 손상 때문에 원자력 발전소의 최대 온도는 약 570 K이다. 한편 냉각수의 평균 온도는 약 40°C (310 K)이므로, 이러한 발전소의 최대 효율은 식 19.3을 사용하면 각각 다음과 같다.

$$e_{화력} = 1 - \frac{310\,\text{K}}{650\,\text{K}} = 52\%, \quad e_{핵} = 1 - \frac{310\,\text{K}}{570\,\text{K}} = 46\%$$

증기와 냉각수의 온도 차이, 역학적 마찰, 펌프와 오염 방지 장치에 필요한 에너지 등은 효율을 더 감소시켜서 석탄 발전소나 핵 발전소의 효율은 약 33%가 된다. 이 두 가지 발전소가 세계 전기의 절반 이상을 생산한다. 결국 전기를 생산할 때 연료 에너지의 약 2/3를 폐열로 버린다는 뜻이다.

발전량이 1 GW인 발전소는 2 GW의 폐열을 냉각수로 보낸다. 이에 의한 온도 상승은 심각한 생태계 문제를 일으킨다. 발전소의 거대한 냉각탑은 상당량의 폐열을 대기로 전달하여 이러한 '열공해'를 줄여 준다(이 장의 시작 사진). 그럼에도 불구하고 미국 전체 강수량의 상당 부분이 발전소의 응축기에 사용해야 할 정도이다(실전 문제 37 참조).

예제 19.2 효율 높이기: 복합 발전소

복합 발전소(19.3절의 응용물리 참조)의 가스 터빈은 1450°C에서 작동한다. 500°C의 폐열을 보통의 증기 기관으로 보낸다. 이 증기 기관의 응축기 평균 온도는 40°C이다. 이 복합 발전소의 열효율을 구하고, 개별 열기관을 따로 가동할 때의 효율과 비교하라.

해석 복합 발전소의 열효율에 관한 문제이다. 응용물리에 서술한 대로 고온의 가스 터빈에서 나오는 폐열을 보통의 증기 터빈의 입력 에너지로 사용하는 발전소이다.

과정 그림 19.11은 응용물리를 바탕으로 한 복합 발전소의 개념도이다. 식 19.3, $e = 1 - (T_c/T_h)$로 각각의 열기관과 복합 발전소의 효율을 구한다. 가스 터빈에 대한 식 19.3에서 T_h는 1450°C = 1723 K이다. 중간 온도 500°C = 773 K은 가스 터빈에서는 T_c이고, 증기 기관에서는 T_h이다. 마지막으로, 40°C, 즉 313 K의 응축기 온도는 증기 기관의 T_c이다.

풀이 식 19.3에서 전체 발전소를 하나의 열기관으로 다루면,

$$e_{복합} = 1 - \frac{T_c}{T_h} = 1 - \frac{313\,\text{K}}{1723\,\text{K}} = 0.82 = 82\%$$

이다. 마찰이나 다른 에너지 손실로 실제 복합 발전소의 효율은 감소하지만 이러한 온도에서 작동하는 복합 발전소의 효율은 약

60% 수준이다. 한편 개별 기관의 효율은 식 19.3에 의하면 다음과 같다.

$$e_{가스} = 1 - \frac{773\,\text{K}}{1723\,\text{K}} = 55\%, \quad e_{증기} = 1 - \frac{313\,\text{K}}{773\,\text{K}} = 60\%$$

검증 답을 검증해 보자. 온도차가 큰 복합 발전소의 효율이 가장 크다. 다음 쪽의 응용물리와 실전 문제 38에서 보다 많은 것을 알 수 있다.

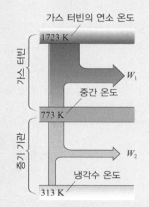

그림 19.11 복합 발전소의 개략도

응용물리 **복합 발전소**

발전소의 효율을 높이면 전기 생산비는 물론 대기 오염, 온실 가스 방출을 줄일 수 있다. 그림 19.10과 같은 전형적인 증기 기관에 비행기의 제트 기관과 비슷한 가스 터빈을 결합한 현대의 복합 발전소는 60%에 달하는 효율을 나타낸다. 1000 K과 2000 K 사이의 고온에서 작동하는 가스 터빈은 방출 온도(그림 19.3의 T_c) 또한 높기 때문에 그다지 효율적이지 않다. 복합 발전소에서는 가스 터빈의 뜨거운 배출 가스로 기존의 증기 기관을 작동시킨다. 전체 효율은 가스 터빈의 높은 연소 온도와 주변의 낮은 온도 사이에서 작동하는 단일 열기관과 마찬가지이다(실전 문제 38 참조). 열역학 제2법칙이 적용되지만 T_h가 높고 T_c가 낮아서 기존 발전소보다 효율이 높아진다. 옆의 사진은 천연가스를 사용하는 복합 발전소이다.

응용물리 '복합 발전소'에서 살펴보는 것처럼 가솔린 기관이나 디젤 기관은 흔한 열기관의 예이다. 전형적인 자동차 기관의 이론적 최대 효율은 약 50%이지만, 비가역적 열역학 과정 때문에 실제 효율은 이보다 훨씬 낮다. 또한 역학적 마찰로 에너지를 소모하므로 연료 에너지의 20% 미만으로 자동차를 운행하고 있다. 실전 문제 60, 61에서 가솔린 기관의 열역학을 풀이한다.

연료비를 지불하지 않아도 되거나 환경을 염려하지 않아도 된다면 효율은 큰 문제가 아니다. 태양광을 모아 터빈을 돌려서 유체를 끓이는 태양열 발전소, 열대성 표층수와 심층수 사이의 온도차를 이용하는 해양열 전환 발전소 등은 연료비가 들지 않는 열기관이다. 오늘날 어느 것도 상당한 에너지를 공급하지는 못하지만 세계가 화석 연료로부터 멀어짐에 따라 바뀔 수 있다.

냉장고와 열펌프

냉장고는 거꾸로 작동하는 열기관과 같다. 냉장고는 역학적 일을 얻어서 차가운 내부에서 따뜻한 외부의 환경으로 열을 전달한다. 에어컨은 '내부'가 시원하게 하려는 건물인 냉장고이다. 가까운 사촌으로 **열펌프**(heat pump)가 있는데, 그것은 열을 양쪽 방향으로 전달해서 여름에는 냉방을 하고 겨울에는 난방을 한다(그림 19.12 참조). 대부분의 현대식 열펌프는 건물과 외부 공기 사이에서 열을 교환한다. 보통 연중 온도가 약 10°C인 지하수를 사용하는 열펌프는 매우 추운 날씨에 좀더 효과적(그러나 좀더 고가)이다. 열펌프는 전기를 필요로 하지만, 소비하는 전기보다 더 많은 열을 전달한다. 따라서 열펌프는 잠재적으로 겨울 난방을 위한 에너지 절약 기구이다. 그렇지만 그러한 이득의 일부는 전기를 생성하는 발전소의 비효율성 때문에 상쇄된다.

효율적인 냉장고(또는 다른 유사한 기구)라면 우리가 공급해야 하는 것에 비해서 우리가 기구로부터 얻는 것을 최대화하는 것이다. 이 비율을 정량화한 것이 **성능 계수**(coefficient of performance, COP)이다.

$$\text{COP} = \frac{\text{우리가 원하는 것}}{\text{우리가 공급하는 것}}$$

냉장고나 여름의 열펌프인 경우에 COP에서 '우리가 원하는 것'은 냉각이므로 분자는 Q_c이다. 겨울철의 열펌프인 경우에는 가열이므로 분자는 Q_h가 된다. 어느 경우이든 '우리가 공급

여름에는 열펌프가 에너지를 흡수하여 집 밖으로 방출하므로 집 안을 시원하게 만든다.

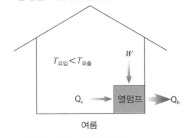

겨울에는 열펌프가 바깥에서 에너지를 흡수하여 집 안으로 전달한다.

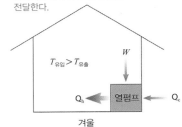

그림 19.12 열펌프

하는 것'은 역학적 일 W 또는 그와 대등한 전기 에너지이다. 따라서

$$\text{COP}_{냉장고} = \frac{Q_c}{W} = \frac{Q_c}{Q_h - Q_c} \qquad \text{COP}_{열펌프} = \frac{Q_h}{W} = \frac{Q_h}{Q_h - Q_c}$$

가 된다. 두 경우 모두에서 두 번째 등호는 열역학 제1법칙으로부터 나온다. 열기관의 최대 효율을 유도하는 과정에서 $Q_c/Q_h = T_c/T_h$가 성립함을 알았다. 따라서 최대 COP는 다음과 같다.

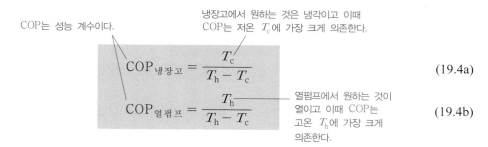

$$\text{COP}_{냉장고} = \frac{T_c}{T_h - T_c} \tag{19.4a}$$

$$\text{COP}_{열펌프} = \frac{T_h}{T_h - T_c} \tag{19.4b}$$

온도 T_h와 T_c가 가까우면 식 19.4에서 COP가 높아지므로 냉장고나 열펌프가 기능을 수행하는 데 상대적으로 적은 일이 필요하다. 그러나 온도차가 증가하면 COP가 떨어지고 더 많은 일을 공급해야 한다. 덧붙여 말하자면, '우리가 원하는 것'으로 역학적 일 W를 택하고, '우리가 공급하는 것'으로 열 Q_h를 택하면 여기의 COP 표현이 열기관에서도 유효하다.

예제 19.3 | **성능 계수: 가정용 냉동고**

보통 가정용 냉동고는 낮은 온도 $-18\,^\circ\text{C}\,(255\,\text{K})$와 높은 온도 $30\,^\circ\text{C}\,(303\,\text{K})$ 사이에서 작동한다. 최대 COP는 얼마인가? 이 최대 COP로 $0\,^\circ\text{C}$의 물 $500\,\text{g}$을 얼리는 데 전기 에너지는 얼마나 필요한가?

해석 냉장고에 관한 문제로 T_h와 T_c는 각각 303 K, 255 K이다.

과정 식 19.4a, $\text{COP} = T_c/(T_h - T_c)$로 COP를 구하고, 식 17.5, $Q = Lm$에서 냉동고가 물을 얼리는 데 필요한 열 Q_c를 구한다. 그리고 Q_c와 COP의 비로 한 일, 즉 필요한 전기 에너지를 구한다.

풀이 식 19.4a에서 다음을 얻는다.

$$\text{COP} = \frac{T_c}{T_h - T_c} = \frac{255\,\text{K}}{303\,\text{K} - 255\,\text{K}} = 5.31$$

식 17.5와 표 17.1로부터 물 $500\,\text{g}$을 얼리기 위해서 빼내야 할 열은 $Q_c = Lm = (334\,\text{kJ/kg})(0.50\,\text{kg}) = 167\,\text{kJ}$이다. 한편 COP는 빼낸 열과 한 일 또는 필요한 전기 에너지의 비율이기에 $W = Q_c/\text{COP} = 167\,\text{kJ}/5.31 = 31\,\text{kJ}$이다.

검증 답을 검증해 보자. COP가 5.31이므로 한 일의 5.31배에 해당하는 열을 냉동고에서 주변으로 전달한다. 그러나 이 두 온도 사이에서 작동하는 실제 냉동고의 성능 계수는 이보다 낮으므로 더 많은 전기 에너지가 필요하다.

확인 문제 **19.3** 영리한 기술자가 카르노 기관의 효율을 높이려고 COP가 최대인 냉장고를 이용하여 저온 저장고를 식힌다. 전체 효율이 원래 열기관의 효율보다 (a) 증가하는가, (b) 감소하는가, (c) 불변인가?

19.4 엔트로피와 에너지 품질

LO 19.4 엔트로피와 에너지 품질의 관계를 설명할 수 있다.
LO 19.5 간단한 열역학 과정에서 엔트로피 변화를 정량적으로 결정할 수 있다.
LO 19.6 엔트로피의 관점에서 열역학 제2법칙을 분명히 설명할 수 있다.

에너지의 크기가 각각 1 J인 역학적 일과 1000 K의 열, 300 K의 열 중 무엇이 더 유용할까? 대답은 원하는 것에 따라 다를 것이다. 물체를 들어올리거나 가속시키려면 역학적 일이 유용하다. 그러나 따뜻해지려면 300 K의 열이 안성맞춤이다.

반면에 에너지로 무엇을 할 것인지가 분명하지 않으면 어떤 에너지가 유용할까? 열역학 제2법칙이 명확한 답안을 제시한다. 일이 가장 유용하다. 왜 그럴까? 일은 역학적 에너지로 바로 사용할 수 있고, 마찰이나 다른 비가역 과정을 통해서 물체의 온도를 올리는 데 사용할 수 있기 때문이다.

만약 300 K의 열을 선택한다면 300 K보다 낮은 온도의 물체에만 에너지를 전달할 수 있다. 또 열기관 없이 역학적 일을 할 수 없다. T_h가 주변 온도보다 약간 높기에 열기관의 효율은 낮을 것이고 극히 적은 양만 역학적 에너지로 바꿀 수 있다. 1000 K의 열을 택하는 것이 더 좋다. 1000 K보다 낮은 많은 물체에 에너지를 전달할 수 있고, 열기관으로 ($1 - T_c/T_h$ $= 1 - 300/1000 = 0.7$이므로) 0.7 J의 역학적 에너지를 만들 수 있다.

개념 예제 19.1 **에너지의 질과 열병합 발전**

새로운 온수기로 가스 온수기와 전기 온수기 중에서 결정하려고 한다. 가스 가열기의 효율은 85%로 연료 에너지의 85%가 물을 가열하는 데 쓰인다. 전기 가열기의 효율은 본질적으로 100%이다. 열역학적으로 어느 온수기가 가장 좋은가?

풀이 전기는 최고 품질의 에너지이다. 전기는 일반적으로 생산한 전기 에너지의 두 배를 폐열로 버리는 화력 발전소에서 온다. 전기 가열기의 효율은 가정에서 100%이겠지만, 더 넓은 시야에서 보자면 화력 발전소에서 소비된 연료 에너지의 약 1/3만 물을 가열하는 데 사용된다. 효율이 85%라면, 가스 온수기가 더 현명한 선택이다.

검증 에너지원과 최종 에너지 사용을 조화시키는 것이 좋다. 전기는 고품질 에너지이므로 모터, 광원, 전기 제품, 고품질 에너지가 필요한 장비를 가동하는 데 쓰는 것이 가장 좋다. 전기를 질 낮은 열로 바꾸는 것은 열역학적으로는 어리석은 짓이다! 정말로 근사한 전략은 발전소에서 나오는 폐열을 난방에 사용하는 **열병합 발전**(cogeneration)이다. 유럽의 여러 도시에서는 발전소에서 배출되는 폐열로 난방 문제를 해결하고 있고, 미국에서는 공공기관이 에너지 비용과 탄소 배출을 줄이기 위해 점점 더 많이 열병합 발전으로 돌아서고 있다.

관련 문제 전기를 생산하는 가스 복합 화력 발전소가 $e = 48\%$로 좀 더 효율이 좋은 경우에, 가스를 사용하는 두 종류의 온수기를 비교하라.

풀이 가열기는 한 단위의 연료 에너지를 0.85 단위의 물의 열에너지로 바꾼다. 발전소는 한 단위의 연료 에너지를 0.48 단위의 전기 에너지로 전환한다. 따라서 전기 가열기는 $0.85/0.48 = 1.8$배의 가스를 소비한다.

일의 형태의 에너지가 가장 쓸모가 많다. 즉 일로 많은 것을 할 수 있다. 열은 쓸모가 적다. 특히 300 K의 열은 셋 중 가장 쓸모가 적다. 여기서는 에너지의 양이 아니라 **에너지의 품질**(energy quality)을 말하는 것이다(그림 19.13 참조). 양질의 에너지를 전부 저질의 에너지로 전환시키기는 쉽지만, 열역학 제2법칙 때문에 저질의 에너지를 100% 양질의 에너지로 전환시킬 수 없다.

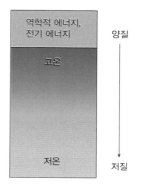

그림 19.13 에너지의 품질은 여러 가지 에너지들의 유용성의 척도이다.

엔트로피

뜨거운 물과 차가운 물을 섞으면 미지근한 물이 된다. 에너지 손실은 없지만 뭔가를 잃었다. 바로 쓸모 있는 일을 할 능력이 사라진 것이다. 처음 상태라면 뜨거운 물과 차가운 물 사이의 온도차 ΔT를 이용하여 열기관을 작동시킬 수 있었다. 그러나 나중 상태에서는 온도차가 없으므로 열기관을 작동시킬 수가 없다. 에너지의 양(quantity)은 변함이 없지만, 에너지의 품질(quality)이 감소하였다. 기호 S로 나타내는 **엔트로피**(entropy)는 에너지 변환과 연관된 품질의 손실을 정량화한 것이다. 클라지우스는 9번째 회고록에서 에너지라는 단어와 변환(transformation)을 의미하는 그리스 어근 'troph'로부터 엔트로피라는 단어를 만들었다.

엔트로피의 정의에 대한 동기를 살펴보기 위해 카르노 순환을 겪는 이상 기체를 생각해 보자. 카르노 순환은 두 등온 과정과 두 단열 과정으로 이루어져 있음을 상기하자(그림 19.5 참조). 카르노 효율에 대한 식 19.3을 유도할 때 $Q_c / Q_h = T_c / T_h$를 얻었다. 여기서 Q_c는 계가 온도 T_c인 저온 열저장고로 방출한 열이고, Q_h는 온도 T_h인 고온 열저장고에서 흡수한 열이다.

이상 기체 자체에 초점을 맞추어서 모든 열을 기체에 더한 열로서 정의하면, Q_c의 부호가 바뀐다. 그러면 열과 온도 사이의 관계 $Q_c / Q_h = T_c / T_h$를 다음과 같이 표현할 수 있다.

$$\frac{Q_c}{T_c} + \frac{Q_h}{T_h} = 0 \ (\text{카르노 순환})$$

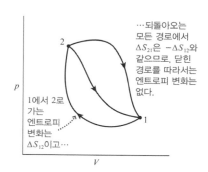

색칠한 부분에서 $\frac{Q_c}{T_c} + \frac{Q_h}{T_h} = 0$이므로 전체 순환 과정에서 $\sum Q/T = 0$이다.

단열선
등온선
압력
부피

그림 19.14 한 가역 과정을 여러 단계의 등온 과정(점선)과 단열 과정(실선)으로 어림한다. 열전달은 등온 과정에서만 일어난다.

어떤 가역 과정을 그림 19.14처럼 여러 단계의 카르노 순환의 연속으로 어림하여 이 결과를 일반화할 수 있다. 각각의 순환에서 $\sum Q/T = 0$이다. 순환의 숫자를 늘리면, 각각의 등온 부분과 관련된 부피 변화는 줄어들고 가장자리는 덜 울퉁불퉁해진다. 더 많은 카르노 순환을 이용하면 닫힌 순환을 좀 더 그럴 듯하게 어림할 수 있다. 극한에서는 이 어림산은 정확해지고 그 합은 적분이 된다.

$$\oint \frac{dQ}{T} = 0 \ (\text{임의의 가역 순환}) \tag{19.5}$$

여기서 적분 기호 위의 원은 닫힌 경로에 대한 적분을 뜻한다.

식 19.5는 pV 도표에서 임의의 닫힌 경로, 다시 말해서 어떠한 가역 순환에 대해서도 성립한다. 그것은 처음 상태 1과 마지막 상태 2 사이의 엔트로피 변화(entropy change) ΔS를 다음과 같이 정의할 수 있음을 의미한다.

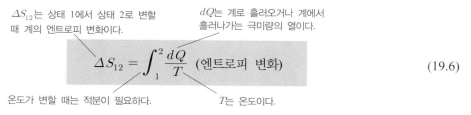

ΔS_{12}는 상태 1에서 상태 2로 변할 때 계의 엔트로피 변화이다.

dQ는 계로 흘러오거나 계에서 흘러나가는 극미량의 열이다.

$$\Delta S_{12} = \int_1^2 \frac{dQ}{T} \ (\text{엔트로피 변화}) \tag{19.6}$$

온도가 변할 때는 적분이 필요하다.

T는 온도이다.

엔트로피의 단위는 J/K로 볼츠만 상수 k의 단위와 같다.

pV 도표에서 상태 1에서 상태 2로 가는 계를 택하자. 이에 대응하는 엔트로피 변화 ΔS_{12}는 식 19.6으로 표현된다. 닫힌 경로(그림 19.15)에 대한 엔트로피 변화가 없기에 임의의 다른 가역 경로를 따라 상태 1로 되돌아갈 때 엔트로피 변화 ΔS_{21}은 $-\Delta S_{12}$가 되어야 한다. 따라서 식 19.6의 엔트로피 변화는 경로와 무관하고, 처음과 마지막 상태에만 의존한다. 유일

…되돌아오는 모든 경로에서 ΔS_{21}은 $-\Delta S_{12}$와 같으므로, 닫힌 경로를 따라서는 엔트로피 변화는 없다.

1에서 2로 가는 엔트로피 변화는 ΔS_{12}이고…

p
V

그림 19.15 엔트로피 변화는 경로에 무관하다.

한 제한은 가역 경로를 따라 적분해야한다는 것이다. 압력과 온도처럼 엔트로피도 열역학 상태 변수이다. 즉 계가 어떻게 그 상태에 도달했는지 관계없이 주어진 상태를 규정하는 물리량이다.

식 19.6은 가역 경로에만 적용할 수 있다. 비가역 과정은 열역학 평형에서 벗어나므로 그 과정을 pV 도표에서 곡선으로 표시할 수 없기 때문이다. 그러나 엔트로피가 처음과 나중 상태에만 의존하는 상태 변수이므로, 이 두 상태를 연결하는 가역 과정에 대한 식 19.6을 사용하여 비가역 과정의 엔트로피 변화를 구할 수 있다.

비가역 열전달

그림 19.16은 더운 물과 찬 물을 섞어 미지근한 물이 되는 것을 보여 준다. 19.1절에서 설명한 것처럼 이 과정은 비가역 과정이다. 그러나 이 두 물을 직접 섞었을 때 최종 온도에 도달할 때까지 각각의 물을 천천히 냉각 또는 가열함으로써 동일한 결과를 가역적으로 얻을 수 있다. 이 때 두 가지를 섞으면 온도 변화가 더 이상 없다.

상응하는 엔트로피 변화를 정량화하기 위해, 초기 온도가 T_c와 T_h인 2개의 동일한 질량 m의 물을 고려한다. 질량이 같기 때문에 이 둘을 섞는다면 최종 온도는 초기 온도의 중간값이 된다. $T_f = (T_c + T_h)/2$. 각각의 물의 엔트로피 변화를 찾기 위해 먼저 식 16.3을 사용하여 $dQ = mc\,dT$로 한다. 여기서 c는 비열이다. 식 19.6에서 이 결과를 사용하고 c가 온도가 변하여도 변하지 않는다고 가정하면 그 결과는

$$\Delta S_{h,c} = \int_{T_{h,c}}^{T_f} \frac{mc\,dT}{T} = mc \int_{T_{h,c}}^{T_f} \frac{dT}{T}$$

로 이 식에서 아래 첨자 h 및 c는 각각 더운 물과 찬 물에 대한 엔트로피 변화의 계산을 나타낸다. 실전 문제 69에서 이 계산을 계속하면 이 계의 전체 엔트로피 변화(ΔS_h와 ΔS_c의 합)가 $\Delta S = mc \ln\left[(T_c + T_h)^2 / 4 T_c T_h \right]$가 되는 것을 알 수 있다. 실전 문제 69에서 식 중 로그의 인수가 1보다 크다는 것을 보일 것이다. 따라서 엔트로피 변화가 양수, 즉 엔트로피가 증가한다는 것을 의미한다. 찬 물을 천천히 가열하고 더운 물을 냉각하는 가역 과정에 대해 이 계산을 했지만 우리가 주장했듯이 이 결과는 더운 물과 찬 물을 직접 섞는 비가역 과정에 대하여도 성립한다. 따라서 비가역적 혼합 동안에 엔트로피는 증가한다.

이 예에서 같은 양의 물을 사용하였지만 질량과 비열이 다르고 초기 온도도 다른, 서로 다른 두 물질도 열역학 평형이 될 때 유사한 계산에서 동일한 일반적 결과, 즉 엔트로피 증가를 얻을 수 있다. 실전 문제 54와 57이 몇 가지 예이다.

단열 자유 팽창

그림 19.17a에서 칸막이에 의하여 이상 기체가 상자의 한쪽에만 있고 다른 쪽은 진공이다. 칸막이를 제거하면 기체는 **자유 팽창**(free expansion)을 하여 상자를 채운다. 이 상자가 단열되어 있다면 열흐름이 없기에 단열 팽창이다. 그러나 이 팽창은 비가역적이어서 18장에서 다룬 단열 팽창과는 매우 다르다. 자유 팽창에서는 진공은 이상 기체에 작용할 압력이 없으므로 기체가 일을 할 수 없고, 따라서 내부 에너지도 변함이 없다. 그림 19.17c는 팽창하는 기체로 회전바퀴를 돌려서 쓸모 있는 일을 하는 상황을 나타낸 것이다. 그림 19.17b처럼 균일한 압력의 기체는 그런 일을 할 수 없으므로 자유 팽창의 결과 계는 일을 할 능력이 없게

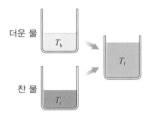

그림 19.16 더운 물과 찬 물을 섞으면 온도 T_f의 미지근한 물이 된다. 이 과정은 비가역적이지만 최종 상태가 같아지는 가역 과정은 더운 물을 T_f로 천천히 냉각하고 찬 물을 T_f로 천천히 가열하여 이 둘을 섞는 것이다. 엔트로피 변화는 두 과정 모두 같다.

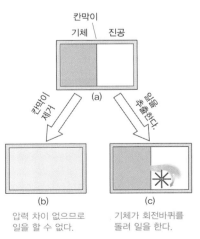

압력 차이 없으므로 일을 할 수 없다.

기체가 회전바퀴를 돌려 일을 한다.

그림 19.17 기체가 진공으로 팽창하는 두 가지 방법

된다.

이 비가역 과정의 엔트로피 변화를 구해 보자. 같은 두 상태 사이의 기체의 가역 과정에 대하여 엔트로피 변화를 구하면 된다. 이상 기체의 내부 에너지가 변하지 않기에 온도도 변함이 없다. 여기서는 동일한 두 상태의 가역 과정은 등온 팽창으로 흡수한 열은 식 18.4, $Q = nRT \ln(V_2 / V_1)$이다. 온도가 일정하므로 식 19.6의 엔트로피 변화는 다음과 같다.

$$\Delta S = \int \frac{dQ}{T} = \frac{1}{T} \int dQ = \frac{Q}{T} = nR \ln\left(\frac{V_2}{V_1}\right)$$

나중 부피 V_2가 V_1보다 크므로, 엔트로피가 증가했다. 가역 과정에 대한 결과이지만, 여기서의 비가역 자유 팽창을 포함하여, 처음 상태와 나중 상태가 같은 모든 비가역 과정에서 성립한다.

엔트로피와 일의 가용성

앞의 두 비가역 과정에서 모두 엔트로피가 증가한다. 두 과정 모두 계가 일할 능력이 줄어들어 에너지의 품질을 떨어뜨린다. 이상 기체가 자유 팽창 대신에 그림 19.17과 같이 기체가 가역 등온 팽창한다면 일어나는 일을 생각하여 이 품질의 감소를 정량화할 수 있다. 이 경우 기체는 흡수한 열과 같은 양의 일을 할 수 있다.

$$W = Q = nRT \ln\left(\frac{V_2}{V_1}\right)$$

비가열 자유 팽창 이후에는 기체의 에너지는 변하지 않아도 일을 할 수는 없다. 앞에서 구한 엔트로피 변화와 일 W를 비교해 보면 일을 할 수 없게 된 에너지는 $E_{쓸모없는} = T\Delta S$이다. 따라서 다음과 같이 엔트로피와 에너지 품질 사이의 일반적인 관계를 나타낸다.

> 계의 엔트로피 변화가 ΔS인 비가역 과정에서 일을 할 수 없는 에너지는 $E = T_{최소}\Delta S$ 이며, 이 식에서 $T_{최소}$는 계의 가능한 최저 온도이다.

이는 엔트로피가 에너지의 품질의 척도임을 나타낸다. 에너지가 같은 두 계에서 엔트로피가 적은 계가 양질의 에너지를 갖고 있다. 엔트로피가 증가하면 일을 할 수 없는 에너지가 증가하기에 에너지 품질이 나빠진다.

예제 19.4 **엔트로피의 증가: 일을 할 수 없는 에너지**   응용 문제가 있는 예제

2.0 L의 원통에 290 K의 압축 기체 5.0몰이 들어 있다. 원통의 압축 기체를 290 K에서 부피 150 L의 진공 상자로 자유 팽창시키면 얼마나 많은 에너지가 일을 할 수 없게 되는가?

해석 비가역이고 따라서 엔트로피가 증가하는 과정, 즉 단열 자유 팽창에서 에너지 품질의 감소에 대한 문제이다.

과정 그림 19.18은 그림 19.17과 유사한 상황의 개략도이다. 여기

서 기체는 초기에 작은 원통에 갇혀 있기에 부피가 큰 빈 상자로 팽창함에 따라 부피가 더 급격히 변한다. 그림 19.17의 자유 팽창을 분석하면 $\Delta S = nR \ln(V_2 / V_1)$이다. 엔트로피와 에너지 품질의 관계에 대한 설명에 따르면 일을 할 수 없게 된 에너지는 $T_{최소}\Delta S$이다. 따라서 엔트로피의 변화 ΔS에 $T_{최소}$를 곱해서 일을 할 수 없는 에너지를 구한다.

풀이 온도가 변하지 않기에 $T_{최소}$는 290 K으로

$$E_{쓸모없는} = T\Delta S = nRT \ln\left(\frac{V_2}{V_1}\right)$$

$$= (5.0\ \text{mol})(8.314\ \text{J/K}\cdot\text{mol})(290\ \text{K})\ln\left(\frac{152\ \text{L}}{2.0\ \text{L}}\right)$$

$$= 52\ \text{kJ}$$

이다. 최종 부피는 큰 상자와 원래의 원통을 포함하는 부피이므로 $V_2 = 152$ L로 놓았다.

검증 답을 검증해 보자. 이 에너지는 가역 등온 팽창에서 얻을 수 있는 일이다. 그러나 기체가 비가역 과정을 거치도록 하였기에 이 만큼의 일을 추출할 수 없다.

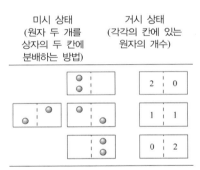

그림 19.18 예제 19.4의 개략도. 최종 부피는 152 L임에 주의한다.

엔트로피의 통계적 해석

이 절에서 계들이 자연스럽게 질서 상태에서 무질서 상태로 진행한다고 논의했다. 엔트로피 증가는 질서의 손실을 측정하는데 이는 일을 하는 데 이용할 수 없는 에너지를 만드는 것이다. 여기서 단열 자유 팽창에 사용했던 칸막이된 상자에 기초하여 엔트로피의 의미를 더 탐구하겠다.

동일한 분자 두 개만 있는 기체를 생각해 보자. 그림 19.19의 왼쪽은 칸막이가 제거되었을 때 상자에 있는 개별 분자들의 특정한 배열, 곧 **미시 상태**(microstate) 네 가지를 보여 준다. 상자의 각 칸에 있는 분자의 개수만 고려하도록 하자. 그러면 이 배열 중에서 두 개는 둘 다 상자의 각 칸에 분자가 한 개씩 있기에 구별 불가능하다. 그 두 배열은 한 개의 **거시 상태** (macrostate)에 해당한다. 거시 상태는 어느 분자가 어디에 있는지 관계없이 상자의 각 칸에 있는 분자의 개수로 규정한다. 이것이 그림 19.19의 오른쪽에 그려져 있다.

가능한 미시 상태가 네 개인 경우에 어느 한 미시 상태에 있을 확률은 1/4이다. 두 분자가 왼쪽 칸에 있는 미시 상태는 하나뿐이므로, 두 분자가 왼쪽 칸에 있는 거시 상태가 될 가능성도 1/4이다. 두 분자가 오른쪽 칸에 있는 거시 상태에 대한 것도 똑같다. 그러나 각 칸에 분자 한 개가 있는 미시 상태는 두 가지이므로 이 거시 상태에 대한 확률은 1/2이다.

이제 분자 네 개로 이루어진 기체를 고려해 보자. 그림 19.20은 가능한 미시 상태 16가지와 그에 대응하는 거시 상태 5가지를 보여 준다. 이번에도 계가 특정 거시 상태에 있을 확률은 연관된 미시 상태의 수에 따른다. 이 확률들이 그림 19.20에 나열되어 있다. 그림을 보면 분자들이 균등하게 나눠진 거시 상태에 있는 계를 발견할 가능성이 가장 크고, 모든 분자가 한쪽 칸에 있는 상태는 확률이 낮다.

분자의 개수를 100개로 증가시키면 미시 상태의 수는 엄청나게 커져서 2^{100}개, 다시 말해 10^{30}개 이상이 된다. 그래서 모든 또는 거의 모든 분자가 한쪽 칸에 있는 거시 상태가 일어날 가능성은 극단적으로 희박해진다. 분자들이 각 칸에 절반씩 있는 거시 상태가 가능성이 가장 크지만, 분자들이 거의 같게 분포하는 상태들도 가능성이 아주 크다. 확률들을 나열하는 대신에 그림 19.21a에 그림표로 나타냈다.

보통 기체의 분자 개수는 대략 10^{23}개이므로, 그림 19.21b의 대못 꼴의 확률 분포가 암시

미시 상태
(원자 두 개를
상자의 두 칸에
분배하는 방법)

거시 상태
(각각의 칸에 있는
원자의 개수)

그림 19.19 분자 두 개로 이루어진 기체에서 가능한 미시 상태는 네 가지이고 거시 상태는 세 가지이다.

미시 상태(총 16가지)				거시 상태		거시 상태의 확률
			⊙⊙ ⁝	4 ⁝ 0		$\frac{1}{16} = 0.06$
⊙⊙ ⁝ ⊙	⊙⊙ ⁝ ⊙	⊙⊙ ⁝ ⊙	⊙⊙ ⁝ ⊙	3 ⁝ 1		$\frac{4}{16} = 0.25$
⊙ ⁝ ⊙	⊙⊙ ⁝	⊙⊙ ⁝	⊙ ⁝ ⊙	2 ⁝ 2		$\frac{6}{16} = 0.38$
	⊙ ⁝ ⊙⊙	⊙ ⁝ ⊙⊙	⊙ ⁝ ⊙⊙	1 ⁝ 3		$\frac{4}{16} = 0.25$
			⁝ ⊙⊙	0 ⁝ 4		$\frac{1}{16} = 0.06$

그림 19.20 분자 네 개로 이루어진 기체에 대한 미시 상태, 거시 상태 및 확률

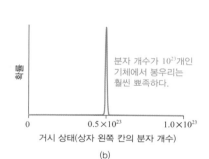

그림 19.21 (a) 분자 100개와 (b) 분자 10^{23}개로 이루어진 기체에 대한 확률 분포

하듯이 분자가 거의 고르게 분포하는 이외의 다른 거시 상태가 발생할 가능성은 극단적으로 적다. 우주의 나이의 몇 배가 되는 동안 방 안에 앉아 있더라도 모든 공기 분자들이 방의 한쪽으로 저절로 몰리는 것은 결코 보지 못할 것이다!

엔트로피와 열역학 제2법칙

앞의 예에서처럼 상자의 한쪽 칸에 분자가 현저하게 더 많이 있는 것과 같이 더 질서 있는 상태의 통계적 실현 불가능성이 열역학 제2법칙의 바탕이 된다. 엔트로피를 열흐름과 온도로 정의했지만(식 19.6), 더 근본적인 정의는 미시 상태 개개의 확률과 관련이 있다. 그런 의미에서 엔트로피는 무질서의 척도이다.

계는 자연스럽게 무질서 상태, 곧 엔트로피가 높은 상태로 진행하는데 이는 그러한 가능한 상태가 훨씬 더 많기 때문이다. 그래서 제2법칙의 일반적인 표현은 다음과 같다.

열역학 제2법칙
닫힌계의 엔트로피는 결코 감소하지 않는다.

닫힌계의 엔트로피는 기껏해야 일정하게 유지되는데 이는 이상적인 가역 과정에서나 가능하다. 마찰이 있거나 열역학 평형에서 벗어난 모든 비가역 과정에서 엔트로피는 증가한다. 닫힌계에서는 엔트로피가 증가하면 일할 능력이 감소하고, 닫힌계 안에서는 어떤 방법으로도 원래 수준의 품질의 에너지로 복원시킬 수 없다. 이 제2법칙의 새로운 기술은 완벽한 열기관과 완벽한 냉장고는 불가능하다는 이전의 기술을 포함하는데 완벽한 열기관과 냉장고가 작동할 때 엔트로피 감소가 필요하기 때문이다.

닫힌계가 아닌 계의 엔트로피는 감소시킬 수 있다. 다만 외부에서 양질의 에너지를 공급해야 한다. 냉장고를 작동시키면 음식물의 엔트로피가 감소한다. 그렇지만 열이 차가운 쪽에서 뜨거운 쪽으로 흐르도록 전기 에너지를 사용해야 한다. 결국은 양질의 전기 에너지를 냉장고 주변으로 쓸모 없는 열에너지 형태로 방출하기 때문에 에너지의 질을 떨어뜨린다. 냉장고 안의 음식물뿐만 아니라 냉장고 주변까지 다 포함하면 결국 전체 엔트로피는 증가한다.

엔트로피가 감소하는 것처럼 보이는 계는 닫힌계가 아니다. 만약 계의 경계를 전 우주로 넓히면 궁극적으로 열역학 제2법칙을 다음과 같이 기술할 수 있다.

열역학 제2법칙
우주의 엔트로피는 결코 감소하지 않는다.

주변 환경의 제멋대로 섞인 분자에서 생명체가 성장하고 애초에 지구에 흩어져 있던 재료로 초고층 건물을 건설하고, 한 병의 잉크를 인쇄된 종이 위에 질서 있는 부호로 나타나게 하는 것들도 그 예이다. 이 모든 것이 물질이 혼돈 근처에 매우 정렬된 상태로 가는 엔트로피 감소 과정이다. 이는 마치 계란찜에서 노른자와 흰자위를 분리하는 것과 비슷하다. 그러나 지구는 닫힌계가 아니다. 지구는 궁극적으로 생명에 사용하는 고품질 에너지를 태양으로부터 얻는다. 지구-태양을 하나의 계로 보면, 생명이나 문명과 관련된 엔트로피의 감소보다 양질의 태양 에너지의 품질 저하에 의한 엔트로피 증가가 더 크다. 생명체는 무질서해지는 우주에서 물질의 조직화를 창조하는 놀라운 존재이다. 그러나 열역학 제2법칙에서 벗어날 수는 없다. 고도로 조직화된 우리 자신과 사회, 그리고 그것이 대표하는 엔트로피 감소는 다른 곳에서 엔트로피가 더 많이 증가하는 대가로 존재하게 된 것이다.

확인 문제 **19.4** 다음의 각 과정에서 계의 엔트로피가 증가하는가, 감소하는가, 불변인가? (1) 풍선에서 바람이 빠진다. (2) 성장하는 배아가 세포 분열하여 다른 종류의 생체 조직을 만든다. (3) 동물이 죽어서 점점 썩는다. (4) 지진으로 건물이 파괴된다. (5) 공장에서 태양광, 이산화탄소, 물을 이용하여 설탕을 제조한다. (6) 발전소에서 석탄을 연소시켜서 전기를 생산한다. (7) 자동차 브레이크를 밟아서 차를 멈춘다.

핵심 개념

이 장의 핵심 개념은 **열역학 제2법칙**이다. 궁극적으로 계는 자연적으로 무질서한 상태 또는 **엔트로피**가 더 높은 상태로 향한다. 제2법칙은 현실 세계에서 완벽한 열기관과 완벽한 냉장고가 불가능하다고 하는 것으로 나타난다. 따라서 마구잡이 열운동에 포함된 모든 에너지를 유용한 일로 바꿀 수 없다. 궁극적으로, 제2법칙은 우주 전체를 포함하여 모든 닫힌계의 엔트로피가 감소할 수 없다고 말한다.

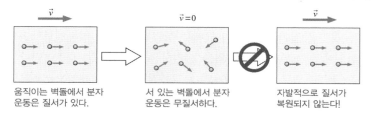

움직이는 벽돌에서 분자 운동은 질서가 있다.

서 있는 벽돌에서 분자 운동은 무질서하다.

자발적으로 질서가 복원되지 않는다!

주요 개념 및 식

엔트로피는 에너지 품질 및 무질서의 정량적 척도이다. 엔트로피가 높을수록 에너지 품질이 낮아지고 더 무질서하다. 최고 품질의 에너지는 역학적 에너지 및 전기 에너지이고, 그 다음은 고온에서 계의 내부 에너지, 그리고 마지막으로 저온 내부 에너지가 뒤따른다. 엔트로피가 증가할 때마다 일부 에너지를 일로 사용할 수 없게 된다.

- $\Delta S_{12} = \int_1^2 \dfrac{dQ}{T}$ 는 계가 상태 1에서 상태 2로 바뀔 때 엔트로피 변화이다.

- $E_{쓸모없는} = T_{최소} \Delta S$는 엔트로피 증가 ΔS로 인하여 일을 할 수 없게 된 에너지이다.

뜨거운 물 T_h

일부 에너지로 일을 할 수 있다.

찬 물 T_c

섞는다. T_f

미지근한 물은 어떤 일도 할 수 없다.

응용

제2법칙에 의하면 열기관의 최대 효율은 단열 과정과 등온 과정으로 이루어진 **카르노 기관**의 효율이다.

$$\underbrace{e = \frac{W}{Q_h}}_{\substack{열기관 \\ 효율의\ 정의}} \leq \underbrace{e_{최대} = 1 - \frac{T_c}{T_h}}_{\substack{가능한 \\ 최대\ 효율}}$$

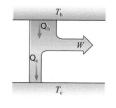

열기관의 에너지 흐름도

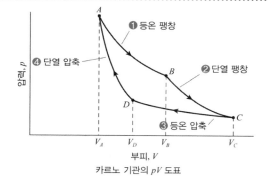

❶ 등온 팽창
❹ 단열 압축
❷ 단열 팽창
❸ 등온 압축

카르노 기관의 pV 도표

마찬가지로, 제2법칙은 냉장고 및 열펌프의 **성능 계수**(coefficient of performance, COP)를 제한한다.

$$\text{COP}_{냉장고} = \frac{T_c}{T_h - T_c} \qquad \text{COP}_{열펌프} = \frac{T_h}{T_h - T_c}$$

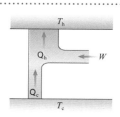

물리학 **익히기**	www.masteringphysics.com을 방문하여 과제를 수행하고 동적 학습 모듈(Dynamic Study Modules), 연습 문제 (practice quizzes), 문제 영상 풀이(video solutions to problems) 등의 자기 학습 도구를 이용하시오.

BIO 생물 및 의학 문제   **DATA** 데이터 문제   **ENV** 환경 문제   **CH** 도전 문제   **COMP** 컴퓨터 문제

학습 목표   이 장을 학습하고 난 후 다음을 할 수 있다.

LO 19.1 열역학 가역 과정과 비가역 과정을 구분할 수 있다.

LO 19.2 열기관과 냉장고에 대하여 열역학 제2법칙을 명확하게 설명하고 열역학적 효율을 계산할 수 있다.
개념 문제 19.1, 19.2, 19.3, 19.4, 19.5, 19.6
연습 문제 19.11, 19.12, 19.13, 19.14, 19.15
실전 문제 19.38, 19.40, 19.44, 19.46, 19.47, 19.48, 19.58, 19.66, 19.67

LO 19.3 열기관, 발전소 및 열펌프에 대한 열역학 제2법칙의 실질적인 의미를 설명할 수 있다.
개념 문제 19.7
연습 문제 19.16, 19.17
실전 문제 19.32, 19.33, 19.34, 19.35, 19.36, 19.37, 19.38, 19.39, 19.41, 19.42, 19.43, 19.45, 19.46, 19.47, 19.60, 19.61, 19.62, 19.63, 19.68, 19.73

LO 19.4 엔트로피와 에너지 품질의 관계를 설명할 수 있다.
개념 문제 19.9
실전 문제 19.54, 19.69

LO 19.5 간단한 열역학 과정에서 엔트로피 변화를 정량적으로 결정할 수 있다.
개념 문제 19.8
연습 문제 19.18, 19.19, 19.20, 19.21, 19.22, 19.23
실전 문제 19.49, 19.50, 19.51, 19.52, 19.53, 19.55, 19.56, 19.57, 19.59, 19.64, 19.65, 19.70, 19.71, 19.72

LO 19.6 엔트로피의 관점에서 열역학 제2법칙을 분명히 설명할 수 있다.
개념 문제 19.10

개념 문제

1. 냉장고의 문을 열어 두면 부엌이 시원해지는가? 설명하라.

2. 오븐의 문을 열어 두면 부엌이 따뜻해지는가? 설명하라.

3. 렌즈로 태양광을 모아서 올릴 수 있는 온도에 최대 한계가 있는가? 그렇다면, 얼마인가?

4. 실제 열기관에서 비가역 과정들을 나열하라.

5. 전기열의 효율이 100%라는 발전 회사의 주장에 대해서 논의하라.

6. 떨어지는 물의 에너지를 이용하는 수력 발전소는 효율을 100%가깝게 올릴 수 있다. 왜 그런가?

7. 열펌프 회사가 지하의 열만으로도 집 안의 난방이 가능하다고 주장한다. 사실인가?

8. 단열 자유 팽창에서 계로 전달된 열 Q는 0이다. 식 19.6에 따라서 엔트로피의 변화는 0이 된다고 왜 말할 수 없는가?

9. 에너지가 보존되는데 왜 물질처럼 재활용하지 못하는가?

10. 인류 문명의 진화는 왜 열역학 제2법칙을 위배하지 않는가?

연습 문제

19.2 열역학 제2법칙, 19.3 열역학 제2법칙의 응용

11. (a) 물의 어는점과 끓는점, (b) 25°C 열대 해수면과 4°C 심해, (c) 1000°C 불꽃과 실온 사이에서 작동하는 가역 열기관의 효율은 각각 얼마인가?

12. 5800 K의 태양 표면과 2.7 K의 은하계 공간 사이에서 우주선 열기관이 작동한다면 최대 효율은 얼마인가?

13. 헬륨의 녹는점과 4.25 K의 끓는점 사이에서 작동하는 가역 카르노 기관의 효율은 77.7%이다. 녹는점은 얼마인가?

14. 어떤 카르노 기관이 한 순환 과정에서 900 J의 열을 흡수하고 350 J의 일을 한다. (a) 효율은 얼마인가? (b) 한 순환 과정에서 방출되는 열은 얼마인가? (c) 이 열기관이 10°C에서 열을 방출하면 최대 온도는 얼마인가?

15. 0°C와 30°C 사이에서 작동하는 가역 냉장고의 COP는 얼마인가?

16. COP가 4.2인 냉장고로 이미 어는점에 도달한 670 g 물을 얼리려면 얼마만큼의 일이 필요한가?

17. **BIO** 인체가 음식물의 화학 에너지를 역학적 일로 전환할 때 효율은 25%이다. 인체를 체온과 주위 환경 사이의 온도차에서 작동하는 열기관으로 간주할 수 있는가?

19.4 엔트로피와 에너지 품질

18. 0°C의 얼음 1.0 kg을 녹일 때 엔트로피 변화를 구하라.

19. **BIO** 650 kcal의 햄버거를 대사시켜 체온을 37°C로 유지한다. 이때 엔트로피 증가는 얼마인가?

20. 250 g의 물을 10°C에서 95°C까지 가열시킬 때, 물의 엔트로피는 얼마나 증가하는가?

21. 이미 녹는점에 있는 납 토막을 녹일 때 엔트로피가 900 J/K 증가한다. 이 납의 질량은 얼마인가? (**힌트**: 표 17.1을 참조하라.)

22. 440 K에서의 등온 과정에서 엔트로피 증가가 25 J/K이면 일을 할 수 없게 된 에너지는 얼마인가?

23. 분자 6개로 이루어진 기체가 상자 안에 있을 때, (a) 모든 분자를 상자의 한쪽에서 발견할 확률과 (b) 양쪽에서 분자를 절반씩 발견할 확률을 구하라.

응용 문제

다음 문제들은 본문의 예제들에 기초한 것이다. 두 세트의 문제들은 물리학의 이해를 강화하는 연결의 형성을 돕고 이전에 풀어본 문제에서 변형된 문제를 해결하는 자신감을 키우도록 설계되어 있다. 각 세트의 첫 번째 문제는 본질적으로 예제 문제이지만 숫자들은 다르다. 두 번째 문제는 예제와 똑같은 상황이지만 묻는 질문이 다르다. 세 번째와 네 번째 문제는 완전히 다른 상황으로 이런 방식을 반복한다.

24. **예제 19.1** 카르노 기관은 한 주기 동안 고온의 열저장고에서 2.84 kJ을 추출하고 22.5°C에서 주변 환경에 1.31 kJ을 방출한다. (a) 한 주기에 이 열기관이 한 일은 얼마인가? (b) 효율은 얼마인가? (c) 고온 열저장고 온도는 얼마인가?

25. **예제 19.1** 카르노 기관의 역학적 출력은 48.4 kW이며 주변 환경으로 41.7 kW 열을 방출한다. 이 열기관의 고온 열저장고가 625 K인 경우, (a) 고온 열저장고에서 추출하는 에너지, (b) 이 열기관의 효율, (c) 주변 환경의 온도는 얼마인가?

26. **예제 19.1** 2014년에 가동한 캘리포니아의 한 발전소는 태양광 집광 기술을 사용하는 세계 최대의 발전소이다. 여기에서 대면적의 태양 추적 거울들을 사용하여 햇볕을 높은 탑에 집중시킨 뒤 열전달 유체를 원자력 발전소나 석탄 발전소의 물과 증기보다 상당히 높은 온도로 데운다. (로스앤젤레스 안팎으로 비행하는 경우, 이 발전소의 탑 3개가 각각 사막 바닥에서 밝은 별처럼 보인다.) 이 발전소의 거울이 탑에 전달하는 총태양광이 610 MW이고 모든 에너지가 유체를 가열하는 데 사용되고 발전소는 320 K 주변 환경에 233 MW의 폐열을 방출한다고 한다. 이 발전소의 (a) 전력 출력, (b) 효율 및 (c) 탑 내부 유체의 온도를 구하라. 이 발전소를 카르노 기관으로 가정한다.

27. **예제 19.1** 해양 열에너지 변환(OTEC)은 열대 해양 표면의 수온과 수백 미터 아래의 더 차가운 물의 온도차를 사용하는 에너지 생성 방식이다. 25°C 표면수와 5°C 심해수 사이에 작동하는 해양 열에너지 변환 설비의 카르노 효율을 구하라. 효율이 낮아 보일지 모르지만, 이때 '연료'는 무료라는 것을 기억하라.

28. **예제 19.4** 고압 기체를 저장하기 위한 표준 'C' 실린더의 내부 부피는 6.88 L이다. 이러한 실린더는 282 K에서 52.8몰의 압축 질소 가스(N_2)를 저장할 수 있다. 이 기체를 445 m^3인 진공 상자로 배출하면, 얼마만큼의 에너지가 일을 하는데 사용할 수 없는가?

29. **예제 19.4** 토요타의 미라이 연료 전지 자동차는 수소(H_2) 연료를 압력 70 MPa에서 5.0 kg의 수소를 수용하는 탱크에 저장한다. 시험 중에 이 연료통 중 하나에서 수소가 부피가 955 m^3인 주변 시험 진공 상자로 누출된다. 이 과정에서 수소는 일정한 온도 293 K을 유지한다. 일을 할 수 없게 되는 에너지가 54.6 MJ이라면 이 연료통의 용량은 얼마인가? (주의: 여기서 사용할 수 없는 에너지는 차량의 연료 전지에서 수소가 반응할 때 방출되는 에너지가 아니라 고압 기체를 사용하여 터빈을 돌려 회수할 수

있는 에너지로 훨씬 적다.)

30. **예제 19.4** 고압통에 온도 T의 n몰의 압축 기체가 담겨 있다. 이 통이 진공인 동일한 고압통과 부피를 무시할 만한 호스로 연결되어 있다. 두 고압통 사이의 밸브를 열면 기체가 팽창하여 일정한 온도 T를 유지하면서 전체 고압통을 채운다. 이 과정의 결과로 일을 할 수 없게 되는 에너지에 대한 식을 구하라.

31. **예제 19.4** 내부 부피가 11.5 L인 고압통에 압축 공기를 16.8 MPa로 유지한다. 이 통을 부피가 작은 호스로 연결하여 진공인 두 번째 고압통에 연결한다. 두 고압통 사이의 밸브를 열면 일정한 온도를 유지하면서 공기가 팽창하여 전체 시스템을 채운다. 일을 할 수 없는 에너지가 169 kJ이라면 두 번째 고압통의 부피는 얼마인가?

실전 문제

32. 카르노 기관은 한 순환 과정 동안 592 K의 고온 저장고에서 745 J을 얻고, 저온 저장고에 458 J을 방출한다. (a) 한 순환 과정 동안 한 일, (b) 효율, (c) 저온 저장고의 온도는 각각 얼마인가? (d) 이 열기관이 1초 동안 18.6번 순환하면 역학적 출력은 얼마인가?

33. ENV 핵발전소의 최고 증기 온도는 570 K이다. 겨울에는 0°C의 강에 열을 방출하고, 여름에는 25°C의 강에 열을 방출한다. 겨울과 여름에 이 발전소의 최대 효율은 각각 얼마인가?

34. ENV 추운 겨울날에 난방으로 평균 6.85 kW가 필요한, 에너지 효율이 좋은 집을 설계하려고 한다. 평균 2.32 kW의 전력을 공급하는 태양광 발전 장치를 설계하였다. 전기로 작동하는 열펌프로 난방을 하려고 한다. 태양광 발전 장치의 에너지로 열펌프를 가동시키려면 이 열펌프의 최소 COP는 얼마가 되어야 하는가?

35. 어떤 발전소의 전기 출력은 750 MW이다. 15°C의 냉각수가 2.8×10^4 kg/s로 발전소를 흐른 뒤에 온도가 8.5°C만큼 상승한다. 발전소에서는 냉각수로만 열을 방출하고 냉각수가 저온 저장고처럼 작용한다면, (a) 연료에서 얻는 에너지 추출률, (b) 발전소의 효율, (c) 최고 온도를 각각 구하라.

36. ENV 280°C의 증기에서 에너지를 얻어서 880 MW로 전기를 생산하고, 폐열을 30°C 강에 방출하는 발전소의 전체 효율은 29%이다. (a) 이 효율을 이 온도에서 가능한 최대 효율과 비교하라. (b) 강으로 보내는 폐열 방출률은 얼마인가? (c) 발전소의 폐열로 23 kW의 난방 에너지가 필요한 집을 몇 채나 난방할 수 있는가?

37. ENV 미국의 모든 열전기 발전소가 생산하는 전력은 약 2×10^{11} W이고, 발전소의 평균 효율은 약 33%이다. 냉각수 온도가 5°C 상승한다면 발전소의 냉각수 사용률은 얼마인가? 미시시피 강 어귀의 평균 유량 1.8×10^7 kg/s와 비교하라.

38. 어떤 카르노 기관이 T_h와 T_i 사이에서 작동한다. T_i는 T_h와 주변 온도 T_c의 중간값이다(그림 19.22 참조). T_i와 T_c 사이에서 두 번째 열기관을 작동시킬 수 있다. 이러한 2단계 열기관의 최대 전체 효율이 T_h와 T_c 사이에서 작동하는 단일 열기관의 효율과 같음을 보여라. (주의: 이 때문에 복합 발전소의 효율이 높다.)

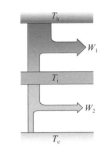

그림 19.22 실전 문제 38

39. 공장용 냉동기는 내부 온도를 −17°C로 유지하고 36°C의 주변으로 열을 방출한다. 전기 에너지 소비량은 27.3 kW이다. (a) 냉동기가 가역적이라 가정하면, COP는 얼마인가? (b) 1시간 동안 0°C의 물 얼마만큼을 0°C의 얼음으로 바꿀 수 있는가?

40. 확인 문제 19.3의 상황을 분석하기 위한 적절한 에너지 흐름도를 그려라. 저온 열저장고를 식히기 위하여 냉장고를 사용해도, 냉장고에 한 일을 포함하면 카르노 기관의 전체 효율을 증가시킬 수 없음을 증명하라.

41. 겨울 한 달 동안 집 안의 난방용 전기료가 231,200원이다. (전열 ENV 기는 전기 에너지를 모두 열로 전환시킨다.) COP 3.4인 열펌프를 전기로 가동하면 한 달의 난방 전기료는 얼마가 되겠는가?

42. 냉장고가 내부 온도는 4°C를 유지하며 온도가 30°C의 주변으로 열을 방출한다. 냉장고의 단열이 불완전하여 340 W의 열이 샌다. 가역 냉장고인 경우에 내부 온도를 4°C로 유지하기 위한 전기 에너지 소모율을 구하라.

43. 1 m³당 8.62 kWh의 열을 내는 가스로 난방하는 가게가 있다. ENV 가스 가격은 1 m³당 452원이다. 1 kWh당 146원인 전기로 가동하는 열펌프로 바꾸려 한다. 연료비를 절감하기 위한 열펌프의 최소 COP를 구하라.

44. 적절한 에너지 흐름도를 이용하여, 완벽한 열기관이 있으면 완벽한 냉장고를 만들 수 있다는 것을 보여라. 따라서 완벽한 열기관은 클라우지우스의 열역학 제2법칙에 위배된다.

45. 실외 온도가 −7.0°C인 겨울날 공기 기반 열펌프의 실제 COP는 ENV 2.72이다. 이 열펌프가 집에 18.8 kW의 열을 공급하여 48.0°C의 따뜻한 공기를 공급한다. (a) 열펌프의 전력 소비율을 구하라. (b) 전기는 114원/kWh이고 가스는 1 m³당 452원일 때 열펌프의 1일 가동 비용을 가스와 비교하라. 가스 1 m³당 8.93 kWh의 열을 낸다. (c) 실제 COP는 이론적 최대 COP의 몇 %인가?

46. 0.350몰의 단원자 이상 기체 2.42 L가 들어 있는 가역 기관의 처음 온도는 586 K이다. 이상 기체는 다음의 순환 과정을 거친다.
   - 4.84 L로 등온 팽창
   - 292 K으로 등적 냉각
   - 2.42 L로 등온 압축
   - 586 K으로 등적 가열
   이 기관의 효율을 구하라. 효율은 한 순환 과정 동안 흡수한 열에 대한 한 일의 비율로 정의된다.

47. (a) 그림 19.23의 순환 과정의 효율을 실전 문제 46의 정의에 따라 구하라. (b) 같은 온도에서 작동하는 카르노 기관의 효율과 비교하라. 왜 두 기관의 효율이 다른가?

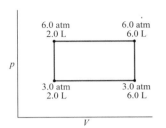

그림 19.23 실전 문제 47

48. 0.20몰의 이상 기체가 그림 19.24의 카르노 순환 과정을 따른다. (a) 흡수한 열 Q_h, (b) 방출한 열 Q_c, (c) 한 일을 각각 구하고, (d) 이 물리량들을 사용하여 효율을 구하라. (e) 최고와 최저 온도를 구하고, 식 19.1로 정의한 효율과 식 19.3의 카르노 효율이 같음을 보여라.

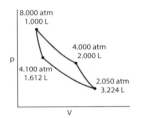

그림 19.24 실전 문제 48

49. 얕은 연못에 94 Mg의 물이 들어 있다. 겨울에 이 물은 모두 얼어 버린다. 0°C 얼음이 녹아서 여름철에 15°C로 온도가 상승하면 연못의 엔트로피는 얼마나 증가하는가?

50. 인체의 정상 신진대사와 연관된 엔트로피 증가율을 어림하라. BIO

51. 등적 과정에서 n몰 이상 기체의 온도가 T_1에서 T_2로 변한다. 이 과정에서 엔트로피의 변화가 $\Delta S = nC_V \ln(T_2/T_1)$임을 보여라.

52. 등압 과정에서 n몰 이상 기체의 온도가 T_1에서 T_2로 변한다. 이 과정에서 엔트로피의 변화가 $\Delta S = nC_p \ln(T_2/T_1)$임을 보여라.

53. 6.36몰의 이원자 이상 기체가 처음에 1.00 atm, 288 K이다. (a) 등적 과정, (b) 등압 과정, (c) 단열 과정에서 이 이상 기체를 552 K으로 가역적으로 가열하면 엔트로피 변화는 각각 얼마인가?

54. 80°C의 물 250 g을 10°C의 물 250 g과 섞는다. (a) 뜨거운 물, (b) 찬 물, (c) 전체 계의 엔트로피 변화를 각각 구하라.

55. 이상 기체가 압력 p_1과 부피 V_1에서 p_2와 V_2로 가는 과정을 겪는 동안 $p_1 V_1^\gamma = p_2 V_2^\gamma$이 성립한다. 여기서 γ는 비열의 비이다. 이 과정이 등압 과정과 등적 과정으로 이루어져 있을 때 엔트로피 변화를 구하라. 왜 그 결과가 합리적인가?

56. 단열 자유 팽창에서 305 K, 6.36몰 이상 기체의 부피가 15배로 증가한다. 얼마나 많은 에너지가 일을 할 수 없게 되는가?

57. 155℃, 2.4 kg의 알루미늄 팬을 15℃, 3.5 kg의 물에 집어넣으면 엔트로피 변화는 얼마인가?

58. 역학적 출력이 8.5 kW인 열기관이 420 K의 열원에서 흡수한 열을 녹는점에 있는 1000 kg의 얼음 덩어리에 방출한다. (a) 효율은 얼마인가? (b) 얼음을 재공급하지 않으면 얼마 동안 효율을 유지할 수 있는가?

59. 100℃의 H_2O 2.00 kg을 같은 온도의 수증기로 바꿀 때 엔트로피의 변화를 구하라.

60. 가솔린 기관은 단열 과정 두 개와 등적 과정 두 개로 구성된 오토(Otto) 순환 과정으로 작동한다. 그림 19.25는 어떤 열기관의 오토 순환 과정이다. (a) 이 열기관의 작동 기체의 단열 지수가 γ일 때 모든 과정이 가역적이라 가정하고 이 열기관의 효율을 구하라. (b) 최고 온도를 최저 온도 $T_{최소}$로 나타내어라. (c) 같은 두 온도에서 작동하는 카르노 기관의 효율과 비교하라.

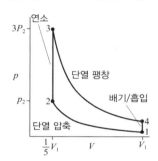

그림 19.25 실전 문제 60

61. 어떤 열기관의 압축 비율 r는 기체의 최대 부피와 최소 부피의 비이다. (실전 문제 60의 그림 19.25에서 압축 비율은 5이다.) 오토 순환 열기관의 효율을 압축 비율의 일반적인 함수로 구하라.

62. 보통급의 휘발유를 사용하는 가솔린 기관의 최대 압축 비율은 약 9이다. 더 압축되면 스파크 플러그가 점화시켜 주기 전에 연료가 점화되어 녹킹(knocking) 현상이 발생하여 열기관 성능이 감소한다. 천연가스의 경우에는 덜 심각하기에 적정 압축 비율은 12.7이다. 압축 비율이 8.80인 가솔린 기관을 압축 비율이 12.7이 되도록 증가시켜 천연가스로만 작동하도록 개조한다. 차이는 압축 비율의 증가뿐이라고 가정하고 실전 문제 61의 결과를 이용하여 이 열기관의 효율을 구하라. (**주의**: 새 연료는 가스($\gamma = 1.33$인 CH_4)이지만 천연가스 기관의 공기-연료 비율이 17 : 1이므로 실린더 내 혼합물의 공기에 대한 비열의 비는 $\gamma = 1.4$이다.)

63. 54 MW 용량의 목탄 화력 발전소에서 터빈을 돌리기 위하여 510℃의 증기를 생성하고 응축된 증기는 30℃가 되어 보일러로 돌아온다. 이 발전기의 최대 열역학 효율을 구하고 실제 효율 25%와 비교하라.

64. 80℃, 500 g의 구리 토막을 10℃, 1.0 kg의 물속에 넣는다. 계의 (a) 나중 온도와 (b) 엔트로피 변화를 구하라.

65. 어떤 물체의 열용량은 물체의 절대 온도에 반비례한다. 곧

$C = C_0 (T_0 / T)$이고, C_0과 T_0은 상수이다. 이 물체를 T_0에서 T_1까지 가열할 때 엔트로피 변화를 구하라.

66. 카르노 기관은 처음 온도가 T_{h0}인 질량 m, 비열 c의 벽돌로부터 에너지를 얻는데, 이 벽돌의 온도를 유지하는 다른 열원은 없다. 이 기관은 일정한 온도 T_c의 열저장고로 열을 방출한다. 이 기관의 역학적 출력은 다음과 같이 온도차 $T_h - T_c$에 비례한다.

$$P = P_0 \frac{T_h - T_c}{T_{h0} - T_c}$$

여기서 T_h는 뜨거운 벽돌의 순간 온도이고, P_0은 처음 출력이다. (a) T_h를 시간의 함수로 표기하라. (b) 이 열기관의 출력이 0이 될 때까지 얼마나 걸리는가?

67. 어떤 대안 우주에서 온도 T_h에서 무한한 에너지를 갖고 있는 무한한 열저장고를 얻었다. 그러나 처음 온도가 T_{c0}이고 열용량이 C인 유한한 저온 열저장고만 있다. 이 두 열저장고 사이에서 작동하는 열기관이 얻어낼 수 있는 최대의 일을 구하라.

68. 최소 흐름률이 110 m^3/s인 강가에 건설한 원자력 발전소는 750 MW의 전력을 생산하고 효율은 35%이다. 환경을 보호하기 위해 강물의 온도 상승폭을 5℃로 규제한다. 모든 냉각에 이 강물을 사용할 때 이 규정을 지킬 수 있는가, 아니면 일부 폐열을 대기로 전달하는 냉각탑을 세울 필요가 있는가?

69. (a) 온도가 각각 T_h와 T_c인 뜨거운 물과 차가운 물을 동일한 질량 m씩 섞을 때 엔트로피 변화를 구하는 식 $\Delta S = mc\ln\left[(T_c + T_h)^2/4T_cT_h\right]$을 이끌어내기 위하여 '비가역 열전달' 절에서의 계산을 계속하라. (b) $T_h \neq T_c$인 경우 이 식에서 로그의 인수가 1보다 크므로 ΔS가 양수임을 보여라. (**힌트**: 이는 $(T_c + T_h)^2 > 4T_cT_h$임을 보이는 것과 같다. 이 부등식의 왼쪽항을 풀어 적고, 양변에서 $4T_cT_h$를 뺀 후 왼쪽항을 인수분해한다.)

70. 16장 실전 문제 76에 의하면 저온에서의 구리의 비열에 대한 어림식은 $c = 31(T/343\ K)^3$ J/kg·K이다. 40 g의 구리를 25 K에서 10 K으로 냉각시킬 때 엔트로피 변화를 구하라. 이때의 변화는 왜 음수인가?

71. 어떤 기체의 등압 몰비열은 $C_p = a + bT + cT^2$으로, $a = 33.6$ J/mol·K, $b = 2.93 \times 10^{-3}$ J/mol·K^2, $c = 2.13 \times 10^{-5}$ J/mol·K^3이다. 이 기체 2.00몰을 20.0℃에서 200℃로 가열할 때 엔트로피 변화를 구하라.

72. 짝수 N개의 분자가 닫힌 상자의 양쪽 반 칸에 분포되어 있는 기체를 고려하자. (a) 미시 상태의 총개수와 (b) 상자의 양쪽 칸에 분자가 절반씩 있는 미시 상태의 개수를 구하라. (공식을 이용하든지 수학 참고 자료에서 용어 '조합'을 찾아보아라.) (c) 이 결과를 이용하여 상자의 양쪽 칸에 같은 수의 분자들이 있을 확률에 대한 모든 분자들이 한쪽 칸에 있을 확률의 비율을 구하라. (d) $N = 4$와 $N = 100$인 경우에 대해 계산하라.

73. 에너지 효율 전문가는 열펌프가 배출하는 열 Q_h와 열펌프를 작

동시키는데 필요한 해당 전기 에너지 W를 측정하여 Q_h / W의 비로 열펌프의 COP를 계산한다. 또한 외부 온도를 측정하여 열펌프가 $T_h = 52°C$의 뜨거운 물을 만드는 것도 안다. 아래 표는 Q와 T에 대한 결과를 나열한 것이다. (a) COP를 어떤 양에 대해 그려야 직선으로 나타날 것인지 결정하라. (b) 그 그래프를 그리고, 맞춤 직선을 구한 뒤 그로부터 열펌프의 COP를 이론적인 최대 COP와 비교하라.

$T_c(°C)$	−18	−10	−5	0	10
COP Q_h / W	2.7	3.2	3.6	3.7	4.7

실용 문제

강제적인 효율 규제 때문에 냉장고의 에너지 소비율은 지난 40년 전에 비해 약 80%만큼 줄었지만 대부분의 가정에서 냉장고는 여전히 전기 에너지를 가장 많이 소비한다. 하루 동안에 부엌 냉장고가 그 내용물에서 30 MJ의 에너지를 제거하는 과정에서 전기 에너지 10 MJ을 소비한다. 그 전기는 효율이 40%인 화력 발전소로부터 온다.

74. 그 전기 에너지는
    a. 냉장고 안의 전구를 밝히는 데 사용된다.
    b. 냉장고가 충분히 단열되어 있었다면 필요하지 않았을 것이다.
    c. 냉장고가 사용한 후에도 양질의 상태를 유지한다.
    d. 부엌으로 배출된 폐열이 된다.

75. 냉장고의 COP는
    a. $\frac{1}{3}$이다.
    b. 2이다.
    c. 3이다.
    d. 4이다.

76. 하루 동안 이 냉장고를 가동하기 위해 발전소에서 소비된 연료 에너지는
    a. 12 MJ이다.
    b. 25 MJ이다.
    c. 40 MJ이다.
    d. 75 MJ이다.

77. 하루 동안에 주위 부엌으로 배출된 총에너지는
    a. 10 MJ이다.
    b. 30 MJ이다.
    c. 40 MJ이다.
    d. 75 MJ이다.

19장 질문에 대한 해답

장 도입 질문에 대한 해답

열역학 제2법칙에 따라 열에너지를 역학적 에너지로 100% 바꿀 수 없다. 온도 제약 때문에 보통의 발전소에서 50%의 효율도 달성하기 어렵다.

확인 문제 해답

19.1 (a), (c), (f)

19.2 (c)

19.3 (c) 증명은 실전 문제 40 참조

19.4 (1) 증가 (2) 감소 (3) 증가 (4) 증가 (5) 감소 (6) 증가 (7) 증가

열역학은 열, 온도 및 관련 현상에 대한 연구이며 에너지의 모든 중요한 개념에 대한 관계의 연구이다. 열역학은 온도 및 압력과 같은 열역학적 변수로 거시적인 설명을 한다.

이것은 분자의 특성과 거동의 관점에서 미시적 설명을 하는 **통계 역학**과 대조적이다.

열역학적 평형은 열접촉을 하고 있는 두 계의 거시적 특성에서 더 이상의 변화가 일어나지 않는 상태이다. 열역학 제0법칙은 제3의 계와 열역학 평형 상태에 있는 두 계는 서로 열역학적으로 평형을 이루고 있다고 한다. 이 법칙에 의하여 온도 눈금을 결정하고 온도계를 만들 수 있다.

열은 온도 차이로 인해 흐르는 에너지이다. 중요한 열전달 방식에는 **전도, 대류 및 복사**가 있다. 계로 들어오는 에너지양이 주변으로 나가는 열전달과 같을 때 그 계는 일정한 온도에서 **열에너지 균형**을 이룬다.

계 A와 C는 각각 B와 열역학적 평형 상태에 있다.

A와 C가 열접촉을 하고 있으면 그들의 거시적 특성이 변하지 않는다. 이 둘은 이미 평형 상태에 있음을 나타낸다.

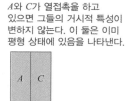

(a)　　(b)

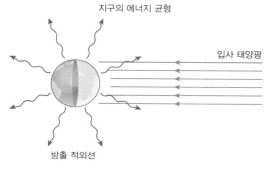

지구의 에너지 균형

입사 태양광

방출 적외선

이상 기체는 온도, 압력 및 부피 사이의 관계가 단순하다.

$$pV = NkT = nRT$$

이를 **이상 기체 방정식**이라 하고 $k = 1.381 \times 10^{-23}$ J/K, $R = 8.314$ J/K·mol이다.

실제 물질은 액체, 고체 및 기체 상태로 **상변화**가 일어난다. 상당한 정도의 **변환열**은 상변화와 관련된 에너지를 설명한다.

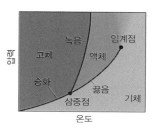

열역학 제1법칙은 계의 내부 에너지의 변화량과 계에 더해준 열 Q, 계가 한 일 W와의 관계이다.

$$\Delta E_{내부} = Q - W$$

이상 기체의 경우, **가역 열역학 과정**은 압력-부피 도표의 곡선으로 설명한다. 일반적인 과정으로는 **등온**(일정한 온도), **등적, 등압** 및 **단열**(열흐름 없음) 과정이 있다.

엔트로피는 무질서의 척도이다. **열역학 제2법칙**은 닫힌계의 엔트로피가 결코 감소할 수 없다는 것이다. 인류의 전기 및 운송 에너지의 대부분을 제공하는 열기관에 적용하는 제2법칙은 뜨거운 물체의 모든 내부 에너지를 쓸모 있는 일로 뽑아내는 것이 불가능하다는 것을 보여 준다.

(카르노 기관의) 최대 효율

$$e = \frac{W}{Q_h} = 1 - \frac{Q_c}{Q_h} = 1 - \frac{T_c}{T_h}$$

도전 문제

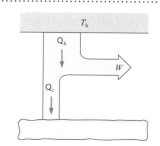

오른쪽 그림의 이상적인 카르노 기관이 열저장고와 질량 M인 얼음 덩어리 사이에서 작동한다. 외부 에너지원에 의하여 저장고 온도는 일정하게 T_h로 유지된다. 시간 $t = 0$에서 얼음의 온도는 녹는점 T_0으로 기관을 제외한 모든 부분으로부터 단열되어 있어 그 상태와 온도가 자유롭게 변할 수 있다. 기관은 일정한 비율 P_h로 저장고로부터 열을 받아들이는 방식으로 작동한다. (a) 주어진 물리량과 다른 적절한 열역학적 변수를 사용하여 얼음이 모두 녹는 시간 t_1에 대한 식을 구하라. (b) $t > t_1$일 때 열기관의 역학적 출력을 시간의 함수로 구하라. (c) (b)의 식은 어떤 최대 시간 t_2까지만 유효하다. 왜 그런가? t_2에 대한 식을 구하라.

4부

전자기학

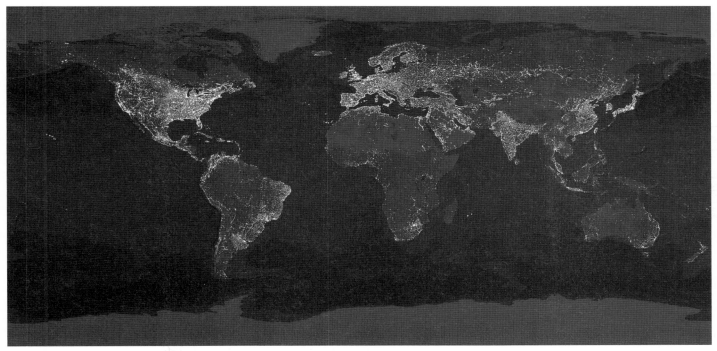

한밤의 위성 사진을 보면 알 수 있듯이, 인류가 사용하는 에너지의 대부분은 전기 에너지이다. 거의 모든 전기 에너지는 전기와 자기의 밀접한 관계를 이용한 장치인 발전기로 생산된다.

개요

전자기력은 기본힘 중 하나이다. 원자 세계에서 거시 세계까지 물질의 거동과 특성을 결정하는 전자기학은 컴퓨터 마이크로칩, 휴대폰, 전동기, 발전기 등 현대의 인류 생활에 필수적인 전자기 기술의 기본 원리이다. 심장 박동의 전기 신호, 신경 전달의 전기화학적 과정, 세포막 사이의 물질 흐름을 중개하는 전기적 구조 등처럼 우리의 인체도 전자기학에 크게 의존한다. 전기와 자기는 네 개의 기본 방정식으로 기술될 수 있다. 그 중

두 방정식은 각각 전기 현상과 자기 현상에 관한 방정식이고, 나머지 두 개는 전기와 자기를 하나의 전자기 현상으로 엮어 주는 방정식이다. 4부에서는 기본 법칙들을 이해하게 되고, 전자기학이 어떻게 거의 모든 물질의 구조와 거동을 결정하는지 알게 되고, 일상생활에서 중요한 역할을 하는 전자기 기술을 배우게 될 것이다. 또한 전자기 방정식에서 전자기파를 유도하여 빛의 본성을 이해하게 될 것이다.

전하, 전기력, 전기장

예비 지식

■ 힘의 개념과 뉴턴의 제2법칙(4.2절, 4.3절)

■ 중력장(8.5절)

■ 물리학을 위한 적분법(핵심요령 9.1)

■ 벡터곱으로 표현된 돌림힘(11.2절)

학습 목표

이 장을 학습하고 난 후 다음을 할 수 있다.

LO 20.1 물질의 기본 특성인 전하를 서술할 수 있다.

LO 20.2 쿨롱 법칙을 사용하여 전하 사이에 작용하는 힘을 결정할 수 있다.

LO 20.3 중첩의 원리를 활용하여 다중 전하 사이에 작용하는 힘을 계산할 수 있다.

LO 20.4 전기장 개념을 서술할 수 있다.

LO 20.5 중첩을 활용하여 전하 분포로부터 전기장을 구할 수 있다.

LO 20.6 전기 쌍극자와 전기 쌍극자가 만드는 장을 서술할 수 있다.

LO 20.7 연속 전하 분포가 형성하는 전기장을 계산할 수 있다.

LO 20.8 전기장 내 대전 입자의 운동을 결정할 수 있다.

LO 20.9 전기장 내 전기 쌍극자상의 힘과 돌림힘을 계산할 수 있다.

번개가 발생하는 기본 조건은 무엇일까?

인체는 무엇으로 유지될까? 초고층 빌딩은 어떻게 서 있을까? 커브길을 돌 때 자동차는 왜 탈선하지 않을까? 컴퓨터 회로를 작동시키는 것은 무엇일까? 무엇이 줄의 장력을 제공할까? 식물이 광합성을 할 수 있도록 하는 것은 무엇일까? 번개의 놀라운 아름다움 근저에 있는 것은 무엇일까? **전기력**이 답이다. 역학에서 배운 힘들 중에서 중력을 제외한 모든 힘, 즉 장력, 수직 항력, 압축력, 마찰력 등은 전기적 상호 작용의 결과이다. 전기력은 화학과 생물학의 기본 힘이다. 전기력은 물질의 근원적 특성인 전하에서 비롯된다.

20.1 전하

LO 20.1 물질의 기본 특성인 전하를 서술할 수 있다.

전하(electric charge)는 전자와 양성자의 고유한 성질이다. 두 입자는 전하가 없는 중성자와 더불어 물질을 구성한다. 전하는 무엇일까? 가장 근본적인 수준에서는 무엇인지 모른다. 질량이 무엇인지 모르면서도 물체의 밀고 당김으로 질량에 친숙하듯이, 대전된 물체의 거동으로 전하의 특성에 대해서 알 수 있다.

전하에는 벤저민 프랭클린(Benjamin Franklin)이 제안한 양전하(positive charge)와 음전하(negative charge) 두 종류가 있다. 물체의 **알짜 전하**(net charge)가 전하들의 대수적 총합이므로 이러한 분류는 매우 유용하다. 같은 종류의 전하끼리는 서로 밀어내고, 다른 종류의 전하끼리는 서로 끌어당긴다는 표현은 전기력을 정성적으로 잘 나타내고 있다.

전하량

모든 전자와 양성자의 전하는 각각 같다. 양성자의 전하는 전자의 전하와 크기는 같지만 부호가 반대이다. 주어진 전자와 양성자에 따라 질량 같은 물질의 특성이 정해진다. 연습 문제 11을 풀어 보면 전자와 양성자 전하의 크기 사이에 약간만 차이가 생겨도 세상이 완전히 달라지는 것을 알 수 있다.

전자나 양성자 전하의 크기가 **기본 전하**(elementary charge) e 이다. 전하는 **양자화**(quantized)되어 있어서 기본 전하의 정수배로만 존재할 수 있다. 1909년 미국의 물리학자 밀리컨(R. A. Millikan)은 작은 기름 방울의 전하량을 측정하여 그 전하량이 기본 전하의 정수배임을 증명하였다.

그러나 기본 입자 이론에 의하면 전하의 기본 단위는 $\frac{1}{3}e$ 이다. 이러한 '분수 전하'는 양성자와 중성자를 비롯한 다른 입자들의 구성 단위인 쿼크의 전하이다. 쿼크들이 결합하여 항상 기본 전하의 정수배를 가진 입자를 생성하므로, 개별 쿼크를 분리해 낼 수 없는 것처럼 보인다.

전하의 SI 단위는 **쿨롬**(coulomb, C)으로서 프랑스의 물리학자 샤를 쿨롱(Charles Augustion de Coulomb)을 기념하여 명명된 것이다. 19세기 후반부터 21세기 초반까지 이 쿨롬은 전류와 시간으로 정의되어 실질적으로 실행하기에는 어려움이 있는 개념이었다. 2019년의 SI 단위 수정은 쿨롬을 보다 간결하게 정의를 내렸다. 현재 기본 전하값은 정확하게 $1.602176634 \times 10^{-19}$ C으로 정의한다. 따라서 쿨롬은 이 수의 역수와 동일한 기본 전하의 개수이다. 어쨌든 1 C은 대략 기본 전하 6.24×10^{18}개와 같다.

전하 보존

전하는 보존된다. 즉 닫힌 영역의 알짜 전하는 불변이다. 대전 입자는 반드시 크기가 같고 부호가 반대인 입자의 쌍으로 생성되거나 소멸되므로 알짜 전하가 항상 같다.

확인 문제 **20.1** 양성자를 구성하는 세 개의 쿼크는 위쿼크(u; 전하 $+\frac{2}{3}e$) 또는 아래 쿼크(d; 전하 $-\frac{1}{3}e$)이다(쿼크에 대해서는 39장 참조). 다음 중 양성자를 이루는 쿼크의 구성은 어느 것인가? (a) udd, (b) uuu, (c) uud, (d) ddd

---

20.2 쿨롱 법칙

LO 20.2 쿨롱 법칙을 사용하여 전하 사이에 작용하는 힘을 결정할 수 있다.
LO 20.3 중첩의 원리를 활용하여 다중 전하 사이에 작용하는 힘을 계산할 수 있다.

풍선을 문지르면 풍선이 대전되어 옷에 달라붙는다. 다른 풍선을 같이 대전시키면 그림 20.1처럼 둘은 서로 밀어낸다. 건조기에서 막 꺼낸 양말은 다른 옷에 잘 달라붙고, 스티로폼 부스러기도 손에 잘 달라붙는다. 마른 카펫 위를 걸은 직후에 금속 손잡이를 만지면 짜릿하다. 모두 전하의 존재를 보여 주는 일상의 전기 현상들이다.

이것만이 전기적 상호작용이라면 전기는 중요하지 않을 것이다. 사실상 전기력은 자동차

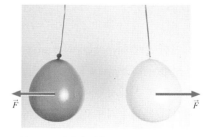

그림 20.1 전하가 같은 두 풍선은 서로 밀어낸다.

의 운동에서 근육의 움직임까지 일상의 모든 상호작용을 결정한다. 거시적 물체는 거의 완벽히 중성이므로 물체의 알짜 전하는 0이다. 그러므로 그 전기 효과는 명백하지 않다. 그러나 분자 수준에서 물질의 전기적 성질은 명백하다(그림 20.2 참조).

전하의 밀고 당김은 힘을 연상시킨다. 조지프 프리스틀리(Joseph Priestley)와 쿨롱이 1700년대 후반에, 전기력이 두 전하를 잇는 일직선상에서 작용하고, 두 전하의 곱에 비례하고 거리의 제곱에 반비례한다는 사실을 발견하였다. 이러한 **쿨롱 법칙**(Coulomb's law)은 다음과 같이 표기한다.

k는 대략 $9.0 \times 10^9 \ \text{N} \cdot \text{m}^2/\text{C}^2$이다.

q_1, q_2는 전하들이다.

$\vec{F}_{12}$는 전하 q_1이 전하 q_2에 작용하는 힘이다.

$$\vec{F}_{12} = \frac{k q_1 q_2}{r^2} \hat{r} \quad \text{(쿨롱 법칙)} \tag{20.1}$$

r는 두 전하 사이의 거리이다.

$\hat{r}$는 q_2의 전하 종류와 무관하게 q_1로부터 q_2로 향하는 단위 벡터이다.

여기서 $\vec{F}_{12}$는 전하 q_1이 전하 q_2에 작용하는 전기력이고, r는 두 전하 중심 사이의 거리이다. 또한 비례 상수는 $k = 9.0 \times 10^9 \ \text{N} \cdot \text{m}^2/\text{C}^2$이다. 전기력은 벡터량이고, $\hat{r}$는 방향을 나타내는 단위 벡터이다. 그림 20.3에서 $\hat{r}$는 두 전하를 잇는 직선 위에 있으며 q_1에서 q_2로 향한다. q_1과 q_2를 맞바꾼 전기력 $\vec{F}_{21}$은 $\vec{F}_{12}$와 크기는 같고 방향이 반대이다. 따라서 쿨롱 법칙은 뉴턴의 제3법칙을 따른다. 또한 전하의 부호가 같으면 힘은 단위 벡터의 방향이고, 부호가 반대이면 반대 방향이다. 결국 쿨롱 법칙에서 같은 부호의 전하는 서로 밀어내고 다른 부호의 전하는 끌어당긴다는 사실을 알 수 있다.

문제풀이 요령 20.1 | **쿨롱 법칙**

식 20.1의 쿨롱 법칙에서 전기력의 크기와 방향을 둘 다 구할 수 있다. 두 개 이상의 전하가 있으면, 벡터량인 힘의 방향에 유의해야 한다.

해석 전기력만 다루어야 한다. 먼저 전하들을 조사하여 전기력을 만드는 전하를 구별한다. 이 전하가 **샘전하**(source charge)이다.

과정 그림 20.4와 같은 그림을 그린다. 적절한 좌표계에서 전하의 좌표를 선택하고, 식 20.1의 단위 벡터를 결정한다. 두 전하가 같은 좌표축에 있으면 단위 벡터는 $\hat{i}$, $\hat{j}$, $\hat{k}$ 중 (부호 포함하여) 하나이다. 그림 20.4에서 q_1이 q_3에 작용하는 전기력의 단위 벡터는 $\hat{i}$이다. 그림 20.4의 q_1과 q_2처럼 두 전하가 같은 좌표축에 있지 않으면 샘전하에서 힘을 받는 전하까지 변위 벡터 $\vec{r}_{12}$를 그려서 단위 벡터를 구한다. 즉 $\vec{r}_{12}$를 그 크기로 나눈 값 $\hat{r} = \vec{r}_{12}/r_{12}$가 단위 벡터이다.

풀이 식 20.1에서 전기력을 계산한다. 단 $\hat{r}$는 방금 구한 단위 벡터이다.

$$\vec{F}_{12} = (k q_1 q_2/r^2) \hat{r}$$

검증 답을 검증해 보자. 물리적으로 가능한 답인가? 전기력의 방향과 크기가 전하의 부호, 분포와 잘 일치하는가?

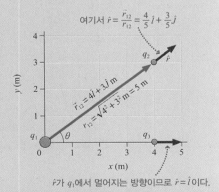

여기서 $\hat{r} = \dfrac{\vec{r}_{12}}{r_{12}} = \dfrac{4}{5}\hat{i} + \dfrac{3}{5}\hat{j}$

$\vec{r}_{12} = 4\hat{i} + 3\hat{j} \ \text{m}$

$r_{12} = \sqrt{4^2 + 3^2} \ \text{m} = 5 \ \text{m}$

$\hat{r}$가 q_1에서 멀어지는 방향이므로 $\hat{r} = \hat{i}$이다.

그림 20.4 단위 벡터 구하기

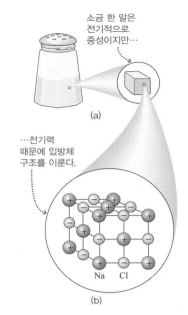

그림 20.2 (a) 한 알의 소금은 전기적으로 중성이므로 전기력이 명백하지 않다. (b) 실제로는 전기력이 소금 결정을 만든다.

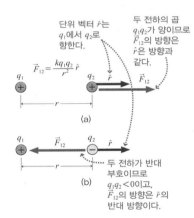

그림 20.3 q_1이 q_2에 작용하는 전기력 $\vec{F}_{12}$의 방향

20.2 $x = 1\,\mathrm{m}$, $y = 0$에 전하 q_1이 있다. q_1이 (1) 원점에 있는, (2) $x = 0$, $y = 1\,\mathrm{m}$에 있는
전하 q_2에 작용하는 전기력을 계산할 때 쿨롱 법칙의 단위 벡터 $\hat{r}$는 각각 무엇인가? 두 전하
의 부호를 모르더라도 답을 구할 수 있는 이유를 설명하라.

예제 20.1 **전기력 구하기: 두 전하**

1.0 μC의 전하가 $x = 1.0\,\mathrm{cm}$에, $-1.5\,\mu\mathrm{C}$의 전하가 $x = 3.0\,\mathrm{cm}$
에 있다. 양전하가 음전하에 작용하는 힘은 얼마인가? 두 전하 사
이의 거리가 3배로 늘어나면 힘은 어떻게 변하는가?

해석 샘전하는 1.0 μC이고 힘이 작용하는 전하는 $-1.5\,\mu\mathrm{C}$이다.

과정 전하의 위치 좌표는 $x_1 = 1.0\,\mathrm{cm}$와 $x_2 = 3.0\,\mathrm{cm}$이다. 그림
20.5에서 두 전하는 x축 위에 있다. 샘전하 q_1이 다른 전하의 왼
쪽에 있으므로 단위 벡터는 q_1에서 q_2로 향하는 $\hat{i}$방향이다.

풀이 쿨롱 법칙을 사용하여 전기력을 구한다.

$$\vec{F}_{12} = \frac{kq_1q_2}{r^2}\hat{r}$$
$$= \frac{(9.0 \times 10^9\,\mathrm{N \cdot m^2/C^2})(1.0 \times 10^{-6}\,\mathrm{C})(-1.5 \times 10^{-6}\,\mathrm{C})}{(0.020\,\mathrm{m})^2}\hat{i}$$
$$= -34\hat{i}\,\mathrm{N}$$

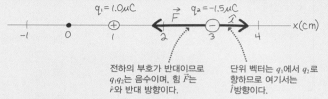

전하의 부호가 반대이므로
$q_1 q_2$는 음수이며, 힘 $\vec{F}$는
$\hat{r}$와 반대 방향이다.

단위 벡터는 q_1에서 q_2로
향하므로 여기서는
$\hat{i}$방향이다.

그림 20.5 예제 20.1의 스케치

이 결과는 2 cm 떨어진 두 전하 사이의 힘이다. 거리가 3배로 늘
어나면 힘은 $1/3^2$로 감소하여 $-3.8\hat{i}\,\mathrm{N}$이 된다.

검증 답을 검증해 보자. 단위 벡터 $\hat{i}$가 $+x$방향이지만, 전하의
부호가 반대이므로 힘의 방향은 그림 20.5처럼 단위 벡터와 반대
방향이다. 즉 부호가 반대인 두 전하 사이에는 인력이 작용한다.
따라서 $x = 1.0\,\mathrm{cm}$에 있는 전하가 $x = 3.0\,\mathrm{cm}$에 있는 반대 전하
에 작용하는 힘의 방향은 $-x$방향이다.

개념 예제 20.1 **중력과 전기력**

기본 입자 사이의 전기력은 중력보다 훨씬 강하지만, 일상생활에
서는 중력이 훨씬 뚜렷하다. 그 이유는 무엇인가?

풀이 중력과 전기력은 비슷한 역제곱 법칙을 따르고, 힘의 크기는
질량 또는 전하의 곱에 비례한다. 그렇지만 중요한 차이가 있다.
질량은 한 종류만 있어서 중력은 항상 인력이다. 따라서 행성처럼
질량이 많으면 중력이 아주 커진다. 그렇지만 전하는 두 가지 종
류가 있고 다른 종류의 전하끼리는 끌어당기므로 물질이 많아져도
전기적으로 중성이 되는 경향이 있다. 그런 경우에는 큰 규모의
전기적 상호작용이 잘 나타나지 않는다.

검증 강한 전기력이 일상생활에서 뚜렷하지 않은 것은 역설적이지
만 그 강함 때문이다. 다른 종류의 전하들이 강하게 결합되어 물질

전체는 전기적으로 중성이 되고 전기적 상호작용이 약해진다.

관련 문제 전자와 양성자 사이에서 전기력과 중력의 크기를 비
교하라.

풀이 식 8.1에 따르면 중력은 $F_g = Gm_e m_p / r^2$이다. 식 20.1에
따르면 전기력은 $|F_E| = ke^2/r^2$이다. 여기서 전자와 양성자의
전하의 크기는 같기 때문에 e^2으로 썼다. 거리는 주어져 있지
않지만 두 힘이 똑같은 역제곱 법칙을 따르므로 문제가 되지 않는
다. 힘의 크기의 비는 $F_E/F_g = ke^2/Gm_e m_p = 2.3 \times 10^{39}$으로
아주 크다!

점전하와 중첩 원리

엄밀하게 말하면 크기를 무시할 수 있는 **점전하**(point charge)에 대해서만 쿨롱 법칙이 성립
한다. 전자와 양성자를 점전하로 취급할 수 있다. 즉 대전 물체 사이의 거리가 물체의 크기보
다 엄청나게 큰 경우에는 물체를 점전하로 어림할 수 있다. 한편 전하가 공간에 퍼져있는
전하 분포(charge distribution)가 만드는 전기장을 구할 때도 있다. 분자, 컴퓨터칩의 기억
소자, 심장, 폭풍우 등에서 전하가 분포한다. 그러한 분포의 전기적 효과를 구하려면 둘 이상

의 전하 효과를 결합할 필요가 있다.

그림 20.6은 두 전하 q_1과 q_2로 구성된 간단한 전하 분포이다. 세 번째 전하 q_3에 작용하는 알짜힘을 구해 보자. 먼저 식 20.1에서 힘 $\vec{F}_{13}$과 $\vec{F}_{23}$을 구하여 벡터로 더해야 한다. 이때 q_1이 q_3에 작용하는 힘은 q_2의 존재에 영향을 받지 않고, q_2가 q_3에 작용하는 힘도 q_1의 존재와 무관하다. 따라서 q_1q_3과 q_2q_3의 짝에 대해 각각 쿨롱 법칙을 적용하여 그 결과를 더하면 된다.

이와 같이 전기력을 벡터로 더할 수 있는 것은 **중첩 원리**(superposition principle) 때문이다. 전자기 현상이 중첩 원리를 따른다는 실험 결과로부터 이 원리를 어려움 없이 받아들일 수 있다. 이 원리를 이용하면 복잡한 문제를 간단한 문제로 정리할 수 있다. 만약 중첩 원리가 성립하지 않는다면 전자기학의 수학적 기술은 엄청나게 어려울 것이다.

한 점전하가 다른 전하에 작용하는 힘은 거리의 제곱에 반비례하지만, 전하 분포가 만드는 힘은 반드시 그렇지는 않다(예제 20.2 참조).

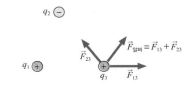

그림 20.6 중첩 원리에 따라 두 개 이상의 전하가 작용하는 힘을 벡터로 더할 수 있다.

| **예제 20.2** | **전기력 구하기: 빗방울** | 응용 문제가 있는 예제 |

대전된 빗방울은 번개의 원인이 되는데, 뇌운의 특정 영역 안에 상당한 양의 전하를 생성한다. 전하 q로 대전된 두 빗방울이 x축 위 $x = \pm a$에 있다고 하자. y축 위에 있는 전하 Q의 세 번째 빗방울에 작용하는 전기력을 구하라.

해석 샘전하는 두 전하 q이고, 힘이 작용하는 전하는 Q이다.

과정 그림 20.7은 전하, 개별 힘벡터, 합벡터를 보여 준다. 그림에서 쿨롱 법칙의 거리 r는 빗변 $\sqrt{a^2 + y^2}$이다. 두 전하의 대칭적 위치 때문에 알짜힘은 y방향이므로, 단위 벡터의 y성분만 구하면 된다. 각 단위 벡터의 y성분은 그림에서 보듯이 다음과 같다.

$$\hat{r}_y = y / \sqrt{a^2 + y^2}$$

풀이 쿨롱 법칙에서 샘전하 q가 전하 Q에 작용하는 힘의 y성분은 $F_y = (kqQ/r^2)\hat{r}_y$이므로, 알짜힘은 다음과 같다.

$$\vec{F} = 2\left(\frac{kqQ}{a^2 + y^2}\right)\left(\frac{y}{\sqrt{a^2 + y^2}}\right)\hat{j} = \frac{2kqQy}{(a^2 + y^2)^{3/2}}\hat{j}$$

여기서 인자 2는 두 전하 q의 대칭성 때문에 생긴다.

검증 답을 검증해 보자. $y = 0$에서 힘 $\vec{F}$는 0이다. 즉 두 전하의 중간 위치에서 전하 Q는 크기가 같고 방향이 반대인 두 힘을 받

으므로 알짜힘이 0이다. 먼 거리 $y \gg a$에서는 y^2에 비해서 a^2을 무시할 수 있으므로, $\vec{F} = k(2q)Q\hat{j}/y^2$이다. 즉 Q에서 y 거리에 있는 전하 $2q$로부터 기대한 것과 같다. 이러한 두 극한의 중간에서는 거리에 따른 힘이 복잡해진다. 즉 Q가 원점에서 멀어지면 전기력의 크기가 증가하다가 감소하기 시작한다.

그림 20.7에서 q와 Q는 같은 부호이지만, 부호가 달라도 앞의 결과는 성립한다. 다만, qQ가 음수가 되므로 힘의 방향은 그림 20.7과 반대 방향이다.

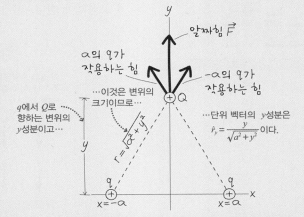

그림 20.7 Q에 작용하는 힘은 개별 전하가 작용하는 힘의 벡터이다.

20.3 전기장

LO 20.4 전기장 개념을 서술할 수 있다.

8장에서 각 점에서 물체가 겪는 중력을 물체의 질량으로 나눈 값을 중력장으로 정의하였다.

응용물리 | 전기 이동 장치

전기장을 응용하는 전기 이동(electro-phoresis) 장치는 분자들을 크기와 무게로 분리한다. 이것은 특별히 생화학과 분자생물학에서 단백질과 DNA 조각과 같은 거대 분자를 분리하는 데 유용하다. 흔히 사용되는 겔 전기 이동법(gel elec-trophoresis)에서는 전하를 띤 분자가 반고체이지만 반투막인 겔을 균일한 전기장의 영향 아래 통과한다. 전하가 클수록 전기력은 더 크다. 겔에 의해 방해되는 힘은 분자의 크기가 클수록 증가한다. 그 결과 각 분자 종류마다 그 크기와 전하에 따라 다른 속도로 움직인다. 일정한 시간 후에 전기장은 꺼진다. 그때 분자의 위치는 그 크기를 나타내는 지표 역할을 한다. 가장 멀리 간 분자가 가장 작다. 사진은 전형적인 겔 전기 이동법의 결과를 보여 준다. 여기서 겔의 꼭대기에 있는 일곱 개의 채널에 DNA 조각을 넣었고 그 다음에 조각들은 아래로 움직였다. 그들의 마지막 위치는 분자의 크기를 가리킨다. 분자가 작을수록, 곧 뉴클레오티드 염기쌍이 적을수록 겔에서 끝나는 곳이 더 아래다. 전기장이 화살표로 나타나 있다. DNA 조각은 음의 전하를 띠고 있기 때문에 그 방향은 위로 향할 필요가 있다.

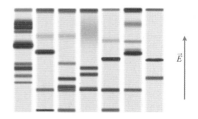

즉, $\vec{g}$를 단위 질량당 지구 중력으로 생각할 수 있다. 따라서 그림 20.8a처럼 각 점에서 단위 질량당 중력의 크기와 방향으로 중력장을 표시할 수 있다.

> 한 점의 전기장은 그 점에서 전하가 받는 단위 전하당 전기력으로 다음과 같이 정의된다.

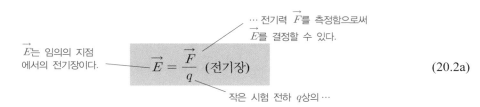

$$\vec{E} = \frac{\vec{F}}{q} \quad \text{(전기장)} \tag{20.2a}$$

$\vec{E}$는 임의의 지점에서의 전기장이다. ··· 전기력 $\vec{F}$를 측정함으로써 $\vec{E}$를 결정할 수 있다. 작은 시험 전하 q상의 ···

전기장(electric field)은 공간의 모든 곳에 존재한다. 장을 벡터로 표시할 때, 모든 곳에서 그릴 수 없으므로 벡터 표시가 없다고 장이 없는 것이 아니다. 또한 벡터를 화살표로 표시할 때 각 벡터는 그 벡터의 꼬리 끝점의 장만을 나타낸다. 그림 20.8b는 점전하의 전기장을 나타낸 것이다.

장의 개념은 힘의 개념을 보완한다. 지구가 빈 공간을 가로질러 뻗어서 달을 끌어당긴다는 원격 작용 대신에, 지구는 중력장을 생성하고 달은 그 자리의 장에 반응한다는 것이 장의 개념이다. 마찬가지로 전하가 공간에 전기장을 만들고, 다른 전하가 전기장을 통해서 힘을 받는다. 전기장은 전하에 미치는 효과로 그 자신을 나타내지만, 전하의 존재 유무에 상관없이 모든 곳에 존재한다. 현 상태로는 장의 개념이 추상적이지만, 전자기학을 공부하면서 장이 자연의 본성이며 실존한다는 사실을 깨닫게 될 것이다.

식 20.2a를 이용하여 샘전하의 전기장을 측정해 보자. 한 점에 전하를 가져가서 전기력을 잰 다음에 가져간 전하로 나누면 된다. 그러나 전하의 존재가 바로 장의 생성을 뜻하기 때문에 조심해야 한다. 전기장을 측정하기 위해서 사용하는 **시험 전하**(test charge)가 크면 샘전

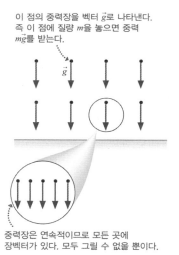

이 점의 중력장을 벡터 $\vec{g}$로 나타낸다. 즉 이 점에 질량 m을 놓으면 중력 $m\vec{g}$를 받는다.

중력장은 연속적이므로 모든 곳에 장벡터가 있다. 모두 그릴 수 없을 뿐이다.

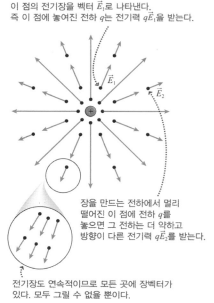

이 점의 전기장을 벡터 $\vec{E}_1$로 나타낸다. 즉 이 점에 놓여진 전하 q는 전기력 $q\vec{E}_1$을 받는다.

장을 만드는 전하에서 멀리 떨어진 이 점에 전하 q를 놓으면 그 전하는 더 약하고 방향이 다른 전기력 $q\vec{E}_2$를 받는다.

전기장도 연속적이므로 모든 곳에 장벡터가 있다. 모두 그릴 수 없을 뿐이다.

(a)   (b)

그림 20.8 (a) 중력장과 (b) 전기장을 나타낸 벡터

하의 분포가 교란되고, 그 분포가 생성하는 장이 바뀌므로 매우 작은 시험 전하를 사용해야
만 한다.

한 점의 전기장 $\vec{E}$를 알면, 식 20.2a를 정리하여 그 점에 놓인 점전하 q에 작용하는 힘을
다음과 같이 나타낼 수 있다.

전하 q에 작용하는 …

$\vec{F}$는 전기력이다.

$$\vec{F} = q\vec{E} \quad \text{(전기력과 전기장)}$$ (20.2b)

… $\vec{E}$는 한 점의 전기장이다.

q가 양전하이면 힘은 전기장과 같은 방향이고, 음전하이면 힘은 전기장과 반대 방향이다.

식 20.2에서 장의 SI 단위가 N/C임을 알 수 있다. 흔히 장의 크기는 수백, 수천 N/C이
며, 3 MN/C의 전기장은 공기 분자에서 전자를 분리시킬 수 있다. 때로는 전기장의 방향보
다 전기장의 크기에 관심을 갖는다. 그런 경우에는 벡터 표시 없이 식 20.2a와 식 20.2b를
사용할 수 있다.

예제 20.3 | 힘과 장: 뇌우

전하량 10 μC의 빗방울이 +x방향으로 0.30 N의 전기력을 받는
다. 그곳의 전기장은 얼마인가? 같은 곳에서 −5.0 μC의 빗방울
이 받는 힘은 얼마인가?

해석 무엇보다도 힘과 장을 구별해야 한다. 전기장은 대전된 빗방
울의 유무와 상관없이 존재한다. 전기력은 전기장에 대전된 빗방
울이 있어야만 생긴다.

과정 전기력과 빗방울의 전하를 알면 식 20.2a, $\vec{E} = \vec{F}/q$로 전기
장을 구한다. 만약 전기장을 알면 식 20.2b, $\vec{F} = q\vec{E}$로 같은 곳에
놓이는 다른 전하에 작용하는 전기력을 구한다.

풀이 전기장은 식 20.2a에서 다음과 같다.

$$\vec{E} = \frac{\vec{F}}{q} = \frac{0.30\hat{\imath}\ \text{N}}{10\ \mu\text{C}} = 30\hat{\imath}\ \text{kN/C}$$

−5.0 μC의 빗방울에 작용하는 힘은 식 20.2b에서 다음과 같다.

$$\vec{F} = q\vec{E} = (-5.0\ \mu\text{C})(30\hat{\imath}\ \text{kN/C}) = -0.15\hat{\imath}\ \text{N}$$

검증 답을 검증해 보자. 두 번째 전하에 작용하는 힘은 전기장과
반대 방향이다. 같은 장에 음전하를 가져왔기 때문이다.

장은 시험 전하와 무관하다 예제에서 음전하가 놓이면
전기장은 −x방향일까? 아니다. 장은 특정 전하와 상
관이 없다. 어떤 부호의 전하를 가져오든지 전기장은
항상 +x방향이다. 양전하이면 전하가 받는 힘 $q\vec{E}$가
장과 같은 방향이고, 음전하($q < 0$)이면 힘이 장과 반
대 방향이다.

점전하의 장

전하 분포의 전기장을 알면 다른 전하에 대한 영향을 구할 수 있다. 가장 간단한 전하 분포는
단일 점전하이다. 점전하 q가 거리 r에 있는 시험 전하 $q_{시험}$에 작용하는 전기력은 $\vec{F} =$
$(kqq_{시험}/r^2)\hat{r}$이며, $\hat{r}$는 q에서 나가는 방향이다. 이때 샘전하 q의 전기장은

전기장 $\vec{E}$는 단위
전하당 힘이다.

점전하에서 $\vec{E}$는 전하 q와 …

$$\vec{E} = \frac{\vec{F}}{q_{시험}} = \frac{kq}{r^2}\hat{r} \quad \text{(점전하의 장)}$$ (20.3)

… 전하에서 측정 지점까지의
거리 r에 의해 결정된다.

단위 벡터 $\hat{r}$은 q의 부호와 상관
없이 q로부터 항상 나가는 방향이다.

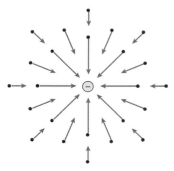

그림 20.9 음전하의 장벡터

이다. 이 식이 전기력에 관한 쿨롱 법칙과 직접 연관되므로 식 20.3을 쿨롱 법칙이라고도 부른다. 샘전하의 장은 다른 전하의 유무와는 상관없으므로 위 식에는 시험 전하 $q_{시험}$에 대한 참조가 없다. 한편 $\hat{r}$가 나가는 방향이므로, q가 양전하이면 $\vec{E}$의 방향은 지름 방향의 바깥쪽이고, q가 음전하이면 안쪽 방향이다. 그림 20.9는 음의 점전하의 장벡터를 보여 준다. 양의 점전하의 장벡터인 그림 20.8b와 비교해 보아라.

확인 문제 **20.3** 양의 점전하가 xy 좌표계의 원점에 위치해 있고, 그로 인한 전기장이 $\vec{E} = E_0(\hat{i} + \hat{j})$인 곳에 전자가 놓여 있다. 여기서 E_0은 양수이다. 전자에 작용하는 힘의 방향은 (a) 원점을 향한다, (b) 원점에서 멀어지는 방향이다, (c) x축에 평행하다, (d) 전자의 위치의 좌표를 모르므로 결정될 수 없다.

20.4 전하 분포의 장

LO 20.5 중첩을 활용하여 전하 분포로부터 전기장을 구할 수 있다.
LO 20.6 전기 쌍극자와 전기 쌍극자가 만드는 장을 서술할 수 있다.
LO 20.7 연속 전하 분포가 형성하는 전기장을 계산할 수 있다.

전기력이 중첩 원리를 만족하므로 전기장도 중첩 원리를 따른다. 즉 전하 분포의 장은 다음과 같이 개별 점전하가 만드는 장의 벡터합이다.

전하 분포의 전기장 $\vec{E}$는 ⋯   ⋯ 개별 점전하의 전기장의 합이다.

$$\vec{E} = \vec{E_1} + \vec{E_2} + \vec{E_3} + \cdots = \sum_i \vec{E_i} = \sum_i \frac{kq_i}{r_i^2}\hat{r}_i \qquad (20.4)$$

여기서 $\vec{E_i}$는 장을 계산하는 점, 즉 **장의 점**(field point)으로부터 거리 r_i에 있는 점전하 q_i의 전기장이다. $\hat{r}_i$는 각각의 점전하 q_i에서 장의 점으로 향하는 단위 벡터이다. 원리적으로는 식 20.4로 모든 전하 분포의 장을 구할 수 있지만, 전하 분포가 단순하지 않으면 개별 장의 벡터합은 터무니없이 어려울 수도 있다.

식 20.4로 전기장을 구하는 문제는 전기력을 구할 때와 같은 요령이 필요하다. 단 하나의 차이점은 전기력을 경험하는 전하는 없다는 것이다. 먼저 장의 점을 식별한다. 여전히 적절한 단위 벡터를 찾고 식 20.4의 벡터합으로 표현할 필요가 있다. 예제 20.4는 이러한 과정을 보여 준다. 때때로, 전기장이 아니라 장이 0인 지점 또는 지점들을 찾는데 관심이 있다.

전기장 자체를 구하기보다는 전기장이 0과 같은 특별한 값을 가지는 곳을 알고자 할 때가 있다. 개념 예제 20.2가 그런 경우를 다룬다.

예제 20.4　전기장 구하기: 두 양성자

두 양성자가 3.6 nm로 분리되어 있다. 이들 사이에 놓여 있는 어떤 점과 한 양성자 사이의 거리는 1.2 nm이다. 그 점에서의 전기장과, 그 점에 놓인 전자가 받는 힘을 각각 구하라.

해석 전기력과 마찬가지로 한 양성자에서 1.2 nm 떨어진 점의 전기장을 구한다. 샘전하는 두 양성자이다.

과정 그림 20.10처럼 두 양성자를 x축 위에 두면, 왼쪽의 양성자로부터 장의 점(P로 표시)으로 향하는 단위 벡터 $\hat{r}_1$은 $+\hat{i}$방향이고, 오른쪽 양성자로부터 단위 벡터 $\hat{r}_2$는 $-\hat{i}$방향이다.

단위 벡터는 샘전하에서 장점 P로 향한다.

그림 20.10 점 P에서 전기장 구하기

풀이 식 20.4에서 점 P의 전기장을 다음과 같이 구한다.

$$\vec{E} = \vec{E}_1 + \vec{E}_2 = \frac{ke}{r_1^2}\hat{i} + \frac{ke}{r_2^2}(-\hat{i}) = ke\left(\frac{1}{r_1^2} - \frac{1}{r_2^2}\right)\hat{i}$$

양성자의 전하가 기본 전하이므로 q 대신에 e로 표기했다. $e = 1.6 \times 10^{-19}$ C, $r_1 = 1.2$ nm, $r_2 = 2.4$ nm이므로 $\vec{E} = 750\hat{i}$ MN/C이다. 점 P에 전자를 놓으면 힘 $\vec{F} = q\vec{E} = -e\vec{E} = -0.12\hat{i}$ nN을 받는다.

검증 답을 검증해 보자. 점 P에 가까운 왼쪽 양성자의 장이 멀리 있는 오른쪽 양성자의 장보다 강하므로 장은 양의 x방향이다. 반면에 전자에 작용하는 전기력은 $-x$방향이다. 전자가 음전하($q = -e$)이기 때문에 전기장과 반대 방향이다. 거의 1 GN/C에 가까운 장의 크기는 엄청나게 큰 값이지만, 개별 입자가 매우 가까이 있는 미시 세계에서는 흔한 일이다.

개념 예제 20.2　영전기장, 영힘

양의 전하 $+2Q$가 원점에 위치해 있고, 음의 전하 $-Q$가 $x = a$에 있다. 시험 전하에 작용하는 힘이 (따라서 전기장이) 0이면 그 시험 전하는 어떤 영역에 있는가?

해석 전기장이 0인 점을 정성적으로 구하라는 뜻이다. 상황을 나타낸 그림 20.11은 두 전하가 x축을 세 영역으로 나눈 것을 보여 준다. (1) $2Q$의 왼쪽($x < 0$), (2) 두 전하 사이($0 < x < a$), (3) $-Q$의 오른쪽($x > a$). 시험 전하를 어느 영역에 놓아야 그 전하에 작용하는 전기력이 0이 되는지 결정할 필요가 있다.

풀이 양의 시험 전하를 이 세 영역 중 한 곳에 놓을 때 어떤 일이 발생할지 고려해 보자. 영역 (1)의 어떤 점에 있든지 시험 전하는 크기가 더 큰 전하($2Q$)에 가깝기 때문에 (왼쪽으로) 반발력을 경험한다. 그러면 영역 (1)에서 전기장은 0이 될 수 없다. 두 전하 사이에서는 $2Q$가 양의 시험 전하에 작용하는 반발력이 오른쪽을 향하고, $-Q$에 의한 인력도 마찬가지다. 따라서 영역 (2)에서 전기장은 0이 될 수 없다. 이제 영역 (3)만 남았다. 여기에서 전기장은 0이 될 수 있을까? 양의 시험 전하를 $-Q$에 아주 가깝게 놓으면 시험 전하는 왼쪽을 향하는 인력을 경험한다. 그러나 먼 곳에서는 $2Q$와 $-Q$ 사이의 거리는 무시할 수 있다. 두 전하의 전기장은 거리의 역제곱으로 떨어지므로, 먼 거리에서는 더 강한 전하의 전기장이 우세하다. 따라서 $-Q$의 오른쪽 어딘가에 시험 전하에 작용하는 힘이 0이 되고, 따라서 전기장도 0이 되는 점이 존재한다.

검증 이 답은 예제 20.2로부터 얻은 통찰과 상충되지 않는다. 전하 분포로부터 멀리 떨어질 때 전하 분포는 그 분포의 알짜 전하를 가진 점전하를 닮기 시작한다. 이 예제에서 알짜 전하는 $2Q - Q = +Q$이므로 먼 거리에서 전기장은 전하 분포로부터 멀어지는 쪽, 다시 말해 영역 (3)에서 오른쪽을 가리킨다. 양의 시험 전하를 고려했지만 음의 시험 전하로도 같은 결론을 얻을 것이다.

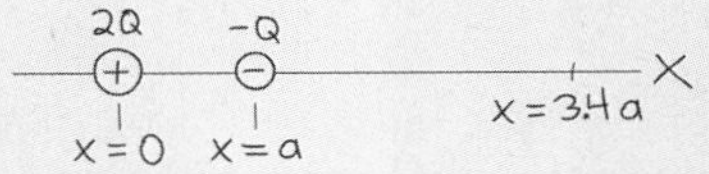

$$\underset{\underset{x=0}{2Q}}{\oplus} \quad \underset{\underset{x=a}{-Q}}{\ominus} \qquad\qquad \underset{x=3.4a}{} \;\times$$

그림 20.11 전기장은 어디에서 0이 되는가? $x = 3.4a$인 지점에 답이 표시되어 있다.

관련 문제 이 예제의 전기장이 0이 되는 위치를 구하라.

풀이 그림 20.11에서 원점을 $2Q$에 놓았기 때문에 영역 (3)의 임의의 점 x에서 $2Q$까지의 거리는 x이고, $-Q$까지의 거리는 $x - a$이다. 이 점은 두 전하의 오른쪽에 있기 때문에 식 20.3에서 점전하의 전기장에 대한 단위 벡터는 두 전하 모두 $+\hat{i}$가 된다. 두 전하의 전기장에 대해 식 20.3인 $\vec{E} = (kq/r^2)\hat{r}$를 적용하고 합하면

$$\vec{E} = \frac{k(2Q)}{x^2}\hat{i} + \frac{k(-Q)}{(x-a)^2}\hat{i}$$

를 얻는다. 이 표현을 0으로 놓으면 k, Q, $\hat{i}$를 상쇄할 수 있고 남겨진 식의 양변을 뒤집으면 $x^2/2 = (x-a)^2$이 된다. 마지막으로 제곱근을 택하고 x에 대해 정리하면 구하는 답은 $x = a\sqrt{2}/(\sqrt{2}-1) \approx 3.4a$가 된다. 이 점은 $x = a$의 오른쪽에 놓여 있다는 것에 유의하자. 이 점이 그림 20.11에 표시되어 있다.

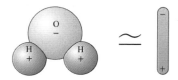

그림 20.12 물 분자는 전기 쌍극자처럼 거동한다. 알짜 전하는 0이지만 양전하와 음전하의 영역이 분리되어 있다.

전기 쌍극자

가장 중요한 전하 분포는 크기가 같고 방향이 반대인 두 전하의 분포인 **전기 쌍극자**(electric dipole)이다. 많은 분자들의 전하 분포가 사실상 쌍극자이므로 쌍극자에 대한 이해는 분자의 이해에 필수적이다(그림 20.12 참조). 심장 근육의 수축은 본질적으로 쌍극자와 같으므로, 심전도를 사용할 때 쌍극자의 크기와 방향을 측정한다. 라디오, 텔레비전, 와이파이, 그리고 핸드폰과 같이 무선 통신에 사용되는 안테나는 종종 쌍극자 분포에 기반한다.

예제 20.5 | **전기 쌍극자: 분자 모형**

양전하 q가 $x = a$, 음전하 $-q$가 $x = -a$에 있는 전하 분포를 분자의 모형으로 어림할 수 있다. y축 위의 전기장을 구하고, $|y| \gg a$인 먼 거리에서 어림식을 구하라.

해석 전하 분포의 장을 구하기 위하여 식 20.4를 사용한다. 샘전하는 x축 위의 $\pm q$이고, 구하는 장점은 y축에 있다.

과정 그림 20.13에서 두 단위 벡터는 두 전하에서 장점으로 향한다. 음전하는 단위 벡터와 반대 방향의 전기장을 만든다. 전기장의 대칭성에서 y성분은 상쇄되고 알짜장은 $-x$방향이다. 따라서 단위 벡터의 x성분만 고려하면 충분하다. 그림 20.13에서 $x = -a$에 있는 음전하로부터 단위 벡터의 x성분은 $\hat{r}_{x-} = a/r$이고, $x = a$에 있는 양전하로부터는 $\hat{r}_{x+} = -a/r$이다.

계산 식 20.4에 따라 전기장을 계산하면 다음을 얻는다.

$$\vec{E} = \frac{k(-q)}{r^2}\left(\frac{a}{r}\right)\hat{i} + \frac{kq}{r^2}\left(-\frac{a}{r}\right)\hat{i} = -\frac{2kqa}{(a^2+y^2)^{3/2}}\hat{i}$$

여기서 $r = \sqrt{a^2 + y^2}$이다. $|y| \gg a$이면 y^2에 비해서 a^2을 무시할 수 있으므로 다음과 같이 어림할 수 있다.

$$\vec{E} \simeq -\frac{2kqa}{|y|^3}\hat{i} \quad (|y| \gg a)$$

검증 답을 검증해 보자. 쌍극자에는 알짜 전하가 없으므로 먼 거리의 장이 점전하의 장처럼 역제곱으로 감소하지 않는다. 이보다

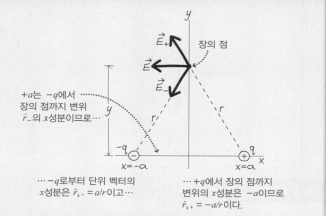

그림 20.13 전기 쌍극자 전기장 구하기

$+a$는 $-q$에서 장의 점까지 변위 $\hat{r}_-$의 x성분이므로…

$\cdots -q$로부터 단위 벡터의 x성분은 $\hat{r}_{x-} = a/r$이고…

$\cdots +q$에서 장의 점까지 변위의 x성분은 $-a$이므로 $\hat{r}_{x+} = -a/r$이다.

더 빨리 $1/|y|^3$로 감소한다. y^3에 절댓값을 사용하였으므로, 이 결과는 y의 양의 값과 음의 값 모두에 적용된다.

어림 계산 어림할 때 주의할 점이 있다. 여기서 y에 비해서 a를 무시할 수 있을 정도로 y가 큰 경우의 장을 구하고자 한다. 따라서 y^2과 a^2의 합에서 a^2을 무시하였지만, y와 직접적으로 비교되지 않는 분자의 a를 무시할 수 없다.

예제 20.5에서 먼 거리의 쌍극자장이 거리의 세제곱에 반비례함을 알 수 있다. 물리적으로는 쌍극자에 **알짜**(net) 전하가 없기 때문이다. 쌍극자장은 전적으로 두 반대 전하의 분리로부터 생긴다. 전하의 분리로 쌍극자장은 미약하지만 0이 아니다. 다른 복잡한 전하 분포도 쌍극자와 비슷한 특성을 보인다. 즉 전기적으로 중성이더라도 양전하와 음전하가 분리되어 있으면, 먼 거리에서는 본질적으로 쌍극자와 비슷한 장이 만들어진다.

먼 거리의 쌍극자장 식에는 전하 q와 분리 거리 a의 곱인 qa의 형태로만 들어 있다. 따라서 전하가 두 배이고 분리 거리가 반이더라도 쌍극자 전기장은 같다. 일반적으로 전하가 q이고 두 전하 사이의 거리가 d인 쌍극자의 전기적 특성은 다음과 같은 **전기 쌍극자 모멘트**(electric dipole moment) p로 결정된다.

$$p = qd \quad \text{(쌍극자 모멘트)} \tag{20.5}$$

예제 20.5에서 분리 거리가 $d = 2a$이므로 쌍극자 모멘트는 $p = 2qa$이며, 전기장을 쌍극자

모멘트로 표기하면 다음과 같다.

$$\vec{E} = -\frac{kp}{|y|^3}\hat{i} \quad \text{(중심축에서 } |y| \gg a\text{인 쌍극자장)} \tag{20.6a}$$

실전 문제 54를 풀어 보면, 쌍극자축에서 전기장은 다음과 같다.

$$\vec{E} = \frac{2kp}{|x|^3}\hat{i} \quad \text{(쌍극자축에서 } |x| \gg a\text{인 쌍극자장)} \tag{20.6b}$$

쌍극자가 구형 대칭이 아니므로 전기장은 거리뿐만 아니라 방향에도 의존한다. 예컨대 식 20.6에서 쌍극자축에서 장의 크기는 중심축에서보다 2배나 크다. 이와 같이 쌍극자의 방향이 중요하므로, 쌍극자의 크기는 $p = qd$로, 방향은 음전하에서 양전하로 정의한다(그림 20.14 참조).

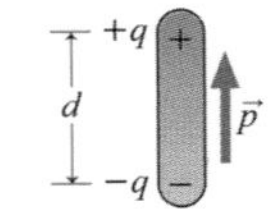

그림 20.14 쌍극자 모멘트 벡터의 크기는 $p = qd$이고, 방향은 음전하에서 양전하로 향한다.

확인 문제	**20.4** 전하 분포에서 먼 곳의 전기장 세기가 800 N/C이다. 전하 분포가 (1) 점전하일 때, (2) 쌍극자일 때 거리를 2배로 늘리면 전기장의 세기는 각각 어떻게 변하는가?

연속 전하 분포

물질의 전하 분포는 점 같은 전자와 양성자의 분포이지만 10^{23}개에 이르는 전기장 벡터를 더하는 것은 사실상 불가능하다. 따라서 전하가 연속적으로 분포한다고 어림하여 계산한다. 전하 분포는 **부피 전하 밀도**(volume charge density) $\rho(\mathrm{C/m^3})$, 표면 또는 선분의 전하 분포는 **면전하 밀도**(surface charge density) $\sigma(\mathrm{C/m^2})$, **선전하 밀도**(line charge density) λ ($\mathrm{C/m}$)로 각각 기술된다.

연속 전하 분포의 전기장 계산은 다음과 같다. 대전된 영역을 점전하 같은 미소 전하 요소 dq로 나누고, 식 20.3에서 dq가 만드는 전기장 $d\vec{E} = (k\,dq/r^2)\hat{r}$를 구한 다음에, $dq \to 0$인 극한에서 다음과 같이 적분한다(그림 20.15 참조).

전하 분포

그림 20.15 점 P의 전기장은 개별 전하 요소 dq가 만드는 전기장 $d\vec{E}$의 벡터합이며, 각 전기장은 전하 요소의 거리 r와 단위 벡터 $\hat{r}$로 계산된다.

연속 전하 분포의 전기장 $\vec{E}$는 …

dq는 미소 전하 요소이다.

$$\vec{E} = \int d\vec{E} = \int \frac{k\,dq}{r^2}\hat{r} \quad \text{(연속 전하 분포의 장)} \tag{20.7}$$

… 미소 전하 요소 dq의 전기장 $d\vec{E}$의 합으로 결정된다.

단위 벡터 $\hat{r}$은 q의 부호와 상관없이 dq로부터 항상 나가는 방향이다.

r는 dq와 전기장 내 측정 지점까지의 거리이다.

여기서 적분 범위는 전하가 분포한 전 영역이다.

적분에서는 먼저 장의 점과 샘전하를 확인한다. 단위 벡터 $\hat{r}$와 거리 r를 적분에 사용하는 좌표로 표기한다. 그리고 9장에서 연속 질량 분포의 질량 중심을 구하는 요령, 10장에서 회전 관성을 구하는 요령 등을 활용한다.

예제 20.6	전기장 구하기: 대전 고리

반지름 a의 고리에 전하량 Q가 균일하게 분포되어 있다. 고리의 중심축에서 전기장을 구하라.

해석 고리의 중심축 위에 장점을 정한다. 샘전하는 고리 전체이다.

과정 그림 20.16처럼 중심축을 x축으로 잡고 고리의 중심을 $x = 0$에 둔다. 그림을 보면 고리의 반대편 전하 요소가 만드는 전기장의 y성분은 서로 상쇄되므로 알짜장은 x방향이다. 따라서 필요한 단위 벡터의 x성분은 $\hat{r}_x = x/r$이다.

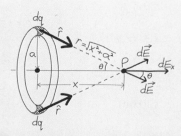

그림 20.16 대전된 고리의 전기장은 중심축에 수직한 성분이 상쇄되어 고리의 중심축 방향이다.

풀이 식 20.7의 적분식을 구해 보자. 각 전하 요소가 만드는 전기장의 x성분은 $dE_x = (kdq/r^2)\hat{r}_x = (kdq/r^2)(x/r)$이며, $r = \sqrt{x^2 + a^2} = (x^2 + a^2)^{1/2}$이므로, 식 20.7은 다음과 같다.

$$E = \int_{고리} dE_x = \int_{고리} \frac{kx\,dq}{(x^2+a^2)^{3/2}} = \frac{kx}{(x^2+a^2)^{3/2}} \int_{고리} dq$$

여기서 고정점 P에 대한 장을 구하므로 위치 변수 x가 상수인 것

을 활용했다. 남겨진 적분은 고리에 대한 모든 전하 요소의 합이므로 전체 전하량 Q와 같다. 따라서 전기장은 크기가

$$E = \frac{kQx}{(x^2+a^2)^{3/2}} \quad \text{(대전된 고리 중심축의 장)}$$

이고, x방향이다. Q가 양전하이면 고리에서 나가는 방향이고, 음전하이면 고리로 향하는 방향이다.

검증 답을 검증해 보자. $x = 0$에서 $E = 0$이다. 고리의 중심에 놓인 전하는 모든 방향으로 똑같이 끌리거나 밀리므로 알짜힘이 없고 알짜장도 당연히 없다. 그러나 $x \gg a$일 때는 점전하 Q의 전기장 $E = kQ/x^2$와 같다. 결국 유한한 전하 분포는 먼 거리에서 점전하처럼 작용한다. 실전 문제 73은 대전 원판의 중심축에서 전기장을 계산하기 위해 이 예제의 결과가 어떻게 사용될 수 있는지를 보여 준다. 그리고 실전 문제 75에서 한 번 더 먼 거리에서의 전기장은 점전하처럼 작용함을 보여 준다.

예제 20.7 **선전하: 손전선의 전기장**

긴 직선 송전선의 균일한 선전하 밀도는 λ(단위: C/m)이다. 송전선을 x축으로 잡고 y축의 전기장을 구하라. 단, 송전선이 무한히 길다고 가정하고 어림하라.

해석 전선에서 y만큼 떨어진 곳에 장점을 정하며, 샘전하는 전체 전선이다.

과정 그림 20.17에 y축 위에 장점 P가 있다. y축에 대해 서로 반대쪽에 있는 두 전하 요소 dq가 점 P에 만드는 전기장 $d\vec{E}$의 x성분은 서로 상쇄되므로 알짜장은 y방향이다. 따라서 필요한 단위 벡터의 y성분은 $\hat{r}_y = y/r$이다.

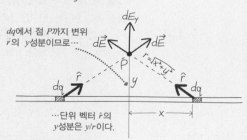

그림 20.17 송전선의 전기장은 전하 요소 dq가 만드는 전기장 $d\vec{E}$의 벡터합이다.

풀이 식 20.7의 적분식을 구해 보자. 9장의 적분 요령처럼 dq를 기하학적 변수로 바꿔서 적분해야 한다. 송전선의 선전하 밀도가 λ이므로 길이 dx의 전하는 $dq = \lambda\,dx$이다. 따라서 임의의 전하 요소 dq가 만드는 전기장의 y성분은 다음과 같다.

$$dE_y = \frac{kdq}{r^2}\hat{r}_y = \frac{k\lambda\,dx}{r^2}\frac{y}{r} = \frac{k\lambda y}{(x^2+y^2)^{3/2}}dx$$

여기서 $r = \sqrt{x^2 + y^2}$이다. x성분이 상쇄되므로 알짜장을 얻기 위해 y성분을 합하면, 즉 적분하면 다음과 같다.

$$E = E_y = \int_{-\infty}^{+\infty} \frac{k\lambda y\,dx}{(x^2+y^2)^{3/2}} = k\lambda y \int_{-\infty}^{+\infty} \frac{dx}{(x^2+y^2)^{3/2}}$$

$$= k\lambda y \left[\frac{x}{y^2\sqrt{x^2+y^2}}\right]_{-\infty}^{+\infty} = k\lambda y \left[\frac{1}{y^2} - \left(-\frac{1}{y^2}\right)\right] = \frac{2k\lambda}{y}$$

여기서 부록 A의 적분표를 활용하면서 상·하한을 $x = \pm\infty$로 택하였다. 이 결과는 장의 세기이다. 장의 방향은 λ가 양전하이면 전선에서 수직으로 나가는 방향이고, 음전하이면 전선으로 향하는 방향이다.

검증 답을 검증해 보자. 무한히 긴 전선이면 한 방향 이외의 다른 방향은 의미가 없다. 따라서 장은 지름 방향이며 전하의 부호에 따라 나가거나 들어오는 방향이다(그림 20.18 참조). 또한 무한 길이이므로 전선에서 아무리 먼 거리라도 결코 점전하가 아니다. 따라서 점전하의 장보다 천천히 감소하여 선전하의 장은 $1/y$에 비례한다. 만약 r를 그림 20.17의 빗변이 아니라 지름 거리라고 하면 장은 $1/r$에 비례해 감소한다. 무한 전선은 존재하지 않지만 유한 전선의 가장자리가 아닌 중간에서 전선에 가까이 다가가면 어림으로 성립한다. 물론 유한 전선이면 충분히 먼 거리에서는 점전하의 장이 된다. 실전 문제 72에서 대전된 유한한 전선에 대해 탐구할 수 있다.

그림 20.18 양의 선전하 밀도를 가진 무한 전선의 장벡터는 거리의 반비례로 감소하며 지름 방향의 바깥쪽이다.

20.5 전기장 안의 물질

LO 20.8 전기장 내 대전 입자의 운동을 결정할 수 있다.
LO 20.9 전기장 내 전기 쌍극자상의 힘과 돌림힘을 계산할 수 있다.

전기장은 대전 입자에 전기력을 작용한다. 물질이 대전 입자로 구성되므로, 기본적으로 전기장이 물질의 거동을 결정한다.

전기장 안의 점전하

전기장 안에서 점전하의 운동을 전기장의 정의식 $\vec{F} = q\vec{E}$와 뉴턴 법칙 $\vec{F} = m\vec{a}$로 계산한다. 두 식을 연결하면, 전기장 $\vec{E}$ 안에서 전하 q, 질량 m인 입자의 가속도는

$$\vec{a} = \frac{q}{m}\vec{E} \tag{20.8}$$

이다. 이 식에서 전기장에 대한 입자의 반응을 결정하는 전하 질량 비 q/m을 구할 수 있다. 질량이 양성자의 $1/2000$인 전자는 전하가 양성자와 같으므로 전기장에서 전자를 쉽게 가속시킬 수 있다. 엑스선에서 형광등까지 수많은 장비들은 전기장에서 전자를 가속시키는 장치들이다.

균일한 전기장에서 대전된 입자의 운동은 2장에서 배운 등가속도 운동으로 간단해진다. 대전된 평행판 사이의 전기장이 균일하므로 비디오에서 잉크젯 프린터까지 평행판을 사용하여 대전 입자를 편향시킨다(그림 20.19 참조).

전기장이 불균일하면 대전 입자의 경로를 계산하기가 매우 어렵다. 다만 적절한 조건에서 입자가 장에 수직으로 움직이는 경우에는 등속 원운동(5.3절 참조)으로 계산할 수 있다. 이 내용을 다음 예제에서 다룬다.

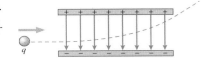

그림 20.19 평행한 한 쌍의 대전판은 균일한 전기장을 만들어서 대전 입자를 편향시킨다. 전하 q의 부호를 말할 수 있는가?

예제 20.8 대전 입자의 운동: 정전기 분석기

반대로 대전된 두 곡면 금속판 사이에 전기장 $E = E_0(b/r)$가 형성되어 있다. 여기서 E_0과 b는 각각 전기장의 크기와 길이의 단위인 상수이다. 장의 방향은 곡면의 곡률 중심을 향하고 r는 중심까지의 거리이다. 그림 20.20에서 아래로부터 수직으로 입사하여 수평으로 나가는 양성자의 속력 v를 구하라.

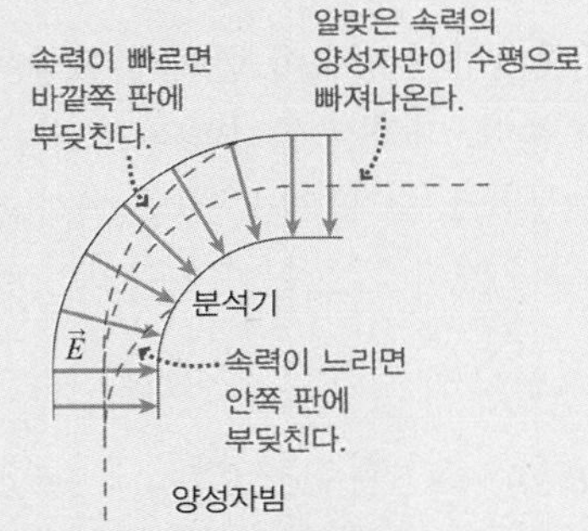

속력이 빠르면 바깥쪽 판에 부딪친다.
알맞은 속력의 양성자만이 수평으로 빠져나온다.
분석기
$\vec{E}$
속력이 느리면 안쪽 판에 부딪친다.
양성자빔

그림 20.20 정전기 분석기

해석 지름 방향의 전기장 안에서 대전 입자의 운동에 관한 문제이다. 양성자가 주어진 전기장을 수평으로 빠져나올 조건을 구해야 한다. 그림 20.20에서 원호 궤적에 해당한다.

과정 식 20.8, $\vec{a} = (q/m)\vec{E}$로부터 장 안에서 운동하는 대전 입자의 가속도를 구할 수 있다. 여기서는 등속 원운동이므로 구심 가속도 v^2/r가 되어야 한다.

풀이 이 조건에 따라 식 20.8은

$$a = \frac{v^2}{r} = \frac{eE}{m} = \frac{e}{m}E_0\frac{b}{r}$$

이므로, 속력은 $v = \sqrt{eE_0b/m}$ 이다.

검증 답을 검증해 보자. E_0이나 b를 증가시키면 장이 강해져서 전기력이 커진다. 이때 대전 입자의 궤적이 더 많이 휘어지므로 속력이 증가한다. 계산에서 중심 거리 r가 상쇄되어 속력의 표현

식에 나타나지 않으므로 양성자가 입사하는 위치는 상관이 없다. 이와 같이 대전 입자의 속력과 전하-질량 비로 대전 입자를 분리 하는 장치를 정전기 분석기라고 부른다. 우주선에서는 이 장치를 이용하여 행성 공간의 대전 입자를 분석한다.

> **확인 문제** **20.5** 전자, 양성자, 중양성자(양성자와 결합한 중성자), 헬륨-3핵(2 양성자, 1 중성자), 헬륨-4핵(2 양성자, 2 중성자), 탄소-13핵(6 양성자, 7 중성자), 산소-16핵(8 양성자, 8 중성자)을 같은 전기장 안에 각각 가져올 때, 가속도가 작은 순서대로 나열하라. 단, 양성자와 중성자의 질량은 같고, 복합 입자의 질량은 각 구성 입자의 질량의 합과 같다고 가정한다. 어떤 입자들의 가속도는 같을 수도 있다.

전기장 안의 전기 쌍극자

앞에서는 크기가 같고 부호가 반대인 두 전하의 분포인 전기 쌍극자의 전기장을 구하였다. 여기서는 전기장에 대한 쌍극자의 반응을 조사한다. 대부분의 분자들을 쌍극자로 취급할 수 있으므로 분자의 거동을 이해하는 데 크게 도움이 될 것이다.

그림 20.21은 전하 $\pm q$, 분리 거리 d인 쌍극자가 균일한 전기장 안에 놓여 있는 모습이다. 쌍극자 모멘트 벡터 $\vec{p}$는 크기가 qd이고, 음전하에서 양전하로 향하는 방향이다(그림 20.14 참조). 장이 균일하므로 쌍극자의 양 끝에 작용하는 전기력의 크기는 같다. 따라서 두 전하가 받는 힘은 $\pm q\vec{E}$이므로 알짜힘이 없다.

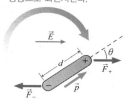

돌림힘이 쌍극자를 시계 방향으로 회전시킨다.

그림 20.21 균일한 전기장 안에서 쌍극자는 돌림힘을 받지만 알짜힘은 없다.

그러나 쌍극자는 그림 20.21처럼 돌림힘을 받는다. 11장에서 $\vec{\tau} = \vec{r} \times \vec{F}$로 정의한 돌림힘의 크기는 $rF\sin\theta$이다. 그림 20.21에서 쌍극자의 중심에 대해서 양전하에 작용하는 돌림힘의 크기는 $\tau_+ = rF\sin\theta = (d/2)(qE)\sin\theta$이다. 음전하에 작용하는 돌림힘도 같은 크기와 방향으로 쌍극자를 회전시킨다. 따라서 알짜 돌림힘의 크기는 $\tau = qdE\sin\theta$이다. 돌림힘의 방향은 오른손 규칙에서 종이면으로 들어가는 방향이다. 한편 qd는 쌍극자 모멘트 $\vec{p}$의 크기이고, θ는 쌍극자 모멘트 벡터와 전기장 $\vec{E}$ 사이의 각도이므로, 돌림힘 벡터를 다음과 같이 표기할 수 있다.

$$\vec{\tau} = \vec{p} \times \vec{E} \quad \text{(쌍극자에 작용하는 돌림힘)} \tag{20.9}$$

이 돌림힘 때문에 전기장은 쌍극자가 회전할 때 일을 한다. 전기장은 보존장이므로 일은 퍼텐셜 에너지에 변화를 준다. 7장에서 퍼텐셜 에너지의 변화를 보존력이 한 일의 음수로 정의했다. 즉 $\Delta U = -W$이다. 지금 회전 운동을 다루고 있으므로 식 10.19는 $W = \int_{\theta_1}^{\theta_2} \tau d\theta$가 각 θ_1에서 θ_2까지 회전할 때 한 일인 것을 보여 준다. 그림 20.21은 쌍극자가 전기장과 나란할 때 $\theta = 0$으로 택하고, θ가 증가하면 방향이 반시계 방향, 곧 회전 벡터로 표현하자면 종이면에서 나오는 방향임을 보여 준다. 따라서 돌림힘의 부호는 각의 변화와 반대가 되므로 일에 대한 적분에서 $\tau = -pE\sin\theta$로 쓸 필요가 있다. 이제 쌍극자가 처음에 전기장에 수직하게 있는 경우를 고려하면 $\theta_1 = \pi/2$이다. 그러면 쌍극자가 임의의 각 θ까지 회전할 때 전기장이 한 일은 다음과 같다.

$$W = \int_{\pi/2}^{\theta} \tau d\theta = \int_{\pi/2}^{\theta} (-pE\sin\theta)d\theta = -pE[-\cos\theta]_{\pi/2}^{\theta} = pE\cos\theta$$

퍼텐셜 에너지의 변화는 이 일의 음수이고 $pE\cos\theta$를 점곱 $\vec{p} \cdot \vec{E}$로 표현할 수 있으므로 퍼텐셜 에너지를 다음과 같이 표기할 수 있다.

$$U = -\vec{p} \cdot \vec{E} \qquad (20.10)$$

여기서 $U = 0$은 전기장에 수직인 쌍극자의 퍼텐셜 에너지이다.

전기장이 불균일하면 쌍극자 양 끝의 전하들에 크기와 방향이 다른 전기력이 작용한다. 따라서 그림 20.22처럼 돌림힘과 함께 알짜힘도 생긴다. 쌍극자가 만드는 전기장 안에 다른 쌍극자가 들어온 경우에 해당한다(그림 20.23 참조). 쌍극자장이 거리에 따라 급격하게 감소하고, 크기가 같고 부호가 반대인 전하 짝들이 밀집해 있으므로, 쌍극자-쌍극자 힘의 크기는 매우 약하고 거리에 따라 급격하게 감소한다. 이러한 쌍극자-쌍극자 힘은 기체 분자 사이의 판데르발스 상호작용의 근원이다(17장 참조).

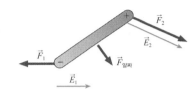

그림 20.22 쌍극자의 양 끝에 작용하는 전기장의 크기와 방향이 다르면 쌍극자는 돌림힘은 물론 알짜힘도 받는다.

도체, 절연체, 유전체

물질에는 전자나 양성자 같은 점전하가 무수히 들어 있다. 특히 금속, 이온 용액, 이온 기체 등에는 자유롭게 움직일 수 있는 개별 전하들이 있다. 이러한 **도체**(conductor)에서는 전기장의 영향으로 전하의 알짜 운동, 즉 **전류**(electric current)가 발생한다. 뒤에 나올 장에서 도체와 전류를 배울 것이다.

자유롭게 움직이는 전하가 없어서 전류가 흐르지 않는 물질을 **절연체**(insulator)라고 부른다. 그래도 절연체에는 중성 분자에 속박된 전하가 존재한다. 물 분자처럼 근원적인 쌍극자를 가진 분자는 전기장에서 회전할 수 있다. 또한 쌍극자가 없는 분자도 전기장의 영향으로 전하 분극이 일어나서 **유도 쌍극자 모멘트**(induced dipole moment)를 얻을 수 있다(그림 20.24 참조). 어느 경우이든 전기장에서 분자의 쌍극자가 그림 20.25처럼 정렬한다. 이때 양전하에서 음전하로 향하는 쌍극자장이 물질 내의 전기장을 약화시킨다. 23장에서 이러한 효과에 대해서 더 공부할 것이다. 근원적 쌍극자 모멘트 또는 유도 쌍극자 모멘트를 가진 물질을 **유전체**(dielectric)라고 부른다.

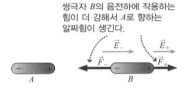

그림 20.23 쌍극자 B가 쌍극자 A의 전기장에 나란히 정렬하면 B는 A로 향하는 알짜힘을 받는다.

유전체에 작용하는 전기장이 너무 크면 개별 전하들이 분리되어 도체처럼 행동하게 된다. 이러한 **유전성 깨짐**(dielectric breakdown)은 전기 장치에 심각한 피해를 줄 수 있다(그림 20.26 참조). 일상에서는 번개로 인해서 대기 중에 유전성 깨짐 현상이 발생한다.

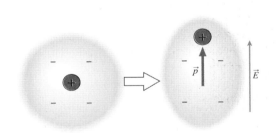

그림 20.24 전기장을 따라 늘어난 분자에 쌍극자 모멘트가 생긴다.

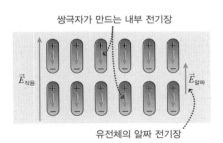

그림 20.25 유전체에서 분자 쌍극자의 정렬은 유전체 내부의 전기장을 약화시킨다.

그림 20.26 플렉시 유리의 유전성 깨짐으로 물질의 영구적인 변화를 나타내는 놀라운 프랙털 문양이 생긴다.

응용물리 | **전자레인지, 액정**

전기장에서 쌍극자에 작용하는 돌림힘은 전자레인지와 엘시디(LCD, 액정 표시 장치)의 핵심 원리이다.

전자레인지는 초당 수십억 번 방향이 바뀌는 전기장으로 작동한다. 상대적으로 쌍극자 모멘트가 큰 물 분자는 전기장 방향으로 정렬하려고 한다. 따라서 전기장의 변화에 따라 물 분자가 매우 빠르게 진동한다. 이러한 물 분자들이 서로 부딪치면서 전기장에서 얻은 에너지를 열로 방출하면 음식물이 익게 된다.

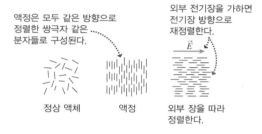

액정은 모두 같은 방향으로 정렬한 쌍극자 같은 분자들로 구성된다.

외부 전기장을 가하면 전기장 방향으로 재정렬한다.

$\vec{E}$

정상 액체   액정   외부 장을 따라 정렬한다.

컴퓨터 모니터, 평판 TV, 디지털 사진기, 휴대폰, 디지털 시계 등 수많은 장비들이 엘시디를 사용하고 있다. 액정은 액체의 흐름성과 고체의 질서를 함께 지닌 특이한 물질이다. 액정 분자는 쌍극자처럼 전하가 분리된 화학 구조를 지닌 기다란 분자이다. 액정 분자들은 서로의 전기장 때문에 한 방향으로 정렬한다. 그러나 외부 전기장을 가하면 돌림힘이 생겨서 분자들이 회전하여 재정렬하므로 액정의 광학적 특성이 달라진다. 29장에서 설명할 광학 장치로 액

정의 일정 부분이 보이거나 보이지 않게 만들 수 있다. 엘시디의 소모 전력은 매우 작지만, 자체 발광이 안 되므로 배경에 광원 장치가 필요하다. 사진은 아이폰의 고해상도 디스플레이와 액정의 미시 구조를 보여 준다.

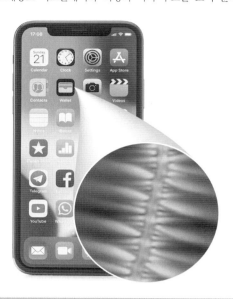

핵심 개념

이 장의 핵심 개념은 **전하**이다. 전하는 물질의 기본 성질로서 양전하와 음전하가 있다. 같은 전하끼리는 밀어내고, 다른 전하끼리는 끌어당기는 **전기력**이 작용한다. 다른 전하 근처에서 전하가 받는 단위 전하당 힘으로 **전기장**을 정의하면 편리하다. 힘과 장 모두 **중첩 원리**를 따르므로 벡터합으로 전체 힘과 장을 구할 수 있다.

주요 개념 및 식

두 점전하 사이의 전기력을 다음의 **쿨롱 법칙**으로 구한다.

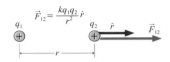

$$\vec{F}_{12} = \frac{kq_1q_2}{r^2}\hat{r}$$

전기장은 단위 전하당 힘인 $\vec{E} = \vec{F}/q$ 이며, 전하 q가 전기장에서 받는 힘은 $\vec{F} = q\vec{E}$이다.

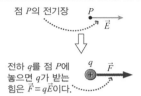

전하 q를 점 P에 놓으면 q가 받는 힘은 $\vec{F} = q\vec{E}$이다.

쿨롱 법칙에 따라 점전하의 전기장은 다음과 같다.

$$\vec{E} = \frac{kq}{r^2}\hat{r}$$

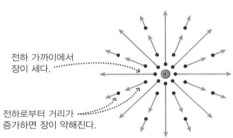

전하 가까이에서 장이 세다.

전하로부터 거리가 증가하면 장이 약해진다.

다음과 같이 개별 점전하의 장을 합하거나, 연속 전하 분포이면 적분을 하여 전하 분포의 장을 구한다.

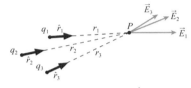

$$\vec{E}(P) = \vec{E}_1 + \vec{E}_2 + \vec{E}_3 = \sum_i \frac{kq}{r_i^2}\hat{r}_i \qquad \vec{E}(P) = \int d\vec{E} = \int \frac{k\,dq}{r^2}\hat{r}$$

응용

반대 부호의 전하 $\pm q$가 거리 d로 분리된 전하 분포를 **전기 쌍극자**라고 한다. d보다 훨씬 먼 거리에서 쌍극자장은 $1/r^3$로 감소한다. 쌍극자는 **쌍극자 모멘트** $p = qd$로 기술된다.

무한 도선의 장은 $1/r$로 감소하는 $E = 2k\lambda/r$이고, λ는 단위 길이당 전하이다. 이것은 근사적으로 가늘고 긴 전선 근처의 장과 같다.

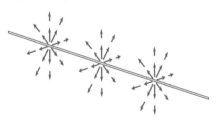

전기장 안의 점전하는 전하 질량 비인 q/m에 비례하는 가속도를 얻는다.

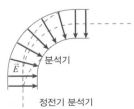

분석기

정전기 분석기

전기장 안의 쌍극자에는 돌림힘, $\vec{\tau} = \vec{p} \times \vec{E}$가 작용하여 전기장과 평행하게 정렬한다. 만약 장이 균일하지 않으면 쌍극자에 알짜힘도 작용한다.

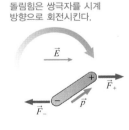

돌림힘은 쌍극자를 시계 방향으로 회전시킨다.

유전체는 분자가 전기 쌍극자처럼 행동하는 절연 물질이다.

BIO 생물 및 의학 문제   **DATA** 데이터 문제   **ENV** 환경 문제   **CH** 도전 문제   **COMP** 컴퓨터 문제

학습 목표   이 장을 학습하고 난 후 다음을 할 수 있다.

LO 20.1 물질의 기본 특성인 전하를 서술할 수 있다.
개념 문제 20.1, 20.2, 20.8
연습 문제 20.11, 20.12, 20.13, 20.14, 20.15

LO 20.2 쿨롱 법칙을 사용하여 전하 사이에 작용하는 힘을 결정할 수 있다.
연습 문제 20.16, 20.17, 20.18, 20.19, 20.20
실전 문제 20.44, 20.57, 20.58

LO 20.3 중첩의 원리를 활용하여 다중 전하 사이에 작용하는 힘을 계산할 수 있다.
개념 문제 20.3
실전 문제 20.46, 20.47, 20.48, 20.49, 20.52

LO 20.4 전기장 개념을 서술할 수 있다.
개념 문제 20.4, 20.5
연습 문제 20.21, 20.22, 20.23, 20.24, 20.25, 20.26
실전 문제 20.50

LO 20.5 중첩을 활용하여 전하 분포로부터 전기장을 구할 수 있다.
개념 문제 20.7

연습 문제 20.27, 20.28
실전 문제 20.51, 20.56, 20.59

LO 20.6 전기 쌍극자와 전기 쌍극자가 만드는 장을 서술할 수 있다.
개념 문제 20.6, 20.9
실전 문제 20.53, 20.54, 20.55, 20.67, 20.69, 20.70, 20.72

LO 20.7 연속 전하 분포가 형성하는 전기장을 계산할 수 있다.
연습 문제 20.29, 20.30, 20.31
실전 문제 20.61, 20.64, 20.68, 20.71, 20.73, 20.74, 20.75, 20.76, 20.77, 20.78

LO 20.8 전기장 내 대전 입자의 운동을 결정할 수 있다.
연습 문제 20.32, 20.33, 20.34, 20.35
실전 문제 20.60, 20.63

LO 20.9 전기장 내 전기 쌍극자상의 힘과 돌림힘을 계산할 수 있다.
개념 문제 20.9, 20.10
실전 문제 20.62, 20.65, 20.66

개념 문제

1. 전자와 양성자 사이의 중력은 전기력보다 10^{-40}배나 약하다. 대부분의 물질들은 전자와 양성자로 구성되어 있는데, 왜 중력이 중요한가?

2. 자유 중성자는 불안정하여 곧 다른 입자로 붕괴하면서 양성자를 생성한다. 다른 입자도 생성되는가? 그렇다면 생성된 입자의 전기적 특성은 무엇인가?

3. 그림 20.5에서 세 번째 전하를 어느 곳에 놓아야 그 전하에 작용하는 알짜힘이 없겠는가? 그 점은 안정 평형인가, 불안정 평형인가?

4. 식 20.3은 점전하의 전기장이다. (a) $\hat{r}$의 방향은 점전하의 부호에 의존하는가? (b) $\vec{E}$의 방향은 어떠한가?

5. 대전 입자에 작용하는 전기력은 항상 전기장 방향과 같은가?

6. 알짜 전하가 0인 전기 쌍극자는 어떻게 전기장을 만드는가?

7. 예제 20.6의 원형 고리의 총전하량은 Q이고, 점 P는 고리의 모든 점에서 $r = \sqrt{x^2 + a^2}$ 만큼 떨어져 있다. 그런데 점 P에 고리가 만드는 전기장은 왜 kQ/r^2이 아닌가?

8. 구형 풍선의 표면에 양전하를 대전시키면 풍선이 팽창하는가, 수축하는가? 음전하를 대전시키면 어떻게 되는가?

9. 알짜 전하가 없는 두 전기 쌍극자 사이에 왜 전기력이 생기는가?

10. 그림 20.27처럼 점전하 Q의 전기장 안에 전기 쌍극자 A와 B가 놓여 있다. 쌍극자는 돌림힘을 받는가? 알짜힘을 받는가? 정지한 두 쌍극자를 놓아주면 어떻게 움직이는가?

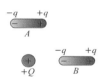

그림 20.27 개념 문제 10

연습 문제

20.1 전하

11. 전자와 양성자의 전하가 10억 분의 1만큼 서로 다르다고 가정하자. 우리 몸이 같은 수의 전자와 양성자를 가진다고 할 때 인체에서 알짜 전하는 얼마가 되는가?

12. 25 C의 번갯불에 들어 있는 전자의 수는 몇 개인가?

13. 양성자와 중성자는 전하가 각각 $+\frac{2}{3}e$와 $-\frac{1}{3}e$인 u쿼크와 d쿼크로 구성된다. 쿼크 세 개로 (a) 양성자와 (b) 중성자를 구성하라.

14. 지구의 알짜 전하는 약 -5×10^5 C이다. 지구에는 전자가 양성자보다 얼마나 더 많은가?

15. **BIO** 꿀벌이 날아다니는 중에 약 180 pC의 전하가 대전될 수 있다. 대전된 꿀벌과 거미줄 사이의 전기력 때문에 벌은 취약해져 거미에게 포획될 수 있다. 꿀벌이 +180 pC의 전하를 획득하기 위해서 얼마나 많은 전자를 잃어야 하는가?

20.2 쿨롱 법칙

16. 수소 원자에서 전자와 양성자의 거리는 52.9 pm이다. 이들 사이의 전기력의 크기는 얼마인가?

17. 지구 표면의 전자는 중력 $m_e g$를 경험한다. 양성자가 얼마나 떨어져 있어야 전자에 같은 크기의 힘을 발휘하는가? (왜 중력이 분자 수준에서 중요하지 않은지 이 답이 보여 준다!)

18. 스티로폼 포장재를 부수면 나오는 수많은 작은 구는 대전되어 있어서 몸에 달라붙는다. 같은 양의 전하로 대전된 두 개의 구가 15 mm 떨어져 있을 때 둘 사이에 21 mN의 힘이 작용한다면 각 구의 전하의 크기는 얼마인가?

19. ($x = 1$ m, $y = 0$ m)인 곳의 전하 q가 (a) ($x = 1$ m, $y = 1$ m), (b) 원점, (c) ($x = 2$ m, $y = 3$ m)에 있는 다른 전하에 작용하는 전기력을 구할 때 사용하는 단위 벡터를 각각 표기하라. 전하 q의 부호를 몰라도 상관없는가?

20. 양성자가 원점에, 전자가 $x = 0.41$ nm, $y = 0.36$ nm인 점에 놓여 있다. 양성자에 작용하는 전기력을 구하라.

20.3 전기장

21. 전자가 0.61 nN의 전기력을 겪는다면, 그 점에서 전기장의 크기는 얼마인가?

22. 100 N/C의 전기장에 놓인 2.0 μC의 전하가 받는 전기력의 크기는 얼마인가?

23. 어떤 전기장에서 68 nC의 전하가 150 mN의 전기력을 받는다. (a) 전기장의 크기와 (b) 35 μC의 전하가 같은 장에서 받는 전기력을 구하라.

24. 세포막 안의 전기장은 8.0 MN/C이다. 이 전기장에 있는 일가 이온에 작용하는 힘은 얼마인가?
BIO

25. 어떤 전기장에서 -1.0 μC의 전하가 $10\hat{\imath}$ N의 전기력을 받는다. 동일한 장에서 양성자가 받는 전기력은 얼마인가?

26. 수소 원자에서 전자와 양성자의 거리는 52.9 pm이다. 전자에 작용하는 양성자의 전기장 크기는 얼마인가?

20.4 전하 분포의 장

27. 그림 20.28에서 점 P는 두 전하의 중간 점이다. (a) P의 왼쪽 5.0 cm, (b) P의 수직 위 5.0 cm, (c) 점 P인 각 점에서 전기장을 구하라.

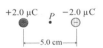

그림 20.28 연습 문제 27

28. 물 분자의 쌍극자 모멘트는 6.17×10^{-30} C·m이다. 분자의 전하가 $\pm e$이면 쌍극자에서 두 전하의 분리 거리는 얼마인가? (주의: 산소와 수소 원자가 전자를 공유하므로 유효 전하는 약간 작다.)

29. 균일한 선전하 밀도의 긴 도선에 22 cm 떨어진 곳의 전기장은 1.9 kN/C이다. 38 cm 떨어진 곳의 전기장은 얼마인가?

30. 긴 도선에서 45 cm 떨어진 곳의 전기장은 크기가 260 kN/C이고 도선을 향하고 있으면 도선의 선전하 밀도는 얼마인가?

31. 반지름이 a이고 총전하가 Q인 원형 고리의 중심축 위 거리 a인 곳에서 전기장의 크기를 구하라.

20.5 전기장 안의 물질

32. 전하의 양자화를 실증한 1909년의 실험에서 밀리컨은 기름 방울을 20 MN/C의 전기장에 뿌렸다. 기름 방울의 전하가 $-10e$이면, 기름 방울이 뜰 수 있는 질량은 얼마인가?

33. 엑스선관에 정지한 전자를 광속의 10분의 1로 가속시켜서 5.0 cm 움직이게 하려면 전기장은 얼마나 강해야 하는가?

34. 왼쪽을 향하는 56 kN/C의 전기장에 양성자가 3.8×10^5 m/s의 속력으로 오른쪽 방향으로 들어간다. (a) 양성자는 정지할 때까지 얼마나 진행하는가? (b) 이후의 운동을 설명하라.

35. 예제 20.8의 정전기 분석기에서 $b = 7.5$ cm이다. 속력 84 m/s로 움직이는 양성자를 장치가 선택할 수 있도록 하는 E_0의 크기는 얼마인가?

응용 문제

다음 문제들은 본문의 예제들에 기초한 것이다. 두 세트의 문제들은 물리학의 이해를 강화하는 연결의 형성을 돕고 이전에 풀어본 문제에서 변형된 문제를 해결하는 자신감을 키우도록 설계되어 있다. 각 세트의 첫 번째 문제는 본질적으로 예제 문제이지만 숫자들은 다르다. 두 번째 문제는 예제와 똑같은 상황이지만 묻는 질문이 다르다. 세 번째와 네 번째 문제는 완전히 다른 상황으로 이런 방식을 반복한다.

36. **예제 20.2** 빗방울들의 전하의 크기와 전하 부호는 매우 다양하다. 예제 20.2에서 x축 위에 있는 두 빗방울 사이의 거리는 2.18 mm이고 전하량은 $q = 645$ nC이다. 세 번째 빗방울은 y축 위 12.3 mm에 놓여 있고 전하량은 $Q = -1.87$ μC이다. 세 번째 빗방울에 작용하는 전기력을 구하라.

37. **예제 20.2** 예제 20.2에서 세 개의 빗방울의 전하는 같고 한 변의 길이가 3.36 mm인 정삼각형 형태의 위치에 각각 놓여 있다고 가정하자. 만약 위에 놓여 있는 빗방울에 작용하는 전기력이 $96.2\hat{\jmath}$ N이면 (a) 이 전하의 크기는 얼마인가? (b) 주어진 정보로부터 이 전하의 부호를 결정할 수 있는가?

38. **예제 20.2** (a) 전하 Q에 작용하는 힘을 구하기 위해 x축 위 우측 전하를 $-q$로 하고 예제 20.2를 구하라. (b) (a)에서 구한 힘은 거리 y에 좌우된다. $y \gg a$인 경우, 이 힘은 어떻게 되는가?

39. **예제 20.2** 예제 20.2에서 (a) 그 힘이 최대가 되는 거리 $y = a/\sqrt{2}$임을 적분으로 보여라. 그리고 (b) 이 힘의 크기를 구하라.

40. **예제 20.7** 길이가 1.00 km인 도선은 전 구간에 걸쳐 균일하게 분포된 총전하 264 mC을 가지고 있다. 도선의 끝자락이나 그 근처가 아닌 도선 축으로부터 54.3 cm 떨어진 지점에서 전기장의 크기를 구하라. (근사적으로 무한히 긴 도선의 전기장으로 간주할 수 있다.)

41. **예제 20.7** 균일하게 대전된 도선의 길이는 2.18 m이고 직경은 0.15 mm이다. 도선 축의 끝자락 또는 그 근처가 아닌 곳으로부터 1.20 cm인 지점의 전기장을 측정하였더니 그 크기가 455 kN/C이고 방향은 도선 축을 향하였다. 도선의 총전하를 구하라.

42. **예제 20.7** 그림 20.29와 같이, 길이가 L인 얇은 막대의 정중앙 지점이 x축 원점에 놓여 있다. 도선에는 전체에 걸쳐 균일하게 분포된 전하 Q가 있다. (a) 그림 20.29에서 양의 y축 위에 원점으로부터 임의의 거리 y에 놓여 있는 점 A의 전기장을 구하기 위한 예제 20.7의 계산을 수정하라(얇은 도선 바깥쪽으로 충분한 거리 y에 점 A가 있다). (b) $y \gg L$일 때 점전하 Q의 전기장과 같음을 보여라.

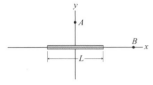

그림 20.29 응용 문제 42, 43

43. **예제 20.7** 그림 20.29와 같이, 길이가 L인 얇은 막대의 정중앙 지점이 x축 원점에 놓여 있다. 이 도선에는 균일하게 분포된 전하 Q가 있다. (a) 그림 20.29에서 점 B의 전기장을 구하라. 점 B는 양의 x축 위에 놓여 있고 그 거리는 $x > L/2$이다. (b) $x \gg L$에서 점전하 Q의 전기장과 같음을 보여라.

실전 문제

44. 12.5 cm 떨어진 두 전하 사이의 인력이 143 N이다. 한 전하의 크기가 다른 전하의 두 배라면 (a) 큰 전하의 크기는 얼마인가? (b) 큰 전하의 부호를 알 수 있는가?

45. xy 평면에서 양성자는 x축 상의 $x = 1.6$ nm에, 전자는 y축 상의 $y = 0.85$ nm에 있다. 두 입자가 원점에 있는 헬륨 원자핵(전하 $+2e$)에 작용하는 알짜힘을 구하라.

46. $3q$의 전하는 원점에, $-2q$의 전하는 양의 x축 위 $x = a$에 있다. 세 번째 입자를 어디에 놓으면 알짜힘이 0인가?

47. 두 개의 양의 전하 $+Q$ 사이 중간에 음의 전하 $-q$가 놓여 있다. 세 전하 각각에 작용하는 전기력이 모두 0이면, Q는 얼마인가?

48. 그림 20.30에서 $q_1 = 68$ μC, $q_2 = -34$ μC, $q_3 = 15$ μC이다. q_3에 작용하는 전기력을 구하라.

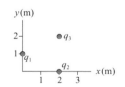

그림 20.30 실전 문제 48, 49

49. 그림 20.30에서 $q_1 = 25$ μC, $q_2 = 20$ μC이다. q_1에 작용하는 전기력이 $-x$방향이면, (a) q_3은 얼마이고, (b) q_1에 작용하는 전기력의 크기는 얼마인가?

50. **BIO DATA** 전기 이동 장치(20.3절 응용물리 참조)에 투입되는 DNA 조각은 뉴클레오티드 염기쌍당 두 개의 전자에 해당하는 음의 전하를 띠고 있다. 아래 표는 전기 이동 장치에 있는 여러 DNA 조각에 작용하는 힘을 염기쌍 번호에 따라 나타낸 것이다. 자료를 그래프로 나타내고 최적 맞춤 직선을 결정한 후 그 기울기를 사용하여 전기 이동 장치의 전기장의 세기를 구하라.

염기쌍	400	800	1200	2000	3000	5000
힘(pN)	0.235	0.472	0.724	1.15	1.65	2.87

51. 양성자는 원점에, 한 이온은 $x = 5.0$ nm에 있다. $x = -5.0$ nm에서 전기장이 0이면, 이온의 전하는 얼마인가?

52. 한 변의 길이가 a인 정사각형 네 모서리 지점에 크기가 같은 전하 Q가 각각 놓여 있다. 각 전하가 받는 힘의 크기를 구하라.

53. y축에 놓여 있는 전기 쌍극자에서 전자는 $y = 0.60$ nm에, 양성자는 $y = -0.60$ nm에 있다. (a) 두 전하의 중간점, (b) ($x = 2.0$ nm, $y = 0$ nm), (c) ($x = -20$ nm, $y = 0$ nm)에서 전기장을 각각 구하라.

54. 예제 20.5에서 $|x| \gg a$일 때 쌍극자가 x축에 만드는 전기장이 식 20.6b임을 보여라.

55. 크기가 1 cm보다 훨씬 작은 전하 분포에서 1.44 m 떨어진 곳의 전기장 크기는 296 N/C이고, 2.16 m 떨어진 곳에서는 87.7 N/C이다. 전하 분포의 알짜 전하량은 얼마인가? (**힌트**: 전하량을 직접 구하지 말고, 거리에 따른 전기장의 변화를 구해서 전하량을 유추하라.)

56. 한 변이 a인 정삼각형 꼭짓점에 세 개의 동일한 전하 q가 놓여 있다. 두 전하는 x축에, 한 전하는 양의 y축에 있다. (a) 꼭짓점 위 y축에서 전기장을 구하라. (b) $y \gg a$인 곳의 전기장이 $3q$의 점전하가 만드는 전기장과 같음을 보여라.

57. 두 금속구의 처음 전하는 각각 q_1, q_2이다. 두 구의 분리 거리가 1.0 m이면 둘 사이의 인력은 2.5 N이다. 두 구를 가까이 가져와서 두 금속구의 전하량이 같아진 후에 두 구를 1.0 m로 분리시키면 둘 사이에는 2.5 N의 척력이 생긴다. 처음 전하량 q_1과 q_2는 얼마인가?

58. **COMP** 평형 길이 52.6 cm, 용수철 상수 $k = 145$ N/m인 용수철의 양 끝에 38.0 μC의 전하를 각각 매달았다. 용수철은 얼마나 늘어나는가? (**힌트**: 이 문제의 풀이 과정에서 나오는 삼차 방정식을 풀려면 컴퓨터나 고급 계산기가 필요하다.)

59. 양전하 Q는 원점에 놓여 있고 다른 전하 q는 $x = a(a > 0)$에 있다. $x = 2a$에서 이 전기장이 0일 때 q를 Q로 표현하여 구하라.

60. 선전하 밀도 2.5 nC/m의 도선 주위로 전자가 원운동을 한다. 전자의 속력은 얼마인가?

61. 질량 6.8 μg, 전하 2.1 nC의 입자가 긴 도선 주위를 280 m/s의 속력으로 원운동한다. 도선의 선전하 밀도는 얼마인가?

62. 쌍극자 모멘트가 1.5 nC·m인 쌍극자는 4.0 MN/C의 전기장과 각도 30°를 이룬다. (a) 쌍극자가 받는 돌림힘의 크기는 얼마인가? (b) 쌍극자를 전기장에 반평행(180° 방향)이 될 때까지 회전시키는 데 필요한 일은 얼마인가?

63. 그림 20.31은 동위원소를 분리하는 정전기 분리기를 나타낸 것이다(동위원소는 전하는 같지만 질량이 다른 핵을 가진 원소이다). 먼저 원자에서 모든 전자를 제거한 후 전기장을 통해 정지한 원자를 가속시켜서 원자가 적절한 속력으로 정전기 분리기를 통

과하게 만든다(예제 20.8 참조). 이 장치로 동위원소를 분리할 수 있는가?

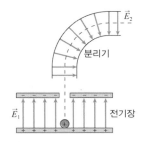

그림 20.31 실전 문제 63

64. 5.0 μm 길이의 DNA 가닥은 nm 길이당 전하 $+e$가 대전되어 있다. DNA 가닥을 선전하로 취급할 때, DNA로부터 25 nm 떨어져 있고, 양 끝에 가깝지 않은 곳의 전기장 세기는 얼마인가?
BIO

65. 전자레인지 내에서 물 분자들은 빠르게 변하는 전기장과 동조하여 그 전기 쌍극자 모멘트가 회전하기 때문에 가열된다. 최초 전기장과 반대 방향에 있는 6.17×10^{30} C·m인 물의 전기 쌍극자 모멘트가 2.95 kN/C의 전기장에 반응할 때 물 분자의 에너지 변화는 얼마가 생기는가?

66. 전하 $\pm q$, 분리 거리 $2a$인 쌍극자가 점전하 $+Q$에서 거리 x인 곳에 그림 20.32처럼 놓여 있다. $x \gg a$일 때 쌍극자에 작용하는 (a) 알짜 돌림힘, (b) 알짜힘의 크기를 구하라. (c) 알짜힘의 방향은 무엇인가?
CH

그림 20.32 실전 문제 66

67. 여러분은 물리화학 수업을 수강하고 있으며 물리화학 교수는 분자의 쌍극자 모멘트에 대해서 강의하고 있다. 그는 물의 쌍극자 모멘트는 '1.85디바이'이고 일산화탄소의 쌍극자 모멘트는 '0.12디바이'라고 말한다. 물리학 교수는 SI 단위로 표현된 쌍극자 모멘트들을 원한다. 그녀는 여러분에게 두 공유 화합물의 원자 사이의 거리가 대략 같다고 말하고 공유 전하가 분포되는 방식에 대하여 묻는다. 무엇이라고 답변할 것인가?

68. 균일하게 대전된 고리의 중심축에서 5.0 cm인 곳의 전기장은 380 kN/C, 15 cm인 곳의 전기장은 160 kN/C이며, 모두 고리에서 멀어지는 방향이다. (a) 고리의 반지름과 (b) 전하량을 구하라.

69. 서로 반대 방향을 가리키는 두 쌍극자를 아주 가까이 붙여 놓은 것을 전기 사중극자라 한다 (그림 20.33 참조). (a) $x = a$ 의 오른쪽에서 사중극자의 전기장을 구하라. (b) $x \gg a$일 때 전기장이 $1/x^4$에 비례함을 보여라.
CH

$+q \quad -2q \quad +q$
$x = -a \quad x = 0 \quad x = a$

그림 20.33 실전 문제 69

70. 한 변의 길이가 a인 사각형 꼭짓점에 전하가 놓여 있고 사각형의
CH

중심이 원점에 있다. $y = a/2$인 지점에 두 개의 양전하의 크기는 Q이며, $y = -a/2$인 지점의 나머지 두 개의 음전하의 크기는 Q이다. (a) $y > a/2$인 y축 위에서 전기장의 크기를 구하라. (b) $y \gg a$인 지점에서 전기 쌍극자와 같이 $1/y^3$로 표현됨을 보여라. (c) 식 20.6b와 (b)의 결과를 비교하고 네 개의 전하 분포의 전기 쌍극자 모멘트의 크기를 구하라. (**힌트**: (b)에서 근삿값에 유의하라. 만약 결과가 0이면 지나친 근삿값이다. a^2은 y^2과 비교할 때는 a를 그렇게 할 수 없다. 또는 이 분포는 먼 거리에서 하나의 쌍극자와 같이 여겨진다.)

71. 길이 10 m의 직선 도선에 25 μC의 전하가 균일하게 분포한다. (a) 선전하 밀도는 얼마인가? 도선에서 (b) 15 cm(도선의 양 끝이 아님), (c) 350 m인 곳의 전기장 크기를 각각 어림 계산하라.

72. 그림 20.34와 같이 x축 위에 각각의 길이가 a인 두 얇은 막대가 놓여 있다. 왼쪽 막대는 원점에서 $x = -a$에 놓여 있고 전하 $-Q$로 균일하게 분포되어 있다. 오른쪽 막대는 원점에서 $x = a$에 걸쳐 있고 전하 Q로 균일하게 분포되어 있다. (a) $x > a$(즉, 오른쪽 막대 끝방향)인 x축 위의 전기장의 크기를 구하라. (b) $x \gg a$일 때, 전기장이 전기 쌍극자의 $1/x^3$로 표현됨을 보여라. (c) 식 20.6b와 (b)의 결과를 비교하고 이 두 막대 구조의 쌍극자 모멘트의 크기를 구하라.
CH

$-Q \qquad Q$
$x = -a \quad x = 0 \quad x = a \qquad x$

그림 20.34 실전 문제 72

73. 그림 20.35는 균일하게 대전된 반지름 R의 얇은 원판이다. 그림처럼 반지름 r의 띠고리를 생각해 보자. (a) 띠고리의 면적이 $2\pi r\,dr$임을 보여라. (b) 원판의 면전하 밀도가 σ일 때, (a)의 결과를 이용하여 고리의 너비가 dr인 띠고리의 미소 전하 dq를 구하라. (c) x축으로 간주되는 원판 축의 어느 지점에서 띠고리의 미소 전기장 dE를 표현하기 위해 (b)와 예제 20.6의 결과를 사용하라. (d) 원판 중심축에서 알짜 전기장의 크기가 다음과 같음을 증명하기 위해 원판에 걸친 띠고리 전부를 적분하라.
CH

$$E = 2\pi k\sigma \left(1 - \frac{|x|}{\sqrt{x^2 + R^2}} \right)$$

그림 20.35 실전 문제 73

74. 실전 문제 73의 결과를 이용하여 균일하게 대전된 무한 평판이 만드는 전기장이 $2\pi k\sigma$임을 보여라. 여기서 σ는 면전하 밀도이다. (**주의**: 전기장은 평판까지의 거리와 무관하다.)
CH

75. 이항 정리를 이용하여 $x \gg R$일 때 실전 문제 73의 결과와 점전

하(충전하는 전하 밀도와 원판 면적의 곱이다)가 만드는 전기장이 같음을 보여라.

76. 반지름 a의 반원 고리에 양의 전하 Q가 그림 20.36처럼 균일하게 분포한다. 고리의 중심 P에서 전기장을 구하라. (**힌트**: 고리의 전하 요소 dq를 각도 $d\theta$로 표기하고, θ에 대해서 적분한다.)
CH

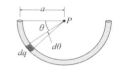

그림 20.36 실전 문제 76

77. 전하 Q가 균일하게 분포한 길이 L의 막대가 $x = \pm L/2$ 사이의 x축에 놓여 있다. (a) (x, y)에서 전기장을 구하라. (b) 그 결과는 $x = 0$이면 응용 문제 42의 결과와, $y = 0$, $x > L/2$이면 응용 문제 43의 결과와 같음을 증명하라.
CH

78. $x = 0$에서 $x = L$까지 놓여 있는 길이 L의 막대에 선전하 밀도 $\lambda = \lambda_0 (x/L)^2$이 분포한다($\lambda_0$은 상수). $x = -L$에서 전기장을 구하라.
CH

79. 잉크젯 프린터는 균일한 전기장 E를 만드는 두 평행판 사이로 들어온 전하 q, 질량 m, 속력 v의 잉크 방울을 편향시켜서 인쇄를 한다(그림 20.37 참조). 전기장은 길이 L, 폭 d 사이에 있다. 잉크 방울이 두 평행판에 닿지 않고 전기장을 통과할 수 있는 전기장의 최댓값을 구하라.

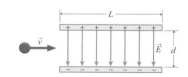

그림 20.37 실전 문제 79

실용 문제

BIO 인간의 심장은 대부분 긴 근육 세포로 이루어져 있다. 어떤 근육 세포는 길이가 $100\,\mu m$이고 지름은 $15\,\mu m$나 된다. 휴지 상태에서 세포는 두 개의 동심 대전층을 포함하므로 전기장이 세포막에만 국한된다(그림 20.38a). 심장이 수축할 때 편극 소거의 물결이 전체를 휩쓸어서 전하를 비우고 각 세포에 쌍극자 모멘트를 형성시킨다(그림 20.38b). 결과적으로 전 조직은 전기 쌍극자처럼 행동하여 외부 전기장을 생성한다. 심전도법은 이것을 간접적으로 탐지한다. 비록 심장의 쌍극자 모멘트의 방향은 변화하지만 그림 20.38c는 전형적이다. 다음 질문들에서 심장이 고립된 것으로 생각하고 주변 조직이 주는 전기장 효과를 무시하라.

그림 20.38 (a) 휴지 상태에 있는 심장 세포, (b) 부분적으로 편극 소거되어 쌍극자 모멘트 $\vec{p}$가 있는 심장 세포, (c) 심장의 쌍극자 모멘트 벡터의 전형적인 방향. 선을 따라 있는 세포는 편극 소거된다.

80. 심장으로부터 멀리 떨어진 거리 r에서 심장의 전기장은
   a. $1/r$로 떨어진다.
   b. $1/r^2$로 떨어진다.
   c. $1/r^3$로 떨어진다.
   d. $1/r^4$로 떨어진다.

81. 심장으로부터 떨어져 있는 거리가 심장의 크기보다 훨씬 큰 곳에서 전기장은
   a. 그림 20.38c의 직선을 연장한 곳이 수직한 직선에서보다 더 약하다.
   b. 그림 20.38c의 직선을 연장한 곳이 수직한 직선에서보다 더 강하다.
   c. 그림 20.38c의 직선에 수직한 곳과 평행한 곳에서 같은 값을 가진다.

82. 외부 전기장이 한 경우에는 형성되고 다른 경우에는 형성되지 못하는 그림 20.38a와 20.38b의 차이는
   a. 알짜 전하가 그림 20.38a에는 없지만 그림 20.38b에는 있다는 것이다.
   b. 총전하가 그림 20.38a에서 더 크다는 것이다.
   c. 그림 20.38b는 음의 전하가 왼쪽에 더 많게, 양의 전하가 오른쪽에 더 많게 분포되어 있다는 것이다.

83. 그림 20.38c의 경우에 심장 안의 전기장이 가리키는 방향은 대략
   a. 쌍극자 모멘트 벡터 $\vec{p}$의 방향이다.
   b. 쌍극자 모멘트 벡터 $\vec{p}$의 반대 방향이다.
   c. 쌍극자 모멘트 벡터 $\vec{p}$에 수직한 방향이다.

20장 질문에 대한 해답

장 도입 질문에 대한 해답

대기의 전기장이 공기 분자에서 전자를 떼어 내어 공기를 전기 도체로 만들 정도로 강해야 된다. 전기장 E가 $3\,MV/m$ 이상이면 번개가 발생한다.

확인 문제 해답

20.1 (c) uud. 왜냐하면 이것의 알짜 전하는 $+e$이기 때문이다(udd는 중성자이다).

20.2 (1) $-\hat{i}$, (2) $-\dfrac{\sqrt{2}}{2}\hat{i} + \dfrac{\sqrt{2}}{2}\hat{j}$, 단위 벡터는 항상 샘전하에서 나가는 방향이다.

20.3 (a)

20.4 (1) $1/2^2$로 감소하여 $200\,N/C$이다. (2) $1/2^3$로 감소하여 $100\,N/C$이다.

20.5 탄소-13, (산소-16, 헬륨-4, 중양성자 모두 같다.), 헬륨-3, 양성자, 전자

가우스 법칙

예비 지식

- 쿨롱 법칙(20.2절)
- 두 벡터의 점곱(6.2절)

학습 목표

이 장을 학습하고 난 후 다음을 할 수 있다.

LO 21.1 전기장선을 이용하여 전기장을 표현할 수 있다.

LO 21.2 전기장선과 관련하여 전기 다발의 개념을 설명할 수 있다.

LO 21.3 가우스 법칙과 쿨롱의 법칙의 연관성을 설명할 수 있다.

LO 21.4 가우스 법칙을 적용하여 전하 분포가 대칭적인 전기장을 계산할 수 있다.

LO 21.5 단순 전하 분포를 활용하여 일반적인 전하 분포의 전기장을 근사할 수 있다.

LO 21.6 도체 내 정전기 평형을 설명하고 가우스 법칙을 이용하여 대전된 도체의 전기장을 계산할 수 있다.

이 장에서는 특정한 전하 분포의 전기장을 쉽게 구할 수 있는 가우스 법칙을 공부한다. 쿨롱 법칙과 대등하지만 전기장에 대한 깊은 통찰력을 제공하는 가우스 법칙은 전자기학의 네 가지 기본 방정식 중 하나이다.

21.1 전기장선

LO 21.1 전기장선을 이용하여 전기장을 표현할 수 있다.

보스턴 과학 박물관의 전기방을 둘러싼 철망으로 엄청난 전기 스파크가 늘어나고 있다. 철망 안의 진행 요원은 왜 안전할까?

모든 곳에서 전기장 방향과 같은 방향인 **전기장선**(electric field line)을 그려서 전기장을 가시화할 수 있다. 전기장선을 그리려면 각 점에서 전기장 방향을 알아야 한다. 전기장 방향으로 조금 이동한 뒤에 그곳의 전기장을 구하고 다시 이동하여 구하는 과정을 되풀이하면 전기장선을 그릴 수 있다. 전기장선은 양전하에서 시작하여 무한대로 퍼지거나, 음전하에서 끝난다. 이러한 전기장선이 많으면 전기장 모습을 짐작할 수 있다.

그림 21.1a는 양의 점전하 근처의 전기장선을 나타낸 것이다. 장점은 지름 방향의 바깥쪽으로 퍼져 나가며, 무한대까지 이어진다. 따라서 양의 점전하가 만드는 전기장선은 전하 자체에서 시작하여 무한대까지 이어지는 직선이다(그림 21.1b 참조).

그림 21.1b를 보면 점전하로부터 먼 영역에서는 전기장선 사이가 넓어지는 것을 알 수 있다. 쿨롱 법칙에 따라 거리가 멀어지면 장의 세기가 약해지므로, 전기장선이 모여 있으면 전기장이 강하고, 퍼져 있으면 약하다. 따라서 전기장선 그림으로부터 장의 방향과 상대적 크기도 짐작할 수 있다.

전하 분포에서 전기장선을 추적하려면 개별 전하가 만드는 전기장의 벡터합인 알짜 전기장을 고려해야 한다. 보통은 전기장 방향이 변하므로 전기장선은 곡선이다. 그림 21.2a는 쌍극자의 전기장선 하나를 보여 주며, 그림 21.2b는 여러 전기장선들을 보여

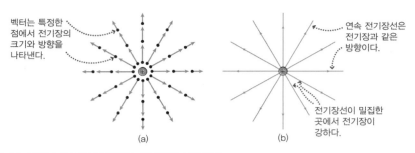

그림 21.1 (a) 벡터와 (b) 전기장선으로 전기장을 나타낸다.

준다. 두 전하 근처와 사이에서 전기장이 강하다. 전기장은 모든 곳에 존재하지만, 무한 수의 전기장선을 모두 그릴 수는 없다. 전기장선 그림이 어느 정도 정확해지도록, 고정된 수의 전기력선을 정해진 크기의 전하와 연관시킨다. 예를 들어 그림 21.3에서 선 8개는 크기 q인 전하에 해당한다.

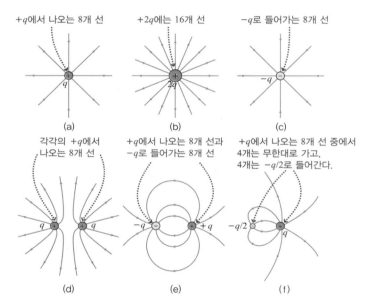

그림 21.3 여섯 종류의 전하 분포에 대한 전기장선. 8개의 선으로 전하 q의 크기를 상징한다.

그림 좌측:

알짜장의 방향은 전기장선의 접선 방향이다.

장선

(a)

전기장선이 모여 있으면 전기장이 강하다.

(b)

그림 21.2 전기 쌍극자의 장. (a) 각 점에서 전기장선의 방향은 알짜 전기장 $\vec{E} = \vec{E}_+ + \vec{E}_-$의 방향과 같다. (b) 많은 수의 전기장선으로 전체 쌍극자장을 알 수 있다.

확인 문제 **21.1** 여덟 개의 선이 전하의 크기 q에 해당할 때, $+2q$와 $-q/2$로 이루어진 전하 분포의 전기장을 나타내는 것은 어느 그림인가?

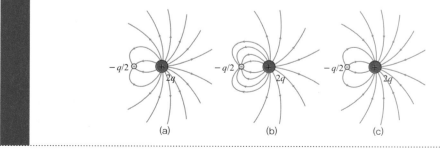

21.2 전기장과 전기 다발

LO 21.2 전기장선과 관련하여 전기 다발의 개념을 설명할 수 있다.

그림 21.3의 전하 분포를 몇 개의 표면으로 둘러싼 모습이 그림 21.4이다. 각 표면은 닫혀 있으므로 표면을 지나가지 않으면 내부에서 외부로 빠져나올 수 없다. (그림 21.4는 이차원 단면을 보여 준다.) 각 표면의 밖으로 나가는 전기장선의 수는 몇 개일까?

그림 21.4a에서 표면 1과 2의 밖으로 나가는 전기장선은 8개이다. 표면 3에서는 하나의 전기장선이 표면으로 나갔다가 다시 들어온다. 표면의 밖에서 안으로 들어오는 경우에 음의 부호를 붙이면, 표면 3의 밖으로 나가는 전기장선의 수는 8개이다. 결국 $+q$를 둘러싸는 닫힌 표면의 밖으로 나가는 전기장선의 수는 항상 8개이다. 왜냐하면 양의 전하에서 시작하여 무한대로 퍼져 나가는 전기장선은 반드시 닫힌 표면을 지나가기 때문이다.

표면 4에서는 어떠할까? 두 개의 전기장선이 표면으로 나가고, 두 선이 들어오므로 알짜로 나오는 전기장선은 없다. 표면 4가 전하를 둘러싸지 않기 때문이다. 결국 전하를 둘러싸지 않는 표면에서는 들어오는 전기장선이 다시 나가므로 알짜로 나가는 전기장선의 수는 항상 0이다.

그림 21.4b는 전하 $+2q$를 둘러싸는 표면에서 16개의 전기장선이 나온다는 점 외에 결과는 똑같다. 그림 21.4c는 음의 전하 $-q$를 둘러싸므로 안쪽 방향의 전기장선 8개가 있다. 세 경우 모두에서 표면 4는 전하를 둘러싸지 않으므로 표면을 빠져나가는 알짜 전기장선의 수는 0이다. 그림 21.4e에서도 쌍극자를 완전히 둘러싸는 표면 3을 빠져나가는 알짜 전기장선의 수는 0이다. 표면 3 안에 두 전하가 있지만 둘러싼 알짜 전하가 0이기 때문이다. 그림

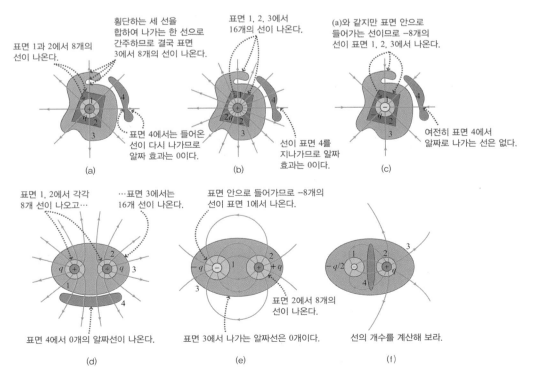

그림 21.4 닫힌 표면에서 나오는 전기장선의 수는 둘러싼 알짜 전하에 의존한다.

21.4의 모든 경우에는 닫힌 표면을 빠져나가는 전기장선의 수는 둘러싼 알짜 전하에 비례한다.

위의 기술은 보편적인 결과로서 닫힌 표면의 모양과 전하 분포에 무관하다. 표면의 밖에 있는 전하는 전기장선의 모양은 바꾸지만 표면을 빠져나가는 전기장선의 수에는 영향을 끼치지 못한다. 이 결과를 수학적으로 표기하면 전자기학의 네 기본 방정식 중 하나를 얻게 될 것이다.

다발 개념

물리학과 공학에서 물질과 에너지의 흐름을 규정하는 상황들이 많다. 15장에서 소개된 예들은 혈관을 통과하는 피, 관이나 강의 물, 또는 비행기 날개 상의 공기 흐름을 보인다. 이러한 흐름들은 kg/s, m³/s 단위로 측정되었다. 이와 같은 유체 흐름은 생리학자, 수리학자, 해양학자, 기상학자, 토목공학자에게도 흥미로운 주제이다. 16장에서는 건축공학자, 생물학자, 기후학자, 그리고 기타 여러 사람에게도 흥미로운 주제인 와트로 측정되는 열의 흐름에 대해서도 살펴보았다. 24장에서는 전류-전하의 흐름을 살펴볼 것이다. 이런 각각의 흐름을 선속, 선다발 또는 단순히 **다발**(flux, 라틴어 흐름(fluxus))에서 유래된 용어)이라고 한다. 15장에서 흐름의 국소적인 방향을 주는 선을 그어서 유체를 나타낸 것처럼 각각의 경우에도 마찬가지로 할 수 있다. 그림 15.11이 보여 주는 것처럼, 이러한 선들은 유속이 큰 곳에서 더 가까워진다. 이 두 문장이 21.1절에 있는 전기장선을 그리는 방법과 선들의 밀집도가 어떻게 장의 세기를 기술하는지를 생각나게 할 것이다.

흐름을 더 자세히 기술하기 위해서 단위 넓이당 흐름을 생각할 수 있다. 이것을 단위 넓이당 다발이라고 말해도 된다. 유체인 경우에는 제곱미터 및 초당 킬로그램(kg/s·m²)으로 측정될 것이다. 그 양이 흐름 전체에 걸쳐 균일하다면, 단위 넓이당 다발에 그 넓이를 곱하면 전체 다발이 된다. 예를 들어 단면적이 25 m²이고 단위 넓이당 다발이 100 kg/s·m²인 강이 운반하는 전체 다발은 2500 kg/s이다. 단위 넓이당 흐름이 균일하지 않다면 작은 넓이 조각들을 고려해서 각 조각에 대한 다발을 계산하고 그 결과들을 더해야 한다.

전기 다발

전기장의 경우에는 '흐르는' 것은 아무것도 없다. 그렇지만 전기장선은 유체 흐름을 기술했던 유선과 유사하다. 그 방향은 전기장의 국소적인 방향을 주고 밀집도는 장의 세기를 반영한다. 더구나 전기장선은 오직 전하에서만 시작하거나 끝난다. 그렇지 않으면, 무한히 먼 곳까지 연속적으로 연장된다. 전기장의 이런 성질은 곧 알게 되겠지만 쿨롱 법칙과 밀접하게 관련되어 있는데, 유체 흐름에서 물질의 보존과 유사하다. 그래서 유체의 흐름의 전기적 유사체를 기술하기 위해 **전기 다발**(electric flux)이라는 용어를 사용한다. 넓이 A에 수직하고 크기가 E로 균일한 전기장처럼 가장 간단한 경우에는 전기장의 다발은 $\Phi = EA$이다. 이것은 강의 다발을 구하기 위해 단위 넓이당 다발에 강의 단면적을 곱한 것과 비슷하다. 그리스 대문자 파이인 Φ를 전기 다발의 기호로 사용한다.

전기 다발은 무엇이 유용한가? 그림 21.5는 그림 21.4에서 논의된 중요한 사실인 전기 다발은 단면적을 통과하는 전기장선의 수와 같다는 정보를 제공한다. 평평한 면을 통과하는 전기 다발을 생각해 보자. 그림 21.5b와 c의 비교는 면적을 통과하는 전기장선의 수는 주어진 전기장의 세기에 대하여 그 면적이 커질수록 증가한다. 즉, $\Phi = EA$를 설명하는 것이다. 결

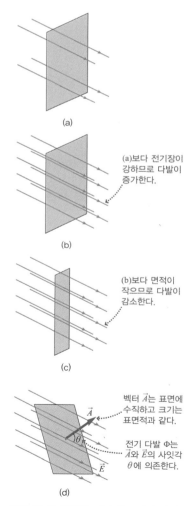

(a)

(a)보다 전기장이
강하므로 다발이
증가한다.

(b)

(b)보다 면적이
작으므로 다발이
감소한다.

(c)

벡터 $\vec{A}$는 표면에
수직이고 크기는
표면적과 같다.

전기 다발 Φ는
$\vec{A}$와 $\vec{E}$의 사잇각
θ에 의존한다.

(d)

그림 21.5 평면을 지나가는 전기 다발

테는 흐름에 수직이고,
테를 통과하는 흐름,
곧 다발이 최대이다.

테가 기울어져 있어서
물이 더 적게 통과하므로
다발이 더 적다.

테가 흐름에 평행하다.
통과하는 물이 없으므로
다발은 0이다.

그림 21.6 전기 다발에 대한 물의 흐름의 유사성. 동그란 테가 흐르는 물에 잠겨 있다.

국 그림 21.5d는 전기상선의 수는 전기장에 대해 상대적으로 단면적이 틀어졌을 때 감소함을 보여 준다. 그림 21.6에 나타낸 물의 흐름에서 유사한 효과를 볼 수 있다. 벡터 $\vec{A}$가 평면에 수직한 벡터이면 평면을 지나가는 전기장선의 수는 $\cos\theta$에 비례한다. 여기서 θ는 벡터 $\vec{A}$와 전기장 $\vec{E}$의 사잇각이다. 위의 세 요소를 모두 고려하면 결국 평면을 지나가는 전기장선의 수는 $EA\cos\theta$에 비례한다. 이 양을 전기 다발 Φ라고 정의한다. 수직 벡터 $\vec{A}$의 크기를 표면적 A와 같다고 정의하면, 전기 다발을 다음과 같이 표기할 수 있다.

$$\Phi = \vec{E} \cdot \vec{A} \tag{21.1}$$

여기서 점곱(6장 참조)은 두 벡터의 크기와 사잇각의 코사인을 곱한 것이다. 한편 $\vec{E}$의 단위가 N/C이므로 전기 다발의 단위는 $\mathrm{N \cdot m^2/C}$이다.

그림 21.5의 평면은 열린 표면이므로, 표면을 통과하지 않고도 한 면에서 다른 면으로 갈 수 있다. 열린 표면에서는 전기 다발의 정의에서 Φ의 부호가 애매하다. 왜냐하면 $\vec{A}$는 평면에 수직한 두 방향 중 어느 것을 택해도 되기 때문이다. 그러나 닫힌 표면에서는 $\vec{A}$의 방향을 표면 밖으로 나가는 수직 방향으로 명백하게 정의한다.

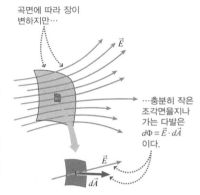

곡면에 따라 장이 변하지만…

$\vec{E}$

…충분히 작은 조각면을지나 가는 다발은 $d\Phi = \vec{E} \cdot d\vec{A}$ 이다.

$\vec{E}$

$d\vec{A}$

그림 21.7 면적 요소 $d\vec{A}$를 지나가는 다발

 전기 다발은 전기장이 아니다 전기 다발 Φ와 전기장 $\vec{E}$는 명백히 다른 물리량이다. 전기장은 공간의 각 점에서 정의한 벡터이다. 전기 다발은 스칼라이며, 한 점이 아니라 전체 표면에 대한 거시적 물리량이다. 전기 다발은 표면을 지나가는 전기장선의 수로 그 양을 정의한다.

표면이 곡면이거나 전기장이 위치에 따라 변하면 어떻게 될까? 곡면을 미소 평면 요소로 나누면 각 평면 요소를 지나는 전기장은 궁극적으로 균일해진다(그림 21.7 참조). 평면 요소의 면적을 dA라고 하면, 식 21.1에서 미소 전기 다발은 $d\Phi = \vec{E} \cdot d\vec{A}$이다. 여기서 $d\vec{A}$는 평면 요소에 수직한 벡터이다. 따라서 수학적으로 전기 다발은 다음과 같다.

$$\Phi = \int_{\text{표면}} \vec{E} \cdot d\vec{A} \tag{21.2}$$

적분은 평면 요소 dA를 포함하는 전체 표면에 대해서 수행된다. 그 결과인 **면적분**(surface integral)을 핵심요령 21.1에서 설명한다.

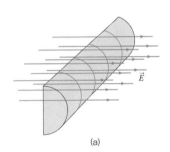

(a)

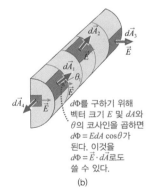

$d\vec{A}_2$ $d\vec{A}_3$

$\vec{E}$ $\vec{E}$

$d\vec{A}_1$ θ_1

$d\vec{A}_4$ $\vec{E}$

$d\Phi$를 구하기 위해 벡터 크기 E 및 dA와 θ의 코사인을 곱하면 $d\Phi = EdA\cos\theta$가 된다. 이것을 $d\Phi = \vec{E} \cdot d\vec{A}$로도 쓸 수 있다.

(b)

그림 21.8 전기 다발에 대한 면적분의 의미. (a) 표면은 균일한 전기장 $\vec{E}$에 있는 반원통이다. (b) 표면을 통과하는 전체 다발은 표면을 구성하는 모든 작은 조각에 대한 다발 $d\Phi = \vec{E} \cdot d\vec{A}$의 합이다. 그 중 네 개가 그려져 있다. 조각이 무한히 작아지는 극한에서 그 합은 식 21.2의 적분이 된다.

핵심요령 21.1 면적분

식 21.2의 수식은 복잡해 보인다. 적분 안에 두 벡터와 스칼라곱이 있고 적분 구간은 전체 표면이다. 그림 21.8을 보면 이것을 이해하는 데 도움이 된다. 표면은 어떤 것도 될 수 있지만, 이 경우에는 반원의 뚜껑을 포함하고 있는 반원통이 그림에 그려져 있다. 이 표면이 균일한 전기장 $\vec{E}$에 잠

겨 있다(그림 21.8a). 물론 전기장이 균일할 필요는 없다. 그림 21.8b에는 작은 표면 조각 여러 개가 그려져 있다. 각 조각을 나타내는 벡터 $d\vec{A}$의 크기는 그 조각의 넓이와 같고, 그 방향은 그림 21.7에 나타낸 것과 유사하게 그 조각에 수직한 방향이다. 각 조각에서 그곳의 전기장 $\vec{E}$에 대한 $d\vec{A}$의 방향을 고려하여 양 $E dA \cos\theta$를 형성한다. 이것을 좀 더 간결하게 쓰면 $\vec{E} \cdot d\vec{A}$이다. 이 양이 바로 그 작은 조각을 통과하는 다발 $d\Phi$이다. $d\Phi$는 두 벡터로 구성되어 있지만 그 자체는 스칼라이다. 그래서 표면을 통과하는 전체 다발을 구하기 위해 할 일은 $d\Phi$를 더하기만 하면 된다. 모든 $d\Phi$가 무한히 작고, 그 수가 무한히 많아지는 극한에서 그 값은 식 21.2의 면적분이 된다. 이 장에서 그러한 면적분을 계산하는 경우가 많을 것이다. 실제 계산이 수월해지도록 표면을 선택하게 되겠지만, 면적분의 의미를 잘 이해하는 것이 좋겠다.

확인 문제

21.2 한 변의 길이가 s인 정육면체가 그림처럼 균일한 전기장 $\vec{E}$ 안에 놓여 있다. (1) (a)에서 A, B, C면을 지나가는 다발은 각각 얼마인가? (2) (b)처럼 $45°$ 기울어진 경우에는 각각 얼마인가?

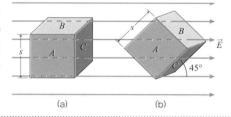

21.3 가우스 법칙

LO 21.3 가우스 법칙과 쿨롱의 법칙의 연관성을 설명할 수 있다.

닫힌 표면을 지나가는 전기장선의 수는 둘러싼 알짜 전하에 비례한다. 전기 다발을 이용하면 다음과 같이 기술할 수 있다. **닫힌 표면을 지나가는 전기 다발은 표면 안의 알짜 전하에 비례한다.** 수식으로는 $\Phi = \oint \vec{E} \cdot d\vec{A} \propto q_{둘러싼}$이다. 적분의 원 기호는 닫힌 곡면에 대한 적분이라는 뜻이다.

다발과 전하의 비례 관계를 파악하기 위하여 점전하 q와 중심을 전하에 둔 반지름 r의 구면을 생각해 보자(그림 21.9 참조). 식 21.2에서 구면을 지나가는 전기 다발은

$$\Phi = \oint \vec{E} \cdot d\vec{A} = \oint E \, dA \cos\theta$$

이다. 그림 21.9에서 수직 벡터 $d\vec{A}$와 전기장 $\vec{E}$가 평행이므로 $\cos\theta = 1$이다. 한편 전기장의 크기가 $1/r^2$에 비례하므로 반지름 r의 구면 위에서는 모두 같다. 따라서 다음을 얻는다.

$$\Phi = \oint_{구} E \, dA = E \oint_{구} dA = E(4\pi r^2)$$

여기서 마지막 적분은 구의 표면적과 같다. 이제 식 20.3에서 점전하의 전기장 $E = kq/r^2$를 이용하면 $\Phi = E(4\pi r^2) = (kq/r^2)(4\pi r^2) = 4\pi kq$이다. q는 닫힌 구면 안의 알짜 전하이므로 결국 다발과 전하의 비례 상수는 $4\pi k$이다.

먼저 $\epsilon_0 = 1/4\pi k$인 유전율 ϵ_0을 도입하자. 여기서 k는 쿨롱 상수이고 $\epsilon_0 = 8.85 \times 10^{-12} \, \mathrm{C^2/N \cdot m^2}$이다. 두 상수는 사실상 같다. 다만 역사적 이유로 두 개로 나눠져 있을 뿐

장의 크기는 구면 위에서 모두 같고…

…각 점에서 $\vec{E}$와 $d\vec{A}$는 평행이다.

그림 21.9 점전하의 전기장과 전하가 중심인 구면

이다. k 대신에 ϵ_0을 사용하면 수식에 $1/4\pi k$ 대신에 ϵ_0이 포함된다. 결국 닫힌 표면을 지나가는 전기 다발은 닫힌 표면 안의 알짜 전하에 비례한다는 수학적 표현은 다음과 같다.

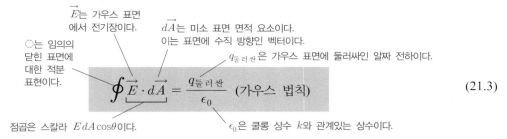

$\vec{E}$는 가우스 표면에서 전기장이다.

$\vec{dA}$는 미소 표면 면적 요소이다. 이는 표면에 수직 방향인 벡터이다.

○는 임의의 닫힌 표면에 대한 적분 표현이다.

$q_{둘러싼}$은 가우스 표면에 둘러싸인 알짜 전하이다.

$$\oint \vec{E} \cdot d\vec{A} = \frac{q_{둘러싼}}{\epsilon_0} \quad (\text{가우스 법칙})$$

(21.3)

점곱은 스칼라 $E\,dA\cos\theta$이다.

ϵ_0은 쿨롱 상수 k와 관계있는 상수이다.

여기서 적분은 임의의 닫힌 표면에 대한 것이고, $q_{둘러싼}$은 그 표면으로 둘러싸인 알짜 전하이다.

식 21.3을 **가우스 법칙**(Gauss's law)이라고 부른다. 가우스 법칙은 전 우주에서 전자기장의 거동을 결정하는 네 기본 방정식 중의 하나이다. 은하 사이의 별로 여행하든, DNA 분자를 따라가든, 컴퓨터 마이크로칩 안으로 여행하든, 닫힌 표면을 지나가는 전기 다발은 닫힌 표면 안의 전하에만 의존한다. 200년 동안 어떤 실험도 가우스 법칙에 위배되지 않았다.

어려운 수식으로 표기하였지만, 그림 21.4에서 배웠듯이, 물리적으로는 닫힌 표면을 빠져나가는 전기장선의 수가 둘러싸인 알짜 전하에 비례한다는 단순한 뜻이다.

가우스 법칙과 쿨롱 법칙

가우스 법칙과 쿨롱 법칙은 전혀 다른 것 같지만 사실은 동등한 법칙이다. 그 중심에는 역제곱 법칙이 있다. 그림 21.10의 두 표면을 지나가는 전기 다발은 q/ϵ_0로 서로 같다. 왜 그럴까? 가우스 법칙에 따르면 점전하를 중심으로 반지름 r의 구면을 지나가는 다발은 표면적 $4\pi r^2$과 표면 전기장 E의 곱이다. 쿨롱 법칙에서 전기장은 $1/r^2$로 감소한다. 따라서 표면적과 전기장의 r 의존성이 상쇄되어 전기 다발은 일정하게 된다. 만약 쿨롱 법칙에서 역제곱 법칙이 성립하지 않으면 다발은 상수가 아니고, 가우스 법칙도 성립하지 않을 것이다.

전기장선이 전기장을 가시화할 수 있는 이유도 역제곱 법칙이다. 전기장선은 전하에서 시작해서 전하에서 끝난다. 아니면 무한대로 퍼져 나간다. 점전하의 전기장선이 3차원 공간에서 퍼져 나갈 때, 모든 구면을 지나가는 전기장선의 수는 같다. 반지름이 증가하면 표면적 r^2에 비례하여 증가하지만 전기장선의 밀도는 $1/r^2$로 감소한다. 결국 역제곱 법칙(쿨롱)과 다발(가우스)은 밀접하게 관련되어 있다.

점전하에 대해서만 설명하였지만, 모든 전하 분포가 만드는 전기장에서도 가우스 법칙은 성립한다. 점전하가 만드는 전기장을 벡터로 더하면 중첩 원리에 따라 어떤 전기장도 기술할 수 있다. 가우스 법칙과 쿨롱 법칙이 동등하므로 중첩 원리로 구한 전기장에서도 가우스 법칙은 성립한다. 정적인 전하 분포인 경우에 가우스 법칙과 쿨롱 법칙은 완전히 대등하다. 그러나 전하가 움직이는 경우에는 가우스 법칙만 정확하다. 따라서 가우스 법칙이 더 근본적이고, 전자기학의 네 기본 법칙 중 하나로 취급된다.

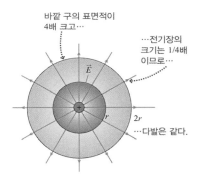

바깥 구의 표면적이 4배 크고…

…전기장의 크기는 1/4배이므로…

…다발은 같다.

그림 21.10 가우스 법칙은 쿨롱의 역제곱 법칙을 따른다.

21.3 고립된 양전하를 그림처럼 구면으로 둘러싼다.
(1) 두 번째 전하가 구면의 바깥에 오면, 구면을 지나
가는 총다발에 대한 다음의 기술 중 어느 것이 옳은
가? 다발은 (a) 불변이다, (b) 증가한다, (c) 감소한다,
(d) 두 번째 전하의 부호에 따라 증가하거나 감소한다.
(2) 구면 위의 전기장에 대해서는 어느 것이 옳은가?

구면이 점전하를
둘러싼다.

두 번째 전하를 외부에
놓으면 표면을 지나가는
총다발은 어떻게 변하고…

…이 점에서 전기장은
어떻게 되는가?

21.4 가우스 법칙의 사용

LO 21.4 가우스 법칙을 적용하여 전하 분포가 대칭적인 전기장을 계산할 수 있다.

가우스 법칙은 전기장에 대한 가장 보편적인 법칙이다. 어떤 전하 분포를 둘러싸는 어떤 표
면에 대해서도 성립한다. 전하 분포가 대칭성을 가지면 쿨롱 법칙 대신에 가우스 법칙으로
전기장을 훨씬 쉽게 구할 수 있다. 대칭성이 있으면 식 21.3에서 왼편의 다발 적분을 구하기
쉽기 때문이다. 특히 점대칭, 선대칭, 면대칭 등 세 종류의 대칭성을 지닌 전하 분포에 대해
서 집중적으로 공부하겠다.

| 문제풀이 요령 21.1 | 가우스 법칙 |

해석 주어진 전하 분포가 전기장을 구하기 위해 가우스 법칙을 사용할 만한 대칭성이 있는지 확인
하고, 대칭의 종류, 즉 구대칭, 선대칭, 면대칭인지를 파악한다. 이러한 대칭성이 없으면 가우스 법
칙으로 전기장을 구하기 힘들다.

과정 전하 분포에 대한 그림을 그리고 대칭성을 이용하여 전기장의 방향을 추측한다. 가우스 법칙
에서 다발을 적분할 가상의 **가우스 표면**(Gaussian surface)을 그린다. 가우스 표면에서 전기장의
크기는 일정하고 방향은 수직해야 한다. 대칭성에 따라 전기장선을 그린다. 선대칭과 면대칭인 경
우에 가우스 표면의 일부에서는 전기장이 수직하지만 다른 부분에서는 평행할 수도 있다. 이와 같
은 가우스 표면을 찾기가 힘들면 가우스 법칙으로 전기장을 구할 만큼 충분한 대칭성이 없는 경우
이다.

풀이

- 가우스 표면 위의 선다발 $\Phi = \oint \vec{E} \cdot d\vec{A}$를 구해야 한다. 가우스 표면에 장이 수직하므로 전기장
  $\vec{E}$와 면적 벡터 $d\vec{A}$는 평행이다. 즉, $\cos\theta = 1$이므로 $\vec{E} \cdot \vec{A} = EdA$이다. 가우스 표면 위에서
  전기장의 세기 E가 일정하므로 나머지 적분 $\oint dA$는 면적 A와 같다. 따라서 선다발은 EA이다.
  선대칭이나 면대칭처럼 $\vec{E}$가 가우스 표면의 일부분과 평행하면 $\vec{E} \perp d\vec{A}$이므로 $\vec{E} \cdot d\vec{A} = 0$이다.
  즉 이 영역을 지나가는 다발이 없다.
- 가우스 표면이 둘러싼 전하 $q_{\text{둘러싼}}$을 구한다. 전기장을 구하는 위치가 전하 분포의 내부인지 외
  부인지에 따라 $q_{\text{둘러싼}}$은 총전하와 같거나 같지 않을 수 있다.
- 다발과 $q_{\text{둘러싼}}/\epsilon_0$을 같게 놓고 전기장의 크기 E를 구한다. 전기장의 방향은 대칭성에 따라 자명
  하게 주어진다.

검증 답을 검증해 보자. 전기장이 대칭성에 따라 점전하, 선전하, 대전 평판과 같은 간단한 전하
분포의 전기장으로 단순화되는가?

구대칭

전하 밀도가 전하 분포의 중심에 대한 지름 거리 r에만 의존하면 구대칭이라고 하고, 그 중심을 대칭점(point of symmetry)이라고 한다. 점전하가 한 예이고, 예제 21.1~21.3에서 설명할 균일하게 대전된 구도 그러한 예이다. 어떠한 구형 전하 분포도 전하 밀도가 지름 거리에만 의존하면 구대칭이다. 구대칭을 갖는 전기장은 대칭점으로 향하거나 멀어지는 지름 방향의 전기장만 가능하다. 가장 단순한 경우인 대전된 구면 껍질로 시작하겠다.

예제 21.1 가우스 법칙: 속이 빈 구면 껍질

반지름 R의 속이 빈 얇은 구면 껍질의 표면에 전하 Q가 균일하게 분포한다. 껍질의 (a) 외부와 (b) 내부에서 전기장을 구하라.

해석 구대칭인 전하 분포이므로 가우스 법칙을 사용하여 전기장을 구할 수 있다.

과정 구대칭이므로 전기장선은 양의 전하인 경우에는 중심에서 바깥쪽 방향을 향하고 음의 전하인 경우에는 중심을 향한다. 대전된 껍질과 외부의 일부 전기장선이 그림 21.11에 나타나 있다. 구대칭일 때 적절한 가우스 표면도 구이고, 그 중심은 껍질의 중심에 위치한다. 껍질의 외부와 내부의 전기장을 구해야 하므로 껍질 내부와 외부에 가우스 표면이 각각 그려져 있다.

풀이

• 먼저 가우스 법칙의 좌변에 나타나는 다발 적분 $\Phi = \oint \vec{E} \cdot d\vec{A}$를 구한다. 전기장은 선택된 가우스 표면 어디에서나 수직이므로 법선 벡터 $d\vec{A}$에 평행하다(그림 21.9 참조). 따라서 $\cos\theta = 1$이고 스칼라곱은 $E\,dA$가 된다. 가우스 표면이 대칭점에 중심이 위치한 구이므로 전기장 세기는 가우스 표면 전체에서 똑같다. 따라서 E는 적분 밖으로 나올 수 있으므로 $\Phi = E\oint dA$가 된다. 남아 있는 적분은 가우스 구 표면에 대한 모든 작은 넓이 dA의 합이므로 그것은 구의 표면 넓이 $A = 4\pi r^2$이 된다. 그러면 다발은 $\Phi = 4\pi r^2 E$가 된다. 표면이 껍질 외부에 있든지 내부에 있든지, 즉 반지름 r이 어떤 특정한 값을 가지든지 상관없이 대칭성과 구형의 가우스 표면만으로 이 결과가 성립한다. 따라서 그림 21.11에 보이는 가우스 표면 둘 모두에 대해서도 이 결과가 성립한다.

• 이제 둘러싸인 전하를 계산한다. 그것은 두 표면에 대해서 다르므로 먼저 (a)를 고려하겠다. (a)로 표시된 가우스 표면은 껍질 외부에 있으므로 표면이 둘러싸고 있는 전하는 총전하 Q이다. 다발에 대한 표현 $\Phi = 4\pi r^2 E$를 가우스 법칙 $\Phi = \oint \vec{E} \cdot d\vec{A} = q_{둘러싼}/\epsilon_0$에 대입하면 $4\pi r^2 E = Q/\epsilon_0$가 된다. E에 대해 풀면

$$E = \frac{Q}{4\pi\epsilon_0 r^2} \quad \text{(임의의 구대칭 전하}\atop\text{분포 외부의 전기장)} \qquad (21.4)$$

를 얻는다.

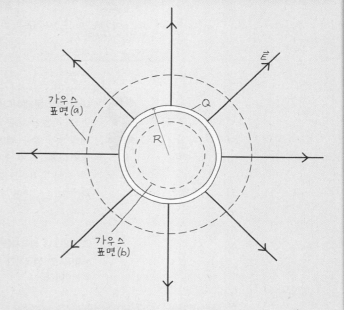

그림 21.11 대전된 구면 껍질의 전기장 구하기

• 이제 껍질의 내부를 고려하자. 모든 전하가 껍질의 표면에 있으므로 내부에는 전하가 없다. 그래서 가우스 표면 (b)가 둘러싸고 있는 전하는 없다. 그렇지만 앞에서 논의했듯이 다발은 여전히 $4\pi r^2 E$이므로 가우스 법칙은 $4\pi r^2 E = 0$이 된다. E에 대해 풀면 $E = 0$을 얻는다. 가우스 표면 (b)는 껍질 표면 바로 근처까지 포함하여 껍질 내부의 어디에나 있을 수 있으므로 껍질 내부의 어디에도 전기장은 없다.

검증

• 먼저 껍질 외부의 전기장을 고려한다(식 21.4). $1/4\pi\epsilon_0$은 쿨롱 상수 k이므로 이 전기장을 $E = kQ/r^2$으로 쓸 수 있다. 이것은 정확히 점전하의 전기장이다! 사실, 이 결과를 얻은 논리는 전하가 구면 껍질에 있다는 점에 의존하지 않는다. 전하 분포가 구대칭이고 그 분포 외부의 전기장을 계산하기만 하면 똑같은 결과를 얻는다. 그래서 그 결과에 수식 번호를 부여하고 '임의의 구대칭 전하 분포 외부의 전기장'이라고 표시한 것이다. 임의의 구대칭 전하 분포 외부에서 그 전기장은, 전하가 총전하와 같고 대칭의 중심에 위치한 점전하의 전기장과 정확히 같다.

또한 이 결과는 중력에 대해서도 성립하는데 그 이유는 중력이 역제곱 법칙을 따르기 때문이다. 행성을 그 중심에 위치한 질점인 것처럼 취급할 수 있는 것도 그 때문이다.

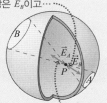

*B*의 전하가 점 *P*에 만드는 전기장은 $\vec{E}_B$이고⋯

⋯*A*의 전하가 점 *P*에 만드는 전기장은 $\vec{E}_A$이다. 두 장은 상쇄된다.

• 내부의 전기장은 어떻게 껍질 내부 어디에서나 정확히 0이 될 수 있을까? 그림 21.12는 이 놀라운 결과가 역제곱 법칙의 결과임을 보여 준다.

그림 21.12 대전된 껍질 내부의 한 점 *P*에 가까운 쪽인 *A*의 전하가 만드는 전기장은 먼 쪽인 *B*의 많은 전하가 만드는 전기장과 정확하게 상쇄된다. 결국 껍질 내부의 전기장은 모든 곳에서 0이다.

 대칭성이 문제이다! '빈 구면 껍질 내부에 전하가 없으면 껍질 내부의 전기장은 0이다'라는 사실은 대칭성이 좋을 때만 성립한다. 그림 21.13을 보면 명백하게 알 수 있다. 가우스 표면이 둘러싸는 알짜 전하가 0이므로 표면을 지나가는 다발도 0이다. 그러나 표면 위와 내부에서 전기장은 0이 아니다.

그림 21.13 쌍극자를 에워싸는 구형 가우스 표면. $q_{둘러싼}$ = 0이지만 쌍극자가 구대칭이 아니기 때문에 표면 안에서 $E \neq 0$이다.

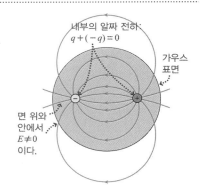

내부의 알짜 전하: $q + (-q) = 0$

가우스 표면

면 위와 안에서 $E \neq 0$이다.

확인 문제 **21.4** 구면 껍질의 표면에 전하 *Q*가 균일하게 분포한다. 껍질의 전하량이 2배로 증가하면, 껍질의 (1) 내부와 (2) 외부의 전기장은 어떻게 되는가?

이제 조금 더 복잡한 전하 분포를 고려해 보자. 중심에 점전하가 있는 구면 껍질의 경우이다.

예제 21.2 **가우스 법칙: 껍질 안의 점전하** 응용 문제가 있는 예제

반지름이 *R*인 구면 껍질의 중심에 양의 점전하 +*q*가 있고, 껍질의 표면에 −2*q*가 균일하게 분포한다. 껍질의 내부와 외부에서 전기장의 세기를 구하라.

해석 구대칭 전하 분포이다.

과정 전하 분포의 내부와 외부에서 장을 구하므로 그림 21.14처럼 두 개의 가우스 표면을 그린다. 전기장선도 함께 그리면 답의 검증에 도움이 된다.

풀이
• 구형 가우스 표면을 지나가는 다발은 구대칭과 마찬가지로 $\Phi = 4\pi r^2 E$이다.
• 외부의 가우스 표면은 중심의 +*q*와 껍질의 −2*q*를 포함하므로, *r* > *R*이면 둘러싸인 알짜 전하는 $q_{둘러싼} = -q$이다. 내부의 가우스 표면은 중심의 +*q*만 둘러싸므로, *r* < *R*이면 알짜 전하는 $q_{둘러싼} = +q$이다.
• 가우스 법칙, $4\pi r^2 E = q_{둘러싼}/\epsilon_0$에서, *r* > *R*이면 $E = -q/4\pi\epsilon_0 r^2$이고, *r* < *R*이면 $E = q/4\pi\epsilon_0 r^2$이다.

검증 답을 검증해 보자. 구대칭 전하 분포의 외부 전기장은 중심에 점전하가 만드는 전기장과 같다. 알짜 전하가 $-q$인 $r > R$의 결과는 점전하 $-q$의 전기장과 같다. 중첩 원리로도 동일한 결과를 얻을 수 있다. 껍질의 외부에서는 껍질의 음전하 $-2q$가 중심에 모여 있는 경우와 마찬가지이므로, 중심의 점전하 $+q$가 만드는 전기장과 중첩되기 때문이다. 예제 21.1에서 껍질이 내부에 전기장을 만들지 못하므로 내부 전기장은 중심의 점전하가 만드는 전기장뿐이다. 그림 21.14의 전기장선을 보면 좀더 명확하게 외부와 내부의 전기장을 파악할 수 있다.

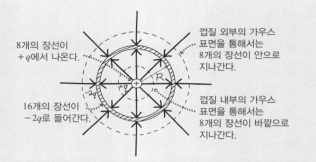

그림 21.14 점전하 $+q$를 둘러싼 껍질의 전하량은 $-2q$이다. 점전하에서 시작하는 장선의 수와 껍질에서 끝나는 수는 정확히 이들 각각의 전하를 반영한다.

부피 전체에 전하가 분포되어 있으면 어떻게 될까? 분포가 구대칭이기만 하면 예제 21.1과 21.2에서 했던 것과 똑같이 가우스 법칙을 사용하여 전기장을 구할 수 있다. 유일한 차이점은 둘러싸인 전하를 계산할 때 나온다. 이 상황을 고려한 것이 예제 21.3이다.

예제 21.3 가우스 법칙: 균일하게 대전된 구

반지름 R의 구에 전하 Q가 균일하게 분포한다. 모든 곳의 전기장을 구의 (a) 외부와 (b) 내부로 구분하여 구하라.

해석 전하 분포가 구대칭이므로 가우스 법칙을 적용할 수 있다.

과정 그림 21.15가 구형 전하 분포를 나타낸 것이다. 구대칭이므로 장은 지름 방향이며, 양전하이면 바깥쪽, 음전하이면 안쪽으로 향한다. 따라서 전하 분포의 중심에 중심을 둔 구면을 가우스 표면으로 선택한다. 구의 외부와 내부의 장을 구하므로, 전하 분포의 외부와 내부에 가우스 표면을 따로 그린다.

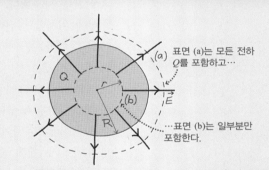

그림 21.15 균일하게 대전된 구의 전기장 구하기. 전기장은 안쪽 가우스 표면 내부에도 존재하지만 그리지 않았다.

풀이

• (a) 전하 분포 외부의 전기장에 대한 답은 이미 알려진 셈이다. 왜냐하면 예제 21.1에서 알게 되었듯이 구대칭인 임의의 전하 분포 외부의 전기장은 정확히 중심에 위치한 점전하의 전기장과 같다. 그래서 대전된 구 외부의 전기장의 세기는 $E_{외부} = Q/4\pi\epsilon_0 r^2$이고 방향은 Q가 양의 전하일 때 중심에서 멀어지는 방향이다. 그림 21.15에 있는 표면 (a)를 통과하는 다발을 고려하여 그 값이 $q_{둘러싼}/\epsilon_0$과 같다고 놓으면 이 결과를 얻을 수도 있다. 이것은 예제 21.1의 구면 껍질 외부에서의 전기장 계산을 본질적으로 반복하는 것이 된다.

• (b) 대전된 구 내부의 전기장에 대해서는 그림 21.15에 있는 표면 (b)에 대해 가우스 법칙을 적용할 필요가 있다. 예제 21.1에서 구대칭이 있고 구형의 가우스 표면을 사용하면 가우스 법칙의 좌변(다발)이 $4\pi r^2 E$와 같다는 것을 알고 있다. 그렇지만 표면 (b)가 둘러싸고 있는 전하를 구할 필요가 있다. 표면 (b)는 구 안쪽에 있으므로 전체 전하 Q를 둘러싸고 있지는 않다. 그 부피와 전체 구의 부피를 비교하면 그 안에 전하가 얼마나 있는지 알 수 있다. 표면 (b)의 반지름은 r이므로 그 부피는 $\frac{4}{3}\pi r^3$이다. 대전된 구의 반지름은 R이므로 그 부피는 $\frac{4}{3}\pi R^3$이다. 따라서 가우스 표면 (b)는 대전된 구의 전체 부피의 r^3/R^3을 둘러싸고 있다. 전하는 구 전체에 균일하게 분포되어 있으므로 이것은 또한 가우스 표면이 둘러싸고 있는 총전하의 비율이다. 그래서 반지름 r인 가우스 표면에 대해 가우스 법칙의 $q_{둘러싼}$은 Qr^3/R^3이 된다. 이제 이 상황에 대해 가우스 법칙을 쓸 수 있으므로 전기 다발 $4\pi r^2 E$가 $q_{둘러싼}/\epsilon_0$과 같다고 놓으면 $4\pi r^2 E = Qr^3/\epsilon_0 R^3$이 된다. 전기장 세기 E에 대해 풀면 다음을 얻는다.

$$E = \frac{Qr}{4\pi\epsilon_0 R^3} \quad \text{(균일하게 대전된 구 내부의 전기장)} \quad (21.5)$$

검증 답을 검증해 보자. 구 내부의 전기장은 중심으로부터 거리 r에 따라 선형으로 증가한다. 이것은 서로 상반되는 두 가지 효과를 반영한다. 첫째, 중심으로부터 바깥으로 이동하면 감싼 전하는 그 안의 부피에 비례하여 r^3처럼 증가한다. 그러나 중심으로부터의 거리도 역시 커지므로 그것은 전기장이 $1/r^2$로 줄어드는 원인이 된다. 결합된 효과는 식 21.5에서처럼 중심으로부터 구의 표면까지 선형으로 증가하는 전기장이다. 하지만 일단 구 밖으로 나오면 감싼 전하는 더 이상 증가하지 않으므로 점전하 전기장의 $1/r^2$ 감소만 보게 된다. 구 내부와 외부의 전기장 세기 E가 그림 21.16에 그려져 있다. 그림에서 보다시피, 그리고 식 21.4와 21.5를 비교해 보면 알 수 있듯이 내부와 외부 전기장에 대한 결과는 $r = R$인 구의 표면에서 일치한다.

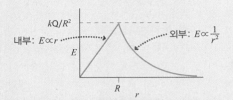

그림 21.16 균일하게 대전된 반지름 R의 구에서 중심에서의 거리 변화에 따른 전기장의 세기

앞으로 더 나아가기 전에 지금 막 살펴봤던 세 가지 예를 고찰해 보자. 각 예제에서 가우스 법칙의 좌변과 우변을 같다고 놓고 전기장 세기 E에 대해 풀었다. 좌변은 한 번만 구했다. 구대칭인 가우스 표면을 고려한 각각의 구대칭의 경우에 가우스 법칙의 좌변은

$$\Phi = \oint \vec{E} \cdot d\vec{A} = 4\pi r^2 E$$ 가 된다. 예제 21.1에서 이것을 구했고, 구대칭 문제를 고려하는 한 이 계산을 다시 할 필요가 없다. 그래서 예제 21.2와 21.3에서 가우스 법칙의 좌변에 대해 $4\pi r^2 E$를 사용했다. 예제 21.1에 따르면 임의의 구대칭 전하 분포의 외부에서 전기장은 그 중심에 위치한 점전하의 전기장과 정확히 같다. 또한 이것은 정확한 결과로서 단지 먼 거리에서 성립하는 근사가 아니다. 그림 21.16에 나타나 있는 것처럼 전하 분포의 표면에서도 성립한다.

또한 예제 21.1에 따르면 전하 구면 껍질의 내부 어디에서나 전기장은 0이다. 동심 껍질로 이루어진 임의의 구대칭 전하 분포를 생각해 보자. 그것은 전기장을 계산하려는 위치보다 중심에서 더 멀리 떨어져 있는 전하가 전기장에 기여하는 바가 전혀 없다는 의미가 된다. 그런 관점에서 세 예제 중에서 가장 어려웠던 대전된 구 내부의 전기장에 대한 예제 21.3을 또 다른 방식으로 접근하는 것이 가능하다. 그 부피 내부의 임의의 점에서 그보다 더 바깥에 있는 전하로부터의 기여는 없다. 그리고 예제 21.1에서처럼 그 위치 내부에 있는 전하는 점전하처럼 행동한다. 그 전하를 합하는 것은 본질적으로 예제 21.3의 $q_{둘러싼}$을 구하는 계산이다. 그러면 균일하게 대전된 구 내부의 전기장에 대한 식 21.5를 얻을 것이다. 따라서 모든 구대칭 전하 분포는 가우스 법칙을 적용하는 방식이 정확히 같다는 점에서 비슷하다. 유일한 차이점은 둘러싸인 전하를 구하는 것에 있다. 구대칭이지만 균일하지 않은 전하 분포에 관련된 예가 실전 문제 69와 71이다.

이제 가우스 법칙으로 빠르게 전기장을 구할 수 있는 두 가지 다른 예를 고려할 것이다. 이들 대칭성에 대한 예제가 이미 배웠던 예제와 얼마나 비슷한지 생각해 보아라. 똑같은 방식으로 가우스 법칙을 적용하지만 좌변의 다발에 대한 표현이 다르고 둘러싸인 전하의 계산이 다르다.

선대칭

전하 밀도가 대칭축(symmetry axis)에 대한 수직 거리 r에만 의존하면 선대칭이라고 한다. 선대칭에 따라 전기장의 방향은 대칭축에서 퍼져 나가는 지름 방향이고, 크기는 수직 거리에

만 의존한다. 또한 전하가 무한히 길게 분포해야 한다. 실제로는 불가능하지만, 송전선처럼 긴 도선은 무한 선대칭 전하 분포로 어림해도 좋다. 다음 두 예제는 가우스 법칙의 선대칭 응용을 살펴본다.

예제 21.4 **가우스 법칙: 무한 선전하** 　　　　　　　　　　　　　　　　　응용 문제가 있는 예제

선전하 밀도가 λ(단위: C/m)로 균일한 무한 선전하의 전기장을 가우스 법칙을 사용하여 구하라.

해석 무한 직선은 선대칭이므로 전기장을 구하기 위해 가우스 법칙을 적용할 수 있다.

과정 대칭성에 의해 장은 선전하로부터 지름 방향이고 그 크기는 선전하로부터 수직 거리 r인 곳은 모두 똑같다. 이러한 대칭성을 활용하는 가우스 표면을 찾아야 한다. 그 표면에서 표면 적분은 전기장의 크기 E와 표면 넓이 A의 단순한 곱으로 바뀔 것이다. 적절한 가우스 표면이 그림 21.17에 그려져 있다. 그것은 반지름 r와 길이 L인 원통으로 그 중심이 선전하와 일치한다. 원통의 곡면에 있는 모든 점은 선전하로부터 똑같은 거리 r에 있으므로 전기장의 크기 E는 표면의 곡면 부분에서 모두 같다. 그리고 전기장이 지름 방향이므로 $\vec{E}$와 법선 벡터 $d\vec{A}$ 사이의 각은 0이 되어서 점곱 $\vec{E} \cdot d\vec{A}$에서 $\cos\theta$는 1과 같다.

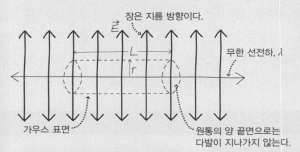

장은 지름 방향이다.

무한 선전하, λ

가우스 표면

원통의 양 끝면으로는 다발이 지나가지 않는다.

그림 21.17 선전하를 둘러싸는 원통형 가우스 표면. 그림은 일부를 종이면에 나타낸 것으로 전기장은 선전하로부터 종이면 안쪽과 바깥쪽을 향해 지름 방향으로 연장된다.

풀이

- 가우스 법칙의 왼쪽에 있는 가우스 표면을 통과하는 전기 다발부터 시작하자. 구면인 경우와 달리 이 가우스 표면은 원통의 곡면 부분과 원통의 밑면으로 된 두 가지 유형으로 이루어져 있다. 곡면 부분인 경우에 점곱에서 $\cos\theta = 1$이므로 곡면 부분을 통과하는 전기 다발은 $\int \vec{E} \cdot d\vec{A} = \int E \, dA = E \int dA$가 된다. 여기서 마지막 등호의 결과는 크기 E가 원통의 곡면 부분에서 변하지 않기 때문이다. 적분 기호에서 원이 없는 것은 고려하고 있는 곡면 부분이 그 자체로는 닫힌 곡면을 이루지 못하기 때문임을 유의하자. 남아 있는 적분은 단지 원통의 곡면 부분의 넓이이다. 이 곡면을 풀어서 평평하게 만든다고 상상해 보자. 그것은 길이가 L이고 폭이 원둘레 $2\pi r$와 같은 직사각형이므로 곡면 부분을 통과하는 전기 다발은 $\Phi = 2\pi r L E$가 된다. 밑면에 대해서는 어떤가? 전기장선이 그로부터 나오지 않으므로 전기 다발은 0이다. 수학적으로는 전기장 $\vec{E}$와 밑면에 수직하는 벡터 $d\vec{A}$가 수직하므로 밑면에서 $\vec{E} \cdot d\vec{A} = 0$이다. 그래서 가우스 법칙의 좌변은 $2\pi r L E$이다. 이 결과는 대칭성에만 의존하므로 선대칭이 있는 모든 상황에 적용된다.
- 다음으로 둘러싸인 전하를 구해 보자. 선전하 밀도가 λ이고 가우스 표면은 길이 L을 둘러싸고 있으므로 $q_{둘러싼} = \lambda L$이다.
- 마지막으로 가우스 법칙에 따라 전기 다발 Φ와 $q_{둘러싼}/\epsilon_0$을 같게 놓으면

$$E = \frac{\lambda}{2\pi\epsilon_0 r} \quad \text{(선전하의 전기장)} \qquad (21.6)$$

를 얻는다.

검증 답을 검증해 보자. 예제 20.7에 있는 똑같은 문제에서 복잡한 적분을 수반하는 훨씬 더 어려운 계산으로 전기장을 구했다. $1/2\pi\epsilon_0 = 2k$이므로 두 결과는 똑같다. 그러나 가우스 법칙으로 문제를 훨씬 쉽게 풀 수 있다!

예제 21.4는 무한히 얇은 선전하에 대한 결과이지만, 그림 21.18처럼 선대칭이 있는 어떤 전하 분포의 외부에서도 그 결과는 똑같이 성립한다. 또한 예제 20.7에서 활용하였듯이, 양 끝의 근처만 아니면 긴 원통에서도 그 결과를 좋은 어림 식으로 사용할 수 있다.

선대칭의 두 예제는 각각 구대칭에서 점전하와 속이 빈 구면 껍질의 경우에 해당한다. 응용 문제 42에서 예제 21.3의 대전된 속이 꽉 찬 구 대신에 원통을 다룬다.

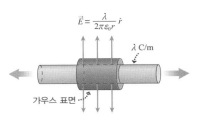

$\vec{E} = \frac{\lambda}{2\pi\epsilon_0 r}\hat{r}$

λ C/m

가우스 표면

그림 21.18 예제 21.4의 논의를 모든 원통형 전하 분포의 외부에 적용할 수 있다.

예제 21.5 | **가우스 법칙: 속이 빈 관**

반지름이 2.0 cm이고 길이가 3.0 m인 속이 빈 관의 표면에 전하 $q = 5.7\ \mu\text{C}$이 균일하게 분포한다. 관의 중심축에서 1.0 cm와 3.0 cm 떨어진 곳의 전기장을 각각 구한다. 단, 두 곳은 관의 양 끝으로부터 멀리 있다고 가정한다.

해석 관의 길이가 유한하지만, 중심 거리가 관의 길이에 비해서 매우 작으므로 관을 선대칭인 무한 전선으로 어림할 수 있다.

과정 선대칭에서 적절한 가우스 표면은 관과 중심축이 같은 원통 면이다. 그림 21.19는 장을 구하려는 곳의 중심 거리를 반지름으로 잡은 두 가우스 표면이다.

풀이
- 예제 21.4에서 선대칭의 다발은 $\Phi = 2\pi r L E$이다.
- 둘러싸인 전하를 구해 보자. 3.0 cm인 곳은 관의 외부이므로 가우스 표면은 모든 전하 $q_{\text{둘러싼}} = 5.7\ \mu\text{C}$을 둘러싼다. 한편 속이 빈 관이므로 반지름 1.0 cm의 가우스 표면이 둘러싸는 전하는 없다.
- 가우스 법칙 $2\pi r L E = q_{\text{둘러싼}}/\epsilon_0$에서, $r = 3.0$ cm이면

$$E = \frac{q_{\text{둘러싼}}}{2\pi\epsilon_0 r L} = \frac{5.7\ \mu\text{C}}{(2\pi\epsilon_0)(3.0 \times 10^{-2}\ \text{m})(3.0\ \text{m})}$$

$$= 1.1\ \text{MN/C}$$

이고, $r = 1.0$ cm이면 $E = 0$이다.

검증 답을 검증해 보자. 관의 내부에는 균일하게 대전된 속이 빈 구와 마찬가지 이유로 장이 없다. 그러나 조심해야 한다. 도체 관이나 도체 구면 껍질에서는 대칭성이 없어도 내부에 장이 없지만 (곧 배울 것이다), 위 결과는 대칭성 때문에 생긴 것이다. 선대칭의 전하 분포에서 외부의 전기장은 식 21.6, $E = \lambda/2\pi\epsilon_0 r$가 되어야 함을 앞에서 보였다. 위의 풀이 결과에서 $q_{\text{둘러싼}}/L$이 선전하 밀도 λ이므로 대칭성의 결과와 같다.

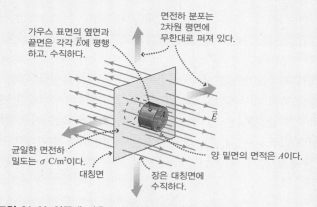

그림 21.19 예제 21.5의 가우스 표면

면대칭

전하 밀도가 평면에 대한 수직 거리에만 의존하면 면대칭이라고 한다. 면대칭 전하 분포에서 유일한 전기장 성분은 대칭면에 수직하다. 선대칭과 마찬가지로 면대칭도 무한 평면에서만 성립한다. 물론 실제로는 불가능하지만, 전하가 매우 넓고 평평한 표면에 분포한 경우에는 무한 면대칭 전하 분포로 어림해도 좋다. 다음 예제는 가우스 법칙을 면대칭에 적용한다.

예제 21.6 | **가우스 법칙: 면전하**

면전하 밀도가 σ(단위: C/m^2)로 균일한 무한 면전하의 전기장을 구하라.

해석 무한 평면이므로 평면 자체가 대칭면인 면대칭이다.

과정 다발 적분 $\oint \vec{E} \cdot d\vec{A}$가 최소한 어떤 부분에서는 간단한 곱으로 바뀌고, 나머지 부분에서는 0이 되도록 가우스 표면을 선택해야 한다. 전기장이 대전된 평면에 수직할 것이므로 평면에 평행한 어떠한 표면에서도 스칼라곱에서 $\cos\theta$를 1로 놓을 수 있다. 또한 대칭성 때문에 E는 평면에 평행하게 움직여도 변하지 않을 것이다. 더구나 대전된 평면에 수직한 임의의 표면을 통과하는 다발은 0이다. 그러므로 끝이 평면에 평행하고 옆은 수직한 어떠한 표면도 적절한 가우스 표면이 될 수 있다. 양 끝에서 E값이 똑같아지도록 대전된 평면에서 같은 거리에 있는 양쪽의 끝을 선택한다. 이러한 조건들을 만족하는 간단한 표면은 그림 21.20에 있는 원통이다.

풀이
- 먼저 가우스 표면을 지나는 다발을 구해 보자. 장이 옆면에 평

행하므로 여기에서는 다발이 없다. 면적 A의 밑면과 전기장은 수직이고 균일하므로, 밑면을 지나가는 다발은 EA이다. 따라서 가우스 표면을 지나가는 전체 다발은 $\Phi = 2EA$이다. 이 결과는 면대칭인 경우에 항상 성립한다.

> 면전하 분포는 2차원 평면에 무한대로 퍼져 있다.
>
> 가우스 표면의 옆면과 끝면은 각각 $\vec{E}$에 평행하고, 수직하다.
>
> 균일한 면전하 밀도는 σ C/m^2이다.
>
> 대칭면
>
> 양 밑면의 면적은 A이다.
>
> 장은 대칭면에 수직하다.

그림 21.20 양쪽에 가우스 표면이 있는 무한 면전하

- 다음으로 둘러싸인 전하를 구해 보자. 가우스 표면이 포함하는 평면의 면적은 밑면의 면적 A와 같다. 따라서 둘러싸인 전하는 $q_{둘러싼} = \sigma A$이다.
- 가우스 법칙 $2EA = q_{둘러싼}/\epsilon_0 = \sigma A/\epsilon_0$에서 다음을 얻는다.

$$E = \frac{\sigma}{2\epsilon_0} \quad \text{(대전판의 전기장)} \qquad (21.7)$$

장의 방향은 양전하이면 평면의 바깥쪽 수직 방향이고 음전하이면 안쪽 수직 방향이다.

검증 답을 검증해 보자. 무한 평면이면 대칭성에 따라 전기장선이 평면에 수직해야 한다. 따라서 전기장이 거리에 따라 퍼지지 않는다. 즉, 식 21.7에 거리 r가 없다. 위의 결과는 무한 평면에서만 성립하지만 균일하게 대전된 매우 큰 평면의 중간 가까이에서는 어림으로 잘 맞는다.

21.5 임의 전하 분포의 전기장

LO 21.5 단순 전하 분포를 활용하여 일반적인 전하 분포의 전기장을 근사할 수 있다.

가우스 법칙은 언제나 유효하지만 대부분의 전하 분포에는 필요한 대칭성이 없어서 전기장을 구하기 어렵다. 이 경우에는 쿨롱 법칙을 이용해야만 하는데 이 또한 몇몇 간단한 경우를 제외하고는 어렵다. 하지만 20장과 21장에서 구한 전파 분포만 알아도 전기장에 대해서 많은 것을 알 수 있다. 그림 21.21은 앞에서 구한 전파 분포의 전기장들이다.

마지막 세 경우에는 차원에 따라 전기장의 세기가 달라진다. 이차원인 평면에서 전기장은 거리에 의존하지 않는다. 일차원인 선분에서 전기장은 $1/r$로 감소하고, 차원이 없는 점에서는 $1/r^2$로 감소한다. 또한 쌍극자에서도 같은 경향을 알 수 있다. 즉 쌍극자에서는 두 반대 전하의 효과가 거의 상쇄되므로, 전기장이 $1/r^3$로 감소한다.

사실 쌍극자와 쌍극자가 거의 상쇄되고, 또 그 다음이 서로 상쇄되는 것처럼 전기장이 점점 더 빨리 감소하는 일련의 전하 분포 계층이 있다. 과학자와 공학자는 분자에서 라디오 안테나까지 다양한 범위의 전하 구조를 모형화할 때 이 계층 구조를 사용한다.

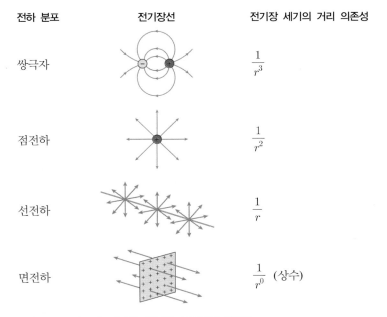

전하 분포	전기장선	전기장 세기의 거리 의존성
쌍극자		$\dfrac{1}{r^3}$
점전하		$\dfrac{1}{r^2}$
선전하		$\dfrac{1}{r}$
면전하		$\dfrac{1}{r^0}$ (상수)

그림 21.21 쌍극자, 점전하, 선전하, 면전하의 전기장

개념 예제 21.1 **대전된 원판**

균일하게 대전된 원판의 전기장선을 원판에서 출발하여 원판 지름의 서너 배 거리까지 연장하여 그려라.

풀이 원판에 가깝지만 그 테두리에 가깝지 않을 때 원판은 커다랗고 평평한 대전된 판처럼 보인다. 그 전기장은 본질적으로 대전된 무한 평면의 균일한 장이므로 원판에 수직하게 방사하는 곧은 전기장선을 그린다. 0이 아닌 알짜 전하를 가지고 있는 유한한 전하 분포에서 멀리 떨어진 곳에서는 전기장은 점전하의 전기장으로 근사되므로 먼 곳에서는 전기장선을 밖을 향하는 지름 방향으로 그린다. 전기장선은 전하에서만 시작되므로 중심에서 가까운 선과

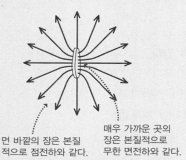

먼 바깥의 장은 본질적으로 점전하와 같다.

매우 가까운 곳의 장은 본질적으로 무한 면전하와 같다.

그림 21.22 대전된 원판의 전기장

멀리 떨어진 선을 연결해야 한다. 원판에 가깝지도 않고 멀지도 않은 중간 영역에서 전기장이 어떤지는 정확히 알지 못하므로 선들을 가능한 매끄럽게 연결한다. 그 결과가 그림 21.22이다.

검증 최종 결과는 대전된 원판의 전기장에 대한 훌륭한 근사이다. 원판 전체를 감싸는 어떠한 닫힌 표면을 지나는 전기장선의 수(그림에는 선 16개가 그려져 있다)가 같기 때문에 전기장은 가우스 법칙을 따른다.

관련 문제 지름이 1.0 cm인 원판의 표면에 전하 20 nC이 균일하게 펴져 있다. 원판 표면으로부터 (a) 1.0 mm와 (b) 1.0 m 떨어진 곳에서의 전기장 세기를 각각 구하라.

풀이 (a) 원판에 가깝지만 테두리 근처가 아니라고 가정하여 식 21.7을 적용하면 $E = \sigma/2\epsilon_0 = 14 \, \text{MN/C}$을 얻는다. 여기서 표면 전하 밀도 σ를 구하기 위해 총전하와 원판 넓이를 사용하였다. (b) 1미터에서 원판은 아주 작으므로 본질적으로 점전하처럼 보일 것이다. 따라서 식 20.3을 적용하면 $E = kq/r^2 = 180 \, \text{N/C}$을 얻는다.

확인 문제

21.5 (1) 유한한 선전하에 가까이 있을 때(그리고 그 끝에 가깝지 않을 때), 전기장은 (a) $1/r^3$, (b) $1/r^2$, (c) $1/r$처럼 변한다. (2) 선전하에서 아주 멀리 떨어져 있는 경우에는 어떻게 되겠는가?

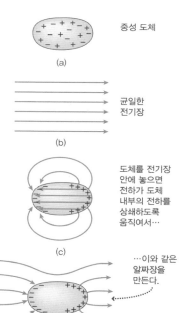

중성 도체

(a)

균일한 전기장

(b)

도체를 전기장 안에 놓으면 전하가 도체 내부의 전하를 상쇄하도록 움직여서…

(c)

…이와 같은 알짜장을 만든다.

(d)

그림 21.23 균일한 전기장 안의 도체

21.6 가우스 법칙과 도체

LO 21.6 도체 내 정전기 평형을 설명하고 가우스 법칙을 이용하여 대전된 도체의 전기장을 계산할 수 있다.

정전기적 평형

도체는 금속의 자유 전자처럼 자유 전하를 가진 물질이다. 그림 21.23은 도체에 전기장을 작용한 결과를 보여 준다. 자유 전하는 전기력 $q\vec{E}$의 영향으로 양전하이면 전기장과 같은 방향으로, 음전하이면 반대 방향으로 움직인다. 이러한 전하 분리로 생긴 물질 내의 전기장은 외부 전기장과 반대 방향이다. 자유 전하가 많이 움직일수록 내부 전기장이 강해지다가 외부 전기장과 크기가 같아진다. 이때 도체 안의 자유 전하에 작용하는 알짜힘이 0이므로, 도체는 **정전기적 평형**(electrostatic equilibrium)에 도달한다. 도체 내의 개별 전하들이 열적으로 마구잡이 운동을 하지만 알짜 운동은 없다. 정전기적 평형에 도달하면 내부와 외부 전기장의 크기가 같고 반대 방향이므로, 다음과 같이 표현할 수 있다.

> 정전기적 평형에 있는 도체 내부의 전기장은 0이다.

이외에 다른 경우는 없다. 내부 전기장이 있기만 하면 도체의 자유 전하가 반드시 이동하므로 정전기적 평형이 아니다. 이 결과는 도체의 크기나 모양, 외부 전기장의 크기나 방향, 물질의 특성과도 무관하다. 이는 거시적 관점에서 물질 내의 평균 전기장을 고려한 결과이다. 원자나 분자의 관점에서는 개별 전자나 양이온 주위의 전기장은 아직도 강하다. 그렇지만 먼 거리에 걸쳐서 평균을 취하면 정전기적 평형인 도체 내부에서 전기장은 항상 0이다.

대전된 도체

금속에는 자유 전자가 있지만 전자와 양성자의 수가 같기 때문에 금속은 전기적으로 중성이다. 그러나 과잉 전자를 공급하면 도체에 유한한 알짜 전하가 존재한다. 이들 과잉 전자 사이에서는 상쇄될 수 있는 양전하의 인력이 없으므로 과잉 전자들은 서로 척력을 작용하게 된다. 따라서 과잉 전자들이 서로 멀리 떨어지려고 도체의 표면으로 모이게 된다.

정전기적 평형을 이루기 위해서 과잉 전자들이 도체의 표면으로 모이는 현상을 가우스 법칙으로 증명해 보자. 그림 21.24는 도체 표면 바로 아래에 설정한 가우스 표면을 보여 준다. 평형 상태에서는 도체의 내부에 전기장이 없으므로 가우스 표면의 모든 곳에서 전기장은 0이다. 따라서 가우스 표면을 지나가는 전기 다발 $\oint \vec{E} \cdot d\vec{A}$ 또한 0이다. 한편 가우스 법칙에서 닫힌 표면을 지나가는 전기 다발은 닫힌 표면 안의 알짜 전하에 비례하므로, 가우스 표면이 포함하는 알짜 전하도 0이어야 한다. 즉 가우스 표면이 도체의 내부에만 있으면 가우스 표면이 포함하는 알짜 전하는 항상 0이다. 도체 표면에 충분히 가깝도록 가우스 표면을 가져갈 수 있으므로 내부의 알짜 전하는 항상 0이다. 만약 도체에 알짜 전하가 생기면 모두 가우스 표면의 바깥에 있게 된다. 따라서 다음과 같이 요약할 수 있다. **정전기적 평형 상태의 도체에 알짜 전하가 생기면 반드시 도체 표면에만 분포한다.**

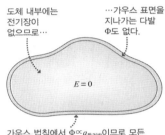

도체 내부에는 전기장이 없으므로… …가우스 표면을 지나가는 다발 Φ도 없다.

$E = 0$

가우스 법칙에서 $\Phi \propto q_{\text{둘러싼}}$이므로 모든 과잉 전하는 도체의 표면에 분포한다.

그림 21.24 가우스 법칙에 따라 정전기적 평형인 도체 표면에 모든 알짜 전하가 분포한다.

예제 21.7	**가우스 법칙: 속이 빈 도체**

불규칙한 모양의 도체에 공동이 있다. 도체의 알짜 전하는 $1\,\mu C$이고, 공동의 안에 $2\,\mu C$의 점전하가 들어 있다. 정전기적 평형에서 공동의 벽과 도체 바깥 표면의 알짜 전하를 구하라.

해석 정전기적 평형인 도체에 관한 문제이므로, (1) 도체 내부에는 전기장이 없고, (2) 알짜 전하 분포는 도체의 내부 표면과 외부 표면에 분포한다.

과정 가우스 법칙을 적용하여 전하를 구한다. 그림 21.25처럼 공동을 둘러싼 도체 내부에 가우스 표면을 잡는다.

풀이 도체 내부에는 전기장이 없으므로 가우스 표면을 지나가는 다발이 없어서 둘러싼 알짜 전하도 없다. 공동 안에 $+2\,\mu C$의 점전하가 들어 있고, 가우스 표면이 둘러싼 알짜 전하가 없으므로, 어딘가에 $-2\,\mu C$의 전하가 분포해야 한다. 가능한 곳은 공동의 벽뿐이다. 한편 도체의 알짜 전하가 $+1\,\mu C$이므로, 내부 벽의 $-2\,\mu C$을 감안하면 도체 외부 표면에 $+3\,\mu C$이 분포해야 한다.

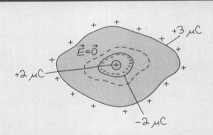

그림 21.25 가우스 표면이 둘러싼 알짜 전하가 0이므로 공동의 벽에 $-2\,\mu C$의 전하 분포가 있어야 한다.

검증 답을 검증해 보자. 위의 결과는 가우스 법칙과 정전기적 평형에서 도체 내부의 전기장이 0이라는 두 조건을 만족하는 유일한 전하 분포이다. 속이 빈 도체로부터 먼 거리에서 본 전하 분포는 점전하 $+3\,\mu C$에 의한 것이다. 공동 벽과 안의 점전하가 만드는 전기장은 도체를 통과하지 못하므로 도체 외부에 도달하는 전기장선은 도체 외부 표면의 전하 분포가 만드는 전기장선뿐이다. 따라서 전하는 $+3\,\mu C$이다.

확인
문제 **21.6** 도체의 알짜 전하는 $+Q$이다. 도체 안에 있는 공동에 점전하 $-Q$가 들어 있다. 정전기적 평형에서 도체 바깥 표면의 전하는 다음 중 어느 것인가? (a) $-2Q$, (b) $-Q$, (c) 0, (d) Q, (e) $2Q$

가우스 법칙의 실험

알짜 전하가 도체 표면에서만 움직인다는 사실을 이용하여 가우스 법칙, 즉 쿨롱의 역제곱 법칙을 실험적으로 확인할 수 있다. 그림 21.26에서 처음에는 중성인 도체 공동 안에 대전된 도체구를 넣으면, 도체 공동으로 옮아간 전하가 표면으로 흘러가고 도체구는 중성이 된다. 이때 도체구를 꺼내서 전하가 0임을 확인하면, 가우스 법칙을 증명한 셈이다. 이러한 실험을 통해서 역제곱 법칙을 소수점 아래 16자리까지 정확하게 증명할 수 있다.

대전된 공

대전되지 않은 도체

전하가 바깥 면으로 움직여서…

…공은 대전되지 않은 상태로 빠져나온다.

그림 21.26 가우스 법칙의 실험

$\vec{E}$는 표면에 수직하다.

$\vec{E}$

(a)

충분히 작은 표면 조각은 평평하다.

A

가우스 표면

(b)

그림 21.27 (a) 대전된 도체 표면의 전기장은 도체 표면에 수직하다. (b) 도체 표면에 걸쳐 있는 가우스 표면

도체 표면의 전하

정전기적 평형에서는 도체 안에 전기장이 없지만, 도체 표면에는 전기장이 있을 수 있다(그림 21.27a 참조). 도체 표면의 전기장은 반드시 표면에 수직해야 한다. 만약 표면에 평행한 전기장 성분이 있으면 평형이 될 수 없기 때문이다.

그림 21.27b처럼 도체 표면 위의 작은 가우스 원통을 고려하여 표면 전기장의 세기를 구할 수 있다. 가우스 원통의 옆면을 지나가는 전기 다발은 없다. 또한 도체 내부에는 전기장이 없기 때문에 가우스 원통의 안쪽 밑면을 지나가는 전기 다발도 없다. 따라서 바깥쪽 밑면으로만 전기 다발이 지나간다. 가우스 원통의 밑면은 전기장 $\vec{E}$에 수직하므로 전기 다발은 EA이며, A는 밑면의 면적이다. 면전하 밀도를 σ라고 하면 가우스 표면이 포함하는 전하 $q_{둘러싼}$은 σA이다. 이제 가우스 법칙에 따라 $EA = \sigma A/\epsilon_0$이므로, 전기장은 다음과 같다.

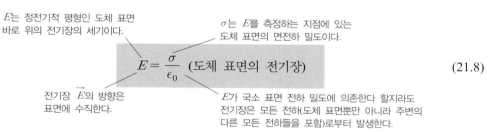

E는 정전기적 평형인 도체 표면 바로 위의 전기장의 세기이다.

σ는 E를 측정하는 지점에 있는 도체 표면의 면전하 밀도이다.

$$E = \frac{\sigma}{\epsilon_0} \quad \text{(도체 표면의 전기장)}$$

(21.8)

전기장 $\vec{E}$의 방향은 표면에 수직한다.

E가 국소 표면 전하 밀도에 의존한다 할지라도 전기장은 모든 전하(도체 표면뿐만 아니라 주변의 다른 모든 전하들을 포함)로부터 발생한다.

도체의 전하 밀도가 커지면 도체 표면에 매우 강한 전기장이 형성되므로 강한 표면 전기장 때문에 스파크가 생기거나 전기 절연이 파괴되지 않도록 전기 장치를 설계해야 한다.

식 21.8은 국소 전하 밀도에만 의존하는 전기장이다. 그렇다면 도체 표면의 전기장은 국소 전하에만 의존할까? 아니다. 전기장은 모든 전하가 만드는 전기장의 벡터합이다. 다만 가우스 법칙에 따라 도체의 전하가 면전하 밀도에만 의존하도록 도체 표면의 전기장을 만들 뿐이다.

얇고 평평하며 고립된 도체판의 한 면의 면전하 밀도가 σ라면(그림 21.28a 참조), 식 21.8에 따라 도체판 표면의 전기장은 σ/ϵ_0이다. 그러나 식 21.7에서 면전하 밀도가 σ인 무한 평판의 전기장은 $\sigma/2\epsilon_0$이다. 둘 중에 하나는 틀린 결과일까? 아니다. 도체판이 고립되어 있으면 대칭성 때문에 전하가 도체판의 양쪽 면에 균일하게 분포해야 한다. 즉 한 면의 전하 밀도가 σ이면 다른 면의 전하 밀도도 σ이다(그림 21.28b 참조). 이때 그림 21.28c처럼 도체

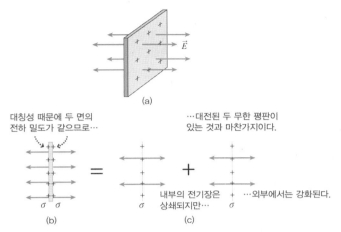

그림 21.28 (a) 고립된 도체판. 전기장은 표면 양쪽으로 나간다. (b) 도체판의 옆 모습. (c) 모든 곳의 전기장은 두 면이 만드는 전기장의 합이고, 각 면을 대전된 무한 평판으로 취급할 수 있다.

판을 두 개의 대전된 무한 평판으로 근사하면, 각 면이 만드는 전기장의 크기가 $\sigma/2\epsilon_0$이므로, 도체판 외부의 알짜 전기장은 두 평판이 만드는 전기장의 벡터합인 σ/ϵ_0이다. 도체 내부에서는 두 전기장의 방향이 반대이므로 서로 상쇄된다. 식 21.8을 유도할 때 도체 내부의 전기장이 0이라고 가정한 것은 이러한 내부 전기장의 상쇄와 같은 결과를 준다.

그림 21.29처럼 면전하 밀도의 크기가 σ이고 반대로 대전된 두 평행 도체판 사이의 전기장은 식 21.8처럼 σ/ϵ_0이다. 왜 $2\sigma/\epsilon_0$가 아닐까? 식 21.8은 도체 표면의 전기장을 나타내되, 존재하는 다른 전하도 고려한 것이다. 여기서 각 도체판의 전하가 다른 도체판의 반대 전하를 끌어당겨서 모두 안쪽 표면으로 모이게 하므로 각 도체판은 단일한 전하 층이 되어서 전기장이 $\sigma/2\epsilon_0$가 되고, 판들 사이에는 전기장이 더해져 식 21.8의 결과인 σ/ϵ_0가 된다. 도체판들 바깥에서는 전기장의 합이 0이다. 한편 이 결과는 식 21.8로부터도 나오는데, 도체판 바깥 표면의 면전하 밀도가 0이기 때문이다.

그림 21.29 반대 부호의 전하가 대전된 두 평행 도체판의 옆 모습

응용물리 전기 차폐와 번개

전하는 도체 내부가 마치 빈 공동인 것처럼 도체의 바깥 표면으로 움직인다. 도체로 외부 전기장을 막는 전기 차폐가 이러한 현상을 이용한 것이다. TV 신호를 비디오나 DVD 재생 장치에 연결하는 동축선이 좋은 보기이다. 동축선에는 내부 구리선을 둘러싸고 있는 차폐 구리선이 있다. 라디오, TV, 휴대폰, 무선 기기, 혹은 주변의 전기 잡음 같은 외부 전기장이 발생하면, 차폐 구리선의 전하가 움직여서 동축선이 전달하는 전기 신호와 간섭하는 것을 막아 준다. 즉 동축선 내부를 전기적으로 차폐시킨다. 실험실 전체를 도체벽으로 만들어서 극히 미약한 전기 신호에 의한 전기 간섭을 막기 위한 연구도 진행 중이다.

번개 치는 날 자동차 안이 상대적으로 안전한 이유도 전기 차폐 때문이다. 번개를 맞아서 자동차에 엄청난 양의 전하가 쏟아져도 금속인 차체 외부로만 전하가 분포하여 자동차 안으로는 전기장이 형성되지 않는다. 이 때문에 인체에 치명적인 전류가 흐르지 않는다. 이 장의 도입 사진에서 철망 안의 진행 요원이 안전한 이유도 철망이 인공 번개를 차폐시키기 때문이다.

엄격하게 말하면 정전기적 평형에서만 전하가 도체의 바깥 표면에 분포한다. 그러나 금속의 전자들이 순식간에 반응하여 평형 상태를 만들므로, 금속은 고진동수 라디오, TV, 마이크로파 신호처럼 빠르게 변하는 전기장도 효과적으로 차폐시킬 수 있다.

핵심 개념

이 장의 핵심 개념은 가우스 법칙이다. **가우스 법칙**은 쿨롱의 역제곱 법칙과 동등한 전기장에 관한 기본 법칙으로, 닫힌 표면을 지나가는 **전기장선**이 표면 안의 알짜 전하에 의존한다는 거시적 법칙이다. 즉 표면을 지나가는 **전기 다발**은 표면이 둘러싼 알짜 전하에 비례한다.

q를 둘러싼 닫힌 표면을 지나가는 8개의 전기장선

점전하 q

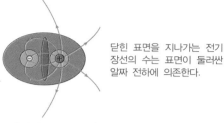

닫힌 표면을 지나가는 전기장선의 수는 표면이 둘러싼 알짜 전하에 의존한다.

점전하 $+q$, $-q/2$

주요 개념 및 식

전기 다발 Φ는 단면을 지나가는 전기장의 양이다. 균일한 장에 수직한 평면에서 $\Phi = EA$이고, 일반적으로는 $\Phi = \int \vec{E} \cdot d\vec{A}$이다.

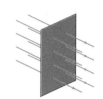

전기 다발로 표기한 가우스 법칙은 $\oint \vec{E} \cdot d\vec{A} = q_\text{둘러싼} / \epsilon_0$이다. 여기서 $\epsilon_0 = 1/4\pi k = 8.85 \times 10^{-12}$ $C^2/N \cdot m^2$이며, 쿨롱 상수는 $k = 9.0 \times 10^9$ $N \cdot m^2/C^2$이다.

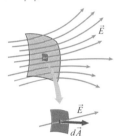

응용

대칭적 전하 분포에 대한 가우스 법칙에서 다음을 얻는다.

구대칭

외부: $E = \dfrac{Q}{4\pi\epsilon_0 r^2} = \dfrac{kQ}{r^2}$

균일하게 대전된 구의 내부: $E = \dfrac{kQr}{R^3}$

빈 구의 내부: $E = 0$

선대칭

λ C/m

외부: $E = \dfrac{\lambda}{2\pi\epsilon_0 r}$

빈 관의 내부: $E = 0$

면대칭

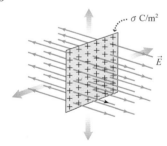

σ C/m^2

외부: $E = \dfrac{\sigma}{2\epsilon_0}$

가우스 법칙과 도체

- 정전기적 평형에서 도체 내부의 장은 0이다.
- 모든 알짜 전하는 도체의 표면에 분포한다.
- 도체 표면의 장은 표면에 수직하고 크기는 σ/ϵ_0이다.

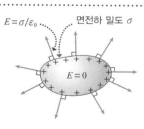

$E = \sigma/\varepsilon_0$

면전하 밀도 σ

$E = 0$

물리학 익히기 www.masteringphysics.com을 방문하여 과제를 수행하고 동적 학습 모듈(Dynamic Study Modules), 연습 문제 (practice quizzes), 문제 영상 풀이(video solutions to problems) 등의 자기 학습 도구를 이용하시오.

BIO 생물 및 의학 문제   **DATA** 데이터 문제   **ENV** 환경 문제   **CH** 도전 문제   **COMP** 컴퓨터 문제

학습 목표   이 장을 학습하고 난 후 다음을 할 수 있다.

LO 21.1 전기장선을 이용하여 전기장을 표현할 수 있다.
개념 문제 21.1
연습 문제 21.11, 21.12, 21.13
실전 문제 21.65

LO 21.2 전기장선과 관련하여 전기 다발의 개념을 설명할 수 있다.
개념 문제 21.2, 21.3
연습 문제 21.14, 21.15, 21.16, 21.17
실전 문제 21.44, 21.45

LO 21.3 가우스 법칙과 쿨롱의 법칙의 연관성을 설명할 수 있다.
개념 문제 21.4, 21.5
연습 문제 21.18, 21.19, 21.20, 21.21
실전 문제 21.46

LO 21.4 가우스 법칙을 적용하여 전하 분포가 대칭적인 전기장을 계산할 수 있다.
개념 문제 21.6, 21.7, 21.8, 21.9

연습 문제 21.22, 21.23, 21.24, 21.25, 21.26, 21.27, 21.28
실전 문제 21.47, 21.48, 21.49, 21.50, 21.52, 21.53, 21.54, 21.55, 21.56, 21.57, 21.58, 21.59, 21.60, 21.61, 21.66, 21.67, 21.68, 21.69, 21.71, 21.72, 21.73, 21.74, 21.75

LO 21.5 단순 전하 분포를 활용하여 일반적인 전하 분포의 전기장을 근사할 수 있다.
연습 문제 21.29, 21.30, 21.31
실전 문제 21.51, 21.64

LO 21.6 도체 내 정전기 평형을 설명하고 가우스 법칙을 이용하여 대전된 도체의 전기장을 계산할 수 있다.
개념 문제 21.10
연습 문제 21.32, 21.33, 21.34, 21.35
실전 문제 21.62, 21.63

개념 문제

1. 전기장선이 교차할 수 있는가? 왜 그런가?

2. 닫힌 표면을 지나가는 전기 다발은 0이다. 닫힌 표면에서 전기장은 반드시 0이어야 하는가? 그렇지 않다면 예를 들어라.

3. 어떤 조건에서 면적 A의 표면을 지나가는 전기 다발이 EA인가?

4. 고립된 점전하를 둘러싼 닫힌 표면에서 8개의 전기장선이 나온다. 동일한 점전하를 닫힌 표면의 외부에 가져오면 전기장선의 수가 변하는가? 변하지 않는다면 다른 무엇이 변하는가?

5. 가우스 법칙에서 $\oint \vec{E} \cdot d\vec{A} = q/\epsilon_0$이다. 전기장 $\vec{E}$는 반드시 닫힌 표면 내부의 전하로부터만 발생하는가?

6. 무한 선전하가 만드는 전기장은 $1/r$로 변한다. 왜 역제곱 법칙을 따르지 않는가?

7. 균일하게 대전된 정육면체의 전기장을 왜 가우스 법칙으로 구할 수 없는가? 정육면체 가우스 표면을 그리면 안 되는가?

8. 대전되지 않은 빈 구면 껍질 속에 앉아 있는데, 누군가가 대량의 전하를 껍질에 균일하게 대전시켰다. 내부의 전기장은 어떻게 되는가?

9. 그림 21.30처럼 구형 가우스 표면의 중심이 점전하와 일치하지 않아도 가우스 법칙을 이용할 수 있는가? 전기장을 계산하는 데 이러한 가우스 표면이 유용한가?

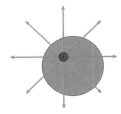

그림 21.30 개념 문제 9

10. 대전된 평판의 전기장은 $\sigma/2\epsilon_0$이고, 알루미늄 포일 같은 도체 평판의 전기

장은 σ/ϵ_0이다. 왜 다른가?

연습 문제

21.1 전기장선

11. 그림 21.31의 중간 전하는 $3~\mu C$이다. 알짜 전하는 얼마인가?

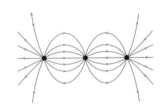

그림 21.31 연습 문제 11

12. 전하 $+2q$와 $-q$가 가까이 있다. 전하 q에 8개의 선을 사용하여 이 전하 분포의 전기장선을 그려라.

13. 그림 21.32의 알짜 전하는 $+Q$이다. 점 A, B, C의 전하를 각각 구하라.

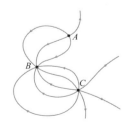

그림 21.32 연습 문제 13

21.2 전기장과 전기 다발

14. 균일한 전기장 850 N/C 안에 면적 $2.0 \, \text{m}^2$의 평면이 있다. 평면이 전기장과 (a) 수직, (b) 45°, (c) 평행일 때, 평면을 지나가는 전기 다발은 각각 얼마인가?

15. 크기 47 kN/C의 전기장은 지름이 10 cm인 구의 표면에 수직하다. 구를 지나가는 전기 다발은 얼마인가?

16. 확인 문제 21.2의 그림에서 $E = 1.75 \, \text{kN/C}$과 $s = 125 \, \text{cm}$로 택할 때, (a)와 (b)의 정육면체의 면 B와 C를 통과하는 전기 다발을 구하라.

17. 그림 21.8에서 반원통의 반지름과 길이가 각각 3.4 cm와 15 cm이다. 전기장의 세기가 6.8 kN/C일 때 반원통을 통과하는 전기 다발을 구하라. (**힌트**: 적분을 팔 필요는 없다! 왜 그럴까?)

21.3 가우스 법칙

18. 건조기에서 꺼낸 양말에 10^{12}개의 과잉 전하가 대전되어 있다. 양말 표면을 지나가는 전기 다발은 얼마인가?

19. 그림 21.33에서 (a), (b), (c), (d)로 표시된 닫힌 표면을 지나가는 전기 다발은 얼마인가?

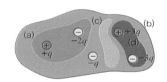

그림 21.33 연습 문제 19

20. $6.8 \, \mu\text{C}$의 전하와 $-4.7 \, \mu\text{C}$의 전하가 대전되지 않은 구 안에 놓여 있다. 구면을 지나가는 전기 다발은 얼마인가?

21. 한 변의 길이가 7.5 cm인 정육면체 중심에 $2.6 \, \mu\text{C}$의 전하가 놓여 있다. 정육면체의 한 면을 지나가는 전기 다발은 얼마인가? (**힌트**: 적분하지 말고 대칭성을 고려하라.)

21.4 가우스 법칙의 적용

22. 반지름이 5.0 cm인 균일하게 대전된 구면의 전기장은 90 kN/C이다. 구면에서 10 cm인 곳의 전기장 세기는 얼마인가?

23. 반지름 25 cm의 속이 찬 구에 전하 $14 \, \mu\text{C}$이 균일하게 분포한다. 구의 중심에 (a) 15 cm, (b) 25 cm, (c) 50 cm인 곳의 전기장 세기를 각각 구하라.

24. 15 nC의 점전하가 반지름 10 cm, 전하 $-22 \, \text{nC}$인 얇은 구면 껍질의 중심에 놓여 있다. 점전하로부터 (a) 2.2 cm, (b) 5.6 cm, (c) 14 cm인 곳에서 전기장의 세기와 방향을 구하라.

25. 전하 분포의 중심에서 18 cm인 곳의 전기장 세기는 55 kN/C이고, 23 cm인 곳에서는 43 kN/C이다. 전하 분포는 구대칭인가, 선대칭인가?

26. 대전된 커다란 평판 가까이에서 전자는 1.8 pN의 척력을 받는다. 평판의 면전하 밀도를 구하라.

27. 균일한 면전하 밀도가 $87 \, \text{pC/cm}^2$인 평판이 만드는 전기장을 구하라.

28. $1.4 \, \text{kN/C}$의 전기장을 만드는 무한 평판의 면전하 밀도는 얼마인가?

21.5 임의 전하 분포의 전기장

29. 길이 50 cm, 반지름 1.0 cm인 막대에 $2.0 \, \mu\text{C}$의 전하가 균일하게 분포한다. (a) 막대 중간의 표면에서 4.0 mm인 곳과 (b) 막대에서 23 m인 곳의 전기장 세기를 어림 계산하라.

30. 균일한 면전하 밀도가 $\sigma = 45 \, \text{nC/m}^2$인 보통 종이 위 1.0 cm인 곳의 전기장 세기를 어림 계산하라.

31. 그림 21.22의 원판은 $5.0 \, \mu\text{C}$의 전하가 균일하게 분포하고, 면적은 $0.14 \, \text{m}^2$이다. (a) 원판의 중심에서 1 mm인 곳과 (b) 원판에서 2.5 m인 곳의 전기장 세기를 어림 계산하라.

21.6 가우스 법칙과 도체

32. 면전하 밀도가 $1.4 \, \mu\text{C/m}^2$인 도체구의 표면 밖에서 전기장 세기는 얼마인가?

33. 알짜 전하 $5.0 \, \mu\text{C}$으로 지름 2.0 cm의 고체 금속구를 대전시킨다. 정전기적 평형에 도달한 다음에, 금속구 근처에 다른 도체나 전하가 없다고 가정하면 (a) 구 내부의 부피 전하 밀도, (b) 구 표면의 면전하 밀도는 각각 얼마인가?

34. 알짜 전하가 $\frac{3}{2}q$인 도체 구면 껍질의 중심에 양의 점전하 q가 놓여 있다. 껍질의 내부와 외부의 전기장선을 그려라. 크기가 q인 전하의 전기장선은 8개이다.

35. 한 변이 75 cm인 얇은 네모 금속판을 전하 $18 \, \mu\text{C}$으로 대전시킨다. 금속판 가까이에서 전기장 세기를 구하라.

응용 문제

다음 문제들은 본문의 예제들에 기초한 것이다. 두 세트의 문제들은 물리학의 이해를 강화하는 연결의 형성을 돕고 이전에 풀어본 문제에서 변형된 문제를 해결하는 자신감을 키우도록 설계되어 있다. 각 세트의 첫 번째 문제는 본질적으로 예제 문제이지만 숫자들은 다르다. 두 번째 문제는 예제와 똑같은 상황이지만 묻는 질문이 다르다. 세 번째와 네 번째 문제는 완전히 다른 상황으로 이런 방식을 반복한다.

36. **예제 21.2** 반지름이 R인 구 껍질 표면에 $+2q$가 균일하게 분포되어 있고 양의 점전하 $+q$가 그 중심에 놓여 있다. 구면 (a) 내부, (b) 외부에서 전기장을 구 껍질의 중심점에서 거리 r의 함수로 표현하라. 전기장이 안쪽으로 향하면 음의 부호를 사용하라.

37. **예제 21.2** 반지름이 15.0 cm인 구 껍질 표면에 전하 Q가 균일하게 분포되어 있고 양의 점전하 q가 그 중심에 놓여 있다. 전기장은 중심으로부터 7.50 cm 떨어진 곳에 세기는 1.17 MN/C이며 내부로 향한다. 전기장은 중심으로부터 23.8 cm 떨어진 곳에 세기는 2.68 MN/C이고 외부로 향한다. (a) 점전하 q와 (b) 구 껍질 상에 전하 Q의 크기를 구하고, (c) 구면 외부 표면의 전기장

의 세기와 방향을 구하라.

38. **예제 21.2** 선전하 밀도가 $+\lambda$인 가늘고 긴 도선이 반지름이 R이고 선전하 밀도가 -2λ인 긴 원통형 관 중심축에 놓여 있다. (a) $r < R$, 그리고 (b) $r > R$ 경우에 전기장을 r의 함수로 표현하라. r는 도선의 중심축으로부터 반경이다.

39. **예제 21.2** 선전하 밀도가 λ_1인 가늘고 긴 도선이 반지름이 15.0 cm이고 선전하 밀도가 λ_2인 긴 원통형 관 중심축에 놓여 있다. 전기장은 관의 중심축으로부터 7.50 cm 떨어진 지점에 세기는 1.17 MN/C이며 안쪽을 향한다. 전기장은 관의 중심축으로부터 23.8 cm 떨어진 지점에 세기는 2.68 MN/C이며 바깥쪽을 향한다. (a) 도선의 선전하 밀도 λ_1, (b) 원통형 관의 선전하 밀도 λ_2, 그리고 (c) 원통형 관의 외부 표면에서의 전기장의 세기와 방향을 구하라.

40. **예제 21.4** 길고 곧은 도선의 전하 밀도는 292 μC/m이다. 도선의 중심축으로부터 85.0 cm 떨어진 지점의 전기장의 크기를 구하라.

41. **예제 21.4** 길이가 3.26 m인 얇고 긴 막대에 전하가 고르게 분포되어 있다. 막대의 중심축으로부터 5.12 cm 떨어진 지점에서 전기장의 크기가 788 kN/C이다. 막대의 총전하량은 얼마인가?

42. **예제 21.4** 부피 전하 밀도가 ρ(C/m³)인 무한히 긴 막대가 있다. (a) 가우스 법칙을 사용하여 막대 내부 전기장의 크기가 $E = \rho r/2\epsilon_0$임을 증명하라. r는 막대 중심축으로부터 거리이다. (b) 마찬가지로, 막대 외부의 전기장의 크기가 $E = \rho R^2/2\epsilon_0 r$임을 증명하라.

43. **예제 21.4** 길이가 75.0 cm이고 직경이 2.54 cm인 긴 막대의 부피 전하 밀도는 균일하다. 이 막대의 끝 또는 그 근처가 아닌 곳에서 막대의 중심축으로부터 6.84 mm 떨어진 지점의 전기장의 크기는 286 kN/C이다. (a) 막대의 총전하량과 (b) 막대의 중심축으로부터 3.60 cm 떨어진 곳에서 전기장의 크기를 구하라. (**힌트:** (a)를 위해 이전 문제를 참조하라.)

실전 문제

44. 그림 21.34와 같은 반지름 R인 반구의 열린 표면을 지나가는 전기 다발은 얼마인가? 균일한 전기장의 세기는 E이다. (**힌트:** 적분 없이 답을 구하라.)

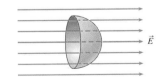

그림 21.34 실전 문제 44

45. 전기장은 $\vec{E} = E_0(y/a)\hat{k}$이며, E_0과 a는 상수이다. xy 평면에서 네 꼭짓점이 $(0, 0)$, $(0, a)$, (a, a), $(a, 0)$인 네모를 지나가는 전기 다발을 구하라.

46. 특정 영역의 전기장은 $\vec{E} = ax\hat{i}$이며, $a = 40$ N/C·m, x는 미터 단위의 위치이다. 이 영역의 부피 전하 밀도를 구하라. (**힌트:** 한 변의 길이가 1 m인 정육면체에 가우스 법칙을 적용한다.)

47. **BIO** 한 연구에 따르면 포유동물의 적혈구 세포(RBC)는 대전되어 있는데, 440만 개(토끼의 세포)에서 1500만 개(사람의 세포)까지의 과잉 전자가 그 표면에 퍼져 있다. 토끼와 사람의 RBC를 반지름이 각각 30 μm와 36 μm인 구로 근사하여 세포 표면에서 전기장의 세기를 구하라.

48. 반지름 70 cm인 구형 기구(balloon)의 표면에 양전하가 균일하게 분포하여, 표면에 26 kN/C의 전기장을 만든다. 기구의 중심에서 (a) 50 cm, (b) 190 cm인 곳의 전기장 세기는 각각 얼마인가? (c) 기구의 알짜 전하는 얼마인가?

49. 반지름 2.0 cm인 속이 찬 구의 부피 전하 밀도는 균일하며, 구의 중심에서 1.0 cm인 곳의 전기장 세기는 39 kN/C이다. (a) 전기장 세기가 같은 곳은 어디인가? (b) 구의 알짜 전하는 얼마인가?

50. 전하 Q가 표면에 균일하게 분포한 반지름 R인 구면 껍질의 중심에 점전하 $-2Q$가 있다. (a) $r = R/2$와 (b) $r = 2R$에서 전기장은 얼마인가? (c) 껍질 표면의 전하가 2배로 늘어나면 전기장은 어떻게 변하는가?

51. 정사각형 부도체의 각 변은 1 m보다 약간 길며 그 표면 전하 밀도는 균일하다. 이 부도체로부터 71.0 m 떨어진 지점에 전기장의 크기는 314 N/C이다. 부도체 모서리 근처가 아닌 표면 바로 위 지점의 전기장의 세기는 6.80 MN/C이다. (a) 부도체 표면 상의 전체 전하량과 (b) 부도체의 정확한 표면 면적을 구하라.

52. 껍질 두께를 무시할 수 있는 반지름이 R인 구면 껍질은 전 표면에 걸쳐 균일하게 전하 Q가 분포되어 있다. 구면 껍질 내부 정중앙에 점전하 q가 있다. 구 바깥면의 전기장이 $E_{표면}$일 때, (a) 점전하 q의 크기와 (b) 구 안쪽면의 전기장의 세기를 Q, R, 그리고 $E_{표면}$로 표현하라.

53. 지름 30 cm의 구면 껍질 표면에 전하 85 μC이 균일하게 분포하고, 1.0 μC의 점전하가 껍질의 중심에 있다. 중심에서 (a) 5.0 cm, (b) 45 cm인 곳의 전기장 세기는 각각 얼마인가? (c) 껍질의 전하가 2배로 늘어나면 전기장은 어떻게 변하는가?

54. **CH** 안쪽 반지름 a, 바깥쪽 반지름 b인 두꺼운 구면 껍질의 부피 전하 밀도는 ρ이다. $a < r < b$인 곳에서 전기장 세기를 표기하고, $a = 0$이면 그 결과가 식 21.5와 같음을 증명하라.

55. 전하 밀도가 5.6 nC/m인 길고 가는 전선이, 전하 밀도가 -4.2 nC/m이며 반지름이 1.0 cm인 길고 얇은 속이 빈 관의 중심을 지난다. 전선에서 (a) 0.50 cm, (b) 1.5 cm인 곳의 전기장을 각각 구하라.

56. 반지름 R인 무한히 긴 막대의 부피 전하 밀도는 ρ이다. 응용 문제 42의 결과를 토대로 막대 중심축과 막대 표면 사이 중간 지점의 전기장 세기와 동일한 막대 바깥쪽 지점 거리 r를 구하라.

57. 반지름이 2.54 cm이고 길이가 1.50 m인 긴 고체 막대에 전하가 균일하게 분포한다. 막대의 중심축과 막대 끝이나 그 근처가 아

닌 막대 표면 사이 중간 지점에서 전기장의 크기는 631 kN/C이고 바깥쪽으로 향한다. (a) 이 막대의 전체 전하량과 (b) 막대 표면에서 전기장의 세기를 구하라. (힌트: 응용 문제 42 참조)

58. 마루에 양전하를 바른다고 하자. 전하 15 μC, 질량 5.0 g의 입자를 마루에 바르면 면전하 밀도는 얼마인가?

59. 두께는 d이고 전하가 2차원 평면에 분포한 그림 21.35 같은 무한 네모판이 있다고 하자. 네모판의 균일한 부피 전하 밀도는 ρ이다. 네모판의 (a) 내부와 (b) 외부에서 전기장 세기를 네모판 중심까지의 거리 x의 함수로 표기하라. (비록 무한 네모판은 불가능하지만, 네모판이 유한하되 그 너비가 두께보다 훨씬 클 때 훌륭한 근사가 된다.)

그림 21.35 실전 문제 59, 75

60. 반지름 10 cm의 속이 찬 구에 40 μC의 전하가 전 부피에 균일하게 분포한다. 속이 찬 구는 40 μC이 균일하게 분포한 반지름 20 cm의 동심 껍질로 둘러싸여 있다. 중심에서 (a) 5.0 cm, (b) 15 cm, (c) 30 cm인 곳의 전기장을 각각 구하라.

61. 한 변이 75 cm인 부도체 네모판의 면전하 밀도는 균일하다. 판의 중심에서 1.0 cm인 곳의 전기장 세기는 45 kN/C이다. 판에서 15 m인 곳의 전기장 세기를 어림 계산하라.

62. 반지름 20 cm인 대전되지 않은 도체 구면 껍질의 중심에 250 nC의 점전하가 있다. 껍질의 바깥 표면에서 (a) 면전하 밀도와 (b) 전기장 세기는 얼마인가?

63. 임의 모양의 공동이 있는 임의 모양인 도체의 알짜 전하는 Q이다. (a) 공동 내부의 전기장이 0임을 증명하라. (b) 공동 내부에 점전하를 놓는다고 할 때, 도체 바깥 표면의 전하 밀도가 어디서나 0이 되게 하려면 점전하의 전하는 얼마이어야 하는가?

64. 전하가 그 표면에 균일하게 퍼져 있는 정사각형 판의 중심에서
DATA 수직으로 거리 x만큼 떨어져 있는 점에서 전기장 세기 E를 측정한 자료가 표에 있다. 자료를 사용하여 (a) 판의 총전하와 (b) 판의 크기를 구하라. (힌트: 판에 가까운 곳의 자료와 멀리 떨어진 곳의 자료를 독립적으로 생각할 필요가 있다. 후자의 경우에 E가 직선으로 나타나도록 변수를 택해야 한다.)

x(cm)	0.01	0.02	1.2	6.0	12.0	24.0
E(N/C)	5870	5860	4840	1960	754	221
x(cm)	48.0	72.0	96.0	120	240	
E(N/C)	57.6	26.7	16.1	8.45	2.34	

65. 전하가 $+2q$인 구면 껍질의 중심에 점전하 $-q$가 있다. 이 껍질과 동심인 커다란 껍질에 전하 $-\frac{3}{2}q$가 분포한다. 전하 분포의 단면적을 그리고, 전기장선을 표시하라. 크기가 q인 전하의 전기장선은 8개이다.

66. 전하 $2q$가 표면에 균일하게 분포한 반지름 R의 구면 껍질 중심

에 점전하 q가 있다. (a) $R/2$와 (b) $2R$에서 전기장 세기를 각각 표기하라.

67. 반지름 a인 속이 찬 구 내부의 부피 전하 밀도는 $\rho = \rho_0 r/a$이며,
CH ρ_0은 상수이다. (a) 총전하와 (b) 구 안의 전기장 세기를 중심 거리 r의 함수로 표기하라.

68. 그림 21.36은 균일한 선전하 밀도가 λ인 도선을 둘러싼 길이 L,
CH 단면의 한 변이 $2a$인 직사각형 상자이다. 도선은 상자의 중심을 지난다. 선전하의 전기장을 폭 dx인 띠요소로 적분하여 상자면을 지나는 전기 다발을 구하라. 이 값에 4를 곱하면 상자 표면을 지나가는 전체 전기 다발을 얻는다. 이 결과가 가우스 법칙의 결과와 같음을 증명하라.

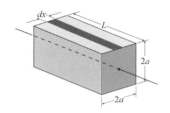

그림 21.36 실전 문제 68

69. 반지름 R인 대전된 구의 내부에서 전하 밀도는 $\rho = \rho_0 - ar^2$이
CH 며, ρ_0과 a는 상수이고, r는 중심 거리이다. 구 외부의 전기장이 0이 되는 a를 구하라.

70. 예제 21.2의 전기장을 중첩 원리와 적분으로 직접 구하라. 구면
CH 껍질은 중심 거리가 r인 동축 고리로 이루어진다. (힌트: 예제 20.6처럼 $r < R$와 $r > R$로 구분하여 적분한다.)

71. 반지름 R인 속이 찬 구의 부피 전하 밀도는 $\rho(r) = \rho_0(r/R)^n$이
CH 며, ρ_0은 상수이고, n은 -3보다 큰 정수이다. (a) 속이 찬 구의 전체 전하량을 구하라. (b) 속이 찬 구의 중심과 표면 사이 중간 지점, 그리고 속이 찬 구의 중심으로부터 $4R$만큼 떨어진 지점에서 전기장의 세기가 서로 같다고 할 때 n값을 구하라.

72. 13장의 실전 문제 76에서 지구 중심을 통과하여 반대편까지 뚫려 있는 구멍에 떨어진 사람의 운동을 탐색했다. 이때 지구 내부의 점($r < R_E$)에서 $g(r) = g_0(r/R_E)$를 가정하였다. 지구를 균일한 구로 취급하고 중력에 대한 가우스 법칙 $\oint \vec{g} \cdot d\vec{A} = -4\pi GM_{둘러싼}$을 사용하여 이 가정을 증명하라.

73. 무한히 길고 속찬 반지름 R의 원통에 대전된 전하 밀도는
CH $\rho = \rho_0(r/R)$로 균일하지 않다. 여기서 ρ_0은 상수이고, r는 원통 축으로부터의 거리이다. 원통 안의 위치 r의 함수로 전기장의 세기를 구하라.

74. 반지름 R인 속찬 구의 부피 전하 밀도는 ρ로 균일하다. 반지름
CH $R/2$인 구멍이 그림 21.37처럼 중심에서 구의 가장자리까지 차지하고 있다. 구멍 안의 전기장은 어디에서나 수평 방향이고 세기는 $\rho R/6\epsilon_0$임을 보여라. (힌트: 구멍을 서로 반대의 전하로 대전된 두 개의 구로 간주하라.)

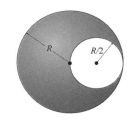

그림 21.37 실전 문제 74

75. 네모판의 전하 밀도가 $\rho = \rho_0 |x/d|$인 경우에 대해 실전 문제 59
CH 를 반복하라. 여기서 ρ_0은 상수이다.

실용 문제

동축선을 흐르는 신호가 받는 간섭 또는 그 신호가 주는 간섭이 최소화되기 때문에 시청각 기술, 전자 계측기, 라디오 방송 등에서 동축선을 널리 사용한다. 동축선은 보통 꼰 구리와 같은 얇은 원통형 전도 차폐물이 내부의 전도선을 감싸고 있는 구조이다(그림 21.38). 유연한 부도체가 전도체를 분리하고 있다. 꽤 긴 동축선을 속이 빈 얇은 관이 무한히 긴 도선을 감싸고 있는 것으로 근사할 수 있다. 보통 두 도체는 같은 양의 양전하와 음전하로 대전되어 있다. (신호가 동축선을 따라 흐를 때, 전하는 실제로 시간과 위치에 따라 변한다. 하지만 이 문제들에서는 전하가 일정하고 균일하게 퍼져 있다고 가정한다.)

그림 21.38 동축선(실용 문제 76~79)

76. 같은 양의 양전하와 음전하로 대전된 두 도체로 구성된 어떤 동축선이 정전기 평형 상태에 있다. 0이 아닌 전기장은
    a. 도선과 차폐물 사이의 공간에만 있다.
    b. 도선과 차폐물 사이의 공간, 그리고 차폐물 외부에 있다.
    c. 도선 사이, 차폐물 외부뿐만 아니라 금속 도선과 차폐물 내부에도 있다.
    d. 차폐물 외부에만 있다.
77. 어떤 동축선의 두 도체는 같은 양의 양전하와 음전하로 대전되어 있다. 정전기 평형 상태에서 차폐물의 전하는
    a. 완전히 바깥 표면에만 있다.
    b. 안쪽과 바깥쪽 표면 사이에 균등하게 나누어져 있다.
    c. 완전히 안쪽 표면에만 있다.
    d. 전하의 양에 따라 다르게 분포되어 있다.

78. 평형 상태에 있는 동축선의 두 도체 사이의 전기장은 동축선의 축으로부터 거리 r에 따라 어떻게 변하는가?
    a. 일정하다.
    b. $1/r$처럼 변한다.
    c. $1/r^2$처럼 변한다.
    d. $1/r^3$처럼 변한다.
79. 평형 상태에 있는 동축선의 안쪽 도체와 차폐물은 전하가 각각 $-Q$와 $+Q$로 대전되어 있다. 차폐물의 전하만 두 배로 하면
    a. 두 도체 사이의 전기장의 세기는 두 배가 될 것이다.
    b. 차폐물 외부의 전기장의 세기는 두 배가 될 것이다.
    c. 차폐물 바깥쪽 표면의 전기장의 세기는 차폐물 안쪽 표면의 전기장의 세기의 두 배가 될 것이다.
    d. 차폐물 바깥쪽 표면의 전기장의 세기는 차폐물 안쪽 표면의 전기장의 세기와 같을 것이다.

21장 질문에 대한 해답

장 도입 질문에 대한 해답
가우스 법칙에 따라 전하는 금속 철망의 바깥에만 분포하므로 철망 안에는 전기장이 없다.

확인 문제 해답
21.1 (a)
21.2 (1) $\Phi_A = 0, \ \Phi_B = 0, \ \Phi_C = s^2 E$
    (2) $\Phi_A = 0, \ \Phi_B = \Phi_C = s^2 E \cos 45° = s^2 E / \sqrt{2}$
21.3 (1) (a) 다발은 변하지 않는다.
    (2) (d) 전하가 반대 부호이면 전기장은 증가하고, 같은 부호이면 감소한다.
21.4 (1) 전기장은 0으로 불변이다.
    (2) 전기장 (kQ/r^2)은 2배로 증가한다.
21.5 (1) (c), (2) (b)
21.6 (c)

전기 퍼텐셜

예비 지식

- 전기장(20.3절)
- 정전기적 평형 상태와 도체(21.6절)
- 변하는 힘과 휘어진 경로를 포함하는 일(6.2절, 6.3절)

학습 목표

이 장을 학습하고 난 후 다음을 할 수 있다.

LO 22.1 퍼텐셜차의 개념을 설명하고, 주어진 퍼텐셜차에서 전하가 움직일 때 한 일을 계산할 수 있다.

LO 22.2 전기장을 적분하여 퍼텐셜차를 계산할 수 있다.

LO 22.3 점전하와 쌍극자와 관련된 퍼텐셜차를 기술할 수 있다.

LO 22.4 중첩 원리를 사용하여 불연속적 전하 분포의 퍼텐셜차를 계산할 수 있다.

LO 22.5 적분으로 연속 전하 분포의 퍼텐셜차를 계산할 수 있다.

LO 22.6 등퍼텐셜면과 그것들이 전기장에 어떻게 관련되는지를 기술할 수 있다.

LO 22.7 위치의 함수로 퍼텐셜이 주어질 때 전기장을 구할 수 있다.

LO 22.8 대전된 도체 주위의 등퍼텐셜면을 기술할 수 있다.

138,000 V 송전선에 걸려 있는 낙하산병은 왜 감전되지 않을까?

전기력은 중력처럼 보존력이다. 전기장에서 전하가 움직이면서 한 일은 퍼텐셜 에너지로 저장된다. 퍼텐셜 에너지는 전기 퍼텐셜의 척도로 단위 전하당 에너지에 해당한다. 전기 퍼텐셜의 개념을 알면 전기장을 구하기가 쉬울 뿐만 아니라, 전지 같은 일상에서 사용하는 전기 장치를 이해하는 데도 도움이 된다.

22.1 전기 퍼텐셜차

LO 22.1 퍼텐셜차의 개념을 설명하고, 주어진 퍼텐셜차에서 전하가 움직일 때 한 일을 계산할 수 있다.

7장에서 보존력 $\vec{F}$가 물체를 점 A에서 B로 움직이면서 한 일 W_{AB}를 다음과 같이 퍼텐셜 에너지의 차이 ΔU_{AB}로 정의하였다(식 7.2).

$$\Delta U_{AB} = U_B - U_A = -W_{AB} = -\int_A^B \vec{F} \cdot d\vec{r}$$

여기서 $d\vec{r}$는 점 A에서 B까지의 길이 요소이고 ΔU_{AB}는 두 점 사이의 경로에 무관하다. 힘이 거리에 따라 변하지 않으면, 식 6.5, $W = \vec{F} \cdot \Delta \vec{r}$에 따라 일을 간단하게 계산할 수 있다.

그림 22.1과 같이 균일한 전기장 $\vec{E}$에서 거리 Δr만큼 떨어진 두 점 A에서 B로 양전하 q가 움직인다고 하자. 전기장이 균일하여 일정한 전기력 $\vec{F} = q\vec{E}$가 전하에 작용하므로, 식 6.5에서 전기장이 한 일을 계산하면 퍼텐셜 에너지는 다음과 같다.

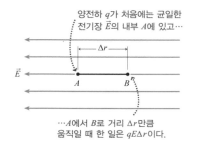

양전하 q가 처음에는 균일한 전기장 $\vec{E}$의 내부 A에 있고…

…A에서 B로 거리 Δr만큼 움직일 때 한 일은 $qE\Delta r$이다.

그림 22.1 전기장 $\vec{E}$에 대항해서 전하 q를 움직일 때 한 일

$$\Delta U_{AB} = -W_{AB} = -q\vec{E}\cdot\vec{\Delta r} = -qE\,\Delta r\cos 180° = qE\,\Delta r$$

여기서 $\vec{E}$와 $\vec{\Delta r}$가 반대 방향이기 때문에 $\cos 180° = -1$이다. 점 A에서 B로 전기장에 대항해서 양전하를 미는 것은 언덕 위로 자동차를 미는 것과 같다. 두 경우 모두 퍼텐셜 에너지가 증가한다. 중력이 언덕 아래로 자동차를 가속시키듯이, 그 전하를 놓아주면 전기장은 전하를 뒤로 가속시킨다.

그림 22.1에서 전하 $2q$를 움직인다면 퍼텐셜 에너지 변화 ΔU는 두 배로 커지고, 전하가 $q/2$이면 반으로 줄어든다. 즉 ΔU가 전하에 비례하므로 단위 전하당 퍼텐셜 에너지 변화를 다루면 편리할 것이다. 따라서 **전기 퍼텐셜차**(electric potential difference) ΔV를 다음과 같이 정의한다.

점 A에서 B까지의 전기 퍼텐셜차는 점 A에서 B로 단위 전하를 움직이는 데 필요한 퍼텐셜 에너지이다.

ΔV_{AB}는 점 A에서 B까지의 전기 퍼텐셜차이다.

퍼텐셜차는 단위 전하당 퍼텐셜 에너지의 변화 ΔU_{AB}이다.

$\vec{dr}$은 A에서 B까지의 경로를 따른 무한히 작은 길이 요소이다.

$$\Delta V_{AB} = \frac{\Delta U_{AB}}{q} = -\int_A^B \vec{E}\cdot\vec{dr} \quad \text{(전기 퍼텐셜차)} \tag{22.1a}$$

전기장 $\vec{E}$가 변하거나 경로가 직선이 아닌 경우 적분해야 한다.

보통 내적은 스칼라 $Edr\cos\theta$이다.

여기서 Δ와 아래 첨자 AB는 두 점 사이의 변화 또는 차이를 말하고 있다는 것을 명시적으로 나타낸다. 전기장은 벡터량이지만 전기 퍼텐셜차는 스칼라량이다.

20장에서 단위 전하당 전기력을 전기장으로 정의하였듯이, 단위 전하당 퍼텐셜 에너지 변화를 전기 퍼텐셜차로 정의하여, 두 물리량 모두 특정한 전하에 대한 의존성을 없앤다. 표 22.1은 힘과 전기장, 퍼텐셜 에너지와 전기 퍼텐셜의 관계를 요약한 표이다.

균일한 전기장이면 식 22.1a는 다음과 같이 간단해진다.

$$\Delta V_{AB} = -\vec{E}\cdot\vec{\Delta r} \quad \text{(균일한 전기장)} \tag{22.1b}$$

여기서 $\vec{\Delta r}$는 점 A에서 B까지의 벡터이다. 그림 22.1처럼 $\vec{E}$와 $\vec{\Delta r}$가 반대 방향이면 식 22.1b는 $\Delta V_{AB} = E\Delta r$이다.

퍼텐셜차는 이동 경로가 장의 방향과 같은지 혹은 반대인지에 따라 양 또는 음의 값이 될 수 있다. 양의 퍼텐셜차를 통해서 양전하를 움직이는 것은 언덕을 올라가는 것과 같아서 퍼

표 22.1 힘과 전기장, 퍼텐셜 에너지와 전기 퍼텐셜

물리량	기호/방정식	단위
힘	$\vec{F}$	N
전기장	$\vec{E} = \dfrac{\vec{F}}{q}$	N/C 또는 V/m
퍼텐셜 에너지차	$\Delta U = -\displaystyle\int_A^B \vec{F}\cdot\vec{dr}$	J
전기 퍼텐셜차	$\Delta V = \dfrac{\Delta U}{q}$ 또는 $\Delta V = -\displaystyle\int_A^B \vec{E}\cdot\vec{dr}$	J/C 또는 V

텐셜 에너지가 증가한다. 반대로, 음의 퍼텐셜차를 통해서 양전하를 움직이는 것은 언덕을 내려가는 것과 같아서 퍼텐셜 에너지가 감소한다. 음전하라면 퍼텐셜차가 같아도, 힘이 반대로 작용하여 퍼텐셜 에너지의 부호가 반대로 바뀐다.

퍼텐셜차는 **두 점**의 특성으로서 두 점 사이의 이동 경로에 무관하다. 그림 22.1의 직선 경로를 따르면 두 점 A와 B의 퍼텐셜차를 쉽게 계산할 수 있다. 반면에 그림 22.2처럼 복잡한 경로에 대한 계산은 상대적으로 힘들지만 결과는 같다.

> **확인 문제** **22.1** 다음의 경우에 그림 22.1의 퍼텐셜차 ΔV_{AB}는 어떻게 변하는가? (1) 전기장 세기가 2배 증가, (2) 거리 Δr가 2배 증가, (3) 장에 수직한 경로로 변경, (4) 점 A와 B의 교환

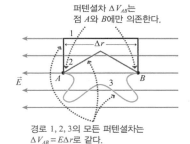

퍼텐셜차 ΔV_{AB}는 점 A와 B에만 의존한다.

경로 1, 2, 3의 모든 퍼텐셜차는 $\Delta V_{AB} = E\Delta r$로 같다.

그림 22.2 퍼텐셜차는 경로에 무관하다.

볼트와 전자볼트

퍼텐셜차는 단위 전하당 에너지 혹은 일이므로 단위는 표 22.1처럼 J/C이다. 일상에서는 그 단위를 주로 **볼트**(volt, V)라고 부른다. 예를 들면 12 V짜리 자동차 전지는 두 단자 사이로 1 C의 전하를 옮기는 데 12 J의 일을 한다는 뜻이다. 퍼텐셜차 ΔV에 전하 q를 곱하면 퍼텐셜 에너지 $\Delta U = q\Delta V$를 얻는다. 따라서 퍼텐셜차 ΔV에서 전하 q가 자유롭게 '떨어지면' 운동 에너지 $|q\Delta V|$를 얻는다.

한편 전기 회로에서는 퍼텐셜차를 **전압**(voltage)이라고도 한다. 그러나 변하는 자기장이 있으면 두 물리량의 의미가 약간 달라진다(27장 참조). 표 22.2에 주요한 퍼텐셜차가 수록되어 있다.

퍼텐셜차는 두 점과 관련된다. 퍼텐셜차는 두 점 사이를 움직이는 단위 전하당 에너지이다. 이를 잊는다면, 전압계를 적절하게 연결할 수 없고, 두 자동차의 전지를 안전하게 연결할 수 없다. 이 장의 도입 사진은 두 점이 필요하다는 사실을 극명하게 보여 준다.

때로는 점 P의 퍼텐셜(혹은 전압)이라고 말한다. 이는 다른 점을 염두에 두고 한 말로서, 그 점에서 점 P까지의 퍼텐셜차를 뜻한다. 다음 절에서는 '다른 점'(퍼텐셜이 0인 곳이라고 불리우는)을 선택하는 것을 다룰 것이다.

분자, 원자, 핵의 영역에서는 에너지를 **전자볼트**(electronvolt, eV)로 표기하는 것이 편리하다. **1 V의 퍼텐셜차에서 기본 전하가 움직이는 데 필요한 에너지를 1 eV라고 한다.** 기본 전하가 1.6×10^{-19} C이므로 1 eV $= 1.6 \times 10^{-19}$ J이다. 전기 에너지를 기본 전하로 표기하면 매우 편리하다. ΔV는 V 단위의 퍼텐셜차이고 $q\Delta V$는 eV 단위의 에너지이다. 그러

표 22.2 주요한 퍼텐셜차

심장의 전기적 활동에 따른 팔과 다리	1 mV
생체 세포막	80 mV
손전등 건전지	1.5 V
자동차 전지	12 V
전기 콘센트(나라에 따라 다름)	100 ~ 240 V
테이저 총	1200 V
긴 송전선과 지표면	365 kV
폭풍우 밑바닥과 지표면	100 MV

나 eV는 SI 단위가 아니다. 다른 물리량을 계산하기 전에 J로 전환해야 한다.

> **확인문제**   **22.2** (1) 양성자(전하 e), (2) 알파 입자(전하 $2e$), (3) 일가 산소 원자 각각이 10 V의 퍼텐셜차에서 움직인다. 각 입자에 한 일은 몇 eV인가?

예제 22.1   퍼텐셜차, 일, 에너지: 엑스선

엑스선관의 전극에서 표적물까지 10 cm의 거리에 균일한 전기장 300 kN/C이 표적물에서 전자샘 방향으로 걸린다. 전극과 표적물 사이의 퍼텐셜차, 전자샘에서 표적물까지 전자가 가속되며 얻는 에너지를 각각 구하라(전자가 갑자기 감속하면 엑스선이 발생한다). 에너지를 전자볼트와 줄로 표기하라.

해석 전기장에서 퍼텐셜차를 계산한 다음에 에너지를 구하는 문제이다.

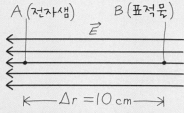

그림 22.3 예제 22.1의 스케치

과정 그림 22.3은 전자샘 A와 표적물 B에 대한 전기장선 그림이다. 식 22.1b, $\Delta V_{AB} = -\vec{E}\cdot\vec{\Delta r}$로 균일한 장의 퍼텐셜차를 구한다. 퍼텐셜차, 즉 단위 전하당 에너지를 알면 전자가 얻는 에너지 $q\Delta V$를 구할 수 있다.

풀이 전기장과 전자의 경로가 반대 방향이므로 $\cos\theta = -1$이다. 따라서 식 22.1b는 다음과 같다.

$$\Delta V_{AB} = E\,\Delta r = (300\ \text{kN/C})(0.10\ \text{m}) = 30\ \text{kV}$$

퍼텐셜차가 양수이지만 음전하인 전자는 샘에서 표적물까지 '내리막길'을 내려오는 것처럼 전기장이 일을 하여 전자는 운동 에너지를 얻는다. 따라서 에너지는 전자의 전하 $q = -e$와 퍼텐셜차의 곱 $|q\Delta V| = (1e)(30\ \text{kV}) = 30\ \text{keV}$이며, 여기에 1.6×10^{-19} J/eV를 곱하면 4.8 fJ이다.

검증 답을 검증해 보자. 1 eV는 1 J보다 훨씬 작다. 4.8 fJ은 4.8×10^{-15} J이므로 매우 작은 에너지이다.

예제 22.2   대전 평판의 퍼텐셜

고립된 무한 평판에 균일한 면전하 밀도 σ가 분포한다. 평판에서 수직 거리 x인 곳의 퍼텐셜차를 구하라.

해석 전기장에서 퍼텐셜을 구하는 문제이다.

과정 예제 21.6에서 대전 평판의 전기장 크기는 $E = \sigma/2\epsilon_0$이고, 평판에 수직한 방향이다. 그림 22.4는 평판과 전기장선이다. 장이 균일하므로 식 22.1b, $\Delta V_{AB} = -\vec{E}\cdot\vec{\Delta r}$로 퍼텐셜차를 구한다.

풀이 양전하이면 평판에서 멀어지는 방향이 바로 전기장 방향이므로 $\cos\theta = 1$이다. 따라서 식 22.1b는 다음과 같다.

$$V_{0x} = -Ex = -\frac{\sigma x}{2\epsilon_0}$$

여기서 x는 변위의 길이 Δr이고, V_{0x}는 평판($x=0$)에서 점 x까지의 퍼텐셜차이다.

검증 답을 검증해 보자. 균일한 전기장에서 퍼텐셜차가 거리에 선형으로 비례한다. 평판에서 멀어지는 방향의 양전하의 운동은 일

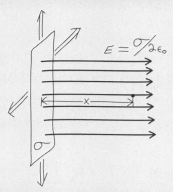

그림 22.4 예제 22.2. 그림에는 표시하지 않았지만 평판의 왼쪽에도 전기장이 있다.

정한 기울기의 '내리막길'을 내려오는 것과 마찬가지이다. 음전하($\sigma < 0$)이면 퍼텐셜차의 부호가 바뀐다. 이제 평판에서 멀어지는 양전하의 운동은 '오르막길'을 올라가는 것과 마찬가지이다.

곡선 경로와 불균일한 전기장

전기장이 불균일하거나 경로가 곡선이면 퍼텐셜차를 구하기 위하여 식 22.1a의 적분을 수행해야 한다. 그림 6.14와 유사한 그림 22.5처럼 적분의 길이 요소 $d\vec{r}$가 매우 작은 극한에서는 균일한 전기장의 직선 경로와 마찬가지이므로 식 22.1b는 무한소 퍼텐셜차 $dV = -\vec{E} \cdot d\vec{r}$가 된다. 이제 점 A에서 B까지 dV를 적분하면 두 점 사이의 퍼텐셜차를 구할 수 있다.

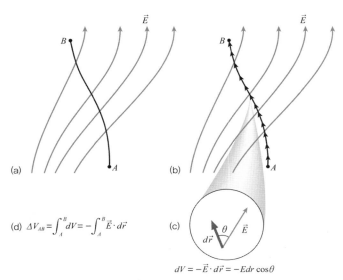

그림 22.5 (a) A에서 B까지의 경로는 전기장 $\vec{E}$를 가로지른다. (b) 퍼텐셜차 ΔV_{AB}를 구하기 위해 먼저 경로를 무한히 작은 길이 요소 $d\vec{r}$로 나눈다. (c) 한 길이 요소에 걸친 퍼텐셜차는 $dV = -\vec{E} \cdot d\vec{r}$이다. (d) 경로를 따라 모든 dV를 더하면, 곧 적분하면 ΔV_{AB}에 대한 표현을 얻는다.

확인 문제

22.3 길이가 같은 직선 경로 AB가 그림처럼 서로 다른 전기장 안에 있다. 점 A의 전기장은 세 경우 모두 같다. 퍼텐셜차 ΔV_{AB}가 큰 순서대로 나열하라.

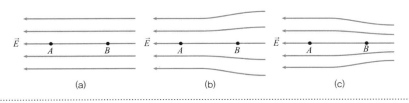

22.2 퍼텐셜차 구하기

LO 22.2 전기장을 적분하여 퍼텐셜차를 계산할 수 있다.

LO 22.3 점전하와 쌍극자와 관련된 퍼텐셜차를 기술할 수 있다.

LO 22.4 중첩 원리를 사용하여 불연속적 전하 분포의 퍼텐셜차를 계산할 수 있다.

LO 22.5 적분으로 연속 전하 분포의 퍼텐셜차를 계산할 수 있다.

이 절에서는 식 22.1a를 이용하여 몇몇 전하 분포에서 퍼텐셜차를 구한다. 가장 간단하지만 중요한 점전하부터 시작해 보자.

점전하의 퍼텐셜

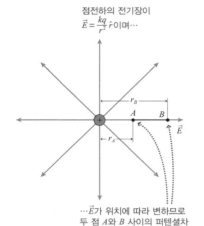

점전하의 전기장이
$\vec{E} = \frac{kq}{r^2}\hat{r}$이며…

…$\vec{E}$가 위치에 따라 변하므로
두 점 A와 B 사이의 퍼텐셜차
ΔV_{AB}를 구하려면 적분해야 한다.

그림 22.6 점전하장의 퍼텐셜차

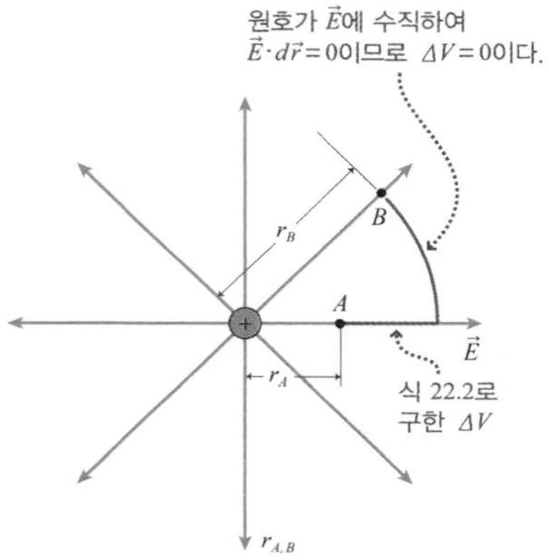

원호가 $\vec{E}$에 수직하여
$\vec{E} \cdot d\vec{r} = 0$이므로 $\Delta V = 0$이다.

식 22.2로
구한 ΔV

**그림 22.7 퍼텐셜차는 경로에 무관하므로
여기서도 ΔV_{AB}는 식 22.2를 따른다.**

식 20.3, $\vec{E} = (kq/r^2)\hat{r}$는 점전하의 전기장이다. 그림 22.6처럼 양의 점전하에서 각각 r_A, r_B 거리의 점 A와 B 사이의 퍼텐셜차를 구해 보자. 전기장이 거리에 따라 변하므로 단순히 $r_B - r_A$에 전기장의 크기 E를 곱해서 구할 수 없다. 대신에 식 22.1a에서 다음과 같이 적분해야 한다.

$$\Delta V_{AB} = -\int_{r_A}^{r_B} \vec{E} \cdot d\vec{r} = -\int_{r_A}^{r_B} \frac{kq}{r^2}\hat{r} \cdot d\vec{r}$$

점 A에서 B로 움직이므로 $d\vec{r}$는 양의 지름 방향이며 $d\vec{r} = \hat{r}\, dr$이다. 즉 다음과 같다.

$$\Delta V_{AB} = -\int_{r_A}^{r_B} \frac{kq}{r^2}\hat{r} \cdot \hat{r}\, dr = -kq\int_{r_A}^{r_B} r^{-2}\, dr$$

여기서 단위 벡터 $\hat{r}$의 점곱 $\hat{r} \cdot \hat{r} = 1$인 관계를 사용했다. 적분하면 다음을 얻는다.

$$\Delta V_{AB} = -kq\left[-\frac{1}{r}\right]_{r_A}^{r_B} = kq\left(\frac{1}{r_B} - \frac{1}{r_A}\right) \tag{22.2}$$

$r_B > r_A$이므로 퍼텐셜차는 음수이다. 따라서 r_A에 있는 양의 시험 전하는 r_B를 향해 떨어지려고 한다. 반대 방향으로 가려면 양전하 q의 척력에 대항해서 양의 전하를 밀어 올리는 일을 해야 한다. 음의 점전하, 즉 $q < 0$인 경우에도 식 22.2는 유효하다. 그 경우에 퍼텐셜차의 부호가 바뀐다.

식 22.2는 동일한 지름 방향의 적선 위 두 점에 대해서 구한 것이지만, 그림 22.7처럼 양의 점전하 q가 만드는 전기장 어느 두 점에 대해서도 성립한다. 물론 $r_B < r_A$일 때도 성립한다. 이 경우에 퍼텐셜차가 양수가 되므로, 양의 시험 전하를 양의 점전하 쪽으로 움직이려면 일을 해야 한다.

퍼텐셜의 영점

물리적으로는 퍼텐셜차만 의미가 있다. 그래도 퍼텐셜의 영점, 곧 퍼텐셜이 0인 점을 정의하면 편리할 때가 많다. 예를 들면, 점 P의 퍼텐셜 V는 퍼텐셜이 0인 점과 점 P 사이의 퍼텐셜차를 뜻한다. 따라서 ΔV_{AB}를 두 점의 퍼텐셜차 $V(B) - V(A)$로 표기할 수 있다. 퍼텐셜이 0인 곳은 물리적, 수학적 편리성에 따라 정해진다. 전력계에서는 접지한 지표면을, 자동차 전자계에서는 차체를 퍼텐셜이 0인 곳으로 각각 선택한다.

고립 전하이면 무한대를 퍼텐셜이 0인 곳으로 택하면 편리하다. 식 22.2에서 $r_A \to \infty$이면 $1/r_A$은 0이 되므로, r_B에서 아래 첨자를 없애면 점전하의 퍼텐셜을 다음과 같이 표기할 수 있다.

점전하를 다룰 때,
무한대에서 퍼텐셜을
0으로 잡는다.

$V_{\infty r}$을 $V(r)$로
줄여서 표기한다.

q는 점전하이다.

$$V_{\infty r} = V(r) = \frac{kq}{r} \ \text{(점전하 퍼텐셜)}$$

(22.3)

r는 점전하로부터 퍼텐셜을
계산하는 곳까지의 거리이다.

점전하의 퍼텐셜 $V(r)$는 무한대에서 거리 r인 곳까지의 퍼텐셜차이다. 한편 구대칭의 전하 분포가 만드는 전하 분포 바깥쪽 전기장이 점전하가 만드는 전기장과 같으므로, 식 22.3은 구대칭 전하 분포의 바깥쪽 퍼텐셜과 같다.

무한히 먼 거리까지의 퍼텐셜차가 유한한 것은 틀렸을까? 아니다. 전기장이 거리의 제곱에 반비례하므로, 거리가 멀면 전기장은 급격하게 작아진다. 따라서 무한대에서 점전하 근처로 전하를 움직이는 데 한 일은 유한하다. 8장에서 중력장으로부터 탈출하는 데 필요한 에너지도 유한하였다. 전하 분포의 크기가 유한하여 먼 거리의 전기장이 $1/r^2$에 비례하면 무한대에서 퍼텐셜을 0으로 잡을 수 있다.

확인 문제 22.4 점전하장에서 10 cm 떨어진 두 점 사이의 퍼텐셜차는 50 V이다. 점전하 쪽으로 다가가서 다시 10 cm 간격으로 측정하면 퍼텐셜차는 (a) 증가하는가, (b) 감소하는가, (c) 불변인가?

예제 22.3 | **퍼텐셜과 일: 과학 박물관에서**

보스턴 과학 박물관의 전기방에 있는 커다란 밴더그래프(Van de Graaff) 발전기는 금속구에 전하를 쌓는 장치이다(21장 도입 사진 참조). 구의 반지름은 $R = 2.30$ m이고 전하량은 $Q = 640$ μC이다. 고립된 금속구로 가정하고 다음을 각각 구하라. (a) 구 표면의 퍼텐셜, (b) 양성자를 무한대에서 금속구 표면으로 가져올 때 한 일, (c) 구 표면과 구의 중심에서 $2R$인 곳의 퍼텐셜차

해석 구대칭 전하 분포의 퍼텐셜차를 구하는 문제이다. 21장에서 구대칭 전하 분포의 외부 전기장은 점전하의 장과 같다는 것을 알았다. 두 점의 퍼텐셜차만 의미가 있으므로, 무한대에서의 퍼텐셜을 0으로 잡고 구 표면의 퍼텐셜을 구하는 문제이다.

과정 구대칭 전하 분포의 외부 전기장은 점전하의 장과 같으므로, $r \geq R$인 곳의 퍼텐셜은 식 22.3의 $V(r) = kQ/r$이다. 그림 22.8은 $1/r$로 변하는 퍼텐셜 곡선이다. 무한대에서 퍼텐셜이 0이므로, 구 표면의 퍼텐셜에 양성자의 전하를 곱한 것은 무한대에서 양성자를 가져오면서 해야 할 일과 같다. 또한 R에서 $2R$ 사이의 퍼텐셜차 ΔV_{R2R}를 구한다.

풀이 (a) 식 22.3에 $R = 2.30$ m, $Q = 640$ μC을 넣으면

$$V(R) = \frac{kQ}{R} = 2.50 \text{ MV}$$

이다. (b) 2.50 MV는 무한대와 금속구 표면 사이의 퍼텐셜차이다. 따라서 기본 전하가 e인 양성자를 가져오는 데 한 일은 2.50

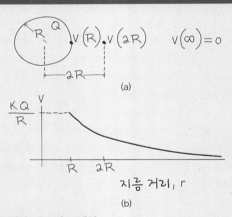

그림 22.8 예제 22.3의 스케치

MeV, 즉 4.0×10^{-13} J이다. (c) R에서 $2R$ 사이의 퍼텐셜차는 두 점의 퍼텐셜차에서 다음과 같이 얻는다.

$$\Delta V_{R2R} = V(2R) - V(R) = \frac{kQ}{2R} - \frac{kQ}{R} = -\frac{kQ}{2R}$$
$$= -1.25 \text{ MV}$$

검증 답을 검증해 보자. 양으로 대전된 구에서 멀어지는 방향으로 이동하므로 퍼텐셜차 ΔV_{R2R}는 음수이다. 전기장이 $1/r^2$로 감소하기 때문에, 구의 반지름만큼만 멀어져도 구표면의 퍼텐셜이 반으로 감소한다.

예제 22.4 퍼텐셜차: 고압 송전선

응용 문제가 있는 예제

긴 직선 송전선의 반지름은 1.0 cm이고 선전하 밀도는 $\lambda = 2.6\ \mu C/m$이다. 다른 전하가 없을 때, 송전선에서 22 m 떨어진 지표면과 전선 사이의 퍼텐셜차를 구하라.

해석 긴 직선 송전선은 선대칭인 무한히 긴 전하 분포와 같다.

과정 21장에서 구한 선대칭 전하 분포의 외부 전기장, $\vec{E} = (\lambda/2\pi\epsilon_0 r)\hat{r}$가 송전선의 전기장이다. 전기장이 거리에 따라 변하므로, 식 22.1a, $\Delta V = -\int \vec{E}\cdot d\vec{r}$를 이용한다. 그 상황이 그림 22.9에 그려져 있다.

풀이 r_A인 전선의 표면에서 r_B인 지표면까지 전선에 수직한 경로로 식 22.1a를 적분하면 다음을 얻는다.

$$\Delta V_{AB} = -\int_{r_A}^{r_B} \vec{E}\cdot d\vec{r} = -\int_{r_A}^{r_B} \frac{\lambda}{2\pi\epsilon_0 r}\hat{r}\cdot\hat{r}\,dr$$

$$= -\frac{\lambda}{2\pi\epsilon_0}\int_{r_A}^{r_B}\frac{dr}{r} = -\frac{\lambda}{2\pi\epsilon_0}\ln r\Big|_{r_A}^{r_B}$$

$$= \frac{\lambda}{2\pi\epsilon_0}\ln\left(\frac{r_A}{r_B}\right) \qquad (22.4)$$

여기서 $\ln x - \ln y = \ln(x/y)$와 $\ln(x/y) = -\ln(y/x)$를 사용

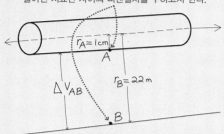

중심축까지의 거리가 r_A인 전선의 표면과 거리 r_B만큼 떨어진 지표면 사이의 퍼텐셜차를 구하고자 한다.

그림 22.9 긴 직선 송전선을 선전하의 장을 가진 무한 대전 막대로 어림한다.

하였다. 문제에 주어진 값들을 넣으면 $\Delta V = -360\ kV$가 되는데, 이것은 장거리 송전선의 전형적인 값이다.

검증 답을 검증해 보자. 수직 경로 AB가 양전하에서 멀어지는 방향이므로 퍼텐셜차는 음수이다(수학적으로는 $r_A < r_B$이므로 자연 로그값이 음수이다). 식 22.4에서 r_B를 무한대로 보낼 수 없다. 무한히 긴 전선이므로 아무리 멀리 떨어져도 물리적으로 점전하가 아니다. 수학적으로는 선대칭의 전기장이 $1/r$이므로 점전하의 전기장보다 훨씬 느리게 감소하기 때문이다.

중첩 원리로 퍼텐셜차 구하기

전하 분포의 장을 모르거나 장이 복잡하여 적분하기 힘들 때 중첩 원리를 이용하여 퍼텐셜을 구할 수 있다. 이로부터 전기장을 더 쉽게 구하는 접근 방법이 있다. 그것을 22.3절에서 알아볼 것이다.

중첩 원리에 따라 전하 q를 무한대에서 점 P까지 가져온다고 하자. 전하 분포의 전기장은 개별 전하가 만드는 전기장의 벡터합이므로, 개별 전하의 퍼텐셜인 식 22.3을 합하면 무한대와 점 P 사이의 퍼텐셜차를 구할 수 있다. 즉 점 P의 퍼텐셜은 다음과 같다.

$$V(P) = \sum_i \frac{kq_i}{r_i} \qquad (22.5)$$

여기서 r_i는 개별 전하 i에서 점 P까지의 거리이다. 중첩 원리로 구한 전기장인 식 20.4보다 식 22.5를 계산하기가 훨씬 쉽다. 전기 퍼텐셜이 스칼라량이므로 식 22.5를 계산할 때 벡터의 성분, 각도, 단위 벡터 등을 다룰 필요가 없기 때문이다.

예제 22.5 불연속 전하 분포: 쌍극자 퍼텐셜

전기 쌍극자는 반대 부호의 전하 $\pm q$가 거리 $2a$로 분리된 전하 분포이다. 임의의 점 P에서 퍼텐셜을 구하고, 전하의 분리 거리보다 훨씬 먼 거리에서 퍼텐셜에 대한 어림식을 구하라.

해석 전하가 2개뿐이므로 점전하의 퍼텐셜 구하기에서 무한대에

서의 퍼텐셜을 0으로 잡는다.

과정 그림 22.10에서 점 P와 두 전하 사이의 거리를 알 수 있다. 식 22.5, $V(P) = \sum(kq/r)$에 따라 개별 전하의 퍼텐셜을 중첩시켜서 점 P의 퍼텐셜을 구한다.

풀이 식 22.5에서 다음을 얻는다.

$$V(P) = \frac{kq}{r_1} + \frac{k(-q)}{r_2} = \frac{kq(r_2 - r_1)}{r_1 r_2}$$

이 결과는 점 P의 정확한 퍼텐셜이다. 먼 거리의 어림식을 구해 보자. 그림 22.10처럼 쌍극자 중심까지의 거리를 r라고 하면, $r \gg a$에서 r_1, r_2, r가 거의 같으므로 $r_1 r_2$는 거의 r^2과 같다. 다만 r_1과 r_2가 거의 같으므로 $r_2 - r_1$은 유의해야 한다. 그림 22.10에서 두 전하로부터 P까지의 길이 차는 대략 $2a\cos\theta$이므로, $r \gg a$에서 쌍극자 퍼텐셜의 어림식은 다음과 같다.

$$V(r, \theta) = \frac{k(2aq)\cos\theta}{r^2} = \frac{kp\cos\theta}{r^2} \quad \text{(쌍극자 퍼텐셜)} \quad (22.6)$$

여기서 $p = 2aq$는 쌍극자 모멘트이다.

검증 답을 검증해 보자. 앞에서 구한 쌍극자 전기장은 $1/r^3$로 감소하지만 쌍극자 퍼텐셜은 $1/r^2$로 감소한다. 퍼텐셜은 전기장의 거리에 대한 적분이므로 타당한 결과이다. 점전하도 마찬가지로 전기장은 $1/r^2$로 감소하지만 퍼텐셜은 $1/r$로 감소한다. 식 22.6에서 $\theta = 90°$이면 $V = 0$이다. 쌍극자의 수직 이등분선 위에서의 이동은 항상 쌍극자장에 수직하여(그림 21.2 참조) 무한대에서 전하를 가져올 때 일을 하지 않기 때문이다(그림 22.11 참조).

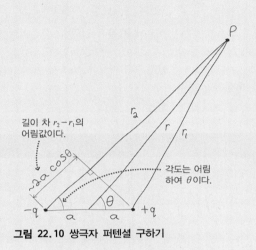

그림 22.10 쌍극자 퍼텐셜 구하기

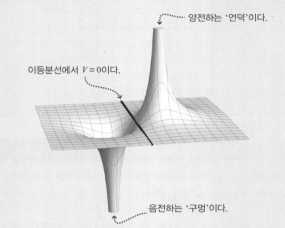

그림 22.11 그림 22.10의 평면에서 쌍극자 퍼텐셜의 3D 그림

확인 문제 **22.5** 그림은 무한대에서 쌍극자의 수직 이등분선 위의 점 P까지 전하를 가져오는 세 경로를 나타낸 것이다. 각 경로에서 한 일을 비교하라.

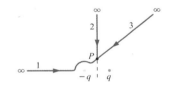

연속 전하 분포

연속 전하 분포인 경우에는 전하 요소 dq를 고려하여 퍼텐셜을 구할 수 있다. 각 전하 요소를 점전하로 취급하면 점 P에 만드는 퍼텐셜은 $dV = k\,dq/r$이다. 여기서 무한대에서의 퍼텐셜을 0으로 한다. dV를 적분하면 다음을 얻는다.

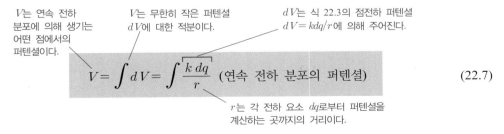

$$V = \int dV = \int \frac{k\,dq}{r} \quad \text{(연속 전하 분포의 퍼텐셜)} \quad (22.7)$$

V는 연속 전하 분포에 의해 생기는 어떤 점에서의 퍼텐셜이다.

V는 무한히 작은 퍼텐셜 dV에 대한 적분이다.

dV는 식 22.3의 점전하 퍼텐셜 $dV = kdq/r$에 의해 주어진다.

r는 각 전하 요소 dq로부터 퍼텐셜을 계산하는 곳까지의 거리이다.

여기서 적분은 전체 전하 분포에 대한 것이다. 예제 22.6은 식 22.7의 간단한 적용을 보여 준다.

| 예제 22.6 | 연속 분포의 퍼텐셜: 대전 고리 |

반지름 a의 얇은 원형 고리의 전하 Q가 균일하게 분포한다. 고리의 축 위에서 퍼텐셜을 구하라.

해석 연속 전하 분포의 퍼텐셜을 구하는 문제이다.

과정 식 22.7, $V = \int k\,dq/r$에서 퍼텐셜을 구한다. 그림 22.12처럼 고리의 중심축을 x축으로 잡고, 고리의 중심을 $x = 0$으로 놓

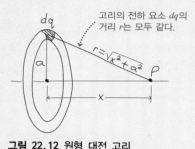

고리의 전하 요소 dq의 거리 r는 모두 같다.

$r = \sqrt{x^2 + a^2}$

그림 22.12 원형 대전 고리

는다. 고리의 전하 요소 dq에서 점 P까지의 거리 $r = \sqrt{x^2 + a^2}$은 모든 전하 요소에 대하여 같다.

풀이 식 22.7에서 다음을 얻는다.

$$V(x) = \int \frac{k\,dq}{r} = \frac{k}{r}\int dq = \frac{kQ}{r} = \frac{kQ}{\sqrt{x^2 + a^2}} \quad (22.8)$$

여기서 r가 모든 전하 요소에서 같으므로 적분 밖으로 나왔다. 나머지 적분 $\int dq$는 총전하 Q이다.

검증 답을 검증해 보자. 먼 거리에서 $x \gg a$이므로 식 22.8의 분모에서 a^2을 무시하면 $V(x) = kQ/x$이다. 충분히 먼 거리에서는 고리의 크기가 문제가 아니므로 결국 점전하 Q의 퍼텐셜과 같다. 반면에 고리의 중심에서는 $V(0) = kQ/a$이다. 퍼텐셜이 스칼라이기 때문에 중심에서 방향은 무관하다. 따라서 거리 a인 점전하 Q의 퍼텐셜과 같다.

| 예제 22.7 | 연속 분포의 퍼텐셜: 대전 원판 |

반지름 a의 얇은 원판의 표면에 전하 Q가 균일하게 분포한다. 원판으로부터 거리가 x이고 원판의 축에 있는 점 P에서 퍼텐셜을 구하라.

해석 연속 전하 분포의 퍼텐셜을 구하는 문제이다.

과정 예제 22.6처럼 식 22.7, $V = \int k\,dq/r$에서 퍼텐셜을 구한다. 이번에는 전하 요소에서 점 P까지의 거리가 다르므로 9장의 적분 요령 또는 20장의 연속 전하 분포처럼 적분해야 한다. 그림 22.13에서 원형 고리의 전하 요소가 만드는 퍼텐셜은 식 22.8인 $dV = k\,dq/\sqrt{x^2 + r^2}$이며, r는 고리의 반지름이다. 이 퍼텐셜을 모든 고리에 대해서 적분하면 원판의 퍼텐셜은

$$V(x) = \int_{\text{원판}} dV = \int_{r=0}^{r=a} \frac{k\,dq}{\sqrt{x^2 + r^2}}$$

이다. 위 식을 적분하기 전에 전하 요소 dq와 거리 변수 r의 관계를 파악해야 한다. 고리와 원판의 면적비는 dq와 Q의 비와 같다. 고리의 면적은 $2\pi r\,dr$이고 원판의 면적은 πa^2이므로 $dq/Q = 2\pi r\,dr/\pi a^2$에서 $dq = (2Q/a^2)r\,dr$이다.

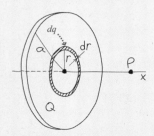

그림 22.13 반지름 r, 너비 dr인 고리 모양의 전하 요소 dq로 표시한 대전 원판

풀이 위 결과를 $V(x)$의 적분식에 넣어서 정리하면

$$V(x) = \int_0^a \frac{2kQ}{a^2} \frac{r\,dr}{\sqrt{x^2 + r^2}} = \frac{kQ}{a^2}\int_0^a \frac{2r\,dr}{\sqrt{x^2 + r^2}}$$

를 얻는다. x는 적분에 대해서 상수이므로 $2r\,dr = d(r^2) = d(x^2 + r^2)$이다. $u = x^2 + r^2$으로 놓으면 $\int u^{-1/2}\,du$이므로 적분 결과는 $2u^{1/2}$이다. 따라서 퍼텐셜은 다음과 같다.

$$V(x) = \frac{2kQ}{a^2}\sqrt{x^2 + r^2}\,\Big|_{r=0}^{r=a} = \frac{2kQ}{a^2}\left(\sqrt{x^2 + a^2} - |x|\right)$$

검증 답을 검증해 보자. 그림 22.14를 보면 올바른 결과이다. 퍼텐셜은 원판 가까이에서는 무한 평판의 퍼텐셜처럼 거리에 선형으로 비례하고(예제 22.2 참조), 먼 거리에서는 점전하 퍼텐셜처럼 $1/r$로 감소한다. 따라서 정확한 계산이 필요한 영역은 원판의 반지름 a 근처인 중간 영역뿐이다.

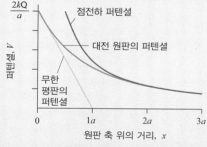

그림 22.14 대전 원판의 퍼텐셜은 원판에 매우 가까운 곳에서는 무한 평판의 퍼텐셜과 같고, 먼 거리에서는 점전하의 퍼텐셜과 같다.

22.3 퍼텐셜차와 전기장

LO 22.6 등퍼텐셜면과 그것들이 전기장에 어떻게 관련되는지를 기술할 수 있다.
LO 22.7 위치의 함수로 퍼텐셜이 주어질 때 전기장을 구할 수 있다.

전기장에 수직 방향으로 전하를 움직여도 일을 하지 않으므로, 전기장에 수직인 표면 위의 두 점 사이에는 퍼텐셜 차이가 없다. 이러한 표면을 **등퍼텐셜면**(equipotential)이라고 부른다. 등퍼텐셜선은 지도의 등고선과 마찬가지이다(그림 22.15 참조). 등고선은 고도가 일정한 선이므로 등고선을 따라 이동하는 데 중력에 맞서 일을 하지 않는다. 또한 등고선이 촘촘하면 경사가 가파르다. 이와 마찬가지로 등퍼텐셜선이 촘촘하면 두 점 사이의 퍼텐셜차가 커진다. 즉 그곳에서 전기장이 강하다. 그림 22.15에서 등퍼텐셜면이 촘촘한 중간 영역의 퍼텐셜 기울기가 가팔라서 전기장이 강하다. 그림 22.16의 전기 쌍극자 등퍼텐셜면 분포를 보면, 양전하 주위에 가파른 언덕이 있고, 음전하 주위에 가파른 우물이 있음을 알 수 있다(그림 22.11 참조).

> **확인 문제** **22.6** 등퍼텐셜면의 단면인 두 그림에서 이웃한 등퍼텐셜면의 퍼텐셜차는 같다. 어느 것이 점전하의 등퍼텐셜면인가?

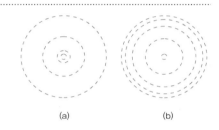

(a)   (b)

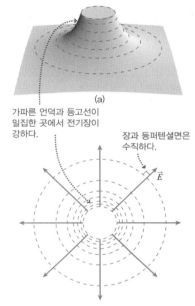

가파른 언덕과 등고선이 밀집한 곳에서 전기장이 강하다.

장과 등퍼텐셜면은 수직하다.

$\vec{E}$

그림 22.15 대전된 구면 껍질의 등퍼텐셜면 중에서 껍질의 중심을 지나는 평면에 있는 등퍼텐셜면(점선)은 (a) 꼭대기가 편평한 언덕과 (b) 그 등고선으로 나타내진다.

퍼텐셜에서 전기장 구하기

전기장선을 알면 등퍼텐셜면을 구할 수 있다. 반대로 등퍼텐셜면을 알면 이에 수직인 전기장선을 구할 수 있다. 따라서 각 점의 퍼텐셜을 알면 전기장을 구할 수 있다.

먼저 x방향으로 dx 떨어진 두 점 사이의 퍼텐셜차 dV를 생각해 보자. $d\vec{r} = dx\,\hat{\imath}$이므로 식 22.1b에서 $dV = -E_x\,dx$이다. 따라서 전기장의 x성분을 $E_x = -dV/dx$로 표기할 수 있다. 일반적으로 함수가 여러 변수에 의존하는 경우에는 전미분 기호 d 대신에 편미분 기호 ∂를 사용하여 하나의 변수에 대한 변화율을 표기한다. 따라서 전기장의 x성분은 $E_x = -\partial V/\partial x$이다. y성분과 z성분도 마찬가지로 $E_y = -\partial V/\partial y$, $E_z = -\partial V/\partial z$이므로 전기장 벡터를 다음과 같이 표기할 수 있다.

$$\vec{E} = -\left(\frac{\partial V}{\partial x}\hat{\imath} + \frac{\partial V}{\partial y}\hat{\jmath} + \frac{\partial V}{\partial z}\hat{k}\right) \tag{22.9}$$

결국 퍼텐셜 변화가 크면 전기장이 강하다. 여기서 음의 부호는 식 22.1과 마찬가지이다. 그것은 우리가 퍼텐셜이 증가하는 방향으로 움직이면, 우리가 전기장에 대항하여 움직인다는 것을 의미한다. 또한 식 22.9에서 전기장의 단위인 N/C을 V/m로 표기할 수도 있다.

퍼텐셜은 스칼라량이므로 식 22.9를 사용하여 전기장을 구하는 것이 편리할 때가 많다.

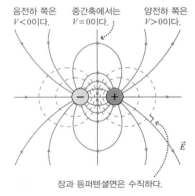

음전하 쪽은 $V<0$이다.   중간축에서는 $V=0$이다.   양전하 쪽은 $V>0$이다.

$\vec{E}$

장과 등퍼텐셜면은 수직하다.

그림 22.16 쌍극자를 포함하는 평면에 그린 쌍극자의 등퍼텐셜면(점선)과 전기장선. 그림 22.11의 등고선을 따라 등퍼텐셜면을 그린다.

예제 22.8　퍼텐셜에서 전기장 구하기: 대전 원판

예제 22.7을 이용하여 대전 원판의 중심축 위에서 전기장을 구하라.

해석　예제 22.7의 퍼텐셜에서 전기장을 구하는 문제이다.

과정　예제 22.7의 결과인 $V(x) = (2kQ/a^2)(\sqrt{x^2+a^2} - |x|)$ 은 복잡한 표현식이다. 식 22.9에서 퍼텐셜을 세 좌표 변수에 대해서 미분하면 전기장을 얻을 수 있다. 그러나 원판의 퍼텐셜이 x에만 의존하므로 전기장 $\vec{E}$에는 x성분만 있다. 이는 원판의 대칭성에서 자명하다. 따라서 $V(x)$의 미분으로 전기장 성분 E_x를 구한다.

풀이　식 22.9에 따라 $V(x)$를 x에 대해서 전미분하면

$$E_x = -\frac{dV}{dx} = -\frac{d}{dx}\left[\frac{2kQ}{a^2}\left(\sqrt{x^2+a^2} - |x|\right)\right]$$
$$= \frac{2kQ}{a^2}\left(\pm 1 - \frac{x}{\sqrt{x^2+a^2}}\right)$$

이다. 여기서 ±부호는 각각 $x > 0$, $x < 0$인 경우에 해당한다. 또한 V가 x에만 의존하므로 편미분 도함수 대신에 전미분 도함수 dV/dx로 썼다.

검증　답을 검증해 보자. 그림 22.14에서 알 수 있듯이, 전기장은 원판에 매우 가까운 곳에서 무한 평판과 같고, 먼 거리에서는 점 전하의 장과 같다. $|x| \ll a$이면 $|E_x| = 2kQ/a^2$이고, $k = 1/4\pi\epsilon_0$ 및 $Q/\pi a^2 = \sigma$이므로 무한 평판의 장 $E = \sigma/2\epsilon_0$이다. 한편 $|x| \gg a$이면 점전하 Q의 장과 같다(실전 문제 72 참조).

 장과 퍼텐셜　단 하나의 점에서 장과 퍼텐셜의 값들 사이에는 관련이 없다. 식 22.9에서 보듯이 장은 퍼텐셜의 변화율이기 때문이다. 장과 퍼텐셜은 가속도와 속도의 관계와 마찬가지이다. 전자는 후자의 변화율이지만 두 값은 무관하다. 이 상황을 개념 예제 22.1에서 다룬다.

개념 예제 22.1　퍼텐셜과 장

원점에 전하 $+2Q$가 놓여 있고 $x = +a$에 전하 $-Q$가 놓여 있다. (a) x축에서 퍼텐셜이 0이 되는 점은 세 영역 $x < 0$, $0 < x < a$, $x > a$ 중에서 어디인가? 무한대에서 $V = 0$으로 택한다. (b) 이들 점에서의 전기장도 0이 되는가?

해석　무한대에서의 퍼텐셜 값($V = 0$)과 같은 퍼텐셜 값을 가지는 x축 상의 일반적인 위치를 구하는 문제이다. 또한 그러한 위치에서 전기장에 대해 묻고 있다.

과정　점전하로 이루어진 계의 퍼텐셜은 개별 점전하의 퍼텐셜(식 22.3, $V = \dfrac{kq}{r}$)들의 합이다. 따라서 양의 전하 $+2Q$와 음의 전하 $-Q$로부터의 퍼텐셜들의 합이 0이 되는 점을 구해야 한다. 이런 점에서 이 예제는 개념 예제 20.2와 비슷하다. 차이점은 개념 예제 20.2는 벡터인 전기장에 대한 것이고, 이 예제는 스칼라인 퍼텐셜에 대한 것이다.

풀이　개념 예제 20.2에서처럼 $x < 0$인 모든 점들은 전하 $2Q$에 가깝기 때문에 그 전하의 퍼텐셜이 우세하고 항상 양수이다. 그래서 이 영역에서는 $V = 0$이 될 수 없다. 전하들 사이인 $0 < x < a$에서는 어느 쪽 구간에 가깝게 있느냐에 따라서 달라진다. 양의 전하 가까이에 있을 때는 퍼텐셜이 양수가 되어야 하고, 음의 전하에 가까울 때는 퍼텐셜이 음수가 되어야 한다. 따라서 이 구간 어딘가에 $V = 0$이 되는 위치가 있다. (전하의 크기가 다르기 때문에 그 점은 정중앙에 있지 않을 것이다. 어느 쪽 전하에 가까운지 알 수 있겠는가?) 이 중간 상황은 개념 예제 20.2의 전기장에서 발견했던

것과는 다르다. 그 예제에서는 두 전하의 전기장들이 두 전하 사이에서 같은 방향을 가리키고 있기 때문에 그 영역에서 $E = 0$이 될 수 없었다. 마지막으로 $x > a$이지만 $-Q$에 가까울 때는 음의 전하에 의한 퍼텐셜이 우세하므로 퍼텐셜이 음수가 되어야 한다. 그러나 더 멀어지면 전하 분포는 알짜 전하가 $2Q - Q = Q$인 한 개의 점전하처럼 보일 것이므로 먼 거리에서 퍼텐셜은 양수가 된다. 따라서 그 사이에 퍼텐셜이 0인 위치가 있다. 그림 22.17은 x축에서 퍼텐셜을 그린 것으로 추론한 두 점을 보여 준다. 이제 식 22.9에 따르면 전기장은 퍼텐셜의 변화율에 의존하므로 그림 22.17의 곡선이 최대 또는 최소가 되는 위치에서 0이 된다. 최대 또는 최소는 $V = 0$인 점에서 발생하지 않으므로, 퍼텐셜이 0이 되는 위치에서 전기장은 0이 아니라는 결론에 도달한다.

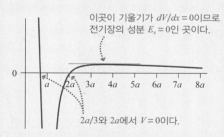

이곳이 기울기가 $dV/dx = 0$이므로 전기장의 성분 $E_x = 0$인 곳이다.

$2a/3$와 $2a$에서 $V = 0$이다.

그림 22.17　x축 상에서 퍼텐셜 V. $V = 0$인 위치가 나타나 있다. 양의 전하의 위치($x = 0$)와 음의 전하의 위치($x = a$)에서 퍼텐셜은 $\pm\infty$로 간다. $E_x = 0$은 퍼텐셜이 0이 되는 곳에서가 아니라 $dV/dx = 0$인 곳에서임을 유의하라. 개념 예제 20.2에 대한 관련 문제에서 구한 것처럼 이 위치는 $x = 3.4a$이다.

검증 식별했던 두 점은 사실은 음의 전하를 둘러싸고 있는 $V=0$ 등퍼텐셜면의 교차점이다. 그림 22.18은 xy 평면의 퍼텐셜의 삼차원 그래프인데, $V=0$ 등퍼텐셜면이 표시되어 있다. 그래프에서 거의 대부분의 점들이 $V=0$ 등퍼텐셜면보다 위에 놓여 있는 것

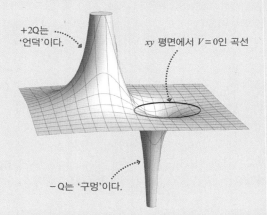

+2Q는 '언덕'이다.

xy 평면에서 $V=0$인 곡선

−Q는 '구멍'이다.

그림 22.18 xy 평면에서 퍼텐셜 V의 삼차원 그래프. $V=0$ 등퍼텐셜면이 표시되어 있다. 그림 22.17로부터 $V=0$인 위치는 이 삼차원 그래프에서 어디에 있는가?

을 알 수 있다. 이것은 퍼텐셜이 양수임을 가리킨다. 예외는 음의 전하가 생성한 '구멍'에 있는 점들이다.

관련 문제 이 예제에서 $V=0$이 되는 점으로 식별했던 두 점의 정확한 위치를 구하라.

풀이 전하들 사이에서 퍼텐셜은 $V=\dfrac{k(2Q)}{x}+\dfrac{k(-Q)}{a-x}$이다. 여기서 두 번째 분모에서 그 값이 양수가 되도록 부호를 선택했다. 왜냐하면 $V=kq/r$에서 r는 항상 양수인 거리이기 때문이다. 이 식에서 $V=0$으로 놓고 x에 대해 풀면 $x=\dfrac{2}{3}a$를 얻는다. 두 전하보다 오른쪽인 영역에서는 $V=\dfrac{k(2Q)}{x}+\dfrac{k(-Q)}{x-a}$이다. 여기서 $x>a$이기 때문에 두 번째 분모가 양수가 되도록 $x-a$로 놓았다. $V=0$으로 놓고 풀면 $x=2a$이다.

검증 구한 위치는 예상했던 영역에 있다. 두 전하 사이에 있는 $V=0$인 점이 음의 전하에 가깝다는 사실은 크기가 더 큰 양의 전하의 영향이 더 크다는 것을 반영한다.

22.4 대전된 도체

LO 22.8 대전된 도체 주위의 등퍼텐셜면을 기술할 수 있다.

정전기적으로 평형 상태인 도체 내부에는 전기장이 없고, 도체 표면에는 표면에 평행한 전기장 성분이 없다. 따라서 도체 내부에서나 표면에서 시험 전하를 움직이는 데는 일이 필요 없다. 결국 **정전기적 평형에서 도체의 퍼텐셜은 모두 같다.**

전하 Q, 반지름 R인 고립된 도체구를 구 외부에서 점전하로 취급할 수 있다. 구 표면의 퍼텐셜은 예제 22.3처럼 $V(R)=kQ/R$이다. 이제 크기가 다른 두 도체구를 매우 멀리 떨어뜨려 놓고, 그림 22.19처럼 얇은 도선으로 연결하면, 도선을 따라 전하가 이동하여 두 구의 퍼텐셜이 같아진다. 두 구가 매우 멀리 떨어져 있으므로, 각각의 퍼텐셜은 kQ/R로 표기할 수 있다. 또한 두 구의 퍼텐셜이 같으므로 $kQ_1/R_1=kQ_2/R_2$이고, 각 구의 전하는 면전하 밀도 σ와 표면적의 곱 $Q=4\pi R^2\sigma$이므로,

$$\frac{\sigma_1}{\sigma_2}=\frac{R_2}{R_1}$$

를 얻는다. 따라서 반지름이 작은 구의 면전하 밀도가 크다. 한편 도체 표면의 전기장의 세기는 $E=\sigma/\epsilon_0$이므로 반지름이 작은 구의 전기장이 강하다. 개념 예제 22.2에서 이 상황을 더 알아보자.

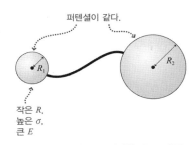

퍼텐셜이 같다.

작은 R, 높은 σ, 큰 E

그림 22.19 도선으로 연결한 두 도체구

개념 예제 22.2 **불규칙한 전도체**

고립된 달걀 모양의 도체에 대해 여러 개의 등퍼텐셜면과 전기장선을 그려라.

풀이 도체 표면의 곡선이 날카로우면 그림 22.19의 작은 구와 같다. 따라서 그곳에서 표면 전하 밀도와 전기장은 더 높고 강하다. 그 사실은 표면 곡선이 날카로운 곳에서는 전기장선이 더 많이 나온다는 것을 의미한다. 전기장은 전도체 표면에 수직하기 때문에 표면 바로 위의 등퍼텐셜면은 본질적으로 표면과 똑같은 모양이 된다. 한편, 대전된 도체에서 먼 곳에서는 그 전기장은 점전하의 전기장과 닮아져서 전기장선은 방사형이 되고 등퍼텐셜면은 원형이 된다. 그림 22.20은 이러한 고려에 기초하여 전기장과 등퍼텐셜면을 근사적으로 나타낸 것이다.

검증 이 분석은 고립된 전도체 하나에 대해서만 적용된다. 그림 22.21은 근처에 존재하는 전하가 어떻게 도체의 전하 분포를 바꾸는지 나타낸 것이다.

관련 문제 그림 22.20에 나타낸 도체와 가장 바깥의 등퍼텐셜면 사이의 퍼텐셜차는 70 V이다. 그림이 실제 크기를 나타낸다고 가정하고, 그림에 나타낸 영역에서 가장 강한 전기장과 가장 약한 전기장의 근사적인 값을 구하라.

풀이 전기장은 퍼텐셜의 변화율이다. 전기장이 가장 강한 뾰족한 끝에서 가장 바깥쪽 등퍼텐셜면은 도체로부터 약 7 mm 거리에 있다. 그래서 이곳의 전기장은 근사적으로 $(70\ \mathrm{V})/(7\ \mathrm{mm}) = 10\ \mathrm{V/mm} = 10\ \mathrm{kV/m}$이다. 가장 먼 거리에 있는 가장 바깥쪽 등퍼텐셜면은 도체로부터 약 12 mm 거리에 있으므로 전기장은 $(70\ \mathrm{V})/(12\ \mathrm{mm})$로 6 kV/m보다 약간 작다.

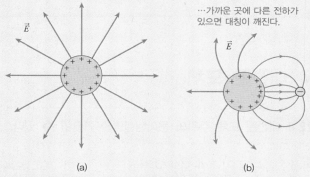

편평한 표면에서 $\vec{E}$가 약하고 등퍼텐셜면 간격이 넓다.

날카로운 표면에서 $\vec{E}$가 강하고 등퍼텐셜면 간격이 좁다.

그림 22.20 대전된 도체의 등퍼텐셜면과 장

고립된 대전구의 장은 대칭이지만…

$\vec{E}$

…가까운 곳에 다른 전하가 있으면 대칭이 깨진다.

$\vec{E}$

(a)   (b)

그림 22.21 다른 전하 때문에 도체의 전하 분포가 바뀐다.

응용물리 **코로나 방전, 오염 제어, 복사기**

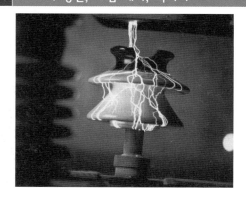

날카로운 도체 곡면이 만드는 강한 전기장은 전기 장치에 심각한 문제를 일으킨다. 3 MV/C보다 강한 전기장은 공기 분자에서 전자를 떼어 내서 공기를 전도체로 만든다. 이때 전자와 원자의 재결합으로 푸른빛의 코로나 방전이 발생한다. 코로나 방전은 고압의 송전선에서 에너지 손실을 일으키므로 기술자들은 도체 구조물에 날카로운 곡면이 없도록 노력한다. 사진은 송전선 사이로 전류가 새는 코로나 방전이다.

코로나 방전을 유용하게 사용할 수도 있다. 오염 물질 제거 장치인 **정전기 집적기**(electrostatic precipitator)는 음의 고퍼텐셜에 있는 가는 전선을 사용하여 강한 전기장을 만들어서 기체 분자를 이온화시킨다. 이렇게 발생한 이온은 오염 입자에 달라붙어서 양으로 대전된 집적판으로 끌려오게 된다. 정전기 집적기로 발전소나 공장에서 발생하는 입자형 오염 물질의 99%를 채집하고 있다. 복사기나 레이저 프린터를 사용할 때도 코로나 방전 현상을 이용한다. 그 과정을 건식 복사(xerography)라고 하는데, 말 그대로 '건조하게 쓴다'라는 뜻이다. 특수한 광전도 드럼에 대해 약 5 kV를 유지하는 가는 도선에서 나온 코로나 방전으로 그 드럼을 균일하게 대전하는 것으로 시작한다. 광전도 물질은 어둠 속에서는 좋은 부도체이지만 입사된 빛이 전자를 방출하면 빛이 쪼인 부분은 중성화가 된다. 레이저빔이 광전도 드럼을 훑으면서 어두운 부분은 대전된 상태로 두고 밝은 부분은 중성화하여, 복사 또는 인쇄하려는 상을 '쓴다'. 다음으로 미세한 입자인 토너를 드럼에 뿌리면, 토너는 대전된 드럼 부분에만 전기력에 의해 흡착된다. 그러면 토너는 종이로 전달된 후 가열되어 종이에 녹아서 영구 복사본을 만든다. 이 과정이 그림에 나타나 있다.

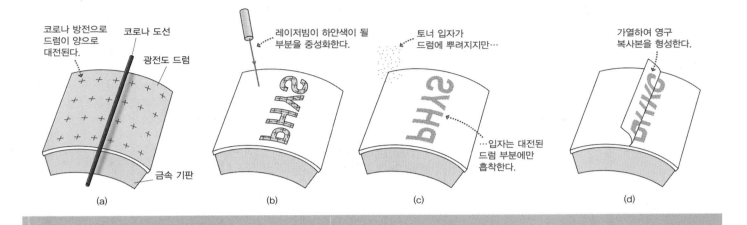

코로나 방전으로
드럼이 양으로
대전된다.

코로나 도선

광전도 드럼

금속 기판

(a)

레이저빔이 하얀색이 될
부분을 중성화한다.

(b)

토너 입자가
드럼에 뿌려지지만…

…입자는 대전된
드럼 부분에만
흡착한다.

(c)

가열하여 영구
복사본을 형성한다.

(d)

핵심 개념

이 장의 핵심 개념은 **전기 퍼텐셜차**이다. 전기 퍼텐셜차는 전기장 안의 두 점 사이에서 움직이는 전하가 갖는 단위 전하당 에너지이다. 전기장이 보존장이므로 퍼텐셜차는 경로에 무관하게 두 점의 위치에만 의존한다.

주요 개념 및 식

두 점 A와 B의 전기 퍼텐셜차는 A에서 B까지의 경로에 대한 전기장의 선적분으로 다음과 같다.

$$\Delta V_{AB} = \frac{\Delta U_{AB}}{q} = -\int_A^B \vec{E} \cdot d\vec{r}$$

전하가 퍼텐셜차 ΔV로 떨어지면 에너지 $q\Delta V$를 얻는다.

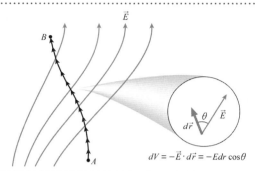

$$dV = -\vec{E} \cdot d\vec{r} = -Edr\cos\theta$$

균일한 장에서 퍼텐셜차는 다음과 같다.

$$\Delta V_{AB} = -\vec{E} \cdot \Delta \vec{r}$$

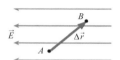

점전하의 장에서 퍼텐셜은 $V(r) = kq/r$이며, 무한대에서 0이고, r는 점전하까지의 거리이다.

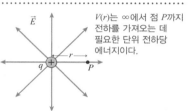

$V(r)$는 ∞에서 점 P까지 전하를 가져오는 데 필요한 단위 전하당 에너지이다.

전하 분포의 퍼텐셜은 전하 요소의 퍼텐셜에 대한 합 또는 적분이다.

$$V = \sum \frac{kq_i}{r_i}$$

(띄엄띄엄한 전하 분포)

$$V = \int \frac{k\,dq}{r}$$

(연속 전하 분포)

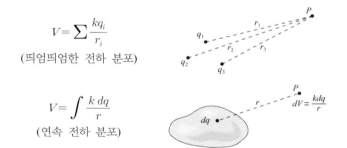

등퍼텐셜면은 퍼텐셜이 일정한 곡면으로 전기장에 수직하다. 등퍼텐셜면이 촘촘하면 장이 강하다. 전기장 성분은 위치에 대한 퍼텐셜 변화율에 의존한다. 즉 다음과 같다.

$$E_x = -\frac{dV}{dx}$$

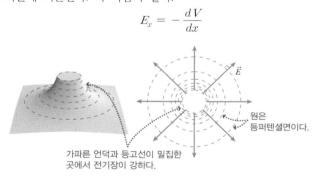

가파른 언덕과 등고선이 밀집한 곳에서 전기장이 강하다.

원은 등퍼텐셜면이다.

응용

쌍극자의 퍼텐셜은 다음과 같다.

$$V = \frac{kp\cos\theta}{r^2}$$

여기서 $p = qd$는 쌍극자 모멘트이고, θ는 쌍극자축에 대한 각도이다.

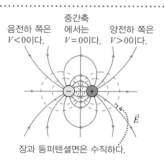

중간축에서는 $V=0$이다. 음전하 쪽은 $V<0$이다. 양전하 쪽은 $V>0$이다.

장과 등퍼텐셜면은 수직하다.

대전된 도체의 날카로운 곳에서 전하 밀도가 가장 높고, 전기장이 가장 강하다.

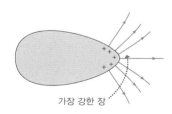

가장 강한 장

물리학 익히기	www.masteringphysics.com을 방문하여 과제를 수행하고 동적 학습 모듈(Dynamic Study Modules), 연습 문제 (practice quizzes), 문제 영상 풀이(video solutions to problems) 등의 자기 학습 도구를 이용하시오.

BIO 생물 및 의학 문제   **DATA** 데이터 문제   **ENV** 환경 문제   **CH** 도전 문제   **COMP** 컴퓨터 문제

학습 목표   이 장을 학습하고 난 후 다음을 할 수 있다.

LO 22.1 퍼텐셜차의 개념을 설명하고, 주어진 퍼텐셜차에서 전하가 움직일 때 한 일을 계산할 수 있다.
개념 문제 22.1, 22.2, 22.3, 22.6, 22.7
연습 문제 22.11, 22.12, 22.13, 22.14, 22.15, 22.16, 22.17, 22.18
실전 문제 22.41, 22.42, 22.44, 22.45, 22.47, 22.48, 22.74, 22.75

LO 22.2 전기장을 적분하여 퍼텐셜차를 계산할 수 있다.
연습 문제 22.19
실전 문제 22.39, 22.40, 22.43, 22.50, 22.51, 22.52, 22.53, 22.69, 22.83

LO 22.3 점전하와 쌍극자와 관련된 퍼텐셜차를 기술할 수 있다.
개념 문제 22.8, 22.9
연습 문제 22.20, 22.21, 22.22, 22.23
실전 문제 22.46, 22.47, 22.49, 22.57, 22.63, 22.71, 22.74, 22.76

LO 22.4 중첩 원리를 사용하여 불연속적 전하 분포의 퍼텐셜차를 계산할 수 있다.
실전 문제 22.54, 22.55, 22.56, 22.78

LO 22.5 적분으로 연속 전하 분포의 퍼텐셜차를 계산할 수 있다.
실전 문제 22.58, 22.59, 22.60, 22.61, 22.72, 22.73, 22.77, 22.79, 22.80, 22.81, 22.82

LO 22.6 등퍼텐셜면과 그것들이 전기장에 어떻게 관련되는지를 기술할 수 있다.
연습 문제 22.24, 22.26

LO 22.7 위치의 함수로 퍼텐셜이 주어질 때 전기장을 구할 수 있다.
개념 문제 22.4, 22.5, 22.10
연습 문제 22.25, 22.27
실전 문제 22.62, 22.64, 22.65, 22.70

LO 22.8 대전된 도체 주위의 등퍼텐셜면을 기술할 수 있다.
연습 문제 22.28, 22.29, 22.30
실전 문제 22.66, 22.67, 22.68, 22.71

개념 문제

1. 새는 고압선에 앉아도 왜 감전되지 않는가?

2. 한 양성자는 균일한 전기장에서 가속되고, 다른 양성자는 불균일한 전기장에서 가속된다. 두 양성자가 동일한 퍼텐셜차에서 움직이면 나중 속력은 어떻게 비교할 수 있는가?

3. 자유 전자는 퍼텐셜이 높은 곳으로 움직이는가, 낮은 곳으로 움직이는가?

4. 균일하게 대전된 고리 중심의 전기장은 명백히 0이다. 그러나 예제 22.6에서 퍼텐셜은 0이 아니다. 어떻게 가능한가?

5. 퍼텐셜이 0인 모든 곳에서 전기장은 반드시 0인가?

6. 나무와 송전선 사이에서 일하는 사다리 트럭에는 '감전 주의'란 표지가 붙어 있다. 트럭의 일꾼보다 지상의 일꾼이 더 위험한 이유는 무엇인가?

7. 균일하게 대전된 속이 빈 구면 껍질의 중심에서 퍼텐셜은 표면에서의 퍼텐셜보다 높은가, 낮은가, 아니면 같은가?

8. 속이 찬 구의 모든 부피에 양전하가 균일하게 분포한다. 중심에서 퍼텐셜은 표면에서의 퍼텐셜보다 높은가, 낮은가, 같은가?

9. 크기는 같고 부호가 반대인 두 전하는 쌍극자를 이룬다. $V = 0$인 등퍼텐셜면을 기술하라.

10. 전기 퍼텐셜이 거리에 따라 증가하는 영역의 전기장은 어떠한가?

연습 문제

주의 퍼텐셜의 값에 관련된 문제에서 퍼텐셜의 영점에 대한 언급이 없으면 무한대에서 $V = 0$인 것으로 간주한다.

22.1 전기 퍼텐셜차

11. 12 V의 퍼텐셜차에 대항하여 50 µC의 전하를 움직이는 데 얼마나 일을 해야 하는가?

12. 보통 전기 콘센트 양쪽의 퍼텐셜차는 120 V이다. 전자가 한쪽에서 다른 쪽으로 움직이면 에너지를 얼마나 얻는가?

13. 점 A에서 B로 15 mC의 전하를 옮기는 데 45 J의 에너지를 소모한다. 퍼텐셜차 ΔV_{AB}는 얼마인가?

14. 1 V/m가 1 N/C과 같음을 보여라.

15. 균일한 전기장 650 N/C에서 전기장과 평행하게 1.4 m 떨어진 두 점 사이의 퍼텐셜차의 크기를 구하라.

16. 3.1 C의 전하가 9.0 V 전지의 양단자에서 음단자로 이동한다. 전지가 전하에 공급한 에너지는 얼마인가?

17. 양성자, 알파 입자(헬륨 핵), 일가 헬륨 이온이 100 V 퍼텐셜차에서 움직인다. 각 입자가 얻는 에너지를 구하라.

18. **BIO** 전형적인 세포막에 걸린 퍼텐셜차는 약 80 mV이다. 칼륨 일가 이온이 막을 통과하려면 해 주어야 할 일은 얼마인가?

22.2 퍼텐셜차 구하기

19. 전기장은 $\vec{E} = E_0 \hat{j}$이며, E_0은 상수이다. $y = 0$에서 $V = 0$일 때

퍼텐셜을 위치의 함수로 표기하라.

20. 고전 수소 원자 모형에서 전자는 양성자를 중심으로 반지름 0.0529 nm의 원형 궤도를 돈다. 양성자의 전기장이 원형 궤도에 만드는 전기 퍼텐셜을 구하라.

21. 반지름 10 cm인 구 표면의 퍼텐셜은 4.8 kV이다. 구대칭으로 분포한다면, 구의 전체 전하는 얼마인가?

22. 구 표면의 전기장이 공기의 절연 파괴 세기 3 MV/m 이하인 지름 5.0 cm 금속구의 최대 퍼텐셜은 얼마인가?

23. 지름 3.5 cm인 고립된 금속구의 알짜 전하는 0.86 μC이다. (a) 구 표면의 퍼텐셜은 얼마인가? (b) 구 표면에서 양성자를 정지한 상태로 놓아주면, 양성자가 구를 떠나는 속력은 얼마인가?

22.3 퍼텐셜차와 전기장

24. 균일한 전기장에서 등퍼텐셜면은 2.54 cm마다 5.0 V 차이가 난다. 전기장의 세기는 얼마인가?

25. 그림 22.22는 x축 위치에 대한 퍼텐셜 곡선이다. 전기장의 x성분을 그려라.

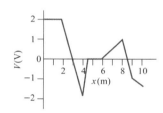

그림 22.22 연습 문제 25

26. 그림 22.23은 xy 평면의 등퍼텐셜면이다. (a) 전기장이 가장 강한 영역은 어디인가? 이 영역에서 전기장의 (b) 방향과 (c) 크기를 구하라.

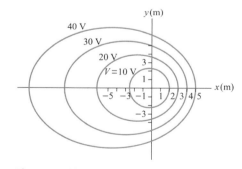

그림 22.23 연습 문제 26

27. 어떤 영역의 퍼텐셜은 $V = 2xy - 3zx + 5y^2$이며, V는 볼트, 거리는 미터 단위이다. $x = 1$ m, $y = 1$ m, $z = 1$ m인 점의 (a) 퍼텐셜, (b) 전기장 x, y, z성분을 각각 구하라.

22.4 대전된 도체

28. 공기의 유전성 깨짐은 3 MV/m에서 일어난다. (a) 구의 표면에서 공기의 유전성 깨짐이 일어나기 전까지 예제 22.3 구의 (무한

대부터 측정한) 최대 퍼텐셜은 얼마인가? (b) 이 퍼텐셜에서 구의 전하는 얼마인가?

29. 자동차 엔진의 점화 플러그의 중앙에 지름 2.0 mm의 전극이 있다. 전극이 닳아서 반구 모양이 되어 대전된 구와 같아졌다. 스파크가 발생할 전극의 최소 퍼텐셜은 얼마인가? 다른 전극은 무시한다.

30. 큰 금속구는 작은 구보다 지름이 3배이고 전하량도 3배이다. 두 구는 고립되어 표면의 면전하 밀도가 균일하다. 표면의 (a) 퍼텐셜, (b) 전기장 세기를 각각 비교하라.

응용 문제

다음 문제들은 본문의 예제들에 기초한 것이다. 두 세트의 문제들은 물리학의 이해를 강화하는 연결의 형성을 돕고 이전에 풀어본 문제에서 변형된 문제를 해결하는 자신감을 키우도록 설계되어 있다. 각 세트의 첫 번째 문제는 본질적으로 예제 문제이지만 숫자들은 다르다. 두 번째 문제는 예제와 똑같은 상황이지만 묻는 질문이 다르다. 세 번째와 네 번째 문제는 완전히 다른 상황으로 이런 방식을 반복한다.

31. **예제 22.4** 도시 주변의 배전선의 지름은 1.27 cm이고 선전하 밀도는 52.6 nC/m이다. 이 배전선과 12.8 m 아래 있는 지면 사이의 퍼텐셜차를 구하라.

32. **예제 22.4** 지름 2.54 cm인 전력선과 19.6 m 아래 있는 지면 사이의 퍼텐셜차가 115 kV일 때, 전력선의 선전하 밀도를 구하라. (115 kV는 장거리 전력 수송에서 일반적으로 사용되는 최솟값이다.)

33. **예제 22.4** 20장 실전 문제 43의 균일하게 대전된 길이 L인 얇은 막대의 총전하 Q가 그 중심이 원점인 x축 위에 있다. 막대 끝위($x > L/2$)로 양의 x축 위의 전기장이 $\vec{E}(x) = [4kQ/(4x^2 - L^2)]\,\hat{\imath}$로 주어진다. (a) 이 결과를 이용하여, 무한대를 퍼텐셜 0으로 잡을 때 $x > L/2$인 x축에서의 퍼텐셜이 $V(x) = \dfrac{kQ}{L} \ln\left(\dfrac{2x + L}{2x - L}\right)$임을 보여라. (b) (a)의 결과가 $x \gg L$인 점전하의 퍼텐셜과 같아짐을 보여라. (**힌트**: (a)는 부록 A의 적분표를 참조하고 (b)는 부록 A의 작은 x에 대한 $\ln(1 + x)$의 근사를 사용하라.)

34. **예제 22.4** 이전 문제의 얇은 대전된 막대의 $x = 3L$에서 퍼텐셜과 전기장의 세기를 측정한 결과 $V = 12.7$ kV와 $E = 85.2$ kN/C이다. (a) 막대 길이 L과 (b) 그 전하량 Q를 구하라.

35. **예제 22.8** 반지름 $a = 15.0$ cm인 원판의 표면에 전하량 $Q = 26.2$ μC이 균일하게 분포되어 있다. 원판의 중심으로부터 85.0 cm 떨어진 원판의 축 위의 전기장의 세기를 구하라.

36. **예제 22.8** 균일하게 대전된 원판의 축 위의 퍼텐셜이 원판 중심에서 1.27 m 떨어진 점에서 544 kV이고, 동일한 점에서 전기장이 417 kV/m이다. (a) 원판의 반지름과 (b) 원판의 전하량을 구하라. (**힌트**: (a)에서 E를 V로 표기하면 kQ/a항이 제거될 것이다.)

37. **예제 22.8** 실전 문제 61의 결과를 이용하여, 그림 22.25에서 둥근 테의 축에서의 전기장의 크기가

$$E = 2k\pi\sigma\left(\frac{|x|}{\sqrt{a^2+x^2}} - \frac{|x|}{\sqrt{b^2+x^2}}\right)$$

으로 주어짐을 보여라.

38. **예제 22.8** 그림 22.25와 같은 둥근 테에서 $a = 33.2\,\text{cm}$, $b = 2a$이다. $x = a$에서 전기장의 크기가 $226\,\text{kV/m}$이면, 둥근 테의 총전하량은 얼마인가?

실전 문제

39. 균일한 전기장 안의 두 점 A와 B는 15 cm 거리이며, 경로 AB는 전기장과 평행하다. 두 점 사이의 퍼텐셜차 ΔV_{AB}가 840 V이면 전기장의 세기는 얼마인가?

40. **BIO** 세포막 내부의 전기장은 대략 $8.0\,\text{MV/m}$이며 균일하다. 세포막의 두께가 10 nm이면 세포막 내외부 사이의 퍼텐셜차는 얼마인가?

41. 단자 사이를 움직이는 각 전자가 $7.2 \times 10^{-19}\,\text{J}$의 에너지를 얻는 전지 양단 사이의 퍼텐셜차는 얼마인가?

42. $3.12\,\text{kV}$의 퍼텐셜차에서 움직일 때 $1.50\,\text{fJ}$의 에너지를 얻는 이온은 일가, 이가, 삼가, 혹은 사가 이온화된 것인가?

43. 평행판 간격 d는 판 크기보다 훨씬 작다. 평행판의 면전하 밀도가 $\pm\sigma$이면 평행판 사이의 퍼텐셜차가 $V = \sigma d/\epsilon_0$임을 보여라.

44. 속력 $6.5\,\text{Mm/s}$로 점 A를 지나는 전자가 점 B에서 완전히 멈춘다. 두 점 사이의 퍼텐셜차 ΔV_{AB}를 구하라.

45. 질량 $5.0\,\text{g}$, 전하 $3.8\,\mu\text{C}$의 물체가 퍼텐셜차 V에서 정지 상태로부터 가속되어 속력 v가 된다. 동일한 상황에서 질량이 $2.0\,\text{g}$인 물체의 속력은 $2v$이다. 전하는 얼마인가?

46. 점전하 Q의 지름 방향으로 $32.0\,\text{cm}$ 떨어진 두 점 A와 B의 퍼텐셜은 각각 $V_A = 362\,\text{V}$, $V_B = 146\,\text{V}$이다. 점 A와 점전하 사이의 거리 r과 Q를 구하라.

47. 반지름 R의 구에 크기 Q인 음전하가 구대칭으로 분포한다. 구 표면에서 양성자가 임의의 먼 거리까지 표면을 떠날 수 있는 양성자의 탈출 속력을 구하라.

48. **BIO** 암 치료에서 엑스선보다는 양성자빔 치료를 더 선호할 수 있다. 왜냐하면 양성자가 건강한 조직에 해를 덜 끼치면서 대부분의 에너지를 종양에 전달하기 때문이다. 암 치료에 사용되는 양성자를 가속하기 위해, 의료용 사이클로트론은 양성자를 $15\,\text{kV}$의 퍼텐셜차 사이를 반복적으로 통과하도록 한다. (a) 양성자의 운동 에너지가 $1.2 \times 10^{-11}\,\text{J}$이 되려면 몇 번이나 양성자를 통과시켜야 하는가? (b) 그 에너지는 eV로 얼마인가?

49. 반지름 R인 얇은 구면 껍질의 표면에 양전하 Q가 균일하게 분포한다. 껍질의 중심으로부터 $2R$ 떨어진 거리에서 (무한대에 대해) 퍼텐셜이 V_{2R}이라면, 중심에서의 퍼텐셜은 얼마인가?

50. 반지름 R의 속이 찬 구에 전하 Q가 균일하게 분포한다. 구의 표면과 중심 사이의 퍼텐셜차는 얼마인가? (예제 21.1 참조)

51. 전기장은 $\vec{E} = ax\,\hat{i}$ (a는 상수)이고, 퍼텐셜은 $x = 0$에서 $V = 0$

이다. 퍼텐셜을 위치의 함수로 표기하라.

52. 그림 22.24의 동축선에서 안쪽 도선의 지름은 $2.0\,\text{mm}$이고, 외부 도체의 지름은 $1.6\,\text{cm}$이며, 두께를 무시한다. 도체 사이의 최대 안전 퍼텐셜차는 $2\,\text{kV}$이다. 도체에 대전된 전하 밀도가 $\pm 62\,\text{nC/m}$이면 이 동축선은 안전하게 작동하겠는가?

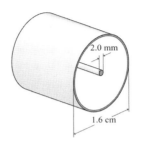

그림 22.24 실전 문제 52

53. 지름 $3.0\,\text{cm}$의 송전선 표면과 $1.0\,\text{m}$ 떨어진 곳의 퍼텐셜차가 $3.9\,\text{kV}$이면, 송전선의 선전하 밀도는 얼마인가?

54. 동일한 세 전하 q가 길이 a인 정삼각형 꼭짓점 자리에 위치한다. 정삼각형 중심의 퍼텐셜을 구하라.

55. $+Q$는 원점, $-3Q$는 $x = a$에 있다. x축에서 $V = 0$인 두 점을 구하라.

56. 동일한 두 전하 q가 x축 $\pm a$에 있다. (a) xy 평면의 모든 점에서 퍼텐셜을 표기하라. (b) 이 결과가 a와 비교하여 먼 거리에서는 점전하의 퍼텐셜과 같아짐을 보여라.

57. 모멘트가 $p = 2.9\,\text{nC·m}$인 쌍극자의 (a) 축, (b) 축과 $45°$, (c) 축의 수직 이등분선에서 10 cm 떨어진 곳의 퍼텐셜을 각각 구하라. 단, 쌍극자 전하의 거리는 10 cm보다 훨씬 작다.

58. 길이 20 cm의 가는 플라스틱 막대에 전하 $3.2\,\text{nC}$이 길이 방향으로 균일하게 분포한다. 막대를 구부려 만든 (a) 원 고리 중심, (b) 반원 고리 중심에서 퍼텐셜을 각각 구하라.

59. 반지름 R인 가는 고리의 3/4 부분에 $3Q$의 전하가 균일하게 분포하고, 나머지 부분에 $-Q$가 균일하게 분포한다. 고리 중심의 퍼텐셜은 얼마인가?

60. 균일하게 대전된 고리 중심의 퍼텐셜은 $45\,\text{kV}$이고, 중심축에서 15 cm인 곳의 퍼텐셜은 $33\,\text{kV}$이다. 고리의 반지름과 총전하를 구하라.

61. 그림 22.25에서 둥근 테의 균일한 면전하 밀도는 σ이고, 그 축은 x축과 일치한다. 무한대에서 퍼텐셜을 0으로 잡을 때, 축 위의 임의의 점 P에서의 퍼텐셜이 $V(x) = 2\pi k\sigma\left(\sqrt{x^2+b^2} - \sqrt{x^2+a^2}\right)$임을 보여라.

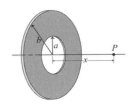

그림 22.25 실전 문제 61

62. 어떤 영역의 퍼텐셜은 $V = axy$이며, a는 상수이다. (a) 이 영역의 전기장을 구하라. (b) 등퍼텐셜면과 전기장선을 그려라.

63. 식 22.6을 이용하여 쌍극자축의 수직 이등분선에서 전기장을 구하고, 그 결과가 식 20.6a와 같음을 보여라.

64. 예제 22.6의 결과를 이용하여 대전된 고리 중심축에서 전기장을 구하고, 구한 전기장이 예제 20.6의 결과와 같음을 보여라.

65. 한 영역의 퍼텐셜은 $V = -V_0(r/R)$이며, V_0과 R는 상수, r는 원점에서 지름 거리이다. 이 영역에서 전기장의 크기와 방향을 구하라.

66. 멀리 떨어져 있는 반지름 1.0 cm의 두 금속구 중 하나의 전하는 38 nC, 다른 하나는 −10 nC이다. (a) 각 구의 퍼텐셜은 얼마인가? (b) 가는 도선으로 두 구를 연결하여 도달한 평형상태의 퍼텐셜과, (c) 이때 움직인 전하는 얼마인가?

67. 지름 5.0 cm, 전하 0.12 μC인 두 금속구가 8.0 m 떨어져 있다. (a) 각 구의 퍼텐셜, (b) 각 구의 표면의 전기장 세기, (c) 두 구 중간의 퍼텐셜, (d) 두 구의 퍼텐셜차를 구하라.

68. 반지름 2.0 cm, 전하 75 nC의 금속구를 반지름 10 cm, 전하 −75 nC인 동심 도체 구면 껍질이 둘러싸고 있다. (a) 구와 껍질 사이의 퍼텐셜차를 구하라. (b) 껍질의 전하가 +150 nC으로 바뀌면 (a)의 답은 어떻게 달라지는가?

69. **CH** 부피 전하 밀도가 불균일하고 구대칭인 반지름 R인 구의 내부 전기장은 $\vec{E} = E_0(r/R)^2\hat{r}$이며, E_0은 상수이다. 구 표면과 중심 사이의 퍼텐셜차를 구하라.

70. 어떤 영역에서 퍼텐셜이 $V(x, y) = ax^2 + by^2$이며, a와 b는 단위 V/m^{2}을 갖는 상수이고 $b = 2a$이다. 전기장이 x, y축에 대해 45°로 기울어져 있는 xy 평면상의 모든 점의 위치를 기술하라.

71. 지름 15.4 cm, 총전하 88.0 nC인 도체 구를 지름 38.7 cm, 전하 −88.0 nC인 동심 도체 구면 껍질이 둘러싸고 있다. (a) 무한대에서 퍼텐셜을 0으로 잡을 때, 구 표면의 퍼텐셜을 구하라. (b) 구의 퍼텐셜이 0이 되기 위해서는 구면 껍질에 얼마의 전하가 필요한가?

72. **CH** 예제 22.8의 결과가 $x \gg a$인 점전하의 전기장으로 접근함을 보여라. (**힌트**: $1/\sqrt{x^2 + a^2}$에 부록 A 이항 어림식을 적용한다.)

73. 균일하게 대전된 원판의 중심에서 5.0 cm 떨어진 중심축 위의 퍼텐셜은 150 V이고, 10 cm 떨어진 곳은 110 V이다. 원판의 반지름과 총전하를 구하라.

74. **CH** 우라늄 핵(질량 238 u, 전하 92e)이 붕괴하여, 알파 입자(질량 4 u, 전하 2e)를 방출하고 토륨 핵(질량 234 u, 전하 90e)으로 남는다. 알파 입자가 우라늄 핵을 떠나는 순간에 두 입자의 중심 거리는 7.4 fm이고, 둘은 본질적으로 정지해 있다. 가장 멀리 떨어질 때, 둘의 속력을 구하라. 각 입자를 구대칭 전하 분포로 취급한다.

75. **BIO** 경찰이 용의자를 제압하기 위해 사용하는 레이저 총은 치명적이지 않은 무기로, 두 개의 전도침을 희생자의 몸에 쏜다. 침과 총 사이에는 가느다란 도선이 연결되어 있어서 침이 박히면 총은 침

에 1200 V의 퍼텐셜을 걸어서 짧은 전하 펄스를 침으로 전달한다. 펄스는 100 μC의 전하를 운반한다. 전하 펄스가 몸을 통하여 한 침에서 다른 침으로 움직이려면, 총이 펄스에 얼마나 많은 에너지를 공급해야 하는가?

76. **CH** 쌍극자로부터 먼 곳의 쌍극자 퍼텐셜(예제 22.5의 식 22.6 참조)을 사용하여 임의의 점에서 전기장은

$$\vec{E} = \frac{kp}{r^3}\left[(3\cos^2\theta - 1)\hat{i} + 3\sin\theta\cos\theta\hat{j}\right]$$

임을 보여라. 여기서 x축은 쌍극자의 축과 일치한다.

77. **DATA** 아래 표 두 개는 대전된 원판의 축 위의 점에서 퍼텐셜을 측정한 값을 나타낸 것이다. 두 표에서 x는 원판의 중심을 원점으로 하여 원판의 축을 따라 측정한 것이고, 퍼텐셜의 영점은 무한대로 잡았다. (a) 각 자료에 대해 퍼텐셜을 어떤 양의 함수로 그려야 직선이 되는지 결정하라. 또 그래프를 그리고 최적 맞춤 직선을 결정하여 그 기울기를 구하라. 그 기울기를 사용하여 원판의 (b) 총전하와 (c) 반지름을 구하라. (**힌트**: 예제 22.7 참조)

표 1 원판에 가까운 곳에서 측정

x(mm)	2.0	4.0	6.0	8.0	10.0
V(V)	900	876	843	820	797

표 2 원판으로부터 먼 곳에서 측정

x(mm)	20	30	40	60	100
V(V)	165	118	80	58	30

78. **CH** 개념 예제 22.1의 상황에서 xy 평면의 $V = 0$ 등퍼텐셜면을 기술하는 식을 구하라. 다시 말해 이 등퍼텐셜면이 성립하는 x와 y 사이의 관계식을 구하라.

79. **CH** 반지름 a인 원판의 불균일한 면전하 밀도는 $\sigma = \sigma_0(r/a)$이며, σ_0은 상수이다. (a) 원판 중심에서 x 거리인 중심축 위의 퍼텐셜을 구하라. (b) (a)의 결과를 이용하여 그곳의 전기장을 구하라. (c) $x \gg a$이면 전기장이 예상한 결과가 됨을 보여라.

80. **CH** 반지름 a, 길이 $2a$이며, 양 끝이 열린 원통의 표면에 전하 q가 균일하게 분포한다. 원통 중심축의 퍼텐셜을 구하라. (**힌트**: 원통을 대전된 고리의 모음으로 보고 적분한다.)

81. **CH** $-L/2$에서 $L/2$까지 x축을 따라 분포한 선전하 밀도는 $\lambda = \lambda_0(x/L)^2$이며 λ_0은 상수이다. (a) $x > L/2$인 x축 위의 퍼텐셜을 구하라. (b) $x \gg L$이면 예상한 결과가 됨을 보여라.

82. **CH** 전하 분포가 $\lambda = \lambda_0 x/L$일 때 실전 문제 81을 다시 풀어라. ((b)의 **힌트**: 먼 거리에서 전하 분포는 어떻게 보이는가?)

83. **COMP** 송전선에 더 가는 도선을 사용하면 돈을 절약할 수 있다. 도선과 60 m 아래 있는 지면 사이의 퍼텐셜차는 115 kV이다. 도선의 표면의 전기장은 공기 중의 절연 파괴 전기장인 3 MV/m의 25%를 초과할 수 없다. 지면 자체의 전하를 무시한다면 도선의 최소 지름은 얼마인가? (**힌트**: 수치 계산이 꼭 필요하다.)

실용 문제

BIO 표준 심전도 검사는 몸의 여러 곳 사이의 시간 의존 퍼텐셜차를 측정한다. 이로부터 의사는 심장의 전기 활동에 대해 다각적인 진단을 내린다. 대조적으로 그림 22.26은 특정한 순간에 보다 자세한 그림을 보여 주는 '스냅 사진'이다. 선들은 몸통 표면의 등퍼텐셜면으로 심장의 전기 활동과 관련되어 있다. $V=0$으로 표시된 선에 상대적으로 퍼텐셜은 위 왼쪽(검은색)에서 음수이고 아래 오른쪽(초록색)에서 양수이다.

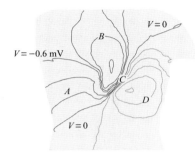

그림 22.26 몸통의 등퍼텐셜면 (실용 문제 84~87)

84. 등퍼텐셜면으로부터 유추해 보면 심장의 전기적 구조와 닮은 것은
    a. 균일한 대전 판의 전기적 구조이다.
    b. 쌍극자의 전기적 구조이다.
    c. 점전하의 전기적 구조이다.
    d. 균일한 대전 구의 전기적 구조이다.

85. 심장 근처의 전기장은 근사적으로
    a. 위 왼쪽에서 아래 오른쪽을 향한다.
    b. 아래 왼쪽에서 위 오른쪽을 향한다.
    c. 위 오른쪽에서 아래 왼쪽을 향한다.
    d. 아래 오른쪽에서 위 왼쪽을 향한다.

86. 전기장이 가장 강한 곳은
    a. A 영역이다.
    b. B 영역이다.
    c. C 영역이다.
    d. D 영역이다.

87. 영역 A의 전기장은 근사적으로
    a. $20\,\mu\text{N/C}$이다.
    b. $2\,\text{mN/C}$이다.
    c. $20\,\text{mN/C}$이다.
    d. $2\,\text{kN/C}$이다.

22장 질문에 대한 해답

장 도입 질문에 대한 해답

$138{,}000\,\text{V}$는 두 점 사이로 전하를 움직이는 데 필요한 단위 전하당 에너지인 전기 퍼텐셜차이다. 다행스럽게도 낙하산병이 전선 하나만 붙잡고 있으므로 치명적인 퍼텐셜차를 느끼지 않는다.

확인 문제 해답

22.1 (1) 2배, (2) 2배, (3) 0, (4) 부호가 바뀐다.

22.2 (1) $10\,\text{eV}$, (2) $20\,\text{eV}$, (3) $10\,\text{eV}$

22.3 (c) > (a) > (b)

22.4 장이 증가하므로 (a)이다.

22.5 세 경우 모두 0, 퍼텐셜차는 경로에 무관하고 쌍극자의 수직 이등분선에서는 0이다.

22.6 (a), 등퍼텐셜면이 중심에 촘촘히 모여 있기 때문이다.

정전기 에너지와 축전기

예비 지식

■ 전기장(20.3절)

■ 전기 퍼텐셜차(21.1절, 21.2절)

학습 목표

이 장을 학습하고 난 후 다음을 할 수 있다.

LO 23.1 간단한 전하 분포들의 정전기 에너지를 계산할 수 있다.

LO 23.2 전기 용량을 기술하고 축전기에서 전하, 퍼텐셜차와 에너지를 관련시킬 수 있다.

LO 23.3 직렬 및 병렬 축전기의 등가 전기 용량을 결정할 수 있다.

LO 23.4 축전기에서 유전체의 역할과 작동 전압을 설명할 수 있다.

LO 23.5 모든 전기장이 에너지를 저장한다는 것을 인지하고 간단한 전기장의 형태에서 저장된 에너지를 계산할 수 있다.

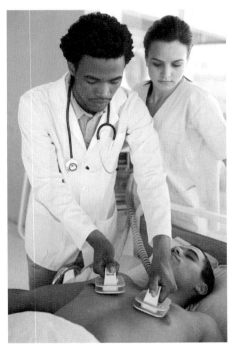

제세동기로 강한 충격을 가하려면 짧은 시간에 많은 양의 에너지를 필요로 한다. 에너지는 어디서 올까?

그림 23.1에서 세 개의 양전하가 정삼각형을 이루고 있다. 이러한 전하 분포에 저장된 에너지, 즉 **정전기 에너지**(electrostatic energy)는 세 전하를 현 위치로 가져오면서 전기적 척력에 대항하여 한 일과 같다. 전하 분포에 저장된 에너지는 자연계나 인공계에서 매우 중요하다. 음식물의 대사 과정과 연료의 연소 과정 같은 화학 에너지는 사실상 분자들 전하의 재배치로 생기는 전기 에너지이다. 카메라 플래시, 컴퓨터 메모리, 고출력 레이저 등에서도 대전된 도체에 저장된 전기 에너지를 사용한다.

23.1 정전기 에너지

LO 23.1 간단한 전하 분포들의 정전기 에너지를 계산할 수 있다.

그림 23.1의 전하 분포에 저장된 에너지를 구하기 위하여, 무한히 멀리 떨어진 곳에서 세 전하를 하나씩 가져오면서 한 일을 구해 보자. 처음에는 전기장이 없으므로 전하 q_1을 가져올 때 일을 하지 않는다. 전하 q_1을 현 위치에 놓은 다음에, 전하 q_2를 가져오려면 전하 q_1의 전기장에 대해서 일을 해야 한다. 22장에서 점전하 q의 전기 퍼텐셜이 $V = kq/r$이므로, 전하 q_2의 최종 위치에서 전하 q_1의 퍼텐셜은 $V_1 = kq_1/a$이며, a는 정삼각형 한 변의 길이이다. 따라서 전하 q_2를 가져오면서 한 일은 $W_2 = q_2 V_1 = kq_1 q_2/a$이다. 끝으로 전하 q_3을 가져오려면 두 전하 q_1과 q_2의 전기장에 대해서 각각 일을 하므로, 한 일은 $W_3 = kq_1 q_3/a + kq_2 q_3/a$이다. 따라서 정삼각형 전하 분포를 만드는 데 한 일은

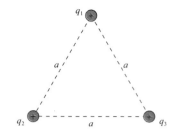

그림 23.1 세 점전하의 분포에 정전기 에너지가 저장된다.

$$W_2 + W_3 = \frac{kq_1q_2}{a} + \frac{kq_1q_3}{a} + \frac{kq_2q_3}{a}$$

이다. 전기력이 보존력이므로 이 일은 저장된 정전기 에너지 U와 같다.

그림 23.1에서 세 개의 양전하를 고려하였지만, 위에서 구한 표현은 전하의 부호와 무관하게 성립한다. 따라서 전하 분포를 만들기 위하여 한 일의 부호에 따라 정전기 에너지는 음 또는 양의 값을 갖는다. 또한 편의상 전하 q_1, q_2, q_3 순서로 일을 구했지만, 위 결과가 전하의 순서와 무관하므로, 정전기 에너지는 전하 분포를 만드는 과정이 아니라 전하 분포 자체에 포함된 물리량이다. 그림 23.1은 분자의 전하 분포와 비슷하다. 예를 들면 물 분자는 음으로 대전된 산소 원자 하나와 양으로 대전된 수소 원자 두 개로 이루어져 있다. 물 분자의 정전기 에너지는 음수이므로, 물 분자를 분리하려면 에너지가 필요하다. 즉 개별 원자들을 결합시켜서 물 분자를 만들면 에너지가 방출된다.

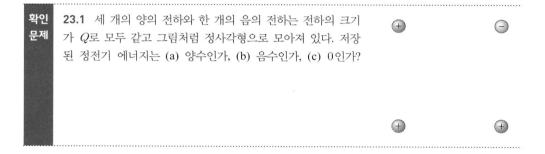

확인 문제 **23.1** 세 개의 양의 전하와 한 개의 음의 전하는 전하의 크기가 Q로 모두 같고 그림처럼 정사각형으로 모아져 있다. 저장된 정전기 에너지는 (a) 양수인가, (b) 음수인가, (c) 0인가?

23.2 축전기

LO 23.2 전기 용량을 기술하고 축전기에서 전하, 퍼텐셜차와 에너지를 관련시킬 수 있다.

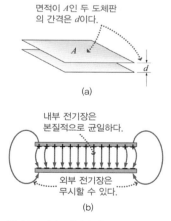

그림 23.2 (a) 평행판 축전기는 면적 A, 간격 d의 두 도체판으로 만든다. (b) 도체판 사이의 전기장을 보여 주는 옆모습

크기가 같고 부호가 반대인 전하로 대전된 한 쌍의 도체를 이용하여 에너지를 저장할 수 있다. 에너지를 저장하는 한 쌍의 도체를 **축전기**(capacitor)라고 부른다. 어떤 모양의 축전기도 가능하지만, 그림 23.2a처럼 두 개의 도체판으로 이루어진 **평행판 축전기**(parallel-plate capacitor)를 생각해 보자. 비록 간단한 구조이지만, 평행판 축전기에 대한 분석을 통해서 전기장과 정전기 에너지에 관한 이해의 폭을 넓힐 수 있다.

처음에는 두 극판 모두 전기적으로 중성이다. 두 극판에 전하를 대전시켜서, 즉 한 극판에는 양전하를, 다른 극판에는 같은 크기의 음전하를 대전시켜서, 축전기를 충전시킨다. 전지에 축전기를 연결하면 이와 같이 충전시킬 수 있다. 대전된 전하는 그림 23.2b처럼 두 극판 사이에 전기장을 만든다. 두 극판이 충분히 가까우면 가장자리 근처를 제외한 극판 사이에 균일한 전기장이 만들어진다. 한편 축전기 바깥의 전기장 크기는 매우 작아서 그 전기장을 무시할 수 있다. 따라서 평행판 축전기는 두 극판 사이에 균일한 전기장을 만든다고 어림해도 좋다.

21장에서 도체 표면의 전기장은 $E = \sigma/\epsilon_0$임을 알았다. σ는 면전하 밀도이다. 축전기 표면에 전하 Q가 균일하게 분포하면 $\sigma = Q/A$이고, 두 극판 사이의 전기장은 $E = Q/\epsilon_0 A$이다. (만일 판이 두 개이므로 이 값이 두 배여야 한다고 생각된다면, 그림 21.28과 21.29를 다시 검토하면 왜 그렇지 않은지 알 수 있다.) 전기장이 균일하면 두 극판 사이의 퍼텐셜차는 전기장과 극판 간격의 곱이므로 $V = Ed = Qd/\epsilon_0 A$를 얻는다.

전기 용량

평행판 축전기의 퍼텐셜차를 $Q = (\epsilon_0 A/d)V$로 표기해 보자. 전하는 퍼텐셜차에 비례하고, 비례 인자는 상수 ϵ_0과 기하학적 모양, 즉 면적과 거리에만 의존한다. 축전기의 전하와 퍼텐셜차의 비율로 주어지는 괄호 안의 양을 **전기 용량**(capacitance)이라고 정의하고 다음과 같이 표기한다.

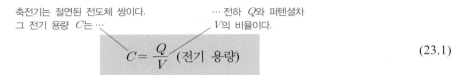

축전기는 절연된 전도체 쌍이다.
그 전기 용량 C는 …

… 전하 Q와 퍼텐셜차
V의 비율이다.

$$C = \frac{Q}{V} \text{ (전기 용량)} \tag{23.1}$$

전기 용량은 축전기의 물리적 특성에만 의존한다.

여기서 평행판 축전기의 전기 용량은 다음과 같다.

$$C = \frac{\epsilon_0 A}{d} \text{ (평행판 축전기)} \tag{23.2}$$

실전 문제 60과 61에서 다른 종류의 축전기에 대한 전기 용량을 계산한다.

식 23.1에서 전기 용량의 단위는 C/V이며, 19세기 영국의 과학자 마이클 패러데이(Michael Faraday)를 기념하여, **패럿**(farad, F)이라고 불린다. 1 F은 매우 큰 값으로 실용적 크기는 μF$(10^{-6}$ F$)$ 혹은 pF$(10^{-12}$ F$)$이다. 그런데 식 23.2로부터 ϵ_0의 단위를 F/m으로 나타낼 수도 있다.

 확인 문제 **23.2** 5갤런짜리 양동이에 얼마나 많은 물을 담을 수 있는지 알 것이다. 5 μF짜리 축전기에 얼마나 많은 전하를 넣을 수 있을까? 설명하라.

축전기에 저장된 에너지

두 극판 사이의 퍼텐셜차가 V일 때 dQ의 전하가 축전기의 음의 극판에서 양의 극판으로 움직인다면, 전하가 한 일은 $dW = VdQ$이다. 전하가 증가하면 축전기의 퍼텐셜차도 증가하며, 식 23.1에 따라 $dQ = CdV$이다. 따라서 dQ의 전하를 판 사이에서 움직이는 데 한 일은 $dW = VdQ = CVdV$이다.

대전되지 않은 극판에서 시작하여 극판 사이에 전하를 이동시키면 전기장과 퍼텐셜차가 계속해서 증가하므로 해야 할 일이 점점 증가한다. 따라서 전체 일은 dW의 합이고 다음과 같이 적분으로 얻는다.

$$W = \int dW = \int_0^V CVdV = \frac{1}{2}CV^2$$

축전기를 충전시키면서 한 일은 다음과 같은 퍼텐셜 에너지 U로 저장된다.

$$U = \frac{1}{2}CV^2 \text{ (축전기의 에너지)} \tag{23.3}$$

전압계로 축전기의 퍼텐셜차 V를 쉽게 측정할 수 있으므로 위 식은 실용적이다.

대전된 축전기도 중성이다 대전된 축전기의 한 극판은 양으로, 다른 극판은 음으로 대전되어 있으므로 전체적으로는 중성이다(그림 23.3 참조). 축전기의 전하 Q는 각 극판에 대전된 전하의 크기를 뜻한다. 축전기의 알짜 전하는 0이다.

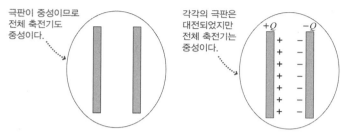

그림 23.3 전체 축전기의 알짜 전하는 항상 0이다.

예제 23.1 | **전기 용량, 전하, 에너지: 평행판 축전기**

반지름 $R = 12$ cm의 두 원형 금속판이 $d = 5.0$ mm로 분리된 축전기가 있다. (a) 이 축전기의 전기 용량을 구하라. 축전기를 12 V 전지에 연결할 때 (b) 금속판의 전하, (c) 축전기에 저장된 에너지를 각각 구하라.

해석 두 원형 금속판의 면적이 분리 간격보다 훨씬 크므로, 두 판 사이의 전기장은 균일하다. 즉 평행판 축전기이다.

과정 그림 23.4는 전지에 연결된 축전기이다. 먼저 식 23.2, $C = \epsilon_0 A/d$에서 면적 $A = \pi R^2$과 간격 d를 넣어서 전기 용량을 구한다. 한편 12 V 전지에 연결하면 축전기에 12 V의 퍼텐셜차가 생긴다. 전압과 전기 용량을 알면 식 23.1, $C = Q/V$에서 축전기의 전하를, 식 23.3, $U = \frac{1}{2}CV^2$에서 저장된 에너지를 구할 수 있다.

풀이 (a) 전기 용량으로 다음을 얻는다.

$$C = \frac{\epsilon_0 A}{d} = \frac{\epsilon_0 \pi R^2}{d} = 80 \text{ pF}$$

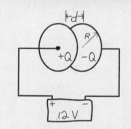

그림 23.4 예제 23.1의 스케치

(b) 전하는

$$Q = CV = (80 \text{ pF})(12 \text{ V}) = 960 \text{ pC}$$

으로 1 nC보다 약간 작다. (c) 저장된 에너지는 다음과 같이 약 5.8 nJ이다.

$$U = \frac{1}{2}CV^2 = \frac{1}{2}(80 \text{ pF})(12 \text{ V})^2 = 5760 \text{ pJ}$$

검증 80 pF은 상당히 작은 전기 용량이므로 전하와 에너지가 나노 단위이다.

23.3 축전기의 사용

LO 23.3 직렬 및 병렬 축전기의 등가 전기 용량을 결정할 수 있다.
LO 23.4 축전기에서 유전체의 역할과 작동 전압을 설명할 수 있다.

축전기는 현대의 전자 기술에 필수적이다. 컴퓨터 메모리에서 개별 비트의 정보를 저장하는 25 fF (10^{-15} F)의 축전기에서부터, 60 Hz 교류 전력을 정류하여 스테레오 앰프에 일정한 전류를 보내는 mF 범위의 축전기, 하이브리드 자동차나 지하철에 전력을 공급하기 위하여 에너지를 저장하는 수백 F의 초대형 축전기(ultracapacitor)까지 그 종류가 매우 다양하다. 그림 23.5는 전자 장치에 사용되는 몇 가지 전형적인 축전기를 나타낸 것이다.

실제 축전기

식 23.2를 보면 축전기 판의 면적을 늘리고 두 판의 간격을 줄이면 전기 용량이 커진다. 축전기가 평행이 아니더라도 이러한 경향은 마찬가지이다. 얇은 플라스틱 절연체로 분리한 기다란 두 알루미늄 포일로 값싼 축전기를 만든다. 이러한 샌드위치형 포일을 둘둘 말아서 만든 원통에 전선을 연결하고 보호막으로 덧씌운다. 전압이 걸리면 화학적으로 얇은 절연층이 형성되는 전해질 축전기를 사용하여 매우 큰 전기 용량을 얻을 수 있다. 집적 회로에 가공하기 어려운 전기 소자이지만, 도체-절연체를 교대로 배열하여 전기 용량 단위를 만들 수도 있다.

앞에서 평행판 축전기를 분석할 때는 두 극판 사이에 공기만 있다고 가정하였다. 그러나 대부분의 실제 축전기에는 절연체, 즉 **유전체**(dielectric)가 들어 있다. 유전체에는 자유 전하가 없지만 분자 쌍극자가 있다. 20.5절에서 유전체의 분자 쌍극자가 정렬하면 물질의 전기장 크기가 줄어들었다. 축전기에서도 그림 23.6처럼 두 판 사이의 퍼텐셜차 V가 줄어든다. 전기장 혹은 퍼텐셜차가 줄어드는 인자를 절연체의 **유전 상수**(dielectric constant)라고 하며, 그리스 문자 κ(카파)로 표기한다. 전하가 일정하면, $C = Q/V$에서 퍼텐셜차의 감소는 전기 용량의 증가를 뜻하므로, 유전체를 포함한 평행판 축전기의 전기 용량을 다음과 같이 표기할 수 있다.

$$C = \kappa \frac{\epsilon_0 A}{d} \quad \text{(유전체 평행판 축전기)} \tag{23.4}$$

대부분 물질의 유전 상수는 표 23.1처럼 2와 10 사이이다. 탄탈 화합물의 유전 상수는 매우 커서 오늘날의 전자공학 시대에 주요한 전략 광물이다.

축전기에서 고려해야 하는 또 하나의 요소는 유전성 깨짐이 일어나지 않는 최대 퍼텐셜차, 즉 **절연 내압**(working voltage)이다. 절연 내압을 넘어서면 유전성 깨짐이 일어난다. 각 물질에서 유전성 깨짐, 즉 절연 파괴는 일정한 전기장에서 일어난다. 공기는 3 MV/m에서 파괴되며, 폴리에틸렌은 50 MV/m에서 파괴된다. 평행판 축전기에서 전기장이 $E = V/d$이므로, 간격이 좁아지면 낮은 전압에서 유전성이 파괴된다. 따라서 큰 전기 용량(작은 d)과 높은

그림 23.5 실제 축전기. 큰 것은 18 mF 전해질 축전기이다. 위의 오른쪽은 내부의 회전판이 회전하며 전기 용량이 변하는 공기 절연 가변 축전기이다. 작은 축전기들의 용량은 43 pF에서 10 μF까지이다.

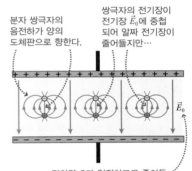

분자 쌍극자의 음전하가 양의 도체판으로 향한다.

쌍극자의 전기장이 전기장 $\vec{E}_0$에 중첩되어 알짜 전기장이 줄어들지만⋯

$\vec{E}_0$

⋯전하량 Q가 일정하므로 줄어든 전기장 $E = \vec{E}_0/\kappa$에 따라 퍼텐셜 $V = V_0/\kappa$가 줄어들어서 결국 전기 용량 $C = \kappa C_0$이 커진다.

그림 23.6 유전체가 들어 있는 축전기

표 23.1 몇몇 유전체의 특성

유전 물질	유전 상수	절연 파괴장(MV/m)
공기	1.0006	3
산화 알루미늄	8.4	670
파이렉스 유리	5.6	14
종이	3.5	14
플렉시 유리	3.4	40
폴리에틸렌	2.3	50
폴리스타이렌	2.6	25
수정	3.8	8
탄탈 산화물	26	500
테플론	2.1	60
물	80	시간과 순도에 의존

절연 내압(큰 d) 사이의 균형이 필요하다. 전기 용량과 절연 내압 모두가 큰 축전기는 상당히 비싸다.

예제 23.2 | **전하와 에너지 구하기: 어떤 축전기인가?**

100 μF 축전기의 절연 내압은 20 V이고 1.0 μF 축전기는 300 V 이다. 어느 축전기에 더 많은 전하가 쌓이는가? 어느 축전기가 더 많은 에너지를 저장하는가?

해석 절연 내압과 전기 용량이 서로 다른 축전기에 저장되는 전하와 에너지를 구하는 문제이다.

과정 식 23.1, $Q = CV$로 전하를, 식 23.3, $U = \frac{1}{2}CV^2$으로 저장된 에너지를 구한다. 식에서 V가 절연 내압과 같다고 놓으면 최대 전하와 에너지를 구할 수 있다.

풀이 식 23.1에서 두 축전기에 저장되는 전하는 각각 다음과 같다.

$$Q_{100\,\mu F} = CV = (100\,\mu F)(20\,V) = 2.0\,mC$$

$$Q_{1\,\mu F} = CV = (1\,\mu F)(300\,V) = 0.30\,mC$$

한편 식 23.3에서 에너지는 각각 다음과 같다.

$$U_{100\,\mu F} = \frac{1}{2}CV^2 = \frac{1}{2}(100\,\mu F)(20\,V)^2 = 20\,mJ$$

$$U_{1\,\mu F} = \frac{1}{2}CV^2 = \frac{1}{2}(1.0\,\mu F)(300\,V)^2 = 45\,mJ$$

따라서 100 μF 축전기가 더 많은 전하를, 1.0 μF 축전기가 더 많은 에너지를 저장한다.

검증 답을 검증해 보자. 전기 용량이 큰 축전기가 절연 내압이 낮음에도 불구하고 더 많은 전하(charge)를 저장한다. 그러나 에너지(energy)가 V^2에 비례하므로 전기 용량이 작아도 절연 내압이 높은 축전기가 더 많은 에너지를 저장한다.

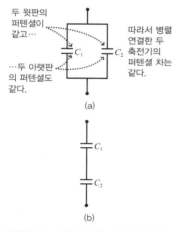

두 윗판의 퍼텐셜이 같고…

…두 아랫판의 퍼텐셜도 같다.

따라서 병렬 연결한 두 축전기의 퍼텐셜 차는 같다.

(a)

(b)

그림 23.7 축전기 연결. (a) 병렬 연결, (b) 직렬 연결. 는 축전기의 회로 기호 이다.

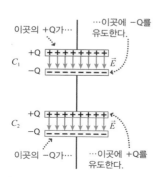

이곳의 +Q가…

…이곳에 −Q를 유도한다.

이곳의 −Q가…

…이곳에 +Q를 유도한다.

그림 23.8 직렬 연결한 축전기의 전하량 은 같다.

확인 문제 23.3 에너지를 더 많이 저장하기 위하여 축전기 하나를 교환한다. 다음 중 어느 축전기가 더 많은 에너지를 저장하는가? (a) 전기 용량은 두 배이고 절연 내압은 예전 것과 같은 축전기, (b) 전기 용량은 같고 절연 내압이 두 배인 축전기

축전기의 병렬 연결

여러 축전기를 연결하면 단일 축전기가 가질 수 없는 다양한 전기 용량과 절연 내압을 얻을 수 있다. 축전기의 연결은 **병렬**(parallel) 연결과 **직렬**(series) 연결이 있다(그림 23.7 참조). 병렬 연결에서는 각 축전기의 윗판은 윗판끼리, 아랫판은 아랫판끼리 연결된다. 따라서 **병렬 연결한 축전기의 퍼텐셜차는 같다.** 다른 전기 소자들을 병렬 연결하여도 마찬가지로 퍼텐셜차가 같다. 병렬 연결한 축전기의 등가 전기 용량을 구해 보자. 전기 용량의 식 $C = Q/V$ 에서, $V_1 = V_2$이므로 $C_1 = Q_1/V$, $C_2 = Q_2/V$이다. 한편 총전하 $Q = Q_1 + Q_2 = C_1V + C_2V = (C_1 + C_2)V$이므로, 등가 전기 용량은 $C = C_1 + C_2$이다. 따라서 병렬 연결한 두 축전기는 더해지고, 임의의 수의 병렬 연결한 등가 전기 용량은 다음과 같다.

$$C = C_1 + C_2 + C_3 + \cdots \quad \text{(병렬 연결 축전기)} \tag{23.5}$$

축전기의 직렬 연결

그림 23.8은 그림 23.7b의 직렬 연결에서 C_1의 윗판에 $+Q$를, C_2의 아랫판에 $-Q$를 대전시킬 때 일어나는 변화를 보여 준다. 축전기의 한 극판이 다른 극판에 크기가 같고 부호가 반대인 전하를 끌어당기므로 **직렬 연결한 축전기의 전하는 같다.** 그러나 전압은 달라서 $V_1 = Q/C_1$, $V_2 = Q/C_2$이다. 전체 전압은 $V = V_1 + V_2 = Q/C_1 + Q/C_2 = Q(1/C_1$

$+1/C_2$)이므로 등가 전기 용량은

$$\frac{1}{C} = \frac{1}{C_1} + \frac{1}{C_2}$$

이다. 따라서 일반적으로 직렬 연결의 등가 전기 용량은 다음과 같다.

$$\frac{1}{C} = \frac{1}{C_1} + \frac{1}{C_2} + \frac{1}{C_3} + \cdots \text{ (직렬 연결 축전기)} \qquad (23.6a)$$

한편 축전기가 두 개만 연결된 경우에는

$$C = \frac{C_1 C_2}{C_1 + C_2} \qquad (23.6b)$$

로 표기할 수 있다. 어쨌든 등가 전기 용량은 개별 전기 용량보다 항상 작다.

개념 예제 23.1 병렬과 직렬 축전기

왜 전기 용량이 병렬 연결인 축전기에서는 커지고 직렬 연결인 축전기에서는 작아지는지 평행판 축전기를 사용하여 설명하라. 각 경우에 절연 내압은 어떻게 되는가?

풀이 식 23.2에 따르면 전기 용량은 판의 넓이가 커지면 증가하고 판의 간격이 증가하면 감소한다. 그림 23.7a를 보면 병렬 연결인 두 축전기는 판의 넓이가 더 커지지만 간격에는 변화가 없으므로 합성 전기 용량은 증가한다. 대조적으로 그림 23.7b의 직렬 연결에서는 판의 간격은 개별 간격의 합이므로 실효적으로 커진다. 그래서 전기 용량은 감소한다.

절연 내압은 어떤가? 그림 23.7a에서 병렬 연결 축전기들은 똑같은 전압을 가지므로 결합된 축전기의 절연 내압은 각 축전기의 절연 내압 중에서 가장 작은 것과 같다. 하지만 그림 23.7b에서 직렬 연결된 각 축전기의 전압은 총전압보다 작으므로 절연 내압은 증가한다. 얼마나 증가할지는 전기 용량의 비에 달려 있다.

검증 상업적으로 이용 가능한 표준 축전기를 다양하게 직렬과 병렬로 결합하면 어떠한 전기 용량과 절연 내압도 만들 수 있다. 그림 23.7b에서 일렬로 늘어선 축전기를 연결하는 도선이 간격에 영향을 줄 수 있을까? 없다. 왜냐하면 전하는 도선을 따라 자유롭게 이동할 수 있기 때문이다. 따라서 전기적으로 분리된 판들과 달리 도선은 전하를 분리하지 않는다.

관련 문제 정격 전압 15 V에 전기 용량이 10 μF인 축전기 두 개를 병렬과 직렬로 연결할 때 전기 용량과 절연 내압은 얼마인가?

풀이 식 23.5를 동일한 축전기에 적용하면 병렬 연결된 두 축전기의 전기 용량은 두 배가 된다. 그래서 병렬 결합의 전기 용량은 $C = 20$ μF이고 절연 내압은 여전히 15 V이다. 왜냐하면 각 축전기의 전압이 최대가 되기 때문이다. 식 23.6b를 동일한 축전기에 적용하면 직렬 연결 전기 용량은 개별 축전기의 전기 용량의 절반이 된다. 이 경우에 5 μF이다. 개별 축전기는 동일하므로 각각은 인가 전압의 절반에 해당해야 한다. 따라서 직렬 결합의 절연 내압은 30 V이다.

확인 문제 **23.4** 전기 용량이 C인 두 축전기가 있다. 등가 전기 용량이 (1) $2C$, (2) $\frac{1}{2}C$가 되게 하려면 각각 어떻게 연결하는가? (3) 어느 연결의 절연 내압이 더 높은가?

예제 23.3 등가 전기 용량: 축전기 연결

응용 문제가 있는 예제

그림 23.9a에서 전기 회로의 등가 전기 용량을 구하라. 두 점 A와 B 사이의 최대 전압이 100 V이면 C_1의 절연 내압은 얼마인가?

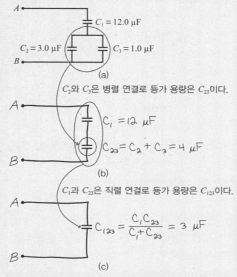

그림 23.9 등가 전기 용량 구하기

(a)

C_2와 C_3은 병렬 연결로 등가 용량은 C_{23}이다.

$C_1 = 12 \ \mu F$

$C_{23} = C_2 + C_3 = 4 \ \mu F$

(b)

C_1과 C_{23}은 직렬 연결로 등가 용량은 C_{123}이다.

$C_{123} = \dfrac{C_1 C_{23}}{C_1 + C_{23}} = 3 \ \mu F$

(c)

해석 세 축전기가 연결된 전기 회로에 대한 문제이다.

과정 이러한 회로 문제를 해결하려면, 병렬 연결과 직렬 연결을 파악하여 단일 회로 소자로 변환시켜서 회로의 연결을 단순화시켜야 한다. 여기서 모든 요소는 축전기이고, 매번 두 축전기를 하나로 만들어서 새로운 등가 전기 용량 회로를 다시 그린다. C_2와 C_3이 병렬 연결이므로 등가 전기 용량은 식 23.5에 따라 $C_{23} = C_2 + C_3 = 4.0 \ \mu F$이다. 이 등가 전기 용량으로 새롭게 그린 두 축전기 회로인 그림 23.9b에서 C_1과 C_{23}은 직렬 연결이므로, 식 23.6b에서 등가 용량은 다음과 같다.

$$C_{123} = \frac{C_1 C_{23}}{C_1 + C_{23}} = \frac{(12 \ \mu F)(4.0 \ \mu F)}{12 \ \mu F + 4.0 \ \mu F} = 3.0 \ \mu F$$

이 등가 용량으로 새롭게 그린 회로가 그림 23.9c이다.

다음으로 C_1의 절연 내압을 구해 보자. 이번에는 간단한 그림 23.9c부터 시작해서 C_1에 걸리는 전압에 대한 충분한 정보를 구할 때까지 거꾸로 진행한다. 두 점 A와 B 사이의 전압 V_{AB}를 알고 있으므로 C_{123}의 전하는 식 23.1에서 $Q_{123} = C_{123} V_{AB}$이다. C_{123}은 C_1과 C_{23}의 직렬 연결이므로, 두 축전기의 전하는 같다. 즉, $Q_1 = Q_{23} = Q_{123}$이다. 따라서 C_1에 걸리는 전압은 $V_1 = Q_1 / C_1 = Q_{123} / C_1$이다.

풀이 C_{123}에 걸리는 전압이 $V_{AB} = 100$ V이므로, 전하는 $Q_{123} = C_{123} V_{AB} = (3.0 \ \mu F)(100 \ V) = 300 \ \mu C$이고, $Q_1 = Q_{123}$이므로, C_1의 전하도 300 μC이다. 따라서 C_1의 최소 절연 내압은 $V_1 = Q_1 / C_1 = (300 \ \mu C) / (12.0 \ \mu F) = 25$ V이다.

검증 답을 검증해 보자. C_1이 C_{23}에 직렬 연결이므로 두 점 A와 B 사의의 전압 100 V를 모두 받지 못해서 절연 내압이 낮아진다. 또한 직렬 연결에서는 전하가 같으므로, $V = Q/C$에서 전기 용량이 커지면 전압이 낮아진다.

직렬과 병렬

병렬 연결은 두 끝이 직접 연결되고, 직렬 연결은 서로 다른 끝이 연결된다. 그림 23.9a에서 C_2와 C_3은 분명히 병렬 연결이다. 그러나 C_1은 다른 축전기와 직렬 연결이 아니다. C_1을 지나서 C_2와 C_3으로 나눠지기 때문이다. 식 23.5와 23.6은 순수한 병렬 연결과 직렬 연결에만 적용될 수 있다. 한편 C_1은 C_{23}과 분명히 직렬 연결이므로 식 23.6b를 적용한다.

응용물리 | 전력 공급

샌프란시스코의 전철은 감속할 때 운동 에너지를 대형 축전기에 전기 에너지로 저장하였다가 가속시킬 때 사용한다. 이렇게 하여 매년 320 MW·h의 에너지를 절약한다. 축전기는 잠시 에너지를 저장하였다가 전기 에너지를 공급할 수 있는 일종의 전지이다. 축전기는 전지보다 훨씬 빨리 저장된 에너지를 공급할 수 있다. 카메라 플래시를 한 번 사용하면, 수 초 정도 기다렸다가 다시 사용해야 한다. 왜냐하면 카메라의 전지가 공급할 수 있는 것보다 큰 일률, 즉 시간당 에너지가 필요하기 때문이다. 전지의 에너지로 축전기를 서서히 충전시켰다가, 플래시를 터트릴 때 한꺼번에 다 써버린다. 따라서 축전기를 재충전하려면 시간이 필요하다. 응급 환자의 심장이 정상으로 박동하도록 수백 J의 에너지를 공급하는 제세동기도 축전기에 저장된 에너지를 수 ms 만에 방출한다. 큰 방을 가득 채운 축전기 장치에 저장된 에너지로 수 ns의 레이저 펄스를 생성하여 수백만 J의 에너지를 핵융합 실험의 작은 표적물에 쪼인다. 또한 대형 축전기를 이용하여 놀이공원의 기계, 대중 교통 수단, 하이브리드 자동차에 전력을 공급한다.

23.4 전기장에 저장된 에너지

LO 23.5 모든 전기장이 에너지를 저장한다는 것을 인지하고 간단한 전기장의 형태에서 저장된 에너지를 계산할 수 있다.

대전된 축전기와 대전되지 않은 축전기는 무엇이 다를까? 충전하는 두 경우 모두 0이므로 아니다. 다른 것은 전하의 배열이다. 에너지는 어디에 저장될까? 전하의 배열에 에너지를 저장한다. 그림 23.1의 정삼각형 전하 배열에 대해서도 마찬가지이다. 개별 전하가 변한 것이 아니라 전하의 배열이 변했다. 새로운 배열로 에너지가 저장된다면 어디에 저장될까?

두 경우 모두 전기장이 변했다. 대전되지 않은 축전기에는 전기장이 없지만, 충전시키면 두 극판 사이에 전기장이 형성된다. 그림 23.1의 정삼각형 전하 배열에서도 세 개의 고립된 점전하의 전기장이 보다 복잡한 전기장으로 변했다. 두 경우 모두 전기장에 에너지가 저장된다. 사실상 모든 전기장이 에너지를 저장한다. 축전기를 방전시키거나 세 전하를 떼어 내서 원래의 배열 상태로 되돌리려면 에너지를 투입해야 한다. 가솔린 연소나 음식물 소화도 분자의 전하를 재배열시켜서 새로운 전기장을 만든다. 일상에서 다른 형태의 에너지처럼 보이는 것들도 실제로는 전기 에너지인 경우가 많다. 사실상 전기력으로 일상의 현상 대부분을 설명할 수 있다.

전기장이 에너지를 저장한다면 저장된 에너지의 양은 전기장에 의존할 것이다. 전기장의 세기가 위치에 따라 다르므로 단위 부피당 저장된 에너지인 **에너지 밀도**(energy density)를 사용한다. 축전기에 저장된 에너지는 $U = \frac{1}{2}CV^2$에서 식 23.1, $V = Q/C$를 이용하면 $U = Q^2/2C$이다. 한편 평행판 축전기에서는 식 23.2, $C = \epsilon_0 A/d$를 이용하면 저장된 에너지는 $U = Q^2 d/2\epsilon_0 A$이다. 이 에너지는 부피가 Ad인 축전기 내부의 균일한 전기장과 관계가 있다. 그러므로 에너지 밀도는 $U/Ad = Q^2/2\epsilon_0 A^2$이다. 여기서 평행판 축전기의 균일한 전기장은 $E = Q/\epsilon_0 A$이다. 그러므로 $Q = \epsilon_0 A E$이고, 이것을 $Q^2/2\epsilon_0 A^2$에 대입하면 에너지 밀도를 다음과 같이 표기할 수 있다.

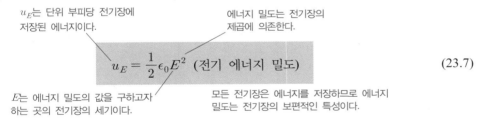

u_E는 단위 부피당 전기장에 저장된 에너지이다.

에너지 밀도는 전기장의 제곱에 의존한다.

$$u_E = \frac{1}{2}\epsilon_0 E^2 \quad \text{(전기 에너지 밀도)}$$

(23.7)

E는 에너지 밀도의 값을 구하고자 하는 곳의 전기장의 세기이다.

모든 전기장은 에너지를 저장하므로 에너지 밀도는 전기장의 보편적인 특성이다.

식 23.7은 평행판 축전기의 균일한 전기장의 에너지 밀도이지만 사실상 모든 전기장에 대해서도 성립한다. 전기장이 있는 어디에서나 에너지 밀도 $\frac{1}{2}\epsilon_0 E^2$의 전기 에너지가 저장된다. 모든 전기장은 저장된 에너지를 나타낸다. 지구상의 일상적인 사건에서부터 먼 은하에서 벌어지는 일까지 물리 세계의 많은 일을 야기하는 에너지는 전기장에 저장된 에너지의 방출에 기인한다.

예제 23.4 | **전기 에너지: 번개구름**

번개구름 속의 전형적인 전기장은 약 10^5 V/m이다. 높이 10 km, 지름 20 km인 원통형 번개구름의 균일한 전기장 1×10^5 V/m를 생각해 보자. 이 번개구름에 포함된 전기 에너지를 구하라.

해석 저장된 전기 에너지에 대한 문제이다.

과정 장이 균일하면 에너지 밀도도 균일하므로, 에너지 밀도를 구해서 번개구름의 부피에 곱하면 총전기 에너지를 얻을 수 있다. 에너지 밀도를 식 23.7, $u_E = \frac{1}{2}\epsilon_0 E^2$으로 구한다.

풀이 에너지 밀도로 다음을 얻는다.

$$u_E = \frac{1}{2}\epsilon_0 E^2 = \frac{1}{2}\epsilon_0 (1 \times 10^5 \text{ V/m})^2 = 4.4 \times 10^{-2} \text{ J/m}^3$$

한편 원통형 구름의 부피는

$$V = \pi r^2 h = \pi (10 \text{ km})^2 (10 \text{ km}) = 3.1 \times 10^{12} \text{ m}^3$$

이므로, 전체 전기 에너지는 다음과 같다.

$$U = u_E V = (4.4 \times 10^{-2} \text{ J/m}^3)(3.1 \times 10^{12} \text{ m}^3) = 140 \text{ GJ}$$

검증 답을 검증해 보자. 1갤런의 가솔린에 저장된 에너지는 약 0.1 GJ이므로(부록 C 참조), 번개구름 속에 저장된 전기 에너지는 약 1400갤런의 가솔린에 해당한다. 거시적 전기장의 에너지 밀도는 가솔린의 분자 구조에 갇힌 미시적 전기 에너지 밀도와 비교할 수 없다. 그래서 대기에 저장된 에너지로 움직이는 자동차를 볼 수 없다.

전기장이 균일하면 총에너지를 에너지 밀도와 부피의 곱으로 구할 수 있다. 그러나 위치에 따라 전기장이 변하면 적분으로 구해야 한다. 부피 요소 dV에 저장된 에너지가 $dU = u_E dV = \frac{1}{2}\epsilon_0 E^2 dV$이므로, 총에너지를 다음과 같은 적분으로 구할 수 있다.

$$U = \frac{1}{2}\epsilon_0 \int E^2 dV \tag{23.8}$$

식 23.8은 전기장에 저장된 에너지로, 필요한 전하 분포를 만들기 위하여 한 일과 같다. 다음 예제는 이를 설명한다.

예제 23.5 | **일과 에너지: 수축되는 구**　　　　　　　　　　응용 문제가 있는 예제

반지름 R_1인 구의 표면에 전하 Q가 균일하게 분포한다. 이 구를 반지름 R_2의 작은 구로 수축시키면서 한 일은 얼마인가?

해석 서로 다른 전하 분포에 저장된 전기 에너지의 차이에 대한 문제이다. 전기 에너지의 차이는 전하 분포를 바꾸는데 한 일과 같다. 여기서는 전하가 균일하게 분포한 구를 수축시켜서 작은 구의 전하 분포로 바꾼다.

과정 구대칭이므로 원래의 반지름 R_1 외부의 장과 저장된 에너지는 변함이 없다. 따라서 구를 수축시키면서 생긴 새로운 장에 저장된 에너지만 구하면 된다. 그림 23.10은 전과 후의 모습이다. 여기서 장이 거리에 따라 변하므로 저장된 에너지는 식 23.8, $U = \frac{1}{2}\epsilon_0 \int E^2 dV$로 구한다. 먼저 $R_2 < r < R_1$인 영역의 장을 구한 후, 식 23.8을 적용한다. 역시 구대칭이므로 새로운 장은 점전하의 장 $E = kQ/r^2$이다. 한편 식 23.8의 부피 요소 dV를 거리 r로 변환시켜야 한다. 그림 23.11에서 얇은 구면 껍질의 부피는 $dV = 4\pi r^2 dr$이다. 따라서 저장된 전기 에너지는 다음과 같다.

$$U = \frac{1}{2}\epsilon_0 \int E^2 dV = \frac{1}{2}\epsilon_0 \int_{R_2}^{R_1} \left(\frac{kQ}{r^2}\right)^2 4\pi r^2 dr = \frac{kQ^2}{2} \int_{R_2}^{R_1} r^{-2} dr$$

여기서 $1/4\pi k = \epsilon_0$이다.

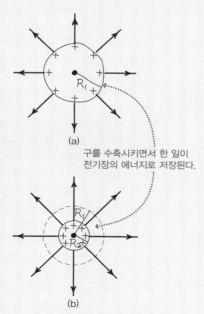

구를 수축시키면서 한 일이 전기장의 에너지로 저장된다.

그림 23.10 (a) 대전된 구와 전기장. (b) 수축된 구는 $R_2 < r < R_1$인 영역에 장과 에너지를 만든다.

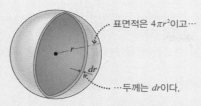

표면적은 $4\pi r^2$이고…

…두께는 dr이다.

그림 23.11 얇은 구면 껍질의 부피는 $dV = 4\pi r^2 dr$**이다.**

풀이 적분은 $\displaystyle\int r^{-2}dr = \frac{r^{-1}}{-1} = -\frac{1}{r}$ 이므로, 다음을 얻는다.

$$U = \frac{kQ^2}{2}\left(-\frac{1}{r}\right)\Bigg|_{R_2}^{R_1} = \frac{kQ^2}{2}\left(\frac{1}{R_2} - \frac{1}{R_1}\right)$$

검증 답을 검증해 보자. $R_2 < R_1$이므로 저장된 전기 에너지는 양수이다. 즉 구를 수축시키는데 이만큼의 일을 해야 한다. 물론 구에 분포하는 전하는 부호가 같으므로, 구를 수축시키면 전기적 척력에 대항하여 전하가 가까이 분포하게 된다. R_1을 무한대로 보내면 구의 표면에 전하를 분포시키는데 필요한 일이 된다. $R_2 = 0$이면 한 일, 즉 저장된 전기 에너지는 무한대이므로, 점전하는 결코 실현될 수 없는 이상적인 전하 분포이다.

확인 문제 **23.5** 점 P에서 거리 a인 곳에 점전하 $+q$가 있고, 그림처럼 반대편 a인 곳에 점전하 $-q$를 가져온다. 점 P에서 (1) 전기장 세기, (2) 전기 에너지 밀도는 각각 어떻게 변하는가? (3) 전체장의 총전기 에너지 $U = \displaystyle\int u_E dV$는 증가하는가, 감소하는가, 아니면 그대로인가?

$\oplus$ $+q$ —— a —— $\cdot$ P

$\Downarrow$

$\oplus$ $+q$ —— a —— $\cdot$ P —— a —— $\ominus$ $-q$

핵심 개념

모든 전기장은 에너지를 저장한다. 이 전기 에너지는 전하를 모으는데 필요한 일로서 양 또는 음의 값이다.

이러한 전하 분포를 만들려면 양의 일을 해야 하므로…

…저장된 전기 에너지 U는 양수이다.

이러한 전하 분포를 만들려면 음의 일을 해야 하므로…

…저장된 전기 에너지 U는 음수이다.

주요 개념 및 식

전기장 E의 **에너지 밀도**는 $u_E = \frac{1}{2}\epsilon_0 E^2$이다. 에너지 밀도를 부피에 대해서 적분하면 장에 저장된 전체 전기 에너지 U를 얻는다.

$$U = \int u_E dV$$

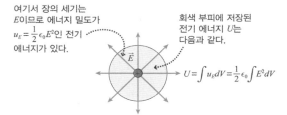

응용

축전기는 전기 에너지를 저장하는 한 쌍의 절연된 도체이다. **전기 용량**은 다음과 같이 전하와 퍼텐셜차의 비율이다.

$$C = Q/V$$

평행판 축전기에서는 다음과 같다.

$$C = \epsilon_0 A/d$$

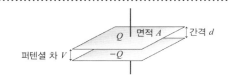

극판 사이의 전압이 V인 축전기에 저장된 에너지는 $U = \frac{1}{2}CV^2$이다.

병렬 연결의 전기 용량은 $C = C_1 + C_2$이다.

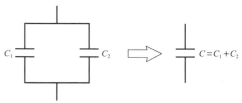

병렬 연결한 축전기의 전압은 같다.

직렬 연결의 전기 용량은 $\frac{1}{C} = \frac{1}{C_1} + \frac{1}{C_2}$이다.

직렬 연결한 축전기의 전하량은 같다.

복잡한 회로를 병렬과 직렬 결합으로 분해하여 분석한다.

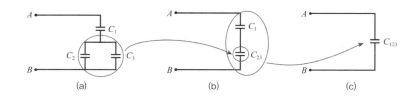

축전기판 사이의 **유전체**는 물질의 **유전 상수** κ에 따라 $C \rightarrow \kappa C_0$으로 전기 용량을 증가시킨다.

BIO 생물 및 의학 문제   DATA 데이터 문제   ENV 환경 문제   CH 도전 문제   COMP 컴퓨터 문제

학습 목표   이 장을 학습하고 난 후 다음을 할 수 있다.

LO 23.1 간단한 전하 분포들의 정전기 에너지를 계산할 수 있다.
개념 문제 23.1, 23.3
연습 문제 23.11, 23.12, 23.13
실전 문제 23.37

LO 23.2 전기 용량을 기술하고 축전기에서 전하, 퍼텐셜차와 에너지를 관련시킬 수 있다.
개념 문제 23.6, 23.7, 23.8, 23.9
연습 문제 23.14, 23.15, 23.16, 23.17, 23.18, 23.19
실전 문제 23.38, 23.39, 23.40, 23.41, 23.42, 23.43, 23.44, 23.45, 23.46, 23.56, 23.60, 23.61, 23.62, 23.66, 23.68

LO 23.3 직렬 및 병렬 축전기의 등가 전기 용량을 결정할 수 있다.

개념 문제 23.10
연습 문제 23.22, 23.23, 23.24
실전 문제 23.47, 23.48, 23.52, 23.69

LO 23.4 축전기에서 유전체의 역할과 작동 전압을 설명할 수 있다.
실전 문제 23.41, 23.42, 23.46, 23.49, 23.50, 23.51, 23.64, 23.65

LO 23.5 모든 전기장이 에너지를 저장한다는 것을 인지하고 간단한 전기장의 형태에서 저장된 에너지를 계산할 수 있다.
개념 문제 23.2, 23.4, 23.5
연습 문제 23.25, 23.26, 23.27, 23.28
실전 문제 23.53, 23.54, 23.55, 23.57, 23.58, 23.59, 23.63, 23.67, 23.68

개념 문제

1. 두 양전하가 무한히 떨어져 있다. 유한한 일을 하여 두 점전하를 짧은 거리 d로 가져올 수 있는가?

2. 음의 점전하로부터 특정 거리인 곳의 에너지 밀도를 같은 크기의 양의 점전하로부터 같은 거리인 곳의 에너지 밀도와 어떻게 비교할 수 있는가?

3. 쌍극자는 크기가 같고 부호가 반대인 두 전하로 구성된다. 쌍극자장에 저장된 에너지는 0인가? 왜 그런가?

4. 표면에 전하가 분포한 기구(balloon)를 팽창시키면, 기구의 전기장에 저장된 에너지는 증가하는가 혹은 감소하는가? 증가한다면 에너지가 어디로부터 오는지, 감소한다면 에너지가 어디로 가는지 추측하라.

5. 전기장 에너지 밀도는 중첩 원리를 따르는가? 즉 한 곳의 전기장 세기가 2배이면 에너지 밀도도 2배인가?

6. 축전기판의 전하는 Q이다. 축전기의 알짜 전하는 얼마인가?

7. 물통의 용량이 담을 수 있는 최대의 양이듯이, 축전기의 전기 용량은 저장할 수 있는 최대 전하량인가? 설명하라.

8. 대전된 축전기판을 그 자리에 잡고 있으려면 힘이 필요한가?

9. 두 축전기는 같은 양의 에너지를 저장하지만, 한 축전기의 전기 용량은 다른 축전기의 2배가 된다. 전압을 비교하라.

10. 공기로 절연된 평행판 축전기를 퍼텐셜차 V의 전지에 연결한다. 평행판 사이에 유전체 판을 집어넣으면, (a) 퍼텐셜차, (b) 전기 용량 C, (c) 축전기 전하 Q는 각각 어떻게 변하는가?

연습 문제

23.1 정전기 에너지

11. 무한대에서 75 µC의 네 전하를 가져와서 5.0 cm 간격으로 직선

위에 놓았다. 이러한 전하 분포를 만들기 위하여 해야 할 일은 얼마인가?

12. 정사각형의 꼭짓점에 세 점전하 $+Q$와 네 번째 점전하 $-Q$가 있다. 이 전하 분포의 정전기 에너지를 구하라.

13. 간단한 모형에서 물 분자는 그림 23.12처럼 음으로 대전된 산소 원자와 두 개의 양성자로 구성된다. 무한대에서 이들을 가져와서 그림처럼 만들면서 방출한 에너지의 크기인 정전기 에너지를 구하라. (**주의**: 사실은 세 원자가 전자를 공유하지만, 전자가 산소 근처에서 더 오래 머물기 때문에 과장된 답을 얻을 것이다.)

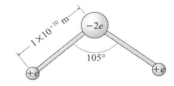

그림 23.12 연습 문제 13

23.2 축전기

14. 한 변이 25 cm, 간격이 5.0 mm인 네모 평행판 축전기의 전하는 ± 1.1 µC이다. (a) 전기장, (b) 평행판 사이의 퍼텐셜차, (c) 저장된 에너지를 구하라.

15. 한 변이 5.0 cm, 간격이 1.2 mm인 대전되지 않은 평행판 축전기가 있다. (a) 한 평행판에서 7.2 µC의 전하를 다른 판으로 전달하는데 필요한 일은 얼마인가? (b) 두 번째 7.2 µC의 전하를 전달하는데 필요한 일은 얼마인가?

16. (a) 연습 문제 15의 대전되지 않은 축전기에 15 mJ의 에너지를 저장하려면 얼마나 많은 전하를 전달해야 하는가? (b) 판 사이의 퍼텐셜차는 얼마가 되겠는가?

17. 축전기를 60 V에 연결하면 1.3 µC의 전하가 대전된다. 전기 용

량은 얼마인가?

18. ϵ_0의 단위를 F/m로 표기하라.

19. 반지름 20 cm, 분리 간격 1.5 mm인 평행판 축전기의 전기 용량을 구하라.

20. 간격이 1.1 mm인 평행판 축전기를 150 V에 연결하면 ±2.3 µC의 전하가 대전된다. 평행판의 면적은 얼마인가?

21. FastCAP 시스템즈는 MIT에서 파생된 최첨단 초대형 축전기 제작사이다. 이 회사에서 제작한 35F 모델 EE-125-35 축전기는 표준 AA 배터리와 동등한 크기와 전압을 갖는다. 이 모델 축전기가 1.5 V로 완전히 충전될 때 저장된 에너지를 구하라.

23.3 축전기의 사용

22. 전기 용량이 1.0 µF과 2.0 µF인 두 축전기를 병렬 또는 직렬 연결하면 전기 용량은 각각 얼마인가?

23. (a) 그림 23.13 회로의 등가 전기 용량은 얼마인가? 12.0 V의 전지를 연결하면 각 축전기의 (b) 전하, (c) 전압은 얼마인가?

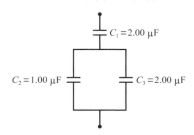

그림 23.13 연습 문제 23

24. 전기 용량이 1.0 µF, 2.0 µF, 3.0 µF인 세 축전기가 있다. 세 축전기의 결합으로 만들 수 있는 (a) 최대, (b) 최소, (c) 두 값 사이의 모든 전기 용량을 구하라.

23.4 전기장에 저장된 에너지

25. 균일한 전기장의 에너지 밀도는 3.0 J/m³이다. 장의 세기는 얼마인가?

26. 자동차 전지는 약 4 MJ의 에너지를 저장한다. 모든 에너지로 균일한 전기장 30 kV/m를 만든다면 몇 m³를 차지하는가?

27. 3 MV/m의 전기장 세기에서 공기의 유전성 깨짐이 일어난다. 액체 휘발유와 에너지 밀도가 같은 공기 중의 전기장에 에너지를 저장할 수 있는가? (**힌트**: 부록 C를 보아라.)

28. 양성자 표면의 전기 에너지 밀도를 구하라. 양성자를 반지름 1 fm의 구에 전하가 균일하게 분포한 입자로 가정한다.

응용 문제

다음 문제들은 본문의 예제들에 기초한 것이다. 두 세트의 문제들은 물리학의 이해를 강화하는 연결의 형성을 돕고 이전에 풀어본 문제에서 변형된 문제를 해결하는 자신감을 키우도록 설계되어 있다. 각 세트의 첫 번째 문제는 본질적으로 예제 문제이지만 숫자들은 다르다. 두 번째 문제는 예제와 똑같은 상황이지만 묻는 질문이 다르다. 세 번째와 네 번째 문제는 완전히 다른 상황으로 이런 방식을 반복한다.

29. **예제 23.3** 그림 23.9a에서 $C_1 = 6.8$ µF, $C_2 = 4.7$ µF, $C_3 = 2.2$ µF일 때 등가 전기 용량을 구하라. (이들은 상업적으로 흔하게 구할 수 있는 전기 용량이다.)

30. **예제 23.3** 그림 23.9a에서 C_2 양단에 48 V의 퍼텐셜차를 줄 때 두 점 A와 B에 가해진 전압을 구하라. (응용 문제 29에서의 값이 아닌 그림에 주어진 전기 용량을 사용하라.)

31. **예제 23.3** 그림 23.14에서 점 A와 B 사이에 측정되는 등가 전기 용량을 구하라.

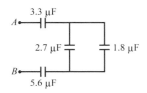

그림 23.14 응용 문제 31, 32

32. **예제 23.3** 그림 23.14에서 점 A와 B 사이에 가해지는 퍼텐셜차가 75 V일 때 2.7 µF의 축전기는 얼마나 많은 에너지를 저장하는가?

33. **예제 23.5** 반지름이 R인 구면 껍질의 표면에 전하 Q가 균일하게 분포한다. 구면 껍질을 원래 반지름의 반으로 줄이는 데 필요한 일을 구하라.

34. **예제 23.5** 양성자의 전기장에 저장된 에너지는 약 130 fJ(130 $\times 10^{-15}$ J)이다. 양성자를 그 전하가 표면에 균일하게 분포된 대전된 구면 껍질이라고 가정할 때, 그 반지름을 유효 숫자 한 자릿수까지 구하라. (비현실적인 모델임에도 답은 양성자 반지름 허용값에 가깝다.)

35. **예제 23.5** 반지름이 R인 구에 전하 Q가 전 부피에 균일하게 분포한다. 예제 21.3의 결과를 이용하여, 이 구 내부에 포함된 정전기 에너지가 $Q^2/40\pi\epsilon_0 R$임을 보여라 ($kQ^2/10R$과 동일).

36. **예제 23.5** 양성자의 전하가 전 부피에 균일하게 분포하고 문제에서 주어진 에너지가 양성자의 내부와 외부의 정전기 에너지를 모두 포함한다고 가정하자. 응용 문제 35의 결과를 이용하여, 응용 문제 34를 반복하라.

실전 문제

37. 전하 Q_0이 원점에 있다. 두 번째 전하 $Q_x = 2Q_0$을 무한대로부터 점 $(x = a, y = 0)$에, 세 번째 전하 Q_y를 무한대로부터 $(x = 0, y = a)$에 가져왔다. Q_y를 가져올 때 Q_x보다 2배의 일을 한다. Q_y를 Q_0으로 표기하라.

38. 반지름 a의 도체구를 반지름 b의 동심 구면 껍질로 둘러싼다. 처음에는 둘 다 대전되지 않았다. 도체구에서 구면 껍질로(또는 반대로) 전하를 전달하여 ±Q의 전하가 대전될 때까지 한 일을 구하라.

39. 한 변이 10 cm인 두 개의 네모 도체판 사이에 저장된 전기장 에너지 밀도는 $4.5\,kJ/m^3$이다. 도체판의 전하는 얼마인가?

40. 세포막에 걸린 퍼텐셜차는 65 mV이다. 세포 밖에는 칼륨 일가이온이 1.5×10^6개 있다. 세포 안쪽에 같은 크기의 음의 전하가 있다면 세포막의 전기 용량은 얼마인가?

41. (1.0 μF, 250 V), (470 pF, 3 kV) 중 어느 축전기가 에너지를 더 많이 저장하는가?

42. (0.01 μF, 300 V) 축전기의 가격은 25 ¢, (0.1 μF, 100 V) 축전기의 가격은 35 ¢, (30 μF, 5 V) 축전기의 가격은 88 ¢ 이다. (a) 어느 축전기가 전하를 가장 많이 저장하는가? (b) 어느 축전기가 에너지를 가장 많이 저장하는가? (c) 가격당 에너지의 효율이 가장 높은 축전기는 어느 것인가?

43. 의료용 제세동기는 100 μF의 축전기에 950 J을 저장한다. (a) 축전기에 걸리는 전압은 얼마인가? (b) 2.5 ms 동안 300 J의 에너지를 방전하면, 출력은 얼마인가?

44. 카메라 플래시는 매번 1.0 ms에 5.0 J의 에너지가 필요하다. (a) 플래시가 터지는 동안 일률은 얼마인가? (b) 200 V를 사용하면 필요한 에너지를 얻을 수 있는 축전기의 전기 용량은 얼마인가? (c) 10 s에 한 번씩 플래시를 터트리면 평균 소모 일률은 얼마인가?

45. 초대형 축전기(23.2절의 응용물리 참조)를 시험하기 위해 여러 전압에서 축전기의 에너지를 측정한 결과가 표에 있다. 어떤 양의 함수로 저장된 에너지를 그려야 직선이 되겠는가? 그래프를 그리고 최적 맞춤 직선을 결정한 후 그 기울기를 구하여 전기 용량을 결정하라.

전압(V)	12.2	20.1	31.8	37.9	45.7	50.2	56.0
에너지(kJ)	9.25	27.2	62.5	94	139	158	203

46. 2.0 μF, 50 V 축전기는 잔뜩 있다. 이 축전기들을 어떻게 연결해야 2.0 μF, 100 V 축전기와 0.5 μF, 200 V 축전기와 등가인 회로를 얻을 수 있을까?

47. 두 축전기 C_1과 C_2를 직렬 연결하고 전압 V의 전지와 연결한다. 각 축전기에 걸리는 전압이 다음과 같음을 보여라.
$$V_1=\frac{C_2V}{C_1+C_2},\quad V_2=\frac{C_1V}{C_1+C_2}$$

48. (0.1 μF, 50 V) 축전기를 (0.2 μF, 200 V) 축전기와 직렬 연결한다. 이 회로에 250 V를 안전하게 걸 수 있을까?

49. 면적 $50\,cm^2$의 평행 축전기판이 25 μm의 폴리에틸렌으로 분리되어 있다. (a) 전기 용량, (b) 절연 내압을 각각 구하라.

50. 470 pF 축전기는 반지름 15 cm의 두 원형 평행판 사이에 폴리스타이렌으로 절연되어 있다. (a) 폴리스타이렌의 두께, (b) 축전기의 절연 내압은 각각 얼마인가?

51. 축전기를 사용하여 생체 세포막의 두께를 최초로 정확하게 측정하였다. 세포막의 단위 면적당 전기 용량은 세포의 전기 특성으로 결정된다. 여러 세포에서 잰 값은 대략 $1\,\mu F/cm^2$이다. 세포 내 물질의 유전 상수를 3으로 가정하고 세포막의 두께를 구하라. (**주의**: 이 값은 이극성 지질층만으로 형성된 경우로서 엑스선 측정값보다 3배나 작다.)

52. 실전 문제 46에서 전기 용량이 2 μF인 축전기가 필요하지만 저렴하게 구입한 몇 개의 축전기의 용량이 1.7 μF에서 1.9 μF까지 제각각이다. 가변 축전기인 '트리머'를 저렴한 축전기와 병렬로 연결하여 합성 용량을 정확히 2.00 μF으로 만들려고 한다. 가변 트리머의 전기 용량 범위는 25 nF에서 350 nF까지다. 성공하겠는가?

53. 한 영역에서 전기장 세기의 위치 함수는 $E=E_0(x/x_0)$이며, $E_0=24\,kV/m$, $x_0=6.0\,m$이다. $x=0$과 $x=1.0$ m 사이에 놓인 길이 1.0 m의 정육면체에 저장된 에너지를 구하라. (**주의**: 전기장 세기는 y, z와 무관하다.)

54. 반지름이 R인 구면 영역 내의 전기장은 그 영역의 중심으로부터의 거리 r에 반비례한다($E=E_0R/r$, E_0은 상수). 이 영역 내에 저장된 정전기 에너지를 구하라.

55. 반지름 R의 구에 전하 Q가 구 표면에 균일하게 분포한다. 구의 전기장에 저장된 에너지가 $U=kQ^2/2R$임을 보여라.

56. 우리는 거대한 축전기 안에 살고 있다! 그 판은 지구의 표면과 약 60 km 지상에서 시작하는 대기의 전리층이다. (a) 평행판 축전기로 근사해서 이 시스템의 전기 용량을 구하라. (이것은 대기층이 지구의 반지름에 비해 너무 얇으므로 정당화되지만, 지구의 전기장은 균일하지 않기 때문에 그 답은 과소 추정한 값이다.) (b) 지구의 표면과 전리층 사이의 퍼텐셜차는 약 400 kV로 뇌우의 작용에 의해 유지된다. 이 축전기에 저장된 총에너지를 추정하라.

57. 지름 4.0 mm 물방울의 전하는 15 nC이다. 무한히 떨어진 두 물방울을 가져와서 하나의 구형 물방울로 합치면 정전기 퍼텐셜 에너지의 변화는 얼마인가? 모든 전하는 물방울의 표면에만 분포한다고 가정한다.

58. 지름 2.1 mm 도선의 균일한 선전하 밀도는 $\lambda=28\,\mu C/m$이다. 길이 1.0 m인 도선 안에 저장된 전기 에너지는 얼마인가?

59. 전형적인 번개는 30 MV의 퍼텐셜차에서 전하 30 C를 전달한다. 예제 23.4의 번개구름에서 5 s마다 번개가 친다면 에너지의 재공급 없이 얼마나 오랫동안 번개가 칠 수 있는가?

60. 두 개의 긴 동심 금속 원통으로 만든 그림 23.15의 축전기의 전기 용량을 a, b, L로 표기하라.

그림 23.15 실전 문제 60

61. 반지름 a의 도체구를 반지름 b의 동심 도체 껍질로 둘러싼 축전기의 전기 용량이 $C=ab/k(b-a)$임을 보여라.

62. 실전 문제 61에서 $b-a$가 반지름 a보다 훨씬 작으면 그 결과는 평행판 축전기의 전기 용량과 같음을 보여라.

63. 부피 전하 밀도가 균일한 속이 찬 구 안에 저장된 에너지는 총정전기 에너지의 몇 %인가?

64. 공기로 절연된 전기 용량 C_0의 평행
CH 판 축전기를 전압 V_0으로 충전한 다
음에 전지의 연결을 끊었다. 두께가
축전기판 간격과 사실상 같은 유전 상
수 κ의 유전판을 그림 23.16처럼 중
간까지 넣었다. (a) 새 전기 용량, (b)
저장된 에너지, (c) 유전판을 미는 힘
을 C_0, V_0, κ, 축전기판 길이 L로 각각 표기하라.

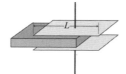

**그림 23.16 실전 문제
64, 65**

65. 전지를 끊지 않고 판을 삽입하였을 때, 실전 문제 64의 (b)와 (c)
를 다시 풀어라.

66. 송전선은 반지름 a, 분리 거리 b, 균일한 선전하 밀도 $\pm\lambda$인 두
평행 전선으로 만들어진다. $a \ll b$일 때, 송전선의 전기장은 길다
란 두 직선 전하가 만드는 전기장의 중첩과 같다. 송전선의 단위
길이당 전기 용량을 구하라.

67. 무한히 긴 반지름 R인 막대의 균일한 부피 전하 밀도는 ρ이다.
CH 막대 안에 포함된 단위 길이당 정전기 에너지를 표기하라. (**힌트**:
20장 실전 문제 42 참조)

68. (a) 반대로 대전된 평행판 축전기의 정전기 퍼텐셜 에너지를 간
CH 격 x, 면적 A, 전하 Q로 표기하라. (b) 이 결과를 x에 대해서
미분하여 두 평행판 사이의 인력의 크기를 구하라. 왜 인력은 한
판의 전하와 판 사이의 전기장의 곱과 같지 않은가?

69. 미지의 축전기 C를 3.0 μF 축전기와 직렬 연결하고 이 조합을
1.0 μF 축전기와 병렬 연결한 다음에 전체를 2.0 μF 축전기와
직렬 연결한다. (a) 회로를 그려라. (b) 이 회로의 양 끝에 100 V
의 퍼텐셜차를 걸면 모든 축전기에 저장된 에너지는 5.8 mJ이
다. C를 구하라.

실용 문제

핵융합은 1 갤런의 바닷물을 300 갤런의 휘발유와 대등한 에너지로 만
들어서 인류에게 무한한 에너지를 제공할 수 있다. 미국의 로렌스 리
버모어 국립 연구소의 국립점화시설(NIF)은 192개의 수렴 레이저빔
에서 나오는 에너지로 중수소와 삼중수소로 된 작은 연료 덩어리를
포격하여 핵융합을 '점화'하도록 설계되어 있다. NIF 레이저는 약
20 ns 동안 2 MJ의 에너지를 송출한다. 그림 23.17은 레이저빔이 수
렴하는 연료실의 사진이다. 전환 비효율성 때문에 에너지는 약 400
MJ을 저장해야 하는 축전기에 저장된다. (**주의**: NIF는 여기에 설명된
것보다 훨씬 복잡하고 숫자와 기술적인 설명은 어림에 불과하다.)

**그림 23.17 설치 과정 중
인 NIF 연료실(실용 문제
70~73)**

70. 축전기를 20 kV로 충전시키기 위해 필요한 충전기 용량은 얼마
인가?
   a. 100 μF
   b. 200 μF
   c. 1 F
   d. 2 F

71. 전압을 두 배로 하는 것이 기술적으로, 경제적으로 가능하다면
필요한 전기 용량은 어떻게 변하는가?
   a. 원래 값의 $\frac{1}{4}$로 떨어진다.
   b. 원래 값의 $\frac{1}{2}$로 떨어진다.
   c. 변하지 않는다.
   d. 두 배가 된다.

72. 점화할 때 레이저빔이 전달하는 평균 전력은
   a. 100 KW이다.
   b. 100 MW이다.
   c. 100 GW이다.
   d. 100 TW이다.

73. NIF에서 에너지를 저장하는 300 μF 축전기 1200개로 된 장치
는 약 20 kV까지 충전된다. 각 축전기에 저장된 에너지는 대략
   a. 3 J이다.
   b. 20 kJ이다.
   c. 60 kJ이다.
   d. 400 MJ이다.

23장 질문에 대한 해답

장 도입 질문에 대한 해답
한 쌍의 대전된 도체, 즉 축전기의 전기장에 저장된 에너지가 필요할
때 순식간에 제세동기로 전달된다.

확인 문제 해답
23.1 (c)
23.2 아니다. 왜냐하면 축전기에 저장된 전하는 걸린 전압에 의존한
다. (하지만 최고 전압에는 실제적인 한계가 있을 수도 있다.
23.3절 참조)
23.3 (b), U는 V^2에 의존하므로
23.4 (1) 병렬 연결, (2) 직렬 연결, (3) 직렬 결합의 절연 내압이 병
렬 결합의 2배이다.
23.5 (1) 2배가 된다, (2) 4배가 된다, (3) 감소한다. 두 전하 사이에
인력이 작용하므로 음전하에 음의 일을 해야 한다.

전류

학습 목표

이 장을 학습하고 난 후 다음을 할 수 있다.

LO 24.1 전류를 미시적 항들과 거시적 항들로 표현할 수 있다.

LO 24.2 옴의 법칙의 미시적 관점을 포함한 다양한 전기 전도 메커니즘을 기술할 수 있다.

LO 24.3 옴의 법칙을 사용할 수 있다.

LO 24.4 전력을 계산할 수 있다.

LO 24.5 전기 안전성을 물리학 및 전류의 생물학적 효과와 연관시킬 수 있다.

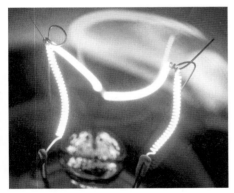

전류가 어떻게 필라멘트를 가열시킬까? 에너지는 어디서 생길까?

정전기적 평형에서 벗어나서 전하가 움직이는 경우를 생각해 보자. 전하의 흐름은 **전류**(electric current)이고, 자유 전하를 갖는 물질, 즉 도체에서 전류가 흐른다.

전구, 토스터, 난로의 경우 전류를 통해 열과 빛을 만들고, 하이브리드 자동차, 냉장고, 지하철 등을 전동기의 전류에 의해 작동한다. 컴퓨터에서는 전류가 정보를 전달하고 처리한다. 인체에서도 전류가 심장 박동을 제어하고 근육을 움직인다. 태양에서는 전류 때문에 거대한 화염이 분출하여 고에너지의 입자들이 지구로 방출된다. 한편 지구 외핵의 전류는 지구 자기장을 만들어서 우주 복사로부터 지구와 생명체를 보호해 준다.

24.1 전류

LO 24.1 전류를 미시적 항들과 거시적 항들로 표현할 수 있다.

전류는 단위 면적당 전하의 알짜 흐름률로 정의되고, 단위는 C/s이며, 프랑스 물리학자 앙드레 앙페르(André Marie Ampère)를 기념하여 **암페어**(ampere, A)라고 한다. 전자공학이나 의공학에서는 매우 작은 크기, 즉 mA, μA 단위의 전류를 주로 사용한다. 일정하게 흐르거나 평균적으로 일정하게 흐르는 정상 전류 I를 다음과 같이 표기한다.

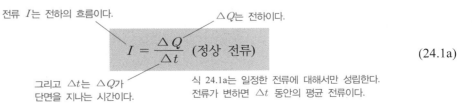

전류 I는 전하의 흐름이다.　　　　　　$\triangle Q$는 전하이다.

$$I = \frac{\triangle Q}{\triangle t} \text{ (정상 전류)}$$

(24.1a)

그리고 $\triangle t$는 $\triangle Q$가 단면을 지나는 시간이다.

식 24.1a는 일정한 전류에 대해서만 성립한다. 전류가 변하면 $\triangle t$ 동안의 평균 전류이다.

여기서 $\triangle Q$는 $\triangle t$ 동안 주어진 면적을 지나가는 전하량이다. 한편 $\triangle t \rightarrow 0$인 극한에서 순간 전류는 다음과 같다.

I는 각 순간의 전류이다.

극한의 작은 시간 dt와 미소 전하 dQ로 계산된다.

$$I = \frac{dQ}{dt} \ (\text{순간 전류})$$

(24.1b)

순간 전류는 시간에 대하여 변할 수 있다.

전류의 방향은 양전하가 흐르는 방향이다. 금속의 자유 전자처럼 움직이는 전하가 음전하이면 전류의 방향은 전하의 운동 방향과 반대이다.

전류는 움직이는 전하 한 종류 또는 두 종류로 이루어질 수 있다. 두 종류의 전하로 이루어진 경우에 알짜 전류는 양의 전하가 운반하는 전류와 음의 전하가 운반하는 전류의 합이다 (그림 24.1a). 그러한 이유로 중성 물체가 양의 전하와 음의 전하를 많이 가지고 있더라도 그 물체의 덩어리 운동이 전류를 형성하지 못한다(그림 24.1b).

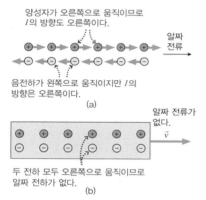

양성자가 오른쪽으로 움직이므로 I의 방향도 오른쪽이다.

알짜 전류

음전하가 왼쪽으로 움직이지만 I의 방향은 오른쪽이다.

(a)

알짜 전류가 없다. $\vec{v}$

두 전하 모두 오른쪽으로 움직이므로 알짜 전류가 없다.

(b)

그림 24.1 알짜 전류는 양전하와 음전하가 운반하는 전류의 합이다.

확인 문제	**24.1** 다음의 각 경우에서 전류는 0인가, 아닌가? 방향은 무엇인가? (1) 왼쪽에서 오른쪽으로 움직이는 전자빔, (2) 위로 움직이는 양성자빔, (3) 이온 용액에서 양이온은 왼쪽으로, 음이온은 오른쪽으로 움직인다, (4) 속력이 같은 양전하와 음전하를 지닌 혈액이 동맥을 따라 위로 올라간다, (5) 알짜 전하가 없는 금속 자동차가 서쪽으로 달린다.

전류: 미시적 관점

전류는 전하 운반자의 속력, 밀도, 전하에 의존한다. 진공 중의 전자빔 같은 경우에 '속력'은 전하의 실제 속력을 뜻한다. 그러나 전형적인 도체에서, 전자는 고속으로 움직이지만, 열적으로 마구잡이 운동하기 때문에 전하의 알짜 흐름에 기여하지 못한다. 전하의 마구잡이 운동과 함께 극히 작은 **표류 속도**(drift velocity)가 생기면 전류가 형성된다. 금속 도체에서 자세히 공부한다.

그림 24.2는 전하 q, 표류 속력 v_d인 전하가 단위 부피당 n개 들어 있는 도선을 보여 준다. 도선의 전류를 도선의 길이, 면적과 같은 거시 물리량으로 구해 보자. 도선의 단면적을 A, 길이를 L이라고 하면 도선의 부피 AL 안에 nAL개의 전하가 들어 있고, 전체 전하량은 $\triangle Q = nALq$이다. 전하가 속력 v_d로 길이 L을 지나는 시간은 $\triangle t = L/v_d$이다. 따라서 전류는 다음과 같다.

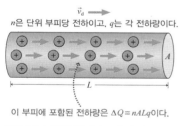

$\vec{v}_d$

n은 단위 부피당 전하이고, q는 각 전하량이다.

A

L

이 부피에 포함된 전하량은 $\triangle Q = nALq$이다.

그림 24.2 단위 부피당 n개의 전하를 포함한 단면적 A의 도체

$$I = \frac{\triangle Q}{\triangle t} = \frac{nALq}{L/v_d} = nAqv_d$$

(24.2)

예제 24.1	전류 구하기: 구리 전선

단면적 $1.0 \, \text{mm}^2$의 구리 전선에 $5.0 \, \text{A}$의 전류가 흐르면서 개수 밀도 $n = 1.1 \times 10^{29} \, \text{m}^{-3}$의 전자를 운반한다. 전자의 표류 속력을 구하라.

해석 전류와 미시 변수 n, q, v_d의 관계를 구하는 문제이다.

과정 상황은 그림 24.3과 같다. 식 24.2, $I = nAqv_d$에서 v_d를 구한다.

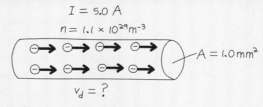

$I = 5.0 \, \text{A}$

$n = 1.1 \times 10^{29} \text{m}^{-3}$

$A = 1.0 \, \text{mm}^2$

$v_d = ?$

그림 24.3 예제 24.1의 스케치

풀이 따라서 다음을 얻는다.

$$v_d = \frac{I}{nAq} = \frac{5.0\ \text{A}}{(1.1\times10^{29}\ \text{m}^{-3})(10^{-6}\ \text{m}^2)(1.6\times10^{-19}\ \text{C})}$$
$$= 0.28\ \text{mm/s}$$

검증 답을 검증해 보자. 표류 속도가 너무 작을까? 아니다. 전등을 켜면 답이 암시하듯이 수천 초가 아니라 금방 전깃불이 들어온다. 전선 속의 전자는 전기장에 따라 순식간에 나란히 정렬하여 거의 동시에 움직이기 시작하기 때문이다.

표류 속력과 신호 속력 예제 24.1은 전자의 표류 속력과 전기 신호 속력의 차이를 잘 설명한다. 전자의 표류 속력은 대체로 1 mm/s이고, 전기 신호의 속력은 광속에 가깝다. 예를 들어 전지에 전선을 연결하면, 전지의 양단에서 시작하여 전선을 따라 거의 광속으로 움직이면서 전기장이 형성된다. 따라서 즉각 전류가 흐르기 시작한다.

전류 밀도

전선에만 전류가 흐르는 것이 아니다. 지구, 화학 용액, 인체 그리고 이온화된 기체에도 애매한 경로로 전류가 흐르며, 크기와 방향이 위치마다 제각각이다. 따라서 보편적 물리량으로 **전류 밀도**(current density) $\vec{J}$를 도입한다. $\vec{J}$의 방향은 한 점에서 국소 전류의 방향과 같으며, 크기는 단위 면적당 전류이다. 식 24.2를 면적으로 나누고 표류 속도로 표기하면 전류 밀도는 다음과 같다.

$$\vec{J} = nq\vec{v_d} \quad \text{(전류 밀도)} \tag{24.3}$$

전선처럼 전류 밀도가 균일하면 전체 전류는 전류 밀도에 전선의 단면적을 곱해서 얻는다. 즉 $I = JA$이다. 그런데 전류 밀도가 변하면 적분으로 구해야 한다. 전류가 크기 또는 방향이 변할 수 있고, 넓이 그 자체도 평평하지 않을 수 있으므로 그 적분은 21장에서 소개한 전기 다발처럼 면적분이 된다. 사실 그림 24.4에서 알 수 있듯이 전류는 전류 밀도의 면적분인 $I = \int \vec{J} \cdot d\vec{A}$이다. 전류 밀도가 균일하지 않은 경우가 실전 문제 69에 있다.

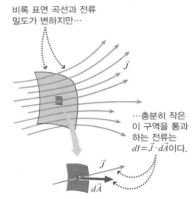

비록 표면 곡선과 전류 밀도가 변하지만…

…충분히 작은 이 구역을 통과하는 전류는 $dI = \vec{J} \cdot d\vec{A}$이다.

그림 24.4 전류 I는 전류 밀도 $\vec{J}$의 다발이다. 비균일한 $\vec{J}$인 경우에 총 전류를 구하는 것은 적분이 필요하다. 그림 21.6과 비교하라.

예제 24.2 전류와 전류 밀도: 세포막을 통과할 때

이온 채널은 세포막에서 이온이 통과할 수 있는 작은 구멍이다(그림 24.5 참조). 원형 단면적의 반지름이 0.15 nm인 채널이 1 ms 동안 열리면 1.1×10^4개의 일가 칼륨 이온이 통과한다. 채널의 전류와 전류 밀도를 구하라.

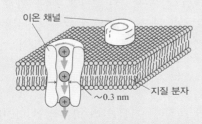

이온 채널

지질 분자

~0.3 nm

그림 24.5 세포막의 이온 채널을 통과하는 이온

해석 개별 이온의 흐름을 통해서 전류와 전류 밀도를 구하는 문제이다.

과정 전류는 주어진 면적을 통과하는 비율이므로 식 24.1a, $I = \Delta Q/\Delta t$이지만, 전류 밀도는 단위 면적당 전류이므로 $J = I/A$이다.

풀이 각 이온의 전하가 e이므로 전체 전하량 $\Delta Q = 1.1\times10^4 e = 1.8\times10^{-15}$ C이 $\Delta t = 10^{-3}$ s에 채널을 통과한다. 따라서 전류는 $I = \Delta Q/\Delta t = 1.8$ pA이고 전류 밀도는 다음과 같다.

$$J = \frac{I}{A} = \frac{1.8\times10^{-12}\ \text{A}}{\pi(0.15\times10^{-9}\ \text{m})^2} = 2.5\times10^7\ \text{A/m}^2$$

검증 답을 검증해 보자. 작은 세포의 전류 밀도가 이렇게 클까? 그렇다. 전류 밀도는 단위 면적당 전류이다. 이온 채널이 매우 작아서 전류도 1.8 pA로 작지만, 채널은 그 자체로 놀랍다. 25 MA/m²는 가정 배선의 안전 전류 밀도보다 4배나 크다.

24.2 전도 메커니즘

LO 24.2 옴의 법칙의 미시적 관점을 포함한 다양한 전기 전도 메커니즘을 기술할 수 있다.

도체 내부의 전기장이 전하에 힘을 작용하여 전류가 생긴다. 도체 내부에 전기장이 있을까? 있다. 전하가 움직이면 정전기적 평형이 아니기 때문에 도체 내부의 전기장은 더 이상 0이 아니다. 뉴턴 법칙에 따라 전기장이 도체 내의 자유 전하를 가속시켜서 전류가 형성된다. 그러나 대부분의 전하는 다른 전하나 이온들과 충돌하여 전기장에서 얻은 에너지를 잃어버린다. 이러한 충돌로 전기력에 대항하는 일종의 힘이 생겨서 정상 전류가 유지된다. 대부분의 물질에서 전기장과 전류의 방향은 같다. 따라서 전류 밀도를 전기장으로 다음과 같이 표기한다.

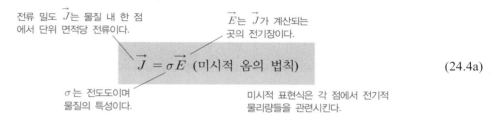

전류 밀도 $\vec{J}$는 물질 내 한 점에서 단위 면적당 전류이다.

$\vec{E}$는 $\vec{J}$가 계산되는 곳의 전기장이다.

$$\vec{J} = \sigma \vec{E} \ (\text{미시적 옴의 법칙}) \tag{24.4a}$$

σ는 전도도이며 물질의 특성이다.

미시적 표현식은 각 점에서 전기적 물리량들을 관련시킨다.

여기서 σ는 물질의 **전도도**(conductivity)이다.

옴의 법칙: 미시적 관점

금속을 포함한 대부분의 도체에서 물질의 전도도는 전기장과 무관하다. 이러한 물질을 **옴식** (Ohmic)이라고 하며, 이러한 물질에서 전류 밀도는 식 24.4a처럼 전기장에 선형적으로 비례한다. 전도도가 전기장에 의존하는 **비옴식**(nonohmic) 물질에서는 $\vec{J}$와 $\vec{E}$가 선형적으로 비례하지 않는다.

대부분의 경우에는 전도 물질의 전류와 전압으로 기술하는 거시적(macroscopic) **옴의 법칙**(Ohm's law)($I = V/R$)에 친숙하다. 식 24.4a는 도체 내의 각 점에서 전류 밀도와 전기장의 관계를 기술하는 미시적(microscopic) 옴의 법칙이다. 거시적 옴의 법칙은 전기 회로를 분석할 때 유용하다. 생체물리, 지구물리, 반도체 공학 등 위치에 따라 전기장이 변하는 경우에는 미시적 옴의 법칙을 사용해야 한다.

전도도 σ는 주어진 전기장에서 얼마나 큰 전류 밀도가 생기는가를 알려준다. 즉 물질 내에서 전하가 얼마나 쉽게 움직이는가를 알려주는 척도이다. 완벽한 도체라면 $\sigma = \infty$이고 완벽한 절연체라면 $\sigma = 0$이다. 물성을 설명할 때는 전도도의 역수로 정의하는 **비저항** (resistivity) ρ를 주로 사용한다. $\rho = 1/\sigma$이므로 전류 밀도는 다음과 같다.

$$\vec{J} = \frac{\vec{E}}{\rho} \tag{24.4b}$$

비저항은 물질 내에서 전하가 얼마나 어렵게 움직이는가를 알려주는 척도이다. 비저항이 클수록 강한 전기장이 필요하다. 결국 비저항은 익숙한 전기 저항(resistance)의 미시적 표현이다.

식 24.4b에서 비저항의 단위는 $V \cdot m/A$이다. 전압과 전류의 관계를 발견한 독일의 물리학자 게오르그 옴(Georg Ohm)을 기념하여, V/A를 **옴**(ohm, Ω, 그리스 문자 오메가)이라고 부른다. 따라서 비저항의 SI 단위는 $\Omega \cdot m$이고, 전도도의 SI 단위는 $(\Omega \cdot m)^{-1}$이다. 전도도

표 24.1 물질의 비저항값

물질	비저항($\Omega \cdot m$)
금속 도체(20°C)	
알루미늄	2.65×10^{-8}
구리	1.68×10^{-8}
금	2.24×10^{-8}
철	9.71×10^{-8}
수은	9.84×10^{-7}
은	1.59×10^{-8}
이온 용액(물, 18°C)	
1몰의 $CuSO_4$	3.9×10^{-4}
1몰의 HCl	1.7×10^{-2}
1몰의 NaCl	1.4×10^{-4}
H_2O	2.6×10^{5}
혈액(인간)	0.70
해수(보통의)	0.22
반도체*	
게르마늄	0.5
실리콘	3×10^{3}
절연체	
세라믹	$10^{11} \sim 10^{14}$
유리	$10^{10} \sim 10^{14}$
폴리스타이렌	$10^{15} \sim 10^{17}$
고무	$10^{13} \sim 10^{16}$
나무(마른)	$10^{8} \sim 10^{14}$

* 반도체의 비저항은 온도와 물질의 순도에 따라 민감하게 변한다. 주어진 값들은 20°C의 순수 원소에 대한 것이다.

와 비저항의 범위는 물리량의 단위 중 가장 넓다. 크기가 10^{24}배나 차이가 난다. 주요 물질들의 비저항값이 표 24.1에 있다.

예제 24.3 전기장 구하기: 가정 배선 응용 문제가 있는 예제

지름 2.1 mm의 구리 전선이 11 A의 전류를 가전제품에 공급한다. 전선에 걸리는 전기장의 크기를 구하라.

해석 전류가 흐르는 도체 내의 전기장을 구하는 문제이다.

과정 식 24.4b, $\vec{J} = \vec{E}/\rho$는 전기장과 전류 밀도의 관계식이다. 문제에는 전체 전류 I와 전선의 지름이 주어졌으므로 면적 A를 구하고, $J = I/A$로 전류 밀도를 구한다. 또한 표 24.1에서 구리의 비저항값을 찾아서 식 24.4b를 풀면 전기장을 구할 수 있다.

풀이 전기장의 크기는 다음과 같다.

$$E = J\rho = \frac{I\rho}{A} = \frac{(11\,\text{A})(1.68 \times 10^{-8}\,\Omega \cdot \text{m})}{\pi(1.05 \times 10^{-3}\,\text{m})^2} = 53\,\text{mV/m}$$

검증 답을 검증해 보자. 전기장의 크기는 앞에서 논의했던 정전기장의 크기보다 훨씬 작다. 구리가 좋은 도체이므로 작은 장으로도 상당한 전류가 흐를 수 있다. 잘 설계한 전기 회로라면 도선 안의 전기장이 매우 작아서 전류가 커도 장을 무시할 수 있다.

확인 문제 **24.2** 두 전선에 같은 전류 I가 흐른다. 전선 A의 단면적과 전류 운반자 전자의 밀도는 전선 B에서보다 더 크고, 비저항은 더 낮다. (1) 전류 밀도, (2) 전기장, (3) 표류 속력은 어느 전선이 더 큰가?

금속에서의 전도

자유 전자가 풍부한 금속은 좋은 도체이다. 모든 금속 원자는 한두 개의 전자를 내놓아서 자유 전자의 '바다'를 이룬다. 나머지 이온들은 결정 격자라고 부르는 규칙적 구조를 이룬다 (그림 24.6 참조). 전자는 약 $10^6\,\text{m/s}$의 속력으로 격자 사이를 움직이면서 이온들과 충돌하는데 직접 충돌하는 것이 아니라 포논(phonon)(결정 격자 이온들의 진동을 양자화한 양자역학과 관련된 물리량)과 충돌한다. 충돌 후 전자들은 마구잡이 방향으로 흩어진다.

전기장이 가해지면 금속이 왜 옴의 법칙을 따르는지 살펴보자. 다만 금속의 전도 현상을 제대로 이해하려면 양자역학이 필요하다는 점은 알아두자.

전기장은 장과 반대 방향으로 전자를 가속시킨다. 그러나 가다서다를 반복하는 자동차처럼, 전자는 에너지를 잃어버리고 다시 전기장으로부터 에너지를 얻는다. 자동차가 신호등에서 섰다가 다시 출발하듯이, 전자는 충돌로 마구잡이 방향으로 움직인다(그림 24.7 참조). 자동차의 평균 속도처럼 전자의 평균 속도도 충돌과 충돌 사이의 가속도에 비례한다. 그러나 자동차와 전자에는 큰 차이가 있다. 자동차와는 달리, 전자의 마구잡이 열운동의 속도가 매우 커서 평균 속도의 효과는 매우 작다. 이러한 평균 속도가 표류 속도 $\vec{v}_d$이다. 따라서 전자의 운동이 만드는 전류는 v_d에 비례한다.

표류 속도는 전자의 가속도와 충돌률에 의존한다. 전기장이 가속도를 주므로 v_d는 전기장 E에 비례한다. 충돌률은 전자의 속도에 달려 있다. 전자의 열운동이 매우 빨라서 표류 속도는 충돌률에 거의 영향을 미치지 못한다. 실제로 충돌률은 거의 일정하다. 따라서 표류 속도, 즉 전류는 전기장에 정비례하여 금속이 옴의 법칙을 따른다.

금속의 전도도는 전기장과 무관하지만 온도 T에 의존한다. 온도가 증가하면 열속력과 충돌률이 같이 증가하기 때문이다. 전도도가 감소하면 비저항이 증가한다. 고전물리학에 따르

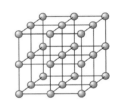

그림 24.6 금속 원자는 규칙적인 결정 격자로 배열된다.

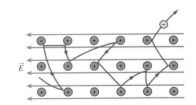

그림 24.7 금속에서 전자의 경로는 거의 마구잡이 방향이지만, 전기장이 걸리면 전기장 반대 방향으로 약간 표류한다.

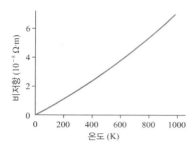

그림 24.8 구리의 비저항은 고전적 예측인 $\sqrt{T}$가 아니라 온도에 거의 정비례한다.

면 열운동의 속력은 17.1절에서 설명하였듯이 $\sqrt{T}$에 비례하므로, 비저항도 $\sqrt{T}$에 비례할 것으로 예측되지만, 그림 24.8의 실험 결과는 T에 비례한다. 이러한 온도 의존성을 올바르게 설명하려면 양자역학이 필요하다.

마구잡이 열운동과 관련된 평균 전류는 0이지만, 어떤 순간에 열적 요동으로 특정 방향으로 보다 많은 전자가 움직일 수도 있다. 이에 따라 전류의 방향과 크기가 작게나마 요동치는 **열적 잡음**(thermal noise)이 생긴다. 전파 망원경의 증폭 회로에서 열적 잡음을 줄이기 위하여 수시로 회로를 냉각시키고 있다.

이온 용액

액체 용액에 전기장을 가하면, 양이온과 음이온이 반대 방향으로 움직이면서 알짜 전류가 생긴다. 전도도는 이온과 중성 원자의 충돌로 제한되므로, 표 24.1처럼 이온 용액은 금속보다 나쁜 전도체이다. 예제 24.2에서 알 수 있듯이, 세포막을 통한 이온 수송과 같은 이온의 전도는 생명체에 필수적이다. 전기뱀장어는 이온 전도를 이용하여 먹잇감을 찾아서 감전시킨다. 전지, 연료 전지, 전기 도금, 물의 가수 분해 등도 이온의 전도 현상을 이용한다. 이온 전도로 금속이 부식되고, 설탕물 같은 이온 용액을 통해서 쉽게 감전된다.

플라스마

플라스마(plasma)는 자유 전자와 이온을 가진 전도성 이온화 기체이다. 원자를 이온화시키려면 상당한 양의 에너지가 필요하므로 플라스마는 고온 상태에서만 존재한다. 지상에서는 형광등, 플라스마 TV, 네온사인, 이온층, 번갯불 등이 플라스마 상태이다. 우주에서는 눈에 보이는 대부분의 물질들이, 특히 별들이 플라스마 상태이다.

플라스마의 전기적 성질 때문에 플라스마는 보통의 기체와 아주 달라서 '물질의 네 번째 상태'라고 흔히 불린다. 일부 플라스마는 매우 희박하기 때문에 충돌이 거의 발생하지 않아 극히 높은 전기 전도도를 가진다(최고 전도성 금속보다 더 우수하다). 예를 들어 태양의 고온 외부 대기, 코로나(corona)의 전기 전도도는 구리나 은과 비슷한 전기 전도도를 가진다.

반도체

절연체에서도 마구잡이 열운동으로 몇 개의 전자들이 풀려나서 제법 큰 전도도가 생긴다. 실리콘은 실온에서도 이러한 효과가 발생한다. 이러한 물질은 도체와 절연체의 중간 특성을 지니므로 **반도체**(semiconductor)라고 불린다. 반도체의 발견과 기술적 발달로 오늘날의 전자공학 시대가 열렸다. 고전물리학을 토대로 반도체에 관하여 정성적으로 설명하고, 37장에서 양자역학적 관점에서 다시 설명하겠다.

열운동으로 전자가 떠난 자리에 '양공(hole)'이 남고, 이웃한 전자가 전기장의 영향으로 양공을 채운다(그림 24.9 참조). 이에 따라 양공이 전기장의 방향으로 이동하게 된다. 즉 양공은 양전하처럼 움직이기 때문에 순수한 반도체는 같은 수의 음전하 운반자(전자)와 양전하 운반자(양공)를 갖게 된다.

반도체의 핵심은 불순물을 **첨가**(doping)하여 반도체의 전도도를 바꾸는 것이다. 그림 24.10a를 보면 5개의 원자가 전자를 가진 인 원자 하나가 실리콘의 결정 구조로 들어가서 하나의 자유 전자를 남긴다. 이러한 과잉 전자가 다수 전하 운반자를 형성하는 데는 약간의 인 원자만 있으면 충분하다. 다수 전하 운반자가 음전하이면 **N형 반도체**(N-type semi-

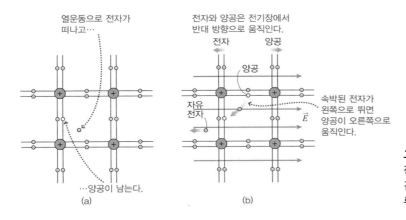

그림 24.9 실리콘 결정의 구조. 각 원자는 이웃한 원자와 두 개의 전자를 공유한다. (a) 열운동으로 전자가 떠나면 전자-양공 짝이 생긴다. (b) 전기장에 따라 전자와 양공이 반대 방향으로 움직여서 전류가 생긴다.

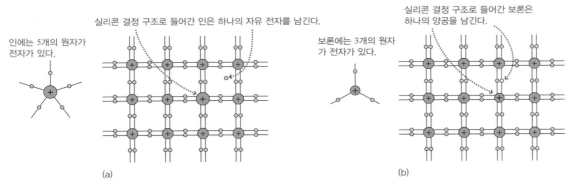

그림 24.10 (a) 인을 첨가한 실리콘은 과잉 자유 전자가 생겨서 N형 반도체가 된다. (b) 보론은 3개의 원자가 전자만 가지고 있다. 따라서 보론을 첨가한 실리콘은 P형 반도체가 된다.

conductor)라고 부른다. 반면에 24.10b를 보면 보론처럼 3가 원자의 첨가는 양공을 남기므로 **P형 반도체**(P-type semiconductor)라고 부른다.

거의 모든 반도체 소자에는 **PN 접합**(PN junction)이 있다. 전자와 양공이 PN 접합을 지나서 확산되고 재결합하면서, 전하 운반자가 없는 고갈 영역을 만들어서 나쁜 도체로 만든다. 이때 P영역에서 N영역으로 전압을 걸어 주면 전하가 접합을 지나서 흐르게 되며, 반대 방향으로 걸어 주면 전하가 흐르지 않는다. 따라서 PN 접합은 한 방향으로만 전하를 이동시킨다(그림 24.11 참조). 오늘날에는 PN 접합으로 다양한 기능의 반도체 소자들을 개발하고 있다. 이들 소자들은 스마트폰이나 컴퓨터의 전자 회로뿐만 아니라 태양광을 전기로 바꾸는

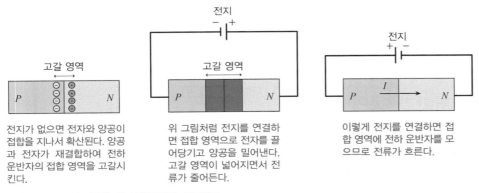

전지가 없으면 전자와 양공이 접합을 지나서 확산된다. 양공과 전자가 재결합하여 전하 운반자의 접합 영역을 고갈시킨다.

위 그림처럼 전지를 연결하면 접합 영역으로 전자를 끌어당기고 양공을 밀어낸다. 고갈 영역이 넓어지면서 전류가 줄어든다.

이렇게 전지를 연결하면 접합 영역에 전하 운반자를 모으므로 전류가 흐른다.

그림 24.11 PN 접합은 한 방향으로만 전도한다.

태양광 전지판이나 조명에 광범위하게 사용되는 LED(둘 다 *PN* 접합임)의 전자 회로에도 사용된다.

응용물리 | **트랜지스터**

트랜지스터만큼 인류사회에 혁명적 영향을 끼친 발명은 없다. 트랜지스터는 모든 전자공학의 뿌리인 반도체의 핵심 소자이다. 아래 그림은 FET(장효과 트랜지스터)이며, *P*형 반도체 판에 *N*형 반도체를 심은 구조이다. 정상적으로는 두 *PN* 접합 중 하나가 그림 (a)처럼 역방향이므로 전류가 흐르지 않는다. 그러나 *N*형 영역에 채널이라고 부르는 절연층과 게이트라는 금속층을 올려놓고 게이트에 양의 전압을 걸어 주면 그림 (b)처럼 채널이 *N*형 반도체가

되어 전자가 흐르게 된다.

게이트 전압을 연속적으로 변화시키면 약한 게이트 신호로도 많은 전류를 제어할 수 있으므로 트랜지스터는 증폭기가 된다. 게이트 전압을 끄거나 켜면 트랜지스터는 디지털 스위치가 되어 0과 1의 이진법 정보를 처리할 수 있다. 오늘날에는 단일 실리콘칩에 수십억 개의 트랜지스터를 입혀서 컴퓨터의 두뇌 역할을 하는 마이크로프로세서를 만든다.

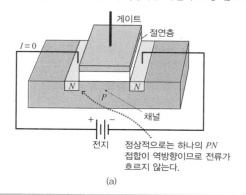

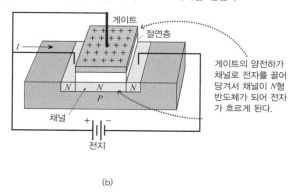

초전도체

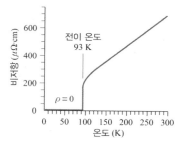

그림 24.12 이트륨-바륨-구리-산화물 초전도체 비저항의 온도 변화

1911년 네덜란드의 물리학자 카메를링 오네스(Heike Kamerlingh Onnes)가 절대 온도 4.2 K 에서 수은의 비저항이 0으로 떨어지는 초전도 현상을 발견하였다. 오늘날에는 온도만 충분히 낮으면 수천 개의 물질들이 **초전도체**(superconductor)가 된다. 초전도체에서 수년 동안 실질적 감소 없이 전류가 흐르므로 비저항이 실제로 0임을 확인할 수 있다(그림 24.12 참조). 그 후 수세기 동안 알려진 초전도체는 액체 헬륨으로 냉각시켜야 하는 금속과 금속 합금뿐이었다. 1986년 IBM의 취리히 연구진이 액체 헬륨보다 훨씬 가격이 싼 액체 질소로 냉각시킬 수 있는 온도인 100 K 에서 초전도체가 되는 세라믹 물질을 발견하였다. 그 후 고온 초전도체에 대한 연구가 지속되어 오늘날에는 200 K 이상으로 온도가 올라갔다. 만약 실온에서 초전도 현상을 구현할 수 있다면 혁명적인 발견이 될 것이다.

초전도체를 이용하면 전력 손실 없이 전기를 공급할 수 있으므로 이상적인 송전선을 만들 수 있다. 지금도 초전도체로 초강력 전자석을 만들어서, 인체의 극미한 자기장을 검출하는 MRI 장치, 초고에너지 입자 가속기, 핵융합 장치, 자기 부상 열차, 배의 추진용 전동기 등으로 활용하고 있으며, 앞으로 더 많은 응용이 가능할 것으로 기대한다.

24.3 저항과 옴의 법칙

LO 24.3 옴의 법칙을 사용할 수 있다.

헤어드라이어를 가동시키려면 얼마나 많은 전류가 필요할까? 헤어드라이어 전선을 만지면

감전될까? 전기톱에 얼마나 긴 연장 코드를 사용해야 할까? 휴대폰을 충전시키는데 얼마나 오래 걸릴까? 집안의 배선은 안전할까? 모든 질문은 전선, 인체, 전지로 흐르는 전류와 관련이 있다. 전류는 물체에 걸리는 전압 V와 전류의 흐름을 방해하는 **저항**(resistance) R에 의존한다.

거시적 옴의 법칙은 다음과 같이 전류가 전압에 비례하고 저항에 반비례한다.

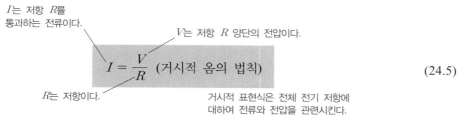

I는 저항 R를 통과하는 전류이다.

V는 저항 R 양단의 전압이다.

$$I = \frac{V}{R} \quad \text{(거시적 옴의 법칙)} \qquad (24.5)$$

R는 저항이다.

거시적 표현식은 전체 전기 저항에 대하여 전류와 전압을 관련시킨다.

즉 저항이 작을수록 전류가 많이 흐른다. 특별한 두 경우를 생각해 보자. **열린 회로**(open circuit)는 저항이 무한히 큰 비전도 간격이다. 아무리 큰 전압을 걸어도 전류가 흐를 수 없다. 스위치가 열린 상태가 열린 회로이다. **합선 회로**(short circuit)는 저항이 0이다. 합선되면 전압이나 전기장 없이도 모든 크기의 전류가 흐를 수 있다. 스위치를 닫은 상태가 어림잡아 합선 회로이다. 의도치 않은 합선은 매우 위험하다. 예컨대 집안의 배선이 합선되면 많은 양의 전류가 흘러서 가열되어 화재가 발생할 위험이 커진다. 초전도체를 제외한 대부분의 경우에는 열린 회로와 합선 회로의 중간 상태로 전류가 흐른다.

그림 24.13의 도체를 이용하여 미시적 옴의 법칙에서 거시적 옴의 법칙을 유도해 보자. 도체 안에 균일한 전기장 $\vec{E}$가 있다. 식 24.4b에 따라 균일한 전류 밀도는 $\vec{J} = \vec{E}/\rho$이며, ρ는 물질의 비저항이다. 한편 전체 전류는 $I = JA = EA/\rho$이며, A는 도체의 단면적이다. 도체의 길이가 L이라면 양끝의 퍼텐셜차는 전기장이 균일하므로, $V = EL$이다. $E = V/L$를 이용하면 전류 I를

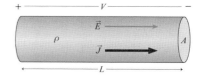

그림 24.13 비저항이 ρ인 원통형 도체

$$I = \frac{VA}{L\rho} = \frac{V}{\rho L/A}$$

로 표기할 수 있다. 이 결과를 식 24.5와 비교하면 저항은 다음과 같다.

$$R = \frac{\rho L}{A} \qquad (24.6)$$

즉 저항은 비저항에 비례하고 물질 조각의 길이와 면적에 의존한다. 이 결과는 단면적이 균일한 도체에 대해서 얻은 결과지만, 불균일한 도체에서도 성립한다. 다만, 저항을 구하기 위해서는 적분이 필요하다(실전 문제 71 참조). 식 24.5와 24.6에서 저항의 단위는 옴(Ω)이다.

옴의 법칙은 기본 법칙이 아니다. 물질의 전도 현상을 잘 설명해 주는 경험 법칙이다. 표 24.2를 보면 옴의 법칙에서 미시적, 거시적 물리량 사이의 관계를 알 수 있다.

저항기(resistor)는 특정한 저항을 갖는 도체 조각이다. 전기난로, 헤어드라이어, 다리미에 사용하는 가열 도선, 백열등의 필라멘트는 본질적으로 저항기이다. 저항기 안에서 전자와 격자 이온의 충돌로 전기 에너지가 열로 방출된다. 저항기를 이용하여 전기 회로의 전류와 전압을 조절할 수 있으므로, 다양한 값을 가지는 저항기를 만든다. 저항값과 과열 없이 소모할 수 있는 최대 전력값으로 저항기를 표시한다.

표 24.2 미시적, 거시적 물리량과 옴의 법칙

미시적 물리량	거시적 물리량	관계
전기장, $\vec{E}$	전압, V	$\vec{E}$는 물질의 각 점에서 정의된다. V는 $\vec{E}$의 선적분이다. 전기장이 균일하면 $V = EL$이다.
전류 밀도, $\vec{J}$	전류, I	$\vec{J}$는 물질의 각 점에서 정의된다. I는 $\vec{J}$의 면적분이다. 전류 밀도가 균일하면 $I = JA$이다.
비저항, ρ	저항, R	ρ는 물질의 고유한 특성이다. R는 물질 조각의 특성이다. 단면적이 균일하면 $R = \rho L / A$이다.
옴의 법칙 $$\vec{J} = \frac{\vec{E}}{\rho}$$	옴의 법칙 $$I = \frac{V}{R}$$	미시적으로는 물질의 각 점에서 전류 밀도와 전기장 사이의 관계식이다. 거시적으로는 물질 조각에 걸리는 전압과 전류 사이의 관계식이다.

예제 24.4　저항과 옴의 법칙: 자동차 시동 걸기　　　　응용 문제가 있는 예제

지름 0.50 cm, 길이 70 cm의 구리 전선이 자동차 전지에서 시동 모터로 연결되어 있다. 전선의 저항은 얼마인가? 시동 모터가 170 A의 전류를 만들면 전선에 걸리는 퍼텐셜차는 얼마인가?

해석 대상 물체인 전선의 전류, 전압, 저항의 관계인 옴의 법칙에 관한 문제이다.

과정 그림 24.14는 전선의 모습이다. 식 24.6, $R = \rho L / A$에서 저항을 구하려면, 먼저 표 24.1에서 구리의 비저항을 찾아야 한다.

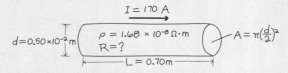

$$I = 170 \text{ A}$$

$d = 0.50 \times 10^{-2}$ m　　$\rho = 1.68 \times 10^{-8}\,\Omega \cdot \text{m}$　$R = ?$　　$A = \pi\left(\frac{d}{2}\right)^2$

$L = 0.70 \text{ m}$

그림 24.14 예제 24.4의 스케치

다음에는 옴의 법칙, $I = V/R$에서 퍼텐셜차를 구한다.

풀이 표 24.1에서 구리의 비저항은 $\rho = 1.68 \times 10^{-8}\,\Omega \cdot \text{m}$이므로 구리 전선의 저항은 다음과 같다.

$$R = \frac{\rho L}{A} = \frac{(1.68 \times 10^{-8}\,\Omega \cdot \text{m})(0.70\ \text{m})}{\pi(0.25 \times 10^{-2}\ \text{m})^2} = 0.60\ \text{m}\Omega$$

옴의 법칙에 따라 전압은 다음과 같다.

$$V = IR = (170\ \text{A})(0.60\ \text{m}\Omega) = 0.10\ \text{V}$$

검증 답을 검증해 보자. 너무 작지 않은가? 작아야 한다. 많은 양의 전류가 흐르더라도 저항이 작아서 전선에 걸리는 전압이 낮다. 자동차 전지의 12 V 퍼텐셜차는 연결 전선이 아니라 시동 모터에 걸려야 효과적이다. 가늘고 저항이 큰 전선을 사용하면 시동 모터에 걸리는 전압이 낮아져서 전류가 상당히 낮아진다.

확인 문제　**24.3** 아래의 세 전선에서 (a)와 (b)는 같은 물질이고, (c)는 비저항이 2배인 물질이다. (a)와 (c)의 지름은 (b)의 지름의 2배이고 (b)의 길이는 나머지의 2배이다. (1) 어느 전선의 저항이 가장 큰가? (2) 걸리는 전압이 같을 때 어느 전선의 전류가 가장 큰가?

(a)　　　　　　　(b)　　　　　　　(c)

24.4 전력

LO 24.4 전력을 계산할 수 있다.

저항기에 퍼텐셜차 V를 걸면 전류 I가 흐른다. V는 전하가 퍼텐셜차로 떨어지면서 얻는 단위 전하당 에너지이다. 저항기에서는 이 에너지가 열로 소모된다. 따라서 V는 열로 소모

되는 단위 전하당 에너지이기도 하다. 한편, 전류 I는 저항기를 통해서 흐르는 전하의 비율이다. 따라서 저항기에서 열로 소모되는 단위 시간당 에너지, 즉 전력(일률)은 단위 전하당 에너지와 전하의 흐름률로 다음과 같다.

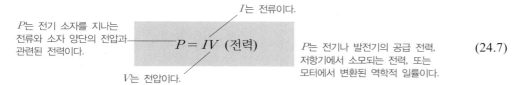

P는 전기 소자를 지나는 전류와 소자 양단의 전압과 관련된 전력이다.

I는 전류이다.

$$P = IV \quad \text{(전력)}$$

V는 전압이다.

P는 전기나 발전기의 공급 전력, 저항기에서 소모되는 전력, 또는 모터에서 변환된 역학적 일률이다.

(24.7)

식 24.7은 저항기에서 소모되는 일률이지만, 전기 에너지를 다른 형태의 에너지로 전환시키는 일률과 같다. 전동기의 전압이 5 V이고 전류가 2 A이면, 전동기가 전기 에너지를 역학적 에너지로 전환시키는 일률이 10 W라는 뜻이다.

옴의 법칙에서 $V = IR$을 식 24.7에 넣으면

$$P = I^2 R \tag{24.8a}$$

이고, $I = V/R$를 넣으면

$$P = \frac{V^2}{R} \tag{24.8b}$$

이다. 두 식은 전류 혹은 전압을 알 때 유용한 식이다.

상수에 따라 다르다 식 24.8a에서 저항이 증가하면 전력이 증가한다. 식 24.8b에서는 반대로 전력이 감소한다. 둘 중 하나는 틀렸을까? 둘 다 옳다. 식 24.8a에서 I가 상수이지만, 식 24.8b에서는 V가 상수이기 때문이다. 저항 R가 변하면 I와 V 모두 변하므로 문제가 없다. 대부분은 일정한 전압에서 작동하므로, 소모된 전력은 저항에 반비례한다.

개념 예제 24.1 전력 송신

장거리 전력 송신선은 보통 수백 킬로볼트의 고전압에서 작동한다. 왜인가?

풀이 식 24.7의 $P = IV$에 따르면 저전압 V와 고전류 I 또는 그 반대의 조합으로 똑같은 전력을 얻을 수 있다. 그렇지만 식 24.8a에 따르면 송전선의 전력 손실은 전류의 제곱으로 증가한다. 그래서 고전압과 저전류를 사용하면 송전 손실이 최소화된다(그림 24.15 참조).

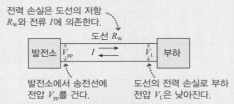

전력 손실은 도선의 저항 R_W와 전류 I에 의존한다.

도선 R_W

발전소 V_{PP} I V_L 부하

발전소에서 송전선에 전압 V_{PP}를 건다.

도선의 전력 손실로 부하 전압 V_L은 낮아진다.

그림 24.15 도선의 전력 손실을 최소화하기 위해 송전선은 고전압 저전류가 필요하다.

검증 사용자들은 이 고전압과 마주칠 일이 없다. 왜냐하면 최종 사용자에게 도달하기 전에 변압기가 이 전압을 '강압'하기 때문이다(28장 참조). 전압이 낮을수록 더 안전하고 다루기 쉽다.

전력은 V^2/R이므로, 고전압은 더 큰 전력 손실을 유발할 것이라고 생각할 수 있다. 위의 TIP은 이 문제 해결에 도움이 되며 특히 그림 24.15에 표시된 고전압 V_{PP}와 V_L은 송전선 양단의 전압이 아니다. 만약 송전선의 저항이 작으면 송전선 양단의 전압도 매우 낮아서 V^2/R도 작으며 TIP처럼 I^2R와 같다.

관련 문제 120 V, 100 W인 백열전구에 흐르는 전류는 얼마인가? 전구의 저항은 얼마인가?

풀이 식 24.7을 전류 I에 대해 풀면 $I = P/V = 100 \text{ W}/120 \text{ V} = 0.833 \text{ A}$를 얻는다. 전류를 알면 옴의 법칙 또는 식 24.8a로부터 저항을 얻을 수 있다. 아니면 식 24.8b로부터 얻을 수도 있다. 세 가지 접근 방법 모두 $R = 144 \, \Omega$이 된다. 필라멘트의 온도는 3000 K이므로 이 저항 값은 켜지 않은 상태의 전구의 저항보다 훨씬 높다.

덧붙여 말하자면 100 W 형광등을 LED 등으로 바꾸면 0.12 A의 전류가 흐른다. $P = IV$로부터 LED 등의 소모 전력은 14 W가 됨을 알 수 있다.

24.5 전기 안전

LO 24.5 전기 안전성을 물리학 및 전류의 생물학적 효과와 연관시킬 수 있다.

실험실에서 전기 장비를 사용하고, 병원에서 환자에게 의료 장비를 연결하고, 집에서 가전제품을 사용할 때 전기 안전을 항상 염두에 둬야 한다.

고전압이 위험하다는 사실을 모두가 잘 알고 있지만, 한편으로는 전압이 아니라 전류 때문에 치명상을 입는다고 말한다. 부분적으로 둘 다 맞는 말이다. 인체에 흐르는 전류는 위험하지만, 저항이 있으면 전류를 움직이기 위한 전압이 필요하다.

표 24.3은 피부 접촉으로 인체로 들어오는 외부 전류의 전기 충격 효과를 보여 준다. 주된 위험은 전기 신호가 심장 박동을 교란시키는 것이다. $100\sim200\,\mathrm{mA}$이면 심실세동, 즉 심장 근육이 경련을 일으켜서 치명적이다. 인체 내부에서는 이보다 훨씬 낮은 전류도 치명적이다. 외과의사가 심장에 카테터를 삽입할 때 $\mu\mathrm{A}$의 전류에도 조심한다.

$200\,\mathrm{mA}$ 이상의 전류에서는 심장 정지로 호흡이 중단되고 화상을 입게 된다. 그러나 강한 전류가 필요할 때도 있다. 응급 시에는 멈춘 심장의 박동을 되살리기 위하여 제세동기로 한 번씩 강한 전류를 가한다. 표 24.3의 숫자는 평균 효과로서, 지속 시간 및 직류, 교류에 따라 다르다. 어린이나 심장 질환이 있는 사람일수록 위험도가 높아진다.

마른 상태에서 인체의 정상 피부를 통한 평균 저항은 약 $10^5\,\Omega$이다. 이때 위험한 전압은 얼마일까? 옴의 법칙에서 $100\,\mathrm{mA}$의 전류에 해당하는 전압은 다음과 같다.

$$V = IR = (0.1\,\mathrm{A})(10^5\,\Omega) = 10,000\,\mathrm{V}$$

그러나 물이나 땀에 젖은 상태에서는 저항이 낮아져서 $120\,\mathrm{V}$에서도 감전될 수 있다.

위험하지만 전기 회로에 고전압이 걸려야만 충분한 전류를 흐르게 할 수 있다. 예를 들어 자동차 전지는 $300\,\mathrm{A}$의 전류를 공급하지만, $12\,\mathrm{V}$의 전압은 인체에 강한 전류를 흐르게 하지 못한다. 또한 자동차의 스파크 플러그를 작동시키는 $20,000\,\mathrm{V}$도 인체에 위험하지 않다. 왜냐하면 고전압 회로가 수 mA 이상의 전류를 공급하지 않기 때문이다.

퍼텐셜차가 두 점 사이의 값이므로, 인체의 두 부분이 퍼텐셜이 다른 도체와 접촉해야만 전기 충격을 받는다. 이 장 도입 사진이 극적인 상황을 잘 보여 준다. $120\,\mathrm{V}$를 사용하는 미국에서는, 번개 칠 때나 합선될 때처럼 높은 퍼텐셜차가 걸리지 않도록 두 전선 중 하나를 접지시킨다. 전기 회로의 (고전압이 걸리는) '뜨거운' 전선과 지표면, 수도관 같은 접지된 도체와 접촉한 개인이 전기 충격을 받을 수도 있다.

이러한 위험을 없애기 위하여 많은 기구들이 세 가닥 코드를 사용한다. 세 번째 전선이 외부 금속틀과 콘센트의 접지선을 연결시키므로 정상적으로는 전류가 흐르지 않는다. 합선되면 세 번째 전선이 저저항의 경로가 되기 때문에 안전하다(그림 24.16 참조). 한

표 24.3 외부 전류가 인체에 미치는 효과

전류 범위	효과
$0.5\sim2\,\mathrm{mA}$	감지 문턱값
$10\sim15\,\mathrm{mA}$	근육 수축, 꼼짝할 수 없다.
$15\sim100\,\mathrm{mA}$	심한 충격, 근육 경련, 호흡 불안정
$100\sim200\,\mathrm{mA}$	심실세동, 수분 내로 사망
$>200\,\mathrm{mA}$	심정지, 호흡 중단, 화상

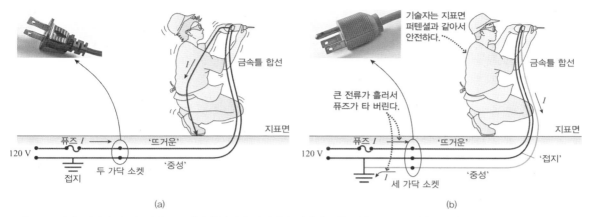

그림 24.16 (a) 접지가 안 된 전기 공구에서 합선되면 치명적인 전기 충격을 받을 수 있다. (b) 접지된 공구이면 퓨즈가 타 버려서 기술자가 안전하다.

편 강한 전류가 흐르면 회로 차단기가 작동하거나 퓨즈가 녹아서 회로를 끊어 준다. 더 좋은 것은 부엌, 화장실, 기타 고위험 장소에 사용되는 **누전 차단기**(ground fault circuit interrupter)이다. 이 장치는 두 도선에 흐르는 전류의 작은 불균형을 감지하여 '없어진' 전류가 아마도 사람을 통과하여 땅으로 새고 있다는 추정하에 회로를 차단한다.

> **확인 문제** **24.5** 오늘날 전기 기구는 흔히 줄이 없이 내부의 전지에서 전원을 공급받는다. 이러한 기구를 사용할 때 전기 충격에서 완전히 자유롭겠는가?

응용물리 | 테이저 총

테이저 총은 경찰이 사나운 용의자를 제압하기 위해 사용하는 소위 전기 충격 무기이다. 테이저 총은 압축된 질소 가스를 사용하여 가시침 두 개를 희생자의 몸으로 발사한다. 이 때 힘과 침의 길이는 옷을 뚫고 들어가 희생자의 몸과 접촉하기에 충분하다. 침과 총 사이에는 길이가 9 m가 넘는 가느다란 도선이 연결되어 있어서 침이 몸에 박히기만 하면 회로를 이루게 된다. 대부분의 일반적인 경찰 모형에서는 100 μs 동안 지속되는 펄스에서 1200 V의 퍼텐셜이 침에 걸린다. 총은 그러한 펄스를 매초 19개씩 방출한다. 주요 골격 근육이 불수의적으로 수축하지만 심장의 근육에는 영향을 주지 않도록, 그리고 펄스 빈도가 높을 때 발생할 수 있는 강한 수축이 일어나지 않도록 전압, 펄스 모양, 펄스 지속 기간이 설계되어 있다. 따라서 테이저 총은 희생자를 위험이나 영구적인 손상 없이 효과적으로 제압한다.

경찰은 테이저 총이 치명적인 총이나 곤봉과 같은 거친 무기를 대체함으로써 생명을 구한다고 주장한다. 다른 이들은 테이저 총의 사용에 따른 사망자의 수를 지적한다. 그렇지만 이 사망자의 소수만이 테이저 총의 전기 효과와 관련이 있다. 대다수 테이저 총의 희생자가 이미 마약 남용으로 손상을 입었고, 경찰의 용의자 억류 과정에서 종종 일어나는 과도한 폭력성으로 인해 사망에 이르기도 한다. 이러한 이유로 테이저 총의 안전에 대한 논란이 모호해진다. 실전 문제 56에서 표 24.3에 있는 테이저 총의 생리학적 효과를 탐구한다.

핵심 개념

이 장의 핵심 개념은 **전류**이다. 전하의 흐름인 전류의 미시적 물리량은 **전류 밀도**이다. 전류가 있으면 정전기적 평형에 이르지 못하고, 전류가 흐르는 도체에는 전기장이 있다. **옴의 법칙**은 전류와 전압, 전류 밀도와 전기장 사이의 관계식으로, 기본 법칙이 아니라 경험 법칙이다.

주요 개념 및 식

전류는 전하의 흐름의 비율로 다음과 같이 정의된다.

$$I = \frac{\Delta Q}{\Delta t}$$

전류 밀도는 단위 면적당 전류이며 크기는 다음과 같다.

$$J = \frac{I}{A}$$

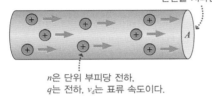

전하 ΔQ가 시간 Δt 동안 단면을 지나간다.

n은 단위 부피당 전하, q는 전하, v_d는 표류 속도이다.

미시적으로 전류는 전하 운반자 밀도, 전하량, **표류 속도**에 다음과 같이 의존한다.

$$I = nqAv_\mathrm{d}$$
$$\vec{J} = nq\vec{v}_\mathrm{d}$$

미시적 **옴의 법칙**은 전기장, 전류 밀도, **전도도** σ(또는 그 역수인 **비저항** ρ) 사이의 관계식으로 다음과 같다.

$$\vec{J} = \sigma\vec{E}$$

거시적 옴의 법칙은 전압, 전류, 저항 사이의 관계식으로 다음과 같다.

$$I = V/R$$

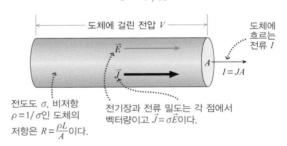

도체에 걸린 전압 V

도체에 흐르는 전류 I

$I = JA$

전도도 σ, 비저항 $\rho = 1/\sigma$인 도체의 저항은 $R = \dfrac{\rho L}{A}$이다.

전기장과 전류 밀도는 각 점에서 벡터량이고 $\vec{J} = \sigma\vec{E}$이다.

전력은 전압과 전류의 곱이다.

$$P = IV$$

또한 옴의 법칙에서 다음과 같다.

$$P = I^2 R$$
$$P = \frac{V^2}{R}$$

응용

도체의 종류에 따라 전도 메커니즘이 다르다. **금속**에서는 자유 전자가 전류를 운반하고, **이온 용액**에서는 양전하와 음전하가 운반하고, **플라스마**에서는 전하 운반자가 자유 전자와 이온이고, **반도체**에서는 전자와 양공이 전류를 운반한다. 반도체에서는 전도성을 손쉽게 조절할 수 있다. **초전도체**는 극저온에서 전기 저항이 0이 되는 물질이다.

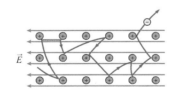

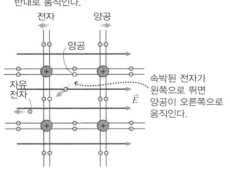

전자와 양공은 전기장에서 반대로 움직인다.

전자　양공

양공

자유 전자

속박된 전자가 왼쪽으로 뛰면 양공이 오른쪽으로 움직인다.

$\vec{E}$

전기 안전은 생체학적 피해를 야기하는 큰 전류를 피하는 것이다. 즉 위험한 전류가 흐르는 고전압을 피해야 한다.

BIO 생물 및 의학 문제   **DATA** 데이터 문제   **ENV** 환경 문제   **CH** 도전 문제   **COMP** 컴퓨터 문제

학습 목표   이 장을 학습하고 난 후 다음을 할 수 있다.

LO 24.1 전류를 미시적 항들과 거시적 항들로 표현할 수 있다.
개념 문제 24.1
연습 문제 24.11, 24.12, 24,13, 24,14
실전 문제 24.42, 24.43, 24.44, 24.45, 24.46, 24.47, 24.69, 24.72

LO 24.2 옴의 법칙의 미시적 관점을 포함한 다양한 전기 전도 메커니즘을 기술할 수 있다.
개념 문제 24.2, 24.3, 24.4, 24.7
연습 문제 24.15, 24.16, 24.17, 24.18, 24.19
실전 문제 24.48, 24.49, 24.67, 24.71

LO 24.3 옴의 법칙을 사용할 수 있다.
개념 문제 24.6

연습 문제 24.20, 24.21, 24.22, 24.23, 24.24, 24.25
실전 문제 24.50, 24.51, 24.52, 24.53, 24.54, 24.55, 24.56, 24.62

LO 24.4 전력을 계산할 수 있다.
개념 문제 24.8, 24.9
연습 문제 24.26, 24.27, 24.28, 24.29, 24.30
실전 문제 24.57, 24.58, 24.59, 24.60, 24.61, 24.63, 24.64, 24.65, 24.66, 24.68, 24.70

LO 24.5 전기 안정성을 물리학 및 전류의 생물학적 효과와 연관시킬 수 있다.
개념 문제 24.5, 24.10
연습 문제 24.31, 24,32, 24.33

개념 문제

1. 전류와 전류 밀도의 차이는 무엇인가?
2. 전기장이 일정하면 표류 속도도 일정하다. 힘이 속도가 아니라 가속도의 원인이라는 뉴턴의 주장과 어떻게 양립하는가?
3. 좋은 도체는 흔히 좋은 열전도이기도 하다. 왜 그런가?
4. 전기난로를 처음 가동시킬 때 전류가 많이 흐르는가, 가동 중에 많이 흐르는가?
5. 사람과 소가 서 있는 근처에 번개가 떨어지면 왜 소가 감전될 위험이 더 높은가?
6. 금속 조각에 1.5 V 전지를 연결하면 100 mA가 흐르고, 9.0 V 전지를 연결하면 400 mA가 흐른다. 옴의 법칙을 따르는가?
7. 온도가 증가하면 금속의 저항은 증가하지만, 반도체의 저항은 감소한다. 왜 차이가 생기는가?
8. 50 W와 100 W 전구는 둘 다 120 V에서 작동한다. 어느 전구의 저항이 더 낮은가?
9. 초전도체에서는 $R=0$이므로 식 24.8a에 따라 소모되는 일률이 없다. 그러나 식 24.8b는 일률이 무한대가 되어야 한다고 제시한다. 어느 것이 맞는가? 왜 그런가?
10. '송전선 기술자의 몸으로 4000 V가 흘러서 심각한 부상을 입었다.'는 신문 기사에서 무엇이 잘못되었는가?

연습 문제

24.1 전류

11. 1.5 A의 전류가 흐르는 전선을 지나가는 전자의 수는 매초 몇 개 인가?
12. 80 A·h로 표시된 12 V의 자동차 전지는 1시간 동안 80 A에 해당하는 전하를 공급한다. 실수로 전조등을 켜 두면 전지가 완

전히 방전될 때까지 전조등으로 이동한 전하는 얼마인가?
13. **BIO** 동계의 신경세포막을 칼륨 이온(K^+)이 통과하면서 흐르게 된 전체 전류는 30 nA이다. 매초 세포막을 통과하는 이온의 수는 얼마인가?
14. 지름 1.29 mm의 구리 전선에는 최대 10 A의 전류까지만 허용된다. 그에 대응하는 전류 밀도는 얼마인가?

24.2 전도 메커니즘

15. 알루미늄 전선의 전기장은 85 mV/m이다. 전류 밀도는 얼마인가?
16. 지름이 0.95 mm인 은 전선에 7.5 A의 전류가 흐르게 만드는 전기장은 얼마인가?
17. 바닷물이 흐르는 원통관에 350 mA의 전류가 흐른다. 바닷물의 전기장이 21 V/m이면 원통관의 지름은 얼마인가?
18. 지름 1.0 cm의 막대에 1.4 V/m의 전기장이 걸리면 50 A의 전류가 흐른다. 막대 물질의 비저항은 얼마인가?
19. 표 24.1을 이용하여 (a) 구리, (b) 바닷물의 전도도를 각각 구하라.

24.3 저항과 옴의 법칙

20. 120 V에서 4.8 A가 흐르는 열코일의 저항은 얼마인가?
21. 1.2 kΩ 저항에 300 mA의 전류가 흐르게 만드는 전압은 얼마인가?
22. 110 V에서 47 kΩ의 저항에 흐르는 전류는 얼마인가?
23. 지하철에 전력을 공급하는 '세 번째 선로'는 단면적이 10 cm × 15 cm인 직사각형 철 막대이다. 이 선로의 길이가 5.0 km의 저항은 얼마인가?
24. 1.8 kΩ 저항기에 45 V가 걸리면 전류는 얼마나 흐르는가?
25. 저항 R인 균일한 전선을 늘려서 길이를 2배로 만든다. 밀도와 비저항이 일정하면 저항은 얼마나 변하는가?

24.4 전력

26. 자동차의 시동 모터는 11 V에서 125 A의 전류가 흐른다. 일률은 얼마인가?

27. 4.5 W의 손전등 전구에 750 mA의 전류가 흐른다. (a) 전압이 얼마일 때 작동하는가? (b) 저항은 얼마인가?

28. 시계는 240 µW로 에너지를 소모한다. 1.5 V의 전지에서 전류는 얼마나 흐르는가?

29. 저항이 35 Ω인 전기난로의 전력은 1.5 kW이다. 작동 전압은 얼마인가?

30. 형광등에는 625 mA 전류가 흐르고 같은 밝기의 LED 등에는 91.7 mA 전류가 흐른다. 두 전등은 가정용 표준 전압 120 V에 작동하고 있다. (a) 각 전등의 에너지 소모율을 구하라. (b) 하루 3시간씩 형광등을 사용하고 전기 사용료가 14.2 ¢/kWh라 가정하자. 형광등을 LED로 대체했을 때 일 년에 얼마의 전기료가 절감되는가? 단, 형광등 가격은 $1이고, 수명이 훨씬 긴 LED는 $5이다.

24.5 전기 안전

31. 30 V의 낮은 전압이라도 젖은 상태에서는 감전 사고가 발생한다. 이 전압에서 치명적인 100 mA의 전류가 흐를 수 있는 저항은 얼마인가?

32. 땅바닥에 버려진 고장난 전기 제품을 만졌더니 2.5 mA의 짜릿한 전류를 느꼈다. 120 V 가정 배선의 '뜨거운' 전선을 건드렸던 이 사람의 저항은 얼마인가?

33. 사람의 전형적인 저항은 100 kΩ이다. (a) 12 V 자동차 전지에서 사람에게 얼마의 전류가 흐르는가? (b) 전류를 느낄 수 있는가?

응용 문제

다음 문제들은 본문의 예제들에 기초한 것이다. 두 세트의 문제들은 물리학의 이해를 강화하는 연결의 형성을 돕고 이전에 풀어본 문제에서 변형된 문제를 해결하는 자신감을 키우도록 설계되어 있다. 각 세트의 첫 번째 문제는 본질적으로 예제 문제이지만 숫자들은 다르다. 두 번째 문제는 예제와 똑같은 상황이지만 묻는 질문이 다르다. 세 번째와 네 번째 문제는 완전히 다른 상황으로 이런 방식을 반복한다.

34. **예제 24.3** 보통의 현대 가정집은 최대 200 A의 전류가 공급되는 200 amp 서비스를 받고 있다. 가정집에 대한 이 같은 서비스의 전력 공급은 2/0게이지(지름 9.3 mm) 구리 전선을 요구한다. 이 전선에 200 A의 전류가 흐를 때 전선 내의 (a) 전류 밀도와 (b) 전기장을 구하라.

35. **예제 24.3** 14게이지 구리 전선에 허용되는 최대 전류는 24 A이다. 이 전선의 허용 최대 전류 밀도를 12 MA/m² 라 할 때, (a) 전선의 직경을 구하고 (b) 전류 밀도가 최대일 때 전선 내의 전기장을 구하라.

36. **예제 24.3** 전해조(electrolyzer)는 통 속의 물을 통하여 전류를 흐르게 하여 물 분자를 분해하여 수소(H_2)와 산소(O_2) 기체를 생성한다. 풍력이나 태양광 등의 재생 에너지원으로 작동하는 전해조는 연료 전지 자동차용 수소 생산에 사용될 수 있다. 전해조 실험에서 알칼리 용액으로 채워진 지름 6.85 cm의 원통을 통해 전류가 흐른다. 통 속의 알칼리 용액의 비저항은 0.0466 Ω·m이고, 18.7 A의 전류가 흐를 때, 용액 속의 (a) 전류 밀도와 (b) 전기장은 얼마인가?

37. **예제 24.3** 태양 코로나(solar corona)는 뜨거운(~1 MK) 태양의 외부 대기층으로 완전히 이온화되어 있기 때문에 매우 좋은 도체이다. 코로나의 어떤 원통 부분은 비저항이 $1.62×10^{-8}$ Ω·m이고 464 kA의 전류가 원통의 길이 방향으로 흐른다. 이 영역의 전류 밀도가 1.18 mA/m²일 때, (a) 원통의 지름과 (b) 이 영역의 전기장을 구하라.

38. **예제 24.4** 길이 1.5 m인 24게이지 구리 도선이 있다. 지름 0.51 mm인 이 도선의 최대 허용 전류는 3.5 A이다. 이 도선에 최대 전류가 흐를 때, (a) 이 도선의 저항과 (b) 도선 양단의 전압을 구하라.

39. **예제 24.4** 지름 0.640 mm, 길이 2.25 m인 전선의 양단에 235 mV의 퍼텐셜차를 걸었더니 전선에 1.27 A의 전류가 흐른다. (a) 이 선은 구리와 알루미늄 중 어느 것인가? (b) 물질이 서로 바뀌었을 때 선을 지나는 전류는 얼마인가? (**힌트**: 표 24.1 참조)

40. **예제 24.4** 응용 문제 36에서 162 V의 전압에 의하여 전해조에 전류가 흐른다고 할 때, 전해조 원통의 길이를 구하라.

41. **예제 24.4** 목성의 위성 이오와 관련된 자기 효과는 약 500 kV의 전압을 유발시켜 목성과 이오 사이에 5 MA의 전류가 흐르게 한다. 이 전류는 지름 4 Mm, 길이 약 600 Mm인 플라스마가 들어 있는 원통을 통해 흐른다. (a) 플라스마 원통을 원통형 저항으로 생각하고 플라스마의 비저항을 유효 숫자 한 자리로 추정하라. (b) 결과를 표 24.1과 비교할 때 어떤 물질에 가장 근접하는가?

실전 문제

42. 세포막의 이온 채널이 20%만 열려도 2.4 pA의 전류가 흐른다. **BIO** (a) 이온 채널의 평균 전류는 얼마인가? (b) 1.0 ms 동안 이온 채널이 열리면 얼마나 많은 이온이 통과하는가?

43. 전구의 필라멘트는 지름이 0.050 mm이고 0.833 A가 흐른다. (a) 필라멘트와 (b) 전구에 전류를 공급하는 지름 2.1 mm인 도선의 전류 밀도를 구하라.

44. 집적 회로의 금박 두께는 1.85 µm이고, 너비는 0.120 mm이다. 전류 밀도가 0.482 MA/m²이면 전체 전류는 얼마인가?

45. 구리 전선이 2배 지름의 알루미늄 전선에 이어져 있고, 두 전선에 같은 전류가 흐른다. 구리는 전도 전자 밀도가 $1.1×10^{29}$ m⁻³이고, 알루미늄은 $2.1×10^{29}$ m⁻³이다. (a) 표류 속력, (b) 전류 밀도를 각각 비교하라.

46. 그림 24.17에서, 100 mA의 전류가 지름 0.10 mm의 구리 전선, 소금 용액이 들어 있는 지름 1.0 cm의 유리관, 진공관을 통해 흐

른다. 진공관에서는 지름·1.0 mm의 전자빔이 전류를 운반한다. 구리의 전도 전자 밀도는 1.1×10^{29} m^{-3}이다. 소금 용액의 전류는 $\pm 2e$의 양전하와 음전하가 운반하며, 각 이온의 밀도는 6.1×10^{23} m^{-3}이다. 한편 전자빔의 전자 밀도는 2.2×10^{16} m^{-3}이다. 각 영역의 표류 속력을 구하라.

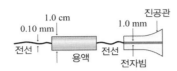

그림 24.17 실전 문제 46

47. **BIO** 단백질이 매개하는 세포막 수송에 대한 연구에서 미생물학자는 아프리카의 쇠발톱개구리에서 추출한 난모세포의 세포막을 통과하는 전류의 시간 변화를 측정하여 $I = 60t + 200t^2 + 4.0t^3$을 얻었다. 여기서 t는 초, I는 nA 단위이다. $t = 0$부터 $t = 5.0$ s까지 세포막을 통과하는 총전하를 구하라.

48. 금의 가장 중요한 용도는 마이크로 전자 칩과 외부 회로의 연결용 도선으로 사용될 때이다. 이 목적으로 사용되는 전형적인 금 도선은 지름 0.001인치, 길이 0.05인치이고, 600 mA 이상의 전류가 흐르면 도선은 녹아서 끊어진다. 도선에 최대 전류가 흐를 때, (a) 도선 내의 전류 밀도와 (b) 도선 내의 전기장을 구하고 (c) 도선 양단의 전위차를 구하라.

49. 지름 2.1 mm 구리 전선에 허용된 안전한 최대 전류는 20 A이다. 이 조건에서 (a) 전류 밀도와 (b) 전기장은 얼마인가?

50. 지름과 길이가 같은 은 전선과 철 전선에 같은 전류가 흐른다. 두 전선에 걸리는 전압을 비교하라.

51. 지름 2.0 mm, 길이 2.4 cm의 원통 조각에 9 V의 전압을 걸면 2.6 mA의 전류가 흐른다. 표 24.1에서 어떤 물질인가?

52. 구리와 알루미늄 전선의 단위 길이당 저항이 같으면 지름은 어떻게 다른가?

53. 전기톱의 연결선은 대개 지름 1.0 mm의 구리 전선이다. 전기톱에는 7.0 A가 흐르고, 콘센트가 120 V를 공급할 때 모터 양단에 최소 115 V가 필요하다. 연결선이 25 ft 단위로 되어 있을 때, 연결선의 최대 길이는 얼마인가?

54. **BIO** 이식된 맥박 조정기는 매분 펄스 72개를 심장에 공급하는데, 각 펄스는 0.65 ms 동안 6.0 V를 제공한다. 맥박 조정기의 전극 사이에 있는 심장 근육의 저항은 550 Ω이다. (a) 한 펄스 동안에 흐르는 전류, (b) 한 펄스 동안에 전달된 에너지, (c) 맥박 조정기가 공급한 평균 전력을 구하라.

55. IC 회로 연결에 사용되는 가로 0.254 mm, 높이 0.186 mm, 두께 2.00 μm인 직육면체의 얇은 금판이 있다. 서로 짝을 이루는 세 쌍의 면들 사이의 저항을 각각 구하고 저항이 작은 순서부터 나열하라.

56. **BIO** 24.5절의 응용물리에 기술된 테이저 총이 발생시킨 펄스는 일반적으로 희생자에게 100 μC의 전하를 전달한다. 응용물리에 주어진 다른 값들과 함께 이 값을 사용하여 (a) 펄스 동안의 순간 전류, (b) 평균 전류, (c) 침이 박힌 두 점 사이의 희생자의 유효 저항을 구하라.

57. 닛산의 자동차 모델 리프는 완전 전기 자동차로 107 hp의 전기 모터와 리튬 이온 배터리를 사용한다. 그 배터리는 24 kWh를 저장하고 완전히 충전되었을 때 그 단자에 394 V를 생성한다. 리프의 배터리를 120 V의 전력 단자로부터 3.3 kW의 비율로 충전할 수 있고, 240 V로부터는 6.6 kW로, 그리고 특수한 480 V 충전기를 사용하면 44 kW로 충전할 수 있다. 리프의 연비는 kWh당 3.38마일로 휘발유 차로 따지면 갤런당 114마일에 해당한다. (a) 배터리가 완전히 방전할 수 있다고 가정할 때 리프의 주행 거리, (b) 각 충전 방식의 충전 시간, (c) 모터가 전출력으로 작동할 때 완전히 충전된 배터리가 보내는 전류를 구하라.

58. **DATA** 전열기를 0.500 kg의 물에 잠기게 해서 물의 온도가 10.0°C만큼 오르는 시간 Δt를 측정하여 전열기를 시험한다. 전열기에 흐르는 전류를 바꿔가면서 실험을 반복한 결과가 아래 표에 있다. 가열 시간과 전류에 기초하여 그래프로 나타낼 때 직선이 될 두 가지 양을 결정하라. 그래프를 그려서 최적 맞춤 직선을 결정하고, 그것을 사용하여 전열기의 저항을 구하라. (**힌트**: 16장 참조)

I(A)	2.00	4.00	6.00	8.00	10.0
Δt(s)	422	112	44.3	28.2	16.9

59. (a) 응용 문제 41의 목성의 달 이오의 전류와 관련된 전력을 구하라. (b) (a)에서 구한 답을 지구 전체가 매년 사용하는 전기 에너지인 약 22,000 TWh와 비교하라.

60. 비저항이 ρ인 물질의 특정한 한 점의 전류 밀도는 크기가 J이다. 이 점에서 단위 부피당 흩어지는 전력은 $J^2 \rho$임을 보여라.

61. 바닷물이 든 단열 용기에 균일한 전류 밀도 75 mA/cm^{2}가 흐르고 있다. 온도가 15°C에서 20°C로 증가하는 데 걸린 시간은 얼마인가? 이전의 문제의 결과와 얻을 수 있는 다른 정보를 사용하라.

62. 전지의 단자가 부식되면 저항이 증가하여 자동차 시동이 잘 안 걸린다. 정비공이 전지 단자와 시동 모터에 전류를 보내는 전선 사이의 전압을 측정한다. 시동 모터의 작동 전압은 4.2 V이고, 시동 모터와 전지 사이의 저항은 1 mΩ에 가까워야 한다. 모터에 125 A의 전류가 흐르면 저항은 정상 범위인가?

63. 두 원통형 저항은 같은 물질로 같은 길이이다. 두 저항을 같은 전지에 연결하면 하나는 2배의 전력을 소모한다. 두 저항의 지름을 비교하라.

64. 6000 hp의 전기 기관차는 15 mΩ/km의 지붕 전선으로 전력을 얻는다. 전선과 철로 사이의 퍼텐셜차는 25 kV이다. 저항을 무시할 수 있는 철로로 전류가 되돌아온다. 에너지 효율 표준은 전선에서 전력 손실을 3%만 허용한다. 전선에서 에너지의 3%를 잃어버리기 전에 기관차는 발전소에서 얼마나 멀리 갈 수 있는가?

65. 효율 100%의 전동기가 15 N의 무게를 25 cm/s로 들어 올린다. 6.0 V의 전지에 연결된 전동기에 흐르는 전류는 얼마인가?

66. 한 발전소는 40 km 떨어진 도시에 1000 MW의 전력을 공급한다. 발전소에서 저항 50 mΩ/km의 단일 전선으로 도시까지 보

낸 전류는 저항을 무시할 수 있는 지표면으로 되돌아온다. 발전소에서 전선과 지표면의 전압은 115 kV이다. (a) 전선의 전류는 얼마인가? (b) 송전 중에 몇 %의 전력이 손실되는가?

67. 송전선의 단위 길이당 저항은 50 mΩ/km이다. 구리의 가격과 밀도는 $6.86/kg과 8.9 g/cm³이고 알루미늄의 가격과 밀도는 $2.23/kg과 2.7 g/cm³이다. 각 전선의 단위 미터당 가격을 구하여 어느 전선이 더 경제적인지 결정하라.

68. 240 V 전동기의 효율은 90%이다. 즉 전동기에 공급된 에너지의 90%만 역학적 일을 한다. 전동기가 200 N의 무게를 3.1 m/s로 들어 올리면 얼마의 전류가 흐르는가?

69. 그림 24.18처럼 단면적이 5.0 cm×10 cm인 금속 막대의 불균
CH 일한 전도도는 밑에서 0이고 위에서 최대이다. 따라서 전류 밀도도 0에서 0.10 A/cm²까지 선형으로 증가한다. 막대의 전체 전류는 얼마인가?

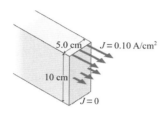

그림 24.18 실전 문제 69

70. 120 V 콘센트에 연결된 가열기가 처음 온도 10°C, 250 mL의 물 컵에 들어 있다. 물은 85 s 후에 끓기 시작한다. 가열기의 (a) 전력과 (b) 저항은 얼마인가? 열손실과 가열기의 질량은 무시한다.

71. 반지름 b인 원형 팬에서 바닥은 플라스틱이고 금속벽의 높이는
CH h이다. 팬의 중심에는 그림 24.19처럼 반지름 a, 높이 h의 금속 원통이 놓여 있고, 그 사이에는 비저항 ρ의 용액이 차 있다. 금속벽과 원통이 완벽한 도체라면, 그 사이의 저항이 $R = \rho \ln(b/a)/2\pi h$임을 보여라.

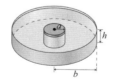

그림 24.19 실전 문제 71

72. 원형 단면적의 반지름이 a인 입자빔의 전류 밀도는 $r = 0$에서
CH J_0이고, 지름 방향으로 $r = a$인 가장자리에서 $J_0/2$이다. 빔의 전체 전류는 얼마인가?

73. 자동차 제작자가 새로운 플러그인 하이브리드 차를 개발하려고
CH 한다. 그 자동차의 질량은 1200 kg이고, 최대 허용 전류가 180 A인 전기 모터는 360 V의 배터리를 사용한다. 휘발유 엔진의 보조 도움 없이 60 km/h를 유지하면서 그 자동차가 올라갈 수 있는 최대 경사도를 구하라.

실용 문제

수요가 요구하는 충분한 전력을 전력 회사가 공급할 수 없으면 전압 저하(brownout)가 발생한다. 전력 회사는 일부 고객을 완전히 단전시키기보다는 전체에 걸쳐 전압을 낮춘다. 지나친 에어컨 사용으로 전기 수요가 치솟는 뜨거운 여름에 전압 저하가 나타나기 쉽다. 특정한 전압 저하에서 전력 회사는 전압을 10%만큼 낮추었다.

74. 전압 저하 동안에 그 저항이 온도와 거의 무관한 도체의 전류는
    a. 약 10%만큼 감소한다.
    b. 약 20%만큼 감소한다.
    c. 약 5%만큼 감소한다.
    d. 저항을 모르므로 말할 수 없다.

75. 전압 저하 동안에 이전 문제의 도체에 발생하는 것은 다음 중 어느 것인가?
    a. 전기장과 전자 표류 속력이 감소한다.
    b. 전기장은 감소하지만 전자 표류 속력은 그렇지 않다.
    c. 더 적은 수의 전자들이 전류를 운반한다.
    d. 전자는 더 자주 충돌을 겪는다.

76. 전압 저하 동안에 그 저항이 온도와 거의 무관한 도체에서 흩어지는 전력은
    a. 약 10%만큼 감소한다.
    b. 약 20%만큼 감소한다.
    c. 약 5%만큼 감소한다.
    d. 저항을 모르므로 어떻게 될지 모른다.

77. 전구의 필라멘트와 전기 스토브 버너와 같은 금속 도체의 저항은 온도에 따라 증가한다. 전압 저하 동안에 그러한 기구의 전류는
    a. 10%만큼 감소한다.
    b. 10%보다 많이 감소한다.
    c. 10%보다 적게 감소한다.
    d. 저항이 어떻게 변하는지 모르므로 어떻게 될지 모른다.

24장 질문에 대한 해답

장 도입 질문에 대한 해답

필라멘트에서 금속 이온과 전자의 충돌로 인해 전기 에너지가 열로 방출된다. 전기장에서 전자가 가속되기 때문에 전기 에너지가 생긴다.

확인 문제 해답

24.1 (1) 전류, 오른쪽에서 왼쪽 방향, (2) 전류, 위 방향, (3) 전류, 왼쪽 방향, (4), (5) 전류가 없다.

24.2 (1) $J_A < J_B$, (2) $E_A < E_B$, (3) $v_{dA} < v_{dB}$

24.3 (1) (b), 길이는 (c)에서의 2배, 비저항은 1/2, 면적은 1/4이기 때문이다. (2) (a), 저항이 가장 낮기 때문이다.

24.4 (a)

24.5 아니다, 전류가 흐르는 전선을 뚫거나 자르면 기구의 금속 부분에 위험한 전압이 걸릴 수 있다.

전기 회로

예비 지식

- 전위차(21.1절, 21.2절)
- 전류(24.1절, 24.2절)
- 저항과 옴의 법칙(24.3절)
- 축전기(23.2절, 23.3절)

학습 목표

이 장을 학습하고 난 후 다음을 할 수 있다.

LO 25.1 전기 회로를 파악하고 그릴 수 있다.

LO 25.2 저항기가 직렬 연결과 병렬 연결된 회로를 분석할 수 있다.

LO 25.3 키르히호프 법칙을 사용해서 일반적인 회로를 분석할 수 있다.

LO 25.4 전압계와 전류계를 바르게 사용할 수 있다.

LO 25.5 축전기가 포함된 회로를 분석할 수 있다.

전기 회로판은 복잡하게 상호 연결된 전자 부품들이다. 가장 복잡한 회로까지도 분석할 수 있게 해주는 두 가지 기본 원리는 무엇인가?

전기 회로(electric circuit)는 도체로 연결한 회로 소자들의 모음이다. 간단한 손전등에서 컴퓨터까지 인공적인 전기 회로는 다양하다. 인체의 신경계를 비롯하여, 폭풍우가 전지이고 대기가 저항인 지구의 대기 회로 등 자연계에도 전기 회로가 무수히 많다. 전기 회로를 알아야 일상에서 접하는 수많은 전기 장치를 효과적으로 안전하게 사용할 수 있다.

25.1 회로, 기호, 기전력

LO 25.1 전기 회로를 파악하고 그릴 수 있다.

전기 회로에서 다양한 회로 소자를 그림 25.1과 같은 표준 기호로 표기한다. 보통 전선을 완벽한 도체로 어림한다. 그러면 전선으로 연결된 모든 점들의 퍼텐셜이 같다, 전기적으로 대등하다.

저항이 있는 도체에서 전류가 흐르려면 전기장을 가해야 한다. 전기장을 적절하게 가하지 않으면 전하들이 즉각 정전기적 평형을 이루어서 도체 내부의 전기장과 전류가 사라진다. 따라서 전류가 흐르는 도체에 계속해서 전기장이 형성되도록 퍼텐셜차를 유지하는 장치가 필요하다. 이러한 장치를 **기전력**(electromotive force) 또는 **emf** 장치라고 부른다. (힘이라는 표현은 부적절하지만 역사적 관습에 따라 그대로 사용하고 있다.) 대

저항기 　축전기 　기전력 　전압계 　스위치 　전류계 　가변 저항기 　가변 축전기 　접지 　퓨즈

그림 25.1 회로 기호

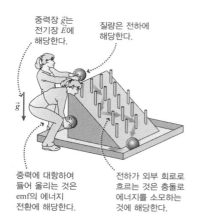

중력장 $\vec{g}$는 전기장 $\vec{E}$에 해당한다.

질량은 전하에 해당한다.

중력에 대항하여 들어 올리는 것은 emf의 에너지 전환에 해당한다.

전하가 외부 회로로 흐르는 것은 충돌로 에너지를 소모하는 것에 해당한다.

그림 25.2 emf와 중력의 비교

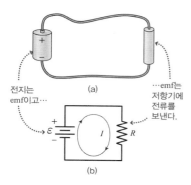

전지는 emf이고…

(a)

…emf는 저항기에 전류를 보낸다.

$\mathcal{E}$ | I | R

(b)

그림 25.3 전지와 저항기 회로. (a) 실제 회로, (b) 회로도

부분의 기전력 장치에는 다른 회로 소자를 연결할 두 개의 **단자**(terminal)가 있다. 기전력 장치는 두 단자 사이의 퍼텐셜차가 일정하도록 전하를 분리하여 다른 형태의 에너지를 전기 에너지로 전환시킨다. 가장 흔한 기전력 장치는 화학 반응으로 전하를 이동시키는 전지이다. 또한 역학적 에너지를 전기 에너지로 전환시키는 발전기, 태양광으로 전하를 분리하는 태양 광 전지, 이온 흐름을 제어하기 위하여 전하를 분리하는 세포막 등도 중요한 기전력 장치이다.

기전력 장치를 외부 회로에 연결하면 양단자에서 전기 회로를 통해서 음단자로 전류가 흐 르기 시작한다. 이때 기전력 장치의 에너지 전환 과정이 내부 전기장에 대항하여 전하를 '들 어 올려서' 두 단자에 일정한 퍼텐셜차를 유지시켜 준다. 외부 회로로 '떨어진' 전하는 회로 의 저항에서 에너지를 소모한다. 이와 같이 기전력 장치가 일정한 전압을 공급하면 전기 회 로에 정상 전류가 흐르게 된다. 그림 25.2는 외부 회로에 연결된 기전력 장치를 중력 장치와 비교한 그림이다.

정량적으로는 전기장에 대항하여 전하를 '들어 올리는' 데 관여한 단위 전하당 일이 기전 력이므로, 기전력의 단위는 볼트(V)이다. **이상적인 기전력**(ideal emf) 장치는 항상 일정한 단자 전압을 유지시켜 준다. 실제 기전력 장치는 내부에서 에너지를 소모하므로 단자 전압이 표시 전압과 같지 않다.

그림 25.3에서 기전력 $\mathcal{E}$의 이상 전지가 저항 R를 통해서 전류가 흐르게 만든다. 전지와 저항기를 연결하는 전선은 완벽한 도체이고, 저항기의 퍼텐셜차가 전지의 기전력과 같다. 옴 의 법칙에 따라 저항기에 흐르는 전류는 $I = \mathcal{E}/R$이다. 에너지 관점에서 이 회로는 그림 25.2의 중력 장치와 같다. 전지 내부의 전기장에 대항하여 전하를 '들어 올릴' 때 얻은 단위 전하당 $\mathcal{E}$의 에너지를 저항기에서 열에너지로 소모한다.

TIP

전선은 무시하라 전선이 완벽한 도체라고 가정하면 전선으로 전류가 흐르기 위한 퍼텐셜 차가 필요 없다. 즉 전선의 모든 점은 퍼텐셜이 같아서 전기적으로 등가이다. 따라서 전선 으로 연결된 두 점을 연결하는 방법은 무수히 많고, 모두 등가이므로 전선은 무시해도 좋다. 물론 실제 전선에는 저항이 있지만, 회로의 다른 저항에 비해서 충분히 작으면 무시해도 좋으므로, 전선을 이상 전선으로 어림할 수 있다.

확인 문제

25.1 아래의 세 회로에서 어느 것들이 등가 회로인가?

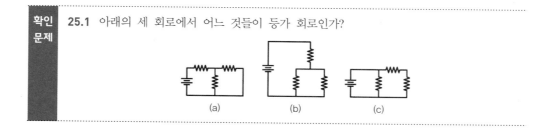

(a)　　　　(b)　　　　(c)

25.2 저항기의 직렬 연결과 병렬 연결

LO 25.2 저항기가 직렬 연결과 병렬 연결된 회로를 분석할 수 있다.

23.3절에서 축전기의 연결을 공부하였다. 회로 소자를 연결하는 가장 간단한 방법은 직렬 연

결과 병렬 연결이다. 한 회로 소자를 통과한 전류가 다음 회로 소자로만 흘러가면 직렬 연결이고, 두 회로 소자의 각 끝이 함께 연결되면 병렬 연결이다. 여기서는 저항기의 직렬 연결과 병렬 연결을 공부한다.

저항기의 직렬 연결

그림 25.4는 두 저항기를 직렬 연결한 회로이다. 각 저항기를 지나는 전류와 저항기 양 끝에 걸리는 전압을 구해 보자. 두 저항기 모두 전지와 직접 연결되지 않았기 때문에 전지의 기전력을 모두 받는다고 장담할 수 없다. 그러나 직렬 연결이므로 저항 R_1을 통과한 전류는 반드시 저항 R_2를 통과해야 한다. 정상 상태에서는 회로에 전하가 쌓이지 않으므로 두 저항기와 전지를 통과하는 전류는 서로 같아야 한다. 따라서 다음과 같이 기술한다.

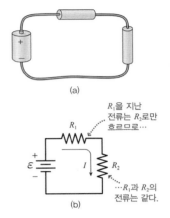

(a)

직렬 연결한 회로 요소를 흐르는 전류는 모두 같다.

그림 25.4의 전류를 I라고 하면 옴의 법칙에 따라 저항 R_1에 걸리는 전압은 $V_1 = IR_1$이고, 저항 R_2에 걸리는 전압은 $V_2 = IR_2$이다. 따라서 두 저항기에 걸리는 전체 전압은 $V_1 + V_2 = IR_1 + IR_2$이며, 직접 연결된 전지의 기전력과 같으므로, $IR_1 + IR_2 = \mathcal{E}$에서 전류는 다음과 같다.

$$I = \frac{\mathcal{E}}{R_1 + R_2}$$

그림 25.4 전지와 두 저항기의 직렬 연결 회로. (a) 실제 회로, (b) 회로도

옴의 법칙 $I = V/R$와 비교하면 직렬 연결한 두 저항기의 등가 저항은 두 저항의 합과 같다. 따라서 여러 저항기를 직렬 연결한 등가 저항은 각 저항의 합으로 다음과 같다.

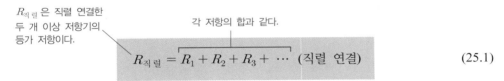

$R_{직렬}$은 직렬 연결한 두 개 이상 저항기의 등가 저항이다.

각 저항의 합과 같다.

$$R_{직렬} = R_1 + R_2 + R_3 + \cdots \ \text{(직렬 연결)} \tag{25.1}$$

전류가 주어지면 옴의 법칙 $V = IR$에 따라 각각의 저항기에 걸리는 전압은

$$V_1 = \frac{R_1}{R_1 + R_2}\mathcal{E}, \ \ V_2 = \frac{R_2}{R_1 + R_2}\mathcal{E} \tag{25.2a, b}$$

이다. 결국 전지의 전압이 저항에 비례하여 각 저항기로 분배되므로 저항기의 직렬 연결을 **전압 분할기**(voltage divider)라고 부른다.

전지가 어떻게 알고 전류를 공급할까? 그림 25.4의 전지가 어떻게 알고 전류를 공급할까? 회로를 전지에 연결하는 순간에는 모른다. 그러나 즉시 전선과 저항기에 전기장이 형성되면서 회로가 정상 상태에 도달하여 모든 회로 소자의 전류가 같아진다. 축전기를 포함한 회로에서 정상 상태로 접근하는 과정은 나중에 공부할 것이다. 지금은 회로가 순식간에 정상 상태에 도달한다고 가정한다.

예제 25.1 | **저항기의 직렬 연결: 전압 분할기**

저항 $5.0\,\Omega$의 전구는 $600\,mA$의 전류로 작동한다. $12\,V$ 전지로 이 전구를 켜려면 어떤 저항기를 직렬 연결해야 하는가?

해석 그림 25.4와 같은 두 저항기의 직렬 연결 문제이다.

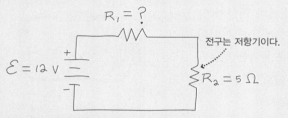

그림 25.5 예제 25.1의 스케치

과정 그림 25.5에서 R_1은 미지의 저항이고 R_2는 $5\,\Omega$ 전구의 저항이다. 두 저항기에 같은 전류가 흐르므로 전류 I의 표현을 구한 다음에, $600\,mA$의 전류가 흐르게 하는 저항 R_1을 구한다.

직렬 연결에서 등가 저항은 각 저항의 합이므로 전류는 $I = \mathcal{E}/(R_1 + R_2)$이다.

풀이 따라서 저항 R_1은 다음과 같다.

$$R_1 = \frac{\mathcal{E} - IR_2}{I} = \frac{12\,V - (0.60\,A)(5.0\,\Omega)}{0.60\,A} = 15\,\Omega$$

검증 답을 검증해 보자. 전구의 작동 전압은 다음과 같다.

$$V = IR_2 = (0.60\,A)(5.0\,\Omega) = 3.0\,V$$

즉 전지 전압의 1/4만 걸리므로 전체 저항은 $20\,\Omega$이고, 결국 미지의 저항 R_1은 $15\,\Omega$이다. 이런 방식으로 전구를 켜면 매우 비효율적이다. 왜냐하면 저항 R_1이 더 많은 에너지를 소모하기 때문이다. 저항기 없이 $3\,V$ 전지를 사용하면 가장 좋다.

확인 문제 **25.2** 그림의 각 회로에서 위쪽에 있는 동일한 저항기 R에 걸리는 전압을 큰 순서대로 나열하고, 실제 전압을 명시하라. (a)에서 두 번째 저항도 R이고, (b)는 열린 회로(무한대 저항)이다.

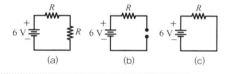

실제 전지

그림 25.6의 $1.5\,V$짜리 두 전지는 무엇이 다를까? 이상 전지라면 두 전지 모두 전류의 흐름과는 상관없이 모두 $1.5\,V$의 전압을 회로에 공급한다. 그러나 실제 전지는 그렇지 않다. 각 전지의 화학 반응률이 달라서 공급하는 전류가 다르기 때문이다. 물론 큰 전지가 더 많은 전류를 공급한다.

실제 전지를 그림 25.7처럼 **내부 저항**(internal resistance)이 있는 이상 전지로 모형화할 수 있다. 물론 이상 전지는 존재하지 않는다. 모든 전지에는 근원적으로 내부 저항이 있다. 전지 물질의 실제 저항일 수도 있지만, 대개는 전하를 분리하는 화학 반응의 한계 때문에 생긴다. 주어진 전압에서 내부 저항이 낮을수록 전류를 더 많이 공급하는 강력한 전지가 된다.

그림 25.8은 내부 저항 $R_{내부}$가 전지가 제공하는 에너지의 소모를 목적으로 회로에 연결된 저항인 외부 부하 R_L과 직렬로 연결된 회로이다. R_L은 $R_{내부}$와 직렬로 연결되어 있으므로 전압은 두 저항에 분배된다. $R_{내부}$가 R_L보다 훨씬 작으면 식 25.2b에 따라 부하에 걸리는 전압은 전지의 전압과 거의 같다. 즉 전지의 양 단자에 표시 전압 $\mathcal{E}$이 걸리므로 사실상 이상 전지와 마찬가지이다. 만약 R_L의 저항값이 낮아지면 점점 더 많은 전류가 흘러서 내부 저항에서 전압 강하가 커진다. $R_L \to 0$인 합선 회로에서도 무한대의 전류가 흐르지 않고 전지가 공급할 수 있는 최대 전류 $I = \mathcal{E}/R_{내부}$가 흐른다.

그림 25.6 두 전지는 $1.5\,V$로 같지만 내부 저항이 다르다.

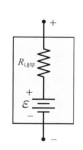

그림 25.7 이상적인 기전력과 내부 저항을 직렬 연결한 전지 모양

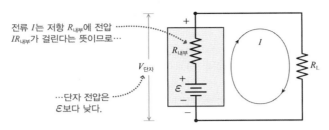

그림 25.8 외부 부하에 연결한 실제 전지. 내부 저항의 전압 강하로 단자 전압은 전지의 표시 전압보다 낮다.

예제 25.2 | 내부 저항: 자동차 시동 걸기

12 V 자동차 전지의 내부 저항은 $0.020\ \Omega$이다. 시동 모터가 125 A 의 전류를 만들 때, 전지의 단자에 걸리는 전압은 얼마인가?

해석 그림 25.8처럼 부하에 연결한 실제 전지에 관한 문제이다. 내부 저항과 시동 모터의 부하 저항이 두 저항기이다.

과정 그림 25.9에서 내부 저항과 부하 저항은 직렬 연결되어 있다. 직렬 연결에서는 전류가 같으므로 옴의 법칙으로 내부 저항에 걸리는 전압을 구하여 전지의 기전력에서 빼면 부하 저항에 걸리는 전압을 얻는다.

풀이 내부 저항에 대한 옴의 법칙에서

$$V_{내부} = IR_{내부} = (125\ \text{A})(0.020\ \Omega) = 2.5\ \text{V}$$

이므로, 12 V $-$ 2.5 V, 즉 9.5 V가 전지의 단자에 걸린다.

검증 답을 검증해 보자. 9.5 V가 전지의 표시 전압 12 V보다 상당히 낮으므로 이상적인 전지가 아니다. 그러나 시동 모터는 잠시

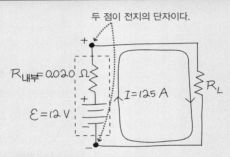

그림 25.9 예제 25.2의 스케치

만 작동하고 대부분의 시간 동안에는 전류가 적게 흐르는 전조등, 점화계, 전기계 등의 부하에 전압이 걸리므로 전지는 12 V의 이상 전지처럼 작동한다. 시동을 거는 동안 전지의 전압은 9 ~ 11 V이다. 9 V보다 낮으면 전지가 약하거나, 시동 모터에 문제가 있거나, 날씨가 매우 추울 때이다.

저항기의 병렬 연결

그림 25.10은 두 저항기를 이상 전지에 병렬 연결한 회로이다. 두 저항기의 위와 위, 아래와 아래가 전선에 함께 연결되므로 각 저항기에 걸리는 전압은 같다. 따라서 23장의 축전기 병렬 연결처럼 다음과 같이 기술한다.

> 병렬 연결한 회로 요소에 걸리는 전압은 같다.

병렬 연결한 저항기가 전지에 직접 연결되므로 두 저항기의 공통 전압은 전지의 기전력 $\mathcal{E}$과 같다. 따라서 각 저항기에 흐르는 전류는 옴의 법칙에 따라 다음과 같다.

$$I_1 = \frac{\mathcal{E}}{R_1}, \quad I_2 = \frac{\mathcal{E}}{R_2}$$

그림 25.10에서 전지로부터 점 A에 도달한 전류 I는 각각 I_1과 I_2로 나눠진다. 이 점에 전하가 쌓이지 않으므로(실전 문제 69 참조), 점 A로 들어온 전류와 점 A에서 나간 전류가 같아야 한다. 즉 $I = I_1 + I_2$이다. 따라서 전지에서 나온 전류 I는

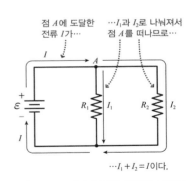

그림 25.10 전지에 병렬 연결한 저항기

$$I = \frac{\mathcal{E}}{R_1} + \frac{\mathcal{E}}{R_2} = \mathcal{E}\left(\frac{1}{R_1} + \frac{1}{R_2}\right)$$

이다. 이 식을 옴의 법칙 $I = V/R$와 비교하면, 병렬 연결의 등가 저항은 다음과 같다.

$$\frac{1}{R_{병렬}} = \frac{1}{R_1} + \frac{1}{R_2}$$

즉 여러 저항기를 병렬 연결한 등가 저항은 다음과 같다.

… 개별 저항의 역수의 합이다.

$R_{병렬}$의 역수 …

$$\frac{1}{R_{병렬}} = \frac{1}{R_1} + \frac{1}{R_2} + \frac{1}{R_3} + \cdots \text{ (병렬 연결)} \tag{25.3a}$$

$R_{병렬}$은 병렬 연결한 두 개 이상 저항기의 등가 저항이다.

따라서 병렬 연결한 등가 저항은 가장 낮은 개별 저항보다 항상 낮다.

고속도로의 교통량을 생각해 보면 쉽게 이해할 수 있다. 혼잡한 고속도로에 차선을 추가하면(전체 저항을 낮추면), 교통 흐름이 원활해진다(전류가 커진다). 저항기를 병렬 연결하는 것은 차선을 추가하는 것과 마찬가지이다.

두 저항기만 병렬 연결한 등가 저항은

$$R_{병렬} = \frac{R_1 R_2}{R_1 + R_2} \tag{25.3b}$$

이므로, 두 축전기를 직렬(series) 연결한 등가 전기 용량의 식과 형식이 같다.

확인 문제 **25.3** 아래 그림은 동일한 세 저항기의 서로 다른 연결이다. 저항이 큰 순서대로 나열하라.

(a)　　(b)　　(c)　　(d)

회로 분석

많은 전기 회로에서 직렬 연결과 병렬 연결이 결합되어 있다. 이러한 회로를 분석할 때 핵심 요령 25.1을 따르면 편리하다. 이것은 예제 23.3의 축전기의 직렬 연결과 병렬 연결에서 사용한 접근법을 따른다.

핵심요령 25.1　**복합 회로 분석하기**

1. 먼저 직렬 연결과 병렬 연결을 구분한다. 한 회로 소자를 통과한 전류가 다음 회로 소자로만 흘러가면 직렬 연결이고, 두 회로 소자의 각 끝이 함께 연결되면 병렬 연결이다. 하나의 직렬 연결 혹은 병렬 연결을 찾을 수 없으면 25.3절에서 설명한 방법을 사용해야 한다.
2. 저항기의 직렬 연결과 병렬 연결에 대해 식 25.1과 25.3에 따라 등가 저항을 구한다.

$$R_{직렬} = R_1 + R_2 + R_3 + \cdots \tag{25.1}$$

$$\frac{1}{R_{병렬}} = \frac{1}{R_1} + \frac{1}{R_2} + \frac{1}{R_3} + \cdots \qquad \text{(25.3a)}$$

$$R_{병렬} = \frac{R_1 R_2}{R_1 + R_2} \qquad \text{(25.3b)}$$

축전기의 연결이면 식 23.5와 23.6에 따라 등가 전기 용량을 구한다.

3. 등가 저항으로 전기 회로를 다시 그린다.

4. 1~3의 과정을 되풀이하여 모든 연결을 단일 등가 저항으로 바꾼다. 그리고 등가 저항에 흐르는 전류를 구한다.

5. 등가 저항에 해당하는 개별 저항에 옴의 법칙, $I = V/R$를 적용하여, 전류 혹은 전압을 각각 구한다. 이때 등가 저항에 흐르는 전류와 직렬 연결한 개별 저항에 흐르는 전류가 같고, 등가 저항에 걸리는 전압이 병렬 연결한 개별 저항에 걸리는 전압과 같다. 이 과정을 원하는 양을 구할 수 있을 때까지 되풀이한다.

예제 25.3 회로 분석: 직렬 연결과 병렬 연결
응용 문제가 있는 예제

그림 25.11a의 회로에서 $2\,\Omega$의 저항기에 흐르는 전류를 구하라.

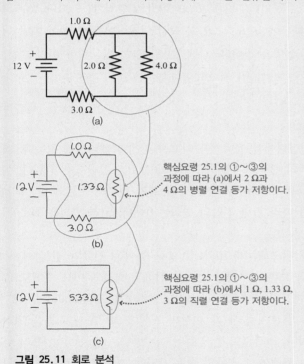

핵심요령 25.1의 ①~③의 과정에 따라 (a)에서 $2\,\Omega$과 $4\,\Omega$의 병렬 연결 등가 저항이다.

핵심요령 25.1의 ①~③의 과정에 따라 (b)에서 $1\,\Omega$, $1.33\,\Omega$, $3\,\Omega$의 직렬 연결 등가 저항이다.

그림 25.11 회로 분석

해석 복잡한 회로의 한 저항기에 흐르는 전류를 구하는 문제이다. 따라서 직렬 연결과 병렬 연결 성분으로 회로를 분석해야 한다.

과정 핵심요령 25.1의 단계에 따라 분석한다.

1. $2\,\Omega$과 $4\,\Omega$은 병렬 연결이고 다른 저항들은 직렬도 병렬도 아니다. 예를 들면 $1\,\Omega$을 지난 전류가 두 갈래로 나뉘므로 $2\,\Omega$이나 $4\,\Omega$과 직렬 연결이 아니다.

2. 식 25.3b, $R_{병렬} = R_1 R_2 /(R_1 + R_2)$에서 병렬 연결의 등가 저항은 $(2\,\Omega)(4\,\Omega)/(2\,\Omega + 4\,\Omega) = 1.33\,\Omega$이다.

3. 두 저항을 등가 저항 하나로 바꾼 새 회로를 그린다.

4. 그림 25.11b의 새 회로에서 1~3의 과정을 반복하면, 세 저항이 직렬 연결이다. 식 25.1, $R_{직렬} = R_1 + R_2 + R_3$에서 등가 저항은 $5.33\,\Omega$이다. 세 저항을 등가 저항 하나로 바꾼 새 회로는 그림 25.11c이고, 옴의 법칙, $I = V/R$에 따라 $5.33\,\Omega$에 흐르는 전류는 $I_{5.33\,\Omega} = (12\,\text{V})/(5.33\,\Omega) = 2.25\,\text{A}$이다.

5. 이번에는 거꾸로 살펴보자. $5.33\,\Omega$은 그림 25.11b의 직렬 연결이므로 전류 2.25 A는 세 저항에 똑같이 흐른다. $1.33\,\Omega$은 그림 25.11a의 병렬 연결이므로 $2\,\Omega$과 $4\,\Omega$에 걸리는 전압은 등가 저항 $1.33\,\Omega$에 걸리는 전압과 같다. 즉 $V_{1.33\,\Omega} = I_{1.33\,\Omega}$ $R_{1.33\,\Omega} = (2.25\,\text{A})(1.33\,\Omega) = 3.0\,\text{V}$이다.

풀이 따라서 $2\,\Omega$ 저항기에 흐르는 전류는 $I_{2\,\Omega} = V_{2\,\Omega}/R_{2\,\Omega}$ $= (3.0\,\text{V})/(2.0\,\Omega) = 1.5\,\text{A}$이다.

검증 답을 검증해 보자. 2.25 A의 전류가 회로에 흐른다. 병렬 연결에서는 저항이 낮은 저항기로 전류가 더 많이 흐른다. 정량적으로는 저항에 반비례하여 $2\,\Omega$에 1.5 A, $4\,\Omega$에 0.75 A의 전류가 흐른다.

옴의 법칙 적용하기 옴의 법칙은 저항기에 걸리는 전압과 저항기로 흐르는 전류 사이의 관계식이다. 즉 회로의 임의의 곳에서 임의의 전압과 전류에 대한 관계식이 아니다. 그림 25.11에 12 V의 전지가 있다고 해서 $2\,\Omega$의 저항기에 12 V의 전압이 걸리는 것은 아니다. 또한 그림 25.11c에 흐르는 전류가 2.25 A이므로 $2\,\Omega$의 저항기에 2.25 A의 전류가 흐른다는 뜻은 아니다.

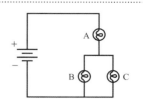

25.4 동일한 세 전구를 전지에 연결한 회로이다. (1) 어느 전구가 가장 밝은가? (2) 전구 C를 없애면 다른 전구는 어떻게 되는가?

25.3 키르히호프 법칙과 다중 고리 회로

LO 25.3 키르히호프 법칙을 사용해서 일반적인 회로를 분석할 수 있다.

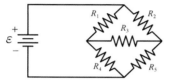

그림 25.12 이 회로는 직렬 연결과 병렬 연결의 결합만으로는 분석할 수 없다.

기전력 장치가 하나 이상이거나 회로 소자가 복잡하게 연결된 경우처럼, 직렬 연결과 병렬 연결의 단순한 결합이 아닌 전기 회로도 많다. 그림 25.12에서 R_1과 R_2는 병렬 연결일까? 아니다. R_3이 두 끝을 분리하기 때문이다. R_1과 R_4는 직렬 연결일까? 아니다. R_1을 지난 전류가 R_4와 R_3으로 나눠지기 때문이다. R_1과 R_4가 직렬 연결이었다면 R_1을 지난 전류는 R_4를 통과하는 것 외에 갈 곳은 없었을 것이다. 사실, 그림 25.12에는 직렬 연결도 없고 병렬 연결도 없다. 이러한 회로를 분석하려면 좀 더 일반적인 기술이 필요하다.

키르히호프 법칙

회로를 따라 움직이는 전하는 기전력에서 에너지를 얻고 저항에서 에너지를 잃는다. 회로를 한 바퀴 돌면 단위 전하당 에너지의 변화, 즉 전압의 증가와 감소는 합해서 0이 된다. 이러한 **키르히호프의 고리 법칙**(Kirchhoff's loop law)은 복잡한 전기 회로의 모든 닫힌 고리에 대해서도 성립한다. 즉 **닫힌 고리를 따라 합한 전압의 변화는 0이다.** 고리 법칙은 회로에 적용한 에너지 보존 법칙이다.

병렬 연결한 저항기를 설명할 때 그림 25.10의 점 A로 들어온 전류와 점 A에서 나간 전류가 같다고 하였다. 즉 전하의 보존으로 정상 상태의 전하는 회로의 어느 곳에도 축적될 수 없기 때문이다. 둘 또는 그 이상의 회로 요소 사이의 갈림점을 **교점**(node)이라고 한다. 이 절에서 우리는 그림 25.10의 점 A처럼 세 개 이상의 전선이 교차하는 교점을 고려하는 것이 특히 유용함을 알게 될 것이다. 교점으로 흘러 들어오는 방향을 양의 방향, 흘러 나가는 방향을 음의 방향이라면, **회로의 교점에서 전류의 합은 0이다.** 이것을 **키르히호프의 교점 법칙**(Kirchhoff's node law)이라고 한다.

다중 고리 회로

다중 고리 회로를 키르히호프 법칙으로 분석할 수 있다. 문제풀이 요령 25.1을 참조하라.

문제풀이 요령 25.1	다중 고리 회로

해석
* 회로의 고리와 교점을 파악한다. 고리는 닫힌 경로이고, 교점은 세 개 이상의 도선이 모이는 점이다.
* 각 교점의 전류를 표시하고 방향을 정한다. 이때의 방향은 실제의 방향과 상관없이 임의로 정한다.

과정

- 한 교점을 제외하고 모든 교점에서 키르히호프의 교점 법칙을 표기한다. 각 교점에서 전류의 합은 0이다. 교점으로 들어오는 전류를 양, 나가는 전류를 음으로 잡는다.
- 독립된 고리에 대해서 키르히호프의 고리 법칙을 표기한다. 닫힌 고리의 요소에 대한 전압 변화의 합은 0이다. 고리를 도는 방향에 상관없이 다음의 규칙을 따른다.
  - 전지의 음단자에서 양단자로의 전압 변화는 $+\mathcal{E}$이고, 양단자에서 음단자로의 전압 변화는 $-\mathcal{E}$이다.
  - 고리를 도는 방향으로 전류가 흐르는 저항의 전압 변화는 $-IR$이고, 반대 방향이면 $+IR$이다.
  - 아직 다루지 못한 회로 요소인 경우에는 각 요소의 특성에 따라 전압 변화를 결정한다.
- 모든 접점과 고리에 대한 방정식이 다 필요하지는 않다. 다음 예제에서 알게 되겠지만, 일부 식들이 중복되기 때문이다.

풀이 방정식을 연립하여 풀어서 미지의 전류나 다른 양들을 결정한다.

검증 답을 검증해야 한다. 특히 부호에 유의하라. 음의 전류는 임의로 정한 방향과 반대로 실제 전류가 흐른다는 뜻이다.

예제 25.4 **키르히호프 법칙 적용: 다중 고리 회로**

그림 25.13a의 저항 R_3에 흐르는 전류를 구하라.

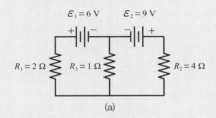

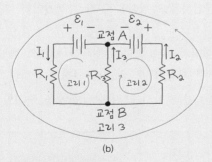

그림 25.13 예제 25.4

해석 그림 25.13b는 3개의 고리와 2개의 교점으로 구분한 회로이며, 교점 A로 들어오고 나가는 세 전류가 표시되어 있다. 여기서 전류의 방향은 임의적이며 실제 방향과 다를 수도 있다. 또한 직렬 연결이면 모든 요소에 같은 전류가 흐른다. 이러한 전류들이 교점 B에도 똑같이 흐르므로 교점 중 하나는 중복된다. 한편 고리 3은 고리 1과 2의 부분을 포함하므로 세 고리 중 둘만 고려해도 충분하다. 즉 하나는 중복된다.

과정 교점 A에 대한 키르히호프 법칙은 다음과 같다.

$$-I_1 + I_2 + I_3 = 0 \ (교점 \ A)$$

고리 1에서 반시계 방향으로 돌면 전압 변화는 $+\mathcal{E}_1$, $-I_1 R_1$과 $-I_3 R_3$이므로 고리 방정식은 $\mathcal{E}_1 - I_1 R_1 - I_3 R_3 = 0$이다. 여기서 주어진 값을 넣고 단위를 일단 유보하면 다음을 얻는다.

$$6 - 2I_1 - I_3 = 0 \ (고리 \ 1)$$

고리 2에서는 R_2를 반대 방향으로 지나가므로 다음을 얻는다.

$$9 + 4I_2 - I_3 = 0 \ (고리 \ 2)$$

풀이 I_3을 구하므로 다른 두 전류를 없앤다. 교점 방정식에서 구한 $I_1 = I_2 + I_3$을 고리 1 방정식에 넣으면 $6 - 2I_2 - 3I_3 = 0$, 즉 $I_2 = \frac{1}{2}(6 - 3I_3)$을 얻고, 이를 고리 2 방정식에 넣으면 $9 + 2(6 - 3I_3) - I_3 = 0$에서 $I_3 = 3\,\text{A}$를 얻는다.

검증 답을 검증해 보자. 전류 $I_3 = 3\,\text{A}$는 양의 값이므로 처음에 잡은 방향 그대로 위 방향이다. 두 전지의 음단자가 교점 A와 연결되므로 올바른 답이다. 그러나 두 전지 중 하나가 반대로 연결되었다면 전류의 방향을 명확히 할 수 없으므로 정량적 결과를 얻어야 비로소 알 수 있다. 한편 그림 25.13의 회로에서 전류 I_1, I_2의 방향은 두 전지의 상대적 크기에 따라 다르다. 구체적으로 $I_2 = -1.5\,\text{A}$이다. 음수이므로 실제 전류는 R_2의 아래 방향으로 흐른다. 만약 $\mathcal{E}_2 = 2\,\text{V}$이면 $I_2 = 0$이고, 더 낮아지면 전류가 거꾸로 흘러서 전지의 음단자에서 양단자로 전류가 흐르게 된다.

1952년 앨런 호지킨(Alan L. Hodgkin)과 앤드루 헉슬리(Andrew F. Huxley)가 세포막의 회로 모형을 제안하여, 1963년 노벨 생리학상을 공동 수상하였다. 옆의 그림은 호지킨-헉슬리 모형을 단순화한 것이다. 전지 $\mathcal{E}_K$, $\mathcal{E}_{Na}$, $\mathcal{E}_L$은 칼륨, 나트륨, 기타 이온의 전기화학적 효과를 나타내며, 기전력의 크기는 수십 mA이다. R_K, R_{Na}, R_L은 세포막이 각각의 이온에 대항하는 저항이다. 전류 I_K, I_{Na}, I_L은 세포막을 통과하는 이온의 흐름이며, 예제 25.4와 비슷한 다중 고리 문제를 풀어서 크기와 방향을 구할 수 있다. 전압 V_M은 세포의 내부와 외부 사이의 세포막 퍼텐셜이다. 호지킨-헉슬리 모형에는 25.5절에 설명할 시간 의존성을 대변하기 위하여 축전기도 포함되어 있다.

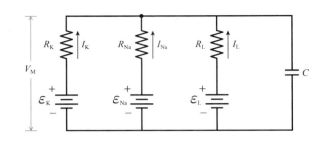

확인 문제   **25.5** 직렬과 병렬의 조합으로 분석할 수 없는 회로는 어떤 것인가?

(a)   (b)   (c)

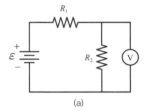

(a)

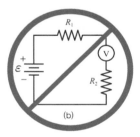

(b)

그림 25.14 R_2에 걸린 전압을 측정하는 (a) 올바른 방법, (b) 틀린 방법

25.4 전기 측정

LO 25.4 전압계와 전류계를 바르게 사용할 수 있다.

전압계

전압계(voltmeter)는 두 단자 사이의 퍼텐셜차를 측정하는 전기 측정기이다. 재래식 전압계는 바늘로 위치를 가리키지만 현대식은 숫자로 표시한다. 퍼텐셜차, 즉 전압은 두 점 사이의 값이므로 전압계의 두 단자를 연결하여 전압을 측정한다. 그림 25.14a에서 저항기 R_2에 걸리는 전압을 측정하려면 전압계를 그림처럼 저항기 R_2에 병렬 연결해야 한다. 회로를 잘라서 그림 25.14b처럼 전압계를 직렬 연결하면 저항기에 걸리는 전압을 측정할 수 없다.

개념 예제 25.1   전압 측정

이상적인 전압계의 전기 저항은 얼마이어야 하는가?

풀이 그림 25.14a에서 전압계를 달기 전에 전지는 저항 R_1과 R_2가 직렬로 연결된 것을 '안다'. 이제 저항 R_m인 전압계를 연결하면, R_1과 R_m이 병렬로 연결된다. 두 병렬 저항기의 저항은 개별 저항기 각각의 저항보다 작기 때문에 전체 회로의 전류는 증가하고, 총 전류가 흐르는 R_1에 걸린 전압도 증가한다. 다음으로 그것은 R_2에 걸린 전압을 전보다 낮아지게 한다. 설사 전압계가 완벽하게 정확하더라도 전압계가 표시하는 전압은 전압계를 연결하기 전보다 더 낮을 것이다.

이런 효과를 어떻게 피할 수 있을까? 전압계의 저항이 높으면, 이상적으로는 무한대이면 전압계에는 어떤 전류도 흐르지 않을 것이고 따라서 회로에 영향을 주지 않을 것이다. 그러면 전압계는 전압계를 연결하기 전의 전압을 표시할 것이다.

검증 사실 무한대의 저항기는 불가능하다. 그렇지만 전압계의 저항이 회로의 저항보다 훨씬 크다면 전압계의 유한한 저항 효과는 무시할 수 있을 것이다. 10 MΩ 또는 그 이상의 저항을 가지고 있는 현대적인 디지털 전압계는 이상적인 계기에 가깝다.

관련 문제 그림 25.15의 40 Ω의 저항기에 걸린 전압을 (a) 이상적인 전압계로, (b) 저항이 1000 Ω인 전압계로 측정하면 얼마인가?

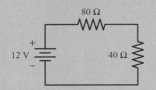

그림 25.15 40 Ω의 저항기에 걸리는 전압은 얼마인가?

풀이 (a) 이 회로는 단순한 전압 분할기이고, 식 25.2b에 따르면 40 Ω의 저항기에 걸린 전압은 전지 전압의 $\frac{1}{3}$배, 곧 4.00 V이다. 무한대의 저항을 가진 이상적인 전압계는 회로를 바꾸지 않으

므로 표시된 값은 4.00 V이다. (b) 전압계를 연결하면 그림 25.16의 회로가 된다. 1000 Ω의 전압계와 40 Ω의 저항기의 병렬 연결이므로 이제 식 25.3b로부터 38.5 Ω을 얻는다. 마지막으로 식 25.2b를 적용하면 3.90 V를 얻는데, 이 값은 이상적인 전압계보다 2.5% 낮다.

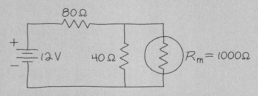

그림 25.16 실제 전압계(R_m)는 회로를 변화시킨다.

확인 문제 **25.6** 그림에 있는 모든 저항기의 저항은 똑같고 전지는 이상적이다. 점 A와 B 사이에 이상적인 전압계를 연결한다면 표시된 값은 얼마인가? (a) 10 V, (b) 5 V와 10 V 사이, (c) 5 V, (d) 0 V와 5 V 사이, (e) 0 V

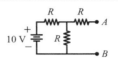

전류계

전류계(ammeter)는 자체로 흐르는 전류를 측정하는 전기 측정기이다. 회로 소자로 흐르는 전류를 측정하려면, 회로를 잘라서 그림 25.17a처럼 전류계를 직렬 연결해야만 회로 소자를 통과한 모든 전류가 전류계로 흐르게 된다. 전류계를 그림 25.17b처럼 연결하면 저항기를 지난 전류가 전류계를 통과하지 않으므로 전류를 올바로 측정할 수 없다.

전류계가 저항을 가지고 있으면 회로의 총 저항이 증가하여 전류를 감소시키므로, 이상적인 전류계는 저항이 0이어야 한다. 실제로 전류계의 저항은 측정하는 회로의 저항보다 훨씬 낮아야 한다.

 전압계와 전류계 연결하기 전압계는 두 점 사이의 퍼텐셜차를 측정하므로 전압을 재고자 하는 회로 소자에 걸쳐서 연결된다. 즉 병렬 연결이다. 전류계는 자체로 흐르는 전류를 측정하므로 전류를 재고자 하는 회로 소자에 직렬 연결한다. 따라서 두 점 사이의 전압, 두 점으로 흐르는 전류라는 표현에 익숙해야 전기 측정기를 올바로 연결할 수 있다.

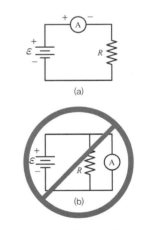

그림 25.17 전류계를 연결하는 (a) 올바른 방법, (b) 틀린 방법

저항계 및 멀티미터

때로는 회로 소자의 저항을 직접 재기도 한다. 전압을 알고 있는 회로 소자에 전류계를 직렬 연결하면 저항을 모르는 회로 소자로 흐르는 전류를 측정할 수 있으므로 저항을 구할 수 있다. 이러한 목적으로 저항값을 표시하고 사용하는 전류계를 **저항계**(ohmmeter)라고 부른다. 전압계, 전류계, 저항계의 기능을 동시에 수행하는 전기 측정기를 **멀티미터**(multimeter)라고 부른다.

25.5 축전기 회로

······

LO 25.5 축전기가 포함된 회로를 분석할 수 있다.

······

지금까지는 정상 전류가 흐르는 전기 회로만 공부하였다. 손전등이 좋은 보기이다. 손전등을 켜면 즉시 전류가 흐르기 시작하여 손전등을 끌 때까지 정상 전류가 흐른다.

축전기 회로에서는 전류가 서서히 변한다. 축전기는 한 쌍의 절연된 도체로서 전하와 전압이 $Q = CV$로 관련되어 있다. 여기서 Q는 한쪽 도체에 대전된 전하의 크기, V는 두 도체 사이의 퍼텐셜차, C는 전기 용량이다. 축전기의 전압은 대전된 전하에 비례하므로 전압이 변하면 전하가 변한다. 축전기에 대전되는 전하가 증가하거나 감소하는 비율은 전류의 크기로 정해진다. 실제 회로의 전류는 유한하므로 축전기의 전하가 즉시 변할 수 없다. 따라서 다음과 같이 기술할 수 있다.

> 축전기에 걸리는 전압은 즉시 변할 수 없다.

다시 말하면, 축전기의 전압은 한 값에서 다른 값으로 갑자기 바뀔 수 없다는 뜻이다. 수학적으로는 축전기의 전압 V_C가 시간의 연속 함수이며, 그 도함수가 유한하다는 뜻이다. 전압이 얼마나 빨리 변하는가는 전기 용량과 다른 회로 소자에 따라 달라진다.

저항기와 축전기로 구성된 **RC 회로**(RC circuit)는 생체 구조에서부터 스테레오 증폭기, 거대한 에너지 저장 장치까지 일상에 산재해 있다. 축전기의 충전과 방전을 개별적으로 생각해 보자.

RC 회로: 충전

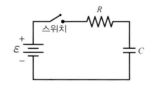

그림 25.18 RC 회로 $t = 0$에서 스위치는 닫혀 있다.

그림 25.18에서 처음에는 축전기가 대전되지 않아서 축전기에 걸린 전압이 0이다. 저항기 왼쪽의 스위치를 닫아서 전지와 연결하면 전지의 기전력 $\mathcal{E}$을 받게 된다(전지의 음단자에서 $V = 0$으로 택한다). 한편 저항기의 오른쪽은 축전기 윗판과 같은 전압이고, 축전기가 즉시 변하지 못하므로 아직 0이다.

이제 저항기에 기전력 $\mathcal{E}$이 걸리므로 회로에 전류 $I = \mathcal{E}/R$가 흐르면서 축전기의 윗판에 양전하가, 아랫판에는 음전하가 대전되기 시작한다. (금속 도체에서 항상 그렇듯이 실제 움직이는 것은 음의 전자들이다. 그렇지만 그 효과는 같다. 그림 25.18의 회로에서 시계 방향으로 흐르는 전류는 축전기의 윗판을 좀 더 양의 전하로 대전시키고 아랫판을 좀 더 음의 전하로 대전시킨다.)

전하가 축전기 극판에 축적되면서 축전기의 전압이 그에 비례하여 증가한다. 다만 축전기와 저항기 전압의 합은 전지의 전압 $\mathcal{E}$과 항상 같으므로 축전기의 전압이 증가하면 저항기의 전압이 떨어진다. 이때 옴의 법칙, $I = V/R$에 따라 저항기의 전류도 떨어지고, 이어서 축전기에 전하가 축적되는 비율도 감소하기 시작한다. 따라서 축전기 전압이 증가하는 비율이 점점 느려진다.

결국에는 축전기 전압이 전지의 전압과 같아지고, 저항기의 전압과 전류가 0이 되어 축전기에 더 이상 전하가 축적되지 않는다. 즉 축전기가 전지의 전압까지 충전되고 회로의 전류

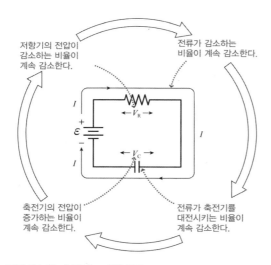

그림 25.19 충전되는 RC 회로

가 0이 되는 마지막 상태에 도달한 것이다. 그림 25.19는 전류, 전하, 전압 사이의 내부 관계를 보여 준다.

이번에는 고리 법칙을 이용하여 그림 25.18의 회로를 정량적으로 분석해 보자. 시계 방향으로 고리를 돌면, 전지를 지나면서 전압이 $\mathcal{E}$만큼 증가하고, 저항기를 지나면서 IR만큼 감소하고, 축전기 윗판에서 아랫판으로 V_C만큼 떨어진다(그림 25.20 참조). 여기서 $V_C = Q/C$이므로, 고리 방정식은 다음과 같다.

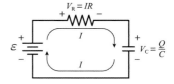

그림 25.20 충전되는 RC 회로의 전압 변화

$$\mathcal{E} - IR - \frac{Q}{C} = 0$$

이 식에는 두 개의 미지수 I와 Q가 있지만, 전하가 충전되는 비율이 곧 전류이므로, $I = dQ/dt$로 연결된다. 이제 고리 방정식을 미분하면,

$$-R\frac{dI}{dt} - \frac{1}{C}\frac{dQ}{dt} = 0$$

이다. 이 결과에 $I = dQ/dt$를 넣어서 정리하면 다음과 같이 전류에 관한 식을 얻는다.

$$\frac{dI}{dt} = -\frac{I}{RC} \tag{25.4}$$

여기서 전류의 변화율은 전류 자체의 크기에 비례한다. 인구 성장, 예금의 증가, 방사성 붕괴 등의 변화율도 위 식처럼 자체의 크기에 비례한다.

13장의 단순 조화 운동 방정식처럼 미지수 I의 도함수가 포함되기 때문에 식 25.4는 미분 방정식(differential equation)이다. 미분 방정식의 해는 숫자가 아니라 미지의 양(전류)와 독립 변수(시간) 사이의 함수이다. 식 25.4의 양변에 dt/I를 곱하여 미지수 I를 한 변으로 모아서 정리하면,

$$\frac{dI}{I} = -\frac{dt}{RC}$$

이고, 양변을 적분하면 다음을 얻는다.

$$\int_{I_0}^{I} \frac{dI}{I} = -\frac{1}{RC}\int_{0}^{t} dt$$

여기서 $I_0 = \mathcal{E}/R$는 스위치를 닫는 시간 $t = 0$에서 처음 전류이고, 임의 시간 t까지 적분한다. 왼편 적분 결과는 로그 함수이고 오른편 적분 결과는 t이므로

$$\ln\left(\frac{I}{I_0}\right) = -\frac{t}{RC}$$

이다. 여기서 $\ln I - \ln I_0 = \ln(I/I_0)$을 사용했다. $e^{\ln x} = x$의 관계를 이용하면 $I/I_0 = e^{-t/RC}$이고, $I_0 = \mathcal{E}/R$이므로 다음을 얻는다.

$$I = \frac{\mathcal{E}}{R}e^{-t/RC} \tag{25.5}$$

즉 정성적으로 논의한 것처럼 전류는 지수적으로 감소한다. 한편 $V_C = \mathcal{E} - V_R$이고, $V_R = IR = \mathcal{E}e^{-t/RC}$이므로, 축전기 전압은 다음과 같이 변한다.

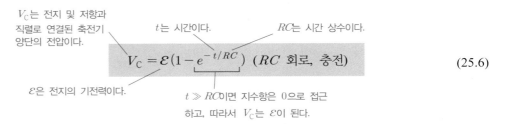

V_C는 전지 및 저항과 직렬로 연결된 축전기 양단의 전압이다.
t는 시간이다.
RC는 시간 상수이다.

$$V_C = \mathcal{E}(1 - e^{-t/RC}) \quad (RC \text{ 회로, 충전}) \tag{25.6}$$

$\mathcal{E}$은 전지의 기전력이다.
$t \gg RC$이면 지수항은 0으로 접근하고, 따라서 V_C는 $\mathcal{E}$이 된다.

즉 축전기 전압은 0에서 시작하여 기전력 $\mathcal{E}$까지 증가한다. 그림 25.21은 축전기의 전압과 전류의 시간 변화를 보여 준다.

언제 축전기가 완전히 충전될까? 결과 식에 따르면 불가능하다. 다만 **시간 상수**(time constant) RC로 충전 상태를 결정할 수 있을 뿐이다. 식 25.6을 보면 한 번의 시간 상수 ($t = RC$)에서, 전압이 $\mathcal{E}(1 - 1/e) \approx 0.63\mathcal{E}$까지 증가한다. $t = 5RC$에서는 99% 충전된다(연습 문제 31 참조). 시간 상수 RC는 축전기에 걸리는 전압이 즉시 변할 수 없음을 잘 보여 준다. 결국 시간 상수보다 작은 시간에서는 전압이 크게 변하지 않는다. 한편 여러 번의 시간 상수가 지나면 축전기에 전류가 사실상 흐르지 않게 된다. 그림 25.21은 전압과 전류의 시간 변화를 시간 상수 단위로 보여 준다.

저항기와 축전기의 값은 광범위하므로 시간 상수의 값도 여러 자릿수에 걸쳐 있다. 시간 상수가 μs에서 h에 이르는 전자 소자들로 전기량의 변화를 조절하고 있다. 예를 들어 1초에 60번 변하는 전형적인 AC 증폭기에서 RC 회로를 이용하여 오디오와 비디오 장비에 정상 직류를 공급한다. 오디오의 이퀄라이저는 RC 회로에 가변 저항기를 사용한다. 즉 저항을 바꾸면 시간 상수가 바뀌므로 재빠르게 오디오 신호를 바꿀 수 있다. 반면에 시간 상수가 골칫거리가 될 수 있다. 오디오에서 축전기의 고진동수에 대한 반응에 한계가 있기 때문에 재생 음질이 떨어지기 마련이다. 1초에 수십억 번 변하는 GHz대의 신호라면 전선의 저항과 축전기의 전기 용량에 의한 미세한 시간 상수조차 문제를 일으키기 쉽다.

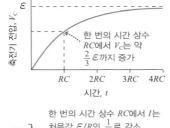

한 번의 시간 상수 RC에서 V_C는 약 $\frac{2}{3}\mathcal{E}$까지 증가

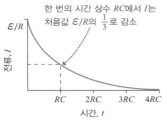

한 번의 시간 상수 RC에서 I는 처음값 $\mathcal{E}/R$의 $\frac{1}{3}$로 감소

그림 25.21 충전되는 RC 회로에서 축전기 전압과 회로 전류의 시간 변화. 어림값 2/3와 1/3의 실제값은 각각 $1 - 1/e$과 $1/e$이다.

RC 회로: 방전

그림 25.22처럼 저항기에 대전된 축전기를 연결한다고 하자. 축전기의 처음 전압이 V_0이라면, 회로를 연결한 처음에는 $I_0 = V_0/R$의 전류가 흐르기 시작한다. 이 전류는 축전기 양의 극판에서 음의 극판으로 전하를 이동시켜서 축전기의 전하를 줄인다. 전압은 축전기의 전하

그림 25.22 방전되는 RC 회로

에 비례하므로 축전기 전압도 떨어진다. 이어서 전류가 줄어들면서 축전기가 방전하는 비율도 줄어든다. 결국에는 회로의 전압과 전류가 0이 된다. 에너지 관점에서 보면, 축전기의 전기장에 저장된 에너지가 서서히 저항기의 열로 소모된다.

그림 25.22에 해당하는 고리 방정식은 간단하다. 시계 방향으로 $Q/C - IR = 0$이다. 그림 25.22에서 축전기의 전하 Q가 감소하는 방향을 양의 방향으로 잡았으므로, 전하 변화율 dQ/dt와 전류의 방향은 반대이다. 즉 $I = -dQ/dt$이다. 고리 방정식을 미분하고 $I = -dQ/dt$를 넣으면 $dI/dt = -I/RC$를 얻는다. 이 결과는 식 25.4와 같지만, $I_0 = V_0/R$이므로, 전류는 다음과 같다.

$$I = \frac{V_0}{R}e^{-t/RC} \tag{25.7}$$

또한 축전기와 저항기가 병렬 연결이므로 전압이 같고, 옴의 법칙 $V = IR$에서 다음과 같다.

$$V = V_0 e^{-t/RC} \ (RC \text{ 회로, 방전}) \tag{25.8}$$

식 25.7과 25.8을 보면 충전할 때와 마찬가지로 방전의 시간 상수도 RC이다.

예제 25.5	축전기 충전: 카메라 플래시	응용 문제가 있는 예제

$150\ \mu\text{F}$의 축전기에서 에너지를 얻는 카메라 플래시는 한 번 터지는 데 $170\ \text{V}$가 필요하다. $200\ \text{V}$의 전원과 $18\ \text{k}\Omega$의 저항으로 축전기를 충전시키면 다음 번까지 얼마나 기다리는가? 플래시는 한 번 터지면 완전 방전된다고 가정한다.

해석 축전기 충전에서 전압을 알고 시간을 구하는 문제이다.

과정 식 25.6, $V_C = \mathcal{E}(1 - e^{-t/RC})$가 충전되는 축전기의 전압이므로 이 식을 풀어서 시간 t를 구한다.

풀이 먼저 시간을 포함한 지수항

$$e^{-t/RC} = 1 - \frac{V_C}{\mathcal{E}}$$

의 양변에 자연 로그를 취하고, $\ln e^x = x$를 이용하면,

$$-\frac{t}{RC} = \ln\left(1 - \frac{V_C}{\mathcal{E}}\right)$$

이고, t에 대해서 풀고 주어진 값을 넣으면 다음을 얻는다.

$$t = -RC\ln\left(1 - \frac{V_C}{\mathcal{E}}\right) = 5.1\ \text{s}$$

검증 답을 검증해 보자. 시간 상수는 $RC = 2.7\ \text{s}$이고, $170\ \text{V}$는 $200\ \text{V}$의 2/3가 넘는다. 따라서 충전 시간은 시간 상수보다 길다. 구한 답은 거의 $2RC$에 가깝다. 실전 문제 72에서 회로의 에너지와 일률에 대해서 풀이한다.

RC 회로: 처음과 나중 거동

RC 회로를 분석하기 위하여 지수 방정식을 반드시 풀지 않아도 된다. 시간 상수보다 훨씬 짧은 시간의 변화를 알고 싶다면 축전기 전압이 즉시 변하지 않는다는 사실만 알면 된다. 한편 시간 상수보다 훨씬 긴 오랜 시간 후의 변화를 알고 싶다면, 축전기가 나중 전압에 도달하여 더 이상 전류가 흐르지 않는다는 사실만 알면 된다.

핵심요령 25.2	RC 회로의 처음 거동과 나중 거동 분석하기

처음 거동: 시간 상수보다 훨씬 짧은 시간에서는 축전기 전압이 변하지 않는다. 따라서 축전기가 대전되지 않았다면 축전기를 합선 회로로 대체하고, 만약 대전되었다면 축전기의 전압이 기전력인 전지로 대체하고, 25.2절 혹은 25.3절의 방법으로 회로를 분석한다.
나중 거동: 시간 상수보다 훨씬 긴 시간 후에는 축전기로 더 이상 전류가 흐르지 않는다. 따라서 축전기를 열린 회로로 대체하고 25.2절 혹은 25.3절의 방법으로 회로를 분석한다.

| 예제 25.6 | *RC* 회로: 처음 거동과 나중 거동 |

그림 25.23a의 축전기는 충전되지 않은 상태이다. (a) 스위치를 닫은 직후와 (b) 긴 시간이 지난 후에 R_1에 흐르는 전류를 각각 구하라.

해석 '스위치를 닫은 직후'는 시간 상수 *RC*보다 훨씬 짧은 시간이고, '긴 시간이 지난 후'는 *RC*보다 훨씬 긴 시간이다. 즉 *RC* 회로의 처음 거동과 나중 거동을 분석한다.

과정 핵심요령 25.2에 따라 처음 거동은 그림 25.23b처럼 축전기를 합선 회로로 대체한다. 스위치를 닫고 이 회로에서 R_1에 흐르는 전류를 구한다. 나중 거동은 축전기를 그림 25.23c처럼 열린 회로로 대체한다.

풀이 합선 회로는 전압이 걸리지 않는 완벽한 도체이므로 그림 25.23b의 R_2에 걸리는 전압은 없다. 따라서 전지의 전압이 모두 R_1에 걸리면서 전류는 $I = \mathcal{E}/R_1$이다. 한편 그림 25.23c에서 두 저항은 직렬 연결이므로 두 저항에 흐르는 전류는 $I = \mathcal{E}/(R_1 + R_2)$이다.

검증 답을 검증해 보자. R_1에 흐르는 전류는 $\mathcal{E}/R_1$에서 시작해서 점점 줄어들다가 $\mathcal{E}/(R_1 + R_2)$가 된다. 축전기가 충전되지 않으면 전류가 R_2에 '도달하기 전'이므로 R_2의 존재가 무의미하다. 그러나 충전되면 R_2에 전류가 흐르므로 존재를 느낀다. 보다 복잡한 방정식을 풀지 않으면 중간 단계의 거동을 설명할 수 없지만, 앞에서처럼 처음과 나중 거동은 쉽게 할 수 있다.

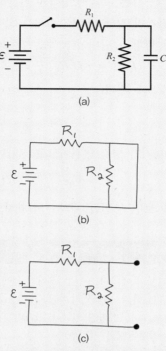

그림 25.23 (a) 원래 회로, (b) 처음의 등가 회로, (c) 나중의 등가 회로

| 확인 문제 | **25.7** 12 V로 대전된 축전기를 그림의 두 점 *A*와 *B*에 연결한다. 극판 *A*는 양으로 대전된다. (1) 축전기를 연결한 직후, (2) 축전기를 연결하고 오랜 시간 후, 2 kΩ의 저항기를 지나는 전류는 각각 얼마인가? |

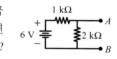

핵심 개념

이 장의 핵심 개념은 **전기 회로**이다. 전기 회로는 하나 이상의 전원과 회로 소자들의 연결을 뜻한다.

주요 개념 및 식

기전력(emf)은 전지처럼 에너지를 공급하여 전하가 흐르게 만드는 장치이다. 기전력 $\mathcal{E}$은 단위 전하당 에너지로 단위는 볼트이다. 이상적인 emf는 양 단자에 걸쳐 일정한 퍼텐셜차(전압)를 유지한다.

직렬 연결의 저항은

$$R_{직렬} = R_1 + R_2 + R_3 + \cdots 이다.$$

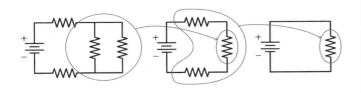

병렬 연결의 저항은

$$\frac{1}{R_{병렬}} = \frac{1}{R_1} + \frac{1}{R_2} + \frac{1}{R_3} + \cdots 이다.$$

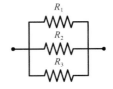

간단한 회로는 병렬 연결과 직렬 연결의 결합으로 분석될 수 있다.

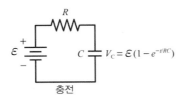

복잡한 회로는 키르히호프 법칙으로 분석될 수 있다.

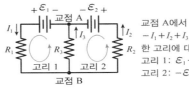

교점 A에서
$-I_1 + I_2 + I_3 = 0$이다.
한 고리에 대한 전압의 합은 0이다.
고리 1: $\mathcal{E}_1 - I_1R_1 - I_3R_3 = 0$
고리 2: $-\mathcal{E}_2 - I_2R_2 + I_3R_3 = 0$

축전기는 회로 물리량에 시간에 따른 변화를 일으킨다.

시간 상수 RC가 시간의 척도이다.

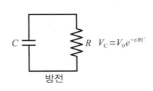

$$V_C = \mathcal{E}(1 - e^{-t/RC})$$

충전

$$V_C = V_0 e^{-t/RC}$$

방전

응용

실제 전지와 다른 전원에는 **내부 저항**이 있다. 전원이 전류를 공급할 때 단자 전압이 기전력 $\mathcal{E}$보다 낮아진다.

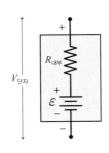

전압계는 두 단자에 걸리는 전압을 측정한다. 전압을 측정하는 회로 소자에 전압계를 병렬 연결한다.

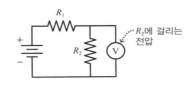

R_2에 걸리는 전압

이상적인 전압계는 무한한 저항을 가진다.

전류계는 자체로 흐르는 전류를 측정한다. 전류를 측정하는 회로 소자에 전류계를 직렬 연결한다.

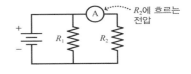

R_2에 흐르는 전압

이상적인 전류계는 저항이 0이다.

물리학 익히기 www.masteringphysics.com을 방문하여 과제를 수행하고 동적 학습 모듈(Dynamic Study Modules), 연습 문제(practice quizzes), 문제 영상 풀이(video solutions to problems) 등의 자기 학습 도구를 이용하시오.

BIO 생물 및 의학 문제 **DATA** 데이터 문제 **ENV** 환경 문제 **CH** 도전 문제 **COMP** 컴퓨터 문제

학습 목표 이 장을 학습하고 난 후 다음을 할 수 있다.

LO 25.1 전기 회로를 파악하고 그릴 수 있다.
개념 문제 25.5
연습 문제 25.11, 25.12, 25.13, 25.14, 25.16
실전 문제 25.82

LO 25.2 저항기가 직렬 연결과 병렬 연결된 회로를 분석할 수 있다.
개념 문제 25.1, 25.2, 25.4, 25.6, 25.7
연습 문제 25.17, 25.18, 25.19, 25.20, 25.21, 25.22
실전 문제 25.42, 25.43, 25.44, 25.45, 25.46, 25.47, 25.48, 25.49, 25.69, 25.70, 25.71, 25.73, 25.74, 25.76, 25.80

LO 25.3 키르히호프 법칙을 사용해서 일반적인 회로를 분석할 수 있다.
개념 문제 25.3
연습 문제 25.23, 25.24, 25.25
실전 문제 25.50, 25.51, 25.52, 25.65, 25.66, 25.69, 25.73, 25.78, 25.79, 25.81

LO 25.4 전압계와 전류계를 바르게 사용할 수 있다.
개념 문제 25.8, 25.9, 25.10
연습 문제 25.26, 25.27, 25.28
실전 문제 25.53, 25.54, 25.55, 25.63, 25.64

LO 25.5 축전기가 포함된 회로를 분석할 수 있다.
연습 문제 25.29, 25.30, 25.31, 25.32, 25.33
실전 문제 25.56, 25.57, 25.58, 25.59, 25.60, 25.61, 25,62, 25.67, 25.68, 25.72, 25.75, 25.77, 25.83

개념 문제

1. 집안의 콘센트는 직렬 연결인가, 병렬 연결인가? 어떻게 알 수 있는가?
2. 전지의 표시 전압과 단자에 걸리는 전압이 다를 수 있는가?
3. 전지의 단자에 걸리는 전압이 표시 전압보다 클 수 있는가?
4. 그림 25.24 회로에서 스위치가 열려 있을 때 저항기에 걸리는 전압은 얼마인가? 스위치에 걸리는 전압은 얼마인가?

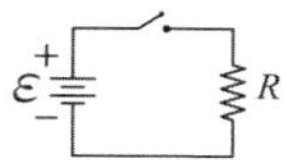

그림 25.24 개념 문제 4

5. 직렬 회로의 두 저항기는 같은 전력을 소모한다. 첫 번째 저항기를 지나면서 에너지가 손실되는데 어떻게 가능한가?
6. 세탁기, 전기오븐, 전기난로처럼 부하가 큰 가전제품을 사용하면 집안의 전등이 흐려진다. 왜 그런가?
7. 동일한 두 저항을 이상 전지에 연결하여 최대 전력을 얻으려면 어떻게 연결해야 하는가?
8. 전압과 내부 저항을 모르는 전지가 있다. 이상적인 전압계와 전류계를 어떻게 사용해야 하는가?
9. 전압과 전류를 혼동한 학생이 이상적인 전류계를 자동차 전지에 병렬 연결하였다. 전류계는 어떻게 되는가?
10. 전압과 전류를 혼동한 학생이 전구에 전압계를 직렬 연결하여 전구에 걸리는 전압을 재고자 한다. 전구는 어떻게 되는가?

연습 문제

주의: 설사 일부 값의 유효 숫자가 한 자릿수라 하더라도 모든 회로 문제는 유효 숫자 두 자릿수까지 계산하라.

25.1 회로, 기호, 기전력

11. 저항 R_1을 전지의 양단자에 연결하고, 병렬 연결한 한 쌍의 저항 R_2와 R_3은 R_1의 낮은 전압 쪽에 연결한 다음, 축전기를 지나 전지의 음단자로 연결하는 회로를 그려라.
12. 전지 두 개, 저항기 한 개, 축전기 한 개 모두를 직렬 연결한 회로를 그려라. 회로 소자의 위치가 달라도 무방한가?
13. 저항 R_1과 R_2의 직렬 연결을 R_3과 병렬 연결한 다음에 전지의 양단을 연결한다. 회로도를 그려라.
14. 전지의 양단 사이로 3.0 C의 전하가 이동하면서 27 J의 에너지를 공급하는 전지의 기전력은 얼마인가?
15. 4.5 kJ의 에너지를 저장하고 있는 1.5 V 전지로 0.60 A 전류가 흐르는 전구를 얼마나 오랫동안 켤 수 있는가?
16. 5 A의 전류가 흐르는 자동차 전조등을 한 시간 동안 켜 두면, 12 V 자동차 전지의 화학 에너지가 얼마나 소모되는가?

25.2 저항기의 직렬 연결과 병렬 연결

17. 두 저항기 47 kΩ, 39 kΩ의 병렬 연결을 22 kΩ 저항기와 직렬 연결한 회로의 저항은 얼마인가?
18. 56 kΩ 저항기에 어떤 저항기를 병렬 연결하면 등가 저항이 45 kΩ이 되는가?
19. 자동차의 고장난 시동 모터에 285 A의 전류가 흐르면서 12.6 V 전지의 단자 전압이 7.33 V로 떨어진다. 정상 시동 모터에는 112 A가 흐른다. 정상 시동 모터를 작동시키는 전지의 단자 전압은 얼마인가?
20. 연습 문제 19의 전지 내부 저항은 얼마인가?
21. 9 V 전지가 합선되어 200 mA의 전류가 흐른다. 전지의 내부 저항은 얼마인가?
22. 1.0 Ω, 2.0 Ω, 3.0 Ω의 저항기를 셋 모두 사용하여 만들 수 있는

저항은 무엇무엇인가?

25.3 키르히호프 법칙과 다중 고리 회로

23. 그림 25.13에서 $\mathcal{E}_2 = 1.0\,\text{V}$일 때 세 저항기에 흐르는 전류를 각각 구하라.

24. 그림 25.25 회로의 3 Ω 저항기에 흐르는 전류는 얼마인가? (힌트: 계산할 필요도 없이 간단하게 알 수 있다. 왜 그런가?)

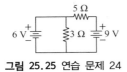

그림 25.25 연습 문제 24

25. 예제 25.4에서 $\mathcal{E}_2 = 2.0\,\text{V}$일 때 I_2를 구하라.

25.4 전기 측정

26. 저항이 200 kΩ인 전압계로 그림 25.26의 10 kΩ 저항기에 걸리는 전압을 측정한다. 전압계의 저항 때문에 발생하는 오차는 몇 %인가?

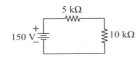

그림 25.26 연습 문제 26, 27

27. 저항이 100 Ω인 전류계를 그림 25.26 회로에 끼웠다. 전류계의 저항 때문에 발생하는 오차는 몇 %인가?

28. 신참 정비공이 저항 0.1 Ω의 전류계를 내부 저항이 0.01 Ω인 12 V 자동차 전지에 병렬 연결하였다. 전류계의 전력 소모는 얼마인가? (이 때문에 전류계가 손상된다.)

25.5 축전기 회로

29. RC의 단위가 시간(초)임을 보여라.

30. 전기 용량이 μF 단위일 때, 저항이 (a) Ω, (b) kΩ, (c) MΩ이면 시간 상수 RC의 단위는 각각 무엇인가?

31. 축전기의 99%가 $5RC$만에 충전됨을 보여라.

32. 대전되지 않은 10 μF 축전기와 470 kΩ 저항기의 직렬 연결을 250 V 전지에 연결한다. 축전기 전압이 200 V에 도달할 때까지 얼마나 걸리는가?

33. 예제 25.6의 축전기가 완전히 충전되었을 때 축전기에 걸리는 전압을 표기하라.

응용 문제

다음 문제들은 본문의 예제들에 기초한 것이다. 두 세트의 문제들은 물리학의 이해를 강화하는 연결의 형성을 돕고 이전에 풀어본 문제에서 변형된 문제를 해결하는 자신감을 키우도록 설계되어 있다. 각 세트의 첫 번째 문제는 본질적으로 예제 문제이지만 숫자들은 다르다.

두 번째 문제는 예제와 똑같은 상황이지만 묻는 질문이 다르다. 세 번째와 네 번째 문제는 완전히 다른 상황으로 이런 방식을 반복한다.

34. **예제 25.3** 예제 25.3의 4.0 Ω 저항을 2.0 Ω으로 바꾸어 다시 풀어라.

35. **예제 25.3** 예제 25.3의 회로에서 전지의 전압을 모른다고 하자. 4.0 Ω 저항에서 소모되는 전력이 0.16 W일 때 전지의 전압은 얼마인가?

36. **예제 25.3** 그림 25.27에서 $R_1 = R_2 = 33.0\,\Omega$이고 $R_3 = 47.0\,\Omega$이다. 내부 저항 12.5 Ω을 가진 6.00 V 전지를 A와 B 사이에 연결했을 때 R_3 양단의 전압을 구하라.

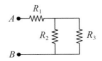

그림 25.27 응용 문제 36, 37 및 실전 문제 80

37. **예제 25.3** 그림 25.27에서 $R_1 = 220\,\Omega$, $R_2 = 180\,\Omega$, $R_3 = 68\,\Omega$이다. 9.0 V의 이상적인 전지를 A와 B 사이에 연결할 때 R_3에서 소모되는 전력을 구하라.

38. **예제 25.5** 1500 μF의 축전기에서 에너지를 얻는 전문가급 카메라 플래시는 한 번 터지는 데 210 V가 필요하다. 축전기를 240 V의 전원과 2.7 kΩ의 저항으로 충전시킨다면 다음 터질 때까지 얼마나 기다려야 하는가? 플래시는 한 번 터지면 완전히 방전된다고 가정한다.

39. **예제 25.5** 플래시가 터지는 시간 간격을 줄이기 위해 플래시 충전 방법을 수정하려고 한다. 플래시는 여전히 1500 μF의 축전기에서 에너지를 얻고 필요한 작동 전압은 210 V이지만 360 V의 외부 전원이 사용된다. 터질 때까지 기다리는 시간을 2.0 s로 조정하기 위해 필요한 충전 저항을 구하라.

40. **예제 25.5** BIO 심장 충격기는 심장에 전기적 충격을 가하여 심장 박동을 정상으로 회복시킨다. 작동 시에 축전기에 저장된 수백 J의 에너지는 수 ms의 짧은 순간에 방전된다. (a) 2.5 kV로 충전된 축전기의 전기 용량 150 μF인 심장 충격기가 환자의 몸, 피부 접촉 부위, 연결 선 등을 포함한 총 저항이 41 Ω인 환자에게 사용될 때, 축전기가 전압의 처음값의 10%까지 방전되는데 얼마나 오래 걸리는가? (b) 이때 환자에게 전달되는 에너지는 얼마인가?

41. **예제 25.5** BIO 여러분이 앞 문제에서 기술된 심장 충격기를 설계한다고 하자. 고정값 V_0인 전원이 사용되고 방전 저항은 R이다. 축전기의 전기 에너지는 Δt 동안 처음값의 f배가 되도록 만들려고 할 때, 축전기의 전기 용량을 주어진 항들로 나타내어라.

실전 문제

42. 그림 25.28의 저항은 모두 R이다. (a) A와 B, (b) A와 C 사이의 저항은 각각 얼마인가?

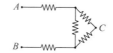

그림 25.28 실전 문제 42, 43

43. 그림 25.28의 저항기가 모두 1.0 kΩ이라고 하자. A와 B 사이에 6.0 V 전지를 연결하면 수직 저항기에 흐르는 전류는 얼마인가?

44. 내부 저항이 각각 0.01 Ω, 0.1 Ω, 1 Ω인 1.5 V 전지 세 개에 각각 1 Ω의 저항기를 연결한다. 각 전지의 단자 사이의 전압을 유효 숫자 세 자릿수까지 구하라.

45. 부분 방전된 자동차 전지를 내부 저항 0.085 Ω, 기전력 9.0 V의 전지로 볼 수 있다. 그것을 내부 저항 0.022 Ω, 기전력 12 V의 정상 전지와 연결하여 충전할 수 있다. +와 +, −와 −끼리 도선을 연결한다. 방전된 전지로 흐르는 전류는 얼마인가?

46. 새로 설계된 전지 기반 예비 전원의 안전성을 검증하려고 한다.
BIO 축축하고 땀이 난 상태에서는 인체의 연속된 피부의 두 점 사이의 저항은 500 Ω까지 낮아질 수 있다. 예비 전원이 사용하는 72 V짜리 전지의 내부 저항은 100 Ω이다. 이것은 축축한 인체를 통해 치명적인 100 mA(표 24.3)를 전달할 수 있는가?

47. 그림 25.29에서 (a) 전지가 공급하는 전류와 (b) 6 Ω에 흐르는 전류를 구하라.

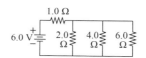

그림 25.29 실전 문제 47, 49

48. 1.5 Ω, 3.0 Ω 및 12 Ω짜리 세 개의 표준 저항을 3.0 V 전지에 연결하여 전체 소모 전력이 $\frac{1}{2}$ W가 되도록 만들려고 한다. 즉, 등가 저항이 6.0 Ω이 되는 연결 방법 2가지를 기술하라.

49. 그림 25.29에서 4 Ω의 소모 일률은 얼마인가?

50. 그림 25.30에서 전류계의 전류는 얼마인가?

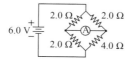

그림 25.30 실전 문제 50

51. 그림 25.13에서 전지 ε_2를 반대로 연결했을 때 각 저항의 전류를 유효 숫자 두 자릿수까지 계산하라.

52. 그림 25.13a의 ε_2는 예제 25.4에서는 9 V로 주어지고, 실전 문제 51에서는 −9 V로 주어져 있다. (a) ε_2의 임의의 값과 부호에 대하여 그림 25.13b처럼 위로 흐르는 전류를 양으로 취급하고 R_3을 지나는 전류에 대한 식을 써라. (b) ε_2가 얼마일 때 R_3을 지나는 전류는 0이 되는가?

53. 그림 25.31에서 30 kΩ에 걸리는 전압을 (a) 50 kΩ 전압계, (b) 250 kΩ 전압계, (c) 10 MΩ 디지털 전압계로 잴 때 유효 숫자 두 자릿수까지의 값을 각각 구하라.

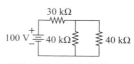

그림 25.31 실전 문제 53

54. 그림 25.32에서 A와 B 사이에 (a) 이상적인 전압계, (b) 이상적인 전류계를 연결할 때의 값을 구하라.

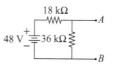

그림 25.32 실전 문제 54

55. 미지 저항기의 저항을 알기 위하여 저항기, 전류계 및 1.500 V의 전지를 직렬로 연결하니 전류계의 값이 82.21 mA이다. (a) 저항기의 저항은 얼마인가? 사실 전지와 전류계는 이상적인 상태가 아니다. 전지의 내부 저항은 59.0 mΩ이고 전류계의 저항은 116.0 mΩ이다. (b) 미지 저항의 실제 저항을 구하고, (c) 두 결과의 오차를 구하라.

56. RC 회로에서 충전 중인 축전기에 걸리는 전압은 5.0 ms만에 전지 전압의 $1−1/e$배까지 상승한다. (a) 전지 전압의 $1−1/e^3$배까지 상승하려면 얼마나 걸리는가? (b) 22 kΩ 저항기를 통해서 충전하면 전기 용량은 얼마인가?

57. 외부 제세동기는 환자의 몸을 통해 축전기를 방전시켜 발생한 펄
BIO 스로 심실 세동을 멈춘다. 그 축전기는 250 J의 에너지를 저장하다가 흉강을 통한 저항이 40 Ω인 몸으로 방전할 때, 축전기 전압이 10 ms만에 처음 값의 절반으로 떨어져야 한다. 이러한 규격을 만족하는 전기 용량(10 μF 단위에서 반올림)과 초기 축전기 전압(100 V 단위에서 반올림)을 구하라.

58. 매 1/60 s마다 35 V로 충전하는 스테레오 증폭기의 전원에 일정한 전압을 공급하기 위하여 축전기를 사용한다. 증폭기 회로로 방전되는 1/60 s 동안 축전기는 그 전압을 1.0 V 이내로 유지해야 한다. 35 V 전원으로부터 1.2 A 전류가 흐르면 (a) 유효 저항과 (b) 필요한 전기 용량은 각각 얼마인가?

59. 에너지가 5.0 J이 될 때까지 축전기를 충전한 다음에 10 kΩ 저항기에 연결하면, 8.6 ms 동안 저항기에서 2.0 J이 소모된다. 전기 용량은 얼마인가?

60. 2.0 μF 축전기를 150 V로 충전한 다음에, 그림 25.33의 스위치를 닫아서 2.2 kΩ 저항기와 대전되지 않은 1.0 μF 축전기에 연결한다. 회로가 평형에 도달할 때까지 저항기에서 소모된 에너지를 구하라. (**힌트**: 전하량 보존을 적용한다.)

그림 25.33 실전 문제 60

61. 예제 25.6의 회로에서 $\varepsilon = 100$ V, $R_1 = 4.0$ kΩ, $R_2 = 6.0$ kΩ이며, 축전기는 대전되지 않았다. (a) 스위치를 닫은 직후, (b) 스위

치를 닫고 오랜 시간 후에 저항기의 전류와 축전기의 전압은 각각 얼마인가? 오랜 시간 후에 스위치를 다시 열었다. (c) 다시 스위치를 연 직후, (d) 스위치를 열고 오랜 시간 후에 I_1, I_2, V_C는 각각 얼마인가?

62. 그림 25.34에서 처음에는 스위치가 열려 있고 두 축전기는 대전되지 않았다. 모든 저항은 R이다. (a) 스위치를 닫은 직후, (b) 스위치를 닫고 오랜 시간 후에 R_2에 흐르는 전류를 각각 구하라.

그림 25.34 실전 문제 62

63. 저항이 $10.00\,k\Omega$인 전압계로 잰 전지의 전압은 $4.982\,V$이고, $15.00\,k\Omega$인 전압계로 잰 전압은 $4.993\,V$이다. (a) 전지 전압과 (b) 내부 저항은 각각 얼마인가?

64. 저항이 $1.42\,\Omega$인 전류계를 일시적으로 전지에 연결했더니 그 눈금이 $9.78\,A$이었고, 저항이 $2.11\,\Omega$인 전류계로 측정을 반복했더니 눈금이 $7.46\,A$이었다. 전지의 (a) 전압과 (b) 내부 저항을 구하라.

65. 그림 25.35에서 $\mathcal{E}_1 = 12.0\,V$, $\mathcal{E}_2 = 6.00\,V$, $\mathcal{E}_3 = 3.00\,V$, $R_1 = 1.00\,\Omega$, $R_2 = 2.00\,\Omega$, $R_3 = 4.00\,\Omega$으로 택할 때, R_2에 흐르는 전류와 방향을 구하라.

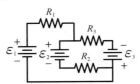

그림 25.35 실전 문제 65, 66

66. 이전 문제에서 $\mathcal{E}_2$를 제외한 값들이 모두 같을 때, (a) 이 전지에 흐르는 전류가 없게 되는 $\mathcal{E}_2$를 구하라. (b) 이 조건에서 R_1과 R_3에 흐르는 전류는 얼마인가?

67. **DATA** 대전된 축전기의 전압을 저항이 $1.00\,M\Omega$인 전압계로 관찰한 결과가 아래 표에 시간의 함수로 나타나 있다. 시간에 대해 그래프로 나타날 때 직선이 되는 전압의 함수를 결정하라. 그래프를 그리고 최적 맞춤 직선을 결정한 뒤, 그것을 사용하여 전기 용량을 구하라.

시간(s)	0	1	2	3	4
전압(V)	15.0	10.3	6.36	3.78	2.43

68. RC 회로에서 $20\,\mu f$의 축전기를 $140\,ms$만에 0%에서 45%까지 충전하는 데 필요한 저항을 구하라.

69. 회로의 교점에 들어오고 나가는 전류가 $1\,\mu A$만큼 다르다고 가정해 보자. 교점이 지름 $1\,mm$인 작은 금속구로 이루어져 있다면, 교점 주변의 전기장이 공기의 절연 파괴 전기장인 $3\,MV/m$에 도달하는 데 얼마나 걸리는가?

70. **CH** 단자 양단의 부하 저항이 전지의 내부 저항과 같을 때 전지가 전달하는 출력이 최대가 됨을 보여라. (이것은 전지를 취급하는 방법은 아니지만, 증폭기에서 부하 맞춤에 대한 기초가 된다. 실전 문제 71 참조)

71. 입체 음향 증폭기의 최대 출력이 $100\,W$이다. 증폭기는 기전력이 $8\,\Omega$의 저항과 직렬로 연결된 것으로 모형화될 수 있다. 증폭기와 함께 사용할 스피커의 저항은 얼마여야 하는가? 증폭기가 저항이 최적 저항의 절반인 스피커에 전달하는 출력은 얼마인가?

72. **CH** RC 회로를 충전할 때 전지에서 나온 총에너지의 절반만이 축전기에 저장됨을 보여라. (**힌트**: 나머지 에너지는 어떻게 되는가? 적분이 필요하다.)

73. 그림 25.36의 세 회로에서 A와 B 사이의 등가 저항을 각각 구하라.

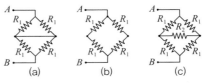

그림 25.36 실전 문제 73

74. $270\,\Omega$의 저항기를 전지에 연결하면 $31\,mA$의 전류가 흐르고, $120\,\Omega$의 저항기로 대체하면 $63\,mA$의 전류가 흐른다. (a) 전지의 전압과 (b) 내부 저항은 얼마인가?

75. **CH** RC 회로에서 충전하는 축전기의 전압이 증가하는 비율(dV/dt)을 표기하라. $t = 0$에서 값을 구해서 이 비율로 충전하면 한 번의 시간 상수 후에 완전히 충전됨을 보여라.

76. **CH** 그림 25.37의 회로는 오른쪽으로 무한히 이어지고, 모든 저항은 R이다. 왼쪽의 양 끝에서 잰 등가 저항이 $R(1+\sqrt{5})/2$임을 보여라. (**힌트**: 무한 급수를 더할 필요가 없다.)

그림 25.37 실전 문제 76

77. 그림 25.38은 그림 25.18의 $4700\,\Omega$ 저항기를 통해서 충전되는 축전기의 전압 변화를 보여 준다. 그래프를 이용하여 (a) 전지 전압, (b) 시간 상수, (c) 전기 용량을 구하라.

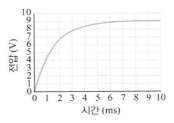

그림 25.38 실전 문제 77

78. **BIO** 그림 25.39는 근육세포 또는 뉴런의 축색돌기 같은 긴 원통형 세포의 전기 모형으로 사용하는 회로의 일부이다. 세 저항 모두 $R = 1.5\,M\Omega$이다. $\mathcal{E}_1 = 75\,mV$, $\mathcal{E}_2 = 45\,mV$, $\mathcal{E}_3 = 20\,mV$ 일

때, ε_3을 지나는 전류의 크기와 방향을 구하라.

그림 25.39 실전 문제 78, 79

79. 그림 25.39로 모형화한 세포를 통과하는 전기 화학적 펄스가 ε_3
BIO 의 기전력을 바꿔서 위 방향 전류 40 nA를 공급한다. 나머지는
실전 문제 78에 주어진 값과 같다면 ε_3의 값은 얼마인가?

80. 그림 25.27에서 $R_1 = 47\,\Omega$이고 $R_2 = 150\,\Omega$이다. 전압 24 V인
CH 이상적인 전지를 A와 B 사이에 연결할 때 R_3의 소모 전력은
824 mW이다. R_3의 가능한 양의 저항을 모두 구하라.

81. 그림 25.23a(예제 25.6)의 회로에 대한 교점 규칙과 고리 규칙의
식을 표기하고, 시간 상수를 구하라.

82. 보통 축전지는 사용할 수 있는 총전하인 A·h로 등급이 매겨져
있다. 5 A·h 축전지를 사용하도록 되어 있는 전자 제품에
50 W·h 등급의 6 V 축전지를 사용해도 될까?

83. 그림 25.40의 회로에서 스위치는 처음에 열려 있고 축전기는 충
전되어 있지 않다. 스위치가 닫힌 (a) 직후와 (b) 후에 긴 시간이
지났을 때 전지가 공급하는 전류 I를 구하라.

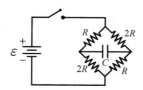

그림 25.40 실전 문제 83

실용 문제

BIO 표류 전압(stray voltage)은 낙농장에서는 심각한 문제로 흔히 부
식된 배선이나 나쁜 배선 관례 때문에 생긴다. 이런 조건은 지표면과
금속 식수조, 여물통, 또는 착유기 사이에 수 볼트를 발생시킨다. 젖
소는 감전으로 불안해져서 우유 산출량이 줄어들고 때로는 유선 감염
이 되기도 한다. 결과적으로 농장주는 중대한 재정적 손실에 직면할
수 있다. 그림 25.41은 일반적인 표류 전압 상황을 나타낸 것인데, 표
류 전압의 원천을 저항 1 kΩ이 직렬로 연결된 6 V의 기전력으로 모
형화하였다.

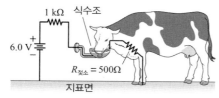

그림 25.41 표류 전압은 낙농장주를 파산시킬 수 있다(실용 문제 84~87).

84. 500 Ω의 젖소를 통해 흐르는 전류는
   a. 3 mA이다.
   b. 4 mA이다.
   c. 6 mA이다.
   d. 12 mA이다.

85. 젖소에 걸린 전압은
   a. 2 V이다.
   b. 4 V이다.
   c. 6 V이다.
   d. 거의 0 V이다.

86. 문제를 진단하기 위한 노력으로 농장주가 젖소가 없는 상태에서
식수조와 지표면 사이에 이상적인 전압계를 연결하면 전압계의
수치는
   a. 2 V이다.
   b. 4 V이다.
   c. 6 V이다.
   d. 위의 어느 것도 아니다.

87. 문제를 더 조사하기 위해 농장주가 젖소가 없는 상태에서 식수조
와 지표면 사이에 이상적인 전류계를 연결하면 전류계의 수치는
   a. 4 mA이다.
   b. 6 mA이다.
   c. 12 mA이다.
   d. 무한대이다.

25장 질문에 대한 해답

장 도입 질문에 대한 해답

전하 보존과 에너지 보존으로, 각각 교점 법칙과 고리 법칙에 해당한다.

확인 문제 해답

25.1 (a)와 (b)

25.2 (c) 6 V > (a) 3 V > (b) 0 V

25.3 $R_a > R_d > R_c > R_b$

25.4 (1) A가 가장 많은 전류가 흐르므로 가장 밝다. A를 지난 전류
가 B와 C로 갈라진다. (2) 전류가 같아지므로 A와 B의 밝기
가 같아진다. C가 있을 때보다 A는 어두워지고, B는 밝아진다.

25.5 (a)와 (c)

25.6 (c)

25.7 (1) 6 mA, (2) 2 mA

자기력과 자기장

학습 목표

이 장을 학습하고 난 후 다음을 할 수 있다.

LO 26.1 움직이는 전하가 자기 현상을 일으킴을 인식할 수 있다.

LO 26.2 자기장과 대전 입자, 대전 입자의 속력이 주어졌을 때 자기력을 계산할 수 있다.

LO 26.3 자기장 안의 대전 입자의 경로를 알 수 있다.

LO 26.4 전류에 작용하는 자기력을 계산할 수 있다.

LO 26.5 비오-사바르 법칙을 이용하여 자기장의 근원을 설명할 수 있다.

LO 26.6 자기 쌍극자를 설명하고 자기장과 자기 쌍극자의 상호작용에 대해 설명할 수 있다.

LO 26.7 강자성, 상자성, 반자성을 정성적으로 설명할 수 있다.

LO 26.8 앙페르 법칙을 설명하고 대칭성이 있는 자기장을 계산할 때 사용할 수 있다.

이 사진은 태양 대기에 형성된 수백만 K의 이온 기체 고리들이다. 이온 기체를 고리 모양으로 만든 힘은 무엇일까? 지구 대기에서는 왜 비슷한 고리를 볼 수 없을까?

많은 사람들이 눈에 보이지 않는 신비스러운 힘을 생성하는 자석에 매혹된다. 메모나 광고지를 붙이는 냉장고 자석에서 컴퓨터 저장 장치, 초고속 열차까지 자기는 일상과 밀접한 관련이 있다. 지구 자기장은 태양의 격렬한 자기 폭풍에서 분출되는 위험한 태양 복사로부터 지구를 보호한다. 빛은 자기와 전기의 상호작용으로 생기므로 자기가 없다면 볼 수조차 없다. 자기와 전기는 서로 연관되어 있으며 결코 분리할 수 없는 현상임을 알게 될 것이다.

26.1 자기는 무엇일까

LO 26.1 움직이는 전하가 자기 현상을 일으킴을 인식할 수 있다.

자석은 서로 힘을 작용하고 철 같은 물질에도 힘을 작용한다. 중력, 전기력과 마찬가지로 이러한 상호작용을 **자기장**(magnetic field)(기호 $\vec{B}$)으로 기술하면 편리하다. 한 자석은 주위에 자기장을 만들고 다른 자석이 그 주위의 자기장에 반응한다. 장선으로 자기장을 가시화할 수 있다. 자석 주변에 작은 철가루를 뿌리면 그림 26.1처럼 정렬된 자기장선을 볼 수 있다.

여러분에게 친숙한 자성은 전기와 관련된 훨씬 더 근본적이고 보편적인 현상의 한 표현에 불과하다. 여기서는 자기의 본질을 직접 공부한 다음에 친숙한 거시적 현상을 살펴보겠다.

20장에서 물질의 기본 특성으로 전하를 도입하고 전기장의 개념으로 전하의 상호작용을 기술하였다. 자기 역시 전하가 기본이다. 단, 다음과 같은 하나의 차이가 전기와 자기를 연관시키고 동시에 구분한다.

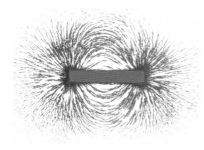

그림 26.1 주변의 철가루가 자기장을 따라서 정렬하여 막대자석의 자기장을 보여 준다.

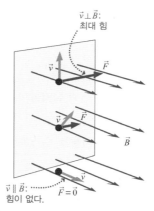

그림 26.2 대전된 입자에 작용하는 자기력은 입자의 속도 $\vec{v}$와 작용하는 자기장 $\vec{B}$에 수직이다. 그림은 대전된 양전하의 모습을 보여 준다.

> 움직이는 전하가 자기 현상을 일으킨다.

즉 움직이는 전하가 자기장의 원천이고 움직이는 전하는 자기장과 상호작용한다.

26.2 자기력과 자기장

LO 26.2 자기장과 대전 입자, 대전 입자의 속력이 주어졌을 때 자기력을 계산할 수 있다.

20장에서 전기장 $\vec{E}$를 $\vec{F}_E = q\vec{E}$로 정의하였는데, $\vec{F}_E$는 전하 q에 작용하는 전기력이다. 여기서 전기장은 없고 자기장만 있다고 하자. 나침반을 가져오면 바늘이 움직이므로 자기장의 존재를 알 수 있다. 기본적으로 자기장 안에서 전하 q의 거동으로 자기장을 알 수 있다. 전하가 정지해 있으면 어떤 일도 일어나지 않는다. 그러나 전하가 움직이면 그림 26.2처럼 **자기력**(magnetic force)을 받는다. 실험적으로 다음과 같은 사실들을 알 수 있다.

1. 자기력은 전하의 속도 $\vec{v}$와 자기장 $\vec{B}$에 모두 수직이다.
2. 자기력의 세기는 전하 q, 속력 v, 자기장 세기 B의 곱에 비례한다.
3. 전하가 자기장에 수직하게 움직일 때 자기력이 최대이고 평행하게 움직이면 0이다. 일반적으로 속도 $\vec{v}$와 자기장 $\vec{B}$의 사잇각이 θ일 때, 힘은 $\sin\theta$에 비례한다.

이러한 사실들을 11장의 벡터곱으로 표기하면 다음과 같다.

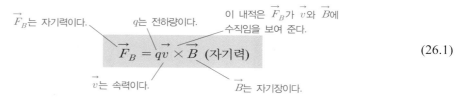

$\vec{F}_B$는 자기력이다. q는 전하량이다. 이 내적은 $\vec{F}_B$가 $\vec{v}$와 $\vec{B}$에 수직임을 보여 준다.

$$\vec{F}_B = q\vec{v} \times \vec{B} \quad \text{(자기력)}$$ (26.1)

$\vec{v}$는 속력이다. $\vec{B}$는 자기장이다.

벡터곱 $\vec{v} \times \vec{B}$의 크기가 $vB\sin\theta$이므로 자기력의 크기는 다음과 같다.

$$|\vec{F}_B| = |q|vB\sin\theta$$

벡터곱 $\vec{v} \times \vec{B}$의 방향을 오른손 규칙으로 정한다(그림 26.3 참조). 자기력은 양전하이면 $\vec{v} \times \vec{B}$의 방향과 같고 음전하이면 반대 방향이다.

식 26.1에서 자기력의 단위는 N·s/(C·m)이며, 미국인 발명가 니콜라 테슬라(Nikola

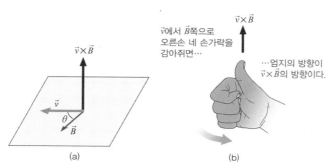

그림 26.3 벡터곱 $\vec{v} \times \vec{B}$의 방향은 오른손 규칙으로 찾는다.

Tesla)를 기념하여 **테슬라**(tesla, T)라고 한다. 1 T 는 매우 강한 자기장이며, 보다 작은 단위
인 G(가우스, $1\,G = 10^{-4}\,T$)를 주로 사용한다. 지구 자기장은 0.6 G 정도이고, 냉장고 자
석은 100 G 정도이다. MRI 장치에 사용하는 자기장은 수 T 이고, 빠르게 회전하는 붕괴된
자기별의 자기장은 $10^{11}\,T$ 에 이른다.

확인문제 **26.1** 그림처럼 자기장 안에 양성자가 있다. (1) 그림에 나타난 세 가지 양성자의 속도 중 자기력이 가장 큰 것은 어느 것인가? (2) 각 경우에 자기력의 방향은 무엇인가?

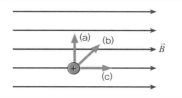

예제 26.1 | **자기력 구하기: 움직이는 양성자**

0.10 T의 자기장에 그림 26.4처럼 속력 2.0 Mm/s의 양성자가
들어온다. 각 양성자에 작용하는 힘을 구하라.

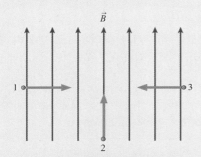

그림 26.4 양성자에 작용하는 자기력은 무엇인가?

해석 속력은 같지만 방향이 다른 대전 입자에 작용하는 자기력을
구하는 문제이다.

과정 식 26.1, $\vec{F}_B = q\vec{v} \times \vec{B}$를 각 양성자에 적용한다.

풀이 자기장에 평행하게 움직이는 양성자 2는 $\vec{v}_2 \times \vec{B} = 0$이므
로 자기력을 받지 않는다. 양성자 1과 3은 자기장에 수직하게 움
직이므로 $\sin\theta = 1$이고, 자기력은 $F_B = qvB\sin\theta = qvB$이다.
양성자의 전하는 $q = e = 1.6 \times 10^{-19}\,C$이므로 B와 v값을 넣으면
자기력의 크기는 $F = 32\,fN$이다. 또한 양성자는 양전하이므로
$\vec{F}_B$의 방향은 $\vec{v} \times \vec{B}$와 같고, 오른손 규칙에 따라 양성자 1은 종
이면에서 나오고, 양성자 3은 종이면으로 들어가는 방향이다.

검증 답을 검증해 보자. 구한 값 $32\,fN(=32 \times 10^{-15}\,N)$은 매우
작은 크기이지만, 양성자 또한 극히 작은 입자이다. 자기장만으로
자기력이 결정되지는 않는다. 자기장에 대한 운동 방향이 다르면
같은 입자도 다른 자기력을 받는다.

전기와 자기는 연관되어 있지만, 전기력과 자기력은 완전히 구별된다. 두 힘을 동시에 작
용하면, 전하 q가 받는 전기력은 $\vec{F}_E = q\vec{E}$이고 자기력은 $\vec{F}_B = q\vec{v} \times \vec{B}$이므로, 그 결과인
전자기력(electromagnetic force)은 다음과 같다.

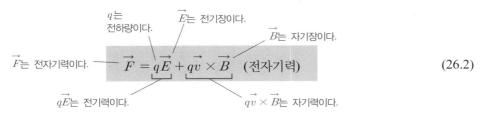

q는 전하량이다. $\vec{E}$는 전기장이다. $\vec{B}$는 자기장이다.

$\vec{F}$는 전자기력이다. $$\vec{F} = q\vec{E} + q\vec{v} \times \vec{B} \quad \text{(전자기력)}$$ (26.2)

$q\vec{E}$는 전기력이다. $q\vec{v} \times \vec{B}$는 자기력이다.

자기력은 속도에 의존하고 전기력은 속도와 무관하므로 전기장과 자기장이 수직이면 특정
속도의 입자를 골라낼 수 있다(그림 26.5 참조). 이러한 **속도 고르개**(velocity selector)로 균
일한 속도의 입자빔을 만들고 우주 공간에서 대전 입자의 밀도를 분석할 수 있다.

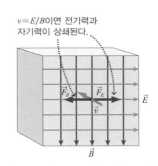

그림 26.5 속도 고르개. $qE = qvB$이면
전기력과 자기력이 상쇄되므로 속력이
$v = E/B$인 입자만 편향되지 않는다. 속
도 $\vec{v}$의 방향은 종이면으로 들어가는 방향
이다.

26.3 자기장 안의 대전 입자

LO 26.3 자기장 안의 대전 입자의 경로를 알 수 있다.

뉴턴 법칙에 따라서 자기력은 직선으로 운동하는 대전 입자를 편향시킨다. 자기력으로 대전 입자를 조정하는 장치는 TV 영상관에서 거대한 입자 가속기까지 응용성이 매우 높으며, 우주 공간에서도 자기력은 대전 입자의 운동 궤적을 결정한다.

자기력은 항상 입자 속도에 수직으로 작용한다. 따라서 자기력은 입자의 속력이 아니라 방향만 바꾸고 일을 하지 않는다. 균일한 자기장에 수직으로 움직이는 특별한 경우에는 자기력이 일정하므로 그림 26.6처럼 대전 입자가 등속 원운동을 한다. $\vec{v}$가 $\vec{B}$에 수직하므로 식 26.1에서 자기력의 크기는 qvB이다. 자기력이 작용하여 반지름 r인 원운동을 하며 구심 가속도 v^2/r가 생긴다. 따라서 뉴턴 법칙, $F = ma$에서 $qvB = mv^2/r$이며, 입자의 원형 궤도 반지름은 다음과 같다.

$$r = \frac{mv}{qB} \tag{26.3}$$

입자의 운동량 mv가 클수록 자기력이 경로를 바꾸기가 어려우므로 당연히 궤도 반지름이 크다. 반면에 전하나 자기장이 크면 자기력이 커져서 궤도 반지름이 줄어든다.

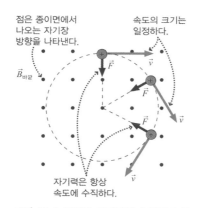

점은 종이면에서 나오는 자기장 방향을 나타낸다.

속도의 크기는 일정하다.

$\vec{B}_\text{바깥}$

자기력은 항상 속도에 수직하다.

그림 26.6 균일한 자기장에 수직으로 움직이는 대전 입자는 원운동한다.

확인 문제 26.2 종이면에서 나오는 방향의 균일한 자기장 안에서 그림 26.6처럼 전자가 원운동하려면 (a) 시계 방향과 (b) 반시계 방향 중 어디로 움직여야 하는가?

예제 26.2 ┃ 자기 편향: 질량 분석계 ┃ 응용 문제가 있는 예제

질량 분석계는 전하와 질량의 비율에 따라 이온을 분리하는 장치이다. 질량 분석계는 미지의 혼합물을 분석하거나 화학 원소를 분리하는 데 사용된다. 그림 26.7은 전하 q, 질량 m의 정지한 이온이 퍼텐셜차 V를 지나서 종이면에서 나오는 방향의 균일한 자기장 B의 영역에 들어가서 운동하는 모습이다. 자기장 영역에서만 자기력이 이온에 작용하여 이온이 반원으로 운동하다가 검출기에 도달한다. 자기장으로 들어오는 곳과 검출기에 도달한 곳 사이의 수평 거리 x를 구하라.

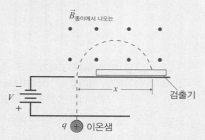

$\vec{B}_\text{종이면에서 나오는}$

V

x

검출기

q 이온샘

그림 26.7 질량 분석계

해석 균일한 자기장 안에서 원운동하는 대전 입자에 대한 문제이다. 수평 거리는 원형 궤도의 지름이다.

과정 식 26.3, $r = mv/qB$에서 원경로의 반지름은 자기장, 질량, 전하, 속력에 의존한다. 속력을 모르므로 먼저 속력을 구해야 한다. 단위 전하당 에너지인 퍼텐셜차를 알므로, 에너지 보존으로 운동 에너지를 구한 다음에, 자기장 안에서 이온의 속력을 구한다. 그리고 식 26.3을 적용한다.

풀이 퍼텐셜차 V에서 전하 q가 에너지 qV를 얻으므로, 자기장 안에 들어온 이온의 운동 에너지는 $\frac{1}{2}mv^2 = qV$이다. 즉 속력은 $v = \sqrt{2qV/m}$이다. 따라서 수평 거리 x는 다음과 같다.

$$x = 2r = \frac{2mv}{qB} = \frac{2m\sqrt{2qV/m}}{qB} = \frac{2}{B}\sqrt{\frac{2mV}{q}}$$

검증 답을 검증해 보자. 질량이 크거나 가속 전압 V가 커서 속력이 크면, 이온이 편향되기 어려우므로 반원의 지름이 커진다. 자기장이 크거나 전하가 크면 자기력은 커지고 지름은 작아진다. 한편 전압과 자기장이 고정되면 전하 질량비 q/m에 따라 이온을 분리할 수 있다.

사이클로트론 진동수

균일한 자기장에서 원운동하는 입자의 주기는 얼마일까? 궤도의 원둘레가 $2\pi r$이므로 주기는 $T = 2\pi r/v$이고, 식 26.3을 이용하여 다음과 같이 표기할 수 있다.

$$T = \frac{2\pi r}{v} = \frac{2\pi}{v}\frac{mv}{qB} = \frac{2\pi m}{qB}$$

놀랍게도 주기는 입자의 속력과 궤도 반지름에 무관하다. 식 26.3에서 속력 v가 클수록 반지름 r가 커지면서 원둘레가 같이 커지기 때문에, 빠른 입자는 긴 원형 궤도를 운동하여 주기가 같아진다.

입자의 원운동을 진동수 f로 표기하면 다음과 같다.

f는 질량이 m이고 전하량이 q인 입자가
자기장 $\vec{B}$ 속에서 돌고 있을 때 진동수이다.

$$f = \frac{qB}{2\pi m} \quad \text{(사이클로트론 진동수)} \tag{26.4}$$

f는 q/m와 B의 크기에만 의존한다.

이 진동수를 **사이클로트론 진동수**(cyclotron frequency)라고 부른다. 사이클로트론 진동수는 자기장과 전하 질량 비에만 의존하므로 사이클로트론 운동을 분석하여 천체물리학자들이 먼 우주에 있는 물체의 자기장을 측정하고 있다. 반면에 자기장을 고정시키면 입자의 속력에 무관하게 일정한 사이클로트론 진동수로 원운동한다. 전자레인지는 마그네트론(magnetron)이라고 부르는 특수한 관에서 1초에 24억 번 원운동하는 전자가 방출하는 마이크로파로 음식물을 요리한다.

응용물리 사이클로트론

물리학자들은 고에너지 입자로 물질의 구조를 연구하고, 의공학자들은 고에너지 입자빔을 이용하여 의료용 진단과 치료에 활용한다. 고에너지 입자를 만드는 가장 쉬운 방법은 높은 퍼텐셜차에서 이온을 가속시키는 방법이다. 그러나 고전압을 다루기가 힘들므로 실제로 얻는 에너지는 극히 낮을 수밖에 없다. 이러한 문제를 해결한 장치가 그림의 **사이클로트론**(cyclotron)이다. 즉 자석 위에 진공 상자를 설치하여, 중앙에서 생성된 이온이 등속 원운동을 하게 만드는 장치이다.

영문자 D처럼 생긴 도체 공동 '디'는 두 디를 가로지르는 퍼텐셜차가 사이클로트론 진동수에 따라 극 방향이 번갈아 바뀌도록 교류 전원에 연결되어 있다. 디 안에는 전기장이 없으므로 자기력의 영향으로 이온이 원운동한다. 이온이 디를 빠져나오면, 디 사이에 퍼텐셜차를 주는 전기장에서 에너지를 얻어 가속된 이온이, 다른 디로 들어가서 반지름이 커진 원경로를 따라 원운동한다. 이와 같이 이온이 반원을 돌고 디를 빠져나올 때마다 전기장의 방향을 반대로 바꾸면, 디 사이를 지날 때마다 이온이 에너지를 얻어서 더 빠른 속력으로 더 큰 반지름으로 원운동하지만, 항상 일정한 주기로 원운동한다. 이런 방식으로 원운동하던 이온이 디의 끝에 도달하면 전기장으로 편향시켜서 고에너지의 이온으로 디를 빠져나오게 된다.

사이클로트론으로 수백만 eV의 에너지를 가진 이온선을 만들 수 있다. 이 정도의 에너지면 핵반응을 일으킬 수 있으므로 의료용으로 방사성 동위원소를 만드는 데 사이클로트론을 이용하고 있다. PET(양전자 방출 단층 촬영 장치)라는 진단 장치는 사이클로트론이 만드는 방사성 동위원소를 사용한다. 사진은 PET를 작동하기 위하여 병원에 설치한 사이클로트론이다. 입자가 고에너지를 갖게 되면 상대론에 따라 사이클로트론 진동수가 더 이상 에너지에 무관하지 않기 때문에 단순한 사이클로트론 장치는 무용지물이 된다. 이때에는 사이클로트론을 개량한 **싱크로트론**(synchrotron)을 이용한다. 싱크로트론은 입자 에너지 증가에 맞춰 자기장과 진동수를 바꿀 수 있는 장치이다.

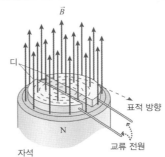

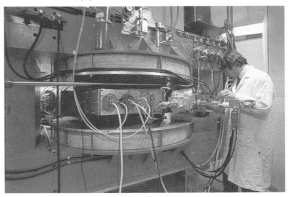

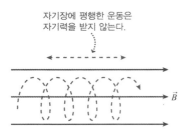

자기장에 평행한 운동은 자기력을 받지 않는다.

$\vec{B}$

그림 26.8 균일한 자기장 안에서 전하는 나선형 경로를 따른다.

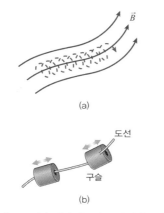

$\vec{B}$

(a)

도선

구슬

(b)

그림 26.9 (a) 자기장을 따라 나선 운동하는 대전 입자는 (b) 도선을 따라 미끄러지는 구슬처럼 자기장에 '얼어 붙는다'.

그림 26.10 오로라는 지구의 자기장선을 따라 나선 운동을 하며 고위도의 초고층 대기로 진입하는 하전 입자에 의해 발생한다.

대전 입자의 삼차원 궤적

대전 입자가 임의의 방향으로 움직이면 자기장에 수평, 수직인 속도 성분으로 분리하여 생각할 수 있다. 수직 성분은 자기장에 수직인 평면에서 대전 입자의 원운동을 기술한다. 한편 수평 방향으로는 자기력이 작용하지 않으므로 수평 성분은 변화가 없다. 따라서 균일한 자기장이라면 그림 26.8처럼 원운동하면서 자기장 방향으로 직진하는 나선 운동을 한다.

자기장 방향으로 자기력이 작용하지 않으므로 자기장 방향을 따라 대전 입자를 움직이기는 쉽다. 그러나 자기장에 수직하게 대전 입자를 밀면 대전 입자는 원운동한다. 더 강하게 밀면 더 큰 원운동을 한다. 결과적으로 대전 입자는 자기장선을 따라 '얼어붙어' 줄 위의 구슬처럼 자기장을 따라 움직인다(그림 26.9 참조). 불균일한 자기장과 입자끼리의 충돌로 '얼어붙는' 효과가 줄어들지만, 입자 밀도가 낮은 경우에는 '얼어붙는다'는 가정이 충분히 좋은 어림으로 작용한다. 이 장 도입 사진의 코로나 고리는 대전 입자들이 태양 자기장에 '얼어붙은' 모습이다. 이와 마찬가지로 태양풍에 실려서 지구의 자기장선에 갇힌 고에너지 입자들이 대기원의 질소와 산소 분자들과 충돌하여 장관을 연출하는 오로라가 발생한다(그림 26.10 참조). 지상에서는 100 MK의 고온 플라스마에서 자기장선에 대전 입자를 가두는 기술로 핵융합 에너지를 얻고자 연구하고 있다.

> **확인 문제** **26.3** 같은 에너지를 가진 전자와 양성자가 같은 자기장에서 나선 꼴로 움직인다. 전자와 비교해서 양성자는 (a) 더 큰 나선 꼴로 움직이고 회전하는 방향은 같다, (b) 더 작은 나선 꼴로 움직이고 회전하는 방향이 같다, (c) 더 작은 나선 꼴로 움직이고 회전하는 방향은 반대이다, (d) 더 큰 나선 꼴로 움직이고 회전하는 방향은 반대이다.

26.4 전류가 만드는 자기력

LO 26.4 전류에 작용하는 자기력을 계산할 수 있다.

전류는 전하의 운동이므로 자기장 안에서 자기력을 받는다. 그림 26.11은 자기장 $\vec{B}$ 안의 직선 도선이다. 도선의 전하는 마구잡이 열운동을 하므로 모든 전하에 작용하는 평균 자기력은 0이다. 그러나 도선에 전류 I가 흐르면 전하 q는 공통의 표류 속도 $\vec{v}_\mathrm{d}$로 움직이므로 식 26.1에 따라 자기력 $\vec{F}_q = q\vec{v}_\mathrm{d} \times \vec{B}$를 받는다. 도선의 단면적이 A이고, 단위 부피당 n개의 전하가 있으면, 길이 l의 도선에 있는 모든 전하가 받는 자기력은 $\vec{F} = nAlq\vec{v}_\mathrm{d} \times \vec{B}$이다. 여기서 $nAqv_\mathrm{d}$는 전류 I이다(24장 참조). 크기가 도선의 길이 l이고 방향이 전류 방향인 벡터 $\vec{l}$을 정의하면 자기력을 다음과 같이 표기할 수 있다.

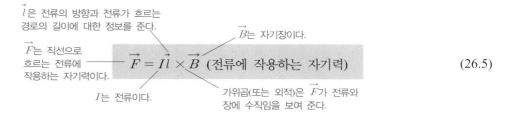

$\vec{l}$은 전류의 방향과 전류가 흐르는 경로의 길이에 대한 정보를 준다.

$\vec{B}$는 자기장이다.

$\vec{F}$는 직선으로 흐르는 전류에 작용하는 자기력이다.

$$\vec{F} = I\vec{l} \times \vec{B} \quad \text{(전류에 작용하는 자기력)}$$ (26.5)

I는 전류이다.

가위곱(또는 외적)은 $\vec{F}$가 전류와 장에 수직임을 보여 준다.

자기력은 전류와 자기장 모두에 수직이므로 그림 26.11의 종이면에서 나오는 방향이다. 자기력의 방향은 전하 운반자의 부호와 무관하다. 전하 운반자의 부호가 반대로 바뀌면 q의 부호와 $\vec{v}_d$의 방향이 함께 바뀌므로 자기력의 방향은 불변이다.

식 26.5는 도선의 전하에 작용하는 알짜힘이다. 실제 도선에서는 자기력의 영향으로 전하 운반자들이 도선의 한쪽으로 쏠리면서 전하가 분리되고 전기장이 생성되어 나머지 도선에 작용하는 힘이 나타난다(그림 26.12 참조). 비록 전적으로 자기적 효과는 아니지만 식 26.5의 힘을 '도선에 작용하는 자기력'이라고 부른다. 전류가 흐르는 도선에 작용하는 자기력을 이용하여 실용적인 장비들을 만들어서 일상적으로 사용하고 있다. 스피커, 전동기, 디스크 드라이버, 지하철, 펌프, 전기 공구 등 수없이 많은 장비들이 있다.

식 26.5는 균일한 자기장 안의 직선 도선에서 성립한다. 불균일한 자기장이나 곡선 도선에서는 식 26.5를 도선의 미소 부분에 적용한 뒤에, 적분으로 자기력을 구해야 한다(실전 문제 59 참조).

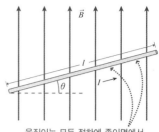

움직이는 모든 전하에 종이면에서 나오는 방향으로 자기력이 작용한다.

그림 26.11 균일한 자기장 안에서 전류가 흐르는 직선 도선

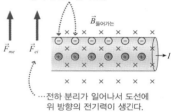

왼쪽으로 움직이는 전자가 자기력을 받아서 위로 움직이면…

…전하 분리가 일어나서 도선에 위 방향의 전기력이 생긴다.

그림 26.12 전류가 흐르는 도선에 작용하는 자기력의 근원($\vec{F}_{me}$는 전자에 작용하는 자기력이고 $\vec{F}_{ei}$는 이온에 작용하는 전기력이다.)

> **확인 문제**
>
> **26.4** 종이면에서 나오는 방향의 균일한 자기장을 지나는 유연한 전선이 그림처럼 위로 휘어진다. 전류는 (a) 왼쪽, (b) 오른쪽 중 어느 쪽으로 흐르는가?

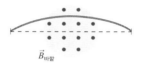

$\vec{B}_{바깥}$

개념 예제 26.1 **자기력: 송전선**

자기장이 수평으로 남쪽에서 북쪽을 향하고 있는 지구의 적도를 따라 송전선이 지나간다. 송전선의 전류가 서쪽에서 동쪽으로 흐른다면 송전선에 작용하는 자기력의 방향은 어느 쪽인가?

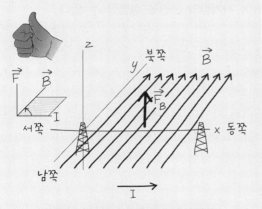

그림 26.13 개념 예제 26.1의 스케치

풀이 이 상황이 그림 26.13에 나타나 있다. 동쪽을 향하는 전류와 북쪽을 향하는 자기장에 대해 오른손 규칙을 사용하면 힘은 수직으로 위쪽을 향한다.

검증 항상 그렇듯이 힘은 전류와 자기장 모두에 직각이다. 아래 '관련 문제'에서 알게 되겠지만 이 힘은 송전선의 무게에 비해 꽤 약하다.

> **관련 문제** 지구 적도에서 자기장의 세기는 30 μT이고 송전선에 흐르는 전류는 500 A이다. 송전선 1 km에 작용하는 자기력은 얼마인가?
>
> **풀이** 식 26.5에 따라
>
> $$F = |I\vec{l} \times \vec{B}| = IlB \sin 90°$$
> $$= (500\,\text{A})(1.0\,\text{km})(30\,\mu\text{T})(1) = 15\,\text{N}$$
>
> 이 된다. 10 kN 정도인 송전선의 무게에 비해 이 힘은 훨씬 작다.

홀 효과

자기력의 방향은 전하 운반자의 부호가 아니라 전류의 방향에 의존한다. 전류 방향이 같으면 도선이 받는 자기력의 크기는 같아도 전하 운반자의 부호에 따라 방향이 달라지는 미묘한 현상이 있다. 그림 26.14에서 양 또는 음의 전하 운반자 모두 도선의 윗부분으로 쏠린다. 물

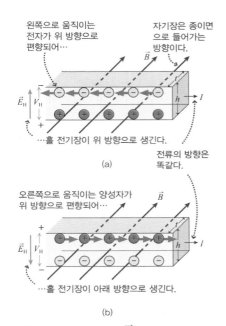

왼쪽으로 움직이는 전자가 위 방향으로 편향되어…

자기장은 종이면으로 들어가는 방향이다.

…홀 전기장이 위 방향으로 생긴다.

전류의 방향은 똑같다.

(a)

오른쪽으로 움직이는 양성자가 위 방향으로 편향되어…

…홀 전기장이 아래 방향으로 생긴다.

(b)

그림 26.14 홀 전기장 $\vec{E}_H$와 홀 퍼텐셜 V_H는 전하 운반자의 자기 편향 때문에 생긴다. (a) 왼쪽으로 움직이는 음전하와, (b) 오른쪽으로 움직이는 양전하 모두 오른쪽 방향으로 전류를 만든다.

론 전하 운반자의 부호가 다르면 속도의 방향도 다르지만, 새로운 전하 분포로 두 경우 모두 전기장을 생성하여 도선에 퍼텐셜차를 만든다. 전기장의 방향과 퍼텐셜차의 부호는 전하 운반자의 부호에 따라 달라진다.

자기장 안에서 전류가 흐르는 도선의 전하가 분리되는 현상을 **홀 효과**(Hall effect)라고 부르며, 이때 생긴 퍼텐셜차를 **홀 퍼텐셜**(Hall potential)이라고 한다. 정상 상태에서는 전하 운반자에 작용하는 자기력과 전하 분리에 의한 전기력이 균형을 이루므로, $qE = qv_d B$, 즉 $E = v_d B$이다. 그림 26.14의 직사각형 도체에서 전기장이 균일하므로 홀 퍼텐셜은 $V_H = Eh = v_d Bh$이다. 전류가 $I = nqAv_d$이므로 $V_H = IBh/nAq$이고, 자기장 방향의 도체 두께를 t라고 하면 면적은 $A = ht$이므로, 홀 퍼텐셜을 다음과 같이 표기할 수 있다.

$$V_H = \frac{IB}{nqt} \text{ (홀 퍼텐셜)} \tag{26.6}$$

여기서 $1/nq$는 **홀 계수**(Hall coefficient)이다. 홀 계수를 측정하면 전하 운반자의 밀도와 부호를 알 수 있다. 한편 홀 계수를 아는 물질에 전류를 흘려서 홀 퍼텐셜을 측정하면 자기장의 세기를 직접 측정할 수 있다.

오늘날 자기장을 측정하는 것뿐만 아니라 다양한 실용적인 응용에서도 홀 효과 감지기를 사용한다. 차나 자전거의 바퀴와 같은 회전 기구에 장착한 자석을 이용한 동작 감지기나 자석이 접근할 때 상태를 바꾸는 비접촉 스위치, 또는 스마트폰의 나침반이 그런 응용들이다.

26.5 자기장의 근원

....

LO 26.5 비오-사바르 법칙을 이용하여 자기장의 근원을 설명할 수 있다.

....

전하는 전기장의 영향을 받고 전하는 전기장을 만든다. 자기도 마찬가지이다. 움직이는 전하가 자기장의 영향을 받는 것을 공부하였다. 이번에는 움직이는 전하가 만드는 자기장을 공부한다. 1820년 덴마크의 과학자 한스 외르스테드(Hans Christian Oersted)가 전기장 안에서 나침반 바늘의 편향을 발견하면서 전기와 자기의 관련성을 알게 되었다. 외르스테드의 발견 후 한 달 만에 프랑스의 과학자 장 비오(Jean Baptiste Biot)와 펠릭스 사바르(Félix Savart)는 정상 전류가 만드는 자기장의 표현식을 실험적으로 구하였다.

비오-사바르 법칙

쿨롱 법칙으로 전하 요소 dq가 만드는 전기장 $d\vec{E}$를 구하는 것처럼, **비오-사바르 법칙**(Biot-Savart law)으로 전류 요소가 만드는 자기장 $d\vec{B}$를 구할 수 있다. 그림 26.15는 정상 전류 I가 흐르는 도선과 그 미소 부분 dl이 r 거리에 있는 점 P에 만드는 자기장 $d\vec{B}$를 보여준다. 전하 요소 dq가 전기장의 근원이듯이 전류 요소 Idl은 자기장의 근원이다. 또한 쿨롱 법칙과 마찬가지로 자기장도 거리의 제곱에 반비례한다.

쿨롱 법칙과 비오-사바르 법칙 사이에는 중요한 차이가 있다. 전기장의 근원인 정지한 전하는 스칼라량이지만 자기장의 근원인 움직이는 전하는 방향이 있는 벡터량이다. 따라서 전

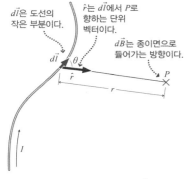

$d\vec{l}$은 도선의 작은 부분이다.

$\hat{r}$는 $d\vec{l}$에서 P로 향하는 단위 벡터이다.

$d\vec{B}$는 종이면으로 들어가는 방향이다.

그림 26.15 무한소 길이 벡터 $d\vec{l}$을 따라 흐르는 전류 I가 점 P에 만드는 자기장 $d\vec{B}$를 비오-사바르 법칙으로 구할 수 있다.

류 방향으로 길이 벡터 $d\vec{l}$을 정의하여 비오-사바르 법칙을 표기한다. 전류 요소에서 자기장을 구하는 점까지의 단위 벡터를 $\hat{r}$라고 하면 전류 요소 $Id\vec{l}$이 만드는 자기장 $d\vec{B}$는 $d\vec{l}$과 $\hat{r}$의 사잇각의 사인값에 의존한다. 따라서 비오-사바르 법칙을 다음과 같이 표기할 수 있다.

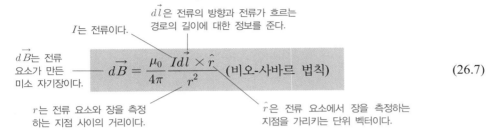

I는 전류이다.

$d\vec{l}$은 전류의 방향과 전류가 흐르는 경로의 길이에 대한 정보를 준다.

$d\vec{B}$는 전류 요소가 만든 미소 자기장이다.

$$dB = \frac{\mu_0}{4\pi} \frac{Id\vec{l} \times \hat{r}}{r^2} \quad \text{(비오-사바르 법칙)} \tag{26.7}$$

r는 전류 요소와 장을 측정하는 지점 사이의 거리이다.

$\hat{r}$은 전류 요소에서 장을 측정하는 지점을 가리키는 단위 벡터이다.

여기서 μ_0은 **투자율 상수**(permeability constant)로 대략 $1.26 \times 10^{-6}\,\mathrm{N/A}^2$이다. (2019년 SI 개정 이전에 μ_0은 정확한 값 $4\pi \times 10^{-7}\,\mathrm{N/A}^2$을 가졌지만 개정된 SI에서는 작은 불확실성을 가진 측정값이다.)

비오-사바르 법칙에서 벡터곱이 주는 방향성 이외에 쿨롱 법칙과 다른 차이가 하나 더 있다. 둘 다 전하 요소와 전류 요소라는 국소 요소가 만드는 장이지만, 고립된 전하 요소와는 달리 고립된 전류 요소는 존재할 수 없다. 모든 정상 전류는 완전한 회로로 흐르기 때문이다. 따라서 완전한 회로의 전류 요소에 비오-사바르 법칙을 적용해야 한다. 자기장도 중첩 원리를 만족하므로, 모든 전류 요소가 만드는 자기장을 벡터로 더하거나, 다음과 같이 전체 회로에 대한 적분으로 구한다.

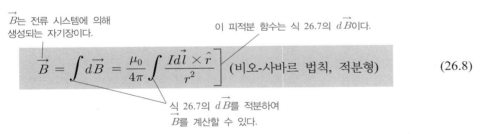

$\vec{B}$는 전류 시스템에 의해 생성되는 자기장이다.

이 피적분 함수는 식 26.7의 $d\vec{B}$이다.

$$\vec{B} = \int d\vec{B} = \frac{\mu_0}{4\pi} \int \frac{Id\vec{l} \times \hat{r}}{r^2} \quad \text{(비오-사바르 법칙, 적분형)} \tag{26.8}$$

식 26.7의 $d\vec{B}$를 적분하여 $\vec{B}$를 계산할 수 있다.

식 26.8의 자기장은 전류 분포에 의존하며, 벡터곱에 따라 그림 26.16처럼 자기장선이 전류가 흐르는 도선을 에워싼다. 다음 두 예제에서 비오-사바르 법칙을 직접 적용하고, 다음 장에서 전류 분포가 만드는 자기장을 쉽게 계산할 수 있는 자기의 가우스 법칙을 공부한다.

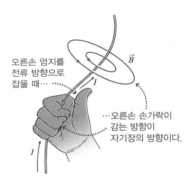

오른손 엄지를 전류 방향으로 잡을 때···

···오른손 손가락이 감는 방향이 자기장의 방향이다.

그림 26.16 자기장선은 전류를 에워싸며, 자기장의 방향은 오른손 규칙으로 정해진다.

| **예제 26.3** | **비오-사바르 법칙: 전류 고리의 자기장** |

전류 I가 흐르는 반지름 a인 원형 고리의 중심축에서 점 P의 자기장을 구하라.

해석 특정한 전하 분포가 만드는 자기장을 구하는 문제이다.

과정 그림 26.17a에서 점 P는 고리의 중심에서 x인 곳이며, 비오-사바르 법칙을 적용하기 위한 $d\vec{l}$과 $\hat{r}$가 표시되어 있다. 그림 26.17b에서 축에 수직한 성분은 상쇄되고 평행한 성분만 남는다. 따라서 자기장 $d\vec{B}$의 x성분을 구해서 적분하여 알짜 자기장을 구한다.

풀이 그림 26.17a에서 $d\vec{B}$의 x성분은 $dB_x = dB\cos\theta$이며, $\cos\theta$

$= a/r = a/\sqrt{x^2 + a^2}$이다. 또한 $d\vec{l}$과 $\hat{r}$는 수직하며, $\hat{r}$가 단위 벡터이므로 $d\vec{l} \times \hat{r}$의 크기는 dl이다. 따라서 $d\vec{l} \times \hat{r}/r^2$의 크기는 $dl/(x^2 + a^2)$이므로, 비오-사바르 법칙에서 다음을 얻는다.

$$B = \int dB_x = \frac{\mu_0 I}{4\pi} \int_{\text{고리}} \frac{dl}{x^2 + a^2} \frac{a}{\sqrt{x^2 + a^2}}$$

$$= \frac{\mu_0 I a}{4\pi (x^2 + a^2)^{3/2}} \int_{\text{고리}} dl$$

여기서 중심 거리 x가 고리의 모든 곳에서 같기 때문에 적분이 단순화되었다. 나머지 적분은 고리의 원둘레 $2\pi a$이다. 따라서 자기장의 크기는

$$B = \frac{\mu_0 Ia^2}{2(x^2 + a^2)^{3/2}} \qquad (26.9)$$

이고, 방향은 축방향이다.

검증 답을 검증해 보자. 고리에 가장 가까운 고리의 중심 ($x = 0$)

에서 자기장이 가장 강하다. 축을 따라 고리에서 멀어질수록 자기장이 식 26.9에 따라 감소하다가, 거리가 매우 멀어지면 ($x \gg a$), 간단히 $1/x^3$로 감소한다. 즉 전류 고리의 자기장은 20장의 전기 쌍극자 전기장과 비슷하게 변한다. 26.6절에서 전류 고리의 쌍극자 거동을 자세히 공부한다.

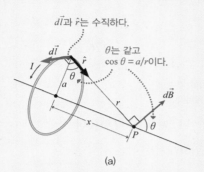

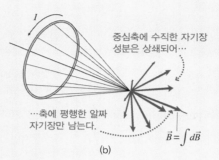

그림 26.17 원형 고리의 중심축에서 자기장 구하기

예제 26.4 | 비오−사바르 법칙: 직선 도선의 자기장

일정한 전류 I가 흐르는 무한 직선 도선의 자기장을 구하라.

해석 특정한 전하 분포가 만드는 자기장을 구하는 문제이다.

과정 그림 26.18에서 도선의 길이 방향을 x축으로 잡는다. 무한 도선이므로 도선에서 수직 거리 y인 점 P의 장 크기는 모두 같다. 또한 무한소 길이 벡터 $d\vec{l}$과 장의 단위 벡터 $\hat{r}$도 표시되어 있다. 무한소 자기장 $d\vec{B}$를 구한 다음에 적분하여 $\vec{B}$를 구한다.

풀이 $d\vec{l}$과 $\hat{r}$가 종이면 위에 있으므로 점 P에서 $d\vec{l} \times \hat{r}$는 종이면에서 나오는 방향이다. 따라서 $d\vec{B}$의 크기를 더하면 알짜 자기장의 크기를 구할 수 있다. $\hat{r}$가 단위 벡터이므로 $|d\vec{l} \times \hat{r}| = dl \sin\theta$이고, 그림 26.18에서 $\sin\theta = y/r = y/\sqrt{x^2 + y^2}$이다. 따라서 비오-사바르 법칙은

$$dB = \frac{\mu_0 I}{4\pi} \frac{|d\vec{l} \times \hat{r}|}{r^2} = \frac{\mu_0 I}{4\pi} \frac{dl \sin\theta}{r^2} = \frac{\mu_0 I}{4\pi} \frac{y\, dl}{(x^2 + y^2)^{3/2}}$$

이다. 한편 $d\vec{l}$이 x축 위에 있으므로 $dl = dx$이고, y는 상수이므로, 알짜 자기장은 다음과 같다.

$$B = \int dB = \frac{\mu_0 Iy}{4\pi} \int_{-\infty}^{\infty} \frac{dx}{(x^2 + y^2)^{3/2}}$$

부록 A의 적분표에 따라 적분하면 다음을 얻는다.

$$B = \frac{\mu_0 I}{2\pi y} \qquad (26.10)$$

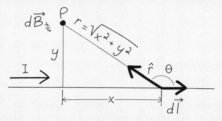

그림 26.18 x축을 따라 일정한 전류 I가 흐르는 무한 직선 도선이 점 P에 만드는 자기장 구하기

검증 답을 검증해 보자. 전류가 흐르는 무한 도선의 자기장은 선 전하의 전기장과 비슷하다. 둘 다 거리에 반비례한다.

다만, 전기장은 지름 방향이고, 자기장은 그림 26.19처럼 전류를 감싸는 동심원 방향이다. 물론 무한 도선은 없으므로 위 결과는 유한 도선에 가까운 곳에서 성립하는 어림식이다.

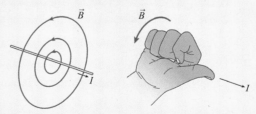

그림 26.19 자기장선은 직선 도선 주위에서 동심원을 그리고 오른손 규칙에 따라 방향이 정해진다.

두 도선 사이의 자기력

전류가 흐르는 도선이 자기장 속에서 받는 힘은 $\vec{F} = I\vec{l} \times \vec{B}$이다. 이제 직선 도선이 자기장을 생성한다는 것을 안다. 즉 전류가 흐르는 두 도선은 서로에게 자기력을 작용한다. 그림 26.20은 같은 방향으로 전류가 흐르는 두 직선 도선이다. 두 도선 사이의 거리가 d이면, 도선 1이 도선 2의 자리에 만드는 자기장은 식 26.10에 따라 $B_1 = \mu_0 I_1 / 2\pi d$이며, 방향은 도선 2에 수직하다. 따라서 도선 1이 길이가 l인 도선 2에 작용하는 자기력의 크기는 다음과 같다.

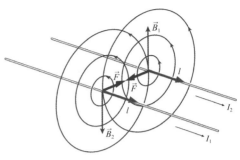

그림 26.20 같은 방향으로 전류가 흐르는 두 직선 도선 사이의 자기력은 인력이다.

$$F_2 = I_2 l B_1 = \frac{\mu_0 I_1 I_2 l}{2\pi d} \quad \text{(두 도선 사이의 자기력)} \quad (26.11)$$

그림 26.20에서 자기력의 방향이 도선 1로 향하므로 두 도선 사이의 자기력은 서로 끌어당기는 인력이다. 식 26.11에서 전류의 아래 첨자를 교환하면 도선 2가 도선 1에 작용하는 자기력이 되고, 두 힘의 크기는 같다. 한편 두 도선에 흐르는 전류의 방향이 반대이면 서로 밀어내는 척력이 작용한다.

가까운 도체 사이의 자기력은 상당히 크므로, 강한 전자석을 만들 때 강한 자기력을 견딜 수 있도록 설계해야 한다(실전 문제 85는 이러한 상황을 다룬다). 전기 장치 근처에서 들리는 윙윙거리는 소리는 변압기 같은 전기 장치 안의 도체 근처에서 60 Hz 교류에 따라 자기력이 변하면서 나오는 역학적 진동 소리이다.

확인 문제 **26.5** 유연한 전선이 그림처럼 나선형으로 감겨 있다. (1) 전류가 그림처럼 흐르면 전선은 (a) 더 꼬이는가, (b) 더 풀리는가? (2) 전류의 방향에 따라 답이 달라지는가? (**주의**: 코일의 양 끝에 달려 있는 도선(그림에 그려져 있지 않다)은 종이면에 수직하게 놓여 있고, 그 도선들을 통해 전류가 코일에 들어오고 나간다.)

26.6 자기 쌍극자

LO 26.6 자기 쌍극자를 설명하고 자기장과 자기 쌍극자의 상호작용에 대해 설명할 수 있다.

예제 26.4의 전류 고리는 모든 정상 전류의 본질적인 특성을 보여 준다. 즉 닫힌 고리의 모든 곳에서 전류가 같다. 식 26.9, $B = \mu_0 I a^2 / 2(x^2 + a^2)^{3/2}$에서, $x \gg a$이면 x^2에 비해서 훨씬 작은 a^2을 무시할 수 있으므로 $B \simeq \mu_0 I a^2 / 2x^3$을 얻는다. 분모와 분자에 2π를 곱하면 $B \simeq 2\mu_0 I A / 4\pi x^3$이며, $A = \pi a^2$은 고리의 면적이다. 이 식을 전기 쌍극자 축의 전기장인 식 20.6b, $E = 2kp/x^3$과 비교해 보면 둘 다 쌍극자장의 특성인 거리의 세제곱에 반비례하는 의존도를 보인다. 또한 두 식 모두 물리학의 기본 상수를 포함하고 있다. 즉 k는 쿨롱 법칙에, $\mu_0/4\pi$는 비오-사바르 법칙에 포함된 기본 상수이다. 또한 전기장은 전하와 분리 거리의 곱인 전기 쌍극자 모멘트 p로, 자기장은 고리 전류와 고리 면적의 곱인 IA로 표현되므로, IA를 **자기 쌍극자 모멘트**(magnetic dipole moment)의 크기로 간주할 수 있다. 그러면 축 위에서 자기 쌍극자 자기장은 다음과 같다.

$$B = \frac{\mu_0}{2\pi} \frac{\mu}{x^3} \quad \text{(축 위의 자기장, 자기 쌍극자)} \tag{26.12}$$

자기 쌍극자 모멘트는 그림 26.21처럼 오른손 규칙에 따르는 방향을 가지는 벡터이다. 만약 고리를 방향이 그림 26.21처럼 고리에 수직하고 크기가 A인 벡터로 기술하면 자기 쌍극자 모멘트를 $\vec{\mu} = I\vec{A}$로 쓸 수 있다. 고리를 여러 번 감은 실제 전류 고리에서는 같은 전류가 흐르는 단일 고리가 직렬 연결된 고리이므로, 감은 횟수를 N이라고 하면, 전체 전류는 NI이다. 따라서 자기 쌍극자 모멘트를 다음과 같이 표기할 수 있다.

그림 26.21 전류 고리의 자기 쌍극자 모멘트 방향 찾기

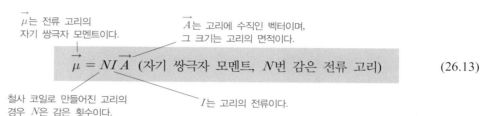

$\vec{\mu}$는 전류 고리의 자기 쌍극자 모멘트이다.

$\vec{A}$는 고리에 수직인 벡터이며, 그 크기는 고리의 면적이다.

$$\vec{\mu} = NI\vec{A} \quad \text{(자기 쌍극자 모멘트, } N\text{번 감은 전류 고리)} \tag{26.13}$$

철사 코일로 만들어진 고리의 경우 N은 감은 횟수이다.

I는 고리의 전류이다.

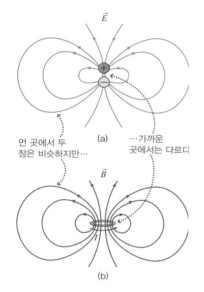

그림 26.22 (a) 전기 쌍극자의 전기장과 (b) 전류 고리의 자기장. 먼 곳의 쌍극자장은 둘 다 $1/r^3$에 비례한다.

전류 고리의 자기장을 고리의 중심축에서만 구했지만, 고리에서 멀리 떨어진 임의의 점에서 매우 복잡한 계산으로 구한 자기장도 전기 쌍극자에서 멀리 떨어진 곳의 전기장과 똑같은 배열을 가진다. 또한 원형 고리에 대해 자기 쌍극자 모멘트를 구하였지만, 식 26.13은 어떤 모양의 전류 고리에 대해서도 유효하다. 따라서 어떤 모양의 전류 고리도 자기 쌍극자 모멘트를 가지며, 거리의 세제곱에 반비례하는 쌍극자장을 만든다. 전기 쌍극자와 자기 쌍극자 모두 수학적으로 비슷한 형식의 쌍극자장을 만들지만, 근본 원천에는 차이가 있다. 전기장의 원천은 정지한 전하이지만 자기장의 원천은 움직이는 전하이다. 또한 쌍극자에서 먼 곳의 장은 비슷하지만 그림 26.22처럼 가까운 곳의 전기 쌍극자와 자기 쌍극자의 장은 사뭇 다르다.

전류 고리가 도처에 존재하듯이 자기 쌍극자장도 흔히 존재한다. 전류 고리를 여러 번 감으면 강한 자기장의 전자석을 만들 수 있다. MRI 장치에 필요한 매우 강한 자기장은 초전도 도선으로 만들어진다. 원자 수준에서는 전자의 궤도 운동과 스핀 운동이 미소 자기 쌍극자를 만든다. 행성과 별조차 자기 쌍극자장을 가지고 있다.

응용물리 **지구와 태양의 자기장**

많은 천체들에는 천체의 회전과 전도 유체의 상호작용으로 생기는 자기장이 있다. 지구의 자기장은 지구의 외핵의 액체 상태의 철이 지구의 자전과 함께 대류하면서 전류를 생성하여 만들어진다. 그림에서 보듯이 지구의 자기장은 근사적으로 쌍극자의 자기장과 같은데, 그 쌍극자 모멘트의 크기는 약 $\mu = 8.0 \times 10^{22}$ A·m²이다. 쌍극자 모멘트 벡터의 방향은 지구의 회전축과 다르다. 그래서 자기 북극과 진짜 북극이 일치하지 않는다. 지질학자들이 해저면에 기록된 자기 기록으로 확인한 것에 따르면 대략 백만 년마다 지구 자기장의 방향이 뒤집어진다. 지구에서 먼 곳에서는 지구의 자기장이 고에너지 입자를 붙잡아서 위험한 방사로부터 우리를 보호해 준다. 그림에서 알 수 있듯이 자기장선은 극지방 쪽에 집중되어 있기 때문에 강력한 입자들이 극에 가까운 지구의 대기층으로 유인된다. 이것이 오로라가 고위도 현상인 이유이다(그림 26.10 참조).

뜨겁고 전기적으로 전도되는 태양의 대기 때문에 대기에서 우세한 힘은 자기력이고, 태양의 자기장은 훨씬 더 극적으로 변화한다. 태양의 자기장은 대략 11년마다 방향이 뒤집어지는데, 이는 격렬한 태양 분출이 일어나는 강한 자기장 영역인 흑점의 변화 주기와 일치한다.

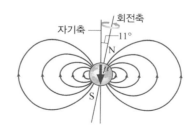

쌍극과 홀극

많은 분자들의 전하 분포가 쌍극자와 비슷하므로 전기 쌍극자가 중요한 역할을 담당한다. 안테나도 본질적으로 쌍극자이다. 이러한 전기 쌍극자조차 근원은 점전하이다. 부호가 반대인 두 점전하가 분리된 전하 분포가 전기 쌍극자를 만들기 때문이다. 그러나 자기 쌍극자는 근본적으로 다르다. 어느 누구도 점전하처럼 고립된 자기 남극과 자기 북극을 찾지 못했다. 전자기 이론은 고립된 **자기 홀극**(magnetic monopole)의 존재를 배제하지 않으며, 일부 입자이론에서는 빅뱅에서 자기 홀극이 형성되었을 수 있다고 주장하기도 한다. 그러나 아직도 찾지 못했다. 26.7절에서 공부할 영구 자석이 만드는 자기장을 포함해서 모든 자기장을 움직이는 전하, 즉 전류가 만든다. 정상 전류가 흐르는 전류 고리가 쌍극자장을 만들므로 가장 간단한 자기장의 원천은 쌍극자이다.

전기장선은 전하에서 시작하여 전하에서 끝난다. 그러나 자기장선이 시작하고 끝나는 '자하', 즉 자기 홀극은 없다. 자기장선은 움직이는 전하 주위를 에워싸는 닫힌 고리를 만든다. 21장에서 닫힌 표면을 지나가는 전기장선의 수가 닫힌 표면 안의 전하에 비례한다는 가우스 법칙을 공부하였다. 한편 고립된 자하가 없으므로 닫힌 표면을 지나가는 자기장선, 즉 **자기 다발**(magnetic flux) $\oint \vec{B} \cdot d\vec{A}$ 는 항상 0이다. 따라서 **자기에 대한 가우스 법칙**(Gauss's law for magnetism)을 다음과 같이 표기할 수 있다.

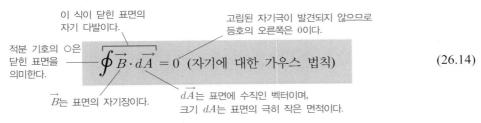

이 식이 닫힌 표면의 자기 다발이다.

고립된 자기극이 발견되지 않으므로 등호의 오른쪽은 0이다.

적분 기호의 ○은 닫힌 표면을 의미한다.

$$\oint \vec{B} \cdot d\vec{A} = 0 \quad \text{(자기에 대한 가우스 법칙)}$$

(26.14)

$\vec{B}$ 는 표면의 자기장이다.

$d\vec{A}$ 는 표면에 수직인 벡터이며, 크기 dA 는 표면의 극히 작은 면적이다.

전기에 대한 가우스 법칙처럼 식 26.14는 모든 전자기 현상을 지배하는 네 기본 법칙 중 하나이다. 나머지 두 법칙도 조만간 공부할 것이다. 자기에 대한 가우스 법칙에서 우변이 0이지만 포함하는 것이 없다는 뜻은 아니다. 다만 자기장선의 시작과 끝이 없으므로 닫힌 표면으로 들어온 자기장선은 반드시 나간다는 뜻일 뿐이다.

확인 문제

26.6 두 그림 중 어느 것이 자기장선인가?

(a)　　(b)

자기 쌍극자의 돌림힘

20.5절에서 균일한 전기장 $\vec{E}$ 안의 전기 쌍극자 모멘트 $\vec{p}$ 가 돌림힘 $\vec{\tau} = \vec{p} \times \vec{E}$ 를 받고, 불균일한 전기장에서는 알짜힘도 받는다는 사실을 공부하였다. 자기장 안의 자기 쌍극자 모멘트도 마찬가지이다. 그림 26.23a처럼 균일한 자기장 안의 직사각형 전류 고리를 생각해 보자. 전류 고리의 윗변과 아랫변은 크기가 같고 방향이 반대인 힘을 각각 받으므로 알짜힘이 없

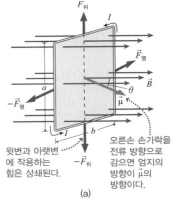

윗변과 아랫변에 작용하는 힘은 상쇄된다.

오른손 손가락을 전류 방향으로 감으면 엄지의 방향이 $\vec{\mu}$ 의 방향이다.

(a)

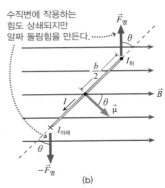

수직변에 작용하는 힘도 상쇄되지만 알짜 돌림힘을 만든다.

(b)

그림 26.23 (a) 균일한 자기장 안의 직사각형 전류 고리, (b) 위에서 내려다본 고리로, 수직변에 작용하는 자기력으로 돌림힘이 생긴다.

다. 전류 고리의 두 옆면도 크기가 같고 반대 방향의 힘을 받지만, 그림 26.23b처럼 고리 중심을 지나는 수직축에 대해서 알짜 돌림힘을 만든다. 옆면의 길이가 a이고 전류가 수평 자기장에 수직이므로 각 변에 작용하는 자기력의 크기는 $F_옆 = IaB$이다. 두 옆면은 고리의 중심에서 $b/2$의 거리에 있으므로 각 변에 작용하는 돌림힘은 $\tau_옆 = \frac{1}{2}bF_옆 \sin\theta = \frac{1}{2}bIaB \sin\theta$이다. 두 변에 작용하는 돌림힘의 방향은 그림 26.23b의 종이면에서 나오는 방향으로 서로 같으므로, 알짜 돌림힘은 $\tau = IabB \sin\theta = IAB \sin\theta$이며, A는 고리의 면적이다. 고리의 자기 쌍극자 모멘트 $\vec{\mu}$의 크기가 IA이며, 방향은 그림 26.21과 26.23b와 같으므로 자기 쌍극자 모멘트에 작용하는 알짜 돌림힘을 다음과 같이 표기할 수 있다.

$$\vec{\tau} = \vec{\mu} \times \vec{B} \quad \text{(자기 쌍극자 모멘트에 작용하는 돌림힘)} \qquad (26.15)$$

이 결과는 전기 쌍극자 모멘트에 작용하는 돌림힘과 비슷하다.

식 26.15의 자기 돌림힘은 자기 쌍극자를 자기장 방향으로 정렬시킨다. 즉 전류 고리가 자기장과 수직하도록 회전시킨다. 이때 일을 하므로 식 20.11처럼 자기 퍼텐셜 에너지를

$$U = -\vec{\mu} \cdot \vec{B} \qquad (26.16)$$

로 표기할 수 있다. 자기장이 불균일하면 자기 쌍극자는 알짜힘도 받는다. 막대자석 근처의 불균일한 자기장이 자기 물질을 끌어당기는 힘이 바로 이 힘이다.

자기 쌍극자에 작용하는 돌림힘은 전동기, MRI 장치 등 여러 장치의 기초 원리이다. 인공위성은 지구 자기장이 만드는 돌림힘을 이용하여 우주 공간에서 자세를 바로잡는다. 이때 태양광 전지판에서 생산한 전기로 전류 고리를 만들므로 별도의 연료가 필요 없다.

응용물리 | 전동기

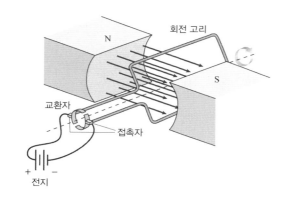

회전 고리

N

S

교환자

접촉자

전지

＋ －

전동기는 일상에서 없어서는 안 될 존재이다. 냉장고, 디스크 드라이버, 지하철, 진공청소기, 전동 공구, 선풍기, 세탁기, 물펌프, 하이브리드 자동차 등에 전동기가 필요하다. 모든 전동기의 핵심은 자기장 안의 회전 고리이다. 다만 정상 전류 대신에 교류(AC)를 이용하여 고리가 연속적으로 회전하도록 만든다. 그림과 같은 직류(DC) 전동기에서는 고리에 전류를 공급하는 전기적 접촉을 전환시켜서 고리를 회전시킨다. 그림은 교환자(commutator)라고 부르는 회전 도체와 접촉한 한 쌍의 고정된 접촉자(brush)를 통해서 회전 고리에 전류가 공급되는 모습을 보여 준다. 전류 고리는 자기장에 수직하도록 회전하며, 이 순간에 접촉자가 교환자의 간격을 가로질러서 고리의 전류 방향을, 즉 쌍극자 모멘트의 방향을 역전시킨다. 고리가 180° 회전하면 교환자가 다시 전류 방향을 역전시켜서 또다시 회전하도록 만든다. 이런 방식으로 회전 고리가 연속적으로 회전할 수 있다. 실제 전동기에는 여러 각도의 코일을 장착하여 거의 일정한 돌림힘으로 부드럽게 고리를 회전시킨다. 실제 전동기에서 코일에 연결한 단단한 굴대가 회전하여 외부에 역학적 에너지를 공급한다. 따라서 전동기는 전기 에너지를 역학적 에너지로 전환시키는 장치이며, 자기장은 에너지 전환의 매개자 역할을 담당한다.

예제 26.5 | 전류 고리에 작용하는 돌림힘: 전기 자동차

닛산의 전기 자동차, 리프는 110 kW 전동기로 최대 돌림힘 320 N·m를 만든다. 응용물리의 전동기로 같은 크기의 돌림힘을 만들어 보자. 각 변의 길이가 30 cm와 20 cm인 직사각형이고 코일을 700번 감은 회전 고리는 균일한 자기장 25 mT 안에 들어 있다. 전동기의 전류를 구하라.

해석 자기장 안에서 전류 고리가 회전하는 전동기에서 돌림힘을

알고 전류를 구하는 문제이다.

과정 식 26.15, $\vec{\tau} = \vec{\mu} \times \vec{B}$로 전류 고리의 돌림힘을 구한다. 그림 26.24는 $\sin\theta = 1$인 전류 고리의 위치이며 돌림힘이 최대인 $\tau_{최대} = \mu B$이다. 한편 식 26.13에서 자기 쌍극자 모멘트가 $\mu = NIA$이므로, 최대 돌림힘은 $\tau_{최대} = NIAB$이다.

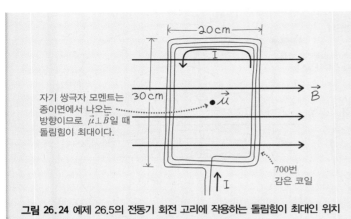

자기 쌍극자 모멘트는 종이면에서 나오는 방향이므로 $\vec{\mu} \perp \vec{B}$일 때 돌림힘이 최대이다.

700번 감은 코일

그림 26.24 예제 26.5의 전동기 회전 고리에 작용하는 돌림힘이 최대인 위치

풀이 최대 돌림힘에서 I를 구하면 다음과 같다.

$$I = \frac{\tau_{최대}}{NAB} = \frac{320 \ N \cdot m}{(700)(0.30 \ m)(0.20 \ m)(0.025 \ T)} = 300 \ A$$

검증 답을 검증해 보자. 전류의 크기가 매우 크지만 실제 자동차를 추진하는 값과 비슷하다. 리프의 전동기는 400 V에서 작동하므로, 110 kW의 출력에는 $I = P/V = 280 \ A$가 필요하다.

26.7 자성 물질

LO 26.7 강자성, 상자성, 반자성을 정성적으로 설명할 수 있다.

자기에 관한 이 장에서 널리 알려진 자석에 대해서는 거의 언급하지 않았다. 왜냐하면 자기의 원천은 자석이 아니라 움직이는 전하이기 때문이다. 자석과 자성 물질은 보다 보편적인 자기 현상의 일부분일 뿐이다.

일상의 자석과 철과 같은 자성 물질은 원자 수준의 전류 고리가 원천이다. 핵 주위를 궤도 운동하는 전자는 가장 간단한 전류 고리이며, 그림 26.25처럼 자기 쌍극자 모멘트를 갖는다. 더욱이 전자는 스핀(spin)이라고 부르는 양자역학적 각운동량과 관련된 고유 자기 모멘트를 갖는다. 이러한 자기 모멘트의 상호작용으로 물질의 자기적 특성이 정해진다. 자세한 내용은 양자역학이 필요하겠지만, 여기서는 물질의 자성, 즉 강자성, 상자성, 반자성에 대해서 정성적으로 공부한다.

강자성

익숙한 자기 현상은 철, 니켈, 코발트, 합성 물질에서 나타나는 **강자성**(ferromagnetism)이다. 원자 자기 모멘트의 강한 상호작용으로 $10^{17} \sim 10^{21}$ 정도의 원자 자기 모멘트들이 같은 방향으로 정렬한 영역인 **자기 구역**(magnetic domain)때문에 강자성이 표출된다. 일반적으로는 서로 다른 자기 구역의 정렬 방향은 마구잡이 방향이므로 알짜 자기 모멘트가 없다. 그러나 외부 자기장이 작용하면 자기 구역들이 자기장 방향으로 정렬하여 알짜 자기 모멘트가 생긴다. 외부 자기장이 불균일하면 알짜힘이 생겨서 강자성 물질이 자석 쪽으로 끌려간다.

소위 강한(hard) 강자성 물질은 외부 자기장을 없애도 자성을 그대로 유지하여 영구 자석이 된다. 예를 들어 막대자석에는 길이 방향으로 정렬한 내부 자기 모멘트가 존재한다. 이때 그림 26.26처럼 자석 표면을 따라 도는 전류에 의해서 자기장이 형성된다고 생각할 수 있다. 이 전류는 개별 원자의 전류 고리가 중첩된 결과이다. 컴퓨터 디스크, 신용카드 자기띠, 오디오와 비디오 테이프 등은 강한 강자성 물질로 만들어져서 영구 자기화 형태로 정보를 저장한다. 반면에 연한(soft) 강자성 물질에는 영구 자기화가 없다. 따라서 자기화 방향을 조절하여

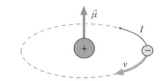

그림 26.25 원자의 고전 모형에서 원운동하는 전자는 작은 전류 고리와 같다. 전자가 음전하이므로 전류는 운동과 반대 방향이다. 이렇게 생긴 전자의 고유 자기 모멘트가 궤도 운동보다 더 중요하다. 그래도 위의 그림은 상징적이지 사실이 아니다.

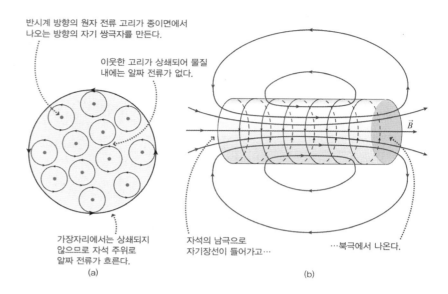

반시계 방향의 원자 전류 고리가 종이면에서
나오는 방향의 자기 쌍극자를 만든다.

이웃한 고리가 상쇄되어 물질
내에는 알짜 전류가 없다.

가장자리에서는 상쇄되지
않으므로 자석 주위로
알짜 전류가 흐른다.
(a)

자석의 남극으로
자기장선이 들어가고…

…북극에서 나온다.
(b)

그림 26.26 (a) 막대자석의 단면을 보면 모든 원자의 전류 고리가 한 방향으로 정렬하여 막대자석 주위로 흐르는 알짜 전류가 생긴다. (b) 옆에서 보면 이러한 자기화 전류가 만드는 자기장을 알 수 있다.

컴퓨터 디스크나 자기 테이프에 정보를 기록할 수 있다. 열운동으로 자기 모멘트의 정렬 방향이 깨지면서 **퀴리 온도**(Curie temperature)에서 강자성이 사라진다. 철은 1043 K에서 강자성이 사라지는 상전이가 일어난다.

상자성

많은 물질들은 영구 자기 모멘트가 있어도 강자성이 아니다. 개별 자기 모멘트 사이에 강한 상호작용이 없어서 외부 자기장이 걸릴 때에만 자성이 나타나기 때문에 **상자성**(paramagnetic) 물질이라고 한다. 상자성 효과는 저온에서 주로 나타난다.

반자성

고유 자기 모멘트가 없는 물질은 외부 자기장의 변화에 따라 자기 모멘트를 가질 수 있다. 강자성과 상자성 물질은 자석에 끌리지만 이러한 물질은 밀려난다. 따라서 **반자성**(diamagnetic) 물질이라고 한다. 27장에서 반자성의 근원에 대해서 공부할 것이다.

자기 투자율과 자기 감수율

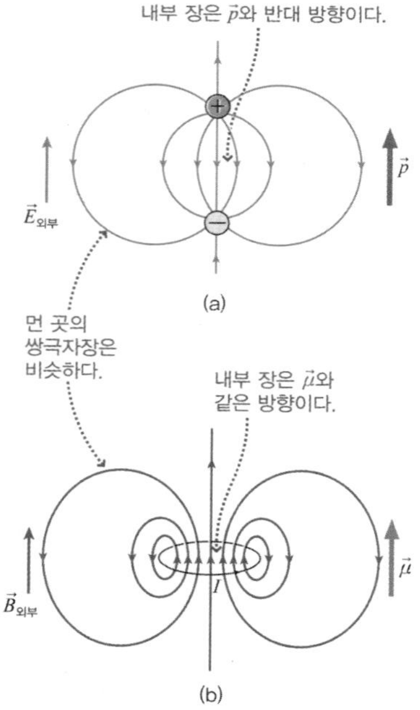

20장에서 분자의 전기 쌍극자가 물질 안의 전기장을 감소시킨다고 배웠다. 상자성과 강자성 물질은 자기 쌍극자를 정렬시켜서 물질 안의 자기장을 증가시킨다. 그림 26.27처럼, 전류 고리의 내부 자기장이 고리의 자기 쌍극자 모멘트의 방향과 같은 방향인 반면에, 전기 쌍극자의 내부 전기장은 쌍극자 모멘트의 방향과 반대이기 때문에 이러한 차이가 생긴다. 강자성 물질의 자기적 반응은 영구 자석이 가능하도록 만드는 이전의 역사에 의존하기 때문에 훨씬 더 복잡하다. 전자석 코일, 컴퓨터 디스크 '헤드'는 강자성 심에 전선을 감아서 코일의 전류가 만드는 것보다 훨씬 강한 자기장을 만든다.

내부 장은 $\vec{p}$와 반대 방향이다.

$\vec{E}_{외부}$

$\vec{p}$

(a)

먼 곳의 쌍극자장은 비슷하다.

내부 장은 $\vec{\mu}$와 같은 방향이다.

$\vec{B}_{외부}$

$\vec{\mu}$

(b)

그림 26.27 전기 쌍극자와 자기 쌍극자의 내부 장은 반대 방향이다. (a) 전기 쌍극자는 외부 전기장을 약화시키고, (b) 자기 쌍극자는 외부 자기장을 강화시킨다.

확인 문제 **26.7** 다음 중 어느 것이 보통 자석의 원인이 되는 현상을 가장 잘 기술하는가? (a) 고밀도의 자기 홀극, (b) 집단적으로 정렬된 원자 자기 쌍극자, (c) 자성 물질에서 회전하는 자유 전하에 의한 전류, (d) 자극으로 분리된 양전하와 음전하

26.8 앙페르 법칙

LO 26.8 앙페르 법칙을 설명하고 대칭성이 있는 자기장을 계산할 때 사용할 수 있다.

20장에서 쿨롱 법칙을 적용한 전기장 구하기는 가장 간단한 전하 분포를 제외하고는 매우 지루한 방법이었다. 21장의 가우스 법칙을 적용하면 대칭성이 있는 전하 분포가 만드는 전기장 구하기가 훨씬 간단해진다. 자기장에서도 비슷한 방법이 있을까? 식 26.14의 자기에 대한 가우스 법칙을 적용할 수는 없다. 왜냐하면 자기장의 원천인 움직이는 전하와 관계가 없기 때문이다.

그림 26.28은 종이면에서 나오는 방향의 전류 I가 흐르는 긴 도선 주위의 두 원형 자기장선을 보여 준다. 안쪽 원을 따라 움직인다고 가정하고, 변위 $d\vec{l}$과 자기장 $\vec{B}$의 스칼라곱을 구해 보자. 자기장과 같은 방향으로 움직이므로 $\vec{B} \cdot d\vec{l} = Bdl$이다. 이 결과를 원에 대해서 적분하면, $\oint \vec{B} \cdot d\vec{l}$로 표기할 수 있다. 여기서 적분 기호의 원 기호는 닫힌 원을 따라 완전히 선적분한다는 뜻이다. 물론 $\vec{B}$와 $d\vec{l}$이 같은 방향이므로 $\oint Bdl$이다. 자기장의 크기는 식 26.10에서 $B = \mu_0 I/2\pi r$이며, 반지름 r는 그림 26.28처럼 안쪽 원에서는 r_1로 일정하므로 선적분은 $(\mu_0 I/2\pi r_1) \oint dl$이며, $\oint dl$은 안쪽 원의 원둘레 $2\pi r_1$이다. 따라서 $\oint \vec{B} \cdot d\vec{l} = \mu_0 I$를 얻는다. 그림 26.28의 바깥쪽 원에 대해서 똑같이 계산하면, r_1이 r_2로 바뀌므로, 반지름에 상관없이 똑같은 $\oint \vec{B} \cdot d\vec{l} = \mu_0 I$를 얻는다.

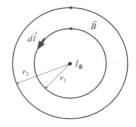

그림 26.28 종이면에서 나오는 전류가 흐르는 도선을 에워싸는 두 자기장선

경로가 자기장선과 일치하지 않아도 그림 26.29처럼 똑같은 결과를 얻는다. 즉 경로의 지름 방향으로는 $\vec{B} \cdot d\vec{l} = 0$이어서 적분에 기여하지 않기 때문이다. 경로 AB 부분의 자기장은 CD 부분보다 강하지만 길이가 짧기 때문에 적분 결과는 마찬가지이다. 임의의 경로에 대해서도 원호와 지름 방향 부분으로 나눠서 적분하면 $\oint \vec{B} \cdot d\vec{l}$의 값은 전류 I를 에워싸는 모든 경로에 대해서 경로와 무관하게 간단히 $\mu_0 I$이다. 자기장은 중첩 원리를 따르므로 이 결과는 단일 선전류뿐만 아니라 모든 전류 분포에 대해서도 성립한다. 즉 임의의 경로에 대한 선적분 $\oint \vec{B} \cdot d\vec{l}$은 경로가 에워싸는 전류에 비례한다. 이 결과를 **앙페르 법칙**(Ampère's law)이라고 부르며, 다음과 같이 표기한다.

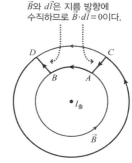

그림 26.29 닫힌 고리가 장선과 일치하지 않는다. 이 고리에 대한 선적분 $\oint \vec{B} \cdot d\vec{l}$은 원고리에 대한 선적분 결과인 $\mu_0 I$와 같다.

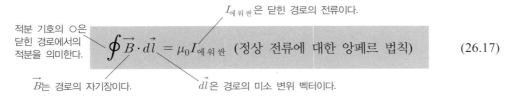

$I_{에워싼}$은 닫힌 경로의 전류이다.

적분 기호의 O은 닫힌 경로에서의 적분을 의미한다.

$$\oint \vec{B} \cdot d\vec{l} = \mu_0 I_{에워싼} \quad \text{(정상 전류에 대한 앙페르 법칙)} \qquad (26.17)$$

$\vec{B}$는 경로의 자기장이다.

$d\vec{l}$은 경로의 미소 변위 벡터이다.

앙페르 법칙은 전자기학의 네 가지 기본 법칙 중 하나이다. 그러나 식 26.17은 정상 전류에 대해서만 성립하고, 서서히 변하는 전류인 경우에는 어림으로만 성립한다. 29장에서 정상 전류에 대한 제약을 없앤 일반적인 앙페르 법칙을 다시 논의할 것이다.

앙페르 법칙은 자기장과 장의 원천인 전류 사이의 관계식으로 비오-사바르 법칙과 동등하다. 전기장과 장의 원천인 전하 사이의 관계식인 가우스 법칙과 쿨롱 법칙이 동등한 것과 마찬가지이다. 쿨롱 법칙과 비오-사바르 법칙은 전하 요소 dq와 전류 요소 $I d\vec{l}$이 만드는 장을 직접 기술하는 법칙이다. 한편 가우스 법칙과 앙페르 법칙은 간접적으로 기술하는 법칙이

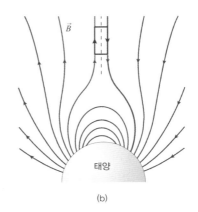

(a)   (b)

그림 26.30 (a) 태양 대기의 코로나 흐름에는 반대 방향의 자기장이 들어 있다. (b) 단일 흐름에 대한 자기장 계산. 직사각형 경로에 대한 $\oint \vec{B} \cdot d\vec{l}$ 이 0이 아니므로 에워싼 전류가 있어야 한다.

다. 즉 장의 원천인 전하(전류)를 둘러싸는(에워싸는) 기하학적 구조인 가우스의 닫힌 표면(앙페르의 닫힌 고리)을 통해서 전기장(자기장)과 전하(전류)의 관계를 기술하는 법칙이다. 적분 방정식인 가우스(앙페르) 법칙으로 구한 $\vec{E}(\vec{B})$는 단지 둘러싼(에워싼) 전하(전류)뿐만 아니라 모든 원천이 만드는 알짜 장이다.

가우스 법칙과 마찬가지로, 앙페르 법칙은 보편적인 법칙으로 일상의 전자기 장치, 원자와 분자, 천체 등에서도 성립한다. $\oint \vec{B} \cdot d\vec{l}$ 이 0이 아니면 전류가 흐르는 원천이 존재한다는 뜻이다(그림 26.30 참조). 가우스 법칙에서 쿨롱 법칙을 유도하듯이, 비오-사바르 법칙에서 앙페르 법칙을 유도할 수 있지만, 일반물리 수준에서는 어려운 수학이 필요하다.

예제 26.6 **앙페르 법칙: 태양의 전류**

그림 26.30b에서 직사각형 고리의 긴 변의 길이는 400 Mm이고, 고리 근처의 자기장 세기는 2 mT로 일정하다. 직사각형 고리를 지나는 전체 전류를 구하라.

해석 고리가 에워싼 전류에 관한 문제로 앙페르 법칙을 적용한다.

과정 그림 26.30b에서 앙페르 법칙 $\oint \vec{B} \cdot d\vec{l} = \mu_0 I_{에워싼}$을 적용하여 고리가 에워싼 전류 $I_{에워싼}$을 구한다.

풀이 직사각형의 작은 변에서는 $\vec{B} \perp d\vec{l}$ 이므로 적분에 대한 기여가 없다. 긴 변에서는 $\vec{B}$가 일정하고 $\vec{B} \parallel d\vec{l}$ 이므로 $\int \vec{B} \cdot d\vec{l}$ 은 Bl 이며, l은 긴 변의 길이이다. 따라서 두 변의 적분값은 $\oint \vec{B} \cdot d\vec{l}$ $= 2Bl$이다. 이제 앙페르 법칙에 따라 적분값을 $\mu_0 I_{에워싼}$과 같게 놓고 전류를 구하면 다음을 얻는다.

$$I_{에워싼} = \frac{2Bl}{\mu_0} = \frac{(2)(2 \text{ mT})(400 \text{ Mm})}{1.26 \times 10^{-6} \text{ N/A}^2} = 10^{12} \text{ A}$$

검증 답을 검증해 보자. 엄청나게 큰 전류이다. 사실상 지구보다 훨씬 큰 직사각형이 에워싼 고리를 지나는 전류이므로 충분히 클

만하다. 오른손 규칙으로 전류의 방향을 구한다. $\oint \vec{B} \cdot d\vec{l}$ 이 양의 값이 되도록 오른손 네 손가락을 구부리면 엄지의 방향이 곧 전류의 방향이므로 종이면으로 들어가는 방향이다. 삼차원 공간에서는 태양의 적도면을 따라 태양 주위를 도는 거대한 전류이다. 위 결과는 적도면을 가로지르면서 방향이 뒤집어지는 장에 결정적으로 의존함에 유의하자. 정말로 균일한 자기장이라면 고리의 한 변의 선적분 결과는 Bl이고 다른 변은 $-Bl$이므로 전체 선적분이 0이 되어 전류가 없다. 따라서 전류가 없는 영역에서 균일한 자기장은 가능하지만, 이 예제에서처럼 갑자기 방향을 바꾸는 장은 불가능하다.

앙페르 고리 앙페르 법칙에서 사용하는 고리는 완전히 임의적이고, 자기장선과 일치할 필요가 없다. 예제에서 직사각형 고리가 긴 변에서는 자기장선과 일치하지만 짧은 변에서는 일치하지 않는다. 앙페르 법칙에서 사용하는 고리를 앙페르 고리(Ampèrian loop)라고 부른다. 자기장선과 앙페르 고리를 혼동하지 말라. 서로 일치할 수 있지만, 반드시 일치하지는 않는다.

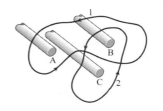

확인문제 26.8 3개의 평행한 전선에 같은 크기의 전류 I가 흐르고, 하나의 방향은 다른 두 전선과 반대 방향이다. 고리 2에서 $\oint \vec{B} \cdot d\vec{l} \neq 0$이면, (1) 고리 1의 $\oint \vec{B} \cdot d\vec{l}$은 얼마인가? (2) 전류가 반대로 흐르는 전선은 어느 것인가?

앙페르 법칙의 적용

적절한 대칭성이 있는 전하 분포라면 가우스 법칙으로 전기장을 구할 수 있듯이, 적절한 대칭성이 있는 전류 분포라면 앙페르 법칙으로 자기장을 구할 수 있다. 실제로 풀이하는 과정은 문제풀이 요령 26.1을 참조하라.

문제풀이 요령 26.1 　　앙페르 법칙

해석 자기장과 전류에 관한 문제임을 확인하고 대칭성을 파악한다.

과정 대칭성에 따라 자기장선을 그리고, $\oint \vec{B} \cdot d\vec{l}$을 계산할 앙페르 고리를 결정한다. 이때 자기장이 고리의 일부 또는 전부에서 평행하고 일정하도록 앙페르 고리를 선택한다. 만약 평행하지 않으면 수직해야 한다. 가우스 표면처럼 앙페르 고리는 순전히 수학적이므로 물리적 상황과 일치할 필요가 없다.

풀이

- 앙페르 고리를 따라서 $\oint \vec{B} \cdot d\vec{l}$을 계산하라. 자기장이 일정하면 B를 적분 밖으로 꺼내고, $\vec{B}$가 고리에 수직한 부분에서는 적분값이 0이다.
- 앙페르 고리가 에워싼 전류 $I_{에워싼}$을 구한다.
- $\oint \vec{B} \cdot d\vec{l}$의 적분 결과를 $\mu_0 I_{에워싼}$과 같게 놓고 B를 구한다. $\vec{B}$의 방향은 대칭성으로 정한다.

검증 간단한 전하 분포 또는 전류 분포의 장과 비교하여 타당한 결과인지 검증한다.

예제 26.7　　앙페르 법칙: 전선의 내부와 외부의 자기장　　　　응용 문제가 있는 예제

반지름이 R인 긴 직선 전선의 단면적을 통해서 전류 I가 균일하게 흐른다. 전선의 (a) 외부와 (b) 내부의 자기장을 구하라.

해석 선대칭이므로 자기장은 전선의 중심축에서 지름 거리에 의존한다.

과정 자기장선이 전선을 에워싸므로 자기장선은 그림 26.31처럼 전선의 중심축에 대칭인 동심원을 그린다. 자기장의 방향은 자기장선에 접선이고 대칭성 때문에 자기장의 크기 B는 같다. 따라서 자기장선 자체를 앙페르 고리로 사용할 수 있다.

풀이

- 자기장이 항상 원형 앙페르 고리에 평행하고 고리 위에서 일정하므로 반지름 r인 고리에 대해 $\oint \vec{B} \cdot d\vec{l} = 2\pi r B$이며, 전선의 외부나 내부에서 같다.

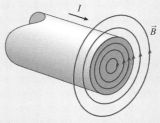

그림 26.31 긴 원통형 전선의 단면. 그림의 모든 자기장선을 앙페르 고리로 사용할 수 있다. 전선의 반지름이 R일 때, 전선 내부에서 앙페르 고리의 반지름 r는 $r < R$이며, 전선 밖에서는 $r > R$이다.

(a)의 답은 다음과 같이 구한다.

- 모든 고리가 에워싸는 전류 $I_{\text{에워싼}}$은 전체 전류 I이다.

- $\oint \vec{B} \cdot d\vec{l}$의 적분 결과를 $\mu_0 I_{\text{에워싼}}$과 같게 놓으면 $2\pi r B = \mu_0 I$ 이므로 외부의 자기장은 다음과 같다.

$$B = \frac{\mu_0 I}{2\pi r} \text{ (선대칭인 전류 분포의 외부 자기장)} \quad (26.18)$$

(b)의 답은 다음과 같이 구한다.

- 전선의 내부에서 앙페르 고리가 에워싸는 전류는 전체 전류의 일부이다. 전류가 전선의 단면적에서 균일하게 흐르므로 균일한 전류 밀도는 $J = I/A = I/\pi R^2$이다. 따라서 반지름이 r인 내부의 앙페르 고리를 지나는 전류는 단면적 πr^2에 전류 밀도를 곱한 값으로 $I_{\text{에워싼}} = I(r^2/R^2)$이다.

- 따라서 내부 자기장은 $2\pi r B = \mu_0 I(r^2/R^2)$에서 다음과 같다.

$$B = \frac{\mu_0 I r}{2\pi R^2} \text{ (선대칭인 균일한 전류 분포의 내부 자기장)} (26.19)$$

한편 오른손 규칙에 따라 두 경우 모두 자기장의 방향은 그림 26.31처럼 반시계 방향이다.

검증 답을 검증해 보자. 식 26.18은 예제 26.4의 선전류의 자기장과 같다. 즉 선대칭인 전류 분포의 외부 자기장은 대칭축에 대한 선전류의 자기장과 같다. 또한 원통 전하 분포의 외부 전기장처럼 중심축에서 지름 거리에 따라 $1/r$로 감소한다. 반면에 전선의 내부에서는 지름 거리가 커질수록 에워싸는 전류의 양은 r^2으로 증가하고, 장은 $1/r$로 감소한다. 21장의 실전 문제 56에서 균일한 원통 전하 분포의 내부 전기장도 마찬가지이다. 물론 원통 분포에 대한 전기장과 자기장 모양은 전혀 다르다. $\vec{E}$는 지름 방향으로 퍼지고 $\vec{B}$는 원형 고리를 이룬다. 다만 지름 거리에 대한 의존성이 같다.

대칭성이 문제이다
긴 전선의 자기장을 구하기 위하여 앙페르 법칙을 적용할 때 대칭성이 가장 중요하다. 자기장의 크기가 앙페르 고리를 따라 일정한지, 고리에 대한 방향이 평행 또는 수직인지를 모르면 자기장 B를 적분 밖으로 꺼낼 수 없다.

예제 26.8	앙페르 법칙: 전류판

무한 평판에 종이면에서 나오는 방향으로 전류가 흐른다. 전류는 전류판에 균일하게 흐르며 단위 너비당 전류의 크기는 J_s이다. 무한 전류판의 자기장을 구하라.

해석 전류 분포는 면대칭이고, 자기장은 무한 전류판의 수직 거리에만 의존할 수 있다.

과정 대칭성 때문에 자기장선은 전류판에 평행한 직선으로 그림 26.32와 같다. 따라서 앙페르 고리는 예제 26.6처럼 두 변이 전류 방향과 평행이고 나머지 두 변이 수직인 길이 l의 정사각형 고리이다. 한편 자기장의 방향은 전류판의 위 아래에서 반대 방향이므로 평행한 두 변에서 $\oint \vec{B} \cdot d\vec{l}$은 0이 아니다.

풀이

- 예제 26.6처럼 계산하면 $\oint \vec{B} \cdot d\vec{l} = 2Bl$이다.

- 무한 평판의 전류 밀도가 J_s이므로 한 변의 길이가 l인 정사각형이 에워싸는 전류는 $I_{\text{에워싼}} = J_s l$이다.

- 앙페르 법칙 $\oint \vec{B} \cdot d\vec{l} = \mu_0 I_{\text{에워싼}}$에서 $2Bl = \mu_0 J_s l$이므로 자기장은 다음과 같다.

$$B = \frac{1}{2} \mu_0 J_s \text{ (무한 전류판의 자기장)} \quad (26.20)$$

검증 답을 검증해 보자. 무한 면전하의 전기장처럼 무한 전류판의 자기장은 수직 거리에 의존하지 않는다. 물론 실제로는 무한 평판이 존재할 수 없으므로 위 결과는 가장자리가 아닌 평판 가까이에서만 성립하는 어림 결과이다. 유한 전류판이면 그림 26.33처럼 자기장선이 닫힌 고리를 이룬다. 즉 판에서 먼 곳의 자기장은 전선의 외부 자기장과 같아지고, 판 가까운 곳에서는 식 26.20을 따른다.

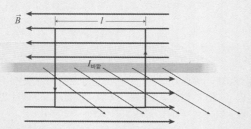

그림 26.32 사방으로 무한인 전류판의 자기장선과 사각형 모양의 앙페르 고리

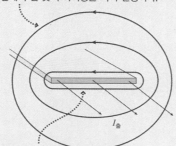

판에서 먼 곳의 자기장은 거의 원형이다.

판 가까운 곳에서는 무한 전류판의 자기장과 비슷하다.

그림 26.33 너비가 유한한 전류판의 자기장

표 26.1 간단한 전하와 전류 분포가 만드는 전기장과 자기장의 비교

거리 의존성[a]	전하 분포	전기장	전류 분포	자기장
$\dfrac{1}{r^3}$	전기 쌍극자		자기 쌍극자	
$\dfrac{1}{r^2}$	점전하, 구대칭		정상 전류가 생기지 않는다.	
$\dfrac{1}{r}$	선대칭		선대칭	
균일한 장	무한 면전하		전류 평판	

[a] 분포에서 먼 곳의 장

단순한 전류 분포가 만드는 자기장

예제 26.7과 26.8에서 대칭적 전류 분포에 앙페르 법칙을 적용하여 자기장을 구하고, 전기장의 결과와 비교하였다. 간단한 전하와 전류 분포가 만드는 전기장과 자기장을 비교한 표 26.1을 보면, 동일한 구조의 원천이 만드는 자기장과 전기장의 거리 의존성이 똑같다. 실제 분포들은 매우 복잡하여 계산하기가 쉽지 않지만, 특정한 극한에서는 이들을 간단한 분포들로 어림할 수 있다. 예를 들어 복잡한 전류 고리에서 멀리 떨어진 곳의 자기장은 자기 쌍극자의 자기장으로 어림할 수 있고, 전류가 흐르는 유한한 평판에 매우 가까운 곳의 자기장은 예제 26.8에서 구한 무한 평판의 결과로 어림할 수 있다.

솔레노이드

평행판 축전기를 이용하면 균일한 전기장을 얻을 수 있다(23장 참조). 이와 마찬가지로 균일한 자기장을 만드는 구조는 무엇일까?

그림 26.34a는 단일 전류 고리가 만드는 자기장이다. 그림 26.34b처럼 몇 개의 전류 고리가 만드는 자기장도 단일 고리가 만드는 자기장과 크게 다르지 않다. 고리를 더 많이 감은 코일 안에는 그림 26.34c처럼 강한 자기장이 형성된다. 결국 그림 26.34d처럼 기다란 코일 내부에 강하고 균일한 자기장이 형성되고, 외부에는 매우 약한 자기장만 남는다. 무한히 길게 촘촘히 감은 코일이라면 내부에만 균일한 자기장이 형성될 것이다.

이와 같이 길게 촘촘히 감은 코일을 **솔레노이드**(solenoid)라고 한다. 긴 솔레노이드에 앙페르 법칙을 적용하여 내부의 자기장을 구해 보자. 그림 26.35는 너비가 l인 직사각형 앙페르 고리와 솔레노이드의 단면이다. 솔레노이드의 외부 자기장은 0이고, 자기장에 수직한 변

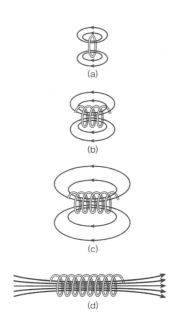

그림 26.34 코일이 길어질수록 내부 장이 거의 일정하게 되고, 외부 장은 점점 약해져서 결국에는 거의 사라진다.

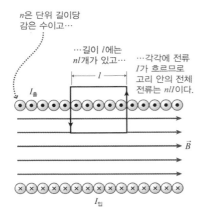

그림 26.35 긴 솔레노이드의 단면. 코일이 종이면에서 나오는 영역에 만든 앙페르 직사각형 고리

에서는 $\vec{B} \cdot d\vec{l} = 0$이고, 자기장에 평행한 내부의 한 변에서는 내부 자기장이 균일하므로, $\oint \vec{B} \cdot d\vec{l} = Bl$이다. 단위 길이당 고리를 감은 수가 n이고, 전류 I가 흐른다면 직사각형 앙페르 고리 안의 전체 전류는 nlI이므로, $Bl = \mu_0 nlI$에서 솔레노이드 내부의 자기장은 다음과 같다.

$$B = \mu_0 nI \text{ (솔레노이드 자기장)} \tag{26.21}$$

직사각형 고리의 수직 변은 적분에 기여하지 못하므로 솔레노이드 내부에서 자기장의 크기는 똑같다. 그림 26.34는 원형 코일이지만, 어떤 모양의 솔레노이드에 대해서도 식 26.21이 성립한다.

솔레노이드는 균일한 자기장을 만들기 때문에 쓸모가 매우 많다. MRI 장치의 긴 원통이 솔레노이드로 만들어진 것이다. 그러나 솔레노이드의 양쪽 가장자리 근처에서는 자기장이 불균일하므로 강자성 물질이 코일 안으로 끌려올 수 있다. 솔레노이드의 길이가 짧으면 이러한 현상이 강하므로 작은 솔레노이드를 이용하여 실린더의 플런저가 직선 운동을 하도록 만든다. 자동차의 시동 장치, 세탁기, 식기세척기에서도 솔레노이드를 사용하고 있다.

예제 26.9 솔레노이드: MRI 장치의 전류

MRI 장치에 있는 솔레노이드의 지름은 95 cm이고 길이는 2.4 m이다. 솔레노이드를 지름 2.0 mm의 초전도 전선으로 감았고, 이웃한 전선들은 두께를 무시할 수 있는 절연체로 분리되어 있다. 솔레노이드 내부에 1.5 T의 자기장을 만드는 전류를 구하라.

해석 솔레노이드의 전류와 자기장에 관한 문제이다.

과정 식 26.21, $B = \mu_0 nI$를 적용하려면 전선을 감은 수 n을 알아야 한다. 전선의 지름을 알므로 그림 26.36처럼 n을 구한다.

풀이 그림 26.36에서 $n = 500$번/m이므로 전류는 다음과 같다.

$$I = \frac{B}{\mu_0 n} = \frac{1.5 \text{ T}}{(1.26 \times 10^{-6} \text{ N/A}^2)(500 \text{ m}^{-1})} = 2.4 \text{ kA}$$

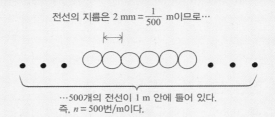

전선의 지름은 2 mm $= \frac{1}{500}$ m이므로…

…500개의 전선이 1 m 안에 들어 있다. 즉, $n = 500$번/m이다.

그림 26.36 감은 수 n 구하기

검증 답을 검증해 보자. 매우 큰 전류이지만 MRI 장치에서 사용하는 니오브-티타늄 초전도체로 그 전류를 쉽게 얻을 수 있다. 단위 길이당 감은 수가 커지면 필요한 전류의 크기가 감소한다. 한 번 감은 전선에는 같은 크기의 전류 I가 흐르므로, 감은 수가 많을수록 에워싼 전류가 커져서 자기장 또한 증가하기 때문이다.

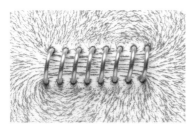

그림 26.37 헐겁게 감은 솔레노이드 주위의 철가루 배열. 그림 26.1의 막대자석의 자기장과 비교하라.

원통 표면을 따라 전류가 흐르므로 솔레노이드는 그림 26.26의 원통형 막대자석과 비슷하다. 막대자석에서는 원자 전류 고리가 만든 자기화 전류가 원통 자석을 둘러싸고 흐른다. 사실상 솔레노이드와 막대자석은 그림 26.37처럼 비슷한 자기장을 만든다. 솔레노이드를 둥글게 말아서 그 자신과 이으면 도넛 모양의 코일인 **토로이드**(toroid)가 되고 그 안의 원형 자기장도 되돌아와서 연결된다. 실용 문제 88~91에서 토로이드를 조사한다.

26장 요약

핵심 개념

이 장의 핵심 개념은 자기 현상이다. 자기 현상은 본질적으로 움직이는 전하와 관련되어 있다. 움직이는 전하는 자기장을 만들고, 자기력을 겪음으로써 자기장에 반응한다.

주요 개념 및 식

자기장 $\vec{B}$ 안에서 속도 $\vec{v}$로 움직이는 전하 q에 다음의 **자기력**이 작용한다.

$$\vec{F} = q\vec{v} \times \vec{B} \text{ (자기력)}$$

자기력은 $\vec{v}$와 $\vec{B}$에 모두 수직하므로 일을 하지 않는다.

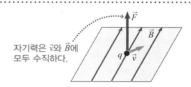

자기력은 $\vec{v}$와 $\vec{B}$에 모두 수직하다.

비오-사바르 법칙에 따라 정상 전류 요소가 만드는 자기장은 다음과 같다.

$$d\vec{B} = \frac{\mu_0}{4\pi} \frac{I d\vec{l} \times \hat{r}}{r^2}$$

$d\vec{l}$은 도선의 작은 부분이다.
$\hat{r}$는 $d\vec{l}$에서 P로 향하는 단위 벡터이다.
$d\vec{B}$는 종이면으로 들어가는 방향이다.

여기서 μ_0은 **투자율 상수**로, $1.26 \times 10^{-6} \text{ N/A}^2$이다.

전류가 만드는 자기장은 **앙페르 법칙**에 따라, 다음과 같이 전류를 에워싼 닫힌 고리에 대한 선적분으로 구할 수 있다.

$$\oint \vec{B} \cdot d\vec{l} = \mu_0 I_{\text{에워싼}}$$

위 식은 정상 전류에만 성립한다.

자기에 대한 가우스 법칙은 전하에 대응하는 자하, 즉 자기 홀극이 없다는 법칙으로 다음과 같다.

$$\oint \vec{B} \cdot d\vec{A} = 0$$

정전기장과는 달리 자기장선은 시작하거나 끝나지 않는다.

자기장   전기장

응용

균일한 자기장에서 수직으로 움직이는 전하는 **사이클로트론 진동수** $f = qB/2\pi m$로 원운동한다. 일반적으로 대전 입자는 자기장에 갇혀서 나선 운동을 한다.

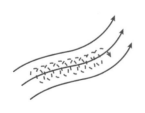

균일한 자기장에서 전류 I가 흐르는 길이 l의 직선 도선에 작용하는 자기력은 $\vec{F} = I\vec{l} \times \vec{B}$이다. 분리 거리가 d인 두 평행 도선 사이에 작용하는 자기력은 크기가 $F = \frac{\mu_0 I_1 I_2 l}{2\pi d}$이며, 전류가 같은 방향으로 흐르면 인력이고 반대 방향이면 척력이다.

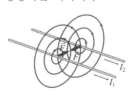

전류 고리가 고리의 크기보다 훨씬 먼 곳에 만드는 자기장은 쌍극자장과 같다. 고리의 자기 쌍극자 모멘트 크기는 $\mu = IA$이며, A는 고리의 면적이다. 외부 자기장 안의 전류 고리에는 돌림힘 $\vec{\tau} = \vec{\mu} \times \vec{B}$가 작용한다.

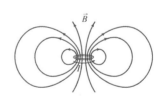

간단한 전류 분포의 자기장

선전류: $B = \frac{\mu_0 I}{2\pi r}$ 전류판: $B = \frac{1}{2}\mu_0 J_s$ 솔레노이드: $B = \mu_0 n I$

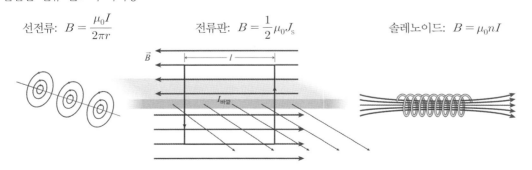

물질의 자성은 원자 수준 전류 고리의 상호작용으로 생긴다. **강자성** 물질에서는 상호작용이 강해서 영구 자석이나 철처럼 자기화가 존재한다. **상자성**과 **반자성**은 약한 상호작용의 결과이다.

물리학 익히기   www.masteringphysics.com을 방문하여 과제를 수행하고 동적 학습 모듈(Dynamic Study Modules), 연습 문제 (practice quizzes), 문제 영상 풀이(video solutions to problems) 등의 자기 학습 도구를 이용하시오.

BIO 생물 및 의학 문제   **DATA** 데이터 문제   **ENV** 환경 문제   **CH** 도전 문제   **COMP** 컴퓨터 문제

학습 목표   이 장을 학습하고 난 후 다음을 할 수 있다.

LO 26.1 움직이는 전하가 자기 현상을 일으킴을 인식할 수 있다.

LO 26.2 자기장과 대전 입자, 대전 입자의 속력이 주어졌을 때 자기력을 계산할 수 있다.
개념 문제 26.1, 26.2
연습 문제 26.11, 26.12, 26.13, 26.14, 26.15
실전 문제 26.46, 26.48

LO 26.3 자기장 안의 대전 입자의 경로를 알 수 있다.
개념 문제 26.3, 26.4
연습 문제 26.16, 26.17, 26.18, 26.19, 26.20
실전 문제 26.50, 26.51, 26.52, 26.53

LO 26.4 전류에 작용하는 자기력을 계산할 수 있다.
개념 문제 26.6, 26.7
연습 문제 26.21, 26.22, 26.23, 26.24
실전 문제 26.54, 26.56, 26.57, 26.59, 26.60, 26.72, 26.80, 26.81, 26.85, 26.87

LO 26.5 비오-사바르 법칙을 이용하여 자기장의 근원을 설명할 수 있다.

개념 문제 26.5
연습 문제 26.25, 26.26, 26.27, 26.28, 26.29
실전 문제 26.49, 26.61, 26.62, 26.63, 26.68, 26.70, 26.74, 26.78, 26.82, 26.83, 26.84, 26.86

LO 26.6 자기 쌍극자를 설명하고 자기장과 자기 쌍극자의 상호작용에 대해 설명할 수 있다.
연습 문제 26.30, 26.31, 26.32
실전 문제 26.47, 26.58, 26.71, 26.74, 26.79

LO 26.7 강자성, 상자성, 반자성을 정성적으로 설명할 수 있다.
개념 문제 26.9, 26.10

LO 26.8 앙페르 법칙을 설명하고 대칭성이 있는 자기장을 계산할 때 사용할 수 있다.
개념 문제 26.8, 26.9
연습 문제 26.34, 26.35, 26.36
실전 문제 26.64, 26.68, 26.69, 26.73, 26.75, 26.76, 26.77

개념 문제

1. 자기장 $\vec{B}$ 안에서 속도 $\vec{v}$로 움직이는 전자가 자기력 $\vec{F}$를 받는다. 세 벡터 $\vec{F}, \vec{v}, \vec{B}$ 중 어느 벡터들이 반드시 서로 수직인가?

2. 종이면에서 나오는 방향의 자기장이 있다. 종이면에서 원운동하는 양전하를 위에서 내려다보면 그 움직임은 시계 방향인가, 반시계 방향인가?

3. 사이클로트론의 입자는 전기장에서 에너지를 얻는가, 자기장에서 에너지를 얻는가, 또는 둘 다에서 에너지를 얻는가?

4. 전하가 같은 동일한 두 입자가 균일한 자기장에 수직으로 서로 반대 방향으로 움직이다가 정면 탄성 충돌한다. 충돌 후 운동을 기술하라.

5. 비오-사바르 법칙으로 전류 요소의 자기장은 $1/r^2$로 감소한다. 전체 자기장이 $1/r^2$로 감소하는 완전한 회로를 만들 수 있는가, 없는가? 왜 그런가?

6. 같은 방향의 전류는 끌어당기는가, 밀어내는가?

7. 평형 길이의 용수철로 전류가 흐르면 용수철은 압축되는가, 늘어나는가?

8. 그림 26.38은 종이면에 수직하게 같은 크기의 전류가 흐르는 두 평행 도선 주위의 자기장선이다. 전류의 방향은 같은가, 반대인가? (**주의:** 그림 26.38에서 전류는 두 도선에만 있다.)

9. 왜 쇳조각이 솔레노이드 쪽으로 끌려오는가?

그림 26.38 개념 문제 8

10. 자기화되지 않은 쇳조각은 자기 모멘트가 없지만, 막대자석의 양극에 달라붙는다. 왜 그런가?

연습 문제

26.2 자기력과 자기장

11. (a) 21 Mm/s로 움직이는 전자에 5.4 fN의 힘을 가할 수 있는 최소 자기장은 얼마인가? (b) 자기장의 방향이 전자의 운동 방향과 45°였다면 필요한 최소 자기장은 얼마인가?

12. 0.10 T의 자기장에 수직으로 움직이는 전자가 6.0×10^{15} m/s² 의 가속도를 얻는다. (a) 전자의 속력은 얼마인가? (b) 1 ns에 전자의 속력은 얼마나 변하는가?

13. 0.50 T의 자기장에 (a) 수직, (b) 30°, (c) 평행하게 속력 2.5×10^5 m/s로 움직이는 양성자에 작용하는 자기력의 크기는 각각 얼마인가?

14. 지구 자기장의 크기는 지표면 근처에서 약 0.5 G이다. 운동 에너지가 1 keV인 전자에 작용하는 최대 자기력은 얼마인가? 같은 전자에 작용하는 중력과 비교하라.

15. 속도 고르개에 60 mT의 자기장과 수직한 24 kN/C의 전기장이 걸려 있다. 어떤 속력의 대전 입자가 속도 고르개에서 편향되지 않는가?

26.3 자기장 안의 대전 입자

16. 64.6 mT의 자기장에 수직한 평면에서 175 km/s로 움직이는 양성자의 원형 궤도 반지름을 구하라.

17. 115 μT의 자기장에 수직으로 들어온 전자가 원형 궤도를 한 바퀴 도는데 얼마나 걸리는가?

18. 전파천문학자가 성간 기체구름에서 나오는 42 MHz의 전자기 복사를 검출하였다. 이 복사가 자기장에서 나선 운동하는 전자가 방출한 복사이면 자기장의 세기는 얼마인가?

19. 전자레인지의 마이크로파는 자기장에서 2.45 GHz로 원운동하는 전자에서 생성된다. (a) 자기장의 세기는 얼마인가? (b) 이러한 전자의 운동이 가능한 특별한 관을 마그네트론(29장 참조)이라고 부른다. 마그네트론이 최대 지름 2.72 mm까지 가능하면 전자의 운동 에너지는 얼마까지 가능한가?

20. 50.0 mT의 균일한 자기장에 수직한 평면에서 움직이는 두 양성자가 정면 탄성 충돌한다. 다시 충돌하기 전까지 얼마나 걸리는가?

26.4 전류가 만드는 자기력

21. 47.5 mT 자기장에 수직한 길이 65.5 cm의 전선에 12.0 A 전류가 흐르면 전선에 작용하는 자기력의 크기는 얼마인가?

22. 15 A 전류가 흐르는 전선이 균일한 자기장과 각도 25°를 이루면 전선에 작용하는 단위 길이당 자기력은 0.31 N/m이다. (a) 자기장의 세기는 얼마인가? (b) 전선의 방향을 바꾸어 얻을 수 있는 단위 길이당 최대 자기력은 얼마가 되는가?

23. 실험용 핵융합 원자로에서, 2.44 kg의 전류가 흐르는 도체 막대가 길이 3.15 m의 1.52 T 자기장 영역을 지나간다. 막대와 자기장 방향이 수평하여 자기력을 위로 향하도록 한다면, 자기력의 크기가 중량을 초과하지 않고 도체에 흐를 수 있는 최대 전류는 얼마인가?

24. 단위 길이당 질량이 75 g/m인 도선 조각이 수평 방향의 자기장에 수직하게 움직인다. 도선에 6.2 A 전류가 흐르면 중력과 비긴다. 자기장의 세기는 얼마인가?

26.5 자기장의 근원

25. 도선을 구부려 만든 원형 고리에 6.71 A의 전류가 흐르면 고리 중심에 42.8 μT의 자기장이 생긴다. (a) 고리의 반지름은 얼마인가? (b) 고리의 중심으로부터 10.0 cm 떨어져 있는 고리 축 위에서 자기장 세기는 얼마인가?

26. 지름 2.0 cm의 단일 원형 고리에 650 mA 전류가 흐른다. (a) 고리의 중심, (b) 중심에서 20 cm인 중심축 위에서 자기장 세기를 각각 구하라.

27. 길이 2.2 m의 도선으로 지름이 5.0 cm인 원형 고리로 촘촘히 감은 코일에 3.5 A의 전류가 흐른다. 코일 중심의 자기장 세기는 얼마인가?

28. 전류가 흐르는 긴 전선에서 1.2 cm인 곳의 자기장 세기가 67 μT이면 전선의 전류는 얼마인가?

29. 1 cm 떨어진 평행 전선에 15 A 전류가 흐른다. 전선 사이의 단위 길이당 자기력의 크기는 얼마인가?

26.6 자기 쌍극자

30. 지구의 자기 쌍극자 모멘트는 8.0×10^{22} A·m²이다. 양극에서 자기장의 세기는 얼마인가?

31. 한 변이 18.0 cm인 단일 네모 고리에 1.25 A의 전류가 흐른다. (a) 고리의 자기 쌍극자 모멘트는 얼마인가? (b) 고리의 쌍극자 모멘트 벡터가 2.12 T 자기장 방향과 각도 65.0°를 이루면 고리에 작용하는 돌림힘의 크기는 얼마인가?

32. 지름 6.2 cm로 250번 감은 원형 코일에 3.3 A 전류가 흐를 때 최대 1.2 N·m의 돌림힘을 받으면 자기장 세기는 얼마인가?

26.8 앙페르 법칙

33. 전선을 둘러싸는 닫힌 경로에 대한 자기장의 선적분 값이 8.8 μT·m이면 전선의 전류는 얼마인가?

34. 그림 26.39에서 자기장의 크기는 75 μT로 균일하지만 방향은 갑자기 반대가 된다. 직사각형 고리에 흐르는 전류는 얼마인가?

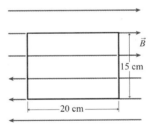

그림 26.39 연습 문제 34

35. 가정용 배선에 흔히 사용되는 도선의 지름은 2.053 mm이고 그 도선에 안전하게 흐를 수 있는 최대 전류는 20.0 A이다. 도선에 이 최대 전류가 흐르는 경우에 (a) 도선 축으로부터 0.150 mm인 위치, (b) 도선의 표면, (c) 도선의 표면 너머 0.375 mm인 위치에서 자기장의 세기를 구하라.

36. 전선의 표면에서는 식 26.18과 26.19의 결과가 같음을 보여라.

37. 1 m에 3300번 감은 초전도 솔레노이드에 최대 4.1 kA의 전류가 흐를 수 있다. 솔레노이드 안의 자기장 세기를 구하라.

응용 문제

다음 문제들은 본문의 예제들에 기초한 것이다. 두 세트의 문제들은 물리학의 이해를 강화하는 연결의 형성을 돕고 이전에 풀어본 문제에서 변형된 문제를 해결하는 자신감을 키우도록 설계되어 있다. 각 세트의 첫 번째 문제는 본질적으로 예제 문제이지만 숫자들은 다르다. 두 번째 문제는 예제와 똑같은 상황이지만 묻는 질문이 다르다. 세 번째와 네 번째 문제는 완전히 다른 상황으로 이런 방식을 반복한다.

38. **예제 26.2** 염소는 Cl-35와 Cl-37이라는 두 가지의 동위원소를 가지고 있다. 통일된 원자 질량 단위에서 각각의 동위원소의 질량은 질량 번호 35와 37과 동일하다. 예제 26.2의 그림 26.7에서 설명한 것과 같은 질량 분석계를 사용하였을 때, 분석계가 3.50 kV의 가속 전위와 163 mT의 자기장을 가지고 있다면 Cl-35와 Cl-37 이온이 검출기에 도달했을 때 얼마나 떨어져 있는가?

39. **예제 26.2** 예제 26.2의 질량 분석계를 사용하여 물의 비소(As) 오염을 측정하려고 할 때, 분석은 물을 끓인 다음 남은 물질을 가열하여 분자를 개별 원자로 분리하여 전자를 벗겨 1가 이온화된 원자를 내는 것으로 시작된다. 이온은 5.75 kV의 전위차를 통해 가속되어 0.460 T의 자기장으로 들어간다. 검출기의 27.7 cm, 34.3 cm, 41.1 cm의 거리에서 이온 영향이 일어났을 때, 비소가 있는가? 그렇다면 비소가 어디에 있는가? (**힌트:** 부록 D를 참조하고 비소는 하나의 동위원소만 가지고 있다.)

40. **예제 26.2** 전자 빔이 양의 x축 방향에서 음의 x축 방향으로 7.18 Mm/s로 움직이고 있다. 빔이 $x=0$ 위치에서 방향은 양의 y축이고 크기는 2.86 mT인 자기장으로 진입한다. 이 영역은 yz 평면에서 시작하여 x방향으로 무한 확장된다. (a) 빔이 영역으로 침투하는 최대 거리는 얼마인가? (b) 빔이 영역을 빠져나가는 지점의 좌표는 얼마인가?

41. **예제 26.2** 예제 26.2에 설명된 질량 분석계는 단순하지만 구식이다. 현대의 질량 분석계는 일반적으로 고정된 단일 검출기를 사용하며, 전자석의 전류를 변화시켜 자기장 강도 B를 스캔한다. 검출된 B값은 검출된 종의 비전하값을 결정한다. 현대 디자인은 그림 26.7에서 보이는 것처럼 완전한 반원을 사용하지 않고 더 작은 호를 사용해 입자를 분석한다. 그림 26.40에서는 그러한 질량 분석계의 자기 부분을 보여 준다. 이온이 2.75 kV의 전위차를 통하여 가속된 후 자기장으로 들어가 적절한 비전하를 가져 정점으로부터 22.0 cm의 거리인 검출기에 부딪힌다. 이 설계에서 탄소-12와 철-56에 이르는 이온화 원자를 검출하려면 어떤 범위의 자기장 강도가 필요한가?

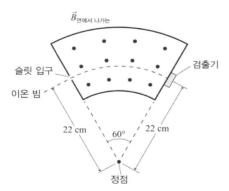

그림 26.40 응용 문제 41

42. **예제 26.7** 직경 9.27 mm의 긴 직선형 와이어에 147 A의 전류가 균일하게 흐른다. 와이어 축에서 (a) 2.50 mm 떨어진 지점과 (b) 7.50 mm 떨어진 지점의 자기장을 구하라.

43. **예제 26.7** 흔히 저온 초전도체에서 사용되는 나이오븀-주석은 도체 내 자기장이 0.19 T를 초과하면 초전도성을 잃기 시작한다 (자기장의 정확한 값은 온도에 따라 달라진다). 직경 3.0 mm의 나이오븀-주석 초전도 도선을 생각할 때, 도선 내부의 자기장이 0.19 T 미만으로 유지될 경우 최대 전류는 얼마인가? 전류가 도선에 균일하게 퍼져있다고 가정한다.

44. **예제 26.7** 그림 26.41의 동축선은 반지름 a의 속이 찬 내부 도체와 반지름 b, 두께 c의 속이 빈 도체 껍질로 구성된다. 각 도체에 크기가 같고 방향이 반대인 전류 I가 균일하게 흐른다. (a) 내부 도체의 안, (b) 두 도체 사이, (c) 동축선의 외부에서 자기장 세기를 지름 거리 r의 함수로 각각 표기하라.

그림 26.41 응용 문제 44, 45

45. **예제 26.7** 그림 26.41의 동축케이블이 $a=0.525$ mm, $b=0.400$ cm, $c=0.210$ mm일 때, 중심축에서 $r=0.125$ cm에서의 자기장의 크기는 384 μT이다. (a) 전류 I를 구하고, (b) $r=0.300$ mm에서 도체 내부의 자기장을 구하고 (c) 도체 외부에서의 전류 밀도를 구하라.

실전 문제

46. 전하 50 μC의 입자가 속도 $\vec{v}=5.0\hat{i}+3.2\hat{k}$ m/s로 균일한 자기장 $\vec{B}=9.4\hat{i}+6.7\hat{j}$ T에서 움직인다. (a) 입자에 작용하는 자기력을 구하라. (b) 스칼라곱 $\vec{F}\cdot\vec{v}$와 $\vec{F}\cdot\vec{B}$를 계산하여 자기력이 $\vec{v}$와 $\vec{B}$에 모두 수직임을 보여라.

47. 목성은 태양계에서 가장 강한 자기장을 가지고 있는데, 그 극에서 자기장은 약 1.4 mT가 된다. 이 자기장을 자기 쌍극자의 자기장으로 근사할 때 목성의 자기 쌍극자 모멘트를 구하라. (**힌트:** 부록 E 참조)

48. 속도 $\vec{v_1}=3.6\times10^4\hat{j}$ m/s로 움직이는 양성자는 $7.4\times10^{-16}\hat{i}$ N의 자기력을 받고, x축으로 움직이는 두 번째 양성자는 $2.8\times10^{-16}\hat{j}$ N의 자기력을 받는다. 자기장의 세기와 방향 그리고 두 번째 양성자의 속도를 구하라.

49. 단순한 지구 자기장 모형은 지구의 액체 핵(반지름 3000 km)의 외각에 있는 단일한 전류 고리에서 자기장이 유래한 것으로 본다. 자기 북극에서 측정한 자기장이 62 μT가 되려면 전류는 얼마가 되어야 하는가?

50. 오늘날의 평면 스크린 텔레비전이 등장하기 전에, 텔레비전은 전류를 운반하는 코일에서 생성되는 자기장에서 나오는 자기력에 의해 조향된 전자 빔에 의해 브라운관 스크린에 도색되었다. 전

자빔을 25.0 kV 전위차를 통해 가속시킨 다음 빔에 직각으로 향하는 자기장을 통과시킬 때, 전자 빔이 곡률 반경 7.12 cm인 원형 호를 따라가려면 자기장의 크기는 얼마여야 하는가?

51. 자기장 B에 수직으로 움직이는 대전 입자의 궤도 반지름이 $r = \sqrt{2Km}/qB$임을 보여라. 여기서 K는 운동 에너지, m과 q는 각각 입자의 질량과 전하이다.

52. 90 cm 지름의 사이클로트론으로 중수소 핵을 가속시킨다. (중수소 핵에는 양성자와 중성자가 각각 하나씩 있다.) (a) 사이클로트론이 2.0 T 자기장에서 작동하면 디 전압의 진동수는 얼마인가? (b) 중수소의 최대 운동 에너지는 얼마인가? (c) 디 사이의 퍼텐셜차 크기가 1500 V이면 최대 운동 에너지에 도달하기까지 중성자는 몇 번이나 도는가?

53. 균일한 자기장 0.25 T에서 움직이는 전자의 속도에서 자기장에 수직하고 평행한 성분의 크기는 3.1 Mm/s로 같다. (a) 전자의 나선 궤도 반지름은 얼마인가? (b) 한 바퀴 도는 동안 자기장 방향을 따라 얼마나 멀리 움직이는가?

54. 저항을 무시할 수 있는 전선을 직사각형으로 구부려서 그림 26.42처럼 전지와 저항기를 연결한다. 회로의 오른편은 종이면으로 들어가는 38 mT의 균일한 자기장 영역에 들어가 있다. 회로에 작용하는 자기력의 크기와 방향을 구하라.

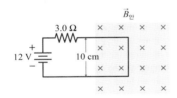

그림 26.42 실전 문제 54

55. 새로 설계한 인공 발목에는 지름이 15 mm인 원형 코일을 150번 감은 소형 전기 모터가 들어 있다. 이 모터가 발휘해야 하는 최대 돌림힘은 3.1 mN·m이다. 인공 발목에 이용할 수 있는 가장 강한 자석의 세기는 220 mT이다. 모터의 코일에 필요한 전류는 얼마인가?

56. 질량 18 g, 길이 20 cm의 도체 막대가 그림 26.43처럼 질량이 없는 줄에 매달려 있다. 막대는 종이면으로 들어가는 0.15 T의 균일한 자기장 영역에 들어 있고, 외부 회로가 고정점 A와 B 사이에 전류를 공급한다. (a) 막대를 위쪽으로 움직이는 데 필요한 최소 전류는 얼마인가? (b) 전류의 방향은 무엇인가?

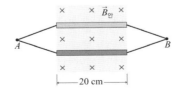

그림 26.43 실전 문제 56

57. 직사각형 구리 띠의 너비는 2.4 T의 균일한 자기장 방향으로 1.0 mm이다. 자기장에 수직으로 6.8 A 전류가 구리 띠에 흐르

면 띠 너비의 홀 퍼텐셜은 1.2 μV이다. 구리 띠에서 자유 전자의 개수 밀도를 구하라.

58. NMR는 화학 구조를 분석하는 장치이며, 의료 진단용 자기 공명 영상의 기초 장비이다. NMR 기술은 원자핵을 자기장 안에서 뒤집는 데 필요한 에너지를 측정하는 민감한 기술이다. NMR 장치에서 9.4 T 자기장에 평행한 양성자($\mu = 1.41 \times 10^{-26}$ A·m²)를 반대 방향으로 뒤집는 데 필요한 에너지는 얼마인가?

59. 1.5 A 전류가 흐르는 전선이 48 mT 자기장 영역으로 지나간다. 전선은 자기장에 수직이고, 자기장 영역을 지나가는 전선은 그림 26.44처럼 반지름 21 cm인 사분원이다. 이 부분에 작용하는 자기력의 크기와 방향을 구하라.

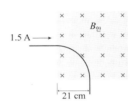

그림 26.44 실전 문제 59

60. 스마트폰에는 홀 효과를 이용하여 자기장의 세 가지 구성 요소를 측정하는 자기계가 들어 있다. 이 자기계는 스마트폰의 나침반과 내비게이션 앱에 사용되며 일반적으로 스마트폰의 홀 효과 센서는 실리콘으로 만들어진다. 50.0 μm의 두께의 실리콘으로 만들어진 홀 효과 센서는 도핑되어 전자 밀도가 2.86×10^{15} 전자/cm³인 N형 반도체로 만들 수 있다. 센서가 625 μA 전류를 전달하는 경우 지구 자기장 크기가 27.5 μT인 지점에서 발생하는 홀 전위의 최댓값은?

61. 도선을 구부려서 그림 26.45처럼 반지름 a의 원형 고리를 중간에 만든다. 화살표 방향으로 전류 I가 흐를 때 고리 중심의 자기장을 표기하라.

그림 26.45 실전 문제 61

62. 자기 북극 방향으로 1.5 kA 전류가 흐르는 송전선이 지상 10 m 위로 지나간다. 송전선의 위도에서 지구 자기장의 수평 성분은 24 μT이다. 자기 나침반을 송전선 바로 아래에 두면 길을 찾는 데 도움이 될까?

63. 긴 전선을 구부려서 그림 26.46처럼 반지름 a의 반원을 중간에 만든다. 화살표 방향으로 전류 I가 흐를 때, 비오-사바르 법칙을 사용하여 반원의 중심인 점 P의 자기장을 구하라.

그림 26.46 실전 문제 63

64. 이 종이면과 평행한 자기장이 모든 곳에서 크기가 $34\,\mu\text{T}$ 라고 상상해 보자. 종이면의 왼쪽 열에서는 자기장이 종이면 상단을 가리키고, 오른쪽 열에서는 자기장이 하단을 가리키며, 두 열 사이의 공간에서 자기장은 갑자기 반전한다. (a) 종이면을 통과하는 총 전류는 얼마인가? (b) 전류는 종이면에 들어가는 방향으로 흐르는가, 나가는 방향으로 흐르는가? (c) 전류는 작은 영역을 통해 흐르는가, 아니면 종이면 전체를 통해 흐르는가? (**힌트**: (a)는 실험적 측정을 해야 할 것이다.)

65. 25 A의 전류가 흐르는 긴 직선 도선 옆에 그림 26.47처럼 3.0 cm 떨어져 놓여 있는 10 cm × 15 cm의 직사각형 고리에 850 mA의 전류가 흐른다. 고리에 작용하는 알짜 자기력의 세기와 방향을 구하라.

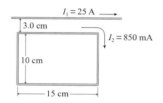

$I_1 = 25\,\text{A}$
3.0 cm
$I_2 = 850\,\text{mA}$
10 cm
15 cm

그림 26.47 실전 문제 65

66. 반지름 R인 긴 도체 막대에서 불균일한 전류 밀도는 $J = J_0 r/R$이며, J_0은 상수, r는 막대 중심축까지의 거리이다. 막대의 (a) 내부와 (b) 외부에서 자기장의 세기를 표기하라.

67. 반지름 R인 길고 속이 빈 도체관에 균일한 전류 I가 그림 26.48처럼 관의 길이 방향으로 흐른다. 앙페르 법칙을 사용하여 관의 (a) 내부와 (b) 외부에서 자기장의 세기를 표기하라.

R $I \longrightarrow$

그림 26.48 실전 문제 67

68. 지름 0.50 mm의 구리 전선 10 m와 전선에 15 A를 공급할 수 있는 전지가 있다. (a) 이 전선을 모두 감아서 만든 지름 2.0 cm의 솔레노이드 내부와 (b) 이 전선으로 만든 단일 원형 고리의 중심에서 자기장 세기를 각각 구하라.

69. 많은 수의 전류 고리로 만든 솔레노이드를 고려하여 식 26.21을 CH 유도하라. 전류 고리의 자기장으로 식 26.9를 이용하여 모든 고리에 대해서 적분한다.

70. 가장 강한 번개는 이온화된 공기의 원통 채널을 통해서 흐르는 봉우리 전류로 약 250 kA에 이른다. 얼마나 먼 곳의 자기장이 약 $50\,\mu\text{T}$인 지구 자기장 세기와 같은가?

71. MRI 스캐너는 물과 지방 분자 속 수소의 양성자에 자기 돌림힘을 일으킨다. 양성자의 자기 쌍극자 모멘트는 $1.41 \times 10^{-26}\,\text{A} \cdot \text{m}^2$이다. MRI 스캐너가 2.6 T 크기의 자기장에 있을 때 양성자에 작용하는 돌림힘의 최댓값은 얼마인가? (양자 효과는 고려하지 않는다.)

72. 안티모니화 인듐(InSb)은 상대적으로 큰 홀 계수 때문에 홀 효과 **DATA** 기구에 흔히 사용되는 반도체이다. 홀 계수는 $228\,\text{cm}^3/\text{C}$인 $50\,\mu\text{m}$ 두께의 InSb 띠를 사용하여 자기장 감지기를 만든다. 감지기의 전류가 미지의 자기장에 수직일 때, 홀 퍼텐셜을 전류의 함수로 나타낸 것이 아래의 표이다. 그래프가 직선이 되도록 홀 퍼텐셜을 적절한 물리량에 대해 그리고, 최적 맞춤 직선을 결정한 뒤, 그로부터 자기장 세기를 구하라.

I(mA)	10.0	20.0	30.0	40.0	50.0
V_H(mV)	0.393	0.750	1.24	1.56	1.97

73. 예제 26.8의 전류판이 실제로는 두께를 무시할 수 없는 두꺼운 널판으로 그 두께가 d이고 전류는 그 부피 전체에 균일하게 분포되어 있다고 가정하자. 널판 안의 자기장을 널판의 중심 평면으로부터 수직 거리 x의 함수로 구하라. 그 결과는 널판의 표면에서 예제 26.8과 일치함을 보여라.

74. 굵기를 무시할 수 있는 반지름 15 cm의 원형 고리에 2.0 A 전류가 흐른다. (a) 고리면에서 고리의 외부 1.0 mm, (b) 고리 중심으로부터 3.0 m인 축에서 고리의 자기장을 어림 계산하라.

75. 그림 26.49처럼 너비 w의 긴 편평한 도체 막대에 전체 전류 I가 균일하게 흐른다. (a) 도체 표면 근처($r \ll w$), (b) 도체에서 먼 곳($r \gg w$)에서 자기장 세기를 어림으로 구하라.

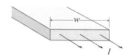

w I

그림 26.49 실전 문제 75

76. 반지름 R, 길이 l인 길고 속이 빈 도체관에 균일한 전류 I가 그림 26.50처럼 관 둘레로 흐른다. 관의 (a) 내부와 (b) 외부에서 자기장을 표기하라. (**힌트**: 솔레노이드와 비슷하다.)

R I

그림 26.50 실전 문제 76

77. z축에 평행한 반지름 R인 고체 도체 전선의 전류 밀도는 $\vec{J} = J_0(1 - r/R)\hat{k}$이며, J_0은 상수, r는 전선 축까지의 거리이다. (a) 전선에 흐르는 전체 전류, (b) $r > R$, (c) $r < R$인 곳의 자기장 세기를 각각 표기하라.

78. 균일한 면전하 밀도가 σ인 반지름 a의 원판이 원판의 수직 중심축 CH 에 대해서 각속력 ω로 회전한다. 원판 중심의 자기장이 $\frac{1}{2}\mu_0\sigma\omega a$ 임을 보여라.

79. 새로 개발하려는 궤도 망원경의 방향을 조절하는 장치는 서로 수직한 세 코일을 사용한다. 이 코일들은 전류가 흐를 때 지구 자기장 때문에 돌림힘을 받는다. 개발자는 무게 제한 때문에 각 코일의 길이를 l로 제한한다. 개발자는 한 번 감은 코일이 최적이라고 생각하지만, 그의 동료는 여러 번 감은 코일의 쌍극자 모멘트가 가장 크고 따라서 돌림힘도 가장 크다고 주장한다. 누가 옳은가?

80. 도체 막대로 만든 그림 26.51에서 위쪽 도체 막대는 수직으로 자유롭게 움직이면서 전기적 접촉을 유지한다. 위쪽 막대의 무게는 22 g이고 길이는 95 cm이다. 왼쪽 바닥의 절연 간격에 전지를 병렬 연결하여 도체 막대에 66 A 전류가 흐르게 만든다. 평형 상태에서 위쪽 막대의 높이 h는 얼마인가?

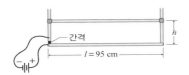

그림 26.51 실전 문제 80

81. 긴 전선에서 a인 곳에 그림 26.52처럼 너비 w의 긴 편평한 도체 띠를 평행하게 놓았다. 전선과 띠에는 같은 전류 I가 균일하게 흐른다. 전선과 띠 사이의 단위 길이당 자기력이

CH

$$\frac{\mu_0 I^2}{2\pi w} \ln\left(\frac{a+w}{a}\right)$$

임을 적분을 이용해서 증명하라.

그림 26.52 실전 문제 81

82. 전류 I가 흐르는 한 변이 a인 네모 고리의 중심에서 자기장 세기를 구하라.

83. 길이 l, 반지름 a인 솔레노이드에 대한 실전 문제 69의 결과를 이용하여 솔레노이드 중심축에서 자기장 세기를 구하라.

CH

84. 헬름홀츠 코일은 동일한 원형 코일의 한 쌍으로, 공통 축을 공유하고, 보통 반지름과 동일한 거리만큼 간격을 두고 있다. 코일은 예제 26.3의 고리를 닮았다. 여기서 원형 코일 사이의 중앙 부분에서 균일한 자기장이 생성된다. 특히 장의 일계, 이계 도함수는 두 코일 사이의 중간 지점에서 0이 된다. 헬름홀츠 코일에서의 두 코일이 예제 26.3과 같고 동일한 방향으로 전류 I가 흐르며, 각각 $x = -R/2$, $x = R/2$에 있다고 할 때, (a) 원점에 있지 않은 반경 R의 코일에 대해 식 26.9를 적용하고, 두 코일 사이의 영역에서 x축에 대한 자기장인 $B(x)$를 유도하라. (b) 원점에서 장의 일계, 이계 도함수는 0임을 보여라. (c) 균일한 자기장임을 보기 위해 $R = 1$로 두고 $-\frac{1}{2} < x < \frac{1}{2}$에서 $2B/\mu_0 I$값을 계산하라.

85. 핵발전소의 발전기로부터 전류를 운반하는 도선으로 30 cm 떨어져 있는 두 개의 평행한 도체 막대를 사용하려고 한다. 각 막대에 흐르는 전류는 서로 반대 방향이고 크기는 15 kA이다. 최대 100 N까지 견딜 수 있는 쇠집게로 막대를 1 m마다 고정시키는 설계는 적절한가?

86. 전류판이 무한히 많은 미소 선전류로 되어 있다고 간주하여 식

CH

26.20을 유도하라.

87. '자석 요법'은 몸에 부착된 작은 막대자석을 사용하는 엉터리 치료법으로, 홀 효과 때문에 혈류가 빨라진다고 주장한다. 막대자석의 10 mT 자기장 속에서 전형적인 혈류와 관련된 홀 퍼텐셜을 어림해 보자. 적혈구들은 2 pC의 전하를 띠고 있고, mL당 50억 개의 적혈구가 들어 있는 혈류는 지름 3.0 mm의 혈관을 12 cm/s로 통과한다. 어림 계산한 결과를 수십 mV의 생체 전기 활동과 비교하라.

BIO

실용 문제

토로이드는 원으로 굽힌 솔레노이드 같은 코일이다(그림 26.53a). 토로이드가 필수적인 자기 가둠 핵융합 실험이 성공한다면 바닷물에서 추출한 중수소를 사용하여 거의 무제한의 에너지를 얻을 수 있다. 국제 공동 연구인 ITER 컨소시엄은 프랑스에 거대한 토로이드 핵융합 실험로를 건설하고 있는데, 그것은 대규모의 에너지를 생산하는 첫 융합 장치가 될 것으로 기대되고 있다. 토로이드의 단면이 그려진 그림 26.53b에서 전류는 안쪽 테두리의 종이면으로부터 나와서 바깥쪽 테두리로 내려간다. 검은 원은 앙페르 고리이다.

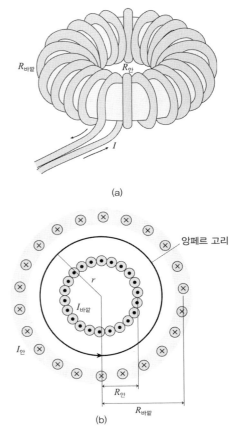

그림 26.53 (a) 토로이드 코일과 (b) 코일의 단면(실용 문제 88~91)

88. 토로이드와 연관된 자기장은
    a. 도넛 모양의 코일 안의 '구멍' 내부에서만 0이 아니다.
    b. 코일로 둘러싸인 영역 내부에서만 0이 아니다.

c. 코일 외부에서만 0이 아니다.

d. 모든 곳에서 0이 아니다.

89. 그림 26.52b에서 자기장선은

    a. 직선이고 종이면에 들어가는 방향이다.

    b. 직선이고 종이면으로부터 나오는 방향이다.

    c. 직선이고 지름 방향이다.

    d. 원형이다.

90. 토로이드에서 감은 횟수 N을 두 배로 하되, 그 크기나 전류를 변화시키지 않으면

    a. 자기장은 두 배가 된다.

    b. 자기장은 네 배가 된다.

    c. 자기장은 절반으로 줄어든다.

    d. 자기장은 변하지 않는다.

91. 전류 I가 흐르는 도선을 감은 횟수가 N인 토로이드의 안쪽 반지름은 $R_{안}$이고 바깥쪽 반지름은 $R_{바깥}$이다. 토로이드의 중심으로부터 거리가 r인 코일 내부의 자기장은 얼마인가?

    a. $B = \mu_0 NI$

    b. $B = \mu_0 NI / 2\pi R_{안}$

    c. $B = \mu_0 NI / 2\pi R_{바깥}$

    d. $B = \mu_0 NI / 2\pi r$

26장 질문에 대한 해답

장 도입 질문에 대한 해답

자기력이 만든다. 자기는 기본적으로 움직이는 전하 사이의 상호작용이다. 뜨거운 태양의 대기에서 이온화된 기체의 자유 전자들이 자기력을 받아서 고리를 따라 이동한다. 지구의 대기는 차가워서 분자들이 이온화되지 않으므로 자기력을 받지 않는다.

확인 문제 해답

26.1 (1) (a)가 가장 크다. (c)는 0이다. (2) (a)와 (b)는 종이면으로 들어가는 방향이다.

26.2 전자가 음전하이므로 (b)이다.

26.3 (d)

26.4 (a)

26.5 (1) (a), 이웃한 전류가 같은 방향이기 때문이다. (2) 전류의 방향이 바뀌어도 이웃한 전류가 나란한 방향이기 때문에 마찬가지이다.

26.6 (b), 자기장은 닫힌 고리이기 때문이다.

26.7 (b)

26.8 (1) 0, (2) 전선 A

전자기 유도

예비 지식

- 기전력의 개념(25.1절)
- 자기장과 자기력(26.2절, 26.4절)
- 자속의 개념(21.2절, 26.6절)
- 솔레노이드 자기장(26.8절)

학습 목표

이 장을 학습하고 난 후 다음을 할 수 있다.

LO 27.1 전자기 유도를 기본적으로 변화하는 자기장이 수반되는 현상으로 설명할 수 있다.

LO 27.2 패러데이의 법칙을 설명하고 유도 기전력을 구하는 데 사용할 수 있다.

LO 27.3 유도 전류의 방향을 구하기 위해 에너지 보존(렌츠 법칙)을 사용할 수 있다.

LO 27.4 인덕턴스를 설명하고 유도기가 포함된 간단한 회로를 분석할 수 있다.

LO 27.5 자기 에너지를 계산할 수 있다.

LO 27.6 유도 전기장을 구하기 위해 적분형 패러데이의 법칙을 사용할 수 있다.

1989년에 태양으로부터의 고에너지 분출이 북미대륙 북동부의 전력망을 교란하여 캐나다의 퀘벡 전 지역에 정전이 발생했다. 어떻게 태양에 에너지가 저장되었고, 그것이 어떻게 지구에 정전을 일으켰는가? 전력망이 정상적으로 작동할 때 어떻게 전기가 생성되는가?

전기장과 자기장은 정지하거나 움직이는 전하가 근원이다. 전기와 자기가 전하라는 공통 요소로 연결된 것이다. 이 장에서는 전기와 자기 사이의 보다 근원적인 요인, 즉 장의 상호작용을 공부한다. 이러한 상호작용이 전자기학의 기초를 이루어서 빛의 본성을 밝히고 상대론의 토대를 만든다.

27.1 유도 전류

LO 27.1 전자기 유도는 기본적으로 변화하는 자기장이 수반되는 현상으로 설명할 수 있다.

1831년 영국의 과학자 페러데이(Michael Faraday)와 미국의 과학자 조셉 헨리(Joseph Henry)가 자기장이 변하면 회로에 전류가 흐른다는 사실을 독립적으로 발견하였다. 다음의 네 실험을 생각해 보자.

1. 고리 속으로 막대자석을 움직여 보자(그림 27.1 참조). 전지나 다른 기전력 장치는 없다. 막대자석이 움직이지 않으면 전류가 흐르지 않지만, 고리 속으로 자석을 움직이면 전류가 흐르는 것을 검류계로 확인할 수 있다. 이러한 전류를 **유도 전류**(induced current)라고 부른다. 자석을 빨리 움직이면 유도 전류가 증가한다. 운동 방향이 바뀌면 유도 전류의 방향도 따라서 바뀐다.

2. 정지한 자석 근처에서 고리를 움직여도 유도 전류가 흐른다(그림 27.2 참조). 자석이 움직이나 고리가 움직이나 똑같이 전류가 흐른다. 결국 자석과 고리의 상대 운동이 있으면 전류가 흐른다.

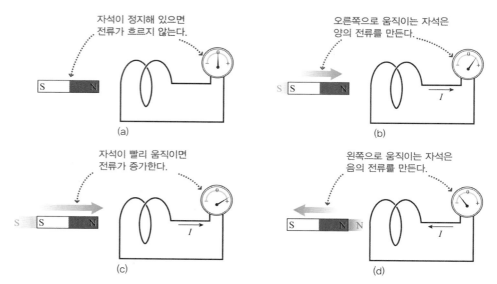

그림 27.1 자석이 닫힌 회로 근처에서 움직이면 회로에 전류가 흐른다.

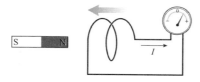

그림 27.2 자석 대신에 회로를 움직여도 결과는 같다.

3. 막대자석을 전지에서 정상 전류를 전달하는 두 번째 고리로 바꿔 보자(그림 27.3 참조). 새 고리가 막대자석처럼 자기장을 만들기 때문에, 두 고리 사이에 상대 운동이 있으면, 실험 1과 2처럼 첫 번째 고리에 유도 전류가 흐른다.

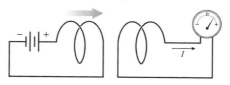

그림 27.3 자석 대신에 전류가 흐르는 회로로 대체해도 유도 전류가 생긴다.

4. 두 고리를 고정시키면 유도 전류가 흐르지 않는다(그림 27.4 참조). 그러나 왼쪽 회로에 연결한 스위치를 열면 오른쪽 회로에 유도 전류가 잠시 흐르다가 0으로 떨어진다. 스위치를 다시 닫으면 왼쪽 회로에 전류가 생기면서 오른쪽 회로에 스위치를 열 때와는 반대 방향으로 유도 전류가 흐르기 시작한다. 왼쪽 회로의 전류가 정상값에 도달하면 오른쪽 회로의 유도 전류도 사라진다.

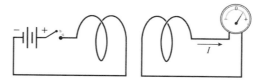

그림 27.4 가까운 회로의 전류가 변해도 전류가 유도된다. 여기서 스위치는 열리거나 닫힌다.

이들 실험에서는 공통적으로 자기장이 변한다. 자석이 움직이든, 회로가 움직이든 상관없이 자기장의 변화에 따라 유도 전류가 생긴다. 이와 같이 변하는 자기장이 전기장을 만드는 현상을 **전자기 유도**(electromagnetic induction)라고 한다.

27.2 패러데이 법칙

LO 27.2 패러데이의 법칙을 설명하고 유도 기전력을 구하는 데 사용할 수 있다.

전류를 흐르게 하려면 하전 입자에 힘을 작용해야 한다. 그 동안 공부했던 회로에서는 전지와 같은 기구가 그 힘을 제공했고, 전지의 효과를 전지가 제공하는 단위 전하당 에너지인 기전력으로 기술했다. 유도 전류인 경우에 전지는 없지만 그래도 기전력은 있어야 한다. 이 **유도 기전력**(induced emf)은 전지처럼 국소화될 필요는 없고 회로를 형성하는 도체 전체에 퍼져 있을 수도 있다. 27.1절의 실험에서 기전력이 어떻게 나오는지 이제 더 탐구해 보자.

운동 기전력과 변하는 자기장

그림 27.1에 기술된 실험 (1)에서 고정된 코일을 향해 막대자석을 움직였고 유도 전류를 얻었다. 그것은 코일에 유도 기전력이 존재했음을 의미한다. 그림 27.2에 기술된 실험 (2)에서 자석을 정지해 놓고 코일을 움직였다. 역시 유도 전류를 움직이는 유도 기전력을 얻었다. 유일하게 중요했던 점은 자석과 코일의 **상대적인 운동**이었다.

비록 두 실험이 유도 전류라는 같은 효과를 주지만, 두 실험의 물리적 해석은 아주 다르다. 이미 자기력에 대해 알고 있는 점으로부터 실험 (2)를 실제로 설명할 수 있다. 여기서 도체 코일은 정지한 자석의 자기장 속을 움직이므로 코일의 자유 전자는 자기력을 경험한다. 이것보다 좀 더 간단한 상황을 27.3절에서 분석할 것이다. 그때 그러한 힘이 실제로 관찰된 유도 전류를 일으킨다는 것을 알게 될 것이다. 자기장 속을 움직이는 도체의 결과로 발생하는 유도 기전력을 기술하기 위해 **운동 기전력**(motional emf)이라는 용어를 사용한다.

비록 똑같은 결과를 주지만 실험 (1)은 아주 다르다. 여기서 코일은 정지해 있으므로 자유 전자는 자기력을 경험하지 않는다. 그렇지만 유도 기전력 때문에 생긴게 틀림없는 유도 전류가 있다. 여기서 그 기전력은 코일의 운동이 아니라 **변하는 자기장**으로부터 발생한다. 이것은 정말로 새로운 현상이다. 실험 (1)에서 자석이 다가옴에 따라 코일에서 자기장의 세기가 변하지만, 어떠한 운동과도 연관이 없는 자기장의 변화도 마찬가지다. 실험 (4)가 그 점을 보여주는 경우인데, 인접한 코일의 전류가 증가하거나 감소하기 때문에 자기장이 변한다. 4부의 나머지 장들을 공부함에 따라 전자기 유도라는 놀라운 현상에 대한 통찰이 깊어질 것이다.

이와 같이 도체의 운동을 통해서 또는 자기장을 변화시켜서 유도 기전력을 생성하는 두 가지 방법이 있다. 다음으로 어떻게 유도를 정량적으로 기술하는지 탐색하겠지만, 우선 움직이는 자석과 움직이는 코일 실험에서 **상대적인 운동만이** 중요하다는 관찰을 좀 더 자세히 들여다볼 가치가 있다. 19세기 초의 첫 유도 실험 이래로 그 사실은 알려져 있었지만, 그 깊은 의미를 인식한 사람은 아인슈타인이었다. 실제로 특수 상대성이론을 소개한 아인슈타인의 1905년 논문의 두 번째와 세 번째 문장은 다음과 같다. "자석과 도체 상호간의 전기역학적 효과를 예로 들어 보자. 여기서 관찰 가능한 현상은 도체와 자석의 상대적인 운동에만 의존하는 것에 비해, 일반적인 관점에서는 자석이 움직이는 경우와 도체가 움직이는 경우 사이에는 뚜렷한 구별이 있다." 두 문장 중 전자의 것은 앞에서 코일과 자석의 상대적인 움직임이 중요하다 말했던 것을 인식하고 있다. 후자의 문장에서 아인슈타인의 "뚜렷한 구별"은 자석이 움직이느냐 코일이 움직이느냐에 따른 두 실험의 매우 다른 물리적 기술 사이의 구별이다. 아인슈타인은 상대성이론을 계속 전개해 나가면서 관성계의 관점에서 진술된 것이라면 자석-코일 실험의 기술뿐만 아니라 어떠한 물리적 사실의 기술도 똑같이 타당하다고 말함으로써 '뚜렷한 구별'을 무시한다. (4장에서 관성계에 대해 배웠고, 33장에서 상대성이론을 배울 것이다. 33.8절은 자기와 전기 사이의 관계에 대해 추가적인 통찰을 줄 것이다.)

자기 다발

전자기 유도를 정량적으로 기술하려면 자기 다발(magnetic flux)의 개념이 필요하다. 26장에서 닫힌 표면을 지나가는 자기 다발은 0이었다.

지금은 열린 표면을 지나가는 자기 다발에 관심이 있는데, 그 값은 0이 될 필요는 없다(그림 27.5). 21장의 전기 다발처럼 자기 다발도 다음과 같이 정의할 수 있다.

$$\Phi_B = \int \vec{B} \cdot d\vec{A} \quad \text{(자기 다발)} \tag{27.1a}$$

전자기 유도에서는 고리의 표면을 지나가는 자기 다발이 중요하다. 그림 27.5와 같은 고리에서 원둘레는 고리이고 고리의 표면은 원판이다.

21장에서 전기 다발을 도입했을 때 논의했던 것처럼 넓이 벡터 $d\vec{A}$의 방향에 모호함이 있다. 이 시점에서는 모호함을 해결하지 않고, 전자기 유도와 에너지 보존 사이의 매우 중요한 관계를 소개하는 27.3절까지 기다릴 것이다.

균일한 자기장 안의 편평한 표면에서 식 27.1a는

$$\Phi_B = \vec{B} \cdot \vec{A} = BA \cos\theta \quad \text{(자기 다발, 균일한 자기장과 편평한 표면)} \tag{27.1b}$$

이며, θ는 자기장과 표면의 수직선 사이의 각도이다. 자기장과 표면이 수직이면 식 27.1b는 더 간단해져서 $\Phi_B = BA$이다. 자기 다발의 단위는 자기장의 단위와 넓이의 곱, 곧 $\text{T} \cdot \text{m}^2$이다. 전기 다발과는 달리 자기 다발에는 $1\,\text{T} \cdot \text{m}^2$을 나타내는 고유의 단위 이름 **웨버**(weber, Wb)가 있다.

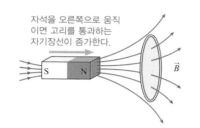

그림 27.5 막대자석의 자기장에 있는 원형 고리. 자석이 가까이 움직이면 고리를 통과하는 다발이 증가한다.

예제 27.1 | **자기 다발: 솔레노이드**

단위 길이당 감은 수가 n인 반지름 R의 솔레노이드에 전류 I가 흐른다. 솔레노이드의 전선당 자기 다발을 구하라.

해석 내부에 균일한 자기장을 만드는 솔레노이드 전선의 단면을 지나가는 자기 다발을 구하는 문제이다.

과정 솔레노이드 내부의 자기장은 그림 27.6처럼 전선의 단면에 수직하다. 즉, 균일한 자기장이 전선의 단면에 수직하므로 자기 다발은 $\Phi_B = BA$이다. 식 26.20에서 $B = \mu_0 nI$이고, 단면적은 πR^2이다.

풀이 따라서 자기 다발은 $\Phi_B = BA = \mu_0 nI\pi R^2$이다.

검증 답을 검증해 보자. 자기장이나 단면적이 커지면 자기 다발이 증가한다. 솔레노이드를 단순하게 전선을 한 번 감은 닫힌 고리로 간주하였지만, 전선을 충분히 촘촘히 감으면 그것은 훌륭한 어림이다. 전선을 N번 감아서 만든 솔레노이드이면 솔레노이드 전체의 자기 다발은 위의 결과에 N을 곱한 값이다.

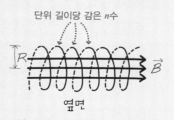

그림 27.6 예제 27.1의 스케치

예제 27.2 | 자기 다발: 불균일한 자기장

긴 직선 도선에 전류 I가 흐른다. 길이 l, 폭 w의 직사각형 고리를 도선과 같은 평면에 만들어 보자. 전선에서 가장 가까운 직사각형 변까지의 수직 거리는 a이고, 길이가 l인 변이 도선과 평행하다. 직사각형 고리를 지나가는 자기 다발을 구하라.

해석 긴 직선 도선이 만드는 자기장 안의 직사각형 고리면을 지나가는 자기 다발에 관한 문제이다.

과정 그림 27.7처럼 도선 주위에 생긴 자기장은 직사각형 고리면에 수직하게 들어가는 방향이다. 따라서 식 27.1a의 $\vec{B} \cdot d\vec{A}$는 $B \, dA$이다. 또한 식 26.17에서 $B = \mu_0 I/2\pi r$이다. 자기장이 도선까지의 거리에 따라 변하므로 적분해야 한다. 직사각형을 폭 dr인 면적 요소로 나누면 면적은 $dA = l \, dr$이다.

풀이 식 27.1a에서 자기 다발은 다음과 같다.

$$\Phi_B = \int B \, dA = \int_a^{a+w} \frac{\mu_0 I}{2\pi r} l \, dr = \frac{\mu_0 I l}{2\pi} \int_a^{a+w} \frac{dr}{r}$$

적분 결과는 자연 로그이므로 자기 다발은 다음과 같다.

$$\Phi_B = \frac{\mu_0 I l}{2\pi} \ln r \Big|_a^{a+w} = \frac{\mu_0 I l}{2\pi} \ln\left(\frac{a+w}{a}\right)$$

검증 답을 검증해 보자. 자기 다발은 자기장의 세기를 결정하는 전류와 고리의 길이 l에 비례한다. 그러나 고리의 폭 w에는 정비례하지 않는다. 폭이 증가하면 자기장이 약해지기 때문이다.

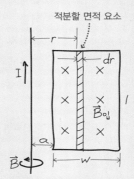

그림 27.7 긴 직선 도선이 만드는 자기장 안의 직사각형 고리

자기 다발과 유도 기전력

비록 변하는 자기장이 유도하는 운동 기전력이 다른 현상인 것처럼 보이지만, 패러데이는 **변하는 자기 다발**의 관점에서 둘 다 기술할 수 있다는 것을 보여 주었다. 그 결과는 전자기학의 네 가지 기본 법칙 중의 하나인 **패러데이 전자기 유도 법칙**(Faraday's law of electromagnetic induction)의 예비적인 표현이다.

> 회로의 유도 기전력은 회로로 속박된 표면을 지나가는 자기 다발의 변화율에 비례한다.

이것은 회로에 생기는 전자기 유도를 기술하는 특수한 경우의 패러데이 법칙이다. 27.3절에서 회로가 없어도 적용할 수 있는 일반형 패러데이 법칙을 공부할 것이다. 유도 기전력은 자기 다발의 변화에 반대하는 방향으로 생긴다(27.3절 참조). 따라서 패러데이 법칙을 다음과 같이 표기한다.

회로에 생긴 기전력 $\mathcal{E}$은 …   … 회로를 지나는 자기 다발의 변화에 의해 유도된다.

$$\mathcal{E} = -\frac{d\Phi_B}{dt} \quad \text{(패러데이 법칙)}$$

(27.2)

음의 부호는 유도된 기전력이 자기 다발 변화에 반대하여 에너지가 보존된다는 것을 보여 준다.

이 형태의 패러데이 법칙은 회로에서 유도된 기전력에 관한 것이다. 나중에 더 일반적인 형태를 볼 수 있다.

여기서 $\mathcal{E}$은 회로에 생긴 유도 기전력이고, Φ_B는 고리의 표면을 지나가는 자기 다발이다.

패러데이 법칙은 자기 다발의 변화에 대한 관계식이다. 유도 기전력을 만드는 것은 자기장이나 자기 다발이 아니라 자기 다발의 변화이다. 균일한 자기장에서 자기 다발은 식 27.1b인

$\Phi_B = \vec{B} \cdot \vec{A} = BA \cos\theta$이므로, 자기장 세기 B, 면적 A, 각도 θ를 바꾸면 자기 다발을 바꿀 수 있다.

전도체와 자석 또는 자기장을 생성하는 다른 계의 상대적인 운동이나 자기장을 생성하는 전류의 변화 때문에 자기장의 세기가 변할 수 있다. 전도체나 근처의 자석의 방향이 변하면 자기장의 방향이 변할 수 있다. 넓이의 변화 때문에 유도 기전력이 나타나려면 그 변화에는 반드시 물리적인 도체의 운동이 수반되어야 한다. 그런 경우의 유도 기전력은 항상 운동 기전력이다. 그러한 경우를 예제 27.4에서 볼 수 있고 27.3절에서 비슷한 상황을 자세하게 분석할 것이다. 회로 넓이는 변하지만 도체가 움직이지 않는다든가 그 운동이 넓이 변화와 대응하지 않는다든가 하는 특별한 상황도 있다. 일반적으로 진짜 운동 기전력을 분석하면 예제 27.4에서 알게 되겠지만, 자기장, 움직이는 도체의 속도, 적절한 길이의 곱을 수반하는 기전력의 표현을 얻게 된다.

문제풀이 요령 27.1　패러데이 법칙과 유도 기전력

해석 자기 다발이 변해서 전류가 흐르는 회로임을 확인한다. 회로와 자기 다발이 변하는 원천이 다음 중 어느 것인지 파악한다.

- **자기장의 변화.** 회로와 자석 사이의 상대 운동 또는 이웃한 회로에 생긴 전류의 변화로 자기장이 변한다. 다시 말하면 특정한 비율로 자기장이 변한다.
- **면적의 변화.** 자기장 안에 포함된 회로의 면적이 증가하거나 감소한다.
- **장에 대한 회로의 변화.** 장의 방향과 회로의 단면이 이루는 각도가 변한다.

과정 회로를 지나가는 자기 다발에 관한 표현식을 찾는다. 자기장이 위치에 따라 변하면 식

27.1a, $\Phi_B = \int \vec{B} \cdot d\vec{A}$를 적용한다. 만약 자기장이 변하지 않으면 간단한 식 27.1b, $\Phi_B = \vec{B} \cdot \vec{A} = BA\cos\theta$를 적용한다. 자기 다발의 변화는 시간이나 주어진 변화율에 명시적으로 의존해야 한다.

풀이 자기 다발을 시간에 대해서 미분하면 패러데이 법칙, $\varepsilon = -d\Phi_B/dt$로 유도 기전력을 얻는다. 회로의 저항 R를 알면 옴의 법칙, $I = \varepsilon/R$로 전류를 구한다.

검증 답을 검증해 보자. 변하는 양이 증가하면 유도 기전력 또는 전류는 증가하는가? 변화가 사라지면 유도 효과가 사라지는가?

예제 27.3　유도 전류: 변하는 자기장

반지름 10 cm, 저항 $2.0\,\Omega$인 도체 고리의 변이 0.10 T/s로 증가하는 균일한 자기장 $\vec{B}$에 수직으로 놓여 있다. 고리에 생기는 유도 전류를 구하라.

해석 자기장이 변할 때 고리면을 지나가는 자기 다발이 변하면서 고리에 유도되는 전류에 관한 문제이다.

과정 그림 27.8처럼 자기장은 고리면으로 들어가는 방향이다. 자기장이 균일하고 수직이므로 $\Phi_B = BA = B\pi r^2$이다. 문제에서 자기장의 변화율 dB/dt가 주어져 있으므로 $d\Phi_B/dt$를 구할 수 있다.

풀이 자기 다발의 변화율은 다음과 같다.

$$\frac{d\Phi_B}{dt} = \frac{d}{dt}\left(B\pi r^2\right)$$

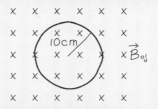

그림 27.8 균일한 자기장에 수직인 평면의 원형 도체 고리

반지름이 변하지 않으므로 다음과 같이 쓸 수 있다.

$$\frac{d\Phi_B}{dt} = \pi r^2 \frac{dB}{dt}$$

$dB/dt = 0.10$ T/s, $r = 10$ cm이므로 유도 기전력 $\varepsilon = -d\Phi_B/dt$의 크기는 $\pi r^2 dB/dt = 3.14$ mV이다. 이제 옴의 법칙에서 유도

전류의 크기는 $I = \mathcal{E}/R = 3.14 \, \text{mV}/2.0 \, \Omega = 1.6 \, \text{mA}$이다.

검증 답을 검증해 보자. 유도 기전력과 유도 전류가 dB/dt에 비례하므로 변하는 자기장이 유도 현상의 원천이다. 자기장이 변하는데 자기장 $\vec{B}$가 균일하다는 표현이 이상할까? 장은 실제로 변하지만, 공간이 아니라 시간에 따라 변하는 자기장이기 때문이다. 자기 다발은 공간에 대한 적분이므로 균일한 자기장이란 표현은 전혀 이상하지 않다.

예제 27.4 　**유도 전류: 변하는 면적** 　　　　　　　　　　　　　　　　　　　　 응용 문제가 있는 예제

수직 거리 l로 분리된 두 평행 도선이 저항 R로 연결된다. 두 도선에 도체 막대를 자유롭게 미끄러질 수 있도록 걸쳐서 닫힌 회로를 만든다. 전체 회로는 그림 27.9처럼 종이면으로 들어가는 균일한 자기장 $\vec{B}$에 수직이다. 도체 막대를 등속력 v로 오른쪽으로 움직일 때 회로에 발생하는 유도 전류를 구하라.

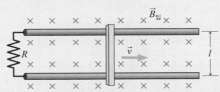

그림 27.9 막대를 오른쪽으로 움직이면 회로의 면적이 증가하여 자기 다발이 증가해서 유도 기전력이 생긴다.

해석 닫힌 회로는 두 도선과 도체 막대, 저항이다. 막대가 움직이면 회로 면적이 증가한다. 즉 변하는 면적에 따라 자기 다발이 변하는 유도 현상이다.

과정 균일한 자기장이 회로면에 수직하므로 $\Phi_B = BA$이다. 막대의 속력이 주어지므로 자기 다발을 위치 x의 함수로 표기하여 자기 다발의 변화율을 구한다. $x = 0$을 도선의 왼쪽 끝으로 잡으면 회로 면적이 $A = lx$이므로 자기 다발은 $\Phi_B = BA = Blx$가 된다.

풀이 자기 다발을 시간에 대해서 미분하면 다음과 같다.

$$\frac{d\Phi_B}{dt} = Bl\frac{dx}{dt} = Blv$$

패러데이 법칙에서 Blv가 유도 기전력 $\mathcal{E}$의 크기이므로, 유도 전류는 다음과 같다.

$$I = \frac{\mathcal{E}}{R} = \frac{Blv}{R}$$

검증 답을 검증해 보자. 막대가 빨리 움직일수록 자기 다발의 변화율이 커서 유도 기전력과 유도 전류가 커진다.

예제 27.4는 운동 기전력의 뚜렷한 경우이다. 유도 기전력 $\mathcal{E} = Blv$는 이전에 말했듯이 자기장 세기, 속도, 길이의 곱으로 표현되어 있다. 이 경우에 그 길이는 막대의 길이이다. 비록 패러데이 법칙과 변하는 자기 다발을 사용하여 이 예제를 풀었지만 운동 기전력 배후의 물리적인 메커니즘은 항상 도체의 자유 전하에 작용하는 자기력으로 시작한다. 자기력이 전하를 분리시키므로 운동 기전력의 경우에 궁극적으로 전류를 흐르게 하는 전기장이 유도된다. 27.3절에서 비슷한 경우를 더 자세히 탐구하고, 움직이는 전하에 작용하는 힘을 고려하여 전자기 유도에서 에너지 보존을 보일 것이다.

문제는 변화율이다

예제 27.3과 27.4에서 자기 다발의 크기를 결정하는 자기장의 값과 움직이는 막대의 위치는 필요 없었다. 자기 다발이 아니라 자기 다발의 변화율(rate of change)이 필요하기 때문이다. 두 예제에 주어진 값은 각각 자기장의 변화율과 막대의 속력이다.

예제 27.3과 27.4는 각각 자기장과 면적을 바꿔서 자기 다발을 변화시켰다. 다음 절에서는 자기 다발을 변화시키는 세 번째 방법인 방향의 변화에 대해서 공부한다.

27.3 유도와 에너지

....

LO 27.3 유도 전류의 방향을 구하기 위해 에너지 보존(렌츠 법칙)을 사용할 수 있다.

....

그림 27.10처럼 막대자석을 고리 쪽으로 움직여 보자. 유도 전류가 흐르면서 고리의 열로 에너지가 소모된다. 이 에너지는 어디서 생길까? 자석을 움직이며 한 일이다.

보통은 일정한 속력으로 움직이기 위해서는 일을 필요로 하지 않는다. 그러나 유도 전류가 고리에 만든 자기 쌍극자 같은 자기장은 그림 27.10처럼 다가오는 자석의 자기장에 반대하는 방향으로 형성된다. 이때 두 자기장의 척력을 극복하기 위하여 자석에 양의 일을 해야 한다. 그렇지 않으면 에너지원 없이 고리를 가열한 셈이 된다.

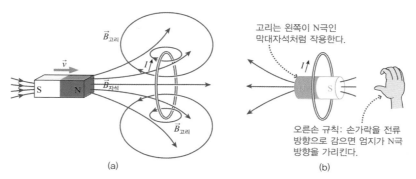

그림 27.10 에너지 보존 법칙에 따라 유도 전류의 방향이 결정된다. (a) 자석이 고리 쪽으로 움직일 때 막대자석과 전도 고리의 장. (b) 고리는 왼쪽이 북극인 막대자석처럼 작용하여 막대자석을 밀기가 힘들어진다.

다음과 같은 질문으로 유도 기전력과 유도 전류의 방향을 결정할 수 있다. 유도 전류가 어느 방향으로 흐르면 자석을 움직이기 힘들까? 그림 27.10에서 고리가 만드는 자기 쌍극자의 북극이 왼쪽으로 향하도록 유도 전류가 흐르면 다가오는 막대자석의 북극에 척력이 작용한다. 이때 오른손 규칙에 따라 고리의 윗부분에서 종이면으로 들어가는 방향으로 유도 전류가 흐르게 된다. 반면에 고리에서 막대자석을 빼내면, 인력을 작용하기 위하여 왼쪽에 자기 쌍극자의 남극이 생기도록 유도 전류가 반대 방향으로 흐른다(그림 27.11 참조).

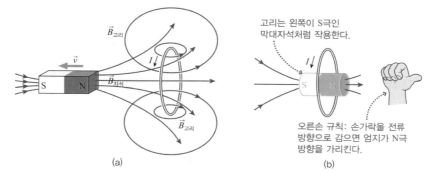

그림 27.11 막대자석이 고리로부터 멀어지면, 유도 전류의 방향은 고리의 남극을 왼쪽으로 향하게 하여 막대자석을 빼기가 힘들어진다.

이러한 결과는 전자기 유도의 에너지 보존 때문이며, 다음의 **렌츠 법칙**(Lenz's law)으로 기술된다.

> 유도 전류가 만드는 자기장이 자기 다발의 변화를 반대하는 방향으로 생기도록 유도 기전력과 유도 전류가 생긴다.

수학적으로는 렌츠 법칙에 따라 패러데이 법칙에 음의 부호를 붙이면 된다. 다만 자기 다발에 관한 식 27.1a에 있는 넓이 벡터 $\vec{dA}$의 방향에 신중한 주의를 기울여야 한다. 그래서 대수적인 관계만으로 유도 효과의 방향을 결정할 수 있다. 하지만 패러데이 법칙으로 유도 기전력의 크기를 구하고, 에너지 보존에서 유도 기전력의 방향을 결정하는 방법이 더 쉽고 물리적으로 더 의미가 있다.

확인 문제 **27.1** 막대자석의 북극을 그림 27.10처럼 고리 쪽으로 움직인다. 막대자석이 고리를 지나서 빠져 나올 때 (1) 고리에 흐르는 전류의 방향은 무엇인가? (2) 일을 해야 하는가, 일을 받는가?

운동 기전력과 렌츠 법칙

도체가 자기장 안에서 움직일 때 생긴는 유도 기전력을 전하 운반자에게 작용하는 자기력으로 생각할 수 있다. 이렇게 생기는 운동 기전력으로 렌츠 법칙과 에너지 보존의 관계를 이해할 수 있다.

균일한 자기장 $\vec{B}$에서 한 변의 길이가 l이고 저항이 R인 직사각형 고리를 일정한 속력 v로 끌어당기면(그림 27.12 참조), 고리를 지나가는 자기 다발이 변하므로 유도 기전력이 생겨서 고리에 전류가 흐른다. 에너지가 열로 소모되므로 고리를 끌어당기면서 일을 해야 한다. 고리에서 열로 소모되는 비율과 고리를 당기면서 한 일률이 같다는 사실을 보임으로써 에너지 보존을 정량적으로 증명해 보자.

고리를 오른쪽으로 당기면, 자유 전자가 자기장 안에서 움직인 셈이므로, 그림 27.12처럼 자유 전자에 아래 방향의 자기력 $q\vec{v} \times \vec{B}$가 작용한다. 음전하인 전자가 고리의 왼쪽 변에서 아래로 움직이므로, 결국 위 방향의 전류가 고리에 흐르게 된다. 전지에서처럼 분리된 전하는 회로에 전류가 시계 방향으로 흐르게 한다. 비록 전류를 생성하는 것은 움직이는 도체에 작용하는 자기력이라고 대충 말했지만, 실제로는 그것보다 훨씬 더 복잡하다. 자기력으로 전하가 분리되고, 분리된 전하가 전류를 움직이는 전기장을 일으킨다. 더구나 전자가 도선에 있도록 제한하는 것은 전기력이다. 그렇지 않으면 26.3절에서처럼 전자는 원운동을 했을 것이다. 전류가 흐른 후에는 위 방향의 전류에 작용하는 자기력으로 홀 효과 전하 분리가 나타나고, 그로 인한 전기장은 고리를 당기고 있는 작용 힘에 맞서는 힘을 제공한다. 이러한 관찰은 자기력은 전하 속도에 항상 수직하기 때문에 자기력 자체는 일을 할 수 없다는 26장의 진술과 일치한다. 이것은 전기력도 반드시 수반되어야 한다는 것을 의미한다.

전류가 흐르는 길이 l의 도선에 작용하는 자기력은 26장에서 $\vec{F} = I\vec{l} \times \vec{B}$이다. 이 식을 고리에 적용해 보자. 고리의 오른쪽 변은 자기장 밖에 있으므로($\vec{B} = \vec{0}$) 자기력이 0이고, 아랫변과 윗변에 작용하는 자기력은 서로 상쇄되며(그림 27.13 참조), 고리의 왼쪽 변에 작용하는 자기력의 크기는 IlB이다. 또한 오른손 규칙에서 자기력의 방향은 왼쪽이다. 결국 이 힘만이 고리를 자기장 밖으로 끌어당기는 힘과 상쇄되면서 알짜힘이 0이 되어 뉴턴 법칙에 따라 일정한 속도로 고리가 움직인다.

자기 다발의 변화로도 전류의 방향을 알 수 있다. 고리가 자기장 영역을 벗어나므로 자기

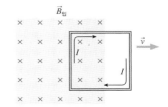

그림 27.12 자기장 밖으로 빼내는 도체 고리

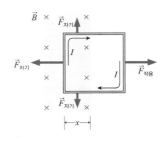

그림 27.13 고리에 작용하는 힘

다발이 감소한다. 유도 전류는 자기 다발의 감소에 반대하는 방향으로 흐르므로, 유도 전류의 자기장은 종이면으로 들어가는 방향이어야 한다. 즉 오른손 규칙에 따라 시계 방향으로 유도 전류가 생긴다.

전류를 계산하기 위해 먼저 유도 기전력을 구해 보자. 자기장이 고리면에 수직하고 균일하므로, 자기 다발은 자기장 세기와 자기장 안에 들어 있는 고리면의 곱이다. 즉 $\Phi_B = Blx$이며, x는 자기장 안에 들어 있는 고리의 길이이다. 자기장은 균일하지만 고리가 움직이므로 길이 x는 $dx/dt = -v$의 비율로 감소한다. 여기서 음의 부호는 감소를 나타낸다. 따라서 자기 다발의 변화율은

$$\frac{d\Phi_B}{dt} = \frac{d(Blx)}{dt} = Bl\frac{dx}{dt} = -Blv$$

이다. 그러므로 패러데이 법칙을 다음과 같이 표기할 수 있다.

$$\mathcal{E} = -\frac{d\Phi_B}{dt} = Blv$$

이 유도 기전력이 고리에 전류 $I = \mathcal{E}/R = Blv/R$를 유도한다. 고리의 에너지 소모율은 기전력과 전류의 곱, 식 24.7이므로 다음을 얻는다.

$$P = I\mathcal{E} = \frac{Blv}{R}Blv = \frac{B^2l^2v^2}{R} \quad \text{(고리에서 소모되는 전기적 일률)}$$

한편 고리가 일정한 속도로 움직이므로, 고리에 작용하는 자기력의 크기 $F = IlB$는 고리를 당기는 작용력의 크기와 같다. 일률은 식 6.19에서 $P = \vec{F} \cdot \vec{v}$이며, $\vec{F}$와 $\vec{v}$가 같은 방향이므로, 작용한 일률은 다음과 같다.

$$P = Fv = IlBv = \frac{Blv}{R}lBv = \frac{B^2l^2v^2}{R} \quad \text{(고리에 작용하는 역학적 일률)}$$

이것은 고리에서 소모되는 일률과 같다. 그러므로 당기면서 한 일이 모두 열로 소모된다. 즉 에너지가 보존된다.

확인 문제 **27.2** 그림 27.12의 고리가 왼쪽에서 자기장 안으로 처음 들어올 때 전류의 방향은 (a) 시계 방향인가, (b) 반시계 방향인가?

전자기 유도는 신용카드에서 전력 생산까지 일상에서 늘 이용하는 수많은 주요 응용 기술의 기초 원리이다. 전자기 유도로 전력 수송에서 전압을 조절하고, 전동 칫솔, 전기 자동차를 무선으로 충전할 수도 있다.

응용물리 **발전기**

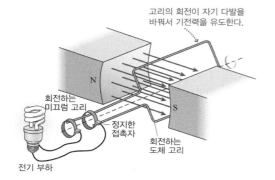

고리의 회전이 자기 다발을 바꿔서 기전력을 유도한다.

회전하는 미끄럼 고리

정지한 접촉자

회전하는 도체 고리

전기 부하

전자기 유도의 가장 중요한 응용 기술은 발전기이다. 인류는 250억 명의 사람들이 하는 일률과 같은 2.5 TW$(2.5\times10^{12}$ W$)$ 정도의 막대한 전기 에너지를 사용하며, 사실상 발전기로 모든 에너지를 생산하고 있다. **발전기** (generator)에는 그림처럼 자기장 안에 회전 고리가 있다. 역학적 에너지로 도체 고리를 회전시키면 자기 다발이 변하므로 유도 기전력이 생긴다. 유도 전류는 발전기를 지나서 연결된 전기 부하로 흐른다. 고리면의 방향과 자기장의 상대적 각도 θ에 따라 자기 다발 $\Phi_B = BA\cos\theta$가 변하므로, 그림과 같은 발전기는 시간에 따라 사인 함수로 변하는 교류를 생산한다.

어떤 종류의 역학적 에너지도 발전기로 공급할 수 있지만, 대체로 화석 연료의 연소나 핵분열로 만든 증기를 이용하고 있다. 또한 물이나 바람의 운동 에너지를 이용하여 전기 에너지를 생산하고 있다. 자동차 엔진으로 작동시키는 작은 발전기는 자동차의 전지를 재충전시키는 데 사용한다.

발전기는 에너지 보존을 기술하는 렌츠 법칙을 만족해야 한다. 렌츠 법칙이 성립하지 않으면 발전기가 스스로 발전하여 석탄, 석유, 우라늄 없이도 전기를 생산할 것이다. 화력 발전소에서 태우는 어마어마한 양의 석탄은 식 27.2의 오른편에 있는 음의 부호 때문이다.

손으로 돌리거나 발로 페달을 밟아 보면 렌츠 법칙을 실감할 수 있다. 전기 부하가 없으면 발전기를 돌리기가 쉽다. 점점 커다란 전기 부하에 연결하면 발전기를 돌리기가 점점 더 힘들어진다. 대부분의 사람들은 손으로 돌리는 발전기로 100 W 전구 정도는 켤 수 있다.

26장에서 공부한 전동기와 비교해 보자. 전동기와 발전기는 비슷한 장치지만 반대로 작동한다. 전동기는 전기 에너지를 역학적 에너지로 전환시키고, 발전기는 역학적 에너지를 전기 에너지로 전환시킨다. 하이브리드 자동차에서는 전동기가 전지에서 에너지를 얻어 자동차를 추진시킨다. 그러나 자동차의 브레이크를 밟으면 바퀴가 전동기를 돌려서 발전기처럼 자동차의 에너지를 열로 소모하지 않고 전지로 되돌린다. 이러한 회생 제동(regenerative braking) 기술로 하이브리드 자동차의 에너지 효율을 높이고 있다.

확인 문제 **27.3** 등속력으로 회전하는 발전기에 연결된 저항을 줄이면 회전이 (a) 쉬워지는가, (b) 어려워지는가?

예제 27.5 유도: 발전기 만들기

발전기에서 지름 50 cm로 코일을 100번 감은 도체 고리가 $f = 60$ rev/s로 회전하여 북미지역에서 사용하는 60 Hz의 교류를 만든다. 북미지역의 가정용 표준 전압 120 V의 봉우리 전압인 170 V를 만드는 자기장의 세기를 구하라.

해석 일정한 자기장에서 도체 고리가 회전하여 자기 다발이 변하는 유도 문제이다.

과정 그림 27.14의 균일한 자기장에서 하나의 편평한 원형 고리면을 지나는 자기 다발은 식 27.1b에서 $\Phi_{1번} = \vec{B} \cdot \vec{A} = BA\cos\theta = B\pi r^2 \cos\theta$이다. 고리면과 자기장이 이루는 각도 θ가 변하면서 고리면을 지나가는 자기 다발도 변한다. 전체 자기 다발을 시간의 함수로 구하여 미분하면 유도 기전력을 얻는다. 고리가 일정한 각속력 $\omega = 2\pi f$로 회전하므로 각위치는 $\theta = 2\pi ft$이고, 하나의 고리면을 지나는 자기 다발은 $B\pi r^2 \cos(2\pi ft)$이다. 따라서 $N = 100$번 감은 코일의 전체 자기 다발은 $NB\pi r^2 \cos(2\pi ft)$이다.

풀이 패러데이 법칙에서 유도 전기력은 자기 다발의 변화율과 같으므로 유도 기전력을 다음과 같이 나타낼 수 있다.

$$\varepsilon = -\frac{d\Phi_B}{dt} = -NB\pi r^2 \frac{d}{dt}[\cos(2\pi ft)]$$
$$= -NB\pi r^2 [-2\pi f \sin(2\pi ft)]$$

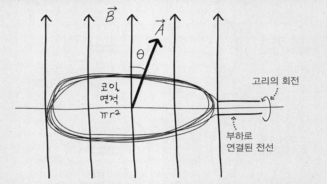

그림 27.14 발전기의 코일. 그림에서 코일면의 수직선은 자기장과 각도 θ를 이룬다.

사인 함수가 1일 때 봉우리값이므로 $\mathcal{E}_{봉우리} = 2\pi^2 r^2 NBf$이며, 이 값이 170 V이어야 한다. 따라서 $r = 25$ cm, $N = 100$번, $f = 60$ rev/s를 넣으면 $B = 23$ mT이다.

검증 답을 검증해 보자. 이 값은 200 G로 영구 자석의 극 가까이에서 자기장의 세기와 비슷하다. 봉우리 기전력을 구하는 데는 시간 t가 필요 없다. 사인 함수로 변하는 크기는 사인 함수 또는 코사인 함수가 1이면 봉우리값을 갖는다.

전자기 유도는 자기 기록의 기초 원리로서, 한때는 오디오, 비디오, 컴퓨터 정보 등을 저장하는 독점적 수단이었지만 요즈음에는 신용카드에서 주로 사용되고 있다. 신용카드의 자기띠와 오디오, 비디오 테이프에는 강자성 물질이 칠해져 있어서 자기화의 변화로 정보를 저장한다. 신용카드나 테이프가 도선 코일을 지나가면 코일에 유도 전류가 생겨서 저장된 정보를 전기 신호로 읽는다(그림 27.15 참조). 초기의 컴퓨터 자기 테이프도 같은 원리로 작동하였다. 요즈음에는 회전하는 디스크의 자기장이 디스크 '헤드'의 전기 저항을 변화시켜서 저장된 정보를 읽어낸다.

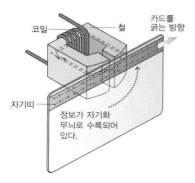

그림 27.15 신용카드 긁기. 자기띠의 자기화 무늬가 코일에 전류를 유도한다.

맴돌이 전류

유도 전류는 고리와 전기 회로에만 생기는 것이 아니다. 자기 다발이 변하면 고체 도체에도 생긴다. 고체 도체의 저항이 낮으므로 매우 큰 유도 전류가 흐르면서 상당한 일률이 소모된다. 이 때문에 자기장 안으로 혹은 밖으로 도체 물질을 이동시키기 힘들다. 즉 에너지를 잡아 먹는 자기 마찰과 같다. 반면에 움직이는 기계 부품을 정지시키는 마찰 브레이크로 활용할 수 있다. 예를 들어 고속으로 회전하는 전기톱이나 기차 바퀴를 멈추기 위하여 근처에 설치한 전자석을 켜면 맴돌이 전류가 생겨서 회전 운동 에너지를 소모한다. 헬스장에서 자전거 기구를 탈 때 느끼는 역학적 저항도 기계의 회전체 근처에 있는 자석 때문에 생긴다. 또한 맴돌이 전류는 금속 탐지기를 작동시켜서 위험한 금속 물질을 탐지한다. 다음에 나오는 응용 물리에서 이것을 다룬다.

응용물리 **금속 탐지기**

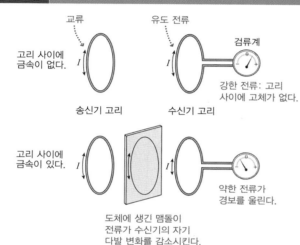

고리 사이에 금속이 없다.

교류

유도 전류

송신기 고리

수신기 고리

검류계

강한 전류: 고리 사이에 고체가 없다.

고리 사이에 금속이 있다.

약한 전류가 경보를 울린다.

도체에 생긴 맴돌이 전류가 수신기의 자기 다발 변화율을 감소시킨다.

공항에서 사용하는 금속 탐지기 같은 보안 장비는 맴돌이 전류를 이용한다. 그림과 같은 탐지기에서는 한 고리(송신기)의 교류가 변하는 자기장을 만들어서 두 번째 고리(수신기)에 전류를 유도한다. 기본적으로는 검류계인 탐지기가 수신기의 전류를 검출한다. 두 고리의 사이에 도체 물질이 있으면 맴돌이 전류가 유도되어 자기 다발의 변화에 반대하는 방향으로 흐르게 된다. 송신기의 변화는 자기 다발과 맴돌이 전류에 의한 자기 다발의 변화와 중첩되어 수신기에 생기는 자기 다발의 변화를 감소시켜서, 수신기의 전류가 약해지면 경보를 울린다. 고리가 하나만 있는 다른 종류의 탐지기에서는 짧은 전류 펄스를 보내서 맴돌이 전류를 유도하여 고리로 재유도되는 전류를 검출하여 경보를 울린다. 금속 탐지기를 지나가다가 걸리면 패러데이 법칙을 연상하라.

확인 문제 **27.4** 구리 동전이 자석의 두 극 사이의 경로로 떨어진다. 동전은 자기장이 없을 때와 비교하여 어떻게 떨어지는가? (a) 더 빨리, (b) 더 느리게, (c) 같은 속력으로

닫힌 회로와 열린 회로

유도 전류의 장은 종이면에서 나오는 방향이므로…

…오른손 규칙에 따라 반시계 방향으로 전류가 생긴다.

$\vec{B}_\text{입}$

그림 27.16 종이면으로 들어가는 방향의 자기장 $\vec{B}$가 증가하므로 유도 전류가 반시계 방향으로 생겨서 자기장의 증가를 방해한다.

그림 27.16은 종이면으로 들어가는 자기장 안의 닫힌 도체 고리이다. 자기장의 세기가 증가하면, 자기장의 증가에 반대하는 방향으로 유도 전류가 생긴다. 즉 고리 안에 종이면에서 나오는 방향으로 자기장이 생겨야 하므로, 오른손 규칙에 따라 반시계 방향으로 유도 전류가 흐른다. 이때 자기장과 반대 방향으로 유도 자기장이 생기지만, 유도 자기장에 반대하는 것이 아니라 장의 변화에 반대하는 것이다. 만약 그림 27.16의 자기장이 감소하면 시계 방향으로 유도 전류가 생겨서 처음 자기장과 같은 방향, 즉 종이면으로 들어가는 방향으로 유도 자기장이 생긴다.

그림 27.17처럼 열린 고리면 어떻게 될까? 장의 변화에 반대하는 유도 전류는 흐르지 않지만, 회로를 연결하면 그림 27.16처럼 반시계 방향으로 전류가 흘러야 하므로, 열린 간격의 위쪽 끝에 양전하가 쌓이고, 아래쪽 끝에 음전하가 쌓인다. 간격의 퍼텐셜차가 전하를 움직이

려는 유도 기전력에 반대하여 전하들이 쌓여서, 결국에는 유도 기전력과 간격 전압이 같은 정상 상태에 도달한다.

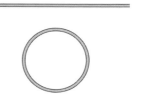

확인 문제	**27.5** 긴 전선에 그림처럼 전류가 흐른다. 전류 I가 (1) 증가할 때와 (2) 감소할 때, 원형 도체 고리에 흐르는 전류의 방향은 각각 무엇인가?

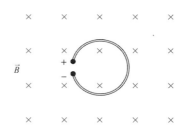

그림 27.17 자기장이 변할 때, 유도 기전력이 열린 회로의 간격 끝에 전하를 쌓는다. 그림의 편극은 장이 증가할 때의 모습이다.

27.4 인덕턴스

LO 27.4 인덕턴스를 설명하고 유도기가 포함된 간단한 회로를 분석할 수 있다.

자기 다발을 변화시키는 방법이 많으므로 유도 기전력과 유도 전류를 다양한 방법으로 만들 수 있다. 자석을 움직이거나 회로를 움직이고, 회전시켜서 자기 다발을 바꿀 수 있다. 또한 그림 27.4, 27.18처럼 회로에 흐르는 전류를 변화시켜서 자기 다발을 바꿀 수도 있다. 이러한 경우 회로에 **인덕턴스**(inductance)가 있다고 말한다.

상호 인덕턴스

그림 27.18은 가까이 있는 두 코일이다. 왼쪽 코일에 변하는 전류를 흘려보내면 자기장이 생겨서 오른쪽 코일의 자기 다발이 변하게 된다. 오른쪽 코일에 유도 기전력이 생기고, 닫힌 회로이면 유도 전류가 흐른다.

　그림 27.18의 두 코일에는 **상호 인덕턴스**(mutual inductance)가 있다. 즉 한 코일의 전류가 변하면 다른 코일의 자기 다발이 변하여 유도 기전력이 생긴다. 그 효과는 코일의 구조와 방향에 따라 다르며, 한 코일의 자기 다발이 다른 코일로 지나가는 정도에 따라 다르다. 코일을 철심에 감으면 자기 다발이 집중되므로 상호 인덕턴스가 커진다.

　상호 인덕턴스는 교류 회로의 전압을 바꾸는 변압기의 작동 원리이다(28장 참조). 자동차의 시동 장치도 상호 인덕턴스로 스파크 플러그에 수십 kV의 고전압을 유도하여 엔진의 가솔린-공기 혼합체를 점화시킨다. 코일로 흐르는 전류를 순간적으로 차단하면 자기 다발에 급격한 변화가 나타나고 불꽃을 일으키는 기전력을 유도한다. 전동 칫솔같이 무선으로 전지를 충전하는 전기 장치도 상호 인덕턴스를 이용한다. 작은 코일이 충전대의 코일 근처에 놓이면 충전대 코일의 교류가 상호 인덕턴스로 에너지를 전달하여 충전 전류가 흐르게 된다. 비슷한 방식으로 휴대폰 그리고 그와 유사한 장치를 무선으로 충전할 수 있다.

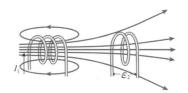

그림 27.18 상호 인덕턴스. 한 코일에서 변하는 전류는 다른 코일에 기전력을 유도한다.

자체 인덕턴스

인덕턴스가 두 코일 계에만 있는 것이 아니다. 단일 고리 혹은 단일 코일의 전류가 만드는 자기 다발도 그림 27.19처럼 자기 고리를 지나간다. 이때 고리의 전류가 변하면 자기 다발이

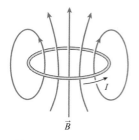

그림 27.19 전류 고리가 만드는 자기 다발이 고리 자체를 통과하므로, 전류가 변하면 변화에 반대하는 기전력이 유도된다.

변하므로 고리에 기전력이 유도된다. 물론 유도 기전력은 자기 다발의 변화에 반대하는 방향으로 생긴다. 예를 들어 그림 27.19에서 전류가 증가하면 유도 기전력은 전류의 증가를 반대하는 방향, 즉 시계 방향으로 생긴다. 따라서 유도 기전력이 전류의 증가를 방해한다. 반면에 그림 27.19에서 전류가 감소하면 유도 기전력은 전류를 증가시키는 방향, 즉 전류와 같은 방향으로 생긴다. 두 경우 모두 유도 기전력은 회로의 전류를 변화시키기 어렵게 한다.

이와 같이 고리의 자체 자기장이 전류의 변화에 반대하는 **자체 인덕턴스**(self-inductance)가 모든 고리에 있다. 60 Hz가 흐르는 고리에는 큰 영향이 없다. 그러나 TV나 컴퓨터 같은 고주파 회로에서 초당 수십억 번 전류가 변하는 경우에는 자체 인덕턴스로 해로운 효과가 생길 수 있다.

유도기 또는 **인덕터**(inductor)는 자체 인덕턴스를 크게 설계한 전기 소자이다. 유도기는 전기 회로에 주로 사용되며, 라디오 송신기의 진동수를 결정하고, 스피커의 고진동수-저진동수 신호를 조절한다. 다음 장에서 더 많은 응용에 대해서 공부한다. 전형적인 유도기는 고리를 여러 번 감은 코일이다. 때로는 철심 주위에 감아서 자기 다발의 밀도를 높인다. 이상적인 유도기의 유일한 전기적 특성은 인덕턴스뿐이지만, 실제 유도기에는 저항도 있다.

유도기의 전류가 일정하면 자기 다발도 일정하므로 유도 기전력이 생기지 않아서 유도기는 도선과 마찬가지이다. 그러나 전류가 변하면 자기 다발이 변하면서 전류의 변화를 반대하는 기전력이 유도된다. 전류가 빨리 변할수록 자기 다발의 변화율과 기전력이 더 커진다. 유도 기전력은 유도기가 자체 자기 다발을 에워싸는 정도에도 의존한다. 따라서 자체 인덕턴스를 유도기를 지나가는 자기 다발과 전류의 비로 다음과 같이 정의한다.

$$L = \frac{\Phi_B}{I} \text{ (자체 인덕턴스)} \tag{27.3}$$

식 27.3에서 자체 인덕턴스의 단위는 $T \cdot m^2/A$이며, 미국의 과학자 조셉 헨리(Joseph Henry)를 기념하여 **헨리**(henry, H)라고 한다. 보통의 전기 회로에 사용하는 인덕턴스의 크기는 μH에서 수 H 정도이다.

예제 27.6 | **인덕턴스 구하기: 솔레노이드**

단면적 A, 길이 l, 단위 길이당 감은 수 n인 긴 솔레노이드의 자체 인덕턴스를 구하라.

해석 자체 인덕턴스는 자기 다발과 전류의 비율로 구한다.

과정 식 27.3에 따라 솔레노이드의 전류로 자기 다발을 표기하면 자체 인덕턴스를 구할 수 있다. 식 26.20에서 솔레노이드의 자기장은 $B = \mu_0 nI$이다. 자기장이 균일하고 솔레노이드 단면적에 수직하므로 한 고리에 대한 자기 다발은 식 27.1b에서 $\Phi_{1번} = BA$이다.

풀이 단위 길이당 감은 수가 n이므로 솔레노이드의 코일 수는 nl이다. 따라서 전체 코일을 지나가는 자기 다발은

$$\Phi_B = nlBA = (nl)(\mu_0 nI)A = \mu_0 n^2 AlI$$

이며, 식 27.3에서 자체 인덕턴스는 다음과 같다.

$$L = \frac{\Phi_B}{I} = \mu_0 n^2 Al \text{ (솔레노이드의 인덕턴스)} \tag{27.4}$$

검증 답을 검증해 보자. 면적이 증가하면 자기 다발이 증가하여 인덕턴스도 증가한다. 길이가 증가하면 감은 수가 증가하여 전체 자기 다발이 증가한다. 한편 단위 길이당 감은 수가 증가하면, 식 26.20의 자기장이 증가하여 자기 다발 BA가 증가하고, 동시에 감은 수가 증가하여 전체 자기 다발이 또한 증가한다. 따라서 인덕턴스가 n의 제곱에 비례한다.

인덕턴스는 유도기의 구조에 따라 결정되는 상수이다. 원리적으로는 모든 유도기의 인덕턴스를 계산할 수 있지만, 기하학적 구조가 특별히 간단하지 않으면 사실상 매우 어렵다.

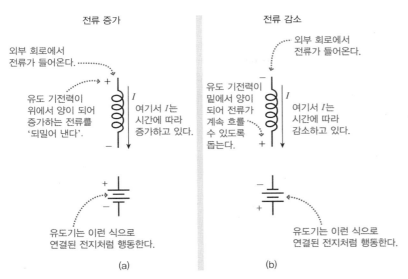

전류 증가

외부 회로에서
전류가 들어온다.

유도 기전력이
위에서 양이 되어
증가하는 전류를
'되밀어 낸다'.

여기서 I는
시간에 따라
증가하고 있다.

유도기는 이런 식으로
연결된 전지처럼 행동한다.

(a)

전류 감소

외부 회로에서
전류가 들어온다.

유도 기전력이
밑에서 양이
되어 전류가
계속 흐를
수 있도록
돕는다.

여기서 I는
시간에 따라
감소하고 있다.

유도기는 이런 식으로
연결된 전지처럼 행동한다.

(b)

그림 27.20 유도기의 유도 기전력의 방향은 전류가 (a) 증가하느냐 (b) 감소하느냐에 따라 달라진다.

유도기의 유도 기전력은 항상 유도기에 흐르는 전류의 변화를 방해하는 쪽으로 행동한다. 그 변화는 일반적으로 유도기가 연결된 나머지 회로에 발생한 사건의 결과이다. 예를 들어 스위치를 닫고, 저항을 변화시키고, 전지나 다른 기전력을 연결하는 것이 그러한 사건들이다. 만약 유도기의 전류가 증가하면, 유도기는 외부 회로로부터 흘러 들어오는 전류를 '뒤로 밀어내는' 기전력을 일으킨다. 그 경우에 유도기의 기전력을 **역기전력**(back emf)이라 부르고, 들어오는 전류를 방해하기 위해 뒤쪽으로 연결된 전지처럼 유도기가 행동한다고 생각할 수 있다(그림 27.20a). 반대로 유도기의 전류가 감소하면 그림 27.20b처럼 유도기의 기전력은 전류가 계속 흐르도록 돕는 쪽으로 행동한다.

유도기의 유도 기전력은 기전력과 자기 다발 변화율의 관계식 $\mathcal{E} = -d\Phi_B/dt$인 패러데이 법칙으로 계산한다. 자체 인덕턴스의 정의식 27.3을 미분하면,

$$\frac{d\Phi_B}{dt} = L\frac{dI}{dt}$$

이므로, 패러데이 법칙은 다음과 같다.

$$\mathcal{E}_L = -L\frac{dI}{dt} \quad (\text{유도기 기전력}) \tag{27.5}$$

즉, $\mathcal{E}_L$은 유도기의 전류가 dI/dt로 변할 때 인덕턴스가 L인 유도기에 유도되는 기전력이다. 음의 부호는 유도 기전력이 전류의 변화에 반대하기 때문이다. 유도기의 전류가 일정하면, 즉 $dI/dt = 0$이면 유도 기전력이 없어서 유도기는 도선과 같다. 그러나 전류가 변하면 유도기는 그 크기가 전류의 변화율 dI/dt에 따라 달라지는 기전력을 만든다. 기전력의 방향을 알려면 그림 27.20에 기술한 것처럼 기전력이 전류의 변화를 방해하는 쪽을 생각하면 된다. 또한 그림 27.21에 기술한 것처럼 식 27.5로부터도 알 수 있다. 다음 절에서 이 접근법을 사용하여 유도기 회로를 자세히 공부해 보자.

식 27.5에서 dI/dt에 대한 유도 기전력의 의존성은 그저 수학적인 것이 아니다! 솔레노이드 조절판이나 전동기 같은 유도 장치에서 갑자기 스위치를 열거나 닫으면 정교한 전자부품을 손상시킬 수 있는 유도 기전력이 발생한다. 거대한 유도기가 있는 회로의 스위치를 열다

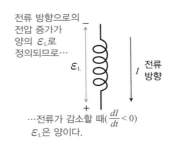

전류 방향으로의
전압 증가가
양의 $\mathcal{E}_L$로
정의되므로…

$\mathcal{E}_L$

I 전류
방향

…전류가 감소할 때($\frac{dI}{dt} < 0$)
$\mathcal{E}_L$은 양이다.

그림 27.21 식 27.5에서 유도 기전력의 방향은 전류의 증가 또는 감소에 따라 다르다. 코일 기호는 유도기의 회로 기호이다.

가 사망사고가 발생하기도 한다. 기전력의 크기는 전류의 변화율에 따라 달라진다.

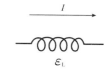

확인 문제	**27.6** 그림처럼 왼쪽에서 오른쪽으로 유도기에 전류가 흐른다. 전압계를 연결하여 측정하였더니 전압은 일정하고 유도기의 왼쪽이 양의 값이다. 유도기의 전류는 (a) 증가하는가, (b) 감소하는가, (c) 불변인가? 왜 그런가?

예제 27.7 역기전력: 위험한 유도기

2.0 H의 유도기로 흘러온 5.0 A의 전류가 1.0 ms 동안 일정하게 감소하여 0이 된다. 이 시간 동안 유도기에 생기는 유도 기전력의 크기와 방향을 구하라.

해석 전류가 변해서 유도기에 생기는 emf를 구하는 문제이다.

과정 그림 27.22처럼 연결된 외부 회로가 전류의 감소 원인이다. 식 27.5, $\mathcal{E}_L = -L(dI/dt)$는 전류의 변화에 따른 유도 기전력이다. 전류가 일정하게 변하므로 전체 전류의 변화율은 $(-5.0\,\text{A})/(1.0\,\text{ms})$이다.

풀이 따라서 유도 기전력은 다음과 같다.

$$\mathcal{E}_L = -L\frac{dI}{dt} = -(2.0\,\text{H})\left(\frac{-5.0\,\text{A}}{1.0\,\text{ms}}\right) = 10,000\,\text{V}$$

양의 값은 emf가 전류와 같은 방향으로 생긴다는 뜻이다.

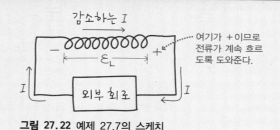

그림 27.22 예제 27.7의 스케치

검증 답을 검증해 보자. 이 크기는 치명적일 수 있다. 답은 전지나 다른 전원과 관련이 없다. 6 V의 전지가 있어도 감전사의 위험이 높다. emf의 방향은 렌츠 법칙과 일치한다. 유도기의 emf는 전류의 감소에 반대하는 방향으로 생기므로 전류가 외부 회로로 흘러가도록 도와준다. 확인 문제 27.6과는 상황이 반대이다.

유도기 회로

25장에서 축전기에 걸리는 전압은 즉시 변할 수 없었다. 유도기도 마찬가지이다. 전류의 변화율에 의존하는 유도기의 기전력이 무한할 수 없으므로, **유도기에 흐르는 전류는 즉시 변할 수 없다.** 축전기의 '전압'을 유도기의 '전류'로 바꾸면 축전기에 대한 논의를 거의 그대로 적용할 수 있다.

그림 27.23은 전지, 스위치, 저항기, 유도기가 있는 RL 회로이다. 스위치가 열려 있으면 전류가 없다(그림 27.23a 참조). 스위치를 닫아도 유도기 전류가 즉시 변할 수 없기 때문에 순간 전류는 0이다. 전류가 없으면 저항기에 전압이 걸리지 않으므로, 유도기는 전지의 기전력과 같은 크기의 역기전력을 만든다(그림 27.23b 참조). 이 순간에 유도기 전류가 없어도 유도 기전력이 $\mathcal{E}_L = -L(dI/dt) \neq 0$이므로 전류의 변화율도 $dI/dt \neq 0$이다.

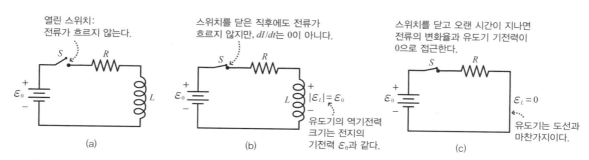

그림 27.23 RL 회로의 시간 변화

따라서 유도기의 전류가 0에서 증가하기 시작하면서 저항기의 전압 IR가 증가한다. 전지의 기전력 $\mathcal{E}_0$이 일정하므로 IR가 증가하면 유도 기전력의 크기가 감소하며, 식 27.5에 따라 전류의 변화율도 감소한다. 결국에는 전체 회로가 정상 상태에 도달하여 $dI/dt = 0$이면 유도기 기전력도 사라진다(그림 27.23c 참조). 이때 유도기는 도선처럼 거동하므로, 저항기에 흐르는 전류는 $I = \mathcal{E}_0/R$이다. 그림 27.24는 RL 회로의 분석을 요약한 것이다.

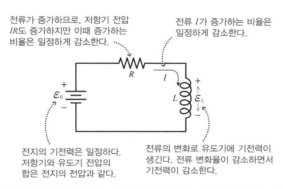

전류가 증가하므로, 저항기 전압 IR도 증가하지만 이때 증가하는 비율은 일정하게 감소한다.

전류 I가 증가하는 비율은 일정하게 감소한다.

전지의 기전력은 일정하다. 저항기와 유도기 전압의 합은 전지의 전압과 같다.

전류의 변화로 유도기에 기전력이 생긴다. 전류 변화율이 감소하면서 기전력이 감소한다.

그림 27.24 전류가 쌓이는 RL 회로. 충전되는 축전기에 관한 그림 25.19와 비교하라.

고리 법칙을 이용해 회로를 돌면서 단위 전하당 에너지의 변화를 합산하여 회로를 정량적으로 분석해 보자. 시계 방향으로 살펴보면, 전지에서 전압이 $\mathcal{E}_0$ 증가하고, 저항기에서 $-IR$로 감소하고, 유도기에서 $\mathcal{E}_L$의 변화가 생긴다. 따라서 고리 법칙은 $\mathcal{E}_0 - IR + \mathcal{E}_L = 0$이다. 고리 법칙을 미분하면, 전지의 기전력이 일정하므로

$$\frac{d\mathcal{E}_L}{dt} = R\frac{dI}{dt}$$

이고, 식 27.5에서 $dI/dt = -\mathcal{E}_L/L$이므로 다음을 얻는다.

$$\frac{d\mathcal{E}_L}{dt} = -R\frac{\mathcal{E}_L}{L}$$

이 식은 RC 회로의 식 25.4와 비슷하지만, 전류 I 대신에 $\mathcal{E}_L$, 전기 용량 C 대신에 L, 저항 R 대신에 $1/R$이다. 따라서 식 25.4의 해에서 다음을 얻는다.

$$\mathcal{E}_L = -\mathcal{E}_0 e^{-Rt/L} \tag{27.6}$$

즉 유도기 기전력은 초깃값 $-\mathcal{E}_0$에서 0까지 지수형으로 감소한다(음의 부호는 전지와 반대의 기전력이기 때문이다). 한편 고리 법칙에서 전류는 다음과 같다.

$$I = \frac{\mathcal{E}_0 + \mathcal{E}_L}{R} = \frac{\mathcal{E}_0}{L}(1 - e^{-Rt/L}) \tag{27.7}$$

축전기 회로의 시간 변화를 용량형 시간 상수 RC로 설명하는 것과 같이, 유도기 회로에서는 **유도형 시간 상수**(inductive time constant) L/R로 설명한다. 다만 유도형 시간 상수는 저항에 반비례한다. 저항이 낮으면 정상 전류가 커서 시간이 오래 걸리기 때문이다. L/R보다 짧은 시간에는 전류에 거의 변화가 없다. 몇 배의 시간 상수 후에야 $\mathcal{E}_L = 0$인 정상 상태에 도달한다. 그림 27.25는 RL 회로에서 유도기 전류와 기전력의 시간 변화를 보여 준다.

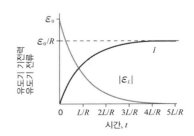

그림 27.25 유도기 전류와 기전력의 시간 변화

예제 27.8 **유도형 시간 상수: 전자석 작동 시간**   응용 문제가 있는 예제

고철 덩어리를 붙여 올리는 거대한 전자석의 자체 인덕턴스는 $L = 56$ H이고, 440 V 전원에 연결한 전체 회로의 저항은 2.8 Ω 이다. 전류가 최종값의 75%에 이르는 시간을 구하라.

해석 RL 회로에 전류가 쌓이는 회로 문제이다.

과정 식 27.7, $I = (\mathcal{E}_0/R)(1 - e^{-Rt/L})$로 전류를 구한다. 여기서 $\mathcal{E}_0/R$는 최종 전류이다. 전류 I가 최종값의 75%인 시간 t를 구하므로 $0.75 = 1 - e^{-Rt/L}$을 풀어야 한다.

풀이 $e^{-Rt/L} = 0.25$에서 양변에 자연 로그를 취하고 $\ln e^x = x$를 이용하면 $-Rt/L = \ln(0.25)$이므로, 시간은 다음과 같다.

$$t = -\frac{L}{R}\ln(0.25) = -\frac{56\text{ H}}{2.8\,\Omega}\ln(0.25) = 28\text{ s}$$

검증 답을 검증해 보자. 이 시간은 시간 상수 $L/R = 20$ s보다 약간 긴 시간이다. 축전기가 2/3까지 충전되는 데 한 번의 시간 상수가 필요하므로 결코 놀라운 결과가 아니다. 유도기에서도 한 번의 시간 상수에서 최종 전류의 2/3에 도달한다.

그림 27.26은 양 방향 스위치가 있는 회로이다. 스위치를 A로 연결하면 앞에서 논의한 대로 전류가 변한다. 그러나 스위치를 B로 연결하면, 유도기 전류가 즉시 변할 수 없기 때문에, 유도기와 저항기로 전류가 흐른다. 이때 전류는 축전기의 방전처럼 다음과 같이 지수형으로 감소한다.

$$I = I_0 e^{-Rt/L} \tag{27.8}$$

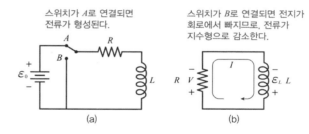

그림 27.26 RL 회로의 전류 형성과 감소

축전기에서처럼, 유도기의 짧은 시간과 긴 시간 행동을 분석하기 위해 지수 함수를 사용해야 하는 것은 아니다. 짧은 시간에서 유도기의 전류가 순간적으로 변할 수 없고, 긴 시간에서 유도기는 기전력을 생성하지 못하므로 도선처럼 행동한다는 것을 기억하기만 하면 된다. 다음 예제가 이 상황을 다룬다.

개념 예제 27.1 **유도기: 짧은 시간과 긴 시간**

처음에 열려 있던 그림 27.27a의 스위치를 닫은 후 오랜 시간이 흐른 후 다시 연다. 다시 연 후에 R_2의 전류는 어느 방향으로 흐르는가?

풀이 어떤 일이 발생하는지 알기 위해 처음에 회로를 닫고 마지막에 다시 여는 세 가지 상황으로 그렸다(그림 27.27b~d). 스위치를 닫기 직전에는 유도기에 전류가 흐르지 않으므로, 닫은 직후에도 전류가 없다. 따라서 그림 27.27b에 두 저항만 그린다. 긴 시간 후에는 유도기가 도선처럼 거동하므로 그림 27.27c처럼 그린다. 유도기에 일단 전류가 흐르면 스위치를 연 후에도 전류가 계속해서 흐른다. 열린 회로에서는 R_1과 전지가 연결되지 않으므로 그림 27.27d처럼 유도기에는 아래 방향으로, R_2에는 위 방향으로 전류가 흐른다.

검증 놀라운 결과를 검증해 보자. 유도기의 전류는 순간적으로 변할 수 없고, 스위치가 열리면 전류는 R_2를 통해 위로 가는 것 외에는 갈 수 있는 곳이 없다. 관련 문제에서 보듯이 그 전류는 전지 전압과 R_1만으로 완전히 결정된다. 스위치가 계속 열려 있으면 저항이 유도기에 저장된 에너지를 흩어지게 함에 따라 그림 27.27d의 전류는 지수형으로 감소한다.

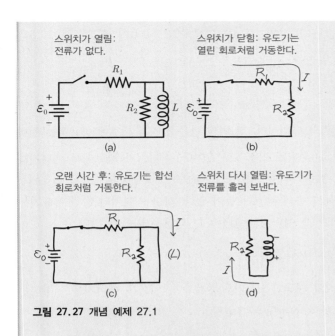

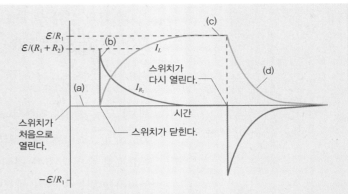

그림 27.28 개념 예제 27.1의 R_2와 L에 흐르는 전류

그림 27.27 개념 예제 27.1

그림 27.28은 유도기와 R_2의 전류를 시간의 함수로 그린 것이다. 유도기는 전류가 계속 흐르도록 유지하기 때문에 R_2가 회로에 없다면 전압은 위험할 정도로 높아질 것이다. 이러한 위험을 완화하기 위해 커다란 유도기에는 저항이 병렬로 연결되어 있다.

관련 문제 스위치를 다시 연 직후에 R_2의 전류의 값이 그림 27.28에 나타낸 것과 같음을 증명하라.

풀이 그림 27.27c에 따르면 스위치를 다시 열기 직전에 유도기를 흐르는 전류는 $I_L = \mathcal{E}_0 / R_1$이다. 이때 R_2는 유도기로 단락되어 있으므로 무관하다. 스위치를 연 직후에도 전류는 계속 흐르는데, 위에서 추론했던 것처럼 이번에는 R_2를 통해 위로 올라간다. 그러므로 R_2의 전류는 $-\mathcal{E}_0 / R_1$이다. 여기서 음의 부호는 그림 27.28의 부호 관례에 따라서 위 방향을 가리킨다.

27.5 자기 에너지

LO 27.5 자기 에너지를 계산할 수 있다.

그림 27.26b와 27.27d에서 저항기와 유도기만 연결된 회로에 전류가 흐른다. 전류는 저항기를 가열하여 에너지를 소모한다. 에너지는 어디서 생길까?

유도기에 전류가 흐르므로 자기장이 형성된다. 자기장의 변화는 전류를 만드는 기전력을 유도한다. 전류가 감소하면 자기장도 감소한다. 전류가 흐르지 않는 상태에 회로가 도달하면 자기장은 없지만 저항기는 뜨거워져 있다. 저항기의 열에너지는 결국 자기장에서 생긴다.

전기장과 마찬가지로 자기장도 에너지를 저장한다. RL 회로에서 전류의 감소는 RC 회로의 방전과 비슷하다. RC 회로에서 방전할 때 축전기 극판 사이의 전기장이 사라지면서 저항기에 열에너지가 생긴다. 전기장과 마찬가지로 자기 에너지도 회로에만 있는 것이 아니다. 모든 자기장이 에너지를 저장한다. 자기 에너지의 방출로 여러 전자기 장치들이 오작동하고, 우주에서는 격렬한 장관을 연출하기도 한다. 지구에 있는 우리에게 직접적으로 영향을 끼치는 중요한 예가 27.5절의 응용물리에 설명되어 있다.

유도기의 자기 에너지

유도기에 전류가 생기는 과정을 살펴보면 유도기에 저장된 자기 에너지를 구할 수 있다.

식 27.23의 고리 법칙에 전류 I를 곱하면 $I\mathcal{E}_0 - I^2R + I\mathcal{E}_L = 0$이 되고, 식 27.5의 $\mathcal{E}_L = -L\dfrac{dI}{dt}$를 넣으면 다음을 얻는다.

$$I\mathcal{E}_0 - I^2R - LI\frac{dI}{dt} = 0$$

세 항 모두 전압과 전류의 곱인 전력의 단위이다. 첫 번째 항은 전지가 회로에 공급하는 전력 $I\mathcal{E}_0$이고, 두 번째 항은 저항기의 에너지 소모율 $-I^2R$이다. 저항기가 회로에서 에너지를 얻으므로 음의 부호가 붙어 있다. 또한 전류가 증가하므로($dI/dt > 0$), 유도기가 회로에서 에너지를 얻는 비율인 세 번째 항에도 음의 부호가 붙어 있다. 다만 저항기와 달리 유도기는 자기장에 에너지를 저장한다. 유도기가 에너지를 저장하는 일률은 다음과 같다.

$$P = LI\frac{dI}{dt}$$

작은 시간 간격 dt 동안 유도기의 전류가 dI만큼 증가하면, 일률은 에너지를 저장하는 비율이므로, 그 동안에 저장되는 에너지는 다음과 같다.

$$dU = P\,dt = LI\frac{dI}{dt}dt = LI\,dI$$

따라서 유도기의 전류를 0에서 I까지 적분하면 다음과 같이 총에너지를 얻을 수 있다.

$$U = \int dU = \int P\,dt = \int_0^1 LI\,dI = \frac{1}{2}LI^2 \bigg|_0^I$$

따라서 유도기에 저장된 에너지는 다음과 같다.

$$U = \frac{1}{2}LI^2 \text{ (유도기에 저장된 에너지)} \tag{27.9}$$

자기장이 사라지면서 위의 자기 에너지가 방출된다.

예제 27.9 | 자기 에너지: MRI 재앙

MRI 장치의 솔레노이드 같은 초전도 전자석은 막대한 양의 자기 에너지를 저장한다. 냉각수가 말라 버리면 무저항의 경로가 없어서 남은 전류가 순식간에 감소하여 자기 에너지가 폭발적으로 분출된다. 특정 MRI 솔레노이드의 전류는 2.4 kA이고 인덕턴스는 0.53 H이다. 초전도성을 잃어버리면 31 mΩ의 저항이 순식간에 생긴다. (a) 저장된 자기 에너지와 (b) 초전도성을 잃어버린 순간의 에너지 방출률을 각각 구하라.

해석 먼저 저장된 자기 에너지를 구하고, 초전도성을 잃어버린 순간에 코일의 저항에서 방출되는 일률을 구하는 문제이다.

과정 식 27.9, $U = \dfrac{1}{2}LI^2$으로 자기 에너지를 구하고, $P = I^2R$로 저항기의 일률을 구한다. 냉각수가 사라지기 직전에 MRI의 솔레노이드에 2.4 kA의 전류가 흐른다. 유도기에서는 전류가 갑자

기 변할 수 없으므로 이 전류가 잠시 남게 된다.

풀이 (a) 식 27.8에서 자기 에너지는 다음과 같다.

$$U = \frac{1}{2}LI^2 = \frac{1}{2}(0.53\,\text{H})(2.4\,\text{kA})^2 = 1.5\,\text{MJ}$$

(b) 저항에서 방출되는 일률은 다음과 같다.

$$P = I^2R = (2.4\,\text{kA})^2(31\,\text{mΩ}) = 0.18\,\text{MW}$$

검증 답을 검증해 보자. 일률은 100 W 전구 1800개가 사람 크기의 공간에서 빛나는 것에 해당한다. 실전 문제 57에 따르면 20 s 만에 총에너지의 90%가 방출된다. 폭발적인 에너지 방출을 막기 위하여 냉각수가 사라지더라도 전류가 흐를 수 있도록 초전도 전선에 금이나 은을 혼합시킨다.

응용물리 | 흑점 폭발과 자기 폭풍

이 장 도입에 제시한 사진은 캐나다 퀘벡 전 지역을 깜깜하게 한 정전을 나타낸 것이다. 그 정전은 사고가 아니라 궁극적으로는 태양이 분출한 무수한 입자가 일으킨 전기 고장의 결과였다. 태양물리학자는 아직도 그러한 분출 메커니즘을 연구하고 있지만, 태양의 대기 또는 코로나에 충만한 자기장에 축적된 에너지의 갑작스런 분출과 관련된 것만은 확실하다. 그러므로 식 27.10으로 기술되는 에너지는 주로 전자와 양성자인 태양 입자의 운동 에너지가 된다. 그로 인한 코로나 질량 방출(CME)은 초당 수백 킬로미터로 태양계를 지나서 밖으로 퍼져나간다. 그것이 우연히 지구를 향한다면 며칠이 지난 후에 지구에 도착한다. 사진은 태양에서 분출된 거대한 CME를 보여 준다. 입자 방출 및 연관된 충격파는 지구 자기장을 연달아 때리고, 일부 입자는 자기장선에 붙잡혀서 26.3절에 기술된 것처럼 오로라를 일으킨다. 그 충격은 또한 지자기장을 압축하여 지구 표면까지 확장되어 있는 자기장을 급격히 변화시킨다. 패러데이 법칙에 따라 시간 변화 자기장은 존재하는 어떤 도체에도 유도 전류를 발생시킨다. 지구에서 그러한 도체는 송전선과 관련 전자 장비뿐만 아니라 지구 자체도 포함한다. 이들 도체에 급증한 전류 때문에 전력망의 중요한 부품이 손상되어 극단적인 경우에는 퀘벡 사건과 같은 대규모 정전을 일으키는 일련의 고장이 발생한다. 지하 전선조차 유도 전류가 고체 지구를 통해 쇄도하므로 영향을 받는다. 퀘벡에서는 그 지방 밑에 있는 불량한 도체 기반암이 지표면에 전류를 줄였고 실제로 지표면 위의 전력망의 전류는 더욱 심하게 급증했다. 태양이 유도한 지구의 자기장 교란을 자기 폭풍이라고 부르는데, 그것은 전력 시스템뿐만 아니라 위성과 통신에 손상 또는 간섭을 일으킬 수 있다.

인류가 점점 더 많이 전기, 전자 및 우주 시스템에 의존함에 따라 퀘벡보다 훨씬 더 넓은 지역에 전력, 통신, 정보 장애를 일으킬 수 있는 대규모 자기 폭풍이 염려된다. 정말로 1859년의 기록적인 자기 폭풍은 먼 남쪽의 하와이와 쿠바에서까지 보였던 오로라를 일으켰고 새로 개발된 전자 전신 체계에 세계적 규모의 장애를 불러왔다. 오늘날 비슷한 사건은 약 3조 달러의 피해를 가져올 수 있다.

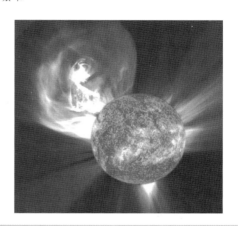

자기 에너지 밀도

예제 27.6에서 길이 l, 단면적 A인 솔레노이드의 인덕턴스는 $L = \mu_0 n^2 Al$이므로, 식 27.9에 따라 솔레노이드에 저장된 자기 에너지는 다음과 같다.

$$U = \frac{1}{2}LI^2 = \frac{1}{2}\mu_0 n^2 Al I^2 = \frac{1}{2\mu_0}(\mu_0 nI)^2 Al = \frac{B^2}{2\mu_0}Al$$

여기서 솔레노이드의 자기장은 식 26.20, $B = \mu_0 nI$이며, Al은 자기장이 있는 부피이다. 따라서 단위 부피당 에너지인 **자기 에너지 밀도**(magnetic-energy density)는 다음과 같다.

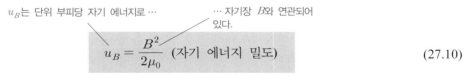

u_B는 단위 부피당 자기 에너지로 ⋯   ⋯ 자기장 B와 연관되어 있다.

$$u_B = \frac{B^2}{2\mu_0} \text{ (자기 에너지 밀도)} \tag{27.10}$$

자기 에너지는 보편적이다. 자기장이 있는 곳 어디에서나 발생한다.

위 식은 솔레노이드에 대해서 유도되었지만, 모든 국소 자기장에 대해서도 성립한다. 자기장만 있으면 자기 에너지를 저장할 수 있다.

식 27.10은 전기 에너지 밀도, $u_E = \frac{1}{2}\epsilon_0 E^2$과 비슷하다. 두 에너지 밀도 모두 장 세기의 제곱에 비례하고, 상수 ϵ_0이나 μ_0이 있다. 다만 SI 단위의 정의에 따라 ϵ_0은 분자에, μ_0은 분모에 들어 있다.

확인 문제   **27.7** 솔레노이드에 흐르는 전류를 일정하게 유지하면서 전체 길이와 단위 길이당 감은 횟수를 두 배로 하면, 솔레노이드 안의 자기 에너지는 (a) 2배, (b) 4배, (c) 8배, (d) 16배로 증가하거나 (e) $1/\sqrt{2}$ 배로 감소한다.

27.6 유도 전기장

....

LO 27.6 유도 전기장을 구하기 위해 적분형 패러데이의 법칙을 사용할 수 있다.

....

지금까지 회로의 기전력을 공부하였다. 과연 기전력이란 무엇일까? 전지에서는 전하를 분리하는 화학 반응에서 생긴다. 운동 기전력(27.3절 참조)에서는 움직이는 도체에 작용하는 자기력이 전하를 분리시킨다. 그렇다면 변하는 자기장이 도체 고리에 기전력을 만드는 요인은 무엇일까? 운동은 없지만 도체의 자유 전자에 힘이 작용해야 한다. 정지한 전하에 힘을 작용하는 유일한 방법은 전기장이다. 따라서 도체 고리에 **유도 전기장**(induced electric field)이 생겨야 한다. 유도 전기장은 고리의 자유 전자에 보통의 전기장처럼 전기력 $q\vec{E}$를 작용하지만, 전하 분포가 아니라 변하는 자기장에서 생긴다.

유도 전기장은 자기장이 시간에 따라 변하면 회로의 유무와 상관없이 생긴다. 회로가 있으면 유도 전류가 흐른다. 그러나 근본적인 것은 전류가 아니라 유도 전기장이다. 변하는 자기장에 있는 하나뿐인 정지 전하가 전기력을 겪는다. 이것은 유도 전기장이 존재한다는 명백한 증거이다.

패러데이 법칙을 식 27.2처럼 써서 유도 기전력과 변하는 자기장 사이의 관계를 표현하였다. 그러나 유도 전기장이 더 근본적이고, 기전력은 단순히 회로 또는 임의의 닫힌 고리를 한 바퀴 도는 전하가 얻는 단위 전하당 일을 의미한다. 따라서 $\mathcal{E} = \oint \vec{E} \cdot d\vec{l}$로 쓸 수 있으므로 패러데이 법칙을 다음과 같이 표기할 수 있다.

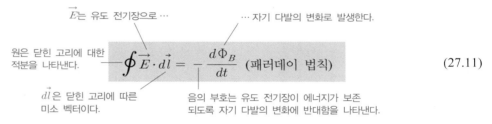

$\vec{E}$는 유도 전기장으로 ⋯　　　⋯ 자기 다발의 변화로 발생한다.

원은 닫힌 고리에 대한 적분을 나타낸다.

$$\oint \vec{E} \cdot d\vec{l} = -\frac{d\Phi_B}{dt} \quad \text{(패러데이 법칙)} \tag{27.11}$$

$d\vec{l}$은 닫힌 고리에 따른 미소 벡터이다.

음의 부호는 유도 전기장이 에너지가 보존되도록 자기 다발의 변화에 반대함을 나타낸다.

여기서 $d\vec{l}$은 앙페르 법칙에 대해 26장에서 도입한 표기법과 일관되도록 적분 고리에 따른 미소 벡터를 의미한다. 이 식은 전기장과 변하는 자기장의 관계를 기술하는 일반형 패러데이 법칙이다. 왼편의 선적분은 회로나 도체 고리를 포함한 모든 닫힌 고리에 대한 적분이다. 오른편 항의 자기 다발은 왼편의 고리에 속박된 열린 표면을 지나가는 자기장을 적분한 결과이다.

결국 변하는 자기장이 전기장의 원천이므로 다음과 같이 기술할 수 있다.

변하는 자기장이 전기장을 만든다.

이와 같이 두 장의 직접적인 상호작용 때문에 빛이 존재할 수 있다(29장 참조).

패러데이 법칙은 앙페르 법칙(식 26.16)과 비슷하다. 왼편은 전기장 $\vec{E}$와 자기장 $\vec{B}$에 대한 선적분이고, 오른편은 $\vec{E}$의 원천인 변하는 자기장과 $\vec{B}$의 원천인 움직이는 전하, 즉 전류이며, 장이 원천을 에워싸고 있다. 따라서 유도 전기장은 전하 분포가 만든 전기장과 전혀 다르다. 정지한 전하 분포가 만드는 전기장선에는 시작과 끝이 있지만, 유도 전기장의 장선은 시작과 끝이 없이 변하는 자기장 영역을 에워싸고 있다(그림 27.29 참조).

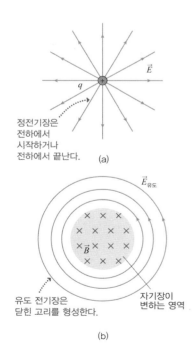

정전기장은 전하에서 시작하거나 전하에서 끝난다.

(a)

$\vec{E}_{유도}$

$\times \vec{B}$

유도 전기장은 닫힌 고리를 형성한다.

자기장이 변하는 영역

(b)

그림 27.29 (a) 전하가 만드는 정전기장은 (b) 변하는 자기장이 만드는 유도 전기장과 상당히 다르게 보인다.

변하는 자기장의 대칭성이 좋으면 대칭적 전류 분포에서 자기장을 계산하듯이 유도 전기장을 계산할 수 있다. 예제 27.10은 그 방법을 보여 준다.

예제 27.10 **유도 전기장 구하기: 솔레노이드**

긴 솔레노이드에서 원형 단면적의 반지름은 R이다. 솔레노이드의 전류가 증가하면 솔레노이드 내부의 자기장도 증가한다. 자기장의 세기가 $B = bt$(b는 상수)일 때, 솔레노이드 중심축으로부터 r만큼 떨어진 솔레노이드 외부의 유도 전기장을 구하라.

해석 변하는 자기장이 패러데이 법칙에 따라 전기장을 만드는 것에 관한 문제이다. 앙페르 법칙에 대한 26장의 풀이 요령을 패러데이 법칙에 알맞게 변형시켜서 풀이한다. 또한 선대칭 문제이다.

과정 선대칭이므로 전기장선은 원이다. 그림 27.30의 원고리가 패러데이 법칙의 적분 경로이다. 선대칭으로 전기장 E의 세기가 대칭축에 중심을 둔 원에서 일정하므로 전기장선과 일치하는 고리를 선택한다.

풀이 패러데이 법칙의 왼쪽 항은 예제 26.8에서 $\vec{B}$ 대신에 $\vec{E}$를

패러데이 법칙의 고리

그림 27.30 종이면으로 들어가는 자기장의 세기가 증가하는 솔레노이드의 단면적. 유도 전기장의 장선은 솔레노이드 중심축과 동심원이다.

넣은 $\oint \vec{E} \cdot d\vec{l}$ 로서 적분 결과는 $2\pi rE$이다. 오른쪽 항의 전류 대신에 변하는 자기 다발 $-d\Phi_B/dt$가 있다. 고리가 솔레노이드의 외부에 있으므로, $\Phi_B = BA = bt\pi R^2$이며, $d\Phi_B/dt = \pi R^2 b$이다. 따라서 패러데이 법칙에서 유도 전기장의 세기는 $2\pi rE = \pi R^2 b$로부터 다음과 같다.

$$E = \frac{R^2 b}{2r}$$

방향은 어떻게 되는가? 전류가 유도 전기장의 결과로 흐른다면 그 방향은 솔레노이드의 자기장의 증가를 방해하는 방향이 될 것이다. 솔레노이드의 자기장은 종이면 속으로 들어가는 방향이므로 유도 전류는 종이면에서 나오는 방향의 자기장을 생성할 것이다. 오른손 규칙에 따라 그림 27.30에서처럼 자기장 화살표를 반시계 방향으로 감싸도록 오른손을 말아 쥐므로 유도 전류의 방향은 반시계 방향이다. 전기장이 유도 전류를 흐르게 하므로 그림 27.30에서 전기장의 방향으로 선택한 반시계 방향은 옳다.

검증 답을 검증해 보자. 선대칭인 분포가 만드는 장은 항상 $1/r$로 변하기 때문에 $1/r$ 의존성은 놀랍지 않다. 음의 부호는 방향을 나타내는데, 렌츠 법칙으로 구하면 한결 쉽다. 유도 전기장이 생겨서 흐르는 전류는 솔레노이드의 자기장이 감소하는 방향으로 흐른다. 따라서 그림 27.30처럼 종이면에서 나오는 자기장이 생기도록 반시계 방향으로 전류가 흐른다. 솔레노이드 내부에서도 마찬가지로 구할 수 있다. 다만 유도 전기장이 자기 다발의 일부만 포함한다. 연습 문제 28에서 풀어 보아라.

보존 전기장과 비보존 전기장

전하 분포에서 시작해서 전하 분포로 끝나는 정전기장은 보존장이므로, 두 점 사이로 전하를 움직이면서 한 일은 경로에 무관하다. 즉 전기장 안에서 닫힌 경로를 따라 전하를 한 바퀴 움직이더라도 일을 하지 않는다. 따라서 다음과 같이 표기할 수 있다.

$$\oint \vec{E} \cdot d\vec{l} = 0 \ \text{(정전기장)}$$

반면에 유도 전기장 안에서는 패러데이 법칙에 따라 선적분이 0이 아니므로, 닫힌 경로를 따라 전하를 한 바퀴 움직이면 유도 전기장이 일을 해야 한다. 즉 두 점 사이에서 한 일은 전하를 움직이는 경로에 의존하므로(그림 27.31 참조), 유도 전기장은 비보존장이다.

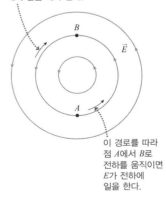

이 경로를 따라 점 A에서 B로 전하를 움직이려면 장에 대항해서 일을 해야 한다.

이 경로를 따라 점 A에서 B로 전하를 움직이면 E가 전하에 일을 한다.

그림 27.31 유도 전기장에서 전하를 움직이기 위하여 한 일이 경로에 의존하므로 유도 전기장은 비보존장이다.

27.8 자기장이 변하는 긴 솔레노이드 주위에 그림처럼 세 저항을 직렬 연결하면 유도 전기장이 반시계 방향으로 전류를 유도한다. 2개의 동일한 전압계를 같은 점 A와 B에 연결한다. 각 전압계의 값은 얼마인가? 모순이 없음을 설명하라. (**힌트**: 비교적 어려운 확인 문제이다.)

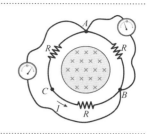

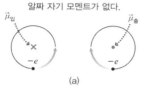

알짜 자기 모멘트가 없다.

$\vec{\mu}_\text{입}$　　$\vec{\mu}_\text{출}$

$-e$　　$-e$

(a)

증가하는 $\vec{B}$가 $\vec{E}$를 유도하여 전자의 운동이 변한다.

이 전자는 감속되고⋯　⋯이 전자는 가속된다.

$\vec{B}$

$-e$　$-e$

(b)

따라서 알짜 자기 모멘트가 생긴다.

그림 27.32 간단한 반자성 모형

반자성

26장에서 반자성을 공부하였지만, 반자성이 유도 전기장 때문에 발생하므로, 그것을 자세히 설명할 수 없었다. 그림 27.32는 반자성을 아주 간단한 모형으로 설명하고 있지만, 양자역학적 현상을 고전물리적으로 표현하였기 때문에, 그림 자체를 있는 그대로 받아들여서는 안된다. 다만 반자성을 정성적으로 이해하는 데는 도움이 될 것이다.

그림 27.32a의 쌍극자 모멘트는 상쇄되므로 관련된 원자에는 자기 쌍극자 모멘트가 없다. 그렇지만 막대자석을 움직여서 종이면 속을 향하는 자기장이 걸릴 때 어떤 일이 발생하는가?(그림 27.32b 참조) 변하는 자기장은 전자의 속력을 바꾸는 전기장을 만든다. 자기장의 효과를 방해하기 위해 오른쪽의 전자는 속력을 낸다. 종이면에서 나오는 방향인 전자의 쌍극자 모멘트는 증가해서 막대자석의 자기장에 맞선다. 그렇지만 왼쪽 전자의 쌍극자 모멘트는 감소한다. 이제 원자에는 종이면을 나오는 알짜 쌍극자 모멘트가 있어서 반자성의 특징인 반발력이 발생하여 들어오는 자석을 방해한다.

초전도체는 완벽한 반자성 물질이므로 유도 전류로 생긴 전류는 완전하게 외부 자기장을 차단시킨다. 또한 유도 전류가 저항 0의 초전도체에서 영구히 흐르므로, 초전도체 물질은 내부에서 자기장을 완벽하게 없애는 마이스너 효과(Meissner effect)가 발생한다(그림 27.33 참조). 영구 자석의 자기 모멘트와 가까이 놓인 초전도체 사이의 척력으로 그림 27.34처럼 자석이 떠오른다.

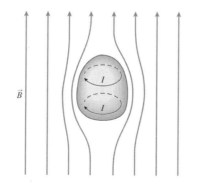

그림 27.33 초전도체의 유도 전류가 외부 자기장을 상쇄시킨다.

그림 27.34 작은 자석이 액체 질소통에 담긴 고온 초전도체 원판 위에 떠 있다.

핵심 개념

이 장의 핵심 개념은 **전자기 유도**이다. 즉 변하는 자기장이 전기장을 유도하는 현상이다. 전자기 유도로 회로에 유도 기전력과 유도 전류가 생긴다.

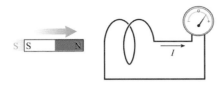

자석을 움직이면 자기장이 변한다.

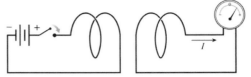

회로의 전류가 변하면 자기장이 변한다.

주요 개념 및 식

패러데이 법칙은 유도 전기장의 선적분과 시간에 따라 변하는 자기 다발의 관계식으로 다음과 같다.

$$\oint \vec{E} \cdot d\vec{l} = -d\Phi_B/dt$$

$\vec{B}$가 증가하는 영역

유도 전기장

도체에서 유도 기전력은 $\mathcal{E} = -d\Phi_B/dt$이다.

렌츠 법칙: 전자기 유도에서도 에너지 보존이 성립하며, 유도 효과는 변화에 반대하는 방향으로 생긴다.

$\vec{B}$의 증가에 반대하여 반시계 방향으로 생긴 전류의 고리가 만드는 자기 모멘트는 종이면에서 나오는 방향이다.

증가하는 $\vec{B}$는 종이면으로 들어가는 방향이다.

전기장과 마찬가지로 자기장도 자기 에너지를 저장하며, **자기 에너지 밀도**는 다음과 같다.

$$u_B = \frac{B^2}{2\mu_0}$$

응용

발전기는 자기장 안에서 도체를 움직여서 유도 전류를 발생시키는 장치로서 역학적 에너지를 전기 에너지로 전환시킨다.

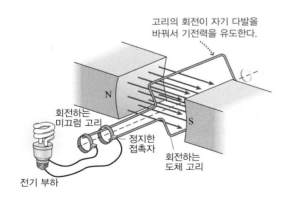

고리의 회전이 자기 다발을 바꿔서 기전력을 유도한다.

회전하는 미끄럼 고리

정지한 접촉자

회전하는 도체 고리

전기 부하

유도기는 자기 다발을 에워싸는 도선 코일로 **자체 인덕턴스** $L = \Phi_B/I$를 가진다. 유도기는 전류의 변화에 반대하므로 기전력은 $\mathcal{E} = -L(dI/dt)$이다. RL 회로의 전류는 **유도형 시간 상수** L/R에 따라 다음과 같이 변한다.

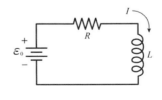

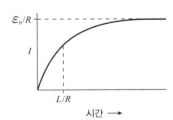

$$I = \frac{\mathcal{E}_0}{R}(1 - e^{-Rt/L})$$

전자기 유도로 원자가 알짜 자기 모멘트를 얻으면 **반자성**이 생기며, 척력이 발생한다.

BIO 생물 및 의학 문제　DATA 데이터 문제　ENV 환경 문제　CH 도전 문제　COMP 컴퓨터 문제

학습 목표　이 장을 학습하고 난 후 다음을 할 수 있다.

LO 27.1 전자기 유도를 기본적으로 변화하는 자기장이 수반되는 현상으로 설명할 수 있다.
개념 문제 27.5

LO 27.2 패러데이의 법칙을 설명하고 유도 기전력을 구하는 데 사용할 수 있다.
개념 문제 27.4, 27.10
연습 문제 27.11, 27.12, 27.13, 27.14
실전 문제 27.37, 27.38, 27.39, 27.40, 27.41, 27.42, 27.43, 27.44, 27.45, 27.46, 27.47, 27.48, 27.49, 27.52, 27.53, 27.70, 27.74, 27.75, 27.78, 27.79

LO 27.3 유도 전류의 방향을 구하기 위해 에너지 보존(렌츠 법칙)을 사용할 수 있다.
개념 문제 27.1, 27.2, 27.10
연습 문제 27.12
실전 문제 27.40, 27.45

LO 27.4 인덕턴스를 설명하고 유도기가 포함된 간단한 회로를 분석할 수 있다.
개념 문제 27.6, 27.7
연습 문제 27.15, 27.16, 27.17, 27.18, 27.19, 27.20
실전 문제 27.54, 27.55, 27.56, 27.58, 27.59, 27.60, 27.61, 27.62, 27.63, 27.64, 27.72, 27.73, 27.76

LO 27.5 자기 에너지를 계산할 수 있다.
개념 문제 27.8, 27.9
연습 문제 27.21, 27.22, 27.23, 27.24, 27.25, 27.26
실전 문제 27.57, 27.62, 27.63, 27.64, 27.65, 27.66, 27.67, 27.68, 27.69, 27.71, 27.77

LO 27.6 유도 전기장을 구하기 위해 적분형 패러데이의 법칙을 사용할 수 있다.
개념 문제 27.3
연습 문제 27.27, 27.28
실전 문제 27.50, 27.51

개념 문제

1. 막대자석이 그림 27.35처럼 도체 고리 쪽으로 움직인다. 고리에 생기는 유도 전류의 방향은 무엇인가?

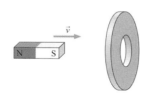

그림 27.35 개념 문제 1

2. 그림 27.36의 두 동심 도체 고리에서 바깥 고리는 전지와 스위치로 연결된다. 처음에 열려 있는 스위치를 닫았다가 잠시 후 다시 연다. 이 동안 안쪽 고리의 전류에 대해서 기술하라.

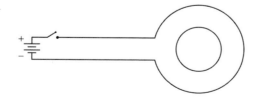

그림 27.36 개념 문제 2

3. 26장에서 정적 자기장은 대전 입자의 에너지를 바꾸지 못했다. 변하는 자기장에서도 마찬가지인가?

4. 도체가 없어도 유도 전기장이 생기는가?

5. 기전력 12 V의 자동차 전지가 30,000 V로 휘발유를 점화시키는

스파크 플러그에 에너지를 공급한다. 어떻게 가능한가?

6. 같은 길이의 전선을 감아서 코일을 만든다. 긴 지름에 짧은 코일의 인덕턴스가 큰가, 짧은 지름에 긴 코일이 더 큰가?

7. 유도 기전력을 보여 주는 실험에서 그림 27.37처럼 RL 회로의 유도기에 전구를 병렬 연결한다. 스위치를 열면 전구가 밝게 빛나다가 타 버린다. 왜 그런가?

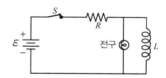

그림 27.37 개념 문제 7

8. 1 H의 유도기에 10 A, 10 H의 유도기에는 1 A의 전류가 흐른다. 어느 유도기가 더 많은 에너지를 저장하는가?

9. 두 막대자석의 같은 극을 마주대고 밀려면 일을 해야 한다. 이 에너지는 어디로 가는가?

10. 길이가 같고 속이 빈 수직관 두 개는 각각 구리와 알루미늄으로 만들어져 있다. 작은 자석을 각 관에 떨어뜨리면 관을 통과하는 시간이 같겠는가? 아니면 어느 관이 더 오랜 시간이 걸리겠는가? (힌트: 표 24.1 참조)

연습 문제

27.2 패러데이 법칙, 27.3 유도와 에너지

11. 75 mT의 균일한 자기장과 고리면의 수직선이 36°를 이루는 지

름 5.0 cm의 원형 고리를 지나가는 자기 다발을 구하라.

12. 지름 45 cm, 저항 120 Ω인 원형 고리가 수평면에 놓여 있다. 수직 아래 방향의 균일한 자기장이 25 ms 만에 5.0 mT에서 55 mT까지 선형으로 증가한다. 25 ms의 (a) 시작과 (b) 끝에서 고리를 지나가는 자기 다발을 각각 구하라. (c) 이 시간 동안 고리의 전류는 얼마인가? (d) 전류의 방향은 무엇인가?

13. 공간적으로 균일한 자기장에 직각으로 놓여 있는 면적 240 cm², 저항 12 Ω인 도체 고리에 320 mA의 유도 전류가 흐른다. 자기장의 시간 변화율은 얼마인가?

14. 지름 23 cm의 솔레노이드 내부의 자기장이 2.4 T/s로 증가한다. 코일의 유도 기전력이 15 V이면 코일을 감은 수는 얼마인가?

27.4 인덕턴스

15. 지름 4.0 cm, 길이 55 cm이고 코일을 1500번 감은 솔레노이드의 자체 인덕턴스를 구하라.

16. 유도기의 전류가 110 A/s로 변하고 기전력이 45 V이면 자체 인덕턴스는 얼마인가?

17. 22 H 유도기에 1.9 A의 전류가 흐른다. 스위치를 열면 1.0 ms 동안 전류가 변한다. 유도기의 유도 기전력을 구하라.

18. 라디오를 처음부터 만들려는 계획에 따르면 마분지관을 감싸고 있는 450 μH의 유도기가 필요하다. 화장실용 휴지의 종이굴대(길이 12 cm, 지름 4.0 cm)로 만든 관 전체에 몇 번이나 감아야 하는가?

19. 150 Ω 저항기에 유도기를 직렬 연결하여 시간 상수가 2.2 ms이면, 유도기의 인덕턴스는 얼마인가?

20. RL 회로의 전류가 3.1 μs 동안에 최종값의 20%까지 증가한다. L = 1.8 mH이면 저항은 얼마인가?

27.5 자기 에너지

21. 35 A 전류가 흐르는 5.0 H 유도기에 저장된 자기 에너지는 얼마인가?

22. 24 mH 유도기에 저장된 자기 에너지가 75 μJ이면 유도기의 전류는 얼마인가?

23. 지름 1.58 cm, 길이 23.2 cm, 감은 수 1250번인 솔레노이드에 165 mA 전류가 흐르면 저장된 에너지는 얼마인가?

24. $B^2/2\mu_0$이 에너지 밀도의 단위를 가짐을 보여라.

25. 지속적인 자기장을 생성할 수 있는, 세계에서 가장 강한 자석은 플로리다의 미국 고자기장 실험실의 45 T 장치이다. 자기 에너지 밀도는 얼마인가?

26. 자기 에너지 밀도가 7.8 J/cm³인 영역의 자기장 세기는 얼마인가?

27.6 유도 전기장

27. 반지름 10 cm의 솔레노이드 축에서 12 cm인 곳의 유도 전기장은 45 V/m이다. 솔레노이드 자기장의 시간 변화율을 구하라.

28. 예제 27.10의 솔레노이드 축에서 거리 r인 내부의 전기장 세기를 표기하라.

응용 문제

다음 문제들은 본문의 예제들에 기초한 것이다. 두 세트의 문제들은 물리학의 이해를 강화하는 연결의 형성을 돕고 이전에 풀어본 문제에서 변형된 문제를 해결하는 자신감을 키우도록 설계되어 있다. 각 세트의 첫 번째 문제는 본질적으로 예제 문제이지만 숫자들은 다르다. 두 번째 문제는 예제와 똑같은 상황이지만 묻는 질문이 다르다. 세 번째와 네 번째 문제는 완전히 다른 상황으로 이런 방식을 반복한다.

29. **예제 27.4** 무시할 만한 저항을 갖는 두 평행 도선이 45.0 cm 간격을 두고 한쪽 끝에 18.8 Ω 저항으로 연결된다. 역시 무시할 만한 저항을 가진 전도 막대는 평행 도선을 따라 자유롭게 미끄러진다. 이 시스템은 예제 27.4의 그림 27.9처럼 375 mT 자기장이 평행 도선의 면에 수직인 영역에 있다. 전도 막대를 4.87 m/s로 평행 도선을 따라 당기면 평행 도선, 저항, 전도 막대를 포함하는 회로의 전류는 얼마인가?

30. **예제 27.4** (a) 0.150 A의 전류를 생성하기 위해 앞의 문제에서 전도 막대를 얼마나 빨리 당겨야 하는가? (b) 이 상황에서 전도 막대를 당기는 사람의 일률은 얼마인가?

31. **예제 27.4** 기전력 $\mathcal{E}$의 배터리가 예제 27.4의 저항과 직렬로 연결된다. 전도 막대가 처음에는 정지 상태였고, 이제는 잡아당기지 않는다. (a) 회로에서 전류의 초깃값을 구하라. (b) 전도 막대는 결국 일정한 속도에 도달한다. 이 속도를 구하라. (c) 전도 막대가 일정한 속도로 움직이면 회로의 전류는 얼마인가?

32. **예제 27.4** 달에서 자원을 채굴하기 위한 제안에는 우주기자재 발사장치라고도 하는 전자기 레일건을 사용하여 물품을 지구로 발사할 수 있다는 제안이 포함되어 있는데, 이는 본질적으로 앞의 문제에서 설명한 것과 유사한 장치이며, 화물 캡슐이 도체 막대에 해당한다. 1.00 m 간격의 레일과 0.877 T의 자기장으로 달 탈출 속도보다 50% 더 빠른 속도를 달성하려면 얼마만큼의 기전력이 필요한가? (**힌트**: 이전 문제의 결과와 함께 부록 F를 참조하라.)

33. **예제 27.8** 전기 초인종은 전자석을 사용하여 벨을 울리는 강철 망치를 당긴다. 전자석의 인덕턴스는 72.0 mH, 저항은 6.86 Ω이다(즉, 인덕턴스가 저항과 직렬인 LR 회로로 취급 할 수 있음). 전자 초인종은 6.00 V 전원에서 작동한다. 전자석의 전류가 0.700 A에 도달하는 데 얼마나 걸리겠는가?

34. **예제 27.8** 초고속 컴퓨터 회로를 설계하고 있는데, 전선 한 조각만으로도 전선의 전류 상승 속도를 늦출 수 있는 충분한 자체 인덕턴스가 있을 수 있음을 걱정하고 있다. 전선을 184 μΩ 저항과 직렬 연결된 유도기로 취급할 수 있다. 전선에 안정적인 기전력이 부과되면 전선의 전류가 10.0 ns 미만에서 최댓값의 70.0%에 도달해야 한다. 전선의 최대 허용 인덕턴스는 얼마인가?

35. **예제 27.8** MRI 스캐너의 초전도 솔레노이드는 인덕턴스가 342 mH이며 일반적으로 1.85 kA를 전달한다. 초전도 코일에는 저항 21.6 mΩ의 구리 도체가 내장되어 있다. 초전도성이 갑자기 손실

되고 구리가 전도를 대신할 경우 전류가 250 A 아래로 떨어지기까지 얼마나 걸리는가?

36. **예제 27.8** 12.5 kA를 전송하기 위한 초전도 케이블을 설계하고 있다. 케이블의 자기 인덕턴스는 22.0 mH이다. 초전도성이 손실되는 경우 전류를 처리하기 위해 내장된 구리 전선이 포함되며, 초전도 손실 후 전류가 10초 이내에 6.25 kA로 떨어지도록 요구되는 조건에서 구리의 최소 저항을 지정해야 한다. (a) 얼마만큼의 저항을 지정해야 하는가? (b) 초전도성의 손실 직후 구리에서의 전력 소비는 얼마인가?

실전 문제

37. 면적 $0.15 \, \mathrm{m}^2$, 저항 $6.0 \, \Omega$의 도체 고리가 xy 평면에 놓여 있다. 공간적으로 균일한 z방향의 자기장은 시간에 따라 $B_z = at^2 - b$로 변하며, $a = 2.0 \, \mathrm{T/s}^2$, $b = 8.0 \, \mathrm{T}$이다. (a) $t = 3.0 \, \mathrm{s}$, (b) $B_z = 0$일 때 고리의 전류를 각각 구하라.

38. 한 변이 l, 저항이 R인 네모 고리를 자기장이 없는 영역에서 등속력 v로 밀어서 고리면에 수직인 일정하고 균일한 자기장 $\vec{B}$ 안으로 완전히 집어넣는다. 자기장 영역의 경계는 고리의 변과 평행하다. 고리를 당기면서 한 일을 표기하라.

39. 지름 $1.0 \, \mathrm{cm}$로 5번 감은 코일을 균일한 자기장의 수직축에 대해서 $10 \, \mathrm{rev/s}$로 회전시킨다. 코일에 연결된 전압계의 봉우리 전압은 $360 \, \mu\mathrm{V}$이다. 자기장 세기는 얼마인가?

40. 공간적으로 균일한 자기장이 $+z$방향을 가리키고, $1.65 \, \mathrm{T/ms}$의 비율로 세기가 증가한다. xy 평면에 있는 저항이 $19.3 \, \Omega$인 $16.4 \, \mathrm{cm}$의 정사각형 전도 고리에서 (a) 유도된 기전력과 (b) 전류를 구하라. (c) 고리를 xy 평면에서 내려 볼 때 전류는 시계 방향인가? 아니면 반시계 방향인가?

41. $2.0 \, \mathrm{T}$의 균일한 자기장에 수직으로 놓여 있는 한 변이 $3.0 \, \mathrm{m}$인 네모 고리에 그림 27.38처럼 6 V 전구를 연결하면 자기장이 시간 Δt 동안 감소하여 0이 된다. (a) 전구가 표시된 광도로 빛날 수 있는 시간 Δt를 구하라. (b) 고리의 전류는 어느 방향으로 흐르는가?

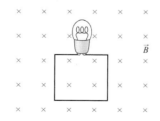

그림 27.38 실전 문제 41

42. 예제 27.2에서 $a = 1.0 \, \mathrm{cm}$, $w = 3.5 \, \mathrm{cm}$, $l = 6.0 \, \mathrm{cm}$이다. 직사각형 고리의 저항이 $50 \, \mathrm{m}\Omega$이고 긴 도선의 전류 I가 $25 \, \mathrm{A/s}$로 증가하면 고리에 생기는 유도 전류의 크기와 방향은 무엇인가?

43. 지름 $15 \, \mathrm{cm}$, 길이 $2.0 \, \mathrm{m}$, 감은 수 2000번인 솔레노이드의 전류가 $1.0 \, \mathrm{kA/s}$로 증가한다. (a) 솔레노이드 내부에 그 축에 수직하게 놓여 있는 지름 $10 \, \mathrm{cm}$, 저항 $5.0 \, \Omega$의 고리에 생기는 유도 전류를 구하라. (b) 솔레노이드 외부에 놓인 지름 $25 \, \mathrm{cm}$의 같은 저항의 고리에 생기는 유도 전류는 얼마인가?

44. **BIO** 스텐트는 보통 금속 망으로 만들어진 원통형 튜브로 수축을 막기 위해 혈관에 삽입된다. 수축을 재발시킬 수도 있는 세포 성장을 막기 위해, 가끔은 삽입한 후에 스텐트를 가열할 필요가 있다. 한 가지 방법은 환자를 변하는 자기장 속에 넣는 것인데, 그렇게 하면 유도 전류가 스텐트를 가열한다. 길이가 $12 \, \mathrm{mm}$이고 지름이 $4.5 \, \mathrm{mm}$로 총 저항이 $41 \, \mathrm{m}\Omega$인 스테인리스 스텐트를 최적인 방향을 향하고 있는 도선 고리로 간주할 때, $250 \, \mathrm{mW}$의 가열 전력에 필요한 자기장의 변화율을 구하라.

45. $\vec{B} = bt\hat{k}$인 균일한 자기장 속에 면적 $240 \, \mathrm{cm}^2$, 저항 $0.20 \, \Omega$의 도체 고리가 xy 평면에 놓여 있다. 여기서 $b = 0.35 \, \mathrm{T/s}$이다. 양의 z축에서 보면 유도 전류의 방향은 무엇인가?

46. 새로 설계하는 자동차 교류 발전기는 지름이 $10 \, \mathrm{cm}$이고 250번이 감겨져 있는 회전하는 코일이다. $12 \, \mathrm{V}$의 배터리를 충전하기 위해서는 교류 발전기가 $1200 \, \mathrm{rpm}$으로 회전할 때 최고 출력이 $14 \, \mathrm{V}$가 될 필요가 있다. 교류 발전기의 자기장은 얼마인가?

47. $75 \, \mathrm{cm} \times 1.3 \, \mathrm{m}$의 직사각형 코일로 만든 발전기가 $0.14 \, \mathrm{T}$ 자기장 안에서 회전하면서 봉우리 전압이 $6.7 \, \mathrm{kV}$인 $60 \, \mathrm{Hz}$의 교류 기전력을 만든다. 코일을 감은 수는 얼마인가?

48. 저항 R, 직경 d_0인 유연한 도체 고리가 균일한 자기장 $\vec{B}$에 수직으로 놓여 있다. 시간 $t = 0$에서 도체 고리는 $d(t) = d_0 + bt$에 의해 주어진 직경으로 팽창하기 시작하는데, 여기서 b는 상수이다. 도체 고리가 팽창해도 저항은 변하지 않는다. 시간의 함수로 도체 고리에서 전류에 대한 표현식을 구하라.

49. 예제 27.4의 그림 27.9에서 $l = 10 \, \mathrm{cm}$, $B = 0.50 \, \mathrm{T}$, $R = 4.0 \, \Omega$, $v = 2.0 \, \mathrm{m/s}$이다. (a) 저항기의 전류, (b) 막대에 작용하는 자기력, (c) 저항기의 소모 일률, (d) 막대를 당기면서 한 역학적 일률을 각각 구하라. (c)와 (d)의 답을 비교하라.

50. 단면적이 원형인 솔레노이드 내부의 자기장은 $\vec{B} = bt\hat{k}$로 변하며, $b = 2.1 \, \mathrm{T/ms}$이다. $t = 0.40 \, \mu\mathrm{s}$일 때 솔레노이드 내부의 $x = 5.0 \, \mathrm{cm}$, $y = 0$, $z = 0$ 위치에서 양성자가 속도 $\vec{v} = 4.8\hat{j} \, \mathrm{Mm/s}$로 움직이고 있다. 양성자에 작용하는 알짜 전자기력을 구하라.

51. 솔레노이드 축에서 $28 \, \mathrm{cm}$ 거리의 내부에 있는 전자는 $1.3 \, \mathrm{fN}$의 전기력을 받는다. 솔레노이드 자기장의 시간 변화율은 얼마인가?

52. 저항이 R이고 반지름이 a인 어떤 원형 도선 고리의 평면이 균일한 자기장에 수직하다. 자기장의 세기를 B_1에서 B_2로 증가시키고 고리를 따라 움직이는 총전하를 측정하려고 한다. 자기장을 변화시키는 방법이 총전하에 차이를 주는가, 안 주는가? 고리 전류를 시간에 대해 적분하여 답하라.

53. '뒤집기 코일'은 자기장을 재기 위하여 사용하는 작은 코일이다. 즉 자기장에 수직한 면에 놓여 있던 코일이 코일면의 축에 대해서 갑자기 180° 회전한다. 뒤집기 코일에는 코일에 흐르는 총전하 Q를 측정하는 기기가 연결되어 있다. N번 감은 코일의 면적은 A이고, 회전축이 자기장에 수직일 때, 자기장 세기가 $B = $

$QR/2NA$임을 보여라. 단, R는 코일의 저항이다.

54. RL 회로의 전류가 1.87 s만에 최종값의 75%로 증가한다. 저항이 2.70 Ω이면 인덕턴스는 얼마인가?

55. 그림 27.23a의 RL 회로에서 $\mathcal{E}_0 = 45$ V, $R = 3.3$ Ω, $L = 2.1$ H이다. 회로의 전류가 9.5 A이면 얼마나 오랫동안 스위치가 닫혀 있는가?

56. 그림 27.23a에서 $\mathcal{E}_0 = 50$ V, $R = 2.5$ kΩ이다. 스위치를 닫으면 유도기의 전류가 30 μs만에 10 mA로 증가한다. (a) 인덕턴스와 (b) 여러 번의 시간 상수가 지난 후에 전류는 얼마인가?

57. 예제 27.9에서 자기 에너지 90%를 소모하는 데 얼마나 걸리는가?

58. 그림 27.23a의 RL 회로에서 $\mathcal{E}_0 = 60$ V, $R = 22$ Ω, $L = 1.5$ H이다. (a) 스위치를 닫은 직후, (b) 100 ms 후에 전류의 변화율을 각각 구하라.

59. 기숙사의 승강기 모터는 20 A를 사용하고 전기적으로 2.5 H의 유도기처럼 행동한다. 모터가 갑자기 꺼졌을 때 스위치에 걸릴 위험한 전압이 걱정스러워서 각 모터에 저항을 병렬로 연결하려고 한다. (a) 기전력을 100 V로 제한하려면 저항은 얼마가 되어야 하는가? (b) 저항으로 흩어지는 에너지는 얼마인가?

60. 그림 27.26에서 $\mathcal{E}_0 = 12$ V, $R = 2.7$ Ω, $L = 20$ H이다. 처음에 스위치는 B에 있고 회로에는 전류가 없다. $t = 0$에서 스위치를 A로 연결하였다가 $t = 10$ s에 다시 B에 연결한다. (a) $t = 5.0$ s, (b) $t = 15$ s에서 유도기의 전류를 각각 구하라.

61. 그림 27.39에서 $\mathcal{E}_0 = 12$ V, $R_1 = 4.0$ Ω, $R_2 = 8.0$ Ω, $R_3 = 2.0$ Ω이다. (a) 스위치를 처음 닫은 직후, (b) 스위치를 닫고 오랜 시간 후에 전류 I_2를 각각 구하라. (c) 오랜 시간 후에 스위치를 다시 열었다. I_2는 얼마인가?

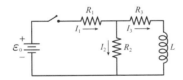

그림 27.39 실전 문제 61

62. 전지, 스위치, 저항기, 유도기가 직렬 연결되어 있다. 스위치를 닫으면 전류가 1.0 ms에 정상값의 반으로 증가한다. 유도기의 자기 에너지가 정상값의 반이 되는 데 얼마나 걸리는가?

63. 1.0 H 유도기가 합선되면 자기 에너지가 3.6 s만에 처음값의 1/4로 떨어진다. 저항은 얼마인가?

64. **BIO** 3.5 H의 초전도 솔레노이드에 1.8 kA 전류가 흐른다. 초전도성이 사라질 때 전류가 흐르도록 코일에 구리를 넣었다(예제 27.9 참조). (a) 초전도성이 사라진 직후에 방출 일률이 100 kW가 넘지 않을 구리의 최대 저항은 얼마인가? (b) 일률이 50 kW로 감소할 때까지 얼마나 걸리는가?

65. 중성자별의 자기장은 약 10^8 T이다. 부록 C를 참고하여 이 에너지 밀도를 (a) 가솔린, (b) 순수한 우라늄-235(질량 밀도 19×10^3 kg/m³)의 에너지 밀도와 각각 비교하라.

66. 반지름 R의 단일 고리에 전류 I가 흐른다. 고리 중심의 자기 에너지 밀도를 단위 길이당 감은 수가 n이고 반지름이 같은 솔레노이드에 같은 전류가 흐를 때의 자기 에너지 밀도와 비교하라.

67. **CH** 반지름 R의 전선에 전류 I가 단면적에 균일하게 흐른다. 전선 내부에서 단위 길이당 전체 자기 에너지를 표기하라.

68. **CH** (a) 식 27.8을 이용하여 저항기의 소모 일률을 시간의 함수로 표기하고, (b) $t = 0$에서 $t = \infty$까지 적분하여 소모되는 총에너지가 유도기에 저장된 처음 에너지와 같음을 보여라.

69. 에너지 밀도가 같은 전기장과 자기장의 비율, E/B를 표기하고, 값을 구하라. 단위는 무엇인가? 답은 어떤 기본 상수와 비슷한가?

70. 저항 R, 질량 m, 너비 w의 직사각형 도체 고리가 그림 27.40처럼 균일한 자기장 $\vec{B}$ 안으로 떨어진다. (a) 고리가 결국에는 종단 속력에 도달하는 이유를 설명하라. (b) 종단 속력을 구하라.

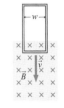

그림 27.40 실전 문제 70

71. **CH** 반지름 a, 두께 h, 비저항 ρ인 도체 원판이 원형 단면적의 솔레노이드 내부에 있다. 원판의 축은 솔레노이드 중심축과 일치한다. 솔레노이드 내부의 자기장은 $B = bt$로 변하며, b는 상수이다. (a) 원판의 전류 밀도를 원판 중심 거리 r의 함수로 표기하고, (b) 전체 원판의 소모 일률을 구하라. (**힌트**: 원판을 무한소 도체 고리의 합으로 생각하라.)

72. **CH** 긴 직선인 동축선은 안쪽 반지름 a, 바깥쪽 반지름 b인 두 개의 얇은 관으로 구성된다. 전류 I가 관을 따라 흘러서 다른 관으로 되돌아온다. 동축선의 단위 길이당 자체 인덕턴스가 $\frac{\mu_0}{2\pi} \ln(b/a)$임을 보여라.

73. **DATA** 아래 표는 그림 27.26과 같은 회로에서의 전류를 나타낸 것인데, 스위치를 위치 A에 놓고 전류를 설정한 다음에 시간 $t = 0$에서 스위치를 위치 B로 바꾸었다. 저항은 180 Ω이다. 시간에 대해 그래프로 나타낼 때 직선이 되도록 적절한 전류의 함수를 결정하라. 그래프를 그리고 최적 맞춤 직선을 결정한 다음 그 기울기를 사용하여 회로의 인덕턴스를 구하라.

시간(ms)	0	20.0	40.0	60.0	80.0	100.0
전류(mA)	66.5	23.0	9.15	3.56	1.50	0.450

74. **CH** 반지름 a, 저항 R인 원형 도선 고리를 일정한 속력 v로 균일한 자기장 B 안으로 끌고 간다. 고리는 자기장에 수직하고 $t = 0$에 자기장 속으로 들어가기 시작한다. $t = 0$에서부터 고리가 자기장에 완전히 들어갈 때까지 고리에 흐르는 전류를 구하라.

75. **CH** 응용 문제 31의 막대의 질량이 m이고 시간 $t = 0$에서 정지 상태에서 움직이기 시작한다고 가정하자. 자기력의 영향을 받아 움직이기 시작하면 배터리의 기전력과 반대되는 기전력이 발생한다(예제 27.4). (a) 시간 의존 속력 $v(t)$와 응용 문제 31에서 주어진 다른 양의 함수로 회로의 전류에 대한 표현을 써라. (b) (a)의 결과에 식 26.5를 적용하여 막대에 작용하는 자기력의 표현을 구하라. (c) (b)의 결과를 사용하여 뉴턴의 제2법칙으로부터 막대의 운동 방정식을 구하라. 방정식에는 $v(t)$와 그 도함수가 모두 포

함된다. (d) 식 $v(t) = \dfrac{\varepsilon}{Bl}(1 - e^{-B^2l^2t/mR})$ 이 운동 방정식을 만족한다는 것을 직접 대입하여 증명하고, (e) 이 해는 $t \to \infty$일 때 응용 문제 31의 결과임을 증명하라.

76. 고리 규칙과 교점 규칙을 이용하여 개념 예제 27.1의 회로에서
CH 스위치를 닫은 후 R_2에 흐르는 전류를 시간의 함수로 나타내라.

77. (a) 실전 문제 72의 동축선에 대해 자기 에너지 밀도를 지름 거
CH 리의 함수로 구하고, 두 도체 사이의 부피에 대해 적분하여 동축선 단위 길이당 총에너지가 $(\mu_0 I^2/4\pi)\ln(b/a)$가 됨을 보여라. (b) 표현 $U = \dfrac{1}{2}LI^2$을 사용하여 단위 길이당 인덕턴스를 구하고, 그 결과가 실전 문제 72의 결과와 일치함을 보여라.

78. 전자기학 공부를 할 때, 봄 방학을 위해 남쪽으로 날고 있다. 지구의 자기장을 통과하며 날아갈 때 비행기 날개에 운동 기전력이 유도되어야 한다는 것을 알고 있으며, 이것이 휴대폰을 충전하는 데 필요한 5 V를 공급하기에 충분한지 궁금하다. 787 제트기의 날개 길이는 60 m이고 950 km/h로 비행한다. 비행기의 속도에 수직인 지구 자기장의 성분은 30 μT이다. 휴대폰을 윙팁에 연결할 수 있다면 휴대폰을 충전할 수 있는가?

79. 전자기 유량계를 사용하여 수술 중에 노출된 혈관의 혈류를 잴
BIO 수 있다. 이 기구는 혈관을 전자석으로 둘러싸서 혈류에 수직한 자기장을 생성한다. 혈액은 적당한 도체이기 때문에 혈관에 운동 기전력이 생긴다. 혈관 지름 d, 자기장 B, 혈관의 전압이 V일 때 부피 혈류는 $\pi d^2 V/4Bd$가 됨을 보여라.

실용 문제

송전선이 지나가는 토지를 소유한 영리한 농부들이 송전선 근처에 도선을 늘어놓아서 유도 전류를 이용함으로써 전력을 훔쳤다고 한다. 최소한 그러한 범죄 한 건은 법정에 세워졌고, 피고인이 송전선을 건드리지 않았다는 변호인의 주장에도 불구하고 유죄 판결을 받았다. 그림 27.41은 일어날 수 있는 범죄 현장을 보여 주고 있는데, 사각형의 도선 고리가 송전선 아래 수직면에 설치되어 있다. 송전선에는 60 Hz의 교류 전류 10^4 A가 흐르고 있다.

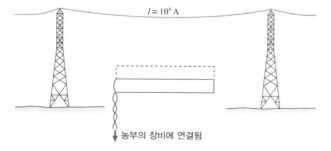

$I = 10^4$ A

농부의 장비에 연결됨

그림 27.41 실용 문제 80~83의 범죄 현장

80. 고리가 송전선으로부터 같은 거리에 있되, 수직면보다는 수평면으로 설치된다면 유도 기전력은
    a. 약간 증가할 것이다.
    b. 약간 감소할 것이다.
    c. 똑같을 것이다.
    d. 사실상 0이 될 것이다.

81. 고리를 전력선 쪽으로 늘여서 고리의 세로 길이가 두 배가 되면 (그림 27.41의 점선) 유도 기전력은
    a. 두 배가 될 것이다.
    b. 네 배가 될 것이다.
    c. 두 배보다 크고 네 배보다 작을 것이다.
    d. 증가하지만 두 배까지는 아닐 것이다.

82. 표준 진동수가 50 Hz인 유럽에서 똑같은 범죄가 일어나고, 진동수 외에 모든 상황이 같다면 유도 기전력은
    a. 더 클 것이다.
    b. 더 작을 것이다.
    c. 변하지 않을 것이다.
    d. 어떤 에너지원이냐에 따라 달라질 것이다.

83. 이 범죄가 발생할 때
    a. 전력을 공급하는 발전소는 더 많은 연료를 소비해야 한다.
    b. 전력 회사는 아무런 경제적 피해를 입지 않는다.
    c. 전력 회사는 현장 조사 없이는 도둑맞고 있는지 알 수 없다.
    d. 소비자에게 보낼 전력이 송전선에 남아 있지 않다.

27장 질문에 대한 해답

장 도입 질문에 대한 해답

에너지는 태양의 자기장에 저장되어 있었다. 태양 흑점 폭발에 대한 반응으로 지구의 자기장이 변하고 그에 따라 유도된 전류의 급등이 전력망을 교란했다. 보통은 전도체를 자기장에서 움직여서 전기를 생성한다. 이 모든 설명은 전자기 유도와 관련되어 있다.

확인 문제 해답

27.1 (1) 그림 27.10의 반대 방향이며, (2) 일을 해야 한다.

27.2 (b), 반시계 방향

27.3 (b), 어려워진다. 회전 속력이 같으므로 봉우리 기전력이 고정되어 있어서 저항을 줄이면 전류와 전력이 증가한다.

27.4 (b) 맴돌이 전류가 운동 에너지를 소모하기 때문이다.

27.5 긴 도선의 전류가 변하면 고리에서 종이면으로 들어가는 자기장이 증가한다. (1) 고리의 전류는 증가하는 자기장에 반대하여 종이면에서 나오는 자기장을 만들므로 반시계 방향이다. (2) 고리의 전류는 감소하는 자기장에 반대하여 종이면으로 들어가는 자기장을 만들므로 시계 방향이다.

27.6 (a), 유도기의 기전력은 외부 회로가 공급하는 전류에 반대 방향이기 때문이다.

27.7 (c)

27.8 동일한 두 점에 연결되었지만 왼쪽 전압계의 값은 $2IR$이고 오른쪽은 IR이다. 그래도 모순이 없다. 전기장이 보존장이 아니기 때문에 전기 퍼텐셜을 명확히 정의할 수 없다.

교류 회로

예비 지식

- 축전기(23.2절)
- 저항과 옴의 법칙(24.3절)
- 유도기(27.4절)
- 역학계의 진동 및 공명
  (13.2절, 13.6절, 13.7절)

학습 목표

이 장을 학습하고 난 후 다음을 할 수 있다.

LO 28.1 AC 전압 및 전류를 봉우리 및 rms 진폭, 주파수 및 위상으로 설명할 수 있다.

LO 28.2 AC 회로에서 저항, 축전기 및 유도기의 동작을 설명할 수 있다.

LO 28.3 LC 회로의 공명 진동수를 결정하고 저항의 감쇠 효과를 설명할 수 있다.

LO 28.4 강제 RLC 회로의 공명 반응을 계산할 수 있다.

LO 28.5 AC 회로의 전력을 계산하고 전력 인자를 설명할 수 있다.

LO 28.6 변압기 및 DC 전원 공급 장치의 작동을 설명할 수 있다.

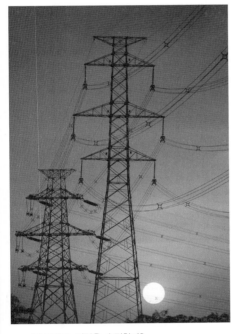

왜 교류로 전력을 송전할까?

여태까지는 전지처럼 일정한 전원이 에너지를 공급하는 회로를 공부하였다. 집 안의 전기 배선, 음성 신호, 영상 신호, 컴퓨터 시계 등에서는 모두 시간에 따라 변하는 전원이 에너지를 공급한다. 이 장에서는 시간에 따라 변하는 전류, 즉 **교류**(alternating-current, AC)에 대해서 공부한다.

28.1 교류

LO 28.1 AC 전압 및 전류를 봉우리 및 rms 진폭, 주파수 및 위상으로 설명할 수 있다.

27장에서 발전기의 회전 운동으로 시간에 따라 사인 모양으로 변하는 전압과 전류를 만들었다. 오디오, 비디오, 컴퓨터 신호의 시간 의존성은 매우 복잡하지만 그림 14.17처럼 사인 함수의 합으로 분석할 수 있다. 따라서 사인 모양으로 변하는 회로를 통해서 AC 회로를 이해할 수 있다.

사인 모양의 AC 전압과 전류는 13장에서 단순조화 운동을 기술한 진폭, 진동수, 위상 상수로 정해진다. 진폭은 봉우리값(V_p, I_p) 혹은 **rms값**(V_rms, I_rms)으로 정해진다. rms는 신호를 제곱하여 시간에 대해서 평균한 다음에 제곱근을 취한 제곱평균제곱근 값이다. 사인파에서 봉우리값과 rms값 사이에는 다음의 관계가 있다.

$$V_\mathrm{rms} = \frac{V_\mathrm{p}}{\sqrt{2}}, \ I_\mathrm{rms} = \frac{I_\mathrm{p}}{\sqrt{2}} \tag{28.1}$$

예컨대 가정집에서 사용하는 전압 220 V는 rms값이다(그림 28.1 참조).

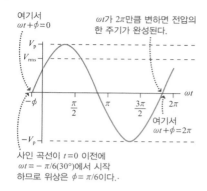

여기서
$\omega t + \phi = 0$

ωt가 2π만큼 변하면 전압의 한 주기가 완성된다.

여기서
$\omega t + \phi = 2\pi$

사인 곡선이 $t=0$ 이전에 $\omega t = -\pi/6(30°)$에서 시작하므로 위상은 $\phi = \pi/6$이다..

그림 28.1 사인 함수로 변하는 AC 전압의 봉우리 전압, rms 전압과 위상 ϕ

일상적으로는 단위 시간당 진동 횟수인 진동수 f를 헤르츠(Hz)로 표기하고, 수학적 계산에서는 각진동수 ω를 단위 시간당 라디안, 즉 s^{-1}로 표기하는 것이 편리하다. 회전 운동이나 단순 조화 운동처럼 1회전의 각도가 2π이므로 다음과 같이 표기한다.

$$\omega = 2\pi f \tag{28.2}$$

AC 신호의 위상 상수 ϕ는 사인 곡선이 언제 양의 기울기로 축을 지나는지 알려준다 (그림 28.1 참조). 이제 AC 전압과 전류를 다음과 같이 표기할 수 있다.

$$V = V_p \sin(\omega t + \phi_V), \quad I = I_p \sin(\omega t + \phi_I) \tag{28.3}$$

여기서 ϕ_V와 ϕ_I는 전압과 전류의 위상 상수로서 그 값이 같을 필요가 없다.

예제 28.1 | **AC: 가정집 전압**

북미지역의 가정집은 60 Hz, 120 V이다. 전압을 식 28.3의 형태로 표기하라. $t=0$부터 전압이 증가한다고 가정한다.

해석 실제로 사용하는 AC 전압을 식 28.3의 수학적 형태로 표기하는 문제이다. 120 V는 V_{rms}이고, 60 Hz는 진동수 f이고, 위상에 관한 정보가 있다.

과정 식 28.3, $V = V_p \sin(\omega t + \phi_V)$에서 V_p는 봉우리 전압이고, ω는 각진동수이다. 식 28.1에서 $V_{\text{rms}} = V_p / \sqrt{2}$이며, 식 28.2에서 $\omega = 2\pi f$이다.

풀이 식 28.1에서 $V_p = \sqrt{2} \, V_{\text{rms}} = \sqrt{2} \,(120 \text{ V}) = 170 \text{ V}$이며,

식 28.2에서 $\omega = 2\pi f = 2\pi(60 \text{ Hz}) = 377 \text{ s}^{-1}$이다. 한편 $t=0$부터 전압이 증가하므로 위상은 $\phi = 0$이다. 따라서 AC 전압을 $V = 170 \sin(377t)$ V로 표기할 수 있다.

검증 답을 검증해 보자. 봉우리 전압과 각진동수는 통상의 전압과 진동수보다 큰 값이다. rms값은 평균값이므로 최댓값보다 작고, 각진동수는 시간당 라디안값이다. 실제로 미국의 집 안으로 들어오는 240 V rms는 난로, 드라이어, 온수기 같은 가열기에서만 사용하고, 나머지 전기 기기용 회로로는 120 V가 걸린다. 유럽에서는 230 V rms, 50 Hz를 사용하며, 나머지 대부분 국가들은 220 V, 50 Hz 전력을 사용한다.

확인 문제 28.1 중국에서 사용되는 220 V, 50 Hz AC 전력의 봉우리 전압과 각진동수는 얼마인가? (a) 170 V, 20 ms (b) 350 V, 377 s^{-1} (c) 311 V, 314 s^{-1} (d) 120 V, 50 ms

---

28.2 AC 회로의 회로 소자

LO 28.21 AC 회로에서 저항, 축전기 및 유도기의 동작을 설명할 수 있다.

먼저 AC 회로의 세 요소인 저항기, 축전기, 유도기의 거동을 개별적으로 조사한 다음에 AC 회로 전체의 거동을 공부하기로 한다.

저항기

이상적인 저항기에서는 전류와 전압은 $I = V/R$로 서로 비례한다. AC 전원에 저항기(저항 R)가 연결된 그림 28.2에서 저항기에 걸리는 전압은 전원의 전압과 같다. 식 28.3에서 $\phi_V = 0$인 전원의 전압을 선택하면, 전류는 다음과 같다.

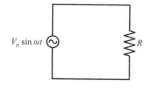

$V_p \sin \omega t$ R

그림 28.2 AC 전원($\sim$)에 연결한 저항기

$$I = \frac{V}{R} = \frac{V_{\mathrm{p}} \sin \omega t}{R} = \frac{V_{\mathrm{p}}}{R} \sin \omega t$$

여기서 전류의 각진동수는 전압과 같고, 위상 상수가 0이므로 위상이 맞아서(in phase) 동시에 봉우리값을 갖는다. 봉우리 전류는 봉우리 전압을 저항으로 나눈 $I_{\mathrm{p}} = V_{\mathrm{p}}/R$이다. 전압과 전류 모두 사인 함수이므로, rms값도 $I_{\mathrm{rms}} = V_{\mathrm{rms}}/R$이다.

축전기

AC 전원에 축전기(전기 용량 C)가 연결된 그림 28.3에서 한 축전기에서 전압과 전하는 $q = CV$로 서로 비례한다. 이 결과를 미분하면 다음을 얻는다.

$$\frac{dq}{dt} = C\frac{dV}{dt}$$

여기서 dq/dt는 축전기 극판 사이로 흐르는 전류이다(실제로 전하가 극판 사이로 이동하지 않지만 '축전기 전류'라고 부른다). 따라서 $I = C(dV/dt)$인 데, 여기에 전원의 전압 $V_{\mathrm{p}} \sin \omega t$를 넣으면 다음을 얻는다.

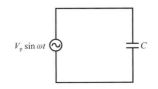

그림 28.3 AC 전원에 연결한 축전기

$$I = C\frac{d}{dt}(V_{\mathrm{p}} \sin \omega t) = \omega C V_{\mathrm{p}} \cos \omega t = \omega C V_{\mathrm{p}} \sin\left(\omega t + \frac{\pi}{2}\right) \tag{28.4}$$

코사인 곡선은 사인 곡선이 왼쪽으로 $\pi/2$, 즉 90° 이동한 결과이므로 그림 28.4처럼 **축전기의 전류는 축전기에 걸리는 전압보다 위상이 90° 앞선다.**

식 28.4 앞의 $\omega C V_{\mathrm{p}}$는 전류의 진폭으로 $I_{\mathrm{p}} = \omega C V_{\mathrm{p}}$이며, 옴의 법칙처럼 표기하면,

$$I_{\mathrm{p}} = \frac{V_{\mathrm{p}}}{1/\omega C} = \frac{V_{\mathrm{p}}}{X_C} \tag{28.5}$$

이다. 여기서 $X_C = 1/\omega C$이다.

식 28.5는 축전기가 저항이 $X_C = 1/\omega C$인 것처럼 거동한다는 뜻이다. 용량형 반응 저항은 옴의 법칙처럼 봉우리 전압과 전류의 관계식이다. 한편 축전기는 전압과 전류에 위상차를 만든다. 이 위상차는 저항기와 축전기의 물리적 차이 때문에 생긴다. 즉 저항기는 열로 에너지를 소모하고, 축전기는 전기 에너지를 저장했다가 방출한다. 회로를 한 번 순환하는 동안 그림 28.3의 전원은 알짜일을 하지 않고, 그림 28.2의 전원은 계속 일을 하며, 그 일이 저항기에서 열로 소모된다. 식 28.5에서 X_C를 **용량형 반응 저항**(capacitive reactance)이라고 하며, 단위는 저항과 같은 Ω이다.

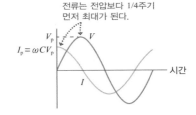

그림 28.4 축전기의 전류는 전압보다 1/4주기, 즉 $\pi/2$(90°) 앞선다.

X_C의 진동수 의존성은 타당할까? 타당하다. 진동수가 0이 되면 X_C는 무한대가 된다. 진동수 0에서는 아무런 변화가 없으므로 전하가 움직이지 않아서 축전기가 열린 회로처럼 거동하기 때문이다. 진동수가 증가하면 짧은 시간에도 축전기 사이로 많은 양의 전류가 흐르므로 축전기는 합선 회로처럼 거동한다. 요약하면 축전기는 저진동수에서는 열린 회로처럼, 고진동수에서는 합선 회로처럼 거동한다.

왜 축전기 전류가 전압보다 앞설까? 축전기 전압이 전하에 비례하고, 전압이 변하기 전에 축전기 사이로 먼저 전류가 흐르기 때문이다. 이와 똑같은 관계가 25.5절의 RC 회로에 있었는데, 그림 25.18의 회로의 스위치를 닫으면 즉각적으로 전류가 흐르고 축전기의 전압이 천천히 올라갔다.

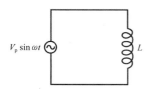

그림 28.5 AC 전원에 연결한 유도기

유도기

AC 전원에 유도기(인덕턴스 L)가 연결된 그림 28.5에서 고리 법칙은 $V_p \sin \omega t + \mathcal{E}_L = 0$ 이다. 27장에서 유도기의 기전력은 $\mathcal{E}_L = -L(dI/dt)$이므로, 고리 법칙을

$$V_p \sin \omega t = L \frac{dI}{dt}$$

로 표기할 수 있다. 전류 I에 대한 관계식을 얻기 위하여, 위 식을 적분하면,

$$\int V_p \sin \omega t \, dt = \int L \frac{dI}{dt} dt = \int L \, dI = L \int dI = LI$$

가 되고, 사인을 적분하면 음의 코사인이 되므로 다음을 얻는다.

$$-\frac{V_p}{\omega} \cos \omega t = LI$$

여기서 적분 상수로 0을 택하였다. 왜냐하면 0이 아닌 값은 이 회로에 없는 DC emf와 전류를 나타내기 때문이다. 따라서 전류는 다음과 같다.

$$I = -\frac{V_p}{\omega L} \cos \omega t = \frac{V_p}{\omega L} \sin \left(\omega t - \frac{\pi}{2} \right) \tag{28.6}$$

여기서 $\sin(\alpha - \pi/2) = -\cos \alpha$임을 적용하였다.

그림 28.6처럼 유도기에 걸리는 전압은 유도기 전류보다 위상이 90° 앞선다. 식 28.6 앞의 $V_p/\omega L$은 전류의 진폭이므로, 봉우리 전류를 옴의 법칙처럼 표기하면

$$I_p = \frac{V_p}{\omega L} = \frac{V_p}{X_L} \tag{28.7}$$

이다. 여기서 $X_L = \omega L$은 **유도형 반응 저항**(inductive reactance)이며, 단위는 저항과 같은 Ω이다. 축전기처럼 소모되는 에너지는 없다. 유도기는 자기장에 에너지를 저장했다가 방출한다.

X_L의 ω와 L 의존성은 타당할까? 유도기는 역기전력으로 전류의 변화에 반대한다. 인덕턴스가 클수록 반대가 강하다. 한편 전류가 빠르게 변하면 유도기 또한 빠르게 반대해야 하므로, 고진동수에서 유도형 반응 저항이 커진다. 초고진동수에서 유도기는 열린 회로처럼 거동하지만, 초저진동수에서는 점점 합선 회로처럼 거동하다가, 전류의 변화가 사라지면 0이 된다.

왜 유도기 전압이 전류보다 앞설까? 유도기에서 변화하는 전류가 기전력을 유도하기 때문이다. 즉 전류가 충분히 형성되기 전에 유도기에 전압이 걸린다.

표 28.1은 저항기, 축전기, 유도기의 진폭과 위상 관계를 보여 준다.

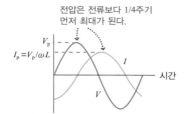

전압은 전류보다 1/4주기 먼저 최대가 된다.

그림 28.6 유도기의 전압은 전류보다 $\pi/2$(90°) 앞선다.

표 28.1 회로 소자의 진폭과 위상 관계

회로 소자	봉우리 전류와 전압	위상 관계
저항기	$I_p = \dfrac{V_p}{R}$	V와 I의 위상이 맞는다.
축전기	$I_p = \dfrac{V_p}{X_C} = \dfrac{V_p}{1/\omega C}$	I가 V보다 위상이 90° 앞선다.
유도기	$I_p = \dfrac{V_p}{X_L} = \dfrac{V_p}{\omega L}$	V가 I보다 위상이 90° 앞선다.

확인 문제 **28.2** 동일한 교류 전원에 축전기와 유도기를 별도로 연결하여 같은 전류가 흐르게 만든다. 교류 전원의 진동수가 2배가 되면 축전기와 유도기에 흐르는 전류는 어떻게 되는가? (a) 두 곳에 같은 전류가 흐른다. (b) 축전기의 전류가 유도기의 전류의 두 배이다. (c) 유도기의 전류가 축전기의 전류의 두 배이다. (d) 축전기의 전류가 유도기의 전류의 네 배이다. (e) 유도기의 전류가 축전기의 전류의 네 배이다.

예제 28.2 **유도기와 축전기: 같은 전류일까?** 응용 문제가 있는 예제

축전기가 60 Hz, 120 V rms 전원에 연결되어 rms값으로 200 mA가 흐른다. (a) 전기 용량을 구하라. (b) 같은 전원에 인덕턴스가 얼마인 유도기를 연결하면 같은 전류가 흐를까? (c) 축전기와 유도기의 전류의 위상을 비교하라.

해석 축전기와 유도기에서 AC 전압과 전류의 관계에 대한 문제이다. 전압-전류의 관계는 진동수에 의존할 뿐 아니라 진폭과 위상과도 관련이 있다.

과정 식 28.5, $I_{Cp} = V_{Cp} \omega C$와 식 28.7, $I_{Lp} = V_{Lp}/\omega L$은 두 회로 소자의 봉우리 전압과 전류의 관계식이다. rms값과 봉우리값은 비례하므로 결국 rms 전압과 전류의 관계식이기도 하다. 위상에 관한 식은 표 28.1에 수록되어 있다.

풀이 (a) $I_{Crms} = 0.20$ A와 예제 28.1에서 구한 $\omega = 2\pi f = 377$

s^{-1}을 식 28.5에 넣으면, 전기 용량은 $C = I_{Crms}/\omega V_{Crms} = 4.42\ \mu\text{F}$이다. (b) 유도기에 같은 전류가 흐르려면 반응 저항이 같아야 한다. 즉 식 28.5와 28.7에서 $\omega L = 1/\omega C$이므로, 인덕턴스는 다음과 같다.

$$L = \frac{1}{\omega^2 C} = \frac{1}{(377\ \text{s}^{-1})^2 (4.42\ \mu\text{F})} = 1.59\ \text{H}$$

(c) 표 28.1에서 축전기 전류는 전압보다 위상이 90° 앞서고, 유도기 전류는 90° 뒤처진다. 따라서 축전기와 유도기의 위상차는 180°, 즉 π rad이다.

검증 답을 검증해 보자. 인덕턴스 L의 표기에서 전기 용량이 크면 인덕턴스가 작아야 같은 전류가 흐른다. 전기 용량이 크면 반응 저항이 작아서 진동수가 같아도 전류가 더 많이 흐르기 때문이다. 인덕턴스가 크면 반응 저항도 크다. 따라서 같은 진동수에서 같은 전류가 흐르려면 인덕턴스는 전기 용량에 반비례하여 변한다.

위상자 그림

AC 회로에서 위상과 진폭의 관계를 **위상자 그림**(phasor diagram)으로 요약할 수 있다. **위상자**(phasor)는 길이가 AC 전압과 전류의 크기를 나타내는 화살표이다. 위상자는 원점에 대해서 각진동수 ω로 반시계 방향으로 회전한다. 따라서 위상자의 축 성분은 사인 모양으로 변하는 AC 신호를 나타낸다. 여기서는 수직축을 택한다. 전기공학자는 수평축을 전압과 전류로 택하기도 한다.

그림 28.7a는 저항기의 전류와 전압의 위상자 그림이다. 저항기에서 전류와 전압의 위상이 맞으므로 전류와 전압의 위상자는 같은 방향이다. 축전기와 유도기에서는 전류와 전압의 위

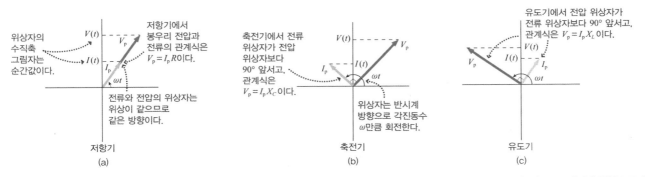

그림 28.7 (a) 저항기, (b) 축전기, (c) 유도기의 전압과 전류를 나타낸 위상자 그림. 세 그림 모두에서 두 위상자는 각진동수 ω로 반시계 방향으로 회전한다.

상이 90° 차이가 나므로 두 위상자는 수직이다(그림 28.7b, c 참조). 위상자의 길이는 $V_p = I_p X$로 정해진다. 위상자가 회전하면 수직 성분이 그림 28.4와 28.6의 전류와 전압 곡선을 각각 그린다. 그림 28.7의 위상자 그림은 표 28.1의 관계를 잘 보여 준다.

축전기와 유도기의 비교

축전기와 유도기는 상보적 회로 소자이다. 축전기는 전압의 순간 변화에 반대하고, 유도기는 전류의 순간 변화에 반대한다. RC 회로에서는 축전기에 전압이 쌓이고, RL 회로에서는 유도기에 전류가 쌓인다. 축전기의 전압과 유도기의 전류에 대한 시간 변화는 비슷하다. 축전기에 저장되는 전기 에너지는 $\frac{1}{2}CV^2$이고, 유도기에 저장되는 자기 에너지는 $\frac{1}{2}LI^2$이다. 저진동수에서 축전기는 열린 회로처럼, 유도기는 합선 회로처럼 거동하고, 고진동수에서는 반대로 거동한다. 이러한 비교는 전기장과 자기장의 상보적 관계를 반영한 결과이다. 축전기를 유도기로, 전기를 자기로, 전압을 전류로 바꾸면 축전기에 대한 설명을 유도기에 대한 설명으로 간주할 수 있다. 표 28.2는 축전기와 유도기를 비교한 표이다.

표 28.2 축전기와 유도기

	축전기	유도기
정의식	$C = \dfrac{q}{V}$	$L = \dfrac{\Phi_B}{I}$
정의식(미분형)	$I = C\dfrac{dV}{dt}$	$\mathcal{E} = -L\dfrac{dI}{dt}$
변화에 반대하는 물리량	전압	전류
저장하는 에너지	전기장 $U = \dfrac{1}{2}CV^2$	자기장 $U = \dfrac{1}{2}LI^2$
저진동수	열린 회로	합선 회로
고진동수	합선 회로	열린 회로
반응 저항	$X_C = 1/\omega C$	$X_L = \omega L$
위상	전류가 전압보다 90° 앞선다	전압이 전류보다 90° 앞선다

응용물리 스피커

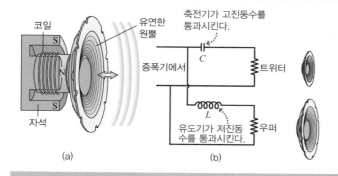

(a)　　　(b)

스피커는 영구 자석 주위의 코일에 작용하는 자기력을 이용하여 전기 에너지를 소리로 전환시킨다. 그림 (a)에서 코일이 유연한 원뿔에 붙어 있어서 함께 앞뒤로 움직인다. 원뿔이 움직이면서 공기를 교란시키면 음파가 발생한다.

좋은 오디오 장치에는 적어도 두 개의 스피커가 따로 있다. 작고 가벼운 트위터(tweeter)는 고진동수의 소리를, 크고 무거운 우퍼(woofer)는 저진동수의 소리를 각각 처리한다. 축전기와 유도기로 만든 교차 회로를 통해서 고진동수와 저진동수의 신호를 각각 분리한다. 그림 (b)의 회로에서, 우퍼와 직렬 연결된 유도기가 고진동수를 차단하고 저진동수는 통과시키며, 트위터에 직렬 연결된 축전기가 반대로 고진동수를 통과시킨다. 이러한 교차 회로는 특정 영역의 진동수만 통과시키는 자기 장치의 필터로 활용된다. 예를 들어 오디오의 저음과 고음 조절기는 필터 회로로 저진동수와 고진동수를 조절한다.

28.3 *LC* 회로

LO 28.3 *LC* 회로의 공명 진동수를 결정하고 저항의 감쇠 효과를 설명할 수 있다.

축전기를 전압 V_p와 전하 q_p로 충전시켜서 그림 28.8처럼 유도기와 연결해 보자. 축전기는 전기 에너지를 저장하고 있으며, 처음에는 유도기에 전류가 없으므로 자기 에너지가 없다(그림 28.9a 참조). 축전기가 방전을 시작하면, 유도기가 전류의 변화에 반대하여, 서서히 유도기에 전류가 흐르면서 자기 에너지가 저장되고, 축전기에서는 전압, 전하, 저장된 전기 에너지가 감소한다. 어느 순간에는 그림 28.9b처럼 축전기와 유도기에 에너지가 반씩 저장된다. 그 후에도 축전기가 방전을 계속하여 그 에너지가 0이 된다(그림 28.9c 참조). 이때 축전기의 모든 전기 에너지가 유도기의 자기 에너지로 저장된다.

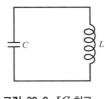

그림 28.8 *LC* 회로

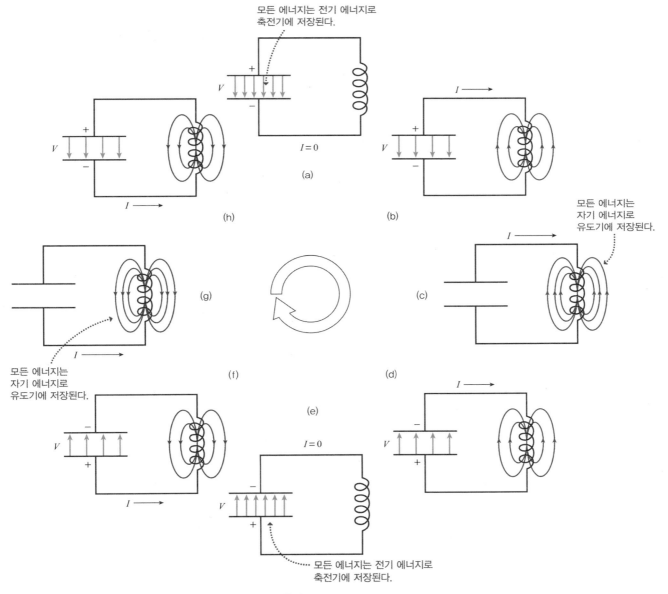

그림 28.9 *LC* 진동은 전기장과 자기장 사이로 에너지를 전달한다.

여기서 멈출까? 아니다. 유도기에 생긴 전류가 즉시 변할 수 없기 때문이다. 전류가 흐르면서 축전기의 아래 극판에 양전하가 쌓이기 시작하면(그림 28.9d 참조), 축전기의 전기 에너지가 증가하고 전류와 자기 에너지가 감소한다. 결국 그림 28.9e처럼 축전기가 처음 상태와는 반대로 충전되면서 모든 에너지를 저장한다. 그 후 축전기가 다시 방전되면서, 그림 28.9f처럼 반시계 방향으로 전류가 흐르기 시작하여, 유도기로 모든 에너지를 전달한 (그림 28.9g 참조) 다음에 다시 처음 상태로 되돌아간다(그림 28.9a 참조). 만약 에너지 손실이 없으면 이러한 LC 진동은 영원히 지속된다.

LC 진동은 13장의 질량-용수철 진동과 같다. 질량-용수철 계에서 질량의 운동 에너지와 용수철의 퍼텐셜 에너지가 진동하듯이, LC 회로에서는 축전기의 전기 에너지와 유도기의 자기 에너지가 진동한다. 질량-용수철 계는 질량 m과 용수철 상수 k로 각진동수 ω가 정해지고, LC 회로에서는 전기 용량 C와 인덕턴스 L로 각진동수가 정해진다. 그림 28.10은 질량-용수철 계와 LC 회로의 유사성을 보여 준다.

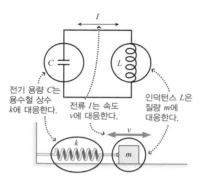

전기 용량 C는 용수철 상수 k에 대응한다.

전류 I는 속도 v에 대응한다.

인덕턴스 L은 질량 m에 대응한다.

그림 28.10 LC 회로는 질량-용수철 계에 대응한다.

LC 회로 분석하기

LC 회로의 총에너지는 전기 에너지와 자기 에너지의 합으로 다음과 같다.

$$U = U_B + U_E = \frac{1}{2}LI^2 + \frac{1}{2}CV^2$$

한편 이상적인 LC 회로에서는 총에너지가 보존되므로, $dU/dt = 0$이다. 위 식을 미분하면 다음을 얻는다.

$$\frac{dU}{dt} = \frac{d}{dt}\left(\frac{1}{2}LI^2 + \frac{1}{2}CV^2\right) = LI\frac{dI}{dt} + CV\frac{dV}{dt} = 0$$

여기서 $V = q/C$, $dV/dt = (1/C)dq/dt$, $I = dq/dt$, $dI/dt = d^2q/dt^2$을 넣고, I로 나누면

$$L\frac{d^2q}{dt^2} + \frac{1}{C}q = 0 \tag{28.8}$$

이다. 축전기 전하 q의 시간 변화를 결정하는 위 미분 방정식은 13장의 질량-용수철 계에서 얻은 미분 방정식 $m(d^2x/dt^2) + kx = 0$과 비슷하다. 이 미분 방정식의 해는 사인 함수이며 각진동수는 $\omega = \sqrt{k/m}$이었다. 식 28.8에서 L을 m으로, $1/C$를 k로 바꾸면 두 식이 같으므로, 식 28.8의 해는

$$q = q_p \cos\omega t \tag{28.9}$$

이며, 각진동수는 다음과 같다.

ω는 진동하는 LC 회로의 각진동수이다.
단위가 Hz인 진동수는 $f = \omega/2\pi$이다.

$$\omega = \frac{1}{\sqrt{LC}} \quad (LC \text{ 진동 각진동수}) \tag{28.10}$$

L은 인덕턴스이고 C는 전기 용량이다.

식 28.9를 사용하면 LC 회로의 전압은 $q = CV$, 전류는 $I = dq/dt$로부터 정해진다. 또

한 전기 에너지는 $U_E = \frac{1}{2}CV^2$이고, 자기 에너지는 $U_B = \frac{1}{2}LI^2$이며, 두 에너지의 합은 일정하다(그림 28.11, 실전 문제 64 참조).

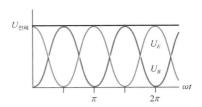

그림 **28.11** *LC* 회로에서 전기 에너지와 자기 에너지의 합인 총에너지는 일정하다.

 확인 문제 **28.3** *LC* 회로가 AM 라디오 진동수 1 MHz로 진동한다. 축전기를 바꿔서 그 회로가 FM 라디오 진동수 100 MHz로 진동하게 만들고자 한다. (1) 축전기의 전기 용량을 (a) 크게 만드는가, (b) 작게 만드는가? (2) 몇 배로 만드는가?

예제 28.3 **│** *LC* **회로: 피아노 조율하기**

피아노를 조율하기 위하여 440 Hz(중간 C 위의 A음)로 진동하는 *LC* 회로를 만들어 보자. 25 mH의 유도기를 사용하면 (a) 축전기의 전기 용량은 얼마인가? (b) 축전기를 5.0 V로 충전하면 회로의 봉우리 전류는 얼마인가?

해석 주어진 진동수로 진동하는 *LC* 회로를 만드는 문제이다. 봉우리 전류는 모든 에너지가 유도기에 저장될 때의 전류이다.

과정 식 28.10, $\omega = 1/\sqrt{LC}$는 각진동수, 전기 용량, 인덕턴스의 관계식이며, L과 f를 안다. $\omega = 2\pi f$이므로 C를 구할 수 있다. 모든 에너지가 유도기의 자기 에너지 $\frac{1}{2}LI^2$일 때 봉우리 전류가 흐른다. 처음의 전기 에너지 $\frac{1}{2}CV^2$이 자기 에너지로 바뀌므로 두 식에서 I를 구한다.

풀이 (a) 식 28.10에 $f = 440$ Hz, $L = 25$ mH를 넣으면 축전기의 전기 용량은 $C = 1/\omega^2 L = 1/4\pi^2 f^2 L = 5.23$ μF이다. (b) 전기 에너지와 자기 에너지가 같으므로 $\frac{1}{2}LI^2 = \frac{1}{2}CV^2$에서 다음을 얻는다.

$$I = \sqrt{\frac{C}{L}}\,V = \sqrt{\frac{5.23\ \mu F}{25\ mH}}\,(5.0\ V) = 72\ mA$$

검증 답을 검증해 보자. 처음 전압이 높으면 전류가 커진다. 즉 전압이 높으면 에너지가 커져서 모두 자기 에너지로 바뀌려면 큰 전류가 필요하다. 전기 용량이 크면 $\frac{1}{2}CV^2$도 커진다. 반면에 인덕턴스가 크면 같은 양의 자기 에너지 $\frac{1}{2}LI^2$에 필요한 전류가 작아진다.

RLC 회로: 감쇠

실제 유도기, 축전기, 도선에는 저항이 있다(그림 28.12 참조). 만약 저항이 낮아서 매우 작은 양의 에너지만 소모되면 앞의 논의를 적용할 수 있다. 즉 회로는 식 28.10과 같은 진동수로 진동하지만, 저항에서 에너지가 소모되면서 진동의 진폭이 서서히 감소한다.

RLC 회로에서는 에너지가 보존되지 않으므로 $dU/dt = -I^2 R$로 놓는다. 즉

$$\frac{dU}{dt} = \frac{d}{dt}\left(\frac{1}{2}LI^2 + \frac{1}{2}CV^2\right) = -I^2 R$$

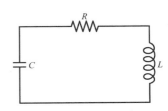

그림 **28.12** *RLC* 회로

가 되고, 이 식에서 *LC* 회로처럼 전류 I를 전하 q로 바꾸면 다음을 얻는다.

$$L\frac{d^2 q}{dt^2} + R\frac{dq}{dt} + \frac{q}{C} = 0$$

이 결과에서 L을 m으로, $1/C$를 k로, R를 감쇠 상수 b로 바꾸면, 감쇠 조화 운동의 식 13.16과 같다. 따라서 식 13.17로부터 위 식의 해는 다음과 같다.

$$q(t) = q_p e^{-Rt/2L} \cos\omega t \tag{28.11}$$

전압과 전류도 전하처럼 시간 상수 $2L/R$로 지수형으로 감쇠한다(그림 28.13 참조).

저항이 증가하면 진동이 급속히 감쇠하고 진동수가 줄어든다. 시간 상수 $2L/R$가 식 28.10의 각진동수의 역수와 같을 때 **임계 감쇠**(critical damping)라고 부른다. 이 경우에는

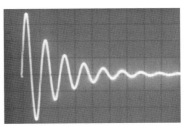

그림 **28.13** 오실로스코프에 나타난 *RLC* 회로의 축전기 전압의 변화

회로의 모든 물리량들이 진동 없이 감쇠한다. 라디오 송신기, TV 동조기 등을 설계하는 공학자는 감쇠를 줄이고자 노력한다. 진동이 문제가 되는 경우에는 저항을 충분히 크게 하는 것이 좋다.

28.4 RLC 회로와 공명

LO 28.4 강제 RLC 회로의 공명 반응을 계산할 수 있다.

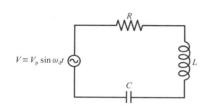

그림 28.14 AC 전원에 연결한 RLC 회로

그림 28.14는 RLC 회로를 AC 전원에 연결한 회로이다. 전원은 역학 진동계에서 외부 강제력과 마찬가지이다. 전원의 진동수 ω_d는 13장처럼 강제 진동수이다. AC 전원에 연결한 RLC 회로에는 13.7절처럼 공명 현상이 나타난다. 이러한 전기 공명은 라디오, TV 등의 진동수 조절에 필수적이다.

RLC 회로의 공명

그림 28.14에서 전원의 봉우리 전압을 일정하게 유지한 채로 진동수 ω_d를 바꿔 보자. 저진동수에서 축전기는 열린 회로(용량형 반응 저항 $X_C = 1/\omega C$가 크다)처럼 거동하므로 전류가 매우 적게 흐른다. 고진동수에서는 유도기가 열린 회로(유도형 반응 저항 $X_L = \omega L$이 크다)처럼 거동하므로 전류가 매우 적게 흐른다. 따라서 전류가 최대인 중간 진동수 영역이 존재한다. 이와 같이 전류가 최대인 진동수를 **공명 진동수**(resonant frequency)라고 하며, LC 회로의 자연 진동수 $\omega_0 = 1/\sqrt{LC}$와 같다.

그림 28.14는 직렬 연결이므로 모든 회로 소자에 같은 전류가 흐른다. 축전기의 전압은 전류보다 90° 뒤처지고, 유도기의 전압은 90° 앞선다. 모두 같은 전류가 흐르므로 유도기와 축전기의 전압은 180°의 위상차가 생겨서 그림 28.15처럼 서로 상쇄된다. 다만 두 전압이 같은 봉우리값을 가질 때만 완전하게 상쇄된다. 이제 축전기에 대한 식 28.5, $I_p = V_p/X_C$와 유도기에 대한 식 28.7, $I_p = V_p/X_L$을 비교해 보면, 용량형 반응 저항 $X_C = 1/\omega C$와 유도형 반응 저항 $X_L = \omega L$이 같아야만 두 전압의 봉우리값이 같다. 따라서 공명 진동수는 다음과 같다.

$$\omega_0 = \frac{1}{\sqrt{LC}} \quad \text{(공명 진동수)}$$

이 결과는 식 28.10의 LC 회로의 자연 진동수와 같다.

공명 상태에서 축전기와 유도기의 전압이 완전히 상쇄되면, 두 회로 소자에 걸리는 전압의 합이 0이므로, 두 소자 전체는 저항 없는 도선처럼 거동한다. 따라서 저항기만 남아서 회로의 전류가 최대가 된다. 다른 진동수에서는 축전기와 유도기의 효과가 상쇄되지 않으므로 전류가 낮아진다.

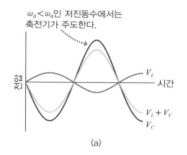

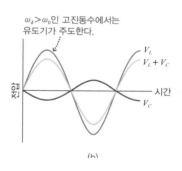

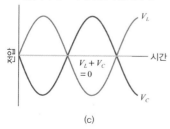

그림 28.15 축전기와 유도기의 전압은 위상이 180° 어긋나며, 상대적 크기는 진동수에 따라 변한다.

확인 문제 28.4 강제 RLC 회로에서 전압을 측정하였더니, 축전기의 rms 전압은 10 V, 유도기의 rms 전압은 15 V이다. 강제 진동수는 공명 진동수의 (a) 위, (b) 아래 중 어디인가?

RLC 회로의 진동수 반응

RLC 회로의 전류를 강제 진동수의 함수로 구하기 위하여, 그림 28.16처럼 위상자 그림을 분석해 보자. AC 회로에서 모든 회로 소자가 직렬 연결되어 같은 전류가 흐르므로, 전류 위상자는 I_p 하나뿐이다. 저항기의 전압은 전류와 위상이 맞으므로 V_{Rp}는 I_p와 같은 방향이다. 유도기의 전압은 전류보다 90° 앞서고, 축전기의 전압은 90° 뒤처지므로, V_{Lp}와 V_{Cp}는 전류에 수직하다. 세 전압의 합은 전원의 전압 V_p와 같으므로 그림 28.16에서 $V_p = \sqrt{V_{Rp}^2 + (V_{Lp} - V_{Cp})^2}$ 을 얻는다. 전압을 I_p와 저항, 반응 저항으로 표기하면 $V_p = \sqrt{I_p^2 R^2 + (I_p X_L - I_p X_C)^2}$ 이고, I_p에 대해서 풀면 다음을 얻는다.

$$I_p = \frac{V_p}{\sqrt{R^2 + (X_L - X_C)^2}} = \frac{V_p}{Z} \tag{28.12}$$

여기서 **온저항** 또는 **임피던스**(impedance)를 $Z = \sqrt{R^2 + (X_L - X_C)^2}$ 으로 정의한다. 온저항은 축전기와 유도기의 진동수 의존성을 포함한 회로 전체의 저항이다. 식 28.12는 옴의 법칙의 일반형이다. $X_L = X_C$, 즉 $\omega = 1/\sqrt{LC}$에서 온저항은 최소이며, 저항기의 저항과 같다. 고진동수에서는 $X_L = \omega L$이, 저진동수에서는 $X_C = 1/\omega C$가 크기 때문에 온저항이 각각 커진다.

그림 28.17은 식 28.12를 그린 공명 곡선으로 자연 진동수에서 전류가 최대이다. 저항이 작을수록 봉우리가 뾰족하다. 그러한 **고품질**(높은 Q) 회로에서는 공명 진동수와 주변 진동수를 구분하기가 쉽다. 라디오, TV, 휴대폰 등에서 원하는 신호를 깨끗하게 수신하려면 높은 Q 회로가 필요하다. 저항이 높으면 공명 곡선이 넓어져서 보다 넓은 영역의 진동수에 반응하는 낮은 Q 회로가 된다. Q에 대한 정의는 실전 문제 68을 참조하라.

그림 28.16을 보면, 전류와 전압은 각도 ϕ만큼 위상차가 있으며, $\tan\phi = (V_{Lp} - V_{Cp})/V_{Rp}$이다. 따라서 다음과 같이 표기할 수 있다.

$$\tan\phi = \frac{X_L - X_C}{R} = \frac{\omega L - 1/\omega C}{R} \tag{28.13}$$

여기서 $\phi = \phi_V - \phi_I$는 전압과 전류의 위상차이다. ϕ가 양이면 전압이 앞서고, 음이면 전류가 앞선다.

공명에서는 $X_L = X_C$, $\phi = 0$이며, 축전기와 유도기 효과가 상쇄되므로, 회로는 저항만 있는 회로처럼 거동한다. 저진동수에서는 용량형 반응 저항이 지배적이고, ϕ가 음이며 전류가 앞선다. 고진동수에서는 유도형 반응 저항이 지배적이고, ϕ가 양이며 전압이 앞선다. 그림 28.18은 위상차를 진동수의 함수로 보여 준다.

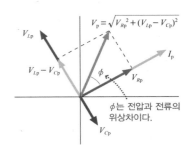

그림 28.16 $\omega > \omega_0$일 때, 강제 *RLC* 회로의 위상자 그림

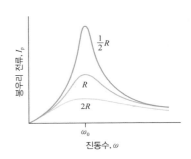

그림 28.17 저항값이 다른 세 저항에서 *RLC* 회로의 공명 곡선

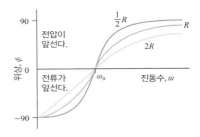

그림 28.18 그림 28.17의 *RLC* 회로 공명 곡선에 대한 위상 관계

위상이 문제이다 저항기, 축전기, 유도기를 저항이 각각 R, X_C, X_L인 저항기처럼 취급해서 AC 회로를 분석할 수 없다. 전압과 전류 사이의 위상차가 각 회로 소자마다 다르기 때문이다. 그러나 위상자 그림으로 용량형 반응 저항과 유도형 반응 저항을 더한 다음에, 그림 28.16처럼 피타고라스 정리를 이용하여 식 28.12를 구할 수 있다.

예제 28.4 *RLC* 회로: 스피커 만들기

축전기와 직렬 연결된 2.2 mH의 유도기를 통과한 전류가 중간 음역의 스피커로 흐른다. (a) 1.0 kHz에서 최대 전류가 흐르기 위한 전기 용량은 얼마인가? (b) 만약 같은 전압과 618 Hz에서 최대 전류의 반이 흐르면 스피커의 저항은 얼마인가? (c) 앰프의 봉우리 출력이 24 V이면 1 kHz에서 축전기의 봉우리 전압은 얼마인가?

해석 *RLC* 회로에서 봉우리 전압과 전류에 관한 문제이다. 그림 28.14의 저항 R는 스피커이고 AC 전원은 앰프이다.

과정 (a) 봉우리 전류는 식 28.10, $\omega = 1/\sqrt{LC}$의 공명 진동수에서 생기므로, 이 식을 풀어서 C를 구한다. (b) 봉우리 전류와 전압의 관계식 28.12를 풀어서 R를 구한다. (c) 1 kHz의 전류를 구해서, 식 28.5, $I_\mathrm{p} = V_\mathrm{p}/X_C$로 $V_{C\mathrm{p}}$를 구한다.

풀이 (a) $\omega = 2\pi f$이므로 식 28.10에서 $C = 1/[(2\pi f)^2 L]$이며, $f = 1.0$ kHz, $L = 2.2$ mH를 넣으면 $C = 11.5$ μF이다. (b) 식 28.12에서 온저항 Z가 공명값 $Z = R$의 2배이면 봉우리 전류의 반이다. 따라서 진동수 $\omega_2 = (2\pi)(618\text{ Hz})$에서

$$Z = \sqrt{R^2 + (X_L - X_C)^2} = 2R$$

이어야 한다. 이 식을 제곱하여 R에 대하여 풀면

$$R = \frac{1}{\sqrt{3}}\left|\omega_2 L - \frac{1}{\omega_2 C}\right| = 8.0\ \Omega$$

이다. 여기서 반응 저항 $X_L = \omega_2 L$, $X_C = 1/\omega_2 C$을 이용하였다.

(c) 공명 진동수 1 kHz에서 온저항이 R이므로 봉우리 전류는 $I_\mathrm{p} = V_\mathrm{p}/R$이다. 따라서 식 28.5에서 봉우리 전압은 다음과 같다.

$$V_{C\mathrm{p}} = I_\mathrm{p} X_C = \left(\frac{V_\mathrm{p}}{R}\right)\left(\frac{1}{\omega C}\right) = 43\ \text{V}$$

여기서 V_p는 24 V의 봉우리 전압이며, $f = 1$ kHz이다(위의 값은 공명 진동수 1 kHz에 대한 결과이다. 실전 문제 71을 풀어 보면 공명 진동수 약간 아래에서 $V_{C\mathrm{p}}$는 43 V보다 약간 크다).

검증 답을 검증해 보자. (c)의 43 V는 앰프의 봉우리 출력 24 V보다 크다. 과연 가능할까? 회로에 있는 또 다른 기전력인 유도기의 전압은 전류의 변화율에 의존한다. 축전기와 유도기의 전압은 공명 진동수에서 상쇄되지만, 각각의 값은 전원의 전압보다도 클 수 있다. 낮은 Q 회로에서는 축전기의 봉우리 전압이 전원의 전압보다 훨씬 클 수 없지만, 라디오 송신기 같은 높은 Q 회로에서는 전원 전압의 수백 배가 될 수 있다. (b)의 8Ω은 전형적인 스피커 저항의 값이다.

28.5 AC 회로의 전력

LO 28.5 AC 회로의 전력을 계산하고 전력 인자를 설명할 수 있다.

AC 회로의 축전기와 유도기는 에너지를 소모하지 않고 교대로 에너지를 저장하고 방출한다. 따라서 축전기와 유도기 또는 둘 중 하나만 들어 있는 순수한 반응형 회로에서는 평균 전력 소모가 0이다. 축전기의 전류, 전압, 그리고 전력(IV)을 보여 주는 그림 28.19a에서 평균 전력이 0임을 수학적으로 확인할 수 있다. 전력이 양일 때 축전기가 에너지를 흡수하지만 전력이 음일 때 같은 양의 에너지를 방출하므로 평균하면 0이다. 전류와 전압의 위상이 어긋

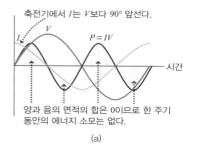

(a)

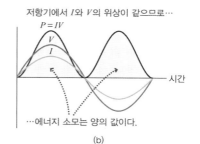

(b)

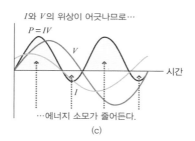

(c)

그림 28.19 한 주기 동안의 에너지 소모는 $P = IV$ 곡선의 아래 면적이다. 수평축 아래의 면적은 음의 값이다.

나서 전류와 전압의 곱이 시간에 따라 양과 음이 되기 때문이다. 반면에 저항기의 I와 V는 위상이 맞으므로(그림 28.19b 참조), 전력은 항상 양의 값이며, 회로에서 에너지를 얻는다. 저항기, 축전기, 유도기를 포함한 일반적인 회로에서 전류와 전압 사이의 위상차는 회로 구조에 의존한다. 그림 28.19c는 I와 V의 위상이 약간만 어긋난 모습으로, 알짜 전력을 소모하지만 순수 저항보다 적게 소모한다.

AC 회로에서 위상차가 ϕ인 전류와 전압의 곱인 전력을 시간 평균하면

$$\langle P \rangle = \langle [I_p \sin(\omega t - \phi)][V_p \sin \omega t] \rangle$$

이며, $\langle \; \rangle$는 시간 평균이란 뜻이다. 부록 A를 이용하여 사인 함수를 전개하면

$$\langle P \rangle = I_p V_p \langle (\sin^2 \omega t)(\cos \phi) - (\sin \omega t)(\cos \omega t)(\sin \phi) \rangle$$

를 얻는다. 사인과 코사인 함수의 위상차가 $90°$이므로 $(\sin \omega t)(\cos \omega t) = 0$이다. $\sin^2 \omega t$는 0에서 1까지 변하며 평균은 $1/2$이다. 따라서 $\langle P \rangle = \frac{1}{2} I_p V_p \cos \phi$를 얻는다. 봉우리 값을 rms값으로 바꾸면 다음과 같다.

$$\langle P \rangle = \frac{1}{2} \sqrt{2} \, I_{rms} \sqrt{2} \, V_{rms} \cos \phi = I_{rms} V_{rms} \cos \phi \tag{28.14}$$

즉 전류와 전압의 위상이 맞으면 평균 전력은 $I_{rms} V_{rms}$이다. 위상이 어긋나면 평균 전력이 줄어들다가 0이 된다. 여기서 $\cos \phi$를 **전력 인자**(power factor)라고 부른다. 순수한 저항형 회로에서 전력 인자는 1이며, 순수한 반응형 회로에서는 0이다. 한편 축전기와 유도기 혹은 저항기가 연결된 회로에서 전력 인자는 진동수에 의존한다. 즉 RLC 회로에서 전력 인자는 공명 진동수에서만 1이고, 다른 진동수에서는 1보다 작다.

개념 예제 28.1 **전력 인자 관리**

전력 회사는 송전선의 전력 인자를 높이려고 노력해야 하는가, 낮추려고 노력해야 하는가?

풀이 식 28.14에 따르면 전력이 일정할 때 전력 인자가 1 밑으로 떨어지면 곱 $I_{rms} V_{rms}$가 높아질 필요가 있다. 고정된 전압에서 송전선을 운영하므로 $\cos \phi < 1$일 때 전류가 더 많아야 한다. 이 송전선에서 전력 손실은 $I^2 R$이므로 전력 인자가 작아지면 송전 손실은 커진다. 더구나 송전선에 과부하가 걸릴 위험이 있다. 그래서 전력 인자를 1에 가깝도록 유지하는 것이 최선이다.

검증 위 풀이는 실제 정전 사태를 설명하는 데 도움이 된다. 미국과 캐나다의 5000만 명에게 영향을 준 2003년 8월 정전은 일부분은 너무 낮은 전력 인자 때문에 발생했다. 너무 낮은 전력 인자 때문에 과부하된 송전선이 과열된 열로 늘어져서 나무로 누전이 되었고, 결국 전력망 전체에 정전의 연쇄 반응을 일으켰다.

관련 문제 잘 관리되는 전력망의 송전 손실은 송출한 총 전력의 약 8%이다. 전력 인자가 1에서 0.71로 떨어지면 이 숫자는 어떻게 변하는가?

풀이 똑같은 전력을 송전선으로 보내려면 식 28.14에 따라서 전류는 $1/\cos \phi = 1/0.71 = 1.4$배 증가해야 한다. 송전 손실은 $I^2 R$이므로 손실은 $1.4^2 = 2$배 증가한다. 송전선은 손실을 보상하기 위해 더 많은 전력을 보낼 필요가 있어서 송전선은 더 많이 가열되어 송전선의 저항이 증가할 것이기 때문에 실제 손실은 원래 8% 손실률의 두 배보다 많을 것이다.

확인 문제 **28.5** 저항기와 축전기가 AC 발전기에 직렬로 연결되어 있다. 축전기의 반응 저항과 같은 저항을 가진 두 번째 저항기로 축전기를 대체하면 발전기가 공급하는 전력은 (a) 증가하는가, (b) 감소하는가, (c) 똑같은가?

28.6 변압기와 전력 공급

··

LO 28.6 변압기 및 DC 전원 공급 장치의 작동을 설명할 수 있다.

··

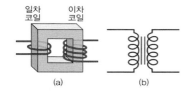

일차 코일   이차 코일

(a)   (b)

그림 28.20 (a) 철심에 감은 두 코일로 만든 변압기, (b) 변압기의 회로 기호

변압기(transformer)는 한 쌍의 코일을 철심에 감아서 만든 장치이다(그림 28.20 참조). **일차 코일**(primary coil)의 전류가 변하면 **이차 코일**(secondary coil)을 지나가는 자기 다발이 변하여 이차 코일에 기전력이 유도된다. 유도 기전력은 이차 코일에 연결된 다른 회로에 전류를 흐르게 만든다. 따라서 변압기는 직접적인 전기적 접촉 없이 두 회로 사이로 에너지를 전달할 수 있다.

그림 28.20의 변압기는 이차 코일의 감은 수가 더 많으므로 **승압 변압기**(step-up transformer)이다. 각 고리를 지나가는 자기 다발이 같으므로 감은 수가 많은 이차 코일에 걸리는 전압이 일차 코일에 걸리는 전압보다 높기 때문이다. 그림 28.20의 일차 코일과 이차 코일의 역할을 바꾸면 **강압 변압기**(step-down transformer)가 된다. 일반적으로 봉우리(혹은 rms) 이차 전압 V_2와 봉우리(혹은 rms) 일차 전압 V_1의 비는 두 코일의 감은 수의 비와 같으므로 다음과 같이 표기할 수 있다.

$$V_2 = \frac{N_2}{N_1} V_1 \tag{28.15}$$

승압 변압기로 무언가를 공짜로 얻었을까? 아니다. 승압 변압기는 전압을 높였을 뿐 전력을 증가시킨 것이 아니다. 이상적인 변압기라면 일차 코일에 공급된 전력은 이차 코일로 모두 공급되므로 $I_1 V_1 = I_2 V_2$이다. 전압이 올라가면 전류가 내려가고, 전압이 내려가면 전류가 올라간다. 실제 변압기에서는 에너지 손실이 불가피하지만, 첨단 기술로 전체 전력의 손실 비율을 줄이고 있다.

변압기는 전자기 유도를 이용하므로 전류가 변하는 AC에서만 작동한다. 또한 전압 수준을 변화시키기 쉽기 때문에 거의 모든 전력 수송에서 AC를 사용하고 있다(그림 28.21 참조). 전압이 낮을수록 일반 사용자가 안전하게 전기를 사용하기 쉽다. 그러나 전력이 $P = IV$이므로, 낮은 전압을 사용하면 전류가 커진다. 또한 송전선에서 에너지 소모는 $I^2 R$이므로 에너지 손실이 커진다. 따라서 먼 거리 송전에서는 고전압을 사용한다. AC라면 변압기로 쉽게 전압을 낮출 수 있다. 반면에 DC(직류) 전원에서 전압을 바꾸려면, 자동차 시동 장치처럼 DC를 방해해서 전류를 변화시켜야 한다. 더 큰 규모의 고전력 전자 장치 개선으로 인해 고전압 DC 전력 송전이 장거리에서 점점 경쟁력이 높아졌다. DC는 매우 긴 송전 라인의 경우 AC보다 효율적이지만, AC를 DC로 변환하고 송전 라인의 다른 쪽 끝에서 다시 AC로 변환하는 전자 회로가 필요하다.

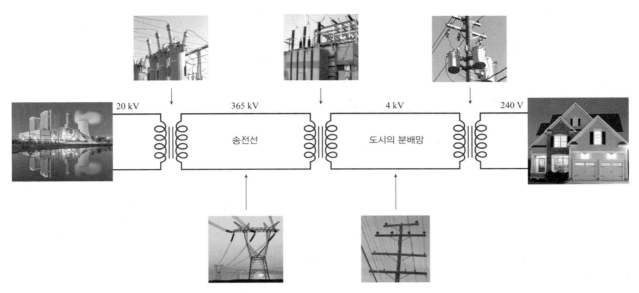

그림 28.21 변압기는 전력 송전망에서 전압을 바꾼다.

직류 전력 공급

전구, 전열기 등은 AC와 DC에서 잘 작동하지만 전자 장비들은 DC를 필요로 한다. 24장에서 P형 반도체와 N형 반도체의 접합에서 전류가 한 방향으로만 흘렀다. **다이오드**(diode)는 전류가 한 방향으로만 흐르게 만드는 PN 접합이다. 이상적인 다이오드는 한 방향은 합선 회로처럼, 반대 방향으로는 열린 회로처럼 거동한다(그림 28.22 참조).

그림 28.23a는 변압기, 다이오드, 축전기를 사용한 DC 전력원을 나타낸 것인데, 저항 R로 기호화한 부하에 전력을 전달한다. 변압기는 전압을 원하는 수준으로 낮추는 반면에 다이오드는 선호하는 방향의 전류만 통과시키고 AC 순환에서 음의 절반 부분을 '잘라낸다'. 축전기는 남아 있는 절반을 매끄럽게 하거나 걸러서 거의 일정한 DC를 만든다. 그림 28.23b는 이것이 어떻게 작동하는지 보여 준다. AC 전압이 상승하면 '켜진' 상태인 다이오드의 낮은 저항을 통하여 축전기가 빠르게 충전되지만 AC 전압이 하강하면 다이오드는 '꺼진' 상태가 되어 축전기가 방전하는 길로 사용하는 저항기만 남는다. 시간 상수 RC가 충분히 길면, 곧 60 Hz AC 순환 주기 1/60 s보다 훨씬 길면 축전기 전압은 한 주기 동안 거의 떨어지지 않는다. 전기 용량이 큰 축전기는 비싸므로 실용적인 전력원은 흔히 반도체 기구를 포함한 거르개와 전압 조정기를 추가적으로 사용한다.

확인 문제 **28.6** 변압기는 도시의 송전선이 공급하는 7.2 kV의 전력을 각 가정에 알맞게 240 V까지 강하시킨다. 변압기의 일차 전류가 1.5 A이면 가정으로 흐르는 전류는 근사적으로 (a) 3.0 A, (b) 1.5 A, (c) 240 A, (d) 45 A이다.

그림 28.22 다이오드의 회로 기호. 화살표는 전류가 흐르는 방향이다.

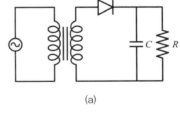

(a)

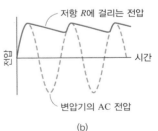

(b)

그림 28.23 (a) 다이오드와 축전기 거르개를 사용한 간단한 DC 전력원 (b) 축전기가 주기마다 약간씩 방전하면 R에 걸린 전압에는 잔결이라 부르는 변화가 나타난다. 실용적인 전력원은 더 큰 전기 용량을 사용하여 잔결이 더 작게 나타난다.

핵심 개념

이 장의 핵심 개념은 **교류(AC)**이다. 교류는 전류와 전압이 사인 함수로 변한다. DC와 마찬가지로 저항기에도 AC가 흐른다. 축전기와 유도기에서 전류-전압 관계식은 진동수에 의존하고, 전류와 전압의 위상은 어긋난다.

주요 개념 및 식

AC 전압과 전류는 다음과 같이 진동수, 위상, 진폭(rms 또는 봉우리 값)에 따라 변한다.

$$V = V_p \sin(\omega t + \phi)$$

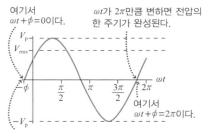

여기서
$\omega t + \phi = 0$이다.

ωt가 2π만큼 변하면 전압의 한 주기가 완성된다.

여기서
$\omega t + \phi = 2\pi$이다.

사인 곡선이 $t = 0$ 이전에 $\omega t = -\pi/6(30°)$에서 시작하므로 위상은 $\phi = \pi/6$이다.

반응 저항 X는 축전기와 유도기에서 봉우리(또는 rms) 전류와 전압의 비율로서 다음과 같다.

$$I_p = \frac{V_p}{X}$$

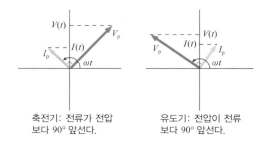

축전기:
$X_C = 1/\omega C$

유도기:
$X_L = \omega L$

여기서 $\omega = 2\pi f$는 AC 전압과 전류의 각진동수이다.

위상자는 시간에 따라 변하는 AC 전압과 전류를 표시하는 화살표이다. 위상자는 각진동수와 같은 각속도로 회전한다.

축전기: 전류가 전압보다 90° 앞선다.

유도기: 전압이 전류보다 90° 앞선다.

응용

LC 회로에서 에너지는 전기 에너지와 자기 에너지 사이에서 다음의 각진동수로 진동한다.

$$\omega_0 = \frac{1}{\sqrt{LC}}$$

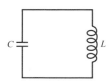

AC 회로의 평균 전력은 다음과 같이 **전력 인자**에 의존한다.

$$\langle P \rangle = I_{rms} V_{rms} \cos\phi$$

RLC 회로에서 축전기와 유도기 전압은 **공명 진동수** ω_0에서 상쇄된다. 이때 회로의 **온저항** $Z = \sqrt{R^2 + (X_L - X_C)^2}$은 최소가 되고, 최대 전류가 흐른다. 전압과 전류의 위상차는 $\tan\phi = (X_L - X_C)/R$이다.

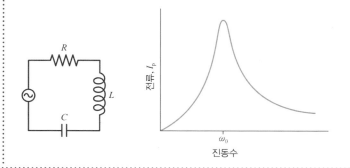

전류, I_p

ω_0

진동수

변압기는 전자기 유도를 이용하여 전압 수준을 바꿔서 두 회로에 전력을 전달하는 장치이다. **다이오드**는 AC를 DC로 바꾸는 축전기 필터이다.

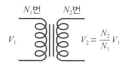

N_1번 N_2번

V_1 $V_2 = \frac{N_2}{N_1} V_1$

| 물리학 익히기 | www.masteringphysics.com을 방문하여 과제를 수행하고 동적 학습 모듈(Dynamic Study Modules), 연습 문제 (practice quizzes), 문제 영상 풀이(video solutions to problems) 등의 자기 학습 도구를 이용하시오. |

BIO 생물 및 의학 문제 **DATA** 데이터 문제 **ENV** 환경 문제 **CH** 도전 문제 **COMP** 컴퓨터 문제

학습 목표 이 장을 학습하고 난 후 다음을 할 수 있다.

LO 28.1 AC 전압 및 전류를 봉우리 및 rms 진폭, 주파수 및 위상으로 설명할 수 있다.
연습 문제 28.11, 28.12, 28.13
실전 문제 28.44, 28.69

LO 28.2 AC 회로에서 저항, 축전기 및 유도기의 동작을 설명할 수 있다.
개념 문제 28.1, 28.2, 28.3, 28.4, 28.6
연습 문제 28.14, 28.15, 28.16, 28.17, 28.18
실전 문제 28.41, 28.42, 28.43, 28.45, 28.46, 28.55, 28.66

LO 28.3 *LC* 회로의 공명 전동수를 결정하고 저항의 감쇄 효과를 설명할 수 있다.
연습 문제 28.19, 28.20, 28.21, 28.22
실전 문제 28.47, 28.48, 28.49, 28.50, 28.51, 28.52, 28.62, 28.64, 28.70

LO 28.4 강제 *RLC* 회로의 공명 반응을 계산할 수 있다.
개념 문제 28.5, 28.7, 28.8, 28.9
연습 문제 28.23, 28.24, 28.25, 28.26, 28.27
실전 문제 28.53, 28.54, 28.55, 28.56, 28.58, 28.63, 28.65, 28.67, 28.68, 28.71

LO 28.5 AC 회로의 전력을 계산하고 전력 인자를 설명할 수 있다.
연습 문제 28.28, 28.29, 28.30
실전 문제 28.57, 28.58, 28.59, 28.60

LO 28.6 변압기 및 DC 전원 공급 장치의 작동을 설명할 수 있다.
개념 문제 28.10
연습 문제 28.31, 28.32
실전 문제 28.61

개념 문제

1. 축전기가 열린 DC 회로와 같다는 것은 무슨 뜻인가?

2. 유도형 반응 저항이 진동수에 따라 증가하는가?

3. 축전기와 저항기에 걸리는 AC 전압과 rms 전류가 같다. 소모 전력도 같은가?

4. 특정 유도기와 축전기를 같은 AC 전원에 연결하면 유도기의 전류가 축전기보다 크다. 모든 진동수에도 성립하는가?

5. 유도기와 축전기를 AC 전원에 직렬 연결하면 유도기에 걸리는 rms 전압이 축전기보다 크다. 전원의 진동수가 공명 진동수보다 높은가, 낮은가?

6. 식 28.5는 왜 축전기의 전압과 전류를 완벽하게 기술하지 못하는가?

7. *RLC* 회로에서 전원 전압의 위상은 전류에 뒤처진다. 진동수가 공명 진동수보다 높은가, 낮은가?

8. 두 회로 소자에 걸리는 전압이 0인 직렬 회로에서 개별 회로 소자에 걸리는 전압이 0이 아닐 수 있는가? 예를 들어라.

9. 직렬 *RLC* 회로에서 저항기, 축전기, 유도기에 걸리는 rms 전압을 모두 더하면 전원의 rms 전압과 같은가?

10. 승압 변압기는 전압, 즉 단위 전하당 에너지를 증가시킨다. 에너지 보존에 위배되지 않는가?

연습 문제

28.1 교류

11. 대부분의 유럽 국가들이 사용하는 230 V rms, 50 Hz AC 전압을 식 28.3의 형태로 표기하라. 단, $\phi_V = 0$이다.

12. AC 전류는 $I = 495 \sin(9.43t)$이며, I는 mA, t는 ms 단위이다. (a) rms 전류와 (b) 진동수(Hz)를 구하라.

13. 그림 28.24에서 네 신호의 위상 상수는 각각 얼마인가?

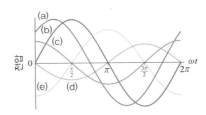

그림 28.24 연습 문제 13

28.2 AC 회로의 회로 소자

14. 120 V rms, 60 Hz AC 전원에 연결한 1.0 μF 축전기의 rms 전류를 구하라.

15. 470 Ω 저항기, 10 μF 축전기, 750 mH 유도기를 6.3 V rms, 60 Hz AC 전원에 각각 연결한다. 각 회로 소자의 rms 전류를 구하라.

16. (a) 60 Hz, (b) 1.0 kHz, (c) 20 kHz에서 3.3 μF 축전기의 반응 저항을 각각 구하라.

17. 15 μF 축전기에 1.4 A rms 전류가 흐른다. 진동수가 (a) 60 Hz, (b) 1.0 kHz일 때 축전기에 표시할 최소 안전 전압은 각각 얼마인가?

18. 60 Hz 송전선에 각각 연결한 축전기와 1.8 kΩ 저항기에 같은 전류가 흐른다. 축전기의 전기 용량은 얼마인가?

19. 10 V rms AC 전원에 연결한 50 mH 유도기에 2.0 mA의 rms 전류가 흐른다. 전원의 진동수는 얼마인가?

28.3 *LC* 회로

20. 0.22 µF 축전기와 1.7 mH 유도기로 구성된 *LC* 회로의 공명 진동수를 구하라.

21. 68.0 µF 축전기를 가지고 256 Hz에서 진동하는 *LC* 회로를 만들려고 한다. 어떤 유도기를 사용해야 하는가?

22. 450 µH 유도기(27장 연습 문제 18에서 마분지관으로 만든 유도기)로 공명 진동수가 라디오파 대역(550 ~ 1600 kHz)인 *LC* 회로를 만든다. 가변 축전기 전기 용량의 범위를 구하라.

23. $C = 20$ µF, 진동 주기 5.0 ms인 *LC* 회로의 봉우리 전류는 25 mA이다. (a) 인덕턴스와 (b) 봉우리 전압을 구하라.

28.4 *RLC* 회로와 공명

24. $R = 75$ kΩ, $L = 20$ mH인 *RLC* 회로의 공명 진동수는 4.0 kHz이다. (a) 전기 용량, (b) 공명 회로의 온저항, (c) 3.0 kHz에서 온저항은 각각 얼마인가?

25. 10 kHz에서 $R = 1.5$ kΩ, $C = 5.0$ µF, $L = 50$ mH 직렬 회로의 온저항을 구하라.

26. $R = 18$ kΩ, $C = 14$ µF, $L = 0.20$ H인 직렬 *RLC* 회로에서 (a) 온저항이 가장 낮은 진동수는 얼마인가? (b) 이 진동수에서 온저항은 얼마인가?

27. 그림 28.17의 공명 곡선을 만드는 강제 전압의 봉우리값이 100 V이고, $R = 10$ kΩ이면, 각 곡선의 공명 진동수에서 봉우리 전류는 각각 얼마인가?

28.5 AC 회로의 전력, 28.6 변압기와 전력 공급

28. 120 V rms, 4.6 A rms인 전기 공구에서 전류의 위상이 전압보다 25° 뒤처지면 공구의 소모 전력은 얼마인가?

29. 120 V rms AC 송전선에 연결한 40 W 형광등의 전력 인자가 0.85이면 전류는 얼마인가?

30. 240 V rms, 20 A rms인 전기 온수기는 순수한 저항형이다. 커다란 전동기도 같은 전압과 전류로 작동하지만 인덕턴스 때문에 전압의 위상이 전류보다 20° 앞선다. 각 전기 장치의 소모 전력을 구하라.

31. **BIO** 환자에 연결된 의료 기구는 안전 때문에 보통 독립된 변압기로 가동된다. 그 변압기의 일차 코일은 120 V AC 전원에 연결되어 있고 이차 코일은 120 V 전력을 전달한다. 그러한 변압기의 변환율은 얼마인가?

32. 중국으로 여행을 떠나려는 미국 사람이 오디오를 중국에서도 사용하기 위해 중국의 220 V 전력을 120 V로 강하하는 변압기를 구입하려고 한다. (a) 변압기의 일차 코일의 감은 횟수가 660번이면 이차 코일의 감은 횟수는 얼마인가? (b) 최대 일차 전류가 1.4 A인 변압기는 2.9 A의 오디오에 작동할까?

응용 문제

다음 문제들은 본문의 예제들에 기초한 것이다. 두 세트의 문제들은 물리학의 이해를 강화하는 연결의 형성을 돕고 이전에 풀어본 문제에서 변형된 문제를 해결하는 자신감을 키우도록 설계되어 있다. 각 세트의 첫 번째 문제는 본질적으로 예제 문제이지만 숫자들은 다르다. 두 번째 문제는 예제와 똑같은 상황이지만 묻는 질문이 다르다. 세 번째와 네 번째 문제는 완전히 다른 상황으로 이런 방식을 반복한다.

33. **예제 28.2** 축전기가 50 Hz, 230 V rms 전원에 연결되어 rms 값으로 485 mA가 흐른다. (a) 전기 용량을 구하라. (b) 같은 전원에 인덕턴스가 얼마인 유도기를 연결하면 같은 전류가 흐르는가?

34. **예제 28.2** 0.470 µF 축전기와 144 µH 유도기가 같은 AC 전압 전원에 연결되었다. 축전기의 rms 전류가 유도기의 rms 전류와 같은 경우 전원의 진동수는 얼마인가?

35. **예제 28.2** 무선 송신기는 송신기의 진동수를 결정하는 공명 회로를 만들기 위해 병렬로 연결된 6800 pF 축전기와 유도기에 480 V rms를 연결한다. 각 구성 요소의 전류는 22.0 A rms이다. (a) 송신기 진동수와 (b) 인덕턴스를 구하라.

36. **예제 28.2** *LC* 회로에 의해 진동수가 결정되는 무선 송신기를 구축하고 있다. *LC* 회로의 전압은 480 V rms이며 *LC* 회로의 최대 허용 전류는 500 mA rms이다. 1.3 pF 및 2.2 pF의 축전기와 1.3 µH 및 2.4 µH의 유도기를 사용할 수 있다. (a) 전류를 500 mA 이하로 유지하고 FM 방송 대역에서 88 MHz ~ 108 MHz의 진동수를 제공하는 C, L값을 구하라. (b) 해당 진동수와 rms 전류의 값은 얼마인가?

37. **예제 28.4** 스피커의 크로스오버 네트워크는 축전기와 직렬 연결된 1.80 mH 유도기를 통해 중간 음역 스피커로 전류를 '조절'한다. (a) 1.25 kHz에서 최대 전류가 흐르기 위한 전기 용량은 얼마인가? (b) 만약 같은 전압과 525 Hz에서 최대 전류의 반이 흐르면 스피커의 저항은 얼마인가?

38. **예제 28.4** 스피커 시스템의 중간 음역 스피커의 저항은 8.00 Ω이다. 스피커의 중간 음역 진동수를 조정하는 6.80 µF 축전기와 2.70 mH 유도기가 직렬로 연결되어 있다. (a) 스피커에 최대 전류를 발생시키는 진동수는 얼마인가? (b) 스피커가 과열되지 않고 최대 45.0 W rms를 소모시킬 수 있다면 (a)에서 찾은 진동수에서 시스템에 적용할 수 있는 최대 rms 전압은 얼마인가?

39. **예제 28.4** 그림 28.25에서 $R = 1.50$ kΩ, $C = 1.50$ µF이다. 18 V rms를 생성하는 가변 진동수 AC 전압 전원 회로에 연결되어 있으며 전압 전원과 직렬로 연결된 AC 전류계는 적용된 전압의 주파수가 855 Hz일 때 최솟값을 보여 준다. (a) 인덕턴스와 (b) 전류계의 최솟값을 구하라.

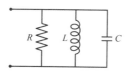

그림 28.25 문제 39, 40

40. **예제 28.4** (a) 그림 28.25의 회로에서 위상자 그림을 사용하여 저항 R와 용량성 및 유도 반응 저항 X_C 및 X_L로 회로의 온저

항 Z에 대한 식을 구하라. 결과는 식 28.12 이후에 주어진 직렬 RLC 회로의 Z에 대한 식과 유사해야 한다. (b) 결과가 적절한 진동수에서 이전 문제의 최소 전류를 어떻게 나타내는지 설명하라.

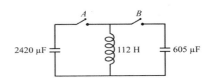

그림 28.26 실전 문제 50

실전 문제

41. (a) 120 V rms, 60 Hz 송전선에 연결한 2.2 H 유도기의 rms 전류를 구하라. (b) 유럽에서 사용하는 230 V rms, 50 Hz 송전선에 연결한 같은 유도기의 rms 전류는 얼마인가?

42. 2.0 μF 축전기의 용량형 반응 저항은 1.0 kΩ이다. (a) 전원 전압의 진동수는 얼마인가? (b) 인덕턴스가 얼마이면 이 진동수에서 유도형 반응 저항이 같은 값이 되는가? (c) 진동수가 2배로 바뀌면 두 반응 저항은 어떻게 되는가?

43. 용량형 및 유도형 반응 저항의 단위가 Ω임을 보여라.

44. 뇌파 기록법(EEG)은 뇌의 전기적 활동으로부터 나오는 AC 전압인 뇌파를 분석하여 뇌의 작용을 밝힌다. 알파파는 진동수가 7.5 Hz에서 12.5 Hz까지의 뇌파이다. 어떤 알파파는 진동수가 9.84 Hz이고 rms 진폭은 31.8 μV이다. 이 전압을 식 (28.3)의 형태로 표현하되, 위상 상수를 0으로 가정하라. **BIO**

45. 2.2 nF 축전기와 전기 용량을 모르는 축전기를 10 V rms 사인파 전원에 연결한다. 전원은 1.0 kHz에서 3.4 mA rms 전류를 공급한다. 그 후 rms 전류가 1.2 mA가 될 때까지 전원의 진동수가 감소한다. (a) 미지의 전기 용량과 (b) 낮은 진동수를 구하라.

46. 심전도 기록법(ECG)과 뇌파 기록법(EEG)을 사용할 때 인체에 대한 전기적 접촉이 좋도록 보통 금속 전극과 전도 젤을 이용한다. 또 다른 방법으로 사용되는 용량성 결합을 이용한 비접촉 전극은 도체를 피부에 접촉되지는 않도록 가까이 놓아서 축전기를 형성한다. 의복은 축전기의 절연체 역할을 하며 피부 접촉을 배제시킨다. 특정한 EEG 기구는 진동수 25 Hz인 전형적인 EEG 베타파에서 최대 반응 저항이 10 MΩ인 용량성 전극이 필요하다. 전극의 최소 전기 용량은 얼마인가? **BIO**

47. FM 라디오 진동수 대역은 88 ~ 108 MHz이다. FM 수신기의 가변 축전기의 전기 용량이 10.9 pF ~ 16.4 pF이면 공명 진동수가 FM 대역이 되는 LC 회로의 인덕턴스는 얼마이어야 하는가?

48. $C = 0.025$ μF, $L = 340$ μH인 LC 회로에서, (a) 축전기의 봉우리 전압이 190 V이면 유도기의 봉우리 전류는 얼마인가? (b) 전압 봉우리가 나타난 얼마 후에 전류 봉우리가 생기는가?

49. LC 회로의 축전기는 시간 $t = 0$에서 완전히 충전되어 있으며 회로에 전류가 없다. (a) 축전기 전압이 초깃값의 절반, (b) 축전기에 저장된 에너지가 초깃값의 절반, (c) 전류가 최댓값이 되는 각각의 시간을 L, C의 항으로 표현하라.

50. (a) 그림 28.26에서 처음에 250 V로 충전된 2420 μF 축전기의 에너지를 605 μF 축전기로 모두 전달하려면 스위치 A와 B를 어떻게 조절해야 하는가? 여닫는 시간도 포함하라. (b) 그 후 605 μF 축전기에 걸리는 전압은 얼마인가?

51. $C = 0.15$ μF, 저항 1.6 Ω의 $L = 20$ mH로 만든 감쇠 LC 회로에서 축전기의 봉우리 전압이 처음값의 반으로 감소하기 전까지 회로는 몇 번 진동하는가?

52. $R = 5.0$ Ω, $L = 100$ mH인 감쇠 RLC 회로에서 15번 진동 후에 처음 에너지의 반이 사라지면 전기 용량은 얼마인가?

53. $L = 1.5$ H, 표시 전압 400 V인 $C = 250$ μF의 RLC 회로를 봉우리 전압 32 V의 사인파 전원에 연결한다. 공명 진동수에서 축전기의 전압이 표시 전압을 넘지 않으려면 회로의 최소 저항은 얼마인가?

54. 아래 표는 직렬 RLC 회로에서 봉우리 전류 대 봉우리 전압의 비율, 다시 말해 온저항 Z를 진동수의 함수로 나타낸 것이다. 자료를 그래프로 그리고, 그 그래프를 사용하여 (a) 공명 진동수와 (b) 저항 R를 어림 계산하라. **DATA**

진동수(Hz)	150	200	230	280	350	400
온저항(Ω)	320	140	74	77	190	280

55. 그림 28.27은 RLC 회로의 위상자 그림이다. (a) 강제 진동수는 공명 진동수보다 높은가, 낮은가? (b) 강제 전압의 위상자를 추가한 그림에서 강제 전압과 전류의 위상차를 구하라.

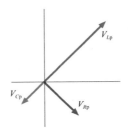

그림 28.27 실전 문제 55

56. 진폭이 고정된 AC 전압이 RLC 회로에 걸린다. 공명 진동수의 1/2 진동수에서 흐르는 전류가 공명 전류의 반이다. 공명 진동수의 2배 진동수에서도 공명 전류의 반임을 보여라.

57. $R = 127$ Ω, $Z = 344$ Ω인 RLC 회로에서, (a) 전력 인자는 얼마인가? (b) rms 전류가 225 mA이면 소모 전력은 얼마인가?

58. 직렬 RLC 회로의 전력 인자는 0.764이고, 온저항은 442 Hz에서 182 Ω이다. (a) 회로의 저항은 얼마인가? (b) 인덕턴스가 25.0 mH이면 공명 진동수는 얼마인가?

59. 어느 발전소에서 총 저항 100 Ω의 송전선으로 작은 도시에 365 kV rms, 200 A rms의 60 Hz 교류를 공급한다. 도시의 전력 인자가 (a) 1.0, (b) 0.60이면 송전 시 손실되는 전력은 각 몇 %인가?

60. 제재소는 480 V rms에서 작동하는 10 hp 전기 모터를 사용한다. 전력 인자는 0.82이다. 전력 인자 보정 축전기가 시스템에 추가되면 전력 인자가 0.95로 증가한다. 전력 인자 증가 (a) 전, (b) 후 모터에 전원을 공급하는 전선에서의 rms 전류를 구하라.

61. 그림 28.23의 전원은 최대 전류가 150 mA인 22 V DC를 공급한다. 변압기의 봉우리 출력 전압은 대략 축전기를 22 V로 충전시키고 일차 코일에 60 Hz AC가 흐른다. 출력 전압이 표시 전압 22 V의 3% 이내로 유지되려면 전기 용량은 얼마가 되어야 하는가?

62. $C = 3.3\ \mu$F, $L = 27$ mH인 RLC 회로에서 축전기가 35 V로 충전되면 회로가 진동하기 시작한다. 10번 진동 후에 축전기의 봉우리 전압이 28 V이면 저항은 얼마인가?

63. $R = 1.3\ \Omega$, $L = 27$ mH, $C = 0.33\ \mu$F인 RLC 회로를 사인파 전원에 연결한다. 축전기의 봉우리 표시 전압이 600 V이면, 공명에서 전원의 봉우리 출력 전압으로 안전한 최댓값은 얼마인가?

64. 식 28.9를 미분하여 LC 회로의 전류를 구하고, $q = CV$를 이용하여 전압을 구하라. 또한 축전기의 전기 에너지와 유도기의 자기 에너지를 구해서, 그 합인 총에너지가 일정함을 보여라. (**힌트**: 식 28.10과 삼각 함수 관계식을 이용하라.)

65. 예제 28.4의 스피커 전류가 최댓값의 반이 되는 두 번째 진동수를 구하라.
CH

66. 두 축전기를 병렬로 24 V rms, 7.5 kHz 사인파 전원에 연결하고, rms 전류 56 mA를 공급한다. 축전기를 직렬로 다시 연결하면 전원의 rms 전류가 2.8 mA로 떨어진다. 두 축전기의 전기 용량을 구하라.
CH

67. 봉우리 전압이 15.0 V인 사인파 전원에 RLC 회로를 연결한다. 공명 진동수 775 Hz에서 봉우리 전류는 112 mA이고, 1.22 kHz에서 44.8 mA이다. R, L, C값을 각각 구하라.
CH

68. 저항이 너무 크지 않은 RLC 회로에서 Q값은 $\omega_0/(\omega_0 - \omega)$로 정의한다. 여기서 ω_0은 공명 진동수이고 ω는 회로의 소모 전력이 공명 진동수에서 소모되는 전력의 반인 진동수이다. 적절한 어림 계산으로 $Q = \omega_0 L/R$임을 보여라.
CH

69. 삼각파(triangle wave)는 전압 $-V_p$와 $+V_p$ 사이에서 선형적으로 진동한다. 삼각파의 rms 전압이 $V_p/\sqrt{3}$임을 보여라.
CH

70. 식 28.11의 $q(t)$를 저항이 있는 LC 회로의 미분 방정식에 넣어서 감쇠 진동의 각진동수를 R, L, C로 표기하라.
CH

71. 공명 진동수 1 kHz에서 예제 28.4의 스피커 회로에 최대 전류가 흐르지만, 축전기의 최대 전압은 보다 낮은 진동수에 걸린다. 진동수는 얼마이고, 봉우리 전압은 얼마인가?

실용 문제

거르개는 일부 진동수 영역의 AC 신호는 통과시키고 다른 것은 약해지도록 설계된 회로이다. 저주파 거르개는 저주파 신호는 통과시키지만 고주파는 약해시킨다. 고주파 거르개는 반대로 한다. 대역 거르개는 어떤 범위의 진동수는 통과시키지만 그 범위 외의 진동수로 된 신

호는 약화시킨다. 전자공학에서는 거르개를 광범위하게 사용한다. 응용으로 오디오 기기에서 음질 조절기와 이퀄라이저 조절기가 있고, 휴대전화 기지국에서 인접 진동수를 분리하는 거르개가 있으며, 심전계와 같은 의료 장비에서 불필요한 전기 잡음을 제거하는 거르개도 있다. 그림 28.28은 간단한 RC 거르개 설계도이다.

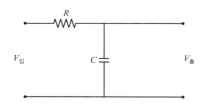

그림 28.28 RC 거르개(실용 문제 72~75)

72. 그림 28.28에 그려져 있는 회로는
   a. 저주파 거르개다.
   b. 고주파 거르개다.
   c. 대역 거르개다.
   d. 구성 요소의 값을 모르고 있어서 어떤 것인지 말할 수 없다.

73. 입력 전압 $V_입$의 각진동수 ω가 축전기의 반응 저항이 저항과 같도록 하는 값일 때, 출력 전압은
   a. $V_입/4$이다.
   b. $V_입/2$이다.
   c. $V_입/\sqrt{2}$이다.
   d. $2\,V_입$이다.

74. 그림 28.28의 회로는
   a. 공명 진동수가 $\omega = 1/RC$이다.
   b. 공명 진동수가 $\omega = 1/\sqrt{RC}$이다.
   c. 입력의 진동수와는 다른 진동수의 출력 전압을 만든다.
   d. 입력의 위상과는 다른 위상의 출력 전압을 만든다.

75. 그림 28.28에서 축전기를 유도기로 바꾸면 회로는
   a. 전과 같은 작용을 계속한다.
   b. 반대 종류의 거르개가 된다.
   c. 0의 출력 전압을 만든다. 왜냐하면 유도기가 합선이 되기 때문이다.
   d. 입력 전압을 초과하는 출력 전압을 만든다.

28장 질문에 대한 해답

장 도입 질문에 대한 해답
전자기 유도로 교류의 전압을 바꿀 수 있으므로 전력을 효율적으로 안전하게 가정까지 송전할 수 있다.

확인 문제 해답
28.1 (c)   28.2 (d)

28.3 (1) (b), (2) 10^{-4}배로 작게 만든다.

28.4 (a), 유도기의 반응 저항이 더 크기 때문이다.

28.5 (b)   28.6 (d)

맥스웰 방정식과 전자기파

예비 지식

- 전기에 대한 가우스 법칙(21.3절)
- 자기에 대한 가우스 법칙(26.6절)
- 앙페르 법칙(26.8절)
- 패러데이 법칙(27.6절)

학습 목표

이 장을 학습하고 난 후 다음을 할 수 있다.

LO 29.1 지금까지 배운 전자기학의 네 가지 법칙을 설명할 수 있다.

LO 29.2 맥스웰이 수정한 앙페르 법칙을 기술하고 변하는 전기장에 의해 유도되는 자기장을 결정할 수 있다.

LO 29.3 4개의 맥스웰 방정식을 기술할 수 있다.

LO 29.4 맥스웰 방정식으로부터 전자기파가 어떻게 발생하는지 설명할 수 있다.

LO 29.5 진공에서의 전자기파 특성을 설명할 수 있다.

LO 29.6 전자기 스펙트럼을 설명할 수 있다.

LO 29.7 전자기파가 어떻게 발생되는지 설명할 수 있다.

LO 29.8 전자기파와 관련된 에너지, 운동량 및 복사압을 계산할 수 있다.

휴대폰 사이에 대화는 어떻게 진행되는가?

앞에서 전기에 대한 가우스 법칙, 자기에 대한 가우스 법칙, 앙페르 법칙, 패러데이 법칙 등 우주 전체에 걸친 모든 전기장과 자기장의 거동을 지배하는 전자기학의 네 가지 근본적인 법칙을 공부하였다. 이러한 법칙들로 전기와 자기의 상호작용을 이해하고, 실용적인 전자기 장치들을 탐구해 보았다. 이 장에서는 기본 법칙을 일반화하고, 전자기파의 존재를 규명한다. 이러한 전자기파에는 가시광선, 라디오파, 마이크로파, 엑스선, 자외선, 적외선 등이 포함되며, 이를 통해 보고, 통신하고, 음식을 요리하고, 질병을 진단하며, 우주에 대해 배우고, 일상적인 일에서 심오한 일까지 무수히 많은 일들을 수행한다.

29.1 전자기학의 네 가지 법칙

LO 29.1 지금까지 배운 전자기학의 네 가지 법칙을 설명할 수 있다.

표 29.1은 앞에서 소개한 네 가지 법칙을 요약하였다. 이들 법칙에는 상당한 유사성이 있다. 방정식의 왼쪽 항을 보면, 두 가우스 법칙은 $\vec{E}$와 $\vec{B}$를 교체한 것을 제외하고는 동일하고, 앙페르 법칙과 패러데이 법칙도 마찬가지다.

그러나 방정식의 오른쪽 항은 조금 다르다. 전기에 대한 가우스 법칙에서의 오른쪽 항은 전하와 관련되어 있고, 자기에 대한 가우스 법칙에서는 0이다. 그럼에도 불구하고 두 법칙은 사실상 비슷하다. 고립된 자기 전하가 존재한다는 어떤 실험적 증거도 발견되지 않아, 자기에 대한 가우스 법칙에서의 오른쪽 항은 0이다. 언젠가 자기 홀극을 발견하면 오른쪽 항은 알짜 자기 전하를 둘러싼 어떤 표면에 대해 0이 아닌 값을 가질 것이다.

앙페르 법칙과 패러데이 법칙의 오른쪽 항도 분명히 다르다. 앙페르 법칙은 자기장의 원천으로서 전류, 즉 전하의 흐름을 포함하고 있다. 자기 홀극의 흐름이 관측되지 않기 때문에 패러데이 법칙에는 유사한 항이 없는 것을 이해할 수 있다. 만약 그러한 흐름이 관측된다면, 자기 흐름에 의해 전기장이 생성될 것이다.

전자기학 법칙들 사이의 차이점 중 두 가지는 자기 홀극이 존재한다는 것을 확실히 안다면 해결될 것이다. 기본 입자에 대한 현재 이론들이 자기 홀극의 존재를 제안하고 있는 것은 전기와 자기 현상 사이에 완전한 대칭성이 존재할 수 있다는 관심을 끄는 암시이다.

표 29.1 전자기학의 네 가지 법칙(미완성)

법칙	수학적 표현	물리적 의미
$\vec{E}$에 대한 가우스 법칙	$\oint \vec{E} \cdot d\vec{A} = \dfrac{q}{\epsilon_0}$	전하가 전기장을 만든다. 전기장선은 전하에서 시작하고 끝난다.
$\vec{B}$에 대한 가우스 법칙	$\oint \vec{B} \cdot d\vec{A} = 0$	자기 전하가 없다. 자기장선은 시작과 끝이 없다.
패러데이 법칙	$\oint \vec{E} \cdot d\vec{l} = -\dfrac{d\Phi_B}{dt}$	변하는 자기 다발이 전기장을 만든다.
앙페르 법칙(정상 전류)	$\oint \vec{B} \cdot d\vec{l} = \mu_0 I$	전류가 자기장을 만든다.

29.2 앙페르 법칙의 불완전성

LO 29.2 맥스웰이 수정한 앙페르 법칙을 기술하고 변하는 전기장에 의해 유도되는 자기장을 결정할 수 있다.

자기 홀극으로 해결할 수 없는 차이점이 하나 있다. 패러데이 법칙의 오른쪽 항 $d\Phi_B/dt$는 전기장의 원천인 변하는 자기 다발을 설명한다. 앙페르 법칙에는 이에 대응되는 항이 없다. 무엇이 빠졌을까? 변하는 전기 다발이 자기장을 만들 수 없을까? 지금까지 여러분은 이와 같은 추측에 대한 실험적 증거를 보지 못했다. 하지만 전기와 자기 사이의 유사 대칭성이 우연의 일치가 아니라는 관점에서는 제안될 수 있다. 만약 변하는 자기 다발이 전기장을 만드는 것처럼 변하는 전기 다발이 자기장을 만든다면, 앙페르 법칙의 오른쪽에 $d\Phi_E/dt$ 항을 추가할 수 있을 것이다.

26장에서 앙페르 법칙을 설명할 때, 정상(steady) 전류에만 성립한다고 강조하였다. 왜 그런 제한 조건이 있는가? 그림 29.1은 전류가 일정하지 않은 상황, 즉 RC 회로를 나타내고 있다. 회로의 전류는 축전기 극판에 전하를 운반한다. 축전기가 충전됨에 따라 전류는 점차 0으로 감소한다. 전류가 흐르는 동안 전류는 자기장을 생성한다. 앙페르 법칙을 이용하여 생성된 자기장을 계산해 보자.

앙페르 법칙에 의하면 어떤 닫힌 고리에 대한 자기장의 선적분(line integral)은 둘러싸인 전류에 비례한다.

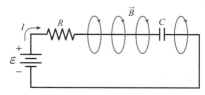

그림 29.1 전류가 흐르는 도선 주위의 자기장선을 보여 주는 충전 RC 회로

$$\oint \vec{B} \cdot d\vec{l} = \mu_0 I$$

둘러싸인 전류는 고리에 의해 한정된 어떤 열린 표면(open surface)을 통과하는 전류이다. 그림 29.2는 이와 같은 표면을 4개 보여 준다. 표면 1, 2, 4는 전류가 흐르는 도선이 지나가므로 같은 전류가 흐른다. 하지만 표면 3은 축전기 극판 사이의 간격 내에 있기 때문에 통과하는 전류가 없다. 전하가 축전기 극판으로는 흐르지만, 극판 사이의 간격을 통과하여 흐르지 않는다. 그래서 표면 1, 2, 4에 대한 앙페르 법칙의 오른쪽 항은 $\mu_0 I$이지만, 표면 3에 대해서는 0이다. 따라서 변하는 전류의 경우에는 앙페르 법칙이 불분명해진다.

이러한 불분명함은 정상 전류에서는 일어나지 않는다. RC 회로에서는 정상 상태의 전류는 0이므로, 앙페르 법칙의 오른쪽 항은 어떤 표면에 대해서도 0이다. 시간에 따라 변하는 전류에 대해서만 앙페르 법칙은 불분명해진다. 이런 이유로 지금까지 표현된 앙페르 법칙의 형태는 정상 전류에 대해서만 엄밀히 유효하다.

앙페르 법칙을 유효성에 영향을 미치지 않고 비정상 전류까지 확장할 수 있을까? 앙페르 법칙과 패러데이 법칙 사이의 대칭성을 보면 변하는 전기 다발도 자기장을 생성할 수 있음을 시사하고 있다. 충전 중인 축전기 극판 사이에는 전기장의 크기가 증가하고 있다. 이것은 그림 29.2의 표면 3을 지나가는 전기 다발이 변하고 있다는 의미이다.

1860년경에 스코틀랜드의 물리학자 맥스웰(James Clerk Maxwell)이 변하는 전기 다발이 자기장을 발생시켜야 한다고 제안하였다. 충전 중인 축전기 내부의 자기장 측정 등 여러 실험들이 맥스웰의 놀라운 통찰력을 뒷받침하였다. 맥스웰은 변하는 전기 다발을 설명하는 새로운 항을 앙페르 법칙에 추가함으로써 자신의 생각을 정량화했다.

이 부분은 26장에서 소개한
정상 전류에서의 앙페르 법칙이다.

$$\oint \vec{B} \cdot d\vec{l} = \mu_0 I + \mu_0 \epsilon_0 \frac{d\Phi_E}{dt} \quad \text{(맥스웰이 완성한 앙페르 법칙)} \tag{29.1}$$

맥스웰이 이 항을 추가하였다. 변하는 전기 다발
$d\Phi_E/dt$가 자기장의 원천임을 보여 준다.

이제 불분명함이 없어졌다. 어떤 고리에 대해서도 적분은 성립하며, I는 고리에 의해 한정된 표면을 통과하여 흐르는 전류이고, Φ_E는 그 표면을 지나가는 전기 다발이다. 축전기에 대해 식 29.1은 어떤 표면을 선택하든 동일한 자기장을 준다. 그림 29.2의 표면 1, 2, 4의 경우 식의 오른쪽 항에 대한 모든 기여는 전류 I에서 온다. 표면 3의 경우 식 29.1의 오른쪽 항은 변하는 전기 다발에 의해 비롯된다.

변하는 전기 다발은 전류와 같은 것은 아니지만, 자기장을 생성하는 데는 같은 효과가 있다. 이런 이유로 맥스웰은 $\epsilon_0 (d\Phi_E/dt)$ 항을 **변위 전류**(displacement current)라고 불렀다. 여기서 변위(displacement)라는 용어는 물리적인 통찰력을 제공하지는 않는다. 그러나 변위 전류는 자기장을 생성하는 데 있어서 실제 전류와 구별할 수 없기 때문에 전류(current)라는 용어는 의미가 있다. 축전기의 측정 예를 이용하여 변위 전류의 개념을 개발하였지만, 맥스웰이 완성한 앙페르 법칙은 보편적이라는 것을 강조한다. 모든 변하는 전기 다발은 자기장을 생성한다. 이 사실은 전자기파의 존재를 확인하는데 결정적인 역할을 한다.

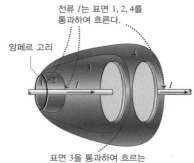

전류 I는 표면 1, 2, 4를
통과하여 흐른다.

앙페르 고리

표면 3을 통과하여 흐르는
전류는 없다.

그림 29.2 같은 앙페르 고리에 의해 한정된 4개의 표면. 표면 1은 편평한 원판이다. 다른 표면은 부풀려진 비눗방울 같다. 모든 표면들은 왼쪽 끝이 열려 있어 이 면을 지나가는 전류는 오른쪽 끝을 지나가야 한다.

확인 문제 | **29.1** 그림 29.2의 축전기 판 사이에 자기장이 있으리라 기대하는가? 설명하라.

예제 29.1 변위 전류: 축전기

면적 A, 간격 d의 평행판 축전기를 dV/dt로 충전한다. 변위 전류가 축전기에 연결된 전선의 전류와 같음을 보여라.

해석 익숙한 양인 전류와 새로운 양, 즉 변위 전류를 비교하는 문제이다.

과정 전압의 변화율을 알고 있으므로, $q = CV$를 미분하면 축전기에 전하를 공급하는 전류 I를 구할 수 있다. 식 29.1에서 변위 전류가 $\epsilon_0(d\Phi_E/dt)$이므로 전기 다발의 변화율을 알아야 한다. 평행판 축전기가 만드는 전기장은 $E = V/d$이다. 전기장이 균일하므로 축전기 안의 표면을 지나가는 전기 다발은 간단하게 전기장의 크기에 면적을 곱한 값이다.

풀이 축전기 관계식 $q = CV$를 미분하면 전류는 $dq/dt = I = C\,dV/dt$이다. 전기장에 면적을 곱하면 전기 다발은 $\Phi_E = EA = VA/d$이다. 전기 다발의 변화율이 $d\Phi_E/dt = (A/d)(dV/dt)$이므로 변위 전류는 다음과 같다.

$$I_d = \epsilon_0 \frac{d\Phi_E}{dt} = \frac{\epsilon_0 A}{d}\frac{dV}{dt}$$

한편 $\epsilon_0 A/d$는 평행판 축전기의 전기 용량(식 23.2 참조)이므로 변위 전류는 $I_d = C\,dV/dt$로 전선의 전류 I와 똑같다.

검증 답을 검증해 보자. 변위 전류가 전선의 전류와 같지 않으면 앙페르 법칙이 불분명해진다. 그림 29.2에서 전선이 통과하는 모든 표면의 경우 앙페르 법칙의 오른쪽 항에 대한 유일한 기여는 전류 I에 의해서만 생긴다. 한편 축전기 판 사이의 모든 표면의 경우, 유일한 기여는 변위 전류 $I_d = \epsilon_0(d\Phi_E/dt)$에 의해서만 생긴다. 앙페르 법칙이 어떤 표면을 선택하더라도 같은 자기장을 주기 위해서는 I와 I_d는 같아야 한다.

변하는 전기 다발에 의해 유도되는 자기장의 방향은 어떻게 되는가? 26장에서는 오른쪽 엄지손가락을 전류 방향으로 향하게 하고 오른쪽 손가락을 구부려 자기장 방향을 줌으로써 전도 전류에서 발생하는 자기장의 방향을 찾았다. 변위 전류의 방향을 알고 있다면 유도 자기장에 대해서도 동일한 접근법이 적용된다. 예제 29.1에서는 변위 전류와 전도 전류는 같은 방향이라는 것은 분명하다. 하지만 전도 전류가 없고 변하는 전기 다발만 있다면 어떻게 해야 하는가? 중요한 것은 전기 다발의 변화이기 때문에 변위 전류는 그 변화의 방향이다. 이 방향은 전기장의 방향일수도 아닐 수도 있다. 예를 들어 전기장의 방향이 지면을 뚫고 나오는 방향이고 전기장의 세기가 증가하고 있다면, 변위 전류의 방향은 지면을 뚫고 나오는 방향이다. 그러나 동일한 방향의 전기장의 세기가 감소하고 있다면, I_d의 방향은 지면으로 들어가는 방향이다. 만약 $\vec{E}$의 방향이 지면으로 들어가는 방향이고 세기가 증가하고 있다면, I_d의 방향은 지면으로 들어가는 방향이지만, 같은 방향의 전기장의 세기가 감소하고 있다면 I_d의 방향은 지면을 뚫고 나오는 방향이다. 중요한 것은 변화의 방향이다. 실전 문제 40과 48에서 유도 자기장과 그 방향에 대해 연습할 수 있다.

29.3 맥스웰 방정식

LO 29.3 4개의 맥스웰 방정식을 기술할 수 있다.

앙페르 법칙이 패러데이 법칙에 의해 제안된 대칭성을 반영하도록 수정되어야 한다는 것을 인식한 것은 맥스웰의 천재성 때문이다. 맥스웰을 기리기 위해 전자기학의 완전한 네 가지 법칙을 **맥스웰 방정식**(Maxwell's equations)이라고 부른다. 1864년 처음 발표된 완전한 방정식은 모든 곳에서 전기장과 자기장의 거동을 기술한다. 표 29.2는 맥스웰 방정식을 요약한 것이다.

표 29.2 맥스웰 방정식

법칙	수학적 표현	물리적 의미	수식 번호
$\vec{E}$에 대한 가우스 법칙	$\oint \vec{E} \cdot d\vec{A} = \dfrac{q}{\epsilon_0}$	전하가 전기장을 만든다. 전기장선은 전하에서 시작하고 끝난다.	(29.2)
$\vec{B}$에 대한 가우스 법칙	$\oint \vec{B} \cdot d\vec{A} = 0$	자기 전하가 없다. 자기장선은 시작과 끝이 없다.	(29.3)
패러데이 법칙	$\oint \vec{E} \cdot d\vec{l} = -\dfrac{d\Phi_B}{dt}$	변하는 자기 다발이 전기장을 만든다.	(29.4)
앙페르 법칙	$\oint \vec{B} \cdot d\vec{l}$ $= \mu_0 I + \mu_0 \epsilon_0 \dfrac{d\Phi_E}{dt}$	전류와 변하는 전기 다발이 자기장을 만든다.	(29.5)

이들 네 가지 간결한 표현으로 고전 전자기 현상을 모두 설명할 수 있다. 극성분자, 전류, 저항기, 축전기, 유도기, 트랜지스터, 태양 화염과 세포막, 전기 발전기와 뇌우, 컴퓨터, 스마트폰, 극광 등 우리가 고려할 모든 전기 또는 자기 현상은 맥스웰 방정식을 사용하여 설명할 수 있다. 그리고 이러한 많은 현상에도 불구하고, 가장 중요한 전자기 현상, 즉 전자기파에 대해서는 논의하지 않았다. 전자기파는 맥스웰이 확장한 앙페르 법칙에 결정적으로 영향을 받기 때문에 논의를 미루어왔다. 빈 공간을 통해 전파되는 전자기파를 이해하는 것이 가장 쉽기 때문에 먼저 진공에서의 맥스웰 방정식을 생각해 보자.

진공에서의 맥스웰 방정식

진공에서 맥스웰 방정식을 표현하기 위해 전하와 전류를 제거한다.

$$\oint \vec{E} \cdot d\vec{A} = 0 \ (\text{가우스}, \ \vec{E}) \tag{29.6}$$

$$\oint \vec{B} \cdot d\vec{A} = 0 \ (\text{가우스}, \ \vec{B}) \tag{29.7}$$

$$\oint \vec{E} \cdot d\vec{l} = -\frac{d\Phi_B}{dt} \ (\text{패러데이}) \tag{29.8}$$

$$\oint \vec{B} \cdot d\vec{l} = \mu_0 \epsilon_0 \frac{d\Phi_E}{dt} \ (\text{앙페르}) \tag{29.9}$$

진공에서는 네 법칙의 대칭성이 완벽하다. 진공에서는 전하와 전류가 없으므로, 패러데이 법칙과 앙페르 법칙의 오른쪽 항의 시간 도함수가 보여 주듯이 유일한 장의 원천은 다른 장의 변화뿐이다.

29.4 전자기파

LO 29.4 맥스웰 방정식으로부터 전자기파가 어떻게 발생하는지 설명할 수 있다.

패러데이 법칙은 변하는 자기장이 전기장을 유도한다는 것을 보여 주고, 앙페르 법칙은 변하는 전기장이 자기장을 유도한다는 것을 보여 준다. 두 가지 모두 **전자기파**(electromagnetic wave)의 가능성을 제시하는데, 각 유형의 장이 지속적으로 다른 장을 유도하며 공간을 통해 전파되는 전자기적 교란을 일으킨다. 이제 맥스웰 방정식으로부터 직접 전자기파가 실제로 가능하다는 엄격한 논증을 통해 이 제안을 확인할 것이다. 이 과정에서 전자기파의 특성을 발견하고 빛의 본질에 대해 깊이 이해하게 될 것이다.

평면 전자기파

전자기파의 가장 간단한 형태인 진공에서의 평면파를 생각해 보자. 평면파의 특성은 진행 방향의 수직 방향에서는 변하지 않으므로 파면은 무한 평면이다. 평면파는 국소 원천에서 퍼져 나가는 구면파에 대한 근사이며, 파장에 비해 매우 먼 거리에서는 좋은 어림이다. 예를 들어 태양에서 나오는 광파, 송신기에서 멀리 떨어진 라디오파 등은 본질적으로 평면파와 같다.

　진공에서는 전자기파의 전기장과 자기장은 수직하다는 것이 밝혀졌다. 또한 파동의 진행 방향에도 수직하므로 전자기파는 14장에서 정의한 것처럼 횡파(transverse wave)이다. 구체적으로 전자기파가 x방향으로 진행하고, 전기장은 y방향, 자기장은 z방향으로 진동한다(그림 29.3)고 하자. 이러한 형태가 전자기파에 대해 가능한 유일한 것이라는 것을 증명하지 않을 것이다. (진공에서는 그러하다. 실전 문제 48 참조) 여기서는 이러한 형태가 맥스웰 방정식을 만족한다는 것을 증명할 것이다. 즉 그와 같은 전자기파가 실제로 가능하다는 것을 보여 주는 것이다. 하지만 우선 평면 전자기파의 수학적 표현이 필요하다.

　14장에서 x방향으로 진행하는 사인형 파동을 $A \sin(kx - \omega t)$의 형태로 표현하였다. 여기서 A는 파동 진폭, k는 파수, ω는 각진동수이다. 역학적 파동에서 $A \sin(kx - \omega t)$는 수면파의 높이, 음파의 압력 변화 등 실제 물리량을 기술한다. 전자기파에서 이에 해당하는 물리량은 전기장과 자기장이다. 또한 서로 수직인 두 장은 같은 위상, 즉 그림 29.3a에서 볼 수 있는 것처럼 봉우리와 골이 일치한다. 전기장을 y방향, 자기장을 z방향으로 선택하였으므로, 전자기파의 두 장을 다음과 같이 표현할 수 있다.

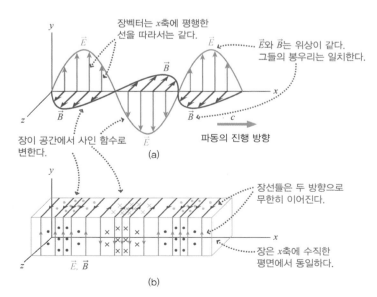

그림 29.3 어떤 순간에 고정된 평면 전자기파의 전기장과 자기장. (a) x축에서 장벡터는 사인 함수로 변한다. (b) 직사각형 평판에 표시한 장선의 모습. 평판 앞면에서 선들을 화살표로 표시하고, 평판으로 들어가는 선들은 가위표($\times$)로, 나오는 선들은 점($\cdot$)으로 표시한다. 장선들 사이의 간격은 그림 (a)의 사인 함수 변화를 나타낸다.

$$\vec{E}(x,\ t) = E_{\mathrm{p}} \sin(kx - \omega t)\hat{j} \qquad\qquad (29.10)$$

$$\vec{B}(x,\ t) = B_{\mathrm{p}} \sin(kx - \omega t)\hat{k} \qquad\qquad (29.11)$$

여기서 진폭 E_{P}와 B_{P}는 상수이고, $\hat{j}$와 $\hat{k}$는 각각 y와 z방향의 단위 벡터이다. 그림 29.3a는 한 순간에 x축에 고정된 전자기파의 장벡터의 '순간 사진(snapshot)'이다. 그림에서 두 장 모두 진행 방향인 x축에 수직하므로 $\vec{E}$와 $\vec{B}$는 명백히 서로 수직이다. 또한 장벡터가 사인 함수 형태로 길어졌다가 짧아졌다가를 반복하며 방향이 교대로 바뀌고 있다. $\vec{E}$와 $\vec{B}$의 봉우리가 일치하기 때문에 같은 위상에 있다는 것을 볼 수 있다. 그림 29.3a는 x축에 대한 장벡터를 보여 준다. 장은 모든 공간에 퍼져 있고, 평면파이기 때문에 x축에 평행한 직선에 대한 장벡터는 모두 같다.

그림 29.3a의 장벡터 대신에 장선을 그릴 수도 있다. 장선이 양방향으로 퍼지므로 지면에 완벽하게 표시할 수 없지만, 그림 29.3b처럼 직사각형 평판에 장선을 표시할 수 있다. 그림 29.3a와 그림 29.3b는 사실상 식 29.10과 29.11로 표현되는 평면 전자기파를 나타내는 동일한 그림이다. 하나는 길이가 장의 크기에 비례하는 장벡터를 사용하고, 다른 하나는 그 수가 장의 크기에 비례하는 장선을 사용하고 있다.

이제 그림 29.3과 식 29.10과 29.11에서 묘사된 전기장과 자기장이 맥스웰 방정식을 만족함을 증명하겠다. 수학적으로 편리하도록 파동의 장을 사인 모양 파형으로 택한다. 전기장과 자기장 모두 중첩 원리를 만족하고, 사인 함수를 중첩시켜서 어떤 모양의 파동도 만들 수 있다는 것을 14.5절에서 배웠다. 따라서 전자기파가 존재할 수 있다는 증명은 어떤 모양의 파동에서도 성립한다. 이것은 음악, 이미지, 데이터를 나타내는 복잡한 파형을 전달하기 위해 전자기파를 이용할 수 있다는 것을 의미한다.

가우스 법칙

진공에서는 전하가 없기 때문에 전기장과 자기장에 대한 가우스 법칙의 오른쪽 항이 모두 0이다. 이것은 어떤 닫힌 표면을 지나가는 전기 다발과 자기 다발도 반드시 0이어야 하며, 장선이 시작하거나 끝날 수 없다는 것을 의미한다. 그림 29.3b에 부분적으로 표시된 장선은 양방향으로 무한히 곧게 확장된다. 그래서 장선은 시작하거나 끝나지 않으므로, 가우스 법칙을 만족한다.

패러데이 법칙

패러데이 법칙을 만족시킨다는 것을 보이기 위해 그림 29.3b의 xy 평면을 살펴보자. 그림 29.4에서 볼 수 있는 것처럼 전기장선은 위아래 방향으로 움직이고, 자기장선은 지면을 들어가고 나오는 방향으로 움직인다. 그림에 표시된 높이 h, 미소 너비 dx의 직사각형 고리를 생각해 보자. 이 고리를 따라 전기장 $\vec{E}$를 선적분하면 전기장에 수직인 윗변과 아랫변에서는 0이다. 왼쪽 변에서는 전기장과 반대 방향이므로 선적분 결과는 $-Eh$이다. 오른쪽 변에서는 전기장과 같은 방향이므로 양의 값을 얻는다. 한편 전기장이 위치에 따라 변하므로, 오른쪽 변의 전기장은 왼쪽 변과 차이가 있다. 이 차이를 dE라고 하면, 오른쪽 변에서의 전기장은 $E + dE$이고, 선적분에 $(E + dE)h$만큼 기여한다. 따라서 고리에 대한 전기장 $\vec{E}$의 선적분 결과는 다음과 같다.

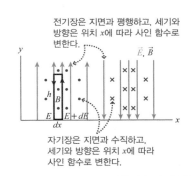

전기장은 지면과 평행하고, 세기와 방향은 위치 x에 따라 사인 함수로 변한다.

자기장은 지면과 수직하고, 세기와 방향은 위치 x에 따라 사인 함수로 변한다.

그림 29.4 패러데이 법칙에서 선적분을 위한 직사각형 고리를 가진 xy 평면에서 본 그림 29.3b의 단면

$$\oint \vec{E} \cdot d\vec{l} = -Eh + (E + dE)h = h\,dE$$

0이 아닌 선적분은 유도 전기장을 의미한다. 무엇에 의해 유도되었을까? 고리를 지나가는 자기 다발의 변화에 의해서다. 파동의 자기 다발이 변하기 때문에 파동의 전기장이 생긴다. 고리의 면적은 $h\,dx$이고, 자기장 $\vec{B}$가 고리면에 수직하므로, 고리를 지나가는 자기 다발은 $\Phi_B = Bh\,dx$이다. 따라서 고리를 지나가는 자기 다발의 변화율은 다음과 같다.

$$\frac{d\Phi_B}{dt} = h\,dx\frac{dB}{dt}$$

패러데이 법칙은 전기장의 선적분과 자기 다발의 변화율을 다음과 같이 관련시킨다.

$$\oint \vec{E} \cdot d\vec{l} = -\frac{d\Phi_B}{dt}$$

즉, 선적분과 자기 다발의 변화율 사이의 관계식으로부터 $h\,dE = -h\,dx(dB/dt)$이다. $h\,dx$로 양변을 나누면, $dE/dx = -dB/dt$를 얻는다. 이 식을 유도할 때, 어느 고정된 순간에서의 전기장 E의 변화를 고려하였다. 비슷하게 고정된 위치에서 시간에 대한 자기장 B의 변화를 이용하였다. 즉 두 장의 도함수는 한 변수를 고정시키고 다른 변수에 대한 변화율을 구하는 **편미분 도함수**이다. 미적분학에서 편미분 도함수에 대해 배웠다면, 기호 ∂는 편미분 도함수를 나타낸다는 것을 알 것이다. 따라서 $dE/dx = -dB/dt$는 수학적 편미분 기호를 이용하여 다음과 같이 표현해야 한다.

$$\frac{\partial E}{\partial x} = -\frac{\partial B}{\partial t} \tag{29.12}$$

결국 전기장의 위치 변화는 자기장의 시간 변화와 같다.

앙페르 법칙

그림 29.3b를 보자. xz 평면내의 자기장선과 xz 평면에 수직한 전기장선을 볼 수 있다(그림 29.5). 그림의 직사각형 고리에 대해 앙페르 법칙(식 29.9)을 적용해 보자. 직사각형의 짧은 변이 장의 방향과 수직하기 때문에 이 변에 대한 선적분의 기여는 없다. 왼쪽 변에서는 자기장과 같은 방향이므로 Bh이며, 오른쪽 변에서는 반대 방향이므로 $-(B + dB)h$이다. 여기서 dB는 직사각형 고리를 가로 지르는 B의 변화이다. 따라서 앙페르 법칙의 선적분 결과는 다음과 같다.

$$\oint \vec{B} \cdot d\vec{l} = Bh - (B + dB)h = -h\,dB$$

직사각형 고리의 면적은 $h\,dx$이므로, 고리를 지나가는 전기 다발은 $Eh\,dx$이다. 그러므로 전기 다발의 변화율은 다음과 같다.

$$\frac{d\Phi_E}{dt} = h\,dx\left(\frac{dE}{dt}\right)$$

앙페르 법칙은 자기장의 선적분과 전기 다발의 시간 변화율에 대한 관계를 나타내고 있으므로, $-h\,dB = \epsilon_0\mu_0 h\,dx(dE/dt)$를 얻는다. 양변을 $h\,dx$로 나누고, 편미분 도함수를 사용하여 표현하면 다음과 같은 식을 얻을 수 있다.

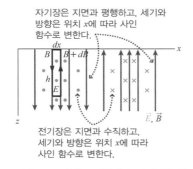

자기장은 지면과 평행하고, 세기와 방향은 위치 x에 따라 사인 함수로 변한다.

전기장은 지면과 수직하고, 세기와 방향은 위치 x에 따라 사인 함수로 변한다.

그림 29.5 앙페르 법칙에서 선적분을 위한 직사각형 고리를 가진 xz 평면에서 본 그림 29.3b의 단면

$$\frac{\partial B}{\partial x} = -\epsilon_0 \mu_0 \frac{\partial E}{\partial t} \qquad (29.13)$$

앙페르 법칙을 전자기파에 적용한 이 방정식에 따르면 위치에 따라 자기장이 변하는 비율은 시간에 따라 전기장이 변하는 비율에 의존한다. 이것은 식 29.12에서 보았던 것의 반대이고, 어디에나 있는 전기와 자기 사이의 상보성을 반영한다.

패러데이 법칙과 앙페르 법칙으로부터 유도된 식 29.12와 29.13은 그림 29.3과 같은 전자기파가 만족해야 하는 맥스웰의 보편적 전자기 법칙이다. 각각은 다른 장의 변화에 의해 발생하는 유도장을 설명한다. 처음 장의 변화에 의해 차례로 다른 장이 생성된다. 따라서 대전된 물질 없이 변하면서 존재하는 자기 영속적인 전자기적 구조이다. 그림 29.3의 평면 전자기파를 기술하는 식 29.10과 29.11이 식 29.12 및 29.13과 모순되지 않는다면, 전자기파가 맥스웰 방정식을 만족하므로 전기장과 자기장의 가능한 형태가 된다. 식 29.10과 29.11로 주어진 사인 함수 형태의 전기장과 자기장이 필요하지 않은 다른 접근법은 식 29.12와 29.13이 14장에 소개했던 파동 방정식으로 이어지는 것을 보이면 된다. 실전 문제 65에서 이 접근법을 탐구할 것이다.

파동장의 조건

식 29.12를 만족하는지 확인하기 위해 식 29.10의 전기장을 위치 x에 대해서 미분하고, 식 29.11의 자기장을 시간 t에 대해서 미분하면 다음의 두 식을 얻는다.

$$\frac{\partial E}{\partial x} = \frac{\partial}{\partial x}[E_\text{p} \sin(kx - \omega t)] = kE_\text{p} \cos(kx - \omega t)$$

$$\frac{\partial B}{\partial t} = \frac{\partial}{\partial t}[B_\text{p} \sin(kx - \omega t)] = -\omega B_\text{p} \cos(kx - \omega t)$$

식 29.12에 위의 결과를 적용하면 다음의 식을 얻는다.

$$kE_\text{p} \cos(kx - \omega t) = -[-\omega B_\text{p} \cos(kx - \omega t)]$$

다음이 성립하면 결국 식 29.12를 만족한다.

$$kE_\text{p} = \omega B_\text{p} \qquad (29.14)$$

또한 식 29.13을 만족하는지 확인하기 위해 식 29.11의 자기장을 위치 x에 대해서 미분하고 식 29.10의 전기장을 시간 t에 대해서 미분하면 다음의 두 식을 얻는다.

$$\frac{\partial B}{\partial x} = kB_\text{p} \cos(kx - \omega t), \quad \frac{\partial E}{\partial t} = -\omega E_\text{p} \cos(kx - \omega t)$$

식 29.13에 위의 결과를 적용하면, 다음의 식을 얻는다.

$$kB_\text{p} \cos(kx - \omega t) = -\epsilon_0 \mu_0 [-\omega E_\text{p} \cos(kx - \omega t)]$$

따라서 다음이 성립하면 결국 식 29.13을 만족한다.

$$kB_\text{p} = \epsilon_0 \mu_0 \omega E_\text{p} \qquad (29.15)$$

진폭 E_p와 B_p, 각진동수 ω, 파수 k가 식 29.14와 29.15를 만족하면, 그림 29.3과 식 29.10, 29.11로 기술되는 전자기파가 존재한다는 뜻이다. 물리적으로 이러한 파동의 존재는 전기장 또는 자기장의 변화가 다른 장을 유도하여 자기 영속적인 전자기장 구조를 야기하기 때문에 가능하다. 따라서 맥스웰의 이론은 전자기파라는 완전히 새로운 현상을 예측한다. 이제 이러한 파동의 특성에 대해 알아보자.

29.2 식 29.12와 29.13은 전자기파의 이해에 대한 기초를 형성할 것이다. 그것들은 맥스웰 방정식 중의 어느 두 방정식으로부터 유도되는가? (a) 전기에 대한 가우스 법칙과 자기에 대한 가우스 법칙, (b) 전기에 대한 가우스 법칙과 앙페르 법칙, (c) 패러데이 법칙과 앙페르 법칙, (d) 자기에 대한 가우스 법칙과 패러데이 법칙

29.5 전자기파의 특성

LO 29.5 진공에서의 전자기파 특성을 설명할 수 있다.

파동 속력

14장에서 사인 모양 파동의 속력은 각진동수와 파수의 비로 파동 속력 $= \omega/k$이다. 전자기파의 속력을 구하기 위해 식 29.14로부터 $E_P = \omega B_P/k$를 구하고, 식 29.15에 이 결과를 적용하면 다음의 식을 얻을 수 있다.

$$k B_{\mathrm{p}} = \epsilon_0 \mu_0 \omega E_{\mathrm{p}} = \frac{\epsilon_0 \mu_0 \omega^2 B_{\mathrm{p}}}{k}$$

진폭 B_P를 약분하고, 파동 속력 ω/k에 대해 풀면 다음의 식을 얻는다.

14장에서 배웠듯이 파동의 속력은 각진동수 ω와 파수 k의 비이다.

$$\text{파동 속력} = \frac{\omega}{k} = \frac{1}{\sqrt{\epsilon_0 \mu_0}} \quad \text{(진공에서 전자기파의 속력)} \tag{29.16a}$$

진공에서 전자기파의 속력은 전기와 자기 상수 ϵ_0과 μ_0에만 의존한다.

이 결과는 진공에서 전자기파의 속력은 전기와 자기 상수 ϵ_0과 μ_0에만 의존한다는 것을 보여 준다. 진공에서 모든 전자기파는 진동수나 진폭에 무관하게 이와 같은 속력으로 진행한다. 이 결과는 사인 모양의 파동에 대해 유도되었지만, 중첩 원리에 따라 모든 파형의 전자기파에 대해서도 성립한다.

앞 표지 안쪽에 첨부된 표로부터 알려진 ϵ_0과 μ_0의 값을 사용하여 식 29.16a에서 파동 속력을 계산하면 다음과 같다.

$$\frac{1}{\sqrt{\epsilon_0 \mu_0}} = \frac{1}{\sqrt{(8.854 \times 10^{-12}\, \mathrm{C}^2/\mathrm{N \cdot m}^2)(1.257 \times 10^{-6}\, \mathrm{N/A}^2)}} = 3.00 \times 10^8\, \mathrm{m/s}$$

그러나 이 값은 빛의 속력이다! 맥스웰 이전의 두 세기 동안, 과학자들은 빛의 속력을 점점 정확하게 측정하였다. 또한 1801년 토마스 영(Thomas Young)의 간섭 실험으로 빛이 파동임을 알고 있었다. 1860년대 맥스웰은 광학이나 빛에 대한 언급 없이 전기와 자기에 대한 실험에서 발전한 이론을 이용하여 전기장과 자기장의 상호작용이 전자기파를 어떻게 발생시키는지를 보여 주었다. 상수 ϵ_0과 μ_0으로부터 계산된 전자기파의 속력은 알려진 빛의 속력과 같

았다. 맥스웰은 다음과 같은 피할 수 없는 결론을 내렸다. 빛은 전자기파이다.

맥스웰이 빛을 전자기 현상으로 인식한 것은 과학에서 지식의 통합의 전형적인 예이다. 간단한 계산으로 맥스웰은 광학 전 분야를 전자기학의 일부로 만들었다. 맥스웰의 업적은 지성의 승리이며, 아직도 우주에 대한 인간의 이해를 넓히고 있다.

맥스웰의 발견으로 식 29.16a를 다음과 같이 표현할 수 있다.

진공에서 전자기파의 속력 ω/k는 …

$$\frac{\omega}{k} = c \text{ (진공에서 전자기파의 속력, 빛의 속력 } c!)} \tag{29.16b}$$

… 빛의 속력 c와 같다.

여기서 $c = 1/\sqrt{\epsilon_0 \mu_0}$ 은 빛의 속력이다. $\omega = 2\pi f$ 이고, $k = 2\pi/\lambda$ 이기 때문에, 식 29.16b는 좀 더 친숙한 진동수 f와 파장 λ로 표현하면 다음과 같다.

14장에서 배웠듯이 파동의 속력은 진동수 f와 파장 λ의 곱이다.

$$f\lambda = c \text{ (진동수, 파장, 빛의 속력)} \tag{29.16c}$$

전자기파의 속력은 빛의 속력 c이다.

1장에서 소개하였듯이, 표준 단위계로 빛의 속력 c의 정확한 값은 299,792,458 m/s이다. c에 대한 비표준 단위계 값들로 초당 약 186,000마일, 나노초당 약 1풋(연습 문제 18 참조), 그리고 정확하게 년당 1광년이 있다.

파동 진폭

위의 분석에서 진폭 E_P와 B_P가 없으므로 전자기파의 속력은 진폭에 무관하다. 그러나 장의 세기 E와 B는 독립적이지 않다. $\omega/k = c$를 사용하여 식 29.14를 다음과 같이 다시 쓸 수 있다.

전자기파의 전기장 진폭 E와 …

$$E = \frac{\omega}{k}B = cB \text{ (진공에서 전자기파의 } E\text{와 } B\text{의 관계)} \tag{29.17}$$

… 자기장 진폭 B는 연관되어 있다.

위상, 진행 방향, 물질에서의 파동

그림 29.3과 식 29.10, 29.11의 파동은 시간상 같은 위상의 $\vec{E}$와 $\vec{B}$를 가진다. 즉 동시에 같은 정점의 값을 가진다. 반면에 공간상에서 서로 수직하고, 파동의 진행 방향에는 수직하다. 파동 속력을 유도할 때 이러한 특성을 이용하였으므로, 진공에서 전자기파는 $\vec{E}$와 $\vec{B}$가 서로 수직하고 위상이 맞는 횡파이다. 특히 전자기파의 진행 방향은 벡터곱 $\vec{E} \times \vec{B}$의 방향으로 주어진다. 이러한 기하학적 특성은 공기나 유리 같은 물질 안에서도 성립한다. 공기에 대해서는 차이가 매우 작다고 하더라도 이와 같은 물질에서 전자기파의 속력은 진공에서보다 작다. 좀 더 복잡한 물질에서의 전자기파는 특성과 진행 속력이 매우 다를 수 있다.

예제 29.2 **전자기파의 특성: 레이저 광선** 응용 문제가 있는 예제

파장 633 nm의 레이저 광선이 공기 중에서 $+z$방향으로 진행한다. 전기장은 x축에 평행하고 진폭은 6.0 kV/m이다. 파동의 (a) 진동수, (b) 자기장 진폭, (c) 자기장의 방향을 각각 구하라.

해석 빛은 전자기파이므로 레이저 광선은 전자기파의 특성을 갖는다. 공기 중에서 전자기파의 속력은 진공에서 속력과 거의 같다. 파장과 전기장 진폭 E_p가 주어져 있다.

과정 파장과 진동수의 관계식 29.16c, $f\lambda = c$에서 (a)의 답을 구한다. 식 29.17, $E = cB$에서 주어진 E_p의 값으로부터 (b)의 답을 구한다. (c)의 경우, $\vec{B}$의 방향을 추론하는데 도움이 되도록 그림 29.3a를 방향 전환하여 다시 그린다.

풀이 (a) 진동수는 다음과 같다.

$$f = c/\lambda = (3.0 \times 10^8 \text{ m/s})/(633 \text{ nm}) = 4.7 \times 10^{14} \text{ Hz}$$

(b) 자기장의 진폭은 $B_p = E_p/c = 20 \ \mu\text{T}$이다.

(c) 그림 29.6은 레이저 광선은 $+z$방향으로 진행하고, $\vec{E}$는 x축을 따라 진동하므로, $\vec{B}$는 y축에 평행해야 한다는 것을 보여 준다. 이것이 우리가 자기장 방향에 대해 말할 수 있는 정도이다. 그

림 29.6에서 볼 수 있듯이, $\vec{B}$는 파동의 일부분에서는 $+y$방향이고, 다른 부분에서는 $-y$방향이다.

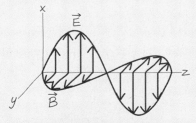

그림 29.6 예제 29.2의 파동 진행 방향에 따른 그림 29.3a의 재도식화. 그림 29.3처럼 오른손 좌표계를 따라 x, y, z축의 방향을 잡는 것이 중요하다. 마찬가지로 $\vec{E} \times \vec{B}$의 방향이 파동의 진행 방향이다.

검증 진동수 10^{14} Hz는 엄청나게 큰 값이지만, 빛의 파장이 매우 짧으므로 진동수가 실제로 높다. 그림 29.3과 29.6에서 장벡터 $\vec{E}$와 $\vec{B}$, 그리고 진행 방향이 오른손 좌표계를 이루므로 이들 중 둘만 알면 세 번째 방향을 알 수 있다.

편광

$\vec{E}$와 $\vec{B}$가 서로 수직하지만 진행 방향에 수직인 평면에서는 어떤 방향도 가능하다. **편광**(polarization)은 전기장의 방향을 지정하며, 따라서 수직 자기장의 방향도 결정된다(그림 29.7 참조).

라디오와 TV에 사용되는 전자기파는 안테나에서 방출되어 명확히 편광되어 있다. 대부분의 레이저 광선도 편광되어 있다. 이와 대조적으로 태양이나 전구에서 나오는 빛은 비편광으로 장의 방향이 마구잡이로 섞여 있다. 비편광 빛은 표면에서 반사되거나 방향성 물질을 투과하면 편광된다. 여러 결정들과 폴라로이드 같은 합성 물질은 이러한 투과축을 가지고 있다. 도로와 자동차 후드에서 반사된 빛은 수평으로 부분 편광되므로, 투과축이 수직인 폴라로이드 선글라스는 눈부심을 막는다. 수면에서 반사되는 빛도 같은 현상이 발생하므로 폴라로이드 선글라스는 특히 보트를 타는 사람에게 유용하다.

편광 물질은 전기장 $\vec{E}$의 투과축 성분만을 감쇠없이 통과시킨다. 즉, $E\cos\theta$만이 편광 물질을 빠져나올 수 있다. 여기서 θ는 전기장과 투과축 사이의 각도이다. 전자기파의 세기가 장 세기의 제곱에 비례한다는 것을 조금 뒤에 설명할 것이다. 결과적으로 세기가 S_0인 파동은 **말뤼스 법칙**(law of Malus)에 의해 주어진 세기를 가지고 편광기를 빠져나온다.

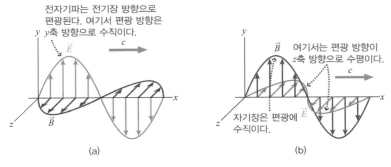

그림에서: 전자기파는 전기장 방향으로 편광된다. 여기서 편광 방향은 y축 방향으로 수직이다.

(a)

여기서는 편광 방향이 z축 방향으로 수평이다.

자기장은 편광에 수직이다.

(b)

그림 29.7 편광 방향은 파동의 전기장 방향과 같다.

$$S = S_0 \cos^2 \theta \qquad (29.18)$$

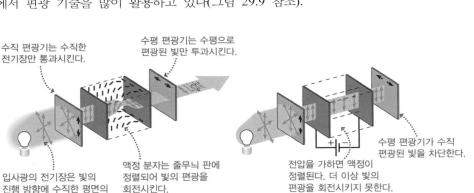

그림 29.8 투과축이 서로 수직인 두 편광 물질. 겹친 영역에서는 빛이 투과하지 못한다.

따라서 전자기파의 편광에 수직인 투과축을 가진 편광기는 전자기파를 완전히 차단시킨다 (그림 29.8 참조).

편광을 측정하면, 전자기파의 원천과 투과한 물질에 대해서도 알 수 있다. 많은 천체물리학적 과정은 편광된 파동을 생성한다. 이들의 편광은 우주에서 작동하는 메커니즘에 대한 단서를 제공한다. 지질학자는 얇은 암석편에 편광된 빛을 투과시켜서 암석의 조성을 조사하고, 공학자는 편광을 사용하여 기계적 구조에서 생긴 변형의 위치를 파악한다. 휴대폰, 카메라, 컴퓨터 및 TV에 흔히 사용하는 액정 디스플레이(liquid crystal display, LCD)를 포함한 기술에서 편광 기술을 많이 활용하고 있다(그림 29.9 참조).

수직 편광기는 수직한 전기장만 통과시킨다.

수평 편광기는 수평으로 편광된 빛만 투과시킨다.

입사광의 전기장은 빛의 진행 방향에 수직한 평면의 모든 방향으로 진동한다.

액정 분자는 줄무늬 판에 정렬되어 빛의 편광을 회전시킨다.

전압을 가하면 액정이 정렬된다. 더 이상 빛의 편광을 회전시키지 못한다.

수평 편광기가 수직 편광된 빛을 차단한다.

그림 29.9 편광은 액정 디스플레이(LCD)의 작동에 중요한 역할을 한다. 위 그림과 같은 한 단위의 구조가 TV 또는 컴퓨터 화면의 수백만 개 LCD 화소에 해당한다.

개념 예제 29.1 **직각의 두 편광기**

비편광 빛을 투과축이 서로 수직인 한 쌍의 편광기에 비추면, 어떤 빛도 그 조합을 통과하지 못한다. 세 번째 편광기를 그 투과축이 다른 축들과 45°가 되도록 두 편광기 사이에 넣으면 어떻게 되는가?

풀이 중간 편광기의 투과축은 첫 번째 편광기의 축에 수직하지 않으므로 첫 번째 편광기를 통과한 일부 빛이 중간 편광기를 통과한다. 그 빛의 편광은 마지막 편광기의 투과축에 수직하지 않으므로 일부 빛은 마지막까지 통과한다.

검증 이 결과는 놀랍다. 바깥쪽 두 편광기가 수직인데, 어떻게 세

번째 편광기가 상황을 바꿀 수 있을까? 인접한 어떠한 두 편광기도 수직이지 않으므로 각 쌍은 일부 빛을 통과시킨다. 끼워 넣은 세 번째 편광기가 빛이 그전에 통과하지 못하던 곳을 통과하게 만든다.

관련 문제 이 편광기 '샌드위치'를 빠져나오는 빛의 세기를 입사된 비편광 빛의 세기와 비교하라.

풀이 비편광 빛에는 편광 방향이 제멋대로 섞여 있으므로 식

29.18의 $\cos^2\theta$의 범위는 첫 번째 편광기에서 0부터 1까지이다. 그 평균은 $\frac{1}{2}$이므로 첫 번째 편광기를 빠져나온 세기는 입사 세기의 절반이다. 이 빛은 이제 첫 번째 편광기의 방향으로 편광되어 있고, 다음으로 45° 방향의 중간 편광기를 통과한다. $\cos 45°=1/\sqrt{2}$이므로 식 29.18에 따라 그 세기는 다시 절반으로 줄어든다. 중간 편광기를 빠져 나온 빛은 마지막 편광기를 통과하는데, 그 편광기는 빛의 새로운 편광에 대해 45° 방향을 향하고 있다. 그래서 빛의 세기는 또한번 절반이 된다. 매번 절반씩 세 번 줄어든 결과 '샌드위치'를 빠져나온 빛의 세기는 입사한 빛의 세기의 $\frac{1}{8}$ 배이다.

29.6 전자기 스펙트럼

LO 29.6 전자기 스펙트럼을 설명할 수 있다.

식 29.16은 전자기파의 진동수와 파장 관계식이지만, 둘 중 하나는 임의적이다. 즉 전자기파는 임의의 진동수 또는 마찬가지로 임의의 파장을 가질 수 있다는 것을 의미한다. 가시광선의 파장은 400 nm에서 700 nm이고, 대응되는 진동수의 영역은 7.5×10^{14} Hz에서 4.3×10^{14} Hz이다. 서로 다른 파장 또는 진동수는 다른 색상에 대응되며, 가시광선 영역의 긴 파장, 낮은 진동수 끝은 빨간색이고, 짧은 파장, 높은 진동수 끝은 보라색이다(그림 29.10의 확대 그림 참조).

그림 29.10은 가시광선과 크기가 다른 주파수와 파장을 포함한 모든 **전자기 스펙트럼**(electromagnetic spectrum)을 보여 준다. 맥스웰 시대에는 매우 좁은 가시광선 영역을 넘어서 볼 수 없는 전자기파에 대해서는 알려져 있지 않았다. 1888년에 독일의 물리학자 헤르츠(Heinrich Hertz)가 가시광선보다 훨씬 낮은 진동수의 전자기파를 성공적으로 검출하고 생성하면서부터 맥스웰의 이론이 실증되기 시작했다. 헤르츠는 앙페르 법칙에 대한 맥스웰의 수정을 검증하기 위한 실험을 시작하였지만 그의 실험 결과는 엄청난 파급 효과를 가져왔다. 1901년에 이탈리아의 과학자 구글리엘모 마르코니(Guglielmo Marconi)는 대서양을 가로질러 전자기파를 전송하여 대중을 열광시켰다. 맥스웰의 이론으로 박차를 가한 헤르츠와 마르코니의 발견으로 현대 사회를 지배하고 있는 무선 통신을 가능하게 한 라디오, TV, 마이크로파 등 현대의 전자 기술이 태동하기 시작했다. 오늘날에는 진동수가 수 Hz에서 3×10^{11} Hz인 전자기파를 라디오파라고 한다. 일상의 AM 라디오는 1 MHz, FM 라디오는 100

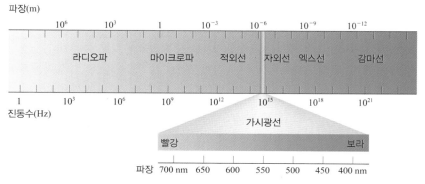

그림 29.10 전자기 스펙트럼은 라디오파에서 감마선까지 광범위하다. 가시광선은 좁은 영역의 파장과 진동수에 속한다.

MHz이고, 텔레비전은 약 50 MHz에서 1 GHz 범위의 스펙트럼이고, 와이파이(WiFi), 레이더(radar), 요리, 휴대폰 및 위성 통신 등의 마이크로파는 1 GHz 또는 그 이상이다.

라디오파와 가시광선 사이는 적외선 영역이다. 이 영역의 전자기파는 따뜻한 물체에서 방출된다. 눈에 보일 정도로 뜨겁지 않은 물체도 적외선을 방출한다. 이 때문에 적외선 카메라를 이용하여 의료 진단에서 미세한 온도 차이를 구별하고, 건물의 열손실 부분을 확인하고, 성간 기체와 먼지구름에서 별의 탄생을 연구한다.

가시광선을 넘어서면 햇볕에 타는 원인이 되는 자외선, 투과력이 강한 엑스선, 방사성 붕괴로 생기는 감마선 등이 있다. 라디오파에서 감마선까지 이 모든 현상은 근본적으로 같다. 모두 주파수와 파장만 다른 전자기파이다. 진공에서 광속 c로 진행하고, 패러데이 법칙과 앙페르 법칙이 기술하는 유도 과정으로 생성되는 전기장과 자기장의 진행 파동이다. 전자기파를 여러 다른 이름으로 부르는 것은 단지 편의성 때문이다. 진동수와 파장의 연속적인 범위에는 간격이 없다. 파장이 다른 파동은 물질과 다르게 상호작용하기 때문에 실제적인 차이가 발생한다. 특히 파장이 짧은 전자기파는 보다 작은 계에 의해 가장 효율적으로 생성되고 흡수되는 경향이 있다.

지구 대기는 가시광선과 대부분의 라디오파에 투명하다. 하지만 대부분의 적외선, 고진동수 자외선, 엑스선, 그리고 감마선(고진동수 감마선 제외) 등에는 불투명하다. 자외선이 대기권 상층부의 오존 가스에 의해 흡수되지 않는다면, 지상의 생명체가 위험해지며, 수증기, 이산화탄소, 다른 기체 등이 빠져나가는 적외선을 흡수하지 못하면 지구는 훨씬 더 추울 것이다. 그럼에도 불구하고 인류의 활동으로 온실 기체가 증가하여, 지구 기후 변화의 쟁점으로 온실 효과가 부상하고 있다. 우주 시대 이전에는 지구 너머 우주에 대한 인류의 지식은 가시광선과 약한 라디오 신호에 국한되어 있었다. 오늘날에는 우주선을 이용하여 라디오파에서 감마선까지 모든 파장을 이용하여 우주를 관찰하고 있다. 지구 대기권을 투과하는 전자기파 밖에 수신할 수 없다면 우주에 대한 인류의 지식은 심각하게 제한될 것이다.

 확인 문제 **29.4** 그림 29.10을 보면 감마선의 진동수는 (a) 가시광선의 진동수보다 약 50% 더 크다, (b) 가시광선 진동수의 백만분의 일 정도이다, (c) 가시광선의 진동수보다 백만 배 더 크다.

29.7 전자기파의 발생

LO 29.7 전자기파가 어떻게 발생되는지 설명할 수 있다.

변하는 전기장 또는 자기장에 의해 전자기파가 발생될 수 있다. 일단 하나의 장이 변하면, 유도 현상으로 다른 장이 생성되고, 변하는 장은 계속해서 서로를 재생성하여 파동을 발생시킨다. 궁극적으로 두 가지 유형의 변하는 장은 전하의 운동을 변화시킬 때 발생한다. 그러므로 **가속 전하가 바로 전자기파의 원천**이다.

라디오 송신기에서 가속 전하는 LC 회로의 교류 전압에 의해 구동되어 안테나를 따라 앞뒤로 움직이는 전자이다(그림 29.11 참조). 엑스선관에서는 고에너지 전자가 표적물과 부딪히면서 급속히 감속되는 과정에서 엑스선 영역에 있는 전자기파를 방출한다. 전자레인지의 마그네트론에서는 자기장 주위를 원운동하고 있는 전자의 구심 가속도가 음식을 요리하는

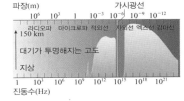

마이크로파의 원천이다. 또한 원자 내 전자의 움직임의 변화가 가시광선의 원천이며, 이는 양자역학으로만 설명될 수 있다. 가속 전하가 주기 운동을 하면 파동의 진동수는 운동의 진동수와 같다. 일반적으로 계의 크기와 파장이 비슷한 계가 가장 효과적으로 전자기파를 생성(혹은 수신)한다. TV 안테나의 길이를 수 m로 만들고, 지름이 10^{-15} m인 원자핵이 감마선을 방출하는 것은 이 때문이다.

가속 전하로부터 전자기파를 구하는 것은 물리학자와 공학자에게 도전적이지만 중요한 문제이다. 그림 29.12는 안테나에서 원자와 분자에 이르는 많은 계에 의해 근사되는 구성인 진동하는 쌍극자의 장을 보여 준다. 파동은 진동축에 수직한 방향으로 가장 강하고, 진동 방향으로는 복사가 없다. 이는 다른 현상 중에서도 안테나의 길이 방향에 수직한 방향으로 가장 효과적으로 송수신하는 라디오와 TV 안테나의 방향성을 설명한다.

그림 29.12의 장은 우리가 전자기파의 가능성을 설명하는데 사용된 그림 29.3의 평면파의 장과는 다르다. 가속 전하의 진동판이 무한히 많아야 실제 평면파를 만들 수 있지만 이는 불가능하다. 그러나 쌍극자에서 멀리 떨어지면 그림 29.12의 곡선장이 점점 직선이 되므로 그 파동을 평면파로 어림할 수 있다. 즉 평면파 분석은 국소 파원으로부터 먼 거리에서만 유효한 어림이다. 파원에 가까울수록 파동장의 모습이 복잡해지지만 맥스웰 방정식을 만족하기는 마찬가지이다.

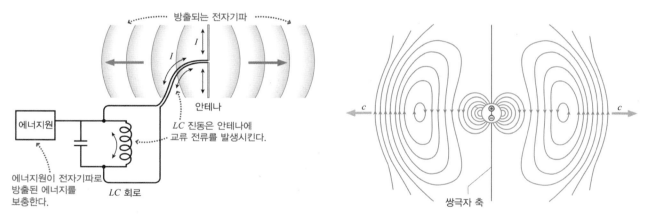

그림 29.11 라디오 송신기의 개략도   **그림 29.12** 진동하는 전기 쌍극자의 전기장 순간 포착 사진

확인 문제

29.5 분자생물학자와 제약 회사는 생체 분자의 연구와 신약 개발을 하기 위해 점점 더 싱크로트론 복사(synchrotron radiation)에 눈을 돌리고 있다. 이 강력한 전자기 복사는 자기장을 이용하여 전자가 원형 경로를 유지할 수 있도록 하는 소위 저장 고리에서 고속으로 원운동하는 전자로부터 발생한다. 이러한 전자기파를 생성하는 데 가장 필수적인 것은 다음 중 어느 것인가? (a) 전자가 원형 경로를 따라 움직이고 있고 따라서 가속되고 있다는 사실, (b) 강한 자기장의 존재, (c) 전자의 높은 속력

29.8 전자기파의 에너지와 운동량

앞장에서 전기장과 자기장은 에너지를 저장하고 있다는 것을 배웠다. 전자기파는 전기장과 자기장의 조합이다. 전자기파가 전파됨에 따라 파동은 저장된 에너지를 전달한다.

파동 세기

14장에서 파동 세기를 단위 면적당 에너지 전달률(W/m^2)로 정의하였다. 파동의 진행 방향에 수직한 면을 가진 두께 dx, 단면적 A의 직사각형 상자에서 평면 전자기파의 세기 S를 구해 보자(그림 29.13). 상자 안에는 에너지 밀도가 식 23.7과 26.9에 의해 주어지는 파동장 $\vec{E}$와 $\vec{B}$가 있다. $u_E = \frac{1}{2}\epsilon_0 E^2$, $u_B = B^2/2\mu_0$이다. 만약 E와 B가 크게 변하지 않을 정도로 dx가 충분히 작다면, 상자의 총에너지는 전기와 자기 에너지 밀도의 합과 상자의 부피 $A\,dx$의 곱이다.

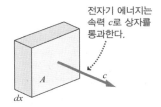

전자기 에너지는 속력 c로 상자를 통과한다.

그림 29.13 전자기파 진행 방향에 수직한 길이 dx, 단면적 A의 직육면체 상자

$$dU = (u_E + u_B)A\,dx = \frac{1}{2}\left(\epsilon_0 E^2 + \frac{B^2}{\mu_0}\right)A\,dx$$

이 에너지는 속력 c로 움직이므로, 시간 $dt = dx/c$ 동안 모든 에너지가 상자에서 나온다. 단면적 A를 통해 움직이는 에너지의 시간 변화율은

$$\frac{dU}{dt} = \frac{1}{2}\left(\epsilon_0 E^2 + \frac{B^2}{\mu_0}\right)\frac{A\,dx}{dx/c} = \frac{c}{2}\left(\epsilon_0 E^2 + \frac{B^2}{\mu_0}\right)A$$

이다. 따라서 세기 S, 즉 단위 면적당 에너지 흐름률은 다음과 같다.

$$S = \frac{c}{2}\left(\epsilon_0 E^2 + \frac{B^2}{\mu_0}\right)$$

전자기파에 대한 관계식 $E = cB$와 $B = E/c$를 이용하면 이 방정식을 좀 더 간단한 형태로 다시 쓸 수 있다. E^2에서 하나의 E를 cB로, B^2에서 하나의 B를 E/c로 바꾸면, 즉 $E^2 = E(cB)$, $B^2 = B(E/c)$로 쓰면 다음의 식을 얻을 수 있다.

$$S = \frac{c}{2}\left(\epsilon_0 cEB + \frac{EB}{\mu_0 c}\right) = \frac{1}{2\mu_0}(\epsilon_0 \mu_0 c^2 + 1)EB$$

그러나 $c = 1/\sqrt{\epsilon_0\mu_0}$, 즉 $\epsilon_0\mu_0 c^2 = 1$이므로 세기 S를 다음과 같이 표기할 수 있다.

$$S = \frac{EB}{\mu_0} \tag{29.19a}$$

전자기파에 대해 식 29.19a를 도출했지만 이것은 평행하지 않은 전기장과 자기장이 전자기 에너지의 흐름을 야기하는 더 일반적인 결과의 특수한 경우이다. 일반적으로 단위 면적당 에너지 흐름률은 다음과 같이 주어진다.

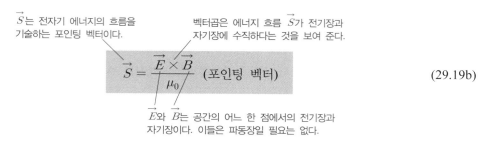

S는 전자기 에너지의 흐름을 기술하는 포인팅 벡터이다.

벡터곱은 에너지 흐름 $\vec{S}$가 전기장과 자기장에 수직이다는 것을 보여 준다.

$$\vec{S} = \frac{\vec{E} \times \vec{B}}{\mu_0} \quad \text{(포인팅 벡터)} \tag{29.19b}$$

E와 B는 공간의 어느 한 점에서의 전기장과 자기장이다. 이들은 파동장일 필요는 없다.

여기에서 벡터 $\vec{S}$는 에너지 흐름의 방향과 크기를 알려준다. 진공에서 $\vec{E}$와 $\vec{B}$가 수직인 전자기파의 경우 식 29.19b는 29.19a와 같이 쓸 수 있으며, 에너지가 흐르는 방향과 전자기파의 진행 방향이 같다. 벡터량 $\vec{S}$를 1884년 처음으로 제안한 영국의 물리학자 존 포인팅(John Henry Poynting)의 이름을 따 **포인팅 벡터**(Poynting vector)라고 부른다. 실전 문제 62에서 전자기파 이외의 다른 장에 대한 포인팅 벡터의 중요한 응용을 탐구한다.

전자기파에서 장이 진동하므로 세기도 진동한다. 우리는 보통 이런 빠른 진동에 관심이 없다. 예를 들어 태양 전지판을 설계하는 공학자는 태양광의 세기가 10^{14} Hz로 진동하는 사실에 신경쓰지 않는다. 정말로 원하는 것은 평균 세기 $\bar{S}$이다. 식 29.19a에 의해 주어지는 순간 세기는 사인 모양으로 변하는 항들의 곱을 포함하고 있기 때문에 평균 세기는 봉우리 값의 반이 되어 다음을 얻는다.

$$\bar{S} = \frac{\overline{EB}}{\mu_0} = \frac{E_p B_p}{2\mu_0} \quad \text{(평균 세기)} \tag{29.20a}$$

가시광선의 평균 세기 $\bar{S}$는 희미한 촛불의 수 W/m^{2}에서 강한 레이저빔의 수 MW/m^{2}에 이른다.

식 29.20a는 전기장과 자기장의 두 항으로 표현했지만, $E = cB$를 이용하여 다음과 같이 한 장으로만 표기할 수도 있다.

$$\bar{S} = \frac{E_p^2}{2\mu_0 c}, \quad \bar{S} = \frac{cB_p^2}{2\mu_0} \tag{29.20b, c}$$

확인 문제 **29.6** 레이저 1과 2는 같은 색의 빛을 방출하며, 레이저 1의 전기장은 레이저 2의 전기장보다 2배 강하다. 두 레이저의 (1) 자기장, (2) 세기, (3) 파장은 각각 어떠한지 비교하라.

예제 29.3 **장과 일률 : 태양 에너지**

맑은 날 정오에 태양광의 평균 세기는 약 1 kW/m^{2}이다. (a) 태양광의 전기장과 자기장의 봉우리 값은 얼마인가? (b) 이 정도의 세기에서 약 1 kW의 비율로 전기 에너지를 소비하는 평균 북미 가정에 전기를 공급하기 위해 효율이 20%인 태양 전지판의 면적은 얼마인가?

해석 (a) 전기장과 자기장의 봉우리 값을 구하는 문제이고, 1 kW/m^{2}는 평균 세기 $\bar{S}$이다. (b) 태양 전지판의 일률을 구하는 문제이다.

과정 (a) 식 29.20b, $\bar{S} = E_p^2/2\mu_0 c$와 식 29.20c, $\bar{S} = cB_p^2/2\mu_0$

은 장의 봉우리 값과 평균 세기에 대한 관계식이다. 두 식을 함께 풀 수도 있지만, 한 식을 풀고 식 29.17, $E = cB$로 다른 장을 구하는 것이 한결 쉽다. (b) 20%의 효율을 이용하여 태양 전지판의 제곱미터당 유효 전력을 구하고, 가정의 1 kW 평균 전기 에너지 소비율을 공급하기 위해 필요한 면적을 구해야 할 것이다.

풀이 (a) 식 29.20c에서

$$B_p = \sqrt{2\mu_0 \bar{S}/c} = 2.9 \ \mu\text{T}$$

이다. 그러면 식 29.17에서 $E = cB = 0.87$ kV/m이다. (b) 효율이 20%이고, 태양광의 평균 세기가 1 kW/m^{2}이므로, 태양 전지판의 $1\,m^2$당 일률은 $0.20\,kW$이다. 따라서 $1\,kW$의 비율로 전기 에너지를 공급하기 위해 필요한 면적은 $5\,m^2$이다.

검증 계산한 장은 비교적 크지 않다. 이처럼 강한 태양광으로도 큰 전기장과 자기장을 만들 수 없다. 면적 $5\,m^2$의 태양 전지판은 보통 집 지붕의 $100\,m^2$보다 작다. 하지만 태양이 항상 비추고 있는 것도 아니고, 확실히 정오의 세기도 아니기 때문에, $5\,m^2$ 이상의 태양 전지판이 필요할 것이다. 하지만 여전히 현실적이다. 흐린 날에도 버몬트에 있는 저자의 집은 지붕의 절반 이하의 태양 전지판에서 집이 소비하는 것보다 더 많은 전기 에너지를 생성한다.

국소 파원

전자기파가 원자, 라디오 송신 안테나, 전구, 별과 같은 국소 파원에서 발생할 때, 파면은 평면이 아니라 팽창하는 구면이다(그림 14.13 참조). 파동이 진행하면서 파동 에너지는 거리의 제곱으로 증가하는 구면으로 퍼진다. 따라서 14장에서 역학적 파동에 대해 배운 것처럼 단위 면적당 일률(세기라고도 하며 전자기파의 경우 S로 표기한다)은 거리의 역제곱으로 감소한다.

$$S = \frac{P}{4\pi r^2} \qquad (29.21)$$

여기서 S와 P는 봉우리 혹은 평균 세기와 일률이며, r는 파원까지의 거리이다. 세기는 전자기파가 '약화되고' 에너지를 잃어버리는 것이 아니라 그들의 에너지가 넓게 퍼지기 때문에 감소한다.

전자기파의 세기가 장의 세기의 제곱에 비례하므로(식 29.20), 식 29.21은 구면파의 장이 $1/r$로 감소한다는 것을 보여 준다. 정지한 점전하의 전기장이 $1/r^2$으로 감소하는 것과 대조하여 보면, 가속하는 전하가 만드는 파동장이 전하 바로 근처를 제외한 모든 곳에서 우세한 이유를 알 수 있다.

| 예제 29.4 | 전자기파 세기: 휴대폰 수신 | 응용 문제가 있는 예제 |

휴대폰의 평균 출력은 약 $0.6\,W$이다. 휴대폰 기지국에서 $1.2\,mV/m$의 봉우리 전기장을 수신할 수 있다면, 기지국에서 휴대폰까지 허용되는 최대 거리는 얼마인가?

해석 $0.6\,W$의 휴대폰에서 기지국까지의 거리를 구하는 문제이다. 이때 기지국에서 수신한 휴대폰의 전기장이 $1.2\,mV/m$보다 커야 한다.

과정 $0.6\,W$의 신호가 모든 방향으로 퍼지므로, 식 29.21 $\bar{S} = \bar{P}/4\pi r^2$은 휴대폰에서 거리 r인 곳의 평균 세기이다(여기서 물리

량 위의 막대는 평균 양을 의미한다). 식 29.20b의 $\bar{S}$를 이용하면 $\bar{P}/4\pi r^2 = E_P^2/2\mu_0 c$이다. 이 식에서 $E_P = 1.2\,mV/m$인 거리 r를 구한다.

풀이 $P = 0.6\,W$와 $E_P = 1.2\,mV/m$를 이용하여 r에 대해 풀면 $r = \sqrt{2\mu_0 cP/4\pi E_P^2} = 5\,km$를 얻는다.

검증 구한 답은 대략 3마일로 아래의 응용물리에서 다룬 기지국의 반지름보다 길다. 이것은 기지국 안의 모든 휴대폰들이 안정적으로 송수신할 수 있을 정도이다.

응용물리 **휴대폰과 무선 통신망**

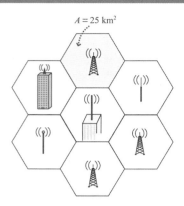

휴대폰 안에는 매우 작은 저출력 라디오 송신기가 들어 있으며, 송신기 신호는 거리의 제곱의 역수로 감소한다. 무선 통신망은 개별 휴대폰과 신호를 송수신하는 안테나와 관련 회로로 구성된다. 휴대폰의 출력이 낮으므로 휴대폰이 송수신 범위를 벗어나지 않도록 기지국이 퍼져 있어야 한다. 그림은 도심의 통신망을 보여 준다. 한 기지국의 담당 영역은 반지름이 약 2.8 km인 25 km² 지역이다. 도심에서 이동하는 동안 한 기지국이 연결을 끊고 다른 기지국으로 휴대폰을 자동으로 연결시켜 준다. 휴대폰에서는 한 진동수를 송신하면서 다른 진동수를 수신하는 양방향 통신이 가능하다. 기지국은 수백에서 수천 개의 통화를 동시에 처리할 수 있다. 도심을 벗어나면 기지국이 보다 넓게 분포하므로, 휴대폰은 그것을 보상하기 위해 출력을 자동으로 올린다.

운동량과 복사압

움직이는 물체는 에너지뿐만 아니라 운동량도 운반한다. 전자기파도 마찬가지이다. 맥스웰은 에너지 U와 운동량 p가 $p = U/c$로 관련되어 있음을 보였다. 파동 세기 $\overline{S}$는 파동이 전달하는 단위 면적당 에너지의 평균이므로, 파동이 운반하는 단위 면적당 평균 운동량은 $\overline{S}/c$이다. 파동 에너지를 흡수하는 물체는 운동량도 흡수하여 뉴턴 법칙, $F = dp/dt$에 따라 물체가 힘을 받는다. 따라서 단위 면적당 운동량 흡수율인 **복사압**(radiation pressure)을 다음과 같이 표기할 수 있다.

$$P_{복사} = \frac{\overline{S}}{c} \text{ (복사압)} \tag{29.22}$$

물체가 전자기파를 반사시키면, 농구대에서 되튀기는 농구공이 운동량 $2mv$를 농구대에 전달하듯이, 복사압은 두 배가 된다.

빛의 압력은 너무 작아서 측정조차 힘들지만, 고출력 레이저는 작은 공을 띄울 정도로 큰 복사압을 제공한다. 심지어 광압으로 우주선을 추진하는 것이 제안되기도 했다(실용 문제 73 ~76과 응용물리: 스타샷(Starshot)! 참조). 전자기파가 운동량을 운반한다는 생각은 아인슈타인의 방정식 $E = mc^2$ 개발에 결정적인 역할을 했다. 오늘날 생물학자들은 전자기파로부터 물질에 운동량을 전달하는 것을 이용하여 레이저 기반 광족집게(optical tweezer)로 바이러스, DNA 조각, 기타 미생물을 포획하고 조작한다.

응용물리 **스타샷(Starshot)!**

스타샷 이니셔티브(Starshot initiative)는 2016년에 거주 가능한 지역 내에 행성이 있는 것으로 밝혀진 가장 가까운 외계의 항성 프록시마 센타우리(Proxima Centauri)로 스타칩(StarChip)이라고 불리는 신용카드 크기의 우주선 1000여 대를 보내는 대담하고 사적인 자금 지원 벤처이다. 질량이 수 그램에 불과한 각 스타칩은 행성의 사진을 무선으로 전송할 수 있는 카메라를 가지고 있다. 이 사진들은 프록시마 센타우리에서 4.2광년 거리를 이동하는 데 4.2년이라는 시간이 걸린다.

각 스타칩은 약 4 m²의 얇은 돛을 장착하고, 기존 로켓에 의해 지구 궤도로 발사된 후, 각 돛은 약 100 GW(100개의 큰 발전소와 동일한 전력)의 전력을 생산하는 지상 레이저로부터 빛을 받게 될 것이다. 전달된 운동량(돛에 의한 반사로 두 배 증가)은 스타칩을 약 $10^4 g$의 가속도로 빛의 속도의 약 20%까지 빠르게 가속할 것이다. 그 후 스타칩은 프록시마 센타우리를 향해 관성으로 항해하여 약 20년 만에 그 별에 도달하게 된다. 스타칩은 이르면 2030년대에 발사될 수 있다. 우리는 그 결과를 볼 수 있을지도 모른다!

핵심 개념

이 장의 핵심 개념은 전기장과 자기장이 함께 **전자기파**의 형태로 공간을 진행하는 자기 재생적 구조를 형성한다는 것으로 물리학에서 매우 중요한 개념 중 하나이다. 변하는 자기장이 전기장을 유도하고(패러데이 법칙), 변하는 전기장이 자기장을 유도하기 (앙페르 법칙과 맥스웰의 보완) 때문에 전자기파 형성이 가능하다. 진공 중의 전자기파(EM)는 전기장과 자기장이 서로 수직할 뿐만 아니라 파동의 진행 방향에도 모두 수직하고 위상이 같다.

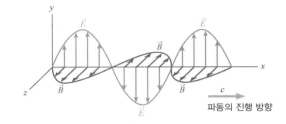

주요 개념 및 식

맥스웰 방정식은 고전물리학에서 전기장과 자기장을 완벽하게 기술한다.

법칙	수학적 표현	물리적 의미
$\vec{E}$에 대한 가우스 법칙	$\oint \vec{E} \cdot d\vec{A} = \dfrac{q}{\epsilon_0}$	전하가 전기장을 만든다. 전기 장선은 전하에서 시작하고 끝난다.
$\vec{B}$에 대한 가우스 법칙	$\oint \vec{B} \cdot d\vec{A} = 0$	자기 전하가 없다. 자기장선에는 시작과 끝이 없다.
패러데이 법칙	$\oint \vec{E} \cdot d\vec{l} = -\dfrac{d\Phi_B}{dt}$	변하는 자기 다발이 전기장을 만든다.
앙페르 법칙	$\oint \vec{B} \cdot d\vec{l} = \mu_0 I + \mu_0 \epsilon_0 \dfrac{d\Phi_E}{dt}$	전류와 변하는 전기 다발이 자기장을 만든다.

맥스웰 방정식으로 전자기파의 존재를 증명할 수 있으며, 진공에서 전자기파의 속력, 즉 광속 c는 다음과 같이 전기 상수 ϵ_0 및 자기 상수 μ_0과 관련이 있다.

$$c = \frac{1}{\sqrt{\epsilon_0 \mu_0}}$$

c값은 거의 3.00×10^8 m/s이다. c의 정확한 값은 299,792,458 m/s이고, 미터를 정의하는 데 사용된다.

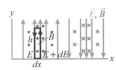

진공에서 파동의 전기장과 자기장 사이의 관계는

$$E = cB$$

이며, 파동의 진동수와 파장 사이의 관계는 다음과 같다.

$$f\lambda = c$$

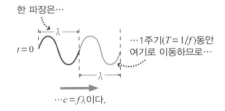

전자기파는 모든 파장이 가능하며, 전 범위가 **전자기 스펙트럼**을 형성한다.

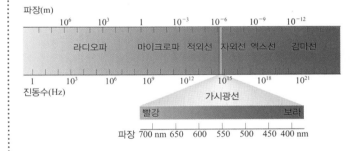

응용

편광은 전자기파의 전기장 방향을 기술하는 특성으로 LCD 표시 장치 등 과학과 공학에서 널리 사용되고 있다. 세기 S_0인 편광된 빛이 편광기에 입사할 때 빛의 편광 방향과 편광기의 편광축이 이루는 각이 θ이면 편광기를 빠져 나온 빛의 세기는 다음과 같다.

$$S = S_0 \cos^2 \theta$$

전자기파는 에너지와 운동량을 운반한다. **포인팅 벡터**

$$\vec{S} = \frac{\vec{E} \times \vec{B}}{\mu_0}$$

는 단위 면적당 에너지 흐름의 비율이고, 운동량 흐름은 다음과 같은 **복사압**을 발생시킨다.

$$P_{복사} = \frac{\overline{S}}{c}$$

BIO 생물 및 의학 문제   **DATA** 데이터 문제   **ENV** 환경 문제   **CH** 도전 문제   **COMP** 컴퓨터 문제

학습 목표   이 장을 학습하고 난 후 다음을 할 수 있다.

LO 29.1 지금까지 배운 전자기학의 네 가지 법칙을 설명할 수 있다.

LO 29.2 맥스웰이 수정한 앙페르 법칙을 기술하고 변하는 전기장에 의해 유도되는 자기장을 결정할 수 있다.
개념 문제 29.1, 29.2
연습 문제 29.11, 29.12
실전 문제 29.40, 29.41, 29.48, 29.55

LO 29.3 4개의 맥스웰 방정식을 기술할 수 있다.
개념 문제 29.10

LO 29.4 맥스웰 방정식으로부터 전자기파가 어떻게 발생하는지 설명할 수 있다.
개념 문제 29.7
실전 문제 29.65

LO 29.5 진공에서의 전자기파 특성을 설명할 수 있다.
개념 문제 29.3, 29.4, 29.5
연습 문제 29.15, 29.16, 29.17, 29.18, 29.19, 29.20, 29.21, 29.22, 29.23, 29.24, 29.25

실전 문제 29.42, 29.43, 29.44, 29.45, 29.46, 29.47, 29.63, 29.66, 29.67

LO 29.6 전자기 스펙트럼을 설명할 수 있다.
개념 문제 29.6
연습 문제 29.20
실전 문제 29.42

LO 29.7 전자기파가 어떻게 발생되는지 설명할 수 있다.
개념 문제 29.7, 29.10

LO 29.8 전자기파와 관련된 에너지, 운동량 및 복사압을 계산할 수 있다.
개념 문제 29.8, 29.9
연습 문제 29.26, 29.27, 29.28, 29.29, 29.30, 29.31,
실전 문제 29.49, 29.50, 29.51, 29.52, 29.53, 29.54, 29.56, 29.57, 29.58, 29.59, 29.60, 29.61, 29.62, 29.64, 29.68, 29.69, 29.70, 29.71, 29.72

개념 문제

1. 전자기파가 존재하려면 왜 앙페르 법칙에 대한 맥스웰의 보완이 필요한가?

2. 자기 홀극이 존재하면 자기에 대한 가우스 법칙을 보완해야 한다. 다른 맥스웰 방정식들도 보완이 필요한가?

3. 전자기파와 음파의 닮은점과 차이점을 기술하라.

4. 전자기파의 속력은 $c = \lambda f$이다. 속력은 진동수에 어떻게 의존하는가? 파장에는 어떻게 의존하는가?

5. 천문학자는 먼 은하의 초신성 폭발을 가시광선과 다른 전자기 복사의 순간적 동시적인 급증으로 검출한다. 광속이 진동수에 무관하다는 증거가 될 수 있는가?

6. 태양은 전자기 복사 에너지의 반을 가시광선으로 방출한다. 나머지 대부분은 전자기 스펙트럼의 어느 영역인가?

7. 완전히 초전도 물질로 만든 LC 회로의 진동은 왜 감쇠하는가?

8. 전자기파의 장 세기를 2배로 증가시키면 전자기파의 세기는 어떻게 되는가?

9. 빛의 세기는 거리의 제곱에 반비례로 감소한다. 이때 전자기파 에너지를 잃어버리는가?

10. 전자기파는 금속을 쉽게 침투하지 못한다. 왜 그런가?

연습 문제

29.2 앙페르 법칙의 불완전성

11. 균일한 전기장이 $1.5\,(\text{V/m})/\mu\text{s}$로 증가한다. 전기장에 수직한 $1\,\text{cm}^2$의 면적을 통과하는 변위 전류는 얼마인가?

12. 평행판 축전기는 한 변의 길이가 $10\,\text{cm}$인 정사각형 판이 $0.50\,\text{cm}$ 간격으로 떨어져 있다. 평행판에 걸리는 전압이 $220\,\text{V/ms}$로 증가하면 축전기의 변위 전류는 얼마인가?

29.4 전자기파

13. 전자기파의 장은 $\vec{E} = E_p \sin(kz + \omega t)\hat{j}$, $\vec{B} = B_p \sin(kz + \omega t)\hat{i}$이다. 파동 진행 방향의 단위 벡터를 구하라.

14. 라디오파의 전기장은 $\vec{E} = E\sin(kz - \omega t) \times (\hat{i} + \hat{j})$이다. (a) 전기장의 봉우리 진폭은 얼마인가? (b) $\sin(kz - \omega t)$가 양수인 시간과 공간에서 자기장 방향의 단위 벡터를 구하라.

29.5 전자기파의 특성

15. 광분(light-minute)은 빛이 1분 동안 진행한 거리이다. 태양에서 지구까지가 8광분임을 보여라.

16. 국제전화는 고도 $36,000\,\text{km}$의 정지 궤도에 있는 통신 위성으로 전달된다. 근사적으로 상대방에게 통화가 전달되는데 얼마나 걸리는가?

17. 비행기의 레이더 고도계는 지표면에서 반사되는 라디오파로 왕

복 시간을 잰다. 왕복 시간이 $74.7\,\mu s$이면 조종사는 승객에게 현재 고도가 얼마라고 이야기하겠는가?

18. 빛이 $1\,ft$ 가는 시간은 대략 얼마인가?

19. 지구에서 달의 우주 비행사와 라디오로 통화하면 응답을 받는데 얼마나 걸리는가?

20. (a) $100\,MHz$ FM 라디오파, (b) $5.0\,GHz$ 와이파이 신호, (c) $600\,THz$ 광파, (d) $1.0\,EHz$ 엑스선의 파장은 각각 얼마인가?

21. $60\,Hz$ 송전선이 방출하는 전자기 복사의 파장은 얼마인가?

22. 전자레인지는 $2.45\,GHz$에서 작동한다. 이와 같은 전자레인지 안에서 파동의 마루 사이의 거리는 얼마인가?

23. 전자기파가 z방향으로 진행한다. 자기장이 y방향이면 편광 방향은 무엇인가?

24. 편광 물질에 쪼인 편광된 빛의 20%만 통과한다. 전기장과 편광 물질의 투과축 사이의 각도를 구하라.

25. 수직으로 편광된 빛이 편광축과 수직선이 $70°$인 편광기를 통과한다. 입사 세기의 몇 %가 편광기를 통과하는가?

29.8 전자기파의 에너지와 운동량

26. 전형적인 실험실 전기장은 $1500\,V/m$이다. 이 값을 봉우리 값으로 가지는 전자기파의 평균 세기는 얼마인가?

27. 전기장이 공기의 유전성 깨짐을 일으킬 정도로 강력한 레이저 빔의 평균 세기는 얼마인가? 단, 공기의 유전성 깨짐은 $E_p = 3\,MV/m$이다.

28. 마이크로파가 $750\,cm^2$의 단면적을 평면파로 전파된다는 가정하에서 $1.1\,kW$의 전자레인지에서 전기장의 봉우리 값은 얼마인가?

29. 어떤 라디오 수신기는 $450\,\mu V/m$ 정도의 봉우리 전기장을 가진 약한 신호를 수신할 수 있다고 한다. 방송국의 세기가 $0.35\,nW/m^2$인 곳에서 이 라디오는 작동할까?

30. 레이저 포인터는 직경 $0.90\,mm$의 빔에서 $0.10\,mW$의 평균 출력을 전달한다. (a) 평균 세기, (b) 봉우리 전기장, (c) 봉우리 자기장을 각각 구하라.

31. 대학 라디오 방송국은 모든 방향으로 균일하게 송신하는 $5.0\,kW$의 라디오 송신기를 가지고 있다. $15\,km$ 이내의 청취자들도 안정적으로 방송을 듣는다. 그 범위를 두 배로 늘리기 위해 송신기의 출력을 증가시키려면 송신기의 출력은 얼마나 되어야 하는가?

응용 문제

다음 문제들은 본문의 예제들에 기초한 것이다. 두 세트의 문제들은 물리학의 이해를 강화하는 연결의 형성을 돕고 이전에 풀어본 문제에서 변형된 문제를 해결하는 자신감을 키우도록 설계되어 있다. 각 세트의 첫 번째 문제는 본질적으로 예제 문제이지만 숫자들은 다르다. 두 번째 문제는 예제와 똑같은 상황이지만 묻는 질문이 다르다. 세 번째와 네 번째 문제는 완전히 다른 상황으로 이런 방식을 반복한다.

32. **예제 29.2** 녹색 레이저 포인터는 $+y$방향으로 진행하는 $532\,nm$의 빛을 생성한다. 전기장은 z축에 평행하고 진폭은 $2.19\,kV/m$이다. (a) 파동의 진동수, (b) 파동의 자기장 진폭, (c) 자기장의 방향을 각각 구하라.

33. **예제 29.2** 인터넷을 구성하는 광섬유를 따라 신호를 전송하는 적외선 레이저는 $194\,THz$의 진동수에서 작동하며 $328\,\mu T$의 자기장 진폭을 갖는 전자기파를 생성한다. 자기장은 y축에 평행하다. (a) 공기 중에서 전파되고 있다면 레이저 광선의 파장, (b) 파동의 전기장 진폭, (c) 파동이 $+x$방향으로 전파될 때 전기장 방향을 각각 구하라.

34. **예제 29.2** AM 라디오 방송국은 $484\,m$의 파장으로 방송한다. 송신 안테나는 수직이므로, 수직으로 편광된 라디오파를 발생시킨다(즉, 파동의 전기장은 수직이다). 동쪽으로 진행하며 파동의 전기장 진폭이 $347\,mV/m$인 지점에서 방송국의 신호를 관측할 때, 파동의 (a) 진동수, (b) 자기장의 진폭, (c) 자기장의 방향을 각각 구하라.

35. **예제 29.2** 공영 FM 라디오 방송국은 $88.7\,MHz$로 방송한다. 송신 안테나는 자기장이 수평인 파동을 생성한다. 남쪽으로 진행하며 자기장의 진폭이 $28.5\,nT$인 지점에서 방송국의 신호를 관측할 때, 파동의 (a) 파장, (b) 진폭, (c) 전기장의 방향을 각각 구하라.

36. **예제 29.4** 예제 29.4의 휴대폰이 시골 지역에 있는 경우, 자동으로 송신기 출력을 $3.0\,W$까지 증가시킨다. 이 출력일 때 예제에서 설명된 기지국으로부터 얼마나 멀리 떨어져 있을 수 있는가?

37. **예제 29.4** 휴대폰이 기지국으로부터 $8.7\,km$ 거리에 있는 경우, 예제 29.4에서 설명한 기지국과 안정적으로 통신하기 위해 필요한 송신기 전력은 얼마인가?

38. **예제 29.4** 성간 공간에 있는 보이저 1호(Voyager I) 우주선은 $22.4\,W$의 송신기를 이용하여 지구로 데이터를 전송한다. 고이득 안테나(HGA)는 지구를 향해 라디오파의 좁은 빔을 집중시킨다. 이는 모든 방향으로 방송하는 실제 송신기보다 $50,000$배의 출력을 가진 송신기에 해당한다. 현재 시기에 보이저의 방송을 수신하는 딥 스페이스 네트워크(Deep Space Network) 안테나는 $3.9\,pV/m$의 전기장 진폭을 갖는 보이저 신호를 검출한다. 보이저호는 얼마나 멀리 떨어져 있는가?

39. **예제 29.4** 화성 표면의 탐사선들은 화성 궤도를 돌고 데이터를 지구로 중계하는 화성 정찰 위성(Mars Reconnaisance Orbiter, MRO)에 데이터를 전달한다. MRO는 $100\,W$ 무선 송신기를 사용하며, 고이득 안테나는 $3\,m$ 포물선 접시를 가지고 있어 무선 신호를 좁은 대역으로 집중시켜 송신기 전력을 효과적으로 $50,000$배 증가시킨다. MRO로부터 신호를 수신해야 하는 지구에 있는 수신기의 감도는 얼마여야 하는가? 수신기에서 라디오파의 전기장 진폭에 대한 최솟값으로 감도를 표현하고, 지구에서 화성까지의 최대 거리, 약 4억 km에 기초하여 답을 구하라.

실전 문제

40. 평행판 축전기의 원형판 반지름은 50.0 cm이고, 간격은 1.0 mm이다. 평행판 사이의 균일한 전기장이 1.0 MV/m·s의 비율로 변화하고 있다. (a) 대칭축에서 (b) 대칭축으로부터 15 cm 떨어진 곳에서 (c) 대칭축으로부터 150 cm 떨어진 곳에서 평행판 사이의 자기장 세기를 구하라.

41. 그림 29.14처럼 반지름이 1.0 m인 원형 영역에서 종이면으로 들어가는 방향의 전기장이 존재한다. 이 영역에는 전하가 없지만 그림과 같이 시계 방향으로 닫힌 고리를 형성하는 자기장이 있다. 영역의 중심으로부터 50 cm 떨어진 곳의 자기장 세기는 2.0 μT이다. (a) 전기장의 변화율은 얼마인가? (b) 전기장이 증가하는가, 아니면 감소하는가?

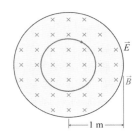

그림 29.14 실전 문제 41과 55

42. 의학계는 전자기파 스펙트럼의 자외선 영역을 다음과 같이 세 부분으로 나눈다. UVA(320 nm~420 nm), UVB(290 nm~320 nm), UVC(100 nm~290 nm). UVA와 UVB는 피부암과 피부 노화를 유발하고, UVB는 또한 화상을 입히기도 하지만 비타민 D의 합성을 촉진한다. 지구 대기의 오존은 더 위험한 UVC 대부분을 차단한다. UVB 복사와 관련된 진동수 범위를 구하라.

43. 전기장이 약 3 MV/m일 때 공기 중에서 유전성 깨짐이 발생한다. 이 값을 전기장 봉우리 값으로 갖는 전자기파의 경우 자기장 봉우리 값은 얼마인가?

44. 한 편광기가 편광된 빛의 75%를 차단한다. 편광축과 광선축 사이의 각도는 얼마인가?

45. 전기광학 변조기는 전압이 걸리면 편광 방향을 90°로 재빠르게 바꾸면서 레이저 광선을 여닫는 장치이다. 그러나 전압 저하는 단지 72°만 바꾼다. 레이저가 완전히 작동하면 전압 저하가 발생하는 동안 몇 %의 레이저 광선이 통과하는가?

46. 세기가 S_0인 비편광 빛이 편광축이 수직인 편광기를 통과한 후 편광축이 수직선과 35°인 두 번째 편광기를 통과한다. 두 번째 편광기를 통과한 후 빛의 세기를 구하라.

47. 수직으로 편광된 빛이 두 편광기를 통과한다. 첫 번째의 편광축은 수직선과 60°이고, 두 번째는 90°이다. 몇 %의 빛이 두 편광기를 통과하는가?

48. 자기장(꼭 균일할 필요는 없음)은 이 지면에 있고, 균일한 전기장은 지면에 수직하며 뚫고 나가는 방향이다. 지면의 가장자리를

시계 방향으로 돌면서 $\oint \vec{B} \cdot d\vec{l}$ 을 계산하며, 그 결과는 5.12×10^{-8} T·m이다. (a) 전기장은 어떤 비율로 변화하고 있는가? (b) 전기장은 증가하는가, 감소하는가? (**힌트**: 실험적인 측정을 할 필요가 있을 것이다.)

49. 높은 마이크로파 세기는 인체 조직의 가열을 통해 생물학적 손상을 일으킬 수 있다. 특히 관심사는 백내장이다. 미국 식품의약국(U.S. Food and Drug Administration, FDA)은 전자레인지의 문 근처에는 마이크로파 복사를 5.0 mW/m²으로 제한하고 있다. 크기가 40 cm×17 cm인 특정 전자레인지의 유리창에는 마이크로파를 차단하기 위해 금속 물질이 칠해져 있다. 전자레인지의 유리창을 통해 마이크로파가 균일하게 나오고 있다면, FDA의 기준을 초과하지 않으려면 900 W 마이크로파 전력의 몇 %까지 유리창을 통과할 수 있는가?

50. 지구 궤도에서 태양광의 세기는 1360 W/m²이라는 사실을 이용하여 태양의 전체 출력을 구하라.

51. 지구에서 100억 광년 떨어진 퀘이사의 밝기는 50,000광년 떨어진 별의 밝기와 같다. 퀘이사와 별의 출력을 비교하라.

52. 레이저는 노출되었을 때 눈 손상 위험도에 따라 분류된다. 많은 레이저 포인터를 포함하는 2등급 레이저는 총출력이 1 mW 이하의 가시광선을 만들어낸다. 눈 깜빡이는 반사 작용은 노출 시간을 250 ms으로 제한하기 때문에 2등급 레이저는 상대적으로 안전하다. (a) 빔의 직경이 1.0 mm이고 출력이 1 mW인 2등급 레이저의 세기, (b) 눈 깜빡이는 반사 작용에 의해 눈이 감기기 전까지 전달된 총에너지, (c) 레이저 빔의 봉우리 전기장을 각각 구하라.

53. 라디오 송신기로부터 1.5 km 떨어진 곳의 라디오파 봉우리 전기장은 350 mV/m이다. 송신기가 모든 방향으로 균일하게 복사를 방출하면, (a) 송신기의 출력과 (b) 송신기로부터 10 km 떨어진 곳의 봉우리 전기장을 각각 구하라.

54. 모든 방향으로 균일하게 빛을 방출하는 60 W 전구로부터 1.5 m 떨어진 곳의 봉우리 전기장과 자기장을 구하라.

55. 그림 29.14에서 보여준 상황을 참고하지만, 이제 전기장 세기가 4.88×10^{10} V/m·s의 비율로 증가하고 있으며, 그림이 장선을 나타내는 중심으로부터 50.0 cm 거리의 자기장을 모른다고 간주하라. (a) 50 cm 거리에서의 자기장 세기와 (b) 원형 영역의 중심으로부터 1.50 m에서의 자기장 세기를 구하라(예: 전기장 영역 외부).

56. 카메라 플래시는 1.0 ms 동안 2.5 kW의 섬광을 발한다. 플래시에 의해 전달되는 (a) 총에너지와 (b) 총운동량을 각각 구하라.

57. 레이저는 7.0 W의 평균 출력을 가지는 직경이 1.0 mm인 빔을 만든다. 레이저의 (a) 평균 세기와 (b) 봉우리 전기장을 각각 구하라.

58. 세기가 180 W/cm²인 레이저 빔이 빛을 흡수하는 표면에 가하는 복사압은 얼마인가?

59. 65 kg의 우주 비행사가 우주 공간에 떠 있다. 그는 고정된 방향

으로 1.0 W의 손전등을 비추면, 10 m/s까지 가속되기까지 얼마나 걸리는가?

60. 29.8절의 응용물리 스타샷(Starshot)을 읽고 각 스타칩(Starchip) 우주선의 질량을 2.4 g이라고 가정하라. 100 GW의 레이저 출력이 10분 동안 스타칩의 돛을 향한다고 생각해 보자. 돛이 너무 얇아서 빛의 일부가 통과되고, 레이저 광선도 돛보다 넓다. 따라서 오직 34 GW의 레이저 출력만이 실제로 돛으로부터 반사된다고 가정해 보자. (a) 이 34 GW 펄스가 10분 동안 전달하는 총에너지, (b) 전달된 운동량, (c) 스타칩이 정지 상태에서 가속된다고 가정하고 광속의 십분율로 표현된 스타칩 우주선의 최종 속도를 구하라. (c)의 경우 돛이 입사광선을 흡수하는 것이 아니라 반사한다는 것을 잊지 말아야 한다.

61. 백색왜성의 크기는 대략 지구와 같지만 태양과 같은 양의 에너지를 복사한다. 백색왜성 표면의 빛 흡수 물질에 가하는 복사압을 구하라.

62. **CH** 길이 L, 반지름 a, 저항 R인 원통 저항기에 전류 I가 흐른다. 전기장은 표면 전체에서 균일하다고 가정하고, 저항기의 표면에서 전기장과 자기장을 구하라. 포인팅 벡터를 구하고 방향이 저항기로 향함을 보여라. 저항기 표면 전체에 대한 포인팅 벡터의 다발(즉, $\int \vec{S} \cdot d\vec{A}$)을 구해서 저항기로 흘러가는 전자기 에너지 비율을 구하고, 그 값이 I^2R임을 보여라. 결과는 저항기를 가열시키는 에너지는 저항기를 둘러싸는 장에서 나온다는 것을 보여준다. 이 장은 전류를 흐르게 만드는 전기 에너지의 원천에 의해 유지된다.

63. 일련의 편광판 층에서 각 편광축은 앞의 편광판에 대해서 14° 돌려져 있다. 만약 편광판 층을 비편광 빛의 37%가 통과하면 몇 개의 편광판이 쌓여 있는가?

64. **CH** 태양계의 기원을 연구하는 천문학자가 충분히 작은 입자들이 태양광의 힘에 의해 태양계 밖으로 날려졌다는 가설을 검증하려고 한다. 그러한 입자가 얼마나 작아야 하는지 알아보기 위해 태양광의 힘과 태양 중력을 비교하고, 두 힘이 같게 되는 입자 반지름을 구하라. 입자는 밀도가 2 g/cm³인 구형으로 가정하라. (**주의**: 태양으로부터의 거리는 중요하지 않다. 왜 그럴까?)

65. **CH** 식 29.12를 x에 대해 미분하고 식 29.13을 t에 대해 미분하라. 그리고 교차 도함수가 같다는(예, $\frac{\partial}{\partial t}\left(\frac{\partial B}{dx}\right) = \frac{\partial}{\partial x}\left(\frac{\partial B}{dt}\right)$) 점을 이용하여 두 식을 결합하고 그 결과는 속력이 $c = 1/\sqrt{\epsilon_0 \mu_0}$인 파동에 대한 파동 방정식(식 14.5)이 된다는 것을 보여라.

66. 유전 물질에 대한 맥스웰 방정식은 진공에서의 방정식(식 29.6~29.9)과 유사하지만 ϵ_0을 $\kappa\epsilon_0$으로 바꾼 것이다. 여기서 κ는 23장에서 소개한 유전 상수이다. 이러한 유전 물질에서 전자기파의 속력이 $c/\sqrt{\kappa}$임을 보여라.

67. 2.40 GHz와 5.00 GHz 모두에서 작동하는 와이파이 라우터를 설계하려고 한다. 이 설계에는 반 파장 높이의 안테나가 요구된다. 두 개의 안테나를 얼마의 높이로 만들어야 하는가?

68. 여러분의 친구는 아버지가 석탄 회사의 CEO여서 대체 에너지

제안에 대해 당연히 회의적이다. 그는 태양광의 출력이 인류의 에너지 수요를 충족하기에는 미흡하기 때문에 태양 에너지에 대한 미래는 없다고 주장한다. 그의 주장이 옳은지 알아보기 위해 지구에 입사하는 태양광의 출력을 약 18 TW인 인류의 에너지 소비율과 비교하라.

69. 지구는 태양 에너지를 흡수하는 비율, 즉 지구 표면적의 1 m²당 239 W와 거의 비슷한 비율로 적외선을 방출한다. 지구로부터 태양까지의 거리만큼 떨어진 곳에서의 지구가 방출하는 적외선 복사의 세기를 추정하라. 답은 왜 태양과 지구 사이의 에너지 흐름이 본질적으로 태양에서 지구로 흐르는 일방통행인지를 보여 준다.

70. 대학 라디오 방송국에서 일하는 친구는 방송국의 면허 갱신 신청서와 함께 제출될 보고서를 위해 전기장을 측정해야 한다. 안테나로부터 4.6 km 떨어진 곳에서 측정했으며, 측정한 값은 380 V/m이다. 방송국은 55 kW 이하의 전력으로 방송할 수 있다. 방송은 모든 방향으로 균일하게 전파된다고 가정할 때, 방송국은 면허를 준수하고 있는가?

71. 로렌스 리버모어 국립연구소(Lawrence Livermore National Laboratory)의 국립점화시설(National Ignition Facility)에서는 192개의 레이저 빔을 중수소-삼중수소 표적에 집중시켜 핵융합을 일으킨다. 각각의 레이저 빔은 한 변의 길이가 38 cm인 정사각형이고 20.0 ns 동안 10.0 kJ의 에너지를 전달한다. 각각의 레이저 빔에서 (a) 봉우리 전기장과 (b) 봉우리 자기장을 구하라. (c) 192개의 레이저 빔이 발사되는 동안에 모든 레이저의 총 출력을 구하고, 약 18 TW인 인류의 에너지 소비율과 비교하라.

72. **DATA** 아래 표는 태양계 외부로 가고 있는 우주선으로부터 지구에 도착한 라디오 신호의 세기를 지구에서 우주선까지의 거리의 함수로 나타낸 것이다. 거리는 천문단위(AU, 지구와 태양 사이의 평균 거리가 1 AU이다. 부록 E 참조)로 나타냈다. $\overline{S}$를 어떤 양의 함수로 그려야 직선이 되겠는가? 그래프를 그리고 최적 맞춤 직선을 구한 뒤, 그것을 이용하여 우주선의 송신 출력을 구하라.

거리(AU)	1.56	1.81	2.14	2.78	3.17	4.25
세기 $\overline{S}$ (10⁻²³ W/m²)	22.5	17.8	11.6	7.10	5.63	3.01

실용 문제

'돛'으로 태양광의 압력을 사용하여 우주선을 태양계 외부까지 보내거나, 심지어 고출력의 지구 기반 레이저로 성간 우주선을 추진시키려는 계획이 있었다. 항해하는 우주선은 연료가 필요하지 않을 것이므로 커다란 이점이 된다. 왜냐하면 우주선의 초기 무게의 대부분은 연료로 구성되어 있기 때문이다. 2010년에 발사된 일본의 이카로스(Ikaros) 우주선은 행성간 우주에서 태양 항해의 가능성을 보여 주었다. 그림 29.15는 우주에서 태양 돛이 어떻게 생겼는지 보여 준다.

그림 29.15 태양 돛단 우주선의 상상도. 돛은 넓이가 수백 m^2지만, 두께는 10 μm보다 작다(실용 문제 73~76).

73. 태양광으로 항해하는 우주선이 지구 궤도 근처에서 $1 m/s^2$으로 가속되었다면, 태양으로부터의 거리가 지구보다 1.5배 더 먼 화성에서 우주선의 가속도는 얼마인가?

    a. 약 $0.25 m/s^2$

    b. $0.5 m/s^2$보다 조금 작다.

    c. $0.5 m/s^2$보다 조금 크다.

    d. 약 $0.66 m/s^2$

74. 한 우주선은 입사되는 모든 빛을 흡수하는 돛을 가지고 있다. 다른 우주선은 완전히 반사하는 돛을 가지고 있다. 빛의 세기가 같을 때 두 우주선의 가속도를 비교하라.

    a. 흡수하는 돛이 두 배의 가속도를 준다.

    b. 반사하는 돛이 두 배의 가속도를 준다.

    c. 흡수하는 돛이 더 큰 가속도를 주지만, 두 배까지는 아니다.

    d. 반사하는 돛이 더 큰 가속도를 주지만, 두 배까지는 아니다.

75. 우주선을 태양계 외부까지 추진시킬 수 있는 돛은 태양 중력을 극복할 수 있어야 한다. 우주선이 지구 궤도 근처에서 돛 힘이 태양 중력의 20배가 되도록 설계되었다고 가정하자. 만약 우주선이 태양으로부터의 거리가 지구보다 5배 더 먼 목성에 도달한다면,

    a. 돛 힘은 태양 중력을 4배만큼 초과할 것이다.

    b. 돛 힘은 태양 중력보다 약간 작을 것이다.

    c. 돛 힘은 이제 태양 중력의 25배이다.

    d. 돛 힘은 여전히 태양 중력의 20배이다.

76. 지구 궤도에서 태양광의 세기는 약 $1.4 kW/m^2$이다. 넓이가 $1 km^2$인 돛을 단 100 kg의 우주선이 경험하는 가속도는 약

    a. $5 mm/s^2$이다.

    b. $5 cm/s^2$이다.

    c. $5 m/s^2$이다.

    d. $5 km/s^2$이다.

29장 질문에 대한 해답

장 도입 질문에 대한 해답

변하는 전기장과 자기장으로 구성된 전자기파는 휴대폰 통화뿐만 아니라 TV 신호, 태양 에너지, 우주에서 가장 먼 곳에 있는 물리적 과정으로부터의 신호를 전달한다.

확인 문제 해답

29.1 그렇다. 변위 전류 $\epsilon_0 d\Phi_E/dt$는 자기장을 생성하는 실제 전류 I와 같은 효과를 가진다.

29.2 (c)

29.3 (b)

29.4 (c)

29.5 (a)

29.6 (1) $B_1 = 2B_2$, (2) $S_1 = 4S_2$, (3) $\lambda_1 = \lambda_2$

전자기학

전자기력은 자연의 근본적인 힘이다. 양전하와 음전하의 강한 상호작용으로 대부분의 물질은 전기적으로 중성이기 때문에 물질의 구조에서 전기와 자기의 핵심적 역할이 숨겨져 있다.

전자기 상호작용은 **전기장**과 **자기장**으로 가장 잘 기술된다. 전하는 전기장을 만들고, 다른 전하가 만드는 전기장과 상호작용한다.

움직이는 전하는 자기장을 만들고, 자기장과 상호작용한다. 전기장과 자기장은 모두 에너지를 저장한다.

변하는 자기장은 전기장을 만들고, 반대도 마찬가지이다. 변하는 장은 결합하여 빛의 속력 c로 빈 공간을 통해 전파되는 자기 복제 구조의 **전자기파**를 만든다. 빛 자체가 전자기파이다.

맥스웰 방정식은 전자기학의 네 가지 기본 법칙이다.

법칙	수학적 표현	물리적 의미
$\vec{E}$에 대한 가우스 법칙	$\oint \vec{E} \cdot d\vec{A} = \dfrac{q}{\epsilon_0}$	전하가 전기장을 만든다. 전기장선은 전하에서 시작하고 끝난다.
$\vec{B}$에 대한 가우스 법칙	$\oint \vec{B} \cdot d\vec{A} = 0$	자기 전하가 없다. 자기장선은 시작과 끝이 없다.
패러데이 법칙	$\oint \vec{E} \cdot d\vec{l} = -\dfrac{d\Phi_B}{dt}$	변하는 자기 다발이 전기장을 만든다.
앙페르 법칙	$\oint \vec{B} \cdot d\vec{l} = \mu_0 I + \mu_0 \epsilon_0 \dfrac{d\Phi_E}{dt}$	전류와 변하는 전기 다발이 자기장을 만든다.

쿨롱 법칙과 **비오-사바르 법칙**은 각각 가우스 법칙과 앙페르 법칙 대신에 전하와 춤직이는 전하의 점소가 생성하는 전기장과 자기장을 결정하는 대안적 표현들이다.

$$\vec{E} = \frac{kq}{r^2}\hat{r}$$

$\vec{dl}$은 도선의 작은 부분이다. $\hat{r}$은 $\vec{dl}$에서 P로 향하는 단위 벡터이다. $d\vec{B}$는 지면으로 들어가는 방향이다.

$$d\vec{B} = \frac{\mu_0}{4\pi}\frac{I\,d\vec{l} \times \hat{r}}{r^2}$$

대전 입자에 작용하는 **전자기력**에는 **전기력**과 **자기력**이 있다. 두 힘 모두 전하와 장에 비례한다. 자기력은 입자의 속도 $\vec{v}$에도 의존한다.

$$\vec{F}_{\mathrm{EM}} = \vec{F}_E + \vec{F}_B = q\vec{E} + q\vec{v} \times \vec{B}$$

전기 퍼텐셜차는 전기장에서 두 점 사이로 전하가 움직일 때 필요한 단위 전하당 일이다. 단위는 N/C 또는 **볼트**(V)이다.

$$V_{AB} = -\int_A^B \vec{E} \cdot d\vec{l}$$

전류는 전하의 흐름이다.

n 전하/단위 부피. 각 전하 q

$$I = \frac{\Delta Q}{\Delta t} = nAqv_{\mathrm{d}}$$

옴성 물질에서 **옴의 법칙**은 전압, 전류, 저항 사이의 관계식이다.

$$I = V/R$$

전기 회로는 전지, 저항기 등 회로 소자가 연결된 결합망이다. **직렬 연결**과 **병렬 연결**이 있다.

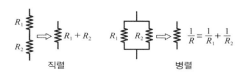

직렬 $R_1 + R_2$ 병렬 $\dfrac{1}{R} = \dfrac{1}{R_1} + \dfrac{1}{R_2}$

패러데이 법칙에 의해 설명되는 **전자기 유도**는 발전기 같은 다양한 전자기 기술과 자연 현상의 기초이다.

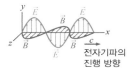

오른쪽으로 움직이는 막대자석은 양의 전류를 유도한다.

전자기파는 변하는 전기장과 자기장으로부터 생성된다. 빛을 포함한 모든 전자기파는 진공에서 광속 $c = 1/\sqrt{\mu_0 \epsilon_0}$으로 진행한다.

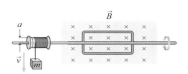

전자기파의 진행 방향

도전 문제

길이 L, 저항 R인 도선으로 한 변의 길이가 다른 면의 2배인 직사각형 고리를 만들어서, 그림처럼 비전도성 수평 축에 끼운다. 균일한 자기장 $\vec{B}$는 종이면으로 들어가는 방향이다. 질량을 무시할 수 있는 긴 줄이 수평 축에 붙어 있는 반지름이 a인 실패에 여러 번 감겨져 있고, 줄 끝에 질량 m이 매달려 있다. 질량을 놓아주면 아래로 떨어지다가 속력(고리가 한 번 회전할 때의 평균 속력)이 일정한 값에 도달한다. 평균 속력을 구하라.

5부

광학

이슬방울이 미니 광학기기처럼 빛을 굴절시켜서 다채로운 잎 모양을 보여 주고 있다. 그러나 잎은 카메라의 초점을 벗어나서 흐릿하게 보인다.

개요

빛이 없는 세상은 상상조차 할 수 없다. 우리는 물체에서 반사된 빛이 눈의 각막과 수정체에서 굴절되어 망막에 영상을 맺음으로써 사물을 볼 수 있다. 눈의 기능이 완벽하지 않으면, 렌즈로 교정하거나 레이저로 각막을 시술한다. 현미경과 망원경은 인간의 시야를 확장시켜 주는 역할을 한다. 간섭 현상을 이용하면 극정밀도 측정이 가능하고, CD나 DVD의 이용이 가능하다. 오늘날에는 광섬유를 통하여 이메일, 웹페이지, 음성 및 영상 디지털 자료를 광신호로 운반하는 전 세계적 통신망이 구축되어 있다. 빛의 거동은 맥스웰의 전자기 방정식에 근거하지만 간단한 기하광학으로도 많은 사실을 알 수 있다. 다음의 세 장에서 빛의 거동, 영상, 광학기기, 빛의 파동성 등을 공부할 것이다.

반사와 굴절

예비 지식

- 빛은 전자기파의 일종이라는 인식 (29.4절, 29.5절)
- 파동의 속력, 진동수, 파장 사이의 관계(14.1절, 29.5절)

학습 목표

이 장을 학습하고 난 후 다음을 할 수 있다.

LO 30.1 기하광학을 이용하여 빛의 반사를 묘사할 수 있다.

LO 30.2 스넬 법칙을 이용하여 빛의 굴절을 묘사할 수 있다.

LO 30.3 전반사를 설명하고 임계각을 계산할 수 있다.

LO 30.4 분산의 원인을 설명하고 분산과 관련된 각 퍼짐을 계산할 수 있다.

상어 위에 있는 뒤집혀진 영상은 어떤 과정 때문인 가? 그리고 이것은 인터넷과 어떤 관련이 있는가?

맥스웰의 전자기 방정식이 확립되면서 빛의 거동을 다루는 **광학**(optics)이 전자기 현상임이 밝혀졌다. 양자역학의 영역에 속하는 원자 영역을 제외하면, 맥스웰 방정식이 기술하는 전자기파로 모든 광학적 현상을 설명할 수 있다. 그러나 빛의 파장보다 크기가 매우 큰 물체에 대한 빛의 거동을 조사할 때는 빛이 직선을 따라 진행한다고 어림한다. 즉 **광선**(ray)으로 빛의 거동을 기술하는 **기하광학**(geometrical optics)이 유용하다. 이 장에서는 서로 다른 물질의 경계면에서 빛의 거동을 공부하고, 31장에서는 렌즈, 인간의 눈, 광학기기 등을 공부한다. 그 다음으로 기하광학을 넘어서 빛의 파동성이 요구되는 현상들을 32장에서 공부한다.

30.1 반사

LO 30.1 기하광학을 이용하여 빛의 반사를 묘사할 수 있다.

금속과 같은 물질은 표면에 입사한 거의 모든 빛을 **반사**(reflection)시킨다. 이것은 이들 물질이 좋은 전도체인 것과 관련이 깊다. 빛의 진동하는 전기장이 금속의 자유 전자들을 진동시켜서 전자기파가 방출되고, 그 결과로 반사 파동이 생성되기 때문이다. 다른 물질들은 입사 광선의 일부만 반사시킨다. 어느 경우든 반사는 동일한 기하학적 조건을 만족한다. 입사 광선과 반사 광선은 두 물질의 경계면에 수직한 평면에 놓여 있다. 반사 광선이 수직선과 이루는 각도인 **반사각**(angle of reflection) θ_1'은 입사 광선이 수직선과 이루는 각도인 **입사각**(angle of incidence) θ_1과 같다(그림 30.1a 참조).

$$\theta_1' = \theta_1 \tag{30.1}$$

여기서 아래 첨자 1은 첫 번째 매질을 뜻한다.

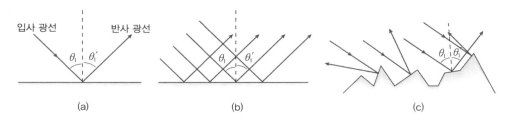

그림 30.1 (a) 반사각은 입사각과 같다, (b) 매끄러운 표면의 거울 반사, (c) 거친 표면의 확산 반사

거울 반사(specular reflection)에서는 식 30.1에 따라 평행 광선이 매끄러운 표면에서 변형 없이 모두 평행하게 반사한다(그림 30.1b 참조). 한편 표면이 거칠어서 개별 광선이 각각 다른 방향으로 반사하는(그림 30.1c 참조) **확산 반사**(diffuse reflection)인 경우에도 식 30.1은 성립한다. 흰 종이는 확산 반사체이고 알루미늄을 입힌 거울은 좋은 거울 반사체이다.

응용물리 달의 거리

달까지의 정확한 거리와 이것의 시간에 따른 변화를 아는 것은 아인슈타인의 일반 상대성이론을 입증하는데 도움이 된다. 일반 상대성이론은 블랙홀과 우주의 전반적인 구조를 기술하는 물리학의 근본적인 이론이다. 1960년대 후반과 1970년대 초에 아폴로 우주비행사들은 달에 모퉁이 반사기를 남겨 두었고, 이후에 그것은 지구로부터 오는 레이저 빔을 반사하는데 사용되어 왔다. 빔의 왕복 시간을 재면 달의 거리를 정확히 알 수 있다. 2016년부터 뉴멕시코의 아파치 포인트 천문대는 달의 거리 측정 실험으로 달의 거리를 약 2밀리미터 이내로 측정한다! 사진은 1971년에 아폴로 15호 우주비행사들이 설치한 가장 큰 아폴로 반사경 배열이다.

예제 30.1 반사: 모퉁이 반사기

서로 직각인 두 거울로 입사한 광선이 입사 광선에 반평행한 방향으로 반사되어 나감을 보여라.

해석 그림 30.2처럼 입사 광선이 두 번 반사한다. 입사 광선과 최종 반사 광선이 반평행함을 보여야 한다.

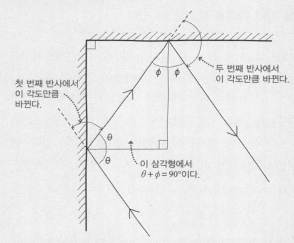

첫 번째 반사에서 이 각도만큼 바뀐다.

두 번째 반사에서 이 각도만큼 바뀐다.

이 삼각형에서 $\theta + \phi = 90°$이다.

그림 30.2 이차원 모퉁이 반사기

과정 반사로 방향이 바뀐 각도의 합이 180°이면 입사 광선에 반평행하다. 식 30.1에서 반사각은 θ와 ϕ이다. 그림 30.2에서 첫 번째 반사로 바뀐 각도는 $180° - 2\theta$이고, 두 번째 반사로 바뀐 각도는 $180° - 2\phi$이다.

풀이 두 번의 반사로 바뀐 각도의 합은

$$(180° - 2\theta) + (180° - 2\phi) = 360° - 2(\theta + \phi)$$

이다. 그런데 그림 30.2에서 $\theta + \phi = 90°$이므로, 결국 180°이다.

검증 서로 수직하는 한 쌍의 거울로 된 이 놀라운 기구는 두 거울에 수직하는 평면을 따라 입사하는 광선이 정확하게 왔던 방향으로 되돌아가게 한다. 세 번째 거울을 두 거울에 수직으로 연결하면 입사 광선이 입사한 방향으로 되돌아가는 모퉁이 반사기(corner reflector)가 된다. 광학기기에는 거울 대신에 프리즘으로 만든 모퉁이 반사기가 흔히 사용된다. 어떻게 모퉁이 반사기가 물리학의 가장 근본적인 이론 중의 하나를 증명하는 데 도움이 되는지 위의 응용물리에 나타나 있다. 또한 실전 문제 62에서 모퉁이 반사기를 탐구할 수 있다.

확인 문제 30.1 런던 첨탑의 영상이 젖은 인도에 비친다. 이것은 (a) 정반사인가, (b) 확산 반사인가, 아니면 (c) 둘의 중간 정도 반사인가?

부분 반사

일부 빛은 투명한 물질의 경계면에서도 반사된다. 이러한 부분 반사는 맥스웰 방정식으로 잘 기술될 수 있으며, 14장에서 설명한 줄 파동의 부분 반사와 비슷하다. 일반적으로 수직으로 광선이 입사하면 반사가 가장 적게 일어난다. 유리에서는 수직으로 입사한 광선의 4%만이 반사한다. 입사각이 증가하면 반사도 증가한다. 카메라 렌즈, 태양광 전지 등 광학 소자에 반사 방지 박막을 입혀서 반사로 인한 빛의 손실을 막고 있다. 32장에서 이러한 코팅이 어떻게 작용하는지 배울 것이다.

30.2 굴절

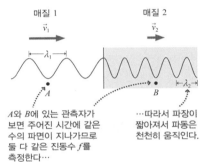

*A*와 *B*에 있는 관측자가 보면 주어진 시간에 같은 수의 파면이 지나가므로 둘 다 같은 진동수 *f*를 측정한다···

···따라서 파장이 짧아져서 파동은 천천히 움직인다.

그림 30.3 파동이 한 매질에서 다른 매질로 진행할 때 진동수는 바뀌지 않지만 파장은 바뀐다.

LO 30.2 스넬 법칙을 이용하여 빛의 굴절을 묘사할 수 있다.

14장에서 보면 매질에 따라 파동 속력이 달라졌다. 투명한 물질에서 빛의 속력은 진공에서 보다 느리다. 따라서 진공의 빛의 속력 c와 물질에서 빛의 속력 v의 비율로 다음과 같이 **굴절률**(index of refraction)을 정의한다.

매질의 굴절률 n은··· ··· 진공에서 빛의 속력 c와 ···

$$n = \frac{c}{v} \quad \text{(굴절률)}$$ (30.2)

··· 매질에서 빛의 속력 v의 비율이다.

빛이 새 물질로 들어가면 속력이 바뀌지만, 그림 30.3처럼 빛의 진동수 f는 바뀌지 않는다. 빛의 속력이 $v = f\lambda$로 주어지므로, 결국 빛의 파장이 바뀐다. 식 30.2에서 굴절률 n에 대해 파장은 $\lambda = v/f = c/nf$이다. 여기서 c와 f가 불변이므로, 파장은 굴절률 n에 반비례한다. 몇몇 물질의 굴절률이 표 30.1에 있다.

29장 실전 문제 66에서 유전체 매질에서 빛의 속력은 $v = c/\sqrt{\kappa}$로 주어진다는 것을 알았다. 여기서 κ는 23장에서 소개한 유전 상수이다. 식 30.2와 비교하면 굴절률은 유전 상수의 제곱근과 같다는 것을 알 수 있다. 이 결과는 광학과 전자기학의 밀접한 관계를 나타내는 수많은 징표 중 하나이다. 하지만 표 23.1에 주어진 유전 상수로부터 굴절률을 계산하려고 해서는 안된다. 일반적으로 유전 상수는 진동수에 의존하는 양이며 광학적 진동수에 대한 유전 상수는 표 23.1의 정적인 전기장에 대한 유전 상수와 큰 차이가 나기 때문이다.

빛이 투명한 매질에 각도를 이루며 입사하면 물질을 투과하는 빛은 **굴절**(refraction)된다. 즉 그림 30.4처럼 빛의 진행 방향이 바뀐다. 그림 30.5를 보면 빛의 속력, 즉 파장이 변하면서 어떻게 굴절되는지 알 수 있다. 그림에서 매질 2의 굴절률이 매질 1보다 크다. 즉 $\lambda = c/nf$이므로 파장은 매질 2에서 더 짧다. 빗변이 공통인 색칠한 두 직각삼각형에

표 30.1 몇몇 물질의 굴절률*

물질	굴절률, n
기체	
공기	1.000293
이산화탄소	1.00045
액체	
물	1.333
에틸알코올	1.361
글리세린	1.473
벤젠	1.501
다이요오드메탄	1.738
고체	
얼음(H_2O)	1.309
폴리스타이렌	1.49
유리	1.5~1.9
소금($NaCl$)	1.544
다이아몬드(C)	2.419
금홍석(TiO_2)	2.62

*1기압, 0 ~ 20℃에서 나트륨의 노란 스펙트럼선인 589 nm 파장의 광선으로 측정한 값이다.

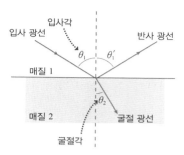

그림 30.4 매질 2의 굴절률이 높은 경우의 반사와 굴절

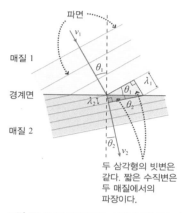

그림 30.5 두 매질에서 속력과 파장이 다르므로 굴절이 일어난다.

서 한 변의 길이가 한 파장과 같다. 이 변을 마주 보는 대각이 각각 입사각과 굴절각이다. 두 직각삼각형의 빗변은 같으므로, $\lambda_1/\sin\theta_1 = \lambda_2/\sin\theta_2$이다. 한편 $\lambda = c/nf$이므로 다음과 같은 **스넬 법칙**(Snell's law)을 얻는다.

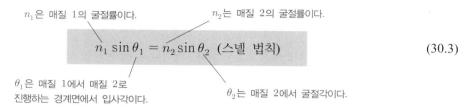

$$n_1 \sin\theta_1 = n_2 \sin\theta_2 \quad \text{(스넬 법칙)}$$ (30.3)

n_1은 매질 1의 굴절률이다. n_2는 매질 2의 굴절률이다.

θ_1은 매질 1에서 매질 2로 진행하는 경계면에서 입사각이다. θ_2는 매질 2에서 굴절각이다.

이 식을 1621년 네덜란드의 빌레브로르트 반 로이엔 스넬(Willebrord van Roijen Snell)이 기하학적으로 유도하였고, 1630년에 프랑스의 르네 데카르트(René Descartes)가 해석적으로 유도하였다. 두 물질의 굴절률을 알면 두 물질의 경계면에서 무슨 일이 일어나는지 예측할 수 있다.

스넬 법칙은 굴절률이 낮은(높은) 물질에서 높은(낮은) 물질로 빛이 진행할 때 성립한다. 굴절률이 낮은 물질에서 높은 물질로 진행할 때는 경계면의 수직선 쪽으로 굴절하고, 반대로 굴절률이 높은 물질에서 낮은 물질로 진행할 때는 경계면의 수직선에서 멀어지는 쪽으로 굴절한다.

사람의 눈과 지구의 대기를 포함하여 어떤 상황에서는 굴절률이 위치에 따라 연속적으로 변하므로 빛도 연속적으로 굴절하여 굽은 경로를 따라간다. 실용 문제 67~70에서 두 가지 예를 탐구할 것이다.

예제 30.2   **굴절: 평판**   응용 문제가 있는 예제

공기 중의 광선이 두께 d, 굴절률 n의 유리 평판에 각도 θ_1로 입사한다. 평판을 나가는 광선이 입사 광선에 평행함을 보여라.

해석 두 번의 굴절에 대한 문제이다. 첫 번째 경계면은 공기-유리이고 유리-공기 경계면으로 광선이 나간다.

과정 그림 30.6은 빛이 유리판을 지나가는 것을 보여 준다. 여기에 θ_1, θ_2와 θ_3, θ_4로 표시된 입사각과 굴절각 짝이 있다. 각 경계면에서 스넬 법칙을 적용하여 $\theta_4 = \theta_1$임을 보이고자 한다. 공기-유리 경계면에서 $n_1 \sin\theta_1 = n_2 \sin\theta_2$이고, 유리-공기 경계면에서는 $n_3 \sin\theta_3 = n_4 \sin\theta_4$이다. θ_1과 θ_4가 같은 매질(공기)에 있으므로 $n_4 = n_1$이고, 유리의 θ_2와 θ_3에 대해서 $n_3 = n_2$이다. 따라서 $n_1 \sin\theta_1 = n_2 \sin\theta_2$, $n_2 \sin\theta_3 = n_1 \sin\theta_4$이다.

풀이 공기의 굴절률이 $n_1 = 1$, 유리의 굴절률이 $n_2 = n$이면 공기-유리 경계면에서 $\sin\theta_2 = \sin\theta_1/n$이다. 반면에 유리-공기 경계면에서는 $n_1 = n$, $n_2 = 1$이므로 $\sin\theta_4 = n\sin\theta_3$이다. 한편 평판의 표면이 나란하여 $\theta_3 = \theta_2$이므로, $\sin\theta_4 = n\sin\theta_2$이다. 따라서 θ_2에 대한 결과를 넣으면

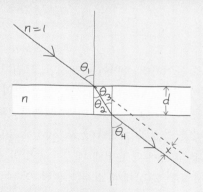

그림 30.6 투명한 유리판을 지나가는 광선

$$\sin\theta_4 = n\left(\frac{\sin\theta_1}{n}\right) = \sin\theta_1$$

이다. 입사 광선과 나가는 광선이 평행하다.

검증 투명한 물질의 두 표면을 지나는 광선은 휘어지지 않는다. 다만, 그림 30.6의 x만큼 평행 이동한다(응용 문제 31 참조).

예제 30.3 · 굴절: CD 음악

CD에 수록된 정보를 '읽기' 위한 레이저 광선은 그림 30.7처럼 디스크 표면에 입사할 때 폭이 0.737 mm이고 각도 $\theta_1 = 27.0°$의 원뿔 모양이다. 광선은 굴절률 1.55, 두께 1.20 mm의 플라스틱층을 지나서 디스크의 맨 위 표면 가까이의 정보 저장층에 도달한다. 정보 저장층에 닿은 광선의 지름 d는 얼마인가?

해석 레이저 광선의 가장자리 부분이 수직선 가까이로 굴절하여 수렴한다. 정보 저장층으로 수렴한 광선의 폭을 구해야 한다.

과정 굴절각 θ_2는 스넬 법칙 $n_1 \sin\theta_1 = n_2 \sin\theta_2$에서 얻는다. θ_2를 알면, 그림 30.7에서 $x = t\tan\theta_2$이며, $t = 1.20$ mm이다. 한편 광선의 폭 d는 $d = D - 2x$이며, $D = 0.737$ mm이다.

풀이 $n_1 = 1$, $n_2 = 1.55$이므로

$$\theta_2 = \sin^{-1}(\sin\theta_1 / n_2) = 17.03°$$

이다. 따라서

$$d = D - 2x = D - 2t\tan\theta_2 = 1.80 \ \mu\text{m}$$

를 얻는다.

검증 답을 검증해 보자. d의 값이 CD의 구멍보다 약간 크다. 레

이저 광선의 폭을 좁게 만들수록 CD 음악의 잡음이 줄어든다. 미세한 홈조차 μm 크기의 정보를 가로막을 수 있다. 광선이 들어오는 표면에서는 mm 크기의 먼지가 문제이다. 32장에서 CD와 DVD의 기술에 대해서 다시 설명할 것이다.

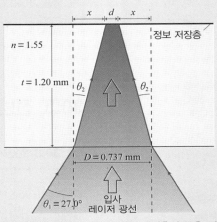

그림 30.7 CD에 쪼인 레이저 광선이 정보 저장층의 좁은 점에 수렴하는 모습

확인 문제

30.2 그림에서처럼 서로 다른 세 매질에 광선이 통과한다. 굴절률이 큰 순서대로 나열하여라.

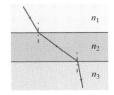

반사, 굴절, 편광

반사와 굴절 모두 입사파의 전기장과 물질 내 전하의 상호작용 때문에 생긴다. 전기장에 의한 분자 쌍극자의 진동으로 반사파와 굴절파 모두 생긴다. 따라서 전기장의 진동 방향, 즉 편광에 따라 반사와 굴절이 달라진다. 입사 광선과 반사 광선으로 정의되는 평면을 따라 전기장이 진동할 때 반사가 생기지 않는 특정한 입사각이 있다. 이러한 각도, 즉 **브루스터 각**(Brewster angle) 혹은 **편광각**(polarizing angle)은 반사 광선이 굴절 광선에 수직이 되려고 할 때 발생한다(그림 30.8 참조). 이때 분자 쌍극자는 반사 광선의 방향으로 진동하므로, 29.7절에서 공부한 것처럼 진동 방향으로는 전자기 복사를 방출하지 않는다.

그림 30.8을 보면 편광 입사각 θ_p와 굴절각 θ_2의 합은 90°이다. 즉 $\theta_2 = 90° - \theta_p$이다. 여기서 $\sin\theta = \cos(90° - \theta)$이므로 $\sin\theta_2 = \cos\theta_p$이다. 한편 스넬 법칙에서 $\sin\theta_2 = (n_1/n_2)\sin\theta_p$이므로 $\cos\theta_p = (n_1/n_2)\sin\theta_p$이다. 양쪽에 (n_2/n_1)을 곱하고 $\cos\theta_p$로 나누면 다음을 얻는다.

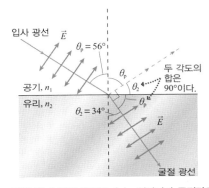

그림 30.8 편광 입사각 θ_p는 입사각과 굴절각의 합이 90°일 때 생긴다.

비편광

눈부심

편광

눈부심이 줄어듦

그림 30.9 수평 표면에서 반사된 빛은 그림 30.8에서 제시된 것과 비슷한 이유로 부분적으로 편광된다. 편광 선글라스는 그러한 반사로 인한 눈부심을 극적으로 줄여 준다.

$$\tan\theta_{\mathrm{p}} = \frac{n_2}{n_1} \quad \text{(편광각)} \tag{30.4}$$

그림 30.8의 공기-유리 경계면에서 편광각 θ_{p}는 약 56°이다.

편광되지 않은 빛이 편광각으로 입사하면 그림 30.8의 평면에 수직한 전기장 성분만 반사되므로 자연스럽게 편광된다. 이러한 편광은 레이저에서 매우 중요하다. 빛이 나오는 창을 편광각으로 잘라서 레이저 광선을 편광시킨다. 금속이나 불투명한 표면뿐만 아니라 물에서 반사될 때도 비슷한 편광 현상이 일어난다. 그림 30.9는 편광 선글라스가 반사로 인한 눈부심을 막을 수 있다는 것을 보여 준다.

30.3 전반사

LO 30.3 전반사를 설명하고 임계각을 계산할 수 있다.

굴절률이 높은 매질에서 낮은 매질로 진행하는 빛은 그림 30.10의 유리-공기 경계면의 수직선에서 멀어지는 쪽으로 굴절한다. 즉 굴절각이 입사각보다 크다. 굴절각이 90° 이상이 되면 빛은 어디로 진행할까?

그림 30.10처럼 **임계각**(critical angle) 이상으로 입사한 빛은 유리를 벗어나지 못하고, 굴절률이 높은 매질로 **전반사**(total internal reflection)한다. 스넬 법칙(식 30.3)에 $\theta_2 = 90°$를 넣으면 임계각을 얻을 수 있다. θ_{c}는 θ_1이므로 다음과 같다.

$$\sin\theta_{\mathrm{c}} = \frac{n_2}{n_1} \quad \text{(임계각)} \tag{30.5}$$

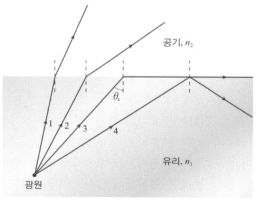
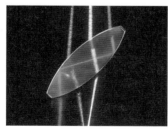

그림 30.10 유리에서 진행하는 빛은 유리—공기 경계면의 수직선에서 멀어지는 쪽으로 굴절한다. 임계각 θ_{c}로 입사한 광선 3은 경계면을 따라간다. 입사각이 더 커지면(광선 4) 빛은 전반사한다. 사진 아래쪽에서 보면 가장 왼쪽의 빛은 두 번 전반사한 빛이다.

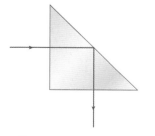

그림 30.11 유리 프리즘에서 전반사하는 빛의 경로

별도로 박막을 입히지 않은 유리 프리즘도 그림 30.11처럼 입사 방향만 적절히 조절하면 훌륭한 반사체가 될 수 있다. 크기가 작은 쌍안경도 유리 프리즘의 전반사를 이용하여 빛의 경로를 길게 만든다. 물속에서 바라보면 임계각 때문에 물 밖의 세상이 달리 보인다. 또한 다음 쪽의 응용물리에서 설명한 것처럼 각 세계를 연결하는 인터넷망도 광섬유의 전반사를 이용하여 광신호를 전송한다.

개념 예제 30.1   전반사: 고래 구경하기

고래 구경꾼들을 태운 비행기가 바다 위를 날고 있다. 고래가 비행기를 쳐다볼 때 무엇을 보겠는가?

풀이 고래가 헤엄치는 바닷물의 굴절률은 공기의 굴절률보다 크다. 고래에 도달하는 일부 빛은 그림 30.12의 비행기처럼 수면 위의 물체로부터 온다. 그러나 고래는 그림 30.12의 오징어처럼 수

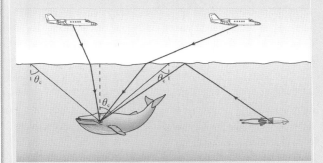

그림 30.12 고래가 볼 수 있는 세상은 반각 θ_c의 원뿔 표면 위의 모든 세상이다. 이 각도보다 크면 해수면 아래의 물체만 보인다.

면 아래의 물체를 보기도 한다. 이때 빛은 물-공기 경계면에서 완전히 반사된 것이다.

검증 그림 30.12에 나타낸 것처럼 고래는 원뿔 안에 있는 수면 위의 모든 세상을 본다. 물속에서 위를 쳐다보는 사람도 똑같은 경험을 할 것이다.

> **관련 문제** 고래가 수면 위의 물체를 볼 수 있는 원뿔의 반각은 얼마인가?
>
> **풀이** 원뿔의 반각은 그림 30.12에 보이는 것처럼 임계각 θ_c이다. 표 30.1에서 물의 굴절률은 $n = 1.333$이므로 식 30.5로부터 $\theta_c = \sin^{-1}(1/1.333) = 48.6°$이다.

응용물리   광섬유

오늘날 전 세계적으로 통신을 주도하는 **광섬유**(optical fiber)의 물리적 기초 원리는 굴절과 전반사이다. 전화와 TV를 비롯하여 의학, 천체물리학, 산업용 기기에 이르기까지 광섬유를 이용하여 광신호를 전송한다.

전형적인 광섬유는 지름이 8 μm인 중심 유리에 굴절률이 낮은 다른 유리피복을 입힌 구조로 되어 있다. 중심 유리와 유리피복의 경계에서 전반사한 빛이 굽은 광섬유를 따라 진행한다. 광섬유의 중심 유리는 순도가 매우 높아서 두께 1 km의 유리판도 보통의 창문유리처럼 투명하다. 오늘날의 광섬유는 반도체 레이저로 만든 850, 1350, 1550 nm의 적외선을 전송하고 있다.

구리선에 대한 광섬유의 주요 이점은 **띠너비**(bandwidth)로 불리는 정보의 흐름률이 엄청나게 크다는 것이다. 음성, 영상, 디지털 자료 등 전송 용량이 큰 통신 정보를 전송하려면 넓은 범위의 진동수 영역을 필요로 한다. 재래식 마

이크로파 통신은 10^{10} Hz 대역이지만 광통신은 10^{14} Hz 진동수 대역을 가진다. 예를 들면 단일 광섬유로 수만 개의 전화를 동시에 전송할 수 있다. 또한 광섬유는 구리선보다 훨씬 가볍고, 구리선이나 다른 전자기파 송전선보다 불법도청에 덜 취약하며, 절연체로 만들기 때문에 전기 잡음에도 덜 민감하다. 사진의 두 송전선의 전송 용량은 같다. 왼쪽의 송전선은 몇 가닥의 광섬유이고 오른쪽은 굵은 구리 선다발이다.

30.4 분산

LO 30.4 분산의 원인을 설명하고 분산과 관련된 각 퍼짐을 계산할 수 있다.

굴절은 궁극적으로 전자기파와 전자의 상호작용이므로, 전자의 거동과 그로 인한 굴절률은 진동수에 따라 달라진다. 진동수가 다르면, 즉 가시광선의 빛깔이 다르면 굴절각이 달라진다. 그 결과가 **분산**(dispersion), 즉 서로 다른 각도로 통과하는 서로 다른 색깔의 굴절이다. 그림 30.13은 분산이 높게 나타나도록 가공한 유리의 굴절률의 파장 의존도를 보여 준다. 유리 프리즘을 통과한 백색광이 여러 빛깔의 가시광선으로 분산된다는 것은 고전적인 예이다(그림 30.14 참조). 무지개는 다음의 응용물리에서 설명하듯이 분산과 전반사가 결합되어 나타나는 아름다운 자연현상이다.

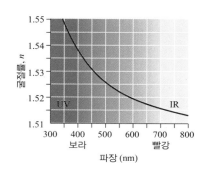

그림 30.13 파장의 함수로 나타낸 고분산 광학 유리의 굴절률

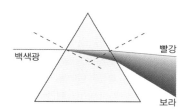

그림 30.14 백색광이 분산되면서 가장 짧은 파장의 보랏빛이 가장 많이 굴절된다.

예제 30.4 **분산:** 프리즘 응용 문제가 있는 예제

그림 30.15처럼 백색광이 프리즘의 한 표면에 수직하게 입사한다. 프리즘은 그림 30.13에 그려진 굴절률의 유리로 만들어진 것이다. 프리즘을 빠져나온 빨간빛과 보랏빛 사이의 각을 구하라. 파장은 각각 700 nm와 400 nm이다.

해석 이것은 30.2절에서처럼 굴절에 관한 문제인데, 서로 다른 두 파장의 굴절률이 서로 다르다. 입사빔은 프리즘의 수직면에 직각이므로 첫 번째 경계면에서 굴절은 없다.

과정 유리에서 공기로 가는 두 번째 경계면에서 굴절을 결정하기 위해 30.2절에서 했던 것처럼 스넬 법칙인 식 30.3을 사용할 수 있다. 그림 30.13을 보면 $n_{400} = 1.538$, $n_{700} = 1.516$이다. 각각의 굴절률에 대해 스넬 법칙을 두 번 적용해야 한다. 또 유리-공기 경계면에서 입사각이 필요한데, 그림 30.15의 도형을 보면 프리즘의 꼭대기의 각 40°와 같다. 그래서 두 각을 α로 표시하였다.

풀이 스넬 법칙을 θ_2에 대해 풀고 n_1로 적절한 굴절률을 사용하면 굴절각, 즉 반사빔이 프리즘의 기울어진 면의 법선과 이루는 각을 구할 수 있다. 공기에 대해 $n_2 = 1$로 택하면

$$\theta_{400} = \sin^{-1}(n_{400} \sin \alpha) = \sin^{-1}[(1.538)(\sin 40°)] = 81.34°$$

$$\theta_{700} = \sin^{-1}(n_{700} \sin \alpha) = \sin^{-1}[(1.516)(\sin 40°)] = 77.02°$$

를 얻는다. 따라서 나가는 두 빔 사이의 각은 $\Delta\theta = \theta_{400} - \theta_{700} = 4.32°$가 된다.

검증 두 빔이 상당히 굴절하였음에도 불구하고 이것은 꽤 작은 각이다. 분산은 일반적으로 작은 효과이기 때문에 그것이 항상 뚜렷한 것은 아니다. 기하광학을 더 이해하기 위해 이 예제를 $\alpha = 45°$인 이등변 프리즘의 경우에 대해 다시 풀어 보라(개념 문제 8 참조).

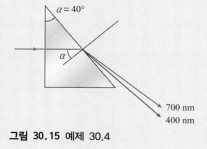

그림 30.15 예제 30.4

응용물리 | **무지개**

무지개는 햇빛이 비 또는 하늘에 떠 있는 물방울을 비출 때 나타난다. 그러면 태양과 비 사이에 서 있는 관찰자에게는 색깔이 있는 띠로 된 원호가 보인다. 그림의 (a)는 그 원호의 중심이 태양과 관찰자의 머리를 잇는 선에 놓여 있다는 것을 보여 준다. 그것이 의미하는 것은 각 관찰자는 서로 다른 무지개를 본다는 것이다! 더구나 무지개의 원호는 항상 약 42°의 각에 대응한다. 뉴턴은 내부 반사와 분산을 이용하여 무지개에 대해 처음으로 온전히 설명하였다. 그림의 (b)는 구형의 빗방울을 통해 지나가는 광선을 보여 준다. 곡면의 빗방울에 입사하는 평행한 광선들은 입사각이 다양한 범위에 걸쳐 있으므로 입사 광선과 반사 광선 사이의 각 $\phi_{최대}$가 있고, 다른 각에 비해 $\phi_{최대}$에 가까운 각에서 더 많은 광선이 되돌아간다. 그것이 무지개가 태양 광선에 대해 약 42°의 각도에서 빛나는 원호로서 나타나는 이유이다. 실전 문제 59와 60에서 어떻게 $\phi_{최대}$를 구하는지 자세히 기술할 것이다.

$\phi_{최대}$ 근처에서 광선이 몰리는 것 때문에 밝은 띠가 나타난다. 하지만 왜 여러 색깔이 나타나는 것일까? 굴절률은 파장에 따라 변하고, 따라서 $\phi_{최대}$도 변한다. 그러므로 각 색깔은 서로 약간 다른 각도에서 나타난다. 물의 굴절률의 범위는 $n_{빨강} = 1.330$부터 $n_{보라} = 1.342$까지이다. 실전 문제 59, 60의 결과에 이 값들을 사용하면 $\phi_{빨강} = 42.53°$와 $\phi_{보라} = 40.78°$를 얻는다. 따라서 무지개는 빨간색이 위에 있는 약 1.75°의 각도에 대응하는 색들의 띠로서 나타난다. 가끔 일차 무지개 위에 희미한 이차 무지개를 볼 수 있다. 이것은 두 번의 내부 반사의 결과인데, 그 때문에 색깔의 순서가 뒤집어진다. 실전 문제 61에서 이차 무지개를 살펴본다.

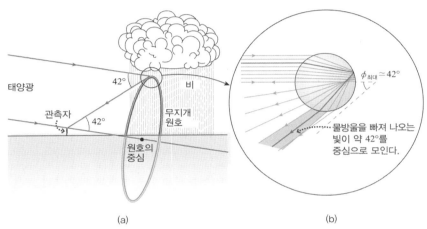

(a)   (b)

(a) 태양, 관측자, 원호의 중심을 연결하는 직선에서 42°에 위치한 원호에 무지개가 생긴다. (b) 전반사로 물방울을 빠져 나온 빛이 약 42°를 중심으로 모여서 무지개를 만든다. 분산으로 파장이 분리되어 무지개 색깔이 생긴다.

확인 문제 | **30.4** 그림은 영국 태생의 미국 화가 해리 펜이 그린 나이아가라의 모습이다. 광학적 관점에서 볼 때 그림에서 틀린 것은 무엇인가?

빛이나 다른 전자기 복사를 파장으로 분석하는 **분광학**(spectroscopy)의 기초 원리는 분산이다. 뜨거운 물체는 연속 파장의 전자기 복사를 방출하고, 희박 기체는 특정 파장의 전자기 복사를 방출하고 흡수한다(그림 30.16 참조). 이러한 띄엄띄엄한 스펙트럼은 원자의 구조에 대한 강력한 증거를 제공하므로 분광학은 현대과학의 중요한 연구 수단이 되었다. 분광을 이용하여 천문학자는 먼 천체의 조성과 운동을 연구하고, 지질학자는 광물의 조성을 분석하고, 화학자는 분자를 연구한다. 초기 분광기는 프리즘을 이용하였지만, 오늘날에는 32장에서 설명할 회절 격자를 사용한다.

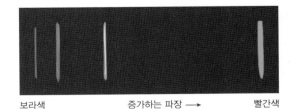

보라색   증가하는 파장 ⟶   빨간색

그림 30.16 희박한 수소 기체의 띄엄띄엄한 스펙트럼

그러나 광학기기에서 분산 현상은 매우 성가신 존재이다. 예를 들어 유리 렌즈에서 색깔에 따라 초점이 달라지는 **색수차**(chromatic aberration)가 발생한다. 광섬유에서는 반사각이 다른 빛이 다른 경로로 진행하면서 생기는 분산 때문에 디지털 정보를 전달하는 단일 펄스가 넓게 퍼져서 일부 정보를 상실할 수도 있다. 이 때문에 특정 반사각의 빛만을 통과시켜서 분산 효과를 제거하는 단일 방식 광섬유를 사용하기도 한다. 한편 지구 대기권에서 발생하는 라디오파의 분산을 활용하여 GPS의 오차를 줄이고 있다. 즉 GPS 위성에서 나온 라디오파의 분산으로 대기권 상층부의 이온층을 통과하는 진행 시간이 진동수에 따라 달라지므로 진동수가 다른 두 라디오파의 진행 시간을 비교하면 대기권의 조건을 정확히 알 수 있다. 이와 같은 복잡한 구조의 이중 진동수 GPS 수신기를 사용하면 오차 범위를 수 센티미터로 줄일 수 있다.

핵심 개념

이 장의 핵심 개념은 **광선**이다. 빛과 상호작용하는 물체가 빛의 파장보다 훨씬 클 때, 빛을 직진하는 광선으로 취급할 수 있다. 두 매질 사이의 경계면에서 빛은 **반사**하고, **굴절**한다.

주요 개념 및 식

입사각과 **반사각**은 같다.

$$\theta_1' = \theta_1$$

스넬 법칙은 입사각, 굴절각과 관련이 있다.

$$n_1 \sin\theta_1 = n_2 \sin\theta_2$$

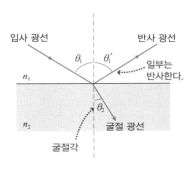

응용

굴절률이 큰 물질에서 작은 물질로 진행하는 빛의 **입사각**이 임계각 θ_c보다 크면 **전반사**가 일어난다.

$$\sin\theta_c = \frac{n_2}{n_1}$$

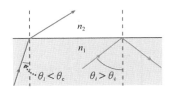

입사 광선과 굴절 광선의 평면으로 편광된 빛은 경계면에서 반사하지 않는다. 이러한 **편광각** θ_p는 다음과 같다.

$$\tan\theta_p = \frac{n_2}{n_1}$$

공기-유리 경계면에서 $\theta_p \simeq 56°$이다.

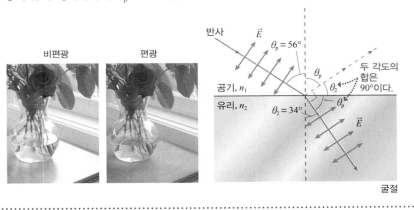

분산은 굴절률의 파장 의존성 때문에 다른 빛깔이 다른 각도로 굴절하여 생긴다.

물방울에서 전반사와 분산으로 무지개가 생긴다.

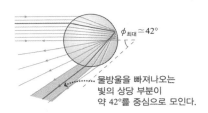

광섬유에서 전반사로 신호를 전달한다.

BIO 생물 및 의학 문제   **DATA** 데이터 문제   **ENV** 환경 문제   **CH** 도전 문제   **COMP** 컴퓨터 문제

학습 목표   이 장을 학습하고 난 후 다음을 할 수 있다.

LO 30.1 기하광학을 이용하여 빛의 반사를 묘사할 수 있다.
연습 문제 30.11, 30.12, 30.13, 30.14
실전 문제 30.36, 30.38, 30.58, 30.62

LO 30.2 스넬 법칙을 이용하여 빛의 굴절을 묘사할 수 있다.
개념 문제 30.2, 30.3, 30.9, 30.10
연습 문제 30.17, 30.18, 30.19, 30.20, 30.21
실전 문제 30.37, 30.39, 30.40, 30.42, 30.43, 30.44, 30.45, 30.46, 30.47, 30.48, 30.50, 30.51, 30.53, 30.54, 30.57, 30.59, 30.60, 30.61, 30.63, 30.65

LO 30.3 전반사를 설명하고 임계각을 계산할 수 있다.
개념 문제 30.6
연습 문제 30.22, 30.23, 30.24, 30.25
실전 문제 30.41, 30.47, 30.50, 30.51, 30.55

LO 30.4 분산의 원인을 설명하고 분산과 관련된 각 퍼짐을 계산할 수 있다.
개념 문제 30.4, 30.5, 30.7, 30.8
연습 문제 30.26, 30.27
실전 문제 30.52, 30.59, 30.60, 30.61, 30.64, 30.66

개념 문제

1. 저진동수 음파를 진행 광선으로 다루기는 부적절하다. 왜 그런 가? 고진동수 음파나 빛이 더 적절한 이유는 무엇인가?

2. 물속의 숟가락은 왜 굽어 보이는가?

3. 같은 모양의 다이아몬드와 유리는 왜 다르게 빛나는가?

4. 백색광이 공기에서 유리판을 평행하게 지난다. 유리에서 나오는 빛깔이 분산되는가?

5. 그림 30.17에서와 같이 백색광이 동일한 두 유리 프리즘을 통과 한다. 오른쪽 프리즘에서 나오는 빛을 기술하라.

그림 30.17 개념 문제 5

6. 유리에서 전반사의 임계각이 가장 작은 가시광선 영역은 어디인가?

7. 왜 무지개 끝으로 걸어갈 수 없는가?

8. 예제 30.4를 이등변 프리즘에 대해 다시 풀면 굴절각이 허수로 나온다. 이것은 무엇을 의미하는가?

9. 단순히 전체 빛을 줄이는 안경보다 왜 편광 색안경이 좋은가?

10. 어떤 조건에서 편광각이 45°보다 작은가?

연습 문제

30.1 반사

11. 거울을 몇 도 돌리면 반사 광선이 30° 회전하는가?

12. 그림 30.18의 두 거울은 사잇각이 60°이다. 대칭축에 평행하게 광선이 입사할 때 (a) 광선은 몇 번 반사하는가? (b) 광선은 어디 에서 어느 방향으로 나오는가?

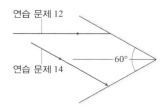

그림 30.18 연습 문제 12, 14, 실전 문제 36

13. 입사 광선이 입사 방향의 1° 이내로 반사되려면 외견상 수직인 두 거울의 각도가 몇 도 이내로 정확해야 하는가?

14. 그림 30.18에서 한 거울에 평행하게 지면을 따라 입사한 광선은 몇 도로 되돌아가는가?

30.2 굴절

15. 표 30.1에서 빛의 속력이 2.292×10^8 m/s인 물질은 무엇인가?

16. CD는 정보를 '읽는' 레이저빛 파장의 1/4 깊이인 작은 '구멍'에 정보를 저장한다. 공기 중에서는 파장이 780 nm이지만 대부분 의 CD를 만드는 굴절률 $n = 1.55$인 플라스틱에서 측정한 파장 이 구멍의 깊이이다. 구멍의 깊이를 구하라.

17. 공기-유리 경계면에 빛이 입사한다. 굴절률 1.52의 유리 속에서 굴절각은 수직선과 40°이다. 입사각을 구하라.

18. 광선이 투명한 물질 경계면의 수직선에 15°로 진행한다. 광선이 주위의 공기로 나올 때 수직선에 24°이다. 물질의 굴절률을 구 하라.

19. 수족관의 유리($n = 1.52$) 벽 안에서 진행하는 광선이 입사각 12.4°로 유리 내벽에 입사한다. 물에서 굴절각은 얼마인가?

20. 빛이 공기에서 들어올 때 다이아몬드의 편광각은 얼마인가?

21. 공기에서 편광각이 62°인 물질의 굴절률을 구하라.

30.3 전반사

22. (a) 얼음, (b) 폴리스티렌, (c) 금홍석에서 전반사와 임계각을 각 각 구하라. 주위 매질은 공기이다.

23. 얼음덩어리 속에 물방울이 들어 있다. 물-얼음 경계면에서 전반사 임계각은 얼마인가?

24. (a) 물, (b) 벤젠, (c) 다이오오드메탄에 담긴 유리($n = 1.52$)에서 진행하는 빛의 임계각은 각각 얼마인가?

25. 입사각이 $37°$보다 크면 플라스틱-공기 경계면에서 전반사가 일어난다. 플라스틱의 굴절률은 얼마인가?

30.4 분산

26. 청색과 빨간색 레이저 광선이 공기-유리 경계면에 $50°$로 입사한다. 청색과 빨간색 빛에 대한 유리의 굴절률이 각각 1.680과 1.621이면 유리에서 두 광선 사이의 각도는 얼마인가?

27. 백색광이 공기에서 그림 30.19의 정삼각형 프리즘에 $45°$로 입사한다. 프리즘의 굴절률이 각각 $n_{빨강} = 1.582$, $n_{보라} = 1.633$일 때 프리즘에서 나오는 광선의 분산각 γ를 구하라.

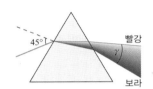

그림 30.19 연습 문제 27(분산 광선의 각도는 임의적이다.)

응용 문제

다음 문제들은 본문의 예제들에 기초한 것이다. 두 세트의 문제들은 물리학의 이해를 강화하는 연결의 형성을 돕고 이전에 풀어본 문제에서 변형된 문제를 해결하는 자신감을 키우도록 설계되어 있다. 각 세트의 첫 번째 문제는 본질적으로 예제 문제이지만 숫자들은 다르다. 두 번째 문제는 예제와 똑같은 상황이지만 묻는 질문이 다르다. 세 번째와 네 번째 문제는 완전히 다른 상황으로 이런 방식을 반복한다.

28. **예제 30.2** 그림 30.6의 투명한 유리판의 굴절률이 $n = 1.62$이다. $\theta_1 = 42.6°$일 때 (a) θ_2, (b) θ_3, (c) θ_4를 각각 구하라.

29. **예제 30.2** 그림 30.6에서 $\theta_1 = 32.5°$라 하자. (a) $\theta_2 = 17.1°$이면 투명한 유리판의 굴절률은 얼마인가? (b) θ_2 대신 θ_4가 주어졌다면 이 질문에 답을 할 수 있는가, 없는가? 이유를 밝혀라.

30. **예제 30.2** 냉동실 얼음틀에서 두 개의 각얼음을 꺼내어 나란히 두자. 두 각얼음이 마주보는 두 면은 평행하며 약간 떨어져 있다. 이 상황은 그림 30.6과 비슷한데 유리판 대신 공기, 유리판 주위의 공기 대신 얼음으로 채워진 것과 같다. 얼음-공기 경계에 $\theta_1 = 25.8°$의 각도로 빛이 입사했을 때, (a) θ_2, (b) θ_3, (c) θ_4를 구하라.

31. **예제 30.2** 그림 30.6에서 빛의 평행 이동 거리 x를 θ_1, n, d로 표현하라.

32. **예제 30.4** 예제 30.4의 상황에서 굴절률이 $n_{400} = 1.525$와 $n_{700} = 1.486$인 유리로 된 프리즘을 빠져나온 빨간빛과 보랏빛 사이의

각을 구하라.

33. **예제 30.4** 예제 30.4의 상황에서 $n_{700} = 1.500$과 $\theta_{700} = 64.32°$만 주어졌다고 하자. (a) 각 α, (b) 두 빔 사잇각이 $8°$일 때 굴절률 n_{400}을 구하라.

34. **예제 30.4** 예제 30.4의 프리즘이 유리로 둘러싸인 빈 공간(예를 들어, 공기로 채워진)이라고 하자. 굴절률이 예제 30.4에 주어진 값과 같을 때, (a) 프리즘을 빠져나오는 두 빔의 사잇각을 구하라. (b) 이 경우 사잇각 외에 달라지는 것이 있는가?

35. **예제 30.4** 예제 30.4에서 굴절률은 변하지 않고 각 α가 $40.75°$로 증가했을 때 어떤 상황이 일어나는지 설명하라.

실전 문제

36. 그림 30.18의 각도가 $60°$에서 $75°$로 바뀌고 광선이 거울의 대칭축에 평행하게 입사한다. (a) 몇 번 반사하고, (b) 몇 도 회전하여 나오는가?

37. 사람 눈의 각막의 굴절률은 1.40이다. $550 \, nm$의 광선이 입사각 $25°$로 각막에 들어올 때 (a) 굴절각과 (b) 각막에서 파장을 구하라.
BIO

38. 각도 ϕ로 놓여 있는 두 평면 거울에 입사한 광선이 각 거울에서 한 번씩 반사하여 나올 때 $360° - 2\phi$ 회전함을 보여라.

39. 라벨이 붙어 있지 않은 병에 든 액체를 쏟았다. 이 액체가 상대적으로 해가 없는 에틸알코올인지 독성이 있는 벤젠인지 알고자 한다. 액체 속에 넣은 유리($n = 1.52$) 토막에 $31.5°$로 입사한 광선의 굴절각은 $27.9°$이다. 무슨 액체인가? (표 30.1 참조)

40. 그림 30.20처럼 직사각형 통 속에 미터자가 왼쪽 끝을 원점으로 하여 놓여 있다. 그림처럼 왼쪽 위 모서리에서 $45°$로 바라본다. (a) 통이 비어 있을 때, (b) 통의 반 정도에 물이 들어 있을 때, (c) 통에 가득 물이 들어 있을 때, 읽는 눈금은 각각 얼마인가?

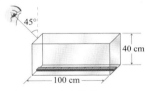

그림 30.20 실전 문제 40

41. 당신은 깊이 $6.21 \, m$의 해저 바닥에서 스쿠버 다이빙을 하고 있다. 당신의 다이빙 파트너는 같은 깊이에서 $32.5 \, m$ 떨어져 있는데 중간에 놓인 바위 때문에 그녀를 직접 볼 수 없다. 하지만 그림 30.12에서 오징어를 볼 수 있는 고래처럼 위를 쳐다보면 그녀를 볼 수 있다. (a) 파트너를 보기 위해 수직선에 대해 얼마의 각도로 올려다 봐야 하는가? (b) 파트너가 $12.0 \, m$ 떨어졌을 때도 같은 방법으로 볼 수 있는가, 없는가? 이유를 말하라. (해수의 굴절률은 담수의 굴절률과 같다. 표 30.1 참조)

42. 지름 $11 \, m$, 깊이 $10 \, m$인 원통 수족관에 물을 가득 채운다. 수면 위에서 손전등으로 수족관 바닥을 비출 수 있는 최소 수평각은 얼마인가?

43. 깊이 4.5 m의 호수 끝에서 수평으로 2.3 m인 곳에 서 있을 때 눈 높이는 수면에서 1.7 m이다. 호수 바닥에서 잠수부가 수직선과 42°로 손전등을 비추면 빛을 볼 수 있다. 호수 끝에서 잠수부까지의 수평 거리는 얼마인가?

44. 한밤중에 깊이 1.6 m의 물속에 자동차 열쇠를 떨어트렸다. 수면 위 0.50 m 높이의 선착장에서 수직선과 40°로 손전등을 비추면 열쇠가 보인다(그림 30.21 참조). 선착장 끝에서 열쇠까지의 수평 거리 x는 얼마인가?

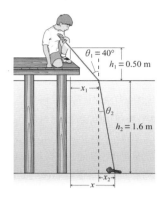

그림 30.21 실전 문제 44

45. 레이저 시력 교정 수술시 파장이 193 nm인 자외선을 사용한다. 굴절률이 $n = 1.39$인 눈의 수정체 안에서 그 자외선의 파장은 얼마인가?
BIO

46. 그림 30.22의 프리즘 굴절률은 $n = 1.52$이고 $\alpha = 60°$이며, 밖은 공기이다. $\theta_1 = 37°$로 입사한 광선이 프리즘을 빠져나오는 각도 δ는 얼마인가?

그림 30.22 실전 문제 46

47. 그림 30.11의 프리즘을 얼음으로 만들면 주광선은 어디서 어느 방향으로 나오는가?

48. 공기와 경계면의 임계각이 61°인 물질 속에서 빛의 속력은 얼마인가?

49. 그림 30.11의 프리즘($n = 1.52$)을 액체 속에 담그면 전반사가 일어나지 않는다. 액체의 최소 굴절률은 얼마인가?

50. 공기($n = 1$)와 굴절률 n의 물질에서 임계각과 편광각이 $\sin\theta_c = \cot\theta_p$를 만족함을 보여라.

51. 잠수부가 수면 아래 h인 물(굴절률 n)속에서 카메라 플래시를 터트린다. 빛이 나오는 수면 원의 지름이 $2h/\sqrt{n^2-1}$임을 보여라.

52. 연습 문제 26의 청색과 빨간색 레이저 광선이 유리 안에서 같은 방향으로 진행한다. 유리-공기 경계면의 임계각이 얼마이면, 한 광선은 전반사하고 다른 광선은 전반사하지 않는가?

53. 백내장 수술은 눈의 타고난 수정체를 합성된 인공수정체(IOL)로 바꾸는 것이다. 어떤 IOL의 굴절률이 1.452일 때 입사각 77.0°로 수정체에 들어오는 광선의 굴절각을 구하라. IOL 전의 매질은 굴절률이 $n = 1.337$인 액체 수양액이다.
BIO

54. 루비 레이저에서 빛은 루비로 된 고체 막대에서 생성된다. 막대의 굴절률은 1.77이다. 빛이 막대의 한쪽 끝에서 공중으로 빠져나올 때 빛이 완전히 편광되려면 막대 끝을 몇 도로 잘라야 하는가?

55. 원형 단면을 가진 굴절률이 1.45인 광섬유가 굴절률이 1.43의 유리 피복에 둘러싸여 있다. (a) 광섬유를 따라 연속적인 전반사로 빛이 전파되기 위한 광섬유 축에 대한 각의 최댓값을 구하라. (b) 광섬유 내에서 빛의 속력을 구하라. (c) 문제 (a)에서의 각도로 빛이 진행할 때, 광섬유를 따라 빛이 실질적으로 전파되는 속력을 구하라. 즉, 단위 시간당 빛이 이동한 광섬유의 길이를 의미하며 광섬유 내에서 빛이 직선으로 이동하지 않고 경계에서 전반사되면서 진행하기 때문에 문제 (b)의 답과 같지 않음에 주의한다.

56. 깊이 2.4 m의 원통에 물이 가득 차 있다. 일출 광선이 수평선과 22°일 때 처음으로 원통 바닥에 빛이 들어온다. 원통의 지름은 얼마인가?

57. 실전 문제 56의 원통에서 수평선 위의 광선이 항상 원통 바닥에 들어올 수 있는 지름은 얼마인가?

58. 검안사가 길이 4.2 m, 높이 2.6 m인 진료실 뒤에 프로젝터를 설치하려고 한다. 프로젝터는 반대편의 하얀 벽에 시력검사표를 비춘다. 검사표를 보기 위해 환자는 그 벽으로부터 3.3 m 거리에 앉아 있고, 눈의 높이는 바닥에서 1.4 m이다. 검사표의 중심을 어떤 높이에 두어야 하는가?
BIO

59. 그림 30.23처럼 구형 빗방울에 들어온 광선이 굴절, 전반사, 굴절로 빗방울을 빠져나온다. 그림의 각도 ϕ가 $\phi = 4\sin^{-1}(\sin\theta/n) - 2\theta$임을 보여라. 여기서 θ는 입사각이다.
Ch

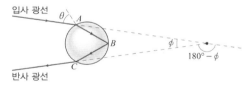

그림 30.23 실전 문제 59

60. (a) 실전 문제 59를 미분하여 입사각이 $\cos^2\theta = (n^2-1)/3$일 때 ϕ가 최대임을 보여라. (b) $n = 1.333$인 빗방울에서 ϕ의 최댓값을 구하라. 이것이 30.4절의 응용물리에서처럼 무지개가 나타나는 각도이다.
Ch

61. 그림 30.24는 구형 물방울에서 두 번 전반사한 광선의 경로이다. 실전 문제 59와 60을 되풀이하여 이차 무지개가 나타나는 각도 ϕ를 구하라.
Ch

62. 삼차원 모퉁이 반사기(세 거울이 모두 수직인 세 거울, 또는 전반사가 일어나는 정육면체 상자)에서 입사 광선의 방
Ch

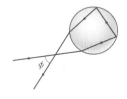

그림 30.24 실전 문제 61

향이 180° 회전됨을 보여라. (**힌트**: 입사 방향의 벡터를 $\vec{q} = q_x \hat{i} + q_y \hat{j} + q_z \hat{k}$로 놓고, 두 좌표축으로 정의하는 평면에서 반사하여 벡터가 어떻게 바뀌는지 설명하라.)

63. **Ch** 페르마 원리는 '두 점 사이를 진행하는 빛은 걸린 시간이 최대 또는 최소인 경로를 택한다'는 뜻이다. 한 매질의 점 A에서 두 번째 매질의 점 B로 진행하는 광선의 경로가 스넬 법칙을 만족할 때 걸린 시간이 최소임을 보여라. 즉 스넬 법칙도 페르마 원리에서 유도된다.

64. 굴절률 $n = 1.55$의 유리 사이에 굴절률 $n = 1.48$의 유연한 플라스틱판을 끼워서 자동차용 안전유리를 만든다. 유리-플라스틱 경계면의 전반사로 운전사의 시야가 방해되는가? 왜 그런가?

65. **Ch** 투명한 물질의 널빤지는 두께가 d이고 굴절률이 $n(x) = n_1 + (n_2 - n_1)(x/d)^2$으로 변한다. 여기서 x는 널빤지의 한 면으로부터 잰 거리이다. 광선이 널빤지에 직각으로 입사할 때, 널빤지를 지나가는 데 걸리는 시간을 구하라.

66. **DATA** 유리와 같은 보통의 물질에서 가시광선에 대한 굴절률의 파장 의존도는 근사적으로 $n(\lambda) = b + c/\lambda^2$이다. 여기서 b와 c는 상수이다. 아래 표는 예제 30.4의 광학 유리에 대한 λ와 n의 값을 나타낸 것이다. 어떤 양에 대해 n을 그려야 직선으로 나타날 것인지 결정하라. 그래프를 그리고 최적 맞춤 직선을 구한 후 그것을 이용하여 상수 b와 c를 결정하라.

λ(nm)	425	475	525	575	625	675
n	1.534	1.528	1.523	1.521	1.518	1.517

실용 문제

대기가 균등하지 않게 뜨거워진 결과로 그 굴절률이 위치에 따라 변할 때 신기루가 나타난다. 그러한 조건에서 광선은 연속적으로 굴절이 되어 굽은 경로를 따라간다. 변하는 굴절률이 중요한 또다른 예로 눈의 수정체와 지구의 이온층이 있다. 이온층은 대기의 상층부에 있는 전기적인 전도층으로 전파에 대한 굴절률이 고도에 따라 변한다.

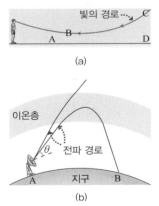

그림 **30.25** 실용 문제 67~70. (a) 신기루의 광경로, (b) 이온층의 굴절에 의한 장거리 무선통신(척도가 무시됨)

67. 그림 30.25a는 뜨거운 길 위의 빛의 경로를 그린 것인데, 신기루가 나타난다. 그려진 경로로 판단해 보면 대기의 굴절률은
  a. 왼쪽에서 오른쪽으로 증가한다.
  b. 오른쪽에서 왼쪽으로 증가한다.
  c. 위로 증가한다.
  d. 아래로 증가한다.

68. 그림 30.25a의 관찰자는 물처럼 보이는 신기루가 어른거리는 것을 보지만, 실제로는 하늘의 광선이 곡선 경로를 따라 움직인 결과를 본 것이다. 관찰자에게 신기루가 있는 곳은
  a. 위치 A이다.
  b. 위치 B이다.
  c. 위치 C이다.
  d. 위치 D이다.

69. 그림 30.25b는 어떻게 이온층의 연속적인 굴절이 장거리 무선통신을 가능하게 하는지 보여 준다. 보다 더 높게 송출된 전파는 충분히 굴절되지 않아서 지구로 되돌아오지 못하고 이온층을 통과해서 우주로 나간다. 따라서 결론적으로
  a. B에서보다 A와 B 사이의 모든 점에서 A로부터 오는 신호가 더 강하게 수신된다.
  b. A와 B 사이의 점들에서는 이온층을 걸쳐서 A로부터 오는 신호를 받을 수 없다.
  c. 굴절률은 전파 신호의 최고 고도에서 무한히 커야 한다.

70. 이온층의 굴절률은 전파 진동수에 크게 의존하는데, 높은 진동수에서 1로 접근한다. 따라서
  a. 이온층에 의한 장거리 통신은 고주파에서 더 바람직하다.
  b. 고주파는 이온층에 깊숙이 침투하지 못한다.
  c. 고주파는 위성 기반 통신에 더 적합하다.

30장 질문에 대한 해답

장 도입 질문에 대한 해답

아래에서 수면으로 입사한 빛의 전반사 때문에 영상이 뒤집힌다. 이것은 인터넷에 자료를 전달하는 광섬유에서 신호가 인도되는 것과 똑같은 과정이다.

확인 문제 해답

30.1 수면이 고르지 않아서 반사각이 다양하지만 불균일성이 완전한 확산 반사가 될 정도로 심하지는 않다.

30.2 $n_3 > n_1 > n_2$

30.3 이제 임계각이 63°가 되므로 사선의 경계면으로부터 물속으로 들어간다.

30.4 무지개는 항상 42°의 반각을 이루므로 무지개의 지름은 84°에 대응한다. 펜의 그림 전체는 보이는 무지개 지름의 세 배에 해당하므로 대략 250°에 대응한다. 한 장면은 180°를 넘을 수 없으므로, 그것은 한 장면에 담기에는 너무 크다.

영상과 광학기기

학습 목표

이 장을 학습하고 난 후 다음을 할 수 있다.

LO 31.1 광선 추적을 이용하여 평면 거울과 곡면 거울에 의한 상의 형성을 기술할 수 있고, 거울 방정식을 이용하여 곡면 거울에 대한 정량적인 결과를 얻을 수 있다.

LO 31.2 광선 추적을 이용하여 렌즈에 의한 상의 형성을 기술할 수 있고, 렌즈 방정식을 이용하여 정량적인 결과를 얻을 수 있다.

LO 31.3 두꺼운 렌즈에서의 굴절과 상의 형성을 기술할 수 있다.

LO 31.4 눈, 카메라, 확대경, 현미경 그리고 망원경을 포함하는 광학 장비의 동작을 기술할 수 있다.

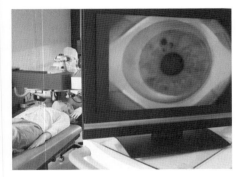

어떻게 레이저 시술로 영구 시력 교정이 가능할까?

반사와 굴절은 빛의 진행 방향을 바꾼다. 현미경, 망원경, 카메라, 콘택트렌즈, 의학용 내시경, 스캐너, 인간의 눈 등은 반사와 굴절로 **영상**(image)을 형성하여 실체를 인식한다. 이 장에서는 물체의 크기와 빛의 파장보다 훨씬 큰 경우에 유효한 기하광학으로 영상을 공부한다. 광학계로 물체를 볼 때, 물체에서 나온 빛은 반사, 굴절되어 진행한다. 따라서 크기와 방향이 다르고, 실제 위치가 아닌 겉보기 위치에서 물체를 보게 된다. 영상에서 눈으로 빛이 직접 들어오는 경우에는 **실상**(real image)을 본다. 그러나 영상이 있는 곳에서 빛이 나오는 것처럼 보일 때에는 **허상**(virtual image)을 본다.

31.1 거울의 영상

LO 31.1 광선 추적을 이용하여 평면 거울과 곡면 거울에 의한 상의 형성을 기술할 수 있고, 거울 방정식을 이용하여 곡면 거울에 대한 정량적인 결과를 얻을 수 있다.

평면 거울

그림 31.1a에서 삼각형 화살표 머리를 떠난 세 광선이 평면 거울에서 반사하여 관측자의 눈으로 들어온다. 관측자가 보기에는 세 광선이 거울의 뒤편에 생긴 영상에서 나오는 것처럼 느껴진다. 그러나 거울 뒤편에서 실제 광선이 나오지 않으므로 이러한 영상은 허상이다.

두 직선만으로 한 점의 위치를 결정할 수 있으므로, 그림 31.1a에서 화살표 머리의 위치를 정하는 데 두 광선만 필요하다. 그림 31.1b에서는 거울면에 수직인 광선과 다른 한 광선으로 영상의 위치를 추적한다. 화살표 꼬리에서도 두 광선으로 위치를 정한다.

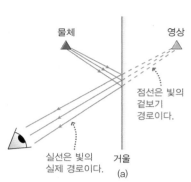

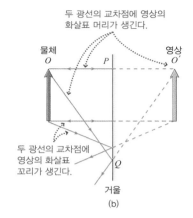

두 광선의 교차점에 영상의
화살표 머리가 생긴다.

점선은 빛의
겉보기
경로이다.

실선은 빛의
실제 경로이다.

(a)

두 광선의 교차점에
영상의 화살표
꼬리가 생긴다.

(b)

그림 31.1 평면 거울의 영상 형성

입사각과 반사각이 같으므로, 그림 31.1b에서 각도 OQP와 $O'QP$가 같고, 직각삼각형 OPQ와 $O'PQ$는 빗변이 공통이므로 합동이다. 따라서 정확히 거울 반대편의 같은 거리에 바로 선 영상이 생긴다. 또한 화살표 머리와 꼬리에서 거울면에 수직한 광선은 평행하므로 영상의 크기도 똑같다.

평면 거울에 생기는 영상의 길이와 서 있는 방향은 물체와 같지만 앞뒤가 바뀐다. 거울을 바라볼 때 영상도 거울을 바라보기 때문에 앞뒤가 바뀐다. 이러한 앞뒤의 바뀜으로 오른손이 왼손처럼 보인다(그림 31.2 참조). 수학적으로 거울면에 수직한 좌표축이 반대로 바뀐다. 즉 오른손 좌표계가 왼손 좌표계로 바뀐다.

그림 31.2 오른손의 손바닥이 거울을 향하고 있고, 손바닥의 영상도 앞을 향한다. 그래서 영상이 왼손처럼 보이지만, 그래도 오른손의 영상이다.

> **확인 문제**
>
> **31.1** 평면 거울 앞에 서 있는 자신의 머리 상단과 거울의 상단이 같은 높이에 있다면 전체 영상은 거울 아래쪽 어디까지 생기는가? 전체 영상을 보려면 거울이 근사적으로 어느 위치까지 내려가야 하는가? (a) 가슴, (b) 허리, (c) 무릎, (d) 바닥

곡면 거울

평면 거울과는 달리 곡면 거울은 바로 선 또는 거꾸로 선 영상, 실상 또는 허상, 축소되거나 확대된 영상을 만든다. 가장 좋은 곡면은 포물면이다. 포물선 축에 평행하게 입사한 모든 광선은 그림 31.3처럼 포물선의 **초점**(focus, focal point)에 모이기 때문이다. 즉 포물면 거울은 축에 평행한 모든 광선을 초점으로 수렴시킨다. 이 현상을 이용하여 빛을 집속시킬 수 있고, 초점에 놓인 광원에서 나온 빛을 평행 광선으로 만들 수 있다.

포물면 거울의 정점 근처에서는 포물면이 거의 구면에 가깝다(그림 31.3). 구형 표면을 만들기 쉬우므로 많은 수렴 거울이 사실상 구면 거울이다. 이때 구면 거울의 가장자리에서 생기는 일그러짐을 **구면 수차**(spherical aberration)라고 한다. 표면이 잘못 연마된 초기의 허블 우주 망원경은 그림 31.4처럼 상당한 수차가 발생하였다. 보통은 거울면이 전체 구면의 작은 일부분이 되도록 작게 만들어서 구면 수차를 줄인다. 이런 경우에 거울에서 초점까지의 거리인 **초점 거리**(focal length)가 거울보다 훨씬 커서 거울 축에 거의 평행하게 오는 광선만 구면 거울로 들어온다. 이러한 **근축 광선**(paraxial ray)만이 포물면의 어림인 구면에서도 정확하게 초점에 수렴한다.

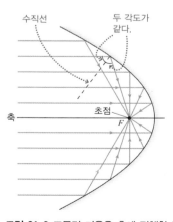

수직선

두 각도가
같다.

축

초점

F

그림 31.3 포물면 거울은 축에 평행한 광선을 반사시켜서 초점에 모은다.

거울의 광선 추적법

그림 31.5는 네 광선을 보여 준다. 네 광선 중 둘만 사용하여도 영상의 위치를 정할 수 있다.

1. 거울 축에 평행한 모든 입사 광선은 초점 F로 반사된다.
2. 역으로, 초점 F를 지나는 모든 입사 광선은 거울 축에 평행하게 반사된다.
3. 거울 중심을 지나는 모든 입사 광선은 거울 축에 대칭으로 반사된다.
4. 곡률 중심을 지나는 모든 입사 광선은 다시 곡률 중심 C로 반사된다.

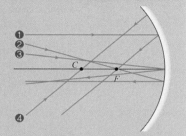

그림 31.5 구면 거울의 특별한 네 광선. 두 광선으로 영상의 위치를 정한다.

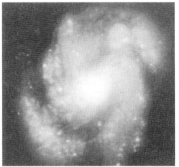

그림 31.4 부정확한 곡률 때문에 허블 우주 망원경의 거울에서 상당한 구면 수차가 발생하였다. 천문학자들이 나중에 광학적 보완 장치를 추가하였다. 두 사진은 보완 전과 후의 영상이다.

평면 거울과 마찬가지로 구면 거울이 만드는 영상을 물체의 한 점에서 나오는 두 광선으로 추적하여 만들 수 있다. 일부 특별한 광선은 이 과정을 단순화한다. 모든 광선은 반사 법칙을 만족하고, 구면 거울의 평행 광선을 근축 광선으로 어림한다.

그림 31.6은 초점을 지나는 광선 1과 2를 이용하여 영상의 위치를 추적하는 세 경우이다. 세 경우 모두 화살표의 꼬리가 축 위에 있으므로 광선을 추적할 필요가 없다. 그림 31.6a에서 거울의 곡률 중심 C 너머에 있는 물체는 거꾸로 선 축소 영상을 만든다. 빛이 실제로 영상에서 나오므로 그것은 실상이다. 오목 거울의 왼편에서 바라보면 거울 앞에 생기는 영상을 볼 수 있다(그림 31.7 참조).

물체가 거울 쪽으로 다가가면 실상이 커지다가, 물체가 곡률 중심과 초점 사이에 놓이면 물체보다 커지고 거울에서 더 멀리 떨어진다(그림 31.6b 참조). 물체가 초점으로 더 다가가면 영상이 더 커지면서 거울로부터 급속히 멀어진다. 물체가 초점에 놓이면 반사 광선이 평행하여 영상이 생기지 않는다. 끝으로 물체가 초점과 거울 사이로 들어가면 반사 광선이 발산한다. 이때 관측자에게는 반사 광선이 거울 뒤편에서 나오는 것처럼 보인다. 이 영상은 바로 선 확대 허상이다(그림 31.6c 참조).

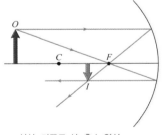
실상, 거꾸로 선, 축소 영상
(a)

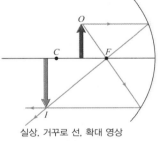
실상, 거꾸로 선, 확대 영상
(b)

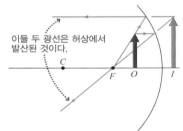
허상, 바로 선, 확대 영상
(c)

그림 31.6 핵심요령 31.1의 광선 1과 광선 2를 이용하여 추적한 오목 거울의 영상 형성. O는 물체, I는 영상을 표시한다.

확인 문제 **31.2** 그림 31.6에서 물체를 어디에 두면 물체와 같은 크기의 실상이 생기는가? (a) 곡률의 중심 C, (b) 초점 F, (c) F와 거울 사이, (d) F와 C 사이, (e) C 너머

그림 31.7 뒤에 있는 오목 거울에 형성된 자신의 영상 앞에 선 곰 인형. 곰과 영상은 모두 거울 앞에 있다.

이들 두 빛은
허상으로부터
발산한다.

그림 31.8 볼록 거울의 영상 형성. 영상은 항상 바로 선, 축소 허상이다.

그림 31.9 볼록 거울은 넓은 영역의 시야를 제공한다.

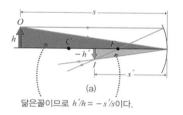

(a)

닮은꼴이므로 $h'/h = -s'/s$이다.

닮은꼴이므로 $-h'/h = (s'-f)/f$이다.

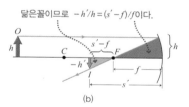

(b)

그림 31.10 핵심요령 31.1에 따라 광선 1과 광선 3을 이용한 영상 I 추적하기. 거꾸로 선 영상에서 높이 h'은 음수이므로 영상의 화살표 길이를 $-h'$으로 표기한다.

볼록 거울

볼록 거울은 오목 거울과는 달리, 거울의 바깥면에서 반사하므로 빛이 발산하여 그림 31.8처럼 허상만 만든다. 이때 실질적 중요성은 약하지만 초점의 위치에 따라 반사 광선의 경로가 결정된다. 그림 31.8에서 축에 평행한 광선과 마치 거울이 없는 것처럼 초점을 지나는 광선을 그릴 수 있다. 반사 광선은 거울 뒤편의 한 점에서 나온 것처럼 발산하여 바로 선, 축소 허상을 만든다. 물체의 위치를 바꿔서 광선을 추적해 보면 항상 바로 선, 축소 허상이 생기는 것을 알 수 있다. 좁은 공간에서 넓은 영역의 영상이 필요할 때 볼록 거울을 사용한다(그림 31.9 참조).

거울 방정식

광선을 추적해 그려 보면 영상의 형성을 쉽게 알 수 있지만, 정확한 위치와 크기는 **거울 방정식**(mirror equation)으로 구해야 한다. 여기에서는 핵심요령 31.1의 (1)과 (3) 광선을 사용하여 영상을 구할 것이다. 거울 방정식에서 사용하는 광선은 (1) 거울 축에 평행한 광선과 (3) 거울 중심으로 입사하는 광선이다(그림 31.10a 참조). 거울 중심을 지나는 광선은 거울축에 대칭적으로 반사하므로 색칠한 두 삼각형은 닮은꼴이다. 따라서 영상의 높이 h'과 물체의 높이 h의 비인 **배율**(magnification) M은 거울 중심에서 영상과 물체까지 거리인 영상의 거리와 물체의 거리의 비율과 같다. 거꾸로 선 영상의 높이를 음수로 잡으면, 그림 31.10a에서 다음을 얻는다.

$$M = \frac{h'}{h} = -\frac{s'}{s} \text{ (배율)} \tag{31.1}$$

여기서 물체와 영상 모두 거울 앞에 있으므로 영상 거리 s'과 물체 거리 s는 양수이다. 식 31.1에서 음의 부호는 거꾸로 선 영상을 뜻한다. 또한 그림 31.10a의 물체 위치에서 $|M| < 1$이므로 축소 영상을 얻는다.

초점을 지나는 광선만 그린 그림 31.10b에서 색칠한 두 삼각형은 닮은꼴이므로 $-h'/h = (s'-f)/f$이다. 다만, 거꾸로 선 영상의 높이 h'이 음수이므로 닮은 삼각형의 두 변을 비교하기 위해서 음의 부호를 붙였다. 또한 식 31.1에서 $h'/h = -s'/s$이므로 $s'/s = (s'-f)/f$를 얻는다. 따라서 다음과 같은 거울 방정식을 얻는다.

f는 거울의 초점 거리이다. 오목 거울에 대해서는 양이고 볼록 거울에 대해서는 음이다.

$$\frac{1}{s} + \frac{1}{s'} = \frac{1}{f} \text{ (거울 방정식)} \tag{31.2}$$

s는 물체에서 거울까지의 거리이다.

s'은 상에서부터 거울까지의 거리이다. 만약 상이 거울 앞에 있게 되면 양이고 뒤에 있게 되면 음이다.

실상을 이용하여 거울 방정식을 유도하였지만, 거울 뒤편의 영상 거리를 $-s'$으로 택하면 허상에서도 방정식이 성립하고, 볼록 거울인 경우에는 초점 거리를 $-f$로 택하면 역시 성립한다. 이러한 부호 규약과 함께 거울이 만드는 영상이 표 31.1에 요약되어 있다.

거울의 곡률 중심을 지나는 광선만으로 그림 31.10처럼 그려 보면, 초점 거리의 크기가 거울의 곡률 반지름의 절반이다.

$$|f| = \frac{R}{2} \tag{31.3}$$

이것을 실전 문제 75에서 증명할 수 있다.

표 31.1 거울이 만드는 영상과 부호 규약

초점 거리, f	물체 거리, s	영상 거리, s'	영상의 종류	광선 그림
+ (오목)	+ (거울 앞) $s > 2f$	+ (거울 앞) $s' < 2f$	거꾸로 선 축소 실상	
+ (오목)	+ (거울 앞) $2f > s > f$	+ (거울 앞) $s' > 2f$	거꾸로 선 확대 실상	
+ (오목)	+ (거울 앞) $s < f$	− (거울 뒤)	바로 선 확대 허상	
− (볼록)	+ (거울 앞)	− (거울 뒤)	바로 선 축소 허상	

예제 31.1   오목 거울: 허블 우주 망원경

응용 문제가 있는 예제

허블 우주 망원경을 조립하는 기술자가 망원경의 오목 거울 앞 3.85 m 지점에 서 있다(그림 31.11 참조). 거울의 초점 거리는 5.52 m이다. 기술자의 (a) 영상 위치, (b) 영상 배율을 각각 구하라.

그림 31.11 허블 우주 망원경의 반사 거울 앞에 서 있는 기술자들

해석 오목 거울의 영상에 관한 문제이며, 기술자가 대상 물체이다. 여기서 초점 거리 f는 5.52 m이며, 물체 거리 s는 3.85 m이다.

과정 그림 31.12처럼 영상이 생긴다. 물체가 초점 거리 안에 있으므로 그림 31.6c처럼 확대 허상이다. (a) 거울 방정식 31.2에서 영상 거리 s'을 구하면 영상 위치를 알 수 있다. (b) 식 31.1에서 영상 배율은 $M = -s'/s$로 구한다.

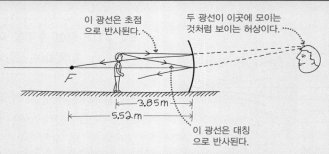

이 광선은 초점으로 반사된다.

두 광선이 이곳에 모이는 것처럼 보이는 허상이다.

이 광선은 대칭으로 반사된다.

그림 31.12 두 광선으로 기술자 머리의 허상을 만든다.

풀이 (a) 식 31.2를 풀면 s'은 다음과 같다.

$$s' = \frac{fs}{s-f} = \frac{(5.52\ \text{m})(3.85\ \text{m})}{3.85\ \text{m} - 5.52\ \text{m}} = -12.7\ \text{m}$$

(b) 앞의 결과를 식 31.1에 넣으면 다음을 얻는다.

$$M = -\frac{s'}{s} = -\frac{-12.7\ \text{m}}{3.85\ \text{m}} = 3.30$$

검증 답을 검증해 보자. 영상 거리가 음수이므로 거울 뒤에 허상이 생긴다. 배율은 음의 부호가 상쇄되어 양수이다. 따라서 영상은 그림 31.11에서 보인 것과 같이 바로 선, 확대 허상이다.

예제 31.2 **볼록 거울: 쥬라기 공원**

영화 《쥬라기 공원》에서 공포로 가득 찬 주인공이 자동차의 옆 거울로 티라노사우루스 렉스(T. rex)가 자동차를 미는 모습을 쳐다본다. 옆 거울에는 "물체는 보이는 것보다 가까이 있다."라는 경고문이 붙어 있다. 볼록 거울의 곡률 반지름이 12 m이고 T. rex가 거울 앞 9.0 m에 있으면, T. rex의 영상은 몇 배로 축소되는가?

해석 볼록 거울에 관한 문제로 예제 31.1의 오목 거울과 같은 거울 방정식을 따른다. 곡률 반지름 R는 12 m이고, 물체 거리 s는 9.0 m이다.

과정 그림 31.13처럼 영상이 생긴다. 그림 31.8과 같으므로 영상은 축소된다. 식 31.1, $M = -s'/s$로 배율을 구할 수 있지만, 영상 거리 s'을 먼저 구해야 한다. 예제 31.1에서 식 31.2를 풀면 $s' = fs/(s-f)$를 얻는다. 식 31.2는 오목 및 볼록 거울에 모두 성립하므로 $s' = fs/(s-f)$를 식 31.1에 넣으면

$$M = -\frac{s'}{s} = -\frac{fs/(s-f)}{s} = -\frac{f}{s-f}$$

를 얻는다. 한편 초점 거리는 식 31.3에서 $|f| = R/2$이고, 표 31.1에서 볼록 거울의 초점 거리가 음수이므로 $f = -6.0$ m이다.

풀이 따라서 영상 배율은 다음과 같다.

$$M = -\frac{f}{s-f} = -\frac{(-6.0\,\text{m})}{9.0\,\text{m} - (-6.0\,\text{m})} = 0.40$$

검증 답을 검증해 보자. T. rex는 40% 축소된 모습으로 거울에 보인다. 즉 실제로는 더 멀리 있다.

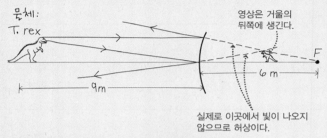

그림 31.13 두 광선으로 T. rex의 영상을 만든다.

31.2 렌즈의 영상

LO 31.2 광선 추적을 이용하여 렌즈에 의한 상의 형성을 기술할 수 있고, 렌즈 방정식을 이용하여 정량적인 결과를 얻을 수 있다.

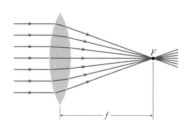

그림 31.14 볼록 렌즈는 초점 F로 평행 광선을 모은다.

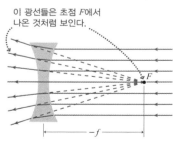

그림 31.15 오목 렌즈를 통과한 평행 광선은 발산하므로 마치 공통의 초점에서 나온 것처럼 보인다.

렌즈(lens)는 굴절로 영상을 만드는 투명한 물질 조각이다. 거울과 마찬가지로 볼록 렌즈와 오목 렌즈가 있다. 거울에서는 빛이 반사하지만 렌즈에서는 빛이 투과하므로 각각의 역할이 뒤바뀐다. 즉 볼록 렌즈는 평행 광선을 초점에 수렴시키므로 **수렴 렌즈**(converging lens)이다(그림 31.14 참조). 수렴 렌즈는 물체의 위치에 따라 실상 혹은 허상을 만든다. 반면에 오목 렌즈는 평행 광선을 공통 초점에서 발산되는 것처럼 굴절시키므로 **발산 렌즈**(diverging lens)이다. 볼록 거울처럼 오목 렌즈도 허상만 만든다(그림 31.15 참조).

두께가 두 곡면의 곡률 반지름보다 훨씬 작은 **얇은 렌즈**(thin lens)에 대해서 공부하자. 빛이 렌즈로 들어오면서 굴절하고 렌즈를 떠나면서도 굴절하지만, 렌즈의 두께가 충분히 얇아서 두 곡면이 충분히 가깝다고 어림하면, 빛이 렌즈의 중심면에서 한 번 굴절한다고 어림할 수 있다. 이것을 얇은 렌즈 어림계산이라고 한다. 한편 거울과는 달리 렌즈는 빛을 양쪽으로 통과시키므로, 초점이 두 개이다. 얇은 렌즈 어림에서는 초점이 렌즈의 양쪽으로 대칭이므로 렌즈의 앞과 뒤를 구분할 수 없다.

렌즈의 영상 구하기

거울과 마찬가지로 렌즈에서도 특별한 두 광선으로 렌즈의 영상을 구할 수 있다.

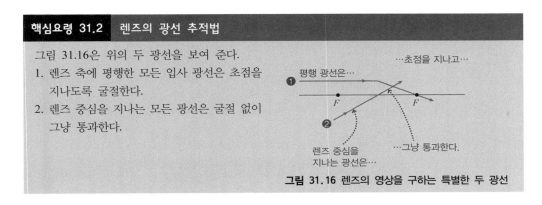

핵심요령 31.2   렌즈의 광선 추적법

그림 31.16은 위의 두 광선을 보여 준다.
1. 렌즈 축에 평행한 모든 입사 광선은 초점을 지나도록 굴절한다.
2. 렌즈 중심을 지나는 모든 광선은 굴절 없이 그냥 통과한다.

평행 광선은…
…초점을 지나고…
F F
렌즈 중심을 지나는 광선은…
…그냥 통과한다.

그림 31.16 렌즈의 영상을 구하는 특별한 두 광선

그림 31.17은 수렴 렌즈에서 물체의 위치에 따라 광선을 추적한 것이다. 그림 31.17a에서 두 초점 거리 너머에 위치한 물체가 렌즈의 반대편에 작고 거꾸로 선 실상을 만든다. 실상에서 실제로 빛이 나오므로 렌즈를 통하지 않아도 영상을 볼 수 있다. 물체가 렌즈 쪽으로 다가가면 실상이 멀어지면서 커진다. 물체가 $2f$와 초점 거리 f 사이에 놓이면 영상이 $2f$ 너머로 이동하고 크기가 커진다(그림 31.17b 참조). 영화관의 화면은 이와 같은 방법으로 영상을 만든다. 물체가 초점 안쪽에 놓이면 렌즈를 통해서만 볼 수 있는 커다란 허상을 만든다(그림 31.17c 참조).

그림 31.18의 발산 렌즈는 볼록 거울처럼 바로 선 축소 허상만 만든다. 허상은 렌즈를 통

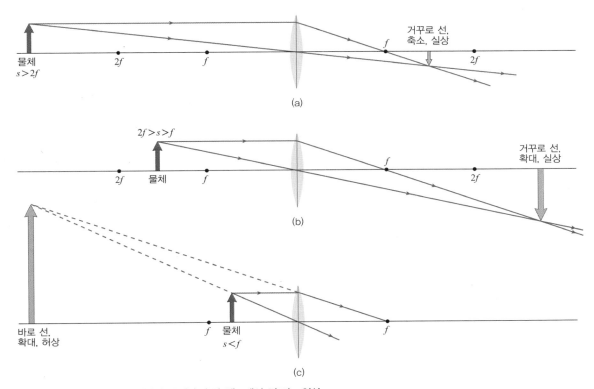

그림 31.17 서로 다른 세 위치의 물체가 수렴 렌즈에서 만드는 영상

그림 31.18 발산 렌즈는 항상 바로 선 축소 허상을 만들고, 렌즈를 통해서만 볼 수 있다.

해서만 볼 수 있다. 그림 31.18의 기하학적 구도는 물체가 초점 거리 안에 위치해도 변함이 없다.

렌즈 방정식

그림 31.19에서 직각삼각형 OAB와 IDB는 닮은꼴이므로 영상 배율은 다음과 같다.

$$M = \frac{h'}{h} = -\frac{s'}{s} \tag{31.4}$$

여기서도 음의 높이는 거꾸로 선, 허상을 뜻한다. 또한 식 31.19에서 색칠한 직각삼각형도 닮은꼴이므로, $-h'/(s'-f) = h/f$이다. 두 식을 정리하면 다음의 렌즈 방정식을 얻는다.

f는 렌즈의 초점 거리이다. 오목 렌즈에 대해서는 양이고 볼록 렌즈에 대해서는 음이다.

$$\frac{1}{s} + \frac{1}{s'} = \frac{1}{f} \text{ (렌즈 방정식)} \tag{31.5}$$

s는 물체에서 렌즈까지의 거리이다.

s'은 상에서부터 렌즈까지의 거리이다. 만약 상이 물체에 대해 렌즈의 반대쪽에 있게 되면 양이고 같은 쪽에 있게 되면 음이다.

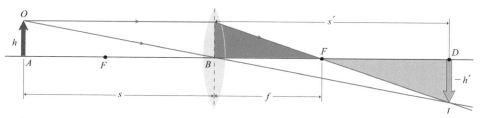

그림 31.19 렌즈 방정식을 유도하는 광선 그림. 삼각형 OAB와 IDB가 닮은꼴이고, 색칠한 두 삼각형이 닮은꼴이다.

이 식은 거울 방정식 31.2와 똑같다. 실상을 이용하여 렌즈 방정식(31.5)을 유도하였지만, 물체와 같은 쪽에 있는 영상 거리를 음수로 택하면, 허상에서도 식 31.5가 성립한다. 한편 오목 렌즈인 경우에는 초점 거리를 음수로 택하면 역시 그 식이 성립한다. 이러한 부호 규약과 함께 거울이 만드는 영상이 표 31.2에 요약되어 있다. 그림 31.20은 서로 다른 물체 거리에서 생기는 영상의 종류와 크기를 보여 주는 그래프이다.

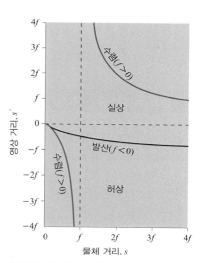

그림 31.20 렌즈의 영상 거리와 물체 거리

표 31.2 렌즈가 만드는 영상과 부호 규약

초점 거리, f	물체 거리, s	영상 거리, s'	영상의 종류	광선 그림
+ (볼록)	$s > 2f$	+ (렌즈의 반대편) $2f > s' > f$	거꾸로 선 축소 실상	
+ (볼록)	$2f > s > f$	+ (렌즈의 반대편) $s' > 2f$	거꾸로 선 확대 실상	

+ (볼록)	$s < f$	– (렌즈의 한쪽 편)	바로 선 확대 허상	
– (오목)	+	– (렌즈의 한쪽 편)	바로 선 축소 허상	

예제 31.3 | **렌즈 방정식: 확대경**

초점 거리 21 cm의 확대경(수렴 렌즈)으로 전화번호부를 보고 있다(그림 31.21 참조). 글자를 3배로 크게 보려면 확대경과 전화번호부 사이의 거리를 얼마로 해야 할까?

해석 수렴 렌즈가 만드는 영상에 관한 문제이다. 물체가 전화번호부이므로 확대경까지의 거리가 물체 거리 s 이다. 수렴 렌즈의 초

그림 31 21 수렴 렌즈를 확대경으로 사용하기

점 거리는 양수이므로 $f = +21$ cm이고, 배율은 $M = 3$ 이다.

과정 그림 31.17c와 같으므로 바로 선, 확대 영상을 얻는다. 초점 거리와 배율은 알지만 물체 거리 s 나 영상 거리 s' 을 모른다. 식 31.4, $M = -s'/s$ 에서 s' 을 구해서 렌즈 방정식 31.5, $1/s + 1/s' = 1/f$ 에서 s 를 구한다.

풀이 $M = 3$ 이므로 식 31.4에서 $s' = -3s$ 이며, 식 31.5

$$\frac{1}{s} - \frac{1}{3s} = \frac{2}{3s} = \frac{1}{f} = \frac{1}{21\ \text{cm}}$$

에서 $s = 2(21\ \text{cm})/3 = 14$ cm이다.

검증 답을 검증해 보자. 물체 거리가 초점 거리보다 짧으므로 그림 31.17c처럼 허상이 생긴다. 그림 31.21을 보면 영상이 바로 선, 확대 허상임을 알 수 있다. 영상은 물체 쪽에 물체 거리보다 먼 곳에 생기므로 영상 거리는 음수인 $s' = -42$ cm이다.

확인 문제 **31.3** 종이면을 렌즈로 보면 글자가 확대되고 정상적으로 보인다. 영상은 실상인가 허상인가? 렌즈는 오목인가 볼록인가?

31.3 렌즈의 굴절

LO 31.3 두꺼운 렌즈에서의 굴절과 상의 형성을 기술할 수 있다.

앞 절에서는 얇은 렌즈로 어림하여 굴절 과정을 무시하였다. 여기서는 굴절 과정을 자세히 취급하여 일반적인 렌즈 제작자의 공식을 구하겠다.

곡면의 굴절

그림 31.22는 굴절률이 n_2 인 투명 물질과 곡률 반지름이 R 인 곡면을 나타낸 것이다. 물질

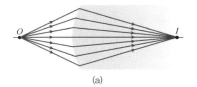

(a)

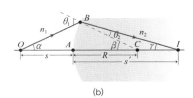

(b)

그림 31.22 곡면 경계면의 굴절. 그림과는 달리 기호로 표시한 모든 각도는 매우 작다.

바깥 매질의 굴절률은 n_1이다. 먼저 그림 31.22a처럼 물체 O에서 입사한 광선이 굴절하여 영상점 I로 굴절하는 것을 증명해 보자. 모든 광선은 광학축과 이루는 각도가 매우 작은 근축 광선이라고 가정한다.

단일 광선으로 자세하게 그린 그림 31.22b에서 작은 각도 가정 하에 $\sin x \simeq \tan x \simeq x$로 어림한다. 스넬 법칙의 $n_1 \sin \theta_1 = n_2 \sin \theta_2$는 $n_1 \theta_1 = n_2 \theta_2$가 된다. 삼각형 BCI와 OBC에서 $\theta_2 = \beta - \gamma$, $\theta_1 = \alpha + \beta$이므로, 스넬 법칙은 $n_1(\alpha + \beta) = n_2(\beta - \gamma)$이다. 원호 BA도 작은 각도 가정 하에 직선으로 어림하여 $\alpha \simeq \tan \alpha \simeq BA/s$를 얻으며, $s = OA$는 물체 거리이다. 마찬가지로 $\beta \simeq BA/R$, $\gamma \simeq BA/s'$이므로, 스넬 법칙을 다음과 같이 표기할 수 있다.

$$n_1 \left(\frac{BA}{s} + \frac{BA}{R} \right) = n_2 \left(\frac{BA}{R} - \frac{BA}{s'} \right)$$

BA를 없애고 재정리하면 다음을 얻는다.

$$\frac{n_1}{s} + \frac{n_2}{s'} = \frac{n_2 - n_1}{R} \tag{31.6}$$

여기서 각도 α가 없으므로, 모든 작은 각도에 대해서도 위 식은 성립한다. 따라서 그림 31.22a의 모든 광선은 공통 초점 I로 수렴한다.

실상인 경우에 식 31.6을 유도하였지만, 영상 거리를 음수로 택하면 허상에서도 그 식은 성립한다. 한편 오목 곡면인 경우에는 곡률 반지름을 음수로 택하면 그 식은 성립하고, 특히 $R = \infty$인 평면에서도 성립한다.

예제 31.4 **곡면의 굴절: 원통 어항** 응용 문제가 있는 예제

플라스틱으로 만든 지름 70.0 cm의 얇은 원통이 있다. 어항의 벽면에서 15.0 cm 안쪽에 있는 물고기를 정면으로 바라보는 고양이가 생각하는 겉보기 거리는 얼마인가?

해석 그림 31.22와 식 31.6으로 분석한 구면의 이차원 곡면이 원통 어항이다. 얇은 플라스틱이므로 굴절은 무시하고 원통 안의 물만 고려한다. 물체는 어항 안의 물고기이므로, 오목한 곡면은 물체 쪽이다. 즉 지름이 70.0 cm이므로 곡률 반지름은 음수인 $R = -35.0$ cm이다. 물체가 물속에 있으므로 표 30.1에서 $n_1 = 1.333$이고, 밖은 공기이므로 $n_2 = 1$이다. 또한 물체 거리는 $s = 15.0$ cm이다.

과정 그림 31.23은 위에서 바라본 모습이다. 식 31.6, $n_1/s + n_2/s' = (n_2 - n_1)/R$에서 $R = -35.0$ cm, $n_1 = 1.333$, $n_2 = 1$, $s = 15.0$ cm로 영상 거리 s'을 구한다.

풀이 따라서 다음을 얻는다.

$$s' = n_2 \left(\frac{n_2 - n_1}{R} - \frac{n_1}{s} \right)^{-1} = -12.6 \text{ cm}$$

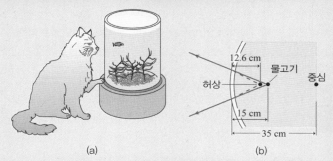

그림 31.23 (a) 원통 어항, (b) 위에서 본 모습. 물고기는 벽면에서 15 cm인 곳에 있다.

검증 답을 검증해 보자. 물고기는 어항 안쪽 15 cm인 곳에 있지만 굴절 때문에 영상 거리 s'은 짧아진다. 수영장이나 호수 바닥의 물체는 수면에 조금 더 가까이 있는 것처럼 보인다. 식 31.6에 $R = \infty$를 넣으면 알 수 있다(연습 문제 22 참조).

얇은 렌즈, 두꺼운 렌즈

그림 31.24는 두께 t, 굴절률 n인 렌즈를 나타낸 것이다. 주변 공기의 굴절률은 $n = 1$이다. 물체 O_1은 왼쪽 곡면에서 거리가 s_1이고, 영상 I_1을 만든다. 이 영상이 오른쪽 곡면에 대한 물체 O_2로 작용하여 오른쪽 곡면에서 굴절하여 두 번째 영상 I_2를 만든다. O_1과 I_2의 관계식을 구해 보자.

왼쪽 곡면에 대해서 식 31.6을 정리하면 다음을 얻는다.

$$\frac{1}{s_1} + \frac{n}{s_1'} = \frac{n-1}{R_1} \ (\text{왼쪽 곡면})$$

O_1이 가까이에 있으므로, I_1은 허상, s_1'은 음수이다. 한편 오른쪽 곡면에 대해서는 I_1이 물체이고, s_1'이 음수이므로 물체 거리 s_2는 $t - s_1'$이다. 또한 오른쪽 곡면에서 $s' = s_2'$, $n_1 = n$, $R = R_2$이며, 물체(I_1, O_2)에 대해서는 오목 거울이므로 R_2는 음수이다. 따라서 식 31.6을 다음과 같이 표기할 수 있다.

$$\frac{n}{t - s_1'} + \frac{1}{s_2'} = \frac{1-n}{R_2} \ (\text{오른쪽 곡면})$$

이제 렌즈 두께가 매우 얇아서 $t \to 0$일 때, 위의 두 식을 더하면 n/s_1'항이 상쇄되므로, 아래 첨자를 없애고 표기하면 다음을 얻는다.

$$\frac{1}{s} + \frac{1}{s'} = (n-1)\left(\frac{1}{R_1} - \frac{1}{R_2}\right)$$

왼쪽 항은 식 31.5의 왼쪽 항과 똑같고, 식 31.5의 오른쪽 항이 $1/f$이므로, 다음과 같은 **렌즈 제작자 공식**(lensmaker's formula)을 얻는다.

n은 렌즈 물질의 굴절률이다.

$$\frac{1}{f} = (n-1)\left(\frac{1}{R_1} - \frac{1}{R_2}\right) \ (\text{렌즈 제작자 공식}) \tag{31.7}$$

f는 얇은 렌즈의 초점 거리이다.

R_1과 R_2는 두 렌즈 표면의 곡률 반지름이다. 표면이 오목이면 양이고 표면이 볼록이면 음이다.

여기서 반지름들은 양수 혹은 음수일 수 있다. 그림 31.24에서 왼쪽 곡면이 물체 O_1에 대해서 볼록이므로 R_1은 양수이다. 반면에 오른쪽 곡면이 물체인 중간 영상 I_1에 대해서는 오목이므로 R_2는 음수이다. 식 31.7을 중간 영상이 허상인 경우에 유도하였지만, 이는 모든 얇은

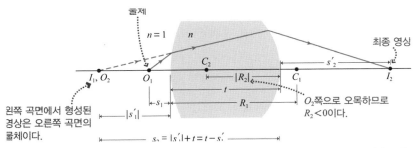

그림 31.24 곡률 반지름이 다른 두꺼운 렌즈의 분석. C_1과 C_2는 왼쪽과 오른쪽 곡면의 곡률 중심이고, t는 렌즈의 두께이다.

렌즈의 초점 거리에 대해서 성립한다.

　　렌즈의 모양은 그림 31.25처럼 다양하다. 중간이 볼록한 렌즈는 수렴 렌즈로서 식 31.7의 초점 거리가 양수이며, 중간이 오목한 렌즈는 발산 렌즈로서 식 31.7의 초점 거리가 음수이다. 그러나 렌즈 주변 매질의 굴절률이 렌즈의 굴절률보다 크면 반대로 작용한다(실전 문제 74 참조).

| **예제 31.5** | **렌즈 제작자 공식: 평면 볼록 렌즈** |

그림 31.25의 평면 볼록 렌즈의 초점 거리를 표기하라. 굴절률은 n, 곡률 반지름은 R이다.

해석 렌즈 제작자 공식을 유도할 때의 얇은 렌즈에 관한 문제이다. 렌즈의 왼쪽이 물체 쪽이므로 볼록 곡면의 곡률 반지름은 $R_1 = R$이고 평면은 $R_2 = \infty$이다.

과정 초점 거리, 곡률 반지름, 굴절률의 관계식인 렌즈 제작자 공식 31.7에서 초점 거리 f를 구한다.

풀이 $R_1 = R$, $R_2 = \infty$를 식 31.7에 넣으면 다음을 얻는다.

$$f = \left[(n-1) \left(\frac{1}{R} - \frac{1}{\infty} \right) \right]^{-1} = \frac{R}{n-1}$$

검증 답을 검증해 보자. 곡률 반지름 R가 작으면 렌즈가 더 볼록하여 광선이 더 많이 휘어서 초점 거리가 더 짧아진다. 분모에 있는 굴절률 n이 클수록 초점 거리가 짧아진다. 만약 물체를 평면 쪽에 놓으면 $R_1 = \infty$, $R_2 = -R$이므로 f는 불변이다.

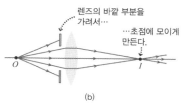

평면 볼록　　이중 볼록　　초승 볼록

평면 오목　　이중 오목　　초승 오목

그림 31.25 렌즈의 여러 형태

| **확인** **문제** | **31.4** 얇은 렌즈의 초점 거리는 $+50$ cm이다. 이 렌즈에 대해 다음 중 어느 것이 참이겠는가? (a) 이중 볼록이거나 평면 볼록이다, (b) 초승 볼록 렌즈이다, (c) 오목 렌즈이다, (d) 테두리보다 중심이 더 두껍다, (e) 테두리보다 중심이 더 얇다. |

렌즈 수차

렌즈에는 몇 가지 광학적 결함이 있다. 거울에서 설명한 **구면 수차**(spherical aberration)는 구면 렌즈에서도 나타난다(그림 31.26a 참조). 앞에서 렌즈를 분석할 때, 모든 광선이 렌즈축과 작은 각도를 이룬다고 가정하였다. 만약 그렇지 않다면 공통의 초점으로 수렴하지 않으므로 구면 수차가 발생한다. 먼 물체라면 거의 작은 각도이지만 가까운 물체라면 그렇지 않다. 그림 31.26b처럼 큰 각도의 광선을 차단하여 렌즈의 중심 부분만 사용하면 깨끗한 초점을 얻을 수 있다. 다만, 광량은 줄어든다. 그래서 카메라의 불투명한 조리개를 조이면 넓은 범위로 초점이 비교적 잘 맞게 된다. 심해 오징어는 진화하면서 눈이 가지는 구면 수차에 대해 현명한 해답을 알게 되었다. 심해 오징어의 눈은 굴절률이 렌즈의 중심에서부터 거리에 따라 2차 함수처럼 변하는 구형 렌즈를 가지고 있다. 맥스웰이 설명했던 것처럼 그러한 성질은 수차가 없이 초점을 얻을 수 있게 한다.

　　30장에서 **색수차**(chromatic aberration)를 언급하였다. 굴절률이 파장에 따라 다르기 때문에 다른 색깔이 다른 점에 초점을 맺는 색수차가 발생한다. 좋은 광학기기는 굴절률이 다른 렌즈를 결합한 색지움 렌즈로 색수차를 줄인다. **비점수차**(astigmatism), 즉 난시는 방향에 따라 곡률 반지름이 다를 때 발생한다. 이것은 인간의 눈에 흔히 나타나는 결함으로, 비대칭 곡률을 보완하는 안경이나 콘택트렌즈로 교정된다.

광선이 초점에 모이지 못하므로 영상이 흐릿하다.

(a)

렌즈의 바깥 부분을 가려서…

…초점에 모이게 만든다.

(b)

그림 31.26 (a) 구면 수차, (b) 렌즈의 중간 부분만 사용하면 구면 수차를 줄일 수 있지만, 영상이 희미해진다.

31.4 광학기기

LO 31.4 눈, 카메라, 확대경, 현미경 그리고 망원경을 포함하는 광학 장비의 동작을 기술할 수 있다.

수많은 광학기기들에서는 거울, 렌즈, 혹은 이들을 둘 다 사용하여 영상을 만든다. 가장 간단한 경우만 제외하고는 하나 이상의 광학 요소로 광학기기를 만들지만, 기초 원리는 똑같이 성립한다. 광학 요소를 따라 광선을 추적하여 만든 영상을 다음 광학 요소의 물체로 활용하여 최종 영상을 구할 수 있다.

인간의 눈

인간의 눈은 훌륭한 광학기기이다. 눈은 몇 개의 굴절 표면을 가지고 있으며, 초점 거리와 광량을 조절할 수 있는 복잡한 광학계이다(그림 31.27 참조). 각막을 통해서 들어온 빛은 수정체를 지나기 전에 수양액을 통과한다. 수정체를 지나서는 지름이 약 2.3 cm인 안구의 대부분을 차지하는 유리체를 통과하여 빛은 망막에 도달한다. 망막에서 막대와 원뿔이라고 불리는 특별한 세포는 시각적 정보를 두뇌에 전달하는 전기화학적인 신호를 발생시킨다.

정상적인 눈은 각막이 빛을 굴절시켜서 망막에 초점이 잘 맞는 실상을 만든다. 모양체근이 수정체를 조절하여 물체 거리에 따라 초점 거리를 조절한다. 다른 근육은 홍채를 조절하여 광량에 따라 동공의 크기를 조절한다.

근시 눈은 망막 앞에 영상을 만들어서 물체가 뿌옇게 보인다(그림 31.28a 참조). 그 경우에 그림 31.28b처럼 발산 렌즈로 중간 영상을 만들어서 망막에 초점이 맺히도록 교정한다. 원시 눈은 망막 뒤에 영상을 만들므로 수렴 렌즈로 교정한다(그림 31.29 참조). 정상적인 눈도 약 25 cm에 있는 소위 **근점**(near point)보다 훨씬 가깝게는 초점을 잘 맺지 못하며, 나이가 들면 근점의 거리가 증가한다. 이 상태가 노안이다.

교정 렌즈의 처방은 교정 세기 P를 디옵터로 지정한다. 미터 단위로 표시되는 초점 거리의 역수인 단위 **디옵터**(diopter)는 기호 D로 표시된다. 즉 1 D 렌즈의 초점 거리는 $f = 1$ m

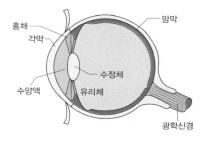

그림 31.27 인간의 눈

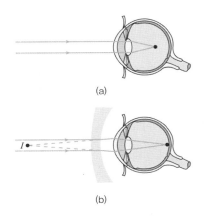

그림 31.28 (a) 근시 눈은 먼 물체에서 나온 빛의 초점이 망막 앞에 맺힌다. (b) 발산 렌즈로 허상을 가까이 만들어서 망막에 초점이 맺도록 교정한다.

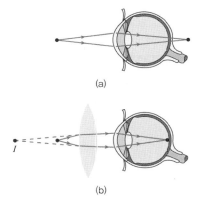

그림 31.29 (a) 원시 눈은 가까운 물체에서 나온 빛의 초점이 망막 뒤에 맺힌다. (b) 수렴 렌즈로 허상을 멀리 만들어서 망막에 초점이 맺도록 교정한다.

이고, 2 D 렌즈는 $f = 0.5$ m이므로, 교정 세기가 높으면 굴절각이 커진다. 초점 거리와 마찬가지로 렌즈의 교정 세기는 수렴 또는 발산 렌즈에 따라 양수 또는 음수이다.

교정용 안경이 눈에서 몇 cm에 있는지, 교정용 콘택트렌즈가 각막에 잘 달라붙었는지는 문제가 안 된다. 초점 거리는 식 31.7처럼 두께가 아니라 곡률 반지름에 의존하므로 콘택트렌즈를 얼마든지 얇게 만들 수 있기 때문이다. 더욱 최신 시력 교정법은 아래의 응용물리에 기술된 레이저 수술이다.

응용물리 | 레이저 시력 교정

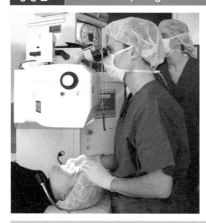

물체의 거리에 따라 조절되는 수정체와 함께 각막이 사실상 눈의 굴절 능력을 결정한다. 따라서 가장 직접적인 시력 교정은 각막의 모양을 바꾸는 것이다. 사진은 라식 수술 장면이다. 안과의사가 가장 바깥쪽 각막층을 벗긴 다음에 고출력 레이저 광선으로 각막 조직의 분자 결합을 잘라서 물질을 증발시키면서 개별 눈의 처방에 따라 각막의 모양을 바꾼다. 근시 눈이면 각막의 중앙 부분을 얇게 만들어서 굴절 능력을 줄여 그림 31.28b와 같은 효과를 얻는다. 이와 같이 라식 수술로 근시 눈을 교정하고 있다. 반면에 원시 눈의 라식 수술은 상대적으로 힘들다. 각막의 주변을 원형으로 얇게 만들면 상대적으로 각막의 중앙 부분이 두꺼워져서 굴절 능력이 늘어난다. 이는 그림 31.29b의 렌즈 교정과 마찬가지이다. 한편 각막 시술이 대칭일 필요가 없으므로, 라식 수술로 난시도 교정할 수 있다. 그러나 가깝거나 멀리 초점을 맞추는 능력은 교정할 수 없다. 이를 조절하는 수정체가 나이가 들면서 굳어지기 때문이다. 라식 수술로 난시나 원시를 교정했어도 나이가 들면 돋보기를 써야 한다. 한 눈에는 근시 교정, 다른 눈에는 원시 교정을 할 수 있지만, 쌍안경으로 볼 때처럼 시야의 깊이가 사라진다.

시력 교정에 사용하는 레이저는 보통의 레이저가 아니다. 강하고 짧은 자외선 펄스를 방출하는 엑시머 레이저를 사용해야 한다. 엑시머 레이저 펄스 하나는 0.25 μm 두께의 조직을 제거한다. 엑시머 레이저는 초정밀기기로 인간 머리카락 하나를 톱니 바퀴 모양으로 만들 수 있다. 안과의사가 적절한 각막 모양을 결정하여 컴퓨터에 입력한 다음에 컴퓨터로 제어하는 레이저를 사용한다. 초정밀 레이저의 개발로 많은 환자들이 시력을 회복하고 있다.

개념 예제 31.1 | 콘택트렌즈가 섞인 경우

같은 집에 사는 두 사람이 동시에 일회용 콘택트렌즈 상자를 받았다. 한 상자에는 '−1.75 D'라고 쓰여 있고, 다른 상자에는 '+2.5 D'라고 표시되어 있다. 한 사람은 원시이고 다른 사람은 근시이다. 어느 것이 원시인 사람의 것인가?

풀이 그림 31.29에 따르면 원시를 교정하기 위해서는 수렴 렌즈가 필요하다. 표 31.2의 부호 규약에 따르면 그것은 양의 초점 거리를 의미하므로 교정 세기는 $P = 1/f$이다. 그러므로 원시인 사람의 것은 +2.5 D 렌즈이다.

검증 실제 렌즈는 그림 31.29b의 렌즈처럼 보이지 않는다. 눈의 각막이 곡면이므로, 오히려 그림 31.25의 초승 볼록에 더 가깝다. 중요한 점은 렌즈의 중간이 더 두꺼워서 수렴 렌즈가 된다는 것이다.

관련 문제 +2.5 D 콘택트렌즈의 초점 거리는 얼마인가?

풀이 디옵터 척도는 미터로 나타낸 초점 거리의 역수이다. 그러므로 반대로 $f = 1/P = (1/2.5)$ m = 40 cm이다.

예제 31.6 | 렌즈의 교정 세기: 잃어버린 안경 대체하기

여행 중에 안경을 잃어버려서 맨눈으로는 70 cm 이내로 초점을 맞출 수 없다. 다행히도 약국에서 처방 없이 0.25 D 간격으로 교정 세기가 고정된 안경을 구할 수 있다. 25 cm 근점에 초점이 맺히는 안경을 사려면 몇 디옵터 안경을 사야 하는가?

해석 25 cm에 있는 물체의 영상을 70 cm에 만드는 렌즈의 교정 세기에 관한 문제이다. 즉 물체 거리 s가 25 cm이고, 영상 거리 s'은 −70 cm이다. 그림 31.29b처럼 영상이 물체 쪽에 생기는 허상이므로 영상 거리 70 cm에 음의 부호를 붙여야 한다.

과정 식 31.5, $1/s + 1/s' = 1/f$에서 구한 초점 거리의 역수 $1/f$는 렌즈의 교정 세기 P로 디옵터 단위이다.

풀이 식 31.5에서 교정 세기는 다음과 같다.

$$P = \frac{1}{f} = \frac{1}{s} + \frac{1}{s'} = \frac{1}{0.25 \text{ m}} + \frac{1}{-0.70 \text{ m}} = 2.57 \text{ D}$$

검증 답을 검증해 보자. 따라서 가장 가까운 2.5 D 안경을 사야 한다.

사진기

망막 대신에 전자 검출기나 필름을 사용하는 카메라는 눈과 상당히 비슷하다. 물체 거리가 변하면 눈은 수정체 모양을 조절하지만 카메라는 렌즈를 움직여서 영상 거리를 조절한다. 간단한 디지털카메라는 적외선으로 물체 거리를 파악하여 자동적으로 초점이 맞도록 렌즈의 위치를 조절한다. 또한 주변 빛에 따라 렌즈 조리개와 노출 시간을 조절한다. 망원 렌즈는 먼 물체나 앞 물체에 맞춰서 렌즈통의 길이를 조절하여 초점 거리를 조절한다.

확대경과 현미경

자세히 보기 위해서 25 cm 근점 안으로 물체를 가져오면 눈이 초점을 맞출 수 없다. 따라서 눈이 초점을 맞출 수 있도록 확대경으로 먼 거리에 확대 영상을 만든다. 실제 영상의 크기와는 상관없이 얼마나 크게 볼 수 있는가가 문제이므로, 그것이 차지하는 시야각이 중요하다. **각배율**(angular magnification) m은 25 cm 근점에 있는 물체를 확대경으로 보는 시야각과 맨눈 시야각의 비율이다. 그림 31.30a에서 맨눈의 시야각은 어림잡아 $\alpha = h/25$ cm이며, h는 물체의 높이이다. 확대경을 눈 가까이 가져와서 물체가 초점 거리에 놓이면 먼 거리의 확대 허상을 편안하게 볼 수 있으며, 그림 31.30b에서 $\beta \simeq h/f$이다. 결국 각배율은 다음과 같다.

$$m = \frac{\beta}{\alpha} = \frac{h/f}{h/25 \text{ cm}} = \frac{25 \text{ cm}}{f} \quad \text{(간단한 확대경)} \tag{31.8}$$

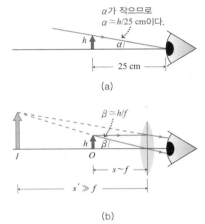

그림에 포함된 텍스트: α가 작으므로 $\alpha \simeq h/25$ cm이다. h, α, 25 cm

(a)

$\beta \simeq h/f$, I, h, β, O, $s \sim f$, $s' \gg f$

(b)

그림 31.30 각배율 $m = \beta/\alpha$ 계산

단일 렌즈로 수차 문제 없이 확대 영상을 볼 수 있는 각배율은 4 정도까지이다. 더 큰 각배율을 얻으려면 렌즈의 조합이 필수이다. **복합 현미경**(compound microscope)은 초점 거리가 짧은 **대물 렌즈**(objective lens)로 확대 실상을 만들고, 두 번째 **접안 렌즈**(eyepiece)를 간단한 확대경으로 사용한다(그림 31.31 참조). 물체가 대물 렌즈의 초점 거리에 위치하면, 대물 렌즈의 영상이 접안 렌즈 초점 거리 안에 생겨서 접안 렌즈가 확대경처럼 작용한다. 두 렌즈의 초점 거리가 렌즈 사이의 거리 L보다 훨씬 짧으면, 대물 렌즈의 물체 거리가 대략 대물 렌즈 초점 거리 f_o와 같으므로 대물 렌즈의 영상 거리는 어림잡아 L과 같다. 이때 대물 렌즈의 영상 배율은 $M_o = -L/f_o$이므로 물체보다 확대된 실상이 생긴다. 또한 접안 렌즈가 각배율 25 cm/f_e로 실상을 더 크게 확대한다. 따라서 복합 현미경의 전체 확대 배율은 다음과 같다.

$$M = M_o m_e = -\frac{L}{f_o}\left(\frac{25 \text{ cm}}{f_e}\right) \quad \text{(복합 현미경)} \tag{31.9}$$

여기서 음의 부호는 거꾸로 선 영상을 뜻한다.

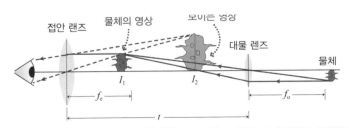

그림에 포함된 텍스트: 접안 렌즈, 물체의 영상, 모이는 영상, 대물 렌즈, 물체, I_1, I_2, f_e, f_o, L

그림 31.31 복합 현미경의 영상 형성(척도 무시됨). 그림은 실제 비율과 동일하지 않다. L은 두 초점 거리 어느 것보다도 훨씬 커야 한다.

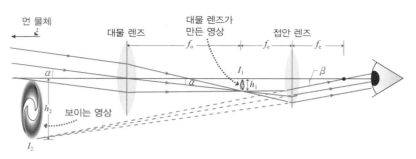

그림 31.32 굴절 망원경의 영상 형성. 먼 물체는 먼저 대물 렌즈의 초점에 영상 I_1을 만든다. I_1과 가까운 곳에 초점을 가진 접안 렌즈가 확대 허상 I_2를 만든다. 각도 α와 β는 각각 $\alpha \approx h_1/f_0$, $\beta \approx h_1/f_e$이므로 식 31.10을 얻는다.

광학 현미경은 물체가 빛의 파장보다 큰 기하광학에서는 잘 작동한다. 매우 작은 물체를 보려면 가시광선보다 파장이 짧은 파동이 필요하다. 전자 현미경은 전자 파동을 이용하여 미시 물체를 본다. 전자의 파동성은 34장에서 공부한다.

망원경

망원경은 먼 물체의 빛을 모아서 영상을 만들거나 분석장치로 빛을 보낸다. 천체 망원경은 거울로 빛을 모으는 **반사 망원경**(reflector telescope)이고, 쌍안경, 망원렌즈 같은 작은 망원경은 렌즈로 빛을 모으는 **굴절 망원경**(refractor telescope)이다.

간단한 굴절 망원경은 먼 물체의 영상을 초점에 만드는 대물 렌즈와 이 영상을 보는 접안 렌즈로 구성된다(그림 31.32 참조). 대물 렌즈와 접안 렌즈의 초점이 거의 일치하면, 대물 렌즈의 초점에 생긴 실상은 접안 렌즈를 통해서 매우 큰 허상이 된다. 그림 31.32에서 최종 영상의 시야각 β와 실제 물체의 시야각 α의 비율인 각배율은 다음과 같다.

$$m = \frac{\beta}{\alpha} = \frac{f_o}{f_e} \quad \text{(굴절 망원경)} \tag{31.10}$$

거꾸로 선 실상과 바로 선 허상이므로 두 렌즈로 만든 굴절 망원경은 거꾸로 선 영상을 만든다. 이러한 굴절 망원경은 천체 망원경으로 지장이 없지만, 지상 망원경으로는 불편하므로 발산 접안 렌즈나 반사 프리즘을 이용하여 바로 선 영상을 만든다.

반사 망원경은 굴절 망원경보다 이점이 많다. 반사박막을 입힌 거울 표면에서 빛이 반사하여 유리를 통과하지 않으므로 근본적으로 색수차가 없다. 끝에 지지대가 필요한 렌즈와는 달리 거울 뒷면에서 전체 거울을 지지할 수 있으므로 거울을 필요한 만큼 크게 만들 수 있다. 현재까지 만든 가장 큰 굴절 망원경의 렌즈 지름은 1 m, 가장 큰 반사체의 지름은 10 m이다. 칠레에 건설될 24 m 마젤란 망원경을 포함하여 여전히 더 큰 망원경들이 공사 중이다. 삼십 미터 망원경(Thirty Meter Telescope, TMT)은 하와이의 마우나케아의 정상에 건설 예정이다(그림 31.33 참조). 가장 큰 것은 39 m 유럽 초대형 망원경(European Extremely Large Telescope)으로 역시 칠레에 있다. 10 m 이상의 거대 망원경들은 모두 조각 거울 망원경인데, 그 이유는 조각 거울의 모양을 컴퓨터로 제어하여 초점을 최적화할 수 있기 때문이다. 또한 지상에 설치한 망원경의 분해능을 본질적으로 제약하는 대기의 교란을 보정할 수 있다.

초점 자리에 검출기를 둔 곡면 거울로 만든 가장 간단한 반사 망원경도 다음 장에서 공부

그림 31.33 492개의 조각 거울로 구성되어 있는 삼십 미터 망원경의 상상도. 2020년 중반에 동작할 예정이다.

할 근원적인 파동 효과를 제외하고는 뛰어난 영상을 제공한다. 반사 망원경은 현대식 거대 광학 망원경으로도 영상을 만들기가 매우 어려울 정도로 적은 양의 빛만 방출하는 먼 천체의 빛을 모으는 '빛받이'로 사용되는 데, 부거울을 통해서 망원경에 장착된 다른 광학기기로 빛을 보낸다. 또한 주거울에서 모은 빛을 광섬유를 통해서 다른 광학기기로 보낸다. 그림 31.34 는 세 종류의 반사 망원경을 보여 준다.

천체 망원경은 직접 영상을 만들지 않고 다른 분석장치로 빛을 보내는 역할이 더 중요하기 때문에 배율은 큰 문제가 아니다. 보다 중요한 것은 빛을 모으는 능력으로, 이것은 단순히 주거울의 면적으로 결정된다. 예를 들어 지름이 10 m 인 켁 망원경의 능력은 지름이 1 m 인 예르케스 굴절 망원경 능력의 100배이며, 허블 우주 망원경 능력의 17배이다. 삼십 미터 망원경은 집광 능력을 거의 10배 더 확장할 것이다.

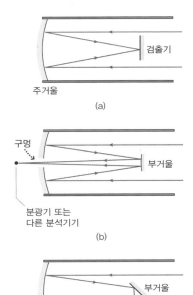

(a)

(b)

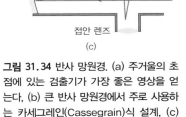

(c)

그림 31.34 반사 망원경. (a) 주거울의 초점에 있는 검출기가 가장 좋은 영상을 얻는다, (b) 큰 반사 망원경에서 주로 사용하는 카세그레인(Cassegrain)식 설계, (c) 작은 반사 망원경에서 주로 사용되는 뉴턴식 설계

> **확인 문제** **31.5** 그림 31.32에 나타낸 것과 같은 굴절 망원경을 뒤집어 보면, 즉 작은 물체를 접안 렌즈에 가까이 대고서 대물 렌즈를 들여다 보면, 망원경이 현미경처럼 작동할까? 설명하라.

핵심 개념

이 장의 핵심 개념은 **영상**의 형성이다. 반사와 굴절로 형성된 영상에서 실제로 빛이 나오는가에 따라 **실상**과 **허상**으로 구분한다.

주요 개념 및 식

곡면 거울과 렌즈에는 평행 광선이 모이는 **초점**이 있다.

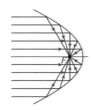 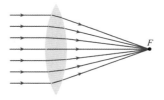

거울과 렌즈 방정식은 다음과 같다.

$$\frac{1}{s} + \frac{1}{s'} = \frac{1}{f}$$

위 방정식에서 각 항의 부호는 다음의 표와 같다.

물리량	기호	조건	부호
물체 거리	s	물체와 들어오는 광선이 같은 편에 있다.	+
		물체와 들어오는 광선이 반대편에 있다.	−
영상 거리	s'	영상과 나가는 광선이 같은 편에 있다.	+
		영상과 나가는 광선이 반대편에 있다.	−
초점 거리	f	초점과 나가는 광선이 같은 편에 있다.	+
		초점과 나가는 광선이 반대편에 있다.	−

거울과 렌즈의 영상 형성

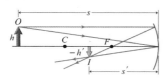 

렌즈 제작자 방정식은 다음과 같다.

$$\frac{1}{f} = (n-1)\left(\frac{1}{R_1} - \frac{1}{R_2}\right)$$

곡률 반지름 R_1 (+ 또는 −) ···▶ n ◀··· 곡률 반지름 R_2 (+ 또는 −)

응용

복합 현미경

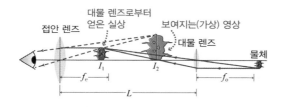

접안 렌즈 / 대물 렌즈로부터 얻은 실상 / 보여지는(가상) 영상 / 대물 렌즈 / 물체 / I_1 / I_2 / f_e / f_o / L

배율: $M = -\dfrac{L}{f_o}\left(\dfrac{25\text{ cm}}{f_e}\right)$

굴절 현미경

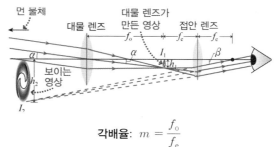

먼 물체 / 대물 렌즈 / 대물 렌즈가 만든 영상 / 접안 렌즈 / f_o / f_e / f_e / α / α / I_1 / h_1 / β / 보이는 영상 / h_2 / I_2

각배율: $m = \dfrac{f_o}{f_e}$

물리학 익히기 www.masteringphysics.com을 방문하여 과제를 수행하고 동적 학습 모듈(Dynamic Study Modules), 연습 문제 (practice quizzes), 문제 영상 풀이(video solutions to problems) 등의 자기 학습 도구를 이용하시오.

BIO 생물 및 의학 문제　**DATA** 데이터 문제　**ENV** 환경 문제　**CH** 도전 문제　**COMP** 컴퓨터 문제

학습 목표　이 장을 학습하고 난 후 다음을 할 수 있다.

LO 31.1 광선 추적을 이용하여 평면 거울과 곡면 거울에 의한 상의 형성을 기술할 수 있고, 거울 방정식을 이용하여 곡면 거울에 대한 정량적인 결과를 얻을 수 있다.
개념 문제 31.1, 31.2, 31.3, 31.4, 31.5
연습 문제 31.11, 31.12, 31.13, 31.14, 31.15
실전 문제 31.38, 31.39, 31.40, 31.41, 31.42, 31.43, 31.44, 31.69, 31.75

LO 31.2 광선 추적을 이용하여 렌즈에 의한 상의 형성을 기술할 수 있고, 렌즈 방정식을 이용하여 정량적인 결과를 얻을 수 있다.
개념 문제 31.1, 31.3, 31.4, 31.5, 31.7, 31.9
연습 문제 31.16, 31.17, 31.18, 31.19
실전 문제 31.45, 31.46, 31.47, 31.48, 31.49, 31.50, 31.51, 31.52, 31.63, 31.73, 31.76, 31.77, 31.80

LO 31.3 두꺼운 렌즈에서의 굴절과 상의 형성을 기술할 수 있다.
개념 문제 31.8
연습 문제 31.20, 31.21, 31.22, 31.23, 31.24
실전 문제 31.55, 31.56, 31.57, 31.58, 31.59, 31.60, 31.61, 31.62, 31.63, 31.73, 31.74, 31.78, 31.79

LO 31.4 눈, 카메라, 확대경, 현미경 그리고 망원경을 포함하는 광학 장비의 동작을 기술할 수 있다.
개념 문제 31.10
연습 문제 31.25, 31.26, 31.27, 31.28, 31.29
실전 문제 31.43, 31.50, 31.53, 31.54, 31.64, 31.65, 31.66, 31.67, 31.68, 31.70, 31.71, 31.76, 31.77

개념 문제

1. 실제로 빛이 나오지 않는 허상을 어떻게 보는가?

2. 어떤 조건에서 오목 거울의 영상과 물체의 크기가 같은가?

3. 수렴 렌즈의 초점 거리를 가장 빨리 재는 방법은 무엇인가?

4. 태양광을 집광하여 만들 수 있는 온도에 한계가 있는가? (**힌트**: 열역학 제2법칙을 고려하라.)

5. 허상의 위치에 스크린을 두면 영상을 볼 수 있을까? 없다면 왜 그런가?

6. 쇠숟가락의 우묵한 부분을 들여다보면 얼굴의 위아래가 뒤집혀 보인다. 그러나 숟가락을 뒤집어서 뒷면을 보면 얼굴이 제대로 보인다. 왜 그럴까? 설명하라.

7. 영화관 스크린의 영상은 실상인가, 허상인가? 어떻게 아는가?

8. 구형 어항 안의 물고기는 실제보다 크게 보이는가, 작게 보이는가?

9. 얼음토막 안에 이중 볼록 렌즈 모양의 공기층이 들어 있다. 공기층을 통과하는 광선에 대하여 기술하라.

10. 각막의 굴절률은 약 1.4이다. 공기 중에서 명확히 볼 수 있는 데 물속에서 왜 명확하게 볼 수 없는가? 물안경은 어떻게 도움이 되는가?

연습 문제

31.1 거울의 영상

11. 구두가게에서는 작은 거울을 바닥에 가까이 두어 손님이 신발을 보기 편하게 한다. 거울에서 50 cm 떨어진 곳의 손님이 눈높이 140 cm에서 구두를 신은 모습을 보려면 몇 도로 거울을 기울여야 하는가?

12. 초점 거리 15 cm인 오목 거울의 앞쪽 거울축 위 36 cm에 촛불이 놓여 있다. (a) 영상은 어디에 생기는가? (b) 영상 크기는 물체 크기와 어떻게 다른가? (c) 실상인가, 허상인가?

13. 오목 거울의 초점 거리 5배인 곳에 물체가 있다. (a) 물체 높이와 영상 높이는 어떻게 다른가?　(b) 바로 선 영상인가, 거꾸로 선 영상인가?

14. 초점 거리 18 cm인 오목 거울의 뒤쪽 40 cm에 허상이 생긴다. (a) 물체는 어디에 있는가? (b) 영상은 몇 배로 확대되는가?

15. (a) 물체의 절반 크기의 영상을 만들려면 오목 거울의 거울축 어디에 물체를 놓아야 하는가? (b) 실상인가, 허상인가?

31.2 렌즈의 영상

16. 볼록 렌즈에서 56 cm인 곳에 전구가 있고 렌즈 반대쪽 31 cm 떨어진 스크린에 영상이 나타난다. (a) 렌즈의 초점 거리는 얼마인가? (b) 영상은 몇 배로 확대 또는 축소되는가?

17. 물체를 수렴 렌즈의 초점 거리 1.5배인 곳에 놓으면 영상은 몇 배로 확대되는가? 바로 선 영상인가, 거꾸로 선 영상인가?

18. 초점 거리 50 cm의 렌즈가 물체와 같은 크기의 영상을 만든다. 물체 거리와 영상 거리는 얼마인가?

19. 책상용 전등에서 25 cm 떨어진 곳에 확대경을 두면 전등에서 1.6 m인 벽에 초점이 맞는 전구의 영상이 생긴다. 확대경의 초점 거리는 얼마인가?

31.3 렌즈의 굴절

20. 확대경은 곡률 반지름이 32 cm인 이중 볼록 렌즈이다. 렌즈 유리의 굴절률이 $n = 1.52$이면 초점 거리는 얼마인가?

21. 얕은 물속에 서 있으면 발이 수면 아래 30 cm에 있는 것처럼 보인다. 물의 깊이는 얼마인가?

22. 공기에서 맑은 액체를 똑바로 내려다보면 액체의 바닥이 실제 깊이 h보다 작은 겉보기 깊이 h'에 나타난다. h'을 h와 액체의 굴절률 n을 이용하여 표현하라.

23. 지름 4.0 mm의 구형 이슬방울의 중심에서 1.0 mm인 곳에 작은 벌레가 들어 있다. 이슬방울 바로 위에서 수직으로 들여다보면 이슬방울 겉면에서 벌레의 겉보기 거리는 얼마인가?

24. 물속에서 그림 31.35처럼 구형 공기방울을 바라본다. 겉보기 지름이 1.5 cm이면 실제 지름은 얼마인가?

그림 31.35 연습 문제 24

31.4 광학기기

25. 초점을 맞추려면 눈에서 55 cm인 곳에 책을 두어야 한다. 원시의 교정 세기는 얼마인가?
    BIO

26. 각배율이 3.2인 확대경의 초점 거리는 얼마인가?

27. 근시는 80 cm 이상을 명확히 볼 수 없다. 대부분 물체의 초점이 80 cm에 맺혀서 정상 근점 너머에 있는 물체를 명확히 볼 수 있는 교정 세기는 얼마인가?
    BIO

28. 망막에 초점이 맺히는 데 필요한 초점 거리가 정상적인 2.2 cm가 아니라 2.0 cm일 때 (a) 근시인가, 원시인가? (b) 필요한 교정 렌즈의 디옵터 측정 방법을 제시하라.
    BIO

29. 복합 현미경에서 대물 렌즈와 접안 렌즈의 초점 거리는 각각 6.1 mm와 1.7 cm이다. 두 렌즈의 분리 거리가 8.3 cm이면 배율은 얼마인가?

응용 문제

다음 문제들은 본문의 예제들에 기초한 것이다. 두 세트의 문제들은 물리학의 이해를 강화하는 연결의 형성을 돕고 이전에 풀어본 문제에서 변형된 문제를 해결하는 자신감을 키우도록 설계되어 있다. 각 세트의 첫 번째 문제는 본질적으로 예제 문제이지만 숫자들은 다르다. 두 번째 문제는 예제와 똑같은 상황이지만 묻는 질문이 다르다. 세 번째와 네 번째 문제는 완전히 다른 상황으로 이런 방식을 반복한다.

30. **예제 31.1** 그림 31.11의 다른 기술자들은 거울 앞에서 2.46 m 떨어져 있다. (a) 기술자의 상의 위치를 찾고, (b) 배율을 결정하고, (c) 실상인지 허상인지, 똑바로 또는 거꾸로 있는지 밝혀라.

31. **예제 31.1** 그림 31.11의 다른 기술자가 거울을 보고 실제 그녀의 키의 4.83배로 똑바로 보이는 상을 보고 있다. (a) 기술자가 거울 앞에서 얼마나 멀리 있는가? (b) 그녀의 이미지는 거울에서 얼마나 멀리 떨어져 있으며, (c) 거울의 앞에 있는가, 아니면 뒤에 있는가?

32. **예제 31.1** 두 개의 켁 망원경 중 하나에 있는 주거울이 균일하게 매끈한 표면을 가지도록 하고 있다. 지름 10 m의 주거울은 초점 거리가 17.5 m이다. 38.6 m 앞에서 주거울을 보고 있다. (a) 상의 위치를 찾고, (b) 상의 크기를 결정하고, (c) 상이 실상인지 허상인지, 똑바로 또는 거꾸로 있는지 찾아라.

33. **예제 31.1** 삼십 미터 망원경(TMT)의 주거울 앞 64.3 m에 서 있으면 뒤집어져 있는 실상이 실제보다 8.00 m 더 가까이 있다. (a) TMT 주거울의 초점 거리 및 (b) 물체의 실제 크기에 대한 상의 크기를 찾아라.

34. **예제 31.4** (a) 수족관 면 벽에서 12.0 cm 떨어진 어류에 대한 겉보기 거리를 찾기 위해 예제 31.4를 다시 풀어 보자. 고양이가 물고기와 원통형 수족관의 중심을 포함하는 선상에서 보고 있다고 가정하자. (b) 예제 31.4에서 물고기는 실제 거리보다 가깝게 보였다. 이 경우가 그와 같은가?

35. **예제 31.4** 굴절률 1.55인 원통형 유리를 바라보고 있다. 먼 쪽에 있는 먼지가 앞 가장자리에서 18.2 cm 떨어진 것으로 보인다. 원통형 유리의 실제 모습 지름은 얼마인가?

36. **예제 31.4** 기후 변화의 영향을 연구하는 빙하학자가 빙하의 표면에서 바람이 침식한 지름 86.2 cm인 반원통형 홈을 발견하였다. 이 홈을 바라보면 얼음 내부 75.0 cm 깊이에 기포가 보인다. 거품이 실제로 얼음 안에 얼마나 멀리 있는가? (**힌트**: 얼음의 굴절률은 표 30.1을 참조하라.)

37. **예제 31.4** 예제 31.4의 상황과 반대되는 수족관을 고려해 보자. 수족관 참관자들은 지름이 6.00 m인 공기로 채워진 원통형 관람실에 있다. 이 관람실은 유리를 통과하는 빛에 대한 굴절 효과는 무시할 수 있는 충분히 얇은 강한 유리를 이용해 수족관의 물에 둘러싸여 있다. 이 유리에서 1.25 m 떨어진 곳에 서 있다. 물고기가 유리쪽으로 헤엄쳐 와서 똑바로 쳐다 보고 있다. 물고기에게서 얼마나 멀리 있는 것으로 보이는가?

실전 문제

38. (a) 오목 거울앞 38.4 cm에 있는 물체의 실상이 55.7 cm인 곳에 생기는 오목 거울의 초점 거리를 구하라. (b) 물체를 거울에서 16.0 cm인 곳으로 옮기면 어떤 영상이 어디에 생기는가?

39. 높이 12 mm의 물체가 초점 거리 17 cm인 오목 거울의 10 cm 앞에 있다. 영상의 (a) 위치, (b) 높이, (c) 종류는 각각 무엇인가?

40. 응용 문제 31을 볼록 거울에 대하여 풀어라.

41. 초점 거리 27 cm의 오목 거울에 생긴 물체의 영상이 바로 선 3배 확대 영상이다. 물체 거리는 얼마인가?

42. 오목 거울 앞 22 cm에 있는 물체의 영상이 1.8배 확대된 허상이면 거울의 곡률 반지름은 얼마인가?

43. 지구에서 바라본 달의 시야각은 0.52°이다. 초점 거리가 34.5 m인 유럽 초대형 망원경의 주거울로 만들어진 달의 영상 크기는 얼마인가? (**힌트**: 천문 거리에 있는 물체의 경우 $1/s$는 기본적으로 0이다.)

44. 물체 크기의 1.5배의 영상을 만들려면 초점 거리 45 cm의 오목 거울 어디에 물체를 놓아야 하는가? 두 곳을 찾아라.

45. 종이면의 글자를 1.6배 크게 보려면 초점 거리 32 cm의 렌즈를 종이면에서 얼마나 멀리 놓아야 하는가?

46. 초점 거리 4.0 cm의 수렴 렌즈에서 7.0 cm인 곳의 렌즈 축 위 5.0 mm에 1.0 cm의 화살표를 세운다. 광선 추적법으로 화살표 두 끝의 영상 위치를 표시하고, 렌즈 방정식으로 확인하라.

47. 렌즈의 초점 거리는 $f = 35$ cm이다. 높이 2.2 cm의 물체를 (a) $f + 10$ cm, (b) $f - 10$ cm에 놓을 때 영상의 종류와 높이를 구하라.

48. 물체를 초점 거리 35 cm의 수렴 렌즈로부터 (a) 40 cm, (b) 30 cm인 곳에 두면, 영상과 물체 사이의 거리는 각각 얼마인가?

49. 촛불과 스크린 사이의 거리는 70 cm이다. 초점 거리 17 cm의 볼록 렌즈를 어디에 놓으면 스크린에 촛불의 영상이 명확하게 맺히는가? 두 곳을 찾아라.

50. **BIO** 사람 눈의 각막은 굴절률이 1.38인데 수정체는 1.38에서 1.40까지의 굴절률을 가진다. 이 문제에서는 1.39로 하자. 각막과 수정체 사이에 있는 수양액의 굴절률은 $n = 1.34$이다. 빛이 각막과 수정체 각각의 표면의 법선에 대해 20°의 각도로 입사할 때, (a) 각막과 (b) 수정체의 첫 번째 표면에서 굴절된 빛의 각도를 구하라. 이 결과는 눈에서 주요 굴절 물질이 각막임을 보여 준다.

51. 초점 거리 25 cm의 렌즈로부터 어디에 물체를 놓으면 1.8배 확대된 바로 선 영상을 얻는가?

52. 물체와 실상 사이의 거리가 2.4 m인 렌즈의 초점 거리가 55 cm일 때 물체 거리와 배율로 가능한 값은 각각 얼마인가?

53. 곡률 반지름 26 cm의 평면 볼록 렌즈에서 68 cm 떨어진 곳에 물체가 있다. 렌즈의 굴절률이 1.62이면 어떤 영상이 어디에 생기는가?

54. 식 31.6을 이용하여 유리구의 중심에 있는 물체의 영상이 구면에서 구의 반지름만큼 떨어진 곳에 생김을 광선 다이어그램을 그려 설명하라.

55. 예제 31.4의 일반화를 고려하자. 굴절률이 n인 투명한 재료로 만들어진 지름 D인 실린더가 있다. 작은 물체가 실린더에 내장되어 있다. 앞 가장자리에서 거리는 bD이고 b는 0과 1 사이의 수이다. $b = 0$은 앞 가장자리 안이고, $b = 1/2$은 가운데, 그리고 $b = 1$은 뒤쪽 가장자리이다. 실린더는 굴절률이 1인 공기로 둘러싸여 있다. (a) 앞 가장자리를 바라본 관찰자에 의해서 보이는 앞 가장자리에서 물체까지의 겉보기 거리에 대한 표현을 찾아라. (b) 실린더 중심에 위치한 물체에 대해서는 어떤 결과가 나오는가?

56. 판독을 위한 돋보기는 반지름 R 및 굴절률 n인 반쪽 유리 실린더 형태이다. 이것을 사용하기 위해서는 읽으려는 종이면에 평평한 면을 놓으면 여러 줄의 텍스트가 확대되어 나타난다. 이 장치가 제공하는 배율에 대한 표현을 찾아라. (**힌트**: 돋보기 표면에 물체가 있으면 하프 실린더를 얇은 렌즈로 취급할 수 없다. 대신 확대된 작은 물체를 화살표로 표시하는 그림 31.36을 참조하라. 그림 31.36에서 화살표의 길이 h가 화살표 머리에서 곡면까지의

수평 거리가 대략 반지름 R에 가깝다고 가정하고 그로 인해 각도 α와 γ가 충분히 작아서 이에 대한 사인과 탄젠트를 작은 각도에 대해서 근사할 수 있다.)

그림 31.36 화살표 머리로부터 수평하게 나오는 광선과 돋보기의 표면에서 굴절되는 광선을 보여 준다. 유리-공기 경계면의 법선이고 중심(C)에서 반지름 바깥쪽으로 향하게 그려진 것이 보인다.

57. 수정구의 중심에 한 얼룩이, 중심과 표면의 중간에 다른 얼룩이 있다. 두 얼룩을 잇는 직선을 따라 바라보면 먼 얼룩이 가까운 얼룩의 1/3인 곳에 있는 것처럼 보인다. 수정구의 굴절률은 얼마인가?

58. **BIO** 초승 볼록 모양(그림 31.25 참조)의 콘택트렌즈에서 눈에 닿는 안쪽 곡면의 곡률 반지름은 7.80 mm이다. 렌즈는 굴절률 $n = 1.56$인 플라스틱으로 만든다. 렌즈의 초점 거리가 44.4 cm이면 바깥 곡면의 곡률 반지름은 얼마인가?

59. 평면 볼록 렌즈의 초점 거리가 바깥 곡면의 곡률 반지름과 같으면 굴절률은 얼마인가?

60. 곡률 반지름이 각각 35 cm와 55 cm이고 $n = 1.5$인 이중 볼록 렌즈에서 28 cm 앞에 물체가 있다. 어떤 영상이 어디에 생기는가?

61. **BIO** 백내장 환자를 위해 새로운 대체 수정체를 설계하려고 한다. 수정체는 지름이 5.5 mm, 초점 거리는 17 mm가 되어야 하고 0.8 mm보다 두꺼울 수는 없다. 수정체 물질로 굴절률이 1.49인 플라스틱이나 $n = 1.58$인 비싼 실리콘을 선택할 수 있다. 어느 물질을 선택하겠는가? 그 이유는 무엇인가?

62. 굴절률이 $n_{빨강} = 1.512$, $n_{보라} = 1.547$인 유리로 같은 곡률 반지름 28.5 cm의 이중 볼록 렌즈를 만든다. 백색 점광원이 렌즈에서 75.0 cm인 렌즈 축 위에 있으면 어떤 위치 이상에서 영상이 퍼지는가?

63. $n = 1.524$인 유리로 만든 평면 볼록 렌즈로부터 17.5 cm에 물체가 있으면 물체 크기의 2배의 허상이 생긴다. 만약 다이아몬드로 같은 모양의 렌즈를 만들면 (a) 나타날 영상의 종류는 무엇이고, (b) 배율은 얼마인가?

64. 카메라 망원 렌즈의 초점 거리는 38 ~ 110 mm 범위이다. 먼 물체를 초점 거리 38 mm로 먼저 촬영하고, 110 mm로 다시 촬영한다. 두 사진의 영상 크기를 비교하라.

65. 근접 초점 거리가 60 cm인 카메라 주렌즈에 다른 렌즈를 추가하여 촬영 가능한 근접 거리가 줄어들었다. 20 cm까지 촬영할 수 있게 해 주는 추가 렌즈의 종류와 세기는 얼마인가?

66. 세기가 300인 복합 현미경의 대물 렌즈의 초점 거리는 4.5 mm이다. 대물 렌즈와 접안 렌즈 사이의 거리가 10 cm이면 접안 렌즈의 초점 거리는 얼마인가?

67. 맨눈으로 본 목성의 각지름은 50호초이다. 접안 렌즈의 초점 거리가 40 mm이고 초점 거리 1 m의 굴절 망원경으로 본 각의 크기는 얼마인가?

68. 그림 31.34b의 카세그레인식 망원경의 초점 거리는 1.0 m이고, 볼록 부거울은 주거울로부터 0.85 m인 곳에 있다. 최종 영상이 주거울 앞면의 뒤쪽 0.12 m에 생기는 부거울의 초점 거리는 얼마인가?

69. 반사공의 표면에서 6.0 cm인 곳에 물체가 있고, 영상 크기는 물체의 3/4배이다. 공의 지름은 얼마인가?

70. **BIO** 처방전에 적힌 콘택트렌즈는 안쪽 곡면의 곡률 반지름이 8.6 mm이고, 교정 세기가 +2.25 D이다. (a) 굴절률 $n = 1.56$의 플라스틱으로 콘택트렌즈를 만들면 바깥 곡면의 곡률 반지름은 얼마인가? (b) 콘택트렌즈를 끼면 30 cm 거리에서 신문을 읽을 수 있다. 영상은 어디에 생기는가?

71. 1 D 렌즈를 2 D 렌즈 앞에 두면 하나의 3 D 렌즈와 같음을 보여라. 즉 렌즈를 밀접시키면 교정 세기가 더해진다.

72. 지름 d, 초점 거리 f, 굴절률 n인 평면 볼록 렌즈의 두께 t를 구하라.

73. 오목 거울이나 수렴 렌즈의 초점에서 같은 거리에 같은 물체를 놓으면 같은 크기의 영상이 생김을 보여라. 같은 종류의 영상인가?

74. **CH** 렌즈 제작자 공식(식 31.7)을 다음과 같이 일반화하라. 여기서 $n_{렌즈}$와 $n_{외부}$는 각각 렌즈와 외부 매질의 굴절률이다.

$$\frac{1}{f} = \left(\frac{n_{렌즈}}{n_{외부}} - 1\right)\left(\frac{1}{R_1} - \frac{1}{R_2}\right)$$

75. 그림 31.10에서 화살표 머리로부터 곡률 중심을 지나는 광선을 그려라. 이 광선이 그대로 되돌아오는 현상을 이용하여 물체와 영상의 수직축에 닮은꼴 삼각형을 그리고, 곡률 중심이 초점 거리의 2배인 곳에 있음을 보여라. 즉 $R = 2f$이다. R는 곡률 반지름이다.

76. 갈릴레이의 첫 번째 망원경은 그림 31.36처럼 이중 오목 접안 렌즈를 대물 렌즈의 초점 거리 조금 앞에 두었다. 광선 추적법으로 바로 선 영상이 나타남을 보여라. 이 점이 갈릴레이 망원경이 지상 관측에 유용한 이유이다.

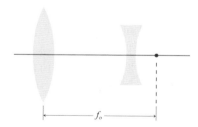

그림 31.37 갈릴레이 망원경(실전 문제 76)

77. 25 cm 근점에 영상이 생기면 간단한 확대경의 배율이 최대가 된다. 이때 각배율이 $m = 1 + (25\ \text{cm}/f)$임을 보여라. f는 초점 거리이다.

78. **CH** 파장에 따라 굴절률이 달라서 색수차가 생긴다. 렌즈 제작자 공식으로부터 얇은 렌즈의 초점 거리 비 df/f를 굴절률의 변화 dn으로 표기하라.

79. **CH** 안경에 널리 사용되는 폴리카보네이트 플라스틱의 굴절률은 가

시광선 영역에서 근사적으로 $n(\lambda) = b + c/\lambda^2$이다. 여기서 $b = 1.55$, $c = 11{,}500\ \text{nm}^2$이다. (a) 작은 파장 변화 $d\lambda$에 대응하는 굴절률의 변화 dn을 구하라. (b) 폭이 10.0 nm이고 중심이 589 nm인 파장 범위에 대해 +2.25 D의 폴리카보네이트 렌즈의 초점 거리 변화 df를 (a)와 실전 문제 78의 결과를 사용하여 구하라.

80. **DATA** 표에 렌즈에 대한 물체의 거리와 배율을 측정한 것이 나와 있다. 물체의 거리를 어떤 양의 함수로 그려야 직선이 되겠는가? 그래프를 그리고 최적 맞춤 직선을 결정한 후 그것을 이용하여 렌즈의 초점 거리를 구하라.

물체의 거리, s(cm)	10.1	29.2	51.6	78.3	98.9
배율, M	1.31	4.77	-4.38	-1.27	-0.724

실용 문제

카메라 렌즈의 속도는 희미한 빛에서 촬영하는 능력을 나타낸다. 속도를 나타내는 에프 수(f-number) 또는 에프 비(f-ratio)는 렌즈 지름 d에 대한 초점 거리 f의 비로 정의된다. 예를 들어 $f/2.8$ 렌즈는 지름이 $d = f/2.8$이다. 렌즈가 받아들이는 실제 빛의 양은 그 넓이 A에 의존하지만, 역제곱 법칙에 따라 카메라의 영상 센서에서의 빛의 세기는 A/f^2에 비례한다. 대부분의 카메라에는 조절 가능한 조리개가 있어서, 렌즈를 부분적으로 가려서 밝기에 따라 에프 수를 바꾼다. 전자동 카메라는 에프 수를 자동적으로 조절하지만, 진지한 사진가는 수동으로 조절한다(그림 31.38). 사진가들은 조절 가능한 조리개를 사용하여 렌즈 넓이를 줄이는 것을 렌즈를 죈다고 표현한다.

그림 31.38 35 mm카메라 렌즈(실용 문제 81~84). 밑에 있는 22부터 2.8까지의 숫자는 에프 수 f/d의 값이다. 렌즈의 바깥 부분에 있는 이들 숫자가 있는 링을 돌려서 에프 수가 바뀐다.

81. 망원 촬영을 하려고 카메라의 렌즈를 조절하면 초점 거리가 증가한다. 렌즈 넓이에 변화가 없다면 이것은
   a. 에프 수와 렌즈 속도를 증가시킬 것이다.
   b. 에프 수와 렌즈 속도를 감소시킬 것이다.
   c. 에프 수를 증가시키고 렌즈 속도를 감소시킬 것이다.
   d. 에프 수와 렌즈 속도를 바꾸지 않을 것이다.

82. 에프 수를 2.8에서 5.6으로 증가시키면 허용되는 빛이
   a. 2배만큼 줄어든다.
   b. 4배만큼 줄어든다.
   c. 2배만큼 증가한다.
   d. 4배만큼 증가한다.

83. 지름이 다른 렌즈 두 개가 있다. 그 외 아는 바가 없을 때 내릴 수 있는 결론은

    a. 큰 렌즈가 더 빠르다.

    b. 작은 렌즈의 초점 거리가 더 짧다.

    c. 작은 렌즈의 구면 수차가 더 작다.

    d. 위의 어느 것도 아니다.

84. 렌즈에 구면 수차가 나타날 때, 렌즈를 죄는 것은

    a. 초점을 악화시킬 것이다.

    b. 초점을 개선할 것이다.

    c. 초점에 영향을 주지 않는다.

31장 질문에 대한 해답

장 도입 질문에 대한 해답

고강도 레이저 광선으로 굴절 광선이 망막에 초점을 맞추도록 각막을 깎는다.

확인 문제 해답

31.1 (b)

31.2 (a)

31.3 허상, 볼록 렌즈

31.4 (d)

31.5 아니다. 초점과 비교하여 렌즈의 위치가 현미경에는 적합하지 않기 때문에 접안 렌즈에 아주 가까이 있는 작은 물체를 볼 수 없다. 더 먼 거리에 있는 물체를 본다면 크기가 줄어들어 보일 것이다.

간섭과 회절

학습 목표

이 장을 학습하고 난 후 다음을 할 수 있다.

LO 32.1 보강 간섭과 상쇄 간섭을 구분할 수 있다.

LO 32.2 간섭 무늬의 극대 위치와 세기의 계산을 포함하여, 이중 슬릿 간섭을 정량적으로 기술할 수 있다.

LO 32.3 회절 격자를 포함하여, 다중 슬릿계의 간섭을 기술할 수 있다.

LO 32.4 간섭계가 어떻게 정밀 측정에 쓰일 수 있는지 설명할 수 있다.

LO 32.5 하위헌스의 원리를 이용하여 빛의 회절을 기술할 수 있다.

LO 32.6 매우 작거나 매우 멀리 있는 물체의 상에 회절이 어떻게 근본적인 한계를 갖게 하는지 정량적으로 설명할 수 있다.

423마일 위에 있는 지오아이-1 위성에서 찍은 카타르 반도의 칼리프 스포츠 도시의 사진. 위성 사진을 더 정밀하게 찍을 수 없는 근본적인 제한은 무엇인가?

앞 장에서는 물체의 크기가 빛의 파장보다 훨씬 큰 경우에 유효한 기하광학으로 빛의 거동을 기술하면서 빛의 파동성은 무시하였다. 이 장에서는 빛의 파동성이 핵심인 광학 현상을 기술하는 **물리광학**(physical optics)을 공부한다. 서로 관련된 간섭과 회절이 물리광학의 핵심이다.

32.1 결맞음과 간섭

LO 32.1 보강 간섭과 상쇄 간섭을 구분할 수 있다.

14장에서 파동이 중첩하여 만드는 **보강 간섭**(constructive interference)과 **상쇄 간섭**(destructive interference)을 공부하였다. 빛을 포함한 전자기파도 예외가 아니다. 전기장과 자기장이 중첩 원리를 따르므로 한 곳의 개별 파동장의 벡터합인 알짜장은 증가(보강 간섭)하거나 감소(상쇄 간섭)한다.

결맞음

둘 또는 그 이상의 파동이 겹치는 곳에서 간섭이 일어나지만, 파동들이 동일한 진동수와 위상 관계를 유지할 때만 정상 간섭 무늬가 나타난다. 그러한 경우를 **결맞는**(coherent) 빛이라고 말한다. 서로 다른 광원이나 동일한 광원의 다른 부분들, 또는 서로 다른 시간에 방출된 빛은 결맞기 힘들다. 그러한 빛을 두어 개의 구멍, 곧 슬릿에 보내면 각 개별 파동의 두 버전이 만들어지고, 슬릿 너머에서 그 둘이 만나면 간섭할 수 있다. 이 방법으로 토마스 영은 빛의 파동성을 입증한 1801년의 실험에서 결맞는 빛을 만들었다.

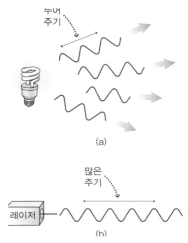

그림 32.1 (a) 전구는 마구잡이 위상을 가진 짧은 파열로 이루어진 결어긋난 빛을 방출한다. (b) 레이저 빛은 훨씬 긴 파열로 이루어져 있어서 결맞음이 더 좋다.

오늘날 대부분의 간섭 실험을 레이저로 하는데, 레이저 빛의 본질적인 결맞음이 보통 그 이유로 인용된다. 그림 32.1이 보여 주듯이 레이저 빛은 정말로 결맞음이 전구 또는 태양과 같은 보통의 광원에서 나온 빛보다 더 길게 유지된다. 그러나 레이저에서조차 정상 간섭 무늬가 나타나려면 똑같은 파동을 만드는 슬릿이나 다른 기구를 사용하여 레이저빔을 같은 광원의 두 가지 버전으로 만들 필요가 있다. 왜 그런지 알려면 빛이 그 위상과 진동수를 유지하는 거리인 **결맞음 길이**(coherence length)를 고려해야 한다. 보통의 광원에서는 그림 32.1a에 나타낸 것처럼 결맞음 길이가 아주 짧다. 햇빛인 경우에 그것은 $1\ \mu m$ 정도이다. 대조적으로 레이저 빛은 상당한 결맞음 길이를 보여 주는데, 일상적인 레이저에서는 수십 센티미터이고 특수 레이저에서는 수 킬로미터이다. 그러나 광속이 $300\ Mm/s$인 것을 고려하면 레이저 빛조차 결맞음을 겨우 몇 분의 일초 동안만 유지한다. 그래서 레이저 기반 간섭 실험은 다른 보통의 광원을 사용하는 실험처럼 레이저빔을 둘 이상의 부분으로 나눈 후 다시 재결합시켜야 한다. 간섭 실험과 광학 전반에서 레이저가 특별히 유용한 것은 그 빛이 **단색**(monochromatic)에 대단히 가깝기 때문이다. 다시 말해 그 빛의 파장 띠는 아주 좁다.

상쇄 간섭과 보강 간섭

단일 광원에서 나온 광파가 다른 경로로 진행하다가 재결합하는 경우를 생각해 보자. 한 파동의 경로 길이가 다른 파동보다 정확히 반파장 길다면, 두 파동이 재결합할 때 그림 32.2a처럼 반파장만큼 위상이 어긋나서, 진폭이 줄어든다(두 파동의 진폭이 같다면 0이 된다). 한편 경로 길이가 같거나 한 파장 차이가 난다면, 그림 32.2b처럼 두 파동은 같은 위상으로 재결합하여 진폭이 커진다. 즉 각각 상쇄 간섭하고 보강 간섭한다. 두 파동의 경로 길이 차가 $\frac{1}{2}$파장, $1\frac{1}{2}$파장, $2\frac{1}{2}$파장 등 반파장의 홀수배이면 두 파동은 위상이 어긋나서 상쇄 간섭한다. 따라서 다음과 같다.

> 빛의 경로차가 반파장의 홀수배이면 상쇄 간섭한다.

마찬가지로 그림 32.2b와 같이 두 경로의 길이가 같거나 1파장, 2파장, 3파장 등 한 파장의 정수배만큼 다르면 두 파동은 보강 간섭한다.

> 빛의 경로차가 파장의 정수배이면 보강 간섭한다.

단, 한 가지 단서가 붙는다. 경로차는 결맞음 길이보다 길 수 없다. 길면 두 파동의 결맞음이 사라지기 때문이다. 레이저 빛은 결맞음 길이가 길기 때문에 이점이 있다. 물론 빛의 경로

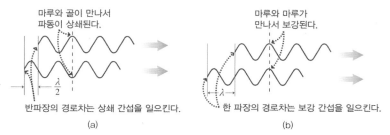

그림 32.2 같은 위상으로 출발한 두 파동이 다른 경로로 진행하여 재결합한다.

차가 반드시 반파장 또는 파장의 정수배만 차이가 나는 것은 아니다. 중간 경우에도 상대적 위상에 따라 진폭이 약간이나마 커지거나 줄어든다.

응용물리 CD 음악

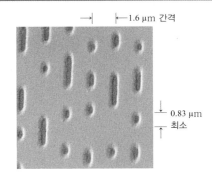

←1.6 μm 간격

0.83 μm 최소

예제 30.3의 '굴절: CD 음악'에서 굴절로 레이저 광선의 초점을 맞춰서 CD 의 정보를 읽었다. 간섭은 CD와 DVD, 블루레이 같은 **광디스크**(optical disc) 를 읽는 데 중요한 역할을 한다.

CD, DVD의 정보는 위의 사진처럼 반사 금속막에 새겨진 구멍 열에 디지털 방식으로 저장된다. 구멍의 깊이는 사용하는 레이저 광선의 사반파장이다. 디

스크의 투명한 보호막에서 보면 구멍은 솟아오른 돌기 같다. 돌기의 높이가 사반파장이므로 돌기에서 반사되는 빛의 경로는 반사 금속막에서 반사되는 빛의 경로보다 반파장 길다(아래 그림 참조). 레이저 광선의 너비가 구멍보다 넓어서 반사 광선에는 두 경로를 거친 파동이 함께 들어 있다. 이들 두 파동이 상쇄 간섭하여 반사 광선의 세기가 줄어든다. 디스크가 회전하면 빛의 세기가 요동치면서 구멍 줄의 정보를 전달한다. 광검출기는 변화하는 빛의 세기를 전기 신호로 전환시켜서 스피커, 헤드폰, 비디오 디스플레이를 작동시킨다. 어떻게 광학의 원리가 광디스크에 저장할 수 있는 정보의 양을 결정하는지 이번 장의 뒷부분에서 배우게 될 것이다.

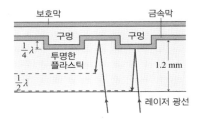

보호막   금속막

구멍   구멍

$\frac{1}{4}\lambda$ 투명한 플라스틱   1.2 mm

$\frac{1}{2}\lambda$

레이저 광선

확인 문제   **32.1**   레이저 빛을 두 부분을 나누어 한 빔은 유리 조각을 통과하도록 보낸다. 유리에서 빛의 속력은 공기에서의 $\frac{2}{3}$이다. 다른 빔은 온전히 공기 중으로 동일한 길이를 움직인다. 두 빔이 재결합할 때 일어나는 간섭은 다음 중 어느 것인가? (a) 보강 간섭이다, (b) 상쇄 간섭이다, (c) 유리 조각의 두께에 따라서 보강 간섭이나 상쇄 간섭 또는 그 사이일 수도 있다, (d) 간섭은 없다.

32.2 이중 슬릿 간섭

LO 32.2 간섭 무늬의 극대 위치와 세기의 계산을 포함하여, 이중 슬릿 간섭을 정량적으로 기술할 수 있다.

14장에서 한 쌍의 결맞는 파원이 만든 간섭 무늬를 간단하게 논의하였다. 이러한 쌍은 좁은 두 슬릿으로 빛을 통과시켜서 만들 수 있다. 1801년 토마스 영은 이 방법을 이용하여 빛의 파동성을 실증하는 역사적 실험을 수행하였다. 영은 입사하는 빛이 결맞은 빛이라고 확신할 수 있을 만큼 충분히 작은 구멍을 지나서 실험 장치로 들어오도록 만들고, 한 쌍의 좁은 슬릿을 통과시켜서 스크린에 쪼였다. 각 슬릿은 슬릿과 스크린 사이에서 서로 간섭하는 원통형 파면의 파원처럼 파동을 내보낸다(그림 32.3a 참조). 보강 간섭과 상쇄 간섭이 일어나서 스크린에 밝고 어두운 띠가 교대로 나타나는 **간섭 무늬**(interference fringe)가 생긴다(그림 32.3b 참조).

밝은 무늬는 보강 간섭의 결과이므로 두 슬릿에서 나온 빛의 경로차가 파장의 정수배이다. 슬릿과 스크린 사이의 길이 L이 슬릿의 간격 d보다 훨씬 길 때, 스크린의 점 P에 도달한

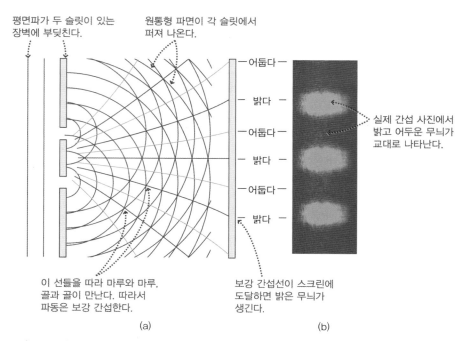

평면파가 두 슬릿이 있는
장벽에 부딪친다.

원통형 파면이 각 슬릿에서
퍼져 나온다.

― 어둡다

― 밝다

― 어둡다

― 밝다

― 어둡다

― 밝다

실제 간섭 사진에서
밝고 어두운 무늬가
교대로 나타난다.

이 선들을 따라 마루와 마루,
골과 골이 만난다. 따라서
파동은 보강 간섭한다.

보강 간섭선이 스크린에
도달하면 밝은 무늬가
생긴다.

(a)　　　　(b)

그림 32.3 단일 광원에서 나온 빛이 좁은 슬릿을 통과할 때 이중 슬릿 간섭이 일어난다.

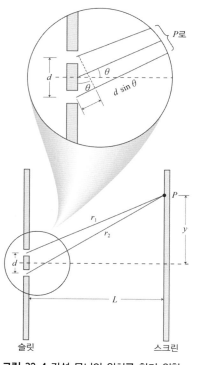

그림 32.4 간섭 무늬의 위치를 찾기 위한
기하학적 그림. 확대한 그림에서 $L \gg d$이
므로 P에 도달하는 경로는 거의 평행하여
경로차는 $d \sin \theta$이다.

두 파동의 경로차는 $d \sin \theta$이며, θ는 경로가 중심축과 이루는 각도이다(그림 32.4 참조). 따라서 빛의 경로차가 파장의 정수배이면 보강 간섭한다는 조건은 다음과 같다.

d는 슬릿 사이의 간격이다. 　　　　m은 정수로 밝은 무늬의 차수이다.

$$d \sin \theta = m\lambda \text{ (밝은 무늬, } m = 0, 1, 2, \cdots)$$

(32.1a)

θ는 밝은 무늬의　　　　λ는 빛의 파장이다.
각위치이다.

여기서 정수 m은 무늬의 **차수**(order)를 나타낸다. 즉 중앙의 밝은 무늬가 0차 무늬이고 그 다음부터 양쪽으로 순서대로 무늬의 차수가 증가한다.

한편 경로차가 반파장의 정수배이면 상쇄 간섭한다는 조건은 다음과 같다.

d는 슬릿 사이의 간격이다. 　　　　m은 정수로 어두운 무늬의 차수이다.

$$d \sin \theta = \left(m + \frac{1}{2} \right)\lambda \text{ (어두운 무늬, } m = 0, 1, 2, \cdots)$$

(32.1b)

θ는 어두운 무늬의　　　　λ는 빛의 파장이다.
각위치이다.

전형적인 이중 슬릿 실험에서, L은 1 m, d는 1 mm 정도이며, 가시광선의 파장 λ는 수 μm 이다. 따라서 $\lambda \ll d$인 조건을 고려하면, 스크린의 무늬가 촘촘하여 각도 θ는 m차 무늬에서도 매우 작으므로, $\sin \theta \simeq \tan \theta = y/L$로 어림할 수 있다. 여기서 y는 중앙 극대에서 잰 무늬의 위치로 다음과 같다.

$$y_{밝은} = m\frac{\lambda L}{d} , \quad y_{어두운} = \left(m + \frac{1}{2} \right)\frac{\lambda L}{d} \text{ (무늬 위치, } \lambda \ll d)$$

(32.2a, b)

확인
문제 **32.2** 이중 슬릿의 간격을 늘이면 간섭 무늬는 (a) 좁아지는가, (b) 넓어지는가?

예제 32.1 | **파장 재기: 레이저 광선**

75.0 µm 간격의 두 슬릿이 스크린에서 1.50 m인 곳에 있다. 두 슬릿을 통과한 레이저 광선이 스크린의 중심에서 3.80 cm 떨어진 곳에 3차 밝은 무늬를 만든다. 레이저 광선의 파장을 구하라.

해석 이중 슬릿 간섭에서 $y_{밝은} = 3.80$ cm에 생기는 $m = 3$인 간섭 무늬에 관한 문제이다.

과정 식 32.2a, $y_{밝은} = m(\lambda L/d)$에서 파장 λ를 구한다. 이 식에서 $\lambda \ll d$이므로 구한 답을 검증해야 한다.

풀이 식 32.2a에서 다음을 얻는다.

$$\lambda = \frac{y_{밝은} d}{mL} = \frac{(0.0380\ \text{m})(75.0 \times 10^{-6}\ \text{m})}{(3)(1.50\ \text{m})} = 633\ \text{nm}$$

검증 이 값은 슬릿의 간격 75.0 µm, 즉 75,000 nm보다 훨씬 작다. 633 nm의 파장은 물리 실험실에서 흔히 사용하는 헬륨-네온 레이저의 빨간색 파장에 해당된다.

간섭 무늬의 세기

이중 슬릿 간섭에서 기하학적 수단으로 극대와 극소 무늬를 구했다. 실제 세기를 구하려면 간섭하는 두 파동을 중첩해야 한다. 아마 두 파장의 세기를 더하면 될 것이라 생각할 수도 있다. 그렇지만 안 된다! 중첩의 원리를 따르는 것은 파동의 세기가 아니라 파동의 전기장과 자기장이다. 세기는 전기장 또는 자기장의 제곱에 비례한다(식 29.20 참조). 세기를 더한다면, 상쇄 간섭에서 일어나는 소멸을 절대 얻을 수 없을 것이다.

간섭 무늬의 한 점 P를 다시 생각해 보자(그림 32.5). $d \ll L$인 어림에서, 경로차가 매우 작으므로 거리에 따라 세기가 줄어드는 효과로 인한 두 파동의 진폭 차는 무시해도 좋다. 따라서 점 P에서 진폭이 E_p로 같고 위상차가 ϕ인 두 전기장을 다음과 같이 표기할 수 있다.

$$E_1 = E_p \sin \omega t, \quad E_2 = E_p \sin(\omega t + \phi)$$

두 파동이 같은 방향으로 편광되어 있으므로 성가신 벡터를 고려하지 않아도 된다. 점 P의 알짜 전기장은 다음과 같이 단순한 덧셈으로 구할 수 있다.

$$E = E_1 + E_2 = E_p[\sin \omega t + \sin(\omega t + \phi)]$$

한편 부록 A에서 $\sin \alpha + \sin \beta = 2 \sin[(\alpha + \beta)/2] \cos[(\alpha - \beta)/2]$이므로

$$E = 2E_p \sin\left(\omega t + \frac{\phi}{2}\right) \cos\left(\frac{\phi}{2}\right)$$

이다. 따라서 점 P의 알짜 전기장은 각진동수 ω, 진폭 $2E_p \cos(\phi/2)$로 진동하는 파동이다. 위상차 ϕ는 두 파동의 경로차에 의존하므로 스크린 전역에서 세기가 변하면서 간섭 무늬가 생긴다.

경로차는 $d \sin \theta$, 슬릿 간격은 d, 점 P의 각도는 θ이며, $d \ll L$인 어림에서 θ가 매우 작으므로 $\sin \theta \simeq \tan \theta = y/L$이며, y는 그림 32.5에서 점 P의 위치이다. 따라서 경로차는 yd/L이다. 한편 중요한 위상차 ϕ는 2π마다 한 파장(λ)씩 차이가 나므로 다음과 같이 표기할 수 있다.

$$\phi = 2\pi\left(\frac{yd}{\lambda L}\right)$$

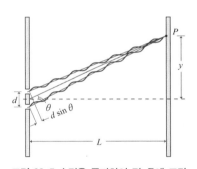

그림 32.5 슬릿을 통과하여 점 P에 도달한 파동의 경로차는 $d \sin\theta$이다. $L \gg d$이므로 $\sin\theta \simeq \tan\theta = y/L$이다.

따라서 진폭 $2E_p\cos(\phi/2)$는 $2E_p\cos(\pi yd/\lambda L)$이 된다. 이제 식 29.20b에서 평균 세기를 다음과 같이 얻는다.

$$\overline{S} = \frac{[2E_p\cos(\pi yd/\lambda L)]^2}{2\mu_0 c} = 4\,\overline{S}_0\cos^2\!\left(\frac{\pi d}{\lambda L}y\right) \tag{32.3}$$

여기서 $\overline{S}_0 = E_p^2/2\mu_0 c$는 한 파동의 평균 세기이다. $\cos^2$은 각이 π의 정수배일 때 최댓값 1을 갖는다. 따라서 식 32.3에서 $yd/\lambda L$이 정수배 또는 $y = m\lambda L/d$일 때 최대의 세기를 갖는다. 이 결과는 간단한 기하학적 분석으로 얻은 식 32.2a와 정확히 똑같다. 그러나 식 32.3은 극대, 극소 무늬의 위치뿐만 아니라 중간의 세기도 알려준다.

32.3 다중 슬릿 간섭과 회절 격자

LO 32.3 회절 격자를 포함하여, 다중 슬릿계의 간섭을 기술할 수 있다.

다중 슬릿은 광학 기기, 물질의 분석 등에서 매우 중요하다. 1 cm당 수천 개의 슬릿이 새겨진 회절 격자로 고분해능 분광 분석이 가능하다. 원자나 분자 수준에서는 결정의 규칙적인 원자 배열이 회절 격자처럼 작용하여 결정 구조를 밝히는 엑스선 무늬를 만든다.

그림 32.6은 세 슬릿에서 나온 파동이 스크린에서 간섭하는 모습이다. 세 파동 모두 위상이 맞으면, 즉 경로차가 파장의 정수배이면 극대 세기가 된다. 이중 슬릿 간섭 무늬에서 극대 조건은 $d\sin\theta = m\lambda$이다. 다중 슬릿이라도 각 슬릿의 간격 d가 균일하면 세 번째 파동은 자동적으로 극대 조건을 만족한다. 따라서 N 슬릿의 극대 조건은 다음과 같이 식 32.1a와 같다.

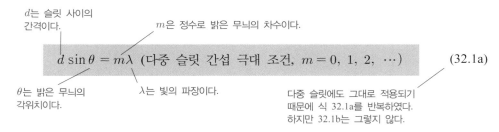

d는 슬릿 사이의 간격이다. m은 정수로 밝은 무늬의 차수이다.

$$d\sin\theta = m\lambda \quad \text{(다중 슬릿 간섭 극대 조건, } m = 0,\ 1,\ 2,\ \cdots) \tag{32.1a}$$

θ는 밝은 무늬의 각위치이다. λ는 빛의 파장이다.

다중 슬릿에도 그대로 적용되기 때문에 식 32.1a를 반복하였다. 하지만 32.1b는 그렇지 않다.

한편 상쇄 간섭 조건은 복잡해진다. 모든 파동이 합쳐져서 0이 되어야 상쇄되기 때문이다. 그림 32.7에서 위상이 1/3씩 어긋난 세 파동이 합쳐져서 0이 된다. 따라서 세 파동인 경우에 경로차 $d\sin\theta$가 $(m+\frac{1}{3})\lambda$ 혹은 $(m+\frac{2}{3})\lambda$이면 상쇄 간섭이 일어난다. 물론 $(m+\frac{3}{3})\lambda$이면 한 파장 차이므로 고려할 필요가 없다. 따라서 극소 조건은 다음과 같다.

$$d\sin\theta = \frac{m}{N}\lambda \quad \text{(다중 슬릿 극소 조건)} \tag{32.4}$$

여기서 m은 N의 배수를 제외한 정수이다.

그림 32.8은 다중 슬릿의 간섭 무늬와 세기 곡선이다. 밝은 주극대 사이에 몇 개의 희미한 부극대가 있다. 왜 복잡할까? 삼중 슬릿에서 극대 사이에 두 개의 극소가 있다. 즉 $d\sin\theta = (m+\frac{1}{3})\lambda$, $(m+\frac{2}{3})\lambda$인 극소가 $d\sin\theta = m\lambda$, $(m+1)\lambda$인 극대 사이에 존재한다. 다

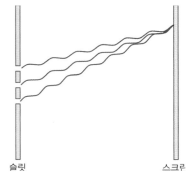

그림 32.6 같은 간격의 세 슬릿을 통과한 파동이 같은 위상으로 스크린에 도달하면 보강 간섭한다.

슬릿 스크루

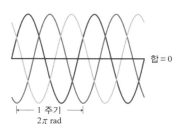

합 = 0

1 주기
2π rad

그림 32.7 세 슬릿을 통과한 파동이 상쇄 간섭하려면 위상이 1/3씩 차이가 나야 한다.

중 슬릿인 경우에 식 32.4에서 식 32.1a로 주어지는 극대 사이에 $N-1$개의 극소가 생긴다. 이들 극소 사이에 생기는 부극대는 완전 보강 간섭 혹은 완전 상쇄 간섭이 아닌 간섭으로 생긴 무늬이다. 그림에서 슬릿의 수가 증가하면 주극대는 더 밝아지면서 무늬의 폭이 좁아지고, 부극대는 점점 더 희미해진다. 슬릿의 수 N이 매우 커지면, 밝고 좁은 주극대와 사실상 어두운 중간 영역의 무늬를 얻을 수 있다.

회절 격자

간격이 촘촘한 다중 슬릿을 **회절 격자**(diffraction grating)라고 부르며, 빛의 분광 분석에 매우 유용하다. 회절 격자는 1 cm당 수천 개의 슬릿, 즉 선이 새겨진 수 cm 길이의 평판이다. 평행 직선의 영상을 만들거나, 알루미늄을 입힌 유리판을 다이아몬드 칼로 줄을 쳐서 회절 격자를 만든다. 앞에서 공부한 격자는 슬릿으로 빛이 투과하는 **투과 회절 격자**(transmission grating)이다. **반사 격자**(reflection grating)도 입사 광선을 반사시켜서 비슷한 간섭 무늬를 만든다.

다중 슬릿 간섭 무늬의 극대 조건은 이중 슬릿과 마찬가지로 $d \sin\theta = m\lambda$이다. $m = 0$이면 모든 파동의 마루가 중앙 극대에 모이지만, m이 크면 파장에 따라 극대의 각위치가 달라진다. 따라서 빛을 파장에 따라 분산시키는 프리즘 대신에 회절 격자를 사용할 수 있으므로, 정수 m을 분산 **차수**(order)라고 부른다. 그림 32.9는 회절 격자로 빛을 분산시키는 분광계이다. N 격자 간섭 무늬의 극대는 N이 클수록 좁으므로(그림 32.8 참조), 파장이 다른 파동을 명확하게 구분할 수 있다.

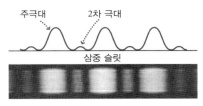
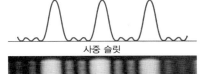
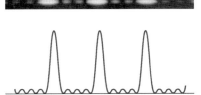

그림 32.8 간격이 같은 다중 슬릿의 간섭 무늬. 밝은 무늬의 위치는 불변이지만 슬릿의 수가 증가할수록 폭이 좁아지고 더 밝아진다. 세기 곡선의 수직축은 같은 척도가 아니다. 봉우리 세기는 슬릿 수 제곱에 비례한다.

예제 32.2	분리 거리 구하기: 회절 격자 분광계	응용 문제가 있는 예제

뜨거운 수소 기체에서 나오는 Hα와 Hβ 스펙트럼선의 파장은 각각 656.3 nm와 486.1 nm이다. 1 cm에 6000개의 슬릿이 새겨진 회절 격자를 사용하는 분광계로 1차 각분리를 구하라.

해석 다중 슬릿 간섭에서 $m = 1$인 각분리를 구하는 문제이다.

과정 식 32.1a, $d \sin\theta = m\lambda$에서 간섭 무늬의 주극대 위치를 파장 λ, 슬릿의 간격 d, 차수 m의 함수로 구한다. 분광계가 1 cm에 6000개의 회절 격자를 사용하므로 다중 슬릿의 간격 d를 구할 수 있다. 먼저 d를 구하고, 식 32.1a로 두 파장의 각위치를 구해서 1차 각분리를 구한다.

풀이 1 cm에 6000개의 슬릿이 있으므로 $d = 1/6000$ cm $= 1.667$ μm이다. 식 32.1a에서 $\lambda = 656.3$ nm, $m = 1$인 Hα 스펙트럼선의 각위치는 다음과 같다.

$$\theta_\alpha = \sin^{-1}\left(\frac{\lambda}{d}\right) = \sin^{-1}\left(\frac{0.6563\ \mu\text{m}}{1.667\ \mu\text{m}}\right) = 23.2°$$

한편 Hβ선의 각위치는 $\theta_\beta = 17.0°$이므로, 각분리는 $6.2°$이다.

검증 $6.2°$의 각분리이면 두 스펙트럼선을 충분히 분리할 수 있다. 각분리가 크거나 파장이 가까우면 높은 차수를 이용해야 한다.

분해능

스펙트럼선의 모양과 파장은 빛이 나온 대상에 대한 많은 정보를 담고 있다. 스펙트럼선을 자세히 조사하려면 이웃한 스펙트럼선을 분리하거나, 단일 스펙트럼선에서 세기-파장 곡선을 분리할 수 있도록 분산을 잘 시켜야 한다. 파장이 λ와 λ'으로 거의 같은 두 스펙트럼선을 가진 빛을 회절 격자로 분산시켜 보자. 그림 32.10을 보면, 한 세기 곡선의 봉우리가 다른 세기 곡선의 1차 극소와 일치하면 두 스펙트럼선을 거우 구별할 수 있다. 파장 λ의 파동이

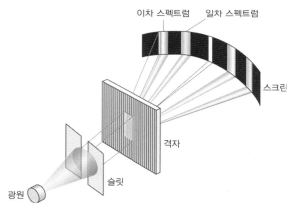

그림 32.9 회절 분광계의 기본 구조. 스크린 대신에 전자식 검출기를 주로 사용한다.

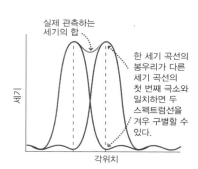

그림 32.10 파장이 약간 다른 빛이 회절 격자로 분산되어 생긴 스펙트럼선의 각위치에 대한 세기 곡선

각위치 θ에서 m차 극대를 갖는 조건은 $d \sin\theta_{최대} = m\lambda$이다. 이 조건은 회절 격자의 수 N을 넣어서 $d \sin\theta_{최대} = (mN/N)\lambda$로 표기하고, 분자 mN에 1을 더하면 다음번 최소가 된다(식 32.4 참조). 따라서 1차 극소의 위치는 다음을 만족한다.

$$d \sin\theta_{최대} = \frac{mN+1}{N}\lambda$$

파장이 λ와 λ'으로 거의 같은 구 스펙트럼선은 λ'의 극대가 λ의 1차 극소와 일치하면 구별할 수 있다. λ'의 극대는 $d \sin\theta'_{최대} = m\lambda' = (mN/N)\lambda'$을 만족한다. 따라서 $\theta'_{최대} = \theta_{최소}$이면, $(mN+1)\lambda = mN\lambda'$이 된다. 이 기준을 두 파장의 차 $\Delta\lambda = \lambda' - \lambda$로 표기하면 다음과 같이 나타낼 수 있다.

$$\frac{\lambda}{\Delta\lambda} = mN \text{ (분해능)} \tag{32.5}$$

여기서 $\lambda/\Delta\lambda$를 비슷한 두 파장을 구별할 수 있는 척도인, 회절 격자의 **분해능**(resolving power)이라고 부른다. 분해능이 클수록 작은 파장 차 $\Delta\lambda$도 구별할 수 있다. 식 32.5에서 격자의 수 N과 스펙트럼선의 차수 m이 증가하면 분해능이 커진다.

예제 32.3　　**분해능: 이중별 바라보기**

이중별은 본질적으로 정지해 있는 무거운 별과 원형 궤도를 돌고 있는 가벼운 동무별로 이루어져 있다. 매우 멀리 떨어진 이중별은 큰 망원경으로도 하나의 별처럼 보인다. 그러나 천문학자는 이중별의 스펙트럼선에서 도플러 이동을 관측하여 동무별을 볼 수 있다. 무거운 별에서 나오는 $H\alpha$선의 파장은 $\lambda = 656.272$ nm이다. 동무별이 지구로부터 멀어질 때 $H\alpha$선은 656.329 nm로 도플러 이동한다(이 값은 궤도 속력 26 km/s에 해당한다). 슬릿의 수가 5000개인 분광계로 두 별에서 나오는 $H\alpha$선을 분리하려면 몇 차의 간섭 무늬가 필요한가?

해석 회절 격자 분광계의 스펙트럼선 분해능에 관한 문제이다.

과정 식 32.5, $\lambda/\Delta\lambda = mN$으로 분해능을 구할 수 있다. 두 파장을 알므로 $\Delta\lambda$를 구해서 차수 $m = \lambda/(N\Delta\lambda)$를 구한다.

풀이 $\Delta\lambda = 656.329$ nm $- 656.272$ nm $= 0.057$ nm이므로 차수는 다음과 같다.

$$m = \frac{\lambda}{N\Delta\lambda} = \frac{656.272 \text{ nm}}{(5000)(0.057 \text{ nm})} = 2.3$$

검증 m은 정수이어야 하므로 3차 간섭 무늬가 필요할 것이다.

엑스선 회절

엑스선의 파장은 0.1 nm 정도로 역학적으로 또는 광학적으로 만들어진 회절 격자에는 너무 짧다. 대신에 결정 속의 규칙적 원자 배열에서 **엑스선 회절**(X-ray diffraction)이 가능하다. 미시 수준으로 전자기파의 전기장이 전자를 진동시키면, 전자가 전자기파를 재방출하여 반사 엑스선이 나온다. 결정에서 엑스선이 반사될 때 규칙적인 원자 배열 때문에 간섭이 일어나서 특정 각도의 반사 엑스선이 강해진다. 그림 32.11a는 결정의 원자와 상호작용하는 엑스선이다. 그림 32.11b에서 하나 아래의 원자층에서 반사한 엑스선은 위층에서 반사한 엑스선보다 $2d \sin \theta$ 더 긴 거리를 진행한다. 여기서 θ는 입사 엑스선과 원자면 사이의 각도이다. 따라서 다음을 만족할 때 보강 간섭이 일어난다.

$$2d \sin \theta = m\lambda \ (\text{브래그 조건, } m = 1, 2, 3, \cdots) \tag{32.6}$$

이 **브래그 조건**(Bragg condition)은 결정의 원자 배열이 엑스선에 회절 격자로 작용한 결과 이지만, 이를 통해서 물질의 결정 구조를 알 수 있다. 현재 알고 있는 많은 물질의 결정 구조 는 엑스선 회절로 알게 된 것이다. 1952년에 영국의 과학자 로잘린드 프랭클린(Rosalind Franklin)이 DNA의 엑스선 회절을 측정한 것은 그 구조를 추론하는 데 결정적인 역할을 하였다. 오늘날 지질학자와 재료과학자는 늘 엑스선 회절을 사용하여 바위, 금속, 기타 물질의 구조를 연구한다. 분자생물학자와 제약회사는 엑스선 회절을 사용하여 생체 분자를 분석하고 신약을 개발한다. 심지어 화성에도 엑스선 회절 기구가 있는데, 쿠리오시티(Curiosity) 탐사 선이 화성의 토양을 분석하고 광물량을 결정하는 데 사용되었다.

다른 회절 격자

규칙적으로 배열된 구조는 배열 간격에 해당하는 파장의 파동에는 회절 격자처럼 작용한다. CD나 DVD면에서 볼 수 있는 무지개 색깔은 CD의 작은 구멍 줄이 회절 격자처럼 작용하기 때문에 생긴다. 바다 물결은 전파에 대해 회절 격자처럼 작용할 수 있다. 해양학자들은 레이 더 측량에서 그러한 회절을 조사하여 바다 물결의 파장과 진폭을 알아낸다. 마지막으로, 굴절 률이 다른 고체 내에서의 음파는 빛에 대한 회절 격자처럼 작용한다. 응용물리에서 이 현상 의 일상적인 응용을 설명한다.

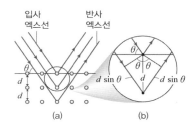

그림 32.11 (a) 결정의 원자면에서 반사 하는 엑스선. (b) 추가 진행 거리 $2d \sin \theta$ 가 엑스선 파장의 정수배이면 반사해 나가 는 엑스선이 보강 간섭한다.

응용물리 | 레이저 프린터, DVD, AOM

여러분이 레이저 프린터를 사용했거나, 파워포인트 발표를 준비했거나, DVD를 구웠을 때 아마도 음향 광학 변조기 (AOM)가 역할을 했을 가능성이 많다. 그 림에서 보듯이 이들 기구는 유사 확성기 변환기를 사용하여 음파를 투명한 결정 안으로 발사한다. 소리 파면의 규칙적인 간격은 회절 격자를 이루고, 결정에 들어 온 레이저 빛은 파면 간격, 말하자면 소리 의 파장으로 결정되는 각도에서 회절을 한다. 소리의 진동수를 변화시키면 소리 의 파장이 바뀌고, 이것은 다시 빛의 회절 각을 바꾼다. 따라서 AOM을 사용하여 레이저빔을 다른 곳으로 '조정할' 수 있 다. 소리의 진폭을 변화시키면 회절빔의 진폭이 바뀌므로 AOM을 사용하여 빔의 세기를 변조하거나 빔을 켜고 끌 수도 있 다. 레이저 프린터, 레이저 기반 영사 장 치, DVD 정보 기록기는 보통 AOM을 사 용하여 레이저빔을 조정하거나 변조한다. 광통신 장치, 고출력 레이저의 스위칭, 생 체 분자 및 다른 작은 입자의 포획 및 조 작, 그 밖에도 여러 다른 기술 등에서 AOM의 응용을 찾아볼 수 있다.

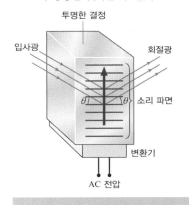

확인 문제 32.3 회절 격자에서 간격을 같게 유지하면서 슬릿의 수를 늘리면 (1) 간섭 무늬에서 극대 세 기 사이의 간격, (2) 극대 세기, (3) 극대 너비는 각각 (a) 증가하는가, (b) 감소하는가, (c) 변하 지 않는가?

32.4 간섭계

LO 34.4 간섭계가 어떻게 정밀 측정에 쓰일 수 있는지 설명할 수 있다.

다중 슬릿으로 빛을 통과시키지 않아도 간섭이 일어난다. 빛을 여러 갈래로 나눠서 다른 경 로로 진행하게 만들어서 재결합시키면 간섭이 일어난다. 이 과정이 **간섭계**(interferometry)의 작동 원리이다. 간섭계는 극히 작은 변위, 시간 간격 등을 측정하는 매우 정교한 기기이다.

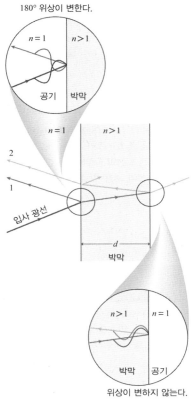

그림 32.12 투명한 박막의 반사와 굴절. 첫 번째 경계면에서는 180° 위상이 변하지만 두 번째 경계면에서는 변하지 않는다.

박막 간섭

투명한 박막을 통과하여 앞면과 뒷면에서 부분 반사한 빛이 재결합하면 간섭을 일으킨다. 14.6절에서 특성이 다른 두 줄이 연결된 곳에서 어떻게 줄의 파동이 반사되는지 보았다. 특히 두 번째 줄의 밀도가 더 크면 반사파의 위상이 180° 바뀐다. 이와 마찬가지로 굴절률이 작은 매질과 큰 매질의 경계면에서 반사한 빛도 위상이 180° 바뀐다. 그러나 굴절률이 큰 매질에서 작은 매질로 입사하는 빛은 경계면에서 반사할 때 위상이 바뀌지 않는다. 굴절률 n이 주변보다 큰 박막의 첫 번째 경계면에서는 위상이 180° 바뀌지만, 두 번째 경계면에서는 바뀌지 않는다(그림 32.12 참조).

그림 32.12에서 박막의 두께가 d이면 광선 2가 추가로 진행하는 경로차 때문에 위상 변화가 생긴다. 알아보기 쉽도록 그림에는 약간 기울어진 입사광이 나타나 있지만, 수직 입사광의 경우를 고려할 것이다. 수직 입사 광선인 경우에, 경로차는 $2d$이다. 광선 1은 180° 위상이 바뀌고 광선 2는 바뀌지 않으므로, 경로차에 의한 위상 변화가 180°일 때 보강 간섭이 일어난다. 즉 광선 2의 경로차 $2d$가 반파장, $1\frac{1}{2}$파장 등 반파장의 홀수배일 때이므로 $2d = (m + \frac{1}{2})\lambda_n$, $m = 0, 1, 2, 3, \cdots$이다. 여기서 아래 첨자 n은 물질 속에서 측정한 파장이라는 뜻이다. 30장에서 굴절률이 n인 물질에서 파장이 진공에서보다 $1/n$ 줄어들므로 $\lambda_n = \lambda/n$이다. 따라서 박막의 보강 간섭 조건은 다음과 같다.

$$2nd = \left(m + \frac{1}{2}\right)\lambda \quad \text{(보강 간섭, 박막)} \tag{32.7}$$

박막 간섭은 여러 광학 기술의 기초 원리이다. 예를 들어 그림 32.13처럼 편평한 유리와 렌즈 사이의 공기층이 만드는 박막 간섭은 가시광선 파장 수준으로 렌즈의 두께를 정밀하게 측정할 수 있다.

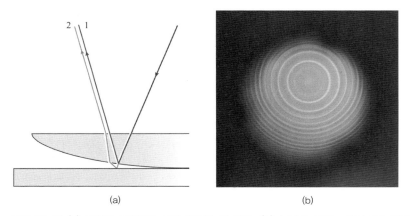

(a)　　　　　　　　　　(b)

그림 32.13 (a) 편평한 유리판에 놓인 렌즈의 끝 부분. (b) 뉴턴의 고리는 광선 1과 광선 2 사이의 경로차로 생기므로, 렌즈 모양에 대한 정밀한 측정이 가능하다.

개념 예제 32.1 　간섭: 비눗물 막

그림 32.14는 원형 고리 안의 비눗물 막에 여러 색깔의 띠들이 수평으로 가로지르고 있는 것을 보여 준다. 왜 이런 띠들이 생기는가?

풀이 그림 32.12에서 묘사한 것처럼 띠들은 간섭의 결과임이 분명하다. 그러나 왜 여러 가지 색깔인가? 비눗물 막은 수직이고 대부분 물로 되어 있어서 중력이 밑을 더 두껍게 만든다. 따라서 보강 간섭을 일으키는 파장은 막의 수직 위치에 따라 변한다. 여러 m 값에 해당하는 다수의 간섭이 있기 때문에 색깔이 반복되는 많은 띠들이 있게 된다.

검증 꼭대기의 어두운 영역에서 위 설명을 확인할 수 있다. 이곳의 막은 너무 얇아서 어떠한 가시광선 파장도 보강 간섭을 일으키지 않기 때문에 어둡게 보인다. 막은 아마도 깨지기 직전일 것이다.

그림 32.14 백색광을 비춘 비눗물 막에 생긴 간섭 무늬

관련 문제 높이 20 cm의 비눗물 막은 밑쪽의 두께 1 μm에서 위쪽의 0에 가까운 두께까지 점점 얇아진다. 650 nm의 레이저 빛을 막에 비추면 밝은 띠가 몇 개 생기겠는가?

풀이 식 32.7은 보강 간섭이 일어나는 조건이고, 띠의 개수는 이 막에서 가능한 간섭 차수 m의 개수이다. 막의 밑바닥에서 m에 대해 풀면 $n = 1.333$인 물에서 $m = 2nd/\lambda - 1/2 = 3.6$을 얻는다. m은 정수가 되어야 하므로 밑바닥에서는 밝은 띠가 없다. $m = 3$ 띠는 올라가야 하고, 그 위에 $m = 2$, $m = 1$, $m = 0$ 띠가 있다. 그러므로 총 네 개의 밝은 띠가 있다.

박막 간섭을 분석할 때, 각 경계면에서 첫 번째 반사 광선만 생각하였다. 실제로는 박막에서 다중 반사가 일어나므로, 약한 광선이 더 있다. 맥스웰 방정식으로 풀어 보면 굴절률 n_2의 박막이 굴절률 n_1, n_3의 물질 사이에 끼어 있을 때, 적절한 두께에서 $n_2 = \sqrt{n_1 n_3}$이면 입사 물질로 나오는 반사 광선은 완벽하게 상쇄된다. 이것이 반사 방지막의 기초 원리이다. 카메라 렌즈, 태양광 전지 등에서 최대로 빛이 통과하도록 반사 방지막을 입힌다.

> **확인문제**
> **32.4** 가시광선과 적외선 모두에 민감한 카메라로 그림 32.14의 비눗물 막을 찍는다면 위쪽의 어두운 부분은 (a) 더 작아질 것이다, (b) 더 커질 것이다.

마이컬슨 간섭계

간섭을 이용한 광학기기 중 가장 간단하고 중요한 기기는 **마이컬슨 간섭계**(Michelson interferometer)이다. 1880년 미국의 물리학자인 알버트 마이컬슨(Albert Abraham Michelson)이 발명한 실험 장치로 상대론의 태동을 이끌었다. 다음 장에서 마이컬슨의 실험에 대해서 공부할 것이다. 여기서는 정밀 측정에 사용하는 간섭계에 대해서 공부한다.

그림 32.15는 마이컬슨 간섭계의 개략도이다. **빔가르개**(beam splitter)라고 부르는 반도금은 거울로 단색광을 두 광선으로 나누는 것이 핵심이다. 빔가르개를 45°로 세우면 반사 광선과 투과 광선이 수직 경로를 따라 진행하다가, 각각 평면 거울에서 반사하여 빔가르개로 되돌아온다. 이때 빔가르개에서 다시 갈라진 투과 광선과 반사 광선이 재결합하여 간섭을 일으키며, 아래에 설치한 렌즈로 그림 32.15와 같은 간섭 무늬를 볼 수 있다.

두 광선의 경로가 정확히 같으면 위상이 맞으므로 보강 간섭한다. 실제로는 경로가 완벽하게 같을 수 없고, 거울이 완전하게 서로 수직이 아니고, 입사 광선이 완벽하게 평행하지 않을 수 있다. 그래도 문제가 되지 않는데 광선의 다른 부분들이 서로 다른 위상차로 재결합하면 그림 32.15와 같은 밝고 어두운 간섭 무늬를 만든다. 이웃한 간섭 무늬의 거리는 한 파장의 경로차와 일치한다.

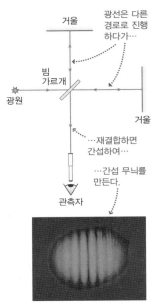

그림 32.15 마이컬슨 간섭계의 개략도와 실제 간섭 무늬 사진

이제 거울 하나를 약간 움직여 보자. 경로차가 변하면서 간섭 무늬가 이동한다. 거울을 사반파장 움직이면 왕복 경로에서 반파장 차이가 생기므로, 위상차가 180° 바뀌면서 어두운 무늬가 밝은 무늬로 변한다. 이러한 변화는 눈으로도 쉽게 관찰할 수 있으므로 거울의 이동 거리를 파장보다 작은 정확도로 측정할 수 있다. 또한 광선의 경로 사이에 투명 물질을 설치하여 굴절률만큼 지연시켜도 비슷한 효과를 얻을 수 있다. 이 방식으로 굴절률이 1에 가까운 기체의 굴절률을 정밀하게 측정한다.

가장 큰 마이컬슨 간섭계는 레이저 간섭계 중력파 연구소(LIGO)에 설치된 길이 4 km의 두 쌍의 간섭계이다(그림 32.16 참조). LIGO는 2015년 중력파를 최초로 탐지하는 역사를 이루었다. 10억 광년 이상의 먼 거리에서 블랙홀이 병합되며 발생시킨 중력파의 관측은 이후 추가적인 블랙홀의 병합과 중성자 별의 충돌 탐지와 함께 중력파 천문학이라는 완전히 새로운 세계로 안내하였다. LIGO는 실전 문제 69에서 볼 수 있듯이 10^{-19} m 크기의 시공간 교란을 측정할 수 있다. 이러한 LIGO도 우주 공간에 팔의 길이가 250만 km인 간섭계가 설치되면 난쟁이가 될 것이다! 중력파에 대해서는 다음 장에서 배울 것이다.

그림 32.16 워싱턴, 판퍼드에 위치한 LIGO는 간섭계 팔의 길이가 4 km이다. 간섭계 안에서 빛이 다중 반사하여 실제 진행한 거리는 300 km이다.

예제 32.4 | **간섭계 재기: 모래폭풍**

사막에 설치한 태양 에너지 설비의 알루미늄 거울이 모래폭풍으로 움푹 파였다. 기술자가 파인 홈의 깊이를 재기 위하여 마이컬슨 간섭계의 편평한 거울 중 하나를 파인 거울로 대체하였다. 633 nm의 레이저 광선이 만든 간섭 무늬는 그림 32.17과 같다. 파인 깊이는 대략 얼마인가?

해석 빛의 간섭을 이용하여 거리를 재는 그림 32.15의 간섭계에 관한 문제이다. 편평한 거울 대신에 파인 거울을 사용하므로 파인 곳에서 반사되는 빛의 경로가 약간 길어진다.

과정 간섭 무늬의 간격은 한 파장의 경로차에 해당한다. 그림 32.17에서 파인 홈 때문에 달라진 간섭 무늬가 약 1/5정도 이동한다. 이 정보를 이용하여 홈의 깊이를 구한다. 빛이 왕복한 거리가 0.2λ이므로 홈의 깊이는 0.1λ이다.

풀이 홈에서 반사된 빛의 추가 경로가 0.2λ이므로 홈의 깊이 0.1λ는 $\lambda = 633$ nm에서 약 63 nm이다.

검증 보통의 자로는 잴 수 없는 매우 작은 거리도 간섭계로 정확하게 잴 수 있다.

이 거리는 경로차 λ이므로…

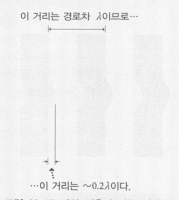

…이 거리는 $\sim 0.2\lambda$이다.

그림 32.17 파인 거울이 만든 간섭 무늬

32.5 하위헌스 원리와 회절

LO 32.5 하위헌스의 원리를 이용하여 빛의 회절을 기술할 수 있다.

이 장에서 공부한 간섭만이 빛의 파동성을 나타내는 광학 현상은 아니다. 빛이나 파동이 물체를 에돌아가는 **회절**(diffraction)도 있다. 간섭과 회절은 밀접하게 연관되어서 이중 및 다중 슬릿의 간섭도 회절이 깊이 관여하므로 다중 슬릿을 회절 격자라고 부르는 것이다.

다른 광학 현상과 마찬가지로 회절도 맥스웰 방정식을 따른다. 그러나 1678년에 빛이 파동이라고 주장한 네덜란드의 과학자 크리스티안 하위헌스(Christian Huygens)에 의한 **하위헌스 원리**(Huygens' principle)로 회절을 설명하는 것이 이해하기가 훨씬 쉽다. 하위헌스 원리는 다음과 같다.

> 파면의 모든 점은 2차 구면파의 점원이 된다. 짧은 시간 Δt 후의 새로운 파면은 진행하는 2차 파동들의 유일한 접면이다.

그림 32.18은 하위헌스 원리에 따라 진행하는 평면파와 구면파이다.

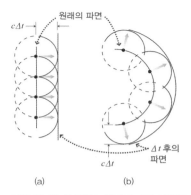

그림 32.18 하위헌스 원리에 따라 진행하는 (a) 평면파와 (b) 구면파. 파면의 각 점은 원형 파동을 방출하는 파원처럼 작용하여 새로운 파면을 만든다.

회절

그림 32.19는 구멍이 있는 불투명한 장벽으로 입사하는 평면파이다. 파동이 장벽에 막히므로 장벽 모서리의 하위헌스 파동은 파면이 굽어지게 만든다. 구멍의 너비가 파장보다 훨씬 크면 그림 32.19a처럼 회절은 적게 일어나고 파동은 구멍 크기의 광선으로 직진한다. 구멍의 크기와 파장이 비슷하면 구멍에서 나오는 파면은 그림 32.19b처럼 구형으로 퍼진다. 따라서 장애물 근처에서 항상 회절이 일어나지만 파장과 같거나 작은 크기에서만 회절이 중요해진다. 이 때문에 30장과 31장에서 빛의 파장보다 훨씬 큰 광학계에서는 빛이 직진한다고 가정하고 회절을 무시한다.

회절 때문에 극히 작은 물체를 보거나 정밀하게 빛의 초점을 맞추는 데에 한계가 생긴다. 먼저 단일 슬릿을 지나는 빛의 거동을 조사하면서 그 이유를 살펴보자. 회절을 잘 알면 먼 천체의 영상을 만드는 망원경에서 블루레이 디스크까지 최첨단 광학기기를 쉽게 이해할 수 있다.

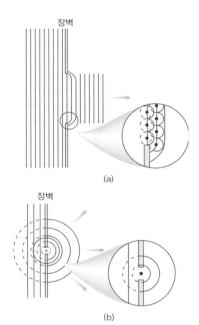

그림 32.19 구멍이 있는 불투명한 장벽에 입사한 평면파. (a) 파장보다 큰 구멍에서는 회절을 무시할 수 있지만, (b) 작은 구멍에서는 회절 효과가 크다.

단일 슬릿 회절

이중 슬릿과 다중 슬릿 간섭을 분석할 때, 슬릿을 통과한 평면파를 원형 파면으로 가정하였다. 그림 32.19b를 보면, 슬릿의 너비가 파장보다 작을 때에만 슬릿을 새로운 파동의 점원으로 취급할 수 있다. 슬릿의 너비가 충분히 작지 않으면, 하위헌스 원리에 따라 슬릿의 각 점을 별도의 점원으로 생각해야 한다. 결국 단일 슬릿도 다중 슬릿처럼 작용하여 같은 슬릿에서 나온 광선이 간섭할 것이다.

그림 32.20a에서 너비가 a인 단일 슬릿으로 빛이 입사하고, 슬릿의 각 점은 구면파의 점원으로 작용하여 모든 방향으로 빛을 전파한다. 광선 1, 2, 3을 보여 주는 그림 32.20b에서 광선 1과 3의 경로차는 $\frac{1}{2}a\sin\theta$이다. 만약 $\frac{1}{2}a\sin\theta = \frac{1}{2}\lambda$, 즉 $a\sin\theta = \lambda$이면 두 광선은 상쇄 간섭한다. 이때 광선 3과 5의 경로차도 광선 1과 3의 경로차와 같으므로 상쇄 간섭한다. 또한 광선 2와 4도 같은 이유로 상쇄 간섭한다. 사실상 슬릿의 중심 아래에서 나오는 광선은 $a/2$ 위에서 나오는 광선과 상쇄 간섭한다. 따라서 $a\sin\theta = \lambda$인 각도로 보면 빛을 볼 수 없다.

이와 마찬가지로, $a/4$ 떨어진 광선 1과 2는 $\frac{1}{4}a\sin\theta = \frac{1}{2}\lambda$, 즉 $a\sin\theta = 2\lambda$이면 상쇄 간섭한다. 또한 광선 2와 3, 광선 3과 4 등 $a/4$ 떨어진 두 광선들은 상쇄 간섭한다. 따라서 $a\sin\theta = 2\lambda$인 각도로 보면 빛을 볼 수 없다.

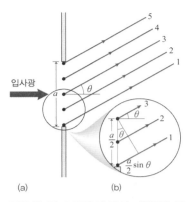

그림 32.20 슬릿의 각 점이 파원처럼 작용하여 만든 하위헌스 2차 파동이 슬릿의 오른쪽 영역에서 간섭한다.

점을 7개로 늘리면 $\frac{1}{6}a\sin\theta = \frac{1}{2}\lambda$, 즉 $a\sin\theta = 3\lambda$인 상쇄 간섭이 생긴다. 이 과정을 되풀이하면 결국 다음을 만족하는 각도에서 상쇄 간섭이 일어난다고 결론내릴 수 있다.

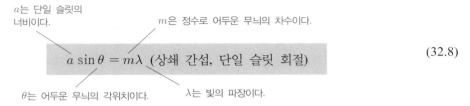

a는 단일 슬릿의 너비이다. m은 정수로 어두운 무늬의 차수이다.

$$a\sin\theta = m\lambda \text{ (상쇄 간섭, 단일 슬릿 회절)}$$ (32.8)

θ는 어두운 무늬의 각위치이다. λ는 빛의 파장이다.

여기서 m은 0이 아닌 정수이고 a는 슬릿의 너비이다. $m = 0$인 경우에는 모든 파동의 위상이 맞는 중앙 극대가 생기므로 제외한다.

간섭과 회절 단일 슬릿 회절 무늬의 극소에 대한 식 32.8은 다중 슬릿 간섭 무늬의 극대에 대한 식 32.1a에서 슬릿 간격 d 대신에 슬릿 너비 a로 바꾸면 똑같다. 같은 방정식인데 왜 하나는 극소이고 다른 하나는 극대일까? 연관은 있지만 서로 다른 두 현상을 다루기 때문이다. 다중 슬릿인 경우에는 각 슬릿이 충분히 좁아서 단일 점원으로 취급되므로, 슬릿 안에서의 간섭을 무시한, 슬릿과 슬릿에 의한 간섭이다. 단일 슬릿인 경우에는 같은 슬릿 안의 다른 점에서 생기는 간섭이다.

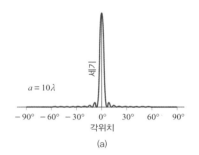

(a)

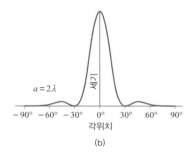

(b)

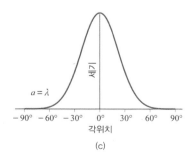

(c)

그림 32.21 중앙선에 대한 각도 θ의 함수로 나타낸 단일 슬릿 회절의 세기. 슬릿의 너비 a가 서로 다르다.

단일 슬릿 회절의 세기

다중 슬릿 간섭과 마찬가지로 단일 슬릿 회절에서도 기하학적으로 극대의 위치를 찾을 수 있다. 그러나 회절 무늬의 세기를 구하려면, 이중 슬릿 간섭의 식 32.3을 유도한 것처럼, 간섭 파동의 전기장을 중첩시켜야 한다. 그러나 이번에는 슬릿의 모든 점에서 나오는 무한 파동의 전기장을 더해야 한다. 28장에서 도입한 위상자 개념을 이용하여 구할 수 있지만, 여기서는 직접 유도하지 않겠다. 회절 무늬가 결국은 위상차 때문에 생기므로, 슬릿의 맨 위와 아래에서 나오는 빛의 위상차가 핵심 요소이다. 그림 32.20에서 슬릿의 너비가 a이고 위상차가 $a\sin\theta$이므로, 위상차/2π =경로차/λ에서 위상차 ϕ에 해당하는 경로차는 다음과 같다.

$$\phi = \frac{2\pi}{\lambda}a\sin\theta$$ (32.9)

슬릿 사이에서 나오는 빛의 개별 위상차를 더하여 전체 위상차가 ϕ가 되는 전기장의 세기는 $\sin(\phi/2)/(\phi/2)$에 비례한다. 한편 세기는 식 29.20에 따라 전기장의 제곱에 비례하므로 단일 슬릿 회절의 세기를 다음과 같이 표기할 수 있다.

$$\overline{S} = \overline{S}_0\left[\frac{\sin(\phi/2)}{\phi/2}\right]^2$$ (32.10)

여기서 $\overline{S}_0$은 $\theta = \phi = 0$인 중앙 극대의 세기이고, ϕ는 식 32.9로 주어진다. $\theta = \phi = 0$에서 식 32.10은 미확정처럼 보이지만, $x \to 0$인 극한에서 $\sin x/x \to 1$이므로 $\overline{S} = \overline{S}_0$이다. 실전 문제 70에서 식 32.10을 유도한다.

그림 32.21은 슬릿 너비 a와 파장 λ에 따라 식 32.10을 그린 회절 무늬의 세기이다. a가 λ보다 큰 넓은 슬릿이면 중앙 봉우리가 좁고 이차 봉우리는 매우 낮고 그 너비는 중앙 봉우리 너비의 반이다. 이 경우에는 회절을 무시할 수 있으므로 입사 광선은 기하광학처럼 직진한다. 그러나 슬릿이 좁아지면 광선이 퍼지는데, $a = \lambda$이면 각도 폭이 120°이다.

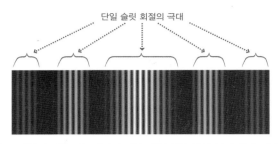

그림 32.22 슬릿의 너비를 무시할 수 없을 때, 이중 슬릿은 단일 슬릿 회절 무늬 안에 이중 슬릿 간섭 무늬를 만든다.

그림 32.23 날카로운 가장자리를 통과한 빛의 회절 무늬. (a) 불투명한 장벽의 직선 가장자리, (b) 십자선이 있는 원형 구멍

식 32.10에서 오른편의 분자가 0이면 세기는 0이 된다. 사인 함수의 편각이 π의 정수배이면 오른편의 분자가 0이므로 식 32.9에서 $\phi/2 = m\pi = (\pi a/\lambda)\sin\theta$, 즉 $a\sin\theta = m\lambda$를 얻는다. 이 결과는 상쇄 간섭이 일어나는 각위치에 대한 식 32.8과 같다.

다중 슬릿 회절

32.2절에서 다중 슬릿을 다룰 때, 파장에 비해서 슬릿이 충분히 좁아서 중앙의 회절 봉우리가 전체 공간에 퍼진다고 가정하였다. 슬릿의 너비를 무시할 수 없으면, 각 슬릿이 단일 슬릿 회절 무늬를 만든다. 따라서 다중 슬릿 회절 무늬는 그림 32.22처럼 다중 슬릿 간섭과 단일 슬릿 회절이 합친 결과이다.

빛이 슬릿처럼 날카롭고 불투명한 모서리를 지날 때도 회절이 일어난다. 날카로운 모서리가 만드는 그림자를 자세히 조사하면 그림 32.23a처럼 회절 파면의 간섭으로 생긴 평행한 무늬를 볼 수 있다. 또한 모양이 다른 물체는 그림 32.23b처럼 복잡한 회절 무늬도 보여 준다. 이 때문에 선명한 광학적 영상을 만들 수 없는 회절 한계가 존재한다.

> **32.5** 기숙사 아래층의 친구가 불쾌하게 소란스러운 음악을 연주하고 있는데, 둘 다 문을 열어놓고 있다. 왜 그 음악의 베이스가 가장 짜증이 나게 만드는가?

32.6 회절 한계

LO 32.6 매우 작거나 매우 멀리 있는 물체의 상에 회절이 어떻게 근본적인 한계를 갖게 하는지 정량적으로 설명할 수 있다.

회절 때문에 광학계(망원경, 현미경, 카메라, 심지어 우리의 눈까지도)가 매우 가까운 두 물체를 구별할 수 있는 능력에 근원적인 한계가 존재한다. 슬릿을 비추는 두 점원을 생각해 보자. 두 점원이 슬릿에서 멀리 떨어져 있으면 슬릿에 도달하는 파동은 본질적으로 평면파이지만, 다른 각도로 슬릿에 도달한다. 점원이 결맞지 않으면 규칙적인 간섭 무늬를 만들지 못한다. 이때 슬릿에서 회절된 빛은 두 개의 단일 슬릿 회절 무늬를 만든다. 두 점원의 각위치가 다르므로 각 회절 무늬의 중앙 극대도 다른 위치에 생긴다(그림 32.24 참조).

점원의 각분리가 충분히 크면 두 회절 무늬는 중앙 극대로 충분히 구별할 만큼 분리된다(그림 32.24a 참조). 그러나 두 점원이 가까워지면 그림 32.24b처럼 중앙 극대가 겹치기 시작

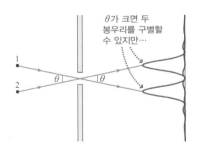

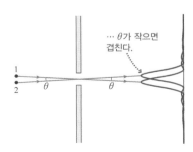

그림 32.24 각위치가 다른 먼 곳의 두 광원은 중앙 극대가 광원과 같은 각도 θ로 분리된 곳에 회절 무늬를 만든다.

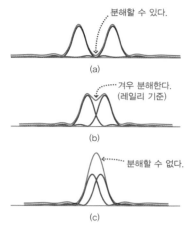

그림 32.25 두 광원이 결맞지 않으므로 전체 세기는 두 회절 무늬 세기의 합(회색선)이다.

한다. 그래도 두 봉우리 모양이 남아 있으면 구별할 수 있다. 두 점원이 결맞지 않으므로 전체 세기는 개별 세기의 합과 같다. 그림 32.25는 회절 무늬가 가까워지면서 두 봉우리 구조가 사라지는 모습을 나타낸 것이다. 일반적으로 중앙 극대가 첫 번째 극소와 일치하면 두 봉우리를 가까스로 구별할 수 있다. 이와 같이 두 점원을 겨우 구별할 수 있는 조건을 **레일리 기준**(Rayleigh criterion)이라고 부른다.

광학계는 단일 슬릿과 비슷하다. 모든 광학계에는 빛이 들어오는 유한한 크기의 구경이 있다. 이들 구경은 실제 슬릿이거나 카메라 렌즈의 조리개 같은 구멍 혹은 렌즈나 망원경의 거울의 크기이다. 따라서 모든 광학계는 두 파원의 각분리가 작으면 분해능이 떨어지기 마련이다. 매우 작거나 매우 먼 물체의 구조를 탐사할 수 있는 능력은 회절 때문에 근원적 한계를 갖는다. 그림 32.26은 회절 무늬가 겹치면서 분해능이 떨어지는 모습이다.

그림 32.24에서 회절 봉우리의 각분리는 점원의 각분리와 같다. 따라서 두 점원의 각분리가 중앙 극대와 첫 번째 극소와 같을 때가 레일리 기준에 해당한다. 한편 첫 번째 극소는 각위치가 $\sin\theta = \lambda/a$일 때 생기며, a는 슬릿 너비, θ는 중앙 봉우리 각도이다. 대부분의 광학계에서 파장이 구경의 크기보다 훨씬 작으므로 작은 각도 어림에서 $\sin\theta \simeq \theta$이다. 따라서 레일리 기준을 다음과 같이 다시 표기할 수 있다.

$$\theta_{최소} = \frac{\lambda}{a} \ \text{(레일리 기준, 슬릿)} \tag{32.11a}$$

대부분의 광학계는 슬릿이 아니라 원형 구경이다. 원형 구경이 만드는 회절 무늬는 그림 32.27과 같은 동심 고리의 집합이다. 첫 번째 고리에 대한 수학적 분석에서 원형 구경의 레일리 기준은

$\theta_{최소}$는 원형 구경에서 분해할 수 있는 최소 각변위이다.

λ는 빛의 파장이다.

$$\theta_{최소} = \frac{1.22\lambda}{D} \ \text{(레일리 기준, 원형 구경)} \tag{32.11b}$$

D는 구경 지름이다.

이며, D는 구경 지름이다.

식 32.11을 보면 구경의 크기가 증가하면 분해 가능한 각도 차가 줄어들므로, 광학기기를 설계할 때 더 큰 거울이나 렌즈를 사용한다. 다른 방법은 파장을 줄이는 것인데, 파원에 따라 선택이 달라진다. 고급 광학기기에서 회절은 완벽하게 선명한 영상 형성을 방해하는 한계 요소이다. 따라서 그것을 **회절 한계**(diffraction limit)라고 부른다. 예를 들어 회절 한계 때문에 광학 현미경으로 구별할 수 있는 물체의 최소 크기가 정해지므로 작은 생물체의 영상일수록 유효 파장이 작은 전자 현미경을 사용한다. 거대한 지상 망원경에서는 회절 한계가 문제가 되지 않는다. 오히려 대기의 교란 상태가 영상의 질에 더 큰 영향을 미치기 때문이다. 대기권

그림 32.27 원형 회절에서 각위치에 따른 세기 곡선의 3차원 모양. 그림 32.26의 가장 오른쪽 이미지가 대응하는 회절 무늬를 보여 준다.

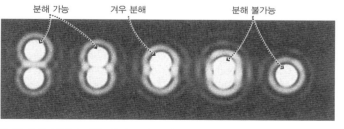

그림 32.26 한 쌍의 광원이 만든 회절 무늬. 광원의 각분리가 감소하면 분해할 수 없게 된다.

위에 있는 허블 우주 망원경은 회절 한계를 갖는다. 그리고 지구를 촬영하는 위성이 대기를 통해 아래를 보지만, 그것도 역시 일반적으로 회절 한계를 가진다. 왜냐하면 교란된 하부의 대기는 위성의 광학 장치에서 아주 멀리 있고 위성이 촬영하고 있는 지표면에 가깝기 때문이다. 이것은 대기의 왜곡을 크게 줄인다.

천문학자들은 각각의 망원경 자료를 결합하여 단일 망원경처럼 다루면서 회절 한계를 극복하고 있다. 광학적 파장의 경우 현재 수백 미터의 유효 구경의 장비들이 가능한데, 이러한 장비들 중 간섭계(interferometer)는 별 표면의 특징들을 분해한다. 전파천문학자들은 여러 대륙에 있는 망원경을 결합하여 라디오 파장에서 최상의 분해능을 얻고 있다. 몇몇 지구 크기의 전파 간섭계는 은하수 중심의 거대 블랙홀 주위를 관측하기 위한 이벤트 호라이즌 망원경이다. 실용 문제에서 천체 간섭계에 대해 더 탐구할 수 있다.

> **확인 문제** **32.6** 세포 안의 구조를 분해하려고 현재의 현미경을 사용하면 최대 배율로도 희미하게만 보일 뿐이다. 다음 중 무엇이 도움이 되는가? (a) 식 31.10에 따라 초점 거리가 짧은 접안 렌즈로 바꾼다, (b) 빨간색 필터를 끼운다, (c) 푸른색 필터를 끼운다.

예제 32.5 회절 한계: 소행성 경고
응용 문제가 있는 예제

20×10^6 km 거리의 소행성이 지구와 충돌할 궤도로 진입한다. 지름 2.4 m의 허블 우주 망원경으로 550 nm의 태양광을 반사시켜서 분해할 수 있는 소행성의 최소 크기는 얼마인가?

해석 원형 장치의 회절 한계에 관한 문제이다. 망원경의 지름은 $D = 2.4$ m이고 빛의 파장은 $\lambda = 550$ nm이다. 주어진 거리로 소행성의 최소 크기를 구한다.

과정 식 32.11b, $\theta_{최소} = 1.22\lambda/D$에서 분해할 수 있는 최소 각분리의 크기인 회절 한계를 구한다. 따라서 미지의 크기 l을 각크기 θ로 표기하고, 식 32.11b를 적용한다.

풀이 소행성의 양 끝을 그림 32.24의 두 봉우리로 보면, 각도 θ의 각크기는 l/L이며, L은 소행성까지의 거리이다. 따라서 식 32.11b에서

$$\frac{l}{L} = \frac{1.22\lambda}{D}$$

이며, $l = 1.22\lambda L/D = 5.6$ km이다.

검증 이 크기의 소행성이 충돌하면 공룡의 멸종보다 더 심한 지구의 종말을 맞게 된다. 거리가 너무 멀어서 분해가 힘들면 좀 더 가까이 올 때까지 기다렸다가 정확한 크기를 측정하고 위험을 평가해야 한다.

응용물리 디스크와 영화: CD, DVD, BD

CD	DVD	Blu-ray

앞에 설명한 응용물리는 CD에서 1.6 μm 간격으로 분리된 0.83 μm 크기의 구멍에 어떻게 정보를 기록하는지 살펴보았다. CD에서는 780 nm의 적외선 레이저 광선으로 정보를 읽는다. 레이저의 파장에 의한 회절 효과 때문에 CD

재생 장치가 이웃한 구멍을 혼동하지 않도록 구멍의 크기와 간격이 정해진다. 이때 최대 용량은 650 MB이며, 74분의 음악을 수록할 수 있다.
값싼 반도체 레이저가 적외선 영역에서만 가능했던 1980년대에 CD가 개발되

었다. 1990년대에는 값싼 가시광선 레이저가 생산되면서 DVD가 개발되었다. DVD는 635 nm 또는 650 nm의 빨간빛을 사용하기 때문에 회절 한계가 작아져서 크기나 간격이 작은 구멍을 사용할 수 있다. 또한 2층 구조와 복잡한 데이터 압축 기술로 최대 용량이 4.7 GB로 늘어나서 2시간 정도의 영화를 수록할 수 있다.

큰 용량에도 불구하고 DVD는 최근의 고화질 TV(HDTV) 방송에 적합하지 않다. 레이저 기술의 발달로 오늘날에는 405 nm의 보랏빛 레이저가 개발되어 고화질 비디오 디스크(BD)를 만들 수 있게 되었다. 그 결과 BD 한 장에 25 GB를 저장할 수 있다. 그것은 4.5시간의 고화질 영화나 12시간의 보통 영화에 해당한다. 위 사진은 CD, DVD, BD의 특성을 비교한 것이다.

핵심 개념

이 장의 핵심 개념은 **간섭**과 **회절**이다. 앞 장에서 기하광학을 배웠지만, 빛은 파동이므로 파동의 특성인 간섭과 회절 현상을 보여 준다. 빛이나 다른 파동의 파장이 상호작용하는 물체의 크기와 비슷하거나 작으면 간섭과 회절이 중요해진다.

주요 개념 및 식

두 파동의 위상이 맞으면 **보강 간섭**이 일어난다.

두 파동의 위상이 180° 어긋나면 **상쇄 간섭**이 일어난다.

파장 λ의 빛이 두 개 이상의 좁은 슬릿을 지나면

$$d \sin \theta = m\lambda$$

를 만족할 때 간섭 무늬, 즉 극대가 생긴다. 여기서 m은 정수로서 간섭 무늬의 차수이다. 슬릿이 많아지면 극대가 강해지고 좁아지지만 위치는 불변이다.

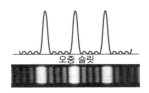

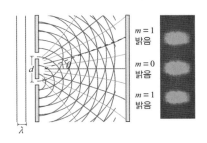

하위헌스 원리에 따라 파면의 각 점이 구면파의 점원처럼 작용하여 날카로운 가장자리에서 빛이 에돌아가기 때문에 **회절**이 생긴다.

회절 한계는 작거나 먼 물체의 영상을 식별할 수 있는 능력에 대한 근본적인 제약이다. 지름 D의 원형 구경에 대한 **레일리 조건**은 파장 λ의 빛으로 식별할 수 있는 최소 각분리로 다음과 같다.

$$\theta_{최소} = \frac{1.22\lambda}{D}$$

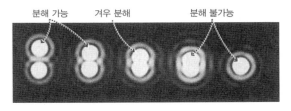

응용

회절 격자에는 다중 슬릿이나 다중선이 있어서 파장에 따라 다른 곳에 보강 간섭이 일어난다. 개별 파장을 분산시키기 위해 분광계에서 회절 격자를 사용한다. 격자의 **분해능**은 파장과 분해 가능한 최소 파장 차의 비율로서 다음과 같다.

$$\frac{\lambda}{\Delta\lambda} = mN$$

여기서 N은 격자에서 선의 수이고, m은 분산 차수이다.

엑스선 회절은 규칙적으로 배열된 원자를 격자로 사용하여 결정이나 분자의 구조를 조사하는 강력한 도구이다. 최대 세기는 다음의 조건을 만족할 때 생긴다.

$$2d \sin \theta = m\lambda$$

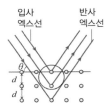

마이컬슨 간섭계는 단색광을 두 광선으로 나눠서 수직 경로로 진행하게 만든다. 그 후 두 광선이 재결합하면서 간섭하는 현상을 이용하므로 정밀 측정이 가능하다.

BIO 생물 및 의학 문제   **DATA** 데이터 문제   **ENV** 환경 문제   **CH** 도전 문제   **COMP** 컴퓨터 문제

학습 목표   이 장을 학습하고 난 후 다음을 할 수 있다.

LO 32.1 보강 간섭과 상쇄 간섭을 구분할 수 있다.
실전 문제 32.58

LO 32.2 간섭 무늬의 극대 위치와 세기의 계산을 포함하여, 이중 슬릿 간섭을 정량적으로 기술할 수 있다.
개념 문제 32.6
연습 문제 32.10, 32.11, 32.12, 32.13, 32.14
실전 문제 32.40, 32.41, 32.42

LO 32.3 회절 격자를 포함하여, 다중 슬릿계의 간섭을 기술할 수 있다.
개념 문제 32.1, 32.7
연습 문제 32.15, 32.16, 32.17, 32.18
실전 문제 32.43, 32.44, 32.45, 32.48, 32.49, 32.52, 32.68

LO 32.4 간섭계가 어떻게 정밀 측정에 쓰일 수 있는지 설명할 수 있다.

개념 문제 32.2, 32.3, 32.4
연습 문제 32.19, 32.20, 32.21, 32.22, 32.23
실전 문제 32.46, 32.50, 32.51, 32.53, 32.54, 32.55, 32.56, 32.57, 32.66, 32.67, 32.69, 32.72

LO 32.5 하위헌스의 원리를 이용하여 빛의 회절을 기술할 수 있다.
개념 문제 32.5, 32.8, 32.9
연습 문제 32.24, 32.25, 32.26, 32.27
실전 문제 32.70

LO 32.6 매우 작거나 매우 멀리 있는 물체의 상에 회절이 어떻게 근본적인 한계를 갖게 하는지 정량적으로 설명할 수 있다.
연습 문제 32.28, 32.29, 32.30, 32.31
실전 문제 32.47, 32.59, 32.60, 32.61, 32.62, 32.63, 32.64, 32.65, 32.71

개념 문제

1. 프리즘에서 푸른빛이 빨간빛보다 더 많이 휘어진다. 회절 격자에서도 그런가?

2. 수면에 뜬 기름에 왜 색깔띠가 생기는가?

3. 비눗방울이 말라서 꺼지기 전에 왜 색깔이 사라지는가?

4. 안경의 앞뒤 사이에서 왜 간섭 현상을 볼 수 있는가?

5. 모퉁이 저편에서 나오는 소리를 들을 수 있지만, 빛은 볼 수 없다. 왜 그런가?

6. 이중 슬릿의 간섭 무늬 세기를 구할 때, 두 슬릿에서 나오는 빛의 세기를 단순히 더할 수 없다. 왜 그런가?

7. 다중 슬릿 간섭 무늬의 주극대는 이중 슬릿 간섭 무늬와 각위치가 같다. 회절 격자에 왜 수천 개의 슬릿이 필요한가?

8. 달이 별을 가리며 지나갈 때 별빛의 세기가 급격히 떨어지지 않고 요동친다. 왜 그런가?

9. 너비가 파장의 서너 배 정도인 네모 구멍을 통과한 빛이 만드는 회절 무늬를 그려라.

연습 문제

32.2 이중 슬릿 간섭

10. 이중 슬릿으로 빛의 파장을 잰다. 슬릿 간격은 $d = 15\ \mu\text{m}$이고 스크린까지의 거리는 $L = 2.2\ \text{m}$이다. 간섭 무늬의 $m = 1$ 극대가 스크린 중간으로부터 7.1 cm 떨어져서 생기면 파장은 얼마인가?

11. $d = 0.025\ \text{mm}$, $L = 75\ \text{cm}$의 이중 슬릿에 550 nm 빛을 쪼인다. 이웃한 밝은 무늬의 간격을 구하라.

12. 이중 슬릿 실험에서 슬릿 간격은 0.12 mm이다. (a) 633 nm의 빛을 쪼일 때 이웃한 밝은 무늬의 간격이 5.0 mm이면 슬릿과 스크린의 거리 L은 얼마인가? (b) 480 nm 빛을 사용하면 이웃한 밝은 무늬의 간격은 얼마인가?

13. 이중 슬릿의 간격이 0.37 mm이고 밝은 무늬의 각도 간격이 0.065°인 간섭 실험에 사용한 빛의 파장은 얼마인가?

14. 수은 기체에서 나오는 546 nm의 초록색을 이중 슬릿 실험에 사용한다. 다섯 번째 어두운 무늬가 중심에서 0.113°인 곳에 생기면 슬릿 간격은 얼마인가?

32.3 다중 슬릿 간섭과 회절 격자

15. 오중 슬릿에서 주극대와 1차 극대 사이에 몇 개의 극소가 있는가?

16. 삼중 슬릿에서 첫 번째 극소의 각위치가 5°이다. 극대의 각위치는 어디인가?

17. 슬릿 간격이 7.5 μm인 오중 슬릿 633 nm의 빛을 쪼인다. (a) 처음 두 극대, (b) 세 번째와 여섯 번째 극소의 각위치를 각각 구하라.

18. 520 nm의 초록빛이 1 cm당 3000개의 회절 격자에서 회절된다. (a) 1차와 (b) 5차 회절 무늬의 각도는 얼마인가?

32.4 간섭계

19. 550 nm의 빛이 보강 간섭을 일으키는 비눗물 막($n = 1.333$)의 최소 두께를 구하라.

20. 파장을 모르는 빛이 굴절률 1.52의 유리 쐐기에 입사한다. 반사된 빛이 보강 간섭을 일으키는 입사점 중에서 꼭짓점에 가장 가까운 곳은 두께가 98 nm이다. 파장을 구하라.

21. 굴절률 1.65의 유리 쐐기에 입사한 단색광이 두께 450 nm인 곳에서 보강 간섭한다. 가시광선 영역에서 가능한 모든 파장을 구하라.

22. 75.0 nm 두께의 형석($n = 1.43$) 조각에 백색광이 입사한다. 가장 강하게 반사하는 빛의 파장은 무엇인가?

23. 개념 예제 32.1의 '관련 문제'에 기술된 비눗물 막에 백색광을 쪼이면 어느 부분이 가장 어두운가?

32.5 하위헌스 원리와 회절

24. 슬릿 너비와 파장의 비가 얼마이면 단일 슬릿의 회절 무늬가 ±90°에 생기는가?

25. 633 nm 파장의 빛이 2.50 μm 너비의 슬릿으로 입사한다. 첫 번째 극소 사이를 각분리로 택하여, 회절 무늬 중앙 극대의 각너비를 구하라.

26. 라디오파를 차단하는 금속 건물 안 복도에서 950 MHz의 진동수를 사용하는 휴대전화로 전화를 걸려고 한다. 그 복도에는 너비가 35 cm인 좁은 창문이 있다. 휴대전화에서 송출된 빔이 창문을 빠져나올 때, 그 빔의 수평 각너비(첫 번째 극소 사이의 각)는 얼마인가?

27. 단일 슬릿 회절 실험에서 두 번째 부극대의 세기를 중앙 극대의 비로 구하라. 단, 부극대의 봉우리는 두 번째 극소와 세 번째 극소 사이에 있다.

32.6 회절 한계

28. 지름 2.1 cm의 원형 구경을 지나는 633 nm 파장의 빛을 분해할 수 있는 최소 각분리를 구하라.

29. 각지름이 0.35호초(1호초 = 1/3600°)인 물체를 520 nm 파장의 빛으로 구분할 수 있는 망원경의 최소 지름을 구하라.

30. 각지름이 0.44 mrad인 구조를 지름 1.2 mm의 현미경으로 구분할 수 있는 가장 긴 파장의 빛은 무엇인가?

31. 밝은 곳에서 인간의 동공의 지름은 약 2 mm이다. 제한 요소가 회절이라면, 빛의 파장을 550 nm로 가정할 때 이 조건하에서 눈의 최소 각 분해능은 얼마인가?

응용 문제

다음 문제들은 본문의 예제들에 기초한 것이다. 두 세트의 문제들은 물리학의 이해를 강화하는 연결의 형성을 돕고 이전에 풀어본 문제에서 변형된 문제를 해결하는 자신감을 키우도록 설계되어 있다. 각 세트의 첫 번째 문제는 본질적으로 예제 문제이지만 숫자들은 다르다. 두 번째 문제는 예제와 똑같은 상황이지만 묻는 질문이 다르다. 세 번째와 네 번째 문제는 완전히 다른 상황으로 이런 방식을 반복한다.

32. **예제 32.2** 수소 원자는 총 4개의 가시광선 영역의 스펙트럼선을 방출한다. 예제 32.2에 사용된 2개 외에 Hγ와 Hδ는 각각 434.0 nm, 410.2 nm이다. 예제 32.2의 분광계로 관측하였을 때, 이들 두 선의 각분리를 구하라.

33. **예제 32.2** 수소 원자의 4개의 가시광선 스펙트럼선 중 2개(예제 32.2 또는 앞 문제의 파장)는 예제 32.2의 분광계로 관찰했을 때 8.1°의 각분리를 나타낸다. 이 두 스펙트럼선은 어느 것인가?

34. **예제 32.2** 나트륨 원자는 588.995 nm 및 589.592 nm에 두 개의 주요 스펙트럼선이 있다. cm당 2300개의 선이 있는 분광계를 이용할 때 이들 스펙트럼선의 3차 각분리를 구하라.

35. **예제 32.2** 식 32.1a에서 $\sin\theta \simeq \theta$인 작은 각도 근사를 적용할 수 있도록 빛의 파장에 비해 선 사이의 간격 d가 충분히 큰 격자 분광계를 생각하자. 파장 λ_1과 λ_2 스펙트럼선의 1차 각분리 값이 주어진 (작은) $\Delta\theta$가 되기 위한 간격 d에 대한 표현식을 구하라.

36. **예제 32.5** 6.5 m의 제임스 웹(James Webb) 우주 망원경으로 850 nm의 적외선 파장에서 관측하는 경우 예제 32.5에서의 최소 소행성 크기를 구하라.

37. **예제 32.5** 직경이 35 m 정도의 소행성은 도시 규모의 위협이 될 수 있다. 소행성이 지구에서 1.20 Gm 떨어져 있을 때(달의 약 3배 거리) 소행성을 관측할 수 있는 망원경 거울의 크기는 얼마인가? 535 nm의 광학 파장에서 관측한다고 가정한다.

38. **예제 32.5** 28 mm 직경의 쌍안경이 있다. 840 m의 거리에서 꽃에 있는 두 마리의 꿀벌을 관찰한다. 두 곤충을 별개로 구분될 수 있는 최소 거리는 얼마인가? 550 nm 파장의 가시광선으로 가정한다.

39. **예제 32.5** WorldView-4는 상업적 목적으로 지구 표면을 관측하는 인공위성이다. 이 위성은 610 km 고도에서 지구를 공전하며 460 nm의 파장에서 31 cm의 최고 해상도를 가진다. WorldView-4가 관측에 사용하는 거울의 직경을 구하라.

실전 문제

40. 빛의 파장이 (a) 640 nm, (b) 580 nm, (c) 410 nm이고, 슬릿 간격이 1.5 μm인 이중 슬릿에서 2차 밝은 무늬의 각위치는 각각 얼마인가?

41. 슬릿 간격 0.035 mm, 슬릿-스크린 거리 1.5 m, 파장 490 nm인 이중 슬릿 실험에서 중심선으로부터 0.56 cm인 점에 도달한 두 파동의 위상차는 얼마인가?

42. 발광 기체관에서 550 nm와 400 nm 빛이 나온다. 이중 슬릿 장치에서 400 nm의 어두운 무늬와 겹치는 550 nm의 밝은 무늬 중 최저 차수는 얼마인가? 어두운 무늬의 차수는 얼마인가?

43. 다중 슬릿 스크린에서 중앙 극대의 각분리가 0.86°이고, 각각의 극대 사이에 7개의 극소가 있다. (a) 다중 슬릿은 몇 개인가? (b) 입사광의 파장이 656.3 nm이면 슬릿 간격은 얼마인가?

44. 수소의 빨강선 656 nm와 나트륨의 노랑선 589 nm를 분광계의 3차에서 관찰할 때 최소 간격이 5°인 분광계를 설계하려고 한다. 센티미터당 2500선, 3500선, 4500선인 회절 격자가 가능하다. 사용할 수 있는 가장 거친 회절 격자는 무엇인가?

45. 4500개/cm 회절 격자로 647.98 nm와 648.07 nm의 빛을 구분할 수 있는 차수는 얼마인가?

46. 톨루엔($n = 1.49$) 박막이 물 위에 떠 있다. 460 nm의 빛이 가장 강하게 반사하면 박막의 최소 두께는 얼마인가?

47. 5광년 떨어져 있는 지구 크기의 별을 구분할 수 있는 우주 기반

단일 거울 광학 망원경은 실현 가능성이 있는가?

48. 회절 격자의 2차 스펙트럼에서 588 nm의 노란빛은 다른 차수에서 회절된 (파장 범위 390 nm∼450 nm의) 보랏빛과 겹친다. 이 보랏빛의 정확한 파장과 그 회절 차수는 얼마인가?

49. KCl의 결정면에 스침각 8.5°로 엑스선을 쪼이면 1차 극대가 생긴다. 엑스선의 파장이 97 pm이면 결정면의 간격은 얼마인가?

50. 비눗방울($n = 1.333$)이 커져서 얇아지면 반사 빛깔이 서서히 사라진다. (a) 마지막 빛깔이 사라지는 두께는 얼마인가? (b) 마지막 색깔은 무엇인가?

51. 물 위에 떠 있는 기름막($n = 1.25$)의 두께가 0.80 μm에서 2.1 μm까지이다. 630 nm의 빛이 수직으로 입사하면 몇 군데에서 보강 간섭이 일어나는가?

52. 아래 표는 단색 레이저광이 회절 격자를 통과하여 비칠 때 밝은
DATA 가장자리의 각위치를 차수 m의 함수로 나타낸 것이다. 회절 격자의 눈금 간격은 $d = 3.2$ μm이다. m에 대해 그릴 때 직선으로 나타나는 양을 결정하라. 자료를 그래프로 그리고, 최적 맞춤 직선을 구한 뒤 그 결과를 이용하여 빛의 파장을 구하라.

차수, m	0	1	2	3	4	5
각위치	0.0°	9.2°	22°	30°	48°	64°

53. 편평한 두 유리판의 끝에 그림 32.28처럼 0.065 mm 두께의 종이를 끼우고, 550 nm의 빛을 수직으로 쪼인다. 위에서 내려다보면 몇 개의 밝은 띠가 보이는가?

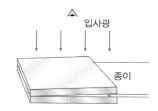

입사광

종이

그림 32.28 실전 문제 53, 54, 66

54. 그림 32.28의 공기 쐐기에 위에서 빛을 쪼이면 N개의 밝은 띠가 보인다. 공기를 굴절률 n인 액체로 채울 때 나타나는 밝은 띠의 수를 표기하라.

55. 마이컬슨 간섭계에서 486.1 nm의 수소 스펙트럼선을 사용한다. 한 거울을 움직이면 530개의 밝은 무늬가 지나간다. 거울을 움직인 거리는 얼마인가?

56. 거울을 0.150 mm 움직일 때 550개의 밝은 무늬가 지나간다. 마이컬슨 간섭계에 사용한 빛의 파장을 구하라.

57. 한 팔의 길이가 42.5 cm인 마이컬슨 간섭계가 상자에 들어 있는 공기를 빼내서 진공 상태로 만드는 과정에서 388개의 밝은 무늬가 지나간다. 641.6 nm의 빛을 사용하였다. 공기의 굴절률은 얼마인가?

58. 535 kHz로 방송되는 AM 라디오 방송을 들으면서 65.0 km/h로 다리를 건너고 있다. 방송국의 송신 안테나가 바로 뒤에 있으며, 신호가 곧바로 차에 도달하고 또한 금속의 다리 구조물에 반사된 후 차량에 도달한다. 그 결과 발생하는 간섭은 신호 강도가 다양하다는 것을 의미한다. 인접한 최대 신호 강도와 최소 신호 사이의 시간 간격은 얼마인가?

59. 레이저 기반 우주선 가속기(29.8절의 응용물리 Starshot! 참조)는 지구로부터 66 Mm 떨어졌을 때, 직경이 6.0 m가 되도록 초점을 맞추어야 한다. 1.06 μm 파장의 레이저로 레이저 빔을 형성하는 광학 시스템에 필요한 유효 조리개의 직경은 얼마인가?

60. 하와이에 있는 지름 10 m의 켁(Keck) 망원경으로 3400 km 떨어진 샌프란시스코에 대해서 시험 가동한다. 550 nm 빛으로 가정하면 (a) 신문 제목, (b) 광고판 등을 읽을 수 있는가? 망원경의 최소 분해능으로 설명하라. (c) 두 대의 켁 망원경과 보다 작은 몇 개의 망원경으로 만든 켁 광학 간섭계로 보면 읽을 수 있는가? 유효 지름은 50 m이다.

61. 카메라 렌즈에 표시된 $f/1.4$는 초점 거리와 렌즈 지름의 비율이 1.4란 뜻이다. 이 렌즈로 580 nm의 평행 광선을 초점에 맺는 (회절 무늬의 첫 번째 극소 지름인) 최소 지름을 구하라.

62. 고도 100 km에 있는 스파이 위성이 찍은 훈련캠프의 사진에서 테러리스트를 확인하는 작업에 도움을 줄 것을 CIA로부터 요청받았다. 사용된 광학 장치의 세부 내용을 알고 싶었지만, 기밀 사항이기 때문에 정보를 얻지 못했다. 대신에 그 광학 장치에는 회절 한계가 있고, 얼굴 특징을 5 cm만큼 작게 분해할 수 있다는 말을 들었다. 일반적인 빛 파장 550 nm를 가정할 때, 위성 카메라의 거울 또는 렌즈의 크기는 얼마이겠는가?

63. 한밤에 운전하면 홍채의 지름이 3.1 mm로 커진다고 하자. 마주
BIO 오는 자동차의 두 전조등 사이 거리가 1.5 m일 때 두 전조등을 구별할 수 있는 최대 거리는 얼마인가? $\lambda = 550$ nm이다.

64. 최적 조건에서 대기의 교란으로 지상 망원경의 분해능 한계는 1 호초이다. 지름의 크기가 얼마이면 $\lambda = 550$ nm의 회절보다 더 문제가 되는가? (**주의:** 거대한 지상 망원경이 빛을 더 많이 모을지라도, 작은 망원경보다 더 좋은 영상을 만들지 못하는 이유를 알 수 있다.)

65. 어떤 생물학자가 연구하는 리노 바이러스는 일반적인 감기를 유
BIO 발하고, 지름이 약 50 nm로서 가장 작은 바이러스에 속하며, 가시광선(평균 파장은 약 560 nm)을 사용하는 광학 현미경으로는 보이지 않는다. 외판원이 그 생물학자에게 280 nm의 자외선을 사용하는 비싼 현미경을 팔려고 시도하면서, 사용 중인 현미경이 분해할 수 있는 크기의 반이 되는 것도 분해할 수 있다고 말한다. 그 외판원이 옳은가? 새로운 현미경은 리노 바이러스를 볼 수 있는가?

66. 그림 32.28 같은 공기 쐐기에 위에서 빛을 쪼이면 10,003개의 밝은 띠가 생긴다. 쐐기 사이를 진공으로 만들면 밝은 띠의 수가 10,000개로 줄어 든다. 공기의 굴절을 구하라.

67. 미지의 기체가 들어 있는 길이 L의 유리관을 마이컬슨 간섭계에 놓고 파장 λ의 빛을 쪼인다. 그 후 유리관을 진공으로 만드는 과정에서 m개의 밝은 무늬가 지나간다. 기체의 굴절률을 구하라.

68. 회절 격자의 수직선에 대해 각도 α로 빛이 입사한다. $d(\sin\theta \pm \sin\alpha) = m\lambda$에서 빛의 세기가 최대임을 보여라.

69. 그림 32.16의 레이저 간섭계 중력파 연구소(LIGO)는 본질적으로 그림 32.15에 나와있는 마이컬슨 간섭계이다. 파장 1064 nm의 레이저 광선은 4 km 길이의 간섭계의 팔을 횡단하며 280회 반사되어 실질적인 경로 길이는 1120 km이다. 중력파로 인해 하나의 경로가 4 km 실제 길이의 팔에 1.2 am(1.2 × 10⁻¹⁸ m)만큼 변한다고 가정하자. (a) 다중 반사에 의해 생기는 실제 경로 길이의 차이를 구하라. (b) 수직 경로가 영향을 받지 않는다고 가정할 때 간섭 무늬의 몇 분의 1만큼 간섭 무늬의 간격이 이동하는가? 이 미세한 효과를 LIGO가 성공적으로 측정하였다.

70. CH 단일 슬릿 회절 무늬의 세기는 슬릿의 무한소 부분에서 나온 무한히 많은 파동의 진폭을 더해서 계산한다. (a) 그림 32.20을 참조하여 슬릿 너비 dy인 곳에서 나온 파동장이 $dE = (E_p dy/a) \sin(\omega t + \phi(y))$임을 보여라. 여기서 y는 슬릿의 바닥 끝부터의 거리이고, $\phi(y) = (2\pi y/\lambda)\sin\theta$이다. (b) $y = 0$에서 $y = a$까지 dE를 적분하여 전체 진폭을 구하고, 평균 세기가 식 32.10임을 보여라. 부록 A의 삼각관계를 이용한다.

71. 지상의 안테나가 다중 신호를 받지 않도록 지구 정지 궤도에 얼마나 많은 위성을 둘 수 있는지 계산해 보자. 모든 위성은 12 GHz 신호를 보내고, 수신용 접시 안테나의 지름은 45 cm이다. 먼저 중앙 극대 너비로 정의하는 광선의 각크기를 계산하고, 각 안테나가 하나의 위성 신호만 받을 수 있는 위성의 수를 구한다. (힌트: 개념 예제 8.3 참조)

72. ENV 물 위에 형성된 기름막의 두께를 박막 간섭으로 구해 보자. 기름의 굴절률은 $n = 1.38$이고, 분광계로 측정한 가장 강한 반사는 580 nm에서 생긴다. 일차 간섭을 가정하면 기름막의 두께는 얼마인가?

실용 문제

가장 가까이에 있는 별조차 아주 멀어서 그 별을 도는 지구 크기의 행성을 촬영할 수 있는 단일 회절 한계 망원경은 대책 없이 커져야 될 것이다(실전 문제 47 참조). 천문학자들은 간섭계를 사용하여 여러 망원경에서 나오는 자료를 결합함으로써, 구경이 개별 망원경 사이의 거리와 같은 단일 망원경처럼 작동하는 기구를 만들어서 이런 한계를 에돌아간다(그림 32.29). 기술적인 어려움은 상대적인 위상을 원래대로 유지한 채 신호를 결합하는 것에 있다. 이런 이유로 간섭계는 전파천문학에서 수십 년 동안 성공적으로 사용되어 왔지만, 최근에야 광학 망원경에도 사용되고 있다.

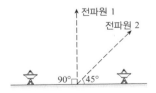

그림 32.29 전파천문학에 사용되는 이접시형 간섭계(실용 문제 73~76). 띠선은 실용 문제 75와 76에서 전파원에 대한 방향을 보여 준다.

73. 간섭계를 구성하는 두 망원경의 거리가 두 배가 되면, 간섭계로 겨우 분해할 수 있는 두 전파원 사이의 각거리는
   a. 변하지 않을 것이다.
   b. $1/\sqrt{2}$ 배 만큼 줄어들 것이다.
   c. 절반이 될 것이다.
   d. 두 배가 될 것이다.

74. 간섭계를 구성하는 두 망원경의 거리가 두 배가 되면, 기구의 광집속 능력은
   a. 변하지 않을 것이다.
   b. $\sqrt{2}$ 배 만큼 증가할 것이다.
   c. 두 배가 될 것이다.
   d. 네 배가 될 것이다.

75. 점원이 이접시형 간섭계의 두 망원경을 연결하는 선분의 수직 이등분선 위에 위치해 있다면(그림 32.29의 전파원 1), 두 망원경에 도달하는 전자기파는
   a. 같은 위상일 것이다.
   b. 45°만큼 위상차가 날 것이다.
   c. 90°만큼 위상차가 날 것이다.
   d. 추가적인 정보가 없으므로 어떻게 될지 모른다.

76. 점원이 두 망원경을 연결하는 선분에 대해 45°인 선 위에 위치해 있다면(그림 32.29의 전파원 2), 두 망원경에 도달하는 전자기파는
   a. 같은 위상일 것이다.
   b. 45°만큼 위상차가 날 것이다.
   c. 90°만큼 위상차가 날 것이다.
   d. 추가적인 정보가 없으므로 어떻게 될지 모른다.

32장 질문에 대한 해답

장 도입 질문에 대한 해답
현미경뿐만 아니라 스파이 위성과 다른 망원경을 포함하여 어떠한 광학 기구도 궁극적으로는 회절 현상 때문에 상을 형성하는 능력에 한계를 가진다.

확인 문제 해답
32.1 (a)
32.2 (a)
32.3 (1) (c), (2) (a), (3) (b)
32.4 (b)
32.5 진동수가 낮은 음파는 긴 파장을 가지고 있으므로 두 문에서 회절이 더 잘 된다. 그래서 베이스음은 방 안으로 들어오지만, 높은 진동수는 그렇지 못하다.
32.6 (c)

광학

광학은 빛과 그 거동을 연구하는 분야이다. **기하광학**은 빛과 상호작용하는 물체가 빛의 파장보다 훨씬 클 때 빛을 직진하는 **광선**으로 취급하는 어림이다. 반면에 **물리광학**은 빛을 파동으로 취급한다. 물리광학으로 광파의 간섭을 포함한 빛의 파동 현상을 설명한다.

광선이 두 물질의 경계면으로 입사하면 **반사**하고, 투명한 물질이면 **굴절**한다. 입사각과 반사각은 같다. **스넬의 법칙**은 입사각과 굴절각의 관계식이다.

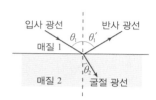

반사: $\theta_1' = \theta_1$

굴절(스넬의 법칙): $n_1 \sin\theta_1 = n_2 \sin\theta_2$

굴절률 n은 매질 속 빛의 속력과 진공의 광속 c의 비로 다음과 같다.

$$n = \frac{c}{v}$$

렌즈와 곡면 거울은 굴절과 반사로 다음과 같이 영상을 형성한다.

여기서 물체 거리 s, 영상 거리 s', **초점 거리** f는 $\frac{1}{s} + \frac{1}{s'} = \frac{1}{f}$을 만족한다.

위 그림의 영상은 실제로 빛이 나오므로 **실상**이다. 아래 그림처럼 빛이 나오는 것처럼 보이는 영상은 **허상**이다.

빛과 상호작용하는 물체의 크기가 빛의 파장과 비슷할 경우에는 빛의 파동성이 중요해져서, 빛이 진행한 경로차에 따라 간섭을 일으킨다.

상쇄 간섭은 경로 차가 반파장의 홀 수배일 때 생긴다.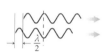

보강 간섭은 경로 차가 파장의 정수 배일 때 생긴다.

좁은 이중 슬릿은 보강 영역이 교대로 나타나는 **간섭 무늬**를 만든다.

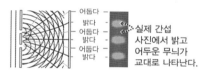

실제 간섭 사진에서 밝고 어두운 무늬가 교대로 나타난다.

$d \sin\theta = m\lambda$ (밝은 무늬)

$d \sin\theta = (m + \frac{1}{2})\lambda$ (어두운 무늬)

다중 슬릿에서는 밝은 무늬가 더 좁아지고 밝아진다.

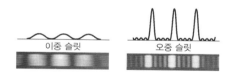

이중 슬릿 / 오중 슬릿

다중 슬릿으로 **회절 격자**를 만들어서 서로 다른 파장을 분리하는 **분광기**로 사용한다.

하위헌스 원리는 파면의 모든 점이 구면파의 점원으로 작용하여 퍼져나가고 간섭하면서 파동이 전파된다는 것이다. 빛이 작은 구멍이나 날카로운 가장자리를 지나갈 때, 하위헌스 원리에 따라 빛의 경로가 휘어지고 간섭 무늬가 생기는 **회절** 현상이 나타난다.

회절 때문에 작은 물체나 매우 가까운 두 물체를 구별할 수 있는 능력에 근원적인 한계가 존재한다.

지름 d인 원형 구경(구경이 d인 망원경)의 **회절 한계** 때문에 파장 λ로 분해할 수 있는 최소 각분리는 다음과 같다.

$$\theta_{최소} = \frac{1.22\lambda}{d}$$

도전 문제

이중 슬릿에서 슬릿의 너비는 a이고 간격은 d이다($d > a$). 세기 S_0, 파장 λ의 빛이 슬릿이 있는 면에 수직하게 입사한다. 슬릿을 빠져나가는 빛의 세기를 각위치 θ의 함수로 표기하라. $d = 4a$인 그림을 그리고, 그림 32.22와 비교하라.

6부

현대물리학

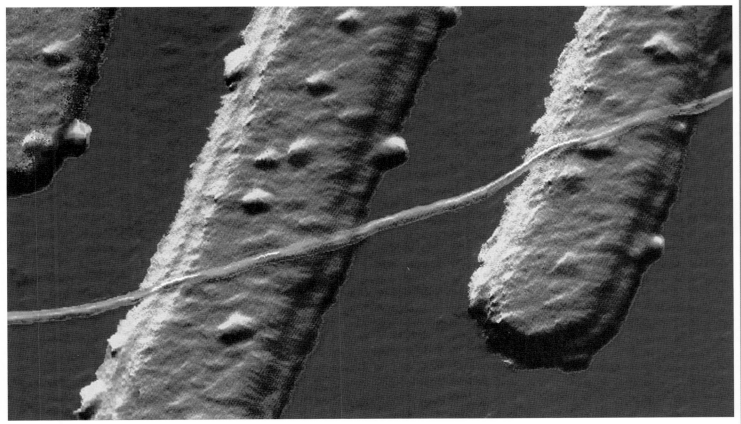

현재까지 만든 전선 중 가장 가는 탄소 나노튜브에는 단지 10개의 원자만 가로로 놓여 있다. 원자 현미경(AFM)으로 만든 사진에서 탄소 나노튜브 전선이 플래티늄 전극 위에 놓여 있는 것을 볼 수 있다. 원자와 분자 수준의 물리학적 이해로 인해 실용적인 나노 크기 소자를 점점 더 다양하게 개발하고 있다.

개요

물질의 기본 입자는 무엇일까? 무엇이 양성자, 중성자, 핵, 원자, 분자, 고체를 만들까? 자연은 근본적으로 예측 가능할까? 또는 미시 세계는 불확실성이 지배할까? 우주는 얼마나 클까? 우주는 어떻게 탄생하였고, 어떻게 끝날까? 이들 질문은 양자역학과 상대론에 관한 질문들이다. 양자역학과 상대론 모두 20세기 이후에 발전되었기 때문에 '현대물리학'이라고 불린다. 6부에서는 아인슈타인의 상대론을 공부하고 양자역학을 맛보도록 한다. 또한 기본 입자의 특성에서 우주의 탄생과 조성까지 최근의 물리학적 발견을 요약, 정리한다.

상대론

학습 목표

이 장을 학습하고 난 후 다음을 할 수 있다.

LO 33.1 전자기파를 매개하는 매질로서의 19세기 에테르 개념을 기술할 수 있다.

LO 33.2 마이컬슨-몰리 실험과 이 실험이 물리학에 초래한 모순을 설명할 수 있다.

LO 33.3 상대성 원리를 설명할 수 있다.

LO 33.4 상대적으로 움직이는 두 기준계에서 벌어지는 시간 연장과 길이 수축을 설명할 수 있다.

LO 33.5 동시성은 상대적이라는 말의 의미를 설명할 수 있다.

LO 33.6 로런츠 변환을 이용하여 한 사건을 두 관성계에서 시공간 좌표계로 표현할 수 있다.

LO 33.7 다른 기준계에서 에너지와 운동량을 계산할 수 있고 $E = mc^2$의 의미를 말할 수 있다.

LO 33.8 상대성이론이 어떻게 전기와 자기의 긴밀한 관계를 밝혔는지 정성적으로 기술할 수 있다.

LO 33.9 일반 상대성이론이 어떻게 중력을 기하학적으로 해석했는지를 설명하고 이론이 예견한 바를 몇 가지 말할 수 있다.

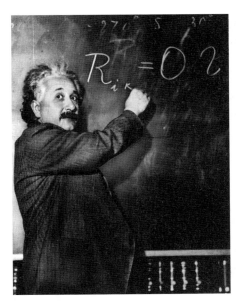

아인슈타인의 이론에는 한 문장으로 언급할 수 있는 심오하면서도 간단한 원리가 있다. 무엇일까?

맥스웰의 전자기 이론은 19세기 물리학의 정점으로서, 빛의 본성을 이해하고 실용적 기술을 개발하는 출발점이었다. 이와 동시에 난해한 질문과 모순을 제기하여 물리학적 이해와 일상적 상식의 뿌리를 흔들었다.

상대성이론은 이러한 모순들을 해결해 준다. 세상에 대한 상식을 뒤엎고 인간의 사고 영역까지 뒤흔든다. 상대성이론은 인간의 지성과 상상력의 산물이며, 우주의 신비를 해결하는 열쇠이다. 이 장에서는 전자기에 대한 이해를 토대로 하여 역사적 과정을 따라 상대성이론을 공부한다. 19세기에 물리학자들이 제기한 질문과 모순을 조사하면서 아인슈타인의 해결책이 얼마나 심오하고 간단한지를 깨달을 것이다.

33.1 속력 c의 기준

LO 33.1 전자기파를 매개하는 매질로서의 19세기 에테르 개념을 기술할 수 있다.

맥스웰 방정식에 의하면 진공에서 전자기파가 속력 c로 전파한다. 속력 c는 무엇에 대한 상대적인 속력일까? 14장에서 공부한 줄에 생긴 파동의 속력은 줄에 대한 상대 속력이다. 마찬가지로 공기 중 음속 340 m/s는 공기에 대한 상대 속력이다. 따라서 공기 중에서 움직이는 사람에 대한 상대적인 음속은 같지 않을 것이다. 이와 같은 역학적 파동에서는 파동 속력이 뜻하는 바가 분명하다. 즉 파동이 교란시키는 매질에 대한 상대 속력이다.

에테르 개념

빛은 어떠할까? 뉴턴 역학의 압도적 성공에 따라 뉴턴식 사고로 세상을 바라보았던 19세기의 물리학자들은 역학적 파동처럼 광파도 매질을 필요로 한다고 생각하였다. **에테르**(ether)라고 부르는 희박한 매질이 우주 전체에 퍼져 있어서 먼 별의 빛이 지구에 도달한다고 가정하였다. 즉 전기장과 자기장은 에테르 공간의 변형력이며, 전자기파는 에테르 속에서 속력 c로 움직이는 교란이라고 생각하였다.

에테르는 독특한 특성이 있어야 한다. 우선 물체에 저항을 주면 안 된다. 저항이 있으면 지구가 에너지를 잃으면서 태양으로 빨려 들어가기 때문이다. 또 광속과 같이 큰 값을 가지려면 상당히 단단해야 한다. 또한 유체보다는 젤리 같아야 한다. 유체는 횡파를 지탱할 수 없기 때문이다. 29장에서 보았듯이 전자기파는 횡파이다. 이러한 특성들 때문에 에테르는 사실상 존재할 수 없는 물질임에도 불구하고 19세기 물리학자들은 전자기학을 이해하는 데 에테르가 반드시 필요하다고 믿었다.

광속 c는 맥스웰 방정식에서 얻었다. 그러나 19세기 관점에서는 빛이 에테르에 대해서 정지한 관측자에게만 광속 c이다. 따라서 맥스웰 방정식은 에테르의 기준틀에서만 성립해야 한다. 이 때문에 전자기학은 역학과는 다르다. 역학에서 절대 운동은 의미가 없다. 비행장에 정지한 비행기 안에서나 등속도 $1000 \, \text{km/h}$로 비행하는 비행기 안에서나 상관 없이 저녁을 먹고, 공을 던지고, 혹은 다른 역학 실험을 얼마든지 수행할 수 있다. 이것은 **갈릴레이 상대성**(Galilean relativity) 원리이다. 역학 법칙은 모든 관성 기준틀, 즉 등속 운동하는 기준틀에서 똑같이 성립한다(4.2절 참조). 그러나 전자기학이 예측한 광속 c가 맞으려면 전자기학 법칙은 에테르 기준틀에서만 성립해야 한다.

이 시점까지 19세기 과학자들은 물리학의 한 영역(역학)은 모든 기준틀에서 성립하고, 다른 영역(전자기학)은 성립하지 않는다고 믿었다. 이러한 이분법에도 불구하고 물리학자들은 역학 모형과 에테르 개념에 대해서 신앙적 믿음을 가졌다. 왜냐하면 에테르 개념 없이는 '무엇에 대한 상대 속력 c일까?'라는 질문에 답을 할 수 없었기 때문이다. 그러다가 19세기 후반에 에테르를 검출하기 위한 실험에서 낭패스러운 결과를 얻었지만, 이것은 상대론에 이르는 새로운 길을 열어 주었다. 아인슈타인의 말을 인용하면 다음과 같다. "피할 수 없는 옛날 이론과의 심각한 모순 속에서도 필요하기 때문에 새로운 길이 열린다."

33.2 물질, 운동, 에테르

LO 33.2 마이컬슨–몰리 실험과 이 실험이 물리학에 초래한 모순을 설명할 수 있다.

19세기 물리학자들에게는 에테르에 대한 지구의 상대 운동이 주된 관심사였다. 지구가 에테르 속에서 움직이면, 방향에 따라 광속이 달라져야 한다. 한편 지구가 에테르에 대해 정지해 있을지도 모른다. 다른 행성, 별, 은하계 등이 지구에 상대 운동을 하므로 에테르가 모든 곳에서 지구 하나에만 고정된 채로 있다고 생각하기 힘들다. 이는 지구에 특권이 없다는 코페르니쿠스의 생각과 모순된다. 하지만 지구가 근처의 에테르를 끌어당기고 있을지도 모른다. 이 '에테르 끌림'이 있다면 지구에 대해 측정된 광속이 방향에 무관해진다. 만약 에테르 끌림이 없다면 지구에서 측정한 광속은 방향에 의존해야 한다. 19세기 물리학자들은 실험과 관측을 통해서 에테르 속에서 지구의 운동에 대한 질문을 해결하려고 노력하였다.

별빛의 광행차

수직 아래로 내리는 빗속에 서 있다고 상상해 보자. 젖지 않은 상태를 유지하려면 그림 33.1a처럼 우산을 수직으로 들고 있어야 한다. 앞으로 움직이면 그림 33.1b처럼 우산을 앞쪽으로 기울여야 비를 피할 수 있다. 왜 그럴까? 그림 33.1c처럼 빗물이 사람에 대해서 일정한 각도로 내리기 때문이다. 물론 사람이 주변의 공기를 끌어당기지 않는다고 가정해야 한다. 만약 공기를 끌어당기면, 주변의 공간으로 들어오는 빗물이 사람과 함께 움직이는 공기에 의해서 수평 방향으로 가속되어, 그림 33.1d처럼 사람에 대해서 수직으로 떨어지게 된다. 즉 사람이 움직이면서 공기를 끌어당기면 움직이는 방향에 상관없이 수직 아래로 비가 내린다.

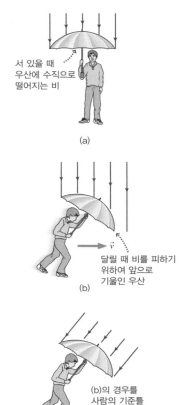

서 있을 때 우산에 수직으로 떨어지는 비

(a)

달릴 때 비를 피하기 위하여 앞으로 기울인 우산

(b)

(b)의 경우를 사람의 기준틀에서 본 모습

(c)

'공기 끌림'으로 항상 우산에 수직으로 떨어지는

끌어당긴 공기

(d)

그림 33.1 광행차를 설명하는 비/우산 그림

이러한 우산의 예는 별빛을 관찰하는 것과 유사하다. 즉 우산은 망원경, 비는 빛빛에 해당한다. 지구가 에테르를 끌어당기지 못하면 별빛의 방향은 에테르에 대한 지구의 상대 운동에 의존할 것이다. 그러나 그림 33.1d처럼 에테르를 끌어당기면 특정한 별빛은 항상 같은 방향이어야 한다.

실제로 별빛의 방향을 관측해 보면 작은 차이가 발생한다. 지구가 궤도를 도는 동안 특정한 별을 보기 위하여 망원경을 한 방향에 고정시키고, 지구의 궤도 운동 방향이 정확히 반대인 6개월 후에 같은 별을 보려면 망원경의 방향을 약간 바꿔야 한다. 이러한 현상을 **별빛의 광행차**(aberration of starlight)라고 하며, 이것은 '지구가 에테르를 끌어당기지 않는다'라는 것을 보여 준다.

마이컬슨-몰리 실험

지구만 에테르에 대해서 정지해 있다는 코페르니쿠스 이전의 생각을 버린다면, 별빛의 광행차 때문에 지구가 에테르 속에서 움직인다고 결론을 내릴 수밖에 없다. 더욱이 운동의 상대속도는 지구가 태양 주위를 도는 1년 내내 변해야만 한다.

1881년에서 1887년까지 미국의 물리학자 알버트 마이컬슨(Albert A. Michelson)과 에드워드 몰리(Edward W. Morley)는 에테르에 대한 지구의 상대 속도를 측정하는 실험을 수행하였다. 그들은 32장에서 설명한 마이컬슨의 간섭계(그림 33.2 참조)를 사용하였다. 간섭계에서 수직인 두 팔의 경로를 따라 왕복한 시간 차가 있으면 간섭 무늬가 이동한다. 방향에 따라 광속에 차이가 생기면, 즉 에테르 속에서 지구의 운동이 달라지면 빛의 진행 시간이 달라져서 간섭 무늬도 달라진다. 간섭계를 90° 회전시키면 간섭계 팔의 방향이 바뀌므로 간섭 무늬가 이동할 것으로 기대할 수 있다.

지구가 에테르에 대한 상대 속력 v로 움직인다고 가정하면, 지상에서 관측할 때 '에테르 바람'이 지나간다. 마이컬슨-몰리 장치 중 한 팔을 바람에 평행하게, 다른 하나를 수직하게 설치한다고 가정해 보자. 먼저 바람에 수직한 방향으로 거리 L을 움직인 광선을 생각해 보자. 실제로는 에테르 바람에 대해서 약간 맞바람 쪽을 향해 상대 속력 c로 입사한 광선이 바람의 영향으로 그림 33.3처럼 바람에 수직인 방향으로 진행한다. 이때 간섭계에 대한 상대속력은 $u = \sqrt{c^2 - v^2}$이므로 에테르 바람에 수직한 방향의 왕복 시간은 다음과 같다.

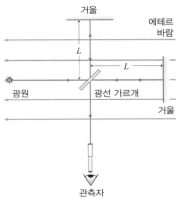

거울

에테르 바람

L

L

광원

광선 가르개

거울

관측자

그림 33.2 마이컬슨-몰리 실험의 개략도. 에테르 바람 때문에 수평 팔을 따라 진행한 빛의 진행 시간이 길어져야 한다.

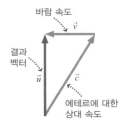

바람 속도 $\vec{v}$

결과 벡터 $\vec{u}$

에테르에 대한 상대 속도 $\vec{c}$

그림 33.3 에테르 바람에 수직으로 움직인 빛의 벡터 그림

$$t_\perp = \frac{2L}{u} = \frac{2L}{\sqrt{c^2 - v^2}} \tag{33.1}$$

한편 에테르 바람의 정면으로 보낸 광선은 에테르에 대한 상대 속력 c로 거리 L을 움직이지만, 지구에 대한 상대 속력이 $c - v$이므로, 실제 걸린 시간은 $t_위 = L/(c - v)$이다. 한편 광선이 거울에서 반사되어 되돌아올 때는 지구에 대한 상대 속력이 $c + v$이므로, 걸린 시간은 $t_{아래} = L/(c + v)$이다. 따라서 에테르 바람에 평행한 방향의 왕복 시간은 다음과 같다.

$$t_\parallel = \frac{L}{c - v} + \frac{L}{c + v} = \frac{2cL}{c^2 - v^2} \tag{33.2}$$

두 경로의 왕복 시간이 다르며, 평행한 방향의 왕복 시간이 항상 수직한 방향의 왕복 시간보다 길다(연습 문제 11, 12, 실전 문제 33 참조). 평행 광선이 맞바람으로 진행할 때는 느려지고, 바람을 따라 진행할 때는 빨라진다. 그러나 맞바람으로 진행할 때 빛이 더 오랫동안 진행하므로 느려짐이 항상 우세하다.

당시 마이컬슨-몰리 간섭계는 지구의 궤도 속력보다 작은 크기의 광속 차도 측정할 수 있는 정밀한 실험 장치였다. 마이컬슨과 몰리는 다른 방향으로 간섭계를 설치하거나 다른 시간에 실험을 하였는데, 전혀 뜻밖의 결과를 얻었다. 두 광선의 진행 시간에 전혀 시간 차가 없었던 것이다. 즉 마이컬슨-몰리 실험의 결과는 '지구가 에테르에 대해서 상대 운동을 하지 않는다.'라는 것을 보여 준다.

확인 문제 **33.1** 마이컬슨-몰리(M-M) 실험을 가장 잘 기술하는 문장은 어느 것인가? (a) M-M 실험은 에테르 흐름에 대하여 서로 다른 방향으로 진행하는 빛의 속력 차를 탐지하려고 하였다, (b) M-M 실험은 서로 수직한 두 방향에서 광속의 값을 측정하였다, (c) M-M 실험은 별빛의 광행차를 입증하였다.

물리학의 모순

별빛의 광행차는 지구가 에테르를 끌어당기지 않는다는 것을 보여 준다. 따라서 지구는 반드시 에테르에 대해서 상대 운동을 해야만 한다. 그러나 마이컬슨-몰리의 결과에 따르면 지구가 에테르에 대해서 상대 운동을 하지 않는다. 이것은 모순이다. 역학적 파동과 전자기 파동의 유사성과 전자기학의 기본 법칙까지 뒤흔드는 심각한 모순이다. 이 모순은 다음과 같은 단순한 질문에서 생기는 모순이다. "광속 c는 무엇에 대한 상대 속력일까?"

19세기 말의 물리학자들은 빛과 에테르의 모순을 해결하기 위하여 절묘한 시도를 쉼없이 반복하였으나, 매번 이론과 실험이 일치하지 않거나 기본 개념의 부족을 경험해야 하였다.

33.3 특수 상대성이론

LO 33.3 상대성 원리를 설명할 수 있다.

그림 33.4 1905년 특수 상대성이론을 발표할 당시 아인슈타인은 26세로, 한 아이의 아버지였다.

1905년, 26세의 아인슈타인(그림 33.4 참조)이 **특수 상대성이론**(special theory of relativity)을 발표함으로써 빛과 에테르의 모순이 해결되었다. 그러나 물리학적 사고의 기반도 함께 흔들려버렸다. 아인슈타인은 에테르가 없다고 단언하였다. 그렇다면 광속 c는 무엇에 대한 상대 속력일까? 아인슈타인은 빛을 관측하는 모든 이에 대한 상대 속력이라고 결론을 내렸다. 이 결론은 간단하지만 급진적이고 보수적이다. 다시 말해 의미가 분명하기 때문에 간단하다고 할 수 있다. 광속을 측정하는 모든 관측자는 $c = 3.0 \times 10^8$ m/s를 얻는다. 이것은 공간과 시간에 관한 상식을 바꾸므로 매우 급진적이라고 할 수 있다. 또한 역학에서 오랫동안 믿어왔던 '물리학 법칙은 관측자의 운동과 무관하다'는 사실을 전자기학에서도 확인하였기 때문에 보수적이라고 할 수 있다. 아인슈타인은 **상대성 원리**(principle of relativity)를 다음과 같이 간단하게 기술하였다.

> 물리학 법칙은 모든 관성 기준틀에서 같다.

기준틀은 등속 운동하므로, 역학 법칙은 이미 성립한다. 모든 물리학 법칙에는 전자기학도 포함한다. 전자기파의 속력이 c라는 예측은 모든 관성 기준틀에서 성립해야 한다. 특수 상대성이론은 관성 기준틀에서만 성립하므로 특수하다. 이러한 제약을 없앤 일반 상대성이론은 나중에 소개할 것이다.

아인슈타인의 상대성이론은 마이컬슨-몰리의 실험 결과를 잘 설명한다. 지구의 상대 속력이 무엇에 대한 것이든 간에 지상의 관측자는 모든 방향에서 같은 광속을 측정해야 하기 때문이다. 이와 동시에 상대성은 공간과 시간에 관한 상식을 철저하게 뒤엎는다. 이는 33.4~33.6절에서 공부할 것이다.

33.4 상대성의 시간과 공간

LO 33.4 상대적으로 움직이는 두 기준계에서 벌어지는 시간 연장과 길이 수축을 설명할 수 있다.

그림 33.5처럼 자동차가 지나가는 길가에 행인이 서 있다. 운전사와 행인이 신호등에서 깜빡이는 빛의 속력을 측정한다고 하자. 상대성이론에 따르면, 자동차가 신호등 쪽으로 움직이지만, 두 사람의 측정값은 $c = 3.0 \times 10^8$ m/s로 같다. 어떻게 가능할까? 각 관측자가 어떻게 측정하는지 살펴보자. 각 관측자는 미터자와 정확한 스톱워치를 가지고 있다. 빛이 각 미터자의 앞쪽 끝을 동시에 통과한다고 가정한다. 각 관측자는 빛이 자신의 미터자를 지나가는 시간을 재서 속력 = 거리/시간을 계산한다. 상식적으로 생각하면 앞으로 '움직이는' 미터자를 지나가는 시간이 덜 걸릴 것 같은데, 두 관측자의 계산값은 같다.

어떻게 가능할까? 자동차의 운동이 운전사의 스톱워치에 영향을 미쳤을까? 아니다. 그것은 등속도로 움직이는 모든 기준틀에서 물리학 법칙이 동등하다는 상대성 원리에 어긋난다. 움직이는 기준틀이라고 특별하지 않다. 자동차가 움직이고 행인이 서 있다는 것은 의미가 없다. 즉 상대성에서 절대 운동은 없다.

상대성 원리에 충실하려면 절대 시간과 절대 공간에 대해서 의문을 가져야 한다. 두 관측자의 측정기는 자신의 기준틀에서 서로 다른 물리량, 즉 빛이 진행하는 시간과 거리를 다르게 측정하고 있다. 두 관측자가 측정한 광속이 같도록 두 물리량이 달라진 결과이다. 이는

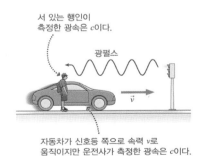

서 있는 행인이 측정한 광속은 c이다.

광펄스

자동차가 신호등 쪽으로 속력 v로 움직이지만 운전사가 측정한 광속은 c이다.

그림 33.5 운전사와 행인이 상대 운동을 하지만 두 사람이 측정하는 광속 c는 같다.

시간과 공간에 대한 상식과 다르다. 그러나 상대성에서는 시간과 공간의 측정 결과가 아니라 물리학 법칙이 같아야 한다. 상대성 원리를 염두에 두고 특수 상대성이론의 놀라운 결과를 조사해 보자.

시간 팽창

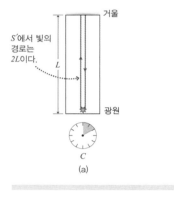

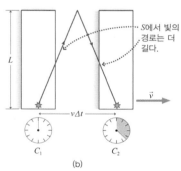

그림 33.6 (a) 빛 상자에 대해서 정지한 기준틀 S', (b) 빛 상자가 오른쪽으로 움직이는 기준틀 S에서 측정한 시간 팽창

그림 33.6a는 바닥에 광원이, 천장에 거울이 있는 길이 L의 '빛 상자'이다. 광원을 떠난 빛이 거울에서 반사되어 광원으로 되돌아온다. 빛이 광원을 떠나고, 광원으로 되돌아오는 두 사건 사이의 시간을 계산해 보자. 사건은 위치와 시간으로 정해진다.

확실하게 하기 위해서 빛 상자가 등속도로 지구를 지나가는 우주비행선 안에 있다고 하자. 그러나 공간이나 우주비행선은 결코 특별하지 않다. 상대론의 관점은 모든 관성 기준틀에서 물리학 법칙이 동등하므로 우주비행선도 하나의 관성 기준틀이다. 우주비행선을 기준틀 S'이라고 하자. 우주비행선에는 정확한 시계 C가 있으며, 빛이 광원을 떠날 때 C가 0을 가리킨다고 하자.

그림 33.6a는 기준틀 S'에서 수행하는 측정이다. 기준틀 S'에서는 빛 상자가 정지해 있으므로, 빛의 왕복 거리는 $2L$이고, 우주왕복선 안의 시계 C로 측정한 왕복 시간은 $\Delta t' = 2L/c$이다.

지구의 관성 기준틀 S에서 다시 측정해 보자. 기준틀 S에서 우주비행선과 시계는 그림 33.6b처럼 오른쪽으로 속력 v로 움직인다. 기준틀 S에 두 개의 시계가 있어서 빛 상자가 시계 C_1을 통과할 때 빛이 광원을 떠나고, 빛이 다시 광원으로 되돌아올 때 시계 C_2를 통과한다고 하자. 두 시계는 동기화되었고, 빛이 광원을 떠날 때 C_1이 0을 가리킨다고 하자. 시계 C_2는 빛이 광원으로 되돌아오는 순간에 빛 상자가 통과하는 시간을 측정하므로, 그 시간은 빛의 왕복 시간 Δt를 기준틀 S에서 측정한 시간이 될 것이다.

그림 33.6b에서 빛이 왕복하는 동안 빛 상자는 거리 $v\Delta t$를 움직인다. 그동안 빛은 대각선 경로를 따라 왕복 운동하며, 왕복 거리는 피타고라스 정리에 따라 $2\sqrt{L^2 + (v\Delta t/2)^2}$이다. 빛이 이 거리를 움직이는 시간은 거리를 광속 c로 나눈 $\Delta t = 2\sqrt{L^2 + (v\Delta t/2)^2}/c$이다. 즉 기준틀 S에서도 광속이 c라는 상대성 원리를 이용한다. 만약 상대성을 믿지 못하면 광속 $\vec{c}$와 빛 상자의 속도 $\vec{v}$를 벡터로 합해야 한다. 이것은 우주비행선의 관성 기준틀에서만 광속이 c라는 뜻이므로 상대성 원리에 어긋난다.

위 결과에 c를 곱하고, 양변을 제곱하면

$$c^2(\Delta t)^2 = 4L^2 + v(\Delta t)^2$$

이고, $(\Delta t)^2$에 대해서 정리하면 다음을 얻는다.

$$(\Delta t)^2 = \frac{4L^2}{c^2 - v^2} = \frac{4L^2}{c^2}\left(\frac{1}{1 - v^2/c^2}\right)$$

여기에 기준틀 S'에서 측정한 $\Delta t' = 2L/c$를 넣고 정리하면 $\Delta t = \Delta t'/\sqrt{1 - v^2/c^2}$, 즉 다음을 얻는다.

$\Delta t'$은 같은 공간에서 일어나는 관성계에서 두 사건의 시간차이다. 이 값은 시계 한 개로 측정된다.

v는 두 관성계의 상대 속력이다.

$$\Delta t' = \Delta t \sqrt{1 - v^2/c^2} \quad \text{(시간 팽창)}$$

(33.3)

Δt는 두 사건이 다른 장소에서 일어나는 관성계에서 두 사건의 시간차이다. 이 값은 두 개의 시계로 측정된다.

c는 광속이다.

식 33.3은 두 사건이 같은 장소에서 일어나는 관성 기준틀에서 측정한 시간 간격이 항상 짧다는 **시간 팽창**(time dilation)의 결과이다. 위 계산에서 두 사건은 빛이 광원을 떠나고 되돌아오는 사건이며, 우주비행선의 기준틀 S'의 동일한 장소에서 발생한다. 두 사건은 지구의 기준틀에서는 같은 장소에서 발생하지 않는다. 즉 빛 상자가 기준틀 S에 대해서 상대적으로 움직이므로, 빛이 광원을 떠나는 장소와 되돌아오는 장소가 다르다. 따라서 기준틀 S'에서 측정한 시간 간격 $\Delta t'$이 기준틀 S에서 측정한 시간 간격 Δt보다 짧다(식 33.3과 그림 33.7 참조).

하나의 시계로 측정한 짧은 시간 간격을 **고유 시간**(proper time)이라고 한다. 여기서 '고유'란 '옳은' 또는 '정확한'이란 의미가 아니다. 오히려 하나의 시계에 독점적으로 속한다는 '소유권'이란 뜻에 더 가깝다. 상대성에서는 어떠한 관성 기준틀에서 측정한 시간 간격도 모두 유효하기 때문이다. 지구 기준틀 S에서 측정한 시간은 어떤 한 시계에만 속하지 않는다.

시간 팽창을 "움직이는 시계가 느리게 간다."라고 말하기도 하지만, 이는 한 기준틀이 움직이고 다른 기준틀이 움직이지 않는다는 말과 같기 때문에 상대성 정신에 어긋난다. 상대성 관점에서 보면, 모든 기준틀에서 물리적 실체가 동등하기 때문에 누가 정지해 있고 누가 움직인다고 주장할 수 없다. 두 사건의 시간 간격은 두 사건이 동시에 발생하는 관성 기준틀에서 가장 짧다. 빛 상자를 우주비행선에 두는 것이나 지구에 두는 것이나 마찬가지이다. 지구와 빛 상자가 상대 속력 v로 우주비행선을 지나가므로 지구의 한 시계가 식 33.3의 $\Delta t'$을 측정하고, 우주비행선의 두 시계가 더 긴 시간 Δt를 측정할 것이다. (그것은 모순처럼 들릴 수 있지만, 지구의 관성계를 포함하여 어떠한 관성계도 특별하지 않으므로 모순이 될 수 없다. 잠시 후에 이 점을 논의할 것이다.)

시간 팽창을 설명하기 위하여 빛 상자를 사용하였지만, 시간 팽창은 빛으로 측정하는 시간 간격에만 나타나는 현상이 아니다. 시간 팽창은 시간 자체의 근원적 특성이다. 그림 33.6에서 빛 상자를 없애도 시계들은 같은 현상을 보일 것이다. 모든 시간, 즉 디지털 시계의 수정진동, 괘종 시계의 단진동, 원자 시계의 진동, 생체 리듬, 인간 수명 등도 동일하게 영향을 받는다.

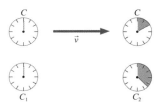

그림 33.7 상대적으로 정지해 있고 그들이 정지한 기준틀에서 동기화시킨 시계 C_1과 C_2 사이로 시계 C가 움직인다. 시계 C로 측정한 경과 시간이 더 짧다.

예제 33.1 **시간 팽창: 스타 트랙** 응용 문제가 있는 예제

우주비행선이 지구에 대한 상대 속력 $0.95c$로 먼 별까지 여행한다. 지상의 관측자가 계산한 여행 시간은 25 y이다. 우주비행선에서 측정한 여행 시간은 얼마인가?

해석 시간 팽창에 관한 문제이다. 지구를 떠나서 먼 별에 도달하는 사건이 우주비행선의 기준틀에서는 같은 장소에서 발생하므로, 우주비행선에서 측정한 시간이 고유 시간 $\Delta t'$이고, 지구 시간 Δt가 시간 팽창의 결과이다.

과정 지구 시간 Δt를 알므로 고유 시간 $\Delta t'$은 식 33.3의 $\Delta t'$ $= \Delta t \sqrt{1 - v^2/c^2}$ 으로 구한다.

풀이 $v = 0.95c$에서 $v/c = 0.95$이므로, v^2/c^2은 식 33.3에서 0.95^2이다. 따라서 고유 시간은 다음과 같다.

$$\Delta t' = \Delta t \sqrt{1 - v^2/c^2} = (25\ \text{y})\sqrt{1 - 0.95^2} = 7.8\ \text{y}$$

검증 답을 검증해 보자. 이 시간은 25 y보다 훨씬 작다. 두 사건이 같은 장소에서 일어나는 기준틀에서 잰 시간 간격이 가장 짧다는 시간 팽창의 결과와 잘 일치한다. 우주비행선이 방향을 바꿔서 지구로 돌아오는 경우는 예제 33.2에서 논의한다.

그러나 일상에서는 v^2/c^2이 너무 작기 때문에 지구의 초고속 운동에서도 시간 팽창을 알아차리지 못한다. 제트기에서도 시간 차는 1세기에 수밀리 초에 지나지 않는다. 상대 속도가 광속에 비해서 충분히 작으면 모든 상대론적 결과가 뉴턴 역학과 같아야 한다는 중요한 사실을 일깨워 준다. 인간의 직관과 상식이 낮은 상대 속도의 일상 경험에 토대를 두고 있기 때문에, 높은 상대 속도의 결과가 상식과 어긋나는 것이 놀랍지는 않다.

응용물리 | 높은 산과 뮤온

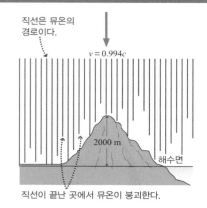

직선은 뮤온의 경로이다.

$v = 0.994c$

2000 m

해수면

직선이 끝난 곳에서 뮤온이 붕괴한다.

지구에 대해서 광속 c에 가까운 상대 속력으로 움직이는 아원자 입자 실험에서 시간 팽창은 명백하다. 고전적 실험에서는 지구의 상층 대기와 우주선의 상호작용으로 생성되었다가 즉시 붕괴하는 뮤온의 수명(2.2×10^{-6} s)을 시계로 사용한다. 해발 2000 m 높이의 워싱턴산 꼭대기에서 단위 시간당 입사하는 뮤온의 수를 측정하고, 동시에 해수면에서도 측정한다. 왼쪽 그림은 지구 기준틀에서 본 모습이다.

산꼭대기에서 0.994c의 속력으로 움직이는 뮤온을 측정한 수는 단위 시간당 약 560개이다. 만약 산이 없었다면 뮤온은 산꼭대기에서 해수면까지

$$\Delta t = \frac{2000 \text{ m}}{(0.994)(3.0 \times 10^8 \text{ m/s})} = 6.7 \text{ μs}$$

동안 움직일 것이다. 뮤온의 붕괴율에 따르면, 6.7 μs 후까지 살아 남는 뮤온은 560개 중 약 25개이다. 즉 해수면에서 약 25개의 뮤온을 관측해야 한다. 그러나 6.7 μs는 뮤온의 기준틀이 아니라 지구 기준틀에서 잰 값이다. 뮤온의 기준틀에서는 시간 팽창 때문에 뮤온의 여행 시간이 다음과 같이 줄어든다.

$$\Delta t' = (6.7 \text{ μs}) \sqrt{1 - 0.994^2} = 0.73 \text{ μs}$$

뮤온의 붕괴율은 뮤온의 시간으로 결정해야 하므로, 0.73 μs 후까지 살아 남는 수는 약 414개이다.

사실 그럴까? 해수면에서 관측한 뮤온의 수는 400개를 약간 넘는다. 25와 414는 엄청난 차이이다. 0.994c의 속력에서도 비상대론적 기술은 부적절하고 시간 팽창이 명백하다.

쌍둥이 역설

시간 팽창은 미래로의 여행을 제안한다. 유명한 '쌍둥이 역설'을 살펴보자. 한 쌍둥이가 우주 비행선으로 먼 별로 여행을 떠나고 다른 쌍둥이는 지구에 남는다. 그림 33.7처럼 지구와 별에는 각각 시계 C_1과 C_2가 있고, 우주비행선에는 시계 C가 있다. 우주비행선이 출발할 때 모든 시계는 같은 시간이지만(그림 33.8a 참조), 별에 도달하면 시간 팽창 때문에 우주비행선의 시계가 가장 느리게 간다(그림 33.8b 참조). 이제 우주비행선이 다시 지구로 되돌아온다. 이번에도 그림 33.6이나 33.7처럼 시간이 느리게 간다(그림 33.8c 참조). 즉 우주여행에서 돌아온 쌍둥이가 지구에 남은 쌍둥이보다 더 젊다. 얼마나 멀리 그리고 빨리 여행하느냐에 따라 나이 차는 크게 벌어질 수 있다. 이것은 미래로의 일방적인 여행이다. 여행하는 쌍둥이가 자신의 미래의 모습을 보고 실망하더라도 과거로 되돌아갈 방법이 없다.

이제 역설을 생각해 보자. 우주비행선의 관점에서 보면 지구가 멀어지다가 다시 되돌아오는 것이다. 이때 지구의 쌍둥이는 왜 더 젊지 않을까? 해답은 특수 상대성이론의 특수에 있다. 즉 특수 상대성이론은 등속 운동하는 기준틀에만 적용될 수 있다. 여행하는 쌍둥이는 방향을 바꿀 때 가속되므로, 잠시나마 비관성 기준틀에 있게 된다. 상대성이론에서는 한 쌍둥이가 움직이고 다른 쌍둥이가 움직이지 않는다고 말할 수 없지만, 한 쌍둥이의 운동은 변하고 다른 쌍둥이는 변하지 않는다고 말할 수 있다. 방향을 바꿀 때 여행하는 쌍둥이는 분명히 운동의 변화를 느끼지만, 지구의 쌍둥이는 우주비행선이 방향을 바꿀 때도 전혀 변화를 느끼지 못한다. 여행하는 동안 한 쌍둥이는 방향 전환에 따른 가속으로 두 개의 다른 기준틀에

속하게 된다. 반면에 지구의 쌍둥이는 한 기준틀에만 머무른다. 이러한 비대칭을 고려하면 쌍둥이 역설을 해결할 수 있다. 여행하는 쌍둥이가 실제로 더 젊다.

예제 33.2 | **시간 팽창: 쌍둥이 역설**

지구-별이 정지한 기준틀에서 측정한 지구와 별 사이의 거리가 20 ly이다. 한 쌍둥이가 0.80c의 우주비행선으로 이 별을 왕복 여행한다. 지구와 우주비행선의 기준틀에서 왕복 여행 시간을 각각 구하라.

해석 왕복 여행에 관한 시간 팽창 문제이다. 그림 33.7에서 우주비행선의 시계는 C이고, 시간은 고유 시간 $\Delta t'$ 이다.

과정 지구에서 별까지의 지구-별 시간은 거리=속력×시간에서 구한 Δt이고, 식 33.3, $\Delta t' = \Delta t \sqrt{1 - v^2/c^2}$으로 $\Delta t'$ 을 구한다. 왕복 여행 시간은 그 2배이다.

풀이 0.80c의 속력으로 20 ly를 여행한 시간은 $\Delta t = (20\,\text{ly})/(0.80\,\text{ly/y}) = 25\,\text{y}$이므로, 식 33.3에서 고유 시간은 다음과 같다.

$$\Delta t' = (25\,\text{y})\sqrt{1 - 0.80^2} = 15\,\text{y}$$

따라서 왕복 여행 시간은 각각 50 y과 30 y이다.

검증 답을 검증해 보자. 왕복 여행한 쌍둥이가 20 y나 젊다. 그림 33.8에 변화한 시간을 시계에 표시하였다.

연, 광년, 광속

1광년(1 ly)은 빛이 1년 동안 진행한 거리이다. 따라서 광속은 1 ly/y이다. 상대론에서는 광년, 연, 광초, 초에 상관없이 광속이 1인 단위로 계산하면 편리하다.

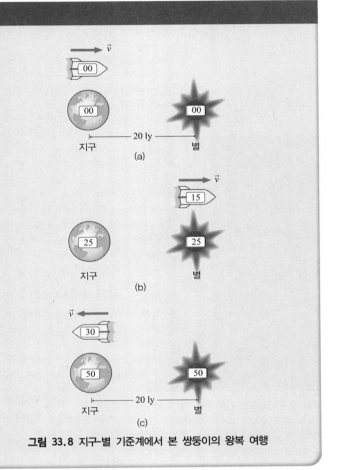

그림 33.8 지구-별 기준계에서 본 쌍둥이의 왕복 여행

여행하는 쌍둥이가 방향을 바꾸지 않으면 어떻게 될까? 이때는 대칭적이므로 서로 다른 시계가 느리게 간다고 주장할 수 있다. 두 쌍둥이가 같은 장소에 없으면 각자의 시계를 비교할 명백한 방법이 없다. 또한 가속 없이는 같은 장소에 있을 수도 없다. 한 기준틀에서 동기화된 시계는 다른 기준틀에서는 동기화되지 않는다. 따라서 그 점이 관측자가 서로 다른 시계가 '느리게 간다'라고 하는 겉보기 모순을 없앤다.

확인 문제 **33.2** 세 쌍둥이 A, B, C 중에서 A와 B는 우주비행선을 타고 지구로부터 각각 반대 방향으로 같은 속력으로 같은 거리를 여행하고 지구로 되돌아온다. C는 지구에 남아 있다. 그들이 지구에 돌아오는 순간 세 쌍둥이의 상대적인 나이는 어떻게 되는가? (a) A < B < C, (b) A = B > C, (c) A = B < C, (d) A = B = C

길이 수축

예제 33.2에서 거리 20 ly, 시간 25 y, 속력 0.8c는 $\Delta x = v\Delta t$로 연결되며, Δx와 Δt는 지구 기준틀에서 측정한 값이다. 상대성이론에서는 이 관계가 모든 관성 기준틀에서 성립하므로, 방향을 바꿀 때를 제외하고는 우주비행선 기준틀에서도 성립해야 한다. 우주비행선의 관점에서는 지구와 별이 $v = 0.80c$로 움직이므로, 지구-별 계가 우주비행선을 지나가는 시간은 $\Delta t' = 15 \text{ y}$ 이다. 따라서 $\Delta x' = v\Delta t' = (0.80 \text{ ly/y})(15 \text{ y}) = 12 \text{ ly}$ 는 우주비행선에서 측정한 지구-별 거리이다. 결국 시간은 물론 공간도 기준틀에 따라 달라진다. 식 33.3, $\Delta t' = \Delta t\sqrt{1 - v^2/c^2}$ 에서 속력 v로 움직이는 기준틀에서 측정한 두 물체의 거리는 다음과 같이 표기할 수 있다.

$$\Delta x' = v\Delta t' = v\Delta t\sqrt{1 - v^2/c^2}$$

$\Delta x'$은 물체에 대해 운동하고 있는 관성계에서 측정한 길이이다.

Δx는 물체가 정지했다고 관측하는 관성계에서 측정한 길이이다.

$$\Delta x' = \Delta x\sqrt{1 - v^2/c^2} \quad (\text{길이 수축}) \tag{33.4}$$

v는 두 관성계의 상대 속력이다.

여기서 Δx는 두 물체에 대해서 상대적으로 정지해 있는 기준틀에서 측정한 거리이다. $v > 0$ 이면 $\sqrt{1 - v^2/c^2}$ 이 1보다 작으므로 식 33.4에서 $\Delta x > \Delta x'$이다. 따라서 정지 기준틀에서 측정한 거리가 가장 크다. 두 점이 한 물체의 양쪽 끝이면 Δx는 물체의 길이이다. 이 현상을 **길이 수축**(length contraction) 또는 로런츠-피츠제럴드 수축(Lorentz-Fitzgerald contraction) 이라고 한다. 네덜란드의 물리학자 헨드릭 로런츠(Hendrik Antoon Lorentz)와 아일랜드의 물리학자 조지 피츠제럴드(George Francis Fitzgerald)는 마이컬슨-몰리 실험을 설명하면서 독립적으로 이 현상을 제안하였다. 그렇지만 아인슈타인의 상대성이론만이 길이 수축에 대한 확고한 기반을 제공한다.

길이 수축에 따르면 정지한 기준틀에서 물체가 가장 길어 보이고, 움직이는 관측자에게는 짧게 보인다. 그렇다고 움직이는 물체를 찌그러트리는 물리적 메커니즘이 있는 것은 아니다. 이것은 절대 공간을 미리 가정한 결과이다. 사실은 공간이 다른 관측자에게 달리 보일 뿐이다. 결국 상대성을 믿으면 절대 공간과 절대 시간의 개념을 포기하고 길이 수축과 시간 팽창을 당연하게 받아들여야 한다.

그림 33.9 스탠퍼드 선형 가속기는 길이가 3.2 km(2마일)이다. 그러나 $0.9999995c$로 가속기를 통과하는 전자에게는 그것은 겨우 3.2 m 길이이다. 사진은 캘리포니아 주 팰로 앨토의 서쪽에 있는 간선 고속도로 280번 아래로 통과하는 가속기를 보여 준다.

예제 33.3 시간 팽창과 길이 수축: SLAC

스탠퍼드 선형 가속기 센터(SLAC, 그림 33.9 참조)에서 아원자 입자가 고에너지로 가속되는 직선 거리는 지구 기준틀에서 3.2 km이다. 속력 $0.9999995c$로 움직이는 전자의 여행 시간은 (a) 지구 기준틀, (b) 전자 기준틀에서 각각 얼마인가? (c) 전자 기준틀에서 선형 가속기의 길이는 얼마인가?

해석 시간 팽창과 길이 수축에 관한 문제이다. 여기에서 지구 기준틀은 예제 33.2의 지구 기준틀에서 지구와 별을 가속기의 양 끝으로 대체하고, 지구-별의 거리 20광년을 $\Delta x = 3.2 \text{ km}$로 바꾼 것과 같다. (a) Δt, (b) $\Delta t'$, (c) $\Delta x'$을 구한다.

과정 한 기준틀에서 항상 $\Delta x = v\Delta t$이므로, 주어진 Δx와 v로 Δt를 구한 다음에 식 33.3, $\Delta t' = \Delta t\sqrt{1 - v^2/c^2}$으로 $\Delta t'$을 구

한다. 한편 식 33.4, $\Delta x' = \Delta x\sqrt{1 - v^2/c^2}$으로 $\Delta x'$을 구한다.

풀이 전자의 속력이 매우 빠르므로 $v = c$로 놓으면 (a) $\Delta t = \Delta x/c = (3.2 \text{ km})/(3.0 \times 10^8 \text{ m/s}) = 11 \text{ μs}$를 얻는다. (b) 식 33.3, $\Delta t' = \Delta t\sqrt{1 - v^2/c^2}$에서 $v/c = 0.9999995$이므로 $\Delta t' = 11 \text{ ns}$이다. (c) 식 33.4에서 $\Delta x' = 3.2 \text{ m}$로 수축된다.

검증 답을 검증해 보자. 상대론적 속력에서는 상대론적 인자 $\sqrt{1 - v^2/c^2}$ 이 너무 작아서 시간 팽창과 길이 수축 효과는 극적으로 크다. Δt를 구할 때는 v를 c로 근사할 수 있었지만, 상대론적 인자에서는 그럴 수 없다. c와의 아주 작은 차이조차 중요하다. 위의 결과는 상대성 원리에 따라 $\Delta x' = v\Delta t'$을 만족한다.

식 33.3과 33.4를 보면, v^2/c^2이 1에 가까운 고속에서만 상대론적 효과가 있다. 일상에서는 광속에 가까운 고속을 경험하지 못하므로 상대성은 비직관적이다. 그러나 광속 c에 가까운 속력으로 움직이는 세상에서 생활한다면 시간과 공간의 상대성을 명백한 일상의 상식으로 받아들일 것이다. 고에너지 입자나 팽창하는 은하계를 다루는 물리학자에게 상대론적 효과는 엄연한 물리학적 실상이다.

33.5 동시성은 상대적이다

LO 33.5 동시성은 상대적이라는 말의 의미를 설명할 수 있다.

상대성에서 주목할 만한 효과 중 하나는 사건의 동시성으로, 기준틀에 따라 사건이 발생한 순서도 달라진다. 어떻게 가능한지 자세히 살펴보자.

그림 33.10a에서 두 개의 동일한 막대가 기준틀 S에서 동일한 속력 v로 접근한다. 그림 33.10b에서는 막대 A의 오른쪽 끝이 막대 B의 오른쪽 끝을 통과하는 순간에 동시적으로 왼쪽 끝도 통과한다. 두 막대의 오른쪽 끝을 통과하는 사건을 E_1, 왼쪽 끝을 통과하는 사건을 E_2라고 할 때 두 사건 E_1과 E_2는 기준틀 S에서 **동시**(simultaneous)에 발생한 사건이다.

이번에는 막대 A가 정지한 기준틀 S'에서 측정하면 막대 A의 길이는 기준틀 S에서 측정한 길이보다 길다. 한편 막대 A쪽으로 움직이는 막대 B는 기준틀 S보다 기준틀 S'에 대해서 더 빨리 움직이므로 길이는 더 짧다. 이에 따라 그림 33.11에서 두 막대의 오른쪽 끝을 왼쪽 끝보다 먼저 통과하게 된다. 즉 사건 E_1이 사건 E_2보다 먼저 발생한다. 끝으로 막대 B가 정지한 기준틀에서 관측하면, 그림 33.12처럼 사건 E_2가 사건 E_1보다 먼저 발생한다. 따라서 한 기준틀에서 동시에 발생한 사건도 다른 기준틀에서는 동시가 아니다.

막대의 운동에 따른 겉보기 길이 차이 때문에 생기는 현상은 아닐까? 기준틀 S에서 관측한 그림 33.10만이 실제가 아닐까? 아니다. 상대성은 모든 관성 기준틀에서 물리학 현상이 똑같이 유효하다고 단언한다. 길이 차이와 사건의 순서는 겉보기 효과도, 환상도 아니다. 각자의 기준틀에서 유효한 물리적 실상이다. 만약 한 기준틀 S만 유효하다면 특정한 기준틀에서만 물리학 법칙이 유효하다는 19세기 사고에 머물고 만다.

그렇다면 어떻게 사건의 **순서**가 다를 수 있을까? 아무튼 한 사건이 다른 사건을 일으키면, 우리는 항상 원인이 결과보다 앞선다고 기대한다. 사건의 순서가 관측자마다 다른 사건은 두 관측자가 공간에서는 멀리 떨어져 있고 시간적으로 가까이 있는 경우이다. 그러나 이 경우에 한 사건의 광신호가 다른 사건이 발생하기 전에는 도달할 수 없으므로, 한 사건이 다른 사건에 영향을 줄 수 없다. 즉 인과율이 성립되지 않는다.

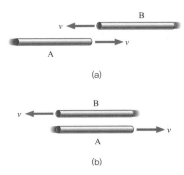

그림 33.10 (a) 기준틀 S에서 막대 A와 B의 속력 v가 같으므로 길이 수축도 같다. (b) 두 막대의 양 끝은 동시에 일치한다.

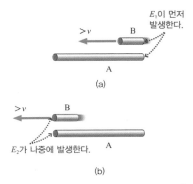

그림 33.11 막대 A가 정지한 기준틀 S'에서 본 막대 B

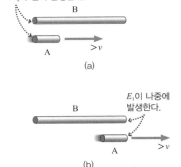

그림 33.12 막대 B가 정지한 기준틀 S'에서 본 막대 A

개념 예제 33.1 '느리게 가는 시계': 모순?

예제 33.2에서 지구에서 별로 떠나는 여행은 지구-별 기준틀에서 25년이 걸렸지만 우주선의 기준틀에서는 겨우 15년이 걸렸다. 그래서 지구-별 기준틀의 관찰자는 우주선의 시계가 '느리게 간다'라고 말할 수 있다. 우주선의 탑승자는 지구-별 기준틀의 시계에 대해 어떻게 말하겠는가?

풀이 여행하는 동안 우주선은 완벽하게 훌륭한 관성 기준틀이다. 그래서 물리학 법칙은 지구에 있는 관찰자에게처럼 우주선의 탑승자에게도 똑같고, 그들은 정확히 동일한 주장을 한다. 탑승자는 지구와 별이 움직이는 것을 보고, 지구-별 기준틀의 시계는 '느리게 가는' 것이 틀림없다고 결론을 내린다.

우주선의 시계가 '느리게 가므로' 지구-별 시계는 '빨리 간다'는 답이 좀 더 논리적이고 그럴 듯해 보이지 않는가? 만약 그렇다면, 물리학 법칙은 모든 관성 기준틀에서 똑같다는 상대성 원리를 적용하지 않은 것이다. 지구의 기준틀과 우주선 기준틀은 동등한 관성 기준틀이므로 지구에서 우주선의 시계가 '느리게 가는' 것을 본다고 할 때, 정확히 비슷한 상황에서 지구의 시계가 '빨리 가는' 것을 보게 되는 특별한 우주선 기준틀은 없다.

검증 이것은 어떻게 모순이 아닐까? 답은 동시성의 상대성에 있다. 지구와 별은 지구-별 기준틀에 동시화되어 있지만, 우주선의 기준틀에서는 아니다. 우주선의 관점에서 지구-별 시계는 예제 33.2에서 구한 $\sqrt{1 - v^2/c^2} = 0.6$배만큼 '느리게 간다'. 그래서 우주선의 관점에서는 우주선 기준틀에서 소요된 여행 시간 15년은 지구-별 시계에서 겨우 $(0.6)(15년) = 9년$이다. 우주선이 지구를 떠날 때 지구 시계는 0이므로 우주선이 별에 도착할 때 우주선 기준틀에서 지구 시계는 9년이다. 하지만 그 사건에서 별 시계는 25년이다. 그러므로 우주선의 관점에서 지구와 별은 동시성에서 16년만큼 차이가 난다. 그림 33.13은 우주선의 기준틀에서 본 상황을 나타낸다. 그림 33.8a와 b를 비교해 보라. 각 관찰자는 상대방의 시계가 '느리게 간다'고 생각하지만, 모순은 아니다! 이 예는 고려하고 있는 두 기준틀에서 사건(여기서는 우주선의 별 도착)의 공간과 시간 좌표가 서로 다른 상황을 보여 준다. 33.6절에서 어떻게 로런츠 변환이 서로 다른 기준틀의 사건 좌표 사이의 관계를 정량적으로 기술하는지 배울 것이다.

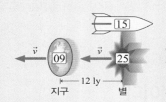

그림 33.13 우주선 기준틀에서의 상황. 그림 33.8과 비교하여 지구, 별, 그리고 둘 사이의 거리는 수축된 반면에 우주선은 길어 보이는 것에 주의하라.

관련 문제 예제 33.1의 스타 트랙의 경우에 우주선의 기준틀에서 판단할 때 지구와 별의 시계 눈금은 얼마나 다른가?

풀이 우주선은 지구-별 시계가 $\sqrt{1 - 0.95^2} = 0.312$배만큼 '느리게 간다'고 본다. 우주선 시계로 여행 기간 7.8년이면, 우주선의 관찰자는 지구-별 기준틀에서 경과한 시간이 겨우 $(7.8년)$ $(0.312) = 2.4년$이라고 판단한다. 그러나 우주선이 도착할 때 별 시계가 25년임을 알고 있으므로 우주선의 기준틀에서 판단한 것처럼 지구 시계는 $25년 - 2.4년 = 22.6년$만큼 뒤져 있다.

확인 문제 **33.3** 혜성이 목성으로 뛰어드는 순간에 지구에서는 물리학 강의가 시작된다. 다시 말해 혜성 충돌은 강의 시작과 동시적이다. 고속 우주선으로 지구에서 목성으로 여행하는 친구는 혜성 충돌이 강의 (a) 시작 전에, (b) 시작 후에, (c) 시작과 동시에 발생한다고 말할 것이다.

33.6 로런츠 변환

LO 30.6 로런츠 변환을 이용하여 한 사건을 두 관성계에서 시공간 좌표계로 표현할 수 있다.

사건은 언제(시간 좌표)와 어디서(세 공간 좌표)로 결정된다. 시간 팽창, 길이 수축, 사건의 순서 등에서 사건의 좌표가 기준틀에 의존함을 알 수 있다. 이 절에서는 서로 다른 기준틀에서 사건의 시간과 공간 좌표의 관계를 맺어주는 **로런츠 변환**(Lorentz transformation)을 공부해 보자.

기준틀 S, 그리고 S에 대해서 양의 x방향으로 상대 속력 v로 움직이는 다른 기준틀 S'의 좌표를 생각해 보자. 시간 $t = t' = 0$에서 두 기준틀의 원점은 일치한다. S의 좌표가 x, y, z, t라면 S'의 좌표 x', y', z', t'은 무엇일까? x방향으로 속력 v로 상대 운동을 하므로, 그림 33.14처럼 S의 x만 S'에서 $x' = x - vt$이고, 나머지 좌표 y, z, t는 불변이 아닐까?

상대성에서 시간과 상대 운동의 방향인 x좌표의 변환 관계가 바뀌는 것은 분명하다. 그래도 상대론적 결과는 $v \ll c$일 때 $x' = x - vt$, $t' = t$이어야 한다. 이렇게 될 수 있는 가장 간단한 형식은 $x' = \gamma(x - vt)$이며, 비상대론적 극한인 $v \to 0$에서 $\gamma \to 1$이어야 한다. 또

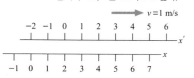

$t = 2\,\text{s}$에서 x'축이 오른쪽으로 2 m 움직이므로, x'은 x보다 2 m 짧다.

그림 33.14 상대 운동을 하는 두 좌표축의 비상대론적 그림으로 $t = 2\,\text{s}$인 순간이다. 일반적으로 $x' = x - vt$이다.

한 x축이 x'에 대해서 음의 방향으로 움직이는 경우도 생각해야 한다. 이 경우에는 v의 부호만 바꾼 $x = \gamma(x' + vt')$을 생각할 수 있다. 이제 두 기준틀이 일치한 원점에서 빛이 방출된다고 하자. 이 사건 E_1의 좌표는 S에서 $x = 0$, $t = 0$이고, S'에서는 $x' = 0$, $t' = 0$이다. 시간 t 후에 S의 x 위치에서 한 관측자가 빛을 발견하는 사건을 E_2라고 하자. 빛이 광속 c로 진행하므로 $x = ct$이다. 한편 기준틀 S'에서 사건 E_2의 좌표는 x', t'이지만, 상대론에 따라 모든 기준틀에서 광속은 c이므로 $x' = ct'$이다. 두 결과를 앞의 간단한 두 형식에 넣으면 $ct' = \gamma t(c - v)$, $ct = \gamma t'(c + v)$를 얻는다. 두 식을 곱하면 $c^2 = \gamma^2(c - v)(c + v)$ $= \gamma^2(c^2 - v^2)$이므로 $\gamma = 1/\sqrt{1 - v^2/c^2}$ 이다. 여기서 $v \to 0$인 비상대론적 극한에서 기대한 대로 $\gamma \to 1$이다.

한편 y, z, t는 어떠할까? y와 z축은 운동에 수직이므로 길이 수축이 일어나지 않아서 $y' = y$, $z' = z$이다. 다른 기준틀에서 측정한 시간은 시간 수축에 따라 서로 달라야 하므로 $t' \neq t$이다. x의 변환식을 얻는 과정과 비슷하게 계산하면 t에 관한 변환식도 쉽게 얻을 수 있다(실전 문제 46 참조). 표 33.1에 로런츠 변환식이 요약되어 있다.

표 33.1 로런츠 변환식

S에서 S'으로	S'에서 S로	
$y' = y$	$y = y'$	
$z' = z$	$z = z'$	여기서 $\gamma = \dfrac{1}{\sqrt{1 - v^2/c^2}}$ 이다.
$x' = \gamma(x - vt)$	$x = \gamma(x' + vt')$	
$t' = \gamma(t - vx/c^2)$	$t = \gamma(t' + vx'/c^2)$	

상대론적 인자 $\gamma = 1/\sqrt{1 - v^2/c^2}$ 는 특수 상대론 전반에 나타난다. 사실 시간 팽창과 길이 수축에 대한 표현인 식 33.3과 33.4에서 이미 그것을(또는 그 역수) 보았다. 그림 33.15는 상대 속력 v가 증가할 때 γ가 아주 천천히 증가하는 것을 보여 준다. $v = \frac{1}{2}c$에서조차 γ는 겨우 1.15이다. 그렇게 느리게 증가하는 이유는 γ가 c와 비교한 v에 의존하는 것이 아니라 c^2과 비교한 v의 제곱에 의존하기 때문이다. v가 c보다 훨씬 작으면 v^2/c^2은 정말로 작다. 그렇지만 높은 상대 속도에서 γ는 급격하게 커져서, $v \to c$일 때 무한대에 점근적으로 다가간다. 그것이 높은 상대 속도 이외에 상대론적 효과를 알아채지 못하는 이유이다. 그러나 그 효과는 존재하고, 민감한 측정을 하면 상대적으로 낮은 속력에서조차 상대론적 예측과 뉴턴 예측을 구별할 수 있다. 마이컬슨-몰리 실험이 한 예이다. 그 실험은 겨우 약 $0.0001c$인 지구의 궤도 속력을 사용하였기 때문에 간섭에 기초한 기술의 정교한 민감도가 필요하였다.

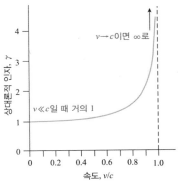

그림 33.15 상대론적 인자 γ는 상대적 속력이 c에 접근할 때만 1에서 상당히 달라진다.

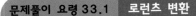

문제풀이 요령 33.1 **로런츠 변환**

해석 서로 다른 두 기준틀에서 측정한 사건의 시공간 좌표를 확인한다. 문제에 주어진 물체가 속한 기준틀을 파악하고, 대상 사건과 좌표계를 확립한다.

과정 두 기준틀 S와 S'의 좌표계를 수립한다. 상대 운동의 방향을 x축으로 택하면 표 33.1의 로런츠 변환식을 사용할 수 있다. 시간도 좌표이므로 두 좌표계를 $t = t' = 0$에서 일치시킨다. 문제의 사건 중 하나가 시공간의 원점에서 일어나도록 설정하면 계산이 한결 간단해진다. 나머지 사건의 좌표는 문제에 따라 정한다.

풀이 표 33.1의 로런츠 변환식을 적용하여 미지의 좌표를 구한다.

검증 답을 검증해 보자. 다른 기준틀에서 사건의 순서가 다르면 두 사건이 인과관계가 없을 정도로 공간은 멀리 떨어지고 시간은 가까운지 확인해야 한다.

예제 33.4 | 우주 폭죽놀이: 로런츠 변환   응용 문제가 있는 예제

2 Mly 떨어진 은하수와 안드로메다는 대략 서로 정지해 있다. 두 은하의 기준틀에서 관측하면 두 은하에서 초신성 폭발들이 동시에 일어난다. 은하수에서 안드로메다를 향하여 $0.8c$로 비행하는 우주비행선에서 관측한 두 초신성 폭발의 시간 간격을 구하라.

해석 특정 기준틀에서 동시에 일어나는 초신성 폭발을 다른 기준틀에서 관측하였을 때 시간 간격을 구하는 문제이다. 따라서 시간 좌표의 로런츠 변환식을 적용한다.

과정 문제풀이 요령에 따라 기준틀 S를 은하의 기준틀로 잡는다. 은하수에 원점을 두고 x축 방향을 안드로메다로 잡는다(이때 은하를 점으로 다룬다). $t = 0$일 때 발생한 초신성 폭발은 S에서 동시 사건이다. 따라서 S에서 두 초신성 폭발의 좌표는 $x_{MW} = 0$, $t_{MW} = 0$과 $x_A = 2$ Mly, $t_A = 0$이다. 그림 33.16은 S에서 $t = 0$인 순간의 모습이다. 다른 기준틀 S'은 우주비행선이며, $v = 0.8c$로 x축 방향을 따라 움직인다. 두 기준틀이 $t = 0$에서 일치하면 $t'_{MW} = 0$이다. 표 33.1의 로런츠 변환식 $t' = \gamma(t - vx/c^2)$에서 t'을 구한다.

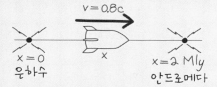

그림 33.16 $t = 0$일 때 기준틀 S에서 그린 예제 33.4. S의 관측자는 두 초신성 폭발을 동시에 측정한다. 이 그림은 기준틀 S'에서 성립하지 않는다.

풀이 $\gamma = 1/\sqrt{1 - 0.8^2} = 5/3$이다. 우주비행선 기준틀에서 관측한 초신성 폭발의 시간 간격 t'은 다음과 같다.

$$t'_A = \gamma\left(t_A - \frac{vx_A}{c^2}\right) = \left(\frac{5}{3}\right)\left(0 - \frac{(0.81\ \text{ly/y})(2\ \text{Mly})}{(1\ \text{ly/y})^2}\right) = -2.7\ \text{My}$$

검증 답을 검증해 보자. 은하수 초신성이 $t'_{MW} = 0$일 때 폭발하므로, 음의 부호는 우주비행선의 기준틀에서 안드로메다 초신성 폭발이 2.7 My 전에 일어났다는 뜻이다. 물론 인과관계에 문제는 없다. 먼 거리의 사건이 한 기준틀에서 동시적이더라도 두 사건은 원인과 결과가 아니다. 반대 방향으로 움직이는 우주비행선에서는 초신성 폭발이 2.7 My 후에 일어난다.

상대론적 속도 더하기

지상에 대한 상대 속력 1000 km/h로 비행하는 여객기 안에서 5 km/h로 앞쪽으로 걸어가면 지상에 대해서 속력 1005 km/h로 걷는다고 생각한다. 그러나 상대 운동에서 시간과 거리의 측정은 기준틀마다 다르다. 이 때문에 한 기준틀에 대한 물체의 속도를 단순히 더해서 다른 기준틀에 대한 상대 속력이라고 말할 수 없다. 여객기 안에서 걷는 승객의 지상에 대한 상대 속력은 1005 km/h보다 약간 작다.

  상대론적 속도 더하기(relativistic velocity addition)의 올바른 관계식은 로런츠 변환식에서 구한다. 기준틀 S, 그리고 S에 대해서 양의 x방향으로 상대 속력 v로 움직이는 다른 기준틀 S'을 생각해 보자. 시간 $t = t' = 0$에서 두 기준틀의 원점이 일치하면, 표 33.1의 로런츠 변환식을 적용할 수 있다.

  어떤 물체가 S'에서 x'축을 따라 속도 u'으로 움직이고 있을 때, 기준틀 S에 대한 물체의 상대 속도 u를 구해 보자. (이미 v를 기준틀의 상대 속도로 사용하였기 때문에 물체에 대해 u와 u'을 사용한다.)

  어느 기준틀에서나 속도는 시간에 대한 위치의 변화율이므로 $u = \Delta x/\Delta t$이다. 시간과 거리에서 시작에 아래 첨자 1, 끝에 아래 첨자 2를 붙이고, 로런츠 변환식을 적용하면 다음을 얻는다.

$$\Delta x = x_2 - x_1 = \gamma\left[(x_2{'} - x_1{'}) + v(t_2{'} - t_1{'})\right] = \gamma\left(\Delta x' + v\Delta t'\right)$$

$$\Delta t = t_2 - t_1 = \gamma\left[(t_2{'} - t_1{'}) + v(x_2{'} - x_1{'})/c^2\right] = \gamma\left(\Delta t' + v\Delta x'/c^2\right)$$

한편 두 식의 비율을 계산하면 다음과 같다.

$$\frac{\Delta x}{\Delta t} = \frac{\Delta x' + v\Delta t'}{\Delta t' + v\Delta x'/c^2} = \frac{(\Delta x'/\Delta t') + v}{1 + v(\Delta x'/\Delta t')/c^2}$$

그런데 $\Delta x'/\Delta t'$은 기준틀 S에서 물체의 속도 u'이고, $\Delta x/\Delta t = u$이므로 결국 다음을 얻는다.

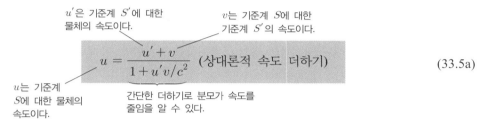

u'은 기준계 S'에 대한 물체의 속도이다.

v는 기준계 S에 대한 기준계 S'의 속도이다.

u는 기준계 S에 대한 물체의 속도이다.

간단한 더하기로 분모가 속도를 줄임을 알 수 있다.

$$u = \frac{u' + v}{1 + u'v/c^2} \quad \text{(상대론적 속도 더하기)} \tag{33.5a}$$

이 식의 분자는 일상의 결과와 잘 일치하지만, 분모는 물체의 속도 u'과 상대 속도 v가 광속 c와 비슷해질 때만 의미가 있다. 식 33.5a를 다음과 같이 표기할 수도 있다.

$$u' = \frac{u - v}{1 - uv/c^2} \quad \text{(상대론적 속도 더하기)} \tag{33.5b}$$

예제 33.5   상대론적 속도 더하기: 충돌 경로

두 우주비행선이 서로 반대 방향에서 그림 33.17a처럼 지구에 대한 상대 속력 0.80c로 지구에 접근한다. 두 우주비행선의 상대 속력을 구하라.

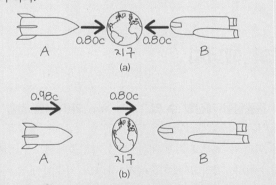

그림 33.17 (a) 지구 기준틀, (b) 우주비행선 B의 기준틀에서 각각 본 예제 33.5의 스케치

해석 단순한 속력의 합 1.6c는 상대론적 정답이 아니다. 상대론적 속도 더하기가 필요한 문제이다. 지구 기준틀을 S', 우주비행선 B의 기준틀을 S로 잡는다. 우주비행선 A의 지구 기준틀 S'에 대한 상대 속력은 $u' = 0.8c$이고, 우주비행선 B의 우주비행선 기준틀 S에 대한 상대 속력은 u이다. 우주비행선 B가 지구를 향해 0.8c로 움직이므로, 지구는 우주비행선 B를 향해 같은 속력으로 움직인다. 따라서 두 기준틀의 상대 속력은 $v = 0.8c$이다.

과정 식 33.5a에서 우주비행선 A의 우주비행선 B에 대한 상대 속력 u를 구한다.

풀이

$$u = \frac{u' + v}{1 + u'v/c^2} = \frac{0.80c + 0.80c}{1 + (0.80c)(0.80c)/c^2} = \frac{1.6c}{1.64} = 0.98c$$

검증 답을 검증해 보자. 우주비행선 사이의 상대 속력은 1.6c보다 훨씬 작을 뿐만 아니라 광속보다 작다. 식 33.5에서 한 기준틀에 대한 물체의 상대 속력이 $u < c$이면 다른 기준틀에 대한 상대 속력은 광속 c보다 작다. 만약 광선처럼 $u = c$이면 식 33.5에서 $u' = c$이다. 결국 광속은 모든 관성 기준틀에서 일정하다.

확인 문제 **33.4** 나의 속력계에서 30 km/h로 고속도로를 달리는 자동차를 같은 방향으로 추월하는 다른 자동차가 나에 대한 상대 속력 20 km/h로 달린다. 이 자동차의 속력계에 표시된 도로에 대한 상대 속력은 50 km/h보다 (a) 빠른가, (b) 느린가?

모든 것이 상대적일까?

그렇지 않다. 물리학 법칙은 상대적이 아니다. 이는 상대성의 기본 원리이기도 하다. 특히 맥스웰 방정식이라는 물리학 법칙에서 얻은 광속은 불변이다. 이외에도 기준틀과 무관한 **상대론적 불변량**(relativistic invariant)이 많다. 그 중 하나는 4차원 시공간의 거리인 **시공간 간격**(spacetime interval)이다. 시간과 공간의 사차원 시공간 간격은 다음과 같다.

$$(\Delta s)^2 = c^2 (\Delta t)^2 - [(\Delta x)^2 + (\Delta y)^2 + (\Delta z)^2] \tag{33.6}$$

여기서 Δ는 시간과 공간 좌표의 차이이다. Δs의 불변성을 로런츠 변환식에서 직접 유도할 수 있다.

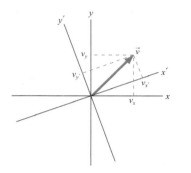

그림 33.18 벡터의 x와 y성분은 좌표계에 의존하지만 벡터의 크기는 같다.

시공간 간격은 기준틀과는 무관하게 두 사건의 관계를 나타낸다. 시공간 간격의 불변성은 상대론적 시공간의 변화에도 절대적인 무엇이 존재함을 암시한다. 공간과 시간을 하나의 연속체로 이어 주는 사차원 공간인 **시공간**(spacetime)이 바로 절대적이다. 시공간 간격은 사차원 벡터인 **4-벡터**(4-vector)의 크기이며, 네 성분은 두 사건 사이의 공간 거리 Δx, Δy, Δz와 시간 간격 Δt이다. 개별 공간과 시간 성분은 기준틀에 따라 다르지만, 서로 협력하여 4-벡터의 크기는 불변이다. 이는 벡터 성분이 좌표계에 따라 다르지만 벡터의 크기는 불변인 보통의 이차원, 삼차원 공간의 벡터와 마찬가지이다(그림 33.18 참조). 즉 힘과 같은 실제 물리량은 좌표계의 선택과 무관하므로, 당연히 벡터의 크기가 불변이다. 물론 이러한 유사성은 식 33.6의 음의 부호 때문에 완벽하지 않다. 이는 유사성이 틀리다는 뜻이 아니라, 고등학교에서 배운 유클리드 기하학이 시공간의 기하학과 다르다는 뜻이다.

다른 4-벡터들도 상대성이론에서 중요하다. 예를 들어 전하 밀도와 삼차원 전류 밀도를 포함하는 사차원 전하-전류 밀도, 진동수와 삼차원 파장을 포함하여 상대론적 도플러 효과를 기술하는 사차원 파동 벡터 등이 있다. 특히 에너지-운동량 4-벡터는 매우 중요하므로 다음 절에서 그것을 자세히 공부한다.

33.7 상대론적 운동량과 에너지

LO 33.7 다른 기준계에서 에너지와 운동량을 계산할 수 있고 $E = mc^2$의 의미를 말할 수 있다.

운동량 보존과 에너지 보존은 뉴턴 역학의 초석으로 어떠한 관성 기준틀에서도 성립한다. 그러나 운동량과 에너지는 속도의 함수이다. 그리고 상대론에서 하나의 기준틀에서 다른 기준틀로 바뀌면 속도가 달라지는 것을 알고 있다. 그럼에도 운동량과 에너지가 모든 관성 기준틀에서 어떻게 보존될 수 있을까?

운동량

뉴턴 역학에서 질량 m, 속도 $\vec{u}$인 입자의 운동량은 $m\vec{u}$이다. (여기서 기준틀의 상대 속도로 $\vec{v}$를 사용하므로 입자의 속도를 $\vec{u}$로 표기한다.) 그러나 한 기준틀에서 개별 입자의 운동량 $m\vec{u}$의 합이 보존되면, 상대론적 속도 더하기에서 다른 기준틀의 운동량 합은 보존되지 않는다. 문제는 운동량 보존이 아니라 운동량의 뉴턴식 표현이다. 사실상 $m\vec{u}$는 속력 u가 광속 c보다 매우 작을 때만 성립하는 어림식이다. 모든 속력에서 유효한 운동량 표현식은 다음과 같다.

$\vec{p}$는 물체의 운동량이다.

m은 물체의 질량이고 $\vec{u}$는 속도이다.
따라서 $m\vec{u}$는 뉴턴 역학에서의 운동량 표현이다.

$$\vec{p} = \frac{m\vec{u}}{\sqrt{1 - u^2/c^2}} = \gamma m\vec{u} \quad (상대론적\ 운동량) \tag{33.7}$$

상대론적 인자 $\gamma = 1/\sqrt{1 - u^2/c^2}$은
뉴턴 역학의 표현 $m\vec{u}$를 수정한다.

여기서 γ는 로런츠 변환에서 소개한 상대론적 인자이다. 식 33.7의 운동량은 모든 기준틀에서 성립하며, 저속에서는 뉴턴식 운동량 $\vec{p} = m\vec{u}$로 환원된다.

$u \to c$일 때 상대론적 인자 γ가 얼마든지 커지므로, 상대론적 운동량도 그림 33.19처럼 얼마든지 커진다. 힘이 운동량 변화율이기 때문에 고속으로 움직이는 입자의 속도를 약간만 바꾸고 싶어도 엄청난 크기의 힘이 필요하다. 이것은 상대성에 대한 일반적 물음에 답을 준다. 왜 물체를 광속으로 가속시킬 수 없을까? 그 답은 물체의 속력이 광속에 가까우면 운동량이 무한대에 접근하므로 속력을 약간만 증가시키는 데도 무한대의 힘이 필요하기 때문이다.

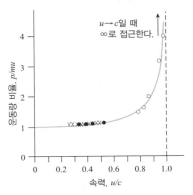

그림 33.19 상대론적 운동량과 뉴턴 운동량 mu의 비율. 곡선은 식 33.7을 따른다. ×와 ●은 실험값이다. 그림 33.15와 비교하라.

에너지와 질량

가장 잘 알려진 상대론적 결과는 유명한 아인슈타인 공식 $E = mc^2$이다. 여기서 상대론적 에너지에 대한 일반적 표현식을 구하고 $E = mc^2$의 의미를 살펴보자. 이 과정에서 에너지, 운동량, 질량에 관한 새로운 의미를 공부하게 될 것이다.

6장에서 일-운동 에너지 정리를 유도할 때, 정지한 질량 m을 나중 속력으로 가속시키는 데 필요한 일을 계산하면서 운동 에너지의 개념을 확립하였다. 이 과정에서 뉴턴 법칙 $F = dp/dt$를 거리에 대해서 적분하였다. 여기서도 상대론적 운동량을 이용하여 힘을 적분한다. 먼저 상대론적 운동량의 변화율은

$$\frac{dp}{dt} = \frac{d}{dt}\left[\frac{mu}{\sqrt{1 - u^2/c^2}}\right] = \frac{m(du/dt)}{(1 - u^2/c^2)^{3/2}}$$

이므로, 한 기준틀에서 정지한 입자를 가속시키면서 얻는 운동 에너지는 다음과 같다.

$$K = \int \frac{dp}{dt}dx = \int \frac{dp}{dt}u\,dt = \int \frac{m(du/dt)}{(1 - u^2/c^2)^{3/2}}u\,dt = \int_0^u \frac{mu}{(1 - u^2/c^2)^{3/2}}du$$

여기서 $u = dx/dt$를 이용하였다. 또한 $u\,du = \frac{1}{2}d(u^2)$을 이용하여 적분하면

$$K = \frac{mc^2}{\sqrt{1 - u^2/c^2}} - mc^2 = \gamma mc^2 - mc^2 \tag{33.8}$$

을 얻는다. 이 식은 입자의 속력이 u인 기준틀에서 입자의 운동 에너지이다. 여기서 γ는 상대론적 인자 $1/\sqrt{1 - u^2/c^2}$이다.

광속 c보다 낮은 속력에서 식 33.8은 뉴턴의 운동 에너지 $K = \frac{1}{2}mu^2$이 된다(실전 문제 61 참조). 그런데 식 33.8을 보면, 상대론적 운동 에너지는 속도에 의존하는 에너지 γmc^2과 속도가 아니라 질량에만 의존하는 에너지 mc^2의 차이이다. 따라서 γmc^2을 입자의 **총에너지**(total energy)로, mc^2을 **정지 에너지**(rest energy)로 규정하면 입자의 총에너지를 $E = K + mc^2$으로 표기할 수 있다. 여기서 총에너지는 다음과 같다.

E는 물체의 총에너지이다.

mc^2은 물체의 정지 에너지, 즉 기준계에 대해 정지해 있을 때 측정한 에너지이다.

$$E = \gamma mc^2 = \frac{mc^2}{\sqrt{1 - u^2/c^2}} \quad \text{(총에너지)}$$

(33.9)

여기서도 상대론적 인자 $\gamma = 1/\sqrt{1 - u^2/c^2}$ 이 나온다.

무슨 뜻일까? 식 33.9에서 $u = 0$이면 $E = mc^2$이므로, 정지한 입자의 에너지는 0이 아니라 질량에 정비례한다. 즉 입자는 질량만으로도 에너지를 갖는다. 따라서 아인슈타인이 처음으로 깨달았듯이 질량과 에너지는 등가이다. 여기서 질량과 에너지의 비례 상수는 일상에서는 터무니없이 큰 $c^2 = 9 \times 10^{16}$ J/kg이다.

운동 에너지를 고려하면서 식 33.9를 유도하였지만, 질량-에너지 등가식 $E = mc^2$은 보편적 공식이다. 에너지도 질량처럼 관성을 가진다. 뜨거운 물체를 차가운 물체보다 가속시키기 힘든 이유는 열에너지의 관성 때문이다. 늘어난 용수철은 퍼텐셜 에너지 때문에 늘어나지 않은 용수철보다 더 무겁다. 계가 에너지를 잃으면 질량도 잃는다.

일반 사람들은 $E = mc^2$을 핵에너지로 생각한다. 물론 이 공식은 핵반응의 질량 변화를 나타내지만 화학 반응이나 다른 에너지 전환에도 동일하게 적용될 수 있다. 가동 중인 핵발전소의 총 무게를 측정하고 한 달 후에 다시 측정하면 무게가 줄어든 것을 발견할 수 있다. 석탄을 태우는 화력발전소에서 한 달 동안 투입하는 모든 석탄과 산소의 무게를 측정하고, 모든 이산화탄소와 다른 생성물의 무게를 측정하면 차이가 있을 것이다. 만약 두 발전소가 같은 양의 에너지를 생산하면 질량 차이도 같을 것이다. 개별 반응에서 방출하는 에너지의 차이는 질량 차이와 같다. 하나의 우라늄 핵분열은 하나의 탄소 원자가 산소와 반응하여 이산화탄소를 만들 때의 에너지(질량)보다 오천만 배나 큰 에너지(질량)를 방출한다. 이 때문에 핵발전소는 1, 2년에 몇 트럭분의 우라늄만 필요로 하는 데 비해서, 석탄을 태우는 화력발전소는 매주 수백 차량분의 석탄을 필요로 한다. 그러나 두 발전소 모두 연료 질량의 대부분을 에너지로 전환시키지 못한다. 만약 물체의 모든 질량을 에너지로 전환시킬 수 있다면, 보통의 물질도 무한한 에너지원이 될 수 있다. 물론 완벽한 전환도 가능하지만 이는 물질-반물질의 소멸 과정에서만 가능하다.

응용물리 **병원의 상대론**

양전자 방출 단층 촬영(PET)은 전자-양전자 소멸에 기초한 의료 영상 기술이다(양전자와 전자-양전자 소멸에 대해서는 예제 33.6 참조). PET 검사를 하기 위해서 양전자 방출 방사성 동위원소를 환자에게 투여하는데, 이때 사용하는 동위원소는 수명이 짧기 때문에 지속되는 방사능은 없다. 일반적인 동위원소로 산소-15(2분), 탄소-11(20분), 질소-13 (10분)이 있다. (38장에서 방사성 동위원소와 반감기를 더 자세히 다룬다.) 물(H_2O), 이산화탄소(CO_2), 암모니아 (NH_3), 또는 포도당처럼 더 복잡한 생체 분자와 같은 물질에 있는 보통의 산소, 탄소, 질소를 대체하기 위해 이러한 물질을 화학적으로 결합시킨다. 동위원소의 짧은 수명을 감안하면 사이클로트론(26.3절의 응용물리 참조)을 사용하여 동위원소를 현장에서 생성해야만 한다.

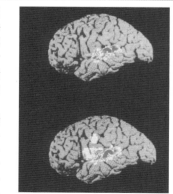

방사성 원자핵은 양전자를 방출하면서 붕괴한다. 신체 조직에서 양전자는 아주 빨리 보통의 전자를 만나서 함께 소멸한다. 양전자와 전자는 질량이 m으로 같고 두 입자의 정지 질량은 $E = mc^2$에 따라 완전히 에너지로 바뀐다. 운동량을 보존하기 위해 이 에너지는 서로 반대 방향으로 진행하는 511 keV의 감마선 두 개의 형태로 빠져나온다. PET 검사 기술은 환자 주위에 배열한 다수의 감마선 검출기를 사용한다. 전자 회로가 동시에 방출된 감마선 짝을 식별한다. 각 짝은 두 검출기를 연결하는 선을 결정하는데, 그 선 위에서 방출이 발생한다. 여러 짝을 조사하면 방출이 발생한 점을 결정할 수 있다. 양전자가 전자를 만나기 전에 이동한 거리를 무시할 수 있으므로 감마선 방출 영역은 방사성 동위원소가 위치한 곳이다. 임상의는 특정한 조직에 집중되는 방사성 표지 물질을 선택하여 특정한 생리적 과정을 영상화할 수 있다. 사진은 사람 대뇌의 PET 검사 영상으로서 활발한 단어 인식에 해당하는 패턴들이다.

예제 33.6	질량–에너지 등가: 입자 소멸

양전자는 전자와 질량이 같고 전하가 반대인 반입자이다. 전자와 양전자가 만나면 모두 소멸되어 한 쌍의 감마선(전자기 에너지 다발)을 방출한다. 각 감마선의 에너지를 구하라.

해석 질량-에너지 등가에 관한 문제이다. 즉 전자-양전자의 모든 질량이 감마선 에너지로 전환된다. 두 입자의 운동 에너지 K는 무시할 만하므로 총에너지는 정지 에너지뿐이다.

과정 식 33.9에서 $K=0$이므로 $E=mc^2$이다. 질량이 m인 두 입자와 두 감마선이 있으므로, 한 입자의 mc^2을 구하면 된다. 전자 질량 m_e은 이 책의 앞면지에 주어져 있다.

풀이 전자의 질량을 넣으면 다음을 얻는다.

$$E = m_e c^2 = (9.11 \times 10^{-31}\,\text{kg})(3.00 \times 10^{18}\,\text{m/s})^2 = 82.0\,\text{fJ}$$

검증 답을 검증해 보자. 고에너지 물리학자들이 사용하는 전자볼트(eV)로 표현하면, 82 fJ은 511 keV이다. 실험실이나 천체에서 511 keV의 감마선을 관측하면 전자-양전자 소멸이 있었던 것이 분명하다. 의료진단장비인 PET는 이러한 감마선을 이용하여 인체 내부의 영상을 얻는다.

$E=mc^2$의 상징성 때문에 정지 에너지 mc^2이 입자의 총에너지의 일부임을 잊기 쉽다. 광속 c보다 낮은 속도 u로 움직이는 입자의 총에너지는 mc^2보다 약간 크다. 그 차이는 뉴턴의 운동 에너지 $\frac{1}{2}mu^2$과 거의 같다. 여기서 '정지', '움직이는'은 항상 어떤 관성 기준틀에 대해 상대적이다. 그러나 광속에 가까운 속력으로 움직이는 경우에는 상대론적 인자 $\gamma = 1/\sqrt{1 - u^2/c^2}$이 1보다 훨씬 크기 때문에 총에너지 γmc^2은 정지 에너지보다 훨씬 크다. 이러한 입자를 **상대론적 입자**(relativistic particle)라고 한다.

예제 33.7	총에너지: 상대론적 전자

전자의 총에너지는 2.50 MeV이다. 전자의 (a) 운동 에너지, (b) 속력을 각각 구하라.

해석 전자의 총에너지로 운동 에너지와 속력을 구하는 문제이다.

과정 식 33.9는 운동 에너지 K와 정지 에너지 mc^2의 합인 총에너지이다. 따라서 정지 에너지를 빼면 운동 에너지를 얻는다. 식 33.9는 총에너지를 γmc^2으로 표기하므로, $\gamma = 1/\sqrt{1 - u^2/c^2}$에서 속력 u를 구한다. 예제 33.6에서 전자의 정지 에너지는 $mc^2 = 511\,\text{keV}(=0.511\,\text{MeV})$이다.

풀이 (a) 운동 에너지는 다음과 같다.

$$K = E - mc^2 = 2.50\,\text{MeV} - 0.511\,\text{MeV} = 1.99\,\text{MeV}$$

(b) $E = \gamma mc^2$이므로, $\gamma = E/mc^2 = 2.50\,\text{MeV}/0.511\,\text{MeV} = 4.89$이다. 한편 $\gamma = 1/\sqrt{1 - u^2/c^2}$에서 속력은 다음과 같다.

$$u = c\sqrt{1 - 1/\gamma^2} = 2.94 \times 10^8\,\text{m/s}$$

검증 답을 검증해 보자. 전자의 운동 에너지는 정지 에너지보다 훨씬 크고, 전자의 속력 u는 광속 c에 가깝다. 즉 전자는 상대론적 입자이다.

확인 문제 33.5 양성자의 정지 에너지는 938 MeV이다. 총에너지가 1 TeV(10^{12} eV)인 양성자의 속력을 계산 없이 어림하라.

에너지-운동량 관계식

뉴턴 역학에서 $p = mu$와 $K = \frac{1}{2}mu^2$을 이용하면 $p^2 = 2K/m$을 얻는다. 상대론에서도 $p = \gamma mu$와 $E = \gamma mc^2$을 이용하면 실전 문제 62에서 다음의 에너지-운동량 관계식을 얻는다.

이 값은 운동량 p와 …

E는 물체의 총에너지이다.

$$E^2 = p^2c^2 + (mc^2)^2 \text{ (에너지-운동량 관계식)}$$ (33.10)

… 정지 에너지 mc^2과 관련이 있다.

정지한 입자인 경우에 $p = 0$이므로 식 33.10에서 총에너지는 정지 에너지와 같다. 상대론적 입자인 경우에 정지 에너지는 무시할 만큼 작고, 총에너지는 거의 $E = pc$이다. 양자역학에서 전자기 에너지의 다발로 정의하는 광자와 같은 입자는 질량이 없다. 이러한 입자들은 광속으로 움직일 때만 존재하고 식 33.10에 따라 입자의 총에너지는 정확하게 $E = pc$이다.

식 33.10을 재정리하면 $(mc^2)^2 = E^2 - p^2c^2$이다. 이것은 식 33.6에서 시공간 간격의 제곱은 시간 성분의 제곱인 $(c\Delta t)^2$과 $\sqrt{(\Delta x)^2 + (\Delta y)^2 + (\Delta z)^2}$의 제곱의 차이인 것과 유사하다. 마찬가지로 정지 에너지 mc^2의 제곱은 총에너지의 제곱과 운동량 크기의 제곱의 차이와 같다. 따라서 에너지와 운동량을 4-벡터의 시간과 공간의 성분으로 간주할 수 있다. 이때 기준틀에 따라 에너지-운동량 4-벡터를 시간과 공간, 즉 에너지와 운동량의 성분으로 나눌 수 있다. 예를 들어 정지한 입자의 기준틀에서 $p = 0$이므로 4-벡터는 시간 성분의 정지 에너지만 갖는다. 물론 기준틀과 상관없이 4-벡터의 크기는 항상 정지 에너지 mc^2으로 불변이다. 따라서 정지 에너지를 일정한 c^2으로 나눈 질량도 상대론적 불변량이다.

33.8 전자기학과 상대성

LO 33.8 상대성이론이 어떻게 전기와 자기의 긴밀한 관계를 밝혔는지 정성적으로 기술할 수 있다.

역사적으로 보면 전자기파의 전파에 관한 의문에서부터 상대성이 태동하였다. 상대성이론은 공간, 시간, 에너지, 운동량 같은 뉴턴 역학의 기본량들의 개념을 바꾸었다. 즉 뉴턴 물리학은 저속에서만 어림으로 유효하게 되었다. 전자기파가 속력 c로 전파한다는 예측과 함께 전자기학의 맥스웰 방정식이 모든 기준틀에서 성립한다는 전제하에 '상대성이론'이 구축되었다. 아인슈타인의 유명한 1905년 논문의 제목도 '움직이는 물체의 전기역학에 대하여'일 정도로 전자기학과 상대성이론 사이에는 깊은 관련성이 있다. 맥스웰 방정식은 상대론적으로도 올바르며 수정이 필요 없다.

어떤 기준틀에서도 전기장과 자기장은 맥스웰 방정식을 만족하지만, 장 자체는 상대론적 불변량이 아니다. 점전하가 정지한 기준틀에서 보면 전하가 만드는 전기장은 구면 대칭성을 갖는다. 전하에 대해서 상대적으로 움직이면 움직이는 전하가 만드는 자기장도 함께 볼 수 있다. 전기장도 바뀐다. 즉 더 이상 구면 대칭이 아니다. 따라서 전기장과 자기장은 절대적이지 않다. 한 관측자가 전기장만 측정해도, 다른 관측자는 전기장과 자기장을 함께 측정하며, 반대도 가능하다. 전기장과 자기장을 보다 더 근본적인 전자기장의 성분으로 간주해야 한다. 전기장이 어떻게 전기장과 자기장으로 분리되는지는 기준틀에 달려 있다. 장은 기준틀에 따라 달라지지만, 다른 전자기적 물리량인 전하는 불변이다.

전류가 흐르는 도선에 상대적으로 움직이는 양전하에 작용하는 힘을 고려하여, 전기와 자기에 대한 상대론적 관련성을 조사해 보자. 간단히 하기 위하여, 도선에서 양전하와 음전하의 선전하 밀도가 같으며, 도선에 대한 동일한 상대 속력 v로 서로 반대로 움직인다고 하자(그림 33.20a 참조). 도선에 흐르는 전류는 도선을 에워싸는 자기장을 만들고, 오른쪽으로 속도 $\vec{u}$로 움직이는 대전 입자는 그림 33.20a처럼 도선으로 향하는 자기력 $\vec{F}_B = q\vec{u} \times \vec{B}$를 받는다. 양전하와 음전하의 선전하 밀도가 같아서 도선은 중성이고, 전기력은 없다.

이제 입자의 기준틀에서 다시 살펴보자. 입자에 대한 도선의 양전하의 상대 속력은 음전하보다 낮으므로, 입자의 기준틀에서 음전하 사이의 거리는 양전하 사이의 거리보다 더 수축된다(그림 33.20b 참조). 그러나 전하가 불변이므로 단위 길이당 전하는 음전하인 경우에 더 크다. 대전 입자의 기준틀에서 보면 도선은 알짜 음전하를 운반하고 있다. 따라서 도선으로 향한 전기장이 형성되어 대전 입자는 도선으로 향한 전기력 $\vec{F}_E = q\vec{E}$를 받게 된다. 물론 자기장도 있지만, 입자의 기준틀에서 대전 입자는 정지 상태이므로 자기력은 $q\vec{u} \times \vec{B} = 0$이다.

대전 입자에 작용하는 전혀 다른 두 힘을 설명하였다. 도선의 기준틀에서 입자는 $q\vec{u} \times \vec{B}$인 순수한 자기력만 받는다. 반면에 입자의 기준틀에서는 자기에 관해서는 알 필요도 없이, 전기력 $q\vec{E}$만을 받는다. 이 사실만으로도 전기와 자기는 별도의 현상이 아니라 서로 연관된 현상임을 알 수 있다. 사실상, 상대성 원리에 따라 자기 없이 전기만 또는 전기 없이 자기만 있을 수는 없다. 상대론은 전자기학을 완벽하게 통일시켰다. 실전 문제 70에서 이 통합을 더 탐구할 수 있다.

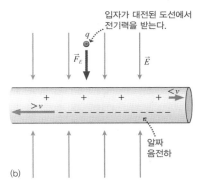

그림 33.20 대전 입자에 작용하는 힘은 기준틀에 따라 전기력이거나 자기력이다.

33.9 일반 상대성이론

LO 33.9 일반 상대성이론이 어떻게 중력을 기하학적으로 해석했는지를 설명하고 이론이 예견한 바를 몇 가지 말할 수 있다.

특수 상대성이론은 등속 운동의 기준틀에서만 성립한다. 특수 상대성이론 이후 가속 운동도 포함하는 이론을 확립하려고 노력하던 아인슈타인은 등가속도와 균일한 중력장을 구별할 수 없음을 곧 깨달았다(그림 33.21 참조). 결론적으로, 아인슈타인의 1916년 논문인 **일반 상대성이론**(general theory of relativity)은 중력 이론이다. 일반 상대성이론에서 중력은 사차원 시공간의 기하학적 곡률로 기술된다. 즉 물질과 에너지는 주위의 시공간을 휘게 만들고, 휘어진 시공간을 지나는 물체는 가장 곧은 경로(유클리드 기하의 직선이 아니다)를 따라 움직이게 된다. 그림 33.22는 휘어진 시공간에서 움직이는 입자의 경로를 이차원으로 가시화한 그림이다.

일반 상대성이론에서 중력을 기하학적으로 기술하는 것은 뉴턴 역학에서의 원격작용 힘과 아주 다르다. 하지만 태양계 전 영역과 같은 중력이 약한 영역에서는 두 이론이 예측하는 바는 거의 같다. 약한 중력 하에서 두 이론의 차이를 밝히려면 아주 정교한 실험이 필요하다. 그런 실험 장비를 지구 및 태양계 내부에 설치했으며 그것들에 의해 일반 상대성이론이 검증되었다. 뉴턴 역학과 아인슈타인의 상대성이론의 미세한 차이가 중요한 현대의 실용적인 예는 GPS(global positioning system)이다. 만일 상대성이론이 적용되지 않는다면 수천 킬로미

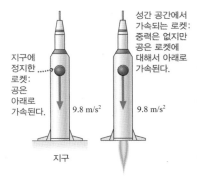

그림 33.21 균일한 중력과 가속도를 구별할 수 없다. 따라서 일반 상대성이론은 중력 이론이다.

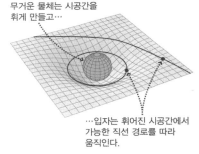

그림 33.22 일반 상대성이론의 휘어진 시공간을 이차원으로 가시화한 그림

터의 위치 정보 오류가 발생할 것이다.

중력이 아주 강한 곳에서는 상대성이론과 뉴턴의 중력은 극명하게 다르다. 일반 상대성이론은 뉴턴 역학이 할 수 없었던, 오늘날에는 천체물리학자들이 일상적으로 관측하는 새로운 현상들을 밝혀내기도 했다. 이어서 일반 상대성이론의 굉장한 예측 몇 개를 설명하겠다.

블랙홀과 중성자별

8장에서 우리는 탈출 속력(물체가 중력을 가진 별이나 행성의 표면에서 영원히 탈출하는데 필요한 속력)을 다루었다. 지구와 태양의 탈출 속력은 수 또는 수백 km/s(광속보다 현저히 작다)이다. 이것이 의미하는 바는 태양계에서의 중력이 약하다는 것이다. 정말로 강한 중력 아래에서는 탈출 속력이 광속 c에 근접한다. 중성자별은 별이 직경 수 킬로미터의 크기로 수축한 경우이다. 이때 중력이 아주 강해서 전자와 양성자들이 압축되어 중성자가 된다. 그래서 이름이 중성자별이다. 중성자별 표면에서의 탈출 속력은 광속보다 작지만 거의 근접한다. 좀 더 극단적인 경우가 블랙홀이다. 이 경우는 별이 한 점으로 수축하고 탈출 속력은 광속보다 크다. 어떤 빛도 빠져 나올 수 없다. 그래서 블랙홀이다. 블랙홀 주변의 시공간 뒤틀림이 워낙 커서 외부 관찰자가 측정한 시간은 탈출 속력이 c에 도달하는 지점에서 멈춘다. 오늘날의 천체물리학자들은 초신성 폭발을 겪은 별에서 블랙홀을 관측한다. 그 별들은 쌍별계를 이루며 상대 별에서 흘러오는 기체로 인해 가열되고 둘이 만나기 전까지 한 점을 중심으로 나선형으로 에너지를 방출한다. 천체물리학자들은 대부분의 은하 중심에 초대형 블랙홀이 숨어 있다고 판단하고 있다. 우리 은하의 경우 태양 질량의 400만 배의 질량을 가진 블랙홀이 있다.

중력 렌즈

일반 상대성이론은 물질처럼 빛도 시공간의 곡면을 따른다고 예측한다. 사실상 이론의 검증은 1919년에 이루어졌다. 그때 이루어진 개기일식 때의 별의 위치의 정밀한 측정은 별빛이 태양 주변을 지날 때 휜다는 것을 보여 줬다. 오늘날 천체물리학자들은 아주 먼 물체에서 오는 빛이 아주 무거운 은하단을 지날 때 빛이 휘는 것을 일상적으로 측정한다. 빛은 무거운 물체 주변에서 여러 경로를 가질 수 있다. 이로인해 같은 물체가 여러 형상 또는 일그러진 형상을 가질 수 있다. 그림 33.23은 그 예를 보여 준다. 이 중력 렌즈 과정은 아주 멀리 떨어진 물체의 빛을 집중시키기도 한다. 이렇게 빛이 모이지 않으면 우리는 그 물체를 볼 수 없었을 것이다. 그런 식으로 우주는 우리에게 거대한 렌즈를 제공하여 멀리 떨어진 우주를 볼 수 있게 해 준다. 이 렌즈 효과는 우주론 학자들이 우주 내에 물질이 어떻게 분포되어 있는지를 파악할 수 있게 해주고 39장에서 다룰 암흑 물질의 증거를 제시한다. 중력 마이크로 렌즈는 별 앞을 지나는 빛을 휘게 하여 가끔씩 우주에서 오는 빛을 밝게 해 준다. 다른 천문적인 응용으로 마이크로 렌즈를 멀리 떨어진 외계 별의 궤도를 탐지하는데 사용한다.

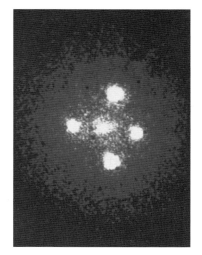

그림 33.23 '아인슈타인 십자가'는 동일한 퀘이사의 네 이미지를 만든다. 이 이미지는 빛이 무거운 은하(그림의 가운데 밝은 부분) 주변의 휘어진 시공간을 여러 경로로 통과해서 만들어 진 것이다.

중력파

29장에서 우리는 가속되는 전하는 전자기파의 원천이 될 수 있음을 보았다. 일반 상대성이론도 비슷한 현상을 예측한다. 가속하는 질량이 중력파를 생성한다는 것이다. 일반 상대성이론에서의 중력은 시공간의 기하 구조와 동조한다. 그래서 중력파라는 것은 문자 그대로 시공간의 물결이다. 전자기파와 마찬가지로 중력파도 광속 c의 속력으로 전파한다. 하지만 중력은 전자기력보다 훨씬 약하기 때문에(10^{-40}만큼 약하다는 것을 개념 예제 20.1에서 보였다), 중력파는 아주 약하고 관측하기 어렵다. 그래서 지구에서 중력파를 관측하려면 아주 무거운 물체가 큰 가속으로 움직여야 한다. 중력파의 존재는 20여 년 전 중력파에 의해 에너지를 잃은 쌍중성자별의 궤도 변화의 발견에서 간접적으로 추측되었다. 하지만 2015년에 이르러서야 실질적인 중력파의 존재가 관측되었다. 이 관측은 LIGO(the Laser Interferometer Gravitational Wave Observatory, 그림 32.16 참조)의 업그레이드 이후 며칠 후에 이루어졌다. LIGO는 10^{-19} m 크기의 미세한 변화도 탐지할 수 있는 간섭계를 사용했다. 간섭계의 거울 사이의 거리는 중력파가 지나면 수축 및 팽창한다. LIGO는 루이지애나와 워싱턴 주에 두 개의 쌍둥이 검출기를 가지고 있다. 그래서 오직 두 검출기에서 동시에 관측된 신호만이 중력파 후보가 될 수 있다. 2015년의 관측은 13억 광년 떨어진 곳에 위치한 두 개의 블랙홀이 합쳐질 때를 포착한 것이며 중력파 천문학이라는 새로운 영역으로 안내했다. 그림 33.24는 첫 중력파 관측 신호를 보여 준다.

2018년까지 LIGO는 총 다섯 개의 블랙홀 결합을 관측했고 일부는 이탈리아의 Virgo 검출기와 연계했다. LIGO는 또한 중성자별의 충돌에서 발생하는 신호도 관측해 왔다. 이 충돌은 전자기파로도 관측 가능한데 다중신호 천문학의 진정한 예이다. 중성자 별에서 일어나는 사건의 분석은 곧바로 무거운 원소의 기원과 같은 물리학의 주요 문제에 대한 답을 준다(예를 들어 무거운 원소의 대부분은 중성자 충돌에서 만들어졌다).

중력파 천문학은 앞으로 우주를 이해하는데 중요한 역할을 할 것이다. 중력파는 물질의 방해를 받지 않고 전파할 수 있기 때문에 전자기 신호보다 좀 더 직접적이고 정교하게 우주적 거리를 측정할 수 있게 해 준다. 우주론자들은 벌써 우주 알림 표지로써 중력파를 사용하자고 말한다. 우주 알림 표지는 우주 거리의 표준적인 지표를 제공해 줄 것이다. 우리는 막 중력파 천문학 시대를 시작했을 뿐이다. 좀 더 큰 정밀도로 업그레이드 될 LIGO의 발견을 좀 더 지켜보자. 중력파 검출기 간섭계가 온라인으로 세계에 연결될 것이고 LISA(the Laser Interferometer Space Antenna)가 250만 km(달 궤도 지름의 열 배) 떨어진 세 개의 우주선의 간섭계에 배치될 것이다.

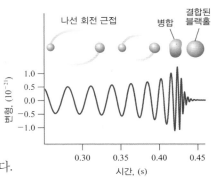

그림 33.24 두 블랙홀이 합칠 때 발생한 중력파를 최초로 탐지한 신호. 수직축은 중력파가 지날 때 검출기 길이와 길이 변형의 비를 나타낸다. 표기되어 있듯이 실제 변형은 축에 표시된 값에 10^{-21}을 곱한 값이다. 원래 데이터는 일반 상대성이론에 기반한 계산과 비교하여 매끄럽게 가공되었다. 그래프의 선은 두 블랙홀이 나선형으로 돌면서 가까워지다가 결국 합쳐진 것을 나타낸다.

33장 요약

핵심 개념

이 장의 핵심 개념은 **상대성 원리**이다. 즉 물리학 법칙은 모든 관측자에게 동등하며 운동 상태와 무관하다. **특수 상대성이론**은 관성 기준틀에서만 성립하고, **일반 상대성이론**은 그 제약을 없앰으로써 중력 이론이 된다. 상대성은 시간과 공간에 대한 상식을 뒤엎는다. 상대성이론에서 공간과 시간의 측정은 기준틀에 의존하지만 물리학 법칙은 그렇지 않다.

주요 개념 및 식

맥스웰 방정식은 전자기파가 광속 c로 진행한다고 예측한다. 따라서 광속은 모든 관성 기준틀에서 같다.

광속 불변성 때문에 **시간 팽창**과 **길이 수축**이 일어난다.

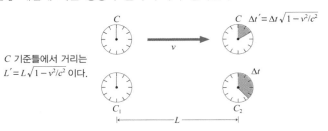

C 기준틀에서 거리는 $L' = L\sqrt{1 - v^2/c^2}$ 이다.

따라서 한 기준틀에서 동시에 일어난 사건도 다른 기준틀에서는 동시가 아닐 수 있다.

시간 팽창과 길이 수축은 서로 다른 기준틀에서 관측한 사건의 공간과 시간 좌표계에 대한 **로런츠 변환**의 특수한 경우들이다. 다음의 표는 x방향의 상대 운동에 대한 로런츠 변환이다.

S에서 S'로	S'에서 S로	
$y' = y$	$y = y'$	
$z' = z$	$z = z'$	
$x' = \gamma(x - vt)$	$x = \gamma(x' + vt')$	$\gamma = \dfrac{1}{\sqrt{1 - v^2/c^2}}$
$t' = \gamma(t - vx/c^2)$	$t = \gamma(t' + vx'/c^2)$	

공간과 시간의 변화에는 사차원 **시공간**이 있고, 그 크기가 기준틀과 무관한 **4-벡터**가 있다.

불변 시공간 간격:

$$(\Delta s)^2 = c^2(\Delta t)^2 - [(\Delta x)^2 + (\Delta y)^2 + (\Delta z)^2]$$

불변 입자 질량:

$$(mc^2)^2 = E^2 - p^2 c^2$$

상대성에서 에너지, 운동량, 질량 사이에는 다음과 같이 밀접한 관계가 있다.

운동량: $\vec{p} = \dfrac{m\vec{u}}{\sqrt{1 - u^2/c^2}} = \gamma m\vec{u}$

에너지: $E = \dfrac{mc^2}{\sqrt{1 - u^2/c^2}} = \gamma mc^2 = K + mc^2 = \sqrt{(pc)^2 + (mc^2)^2}$

운동 에너지 정지 에너지

응용

1887년 **마이컬슨-몰리 실험**은 에테르에 대한 지구의 상대 운동을 검출하는 데 실패하였다. 이 실험으로 상대론이 탄생하였으며, 빛은 매질이 필요 없고 빛의 속력 c가 모든 관성 기준틀에서 같다는 사실이 밝혀졌다.

상대성에서 속도는 단순한 더하기가 아니라 다음과 같다.

$$u = \frac{u' + v}{1 + u'v/c^2}$$

여기서 u'은 기준틀 S'에 대한 물체의 속도이고, u는 기준틀 S에 대한 속도이고, v는 S와 S'의 상대 속도이다.

유명한 아인슈타인 공식 $E = mc^2$은 질량과 에너지의 보편적 교환성을 보여 준다. 일반 사람들이 알고 있는 것과는 달리 그것은 단지 핵에너지에 대한 것은 아니다.

BIO 생물 및 의학 문제   **DATA** 데이터 문제   **ENV** 환경 문제   **CH** 도전 문제   **COMP** 컴퓨터 문제

학습 목표   이 장을 학습하고 난 후 다음을 할 수 있다.

LO 33.1 전자기파를 매개하는 매질로서의 19세기 에테르 개념을 기술할 수 있다.
개념 문제 33.2

LO 33.2 마이컬슨-몰리 실험과 이 실험이 물리학에 초래한 모순을 설명할 수 있다.
연습 문제 33.11, 33.12
실전 문제 33.33, 33.34

LO 33.3 상대성 원리를 설명할 수 있다.
개념 문제 33.1, 33.4, 33.7

LO 33.4 상대적으로 움직이는 두 기준계에서 벌어지는 시간 연장과 길이 수축을 설명할 수 있다.
개념 문제 33.3, 33.4, 33.5
연습 문제 33.13, 33.14, 33.15, 33.16, 33.17, 33.18
실전 문제 33.35, 33.36, 33.37, 33.38, 33.39, 33.40, 33.49, 33.50, 33.51, 33.65, 33.66, 33.69

LO 33.5 동시성은 상대적이라는 말의 의미를 설명할 수 있다.
실전 문제 33.44

LO 33.6 로런츠 변환을 이용하여 한 사건을 두 관성계에서 시공간 좌표계로 표현할 수 있다.
실전 문제 33.41, 33.42, 33.43, 33.44, 33.45, 33.46, 33.47, 33.48, 33.51, 33.52, 33.53, 33.55, 33.64, 33.67

LO 33.7 다른 기준계에서 에너지와 운동량을 계산할 수 있고 $E = mc^2$의 의미를 말할 수 있다.
개념 문제 33.6, 33.8, 33.9
연습 문제 33.19, 33.20, 33.21, 33.22, 33.23, 33.24
실전 문제 33.54, 33.56, 33.57, 33.58, 33.59, 33.60, 33.61, 33.62, 33.63, 33.68, 33.69, 33.71

LO 33.8 상대성이론이 어떻게 전기와 자기의 긴밀한 관계를 밝혔는지 정성적으로 기술할 수 있다.
개념 문제 33.10
실전 문제 33.70

LO 33.9 일반 상대성이론이 어떻게 중력을 기하학적으로 해석했는지를 설명하고 이론이 예견한 바를 몇 가지 말할 수 있다.
실전 문제 33.68

개념 문제

1. 특수 상대성이론의 '특수'는 무엇이 특수하다는 뜻인가?

2. 상대성에서 음속이 모든 관측자에게 같은가? 왜 그런가? 그렇지 않다면 그 이유는 무엇인가?

3. 시간 팽창은 가끔 '움직이는 시계가 느리게 간다'고 표현한다. 어떤 의미에서 사실인가? 또 어떤 의미에서 상대성의 정신에 위배되는가?

4. 지구에 대해서 상대 속력 $0.95c$로 움직이는 우주비행선에서는 지구보다 시간이 천천히 가는가? 이것은 상대성 원리와 일치하는가?

5. 안드로메다 은하는 우리 은하수에서 2백만 광년 떨어져 있다. 광속보다 빨리 달릴 수는 없지만, 2백만 년보다 그 전에 안드로메다로 여행할 수 있다. 어떻게 가능한가?

6. 핵반응로에서 물질이 에너지로 전환되는가? 촛불이 탈 때도 전환되는가? 인체에서도 전환되는가?

7. 고속 우주비행선으로 여행할 때 맥박을 재면 지구에서보다 빨라지는가, 느려지는가, 변함이 없는가?

8. 전자의 정지 에너지는 511 keV이다. 총에너지가 1 GeV인 전자의 속력은 대략 얼마인가? (**주의**: 계산할 필요가 없다.)

9. 들뜬 상태의 원자는 빛을 방출한다. 원자 질량은 어떻게 되는가?

10. $\vec{E} \cdot \vec{B}$는 불변이다. 다른 관측자가 광파에서 $\vec{E}$와 $\vec{B}$ 사이의 각도를 측정하면 어떻게 되는가?

연습 문제

33.2 물질, 운동, 에테르

11. 1800 km 떨어진 두 지점을 800 km/h로 비행한다. (a) 바람이 없을 때, (b) 두 지점을 잇는 직선에 수직 방향으로 130 km/h의 바람이 불 때, (c) 두 지점을 잇는 직선에 평행하게 130 km/h의 바람이 불 때, 두 지점의 왕복 시간은 각각 얼마인가?

12. 11 m의 길이의 두 광경로가 에테르 바람에 각각 평행하고 수직한 마이컬슨-몰리 실험 장치 장치를 고려해 보자. 에테르가 존재하고, 지구가 에테르에 대하여 (a) 태양에 대한 궤도 속력(부록 E 참조), (b) 0.01c, (c) 0.5c, (d) 0.99c로 움직일 때 두 경로를 빛이 왕복하는 시간차는 각각 얼마인가?

33.4 상대성의 시간과 공간

13. 정지 기준틀에서 잰 두 별은 50광년 떨어져 있다. 두 별 사이에서 $0.75c$로 비행하는 우주비행선에서 잰 거리는 얼마인가?

14. $0.65c$로 비행하는 우주비행선이 지구에서 명왕성까지 여행하는데 걸리는 시간은 (a) 지구의 시계, (b) 우주비행선의 시계로는 각각 얼마인가? 지구와 명왕성이 태양의 같은 쪽에 있다고 가정한다.

15. 광속의 반으로 비행하는 우주비행선의 길이가 35 m이면, 정지 기준틀에서 잰 길이는 얼마인가?

16. 외계 우주비행선이 $0.80c$로 태양계를 날고 있다. 지구에서 태양

까지 8.3광분의 거리를 가는 데 걸리는 시간은 (a) 지구의 관측자, (b) 우주비행선의 외계인에게 각각 얼마인가?

17. 자신의 기준계에서 측정한 미터자의 길이가 99 cm이면 미터자에 대해 얼마나 빨리 달리고 있는가?

18. 병원의 선형 가속기는 암 치료에 사용되는 전자빔을 생성한다. 가속기는 1.6 m 길이이고 전자는 0.98c의 속력에 도달한다. 전자의 기준틀에서 가속기는 얼마나 긴가?
BIO

33.7 상대론적 운동량과 에너지

19. 원래 속력이 (a) 25 m/s, (b) 100 Mm/s일 때, 속력을 두 배로 늘리면 운동량은 각각 얼마나 변하는가?

20. 양성자(질량 1 u)의 운동량이 0.5c로 움직이는 알파 입자(질량 4 u)의 운동량과 같으면 속력은 얼마인가?

21. 뉴턴의 운동량의 오차가 1%가 되는 속력은 얼마인가?

22. 0.90c로 움직이는 입자의 속력이 10% 증가하면 운동량은 몇 % 증가하는가?

23. 0.97c로 움직이는 전자의 (a) 총에너지와 (b) 운동 에너지는 얼마인가?

24. 상대론적 운동량이 뉴턴의 운동량과 10% 차이가 나는 속력은 얼마인가?

응용 문제

다음 문제들은 본문의 예제들에 기초한 것이다. 두 세트의 문제들은 물리학의 이해를 강화하는 연결의 형성을 돕고 이전에 풀어본 문제에서 변형된 문제를 해결하는 자신감을 키우도록 설계되어 있다. 각 세트의 첫 번째 문제는 본질적으로 예제 문제이지만 숫자들은 다르다. 두 번째 문제는 예제와 똑같은 상황이지만 묻는 질문이 다르다. 세 번째와 네 번째 문제는 완전히 다른 상황으로 이런 방식을 반복한다.

25. **예제 33.1** 지구에서 1344광년 떨어진 오리온 성운을 탐험하기 위해 우주선이 여행을 떠났다. 우주선은 지구에 대해 0.9995c의 속력으로 여행하고 있다. (a) 우주선의 과학자가 판단한 여행 시간과 (b) 그들의 여행 동안 지구에서 경과한 시간은 얼마인가?

26. **예제 33.1** 로봇 탐사기가 앞의 문제의 여행을 탐사기 시간으로 675년 동안 수행하려면 얼마나 빨리 여행해야 하는가?

27. **예제 33.1** 동위원소 산소-15는 의료 PET 스캔에 사용된다. 산소-15의 반감기는 2.04분이므로 필요한 곳으로 빨리 이동해야 한다. 산소-15 샘플은 0.842c의 속력으로 지구에서 6.38광분 떨어진 소행성의 우주비행사에게 전달됐다면 배달되었을 때 반감기가 몇 번 지나갔겠는가? (**힌트**: 지구를 기준계로 해서 답을 해야 하는가, 산소-15를 기준계로 해서 답을 해야 하는가?)

28. **예제 33.1** 앞의 문제를 확인하고 반감기 두 배의 시간 이내에 화성에서 산소-15를 받을 수 있는지 결정하라. 화성의 위치는 지구로부터 22.8광분 거리에 있다. 그것이 가능하다면 얼마나 빨리 배달되어야 하는가?

29. **예제 33.4** 두 문명 A, B가 지름이 95.0×10^3광년인 은하의 양 끝에 위치하여 발전하고 있다. 은하계 기준으로 시간 $t = 0$일 때 그들은 동시에 그들의 행성 주변을 돌 위성을 발사했다. 좀 더 발전된 문명인 C가 같은 시간 발사한 우주선이 0.774c의 속력으로 문명 A에서 B를 가로 지르는 직선에서 은하를 향하고 있다. 우주선 안의 관측자가 어느 문명의 위성이 얼마나 빨리 발사되었다고 판단하겠는가?

30. **예제 33.4** 네 번째 문명 D를 고려하자. 문명 D는 앞 문제의 은하에 접근하는 우주선을 발사하였고 문명 C가 발사한 우주선과 동일한 경로를 지난다. 문명 D의 우주선 안의 관측자는 두 위성의 발사 시점이 52,300년 차이가 난다고 판단한다. 은하에 대해 문명 D의 우주선 속력은 얼마인가?

31. **예제 33.4** 응용 문제 29의 상황을 고려하자. 이번에는 문명 A가 문명 B보다 은하계 기준 시간으로 24,700년 먼저 위성을 발사했다. (a) 문명 C의 우주선 안에 있는 관측자가 측정하는 두 위성의 발사 시간 간격을 구하고 어느 것이 먼저 발사됐는가? (b) 두 위성이 동시에 발사됐다고 보는 관측자가 존재할 수 있는가? 만약 그렇다면 그 관측자의 운동은 어떠한가? 만일 존재하지 않는다면 이유를 설명하라.

32. **예제 33.4** 응용 문제 29의 상황을 고려하자. 이번에는 문명 A가 문명 B보다 위성을 은하계 기준 시간으로 114,000년 먼저 발사했다고 하자. (a) 문명 C의 우주선 안에 있는 관측자가 측정한 두 위성의 발사 시간 간격을 구하고 어느 것이 먼저 발사됐는가? (b) 두 위성이 동시에 발사됐다고 보는 관측자가 존재할 수 있는가? 만약 그렇다면 그 관측자의 운동은 어떠한가? 만일 존재하지 않는다면 이유를 설명하라.

실전 문제

33. $0 < v < c$일 때 식 33.2의 시간이 식 33.1보다 긴 것을 보여라.

34. 어떤 마이컬슨 간섭계의 두 수직 방향에서 빛의 속력이 100 m/s 차이가 난다. 이 차이로 550 nm 빛의 간섭 무늬가 반 주기 이동하면 (밝은 무늬가 어두운 무늬로 바뀐다) 마이컬슨 간섭계의 팔의 길이는 얼마인가?

35. 정지 기준틀에서 잰 지구와 태양의 거리는 8.3광분이다. (a) 자체 시계로 5.0 min 만에 여행한 우주비행선의 속력은 얼마인가? (b) 지구-태양 기준틀의 시계로 잰 여행 시간은 얼마인가?

36. 지구와 안드로메다의 공통 정지 기준틀에서 재면 안드로메다 은하는 지구에서 2백만 광년 떨어져 있다. 초고속 우주비행선으로 안드로메다까지 여행하면 우주비행선 시계로 50년 걸린다. 안드로메다에 도달하자마자 선장이 통신장교에게 도착을 알리는 전파신호를 지구에 보내라고 명령한다. 선장은 신호가 우주비행선이 떠난 지 한 세기쯤에 도착할 것이라고 주장하고, 통신장교는 훨씬 나중이 될 것이라고 주장한다. 누가 옳은가?

37. 지구에서 N광년 떨어진 별로 여행하는데, 여행자의 생물학적 시간으로 N년 걸리면 얼마나 빨리 여행한 셈인가?

38. 29.8절 응용물리의 스타샷 프로젝트는 4.24광년 떨어진 프록시마 켄타우리 별을 향해 광속의 20%의 속력으로 비행할 수 있는 스타칩 함대를 계획하고 있다. 이 함대의 비행 시간을 (a) 지구의 기준계, (b) 스타칩 우주선 기준계 기준으로 각각 구하라. (c) 스타칩에서 보기에 프록시마 켄타우리까지의 거리는 얼마인가?

39. 지구에 살던 쌍둥이 A와 B의 20세 생일에 쌍둥이 B가 $0.95c$로 지구-별 기준틀에서 잰 거리 30광년의 별에 갔다왔다. B가 지구로 돌아왔을 때 그들의 나이는 각각 얼마인가?

40. 방사성 산소-15는 시료 원자의 반이 2 min 만에 붕괴한다. 1000개의 ^{15}O 원자가 지구에 대해서 $0.80c$로 지구 시계로 잰 시간 6.67 min 동안 움직인 후에 남은 원자의 수는 얼마인가?

41. 먼 두 은하가 서로 반대 방향으로 지구에 대해서 $0.75c$로 후퇴한다. 한 은하의 관측자가 잰 다른 은하의 속력은 얼마인가?

42. 경주를 하는 두 우주비행선 중 '느린' 우주비행선은 지구에 대해서 $0.70c$로 움직이고, '빠른' 우주비행선은 '느린' 우주비행선에 대해서 $0.40c$로 움직인다. '빠른' 우주비행선의 지구에 대한 속력은 얼마인가?

43. 등속 기준틀에 대해서 $v < c$의 속력으로 물체가 움직이면, 다른 등속 기준틀에 대한 속력도 c보다 작음을 보여라.

44. 지구와 태양 사이의 거리는 8.33광분이다. 지구에서 $t = 0$일 때 사건 A가 발생하고, 태양에서는 $t = 2.45$ min에 사건 B가 발생한다. (a) 지구에서 태양을 향해 $0.750c$로, (b) 태양에서 지구를 향해 $0.750c$로, (c) 지구에서 태양을 향해 $0.294c$로 움직이는 관측자가 본 사건 순서와 시간차를 각각 구하라.

45. 지구와 화성이 14광분 떨어져 있을 때 큐리오시티 탐사선이 화성에 착륙하였다. 착륙 순간에 캘리포니아 파사데나의 관제센터 시계는 오후 10시 31분을 가리켰다. 지구-화성 직선을 따라 $0.35c$로 움직이고 있는 우주선의 관측자에게는 착륙이 파사데나의 시계가 가리킨 시각보다 먼저 발생하였는가, 나중에 발생하였는가? 그리고 얼마나 차이가 나는가?

46. 로런츠 공간 변환식에서 시간 변환식을 유도하라.

47. 그림 33.6의 빛 상자에서 사건 A를 빛의 방출, 사건 B를 빛의 복귀라고 하자. 빛 상자가 속력 v로 움직이는 기준틀에서 이들 사건의 시공간 좌표를 설정하고, 로런츠 변환을 적용하여 빛 상자에서 두 사건의 시간차 $\Delta t'$이 식 33.3임을 보여라.

48. 정지 기준틀에서 잰 두 우주비행선의 길이가 25 m이다(그림 33.25 참조). 우주비행선 A는 $0.65c$로 지구에 접근하고, B는 반대 방향에서 $0.50c$로 접근한다. (a) 지구 기준틀, (b) A 기준틀에서 잰 우주비행선 B의 길이를 각각 구하라.

그림 33.25 실전 문제 48. 지구 기준틀에서 본 그림

49. 인간의 수명인 85년 안에 240광년 떨어진 별에 도달하려면 얼마나 빨리 가야 하는가?

50. 앞선 문명에서 광속보다 단지 50 km/s 느리게 가는 우주비행선을 개발하였다. (a) 지름 100,000 ly의 은하를 가로지르는 데 우주비행선의 비행사가 잰 시간은 얼마인가? (b) 우주비행선의 기준틀에서 은하의 지름은 얼마인가?

51. 지구-별 기준틀에서 잰 10광년 떨어진 별을 향해 지구에서 우주비행선이 $0.80c$로 출발하였다. 지구 출발을 사건 A, 별 도착을 사건 B라고 하자. (a) 지구-별 기준틀에서 두 사건의 시간과 거리를 구하라. (b) 우주비행선 기준틀에서 두 사건의 시간과 거리를 구하라. (힌트: 우주비행선 기준틀에서 두 사건의 거리는 관측자가 이 기준틀에 대해서 두 사건 사이를 움직이는 거리이다. 지구와 별 사이의 로런츠 수축 거리가 아니다.) (c) 두 기준틀에서 시공간 간격의 제곱을 구하고 불변임을 보여라.

52. 식 33.6을 이용하여 (a) 응용 문제 29, (b) 응용 문제 32의 두 사건에서 시공간 간격의 제곱을 구하라. 두 사건의 가능한 인과 관계를 나타내는 부호에 대해서 설명하라.

53. 광선이 사건 A에서 방출되고, 사건 B에서 도달한다. 두 사건의 시공간 간격의 제곱이 0임을 보여라.

54. (a) $0.10c$에서 $0.20c$, (b) $0.80c$에서 $0.90c$로 우주비행선을 가속시키는 데 필요한 운동량 변화를 각각 구하라.

55. 사건 A는 기준틀 S에서 $x = 0$, $t = 0$일 때 발생하고, 사건 B는 기준틀 S에서 $x = 3.8$ ly, $t = 1.6$ y일 때 발생한다. S의 x축을 따라 $0.80c$로 움직이는 기준틀에서 사건 A와 B 사이의 (a) 거리와 (b) 시간을 구하라.

56. 입자의 속력이 두 배가 되면 운동량은 3배로 증가한다. 원래 속력은 얼마인가?

57. 운동 에너지가 500 MeV인 양성자의 (a) 속력과 (b) 운동량을 구하라.

58. 거대 강입자 가속기는 양성자를 14 TeV의 에너지까지 가속한다. (a) 2.0 mm/s로 기어가는 질량 25 mg의 벌레의 운동 에너지와 그 양성자의 에너지를 비교하라. (b) 그 벌레의 운동량과 그 양성자의 운동량을 비교하라.

59. 대도시는 약 1 GW로 전기 에너지를 소모한다. 만약 건포도 1 g의 정지 질량을 모두 전기 에너지로 전환시키면 대도시에 얼마 동안 전기 에너지를 공급할 수 있는가?

60. 핵융합 반응에서 두 개의 중수소 핵은 융합하여 한 개의 헬륨 핵과 한 개의 중성자를 만들고 3.3 MeV의 에너지를 방출한다. 헬륨 핵과 중성자 질량을 합한 값과 중수소 핵 두 개의 질량은 얼마나 차이가 나는가?

61. **CH** $u \ll c$에서 식 33.8이 뉴턴의 운동 에너지와 같음을 보여라. 부록 A의 이항 어림식을 이용하라.

62. **CH** 상대론 운동량과 총에너지에서 식 33.10을 유도하라.

63. 입자의 운동 에너지와 정지 에너지가 같은 속력은 얼마인가?

64. **CH** 시공간에서 두 사건이 분리되어 있어서 한 사건에서 나온 빛이 다른 사건에 도달하지 못한다면, 두 사건이 동시에 발생한다는 관측자가 존재함을 보여라. 그 반대도 사실임을 보여라. 즉 광신호가 한 사건에서 다른 사건에 도달하면 두 사건을 동시로 보는

관측자가 없다. 로런츠 변환식을 사용하라.

65. 진동수 f의 빛을 방출하는 광원이 속력 u로 다가온다. 시간 팽
CH 창과 그림 14.33처럼 파면이 쌓이는 효과를 고려하여 도플러 편
이 진동수가 다음과 같음을 보여라.

$$f' = f\sqrt{\frac{c+u}{c-u}}$$

이항 어림식(부록 A 참조)을 이용하여 $u \ll c$에서 식 14.15와 같
음을 보여라.

66. 지구에서 거리 d만큼 떨어진 별까지 여행하고자 한다. 거리 d는
CH 지구-별 기준계에서 측정한 값이다. 우주선 안에서 여행 시간을
$\Delta t'$로 측정한다. 이때 우주선의 속력 v를 d, $\Delta t'$, c로 나타내라.

67. 대형 우주선이 지구를 $0.750c$로 지나간다. 대형 우주선 안에 중
CH 형 우주선이 대형 우주선에 대해 $0.750c$로 이동한다. 그리고 중
형 우주선 안에 소형 우주선이 중형 우주선에 대해 $0.750c$로 움
직인다. 지구에 대한 소형 우주선의 속력은 얼마인가?

68. 33.9절에서는 13억 광년 떨어진 곳의 블랙홀이 합쳐질 때 발생
한 중력파를 최초로 측정한 것에 대해 설명했다. 두 블랙홀의 질
량은 각각 태양의 36배, 29배이다. 두 블랙홀이 합쳐지면 태양
질량의 62배가 된다. 중력파로 방출되는 총에너지는 얼마인가?

69. 관측된 우주선(cosmic ray) 중 가장 높은 에너지를 가진 것은
CH 300 Eev 에너지를 가진 양성자이다. 이 입자가 100,000광년의 지
름을 가진 은하를 지날 때 걸리는 시간을 (a) 은하 기준계, (b)
입자 기준계에서 각각 구하라.

70. 양의 전하로 이루어진 선의 선전하 밀도는 전하에 대해 정지해
CH 있는 기준틀 S에서 측정할 때 λ이다. (a) 이 대전된 선으로부터
거리 r인 곳의 전기장은 크기가 $E = \lambda/2\pi\epsilon_0 r$이고 자기장은 없
다는 것을 보여라(여기에서 상대론은 필요 없다). 이제 전하선에
평행하게 속력 v로 움직이고 있는 기준틀 S'에서 상황을 고려하
자. (b) S'에서 측정한 전하 밀도는 $\lambda' = \gamma\lambda$임을 보여라. 여기서
$\gamma = 1/\sqrt{1 - v^2/c^2}$이다. (c) (b)의 결과를 사용하여 S'에서 전기
장을 구하라. 전하는 S'에 대해 움직이고 있기 때문에 S'에서는
전류가 있다. (d) 이 전류와 (e) 그 전류가 생성하는 자기장을 구
하라. 두 기준틀에서 (f) $\vec{E} \cdot \vec{B}$와 (g) $E^2 - c^2 B^2$의 값을 구하고,
이 양들이 불변임을 보여라. 이 결과들은 어떻게 전기장과 자기
장이 변환하는지 암시하고, $\vec{E} \cdot \vec{B}$와 $E^2 - c^2 B^2$이 항상 불변이
다는 사실의 한 경우를 예시한다.

71. 아래 표는 어떤 입자의 총에너지와 그에 대응하는 운동량을 나타
DATA 낸 것이다. 입자물리학에서 흔히 사용하는 단위인 MeV와
MeV/c로 그 값들을 측정하였다. 그래프로 나타낼 때 직선이 되
도록 이 양들의 적절한 함수를 결정하라. 자료를 그래프로 그리
고, 최적 맞춤 직선을 구한 후 그것을 사용하여 (a) c의 값과 (b)
입자의 질량을 구하라. 그래프를 그리기 전에 SI 단위로 바꿀 필
요가 있다. 그 입자를 식별할 수 있는가?

총에너지, E(MeV)	0.511	1.01	1.51	2.51	3.51	4.51	5.51
운동량, p(MeV/c)	0	0.872	1.41	2.46	3.45	4.61	5.49

실용 문제

보이저호의 무인 우주비행 이래로 나사의 첫 번째 항성 간 비행의 선
장으로 지명된 사람이 우주선에 탑승하여 재빨리 $0.8c$까지 가속한 후
우리의 태양에서 가장 가까운 별인 프록시마 켄타우리를 향해 등속도
로 운항한다. 두 별의 공통 정지 기준틀에서 잴 때 프록시마 켄타우
리는 4광년 거리에 있다. 운항 도중에 선장은 장거리 우주비행이 인
체에 미치는 효과를 알아보기 위해 다양한 의학 실험을 수행한다.

72. 선장이 맥박을 재보니, 맥박이 지구에 있을
    a. 때보다 상당히 느리다.
    b. 때와 같다.
    c. 때보다 상당히 빠르다.

73. 항성 간 여행 도중에 선장은 몇 년을 늙는가?
    a. 3년
    b. 4년이 조금 안된다.
    c. 4년이 조금 넘는다.
    d. 5년

74. 지구로 귀환할 때, 관제센터는 우주선에 있는 시계가 느리게 간다
    고 판단한다. 선장은 관제센터의 시계에 대해 어떻게 판단하는가?
    a. 빠르게 간다.
    b. 우주선의 시계와 같은 비율로 가고 있다.
    c. 느리게 간다.
    d. 말할 수 없다.

75. 우주선의 기준틀에서 태양에서 프록시마 켄타우리까지의 거리는
    a. 2.4광년이다.
    b. 4광년이 조금 안된다.
    c. 4광년이다.
    d. 5광년이다.

33장 질문에 대한 해답

장 도입 질문에 대한 해답
물리학 법칙은 운동 상태와 무관하게 모든 관측자에게 동일하다.

확인 문제 해답
33.1 (a)

33.2 (c)

33.3 (a)

33.4 (b) 그러나 상대적 속력이 작아서 거의 차이가 없다.

33.5 거의 c에 가깝다.

입자와 파동

학습 목표

이 장을 학습하고 난 후 다음을 할 수 있다.

LO 34.1 양자화의 의미를 설명할 수 있다.

LO 34.2 흑체 복사를 기술하고, 왜 고전물리가 그것을 정확하게 설명할 수 없는가를 말할 수 있다.

LO 34.3 광전 효과와 어떻게 이것이 광자의 개념으로 이어지는 가를 설명할 수 있다.

LO 34.4 보어 모형을 이용하여 원자 스펙트럼을 기술할 수 있다.

LO 34.5 파동–입자 이중성을 물질에 적용하여 물질파의 드브로이 파장을 계산할 수 있다.

LO 34.6 불확정성의 원리를 기술하고 그것을 원자 크기 계에 적용할 수 있다.

LO 34.7 보어의 상보성 원리를 설명할 수 있다.

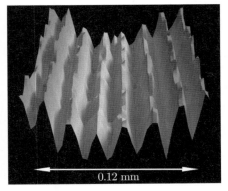

마루와 계곡은 초냉각 나트륨 원자선으로 만든 간섭 무늬의 밝고 어두운 무늬이다. 이 사진이 보여주는 물질의 본성은 무엇일까?

뉴턴 역학과 맥스웰의 전자기학은 **고전물리학**의 핵심이다. 이들 이론이 19세기 중반까지 확고하게 확립되었음에도 불구하고 당대의 많은 과학자와 공학자들의 연구에서 중심적인 역할을 하고 있다.

19세기 말경에 몇몇 하찮아 보이는 현상들이 고전적 해석에 의문을 던지기 시작하였다. 이때까지만 해도 대부분의 물리학자들은 조만간에 고전물리학으로 모든 것을 이해할 수 있을 것으로 믿고 있었다. 그러나 사실은 그렇지 않았다. 빛에 관한 의문에서 시간과 공간에 대한 개념이 변하였고, 원자 수준의 물질에 대한 의문에서 물리적 사고가 혁명적으로 변하였다.

이 장에서는 양자역학의 개념을 이끈 현상들을 공부한다. 다음 장에서는 양자론에 대해서 살펴보고, 그 다음 장에서는 원자, 분자, 핵, 고체에 관한 응용을 공부한다.

34.1 초기 양자론

LO 34.1 양자화의 의미를 설명할 수 있다.

물질과 에너지를 무한히 나눌 수 있을까? 고전물리학에서는 '예'이고 양자물리학에서는 '아니오'이다. 대부분의 물리량은 **양자화**(quantized)되어 띄엄띄엄한 특정값만 갖는다.

물리량이 띄엄띄엄한 '덩어리'로 나타난다는 생각은 새롭지 않다. 이미 2400년 이전에 그리스의 철학자 데모크리토스(Democritus)는 모든 물질이 나눌 수 없는 원자로 이루어진다고 제안하였다. 20세기 초까지는 좀 더 과학적으로 신빙성 있는 원자론이 널리 인정되었다. 1897년 조셉 톰슨(Joseph John Thomson)이 전자를 발견함으로써 결국 원자를 나눌 수 있으며 물질을 띄엄띄엄한 '덩어리'로 더 잘게 나눌 수 있다고 믿게 되었다. 1909년 밀리컨의 기름방울 실험으로 전하의 양자화가 입증되었다. 그 후 양성자와 중성자의 발견으로 물질이 기본 구성 입자로 이루어진다는 확신을 갖게 되었다.

물질이 불연속 성질을 가진 입자로 양자화되는 것은 입자가 고전 법칙을 만족시키면, 특히 입자가 공간을 연속적으로 움직이며 어떤 양의 에너지라도 가질 수 있다면, 고전물리학과 양립할 수 있다. 또한 고전전자기학에서는 대전 입자에 작용하는 힘, 에너지 등이 연속적으로 변해야 한다.

양자물리학은 이러한 고전적 거동이 원자 수준에서는 성립하지 않고 에너지 자체도 양자화된다는 놀라운 사실을 보여 준다. 양자물리학적 사실을 물질과 운동에 대한 일상의 상식과 조화시키는 것은 불가능하다. 양자 세계는 다른 언어로 말하는데, 이것은 인과율에 관한 뿌리 깊은 믿음, 물질의 확고한 실체 같은 개념이 더 이상 성립하지 않는 언어이다. 먼저 에너지가 양자화되는 사실을 보여 주는 세 가지 현상들을 공부해 보자.

34.2 흑체 복사

LO 34.2 흑체 복사를 기술하고, 왜 고전물리가 그것을 정확하게 설명할 수 없는가를 말할 수 있다.

물체를 뜨겁게 가열하면 빨갛게 달아오르면서 빛의 형태로 전자기파가 방출된다. 16.3절에서 배웠듯이, 방출한 전체 일률은 온도의 네제곱에 비례한다. 또한 온도가 증가하면 파장이 변한다. 첫 번째로 보이는 빛깔은 또렷하지 않은 빨간색이며, 온도가 증가함에 따라 점점 짧은 파장의 주황색, 노란색으로 변한다.

전자기 복사를 완벽하게 흡수하는 물체를 **흑체**(blackbody)라고 한다. 왜냐하면 모든 빛을 흡수하여 검게 보이기 때문이다. 흑체를 가열하면 모든 파장대의 **흑체 복사**(blackbody radiation)가 방출된다. 태양, 전기난로 같은 물체들은 흑체와 비슷하게 복사를 방출한다. 작은 구멍이 뚫려 있는 상자는 훌륭한 흑체 모형이다. 그림 34.1에서 볼 수 있듯이 작은 구멍으로 들어온 복사는 내부에서 다중 반사하여 결국에는 흡수되어 버리기 때문이다. 작은 구멍은 거의 완벽한 흡수체이다. 따라서 이를 가열시키면 흑체 복사를 방출한다.

흑체 복사에 관한 실험에서 다음의 세 가지 실험 결과들을 알 수 있다.

1. 복사는 연속적 파장 분포이며, 모든 파장대에서 복사하는 전체 일률은 16장에서 소개한 다음의 슈테판-볼츠만 법칙으로 주어진다.

$$P_{흑체} = \sigma A T^4 \tag{34.1}$$

여기서 A는 복사 표면의 면적, T는 절대 온도, $\sigma = 5.67 \times 10^{-8}$ W/(m$^2 \cdot$ K^4)은 슈테판-볼츠만 상수이다.

2. 파장에 대한 복사 곡선의 봉우리는 온도에 반비례한다. 이를 **빈의 법칙**(Wien's law)이라고 한다.

3. 복사 곡선은 물질의 종류와 상관없이 온도에만 의존한다.

흑체의 **복사도**(radiance)는 복사 일률을 파장의 함수로 측정한 곡선이다. 흑체가 연속 스펙트럼을 방출하므로 복사도를 작은 스펙트럼 간격의 일률로 표기해야 한다. 작은 스펙트럼

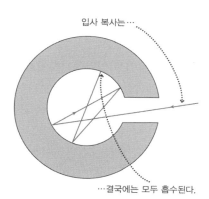

입사 복사는…

…결국에는 모두 흡수된다.

그림 34.1 작은 구멍이 난 공동은 거의 모든 입사 복사를 흡수하므로 거의 완벽한 흑체이다.

간격을 파장으로 측정하면 두 번째 실험 결과에서 봉우리 파장 $\lambda_{봉우리}$를 다음과 같이 표기할 수 있다.

$$\lambda_{봉우리} T = 2.898 \text{ mm} \cdot \text{K} \quad \text{(빈의 법칙)} \qquad (34.2a)$$

그러나 일정한 파장의 선택 간격은 임의적이다. 작은 스펙트럼 간격을 진동수로 측정하면 식 34.2a의 상수가 달라져서 복사 곡선의 봉우리 파장도 달라진다. 즉 식 34.2a의 $\lambda_{봉우리}$는 흑체가 대부분의 복사를 방출하는 절대적 파장이 아니라 스펙트럼 간격의 선택에 따라 달라지는 최대 복사를 나타내는 상대적 파장이다. 물리적으로 기초가 튼튼한 물리량은 위-아래에서 일률의 반을 방출하는 중간 파장으로, 다음과 같이 표기할 수 있다.

$$\lambda_{중간} T = 4.11 \text{ mm} \cdot \text{K} \qquad (34.2b)$$

어떤 척도를 선택하더라도 봉우리 파장이 온도에 반비례한다는 사실은 변함이 없다. 만약 복사도를 단위 면적당 단위 파장당 방출한 일률로 정의하면, 식 34.2a는 봉우리 파장이다. 그림 34.2는 세 온도에서 흑체의 복사도를 파장의 함수로 그린 복사 곡선이다.

미시적으로 흑체 복사는 원자와 분자의 열운동과 관련이 있으므로 복사 곡선이 온도에 의존함은 당연한 결과이다. 1800년대 후반에 물리학자들은 전자기학과 통계역학의 법칙으로 흑체 복사의 실험 결과를 설명하려고 노력하였다. 이들은 전체 복사 에너지가 온도의 네제곱에 비례하고, 온도가 증가하면서 짧은 파장대로 이동하는 현상 등을 성공적으로 설명하였으나, 모든 파장에 대한 복사 곡선을 얻지 못하였다.

1900년에 독일의 물리학자 막스 플랑크(Max Karl Ernest Ludwig Planck)는 실험적으로 측정한 복사 곡선에 알맞은 방정식으로 다음의 흑체 공식을 제안하였다.

$$R(\lambda, \ T) = \frac{2\pi hc^2}{\lambda^5 (e^{hc/\lambda kT} - 1)} \qquad (34.3)$$

여기서 $k = 1.38 \times 10^{-23}$ J/K 은 17장에서 소개한 볼츠만 상수이고, c는 광속이다. h는 자신의 공식과 실험 결과를 맞추기 위하여 플랑크가 도입한 새로운 상수이다.

플랑크는 처음에 흑체 실험을 기술하는 순수한 경험 법칙으로 제안한 자신의 공식에서 다음과 같은 놀라운 물리적 해석이 필요함을 깨달았다.

> 진동하는 분자의 에너지는 띄엄띄엄한 특정값만을 갖도록 양자화된다. 특히 진동수가 f인 진동 에너지는 다음과 같이 hf의 정수배이어야 한다.
>
> $$E = nhf, \ n = 0, \ 1, \ 2, \ 3, \ \cdots \qquad (34.4)$$

여기서 h는 식 34.3에 도입한 상수이다. 오늘날 자연의 기본상수로 믿고 있는 h를 **플랑크 상수**(Planck's constant)라고 하며, 크기는 6.63×10^{-34} J·s이다. h의 크기가 이처럼 작기 때문에 양자 현상은 원자나 분자의 영역에서만 관측할 수 있다. 플랑크의 에너지 양자화는 분자가 한 에너지 상태에서 다른 에너지 상태로 전이할 때 hf 크기의 띄엄띄엄한 에너지 덩어리로만 에너지를 방출하고 흡수할 수 있다는 뜻이다(그림 34.3 참조). (후에 플랑크는 전이하는 에너지의 크기가 hf인 것은 올바르지만, 식 34.4의 앞의 n은 실제로 $n + \frac{1}{2}$이라는 것을 보여 주었다.)

플랑크 자신은 매우 보수적이어서 고전물리학과 분명히 모순되는 자신의 이론을 퍼트리는

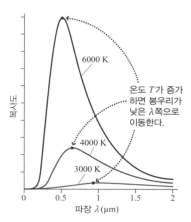

그림 34.2 단위 파장당 에너지를 파장의 함수로 나타낸 흑체 복사도

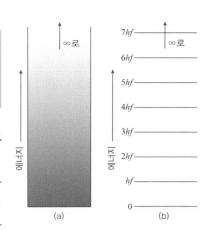

그림 34.3 (a) 고전물리학에서 진동하는 분자는 어떤 에너지도 가질 수 있다. (b) 플랑크 이론에서 허용하는 에너지는 hf의 정수배이다. 이와 같은 에너지 준위 도표는 양자역학에서 자주 사용되며, 수평축은 물리적 의미가 없다.

데 주저하였다. 그럼에도 불구하고 그는 1918년 노벨 물리학상을 수상하였다. 다른 물리학자들은 플랑크의 공식과 흑체 복사의 고전물리학적 결과 사이의 대비점을 계속 조사하였다. 그리고 모든 가능한 진동 방식으로 에너지가 균일하게 분배된다는 초기의 계산에서 다음과 같은 **레일리-진스 법칙**(Rayleigh-Jeans law)을 얻었다.

$$R(\lambda, \ T) = \frac{2\pi ckT}{\lambda^4} \tag{34.5}$$

레일리-진스 법칙은 실험 결과와 맞지 않을 뿐만 아니라 모든 가열 물체가 짧은 파장 영역에서 전자기 에너지를 무한대로 방출해야 한다는 불합리한 결론에 도달하게 된다(그림 34.4 참조). 당시에 알려진 가장 짧은 파장은 자외선이므로 이러한 현상을 **자외선 파국**(ultraviolet catastrophe)이라고 불렀다. 플랑크의 공식에서 파장이 감소하면, 분모의 지수 함수가 급속히 감소하여 복사도가 줄어들므로 자외선 파국을 피할 수 있다. 실전 문제 72, 76, 78에서 플랑크의 공식을 장파장 영역에서 계산하면 레일리-진스 법칙을 유도할 수 있고, 빈의 변위 법칙과 슈테판-볼츠만 법칙도 유도할 수 있다.

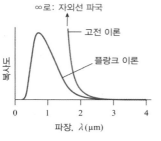

그림 34.4 6000 K 흑체 복사의 복사도에서 고전이론의 오류

| **예제 34.1** | **흑체 복사: 전구의 효율** |

표준 백열전구의 필라멘트 온도는 2900 K이다. (a) 봉우리 파장을 구하라. (b) 봉우리 복사도와 가시광선의 대략적인 중심인 550 nm의 복사와 비교하라.

해석 온도를 알고 있는 물체의 복사에 관한 문제로 전구의 필라멘트를 흑체로 취급한다. 봉우리 파장과 두 파장에 대한 복사도를 비교해야 한다. 복사도는 단위 파장당 단위 면적당 일률로 정의한다.

과정 봉우리 파장은 식 34.2a이며, 파장의 함수로 표기한 흑체 복사도는 식 34.3이다. (a)는 식 34.2a, $\lambda_{봉우리}T = 2.898 \ \text{mm}\cdot\text{K}$에 $T = 2900 \ \text{K}$을 넣어서 구한다. (b)는 (a)의 결과와 550 nm의 가시광선 파장을 식 34.3에 넣어서 비교한다.

풀이 (a) 식 34.2a에서 $\lambda = 2.898 \ \text{mm}\cdot\text{K}/2900 \ \text{K} = 1.0 \ \mu\text{m}$이다.

(b) 두 파장 $\lambda_1 = 1.0 \ \mu m \ (1000 \ \text{nm})$와 $\lambda_2 = 550 \ \text{nm}$로 계산한 식 34.3을 비교하면 다음을 얻는다.

$$\frac{R(\lambda_2, \ T)}{R(\lambda_1, \ T)} = \frac{\lambda_1^5(e^{hc/\lambda_1 kT} - 1)}{\lambda_2^5(e^{hc/\lambda_2 kT} - 1)} = 0.34$$

검증 (a)의 봉우리 파장 1.0 μm가 적외선 영역이므로 백열전구의 효율이 나쁘다. 즉 (b)의 결과는 적외선 봉우리에서보다 가시광선에서 복사도가 훨씬 작다는 것을 보여 준다. 복사도는 단위 면적당 단위 파장당 일률이므로, 물리적으로 좀 더 의미가 있는 중간 파장인 $\lambda_{중간}T = 4.11 \ \text{mm}\cdot\text{K}$을 구하면, $\lambda_{중간} = 1.4 \ \mu\text{m}$로 역시 적외선 영역이다. 결국 중간 파장 이상에서 복사의 반이 방출되므로, 백열전구는 가시광선 밖의 적외선 영역에서 반 이상의 빛을 방출하는 셈이다.

확인 문제 **34.1** 동일한 두 흑체를 가열하여 흑체 A의 온도가 흑체 B의 온도의 2배가 되었다. (1) 전체 복사 일률과 (2) 봉우리 파장을 각각 비교하라.

34.3 광자

LO 34.3 광전 효과와 어떻게 이것이 광자의 개념으로 이어지는 가를 설명할 수 있다.

플랑크는 진동하는 분자가 hf 크기의 띄엄띄엄한 에너지 덩어리로만 전자기 복사 에너지를 교환할 수 있음을 보였다. 그렇다면 복사 에너지도 양자화될까?

광전 효과

1887년 헤르츠는 빛을 쪼인 금속판에서 전자가 방출되는 현상, 즉 **광전 효과**(photoelectric effect)를 관측하고, 그림 34.5와 같은 진공 유리관의 금속 전극으로 실험을 하였다. 한 전극에 빛을 쪼이면 전자가 방출되며, 이때 두 번째 전극을 양으로 대전시키면 전자를 끌어당겨서 전류가 흐르므로 방출된 전자의 수를 측정할 수 있다. 반면에 두 번째 전극을 충분히 음으로 대전시키면 전자 에너지가 척력을 극복할 만큼 충분하지 못해서 전류가 멈추게 된다. 이러한 멈춤 퍼텐셜(stopping potential)은 전자의 최대 운동 에너지 $K_{최대} = e V_s$와 같다.

고전물리학에 따르면 전자는 광파의 진동하는 전자기장에서 힘을 받기 때문에 광전 효과가 발생할 수 있다. 전자가 광파로부터 에너지를 흡수하면 운동 진폭이 커지다가 결국에는 금속에서 탈출할 만큼 충분한 에너지를 갖게 된다. 파동 에너지는 전체 파동에 퍼져 있으므로 전자 하나가 충분한 에너지를 흡수하려면 약간의 시간이 필요하다. 또한 빛의 세기를 증가시키면 전기장이 증가하므로 전자는 더 빨리 더 많이 에너지로 방출되어야 한다. 물론 파동 진동수의 변화는 큰 효과가 없어야 한다.

그러나 광전 효과의 결과는 고전물리학의 예측과 전혀 달랐다. 그림 34.6은 그림 34.5의 광전 효과 실험에서 얻은 전압 대 전류 곡선이다. 이와 함께 입사광의 진동수를 변화시키면서 얻은 실험 결과를 살펴보면 고전물리학의 예측과 모순이 되는 다음의 세 가지 사실들을 알 수 있다.

1. 전류가 즉시 흐르므로 전자가 즉각 튀어나온 것이다. 더욱이 희미한 빛에서도 튀어나온다.
2. 멈춤 퍼텐셜 V_s로 측정한 전자의 최대 에너지는 빛의 세기와 무관하다.
3. 차단 진동수 아래에서는 빛의 세기가 아무리 강해도 전자가 튀어나오지 않는다. 차단 진동수 위에서는 전자가 방출되는데, 그 최대 에너지는 빛의 진동수에 비례하여 증가한다.

특수 상대성이론을 발표한 같은 해인 1905년에 아인슈타인은 광전 효과를 설명하는 논문을 발표하였다. 아인슈타인은 전자기파의 에너지가 **광자**(quanta, photon)라는 덩어리에 집중되었으며, 플랑크가 분자 진동에 적용한 에너지 양자화 조건을 광자에 적용하여, 진동수가 f인 광자의 에너지를 hf로 제안하였다. 여기서 h는 플랑크 상수이다.

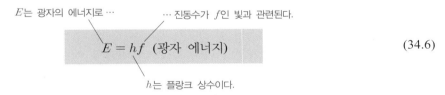

E는 광자의 에너지로 ⋯   ⋯ 진동수가 f인 빛과 관련된다.

$$E = hf \quad (광자\ 에너지)$$

(34.6)

h는 플랑크 상수이다.

빛이 강하면 전자가 많이 방출되지만 광자의 에너지는 빛의 세기와 관련이 없다.

아인슈타인의 생각은 광전 효과의 비고전적인 측면을 설명한 것이다. 각 물질은 전자를 방출하는 데 필요한 최소 에너지, 즉 일함수(work function) ϕ가 있다. (표 34.1은 몇몇 물질의 일함수이다.) 진동수가 f인 빛의 광자 에너지가 hf이므로 저진동수 빛의 광자가 일함수보다 작은 에너지를 가지면 전자가 방출될 수 없다. 차단 진동수에서 광자 에너지와 일함수가 같으므로 광자는 겨우 전자를 튀어나오게 만든다. 진동수가 증가하면 전자는 광자 에너지와 일함수의 차이에 해당하는 다음의 운동 에너지를 갖게 된다.

$$K_{최대} = hf - \phi$$

(34.7)

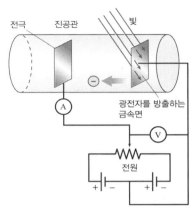

그림 34.5 광전 효과 장치

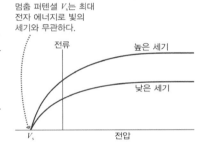

멈춤 퍼텐셜 V_s는 최대 전자 에너지로 빛의 세기와 무관하다.

그림 34.6 그림 34.5의 광전 효과 실험에서 전류 대 전압 곡선. 빛의 진동수는 같고 세기가 다르다.

표 34.1 일함수

이름(기호)	ϕ(eV)
은(Ag)	4.26
알루미늄(Al)	4.28
세슘(Cs)	2.14
구리(Cu)	4.65
칼륨(K)	2.30
나트륨(Na)	2.75
니켈(Ni)	5.15
실리콘(Si)	4.85

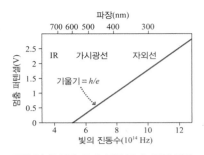

그림 34.7 광전 효과 실험 결과. 빛의 진동수와 파장의 함수로 나타낸 멈춤 퍼텐셜. 볼트로 측정한 멈춤 퍼텐셜은 전자볼트로 측정한 전자 에너지이다.

따라서 전자의 최대 에너지는 광자 에너지에만 의존한다. 즉 빛의 세기가 아니라 빛의 진동수에만 의존한다(그림 34.7 참조). 끝으로, 개별 광자가 총에너지를 한꺼번에 전자에게 전달하므로 전자가 즉시 튀어나올 수 있다. 아인슈타인은 1921년 상대성이론이 아니라 광전 효과에 대한 논문으로 노벨 물리학상을 수상하였다. 1914년 전하의 양자화를 실증한 밀리컨은 엄밀한 광전 효과 실험으로 아인슈타인의 가설을 입증하여 1923년에 노벨 물리학상을 수상하였다.

 확인 문제 **34.2** 그림 34.7을 다른 일함수에 대해서 그리면, (1) 직선의 기울기가 변하는가? (2) 수평축과 만나는 절편의 위치가 바뀌는가?

파동인가, 입자인가?

광자의 존재를 논하면서 아인슈타인은 **파동-입자 이중성**(wave-particle duality)을 어렴풋이 알아차렸다. 그는 파동인 빛이 광전 효과 같은 현상에서는 국소 입자처럼 거동하는 이중성을 언급하였다. 빛의 입자성을 보여 주는 다른 현상을 하나 더 공부하고, 나중에 빛뿐만 아니라 물질에도 파동-입자 이중성이 있음을 공부하겠다.

콤프턴 효과

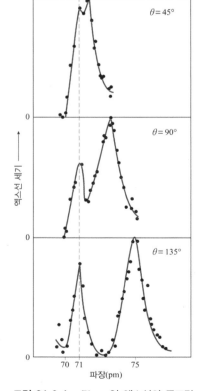

그림 34.9 $\lambda = 71$ pm인 엑스선의 콤프턴 실험 결과. 오른쪽 봉우리는 콤프턴 효과의 파장 이동을 나타낸다. 변함 없는 왼쪽 봉우리는 단단하게 결합된 전자에서 산란된 광자가 만든 것이다. 실선은 이론값이다.

1923년 미국의 물리학자 아서 콤프턴(Arthur Holly Compton)은 전자기 복사의 입자성을 명백하게 입증하는 실험에 성공하였다. 콤프턴의 실험은 양자론의 역사에서 아인슈타인보다 한참 후에 등장하지만, 그의 실험이 아인슈타인의 광자 가설을 결정적으로 입증하므로 여기서 미리 공부한다.

콤프턴은 엑스선과 전자의 상호작용을 연구하고 있었다. 고전물리학에 따르면 전자기파와 상호작용한 전자는 진동하는 전기장에 의해서 진동을 해야 한다. 가속 전하가 전자기파의 원천이므로 전자도 입사 파동과 같은 진동수의 전자기파를 방출해야 한다(그림 34.8a 참조). 또한 29.7절에서 보았듯이 전자는 모든 방향으로 전자기파를 방출하되 진동 방향에 수직한 방향으로 최대 세기의 전자기 복사를 방출해야 한다.

콤프턴과 동료들은 산란 엑스선의 세기를 여러 산란각에서 파장의 함수로 측정하였다. 그들은 놀랍게도 입사 복사의 파장보다 긴 파장에서 더 큰 세기의 산란 엑스선을 검출하였다(그림 34.9 참조). 그들은 광자가 입자처럼 전자와 충돌하여 에너지를 전달하기 때문에 $E = hf$에 따라 진동수가 낮아져서 파장이 길어진다고 설명하였다(그림 34.8b 참조).

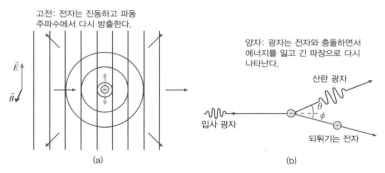

그림 34.8 전자기파와 자유 전자의 상호작용에 대한 고전 및 양자적 기술

이러한 **콤프턴 효과**(Compton effect)를 입사 광자와 정지한 전자 사이의 탄성 충돌로 설명할 수 있다. 광자가 광속 c로 움직이므로 상대론적 에너지와 운동량을 사용해야 한다. 실전 문제 77에서 광자의 파장 λ_0에 대한 **콤프턴 이동**(Compton shift), $\Delta\lambda = \lambda - \lambda_0$을 다음과 같이 표기할 수 있다.

$$\Delta\lambda = \frac{h}{mc}(1 - \cos\theta) \ \text{(콤프턴 이동)} \tag{34.8}$$

그림 34.9는 이 식이 실험 결과와 완벽하게 일치함을 보여 준다.

식 34.8의 h/mc는 전자의 **콤프턴 파장**(Compton wavelength)으로, $\theta = 90°$로 산란한 광자의 파장 이동이며, 크기는 $\lambda_C = h/mc = 0.00243\,\text{nm}$ 또는 $2.43\,\text{pm}$이다. 식 34.8에서 가장 큰 파장 이동은 $\theta = 180°$의 $2\lambda_C$이다. 파장 이동이 뚜렷하려면 입사 파장의 상당 부분이 이동해야 하는데, 그것은 콤프턴 파장보다 지나치게 클 수 없다. 엑스선인 경우 λ는 대략 $10\,\text{pm}$에서 $10\,\text{nm}$이므로 엑스선에서 콤프턴 이동을 측정하기는 매우 어렵다. 가시광선에서는 거의 불가능하다.

오늘날에는 감마선을 이용한 콤프턴 산란으로 물질의 구조를 연구하고 있다. 예를 들어 뼈에 투입한 방사성 물질이 방출하는 감마선의 콤프턴 산란으로 뼈의 기형 상태를 진단한다. 콤프턴 효과는 고에너지 천체에서 흔한 과정이며 감마선 생성에도 활용되고 있다.

콤프턴 산란에서 파장 이동은 고전물리학으로 설명할 수 없다. 원자 세계의 핵심적 특징으로 양자화를 입증하는 10년 동안의 실험과 이론 중에서도, 콤프턴의 실험 결과는 물리학자들이 양자의 실체를 믿게 된 확고한 증거가 되었다.

> **확인 문제** **34.3** 콤프턴 실험에서 전자 대신 양성자를 사용하면 광자의 파장이 (a) 길어지는가, (b) 짧아지는가?

34.4 원자 스펙트럼과 보어 모형

LO 34.4 보어 모형을 이용하여 원자 스펙트럼을 기술할 수 있다.

29장에서 가속 전자가 전자기 복사의 원천임을 배웠다. 1900년까지는 원자에 양전하 영역은 물론 음전하도 있다고 알려졌다. 1911년 어니스트 러더퍼드(Ernest Rutherford)와 동료 한스 가이거(Hans Geiger), 학생 어니스트 마스던(Ernest Marsden)은 매우 작고 무거운 양전하 핵의 존재를 밝혔다. 고전물리학에 따르면 전자는 전기력으로 핵 주위의 궤도에서 가속 운동을 하기 때문에 전자기파를 방출해야 한다. 즉 전자는 모든 에너지를 복사로 내보내고 나선형으로 핵에 빨려 들어간다. 따라서 안전한 원자의 존재는 고전물리학에서 신기한 일이었다.

수소 스펙트럼

윌리엄 월라스틴(William Wollaston)이 프리즘에서 분산된 색깔 사이에서 스펙트럼선을 주목한 1804년으로 거슬러 올라가 보면 원자에 대한 미묘한 문제가 있었음을 알 수 있다. 10년 후 독일의 안과의사 요세프 프라운호퍼(Josef von Fraunhofer)가 태양광선을 충분히 분산시킨 연속 스펙트럼에서 수백 개의 좁고 검은 선을 발견하였다. 전기 방전으로 들뜬 확산 기체가 방출하는 빛의 연구에서도 검은 배경에 밝은 **스펙트럼선**(spectral line)이 나타났다(그림 30.16). 이러한 **방출 스펙트럼**(emission spectrum)은 원자가 띄엄띄엄한 진동수의 빛을 방출할 때 생긴다. 반면에 **흡수 스펙트럼**(absorption spectrum)은 확산 기체의 원자가 띄엄띄엄한 진동수의 빛을 흡수할 때 생긴다. '확산'이란 말을 강조한 것은, 기체가 충분히 확산하여 한 원자에서 나온 빛이 다른 원자와 상호작용하기 전에 기체를 탈출할 확률이 높은 기체에서 띄엄띄엄한 스펙트럼선이 잘 관측되기 때문이다. 조밀한 기체에서는 다중 상호작용으로 흑체 복사와 같은 연속 스펙트럼이 생긴다.

모든 원소는 자신의 고유한 스펙트럼선을 만들므로, 머나먼 우주에서 온 빛의 스펙트럼선 분석으로도 빛을 방출하는 물질의 특성과 종류를 파악할 수 있다. 지상에서 헬륨을 발견하기 전에 태양 대기의 스펙트럼선 분석으로 먼저 헬륨을 발견하였다. 이에 따라 태양을 뜻하는 그리스어 'helios'에서 따와 헬륨이라고 명명하였다. 스펙트럼선의 도플러 효과를 측정하면 먼 은하에서 블랙홀 주위를 궤도 비행하는 별을 볼 수 있고, 우주 팽창에 대한 직접적 증거도 찾을 수 있다. 지상에서는 원자의 흡수 분광학에서 스펙트럼선을 이용하여 물질의 원소 조성을 확인하여 공해 물질을 찾아내고, 생물학적 시료에서 원소의 이동을 추적하기도 한다.

1884년 스위스의 교사 요한 발머(Johann Balmer)는 수소의 가시광선 스펙트럼(그림 30.16 참조)에서 처음 네 개의 스펙트럼선을 다음의 방정식으로 표기하였다.

$$\frac{1}{\lambda} = R_H \left(\frac{1}{2^2} - \frac{1}{n^2} \right)$$

여기서 $n = 3$, 4, 5, 6, $\cdots$ 이고, R_H는 **수소의 뤼드베리 상수**(Rydberg constant for hydrogen)이며 크기는 약 $1.0968 \times 10^7 \text{ m}^{-1}$ 이다. 그 후 수소 스펙트럼의 다른 스펙트럼선 계열이 곧 발견되어 발머 방정식은 다음과 같이 일반화되었다.

$$\frac{1}{\lambda} = R_H \left(\frac{1}{n_2^2} - \frac{1}{n_1^2} \right) \tag{34.9}$$

여기서 $n_1 = n_2 + 1$, $n_2 + 2$, $\cdots$ 이다. 발머 계열은 $n_2 = 2$, 라이먼(Lyman) 계열은 $n_2 = 1$ 이고, 적외선 파센(Paschen) 계열은 $n_2 = 3$ 이다. 실제로는 $n_2 = 1$, 2, 3, $\cdots$ 에 해당하는 무한히 많은 계열이 있다.

왜 원자는 띄엄띄엄한 스펙트럼선을 방출할까? 왜 식 34.9에 일반화된 식처럼 수소 스펙트럼선에 간단한 규칙성이 있을까?

보어 원자 모형

1913년 덴마크의 물리학자 닐스 보어(Niels Henrik Bohr)는 수소의 스펙트럼선을 설명하는 원자 이론을 제안하였다. **보어 원자**(Bohr atom)에서 전자는 전기력으로 핵 주위의 원형 궤도를 움직인다. 고전적으로는 모든 궤도 반지름과 이에 해당하는 모든 에너지와 각운동량이 가능하다. 그러나 보어는 플랑크 상수의 정수배를 2π로 나눈 각운동량을 가진 궤도만이 가능하다고 주장하면서 원자를 양자화하였다. 보어는 각운동량의 양자화로 식 34.9를 유도하여 수소 스펙트럼선을 설명하였다.

보어는 고전전자기학의 예측과는 달리, 허용된 궤도에서 움직이는 전자는 복사 에너지를 방출하지 않는다고 주장하였다. 또한 두 궤도 준위의 에너지차에 해당하는 에너지를 지닌 광자를 방출하거나 흡수하면서 전자가 한 궤도에서 다른 궤도로 양자뜀을 할 수 있다고 생각하였다. 따라서 허용된 에너지 준위를 알면 광자 에너지를 구할 수 있다.

보어 모형에서 양자화된 에너지 준위를 구하기 위해서 고정된 양성자 주위를 전자가 원궤도로 움직이는 수소 원자를 생각해 보자. 양성자를 고정시킨 가정은 양성자의 질량이 전자보다 거의 2000배나 무겁기 때문에 적절한 어림이다. 또한 전자의 속력이 광속보다 매우 낮은 경우만을 생각한다. 이 또한 수소 원자에 적절한 어림이다.

예제 11.1에서 반지름 r인 원형 궤도를 움직이는 질량 m, 속력 v인 입자의 각운동량은 mvr이므로, 보어의 양자화 조건은 다음과 같다.

$$mvr = n\hbar \quad \text{(양자화, 보어 원자)} \tag{34.10}$$

여기서 $n = 1, 2, 3, \cdots$ 이고, $\hbar \equiv h/2\pi$이다. 전자의 각운동량을 에너지와 연결하면 식 34.10이 뜻하는 에너지 양자화를 알 수 있다.

8장에서 역제곱 힘에 대한 원운동을 배웠다. 무한대의 퍼텐셜 에너지를 0으로 잡으면, 원궤도에서 운동 에너지와 퍼텐셜 에너지는 $K = -\frac{1}{2}U$이므로, 총에너지 $K + U$는 $\frac{1}{2}U$이다. 이 결과는 전기력을 포함한 $1/r^2$ 힘에서 항상 성립한다. 전기력인 경우에 퍼텐셜 에너지 U는 양성자의 점전하 퍼텐셜 ke/r에 전자의 전하 $-e$를 곱한 값이다. 따라서 총에너지는 $E = \frac{1}{2}U = -ke^2/2r$이다. 음의 부호는 전자가 양성자에 속박되었다는 뜻이므로, 전자를 떼어내려면 에너지가 필요하다. 이 식을 r에 대해서 풀면

$$r = -\frac{ke^2}{2E} \tag{34.11}$$

을 얻는다. 운동 에너지가 $K = -\frac{1}{2}U = -E$이므로 $\frac{1}{2}mv^2 = -E$에서 $v = \sqrt{-2E/m}$이다. 여기서 얻은 r와 v를 식 34.10에 넣으면 $m\sqrt{-2E/m}(-ke^2/2E) = n\hbar$를 얻는다. 따라서 에너지는 다음과 같다.

$$E_n = -\frac{k^2e^4m}{2\hbar^2n^2}$$

여기서 $n = 1, 2, 3, \cdots$이다. $n = 1$인 가장 낮은 에너지 상태를 **바닥 상태**(ground state)라고 하며, 다른 상태들을 **들뜬 상태**(excited state)라고 한다. **보어 반지름**(Bohr radius) a_0을

$$a_0 = \frac{\hbar^2}{mke^2} = 0.0529 \text{ nm}$$

로 정의하면, 에너지를 다음과 같이 표기할 수 있다.

E_n은 수소 내에 전자의 에너지이다.

k는 쿨롱 상수이고, e는 기본 전하이다.

$$E_n = -\frac{ke^2}{2a_0}\left(\frac{1}{n^2}\right) \quad \text{(에너지 준위, 보어 원자)} \tag{34.12a}$$

a_0은 보어 반지름 52.9 pm이다.

n은 에너지 준위이다.

식 34.12a는 보어의 양자화 조건에서 얻은 허용된 에너지 준위이다. 한편 $n = 1$이면 $E_1 = -2.18 \times 10^{-19}$ J $= -13.6$ eV이므로, 식 34.12a를 다음과 같이 표기할 수 있다.

$$E_n = -\frac{13.6\,\text{eV}}{n^2} \tag{34.12b}$$

이제 허용된 에너지 준위를 구하였다. 스펙트럼선은 어떠할까? 전자가 에너지 준위 사이를 양자뜀하면 에너지 hf가 두 에너지 준위 사이의 에너지차와 같은 광자를 방출하거나 흡수한다. 전자가 높은 에너지 준위 n_1에서 낮은 에너지 준위 n_2로 양자뜀한다고 하자. 식 34.12a에서 두 준위의 에너지차는

$$\Delta E = -\frac{ke^2}{2a_0}\left(\frac{1}{n_1^2} - \frac{1}{n_2^2}\right) = \frac{ke^2}{2a_0}\left(\frac{1}{n_2^2} - \frac{1}{n_1^2}\right)$$

이며, 이것은 방출하는 광자 에너지와 같다. 한편 광자 에너지는 $\Delta E = hf = hc/\lambda$에서 $1/\lambda = \Delta E/hc$이므로, 다음과 같다.

$$\frac{1}{\lambda} = \frac{ke^2}{2a_0 hc}\left(\frac{1}{n_2^2} - \frac{1}{n_1^2}\right)$$

이 결과는 수소 스펙트럼선에 관한 식 34.9와 같다. 뤼드베리 상수 R_H 대신에 포함된 $ke^2/2a_0 hc$에 알려진 값들을 넣으면 $R_\infty = ke^2/2a_0 hc$ $= 1.0974 \times 10^7\,\text{m}^{-1}$로 실험에서 얻은 뤼드베리 상수값과 거의 같다. 작은 오차는 양성자를 고정시킨 어림에서 비롯된다. 그러한 근사는 양성자의 질량이 무한하다고 가정하는 것과 대등하다. 그러므로 이론적으로 계산한 뤼드베리 상수에 아래 첨자 ∞를 표시하였다.

각운동량의 양자화에 관한 보어 이론은 수소 스펙트럼을 정확하게 설명한다. 보어의 수소 원자 모형에 대한 그림 34.10의 **에너지 준위 도표** (energy-level diagram)를 이용하여 여러 스펙트럼 계열을 설명할 수 있다. 허용된 에너지 준위는 수평 직선으로, 에너지 준위 사이의 가능한 전이는 수직 화살표로 표시하였다. 나중 상태에 따라 여러 전이들을 묶으면 서로 다른 스펙트럼 계열이 된다.

에너지 준위를 알면 식 34.12에 따라 허용된 전자 궤도의 반지름은 다음과 같다.

$$r = -\frac{ke^2}{2E} = \left(\frac{ke^2}{2}\right)\left(\frac{2a_0 n^2}{ke^2}\right) = n^2 a_0 \tag{34.13}$$

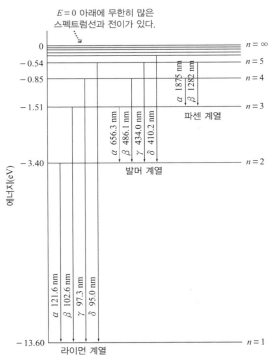

그림 34.10 보어 수소 원자 모형의 에너지 준위 도표. 수직선은 첫 세 계열의 스펙트럼선의 전이이다. 각 계열은 같은 나중 상태로 전이한 스펙트럼선들이다.

가장 낮은 에너지 궤도의 반지름은 보어 반지름이고, 궤도가 높아질수록 반지름이 n에 따라 빠르게 커진다. 바닥 상태($n = 1$)에서 수소 원자의 크기는 보어 반지름의 두 배로 약 0.1 nm이다. 보어 원자 모형의 전자 궤도는 35장에서 공부할 양자역학적 결과와 다르다. 그래도 식 34.13에서 원자의 크기를 대강 알 수 있다.

예제 34.2 **보어 모형: 큰 원자**   응용 문제가 있는 예제

바닥 상태에 있는 수소 원자의 지름은 약 0.1 nm이다. 그러나 성간 공간의 희박한 기체에서는 원자가 높은 들뜬 상태에 있어서 원자의 크기가 몇 분의 1밀리미터까지 커진다. 이러한 뤼드베리 원자는 실험실에서 잠깐 동안 존재할 수 있다. 뤼드베리 상태의 전이에서 방출되는 광자는 라디오파 영역에 속하기도 한다. 관측된

가장 긴 파장 중 하나는 $n = 273$ 상태에서 $n = 272$ 상태로의 전이에서 나타난다. (a) $n = 273$ 상태에 있는 수소 원자의 지름은 얼마인가? (b) 이러한 전이를 관측하려면 전파 망원경을 몇 파장에 맞춰야 하는가?

해석 수소 원자에서 전자의 전이에 관한 문제이고, 보어 모형으로 풀이한다.

과정 식 34.13, $r = n^2 a_0$에서 $n = 273$인 원자의 반지름을 구한다. 식 34.9, $1/\lambda = R_H(1/n_2^2 - 1/n_1^2)$을 이용하여 $n_1 = 273$에서 $n_2 = 272$로의 전이에 해당하는 파장을 구한다.

풀이 (a) 지름은 반지름의 2배이므로 식 34.13에서 $d = (2)$

$(273^2) a_0 = 7.9 \ \mu\text{m}$를 얻는다. (b) 식 34.9에서 파장은 다음과 같다.

$$\lambda = \left[R_H \left(\frac{1}{272^2} - \frac{1}{273^2} \right) \right]^{-1} = 92 \text{ cm}$$

여기서 $R_H = 1.097 \times 10^7 \text{ m}^{-1}$이다.

검증 이러한 원자의 크기는 바닥 상태 수소 원자의 75,000배로서 적혈구의 크기와 비슷하다. 92 cm의 파장은 진동수가 $f = c/\lambda = 300 \text{ MHz}$이므로, VHF 채널 13과 UHF 채널 14 사이에 해당한다.

식 34.12 또는 그림 34.10을 보면 바닥 상태 에너지 -13.6 eV와 $E = 0$ 사이에 무한히 많은 에너지 준위가 있다. 전자가 $E = 0$ 이상의 에너지를 가질 수 있지만, 이 경우에는 양성자에 속박되지 않는다. 이와 같이 전자를 떼어내는 것을 **이온화**(ionization)라고 한다. 식 34.12b와 그림 34.10에서 바닥 상태의 수소 원자를 이온화시키는 데 13.6 eV의 에너지가 필요하다. 이 값을 수소 원자의 **이온화 에너지**(ionization energy)라고 한다.

 확인 문제 **34.4** 그림 34.10에는 수소의 보어 모형에서 전자에게 가능한 전이 중 일부가 나타나 있다. 그림에 따르면 수소에서 전자가 전이할 때 방출되는 파장 중에서 가장 짧은 것은 (a) 임의대로 작아질 수 있다, (b) 95 nm와 1282 nm 사이이다, (c) 95 nm보다 약간 짧다.

보어 모형의 한계

보어 이론은 놀라울 정도로 수소 스펙트럼을 성공적으로 설명한다. 또한 수소꼴 이온, 즉 전자를 한 개만 남기고 모두 떼어낸 원자들의 스펙트럼도 잘 설명한다. 좀 더 강하게 속박된 전자무리의 가장 바깥 껍질에 전자 하나가 있는 리튬, 나트륨 같은 원자의 스펙트럼을 예측하는데도 부분적으로 성공하였다. 그러나 좀 더 복잡한 원자, 심지어는 전자가 두 개인 헬륨 원자의 스펙트럼을 전혀 설명하지 못한다. 수소에서도 보어 모형이 설명하지 못하는 미묘한 스펙트럼선이 존재한다. 더욱이 플랑크의 초기 양자 가설처럼, 에너지 준위에 관한 보어의 양자화는 이론적인 기반이 없다. 다음 장에서는 양자역학으로 이러한 한계를 극복할 것이다.

34.5 물질파

LO 34.5 파동-입자 이중성을 물질에 적용하여 물질파의 드브로이 파장을 계산할 수 있다.

고전물리학에서 빛은 순수한 파동 현상이다. 아인슈타인의 광자는 빛의 입자 현상이다. 보어의 원자 이론이 제안된 지 10년 후인 1923년에 프랑스 왕자 루이 드브로이(Louis Victor de Broglie)는 자신의 박사학위 논문에서 놀라운 가설을 제안하였다. 빛이 파동성과 입자성을 보인다면, 물질도 입자성과 파동성을 가져야 한다고 생각한 것이다.

29장에서 에너지가 E인 빛의 운동량은 $p = E/c$이다. 이를 식 34.6과 결합시키면 진동수가 f인 빛의 광자는 운동량 $p = hf/c$를 갖는다. 여기서 $f\lambda = c$이므로 광자의 운동량과 파장은 다음과 같다.

λ는 입자와 관계된 파장이고 …

$$\lambda = \frac{h}{p} \quad \text{(드브로이 파장)}$$ (34.14)

… p는 그 입자의 운동량이다.

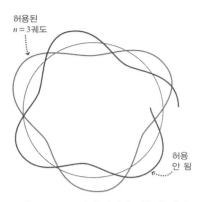

허용된
n = 3 궤도

허용
안 됨

그림 34.11 보어 원자에서 허용된 전자 궤도는 보어 원형 궤도가 드브로이 파장의 정수배와 일치하는 궤도이다.

드브로이는 이 관계식이 물질 입자에도 성립한다고 가정하였다. 예를 들어 비상대론적 속력의 전자는 h/mv에 대응하는 **드브로이 파장**(de Broglie wavelength)을 가진다는 뜻이다.

드브로이는 물질파 가설을 이용하여 원자의 전자 궤도가 양자화되는 이유를 설명하였다. 바이올린 줄에 특정 진동수의 정지파만이 생기듯이, 드브로이는 보어의 허용된 궤도에서 그림 34.11처럼 정지파가 생긴다고 제안하였다. 드브로이 전자파의 파장 n개가 반지름이 r인 전자의 원형 궤도 둘레를 완전히 차지한다면 $n\lambda = n(h/p) = n(h/mv) = 2\pi r$이다. 양변에 $mv/2\pi$를 곱하면 $mvr = nh/2\pi = n\hbar$로 보어의 양자화 조건과 같다. 즉 드브로이 가설로 원자 에너지 준위의 양자화를 자연스럽게 설명할 수 있다.

개념 예제 34.1 드브로이 파장: 크기 비교

물질이 파동성을 가진다면, 왜 우리는 야구공, 차, 사람들이 양자 간섭을 겪는 것을 관찰하지 못하는가?

풀이 플랑크 상수 h는 아주 작고 거시적 물체의 질량은 크다. 그래서 거시적 물체가 어떠한 속도를 가지고 있더라도 물체의 드브로이 파장(식 34.14)은 아주 작다. 파동은 크기가 파장과 필적하는 계와 상호작용할 때만 파동 행동이 분명해지므로 거시적 물체의 파동성은 명백하지 않다. 아원자 입자조차 높은 속도(즉 식 34.14의 분모에 있는 운동량 p가 큰 값)에서 파동 행동이 분명하지 않다. 관련 문제에서 보겠지만, 원자에서는 이야기가 다르다.

검증 거시적 물체의 운동량 mv를 작게 해서 그 파장을 크게 만들 수는 없는가? 가능하다. 그러나 정상적인 온도에서 열적 요동은 항상 상당히 큰 마구잡이 속도를 의미한다. 거시적 물체는 오직 아주 낮은 온도에서만 양자 간섭을 보여줄 수 있다.

관련 문제 (a) 45 m/s로 던져진 150 g의 야구공과 (b) 1 Mm/s로 움직이고 있는 전자의 드브로이 파장을 구하라. 그 결과들을 각각 홈 플레이트와 전자의 크기와 비교하라.

풀이 질량과 속력이 주어져 있으므로 식 34.14는 $\lambda = h/mv$가 된다. 그 값 $\lambda_{공} \simeq 10^{-34}$ m는 홈 플레이트보다 상상할 수 없을 정도로 작다. 그러나 $\lambda_{전자} \simeq 0.7$ nm는 원자 크기의 몇배 정도이다. 따라서 파동 효과는 이 전자와 원자의 상호작용에서 우세하다.

응용물리 전자 현미경

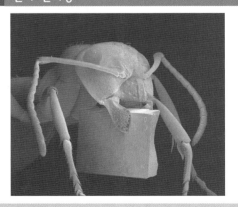

32장에서 물체의 크기가 빛의 파장 정도이거나 작으면 영상을 또렷하게 맺지 못하는 광학 현미경의 분해능 한계를 보았다. 그러나 식 34.14에서 전자의 속력을 조절하면 전자의 파장을 바꿀 수 있으므로, 빛의 파장보다 훨씬 짧은 전자 파장을 만들 수 있다. 이렇게 만든 **전자 현미경**(electron microscope)은 배율이 10^6 배이고, 1 nm의 크기까지 분해 능력이 있다.

전자 현미경은 전자빔을 50 ~ 100 keV로 가속시키므로 전자의 파장은 약 0.005 nm이다. 자기장을 광학 현미경의 초점 렌즈로 사용하여 전자빔의 경로에 있는 물체의 영상을 얻고, 전자 검출기로 읽어서 화면에 영상을 만든다. 전자 현미경은 생물학, 화학, 재료과학에서 필수불가결한 장비이다. 이와 비슷한 장비인 주사 전자 현미경은 마이크로칩을 옮기는 개미 사진처럼 $10 \sim 10^5$ 배의 삼차원 영상을 만든다.

34.5 드브로이의 물질파 가설은 보어 모형에서 전자 궤도의 양자화를 가장 본질적으로 (a) 각운동량, (b) 파장, (c) 에너지의 관점에서 설명한다.

전자 회절과 물질파 간섭

1927년 미국의 물리학자 클린턴 데이비슨(Clinton Joseph Davisson)과 레스터 저머(Lester Germer)는 드브로이 물질파 가설을 확증하는 실험에 성공하였다. 데이비슨과 저머는 니켈 결정과 전자빔의 상호작용을 연구하면서 엑스선 회절과 비슷한 규칙적인 세기의 봉우리를 얻었다. 그 직후 스코틀랜드의 물리학자 조지 톰슨(George Thomson)이 직접 전자 회절을 관측하여 전자의 파동성을 입증하였다(그림 34.12). 조지 톰슨은 1897년에 전자를 발견한 조 섭 톰슨의 아들이다. 전자의 입자성과 파동성을 부자가 확립한 셈이다. 오늘날에는 전체 원자 는 물론 물질덩어리로도 이 장을 여는 사진과 같은 파동의 간섭 현상을 볼 수 있다.

그림 34.12 원형 구멍을 통과한 전자빔이 만드는 회절 무늬가 전자의 파동성을 보여 준다.

34.6 불확정성 원리

LO 34.6 불확정성의 원리를 기술하고 그것을 원자 크기 계에 적용할 수 있다.

고전물리학에서는 적어도 원리적으로는 입자의 위치와 속도를 정확하게 알 수 있으므로, 확 실하게 미래의 행동을 예측할 수 있다. 그러나 양자역학에서는 예측할 수 없다. 1927년 독일 의 물리학자 베르너 하이젠베르크(Werner Heisenberg)는 '한 쌍의 물리량을 동시에 매우 정 확하게 측정할 수 없다'라는 **불확정성 원리**(uncertainty principle)를 발표하였다. 위치와 운 동량이 그러한 쌍이다. 만약 입자의 위치를 불확정도 Δx로 측정하면, 운동량을 다음의 Δp 이하로 동시에 측정할 수 없다는 원리이다.

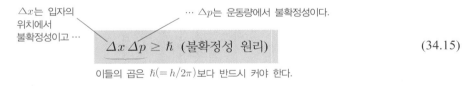

$\triangle x$는 입자의 위치에서 불확정성이고 … ··· $\triangle p$는 운동량에서 불확정성이다.

$$\Delta x \, \Delta p \geq \hbar \text{ (불확정성 원리)}$$ (34.15)

이들의 곱은 $\hbar(= h/2\pi)$보다 반드시 커야 한다.

이런 한계가 실험적으로 어떤 역할을 하는지를 보기 위해 계의 어떤 특성의 실험, 예를 들면 계에 빛을 쏘는 것 같은 실험을 고려해 보자. 그 빛은 에너지를 운반하고, 그 에너지가 계를 약하게 교란시킨다. 따라서 측정값이 변하게 된다. 고전물리학에서는 에너지가 한없이 작을 수 있으므로 교란을 무시해도 좋다. 그러나 양자론에서는 최소 에너지가 빛의 광자와 같은 하나의 양자이기 때문에 교란의 크기가 한없이 작을 수 없다.

광자 에너지 hf가 적은 저진동수 빛을 사용하면 안 될까? 32장에서 배운 대로 저진동수 는 장파장이므로 분해능에 회절 한계가 있다. 하이젠베르크는 그림 34.13처럼 하나의 광자로 전자를 관측하는 '사고 실험'으로 이 모순을 요약하였다. 단파장 광자는 그림 34.13a처럼 전 자의 정확한 위치를 알려 준다. 그러나 단파장은 고진동수이므로 광자 에너지가 높다. 고에너 지 광자는 전자에 상당한 운동량을 전달하여 전자의 운동량에 대한 정보의 질을 떨어트린다. 그림 34.13b처럼 장파장, 저에너지의 광자로 운동량의 교란을 감소시킬 수 있다. 그러나 이 번에는 회절 때문에 전자의 위치를 정확하게 측정할 수 없다. 즉 전자의 운동량을 정확하게

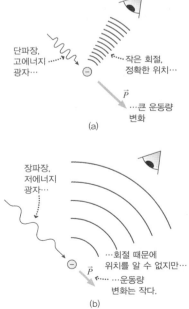

단파장, 고에너지 광자…

작은 회절, 정확한 위치…

$\vec{p}$ …큰 운동량 변화

(a)

장파장, 저에너지 광자…

…회절 때문에 위치를 알 수 없지만…

$\vec{p}$ …운동량 변화는 작다.

(b)

그림 34.13 하이젠베르크의 양자 현미경 사고 실험

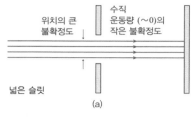

위치의 큰
불확정도

수직
운동량 (~0)의
작은 불확정도

넓은 슬릿

(a)

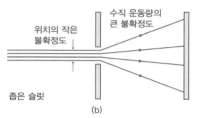

위치의 작은
불확정도

수직 운동량의
큰 불확정도

좁은 슬릿

(b)

그림 34.14 물질의 파동성은 넓은 슬릿과 좁은 슬릿을 통과한 전자빔의 불확정성 원리와 밀접한 관계가 있다. (b)에서 회절 때문에 수직 운동량의 불확정도가 커진다.

측정하는 대신에 위치에 관한 정보의 질이 떨어진다. 중간 정도의 파장을 지닌 광자로 두 양을 모두 측정할 수 있지만, 둘 다 정확하지 않다. 식 34.15의 불확정성 원리는 이러한 사실을 기술하는 원리이다.

불확정성 원리는 드브로이의 물질파 가설과 밀접한 관계가 있다. 그림 34.14처럼 전자빔을 슬릿으로 통과시킨다고 하자. 이때 전자의 수직 위치를 슬릿의 너비 이내로 알 수 있다. 슬릿이 전자의 드브로이 파장보다 충분히 넓으면 회절이 최소화된다. 전자는 직선을 따라 진행하므로 전자의 수직 운동량을 정확하게 알 수 있다. 즉 그림 34.14a처럼 0이다. 그러나 슬릿이 넓으므로 전자의 수직 위치를 정확하게 알 수 없다. 만약 슬릿을 좁히면 위치는 점점 정확해지지만, 그림 34.14b처럼 회절로 전자빔이 퍼져서 전자의 수직 운동량의 불확정도가 증가한다. 입자의 위치를 정확하게 알수록 운동량을 정확하게 알 수 없다. 반대도 마찬가지이다.

예제 34.3 **불확정성 원리: 미시전자공학**

반도체 칩을 도핑하기 위하여 알루미늄 원자빔을 사용한다. 원자의 속도를 0.2 m/s 이내로 알면 위치는 얼마나 정확하게 알 수 있는가?

해석 원자의 위치와 속도, 즉 불확정성 원리를 따르는 두 물리량을 동시에 구하는 문제이다.

과정 속도의 불확정도 Δv를 알므로 운동량의 불확정도 Δp $= m\Delta v$를 구하면, 식 34.15, $\Delta x \Delta p \geq \hbar$에서 위치의 불확정도 Δx를 구할 수 있다. 부록 D의 원자 무게에서 알루미늄의 질량을 구한다. 부록 C에서 고유 질량 단위(u)를 킬로그램으로 바꾼다.

풀이 운동량의 불확정도는
$$\Delta p = m\Delta v = (26.98\ \text{u})(1.66 \times 10^{-27}\ \text{kg/u})(0.20\ \text{m/s})$$
$$= 9 \times 10^{-27}\ \text{kg} \cdot \text{m/s}$$

이고, 식 34.15에서 위치의 불확정도는 다음과 같다.
$$\Delta x = \hbar/\Delta p = 12\ \text{nm}$$

여기서 $\hbar = h/2\pi$이다.

검증 12 nm는 원자 지름의 약 100배에 해당한다. 결국 불확정성 원리로 미세한 전자 구조를 만들 수 있는 근본적인 한계를 파악할 수 있다.

불확정성 원리는 인류의 지식을 제한하는 것처럼 보이지만, 예제 34.4에서 알 수 있듯이 원자 수준의 크기와 에너지를 예측하는 데 유용하다.

예제 34.4 **불확정성 원리: 원자와 핵에너지 어림하기**   응용 문제가 있는 예제

불확정성 원리를 이용하여 다음의 최소 에너지를 구하라. (a) 크기가 약 0.1 nm인 원자에 속박된 전자, (b) 크기가 약 1 fm인 핵에 속박된 양성자

해석 입자가 속박된 크기, 즉 위치의 불확정도를 안다. 운동량이 정확히 0인 정지 상태에 입자가 있으면 불확정성 원리에 위배되므로 입자는 운동량을 가질 수밖에 없다. 이때 운동 에너지를 구하는 문제이다.

과정 불확정성 원리에 따라 최소 운동량을 구하고 이에 해당하는 에너지를 구한다. 운동량의 크기를 p라고 하면 운동 방향을 모르기 때문에 $\pm p$일 수도 있다. 따라서 운동량의 불확정도는 $\Delta p = p - (-p) = 2p$이다. 불확정성 원리에서 $\Delta p \geq \hbar/\Delta x$이므로 운동량

의 최소 크기는 $p \geq \hbar/2\Delta x$이다. $p = mv$와 $K = \frac{1}{2}mv^2$에서 $K = p^2/2m$이므로 입자의 운동 에너지는 다음과 같다.

$$K \geq \frac{1}{2m}\left(\frac{\hbar}{2\Delta x}\right)^2$$

풀이 전자인 경우에 $\Delta x = 0.1$ nm이므로 최소 운동 에너지는 약 1 eV이고, 양성자인 경우에는 $\Delta x = 1$ fm이므로 약 5 MeV이다.

검증 eV 크기는 전형적인 원자의 에너지이다(그림 34.10 참조). 한편 핵에너지는 5백만 배나 크므로, 화학 에너지와 핵에너지의 엄청난 차이를 알 수 있다. 38장에서 이에 대해 더 알아볼 것이다.

에너지-시간 불확정성

정확한 동시적 측정을 허용하지 않는 두 번째 짝은 계의 에너지와 그 에너지 상태에 머무르는 시간이다. 에너지의 불확정도 ΔE는 다음과 같이 시간 Δt와 연결된다.

$$\Delta E \Delta t \geq \hbar \tag{34.16}$$

에너지-시간 불확정성의 한 효과는 원자나 원자핵의 에너지 준위가 정확하지 않으므로 스펙트럼선이 넓어지는 현상이다. 만약 원자가 하나의 고정된 에너지 상태에 영원히 머물면 그 상태의 에너지를 무한히 오랫동안 측정할 수 있으므로 ΔE를 무한히 작게 만들 수 있다. 그러나 들뜬 상태의 전형적인 수명이 $\sim 10^{-8}$ s이므로, 측정 시간이 제한되어 에너지 준위 측정에 최소한의 불확정도가 생긴다. 실전 문제 70과 실용 문제 82~85에서 에너지-시간 불확정성을 탐구할 수 있다.

> **확인 문제**　**34.6**　일차원에서 움직이고 있는 어떤 물체의 운동량은 크기가 p이지만, 그 방향은 알려져 있지 않다. 이 경우에 물체의 운동량의 불확정도는 (a) 0, (b) p, (c) $2p$이다.

관측자, 불확정성, 인과율

불확정성 원리는 관측자를 수동적 방관자에서 능동적 참여자로 만든다. 관측하기 위해서는 교란이 필연적이므로, 양자론은 관측자의 역할과 측정 과정에 관심을 가진다. 불확정성 원리는 측정에서 알 수 있는 것과 알 수 없는 것이 무엇인가를 근원적으로 밝힌 기초 원리이다.

위치와 운동량은 완벽한 정확도로 동시에 측정할 수 없다. 정확히 알 수 없다고 하더라도 입자의 위치와 운동량은 정확한 값을 갖지 않을까? 그렇지 않다. 양자역학적 표준해석에 따르면 측정하는 대상에 대해서 말하는 것조차 의미가 없다. 최근의 실험들은 입자를 결정론적 경로로 이끌기 위해 더 낮은 수준에서 활발한 역할을 담당하는 '숨은 변수'의 존재를 부인한다. 입자를 분명치 않게 만든 것은 파동성이므로, 정확한 위치와 운동량을 가진 작은 공처럼 생각하는 것은 의미가 없다. 이 때문에 뉴턴 법칙이 야구공 경로를 예측하듯이 입자의 미래를 예측하는 것은 의미가 없다. 하이젠베르크의 원리가 우주의 기초 원리이므로 인류 또한 불확실성의 시대에 남게 되었다.

34.7 상보성

LO 34.7 보어의 상보성 원리를 설명할 수 있다.

양자론에서 가장 혼돈스러운 것은 물질과 빛이 파동성과 입자성을 가진다는 모순 같은 파동-입자 이중성이다. 만약 납득이 잘 가지 않으면 하이젠베르크의 말로 위안을 삼아도 좋다. 하이젠베르크는 양자 세계를 이해하려고 노력하면서 느낀 좌절감을 다음과 같이 토로하였다.

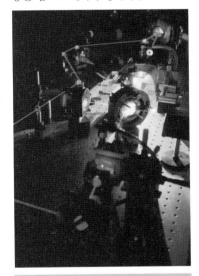

나와 보어는 밤늦게까지 토론하였지만, 토론은 거의 절망에서 끝났다. 토론을 끝내고 공원을 혼자 걸으면서 거듭하여 자문하였다. 자연이 원자에 대한 실험 결과처럼 터무니없을까?*

보어는 파동-입자 이중성을 자신의 **상보성 원리**(principle of complementarity)로 설명하였다. 파동성과 입자성은 동일 실체의 상보적 측면이다. 예를 들어 전자 회절과 같이 파동성을 측정하기 위하여 실험하면 파동성을 발견하고 입자성을 발견할 수 없다. 두 측정은 전혀 다른 실험이므로 같은 물체를 대상으로 동시에 두 실험을 수행할 수 없다. 따라서 파동과 입자를 함께 잡는 것은 명백한 모순이다. '파동인가, 입자인가?'라는 질문에 대해서는 '둘다'가 답이다. 어떤 실험을 하는가에 따라 답이 달라지기 때문이다.

또한 고전물리학과 양자물리학 사이에 모순처럼 보이는 것도 보어의 **대응 원리**(correspondence principle)로 해결할 수 있다. 대응 원리에 따르면, 개별 양자의 크기를 무시할 수 있는 영역에서 고전물리학과 양자물리학의 예측은 서로 일치한다. 예를 들어 플랑크 법칙에서 $h \to 0$인 극한을 취하면, 고전 결과인 레일리-진스 법칙을 얻을 수 있다(실전 문제 72 참조). 한편 n이 충분히 크면, 보어 모형에서 이웃한 원자 상태의 에너지가 너무 가까워서 고전물리학에서처럼 연속적이 된다. 예를 들어 1000 W의 라디오파를 생각해 보자. 광자 에너지 hf가 충분히 낮아서 라디오파 안에 막대한 수의 광자가 있으므로, 에너지가 연속적으로 분포한 것으로 볼 수 있다. 그러나 1000 W의 엑스선을 생각하면, 광자 에너지가 훨씬 높아서 광자의 수가 적기 때문에 에너지 양자화를 피할 수 없다. 가시광선은 중간 어딘가에 있어서 개별 원자와 상호작용할 때를 제외하고는 에너지가 연속적으로 분포한 것으로 취급한다.

----
* Werner Heisenberg, *Physics and Philosophy: The Revolution in Modern Science* (New York: Harper & Brothers, 1962).

핵심 개념

이 장의 핵심 개념은 양자물리학의 진수로, 원자 수준에서 실재에 대한 근본적으로 다른 견해이다. **양자화**는 물리량이 띄엄띄엄한 값만을 갖는다는 뜻이다. 또다른 기본은 **파동-입자 이중성**이다. 즉 빛과 물질은 파동 같은 성질과 입자 같은 성질을 둘 다 보여 준다. 보어의 **대응 원리**에 따라 이중성은 서로 모순이 안 된다. 끝으로 양자화와 파동-입자 이중성으로 입자의 위치와 운동량을 동시에 둘다 정확하게 측정할 수 없다는 **불확정성 원리**가 불가피하게 대두된다.

주요 개념 및 식

플랑크 상수는 양자화의 기본 상수로 다음과 같다.

$$h = 6.63 \times 10^{-34} \text{ J} \cdot \text{s}$$

흔히 다음과 같이 표기하기도 한다.

$$\hbar = h/2\pi$$

진동수가 f인 전자기 복사의 에너지는 다음의 에너지를 가진 **광자**로 양자화된다.

$$E = hf$$

수소의 **보어 모형**에서 전자 에너지는 다음과 같이 양자화된다.

$$E = -\frac{ke^2}{2a_0}\left(\frac{1}{n^2}\right) \simeq -\frac{13.6 \text{ eV}}{n^2}$$

여기서 n은 정수이고, $a_0 = 0.0529 \text{ nm}$는 **보어 반지름**이다.

운동량이 p인 입자의 **드브로이 파장**은 다음과 같다.

$$\lambda = \frac{h}{p}$$

위치와 운동량의 **불확정성 원리**는 다음과 같다.

$$\Delta x \, \Delta p \geq \hbar$$

응용

흑체 복사를 올바르게 기술하려면 플랑크의 양자화 가설이 필요하다. 온도 T의 흑체가 방출하는 단위 파장당 복사 에너지에서 봉우리 복사도는 $\lambda T = 2.898 \text{ mm} \cdot \text{K}$인 파장에서 나타난다.

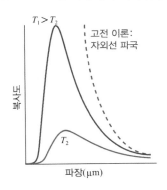

광전 효과는 전자기파를 쪼인 금속 표면에서 전자가 튀어나오는 현상이다. 아인슈타인은 전자기파 에너지의 양자인 광자를 제안하여 광전 효과를 완벽하게 설명하였다.

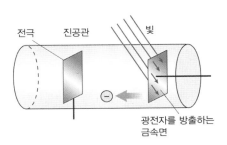

콤프턴 효과에서 광자가 자유 전자와 상호작용할 때 입자의 충돌과 똑같이 에너지를 잃어버리고 파장이 길어진다.

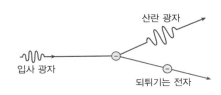

원자의 에너지 준위의 양자화로 **원자 스펙트럼**이 생긴다. 보어의 수소 모형에서 $n_1 \rightarrow n_2$ 전이에 해당하는 스펙트럼선은 다음과 같다.

$$\frac{1}{\lambda} = R_\text{H}\left(\frac{1}{n_2^2} - \frac{1}{n_1^2}\right)$$

여기서 $R_\text{H} = 1.0968 \times 10^7 \text{ m}^{-1}$이다.

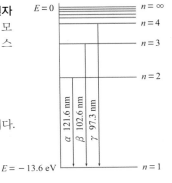

BIO 생물 및 의학 문제   **DATA** 데이터 문제   **ENV** 환경 문제   **CH** 도전 문제   **COMP** 컴퓨터 문제

학습 목표   이 장을 학습하고 난 후 다음을 할 수 있다.

LO 34.1 양자화의 의미를 설명할 수 있다.
연습 문제 34.12

LO 34.2 흑체 복사를 기술하고, 왜 고전물리가 그것을 정확하게 설명할 수 없는가를 말할 수 있다.
개념 문제 34.2
연습 문제 34.11, 34.13, 34.14, 34.15, 34.18
실전 문제 34.44, 34.45, 34.46, 34.72, 34.76, 34.78, 34.79

LO 34.3 광전 효과와 어떻게 이것이 광자의 개념으로 이어지는 가를 설명할 수 있다.
개념 문제 34.3, 34.4, 34.8
연습 문제 34.16, 34.17, 34.19, 34.20
실전 문제 34.48, 34.49, 34.50, 34.51, 34.52, 34.53, 34.54, 34.55, 34.56, 34.73, 34.75, 34.77, 34.81

LO 34.4 보어 모형을 이용하여 원자 스펙트럼을 기술할 수 있다.
개념 문제 34.1, 34.6, 34.7, 34.10
연습 문제 34.21, 34.22, 34.23, 34.24
실전 문제 34.42, 34.43, 34.60, 34.61, 34.62, 34.63, 34.64, 34.65, 34.74, 34.80

LO 34.5 파동-입자 이중성을 물질에 적용하여 물질파의 드브로이 파장을 계산할 수 있다.
연습 문제 34.25, 34.26, 34.27, 34.28
실전 문제 34.58, 34.67, 34.68

LO 34.6 불확정성의 원리를 기술하고 그것을 원자 크기 계에 적용 할 수 있다.
연습 문제 34.29, 34.30, 34.31, 34.32, 34.33
실전 문제 34.57, 34.59, 34.66, 34.69, 34.70, 34.71

LO 34.7 보어의 상보성 원리를 설명할 수 있다.

개념 문제

1. 고전물리학에서는 왜 원자가 붕괴한다고 예측하는가?
2. 밤하늘의 별 세 개가 각각 빨강, 노랑, 파랑으로 빛난다. 각 별의 온도를 비교하라.
3. 가시광선에서 광자 에너지가 가장 큰 빛깔은 무엇인가?
4. 광전 효과에서 광자의 즉각 방출이 왜 고전물리학적 관점에서 놀라운 사건인가?
5. 파동-입자 이중성과 대응 원리는 어떻게 연결되는가?
6. 전체 발머 계열의 스펙트럼선은 몇 개인가?
7. 발머 계열의 스펙트럼선은 가시광선인데 왜 라이먼 계열은 자외선 영역인가?
8. 광전 효과는 왜 빛의 입자성을 나타내는가?
9. 에너지-시간 불확정성 원리는 불안정한 입자(유한 시간 안에 붕괴하는 입자)의 질량 측정의 정확도를 제한하는가?
10. 식 34.12의 에너지는 왜 음수인가?

연습 문제

34.2 흑체 복사

11. 흑체 복사의 온도를 두 배로 늘리면 복사 일률은 몇 배로 증가하는가?
12. 리겔 별의 표면 온도는 10^4 K이다. (a) 표면의 단위 면적당 복사 일률을 구하라. (b) $\lambda_{봉우리}$와 (c) $\lambda_{중간}$을 구하라.
13. 우주에서 볼 때, 지구는 대략 255 K의 흑체이다. 지구에 대하여 (a) $\lambda_{봉우리}$, (b) $\lambda_{중간}$을 구하라. (c) 이러한 파장들은 스펙트럼의 어느 부분에 속하는가?

14. 우주비행선의 계기가 측정한 소행성의 단위 파장당 일률은 40 μm에서 봉우리를 보인다. 소행성을 흑체로 보고 표면 온도를 구하라.
15. 태양은 대략 5800 K의 흑체이다. (a) 식 34.2a로 주어진 봉우리 복사의 파장과 (b) 식 34.2b로 주어진 중간 파장을 구하라. 각각의 스펙트럼 영역을 설명하라.

34.3 광자

16. (a) 1.0 MHz 라디오파, (b) 5.0×10^{14} Hz 가시광선, (c) 3.0×10^{18} Hz 엑스선의 광자 에너지를 전자볼트로 각각 구하라.
17. **BIO** 인간의 눈은 약 400 nm에서 700 nm까지의 파장에 민감하다. 그에 대응하는 광자 에너지는 어떤 범위인가?
18. 어떤 위성전화기가 0.600 W의 출력으로 787 MHz의 전자파를 전송한다. 이것의 광자 생성 비율은 얼마인가?
19. 650 nm의 빨간 레이저와 450 nm의 파란 레이저는 같은 비율로 광자를 방출한다. 두 레이저의 전체 출력을 비교하라.
20. 945 nm의 적외선을 쪼일 때 전자를 방출하는 금속 표면의 일함수는 최대 얼마인가?

34.4 원자 스펙트럼과 보어 모형

21. 라이먼 계열에서 처음 세 스펙트럼선의 파장을 구하라.
22. 수소 파센 계열($n_2 = 3$)에서 파장이 1282 nm인 스펙트럼선은 무엇인가?
23. 바닥 상태의 수소를 이온화시킬 수 있는 최대 파장은 얼마인가? 스펙트럼 영역은 무엇인가?

24. 보어 수소 원자의 지름이 5.18 nm인 에너지 준위는 무엇인가?

34.5 물질파

25. (a) 30 km/s로 궤도 운동하는 지구, (b) 10 km/s로 움직이는 전자의 드브로이 파장을 각각 구하라.

26. 드브로이 파장이 1 mm인 전자의 속력은 얼마인가?

27. 양성자와 전자의 드브로이 파장은 같다. 둘 다 $v \ll c$라고 가정하고 두 입자의 속력을 비교하라.

28. 운동 에너지가 각각 (a) 10 eV, (b) 1.0 keV, (c) 10 keV인 전자의 드브로이 파장을 구하라.

34.6 불확정성 원리

29. 양성자가 너비 1 fm(대략 원자핵의 크기)의 공간에 속박되어 있다. 속도의 최소 불확정도는 얼마인가?

30. 전자의 위치를 ± 1 μm 이내로 정확하게 측정하면서, 동시에 전자의 속도를 ± 1 m/s 이내로 정확하게 측정할 수 있는가? 양성자는 어떠한가?

31. 양성자의 속도는 $v = (1500 \pm 0.25)$ m/s이다. 위치의 불확정도는 얼마인가?

32. 양의 x방향으로 움직이는 전자 속력의 측정값 50 Mm/s는 $\pm 10\%$로 정확하다. 위치의 최소 불확정도는 얼마인가?

33. 가장 무거운 원소는 핵의 지름이 15 fm인 원자번호 118의 Og로 알려져 있다. 이 핵에 속박된 알파 입자(질량이 6.64×10^{-27} kg인 헬륨-4 핵자)의 최소 운동 에너지를 구하라.

응용 문제

다음 문제들은 본문의 예제들에 기초한 것이다. 두 세트의 문제들은 물리학의 이해를 강화하는 연결의 형성을 돕고 이전에 풀어본 문제에서 변형된 문제를 해결하는 자신감을 키우도록 설계되어 있다. 각 세트의 첫 번째 문제는 본질적으로 예제 문제이지만 숫자들은 다르다. 두 번째 문제는 예제와 똑같은 상황이지만 묻는 질문이 다르다. 세 번째와 네 번째 문제는 완전히 다른 상황으로 이런 방식을 반복한다.

34. **예제 34.2** 어떤 뤼드베리 수소 원자가 $n = 36$인 상태에 있다. (a) 이것의 직경과 (b) 이것이 $n = 35$ 상태로 떨어질 때 방출되는 광자의 파장을 구하라.

35. **예제 34.2** 어떤 뤼드베리 수소 원자가 그것의 파장이 $\lambda = 76.44$ μm인 광자를 방출할 때 $n = 21$ 상태에 있었다. 광자가 방출된 후에 이 원자는 어떤 상태에 있겠는가?

36. **예제 34.2** 이중으로 이온화된 리튬(Li^{2+})은 핵의 전하량이 큰 것을 제외하면 수소와 같이 외곽 전자가 하나인 원소이다. 그것은 뤼드베리 상수가 수소 원자보다 핵의 전하량 비의 제곱의 인자만큼 더 큰 결과로 나타난다. 이중으로 이온화된 리튬에서 $n = 3$에서 $n = 2$ 상태로 전이와 관계된 스펙트럼선의 파장을 구하라.

37. **예제 34.2** 이중으로 이온화된 리튬에 대하여(이전의 문제에서와 같이) 수소 원자 내에서 가시광선을 생성하는 전이는 일반적으로 Li^{2+}에서 자외선을 방출시킨다. Li^{2+}에 대하여 가시광선(400 ~ 700 nm)을 생성하는 n에서 $n-1$로의 전이에 해당하는 n값을 구하라.

38. **예제 34.4** 직경이 15 fm인 우라늄-238 핵 안에 구속된 양성자의 최소 운동 에너지를 구하라.

39. **예제 34.4** 보론의 최외곽 전자들은 8 eV 정도의 운동 에너지를 가진다. 이 값을 이용하여(부분적으로 고전물리에 기반한 엉성한 예측임) 보론 원자의 직경에 대한 불확정성적인 예측을 하라.

40. **예제 34.4** 어떤 실험적인 트랜지스터가 1.45 nm 폭 안에 전자 한 개를 구속하고 있다. 이 전자의 최소 운동 에너지를 eV 단위로 구하라.

41. **예제 34.4** 상온에서 열에너지는 약 25 meV이다. 어떤 사람이 상온에서 작동하는 전자 기기를 설계하려고 한다. 그는 열에너지를 초과하지 않는 불확정성 원리와 관계된 운동 에너지를 알려고 한다. 그 기기 안에 전자 한 개를 구속할 수 있는 최소 폭은 얼마인가?

실전 문제

42. 645 nm를 중심으로 0.100 nm 폭의 파장 간격 안에서 2780 K의 백열전구 필라멘트에 의해 방출되는 단위 면적당 일률을 구하라(이 간격은 매우 좁아서 식 34.3을 적용하여 적분할 필요가 없다).

43. 태양을 5800 K 흑체로 보고, 200 nm 자외선의 복사도를 봉우리 파장 500 nm인 가시광선의 복사도와 비교하라.

44. (a) 1.0 mm, (b) 10 μm, (c) 1.0 μm 파장에서 2.0 kK 흑체에 대한 레일리-진스 법칙의 오차는 각각 몇 %인가?

45. 흑체 복사도의 봉우리 파장은 558 nm이다. (a) 흑체의 온도는 얼마인가? (b) 382 nm(보랏빛)의 복사도를 694 nm(빨간빛)의 복사도와 비교하라.

46. **ENV** 지구의 표면은 288 K인 흑체와 비슷하다. 지구의 전체 표면에 의해 방출되는 일률을 (a) 0.550 ~ 0.551 μm 사이의 가시광선 파장에서 (b) 10.000 ~ 10.001 μm 사이의 적외선에서 각각 구하라. 이 문제의 해답은 10 μm 근처의 적외선 복사를 강하게 흡수하는 온실 기체들이 지구의 기후에 심각한 영향을 끼치는 이유를 이해하는데 도움을 줄 것이다. (**참고**: 여기서 파장 간격은 매우 적어서 식 34.3을 적용하여 적분할 필요가 없다.)

47. (a) 89.5 MHz 라디오파를 방출하는 1.0 kW 안테나, (b) 633 nm 빛을 쏘는 1.0 mW 레이저, (c) 0.10 nm 엑스선이 나오는 2.5 kW 엑스선 장치의 광자 생성률을 각각 구하라.

48. 광전 효과 실험에서 알루미늄 표면으로부터 최대 운동 에너지 1.3 eV의 전자가 방출된다. 표면에 쪼인 빛의 파장은 얼마인가?

49. (a) 구리의 광전 효과에서 차단 진동수는 얼마인가? (b) 구리 표면에 1.8×10^{15} Hz의 빛을 쪼일 때 튀어나오는 전자의 최대 에너지는 얼마인가?

50. 광전 효과 실험에서 365 nm 복사를 쪼일 때 멈춤 퍼텐셜은 1.8 V이다. (a) 표면의 일함수는 얼마인가? (b) 280 nm 복사를 쪼이면 멈춤 퍼텐셜은 얼마인가?

51. **BIO** 엽록소는 녹색 식물에 흔한 광합성 분자이다. 단위 파장 기준으로 엽록소가 가시광선을 흡수하는 능력은 430 nm와 662 nm에서 최고가 된다. (a) 대응하는 광자 에너지를 구하라. (b) 이 봉우리 파장들을 사용하여 왜 식물이 녹색인지 설명하라.

52. 전자와 콤프턴이 충돌하여 처음 운동 방향에 90°로 산란되면서 에너지의 반을 잃어버리는 광자의 처음 에너지를 구하라.

53. 칼륨 표면에 빛을 쪼이면, 전자가 최대 속력 4.2×10^5 m/s로 표면에서 튀어나온다. 빛의 파장을 구하라.

54. 광전 효과 실험에서 전자의 최대 에너지는 2.8 eV이다. 쪼이는 복사의 파장을 50% 증가시키면 전자의 최대 에너지가 1.1 eV 떨어진다. (a) 표면의 일함수, (b) 원래의 파장을 각각 구하라.

55. 150 pm 엑스선 광자가 전자와 콤프턴 충돌하여 처음 방향에서 135°로 산란된다. (a) 산란 광자의 파장과 (b) 전자의 운동 에너지를 구하라.

56. 0.10 nm 엑스선 광자가 정지한 전자에 90°로 산란된 후에 전자의 운동 에너지는 얼마인가?

57. 길이가 370 nm이고 지름이 1.2 nm인 탄소 나노튜브 안 어딘가에 전자가 있다. 그 전자의 속도에서 (a) 나노튜브에 나란한 성분과 (b) 나노튜브의 긴 축에 수직한 성분의 불확정도를 구하라.

58. 주사형 전자 현미경이 3.35 kV의 퍼텐셜차를 통과하면서 정지 상태의 전자를 가속시킨다. 가속된 전자의 파장을 구하라.

59. 어떤 시제품 반도체는 6.6 nm 폭의 통로에 붙잡혀 있는 단일한 전자를 사용한다. 불확정성 원리에 모순되지 않고서 이 전자가 가질 수 있는 최소 운동 에너지는 얼마인가? 줄과 eV로 답하라.

60. (a) 보어의 수소 원자에서 이웃한 아래의 에너지 준위로 전자가 전이하면서 방출하는 최대 광자 에너지를 구하라. (b) 어떤 에너지 준위 사이의 전이인가?

61. 뤼드베리 수소 원자가 $n = 180$ 준위에서 $n = 179$ 준위로 전이하면서 방출하는 광자의 (a) 파장, (b) 전자볼트 단위로 표현된 에너지를 각각 구하라.

62. 스펙트럼 계열의 파장은 $n_1 \rightarrow \infty$일 때 한곗값에 접근한다. 수소의 (a) 라이먼 계열과 (b) 발머 계열의 한곗값을 구하라.

63. 뤼드베리 수소 원자에서 $n = 225$ 상태로 전이하면서 방출하는 광자 에너지가 9.32 μeV이면 처음 상태는 무엇인가?

64. 바닥 상태의 수소 원자가 광자와 상호작용하여 48 eV를 흡수한다. 자유로워진 전자의 에너지는 얼마인가?

65. 첫 번째 들뜬 상태의 수소 원자를 이온화시키는 데 필요한 에너지는 얼마인가?

66. 어떤 우주선 입자가 1 cm 두께의 에너지 측정 탐지기를 광속에 매우 근접한 속도로 통과한다. 탐지기의 관성계에서 측정된 입자 에너지의 불확정성은 무엇인가?

67. 450 nm 빛을 사용하는 광학 현미경보다 전자 현미경의 성능이 더 좋은 전자의 최소 속력을 구하라.

68. **BIO** 살아 있는 세포의 '뼈대'를 형성하는 미소관을 촬영하고 싶어 하는 세포 생물학자가 있다. 미소관의 지름은 25 nm이고, 32장에서 보듯이 최소한 파장이 이 정도로 작은 파동을 사용하여 촬영할 필요가 있다. 세포생물학자는 전자를 40 keV의 운동 에너지까지 가속시킬 수 있는 저렴한 전자 현미경과 100 keV 전자를 생성할 수 있는 좀 더 비싼 기구를 사용할 수 있다. 저렴한 현미경이 잘 작동할까?

69. 너비 23 nm의 '양자우물'에 전자가 갇혀 있다. 전자의 최소 속력은 얼마인가?

70. 원자는 광자를 방출하면서 낮은 에너지 상태로 전이하기 전에 들뜬 상태로 약 10^{-8} s 동안 머문다. 전이 에너지의 불확정도는 얼마인가?

71. 10^6 m/s로 움직이는 전자의 속력을 $\pm 0.01\%$ 이내로 정확하게 측정하고자 한다. 최소 측정 시간은 얼마인가?

72. **CH** 부록 A에 있는 e^x의 전개식을 이용하면, $\lambda \gg hc/kT$일 때 플랑크 법칙(식 34.3)이 레일리-진스 법칙(식 34.5)으로 바뀐다. 증명하라.

73. 광자의 파장은 질량이 m인 입자의 콤프턴 파장과 같다. 광자 에너지가 입자의 정지 에너지와 같음을 보여라.

74. n 준위로 전이하는 수소 스펙트럼의 진동수 영역이 $\Delta f = cR_H / (n+1)^2$임을 보여라.

75. **CH** 정지한 전자와 콤프턴 충돌한 광자가 90°로 산란되고, 전자는 총 에너지 $\gamma m_e c^2$으로 방출된다. 여기서 γ는 33장의 상대론적 인자이다. 광자의 처음 에너지를 표기하라.

76. **CH** 플랑크 법칙(식 34.3)에서 빈의 법칙(식 34.2a)을 유도하라. (**힌트**: 플랑크 법칙을 파장에 대해서 미분하라.)

77. **CH** 처음에 x방향으로 움직이는 λ_0 파장의 광자와 정지한 전자 사이의 탄성 충돌을 생각해 보자(그림 34.8b 참조). 33장의 상대론적 에너지와 운동량을 이용하여 에너지 보존과 운동량 보존이

$$hc/\lambda_0 + mc^2 = hc/\lambda + \gamma mc^2, \quad h/\lambda_0 = (h/\lambda)\cos\theta + \gamma mu\cos\phi,$$
$$0 = (h/\lambda)\sin\theta - \gamma mu\sin\phi$$

임을 각각 보여라. 여기서 λ는 충돌 후 광자의 파장이고, 각도 θ와 ϕ는 그림 34.8b에 나타나 있다. 이 식에서 콤프턴 이동(식 34.8)을 구하라.

78. **CH** 식 34.3을 모든 파장에 대해서 적분하여 단위 면적당 전체 복사 일률을 구하라. 슈테판-볼츠만 상수가 $\sigma = 2\pi^5 k^4 / 15 c^2 h^3$이면 식 34.1과 같음을 보여라. (**힌트**: $hc/\lambda kT$를 적분 변수로 바꾸고 적분표를 이용한다.)

79. **COMP** 식 34.3을 식 34.2b의 파장까지 적분하고, 실전 문제 78의 결과로 나눠서 식 34.2b의 위 또는 아래에서 흑체 에너지의 반을 복사함을 보여라.

80. 보어 모형에서 $n+1$ 준위에서 n 준위로 전이하면서 방출하는 광자의 진동수가 n이 매우 큰 극한에서 전자의 궤도 진동수와 같음을 보여라(보어의 대응 원리의 한 예이다).

81. **DATA** 다음 표는 광전 효과 실험에서 멈춤 퍼텐셜을 파장의 함수로 나열한 것이다. 그래프를 그리고, 최적 맞춤 직선을 구한 후 그것을

이용하여 (a) 플랑크 상수의 실험값과 (b) 광전 음극을 이루고 있는 물질의 일함수를 구하라. (c) 표 34.1을 사용하여 그 물질을 식별하라.

파장, λ(nm)	225	275	325	375	425	475	525
멈춤 퍼텐셜, V(V)	3.25	2.17	1.52	0.962	0.646	0.312	0.065

실용 문제

입자물리학자들은 에너지-시간 불확정성 관계식을 사용하여 고에너지 입자 가속기에서 생성되는 불안정한 입자의 수명을 어림한다(39장). 일부 입자들은 수명이 10^{-24} s이거나 더 짧기 때문에 직접 측정할 수 없다. 그렇지만 물리학자들은 입자의 질량을 잴 수 있고, 많은 사례에서 똑같은 입자의 질량을 측정하여 질량 분포를 얻는다. 아인슈타인의 $E = mc^2$에 의해 그것은 에너지 분포(그림 34.15)에 대응한다. 봉우리의 절반이 되는 분포의 폭을 측정하면 에너지의 불확정도의 어림값을 얻고, 부등식 34.16으로부터 대응하는 Δt가 입자의 수명이 된다.

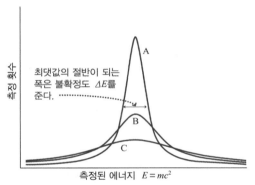

그림 34.15 고에너지 입자의 질량 분포(실용 문제 82~85). 수직축은 수평축에 주어진 값을 내놓은 측정 횟수를 나타낸다.

82. 그림 34.15의 어떤 곡선이 수명이 가장 짧은 입자를 나타내는가?
    a. A
    b. B
    c. C
    d. 그래프만으로 알 수 없다.

83. 불확정도가 1 MeV인 에너지에 대응하는 입자의 수명은
    a. 10^{-34} s에 가장 가깝다.
    b. 10^{-21} s에 가장 가깝다.
    c. 10^{-9} s에 가장 가깝다.
    d. 1 μs에 가장 가깝다.

84. 수명이 보다 긴 입자에 대해서는 반대의 접근법을 사용한다. 직접적인 수명의 측정으로 에너지-시간 불확정성을 통해서 입자의 에너지 또는 질량의 기댓값의 범위를 얻는다. 수명이 더 길수록
    a. 질량 범위가 더 넓어지고 에너지 범위는 더 좁아진다.
    b. 질량과 에너지 범위가 더 넓어진다.
    c. 질량 범위가 더 좁아지고 에너지 범위는 더 넓어진다.
    d. 질량과 에너지 범위가 더 좁아진다.

85. 수명이 10^{-7} s인 입자에 대응하는 질량 범위는
    a. 10^{-44} u에 가장 가깝다.
    b. 10^{-27} u에 가장 가깝다.
    c. 10^{-17} u에 가장 가깝다.
    d. 1 u에 가장 가깝다.

34장 질문에 대한 해답

장 도입 질문에 대한 해답

빛과 같은 물질의 파동성이다. 즉 물질은 빛과 마찬가지로 어떤 상황에서는 파동처럼 거동한다.

확인 문제 해답

34.1 (1) 흑체 A가 16배의 복사를 방출하고, (2) 봉우리 파장은 B의 반이다.

34.2 (1) 불변이다. 기울기는 항상 h/e이다. (2) 변한다. 수평 절편은 차단 진동수로서 일함수에 따라 변한다.

34.3 (b)

34.4 (c)

34.5 (a)

34.6 (c)

양자역학

예비 지식

- 운동 및 퍼텐셜 에너지(6.4절, 7.2절)
- 양자화와 광자(34.1절, 34.3절)
- 물질파(34.5절)

학습 목표

이 장을 학습하고 난 후 다음을 할 수 있다.

LO 35.1 파동-입자 이중성과 입자 위치의 발견 확률 사이의 관계를 설명할 수 있다.

LO 35.2 슈뢰딩거 방정식과 어떻게 파동 함수를 확률과 연계시킬 것인가를 기술할 수 있다.

LO 35.3 네모 우물과 조화 진동자 퍼텐셜에서 입자의 에너지를 계산하고 양자 터널링을 기술할 수 있다.

LO 35.4 2차원과 3차원에 속박된 입자들의 에너지를 구할 수 있다.

LO 35.5 양자역학, 특히 반물질과 스핀에 대하여 상대론적인 불변성이 함축하는 몇 가지 의미를 기술할 수 있다.

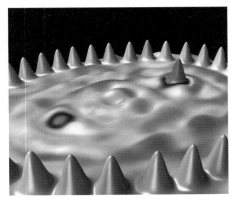

구리 표면에 36개의 코발트 원자로 만든 '양자 울타리'를 주사 터널링 현미경(STM)으로 찍은 사진. 이런 유형의 현미경이 가능한 것은 어떤 특이한 양자 현상 때문인가?

앞 장에서 논의한 개념들은 **초기 양자론**의 핵심이다. 초기 양자론으로 양자역학의 기본 개념을 이해할 수 있고, 흑체 복사, 광전 효과, 수소 스펙트럼 같은 양자 현상들을 성공적으로 설명할 수 있었다. 그러나 가장 간단한 다전자 원자, 미세한 스펙트럼을 설명할 수 없었고, 특별한 현상을 설명하기 위한 특별한 이론들로 뒤섞여서 통일성과 명료함이 결여되어 있었다.

원자 수준에서 계를 정확하게 기술하고 계의 변화를 명확하게 예측할 수 있는 일관된 이론이 있을까? 단호하게 '있다'라고 답변할 수 있지만, 한편으로는 실망스럽게도 '없다'이다. 1920년대에 발전한 **양자역학**(quantum mechanics)으로 계의 에너지, 스펙트럼 선의 파장, 들뜬 원자의 수명 등, 원자 세계의 관측량을 정확하게 예측하고 설명할 수 있기 때문에 '있다'라고 답변할 수 있다. 다른 한편으로는 양자역학이 원자 세계에 대한 명확한 모습을 보여 주지 않기 때문에 '없다'라고 답변할 수밖에 없다. 불확정성 원리와 파동-입자 이중성은 양자역학의 본성이다. 따라서 정확한 위치와 운동량으로 기술할 수 있는 작은 공처럼 전자나 양성자를 기술할 수 없다. 그러나 고전물리학이 불완전하게 설명했거나 설명할 수 없는 원자의 거동, 화학 원소의 구성, 반도체, 초전도체, 물질의 극저온 특성, 백색거성의 형성, 레이저 작동 등 여러 현상들을 양자역학으로 일관성 있게 설명할 수 있다. 이 장에서는 양자역학의 수학적 구조와 물리적 해석을 공부한다. 36장과 37장에서 간단한 원자에 대한 응용부터 시작하여 분자, 고체에 대한 응용을 공부한다.

35.1 입자, 파동, 확률

LO 35.1 파동-입자 이중성과 입자 위치의 발견 확률 사이의 관계를 설명할 수 있다.

광자와 광파

맥스웰의 전자기이론에서 빛을 전자기파로 완벽하게 기술한 것 같았다. 그러나 광전 효과와 콤프턴 효과에서 빛은 입자처럼 거동한다. 파동성과 입자성 사이의 연관성은 무엇일까?

광전 효과 실험에서 튀어나온 전자의 수는 빛의 세기와 관련이 있다. 전자가 광자를 흡수하면 튀어나오므로 입사광의 광자 수가 빛의 세기에 비례한다고 결론내렸다. 전자기파의 세기는 전기장과 자기장의 제곱에 비례한다(식 29.20b, c 참조). 그리고 전기장과 자기장은 맥스웰 방정식을 만족한다. 따라서 광전 실험에서 튀어나온 전자의 수는 맥스웰이 빛을 전자기파로 기술한 것과 관련이 있다.

파동의 세기와 광자의 수를 정량적으로 통계적으로 연결할 수 있다. 광전 실험에서 개별 전자는 마구잡이로 튀어나온다. 불확정성 원리 때문에 광자를 추적하여 언제, 어디서 전자가 튀어나온다고 예측할 수 없다. 오히려 파동 세기가 강할 때 전자가 튀어나오기 쉽다고 말해야 한다. 특히 전자가 튀어나올 확률은 입사 전자기파의 세기, 즉 파동장의 제곱에 비례한다. 일반적으로 전자기파에서 광자를 발견할 확률은 파동 세기에 정비례한다(그림 35.1 참조).

양자역학적 기술에서도 장은 맥스웰 방정식을 따른다. 예를 들어 이중 슬릿에서 간섭하는 전자기파의 장은 간섭 무늬의 밝고 어두운 무늬에 해당하는 최대와 최소 파동 세기를 만든다. 파동장은 간섭 무늬에서 개별 광자를 발견할 확률만 제공한다. 이 때문에 세기가 약하거나 짧은 시간만 노출시키면 간섭 무늬가 약해지는 것이 아니라 전혀 다른 무늬가 나타난다. 광자의 수가 많을 때만 뚜렷한 간섭 무늬가 나온다(그림 35.2 참조).

양자역학에서는 빛의 파동성과 입자성 사이의 연관성은 다음과 같다. 빛을 검출하지만 않으면 빛은 맥스웰 방정식이 지배하는 파동으로 진행한다. 그러나 빛을 검출할 때, 개별 광자와 상호작용하게 된다. 이러한 상호작용은 파동 세기, 즉 파동장의 제곱에 비례하는 확률적 사건이다.

그림 35.1 광자를 발견할 확률은 전자기파의 세기에 정비례한다. 광자를 국소 입자로 그릴 수 없으므로 위 그림은 상징적 묘사일 뿐이다.

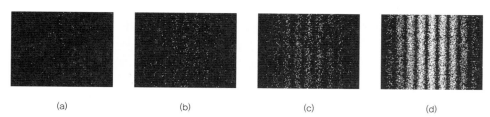

(a)　　　　(b)　　　　(c)　　　　(d)

그림 35.2 이중 슬릿 간섭 무늬의 형성 과정. (a) 50개의 광자, (b) 250개의 광자, (c) 1000개의 광자, (d) 10,000개의 광자

전자와 물질파

34장에서 빛은 물론 물질도 파동성과 입자성을 가진다는 드브로이 가설을 배웠다. 파동-입자 이중성 때문에 물질과 빛을 본질적으로 같이 취급할 수 있으므로 둘 다 확률적 기술이 가능하다. 그림 35.3은 입자빔과 대응하는 드브로이 물질파를 보여 준다. 광자를 발견할 확률이 파동 세기에 비례하듯이, 입자를 발견할 확률은 물질파 진폭의 제곱에 비례한다. 빛과 마찬가지로

그림 35.3 입자빔과 물질파

입자로 검출할 때만 물질의 입자성이 나타난다. 검출하지 않으면 입자는 파동성을 갖는다.

맥스웰 방정식은 광파를 기술한다. 물질파를 기술하는 방정식은 무엇일까? 1926년 오스트리아의 물리학자 에어빈 슈뢰딩거(Erwin Schrödinger)가 제안한 파동 방정식이 그 해답이며, 이를 **슈뢰딩거 (파동)방정식**(Schrödinger wave equation)이라고 부른다. 같은 해에 슈뢰딩거는 자신의 파동 이론이 하이젠베르크, 막스 보른(Max Born), 파스칼 요르단(Pascual Jordan)이 1925년에 제안한 행렬 이론과 같음을 보였다. 하이젠베르크는 1932년 노벨 물리학상을 수상하였고, 슈뢰딩거는 양자론에 대한 공헌으로 디랙과 함께 1933년 노벨 물리학상을 수상하였다.

> **확인문제** **35.1** 특정한 레이저빔을 집중하면 연관된 광파의 전기장이 10배 증가한다. 집중된 빔의 한 점에서 광자를 발견할 확률은 (a) 10배, (b) $\sqrt{10}$배, (c) 2배, (d) 100배 증가한다.

35.2 슈뢰딩거 방정식

LO 35.2 슈뢰딩거 방정식과 어떻게 파동 함수를 확률과 연계시킬 것인가를 기술할 수 있다.

슈뢰딩거 방정식은 물질파를 시간과 공간의 함수인 **파동 함수**(wave function) ψ로 기술한다. 두 변수를 포함하는 미분 방정식의 풀이는 이 책의 수준을 넘으므로, 단지 공간 변화만을 고려하고 일차원으로 국한하겠다.

사인 파동 $\psi(x) = A \sin kx$로 슈뢰딩거 방정식을 쉽게 이해할 수 있다. 사인 모양 파동을 두 번 미분하면 다음을 얻는다.

$$\frac{d^2\psi(x)}{dx^2} = -Ak^2 \sin kx = -k^2\psi(x)$$

하지만 $k = 2\pi/\lambda$이며, λ는 파장이다. 물질파의 파장은 $\lambda = h/p$이며, h는 플랑크 상수, p는 입자의 운동량이다. 따라서 파동수 k를 운동량으로 표기하면 $k = 2\pi p/h = p/\hbar$이다. 고전물리학에서 질량이 m인 입자의 운동 에너지는 $K = p^2/2m$인데, 그것은 총에너지 E와 퍼텐셜 에너지 U의 차이이므로, $E - U = p^2/2m$이다. 이제 k^2 대신에

$$k^2 = \frac{p^2}{\hbar^2} = \frac{2m(E - U)}{\hbar^2}$$

를 넣으면 다음의 미분 방정식을 얻는다.

$\hbar$는 플랑크 상수 h를 2π로 나눈 것이다. ψ는 입자의 파동 함수이다.

$$-\frac{\hbar^2}{2m}\frac{d^2\psi(x)}{dx^2} + U(x)\psi(x) = E\psi(x) \quad \text{(시간 무관 슈뢰딩거 방정식)} \tag{35.1}$$

m은 입자의 질량이다. U는 퍼텐셜 에너지이다. E는 입자의 총에너지이다.

이 식은 일차원에서 물질파의 공간 변화를 기술하는 **시간 무관 슈뢰딩거 방정식**(time-independent Schrödinger equation)이다. 시간 의존 방정식의 해는 식 35.1의 해에 진동수

$f = E/h$로 진동하는 사인 함수를 곱하면 된다. 드브로이의 물질파 가설 $\lambda = h/p$와 뉴턴 관계식 $K = p^2/2m$을 결합하여 시간 무관 슈뢰딩거 방정식을 유도하였으므로 이 방정식은 비상대론적 입자에만 적용할 수 있다.

슈뢰딩거 방정식의 풀이는 놀라울 정도로 실험 결과를 잘 설명한다. 원자의 구조, 원자의 화학적 특성을 포함한 화학 영역을 슈뢰딩거 방정식으로 상당 부분 해결할 수 있다. 슈뢰딩거 기술은 대응 원리를 따르는데, 그것은 양자역학 효과가 작은 거시계의 뉴턴 역학적 풀이와 잘 일치한다.

ψ의 물리적 의미

파동 함수 ψ의 물리적 의미는 무엇일까? 이는 물리학자와 철학자가 끊임없이 논쟁하는 주제이다. 표준 해석에 따르면 ψ는 관측 가능한 양이 아니다. ψ는 입자 검출에 대한 통계적 분포만 알려준다. ψ^2은 단위 부피당 입자를 발견할 확률, 즉 **확률 밀도**(probability density)이다. 일차원에 속박된 입자인 경우, 확률 밀도는 단위 길이당 확률이므로, 위치 x 주위의 dx 안에서 입자를 발견할 확률을 다음과 같이 표기할 수 있다.

$P(x)$는 입자를 위치 x에서 작은 간격 dx 안에서 발견할 확률이다.

$$P(x) = \psi^2(x)dx \quad \text{(확률과 파동 함수)}$$

ψ는 입자의 파동 함수이다.

(35.2)

식 35.2를 두 방법으로 해석할 수 있다. 첫 번째는 위치 x에 검출기를 놓고 dx 안에서 입자를 검출하는 하나의 실험에서 입자를 발견할 확률이다(그림 35.4 참조). 두 번째는 이러한 실험을 반복하여 검출기로 입자를 발견하는 실험의 비율이다.

그렇다면 ψ는 무엇일까? 물질의 거동을 결정하는 함수인데 어떻게 관측불가능량이 될 수 있는가? ψ는 입자가 거동하는 확률만 결정하기 때문에 파동 함수와 개별 입자 사이에는 직접적 인과 관계가 없다. 양자역학에서는 실험 결과가 완전하게 결정되지 않는다. 슈뢰딩거 방정식은 결과의 확률만 알려준다. 표준 해석에 따르면, 양자 세계는 너무나 달라서, 일상의 거시적 용어, 개념, 그림 모형 등은 부적절하다. 특히 거시적 인과 관계는 양자적 미결정성으로 바뀌어서 물리 법칙은 사건의 통계적 형태만을 결정할 뿐이다.

궁극적으로 우주가 확률을 따른다는 양자역학의 이상한 함의 때문에 곤혹스럽지는 않은

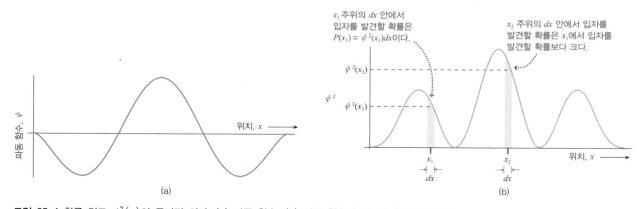

그림 35.4 확률 밀도 $\psi^2(x)$의 물리적 의미. (a) 파동 함수, (b) 파동 함수의 제곱은 확률 밀도이다.

가? 아인슈타인은 확률적인 우주의 개념을 결코 받아들이지 않았으며, "신은 주사위를 던지지 않는다."라고 단언했다. 아인슈타인과 보어는 자주 논쟁을 했고, 널리 인용되는 1935년 논문에서 아인슈타인과 그의 동료 보리스 포돌스키(Boris Podolsky)와 나탄 로젠(Nathan Rosen)는 양자역학이 완전한 이론이 될 수 없으며 불확정성 원리 때문에 우리에게 감춰진 소위 양자역학 배후의 숨은 변수를 지배하는 결정론적인 물리학이 필요하다고 주장했다. 1980년 초의 실험에서 숨은 변수를 부정하는 결과가 나왔지만, 아직도 양자역학 해석에 대한 매력적 논쟁이 계속되고 있다. 여기서는 실용적인 길을 택해서 슈뢰딩거 방정식으로 어떻게 양자계를 분석하는가에만 집중하겠다.

> **확인 문제**
>
> **35.5** 그림 35.4b에서 폭 dx인 작은 영역들에서 입자를 발견할 확률들은 (a) 어두운 직사각형의 넓이들이다, (b) 각 영역의 ψ^2의 값들이다, (c) 각 영역의 ψ의 값들이다.

규격화, 파동 함수의 조건

일차원에서 $\psi^2 dx$는 범위 dx에서 입자를 발견할 확률이다. 그러나 입자는 일차원 공간 어딘가에는 반드시 있으므로, 모든 공간에 대한 확률의 합은 반드시 1이어야 한다. 즉 어딘가에서 입자를 발견할 확률은 100%이어야 한다. 따라서 확률 밀도의 전 공간에 대한 적분을 다음과 같이 표기할 수 있다.

$$\int_{-\infty}^{+\infty} \psi^2 dx = 1 \quad \text{(규격화 조건)} \tag{35.3}$$

식 35.1의 해를 구하면, 이 **규격화 조건**(normalization condition)으로 파동 함수 ψ의 진폭을 구할 수 있다.

한편 슈뢰딩거 방정식에 포함된 ψ의 이계 도함수가 잘 정의되려면, ψ와 일계 도함수 $d\psi/dx$는 반드시 연속 함수이어야 한다.

35.3 입자와 퍼텐셜

LO 35.3 네모 우물과 조화 진동자 퍼텐셜에서 입자의 에너지를 계산하고 양자 터널링을 기술할 수 있다.

무한 네모 우물

특별히 간단한 계, 즉 양쪽이 완벽하게 단단한 벽인 일차원에 갇힌 입자에 대해서 슈뢰딩거 방정식을 풀어 보자. 사실상 비현실적인 모형이지만 전기 소자, 간단한 핵 같은 실제 양자계의 어림으로 충분히 가치가 있는 모형계이다. 특히 슈뢰딩거 방정식을 풀이하는 전 과정을 확인할 수 있고, 슈뢰딩거의 파동 이론으로 어떻게 에너지가 양자화되는가를 정확하게 이해할 수 있다.

고전물리학에서는 단단한 벽 사이에 갇힌 입자는 일정한 속력으로 두 벽 사이를 왕복 운동한다. 마찰과 같은 에너지 손실이 없으면 입자의 에너지는 처음값 그대로 유지되며, 어떤 값

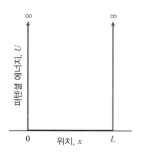

그림 35.5 무한 네모 우물의 퍼텐셜 에너지 곡선은 단단한 양쪽 벽에 갇힌 일차원 입자의 운동을 기술한다.

이나 가질 수 있다.

퍼텐셜 에너지 곡선으로 입자의 상황을 기술해 보자. 벽 사이에서는 입자가 힘을 받지 않으므로 퍼텐셜 에너지의 영점 기준으로 삼아서 $U = 0$으로 놓을 수 있다. 벽이 완벽하게 단단하면 입자의 에너지에 상관없이 입자는 벽을 투과할 수 없다. 즉 벽의 위치에서 퍼텐셜 에너지는 무한대이다. 따라서 퍼텐셜 에너지 곡선은 그림 35.5와 같으며, 생김새에 따라 $x = 0$에서 $x = L$까지 **무한 네모 우물**(infinite square well)이라고 한다.

무한 네모 우물에 갇힌 입자를 양자역학적으로 기술해 보자. 입자는 슈뢰딩거 방정식 35.1에 따라

$$-\frac{\hbar^2}{2m}\frac{d^2\psi}{dx^2} + U(x)\psi = E\psi$$

를 만족하고, 퍼텐셜 에너지 $U(x)$는 그림 35.5에서 다음과 같다.

$$U = 0, \ 0 < x < L$$
$$U = \infty, \ x < 0, \ x > L$$

입자가 단단한 벽을 투과할 기회가 없으므로 $U = \infty$인 영역에서 ψ는 정확하게 0이다. 따라서 우물 안인 $0 \leq x \leq L$에서만 계산하면 된다. 한편 입자가 우물에 갇혀 있음을 보장하기 위해 $x = 0$과 $x = L$에서 $\psi = 0$인 **경계 조건**(boundary condition)을 반드시 만족해야 한다.

우물 안에서는 $U = 0$이므로 슈뢰딩거 방정식은 다음과 같다.

$$-\frac{\hbar^2}{2m}\frac{d^2\psi}{dx^2} = E\psi \tag{35.4}$$

해를 구하기 전에, 보어 원자의 허용된 궤도에서 정지파가 궤도 둘레와 딱 들어맞는다는 드브로이 가설을 상기해 보자. 네모 우물도 비슷한 경우이다. 14장에서 공부한 양 끝이 고정된 줄 위의 정지파처럼, 허용된 해는 양쪽 벽에서 마디를 갖는 정지파이어야 한다. 따라서 경계 조건 $\psi(0) = 0$과 $\psi(L) = 0$을 만족하는 사인 모양 파동 $\psi(x)$를 구해야 한다. A와 k가 상수인 $\psi = A \sin kx$는 첫 번째 경계 조건을 만족한다. 두 번째 경계 조건에서 $k = n\pi/L$이며, n은 정수이다. 즉 반파장의 정수배인 정지파가 우물 안에 생긴다. 따라서 슈뢰딩거 방정식의 해로 다음을 제안할 수 있다.

$$\psi(x) = A \sin\left(\frac{n\pi x}{L}\right)$$

여기서 A는 결정해야 할 상수이다. 이 식은 양쪽 벽에서 마디를 갖는 정지파이지만, 과연 슈뢰딩거 방정식을 만족할까? 이 식을 두 번 미분하면,

$$\frac{d^2\psi}{dx^2} = -A\frac{n^2\pi^2}{L^2}\sin\left(\frac{n\pi x}{L}\right)$$

이고, 식 35.4에 넣으면 다음을 얻는다.

$$\left(-\frac{\hbar^2}{2m}\right)\left[-A\frac{n^2\pi^2}{L^2}\sin\left(\frac{n\pi x}{L}\right)\right] = EA\sin\left(\frac{n\pi x}{L}\right)$$

따라서 다음의 관계식을 얻는다(n은 에너지 준위를 나타낸다).

$$E_n = \frac{n^2\pi^2\hbar^2}{2mL^2} = \frac{n^2h^2}{8mL^2} \ \text{(무한 네모 우물의 에너지 준위)} \tag{35.5}$$

즉 제안한 해가 슈뢰딩거 방정식을 만족하며, 입자의 에너지 E_n은 정수 n에 의존한다.

정지파 해는 슈뢰딩거 방정식에서 자연스러운 에너지 양자화를 잘 보여 준다. 물리적으로는 양자화의 이유가 '계에 속박된 물질파는 반파장의 정수배인 정지파이어야 한다'는 드브로이의 가설에 있다. 무한 네모 우물에서는 드브로이 가설과 슈뢰딩거 방정식이 동일한 결론에 이르지만, 좀더 복잡한 퍼텐셜 에너지인 경우에는 슈뢰딩거 방정식만이 올바른 풀이를 준다.

식 35.5의 정수 n은 무한 네모 우물에 갇힌 입자의 **양자수**(quantum number)이다. 양자역학계에서 물리적 상태를 **양자 상태**(quantum state)라고 한다. 여기서는 하나의 양자수로 양자역학계의 모든 것을 기술하는 양자 상태를 규정할 수 있다. 슈뢰딩거 방정식에 관한 한, n은 모든 정수값을 가질 수 있다. 그러나 ψ의 부호에 상관없이 ψ^2이 같기 때문에 음의 정수 n은 불필요하다. 또한 $n = 0$이면 $\psi = 0$이므로 어디선가 입자를 발견할 확률이 없다는 뜻이다. 따라서 n은 양의 정수값만을 가진다.

양의 정수값만 허용되므로, 식 35.5에서 입자의 에너지는 항상 양의 값이다. 가장 낮은 에너지는 $n = 1$인 $E_1 = h^2/8mL^2$이다. 이 값이 **바닥 상태 에너지**(ground-state energy)이고, 이에 해당하는 ψ가 **바닥 상태 파동 함수**(ground-state wave function)이다. 0이 아닌 바닥 상태 에너지는 양자계에 흔한 현상이지만, 그에 대응하는 고전물리학적 현상은 없다. 그림 35.6은 무한 네모 우물의 에너지 준위 도표이다.

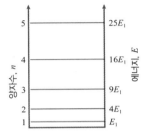

그림 35.6 무한 네모 우물에 갇힌 입자의 에너지 준위 도표. 에너지가 n^2에 비례하므로 준위 사이는 등간격이 아니다.

개념 예제 35.1 **바닥 상태 에너지**

왜 네모 우물의 바닥 상태 에너지는 0이 될 수 없을까?

풀이 불확정성 원리 $\Delta x\, \Delta p \geq \hbar$를 생각해 보자. 바닥 상태 에너지가 0이라면 입자의 운동 에너지 $p^2/2m$이 정확히 0이므로 운동량 p도 0이다. 그러나 입자가 우물 안에 있다는 것을 알고 있으므로 위치의 불확정도는 기껏해야 우물 폭 L이다. 그러면 곱 $\Delta p\, \Delta x$는 0이 될 것이고, 불확정성 원리를 위반하게 된다.

검증 앞 장에서 속박된 입자의 최소 에너지를 어림하기 위해 불확정성 원리를 사용하였다. 네모 우물의 바닥 상태 에너지는 소위 영점 에너지의 특별한 경우이다.

관련 문제 전자가 폭이 0.75 nm인 무한 네모 우물의 $n = 2$ 상태에서 바닥 상태로 떨어지고, 그 과정에서 광자를 방출한다. 그 광자의 에너지를 구하라.

풀이 식 35.5가 네모 우물 에너지를 알려준다. 여기서 그 광자의 에너지는 E_2와 바닥 상태 에너지 E_1 사이의 차이므로 $\Delta E = 3.2 \times 10^{-19}$ J, 즉 2.0 eV이다.

예제 35.1 **나노전자**   응용 문제가 있는 예제

어떤 실험적인 나노전자 기기가 1차원의 무한 네모 우물의 역할을 하는 0.850 nm 두께의 층 속에 전자들을 속박하고 있다. 이 전자들의 바닥 상태와 처음 두 들뜬 상태의 에너지를 구하라.

해석 여기서는 1차원 무한 네모 우물 속의 전자들을 다루고 있다.

과정 식 35.5, $E_n = n^2 h^2/8mL^2$은 n번째 상태의 에너지를 준다. 이것에 $n = 1, 2, 3$을 적용한다.

풀이 $L = 0.850$ nm와 $m = m_e = 9.11 \times 10^{-31}$ kg을 이용하면

$$E_n = \frac{n^2(6.63 \times 10^{-34}\ \text{J} \cdot \text{s})^2}{8(9.11 \times 10^{-31}\ \text{kg})(0.85 \times 10^{-9}\ \text{m})^2}$$
$$= 8.350 \times 10^{-20} n^2\ \text{J}$$

또는 $0.5217 n^2$ eV이다. $n = 1, 2, 3$을 이용하여 계산하면, 바닥 상태에 대하여 $E_1 = 0.522$ eV이고, $E_2 = 2.09$ eV, $E_3 = 4.70$ eV이다.

검증 0.85 nm의 간격은 작은 원자보다 훨씬 더 크다. 원자 크기의 계는 eV 범위의 에너지를 가지는 것을 알고 있기 때문에 이런 결과는 합리적이다.

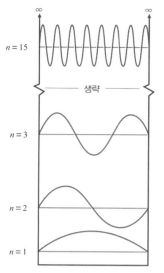

그림 35.7 무한 네모 우물에 갇힌 입자의 파동 함수

35.3 전자 A는 너비 1 nm의 네모 우물에, 전자 B는 너비 1 pm의 네모 우물에 갇혀 있다. 바닥 상태 에너지는 어떻게 연관되는가? (a) $E_B = 10E_A$, (b) $E_B = 1000E_A$, (c) $E_B = 10^6 E_A$, (d) $E_B = 10^{-3} E_A$

규격화, 확률, 대응 원리

무한 네모 우물에 대한 해에서 아직 상수 A를 결정하지 않았다. 우물 안에서 $\psi = A \sin(n\pi x/L)$이고, 우물 밖에서는 $\psi = 0$이므로, $0 < x < L$에서 규격화 조건식 35.3을 다음과 같이 표기할 수 있다.

$$\int_0^L A^2 \sin^2\left(\frac{n\pi x}{L}\right) dx = 1$$

양변을 우물의 너비 L로 나누면, 사인 함수 제곱의 반파장에 대한 평균과 마찬가지이므로, $\sin^2(n\pi x/L)$을 0과 L 사이에서 적분한 값은 $\frac{L}{2}$이다. 즉 $A^2(L/2) = 1$에서 규격화 상수 $A = \sqrt{2/L}$을 얻는다. 따라서 완전한 파동 함수는 다음과 같다.

$$\psi_n = \sqrt{\frac{2}{L}} \sin\left(\frac{n\pi x}{L}\right) \tag{35.6}$$

여기서 아래 첨자 n은 n번째 양자 상태의 파동 함수라는 뜻이다. 그림 35.7은 바닥 상태의 파동 함수와 세 들뜬 상태를 보여 준다.

어디서 입자를 발견하기 쉬울까? 고전적으로는 입자가 등속력으로 왕복 운동을 하므로 우물 안에서는 발견할 확률이 같다. 양자역학적으로는 위치 x에서 입자를 발견할 확률은 확률 밀도 ψ^2에 비례한다. 그림 35.7을 제곱한 확률 밀도가 그림 35.8에 있다. $n = 1$인 경우에, 우물의 중앙에서 입자를 발견할 확률이 가장 높다. 이는 어디서나 확률이 같다는 고전적 예측과는 완전히 어긋난다. n이 작은 다른 상태에서도 확률이 높고 낮은 영역이 명백히 구분된다. 그러나 양자수가 증가하면 확률 밀도의 최대와 최소가 점점 가까워진다. 전자를 검출하는 장비의 분해능이 유한하므로 파동 함수의 주기가 유한한 분해능 이내로 줄어들면 전 구간에 걸쳐서 일정한 평균 확률을 측정하게 된다(그림 35.8 참조).

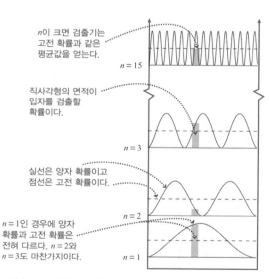

n이 크면 검출기는 고전 확률과 같은 평균값을 얻는다.

직사각형의 면적이 입자를 검출할 확률이다.

실선은 양자 확률이고 점선은 고전 확률이다.

$n = 1$인 경우에 양자 확률과 고전 확률은 전혀 다르다. $n = 2$와 $n = 3$도 마찬가지이다.

그림 35.8 무한 네모 우물에 갇힌 입자의 고전적 확률 밀도(점선)와 양자역학적 확률 밀도(실선). 각 곡선 아래의 면적은 1이므로 입자는 우물 안 어딘가에 반드시 있어야 한다. 색칠한 직사각형은 입자 검출기의 분해능을 나타낸다.

이것이 보어의 대응 원리이다. 양자수 n이 크면 에너지 준위의 간격이 줄어들어서 전자의 위치를 측정한 결과는 고전값과 같아진다. 그러나 n이 작으면 비고전적 영점 에너지와 양자화가 명백해진다.

예제 35.2 | **양자 확률: 네모 우물 바닥 상태** | 응용 문제가 있는 예제

무한 네모 우물의 바닥 상태에 있는 입자를 우물의 왼쪽 1/4에서 발견할 확률을 구하라.

해석 파동 함수의 제곱(ψ^2)에 관련된 확률에 관한 문제이다.

과정 바닥 상태의 파동 함수는 $\psi_1 = \sqrt{2/L} \sin(\pi x/L)$이다(식

35.6). 바닥 상태의 입자는 우물 어딘가에 반드시 있으므로 ψ_1^2을 우물 전체에 대해서 적분하면 1이 되어야 한다. 한편 ψ_1^2의 그림 35.9에서 진한 부분은 특정 구간에서 입자를 발견할 확률이다. 따라서 0에서 $L/4$까지 $\int \psi^2 dx$를 적분한다.

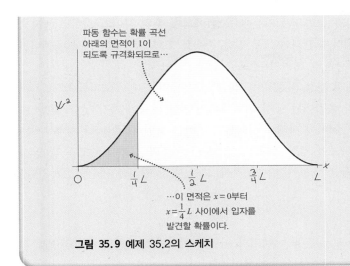

파동 함수는 확률 곡선 아래의 면적이 1이 되도록 규격화되므로…

ψ^2

…이 면적은 $x=0$부터 $x = \frac{1}{4}L$ 사이에서 입자를 발견할 확률이다.

그림 35.9 예제 35.2의 스케치

풀이 확률은

$$P = \frac{2}{L}\int_0^{L/4} \sin^2\left(\frac{\pi x}{L}\right)dx$$

이며, 부록 A의 적분표에서 다음을 얻는다.

$$P = \frac{2}{L}\left(\frac{x}{2} - \frac{\sin(2\pi x/L)}{4\pi/L}\right)\Bigg|_0^{L/4} = \frac{2}{L}\left(\frac{L}{8} - \frac{L}{4\pi}\right) = 0.091$$

검증 답을 검증해 보자. 우물의 1/4 구간에서 입자를 발견할 확률은 고전적 확률 $P = 0.25$보다 훨씬 작은 값이다. 즉, ψ^2이 양 끝에서 작다. 실전 문제 58에서 임의의 양자수에 대해서 계산해 보면 n이 클 때 고전 확률과 양자 확률이 같아진다.

확인 문제 **35.4** 예제 35.1이 우물의 중앙 1/4 구간에서 입자를 발견할 확률에 관한 문제라면 다음 중 적절한 답은 어느 것인가? (a) 0.091, (b) 0.25, (c) 0.48, (d) 0.90

무한 네모 우물은 원자들과 같은 좀 더 실제적인 계에 의해 공유되는 중요한 양자 현상에 대한 직관을 준다. 이것들은 양자화된 에너지 준위들, 영이 아닌 바닥 상태 에너지, 비고전적인 확률, 그리고 큰 양자 수에서 고전물리와의 일치 현상 등을 포함한다. 36장에서 슈뢰딩거 방정식을 원자들에게 적용하여 똑같은 현상을 보게 될 것이다. 그러나 먼저 추가적인 양자적 행동을 보여 주는 다른 단순한 계를 알아보자.

조화 진동자

13장에서 입자가 평형 변위에 비례하는 복원력을 받을 때 일어나는 단순 조화 운동을 배웠다. 이러한 선형(linear) 복원력으로 이차 함수 퍼텐셜 에너지를 얻으며, 반대로 퍼텐셜 에너지가 이차 함수인 계는 조화 진동자이다. 원자나 분자 수준에서는 이러한 계가 매우 많다. 양자역학적 조화 진동자를 이해하는 것은 원자 수준에서 물질의 거동을 기술하는 데 매우 중요하다.

질량-용수철 계의 퍼텐셜 에너지는 $U = \frac{1}{2}kx^2$이고, 각운동량은 $\omega = \sqrt{k/m}$이므로, $U = \frac{1}{2}m\omega^2 x^2$이다. 이것은 분자 결합의 끝에서 진동하는 원자나 전자의 퍼텐셜 에너지로 적절하다. 이 퍼텐셜에 대한 슈뢰딩거 방정식을 풀이하려면 고급수학이 필요한데, 결과적으로 규격화된 해는 다음과 같이 띄엄띄엄한 에너지 값만을 갖는다.

$$E_n = \left(n + \frac{1}{2}\right)\hbar\omega \tag{35.7}$$

여기서 $n = 0$이 바닥 상태이다. 그림 35.10은 조화 진동자의 에너지 준위 도표로 에너지 간격이 같다. 식 35.7의 상수 $\frac{1}{2}$의 등장은 허용된 조화 진동자의 에너지가 $hf(=\hbar\omega)$라는 플랑크의 가설이 틀렸다는 뜻이다. 그럼에도 불구하고 플랑크의 스펙트럼 분포인 식 34.3은 변함없이 올바르다. 플랑크는 0이 아닌 바닥 상태 에너지를 예견하지 못했다.

조화 진동자의 균일한 에너지 간격은 원자(그림 34.11 참조)나 무한 네모 우물(그림 35.6

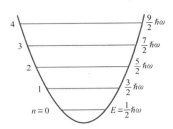

그림 35.10 포물선 에너지 곡선에 그린 양자역학적 조화 진동자의 에너지 준위 도표

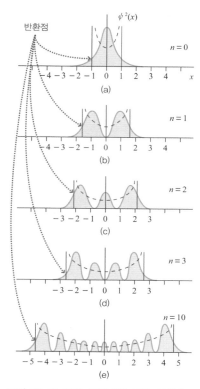

그림 35.11 조화 진동자의 어떤 상태에 대한 확률 밀도 $\psi^2(x)$. 점선은 고전적 기댓값이다. 높은 n 상태의 높은 에너지일수록 반환점이 벌어진다.

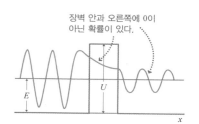

그림 35.12 높이 U의 퍼텐셜 장벽과 장벽의 왼쪽에서 입사한 입자의 파동 함수. 입자의 에너지 E는 장벽 에너지 U보다 낮다.

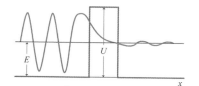

그림 35.13 무거운 입자이면 파동 함수가 장벽 안에서 급속히 줄어들어서 투과 확률을 무시할 만하다.

참조)의 경우와 전혀 다르다. 양자 조화 진동자는 이웃한 에너지 준위 사이의 전이로 광자를 흡수하거나 방출한다. 따라서 에너지 간격이 모두 같은 순수한 조화 진동자의 이웃한 에너지 준위 사이의 전이로 발생하는 광자의 에너지는 모두 같다.

고전 조화 진동자는 반환점에서 가장 천천히 움직이므로 운동의 끝에서 입자를 발견할 확률이 가장 높다. 또한 가장 빨리 움직이는 평형 위치에서 발견할 확률이 가장 낮다. 무한 네모 우물과 마찬가지로 n이 작은 에너지 상태는 비고전적 거동을 보인다. 즉 바닥 상태에서는 중간의 평형 위치에서 발견할 확률이 가장 높다. 그림 35.11은 조화 진동자의 고전 및 양자 확률 밀도이다. n이 크면 두 확률 밀도가 비슷해져서 보어 대응 원리를 확인할 수 있다.

양자 터널링

그림 35.11에서 놀라운 사실은, 모든 운동 에너지가 퍼텐셜 에너지로 전환되는 고전 반환점을 넘어서도 양자 조화 진동자를 발견할 확률이 0이 아니라는 것이다. 에너지 보존 법칙을 위배하는 것 같은 이런 상황을 물질의 고전적 기술에서는 찾아볼 수 없다.

고전적으로 금지된 영역으로 스며드는 또 다른 예는 그림 35.12와 같은 퍼텐셜 장벽으로 다가가는 입자이다. 원자핵과 관련된 전기 퍼텐셜차, 고체의 에너지 간격, 반도체 소자의 절연층 등이 바로 퍼텐셜 장벽과 같다. 고전적으로는 총에너지가 장벽 에너지보다 낮은 입자는 장벽을 넘을 수 없다. 퍼텐셜 장벽에 대한 슈뢰딩거 방정식을 풀면, 장벽의 양쪽에서 진동하며, 파동 함수 ψ와 $d\psi/dx$의 연속 조건에 따라 장벽 안에서 지수 함수인 해를 얻는다. 이러한 파동 함수를 그림 35.12에서 볼 수 있다. 이 해의 확률 밀도 ψ^2을 보면 장벽 안에서 0이 아니며 장벽의 반대쪽에서 입자를 발견할 확률도 0이 아니다. 따라서 처음에 한쪽에 있던 입자를 반대편에서 발견할 수 있다.

양자 터널링(quantum tunneling)이라고 부르는 이 현상은 얼마나 일어나기 쉬울까? 퍼텐셜 에너지와 장벽 에너지의 차이, 그리고 장벽의 너비에 따라 달라진다. 실전 문제 53에 따르면 장벽 안의 파동 함수는 $e^{\pm\sqrt{2m(U-E)}\,x/\hbar}$ 꼴이다. 일반적으로 입자 에너지 E가 장벽 에너지 U와 거의 같거나 입자의 질량 m이 매우 작지 않으면, 이 함수는 장벽을 지나면서 급격하게 감소한다. 질량 m이 큰 경우에 반대편 먼 곳에서 입자를 발견할 확률은 매우 낮다(그림 35.13 참조). 결국 양자 터널링은 미시적 현상이다.

양자 터널링은 에너지 보존을 위배하는 것 같지만, 불확정성 원리 때문에 위배하지 않는다. 터널링하는 입자를 잡으려고 시도해 보자. 입자가 장벽 안에 있다는 것을 알면 위치의 불확정도는 장벽 너비보다 작다. 예제 34.5에 따르면 이 경우에 최소 에너지가 있음을 의미한다. 정량적인 분석을 해 보면, 그 값은 입자의 에너지가 장벽 에너지보다 낮다고 확신할 수 없게 한다. 장벽 안에서 입자를 검출하려고 하지 않으면 이러한 투과는 순전히 파동 현상이므로 입자 에너지를 고려할 필요가 없다. 파동-입자 이중성이다. 입자를 관측하지 않으면 파동처럼 거동하여 터널링 같은 비입자적 현상이 나타난다. 터널링을 하는 도중의 입자를 적발하려고 하면 입자가 더 이상 파동처럼 거동하지 않으므로 놀라운 현상이 사라진다.

터널링은 양자역학적 현상과 기술적 면에서도 중요한 현상이다. 태양이 빛나는 것은 태양의 중심에 있는 핵의 양자 터널링 결과이다. 고전적으로는 이러한 핵들은 충분한 에너지가 없어서 전기적 척력을 극복하지 못한다. 그러나 '쿨롱 장벽'을 터널링하여 퍼지면서 막대한 양의 에너지를 방출한다. 이와는 반대의 핵과정인 알파 붕괴는 우라늄처럼 무거운 핵에 갇혀 있던 알파 입자가 핵의 퍼텐셜 장벽을 터널링하여 발생한다. 반도체 소자는 양자 터널링을 이용하여 더 빠른 전기 회로를 만든다. 끝으로 개별 원자의 영상을 만드는 주사 터널링 현미경(STM)의 기초 원리가 바로 양자 터널링이다(응용물리 참조). 전자는 양자 터널링으로 플래시 메모리에 정보를 저장하는 반도체에 들락거린다. 플래시 메모리는 스마트폰, 태블릿, 카메라, 플래시 드라이브에 사용되며, 점차 컴퓨터의 하드 디스크를 대체하고 있다. 마지막으로 개별 전자 터널링은 20장에서 기술된 쿨롱의 새로운 기본 전하 기반 정의를 구현하는 기초가 된다.

> **확인 문제** **35.5** 양성자와 전자가 장벽 퍼텐셜 U보다 작은 에너지 E로 장벽에 접근한다. (a) 양성자와 (b) 전자 중 어느 입자가 투과하기 쉬운가? (c) 아니면 투과하는 가능성이 같은가?

응용물리 주사 터널링 현미경(STM)

1980년대에 IBM 취리히 연구소의 하인리히 로러(Heinrich Rohrer)와 게르트 비니히(Gerd Binning)가 개발한 STM은 반도체공학자, 생물학자, 화학자, 나노공학자 등에 필수적인 장비이다. STM은 극미세 탐침과 대상 표면 사이의 양자 터널링으로 작동한다. 위 사진은 원자 하나의 크기 정도인 뾰족한 탐침의 STM 영상이다. 그림 35.12의 장벽처럼 표면 밖의 공간에서 전자의 파동 함수가 지수 함수적으로 감소한다. 표면 근처에 접촉 없이 뾰족한 탐침

을 가져가면 표면의 전자가 간격을 터널링하여 탐침으로 옮아갈 확률이 있어서 전류가 흐르게 된다. 파동 함수가 지수형으로 감소하므로 **터널링 전류**(tunneling current)는 탐침과 표면 사이의 간격에 매우 민감하게 의존하여, 표면의 변화에 따라 크게 변한다.

STM으로 표면을 훑을 때 표면의 변화에 무관하게 일정한 터널링 전류가 흐르도록 아래 그림처럼 되먹임 장치가 탐침을 움직인다. 따라서 탐침이 표면의 변화를 읽어서 이 장 도입 사진과 같은 표면의 영상을 만든다.

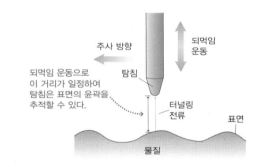

유한 퍼텐셜 우물

무한 네모 우물과 조화 진동자는 무한 깊이의 퍼텐셜 우물이다. 입자는 무한 우물벽에 갇혀서 먼 거리로 탈출할 수 없다. 이와 같이 양자화된 에너지 상태를 **속박 상태**(bound state)라고 한다. 너무 얕지만 않으면 유한 깊이의 우물도 무한 네모 우물과 비슷한 파동 함수를 가진 양자화된 속박 상태가 있다(그림 35.14 참조). 다만 고전적으로 금지된 우물 밖의 영역으로 터널링할 확률이 존재한다.

양자화된 속박 상태는 우물의 높이보다 에너지가 낮은 입자를 나타낸다. 에너지가 높은 입자는 어디든지 자유롭게 움직일 수 있으므로 파동 함수는 모든 곳에서 진동형이다. 더욱이 **비속박 상태**(unbound state)의 입자는 우물 높이보다 큰 어떤 에너지도 가질 수 있기 때문에 비속박 상태의 에너지는 양자화되지 않는다. 따라서 우물 꼭대기 위의 허용된 에너지는 **연속적**(continuous)이며, 우물 안의 양자화된 띄엄띄엄한 에너지 준위와 대조를 이룬다(그림 35.15 참조). 다음 장에서 공부할 원자에도 속박 상태와 비속박 상태가 있다.

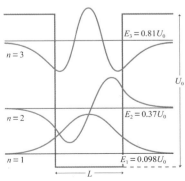

그림 35.14 유한 네모 우물의 속박 상태 에너지 준위와 파동 함수. 이 깊이의 우물에는 3개의 속박 상태가 있다.

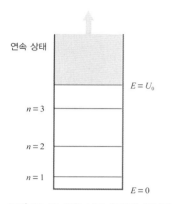

그림 35.15 유한 네모 우물의 에너지 준위 도표. 띄엄띄엄한 속박 상태와 연속적인 비속박 상태가 있다.

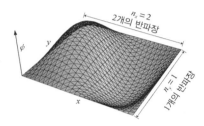

그림 35.16 이차원 우물에 갇힌 입자의 파동 함수로 $n_x = 2$, $n_y = 1$인 경우이다.
$\psi(x, y) = \sin(n_x \pi x / L) \sin(n_y \pi y / L)$

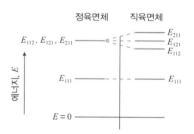

그림 35.17 삼차원 상자에 갇힌 입자의 바닥 상태와 첫 번째 들뜬 상태의 에너지 준위 도표. 세 변의 길이를 달리 하면 겹침이 없어진다.

35.4 삼차원 양자역학

LO 35.4 2차원과 3차원에 속박된 입자들의 에너지를 구할 수 있다.

일차원 양자계에서 에너지 양자화, 터널링 같은 중요한 양자 현상이 나타난다. 원자나 다른 양자계는 삼차원이므로, 파동 함수는 세 공간 변수에 의존하고, 슈뢰딩거 방정식은 더 복잡해진다. 실전 문제 55에서 삼차원 슈뢰딩거 방정식을 풀이하겠지만, 여기서는 삼차원 양자계의 특징만 공부한다.

하나의 양자수 n이 일차원 양자 상태를 기술한다. 무한 네모 우물에서는 반파장의 정수배라는 제약 조건으로 n을 얻었다. 이, 삼차원에서도 비슷한 제약 조건으로 각 차원마다 양자수가 있고(그림 35.16 참조), 각 양자수군마다 상응하는 에너지 준위가 있다. 예를 들어 한 변의 길이가 L인 정육면체 상자에 질량 m의 입자가 갇힌 경우에, 일차원 네모 우물을 일반화하여 다음과 같은 에너지 준위를 얻을 수 있다.

$$E = \frac{h^2}{8mL^2}(n_x^2 + n_y^2 + n_z^2) \tag{35.8}$$

여기서 n_x, n_y, n_z는 각 공간 차원의 양자수이다. 일차원처럼 양의 정수값만 허용된다. 따라서 바닥 상태의 양자수는 $n_x = n_y = n_z = 1$이다. 첫 번째 들뜬 상태는 무엇일까? $n_x = 2$, $n_y = n_z = 1$이 아닐까? $n_x = n_y = 1$, $n_z = 2$, 혹은 $n_x = n_z = 1$, $n_y = 2$도 같은 에너지이기 때문에 모두 가능하다.

두 개 이상의 에너지 상태가 같은 에너지를 가질 때를 **겹침 상태**(degenerate state)라고 한다. 예를 들어 정육면체 상자에 갇힌 입자의 첫 번째 들뜬 상태는 삼중 겹침 상태로 에너지가 같은 양자 상태가 세 개 있다. 겹침은 양자역학계의 대칭성과 관련이 있다. 예를 들면, 정육면체 상자에서 변의 길이가 같으므로 서로 다른 양자수의 결합으로 같은 에너지를 만들 수 있다. 세 변의 길이를 모두 다르게 만들면 겹침이 제거되어 한 에너지 준위가 세 준위로 갈라진다(그림 35.17 참조). 실제 양자계에서도 같은 일이 발생한다. 예를 들어 구형 대칭인 원자에 자기장을 걸어 주면 대칭성이 깨지면서 하나로 겹친 에너지 준위가 갈라지게 된다(그림 35.18 참조). 광학 스펙트럼의 갈라짐으로 태양이나 먼 천체의 자기장 크기를 측정하고 있다.

확인 문제 35.6 정육면체 상자 안의 입자에 대한 첫 번째 들뜬 상태의 에너지는 바닥 상태 에너지의 (a) 두 배이다, (b) 네 배이다, (c) 여덟 배이다.

35.5 상대론적 양자역학

LO 35.5 양자역학, 특히 반물질과 스핀에 대하여 상대론적인 불변성이 함축하는 몇 가지 의미를 기술할 수 있다.

뉴턴 역학과 마찬가지로 슈뢰딩거 방정식에 기초한 양자역학도 모든 관성 기준틀에서 물리 법칙이 같다는 특수 상대성이론을 만족시키지 못한다. 따라서 광속 c보다 입자의 속력 v가 작은 어림으로만 유효하다. 원자, 분자, 응집 물질 등에서 $v \ll c$일 때 슈뢰딩거 방정식을 적용한다. 그러나 입자 속력이 c에 가까워지면 슈뢰딩거 방정식은 부적절하므로 상대론적 파동 방정식으로 대체되어야 한다. 천천히 움직이는 입자일지라도 상대론적 고유 조건을 부가하면 흥미롭고도 새로운 현상이 나타난다.

디랙 방정식과 반입자

1928년 영국의 물리학자 폴 디랙(Paul Adrien Maurice Dirac)이 전자의 상대론적 파동 방정식을 만들었다. 그 과정에서 물리적으로 중요한 수학적 제약이 필요하였다.

디랙은 뉴턴의 에너지-운동량 관계식 $K = p^2/2m$을 상대론적 표현식 $E^2 = (mc^2)^2 + p^2 c^2$으로 바꿨다. 그러나 E의 값은 제곱근 부호에 따라 두 개이다. 디랙은 두 제곱근 모두 의미가 있으며, 음의 제곱근은 전자와 질량이 같지만 부호가 반대인 양전하를 운반하는 입자의 존재를 뜻한다고 주장하였다. 1932년 이러한 **양전자**(positron)가 발견되어 디랙의 주장을 입증하였다. 오늘날에는 모든 입자에 대응하여 질량은 같고 전기, 자기 같은 특성이 반대인 **반입자**(antiparticle)가 있다고 알려져 있다.

한편 아인슈타인의 에너지-질량 등가 원리는, 에너지가 $2mc^2$인 한 쌍의 질량과 같은, 입자-반입자 **쌍생성**(pair creation)의 가능성을 열어 준다. 입자와 반입자가 만나면 반대 과정인 쌍소멸로 두 개의 광자를 방출하면서 사라진다(쌍소멸을 기술한 33장의 응용물리 'PET 검사, 병원의 상대론' 참조). 오늘날에는 자연적 쌍생성이 드물지만, 열에너지만으로도 입자-반입자를 만들 정도로 뜨거운 초기 우주에서는 흔하게 발생하였다. 초기 우주에서는 아인슈타인의 질량-에너지 등가성이 분명하여, 닫힌 부피 안의 입자수가 일정하지 못했다.

전자 스핀

디랙의 이론에서 또다른 놀라운 수학적 결과는 파동 함수가 행렬이라는 것이다. 이것은 물리적으로는 전자가 반드시 고유 각운동량을 가져야 한다는 뜻이다. 그것은 실험적으로는 어느 정도 알고 있었지만 이론적 근거는 없었던 것이었다. 이 고유 각운동량을 **스핀**(spin)이라고 부른다. 스핀은 양자역학에서 매우 중요할 뿐만 아니라, 다음 장에서 원자의 구조를 이해하는 데 필수적이다.

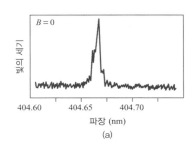

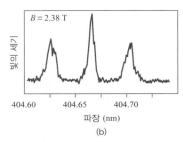

그림 35.18 (a) $n = 7$에서 $n = 6$으로 전이한 수은 원자의 404.66 nm 스펙트럼선. 이 에너지 준위는 삼중 겹침 상태이다. (b) 자기장을 걸어 주면 대칭성이 깨지면서 겹침이 세 갈래로 갈라진다.

핵심 개념

이 장의 핵심 개념은 **파동 함수**이다. 양자 영역에서 입자를 기술하는 파동 함수의 제곱은 입자를 발견할 확률과 관련되어 있다. 따라서 가장 완전한 물리학적 표현 수단인 파동 함수로 기술한 입자의 거동은 기껏해야 통계적이다. **슈뢰딩거 방정식**으로 비상대론적 입자의 파동 함수를 구하고, 속박된 입자의 에너지를 양자화한다.

주요 개념 및 식

시간 무관 슈뢰딩거 방정식은 다음과 같다.

$$-\frac{\hbar^2}{2m}\frac{d^2\psi}{dx^2} + U(x)\psi = E\psi$$

여기서 ψ는 질량이 m인 입자의 파동 함수이며, E는 총에너지, U는 퍼텐셜 에너지이다.

파동 함수의 제곱은 **확률 밀도**이다. 일차원에서 위치 x와 $x+dx$ 안에서 입자를 발견할 확률은 다음과 같다.

$$P(x) = \psi^2(x)dx$$

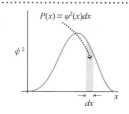

규격화: 입자는 반드시 어딘가에 있으므로 다음이 성립한다.

$$\int_{-\infty}^{+\infty}\psi^2(x)dx = 1$$

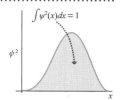

응용

무한 네모 우물

파동 함수:

$$\psi_n = \sqrt{\frac{2}{L}}\sin\left(\frac{n\pi x}{L}\right)$$

에너지 준위:

$$E_n = \frac{n^2 h^2}{8mL^2}$$

삼차원 네모 우물:

$$E = \frac{h^2}{8mL^2}(n_x^2 + n_y^2 + n_z^2)$$

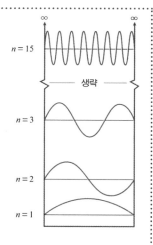

조화 진동자

에너지 준위: $E_n = \left(n + \frac{1}{2}\right)\hbar\omega$

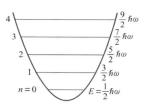

유한 우물

띄엄띄엄한 속박 상태, 연속적 비속박 상태

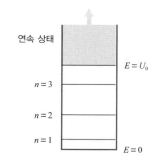

양자 터널링

고전적으로는 에너지 보존 때문에 금지된 영역에서 양자 입자를 발견할 확률이 0이 아니므로 장벽 투과의 가능성이 있다.

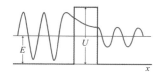

| 물리학 익히기 | www.masteringphysics.com을 방문하여 과제를 수행하고 동적 학습 모듈(Dynamic Study Modules), 연습 문제 (practice quizzes), 문제 영상 풀이(video solutions to problems) 등의 자기 학습 도구를 이용하시오. |

BIO 생물 및 의학 문제   **DATA** 데이터 문제   **ENV** 환경 문제   **CH** 도전 문제   **COMP** 컴퓨터 문제

학습 목표   이 장을 학습하고 난 후 다음을 할 수 있다.

LO 35.1 파동-입자 이중성과 입자 위치의 발견 확률 사이의 관계를 설명할 수 있다.

LO 35.2 슈뢰딩거 방정식과 어떻게 파동 함수를 확률과 연계시킬 것인가를 기술할 수 있다.
개념 문제 35.8
실전 문제 35.37

LO 35.3 네모 우물과 조화 진동자 퍼텐셜에서 입자의 에너지를 계산하고 양자 터널링을 기술할 수 있다.
개념 문제 35.1, 35.2, 35.3, 35.4, 35.5, 35.10
연습 문제 35.11, 35.12, 35.13, 35.14, 35.15, 35.16, 35.17, 35.18, 35.19, 35.20, 35.21, 35.22, 35.23, 35.24

실전 문제 35.36, 35.38, 35.39, 35.40, 35.41, 35.42, 35.43, 35.44, 35.45, 35.37, 35.48, 35.49, 35.50, 35.51, 35.52, 35.53, 35.56, 35.57, 35.58, 35.59, 35.60, 35.61

LO 35.4 2차원과 3차원에 속박된 입자들의 에너지를 구할 수 있다.
개념 문제 35.6, 35.7
연습 문제 35.25, 35.26, 35.27
실전 문제 35.46, 35.54, 35.55

LO 35.5 양자역학, 특히 반물질과 스핀에 대하여 상대론적인 불변성이 함축하는 몇 가지 의미를 기술할 수 있다.
개념 문제 35.10

개념 문제

1. 유한 영역에 속박된 입자가 영점 에너지를 갖지 못하는 이유를 정량적으로 설명하라.

2. 양자 터널링이 에너지 보존을 위배하는가?

3. 보어 대응 원리는 양자역학과 고전역학이 특정한 극한에서 같다는 뜻이다. 어떤 극한인가? 예를 들어라.

4. 양자 조화 진동자의 바닥 상태 파동 함수에는 하나의 중앙 봉우리가 있다. 고전물리학으로는 왜 이상한가?

5. 무한과 유한 네모 우물 사이의 본질적 차이는 무엇인가?

6. 드브로이 물질파 가설에서 상자의 가로와 세로의 길이가 달라지면 상자에 속박된 입자의 겹침이 어떻게 제거되는가?

7. 두 변의 길이 비율이 1 : 2인 이차원 상자에 속박된 입자의 에너지 상태 중 겹침 상태가 있는가? 없다면 왜 없는가?

8. "신은 주사위놀이를 하지 않는다."라는 아인슈타인의 말은 무슨 뜻인가?

9. 양자역학과 결합하여 반물질의 이론적인 기초를 제공하는 물리학의 기본 원리는 무엇인가?

10. 그림 35.19에는 계단 같은 퍼텐셜이 바닥에 있는 무한 네모 우물에 나타나 있다. 입자의 에너지가 계단 높이보다 (a) 작을 때와 (b) 클 때 파동 함수가 어떻게 되는지 정성적으로 그려라.

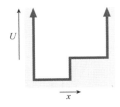

그림 35.19 개념 문제 10

연습 문제

35.2 슈뢰딩거 방정식

11. 어떤 입자의 파동 함수는 $\psi = Ae^{-x^2/a^2}$이며, A와 a는 상수이다. (a) 입자를 가장 쉽게 발견할 곳은 어디인가? (b) 단위 길이당 확률이 최댓값의 반이 되는 곳은 어디인가?

12. 특정 퍼텐셜에 대한 슈뢰딩거 방정식의 해는 $|x| > a$에서 $\psi = 0$이고, $-a \le x \le a$에서 $\psi = A \sin(\pi x/a)$이며, A와 a는 상수이다. ψ의 규격화 상수 A를 a로 표기하라.

35.3 입자와 퍼텐셜

13. 무한 네모 우물에서 입자의 에너지가 바닥 상태 에너지의 25배인 입자의 양자수는 얼마인가?

14. 무한 네모 우물에 속박된 입자가 에너지 준위 n_a에서 낮은 에너지 준위 n_b로 떨어지면서 한 개의 광자를 방출한다. 만일 그 광자의 에너지가 바닥 상태 에너지의 21배라면, 두 준위 n_a와 n_b는 무엇인가?

15. 너비가 10.0 nm인 무한 네모 우물에 속박된 전자의 바닥 상태 에너지를 구하라.

16. 양성자의 첫 번째 들뜬 상태의 에너지가 1.5 keV가 되는 네모 우물의 폭을 구하라.

17. 어떤 탄소 나노튜브가 지름이 0.48 nm인 속빈 원형 구조 안에서 전자를 포획하고 있다. 나노튜브를 일차원 무한 네모 우물로 근사하여 (a) 바닥 상태와 (b) 첫 번째 들뜬 상태의 에너지를 eV 단위로 구하라.

18. 일상에서 양자역학적 효과를 느끼지 못하는 이유 중 하나는 플랑크 상수 h가 너무 작기 때문이다. 사람을 방 크기의 일차원 무한 네모 우물에 갇힌 입자로 가정해 보자. 사람의 최소 에너지가 속력 1.0 m/s에 해당한다면 h는 얼마나 커야 하는가? 방의 너비

는 2.6 m, 사람의 질량은 60 kg이다.

19. 너비 1.0 nm의 무한 네모 우물에 입자가 속박되어 있다. 바닥 상태와 첫 번째 들뜬 상태의 에너지차가 1.13 eV이면 입자는 전자인가, 양성자인가?

20. 질량 3 g의 달팽이가 15 cm 떨어진 돌 사이를 0.5 mm/s로 기어간다. 달팽이를 무한 네모 우물에 갇힌 입자로 보고, 양자수를 어림하라. 대응 원리에 따라 고전적 어림이 성립하는가?

21. 알파 입자(질량 4 u)가 지름 15 fm의 우라늄 핵에 갇혀 있다. 계를 일차원 네모 우물로 보고 알파 입자의 최소 에너지를 구하라.

22. 조화 진동자 퍼텐셜에 갇힌 입자의 바닥 상태 에너지는 0.14 eV이다. 조화 진동자의 고전 진동수 f는 얼마인가?

23. 고전 각진동수가 $\omega = 1.0 \times 10^{17}\ \mathrm{s}^{-1}$인 조화 진동자 퍼텐셜에 갇힌 입자의 바닥 상태 에너지는 얼마인가?

24. 조화 진동자의 이웃한 에너지 상태의 전이에서 1.1 eV의 광자가 방출된다. 고전 진동수는 얼마인가?

35.4 삼차원 양자역학

25. 정육면체 상자에서 모든 변의 길이가 2배가 되면 상자에 속박된 입자의 바닥 상태 에너지는 어떻게 되는가?

26. 원자핵의 매우 조잡한 모형은 한 변이 1 fm인 정육면체 상자이다. 이러한 핵에 갇힌 양성자가 첫 번째 들뜬 상태에서 바닥 상태로 전이할 때 방출하는 감마선의 에너지는 얼마인가?

27. 전자가 정육면체 상자에 속박되어 있다. 상자의 길이가 얼마이면 첫 번째 들뜬 상태에서 바닥 상태로 전이할 때 950 nm의 적외선 광자를 방출하는가?

응용 문제

다음 문제들은 본문의 예제들에 기초한 것이다. 두 세트의 문제들은 물리학의 이해를 강화하는 연결의 형성을 돕고 이전에 풀어본 문제에서 변형된 문제를 해결하는 자신감을 키우도록 설계되어 있다. 각 세트의 첫 번째 문제는 본질적으로 예제 문제이지만 숫자들은 다르다. 두 번째 문제는 예제와 똑같은 상황이지만 묻는 질문이 다르다. 세 번째와 네 번째 문제는 완전히 다른 상황으로 이런 방식을 반복한다.

28. **예제 35.1** 예제 35.1을 0.85 nm의 간격이 0.500 nm로 줄어드는 경우에 대하여 반복하라.

29. **예제 35.1** 만일 $n = 4$ 준위의 에너지가 6.38 eV이면 예제 35.1과 같은 기기에서 층의 두께를 구하라.

30. **예제 35.1** 어떤 실험 레이저가 전자들이 폭이 1.15 nm인 네모 우물 속에서 $n = 3$에서 $n = 2$인 상태로 떨어질 때 빛을 생성한다. 방출 빛의 파장을 구하고 그들의 스펙트럼 영역을 식별하라.

31. **예제 35.1** 어떤 사람이 전자들이 네모 우물 속에서 $n = 3$에서 $n = 2$인 상태로 떨어질 때 광자가 생성되는 광원을 개발하고 있다. 방출 빛의 파장이 595 nm인 가시광선 영역에 있기 위한 우물의 폭을 구하라.

32. **예제 35.2** 만일 입자가 바닥 상태에 있다면 그 입자를 네모 우

물의 왼쪽의 1/3 구간에서 발견할 확률은 얼마인가?

33. **예제 35.2** 어떤 사람이 10,000개의 똑같은 우물 위에서 각 우물의 한쪽 끝에서 시작하여 다른 쪽 끝까지 가지는 않고 9,090번의 측정에서 입자 한 개를 발견했다. 입자를 찾기 위해 각 우물을 얼마의 비율만큼 수색했는가?

34. **예제 35.2** 이제 입자가 $n = 3$인 상태에 있다고 가정하고 예제 35.2를 반복하라.

35. **예제 35.2** 어떤 입자가 네모 우물 속에서 $n = 3$인 상태에 있다. **COMP** 입자를 찾을 확률이 65%가 되려면 우물을 한쪽 끝에서 시작하여 어느 정도로 수색해야 하는가? (**힌트**: 미지수는 사인 함수의 안쪽과 바깥쪽에서 모두 나타난다. 따라서 계산기 또는 컴퓨터와 같은 수치 계산기가 필요할 것이다.)

실전 문제

36. $|x| > b$에서 $\psi = 0$이고, $-b \le x \le b$에서 $\psi = A(b^2 - x^2)$인 파동 함수의 규격화 상수 A를 표기하라.

37. ψ_1과 ψ_2가 같은 에너지 E에 대한 슈뢰딩거 방정식의 해이면 $a\psi_1 + b\psi_2$(a와 b는 상수) 또한 슈뢰딩거 방정식의 해임을 보여라.

38. 전자가 너비 25 nm의 무한 네모 우물에 속박되어 있다. (a) $n = 2$에서 $n = 1$로, (b) $n = 20$에서 $n = 19$로, (c) $n = 100$에서 $n = 1$로 전이하면서 방출하는 광자의 파장을 각각 구하라.

39. 너비 1.5 nm의 무한 네모 우물의 전자가 $n = 7$에서 $n = 6$으로 전이한다. 방출하는 광자의 (a) 에너지와 (b) 파장을 구하라.

40. 무한 네모 우물에서 양자수 n이 매우 큰 준위의 에너지에 비해서 이웃한 준위와의 에너지차가 매우 작음을 보여라.

41. 길이 4.4 nm의 좁은 분자의 전자는 일차원 무한 네모 우물에 속박된 것과 비슷하다. 바닥 상태에 있는 전자를 첫 번째 들뜬 상태로 들뜨게 만들 수 있는 전자기 복사의 최대 파장은 얼마인가?

42. 무한 네모 우물 A에 속박된 전자의 바닥 상태 에너지는 우물 B에 속박된 전자의 첫 번째 들뜬 상태와 같다. 두 우물의 너비를 비교하라.

43. 너비가 0.834 nm인 네모 우물의 모둠에 있는 전자들은 모두 처음에 $n = 4$ 상태에 있다. (a) 전자가 모든 가능한 전이를 통하여 바닥 상태로 전이할 때 방출되는 스펙트럼선은 얼마나 많은가? (b) 그 파장들을 구하라. (c) 이 스펙트럼선들은 전자기 스펙트럼의 어떤 영역에 해당하는가?

44. 폭이 0.650 nm인 네모 우물의 $n = 3$인 에너지 준위에 있는 어떤 입자가 38.9 meV의 에너지를 가지고 있다. 이 입자의 질량을 구하라.

45. $-L/2$에서 $L/2$ 사이의 무한 네모 우물에서, (a) 질량 m인 입자의 규격화된 파동 함수를 구하라. 짝수와 홀수 양자수로 구분하여 구하라. (b) 에너지 준위를 구하라.

46. 어떤 전자가 각 면이 1.25 nm로 측정되는 이차원 무한 네모 우물 속에 속박되어 있다. 식 35.8을 이러한 이차원 상황에 맞게 수

정하여 이 전자에 대한 10개의 최저 에너지 준위를 구하라. 해답을 eV 단위로 제시하고 각 에너지를 식별하는 두 개의 아래 첨자를 포함하라.

47. 레이저가 방출하는 1.96 eV 광자가 무한 네모 우물의 $n=2$에서 $n=1$로 전이할 때 나온다면 우물의 너비는 얼마인가?

48. 무한 네모 우물의 바닥 상태에 있는 입자를 우물의 중앙 80% 구간에서 발견할 확률을 구하라.

49. **BIO** 생물학적 세포에 갇혀 있는 고분자에서 양자화가 중요한지 알아보기 위해 지름 10 μm 세포에 갇혀 있는 질량 250,000 u의 단백질을 고려해 보자. 이것을 일차원 네모 우물에 있는 입자로 취급하여 바닥 상태와 첫 번째 들뜬 상태의 에너지차를 구하라. 생화학적 반응에 관련된 전형적인 에너지가 1 eV 정도라면 양자화의 역할에 대해 어떤 결론을 내릴 수 있는가?

50. 염화 수소 분자는 한끝을 벽(무거운 염소 분자)에 고정시킨 용수철에 매달린 수소 원자로 모형화할 수 있다. 이 분자를 첫 번째 들뜬 상태로 들뜨게 만들 최소 광자 에너지가 0.358 eV이면 용수철 상수는 얼마인가?

51. 입자 검출기의 분해능은 무한 네모 우물 너비의 15% 정도이다. 검출기가 (a) 우물의 중간, (b) 우물의 $\frac{1}{4}$인 곳에 있다면 바닥 상태에 있는 입자를 검출할 가능성은 각각 얼마인가?

52. 무한 네모 우물에 갇힌 입자를 우물의 중앙 $\frac{1}{4}$ 구간에서 발견할 확률을 양자 상태 (a) $n=1$, (b) $n=2$, (c) $n=5$, (d) $n=20$에 대해서 각각 구하라. (e) 이 경우의 고전 확률은 얼마인가?

53. 총에너지 E가 퍼텐셜 에너지 U보다 적은 영역에 질량 m의 입자가 있다. 고전적으로는 금지된 영역이지만 슈뢰딩거 방정식의 해가 $Ae^{\pm \sqrt{2m(U-E)}\,x/\hbar}$임을 보여라. 이 해는 양자 조화 진동자의 반환점을 넘어서거나 유한 퍼텐셜 우물의 가장자리를 넘어서 양자 터널링한 파동 함수이다.

54. (a) 식 35.8을 이용하여, 정육면체 상자에 속박된 입자의 처음 6개 에너지 준위를 $h^2/8mL^2$으로 표기하라. (b) 각 에너지 준위의 겹침을 구하라.

55. 삼차원 슈뢰딩거 방정식은 다음과 같다.

$$-\frac{\hbar^2}{2m}\left(\frac{\partial^2 \psi}{\partial x^2} + \frac{\partial^2 \psi}{\partial y^2} + \frac{\partial^2 \psi}{\partial z^2}\right) + U(x,y,z)\psi = E\psi$$

(a) $0 \le x \le L$, $0 \le y \le L$, $0 \le z \le L$의 영역에 갇힌 입자의 파동 함수 $\psi(x,y,z) = A \sin(n_x \pi x/L) \sin(n_y \pi y/L) \sin(n_z \pi z/L)$임을 보여라. 여기서 n은 정수이고, A는 상수이다. (b) 에너지 E가 식 35.8과 같음을 보여라.

56. 각각의 너비가 0.72 nm인 무한 네모 우물에 속박된 10^{24}개의 전자들에 9 W의 레이저 광선을 쪼인다. 광자 에너지는 전자를 첫번째 들뜬 상태로 겨우 들뜨게 만든다. 레이저 광선을 10 ms 동안 쪼이면 얼마나 많은 전자들이 들뜨는가?

57. 너비 1.2 nm의 무한 네모 우물들에 속박된 많은 수의 전자들이 모든 가능한 전이를 하고 있다. 이러한 네모 우물 모둠에서 얼마나 많은 가시광선(400 nm ~ 700 nm)이 나타나는가?

58. **CH** 무한 네모 우물의 n번째 양자 상태에 입자가 있다. (a) 우물의 왼쪽 $\frac{1}{4}$ 구간에서 입자를 발견할 확률이 다음과 같음을 보여라.

$$P = \frac{1}{4} - \frac{\sin(n\pi/2)}{2n\pi}$$

(b) 홀수 n에 대해서 $n \to \infty$일 때 확률이 고전값 $\frac{1}{4}$에 접근함을 보여라.

59. **CH** (a) 35.3절에서 논의한 퍼텐셜 에너지 $U = \frac{1}{2}m\omega^2 x^2$을 사용하여 조화 진동자에 대한 슈뢰딩거 방정식을 세워라. (b) $\psi_0(x) = A_0 e^{-\alpha^2 x^2/2}$가 그 방정식을 만족함을 보여라. $\alpha^2 = m\omega/\hbar$이고 에너지는 식 35.7에 $n=0$으로 주어진다. (c) 규격화 상수 A_0을 구하라. 그러면 조화 진동자에 대한 바닥 상태 파동 함수를 얻게 된다.

60. 화석 연료를 태우는 것은 원자의 전자들을 재배치하는 것과 관련된다. 화석 연료와 핵에너지를 비교하기 위해 지름 1 fm의 원자핵에 갇혀 있는 양성자의 바닥 상태 에너지와 지름 0.1 nm인 원자에 갇혀 있는 전자의 에너지를 계산한다. 각 계를 일차원 무한 네모 우물로 근사할 때 둘의 바닥 상태 에너지의 비는 얼마인가?

61. **DATA** 아래 표는 동일한 네모 우물 퍼텐셜에 있는 전자가 다양한 상태 n에서 바닥 상태로 떨어질 때 방출되는 파장을 나열한 것이다. 어떤 양에 대해 λ를 그려야 직선으로 나타날 것인지 결정하라. 그래프를 그리고, 최적 맞춤 직선을 구한 후, 그 직선을 이용하여 네모 우물의 폭을 결정하라.

처음 상태, n	4	5	7	8	10
파장, λ(nm)	1110	674	354	281	169

실용 문제

BIO 양자점 또는 큐점(qdot)은 35.4절에서 논의한 삼차원 네모 우물을 꼭 닮은 퍼텐셜 우물에 전자를 가두고 있는 반도체 물질의 나노결정이다. 물리학자, 재료과학자, 반도체공학자는 전기 부품을 소형화하는 퍼텐셜에 어울리는 큐점을 연구하고 있다. 최근에는 세포 과정을 추적하는 데 도움이 되도록 개개의 분자에 '꼬리표'를 달기 위해 생물학과 의학에서 큐점을 사용하고 있다(그림 35.20). 큐점은 세포 안에서 고해상도의 영상을 찍는 것도 용이하게 하고, 의학적 진단과 목적지가 종양인 항암제의 운반에도 장래성을 보여 주고 있다. 생물의학적 맥락에서 큐점은 전통적인 형광 염료를 대체하는 작용을 한다. 빛이 비춰진 큐점에서 전자는 더 높은 에너지 준위로 올라가고, 그 전자가 다시 떨어질 때 정확한 파장의 광자를 방출한다. 양자점의 크기와 구조가 이 파장을 결정한다.

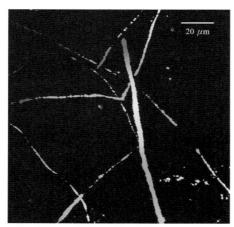

그림 35.20 이 현미경 사진에서 다이닌이라 불리는 모터 단백질에 양자점으로 표지를 붙여서 그 경로를 추적하고 있다(실용 문제 62~65).

62. 큐점의 크기가 감소되면 큐점의 첫 번째 들뜬 상태에서 바닥 상태로 전이하면서 방출되는 광자의 파장은 어떻게 되는가?
    a. 파장은 증가한다.
    b. 파장은 감소한다.
    c. 파장은 변하지 않는다.

63. 양자점이 완벽한 삼차원 정육면체 네모 우물처럼 행동한다면 첫 번째 들뜬 상태는
    a. 겹침 상태가 아니다.
    b. 이중 겹침 상태이다.
    c. 삼중 겹침 상태이다.
    d. 에너지를 모르므로 어떤지 알 수 있다.

64. 양자점이 완벽한 삼차원 정육면체 네모 우물처럼 행동한다면 바닥 상태는
    a. 겹침 상태가 아니다.
    b. 이중 겹침 상태이다.
    c. 삼중 겹침 상태이다.
    d. 에너지를 모르므로 어떤지 알 수 없다.

65. 큐점의 모든 세 변이 절반이 된다면, 그 바닥 상태 에너지는
    a. 절반이 된다.
    b. 원래 값의 $\frac{1}{4}$ 로 떨어진다.
    c. 두 배가 된다.
    d. 네 배가 된다.

35장 질문에 대한 해답

장 도입 질문에 대한 해답
고전물리학으로는 넘을 수 없는 장벽을 입자가 침투하는 양자 터널링 현상 때문이다.

확인 문제 해답
35.1 (d)
35.2 (a)
35.3 (c)
35.4 (c)
35.5 (b)
35.6 (a)

원자물리학

예비 지식

- 각운동량(11.3절)
- 점전하 퍼텐셜(22.2절)
- 원자 보어 모형(34.4절)
- 원소의 주기율표에 대한 기본 지식

학습 목표

이 장을 학습하고 난 후 다음을 할 수 있다.

LO 36.1 수소 원자에 대해 정성적인 양자역학적 설명을 할 수 있다.

LO 36.2 전자 스핀과 스핀-궤도 결합에 대해 설명할 수 있다.

LO 36.3 파울리 배타 원리에 대해 설명할 수 있다.

LO 36.4 파울리 배타 원리로 원소의 주기율표를 설명할 수 있다.

LO 36.5 원소의 스펙트럼을 원자 구조와 에너지 준위에 연관시킬 수 있다.

LO 36.6 자발과 유도 전이 그리고 두 전이가 레이저 작동에 적용되는 방법을 설명할 수 있다.

원소의 화학적 차이를 양자역학의 원리로 어떻게 설명할까?

3 5장에서 슈뢰딩거 방정식을 간단한 양자계에 적용하였다. 여기서는 실제 원자에 적용하여 원자의 구조, 원소의 주기율표 등을 공부한다. 가장 간단한 원자, 즉 수소 원자에 대해서만 슈뢰딩거 방정식을 정량적으로 풀이하고, 다전자 원자에 대해서는 정성적으로 설명한다.

36.1 수소 원자

LO 36.1 수소 원자에 대해 정성적인 양자역학적 설명을 할 수 있다.

삼차원 상자에 갇힌 입자처럼 수소의 전자도 삼차원 퍼텐셜 우물에 갇혀 있다. 전자의 경우, 퍼텐셜 우물은 양성자의 정전기 인력 때문에 생긴다. 22장에서 양성자의 전기 퍼텐셜은 $V(r) = ke/r$이며, e는 점전하의 전하량, r는 양성자까지의 거리이며, 무한대에서 퍼텐셜은 0이다. 전기 퍼텐셜은 단위 전하당 에너지이므로, 전자의 전하 $-e$를 곱하면 수소 원자의 퍼텐셜 에너지를 다음과 같이 표기할 수 있다.

$$U(r) = -\frac{ke^2}{r} \tag{36.1}$$

무거운 양성자가 원점에 정지한 것으로 취급하였으므로, 식 36.1은 지름 거리 r의 함수인 전자의 퍼텐셜 에너지이다. 따라서 식 36.1을 슈뢰딩거 방정식에 넣어서 수소 원자의 파동 함수를 구할 수 있다.

구면 좌표계의 슈뢰딩거 방정식

전자의 퍼텐셜 에너지는 지름 거리 r에 의존하므로, 그림 36.1처럼 한 점의 위치가 원점에 대한 거리 r와 두 각도 θ와 ϕ로 정해지는 구면 좌표계를 사용해야 한다. 슈뢰딩거 방정식을 구면 좌표계로 바꾸면 다음과 같다.

세 항들은 파동 함수 ψ의 의존성을 나타낸다.　　　　　　　　　　　　　　　$-ke^2/r$는 전자의 퍼텐셜 에너지이고 …

$$-\frac{\hbar^2}{2mr^2}\left[\frac{\partial}{\partial r}\left(r^2\frac{\partial\psi}{\partial r}\right)+\frac{1}{\sin\theta}\frac{\partial}{\partial\theta}\left(\sin\theta\frac{\partial\psi}{\partial\theta}\right)+\frac{1}{\sin^2\theta}\frac{\partial^2\psi}{\partial\phi^2}\right]-\frac{ke^2}{r}\psi=E\psi \quad \text{(구면 좌표계의 슈뢰딩거 방정식)} \tag{36.2}$$

지름 좌표 의존성　　　　　극좌표 의존성　　　　　방위각 좌표 의존성　　　　… E는 총에너지이다.

여기서 퍼텐셜 에너지 함수로 식 36.1을 사용하였다.

식 36.2는 엄청나게 복잡해 보이지만, 고급 수학으로 그 해를 구할 수 있다. 총에너지 E가 0보다 작으면, 수소의 퍼텐셜 우물에서 속박 상태에 해당하는데, 대부분의 해는 큰 r에서 무한대이므로 규격화할 수 없다. 따라서 특정한 E값만이 속박 상태의 해로 허용된다. 총에너지가 0보다 크면, 전자가 자유롭기 때문에 무한 네모 우물처럼 모든 에너지가 가능하다.

수소의 바닥 상태

일반적으로 식 36.2의 해는 세 변수 r, θ, ϕ에 의존한다. 그러나 바닥 상태를 포함한 몇몇 해는 구형 대칭으로 거리 r에만 의존한다. 여기서는 바닥 상태의 해로 다음과 같은 지수 함수를 생각해 보자.

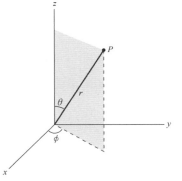

그림 36.1 구면 좌표계(r, θ, ϕ)와 직각 좌표계(x, y, z)의 관계

$$\psi=Ae^{-r/a_0} \tag{36.3}$$

여기서 A와 a_0은 미지의 상수이다. 구형 대칭인 함수는 각변수 θ와 ϕ에 의존하지 않으므로 각변수에 대한 미분은 간단히 0이다. 따라서 식 36.2에서 편미분 대신에 전미분으로 표기하면 다음을 얻는다.

$$-\frac{\hbar^2}{2mr^2}\frac{d}{dr}\left(r^2\frac{d\psi}{dr}\right)-\frac{ke^2}{r}\psi=E\psi \tag{36.4}$$

파동 함수로 제안한 식 36.3의 ψ를 넣어서 계산하면 다음을 얻는다(실전 문제 44 참조).

$$-\frac{\hbar^2}{2ma_0^2}+\frac{\hbar^2}{mra_0}-\frac{ke^2}{r}=E_1$$

여기서 E_1은 바닥 상태 에너지이다. 이 식은 모든 r에서 성립해야 하므로, r를 포함하는 두 항은

$$\frac{\hbar^2}{mra_0}=\frac{ke^2}{r}$$

이어야 한다. 따라서 다음을 얻는다.

$$a_0=\frac{\hbar^2}{mke^2}=5.29\times10^{-11}\text{ m}=0.0529\text{ nm}$$

이 결과는 34.4절에서 공부한 **보어 반지름**과 같다.

한편 바닥 상태 에너지는 $E_1=-\hbar^2/2ma_0^2=-13.6\text{ eV}$이며, 음의 부호는 속박 상태를 뜻한다. 결국 식 36.3은 수소에 대한 슈뢰딩거 방정식의 해이며, 바닥 상태 에너지는

$E_1 = -13.6 \text{ eV}$이다.

슈뢰딩거 이론으로 원자물리학의 기본 변수인 보어 반지름과 수소 원자의 바닥 상태 에너지를 얻었다. 둘 다 34장에서 공부한 간단한 보어 모형의 결과와 같다. 그러나 보어 이론은 고전 궤도에 의존하며 a_0은 바닥 상태 궤도의 반지름이다. 슈뢰딩거 이론은 철저히 양자역학적으로 전자를 파동 함수 ψ와 확률 분포로 기술한다. 따라서 보어 반지름은 더 이상 실제 궤도 반지름이 아니라 통계적으로 원자의 크기를 나타낸다.

지름 확률 밀도

바닥 상태 파동 함수가 e^{-r/a_0}으로 감소하므로, 보어 반지름보다 먼 곳에서는 전자를 발견하기가 어렵다. 어디에서 가장 발견하기 쉬울까? $r = 0$에서 ψ가 최대이지만 정답은 아니다. 삼차원에서 확률 밀도 ψ^2은 전자를 발견할 단위 부피당 확률이다. 전자를 발견할 가능성이 가장 큰 곳에 관한 질문에서 단위 지름 거리당 확률이 필요하다. 그림 36.2에서 반지름이 r이고, 두께가 dr인 얇은 구형 껍질의 부피는 $dV = 4\pi r^2 dr$이므로, 껍질에서 전자를 발견할 확률은 $\psi^2 dV = 4\pi r^2 \psi^2 dr$이다. 따라서 **지름 확률 밀도**(radial probability density) $P(r)$를 다음과 같이 표기할 수 있다.

$$P(r) = 4\pi r^2 \psi^2 \quad \text{(지름 확률 밀도)} \tag{36.5}$$

수소가 바닥 상태에 있는 경우에 식 36.3, $\psi = Ae^{-r/a_0}$을 위 식에 넣으면 $P_1 = 4\pi r^2 A^2 e^{-2r/a_0}$을 얻는다. 그림 36.3에서 지름 확률 밀도는 $r = a_0$에서 최대 봉우리를 갖는다. 따라서 수소 바닥 상태에서 전자를 발견할 확률이 가장 높은 곳은 보어 반지름 자리이다.

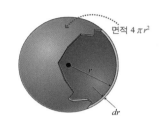

그림 36.2 구형 껍질의 부피는 $dV = 4\pi r^2 dr$이므로, 지름 거리당 확률은 단위 부피당 확률에 $4\pi r^2$을 곱한 값이다.

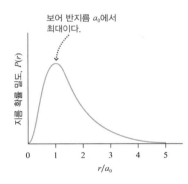

그림 36.3 바닥 상태의 지름 확률 밀도

| **예제 36.1** | **수소 원자: 규격화와 확률 분포** | 응용 문제가 있는 예제 |

(a) 식 36.3의 규격화 상수 A를 구하라. (b) 바닥 상태의 전자를 보어 반지름 이상에서 발견할 확률을 구하라.

해석 식 36.3의 파동 함수에 미지수 A가 있다. 규격화 조건으로 미지수 A를 구하고, $r = a_0$ 이상에서 전자를 발견할 확률을 구하는 문제이다.

과정 전자는 $r = 0$과 $r = \infty$ 사이의 어딘가에는 반드시 있어야 한다. $P(r)dr$가 폭 dr에서 전자를 발견할 확률이므로 규격화 조건은 $\int_0^\infty P(r)dr = 1$이다. 따라서 바닥 상태의 확률 밀도 $P_1 = 4\pi r^2 A^2 e^{-2r/a_0}$을 적분하여 A를 구한 다음에, $r = a_0$에서 $r = \infty$까지 적분하여 보어 반지름 a_0 이상에서 전자를 발견할 확률을 구한다.

풀이 (a) 바닥 상태의 확률 밀도 P_1의 적분은 다음과 같다.

$$\int_{r=0}^{r=\infty} 4\pi r^2 A^2 e^{-2r/a_0} dr = 1$$

부분 적분으로 풀 수 있지만, 부록 A의 적분 $\int x^2 e^{ax} dx$에서 x를 r, a를 $-2/a_0$으로 대체하면 다음을 얻는다.

$$\int_0^\infty 4\pi A^2 r^2 e^{-2r/a_0} dr$$

$$= 4\pi A^2 \left\{ \frac{r^2 e^{-2r/a_0}}{(-2/a_0)} - \frac{2}{(-2/a_0)} \left[\frac{e^{-2r/a_0}}{(-2/a_0)^2} \left(-\frac{2}{a_0} r - 1 \right) \right] \right\} \Bigg|_0^\infty = 1$$

대괄호 안의 함수들은 $r = \infty$에서 사라지고, $r = 0$에서 지수 함수는 1이므로, 결국 $4\pi A^2 \left[0 - \left(-\frac{1}{4} a_0^3 \right) \right] = 1$에서 $A = 1/\sqrt{\pi a_0^3}$이다.

(b) 한편 적분의 하한값 0을 a_0으로 바꾸면 다음과 같다.

$$P(r > a_0) = \int_a^\infty 4\pi r^2 A^2 e^{-2r/a_0} dr$$

$$= 4\pi A^2 a_0^3 \left(\frac{1}{2} e^{-2} + \frac{3}{4} e^{-2} \right) = 5\pi A^2 a_0^3 e^{-2}$$

여기서 $A^2 = 1/\pi a_0^3$이므로 $P(r > a_0) = 5e^{-2} \simeq 0.677$이다.

검증 답을 검증해 보자. 2/3 이상의 확률로 보어 반지름 이상에서 전자를 발견할 수 있다. 원자의 반지름을 대략 보어 반지름으로 볼 수 있지만, 그림 36.3과 위 결과를 보면 원자의 크기를 규정할 분명한 길이는 없다.

수소의 들뜬 상태

현재까지 수소의 바닥 상태에 대해서 공부하였다. 슈뢰딩거 방정식 36.2는 수소의 들뜬 상태에서 규격화가 가능한 해를 많이 갖는다.

일반적으로 각 에너지 준위는 하나의 구대칭인 파동 함수와 다수의 비대칭 파동 함수에 해당한다. 역사적으로 구대칭인 상태를 **s 상태**(s state)라고 하고, 에너지 준위를 구분하는 양자수 n을 **주양자수**(principal quantum number)라고 한다. 예를 들어 바닥 상태는 $1s$ 상태이다. 슈뢰딩거 방정식으로 풀이한 n번째 준위의 에너지는 다음과 같으며, 초기의 보어 이론과 정확히 일치한다.

E_n은 수소 원자의 전자 에너지이다.

E_1은 -13.6 eV의 바닥 상태 에너지이다.

$$E_n = -\frac{1}{n^2}\frac{\hbar^2}{2ma_0^2} = \frac{E_1}{n^2} = \frac{-13.6\text{ eV}}{n^2} \quad \text{(수소의 에너지 준위)} \tag{36.6}$$

n은 주양자수이다.

에너지가 E_2인 구대칭 상태, 즉 $2s$ 상태의 파동 함수는 다음과 같다.

$$\psi_{2s} = \frac{1}{4\sqrt{2\pi a_0^3}}\left(2 - \frac{r}{a_0}\right)e^{-r/2a_0} \tag{36.7}$$

이 함수를 식 36.4에 넣고 계산하면, 식 36.6에서 E_2를 확인할 수 있다(실전 문제 66 참조). 처음 세 구대칭 상태의 지름 확률 밀도가 그림 36.4에 그려져 있다. 들뜬 상태는 크기가 크고 더 퍼져 있다.

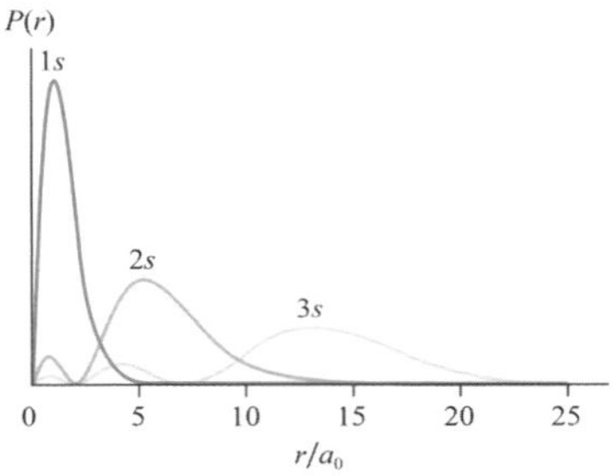

현재 수소에 대해서만 논의하고 있지만 단일 전자 원자, 즉 원자 번호가 Z인 원자가 Z-1번 이온화된 원자에도 성립한다. 이 경우에 퍼텐셜 에너지 함수는 $-kZe^2/r$이고, 앞의 결과에서 e^2을 Ze^2으로 대체하면 된다. 따라서 에너지 준위를 다음과 같이 표기할 수 있다.

$$E_n = -\frac{Z^2}{n^2}\frac{\hbar^2}{2ma_0^2} = \frac{Z^2E_1}{n^2} = -\frac{(13.6\text{ eV})Z^2}{n^2} \tag{36.8}$$

결국 많이 이온화될수록 핵에 의해 더 단단히 꽉 묶여 있게 된다(그림 36.5와 실전 문제 67 참조).

확인 문제 **36.1** $2s$ 상태인 수소 원자의 크기로 어느 것이 적절한가? (a) a_0, (b) $2a_0$, (c) $5a_0$, (d) $15a_0$

궤도 양자수와 각운동량

구대칭인 s 상태에서 전자의 궤도 운동과 관련된 **궤도각 운동량**(orbital angular momentum)은 0이다. 이는 각운동량이 $\hbar$의 정수배라는 보어의 예측과 어긋난다. 여기서 고전적 궤도를 논하는 것이 아님이 분명해진다. 타원이나 원운동이라면 반드시 각운동량이 있기 때문이다. 그러나 수소 원자에 대한 슈뢰딩거 방정식의 또 다른 해로 구형 대칭이 아닌 해는 각운동량을 갖는다.

주양자수 n인 상태에는 각운동량이 다른 해가 n개 존재한다. **궤도 양자수**(orbital

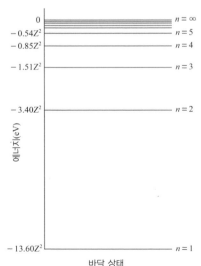

그림 36.4 구대칭인 $1s$, $2s$, $3s$ 상태의 지름 확률 밀도

그림 36.5 원자 번호가 Z인 단일 전자 원자의 에너지 준위 도형. 에너지는 Z^2에 비례한다.

quantum number) l은 이 상태들을 구분하며, 0에서 $n-1$까지 변한다. 따라서 바닥 상태 ($n=1$)에는 $l=0$만 있다. 그러나 높은 에너지 준위는 겹쳐져서 $n>1$일 때 하나 이상의 l 값이 존재한다. 궤도 양자수는 다음과 같은 전자의 각운동량 L값을 준다.

L은 전자의 궤도각 운동량 크기이다.

$$L = \sqrt{l(l+1)}\,\hbar \quad \text{(궤도각 운동량의 양자화)} \qquad (36.9)$$

l은 궤도 양자수이다.

예제 36.2 　궤도각 운동량: 들뜬 상태

수소 원자의 $n=3$ 상태에서 전자의 궤도각 운동량을 구하라.

해석 궤도각 운동량 L의 값은 궤도 양자수 l로 정해진다. 따라서 $n=3$ 상태에 대한 l을 구하는 문제이다.

과정 서로 다른 l값이 0에서 $n-1$까지 n개 있으므로, $n=3$에서는 $l=0, 1, 2$이다. 식 36.9의 $L = \sqrt{l(l+1)}\,\hbar$에서 3개의 l 값에 대한 L을 구한다.

풀이 식 36.9에서 $l=0$이면 $L=0$, $l=1$이면 $L=\sqrt{2}\,\hbar$, $l=2$이면 $L=\sqrt{6}\,\hbar$이다.

검증 답을 검증해 보자. $l=0$은 구대칭인 $3s$ 상태이므로 각운동량이 0이다. l값이 커지면 궤도각 운동량이 커진다.

---

l값이 0, 1, 2, 3, 4, 5, ⋯인 상태들을 s, p, d, f, g, h, ⋯로 표기한다. 상태 표기에서 주양자수 n은 에너지, 궤도 양자수 l은 각운동량을 나타낸다. 따라서 바닥 상태는 $1s$이고, $n=2$, $l=1$은 $2p$ 상태이다. (소문자 s, p, d, ⋯는 개별 전자의 궤도각 운동량을, 대문자는 전체 원자의 궤도각 운동량을 나타낸다. 전자가 하나인 수소 원자에서 둘은 똑같다.)

　궤도각 운동량의 양자화는 양자역학의 또다른 비고전적 현상이다. 고전물리학에서 일정한 에너지의 전자는 원형 궤도인 최대 각운동량까지 모든 값을 가질 수 있다(그림 36.6 참조). n이 크면 l의 개수가 커져서 양자화의 의미가 약해진다. 그러나 n이 작으면 에너지와 각운동량의 양자역학적 불연속성은 명백해진다.

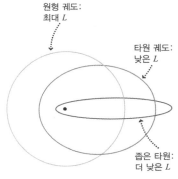

원형 궤도:
최대 L

타원 궤도:
낮은 L

좁은 타원:
더 낮은 L

그림 36.6 에너지는 같고 운동량이 다른 고전적 전자 궤도

공간 양자화

각운동량은 벡터이고, 각운동량 벡터의 크기는 물론 방향도 양자화된다. 즉 **공간 양자화** (space quantization) 현상이 생긴다. 궤도각 운동량의 공간 양자화로 세 번째 양자수 m_l이 생긴다. 원자가 자기장 속에서 각운동량 성분을 측정할 축이 확립될 때 공간 양자화가 명백해진다. 이 때문에 m_l을 **궤도 자기 양자수**(orbital magnetic quantum number)라고 부른다.

　공간 양자화에 따라, 선택된 축에서 궤도각 운동량의 성분 L_z는 다음의 값만 갖는다.

L_z는 선택된 축에 대한 L의 성분이다.　　　　m_l은 궤도 자기 양자수로서 ⋯

$$L_z = m_l \hbar \quad \text{(공간 양자화)} \qquad (36.10)$$

⋯ $-l$부터 l까지의 정수들을 가진다.

여기서 m_l은 $-l$에서 l까지의 정수이다. 따라서 $l=1$인 상태에서 m_l의 값은 -1, 0, $+1$ 중 하나이므로, 궤도각 운동량 성분은 $-\hbar$, 0, $+\hbar$이다. $l=1$인 상태에서 각운동량의 값이 $\sqrt{2}\,\hbar$이므로(예제 36.2 참조), 축과 평행해서는 이러한 세 값을 만들 수 없다. 결국 각운동량

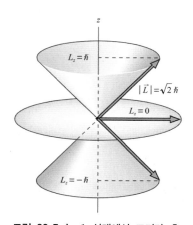

그림 36.7 $l=1$ 상태에서 크기가 $L = \sqrt{2}\,\hbar$인 각운동량 벡터의 가능한 세 방향. z축 성분만 고정되고, x와 y성분은 불확실하다.

벡터는 축과 각도 $\cos^{-1}(L_z/L)$을 이루어야 한다. 그림 36.7처럼 $l=1$이면 각도는 $\pm 45°$, $90°$이다. 각운동량 벡터를 각도로 표시하는 그림이 유용하지만, 양자수 l과 m_l만이 궤도각운동량의 양자화를 기술함을 잊어서는 안 된다. 따라서 양자물리학자들은 각운동량 벡터의 방향에 큰 관심을 갖지 않는다.

36.2 전자 스핀

....

LO 36.2 전자 스핀과 스핀-궤도 결합에 대해 설명할 수 있다.

....

수소 스펙트럼을 자세히 관찰하면 스펙트럼선에 미세한 갈라짐이 있는 것을 알 수 있다. 분해능이 낮으면 하나로 보이지만 높은 분해능에서는 두 선으로 나타난다. 이러한 갈라짐은 세 양자수 n, l, m_l만으로는 설명할 수 없다. 1925년 오스트리아의 물리학자 볼프강 파울리(Wolfgang Pauli)는 네 번째 양자수가 필요하다고 주장하였다. 한편 사무엘 고우트스미트(Samuel Abraham Goudsmit)와 조지 울렌벡(George Eugene Uhlenbeck)은 전자의 고유 각운동량인 **스핀**(spin)에 관련된 네 번째 양자수로 공간 갈라짐을 설명할 수 있다고 제안하였다. 35장에 나타나 있듯이, 이후에 디랙이 상대론적 불변성의 조건으로부터 전자 스핀을 구하였다. 스핀은 고전적 대응이 없는 순수한 양자역학적 특성이다. 전자를 자체 축에 대해서 자전하는 작은 공처럼 생각하는 고전적 묘사는 적절하지 못하다.

스핀 각운동량도 궤도각 운동량과 비슷하게 양자화된다. 그러나 일정 범위의 정수값을 갖는 궤도 양자수 l과는 달리 전자의 스핀 양자수 s는 하나의 값 $s = \frac{1}{2}$만을 가진다. 따라서 전자는 **스핀-$\frac{1}{2}$**인 입자이다. 궤도 양자수 l로 궤도각 운동량의 크기를 표기하듯이, 스핀 각운동량의 크기를 스핀 양자수 s로 다음과 같이 표기할 수 있다.

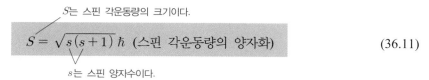

S는 스핀 각운동량의 크기이다.

$$S = \sqrt{s(s+1)}\,\hbar \quad \text{(스핀 각운동량의 양자화)} \tag{36.11}$$

s는 스핀 양자수이다.

s값이 $\frac{1}{2}$뿐이므로 전자의 스핀 각운동량의 크기는 $S = \frac{\sqrt{3}}{2}\hbar$이다.

스핀 각운동량에도 공간 양자화 현상이 나타난다. 즉 선택한 축의 스핀 성분은 다음과 같다.

$$S_z = m_s \hbar \tag{36.12}$$

여기서 양자수 m_s는 $-\frac{1}{2}$ 또는 $+\frac{1}{2}$이다. 그림 36.8은 전자 스핀의 공간 양자화를 보여준다.

다른 입자들 또한 스핀을 가지고 있다. 예를 들어 양성자의 경우 스핀이 1/2이며, 원자핵과 같은 혼합 입자들은 더 높은 스핀값을 갖기도 한다. 다음 장에서 다룰 내용이지만 스핀이 정수냐, 반홀수냐에 따라 입자의 행동에 커다란 차이가 발생한다. 어느 쪽이든 식 36.11과 식 36.12는 이 입자들에 적용된다.

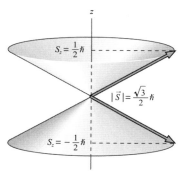

그림 36.8 전자 스핀의 공간 양자화

전자의 자기 모멘트

전자의 스핀과 전하는 전자가 소형의 전류 고리처럼 거동하여 고유한 자기 쌍극자 모멘트를 갖는다고 암시한다. 스핀 각운동량 벡터 $\vec{S}$와 관련된 쌍극자 모멘트 벡터 $\vec{M}$은

$$\vec{M} = -\frac{e}{m}\vec{S} \tag{36.13}$$

이며, e/m는 전자의 전하 질량 비이다(실전 문제 73 참조). 어떤 축에서 $\vec{S}$의 성분이 $\pm\frac{1}{2}\hbar$ 이므로 자기 모멘트 성분은

$$M_z = \pm\frac{e\hbar}{2m} \tag{36.14}$$

이다. 여기서 $\mu_B = e\hbar/2m$는 자기 모멘트를 측정하는 기본 단위로 **보어 마그네톤**(Bohr magneton)이라고 한다. 그 값은 $9.27 \times 10^{-24}\,\mathrm{A \cdot m^2}$이다.

자기 모멘트와 스핀 각운동량의 비율은 원운동하는 대전 입자의 고전적 기댓값의 2배이다. 스핀과 마찬가지로 인자 2도 디랙이 처음으로 설명한 상대론적 효과이다. 양자 전기역학 계산 결과는 2.00232이다.

슈테른-게를라흐 실험

1922년 함부르크 대학교의 오토 슈테른(Otto Stern)과 발터 게를라흐(Walther Gerlach)는 원자 각운동량 벡터의 양자화를 실험으로 입증하였다. **슈테른-게를라흐 실험**(Stern-Gerlach experiment)은 불균일한 자기장을 이용하여 은 원자선이 자기장 방향에 대한 자기 모멘트 성분으로 양자화되는 것을 처음으로 보여 주었다. 1927년에 재수행된 실험에서는 전자 스핀에 의한 각운동량 효과만을 관측하기 위해 궤도각 운동량이 0인 바닥 상태 수소 원자들을 사용하였다. 고전적으로는 수소 원자선이 각운동량의 성분에 따라 $\frac{-\sqrt{3}}{2}\hbar$에서 $\frac{+\sqrt{3}}{2}\hbar$ 사이에서 연속적 띠로 분포한다. 그러나 실험 결과는 두 각운동량 성분, $\pm\frac{1}{2}\hbar$에 따라 두 갈래로 갈라진다. 그림 36.9는 실험을 보여 준다.

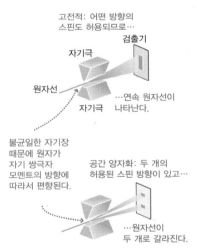

고전적: 어떤 방향의 스핀도 허용되므로…

검출기

자기극

원자선

…연속 원자선이 나타난다.

자기극

불균일한 자기장 때문에 원자가 자기 쌍극자 모멘트의 방향에 따라서 편향된다.

공간 양자화: 두 개의 허용된 스핀 방향이 있고…

…원자선이 두 개로 갈라진다.

그림 36.9 슈테른-게를라흐 실험

 확인 문제

36.2 산소-17의 핵스핀은 $\frac{5}{2}$이다. 스핀 각운동량 벡터의 가능한 방향은 몇 개인가? (a) 2, (b) 5, (c) 6, (d) 7, (e) 17

전체 각운동량과 스핀-궤도 결합

궤도각 운동량과 스핀 각운동량의 **스핀-궤도 결합**(spin-orbit coupling)으로 원자의 총각운동량을 다음과 같이 표기할 수 있다.

$$\vec{J} = \vec{L} + \vec{S} \tag{36.15}$$

총각운동량의 크기 J는 궤도와 스핀 각운동량처럼 다음과 같이 양자화된다.

J는 총각운동량의 크기이다.

$$J = \sqrt{j(j+1)}\,\hbar \quad \text{(총각운동량의 양자화)} \tag{36.16}$$

j는 총각운동량의 양자수이다.

단일 전자 원자에서 양자수 j는 다음의 값을 갖는다.

$$j = l \pm \frac{1}{2} \quad (l \neq 0) \tag{36.17a}$$

$$j = \frac{1}{2} \quad (l = 0) \tag{36.17b}$$

총각운동량이 J인 원자의 상태를 주양자수, 궤도각 운동량을 표기하는 대문자(S, P, D, F, G, $\cdots$), 아래 첨자 j로 표기한다. 따라서 $n = 3$, $l = 2$, $j = 3/2$이면 $3D_{3/2}$으로 표기한다.

총각운동량에도 공간 양자화 현상이 나타나서, 어떤 축에서 $\vec{J}$ 성분은 다음의 값만 갖는다.

$$J_z = m_j \hbar \tag{36.18}$$

여기서 양자수 m_j는 $(-j, -j+1, \cdots, j-1, j)$의 값을 가진다.

각운동량 결합 법칙(angular momentum coupling rule)의 유도는 쉽지 않다. 여기서는 그림 36.10의 벡터 그림으로 이해할 수 있다.

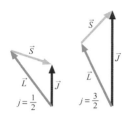

그림 36.10 $l = 1$에서 스핀-궤도 결합으로 식 36.17a에서 $j = \frac{1}{2}$ 또는 $j = \frac{3}{2}$이다.

예제 36.3 **스핀-궤도 결합: 각운동량 구하기**

(a) $l = 2$ 상태에서 가능한 수소의 총각운동량 크기를 구하라. (b) 가능한 J에서 주어진 축에서 $\vec{J}$의 성분값은 몇 개인가?

해석 그림 36.10처럼 스핀과 궤도각 운동량의 결합으로 총각운동량을 구하는 문제이다. 즉 $\vec{J}$의 양자화 문제이다.

과정 (a) 식 36.16의 $J = \sqrt{j(j+1)}\,\hbar$와 식 36.17a의 $j = l \pm \frac{1}{2}$로 J를 구한다. 즉 $l = 2$일 때 식 36.17a로 가능한 j값을 구해서 식 36.16으로 J를 구한다. (b) $-j$에서 j까지 m_j를 알면 식 36.18의 $J_z = m_j \hbar$로 J_z를 알 수 있으므로, j를 알면 J_z를 구할 수 있다.

풀이 (a) $l = 2$이면 식 36.17a에서 $j = \frac{3}{2}$ 또는 $j = \frac{5}{2}$이다. $j = \frac{3}{2}$이면 식 36.16에서 $J = \sqrt{\frac{3}{2}\left(\frac{3}{2}+1\right)}\,\hbar = \frac{\sqrt{15}}{2}\,\hbar$이며,

$j = \frac{5}{2}$이면 $J = \frac{\sqrt{35}}{2}\,\hbar$이다. (b) $j = \frac{3}{2}$이면 $-j$에서 j까지 가능한 m_j값은 $-\frac{3}{2}, -\frac{1}{2}, \frac{1}{2}, \frac{3}{2}$이다. 따라서 J_z는 식 36.18에서 $-\frac{3}{2}\hbar, -\frac{1}{2}\hbar, \frac{1}{2}\hbar, \frac{3}{2}\hbar$이다. $j = \frac{5}{2}$이면 6개의 J_z값이 있다.

검증 답을 검증해 보자. 그림 36.11이 가능한 j값을 만드는 스핀-궤도 결합 방법을 보여 준다.

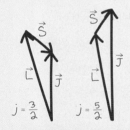

그림 36.11 $l = 2$ 상태에서 스핀-궤도 결합의 벡터 그림

주어진 l에서 j값이 두 개이므로 두 개의 양자 상태가 있고, 에너지가 약간 다르다. 이러한 에너지차는 전자의 궤도각 운동량 $\vec{L}$과 방향이 같은 자기장 속에서 전자의 자기 모멘트 방향 때문에 생긴다. 그림 36.13에서와 같이 전자의 음전하로 스핀 $\vec{S}$와 자기 모멘트 $\vec{M}$은 반대 방향이다. 자기 쌍극자의 방향이 자기장과 반대일 때 자기 쌍극자의 에너지가 최대이므로, $\vec{S}$와 $\vec{L}$이 거의 평행인 정렬($j = l + \frac{1}{2}$이다)이 더 높은 에너지를 갖는다.

수소에서 첫 번째 들뜬 상태의 두 상태 $j = \frac{1}{2}$과 $j = \frac{3}{2}$의 에너지차는 $5 \times 10^{-5}\,\mathrm{eV}$로 바닥 상태와의 에너지차 $10.2\,\mathrm{eV}$에 비하면 매우 작다. $n = 2$, $l = 1$인 상태는 전이하면서 파장이 약간 다른 두 스펙트럼선을 방출한다. 이와 같은 에너지 준위의 갈라짐을 **미세 구조**(fine structure)로 기술하고, 두 스펙트럼선을 **이중선**(doublet)이라고 부른다. 그림 36.12는 수소에서 스핀-궤도 결합으로 생긴 에너지 준위 도표이다. 상대론적 수정과 다른 작은 수정

으로 수소 스펙트럼의 미세 구조가 더 바뀐다.

스핀-궤도 효과는 원자 자체의 내부 자기장에서 비롯된 것이다. 에너지 준위의 갈라짐은 외부 자기장에서도 생기며, 이를 **제만 효과**(Zeeman effect)라고 한다. 그림 35.18은 제만 갈라짐을 보여 준다.

바닥 상태에서는 궤도각 운동량이 없으므로 스핀-궤도 갈라짐이 없다. 그러나 전자 스핀과 핵의 자기 쌍극자 모멘트의 상호작용으로 **초미세 구조**(hyperfine structure)로 알려진 갈라짐이 생긴다. 수소 바닥 상태의 두 초미세 준위 사이의 전이는 물리적으로 전자스핀 벡터의 방향이 바뀌는 것에 해당하며, 파장이 21 cm인 광자를 방출한다. 전파천문학자는 21 cm 수소 복사를 이용하여 우주의 수소 지도를 만들고 있다.

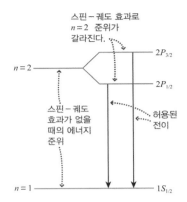

그림 36.12 수소 원자 $2P$ 상태의 스핀-궤도 갈라짐을 보여 주는 에너지 준위 도표. 도표는 척도대로 되어 있지 않다. $2P_{1/2}$와 $2P_{3/2}$ 준위 사이의 간격은 실제로는 $n=1$과 $n=2$ 준위 사이의 간격의 약 백만분의 5이다.

36.3 배타 원리

LO 36.3 파울리 배타 원리에 대해 설명할 수 있다.

1924년에 파울리는 원자의 전자 분포를 이해하기 위하여 '두 전자는 동일한 양자 상태에 있을 수 없다.'라는 **배타 원리**(exclusion principle)를 발표하였다. 즉 전자의 양자 상태는 스핀 양자수 m_s도 포함하므로 양자수 n, l, m_l이 같은 양자 상태에 최대 2개의 전자만 들어갈 수 있다.

파울리 배타 원리 때문에 다전자 계에서 대부분의 전자는 그림 36.13처럼 높은 에너지 상태를 점유해야 한다. 배타 원리가 성립하지 않으면 모든 전자가 바닥 상태로 모여서 화학적 특성이나 생명 등이 존재할 수 없었을 것이다. 천체에서도 아래의 응용물리처럼 배타 원리가 적용된다.

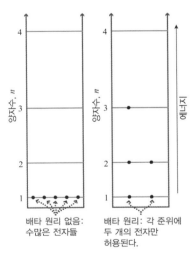

그림 36.13 네모 우물 안에 갇힌 입자의 전자가 배타 원리에 따라 배열하는 모습

응용물리 백색왜성과 중성자별

별이 핵연료를 다 써 버리면 중력을 지탱할 압력이 사라져서 붕괴된다. 태양 질량보다 수십 배나 무거운 별에서는 이러한 붕괴를 막을 강력한 힘이 없어서 모든 것이 탈출할 수 없는 블랙홀로 변한다. 그러나 덜 무거운 별에서는 배타 원리에 따른 양자역학적 압력 때문에 붕괴가 중단된다.

태양이 지금부터 50억 년 후에 붕괴할 때 전자는 가능한 가장 낮은 에너지 상태로 떨어질 것이다. 그림 36.13의 네모 우물처럼 배타 원리에 따라 태양의 10^{57}개의 전자 중 대부분은 높은 에너지 상태에 있게 된다. 이러한 전자의 **겹친 전자 압력**(degenerate electron pressure)은 보통의 기체 압력과는 달리 온도에 무관하며, 태양을 지구 정도 크기의 안정한 **백색왜성**으로 유지시킨다. 태양 질량의 약 1.4배인 별은 더 붕괴되어 양성자와 전자가 합쳐져서 만든 중성자가 배타 원리에 따라 겹친 압력을 만들어서, 태양보다 많은 질량을 20 km의 구 안에 채워 넣은 **중성자별**이 된다. 그림에서 이들의 상대적 크기를 비교할 수 있다.

파울리 배타 원리는 1920년대 후반에 양자역학 발전의 근간이었으며, 1930년대 후반에 파울리가 마침내 스핀과 마찬가지로 상대론적 불변성 조건에 배타 원리가 기초한다는 사실을

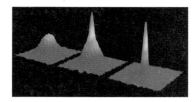

그림 36.14 보스-아인슈타인 응축에서 원자의 속도 분포. 속도가 거의 0인 상태의 커다란 봉우리는 모두 원자가 공통의 바닥 상태에 있다는 증거이다. 세 봉우리는 정상 기체에서 응축 상태로의 변화를 보여 준다.

밝혀냈다. 스핀 양자수 s가 반홀수인 **페르미온**(fermion)은 배타 원리를 따르고, 정수인 **보손**(boson)은 배타 원리를 따르지 않는다. 예를 들어 스핀-1인 광자는 동일한 양자 상태에 얼마든지 들어갈 수 있다. 강력한 결맞는 광선인 레이저는 수많은 광자가 동일 양자 상태를 점유할 수 있기 때문에 가능하다. 1995년 콜로라도 대학교의 물리학자들이 보손 물질이 모두 같은 양자 상태에 있는 응축 상태를 처음으로 만들었다(그림 36.14 참조). 이러한 **보스-아인슈타인 응축**(Bose-Einstein condensate)은 인도의 물리학자 사티엔드라 보스(Satyendra Nath Bose)가 가능성을 예측한 1924년 이래로 물리학자들의 목표였다. 보스-아인슈타인 응축체는 수천 개의 원자가 양자역학적으로 결합하여 하나의 개체처럼 행동하는 새로운 물질 상태이다. 오늘날 전 세계의 물리학 실험실에서는 보스-아인슈타인 응축 실험을 수행하면서 광학적 레이저 광선에 대응하는 원자 광선을 연구하고 있다.

확인 문제 **36.3** 전자 7개를 양자 조화 진동자 퍼텐셜(그림 35.10 참조)에 넣는다면, 계의 총에너지는 얼마가 될 것인가? (a) $\frac{7}{2}\hbar\omega$, (b) $\frac{13}{2}\hbar\omega$, (c) $7\hbar\omega$, (d) $\frac{25}{2}\hbar\omega$

36.4 다전자 원자와 주기율표

LO 36.4 파울리 배타 원리로 원소의 주기율표를 설명할 수 있다.

화학 원소에 대한 현대적 이해는 18세기에 화학자들이 화합물을 원소와 구별하면서부터 시작되었다. 1869년 러시아의 화학자 드미트리 멘텔레예프(Dmitri Ivanovich Mendeleev)가 그 당시까지 알려진 60여 개의 원소를 하나의 표로 만드는 데 성공하였으며, 그는 동일한 화학적 특성이 주기적으로 나타나는 빈 칸은 남겨 두었다. 빈 칸을 차지해야 할 원소들이 곧이어

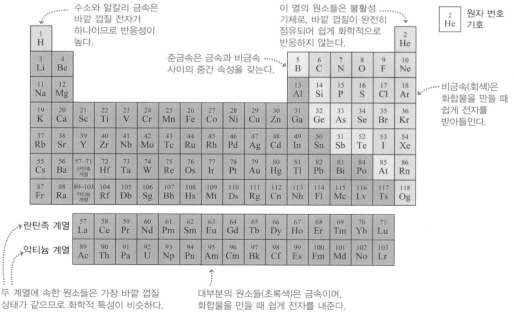

그림 36.15 주기율표. 원자 무게를 표시한 주기율표는 뒤표지 앞면에 있고, 원소 이름은 부록 D에 있다.

발견되면서 멘델레예프의 주기율표가 인정되었고 이것은 원자의 조성에 근본 질서가 있음을 암시하였다. 20세기 초반에 엑스선 스펙트럼의 연구로 핵의 양자수인 **원자 번호**(atomic number) Z로 주기율표를 완성하였다. 그림 36.15는 현대식 주기율표이고, 뒤표지 안쪽에는 원자 무게도 함께 표시되어 있다.

주기율표의 설명

주기율표와 같은 원소의 순서는 화학적 이해를 높이고 새롭고 유용한 화합물을 조성하는 데 필요하다. 왜 질서를 가질까? 슈뢰딩거 방정식과 배타 원리에 해답이 있다.

다전자 원자에서는 많은 전자 사이의 상호작용이 매우 복잡하여, 수소 원자에 대한 슈뢰딩거 방정식의 해와 같은 해석적 해를 얻기가 매우 어렵다. 그러나 정성적으로 살펴보면 주양자수 n으로 에너지 준위를 기술할 수 있다. 이러한 에너지 준위를 **껍질**(shell)이라고 하며, 역사적 관습에 따라 $n = 1, 2, 3, \cdots$ 껍질을 대문자 $K, L, M, \cdots$으로 표기한다. 수소에서 n번째 에너지 준위의 전자는 n개의 값 $l = 0, 1, 2, 3, \cdots, n-1$ 중 하나의 궤도 양자수를 가진다. 한 껍질에서 각운동량이 다른 상태를 **부껍질**(subshell)이라고 하며, $l = 0, 1, 2, 3, \cdots$인 부껍질을 소문자 $s, p, d, f, \cdots$로 표기한다. 또한 각 부껍질에는 자기 궤도 양자수 m_l이 $-l$에서 l까지 $2l + 1$개의 정수값을 갖는 상태들이 있다. 세 양자수 n, l, m_l로 특징 짓는 상태를 **궤도 상태** 또는 **궤도 함수**(orbital)라고 부른다. 표 36.1에서 스핀 양자수 m_s를 포함해서 껍질 구조의 기호를 요약하였다.

다전자 원자의 구조는 껍질, 부껍질, 궤도에 분포한 전자의 양자 상태로 결정된다. 배타 원리에 따라 두 전자가 정확히 같은 양자 상태에 있을 수 없으므로, 네 양자수 n, l, m_l, m_s의 값이 모두 같을 수 없다. 원자의 궤도 상태는 세 양자수 n, l, m_l로 결정되므로 한 궤도 상태에는 최대 2개의 전자가 있다.

다전자 원자의 바닥 상태를 자세히 살펴보자. 가장 간단한 다전자 원자는 전자가 2개인 헬륨(He)이다. 가장 낮은 에너지 준위는 $n = 1$인 K 껍질이다. 표 36.1에 나타낸 것과 같이 K 껍질에는 각운동량이 0인 부껍질 s뿐이고, 부껍질에 있는 유일한 궤도 상태인 $m_l = 0$을 두 전자가 점유할 수 있다. 따라서 헬륨의 바닥 상태에서 K 껍질의 s 부껍질에 전자가 2개 있다. 이것을 껍질 기호로 표기하면 $1s^2$이다. 여기서 1은 주양자수 n을 나타내며, s는 부껍질의 기호이고, 위 첨자 2는 해당 부껍질을 점유한 전자의 수이다. 마찬가지로 수소 원자의 바닥 상태는 $1s^1$으로 표기할 수 있다.

헬륨 다음으로 간단한 리튬(Li)은 전자가 3개이다. K 껍질은 최대 2개의 전자만 수용할 수 있으므로, 세 번째 전자는 $n = 2$인 L 껍질에 들어가야 한다. L 껍질의 부껍질 중 s 부껍질의 에너지가 다른 부껍질보다 낮으므로 세 번째 전자는 s 부껍질을 점유한다. 따라서 리튬의 전자 배열은 $1s^2 2s^1$이다.

전자가 4개인 베릴륨(Be)은 $1s$와 $2s$ 부껍질을 채우므로 그 전자 배열이 $1s^2 2s^2$이다. 보론(B)의 다섯 번째 전자는 $2p$ 부껍질로 들어가므로 그 전자 배열은 $1s^2 2s^2 2p^1$이다. 표 36.1에서 $l = 1$인 p 부껍질에는 세 개의 m_l값이 가능하므로 세 궤도 상태에 전체적으로 6개의 전자가 들어갈 수 있다. p 부껍질을 채우면서 원자 번호를 증가시키면, $Z = 10$인 네온에서 $2p$ 부껍질이 가득 찬다. $Z = 11$인 나트륨부터 $n = 3$인 껍질이 채워지기 시작한다. 표 36.2는 $Z = 1$에서 $Z = 18$까지 원소의 전자 배열과 이온화 에너지를 수록한 표이다.

표 36.1 원자의 껍질 구조

원자 번호	껍질 기호	허용된 값	문자 기호	상태수
n	껍질	1, 2, 3, $\cdots$	K, L, M, $\cdots$	무한
l	부껍질	0, 1, 2, $\cdots$, $n-1$	s, p, d, f, $\cdots$	n
m_l	궤도	$-l$, $-l+1$, $\cdots$, $l-1$, l	–	$2l+1$
m_s	–	$-\frac{1}{2}$, $+\frac{1}{2}$		2

표 36.2 원소 1~18의 전자 배열과 이온화 에너지

원자 번호, Z	원소	전자 배열	이온화 에너지(eV)
1	H	$1s^1$	13.60
2	He	$1s^2$	24.60
3	Li	$1s^2 2s^1$	5.390
4	Be	$1s^2 2s^2$	9.320
5	B	$1s^2 2s^2 2p^1$	8.296
6	C	$1s^2 2s^2 2p^2$	11.26
7	N	$1s^2 2s^2 2p^3$	14.55
8	O	$1s^2 2s^2 2p^4$	13.61
9	F	$1s^2 2s^2 2p^5$	17.42
10	Ne	$1s^2 2s^2 2p^6$	21.56
11	Na	$1s^2 2s^2 2p^6 3s^1$	5.138
12	Mg	$1s^2 2s^2 2p^6 3s^2$	7.644
13	Al	$1s^2 2s^2 2p^6 3s^2 3p^1$	5.984
14	Si	$1s^2 2s^2 2p^6 3s^2 3p^2$	8.149
15	P	$1s^2 2s^2 2p^6 3s^2 3p^3$	10.48
16	S	$1s^2 2s^2 2p^6 3s^2 3p^4$	10.36
17	Cl	$1s^2 2s^2 2p^6 3s^2 3p^5$	13.01
18	Ar	$1s^2 2s^2 2p^6 3s^2 3p^6$	15.76

    원자의 화학적 특성은 가장 바깥 껍질 전자로 거의 결정된다. 이들 전자가 가까이 있는 다른 원자와 직접 상호작용하고, 핵에 가장 약하게 속박되어 있기 때문이다. 표 36.2에서 리튬에서 네온까지의 가장 바깥 껍질 전자 배열은 나트륨(Na)에서 아르곤(Ar)까지의 전자 배열과 같다. 따라서 서로 대응하는 원자의 화학적 특성은 같다. 예를 들어 리튬과 나트륨은 가장 바깥 껍질에 전자가 하나씩 있고, 핵에 약하게 속박되어 이온화 에너지가 낮아서 다른 원자와 쉽게 반응하므로 활성이 매우 높다. 반면에 네온과 아르곤은 가장 바깥 껍질이 가득 차 있고 가장 바깥 껍질 전자의 에너지는 근본적으로 모두 같아서 이온화 에너지가 높고, 다른 원자와 쉽게 상호작용하지 않는다. 따라서 네온과 아르곤은 불활성이다(주기율표에서 아르곤과 네온을 포함하는 수직열에 있는 원소를 불활성 기체라고 한다.). 이들은 쉽게 화합물을 만들지 않고 정상 온도에서는 기체로 머문다. 다른 원소 짝들도 비슷한 화학적 특성을 가진다. 예를 들어 불소와 염소는 전자가 하나 더 있으면 에너지적으로 더 안정한 불활성 기체와 같은 전자 배열이 된다. 따라서 이들 원소는 쉽게 전자를 받는다. 흔한 소금인 NaCl 같은 물질은 나트륨

이 가장 바깥 껍질 전자를 염소에 넘겨 주면서 정전기력으로 양전하와 음전하가 강력하게 결합하므로 녹는점이 높다. 다음 장에서 분자 결합에 대해서 공부할 것이다.

아르곤($Z = 18$) 이상에서는 내부 전자들의 차폐 효과로 $4s$ 궤도가 $3d$ 궤도보다 에너지가 낮다. 따라서 칼륨($Z = 19$)의 전자 배열은 $1s^2 2s^2 2p^6 3s^2 3p^6 3d^1$이 아니라 $1s^2 2s^2 2p^6 3s^2 3p^6 4s^1$이다. 칼륨 다음의 칼슘은 $4s$ 궤도에 전자가 2개 있다. 그러나 $4p$ 궤도가 $3d$보다 에너지가 높으므로 칼슘 다음의 원소들은 $3d$ 궤도를 먼저 채우기 시작한다. 스칸듐부터 아연까지의 10개 원소에서는 가장 바깥 껍질 전자가 $4s$ 궤도에 있으므로 화학적 특성이 거의 같다. 따라서 이들을 다 함께 **전이 원소**(transition element)라고 부른다. 크로뮴($Z = 24$), 구리($Z = 29$)는 예외로서 $4s$ 궤도에 전자 하나만 남겨두고 나머지는 $3d$ 궤도로 간다. 끝으로 갈륨($Z = 31$)에서 크립톤($Z = 36$)까지는 알루미늄에서 아르곤처럼 $4p$ 궤도를 전자로 채운다. 가장 바깥 껍질 p 부껍질이 가득 찬 크립톤은 불활성 기체이다.

개념 예제 36.1 주기율표

주기율표의 첫 다섯 행의 일반적인 구조를 설명하라.

풀이 주기율표의 각 행을 시작하는 첫 번째 원소의 가장 바깥 껍질에는 단 하나의 s 전자가 들어 있다. 이들 원소는 수소와 반응성이 높은 알칼리 금속을 포함한다. 각 행의 끝에는 가장 바깥 껍질의 p 부껍질이 꽉 찬 불활성 기체가 있다. 첫 번째 행은 $1s$ 궤도만 채우는 것에 관련된다. 이 궤도는 기껏해야 전자 두 개를 가질 수 있으므로 첫 행에는 두 원소만 있다. 두 번째 행에는 여덟 원소가 있는데, 표 36.2에 나타낸 것처럼 $2s$와 $2p$ 궤도를 채우는 것과 연관되어 있다. 세 번째 행은 두 번째 행처럼 $3s$와 $3p$ 궤도를 채우는 것과 연관되어 있다. $4s$ 궤도는 $3d$ 궤도보다 에너지가 더 낮기 때문에 세 번째 행은 $3p$ 궤도가 꽉 찬 불활성 기체로 끝나고, 네 번째 행은 $4s$ 궤도를 채우는 것으로 시작한다. 그 다음에 $3d$ 궤도를 채우는 원소 $Z = 21$부터 $Z = 30$까지 나온다. 이것은 네 번째 행에 추가적으로 있는 10개의 원소이다. 다섯 번째 행은 네 번째

행의 반복으로서 먼저 $5s$ 궤도를 채우고, 다음에 더 높은 에너지의 $4d$ 궤도를 채우고, 그 다음으로 나머지 $5p$ 궤도를 채운다.

검증 이 설명에 따르면 주기율표의 각 수직열에 있는 원소들은 비슷한 화학적 성질을 띠고, 표의 행을 따라 움직이면 일반적으로 화학적 성질이 변하는 것을 알 수 있다.

> **관련 문제** 철의 전자 배열을 결정하라.
>
> **풀이** 철은 $Z = 26$이므로 아르곤과 같은 핵심 전자 바깥에 전자 8개를 더 수용할 필요가 있다. 철은 전이 원소이기 때문에 $4s$ 궤도가 $3d$ 궤도보다 먼저 채워진다. 그래서 전자 2개는 $4s$로 가고, 나머지 6개는 $3d$로 간다. 따라서 철의 전자 배열은 $1s^2 2s^2 2p^6 3s^2 3p^6 3d^6 4s^2$이다.

여섯 번째와 일곱 번째 행은 개념 예제 36.1의 분석에 잘 들어맞지 않는다. 원소 57인 란탄에서부터 $4f$ 궤도가 채워지는 동안 바깥 껍질 전자는 $6s$인 채로 있다. 이것은 원소 71까지 계속되므로 원소 57~71의 화학적 성질은 비슷하다. 이 원소들은 **란탄족 계열**(lanthanide series)을 형성하고, 주기율표 아래에 별도로 표기된다. 일곱 번째 행도 같은 방식이며 **악티늄 계열**(actinide series)이라고 한다. 우라늄(원소 92) 이상의 일곱 번째 행의 원소는 반감기가 지구의 나이보다 짧은 방사성 원소이다. 이들은 자연 상태로 존재하지 않으며, 입자 가속기, 핵분열 반응로, 핵폭발 등에서 생성된다. 악티늄 계열 이후의 원소는 수명이 아주 짧지만, 이론적으로는 아직 생성하지 못한 초중량 핵을 포함하는 '안정성 섬'이 있을 수도 있다. 그들의 수명은 몇 분에서 수백만 년까지의 범위가 될 수 있다. 38장에서 핵의 수명에 대해 더 배울 것이다.

화학적 특성의 논의에서는 배타 원리가 중요한 역할을 담당한다. 배타 원리가 없으면 바닥 상태 원자의 모든 전자들은 $1s$ 궤도를 점유하므로, 원소들을 구별할 수 없고, 화학이란 학문도 없을 것이다. 화학과 물리학이 있다고 하더라도, 서로 다른 원소가 만드는 화합물의 풍부

한 다양성이 없다면 생명 그 자체가 불가능할 수도 있다.

> **확인 문제**
> **36.4** 제논(Xe)의 전자 배열에서 마지막 항은 무엇인가? 전체 배열을 구하지 말고 대답하라.
> (a) $4p^6$, (b) $5p^6$, (c) $5p^5$, (d) $5p^7$, (e) $6s^1$

36.5 전이와 원자 스펙트럼

LO 36.5 원소의 스펙트럼을 원자 구조와 에너지 준위에 연관시킬 수 있다.
LO 36.6 자발과 유도 전이 그리고 두 전이가 레이저 작동에 적용되는 방법을 설명할 수 있다.

특정 에너지를 지닌 광자의 흡수와 방출은 에너지 준위의 양자화를 직접 나타내는 증거이며, 원자 스펙트럼으로 실험실에서 머나먼 천체의 원자를 분석할 수 있다. 심지어 가장 간단한 수소에도 엄청난 수의 양자 상태가 있다. 원자 스펙트럼은 가능한 양자 상태의 다양성을 잘 보여 준다.

선택 규칙

에너지 준위 사이의 모든 전이가 가능하지는 않다. **선택 규칙**(selection rule)에 따라 **허용 전이**(allowed transition)가 결정된다. 하나는 궤도 양자수의 변화가 $\Delta l = \pm 1$인 전이만 허용되는 선택 규칙으로 각운동량 보존과 관련된다. 양자역학에서 전이 확률과 그로부터 들뜬 상태의 평균 수명을 계산할 수 있다. 바깥 껍질 전자인 경우에 허용된 전이에 의해 탈들뜨는 들뜬 상태의 수명은 약 10^{-9} s이다.

선택 규칙에서 허용되지 않는 전이를 **금지 전이**(forbidden transition)라고 한다. 대부분은 완벽하게 불가능한 것이 아니라 극히 어려운 전이이다. 금지 전이에 의해서만 에너지만 잃을 수 있는 상태를 **준안정 상태**(metastable state)라고 한다. 준안정 상태의 수명은 나노초 크기의 허용 전이 수명보다 훨씬 길다. '어둠 속에서 빛을 내는' 인광물질은 준안정 상태의 느린 탈들뜸 전이를 통해서 빛을 방출한다. 충돌이 거의 없어서 원자가 준안정 상태에 머무를 수 있는 저밀도 천체 기체를 탐사하는 데 금지 스펙트럼선이 매우 유용하다.

광학 스펙트럼

가시광선 근처의 스펙트럼선은 불완전한 원자 껍질 사이의 전이로 생긴다. 하나의 바깥 껍질 s 전자를 가진 알칼리 금속은 수소 원자와 비슷한 스펙트럼을 만든다. 그러나 다전자 원자처럼 복잡한 구조인 경우에는 그림 36.16처럼 에너지 준위가 이동한다. 그림 36.16에서와 같이 스핀-궤도 갈라짐으로 많은 전이들은 이중선 또는 삼중선을 만든다(그림 36.17 참조). 외각에 하나 이상의 전자를 가진 원자에서는 에너지 준위 구조가 더 복잡하다.

> **확인 문제**
> **36.5** 그림 36.16의 전이 중 어느 것의 광자 파장이 가장 짧은가?

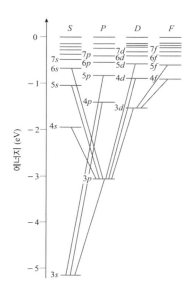

그림 36.16 스핀-궤도 결합을 무시한 나트륨의 에너지 준위 도표. 넓게 분리된 $4s$, $4p$ 사이에 $3d$가 있어서, $4s$ 준위를 $3d$ 준위보다 먼저 채운다.

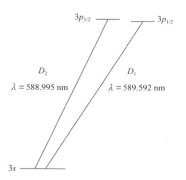

그림 36.17 $3p$ 준위의 스핀-궤도 결합을 보여 주는 나트륨의 에너지 준위 도표의 확대 부분. 두 상태에서 $3s$로의 전이는 파장이 약간 다른 나트륨 D 이중선을 만든다.

예제 36.4	원자 스펙트럼: 나트륨의 이중선	응용 문제가 있는 예제

그림 36.17을 이용하여 나트륨의 $3p$ 상태의 에너지차를 구하라.

해석 나트륨의 두 상태 $3p_{1/2}$과 $3p_{3/2}$의 에너지차를 구하는 문제이다. 두 상태에서 나중 상태 $3s$로 전이할 때 방출하는 광자의 파장을 안다. 방출되는 광자 에너지가 두 전이 상태의 에너지 차이므로 광자의 파장으로 에너지차를 구한다.

과정 양자화 조건 $E = hf$에서 $f\lambda = c$이므로 $E = hc/\lambda$이다. 따라서 그림 36.17의 두 전이에 대한 에너지를 구한 다음에 $3p$ 상태의 에너지차를 구한다.

풀이 $\Delta E_{3p} = \dfrac{hc}{588.995\,\text{nm}} - \dfrac{hc}{589.592\,\text{nm}} = 3.42 \times 10^{-22}\,\text{J}$

검증 답을 검증해 보자. 이 값은 약 $2\,\text{meV}$이다. 이것은 광학적 전이에 해당하는 에너지 eV에 비하면 매우 작다. 두 $3p$ 상태의 간격이 매우 작으므로 타당한 결과이다. 그림 36.17에서 나트륨인 경우에 $3s$ 아래의 상태는 모두 채워져 있으므로 $3s$가 유일한 나중 상태이다.

자발 전이와 유도 전이

에너지 준위 사이에서 전자뜀을 만드는 것은 무엇일까? 높은 에너지 상태로 들뜨려면 전자는 반드시 적절한 양의 에너지를 흡수해야 한다. 일반적으로 두 에너지 준위의 에너지차와 같은 크기의 에너지를 가진 광자가 그 에너지를 공급한다. 이러한 과정을 **유도 흡수**(stimulated absorption)라고 한다(그림 36.18a 참조). 한편 두 원자의 강력한 충돌, 자유 전자와의 상호작용 등 다른 요인으로도 높은 에너지 상태로 들뜰 수 있다.

그러나 낮은 에너지 상태로 내려가는 준안정 상태는 일반적으로 특정한 요인이 없다. 전자는 높은 에너지 상태에서 낮은 에너지 상태로 자발적으로 전이하면서 광자를 방출한다. 이러한 과정을 **자발 방출**(spontaneous emission)이라고 부른다(그림 36.18b 참조). 개별적 자발 방출은 마구잡이로 일어나지만, 그 확률을 양자역학적으로 계산할 수 있고, 확률의 역수는 들뜬 상태의 평균 수명이 된다.

1917년 아인슈타인은 세 번째의 가능성, 즉 들뜬 원자가 낮은 에너지 상태로 떨어지도록 적절한 에너지의 광자로 유도할 수 있다고 예견하였다. 이 과정에서 방출된 두 번째 전자는 유도 광자와 위상과 에너지가 같고 방향도 같다. 이러한 과정은 유도 흡수의 반대 과정으로, **유도 방출**(stimulated emission)이라고 한다(그림 36.18c 참조).

자발 방출, 유도 흡수, 유도 방출은 기체를 통해서 복사를 전달하는 데 주된 역할을 한다. 그리고 유도 방출은 현대의 주요한 광학 장치인 레이저의 기초 원리이다.

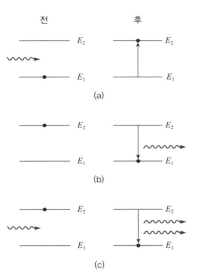

그림 36.18 광자와 전자의 상호작용. 수평선은 원자의 두 에너지 준위이고 파동은 두 준위의 에너지차에 해당하는 에너지를 가진 광자이다. (a) 유도 흡수, (b) 자발 방출, (c) 유도 방출

응용물리	레이저

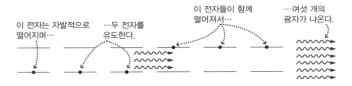

그림 36.18c에서 알 수 있듯이, 유도 방출은 파장과 위상이 같은 광자를 배증시키는 방법이다. **레이저**(laser)는 이 효과를 이용하여 강력한 결맞는 빛을 발생시킨다. 레이저 작동의 핵심은 많은 원자가 들뜬 상태에 모여 있는 **밀도 반전**(population inversion)이다. 이때 들뜬 상태는 대개 준안정 상태로서, 자발 방출로 원자가 낮은 에너지 상태로 돌아가지 않는다. 처음에 높은 에너지 상태로 들뜬 원자가 즉시 자발 방출하면서 허용 전이가 없는 준안정 상태로 떨어져서 그대로 머문다. 들뜸 과정을 **펌핑**(pumping)이라고 하며, 들뜸 에너지원을 **펌프**(pump)라고 한다. 레이저 펌프는 섬광, 태양광, 다른 레이저, 전

기 회로, 화학 반응, 핵폭발 등 다양하다.

들뜬 원자의 수가 많아지면, 오래지 않아서 준안정 상태에서도 우연히 하나의 자발 방출이 일어나면서 광자를 방출한다. 이 광자가 다른 들뜬 원자를 지나면서 유도 방출을 일으킨다. 이렇게 늘어난 광자가 그림처럼 다시 유도 방출을 일으킨다. 이러한 과정이 증폭되면 파장과 위상이 같은 강력한 광선이 만들어진다. 레이저에서는 양 끝에 거울이 있는 공동 안에 특정 복사를 방출하기 쉬운 능동 매질이 있다. 광자가 거울에서 반사되면서 능동 매질을 지날 때마다 더 많은 유도 방출을 일으켜서 광선 세기를 증폭시킨다. 한 거울은 부분 반사로 레이저 광선을 투과시킨다. 어떤 레이저는 짧은 복사 펄스를 내보내고, 어떤 레이저는 연속 복사를 방출한다.

1960년에 개발한 첫 번째 레이저는 능동 매질로 루비 막대를 사용하였고, 펌프로 사용하는 코일 모양의 섬광등으로 루비 막대 주위를 에워쌌다. 그 이후 다양한 레이저가 개발되었다. 거의 모든 레이저는 밀도 반전이 가능한 물질을 능동 매질로 사용한다. 능동 매질로는 기체, 고체, 액체, 반도체, 이온 플라스마 등이

있다. 성간 기체 구름에서도 자연적으로 레이저가 작동한다. 화학 색소 혹은 온도 민감형 반도체를 사용하는 레이저는 레이저 광선의 파장을 조절할 수 있다. 레이저 광선은 본질적으로 모든 광자 에너지가 같으므로 단색광이다. 또한 모든 광자의 위상이 같으므로 결맞는다. 레이저 광선은 결맞음 때문에 최소 퍼짐으로 먼 거리까지 도달할 수 있고, 매우 정확하게 초점을 맞출 수 있다. 또한 유도 방출로 많은 원자에서 동시에 에너지를 뽑아내므로 매우 강한 레이저 광선을 만들 수 있다. 광자는 스핀-1인 입자로 배타 원리를 따르지 않으므로 레이저 광선에서 광자의 수에는 제한이 없다. 레이저 포인터로 사용하는 작은 레이저의 출력은 mW 이하이고, 큰 레이저의 출력은 1 MW 이상이다. 펄스 레이저는 출력이 1 PW나 되는데, 이것은 전 세계 전기 발전량의 1000배에 달하는 출력이다. 단, 극히 짧은 펄스 레이저에 한한다.

오늘날 레이저는 어디든지 있다. 바코드 읽기, CD, DVD, BD 재생장치 등 일상에서 활용되고 있다. 시력 교정, 치아 미백, 무혈 수술 등 의학적 활용도 많아지고 있다(31장 응용물리, '레이저 시력 교정'). 생물학자들은 세포 안에 미세 구조를 조작하기 위한 '광학 족집게'로 레이저 광선을 사용한다. 건설 현장에서는 측량, 수평맞추기 등을 레이저로 대체하고, 산업체에서는 금속절단, 톱니성형, 표면닦기 등에 레이저를 사용한다. 반도체 레이저는 광섬유로 통신 신호와 인터넷 정보를 전달한다. 군대에서는 정밀 유도장치로 레이저를 사용한다. 초고속 레이저는 펨토초로 일어나는 화학 반응을 탐사할 수 있다(34장 응용물리, '화학 반응의 펨토초 사진'). 레이저로 원자의 열운동을 정지시켜서 나노켈빈의 온도에서 보스-아인슈타인 응축을 실현하였다. 달에서 반사한 레이저 광선으로 달까지의 거리를 센티미터 이내로 측정하여 아인슈타인의 일반상대론을 검증하고 있다(30장 응용물리, '달 거리'). 레이저 파면의 간섭을 이용한 홀로그램으로 삼차원 영상을 만든다. 미래에는 레이저로 추진하는 우주선으로 레이저를 이용하여 우주 쓰레기를 처리할 수 있을 것이다.

36장 요약

핵심 개념

이 장의 핵심 개념은 전자의 양자 상태이다. 원자의 전자가 전기력에 의한 퍼텐셜 우물에 갇힌 입자이므로 슈뢰딩거 방정식을 풀면 에너지 준위가 양자화된다. 전자의 스핀, 각운동량 등을 고려하면 에너지 준위의 구조가 복잡해진다. 한 양자 상태를 하나의 전자만 점유할 수 있다는 **배타 원리**에 따라 원자의 껍질 구조와 원소의 주기율표가 정해진다.

주요 개념 및 식

주양자수 n은 다음과 같이 수소의 에너지 준위를 결정한다.

$$E_n = -\frac{1}{n^2}\frac{\hbar^2}{2ma_0^2} = \frac{E_1}{n^2} = \frac{-13.6 \text{ eV}}{n^2}$$

$n = 1$이면 보어 반지름 a_0에서 전자를 발견할 확률이 가장 높고, 높은 에너지 상태에서는 핵에서 더 멀리 떨어진다.

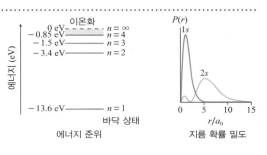

궤도 양자수 l은 다음과 같이 각운동량을 결정한다.

$$L = \sqrt{l(l+1)}\,\hbar$$

여기서 l은 0부터 $n-1$까지의 정수이다.

궤도 자기 양자수 m_l은 다음과 같이 주어진 축의 각운동량의 성분을 결정한다.

$$L_z = m_l\hbar$$

이것을 **공간 양자화**라고 하며, m_l은 $-l$에서 l까지의 정수이다.

전자는 **스핀-**$\frac{1}{2}$인 입자로 페르미온이다. 주어진 축에 대한 스핀 각운동량의 성분은 $\pm\frac{1}{2}\hbar$이다.

전자 스핀 때문에 생기는 전자의 고유 자기 쌍극자 모멘트의 크기는 다음과 같이 **보어 마그네톤**이다.

$$\mu_B = e\hbar/2m = 9.27 \times 10^{-24} \text{ A} \cdot \text{m}^2$$

스핀-궤도 결합으로 원자의 에너지 준위가 **미세 구조**로 갈라진다.

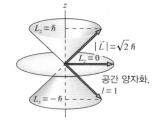

스핀 각운동량 $\vec{S}$와 전체 각운동량 $\vec{J}$는 궤도각 운동량과 비슷한 양자화 규칙을 따른다.

응용

보손은 스핀이 정수인 입자이다. 보손은 배타 원리를 따르지 않으므로 한 양자 상태에 수많은 보손들이 들어가서 **보손-아인슈타인 응축**이나 레이저 작동이 가능하다.

보스-아인슈타인 응축 모양

유도 흡수에서 전자는 광자를 흡수하여 높은 에너지 준위로 올라갈 수 있다.

들뜬 상태에 있는 전자는 **자발 방출** 또는 **유도 방출**에 의해 낮은 에너지 상태로 전이한다.

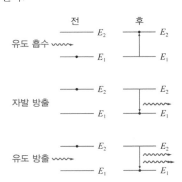

BIO 생물 및 의학 문제　　**DATA** 데이터 문제　　**ENV** 환경 문제　　**CH** 도전 문제　　**COMP** 컴퓨터 문제

학습 목표　이 장을 학습하고 난 후 다음을 할 수 있다.

LO 36.1 수소 원자에 대해 정성적인 양자역학적 설명을 할 수 있다.
개념 문제 36.1, 36.2, 36.3, 36.4, 36.5
연습 문제 36.11, 36.12, 36.13, 36.14, 36.15
실전 문제 36.36, 36.37, 36.38, 36.39, 36.40, 36.41, 36.42, 36.43, 36.44, 36.45, 36.50, 36.53, 36.62, 36.63, 36.65, 36.66, 36.67, 36.71, 36.72

LO 36.2 전자 스핀과 스핀-궤도 결합에 대해 설명할 수 있다.
개념 문제 36.6, 36.7
연습 문제 36.16, 36.17, 36.18, 36.19
실전 문제 36.52, 36.61, 36.73

LO 36.3 파울리 배타 원리에 대해 설명할 수 있다.
연습 문제 36.20, 36.21
실전 문제 36.46, 36.47, 36.48, 36.56, 36.57, 36.58, 36.59, 36.60

LO 36.4 파울리 배타 원리로 원소의 주기율를 설명할 수 있다.
개념 문제 36.8
연습 문제 36.22, 36.23, 36.24
실전 문제 36.49, 36.64

LO 36.5 원소의 스펙트럼을 원자 구조와 에너지 준위에 연관시킬 수 있다.
실전 문제 36.55, 36.69, 36.70, 36.75

LO 36.6 자발과 유도 전이 그리고 두 전이가 레이저 작동에 적용되는 방법을 설명할 수 있다.
개념 문제 36.9, 36.10
연습 문제 36.25, 36.26, 36.27
실전 문제 36.51, 36.54, 36.68, 36.74

개념 문제

1. 수소 원자의 전자를 삼차원 상자에 속박된 입자로 어림해 보자. 원자를 구속하는 상자는 무슨 역할을 하는가?

2. 물리학을 공부하지 않은 친구가 수소 원자의 크기를 물어본다면 어떻게 설명할 것인가?

3. 수소 원자의 양자 상태를 완벽하게 기술하려면 몇 개의 양자수가 필요한가?

4. 수소 원자에 대한 보어 이론과 슈뢰딩거 방정식 모두 바닥 상태의 에너지를 똑같이 예측한다. 바닥 상태의 각운동량도 동일하게 예측하는가? 설명하라.

5. 수소 원자가 $2d$ 상태를 점유할 수 있는가? 설명하라.

6. 전자는 스핀-$\frac{1}{2}$ 입자이다. 이것은 전자의 고유 각운동량이 $\frac{1}{2}\hbar$ 임을 의미하는가? 설명하라.

7. 수소 원자의 바닥 상태에 왜 스핀-궤도 결합이 없는가?

8. 배타 원리로 화학 원소의 다양성을 어떻게 설명하는가?

9. 레이저 작동에서 왜 유도 방출이 반드시 필요한가?

10. 보스-아인슈타인 응축이 보통의 물질과 다른 것은 무엇인가?

연습 문제

36.1 수소 원자

11. 같은 들뜬 상태에 있는 수소 원자들을 이온화하는 데 최소한 $1.5\,\text{eV}$의 광자들이 필요하다. 처음 들뜬 상태의 양자수 n은 얼마인가?

12. 수소 원자의 $n = 7$ 상태에 있는 전자의 궤도각 운동량 크기로 가장 큰 값은 얼마인가?

13. 궤도각 운동량의 크기가 $\sqrt{30}\,\hbar$인 전자의 궤도 양자수를 구하라.

14. 수소 원자가 $6f$ 상태에 있다. (a) 에너지와 (b) 궤도각 운동량의 크기를 구하라.

15. 총에너지가 $-1.51\,\text{eV}$이고 궤도각 운동량이 $\sqrt{6}\,\hbar$인 수소 원자의 전자 상태를 기술하는 기호를 표기하라.

36.2 전자 스핀

16. 식 36.14의 보어 마그네톤 μ_B값을 증명하라.

17. 양자 중력 이론은 중력자라고 부르는 스핀-2 입자의 존재를 예측한다. 중력자의 스핀 각운동량의 크기는 얼마인가?

18. 코발트-59(^{59}Co)의 원자핵은 스핀-7/2를 갖는다. (a) ^{59}Co 스핀 각운동량의 크기와 (b) 가능한 스핀 상태의 수를 구하라.

19. $3D$ 상태에 있는 수소 원자의 가능한 j값을 구하라.

36.3 배타 원리

20. 무한 네모 우물 안에 9개의 전자가 속박되어 있다. 가장 높은 에너지를 가진 전자의 에너지를 바닥 상태의 에너지 E_1로 표기하라.

21. 각진동수가 ω인 양자 조화 진동자에 21개의 전자가 있다. 가장 높은 에너지의 전자 에너지는 얼마인가?

36.4 다전자 원자와 주기율표

22. 루비듐의 가장 바깥 껍질 전자를 껍질 기호로 표기하라.

23. 스칸듐의 전자 배열을 표기하라.

24. 브로민의 전자 배열을 표기하라.

36.5 전이와 원자 스펙트럼

25. eV 단위의 에너지가 E인 광자의 파장이 nm 단위로 $\lambda =$

$1240/E$임을 보여라.

26. 나트륨의 $4f \rightarrow 3p$ 전이로 $567.0\,\mathrm{nm}$ 스펙트럼선이 생긴다. 두 준위의 에너지차는 얼마인가?

27. 나트륨의 $4p \rightarrow 3s$ 전이로 $330.237\,\mathrm{nm}$와 $330.298\,\mathrm{nm}$의 이중선이 생긴다. $4p$ 준위의 에너지 갈라지기는 얼마인가?

응용 문제

다음 문제들은 본문의 예제들에 기초한 것이다. 두 세트의 문제들은 물리학의 이해를 강화하는 연결의 형성을 돕고 이전에 풀어본 문제에서 변형된 문제를 해결하는 자신감을 키우도록 설계되어 있다. 각 세트의 첫 번째 문제는 본질적으로 예제 문제이지만 숫자들은 다르다. 두 번째 문제는 예제와 똑같은 상황이지만 묻는 질문이 다르다. 세 번째와 네 번째 문제는 완전히 다른 상황으로 이런 방식을 반복한다.

28. **예제 36.1** 수소 원자의 바닥 상태에 있는 전자가 보어 반지름 2배 이상인 위치에서 발견될 확률을 구하라.

29. **예제 36.1** **COMP** 수소 바닥 상태의 전자가 특정 거리 안쪽에 있을 가능성과 바깥쪽에 있을 가능성이 같게 되는 핵으로부터의 거리를 결정하기 위해 시행착오 또는 수치적 근 찾기 방법을 사용하여 보어 반지름으로 표현하라.

30. **예제 36.1** 수소 원자 $2s$ 상태에 있는 전자가 보어 반지름 이상인 위치에서 발견될 확률을 구하라.

31. **예제 36.1** **COMP** 수소 $2s$ 상태의 전자가 특정 거리 안쪽에 있을 가능성과 바깥쪽에 있을 가능성이 같게 되는 핵으로부터의 거리를 결정하기 위해 시행착오 또는 수치적 근 찾기 방법을 사용하여 보어 반지름으로 표현하라.

32. **예제 36.4** 칼륨의 스펙트럼은 $770.108\,\mathrm{nm}$ 광자를 방출하는 $4p_{1/2}$ 준위와 $4s$ 준위 사이의 최외각 전자 전이와 $766.701\,\mathrm{nm}$ 광자를 방출하는 $4p_{3/2}$ 준위와 $4s$ 준위 사이의 전이에 해당하는 강한 적외선 이중선을 보여 준다. $4p_{1/2}$과 $4p_{3/2}$ 준위 사이의 에너지차를 구하라. 두 준위 중 더 높은 에너지 준위는 어느 것인가?

33. **예제 36.4** 나트륨의 $4p_{1/2}$과 $4p_{3/2}$ 준위에 있는 최외각 전자의 에너지는 $3s$ 준위에서 각각 $3.75261\,\mathrm{eV}$와 $3.75331\,\mathrm{eV}$ 더 높은 에너지에 해당한다. $4p_{1/2}$과 $4p_{3/2}$ 준위에서 각각 $3s$ 준위로 전이할 때 방출하는 광자의 파장을 구하라. (**힌트**: 이 문제의 정밀도와 일치시키기 위해 5개의 유효 숫자에 해당하는 물리 상수값이 필요하다.)

34. **예제 36.4** 36.2절은 수소 원자의 초미세 구조에 대해 설명한다. 수소 원자의 바닥 상태에 있는 두 개의 초미세 준위들 전이로 21 cm 파장을 갖는 광자가 방출된다면, 두 초미세 준위들 사이의 에너지차는 얼마인가?

35. **예제 36.4** 중수소(^{2}H)의 원자핵은 한 개의 양성자와 한 개의 중성자로 이루어져 있다. 그러므로 중수소 바닥 상태의 초미세 갈라짐은 보통 수소(^{1}H)와 매우 다르다. 중수소 바닥 상태의 두 초미세 준위들 사이의 전이는 $327.384\,\mathrm{MHz}$ 광자를 방출한다.

(a) 이 광자의 파장을 구하고 (b) 두 초미세 준위들 사이의 에너지차를 구하라.

실전 문제

36. 예제 36.1의 (b)를 되풀이하여 수소 바닥 상태에서 보어 반지름 2배 이상의 거리에서 전자를 발견할 확률을 구하라.

37. 에너지가 $-0.850\,\mathrm{eV}$이고, 궤도각 운동량의 크기가 $\sqrt{12}\,\hbar$인 수소 원자의 주양자수와 궤도 양자수를 구하라.

38. 수소 원자의 $5d$ 상태에 있는 전자의 (a) 에너지와 (b) 궤도각 운동량의 크기를 구하라.

39. 달의 궤도각 운동량이 양자화된다고 가정하고 궤도 양자수 l을 구하라.

40. 어떤 상태에 있는 수소 원자의 가능한 최대 각운동량은 $30\sqrt{11}\,\hbar$ 이다. (a) 주양자수와 (b) 에너지를 구하라.

41. $l = 2$ 상태에 있는 수소 원자에서 주어진 축과 각운동량 벡터가 이루는 각도는 얼마인가?

42. 수소 원자는 원자 이온화에 필요한 $0.54\,\mathrm{eV}$에 해당하는 들뜬 상태에 있다. 이 들뜬 상태의 가능한 최대 궤도각 운동량 값은 얼마인가?

43. 수소의 전자가 $5f$ 상태에 있다. 주어진 축에 대한 각운동량의 가능한 값들을 $\hbar$ 단위로 표기하라.

44. 식 36.3을 36.4에 넣어서 미분항들을 계산하면 본문에서 식 36.4 다음에 제시된 식이 됨을 보여라.

45. 수소 바닥 상태의 지름 확률 밀도를 미분하여 0으로 놓고, 보어 반지름에서 전자를 발견할 확률이 가장 높음을 보여라.

46. 전자 5개를 너비가 L인 무한 네모 우물에 넣는다. 배타 원리에 위배되지 않는 이 계의 최소 에너지를 구하라.

47. 8개의 전자가 자연 진동수가 ω인 조화 진동자의 가장 낮은 에너지 상태에 갇혀 있다. (a) 에너지는 얼마인가? (b) 전자를 질량은 같고 스핀-1인 입자로 바꾸면 에너지는 얼마가 되는가?

48. 나노기술 회사에서 본질적으로 너비가 $2.5\,\mathrm{nm}$인 일차원 무한 네모 우물처럼 작동하는 새로운 양자 기구를 개발하고 있다. 이 기구에서 전체 전자의 에너지가 $25\,\mathrm{eV}$를 넘지 않는 최대 전자 수는 얼마인가?

49. 구리의 전자 배열을 표기하라.

50. 수소의 높은 들뜬 상태($n_1 \gg 1$)에 있는 전자가 $n = n_2$ 상태로 전이한다. 방출되는 광자의 파장이 적외선 영역일 가장 작은 n_2 값은 얼마인가?

51. 납-주석-셀레늄으로 만든 고체 레이저는 $30\,\mathrm{\mu m}$ 파장에서 레이징 전이가 일어난다. 출력이 $2.0\,\mathrm{mW}$이면 매 초 몇 번의 레이징 전이가 일어나는가?

52. 수소에서 $2p$ 상태의 미세 구조 간격은 $50\,\mathrm{\mu eV}$에 불과하다. $2p \rightarrow 1s$ 전이로 방출되는 광자 에너지의 차는 몇 %인가? 이 결과는 수소에서 스핀-궤도 결합이 어려운 이유를 보여 준다.

53. 수소 바닥 상태의 전자를 지름 거리 범위 $r = a_0 \pm 0.1a_0$에서 발

견할 확률을 구하라.

54. 치과 환자에게 사용할 레이저는 2.94 μm 파장에서 400 mJ의
BIO 펄스를 생성한다. 환자가 펄스의 광자 수와 전자기파 스펙트럼의
해당 영역이 무엇인지 걱정하지 않아도 되는가?

55. 태양물리학자들은 원자핵에서 방출된 1.56485 μm 적외선 스펙
트럼선의 제만 갈라짐을 관찰함으로써 흑점의 강한 자기장을 측
정한다. 약 0.27 T의 자기장에서 이 스펙트럼선은 1.56492 μm와
1.56478 μm 파장에 해당하는 두 선으로 나뉜다. 제만 갈라짐으
로 인한 두 준위의 에너지 차이는 얼마인가?

56. 몇 개의 전자가 자연 진동수가 ω인 조화 진동자의 가장 낮은 에
너지 $6.5\hbar\omega$ 상태에 갇혀 있다. (a) 퍼텐셜 우물에 몇 개의 전자
가 있는가? (b) 전자의 에너지 중 가장 높은 값은 얼마인가?

57. 자연 진동수가 ω인 조화 진동자 퍼텐셜에 들어 있는 N개의 전
자는 에너지가 가장 낮은 상태에 있다. N이 (a) 짝수일 때와 (b)
홀수일 때, 에너지가 가장 높은 전자의 에너지를 구하라.

58. 자연 진동수가 ω인 조화 진동자 퍼텐셜에 들어 있는 N개의 전
CH 자는 에너지가 가장 낮은 상태에 있다. N이 (a) 짝수일 때와 (b)
홀수일 때 총에너지를 구하라.

59. 입자가 여러 개 들어 있는 무한 네모 우물이 가능한 에너지가 가
장 낮은 상태에 있다. 그 상태의 에너지는 입자가 하나만 들어 있
는 똑같은 우물의 바닥 상태 에너지 E_1의 19배이다. (a) 우물에
는 몇 개의 입자가 있는가? (b) 에너지가 가장 높은 입자의 에너
지는 얼마인가?

60. 실전 문제 58을 조화 진동자의 퍼텐셜이 아니라 무한 네모 우물
CH 인 경우에 대해 다시 구하라. 답을 바닥 상태 에너지 E_1의 항으
로 표기하라.

61. 수소 원자 내 전자가 $5d$ 상태에 있다. (a) 주양자수 증가 없이
이 전자가 가질 수 있는 최대 추가적인 각운동량과 (b) 각운동량
이 증가한 상태를 구하라.

62. 수소 원자가 F 상태에 있다. (a) 총각운동량의 가능한 크기를 모
두 구하라. (b) 가장 큰 각운동량에서 $\vec{J}$의 주어진 축에 대한 성
분을 구하라.

63. 수소 원자가 $2s$ 상태에 있다. 보어 반지름의 10배 이상인 위치
CH 에서 전자를 발견할 확률을 구하라.

64. 원자의 n번째 껍질에 들어갈 수 있는 최대 전자의 수가 $2n^2$임을
보여라.

65. 식 36.7의 ψ_{2s}에 대한 지름 확률 밀도 $P_2(r)$를 구해서 가장 있
음직한 전자의 위치를 구하라.

66. 식 36.7의 파동 함수 ψ_2를 식 36.4에 넣어서 슈뢰딩거 파동 방정
식이 만족됨을 보이고, 에너지가 식 36.6의 $n=2$인 결과와 같음
을 보여라.

67. (a) 핵전하가 기본 전하 e 대신 Ze인 단전자 원자에 대한 식
36.8을 유도하라. (b) 헬륨, 산소, 납, 우라늄의 단전자 원자에서
이온화 에너지를 구하라.

68. 시력 교정을 위한 엑시머 레이저에 사용되는 이합체는 일반적으
BIO

로 아르곤과 불소를 결합해 형성한 것으로, 들뜬 상태에서만 존
재할 수 있다. 유도 방출을 하면 6.42 eV의 광자가 생성되어 레
이저의 강력한 빔을 형성한다. 그 광자의 파장은 얼마이고, 스펙
트럼의 어디에 해당하는가?

69. 무한 네모 우물에서는 선택 규칙에 따라 n이 홀수인 전이만 허
용된다. 너비 0.200 nm의 무한 네모 우물에서 전자가 $n=4$ 상
태에 있다. (a) 가능한 모든 바닥 상태로의 전이를 나타내는 에너
지 준위 도표를 그려라. $n=4$에서 도달할 수 있는 낮은 에너지
준위에서의 전이도 포함하라. (b) 이들 전이에서 방출되는 가능
한 모든 광자 에너지를 구하라.

70. 너비 1.17 nm인 무한 네모 우물의 높은 들뜬 상태에 전자 하나
가 있는 모음에서, Δn이 홀수인 선택 규칙에 따라 모두 바닥 상
태로 전이한다. (a) 방출되는 가시광선의 파장은 얼마인가? (b)
적외선 방출이 있는가? 있다면 몇 개인가?

71. 식 36.5의 지름 확률 밀도, 식 36.3과 36.1의 규격화된 수소 바닥
CH 상태 파동 함수를 사용하여 전자의 평균 지름 거리 $r_{평균}$을 구하
라. (주의: 확률 밀도가 대칭이 아니므로 평균 지름 거리는 그림
36.3의 가장 있음직한 지름 거리와 다르다.)

72. 실전 문제 71에서 수소의 $2s$ 상태에 있는 전자의 평균 지름 거
CH 리를 구하라.

73. 보어 마그네톤 μ_B 단위의 자기 모멘트 크기와 $\hbar$ 단위의 각운동
량 크기의 비를 g-인자라고 부른다. (a) 원형 보어 궤도에 있는
전자의 고전 궤도 g-인자가 $g_L=1$임을 보여라. (b) 식 36.13에
서 전자 스핀의 g-인자가 $g_S=2$임을 보여라.

74. 그림 36.19는 물리실험실에서 널리 사용하는 헬륨-네온 레이저의
에너지 준위 도표이다. 전류가 흘러서 바닥 상태 위 20.61 eV인
E_1 준위로 들뜨게 된 헬륨들이 충돌하여 네온 원자에게 에너지
를 전달하면, 네온 원자들이 에너지가 20.66 eV인 E_2 준위로 들
뜨게 된다. 그 후 레이징 전이로 원자들이 E_3으로 전이하면서
632.8 nm의 광자를 방출한다. 이 레이저의 최대 효율, 즉 원자를
들뜨게 만들기 위하여 공급한 에너지에 대한 방출되는 에너지의
%를 구하라.

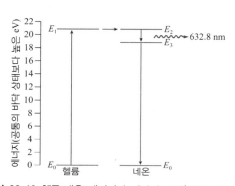

그림 36.19 헬륨-네온 레이저의 에너지 그림(실전 문제 74)

75. 제시된 표를 사용하여 $Z=30$에서부터 $Z=59$까지의 원소에
DATA 대해 원자 번호 대 원자 부피의 그래프를 그려라. 주기율표, 원자

의 전자 구조 및 화학 성질과 관련하여 그 그래프의 구조를 설명하라. (부피는 $10^{-30}\,\mathrm{m}^3$ 단위이다.)

Z	V	Z	V	Z	V
30	7.99	40	26.1	50	11.2
31	12.5	41	20.2	51	8.78
32	6.54	42	18.8	52	6.88
33	4.99	43	17.5	53	5.28
34	3.71	44	16.2	54	4.19
35	2.85	45	12.8	55	95.9
36	2.57	46	12.0	56	51.6
37	70.3	47	11.2	57	49.0
38	37.2	48	10.5	58	46.5
39	28.3	49	17.2	59	44.0

실용 문제

에너지가 충분하면 내부 원자 궤도에서 전자를 탈출시키는 것이 가능하다. 그러면 고에너지 전자는 비점유 상태로 떨어지면서 두 준위 사이의 차와 같은 에너지를 가진 광자를 방출한다. 내부 껍질 전자인 경우에 광자 에너지는 keV 범위이고, 스펙트럼의 엑스선 영역에 해당한다. 이러한 특성 엑스선(characteristic X-ray)은 전자가 떨어지는 껍질을 가리키는 문자와 전자가 떨어져 나온 높은 준위를 가리키는 그리스 문자로 분류된다. 그러므로 $K\alpha$는 L 껍질에서 K 껍질로의 전이를 나타낸다.

특성 엑스선은 과학자와 의사에게는 중요한 진단 도구이다. 환경 과학자는 오염 샘플에 고에너지 전자를 충돌시켜 탈출한 내부 껍질 전자로부터 생성되는 엑스선 스펙트럼을 분석하여 오염 물질을 식별한다(그림 36.20a). 지질학자도 바위로 똑같은 일을 한다. 방사선 전문의는 엑스선이 내부 껍질 전이를 일으킬 뿐만 아니라 내부 껍질 전자를 완전히 탈출시킬 수 있다는 점을 활용하여 그 과정을 반대로 한다. 특히 원소 바륨을 이런 식으로 사용하여 장관의 고대비 엑스선 영상을 얻는다(그림 36.20b).

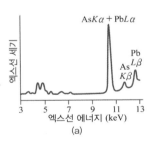

그림 36.20 실용 문제 76~79. (a) 여과기에 붙잡힌 공기 오염물의 엑스선 스펙트럼. 표시된 봉우리는 납(Pb)과 비소(As)의 존재를 나타내는데, 그 근거가 $K\alpha$, $K\beta$, $L\alpha$, $L\beta$ 특성 엑스선이다. (b) 장벽을 엑스선 불투과 바륨으로 발라서 만든 장벽의 엑스선

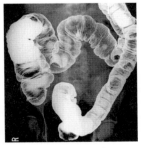

76. 몰리브데넘의 엑스선 스펙트럼은 17.4 keV에서 $K\alpha$ 봉우리를 보인다. 그 엑스선의 파장은
    a. 1 pm에 가장 가깝다.
    b. 100 pm에 가장 가깝다.
    c. 1 nm에 가장 가깝다.
    d. 100 nm에 가장 가깝다.

77. 일반적으로 어떤 원소의 $L\alpha$ 엑스선의 에너지를 $K\alpha$ 엑스선의 에너지와 비교하면 어떤가?
    a. 둘 다 에너지가 낮다.
    b. 에너지가 똑같다.
    c. 둘 다 에너지가 크다.
    d. 원소를 모르므로 알 수 없다.

78. 원소 A와 B의 원자 번호는 각각 Z_A와 $Z_B = 2Z_A$이다. 원소 B의 $K\alpha$ 엑스선 에너지는 원소 A의 엑스선 에너지의 몇 배인가?
    a. $\dfrac{1}{4}$
    b. $\dfrac{1}{2}$
    c. 2
    d. 4

79. 다전자 원자가 오직 하나의 전자만 가지고 있을 때 특성 엑스선의 방출이 발생한다. 따라서 엑스선 에너지를
    a. 보어의 원자 이론으로 아주 정확히 기술할 수 있다고 기대된다.
    b. 슈뢰딩거 방정식에 대한 수소꼴 풀이를 통해서 기술할 수 있다고 기대된다.
    c. 보어의 이론이나 슈뢰딩거 방정식에 대한 수소꼴 풀이로 근사적으로만 기술할 수 있다고 기대된다.

36장 질문에 대한 해답

장 도입 질문에 대한 해답

한 양자 상태에 하나의 전자만 허용되기 때문에 원자가 껍질 구조를 갖게 되고, 가장 바깥 껍질 전자에 따라 원소의 화학적 특성이 결정된다.

확인 문제 해답

36.1 (c)
36.2 (c)
36.3 (d)
36.4 (b)
36.5 $5p \rightarrow 3s$

분자와 고체

학습 목표

이 장을 학습하고 난 후 다음을 할 수 있다.

LO 37.1 다양한 분자 결합 메커니즘들을 정성적으로 기술할 수 있다.

LO 37.2 분자의 회전 및 진동 에너지 준위를 계산할 수 있다.

LO 37.3 전기 전도도의 띠이론을 포함하여 고체의 구조를 기술할 수 있다.

LO 37.4 초전도체를 정성적으로 설명할 수 있다.

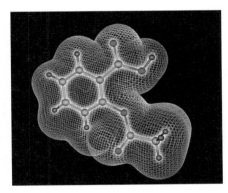

그림의 아스피린처럼 복잡한 분자 구조를 결정하는 방정식은 무엇일까?

원리적으로는 분자나 고체를 이루는 모든 입자들에 슈뢰딩거 방정식을 적용하여 풀 수 있지만, 실제로 가장 간단한 분자 이외에는 쉬운 일이 아니다. 컴퓨터의 계산 능력이 획기적으로 발전하면서 슈뢰딩거 방정식을 토대로 복잡한 분자의 구조 계산이 가능해지고 있다. 그러나 일반물리학 수준에서는 분자나 고체를 정성적으로 공부해도 충분하다.

37.1 분자 결합

LO 37.1 다양한 분자 결합 메커니즘들을 정성적으로 기술할 수 있다.

원자의 분자 결합은 전기력과 양자역학적 효과인 배타 원리와 관련이 있다. 개별 원자가 중성이더라도 원자 안의 전하 분포에 따라 인력 또는 척력이 생길 수 있다. 원자들을 가까이 압착시키면 가장 바깥 껍질 전자의 스핀 상호작용으로 인력 또는 척력이 생긴다. 바깥 껍질이 채워지지 않은 원자는 반대 스핀의 전자와 짝을 이룰수록 에너지가 낮아지므로, 인력으로서 작용한다. 바깥 껍질을 가득 채운 원자는 배타 원리 때문에 전자를 다른 에너지 상태로 분리하려는 척력으로서 작용한다. 원자들이 매우 가까이 다가가면 핵의 전기적 척력이 중요해진다. 결국 인력과 척력의 균형으로 분자의 평형 상태가 결정된다. 에너지 관점에서는 두 개 이상의 원자가 모여서 전자와 핵의 에너지를 최소화시키는 배열을 이룰 때 안정한 분자가 된다(그림 37.1 참조). 이러한 힘과 에너지를 고려하여 모든 분자 배열이 결정되지만, 중요한 상호작용에 따라 분자 결합 구조를 몇 종류로 구분할 수 있다.

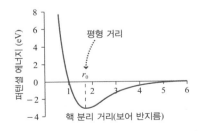

그림 37.1 핵 사이 거리의 함수로 나타낸 수소 원자쌍의 퍼텐셜 에너지

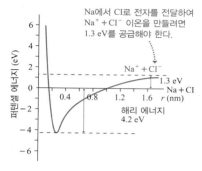

그림 37.2 $Na^+ + Cl^-$ 이온의 퍼텐셜 에너지 곡선. 영에너지는 중성 Na 원자와 Cl 원자의 무한 분리에 해당한다.

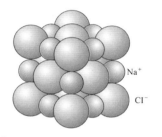

그림 37.3 염화 나트륨 결정은 나트륨과 염소 원자가 정전기력에 의해 결합한 규칙적 배열이다.

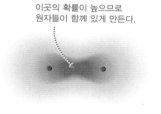

그림 37.4 수소 분자(H_2)의 바닥 상태에서 전자를 발견할 확률 밀도

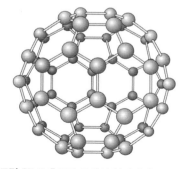

그림 37.5 축구공 모양의 분자인 C_{60}은 60 개의 탄소 원자가 대칭적으로 배열된 것이다. 1980년대에 발견된 C_{60}과 이와 연관 있는 풀러렌은 현재 약물 전달 시스템, 항산화 크림, 윤활제, 화학 촉매, 마이크로 일렉트로닉스 및 수소 동력 차량용 실험용 연료 저장 시스템을 포함한 응용 분야에서 사용된다.

이온 결합

36장에서 배웠듯이, 주기율표의 왼쪽 원소들은 가장 바깥 껍질 전자의 수가 적으므로 이온화 에너지가 낮다. 반면에 주기율표의 오른쪽 원소들은 가장 바깥 껍질을 거의 채워서 전자 친화력이 강하다. 이들 원자를 가까이 모으면 상대적으로 적은 에너지로도 전자가 쉽게 이동할 수 있다. 예를 들면 이온화 에너지가 5.1 eV인 나트륨은 Na^+ 이온을 만드는 데 이만큼의 에너지가 필요하다. 주기율표의 반대편에 있는 염소는 전자 친화력이 강하므로, Cl^- 이온의 에너지는 중성 염소 원자보다 3.8 eV 낮다. 따라서 나트륨의 가장 바깥 껍질 전자가 염소로 이동하는 데 단지 1.3 eV(5.1 eV − 3.8 eV)만 필요하다. 두 이온은 강한 인력이 작용하여 두 핵의 분리 거리가 0.24 nm인 평형 상태에 도달한다. 그 결과 분리 거리가 먼 중성 염소나 나트륨 원자보다 4.2 eV 낮은 에너지를 갖게 된다(그림 37.2 참조). 이 에너지를 **해리 에너지**(dissociation energy)라고 한다.

나트륨-염소의 최소 에너지는 정전기력으로 속박된 이온 구조를 가지므로 **이온 결합**(ionic bonding)이라고 한다. 일반적으로 이온 결합은 결정 고체에서 일어난다. 이온 결합 물질의 구성 요소는 전기적으로 대전되어 있으므로, 그림 37.3처럼 몇 개의 반대 전하들을 결합시키는 규칙적인 결정 구조를 갖는다. 정전기력이 강하므로 이온 고체는 단단하게 속박되어 녹는 점이 높다(NaCl의 경우 801°C이다). 또한 모든 전자가 개별 핵에 속박되므로 자유 전자가 없어서 이온 고체는 전기적으로 절연체이다.

공유 결합

이온 결합에서 각 전자는 단 하나의 이온과 관련된다. 한편 **공유 결합**(covalent bond)에서는 원자들이 전자를 공유하고 있다. 가장 바깥 껍질이 가득 차지 않은 원자의 전자가 반대 스핀과 짝을 이루면서 공유 결합한다. 가장 단순한 예는 수소 분자(H_2)이다. 각 수소 원자가 하나의 $1s$ 전자를 가지므로, 반대 스핀의 두 전자가 $1s$ 껍질을 함께 점유할 수 있다. 두 수소 원자가 결합되면 양자역학적으로 두 핵 사이에서 전자를 발견할 확률이 가장 높은 하나의 궤도를 두 전자가 공유하고 있는 분자 바닥 상태가 예측된다(그림 37.4 참조). 공유 결합의 해리 에너지는 이온 결합처럼 수 eV 정도이다.

공유 결합으로 가장 바깥 껍질 분자 궤도가 가득 찬 분자는 다른 전자를 받아들일 여지가 없다. 예를 들어 세 번째 수소 원자를 H_2에 더할 수 없다. 왜냐하면 바닥 상태의 궤도에 스핀이 반대인 두 전자가 있어서, 배타 원리에 따라 세 번째 전자는 더 높은 에너지 상태로 올라가기 때문이다. 이 상태의 에너지는 H_2 분자나 분리된 H의 에너지보다 높다. 따라서 H_3은 불안정한 분자이다. 이와 같이 가장 바깥 껍질 분자 궤도가 가득 찬 공유 결합 분자는 약하게 상호작용하므로, H_2, CO, N_2, H_2O 같은 흔한 공유 물질은 실온에서 기체나 액체 상태로 존재한다. 또 다른 경우에는 공유 결합으로 결정 구조를 이루기도 한다. 간단한 예는 다이아몬드이다. 각 탄소 원자가 네 개의 이웃한 다른 탄소 원자와 공유 결합하여 순수한 탄소 고체를 만든다. 더 극적인 공유 결합은 탄소 원자 60개로 구성된 축구공 모양의 풀러렌 분자인 C_{60}이다(그림 37.5 참조).

수소 결합

물이 공유 결합이면 왜 고체가 아닐까? 답은 양으로 대전된 수소 핵이 다른 분자의 음전하 영역에 가까이 있으면 발생하는 **수소 결합**(hydrogen bond)에 있다. 얼음에서 물 분자 H_2O 의 양성자가 다른 물 분자의 산소와 수소 결합으로 연결된다. 물 분자 안에서 공유 결합으로 산소가 약간의 음전하를 띠고 수소가 약간의 양전하를 띠므로 수소 결합은 이온 결합이나 공유 결합보다 훨씬 약하다. 전형적인 수소 결합 에너지는 0.1 eV이다. 그러나 복잡한 분자 의 전체 배열을 결정하는 데는 수소 결합이 중요하다. 예를 들어 DNA에서 공유 결합으로 원자를 연결한 긴 사슬이 수소 결합으로 이중 나선형 구조를 이룬다.

판데르발스 결합

20.5절에서 비편극 분자에 유도된 쌍극자 모멘트 사이의 정전기적 상호작용으로 생기는 **판 데르발스 힘**을 배웠다. 밀도가 높은 기체는 분자 사이의 판데르발스 힘 때문에 이상 기체가 아니다. 온도가 떨어지면 약한 판데르발스 힘이 액체와 고체의 분자를 효과적으로 결합하는 인력으로 작용한다. 예를 들어 액체나 고체 산소(O_2) 또는 질소(N_2)는 판데르발스 결합으로 묶여 있다.

금속 결합

금속에서 가장 바깥 껍질 전자는 개별 핵에 속박되지 않고 금속 내를 움직일 수 있다. 금속은 이러한 '전자 기체'로 결합된 양이온의 결정 격자를 형성한다. 자유 전자 때문에 금속의 열전 도도와 전기 전도도는 매우 높다.

> **확인 문제** **37.1** 분자 결합과 연관된 에너지는 일반적으로 (a) 이온 결합, 공유 결합, 수소 결합인 경우에 수 eV이다, (b) 수소 결합인 경우에 10 eV이고 공유 결합과 이온 결합인 경우는 수 eV이다, (c) 공유 결합과 이온 결합인 경우에 수 eV이고 수소 결합인 경우는 1 eV보다 작다.

37.2 분자의 에너지 준위

LO 37.2 분자의 회전 및 진동 에너지 준위를 계산할 수 있다.

분자에서 전기력은 전자와 핵을 하나의 구조로 묶어 준다. 속박된 다른 양자역학계처럼 분자 의 에너지 준위도 양자화된다. 원자처럼 전자 배열에 따라 분자의 에너지 준위가 달라진다 (그림 37.6 참조). 그러나 분자는 원자보다 훨씬 복잡하므로 분자의 에너지 준위의 모습은 사뭇 다르다.

　18장에서 기체의 비열을 완벽하게 기술하려면 개별 분자의 회전 운동과 진동도 고려의 대 상이었다. 그림 18.17을 설명하면서 양자역학에서는 이러한 분자 운동으로 띄엄띄엄한 특정 에너지만 흡수한다고 암시하였다. 이제 분자 에너지를 양자역학적으로 다루면서 전자 배열은 물론 회전 운동과 진동 에너지 상태를 공부해 보자.

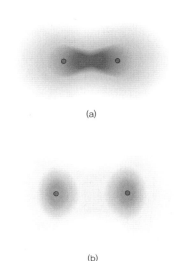

(a)

(b)

그림 37.6 수소 분자의 (a) 바닥 상태와 (b) 첫 번째 들뜬 상태에서 전자의 확률 밀 도. 들뜬 상태에서 핵이 더 멀리 떨어져 있다.

회전 운동 에너지 준위

분자가 회전하면 각운동량의 크기는 식 11.4인 $L = I\omega$이며, I는 회전 관성, ω는 각속력이다. 회전 운동의 각운동량도 36장에서 배운 각운동량의 양자화 조건에 따라 다음과 같다.

$$L = \sqrt{l(l+1)}\,\hbar \tag{37.1}$$

여기서 $l = 0$, 1, 2, 3, ⋯ 이다. 또한 식 10.17인 회전 운동 에너지 $E_{회전} = \frac{1}{2}I\omega^2$도 양자화되어야 한다. $L = I\omega$에서 $\omega = L/I$이므로, 에너지를 다음과 같이 표기할 수 있다.

$$E_{회전} = \frac{1}{2}I\left(\frac{L}{I}\right)^2 = \frac{L^2}{2I}$$

여기서 식 37.1을 넣으면 양자화된 회전 운동 에너지 준위는 다음과 같다.

$$E_{회전} = \frac{\hbar^2}{2I}l(l+1),\ l = 0,\ 1,\ 2,\ 3,\ \cdots \tag{37.2}$$

예제 37.1 **분자의 회전: 분자의 크기 계산**

HCl 분자 기체는 이웃한 회전 에너지 준위 사이의 전이로 생기는 스펙트럼선을 방출한다. 이웃한 두 선 사이의 에너지차는 2.63 meV이다. (a) HCl 분자의 회전 관성을 구하라. (b) 무거운 염소를 고정시키는 어림을 사용하여 회전 관성을 수소 질량과 두 원자핵 사이의 거리로 표기하라. (c) (a)와 (b)의 결과를 이용하여 HCl 핵 사이의 거리를 구하라.

해석 스펙트럼 실험으로 분자의 특성을 구하는 문제이다. 스펙트럼선의 파장이나 에너지를 모르지만, 이웃한 두 스펙트럼선의 에너지차를 안다.

과정 식 37.2의 한 에너지 준위에서 바로 아래의 준위로 분자가 전이할 때 방출되는 광자가 스펙트럼선을 만들므로, 광자 에너지는 다음과 같다.

$$\Delta E_{l \to l-1} = \frac{\hbar^2}{2I}[l(l+1) - (l-1)l] = \frac{\hbar^2 l}{I}$$

이웃한 스펙트럼선은 $l-1 \to l-2$ 전이에서 나오므로 광자 에너지는 $\Delta E_{l-1 \to l-2} = \hbar^2(l-1)/I$이다. 두 스펙트럼선의 에너지차가 2.63 meV이므로 위 식에서 I를 구한다. (b) 중심에 고정된 Cl 주위로 H가 원운동하므로, 식 10.12에서 $I = mR^2$이다. (c)

(a)와 (b)의 결과를 이용하여 I를 핵 사이의 거리 R로 표기한다.

풀이 (a) 이웃한 전이의 에너지차 $\Delta(\Delta E)$는 다음과 같다.

$$\Delta(\Delta E) = \frac{\hbar^2 l}{I} - \frac{\hbar^2(l-1)}{I} = \frac{\hbar^2}{I}$$

이 값이 2.63 meV이므로 meV를 SI 단위인 J로 바꿔서 계산하면 $I = 2.65 \times 10^{-47}\ kg \cdot m^2$을 얻는다. (b) $I = mR^2$이다. (c) I의 값과 표현식에서 핵 사이의 거리는 다음과 같다.

$$R = \sqrt{\frac{I}{m}} = \sqrt{\frac{2.65 \times 10^{-47}\ kg \cdot m^2}{1.67 \times 10^{-27}\ kg}} = 0.126\ nm$$

여기서 수소 질량 m은 양성자 질량으로 어림하였다.

검증 핵 사이의 거리가 고립된 수소 원자보다 약간 크므로 적절한 값이다. 다만, 염소를 중심에 고정시키고, 분자 진동의 양자역학적 바닥 상태 에너지를 무시하였으므로 이 값은 어림이다. 분자 진동은 분자를 늘인다. 크기가 약간 커진 셈이다. 작은 l에 대한 광자에너지는 2.63 meV 정도로 파장은 약 0.5 mm이다. 이것은 마이크로파 영역으로 원자의 전이에서 보았던 것보다 에너지가 낮고 파장이 길다.

그림 37.7 극솟점 근처에서 분자의 퍼텐셜 에너지 곡선은 포물선이다.

포물선으로 어림한 곡선은⋯
⋯단순 조화 운동을 일으킨다.
원자 분리 거리

진동 에너지 준위

분자의 평형 배열은 분자의 퍼텐셜 에너지 곡선의 극소에 해당한다. 극소 위치 근처에서 에너지 곡선의 적절한 어림은 포물선이다(그림 37.7 참조). 13장에서 포물선 에너지 곡선은 단순 조화 운동에 해당하였고, 35장에서는 조화 진동자의 슈뢰딩거 방정식에 포물선 에너지 곡선을 이용하였다. 따라서 양자화된 진동 에너지 준위를 다음과 같이 표기할 수 있다.

$$E_{진동} = \left(n + \frac{1}{2}\right)\hbar\omega \tag{37.3}$$

여기서 주양자수는 $n = 0, 1, 2, 3, \cdots$ 이고, ω는 분자의 고전 조화 진동의 자연 진동수이다. 조화 진동자의 선택 규칙은 $\Delta n = \pm 1$이므로, 진동 에너지 준위에서 허용된 전이로 방출 또는 흡수되는 광자의 에너지는 $\hbar \omega$이다(실제로는 포물선 어림은 작은 진폭의 진동에만 잘 맞으므로 선택 규칙 $\Delta n = \pm 1$을 이들 상태에만 적용할 수 있다). 이원자 분자에서 ω의 값은 10^{14} s^{-1} 정도의 크기로 스펙트럼의 적외선 영역에 해당한다. 따라서 적외선 분광기로 분자의 진동을 연구한다.

35장에서 배웠듯이, 양자 조화 진동자의 최소 에너지인 바닥 상태 에너지는 $E_0 = \frac{1}{2}\hbar\omega$이다. 따라서 회전 운동 에너지는 식 37.2에 의해서 0이 될 수 있지만, 분자의 진동 에너지는 0이 될 수 없다.

예제 37.2 | **분자 에너지: 회전과 진동 에너지** · 응용 문제가 있는 예제

진동 바닥 상태에 있는 HCl 분자의 고전 진동수는 $f = 8.66 \times 10^{13}$ Hz이다. 만약 회전 에너지와 진동 에너지가 거의 같으면, 회전 양자수와 각운동량은 얼마인가?

해석 진동과 회전에 관련된 에너지를 비교하는 문제이다. 진동 에너지(바닥 상태, $n=0$)에서 회전 상태를 알아야 한다.

과정 식의 37.3, $E_{진동} = (n + \frac{1}{2})\hbar\omega$에서 $n=0$이면 바닥 상태 진동 에너지는 $E_{진동} = \frac{1}{2}\hbar\omega = \frac{1}{2}hf$이며, $\hbar = h/2\pi$ 및 $\omega = 2\pi f$이다. 이 값을 식 37.2의 $E_{회전} = (\hbar^2/2I)l(l+1)$과 같게 놓고 $l(l+1)$을 구한 다음에 식 37.1에서 각운동량을 구한다.

풀이 진동 에너지와 회전 에너지를 같게 놓으면,

$$\frac{\hbar^2}{2I}l(l+1) = \frac{1}{2}\hbar\omega = \hbar\pi f$$

이다. 여기서 $\omega = 2\pi f$이다. 예제 37.1에서 $I = 2.65 \times 10^{-47}$ kg·m^{2}이고 $l(l+1) = 2\pi f I/\hbar = 137$이다. 이차식 $l(l+1) = 137$의 해로 양의 정수에 가장 가까운 값은 $l = 11$이다. (l은 정수이고 회전 에너지와 진동 에너지가 거의 같다고 했음을 기억하라.) 식 37.1, $L = \sqrt{l(l+1)}\,\hbar$는 다음과 같다.

$$L = \sqrt{11(11+1)}\,\hbar = 1.21 \times 10^{-33} \text{ J·s}$$

검증 이 결과는 바닥 진동 상태와 같은 에너지가 되려면 비교적 높은 회전 양자 상태가 되어야 함을 보여 준다. 이것은 인접한 회전 양자 상태의 전이에서 마이크로파가 방출되는 반면, 진동 상태의 전이에는 적외선이 방출되는 것과 일맥상통한다.

분자 스펙트럼

진동 양자수 n과 회전 양자수 l의 분자는 선택 규칙 $\Delta n = \pm 1$과 $\Delta l = \pm 1$에 따라 전이한다. 분자가 회전하지 않으면 분자 스펙트럼은 고전 진동수 위치에 하나의 스펙트럼선만 생긴다. 그러나 각각의 진동 준위에는 무한대의 회전 상태들이 들어 있다. 따라서 분자의 에너지 준위 도표는 그림 37.8과 같다. 전형적인 온도에서는 바닥과 첫 번째 진동 준위만 고려하여도 그림 37.8처럼 서로 다른 전이가 가능하여 스펙트럼선이 다양해진다. 그림 37.9는 고분해능 적외선 분광계로 개별 스펙트럼선을 분해하여 측정한 HCl 분자의 스펙트럼선이다. 분해능이 낮으면 개별 스펙트럼선이 모이면서 흐려져서 넓은 띠 모양이 된다. 이 때문에 적외선 복사에서 분자의 효과를 기술할 때 적외선 흡수띠를 자주 언급한다. 예를 들어 대기 중 수증기와 이산화탄소의 흡수띠는 지구 복사 중 적외선의 탈출을 막으므로 16장에서 기술한 지구 온난화를 일으킨다. 그림 37.10은 온실효과의 가장 큰 원인이 되는 분자 흡수띠의 일부를 보여 준다.

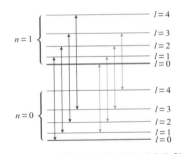

그림 37.8 이원자 분자의 바닥 상태와 첫 번째 진동 들뜬 상태의 에너지 준위 도표. 각각의 n 상태에 무한개의 회전 상태 중 처음의 네 상태가 그려져 있다.

확인 문제 **37.2** 분자 구조를 마이크로파로 연구하는 과학자가 가장 관심 있어 하는 분자 에너지는 무엇인가?

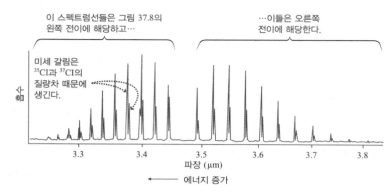

이 스펙트럼선들은 그림 37.8의 왼쪽 전이에 해당하고…

…이들은 오른쪽 전이에 해당한다.

미세 갈림은 ^{35}Cl과 ^{37}Cl의 질량차 때문에 생긴다.

흡수

파장 (μm)

← 에너지 증가

그림 37.9 $n=1$과 $n=0$ 진동 상태 사이의 전이에서 나온 HCl의 흡수 스펙트럼

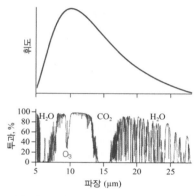

휘도

투과, %

H₂O CO₂ H₂O

O₃

파장 (μm)

그림 37.10 위 그래프는 지구의 평균 표면 온도 288 K에서 흑체의 휘도를 나타낸 것으로, 파장이 5 μm에서 25 μm 사이인 적외선이 대부분이다. 아래 그래프는 같은 범위에서 지구 대기의 투과도로 수증기, 이산화탄소, 오존의 흡수 효과를 보여 준다. 투과가 낮은 곳에서 대기는 나가는 적외선을 흡수한다. 이 흡수가 온실효과와 지구 온난화에 기여한다.

37.3 고체

LO 37.3 전기 전도도의 띠이론을 포함하여 고체의 구조를 기술할 수 있다.

상대적으로 적은 수의 원자는 분자로 결합되고, 많은 수의 원자는 고체를 형성한다. 가장 낮은 에너지 상태에서 고체 원자는 규칙적이고 반복적인 형태로 배열되어 **결정**(crystalline)을 이룬다. 종종 고체는 그 원자들이 결정 구조를 이루지 못하는데 이러한 고체를 **비정질**(amorphous)이라고 한다. 유리는 대표적인 비정질 고체이다. 비정질 고체는 근원적인 무질서 상태 때문에 분석의 어려움이 있으므로, 여기서는 결정 고체에만 집중한다.

결정 구조

결정 고체의 상징은 원자의 규칙적 배열이다. 결정 고체를 잘 조사해 보면 그림 37.11과 같은 기본 단위가 규칙적으로 배열된다. 이러한 기본 배열을 **단위 세포**(unit cell)라고 한다. 결정 고체에 따라 그림 37.11a, c처럼 단위 세포가 다르다. 경우에 따라서는 고체가 형성되는 조건에 따라 같은 물질도 다른 결정 구조를 가질 수 있다. 즉 탄소 결정 고체인 다이아몬드와 흑연은 전혀 다른 결정 구조를 가진다.

개별 분자와 마찬가지로 원자의 분리 거리 같은 결정 고체의 특성은 인력과 척력의 균형으

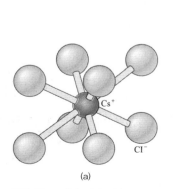

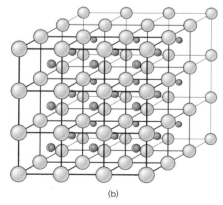

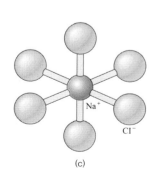

(a) Cs⁺ Cl⁻

(b)

(c) Na⁺ Cl⁻

그림 37.11 (a) 염화 세슘의 단위 세포는 하나의 세슘을 둘러싸는 여덟 개의 염소 이온으로 구성된다. (b) 염화 세슘 결정은 단위 세포의 주기적 배열이다. (c) 염화 나트륨은 다르다. 나트륨 이온을 여섯 개의 이웃한 염소 이온이 둘러싸고 있다.

로 결정된다. 그러나 개별 원자가 결정 내 여러 다른 원자들의 힘을 받으므로 상황은 훨씬 복잡하다. 이온 결합에서는 쿨롱 법칙으로 기술하는 전기적 인력과 척력이 작용하므로, 이온 결정을 수학적으로 다루기가 쉽다.

이온 결정에서 개별 이온을 점전하로 어림하고, 그림 37.11c의 NaCl 구조를 생각해 보자. 각 나트륨 이온은 여섯 개의 염소 이온들이 거리 r로 이웃하고 있다. 각 염소 음이온의 퍼텐셜 안에서 나트륨 양이온의 퍼텐셜 에너지는 $-ke^2/r$이므로, 이웃한 여섯 개 염소 이온에 의한 퍼텐셜 에너지는 $-6ke^2/r$이며, 음의 부호는 인력을 뜻한다. 다음으로는 12개의 나트륨 이온이 거리 $\sqrt{2}\,r$로 이웃하므로, 척력을 작용하고 퍼텐셜 에너지는 $+12ke^2/\sqrt{2}\,r$이다. 또한 그 다음 거리 $\sqrt{3}\,r$에는 8개의 염소 이온이 이웃하므로 $-8ke^2/\sqrt{3}\,r$이다. 따라서 나트륨 이온의 정전기 퍼텐셜 에너지를 $U_1 = -\alpha(ke^2/r)$로 표기할 수 있다. 여기서 $\alpha = 6 - 12/\sqrt{2} + 8/\sqrt{3} - \cdots$는 **마델룽 상수**(Madelung constant)이다. 먼 이온의 효과도 결정 내 이온의 에너지를 결정하는 데 중요하므로 α를 계산할 때 많은 항을 포함해서 계산해야 한다. NaCl 구조에서 α는 약 1.748이다.

이온들이 더 가까이 있게 되면 37.1절처럼 배타 원리에 의한 척력 효과가 생긴다. 이러한 척력 효과는 $U_2 = A/r^n$ 형태의 퍼텐셜 에너지로 어림할 수 있으므로, 결정 고체에서 이온의 전체 퍼텐셜 에너지를 다음과 같이 표기할 수 있다.

$$U = U_1 + U_2 = -\alpha \frac{ke^2}{r} + \frac{A}{r^n}$$

여기서 A와 n은 상수이다. 평형에서는 그림 37.12처럼 퍼텐셜 에너지가 최소이므로 이온에 작용하는 알짜힘은 0이다. 즉 퍼텐셜 에너지의 r에 대한 일계 도함수 dU/dr를 0으로 놓으면 평형 분리 거리 r_0을 구할 수 있다.

$$0 = \frac{\alpha ke^2}{r_0^2} - \frac{nA}{r_0^{n+1}}$$

이 식에서 $A = \alpha ke^2 r_0^{n-1}/n$이므로, 전체 퍼텐셜 에너지는 다음과 같다.

$$U = -\alpha \frac{ke^2}{r_0}\left[\frac{r_0}{r} - \frac{1}{n}\left(\frac{r_0}{r}\right)^n\right] \tag{37.4}$$

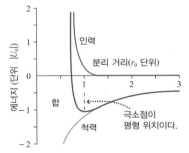

그림 37.12 이온 결정의 퍼텐셜 에너지 함수는 인력과 척력 함수의 합이다.

평형 분리 거리 r_0에서의 U값을 U_0이라고 하며, 이를 **이온 응집 에너지**(ionic cohesive energy)라고 한다. U_0의 크기는 결정에서 이온을 제거할 때 필요한 에너지이다. kcal/mol로 표기하는 응집 에너지는 전체 결정을 구성 이온으로 분리하는 데 필요한 몰당 에너지이다 (연습 문제 17 참조).

예제 37.3 **고체의 퍼텐셜 에너지: NaCl 결정** 　　　　　응용 문제가 있는 예제

NaCl의 이온 응집 에너지는 -7.84 eV이며, 평형 분리 거리는 0.282 nm이다(연습 문제 16 참조). 이 값과 마델룽 상수 $\alpha = 1.748$을 이용하여 NaCl에 대한 식 37.4의 n을 구하라.

해석 결정의 퍼텐셜 에너지에 관한 값 중에서 하나의 미지수 n을 구하는 문제이다.

과정 퍼텐셜 에너지 U에 관한 식 37.4는 n이 두 군데 있어서 복잡해 보인다. 이온 응집 에너지 U_0은 $r = r_0$인 U의 값이므로 $r_0/r = 1$에서 $1^n = 1$이다. 즉 지수 n은 사라진다. $r = r_0$에서 $U = U_0$이므로, 식 37.4를 다음과 같이 표기할 수 있다.

$$U_0 = -\alpha \frac{ke^2}{r_0}\left(1 - \frac{1}{n}\right)$$

풀이 위 식에서 n을 구하면

$$n = \left(1 + \frac{U_0 r_0}{\alpha k e^2}\right)^{-1} = 8.22$$

이다. 여기서 k는 쿨롱 상수이고, e는 기본 전하이다.

검증 답을 검증해 보자. n값이 크므로 NaCl 결정을 압축하기 어렵다. 실전 문제 46에서 척력을 계산한다.

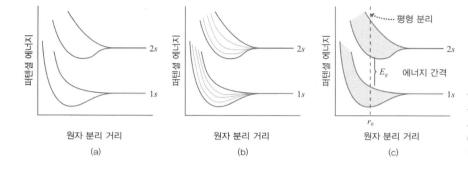

그림 37.13 (a) 가깝게 모은 한 쌍의 원자에서 $1s$와 $2s$ 상태의 에너지 준위, (b) 다섯 개의 원자를 모으면 각 준위가 5개의 미세 준위로 갈라진다, (c) 결정 고체에서 원자의 수가 매우 많으므로 에너지 간격으로 분리된 연속 띠로 나타난다.

띠이론

10^{23}개의 원자를 포함한 고체의 양자역학적 분석은 불가능해 보인다. 그러나 결정 고체의 규칙성 때문에 쉽지는 않지만 적어도 수학적으로는 다룰 수 있다. 고체의 물리적 규칙성이 수학적으로 파동 함수에 반영된 결과가 평형 상태에서 파동 함수의 주기성이다. 이 때문에 서로 다른 단위 구성의 동등한 점들이 물리적으로 동일한 특성을 갖게 된다.

여기서는 결정에 대한 슈뢰딩거 방정식을 풀지도 않고 해도 표기하지 않고, 이들 해의 특징이 무엇인지만 알아본다. 처음에는 멀리 분리되어 있는 동일한 두 원자를 가까이 모아 보자. 원자가 멀리 분리되어 있을 때는 각 원자를 동일한 파동 함수와 에너지 준위로 똑같이 기술할 수 있다. 예를 들면 각 원자에서 같은 전자 상태는 같은 에너지를 갖는다. 그러나 원자를 가까이 모으면 각자의 파동 함수가 겹쳐서 전체 계를 특징짓는 하나의 파동 함수가 된다. 배타 원리 때문에 멀리 떨어져 있을 때는 동일한 상태에 있었던 두 전자도 더이상 같은 상태에 있을 수 없다. 이 효과는 원래 같았던 에너지 준위가 그림 37.13a처럼 갈라지는 것으로 나타난다. 더 많은 원자들이 가까이 모이면 그림 37.13b처럼 더 미세하게 갈라진다. 결정 고체에는 수많은 원자들이 있으므로, 미세하게 갈라진 준위는 그림 37.13c처럼 허용된 에너지의 연속적 **띠**(band)처럼 나타난다. 이때 생긴 띠의 간격을 **띠간격**(band gap)이라고 한다. 고체의 전자는 위쪽이나 아래쪽 띠 사이의 어떤 에너지도 가질 수 있지만 띠간격에 해당하는 에너지를 가질 수 없다. 즉 에너지 준위가 띠로 넓어진 것만 제외하면 단일 원자에 허용된 에너지가 띄엄띄엄한 것과 마찬가지이다.

그림 37.13c에서 r_0으로 표시한 평형 상태나 근처에서는 고체의 에너지 준위를 그림 37.14로 도표화할 수 있다.

도체, 절연체, 반도체

그림 37.13에 나타낸 갈라짐과 이동으로 띠가 겹칠 수도 있다. 그림 37.15는 나트륨의 띠구조로 $3s$와 $3p$ 띠가 겹쳐 있다. 그림에서 전자가 점유한 띠 중 에너지가 가장 높은 $3s/3p$ 띠에는 전자가 완전히 채워져 있지 않기 때문에 이 띠의 윗부분은 전자가 없는 상태이다.

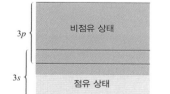

그림 37.14 그림 37.13c의 평형 분리에 대한 에너지 준위 도표

그림 37.15 금속 나트륨의 띠구조. 회색 부분은 점유한 상태, 색칠한 부분은 비점유 상태이다. 그림에 없는 $3s$ 이하는 내부 전자에 해당하며 에너지 준위가 중요하지 않다.

원자의 전자 구조를 결정하는 방법과 마찬가지로 배타 원리와 함께 전자를 가장 낮은 에너지 준위부터 채워 나가면서 고체의 허용된 에너지 준위를 점유할 수 있다. 나트륨 같은 물질에서는 점유된 가장 높은 에너지띠는 부분적으로만 채워진다. 그러나 그림 37.16과 같은 물질에서는 점유된 가장 높은 에너지띠는 완전히 채워진다.

그림 37.15와 37.16은 도체와 절연체의 근본적인 차이를 보여 준다. 도체는 전기장에 따라 전하가 자유롭게 이동할 수 있는 물질이다. 이것은 고전적으로는 아무 문제가 없다. 전기장을 가하면 자유로운 전자는 가속되어 에너지를 얻기 때문이다. 그러나 양자역학적으로는 높은 에너지 준위로 전자가 이동해야만 에너지를 얻을 수 있다. 즉 점유되지 않은 높은 에너지 준위가 필요하다.

나트륨의 3s 에너지 준위에는 두 개의 전자가 들어갈 수 있지만 하나의 전자가 들어 있다. N개의 나트륨 원자로 결정을 만들면 2N개의 전자가 점유할 수 있는 3s 에너지 준위에 N개의 전자만 들어가게 된다. 즉 그림 37.15처럼 3s 에너지띠가 절반만 채워져 있어서 점유한 띠의 윗부분에 에너지가 약간 높은 비점유 상태가 생긴다. 따라서 전기장은 전자를 비점유 상태로 올리기가 쉽다. 이 때문에 나트륨이 전기적으로 도체가 된다.

반면에 그림 37.16과 같은 물질에서는 아래 띠가 완전히 점유되어 있고 다음으로 높은 띠는 완전히 비어 있다. 채워진 띠에 있는 전자는 띠간격을 뛰어넘을 충분한 에너지가 아니면 에너지를 얻을 수 없다. 합리적인 크기의 전기장으로는 충분한 에너지를 얻을 수 없으므로 전자는 채워진 띠에 갇히게 된다. 따라서 물질은 절연체가 된다.

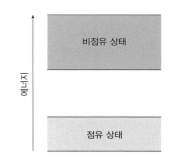

그림 37.16 절연체의 띠구조

금속 도체

24장에서 고전물리학으로는 금속 도체에서 전도도의 온도 의존성을 자세히 설명할 수 없었다. 양자역학적으로 금속의 전도 전자는 35.4절의 삼차원 상자에 갇힌 전자와 같다. 전도 전자는 금속 안에서 자유롭게 움직일 수 있지만 금속을 떠날 수 없다. 전자에 허용된 단위 간격당 상태수는 에너지에 따라 증가한다. 삼차원 상자의 처음 약간의 상태를 나타낸 그림 35.17에서 이러한 경향을 알 수 있다. 이것을 계산하지 않겠지만, 그 결과는 다음과 같이 주어진다.

$$g(E) = \left(\frac{2^{7/2}\pi m^{3/2}}{h^3} \right)\sqrt{E} \tag{37.5}$$

여기서 m은 전자의 질량, $g(E)$는 에너지 E를 중심으로 단위 부피, 단위 간격당 상태수인 **상태 밀도**(density of state)이다.

절대 영도에서 전자는 배타 원리에 따라 가장 낮은 허용된 상태부터 채우기 시작한다. 절대 영도에서 채워진 가장 높은 상태의 에너지를 **페르미 에너지**(Fermi energy) E_F라고 한다. 온도 $T = 0$에서 페르미 에너지 아래의 상태는 모두 채워져 있고, 위의 상태는 모두 비워져 있다(그림 37.17a 참조).

$T > 0$이면 열에너지가 있어서 전자가 페르미 에너지 위의 준위로 올라가면서 그림 37.17b처럼 E_F 준위가 비게 된다. 대부분 금속의 페르미 에너지는 약 $1 \sim 10$ eV로 보통 온도의 열에너지(실온에서 0.025 eV이다) 보다 수백 배 이상이다. 따라서 전자 분포는 약간만 변하고, 페르미 에너지 근처의 전자가 온도에 관계없이 사실상 모든 전류를 책임지는 전하 운반자가 된다. 전자의 평균 속력은 고전적 열속력과는 많이 다르므로(실전 문제 50 참조), 금속 전기 전도도의 온도 의존성은 고전적 예측과 상당히 달라진다.

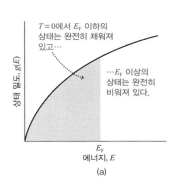

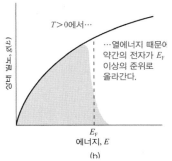

그림 37.17 식 37.5의 상태 밀도. 회색 영역은 점유한 에너지 준위를 나타낸다. (a) $T = 0$, (b) $T > 0$

확인 문제 37.3 그림 37.17은 모두 같은 금속에 대한 그림이다. 색칠한 부분을 비교하라. (a) 왼쪽 면적이 더 크다, (b) 오른쪽 면적이 더 크다, (c) 면적은 같다. 답에 대해 설명하라.

반도체

24장에서 현대 전자 시대의 핵심인 반도체를 고전적으로 설명하였다. 여기서는 띠이론을 활용하여 반도체를 양자역학적으로 설명한다.

절연체의 띠그림인 그림 37.16은 절대 영도에서만 옳다. 점유된 가장 높은 띠인 **원자가띠**(valence band)는 완전히 채워져 있고, 그 위의 **전도띠**(conduction band)는 완전히 비워져 있다. 절대 영도 이상의 온도에서는 마구잡이 전자가 가끔 충분한 에너지를 받아서 띠간격을 뛰어 넘어 전도띠로 올라갈 수 있다. 가까이 있는 빈 상태들을 많이 가지고 있는 전도띠는 전기장에 자유롭게 반응한다. 띠간격이 수 eV인 좋은 절연체에는 이런 효과가 거의 없다. 그러나 실리콘이나 게르마늄 같은 물질에서는 띠간격이 1 eV 정도이므로(표 37.1 참조), 실온에서도 금속 도체보다 전기 전도도가 훨씬 적지만, 열적 들뜸으로 전자가 전도띠로 올라가서 전기를 전도할 수 있다. 이런 물질을 **반도체**(semiconductor)라고 한다. 그림 37.18은 도체, 절연체, 반도체의 띠그림을 비교한 것이다.

24장에서 적은 양의 불순물을 첨가하면 반도체의 전기적 특성이 완전히 달라지는 현상을 배웠다. 띠이론으로 보면, 인과 같은 첨가물은 5개의 원자가 전자가 있어서 전도띠 바로 아래에 **주개 준위**(donor level)를 만든다(그림 37.19a 참조). 주개 준위에 있는 전자는 열에너지만으로도 쉽게 전도띠로 올라가서 전도도를 증가시킨다. 이때 다수 전하 운반자가 전자이므로 이 물질을 **N형 반도체**라고 한다. 반면에 보론 같은 첨가물은 그림 37.19b처럼 원자가띠 바로 위에 **받개 준위**(acceptor level)를 만든다. 이때 받개 준위로 전자가 올라가면서 **양공**을 남겨서 양의 전하 운반자가 생기므로 이 물질을 **P형 반도체**라고 한다.

24장에서 P형 반도체와 N형 반도체의 접합이 한 방향으로만 전류를 흐르게 만드는 현상을 고전적으로 설명하였다. 그리고 모든 현대 전자공학의 핵심인 트랜지스터의 동작 원리를 설명하였다. 띠구조로도 PN 접합을 설명할 수 있다. 그림 24.11에서 전자와 양공이 PN 접합을 가로질러 퍼지면서 전하 운반자의 접합 영역을 고갈시켜서 나쁜 전도체가 되는 현상을 배웠다. 전자의 퍼짐은 접합의 P형 쪽에 알짜 음전하를 만들고, 양공의 퍼짐은 N형 쪽에 양전하를 만든다. 이러한 전하 분리로 N형에서 P형 쪽으로 그림 37.20a처럼 전기장이 형성된다. 이 전기장은 더 이상의 전하 퍼짐을 막아서 접합을 가로지르는 알짜 전하 흐름이 없는 평형 상태에 도달하게 된다. 전하가 전기장을 따라 이동하므로 P형 영역으로 퍼진 전자는 N형 영역에 남은 전자의 퍼텐셜 에너지보다 더 높은 퍼텐셜 에너지를 갖게 된다(전자가 음전하이므로 전기장과 같은 방향으로 움직이면 퍼텐셜 에너지가 증가한다). 결국 PN 접합에서 전자의 띠구조는 그림 37.20b와 같다.

PN 접합의 P형 쪽에 전지의 양단자를 연결하였다고 하자. 이러한 조건을 **순방향 바이어스**(forward bias)라고 한다. 그 효과는 P형 물질을 조금 덜 음으로, N형 물질을 조금 덜 양으로 만들기 때문에 전기장이 약해져서 두 영역을 분리하는 퍼텐셜 언덕이 낮아진다(그림

표 37.1 여러 반도체의 띠간격 에너지 (300 K)

반도체	띠간격 에너지(eV)
Si	1.14
Ge	0.67
InAs	0.35
InP	1.35
GaP	2.26
GaAs	1.43
CdS	2.42
CdSe	1.74
ZnO	3.2
ZnS	3.6

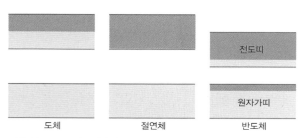

그림 37.18 도체, 절연체, 반도체의 띠구조. 회색 부분은 점유 상태이다.

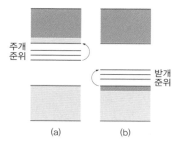

그림 37.19 도핑한 반도체의 띠구조. (a) N형, (b) P형

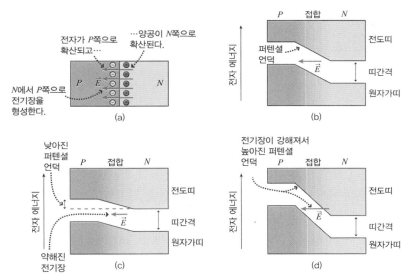

그림 37.20 무바이어스 PN 접합의 (a) 물리적 환경과 (b) 띠구조 (c) 순방향과 (d) 역방향 바이어스 접합의 띠구조

37.20c 참조). 따라서 전자가 N형 쪽에서 P형 쪽으로, 양공인 경우에는 P형 쪽에서 N형 쪽으로 이동하기가 쉬워진다. 즉 P형 쪽에서 N형 쪽으로 전류가 흘러서 순방향 바이어스 PN 접합은 좋은 도체가 된다. 반면에 전지의 양단자를 N형 쪽에 연결하면 내부 전기장이 강해져서 퍼텐셜 언덕이 올라가고, 전하가 접합을 가로질러 움직이기가 어려워진다(그림 37.20d 참조). 즉 **역방향 바이어스**(reverse bias) PN 접합은 나쁜 도체가 된다.

많은 전자와 양공이 순방향 바이어스 접합을 가로지르면서 다수가 재결합한다. 즉 전도띠에서 원자가띠로 떨어지면서 에너지를 방출한다. LED(발광 다이오드)와 다이오드 레이저에서 띠간격 에너지에 가까운 에너지를 가진 광자가 방출된다. $E = hf$이므로 띠간격에 따라 진동수, 즉 파장과 빛깔이 달라진다. 32장에서 공부한 것처럼 넓은 띠간격의 반도체 레이저의 개발로 CD에서 DVD, HD-DVD, BD로 발전해 왔다. 반면에 가시광선의 광자 에너지에 해당하는 띠간격을 지닌 물질은 작은 에너지를 흡수하여 전도띠로 전자를 올려 보내므로 외부 회로에 전류가 흐르게 만든다. 가정과 대규모 태양광 발전소(그림 37.21)에서 그러한 **광기전력 전지**(photovoltaic cell)로 점점 더 많은 전기가 생산되고 있다.

그림 37.21 캘리포니아의 Desert Sunlight 광기전력 설비는 최대 전력 550 MW로 세계 최대 규모 중 하나이다. Desert Sunlight는 2015년부터 가동되었다.

개념 예제 37.1 **CD에서 BD까지: 띠간격 공학**

디스크를 '읽는' 레이저 광선의 파장과 연관된 회절 효과 때문에 CD, DVD, BD에 저장되는 정보량에 한계가 있다(32장의 응용물리 '디스크와 영화' 참조). 광드라이브에 사용되는 레이저는 반도체 레이저이고 그 파장은 반도체의 띠간격으로 정해진다. CD와 BD를 읽는 데 사용되는 레이저의 띠간격을 비교하라.

풀이 CD는 74분 길이의 음악을 저장하지만 물리적으로 같은 크기의 BD는 서너 시간 길이의 고품질 비디오를 저장한다. 그래서 더 작은 크기로 BD 자료를 저장하고, 그 자료를 '읽기' 위해서는 더 짧은 파장이 필요하다. $E = hf = hc/\lambda$이므로 광자 에너지가 더 높아야 하고, 따라서 띠간격도 더 커야 한다.

검증 관련 문제에 따르면 BD 레이저의 띠간격은 CD 레이저 띠간격의 거의 두 배이다. 사실 BD의 B는 사용된 청색(blue) 파장에서 나온 것이다. 다층 저장과 더 나은 압축 알고리즘도 BD의 엄청나게 큰 용량에 기여한다.

관련 문제 CD, DVD, BD를 '읽는' 레이저는 각각 780 nm, 650 nm, 405 nm에서 작동한다. 해당 띠간격을 구하라.

풀이 광자 양자화 에너지 $E = hf = hc/\lambda$로부터 광자 에너지를 구하면 필요로 하는 CD, DVD, BD의 띠간격은 각각 1.59 eV, 1.91 eV, 3.07 eV이다.

37.4 초전도성

LO 37.4 초전도체를 정성적으로 설명할 수 있다.

24장에서 저온에서 어떤 물질의 전기 저항이 완전히 사라지는 **초전도성**을 소개하였다. 1911년 처음으로 수은에서 발견된 후 반세기 이상 극히 한정된 물질과 합금에서만 약 20 K의 극저온에서 초전도 현상이 나타났으나, 1986년에 약 100 K의 **전이 온도**에서 초전도체가 되는 금속 산화물이 발견되면서 새로운 초전도 시대를 맞게 되었다. 현재는 최고 전이 온도가 200 K를 넘어서고 있다. 실온에서 초전도체가 되는 시기도 얼마 남지 않았다고 본다.

초전도체의 응용은 MRI 장치의 고자기장 전자석, 입자 가속기, 물질 분리기, 자동차와 선박의 전동기, 휴대 전화 기지국의 고성능 필터, 뇌파 영상 장치의 자기장 센서, 대도시의 지하 송전선, AC 송전에서 전력인자를 최적화하는 동시 축전기(28.5절 참조) 등 수없이 많다. 또한 초전도 전기 소자로 컴퓨터의 성능이 획기적으로 향상될 것이며, 자기부상 수송 수단으로 지하에서도 500 km/h로 달릴 수 있다(37.4절의 응용물리 '자기부상' 참조).

초전도체와 자성

초전도체에는 획기적 특징인 전기 저항이 없다는 것 이외에 내부에서 자기 다발을 몰아내는 **마이스너 효과**(Meissner effect)가 있다(그림 37.22 참조). 그림 37.22c처럼 초전도체의 전류가 자체 자기장을 만들어서 물질 내의 자기장을 정확히 상쇄시키기 때문이다. 27.6절에서 배웠듯이 초전도체는 자기 다발을 몰아내면서 완벽한 반자성이 된다. 그림 27.34의 자기부상은 자석과 초전도체 전류 사이의 척력으로 초전도체가 떠오르는 마이스너 효과이다.

외부 자기장이 증가하면 초전도체의 전류와 자기장도 증가한다. 그러나 **임계장**(critical field) 이상에서는 외부 자기장이 초전도 상태를 교란시켜서 초전도체가 더 이상 자기 다발을 몰아내지 못한다. 임계장에서 초전도성이 갑자기 사라지는 초전도체를 **일종 초전도체**(type I superconductor)(그림 37.23a 참조), 상한 및 하한 임계장이 있어서 초전도성이 서서히 사라지는 초전도체를 **이종 초전도체**(type II superconductor)라고 한다(그림 37.23b 참조). 저임계장에서 이종 초전도체에 자기 다발이 침투하기 시작하여 자기장선을 중심으로 비초전도성 구역이 형성된다. 자기장이 증가하면 비초전도성 구역이 증가하다가 상임계장에서 초전도

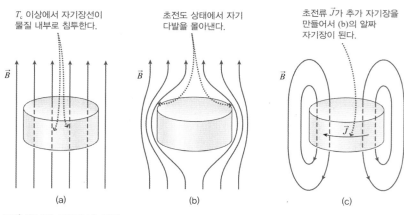

T_c 이상에서 자기장선이 물질 내부로 침투한다.

초전도 상태에서 자기 다발을 몰아낸다.

초전류 $\vec{J}$가 추가 자기장을 만들어서 (b)의 알짜 자기장이 된다.

(a)　　　　(b)　　　　(c)

그림 37.22 마이스너 효과

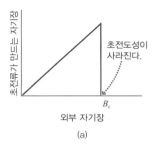
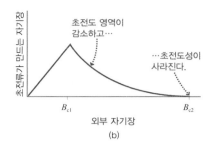

그림 37.23 (a) 일종 초전도체와 (b) 이종 초전도체의 외부 자기장에 대한 반응. B_c는 임계장이다.

성 영역이 완전히 사라진다.

전류가 자기장을 만들므로 임계장은 초전도체의 전류에 제한을 가한다. 다행히도 이종 초전도체는 상한값이 충분히 높기 때문에 상당한 전류가 흐를 수 있다. 합금이나 복합물에서 주로 이종 초전도체와 고온 초전도체가 발견되고 있다. 고온 초전도체의 임계장은 100 T 이상이지만, 물질 자체가 부서지기 쉬운 세라믹이므로 전선이나 유연한 도체로 만들기 위하여 많은 노력을 경주하고 있다.

응용물리 | 자기부상

상하이의 푸동 국제공항에 도착한 승객은 자기부상열차를 타고 400 km/h의 속력으로 단 7분 만에 30 km 거리의 도심까지 갈 수 있다. 상하이의 자기부상열차는 재래식 전자석과 전기 되먹임회로를 사용하여 열차를 선로의 1 cm 위로 부상시킨다. 현재 계획 중인 다른 자기부상열차는 초전도 자석으로 부상력과 추진력을 얻는다. 선로의 코일에 흐르는 교류가 열차에 장착한 자석을 교대로 밀고 당기는 원리이다. 즉 열차와 선로가 선형전동기로 작동하는 것이다. 초전도계에서 선로와의 배열이 약간 어긋나더라도 유도 전류가 생기면서 만들어진 자기력으로 자기부상열차가 선로의 중심에 위치하게 된다. 오늘날의 초전도 자기부상열차에는 냉각 장치가 장착되어 있지만, 실온의 초전도체가 개발되면 자기부상열차의 경제성, 효율성, 친환경성이 돋보일 것이다. 이 그림은 공기 저항을 제거하기 위해 진공 터널에서 작동하는 초전도 자기부상에 대해 상상하여 그린 개념도이다.

초전도 이론

초전도 현상은 순전히 양자역학적 현상이다. 고전물리학은 초전도성을 전혀 설명할 수 없다. 저온 초전도체에 대한 대표적 이론을 BCS 이론(BCS theory)이라고 한다. 1957년 초전도체 이론을 발표한 존 바딘(John Bardeen), 리언 쿠퍼(Leon Neil Cooper), 존 슈리퍼(John Robert Schrieffer)는 1972년 노벨 물리학상을 수상하였다.

BCS 이론에 따르면, 양자역학적 전자짝의 형성으로 전자짝이 이온에게 에너지를 잃어버리지 않고서도 결정 격자를 지나가는 낮은 에너지 상태가 형성되기 때문에 전기 저항이 사라지는 초전도성이 나타난다. 전자짝의 한 전자가 이온 격자를 약간 변형시키고, 다른 전자가 변형된 격자의 양전하에 끌린다(그림 37.24a, b 참조). 그러나 전자짝을 이루는 전자 사이의 거리는 물리적으로 그리 가깝지 않다. 대체로 전자짝 사이에 백만 개의 다른 전자(그 짝도 멀리 떨어져 있음)들이 있다(그림 37.24c 참조). 따라서 먼 거리의 전자짝이 전도 전자의 결맞는 운동을 주도하면, 잘 준비된 안무처럼 모든 전자들이 에너지 손실 없이 함께 움직일 수 있다.

고온 초전도체는 양자역학적 전하 운반자 짝과 관련이 있음은 거의 확실하지만 완전히 이해
된 것은 아니다. 그 메커니즘은 확실치 않다. 자기 상호작용이 가능성 있는 후보이지만 다른
메커니즘도 연구 중이다. 초전도체는 이론가와 실험가 모두에게 계속적인 도전을 받고 있다.

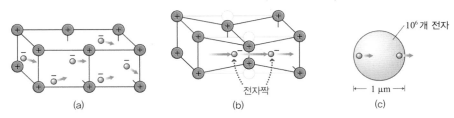

그림 37.24 BCS 이론의 전자짝. (a) 전자의 상관성이 없는 보통 도체. (b) 초전도체에서 한 전자가 이온 격자를
약간 변형시키고, 약 10^{-12} s 후에 두 번째 전자가 변형된 격자의 퍼텐셜을 느낀다. 따라서 두 전자에 상관성이 생긴다.
(c) 이렇게 짝을 이룬 전자는 약 1 μm 떨어져 있으므로, 그 사이에 백만 개의 다른 전자들이 있다. 모든 전자짝들의
결맞는 운동으로 초전도성이 생긴다.

핵심 개념

이 장의 핵심 개념은 분자와 고체의 양자역학적 구조이다. 물론 이 책의 수준에서 다입자 분자와 고체에 대한 슈뢰딩거 방정식을 풀 수 없다. 여기서는 에너지와 각운동량의 양자화, 배타 원리를 이용하여 분자나 고체의 양자 효과를 설명한다.

주요 개념 및 식

분자 결합의 유형으로 **이온 결합**, **공유 결합**, **수소 결합**, **판데르발스 결합**, **금속 결합** 등이 있다. 어떤 결합이든 안정한 분자는 아래의 H_2처럼 퍼텐셜 에너지 곡선의 극소 위치에 있다.

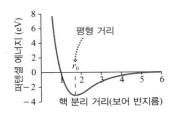

분자는 회전 에너지와 진동 에너지를 가지므로 에너지 준위가 풍부하여 스펙트럼도 복잡해진다.

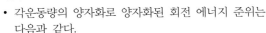

- 각운동량의 양자화로 양자화된 회전 에너지 준위는 다음과 같다.

$$E_{회전} = \frac{\hbar^2}{2I} l(l+1), \ l = 0, \ 1, \ 2, \ \cdots$$

- 진동 에너지 준위는 다음과 같이 조화 진동자의 에너지 준위와 같다.

$$E_{진동} = \left(n + \frac{1}{2}\right)\hbar\omega, \ n = 0, \ 1, \ 2, \ \cdots$$

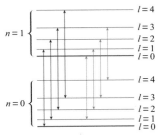

원자가 결합하여 고체가 되면 개별 원자의 에너지 준위가 분리되어 띠를 형성한다. **띠 이론**으로 절연체와 도체를 구분한다. 즉 점유된 가장 위쪽 띠가 부분적으로 채워져 있으면 도체, 완전히 채워지면 절연체이다. **반도체**는 절연체와 비슷하지만, 띠간격이 좁아서 열적 들뜸으로 전자가 전도띠로 올라갈 수 있다.
금속 도체의 경우 절대 영도에서 가장 높은 점유 상태의 에너지를 **페르미 에너지**라고 한다.

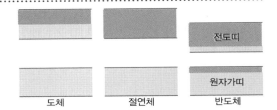

응용

초전도성은 저온에서 일어나는 양자역학적 현상으로 고전적 대응 설명이 없다. 전자짝이 초전도체 안에서 에너지 손실 없이 결맞게 움직여서 전기 저항이 0이 된다. 초전도체는 자기장을 몰아내는 **마이스너 효과**를 보이는데, 임계장에서 초전도성을 상실한다. **일종 초전도체**는 급격하게, **이종 초전도체**는 서서히 초전도성을 상실한다.

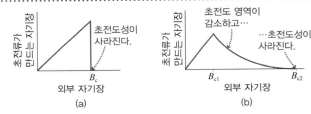

불순물을 첨가한 반도체의 띠구조로, 현대 전자공학의 핵심인 PN 접합의 일방통행식 전도 현상을 설명할 수 있다.

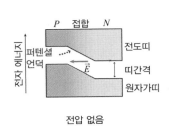

전압 없음

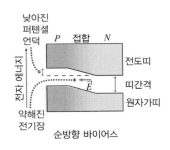

순방향 바이어스

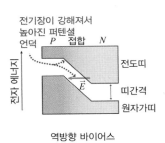

역방향 바이어스

BIO 생물 및 의학 문제   **DATA** 데이터 문제   **ENV** 환경 문제   **CH** 도전 문제   **COMP** 컴퓨터 문제

학습 목표   이 장을 학습하고 난 후 다음을 할 수 있다.

LO 37.1 다양한 분자 결합 메커니즘들을 정성적으로 기술할 수 있다.
개념 문제 34.1, 37.2, 37.3
실전 문제 37.62

LO 37.2 분자의 회전 및 진동 에너지 준위를 계산할 수 있다.
개념 문제 37.4, 37.5, 37.6
연습 문제 37.11, 37.12, 37.13, 37.14, 37.15
실전 문제 37.31, 37.32, 37.33, 37.34, 37.35, 37.36, 37.37, 37.38, 37.39, 37.40, 37.41, 37.42, 37.43, 37.44, 37.56, 37.57, 37.59, 37.60, 37.61, 37.66

LO 37.3 전기 전도도의 띠이론을 포함하여 고체의 구조를 기술할 수 있다.
개념 문제 37.7, 37.8
연습 문제 37.16, 37.17, 37.18, 37.19, 37.20, 37.21, 37.22
실전 문제 37.45, 37.46, 37.47, 37.48, 37.49, 37.50, 37.51, 37.52, 37.53, 37.58, 37.63, 37.64

LO 37.4 초전도체를 정성적으로 설명할 수 있다.
개념 문제 37.9, 37.10
실전 문제 37.54, 37.55, 37.65

개념 문제

1. 분자가 형성되도록 원자 두 개를 밀면 배타 원리 때문에 원자 사이에는 반발력이 생긴다. 어떻게 이 반발력이 생기는가?

2. 이온 결합 물질의 녹는점은 왜 높은가?

3. 소금 결정에서 개별 NaCl 분자를 구별하거나, 얼음에서 H_2O 분자를 구별할 수 있는가? 설명하라.

4. 분자의 전자 들뜸에서 진동 에너지와 회전 에너지 크기의 비율은 대략 얼마인가?

5. 전파천문학자가 성간 공간에서 복잡한 유기 분자를 발견하였다. 왜 광학 망원경이 아니라 전파 망원경으로 발견하였는가?

6. 그림 18.17에서 회전 상태는 왜 진동 상태보다 낮은 온도에서 들뜨는가?

7. 금속의 페르미 에너지는 통상의 열에너지보다 매우 높다. 왜 이것이 전도 전자의 평균 속력을 온도와 거의 무관하게 만드는가?

8. 도핑하지 않은 반도체의 전도도는 온도에 어떻게 의존하는가? 왜 그렇게 생각하는가?

9. 상온 초전도체로 나타날 기술적 발명품을 나열해 보아라.

10. 일종과 이종 초전도체는 어떻게 다른가?

연습 문제

37.2 분자의 에너지 준위

11. 산소 분자(O_2)를 첫 번째 들뜬 회전 상태로 들뜨게 만드는 전자기 복사의 파장을 구하라. O_2의 회전 관성은 $1.95 \times 10^{-46} \text{ kg} \cdot \text{m}^2$ 이다.

12. 회전 관성이 $1.75 \times 10^{-47} \text{ kg} \cdot \text{m}^2$인 분자가 $l = 5$ 상태에서 $l = 4$ 상태로 전이할 때 방출되는 광자의 파장을 구하라.

13. 파장 1.68 cm의 광자는 회전 바닥 상태에서 첫 번째 들뜬 상태로 기체를 들뜨게 만든다. 기체 분자의 회전 관성은 얼마인가?

14. 이원자 수소(H_2)의 고전 진동수는 1.32×10^{14} Hz이다. 진동 에

너지 준위 사이의 에너지 간격을 구하라.

15. 이원자 질소의 이웃한 진동 준위 사이의 에너지차는 0.293 eV 이다. 질소 분자의 고전 진동수는 얼마인가?

37.3 고체

16. NaCl의 밀도 $2.16 \text{ g}/\text{cm}^3$를 이용하여 NaCl 결정의 이온 분리 거리 r_0을 구하라. (**힌트**: 부록 D를 참조하라.)

17. NaCl의 응집 에너지 7.84 eV를 mol당 kcal로 표기하라.

18. LiF는 NaCl의 결정 구조와 같아서 본질적으로 마델룽 상수 α가 같다. 이온 응집 에너지는 -10.5 eV이고 식 37.4의 n은 6.25 이다. LiF의 이온 평형 거리를 구하라.

19. 인화 갈륨(GaP) LED가 방출하는 빛의 파장은 얼마인가? (**힌트**: 표 37.1 참조)

20. 표 37.1의 물질에서 띠간격을 전이하는 전자가 방출하는 빛 중 가장 짧은 파장은 얼마인가? 어떤 물질인가?

21. LED에서 가장 긴 파장의 빛을 내는 물질을 표 37.1의 물질 중에서 찾아라. 파장은 얼마인가?

22. 갈륨 비소 인(GaAsP)으로 만든 보통의 LED는 650 nm의 빛을 방출한다. 띠간격은 얼마인가?

응용 문제

다음 문제들은 본문의 예제들에 기초한 것이다. 두 세트의 문제들은 물리학의 이해를 강화하는 연결의 형성을 돕고 이전에 풀어본 문제에서 변형된 문제를 해결하는 자신감을 키우도록 설계되어 있다. 각 세트의 첫 번째 문제는 본질적으로 예제 문제이지만 숫자들은 다르다. 두 번째 문제는 예제와 똑같은 상황이지만 묻는 질문이 다르다. 세 번째와 네 번째 문제는 완전히 다른 상황으로 이런 방식을 반복한다.

23. **예제 37.2** 예제 37.2와 같지만 이번에는 HCl의 회전 에너지가 진동 에너지에 비해 50% 큰 경우를 생각하자. (a) 분자의 회전

양자수 l 과 (b) 그 각운동량을 구하라.

24. **예제 37.2** 염화수소 분자가 진동은 바닥 상태이고 회전은 $l = 6$ 상태이다. 회전 에너지와 진동 에너지를 비교하라.

25. **예제 37.2** 불화수소(HF)의 고전 진동 주파수는 1.24×10^{14} Hz이고 그 회전 관성은 1.34×10^{-47} kg·m² 이다. 만약 HF 분자가 진동은 바닥 상태이고 회전은 $l = 4$에 있으며 회전 에너지와 진동 에너지가 거의 같다면 (a) 회전 양자수 l 과 (b) 그 각운동량은 얼마인가?

26. **예제 37.2** 불화수소 분자가 진동은 바닥 상태이고 회전은 $l = 4$에 있다. 회전 에너지와 진동 에너지를 비교하라. 앞 문제의 HF에 대한 값을 참조하라.

27. **예제 37.3** 염화칼륨(KCl)은 NaCl과 동일한 결정 구조를 갖는다. KCl의 평형 거리는 0.315 nm이고 이온 응집 에너지는 -7.21 eV이다. 식 37.4에서 염화칼륨에 대한 상수 n을 구하라.

28. **예제 37.3** 염화리튬(LiCl)은 NaCl이나 KCl과 같은 결정 구조를 갖는다. LiCl의 평형 거리는 0.257 nm이고 식 37.4에서 지수 n의 값은 8.00이다. LiCl의 이온 응집 에너지를 구하라.

29. **예제 37.3** 염화세슘(CsCl)의 결정 구조는 예제 37.3과 앞의 두 문제의 NaCl의 구조와 다르며 결과적으로 마델룽 상수가 달라지게 된다($\alpha = 1.763$). 이 구조에서 세슘과 염소의 평형 거리는 0.357 nm이고 이온 응집 에너지는 -6.23 eV이다. 식 37.4에서 염화세슘에 대한 상수 n을 구하라.

30. **예제 37.3** 앞 문제의 CsCl에 대한 값을 이용하여(교재 뒤의 답 참조) (a) 원자간 거리가 평형 거리의 0.750배로 압축되었을 경우와 (b) 평형 거리의 1.25배로 늘어났을 경우 CsCl 결정의 응집 에너지를 구하라.

실전 문제

31. 회전 에너지 준위 $l = 2$에서 $l = 1$로 전이할 때 2.68 meV의 광자를 방출하는 분자가 다시 바닥 상태를 전이하면 광자 에너지는 얼마인가?

32. 광자를 흡수한 분자는 다음의 높은 회전 상태로 들뜬다. 광자 에너지가 회전 바닥 상태에서 첫 번째 들뜬 상태를 전이하는 데 필요한 에너지의 3배이면 어떤 두 상태에서 전이하는가?

33. 회전 관성이 I인 분자가 l 준위에서 $(l-1)$ 준위로 전이하는 데 필요한 에너지를 표기하라.

34. 회전 관성이 I인 분자가 l 준위에서 $(l-1)$ 준위로 전이할 때, 방출되는 광자의 파장이 $\lambda = 4\pi^2 Ic/hl$ 임을 보여라.

35. 이원자 산소(O_2)의 회전 스펙트럼에서 에너지 간격이 0.356 meV인 스펙트럼선이 관측된다. 원자의 분리 거리를 구하라. (힌트: 예제 37.1을 참조하되, 산소 원자들의 질량은 같다.)

36. 그림 37.9와 유사한 브롬화수소(HBr)의 스펙트럼은 회전 전이와 관련된 에너지가 한 회전 전이에서 다음 회전 전이로 2.10 meV 증가함을 보여 준다. 무거운 브롬 원자를 고정된 것으로 놓고 HBr에서 원자 거리를 구하라.

37. 예제 37.2의 HCl 분자에서 (a) 진동 바닥 상태의 에너지, (b) 이웃한 진동 준위의 전이에서 방출되는 광자 에너지를 각각 구하라.

38. 이원자 중수소(D_2)의 고전 진동수는 9.35×10^{13} Hz이고 회전 관성은 9.17×10^{-48} kg·m² 이다. ($n = 1$, $l = 1$) 상태에서 ($n = 0$, $l = 2$) 상태로 전이하면서 방출하는 광자의 (a) 에너지와 (b) 파장을 구하라.

39. **ENV** 삼원자 분자인 이산화탄소에는 진동과 회전에 관련된 많은 들뜬 상태가 있고 그들 사이의 전이는 지구가 대부분의 복사를 방출하는 적외선 영역에서 발생하기 때문에 이산화탄소는 지구 온난화에 기여한다. 가장 강한 IR 흡수 전이 때문에 CO_2는 그 바닥 상태에서 '휜' 진동의 첫 번째 들뜬 상태에서 회전을 하게 된다. 이러한 전이에 필요한 에너지는 82.96 meV이다. 이 전이가 흡수하는 IR 파장은 얼마인가?

40. 진동 및 회전 바닥 상태에 있는 산소 분자가 0.19653 eV의 광자 에너지를 흡수하여 ($n = 1$, $l = 1$) 상태로 들뜬 다음에 ($n = 0$, $l = 2$) 상태로 전이하면서 0.19546 eV의 광자를 방출한다. 분자의 (a) 고전 진동수와 (b) 회전 관성을 구하라.

41. 이원자 수소(H_2)의 원자 평형 거리는 74.14 pm이다. 첫 번째 회전 들뜬 상태에서 바닥 상태로 전이하면서 방출하는 광자의 (a) 에너지와 (b) 파장을 구하라. (c) 이 파장은 스펙트럼의 어느 영역에 해당하는가?

42. **BIO** 복잡한 구조의 생체 거대 분자에는 이 장에서 고려한 이원자 분자보다 훨씬 많은 진동 방식이 나타난다. DNA에는 연관된 광파장이 330 µm인 저주파 '숨쉬기' 모드가 있다. 해당하는 (a) 진동수와 (b) eV 단위의 광자 에너지를 구하라.

43. 35.8 µm 파장의 적외선은 회전 관성이 2.43×10^{-45} kg·m²인 KCl을 상태 $n = 0$, $l = 1$에서 $n = 1$, $l = 2$로 들뜨게 한다. 이 분자와 관련된 고전 진동 주파수를 구하라.

44. 회전 관성 4.60×10^{-48} kg·m², 고전 진동수 3.69×10^{14} Hz인 이원자 수소에서 $n = 1$의 첫 번째 세 회전 상태로부터 $n = 0$인 상태로 허용된 모든 전이에서 방출되는 빛의 파장을 구하라.

45. 소금 결정에는 10^{21}개의 Na-Cl 짝이 있다. 결정을 정상 크기의 90%로 압축시키는 데 필요한 에너지는 얼마인가?

46. 방사성 폐기물을 지하 소금층에 저장하는 가능성의 일환으로 소금을 압축하기가 극도로 힘들다는 것을 보이고 싶다. 식 37.4를 미분하여 이온 결정의 이온에 작용하는 힘을 구하고 그 결과를 이용하여 결정을 평형 거리의 반으로 압축시킬 때 NaCl 이온에 작용하는 힘을 구하라(관련 변수는 예제 37.3 참조). 이 힘을 이 압축 거리에 있는 이온 사이의 전기력과 비교하라. 무엇을 알 수 있는가?

47. **CH** 금속의 단위 부피, 단위 에너지 간격에 들어 있는 상태의 수를 나타내는 식 37.5를 에너지에 대해서 적분하면 단위 부피당 상태의 수를 알 수 있다. 따라서 $E = 0$에서 $E = E_F$까지 점유 상태에 대해서 적분하면 단위 부피당 전도 전자의 수를 알 수 있다. 전도 전자의 개수 밀도가 다음과 같음을 보여라.

$$n = \left(\frac{2^{9/2}\pi m^{3/2}}{3h^2} \right) E_F^{3/2}$$

48. 알루미늄의 페르미 에너지는 11.6 eV 이다. 실전 문제 47의 결과를 이용하여 전도 전자의 밀도를 구하라.

49. 실전 문제 47의 결과를 이용하여 m^3당 4.6×10^{28}개의 전도 전자가 있는 칼슘의 페르미 에너지를 구하라.

50. (a) 운동 에너지가 구리의 페르미 에너지 7.00 eV와 같은 전자의 속력과 (b) 실온(293 K)에서 전자의 열속력을 구하라. (c) 계산된 속력의 차이를 보면 구리의 전기 전도도를 가장 잘 기술하는 것은 양자 모형인가, 고전 모형인가?

51. 페르미 온도는 열에너지 kT와 페르미 에너지가 같게 되는 온도이다. 여기서 k는 볼츠만 상수이다. $E_F = 5.48$ eV인 은의 페르미 온도를 구해서 실온과 비교하라.

52. 반도체의 띠간격보다 에너지가 낮은 광자는 물질에 쉽게 흡수되지 않으므로 빛의 흡수를 파장으로 측정하면 띠간격을 알 수 있다. 실리콘의 흡수 스펙트럼에는 1090 nm 이상의 파장에서는 흡수선이 없다. 실리콘의 띠간격을 구해서 표 37.1의 내용과 비교하라.

53. 태양을 5800 K의 흑체(식 34.2b 참조)로 보고 태양광의 중간 파장 $\lambda_{중간}$을 구하라. 이 결과를 이용하여 띠간격이 3.6 eV인 ZnSe이 좋은 광전지인지 파악하라.

54. 1.20 K 아래에서 초전도성이 나타나는 순수한 알루미늄의 임계장은 9.57 mT이다. 지름 0.255 mm의 알루미늄 초전도선에서 임계장을 넘지 않고 흐를 수 있는 최대 전류를 구하라. (힌트: 어디서 장이 가장 큰가? 예제 26.8을 참조하라.)

55. 니오븀-타이타늄 초전도체에서 임계 자기장은 15 T이다. 길이 75 cm, 감은 수 5000번인 솔레노이드에서 전류가 얼마이면 임계 자기장을 만드는가?

56. 이원자 산소(O_2)에서 바닥 상태로부터 첫 번째 회전 들뜬 상태로의 들뜸에 약 356 μeV가 필요하다. 어떤 온도에서 열에너지로 이원자 산소의 회전 상태를 들뜨게 만들 수 있는가? 정상 압력에서 단원자 비열을 나타내는 이원자 산소가 있는가?

57. 녹색 형광 단백질(GFP)은 해파리에서 처음 추출되었던 물질로, **BIO** 그 이형들이 생체 분자를 연구하기 위한 '표지'에 사용된다. 원래의 '천연' GFP는 395 nm 빛을 흡수해서 들뜬 상태로 전이한다. 그 뒤에 단백질 내부의 양성자의 운동으로 바닥 상태로부터 2.44 eV 위로 들뜬다. 이어진 바닥 상태 전이에서 방출되는 광자는 GFP의 위치의 가시적인 지표를 제공한다. 이 광자의 파장은 얼마인가?

58. RbI의 밀도는 3.55 g/cm^3이고, 이온 응집 에너지는 -145 kcal/mol이다. (a) 평형 분리 거리, (b) 식 37.4의 n을 각각 구하라.

59. 예제 37.1은 HCl에서 무거운 염소 원자를 고정된 것(염소 원자 **CH** 의 질량이 수소 원자보다 훨씬 큰 점을 감안하면 합리적인 근사임)으로 다루었다. 이제 좀 더 일반적인 경우로 질량 m_1과 m_2인

두 개의 원자로 구성된 이원자 분자를 생각하자. 이 경우 예제 37.1의 원자핵 사이 거리 R가 $R = \sqrt{(m_1+m_2)I/m_1 m_2}$로 수정되어야 함을 보여라.

60. 염소 원자의 주요 동위원소인 ^{35}Cl과 ^{37}Cl을 모두 고려하여 보다 정확한 원자핵 사이 거리를 구하기 위해 앞 문제의 결과를 이용하라. 예제 37.1에서 염소 원자를 고정된 것으로 다루어서 발생한 오차는 그 값의 몇 퍼센트에 해당하는가?

61. 마델룽 상수(37.3절 참조)는 항의 수가 거의 같은 반대 부호의 급 **CH** 수이므로 실제로 그 값을 계산하기가 매우 어렵다. 그러나 그림 37.25처럼 양이온과 음이온이 같은 간격으로 교대로 나열된 가상적인 일차원 결정에서는 계산할 수 있다. 이러한 결정의 이온 에너지가 다음과 같음을 보여라.

$$U = -\alpha \frac{ke^2}{r_0}$$

여기서 마델룽 상수는 $\alpha = 2\ln2$이다.

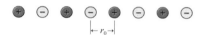

그림 37.25 실전 문제 61

62. 공유 결합한 이원자 분자의 낮은 에너지 상태들을 모스 퍼텐셜 $U(r) = U_0(e^{2(r-r_0)/a} - e^{-2(r-r_0)/a})$로부터 근사적으로 얻을 수 있다. 여기서 r는 원자 거리, U_0, r_0, a는 실험으로 정하는 상수이다. dU/dr와 d^2U/dr^2을 구해서 U에 최소가 있음을 보이고, (a) $U_{최소}$와 (b) 최소 분리 거리 $r_{최소}$를 각각 구하라.

63. (a) 식 35.8에서 에너지가 E 이하인 전자 상태의 수 $N(E)$를 직 **CH** 각 좌표계 n_x, n_y, n_z의 공간에서 가능한 부피를 계산하여 구하라. (힌트: 단위 정육면체의 꼭짓점 좌표로 주어지는 양의 정수들에서 반지름 $\sqrt{n_x^2 + n_y^2 + n_z^2}$ 안에 속하는 수를 구하고, 각 상태의 아래-위 스핀값을 고려하여 2를 곱하라.) (b) $N(E)$를 E에 대해서 미분하여 식 37.5를 구하라.

64. 식 37.5를 이용하여 $T = 0$에서 전도 전자의 평균 에너지를 페르 **CH** 미 에너지로 표기하라.

65. 새로 설계된 의료 MRI 촬영기에는 니오븀-타이타늄 초전도체를 **BIO** 미터당 75번씩 감은 긴 솔레노이드가 필요하다. 이 Nb-Ti합금의 상임계장은 12 T이다. 초전도성이 사라지는 재난을 피하기 위해 (예제 27.9 참조), 실제 장을 상임계장의 절반으로 제한하고 싶다. 이 기구의 최대 전류를 얼마로 정해야 하는가?

66. 제시된 표는 동일한 분자가 l번째 회전 준위에서 $(l-1)$번째 준 **DATA** 위로 떨어질 때 방출되는 광자의 파장을 나타낸다. 그래프로 그릴 때 직선으로 나타나게 되는 양들을 구하라. 그래프로 그리고, 최적 맞춤 직선을 결정한 뒤 그 결과를 이용하여 분자의 회전 관성을 구하라.

처음 상태, l	2	3	4	5	6
파장, λ(mm)	0.24	0.17	0.12	0.095	0.078

실용 문제

광기전력(PV) 전지는 움직이는 부분이 없이 햇빛 에너지를 직접 전기로 전환한다(그림 37.21 참조). PV 전지에서 반도체 PN 접합에 입사된 광자는 전자를 전도띠로 올려서 전자-양공 짝을 생성하고 외부 회로를 지나는 전류를 구동한다(그림 37.26). 상업적으로 이용 가능한 PV 전지는 효율이 15~20%이므로 입사된 햇빛의 15~20%만 전기 에너지로 전환한다. 실리콘 기반 PV 전지에 대한 이론적인 최대 효율은 대략 33%이다. PV 효율에 대한 중요한 제한은 태양 스펙트럼과 PV 전지의 반도체 띠간격 에너지 사이의 관계이다. 실리콘인 경우에 띠간격은 1.14 eV이므로 더 적은 에너지의 광자는 전자를 전도 영역으로 올릴 수 없고, 따라서 PV 에너지 전환에는 이용될 수 없다. 반대로 띠간격 에너지 이상의 광자는 여분의 에너지를 열로 포기하므로 PV 효율을 줄인다.

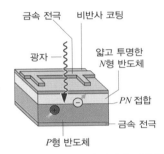

그림 37.26 광기전력 전지의 작동. 햇빛 광자가 PN 접합에 전자-양공 짝을 생성한다(실용 문제 67~70).

67. 실전 문제 53에 따르면 태양 스펙트럼의 중간 파장은 가시광선-적외선 경계인 710 nm이다. 실리콘 기반 PV 전지가 흡수할 수 있는 입사 태양 에너지는 대략 몇 퍼센트인가? (**힌트**: 연습 문제 36.25 참조.)
    a. 25%
    b. 50%
    c. 75%

68. PV 전지가 흡수하는 입사 햇빛 광자의 수의 백분율과 이전 문제의 에너지의 백분율을 비교하면 어떻게 되는가?
    a. 광자 수의 백분율은 에너지 백분율보다 작다.
    b. 광자 수의 백분율은 에너지 백분율과 같다.
    c. 광자 수의 백분율은 에너지 백분율보다 크다.

69. 띠간격이 실리콘보다 낮은 반도체로 PV 전지를 만들면
    a. 태양 에너지 흡수율은 증가하지만 열로 잃어버리는 흡수 에너지 비율은 감소한다.
    b. 태양 에너지 흡수율과 열로 잃어버리는 흡수 에너지 비율 둘 다 증가한다.
    c. 태양 에너지 흡수율은 감소하지만 열로 잃어버리는 흡수 에너지 비율은 증가한다.
    d. 태양 에너지 흡수율과 열로 잃어버리는 흡수 에너지 비율 둘 다 감소한다.

70. PV 효율을 개선하는 한 가지 방법은 서로 다른 띠간격을 가진 반도체를 사용한 여러 개의 PN 접합으로 다층 전지를 만드는 것이다. 다층 PV 전지가 효과적이라면
    a. 띠간격이 가장 큰 접합이 PV 전지의 꼭대기에 가장 가까이 있어야 한다.
    b. 띠간격이 가장 큰 접합이 PV 전지의 밑바닥에 가장 가까이 있어야 한다.
    c. 가장 큰 띠간격이 적외선 파장에 해당해야 한다.
    d. 가장 작은 띠간격이 자외선 파장 길이에 해당해야 한다.

37장 질문에 대한 해답

장 도입 질문에 대한 해답
슈뢰딩거 방정식이다.

확인 문제 해답
37.1 (c)
37.2 회전 에너지
37.3 (c) 색칠한 부분의 면적은 총 전자의 수를 나타내므로 같다.

핵물리학

예비 지식

■ 질량–에너지 등가(7.5절, 33.7절)

■ 전기력(20.2절)

■ 스핀과 각운동량의 양자화
  (36.1절, 36.2절)

학습 목표

이 장을 학습하고 난 후 다음을 할 수 있다.

LO 38.1 원자핵의 구조를 기술할 수 있다.

LO 38.2 알파, 베타, 감마 방사능을 기술하고 이와 관련된 반감기를 계산할 수 있다.

LO 38.3 결합 에너지 곡선을 설명하고 그것이 어떻게 핵분열과 핵융합 그리고 원소들의 생성에 관련되는지 설명할 수 있다.

LO 38.4 핵분열을 기술하고 어떻게 핵반응로에 쓰일 수 있는지 설명할 수 있다.

LO 38.5 별 내부에서 일어나는 핵융합을 설명하고 지구상에서 에너지원으로 활용하려는 시도에 대해 기술할 수 있다.

일본 후쿠시마 다이이치 핵발전소의 손상된 반응로에서 연기가 솟구치고 있다. 인류는 핵발전에 얼마나 의존하고 있는가?

3 6장과 37장에서 원자 구조를 탐구하고, 어떻게 원자가 분자와 고체의 형성에 참여하는지 공부하였다. 이번에는 원자핵을 들여다보자. 1911년에 러더퍼드와 동료들이 핵을 발견한 이래로, 원자 지름의 약 10^{-5}에 불과한 핵 안에 모든 양전하와 질량이 집중되어 있다는 것을 알게되었다. 러더퍼드는 수소 원자 이상의 핵에는 양전하 입자는 물론 중성 입자도 포함되어 있다고 생각하였다. 오늘날에는 핵이 **핵자**(nucleon)라고 하는 양성자와 중성자로 이루어져 있음을 알고있다. 우리가 살펴보았듯이 불확정성 원리에 따라 좁은 영역에 많은 입자들이 속박되려면 막대한에너지가 필요하므로, 이것만으로도 핵이 거대한 에너지 저장고임을 알 수 있다. 우리는 이 장을에너지를 이용하려는 인류의 시도를 살펴보는 것으로 마무리할 것이다.

38.1 원소, 동위원소, 핵의 구조

LO 38.1 원자핵의 구조를 기술할 수 있다.

36장에서 원자의 껍질 구조를 이루는 전자의 수가 원자의 화학적 특성을 결정한다는 것을 공부하였다. 그리고 핵의 양성자수, 즉 **원자 번호**(atomic number) Z는 중성 원자에서 전자의 수를 결정한다. 따라서 원자 번호 Z가 같은 핵은 같은 원소임을 의미한다.

동위원소와 핵 기호

같은 원소의 핵이라도 중성자가 다를 수 있다. 중성자는 핵전하에 영향을 미치지 않으므로 원소의 화학적 특성에 기여하지 못하기 때문이다. 중성자수만 다른 핵을 **동위원소**(isotope)라고 부른다. 또한 전체 핵자수를 **질량수**(mass number) A라고 부른다. 즉 원

847

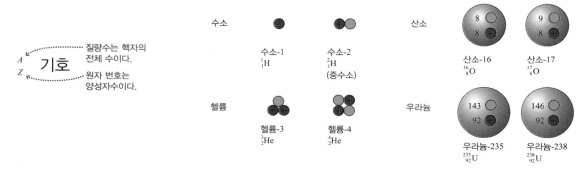

그림 38.1 동위원소에서 양성자수는 같지만 중성자수가 다르다.

자 번호 Z와 질량수 A를 알면 핵을 기술할 수 있다. 그림 38.1에 핵을 기술하는 기호가 표시되어 있다. 원소 기호 앞의 아래 첨자는 Z이고 위 첨자는 A이다. 사실 원자수와 원자 기호는 중복이다. 예를 들어 양성자가 두 개인 헬륨은 $Z = 2$이고, 우라늄은 $Z = 92$이다. 따라서 ^4_2He를 He-4 또는 ^4He로 표기한다.

대부분의 원소에는 자연에 존재하는 동위원소들이 있다(그림 38.1 참조). 대부분의 수소 원자들 핵에는 하나의 양성자가 있지만, 6500개 중 하나는 양성자와 중성자를 하나씩 갖는 중수소(^2_1H)이다. 산소 원자는 $^{16}_8\text{O}$이지만, O-17, O-18도 자연에 존재하며, 극지방 빙하 속에 들어 있는 비율로 과거의 기후를 측정할 수 있다. 또한 우라늄은 $^{238}_{92}\text{U}$이지만, 0.7%는 핵반응로나 핵폭탄에서 사용하는 U-235이다. 이 때문에 우라늄 증식 원자로에서 U-235의 비율이 증가하는 것에 대해 우려가 많다. 따라서 주기율표에 표시한 원자 질량은 여러 동위 원소를 감안한 평균값이다. 또한 대부분의 원소들에는 수명이 짧은 방사성 동위원소도 있지만, 방사성 동위원소는 대체로 자연에 존재하지 않고, 핵반응으로 생성된다. 다음 절에서 더 알아볼 것이다.

 확인 문제　**38.1** 다음 핵들의 양성자와 중성자수를 각각 구하라. (a) $^{12}_6\text{C}$, (b) $^{15}_8\text{O}$, (c) $^{57}_{26}\text{Fe}$, (d) $^{239}_{94}\text{Pu}$

핵력

양성자의 전기적 척력 때문에 인력이 있어야 안정한 핵을 구성할 수 있다. 20세기에는 이러한 **핵력**(nuclear force)이 기본힘이라고 믿었으나, 최근에는 양성자와 중성자를 만드는 쿼크 사이의 강력이 겉으로 드러난 모습으로 간주한다. 쿼크와 그 상호작용에 대해서는 39장에서 알아본다.

인력인 핵력은 핵자들 사이, 즉 중성자-양성자, 양성자-양성자, 중성자-중성자 사이에 작용한다. 핵력은 $1\ \text{fm}(= 10^{-15}\ \text{m})$ 이내에서는 매우 강력하지만 거리에 따라 전기력의 역제곱보다 훨씬 급격하게 지수함수적으로 감소한다. 즉 두 이웃한 양성자 사이에서는 핵력이 지배적이지만 조금만 멀어져도 전기적 척력이 지배하게 된다. 따라서 약하지만 먼 거리까지 작용하는 전기력과 강하지만 짧은 거리만 작용하는 핵력의 경쟁으로 핵의 구조가 결정된다고 어림할 수 있다.

안정한 핵

모든 양성자-중성자 결합이 영원히 안정한 것은 아니다. 양성자가 너무 많으면 전기적 척력이 지배하여 핵물질을 방출하면서 핵이 붕괴하게 된다(38.2절 참조). 커다란 핵에서는 그림 38.2처럼 양성자들이 멀리 떨어져서 핵의 인력보다는 전기적 척력이 더 크다. 이러한 핵을 결합시키려면 전기적 척력이 아니라 핵의 인력에 기여하는 중성자가 더 필요하다. 따라서 커다란 핵에서는 중성자-양성자 비율이 커지게 된다. 그러나 이러한 효과도 한계가 있어서 $Z > 83$ 이상의 핵은 안정하지 않다.

중성자가 너무 많아도 핵은 불안정하다. 배타 원리에 따라 여분의 중성자가 높은 에너지 상태로 올라가서 핵을 탈출하기 쉬워지기 때문이다. 더욱이 중성자 자체가 불안정한 입자이므로 고립된 중성자는 곧 양성자, 전자, 중성미자로 붕괴한다. 안정한 핵에서는 이런 붕괴가 일어나지 않지만 중성자가 너무 많으면 붕괴가 일어난다.

양성자와 중성자의 미묘한 균형잡기로 **핵종**(nuclide)이라고 부르는 약 400개의 안정한 핵이 알려져 있다. 그림 38.3은 원자 번호 Z를 중성자수 $N = A - Z$로 나타낸 **핵종류표**(chart of nuclides)이다. 가벼운 핵은 양성자와 중성자의 수가 거의 같고 무거운 핵은 멀리 떨어진 양성자의 전기적 척력을 보상하기 위하여 중성자수가 많은 것을 알 수 있다.

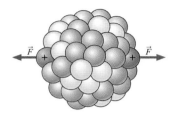

그림 38.2 큰 핵에서 멀리 분리된 양성자는 약한 핵력과 강한 전기적 척력을 받는다.

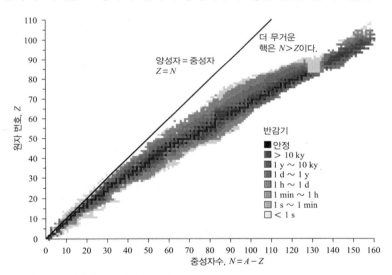

그림 38.3 반감기로 표기한 핵종류표

핵의 크기

멀리 떨어진 전자와 달리 핵자는 핵 안에 묶여 있다. 대부분의 핵은 구형이고, 밀도가 중앙값의 반으로 떨어지는 반지름으로 정의되는 **핵반지름**(nuclear radius)은 근사적으로 다음 관계식을 만족한다.

$$R = R_0 A^{1/3} \tag{38.1}$$

여기서 $R_0 = 1.2 \text{ fm}$이며, A는 질량수이다. 그림 38.2처럼 구성 요소들이 꽉 묶여 있어서 구형을 이룰 때 부피가 구성 요소의 수 A의 세제곱근에 비례하기 때문이다. 또한 모든 핵의 밀도가 비슷하게 10^{17} kg/m^3 정도이므로, 한 숟가락의 핵물질도 지브롤터의 바위 질량과 거의 같다. 또한 핵의 밀도가 이처럼 크기 때문에 원자의 질량이 대부분 핵에 모여 있고, 나머지는 텅 빈 공간이라는 원자의 구조를 다시 한 번 확인할 수 있다.

핵스핀

36장의 원자 구조에서 전자 스핀의 역할을 배웠다. 양성자와 중성자도 전자처럼 스핀-$\frac{1}{2}$ 입자이다. 개별 핵자의 스핀이 핵 안의 운동에 의한 각운동량과 결합하여 다른 각운동량의 양자화와 마찬가지로 다음과 같은 양자화된 스핀 각운동량 I를 갖는다.

$$I = \sqrt{i(i+1)}\,\hbar \tag{38.2}$$

여기서 i는 핵스핀 양자로 반홀수이다. 특정 축에 대한 I 성분도 양자화되어 $I_z = m_i \hbar$이며, $m_i = -i, -i+1, \cdots, i-1, i$이다.

핵스핀 양자수 i는 핵자수의 짝수 또는 홀수에 따라 $\frac{1}{2}$의 짝수 또는 홀수배이다. 따라서 짝수-A 핵은 스핀이 정수이므로 배타 원리를 따르지 않는 보손이고, 홀수-A 핵은 스핀이 반홀수이므로 배타 원리를 따르는 페르미온이다. 이에 따라 같은 원소의 동위원소라도 물리적 거동은 전혀 다르다. 예를 들어 He-4는 극저온에서 점성 없이 흐르는 초유체가 된다. 왜냐하면 He-4가 보손이어서 모두 같은 양자 상태를 점유할 수 있기 때문이다. 그러나 페르미온인 He-3은 초유체가 아니다. 다만, 초극저온에서는 He-3 핵이 짝을 이뤄서 스핀-1의 입자를 형성하여 초유체가 된다.

핵의 각운동량에 의한 핵자기 쌍극자 모멘트는 **핵마그네톤**(nuclear magneton), $\mu_N = e\hbar / 2m_p = 5.05 \times 10^{-27}$ J/T 의 단위로 표기하며, m_p는 양성자 질량이다. 양성자의 자기 모멘트는 주어진 축에 대한 성분이 $\pm 2.793 \mu_N = \pm 1.41 \times 10^{-26}$ J/T 중 하나인데, 이 값을 흔히 '양성자의 자기 모멘트'라고 한다. 핵자기 모멘트와 자기장의 상호작용으로 원자의 에너지 준위가 약간 변하게 된다. 물론 그 크기는 전자의 에너지 준위 변화보다 매우 작다. 이는 양성자의 질량이 너무 커서 자기 모멘트가 매우 작기 때문이다. 예를 들어 수소 원자를 생각해보자. 전자와 자기장의 상호작용으로 생긴 에너지 준위가 그림 38.4처럼 양성자의 핵스핀 방향에 따라 두 개의 에너지 준위로 분리되고, 그 결과 바닥 상태의 **초미세 갈라지기**(hyperfine splitting)는 단지 5.9 μeV에 불과하다. 이들 에너지 준위 사이의 전이는 파장 21 cm의 라디오파 스펙트럼을 만든다. 전파천문학자들은 이를 이용하여 성간의 중성 수소 구름을 관측할 수 있다.

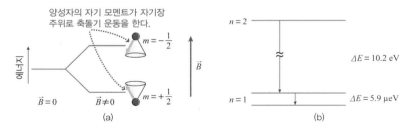

그림 38.4 (a) 자기장 $\vec{B}$가 스핀-$\frac{1}{2}$ 양성자의 에너지 준위를 두 준위로 가른다. (b) 전자의 자기장 속에서 양성자의 가능한 두 방향 때문에 수소 바닥 상태의 에너지 준위가 5.9 μeV 간격으로 갈라진다.

응용물리 핵자기 공명(NMR)과 MRI

핵을 외부 자기장에 넣으면 그림 38.4a처럼 핵자기 모멘트가 자기장에 평행이냐 반평행이냐에 따라 두 개의 에너지 상태가 가능하다. 적절한 광자 에너지를 가진 전자기 복사를 가하면 핵이 뒤집어져서 높은 에너지 상태로 들뜬다. 그러나 핵을 둘러싼 전자도 외부 자기장의 영향을 받으므로, 분자 구조 주변의 전자 분포에 민감한 영향을 미친다.

핵자기 공명(Nuclear magnetic resonance, NMR)은 핵스핀 뒤집기를 이용하여 복합화합물의 구조를 결정한다. 그림과 같은 NMR 분광계에서 시료를 초전도체 코일로 만든 균일한 자기장 B 안에 둔다. 작은 코일이 광자 에너지

hf에 해당하는 진동수 f의 AC 전류를 만들어서 자기장 B 안의 고립된 핵 스핀을 뒤집는다. 코일이 전자기파를 방출하면 핵은 광자를 흡수하여 높은 에너지 상태로 들떴다가 전이하면서 진동수 f의 전자기 복사를 방출한다. 수신기 코일은 이 복사를 검출한다.

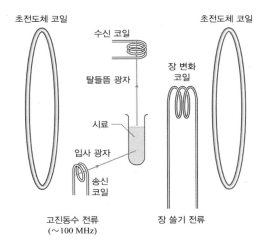

초전도체 코일
수신 코일
초전도체 코일
탈들뜸 광자
장 변화 코일
시료
입사 광자
송신 코일
고진동수 전류
(~100 MHz)
장 쓸기 전류

외부 자기장이 주변의 전자에도 작용하므로, 핵은 정확한 진동수 f와 자기장 B에서 뒤집어지지 않을 것이다. 따라서 외부 장과 전자가 만든 장이 중첩되어 정확한 값이 될 때까지 장이 변하게 된다. 이러한 자기 공명 조건이 위/아래 스핀을 뒤집어서 수신 코일에 신호를 보낸다. 이때 넓은 범위의 장으로 전자의 환경이 다른 핵들을 검출하여 분자 구조에 대한 정보를 얻는다.

양성자(H 핵)를 이용한 NMR를 기초로 **자기 공명 영상**(magnetic resonance imaging, MRI) 장치를 고안하여 의료 진단에 널리 활용하고 있다. MRI 장치는 위치에 따라 장이 변하는 거대한 솔레노이드 안에 누운 환자로부터 나오는 공명 신호로 자기 공명이 일어나는 양성자의 위치를 정확하게 찾아낼 수 있다. 그 다음에 컴퓨터를 이용하여 영상을 만든다. 대부분의 MRI 신호는 지방과 물에서 나오므로, 엑스선으로 볼 수 없는 연한 인체 조직을 영상화하는 데 크게 유용하다. 옆의 사진은 인체 상부와 머리의 MRI 영상이다. 뇌를 포함해서 연한 조직의 영상을 명확하게 볼 수 있다.

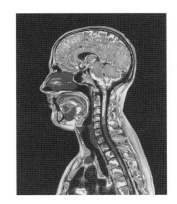

예제 38.1 | **핵스핀: MRI 진동수 구하기**

예제 26.9에서 논의한 MRI 솔레노이드는 1.50 T 자기장을 만든다. MRI의 송신 코일을 작동시키는 진동수는 얼마인가?

해석 MRI는 양성자로 핵자기 공명을 일으키는 장치이다(응용물리 참조). 1.50 T 자기장에서 양성자를 뒤집는 광자 에너지에 해당하는 진동수를 구하는 문제이다.

과정 필요한 광자 에너지를 구한 후 $E = hf$를 사용하여 진동수를 구해야 한다. 양성자는 자기장 성분의 자기 모멘트가 $\mu_p = \pm 1.41 \times 10^{-26}$ J/T인 자기 쌍극자처럼 거동한다. 식 26.16의 $U = -\vec{\mu} \cdot \vec{B}$로 자기 에너지를 구한다. $\vec{\mu}$의 자기장 성분을 알고 있으므로 $U = \pm \mu_p B$이며, 부호는 핵스핀의 방향에 따라 결정한

다. 스핀 뒤집기는 $+\mu_p B$에서 $-\mu_p B$로 양성자의 에너지가 변하므로 두 에너지 준위의 에너지차로 광자 에너지 hf를 얻어서 진동수 f를 구한다.

풀이 에너지차가 $E = \mu_p B - (-\mu_p B) = 2\mu_p B$이므로 진동수는 다음과 같다.

$$f = \frac{E}{h} = \frac{2\mu_p B}{h} = \frac{(2)(1.41 \times 10^{-26}\ \text{J/T})(1.50\ \text{T})}{6.63 \times 10^{-34}\ \text{J} \cdot \text{s}} = 63.8\ \text{MHz}$$

검증 이 값은 응용물리에 나와 있는 그림과 같은, 즉 송신 코일의 진동수 100 MHz와 비슷한 전자기 스펙트럼의 라디오파 영역에 해당한다.

핵구조 모형

중성자와 양성자의 비율이 적절해야 핵이 안정하며, 큰 핵에서는 중성자수가 증가한다. 그림 38.3의 핵종류표는 이를 요약한 결과이다. 핵종류표를 자세히 살펴보면 원자 번호 Z가 짝수일 때, 그리고 소위 **마법수**(magic number)라고 부르는 2, 8, 20, 28, 50, 82, 126개의 양성자 또는 중성자를 가진 핵이 더 안정하다. 왜 그럴까?

이에 답하기 위해서는, 그리고 붕괴 과정, 불안정한 핵의 수명 등을 설명하기 위해서는 핵 구조에 대한 이론이 필요하다. 36장의 원자 이론처럼, 아직 핵의 모든 것을 설명하는 완전한 핵이론은 없다. 핵력에 대한 이해도 불완전하고, 핵자가 촘촘히 모여 있어서 수소 원자에 적용했던 간단한 두 입자 모형도 쓸모가 없다. 따라서 핵물리학자들은 핵의 특성들을 설명하기 위한 여러 모형들을 제안한다. 이들 모형으로 어느 정도 핵을 이해할 수 있으며, 원자처럼

정확하지는 않지만 핵의 특성을 비교적 정확하게 예측할 수 있다.

물방울 모형(liquid drop model)은 많은 핵자들이 액체 방울 속의 분자처럼 거동하는 무거운 핵을 비교적 잘 설명한다. 물방울 핵은 회전하고 진동하고 부피의 변화 없이 모양이 바뀔 수 있으며, 이렇게 양자화된 에너지 준위로 예측한 핵 감마선 스펙트럼은 실험 결과와 잘 일치한다. 물방울 모형은 38.4절의 핵분열도 잘 설명한다. 그러나 핵자수의 작은 변화가 주는 효과, 특히 마법수의 역할을 설명하지 못한다.

핵 껍질 모형(nuclear shell model)은 1940년대에 물리학자 마리아 메이어(Maria Goeppert Mayer)와 한스 옌젠(J. Hans Jensen)이 고안한 모형으로, 원자의 껍질 구조와 비슷한 핵 껍질 구조를 갖는다. 중성자와 양성자가 배타 원리를 따르기 때문에 껍질 구조가 생기며, 마법수는 불활성 기체의 전자 구조처럼 닫힌 껍질에 해당한다. 닫힌 껍질의 핵자는 단단히 속박되어 있으므로 마법핵이 특별히 안정할 수 있다. 게다가 닫힌 껍질을 넘어선 핵자는 핵의 가장자리에 머물므로 더 높은 에너지 준위로 들뜨기 쉽다. 핵 껍질 모형에서 중성자와 양성자는 독립적으로 거동하며, 각각은 자체의 양자수를 갖는다. 따라서 양성자와 중성자가 마법수이면 닫힌 껍질 구조가 된다. $^{40}_{20}\text{Ca}(Z = 20,\ N = 20)$ 같은 핵은 이중 마법수를 가지므로 특별히 더 안정하다.

집단 모형(collective model)은 닐스 보어의 아들 오게 보어(Aage Niels Bohr)가 고안한 모형으로, 물방울 모형과 껍질 모형을 결합하여 핵자의 양자역학적 집단 거동을 강조한다. 집단 모형은 크고 비마법적 핵이라도 구형이 아니면 안정하다고 예측한다.

핵구조에서 매우 무겁거나 중성자가 많은 핵을 생성하고 탐구하는 분야가 활발히 연구되고 있다. 21세기 초 115~118 원소를 생성함으로써 주기율표를 완성하였고, 소위 '안정성 섬'이라는 수명이 긴 핵, 즉 중성자 마법수가 184인 영역에 접근하게 되었다. 가벼운 원소 또한 새로운 동위원소의 발견이 계속되고 있는데 2018년 처음으로 합성된 반감기가 4 ms이고 중성자가 양성자의 2배에 이르는 칼슘-60이 그 예이다. 핵이론을 완성할 때까지 이러한 발견은 계속되어 핵구조의 경이로움과 물리학자들의 도전은 계속될 것이다.

38.2 방사능

LO 38.2 알파, 베타, 감마 방사능을 기술하고 이와 관련된 반감기를 계산할 수 있다.

1896년 프랑스의 앙리 베크렐(Henri Becquerel)은 우라늄 화합물 근처에 있던 사진건판이 가시광선에 노출되지도 않았는데 감광된 것을 발견하였다. 즉 자발적으로 고에너지 입자 또는 광자를 방출하는 **방사능**(radioactivity)을 발견한 것이다. 퀴리 부부(Marie Curie, Pierre Curie)는 즉시 이 현상을 설명하였고 마리 퀴리는 이를 방사능이라고 명명하였다. 베크렐과 퀴리 부부는 1903년 노벨 물리학상을 수상하였고, 마리 퀴리는 폴로늄과 라듐을 발견한 공로로 1911년 노벨 화학상도 수상하였다.

붕괴율과 반감기

방사능은 불안정한 핵의 붕괴로 발생하며, 동위원소에 따라 붕괴율이 다르다. 단위 시간당 붕괴 횟수를 방사성 물질의 **활성도**(activity)라고 하며, 이것의 SI 단위는 **베크렐**(becquerel, Bq)이다. 오래된 단위로 **퀴리**(curie, Ci)가 있는데, 이것은 라듐-226 1 g의 활성도와 거의 같은 3.7×10^{10} Bq이다. 주어진 동위원소 시료에서 활성도는 핵의 수 N에 비례하며, N은 핵붕괴와 함께 감소하므로 다음과 같이 표기할 수 있다.

$$\frac{dN}{dt} = -\lambda N$$

여기서 λ는 **붕괴 상수**(decay constant)이다. 이 식의 해는 축전기 방전, 유도 전류처럼 지수형 붕괴의 특성을 보인다. 따라서 이전과 마찬가지로 양변에 dt/N를 곱하고 적분하면

$$\int_{N_0}^{N} \frac{dN}{N} = -\lambda \int_0^t dt$$

이다. 여기서 N_0은 $t=0$에서 핵의 수이다. 적분하면 $\ln(N/N_0) = -\lambda t$를 얻는다. 또는 $e^{\ln x} = x$이므로 다음과 같이 표기할 수 있다.

$$N = N_0 e^{-\lambda t} \tag{38.3a}$$

식 38.3a에서 붕괴 상수 λ에 따라 지수형 붕괴율이 결정된다. 한편 붕괴 상수 λ는 1 s 동안에 붕괴할 확률이기도 하다. 지수형 붕괴를 기술하는 또 다른 편리한 방법을 주어진 시료에서 핵의 수가 반으로 줄어드는 시간인 **반감기**(half-life) $t_{1/2}$을 정의하는 것이다. $t=0$에서 핵의 수가 N_0이면 t초 후에 남아 있는 핵의 수를 다음과 같이 반감기로 표기할 수도 있다.

N은 시간 t일 때 방사성 물질의 양 또는 활성도이다.　　　$t_{1/2}$은 반감기이다.

$$N = N_0\, 2^{-t/t_{1/2}} \quad \text{(방사성 붕괴)} \tag{38.3b}$$

N_0은 시간 $t=0$일 때 방사성 물질의 양 또는 활성도이다.

따라서 반감기 $t_{1/2}$과 붕괴 상수 λ 사이에는 $t_{1/2} = \ln 2/\lambda \simeq 0.693/\lambda$인 관계가 있다(실전 문제 54 참조). 그림 38.5는 식 38.3b를 그린 곡선이다. 식 38.3b에 나타낸 것과 같이 활성도와 핵의 수가 비례하므로, 둘 다 반감기와 함께 감소한다. 표 38.1은 주요한 방사성 동위원소와 반감기를 수록한 표이다.

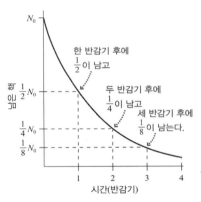

한 반감기 후에 $\frac{1}{2}$이 남고
두 반감기 후에 $\frac{1}{4}$이 남고
세 반감기 후에 $\frac{1}{8}$이 남는다.

그림 38.5 방사성 시료의 지수 붕괴

표 38.1 주요 방사성 동위원소

동위원소	반감기	붕괴 방식	주요 사항
탄소-14($^{14}_{6}$C)	5730년	β^-	탄소 연대 측정에 사용됨.
요오드-131($^{131}_{53}$I)	8.04일	β^-	핵무기, 핵반응로 사고 등의 핵분열 낙진. 갑상선 손상
산소-15($^{15}_{8}$O)	2.03분	β^+	PET 진단에 사용되는 짧은 수명의 산소 동위원소
칼륨-40($^{40}_{19}$K)	1.25×10^9년	β^-	자연에 0.012% 존재. 정상 인체의 주요 방사선샘. 방사성 동위원소 연대 측정에 사용됨.
플루토늄-239($^{239}_{94}$Pu)	24,110년	α	핵무기에 사용하는 핵분열 동위원소
라듐-226($^{226}_{88}$Ra)	1600년	α	퀴리 부부가 발견한 고방사성 물질. $^{238}_{92}$U 붕괴로 생성됨.
라돈-222($^{222}_{86}$Rn)	3.82일	α	자연에서 $^{226}_{88}$Ra의 붕괴로 생성되는 방사성 기체. 건물에 스며들어서 인체에 해로움.
스트론튬-90($^{90}_{38}$Sr)	29년	β^-	화학적으로 칼슘같이 거동하는 핵분열 생성물. 뼈에 흡수가 잘됨.
테크네튬-99m($^{99m}_{43}$Tc)	6.006시간	γ	Tc-99의 준안정 들뜬 상태로 의학적 진단에 널리 사용됨.
삼중수소($^{3}_{1}$H)	12.3년	β^-	생물학 연구에 주로 사용하는 수소 동위원소. 핵무기 수율을 높임.
우라늄-235($^{235}_{92}$U)	7.04×10^8년	α	자연에 0.72% 존재하는 핵분열 동위원소. 핵반응로 연료 및 간단한 핵무기에 사용됨.
우라늄-238($^{238}_{92}$U)	4.46×10^9년	α	흔한 우라늄 동위원소. 연쇄 반응을 일으키지 못함.

예제 38.2 방사성 붕괴: 후쿠시마 낙진

2011년 지진해일 때문에 발생한 일본의 후쿠시마 다이이치 핵발전소의 재난으로 주변 지역과 인접 해양에 방사성 낙진이 퍼졌다. 그 중에서도 I-131은 갑상선에 흡수되면 갑상선암을 유발하므로 매우 위험하다. 방사선이 방출된 직후에 후쿠시마 핵발전소로부터 약 90 km 떨어져 있는 이와키시에서 우유의 I-131 활성도는 980 Bq/kg을 기록하였다. 우유에 대한 안전기준인 300 Bq/kg까지 활성도가 낮아지려면 얼마나 기다려야 하는가?

해석 방사성 붕괴에 관한 문제이다. 우유의 킬로그램당 처음 활성도로부터 안전기준까지 낮아지는 기간을 구해야 한다. 표 38.1에서 I-131의 반감기는 8.04일이다.

과정 식 38.3b의 $N = N_0 2^{-t/t_{1/2}}$은 방사성 핵의 수와 활성도의 감소를 나타낸다. n번의 반감기 후에 활성도는 $1/2^n$으로 떨어진다. I-131의 활성도가 980 Bq/kg에서 300 Bq/kg까지 떨어지는 반감기의 수 n을 구하므로, 풀어야 할 식은 $1/2^n = 300/980$이다.

풀이 $1/2^n = 300/980$을 뒤집어서 양변에 로그를 취하면

$$\ln(2^n) = \ln(980/300)$$

이고, $\ln(2^n) = n \ln 2$이므로 다음을 얻는다.

$$n = \frac{\ln(980/300)}{\ln 2} = 1.71\,\text{반감기}$$

$t_{1/2} = 8.04$일이므로 이것은 13.7일, 즉 2주에서 조금 모자란다.

검증 위 결과는 실제 상황과 잘 맞는다. 처음에 우유에는 I-131이 거의 1000 Bq/kg만큼 들어 있었다. 한 번의 반감기 후에 활성도는 500 Bq/kg이고, 다음 번 반감기 후에는 250 Bq/kg이므로 이미 안전기준 이하이다. 그러므로 답은 한 번의 반감기와 두 번의 반감기 사이에 있어야 하고, 두 번의 반감기 후에 도달하는 250 Bq/kg은 안전기준 300 Bq/kg보다 그리 적지 않기 때문에 답은 두 번의 반감기에 가깝다. 2주의 대기 시간은 물리학뿐만 아니라 정부의 안전기준 정책에도 의존한다. 연습 문제 21은 더 낮은 국제 기준인 100 Bq/kg을 사용하여 이 예제를 다시 계산하는 것이고, 실전 문제 55는 체르노빌 핵 사고에 따른 유사한 오염 상황을 고려한다.

반감기와 2의 거듭제곱 n번의 반감기가 지나면 활성도가 $1/2^n$로 감소한다. 활성도를 계산할 때 $2^{10} = 1024$ 또는 1000으로 어림하면 편리하다. 즉 10번의 반감기마다 활성도가 약 1000배로 감소한다. 따라서 20번의 반감기가 지나면 백만 배 감소한다.

확인 문제 **38.2** PET 촬영을 위하여 환자에게 반감기가 2 min인 방사성 O-15를 주사하였다. 한 시간 후에 원래 ^{15}O의 몇 배로 감소하는가? (a) 1/30, (b) 1/60, (c) 10^{-3}, (d) 10^{-6}, (e) 10^{-9}

예제 38.3 방사성 붕괴: 고고학

응용 문제가 있는 예제

고고학자가 고대 유적의 아궁이에서 파낸 목탄의 단위 질량당 탄소-14의 활성도는 살아 있는 나무의 7.4%이다. 목탄의 연대를 구하라. (다음의 응용물리 참조)

해석 탄소-14의 붕괴를 이용하여 연대를 측정하는 문제이다. ^{14}C의 활성도가 원래 값의 7.4%까지 낮아지는 시간을 구해야 한다. 표 38.1에서 ^{14}C의 반감기는 5730년이다.

과정 식 38.3b, $N = N_0 2^{-t/t_{1/2}}$에서 n번의 반감기 후에 활성도는 $1/2^n$로 떨어진다. 따라서 $1/2^n = 0.074$인 n을 구한다.

풀이 예제 38.2처럼 구하면 다음을 얻는다.

$$n \ln 2 = \ln(1/0.074)$$

즉 $n = 3.76$, $t_{1/2} = 5730$ y이므로 목탄의 나이는 21,500년이다.

검증 답을 검증해 보자. 한 번의 반감기 후에 활성도는 50%이고, 다음 번 반감기 후에는 25%, 세 번째는 12.5%, 네 번째는 6%이므로 7.4%에 도달하려면 최소한 네 번의 반감기보다 약간 짧은 기간이 걸린다.

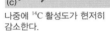

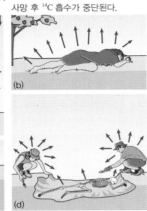

대기에 형성된 탄소-14는 먹이 사슬로 생명체에 축적된다.

(a)

사망 후 ^{14}C 흡수가 중단된다.

(b)

(c)

나중에 ^{14}C 활성도가 현저히 감소한다.

(d)

고고학자들은 발굴한 유물의 ^{14}C 활성도를 측정하여 사망 이후의 시간을 유추한다. 고고학자는 ^{14}C를 흡수하여 사망한 고대인보다 활성도가 높다.

고고학자, 고미술학자, 지질학자 등은 방사성 붕괴를 이용하여 고대 유적의 연대를 측정한다. 수만 년의 연대 측정에는 반감기가 5730년인 탄소-14를 주로 사용한다. ^{14}C는 대기 중에서 우주선과 질소의 상호작용으로 생성된다. 생명체는 ^{14}C를 계속해서 흡수하여 방사성 활성도와 균형을 이루므로 체내

의 ^{14}C 농도가 항상 일정하다. 그런데 사망 후에는 ^{14}C 흡수가 중단되어 ^{14}C의 농도가 감소하기 시작한다. 따라서 ^{14}C와 안정한 ^{12}C의 비율을 측정하여 살아 있는 동일 생명체의 비율과 비교하면 사망연대를 추정할 수 있다(그림과 예제 38.3 참조).

지상에 쏟아지는 우주선 다발은 태양의 활동에 따라 다르므로 $^{14}C/^{12}C$의 비율도 달라진다. 과학자들은 고대 나무의 나이테 자료를 토대로 이러한 효과를 보정한다. 실제 방사능을 측정하는 것은 다량의 시료가 필요하므로 ^{14}C를 질량 분석계(예제 26.2에서 설명한 장치)로 보통의 ^{12}C와 분리하여 그 개수를 세는 정교한 연대 측정법을 사용한다.

탄소 연대 측정은 약 20,000년 전까지는 제법 정확하며 50,000년 전까지 확장할 수도 있다. 암석의 나이 같은 수억 년의 연대는 수명이 긴 방사성 동위원소를 이용하여 측정한다. 이와 같은 방사성 연대 측정으로 지구나 태양계의 과거에 대한 정보를 얻고 있다.

현 시대에서 대기의 $^{14}C/^{12}C$ 비율은 계속 증가하는 대기의 CO_2가 화석 연료의 연소로부터 유래한다는 증거를 제공한다(16장의 응용물리 '온실효과와 지구 온난화' 참조). 그 $^{14}C/^{12}C$ 비율이 떨어지고 있어서 추가된 CO_2가 ^{14}C의 비율을 격감시킨다는 것을 보여 준다. 이것은 함유된 ^{14}C가 모두 붕괴할 정도로 충분히 오랫동안 대기와 접촉이 차단된 탄소 자원의 비율과 일치한다. 또한 ^{12}C에 대해 안정된 동위원소 ^{13}C의 비율도 감소하고 있다. 식물은 가벼운 ^{12}C를 우선적으로 받아들이므로 ^{12}C에 대한 ^{14}C와 ^{13}C의 비율의 감소는 (새로운 대기 탄소는) 아주 오래 전부터 묻혀 있던, 식물에서 유래한 자원, 즉 화석 연료임을 가리킨다.

방사선 종류

자기장을 통과하는 방사선은 세 종류의 방사선이 있음을 보여 준다. 그림 38.6처럼 하나는 양으로 대전되고, 다른 하나는 음으로 대전되며, 나머지 하나는 중성이다. 초기의 연구자들은 이를 각각 알파선, 베타선, 감마선이라고 불렀다. 오늘날 우리는 알파선은 He-4 핵이고, 베타선은 고에너지 전자(또는 양전자)이며, 감마선은 고에너지 광자라는 것을 알고 있다. 각 방사선은 침투 깊이가 다르다. 알파선은 한 장의 종이로도 막을 수 있지만, 베타선은 물질 속 수 cm까지 침투하고, 중성인 감마선은 콘크리트나 납덩어리도 통과한다. 방사성 동위원소는 방사선의 종류도 다르지만 에너지도 또한 다르다.

그림 38.6 세 종류의 방사선은 자기장에서 갈라진다.

알파 붕괴

양전하가 많은 핵이 주로 알파선을 방출한다. 이때 두 개의 양성자와 중성자를 지닌 알파 입자 ^4_2He를 방출하면서 전하의 질량이 줄어든다. 즉 반응식은 다음과 같다.

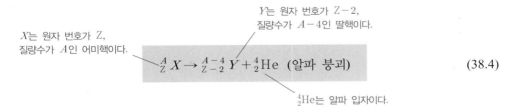

X는 원자 번호가 Z, 질량수가 A인 어미핵이다.

Y는 원자 번호가 $Z-2$, 질량수가 $A-4$인 딸핵이다.

$$^A_Z X \rightarrow \, ^{A-4}_{Z-2} Y + \, ^4_2 He \quad \text{(알파 붕괴)}$$ (38.4)

^4_2He는 알파 입자이다.

여기서 X는 원래의 핵, 즉 **어미핵**(parent nucleus)이고, Y는 **딸핵**(daughter nucleus)이다. 반응식 양변에서 원자 번호의 합과 질량수가 같다. 이 반응과 관련된 에너지의 대부분은 알

파 입자의 운동 에너지이다. 사실상 알파 입자는 핵의 퍼텐셜 장벽을 빠져나오는데 필요한 에너지보다 작은 운동 에너지로 핵에서 빠져나온다. 알파 입자가 핵에서 빠져나올 수 있는 방법은 양자 터널링밖에 없으므로, 알파 붕괴로 양자 터널링을 확인할 수 있다.

베타 붕괴

너무 많은 중성자를 가진 핵은 전자, 양성자, **중성미자**(neutrino, ν)를 방출하면서 붕괴한다. 고에너지 전자가 베타선으로 방출되면서 양전하가 증가하여 질량수는 같지만 원자 번호가 하나 증가한다. 즉 반응식은 다음과 같다.

X는 원자 번호가 Z, 질량수가 A인 어미핵이다.

Y는 원자 번호가 $Z+1$, 질량수가 A인 딸핵이다.

$$_{Z}^{A}X \rightarrow\, _{Z+1}^{\ \ A}Y + e^{-} + \bar{\nu} \ \text{(베타 붕괴)}$$ (38.5a)

e^{-}는 전자이고, $\bar{\nu}$는 반중성미자이다.

보통의 베타 붕괴에서 나오는 중성미자는 반중성미자($\bar{\nu}$)이다.

베타 붕괴는 약한 핵력의 증거이다. 태양에서는 베타 붕괴로 중성미자의 흐름이 형성되어 태양 핵에 대한 정보를 알려 준다. 왜냐하면 중성미자는 중성이고 거의 질량이 없으므로 물질과 거의 상호작용하지 않기 때문이다. 예를 들어 중성미자는 상호작용할 확률이 거의 없이 지구 전체를 투과할 수 있다. 39장에서 머나먼 천체나 초기 우주를 알 수 있는 새로운 창으로 중성미자를 공부할 것이다.

베타 붕괴의 두 번째 유형은 양성자가 중성자로 변환되면서 다음 반응식처럼 양전자(반전자 e^{+})와 중성미자를 방출한다.

$$_{Z}^{A}X \rightarrow\, _{Z-1}^{\ \ A}Y + e^{+} + \nu \ \text{(베타 붕괴, 양전자 방출)}$$ (38.5b)

이 반응은 탄소나 산소 같은 가벼운 원소의 수명이 짧은 동위원소에서 주로 발생한다. 한편 양전자가 소멸되면서 나오는 감마선은 PET 의료영상장치에서 사용한다(PET는 33장의 응용물리 'PET 스캔' 참조).

베타 붕괴의 세 번째 유형은 핵이 내부 껍질의 전자를 포획하는 **전자 포획**(electron capture)으로, 양성자가 중성자로 변환되면서 중성미자를 방출한다. 즉 반응식은 다음과 같다.

$$_{Z}^{A}X + e^{-} \rightarrow\, _{Z-1}^{\ \ A}Y + \nu \ \text{(전자 포획)}$$ (38.5c)

감마 붕괴

들뜬 상태에 있는 핵도 원자처럼 광자를 방출하면서 붕괴된다. 그러나 핵과정과 관련된 고에너지 광자가 방출되므로 스펙트럼에서 감마선 영역의 광자가 방출된다. 감마선 광자는 중성이고 질량이 없으므로 핵의 변화가 없는 다음의 반응식으로 감마 붕괴를 표기한다.

$$_{Z}^{A}X^{*} \rightarrow\, _{Z}^{A}X + \gamma \ \text{(감마 붕괴)}$$ (38.6)

여기서 X^{*}는 들뜬 상태를 나타낸다.

붕괴 계열과 인공 방사능

^{40}K과 ^{238}U 같은 방사성 동위원소는 그 수명이 지구의 나이와 비슷하여 자연 상태에서 쉽게 발견할 수 있다. 또한 수명이 짧은 방사성 동위원소도 발견할 수 있다. 우주선이 만드는 ^{14}C 같은 방사성 동위원소는 자연적으로 발생하는 핵반응에 의해 생성된다. 다른 많은 종류의 방사성 동위원소는 수명이 긴 동위원소의 붕괴, 입자 가속기, 핵반응로, 핵폭발 등에서 생성된다.

그림 38.7은 반감기가 4.46억 년으로 주변에 흔한 우라늄-238의 **붕괴 계열**(decay chain)을 보여 준다. 우라늄이 있는 곳에는 이러한 붕괴 계열에서 생성된 수명이 짧은 딸핵이 존재한다. 생성과 붕괴 사이의 균형으로 붕괴 계열의 생성물 존재 비율이 결정된다. 우라늄 딸핵의 하나인 라돈-222는 닫힌 공간에서 인체에 심각한 해를 입힌다.

1930년 퀴리의 딸 이렌 퀴리(Irène Curie)와 남편 프레데리크 졸리오퀴리(Frédéric Joliot-Curie)는 알파 입자를 안정한 동위원소에 부딪혀서 처음으로 인공 방사능을 만들었다. 오늘날에는 방사성 동위원소를 가속기의 입자빔이나 핵반응로에서 나오는 중성자로 만들거나, 핵분열의 생성물로 얻기도 한다.

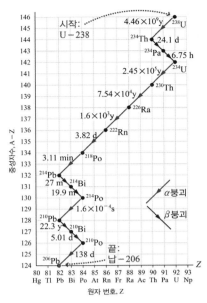

그림 38.7 우라늄-238의 붕괴로 수명이 짧은 핵이 생성된다. 시간은 반감기이다.

방사능의 활용

핵방사선은 현대 사회에 크게 기여하고 있다. 다음의 몇 가지 용도를 살펴보자.

- **방사성 추적자** 방사성 원자를 분자에 넣어서 '표지'를 만들면 생체나 물리계 내의 흐름을 쉽게 추적할 수 있다. 생물학자는 방사성 추적자를 사용하여 화학물의 흡수와 분포를 조사한다. 공학자는 방사성 동위원소를 이용하여 기계 부품의 마모를 연구한다. 의사는 방사성 동위원소 화합물로 골격계의 영상을 얻어서 암과 같은 질병을 진단한다.
- **암 치료** 생체 세포를 파괴하는 방사선은 세포 분열이 빠른 암세포에 효과적이다. 초기에는 감마선을, 현재는 입자빔을 사용하여 주변 조직에 손상을 덜 입히면서 치료하고 있다. 또한 방사성 동위원소 '씨앗'을 종양에 직접 심기도 한다.
- **음식물 저장** 방사선은 박테리아나 효소를 파괴하여 음식물의 부패를 막으므로 음식물을 장기간 보관하고 안전하게 공급할 수 있다. 아직도 방사선 피폭의 위해성에 대한 논란이 있지만 방사선 사용이 증가하고 있다.
- **해충 제거** 방사선은 선택적으로 재생세포에 손상을 입히므로 불임을 야기한다. 일단의 해충들을 불임시키면 정상 해충들과 짝짓기를 해도 그 수가 급격히 줄어들 것이다. 감귤류에 심각한 해를 입히는 지중해 과일파리를 이 방법으로 제거하고 있다.
- **화재 안전** 보통의 화재 감지기는 아메리슘-241을 포함하고 있다. 아메리슘에서 방출되는 알파 입자는 공기를 이온화하여 전류를 흐르게 만든다. 연기 입자가 전류를 방해하면 경보가 울리게 된다. 비상구 등은 방사성 삼중수소(^{3}H)로 전기 없이 빛을 낸다.
- **활성도 분석** 중성자나 다른 입자를 물질에 포격하면 들뜬 상태가 되거나 불안정한 동위원소를 생성한다. 이때 나오는 방사선을 분석하면 미지의 물질을 파악할 수 있다. 고미술학자는 이 방법으로 위조품을 검출하고, 환경과학자는 공해 물질의 조성을 파악하며, 공항에서는 수하물 탐지기로 활용하고 있다.

방사선의 생물학적 효과

핵방사선의 고에너지는 생물 분자를 이온화시키거나 파괴해서 세포 사망, 생체 기능 손실, 암 발생이나 다음 세대의 돌연변이 등을 일으킨다. 마리 퀴리와 이렌 퀴리 같은 초기의 핵물리학자들은 과다한 방사선 노출로 백혈병, 암으로 사망하였다.

방사선량에서 흡수한 에너지로 생물학적 위험도를 대략 가늠할 수 있다. 흡수선량의 SI 단위는 **그레이**(gray, Gy)로 흡수 물질 1 kg당 1 J의 에너지로 정의한다. 좀 더 적절한 단위는 **시버트**(sievert, Sv)로 특정한 방사선에 대한 생체 효과로 가중한 단위이다. 예를 들어 알파 입자는 감마선보다 단위 에너지당 피해가 더 크므로, 1 Gy의 알파선은 1 Gy의 감마선보다 더 해롭다. 그러나 1 Sv의 알파선은 1 Sv의 감마선과 같은 손상을 입힌다.

방사선량의 생물학적 효과는 잘 알려져 있다. 예를 들면 4 Sv에 노출된 사람의 절반은 사망하게 된다. 그러나 0.1 Sv 이하에 대해서는 논란이 있다. 적절한 수의 집단이 정량화된 방사선에 노출된 경우가 매우 드물므로 낮은 방사선량에 대한 효과가 정확하지 않기 때문이다. 1979년 스리마일 아일랜드 핵사고로 근처 주민이 받은 10 μSv 정도의 매우 낮은 방사선량의 효과는 더욱더 불확실하다. 즉 생물학적 재생 능력 때문에 낮은 방사선량의 피해는 제한적이다. 반면에 낮은 방사선량이라도 영아나 태아에게는 불균형을 초래할 수 있다. 2005년 미국국립과학원(NAS)은 저준위 방사선의 주된 인체 효과인 암 발생 위험이 방사선량에 정비례한다는 연구 결과를 발표하였다. NAS의 연구 결과에 따르면 0.1 Sv에 한 번 노출되면 일생 동안 암에 걸릴 확률이 만 분의 일이다. 한편 다른 요인으로 암에 걸릴 확률은 42%이다.

전 세계적으로 일반적인 사람은 매년 약 3 mSv의 방사선에 노출되는데 대부분은 자연 방사선원에 의한 것이다(그림 38.8a 참조). 가장 많은 42%에 해당하는 것은 라돈-222인데, 토양이나 건축자재에 포함된 우라늄의 자연붕괴로 건축물에서 나오는 방사능 기체이다. 인체에서 나오는 방사선은 전체의 9% 정도이며, 의료 행위가 약 20%를 차지한다. 원자력 발전, 무기 시험, 소비재를 포함한 인공적인 방사선원은 전체 방사선 노출의 0.33%에 지나지 않는다.

미국의 상황은 다소 다른데(그림 38.8b) 의료 행위로 인한 방사선 노출이 거의 절반을 차지하고 그 비율은 최근 수십 년 동안 크게 증가하여 전 세계 평균의 두 배인 연간 6 mSv에 이른다. 미국의 경우 연기 탐지기, 삼중 수소 전력 비상구 표지, 담배 및 건축자재와 같은 소비자 제품이 거의 2%를 차지하는 반면 원자력 발전, 무기 시험의 선량은 전 세계와 비슷한 수준이지만 미국인의 연간 선량에는 1% 미만이다.

어느 곳에 있건 평균 선량은 단지 평균이다. 1마일 높이의 덴버에 살고 있다면 우주선에 의한 노출은 증가할 것이다. 대서양을 횡단하는 비행 승무원이라면 우주선에 의한 방사선 노출량은 원자력 산업 종사자보다 많을 것이다. 인도 남서 해안의 케랄라 지역에 산다면 모래와 흙에 있는 방사능 토륨으로 연간 수십 mSv의 방사선에 노출될 것이다. 거주 지역과 방사선 선량에 관계없이 방사선 노출로 인한 건강 위험은 알려진 다른 위험들에 비해 미미하다.

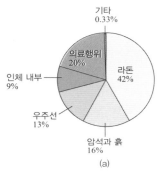

(a)

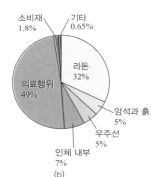

(b)

그림 38.8 자연 방사선원(회색)과 인공 방사선원(초록색)의 연간 평균 선량의 백분율. (a)는 전 세계 평균이며 '기타'에는 소비 제품, 원자력, 방사능 폐기물 그리고 무기 시험이 포함되어 있다. (b)는 미국에 대한 것이며 소비 제품이 '기타' 범주와 별개로 표시되어 있다.

38.3 결합 에너지와 핵합성

LO 38.3 결합 에너지 곡선을 설명하고 그것이 어떻게 핵분열과 핵융합 그리고 원소들의 생성에 관련되는지 설명할 수 있다.

핵을 분해하려면 강한 핵력을 극복할 에너지가 필요하다. 강하게 결합된 핵의 **결합 에너지**는 매우 크다. 핵 상호작용에 관련된 에너지는 매우 커서 아인슈타인의 질량-에너지 등가가 명백히 드러난다. 따라서 에너지 보존에서 입자의 정지 에너지를 고려하는 것은 필수적이다. 에너지 보존을 다음과 같이 표기할 수 있다.

$$m_N c^2 + E_b = Z\, m_p c^2 + (A-Z)m_n c^2 \tag{38.7}$$

여기서 왼쪽 항은 질량이 m_N인 핵의 정지 에너지와 결합 에너지인 E_b이다. 오른쪽 항은 양성자 mZ개와 중성자 $(A-Z)$개의 정지 에너지이다. 식 38.7에 따라 결합 에너지에 해당하는 에너지를 공급하면 핵을 구성하고 있는 핵자로 분해할 수 있다. 또한 핵자를 결합하여 핵을 만들면 E_b에 해당하는 에너지가 방출된다.

식 38.7에서 핵질량 m_N은 핵자 질량의 합이 아니다. 오히려 E_b/c^2만큼 적다. 이는 질량-에너지 등가의 명백한 증거로, 33장에 강조하였다. 이를 **질량 결손**(mass defect)이라고 한다. 물 분자의 질량도 수소와 산소 원자 질량의 합보다 적지만, 화학적 결합 에너지가 극히 작으므로 사실상 그 차이를 측정할 수 없다. 강한 핵력 때문에 핵의 상호작용에서 질량-에너지 등가 현상이 명백하게 드러나는 것이다.

핵과 입자의 질량은 탄소-12 원자 질량의 1/12로 정의하는 **원자 질량 단위**(unified mass unit, u)로 표기하며, 크기는 1.66054×10^{-27} kg으로서 양성자나 중성자의 질량보다 약간 작다. 질량-에너지 등가를 철저하게 활용하는 고에너지 물리학자는 정지 에너지를 MeV 단위로 계산한 MeV/c^2을 주로 사용한다. 표 38.2는 주요 입자의 질량을 kg, u, MeV/c^2으로 표기한 표이다. 실제로는 핵질량보다 원자 질량을 주로 다루지만 전자의 질량이 매우 작으므로 그 차이는 그리 크지 않다.

표 38.2 주요 입자의 질량

	질량(kg)	질량(u)	질량(MeV/c^2)
전자	9.10939×10^{-31}	0.000548579	0.510999
양성자	1.67262×10^{-27}	1.007276	938.272
중성자	1.67493×10^{-27}	1.008665	939.566
$^1_1\mathrm{H}$ 원자	1.67353×10^{-27}	1.007825	938.783
알파 입자($^4_2\mathrm{He}$ 핵)	6.64466×10^{-27}	4.001506	3727.38
$^{12}_6\mathrm{C}$ 원자	1.99265×10^{-26}	12	11,177.9
원자 질량 단위(u)	1.66054×10^{-27}	1	931.494

예제 38.4 · 헬륨의 질량 결손: 태양 에너지 · 응용 문제가 있는 예제

표 38.2의 질량을 이용하여 ^4_2He의 결합 에너지를 구하라.

해석 He-4의 조성 핵자를 분리하는 데 필요한 결합 에너지를 구하는 문제이다. 헬륨 원소 기호 ^4_2He에서 양성자수는 $Z = 2$이고, 중성자수는 $N = A - Z = 2$이다.

과정 식 38.7에서 결합 에너지는 다음과 같다.

$$E_b = Z\,m_p c^2 + (A - Z)\,m_n c^2 - m_N c^2$$

풀이 표 38.2로부터 Z와 $N = A - Z$, 양성자, 중성자, 알파 입자

(He-4 핵)의 질량을 넣으면 다음을 얻는다.

$$E_b = 2(938.272\ \text{MeV}/c^2)c^2 + 2(939.566\ \text{MeV}/c^2)c^2$$
$$- (3727.38\ \text{MeV}/c^2)c^2$$
$$= 28.3\ \text{MeV}$$

검증 MeV/c^2 단위의 질량을 사용하면 c^2이 상쇄되어 광속을 계산할 필요가 없어서 매우 편리하다. 태양에서 핵반응으로 He-4를 생성하면서 방출하는 에너지 26.7 MeV는 계산값 28.3 MeV와 매우 가깝다.

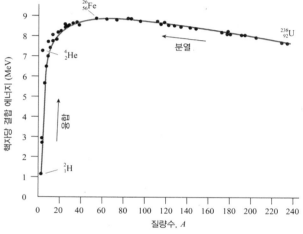

그림 38.9 융합과 분열로 핵에너지의 방출 가능성을 보여 주는 결합 에너지 곡선

결합 에너지 곡선

결합 에너지는 원소와 핵에너지에 관한 정보의 요람이다. 그림 38.9는 핵자당 결합 에너지를 질량수 A의 함수로 그린 **결합 에너지 곡선**(curve of binding energy)이다. 결합 에너지의 값이 클수록 핵이 더 강하게 결합되어 있다. $A = 60$ 근처의 넓은 봉우리에서 핵이 가장 강하게 결합되므로 가벼운 두 핵이 결합하기 쉽다. 즉 **핵융합**(nuclear fusion)으로 중간 무게의 핵을 만들 수 있다. 반면에 무거운 핵은 **핵분열**(fission)로 중간 무게의 핵으로 나뉘질 수 있다. 다음 장에서 핵분열과 핵융합에 대해 공부할 것이다.

확인 문제 **38.3** 다음의 핵들을 가장 강하게 결합된 순서대로 나열하라. ^4_2He, $^{238}_{92}\text{U}$, $^{57}_{26}\text{Fe}$, ^2_1H, $^{132}_{54}\text{Xe}$

핵합성과 원소의 기원

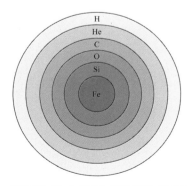

그림 38.10 초신성이 되기 전인 무거운 별의 양파 같은 구조. 각 껍질에서 핵융합으로 표시된 원소가 상대적으로 많이 생성된다.

에너지 관점에서 보면 가벼운 핵은 핵융합하기가 더 쉽다. 이들은 전기적 척력을 극복할 충분한 에너지만 있으면 핵융합을 할 수 있다. 빅뱅 후 1분에서 30분 사이의 초기 우주의 초고온 상태가 이러한 조건에 해당한다. 그 시기에 양성자가 융합하여 헬륨을 만들어서 현재 존재하는 대략적인 구성인 75%의 수소와 25%의 헬륨이 형성되었으며, 중수소, 리튬, 베릴륨, 보론 등이 소량 만들어졌다. 수억 년 후에는 첫 번째 별이 탄생하였고, 매우 무거운 별의 내부 조건이 성숙되면서 세 개의 헬륨 핵이 융합하여 탄소-12가 생성되었으며, 이러한 융합 반응으로 $A = 60$ 근처까지의 동위원소들이 만들어졌다. 인체를 구성하는 대부분의 물질인 $A < 60$에 해당하는 모든 원소들은 무거운 별들의 내부에서 형성된 것이다(그림 38.10 참조). 그러한 별들은 자신의 종말에 초신성 폭발을 겪는데, 융합-합성된 원소들을 성간 물질로 토해내어 먼 미래에 별, 행성 심지어 우리 자신도 형성한다. $A > 60$에 해당하는 원소의 거의 절반이 무거운 별 안에서 서서히 형성되었다. 수십 년 동안 천체물리학자들은 다른 절반의 생성 원인에 대해 의문을 가졌는데, 훨씬 빠른 과정과 중성자가 많은 환경을 필요로 한다. 대부분은 이러한 무거운 원소들이 초신성이 폭발하는 동안 생성된다고 믿었지만, 2017년 충

돌하는 중성자별의 중력파 탐지(33.9절 참조)로 금을 포함한 무거운 원소들의 주요 생성 요인인 중성자 별의 충돌을 신속하게 확인한 천문 관측이 쏟아져 나왔다.

38.4 핵분열

LO 38.4 핵분열을 기술하고 어떻게 핵반응로에 쓰일 수 있는지 설명할 수 있다.

1932년에 처음으로 발견된 중성자는 핵 내의 전기적 척력을 극복할 필요가 없으므로 핵을 탐사하는 좋은 시험자이다. 1938년 독일의 화학자 오토 한(Otto Hahn)과 프리츠 슈트라스만(Fritz Strassmann)이 중성자를 우라늄에 충돌시키는 실험을 하였다. 그들은 반응 생성물 중에서 바륨과 란타넘 같은 가벼운 방사성 동위원소를 발견하였다. 물리학자 리제 마이트너(Lise Meitner)와 그의 조카 오토 프리슈(Otto Frisch)는 이들의 실험 결과를 우라늄이 갈라진 **핵분열**(fission)이라고 명명하였다(그림 38.11 참조). 핵분열에서 나오는 에너지의 크기가 화학 반응의 에너지보다 엄청나게 크다는 사실은 핵분열의 군사적 사용이라는 명백하면서도 불길한 징조를 암시하였다. 더욱이 그 당시는 제2차 세계 대전이 발발하기 직전이었다. 곧 핵무기 개발 경쟁이 시작되었고 파시즘을 피해서 미국으로 망명한 여러 물리학자들의 도움으로 미국이 먼저 성공하였다. 이탈리아인 페르미가 주도하는 팀은 시카고 대학의 운동장 관중석 밑에서 1942년 첫 번째 핵반응로를 가동시켰다. 3년 후 뉴멕시코의 트리니티 핵실험장에서 첫 번째 핵실험이 실시되었고, 1945년 일본의 히로시마와 나가사키에 핵폭탄이 투하되었다.

핵분열은 자발적으로 일어나지만 중성자가 무거운 핵을 두드릴 때에 훨씬 쉽게 일어난다. 그림 38.11은 U-235 핵이 중성자 하나를 흡수하여 U-236이 되는 과정을 보여 준다. 새 핵은 아령 모양으로 진동하다가 전기적 척력으로 갈라진다. 이것이 핵분열이다. **핵분열 생성물**(fission product)은 일반적으로 질량이 같지 않은 중간 무게의 핵들로, 대개 두 세 개의 중성자가 방출된다. 중간 단계의 U-236을 생략하면 U-235의 중성자 유도 핵분열은 다음과 같다.

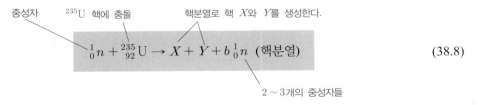

중성자　^{235}U 핵에 충돌　핵분열로 핵 X와 Y를 생성한다.

$$\,_{0}^{1}n + \,_{92}^{235}\text{U} \rightarrow X + Y + b\,_{0}^{1}n \quad (\text{핵분열}) \qquad (38.8)$$

2 ~ 3개의 중성자들

여기서 $\,_{0}^{1}n$은 전하 0, 질량 1 u인 중성자이고, X와 Y는 핵분열 생성물이며, b는 즉각 튀어나오는 중성자의 수이다. 식 38.8의 한 예는 ^{235}U가 바륨과 크립톤을 생성하는 $\,_{0}^{1}n + \,_{92}^{235}\text{U} \rightarrow \,_{56}^{141}\text{Ba} + \,_{36}^{92}\text{Kr} + 3\,_{0}^{1}n$이다. 이 반응식에서 총 전하(아래 첨자)가 양 변에서 같고, 질량수(위 첨자)도 일치한다.

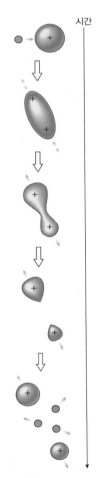

시간

그림 38.11 ^{235}U의 중성자 유도 핵분열 과정에서 세 중성자(회색)가 방출된다.

개념 예제 38.1 **방사성 폐기물!**

그림 38.3을 사용하여 왜 핵분열 생성물이 필연적으로 방사성인지 설명하라.

풀이 그림 38.3에 따르면 더 무거운 핵은 양성자의 전기적 척력을 극복하기 위해 양성자 대비 중성자 비율이 더 높아야 한다. 우라늄이 분열할 때 생기는 핵은 원래 우라늄과 거의 같은 양성자 대비 중성자 비율을 가진다. 그러나 생성물에게는 중성자가 너무 많은 셈이므로 베타 붕괴를 통해 방사성이 아주 높게 된다. 그림 38.12는 이 점을 보여 주는 핵종류표이다.

검증 방사성이 높은 물질은 빨리 붕괴하므로 상대적으로 수명이 짧다. 수명이 긴 핵분열 생성물조차 일반적으로 반감기가 수십 년

이다.

관련 문제 ^{235}U의 중성자 유도 핵분열로 $^{102}_{42}$Mo, 중성자 3개, 기타 핵분열 생성물이 나온다. 그 생성물은 무엇인가?

풀이 이 반응은 식 38.8의 특별한 경우이다. 미지의 핵분열 생성물을 X로 나타내면 $^{1}_{0}n + ^{235}_{92}U \rightarrow ^{102}_{42}Mo + ^{Z}_{A}X + 3^{1}_{0}n$이 된다. 원자 번호와 질량수를 같게 놓으면 $A = 131$과 $Z = 50$을 얻는다. 주기율표에서 $Z = 50$인 원소는 요오드이므로 X는 I-131이다. 바로 예제 38.2에서 논의하였던 위험한 오염 물질이다.

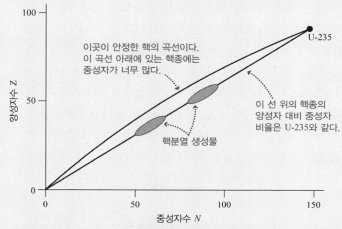

그림 38.12 그림 38.3을 단순화한 이 핵종류표는 핵분열 생성물이 너무 많은 중성자를 가지고 있어서 안정한 핵 아래 있다는 것을 보여 준다.

핵분열 에너지

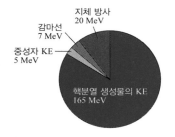

그림 38.13 핵분열 에너지는 핵분열 생성물, 중성자, 방사에 분산된다.

그림 38.13에 나타낸 것처럼 우라늄 하나의 핵분열에서 약 200 MeV의 에너지가 방출된다. 가장 바깥 껍질의 핵자에 작용하는 힘과 연관된 에너지 장벽 때문에 자발적인 핵분열은 드물다. 핵분열은 보통 핵이 중성자를 흡수할 때 발생하여 그림 38.11에 나타낸 과정을 시작한다. ^{238}U과 ^{235}U를 포함해서 무거운 핵들은 **분열성**(fissionable)이 있어 중성자 유도 핵분열을 할 수 있다. **핵분열성**(fissile) 핵은 열에너지를 포함한 다양한 에너지의 중성자를 방출하는 핵분열을 한다. 핵분열성 핵은 홀로 핵 연쇄 반응을 유지할 수 있어서 핵발전소와 핵무기 둘 다에 매우 중요하다. 중요한 핵분열성 핵은 우라늄-233, 우라늄-235, 플루토늄-239 세 종류가 있다.

천연우라늄은 약 0.7%만 우라늄-235이고, 나머지는 우라늄-238이다. 따라서 핵분열을 일으키려면 ^{235}U를 농축해야 한다. 상업용 핵발전소의 사용량은 몇 %뿐이고, 80% 이상은 핵무기 제조에 사용된다. 동위원소 ^{235}U와 ^{238}U이 화학적으로 비슷해서 약간의 질량 차를 구별할 수 있는 농축 기술이 필요하기 때문에 **우라늄 농축**(uranium enrichment)은 어렵고 비용이 많이 든다. 오늘날에는 6플루오르화 우라늄(UF_6) 기체를 고속 원심분리기로 회전시

켜서 농축시킨다. 농축 기술을 가진 국가는 핵무기급 우라늄을 생산할 수 있다.

플루토늄-239는 반감기가 24,110년이며 자연에 존재하지 않는다. 이것은 ^{238}U에 중성자를 충돌시켜 생성할 수 있다. 이때 만들어진 ^{239}U가 ^{239}Np로 변하고, ^{239}Np가 핵분열성 ^{239}Pu로 변한다. 이러한 반응식은 다음과 같다.

$$_{0}^{1}n + _{92}^{238}U \rightarrow _{92}^{239}U$$

$$_{92}^{239}U \rightarrow _{93}^{239}Np + e^{-} + \bar{\nu}$$

$$_{93}^{239}Np \rightarrow _{94}^{239}Pu + e^{-} + \bar{\nu}$$

^{239}Pu는 핵반응로에서 계속 생성되지만(실전 문제 80 참조), 사용 후 핵연료에서 플루토늄을 추출하는 **재처리**(reprocessing)는 매우 어렵고 위험하다. 다른 플루토늄 동위원소의 오염때문에 재처리 과정이 더 어려워진다. 우라늄 농축과는 달리 플루토늄 재처리는 극도로 민감한 기술이다. 몇몇 유럽 국가와 일본이 핵연료를 재처리하여 상업용 ^{239}Pu를 만들고 있다.

예제 38.5 | **핵분열: 우라늄 대 석탄**

핵분열당 200 MeV의 에너지가 방출된다면, 석탄 1000 kg의 에너지와 같은 양을 방출하는 순수한 ^{235}U의 양은 얼마인가?

해석 핵분열 에너지와 석탄의 화학적 연소 에너지를 비교하는 문제이다.

과정 부록 C에서 석탄의 단위 질량당 방출 에너지를 찾고, 1000 kg의 석탄 에너지와 같은 에너지를 방출하는 핵분열의 수를 얻은 다음에, U-235 핵의 질량으로 우라늄 질량을 구한다.

풀이 부록 C에서 석탄의 단위 질량당 에너지는 29 MJ/kg이므로 1000 kg의 석탄을 연소시키면 29 GJ의 에너지를 방출한다. 핵분열당 에너지 200 MeV는 1.6×10^{-19} J/eV이므로 약 $3.2 \times$

10^{-11} J이다. 따라서 필요한 핵분열의 수는 다음과 같다.

$$29 \text{ GJ}/3.2 \times 10^{-11} \text{ J/핵분열} = 9.1 \times 10^{20} \text{ 핵분열}$$

한편 9.1×10^{20} U-235 핵의 질량은 235 u이므로 우라늄의 총 질량은 다음과 같다.

$$(9.1 \times 10^{20} \text{ 핵})(235 \text{ u})(1.66 \times 10^{-27} \text{ kg/u}) = 0.35 \text{ g}$$

검증 답을 검증해 보자. 1톤의 석탄에 비하면 엄청나게 작은 양이다. 즉 ^{235}U는 석탄보다 수백만 배 많은 에너지를 갖고 있다. 화력발전소는 매주 화물열차 110량의 석탄을 필요로 하지만, 핵발전소는 1년에 한 트럭의 핵연료만 필요로 한다.

연쇄 반응

중성자가 핵분열을 유도하고 핵분열에서 더 많은 중성자가 나온다. 따라서 하나의 핵분열로부터 더 많은 핵분열이 일어나는 **연쇄 반응**(chain reaction)이 발생한다. 연쇄 반응이 지속되려면 각 핵이 적어도 하나 이상의 핵분열을 일으켜야 한다. 그렇지 않으면 핵반응이 중단된다. 작은 물질 조각에서는 중성자가 추가 분열을 일으키지 않은 채 핵에서 빠져나온다. 이 때문에 연쇄 반응을 유지하려면 **임계 질량**(critical mass) 이상의 핵연료가 필요하다. 이보다 많은 **초임계** (supercritical) 상태에서는 연쇄 반응이 기하급수적으로 증가한다(그림 38.14 참조).

임계 질량의 크기는 핵분열성 물질의 순도, 배열 상태, 주변 물질에 의존한다. 플루토늄의 임계 질량은 5 kg이고 우라늄은 15 kg이다. 즉 가방 크기의 핵폭탄으로도 도시 하나를 초토화시킬 수 있을 정도로 임계 질량이 작다.

곱인자(multiplication factor) k는 한 번의 핵분열에서 나오는 평균 중성자수이다. 임계 질량은 $k = 1$이고 초임계 질량에서는 $k > 1$이다. 초임계 질량이면 연속적인 핵분열 사이의 평균 시간인 **세대 시간**(generation time)이 10 ns로 짧아서 불과 1 μs만에 핵분열이 끝난다.

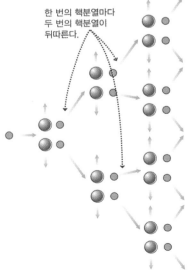

한 번의 핵분열마다 두 번의 핵분열이 뒤따른다.

그림 38.14 곱인자가 $k = 2$인 초임계 연쇄 반응

핵무기

급속히 핵분열하는 초임계 질량이 바로 핵폭탄이다. 핵무기를 만드는 주된 기술적 어려움은 핵분열성 물질이 분리되기 전에 충분한 양의 물질을 연쇄 반응으로 소진시킬 수 있는 초임계 상태에 도달하는 기술이다. 고농축 우라늄은 어떻게든 만들 수 있다. 히로시마를 초토화시킨 첫 번째 핵폭탄은 50 kg의 농축 우라늄이 있었지만 약 1 kg만 핵분열에 성공하였다. 그래서 이후의 핵무기 개발자들은 이런 방식을 절대 사용하지 않는다. 오늘날에는 플루토늄 핵무기 제조에 큰 진전이 있었는데, 자발적 핵분열에서 나오는 중성자를 이용하면 핵물질이 분리되기 전에 미리 점화시킬 수 있다.

핵무기 제조는 생각보다 쉽지만, 핵무기급 핵분열성 물질을 획득하기는 어렵다. 이 때문에 우라늄 농축과 플루토늄 재처리 기술이 민감한 문제이다. 만약 핵분열성 물질이 널리 퍼진다면 전 세계는 매우 위험하고도 불안정한 세상으로 변할지 모른다.

핵발전소

핵반응로(nuclear reactor)는 핵연료의 연쇄 반응을 곱인자 $k = 1$로 조절하여 일정한 비율로 에너지를 생산한다. U-235에서 방출되는 평균 중성자수가 약 2.5이므로 대부분의 중성자는 핵분열 과정에 참여하지 못한다. 상업용 핵반응로는 곱인자 k를 제한하여 U-235의 농도를 몇 % 수준으로 유지하므로 대부분의 중성자가 U-238에 흡수된다. 중성자를 흡수하는 물질로 만든 **제어 막대**(control rod)를 핵연료 사이로 넣었다가 빼내는 과정을 통해서 곱인자 k를 추가로 조절한다. 핵분열을 일으키는 중성자의 약 0.65%는 0.2 s에서 1 min까지 지연 방출된다. 이러한 **지체 중성자**(delayed neutron)는 상대적으로 핵반응로의 역학적 제어에 도움이 된다(예제 38.6 참조).

예제 38.6 핵분열: 지체 중성자와 반응로 제어

작동 조건이 약간만 변해도 핵반응로는 곱인자가 $k = 1.001$인 초임계 상태가 된다. (a) 지체 중성자로 반응 시간이 $\tau = 0.1$ s일 때, (b) 즉시 방출되는 빠른 중성자로 $\tau = 10^{-4}$ s일 때, 출력이 배증되는 시간을 각각 구하라.

해석 곱인자 k와 반응 시간으로 반응률이 배증되는 시간을 구하는 문제이다.

과정 곱인자 $k = 1.001$은 반응 시간마다 핵분열 비율이 1.001배 증가한다는 뜻이다. 즉 두 번의 반응 후에는 k^2배 증가한다. 따라서 $k^n = 2$인 n을 구한 다음에, 반응 시간 τ를 곱해서 실제 시간 $t = n\tau$를 구한다.

풀이 $k^n = 2$의 양변에 로그를 취하면 $\ln(k^n) = n \ln k$이므로 $n \ln k = \ln 2$에서 $n = \ln 2 / \ln k = 693$을 얻는다. $\tau = 0.1$ s이면 $t = n\tau = 69.3$ s, $\tau = 10^{-4}$ s이면 0.07 s이다.

검증 중성자를 지연시키면 배증 시간이 길어져서 기술자들이 오작동을 역학적으로 제어할 수 있다. 그러나 중성자가 즉각 방출되면 심각한 핵사고를 막을 시간이 없다. 지체 중성자는 핵반응로 제어에 결정적이다. 1986년 체르노빌 핵사고는 주로 즉시 중성자를 제어하지 못하였기 때문이다.

고에너지 중성자는 핵분열을 일으키는 데 그다지 효과적이지 않으므로, 중성자의 평균 열 속력을 감속시키도록 핵반응로를 설계한다. 즉 중성자와 **감속재**(moderator) 핵 사이의 탄성 충돌로 중성자를 감속시킨다. 9장에서 충돌 입자의 질량이 같을 때 에너지 전달이 최대였다. 따라서 핵질량이 작을수록 좋은 감속재이다. 핵반응로의 설계에 따라 감속재의 선택이 달라진다. 핵반응로에 필요한 또다른 물질은 핵분열 과정에서 발생하는 열을 식히는 **냉각제**(coolant)이다.

미국의 핵반응로 중 대부분은 보통의 물을 사용하여 수소의 양성자를 감속재로 활용하는 **경수로**(light-water reactor, LWR)이다. 우라늄 핵연료를 담은 압력통과 제어 막대 주변에 물을 순환시켜서 냉각제로도 사용한다. 미국의 핵반응로 100개 중 약 1/3은 반응로의 물을 끓여서 만든 증기로 터빈 발전기를 돌리는 **비등경수로**(boiling-water reactor, BWR)이고(그림 38.15 참조), 나머지는 물에 압력을 가하여 부고리에 에너지를 전달하고 여기에서 증기를 만드는 **가압경수로**(pressurized-water reactor, PWR)이다(그림 38.16 참조). 복잡한 구조의 가압경수로는 증기기관이 방사능에 노출되지 않으므로 큰 이점이 있다. 냉각제의 손실은 감속재의 손실로 이어져서 연쇄 반응이 중단되기 때문에 두 형태의 경수로는 매우 안정적이다. 그러나 경수로는 $_1^1$H이 쉽게 중성자를 흡수하므로 연쇄 반응을 유지하려면 고농축 U-235를 핵연료로 사용해야 한다. 또한 핵연료를 재주입하는 것이 단점으로, 핵반응로의 가동을 중단시키고 압력통에서 연료관을 교체하는 데 한 달 이상이 걸린다.

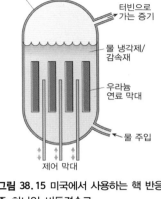

그림 38.15 미국에서 사용하는 핵 반응로 중 하나인 비등경수로

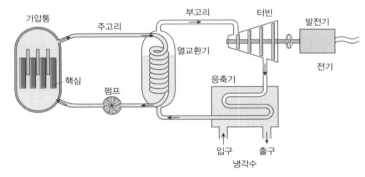

그림 38.16 미국의 핵발전소에서 주로 사용하는 가압경수로 발전소

캐나다형 중수로(CANDU)는 중수($_1^2$H$_2$O)를 감속재와 냉각제로 사용한다. 중성자 흡수가 낮으므로 CANDU는 천연우라늄을 사용하여 민감한 농축 기술이 필요없다. 또한 CANDU에서는 장비 교체 없이 연료를 재주입할 수 있지만, 플루토늄을 추출하기가 상대적으로 쉬운 단점이 있다.

구소련 시대의 핵반응로는 흑연을 감속재로, 물을 냉각제로 사용하는 채널형 고출력 반응로(RBMK)이다. 이 핵반응로는 전기 생산과 핵무기용 플루토늄 추출이 가능하지만, 냉각제 손실로 연쇄 반응이 중단되지 않을 뿐만 아니라 H$_2$O 냉각제에서 중성자를 흡수하는 수소의 손실로 오히려 가속되는 심각한 결함이 있다. 1986년 체르노빌에서 발생한 재앙은 RBMK 사고이다. 비상용 냉각제 시험 가동 중에 부주의한 실수로 전력을 높여서 냉각수가 끓어버리는 바람에 핵반응로가 불안정하게 작동하여 일어났다. 5초에 4000배로 전력 수위가 올라가서 증기가 폭발하는 바람에 핵반응로 뚜껑이 날아가고 흑연 감속재가 불타버린 것이다. 이 사고로 화재 연기 속에 포함된 방사성 물질이 대기 중에 퍼지면서 넓은 지역을 오염시켰다(실전 문제 55 참조). 오늘날에도 체르노빌 주변 수천 평방 마일은 공식적으로 출입이 금지되어 있다.

기체 냉각제를 사용하여 고온에서 가동시키는 증식 원자로(breeder reactor)도 있다. 증식 원자로는 열효율이 좋고, 비분열성인 U-238의 대부분을 핵분열성 Pu-239로 변화시킬 수 있다. 증식 원자로는 감속재가 없고, 액체 나트륨을 냉각제로 사용하므로 빠른 중성자에 치명적이다. 따라서 증식 원자로는 느린 중성자를 사용하는 열핵반응로보다 덜 안정적이다. 증식 원자로 기술이 널리 퍼지면 핵무기용 플루토늄 생산 경쟁이 일어날 위험이 있다.

이외에도 도면상으로는 전체적으로 4세대로 일컬어지는 발전된 다양한 반응로가 있다. 그러나 아직은 어느 것도 상업적으로 실현 가능하다고 증명된 것이 없다. 냉각제가 완전히 소실되어도 견딜 수 있는 능력을 포함한 내재적인 안정성을 주장하는 일부 4세대 설계가 있고, 현재의 반응로에서 나온 폐기물을 '태워서' 인류가 장기간 부담해야 하는 핵폐기물을 줄이도록 설계된 것도 있다. 십년이 지난 경수로도 좀 더 견고한 안전장치를 포함한 상당한 개선이 이루어졌다. 후쿠시마 핵발전소가 1970년대의 구식 반응로가 아닌 현대의 3세대 이후 설계의 반응로였다면 후쿠시마 발전소는 지진해일을 잘 견뎠을지도 모른다.

핵폐기물

핵분열 생성물은 안정한 중간 무게의 핵에 너무 많은 중성자가 포함된 고방사성 물질로 활성도가 높아서 반감기가 수십 년에 불과하다. 따라서 핵분열 생성물의 폐기는 수천 년간 위험을 초래할 수 있다. 핵분열 반응로에서 중성자를 흡수하면 플루토늄과 수명이 긴 **초우라늄**(transuranium) 동위원소를 만들 수 있다. 이런 물질 때문에 수만 년 동안은 핵폐기물의 안전 기준을 철저하게 지켜야 한다.

핵분열이 진행되면서 핵생성물의 농도가 증가한다. 핵반응로의 ^{235}U 가 소진되기 전에 핵생성물이 중성자를 흡수하기 시작하여 연쇄 반응을 방해한다. 미국의 경수로는 매년 연료봉의 3분의 1을 교체해야 한다. 오래 사용한 핵연료에는 플루토늄이 풍부하므로 3년 주기의 끝에서는 우라늄보다는 플루토늄에서 나오는 에너지가 반 이상을 차지한다. 그림 38.17은 미국 경수로에서 사용하는 핵연료의 변천을 보여 준다.

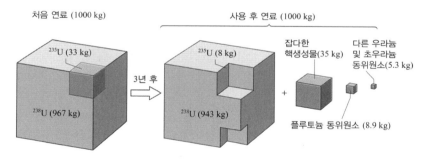

그림 38.17 경수로에서 3.3% 농축한 우라늄 1000 kg의 3년간의 변천

핵폐기물의 처리는 정치적, 과학적으로 상당히 골치 아픈 문제이다. 미국에는 가동 중인 상업용 핵폐기물 저장소가 없어서, 핵폐기물이 핵반응로 부지에 계속 쌓이고 있다. 핵폐기물이 산처럼 쌓여있는 사진을 본다면 핵에너지원은 화학적 에너지원 보다 10^7 만큼 크다는 점을 기억하라. 핵발전소에서는 연료가 훨씬 적게 필요하고 핵폐기물도 훨씬 적게 생산된다. 1 GW급 핵반응로에서는 매년 20톤의 핵폐기물이 생긴다. 반면에 석탄을 태우는 화력발전소에서는 매시간 1000톤의 이산화탄소가 배출되고 30톤의 고형폐기물이 생긴다.

확인 문제 **38.4** 석탄을 캐거나 수송하는 과정에서 우라늄 연료보다 더 자주 사고가 발생한다. 근원적인 이유는 무엇인가?

핵발전소의 전망

현재 전 세계의 전기 에너지의 약 11%를 핵발전으로 충당하고 있다. 2006년의 15%에서 이 수치로 떨어진 것은 경제적 요인과 후쿠시마 사고 때문이다. 핵발전소에 대한 의존성은 아주 다양하다. 핵강국인 프랑스는 거의 80%에 이르고, 미국은 20%이다. 주로 아시아 국가에서 수십 개의 핵발전소를 건설하고 있는 중이며, 대부분 개량형 경수로를 채택하고 있다. 최근에 미국은 30년 만에 처음으로 새로운 핵발전소 건설 허가를 내주었다. 그러나 세계적으로 수백 개의 오래된 핵발전소가 거의 수명을 다하고 있어서 새로운 대규모 건설 없이는 전 세계의 에너지 공급에서 핵의 점유율이 상당히 증가할 것 같지는 않다.

화석연료의 소비로 인한 기후 변화에 대한 우려가 점증하면서 환경론자 사이에서도 핵발전소의 건설을 새롭게 인식하기 시작하였다. 복잡한 안전체계가 아니라 핵반응로 자체의 설계 기술을 향상시킴으로써 안정성과 경제성을 동시에 해결할 수 있을 것이다. 대부분의 물리학자들은 핵발전에 대한 대중적 여론이 과장되었다고 생각한다. 사실상 다른 분야에서도 상당한 위험을 감수하고 있다. 예를 들어 미국에서만 석탄 화력발전소의 공해로 매년 7500명이 사망하고 있다. 핵발전으로 인한 사망은 격렬한 환경론자들이 주장하는 1000명보다 훨씬 적은 10여 명뿐이다.

비극적인 핵사고, 장기간의 핵폐기물 저장, 테러, 핵무기 확산 등에 대한 불확실성이 증대하여 핵발전 산업이 침체되어 있다. 특히 핵무기 확산은 매우 심각한 문제이다. 핵발전과 핵무기 개발은 전혀 다른 데도 불구하고 핵반응로를 사용한다는 면에서 근본적인 문제가 남아 있다. 핵발전 기술이 진보할수록 핵물질 확산과 핵무기 생산을 엄격하게 통제하는 국제적 기준과 감시가 필요할 것이다.

38.5 핵융합

LO 38.5 별 내부에서 일어나는 핵융합을 설명하고 지구상에서 에너지원으로 활용하려는 시도에 대해 기술할 수 있다.

그림 38.9의 결합 에너지 곡선을 다시 살펴보면 가벼운 핵의 융합으로 핵에너지를 얻을 수 있다. 에너지 곡선이 왼쪽에서 가파르므로 핵자의 대부분의 에너지는 수소의 핵융합에서 나온다. 태양과 다른 별들은 수소의 결합으로 중수소를 만드는 핵융합으로 빛을 낸다. 이 과정에서 다음과 같이 양전자와 중성미자가 생성되고 0.42 MeV의 에너지가 나온다.

$$\text{}^{1}_{1}\text{H} + \text{}^{1}_{1}\text{H} \rightarrow \text{}^{2}_{1}\text{H} + \text{e}^{+} + \nu \ (0.42 \text{ MeV}) \tag{38.9a}$$

중수소는 다음과 같이 헬륨-3과 감마선을 생성하면서 5.49 MeV의 에너지가 나온다.

$$\text{}^{2}_{1}\text{H} + \text{}^{1}_{1}\text{H} \rightarrow \text{}^{3}_{2}\text{He} + \gamma \ (5.49 \text{ MeV}) \tag{38.9b}$$

두 개의 헬륨-3 핵은 헬륨-4로 변환되면서 다음과 같이 한 쌍의 양성자($^{1}_{1}\text{H}$)를 만들고 12.86 MeV의 에너지가 나온다.

$$\text{}^{3}_{2}\text{He} + \text{}^{3}_{2}\text{He} \rightarrow \text{}^{4}_{2}\text{He} + 2\text{}^{1}_{1}\text{H} \ (12.86 \text{ MeV}) \tag{38.9c}$$

또한 식 38.9a의 반응에서 생긴 양전자는 전자와 만나서 소멸되어 감마선을 방출하면서

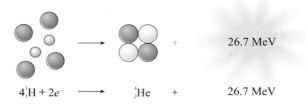

그림 38.18 식 38.9의 양성자-양성자 반응의 알짜 결과

$2mc^2$, 즉 1.022 MeV의 에너지가 나온다. 위의 모든 반응을 **양성자-양성자 순환 과정**(proton-proton cycle)이라고 한다. 전 순환 과정에서 식 38.9c 반응 한 번에 식 38.9a와 38.9b 반응이 두 번씩 일어나므로, 네 개의 양성자와 두 개의 전자가 하나의 He-4를 생성하면서 총 26.7 MeV의 에너지가 나온다(그림 38.18 참조). 무거운 별에서는 $^4_2$He가 구성 입자가 되어 더 무거운 원소를 만든다.

식 38.9a의 반응은 쉽게 일어나지 않는다. 따라서 지상의 핵융합 연구는 무거운 수소 동위원소의 반응에 초점을 맞춘다. 즉 다음과 같은 중수소-삼중수소(D-T), 중수소-중수소(D-D) 반응이 목전의 관심을 끌고 있다.

$$^2_1H + ^3_1H \rightarrow ^4_2He + ^1_0n \ (17.6 \ \text{MeV; D-T 반응)} \quad (38.10a)$$

$$^2_1H + ^2_1H \rightarrow ^3_2He + ^1_0n \ (3.27 \ \text{MeV; D-D 반응)} \quad (38.10a)$$

$$^2_1H + ^2_1H \rightarrow ^3_1H + ^1_1H \ (4.03 \ \text{MeV; D-D 반응)} \quad (38.10c)$$

두 D-D 반응이 일어날 확률은 거의 같다.

핵 사이의 전기적 척력 때문에 핵들을 융합시킬 만큼 가까이 모으는 것은 매우 힘들다. 양자 터널링이 일부 도움이 되지만 핵융합을 시작하려면 초고속의 핵, 즉 초고온 환경이 필수적이다. 핵융합 온도에서 원자는 전자를 떼어내고 플라스마 상태로 변하므로 이러한 뜨거운 플라스마를 가둘 장치가 필요하다. 별은 강한 중력으로 내부의 물질을 압축시켜서 핵융합 온도를 만들고 동시에 가두기도 한다. 예를 들어 태양의 핵심에서 온도는 15 MK이고 핵들이 1 keV의 에너지로 서로 접근한다.

지상에서는 더 높은 온도가 필요하다. 플라스마 상태의 고에너지 입자가 가속되면서 복사로 에너지를 잃어버리기 때문이다. 핵융합발전에서 에너지 손실을 극복할 수 있는 온도를 **임계 점화 온도**(critical ignition temperature)라고 한다. 식 38.10b, 38.10c, 그림 38.19에서 D-D 반응에서 점화 온도는 약 600 MK이고, D-T 반응에서는 더 낮은 50 MK이다. 알짜 융합 에너지를 얻으려면 고온뿐만 아니라 융합 에너지가 플라스마를 가열시키는 데 사용한 에너지를 넘어설 수 있을 정도로 충분히 오랫동안 플라스마를 가둘 수 있어야 한다. 가열에 필요한 에너지는 핵의 수, 가둔 그릇의 부피, 입자 밀도 n 등에 의존한다. 그러나 핵융합 에너지 생성률은 입자 밀도의 제곱에 비례한다. n이 증가하면 다른 핵과 충돌할 핵의 수와 충돌 당할 핵의 수가 증가하기 때문이다. 따라서 총에너지는 τ와 n^2의 곱인 $n^2\tau$에 비례한다. 여기서 τ는 **가둠 시간**(confinement time)이다. 한편 복사 에너지는 n에 선형으로 비례하므로, 융합 에너지를 생산하는 장치에서 곱 $n\tau$가 최소가 되어야 한다. 이러한 조건을 **로슨 기준**(Lawson criterion)이라고 하며, 근사적으로 다음과 같다.

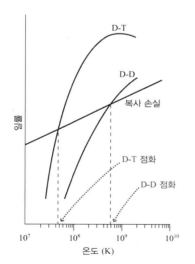

그림 38.19 복사 손실과 D-D와 D-T 반응의 일률을 온도의 함수로 나타낸 로그-로그 그래프

$$n\tau > 10^{22} \ \text{s/m}^3 \ \text{(로슨 기준, D-D 융합)}$$
$$n\tau > 10^{20} \ \text{s/m}^3 \ \text{(로슨 기준, D-T 융합)} \quad (38.11)$$

기준값이 100배나 차이가 나므로 D-T 반응을 달성하기가 훨씬 쉽다.

로슨 기준을 달성하기 위한 핵융합 기술에는 관성 가둠과 자기 가둠의 두 가지가 있다. **관성 가둠**(inertial confinement)은 입자의 관성만으로도 입자가 융합 위치에서 이탈하는 것을 막을 수 있을 정도로 가둠 시간이 짧은 초고밀도를 추구한다. **자기 가둠**(magnetic confinement)은 상대적으로 긴 가둠 시간 동안 빠져나갈 기회를 최소화시키는 자기장 구조인 자기병 안에 저밀도 플라스마를 가두는 기술이다. 두 기술 모두 아직도 핵융합으로부터 지속적인 에너지를 얻지 못하고 있다.

관성 가둠 핵융합

1950년대 이후 '수소폭탄'이라고 부르는 열핵무기에서 관성 가둠을 성공적으로 성취하였다. 열핵무기는 순수한 핵융합 폭탄이 아니다. 보통 '원자폭탄'이라고 잘못 부르는 핵분열 폭발을 이용하여 핵융합에 필요한 고온을 얻기 때문이다. 중수소화 리튬과 플루토늄-239 혼합물에 핵분열 에너지를 집중시키면 혼합물이 핵융합 온도까지 압축되어 중성자가 리튬을 헬륨과 삼중수소로 변환시킨다. 이때 D-T 반응이 일어나서 총에너지의 반 정도가 나온다. 나머지는 외곽층의 천연우라늄 핵분열로 생긴다. 열핵무기에서 나오는 에너지에는 한계가 없다. 히로시마에 투하된 핵폭탄의 5000배 위력인 58메가톤 TNT에 해당하는 수소폭탄 실험도 성공하였다. 현재 40킬로톤에서 1메가톤의 위력을 지닌 수천 개의 열핵무기가 미사일에 장착되어 있다.

통제된 핵융합을 위한 관성 가둠 핵융합(ICF)은 고출력 레이저 광선을 크기가 밀리미터 정도인 중수소-삼중수소(D-T) 표적물에 쏘여서 소규모 열핵폭발을 생성한다. 가장 앞선 ICF 시도는 미국 로렌스 리버모어 국립연구소에 있는 국립점화시설(NIF)이다. NIF는 192개의 레이저를 사용하여 D-T 표적물을 담고 있는 금 상자에 1.9 MJ의 펄스를 약 20 ns 동안 집중시킨다(그림 38.20 참조). 금은 레이저광 에너지를 강력한 엑스선으로 바꾸어서 핵융합에 필요한 온도와 밀도에 도달하도록 목표물을 압축한다. 이 짧은 펄스 동안에 레이저의 최고 출력은 거의 500 TW로서 인류의 총에너지 소비율의 약 30배에 해당한다. 2013년에 NIF는 처음으로 핵융합에서 생성된 에너지가 목표물에 흡수된 에너지를 넘어서는 성과를 이루었다. 하지만 아직 갈 길은 멀다. 레이저빔에 쏘인 총에너지는 아직도 핵융합에서 나온 에너지의 100배였고, 레이저빔을 생성하기 위해서는 훨씬 더 많은 에너지가 필요하였다. NIF가 레이저 '점화'를 한 번 하려면 여러 날이 걸리는데, 핵융합 발전소가 상업적으로 실행 가능한 출력에 도달하려면 매초 약 15번의 점화가 필요하다. 핵융합 에너지의 개발은 NIF의 세 가지 광대한 목표 중의 하나에 불과하다. 나머지 두 목표는 극한 조건에서 물질을 탐구하는 것과 실제 핵실험을 수행하지 않고서 핵무기 폭발을 시뮬레이션해 보는 것이다.

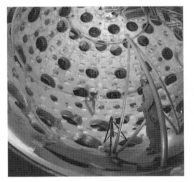

그림 38.20 국립점화시설(NIF)의 표적물 방은 지름 11 m, 무게 130톤이다. 사진의 구멍은 192개의 레이저 광선을 밀리미터 크기의 표적물에 집중시키는 구멍이다.

자기 가둠 핵융합

26장에서 고전도성 플라스마의 대전 입자가 자기장선을 따라 움직이는 현상을 배웠다. 자기장선에 대전 입자를 가두는 것이 자기 가둠의 기초 원리이다. 자기 가둠에서 첫 번째로 해야 할 일은 플라스마가 상대적으로 차가운 장치의 벽에서 플라스마가 떨어져 있도록 자기장을 배열하는 것이다. 플라스마는 그림 38.21과 같은 세 가지 방법으로 손실될 수 있다.

가장 성공적인 자기융합장치는 러시아에서 발명되어 현재는 전 세계적으로 사용되고 있는 **토카막**(tokamak)이다. 토카막은 그림 38.21a와 같은 끝점 손실을 제거하여 자기장선이 벽으로 침투하지 못하는 토로이드 모양이다. 장치의 크기를 키우면 그림 38.21b의 가로장 유동이 줄어들도록 자기장선의 곡률을 줄일 수 있다. 부가적인 자기장 성분은 플라스마를 가두고 그림 38.21c의 불안정성을 줄여 준다. 작은 규모의 토카막이 성공한 이후에 대규모의 국제연구팀이 프랑스에 국제열핵융합실험로(ITER)를 건설하고 있다(그림 38.22 참조). ITER는 2020

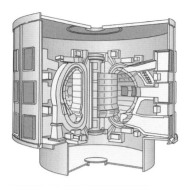

그림 38.21 자기 가둠에서 플라스마 손실. (a) 자기장선이 장치의 벽에 부딪치면 끝점 손실이 발생한다. (b) 자기장선의 곡률로 가로장 유동이 발생한다. (c) 불안정성 때문에 플라스마와 자기장이 왜곡된다. (a)와 (b)에서 나선은 대전 입자의 경로이다.

그림 38.22 ITER 융합로의 단면도. D 모양의 구조는 토로이드 플라스마 방의 단면이다.

년대 중반 플라스마 실험을 시작할 계획이고, 2035년까지 핵융합 가동을 시작할 것이다. ITER는 플라스마 가열에 사용한 에너지를 능가하는 융합 에너지를 생산할 첫 번째 자기융합 장치가 될 것이다. ITER는 100 MK 이상의 고온에서 840 m^{3}의 D-T 플라스마로부터 400 MW의 전력을 생산할 계획이다. ITER는 중수소와 리튬을 연료로 사용하고, 중성자 폭격으로 $^6_3\mathrm{Li} + {}^1_0 n \rightarrow {}^4_2\mathrm{He} + {}^3_1\mathrm{H}$에 따라 생성되는 삼중수소($^3_1\mathrm{H}$)를 증식 물질로 사용한다.

핵융합의 전망

1950년대에 핵융합 제어가 가능해지면서 과학자들은 수십 년 이내에 무한한 핵융합 에너지를 만들 것으로 믿었다. 그러나 반세기가 지난 시점에서 핵융합에 대한 기대가 줄어들었다. D-D 융합에 관한 실전 문제 72에 따르면 1갤런의 바닷물에 300갤런의 휘발유에 해당하는 에너지를 얻을 수 있다. 또한 실전 문제 73을 보면 핵융합 에너지는 태양보다도 더 오랫동안 지속될 수 있다. 따라서 열핵융합의 가능성은 계속해서 추구할 가치가 있다.

과학적으로 핵융합 제어가 가능해졌지만, 핵융합 발전소의 건설에는 공학적 난제가 남아 있다. D-T 융합에서 나오는 고밀도 중성자 다발은 반응로 물질의 품질을 떨어뜨린다. 중성자 포획으로 벽 안에 방사성 동위원소가 생성되기 때문이다. 핵분열 폐기물의 방사능보다는 훨씬 낮지만 삼중수소 연료와 융합 생성물에도 방사능은 있다.

첫 번째 핵융합 발전소는 점화 온도와 로슨 기준이 D-D 융합보다 낮은 D-T 융합을 채택하고, 전형적인 증기순환장치를 채택할 것이다. 그러나 D-D 융합이 보다 더 친환경적이고 전력 생산이 더 효율적이다. 식 38.10c의 D-D 반응은 중성의 중성자가 아니라 대전된 양성자($^1_1\mathrm{H}$)를 생성하므로, 자기 유도를 이용하여 대전 입자의 운동 에너지를 직접 전기로 만드는 자기유체역학(MHD) 발전기를 사용할 수 있기 때문이다. MHD 발전기는 증기순환장치를 거칠 필요가 없으므로 핵융합 발전의 열효율을 크게 증가시킬 수 있다.

이러한 장미빛 전망에도 숨은 문제가 있다. 핵융합 자체가 상대적으로 비방사성이고 온실효과를 일으키는 생성물도 없지만, 무한히 값싼 에너지이기 때문에 지구가 견딜 수 없을 정도로 산업용 수요가 급증할 우려가 있다. 만약 핵융합 에너지의 생산이 기하급수적으로 증가하면 핵융합 발전에서 나오는 폐기열이 지구의 기후에 심각한 영향을 초래할 수도 있다.

확인 문제 **38.5** 한 번의 D-T 핵융합은 17.6 MeV의 에너지를 방출하지만 우라늄 핵 한 개의 핵분열은 약 200 MeV를 방출한다. 이 반응들을 단위 질량을 기준으로 비교하면 어떤가? 반응하는 입자들의 단위 질량당 방출되는 에너지는 (a) 핵융합에서 상당히 더 많다, (b) 핵분열에서 상당히 더 많다, (c) 거의 비슷하다.

핵심 개념

이 장의 핵심 개념은 작고 무거운 원자핵이 엄청난 에너지의 저장고라는 것이다. 핵에너지는 화학 반응에서 나오는 에너지의 10^7배나 된다. 양성자와 중성자의 배열로 다양한 핵이 형성된다. **원자 번호** Z는 원소를 결정하고, **질량수** A는 **동위원소**를 결정한다. $_Z^A X$에서 A는 질량수, Z는 원자 번호, X는 원소 기호이다.

헬륨의 동위원소

헬륨-3
$_2^3 \mathrm{He}$

헬륨-4
$_2^4 \mathrm{He}$

안정한 동위원소가 되려면 양성자와 중성자의 균형이 맞아야 한다. 안정한 가벼운 핵에서는 두 입자의 수가 거의 같고, 무거운 핵에서는 중성자가 더 많다. **불안정한 동위원소**는 **방사성**이고 입자를 방출한다. **결합 에너지 곡선**을 보면 가벼운 핵의 융합과 무거운 핵의 **분열**로 에너지가 방출될 수 있다.

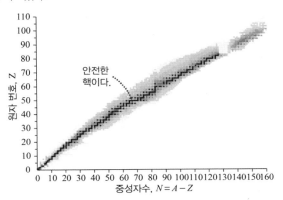

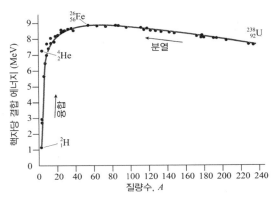

주요 개념 및 식

방사성 동위원소는 다음과 같이 고유한 **반감기** $t_{1/2}$로 붕괴한다.

$$N = N_0 2^{-t/t_{1/2}}$$

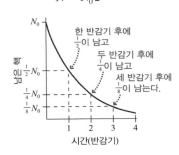

한 반감기 후에 $\frac{1}{2}N_0$이 남고

두 반감기 후에 $\frac{1}{4}N_0$이 남고

세 반감기 후에 $\frac{1}{8}$이 남는다.

알파 붕괴는 헬륨-4 핵을 방출한다.

$$_Z^A X \rightarrow {}_{Z-2}^{A-4} Y + {}_2^4 \mathrm{He}$$

베타 붕괴는 전자 또는 양성자, 반중성미자 또는 중성미자를 방출한다.

$$_Z^A X \rightarrow {}_{Z+1}^A Y + e^- + \bar{\nu}$$

$$_Z^A X \rightarrow {}_{Z-1}^A Y + e^+ + \nu$$

감마 붕괴는 들뜬 핵이 낮은 에너지 상태로 떨어지면서 고에너지 광자(감마선)를 방출한다.

$$X^* \rightarrow X + \gamma$$

응용

방사능은 **베크렐** 단위로 측정된다. 1 Bq은 초당 한 번의 붕괴를 뜻한다. **시버트(Sv)**는 방사선의 생물학적 효과를 나타낸다. 미국 평균 국민은 평균적으로 매년 약 3.6 mSv의 인공 및 자연 방사선에 노출되어 있다.

핵분열에서 가장 중요한 동위원소는 **분열성** $_{92}^{235}\mathrm{U}$와 $_{94}^{239}\mathrm{Pu}$이며, 저에너지 중성자의 충돌로 다음과 같이 핵분열한다.

$$_0^1 n + {}_{92}^{235}\mathrm{U} \rightarrow X + Y + b{}_0^1 n$$

핵물질이 **임계 질량** 이상이면 핵분열에서 생성되는 추가 중성자가 **연쇄 반응**을 일으킨다. 연쇄 반응이 기하급수적으로 증가하면 강력한 핵무기가 되고, **핵반응로**에서는 연쇄 반응을 제어하여 핵발전소가 된다.

시간

핵융합으로 태양과 별이 거대한 에너지를 방출하고 있지만, 지상에서는 열핵무기를 제외하고는 아직 핵융합에 성공하지 못하였다. 앞으로 **관성 가둠**이나 **자기 가둠** 핵융합으로 거의 무한에 가까운 에너지를 얻을 수 있을 것으로 기대한다.

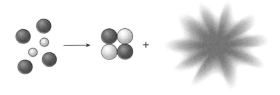

BIO 생물 및 의학 문제   **DATA** 데이터 문제   **ENV** 환경 문제   **CH** 도전 문제   **COMP** 컴퓨터 문제

학습 목표   이 장을 학습하고 난 후 다음을 할 수 있다.

LO 38.1 원자핵의 구조를 기술할 수 있다.
개념 문제 38.1, 38.2
연습 문제 38.11, 38.12, 38.13, 38.14, 38.15
실전 문제 38.42, 38.43, 38.44, 38.75, 38.76

LO 38.2 알파, 베타, 감마 방사능을 기술하고 이와 관련된 반감기를 계산할 수 있다.
개념 문제 38.3, 38.4, 38.5
연습 문제 38.16, 38.17, 38.18, 38.19, 38.20, 38.21
실전 문제 38.47, 38.48, 38.49, 38.50, 38.51, 38.52, 38.53, 38.54, 38.55, 38.56, 38.57, 38.58, 38.59, 38.60, 38.61, 38.62, 38.78, 38.79, 38.80, 38.81, 38.82, 38.83, 38.84

LO 38.3 결합 에너지 곡선을 설명하고 그것이 어떻게 핵분열과 핵융합 그리고 원소들의 생성에 관련되는지 설명할 수 있다.

개념 문제 38.6
연습 문제 38.22, 38.23, 38.24, 38.25
실전 문제 38.45, 38.46, 38.74

LO 38.4 핵분열을 기술하고 어떻게 핵반응로에 쓰일 수 있는지 설명할 수 있다.
개념 문제 38.7, 38.8, 38.9
연습 문제 38.26, 38.27, 38.28, 38.29
실전 문제 38.63, 38.69, 38.70, 38.80, 38.85

LO 38.5 별 내부에서 일어나는 핵융합을 설명하고 지구상에서 에너지원으로 활용하려는 시도에 대해 기술할 수 있다.
개념 문제 38.10
연습 문제 38.30, 38.31, 38.32, 38.33
실전 문제 38.70, 38.71, 38.72, 38.73, 38.75, 38.76, 38.79

개념 문제

1. 핵에는 왜 중성자가 있는가?

2. 높은 원자 번호에서 왜 안정한 핵이 없는가?

3. 양전자를 방출하는 베타 붕괴 직후에 한 쌍의 511 keV 감마선이 방출된다. 왜 그런가?

4. 왜 수십억 년 전에는 우라늄-235 연료로 핵폭탄을 만들기 쉬웠을까?

5. I-131과 Sr-90은 왜 위험한 방사성 동위원소인가?

6. 단위 질량당 에너지 방출에서 핵반응은 화학 반응의 몇 배인가?

7. 핵반응로에서 제어 막대와 감속재의 역할을 구별하여 설명하라.

8. ^{238}U은 핵분열이 가능한가? 분열성인가? 구분하여 설명하라.

9. 핵분열 조각들은 왜 필연적으로 방사성인가?

10. 바닷물 1갤런에서 모든 중수소를 추출하여 핵융합 연료로 사용할 수 있다면, 에너지 용량에서 그것과 대등한 휘발유의 양은 얼마인가?

연습 문제

38.1 원소, 동위원소, 핵의 구조

11. 세 라돈($Z = 86$) 동위원소의 중성자수는 각각 125, 134, 136이다. 각 동위원소를 원소 기호로 표기하라.

12. 38.1절에서는 2018년에 최초로 합성된 중성자가 양성자보다 2배 많은 칼슘의 동위원소를 언급하고 있다. 이 동위원소의 기호를 써라.

13. $^{35}_{17}$Cl와 $^{35}_{19}$K에서 (a) 핵자수와 (b) 핵전하를 비교하라.

14. 양성자($A = 1$인 핵)의 반지름을 수소 원자와 비교하라.

15. 10^8번의 우라늄 핵분열 중에 1번 정도 진정한 삼원 핵분열(true ternary fission)이라 부르는 드문 사건이 일어난다. 여기서 U-235 핵은 3개의 비슷한 조각들로 분열된다. 이 파편의 공통 반지름을 추정하라.

38.2 방사능

16. 방사능 시료의 활성도가 원래 값의 10%로 감소하는 데 몇 번의 반감기가 필요한가?

17. 구리-64는 세 번의 베타 붕괴를 한다. 각 붕괴 방정식을 표기하라.

18. 그림 38.7을 참조하여 (a) 라돈-222, (b) 납-214의 붕괴 방정식을 각각 표기하라.

19. 전이된 전립선암의 정도를 결정하기 위한 PET 스캔에서 탄소-11 표지 아세트산염은 전망이 밝다. (a) C-11의 반감기가 20.4분임을 감안하면 처음 투여한 2.0 GBq이 7.0 kBq로 붕괴하는 데 얼마나 소요되겠는가? (b) 양전자 방출에 의해 C-11이 붕괴한 후 무슨 핵이 남는가?
   BIO

20. 1950년대의 핵폭탄 실험에서 지표면에 스트론튬-90 층이 쌓였다. 핵실험 후 방사능 오염도가 (a) 99%, (b) 99.9% 감소하는 시간을 각각 구하라.

21. 우유에 대한 국제 기준 100 Bq/kg을 사용하여 예제 38.2를 다시 풀어라.

38.3 결합 에너지와 핵합성

22. 핵질량이 15.9905 u인 산소-16의 결합 에너지를 구하라.

23. 핵자당 결합 에너지가 거의 8.8 MeV인 니켈-60의 원자 질량을 구하라.

24. 원자 질량이 239.052157 u인 플루토늄-239의 핵질량을 구하라.

25. 리튬-7 핵질량은 7.01435 u이다. 핵자당 결합 에너지를 구하라.

38.4 핵분열

26. ^{235}U의 중성자 유도 분열로 ^{141}Cs 핵, 세 중성자, 다른 핵이 방출된다. 다른 핵은 무엇인가?

27. ^{235}U의 중성자 유도 분열로 생성물 요오드-139와 이트륨-95가 생긴다. 얼마나 많은 중성자가 방출되는가?

28. 플루토늄-239가 바륨-143, 두 중성자, 다른 핵으로 중성자 유도 분열하는 완전한 방정식을 표기하라.

29. 핵분열당 200 MeV 에너지가 방출된다면 열출력이 3.2 GW인 반응로에서 매초 발생하는 핵분열의 수를 구하라.

38.5 핵융합

30. 식 38.9를 이용하여 양성자-양성자 순환 과정이 방출하는 알짜 에너지가 26.7 MeV임을 보여라.

31. 가둠 시간이 0.5 s인 자기 가둠 융합 장치에서 D-T 융합의 로슨 기준에 부합되는 밀도는 얼마인가?

32. 알짜 핵융합 에너지 이득을 성취한 미국의 국립점화시설의 2013-2014년 실험에는 약 150 ps의 유효 가둠 시간이 수반되었다. D-T 융합의 로슨 기준에 부합되는 밀도는 얼마인가?

33. 플라스마 밀도가 10^{19}/m^{3}인 ITER 융합 반응로에서 D-T 로슨 기준에 부합되는 가둠 시간은 얼마인가?

응용 문제

다음 문제들은 본문의 예제들에 기초한 것이다. 두 세트의 문제들은 물리학의 이해를 강화하는 연결의 형성을 돕고 이전에 풀어본 문제에서 변형된 문제를 해결하는 자신감을 키우도록 설계되어 있다. 각 세트의 첫 번째 문제는 본질적으로 예제 문제이지만 숫자들은 다르다. 두 번째 문제는 예제와 똑같은 상황이지만 묻는 질문이 다르다. 세 번째와 네 번째 문제는 완전히 다른 상황으로 이런 방식을 반복한다.

34. **예제 38.3** 고고학자들은 고대의 모닥불에서 숯을 발굴하여 단위 질량당 탄소-14의 활성도가 살아있는 나무의 38.4%임을 알아내었다. 이 숯의 연대를 구하라.

35. **예제 38.3** 2878년 된(나이테를 세어 산정) 나무 표본은 방사선 탄소 측정 장비를 교정하는데 사용된다. 이 표본의 탄소-14 함량과 살아있는 나무의 함량을 어떻게 비교해야 하는가?

36. **예제 38.3** 지질학자들은 종종 지르콘 광물의 우라늄-납 연대 측정법을 이용하여 고대 암석의 연대를 결정한다. 지르콘이 형성되면 우라늄은 포함하지만 본질적으로 납은 없다. 우라늄-238(^{238}U) 핵은 그림 38.7의 붕괴 계열에 의해 안정적인 납-206(^{206}Pb)으로 붕괴한다. 붕괴 계열의 다른 반감기는 ^{238}U가 ^{234}Th로 붕괴하는 것보다 훨씬 짧기 때문에 ^{206}Pb는 본질적으로 ^{238}U의 반감기, 즉 44.6억 년으로 형성된다. 표본의 모든 납이 ^{238}U

에서 온 것이라는 가정에서 지질학자들은 표본의 ^{238}U와 ^{206}Pb 원자 수를 구하고 그것들을 더하여 원래 ^{238}U가 얼마나 되는지 구한다. 현재의 ^{238}U를 원래의 양과 비교하면 표본의 나이를 계산할 수 있다. 이 절차를 사용하여 ^{238}U 2.83 μmol 및 ^{206}Pb 1.47 μmol을 포함하는 표본의 연대를 구하라.

37. **예제 38.3** 오늘날 우라늄-235는 천연우라늄의 0.72%에 불과하고 나머지는 ^{238}U이다. 45.4억 년 전에 지구가 형성되었을 때 ^{235}U의 농도는 얼마이었겠는가? 표 38.1을 참조하고 두 우라늄 동위원소가 그동안 붕괴하고 있음을 기억하라.

38. **예제 38.4** 중수소 핵(deuteron)은 양성자와 중성자로 구성된 ^{2}H의 원자핵이다. 중수소 핵의 질량이 3.34358×10^{-27} kg이라고 가정하면, 그 결합 에너지는 얼마인가?

39. **예제 38.4** 그림 38.9를 이용하여 $^{56}_{26}$Fe의 질량 결손을 구하라.

40. **예제 38.4** 삼중수소 핵(종종 트리톤(triton)이라고 함)의 질량은 5.00736×10^{-27} kg이다. 이 값과 문제 38의 중수소 핵의 질량 및 표 38.2의 관련 정보를 사용하여 식 38.10a의 D-T 융합 반응에서 에너지 방출을 확인하라.

41. **예제 38.4** 식 38.10b의 D-D 융합 반응을 이용하여 ^{3}He 핵(종종 헬리온(helion)이라고 함)의 질량을 구하라. 문제 38에 주어진 중수소 핵의 질량이 필요할 것이다.

실전 문제

42. (a) 질량이 태양의 1.5배인 직경 10 km의 중성자 항성 내 중성자의 밀도와 (b) 중성자의 수를 추정하라.

43. 크기가 약 30 μT인 지구 자기장에서 양성자의 스핀을 뒤집는 데 필요한 에너지를 구하라.

44. NMR 장치는 '300 MHz 기기'이다. 즉 양성자의 스핀을 뒤집기 위하여 송신 코일에 공급하는 진동수가 3.00×10^8 Hz이다. 교란 받지 않은 자기장의 세기는 얼마인가?

45. 가장 강하게 결합된 핵인 철-56의 질량은 55.9206 u이다. 핵자당 결합 에너지를 구하고, 그림 38.9와 비교하라.

46. 핵자당 결합 에너지가 7.94 MeV인 이리듐-193의 원자 질량을 구하라.

47. 방사능 칼륨-40(^{40}K; 표 38.1 참조)은 오늘날 천연칼륨(나머지는 안정적인 원소 ^{39}K와 ^{41}K로 이루어져 있다)의 0.0117%를 구성하고 있다. 45.4억 년 전에 지구가 형성되었을 때 천연 칼륨에서 ^{40}K의 백분율을 구하라.

48. 요오드-123(^{123}I)은 갑상선 질환의 의학적 진단에 사용되는 동위원소이다. 환자에게 활성도 12.5 MBq인 ^{123}I를 투여하고, 24시간이 지나면 활성도는 3.52 MBq가 된다. ^{123}I의 반감기는 얼마인가?

49. 집 안의 공기에서 라돈-222의 활성도는 23 pCi/L로 환경보호청의 '작용' 한계인 4 pCi/L보다 훨씬 높다. 라돈 침투가 멈추고

다른 환기 장치가 없다면 라돈 활성도가 작용 한계 아래로 떨어질 때까지 얼마나 걸리겠는가?

50. **BIO** 반감기가 9.97분인 질소-13은 심근경색의 정량화를 포함한 PET 스캔을 위해 암모니아에 '표지'를 다는 데 사용된다. 20.0 mCi의 N-13을 정맥주사로 투여할 때 N-13의 활성도를 시간의 함수로 그려라. 단, 수평축은 선형으로, 수직축은 로그로 그린다. 왜 직선을 얻는가? 기울기는 얼마인가?

51. 반감기가 1.4×10^{10} y인 토륨-232는 α 입자를, 반감기가 5.75 y인 라듐-228은 β^- 입자를, 반감기가 6.13 h인 악티늄-228은 β^- 입자를 각각 방출한다. (a) 토륨-232 붕괴 계열에서 세 번째 딸핵은 무엇인가? (b) 토륨의 처음 세 번의 붕괴를 나타내는 그림 38.7과 같은 붕괴 도표를 완성하라.

52. 2년 동안 활성도가 1 GBq이 넘는 실험실 시료로 사용하려면 반감기가 5.24 y인 코발트-60은 얼마나 필요한가?

53. 고고학자가 발굴한 뼈의 탄소-14 함유량이 살아 있는 뼈의 34%이다. 얼마나 오래된 뼈인가?

54. 붕괴 상수와 반감기가 $t_{1/2} = \ln 2/\lambda \simeq 0.693/\lambda$로 관련되어 있음을 보여라.

55. 아래 표는 1986년 체르노빌 핵사고로 피해를 입은 네 국가의 우유에서 측정한 I-131의 오염도와 각국의 안전기준이다. I-131의 반감기가 8.04 d이면 각국의 I-131 오염도가 안전기준까지 감소하는 데 각각 얼마나 걸리는가?

국가	활성도(Bq/L)	
	오염도	안전기준
폴란드	2000	1000
오스트리아	1500	370
독일	1184	500
루마니아	2900	185

56. 활성도 12 Bq, 반감기 15 d인 방사성 시료의 원자수는 얼마인가?

57. 달의 암석을 분석한 결과, 처음 K-40의 82.2%가 Ar-40으로 붕괴하였다. 반감기가 1.25×10^9 y이면 암석의 나이는 얼마인가?

58. 폭탄 검출기의 안정한 질소 동위원소 $^{15}_{7}\text{N}$의 중성자가 활성화되어 반감기가 7.13 s인 불안정한 $^{16}_{7}\text{N}$으로 변환되면서 베타 입자를 방출한다. 얼마 후에 N-16의 활성도가 백만분의 일로 떨어지는가?

59. **BIO** 근접 치료는 종양 부위에 방사성 '씨'를 이식하는 것과 관련된 암 치료법이다. 보통 머리와 목의 암에 사용되는 이리듐-192는 전자 포획으로 반감기가 74.2일인 베타 붕괴를 한다. 안쪽 껍질의 전자는 포획된 전자가 점유한 궤도로 떨어져서 주변의 종양 세포를 죽이는 감마선을 방출한다. 초기 Ir-192의 몇 퍼센트가 이식 1년 후에 남아 있겠는가?

60. 최근 연구들은 우리 태양은 초신성으로 폭발하기 전에 불과 수백만 년 동안 존재했던 거대한 별의 자손이라는 가설을 제안한다. 하나의 단서는 원시 운석에 존재했던 알루미늄-26에서 나온다.

^{26}Al은 730,000년을 반감기로 안정한 마그네슘-26으로 붕괴된다. 초기 태양계의 ^{26}Al은 붕괴한 지 오래 되었지만 오늘날 ^{26}Mg는 원래 ^{26}Al의 대리 역할을 한다. 운석에서 ^{26}Mg를 측정한 결과 태양이 형성될 때 ^{26}Al 대 안정 ^{27}Al의 비는 약 5×10^{-5}인 것으로 나타났다. 거대한 별에서의 핵융합은 $^{26}\text{Al}/^{27}\text{Al}$의 존재비 2×10^{-3}의 비율로 두 동위원소를 생성한다. 이 정보를 사용하여 알루미늄 동위원소 생성에서 태양이 형성되기까지의 시간을 추정하라.

61. 지질학자들이 백만 년 동안 확실하게 핵폐기물을 저장할 지하저장고를 찾고 있다. 그 후 플루토늄-239가 남아 있겠는가?

62. **BIO** 병원의 사이클로트론에서 산소-15($t_{1/2} = 2.0$ min)가 생성된다. 0.50 mCi/L의 활성도가 필요한 O-15를 3.5 min 후에 PET 촬영을 하는 환자에게 주입한다면 처음의 활성도는 얼마인가?

63. 연습 문제 29의 반응로에 1년간 공급할 ^{235}U는 얼마인가? (**주의:** ^{239}Pu의 분열도 출력에 기여하기 때문에 답이 실제보다 클 것이다.)

64. 폭발력이 25 kt인 핵폭탄에서 소모되는 ^{235}U는 얼마인가?

65. 중수로에서 중성자가 정지한 중수소와 정면 탄성 충돌한다. 중수소로 전달되는 운동 에너지는 얼마인가? (**힌트:** 9장 참조)

66. 핵분열 생성물이 반응로에 쌓여서 곱인자가 0.992로 떨어졌다. 분열 시간이 0.10 s이면 반응로의 출력이 반으로 감소하는 데 얼마나 걸리는가?

67. 핵반응로의 전체 열출력은 1.5 GW이다. 1년 동안 소모하는 ^{235}U는 얼마인가?

68. 뉴햄프셔의 시브룩 핵발전소에서 생산하는 전력은 1.2 GW이며, 매년 1311 kg의 ^{235}U를 소모한다. 1년 내내 가동할 때 핵반응로의 (a) 열출력과 (b) 효율을 각각 구하라.

69. 빠른 중성자가 연쇄 반응에 참여하여 분열 시간이 100 μs로 떨어지면 핵반응로는 즉각 위험 상태가 된다. 반응로의 곱인자가 $k = 1.001$이면 출력이 100배 증가하는 데 얼마나 걸리는가?

70. 1000 MW D-D 융합 발전소를 1년간 가동하는 데 필요한 중수소($^2\text{H}_2\text{O}$ 또는 D_2O)는 얼마인가?

71. 양성자-양성자 순환 과정에서 네 개의 양성자를 소비하여 27 MeV의 에너지를 생산한다. (a) 태양의 출력이 약 4×10^{26} W이면 양성자 소모율은 얼마인가? (b) 현 상태로 양성자를 소모하면 원래 양의 10%를 소모한 후에 태양의 수명이 끝난다. 현 상태로 얼마나 오래 가는가? 태양 질량(2×10^{30} kg)은 초기에 71% 수소였다.

72. 수소 핵의 약 0.015%는 사실상 중수소이다. 1갤런의 바닷물에 들어 있는 모든 중수소가 융합되어 방출되는 에너지(중수소 한 개당 평균 7.2 MeV)와 1갤런의 가솔린의 에너지(부록 C 참조)를 비교하라. 1갤런의 바닷물에 해당하는 가솔린의 양은 얼마인가?

73. 실전 문제 72의 자료를 사용하여 전 세계 해양(평균 깊이 3 km)의 중수소가 현재 약 16 TW로 소비되는 인류의 수요를 얼마나

오랫동안 충족할 수 있는지 어림하라. 다음으로 이것을 태양의 남은 수명인 약 50억 년과 비교하라.

74. 그림 38.7은 우라늄-238 붕괴 계열이 ^{238}U의 알파 붕괴로 시작하여 토륨-234(^{234}Th)를 생성한다는 것을 나타낸다. ^{238}U 핵의 질량은 237.92 u이며, 알파 입자는 4.27 MeV의 운동 에너지로 방출된다. ^{234}Th 핵의 질량을 구하라.

75. 초우라늄 핵을 만들기 위하여 비스무트-209와 크로뮴-54가 결합하면 무거운 핵과 중성자가 나온다. 무거운 핵은 무엇인가?

76. 금을 합성하려는 연금술사의 꿈을 이루는 것은 가능하지만 어렵다. 수은-198에 중성자를 폭격하면 중성자 하나를 포획하여 금-197 핵과 다른 입자가 생성된다. 반응 방정식을 표기하라.

77. 니켈-65는 베타 붕괴로 전자를 방출하며 붕괴 상수는 $\lambda = 0.275$ h^{-1}이다. (a) 딸핵은 무엇인가? (b) 처음에 순수한 Ni-65인 시료에서 부모핵보다 딸핵이 2배로 많아질 때까지 얼마나 걸리는가?

78.
BIO 전형적인 인체에서 자연적으로 발생하는 방사능 동위원소에는 16 mg의 ^{40}K과 16 ng의 ^{14}C가 포함된다. 표 38.1에 있는 반감기를 사용하여 인체의 자연 방사능을 어림하라.

79. 레이저-융합용 연료알갱이의 질량 1.0 mg은 중수소와 삼중수소로 반분된다. (a) 중수소의 반과 같은 수의 삼중수소 핵이 D-T 융합에 참여하면 얼마나 많은 에너지가 방출되는가? (b) 3000 MW의 열출력을 내려면 연료알갱이의 융합률은 얼마이어야 하는가? (c) 1년 가동에 필요한 연료의 양은 얼마인가? 출력이 같은 화력발전소에 필요한 석탄 3.6×10^6 t과 비교하라.

80. 경수로에서 한 번의 핵분열마다 방출하는 중성자 중 평균 0.6개의 중성자가 ^{238}U에 흡수되어 ^{239}Pu를 만든다. (a) 분열당 200 MeV의 에너지가 나온다면 생산 전력이 1.0 GW인 효율 30%의 핵발전소에서 1년 동안 만드는 ^{239}Pu의 양은 얼마인가? (b) ^{239}Pu 5 kg으로 핵폭탄 하나를 만든다고 하자. (a)의 핵발전소에서 매년 만들 수 있는 핵폭탄은 몇 개인가?

81.
BIO 가족 중 한 사람이 반감기가 6.01시간인 들뜬 동위원소 테크네튬-99m을 사용하여 뇌 검사를 받을 예정이다. 병원은 몰리브데넘-99($t_{1/2} = 2.7$일)의 붕괴로부터 Tc-99m을 만들어서 방사선과로 보낸다. 운반에 소요되는 시간은 90분이고, 필요한 양은 10 mg이다. 기술자가 12 mg의 Tc-99m을 만들면 충분할까?

82.
DATA
CH 두 종류의 동위원소의 혼합물을 15일 동안 관찰하여 얻은 총방사능이 아래 표에 나와 있다. 동위원소 중 한 종류는 표 38.1에 나와 있는 것이다. 시간에 대해 그릴 때 한두 개의 직선으로 나타나는 양을 결정하라. 그래프를 그리고, 그것을 이용하여 동위원소들의 반감기를 결정하라. 표 38.1로부터 동위원소를 식별하라.

시간(일)	0	0.25	0.5	0.75	1.0
활성도(kBq)	200	103	54	29	17
시간(일)	1.3	5.0	10	15	
활성도(kBq)	4.6	3.2	2.1	1.4	

83.
CH 방사성 핵의 수명이 t일 확률은 시간 0에서 시간 t까지 생존할

확률에 t에서 $t+dt$ 사이에 붕괴할 확률의 곱이다. 핵의 평균 수명이 식 38.3a에서 붕괴 상수의 역수임을 보여라.

84.
CH 핵 A가 B로 붕괴하는 붕괴 상수는 λ_A이고, 핵 B가 안정한 생성물 C로 붕괴하는 붕괴 상수는 λ_B이다. $t = 0$에서 N_0개의 핵 A가 있다. 시간 t에서 시료의 전체 활성도를 표기하라.

85.
CH (a) 예제 38.6은 한 번의 핵분열마다 곱인자 k로 증가하는 연쇄 반응에서 발생하는 핵분열의 수를 설명한다. n번의 분열에서 전체 핵분열의 수가 $N = (k^{n+1} - 1)/(k - 1)$임을 보여라. (b) 전형적인 핵폭발에서 $k = 1.5$이고 분열 시간은 약 10 ns이다. (a)의 결과를 이용하여 질량 10 kg의 ^{235}U의 모든 핵이 핵분열할 시간을 구하라. (**힌트:** (a) 급수를 합한다. (b) N에 비해서 1은 무시한다.)

실용 문제

1972년에 프랑스의 핵발전소에서 일하는 사람이 아프리카 가봉공화국에 있는 오클로의 광산에서 나온 우라늄에 들어 있는 U-235가 정상적인 0.7%보다 더 적다는 것을 발견하였다. 이 수치는 운석에서 월석까지 태양계 전체에서 일정하다고 알려져 있다. 분석을 더 해보니 핵분열 생성물의 붕괴에서 나오는 동위원소가 존재하였다. 과학자들은 자연적인 핵분열 반응이 20억 년전에 발생해서 약 10만 년 동안 지속된 것이라는 놀라운 결론을 내렸다. 풍부한 우라늄 광석과 섞인 물이 감속재 역할을 하여 연쇄 반응을 가능하게 하였다. 더 중요하게는 U-235의 반감기 700 My은 20억 년 전의 천연우라늄에는 U-235가 아주 풍부하였다는 것을 의미한다.

86. 오클로 핵분열 반응의 시기에 존재한 U-235의 실제 양은
    a. 오늘날과 거의 같았다.
    b. 오늘날보다 거의 두 배 많았다.
    c. 오늘날보다 거의 네 배 많았다.
    d. 오늘날보다 거의 여덟 배 많았다.

87. U-238의 반감기 45억 년을 고려하면 20억 년 전에 천연우라늄 속의 U-235의 비율은
    a. 약 1%이었다.
    b. 약 4%이었다.
    c. 약 10%이었다.
    d. 거의 100%이었다.

88. 오클로의 핵분열에서 나온 출력은 10 kW에서 100 kW 사이였다. 만약 어느 시점에서 출력이 반응 지역의 물을 끓여 없애는 데 충분하였다면, 연쇄 반응은
    a. 멈췄을 것이다.
    b. 좀 더 천천히 계속 되었을 것이다.
    c. 영향을 받지 않고 그대로였을 것이다.
    d. 더 빨리 일어났을 것이다.

89. 오늘날 오클로 지역에서 측정 가능한 양이 있을 것으로 기대되는 것은

a. 스트론튬-90이다.

b. 세슘-137이다.

c. 플루토늄-239이다.

d. 위의 어느 것도 아니다.

38장 질문에 대한 해답

장 도입 질문에 대한 해답

핵발전으로 전 세계의 총에너지의 약 9%를 공급하고, 전기 에너지의 11% 이상을 공급한다.

확인 문제 해답

38.1 (a) $Z = 6$, $N = 6$, (b) $Z = 8$, $N = 7$, (c) $Z = 26$, $N = 31$, (d) $Z = 94$, $N = 145$

38.2 (e)

38.3 $^{57}_{26}\text{Fe}$, $^{132}_{54}\text{Xe}$, $^{238}_{92}\text{U}$, $^{4}_{2}\text{He}$, $^{2}_{1}\text{H}$

38.4 핵연료에 막대하게 많은 에너지가 들어 있으므로 석탄보다 채굴과 수송이 훨씬 더 간단하다.

38.5 (a)

쿼크에서 우주까지

학습 목표

이 장을 학습하고 난 후 다음을 할 수 있다.

LO 39.1 광자가 어떻게 전자기력을 중개하는지 정성적으로 묘사할 수 있다.

LO 39.2 렙톤과 중입자, 중간자와 강입자, 페르미온과 보손, 게이지 입자를 포함하여 입자
들을 분류할 수 있다.

LO 39.3 쿼크의 역할을 포함하여 입자와 힘에 관한 표준 모형을 설명할 수 있다.

LO 39.4 힘들의 통일과 대칭성 깨짐의 역할을 설명할 수 있다.

LO 39.5 우주 팽창의 증거와 우주의 진화를 요약할 수 있다.

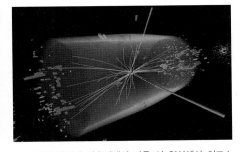

거대 강입자 가속기에서 나온 이 영상에서 히그스 보손은 광자 두 개로 붕괴한다. 2012년 히그스 입자의 발견으로 물리학자들의 입자와 장의 표준 모형이 완성되었다. 히그스 입자가 입자물리학에서 하는 역할은 무엇인가?

앞의 다섯 장들에서는 원자, 분자, 원자핵 수준의 물리학 영역을 다루었다. 여기서는 더 나아가 핵자의 구조와 기본 입자에 대해서 공부한다. 가장 작은 크기인 물질의 궁극적 본성에 대해서 논의하고, 다른 한편으로는 가장 큰 크기인 우주의 기원과 미래에 대해서 논의한다.

39.1 입자와 힘

LO 39.1 광자가 어떻게 전자기력을 중개하는지 정성적으로 묘사할 수 있다.

1932년까지 물질의 기본 입자로 전자, 양성자, 중성자, 중성미자 등 네 입자가 알려져 있었다. 이외에도 전자의 반입자인 양전자, 전자기 복사의 광자 등이 알려졌다. 또한 중력, 전자기력, 핵력, 베타 붕괴의 약력 등을 네 개의 기본 힘으로 알고 있었다.

34장에서 전자기파가 전자기장의 양자인 광자의 중개로 물질과 상호작용하는 것을 배웠다. 양자 전기역학적 관점에서 보면 두 대전 입자 사이의 힘은 광자를 교환하는 상호작용이다. 그림 39.1a처럼 두 우주비행사가 공을 주고받는다고 하자. 한 우주비행사가 공을 받고 던지면서 다른 우주비행사로부터 멀어지는 방향으로 운동량을 얻으므로 알짜 척력을 받는 셈이다. 만약 두 우주비행사가 서로 공을 차지하려고 다가서면 그림 39.1b 처럼 인력이 생긴다. 그림 39.1은 광자를 교환하는 전기적 상호작용을 고전적으로 묘사한 모습이다.

입자가 한 에너지 상태에서 낮은 에너지 상태로 내려가면, 두 상태의 에너지차에 해당하는 에너지를 가진 광자를 방출한다. 이때 당연히 에너지가 보존된다. 그러나 자유 전자가 다른 입자와 교환하는 광자를 방출하여 전자기력을 만든다면 에너지 보존은 어

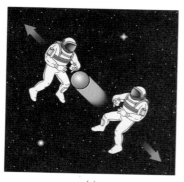

그림 39.1 입자가 중개하는 힘의 묘사.
(a) 척력, (b) 인력. 공은 광자를 나타낸다.

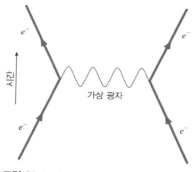

그림 39.2 가상 광자의 교환으로 상호작용하는 두 전자의 파인만 도표. 이 도표는 전자의 쿨롱 반발력에 대한 양자 묘사를 보여 준다.

떻게 될까? 에너지-시간 불확정성 원리에 따르면 시간 간격 Δt 동안 측정한 에너지는 반드시 $\Delta E \geq \hbar / \Delta t$만큼의 불확정도를 갖는다(식 34.16 참조). 두 입자가 교환한 광자는 극히 짧은 시간만 존재하므로 에너지는 불확정적이다. 따라서 에너지 보존 법칙을 위배한다고 말할 수 없다. 이와 같이 극히 짧은 시간만 존재하면서 다른 입자와 교환되는 광자를 **가상 광자** (virtual photon)라고 한다. 그러나 한 입자가 방출한 가상 광자를 다른 입자가 흡수하므로 결코 가상 광자를 볼 수는 없다.

전자기 상호작용에 대한 양자론을 **양자 전기역학**(quantum electrodynamics, QED)이라고 한다. 디랙이 QED를 창시하고, 1948년에 리처드 파인먼(Richard Phillips Feynman), 신이치로 도모나가(Sin-Itiro Tomonaga), 줄리언 슈윙거(Julian Schwinger) 등이 완성하였다. QED의 핵심은 광자와 전기적으로 대전된 입자의 상호작용이다. QED는 공통의 가상 광자가 중개하는 상호작용으로 전자기력을 기술한다(그림 39.2 참조). QED가 예측하는 상호작용들은 실험적으로 정밀하게 검증되었으며 오늘날 물리적 실체를 기술하는 이론으로 각광받고 있다.

중간자

1935년 일본의 물리학자 히데키 유카와(Hideki Yukawa)는 전자기력과 마찬가지로 핵력도 입자의 교환으로 상호작용한다고 제안하였다. 유카와는 가상 입자를 **중간자**(meson)라고 부르고, 핵력의 범위가 제한적이므로 중간자의 질량이 0이 아니라고 주장하였다. 이러한 연관성은 에너지-시간 불확정성 원리에 따른 결과이다.

전자기력은 $1/r^2$으로 감소하므로 사실상 무한하다. 매우 멀리 떨어진 입자들도 전자기력으로 상호작용할 수 있다. 광자는 유한한 광속으로 진행하므로 상호작용 시간 Δt는 얼마든지 커질 수 있다. 따라서 에너지-시간 불확정성 원리, $\Delta E \Delta t \geq \hbar$에 따라 ΔE는 한없이 작을 수 있다. 이 때문에 가상 광자의 에너지도 한없이 작아질 수 있고 0도 가능하다. 이는 광자의 정지 에너지가 0일 때만 가능하다.

반면에 핵력의 범위는 약 1.5 fm로 유한하다. 따라서 광속에 가까운 가상 입자가 존재할 수 있는 최장의 시간은

$$\Delta t = \frac{\Delta x}{c} = \frac{1.5 \times 10^{-15} \text{ m}}{3.0 \times 10^8 \text{ m/s}} = 5.0 \times 10^{-24} \text{ s}$$

이고, 에너지-시간 불확정성 원리에 따른 결과는 다음과 같다.

$$\Delta E \geq \frac{\hbar}{\Delta t} = \frac{1.05 \times 10^{-34} \text{ J} \cdot \text{s}}{5.0 \times 10^{-24} \text{ s}} = 2.1 \times 10^{-11} \text{ J} = 130 \text{ MeV}$$

유카와는 새 입자의 질량이 전자의 약 250배인 $130 \text{ MeV}/c^2$이라고 예측하였다. 유카와의 예측은 결국 입증되었지만, 그 사이에 또다른 입자들이 발견되었다.

39.2 입자, 입자, 또 입자

LO 39.2 렙톤과 중입자, 중간자와 강입자, 페르미온과 보손, 게이지 입자를 포함하여 입자들을 분류할 수 있다.

1930년에는 지구 밖에서 오는 고에너지 양성자와 다른 입자를 포함하는 우주선이 유일한 고에너지 입자의 원천이었다. 양전자를 발견한 미국의 물리학자 칼 앤더슨(Carl David Anderson)과 동료들은 1937년에 전자보다 207배나 무거운 입자를 우주선에서 발견하고, **뮤온**(muon)이라고 명명하였다. 뮤온은 전하, 스핀이 전자와 같으면서 무거운 전자처럼 거동하며, 음전하인 μ^-와 반입자 μ^+가 있다. 뮤온은 그 질량이 유카와가 예측한 값에 근접하지만, 핵과 약하게 상호작용하므로 핵력의 중개자가 될 수 없다.

유카와 입자는 10년 후인 1947년에 우주선에서 발견되었으며, 질량이 전자의 270배라는 것도 밝혀졌다. 그 당시에 **파이온**(pion)이라고 부르는 양전하 π^+, 음전하 π^-, 중성전하 π^0도 발견되었다.

새 입자들은 불안정하여 잘 알려진 안정한 입자로 즉시 붕괴한다. 예를 들어 평균 수명이 26 ns인 음전하 파이온은 다음과 같이 뮤온과 반중성미자로 붕괴한다.

$$\pi^- \rightarrow \mu^- + \bar{\nu}$$

평균 수명이 2.2 μs인 뮤온은 다음과 같이 전자와 중성미자-반중성미자 짝으로 붕괴한다.

$$\mu^- \rightarrow e^- + \nu + \bar{\nu}$$

응용물리 | 입자 검출기

크기가 아주 작아도 개별 아원자 궤적을 정확하게 추적할 수 있다. 초기의 입자 가속기 실험에서는 입자가 지나가면서 주변의 증기나 액체를 이온화시켜서 만드는 응축 또는 거품 궤적을 눈으로 볼 수 있는 **구름 상자**(cloud chamber)와 **거품 상자**(bubble chamber)로 입자를 검출하였다. 최근에는 수많은 도선이 열십자로 교차하는 **다중선 비례 상자**(multiwire proportional chamber)를 이용하여 기체 상자를 지나가는 입자가 분리시킨 전자의 전류 펄스를 측정하고, 전류 분포를 분석하여 입자의 궤적을 찾아낸다. 옆의 사진은 스탠퍼드 선형 가속기 센터에 있는 다중선 비례 상자이다. 한편 입자 가속기에 자기장을 걸면 입자의 궤적을 휘게 만들 수 있으므로, 입자의 전하 질량비도 구할 수 있다. **섬광 검출기**(scintillation detector)는 입자가 지나가면서 방출하는 섬광의 세기를 측정하여 입자의 에너지를 측정한다. 여러 층의 섬광 계수기와 에너지 흡수 물질로 만든 **열량계**(calorimeter)로 고에너지 입자가 만드는 이차 입자빔을 분석하여 입자의 에너지를 측정한다. 최근에는 여러 형태의 검출기를 결합시킨 거대한 검출기를 이용하여 입자의 상호작용에서 최대한도로 정보를 얻고 있다. 검출기에서 얻은 정보를 컴퓨터로 처리하여 백만 번에 한 번 일어나는 정도로 희귀한 사건도 분석하고 있다.

입자의 분류

점점 강력한 입자 가속기를 가동하게 되면서 새로운 입자를 연달아 발견하였다. 1980년까지 100개 이상의 기본 입자를 발견하였다. 초기에는 질량에 따라 입자를 분류하였지만, 좀 더 분명하게 기본 힘에 따라 분류하고 있다. 즉 입자를 세 종류로 분류한다.

렙톤(lepton)은 강력과 무관한 입자이다. 잘 알려진 전자, 뮤온, 좀 더 무거운 타우 입자,

세 형태의 중성미자가 있다. 중성미자는 오랫동안 질량이 없는 입자로 믿어졌으나 최근의 실험에 의하면 매우 작지만 0이 아닌 질량을 가지면서 세 형태 사이에서 '진동'하고 있다. 렙톤마다 반입자가 있다. 즉 여섯 종의 렙톤-반렙톤이 있다. 실험에 따르면 더 이상의 렙톤은 없다. 모든 렙톤은 스핀이 1/2이므로, 파울리의 배타 원리를 따르는 **페르미온**이다. 렙톤은 크기와 내부 구조가 없는 진정한 기본 입자이다.

강입자(hadron)는 강력과 관련된 입자이며, 중간자와 중입자 두 종류가 있다. **중간자**는 스핀이 정수로 **보손**이며, 배타 원리를 따르지 않는다. 유카와의 파이온을 비롯한 모든 중간자는 불안정하다. **중입자**(baryon)의 스핀은 반홀수로 페르미온이다. 잘 알려진 양성자, 중성자와 비슷하지만 더 무거운 입자들이 중입자이다. 중입자는 관련 깊은 입자들이 이중짝, 삼중짝, 또는 다중짝으로 나타난다. 예를 들어 양성자와 중성자는 전하가 다르고 질량이 약간 다른 이중짝이다. 각 중입자에는 반입자가 있다. 중간자도 반입자가 있지만, 어떤 중성 중간자는 자신이 반입자이다.

세 번째 종류는 장에 따라 다른 힘의 양자로서 힘을 중개하는 **장입자**(field particle) 또는 **게이지 보손**(gauge boson)이다. 잘 알려진 전자기력의 광자, 약력의 W^+, W^-와 Z 입자, **글루온**(gluon)이라고 부르는 입자, 아직은 불완전한 양자중력장에서 중력을 중개하는 가상입자인 **중력자**(graviton) 등이 있다. 모든 장입자는 보손이며, 스핀이 1이고, 중력자만 스핀이 2이다. 혹시 유카와 중간자가 핵력을 중개하는 장입자로 생각될지도 모르지만, 핵력이 진정한 기본 힘이 아니라, 글루온이 좀 더 기본적인 역할을 담당하므로 장입자는 아니다.

표 39.1은 현재의 기본 입자 이론에 따라 알려진 모든 입자를 분류한 표이다.

입자의 특성과 보존 법칙

새로운 입자들은 질량, 스핀, 전하 같은 특성으로 분류된다. 스핀과 전하는 각운동량 보존, 전하 보존 같은 보존 법칙을 따른다. 입자의 상호작용은 반드시 이러한 보존 법칙을 만족해야만 허용된다. 예를 들어 전자-양전자 짝의 소멸에서 처음 입자들은 알짜 전하가 없고, 생성된 광자도 전하가 없다. 다음과 같은 중성자의 베타 붕괴로 생성된 전자, 양성자, 중성인 반중성미자의 총 전하도 보존된다.

$$n \rightarrow p + e^- + \bar{\nu}_e$$

여기서 반중성미자의 아래 첨자는 뮤온이나 타우가 아닌 전자 반중성미자를 뜻한다.

다른 입자의 특성들도 보존된다. 중입자의 중입자수를 -1, 반중입자의 중입자수를 $+1$이라고 하면 모든 중입자와 반중입자의 **중입자수**(baryon number, B)는 보존된다. 현재까지의 실험 자료들은 중입자수 보존을 지지한다. 즉 현재까지 알려진 모든 입자의 상호작용에서 상호작용 전과 후의 중입자수가 같다. 예를 들면 중성자의 베타 붕괴에서 중성자의 중입자수 ($B = 1$)와 양성자의 중입자수($B = 1$)가 같고, 전자와 전자 반중성미자는 렙톤으로 중입자수가 없으므로, 결국 중입자수가 보존된다. 다만, 중입자수 보존이 어디까지나 어림이라는 이론도 있다. 만약 그렇다면 양성자가 평균 수명이 10^{35}년 이상인 불안정한 입자가 된다.

렙톤 수(lepton number) 또한 보존된다. 베타 붕괴에서 중성자와 양성자는 중입자로 렙톤 수가 없고, 전자와 반중성미자의 렙톤 수가 각각 $+1$, -1이므로 렙톤 수가 보존된다.

1950년대 후반에 K, Λ, Σ, Ξ라는 입자들이 발견되었다. 이 입자들의 붕괴에서 기묘한 특성이 나타나서 새로운 기본 특성으로 **기묘도**(strangeness, s) $s = \pm 1$ 또는 ± 2를 도입하였다. 기묘도는 강한 상호작용과 전자기 상호작용에서 보존되지만, 약한 상호작용에서는 변한다. 앞으로도 모든 입자들을 완전하게 설명하려면 새로운 특성들이 필요할 것으로 보인다.

표 39.1 입자의 분류*

분류/입자	기호(입자/반입자)	스핀	질량(MeV/c²)	중입자수(B)	렙톤 수(L)	기묘도(s)	평균 수명(s)
장입자							
광자	γ, γ	1	0	0	0	0	안정
Z_0	Z^0, Z^0	1	91,188	0	0	0	$\sim 10^{-25}$
렙톤							
전자	e^-, e^+	$\frac{1}{2}$	0.511	0	+1	0	안정
뮤온	μ^-, μ^+	$\frac{1}{2}$	105.7	0	+1	0	2.2×10^{-6}
타우	τ^-, τ^+	$\frac{1}{2}$	1777	0	+1	0	2.9×10^{-13}
전자 중성미자	ν_e, $\overline{\nu}_e$	$\frac{1}{2}$	$<3 \times 10^{-6}$	0	+1	0	안정
뮤온 중성미자	ν_μ, $\overline{\nu}_\mu$	$\frac{1}{2}$	<0.19	0	+1	0	안정
타우 중성미자	ν_τ, $\overline{\nu}_\tau$	$\frac{1}{2}$	<18.2	0	+1	0	안정
강입자							
중간자							
파이온	π^+, π^-	0	139.6	0	0	0	2.6×10^{-8}
파이온	π^0, π^0	0	135.0	0	0	0	8.4×10^{-17}
에타	η^0, η^0	0	547.8	0	0	0	$\sim 5 \times 10^{-19}$
로	ρ^0, ρ^0	1	775.8	0	0	0	$\sim 4 \times 10^{-24}$
케이온	K^+, K^-	0	493.7	0	0	1	1.2×10^{-8}
케이온	K^0, K^0	0	497.6	0	0	1	0.895×10^{-10} 5.18×10^{-8} †
중입자							
양성자	p, $\overline{p}$	$\frac{1}{2}$	938.3	1	0	0	안정
중성자	n, $\overline{n}$	$\frac{1}{2}$	939.6	1	0	0	885.7
람다	Λ^0, $\overline{\Lambda}^0$	$\frac{1}{2}$	1115.7	1	0	-1	2.6×10^{-10}
시그마	Σ^+, $\overline{\Sigma}^-$	$\frac{1}{2}$	1189.4	1	0	-1	0.80×10^{-10}
시그마	Σ^0, $\overline{\Sigma}^0$	$\frac{1}{2}$	1192.6	1	0	-1	7.4×10^{-20}
시그마	Σ^-, $\overline{\Sigma}^+$	$\frac{1}{2}$	1197.4	1	0	-1	1.5×10^{-10}
오메가	Ω^-, $\overline{\Omega}^+$	$\frac{3}{2}$	1672.45	1	0	-3	0.82×10^{-10}

* c, b, t 쿼크를 포함한 강입자는 제외한다.
† 중성 케이온은 서로 다른 평균 수명 상태의 양자역학적 중첩으로 존재한다.

개념 예제 39.1 **보존 법칙: 입자 상호작용**

파이온은 양성자와 충돌하여 다음과 같이 중성 케이온과 람다 입자를 생성한다.

$$\pi^- + p \rightarrow K^0 + \Lambda^0$$

(a) 전하, 중입자수, 렙톤 수, 기묘도 중 무엇이 보존되는가?
(b) 파이온-양성자 충돌로 전자와 양성자가 생성될 수 있는가?

풀이 (a) 표 39.1을 보면, 모든 입자가 강입자이다. 따라서 렙톤 수는 양변에서 모두 0이다. 왼쪽은 음전하와 양전하이고 오른쪽은 모두 중성이므로 양변의 전하는 모두 0이다. 파이온은 중간자이고 양성자는 중입자이므로 왼쪽의 중입자수는 1이다. 마찬가지로 Λ^0은 중간자이고 K^0은 중입자이므로 중입자수가 보존된다. 끝으로,

파이온이나 양성자가 기묘 입자가 아니므로 왼쪽의 기묘도는 0이다. 표 39.1에서 K^0은 $s = +1$이고, Λ^0은 $s = -1$이므로 기묘도 또한 보존된다. (b) 전자와 양성자가 생성되면, 전하(0), 기묘도(0),

중입자수(1)는 보존되지만, 렙톤 수는 0이 아니라 1이므로 보존되지 않는다.

검증 답을 검증해 보자. 보존 법칙으로 입자의 상호작용이 제한된다.

관련 문제 이 반응이 발생하기 위해서 파이온과 양성자가 합쳐지는데 필요한 최소 운동 에너지는 얼마인가?

풀이 표 39.1에 따르면 파이온과 양성자의 정지 질량은 각각 $139.6 \text{ MeV}/c^2$과 $938.3 \text{ MeV}/c^2$이므로 정지 에너지는 139.6

MeV와 938.3 MeV가 되고, 총에너지는 1078 MeV이다. 그러나 표에 있는 K^0과 Λ^0의 질량을 보면 둘의 정지 에너지의 합은 1613 MeV이므로 반응을 시키려면 $1613 - 1078 = 535$ MeV의 추가 에너지가 필요하다. 이것이 파이온과 양성자의 운동 에너지의 합인 초기 운동 에너지의 최솟값이다.

대칭성

물리적 과정을 거울에 비춰 보면 거울 속의 과정이 물리적으로 가능한 과정이라는 것을 알 수 있다. 즉 물리 법칙은 거울 반사에 대해서 **대칭성**(symmetry)을 갖는다. 아원자 수준에서 물리적 과정과 거울의 영상 과정이 같다는 사실을 **반전성 보존**(conservation of parity)이라고 한다. 수학적으로는 원점에 대한 거울 대칭, 즉 $x \rightarrow -x$, $y \rightarrow -y$, $z \rightarrow -z$의 좌표계 변환에서 파동 함수가 불변이면 반전성이 $+1$이라고 한다. 만약 파동 함수의 부호가 바뀌면 반전성은 -1이다. 입자의 상호작용에서 반전성 값이 불변이면 반전성이 보존된다.

1957년 미국의 이론물리학자 청다오 리(Tsung-Dao Lee)와 첸닝 양(Chen Ning Yang)은 반전성 보존이 약력에서 검증되지 않았다고 지적하면서, 반전성이 보존되지 않는다고 제안하였다. 이는 자연이 사실상 같아 보이는 오른손 계와 왼손 계를 구분한다는 혁명적인 제안이었다. 그 후 미국의 물리학자 친시웅 우(Chien-Shiung Wu)가 이끄는 실험 그룹이 오른손-왼손 대칭성을 만들 수 있는 자기장 속에서 코발트-60의 베타 붕괴를 연구하여 베타 방출이 자기장과 반대인 선호하는 방향이 있다는 사실, 즉 반전성 비보존을 실험적으로 확인하였다 (그림 39.3 참조).

반전성이 보존되지 않아도, 반전성 역전(P)과 전하 켤레(C)의 결합, 즉 입자를 반입자로 바꿔도 물리적 거동은 동일할 것이라고 이론물리학자들은 믿었다. 그러나 1964년에 중성 케이온이 파이온-반파이온 짝으로 붕괴하는 과정에서 CP 보존마저 깨지는 현상을 발견하였다. 러시아 물리학자 안드레이 사하로프(Andrei Sakharov)는 비대칭 붕괴가 오늘날 우주에 반물질보다 물질이 더 많다는 증거라고 설명하였다.

CPT 대칭성은 여전히 보존되는 것처럼 보인다. 즉 거울 반사, 전하 켤레, 시간 역전(T)을 결합한 경우에는 물리적 거동이 똑같다. 결국 시간의 방향이 심오한 철학적 의미를 갖고 있는 것처럼 보이지만, CPT 대칭성이 뜻하는 바와 개별 성분의 대칭성이 깨지는 이유를 충분히 이해하지 못하고 있다.

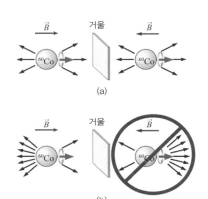

그림 39.3 반전성 비보존의 실험적 증거. 거울의 왼쪽에서 ^{60}Co 핵의 스핀은 자기장과 나란하다. (a) 거울 반사하면 자기장이 반대 방향으로 바뀌어도 스핀 벡터는 오른쪽 방향이다. 만약 거울 영상이 똑같다면 스핀 방향과 반대 방향으로 똑같은 확률로 베타 방출(화살표)이 일어나야 한다. (b) 실험에 의하면 베타 방출은 스핀과 반대 방향으로 많이 일어나므로 오른쪽 거울 영상은 생기지 않는다.

39.3 쿼크와 표준 모형

LO 39.3 쿼크의 역할을 포함하여 입자와 힘에 관한 표준 모형을 설명할 수 있다.

자연의 숨은 단순성을 추구하는 물리학자들에게는 수많은 입자의 등장이 고민거리였다. 이 입자들이 모두 기본 입자일까? 근본적인 다른 기본 입자들이 있을까? 1961년 미국의 물리학자 머리 겔만(Murray Gell-Mann)과 유발 니만(Yuval Ne'eman)은 그때까지 알려진 모든 입자들을 분류할 수 있는 형태를 독립적으로 제안하였다. 이 형태를 올바른 삶에 대한 불교 원리를 원용하여 **팔정도(Eightfold Way)**라고 한다. 겔만은 팔정도에서 빠진 곳에 기묘도가 −3인 새로운 입자가 있다고 예측하였고, 그 즉시 이전의 실험에서 얻은 거품 상자 기록에서 새로운 입자 Ω^-를 발견하였다.

쿼크

팔정도의 등장과 성공적인 기술로 물리학자들은 수많은 기본 입자들이 진정한 기본 입자가 아님을 깨달았다. 1964년 겔만과 게오르그 츠바이크(George Zweig)는 독립적으로 연구하여 **쿼크(quark)**라고 부르는 세 입자의 조합으로 그때까지 알려진 모든 강입자를 구성할 수 있었다. 이들 세 입자는 **위쿼크(up quark)**, **아래 쿼크(down quark)**, **기묘 쿼크(strange quark)**이다. 또한 각 쿼크에 반쿼크가 있다.

놀랍게도 모든 쿼크는 분수 전하를 가진다. 가장 덜 무거운 쿼크인 위쿼크와 아래 쿼크의 전하는 각각 $+\frac{2}{3}e$, $-\frac{1}{3}e$이다. 반쿼크는 반대 전하를 가진다. 쿼크는 이중짝 또는 삼중짝으로 결합하여 두 종류의 강입자를 만든다. 그림 39.4의 양성자와 중성자와 마찬가지로 중입자도 쿼크의 삼중짝으로 구성된다. 중간자는 그림 39.5처럼 쿼크의 이중짝이다. 쿼크의 스핀이 모두 $\frac{1}{2}$이므로, 세 쿼크로 구성된 모든 중입자의 스핀은 반홀수이고, 두 쿼크로 구성된 중간자의 스핀은 정수이다.

파울리 배타 원리에 따라 세 쿼크는 동일한 양자수를 갖지 못하므로, 쿼크를 구별하는 또 다른 특성이 있다. **색깔(color)**이라고 부르는 특성은 전기적 전하와는 다른 일종의 '전하'이며, 빨강, 초록, 파랑이다. 서로 다른 색깔의 쿼크를 결합시키는 힘은 **강력**이고, 이 이론을 **양자 색깔역학(quantum chromodynamics, QCD)**이라고 한다. QCD에서 **글루온**은 강력으로 입자를 결합시키는 장입자로서 양자 전기역학의 광자와 같은 역할을 담당한다. 쿼크로 구성된 중간자와 중입자는 모두 색깔이 없다. 중간자는 한 색깔의 쿼크와 반대 색깔의 쿼크로 구성되므로 **색깔이 없는(colorless)** 것이 당연하다. 또한 서로 다른 색깔의 세 쿼크의 조합으로 알짜 색깔 전하가 없는 중입자를 만든다. 한때 기본 힘이라고 믿었던 핵력은 색깔 없는 입자의 쿼크 사이에 작용하는 강력이 드러난 모습일 뿐이다. 중성 기체 분자 사이의 판데르발스 힘이 분자를 구성하는 입자 사이의 강력한 전기력이 드러난 모습인 것과 마찬가지이다.

대전 입자 사이의 전자기력을 중개하는 광자는 중성으로 전하가 없다. 반면에 쿼크의 중개자인 글루온은 색깔 전하가 있다. 즉 여덟 개의 다른 글루온이 있다. 여섯 개는 빨강-반파랑($R\overline{B}$), 빨강-반초록($R\overline{G}$), 초록-반빨강($G\overline{R}$), 초록-반파랑($G\overline{B}$), 파랑-반빨강($B\overline{R}$), 파랑-반초록($B\overline{G}$)이고, 두 개는 색깔이 없다. 색깔 글루온의 교환은 양자 전기역학에서 광자의 교환과는 달리 입자의 색깔을 바꾼다.

또한 놀랍게도 강력이 거리에 따라 감소하지 않는다. 이 때문에 단일 쿼크를 분리할 수 없다(그림 39.6 참조). 따라서 분수 전하를 가진 자유 입자를 결코 볼 수 없다.

위쿼크, 아래 쿼크, 기묘 쿼크만으로는 모든 입자들을 설명할 수 없음이 곧 판명되었다. 물리학자 셸던 글래쇼(Sheldon Glashow)는 **맵시 쿼크(charm quark)**라고 부르는 네 번째 쿼크의 존재를 주창하였다. 10년 후 브룩헤이븐 국립연구소와 스탠퍼드 선형 가속기 센터의

그림 39.4 양성자와 중성자는 각각 uud 쿼크 결합과 udd 쿼크 결합이다.

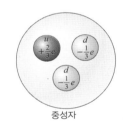

그림 39.5 중간자는 쿼크와 반쿼크의 결합이다. π^+ 중간자는 $u\overline{d}$ 쿼크 결합이다.

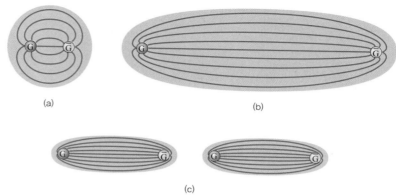

그림 39.6 초록 쿼크 G와 반쿼크 $\overline{G}$로 구성된 중간자의 쿼크 속박. (a) 장선은 두 쿼크를 연결하는 '색깔장'을 나타낸다. (b) 쿼크를 멀리 분리해도 장선이 속박된 상태로 남아서 장의 세기는 본질적으로 일정하다. (c) 쿼크를 더 세게 떼어내면 다른 쿼크-반쿼크 짝을 생성할 충분한 에너지가 생기므로 단일 쿼크로 분리할 수 없다.

연구팀들이 맵시 쿼크의 존재를 실증하는 입자를 발견하였다. 맵시 쿼크와 기묘 쿼크는 위쿼크-아래 쿼크 짝처럼 짝을 이룬다.

그럼에도 불구하고 또 하나의 쿼크 짝이 남았다. 1977년에 실험적으로 **바닥 쿼크**(bottom quark)의 존재를 확인하였고, 1995년에 페르미 연구소에서 **꼭대기 쿼크**(top quark)의 증거를 발견하였다. 새로운 쿼크일수록 더 무거워서 질량-에너지 등가 원리에 따라 쿼크를 포함하는 입자를 발견하기 위한 에너지가 천문학적으로 늘어난다. 따라서 필요한 고에너지를 얻기 위해서는 훨씬 더 강력하고 값비싼 입자 가속기를 건설해야 한다(39.4절의 응용물리 참조). 표 39.2는 여섯 쿼크의 특성을 수록한 표이다.

표 39.2 표준 모형의 물질 입자

쿼크 이름	기호	어림 질량 (MeV/c^2)*	전하	상응하는 렙톤 [기호, 질량(MeV/c^2)]
아래	d	5.0	$-\frac{1}{3}e$	전자$(e,\ 0.511)$, 전자 중성미자(ν_e)
위	u	2.4	$+\frac{2}{3}e$	
기묘	s	100	$-\frac{1}{3}e$	뮤온$(\mu,\ 106)$, 뮤온 중성미자(ν_μ)
맵시	c	1300	$+\frac{2}{3}e$	
바닥	b	4200	$-\frac{1}{3}e$	타우$(\tau,\ 1777)$, 타우 중성미자(ν_τ)
꼭대기	t	1.75×10^5	$+\frac{2}{3}e$	

*쿼크 질량을 직접 잴 수 없고 정확히 결정할 수 없다. 그보다는 실험 결과와 특정한 이론적 틀에 기초하여 그 질량을 계산한다.

예제 39.1 **쿼크: 구성과 특성** 응용 문제가 있는 예제

기묘 쿼크의 기묘도는 $s = -1$이다. 구성 쿼크가 uds인 Λ^0 입자의 전하와 기묘도를 구하라.

해석 세 개의 개별 쿼크의 전하와 기묘도가 어떻게 결합하여 Λ^0 입자를 만드는가에 대한 문제이다.

과정 쿼크의 전하와 기묘도를 합하여 Λ^0 입자의 값을 구한다.

풀이 표 39.2에서 u, d, s의 전하는 각각 $+\frac{2}{3}e$, $-\frac{1}{3}e$, $-\frac{1}{3}e$이므로 전하의 합은 0이다. 따라서 Λ^0은 중성이다. 위쿼크와 아래쿼크는 기묘 입자가 아니므로 $s = 0$이다. 기묘 쿼크는 $s = -1$이므로 Λ^0의 기묘도는 -1이다.

검증 답을 검증해 보자. 표 39.1에서 Λ^0의 기묘도는 -1이다. 위첨자 0은 중성 입자라는 뜻이다.

표준 모형

현재까지는 위, 아래, 기묘, 맵시, 바닥, 꼭대기의 여섯 가지 **맛깔**(flavor)이 물질을 구성하는 진정한 기본 입자로 생각된다. 쿼크가 결합하여 중간자, 중입자 같은 강입자를 구성할 수 있지만, 렙톤이나 장입자 같은 다른 입자들은 쿼크로 구성할 수 없다. 이들도 쿼크처럼 진정으로 나눌 수 없는 기본 입자처럼 생각된다.

이러한 기본 입자의 '정글' 속에서 물리학자들은 세 종류의 '가족'이 있음을 깨달았다. 위 쿼크와 아래 쿼크는 중성자와 양성자를 만들고, 전자와 관련된 중성미자와 함께 보통 물질의 특성을 결정한다. 두 번째 '가족'은 기묘 쿼크와 맵시 쿼크, 그리고 전자와 비슷한 뮤온과 뮤온 중성미자이다. 이 가족의 쿼크는 위나 아래 쿼크보다 훨씬 무겁고 뮤온도 전자보다 훨씬 무겁다. 세 번째 가족의 바닥 쿼크와 꼭대기 쿼크, 타우와 타우 중성미자는 훨씬 더 무겁다. 표 39.2의 세 가족으로부터 알려진 모든 물질을 구성할 수 있다.

이 책의 다음 판에서 또다른 쿼크를 언급하고 새로운 가족을 추가할 것으로 기대할지도 모르겠다. 그러나 스위스 제네바의 거대한 전자-양전자 충돌기를 다루는 물리학자들이 50만 개 이상의 입자 붕괴 과정을 조사하여 존재할 수 있는 중성미자의 종류가 2.99 ± 0.06이라고 결론을 내렸기 때문에 더 이상의 가족은 없을 것으로 생각하고 있다.

현재의 기본 입자와 상호작용을 기술하는 이론을 **표준 모형**(standard model)이라고 한다. 표준 모형은 표 39.2에 수록한 입자와 함께, 입자 상호작용에 필요한 게이지 보손을 포함한다. 표 39.3은 이러한 보손을 보여 준다. 즉 전자기 상호작용을 중개하는 광자, 강력을 중개하는 글루온, 약력을 중개하는 W 입자와 Z 입자, 그리고 1964년에 처음 제안되어 2012년에 발견된 히그스 보손을 포함한다. 쿼크와 렙톤과 같은 기본 입자와 히그스 입자 및 그에 연관된 장과의 상호작용은 이들 입자의 질량을 설명하기 위하여 필요하다고 여겨진다. 그러나 중입자와 같은 합성 입자의 질량에 대한 히그스 메커니즘의 기여는 단지 조금밖에 되지 않는다. 그 입자의 질량은 주로 가상 쿼크 및 글루온과 연관되어 있다.

표준 모형은 입자물리학의 현상을 성공적으로 설명하지만, 아직도 해결하지 못한 많은 질문들이 남아 있다. 예를 들어 왜 쿼크와 렙톤의 질량은 현재와 같을까? 왜 기본 입자는 세 가족만 있을까? 왜 렙톤과 쿼크를 구별해야 할까? 이들이 과연 기본 입자일까? 아직도 모르는 더 미세한 내부 구조가 있을까? 이들 질문에 대한 해답을 찾기 위해서 이론 계산과 초고에너지 실험이 진행 중이다.

표 39.3 표준 모형의 물질 입자

입자	질량 (GeV/c^2)	전기 및 색깔 전하*	중개하는 힘	힘의 범위	1 fm에서 강력에 대한 상대 세기
중력자	0	0, 0	중력	무한	10^{-38}
$W^{\pm}$	80.2	±1, 0	약력	$< 2.4 \times 10^{-18}$ m	10^{-13}
Z^0	91.2	0, 0			
광자, γ	0	0, 0	전자기력	무한	10^{-2}
글루온, g(8종)	0	0, 6색깔-반색깔 조합, 2종은 무색깔	강력	무한†	1
히그스 보손, H^0	125	0, 0	히그스장과의 상호작용으로 쿼크와 렙톤이 질량을 얻는다.		

* 색깔은 전하에 상응하는 복잡한 쿼크의 특성이다.

† 핵력은 색깔 없는 입자 사이의 강력이 드러난 모습이며 범위는 약 1 fm(10^{-15} m)이다.

39.4 통일 이론

LO 39.4 힘들의 통일과 대칭성 깨짐의 역할을 설명할 수 있다.

4장에서 자연의 기본 힘으로 중력, 전자기약력, 강력을 소개하였다. 그러나 세상은 그렇게 간단하지 않다. 20장에서 29장까지 전기력과 자기력을 따로 공부하다가 전자기학이라는 한 영역으로 공부하였다. 전기와 자기의 통일은 물리적 실체를 이해하는 데 획기적인 발전을 이루었다. 물리학자들은 하나의 상호작용으로 모든 힘을 이해할 수 있다는 희망으로 한걸음 더 앞선 대통일을 추구하고 있다.

그림 39.7 Z 입자의 붕괴로 생긴 입자 궤적으로 전자기약력의 통일을 확인하였다.

전자기약력 통일

맥스웰이 전자기 통일 이론을 확립한 지 1세기 후인 1960년대와 1970년대 초반, 미국의 물리학자 스티븐 와인버그(Steven Weinberg), 압두스 살람(Abdus Salam), 셸던 글래쇼(Sheldon Glashow)는 전자기력과 약력이 같은 힘이라고 제안하였다. 이들은 통일된 전자기약력의 '중개자'로 W^+, Z^0, W^- 입자의 존재를 예측하였다. 1983년 이탈리아 물리학자 카를로 루비아(Carlo Rubbia)가 이끄는 국제실험팀이 시몬 반데르메르(Simon van der Meer)가 개발한 입자 가속기 기술을 이용하여 W와 Z 입자를 발견하였다(그림 39.7 참조). 전자기약력의 통일을 확인하여 물질 구조의 이해에 기여한 공로로 루비아, 반데르메르와 실험팀은 노벨 물리학상을 수상하였다.

대통일 이론

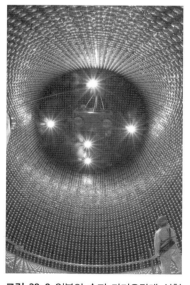

그림 39.8 일본의 슈퍼 카미오칸데 실험 장치는 지하에 50,000톤의 순수한 물을 담고, 10,000개의 광증배관을 주위에 설치하여 중성미자 상호작용 및 가상 양성자 붕괴 같은 매우 드문 핵반응에서 나오는 섬광을 검출하고 있다.

전자기약력의 통일로 물질의 모든 상호작용을 기술하는 **기본 힘**(fundamental force)으로 현재 강력, 전자기약력, 중력이 있다. 한 걸음 더 나아가서 전자기약력과 강력을 통합하려는 **대통일 이론**(grand unification theory, GUT)이 대두되고 있다. GUT의 일부 이론은 양성자가 10^{36}년에 걸쳐서 붕괴한다고 제안한다. 이 시간 동안 기다릴 수 없지만, 10^{34}개의 양성자를 수만 톤의 물속에 모아서 양성자 붕괴를 관측하였으나(그림 39.8 참조), 양성자 붕괴의 흔적을 찾을 수 없었다. 그럼에도 많은 물리학자들은 어떤 형태로든 대통일이 달성될 것으로 기대한다.

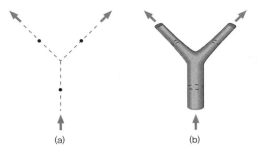

그림 39.9 (a) 표준 모형에서 점입자의 붕괴, (b) 끈이론에서 비슷한 붕괴. 붕괴가 일어나는 시공간에 점이 없다.

대통일이 달성되더라도 중력을 포함하여 여전히 두 개의 힘이 남는다. 현재의 중력이론, 즉 아인슈타인의 일반 상대성이론과 양자역학을 결합한 연구에서 약간의 진전이 있다. 이러한 결합은 모든 힘을 통일하는 데 필수적이다. 최근에는 10^{-35} m 정도로 작은 끈과 같은 구조(그림 39.9 참조)의 진동 모드로 기본 입자를 설명하는 **끈이론**(string theory)이 강력한 대통일 이론으로 부상하고 있다. 끈이론은 사차원 시공간이 아니라 십차원 이상의 시공간을 필요로 한다. 사차원 이상의 추가 차원은 정상적 상호작용에서는 검출할 수 없는 '초압축' 시공간이다. 일부 물리학자들은 끈이론이 우주의 모든 현상을 기술할 수 있는 유망한 '모든 것의 이론'이라고 믿고 있다. 그러나 또다른 물리학자들은 물리적 현상을 완전히 이해하려면 아직도 갈 길이 멀다고 생각하고 있다.

대칭 깨짐

통일 이론은 정상적인 조건이 아니라 엄청난 고에너지에서만 확인할 수 있는 현상을 예측한다. 관측된 대칭성은 에너지가 낮아지면 깨진다. 그림 39.10은 이러한 **대칭 깨짐**(symmetry breaking)을 역학 모형으로 보여 준다. 높은 에너지 상태에서는 공이 언덕의 꼭대기에 있으므로 대칭성이 유지된다. 그러나 낮은 에너지 상태로 떨어지면 공이 특정한 각 위치로 가기 때문에 대칭성이 깨진다. 이와 비슷하게 100 GeV 이상의 고에너지에서는 전자기력과 약력이 같은 종류의 힘이지만, 보다 낮은 에너지에서는 대칭성이 깨져서 두 힘이 구별된다. 현재 계획 중인 입자 가속기는 전자기약력의 대칭성이 깨지는 에너지를 넘어서기 때문에 상호작용의 단순성을 확인할 수 있을 것이다. 그러나 전자기약력에서 대통일 이론으로 넘어가면 대칭성이 깨지는 에너지가 10^{15} GeV로 증가하므로 가까운 미래에는 확인이 불가능하다. 또한 중력도 통일하려면 10^{19} GeV의 에너지가 필요하므로 정말 머나먼 길이 남아 있다.

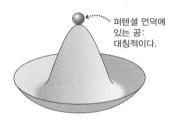

퍼텐셜 언덕에 있는 공: 대칭적이다.

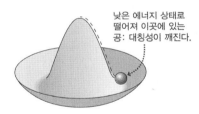

낮은 에너지 상태로 떨어져 이곳에 있는 공: 대칭성이 깨진다.

그림 39.10 멕시코 모자 모양의 퍼텐셜 에너지 곡선에서 대칭성이 깨짐을 보여 주는 역학적 묘사

응용물리 입자 가속기

약력의 중개자인 $W^{\pm}$, Z 같은 대부분의 입자들은 양성자보다 훨씬 무겁다. 이와 같이 무거운 입자들은 모두 불안정하기 때문에 이들을 발견하려면 먼저 생성해야 한다. 그 입자의 질량이 m이면 필요한 에너지는 mc^2이다. 큰 에너지로 힘의 대통일과 같은 새로운 현상을 발견하고 싶은 욕심에 입자물리학자들은 더 높은 에너지의 입자 가속기를 원하고 있다.

초기의 가속기는 도체 전극 사이에 커다란 퍼텐셜차를 만들어서 대전 입자를 가속시키는 정전기 장치였다. 이러한 장치는 초고전압 기술 때문에 최대 20 MeV 이상은 어렵다. 26장에서 자기장으로 입자를 원운동시켜서 적절한 전기장에서도 높은 에너지를 얻을 수 있는 사이클로트론을 이용하여 이러한 어려움을 극복한 것을 배웠다. 그러나 사이클로트론 진동수가 입자 에너지에

무관하기 때문에 비상대론적 입자에만 적용해야 하는 한계가 있다. 오늘날의 고에너지 실험은 거의 광속에 가까운 초상대론적 입자를 가속시켜야 한다. 따라서 현재의 가속기는 자기장 속에서 고정된 원형 궤도를 도는 입자의 에너지를 증가시키는 일종의 **싱크로트론**(synchrotron)이다. 싱크로트론의 다른 형태는 **선형 가속기**(linear accelerator)로, 현재 3 km 길이의 스탠퍼드 선형 가속기가 가장 크다(그림 33.9 참조).

두 자동차의 정면 충돌은 정지한 자동차와 움직이는 자동차의 충돌보다도 피해가 훨씬 더 크다. 정면 충돌에서는 모든 에너지가 자동차 피해로 전달되지만, 두 번째 경우에는 상당한 에너지가 처음에 정지한 자동차를 가속시키는 데 소모되기 때문이다. 같은 이유로 고에너지 입자를 정면 충돌시켜서 새로

운 입자를 만들고 있다. 따라서 오늘날의 대부분 고에너지 가속기는 입자빔을 반대 방향으로 가속시켜서 정교한 검출기 안에 정면 충돌시킨다. 현재 가장 큰 가속기는 스위스 제네바의 유럽 핵물리연구소(CERN)에 있는 거대 강입자 가속기(LHC)이다. 원둘레가 27 km인 LHC는 양성자빔을 13 TeV까지 가속시킬 수 있다. LHC와 미국의 브룩헤이븐 국립연구소에 있는 RHIC도 우주의 나이가 겨우 10^{-12} s일 때 존재했던 조건을 생성한다. 이것에 대해서는 다음 절에서 자세히 다루겠다.

직경 4.3 km의 거대 강입자 가속기(LHC, 큰 원으로 표시됨) 위치를 보여주는 항공사진. 실제로 LHC는 지하 50 m~175 m에 있으며 13 TeV의 충돌 에너지로 양성자 빔을 충돌시킨다. 작은 링에서 양성자를 $450 \geq$ V로 가속시켜 메인 링으로 보낸다. 프랑스-스위스 국경이 점선으로 표시되어 있다.

39.5 진화하는 우주

LO 39.5 우주 팽창의 증거와 우주의 진화를 요약할 수 있다.

이제 우주적 실체에 관한 근본 질문을 던질 때가 되었다. 우주는 어떻게 시작되었을까? 우주의 구조는 무엇일까? 우주의 미래는 어떠할까? 이러한 우주적 질문은 놀랍게도 입자물리학과 연관이 깊다.

팽창하는 우주

20세기 초, 천문학자들 사이에서는 망원경 사진에 나타난 희미한 편린들이 무엇인지 논란이 많았다. 많은 천문학자들은 보이는 별들 사이에 기체 구름이 있다고 생각하였지만, 일부는 어떤 '성운'은 수십억 개의 별들이 중력으로 속박되어 있는 계이며 그 거리는 상상할 수 없을 정도로 멀다고 제안하였다.

1920년 캘리포니아 윌슨 천문대에 구경 2.5 m의 망원경이 가동되면서 이 문제가 해결되었다. 천문학자 에드윈 허블(Edwin Hubble)은 은하수와 마찬가지로 일부 어떤 성운들은 먼 거리에 있는, 우리 은하 같은 우리 은하계이며 1조 개의 별들을 포함한다는 사실을 증명하였다. 오늘날 우주학자들은 은하계가 '점입자'처럼 분포하여 전체 우주를 형성한다고 생각한다.

허블은 계속해서 은하계의 스펙트럼을 분석하여 놀라운 사실을 발견하였다. 먼 은하계에서 오는 스펙트럼선이 빨간색 쪽으로 이동하며, 이동의 크기가 은하계의 거리에 의존한다는 것을 발견한 것이다. 가장 합리적인 설명은 도플러 효과(14.8절 참조)로 적색 편이가 일어나는 것이다. 허블의 발견은 먼 은하계가 거리에 비례하는 속력으로 우리로부터 멀어진다는 것을 뜻한다. 이 결과를 **허블 법칙**(Hubble's law)이라고 한다.

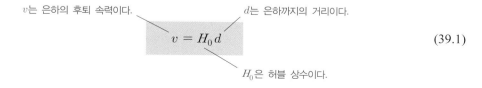

v는 은하의 후퇴 속력이다.　　　　d는 은하까지의 거리이다.

$$v = H_0 d$$

(39.1)

H_0은 허블 상수이다.

여기서 v는 후퇴 속력, d는 거리, H_0은 **허블 상수**(Hubble constant)이며, 그 크기는 백만 광년당 초당 22 km이다. 오늘날 천문학자들은 머나먼 은하계의 적색 편이를 측정하여 허블 법칙(식 39.1)에 따라 거리를 구한다. 허블 관계는 속도의 항으로 쓰여 있지만, 좀 더 정교한 관점에서는 허블 팽창을 은하의 운동이 아니라 공간 자체의 늘어남으로 묘사한다. 그 과정은 또한 광파를 늘여서 관측된 파장이 증가하는 결과를 가져온다.

허블 법칙은 지구와 지구인이 우주의 중심에 자리하지 않는다는 현대과학의 관점을 기괴하게 부정하는 것처럼 보인다. 하지만 사실상 다른 행성인들도 우주의 팽창을 경험한다. 모든 먼 은하계는 거리에 비례하는 속력으로 멀어지고 있다. 우주가 무한하다면 어느 누구도 중심이라고 말할 수 없다. 설사 무한하지 않더라도 아인슈타인의 일반상대론에 따라 우주는 여전히 중심이 없는 닫힌 모양이다.

허블 법칙은 우주가 팽창하여 은하계들이 서로 멀어진다는 것을 뜻한다. 시간을 거슬러 생각해 보면 초기에 모든 은하계가 함께 있었던 시간이 있어야 한다. 즉 허블의 팽창은 우주에 시작이 있었고, 거대한 폭발로 물질이 내던져져서 오늘까지 팽창한 것을 의미한다. 이에 따라 과학자들은 우주가 **대폭발**(Big Bang, 빅뱅)로 시작하였다고 믿고 있다. 빅뱅에 대한 증거는 허블의 선도적인 업적을 기념하여 그의 이름을 붙인 허블 우주 망원경(그림 39.11 참조)에서 얻고 있다.

그림 39.11 허블 우주 망원경의 영상인 허블 딥 필드의 일부분에서 보이는 먼 은하계의 적색 편이로 우주 팽창에 관한 정보를 얻는다.

예제 39.2 | **허블 법칙: 우주의 나이 구하기** | 응용 문제가 있는 예제

우주의 팽창이 균일할 때 $H_0 = 22$ km/s/Mly이면 우주의 나이는 얼마인가?

해석 허블 상수 H_0을 이용하여 모든 은하가 함께 모여 있던 시간을 역추적하는 문제이다.

과정 은하가 시간 t 동안 일정한 속력으로 움직인다면, 현재까지 이동한 거리는 $d = vt$이다. 한편 허블 법칙에서 속력은 $v = H_0 d$이므로 시간 t를 구할 수 있다.

풀이 시간은 $t = d/v = d/H_0 d = 1/H_0$이므로 주어진 허블 상수

를 넣으면 다음을 얻는다.

$$t = \frac{1}{H_0} = \frac{1}{(22 \text{ km/s/Mly})/[3.00 \times 10^5 (\text{km/s})/(\text{ly/y})]}$$
$$= 13.6 \text{ Gy}$$

검증 만약 우주의 팽창이 균일하다면 우주의 나이는 약 140억 년이다. 이 가정은 옳지 않지만, 우주의 나이로 제법 그럴 듯한 답을 얻었다(실제 나이는 13.8 Gy에 가깝다). 위 계산에서 km/s를 ly/y로 변환시킬 때 $c = 3.00 \times 10^5$ km/s를 사용하여 연(y) 단위로 답을 얻었다.

우주 배경 복사

1965년에 벨 연구소의 아노 펜지어스(Arno Penzias)와 로버트 윌슨(Robert Wilson)은 위성 통신 안테나의 마이크로파 복사에서 희미한 '잡음'을 발견하였다. 잡음은 모든 방향에서 오는 것처럼 보였다. 프린스턴 대학의 이론물리학자는 이러한 펜지어스와 윌슨의 '잡음'이 우주 초기에 생긴 복사임을 확인하였다. **우주 마이크로파 배경 복사**(cosmic microwave background radiation, CMB)는 빅뱅의 경력한 증거가 되었다.

빅뱅 이론에 따르면, 우주는 매우 뜨거운 상태에서 출발하여 팽창하면서 자신의 중력에 대항해 일을 하므로 점점 식어 간다. 따라서 처음에는 우주가 너무 뜨거워서 모든 입자들이 높은 열에너지로 충돌하기 때문에 어떤 원자도 형성되지 않았다. 또한 초기 우주에는 개별 대전 입자들만이 존재하면서 전자기 복사와 쉽게 상호작용하므로 우주는 불투명하였다. 380,000년이 지난 시점에는 온도가 약 3000 K으로 떨어져서 수소와 헬륨 원자가 형성될

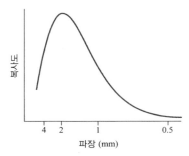

그림 39.12 CMB는 2.726 K 흑체 복사 곡선과 완벽하게 일치한다.

그림 39.13 우주 마이크로파 배경 복사의 우주 지도는 온도와 연관된 복사 세기의 미세한 공간적 변화를 보여 준다. 영상은 하늘 전체(360°)를 나타낸 것이므로 약 1° 의 각 척도에서 요동이 가장 두드러진다. 이 영상은 유럽 우주국의 플랑크 우주선에서 얻은 것이다.

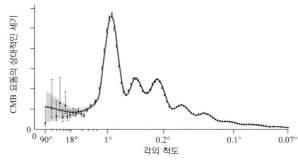

그림 39.14 우주 마이크로파 배경 복사에서 요동의 각 척도의 스펙트럼. 점들은 플랑크 우주선에서 나온 자료이고, 부드러운 곡선은 이론적인 자료 맞춤이다. 아주 큰 각 척도를 제외하면 오차 막대가 작다는 것에 유의하라. 이러한 자료는 우주 상수들의 값을 여러 자리의 유효 숫자까지 결정한다.

수 있는 조건이 만들어졌다. 이때 중성 원자는 훨씬 약하게 전자기 상호작용하므로 우주가 투명해지고, 원자가 방출하는 광자가 흡수될 기회도 없이 전 우주를 돌아다닐 수 있었다. 이러한 광자들이 우주 배경 복사가 되어 전 우주에 스며든 것이다.

측정한 우주 마이크로파 배경 복사는 2.7 K 의 흑체 복사와 거의 완벽하게 들어맞는다(그림 39.12). 허블 팽창에 관한 '공간의 늘어남' 해석을 적용하면 우주는 배경 복사가 형성된 이래 약 1000배 팽창하면서 온도가 3000 K 에서 약 3 K 으로 떨어지고, 복사파의 파장이 같은 비율로 늘어난 것이 드러난다. 그런 이유로 처음에 μm 파장인 복사가 이제는 mm 파장의 마이크로파 영역에서 봉우리를 이룬다. 그래서 우주 마이크로파 배경 복사는 우주가 시작한 후 380,000년에 형성된 상황을 직접적으로 반영한다.

우주 마이크로파 배경 복사는 놀라울 정도로 균일하지만 완벽하지는 않다. 복사 유효 온도의 작은 공간적 변화(약 10^5분의 1 정도, 그림 39.13 참조)는 초기 우주에 대한 풍부한 정보를 제공하고, 우주의 빅뱅 기원뿐만 아니라 우주의 조성과 진화에 대해 많은 것을 정확하고 상세하게 알려 준다. 그림 39.13을 보면 CMB 온도의 요동은 다양한 각의 척도에서 발생하는데, 약 1° 크기의 척도가 가장 현저하다. 이러한 변화는 궁극적으로 태초의 밀도의 양자 요동에서 유래하였다. 그러한 요동은 그 다음으로 중력과 압력의 연동에 의해 구동되는 진동을 초래하고, 초기 우주를 통해 전파되는 음파가 생겨났다. 복사와 물질이 사실상 분리될 때 그 음파는 우주 배경 복사가 형성되는 시기로 '동결되었다'. 결과적으로 CMB의 크기 척도의 스펙트럼은 초기 우주에 대한 풍부한 정보를 담고 있다.

그림 39.14가 그러한 스펙트럼이다. 수평축은 CMB 요동의 각의 척도이고 수직축은 각각의 척도에서 대략 요동의 세기인 '출력'이다. 부드러운 곡선은 현재의 우주론이 예측한 결과인데, 자료에 가장 잘 맞도록 몇 가지 우주 상수를 조정한 것이다. 자료 점들이 그 곡선 위에 정확히 놓여 있다는 것은 이론이 옳다는 강력한 표시이고, 자료 맞추기는 식 39.1에서 도입한 허블 상수와 같은 우주 상수들의 정확한 값을 제공한다.

그림 39.14의 자료를 이끌어 냈던 그림 39.13은 CMB 요동의 각 크기만 나타낸다. 그러나 음파의 물리학으로부터 해당하는 물리적 크기를 얻을 수 있다. 물리적인 크기와 각 크기를 비교하면 우주의 기하학적 구조가 드러난다. 일반 상대성이론을 간단히 소개한 33.9절에서 보았듯이 우주의 구조는 중력과 연관되어 있다. 특히 그림 39.14의 1° 척도 바로 아래 있는 현저한 봉우리의 위치는 무거운 물체 근처의 굽어진 시공간의 편차에도 불구하고 우주가 전체적으로 편평하다는, 다시 말해 유클리드 기하학이 전체 우주를 지배한다는 것을 보여 준다. 그림 39.14의 두 번째 봉우리는 초기 우주의 중입자 밀도와 관련되고, 세 번째 봉우리는 모든 형태의 비상대론적 물질, 즉 속도가 상당히 적은 모든 입자들과 연관된다. 대체로 그림 39.14에 나타낸 것과 같은 자료가 우주론을 부정확한 과학에서 전반적인 우주와 그 역사의 정확한 기술로 인도해서, 이제는 많은 특성 변수들을 여러 자리의 유효 숫자까지 측정할 수 있다.

초기 우주

CMB로 빅뱅 후 380,000년이 지난 시점의 우주를 알 수 있다. 핵물리학은 더 나아가서 가

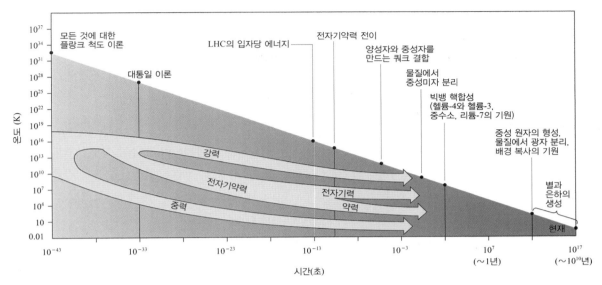

그림 39.15 초기에서 현재까지 우주의 진화 과정을 보여 주는 로그-로그 그림

장 가벼운 핵이 형성된 1초와 30분 사이의 우주에 대해 연구하고 있다. 가장 먼저 형성된 합성핵은 양성자와 중성자가 하나씩 있는 중수소이다. 중수소의 생성률은 우주의 팽창에 매우 민감하다. 성간 중수소의 스펙트럼선에서 중수소의 존재비를 측정하면 빅뱅의 처음 상태에 대한 직접적 증거를 얻을 수 있다.

초기 우주에 관한 증거는 빅뱅 후 1초 이내에 존재하였을 고에너지 상태에서 입자의 상호 작용과 입자 분포를 예측한 입자물리학에서 나왔다. 2005년 브룩헤이븐의 RHIC 실험에서 빅뱅 후 수밀리 초 이내의 우주 상태와 비슷한 쿼크-글루온 플라스마를 만들었다. 따라서 RHIC와 다른 고에너지 입자 가속기는 초기 우주의 상태를 연구할 조건을 만들 수 있는 '타임머신'인 셈이다. 그림 39.15에 진화하는 우주에 대해 현재까지 알고 있는 사실들을 요약하였다. 결국 입자물리학과 힘의 통일은 우주 팽창과 뗄 수 없을 정도로 뒤엉켜 있다.

급팽창하는 우주

초기의 빅뱅 이론은 몇 가지 관측 결과를 설명하지 못하였다. 예를 들어 왜 물질만 발견하고 반물질은 발견할 수 없을까? 우주의 탄생 후 빛이 도달할 수 없을 정도로 머나 먼 거리로 우주가 떨어져 있는데, 왜 우주는 균질하며 열역학 평형 상태에 있을까? 일반상대론은 휜 시공간을 허용하는데, 그림 39.14에서 증명된 것처럼 왜 우주의 전체 모습은 편평할까?

이러한 수수께끼에 대한 해답은 MIT의 알란 구스(Alan Guth)가 처음으로 제안한 **급팽창** (inflation)으로 알 수 있다. 구스의 이론에 따르면, 10^{-35} s에 시작해서 10^{-32} s까지 초기 우주는 기하급수적으로 급팽창하였다(그림 39.16 참조). 급팽창은 기본 힘을 구별할 수 있는 대칭성 깨짐이 지연된 결과이다. 이러한 급팽창으로 현재 멀리 떨어진 영역조차 충분히 가까이 있었기 때문에 현재와 같은 열역학 평형 상태에 있는 것이다. 더욱이 급팽창으로 모든 곡면이 퍼져 버려서 현재와 같이 편평해졌다.

우주의 역사로 진입하는 겨우 10^{-35} s에 발생하였던 사건에 대한 관측 증거를 발견하는 것은 불가능한 것처럼 보일 수 있지만, 놀랍게도 팽창은 중력파의 형태로 '지문'을 남겨놓았다. 중력파는 그 존재가 일반상대론으로 예측되는 시공간의 '잔물결'이다. 그러한 파동이 우

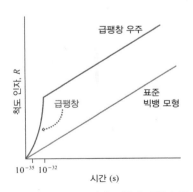

그림 39.16 표준 빅뱅 모형의 팽창과 급팽창. 척도 인자 R는 팽창의 양을 나타낸다.

주 마이크로파 배경 복사의 편광에 특정한 형태를 부과하였다. 그런 패턴은 아직 발견되지 않았으나 지상과 우주에서 민감한 마이크로파 검출기를 이용하여 찾기 위한 노력을 활발히 하고 있다.

암흑 물질, 암흑 에너지, 우주의 미래

우주는 영원히 팽창할까? 아니면 팽창이 멎었다가 수축될까? 이것은 '우주비행선이 지구를 영원히 탈출할까 아니면 되돌아올까?'라는 질문과 마찬가지이며, 해답도 같다. 운동 에너지가 (음의) 퍼텐셜 에너지의 크기보다 크면 영원히 팽창할 것이다. 따라서 다음과 같은 하나의 변수 Ω가 우주의 운명을 결정한다.

$$\Omega = \frac{|\,\text{우주의 퍼텐셜 에너지}\,|}{\text{우주의 운동 에너지}}$$

여기서 $\Omega > 1$이면 우주는 궁극적으로 수축하며, $\Omega < 1$이면 계속 팽창한다. 다른 방법은 평균 밀도이다. 팽창하는 우주에서 입자들의 운동 에너지와 중력 퍼텐셜 에너지를 뉴턴 역학으로 계산하면 $\Omega = 8\pi G\rho/3H_0^2$이며, ρ는 평균 밀도, H_0은 허블 상수이다. 이 결과는 일반상대론적 계산 결과와도 일치한다. 팽창과 수축의 경계인 $\Omega = 1$에서 다음의 **임계 밀도**(critical density)를 얻는다.

$$\rho_{\mathrm{c}} = \frac{3H_0^2}{8\pi G} \quad \text{(임계 밀도)} \tag{39.2}$$

CMB의 요동을 분석해 보면, 실제 우주가 $\Omega = 1$인 임계 밀도에 있다고 추측된다. 그러나 우주에서 볼 수 있는 모든 물질을 모아도 임계 밀도에는 턱없이 부족하다. 이론물리학자들은 이 결과를 설명하기 위해서 양성자, 중성자, 핵, 원자 같은 보통 물질들이 임계 밀도의 4%에 불과하다고 주장한다. 더욱이 은하와 별의 운동을 관찰하면 볼 수 없는 물질이 더 많다고 추측된다. 이 모든 결과들은 쿼크로 조성된 물질도 아니고 무엇인지도 잘 모르는 **암흑 물질**(dark matter)의 존재를 강력히 암시한다.

우주 밀도를 연구하는 또다른 방법은 너무 멀리 떨어져서 초기 우주의 빛이 겨우 도달할 것으로 예상되는 머나먼 은하계를 조사하는 것이다. 초기일수록 우주가 급하게 팽창하므로 은하계는 중력적 인력에 대항하여 일을 해야 한다. 머나먼 은하계의 속력이 감소하는 비율을 가까운 은하계와 비교해 보면 우주 감속률을 알 수 있고, 이로부터 우주 밀도를 구할 수 있다. 그러나 1998년의 관측 결과, 놀랍게도 우주는 가속하고 있었다.

우주 가속은 거대한 규모로 '반중력'이 작용한다는 뜻이다. 아인슈타인은 일반상대론에서 이러한 현상을 깨닫고, 1916년 당시의 천문학자들이 알고 있듯이 우주가 정적 상태에 있으려면 **우주 상수**(cosmological constant)가 필요하다고 제안하였다. 그러나 허블이 우주의 팽창을 확인함에 따라 아인슈타인은 우주 상수를 버려야만 하였다. 이에 아인슈타인은 "내 일생 최대의 실수였다."라고 말하였다. 지금은 아인슈타인의 생각이 옳은 것 같다.

우주 가속의 원천은 **암흑 에너지**(dark energy)이다 이는 아인슈타인의 우주 상수일 수도 있고, 반중력 효과의 다른 현상일 수도 있다. 현 시점에서는 아무것도 알 수 없다. 다만, 우주를 형성하는 물질의 68%가 암흑 에너지이며, 다른 27%는 암흑 물질이고, 단지 5%만이 쿼크로 조성된 물질이라는 것만 알고 있다(그림 39.17 참조). 이들 수치는 마이크로파 우주 배경 복사, 초신성, 머나먼 은하계의 관측 등을 종합한 결과이다. 일반물리학 마지막 강의

그림 39.17 플랑크 우주선에서 나온 자료를 추가적인 자료로 보충한 우주의 조성. 오직 작은 부분(유색 조각)만 우리가 이해하는 '물질'이다!

시간에 우주가 잘 모르는 것들로 조성되었다고 말하니 얼마나 황당할까?

우주 이해하기

현재로서는 우주를 이해하는 데 한계가 있다. 다만, 입자물리학과 우주론이 밀접하게 연결된 것은 틀림없다. 우주를 제대로 이해하기 위해서는 가장 작은 것에서부터 가장 큰 것까지 함께 알아야 한다. 즉 중력에서 약력까지의 기본 힘, 뉴턴과 맥스웰 법칙에서 양자역학까지의 모든 물리학 법칙, 그리고 기본 입자의 조성을 알아야 한다. 조만간에 기본적 이해가 더욱더 깊어져서 물리학 세계의 다양성과 풍부함을 이해하는 데 큰 걸음을 내디딜 것으로 희망한다.

핵심 개념

이 장의 핵심 개념은 물질의 구조와 상호작용을 쿼크, 렙톤, 게이지 보손이라는 몇 개의 입자로 설명할 수 있다는 것이다. **쿼크**는 잘 알려진 양성자와 중성자, 일단의 **강입자**를 구성하고, **렙톤**은 전자와 중성미자를 포함하며, 게이지 보손은 전자기력의 중개자인 광자를 포함해서 기본 힘을 중개한다. **표준 모형**은 기본 입자와 그들의 상호작용을 기술하며, 초기 우주는 물론 현재의 물질 구조를 설명한다. 다만, 넘어야 할 고비가 남아 있다. 우주의 약 5%만이 익숙한 물질이고, 나머지는 잘 모르는 **암흑 에너지**와 **암흑 물질**이다.

주요 개념 및 식

여섯 개의 맛깔과 세 개의 색깔을 지닌 **쿼크** 세 개가 결합하여 양성자와 중성자를 포함한 **중입자**를 만들고, 쿼크 두 개가 결합하여 **중간자**를 만든다. 쿼크는 분수 전하를 가지지만 쿼크 사이의 **강력**이 거리에 따라 감소하지 않으므로 고립된 쿼크를 검출할 수 없다.

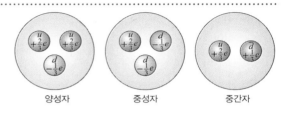

양성자　　　　중성자　　　　중간자

렙톤은 다른 종류의 기본 물질 입자로서 전자, 뮤온, 타우와 세 종류의 중성미자가 있다.

강력, 전자기약력, 중력 등 세 종류의 **기본 힘**이 모든 상호작용의 기본이며, 충분히 높은 에너지에서 통일된 하나의 힘이 될 것으로 기대한다.

오늘날 우주의 전형적인 에너지에서 전자기약력은 전자기력과 약력으로 분리되어 있다. 힘들은 세기에서 서로 차이가 많다.

힘	1 fm에서 상대적인 세기
중력	10^{-38}
약력	10^{-13}
전자기력	10^{-2}
강력	1

게이지 보손의 교환으로 입자 사이의 힘을 설명한다.

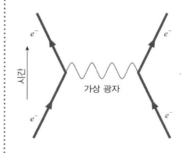

게이지 보손
전자기력: 광자
약력: $W^{\pm}$, Z^0
강력: 글루온(8종류)
중력: 중력자

응용

입자와 상호작용에 대한 지식이 일반상대론, **허블의 우주 팽창**, **마이크로파 우주 배경 복사**와 결합하여 우주의 기원과 구조에 대한 설명이 가능해졌다. 약 140억 년 전에 우주가 **빅뱅**을 시작하여 처음 30분 동안에 가장 간단한 핵이 형성되고, 약 380,000년 후에 원자가 처음으로 형성되었다. 이 시점부터 우주가 투명해지고 마이크로파 우주 배경 복사가 형성되었다. 최근의 연구에 따르면 우주는 전체적으로 편평하며 신비스러운 **암흑 에너지**의 영향으로 우주의 팽창이 가속되고 있다. 그러나 우주는 아직도 모르는 것이 많다.

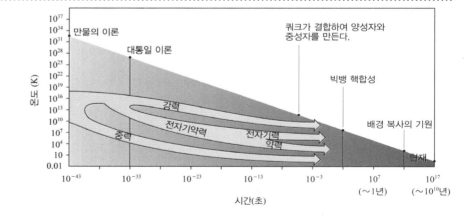

BIO 생물 및 의학 문제　　**DATA** 데이터 문제　　**ENV** 환경 문제　　**CH** 도전 문제　　**COMP** 컴퓨터 문제

학습 목표　이 장을 학습하고 난 후 다음을 할 수 있다.

LO 39.1 광자가 어떻게 전자기력을 중개하는지 정성적으로
묘사할 수 있다.
연습 문제 39.11, 39.12

LO 39.2 렙톤과 중입자, 중간자와 강입자, 페르미온과 보손,
게이지 입자를 포함하여 입자들을 분류할 수 있다.
개념 문제 39.1, 39.4, 39.8
연습 문제 39.13, 39.14, 39.15, 39.16
실전 문제 39.35, 39.36, 39.37, 39.38, 39.41, 39.42,
39.43, 39.45, 39.46, 39.49, 39.50, 39.52

LO 39.3 쿼크의 역할을 포함하여 입자와 힘에 관한 표준 모형을
설명할 수 있다.

개념 문제 39.2, 39.3, 39.4, 39.5, 39.6
연습 문제 39.18, 39.19, 39.20
실전 문제 39.39, 39.40, 39.52

LO 39.4 힘들의 통일과 대칭성 깨짐의 역할을 설명할 수 있다.
연습 문제 39.21, 39.22, 39.23
실전 문제 39.43

LO 39.5 우주 팽창의 증거와 우주의 진화를 요약할 수 있다.
개념 문제 39.7, 39.9, 39.10
연습 문제 39.24, 39.25, 39.26
실전 문제 39.44, 39.47, 39.51

개념 문제

1. 중입자와 렙톤은 근본적으로 무엇이 다른가?

2. 고립된 쿼크는 왜 관측할 수 없는가?

3. 강력과 핵력 사이의 관계를 기술하라.

4. (a) 중간자와 (b) 중입자를 페르미온과 보손으로 구분하고, 입자의 쿼크 조성과 비교하라.

5. (a) 중수소 핵을 만드는 양성자와 중성자의 결합, (b) 양성자, 전자, 중성미자로의 중성자 붕괴, (c) 수소 원자를 만드는 양성자와 전자의 결합과 관련된 기본 힘은 각각 무엇인가?

6. 표준 모형을 완전히 확인하려면 왜 더 높은 에너지의 입자 가속기가 필요한가?

7. 우주의 중심 없이 어떻게 허블 법칙이 성립하는가?

8. 대전 입자는 반입자를 가질 수 있는가?

9. 우주 마이크로파 배경 복사의 근원을 기술하라.

10. 우주 마이크로파 배경 복사로 관측되는 복사는 대체로 적외선으로서 시작하였다. 이것이 이제는 왜 마이크로파 배경 복사인가?

연습 문제

39.1 입자와 힘

11. 633 nm 레이저의 가상 광자는 에너지 보존에 위배하지 않고 얼마나 오래 존재하는가?

12. 작용 거리가 100 m인 제5의 힘이 가능하다는 과학자가 있다. 유카와의 이론에 따르면 이러한 힘을 매개하는 장입자의 질량은 얼마인가?

39.2 입자, 입자, 또 입자

13. 양의 파이온이 뮤온과 중성미자로 붕괴하는 방정식을 표기하라. 중성미자의 종류를 표시해야 한다. (**힌트:** 양의 뮤온은 반입자이다.)

14. 표 39.1을 이용하여 $\Lambda^0 \to \pi^- + p$의 붕괴 전과 후의 기묘도를 구하고, 이 반응에 포함된 힘을 밝혀라.

15. 중성이며 기묘하지 않은 중간자인 η^0 입자는 양, 음, 중성 파이온으로 붕괴한다. 이 붕괴 반응식을 표기하고, 전하, 중입자수, 기묘도의 보존을 기술하라.

16. 다음 중 어느 한 쪽 또는 둘 다가 타우 입자의 붕괴로 가능한가?
(a) $\tau^- \to e^- + \bar{\nu}_e + \nu_\tau$　(b) $\tau^- \to \pi^- + \pi^0 + \nu_\tau$

17. $p + p \to p + \pi^+$의 붕괴가 허용되는가? 허용되지 않으면 어떤 보존 법칙이 위배되는가?

39.3 쿼크와 표준 모형

18. π^-의 쿼크 조성을 밝혀라.

19. 겔만은 팔정도로 기묘도 −3의 중입자를 예측하였다. 이 입자의 쿼크 조성을 밝혀라.

20. Σ^+와 Σ^-의 쿼크 조성은 각각 uus와 dds이다. Σ^+와 Σ^-는 서로의 반입자인가? 아니라면 반입자의 쿼크 조성을 밝혀라.

39.4 통일 이론

21. 그림 39.8의 슈퍼 카미오칸데 실험 장치에 사용하는 50,000톤 물의 부피를 어림계산하라.

22. 전자기력과 약력이 하나의 현상으로 보일 정도로 열에너지 kT가 충분히 큰 기체의 온도를 구하라.

23. 대통일 이론의 10^{15} GeV에 대해서 연습 문제 22를 풀어라.

39.5 진화하는 우주

24. 허블 상수를 SI 단위로 표기하라.

25. 은하의 적색 편이에 따르면 우리로부터 2.5×10^4 km/s의 속력으로 멀어지는 은하까지의 거리를 구하라.

26. 지구에서 360 Mly 떨어진 은하의 후퇴 속력은 얼마인가?

응용 문제

다음 문제들은 본문의 예제들에 기초한 것이다. 두 세트의 문제들은 물리학의 이해를 강화하는 연결의 형성을 돕고 이전에 풀어본 문제에서 변형된 문제를 해결하는 자신감을 키우도록 설계되어 있다. 각 세트의 첫 번째 문제는 본질적으로 예제 문제이지만 숫자들은 다르다. 두 번째 문제는 예제와 똑같은 상황이지만 묻는 질문이 다르다. 세 번째와 네 번째 문제는 완전히 다른 상황으로 이런 방식을 반복한다.

27. **예제 39.1** 쿼크 구성이 uus인 Σ^+ 입자의 전하와 기묘도를 구하라.

28. **예제 39.1** 예제 39.1에서 전하 0이고 기묘도 -1인 입자 중 하나를 다루었다. 같은 전하와 기묘도를 갖는 다른 입자의 가능한 쿼크 구성을 말하라.

29. **예제 39.1** 쿼크 구성이 uus인 Ξ^0 입자의 전하와 기묘도를 구하라.

30. **예제 39.1** Ξ 입자 중 하나는 전하 $+e$이고 맵시 $+2$를 갖는다. 이 입자의 쿼크 구성은 아래 쿼크 (d), 맵시 쿼크 (c, 맵시 $+1$), 그리고 하나 더 있다. 이 입자의 쿼크 구성을 완성하라.

31. **예제 39.2** 예전 천문학 교재에서는 허블 상수를 17 km/s/Mly 로 표시하고 있다. 예제 39.2의 방법으로 예전 허블 상수값이 의미하는 우주의 나이를 구하라.

32. **예제 39.2** 현재 우주의 나이가 71억 년이라면 허블 상수는 얼마이겠는가?

33. **예제 39.2** 허블 상수값에 따라 우주에서 생명의 가능성이 결정될 수 있다. 허블 상수가 너무 큰 경우 진화된 생명체가 출현하기에는 우주의 나이가 너무 적었을 것이고, 상수값이 너무 작다면 우주가 빠르게 팽창하여 별과 은하가 형성되지 못했을 것이다. 현재 허블 상수값에 비해 (a) 100배 또는 (b) 1%일 경우 각각에 대해 우주의 나이를 추정하라.

34. **예제 39.2** 성경 직해주의자인 친구가 우주의 나이는 고작 5000년이라고 주장하지만 우주 팽창의 과학적 증거도 인정한다. 친구의 믿음에 부합하는 허블 상수값은 얼마인가? 관측된 값에 비해 몇 배나 다른가?

실전 문제

35. (a) $\Lambda^0 \to \pi^+ + \pi^-$, (b) $K^0 \to \pi^+ + \pi^-$에서 무엇이 불가능한 붕괴인가? 왜 불가능한가?

36. 중성 케이온과 중성 ρ 중간자는 모두 파이온-반파이온 짝으로 붕괴한다. 어느 붕괴가 약력의 작용인가? 어떻게 아는가?

37. 대통일 이론에서 $p \to \pi^0 + e^+$가 가능하면 모든 물질이 복사로 사라질 것이다. (a) 중입자수, (b) 전하는 각각 보존되는가?

38. 공간 좌표 x, y, z에 대해서 (a) xy^2z, (b) x^2yz, (c) xyz에 비

례하는 파동 함수로 기술하는 계를 생각해 보자. 반전성이 보존되는 상호작용에서 서로 변환될 수 있는 짝은 무엇인가?

39. J/ψ 입자는 맵시 없는 중간자이지만 맵시 쿼크를 포함한다. 이 입자의 쿼크 조성을 밝혀라.

40. 위, 아래, 맵시 쿼크로 만들 수 있는 모든 삼중항을 표기하라. 각 쿼크의 전하도 포함한다.

41. 국제적인 과학 커뮤니티에서 거대 강입자 가속기(LHC)를 뒤이을 국제 선형 가속기(International Linear Collider, IHC)를 계획하고 있다. IHC는 전자와 양전자를 500 GeV로 충돌시켜 새로운 입자를 생성한다. (a) IHC에서 전자의 상대론적 인자는 얼마인가? (b) 빛의 속력에 대한 전자의 속력의 비를 유효 숫자 14개로 표현하라. (**힌트:** 계산기가 유효 숫자를 충분히 표현하지 못한다면, $1 - (v/c)^2$을 인수분해하고 $1 + v/c$을 얼마로 어림하면 되는지 생각하라.)

42. (a) LHC의 6.5 TeV 양성자의 상대론적 인자 γ는 얼마인가? (b) 양성자의 속력을 c의 비로 유효 숫자 10자리까지 정확하게 구하라.

43. 최고 에너지 가속기는 스위스-프랑스 국경에 있는 CERN의 거대 강입자 가속기이다. 6.5 Tev의 양성자빔을 서로 충돌시켜 총에너지 13 TeV를 얻을 수 있다. 그림 39.15를 이용하여 강력과 전자기약력이 분리될 때 열에너지가 LHC 에너지의 몇 배인지 배수 크기를 어림하라.

44. 우주의 임계 밀도를 어림계산하라.

45. 뮤온 원자는 수소 원자의 전자가 질량이 207배나 무거운 뮤온으로 대체된 원자이다. 뮤온 원자의 (a) 크기와 (b) 바닥 상태 에너지를 구하라.

46. (a) 양성자 에너지가 10배로 증가하면 양성자 싱크로트론의 자기장은 몇 배가 되어야 하는가? 양성자를 $\gamma \gg 1$인 상대론적 입자로 취급한다. (b) 자기장을 고정시키면 가속기의 지름은 몇 배가 되어야 하는가?

47. 정상적으로는 486.1 nm인 은하의 수소 β-스펙트럼이 495.4 nm에서 나타난다. (a) 14장의 도플러 이동을 이용하여 은하의 후퇴 속력과 (b) 은하까지의 거리를 구하라. 비상대론적 도플러 공식을 사용해도 되는가?

48. 마이크로파 우주 배경 복사가 방출되는 시기에 우주의 온도가 약 3000 K라고 하자. (a) 복사의 중간 파장(식 34.2b 참조), (b) 광자 에너지를 각각 구하라.

49. 대부분의 입자들은 평균 수명이 너무 짧아서 직접 관측할 수 없다. 대신 에너지 단위로 측정한 '너비', 즉 입자의 정지 에너지 분포의 너비를 입자특성표에 수록한다. 예를 들어 질량이 91.18 GeV인 Z^0 입자의 너비는 2.5 GeV이다. 에너지-시간 불확정성 원리를 이용하여 Z^0 입자의 평균 수명을 구하라.

50. 표 39.1의 세 종류 시그마 입자의 수가 같은 입자계가 있다. (a) 5×10^{-20} s, (b) 5×10^{-10} s 후에 각 입자의 존재비를 입자가 정지한 기준틀에서 구하라.

51. 우주의 나이가 60 Gy이라면 허블 상수는 얼마인가?

52. 물리학자가 새로운 입자를 '발견'할 때, 검출기에서 입자 그 자체
DATA 를 찾고 있는 것은 아니다. 그보다는 그 입자의 붕괴를 가리키는
사건을 찾는다. 사건의 유형에 따라 에너지 대 사건의 빈도수(단
위 에너지 간격당 수)를 그린다. 그 입자는 그러지 않으면 부드러
운 배경 곡선이 될 곳으로부터 혹 또는 편차로 나타난다. 아래 표
에 있는 자료를 그려 봄으로써 입자 탐지에 대한 이러한 간접 접
근법을 탐구할 수 있다. 이 자료는 거대 강입자 가속기에서 나온
것이고 광자 쌍의 에너지 대 광자 쌍을 생성하는 사건 수를 보여
준다. 작은 혹을 볼 수 있을 것이고, 그로부터 에너지를 대략 결
정할 수 있다. 그 혹이 히그스 보손의 증거이다!

에너지(GeV)	1.5 GeV당 사건 수
116	1031
118	965
119	866
121	811
122	829
124	818
125	820
127	743
128	668
130	612
131	567
133	549

실용 문제

파이온은 가장 가벼운 중간자로서, 그 질량은 전자 질량의 약 270배
이다. 대전된 파이온은 일반적으로 뮤온과 중성미자 또는 반중성미자
로 붕괴한다. 이것 때문에 파이온 빔이 중성미자 빔을 생성하는데 유
용하고, 물리학자는 이것을 이용하여 파악하기 어려운 중성미자를 연
구한다. 20세기 후반 동안에 의학적 응용으로 가속기 센터는 암 치료
를 위해 '생물 의학적 빔 라인'을 설치하여 파이온을 시험하였다. 이
실험에서 파이온은 암 세포 안의 원자핵에 부착되었다. 핵은 글자 그
대로 폭발해서 암을 죽이는 핵 표적물의 '파이온 별'을 전달할 것이
다. 불행하게도 결과는 기대한 만큼 희망적이지 못해서 이 기술에 대
한 열광도 쇠퇴하였다.

53. 음전하 파이온은 보통 음전하 뮤온과 다른 입자로 붕괴한다. 그
입자는
   a. 양성자일 것이다.
   b. 반중성미자일 것이다.
   c. 중성미자일 것이다.
   d. 위쿼크일 것이다.

54. 실용 문제에 기술된 암 치료 실험에서, 에너지 측면에서 핵에 포
획되기 가장 쉬운 것은 어떤 파이온인가?
   a. π^+
   b. π^0
   c. π^-
   d. 에너지 측면에서 포획될 가능성은 모든 세 파이온이 같다.

55. 대전된 파이온의 반감기는 26 ns이다. 가속기의 생물 의학적 빔
라인의 길이(파이온이 생성되는 지점에서 환자까지)는 기껏해야
   a. 800 m이다.
   b. 80 m이다.
   c. 8 m이다.
   d. 80 cm이다.

56. 음전하 파이온의 쿼크 조성은
   a. uud이다.
   b. $d\bar{u}$이다.
   c. ud이다.
   d. $c\bar{c}$이다.

39장 질문에 대한 해답

장 도입 질문에 대한 해답

다른 입자들이 히그스 입자와 그에 연관된 장과의 상호작용을 통해
질량을 획득한다.

1900년 이후에 발전한 **현대물리학**은 이전의 **고전물리학**과 대비된다. 현대물리학은 원자 수준의 크기, 극저온, 초고속, 강한 중력장, 우주의 거대 구조 등을 이해하는 데 필수적이다.

현대물리학의 두 가지 핵심 개념은 **상대성**과 **양자역학**이다. 상대성은 간단한 원리에서 출발하지만 공간과 시간, 물질과 에너지, 중력의 본성 등에 대한 상식을 뒤엎는다. 양자역학은 뉴턴의 결정론을 물질과 에너지가 파동성과 입자성을 동시에 갖는다는 통계적 기술로 바꾼다.

아인슈타인의 **특수 상대성이론**은 등속 운동하는 모든 관측자에게 물리학 법칙이 같다는 원리에서 출발한다. 즉 전자기파가 광속 c로 진행한다는 맥스웰의 예측이 모든 등속 기준틀에서 성립한다. 따라서 공간과 시간의 측정은 절대적이 아니라 기준틀에 의존한다.

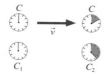

두 사건의 시간 간격은 두 사건이 동시에 발생하는 관성 기준틀, 즉 시계 C의 기준틀에서 가장 짧다.

물체의 길이는 정지한 기준틀에서 가장 길다.

상대성에서 에너지 E, 운동량 p, 질량 m은 $E^2 = p^2 c^2 + (mc^2)^2$을 만족한다.
관측자에게 정지한 물체의 에너지는 $E = mc^2$으로서 물질과 에너지의 상대론적 등가성을 나타낸다.

일반 상대성이론은 중력을 시공간의 곡률로 설명하는 아인슈타인의 이론이다. 일반 상대성이론은 블랙홀에서 우주의 구조에 이르는 현상을 기술하는 현대 천체물리학과 우주론의 기초이다.

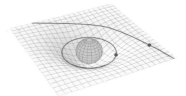

양자물리학은 20세기 전환기에 관측된 뜨거운 물체의 흑체 복사, 광전 효과, 원자 스펙트럼 등의 현상을 연구하는 도중에 탄생하였다.

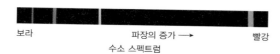

보라　　파장의 증가 →　　빨강
수소 스펙트럼

원자 각운동량의 **양자화**로 완성된 **원자의 보어 모형**의 에너지 준위로 원자 스펙트럼을 설명할 수 있다.

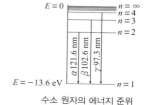

수소 원자의 에너지 준위

파동-입자 이중성은 양자역학의 핵심이다. 진동수 f의 전자기 복사 에너지는 광자라는 입자 같은 '뭉치'에 집중되어 있다. 즉 전자기 에너지가 양자화된 광자 에너지는 $E = hf$이며, $h = 6.63 \times 10^{-34}$ J·s는 플랑크 상수이다. 반면에 물질도 파동성을 갖는다. 운동량이 p인 입자의 드브로이 파장은 $\lambda = h/p$이다.

파동-입자 이중성은 입자의 위치와 운동량을 동시에 완벽하게 측정할 수 없다는 **하이젠베르크의 불확정성 원리**와 밀접한 관계가 있다. 위치와 운동량의 불확정도 Δx와 Δp는 다음의 부등식을 만족해야 한다.

$$\Delta x \, \Delta p \geq \hbar \quad \text{(불확정성 원리, } \hbar = h/2\pi)$$

양자역학은 원자 수준의 자연현상을 기술한다. 질량 m, 퍼텐셜 에너지 U, 총에너지 E인 입자의 **파동 함수** ψ는 다음의 **슈뢰딩거 방정식**을 만족한다.

$$-\frac{\hbar^2}{2m}\frac{d^2\psi(x)}{dx^2} + U(x)\,\psi = E\psi(x)$$

ψ^2은 입자를 발견할 **확률 밀도**이다. 속박계에 슈뢰딩거 방정식을 적용하면 양자화 에너지 준위를 얻는다.

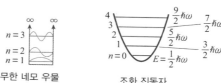

무한 네모 우물　　　조화 진동자

원자와 분자에 슈뢰딩거 방정식을 적용하여 원자와 분자의 구조, 주기율표의 화학 원소 배열, 결정 고체 등을 기술한다.

핵물리학은 원자의 핵을 다룬다. 큰 핵에는 양성자보다 중성자가 더 많아서 강한 핵력이 양성자 사이의 전기적 척력을 극복할 수 있다. 핵물리학은 방사성, 핵분열과 핵융합 에너지 등을 기술한다.

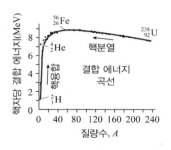

양자역학과 입자물리학으로 기술되는 아원자의 크기에서 일반 상대성 이론으로 기술되는 우주의 크기까지 물리학의 원리를 적용하여 우주의 기원과 진화에 관한 현대적 이해를 얻는다.

마이크로파 우주 배경 복사의 우주 지도는 플랑크 우주선에서 얻은 자료이다.

도전 문제

우주가 구대칭이고 균질하며 뉴턴 법칙을 만족한다는 가정하에 우주의 임계 밀도에 관한 식 39.2를 유도하라.

간단한 수식

A-1 대수와 삼각법

이차 방정식의 근의 공식

$ax^2 + bx + c = 0$이면 $x = \dfrac{-b \pm \sqrt{b^2 - 4ac}}{2a}$ 이다.

원둘레, 면적, 부피

($\pi \simeq 3.14159\ldots$)

원의 둘레	$2\pi r$
원의 면적	πr^2
구의 표면적	$4\pi r^2$
구의 부피	$\dfrac{4}{3}\pi r^3$
삼각형의 면적	$\dfrac{1}{2}bh$
원통의 부피	$\pi r^2 l$

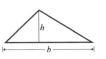

삼각법

각도(라디안)의 정의: $\theta = \dfrac{s}{r}$

한 바퀴는 2π rad이다.

1 rad $\simeq 57.3°$

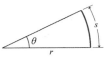

삼각 함수

$\sin\theta = \dfrac{y}{r}$

$\cos\theta = \dfrac{x}{r}$

$\tan\theta = \dfrac{\sin\theta}{\cos\theta} = \dfrac{y}{x}$

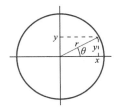

특정 각도의 삼각 함수 값

$\theta \rightarrow$	0	$\dfrac{\pi}{6}$ (30°)	$\dfrac{\pi}{4}$ (45°)	$\dfrac{\pi}{3}$ (60°)	$\dfrac{\pi}{2}$ (90°)
$\sin\theta$	0	$\dfrac{1}{2}$	$\dfrac{\sqrt{2}}{2}$	$\dfrac{\sqrt{3}}{2}$	1
$\cos\theta$	1	$\dfrac{\sqrt{3}}{2}$	$\dfrac{\sqrt{2}}{2}$	$\dfrac{1}{2}$	0
$\tan\theta$	0	$\dfrac{\sqrt{3}}{3}$	1	$\sqrt{3}$	∞

삼각 함수 그래프

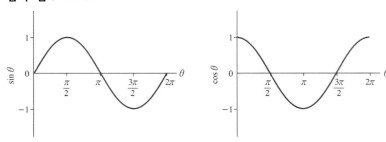

삼각 함수의 관계식

$\sin(-\theta) = -\sin\theta$

$\cos(-\theta) = \cos\theta$

$\sin\left(\theta \pm \dfrac{\pi}{2}\right) = \pm\cos\theta$

$\cos\left(\theta \pm \dfrac{\pi}{2}\right) = \mp\sin\theta$

$\sin^2\theta + \cos^2\theta = 1$

$\sin2\theta = 2\sin\theta\cos\theta$

$\cos2\theta = \cos^2\theta - \sin^2\theta = 1 - 2\sin^2\theta = 2\cos^2\theta - 1$

$\sin(\alpha \pm \beta) = \sin\alpha\cos\beta \pm \cos\alpha\sin\beta$

$\cos(\alpha \pm \beta) = \cos\alpha\cos\beta \mp \sin\alpha\sin\beta$

$\sin\alpha \pm \sin\beta = 2\sin\left[\dfrac{1}{2}(\alpha \pm \beta)\right]\cos\left[\dfrac{1}{2}(\alpha \mp \beta)\right]$

$\cos\alpha + \cos\beta = 2\cos\left[\dfrac{1}{2}(\alpha + \beta)\right]\cos\left[\dfrac{1}{2}(\alpha - \beta)\right]$

$\cos\alpha - \cos\beta = -2\sin\left[\dfrac{1}{2}(\alpha + \beta)\right]\sin\left[\dfrac{1}{2}(\alpha - \beta)\right]$

코사인 법칙과 사인 법칙

A, B, C가 삼각형 세 변의 길이이고 α, β, γ가 대각이면 다음의 두 법칙이 성립한다.

코사인 법칙

$C^2 = A^2 + B^2 - 2AB\cos\gamma$

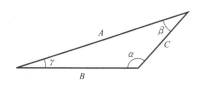

사인 법칙

$\dfrac{\sin\alpha}{A} = \dfrac{\sin\beta}{B} = \dfrac{\sin\gamma}{C}$

지수 함수와 로그 함수

$e^{\ln x} = x$, $\ln e^x = x$ $\quad e = 2.71828\ldots$

$a^x = e^{x\ln a} \qquad\qquad \ln(xy) = \ln x + \ln y$

$a^x a^y = a^{x+y} \qquad\qquad \ln\left(\dfrac{x}{y}\right) = \ln x - \ln y$

$$(a^x)^y = a^{xy} \qquad \ln\left(\frac{1}{x}\right) = -\ln x$$

$$\log x \equiv \log_{10} x = \frac{\ln x}{\ln(10)} \simeq \frac{\ln x}{2.3}$$

어림식

$|x| \ll 1$일 때 다음과 같은 어림식을 사용할 수 있다.

$e^x \simeq 1 + x$

$\sin x \simeq x$

$\cos x \simeq 1 - \dfrac{1}{2}x^2$

$\ln(1+x) \simeq x$

$(1+x)^p \simeq 1 + px$ (이항 어림식)

위에 없는 함수라도 아래와 같이 어림할 수 있다.

$y^2/a^2 \ll 1$, 즉 $y^2 \ll a^2$일 때 $\dfrac{1}{\sqrt{a^2+y^2}} = \dfrac{1}{a\sqrt{1+\dfrac{y^2}{a^2}}} = \dfrac{1}{a}\left(1+\dfrac{y^2}{a^2}\right)^{-1/2} \simeq \dfrac{1}{a}\left(1-\dfrac{y^2}{2a}\right)$

벡터의 대수 법칙

벡터곱

$\vec{A} \cdot \vec{B} = AB\cos\theta$

$|\vec{A} \times \vec{B}| = AB\sin\theta$, $\vec{A} \times \vec{B}$의 방향은 오른손 규칙으로 정한다.

단위 벡터 표기법

벡터 $\vec{A}$는 직각 좌표계의 x, y, z축에 대한 성분 A_x, A_y, A_z와 단위 벡터 $\hat{i}$, $\hat{j}$, $\hat{k}$로 다음과 같이 표기할 수 있다.

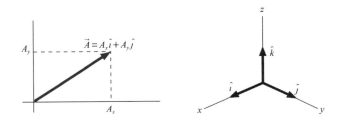

단위 벡터 표기법에서 벡터곱은 다음과 같다.

$\vec{A} \cdot \vec{B} = A_x B_x + A_y B_y + A_z B_z$

$\vec{A} \times \vec{B} = (A_y B_z - A_z B_y)\hat{i} + (A_z B_x - A_x B_z)\hat{j} + (A_x B_y - A_y B_x)\hat{k}$

벡터 관계식

$\vec{A} \cdot \vec{B} = \vec{B} \cdot \vec{A}$

$\vec{A} \times \vec{B} = -\vec{B} \times \vec{A}$

$$\vec{A} \cdot (\vec{B} \times \vec{C}) = \vec{B} \cdot (\vec{C} \times \vec{A}) = \vec{C} \cdot (\vec{A} \times \vec{B})$$
$$\vec{A} \times (\vec{B} \times \vec{C}) = (\vec{A} \cdot \vec{C})\vec{B} - (\vec{A} \cdot \vec{B})\vec{C}$$

A-2 미적분

도함수

도함수의 정의

y가 x의 함수이면 x에 대한 y의 도함수는 y의 변화 Δy와 이에 해당하는 x의 변화 Δx의 비에서 Δx가 무한히 작은 극한값과 같다.

$$\frac{dy}{dx} = \lim_{\Delta x \to 0} \frac{\Delta y}{\Delta x}$$

대수적으로 도함수는 x에 대한 y의 변화율이고, 기하학적으로는 x에 대한 y 곡선의 기울기이다. 즉 y 곡선 위 한 점의 접선이다.

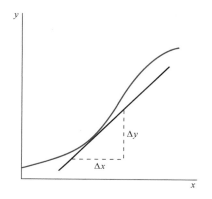

주요 함수의 도함수

$$\frac{da}{dx} = 0 \ (a는 \ 상수) \qquad\qquad \frac{d}{dx}\tan x = \frac{1}{\cos^2 x}$$

$$\frac{dx^n}{dx} = nx^{n-1} \ (n은 \ 정수일 \ 필요가 \ 없다.) \qquad \frac{de^x}{dx} = e^x$$

$$\frac{d}{dx}\sin x = \cos x \qquad\qquad \frac{d}{dx}\ln x = \frac{1}{x}$$

$$\frac{d}{dx}\cos x = -\sin x$$

함수의 합과 곱의 도함수 그리고 함수의 함수의 도함수

1. 상수가 곱해진 함수의 도함수

$$\frac{d}{dx}[af(x)] = a\frac{df}{dx} \ (a는 \ 상수)$$

2. 합의 도함수

$$\frac{d}{dx}[f(x) + g(x)] = \frac{df}{dx} + \frac{dg}{dx}$$

3. 곱의 도함수

$$\frac{d}{dx}[f(x)g(x)] = g\frac{df}{dx} + f\frac{dg}{dx}$$

예

$$\frac{d}{dx}(x^2\cos x) = \cos x\frac{dx^2}{dx} + x^2\frac{d}{dx}\cos x = 2x\cos x - x^2\sin x$$

$$\frac{d}{dx}(x\ln x) = \ln x\frac{dx}{dx} + x\frac{d}{dx}\ln x = (\ln x)(1) + x\left(\frac{1}{x}\right) = \ln x + 1$$

4. 분수의 도함수

$$\frac{d}{dx}\left[\frac{f(x)}{g(x)}\right] = \frac{1}{g^2}\left(g\frac{df}{dx} - f\frac{dg}{dx}\right)$$

예

$$\frac{d}{dx}\left(\frac{\sin x}{x^2}\right) = \frac{1}{x^4}\left(x^2\frac{d}{dx}\sin x - \sin x\frac{dx^2}{dx}\right) = \frac{\cos x}{x^2} - \frac{2\sin x}{x^3}$$

5. 도함수의 사슬 규칙

f가 u의 함수이고, u가 x의 함수이면 도함수는 다음과 같다.

$$\frac{df}{dx} = \frac{df}{du}\frac{du}{dx}$$

예

a. $\dfrac{d}{dx}\sin(x^2)$을 구해 보자. $u = x^2$이고 $f(u) = \sin u$이므로 다음과 같다.

$$\frac{d}{dx}\sin(x^2) = \frac{d}{du}\sin u\frac{du}{dx} = (\cos u)\frac{dx^2}{dx} = 2x\cos(x^2)$$

b. $\dfrac{d}{dt}\sin\omega t = \dfrac{d}{d\omega t}\sin\omega t\dfrac{d}{dt}\omega t = \omega\cos\omega t$ (ω는 상수)

c. $\dfrac{d}{dx}\sin^2 5x$를 구해 보자. $u = \sin 5x$이고 $f(u) = u^2$이므로 다음과 같다.

$$\frac{d}{dx}\sin^2 5x = \frac{d}{du}u^2\frac{du}{dx} = 2u\frac{du}{dx} = 2\sin 5x\frac{d}{dx}\sin 10x$$

$$= (2)(\sin 5x)(5)(\cos 5x) = 10\sin 5x\cos 5x = 5\sin 10x$$

이계 도함수

x에 대한 y의 이계 도함수는 도함수의 도함수로 정의한다.

$$\frac{d^2y}{dx^2} = \frac{d}{dx}\left(\frac{dy}{dx}\right)$$

예

$y = ax^3$이면 $dy/dx = 3ax^2$이므로 다음과 같다.

$$\frac{d^2y}{dx^2} = \frac{d}{dx}3ax^2 = 6ax$$

편미분 도함수(편도함수)

하나 이상의 변수에 의존하는 함수의 편미분 도함수는 다른 변수는 일정하게 두고, 한 변수에 대해서만 미분한다. f가 x와 y의 함수이면 편미분 도함수는 다음과 같다.

$$\frac{\partial f}{\partial x},\ \frac{\partial f}{\partial y}$$

예

$f(x,\ y) = x^3 \sin y$이면 다음과 같다.

$$\frac{\partial f}{\partial x} = 3x^2 \sin y,\ \frac{\partial f}{\partial y} = x^3 \cos y$$

적분

부정 적분

적분은 미분의 반대이다. 부정 적분, $\int f(x)dx$를 도함수가 $f(x)$인 함수로 정의한다.

$$\frac{d}{dx}\left[\int f(x)dx\right] = f(x)$$

$A(x)$가 $f(x)$의 부정 적분이라면, 상수의 도함수가 0이므로, $A(x)+C$(상수) 또한 $f(x)$의 부정 적분이다. 앞에 기술한 주요 함수의 도함수에서 다음과 같이 부정 적분의 결과를 알 수 있다. (더 많은 결과가 이 부록 끝에 있다.)

$$\int a\,dx = ax + C \qquad\qquad \int \cos x\,dx = \sin x + C$$

$$\int x^n\,dx = \frac{x^{n+1}}{n+1} + C,\ n \neq -1 \qquad \int e^x\,dx = e^x + C$$

$$\int \sin x\,dx = -\cos x + C \qquad\qquad \int x^{-1}\,dx = \ln x + C$$

정적분

물리학에서는 수가 매우 많고 그 크기가 매우 작은 물리량의 합이 필요하며, 개수와 물리량이 무한대와 0으로 접근하는 극한에서 이것을 다음과 같이 정적분으로 표기한다.

$$\int_{x_1}^{x_2} f(x)dx \equiv \lim_{\substack{\Delta x \to 0 \\ N \to \infty}} \sum_{i=1}^{N} f(x_i)\Delta x$$

여기서 합의 항들은 적분 한계 x_1과 x_2 사이의 x_i에 대해서 계산하며, $\Delta x \to 0$인 극한에서는 합은 모든 x에 대한 적분이 된다.

정적분을 구하는 핵심은 미적분의 기본 정리이다. 즉 $A(x)$가 $f(x)$의 부정 적분이라면 정적분은 다음과 같다.

$$\int_{x_1}^{x_2} f(x)dx = A(x_2) - A(x_1) \equiv A(x)\Big|_{x_1}^{x_2}$$

기하학적으로 정적분은 x_1과 x_2 사이에서 함수 $f(x)$ 아래의 면적을 뜻한다.

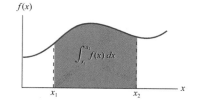

적분 계산하기

적분 계산의 첫걸음은 적분 안의 변량들을 하나의 변수로 바꾸는 것이다. 9장의 핵심요령

9.1에 따라 일단 적분을 세우면, 적분의 정의에 의해 직접 적분하거나 적분표를 이용하여 적분하면 된다. 이때 다음의 두 방법이 매우 유용하다. 직접 계산이 가능하거나, 복잡한 적분을 간단한 적분표의 형식으로 바꿀 수 있기 때문이다.

1. 변수 변환

새로운 변수로 바꾸면 모르는 적분을 잘 아는 적분으로 바꿀 수 있다. 예를 들면 다음의 적분은 어떻게 적분할지 명백하지 않다.

$$\int \frac{x\,dx}{\sqrt{a^2 + x^2}}$$

여기서 a는 상수이다. 그러나 $z = a^2 + x^2$으로 변환하면

$$\frac{dz}{dx} = \frac{da^2}{dx} + \frac{dx^2}{dx} = 0 + 2x = 2x$$

이므로, $dz = 2x\,dx$에서 $x\,dx$는 $\frac{1}{2}dz$이고, $\sqrt{a^2 + x^2} = z^{1/2}$이다. 따라서 다음과 같이 간단하게 직접 적분할 수 있다.

$$\int \frac{1}{2} z^{-1/2}\,dz = \frac{\frac{1}{2} z^{1/2}}{\frac{1}{2}} = \sqrt{z}$$

여기서 $z = a^2 + x^2$을 넣으면 결국 다음의 적분 결과를 얻게 된다.

$$\int \frac{x\,dx}{\sqrt{a^2 + x^2}} = \sqrt{a^2 + x^2}$$

2. 부분 적분

$\int u\,dv$는 v의 함수인 곡선 u 아래의 면적과 같다. 옆의 그림을 보면 그 면적은 전체 직사각형의 면적에서 u의 함수인 곡선 v 아래의 면적을 뺀 것과 같다. 이 관계를 수학적으로 표기하면 다음과 같다.

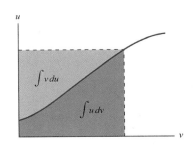

$$\int u\,dv = uv - \int v\,du \quad \text{(부분 적분)}$$

부분 적분을 잘 활용하면 다음의 예처럼 복잡한 적분을 간단하게 바꿀 수 있다.

예

$\int x \cos x\,dx$를 부분 적분으로 계산해 보자. $u = x$이면 $du = dx$이다. $dv = \cos x\,dx$로 놓으면 $v = \int dv = \int \cos x\,dx = \sin x$이다. 따라서 다음과 같이 적분할 수 있다.

$$\int x \cos x\,dx = (x)(\sin x) - \int \sin x\,dx = x \sin x + \cos x$$

여기서 $\int \sin x\,dx = -\cos x$를 이용했다.

적분표

다양한 함수에 대한 적분표는 *Handbook of Chemistry and Physics* (Chemical Rubber Co.) 또는 *Tables of Integrals and Other Mathematical Data* (Macmillan)를 참조하라. Mathematica 또는 Maple 같은 소프트웨어로 기호 적분도 가능하다. Wolfram Research에서

는 *Mathematica*에 기반을 둔 적분 결과를 제공한다(integrals.wolfram.com에서, 그리고 www.wolframalpha.com/calculators/integral-calculator의 wolframAlpha를 통해서 제공받을 수 있다).

아래에 주요 함수의 적분 결과를 수록하였다. 여기서 a와 b는 상수이고, 오른쪽의 적분 결과에 임의의 상수를 더해도 된다.

$$\int e^{ax}\,dx = \frac{e^{ax}}{a}$$

$$\int \sin ax\,dx = -\frac{\cos ax}{a}$$

$$\int \cos ax\,dx = \frac{\sin ax}{a}$$

$$\int \tan ax\,dx = -\frac{1}{a}\ln(\cos ax)$$

$$\int \sin^2 ax\,dx = \frac{x}{2} - \frac{\sin 2ax}{4a}$$

$$\int \cos^2 ax\,dx = \frac{x}{2} + \frac{\sin 2ax}{4a}$$

$$\int x\sin ax\,dx = \frac{1}{a^2}\sin ax - \frac{1}{a}x\cos ax$$

$$\int x\cos ax\,dx = \frac{1}{a^2}\cos ax + \frac{1}{a}x\sin ax$$

$$\int \frac{dx}{\sqrt{a^2 - x^2}} = \sin^{-1}\left(\frac{x}{a}\right)$$

$$\int \frac{dx}{\sqrt{x^2 \pm a^2}} = \ln\left(x + \sqrt{x^2 \pm a^2}\right)$$

$$\int \frac{dx}{x^2 + a^2} = \frac{1}{a}\tan^{-1}\left(\frac{x}{a}\right)$$

$$\int \frac{x\,dx}{\sqrt{a^2 - x^2}} = -\sqrt{a^2 - x^2}$$

$$\int \frac{x\,dx}{\sqrt{x^2 \pm a^2}} = \sqrt{x^2 \pm a^2}$$

$$\int \frac{dx}{(x^2 \pm a^2)^{3/2}} = \frac{\pm x}{a^2\sqrt{x^2 \pm a^2}}$$

$$\int xe^{ax}\,dx = \frac{e^{ax}}{a^2}(ax - 1)$$

$$\int x^2 e^{ax}\,dx = \frac{x^2 e^{ax}}{a} - \frac{2}{a}\left[\frac{e^{ax}}{a^2}(ax - 1)\right]$$

$$\int \frac{dx}{a + bx} = \frac{1}{b}\ln(a + bx)$$

$$\int \frac{dx}{(a + bx)^2} = -\frac{1}{b(a + bx)}$$

$$\int \ln ax\,dx = x\ln ax - x$$

$$\int \frac{dx}{a^2 - x^2} = \frac{1}{2a}\ln\left|\frac{a + x}{a - x}\right|$$

2019년 표준도량형국은 100여 년 만에 국제 단위계(SI)의 가장 실질적인 개정을 승인했다. 개정된 SI는 현재 정확한 값으로 정의된 기본 상수의 값을 이용하여 7개의 기본 단위를 정의하고 있다. 여기에 이러한 명시적인 상수 정의의 공식적 서술을 싣는다.

시간(초): 초(기호 s)는 시간의 SI 단위이다. 세슘-133 원자의 섭동이 없는 바닥 상태의 초미세 전이 진동수 $\Delta\nu_{Cs}$의 값이 Hz 단위로 표현할 때 고정 숫자 9,192,631,770이 되도록 택함으로써 초를 정의한다. 여기서 Hz는 s^{-1}과 같다.

길이(미터): 미터(기호 m)는 길이의 SI 단위이다. 진공에서 광속의 값이 $m \cdot s^{-1}$ 단위로 표현할 때 고정 숫자 299,792,458이 되도록 택함으로써 미터를 정의한다. 여기서 초는 세슘 진동수 $\Delta\nu_{Cs}$의 항으로 정의되어 있다.

질량(킬로그램): 킬로그램(기호 kg)은 질량의 SI 단위이다. 플랑크 상수 h의 값이 $J \cdot s$ 단위로 표현할 때 고정 숫자 $6.626\,070\,15 \times 10^{-34}$이 되도록 택함으로써 킬로그램을 정의한다. 여기서 $J \cdot s$는 $kg \cdot m^2 \cdot s^{-1}$과 같고 미터, 초는 c, $\Delta\nu_{Cs}$의 항으로 정의되어 있다.

전류(암페어): 암페어(기호 A)는 전류의 SI 단위이다. 기본 전하량 e의 값이 C 단위로 표현할 때 고정 숫자 $1.602\,176\,634 \times 10^{-19}$이 되도록 택함으로써 암페어를 정의한다. 여기서 C는 $A \cdot s$와 같고, 초는 $\Delta\nu_{Cs}$의 항으로 정의되어 있다.

온도(켈빈): 켈빈(기호 K)은 열역학 온도의 SI 단위이다. 볼츠만 상수 k의 값이 $J \cdot K^{-1}$ 단위로 표현할 때 고정 숫자 $1.380\,649 \times 10^{-23}$이 되도록 택함으로써 켈빈을 정의한다. 여기서 $J \cdot K^{-1}$은 $kg \cdot m^2 \cdot s^{-2} \cdot K^{-1}$과 같고, 킬로그램, 미터, 초는 h, c, $\Delta\nu_{Cs}$로 정의되어 있다.

물질의 양(몰): 몰(기호 mol)은 물질의 양의 SI 단위이다. 1몰은 정확히 $6.022\,140\,76 \times 10^{23}$개의 기본 요소를 포함한다. 아보가드로 수라 불리는 이 숫자는 mol^{-1} 단위로 표현한 아보가드로 상수 N_A의 고정 수치이다.

광도(칸델라): 칸델라(기호 cd)는 어떤 일정한 방향에서 광도의 SI 단위이다. 진동수가 540×10^{12} Hz인 단색광의 발광 효율 K_{cd}의 값이 $lm \cdot W^{-1}$ 단위로 표현할 때 고정 숫자 683이 되도록 택함으로써 칸델라를 정의한다. 여기서 $lm \cdot W^{-1}$은 $cd \cdot sr \cdot W^{-1}$ 또는 $cd \cdot sr \cdot kg^{-1} \cdot m^{-2} \cdot s^3$과 같고, 킬로그램, 미터, 초는 h, c, $\Delta\nu_{Cs}$의 항으로 정의되어 있다.

SI 기초 단위와 추가 단위

물리량	SI 단위	
	이름	기호
기초 단위		
길이	미터	m
질량	킬로그램	kg
시간	초	s
전류	암페어	A
온도	켈빈	K
물량	몰	mol
광도	칸델라	cd
추가 단위		
평면각	라디안	rad
입체각	스테라디안	sr

SI 접두어

인자	접두어	기호
10^{24}	요타	Y
10^{21}	제타	Z
10^{18}	엑사	E
10^{15}	페타	P
10^{12}	테라	T
10^{9}	기가	G
10^{6}	메가	M
10^{3}	킬로	k
10^{2}	헥토	h
10^{1}	데카	da
10^{0}	–	–
10^{-1}	데시	d
10^{-2}	센티	c
10^{-3}	밀리	m
10^{-6}	마이크로	μ
10^{-9}	나노	n
10^{-12}	피코	p
10^{-15}	펨토	f
10^{-18}	아토	a
10^{-21}	젭토	z
10^{-24}	욕토	y

SI 유도 단위

물리량	SI 단위			
	이름	기호	다른 단위 표기	SI 기초 단위 표기
진동수	헤르츠	Hz		s^{-1}
힘	뉴턴	N		$m \cdot kg \cdot s^{-2}$
압력, 변형력	파스칼	Pa	N/m^2	$m^{-1} \cdot kg \cdot s^{-2}$
에너지, 일, 열	줄	J	$N \cdot m$	$m^2 \cdot kg \cdot s^{-2}$
일률	와트	W	J/s	$m^2 \cdot kg \cdot s^{-3}$
전하	쿨롬	C		$s \cdot A$
전기 퍼텐셜, 퍼텐셜차, 기전력	볼트	V	J/C	$m^2 \cdot kg \cdot s^{-3} \cdot A^{-1}$
전기 용량	패럿	F	C/V	$m^{-2} \cdot kg^{-1} \cdot s^4 \cdot A^2$
전기 저항	옴	Ω	V/A	$m^2 \cdot kg \cdot s^{-3} \cdot A^{-2}$
자기 다발	웨버	Wb	$T \cdot m^2$, $V \cdot s$	$m^2 \cdot kg \cdot s^{-2} \cdot A^{-1}$
자기장	테슬라	T	Wb/m^2	$kg \cdot s^{-2} \cdot A^{-1}$
유도 용량	헨리	H	Wb/A	$m^2 \cdot kg \cdot s^{-2} \cdot A^{-2}$
방사능	베크렐	Bq	$1\,decay/s$	s^{-1}
방사선 흡수선량	그레이	Gy	J/kg, $100\,rad$	$m^2 \cdot s^{-2}$
방사선 등가선량	시버트	Sv	J/kg, $100\,rem$	$m^2 \cdot s^{-2}$

아래의 값은 비 SI 단위에 해당하는 SI 단위값이다. 따라서 SI 단위로 바꾸려면 주어진 값을 곱하고, 비 SI 단위로 바꾸려면 주어진 값으로 나누면 된다. SI 단위 사이의 전환은 부록 B, 1장 또는 앞표지 뒷면을 참조하라. 정의상 정확하지 않는 전환 인자는 최대 네 자리 유효 숫자까지만 정확하다.

길이

1인치(in) = 0.0254 m

1푸트(ft) = 0.3048 m

1야드(yd) = 0.9144 m

1마일(mi) = 1609 m

1항해마일 = 1852 m

1옹스트롬(Å) = 10^{-10} m

1광년(ly) = 9.46×10^{15} m

1천문 단위(AU) = 1.496×10^{11} m

1파섹 = 3.09×10^{16} m

1페르미 = 10^{-15} m = 1 fm

질량

1슬러그 = 14.59 kg

1미터톤(tonne; t) = 1000 kg

1원자 질량 단위(u) = 1.661×10^{-27} kg

영국 단위계에서는 힘의 단위를 질량 단위로도 사용한다. 아래의 단위에 중력 가속도 g를 곱하면 무게를 얻을 수 있다.

1파운드(lb) = 무게 0.454 kg

1톤 = 2000 lb = 무게 908 kg

1온스(oz) = 0.02835 kg

시간

1분(min) = 60 s

1시(h) = 60 min = 3600 s

1일(d) = 24 h = 86,400 s

1년(y) = 365.2422 d* = 3.156×10^7 s

* 1년의 길이는 지구 궤도 주기의 변화에 따라 매우 천천히 변한다.

면적

1헥타르(ha) = 10^4 m^2

1제곱인치(in^2) = 6.452×10^{-4} m^2

1제곱푸트(ft^2) = 9.290×10^{-2} m^2

1에이커 = 4047 m^2

1반 = 10^{-28} m^2

1셰드 = 10^{-52} m^2

부피

1리터(L) = 1000 cm^3 = 10^{-3} m^3

1세제곱푸트(ft^3) = 2.832×10^{-2} m^3

1세제곱인치(in^3) = 1.639×10^{-5} m^3

1유체온스 = 1/128 gal = 2.957×10^{-5} m^3

1베럴(bbl) = 42 gal = 0.1590 m^3

1갤런(미국; gal) = 3.785×10^{-3} m^3

1갤런(영국) = 4.546×10^{-3} m^3

각도, 위상

$1도(°) = \pi/180 \, \text{rad} = 1.745 \times 10^{-2} \, \text{rad}$

$1회전(\text{rev}) = 360° = 2\pi \, \text{rad}$ $1사이클 = 360° = 2\pi \, \text{rad}$

속력, 속도

$1 \, \text{km/h} = (1/3.6) \, \text{m/s} = 0.2778 \, \text{m/s}$ $1 \, \text{ft/s} = 0.3048 \, \text{m/s}$

$1 \, \text{mi/h}(\text{mph}) = 0.4470 \, \text{m/s}$ $1 \, \text{ly/y} = 3.00 \times 10^8 \, \text{m/s}$

각속력, 각속도, 진동수, 각진동수

$1 \, \text{rev/s} = 2\pi \, \text{rad/s} = 6.283 \, \text{rad/s}(\text{s}^{-1})$

$1 \, \text{rev/min}(\text{rpm}) = 0.1047 \, \text{rad/s}(\text{s}^{-1})$

$1 \, \text{Hz} = 1 \, \text{cycle/s} = 2\pi \, \text{s}^{-1}$

힘

$1다인(\text{dyne}) = 10^{-5} \, \text{N}$ $1파운드(\text{lb}) = 4.448 \, \text{N}$

압력

$1 \, \text{dyne/cm}^2 = 10^{-1} \, \text{Pa}$ $1 \, \text{lb/in}^2(\text{psi}) = 6.895 \times 10^3 \, \text{Pa}$

$1기압(\text{atm}) = 1.013 \times 10^5 \, \text{Pa}$ $1 \, \text{in} \, \text{H}_2\text{O}(60°\text{F}) = 248.8 \, \text{Pa}$

$1토르(\text{torr}) = 1 \, \text{mmHg}(0°\text{C}) = 133.3 \, \text{Pa}$ $1 \, \text{in} \, \text{Hg}(60°\text{F}) = 3.377 \times 10^3 \, \text{Pa}$

$1바(\text{bar}) = 10^5 \, \text{Pa} = 0.987 \, \text{atm}$

에너지, 일, 열

$1에르그(\text{erg}) = 10^{-7} \, \text{J}$ $1 \, \text{Btu}^* = 1.054 \times 10^3 \, \text{J}$

$1칼로리(\text{calorie}^*, \text{cal}) = 4.184 \, \text{J}$ $1 \, \text{kWh} = 3.6 \times 10^6 \, \text{J}$

$1전자볼트(\text{eV}) = 1.602 \times 10^{-19} \, \text{J}$

$1메가톤(폭발력; \text{Mt}) = 4.18 \times 10^{15} \, \text{J}$

$1푸트\text{-}파운드(\text{ft} \cdot \text{lb}) = 1.356 \, \text{J}$

* 열화학적 열량에 따른 값이고, 다른 정의는 약간 다르다.

일률

$1 \, \text{erg/s} = 10^{-7} \, \text{W}$ $1 \, \text{Btu/h}(\text{Btuh}) = 0.293 \, \text{W}$

$1마력(\text{hp}) = 746 \, \text{W}$ $1 \, \text{ft} \cdot \text{lb/s} = 1.356 \, \text{W}$

자기장

$1가우스(\text{G}) = 10^{-4} \, \text{T}$ $1감마(\gamma) = 10^{-9} \, \text{T}$

복사

$1퀴리(\text{ci}) = 3.7 \times 10^{10} \, \text{Bq}$ $1 \, \text{rad} = 10^{-2} \, \text{Gy}$

                                    $1 \, \text{rem} = 10^{-2} \, \text{Sv}$

연료에 포함된 에너지량

에너지원	에너지량
석탄	$29\,\text{MJ/kg} = 7300\,\text{kWh/ton} = 25 \times 10^6\,\text{Btu/ton}$
석유	$43\,\text{MJ/kg} = 39\,\text{kWh/gal} = 1.3 \times 10^5\,\text{Btu/gal}$
휘발유	$44\,\text{MJ/kg} = 36\,\text{kWh/gal} = 1.2 \times 10^5\,\text{Btu/gal}$
천연가스	$55\,\text{MJ/kg} = 30\,\text{kWh/100 ft}^3 = 1000\,\text{Btu/ft}^3$
우라늄(분열)	
정상 존재비	$5.8 \times 10^{11}\,\text{J/kg} = 1.6 \times 10^5\,\text{kWh/kg}$
순수한 U-235	$8.2 \times 10^{13}\,\text{J/kg} = 2.3 \times 10^7\,\text{kWh/kg}$
수소(융합)	
정상 존재비	$7 \times 10^{11}\,\text{J/kg} = 3.0 \times 10^4\,\text{kWh/kg}$
순수한 중수소	$3.3 \times 10^{14}\,\text{J/kg} = 9.2 \times 10^7\,\text{kWh/kg}$
물	$1.2 \times 10^{10}\,\text{J/kg} = 1.3 \times 10^4\,\text{kWh/gal} = $ 휘발유 340 gal/물 1 gal
100% 변환된 물질 에너지	$9.0 \times 10^{16}\,\text{J/kg} = 931\,\text{MeV/u} = 2.5 \times 10^{10}\,\text{kWh/kg}$

안정한 원소의 원자 무게는 지구 상에 자연 상태로 존재하는 동위원소의 존재비를 감안한 값이다. 안정한 원소에서 괄호 안의 값은 끝 자릿수의 부정확도를 나타낸다. 안정한 동위원소가 없는 원소(고딕체로 표기)는 최대 세 개의 동위원소를 표기하였다. 원자번호 99 이상의 원소에서는 수명이 가장 긴 동위원소를 나타냈다. (토륨, 프로트악티늄, 우라늄은 예외로 자연에 존재하는 수명이 긴 동위원소 존재비를 감안한 원자 무게이다.) 주기율표는 책 뒤표지 앞면에 있다.

원자 번호	이름	기호	원자 무게
1	수소	H	1.00794 (7)
2	헬륨	He	4.002 602 (2)
3	리튬	Li	6.941 (2)
4	베릴륨	Be	9.012 182 (3)
5	붕소	B	10.811 (5)
6	탄소	C	12.011 (1)
7	질소	N	14.00674 (7)
8	산소	O	15.9994 (3)
9	불소	F	18.998 403 2 (9)
10	네온	Ne	20.1797 (6)
11	나트륨	Na	22.989 768 (6)
12	마그네슘	Mg	24.3050 (6)
13	알루미늄	Al	26.981 539 (5)
14	규소	Si	28.0855 (3)
15	인	P	30.973 762 (4)
16	황	S	32.066 (6)
17	염소	Cl	35.4527 (9)
18	아르곤	Ar	39.948 (1)
19	칼륨	K	39.0983 (1)
20	칼슘	Ca	40.078 (4)
21	스칸듐	Sc	44.955 910 (9)
22	타이타늄	Ti	47.88 (3)
23	바나듐	V	50.9415 (1)
24	크로뮴	Cr	51.9961 (6)
25	망간	Mn	54.93805 (1)
26	철	Fe	55.847 (3)
27	코발트	Co	58.93320 (1)
28	니켈	Ni	58.69 (1)
29	구리	Cu	63.546 (3)
30	아연	Zn	65.39 (2)
31	갈륨	Ga	69.723 (1)
32	게르마늄	Ge	72.61 (2)
33	비소	As	74.92159 (2)
34	셀레늄	Se	78.96 (3)
35	브로민	Br	79.904 (1)
36	크립톤	Kr	83.80 (1)
37	루비듐	Rb	85.4678 (3)

원자 번호	이름	기호	원자 무게
38	스트론튬	Sr	87.62 (1)
39	이트륨	Y	88.90585 (2)
40	지르코늄	Zr	91.224 (2)
41	니오븀	Nb	92.90638 (2)
42	몰리브데넘	Mo	95.94 (1)
43	**테크네튬**	**Tc**	**97, 98, 99**
44	루테늄	Ru	101.07 (2)
45	로듐	Rh	102.90550 (3)
46	팔라듐	Pd	106.42 (1)
47	은	Ag	107.8682 (2)
48	카드뮴	Cd	112.411 (8)
49	인듐	In	114.82 (1)
50	주석	Sn	118.710 (7)
51	안티몬	Sb	121.75 (3)
52	텔루륨	Te	127.60 (3)
53	요오드	I	126.90447 (3)
54	제논	Xe	131.29 (2)
55	세슘	Cs	132.90543 (5)
56	바륨	Ba	137.327 (7)
57	란타넘	La	138.9055 (2)
58	세륨	Ce	140.115 (4)
59	프라세오디뮴	Pr	140.90765 (3)
60	네오디뮴	Nd	144.24 (3)
61	**프로메튬**	**Pm**	**145, 147**
62	사마륨	Sm	150.36 (3)
63	유로퓸	Eu	151.965 (9)
64	가돌리늄	Gd	157.25 (3)
65	터븀	Tb	158.92534 (3)
66	디스프로슘	Dy	162.50 (3)
67	홀뮴	Ho	164.93032 (3)
68	어븀	Er	167.26 (3)
69	툴륨	Tm	168.93421 (3)
70	이터븀	Yb	173.04 (3)
71	루테튬	Lu	174.967 (1)
72	하프늄	Hf	178.49 (2)
73	탄탈럼	Ta	180.9479 (1)
74	텅스텐	W	183.85 (3)
75	레늄	Re	186.207 (1)
76	오스뮴	Os	190.2 (1)
77	이리듐	Ir	192.22 (3)
78	백금	Pt	195.08 (3)
79	금	Au	196.96654 (3)
80	수은	Hg	200.59 (3)
81	탈륨	Tl	204.3833 (2)
82	납	Pb	207.2 (1)
83	비스무트	Bi	208.98037 (3)
84	**폴로늄**	**Po**	**209, 210**
85	**아스타틴**	**At**	**210, 211**
86	**라돈**	**Rn**	**211, 220, 222**

원자 번호	이름	기호	원자 무게
87	프랑슘	Fr	223
88	라듐	Ra	223, 224, 226
89	악티늄	Ac	227
90	토륨	Th	232.0381 (1)
91	프로트악티늄	Pa	231.03588 (2)
92	우라늄	U	238.0289 (1)
93	넵투늄	Np	237, 239
94	플루토늄	Pu	239, 242, 244
95	아메리슘	Am	241, 243
96	퀴륨	Cm	245, 247, 248
97	버클륨	Bk	247, 249
98	캘리포늄	Cf	249, 250, 251
99	아인슈타이늄	Es	252
100	페르뮴	Fm	257
101	멘델레븀	Md	258
102	노벨륨	No	259
103	로렌슘	Lr	262
104	러더퍼듐	Rf	263
105	더브늄	Db	268
106	시보귬	Sg	266
107	보륨	Bh	272
108	하슘	Hs	277
109	마이트너륨	Mt	276
110	다름슈타튬	Ds	281
111	뢴트게늄	Rg	280
112	코페르니슘	Cn	285
113	니호늄	Nh	284
114	플레로븀	Fl	289
115	모스코븀	Mc	288
116	리버모륨	Lv	292
117	테네신	Ts	294
118	오가네손	Og	294

천문학적 자료

태양, 행성, 위성

이름	질량(10^{24} kg)	평균 반지름 (10^6 m, 예외는 별도로 표시)	표면 중력 (m/s^2)	탈출 속력 (km/s)	항성 회전 주기[*] (일)	중심 천체까지의 평균 거리[**] (10^6 km)	궤도 주기	평균 궤도 속력 (km/s)
태양	1.99×10^6	696	274	618	36(극) 27(적도)	2.6×10^{11}	200 My	250
행성								
수성	0.330	2.44	3.70	4.25	58.6	57.9	88.0 d	47.4
금성	4.87	6.05	8.87	10.4	−243	108	225 d	35.0
지구	5.97	6.37	9.81	11.2	0.997	149.6	365.2 d	29.8
달	0.0735	1.74	1.62	2.38	27.3	0.3844	27.3 d	1.02
화성	0.642	3.39	3.71	5.03	1.03	228	1.88 y	24.1
포보스	1.07×10^{-8}	9~13 km	0.0057	0.0114	0.319	9.4×10^{-3}	0.319 d	2.14
데이모스	1.48×10^{-9}	5~8 km	0.003	0.00556	1.26	23×10^{-3}	1.26 d	1.35
목성	1.90×10^3	69.9	24.8	60.2	0.414	778	11.9 y	13.1
이오	0.0893	1.82	1.80	2.38	1.77	0.422	1.77 d	17.3
유로파	0.480	1.56	1.32	2.03	3.55	0.671	3.55 d	13.7
가니메데	0.148	2.63	1.43	2.74	7.15	1.07	7.15 d	10.9
칼리스토	0.108	2.41	1.24	2.44	16.7	1.88	16.7 d	8.20
적어도 75개의 작은 위성								
토성	568	58.2	10.4	36.1	0.444	1.43×10^3	29.5 y	9.69
테티스	0.0007	0.53	0.2	0.4	1.89	0.294	1.89 d	11.3
디오네	0.00015	0.56	0.3	0.6	2.74	0.377	2.74 d	10.0
레아	0.0025	0.77	0.3	0.5	4.52	0.527	4.52 d	8.5
타이탄	0.135	2.58	1.35	2.64	15.9	1.22	15.9 d	5.6
적어도 58개의 작은 위성								
천왕성	86.8	25.4	8.87	21.4	−0.720	2.87×10^3	84.0 y	6.80
아리엘	0.0013	0.58	0.3	0.4	2.52	0.19	2.52 d	5.5
움브리엘	0.0013	0.59	0.3	0.4	4.14	0.27	4.14 d	4.7
티타니아	0.0018	0.81	0.2	0.5	8.70	0.44	8.70 d	3.7
오베론	0.0017	0.78	0.2	0.5	13.5	0.58	13.5 d	3.1
적어도 23개의 작은 위성								
해왕성	102	24.6	11.2	23.5	0.673	4.50×10^3	165 y	5.43
트리톤	0.134	1.9	2.5	3.1	5.88	0.354	5.88 d	4.4
적어도 13개의 작은 위성								
왜행성								
세레스	0.000 947	0.476	0.27	0.51	0.38	414	4.60 y	17.9
명왕성	0.0130	1.20	0.58	1.2	−6.39	5.91×10^3	248 y	4.67
샤론	0.00586	0.604	0.278	0.580	−6.39	0.00196	6.39 d	0.23
4개의 작은 위성								
에리스	0.0166	1.16	0.827	1.38	1.1	1.02×10^4	560 y	3.43
작은 위성, 디스노미아								

[*] 음의 회전 주기는 궤도 운동과 반대로 움직이는 역행 운동을 뜻한다. 주기는 천체가 태양보다는 먼 별에 대해서 같은 위치로 되돌아오는 시간을 뜻하는 항성 주기이다.
[**] 태양은 은하 중심이, 행성은 태양이, 위성은 행성이 중심 천체이다.

1장

11. (a) 10^9 W (b) 10^6 kW (c) 1 GW
13. 0.299792458 m(약 1 ft)
15. 10^8
17. 0.62 rad $= 35°$
19. 30 g
21. 10^6
23. 8.6 m^2/L
25. 3.6 km/h
27. 57.3°
29. 24 Zm
31. 7.4×10^6 m/s^2
33. 4×10^6
35. 41 m
37. 20 m/s
39. 12 rev/day
41. 22 mm
43. 2 ms
45. (a) 5.18 (b) 5.20
47. 3×10^6
49. 약 0.08%
51. 10^5
53. ~ 250 μm
55. (a) 40 nm (b) 초 당 5×10^5번 계산
57. 1.27은 0.4%, 9.97은 0.05%
59. 미국에서, 캐나다가 50% 더 비싸다.
61. 약 2000
63. 약 $1 \sim 2$ m^2
65. (a) 1.0 m (b) 0.001 m^2 (c) 0.0 m (d) 1.0
67. 439 W, 소비율보다 더 많음
69. (a) (지름)^3 (b) 기울기 $= 4.09$ g/cm^3
71. b
73. c

2장

11. 10.4 m/s
13. 북쪽이 양의 방향일 때
    (a) 24 km (b) 9.6 km/h
    (c) -16 km/h (d) 0 (e) 0
15. 26.6 km/h
19. (a) $v = b - 2ct$ (b) 8.4 s
21. 0.35 m/s^2
23. (a) 9.82 m/s^2 (b) 84.0 m/s^2

25. 17 m/s^2
27. $v = dx/dt = d/dt(x_0 + v_0 t + at^2/2)$
    $= v_0 + at$
29. (a) $a = v^2/2h$ (b) $t = 2h/v$
31. 27 ft/s^2
33. 15 s
35. 3.26 m
37. (a) $v^2/2g$ (b) $v/\sqrt{2}$
39. 11 m/s
41. 947 m
43. 102 m
45. (a) 13.4 m/s (b) 1.37 s
47. (a) 15.7 m/s (b) 1.60 s
49. 48 mi/h
51. 2.2 s
53. (a) 9.82 m/s (b) 9.34 m/s
    (c) 9.18 m/s (d) 9.18 m/s
55. 14.1 m
57. 4.3 m/s^2
59. 2.75 s
61. 55%
63. (a) 0.014 s (b) 51 cm
65. 0.89 km
67. (a) 25 m/s (b) 180 m
69. 0.0051 m/s^2
71. 11 m/s
73. 270 m
75. $-\dfrac{1}{2}\sqrt{hg}$
77. (a) 7.88 m/s, 7.67 m/s (b) 0.162 s
79. 70 μm/s^2
81. 4.8 m/s(17 km/h)
83. (a) $\bar{v} = (v_1 + v_2)/2$
    (b) $\bar{v} = (2v_1 v_2)/(v_1 + v_2)$
    (c) (a)의 경우
85. 70.7%
87. -0.3 m/s
89. $\dfrac{h}{4}\left(\dfrac{2h}{g\Delta t^2}\right)\left(\dfrac{g\Delta t^2}{2h} - 1\right)^2$
91. 15 s^{-1}
95. (a) $\sqrt{2b/c}$ (b) $-5b$
97. (a) $v_0 > \sqrt{gh_0/2}$ (b) $h_0 - gh_0^2/2v_0$
99. c
101. b

3장

11. (a) 1.78 km (b) 28.3° 북동쪽
13. 710 km, 21° 북서쪽
15. $105\hat{i} + 58\hat{j}$ km
17. 1.414, $\theta = 45°$
19. 135° 또는 315°(대등하게, $-45°$)
21. $3ct^2\hat{j}$
23. (a) $\vec{v} = -2.2 \times 10^{-6}\hat{j}$ m/s
    (b) $\vec{a} = -3.2 \times 10^{-10}\hat{i}$ m/s^2
25. $\vec{v}_2 = 1.3\hat{i} + 2.3\hat{j}$ m/s
27. (a) 26° 상류쪽 (b) 53.9 s
29. 42.8° 남서쪽
31. 49 m, 원래 방향에서 6.4°
33. (a) 1.3 s (b) 15 m
35. 34 nm
37. 1090 m
39. 2.28×10^{-7} m/s^2
41. 2.73 mm/s^2
43. 9.60 km
45. 0.752 m/s^2
47. 497 m/s^2
49. 90 km/h
51. 229 m/s(826 km/h)
53. $\vec{C} = -15\hat{i} + 9\hat{j} - 18\hat{k}$
55. (a) $4c/3d$ (b) $c/3d$
57. 96 m
59. (a) 0.249 m/s (b) 7.00×10^{-4} m/s^2
    (c) 7.21×10^{-4} m/s^2, 약 3% 차
61. $A = B$
63. 0.50 m/s^2
65. 5.7 m/s
67. (a) $x_1 = x_2$는 $y_1 = h\left(1 - \dfrac{gh}{v_0^2}\right) = y_2$
    를 의미함
    (b) $v_0 \geq \sqrt{gh}$
69. (a) 3.74 m/s
    (b) 수평으로부터 68.7°
73. 경로는 반지름 2.5 cm인 반원,
    6.54 m/s, 17.1 m/s^2
75. 과속했다.
77. 66°
79. (a) $v\sqrt{2/\sqrt{3}} \approx 1.07v$
    (b) $\sqrt[4]{3}\,t \approx 1.3t$

81. 77.2 m

83. $2h$

85. 19 m

87. $dx/d\theta_0 = 2v_0^2/g\cos(2\theta_0) = 0 \implies$
$\theta_0 = 45°$

89. $y = x\tan\theta_0 + \dfrac{b}{6(v_0\cos\theta_0)^3}x^3$

93. (a) $\sqrt{(1+\pi^2)}\,a_t$

(b) $3\pi/2 - \tan^{-1}(1/\pi) \cong 252°$

95. c

97. c

4장

11. 946 kN

13. 1.53×10^3 kg

15. 2.0×10^6 m/s^2

17. 22 cm

21. 210 kg

23. 9000 kg

25. 490 N

27. 380 N

29. $M(g + v^2/2h)$

31. 55 kN

33. 130 N

35. 19 cm

37. (a) 5.94 s (b) 137 m

39. (a) 59.8 ms (b) 6.58 m

41. 0.733 m/s^2, 아래쪽

43. 3.98 m/s^2

45. 2.94 m/s^2, 아래쪽

47. 4.9 m/s^2

49. 0.53 s

51. 6.0 N

53. 1.62×10^{-7} N/m

55. (a) 5.3 kN (b) 1.1 kN (c) 0.49 kN
(d) 0.59 kN

57. (a) 393 N (b) 348 N

59. 0.96 m

61. 950 N

63. F-35A는 가능하고 수직 가속도는
0.81 m/s^2, A-380은 불가능

67. 1.96 m/s^2

69. (a) 60.0 m/s (b) 0.672 m

71. 11.8 m/s^2

73. 0.92 kg, 1.4 kg

75. $\omega F_0/M$

77. a

79. b

5장

11. $5.40\hat{i} + 11.0\hat{j}$ N

13. 22.2°

15. 3.0 kN

17. (a) 6.3 m/s^2 (b) 0.44 s

19. (a) 3.9 m/s^2 (b) 530 N

23. 기차는 71 km/h로 운행했다(과속).

25. 490 km/h

27. 0.18

29. 충분하지 않다.

31. 8430 kg

33. 47.2 g

35. 451 N, 아래쪽

37. 견디지 못한다.

39. 0.43 m

41. 약 2.62배

43. $T = m_2 g, \quad \tau = 2\pi\sqrt{(m_1 R)/(m_2 g)}$

45. (a) 310 N 아래쪽 (b) $-m_{SB}v^2/R$
(c) 별 일 없다.

47. 8.5 km

49. 0.15

51. $a = 0.19$ m/s^2, $t = 23$ s

53. 그렇다.

55. $0.23 \leq \mu_s \leq 0.30$

57. 4.2 m/s^2

59. 0.62

61. (a) 9.8 cm (b) 아니다.

63. 100 km/h

67. 17 rev/min

69. 브레이크

71. 28 cm

73. $v(t) = \dfrac{mg}{b}(e^{-bt/m} - 1)$

75. 그렇다.

77. a

79. b

6장

11. 900 J

13. 150 kJ

15. 190 MN

17. $\vec{A} \cdot (\vec{B} + \vec{C})$
$= AB\cos(\theta_{AB}) + AC\cos(\theta_{AC})$
$= \vec{A} \cdot \vec{B} + \vec{A} \cdot \vec{C}$

19. 1.9 m

21. (a) 1 J (b) 3 J

23. 30 cm

25. 7.5 GJ

27. ± 120 km/h

29. 110 m/s

31. 97 W

33. (a) 60 kW (b) 1 kW (c) 41.7 W

35. 9.4×10^6 J

37. 0 W

39. 22 s

41. 10.8 kJ

43. 4.50×10^{-23} J

45. 864 W

47. (a) 163 MW (b) 273 MW

49. (a) 400 J (b) 31 kg

51. 25°

53. (a) 0 (b) 90°

55. $k_B = 8k_A$

57. $W = F_0\left(x - \dfrac{x^2}{2L_0} + \dfrac{L_0^2}{L_0 + x} - L_0\right)$

59. $v_2 = \pm 2v_1$

61. (a) 1.3×10^{-17} W (b) 1.4×10^{-14} J

63. 9.6 kW

65. $F_0 x_0/3$

67. $\pi/3$ 즉 60°

69. 약 700 GW

71. (a) 90.3 km/h $(25.1$ m/s$)$
(b) 107 hp

73. 0.60

75. (a) 196 W (b) 3.32 kJ
(c) 227 W, 3.85 kJ

77. (a) $2P_0$
(b) $\dfrac{1}{2}(3 - \sqrt{3})t_0\,(\cong 0.634 t_0)$

79. 6.0년

83. $W_{x_1 \to x_2} = 2b(\sqrt{x_2} - \sqrt{x_1})$,
$W(x_1 = 0) = 2b\sqrt{x_2}$

85. (a) $\dfrac{1}{2}kL_0^2 + \dfrac{1}{3}bL_0^3 + \dfrac{1}{4}cL_0^4 + \dfrac{1}{5}dL_0^5$
(b) 12 kJ

87. 135 J

89. 30명

91. 멈춤 힘이 다리 무게의 35배이다.

93. c

95. c

7장

9. 경로 (a): $W_a = -\mu_k mg(2L)$

경로 (b): $W_b = -\sqrt{2}\,\mu_k mgL$

11. (a) 60 kJ (b) 110 kJ (c) 0

13. (a) 7.0 MJ (b) 1.0 MJ

15. 55 cm

17. ± 22 m/s, ± 35 m/s

19. 92 m

21. 2.3 kN/m

23. 0.75

25. ± 2.0 m

27. 2.28 kJ, 이상적인 경우(2.67 kJ)보다 작음

29. 2.49×10^{-19} J

31. 55.2 cm

33. 3.55 m

35. (a) 4.4×10^{13} J (b) 11 h

37. 778 J, 4.90%

39. $U(x) = -\dfrac{1}{3}ax^3 - bx$

41. $r = \dfrac{kx^2}{2mg\sin\theta}$

45. (a) -11 cm (b) ± 4 m/s

47. $h \geq 5R/2$

51. $U(x) = 8.83x^3 - 3.05x^4$ J

53. 20 m/s, 30 m/s

55. 1.4 m

57. 62.5 cm

59. 2.9 m

61. 14 m

63. $v = 2x^{3/4}\sqrt{\dfrac{a}{3m}}$

65. 5.8 s

67. $\dfrac{mgh}{2d}\sqrt{2g(h-d)}$

69. 185 N/m

71. d

73. b

8장

11. $R_p = R_E/\sqrt{2}$

13. 57.5%

15. 8.6 kg

17. 542 m

19. 3070 m/s

21. 1.77 d

23. 0.28×10^6 m

25. 3.17 GJ

27. 4.29 km/s

29. (a) 2.44 km/s (b) 2.10×10^8 m/s

31. (a) 20,190 km (b) 3.872 km/s

33. (a) 17,100 km (b) 1.45 km/s

35. 5.62 km/s

37. 약 2 km/s만큼 느림

39. $g(h)/g(0) = 0.414$

41. 36 GJ이므로 태양에 속박되어 있지 않음

43. 60.5 min

45. 2.6×10^{41} kg

47. $T^2 = \dfrac{4\pi^2 L^3}{3GM}$

49. 2.79 AU

51. $E > 0$이므로 쌍곡선 경로

55. 7.2 km/s

59. (a) 2.06×10^6 m (b) 0.805×10^6 m

61. 11.89 km/s

63. 4.17 km/s

65. 4.60×10^{10} m

67. 1.42×10^3 km

69. 1.58×10^{16} kg

71. 세기 당 3.8 m

73. 그럴 위험은 없다.

75. 1.5×10^6 km

77. d

79. d

9장

11. $2m$

13. $(0, 0.289L)$

15. $\vec{v}_2 = -67\hat{i}$ cm/s

17. 0.268 Mm/s

19. 47.9 J

21. (a) ~ 20 kN·s (b) ~ 10 m/s

23. 41.8 s

27. 두 번째 트럭은 과적하지 않았다.

29. 46 m/s

31. $v_{1f} = -11$ Mm/s,

$v_{2f} = +6.9$ Mm/s, 두 속도가 교환됨

33. 7.65 Mm/s, 방향은 원래 리튬의 진행 방향에서 알파 입자의 진행 방향과 반대쪽으로 12.4°

35. 195 km/s, 방향은 원래 진행 방향에서 우주선의 반대쪽으로 25.9°

37. 28.4%

39. 75.6%

41. $(0, 0.115a)$

43. $K_{cm} = 2.35$ J, $K_{int} = 47.5$ J

45. $m_b = 4m_m$

47. $(0, 0, h/4)$

49. (a) 0.99 m (b) 3.9 m/s

51. 약 6 N

55. $3R/8$

57. $\vec{v}_3 = 4.4\hat{i} + 3.0\hat{j}$ m/s

59. 9.4 m/s

61. $\dfrac{2}{5}v,\ \dfrac{7}{5}v$

63. (a) 37.7° (b) -65.8 cm/s

65. 5.8 s

67. 0.92 m/s

69. 전기차가 제한 속도로 주행했으면 SUV의 속도는 76.4 km/h이고, SUV가 제한 속도로 주행했으면 전기차의 속도는 92.2 km/h이다.

71. 120°

73. 5.83

77. 18.6%

79. (a) 12.0 m/s (b) 15.4 m/s

81. $v_1 = v/6,\ v_2 = 5v/6$

87. 질량 중심은 조각의 꼭짓점으로부터 중앙선을 따라 $\dfrac{4R}{3\theta}\sin(\theta/2)$의 거리에 놓여 있다.

89. 3.75 min

91. (a) $\dfrac{M}{1+a}$ (b) $\dfrac{1+a}{2+a}L$

(c) M 및 $\dfrac{1}{2}L$

93. (c) 3번 충돌하고 마지막 속력은 $0.26v_0$과 $0.31v_0$이다.

95. b

97. a

10장

11. (a) 7.27×10^{-5} s^{-1}

(b) 1.75×10^{-3} s^{-1}

(c) 1.45×10^{-4} s^{-1} (d) 31.4 s^{-1}

13. (a) 75 rad/s (b) 2.4×10^{-4} rad/s

(c) 6×10^3 rad/s (d) 2×10^{-7} rad/s

15. (a) 0.068 rpm/s (b) 7.1×10^{-3} s^{-2}

17. (a) 0.16 rev (b) 0.07 rad/s

19. 돌림힘은 디스크 브레이크(400 N·m)가 림 브레이크(300 N·m)보다 약 30% 더 크다.

21. 7.9×10^{-2} N·m

23. (a) $2mL^2$ (b) mL^2

25. (a) $1.1 \times 10^{-3} \, \text{kg} \cdot \text{m}^2$

    (b) $3.6 \times 10^{-3} \, \text{N} \cdot \text{m}$

27. (a) $10^{38} \, \text{kg} \cdot \text{m}^2$ (b) $3 \times 10^{19} \, \text{N} \cdot \text{m}$

29. $20 \, \text{min}$

31. $\sim 10^4$년

33. (a) $1.6 \times 10^8 \, \text{J}$ (b) $16 \, \text{MW}$

35. $1/3$

37. (a) $14.3 \, \text{g} \cdot \text{m}^2$ (b) 0.064%만큼 더 낮다.

39. $127 \, \text{Mg} \cdot \text{m}^2$

41. $1.84 \, \text{m/s}$

43. (a) $11.9 \, \text{m/s}$ (b) 둘 사이

45. (a) $6.9 \, \text{rad/s}$ (b) $3.7 \, \text{s}$

47. (a) $170 \, \text{s}^{-2}$ (b) $2.9 \, \text{m/s}^2$

    (c) 150번

49. $570 \, \text{rev}$

51. $5MR^2/8$

53. $33 \, \text{pN}$

55. (a) $7.2 \, \text{h}$ (b) $1900 \, \text{rev}$

57. 0.36

59. $\pm 2.1 \, \text{rad/s}$

61. $v = \sqrt{\dfrac{6}{5} gd \sin\theta}$

63. 17%

65. $0.494 MR^2$

67. $33 \, \text{m}$

69. (a) $M = \dfrac{2\pi \rho_0 w R^2}{3}$

    (b) $I = 3MR^2/5$

71. $MR^2/4$

73. $3MR^2/10$

75. $\left(m + \dfrac{M}{2} \right) va + mgv$

77. 올바르지 않다.

79. $4.91 \times 10^{-5} \, \text{kg} \cdot \text{m}^2$

81. a

83. b

11장

11. $\vec{\omega} = 63 \, \text{s}^{-1}$ 서쪽

13. (a) $0.524 \, \text{s}^{-2}$ (b) $-37°$

15. (a) $-12\hat{k} \, \text{N} \cdot \text{m}$ (b) $36\hat{k} \, \text{N} \cdot \text{m}$

    (c) $12\hat{i} - 36\hat{j} \, \text{N} \cdot \text{m}$

17. $3.1 \, \text{N} \cdot \text{m}$, 종이면에서 나오는 방향

19. $\sim 10^{56} \, \text{kg} \cdot \text{m}^2/\text{s}$

21. 축을 따라 $2.3 \, \text{J} \cdot \text{s}$

23. $17.4 \, \text{rpm}$

25. 2.5일

27. $6.79 \times 10^6 \, \text{kg} \cdot \text{m}^2/\text{s}$

29. (a) $0.288 \, \text{kg} \cdot \text{m}^2/\text{s}$ (b) 아래쪽

31. $3.57 \, \text{min}$

33. $4.88 \, \text{rev/s}$

35. $-9.0\hat{k} \, \text{N} \cdot \text{m}$

37. $1600 \, \text{N} \cdot \text{m}$

39. $mva/6$

41. $2.66 \times 10^5 \, \text{J} \cdot \text{s}$, 종이면에서 나오는 방향

43. $3.1 \times 10^{-16} \, \text{J} \cdot \text{s}$

45. $0.21 \, \text{kg} \cdot \text{m}^2$

47. 63%

49. $5.5 \, \text{m/s}$

53. (a) $0.25 \, \text{rad/s}$ (b) $6.4 \, \text{kJ}$

55. (a) $d\omega \left(\dfrac{1}{2} - I/2md^2 \right)$ (b) $d\omega$

    (c) $d\omega(2 + I/2md^2)$

57. 넓이는 1.61배, 하루 길이는 2.22배 증가한다.

59. (a) $2\omega_0/7$ (b) $t = \dfrac{2R\omega_0}{\mu_k g}$

63. $9.2 \times 10^{26} \, \text{N} \cdot \text{m}$

65. d

67. d

12장

13. (a) $\tau = mgL/2$ (b) $\tau = 0$

    (c) $\tau = mgL/2$

15. 벽으로부터 $16 \, \text{m}$

17. (a) 왼쪽 끝으로부터 $0.61 \, \text{m}$

    (b) 왼쪽 끝으로부터 $1.42 \, \text{m}$

19. $480 \, \text{N}$

21. $-0.797 \, \text{m}$(불안정) $1.46 \, \text{m}$(안정)

23. $3.00 \, \text{m}$

25. 아니다. 90%까지 올라가면 통나무는 미끄러진다.

27. (a) $18 \, \text{aJ/nm}^2$ (b) 그렇다.

29. (b) x방향으로는 안정하고 y방향으로는 불안정하다.

31. (a) $40 \, \text{N} \cdot \text{m}$ (b) $1.3 \, \text{kN}$

33. $500 \, \text{N}$

35. $79 \, \text{kg}$

37. $1.4 \, \text{W}$

41. $\dfrac{1}{2} Mg \left(\sqrt{L^2 + D^2} - L \right)$

43. $\tan^{-1}(L/W)$

45. (a) $\dfrac{mg}{2}[L \sin\theta - W(1 - \cos\theta)]$

    (b) $\tan^{-1}(L/W)$

(c) 아래로 오목하므로 불안정

47. $\phi = \tan^{-1}(2/5\mu)$

49. $0.366 mgs$

53. $F_{\text{app}} = Mg \tan(\theta/2)$

55. $\mu_s < \tan\alpha = 1/2$

59. $\mu \geq \dfrac{\tan\theta}{2 + \tan^2\theta}$

61. $840 \, \text{N}$

63. $170 \, \text{N}$

65. (a) $F = G \dfrac{M_E m}{R_E^2}(1.229)$, $21.3°$

    (b) $\tau = G \dfrac{M_E m}{R_E}(-0.0356)$

67. 약 $x = 6 \, \text{nm}$, $14 \, \text{nm}$에서 안정, $x = 11 \, \text{nm}$에서 불안정 평형

69. a

71. b

13장

11. $T = 0.88 \, \text{s}$, $f = 1.1 \, \text{Hz}$

13. $11.5 \, \text{fs}(1.15 \times 10^{-14} \, \text{s})$

15. $22 \, \text{ms}$

17. $0.59 \, \text{Hz}$, $1.7 \, \text{s}$

19. (a) $19 \, \text{rad/s}$ (b) $0.33 \, \text{s}$ (c) $92 \, \text{m/s}^2$

21. $1.21 \, \text{s}$

23. $1.6 \, \text{s}$

25. x방향은 7번, y방향은 4번

27. $\pm 1.7 \, \text{rad}$, $\pm 15 \, \text{rad/s}$

29. $0.25 \, \text{s}$

31. $65 \, \text{km/h}$

33. $238 \, \text{Mg}$

35. $6.78 \, \text{s}$

37. (a) $49.1 \, \text{cm}$ (b) $1.17 \, \text{m/s}$

39. (a) $mg^2 T^2 (1 - \cos\theta_{\text{max}})/4\pi^2$

    (b) $gT \sin(\theta_{\text{max}}/2)/\pi$ 또는 (대등하게) $(gT/\pi) \sqrt{(1 - \cos\theta_{\text{max}})/2}$

41. 0.147%

43. (a) $t = \pi \sqrt{m/k}$ (b) $A = v_0 \sqrt{m/k}$

45. $50 \, \text{min}$

47. (a) $67 \, \mu\text{N/m}$ (b) $3.4 \times 10^{-10} \, \text{kg}$

51. $821 \, \text{kg}$

53. (a) $|\vec{r}| = A$

    (b) $\vec{v} = (\omega A \cos\omega t)\hat{i} - (\omega A \sin\omega t)\hat{j}$

    (c) $|\vec{v}| = \omega A$ (d) ω

55. $(\pi/3)\sqrt{58D/g}$

57. (a) $7.9 \, \text{N/m}$ (b) $0.80 \, \text{kg}$

63. $\omega = \sqrt{2k/3M}$

65. 34

67. (a) 6.5 cm (b) 0.51 s

69. $f = \dfrac{1}{2\pi} \sqrt{2a/m}$

71. (a) $E_1 = 4E_2$ (b) $a_{\text{max, 1}} = 4a_{\text{max, 2}}$

75. $T = 2\pi \sqrt{7/(10ga)}$

77. 중심에서 위로 $R/\sqrt{2}$

79. 1.13 Hz

81. 65 g

83. 1.39 kg·m^2

85. (a) $d^2\theta/dt^2$
$$= -(mgL/I)\sin\theta = -(g/L)\sin\theta$$
    (b) (i) 단순 조화 운동 (ii) 단순 조화 운동이 아닌 진동 운동 (iii) 비균일 원운동

87. a

89. d

14장

11. 3.4 s

13. 3.35 m

15. (a) 0.19 mm (b) 0.43 mm

17. (a) 1.3 cm (b) 9.1 cm (c) 0.20 s
    (d) 45 cm/s (e) $-x$방향

19. $y(x, t)$
$$= (1.5\,\text{cm})\cos[(0.785\,\text{cm}^{-1})x$$
$$- (0.604\,\text{s}^{-1})t]$$

21. 250 m/s

23. 30 m/s

25. 9.9 W

27. 343 m/s

29. 269 m/s

31. 940 Hz

33. 5.4 m

35. (a) 280 Hz (b) 70 Hz (c) 210 Hz

37. 14 cm

39. 93 Hz

41. 은하가 물러가고 있다.

43. 7.08 s

45. (a) 102 m (b) $\lambda_{\text{water}} = 4.32\lambda_{\text{air}}$

47. 381 Hz

49. 0.142 nm만큼 짧아짐

51. 77.9 m/s

53. 1.0×10^2 W

57. $v = \sqrt{\dfrac{kL(L-L_0)}{m}}$

59. 10 m

61. $L_0 = 5L_1/7$

63. 440 mph

67. 6.3 m

73. 7.3 km

75. (a) 남반구에서
    (b) 직선 거리는 대원 거리 ∼3000 km보다 약간 작고, 각도는 약 45°

77. 레이더는 잘 작동했다.

79. 충분하지 않다.

81. 256 Hz

83. b

85. c

15장

11. 1.2 kg

13. (a) 180 kg/m^3 (b) 7.3 m^3

15. 200 GPa

17. 1.7×10^3 kg/m^3

19. 92 m

21. 2.4%

23. 46 kg

25. 0.75%

27. 2.8 m/s

29. (a) 1.8×10^4 m^3/s (b) 1.5 m/s

31. 1.8 m/s

33. $m_{\text{얼음}} = 124{,}000$ t, $m_{\text{암석}} = 14{,}000$ t

35. 2.25 m

37. 1.52 m

39. 278 kPa(2.74 atm)

41. 830 cm^2

43. (a) 620 Pa (b) 1.2 kPa

45. 3.6 mm

47. (a) 798 N (b) 2.16 mm
    (c) 둘 다 7.03 J

49. 피고인은 확실히 51온스를 마셨다.

51. 27 m

53. (a) 49 kg (b) 2500 kg

55. 14 kPa

57. 14 m

59. (a) 1.5 m/s (b) 0.47 L/s

61. 70%

63. 6.89 m

65. (a) 603 Pa (b) 11.0 km

67. 15 kg

69. 가능함

71. $t = \dfrac{A_0}{A_1} \sqrt{\dfrac{2h}{g}}$

73. (b) 5.8 km

75. 2.1×10^{12} N·m

77. 그렇다.

79. $\rho_{\text{H}_2\text{O}} L \tan\dfrac{\theta}{2}(h_0^2 - h_1^2)$

81. c

83. e

16장

11. 5.4°F ∼ 7.6°F

13. 20°C

15. $-40°\text{C} = -40°\text{F}$

17. 102.4°F

19. 32 kJ

21. 100 W

23. (a) 1.7×10^5 J (b) 84 s

25. (a) 110 W/m^2 (b) 29 W/m^2

27. 4 W

29. $\mathcal{R}_{\text{공기}} = 0.98$ m^2·K/W,
    $\mathcal{R}_{\text{콘크리트}} = 0.03$ m^2·K/W,
    $\mathcal{R}_{\text{섬유 유리}} = 0.60$ m^2·K/W,
    $\mathcal{R}_{\text{유리}} = 0.03$ m^2·K/W,
    $\mathcal{R}_{\text{스티로폼}} = 0.88$ m^2·K/W,
    $\mathcal{R}_{\text{나무}} = 0.23$ m^2·K/W

31. 2.2 kW

33. 2×10^{-5} m^2

35. 24.1°C

37. 2.0°C

39. 59.3°F

41. 203 K

43. (a) 138 kPa (b) 33.4 kPa
    (c) 233 kPa

45. $263\,\text{K} = -10°\text{C}$

47. 364 g

49. (a) 23.2 kJ (b) 337 kJ (c) 65.2 kJ

51. 138 s

53. 0.56 kg

55. 1.8 kg

57. 9.2 K

59. 0.20 kg

61. 2.0×10^2 W

63. 그렇다.

65. (a) $\sqrt[3]{k/\sigma\Delta x}$ (b) 217 K

67. 24°C

69. 1200 K

71. (a) 월 \$319 (b) 월 \$37.58

73. 44 K

75. 418.76 kJ, 0.09% 더 높음

77. 화성: 계산값 207 K 대 측정값 210 K
    금성: 계산값 301 K 대 측정값 740 K

79. 태양 출력의 증가는 최근 온난화의 4%만 설명할 수 있다.

81. $-19°C$

83. c

85. a

17장

11. $1.8\,m^3$

13. $1.8 \times 10^6\,Pa$

15. (a) $27\,L$ (b) $330\,K$

17. 수소 기체

19. 납

21. $146\,kJ$

23. $0.987\,L$

25. $263°C$

27. $62.7\,L$

29. $5.2\,L$

31. 모두 8.8°C의 액체 물이 됨

33. 0°C이고 $3.53 \times 10^6\,kg$의 얼음이 남음

35. $1 \times 10^{15}\,m^{-3}$로서 지구 대기보다 100억 배 희박함

37. (a) $235\,mol$ (b) $5.65\,m^3$

39. (a) $1.27\,atm$ (b) $0.980\,mol$
    (c) $0.786\,atm$

41. $27.6\,min$

43. $79.3\,s$

45. $43.9\,min$

47. ISM

49. $14.8\,h$

51. $4.9°C$

53. $19\,kW$

55. (a) 그렇다. (b) 아니다.

57. $251\,K$

59. $307\,K$

61. $d = \dfrac{L_0}{2}\sqrt{2\alpha \Delta T + \alpha^2 \Delta T^2}$

63. (a) $61\,h$ (b) $52\,h$

65. $3.97°C$

67. $25.0238\,mL$

71. (a) $y^2 = \dfrac{1}{4}(L_0^2 - d^2) + \dfrac{1}{2}L_0^2 \alpha \Delta T$
    (b) $\alpha = 2.35 \times 10^{-5}/°C$,
        $d = 80.00\,cm$
    (c) 알루미늄

75. (a) $244\,K$ (b) $247\,K$

77. c

79. c

18장

11. $29.3\,kJ$

13. $250\,J$

15. $-14\,kW$

17. $2p_1 V_1$

19. (a) $4/3$ (b) $220\,J$

21. 0.177

23. $2.1\,MJ$

25. 57.7%

27. (a) $200\,K$ (b) $120\,K$

29. $1.22\,J$

31. (a) $28.9\,kPa$ (b) $13.0\,cm$

33. $165\,kPa$

35. $136\,kPa$

37. $380\,W$

39. (a) $1.49\,mm$ (b) $10.7\,\mu J$

41. 1.35

43. (a) $300\,kPa$ (b) $240\,J$

45. $440°C$

47. (a) $886\,K$ (b) $4.25\,MPa = 42.0\,atm$

49. 354

51. (a) $255\,K$, $1.75\,kJ$ (b) $279\,K$
    (c) $272\,K$, $500\,J$

53. (a) $40\,kPa$ (b) $83\,kPa$ (c) $80\,kJ$

55. $930\,J$

57. 충족하지 않는다.

59. $1.17\,kJ$

61. $330\,K$

63. (a) $202\,J$
    (b) 500 J이 기체에서 흘러나온다.

65. $20\,mol$

67. $140\,atm$

73. $189\,J$

75. $4p_1 V_1/3$

77. $154,000$

79. 18%

81. a

83. c

19장

11. (a) 26.8% (b) 7.05% (c) 77.0%

13. $0.948\,K$

15. 9.10

17. 아니다.

19. $8.8\,kJ/K$

21. $21.9\,kg$

23. (a) $1/64$ (b) $5/16$

25. (a) $90.1\,kW$ (b) 57.3%
    (c) $289\,K = 16°C$

27. 6.7%

29. $122\,L$

31. $16.08\,L$

33. 52.1%(겨울), 47.7%(여름)

35. (a) $1.75\,GW$ (b) 43.0% (c) $232°C$

37. $2 \times 10^{11}\,kg/s$

39. (a) 4.83 (b) 1.42톤$(1420\,kg)$

41. $68,000$원

43. 2.78

45. (a) $6.91\,kW$ (b) 가스는 하루 22,840원, 전기는 하루 18,900원
    (c) 46.6%

47. (a) 17.4% (b) 83.3%

49. $140\,MJ/K$

53. (a) $86.0\,J/K$ (b) $120\,J/K$ (c) 0

55. 0

57. $160\,J/K$

59. $12.1\,kJ/K$

61. $1 - r^{1-\gamma}$

63. 61%

65. $C_0(1 - T_0/T_1)$

67. $W = CT_h(\ln x - 1 + 1/x)$

71. $36.2\,J/K$

73. 62%

75. c

77. c

20장

11. $3\,C$(약 $0.05\,C/kg$)

13. (a) uud (b) udd

15. 1.1×10^9

17. $5.1\,m$

19. (a) $\hat{j}$ (b) $-\hat{i}$ (c) $0.316\hat{i} + 0.949\hat{j}$

21. $3.8 \times 10^9\,N/C$

23. (a) $2.2 \times 10^6\,N/C$ (b) $77\,N$

25. $-1.6\hat{i}\,pN$

27. (a) $26\,MN/C$, 왼쪽
    (b) $5.2\,MN/C$, 오른쪽
    (c) $58\,MN/C$, 오른쪽

29. $1.1\,kN/C$

31. $E = kQ/(\sqrt{8}a^2)$

33. $5.1 \times 10^4\,N/C$

35. $980\,N/C$

37. (a) $264\,nN$ (b) 아니다.

39. $F_{max} = 4kqQ/3\sqrt{3}\,a^2$

41. -661 nC

43. (a) $\vec{E}(x) = [4kQ/(4x^2 - L^2)]\hat{i}$

    (b) $\vec{E}(x \gg L) \rightarrow [kQ/x^2]\hat{i}$

45. $-0.18\hat{i} + 0.64\hat{j}$ nN

47. $4q$

49. (a) $20\ \mu C$ (b) 1.6 N

51. $-4e$

53. (a) $8.0\hat{j}$ GN/C (b) $190\hat{j}$ MN/C

    (c) $220\hat{j}$ kN/C

55. 0

57. $q_1 = \pm 40\ \mu C$, $q_2 = \mp 6.9\ \mu C$

59. $q = -Q/4$

61. $-14\ \mu C/m$

63. 아니다.

65. 3.64×10^{-26} J

67. $0.4e$, $0.03e$

69. (a) $\vec{E}(x) = 2kqa^2 \dfrac{(3x^2 - a^2)}{x^2(x^2 - a^2)^2}\hat{i}$

    (b) $\vec{E}(x) \approx \dfrac{6kqa^2}{x^4}\hat{i}$

71. (a) $2.5\ \mu C/m$ (b) 300 kN/C

    (c) 1.8 N/C

73. (a) $dq = 2\pi\sigma r\,dr$

    (b) $dE_x = \dfrac{2\pi k\sigma x r}{(x^2 + r^2)^{3/2}}dr$

77. $\vec{E} = \dfrac{kQ}{L}\Bigg[\bigg(\dfrac{1}{\sqrt{\left(x - \dfrac{L}{2}\right)^2 + y^2}}$

      $- \dfrac{1}{\sqrt{\left(x + \dfrac{L}{2}\right)^2 + y^2}}\bigg)\hat{i}$

      $+ \bigg(\dfrac{x + \dfrac{L}{2}}{y\sqrt{\left(x + \dfrac{L}{2}\right)^2 + y^2}}$

      $- \dfrac{x - \dfrac{L}{2}}{y\sqrt{\left(x - \dfrac{L}{2}\right)^2 + y^2}}\bigg)\hat{j}\Bigg]$

79. mdv^2/qL^2

81. a

83. a

21장

11. $3\ \mu C$

13. $Q_C = 2Q = -Q_B$

15. ± 1.5 kN·m²/C

---

17. 69 N·m²/C

19. (a) $-q/\varepsilon_0$ (b) $-2q/\varepsilon_0$ (c) 0 (d) 0

21. 49 kN·m²/C

23. (a) 1.2 MN/C (b) 2.0 MN/C

    (c) 50×10^4 N/C

25. 선대칭

27. 49×10^3 N/C

29. (a) 5.1×10^6 N/C (b) 34 N/C

31. (a) 2.0×10^6 N/C (b) 7.2×10^3 N/C

33. (a) 0 (b) 4.0×10^{-3} C/m²

35. 1.8 MN/C

37. (a) $q = -732$ nC (b) $Q = 17.6\ \mu C$

    (c) $E = 6.75$ MN/C, 지름을 따라

      밖으로 향함

39. (a) $\lambda_1 = -4.88\ \mu C/m$

    (b) $\lambda_2 = 40.3\ \mu C/m$

    (c) $E = 4.25$ MN/C, 지름을 따라

      밖으로 향함

41. $7.31\ \mu C$

43. (a) 281 nC (b) 187 kN/C

45. $\pm E_0 a^2/2$

47. 7.0 MN/C, 17 MN/C

49. (a) 2.8 cm (b) 3.5 nC

51. (a) $176\ \mu C$ (b) 각 변이 1.21 m

53. (a) $3.6\hat{r}$ MN/C (b) $3.8\hat{r}$ MN/C

    (c) $7.8\hat{r}$ MN/C

55. (a) $20\hat{r}$ kN/C (b) $1.7\hat{r}$ kN/C

57. (a) $1.34\ \mu C$ (b) 1.26 MN/C

59. (a) $\rho x/\varepsilon_0$ (b) $\rho d/2\varepsilon_0$이고, $\rho > 0$이면

    중심 평면에서 멀어지고 $\rho < 0$이면

    중심 평면을 향한다.

61. 18 N/C

63. (b) $-Q$

67. (a) $Q = \pi\rho_0 a^3$

    (b) $E(r) = \rho_0 r^2/(4\varepsilon_0 a)$

69. $a = 5\rho_0/(3R^2)$

71. $n = 3$

73. $\dfrac{\rho_0 r^2}{3\varepsilon_0 R}$

75. $E_{in} = \dfrac{\rho_0 x^2}{2\varepsilon_0 d}$, $E_{out} = \dfrac{\rho_0 d}{8\varepsilon_0}$

77. c

79. d

22장

11. $600\ \mu J$

---

13. 3.0 kV

15. 910 V

17. 양성자와 일가 헬륨 이온은 1.6×10^{-17} J,

    알파 입자는 3.2×10^{-17} J

19. $-E_0 y$

21. 53 nC

23. (a) 440 kV, 9.2×10^6 m/s

27. (a) 4 V

    (b) $E_x = 1$ V/m, $E_y = -12$ V/m,

      $E_z = 3$ V/m

29. 3 kV

31. 7.20 kV

35. 319 kN/C

39. 5.6 kV/m

41. 4.5 V

45. $6.1\ \mu C$

47. $\sqrt{2keQ/(mR)}$

49. $2V_{2R}$

51. $-ax^2/2$

53. -52 nC/m

55. $-a/2$, $a/4$

57. (a) 2.6 kV (b) 1.8 kV (c) 0

59. $V = 2kQ/R$

65. $(V/R)\hat{r}$

67. (a) 43 kV (b) 1.7 MN/C (c) 540 V

    (d) 0

69. $-E_0 R/3$

71. (a) 6.19 kV (b) -221 nC

73. 14 cm, 1.7 nC

75. 0.12 J

77. $\omega = 232$ nC/m², $q = 3.75$ nC,

    $r = 7.18$ cm

79. (a) $\pi k\sigma_0 a\big[\sqrt{1 + (x/a)^2} - (x/a)^2$

      $\ln(a/x + \sqrt{1 + (a/x)^2})\big]$

81. $-\dfrac{k\lambda_0}{L^2}\left[Lx + x^2\ln\left(\dfrac{2x - L}{2x + L}\right)\right]$

83. 8.0 mm

85. d

87. b

23장

11. 4.4 kJ

13. -48.5 eV

15. (a) 1.4 J (b) 4.2 J

17. 22 nF

19. 740 pF

21. 39 J

23. (a) $1.20\,\mu\text{F}$

    (b) $Q_1 = 14.4\,\mu\text{C}$, $Q_2 = 4.80\,\mu\text{C}$,

       $Q_3 = 9.60\,\mu\text{C}$

    (c) $V_1 = 7.2\,\text{V}$, $V_2 = V_3 = 4.8\,\text{V}$

25. $8.2 \times 10^5\,\text{V/m}$

27. 할 수 없다.

29. $3.4\,\mu\text{F}$

31. $1.4\,\mu\text{F}$

33. $kQ^2/2R$

37. $Q_y = 4Q_0/(\sqrt{2}+1) \approx 1.66Q_0$

39. $2.8\,\mu\text{C}$

41. $1.0\,\mu\text{F}$, $250\,\text{V}$ 축전기가 에너지를 더 많이 저장할 수 있다.

43. (a) $4.4\,\text{kV}$ (b) $120\,\text{kW}$

45. $129\,\text{F}$

49. (a) $4.1\,\text{nF}$ (b) $1.3\,\text{kV}$

51. $2.7\,\text{nm}$

53. $24\,\mu\text{J}$

55. $U = kQ^2/(2R)$

57. $6.0 \times 10^{-4}\,\text{J}$

59. $13\,\text{min}$

61. $C = \dfrac{4\pi\varepsilon_0 ab}{b-a}$

63. $\dfrac{1}{6}$

65. (b) $\dfrac{C_0 V_0^2}{2}\left(\dfrac{\kappa x + L - x}{L}\right)$

    (c) $\dfrac{C_0 V_0^2 (\kappa - 1)}{2L}$

67. $\dfrac{\pi \rho^2 R^4}{8\varepsilon_0}$

69. (b) $4.3\,\mu\text{F}$

71. a

73. c

24장

11. 9.4×10^{18}

13. 1.9×10^{11}

15. $3.2 \times 10^6\,\text{A/m}^2$

17. $6.8\,\text{cm}$

19. (a) $5.95 \times 10^7\,(\Omega \cdot \text{m})^{-1}$

    (b) $4.55\,(\Omega \cdot \text{m})^{-1}$

21. $360\,\text{V}$

23. $32\,\text{m}\Omega$

25. $4R$

27. (a) $6.0\,\text{V}$ (b) $8.0\,\Omega$

29. $230\,\text{V}$

31. $300\,\Omega$

33. (a) $0.12\,\text{mA}$ (b) 느끼지 못한다.

35. (a) $1.6\,\text{mm}$ (b) $0.20\,\text{V/m}$

37. (a) $2.24 \times 10^4\,\text{m}$ (b) $19.1\,\text{pV/m}$

39. (a) 알루미늄 (b) $2.00\,\text{A}$

41. (a) $2 \times 10^3\,\Omega \cdot \text{m}$ (b) 실리콘

43. (a) $420\,\text{A/mm}^2$ (b) $0.24\,\text{A/mm}^2$

45. 구리가 더 크다. (a) 7.6배 (b) 4배

47. $9.7\,\mu\text{C}$

49. (a) $5.8\,\text{MA/m}^2$ (b) $97\,\text{mV/m}$

51. Ge

53. $50\,\text{ft}$

55. $948\,\text{n}\Omega$, $8.20\,\text{m}\Omega$, $15.3\,\text{m}\Omega$

57. (a) $81\,\text{miles}$ (b) $3.3\,\text{kW}$에서 $7.3\,\text{h}$, $6.6\,\text{kW}$에서 $3.6\,\text{h}$, $44\,\text{kW}$에서 $33\,\text{min}$

    (c) $203\,\text{A}$

59. (a) $2.5\,\text{TW}$ (b) 둘은 거의 같다.

61. $2.8\,\text{min}$

63. $d_1 = \sqrt{2}\,d_2$

65. $0.63\,\text{A}$

67. 알루미늄($\$3.19/\text{m}$)이 구리($\$20.51/\text{m}$) 보다 경제적이다.

69. $2.5\,\text{A}$

73. $19°$

75. a

77. c

25장

15. $1.4\,\text{h}$

17. $43\,\text{k}\Omega$

19. $10.5\,\text{V}$

21. $50\,\Omega$

23. $I_1 = 2\,\text{A}$, $I_2 = 0.2\,\text{A}$, $I_3 = 2\,\text{A}$

25. $0\,\text{A}$

27. -0.66%

33. $\varepsilon R_2/(R_1 + R_2)$

35. $3.2\,\text{V}$

37. $40\,\text{mW}$

39. $1.5\,\text{k}\Omega$

41. $-2\Delta t/R\ln(1-f)$

43. $1.5\,\text{mA}$

45. $30\,\text{A}$

47. (a) $2.9\,\text{A}$ (b) $0.52\,\text{A}$

49. $2.4\,\text{W}$

51. $I_1 = 2.8\,\text{A}$, $I_2 = 2.4\,\text{A}$, $I_3 = 0.43\,\text{A}$

53. (a) $48\,\text{V}$ (b) $57\,\text{V}$ (c) $60\,\text{V}$

55. (a) $18.25\,\Omega$ (b) $18.07\,\Omega$ (c) 1%만큼 더 높음

57. $360\,\mu\text{F}$, $1200\,\text{V}$

59. $3.4\,\mu\text{J}$

61. (a) $V_C = 0$, $I_1 = 25\,\text{mA}$, $I_2 = 0$

    (b) $V_C = 60\,\text{V}$, $I_1 = I_2 = 10\,\text{mA}$

    (c) $V_C = 60\,\text{V}$, $I_1 = 0$, $I_2 = 10\,\text{mA}$

    (d) $V_C = 0$, $I_1 = I_2 = 0$

63. (a) $5.015\,\text{V}$ (b) $66.53\,\Omega$

65. $1.07\,\text{A}$, 왼쪽에서 오른쪽으로

67. $2.15\,\mu\text{F}$

69. $80\,\mu\text{s}$

71. $8\,\Omega$, $89\,\text{W}$

73. (a) R_1 (b) R_1 (c) R_1

77. (a) $9\,\text{V}$ (b) $1.5\,\text{ms}$ (c) $0.3\,\mu\text{F}$

79. $220\,\text{mV}$

81. $\tau = \dfrac{R_1 R_2 C}{R_1 + R_2}$

83. (a) $3\varepsilon/4R$ (b) $2\varepsilon/3R$

85. a

87. b

26장

11. (a) $16\,\text{G}$ (b) $23\,\text{G}$

13. (a) $2.0 \times 10^{-14}\,\text{N}$ (b) $1.0 \times 10^{-14}\,\text{N}$

    (c) 0

15. $400\,\text{km/s}$

17. $360\,\text{ns}$

19. (a) $87.6\,\text{mT}$ (b) $1.25\,\text{keV}$

21. $0.373\,\text{N}$

23. $5.00\,\text{A}$

25. (a) $9.85\,\text{cm}$ (b) $14.8\,\mu\text{T}$

27. $1.2\,\text{mT}$

29. $5\,\text{mN/m}$

31. (a) $4.05 \times 10^{-2}\,\text{A} \cdot \text{m}^2$

    (b) $7.78 \times 10^{-2}\,\text{N} \cdot \text{m}$

33. $7.0\,\text{A}$

35. (a) $0.569\,\text{mT}$ (b) $3.90\,\text{mT}$

    (c) $2.85\,\text{mT}$

37. $17\,\text{T}$

39. 그렇다. 비소가 $41.1\,\text{cm}$에 보인다.

41. $0.119\,\text{T} \le B \le 0.257\,\text{T}$

43. $1.4\,\text{kA}$

45. (a) $2.39\,\text{A}$ (b) $522\,\mu\text{T}$, $442\,\text{kA/m}^2$

47. $2.3 \times 10^{27}\,\text{A} \cdot \text{m}^2$

49. $3.8\,\text{GA}$

53. (a) $71\,\mu\text{m}$ (b) $440\,\mu\text{m}$

55. $0.53\,\text{A}$

57. $8.5 \times 10^{22}\,\text{cm}^{-3}$

59. 0.021 N, 수평선에서 45° 위로

61. $(1+\pi)\dfrac{\mu_0 I}{2\pi a}$, 종이면에서 나오는 방향

63. $\dfrac{\mu_0 I}{2\pi a}$, 종이면으로 들어가는 방향

65. 16 μN, 긴 도선 쪽으로

67. (a) 0 (b) $B = \mu_0 I/(2\pi r)$

71. 3.67×10^{-26} N·m

73. $\dfrac{\mu_0 J_s x}{d}$

75. (a) $B \approx \dfrac{\mu_0 I}{2w}$ (b) $B \approx \dfrac{\mu_0 I}{2\pi r}$

77. (a) $\pi R^2 J_0/3$ (b) $B = \dfrac{\mu_0 J_0 R^2}{6r}$

(c) $B = \dfrac{\mu_0 J_0 r}{2}\left(1-\dfrac{2r}{3R}\right)$

79. $\tau \propto 1/N$이기 때문에 한 번 감은 고리가 더 큰 돌림힘을 준다.

81. $\dfrac{\mu_0 I^2}{2\pi w}\ln\left(\dfrac{a+w}{a}\right)$

83. $\mu_0 n I/\sqrt{l^2+4a^2}$

85. 아니다.

87. 홀 퍼텐셜이 생체 전기 퍼텐셜보다 만 배 더 작다.

89. d

91. d

27장

11. 1.2×10^{-4} Wb

13. 160 T/s

15. 6.5 mH

17. 42 kV

19. 330 mH

21. 3.1 kJ

23. 22.6 μJ

25. 800 MJ/m³

27. 1.1 T/ms

29. 43.7 mA

31. (a) E/R (b) E/Bl (c) 0

33. 16.9 ms

35. 31.7 s

37. (a) −0.30 A (b) −0.20 A

39. 15 mT

41. (a) 3 s (b) 시계 방향

43. (a) 2.0 mA (b) 4.4 mA

45. −42 mA, 시계 방향

47. 130

49. (a) 25 mA (b) 1.3 mN (c) 2.5 mW
    (d) 2.5 mW

51. 58 T/ms

55. 0.76 s

57. 20 s

59. (a) 5 Ω (b) 500 J

61. (a) 1.0 A (b) 0.43 A (c) −1.7 A

63. 190 mΩ

65. 3.4×10^{21} J/m³

67. $\dfrac{\mu_0 I^2}{16\pi}$

69. 3.0×10^8 m/s(광속)

71. (a) $-\dfrac{br}{2\rho}$ (b) $\dfrac{\pi b^2 h a^4}{8\rho}$

73. 3.69

75. (a) $I(t) = V(t)/R = (E-Blv(t))/R$

(b) $F(t) = I(t)lB$
$= lB(E-Blv(t))/R$

(c) $F(t) = lB(E-Blv(t))/R$
$= m\dfrac{dv(t)}{dt}$

77. (a) $\dfrac{\mu_0 I^2}{4\pi}\ln(b/a)$

81. c

83. a

28장

11. $V = (325\text{ V})\sin[(314\text{ s}^{-1})\,t]$

13. (a) $V(0) \approx V_p/\sqrt{2}$, 45°
    (b) $V(0) = 0$, $\phi_b = 0$
    (c) $V(0) = V_p$, $\phi_c = 90°$
    (d) $V(0) = 0$, $\phi_d = \pm\pi$
    (e) $V(0) = -V_p$, $\phi_e = -90°$

15. $I_{R,\,rms} = 13$ mA, $I_{C,\,rms} = 24$ mA,
    $I_{L,\,rms} = 22$ mA

17. (a) 250 V (b) 15 V

19. 16 kHz

21. 8.1 H

23. (a) 32 mH (b) 1.0 V

25. 3.5 kΩ

27. 5.0 mA

29. 390 mA

31. 1

33. (a) 6.71 μF (b) 1.51 H

35. (a) 1.07 MHz(AM 라디오 대역)
    (b) 3.24 μH

37. (a) 9.01 μF (b) 16.0 Ω

39. (a) 23.1 mH (b) 12.0 mA rms

41. (a) 150 mA (b) 330 mA

45. (a) 53 nF (b) 350 Hz

47. 0.199 μH

49. (a) $\dfrac{\pi}{3}\sqrt{LC}$ (b) $\dfrac{\pi}{4}\sqrt{LC}$
    (c) $\dfrac{\pi}{2}\sqrt{LC}$

51. 50

53. 6.2 Ω

55. (a) 위 (b) ∼50°

57. (a) 0.369 (b) 6.43 W

59. (a) 5.5% (b) 9.1%

61. 3.7 mF

63. 2.7 V

65. 1620 Hz

67. $R = 134\,\Omega$, $L = 67.1$ mH,
    $C = 0.628$ μF

71. 910 Hz, 36 V

73. c

75. b

29장

11. 1.3 nA

13. $-\hat{k}$

17. 11.2 km

19. 2.57 s

21. 5.00×10^6 m

23. x방향

25. 12%

27. 1×10^6 W/m²

29. 작동한다.

31. 20 kW

33. (a) 1.55 μm (b) 98.4 kV/m
    (c) z축에 평행

35. (a) 3.38 m (b) 8.55 V/m (c) 수직

37. 1.8 W

39. 43 nV/m

41. (a) 7.2×10^{11} V/m·s (b) 증가

43. 10 mT

45. 91%

47. 19%

49. 0.00004%

51. 퀘이사 출력이 4×10^{10}배 더 크다.

53. (a) 4.6 kW (b) 53 mV/m

55. (a) 136 nT (b) 181 nT

57. (a) 8.9×10^6 W/m² (b) 58×10^3 V/m

59. 6.2×10^3 y

61. 2.52 kPa

63. 6

67. 2.4 GHz: 6.25 cm, 5.0 GHz: 3.00 cm

69. (a) 431 nW/m²

71. (a) 51 MV/m (b) 0.17 T (c) 96 TW
73. b
75. d

30장

11. 15°
13. 0.5°
15. 얼음
17. 77.7°
19. 14.2°
21. 1.9
23. 79.1°
25. 1.66
27. 6.41°
29. (a) $n = 1.83$
    (b) n과 무관하게 $\theta_4 = \theta_1$이기 때문에 알 수 없다.
31. $d\sin\theta_1 \left(1 - \dfrac{\cos\theta_1}{\sqrt{n^2 - \sin^2\theta_1}} \right)$
33. (a) 36.93° (b) 1.586
35. 빨간빛은 법선에 대해 81.72°로 프리즘에서 나오고 보라빛은 전반사를 겪는다.
37. (a) 18° (b) 390 nm
39. 에틸알코올
41. (a) 69.1° (b) 입사각이 임계각보다 작기 때문에 안된다.
43. 5.1 m
45. 139 nm
47. 대각면, 23°
49. 1.07
53. 63.8°
55. (a) 9.53° (b) 2.07×10^8 m/s
    (c) 2.04×10^8 m/s
57. 2.7 m
61. (a) 50.9°
65. $\dfrac{d}{c}\left(\dfrac{2}{3}n_1 + \dfrac{1}{3}n_2 \right)$
67. c
69. b

31장

11. 35°
13. (a) $-1/4$ (b) 실상, 거꾸로 선
15. (a) $3f$ (b) $3f/2$ (c) 실상
17. -2
19. 21 cm

21. 40 cm
23. 0.86 mm
25. 2.2디옵터
27. -1.3디옵터
29. -200
31. (a) 4.38 m (b) 21.1 m (c) 뒤
33. (a) 30.0 m (b) 0.875배 만큼 줄어듦
35. 8.19 cm
37. 1.46 m
39. (a) -24 cm (b) 29 mm
    (c) 허상, 바로 선, 확대
41. 18 cm
43. 31 cm
45. 12 cm
47. (a) -7.7 cm, 거꾸로 선, 실상
    (b) $+7.7$ cm, 바로 선, 허상
49. 29 cm, 41 cm
51. 11 cm
53. $s' = 1.1$ m, 거꾸로 선, 실상
55. (a) $bD/[2b(1-n)+n]$
    (b) 실제 거리 $D/2$에 있는 것처럼 보인다.
57. 2.0
59. 2
61. 플라스틱을 선택한다. 왜냐하면 요구 조건을 만족하고 더 저렴하다.
63. (a) 거꾸로 선, 실상 (b) -2.82
65. 3.3디옵터
67. 0.3°
69. 72 cm
79. (a) $dn = -\dfrac{2c}{\lambda^3}d\lambda$ (b) 0.858 mm
81. c
83. d

32장

11. 1.7 cm
13. 420 nm
15. 4
17. (a) 4.8°, 9.7° (b) 2.9°, 6.8°
19. 103 nm
21. 594 nm, 424 nm
23. 상부 1.5 cm
25. 29.3°
27. 1.62%
29. 37 cm
31. 3×10^{-4} rad
33. $H\alpha(656.3\,\text{nm})$, $H\gamma(434.0\,\text{nm})$

35. $d = |\lambda_1 - \lambda_2|/\Delta\theta$
37. 22.4 m
39. 1.1 m
41. 96°
43. 44 μm
45. 2
47. 직경 2 km 망원경이 필요하므로 타당하지 않다.
49. 3.3 Å
51. 5
53. 236
55. 128.8 m
57. $1 + 2.93 \times 10^{-4}$
59. 14.2 m
61. 2.0 μm
63. 6.9 km
65. 외판원이 옳지만 그 현미경으로는 리노 바이러스를 볼 수 없다.
67. $n_{gas} = 1 + \dfrac{m\lambda}{2L}$
69. (a) 0.34 fm (b) 6.3×10^{-10} m
71. 54
73. c
75. a

33장

11. (a) 4.50 h (b) 4.56 h (c) 4.62 h
13. 33 ly
15. 40 m
17. $0.14c$
19. (a) 2.0 (b) 2.5
21. $0.14c$
23. (a) 2.1 MeV (b) 1.6 MeV
25. (a) 42.52년 (b) 1345년
27. O-15 기준틀에서 2.00 반감기
29. B 문명이 116,000년 더 먼저다.
31. (a) B 문명이 77,100년 더 먼저다.
    (b) 문명 C의 우주비행선과 같은 경로로 $0.260c$의 속력으로 이동하는 관측자는 동시에 발사했다고 본다.
35. (a) $0.86c$ (b) 9.7 min
37. $c/\sqrt{2}$
39. 쌍둥이 A는 83.2살, 쌍둥이 B는 39.7살
41. $0.96c$
45. 5.2 min만큼 먼저
49. $0.94c$

51. (a) $10\,\mathrm{ly}$, $13\,\mathrm{y}$
    (b) $0\,\mathrm{ly}$, $7.5\,\mathrm{y}$
55. (a) $4.2\,\mathrm{ly}$
    (b) $-2.4\,\mathrm{ly}$
57. (a) $0.758c$ (b) $1.09\,\mathrm{GeV/c}$
59. $25\,\mathrm{h}$
63. $0.866c$
67. $0.994c$
69. (a) $100,000\,\mathrm{y}$ (b) $10\,\mathrm{s}$
71. (a) $2.976\times10^8\,\mathrm{m/s}$
    (b) $9.46\times10^{-31}\,\mathrm{kg}$, 전자로 추정되지만 4% 차이가 난다.
73. a
75. a

34장

11. 16
13. (a) $11.4\,\mu\mathrm{m}$ (b) $16.2\,\mu\mathrm{m}$
    (c) 둘 다 원적외선 영역에 있다.
15. (a) $500.0\,\mathrm{nm}$ (b) $708.6\,\mathrm{nm}$
17. $2.8\times10^{-19}\,\mathrm{J}$ to $5.0\times10^{-19}\,\mathrm{J}$
19. 1.44
21. $122\,\mathrm{nm}$, $103\,\mathrm{nm}$, $97.2\,\mathrm{nm}$
23. $91.2\,\mathrm{nm}$
25. (a) $3.7\times10^{-63}\,\mathrm{m}$ (b) $73\,\mathrm{nm}$
27. 전자가 양성자보다 1836배 더 빠르다.
29. $6\times10^7\,\mathrm{m/s}$
31. $130\,\mathrm{nm}$
33. $5.8\,\mathrm{keV}$
35. $n=17$
37. $n=5$
39. $35\,\mathrm{pm}$
41. $0.62\,\mathrm{nm}$
43. UV 복사가 5.4×10^{-2}배 더 적다.
45. (a) $5.19\times10^3\,\mathrm{K}$ (b) 0.748
47. (a) $1.7\times10^{28}\,\mathrm{s}^{-1}$ (b) $3.2\times10^{15}\,\mathrm{s}^{-1}$
    (c) $1.3\times10^{18}\,\mathrm{s}^{-1}$
49. (a) $1.12\times10^{15}\,\mathrm{Hz}$ (b) $2.79\,\mathrm{eV}$
51. (a) $2.9\,\mathrm{eV}$, $1.9\,\mathrm{eV}$
    (b) 식물은 파란색과 빨간색을 흡수하고 녹색을 반사한다.
53. $440\,\mathrm{nm}$
55. (a) $154\,\mathrm{pm}$ (b) $222\,\mathrm{eV}$
57. (a) $313\,\mathrm{m/s}$ (b) $96\,\mathrm{km/s}$
59. $0.22\,\mathrm{meV}$
61. (a) $26.4\,\mathrm{cm}$ (b) $4.70\,\mu\mathrm{eV}$
63. 229

65. $3.40\,\mathrm{eV}$
67. $1.62\,\mathrm{km/s}$
69. $2.5\,\mathrm{km/s}$
71. $1\,\mathrm{ps}$
75. $E_0=\dfrac{1}{2}m_ec^2\left[(\gamma-1)+\sqrt{(\gamma-1)(\gamma+3)}\,\right]$
81. (a) $6.65\times10^{-34}\,\mathrm{J\cdot s}$ (b) $2.3\,\mathrm{eV}$
    (c) 칼륨
83. b
85. c

35장

11. (a) 0 (b) $\pm a\sqrt{\ln 2/2}$
13. 5
15. $3.8\,\mathrm{MeV}$
17. (a) $1.6\,\mathrm{eV}$ (b) $6.5\,\mathrm{eV}$
19. 전자
21. $0.2\,\mathrm{MeV}$
23. $33\,\mathrm{eV}$
25. $E\to E/4$
27. $930\,\mathrm{pm}$
29. $0.972\,\mathrm{nm}$
31. $0.950\,\mathrm{nm}$
33. $\sim 3/4$
35. 우물의 60%
39. (a) $2.2\,\mathrm{eV}$ (b) $570\,\mathrm{nm}$
41. $21\,\mu\mathrm{m}$
43. (a) 6
    (b) $\lambda_{4\to1}=153\,\mathrm{nm}$, $\lambda_{4\to2}=191\,\mathrm{nm}$, $\lambda_{4\to3}=328\,\mathrm{nm}$, $\lambda_{3\to1}=287\,\mathrm{nm}$, $\lambda_{3\to2}=459\,\mathrm{nm}$, $\lambda_{2\to1}=765\,\mathrm{nm}$
    (c) UV, 가시광선 IR
45. (a) $\Psi_{n-\mathrm{odd}}(x)=\sqrt{\dfrac{2}{L}}\cos\left(\dfrac{n\pi x}{L}\right)$, $\psi_{n-\mathrm{even}}(x)=\sqrt{\dfrac{2}{L}}\sin\left(\dfrac{n\pi x}{L}\right)$
    (b) $E_n=n^2h^2/(8mL^2)$
47. $0.759\,\mathrm{nm}$
49. $2.5\times10^{-17}\,\mathrm{eV}$, 양자화는 중요하지 않다.
51. (a) 0.30 (b) 0.15
57. 4
59. (c) $A_0=(\alpha^2/\pi)^{1/4}$
61. $2.23\,\mathrm{nm}$
63. c
65. d

36장

11. 3
13. 5
15. $3d$
17. $2.58\times10^{-34}\,\mathrm{J\cdot s}$
19. $3/2$, $5/2$
21. $11.5\hbar\omega$
23. $1s^2 2s^2 2p^6 3s^2 3p^6 4s^2 3d^1$
27. $0.69\,\mathrm{meV}$
29. $1.34\,a_0$
31. $5.80\,a_0$
33. $4p_{1/2}$: $330.39\,\mathrm{nm}$, $4p_{3/2}$: $330.33\,\mathrm{nm}$
35. (a) $91.6\,\mathrm{cm}$ (b) $1.36\,\mu\mathrm{eV}$
37. $n=4$, $l=3$
39. 2.67×10^{68}
41. $90°$, $65.9°$, $114°$, $35.3°$, $145°$
43. 0, ± 1, ± 2, ± 3
47. (a) $16\hbar\omega$ (b) $4\hbar\omega$
49. $1s^2 2s^2 2p^6 3s^2 3p^6 4s^1 3d^{10}$
51. 3.0×10^{17}
53. 0.1
55. $71.1\,\mu\mathrm{eV}$
57. N이 짝수이면 $\hbar\omega(N-1)/2$, N이 홀수이면 $\hbar\omega N/2$
59. (a) 5 (b) $9E_1$
61. (a) $(2\sqrt5-\sqrt6)\hbar\cong2.02h$ (b) $5g$
63. 0.0595
65. $P(r)\,dr=4\pi r^2\psi_{2s}^2\,dr$, $3+\sqrt5$
67. (b) $54.4\,\mathrm{eV}$, $870\,\mathrm{eV}$, $91.4\,\mathrm{keV}$, $115\,\mathrm{keV}$
69. (b) $141\,\mathrm{eV}$, $65.8\,\mathrm{eV}$, $47.0\,\mathrm{eV}$, $28.2\,\mathrm{eV}$
71. $3a_0/2$
73. a
75. c

37장

11. $3.48\,\mathrm{mm}$
13. $9.41\times10^{-46}\,\mathrm{kg\cdot m^2}$
15. $7.08\times10^{13}\,\mathrm{Hz}$
17. $181\,\mathrm{kcal/mol}$
19. $549\,\mathrm{nm}$
21. $3.54\,\mu\mathrm{m}$
23. (a) 14 (b) $1.51\times10^{-33}\,\mathrm{J\cdot s}$
25. (a) 9 (b) $1.00\times10^{-33}\,\mathrm{J\cdot s}$
27. 10.2

29. 8.07
31. $1.34\,\mathrm{meV}$
33. $l\hbar^2/I$
35. $0.121\,\mathrm{nm}$
37. (a) $0.179\,\mathrm{eV}$ (b) $0.358\,\mathrm{eV}$
39. $14.95\,\mu\mathrm{m}$
41. (a) $15.09\,\mathrm{meV}$ (b) $82.22\,\mu\mathrm{m}$
    (c) 원적외선
43. $35.8\,\mu\mathrm{m}$
45. $6.53\,\mathrm{J}$
49. $4.68\,\mathrm{eV}$
51. $6.36\times10^4\,\mathrm{K}$, 대략 실온의 200배
53. $709\,\mathrm{nm}$, no
55. $1.8\,\mathrm{kA}$
57. $508\,\mathrm{nm}$
63. (a) $(2^{9/2}\pi m^{3/2}L^3/3h^3)E^{3/2}$
65. $64\,\mathrm{kA}$
67. c
69. b

38장

11. $^{211}_{86}\mathrm{Rn}$, $^{220}_{86}\mathrm{Rn}$, $^{222}_{86}\mathrm{Rn}$
13. (a) 둘 다 $A=35$
    (b) $Z_\mathrm{K}=Z_\mathrm{Cl}+2$
15. $5\,\mathrm{fm}$
17. $^{64}_{29}\mathrm{Cu}\rightarrow{}^{64}_{30}\mathrm{Zn}+e^-+\bar{v}$
    $^{64}_{29}\mathrm{Cu}\rightarrow{}^{64}_{28}\mathrm{Ni}+e^++v$
    $^{64}_{29}\mathrm{Cu}+e^-\rightarrow{}^{64}_{28}\mathrm{Ni}+v$
19. (a) 6.2시간 (b) $^{11}_{5}\mathrm{B}$
21. 26일
23. $59.930\,\mathrm{u}$
25. $5.612\,\mathrm{MeV}$
27. 2
29. $1.0\times10^{20}\,\mathrm{s^{-1}}$
31. $2\times10^{20}\,\mathrm{m^{-3}}$
33. $10^3\,\mathrm{s}$
35. 살아있는 나무 활성도의 0.7060배
37. 23.8%
39. $9\times10^{-28}\,\mathrm{kg}$
41. $5.0064\times10^{-27}\,\mathrm{kg}$
43. $5.3\times10^{-12}\,\mathrm{eV}$
45. $8.80\,\mathrm{MeV}$
47. 0.145%
49. $9.6\,\mathrm{d}$
51. (a) $^{228}_{90}\mathrm{Th}$
53. $8.9\times10^3\,\mathrm{y}$

55. 폴란드는 $8.04\,\mathrm{d}$, 오스트리아는
    $16.2\,\mathrm{d}$, 독일은 $10.0\,\mathrm{d}$
57. $3.11\,\mathrm{Gy}$
59. 3.31%
61. 3×10^{-13}
63. $1.2\times10^3\,\mathrm{kg}$
65. 88.9%
67. $580\,\mathrm{kg}$
69. $0.461\,\mathrm{s}$
71. (a) $4\times10^{38}\,\mathrm{s^{-1}}$ (b) $7\times10^9\,\mathrm{y}$
73. 공급 기간 $8\times10^{17}\,\mathrm{s}$는 태양의 남은
    수명보다 200억 년 더 길다.
75. 보륨-262 ($^{262}_{107}\mathrm{Bh}$)
77. (a) ($^{65}_{29}\mathrm{Cu}$) (b) $4\,\mathrm{h}$
79. (a) $210\,\mathrm{MJ}$ (b) $14\,\mathrm{s^{-1}}$ (c) $450\,\mathrm{kg}$
81. 그렇다.
85. (b) $1.4\,\mu\mathrm{s}$
87. b
89. d

39장

11. $0.336\,\mathrm{fs}$
13. $\pi^+\rightarrow\mu^++v_\mu$
15. $\eta\rightarrow\pi^++\pi^-+\pi^0$
17. 중입자수와 각운동량 보존을 위반하기
    때문에 안된다.
19. sss
21. $4.54\times10^7\,\mathrm{L}$
23. $10^{28}\,\mathrm{K}$
25. $1.1\,\mathrm{Gly}$
27. $+e$, -1
29. 0, -2
31. $18\,\mathrm{Gy}$
33. (a) 10^8년 (b) 10^{12}년
35. (a)의 반응은 중입자수와 각운동량
    보존을 위반하기 때문에 불가능하다.
37. (a) 아니다. (b) 그렇다.
39. $\bar{c}c$
41. (a) 9.78×10^5
    (b) $v=0.99999999999948c$
43. 10^{10}
45. (a) $256\,\mathrm{fm}$ (b) $-2.81\,\mathrm{keV}$
47. (a) $5.740\times10^3\,\mathrm{km/s}$ (b) $261\,\mathrm{Mly}$
49. $2.6\times10^{-25}\,\mathrm{s}$
51. $5.0\,\mathrm{km/s/Mly}$
53. b

55. c